湿度查算表

（甲种本）

中国气象局编

气象出版社

图书在版编目(CIP)数据

湿度查算表：甲种本 / 中国气象局编 . —2 版 . —北京：气象出版社，1980.12（2011.7 重印）

ISBN 978-7-5029-0367-1

Ⅰ. 湿… Ⅱ. 中… Ⅲ. 湿度—计算—表 Ⅳ. P412.13-64

中国版本图书馆 CIP 数据核字（2006）第 037603 号

出版发行：气象出版社

地　　址：北京市海淀区中关村南大街 46 号　　**邮政编码**：100081

总 编 室：010-68407112　　**发 行 部**：010-68409198

网　　址：http://www.cmp.cma.gov.cn　　**E-mail**：qxcbs@cma.gov.cn

责任编辑：苏振生　王萃萃　　**终　　审**：周诗健

封面设计：阳光图文工作室　　**责任技编**：都　平

印　　刷：北京中新伟业印刷有限公司

开　　本：787mm × 1092mm　1/16

字　　数：556.8 千字

版　　次：1986 年 5 月第二版　　**印　　张**：21.75

印　　数：40001～45000　　**印　　次**：2011 年 7 月第五次印刷

定　　价：80.00 元

重印说明

利用百叶箱干、湿球温度表测定湿度（干湿表法）是我国气象台站测定空气湿度的主要方法。干湿表法测定湿度的公式为：

$$e = e_{tw} - AP(t - t_W)$$

式中t、t_w分别是干球和湿球温度(℃)；e是水汽压(hPa)；e_{tw}是t_W温度下的饱和水汽压；P是本站气压(hPa)；A是干湿球系数，它与风速，温度表球部的大小和形状有关。求出e值后，就可计算出相对湿度U(%)、露点温度Td(℃)和饱和差d(hPa)等湿度量。

根据干湿球系数A的不同，我国前后出版过3本湿度查算表，供气象台站使用。

1954年以前，全国统一采用美国（1941年）手摇干湿表的系数，$A_{美} = 0.000660\ (1 + 0.00115\ t_W)$编制第1本湿度查算表。当时并未考虑到该系数仅适用于通风速度＞4.6m/s的情况。

1954年开始，全国统一采用前苏联的湿度查算表，这是第2本查算表。它是根据前苏联小型百叶箱干湿球系数，箱内平均风速为0.8m/s，$A_{苏} = 0.7947 \times 10^{-3}$（$℃^{-1}$）编制的。其中查算的湿度有$e$、$U$、$d$和$t_d$等。

1970年代末，我国研制百叶箱通风干湿表，同时考虑到前苏联处于高纬度地区，平均风速比我国大得多，干湿球系数采用$A_{苏} = 0.7947 \times 10^{-3}$（$℃^{-1}$）不适合我国情况。根据我国的气候特点和全国平均风速状况，经研究确定采用箱内平均风速为0.4m/s。球状干湿表$A_{球} = 0.857 \times 10^{-3}$（$℃^{-1}$），柱状干湿表$A_{柱} = 0.815 \times 10^{-3}$（$℃^{-1}$）较为合适。1980年正式出版第三本湿度查算表即现用的这本查算表（以下简称本表）。它的内容更加广泛，包含有通风速度为3.5m/s以及第2本查算表的通风干湿表2.5m/s与箱内风速为0.8m/s的查算方法。

显然，第1和第2本湿度查算表，由于采用的风速比我国实际平均风速偏大，它的A值比本表A值来得小，因此查算的空气湿度普遍存在着比实际偏大的系统误差。

2000年以后，我国气象台站开始推广使用自动气象站，2003年11月出版的“气象观测规范”。其中空气湿度部分除露点温度给出计算公式外（本表中露点温度只列出表，没有给出计算公式），其余全部计算公式均沿用本表的公式，因此自动气象站的计算结果与本表的查算是一致的。

虽然自动气象站的推广使用，不再需要湿度查算表，但是多数用户不可能都使用自动气象站，测定湿度还得使用干、湿球温度表的方法。此外，当自动气象站出现故障时，还得用干湿表法来替代，也需要用本表来查算湿度。由于本表从1989年第三次印刷以来再没有重印过，存书早已售罄。所以气象部门和有关用户迫切需要本表，这就是本表重印的主要原因。

本表这次重印时，仅对说明部分的个别字句作补充和mb单位改为hPa外，其余均未变动，特此说明。

2006年2月

说　　明

空气湿度是表征大气物理状态的一个要素。是气象台站最基本的测定项目之一，用干湿表法进行测定。用观测到的干、湿球温度通过“湿度查算表”查取各湿度要素值。

为了提高测湿精度，按照世界气象组织（WMO）要求，利用人工通风的办法以提高台站测湿精度的建议，根据我国情况，测定了干湿表系数 A 值。本查算表是以此最新测定的、精度较高的 A 值，并选取 WMO 推荐的精度较高、较新的有关公式和物理常数编制而成。

本表可供“百叶箱通风干湿表”（3.5 m/s 通风速度），

“通风干湿表”（2.5 m/s 通风速度），

“球状干湿表”
“柱状干湿表”＞（符合我国平均自然通风速度 0.4 m/s）

“球状干湿表”（0.8 m/s 自然通风速度）等五种干湿表查取水汽压（e）、相对湿度（U）和露点温度（t_d）。

查算的气温范围：甲种本：－20.0～＋49.9℃，

乙种本：－10.0～＋39.9℃，

以 U 反查 e、t_d 表

－51.7～－20.1℃；

相对湿度范围：1％～100％；

气压范围：1100～500hPa。

本表主要由表 1 湿球结冰部分，表 2 湿球未结冰部分及表 3 湿球温度订正值组成。此外，还有当气温低于－20℃时，以干球温度 t 和湿敏电容测得或经订正后的毛发湿度表数值 U 反查水汽压 e 和露点温度 t_d 的表 4，以及气压较低、湿度较小时查算订正参数 n 值的附加表——表 5。

本表的附表 1 是饱和水汽压表（纯水平液面饱和水汽压 e_W 的温度范围为－49.9～＋49.9℃；纯水平冰面饱和水汽压 e_i 的温度范围为－79.9～－0.0℃）。它除了用于饱和水汽压值的查取外，还可由露点温度 t_d 从表中查取水汽压 e，或以水汽压 e 反查露点温度 t_d。

附表 2 至附表 5 是不同型号干湿表的湿球温度订正值。它们是分别以各种仪器相应的干湿表系数（A_i），在一定的气压范围内编制的。不同干湿表经过各自的湿球温度订正值的订正后，就可从表 1 或表 2 查取空气湿度。

一、计　算　公　式

（一）表 1 和表 2 分别适用于湿球结冰和湿球未结冰两种情况，由干湿球温度表读数查取空气的水汽压 e（hPa）、相对湿度 U（％）和露点温度 t_d（℃）。

根据干湿表公式，空气的水汽压 e（hPa）为：

$$e = e_{t_W} - AP(t - t_W) \tag{1}$$

式中　e_{t_W}——为湿球温度 t_W 所对应的纯水平液面的饱和水汽压（hPa）；当湿球结冰时，即为纯水平冰面的饱和水汽压。（其数值见附表 1）

A——为干湿表系数（$℃^{-1}$）。在湿球球部（柱状）通风速度为 3.5 m/s 条件下，当湿球

未结冰时 $A=0.667\times10^{-3}$(℃$^{-1}$);当湿球结冰时 $A=0.588\times10^{-3}$(℃$^{-1}$)。

P——为本站气压(hPa)。

t——为干球温度(℃)。

t_W——为湿球温度(℃)。

空气的相对湿度 U(%)的公式为:

$$U=\frac{e}{e_W}\times100 \tag{2}$$

式中 e_W——为干球温度 t 所对应的纯水平液面饱和水汽压(hPa),

空气的露点温度 t_d(℃),由水汽压 e 反查饱和水汽压:

$$e=e_W(t_d) \tag{3}$$

式中 $e_W(t_d)$ 为纯水平液面饱和水汽压(hPa),与当时空气中水汽压 e 相等的饱和水汽压值所对应的温度值,即为该水汽压 e 的露点温度 t_d(℃)。

计算表1和表2时,均取气压 $P=1000$ hPa,干湿表系数分别用 $A=0.588\times10^{-3}$(℃$^{-1}$)(湿球结冰)和 $A=0.667\times10^{-3}$(℃$^{-1}$)(湿球未结冰),由公式(1)、(2)和(3)进行计算和反查。取 $P=1000$ hPa 主要考虑大多数台站的本站气压接近于1000 hPa。

表1的干球温度范围:−20.0℃～+9.9℃(干球在零上、湿球结冰,从表1查取);

表2的干球温度范围

甲种本:−10.0℃～+49.9℃;

乙种本:−10.0℃～+39.9℃。

(二)表3是"百叶箱通风干湿表"的湿球温度气压订正值 $\triangle t_W$。当气压不是1000 hPa时,用表1和表2查取湿度,必须先进行湿球温度的气压订正。表中的气压范围为:1100～500 hPa(1000 hPa 时订正值为0.0,未列入)。为解决气压订正,引入订正参数 n(单位℃):

$$n=\frac{500\times A\times10(t-t_W)}{A\times P_0+B\dfrac{e_{t_W}}{(273.15+t_W)^2}} \tag{4}$$

式中 A——湿球未结冰时取 $A_{水}=0.667\times10^{-3}$(℃$^{-1}$);

湿球结冰时取 $A_{冰}=0.588\times10^{-3}$(℃$^{-1}$)。

P_0——本站气压,取值为1000 hPa。

t_W——湿球温度(℃)。

e_{t_W}——湿球温度 t_W 时的饱和水汽压(水平液面或水平冰面,单位hPa)。

B——0℃时水的汽化潜热(L)与水汽的比气体常数(R_W)之比值,$B=5419$(℃);当湿球结冰时,为0℃时冰的升华潜热与水汽比气体常数之比值,$B=6142$(℃)。

湿球温度的订正值 Δt_W(℃)公式为:

$$\Delta t_W=\frac{n}{10}\cdot\frac{AP_0-A_iP}{500\,A} \tag{5}$$

式中 P_0——本站气压,定为1000 hPa。

P——观测时的实际本站气压(hPa)。

A——仪器的干湿表系数。湿球未结冰为 0.667×10^{-3}(℃$^{-1}$);湿球结冰时为 0.588×10^{-3}(℃$^{-1}$)。

A_i——为不同型号干湿表的干湿表系数(℃$^{-1}$)。

对于百叶箱通风干湿表,不存在因干湿表系数不同引起的误差,即 $A=A_i$,因此,(5)式可改写为:

$$\Delta t_W = \frac{n}{10} \cdot \frac{P_0 - P}{500} = \frac{n(1000-P)}{5000} \tag{6}$$

由(6)式可见，订正参数 n 的意义为：当 $A = A_i$，设气压为 500hPa 时，放大 10 倍的订正值。

（三）表 4 为干球温度小于－20℃时，由湿敏电容测得或经订正的毛发湿度表读数反查水汽压 e 和露点温度 t_d 表。取 P＝1000 hPa，根据公式(2)和附表 1 的(一)(纯水平液面饱和水汽压表)反查而得。温度范围为：－51.7～－20.1℃。

（四）气压低于 1000 hPa 时，湿球温度的订正值为正值。在气压较低，特别是湿度较小时(U＜20％)，n 值和 Δt_W 较大，表 1 和表 2 中的 n 值不够用，且对应于 1000 hPa 的湿度又无意义($U \leqslant 0$)，为节省篇幅，按公式(4)计算了适应我国的极限气压、温度、湿度的不同干球和湿球温度时的订正参数 n 值(见表 5，包括湿球结冰和未结冰两部分)。

（五）附表 1 的纯水平液(冰)面饱和水汽压，是根据戈夫-格雷奇(Goff-Gratch)公式计算得出。

附表 1 中(一)纯水平液面饱和水汽压 e_W（单位 hPa，温度范围：－49.9～＋49.9℃)的计算公式为：

$$\begin{aligned}\log e_W = & 10.79574\left(1-\frac{T_1}{T}\right) - 5.02800 \log\left(\frac{T}{T_1}\right) + \\ & 1.50475\times10^{-4}\left[1-10^{-8.2969(T/T_1-1)}\right] + \\ & 0.42873\times10^{-3}\left[10^{4.76955(1-T_1/T)}-1\right] + \\ & 0.78614\end{aligned} \tag{7}$$

附表 1 中(二)纯水平冰面饱和水汽压 e_i（单位 hPa，温度范围：－79.9～－0.0℃)的计算公式为：

$$\begin{aligned}\log e_i = & -9.09685\left(\frac{T_1}{T}-1\right) - 3.56654 \log\left(\frac{T_1}{T}\right) + \\ & 0.87682\left(1-\frac{T}{T_1}\right) + 0.78614\end{aligned} \tag{8}$$

(7)、(8)式中的 T_1 ＝273.16°K(水的三相点温度)，

T °K＝273.15＋ t ℃(绝对温度)。

（六）附表 2 至附表 5 为不同型号干湿表的湿球温度订正值，其计算公式和符号含义见公式(5)。因 Δt_W 包含 P、A_i 两项订正，故当 P ＝1000 hPa 时，$\Delta t_W \neq 0$，也要进行订正。本站气压 P 的计算范围为 1100～510 hPa；不同型号干湿表在一定通风条件下的干湿表系数 A_i 如下表：

干湿表型号	$A_i \times 10^{-3}$ (℃$^{-1}$)	
	湿球未结冰	湿球结冰
通风干湿表(通风速度 2.5 m/s)	0.662	0.584
球状干湿表(自然通风)*	0.857	0.756
柱状干湿表(自然通风)*	0.815	0.719
球状干湿表(自然通风速度 0.8 m/s)	0.7947	0.7947

* 根据我国平均风速资料，计算出百叶箱内平均自然通风速度为 0.4 m/s。据此，由实验测定得到球状干湿表和柱状干湿表的干湿表系数 A_i。

二、查 算 方 法

表 1 和表 2 每栏居中的数值为干球温度，订正参数(n)、湿球温度(t_W)、水汽压(e)、相对湿度(U)和露点温度(t_d)等项均用其括号中的符号列出。

(一)查表时，根据湿球结冰与否，决定使用表 1 或表 2。若气压恰好为 1000 hPa(本站气压的个位数四舍五入)，找到相应的干、湿球温度值，即可查出 e、U、t_d 值。

例 1. $t=-4.2$(℃)，$t_W=-5.6^B$(℃)，$P=1001.1$(hPa)

在表 1(湿球结冰部分，16 页)找出干球温度－4.2 栏，在此栏中找到 $t_W=-5.6$，与它并列的 $e=3.0$ hPa，$U=67\%$，$t_d=-9.4$℃。

例 2. $t=17.6$(℃)，$t_W=13.2$(℃)，$P=997.5$(hPa)

在表 2(湿球未结冰部分，96 页)找出干球温度 17.6 栏，在此栏中找到 $t_W=13.2$，与它并列的 $e=12.2$ hPa，$U=61\%$，$t_d=9.9$℃。

(二)若气压不是 1000 hPa，则必须对湿球温度进行气压订正，然后再查取空气湿度。订正方法是：先在干球温度栏中找出与 t_W 并列的订正参数 n（在首行或末行），然后用 n 值和当时的本站气压(个位数四舍五入)在表 3 中查出湿球温度订正值 Δt_W 。当气压 $P<1000$ hPa 时，Δt_W 为正值，应将此值加在湿球温度 t_W 上；当气压 $P>1000$ hPa 时，Δt_W 为负值，应从湿球温度 t_W 中减去此值。再用干球温度 t 和经订正后的湿球温度 t_W ，从表 2(或表 1)中查取空气湿度。

例 3. $t=-1.9$(℃)，$t_W=-5.9$(℃)，$P=1018.3$(hPa)

在表 2(47 页) $t=-1.9$ 栏中，$t_W=-5.9$ 时的 $n=14$，用 n 值和 $P=1020$ 在表 3(293 页)上查得 $\Delta t_W=-0.1$℃，订正后的 $t_W=-5.9-0.1=-6.0$℃，再用 $t=-1.9$ 和 $t_W=-6.0$从表 2 查出 $e=1.2$hPa，$U=22\%$，$t_d=-20.8$℃。

例 4. $t=1.8$(℃)，$t_W=-1.9^B$(℃)，$P=689.1$(hPa)

在表 1(26 页) $t=1.8$ 栏中，$t_W=-1.9$ 时的 $n=11$，用 n 值和 $P=690$ 在表 3(295 页)上查得 $\Delta t_W=0.7$℃，订正后的 $t_W=-1.9^B+0.7=-1.2^B$(℃)，再用 $t=1.8$ 和 $t_W=-1.2^B$ 从表 1 查得 $e=3.8$ hPa，$U=54\%$，$t_d=-6.5$℃。

(三)当空气湿度较小，气压又较低时，若在表 1(表 2)中查不到 n 值，此时需用 t、t_W 先从表 5 n 值附加表的湿球结冰或未结冰部分查得 n 值，已知 n、P 值从表 3 查得 Δt_W ，经过湿球温度订正后，再从表 1 或表 2 中查取空气湿度。

例 5. $t=-8.6$(℃)，$t_W=-13.1^B$(℃)，$P=634.9$ (hPa)

在表 1(10 页)$t=-8.6$ 栏中查不到 $t_W=-13.1$ 及对应的 n 值，则用 t、t_W 值另查表 5 的湿球结冰部分(304 页)，得 $n=17$，再用 n 值和 $P=630$ 查表 3(295 页) 得 $\Delta t_W=1.3$℃，订正后的 $t_W=-13.1^B+1.3=-11.8^B$(℃)。用 $t=-8.6$ 和 $t_W=-11.8^B$ 再查表 1(10 页) 得 $e=0.3$hPa，$U=10\%$，$t_d=-34.5$℃。

例 6. $t=32.0$(℃)，$t_W=11.2$(℃)，$P=770.2$(hPa)

在表 2(162 页) $t=32.0$ 栏中查不到 $t_W=11.2$ 及对应的 n 值，则用 t、t_W 值另查表 5 的湿球未结冰部分(316 页)，得 $n=45$，再用 n 值和 $P=770$ 查表 3(294 页)得 $\Delta t_W=2.1$℃，订正后的 $t_W=11.2+2.1=13.3$℃。用 $t=32.0$ 和 $t_W=13.3$ 查表 2(162 页)得 $e=2.8$ hPa，$U=6\%$，$t_d=-10.3$℃。

(四)当干球温度小于－20℃时，由表 4 用干球温度和湿敏电容测得或经订正的毛发湿度表读数 U，查取水汽压 e 和露点温度 t_d 。当干球温度大于－20℃(小于－10℃)时，可由表 1

(湿球结冰部分)反查 e、t_d(见例 9)。

查表 4 时,可能遇到两种情况:

1. 表中有等于或接近于这一相对湿度的观测值;

2. 观测值正好是表中相邻两个相对湿度值的中值。

在第一种情况下,可根据接近的相对湿度数值查取水汽压和露点温度(见例 7);在第二种情况下,可以用两个相邻的相对湿度所对应的水汽压和露点温度取平均值(见例 8)。

例 7. $t=-23.6$(℃),$U=77$(%)

在表 4(301 页)$t=-23.6$ 栏,有 $U=75$,接近观测值 77%,则取与 $U=75$ 并列的 $e=0.69$hPa,$t_d=-26.8$℃。

例 8. $t=-36.2$(℃),$U=65$(%)

在表 4(297 页)$t=-36.2$ 栏,有 $U=60$ 和 70,观测值 65%为两者的中值,则取与 $U=60$ 和 70 相应的 e、t_d 的平均值:

$U=60$:$e=0.17$,$t_d=-41.2$

$U=70$:$e=0.19$,$t_d=-39.7$

则 $U=65$%时,$e=0.18$ hPa,

$$t_d=\frac{-41.2-39.7}{2}=-40.45\approx-40.5℃$$

例 9. $t=-16.2$(℃),$U=56$(%)

在表 1(3 页)$t=-16.2$ 栏中,$U=56$ 的横行得 $e=1.0$ hPa,$t_d=-22.9$℃。

(五)用其它不同型号干湿表的测定值查算湿度的方法:

以所测得的干湿球温度值从表 2(或表 1)查得 n 值,再用 n 值和本站气压 P(个位数四舍五入)查附表中相应型号干湿表的湿球温度订正值表(附表 2—附表 5),得订正值 Δt_W,将此订正值加在 t_W 上(或减去),然后用干球温度和经订正的湿球温度再查表 2(或表 1),即得所求之空气湿度。

在查附表 5(0.8m/s 自然通风的球状干湿表湿球温度订正值)时需注意:

当湿球未结冰时,应在气压值的左部查取 Δt_W 值;当湿球结冰时,则在气压值的右部查取 Δt_W 值。

例 10. 用通风干湿表测得 $t=20.5$(℃),$t_W=14.8$(℃)。$P=1043.0$(hPa)

由表 2(108 页)查得 $n=11$,再用 n 值和 $P=1040$ 查附表 2(322 页)得 $\Delta t_W=-0.1$,订正后的湿球温度 $t_W=14.8-0.1=14.7$℃,用 $t=20.5$ 和 $t_W=14.7$ 再查表 2 的 108 页,得 $e=12.8$ hPa,$U=53$%,$t_d=10.7$℃。

例 11. 用柱状干湿表(自然通风速度 0.4 m/s)测得 $t=-2.6$(℃),$t_W=-6.5^B$(℃)。$P=800.8$(hPa)

由表 1(18 页)查得 $n=13$,用 n 值和 $P=800$ 查附表 4(329 页)得 $\Delta t_W=0.1$,订正后的湿球温度 $t_W=-6.5^B+0.1=-6.4^B$(℃),用 $t=-2.6$ 和 $t_W=-6.4^B$ 再查表 1 的 18 页,得 $e=1.3$ hPa,$U=26$%,$t_d=-19.4$℃。

例 12. 用球状干湿表(自然通风速度 0.8m/s)测得 $t=8.6$(℃),$t_W=5.2$(℃)。$P=1000.9$(hPa)

由表 2(69 页)查得 $n=9$,用 n 值和 $P=1000$ 查附表 5(332 页)气压值左部的湿球未结冰部分,得 $\Delta t_W=-0.3$℃,订正后的 $t_W=5.2-0.3=4.9$℃,再用 $t=8.6$ 和 $t_W=4.9$ 查表 2 的 68 页得 $e=6.2$ hPa,$U=55$%,$t_d=0.2$℃。

三、几个问题的说明

(一)表1、表2中所列相对湿度U的最小值,大多数为1%,少数有2%～5%。当湿球温度t_W再下降0.1℃时,根据计算,$U\leqslant 0$,未在表中列出,若查算时遇此情况,U一律处理为0,此时e取0.0,t_d按业务规定处理;若需要较精确的数值,可用公式(1)计算求得e值,再以e从附表1(一)查取t_d值。

表1、表2中所列相对湿度U的最大值,大多数为100%,少数有97%～99%。当湿球温度t_W再升高0.1℃时,根据计算$U>100\%$,若查算时遇此情况,U当100%处理,此时e、t_d取表列$U=100\%$所对应的数值;若表列最大值$U<100\%$,则取观测所得干球温度t值为t_d值,e可由附表1(一)用t_d查得。

例13. $t=0.4$(℃),经Δt_W订正后的湿球温度$t_W=-5.6$(℃),查表2(50页)$t=0.4$栏,t_W最小值-5.5的$U=2$,则$t=0.4$(℃),$t_W=-5.6$(℃)时的U取0,e取0.0。

例14. $t=-9.6$(℃),经Δt_W订正后的湿球温度$t_W=-9.2^B$(℃),查表1(9页)$t=-9.6$栏,t_W最大值-9.3(℃)的$U=99$,则$t=-9.6$(℃),$t_W=-9.2^B$(℃)时的U取为100%,$t_d=t=-9.6$℃,用$t_d=-9.6$值查附表1(一)(318页)得饱和水汽压值为2.954,即水汽压e=3.0 hPa。

(二)在湿球温度订正值表(表3、附表2—附表5)中,只列出了n为正值时的Δt_W值。当n为负值时,由公式(5)可知,它对Δt_W的绝对值无影响,但符号相反,故在查算时可利用表3、附表2～5以n的绝对值查取Δt_W,订正值的符号相反。

例15. 用百叶箱通风干湿表测得$t=-7.6$(℃),$t_W=-7.4^B$(℃)。$P=753.2$(hPa)

从表1(12页)查得$n=-1$,用n的绝对值1和$P=750$从表3(294页)得订正值0.1,则$n=-1$的$\Delta t_W=-0.1$℃。再用$t=-7.6$和$t_W=-7.4^B-0.1=-7.5^B$查表1(12页)得$e=3.3$ hPa,$U=95\%$,$t_d=-8.2$℃。

(三)当需要饱和差d(hPa)时,可根据下述公式求得:

$$d=e_W-e \tag{9}$$

利用本查算表查算饱和差时,方法有二:

1. 根据干球温度从附表1(一)查得纯水平液面饱和水汽压e_W值,减去当时的水汽压e,即得饱和差d。

2. 由当时的干球温度查表1(或表2),该干球温度栏$U=100$所对应的e值即为该干球温度的饱和水汽压e_W,用此值减去当时的水汽压e,即得饱和差d。

例16. $t=24.3$(℃),$e=7.8$(hPa)

1. 由附表1(一)(319页)查得$t=24.3$所对应的$e_W=30.37\approx 30.4$hPa,则得$d=30.4-7.8=22.6$hPa。

2. 由表2(124页)$t=24.3$栏,$U=100$所对应的$e=30.4$hPa,则得$d=30.4-7.8=22.6$hPa。

目　　录

一、说明
二、查算表
表 1　湿球结冰部分
干球温度在 0℃以下部分 …… 1
干球温度在 0℃以上部分 …… 23
表 2　湿球未结冰部分
干球温度在 0℃以下部分 …… 37
干球温度在 0℃以上部分 …… 50
表 3　湿球温度的气压订正值 Δt_W(℃) …… 293
表 4　干球温度小于-20℃由相对
湿度 U 反查 e、t_d 表 …… 296
表 5　n 值附加表
(一)湿球结冰部分 …… 303
(二)湿球未结冰部分 …… 308
附表 1　饱和水汽压表
(一)纯水平液面(过冷却水)饱和水汽压 e_W (hPa) …… 318
(二)纯水平冰面饱和水汽压 e_i (hPa) …… 320
附表 2　通风干湿表(通风速度 2.5m/s)
湿球温度订正值 Δt_W(℃) …… 322
附表 3　球状干湿表(自然通风速度 0.4m/s)
湿球温度订正值 Δt_W(℃) …… 325
附表 4　柱状干湿表(自然通风速度 0.4m/s)
湿球温度订正值 Δt_W(℃) …… 328
附表 5　球状干湿表(自然通风速度 0.8m/s)
湿球温度订正值 Δt_W(℃) …… 331

表1 湿球结冰部分

n	t_W	e	U	t_d	t_W	e	U	t_d	t_W	e	U	t_d	t_W	e	U	t_d	t_W	e	U	t_d	n
	-20.0				**-19.9**				**-19.8**				**-19.7**				**-19.6**				
7	-21.5	0.0	1	-64.6	-21.4	0.0	2	-59.9	-21.3	0.0	2	-56.9	-21.2	0.0	3	-54.6	-21.1	0.0	4	-52.8	7
6	-21.4	0.1	6	-48.2	-21.3	0.1	7	-47.2	-21.2	0.1	7	-46.4	-21.1	0.1	8	-45.6	**-21.0**	0.1	9	-44.8	6
6	-21.3	0.1	12	-42.5	-21.2	0.2	12	-41.9	-21.1	0.2	13	-41.4	**-21.0**	0.2	13	-40.9	-20.9	0.2	14	-40.4	6
5	-21.2	0.2	17	-38.8	-21.1	0.2	18	-38.4	**-21.0**	0.2	18	-38.0	-20.9	0.2	19	-37.7	-20.8	0.2	19	-37.3	5
5	-21.1	0.3	22	-36.1	**-21.0**	0.3	23	-35.8	-20.9	0.3	23	-35.5	-20.8	0.3	24	-35.2	-20.7	0.3	24	-34.9	5
4	**-21.0**	0.3	28	-33.9	-20.9	0.4	28	-33.7	-20.8	0.4	29	-33.4	-20.7	0.4	29	-33.1	-20.6	0.4	30	-32.9	4
4	-20.9	0.4	33	-32.1	-20.8	0.4	34	-31.9	-20.7	0.4	34	-31.6	-20.6	0.4	35	-31.4	-20.5	0.5	35	-31.2	4
3	-20.8	0.5	39	-30.5	-20.7	0.5	39	-30.3	-20.6	0.5	39	-30.1	-20.5	0.5	40	-29.9	-20.4	0.5	40	-29.7	3
3	-20.7	0.6	44	-29.1	-20.6	0.6	44	-28.9	-20.5	0.6	45	-28.8	-20.4	0.6	45	-28.6	-20.3	0.6	46	-28.4	3
3	-20.6	0.6	50	-27.9	-20.5	0.6	50	-27.7	-20.4	0.6	50	-27.5	-20.3	0.6	50	-27.4	-20.2	0.7	51	-27.2	3
2	-20.5	0.7	55	-26.7	-20.4	0.7	55	-26.6	-20.3	0.7	56	-26.4	-20.2	0.7	56	-26.3	-20.1	0.7	56	-26.1	2
2	-20.4	0.8	60	-25.7	-20.3	0.8	61	-25.6	-20.2	0.8	61	-25.4	-20.1	0.8	61	-25.3	**-20.0**	0.8	61	-25.1	2
1	-20.3	0.8	66	-24.7	-20.2	0.8	66	-24.6	-20.1	0.8	66	-24.5	**-20.0**	0.9	66	-24.4	-19.9	0.9	67	-24.2	1
1	-20.2	0.9	71	-23.9	-20.1	0.9	71	-23.7	**-20.0**	0.9	72	-23.6	-19.9	0.9	72	-23.5	-19.8	0.9	72	-23.4	1
0	-20.1	1.0	77	-23.0	**-20.0**	1.0	77	-22.9	-19.9	1.0	77	-22.8	-19.8	1.0	77	-22.7	-19.7	1.0	77	-22.6	0
0	**-20.0**	1.0	82	-22.2	-19.9	1.0	82	-22.1	-19.8	1.1	82	-22.0	-19.7	1.1	83	-21.9	-19.6	1.1	83	-21.8	0
0	-19.9	1.1	88	-21.5	-19.8	1.1	88	-21.4	-19.7	1.1	88	-21.3	-19.6	1.1	88	-21.2	-19.5	1.1	88	-21.1	0
-1	-19.8	1.2	93	-20.8	-19.7	1.2	93	-20.7	-19.6	1.2	93	-20.6	-19.5	1.2	93	-20.5	-19.4	1.2	93	-20.4	-1
-1	-19.7	1.2	99	-20.1	-19.6	1.2	99	-20.1	-19.5	1.3	99	-20.0	-19.4	1.3	99	-19.9	-19.3	1.3	99	-19.8	-1
	-19.5				**-19.4**				**-19.3**				**-19.2**				**-19.1**				
7													-20.8	0.0	1	-62.2	-20.7	0.0	2	-58.3	7
6	**-21.0**	0.1	4	-51.3	-20.9	0.1	5	-50.0	-20.8	0.1	5	-48.8	-20.7	0.1	6	-47.7	-20.6	0.1	7	-46.7	6
6	-20.9	0.1	9	-44.1	-20.8	0.1	10	-43.4	-20.7	0.1	11	-42.8	-20.6	0.2	11	-42.2	-20.5	0.2	12	-41.6	6
6	-20.8	0.2	15	-39.9	-20.7	0.2	15	-39.5	-20.6	0.2	16	-39.0	-20.5	0.2	16	-38.6	-20.4	0.2	17	-38.2	6
5	-20.7	0.3	20	-36.9	-20.6	0.3	20	-36.6	-20.5	0.3	21	-36.2	-20.4	0.3	21	-35.9	-20.3	0.3	22	-35.6	5
5	-20.6	0.3	25	-34.6	-20.5	0.3	25	-34.3	-20.4	0.3	26	-34.0	-20.3	0.4	26	-33.7	-20.2	0.4	27	-33.5	5
4	-20.5	0.4	30	-32.6	-20.4	0.4	31	-32.4	-20.3	0.4	31	-32.2	-20.2	0.4	32	-31.9	-20.1	0.4	32	-31.7	4
4	-20.4	0.5	35	-31.0	-20.3	0.5	36	-30.8	-20.2	0.5	36	-30.6	-20.1	0.5	37	-30.3	**-20.0**	0.5	37	-30.1	4
3	-20.3	0.5	41	-29.5	-20.2	0.5	41	-29.3	-20.1	0.6	41	-29.1	**-20.0**	0.6	42	-29.0	-19.9	0.6	42	-28.8	3
3	-20.2	0.6	46	-28.2	-20.1	0.6	46	-28.1	**-20.0**	0.6	47	-27.9	-19.9	0.6	47	-27.7	-19.8	0.6	47	-27.5	3
3	-20.1	0.7	51	-27.1	**-20.0**	0.7	51	-26.9	-19.9	0.7	52	-26.7	-19.8	0.7	52	-26.6	-19.7	0.7	52	-26.4	3
2	**-20.0**	0.7	56	-26.0	-19.9	0.7	57	-25.8	-19.8	0.8	57	-25.7	-19.7	0.8	57	-25.6	-19.6	0.8	57	-25.4	2
2	-19.9	0.8	62	-25.0	-19.8	0.8	62	-24.9	-19.7	0.8	62	-24.7	-19.6	0.8	62	-24.6	-19.5	0.8	63	-24.5	2
1	-19.8	0.9	67	-24.1	-19.7	0.9	67	-24.0	-19.6	0.9	67	-23.8	-19.5	0.9	67	-23.7	-19.4	0.9	68	-23.6	1
1	-19.7	0.9	72	-23.2	-19.6	1.0	72	-23.1	-19.5	1.0	72	-23.0	-19.4	1.0	73	-22.9	-19.3	1.0	73	-22.8	1
0	-19.6	1.0	77	-22.4	-19.5	1.0	78	-22.3	-19.4	1.0	78	-22.2	-19.3	1.0	78	-22.1	-19.2	1.1	78	-22.0	0
0	-19.5	1.1	83	-21.7	-19.4	1.1	83	-21.6	-19.3	1.1	83	-21.5	-19.2	1.1	83	-21.4	-19.1	1.1	83	-21.3	0
0	-19.4	1.2	88	-21.0	-19.3	1.2	88	-20.9	-19.2	1.2	88	-20.8	-19.1	1.2	88	-20.7	**-19.0**	1.2	88	-20.6	0
-1	-19.3	1.2	93	-20.3	-19.2	1.2	93	-20.2	-19.1	1.2	93	-20.1	**-19.0**	1.3	93	-20.0	-18.9	1.3	93	-19.9	-1
-1	-19.2	1.3	99	-19.7	-19.1	1.3	99	-19.6	**-19.0**	1.3	98	-19.5	-18.9	1.3	98	-19.4	-18.8	1.3	98	-19.3	-1
	-19.0				**-18.9**				**-18.8**				**-18.7**				**-18.6**				
7	-20.6	0.0	2	-55.6	-20.5	0.0	3	-53.5	-20.4	0.1	4	-51.8	-20.3	0.1	4	-50.3	-20.2	0.1	5	-49.0	7
6	-20.5	0.1	7	-45.9	-20.4	0.1	8	-45.0	-20.3	0.1	9	-44.3	-20.2	0.1	9	-43.6	-20.1	0.1	10	-42.9	6
6	-20.4	0.2	12	-41.1	-20.3	0.2	13	-40.5	-20.2	0.2	14	-40.0	-20.1	0.2	14	-39.5	**-20.0**	0.2	15	-39.1	6
6	-20.3	0.2	17	-37.8	-20.2	0.2	18	-37.4	-20.1	0.3	19	-37.0	**-20.0**	0.3	19	-36.6	-19.9	0.3	20	-36.3	6
5	-20.2	0.3	22	-35.2	-20.1	0.3	23	-34.9	**-20.0**	0.3	23	-34.6	-19.9	0.3	24	-34.3	-19.8	0.3	24	-34.0	5
5	-20.1	0.4	27	-33.2	**-20.0**	0.4	28	-32.9	-19.9	0.4	28	-32.7	-19.8	0.4	29	-32.4	-19.7	0.4	29	-32.1	5
4	**-20.0**	0.4	32	-31.4	-19.9	0.5	33	-31.2	-19.8	0.5	33	-31.0	-19.7	0.5	34	-30.8	-19.6	0.5	34	-30.5	4
4	-19.9	0.5	37	-29.9	-19.8	0.5	38	-29.7	-19.7	0.5	38	-29.5	-19.6	0.5	39	-29.3	-19.5	0.6	39	-29.1	4
3	-19.8	0.6	43	-28.6	-19.7	0.6	43	-28.4	-19.6	0.6	43	-28.2	-19.5	0.6	44	-28.0	-19.4	0.6	44	-27.8	3
3	-19.7	0.7	48	-27.4	-19.6	0.7	48	-27.2	-19.5	0.7	48	-27.0	-19.4	0.7	49	-26.9	-19.3	0.7	49	-26.7	3
3	-19.6	0.7	53	-26.3	-19.5	0.7	53	-26.1	-19.4	0.7	53	-26.0	-19.3	0.8	54	-25.8	-19.2	0.8	54	-25.6	3
2	-19.5	0.8	58	-25.3	-19.4	0.8	58	-25.1	-19.3	0.8	58	-25.0	-19.2	0.8	58	-24.8	-19.1	0.8	59	-24.7	2
2	-19.4	0.9	63	-24.3	-19.3	0.9	63	-24.2	-19.2	0.9	63	-24.1	-19.1	0.9	63	-23.9	**-19.0**	0.9	64	-23.8	2
1	-19.3	0.9	68	-23.5	-19.2	0.9	68	-23.3	-19.1	0.9	68	-23.2	**-19.0**	1.0	68	-23.1	-18.9	1.0	69	-22.9	1
1	-19.2	1.0	73	-22.6	-19.1	1.0	73	-22.5	**-19.0**	1.0	73	-22.4	-18.9	1.0	73	-22.3	-18.8	1.0	74	-22.2	1
0	-19.1	1.1	78	-21.9	**-19.0**	1.1	78	-21.8	-18.9	1.1	78	-21.6	-18.8	1.1	78	-21.5	-18.7	1.1	78	-21.4	0
0	**-19.0**	1.1	83	-21.1	-18.9	1.1	83	-21.0	-18.8	1.2	83	-20.9	-18.7	1.2	83	-20.8	-18.6	1.2	83	-20.7	0
0	-18.9	1.2	88	-20.5	-18.8	1.2	88	-20.4	-18.7	1.2	88	-20.3	-18.6	1.2	88	-20.1	-18.5	1.2	88	-20.0	0
-1	-18.8	1.3	93	-19.8	-18.7	1.3	93	-19.7	-18.6	1.3	93	-19.6	-18.5	1.3	93	-19.5	-18.4	1.3	93	-19.4	-1
-1	-18.7	1.3	98	-19.2	-18.6	1.4	98	-19.1	-18.5	1.4	98	-19.0	-18.4	1.4	98	-18.9	-18.3	1.4	98	-18.8	-1
	-18.5				**-18.4**				**-18.3**				**-18.2**				**-18.1**				
7	-20.2	0.0	1	-63.3	-20.1	0.0	2	-58.8	**-20.0**	0.0	2	-55.8	-19.9	0.0	3	-53.6	-19.8	0.1	4	-51.7	7
7	-20.1	0.1	6	-47.9	**-20.0**	0.1	6	-46.8	-19.9	0.1	7	-45.9	-19.8	0.1	8	-45.0	-19.7	0.1	8	-44.2	7
6	**-20.0**	0.1	10	-42.2	-19.9	0.2	11	-41.6	-19.8	0.2	12	-41.0	-19.7	0.2	12	-40.5	-19.6	0.2	13	-40.0	6
6	-19.9	0.2	15	-38.6	-19.8	0.2	16	-38.2	-19.7	0.2	16	-37.7	-19.6	0.2	17	-37.3	-19.5	0.3	18	-36.9	6
6	-19.8	0.3	20	-35.9	-19.7	0.3	21	-35.5	-19.6	0.3	21	-35.2	-19.5	0.3	22	-34.9	-19.4	0.3	22	-34.5	6

n	t_W	e	U	t_d	t_W	e	U	t_d	t_W	e	U	t_d	t_W	e	U	t_d	t_W	e	U	t_d	n
	-18.5				**-18.4**				**-18.3**				**-18.2**				**-18.1**				
5	-19.7	0.4	25	-33.7	-19.6	0.4	25	-33.4	-19.5	0.4	26	-33.1	-19.4	0.4	26	-32.0	-19.3	0.4	27	-32.6	5
5	-19.6	0.4	30	-31.9	-19.5	0.4	30	-31.6	-19.4	0.4	31	-31.4	-19.3	0.5	31	-31.1	-19.2	0.5	32	-30.9	5
4	-19.5	0.5	35	-30.3	-19.4	0.5	35	-30.1	-19.3	0.5	36	-29.9	-19.2	0.5	36	-29.7	-19.1	0.5	36	-29.4	4
4	-19.4	0.6	40	-28.9	-19.3	0.6	40	-28.7	-19.2	0.6	40	-28.5	-19.1	0.6	41	-28.3	**-19.0**	0.6	41	-28.1	4
3	-19.3	0.6	44	-27.7	-19.2	0.6	45	-27.5	-19.1	0.7	45	-27.3	**-19.0**	0.7	45	-27.1	-18.9	0.7	46	-27.0	3
3	-19.2	0.7	49	-26.5	-19.1	0.7	50	-26.4	**-19.0**	0.7	50	-26.2	-18.9	0.7	50	-26.0	-18.8	0.7	51	-25.9	3
3	-19.1	0.8	54	-25.5	**-19.0**	0.8	54	-25.3	-18.9	0.8	55	-25.2	-18.8	0.8	55	-25.0	-18.7	0.8	55	-24.9	3
2	**-19.0**	0.8	59	-24.5	-18.9	0.9	59	-24.4	-18.8	0.9	60	-24.3	-18.7	0.9	60	-24.1	-18.6	0.9	60	-24.0	2
2	-18.9	0.9	64	-23.6	-18.8	0.9	64	-23.5	-18.7	0.9	64	-23.4	-18.6	0.9	65	-23.2	-18.5	1.0	65	-23.1	2
1	-18.8	1.0	69	-22.8	-18.7	1.0	69	-22.7	-18.6	1.0	69	-22.6	-18.5	1.0	69	-22.4	-18.4	1.0	70	-22.3	1
1	-18.7	1.1	74	-22.0	-18.6	1.1	74	-21.9	-18.5	1.1	74	-21.8	-18.4	1.1	74	-21.7	-18.3	1.1	74	-21.6	1
0	-18.6	1.1	79	-21.3	-18.5	1.1	79	-21.2	-18.4	1.1	79	-21.1	-18.3	1.2	79	-21.0	-18.2	1.2	79	-20.8	0
0	-18.5	1.2	83	-20.6	-18.4	1.2	84	-20.5	-18.3	1.2	84	-20.4	-18.2	1.2	84	-20.3	-18.1	1.2	84	-20.2	0
0	-18.4	1.3	88	-19.9	-18.3	1.3	88	-19.8	-18.2	1.3	89	-19.7	-18.1	1.3	89	-19.6	**-18.0**	1.3	89	-19.5	0
-1	-18.3	1.3	93	-19.3	-18.2	1.3	93	-19.2	-18.1	1.4	93	-19.1	**-18.0**	1.4	93	-19.0	-17.9	1.4	93	-18.9	-1
-1	-18.2	1.4	98	-18.7	-18.1	1.4	98	-18.6	**-18.0**	1.4	98	-18.5	-17.9	1.4	98	-18.4	-17.8	1.4	98	-18.3	-1
	-18.0				**-17.9**				**-17.8**				**-17.7**				**-17.6**				
8									-19.6	0.0	1	-62.7	-19.5	0.0	2	-58.2	-19.4	0.0	2	-55.3	8
7	-19.7	0.1	4	-50.2	-19.6	0.1	5	-48.9	-19.5	0.1	5	-47.7	-19.4	0.1	6	-46.6	-19.3	0.1	7	-45.7	7
7	-19.6	0.1	9	-43.5	-19.5	0.1	9	-42.8	-19.4	0.2	10	-42.1	-19.3	0.2	11	-41.5	-19.2	0.2	11	-40.9	7
6	-19.5	0.2	13	-39.5	-19.4	0.2	14	-39.0	-19.3	0.2	15	-38.5	-19.2	0.2	15	-38.0	-19.1	0.2	16	-37.6	6
6	-19.4	0.3	18	-36.5	-19.3	0.3	19	-36.2	-19.2	0.3	19	-35.8	-19.1	0.3	20	-35.4	**-19.0**	0.3	20	-35.1	6
5	-19.3	0.3	23	-34.2	-19.2	0.3	23	-33.9	-19.1	0.4	24	-33.6	**-19.0**	0.4	24	-33.3	-18.9	0.4	25	-33.0	5
5	-19.2	0.4	27	-32.3	-19.1	0.4	28	-32.0	**-19.0**	0.4	28	-31.8	-18.9	0.4	29	-31.5	-18.8	0.5	29	-31.3	5
5	-19.1	0.5	32	-30.7	**-19.0**	0.5	33	-30.4	-18.9	0.5	33	-30.2	-18.8	0.5	33	-30.0	-18.7	0.5	34	-29.7	5
4	**-19.0**	0.5	37	-29.2	-18.9	0.6	37	-29.0	-18.8	0.6	38	-28.8	-18.7	0.6	38	-28.6	-18.6	0.6	38	-28.4	4
4	-18.9	0.6	41	-27.9	-18.8	0.6	42	-27.8	-18.7	0.6	42	-27.6	-18.6	0.6	43	-27.4	-18.5	0.7	43	-27.2	4
3	-18.8	0.7	46	-26.8	-18.7	0.7	46	-26.6	-18.6	0.7	47	-26.4	-18.5	0.7	47	-26.3	-18.4	0.7	48	-26.1	3
3	-18.7	0.8	51	-25.7	-18.6	0.8	51	-25.6	-18.5	0.8	51	-25.4	-18.4	0.8	52	-25.2	-18.3	0.8	52	-25.1	3
3	-18.6	0.8	56	-24.7	-18.5	0.8	56	-24.6	-18.4	0.8	56	-24.4	-18.3	0.9	56	-24.3	-18.2	0.9	57	-24.1	3
2	-18.5	0.9	60	-23.8	-18.4	0.9	61	-23.7	-18.3	0.9	61	-23.5	-18.2	0.9	61	-23.4	-18.1	0.9	61	-23.3	2
2	-18.4	1.0	65	-23.0	-18.3	1.0	65	-22.8	-18.2	1.0	65	-22.7	-18.1	1.0	66	-22.6	**-18.0**	1.0	66	-22.4	2
1	-18.3	1.0	70	-22.2	-18.2	1.0	70	-22.1	-18.1	1.1	70	-21.9	**-18.0**	1.1	70	-21.8	-17.9	1.1	70	-21.7	1
1	-18.2	1.1	74	-21.4	-18.1	1.1	75	-21.3	**-18.0**	1.1	75	-21.2	-17.9	1.1	75	-21.1	-17.8	1.2	75	-21.0	1
0	-18.1	1.2	79	-20.7	**-18.0**	1.2	79	-20.6	-17.9	1.2	79	-20.5	-17.8	1.2	80	-20.4	-17.7	1.2	80	-20.3	0
0	**-18.0**	1.2	84	-20.1	-17.9	1.3	84	-19.9	-17.8	1.3	84	-19.8	-17.7	1.3	84	-19.7	-17.6	1.3	84	-19.6	0
0	-17.9	1.3	89	-19.4	-17.8	1.3	89	-19.3	-17.7	1.3	89	-19.2	-17.6	1.4	89	-19.1	-17.5	1.4	89	-19.0	0
-1	-17.8	1.4	93	-18.8	-17.7	1.4	93	-18.7	-17.6	1.4	93	-18.6	-17.5	1.4	93	-18.5	-17.4	1.4	93	-18.4	-1
-1	-17.7	1.5	98	-18.2	-17.6	1.5	98	-18.1	-17.5	1.5	98	-18.0	-17.4	1.5	98	-17.9	-17.3	1.5	98	-17.8	-1
	-17.5				**-17.4**				**-17.3**				**-17.2**				**-17.1**				
8																	**-19.0**	0.0	1	-60.5	8
8	-19.3	0.0	3	-53.0	-19.2	0.1	4	-51.2	-19.1	0.1	4	-49.7	**-19.0**	0.1	5	-48.4	-18.9	0.1	5	-47.2	8
7	-19.2	0.1	7	-44.8	-19.1	0.1	8	-43.9	**-19.0**	0.1	9	-43.2	-18.9	0.1	9	-42.4	-18.8	0.2	10	-41.8	7
7	-19.1	0.2	12	-40.3	**-19.0**	0.2	12	-39.7	-18.9	0.2	13	-39.2	-18.8	0.2	14	-38.7	-18.7	0.2	14	-38.2	7
6	**-19.0**	0.3	16	-37.2	-18.9	0.3	17	-36.7	-18.8	0.3	17	-36.3	-18.7	0.3	18	-35.9	-18.6	0.3	19	-35.6	6
6	-18.9	0.3	21	-34.7	-18.8	0.3	21	-34.4	-18.7	0.3	22	-34.6	-18.6	0.4	22	-33.7	-18.5	0.4	23	-33.4	6
5	-18.8	0.4	25	-32.7	-18.7	0.4	26	-32.4	-18.6	0.4	26	-32.1	-18.5	0.4	27	-31.9	-18.4	0.4	27	-31.6	5
5	-18.7	0.5	30	-31.0	-18.6	0.5	30	-30.8	-18.5	0.5	31	-30.5	-18.4	0.5	31	-30.3	-18.3	0.5	32	-30.0	5
5	-18.6	0.5	34	-29.5	-18.5	0.5	35	-29.3	-18.4	0.6	35	-29.1	-18.3	0.6	36	-28.9	-18.2	0.6	36	-28.6	5
4	-18.5	0.6	39	-28.2	-18.4	0.6	39	-28.0	-18.3	0.6	40	-27.8	-18.2	0.6	40	-27.6	-18.1	0.6	40	-27.4	4
4	-18.4	0.7	43	-27.0	-18.3	0.7	44	-26.8	-18.2	0.7	44	-26.6	-18.1	0.7	44	-26.5	**-18.0**	0.7	45	-26.3	4
3	-18.3	0.7	48	-25.9	-18.2	0.8	48	-25.7	-18.1	0.8	49	-25.6	**-18.0**	0.8	49	-25.4	-17.9	0.8	49	-25.2	3
3	-18.2	0.8	52	-24.9	-18.1	0.8	53	-24.8	**-18.0**	0.8	53	-24.6	-17.9	0.8	53	-24.4	-17.8	0.9	54	-24.3	3
2	-18.1	0.9	57	-24.0	**-18.0**	0.9	57	-23.8	-17.9	0.9	57	-23.7	-17.8	0.9	58	-23.5	-17.7	0.9	58	-23.4	2
2	**-18.0**	1.0	61	-23.1	-17.9	1.0	62	-23.0	-17.8	1.0	62	-22.8	-17.7	1.0	62	-22.7	-17.6	1.0	62	-22.6	2
2	-17.9	1.0	66	-22.3	-17.8	1.0	66	-22.2	-17.7	1.0	66	-22.1	-17.6	1.1	67	-21.9	-17.5	1.1	67	-21.8	2
1	-17.8	1.1	71	-21.6	-17.7	1.1	71	-21.4	-17.6	1.1	71	-21.3	-17.5	1.1	71	-21.2	-17.4	1.1	71	-21.1	1
1	-17.7	1.2	75	-20.8	-17.6	1.2	75	-20.7	-17.5	1.2	75	-20.6	-17.4	1.2	76	-20.5	-17.3	1.2	76	-20.4	1
0	-17.6	1.2	80	-20.2	-17.5	1.2	80	-20.0	-17.4	1.3	80	-19.9	-17.3	1.3	80	-19.8	-17.2	1.3	80	-19.7	0
0	-17.5	1.3	84	-19.5	-17.4	1.3	84	-19.4	-17.3	1.3	84	-19.3	-17.2	1.3	85	-19.2	-17.1	1.4	85	-19.1	0
0	-17.4	1.4	89	-18.9	-17.3	1.4	89	-18.8	-17.2	1.4	89	-18.7	-17.1	1.4	89	-18.6	**-17.0**	1.4	89	-18.5	0
-1	-17.3	1.5	93	-18.3	-17.2	1.5	94	-18.2	-17.1	1.5	94	-18.1	**-17.0**	1.5	94	-18.0	-16.9	1.5	94	-17.9	-1
-1	-17.2	1.5	98	-17.7	-17.1	1.5	98	-17.6	**-17.0**	1.5	98	-17.5	-16.9	1.6	98	-17.4	-16.8	1.6	98	-17.3	-1
	-17.0				**-16.9**				**-16.8**				**-16.7**				**-16.6**				
8	-18.9	0.0	2	-56.7	-18.8	0.0	2	-54.0	-18.7	0.1	3	-52.0	-18.6	0.1	4	-50.2	-18.5	0.1	4	-48.8	8
8	-18.8	0.1	6	-46.1	-18.7	0.1	7	-45.1	-18.6	0.1	7	-44.2	-18.5	0.1	8	-43.4	-18.4	0.1	9	-42.6	8
7	-18.7	0.2	10	-41.1	-18.6	0.2	11	-40.5	-18.5	0.2	12	-39.9	-18.4	0.2	12	-39.4	-18.3	0.2	13	-38.8	7

n	t_W	e	U	t_d	t_W	e	U	t_d	t_W	e	U	t_d	t_W	e	U	t_d	t_W	e	U	t_d	n
	-17.0				**-16.9**				**-16.8**				**-16.7**				**-16.6**				
7	-18.6	0.2	15	-37.8	-18.5	0.2	15	-37.3	-18.4	0.3	16	-36.9	-18.3	0.3	16	-36.4	-18.2	0.3	17	-36.0	7
6	-18.5	0.3	19	-35.2	-18.4	0.3	20	-34.8	-18.3	0.3	20	-34.5	-18.2	0.3	21	-34.1	-18.1	0.4	21	-33.8	6
6	-18.4	0.4	23	-33.1	-18.3	0.4	24	-32.8	-18.2	0.4	24	-32.5	-18.1	0.4	25	-32.2	**-18.0**	0.4	25	-31.9	6
5	-18.3	0.4	28	-31.3	-18.2	0.5	28	-31.1	-18.1	0.5	29	-30.8	**-18.0**	0.5	29	-30.5	-17.9	0.5	30	-30.3	5
5	-18.2	0.5	32	-29.8	-18.1	0.5	33	-29.6	**-18.0**	0.5	33	-29.3	-17.9	0.6	33	-29.1	-17.8	0.6	34	-28.9	5
5	-18.1	0.6	36	-28.4	**-18.0**	0.6	37	-28.2	-17.9	0.6	37	-28.0	-17.8	0.6	38	-27.8	-17.7	0.6	38	-27.6	5
4	**-18.0**	0.7	41	-27.2	-17.9	0.7	41	-27.0	-17.8	0.7	42	-26.8	-17.7	0.7	42	-26.6	-17.6	0.7	42	-26.4	4
4	-17.9	0.7	45	-26.1	-17.8	0.7	45	-25.9	-17.7	0.8	46	-25.7	-17.6	0.8	46	-25.6	-17.5	0.8	47	-25.4	4
3	-17.8	0.8	50	-25.1	-17.7	0.8	50	-24.9	-17.6	0.8	50	-24.7	-17.5	0.8	50	-24.6	-17.4	0.9	51	-24.4	3
3	-17.7	0.9	54	-24.1	-17.6	0.9	54	-24.0	-17.5	0.9	54	-23.8	-17.4	0.9	55	-23.7	-17.3	0.9	55	-23.5	3
2	-17.6	0.9	58	-23.3	-17.5	1.0	59	-23.1	-17.4	1.0	59	-23.0	-17.3	1.0	59	-22.8	-17.2	1.0	59	-22.7	2
2	-17.5	1.0	63	-22.4	-17.4	1.0	63	-22.3	-17.3	1.0	63	-22.2	-17.2	1.1	63	-22.0	-17.1	1.1	64	-21.9	2
2	-17.4	1.1	67	-21.7	-17.3	1.1	67	-21.5	-17.2	1.1	67	-21.4	-17.1	1.1	68	-21.3	**-17.0**	1.1	68	-21.1	2
1	-17.3	1.2	71	-20.9	-17.2	1.2	72	-20.8	-17.1	1.2	72	-20.7	**-17.0**	1.2	72	-20.6	-16.9	1.2	72	-20.4	1
1	-17.2	1.2	76	-20.2	-17.1	1.2	76	-20.1	**-17.0**	1.3	76	-20.0	-16.9	1.3	76	-19.9	-16.8	1.3	76	-19.8	1
0	-17.1	1.3	80	-19.6	**-17.0**	1.3	80	-19.5	-16.9	1.3	81	-19.4	-16.8	1.3	81	-19.2	-16.7	1.4	81	-19.1	0
0	**-17.0**	1.4	85	-19.0	-16.9	1.4	85	-18.8	-16.8	1.4	85	-18.7	-16.7	1.4	85	-18.6	-16.6	1.4	85	-18.5	0
0	-16.9	1.4	89	-18.4	-16.8	1.5	89	-18.3	-16.7	1.5	89	-18.1	-16.6	1.5	89	-18.0	-16.5	1.5	89	-17.9	0
-1	-16.8	1.5	94	-17.8	-16.7	1.5	94	-17.7	-16.6	1.5	94	-17.6	-16.5	1.6	94	-17.5	-16.4	1.6	94	-17.4	-1
-1	-16.7	1.6	98	-17.2	-16.6	1.6	98	-17.1	-16.5	1.6	98	-17.0	-16.4	1.6	98	-16.9	-16.3	1.6	98	-16.8	-1
	-16.5				**-16.4**				**-16.3**				**-16.2**				**-16.1**				
8	-18.5	0.0	1	-62.2	-18.4	0.0	2	-57.6	-18.3	0.0	2	-54.6	-18.2	0.0	3	-52.3	-18.1	0.1	3	-50.5	8
8	-18.4	0.1	5	-47.5	-18.3	0.1	6	-46.3	-18.2	0.1	6	-45.3	-18.1	0.1	7	-44.4	**-18.0**	0.1	7	-43.5	8
8	-18.3	0.2	9	-41.9	-18.2	0.2	10	-41.2	-18.1	0.2	10	-40.6	**-18.0**	0.2	11	-40.0	-17.9	0.2	12	-39.4	8
7	-18.2	0.2	13	-38.3	-18.1	0.2	14	-37.8	**-18.0**	0.2	14	-37.3	-17.9	0.3	15	-36.9	-17.8	0.3	16	-36.4	7
7	-18.1	0.3	18	-35.6	**-18.0**	0.3	18	-35.2	-17.9	0.3	19	-34.8	-17.8	0.3	19	-34.5	-17.7	0.3	20	-34.1	7
6	**-18.0**	0.4	22	-33.4	-17.9	0.4	22	-33.1	-17.8	0.4	23	-32.8	-17.7	0.4	23	-32.5	-17.6	0.4	24	-32.2	6
6	-17.9	0.4	26	-31.6	-17.8	0.4	26	-31.3	-17.7	0.5	27	-31.0	-17.6	0.5	27	-30.8	-17.5	0.5	28	-30.5	6
5	-17.8	0.5	30	-30.0	-17.7	0.5	31	-29.8	-17.6	0.5	31	-29.5	-17.5	0.5	31	-29.3	-17.4	0.6	32	-29.1	5
5	-17.7	0.6	34	-28.6	-17.6	0.6	35	-28.4	-17.5	0.6	35	-28.2	-17.4	0.6	36	-28.0	-17.3	0.6	36	-27.8	5
5	-17.6	0.6	38	-27.4	-17.5	0.7	39	-27.2	-17.4	0.7	39	-27.9	-17.3	0.7	40	-26.8	-17.2	0.7	40	-26.6	5
4	-17.5	0.7	43	-26.3	-17.4	0.7	43	-26.1	-17.3	0.7	43	-25.9	-17.2	0.8	44	-25.7	-17.1	0.8	44	-25.5	4
4	-17.4	0.8	47	-25.2	-17.3	0.8	47	-25.0	-17.2	0.8	48	-24.9	-17.1	0.8	48	-24.7	**-17.0**	0.8	48	-24.5	4
3	-17.3	0.9	51	-24.3	-17.2	0.9	51	-24.1	-17.1	0.9	52	-23.9	**-17.0**	0.9	52	-23.8	-16.9	0.9	52	-23.6	3
3	-17.2	0.9	55	-23.4	-17.1	0.9	56	-23.2	**-17.0**	1.0	56	-23.1	-16.9	1.0	56	-22.9	-16.8	1.0	56	-22.8	3
2	-17.1	1.0	60	-22.5	**-17.0**	1.0	60	-22.4	-16.9	1.0	60	-22.2	-16.8	1.0	60	-22.1	-16.7	1.1	61	-22.0	2
2	**-17.0**	1.1	64	-21.7	-16.9	1.1	64	-21.6	-16.8	1.1	64	-21.5	-16.7	1.1	65	-21.3	-16.6	1.1	65	-21.2	2
2	-16.9	1.1	68	-21.0	-16.8	1.2	68	-20.9	-16.7	1.2	68	-20.8	-16.6	1.2	69	-20.6	-16.5	1.2	69	-20.5	2
1	-16.8	1.2	72	-20.3	-16.7	1.2	73	-20.2	-16.6	1.2	73	-20.1	-16.5	1.3	73	-19.9	-16.4	1.3	73	-19.8	1
1	-16.7	1.3	77	-19.6	-16.6	1.3	77	-19.5	-16.5	1.3	77	-19.4	-16.4	1.3	77	-19.3	-16.3	1.3	77	-19.2	1
0	-16.6	1.4	81	-19.0	-16.5	1.4	81	-18.9	-16.4	1.4	81	-18.8	-16.3	1.4	81	-18.7	-16.2	1.4	81	-18.6	0
0	-16.5	1.4	85	-18.4	-16.4	1.5	85	-18.3	-16.3	1.5	85	-18.2	-16.2	1.5	85	-18.1	-16.1	1.5	85	-18.0	0
0	-16.4	1.5	89	-17.8	-16.3	1.5	89	-17.7	-16.2	1.5	90	-17.6	-16.1	1.6	90	-17.5	**-16.0**	1.6	90	-17.4	0
-1	-16.3	1.6	94	-17.3	-16.2	1.6	94	-17.2	-16.1	1.6	94	-17.1	**-16.0**	1.6	94	-17.0	-15.9	1.6	94	-16.9	-1
-1	-16.2	1.7	98	-16.7	-16.1	1.7	98	-16.6	**-16.0**	1.7	98	-16.5	-15.9	1.7	98	-16.4	-15.8	1.7	98	-16.3	-1
	-16.0				**-15.9**				**-15.8**				**-15.7**				**-15.6**				
9					**-18.0**	0.0	1	-62.8	-17.9	0.0	1	-57.8	-17.8	0.0	2	-54.6	-17.7	0.0	3	-52.2	9
8	**-18.0**	0.1	4	-48.9	-17.9	0.1	5	-47.6	-17.8	0.1	5	-46.4	-17.7	0.1	6	-45.3	-17.6	0.1	7	-44.3	8
8	-17.9	0.1	8	-42.7	-17.8	0.2	9	-41.9	-17.7	0.2	9	-41.2	-17.6	0.2	10	-40.5	-17.5	0.2	11	-39.9	8
7	-17.8	0.2	12	-38.8	-17.7	0.2	13	-38.3	-17.6	0.2	13	-37.8	-17.5	0.2	14	-37.3	-17.4	0.3	14	-36.8	7
7	-17.7	0.3	16	-36.0	-17.6	0.3	17	-35.6	-17.5	0.3	17	-35.2	-17.4	0.3	18	-34.8	-17.3	0.3	18	-34.4	7
7	-17.6	0.4	20	-33.7	-17.5	0.4	21	-33.4	-17.4	0.4	21	-33.1	-17.3	0.4	22	-32.7	-17.2	0.4	22	-32.4	7
6	-17.5	0.4	24	-31.9	-17.4	0.4	25	-31.6	-17.3	0.5	25	-31.3	-17.2	0.5	26	-31.0	-17.1	0.5	26	-30.7	6
6	-17.4	0.5	28	-30.2	-17.3	0.5	29	-30.0	-17.2	0.5	29	-29.7	-17.1	0.5	30	-29.5	**-17.0**	0.5	30	-29.2	6
5	-17.3	0.6	32	-28.8	-17.2	0.6	33	-28.6	-17.1	0.6	33	-28.3	**-17.0**	0.6	34	-28.1	-16.9	0.6	34	-27.9	5
5	-17.2	0.6	36	-27.5	-17.1	0.7	37	-27.3	**-17.0**	0.7	37	-27.1	-16.9	0.7	38	-26.9	-16.8	0.7	38	-26.7	5
5	-17.1	0.7	40	-26.4	**-17.0**	0.7	41	-26.2	-16.9	0.7	41	-26.0	-16.8	0.8	42	-25.8	-16.7	0.8	42	-25.6	5
4	**-17.0**	0.8	45	-25.3	-16.9	0.8	45	-25.1	-16.8	0.8	45	-25.0	-16.7	0.8	46	-24.8	-16.6	0.8	46	-24.6	4
4	-16.9	0.9	49	-24.4	-16.8	0.9	49	-24.2	-16.7	0.9	49	-24.0	-16.6	0.9	50	-23.9	-16.5	0.9	50	-23.7	4
3	-16.8	0.9	53	-23.5	-16.7	0.9	53	-23.3	-16.6	1.0	53	-23.1	-16.5	1.0	54	-23.0	-16.4	1.0	54	-22.8	3
3	-16.7	1.0	57	-22.6	-16.6	1.0	57	-22.5	-16.5	1.0	57	-22.3	-16.4	1.0	58	-22.2	-16.3	1.1	58	-22.0	3
2	-16.6	1.1	61	-21.8	-16.5	1.1	61	-21.7	-16.4	1.1	61	-21.5	-16.3	1.1	62	-21.4	-16.2	1.1	62	-21.3	2
2	-16.5	1.1	65	-21.1	-16.4	1.2	65	-20.9	-16.3	1.2	65	-20.8	-16.2	1.2	66	-20.7	-16.1	1.2	66	-20.5	2
2	-16.4	1.2	69	-20.4	-16.3	1.2	69	-20.2	-16.2	1.2	69	-20.1	-16.1	1.3	70	-20.0	**-16.0**	1.3	70	-19.9	2
1	-16.3	1.3	73	-19.7	-16.2	1.3	73	-19.6	-16.1	1.3	74	-19.4	**-16.0**	1.3	74	-19.3	-15.9	1.3	74	-19.2	1
1	-16.2	1.4	77	-19.1	-16.1	1.4	77	-18.9	**-16.0**	1.4	78	-18.8	-15.9	1.4	78	-18.7	-15.8	1.4	78	-18.6	1
0	-16.1	1.4	81	-18.4	**-16.0**	1.4	82	-18.3	-15.9	1.5	82	-18.2	-15.8	1.5	82	-18.1	-15.7	1.5	82	-18.0	0
0	**-16.0**	1.5	86	-17.9	-15.9	1.5	86	-17.7	-15.8	1.5	86	-17.6	-15.7	1.5	86	-17.5	-15.6	1.6	86	-17.4	0
0	-15.9	1.6	90	-17.3	-15.8	1.6	90	-17.2	-15.7	1.6	90	-17.1	-15.6	1.6	90	-17.0	-15.5	1.6	90	-16.9	0

n	t_W	e	U	t_d	t_W	e	U	t_d	t_W	e	U	t_d	t_W	e	U	t_d	t_W	e	U	t_d	n
	-16.0				**-15.9**				**-15.8**				**-15.7**				**-15.6**				
-1	-15.8	1.7	94	-16.8	-15.7	1.7	94	-16.7	-15.6	1.7	94	-16.6	-15.5	1.7	94	-16.5	-15.4	1.7	94	-16.3	-1
-1	-15.7	1.7	98	-16.2	-15.6	1.7	98	-16.1	-15.5	1.8	98	-16.0	-15.4	1.8	98	-15.9	-15.3	1.8	98	-15.8	-1
	-15.5				**-15.4**				**-15.3**				**-15.2**				**-15.1**				
9									-17.5	0.0	1	-62.0	-17.4	0.0	1	-57.2	-17.3	0.0	2	-54.1	9
9	-17.6	0.1	3	-50.3	-17.5	0.1	4	-48.7	-17.4	0.1	5	-47.3	-17.3	0.1	5	-46.1	-17.2	0.1	6	-45.0	9
8	-17.5	0.1	7	-43.4	-17.4	0.1	8	-42.6	-17.3	0.2	8	-41.8	-17.2	0.2	9	-41.0	-17.1	0.2	10	-40.4	8
8	-17.4	0.2	11	-39.3	-17.3	0.2	12	-38.7	-17.2	0.2	12	-38.2	-17.1	0.2	13	-37.6	**-17.0**	0.3	13	-37.1	8
7	-17.3	0.3	15	-36.3	-17.2	0.3	16	-35.9	-17.1	0.3	16	-35.5	**-17.0**	0.3	17	-35.0	-16.9	0.3	17	-34.6	7
7	-17.2	0.3	19	-34.0	-17.1	0.4	19	-33.6	**-17.0**	0.4	20	-33.3	-16.9	0.4	20	-32.9	-16.8	0.4	21	-32.6	7
7	-17.1	0.4	23	-32.1	**-17.0**	0.4	23	-31.8	-16.9	0.4	24	-31.5	-16.8	0.5	24	-31.1	-16.7	0.5	25	-30.8	7
6	**-17.0**	0.5	27	-30.4	-16.9	0.5	27	-30.1	-16.8	0.5	28	-29.9	-16.7	0.5	28	-29.6	-16.6	0.5	29	-29.3	6
6	-16.9	0.6	31	-29.0	-16.8	0.6	31	-28.7	-16.7	0.6	31	-28.5	-16.6	0.6	32	-28.2	-16.5	0.6	32	-28.0	6
5	-16.8	0.6	34	-27.7	-16.7	0.6	35	-27.4	-16.6	0.7	35	-27.2	-16.5	0.7	36	-27.0	-16.4	0.7	36	-26.8	5
5	-16.7	0.7	38	-26.5	-16.6	0.7	39	-26.3	-16.5	0.7	39	-26.1	-16.4	0.7	40	-25.9	-16.3	0.8	40	-25.7	5
4	-16.6	0.8	42	-25.4	-16.5	0.8	43	-25.2	-16.4	0.8	43	-25.0	-16.3	0.8	43	-24.9	-16.2	0.8	44	-24.7	4
4	-16.5	0.8	46	-24.4	-16.4	0.9	47	-24.3	-16.3	0.9	47	-24.1	-16.2	0.9	47	-23.9	-16.1	0.9	48	-23.7	4
4	-16.4	0.9	50	-23.5	-16.3	0.9	51	-23.4	-16.2	0.9	51	-23.2	-16.1	1.0	51	-23.0	**-16.0**	1.0	51	-22.9	4
3	-16.3	1.0	54	-22.7	-16.2	1.0	54	-22.5	-16.1	1.0	55	-22.4	**-16.0**	1.0	55	-22.2	-15.9	1.0	55	-22.1	3
3	-16.2	1.1	58	-21.9	-16.1	1.1	58	-21.7	**-16.0**	1.1	59	-21.6	-15.9	1.1	59	-21.4	-15.8	1.1	59	-21.3	3
2	-16.1	1.1	62	-21.1	**-16.0**	1.2	62	-21.0	-15.9	1.2	63	-20.8	-15.8	1.2	63	-20.7	-15.7	1.2	63	-20.6	2
2	**-16.0**	1.2	66	-20.4	-15.9	1.2	66	-20.3	-15.8	1.2	66	-20.1	-15.7	1.3	67	-20.0	-15.6	1.3	67	-19.9	2
2	-15.9	1.3	70	-19.7	-15.8	1.3	70	-19.6	-15.7	1.3	70	-19.5	-15.6	1.3	71	-19.3	-15.5	1.3	71	-19.2	2
1	-15.8	1.4	74	-19.1	-15.7	1.4	74	-19.0	-15.6	1.4	74	-18.8	-15.5	1.4	74	-18.7	-15.4	1.4	75	-18.6	1
1	-15.7	1.4	78	-18.5	-15.6	1.4	78	-18.3	-15.5	1.5	78	-18.2	-15.4	1.5	78	-18.1	-15.3	1.5	79	-18.0	1
0	-15.6	1.5	82	-17.9	-15.5	1.5	82	-17.8	-15.4	1.5	82	-17.6	-15.3	1.5	82	-17.5	-15.2	1.6	82	-17.4	0
0	-15.5	1.6	86	-17.3	-15.4	1.6	86	-17.2	-15.3	1.6	86	-17.1	-15.2	1.6	86	-17.0	-15.1	1.6	86	-16.9	0
0	-15.4	1.7	90	-16.8	-15.3	1.7	90	-16.7	-15.2	1.7	90	-16.6	-15.1	1.7	90	-16.4	**-15.0**	1.7	90	-16.3	0
-1	-15.3	1.7	94	-16.2	-15.2	1.7	94	-16.1	-15.1	1.8	94	-16.0	**-15.0**	1.8	94	-15.9	-14.9	1.8	94	-15.8	-1
-1	-15.2	1.8	98	-15.7	-15.1	1.8	98	-15.6	**-15.0**	1.8	98	-15.5	-14.9	1.8	98	-15.4	-14.8	1.9	98	-15.3	-1
	-15.0				**-14.9**				**-14.8**				**-14.7**				**-14.6**				
9													**-17.0**	0.0	1	-60.1	-16.9	0.0	2	-55.9	9
9	-17.2	0.1	3	-51.7	-17.1	0.1	3	-49.8	**-17.0**	0.1	4	-48.3	-16.9	0.1	5	-46.9	-16.8	0.1	5	-45.7	9
9	-17.1	0.1	6	-44.0	**-17.0**	0.1	7	-43.1	-16.9	0.1	8	-42.3	-16.8	0.2	8	-41.5	-16.7	0.2	9	-40.7	9
8	**-17.0**	0.2	10	-39.7	-16.9	0.2	11	-39.1	-16.8	0.2	11	-38.5	-16.7	0.2	12	-37.9	-16.6	0.2	13	-37.4	8
8	-16.9	0.3	14	-36.6	-16.8	0.3	15	-36.2	-16.7	0.3	15	-35.7	-16.6	0.3	16	-35.2	-16.5	0.3	16	-34.8	8
7	-16.8	0.3	18	-34.2	-16.7	0.4	18	-33.8	-16.6	0.4	19	-33.5	-16.5	0.4	19	-33.1	-16.4	0.4	20	-32.7	7
7	-16.7	0.4	21	-32.2	-16.6	0.4	22	-31.9	-16.5	0.4	22	-31.6	-16.4	0.5	23	-31.3	-16.3	0.5	23	-31.0	7
7	-16.6	0.5	25	-30.6	-16.5	0.5	26	-30.3	-16.4	0.5	26	-30.0	-16.3	0.5	27	-29.7	-16.2	0.5	27	-29.4	7
6	-16.5	0.6	29	-29.1	-16.4	0.6	29	-28.8	-16.3	0.6	30	-28.6	-16.2	0.6	30	-28.3	-16.1	0.6	31	-28.1	6
6	-16.4	0.6	33	-27.8	-16.3	0.6	33	-27.5	-16.2	0.7	34	-27.3	-16.1	0.7	34	-27.1	**-16.0**	0.7	35	-26.8	6
5	-16.3	0.7	37	-26.6	-16.2	0.7	37	-26.4	-16.1	0.7	37	-26.2	**-16.0**	0.7	38	-25.9	-15.9	0.8	38	-25.7	5
5	-16.2	0.8	40	-25.5	-16.1	0.8	41	-25.3	**-16.0**	0.8	41	-25.1	-15.9	0.8	42	-24.9	-15.8	0.8	42	-24.7	5
4	-16.1	0.8	44	-24.5	**-16.0**	0.9	45	-24.3	-15.9	0.9	45	-24.1	-15.8	0.9	45	-23.9	-15.7	0.9	46	-23.8	4
4	**-16.0**	0.9	48	-23.6	-15.9	0.9	48	-23.4	-15.8	0.9	49	-23.2	-15.7	1.0	49	-23.1	-15.6	1.0	49	-22.9	4
4	-15.9	1.0	52	-22.7	-15.8	1.0	52	-22.5	-15.7	1.0	52	-22.4	-15.6	1.0	53	-22.2	-15.5	1.0	53	-22.1	4
3	-15.8	1.1	56	-21.9	-15.7	1.1	56	-21.7	-15.6	1.1	56	-21.6	-15.5	1.1	56	-21.4	-15.4	1.1	57	-21.3	3
3	-15.7	1.1	59	-21.1	-15.6	1.2	60	-21.0	-15.5	1.2	60	-20.8	-15.4	1.2	60	-20.7	-15.3	1.2	60	-20.6	3
2	-15.6	1.2	63	-20.4	-15.5	1.2	64	-20.3	-15.4	1.2	64	-20.1	-15.3	1.3	64	-20.0	-15.2	1.3	64	-19.9	2
2	-15.5	1.3	67	-19.7	-15.4	1.3	67	-19.6	-15.3	1.3	68	-19.5	-15.2	1.3	68	-19.3	-15.1	1.3	68	-19.2	2
2	-15.4	1.4	71	-19.1	-15.3	1.4	71	-19.0	-15.2	1.4	71	-18.8	-15.1	1.4	72	-18.7	**-15.0**	1.4	72	-18.6	2
1	-15.3	1.4	75	-18.5	-15.2	1.4	75	-18.3	-15.1	1.5	75	-18.2	**-15.0**	1.5	75	-18.1	-14.9	1.5	75	-18.0	1
1	-15.2	1.5	79	-17.9	-15.1	1.5	79	-17.8	**-15.0**	1.5	79	-17.6	-14.9	1.5	79	-17.5	-14.8	1.6	79	-17.4	1
0	-15.1	1.6	83	-17.3	**-15.0**	1.6	83	-17.2	-14.9	1.6	83	-17.1	-14.8	1.6	83	-17.0	-14.7	1.6	83	-16.8	0
0	**-15.0**	1.7	86	-16.8	-14.9	1.7	86	-16.6	-14.8	1.7	87	-16.5	-14.7	1.7	87	-16.4	-14.6	1.7	87	-16.3	0
0	-14.9	1.7	90	-16.2	-14.8	1.7	90	-16.1	-14.7	1.8	90	-16.0	-14.6	1.8	90	-15.9	-14.5	1.8	91	-15.8	0
-1	-14.8	1.8	94	-15.7	-14.7	1.8	94	-15.6	-14.6	1.8	94	-15.5	-14.5	1.8	94	-15.4	-14.4	1.9	94	-15.3	-1
-1	-14.7	1.9	98	-15.2	-14.6	1.9	98	-15.1	-14.5	1.9	98	-15.0	-14.4	1.9	98	-14.9	-14.3	1.9	98	-14.8	-1
	-14.5				**-14.4**				**-14.3**				**-14.2**				**-14.1**				
10													-16.6	0.0	1	-63.4	-16.5	0.0	1	-57.6	10
9	-16.8	0.0	2	-53.0	-16.7	0.1	3	-50.8	-16.6	0.1	4	-49.0	-16.5	0.1	4	-47.5	-16.4	0.1	5	-46.2	9
9	-16.7	0.1	6	-44.6	-16.6	0.1	6	-43.6	-16.5	0.1	7	-42.6	-16.4	0.2	8	-41.8	-16.3	0.2	8	-41.0	9
9	-16.6	0.2	9	-40.0	-16.5	0.2	10	-39.4	-16.4	0.2	11	-38.7	-16.3	0.2	11	-38.1	-16.2	0.2	12	-37.6	9
8	-16.5	0.3	13	-36.9	-16.4	0.3	14	-36.4	-16.3	0.3	14	-35.9	-16.2	0.3	15	-35.4	-16.1	0.3	15	-35.0	8
8	-16.4	0.3	17	-34.4	-16.3	0.3	17	-34.0	-16.2	0.4	18	-33.6	-16.1	0.4	18	-33.2	**-16.0**	0.4	19	-32.8	8
7	-16.3	0.4	20	-32.4	-16.2	0.4	21	-32.0	-16.1	0.4	21	-31.7	**-16.0**	0.4	22	-31.4	-15.9	0.5	22	-31.0	7
7	-16.2	0.5	24	-30.7	-16.1	0.5	24	-30.4	**-16.0**	0.5	25	-30.1	-15.9	0.5	25	-29.8	-15.8	0.5	26	-29.5	7
6	-16.1	0.6	28	-29.2	**-16.0**	0.6	28	-28.9	-15.9	0.6	29	-28.6	-15.8	0.6	29	-28.4	-15.7	0.6	29	-28.1	6

n	t_W	e	U	t_d	t_W	e	U	t_d	t_W	e	U	t_d	t_W	e	U	t_d	t_W	e	U	t_d	n
	-14.5				**-14.4**				**-14.3**				**-14.2**				**-14.1**				
6	**-16.0**	0.6	31	-27.8	-15.9	0.6	32	-27.6	-15.8	0.7	32	-27.3	-15.7	0.7	33	-27.1	-15.6	0.7	33	-26.9	6
6	-15.9	0.7	35	-26.6	-15.8	0.7	35	-26.4	-15.7	0.7	36	-26.2	-15.6	0.7	36	-26.0	-15.5	0.8	37	-25.8	6
5	-15.8	0.8	39	-25.5	-15.7	0.8	39	-25.3	-15.6	0.8	39	-25.1	-15.5	0.8	40	-24.9	-15.4	0.8	40	-24.7	5
5	-15.7	0.8	42	-24.5	-15.6	0.9	43	-24.3	-15.5	0.9	43	-24.1	-15.4	0.9	43	-24.0	-15.3	0.9	44	-23.8	5
4	-15.6	0.9	46	-23.6	-15.5	0.9	46	-23.4	-15.4	0.9	47	-23.2	-15.3	1.0	47	-23.1	-15.2	1.0	47	-22.9	4
4	-15.5	1.0	50	-22.7	-15.4	1.0	50	-22.6	-15.3	1.0	50	-22.4	-15.2	1.0	51	-22.2	-15.1	1.0	51	-22.1	4
4	-15.4	1.1	53	-21.9	-15.3	1.1	54	-21.7	-15.2	1.1	54	-21.6	-15.1	1.1	54	-21.4	**-15.0**	1.1	55	-21.3	4
3	-15.3	1.1	57	-21.1	-15.2	1.2	57	-21.0	-15.1	1.2	58	-20.8	**-15.0**	1.2	58	-20.7	-14.9	1.2	58	-20.5	3
3	-15.2	1.2	61	-20.4	-15.1	1.2	61	-20.3	**-15.0**	1.2	61	-20.1	-14.9	1.3	61	-20.0	-14.8	1.3	62	-19.8	3
2	-15.1	1.3	64	-19.7	**-15.0**	1.3	65	-19.6	-14.9	1.3	65	-19.5	-14.8	1.3	65	-19.3	-14.7	1.3	65	-19.2	2
2	**-15.0**	1.4	68	-19.1	-14.9	1.4	68	-18.9	-14.8	1.4	69	-18.8	-14.7	1.4	69	-18.7	-14.6	1.4	69	-18.6	2
2	-14.9	1.4	72	-18.5	-14.8	1.4	72	-18.3	-14.7	1.5	72	-18.2	-14.6	1.5	72	-18.1	-14.5	1.5	73	-17.9	2
1	-14.8	1.5	76	-17.9	-14.7	1.5	76	-17.7	-14.6	1.5	76	-17.6	-14.5	1.6	76	-17.5	-14.4	1.6	76	-17.4	1
1	-14.7	1.6	79	-17.3	-14.6	1.6	79	-17.2	-14.5	1.6	80	-17.0	-14.4	1.6	80	-16.9	-14.3	1.6	80	-16.8	1
0	-14.6	1.7	83	-16.7	-14.5	1.7	83	-16.6	-14.4	1.7	83	-16.5	-14.3	1.7	83	-16.4	-14.2	1.7	84	-16.3	0
0	-14.5	1.7	87	-16.2	-14.4	1.7	87	-16.1	-14.3	1.8	87	-16.0	-14.2	1.8	87	-15.9	-14.1	1.8	87	-15.8	0
0	-14.4	1.8	91	-15.7	-14.3	1.8	91	-15.6	-14.2	1.8	91	-15.5	-14.1	1.9	91	-15.4	**-14.0**	1.9	91	-15.3	0
-1	-14.3	1.9	94	-15.2	-14.2	1.9	94	-15.1	-14.1	1.9	94	-15.0	**-14.0**	1.9	94	-14.9	-13.9	1.9	94	-14.8	-1
-1	-14.2	2.0	98	-14.7	-14.1	2.0	98	-14.6	**-14.0**	2.0	98	-14.5	-13.9	2.0	98	-14.4	-13.8	2.0	98	-14.3	-1
	-14.0				**-13.9**				**-13.8**				**-13.7**				**-13.6**				
10																	-16.1	0.0	1	-59.1	10
10	-16.4	0.0	2	-54.2	-16.3	0.1	3	51.6	-16.2	0.1	3	-49.6	-16.1	0.1	4	-48.0	**-16.0**	0.1	4	-46.5	10
9	-16.3	0.1	5	-45.0	-16.2	0.1	6	-43.9	-16.1	0.1	7	-42.9	**-16.0**	0.2	7	-42.0	-15.9	0.2	8	-41.2	9
9	-16.2	0.2	9	-40.3	-16.1	0.2	9	-39.6	**-16.0**	0.2	10	-38.9	-15.9	0.2	11	-38.3	-15.8	0.2	11	-37.7	9
8	-16.1	0.3	12	-37.0	**-16.0**	0.3	13	-36.5	-15.9	0.3	13	-36.0	-15.8	0.3	14	-35.5	-15.7	0.3	15	-35.0	8
8	**-16.0**	0.3	16	-34.5	-15.9	0.3	16	-34.1	-15.8	0.4	17	-33.7	-15.7	0.4	17	-33.3	-15.6	0.4	18	-32.9	8
8	-15.9	0.4	19	-32.5	-15.8	0.4	20	-32.1	-15.7	0.4	20	-31.8	-15.6	0.4	21	-31.4	-15.5	0.5	21	-31.1	8
7	-15.8	0.5	23	-30.7	-15.7	0.5	23	30.4	-15.6	0.5	24	30.1	-15.5	0.5	24	-29.8	-15.4	0.5	25	-29.5	7
7	-15.7	0.5	26	-29.2	-15.6	0.6	27	-28.9	-15.5	0.6	27	-28.7	-15.4	0.6	28	-28.4	-15.3	0.6	28	-28.1	7
6	-15.6	0.6	30	-27.9	-15.5	0.6	30	-27.6	-15.4	0.7	31	-27.4	-15.3	0.7	31	-27.1	-15.2	0.7	32	-26.9	6
6	-15.5	0.7	33	-26.6	-15.4	0.7	34	-26.4	-15.3	0.7	34	-26.2	-15.2	0.7	35	-26.0	-15.1	0.8	35	-25.7	6
6	-15.4	0.8	37	-25.5	-15.3	0.8	37	-25.3	-15.2	0.8	38	-25.1	-15.1	0.8	38	-24.9	**-15.0**	0.8	39	-24.7	6
5	-15.3	0.8	41	-24.5	-15.2	0.9	41	-24.3	-15.1	0.9	41	-24.1	**-15.0**	0.9	42	-23.9	-14.9	0.9	42	-23.8	5
5	-15.2	0.9	44	-23.6	-15.1	0.9	44	-23.4	**-15.0**	0.9	45	-23.2	-14.9	1.0	45	-23.0	-14.8	1.0	46	-22.9	5
4	-15.1	1.0	48	-22.7	**-15.0**	1.0	48	-22.5	-14.9	1.0	48	-22.4	-14.8	1.0	49	-22.2	-14.7	1.1	49	-22.0	4
4	**-15.0**	1.1	51	-21.9	-14.9	1.1	52	-21.7	-14.8	1.1	52	-21.6	-14.7	1.1	52	-21.4	-14.6	1.1	52	-21.2	4
4	-14.9	1.1	55	-21.1	-14.8	1.2	55	-21.0	-14.7	1.2	55	-20.8	-14.6	1.2	56	-20.7	-14.5	1.2	56	-20.5	4
3	-14.8	1.2	58	-20.4	-14.7	1.2	59	-20.2	-14.6	1.2	59	-20.1	-14.5	1.3	59	-20.0	-14.4	1.3	59	-19.8	3
3	-14.7	1.3	62	-19.7	-14.6	1.3	62	-19.6	-14.5	1.3	62	-19.4	-14.4	1.3	63	-19.3	-14.3	1.3	63	-19.1	3
2	-14.6	1.4	66	-19.0	-14.5	1.4	66	-18.9	-14.4	1.4	66	-18.8	-14.3	1.4	66	-18.6	-14.2	1.4	66	-18.5	2
2	-14.5	1.4	69	-18.4	-14.4	1.5	69	-18.3	-14.3	1.5	70	-18.2	-14.2	1.5	70	-18.0	-14.1	1.5	70	-17.9	2
2	-14.4	1.5	73	-17.8	-14.3	1.5	73	-17.7	-14.2	1.5	73	-17.6	-14.1	1.6	73	-17.4	**-14.0**	1.6	73	-17.3	2
1	-14.3	1.6	76	-17.2	-14.2	1.6	77	-17.1	-14.1	1.6	77	-17.0	**-14.0**	1.6	77	-16.9	-13.9	1.7	77	-16.8	1
1	-14.2	1.7	80	-16.7	-14.1	1.7	80	-16.6	**-14.0**	1.7	80	-16.5	-13.9	1.7	80	-16.3	-13.8	1.7	81	-16.2	1
0	-14.1	1.7	84	-16.2	**-14.0**	1.8	84	-16.1	-13.9	1.8	84	-15.9	-13.8	1.8	84	-15.8	-13.7	1.8	84	-15.7	0
0	**-14.0**	1.8	87	-15.7	-13.9	1.8	87	-15.5	-13.8	1.8	87	-15.4	-13.7	1.9	88	-15.3	-13.6	1.9	88	-15.2	0
0	-13.9	1.9	91	-15.2	-13.8	1.9	91	-15.1	-13.7	1.9	91	-14.9	-13.6	1.9	91	-14.8	-13.5	2.0	91	-14.7	0
-1	-13.8	2.0	95	-14.7	-13.7	2.0	95	-14.6	-13.6	2.0	95	-14.5	-13.5	2.0	95	-14.4	-13.4	2.0	95	-14.3	-1
-1	-13.7	2.0	98	-14.2	13.6	2.1	98	-14.1	-13.5	2.1	98	-14.0	-13.4	2.1	98	-13.9	-13.3	2.1	98	-13.8	-1
	-13.5				**-13.4**				**-13.3**				**-13.2**				**-13.1**				
10																	-15.7	0.0	1	-60.0	10
10	**-16.0**	0.0	2	-55.0	-15.9	0.0	2	-52.2	-15.8	0.1	3	-50.0	-15.7	0.1	4	-48.2	-15.6	0.1	4	-46.7	10
10	-15.9	0.1	5	-45.2	-15.8	0.1	6	-44.1	-15.7	0.1	6	-43.1	-15.6	0.2	7	-42.1	-15.5	0.2	7	-41.3	10
9	-15.8	0.2	8	-40.4	-15.7	0.2	9	-39.7	-15.6	0.2	10	-39.0	-15.5	0.2	10	-38.3	-15.4	0.2	11	-37.7	9
9	-15.7	0.3	12	-37.1	-15.6	0.3	12	-36.6	-15.5	0.3	13	-36.0	-15.4	0.3	13	-35.5	-15.3	0.3	14	-35.0	9
8	-15.6	0.3	15	-34.6	-15.5	0.3	16	-34.1	-15.4	0.4	16	-33.7	-15.3	0.4	17	-33.3	-15.2	0.4	17	-32.9	8
8	-15.5	0.4	19	-32.5	-15.4	0.4	19	-32.1	-15.3	0.4	20	-31.8	-15.2	0.4	20	-31.4	-15.1	0.5	21	-31.1	8
8	-15.4	0.5	22	-30.7	-15.3	0.5	22	-30.4	-15.2	0.5	23	-30.1	-15.1	0.5	23	-29.8	**-15.0**	0.5	24	-29.5	8
7	-15.3	0.5	25	-29.2	-15.2	0.6	26	-28.9	-15.1	0.6	26	-28.6	**-15.0**	0.6	27	-28.4	-14.9	0.6	27	-28.1	7
7	-15.2	0.6	29	-27.9	-15.1	0.6	29	-27.6	**-15.0**	0.7	30	-27.3	-14.9	0.7	30	-27.1	-14.8	0.7	31	-26.8	7
6	-15.1	0.7	32	-26.6	**-15.0**	0.7	33	-26.4	-14.9	0.7	33	-26.2	-14.8	0.7	33	-25.9	-14.7	0.8	34	-25.7	6
6	**-15.0**	0.8	36	-25.5	-14.9	0.8	36	-25.3	-14.8	0.8	36	-25.1	-14.7	0.8	37	-24.9	-14.6	0.8	37	-24.7	6
6	-14.9	0.8	39	-24.5	-14.8	0.9	39	-24.3	-14.7	0.9	40	-24.1	-14.6	0.9	40	-23.9	-14.5	0.9	41	-23.7	6
5	-14.8	0.9	42	-23.6	-14.7	0.9	43	-23.4	-14.6	0.9	43	-23.2	-14.5	1.0	44	-23.0	-14.4	1.0	44	-22.8	5
5	-14.7	1.0	46	-22.7	-14.6	1.0	46	-22.5	-14.5	1.0	47	-22.3	-14.4	1.0	47	-22.2	-14.3	1.1	47	-22.0	5
4	-14.6	1.1	49	-21.9	-14.5	1.1	50	-21.7	-14.4	1.1	50	-21.5	-14.3	1.1	50	-21.4	-14.2	1.1	51	-21.2	4
4	-14.5	1.1	53	-21.1	-14.4	1.2	53	-20.9	-14.3	1.2	53	-20.8	-14.2	1.2	54	-20.6	-14.1	1.2	54	-20.5	4
4	-14.4	1.2	56	-20.4	-14.3	1.2	57	-20.2	-14.2	1.2	57	-20.1	-14.1	1.3	57	-19.9	**-14.0**	1.3	57	-19.7	4
3	-14.3	1.3	60	-19.7	-14.2	1.3	60	-19.5	-14.1	1.3	60	-19.4	**-14.0**	1.3	60	-19.2	-13.9	1.4	61	-19.1	3

n	t_W	e	U	t_d	t_W	e	U	t_d	t_W	e	U	t_d	t_W	e	U	t_d	t_W	e	U	t_d	n
	-13.5				**-13.4**				**-13.3**				**-13.2**				**-13.1**				
3	-14.2	1.4	63	-19.0	-14.1	1.4	63	-18.9	**-14.0**	1.4	64	-18.7	-13.9	1.4	64	-18.6	-13.8	1.4	64	-18.4	3
2	-14.1	1.4	67	-18.4	**-14.0**	1.5	67	-18.2	-13.9	1.5	67	-18.1	-13.8	1.5	67	-18.0	-13.7	1.5	68	-17.8	2
2	**-14.0**	1.5	70	-17.8	-13.9	1.5	70	-17.6	-13.8	1.5	71	-17.5	-13.7	1.6	71	-17.4	-13.6	1.6	71	-17.3	2
2	-13.9	1.6	74	-17.2	-13.8	1.6	74	-17.1	-13.7	1.6	74	-16.9	-13.6	1.6	74	-16.8	-13.5	1.7	74	-16.7	2
1	-13.8	1.7	77	-16.6	-13.7	1.7	77	-16.5	-13.6	1.7	77	-16.4	-13.5	1.7	78	-16.3	-13.4	1.7	78	-16.2	1
1	-13.7	1.7	81	-16.1	-13.6	1.8	81	-16.0	-13.5	1.8	81	-15.9	-13.4	1.8	81	-15.8	-13.3	1.8	81	-15.6	1
0	-13.6	1.8	84	-15.6	-13.5	1.8	84	-15.5	-13.4	1.9	84	-15.4	-13.3	1.9	84	-15.3	-13.2	1.9	85	-15.1	0
0	-13.5	1.9	88	-15.1	-13.4	1.9	88	-15.0	-13.3	1.9	88	-14.9	-13.2	1.9	88	-14.8	-13.1	2.0	88	-14.7	0
0	-13.4	2.0	91	-14.6	-13.3	2.0	91	-14.5	-13.2	2.0	91	-14.4	-13.1	2.0	91	-14.3	**-13.0**	2.0	91	-14.2	0
-1	-13.3	2.0	95	-14.2	-13.2	2.1	95	-14.1	-13.1	2.1	95	-14.0	**-13.0**	2.1	95	-13.8	-12.9	2.1	95	-13.7	-1
-1	-13.2	2.1	98	-13.7	-13.1	2.1	98	-13.6	**-13.0**	2.2	98	-13.5	-12.9	2.2	98	-13.4	-12.8	2.2	98	-13.3	-1
	-13.0				**-12.9**				**-12.8**				**-12.7**				**-12.6**				
11																	-15.3	0.0	1	-60.1	11
10	-15.6	0.0	1	-55.4	-15.5	0.0	2	-52.4	-15.4	0.1	3	-50.1	-15.3	0.1	3	-48.3	-15.2	0.1	4	-46.7	10
10	-15.5	0.1	5	-45.4	-15.4	0.1	5	-44.2	-15.3	0.1	6	-43.1	-15.2	0.2	7	-42.1	-15.1	0.2	7	-41.2	10
10	-15.4	0.2	8	-40.5	-15.3	0.2	9	-39.7	-15.2	0.2	9	-39.0	-15.1	0.2	10	-38.3	**-15.0**	0.2	10	-37.7	10
9	-15.3	0.3	11	-37.1	-15.2	0.3	12	-36.6	-15.1	0.3	12	-36.0	**-15.0**	0.3	13	-35.5	-14.9	0.3	14	-35.0	9
9	-15.2	0.3	15	-34.6	-15.1	0.3	15	-34.1	**-15.0**	0.4	16	-33.7	-14.9	0.4	16	-33.2	-14.8	0.4	17	-32.8	9
8	-15.1	0.4	18	-32.5	**-15.0**	0.4	18	-32.1	-14.9	0.4	19	-31.7	-14.8	0.4	19	-31.4	-14.7	0.5	20	-31.0	8
8	**-15.0**	0.5	21	-30.7	-14.9	0.5	22	-30.4	-14.8	0.5	22	-30.1	-14.7	0.5	23	-29.7	-14.6	0.5	23	-29.4	8
8	-14.9	0.5	24	-29.2	-14.8	0.6	25	-28.9	-14.7	0.6	25	-28.6	-14.6	0.6	26	-28.3	-14.5	0.6	26	-28.0	8
7	-14.8	0.6	28	-27.8	-14.7	0.6	28	-27.6	-14.6	0.7	29	-27.3	-14.5	0.7	29	-27.0	-14.4	0.7	30	-26.8	7
7	-14.7	0.7	31	-26.6	-14.6	0.7	31	-26.4	-14.5	0.7	32	-26.1	-14.4	0.7	32	-25.9	-14.3	0.8	33	-25.6	7
6	-14.6	0.8	34	-25.5	-14.5	0.8	35	-25.3	-14.4	0.8	35	-25.0	-14.3	0.8	36	-24.8	-14.2	0.8	36	-24.6	6
6	-14.5	0.8	38	-24.5	-14.4	0.9	38	-24.2	-14.3	0.9	38	-24.0	-14.2	0.9	39	-23.8	-14.1	0.9	39	-23.6	6
5	-14.4	0.9	41	-23.5	-14.3	0.9	41	-23.3	-14.2	1.0	42	-23.1	-14.1	1.0	42	-22.9	**-14.0**	1.0	42	-22.7	5
5	-14.3	1.0	44	-22.6	-14.2	1.0	45	-22.4	-14.1	1.0	45	-22.3	**-14.0**	1.0	45	-22.1	-13.9	1.1	46	-21.9	5
5	-14.2	1.1	48	-21.8	-14.1	1.1	48	-21.6	**-14.0**	1.1	48	-21.5	-13.9	1.1	49	-21.3	-13.8	1.1	49	-21.1	5
4	-14.1	1.1	51	-21.0	**-14.0**	1.2	51	-20.9	-13.9	1.2	52	-20.7	-13.8	1.2	52	-20.5	-13.7	1.2	52	-20.4	4
4	**-14.0**	1.2	54	-20.3	-13.9	1.2	55	-20.1	-13.8	1.3	55	-20.0	-13.7	1.3	55	-19.8	-13.6	1.3	55	-19.7	4
3	-13.9	1.3	58	-19.6	-13.8	1.3	58	-19.4	-13.7	1.3	58	-19.3	-13.6	1.3	58	-19.2	-13.5	1.4	59	-19.0	3
3	-13.8	1.4	61	-18.9	-13.7	1.4	61	-18.8	-13.6	1.4	62	-18.7	-13.5	1.4	62	-18.5	-13.4	1.4	62	-18.4	3
3	-13.7	1.4	64	-18.3	-13.6	1.5	65	-18.2	-13.5	1.5	65	-18.0	-13.4	1.5	65	-17.9	-13.3	1.5	65	-17.8	3
2	-13.6	1.5	68	-17.7	-13.5	1.5	68	-17.6	-13.4	1.6	68	-17.4	-13.3	1.6	68	-17.3	-13.2	1.6	69	-17.2	2
2	-13.5	1.6	71	-17.1	-13.4	1.6	71	-17.0	-13.3	1.6	72	-16.9	-13.2	1.7	72	-16.7	-13.1	1.7	72	-16.6	2
2	-13.4	1.7	75	-16.6	-13.3	1.7	75	-16.4	-13.2	1.7	75	-16.3	-13.1	1.7	75	-16.2	**-13.0**	1.7	75	-16.1	2
1	-13.3	1.8	78	-16.0	-13.2	1.8	78	-15.9	-13.1	1.8	78	-15.8	**-13.0**	1.8	78	-15.7	-12.9	1.8	78	-15.6	1
1	-13.2	1.8	81	-15.5	-13.1	1.8	81	-15.4	**-13.0**	1.9	82	-15.3	-12.9	1.9	82	-15.2	-12.8	1.9	82	-15.1	1
0	-13.1	1.9	85	-15.0	**-13.0**	1.9	85	-14.9	-12.9	1.9	85	-14.8	-12.8	2.0	85	-14.7	-12.7	2.0	85	-14.6	0
0	**-13.0**	2.0	88	-14.6	-12.9	2.0	88	-14.4	-12.8	2.0	88	-14.3	-12.7	2.0	88	-14.2	-12.6	2.1	88	-14.1	0
0	-12.9	2.1	92	-14.1	-12.8	2.1	92	-14.0	-12.7	2.1	92	-13.9	-12.6	2.1	92	-13.8	-12.5	2.1	92	-13.7	0
-1	-12.8	2.1	95	-13.6	-12.7	2.2	95	-13.5	-12.6	2.2	95	-13.4	-12.5	2.2	95	-13.3	-12.4	2.2	95	-13.2	-1
-1	-12.7	2.2	98	-13.2	-12.6	2.2	98	-13.1	-12.5	2.3	98	-13.0	-12.4	2.3	98	-12.9	-12.3	2.3	98	-12.8	-1
	-12.5				**-12.4**				**-12.3**				**-12.2**				**-12.1**				
11																	-14.9	0.0	1	-59.5	11
11	-15.2	0.0	1	-55.4	-15.1	0.0	2	-52.3	**-15.0**	0.1	3	-50.0	-14.9	0.1	3	-48.1	-14.8	0.1	4	-46.5	11
10	-15.1	0.1	5	-45.3	**-15.0**	0.1	5	-44.1	-14.9	0.1	6	-43.0	-14.8	0.2	6	-42.0	-14.7	0.2	7	-41.1	10
10	**-15.0**	0.2	8	-40.4	-14.9	0.2	8	-39.6	-14.8	0.2	9	-38.9	-14.7	0.2	9	-38.2	-14.6	0.2	10	-37.5	10
9	-14.9	0.3	11	-37.1	-14.8	0.3	11	-36.5	-14.7	0.3	12	-35.9	-14.6	0.3	13	-35.4	-14.5	0.3	13	-34.9	9
9	-14.8	0.3	14	-34.5	-14.7	0.3	15	-34.0	-14.6	0.4	15	-33.6	-14.5	0.4	16	-33.1	-14.4	0.4	16	-32.7	9
9	-14.7	0.4	17	-32.4	-14.6	0.4	18	-32.0	-14.5	0.4	18	-31.6	-14.4	0.5	19	-31.3	-14.3	0.5	19	-30.9	9
8	-14.6	0.5	20	-30.6	-14.5	0.5	21	-30.3	-14.4	0.5	21	-30.0	-14.3	0.5	22	-29.6	-14.2	0.5	22	-29.3	8
8	-14.5	0.6	24	-29.1	-14.4	0.6	24	-28.8	-14.3	0.6	25	-28.5	-14.2	0.6	25	-28.2	-14.1	0.6	26	-27.9	8
7	-14.4	0.6	27	-27.7	-14.3	0.6	27	-27.5	-14.2	0.7	28	-27.2	-14.1	0.7	28	-26.9	**-14.0**	0.7	29	-26.7	7
7	-14.3	0.7	30	-26.5	-14.2	0.7	30	-26.3	-14.1	0.7	31	-26.0	**-14.0**	0.8	31	-25.8	-13.9	0.8	32	-25.5	7
7	-14.2	0.8	33	-25.4	-14.1	0.8	34	-25.2	**-14.0**	0.8	34	-24.9	-13.9	0.8	34	-24.7	-13.8	0.8	35	-24.5	7
6	-14.1	0.9	36	-24.4	**-14.0**	0.9	37	-24.2	-13.9	0.9	37	-24.0	-13.8	0.9	38	-23.7	-13.7	0.9	38	-23.5	6
6	**-14.0**	0.9	40	-23.4	-13.9	0.9	40	-23.2	-13.8	1.0	40	-23.0	-13.7	1.0	41	-22.8	-13.6	1.0	41	-22.6	6
5	-13.9	1.0	43	-22.5	-13.8	1.0	43	-22.4	-13.7	1.0	44	-22.2	-13.6	1.1	44	-22.0	-13.5	1.1	44	-21.8	5
5	-13.8	1.1	46	-21.7	-13.7	1.1	46	-21.5	-13.6	1.1	47	-21.4	-13.5	1.1	47	-21.2	-13.4	1.1	47	-21.0	5
5	-13.7	1.2	49	-20.9	-13.6	1.2	50	-20.8	-13.5	1.2	50	-20.6	-13.4	1.2	50	-20.4	-13.3	1.2	51	-20.3	5
4	-13.6	1.2	53	-20.2	-13.5	1.2	53	-20.1	-13.4	1.3	53	-19.9	-13.3	1.3	53	-19.7	-13.2	1.3	54	-19.6	4
4	-13.5	1.3	56	-19.5	-13.4	1.3	56	-19.4	-13.3	1.3	56	-19.2	-13.2	1.4	57	-19.1	-13.1	1.4	57	-18.9	4
3	-13.4	1.4	59	-18.9	-13.3	1.4	59	-18.7	-13.2	1.4	60	-18.6	-13.1	1.4	60	-18.4	**-13.0**	1.5	60	-18.3	3
3	-13.3	1.5	62	-18.2	-13.2	1.5	63	-18.1	-13.1	1.5	63	-17.9	**-13.0**	1.5	63	-17.8	-12.9	1.5	63	-17.7	3
3	-13.2	1.5	66	-17.6	-13.1	1.6	66	-17.5	**-13.0**	1.6	66	-17.3	-12.9	1.6	66	-17.2	-12.8	1.6	66	-17.1	3
2	-13.1	1.6	69	-17.0	**-13.0**	1.6	69	-16.9	-12.9	1.6	69	-16.8	-12.8	1.7	69	-16.6	-12.7	1.7	70	-16.5	2
2	**-13.0**	1.7	72	-16.5	-12.9	1.7	72	-16.4	-12.8	1.7	72	-16.2	-12.7	1.7	73	-16.1	-12.6	1.8	73	-16.0	2
2	-12.9	1.8	75	-16.0	-12.8	1.8	76	-15.8	-12.7	1.8	76	-15.7	-12.6	1.8	76	-15.6	-12.5	1.8	76	-15.5	2

n	t_W	e	U	t_d	t_W	e	U	t_d	t_W	e	U	t_d	t_W	e	U	t_d	t_W	e	U	t_d	n
	-12.5				**-12.4**				**-12.3**				**-12.2**				**-12.1**				
1	-12.8	1.8	79	-15.4	-12.7	1.9	79	-15.3	-12.6	1.9	79	-15.2	-12.5	1.9	79	-15.1	-12.4	1.9	79	-15.0	1
1	-12.7	1.9	82	-14.9	-12.6	1.9	82	-14.8	-12.5	2.0	82	-14.7	-12.4	2.0	82	-14.6	-12.3	2.0	82	-14.5	1
0	-12.6	2.0	85	-14.5	-12.5	2.0	85	-14.3	-12.4	2.0	85	-14.2	-12.3	2.1	86	-14.1	-12.2	2.1	86	-14.0	0
0	-12.5	2.1	89	-14.0	-12.4	2.1	89	-13.9	-12.3	2.1	89	-13.8	-12.2	2.1	89	-13.7	-12.1	2.2	89	-13.6	0
0	-12.4	2.2	92	-13.5	-12.3	2.2	92	-13.4	-12.2	2.2	92	-13.3	-12.1	2.2	92	-13.2	**-12.0**	2.2	92	-13.1	0
-1	-12.3	2.2	95	-13.1	-12.2	2.2	95	-13.0	-12.1	2.3	95	-12.9	**-12.0**	2.3	95	-12.8	-11.9	2.3	95	-12.7	-1
-1	-12.2	2.3	98	-12.7	-12.1	2.3	99	-12.6	**-12.0**	2.3	99	-12.5	-11.9	2.4	99	-12.4	-11.8	2.4	99	-12.3	-1
	-12.0				**-11.9**				**-11.8**				**-11.7**				**-11.6**				
11																	-14.5	0.0	1	-58.1	11
11	-14.8	0.0	1	-54.9	-14.7	0.1	2	-51.9	-14.6	0.1	3	-49.5	-14.5	0.1	3	-47.7	-14.4	0.1	4	-46.1	11
11	-14.7	0.1	5	-45.1	-14.6	0.1	5	-43.9	-14.5	0.1	6	-42.7	-14.4	0.2	6	-41.7	-14.3	0.2	7	-40.8	11
10	-14.6	0.2	8	-40.2	-14.5	0.2	8	-39.4	-14.4	0.2	9	-38.7	-14.3	0.2	9	-38.0	-14.2	0.2	10	-37.3	10
10	-14.5	0.3	11	-36.9	-14.4	0.3	11	-36.3	-14.3	0.3	12	-35.8	-14.2	0.3	12	-35.2	-14.1	0.3	13	-34.7	10
9	-14.4	0.3	14	-34.4	-14.3	0.4	14	-33.9	-14.2	0.4	15	-33.4	-14.1	0.4	15	-33.0	**-14.0**	0.4	16	-32.5	9
9	-14.3	0.4	17	-32.3	-14.2	0.4	17	-31.9	-14.1	0.4	18	-31.5	**-14.0**	0.5	18	-31.1	-13.9	0.5	19	-30.7	9
9	-14.2	0.5	20	-30.5	-14.1	0.5	20	-30.2	**-14.0**	0.5	21	-29.8	-13.9	0.5	21	-29.5	-13.8	0.6	22	-29.2	9
8	-14.1	0.6	23	-29.0	**-14.0**	0.6	23	-28.7	-13.9	0.6	24	-28.4	-13.8	0.6	24	-28.1	-13.7	0.6	25	-27.8	8
8	**-14.0**	0.6	26	-27.6	-13.9	0.7	26	-27.4	-13.8	0.7	27	-27.1	-13.7	0.7	27	-26.8	-13.6	0.7	28	-26.5	8
7	-13.9	0.7	29	-26.4	-13.8	0.7	30	-26.2	-13.7	0.7	30	-25.9	-13.6	0.8	30	-25.7	-13.5	0.8	31	-25.4	7
7	-13.8	0.8	32	-25.3	-13.7	0.8	33	-25.1	-13.6	0.8	33	-24.8	-13.5	0.8	33	-24.6	-13.4	0.9	34	-24.4	7
7	-13.7	0.9	35	-24.3	-13.6	0.9	36	-24.1	-13.5	0.9	36	-23.8	-13.4	0.9	37	-23.6	-13.3	0.9	37	-23.4	7
6	-13.6	0.9	38	-23.3	-13.5	1.0	39	-23.1	-13.4	1.0	39	-22.9	-13.3	1.0	40	-22.7	-13.2	1.0	40	-22.5	6
6	-13.5	1.0	42	-22.4	-13.4	1.0	42	-22.3	-13.3	1.0	42	-22.1	-13.2	1.1	43	-21.9	-13.1	1.1	43	-21.7	6
5	-13.4	1.1	45	-21.6	-13.3	1.1	45	-21.4	-13.2	1.1	45	-21.3	-13.1	1.1	46	-21.1	**-13.0**	1.2	46	-20.9	5
5	-13.3	1.2	48	-20.8	-13.2	1.2	48	-20.7	-13.1	1.2	48	-20.5	**-13.0**	1.2	49	-20.3	-12.9	1.2	49	-20.2	5
5	-13.2	1.2	51	-20.1	-13.1	1.3	51	-19.9	**-13.0**	1.3	52	-19.8	-12.9	1.3	52	-19.6	-12.8	1.3	52	-19.5	5
4	-13.1	1.3	54	-19.4	**-13.0**	1.3	54	-19.3	-12.9	1.4	55	-19.1	-12.8	1.4	55	-18.9	-12.7	1.4	55	-18.8	4
4	**-13.0**	1.4	57	-18.8	-12.9	1.4	57	-18.6	-12.8	1.4	58	-18.5	-12.7	1.5	58	-18.3	-12.6	1.5	58	-18.2	4
3	-12.9	1.5	60	-18.1	-12.8	1.5	61	-18.0	-12.7	1.5	61	-17.8	-12.6	1.5	61	-17.7	-12.5	1.5	61	-17.5	3
3	-12.8	1.5	63	-17.5	-12.7	1.6	64	-17.4	-12.6	1.6	64	-17.2	-12.5	1.6	64	-17.1	-12.4	1.6	64	-17.0	3
3	-12.7	1.6	67	-16.9	-12.6	1.6	67	-16.8	-12.5	1.7	67	-16.7	-12.4	1.7	67	-16.5	-12.3	1.7	68	-16.4	3
2	-12.6	1.7	70	-16.4	-12.5	1.7	70	-16.3	-12.4	1.7	70	-16.1	-12.3	1.8	70	-16.0	-12.2	1.8	71	-15.9	2
2	-12.5	1.8	73	-15.9	-12.4	1.8	73	-15.7	-12.3	1.8	73	-15.6	-12.2	1.8	74	-15.5	-12.1	1.9	74	-15.3	2
2	-12.4	1.9	76	-15.3	-12.3	1.9	76	-15.2	-12.2	1.9	76	-15.1	-12.1	1.9	77	-15.0	**-12.0**	1.9	77	-14.8	2
1	-12.3	1.9	79	-14.8	-12.2	2.0	80	-14.7	-12.1	2.0	80	-14.6	**-12.0**	2.0	80	-14.5	-11.9	2.0	80	-14.4	1
1	-12.2	2.0	83	-14.4	-12.1	2.0	83	-14.2	**-12.0**	2.1	83	-14.1	-11.9	2.1	83	-14.0	-11.8	2.1	83	-13.9	1
0	-12.1	2.1	86	-13.9	**-12.0**	2.1	86	-13.8	-11.9	2.1	86	-13.7	-11.8	2.2	86	-13.6	-11.7	2.2	86	-13.4	0
0	**-12.0**	2.2	89	-13.4	-11.9	2.2	89	-13.3	-11.8	2.2	89	-13.2	-11.7	2.2	89	-13.1	-11.6	2.3	89	-13.0	0
0	-11.9	2.2	92	-13.0	-11.8	2.3	92	-12.9	-11.7	2.3	92	-12.8	-11.6	2.3	92	-12.7	-11.5	2.3	92	-12.6	0
-1	-11.8	2.3	95	-12.6	-11.7	2.3	95	-12.5	-11.6	2.4	95	-12.4	-11.5	2.4	96	-12.3	-11.4	2.4	96	-12.2	-1
-1	-11.7	2.4	99	-12.2	-11.6	2.4	99	-12.1	-11.5	2.4	99	-12.0	-11.4	2.5	99	-11.9	-11.3	2.5	99	-11.8	-1
	-11.5				**-11.4**				**-11.3**				**-11.2**				**-11.1**				
12													-14.2	0.0	1	-62.6	-14.1	0.0	1	-56.4	12
11	-14.4	0.0	2	-54.0	-14.3	0.1	2	-51.1	-14.2	0.1	3	-48.9	-14.1	0.1	3	-47.0	**-14.0**	0.1	4	-45.5	11
11	-14.3	0.1	5	-44.7	-14.2	0.1	5	-43.5	-14.1	0.1	6	-42.4	**-14.0**	0.2	6	-41.4	-13.9	0.2	7	-40.4	11
11	-14.2	0.2	7	-40.0	-14.1	0.2	8	-39.2	**-14.0**	0.2	9	-38.4	-13.9	0.2	9	-37.7	-13.8	0.3	10	-37.0	11
10	-14.1	0.3	10	-36.7	**-14.0**	0.3	11	-36.1	-13.9	0.3	12	-35.5	-13.8	0.3	12	-35.0	-13.7	0.3	13	-34.4	10
10	**-14.0**	0.3	13	-34.2	-13.9	0.4	14	-33.7	-13.8	0.4	14	-33.2	-13.7	0.4	15	-32.8	-13.6	0.4	16	-32.3	10
9	-13.9	0.4	16	-32.1	-13.8	0.4	17	-31.7	-13.7	0.4	17	-31.3	-13.6	0.5	18	-30.9	-13.5	0.5	18	-30.5	9
9	-13.8	0.5	19	-30.4	-13.7	0.5	20	-30.0	-13.6	0.5	20	-29.7	-13.5	0.5	21	-29.3	-13.4	0.6	21	-29.0	9
9	-13.7	0.6	22	-28.8	-13.6	0.6	23	-28.5	-13.5	0.6	23	-28.2	-13.4	0.6	24	-27.9	-13.3	0.6	24	-27.6	9
8	-13.6	0.6	25	-27.5	-13.5	0.7	26	-27.2	-13.4	0.7	26	-26.9	-13.3	0.7	27	-26.6	-13.2	0.7	27	-26.4	8
8	-13.5	0.7	28	-26.3	-13.4	0.7	29	-26.0	-13.3	0.8	29	-25.7	-13.2	0.8	30	-25.5	-13.1	0.8	30	-25.2	8
7	-13.4	0.8	31	-25.2	-13.3	0.8	32	-24.9	-13.2	0.8	32	-24.7	-13.1	0.8	33	-24.4	**-13.0**	0.9	33	-24.2	7
7	-13.3	0.9	34	-24.1	-13.2	0.9	35	-23.9	-13.1	0.9	35	-23.7	**-13.0**	0.9	36	-23.5	-12.9	0.9	36	-23.3	7
7	-13.2	0.9	37	-23.2	-13.1	1.0	38	-23.0	**-13.0**	1.0	38	-22.8	-12.9	1.0	39	-22.6	-12.8	1.0	39	-22.4	7
6	-13.1	1.0	40	-22.3	**-13.0**	1.0	41	-22.1	-12.9	1.1	41	-21.9	-12.8	1.1	41	-21.7	-12.7	1.1	42	-21.5	6
6	**-13.0**	1.1	43	-21.5	-12.9	1.1	44	-21.3	-12.8	1.1	44	-21.1	-12.7	1.2	44	-20.9	-12.6	1.2	45	-20.8	6
5	-12.9	1.2	46	-20.7	-12.8	1.2	47	-20.5	-12.7	1.2	47	-20.4	-12.6	1.2	47	-20.2	-12.5	1.3	48	-20.0	5
5	-12.8	1.3	49	-20.0	-12.7	1.3	50	-19.8	-12.6	1.3	50	-19.6	-12.5	1.3	50	-19.5	-12.4	1.3	51	-19.3	5
5	-12.7	1.3	52	-19.3	-12.6	1.4	53	-19.1	-12.5	1.4	53	-19.0	-12.4	1.4	53	-18.8	-12.3	1.4	54	-18.6	5
4	-12.6	1.4	55	-18.6	-12.5	1.4	56	-18.5	-12.4	1.4	56	-18.3	-12.3	1.5	56	-18.2	-12.2	1.5	57	-18.0	4
4	-12.5	1.5	59	-18.0	-12.4	1.5	59	-17.9	-12.3	1.5	59	-17.7	-12.2	1.5	59	-17.6	-12.1	1.6	60	-17.4	4
3	-12.4	1.6	62	-17.4	-12.3	1.6	62	-17.3	-12.2	1.6	62	-17.1	-12.1	1.6	62	-17.0	**-12.0**	1.6	63	-16.8	3
3	-12.3	1.6	65	-16.8	-12.2	1.7	65	-16.7	-12.1	1.7	65	-16.5	**-12.0**	1.7	65	-16.4	-11.9	1.7	66	-16.3	3
3	-12.2	1.7	68	-16.3	-12.1	1.7	68	-16.1	**-12.0**	1.8	68	-16.0	-11.9	1.8	68	-15.9	-11.8	1.8	69	-15.7	3
2	-12.1	1.8	71	-15.7	**-12.0**	1.8	71	-15.6	-11.9	1.8	71	-15.5	-11.8	1.9	71	-15.3	-11.7	1.9	72	-15.2	2
2	**-12.0**	1.9	74	-15.2	-11.9	1.9	74	-15.1	-11.8	1.9	74	-15.0	-11.7	1.9	74	-14.8	-11.6	2.0	75	-14.7	2
1	-11.9	2.0	77	-14.7	-11.8	2.0	77	-14.6	-11.7	2.0	77	-14.5	-11.6	2.0	77	-14.4	-11.5	2.0	78	-14.2	1

n	t_W	e	U	t_d	t_W	e	U	t_d	t_W	e	U	t_d	t_W	e	U	t_d	t_W	e	U	t_d	n
	-11.5				**-11.4**				**-11.3**				**-11.2**				**-11.1**				
1	-11.8	2.0	80	-14.2	-11.7	2.1	80	-14.1	-11.6	2.1	80	-14.0	-11.5	2.1	81	-13.9	-11.4	2.1	81	-13.8	1
1	-11.7	2.1	83	-13.8	-11.6	2.1	83	-13.7	-11.5	2.2	83	-13.5	-11.4	2.2	84	-13.4	-11.3	2.2	84	-13.3	1
0	-11.6	2.2	86	-13.3	-11.5	2.2	86	-13.2	-11.4	2.2	86	-13.1	-11.3	2.3	87	-13.0	-11.2	2.3	87	-12.9	0
0	-11.5	2.3	89	-12.9	-11.4	2.3	89	-12.8	-11.3	2.3	90	-12.7	-11.2	2.3	90	-12.6	-11.1	2.4	90	-12.4	0
0	-11.4	2.4	93	-12.5	-11.3	2.4	93	-12.4	-11.2	2.4	93	-12.3	-11.1	2.4	93	-12.1	**-11.0**	2.4	93	-12.0	0
-1	-11.3	2.4	96	-12.1	-11.2	2.5	96	-11.9	-11.1	2.5	96	-11.8	**-11.0**	2.5	96	-11.7	-10.9	2.5	96	-11.6	-1
-1	-11.2	2.5	99	-11.7	-11.1	2.5	99	-11.5	**-11.0**	2.6	99	-11.4	-10.9	2.6	99	-11.3	-10.8	2.6	99	-11.2	-1
	-11.0				**-10.9**				**-10.8**				**-10.7**				**-10.6**				
12													-13.8	0.0	1	-59.2	-13.7	0.0	1	-54.4	12
12	**-14.0**	0.0	2	-52.7	-13.9	0.1	2	-50.1	-13.8	0.1	3	-48.0	-13.7	0.1	4	-46.3	-13.6	0.1	4	-44.8	12
11	-13.9	0.1	5	-44.2	-13.8	0.1	5	-43.0	-13.7	0.2	6	-41.9	-13.6	0.2	6	-40.9	-13.5	0.2	7	-40.0	11
11	-13.8	0.2	7	-39.6	-13.7	0.2	8	-38.8	-13.6	0.2	9	-38.0	-13.5	0.2	9	-37.3	-13.4	0.3	10	-36.7	11
10	-13.7	0.3	10	-36.4	-13.6	0.3	11	-35.8	-13.5	0.3	11	-35.2	-13.4	0.3	12	-34.7	-13.3	0.3	13	-34.1	10
10	-13.6	0.3	13	-33.9	-13.5	0.4	14	-33.4	-13.4	0.4	14	-32.9	-13.3	0.4	15	-32.5	-13.2	0.4	15	-32.0	10
10	-13.5	0.4	16	-31.9	-13.4	0.4	17	-31.5	-13.3	0.5	17	-31.1	-13.2	0.5	18	-30.7	-13.1	0.5	18	-30.3	10
9	-13.4	0.5	19	-30.2	-13.3	0.5	19	-29.8	-13.2	0.5	20	-29.4	-13.1	0.6	20	-29.1	**-13.0**	0.6	21	-28.7	9
9	-13.3	0.6	22	-28.6	-13.2	0.6	22	-28.3	-13.1	0.6	23	-28.0	**-13.0**	0.6	23	-27.7	-12.9	0.6	24	-27.4	9
8	-13.2	0.7	25	-27.3	-13.1	0.7	25	-27.0	**-13.0**	0.7	26	-26.7	-12.9	0.7	26	-26.4	-12.8	0.7	27	-26.2	8
8	-13.1	0.7	28	-26.1	**-13.0**	0.7	28	-25.8	-12.9	0.8	29	-25.6	-12.8	0.8	29	-25.3	-12.7	0.8	29	-25.0	8
8	**-13.0**	0.8	31	-25.0	-12.9	0.8	31	-24.7	-12.8	0.8	31	-24.5	-12.7	0.9	32	-24.3	-12.6	0.9	32	-24.0	8
7	-12.9	0.9	33	-24.0	-12.8	0.9	34	-23.8	-12.7	0.9	34	-23.5	-12.6	0.9	35	-23.3	-12.5	1.0	35	-23.1	7
7	-12.8	1.0	36	-23.0	-12.7	1.0	37	-22.8	-12.6	1.0	37	-22.6	-12.5	1.0	38	-22.4	-12.4	1.0	38	-22.2	7
6	-12.7	1.0	39	-22.2	-12.6	1.1	40	-22.0	-12.5	1.1	40	-21.8	-12.4	1.1	40	-21.6	-12.3	1.1	41	-21.4	6
6	-12.6	1.1	42	-21.3	-12.5	1.1	43	-21.2	-12.4	1.2	43	-21.0	-12.3	1.2	43	-20.8	-12.2	1.2	44	-20.6	6
6	-12.5	1.2	45	-20.6	-12.4	1.2	45	-20.4	-12.3	1.2	46	-20.2	-12.2	1.3	46	-20.0	-12.1	1.3	47	-19.9	6
5	-12.4	1.3	48	-19.8	-12.3	1.3	48	-19.7	-12.2	1.3	49	-19.5	-12.1	1.3	49	-19.3	**-12.0**	1.3	49	-19.2	5
5	-12.3	1.3	51	-19.1	-12.2	1.4	51	-19.0	-12.1	1.4	52	-18.8	**-12.0**	1.4	52	-18.7	-11.9	1.4	52	-18.5	5
5	-12.2	1.4	54	-18.5	-12.1	1.4	54	-18.3	**-12.0**	1.5	55	-18.2	-11.9	1.5	55	-18.0	-11.8	1.5	55	-17.9	5
4	-12.1	1.5	57	-17.9	**-12.0**	1.5	57	-17.7	-11.9	1.5	57	-17.6	-11.8	1.6	58	-17.4	-11.7	1.6	58	-17.3	4
4	**-12.0**	1.6	60	-17.3	-11.9	1.6	60	-17.1	-11.8	1.6	60	-17.0	-11.7	1.6	61	-16.8	-11.6	1.7	61	-16.7	4
3	-11.9	1.7	63	-16.7	-11.8	1.7	63	-16.5	-11.7	1.7	63	-16.4	-11.6	1.7	64	-16.3	-11.5	1.7	64	-16.1	3
3	-11.8	1.7	66	-16.1	-11.7	1.8	66	-16.0	-11.6	1.8	66	-15.9	-11.5	1.8	67	-15.7	-11.4	1.8	67	-15.6	3
3	-11.7	1.8	69	-15.6	-11.6	1.8	69	-15.5	-11.5	1.9	69	-15.3	-11.4	1.9	69	-15.2	-11.3	1.9	70	-15.1	3
2	-11.6	1.9	72	-15.1	-11.5	1.9	72	-15.0	-11.4	1.9	72	-14.8	-11.3	2.0	72	-14.7	-11.2	2.0	73	-14.6	2
2	-11.5	2.0	75	-14.6	-11.4	2.0	75	-14.5	-11.3	2.0	75	-14.3	-11.2	2.0	75	-14.2	-11.1	2.1	75	-14.1	2
1	-11.4	2.1	78	-14.1	-11.3	2.1	78	-14.0	-11.2	2.1	78	-13.9	-11.1	2.1	78	-13.7	**-11.0**	2.1	78	-13.6	1
1	-11.3	2.1	81	-13.6	-11.2	2.2	81	-13.5	-11.1	2.2	81	-13.4	**-11.0**	2.2	81	-13.3	-10.9	2.2	81	-13.2	1
1	-11.2	2.2	84	-13.2	-11.1	2.2	84	-13.1	**-11.0**	2.3	84	-13.0	-10.9	2.3	84	-12.8	-10.8	2.3	84	-12.7	1
0	-11.1	2.3	87	-12.8	**-11.0**	2.3	87	-12.6	-10.9	2.3	87	-12.5	-10.8	2.4	87	-12.4	-10.7	2.4	87	-12.3	0
0	**-11.0**	2.4	90	-12.3	-10.9	2.4	90	-12.2	-10.8	2.4	90	-12.1	-10.7	2.4	90	-12.0	-10.6	2.5	90	-11.9	0
0	-10.9	2.5	93	-11.9	-10.8	2.5	93	-11.8	-10.7	2.5	93	-11.7	-10.6	2.5	93	-11.6	-10.5	2.5	93	-11.5	0
-1	-10.8	2.5	96	-11.5	-10.7	2.6	96	-11.4	-10.6	2.6	96	-11.3	-10.5	2.6	96	-11.2	-10.4	2.6	96	-11.1	-1
-1	-10.7	2.6	99	-11.1	-10.6	2.6	99	-11.0	-10.5	2.7	99	-10.9	-10.4	2.7	99	-10.8	-10.3	2.7	99	-10.7	-1
	-10.5				**-10.4**				**-10.3**				**-10.2**				**-10.1**				
12													-13.4	0.0	1	-56.1	-13.3	0.0	2	-52.4	12
12	-13.6	0.1	2	-51.2	-13.5	0.1	3	-48.9	-13.4	0.1	3	-47.0	-13.3	0.1	4	-45.3	-13.2	0.1	4	-43.9	12
12	-13.5	0.1	5	-43.5	-13.4	0.1	5	-42.3	-13.3	0.2	6	-41.3	-13.2	0.2	7	-40.3	-13.1	0.2	7	-39.4	12
11	-13.4	0.2	8	-39.1	-13.3	0.2	8	-38.3	-13.2	0.2	9	-37.6	-13.1	0.3	9	-36.9	**-13.0**	0.3	10	-36.2	11
11	-13.3	0.3	10	-36.0	-13.2	0.3	11	-35.4	-13.1	0.3	11	-34.8	**-13.0**	0.3	12	-34.3	-12.9	0.4	13	-33.7	11
10	-13.2	0.4	13	-33.6	-13.1	0.4	14	-33.1	**-13.0**	0.4	14	-32.6	-12.9	0.4	15	-32.2	-12.8	0.4	15	-31.7	10
10	-13.1	0.4	16	-31.6	**-13.0**	0.5	16	-31.2	-12.9	0.5	17	-30.8	-12.8	0.5	17	-30.4	-12.7	0.5	18	-30.0	10
10	**-13.0**	0.5	19	-29.9	-12.9	0.5	19	-29.5	-12.8	0.5	20	-29.2	-12.7	0.6	20	-28.8	-12.6	0.6	21	-28.5	10
9	-12.9	0.6	21	-28.4	-12.8	0.6	22	-28.1	-12.7	0.6	22	-27.8	-12.6	0.6	23	-27.4	-12.5	0.7	23	-27.1	9
9	-12.8	0.7	24	-27.1	-12.7	0.7	25	-26.8	-12.6	0.7	25	-26.5	-12.5	0.7	26	-26.2	-12.4	0.7	26	-25.9	9
8	-12.7	0.7	27	-25.9	-12.6	0.8	28	-25.6	-12.5	0.8	28	-25.4	-12.4	0.8	28	-25.1	-12.3	0.8	29	-24.8	8
8	-12.6	0.8	30	-24.8	-12.5	0.8	30	-24.5	-12.4	0.9	31	-24.3	-12.3	0.9	31	-24.1	-12.2	0.9	32	-23.8	8
8	-12.5	0.9	33	-23.8	-12.4	0.9	33	-23.6	-12.3	0.9	34	-23.3	-12.2	1.0	34	-23.1	-12.1	1.0	34	-22.9	8
7	-12.4	1.0	36	-22.9	-12.3	1.0	36	-22.6	-12.2	1.0	36	-22.4	-12.1	1.0	37	-22.2	**-12.0**	1.1	37	-22.0	7
7	-12.3	1.1	38	-22.0	-12.2	1.1	39	-21.8	-12.1	1.1	39	-21.6	**-12.0**	1.1	39	-21.4	-11.9	1.1	40	-21.2	7
6	-12.2	1.1	41	-21.2	-12.1	1.2	42	-21.0	**-12.0**	1.2	42	-20.8	-11.9	1.2	42	-20.6	-11.8	1.2	43	-20.4	6
6	-12.1	1.2	44	-20.4	**-12.0**	1.2	44	-20.2	-11.9	1.3	45	-20.0	-11.8	1.3	45	-19.9	-11.7	1.3	45	-19.7	6
6	**-12.0**	1.3	47	-19.7	-11.9	1.3	47	-19.5	-11.8	1.3	48	-19.3	-11.7	1.3	48	-19.2	-11.6	1.4	48	-19.0	6
5	-11.9	1.4	50	-19.0	-11.8	1.4	50	-18.8	-11.7	1.4	50	-18.7	-11.6	1.4	51	-18.5	-11.5	1.4	51	-18.3	5
5	-11.8	1.4	53	-18.3	-11.7	1.5	53	-18.2	-11.6	1.5	53	-18.0	-11.5	1.5	53	-17.8	-11.4	1.5	54	-17.7	5
4	-11.7	1.5	55	-17.7	-11.6	1.5	56	-17.5	-11.5	1.6	56	-17.4	-11.4	1.6	56	-17.2	-11.3	1.6	57	-17.1	4
4	-11.6	1.6	58	-17.1	-11.5	1.6	59	-17.0	-11.4	1.6	59	-16.8	-11.3	1.7	59	-16.7	-11.2	1.7	59	-16.5	4
4	-11.5	1.7	61	-16.5	-11.4	1.7	61	-16.4	-11.3	1.7	62	-16.2	-11.2	1.7	62	-16.1	-11.1	1.8	62	-16.0	4
3	-11.4	1.8	64	-16.0	-11.3	1.8	64	-15.8	-11.2	1.8	65	-15.7	-11.1	1.8	65	-15.6	**-11.0**	1.8	65	-15.4	3
3	-11.3	1.8	67	-15.4	-11.2	1.9	67	-15.3	-11.1	1.9	67	-15.2	**-11.0**	1.9	68	-15.0	-10.9	1.9	68	-14.9	3

n	t_W	e	U	t_d	t_W	e	U	t_d	t_W	e	U	t_d	t_W	e	U	t_d	t_W	e	U	t_d	n
	-10.5				**-10.4**				**-10.3**				**-10.2**				**-10.1**				
3	-11.2	1.9	70	-14.9	-11.1	1.9	70	-14.8	**-11.0**	2.0	70	-14.7	-10.9	2.0	70	-14.5	-10.8	2.0	71	-14.4	3
2	-11.1	2.0	73	-14.4	**-11.0**	2.0	73	-14.3	-10.9	2.0	73	-14.2	-10.8	2.1	73	-14.1	-10.7	2.1	73	-13.9	2
2	**-11.0**	2.1	76	-14.0	-10.9	2.1	76	-13.8	-10.8	2.1	76	-13.7	-10.7	2.1	76	-13.6	-10.6	2.2	76	-13.5	2
1	-10.9	2.2	79	-13.5	-10.8	2.2	79	-13.4	-10.7	2.2	79	-13.3	-10.6	2.2	79	-13.1	-10.5	2.2	79	-13.0	1
1	-10.8	2.2	81	-13.1	-10.7	2.3	82	-12.9	-10.6	2.3	82	-12.8	-10.5	2.3	82	-12.7	-10.4	2.3	82	-12.6	1
1	-10.7	2.3	84	-12.6	-10.6	2.3	85	-12.5	-10.5	2.4	85	-12.4	-10.4	2.4	85	-12.3	-10.3	2.4	85	-12.2	1
0	-10.6	2.4	87	-12.2	-10.5	2.4	87	-12.1	-10.4	2.4	88	-12.0	-10.3	2.5	88	-11.9	-10.2	2.5	88	-11.7	0
0	-10.5	2.5	90	-11.8	-10.4	2.5	90	-11.7	-10.3	2.5	90	-11.6	-10.2	2.6	91	-11.4	-10.1	2.6	91	-11.3	0
0	-10.4	2.6	93	-11.4	-10.3	2.6	93	-11.3	-10.2	2.6	93	-11.2	-10.1	2.6	93	-11.1	**-10.0**	2.7	94	-10.9	0
-1	-10.3	2.6	96	-11.0	-10.2	2.7	96	-10.9	-10.1	2.7	96	-10.8	**-10.0**	2.7	96	-10.7	-9.9	2.7	96	-10.6	-1
-1	-10.2	2.7	99	-10.6	-10.1	2.8	99	-10.5	**-10.0**	2.8	99	-10.4	-9.9	2.8	99	-10.3	-9.8	2.8	99	-10.2	-1
	-10.0				**-9.9**				**-9.8**				**-9.7**				**-9.6**				
13									-13.1	0.0	1	-57.8	**-13.0**	0.0	1	-53.4	-12.9	0.1	2	-50.4	13
12	-13.2	0.1	2	-49.7	-13.1	0.1	3	-47.6	**-13.0**	0.1	3	-45.8	-12.9	0.1	4	-44.3	-12.8	0.1	5	-43.0	12
12	-13.1	0.1	5	-42.7	**-13.0**	0.2	6	-41.6	-12.9	0.2	6	-40.6	-12.8	0.2	7	-39.6	-12.7	0.2	7	-38.7	12
11	**-13.0**	0.2	8	-38.6	-12.9	0.2	8	-37.8	-12.8	0.3	9	-37.1	-12.7	0.3	9	-36.4	-12.6	0.3	10	-35.7	11
11	-12.9	0.3	10	-35.6	-12.8	0.3	11	-35.0	-12.7	0.3	11	-34.4	-12.6	0.4	12	-33.9	-12.5	0.4	13	-33.3	11
11	-12.8	0.4	13	-33.2	-12.7	0.4	14	-32.7	-12.6	0.4	14	-32.3	-12.5	0.4	15	-31.8	-12.4	0.4	15	-31.3	11
10	-12.7	0.5	16	-31.3	-12.6	0.5	16	-30.9	-12.5	0.5	17	-30.4	-12.4	0.5	17	-30.0	-12.3	0.5	18	-29.7	10
10	-12.6	0.5	18	-29.6	-12.5	0.5	19	-29.2	-12.4	0.6	19	-28.9	-12.3	0.6	20	-28.5	-12.2	0.6	20	-28.2	10
9	-12.5	0.6	21	-28.1	-12.4	0.6	22	-27.8	-12.3	0.6	22	-27.5	-12.2	0.7	23	-27.2	-12.1	0.7	23	-26.9	9
9	-12.4	0.7	24	-26.8	-12.3	0.7	24	-26.5	-12.2	0.7	25	-26.2	-12.1	0.7	25	-25.9	**-12.0**	0.8	26	-25.7	9
9	-12.3	0.8	27	-25.6	-12.2	0.8	27	-25.4	-12.1	0.8	27	-25.1	**-12.0**	0.8	28	-24.8	-11.9	0.8	28	-24.6	9
8	-12.2	0.8	29	-24.6	-12.1	0.9	30	-24.3	**-12.0**	0.9	30	-24.1	-11.9	0.9	31	-23.8	-11.8	0.9	31	-23.6	8
8	-12.1	0.9	32	-23.6	**-12.0**	0.9	32	-23.3	-11.9	1.0	33	-23.1	-11.8	1.0	33	-22.9	-11.7	1.0	34	-22.6	8
7	**-12.0**	1.0	35	-22.6	-11.9	1.0	35	-22.4	-11.8	1.0	36	-22.2	-11.7	1.1	36	-22.0	-11.6	1.1	36	-21.8	7
7	-11.9	1.1	38	-21.8	-11.8	1.1	38	-21.6	-11.7	1.1	38	-21.4	-11.6	1.1	39	-21.2	-11.5	1.2	39	-21.0	7
7	-11.8	1.2	40	-21.0	-11.7	1.2	41	-20.8	-11.6	1.2	41	-20.6	-11.5	1.2	41	-20.4	-11.4	1.2	42	-20.2	7
6	-11.7	1.2	43	-20.2	-11.6	1.3	43	-20.0	-11.5	1.3	44	-19.8	-11.4	1.3	44	-19.7	-11.3	1.3	44	-19.5	6
6	-11.6	1.3	46	-19.5	-11.5	1.3	46	-19.3	-11.4	1.4	46	-19.1	-11.3	1.4	47	-19.0	-11.2	1.4	47	-18.8	6
6	-11.5	1.4	49	-18.8	-11.4	1.4	49	-18.6	-11.3	1.4	49	-18.5	-11.2	1.5	50	-18.3	-11.1	1.5	50	-18.1	6
5	-11.4	1.5	51	-18.2	-11.3	1.5	52	-18.0	-11.2	1.5	52	-17.8	-11.1	1.5	52	-17.7	**-11.0**	1.6	53	-17.5	5
5	-11.3	1.5	54	-17.5	-11.2	1.6	54	-17.4	-11.1	1.6	55	-17.2	**-11.0**	1.6	55	-17.1	-10.9	1.6	55	-16.9	5
4	-11.2	1.6	57	-16.9	-11.1	1.6	57	-16.8	**-11.0**	1.7	57	-16.6	-10.9	1.7	58	-16.5	-10.8	1.7	58	-16.3	4
4	-11.1	1.7	60	-16.4	**-11.0**	1.7	60	-16.2	-10.9	1.7	60	-16.1	-10.8	1.8	60	-15.9	-10.7	1.8	61	-15.8	4
4	**-11.0**	1.8	62	-15.8	-10.9	1.8	63	-15.7	-10.8	1.8	63	-15.5	-10.7	1.9	63	-15.4	-10.6	1.9	63	-15.2	4
3	-10.9	1.9	65	-15.3	-10.8	1.9	65	-15.1	-10.7	1.9	66	-15.0	-10.6	1.9	66	-14.9	-10.5	2.0	66	-14.7	3
3	-10.8	1.9	68	-14.8	-10.7	2.0	68	-14.6	-10.6	2.0	68	-14.5	-10.5	2.0	69	-14.4	-10.4	2.0	69	-14.2	3
3	-10.7	2.0	71	-14.3	-10.6	2.1	71	-14.1	-10.5	2.1	71	-14.0	-10.4	2.1	71	-13.9	-10.3	2.1	72	-13.8	3
2	-10.6	2.1	74	-13.8	-10.5	2.1	74	-13.7	-10.4	2.2	74	-13.5	-10.3	2.2	74	-13.4	-10.2	2.2	74	-13.3	2
2	-10.5	2.2	77	-13.3	-10.4	2.2	77	-13.2	-10.3	2.2	77	-13.1	-10.2	2.3	77	-13.0	-10.1	2.3	77	-12.8	2
1	-10.4	2.3	79	-12.9	-10.3	2.3	79	-12.8	-10.2	2.3	80	-12.7	-10.1	2.3	80	-12.5	**-10.0**	2.4	80	-12.4	1
1	-10.3	2.4	82	-12.5	-10.2	2.4	82	-12.3	-10.1	2.4	82	-12.2	**-10.0**	2.4	83	-12.1	-9.9	2.4	83	-12.0	1
1	-10.2	2.4	85	-12.0	-10.1	2.5	85	-11.9	**-10.0**	2.5	85	-11.8	-9.9	2.5	85	-11.7	-9.8	2.5	85	-11.6	1
0	-10.1	2.5	88	-11.6	**-10.0**	2.5	88	-11.5	-9.9	2.6	88	-11.4	-9.8	2.6	88	-11.3	-9.7	2.6	88	-11.2	0
0	**-10.0**	2.6	91	-11.2	-9.9	2.6	91	-11.1	-9.8	2.6	91	-11.0	-9.7	2.7	91	-10.9	-9.6	2.7	91	-10.8	0
0	-9.9	2.7	94	-10.8	-9.8	2.7	94	-10.7	-9.7	2.7	94	-10.6	-9.6	2.7	94	-10.5	-9.5	2.8	94	-10.4	0
-1	-9.8	2.8	96	-10.5	-9.7	2.8	97	-10.3	-9.6	2.8	97	-10.2	-9.5	2.8	97	-10.1	-9.4	2.9	97	-10.0	-1
-1	-9.7	2.8	99	-10.1	-9.6	2.9	99	-10.0	-9.5	2.9	99	-9.9	-9.4	2.9	99	-9.8	-9.3	2.9	99	-9.7	-1
	-9.5				**-9.4**				**-9.3**				**-9.2**				**-9.1**				
13					-12.8	0.0	1	-59.4	-12.7	0.0	1	-54.2	-12.6	0.1	2	-50.9	-12.5	0.1	2	-48.4	13
13	-12.8	0.1	3	-48.1	-12.7	0.1	3	-46.2	-12.6	0.1	4	-44.6	-12.5	0.1	4	-43.2	-12.4	0.2	5	-42.0	13
12	-12.7	0.2	5	-41.8	-12.6	0.2	6	-40.7	-12.5	0.2	6	-39.8	-12.4	0.2	7	-38.9	-12.3	0.2	8	-38.0	12
12	-12.6	0.2	8	-37.9	-12.5	0.3	8	-37.2	-12.4	0.3	9	-36.5	-12.3	0.3	10	-35.8	-12.2	0.3	10	-35.1	12
11	-12.5	0.3	10	-35.1	-12.4	0.3	11	-34.5	-12.3	0.3	12	-33.9	-12.2	0.4	12	-33.4	-12.1	0.4	13	-32.8	11
11	-12.4	0.4	13	-32.8	-12.3	0.4	14	-32.3	-12.2	0.4	14	-31.8	-12.1	0.4	15	-31.4	**-12.0**	0.5	15	-30.9	11
11	-12.3	0.5	16	-30.9	-12.2	0.5	16	-30.5	-12.1	0.5	17	-30.1	**-12.0**	0.5	17	-29.7	-11.9	0.5	18	-29.3	11
10	-12.2	0.5	18	-29.3	-12.1	0.6	19	-28.9	**-12.0**	0.6	19	-28.5	-11.9	0.6	20	-28.2	-11.8	0.6	20	-27.8	10
10	-12.1	0.6	21	-27.8	**-12.0**	0.6	21	-27.5	-11.9	0.7	22	-27.2	-11.8	0.7	22	-26.9	-11.7	0.7	23	-26.5	10
9	**-12.0**	0.7	24	-26.5	-11.9	0.7	24	-26.2	-11.8	0.7	24	-25.9	-11.7	0.8	25	-25.7	-11.6	0.8	25	-25.4	9
9	-11.9	0.8	26	-25.4	-11.8	0.8	27	-25.1	-11.7	0.8	27	-24.8	-11.6	0.8	28	-24.6	-11.5	0.9	28	-24.3	9
9	-11.8	0.9	29	-24.3	-11.7	0.9	29	-24.1	-11.6	0.9	30	-23.8	-11.5	0.9	30	-23.6	-11.4	0.9	31	-23.3	9
8	-11.7	0.9	31	-23.3	-11.6	1.0	32	-23.1	-11.5	1.0	32	-22.9	-11.4	1.0	33	-22.6	-11.3	1.0	33	-22.4	8
8	-11.6	1.0	34	-22.4	-11.5	1.0	35	-22.2	-11.4	1.1	35	-22.0	-11.3	1.1	35	-21.7	-11.2	1.1	36	-21.5	8
7	-11.5	1.1	37	-21.6	-11.4	1.1	37	-21.3	-11.3	1.1	38	-21.1	-11.2	1.2	38	-20.9	-11.1	1.2	38	-20.7	7
7	-11.4	1.2	39	-20.8	-11.3	1.2	40	-20.6	-11.2	1.2	40	-20.4	-11.1	1.2	41	-20.2	**-11.0**	1.3	41	-20.0	7
7	-11.3	1.3	42	-20.0	-11.2	1.3	42	-19.8	-11.1	1.3	43	-19.6	**-11.0**	1.3	43	-19.4	-10.9	1.3	44	-19.2	7
6	-11.2	1.3	45	-19.3	-11.1	1.4	45	-19.1	**-11.0**	1.4	45	-18.9	-10.9	1.4	46	-18.7	-10.8	1.4	46	-18.6	6
6	-11.1	1.4	47	-18.6	**-11.0**	1.4	48	-18.4	-10.9	1.5	48	-18.3	-10.8	1.5	48	-18.1	-10.7	1.5	49	-17.9	6

n	t_W	e	U	t_d	t_W	e	U	t_d	t_W	e	U	t_d	t_W	e	U	t_d	t_W	e	U	t_d	n
	-9.5				**-9.4**				**-9.3**				**-9.2**				**-9.1**				
5	**-11.0**	1.5	50	-18.0	-10.9	1.5	50	-17.8	-10.8	1.5	51	-17.6	-10.7	1.6	51	-17.5	-10.6	1.6	51	-17.3	5
5	-10.9	1.6	53	-17.3	-10.8	1.6	53	-17.2	-10.7	1.6	53	-17.0	-10.6	1.6	54	-16.9	-10.5	1.7	54	-16.7	5
5	-10.8	1.7	56	-16.7	-10.7	1.7	56	-16.6	-10.6	1.7	56	-16.4	-10.5	1.7	56	-16.3	-10.4	1.7	57	-16.1	5
4	-10.7	1.7	58	-16.2	-10.6	1.8	59	-16.0	-10.5	1.8	59	-15.9	-10.4	1.8	59	-15.7	-10.3	1.8	59	-15.6	4
4	-10.6	1.8	61	-15.6	-10.5	1.8	61	-15.5	-10.4	1.9	61	-15.3	-10.3	1.9	62	-15.2	-10.2	1.9	62	-15.0	4
4	-10.5	1.9	64	-15.1	-10.4	1.9	64	-15.0	-10.3	1.9	64	-14.8	-10.2	2.0	64	-14.7	-10.1	2.0	65	-14.5	4
3	10.4	2.0	66	-14.6	-10.3	2.0	67	-14.5	-10.2	2.0	67	-14.3	-10.1	2.0	67	-14.2	**-10.0**	2.1	67	-14.0	3
3	-10.3	2.1	69	-14.1	-10.2	2.1	69	-14.0	-10.1	2.1	70	-13.8	**-10.0**	2.1	70	-13.7	-9.9	2.1	70	-13.6	3
3	-10.2	2.1	72	-13.6	-10.1	2.2	72	-13.5	**-10.0**	2.2	72	-13.4	-9.9	2.2	72	-13.2	-9.8	2.2	73	-13.1	3
2	-10.1	2.2	75	-13.2	**-10.0**	2.2	75	-13.0	-9.9	2.3	75	-12.9	-9.8	2.3	75	-12.8	-9.7	2.3	75	-12.7	2
2	**-10.0**	2.3	77	-12.7	-9.9	2.3	78	-12.6	-9.8	2.3	78	-12.5	-9.7	2.4	78	-12.4	-9.6	2.4	78	-12.2	2
1	-9.9	2.4	80	-12.3	-9.8	2.4	80	-12.2	-9.7	2.4	80	-12.0	-9.6	2.5	81	-11.9	-9.5	2.5	81	-11.8	1
1	-9.8	2.5	83	-11.9	-9.7	2.5	83	-11.7	-9.6	2.5	83	-11.6	-9.5	2.5	83	-11.5	-9.4	2.6	83	-11.4	1
1	-9.7	2.5	86	-11.5	-9.6	2.6	86	-11.3	-9.5	2.6	86	-11.2	-9.4	2.6	86	-11.1	-9.3	2.6	86	-11.0	1
0	-9.6	2.6	88	-11.1	-9.5	2.7	88	-10.9	-9.4	2.7	89	-10.8	-9.3	2.7	89	-10.7	-9.2	2.7	89	-10.6	0
0	-9.5	2.7	91	-10.7	-9.4	2.7	91	-10.6	-9.3	2.8	91	-10.4	-9.2	2.8	91	-10.3	-9.1	2.8	92	-10.2	0
0	-9.4	2.8	94	-10.3	-9.3	2.8	94	-10.2	-9.2	2.8	94	-10.1	-9.1	2.9	94	-10.0	**-9.0**	2.9	94	-9.9	0
-1	-9.3	2.9	97	-9.9	-9.2	2.9	97	-9.8	-9.1	2.9	97	-9.7	**-9.0**	3.0	97	-9.6	-8.9	3.0	97	-9.5	-1
-1	-9.2	3.0	100	-9.6	-9.1	3.0	100	-9.5	**-9.0**	3.0	100	-9.3	-8.9	3.0	100	-9.2	-8.8	3.1	100	-9.1	-1
	-9.0				**-8.9**				**-8.8**				**-8.7**				**-8.6**				
13	-12.5	0.0	1	-60.7	-12.4	0.0	1	-54.8	-12.3	0.1	2	-51.2	-12.2	0.1	2	-48.6	-12.1	0.1	3	-46.6	13
13	-12.4	0.1	3	-46.4	-12.3	0.1	4	-44.8	-12.2	0.1	4	-43.3	-12.1	0.2	5	-42.1	**-12.0**	0.2	5	-40.9	13
12	-12.3	0.2	6	-40.9	-12.2	0.2	6	-39.9	-12.1	0.2	7	-38.9	**-12.0**	0.2	7	-38.1	-11.9	0.3	8	-37.3	12
12	-12.2	0.3	8	-37.2	-12.1	0.3	9	-36.5	**-12.0**	0.3	9	-35.8	-11.9	0.3	10	-35.1	-11.8	0.3	10	-34.5	12
12	-12.1	0.3	11	-34.5	**-12.0**	0.3	11	-33.9	-11.9	0.4	12	-33.4	-11.8	0.4	12	-32.8	-11.7	0.4	13	-32.3	12
11	**-12.0**	0.4	13	-32.3	-11.9	0.4	14	-31.8	-11.8	0.4	14	-31.4	-11.7	0.5	15	-30.9	-11.6	0.5	15	-30.5	11
11	-11.9	0.5	16	-30.5	-11.8	0.5	16	-30.1	-11.7	0.5	17	-29.7	-11.6	0.5	17	-29.3	-11.5	0.6	18	-28.9	11
10	-11.8	0.6	18	-28.9	-11.7	0.6	19	-28.5	-11.6	0.6	19	-28.2	-11.5	0.6	20	-27.8	-11.4	0.6	20	-27.5	10
10	-11.7	0.6	21	-27.5	-11.6	0.7	21	-27.2	-11.5	0.7	22	-26.8	-11.4	0.7	22	-26.5	-11.3	0.7	23	-26.2	10
10	-11.6	0.7	23	-26.2	-11.5	0.7	24	-25.9	-11.4	0.8	24	-25.6	-11.3	0.8	25	-25.3	-11.2	0.8	25	-25.0	10
9	-11.5	0.8	26	-25.1	-11.4	0.8	26	-24.8	-11.3	0.8	27	-24.5	-11.2	0.9	27	-24.3	-11.1	0.9	28	-24.0	9
9	-11.4	0.9	28	-24.0	-11.3	0.9	29	-23.8	-11.2	0.9	29	-23.5	-11.1	0.9	30	-23.3	**-11.0**	1.0	30	-23.0	9
8	-11.3	1.0	31	-23.1	-11.2	1.0	31	-22.8	-11.1	1.0	32	-22.6	**-11.0**	1.0	32	-22.3	-10.9	1.0	33	-22.1	8
8	-11.2	1.0	34	-22.2	-11.1	1.1	34	-21.9	**-11.0**	1.1	34	-21.7	-10.9	1.1	35	-21.5	-10.8	1.1	35	-21.3	8
8	-11.1	1.1	36	-21.3	**-11.0**	1.1	37	-21.1	-10.9	1.2	37	-20.9	-10.8	1.2	37	-20.7	-10.7	1.2	38	-20.5	8
7	**-11.0**	1.2	39	-20.5	-10.9	1.2	39	-20.3	-10.8	1.2	39	-20.1	-10.7	1.3	40	-19.9	-10.6	1.3	40	-19.7	7
7	-10.9	1.3	41	-19.8	-10.8	1.3	42	-19.6	-10.7	1.3	42	-19.4	-10.6	1.3	42	-19.2	-10.5	1.4	43	-19.0	7
7	-10.8	1.4	44	-19.1	-10.7	1.4	44	-18.9	-10.6	1.4	45	-18.7	-10.5	1.4	45	-18.5	-10.4	1.4	45	-18.3	7
6	-10.7	1.4	47	-18.4	-10.6	1.5	47	-18.2	-10.5	1.5	47	-18.0	-10.4	1.5	48	-17.9	-10.3	1.5	48	-17.7	6
6	-10.6	1.5	49	-17.7	-10.5	1.5	49	-17.6	-10.4	1.6	50	-17.4	-10.3	1.6	50	-17.2	-10.2	1.6	50	-17.1	6
5	-10.5	1.6	52	-17.1	-10.4	1.6	52	-17.0	-10.3	1.6	52	-16.8	-10.2	1.7	53	-16.6	-10.1	1.7	53	-16.5	5
5	-10.4	1.7	54	-16.5	-10.3	1.7	55	-16.4	-10.2	1.7	55	-16.2	-10.1	1.8	55	-16.1	**-10.0**	1.8	56	-15.9	5
5	-10.3	1.8	57	-16.0	-10.2	1.8	57	-15.8	-10.1	1.8	58	-15.7	**-10.0**	1.8	58	-15.5	-9.9	1.9	58	-15.4	5
4	-10.2	1.8	60	-15.4	-10.1	1.9	60	-15.3	**-10.0**	1.9	60	-15.1	-9.9	1.9	60	-15.0	-9.8	1.9	61	-14.8	4
4	-10.1	1.9	62	-14.9	**-10.0**	1.9	62	-14.8	-9.9	2.0	63	-14.6	-9.8	2.0	63	-14.5	-9.7	2.0	63	-14.3	4
4	**-10.0**	2.0	65	-14.4	-9.9	2.0	65	-14.3	-9.8	2.1	65	-14.1	-9.7	2.1	66	-14.0	-9.6	2.1	66	-13.8	4
3	-9.9	2.1	68	-13.9	-9.8	2.1	68	-13.8	-9.7	2.1	68	-13.6	-9.6	2.2	68	-13.5	-9.5	2.2	68	-13.4	3
3	-9.8	2.2	70	-13.4	-9.7	2.2	70	-13.3	-9.6	2.2	71	-13.2	-9.5	2.2	71	-13.0	-9.4	2.3	71	-12.9	3
2	-9.7	2.3	73	-13.0	-9.6	2.3	73	-12.8	-9.5	2.3	73	-12.7	-9.4	2.3	73	-12.6	-9.3	2.4	74	-12.5	2
2	-9.6	2.3	75	-12.5	-9.5	2.4	76	-12.4	-9.4	2.4	76	-12.3	-9.3	2.4	76	-12.2	-9.2	2.4	76	-12.0	2
2	-9.5	2.4	78	-12.1	-9.4	2.4	78	-12.0	-9.3	2.5	78	-11.9	-9.2	2.5	79	-11.7	-9.1	2.5	79	-11.6	2
1	-9.4	2.5	81	-11.7	-9.3	2.5	81	-11.6	-9.2	2.6	81	-11.4	-9.1	2.6	81	-11.3	**-9.0**	2.6	81	-11.2	1
1	-9.3	2.6	84	-11.3	-9.2	2.6	84	-11.2	-9.1	2.6	84	-11.0	**-9.0**	2.7	84	-10.9	-8.9	2.7	84	-10.8	1
1	-9.2	2.7	86	-10.9	-9.1	2.7	86	-10.8	**-9.0**	2.7	86	-10.6	-8.9	2.7	87	-10.5	-8.8	2.8	87	-10.4	1
0	-9.1	2.8	89	-10.5	**-9.0**	2.8	89	-10.4	-8.9	2.8	89	-10.3	-8.8	2.8	89	-10.2	-8.7	2.9	89	-10.0	0
0	**-9.0**	2.8	92	-10.1	-8.9	2.9	92	-10.0	-8.8	2.9	92	-9.9	-8.7	2.9	92	-9.8	-8.6	2.9	92	-9.7	0
0	-8.9	2.9	94	-9.7	-8.8	2.9	94	-9.6	-8.7	3.0	94	-9.5	-8.6	3.0	95	-9.4	-8.5	3.0	95	-9.3	0
-1	-8.8	3.0	97	-9.4	-8.7	3.0	97	-9.3	-8.6	3.1	97	-9.2	-8.5	3.1	97	-9.1	-8.4	3.1	97	-9.0	-1
-1	-8.7	3.1	100	-9.0	-8.6	3.1	100	-8.9	-8.5	3.1	100	-8.8	-8.4	3.2	100	-8.7	-8.3	3.2	100	-8.6	-1
	-8.5				**-8.4**				**-8.3**				**-8.2**				**-8.1**				
14																	-11.8	0.0	1	-55.1	14
13	-12.1	0.0	1	-55.1	**-12.0**	0.1	2	-51.4	-11.9	0.1	2	-48.7	-11.8	0.1	3	-46.5	-11.7	0.1	3	-44.8	13
13	**-12.0**	0.1	4	-44.8	-11.9	0.1	4	-43.3	-11.8	0.2	5	-42.0	-11.7	0.2	5	-40.9	-11.6	0.2	6	-39.8	13
13	-11.9	0.2	6	-39.9	-11.8	0.2	7	-38.9	-11.7	0.2	7	-38.0	-11.6	0.3	8	-37.2	-11.5	0.3	8	-36.4	13
12	-11.8	0.3	8	-36.5	-11.7	0.3	9	-35.8	-11.6	0.3	9	-35.1	-11.5	0.3	10	-34.5	-11.4	0.4	11	-33.9	12
12	-11.7	0.3	11	-33.9	-11.6	0.4	11	-33.3	-11.5	0.4	12	-32.8	-11.4	0.4	12	-32.3	-11.3	0.4	13	-31.8	12
11	-11.6	0.4	13	-31.8	-11.5	0.4	14	-31.3	-11.4	0.5	14	-30.9	-11.3	0.5	15	-30.4	-11.2	0.5	15	-30.0	11
11	-11.5	0.5	16	-30.0	-11.4	0.5	16	-29.6	-11.3	0.5	17	-29.2	-11.2	0.6	17	-28.8	-11.1	0.6	18	-28.4	11
11	-11.4	0.6	18	-28.5	-11.3	0.6	19	-28.1	-11.2	0.6	19	-27.7	-11.1	0.6	20	-27.4	**-11.0**	0.7	20	-27.0	11

n	t_W	e	U	t_d	t_W	e	U	t_d	t_W	e	U	t_d	t_W	e	U	t_d	t_W	e	U	t_d	n
	-8.5				**-8.4**				**-8.3**				**-8.2**				**-8.1**				
10	-11.3	0.7	21	-27.1	-11.2	0.7	21	-26.8	-11.1	0.7	22	-26.4	**-11.0**	0.7	22	-26.1	-10.9	0.8	23	-25.8	10
10	-11.2	0.7	23	-25.9	-11.1	0.8	24	-25.6	**-11.0**	0.8	24	-25.3	-10.9	0.8	25	-25.0	-10.8	0.8	25	-24.7	10
10	-11.1	0.8	26	-24.7	**-11.0**	0.8	26	-24.5	-10.9	0.9	27	-24.2	-10.8	0.9	27	-23.9	-10.7	0.9	27	-23.6	10
9	**-11.0**	0.9	28	-23.7	-10.9	0.9	29	-23.5	-10.8	0.9	29	-23.2	-10.7	1.0	29	-22.9	-10.6	1.0	30	-22.7	9
9	-10.9	1.0	31	-22.8	-10.8	1.0	31	-22.5	-10.7	1.0	31	-22.3	-10.6	1.1	32	-22.0	-10.5	1.1	32	-21.8	9
8	-10.8	1.1	33	-21.9	-10.7	1.1	34	-21.6	-10.6	1.1	34	-21.4	-10.5	1.1	34	-21.2	-10.4	1.2	35	-21.0	8
8	-10.7	1.1	36	-21.0	-10.6	1.2	36	-20.8	-10.5	1.2	36	-20.6	-10.4	1.2	37	-20.4	-10.3	1.2	37	-20.2	8
8	-10.6	1.2	38	-20.3	-10.5	1.2	38	-20.0	-10.4	1.3	39	-19.8	-10.3	1.3	39	-19.6	-10.2	1.3	40	-19.4	8
7	-10.5	1.3	41	-19.5	-10.4	1.3	41	-19.3	-10.3	1.4	41	-19.1	-10.2	1.4	42	-18.9	-10.1	1.4	42	-18.7	7
7	-10.4	1.4	43	-18.8	-10.3	1.4	43	-18.6	-10.2	1.4	44	-18.4	-10.1	1.5	44	-18.2	**-10.0**	1.5	45	-18.1	7
6	-10.3	1.5	46	-18.1	-10.2	1.5	46	-18.0	-10.1	1.5	46	-17.8	**-10.0**	1.5	47	-17.6	-9.9	1.6	47	-17.4	6
6	-10.2	1.6	48	-17.5	-10.1	1.6	49	-17.3	**-10.0**	1.6	49	-17.2	-9.9	1.6	49	-17.0	-9.8	1.6	49	-16.8	6
6	-10.1	1.6	51	-16.9	**-10.0**	1.7	51	-16.7	-9.9	1.7	51	-16.6	-9.8	1.7	52	-16.4	-9.7	1.7	52	-16.2	6
5	**-10.0**	1.7	53	-16.3	-9.9	1.7	54	-16.1	-9.8	1.8	54	-16.0	-9.7	1.8	54	-15.8	-9.6	1.8	54	-15.7	5
5	-9.9	1.8	56	-15.7	-9.8	1.8	56	-15.6	-9.7	1.8	56	-15.4	-9.6	1.9	57	-15.3	-9.5	1.9	57	-15.1	5
5	-9.8	1.9	58	-15.2	-9.7	1.9	59	-15.1	-9.6	1.9	59	-14.9	-9.5	1.9	59	-14.8	-9.4	2.0	59	-14.6	5
4	-9.7	2.0	61	-14.7	-9.6	2.0	61	-14.5	-9.5	2.0	61	-14.4	-9.4	2.0	62	-14.3	-9.3	2.1	62	-14.1	4
4	-9.6	2.0	63	-14.2	-9.5	2.1	64	-14.0	-9.4	2.1	64	-13.9	-9.3	2.1	64	-13.8	-9.2	2.1	64	-13.6	4
4	-9.5	2.1	66	-13.7	-9.4	2.2	66	-13.6	-9.3	2.2	66	-13.4	-9.2	2.2	67	-13.3	-9.1	2.2	67	-13.2	4
3	-9.4	2.2	69	-13.2	-9.3	2.2	69	-13.1	-9.2	2.3	69	-13.0	-9.1	2.3	69	-12.8	**-9.0**	2.3	69	-12.7	3
3	-9.3	2.3	71	-12.8	-9.2	2.3	71	-12.6	-9.1	2.3	72	-12.5	**-9.0**	2.4	72	-12.4	-8.9	2.4	72	-12.3	3
2	-9.2	2.4	74	-12.3	-9.1	2.4	74	-12.2	**-9.0**	2.4	74	-12.1	-8.9	2.5	74	-12.0	-8.8	2.5	75	-11.8	2
2	-9.1	2.5	76	-11.9	**-9.0**	2.5	77	-11.8	-8.9	2.5	77	-11.7	-8.8	2.5	77	-11.5	-8.7	2.6	77	-11.4	2
2	**-9.0**	2.5	79	-11.5	-8.9	2.6	79	-11.4	-8.8	2.6	79	-11.2	-8.7	2.6	79	-11.1	-8.6	2.6	80	-11.0	2
1	-8.9	2.6	82	-11.1	-8.8	2.7	82	-11.0	-8.7	2.7	82	-10.8	-8.6	2.7	82	-10.7	-8.5	2.7	82	-10.6	1
1	-8.8	2.7	84	-10.7	-8.7	2.7	84	-10.6	-8.6	2.8	84	-10.5	-8.5	2.8	85	-10.3	-8.4	2.8	85	-10.2	1
1	-8.7	2.8	87	-10.3	-8.6	2.8	87	-10.2	-8.5	2.8	87	-10.1	-8.4	2.9	87	-10.0	-8.3	2.9	87	-9.8	1
0	-8.6	2.9	89	-9.9	-8.5	2.9	90	-9.8	-8.4	2.9	90	-9.7	-8.3	3.0	90	-9.6	-8.2	3.0	90	-9.5	0
0	-8.5	3.0	92	-9.6	-8.4	3.0	92	-9.4	-8.3	3.0	92	-9.3	-8.2	3.0	92	-9.2	-8.1	3.1	92	-9.1	0
0	-8.4	3.0	95	-9.2	-8.3	3.1	95	-9.1	-8.2	3.1	95	-9.0	-8.1	3.1	95	-8.9	**-8.0**	3.2	95	-8.8	0
-1	-8.3	3.1	97	-8.8	-8.2	3.2	97	-8.7	-8.1	3.2	97	-8.6	**-8.0**	3.2	98	-8.5	-7.9	3.2	98	-8.4	-1
-1	-8.2	3.2	100	-8.5	-8.1	3.2	100	-8.4	**-8.0**	3.2	100	-8.3	-7.9	3.3	100	-8.2	-7.8	3.3	100	-8.1	-1
	-8.0				**-7.9**				**-7.8**				**-7.7**				**-7.6**				
14													-11.5	0.0	1	-54.7	-11.4	0.1	2	-50.9	14
14	-11.7	0.1	2	-51.2	-11.6	0.1	2	-48.5	-11.5	0.1	3	-46.4	-11.4	0.1	3	-44.6	-11.3	0.1	4	-43.1	14
13	-11.6	0.1	4	-43.3	-11.5	0.2	5	-41.9	-11.4	0.2	5	-40.8	-11.3	0.2	6	-39.7	-11.2	0.2	6	-38.7	13
13	-11.5	0.2	6	-38.8	-11.4	0.2	7	-37.9	-11.3	0.3	7	-37.1	-11.2	0.3	8	-36.3	-11.1	0.3	9	-35.6	13
13	-11.4	0.3	9	-35.7	-11.3	0.3	9	-35.0	-11.2	0.3	10	-34.4	-11.1	0.4	10	-33.8	**-11.0**	0.4	11	-33.2	13
12	-11.3	0.4	11	-33.3	-11.2	0.4	12	-32.7	-11.1	0.4	12	-32.2	**-11.0**	0.4	13	-31.7	-10.9	0.5	13	-31.1	12
12	-11.2	0.5	13	-31.3	-11.1	0.5	14	-30.8	**-11.0**	0.5	15	-30.3	-10.9	0.5	15	-29.9	-10.8	0.5	16	-29.4	12
11	-11.1	0.5	16	-29.5	**-11.0**	0.6	16	-29.1	-10.9	0.6	17	-28.7	-10.8	0.6	17	-28.3	-10.7	0.6	18	-27.9	11
11	**-11.0**	0.6	18	-28.0	-10.9	0.6	19	-27.7	-10.8	0.7	19	-27.3	-10.7	0.7	20	-26.9	-10.6	0.7	20	-26.6	11
11	-10.9	0.7	21	-26.7	-10.8	0.7	21	-26.4	-10.7	0.7	22	-26.0	-10.6	0.8	22	-25.7	-10.5	0.8	23	-25.4	11
10	-10.8	0.8	23	-25.5	-10.7	0.8	24	-25.2	-10.6	0.8	24	-24.9	-10.5	0.8	24	-24.6	-10.4	0.9	25	-24.3	10
10	-10.7	0.9	25	-24.4	-10.6	0.9	26	-24.1	-10.5	0.9	26	-23.8	-10.4	0.9	27	-23.6	-10.3	0.9	27	-23.3	10
9	-10.6	0.9	28	-23.4	-10.5	1.0	28	-23.1	-10.4	1.0	29	-22.9	-10.3	1.0	29	-22.6	-10.2	1.0	30	-22.3	9
9	-10.5	1.0	30	-22.4	-10.4	1.0	31	-22.2	-10.3	1.1	31	-21.9	-10.2	1.1	32	-21.7	-10.1	1.1	32	-21.5	9
9	-10.4	1.1	33	-21.6	-10.3	1.1	33	-21.3	-10.2	1.1	34	-21.1	-10.1	1.2	34	-20.9	**-10.0**	1.2	34	-20.6	9
8	-10.3	1.2	35	-20.7	-10.2	1.2	36	-20.5	-10.1	1.2	36	-20.3	**-10.0**	1.2	36	-20.1	-9.9	1.3	37	-19.9	8
8	-10.2	1.3	38	-20.0	-10.1	1.3	38	-19.8	**-10.0**	1.3	38	-19.6	-9.9	1.3	39	-19.3	-9.8	1.3	39	-19.1	8
8	-10.1	1.3	40	-19.2	**-10.0**	1.4	40	-19.0	-9.9	1.4	41	-18.8	-9.8	1.4	41	-18.6	-9.7	1.4	41	-18.4	8
7	**-10.0**	1.4	42	-18.5	-9.9	1.4	43	-18.4	-9.8	1.5	43	-18.2	-9.7	1.5	44	-18.0	-9.6	1.5	44	-17.8	7
7	-9.9	1.5	45	-17.9	-9.8	1.5	45	-17.7	-9.7	1.5	46	-17.5	-9.6	1.6	46	-17.3	-9.5	1.6	46	-17.2	7
6	-9.8	1.6	47	-17.2	-9.7	1.6	48	-17.1	-9.6	1.6	48	-16.9	-9.5	1.7	48	-16.7	-9.4	1.7	49	-16.6	6
6	-9.7	1.7	50	-16.6	-9.6	1.7	50	-16.5	-9.5	1.7	50	-16.3	-9.4	1.7	51	-16.1	-9.3	1.8	51	-16.0	6
6	-9.6	1.7	52	-16.1	-9.5	1.8	53	-15.9	-9.4	1.8	53	-15.7	-9.3	1.8	53	-15.6	-9.2	1.8	53	-15.4	6
5	-9.5	1.8	55	-15.5	-9.4	1.9	55	-15.4	-9.3	1.9	55	-15.2	-9.2	1.9	56	-15.0	-9.1	1.9	56	-14.9	5
5	-9.4	1.9	57	-15.0	-9.3	1.9	57	-14.8	-9.2	2.0	58	-14.7	-9.1	2.0	58	-14.5	**-9.0**	2.0	58	-14.4	5
5	-9.3	2.0	60	-14.5	-9.2	2.0	60	-14.3	-9.1	2.0	60	-14.2	**-9.0**	2.1	60	-14.0	-8.9	2.1	61	-13.9	5
4	-9.2	2.1	62	-14.0	-9.1	2.1	62	-13.8	**-9.0**	2.1	63	-13.7	-8.9	2.2	63	-13.5	-8.8	2.2	63	-13.4	4
4	-9.1	2.2	65	-13.5	**-9.0**	2.2	65	-13.3	-8.9	2.2	65	-13.2	-8.8	2.2	65	-13.1	-8.7	2.3	66	-12.9	4
3	**-9.0**	2.2	67	-13.0	-8.9	2.3	67	-12.9	-8.8	2.3	68	-12.7	-8.7	2.3	68	-12.6	-8.6	2.4	68	-12.5	3
3	-8.9	2.3	70	-12.6	-8.8	2.4	70	-12.4	-8.7	2.4	70	-12.3	-8.6	2.4	70	-12.2	-8.5	2.4	71	-12.0	3
3	-8.8	2.4	72	-12.1	-8.7	2.4	72	-12.0	-8.6	2.5	73	-11.9	-8.5	2.5	73	-11.7	-8.4	2.5	73	-11.6	3
2	-8.7	2.5	75	-11.7	-8.6	2.5	75	-11.6	-8.5	2.6	75	-11.4	-8.4	2.6	75	-11.3	-8.3	2.6	75	-11.2	2
2	-8.6	2.6	77	-11.3	-8.5	2.6	77	-11.2	-8.4	2.6	78	-11.0	-8.3	2.7	78	-10.9	-8.2	2.7	78	-10.8	2
2	-8.5	2.7	80	-10.9	-8.4	2.7	80	-10.8	-8.3	2.7	80	-10.6	-8.2	2.7	80	-10.5	-8.1	2.8	80	-10.4	2
1	-8.4	2.8	82	-10.5	-8.3	2.8	82	-10.4	-8.2	2.8	83	-10.2	-8.1	2.8	83	-10.1	**-8.0**	2.9	83	-10.0	1
1	-8.3	2.8	85	-10.1	-8.2	2.9	85	-10.0	-8.1	2.9	85	-9.9	**-8.0**	2.9	85	-9.7	-7.9	2.9	85	-9.6	1
1	-8.2	2.9	87	-9.7	-8.1	3.0	88	-9.6	**-8.0**	3.0	88	-9.5	-7.9	3.0	88	-9.4	-7.8	3.0	88	-9.3	1
0	-8.1	3.0	90	-9.4	**-8.0**	3.0	90	-9.2	-7.9	3.1	90	-9.1	-7.8	3.1	90	-9.0	-7.7	3.1	90	-8.9	0

n	t_W	e	U	t_d	t_W	e	U	t_d	t_W	e	U	t_d	t_W	e	U	t_d	t_W	e	U	t_d	n
	-8.0				**-7.9**				**-7.8**				**-7.7**				**-7.6**				
0	**-8.0**	3.1	93	-9.0	-7.9	3.1	93	-8.9	-7.8	3.2	93	-8.8	-7.7	3.2	93	-8.7	-7.6	3.2	93	-8.6	0
0	-7.9	3.2	95	-8.6	-7.8	3.2	95	-8.5	-7.7	3.2	95	-8.4	-7.6	3.3	95	-8.3	-7.5	3.3	95	-8.2	0
-1	-7.8	3.3	98	-8.3	-7.7	3.3	98	-8.2	-7.6	3.3	98	-8.1	-7.5	3.4	98	-8.0	-7.4	3.4	98	-7.9	-1
-1	-7.7	3.4	100	-8.0	-7.6	3.4	100	-7.9	-7.5	3.4	100	-7.8	-7.4	3.4	100	-7.7	-7.3	3.5	100	-7.6	-1
	-7.5				**-7.4**				**-7.3**				**-7.2**				**-7.1**				
14					-11.3	0.0	1	-60.0	-11.2	0.0	1	-54.0	-11.1	0.1	2	-50.4	**-11.0**	0.1	2	-47.8	14
14	-11.3	0.1	2	-48.2	-11.2	0.1	3	-46.1	-11.1	0.1	3	-44.3	**-11.0**	0.1	4	-42.8	-10.9	0.2	5	-41.5	14
14	-11.2	0.2	5	-41.8	-11.1	0.2	5	-40.6	**-11.0**	0.2	6	-39.5	-10.9	0.2	6	-38.5	-10.8	0.2	7	-37.6	14
13	-11.1	0.2	7	-37.8	**-11.0**	0.3	7	-36.9	-10.9	0.3	8	-36.2	-10.8	0.3	8	-35.4	-10.7	0.3	9	-34.7	13
13	**-11.0**	0.3	9	-34.9	-10.9	0.3	10	-34.2	-10.8	0.4	10	-33.6	-10.7	0.4	11	-33.0	-10.6	0.4	11	-32.4	13
12	-10.9	0.4	11	-32.6	-10.8	0.4	12	-32.0	-10.7	0.4	12	-31.5	-10.6	0.5	13	-31.0	-10.5	0.5	13	-30.5	12
12	-10.8	0.5	14	-30.7	-10.7	0.5	14	-30.2	-10.6	0.5	15	-29.7	-10.5	0.5	15	-29.3	-10.4	0.6	16	-28.9	12
12	-10.7	0.6	16	-29.0	-10.6	0.6	17	-28.6	-10.5	0.6	17	-28.2	-10.4	0.6	18	-27.8	-10.3	0.6	18	-27.4	12
11	-10.6	0.6	18	-27.6	-10.5	0.7	19	-27.2	-10.4	0.7	19	-26.8	-10.3	0.7	20	-26.5	-10.2	0.7	20	-26.1	11
11	-10.5	0.7	21	-26.3	-10.4	0.7	21	-25.9	-10.3	0.8	22	-25.6	-10.2	0.8	22	-25.3	-10.1	0.8	23	-25.0	11
10	-10.4	0.8	23	-25.1	-10.3	0.8	23	-24.8	-10.2	0.8	24	-24.5	-10.1	0.9	24	-24.2	**-10.0**	0.9	25	-23.9	10
10	-10.3	0.9	25	-24.0	-10.2	0.9	26	-23.7	-10.1	0.9	26	-23.4	**-10.0**	1.0	27	-23.2	-9.9	1.0	27	-22.9	10
10	-10.2	1.0	28	-23.0	-10.1	1.0	28	-22.8	**-10.0**	1.0	29	-22.5	-9.9	1.0	29	-22.2	-9.8	1.1	29	-22.0	10
9	-10.1	1.0	30	-22.1	**-10.0**	1.1	30	-21.8	-9.9	1.1	31	-21.6	-9.8	1.1	31	-21.4	-9.7	1.1	32	-21.1	9
9	**-10.0**	1.1	32	-21.2	-9.9	1.1	33	-21.0	-9.8	1.2	33	-20.8	-9.7	1.2	34	-20.5	-9.6	1.2	34	-20.3	9
9	-9.9	1.2	35	-20.4	-9.8	1.2	35	-20.2	-9.7	1.3	36	-20.0	-9.6	1.3	36	-19.8	-9.5	1.3	36	-19.6	9
8	-9.8	1.3	37	-19.7	-9.7	1.3	37	-19.5	-9.6	1.3	38	-19.2	-9.5	1.4	38	-19.0	-9.4	1.4	39	-18.8	8
8	-9.7	1.4	39	-18.9	-9.6	1.4	40	-18.7	-9.5	1.4	40	-18.5	-9.4	1.4	41	-18.3	-9.3	1.5	41	-18.1	8
7	-9.6	1.5	42	-18.3	-9.5	1.5	42	-18.1	-9.4	1.5	43	-17.9	-9.3	1.5	43	-17.7	-9.2	1.6	43	-17.5	7
7	-9.5	1.5	44	-17.6	-9.4	1.6	45	-17.4	-9.3	1.6	45	-17.2	-9.2	1.6	45	-17.1	-9.1	1.6	46	-16.9	7
7	-9.4	1.6	47	-17.0	-9.3	1.6	47	-16.8	-9.2	1.7	47	-16.6	-9.1	1.7	48	-16.4	**-9.0**	1.7	48	-16.3	7
6	-9.3	1.7	49	-16.4	-9.2	1.7	49	-16.2	-9.1	1.8	50	-16.0	**-9.0**	1.8	50	-15.9	-8.9	1.8	50	-15.7	6
6	-9.2	1.8	51	-15.8	-9.1	1.8	52	-15.6	**-9.0**	1.8	52	-15.5	-8.9	1.9	52	-15.3	-8.8	1.9	53	-15.2	6
6	-9.1	1.9	54	-15.3	**-9.0**	1.9	54	-15.1	-8.9	1.9	54	-14.9	-8.8	1.9	55	-14.8	-8.7	2.0	55	-14.6	6
5	**-9.0**	2.0	56	-14.7	-8.9	2.0	56	-14.6	-8.8	2.0	57	-14.4	-8.7	2.0	57	-14.3	-8.6	2.1	57	-14.1	5
5	-8.9	2.0	59	-14.2	-8.8	2.1	59	-14.1	-8.7	2.1	59	-13.9	-8.6	2.1	59	-13.8	-8.5	2.1	60	-13.6	5
5	-8.8	2.1	61	-13.7	-8.7	2.1	61	-13.6	-8.6	2.2	62	-13.4	-8.5	2.2	62	-13.3	-8.4	2.2	62	-13.1	5
4	-8.7	2.2	63	-13.2	-8.6	2.2	64	-13.1	-8.5	2.3	64	-13.0	-8.4	2.3	64	-12.8	-8.3	2.3	64	-12.7	4
4	-8.6	2.3	66	-12.8	-8.5	2.3	66	-12.6	-8.4	2.3	66	-12.5	-8.3	2.4	67	-12.4	-8.2	2.4	67	-12.2	4
3	-8.5	2.4	68	-12.3	-8.4	2.4	68	-12.2	-8.3	2.4	69	-12.1	-8.2	2.5	69	-11.9	-8.1	2.5	69	-11.8	3
3	-8.4	2.5	71	-11.9	-8.3	2.5	71	-11.8	-8.2	2.5	71	-11.6	-8.1	2.5	71	-11.5	**-8.0**	2.6	72	-11.4	3
3	-8.3	2.5	73	-11.5	-8.2	2.6	73	-11.3	-8.1	2.6	74	-11.2	**-8.0**	2.6	74	-11.1	-7.9	2.7	74	-11.0	3
2	-8.2	2.6	76	-11.1	-8.1	2.7	76	-10.9	**-8.0**	2.7	76	-10.8	-7.9	2.7	76	-10.7	-7.8	2.7	76	-10.6	2
2	-8.1	2.7	78	-10.7	**-8.0**	2.7	78	-10.5	-7.9	2.8	78	-10.4	-7.8	2.8	79	-10.3	-7.7	2.8	79	-10.2	2
2	**-8.0**	2.8	81	-10.3	-7.9	2.8	81	-10.1	-7.8	2.9	81	-10.0	-7.7	2.9	81	-9.9	-7.6	2.9	81	-9.8	2
1	-7.9	2.9	83	-9.9	-7.8	2.9	83	-9.8	-7.7	2.9	83	-9.6	-7.6	3.0	83	-9.5	-7.5	3.0	84	-9.4	1
1	-7.8	3.0	85	-9.5	-7.7	3.0	86	-9.4	-7.6	3.0	86	-9.3	-7.5	3.1	86	-9.2	-7.4	3.1	86	-9.0	1
1	-7.7	3.1	88	-9.1	-7.6	3.1	88	-9.0	-7.5	3.1	88	-8.9	-7.4	3.1	88	-8.8	-7.3	3.2	88	-8.7	1
0	-7.6	3.1	90	-8.8	-7.5	3.2	91	-8.7	-7.4	3.2	91	-8.6	-7.3	3.2	91	-8.4	-7.2	3.3	91	-8.3	0
0	-7.5	3.2	93	-8.4	-7.4	3.3	93	-8.3	-7.3	3.3	93	-8.2	-7.2	3.3	93	-8.1	-7.1	3.3	93	-8.0	0
0	-7.4	3.3	95	-8.1	-7.3	3.4	96	-8.0	-7.2	3.4	96	-7.9	-7.1	3.4	96	-7.8	**-7.0**	3.4	96	-7.7	0
-1	-7.3	3.4	98	-7.8	-7.2	3.4	98	-7.7	-7.1	3.5	98	-7.5	**-7.0**	3.5	98	-7.4	-6.9	3.5	98	-7.3	-1
-1	-7.2	3.5	100	-7.5																	-1
	-7.0				**-6.9**				**-6.8**				**-6.7**				**-6.6**				
15																	-10.7	0.0	1	-56.6	15
15	**-11.0**	0.0	1	-58.4	-10.9	0.0	1	-53.1	-10.8	0.1	2	-49.7	-10.7	0.1	2	-47.1	-10.6	0.1	3	-45.1	15
14	-10.9	0.1	3	-45.7	-10.8	0.1	3	-43.9	-10.7	0.1	4	-42.4	-10.6	0.2	5	-41.1	-10.5	0.2	5	-39.9	14
14	-10.8	0.2	5	-40.3	-10.7	0.2	6	-39.2	-10.6	0.2	6	-38.2	-10.5	0.2	7	-37.3	-10.4	0.3	7	-36.5	14
13	-10.7	0.3	7	-36.7	-10.6	0.3	8	-35.9	-10.5	0.3	8	-35.2	-10.4	0.3	9	-34.5	-10.3	0.4	9	-33.8	13
13	-10.6	0.3	10	-34.0	-10.5	0.4	10	-33.4	-10.4	0.4	11	-32.8	-10.3	0.4	11	-32.2	-10.2	0.4	12	-31.7	13
13	-10.5	0.4	12	-31.9	-10.4	0.4	12	-31.3	-10.3	0.5	13	-30.8	-10.2	0.5	13	-30.3	-10.1	0.5	14	-29.9	13
12	-10.4	0.5	14	-30.0	-10.3	0.5	15	-29.6	-10.2	0.6	15	-29.1	-10.1	0.6	16	-28.7	**-10.0**	0.6	16	-28.3	12
12	-10.3	0.6	16	-28.5	-10.2	0.6	17	-28.0	-10.1	0.6	17	-27.7	**-10.0**	0.7	18	-27.3	-9.9	0.7	18	-26.9	12
11	-10.2	0.7	19	-27.1	-10.1	0.7	19	-26.7	**-10.0**	0.7	19	-26.3	-9.9	0.7	20	-26.0	-9.8	0.8	20	-25.6	11
11	-10.1	0.8	21	-25.8	**-10.0**	0.8	21	-25.5	-9.9	0.8	22	-25.1	-9.8	0.8	22	-24.8	-9.7	0.8	23	-24.5	11
11	**-10.0**	0.8	23	-24.7	-9.9	0.9	23	-24.3	-9.8	0.9	24	-24.0	-9.7	0.9	24	-23.7	-9.6	0.9	25	-23.5	11
10	-9.9	0.9	25	-23.6	-9.8	0.9	26	-23.3	-9.7	1.0	26	-23.0	-9.6	1.0	27	-22.8	-9.5	1.0	27	-22.5	10
10	-9.8	1.0	28	-22.6	-9.7	1.0	28	-22.4	-9.6	1.0	28	-22.1	-9.5	1.1	29	-21.8	-9.4	1.1	29	-21.6	10
10	-9.7	1.1	30	-21.7	-9.6	1.1	30	-21.5	-9.5	1.1	31	-21.2	-9.4	1.2	31	-21.0	-9.3	1.2	32	-20.7	10
9	-9.6	1.2	32	-20.9	-9.5	1.2	33	-20.6	-9.4	1.2	33	-20.4	-9.3	1.2	33	-20.2	-9.2	1.3	34	-20.0	9
9	-9.5	1.2	34	-20.1	-9.4	1.3	35	-19.9	-9.3	1.3	35	-19.6	-9.2	1.3	36	-19.4	-9.1	1.3	36	-19.2	9
8	-9.4	1.3	37	-19.3	-9.3	1.4	37	-19.1	-9.2	1.4	37	-18.9	-9.1	1.4	38	-18.7	**-9.0**	1.4	38	-18.5	8
8	-9.3	1.4	39	-18.6	-9.2	1.4	39	-18.4	-9.1	1.5	40	-18.2	**-9.0**	1.5	40	-18.0	-8.9	1.5	40	-17.8	8
8	-9.2	1.5	41	-18.0	-9.1	1.5	42	-17.8	**-9.0**	1.5	42	-17.6	-8.9	1.6	42	-17.4	-8.8	1.6	43	-17.2	8

n	t_W	e	U	t_d	t_W	e	U	t_d	t_W	e	U	t_d	t_W	e	U	t_d	t_W	e	U	t_d	n
	-7.0				**-6.9**				**-6.8**				**-6.7**				**-6.6**				
7	-9.1	1.6	44	-17.3	**-9.0**	1.6	44	-17.1	-8.9	1.6	44	-16.9	-8.8	1.7	45	-16.8	-8.7	1.7	45	-16.6	7
7	**-9.0**	1.7	46	-16.7	-8.9	1.7	46	-16.5	-8.8	1.7	47	-16.3	-8.7	1.7	47	-16.2	-8.6	1.8	47	-16.0	7
7	-8.9	1.7	48	-16.1	-8.8	1.8	49	-15.9	-8.7	1.8	49	-15.8	-8.6	1.8	49	-15.6	-8.5	1.8	50	-15.4	7
6	-8.8	1.8	51	-15.5	-8.7	1.9	51	-15.4	-8.6	1.9	51	-15.2	-8.5	1.9	51	-15.0	-8.4	1.9	52	-14.9	6
6	-8.7	1.9	53	-15.0	-8.6	1.9	53	-14.8	-8.5	2.0	53	-14.7	-8.4	2.0	54	-14.5	-8.3	2.0	54	-14.3	6
6	-8.6	2.0	55	-14.5	-8.5	2.0	56	-14.3	-8.4	2.0	56	-14.2	-8.3	2.1	56	-14.0	-8.2	2.1	56	-13.8	6
5	-8.5	2.1	58	-14.0	-8.4	2.1	58	-13.8	-8.3	2.1	58	-13.7	-8.2	2.2	58	-13.5	-8.1	2.2	59	-13.4	5
5	-8.4	2.2	60	-13.5	-8.3	2.2	60	-13.3	-8.2	2.2	60	-13.2	-8.1	2.2	61	-13.0	**-8.0**	2.3	61	-12.9	5
4	-8.3	2.3	62	-13.0	-8.2	2.3	63	-12.8	-8.1	2.3	63	-12.7	**-8.0**	2.3	63	-12.6	-7.9	2.4	63	-12.4	4
4	-8.2	2.3	65	-12.5	-8.1	2.4	65	-12.4	**-8.0**	2.4	65	-12.3	-7.9	2.4	65	-12.1	-7.8	2.4	66	-12.0	4
4	-8.1	2.4	67	-12.1	**-8.0**	2.5	67	-12.0	-7.9	2.5	67	-11.8	-7.8	2.5	68	-11.7	-7.7	2.5	68	-11.5	4
3	**-8.0**	2.5	69	-11.7	-7.9	2.5	70	-11.5	-7.8	2.6	70	-11.4	-7.7	2.6	70	-11.3	-7.6	2.6	70	-11.1	3
3	-7.9	2.6	72	-11.2	-7.8	2.6	72	-11.1	-7.7	2.7	72	-11.0	-7.6	2.7	72	-10.8	-7.5	2.7	73	-10.7	3
3	-7.8	2.7	74	-10.8	-7.7	2.7	74	-10.7	-7.6	2.7	75	-10.6	-7.5	2.8	75	-10.4	-7.4	2.8	75	-10.3	3
2	-7.7	2.8	77	-10.4	-7.6	2.8	77	-10.3	-7.5	2.8	77	-10.2	-7.4	2.9	77	-10.0	-7.3	2.9	77	-9.9	2
2	-7.6	2.9	79	-10.0	-7.5	2.9	79	-9.9	-7.4	2.9	79	-9.8	-7.3	2.9	79	-9.7	-7.2	3.0	80	-9.5	2
2	-7.5	2.9	81	-9.7	-7.4	3.0	81	-9.5	-7.3	3.0	82	-9.4	-7.2	3.0	82	-9.3	-7.1	3.1	82	-9.2	2
1	-7.4	3.0	84	-9.3	-7.3	3.1	84	-9.2	-7.2	3.1	84	-9.0	-7.1	3.1	84	-8.9	**-7.0**	3.1	84	-8.8	1
1	-7.3	3.1	86	-8.9	-7.2	3.1	86	-8.8	-7.1	3.2	86	-8.7	**-7.0**	3.2	87	-8.6	-6.9	3.2	87	-8.5	1
1	-7.2	3.2	89	-8.6	-7.1	3.2	89	-8.5	**-7.0**	3.3	89	-8.3	-6.9	3.3	89	-8.2	-6.8	3.3	89	-8.1	1
0	-7.1	3.3	91	-8.2	**-7.0**	3.3	91	-8.1	-6.9	3.3	91	-8.0	-6.8	3.4	91	-7.9	-6.7	3.4	91	-7.8	0
0	**-7.0**	3.4	93	-7.9	-6.9	3.4	94	-7.8	-6.8	3.4	94	-7.7	-6.7	3.5	94	-7.5	-6.6	3.5	94	-7.4	0
0	-6.9	3.5	96	-7.5	-6.8	3.5	96	-7.4	-6.7	3.5	96	-7.3	-6.6	3.6	96	-7.2	-6.5	3.6	96	-7.1	0
-1	-6.8	3.6	98	-7.2	-6.7	3.6	98	-7.1	-6.6	3.6	98	-7.0	-6.5	3.6	98	-6.9	-6.4	3.7	99	-6.8	-1
	-6.5				**-6.4**				**-6.3**				**-6.2**				**-6.1**				
15													-10.4	0.0	1	-54.8	-10.3	0.1	2	-50.7	15
15	-10.6	0.1	1	-51.9	-10.5	0.1	2	-48.8	-10.4	0.1	2	-46.4	-10.3	0.1	3	-44.5	-10.2	0.1	4	-42.9	15
14	-10.5	0.1	4	-43.4	-10.4	0.2	4	-42.0	-10.3	0.2	5	-40.7	-10.2	0.2	5	-39.5	-10.1	0.2	6	-38.5	14
14	-10.4	0.2	6	-38.9	-10.3	0.2	6	-37.9	-10.2	0.3	7	-37.0	-10.1	0.3	7	-36.1	**-10.0**	0.3	8	-35.3	14
14	-10.3	0.3	8	-35.7	-10.2	0.3	8	-34.9	-10.1	0.3	9	-34.2	**-10.0**	0.4	9	-33.5	-9.9	0.4	10	-32.9	14
13	-10.2	0.4	10	-33.2	-10.1	0.4	11	-32.6	**-10.0**	0.4	11	-32.0	-9.9	0.4	12	-31.4	-9.8	0.5	12	-30.9	13
13	-10.1	0.5	12	-31.1	**-10.0**	0.5	13	-30.6	-9.9	0.5	13	-30.1	-9.8	0.5	14	-29.6	-9.7	0.5	14	-29.2	13
13	**-10.0**	0.5	14	-29.4	-9.9	0.6	15	-28.9	-9.8	0.6	15	-28.5	-9.7	0.6	16	-28.1	-9.6	0.6	16	-27.7	13
12	-9.9	0.6	17	-27.9	-9.8	0.6	17	-27.5	-9.7	0.7	17	-27.1	-9.6	0.7	18	-26.7	-9.5	0.7	18	-26.3	12
12	-9.8	0.7	19	-26.5	-9.7	0.7	19	-26.2	-9.6	0.7	20	-25.8	-9.5	0.8	20	-25.5	-9.4	0.8	21	-25.1	12
11	-9.7	0.8	21	-25.3	-9.6	0.8	21	-25.0	-9.5	0.8	22	-24.6	-9.4	0.9	22	-24.3	-9.3	0.9	23	-24.0	11
11	-9.6	0.9	23	-24.2	-9.5	0.9	24	-23.9	-9.4	0.9	24	-23.6	-9.3	0.9	24	-23.3	-9.2	1.0	25	-23.0	11
11	-9.5	1.0	25	-23.2	-9.4	1.0	26	-22.9	-9.3	1.0	26	-22.6	-9.2	1.0	27	-22.3	-9.1	1.0	27	-22.1	11
10	-9.4	1.0	27	-22.2	-9.3	1.1	28	-22.0	-9.2	1.1	28	-21.7	-9.1	1.1	29	-21.4	**-9.0**	1.1	29	-21.2	10
10	-9.3	1.1	30	-21.3	-9.2	1.1	30	-21.1	-9.1	1.2	31	-20.8	**-9.0**	1.2	31	-20.6	-8.9	1.2	31	-20.4	10
9	-9.2	1.2	32	-20.5	-9.1	1.2	32	-20.3	**-9.0**	1.2	33	-20.0	-8.9	1.3	33	-19.8	-8.8	1.3	34	-19.6	9
9	-9.1	1.3	34	-19.7	**-9.0**	1.3	35	-19.5	-8.9	1.3	35	-19.3	-8.8	1.4	35	-19.1	-8.7	1.4	36	-18.8	9
9	**-9.0**	1.4	36	-19.0	-8.9	1.4	37	-18.8	-8.8	1.4	37	-18.6	-8.7	1.4	38	-18.4	-8.6	1.5	38	-18.2	9
8	-8.9	1.5	39	-18.3	-8.8	1.5	39	-18.1	-8.7	1.5	39	-17.9	-8.6	1.5	40	-17.7	-8.5	1.6	40	-17.5	8
8	-8.8	1.5	41	-17.6	-8.7	1.6	41	-17.4	-8.6	1.6	42	-17.2	-8.5	1.6	42	-17.0	-8.4	1.6	42	-16.9	8
8	-8.7	1.6	43	-17.0	-8.6	1.6	43	-16.8	-8.5	1.7	44	-16.6	-8.4	1.7	44	-16.4	-8.3	1.7	44	-16.3	8
7	-8.6	1.7	45	-16.4	-8.5	1.7	46	-16.2	-8.4	1.8	46	-16.0	-8.3	1.8	46	-15.8	-8.2	1.8	47	-15.7	7
7	-8.5	1.8	48	-15.8	-8.4	1.8	48	-15.6	-8.3	1.8	48	-15.5	-8.2	1.9	49	-15.3	-8.1	1.9	49	-15.1	7
7	-8.4	1.9	50	-15.2	-8.3	1.9	50	-15.1	-8.2	1.9	50	-14.9	-8.1	2.0	51	-14.7	**-8.0**	2.0	51	-14.6	7
6	-8.3	2.0	52	-14.7	-8.2	2.0	52	-14.5	-8.1	2.0	53	-14.4	**-8.0**	2.0	53	-14.2	-7.9	2.1	53	-14.1	6
6	-8.2	2.0	54	-14.2	-8.1	2.1	55	-14.0	**-8.0**	2.1	55	-13.9	-7.9	2.1	55	-13.7	-7.8	2.2	56	-13.6	6
5	-8.1	2.1	57	-13.7	**-8.0**	2.2	57	-13.5	-7.9	2.2	57	-13.4	-7.8	2.2	57	-13.2	-7.7	2.2	58	-13.1	5
5	**-8.0**	2.2	59	-13.2	-7.9	2.2	59	-13.0	-7.8	2.3	59	-12.9	-7.7	2.3	60	-12.7	-7.6	2.3	60	-12.6	5
5	-7.9	2.3	61	-12.7	-7.8	2.3	61	-12.6	-7.7	2.4	62	-12.4	-7.6	2.4	62	-12.3	-7.5	2.4	62	-12.1	5
4	-7.8	2.4	64	-12.3	-7.7	2.4	64	-12.1	-7.6	2.4	64	-12.0	-7.5	2.5	64	-11.8	-7.4	2.5	64	-11.7	4
4	-7.7	2.5	66	-11.8	-7.6	2.5	66	-11.7	-7.5	2.5	66	-11.6	-7.4	2.6	67	-11.4	-7.3	2.6	67	-11.3	4
4	-7.6	2.6	68	-11.4	-7.5	2.6	68	-11.3	-7.4	2.6	69	-11.1	-7.3	2.6	69	-11.0	-7.2	2.7	69	-10.9	4
3	-7.5	2.6	70	-11.0	-7.4	2.7	71	-10.9	-7.3	2.7	71	-10.7	-7.2	2.7	71	-10.6	-7.1	2.8	71	-10.5	3
3	-7.4	2.7	73	-10.6	-7.3	2.8	73	-10.4	-7.2	2.8	73	-10.3	-7.1	2.8	73	-10.2	**-7.0**	2.8	74	-10.1	3
3	-7.3	2.8	75	-10.2	-7.2	2.9	75	-10.1	-7.1	2.9	75	-9.9	**-7.0**	2.9	76	-9.8	-6.9	2.9	76	-9.7	3
2	-7.2	2.9	77	-9.8	-7.1	2.9	78	-9.7	**-7.0**	3.0	78	-9.5	-6.9	3.0	78	-9.4	-6.8	3.0	78	-9.3	2
2	-7.1	3.0	80	-9.4	**-7.0**	3.0	80	-9.3	-6.9	3.1	80	-9.2	-6.8	3.1	80	-9.0	-6.7	3.1	80	-8.9	2
2	**-7.0**	3.1	82	-9.0	-6.9	3.1	82	-8.9	-6.8	3.1	82	-8.8	-6.7	3.2	83	-8.7	-6.6	3.2	83	-8.6	2
1	-6.9	3.2	84	-8.7	-6.8	3.2	85	-8.6	-6.7	3.2	85	-8.4	-6.6	3.3	85	-8.3	-6.5	3.3	85	-8.2	1
1	-6.8	3.3	87	-8.3	-6.7	3.3	87	-8.2	-6.6	3.3	87	-8.1	-6.5	3.4	87	-8.0	-6.4	3.4	87	-7.9	1
1	-6.7	3.4	89	-8.0	-6.6	3.4	89	-7.9	-6.5	3.4	89	-7.8	-6.4	3.4	89	-7.6	-6.3	3.5	90	-7.5	1
0	-6.6	3.4	91	-7.7	-6.5	3.5	92	-7.5	-6.4	3.5	92	-7.4	-6.3	3.5	92	-7.3	-6.2	3.6	92	-7.2	0
0	-6.5	3.5	94	-7.3	-6.4	3.6	94	-7.2	-6.3	3.6	94	-7.1	-6.2	3.6	94	-7.0	-6.1	3.7	94	-6.9	0
0	-6.4	3.6	96	-7.0	-6.3	3.6	96	-6.9	-6.2	3.7	96	-6.8	-6.1	3.7	96	-6.7	**-6.0**	3.7	97	-6.6	0
-1	-6.3	3.7	99	-6.7	-6.2	3.7	99	-6.6	-6.1	3.8	99	-6.5	**-6.0**	3.8	99	-6.4	-5.9	3.8	99	-6.2	-1

n	t_W	e	U	t_d	t_W	e	U	t_d	t_W	e	U	t_d	t_W	e	U	t_d	t_W	e	U	t_d	n
	-6.0				**-5.9**				**-5.8**				**-5.7**				**-5.6**				
15					-10.2	0.0	1	-58.7	-10.1	0.0	1	-52.9	**-10.0**	0.1	2	-49.4	-9.9	0.1	2	-46.8	15
15	-10.2	0.1	2	-47.8	-10.1	0.1	3	-45.6	**-10.0**	0.1	3	-43.8	-9.9	0.2	4	-42.2	-9.8	0.2	4	-40.8	15
15	-10.1	0.2	4	-41.4	**-10.0**	0.2	5	-40.2	-9.9	0.2	5	-39.0	-9.8	0.2	6	-38.0	-9.7	0.3	6	-37.0	15
14	**-10.0**	0.2	6	-37.5	-9.9	0.3	7	-36.6	-9.8	0.3	7	-35.8	-9.7	0.3	8	-35.0	-9.6	0.3	8	-34.2	14
14	-9.9	0.3	8	-34.6	-9.8	0.3	9	-33.9	-9.7	0.4	9	-33.2	-9.6	0.4	10	-32.6	-9.5	0.4	10	-32.0	14
14	-9.8	0.4	10	-32.3	-9.7	0.4	11	-31.7	-9.6	0.5	11	-31.2	-9.5	0.5	12	-30.6	-9.4	0.5	13	-30.1	14
13	-9.7	0.5	13	30.4	-9.6	0.5	13	-29.9	-9.5	0.5	14	-29.4	-9.4	0.6	14	-28.9	-9.3	0.6	15	-28.5	13
13	-9.6	0.6	15	-28.7	-9.5	0.6	15	-28.3	-9.4	0.6	16	-27.9	-9.3	0.6	16	-27.4	-9.2	0.7	17	-27.0	13
12	-9.5	0.7	17	-27.3	-9.4	0.7	17	-26.9	-9.3	0.7	18	-26.5	-9.2	0.7	18	-26.1	-9.1	0.8	19	-25.8	12
12	-9.4	0.7	19	-26.0	-9.3	0.8	19	-25.6	-9.2	0.8	20	-25.3	-9.1	0.8	20	-24.9	**-9.0**	0.8	21	-24.6	12
12	-9.3	0.8	21	-24.8	-9.2	0.8	22	-24.5	-9.1	0.9	22	-24.1	**-9.0**	0.9	22	-23.8	-8.9	0.9	23	-23.5	12
11	-9.2	0.9	23	-23.7	-9.1	0.9	24	-23.4	**-9.0**	1.0	24	-23.1	-8.9	1.0	25	-22.8	-8.8	1.0	25	-22.5	11
11	-9.1	1.0	25	-22.7	**-9.0**	1.0	26	-22.4	-8.9	1.0	26	-22.2	-8.8	1.1	27	-21.9	-8.7	1.1	27	-21.6	11
10	**-9.0**	1.1	27	-21.8	-8.9	1.1	28	-21.5	-8.8	1.1	28	-21.3	-8.7	1.1	29	-21.0	-8.6	1.2	29	-20.8	10
10	-8.9	1.2	30	-20.9	-8.8	1.2	30	-20.7	-8.7	1.2	30	-20.4	-8.6	1.2	31	-20.2	-8.5	1.3	31	-20.0	10
10	-8.8	1.2	32	-20.1	-8.7	1.3	32	-19.9	-8.6	1.3	33	-19.7	-8.5	1.3	33	-19.4	-8.4	1.3	33	-19.2	10
9	-8.7	1.3	34	-19.4	-8.6	1.4	34	-19.1	-8.5	1.4	35	-18.9	-8.4	1.4	35	-18.7	-8.3	1.4	35	-18.5	9
9	-8.6	1.4	36	-18.6	-8.5	1.4	36	-18.4	-8.4	1.5	37	-18.2	-8.3	1.5	37	-18.0	-8.2	1.5	38	-17.8	9
9	-8.5	1.5	38	-17.9	-8.4	1.5	39	-17.7	-8.3	1.5	39	-17.5	-8.2	1.6	39	-17.3	-8.1	1.6	40	-17.1	9
8	-8.4	1.6	40	-17.3	-8.3	1.6	41	-17.1	-8.2	1.6	41	-16.9	-8.1	1.7	42	-16.7	**-8.0**	1.7	42	-16.5	8
8	-8.3	1.7	43	-16.7	-8.2	1.7	43	-16.5	-8.1	1.7	43	-16.3	**-8.0**	1.7	44	-16.1	-7.9	1.8	44	-15.9	8
8	-8.2	1.7	45	-16.1	-8.1	1.8	45	-15.9	**-8.0**	1.8	45	-15.7	-7.9	1.8	46	-15.5	-7.8	1.9	46	-15.3	8
7	-8.1	1.8	47	-15.5	**-8.0**	1.9	47	-15.3	-7.9	1.9	48	-15.1	-7.8	1.9	48	-15.0	-7.7	1.9	48	-14.8	7
7	**-8.0**	1.9	49	-14.9	-7.9	1.9	50	-14.8	-7.8	2.0	50	-14.6	-7.7	2.0	50	-14.4	-7.6	2.0	50	-14.3	7
6	-7.9	2.0	51	-14.4	-7.8	2.0	52	-14.2	-7.7	2.1	52	-14.1	-7.6	2.1	52	-13.9	-7.5	2.1	53	-13.7	6
6	-7.8	2.1	54	-13.9	-7.7	2.1	54	-13.7	-7.6	2.1	54	-13.6	-7.5	2.2	54	-13.4	-7.4	2.2	55	-13.3	6
6	-7.7	2.2	56	-13.4	-7.6	2.2	56	-13.2	-7.5	2.2	56	-13.1	-7.4	2.3	57	-12.9	-7.3	2.3	57	-12.8	6
5	-7.6	2.3	58	-12.9	-7.5	2.3	58	-12.8	-7.4	2.3	59	-12.6	-7.3	2.4	59	-12.5	-7.2	2.4	59	-12.3	5
5	-7.5	2.4	60	-12.5	-7.4	2.4	61	-12.3	-7.3	2.4	61	-12.2	-7.2	2.4	61	-12.0	-7.1	2.5	61	-11.9	5
5	-7.4	2.4	62	-12.0	-7.3	2.5	63	-11.9	-7.2	2.5	63	-11.7	-7.1	2.5	63	-11.6	**-7.0**	2.6	63	-11.4	5
4	-7.3	2.5	65	-11.6	-7.2	2.6	65	-11.4	-7.1	2.6	65	-11.3	**-7.0**	2.6	65	-11.1	-6.9	2.6	66	-11.0	4
4	-7.2	2.6	67	-11.1	-7.1	2.6	67	-11.0	**-7.0**	2.7	67	-10.9	-6.9	2.7	68	-10.7	-6.8	2.7	68	-10.6	4
4	-7.1	2.7	69	-10.7	**-7.0**	2.7	69	-10.6	-6.9	2.8	70	-10.5	-6.8	2.8	70	-10.3	-6.7	2.8	70	-10.2	4
3	**-7.0**	2.8	71	-10.3	-6.9	2.8	72	-10.2	-6.8	2.9	72	-10.1	-6.7	2.9	72	-9.9	-6.6	2.9	72	-9.8	3
3	-6.9	2.9	74	-9.9	-6.8	2.9	74	-9.8	-6.7	2.9	74	-9.7	-6.6	3.0	74	-9.5	-6.5	3.0	74	-9.4	3
3	-6.8	3.0	76	-9.5	-6.7	3.0	76	-9.4	-6.6	3.0	76	-9.3	-6.5	3.1	77	-9.2	-6.4	3.1	77	-9.0	3
2	-6.7	3.1	78	-9.2	-6.6	3.1	78	-9.0	-6.5	3.1	79	-8.9	-6.4	3.1	79	-8.8	-6.3	3.2	79	-8.7	2
2	-6.6	3.1	81	-8.8	-6.5	3.2	81	-8.7	-6.4	3.2	81	-8.6	-6.3	3.2	81	-8.4	-6.2	3.3	81	-8.3	2
2	-6.5	3.2	83	-8.4	-6.4	3.3	83	-8.3	-6.3	3.3	83	-8.2	-6.2	3.3	83	-8.1	-6.1	3.4	83	-8.0	2
1	-6.4	3.3	85	-8.1	-6.3	3.4	85	-8.0	-6.2	3.4	85	-7.9	-6.1	3.4	86	-7.7	**-6.0**	3.4	86	-7.6	1
1	-6.3	3.4	87	-7.7	-6.2	3.4	88	-7.6	-6.1	3.5	88	-7.5	**-6.0**	3.5	88	-7.4	-5.9	3.5	88	-7.3	1
1	-6.2	3.5	90	-7.4	-6.1	3.5	90	-7.3	**-6.0**	3.6	90	-7.2	-5.9	3.6	90	-7.1	-5.8	3.6	90	-7.0	1
0	-6.1	3.6	92	-7.1	**-6.0**	3.6	92	-7.0	-5.9	3.7	92	-6.9	-5.8	3.7	92	-6.7	-5.7	3.7	92	-6.6	0
0	**-6.0**	3.7	94	-6.8	-5.9	3.7	94	-6.6	-5.8	3.7	95	-6.5	-5.7	3.8	95	-6.4	-5.6	3.8	95	-6.3	0
0	-5.9	3.8	97	-6.4	-5.8	3.8	97	-6.3	-5.7	3.8	97	-6.2	-5.6	3.9	97	-6.1	-5.5	3.9	97	-6.0	0
-1	-5.8	3.9	99	-6.1	-5.7	3.9	99	-6.0	-5.6	3.9	99	-5.9	-5.5	4.0	99	-5.8	-5.4	4.0	99	-5.7	-1
	-5.5				**-5.4**				**-5.3**				**-5.2**				**-5.1**				
16																	-9.6	0.0	1	-53.1	16
16	-9.9	0.0	1	-55.7	-9.8	0.1	1	-51.1	-9.7	0.1	2	-48.0	-9.6	0.1	2	-45.7	-9.5	0.1	3	-43.8	16
15	-9.8	0.1	3	-44.7	-9.7	0.1	3	-43.0	-9.6	0.2	4	-41.5	-9.5	0.2	4	-40.2	-9.4	0.2	5	-39.0	15
15	-9.7	0.2	5	-39.6	-9.6	0.2	5	-38.5	-9.5	0.2	6	-37.5	-9.4	0.3	6	-36.6	-9.3	0.3	7	-35.7	15
15	-9.6	0.3	7	-36.2	-9.5	0.3	7	-35.3	-9.4	0.3	8	-34.6	-9.3	0.4	8	-33.8	-9.2	0.4	9	-33.1	15
14	-9.5	0.4	9	-33.5	-9.4	0.4	9	-32.9	-9.3	0.4	10	-32.2	-9.2	0.4	10	-31.6	-9.1	0.5	11	-31.7	14
14	-9.4	0.4	11	-31.4	-9.3	0.5	11	-30.8	-9.2	0.5	12	-30.3	-9.1	0.5	12	-29.8	**-9.0**	0.5	13	-29.3	14
13	-9.3	0.5	13	-29.6	-9.2	0.6	14	-29.1	-9.1	0.6	14	-28.6	**-9.0**	0.6	15	-28.2	-8.9	0.6	15	-27.8	13
13	-9.2	0.6	15	-28.0	-9.1	0.6	16	-27.6	**-9.0**	0.7	16	-27.2	-8.9	0.7	17	-26.8	-8.8	0.7	17	-26.4	13
13	-9.1	0.7	17	-26.6	**-9.0**	0.7	18	-26.3	-8.9	0.7	18	-25.9	-8.8	0.8	19	-25.5	-8.7	0.8	19	-25.2	13
12	**-9.0**	0.8	19	-25.4	-8.9	0.8	20	-25.0	-8.8	0.8	20	-24.7	-8.7	0.9	21	-24.4	-8.6	0.9	21	-24.0	12
12	-8.9	0.9	21	-24.3	-8.8	0.9	22	-23.9	-8.7	0.9	22	-23.6	-8.6	0.9	23	-23.3	-8.5	1.0	23	-23.0	12
11	-8.8	0.9	23	-23.2	-8.7	1.0	24	-22.9	-8.6	1.0	24	-22.6	-8.5	1.0	25	-22.3	-8.4	1.0	25	-22.0	11
11	-8.7	1.0	25	-22.2	-8.6	1.1	26	-22.0	-8.5	1.1	26	-21.7	-8.4	1.1	27	-21.4	-8.3	1.1	27	-21.1	11
11	-8.6	1.1	27	-21.3	-8.5	1.1	28	-21.1	-8.4	1.2	28	-20.8	-8.3	1.2	29	-20.6	-8.2	1.2	29	-20.3	11
10	-8.5	1.2	30	-20.5	-8.4	1.2	30	-20.3	-8.3	1.3	30	-20.0	-8.2	1.3	31	-19.8	-8.1	1.3	31	-19.5	10
10	-8.4	1.3	32	-19.7	-8.3	1.3	32	-19.5	-8.2	1.3	32	-19.2	-8.1	1.4	33	-19.0	**-8.0**	1.4	33	-18.8	10
10	-8.3	1.4	34	-19.0	-8.2	1.4	34	-18.7	-8.1	1.4	35	-18.5	**-8.0**	1.5	35	-18.3	-7.9	1.5	35	-18.1	10
9	-8.2	1.5	36	-18.3	-8.1	1.5	36	-18.0	**-8.0**	1.5	37	-17.8	-7.9	1.5	37	-17.6	-7.8	1.6	37	-17.4	9
9	-8.1	1.5	38	-17.6	**-8.0**	1.6	38	-17.4	-7.9	1.6	39	-17.2	-7.8	1.6	39	-17.0	-7.7	1.7	39	-16.8	9
9	**-8.0**	1.6	40	-16.9	-7.9	1.7	40	-16.7	-7.8	1.7	41	-16.5	-7.7	1.7	41	-16.3	-7.6	1.7	42	-16.2	9
8	-7.9	1.7	42	-16.3	-7.8	1.7	43	-16.1	-7.7	1.8	43	-15.9	-7.6	1.8	43	-15.8	-7.5	1.8	44	-15.6	8
8	-7.8	1.8	44	-15.7	-7.7	1.8	45	-15.5	-7.6	1.9	45	-15.4	-7.5	1.9	45	-15.2	-7.4	1.9	46	-15.0	8
7	-7.7	1.9	46	-15.2	-7.6	1.9	47	-15.0	-7.5	1.9	47	-14.8	-7.4	2.0	47	-14.6	-7.3	2.0	48	-14.5	7

n	t_W	e	U	t_d	t_W	e	U	t_d	t_W	e	U	t_d	t_W	e	U	t_d	t_W	e	U	t_d	n
	-5.5				**-5.4**				**-5.3**				**-5.2**				**-5.1**				
7	-7.6	2.0	49	-14.6	-7.5	2.0	49	-14.4	-7.4	2.0	49	-14.3	-7.3	2.1	50	-14.1	-7.2	2.1	50	-13.9	7
7	-7.5	2.1	51	-14.1	-7.4	2.1	51	-13.9	-7.3	2.1	51	-13.8	-7.2	2.1	52	-13.6	-7.1	2.2	52	-13.4	7
6	-7.4	2.1	53	-13.6	-7.3	2.2	53	-13.4	-7.2	2.2	53	-13.3	-7.1	2.2	54	-13.1	**-7.0**	2.3	54	-12.9	6
6	-7.3	2.2	55	-13.1	-7.2	2.3	55	-12.9	-7.1	2.3	56	-12.8	**-7.0**	2.3	56	-12.6	-6.9	2.3	56	-12.5	6
6	-7.2	2.3	57	-12.6	-7.1	2.4	57	-12.5	**-7.0**	2.4	58	-12.3	-6.9	2.4	58	-12.2	-6.8	2.4	58	-12.0	6
5	-7.1	2.4	59	-12.2	**-7.0**	2.4	60	-12.0	-6.9	2.5	60	-11.9	-6.8	2.5	60	-11.7	-6.7	2.5	60	-11.6	5
5	**-7.0**	2.5	62	-11.7	-6.9	2.5	62	-11.6	-6.8	2.6	62	-11.4	-6.7	2.6	62	-11.3	-6.6	2.6	63	-11.1	5
5	-6.9	2.6	64	-11.3	-6.8	2.6	64	-11.1	-6.7	2.6	64	-11.0	-6.6	2.7	64	-10.9	-6.5	2.7	65	-10.7	5
4	-6.8	2.7	66	-10.9	-6.7	2.7	66	-10.7	-6.6	2.7	66	-10.6	-6.5	2.8	67	-10.4	-6.4	2.8	67	-10.3	4
4	-6.7	2.8	68	-10.4	-6.6	2.8	68	-10.3	-6.5	2.8	69	-10.2	-6.4	2.9	69	-10.0	-6.3	2.9	69	-9.9	4
4	-6.6	2.9	70	-10.0	-6.5	2.9	70	-9.9	-6.4	2.9	71	-9.8	-6.3	2.9	71	-9.6	-6.2	3.0	71	-9.5	4
3	-6.5	2.9	72	-9.7	-6.4	3.0	73	-9.5	-6.3	3.0	73	-9.4	-6.2	3.0	73	-9.3	-6.1	3.1	73	-9.1	3
3	-6.4	3.0	75	-9.3	-6.3	3.1	75	-9.1	-6.2	3.1	75	-9.0	-6.1	3.1	75	-8.9	**-6.0**	3.2	75	-8.8	3
3	-6.3	3.1	77	-8.9	-6.2	3.2	77	-8.8	-6.1	3.2	77	-8.7	**-6.0**	3.2	77	-8.5	-5.9	3.2	78	-8.4	3
2	-6.2	3.2	79	-8.5	-6.1	3.2	79	-8.4	**-6.0**	3.3	79	-8.3	-5.9	3.3	80	-8.2	-5.8	3.3	80	-8.0	2
2	-6.1	3.3	81	-8.2	**-6.0**	3.3	81	-8.1	-5.9	3.4	82	-7.9	-5.8	3.4	82	-7.8	-5.7	3.4	82	-7.7	2
2	**-6.0**	3.4	84	-7.8	-5.9	3.4	84	-7.7	-5.8	3.5	84	-7.6	-5.7	3.5	84	-7.5	-5.6	3.5	84	-7.4	2
1	-5.9	3.5	86	-7.5	-5.8	3.5	86	-7.4	-5.7	3.5	86	-7.3	-5.6	3.6	86	-7.1	-5.5	3.6	86	-7.0	1
1	-5.8	3.6	88	-7.2	-5.7	3.6	88	-7.0	-5.6	3.6	88	-6.9	-5.5	3.7	88	-6.8	-5.4	3.7	89	-6.7	1
1	-5.7	3.7	90	-6.8	-5.6	3.7	90	-6.7	-5.5	3.7	91	-6.6	-5.4	3.8	91	-6.5	-5.3	3.8	91	-6.4	1
0	-5.6	3.8	93	-6.5	-5.5	3.8	93	-6.4	-5.4	3.8	93	-6.3	-5.3	3.9	93	-6.2	-5.2	3.9	93	-6.1	0
0	-5.5	3.8	95	-6.2	-5.4	3.9	95	-6.1	-5.3	3.9	95	-6.0	-5.2	3.9	95	-5.9	-5.1	4.0	95	-5.8	0
0	-5.4	3.9	97	-5.9	-5.3	4.0	97	-5.8	-5.2	4.0	97	-5.7	-5.1	4.0	97	-5.6	**-5.0**	4.1	97	-5.4	0
-1	-5.3	4.0	99	-5.6	-5.2	4.1	99	-5.5	-5.1	4.1	99	-5.4	**-5.0**	4.1	100	-5.3	-4.9	4.2	100	-5.2	-1
	-5.0				**-4.9**				**-4.8**				**-4.7**				**-4.6**				
16									-9.4	0.0	1	-55.4	-9.3	0.1	1	-50.8	-9.2	0.1	2	-47.7	16
16	-9.5	0.1	2	-49.4	-9.4	0.1	2	-46.7	-9.3	0.1	3	-44.6	-9.2	0.1	3	-42.8	-9.1	0.2	4	-41.3	16
16	-9.4	0.2	4	-42.1	-9.3	0.2	4	-40.7	-9.2	0.2	5	-39.5	-9.1	0.2	5	-38.3	**-9.0**	0.2	6	-37.3	16
15	-9.3	0.2	6	-37.9	-9.2	0.3	6	-36.9	-9.1	0.3	7	-36.0	**-9.0**	0.3	7	-35.2	-8.9	0.3	8	-34.4	15
15	-9.2	0.3	8	-34.9	-9.1	0.3	8	-34.1	**-9.0**	0.4	9	-33.4	-8.9	0.4	9	-32.7	-8.8	0.4	10	-32.1	15
14	-9.1	0.4	10	-32.5	**-9.0**	0.4	10	-31.9	-8.9	0.5	11	-31.3	-8.8	0.5	11	-30.7	-8.7	0.5	12	-30.1	14
14	**-9.0**	0.5	12	-30.5	-8.9	0.5	12	-30.0	-8.8	0.5	13	-29.5	-8.7	0.6	13	-29.0	-8.6	0.6	13	-28.5	14
14	-8.9	0.6	13	-28.8	-8.8	0.6	14	-28.3	-8.7	0.6	14	-27.9	-8.6	0.6	15	-27.5	-8.5	0.7	15	-27.0	14
13	-8.8	0.7	15	-27.3	-8.7	0.7	16	-26.9	-8.6	0.7	16	-26.5	-8.5	0.7	17	-26.1	-8.4	0.8	17	-25.7	13
13	-8.7	0.7	17	-26.0	-8.6	0.8	18	-25.6	-8.5	0.8	18	-25.3	-8.4	0.8	19	-24.9	-8.3	0.8	19	-24.5	13
12	-8.6	0.8	19	-24.8	-8.5	0.8	20	-24.5	-8.4	0.9	20	-24.1	-8.3	0.9	21	-23.8	-8.2	0.9	21	-23.5	12
12	-8.5	0.9	22	-23.7	-8.4	0.9	22	-23.4	-8.3	1.0	22	-23.1	-8.2	1.0	23	-22.8	-8.1	1.0	23	-22.5	12
12	-8.4	1.0	24	-22.7	-8.3	1.0	24	-22.4	-8.2	1.0	24	-22.1	-8.1	1.1	25	-21.8	**-8.0**	1.1	25	-21.5	12
11	-8.3	1.1	26	-21.8	-8.2	1.1	26	-21.5	-8.1	1.1	26	-21.2	**-8.0**	1.2	27	-20.9	-7.9	1.2	27	-20.7	11
11	-8.2	1.2	28	-20.9	-8.1	1.2	28	-20.6	**-8.0**	1.2	28	-20.4	-7.9	1.2	29	-20.1	-7.8	1.3	29	-19.9	11
11	-8.1	1.2	30	-20.1	**-8.0**	1.3	30	-19.8	-7.9	1.3	30	-19.6	-7.8	1.3	31	-19.3	-7.7	1.4	31	-19.1	11
10	**-8.0**	1.3	32	-19.3	-7.9	1.4	32	-19.1	-7.8	1.4	32	-18.8	-7.7	1.4	33	-18.6	-7.6	1.4	33	-18.4	10
10	-7.9	1.4	34	-18.6	-7.8	1.4	34	-18.3	-7.7	1.5	34	-18.1	-7.6	1.5	35	-17.9	-7.5	1.5	35	-17.7	10
9	-7.8	1.5	36	-17.9	-7.7	1.5	36	-17.6	-7.6	1.6	36	-17.4	-7.5	1.6	37	-17.2	-7.4	1.6	37	-17.0	9
9	-7.7	1.6	38	-17.2	-7.6	1.6	38	-17.0	-7.5	1.6	39	-16.8	-7.4	1.7	39	-16.6	-7.3	1.7	39	-16.4	9
9	-7.6	1.7	40	-16.6	-7.5	1.7	40	-16.4	-7.4	1.7	41	-16.2	-7.3	1.8	41	-16.0	-7.2	1.8	41	-15.8	9
8	-7.5	1.8	42	-16.0	-7.4	1.8	42	-15.8	-7.3	1.8	43	-15.6	-7.2	1.9	43	-15.4	-7.1	1.9	43	-15.2	8
8	-7.4	1.9	44	-15.4	-7.3	1.9	44	-15.2	-7.2	1.9	45	-15.0	-7.1	1.9	45	-14.8	**-7.0**	2.0	45	-14.6	8
8	-7.3	1.9	46	-14.8	-7.2	2.0	46	-14.6	-7.1	2.0	47	-14.5	**-7.0**	2.0	47	-14.3	-6.9	2.1	47	-14.1	8
7	-7.2	2.0	48	-14.3	-7.1	2.1	48	-14.1	**-7.0**	2.1	49	-13.9	-6.9	2.1	49	-13.8	-6.8	2.1	49	-13.6	7
7	-7.1	2.1	50	-13.8	**-7.0**	2.1	50	-13.6	-6.9	2.2	51	-13.4	-6.8	2.2	51	-13.3	-6.7	2.2	51	-13.1	7
7	**-7.0**	2.2	52	-13.3	-6.9	2.2	53	-13.1	-6.8	2.3	53	-12.9	-6.7	2.3	53	-12.8	-6.6	2.3	53	-12.6	7
6	-6.9	2.3	54	-12.8	-6.8	2.3	55	-12.6	-6.7	2.4	55	-12.5	-6.6	2.4	55	-12.3	-6.5	2.4	56	-12.1	6
6	-6.8	2.4	56	-12.3	-6.7	2.4	57	-12.2	-6.6	2.4	57	-12.0	-6.5	2.5	57	-11.9	-6.4	2.5	58	-11.7	6
6	-6.7	2.5	59	-11.9	-6.6	2.5	59	-11.7	-6.5	2.5	59	-11.6	-6.4	2.6	59	-11.4	-6.3	2.6	60	-11.3	6
5	-6.6	2.6	61	-11.4	-6.5	2.6	61	-11.3	-6.4	2.6	61	-11.1	-6.3	2.6	61	-11.0	-6.2	2.7	62	-10.8	5
5	-6.5	2.6	63	-11.0	-6.4	2.7	63	-10.8	-6.3	2.7	63	-10.7	-6.2	2.7	64	-10.6	-6.1	2.8	64	-10.4	5
5	-6.4	2.7	65	-10.6	-6.3	2.8	65	-10.4	-6.2	2.8	65	-10.3	-6.1	2.8	66	-10.1	**-6.0**	2.9	66	-10.0	5
4	-6.3	2.8	67	-10.2	-6.2	2.9	67	-10.0	-6.1	2.9	68	-9.9	**-6.0**	2.9	68	-9.7	-5.9	3.0	68	-9.6	4
4	-6.2	2.9	69	-9.8	-6.1	2.9	69	-9.6	**-6.0**	3.0	70	-9.5	-5.9	3.0	70	-9.4	-5.8	3.0	70	-9.2	4
4	-6.1	3.0	71	-9.4	**-6.0**	3.0	72	-9.2	-5.9	3.1	72	-9.1	-5.8	3.1	72	-9.0	-5.7	3.1	72	-8.8	4
3	**-6.0**	3.1	73	-9.0	-5.9	3.1	74	-8.9	-5.8	3.2	74	-8.7	-5.7	3.2	74	-8.6	-5.6	3.2	74	-8.5	3
3	-5.9	3.2	76	-8.6	-5.8	3.2	76	-8.5	-5.7	3.3	76	-8.4	-5.6	3.3	76	-8.2	-5.5	3.3	76	-8.1	3
3	-5.8	3.3	78	-8.3	-5.7	3.3	78	-8.1	-5.6	3.3	78	-8.0	-5.5	3.4	78	-7.9	-5.4	3.4	78	-7.8	3
2	-5.7	3.4	80	-7.9	-5.6	3.4	80	-7.8	-5.5	3.4	80	-7.7	-5.4	3.5	80	-7.5	-5.3	3.5	81	-7.4	2
2	-5.6	3.5	82	-7.6	-5.5	3.5	82	-7.5	-5.4	3.5	82	-7.3	-5.3	3.6	83	-7.2	-5.2	3.6	83	-7.1	2
2	-5.5	3.6	84	-7.2	-5.4	3.6	84	-7.1	-5.3	3.6	85	-7.0	-5.2	3.7	85	-6.9	-5.1	3.7	85	-6.8	2
1	-5.4	3.6	86	-6.9	-5.3	3.7	87	-6.8	-5.2	3.7	87	-6.7	-5.1	3.7	87	-6.5	**-5.0**	3.8	87	-6.4	1
1	-5.3	3.7	89	-6.6	-5.2	3.8	89	-6.5	-5.1	3.8	89	-6.3	**-5.0**	3.8	89	-6.2	-4.9	3.9	89	-6.1	1
1	-5.2	3.8	91	-6.3	-5.1	3.9	91	-6.1	**-5.0**	3.9	91	-6.0	-4.9	3.9	91	-5.9	-4.8	4.0	91	-5.8	1
0	-5.1	3.9	93	-5.9	**-5.0**	4.0	93	-5.8	-4.9	4.0	93	-5.7	-4.8	4.0	93	-5.6	-4.7	4.1	93	-5.5	0

n	t_W	e	U	t_d	t_W	e	U	t_d	t_W	e	U	t_d	t_W	e	U	t_d	t_W	e	U	t_d	n
	-5.0				**-4.9**				**-4.8**				**-4.7**				**-4.6**				
0	-5.0	4.0	95	-5.6	-4.9	4.0	95	-5.5	-4.8	4.1	95	-5.4	-4.7	4.1	96	-5.3	-4.6	4.2	96	-5.2	0
0	-4.9	4.1	97	-5.3	-4.8	4.1	98	-5.2	-4.7	4.2	98	-5.1	-4.6	4.2	98	-5.0	-4.5	4.2	98	-4.9	0
-1	-4.8	4.2	100	-5.0	-4.7	4.2	100	-4.9	-4.6	4.3	100	-4.8	-4.5	4.3	100	-4.7	-4.4	4.3	100	-4.6	-1
	-4.5				**-4.4**				**-4.3**				**-4.2**				**-4.1**				
17																	-8.9	0.0	1	-54.1	17
16	-9.2	0.0	1	-58.3	-9.1	0.0	1	-52.4	**-9.0**	0.1	2	-48.8	-8.9	0.1	2	-46.1	-8.8	0.1	3	-44.0	16
16	-9.1	0.1	2	-45.3	**-9.0**	0.1	3	-43.4	-8.9	0.2	4	-41.8	-8.8	0.2	4	-40.3	-8.7	0.2	5	-39.1	16
16	**-9.0**	0.2	4	-39.9	-8.9	0.2	5	-38.7	-8.8	0.2	5	-37.6	-8.7	0.3	6	-36.6	-8.6	0.3	6	-35.7	16
15	-8.9	0.3	6	-36.3	-8.8	0.3	7	-35.5	-8.7	0.3	7	-34.6	-8.6	0.4	8	-33.9	-8.5	0.4	8	-33.1	15
15	-8.8	0.4	8	-33.6	-8.7	0.4	9	-32.9	-8.6	0.4	9	-32.3	-8.5	0.4	10	-31.6	-8.4	0.5	10	-31.0	15
15	-8.7	0.4	10	-31.5	-8.6	0.5	11	-30.9	-8.5	0.5	11	-30.3	-8.4	0.5	12	-29.8	-8.3	0.5	12	-29.2	15
14	-8.6	0.5	12	-29.6	-8.5	0.6	13	-29.1	-8.4	0.6	13	-28.6	-8.3	0.6	14	-28.1	-8.2	0.6	14	-27.7	14
14	-8.5	0.6	14	-28.0	-8.4	0.6	14	-27.6	-8.3	0.7	15	-27.1	-8.2	0.7	15	-26.7	-8.1	0.7	16	-26.3	14
13	-8.4	0.7	16	-26.6	-8.3	0.7	16	-26.2	-8.2	0.8	17	-25.8	-8.1	0.8	17	-25.4	**-8.0**	0.8	18	-25.0	13
13	-8.3	0.8	18	-25.3	-8.2	0.8	18	-25.0	-8.1	0.8	19	-24.6	**-8.0**	0.9	19	-24.3	-7.9	0.9	20	-23.9	13
13	-8.2	0.9	20	-24.2	-8.1	0.9	20	-23.9	**-8.0**	0.9	21	-23.5	-7.9	0.9	21	-23.2	-7.8	1.0	22	-22.9	13
12	-8.1	1.0	22	-23.1	**-8.0**	1.0	22	-22.8	-7.9	1.0	23	-22.5	-7.8	1.0	23	-22.2	-7.7	1.1	24	-21.9	12
12	**-8.0**	1.0	24	-22.2	-7.9	1.1	24	-21.9	-7.8	1.1	25	-21.6	-7.7	1.1	25	-21.3	-7.6	1.1	25	-21.0	12
12	-7.9	1.1	26	-21.3	-7.8	1.2	26	-21.0	-7.7	1.2	27	-20.7	-7.6	1.2	27	-20.4	-7.5	1.2	27	-20.2	12
11	-7.8	1.2	28	-20.4	-7.7	1.2	28	-20.1	-7.6	1.3	29	-19.9	-7.5	1.3	29	-19.6	-7.4	1.3	29	-19.4	11
11	-7.7	1.3	30	-19.6	-7.6	1.3	30	-19.4	-7.5	1.4	30	-19.1	-7.4	1.4	31	-18.9	-7.3	1.4	31	-18.6	11
10	-7.6	1.4	32	-18.8	-7.5	1.4	32	-18.6	-7.4	1.4	32	-18.4	-7.3	1.5	33	-18.1	-7.2	1.5	33	-17.9	10
10	-7.5	1.5	34	-18.1	-7.4	1.5	34	-17.9	-7.3	1.5	34	-17.7	-7.2	1.6	35	-17.5	-7.1	1.6	35	-17.2	10
10	-7.4	1.6	36	-17.4	-7.3	1.6	36	-17.2	-7.2	1.6	36	-17.0	-7.1	1.6	37	-16.8	**-7.0**	1.7	37	-16.6	10
9	-7.3	1.6	38	-16.8	-7.2	1.7	38	-16.6	-7.1	1.7	38	-16.4	**-7.0**	1.7	39	-16.2	-6.9	1.8	39	-16.0	9
9	-7.2	1.7	40	-16.2	-7.1	1.8	40	-16.0	**-7.0**	1.8	40	-15.8	-6.9	1.8	41	-15.6	-6.8	1.9	41	-15.4	9
9	-7.1	1.8	42	-15.6	**-7.0**	1.9	42	-15.4	-6.9	1.9	42	-15.2	-6.8	1.9	43	-15.0	-6.7	1.9	43	-14.8	9
8	**-7.0**	1.9	44	-15.0	-6.9	1.9	44	-14.8	-6.8	2.0	44	-14.6	-6.7	2.0	45	-14.5	-6.6	2.0	45	-14.3	8
8	-6.9	2.0	46	-14.5	-6.8	2.0	46	-14.3	-6.7	2.1	46	-14.1	-6.6	2.1	47	-13.9	-6.5	2.1	47	-13.8	8
8	-6.8	2.1	48	-13.9	-6.7	2.1	48	-13.8	-6.6	2.1	48	-13.6	-6.5	2.2	49	-13.4	-6.4	2.2	49	-13.2	8
7	-6.7	2.2	50	-13.4	-6.6	2.2	50	-13.3	-6.5	2.2	50	-13.1	-6.4	2.3	51	-12.9	-6.3	2.3	51	-12.8	7
7	-6.6	2.3	52	-12.9	-6.5	2.3	52	-12.8	-6.4	2.3	52	-12.6	-6.3	2.4	53	-12.4	-6.2	2.4	53	-12.3	7
7	-6.5	2.4	54	-12.5	-6.4	2.4	54	-12.3	-6.3	2.4	54	-12.1	-6.2	2.4	55	-12.0	-6.1	2.5	55	-11.8	7
6	-6.4	2.4	56	-12.0	-6.3	2.5	56	-11.8	-6.2	2.5	56	-11.7	-6.1	2.5	57	-11.5	**-6.0**	2.6	57	-11.4	6
6	-6.3	2.5	58	-11.5	-6.2	2.6	58	-11.4	-6.1	2.6	58	-11.2	**-6.0**	2.6	59	-11.1	-5.9	2.7	59	-10.9	6
6	-6.2	2.6	60	-11.1	-6.1	2.7	60	-11.0	**-6.0**	2.7	60	-10.8	-5.9	2.7	61	-10.7	-5.8	2.7	61	-10.5	6
5	-6.1	2.7	62	-10.7	**-6.0**	2.7	62	-10.5	-5.9	2.8	62	-10.4	-5.8	2.8	63	-10.2	-5.7	2.8	63	-10.1	5
5	**-6.0**	2.8	64	-10.3	-5.9	2.8	64	-10.1	-5.8	2.9	65	-10.0	-5.7	2.9	65	-9.8	-5.6	2.9	65	-9.7	5
5	-5.9	2.9	66	-9.9	-5.8	2.9	66	-9.7	-5.7	3.0	67	-9.6	-5.6	3.0	67	-9.4	-5.5	3.0	67	-9.3	5
4	-5.8	3.0	68	-9.5	-5.7	3.0	68	-9.3	-5.6	3.0	69	-9.2	-5.5	3.1	69	-9.1	-5.4	3.1	69	-8.9	4
4	-5.7	3.1	70	-9.1	-5.6	3.1	70	-9.0	-5.5	3.1	71	-8.8	-5.4	3.2	71	-8.7	-5.3	3.2	71	-8.6	4
4	-5.6	3.2	72	-8.7	-5.5	3.2	73	-8.6	-5.4	3.2	73	-8.5	-5.3	3.3	73	-8.3	-5.2	3.3	73	-8.2	4
3	-5.5	3.3	74	-8.4	-5.4	3.3	75	-8.2	-5.3	3.3	75	-8.1	-5.2	3.4	75	-8.0	-5.1	3.4	75	-7.8	3
3	-5.4	3.3	77	-8.0	-5.3	3.4	77	-7.9	-5.2	3.4	77	-7.7	-5.1	3.5	77	-7.6	**-5.0**	3.5	77	-7.5	3
3	-5.3	3.4	79	-7.6	-5.2	3.5	79	-7.5	-5.1	3.5	79	-7.4	**-5.0**	3.5	79	-7.3	-4.9	3.6	79	-7.1	3
2	-5.2	3.5	81	-7.3	-5.1	3.6	81	-7.2	**-5.0**	3.6	81	-7.1	-4.9	3.6	81	-6.9	-4.8	3.7	81	-6.8	2
2	-5.1	3.6	83	-7.0	**-5.0**	3.7	83	-6.8	-4.9	3.7	83	-6.7	-4.8	3.7	83	-6.6	-4.7	3.8	83	-6.5	2
2	**-5.0**	3.7	85	-6.6	-4.9	3.8	85	-6.5	-4.8	3.8	85	-6.4	-4.7	3.8	85	-6.3	-4.6	3.9	86	-6.2	2
1	-4.9	3.8	87	-6.3	-4.8	3.8	87	-6.2	-4.7	3.9	87	-6.1	-4.6	3.9	88	-6.0	-4.5	4.0	88	-5.8	1
1	-4.8	3.9	89	-6.0	-4.7	3.9	89	-5.9	-4.6	4.0	90	-5.8	-4.5	4.0	90	-5.6	-4.4	4.0	90	-5.5	1
1	-4.7	4.0	91	-5.7	-4.6	4.0	92	-5.6	-4.5	4.1	92	-5.5	-4.4	4.1	92	-5.3	-4.3	4.1	92	-5.2	1
0	-4.6	4.1	94	-5.4	-4.5	4.1	94	-5.3	-4.4	4.2	94	-5.2	-4.3	4.2	94	-5.0	-4.2	4.2	94	-4.9	0
0	-4.5	4.2	96	-5.1	-4.4	4.2	96	-5.0	-4.3	4.3	96	-4.9	-4.2	4.3	96	-4.7	-4.1	4.3	96	-4.6	0
0	-4.4	4.3	98	-4.8	-4.3	4.3	98	-4.7	-4.2	4.4	98	-4.6	-4.1	4.4	98	-4.5	**-4.0**	4.4	98	-4.3	0
-1	-4.3	4.4	100	-4.5	-4.2	4.4	100	-4.4	-4.1	4.5	100	-4.3	**-4.0**	4.5	100	-4.2	-3.9	4.5	100	-4.1	-1
	-4.0				**-3.9**				**-3.8**				**-3.7**				**-3.6**				
17									-8.7	0.0	1	-55.9	-8.6	0.1	1	-50.9	-8.5	0.1	2	-47.6	17
17	-8.8	0.1	1	-49.8	-8.7	0.1	2	-46.9	-8.6	0.1	3	-44.6	-8.5	0.1	3	-42.7	-8.4	0.2	4	-41.1	17
16	-8.7	0.1	3	-42.3	-8.6	0.2	4	-40.8	-8.5	0.2	4	-39.4	-8.4	0.2	5	-38.2	-8.3	0.3	5	-37.2	16
16	-8.6	0.2	5	-37.9	-8.5	0.3	6	-36.9	-8.4	0.3	6	-35.9	-8.3	0.3	7	-35.1	-8.2	0.3	7	-34.2	16
16	-8.5	0.3	7	-34.9	-8.4	0.3	8	-34.1	-8.3	0.4	8	-33.3	-8.2	0.4	9	-32.6	-8.1	0.4	9	-31.9	16
15	-8.4	0.4	9	-32.4	-8.3	0.4	9	-31.8	-8.2	0.5	10	-31.2	-8.1	0.5	10	-30.6	**-8.0**	0.5	11	-30.0	15
15	-8.3	0.5	11	-30.4	-8.2	0.5	11	-29.9	-8.1	0.5	12	-29.3	**-8.0**	0.6	12	-28.8	-7.9	0.6	13	-28.3	15
14	-8.2	0.6	13	-28.7	-8.1	0.6	13	-28.2	**-8.0**	0.6	14	-27.8	-7.9	0.7	14	-27.3	-7.8	0.7	15	-26.8	14
14	-8.1	0.7	15	-27.2	**-8.0**	0.7	15	-26.8	-7.9	0.7	15	-26.4	-7.8	0.7	16	-25.9	-7.7	0.8	16	-25.5	14
14	**-8.0**	0.7	16	-25.9	-7.9	0.8	17	-25.5	-7.8	0.8	17	-25.1	-7.7	0.8	18	-24.7	-7.6	0.9	18	-24.4	14
13	-7.9	0.8	18	-24.7	-7.8	0.9	19	-24.3	-7.7	0.9	19	-24.0	-7.6	0.9	20	-23.6	-7.5	0.9	20	-23.3	13
13	-7.8	0.9	20	-23.6	-7.7	0.9	21	-23.2	-7.6	1.0	21	-22.9	-7.5	1.0	22	-22.6	-7.4	1.0	22	-22.3	13
13	-7.7	1.0	22	-22.6	-7.6	1.0	23	-22.2	-7.5	1.1	23	-21.9	-7.4	1.1	23	-21.6	-7.3	1.1	24	-21.3	13

n	t_W	e	U	t_d	t_W	e	U	t_d	t_W	e	U	t_d	t_W	e	U	t_d	t_W	e	U	t_d	n
	-4.0				**-3.9**				**-3.8**				**-3.7**				**-3.6**				
12	-7.6	1.1	24	-21.6	-7.5	1.1	24	-21.3	-7.4	1.1	25	-21.0	-7.3	1.2	25	-20.7	-7.2	1.2	26	-20.5	12
12	-7.5	1.2	26	-20.7	-7.4	1.2	26	-20.5	-7.3	1.2	27	-20.2	-7.2	1.3	27	-19.9	-7.1	1.3	28	-19.7	12
11	-7.4	1.3	28	-19.9	-7.3	1.3	28	-19.6	-7.2	1.3	29	-19.4	-7.1	1.4	29	-19.1	**-7.0**	1.4	29	-18.9	11
11	-7.3	1.4	30	-19.1	-7.2	1.4	30	-18.9	-7.1	1.4	31	-18.6	**-7.0**	1.4	31	-18.4	-6.9	1.5	31	-18.2	11
11	-7.2	1.4	32	-18.4	-7.1	1.5	32	-18.2	**-7.0**	1.5	32	-17.9	-6.9	1.5	33	-17.7	-6.8	1.6	33	-17.5	11
10	-7.1	1.5	34	-17.7	**-7.0**	1.6	34	-17.5	-6.9	1.6	34	-17.2	-6.8	1.6	35	-17.0	-6.7	1.6	35	-16.8	10
10	**-7.0**	1.6	36	-17.0	-6.9	1.6	36	-16.8	-6.8	1.7	36	-16.6	-6.7	1.7	37	-16.4	-6.6	1.7	37	-16.2	10
10	-6.9	1.7	37	-16.4	-6.8	1.7	38	-16.2	-6.7	1.8	38	-16.0	-6.6	1.8	39	-15.8	-6.5	1.8	39	-15.6	10
9	-6.8	1.8	39	-15.8	-6.7	1.8	40	-15.6	-6.6	1.9	40	-15.4	-6.5	1.9	40	-15.2	-6.4	1.9	41	-15.0	9
9	-6.7	1.9	41	-15.2	-6.6	1.9	42	-15.0	-6.5	1.9	42	-14.8	-6.4	2.0	42	-14.6	-6.3	2.0	43	-14.4	9
9	-6.6	2.0	43	-14.6	-6.5	2.0	44	-14.5	-6.4	2.0	44	-14.3	-6.3	2.1	44	-14.1	-6.2	2.1	45	-13.9	9
8	-6.5	2.1	45	-14.1	-6.4	2.1	46	-13.9	-6.3	2.1	46	-13.7	-6.2	2.2	46	-13.6	-6.1	2.2	47	-13.4	8
8	-6.4	2.1	47	-13.6	-6.3	2.2	48	-13.4	-6.2	2.2	48	-13.2	-6.1	2.2	48	-13.1	**-6.0**	2.3	49	-12.9	8
7	-6.3	2.2	49	-13.1	-6.2	2.3	50	-12.9	-6.1	2.3	50	-12.7	**-6.0**	2.3	50	-12.6	-5.9	2.4	50	-12.4	7
7	-6.2	2.3	51	-12.6	-6.1	2.4	52	-12.4	**-6.0**	2.4	52	-12.3	-5.9	2.4	52	-12.1	-5.8	2.5	52	-11.9	7
7	-6.1	2.4	53	-12.1	**-6.0**	2.4	53	-12.0	-5.9	2.5	54	-11.8	-5.8	2.5	54	-11.6	-5.7	2.5	54	-11.5	7
6	**-6.0**	2.5	55	-11.7	-5.9	2.5	55	-11.5	-5.8	2.6	56	-11.3	-5.7	2.6	56	-11.2	-5.6	2.6	56	-11.0	6
6	-5.9	2.6	57	-11.2	-5.8	2.6	57	-11.1	-5.7	2.7	58	-10.9	-5.6	2.7	58	-10.8	-5.5	2.7	58	-10.6	6
6	-5.8	2.7	59	-10.8	-5.7	2.7	59	-10.6	-5.6	2.8	60	-10.5	-5.5	2.8	60	-10.3	-5.4	2.8	60	-10.2	6
5	-5.7	2.8	61	-10.4	-5.6	2.8	61	-10.2	-5.5	2.8	62	-10.1	-5.4	2.9	62	-9.9	-5.3	2.9	62	-9.8	5
5	-5.6	2.9	63	-10.0	-5.5	2.9	63	-9.8	-5.4	2.9	64	-9.7	-5.3	3.0	64	-9.5	-5.2	3.0	64	-9.4	5
5	-5.5	3.0	65	-9.6	-5.4	3.0	65	-9.4	-5.3	3.0	66	-9.3	-5.2	3.1	66	-9.1	-5.1	3.1	66	-9.0	5
4	-5.4	3.1	67	-9.2	-5.3	3.1	67	-9.0	-5.2	3.1	68	-8.9	-5.1	3.2	68	-8.8	**-5.0**	3.2	68	-8.6	4
4	-5.3	3.1	69	-8.8	-5.2	3.2	69	-8.7	-5.1	3.2	70	-8.5	**-5.0**	3.2	70	-8.4	-4.9	3.3	70	-8.2	4
4	-5.2	3.2	71	-8.4	-5.1	3.3	72	-8.3	**-5.0**	3.3	72	-8.2	-4.9	3.3	72	-8.0	-4.8	3.4	72	-7.9	4
3	-5.1	3.3	73	-8.1	**-5.0**	3.4	74	-7.9	-4.9	3.4	74	-7.8	-4.8	3.4	74	-7.7	-4.7	3.5	74	-7.5	3
3	**-5.0**	3.4	75	-7.7	-4.9	3.5	76	-7.6	-4.8	3.5	76	-7.4	-4.7	3.5	76	-7.3	-4.6	3.6	76	-7.2	3
3	-4.9	3.5	77	-7.4	-4.8	3.6	78	-7.2	-4.7	3.6	78	-7.1	-4.6	3.6	78	-7.0	-4.5	3.7	78	-6.8	3
2	-4.8	3.6	80	-7.0	-4.7	3.6	80	-6.9	-4.6	3.7	80	-6.8	-4.5	3.7	80	-6.6	-4.4	3.8	80	-6.5	2
2	-4.7	3.7	82	-6.7	-4.6	3.7	82	-6.6	-4.5	3.8	82	-6.4	-4.4	3.8	82	-6.3	-4.3	3.8	82	-6.2	2
2	-4.6	3.8	84	-6.4	-4.5	3.8	84	-6.2	-4.4	3.9	84	-6.1	-4.3	3.9	84	-6.0	-4.2	3.9	84	-5.9	2
2	-4.5	3.9	86	-6.0	-4.4	3.9	86	-5.9	-4.3	4.0	86	-5.8	-4.2	4.0	86	-5.7	-4.1	4.0	86	-5.6	2
1	-4.4	4.0	88	-5.7	-4.3	4.0	88	-5.6	-4.2	4.1	88	-5.5	-4.1	4.1	88	-5.4	**-4.0**	4.1	88	-5.2	1
1	-4.3	4.1	90	-5.4	-4.2	4.1	90	-5.3	-4.1	4.2	90	-5.2	**-4.0**	4.2	90	-5.1	-3.9	4.2	90	-4.9	1
1	-4.2	4.2	92	-5.1	-4.1	4.2	92	-5.0	**-4.0**	4.3	92	-4.9	-3.9	4.3	92	-4.8	-3.8	4.3	92	-4.6	1
0	-4.1	4.3	94	-4.8	**-4.0**	4.3	94	-4.7	-3.9	4.3	94	-4.6	-3.8	4.4	94	-4.5	-3.7	4.4	94	-4.4	0
0	**-4.0**	4.4	96	-4.5	-3.9	4.4	96	-4.4	-3.8	4.4	96	-4.3	-3.7	4.5	96	-4.2	-3.6	4.5	97	-4.1	0
0	-3.9	4.5	98	-4.2	-3.8	4.5	98	-4.1	-3.7	4.5	98	-4.0	-3.6	4.6	99	-3.9	-3.5	4.6	99	-3.8	0
-1	-3.8	4.6	100	-4.0	-3.7	4.6	100	-3.9													-1
	-3.5				**-3.4**				**-3.3**				**-3.2**				**-3.1**				
18																	-8.2	0.0	1	-53.1	18
17	-8.5	0.0	1	-58.0	-8.4	0.1	1	-52.0	-8.3	0.1	2	-48.3	-8.2	0.1	2	-45.7	-8.1	0.1	3	-43.5	17
17	-8.4	0.1	2	-45.2	-8.3	0.1	3	-43.2	-8.2	0.2	3	-41.5	-8.1	0.2	4	-40.0	**-8.0**	0.2	4	-38.7	17
16	-8.3	0.2	4	-39.7	-8.2	0.2	5	-38.5	-8.1	0.2	5	-37.4	**-8.0**	0.3	6	-36.3	-7.9	0.3	6	-35.4	16
16	-8.2	0.3	6	-36.2	-8.1	0.3	6	-35.2	**-8.0**	0.3	7	-34.4	-7.9	0.4	7	-33.6	-7.8	0.4	8	-32.8	16
16	-8.1	0.4	8	-33.5	**-8.0**	0.4	8	-32.7	-7.9	0.4	9	-32.0	-7.8	0.4	9	-31.4	-7.7	0.5	10	-30.7	16
15	**-8.0**	0.5	10	-31.3	-7.9	0.5	10	-30.7	-7.8	0.5	11	-30.1	-7.7	0.5	11	-29.5	-7.6	0.6	12	-29.0	15
15	-7.9	0.5	11	-29.4	-7.8	0.6	12	-28.9	-7.7	0.6	12	-28.4	-7.6	0.6	13	-27.9	-7.5	0.6	13	-27.4	15
15	-7.8	0.6	13	-27.8	-7.7	0.7	14	-27.4	-7.6	0.7	14	-26.9	-7.5	0.7	15	-26.5	-7.4	0.7	15	-26.0	15
14	-7.7	0.7	15	-26.4	-7.6	0.7	16	-26.0	-7.5	0.8	16	-25.6	-7.4	0.8	16	-25.2	-7.3	0.8	17	-24.8	14
14	-7.6	0.8	17	-25.1	-7.5	0.8	17	-24.8	-7.4	0.9	18	-24.4	-7.3	0.9	18	-24.0	-7.2	0.9	19	-23.7	14
13	-7.5	0.9	19	-24.0	-7.4	0.9	19	-23.6	-7.3	0.9	20	-23.3	-7.2	1.0	20	-23.0	-7.1	1.0	21	-22.6	13
13	-7.4	1.0	21	-22.9	-7.3	1.0	21	-22.6	-7.2	1.0	21	-22.3	-7.1	1.1	22	-22.0	**-7.0**	1.1	22	-21.7	13
13	-7.3	1.1	22	-22.0	-7.2	1.1	23	-21.7	-7.1	1.1	23	-21.3	**-7.0**	1.1	24	-21.1	-6.9	1.2	24	-20.8	13
12	-7.2	1.1	24	-21.0	-7.1	1.2	25	-20.8	**-7.0**	1.2	25	-20.5	-6.9	1.2	26	-20.2	-6.8	1.3	26	-19.9	12
12	-7.1	1.2	26	-20.2	**-7.0**	1.3	27	-19.9	-6.9	1.3	27	-19.7	-6.8	1.3	27	-19.4	-6.7	1.4	28	-19.1	12
12	**-7.0**	1.3	28	-19.4	-6.9	1.4	28	-19.1	-6.8	1.4	29	-18.9	-6.7	1.4	29	-18.6	-6.6	1.4	30	-18.4	12
11	-6.9	1.4	30	-18.6	-6.8	1.4	30	-18.4	-6.7	1.5	31	-18.1	-6.6	1.5	31	-17.9	-6.5	1.5	31	-17.7	11
11	-6.8	1.5	32	-17.9	-6.7	1.5	32	-17.7	-6.6	1.6	33	-17.5	-6.5	1.6	33	-17.2	-6.4	1.6	33	-17.0	11
11	-6.7	1.6	34	-17.2	-6.6	1.6	34	-17.0	-6.5	1.6	34	-16.8	-6.4	1.7	35	-16.6	-6.3	1.7	35	-16.4	11
10	-6.6	1.7	36	-16.6	-6.5	1.7	36	-16.4	-6.4	1.7	36	-16.2	-6.3	1.8	37	-15.9	-6.2	1.8	37	-15.7	10
10	-6.5	1.8	37	-16.0	-6.4	1.8	38	-15.8	-6.3	1.8	38	-15.6	-6.2	1.9	38	-15.3	-6.1	1.9	39	-15.1	10
9	-6.4	1.9	39	-15.4	-6.3	1.9	40	-15.2	-6.2	1.9	40	-15.0	-6.1	1.9	40	-14.8	**-6.0**	2.0	41	-14.6	9
9	-6.3	1.9	41	-14.8	-6.2	2.0	42	-14.6	-6.1	2.0	42	-14.4	**-6.0**	2.0	42	-14.2	-5.9	2.1	43	-14.0	9
9	-6.2	2.0	43	-14.2	-6.1	2.1	43	-14.1	**-6.0**	2.1	44	-13.9	-5.9	2.1	44	-13.7	-5.8	2.2	44	-13.5	9
8	-6.1	2.1	45	-13.7	**-6.0**	2.2	45	-13.5	-5.9	2.2	46	-13.4	-5.8	2.2	46	-13.2	-5.7	2.3	46	-13.0	8
8	**-6.0**	2.2	47	-13.2	-5.9	2.2	47	-13.0	-5.8	2.3	48	-12.9	-5.7	2.3	48	-12.7	-5.6	2.3	48	-12.5	8
8	-5.9	2.3	49	-12.7	-5.8	2.3	49	-12.5	-5.7	2.4	49	-12.4	-5.6	2.4	50	-12.2	-5.5	2.4	50	-12.0	8
7	-5.8	2.4	51	-12.2	-5.7	2.4	51	-12.1	-5.6	2.5	51	-11.9	-5.5	2.5	52	-11.7	-5.4	2.5	52	-11.6	7
7	-5.7	2.5	53	-11.8	-5.6	2.5	53	-11.6	-5.5	2.6	53	-11.4	-5.4	2.6	54	-11.3	-5.3	2.6	54	-11.1	7
7	-5.6	2.6	55	-11.3	-5.5	2.6	55	-11.2	-5.4	2.6	55	-11.0	-5.3	2.7	55	-10.8	-5.2	2.7	56	-10.7	7

n	t_W	e	U	t_d	t_W	e	U	t_d	t_W	e	U	t_d	t_W	e	U	t_d	t_W	e	U	t_d	n
	-3.5				**-3.4**				**-3.3**				**-3.2**				**-3.1**				
6	-5.5	2.7	57	-10.9	-5.4	2.7	57	-10.7	-5.3	2.7	57	-10.6	-5.2	2.8	57	-10.4	-5.1	2.8	58	-10.3	6
6	-5.4	2.8	59	-10.5	-5.3	2.8	59	-10.3	-5.2	2.8	59	-10.1	-5.1	2.9	59	-10.0	**-5.0**	2.9	60	-9.8	6
6	-5.3	2.9	60	-10.0	-5.2	2.9	61	-9.9	-5.1	2.9	61	-9.7	**-5.0**	3.0	61	-9.6	-4.9	3.0	62	-9.4	6
5	-5.2	2.9	62	-9.6	-5.1	3.0	63	-9.5	**-5.0**	3.0	63	-9.3	-4.9	3.0	63	-9.2	-4.8	3.1	63	-9.1	5
5	-5.1	3.0	64	-9.2	**-5.0**	3.1	65	-9.1	-4.9	3.1	65	-9.0	-4.8	3.1	65	-8.8	-4.7	3.2	65	-8.7	5
5	**-5.0**	3.1	66	-8.9	-4.9	3.2	67	-8.7	-4.8	3.2	67	-8.6	-4.7	3.2	67	-8.4	-4.6	3.3	67	-8.3	5
4	-4.9	3.2	68	-8.5	-4.8	3.3	69	-8.3	-4.7	3.3	69	-8.2	-4.6	3.3	69	-8.1	-4.5	3.4	69	-7.9	4
4	-4.8	3.3	70	-8.1	-4.7	3.4	71	-8.0	-4.6	3.4	71	-7.8	-4.5	3.4	71	-7.7	-4.4	3.5	71	-7.6	4
4	-4.7	3.4	72	-7.8	-4.6	3.4	73	-7.6	-4.5	3.5	73	-7.5	-4.4	3.5	73	-7.4	-4.3	3.6	73	-7.2	4
3	-4.6	3.5	74	-7.4	-4.5	3.5	75	-7.3	-4.4	3.6	75	-7.1	-4.3	3.6	75	-7.0	-4.2	3.7	75	-6.9	3
3	-4.5	3.6	76	-7.1	-4.4	3.6	77	-6.9	-4.3	3.7	77	-6.8	-4.2	3.7	77	-6.7	-4.1	3.7	77	-6.5	3
3	-4.4	3.7	78	-6.7	-4.3	3.7	79	-6.6	-4.2	3.8	79	-6.5	-4.1	3.8	79	-6.3	**-4.0**	3.8	79	-6.2	3
2	-4.3	3.8	80	-6.4	-4.2	3.8	81	-6.3	-4.1	3.9	81	-6.1	**-4.0**	3.9	81	-6.0	-3.9	3.9	81	-5.9	2
2	-4.2	3.9	82	-6.1	-4.1	3.9	83	-5.9	**-4.0**	4.0	83	-5.8	-3.9	4.0	83	-5.7	-3.8	4.0	83	-5.6	2
2	-4.1	4.0	84	-5.7	**-4.0**	4.0	85	-5.6	-3.9	4.1	85	-5.5	-3.8	4.1	85	-5.4	-3.7	4.1	85	-5.3	2
2	**-4.0**	4.1	86	-5.4	-3.9	4.1	87	-5.3	-3.8	4.2	87	-5.2	-3.7	4.2	87	-5.1	-3.6	4.2	87	-5.0	2
1	-3.9	4.2	88	-5.1	-3.8	4.2	89	-5.0	-3.7	4.2	89	-4.9	-3.6	4.3	89	-4.8	-3.5	4.3	89	-4.7	1
1	-3.8	4.3	90	-4.8	-3.7	4.3	91	-4.7	-3.6	4.3	91	-4.6	-3.5	4.4	91	-4.5	-3.4	4.4	91	-4.4	1
1	-3.7	4.4	93	-4.5	-3.6	4.4	93	-4.4	-3.5	4.4	93	-4.3	-3.4	4.5	93	-4.2	-3.3	4.5	93	-4.1	1
0	-3.6	4.5	95	-4.2	-3.5	4.5	95	-4.1	-3.4	4.5	95	-4.0	-3.3	4.6	95	-3.9	-3.2	4.6	95	-3.8	0
0	-3.5	4.6	97	-4.0	-3.4	4.6	97	-3.8	-3.3	4.6	97	-3.7	-3.2	4.7	97	-3.6	-3.1	4.7	97	-3.5	0
0	-3.4	4.7	99	-3.7	-3.3	4.7	99	-3.6	-3.2	4.7	99	-3.4	-3.1	4.8	99	-3.3	**-3.0**	4.8	99	-3.2	0
	-3.0				**-2.9**				**-2.8**				**-2.7**				**-2.6**				
18									**-8.0**	0.0	1	-54.1	-7.9	0.1	1	-49.6	-7.8	0.1	2	-46.5	18
17	-8.1	0.1	1	-49.0	**-8.0**	0.1	2	-46.1	-7.9	0.1	3	-43.9	-7.8	0.2	3	-42.0	-7.7	0.2	4	-40.5	17
17	**-8.0**	0.2	3	-41.8	-7.9	0.2	4	-40.3	-7.8	0.2	4	-38.9	-7.7	0.2	5	-37.7	-7.6	0.3	5	-36.6	17
17	-7.9	0.2	5	-37.6	-7.8	0.3	5	-36.5	-7.7	0.3	6	-35.5	-7.6	0.3	7	-34.6	-7.5	0.4	7	-33.8	17
16	-7.8	0.3	7	-34.5	-7.7	0.4	7	-33.7	-7.6	0.4	8	-32.9	-7.5	0.4	8	-32.2	-7.4	0.4	9	-31.5	16
16	-7.7	0.4	8	-32.1	-7.6	0.4	9	-31.4	-7.5	0.5	9	-30.8	-7.4	0.5	10	-30.2	-7.3	0.5	10	-29.6	16
16	-7.6	0.5	10	-30.1	-7.5	0.5	11	-29.6	-7.4	0.6	11	-29.0	-7.3	0.6	12	-28.5	-7.2	0.6	12	-28.0	16
15	-7.5	0.6	12	-28.4	-7.4	0.6	13	-27.9	-7.3	0.6	13	-27.4	-7.2	0.7	13	-27.0	-7.1	0.7	14	-26.5	15
15	-7.4	0.7	14	-26.9	-7.3	0.7	14	-26.5	-7.2	0.7	15	-26.1	-7.1	0.8	15	-25.6	**-7.0**	0.8	16	-25.2	15
14	-7.3	0.8	16	-25.6	-7.2	0.8	16	-25.2	-7.1	0.8	17	-24.8	**-7.0**	0.9	17	-24.4	-6.9	0.9	17	-24.0	14
14	-7.2	0.9	17	-24.4	-7.1	0.9	18	-24.0	**-7.0**	0.9	18	-23.7	-6.9	0.9	19	-23.3	-6.8	1.0	19	-23.0	14
14	-7.1	0.9	19	-23.3	**-7.0**	1.0	20	-23.0	-6.9	1.0	20	-22.6	-6.8	1.0	21	-22.3	-6.7	1.1	21	-22.0	14
13	**-7.0**	1.0	21	-22.3	-6.9	1.1	21	-22.0	-6.8	1.1	22	-21.7	-6.7	1.1	22	-21.3	-6.6	1.1	23	-21.0	13
13	-6.9	1.1	23	-21.4	-6.8	1.1	23	-21.0	-6.7	1.2	24	-20.8	-6.6	1.2	24	-20.5	-6.5	1.2	24	-20.2	13
13	-6.8	1.2	25	-20.5	-6.7	1.2	25	-20.2	-6.6	1.3	25	-19.9	-6.5	1.3	26	-19.6	-6.4	1.3	26	-19.4	13
12	-6.7	1.3	26	-19.6	-6.6	1.3	27	-19.4	-6.5	1.4	27	-19.1	-6.4	1.4	28	-18.9	-6.3	1.4	28	-18.6	12
12	-6.6	1.4	28	-18.9	-6.5	1.4	29	-18.6	-6.4	1.4	29	-18.4	-6.3	1.5	29	-18.1	-6.2	1.5	30	-17.9	12
11	-6.5	1.5	30	-18.1	-6.4	1.5	30	-17.9	-6.3	1.5	31	-17.7	-6.2	1.6	31	-17.4	-6.1	1.6	32	-17.2	11
11	-6.4	1.6	32	-17.4	-6.3	1.6	32	-17.2	-6.2	1.6	33	-17.0	-6.1	1.7	33	-16.7	**-6.0**	1.7	33	-16.5	11
11	-6.3	1.6	34	-16.8	-6.2	1.7	34	-16.5	-6.1	1.7	34	-16.3	**-6.0**	1.7	35	-16.1	-5.9	1.8	35	-15.9	11
10	-6.2	1.7	36	-16.1	-6.1	1.8	36	-15.9	**-6.0**	1.8	36	-15.7	-5.9	1.8	37	-15.5	-5.8	1.9	37	-15.3	10
10	-6.1	1.8	37	-15.5	**-6.0**	1.9	38	-15.3	-5.9	1.9	38	-15.1	-5.8	1.9	38	-14.9	-5.7	2.0	39	-14.7	10
10	**-6.0**	1.9	39	-14.9	-5.9	2.0	40	-14.7	-5.8	2.0	40	-14.5	-5.7	2.0	40	-14.4	-5.6	2.0	41	-14.2	10
9	-5.9	2.0	41	-14.4	-5.8	2.0	41	-14.2	-5.7	2.1	42	-14.0	-5.6	2.1	42	-13.8	-5.5	2.1	42	-13.6	9
9	-5.8	2.1	43	-13.8	-5.7	2.1	43	-13.7	-5.6	2.2	44	-13.5	-5.5	2.2	44	-13.3	-5.4	2.2	44	-13.1	9
9	-5.7	2.2	45	-13.3	-5.6	2.2	45	-13.1	-5.5	2.3	45	-13.0	-5.4	2.3	46	-12.8	-5.3	2.3	46	-12.6	9
8	-5.6	2.3	47	-12.8	-5.5	2.3	47	-12.6	-5.4	2.4	47	-12.5	-5.3	2.4	48	-12.3	-5.2	2.4	48	-12.1	8
8	-5.5	2.4	49	-12.3	-5.4	2.4	49	-12.2	-5.3	2.4	49	-12.0	-5.2	2.5	49	-11.8	-5.1	2.5	50	-11.7	8
8	-5.4	2.5	50	-11.9	-5.3	2.5	51	-11.7	-5.2	2.5	51	-11.5	-5.1	2.6	51	-11.4	**-5.0**	2.6	52	-11.2	8
7	-5.3	2.6	52	-11.4	-5.2	2.6	53	-11.2	-5.1	2.6	53	-11.1	**-5.0**	2.7	53	-10.9	-4.9	2.7	53	-10.8	7
7	-5.2	2.7	54	-11.0	-5.1	2.7	54	-10.8	**-5.0**	2.7	55	-10.6	-4.9	2.8	55	-10.5	-4.8	2.8	55	-10.3	7
7	-5.1	2.7	56	-10.5	**-5.0**	2.8	56	-10.4	-4.9	2.8	57	-10.2	-4.8	2.8	57	-10.1	-4.7	2.9	57	-9.9	7
6	**-5.0**	2.8	58	-10.1	-4.9	2.9	58	-10.0	-4.8	2.9	58	-9.8	-4.7	2.9	59	-9.7	-4.6	3.0	59	-9.5	6
6	-4.9	2.9	60	-9.7	-4.8	3.0	60	-9.5	-4.7	3.0	60	-9.4	-4.6	3.0	61	-9.3	-4.5	3.1	61	-9.1	6
6	-4.8	3.0	62	-9.3	-4.7	3.1	62	-9.2	-4.6	3.1	62	-9.0	-4.5	3.1	63	-8.9	-4.4	3.2	63	-8.7	6
5	-4.7	3.1	64	-8.9	-4.6	3.2	64	-8.8	-4.5	3.2	64	-8.6	-4.4	3.2	64	-8.5	-4.3	3.3	65	-8.3	5
5	-4.6	3.2	66	-8.5	-4.5	3.2	66	-8.4	-4.4	3.3	66	-8.2	-4.3	3.3	66	-8.1	-4.2	3.4	67	-8.0	5
5	-4.5	3.3	68	-8.2	-4.4	3.3	68	-8.0	-4.3	3.4	68	-7.9	-4.2	3.4	68	-7.7	-4.1	3.5	68	-7.6	5
4	-4.4	3.4	69	-7.8	-4.3	3.4	70	-7.7	-4.2	3.5	70	-7.5	-4.1	3.5	70	-7.4	**-4.0**	3.5	70	-7.3	4
4	-4.3	3.5	71	-7.4	-4.2	3.5	72	-7.3	-4.1	3.6	72	-7.2	**-4.0**	3.6	72	-7.0	-3.9	3.6	72	-6.9	4
4	-4.2	3.6	73	-7.1	-4.1	3.6	74	-7.0	**-4.0**	3.7	74	-6.8	-3.9	3.7	74	-6.7	-3.8	3.7	74	-6.6	4
3	-4.1	3.7	75	-6.8	**-4.0**	3.7	75	-6.6	-3.9	3.8	76	-6.5	-3.8	3.8	76	-6.4	-3.7	3.8	76	-6.2	3
3	**-4.0**	3.8	77	-6.4	-3.9	3.8	77	-6.3	-3.8	3.9	78	-6.2	-3.7	3.9	78	-6.0	-3.6	3.9	78	-5.9	3
3	-3.9	3.9	79	-6.1	-3.8	3.9	79	-6.0	-3.7	4.0	80	-5.8	-3.6	4.0	80	-5.7	-3.5	4.0	80	-5.6	3
2	-3.8	4.0	81	-5.8	-3.7	4.0	81	-5.6	-3.6	4.1	81	-5.5	-3.5	4.1	82	-5.4	-3.4	4.1	82	-5.3	2
2	-3.7	4.1	83	-5.5	-3.6	4.1	83	-5.3	-3.5	4.1	83	-5.2	-3.4	4.2	84	-5.1	-3.3	4.2	84	-5.0	2
2	-3.6	4.2	85	-5.1	-3.5	4.2	85	-5.0	-3.4	4.2	85	-4.9	-3.3	4.3	86	-4.8	-3.2	4.3	86	-4.7	2
2	-3.5	4.3	87	-4.8	-3.4	4.3	87	-4.7	-3.3	4.3	87	-4.6	-3.2	4.4	88	-4.5	-3.1	4.4	88	-4.4	2

n	t_W	e	U	t_d	t_W	e	U	t_d	t_W	e	U	t_d	t_W	e	U	t_d	t_W	e	U	t_d	n
	-3.0				**-2.9**				**-2.8**				**-2.7**				**-2.6**				
1	-3.4	4.4	89	-4.5	-3.3	4.4	89	-4.4	-3.2	4.4	89	-4.3	-3.1	4.5	89	-4.2	**-3.0**	4.5	90	-4.1	1
1	-3.3	4.5	91	-4.2	-3.2	4.5	91	-4.1	-3.1	4.5	91	-4.0	**-3.0**	4.6	91	-3.9	-2.9	4.6	92	-3.8	1
1	-3.2	4.6	93	-4.0	-3.1	4.6	93	-3.8	**-3.0**	4.6	93	-3.7	-2.9	4.7	93	-3.6	-2.8	4.7	94	-3.5	1
0	-3.1	4.7	95	-3.7	**-3.0**	4.7	95	-3.6	-2.9	4.7	95	-3.4	-2.8	4.8	95	-3.3	-2.7	4.8	96	-3.2	0
0	**-3.0**	4.8	97	-3.4	-2.9	4.8	97	-3.3	-2.8	4.8	97	-3.2	-2.7	4.9	97	-3.1	-2.6	4.9	98	-2.9	0
0	-2.9	4.9	99	-3.1	-2.8	4.9	99	-3.0	-2.7	4.9	99	-2.9	-2.6	5.0	99	-2.8	-2.5	5.0	99	-2.7	0
	-2.5				**-2.4**				**-2.3**				**-2.2**				**-2.1**				
18													-7.6	0.0	1	-55.8	-7.5	0.1	1	-50.5	18
18	-7.8	0.0	1	-55.0	-7.7	0.1	1	-50.1	-7.6	0.1	2	-46.8	-7.5	0.1	2	-44.4	-7.4	0.1	3	-42.4	18
18	-7.7	0.1	2	-44.2	-7.6	0.1	3	-42.2	-7.5	0.2	3	-40.6	-7.4	0.2	4	-39.2	-7.3	0.2	4	-37.9	18
17	-7.6	0.2	4	-39.1	-7.5	0.2	5	-37.8	-7.4	0.3	5	-36.7	-7.3	0.3	6	-35.7	-7.2	0.3	6	-34.7	17
17	-7.5	0.3	6	-35.6	-7.4	0.3	6	-34.7	-7.3	0.4	7	-33.8	-7.2	0.4	7	-33.0	-7.1	0.4	8	-32.3	17
16	-7.4	0.4	8	-33.0	-7.3	0.4	8	-32.2	-7.2	0.4	9	-31.5	-7.1	0.5	9	-30.9	**-7.0**	0.5	10	-30.2	16
16	-7.3	0.5	9	-30.8	-7.2	0.5	10	-30.2	-7.1	0.5	10	-29.6	**-7.0**	0.6	11	-29.0	-6.9	0.6	11	-28.5	16
16	-7.2	0.6	11	-29.0	-7.1	0.6	11	-28.5	**-7.0**	0.6	12	-28.0	-6.9	0.6	12	-27.5	-6.8	0.7	13	-27.0	16
15	-7.1	0.6	13	-27.5	**-7.0**	0.7	13	-27.0	-6.9	0.7	14	-26.5	-6.8	0.7	14	-26.1	-6.7	0.8	15	-25.6	15
15	**-7.0**	0.7	14	-26.1	-6.9	0.8	15	-25.6	-6.8	0.8	15	-25.2	-6.7	0.8	16	-24.8	-6.6	0.9	16	-24.4	15
15	-6.9	0.8	16	-24.8	-6.8	0.9	17	-24.4	-6.7	0.9	17	-24.0	-6.6	0.9	18	-23.6	-6.5	0.9	18	-23.3	15
14	-6.8	0.9	18	-23.7	-6.7	0.9	18	-23.3	-6.6	1.0	19	-22.9	-6.5	1.0	19	-22.6	-6.4	1.0	20	-22.3	14
14	-6.7	1.0	20	-22.6	-6.6	1.0	20	-22.3	-6.5	1.1	21	-21.9	-6.4	1.1	21	-21.6	-6.3	1.1	21	-21.3	14
13	-6.6	1.1	21	-21.6	-6.5	1.1	22	-21.3	-6.4	1.1	22	-21.0	-6.3	1.2	23	-20.7	-6.2	1.2	23	-20.4	13
13	-6.5	1.2	23	-20.7	-6.4	1.2	24	-20.4	-6.3	1.2	24	-20.1	-6.2	1.3	24	-19.9	-6.1	1.3	25	-19.6	13
13	-6.4	1.3	25	-19.9	-6.3	1.3	25	-19.6	-6.2	1.3	26	-19.3	-6.1	1.4	26	-19.1	**-6.0**	1.4	27	-18.8	13
12	-6.3	1.4	27	-19.1	-6.2	1.4	27	-18.8	-6.1	1.4	27	-18.6	**-6.0**	1.4	28	-18.3	-5.9	1.5	28	-18.0	12
12	-6.2	1.4	28	-18.3	-6.1	1.5	29	-18.1	**-6.0**	1.5	29	-17.8	-5.9	1.5	30	-17.6	-5.8	1.6	30	-17.3	12
12	-6.1	1.5	30	-17.6	**-6.0**	1.6	31	-17.4	-5.9	1.6	31	-17.1	-5.8	1.6	31	-16.9	-5.7	1.7	32	-16.7	12
11	**-6.0**	1.6	32	-16.9	-5.9	1.7	32	-16.7	-5.8	1.7	33	-16.5	-5.7	1.7	33	-16.3	-5.6	1.8	34	-16.0	11
11	-5.9	1.7	34	-16.3	-5.8	1.7	34	-16.1	-5.7	1.8	35	-15.9	-5.6	1.8	35	-15.6	-5.5	1.8	35	-15.4	11
11	-5.8	1.8	36	-15.7	-5.7	1.8	36	-15.5	-5.6	1.9	36	-15.2	-5.5	1.9	37	-15.0	-5.4	1.9	37	-14.8	11
10	-5.7	1.9	37	-15.1	-5.6	1.9	38	-14.9	-5.5	2.0	38	-14.7	-5.4	2.0	38	-14.5	-5.3	2.0	39	-14.3	10
10	-5.6	2.0	39	-14.5	-5.5	2.0	40	-14.3	-5.4	2.1	40	-14.1	-5.3	2.1	40	-13.9	-5.2	2.1	41	-13.7	10
10	-5.5	2.1	41	-14.0	-5.4	2.1	41	-13.8	-5.3	2.1	42	-13.6	-5.2	2.2	42	-13.4	-5.1	2.2	42	-13.2	10
9	-5.4	2.2	43	-13.4	-5.3	2.2	43	-13.2	-5.2	2.2	43	-13.1	-5.1	2.3	44	-12.9	**-5.0**	2.3	44	-12.7	9
9	-5.3	2.3	45	-12.9	-5.2	2.3	45	-12.7	-5.1	2.3	45	-12.6	**-5.0**	2.4	46	-12.4	-4.9	2.4	46	-12.2	9
9	-5.2	2.4	46	-12.4	-5.1	2.4	47	-12.2	**-5.0**	2.4	47	-12.1	-4.9	2.5	47	-11.9	-4.8	2.5	48	-11.7	9
8	-5.1	2.5	48	-11.9	**-5.0**	2.5	49	-11.8	-4.9	2.5	49	-11.6	-4.8	2.6	49	-11.4	-4.7	2.6	49	-11.3	8
8	**-5.0**	2.5	50	-11.5	-4.9	2.6	50	-11.3	-4.8	2.6	51	-11.1	-4.7	2.6	51	-11.0	-4.6	2.7	51	-10.8	8
8	-4.9	2.6	52	-11.0	-4.8	2.7	52	-10.9	-4.7	2.7	52	-10.7	-4.6	2.7	53	-10.5	-4.5	2.8	53	-10.4	8
7	-4.8	2.7	54	-10.6	-4.7	2.8	54	-10.4	-4.6	2.8	54	-10.3	-4.5	2.8	55	-10.1	-4.4	2.9	55	-10.0	7
7	-4.7	2.8	56	-10.2	-4.6	2.9	56	-10.0	-4.5	2.9	56	-9.9	-4.4	2.9	56	-9.7	-4.3	3.0	57	-9.5	7
7	-4.6	2.9	57	-9.8	-4.5	3.0	58	-9.6	-4.4	3.0	58	-9.4	-4.3	3.0	58	-9.3	-4.2	3.1	58	-9.1	7
6	-4.5	3.0	59	-9.3	-4.4	3.0	60	-9.2	-4.3	3.1	60	-9.0	-4.2	3.1	60	-8.9	-4.1	3.2	60	-8.7	6
6	-4.4	3.1	61	-9.0	-4.3	3.1	61	-8.8	-4.2	3.2	62	-8.7	-4.1	3.2	62	-8.5	**-4.0**	3.3	62	-8.4	6
6	-4.3	3.2	63	-8.6	-4.2	3.2	63	-8.4	-4.1	3.3	63	-8.3	**-4.0**	3.3	64	-8.1	-3.9	3.3	64	-8.0	6
5	-4.2	3.3	65	-8.2	-4.1	3.3	65	-8.1	**-4.0**	3.4	65	-7.9	-3.9	3.4	66	-7.8	-3.8	3.4	66	-7.6	5
5	-4.1	3.4	67	-7.8	**-4.0**	3.4	67	-7.7	-3.9	3.5	67	-7.5	-3.8	3.5	67	-7.4	-3.7	3.5	68	-7.3	5
5	**-4.0**	3.5	69	-7.5	-3.9	3.5	69	-7.3	-3.8	3.6	69	-7.2	-3.7	3.6	69	-7.1	-3.6	3.6	70	-6.9	5
4	-3.9	3.6	71	-7.1	-3.8	3.6	71	-7.0	-3.7	3.7	71	-6.8	-3.6	3.7	71	-6.7	-3.5	3.7	71	-6.6	4
4	-3.8	3.7	72	-6.8	-3.7	3.7	73	-6.6	-3.6	3.8	73	-6.5	-3.5	3.8	73	-6.4	-3.4	3.8	73	-6.2	4
4	-3.7	3.8	74	-6.4	-3.6	3.8	75	-6.3	-3.5	3.9	75	-6.2	-3.4	3.9	75	-6.0	-3.3	3.9	75	-5.9	4
3	-3.6	3.9	76	-6.1	-3.5	3.9	76	-6.0	-3.4	4.0	77	-5.8	-3.3	4.0	77	-5.7	-3.2	4.0	77	-5.6	3
3	-3.5	4.0	78	-5.8	-3.4	4.0	78	-5.7	-3.3	4.0	79	-5.5	-3.2	4.1	79	-5.4	-3.1	4.1	79	-5.3	3
3	-3.4	4.1	80	-5.5	-3.3	4.1	80	-5.3	-3.2	4.1	80	-5.2	-3.1	4.2	81	-5.1	**-3.0**	4.2	81	-5.0	3
2	-3.3	4.2	82	-5.1	-3.2	4.2	82	-5.0	-3.1	4.2	82	-4.9	**-3.0**	4.3	82	-4.8	-2.9	4.3	83	-4.7	2
2	-3.2	4.3	84	-4.8	-3.1	4.3	84	-4.7	**-3.0**	4.3	84	-4.6	-2.9	4.4	84	-4.5	-2.8	4.4	85	-4.4	2
2	-3.1	4.4	86	-4.5	**-3.0**	4.4	86	-4.4	-2.9	4.4	86	-4.3	-2.8	4.5	86	-4.2	-2.7	4.5	86	-4.1	2
1	**-3.0**	4.5	88	-4.2	-2.9	4.5	88	-4.1	-2.8	4.5	88	-4.0	-2.7	4.6	88	-3.9	-2.6	4.6	88	-3.8	1
1	-2.9	4.6	90	-4.0	-2.8	4.6	90	-3.8	-2.7	4.6	90	-3.7	-2.6	4.7	90	-3.6	-2.5	4.7	90	-3.5	1
1	-2.8	4.7	92	-3.7	-2.7	4.7	92	-3.5	-2.6	4.7	92	-3.4	-2.5	4.8	92	-3.3	-2.4	4.8	92	-3.2	1
1	-2.7	4.8	94	-3.4	-2.6	4.8	94	-3.3	-2.5	4.8	94	-3.1	-2.4	4.9	94	-3.0	-2.3	4.9	94	-2.9	1
0	-2.6	4.9	96	-3.1	-2.5	4.9	96	-3.0	-2.4	4.9	96	-2.9	-2.3	5.0	96	-2.8	-2.2	5.0	96	-2.6	0
0	-2.5	5.0	98	-2.8	-2.4	5.0	98	-2.7	-2.3	5.0	98	-2.6	-2.2	5.1	98	-2.5	-2.1	5.1	98	-2.4	0
0	-2.4	5.1	100	-2.6	-2.3	5.1	100	-2.4	-2.2	5.1	100	-2.3	-2.1	5.2	100	-2.2	**-2.0**	5.2	100	-2.1	0
	-2.0				**-1.9**				**-1.8**				**-1.7**				**-1.6**				
19																	-7.2	0.0	1	-56.9	19
18					-7.4	0.0	1	-56.5	-7.3	0.1	1	-50.8	-7.2	0.1	2	-47.2	-7.1	0.1	2	-44.6	18
18	-7.4	0.1	2	-47.1	-7.3	0.1	2	-44.5	-7.2	0.1	3	-42.5	-7.1	0.2	3	-40.8	**-7.0**	0.2	4	-39.3	18
18	-7.3	0.2	3	-40.7	-7.2	0.2	4	-39.3	-7.1	0.2	4	-38.0	**-7.0**	0.3	5	-36.8	-6.9	0.3	5	-35.7	18
17	-7.2	0.3	5	-36.8	-7.1	0.3	5	-35.7	**-7.0**	0.3	6	-34.8	-6.9	0.4	7	-33.9	-6.8	0.4	7	-33.0	17

n	t_W	e	U	t_d	t_W	e	U	t_d	t_W	e	U	t_d	t_W	e	U	t_d	t_W	e	U	t_d	n
	-2.0				**-1.9**				**-1.8**				**-1.7**				**-1.6**				
17	-7.1	0.4	7	-33.9	**-7.0**	0.4	7	-33.0	-6.9	0.4	8	-32.3	-6.8	0.4	8	-31.5	-6.7	0.5	9	-30.9	17
17	**-7.0**	0.4	8	-31.6	-6.9	0.5	9	-30.9	-6.8	0.5	9	-30.2	-6.7	0.5	10	-29.6	-6.6	0.6	10	-29.0	17
16	-6.9	0.5	10	-29.6	-6.8	0.6	10	-29.0	-6.7	0.6	11	-28.5	-6.6	0.6	11	-27.9	-6.5	0.6	12	-27.4	16
16	-6.8	0.6	12	-28.0	-6.7	0.6	12	-27.4	-6.6	0.7	13	-26.9	-6.5	0.7	13	-26.5	-6.4	0.7	14	-26.0	16
15	-6.7	0.7	13	-26.5	-6.6	0.7	14	-26.0	-6.5	0.8	14	-25.6	-6.4	0.8	15	-25.2	-6.3	0.8	15	-24.7	15
15	-6.6	0.8	15	-25.2	-6.5	0.8	16	-24.8	-6.4	0.9	16	-24.4	-6.3	0.9	16	-24.0	-6.2	0.9	17	-23.6	15
15	-6.5	0.9	17	-24.0	-6.4	0.9	17	23.6	-6.3	0.9	18	-23.2	-6.2	1.0	18	-22.9	-6.1	1.0	19	-22.5	15
14	-6.4	1.0	18	-22.9	-6.3	1.0	19	-22.6	-6.2	1.0	19	-22.2	-6.1	1.1	20	-21.9	**-6.0**	1.1	20	-21.5	14
14	-6.3	1.1	20	-21.9	-6.2	1.1	21	-21.6	-6.1	1.1	21	-21.3	**-6.0**	1.2	21	-20.9	-5.9	1.2	22	-20.6	14
14	-6.2	1.2	22	-21.0	-6.1	1.2	22	-20.7	**-6.0**	1.2	23	-20.4	-5.9	1.2	23	-20.1	-5.8	1.3	24	-19.8	14
13	-6.1	1.2	24	-20.1	**-6.0**	1.3	24	-19.8	-5.9	1.3	24	-19.5	-5.8	1.3	25	-19.3	-5.7	1.4	25	-19.0	13
13	**-6.0**	1.3	25	-19.3	-5.9	1.4	26	-19.0	-5.8	1.4	26	-18.7	-5.7	1.4	26	-18.5	-5.6	1.5	27	-18.2	13
13	-5.9	1.4	27	-18.5	-5.8	1.5	27	-18.3	-5.7	1.5	28	-18.0	-5.6	1.5	28	-17.7	-5.5	1.6	29	-17.5	13
12	-5.8	1.5	29	-17.8	-5.7	1.5	29	-17.5	-5.6	1.6	29	-17.3	-5.5	1.6	30	-17.1	-5.4	1.6	30	-16.8	12
12	-5.7	1.6	30	-17.1	-5.6	1.6	31	-16.9	-5.5	1.7	31	-16.6	-5.4	1.7	32	-16.4	-5.3	1.7	32	-16.2	12
12	-5.6	1.7	32	-16.4	-5.5	1.7	33	-16.2	-5.4	1.8	33	-16.0	-5.3	1.8	33	-15.8	-5.2	1.8	34	-15.5	12
11	-5.5	1.8	34	-15.8	-5.4	1.8	34	-15.6	-5.3	1.9	35	-15.4	-5.2	1.9	35	-15.1	-5.1	1.9	35	-14.9	11
11	-5.4	1.9	36	-15.2	-5.3	1.9	36	-15.0	-5.2	1.9	36	-14.8	-5.1	2.0	37	-14.6	**-5.0**	2.0	37	-14.4	11
10	-5.3	2.0	37	-14.6	-5.2	2.0	38	-14.4	-5.1	2.0	38	-14.2	**-5.0**	2.1	38	-14.0	-4.9	2.1	39	-13.8	10
10	-5.2	2.1	39	-14.1	-5.1	2.1	39	-13.9	**-5.0**	2.1	40	-13.7	-4.9	2.2	40	-13.5	-4.8	2.2	41	-13.3	10
10	-5.1	2.2	41	-13.5	**-5.0**	2.2	41	-13.3	-4.9	2.2	42	-13.1	-4.8	2.3	42	-12.9	-4.7	2.3	42	-12.8	10
9	**-5.0**	2.3	43	-13.0	-4.9	2.3	43	-12.8	-4.8	2.3	43	-12.6	-4.7	2.4	44	-12.4	-4.6	2.4	44	-12.3	9
9	-4.9	2.3	44	-12.5	-4.8	2.4	45	-12.3	-4.7	2.4	45	-12.1	-4.6	2.4	45	-12.0	-4.5	2.5	46	-11.8	9
9	-4.8	2.4	46	-12.0	-4.7	2.5	47	-11.8	-4.6	2.5	47	-11.7	-4.5	2.5	47	-11.5	-4.4	2.6	47	-11.3	9
8	-4.7	2.5	48	-11.5	-4.6	2.6	48	-11.4	-4.5	2.6	49	-11.2	-4.4	2.6	49	-11.0	-4.3	2.7	49	-10.9	8
8	-4.6	2.6	50	-11.1	-4.5	2.7	50	-10.9	-4.4	2.7	50	-10.8	-4.3	2.7	51	-10.6	-4.2	2.8	51	-10.4	8
8	-4.5	2.7	52	-10.6	-4.4	2.8	52	-10.5	-4.3	2.8	52	-10.3	-4.2	2.8	52	-10.2	-4.1	2.9	53	-10.0	8
7	-4.4	2.8	53	-10.2	-4.3	2.8	54	-10.1	-4.2	2.9	54	-9.9	-4.1	2.9	54	-9.7	**-4.0**	3.0	54	-9.6	7
7	-4.3	2.9	55	-9.8	-4.2	2.9	55	-9.6	-4.1	3.0	56	-9.5	**-4.0**	3.0	56	-9.3	-3.9	3.1	56	-9.2	7
7	-4.2	3.0	57	-9.4	-4.1	3.0	57	-9.2	**-4.0**	3.1	57	-9.1	-3.9	3.1	58	-8.9	-3.8	3.2	58	-8.8	7
6	-4.1	3.1	59	-9.0	**-4.0**	3.1	59	-8.8	-3.9	3.2	59	-8.7	-3.8	3.2	60	-8.5	-3.7	3.2	60	-8.4	6
6	**-4.0**	3.2	61	-8.6	-3.9	3.2	61	-8.5	-3.8	3.3	61	-8.3	-3.7	3.3	61	-8.2	-3.6	3.3	62	-8.0	6
6	-3.9	3.3	62	-8.2	-3.8	3.3	63	-8.1	-3.7	3.4	63	-7.9	-3.6	3.4	63	-7.8	-3.5	3.4	63	-7.6	6
5	-3.8	3.4	64	-7.8	-3.7	3.4	64	-7.7	-3.6	3.5	65	-7.6	-3.5	3.5	65	-7.4	-3.4	3.5	65	-7.3	5
5	-3.7	3.5	66	-7.5	-3.6	3.5	66	-7.3	-3.5	3.6	67	-7.2	-3.4	3.6	67	-7.1	-3.3	3.6	67	-6.9	5
5	-3.6	3.6	68	-7.1	-3.5	3.6	68	-7.0	-3.4	3.7	68	-6.9	-3.3	3.7	69	-6.7	-3.2	3.7	69	-6.6	5
5	-3.5	3.7	70	-6.8	-3.4	3.7	70	-6.6	-3.3	3.8	70	-6.5	-3.2	3.8	70	-6.4	-3.1	3.8	71	-6.2	5
4	-3.4	3.8	72	-6.4	-3.3	3.8	72	-6.3	-3.2	3.9	72	-6.2	-3.1	3.9	72	-6.0	**-3.0**	3.9	72	-5.9	4
4	-3.3	3.9	73	-6.1	-3.2	3.9	74	-6.0	-3.1	4.0	74	-5.8	**-3.0**	4.0	74	-5.7	-2.9	4.0	74	-5.6	4
4	-3.2	4.0	75	-5.8	-3.1	4.0	75	-5.7	**-3.0**	4.1	76	-5.5	-2.9	4.1	76	-5.4	-2.8	4.1	76	-5.3	4
3	-3.1	4.1	77	-5.5	**-3.0**	4.1	77	-5.3	-2.9	4.1	78	-5.2	-2.8	4.2	78	-5.1	-2.7	4.2	78	-4.9	3
3	**-3.0**	4.2	79	-5.1	-2.9	4.2	79	-5.0	-2.8	4.2	79	-4.9	-2.7	4.3	80	-4.8	-2.6	4.3	80	-4.6	3
3	-2.9	4.3	81	-4.8	-2.8	4.3	81	-4.7	-2.7	4.3	81	-4.6	-2.6	4.4	81	-4.5	-2.5	4.4	82	-4.3	3
2	-2.8	4.4	83	-4.5	-2.7	4.4	83	-4.4	-2.6	4.4	83	-4.3	-2.5	4.5	83	-4.2	-2.4	4.5	83	-4.0	2
2	-2.7	4.5	85	-4.2	-2.6	4.5	85	-4.1	-2.5	4.5	85	-4.0	-2.4	4.6	85	-3.9	-2.3	4.6	85	-3.7	2
2	-2.6	4.6	87	-3.9	-2.5	4.6	87	-3.8	-2.4	4.6	87	-3.7	-2.3	4.7	87	-3.6	-2.2	4.7	87	-3.5	2
1	-2.5	4.7	88	-3.6	-2.4	4.7	89	-3.5	-2.3	4.8	89	-3.4	-2.2	4.8	89	-3.3	-2.1	4.8	89	-3.2	1
1	-2.4	4.8	90	-3.4	-2.3	4.8	91	-3.2	-2.2	4.9	91	-3.1	-2.1	4.9	91	-3.0	**-2.0**	4.9	91	-2.9	1
1	-2.3	4.9	92	-3.1	-2.2	4.9	92	-3.0	-2.1	5.0	93	-2.8	**-2.0**	5.0	93	-2.7	-1.9	5.0	93	-2.6	1
1	-2.2	5.0	94	-2.8	-2.1	5.0	94	-2.7	**-2.0**	5.1	94	-2.6	-1.9	5.1	95	-2.5	-1.8	5.1	95	-2.3	1
0	-2.1	5.1	96	-2.5	**-2.0**	5.1	96	-2.4	-1.9	5.2	96	-2.3	-1.8	5.2	96	-2.2	-1.7	5.2	97	-2.1	0
0	**-2.0**	5.2	98	-2.3	-1.9	5.2	98	-2.2	-1.8	5.3	98	-2.0	-1.7	5.3	98	-1.9	-1.6	5.3	98	-1.8	0
0	-1.9	5.3	100	-2.0	-1.8	5.3	100	-1.9	-1.7	5.4	100	-1.8	-1.6	5.4	100	-1.7	-1.5	5.5	100	-1.6	0
	-1.5				**-1.4**				**-1.3**				**-1.2**				**-1.1**				
19													-6.9	0.1	1	-51.0	-6.8	0.1	2	-47.3	19
19	-7.1	0.1	1	-51.0	**-7.0**	0.1	2	-47.3	-6.9	0.1	2	-44.6	-6.8	0.1	3	-42.5	-6.7	0.2	3	-40.7	19
18	**-7.0**	0.1	3	-42.5	-6.9	0.2	3	-40.8	-6.8	0.2	4	-39.3	-6.7	0.2	4	-37.9	-6.6	0.3	5	-36.7	18
18	-6.9	0.2	4	-38.0	-6.8	0.3	5	-36.8	-6.7	0.3	5	-35.7	-6.6	0.3	6	-34.7	-6.5	0.4	6	-33.8	18
18	-6.8	0.3	6	-34.8	-6.7	0.4	6	-33.8	-6.6	0.4	7	-33.0	-6.5	0.4	7	-32.2	-6.4	0.4	8	-31.5	18
17	-6.7	0.4	7	-32.3	-6.6	0.4	8	-31.5	-6.5	0.5	8	-30.8	-6.4	0.5	9	-30.2	-6.3	0.5	9	-29.5	17
17	-6.6	0.5	9	-30.2	-6.5	0.5	10	-29.6	-6.4	0.6	10	-29.0	-6.3	0.6	11	-28.4	-6.2	0.6	11	-27.8	17
16	-6.5	0.6	11	-28.4	-6.4	0.6	11	-27.9	-6.3	0.6	12	-27.4	-6.2	0.7	12	-26.9	-6.1	0.7	13	-26.4	16
16	-6.4	0.7	12	-26.9	-6.3	0.7	13	-26.4	-6.2	0.7	13	-26.0	-6.1	0.8	14	-25.5	**-6.0**	0.8	14	-25.1	16
16	-6.3	0.8	14	-25.6	-6.2	0.8	14	-25.1	-6.1	0.8	15	-24.7	**-6.0**	0.9	15	-24.3	-5.9	0.9	16	-23.9	16
15	-6.2	0.9	16	-24.3	-6.1	0.9	16	-23.9	**-6.0**	0.9	17	-23.5	-5.9	1.0	17	-23.1	-5.8	1.0	17	-22.8	15
15	-6.1	0.9	17	-23.2	**-6.0**	1.0	18	-22.8	-5.9	1.0	18	-22.5	-5.8	1.0	19	-22.1	-5.7	1.1	19	-21.8	15
15	**-6.0**	1.0	19	-22.2	-5.9	1.1	19	-21.8	-5.8	1.1	20	-21.5	-5.7	1.1	20	-21.2	-5.6	1.2	21	-20.8	15
14	-5.9	1.1	21	-21.2	-5.8	1.2	21	-20.9	-5.7	1.2	21	-20.6	-5.6	1.2	22	-20.3	-5.5	1.3	22	-20.0	14
14	-5.8	1.2	22	-20.3	-5.7	1.3	23	-20.0	-5.6	1.3	23	-19.7	-5.5	1.3	24	-19.4	-5.4	1.4	24	-19.1	14
13	-5.7	1.3	24	-19.5	-5.6	1.3	24	-19.2	-5.5	1.4	25	-18.9	-5.4	1.4	25	-18.6	-5.3	1.4	26	-18.4	13
13	-5.6	1.4	26	-18.7	-5.5	1.4	26	-18.4	-5.4	1.5	26	-18.2	-5.3	1.5	27	-17.9	-5.2	1.5	27	-17.6	13

n	t_W	e	U	t_d	t_W	e	U	t_d	t_W	e	U	t_d	t_W	e	U	t_d	t_W	e	U	t_d	n
	-1.5				**-1.4**				**-1.3**				**-1.2**				**-1.1**				
13	-5.5	1.5	27	-17.9	-5.4	1.5	28	-17.7	-5.3	1.6	28	-17.4	-5.2	1.6	28	-17.2	-5.1	1.6	29	-16.9	13
12	-5.4	1.6	29	-17.2	-5.3	1.6	29	-17.0	-5.2	1.7	30	-16.7	-5.1	1.7	30	-16.5	**-5.0**	1.7	31	-16.3	12
12	-5.3	1.7	31	-16.6	-5.2	1.7	31	-16.3	-5.1	1.7	31	-16.1	**-5.0**	1.8	32	-15.9	-4.9	1.8	32	-15.6	12
12	-5.2	1.8	32	-15.9	-5.1	1.8	33	-15.7	**-5.0**	1.8	33	-15.5	-4.9	1.9	33	-15.2	-4.8	1.9	34	-15.0	12
11	-5.1	1.9	34	-15.3	**-5.0**	1.9	34	-15.1	-4.9	1.9	35	-14.9	-4.8	2.0	35	-14.7	-4.7	2.0	36	-14.4	11
11	**-5.0**	2.0	36	-14.7	-4.9	2.0	36	-14.5	-4.8	2.0	36	-14.3	-4.7	2.1	37	-14.1	-4.6	2.1	37	-13.9	11
11	-4.9	2.0	37	-14.2	-4.8	2.1	38	-13.9	-4.7	2.1	38	-13.7	-4.6	2.2	39	-13.5	-4.5	2.2	39	-13.3	11
10	-4.8	2.1	39	-13.6	-4.7	2.2	40	-13.4	-4.6	2.2	40	-13.2	-4.5	2.2	40	-13.0	-4.4	2.3	41	-12.8	10
10	-4.7	2.2	41	-13.1	-4.6	2.3	41	-12.9	-4.5	2.3	42	-12.7	-4.4	2.3	42	-12.5	-4.3	2.4	42	-12.3	10
10	-4.6	2.3	43	-12.6	-4.5	2.4	43	-12.4	-4.4	2.4	43	-12.2	-4.3	2.4	44	-12.0	-4.2	2.5	44	-11.8	10
9	-4.5	2.4	44	-12.1	-4.4	2.5	45	-11.9	-4.3	2.5	45	-11.7	-4.2	2.5	45	-11.5	-4.1	2.6	46	-11.4	9
9	-4.4	2.5	46	-11.6	-4.3	2.6	46	-11.4	-4.2	2.6	47	-11.2	-4.1	2.6	47	-11.1	**-4.0**	2.7	47	-10.9	9
9	-4.3	2.6	48	-11.1	-4.2	2.7	48	-11.0	-4.1	2.7	48	-10.8	**-4.0**	2.7	49	-10.6	-3.9	2.8	49	-10.5	9
8	-4.2	2.7	50	-10.7	-4.1	2.7	50	-10.5	**-4.0**	2.8	50	-10.4	-3.9	2.8	50	-10.2	-3.8	2.9	51	-10.0	8
8	-4.1	2.8	51	-10.3	**-4.0**	2.8	52	-10.1	-3.9	2.9	52	-9.9	-3.8	2.9	52	-9.8	-3.7	3.0	52	-9.6	8
8	**-4.0**	2.9	53	-9.8	-3.9	2.9	53	-9.7	-3.8	3.0	54	-9.5	-3.7	3.0	54	-9.3	-3.6	3.1	54	-9.2	8
7	-3.9	3.0	55	-9.4	-3.8	3.0	55	-9.3	-3.7	3.1	55	-9.1	-3.6	3.1	56	-8.9	-3.5	3.1	56	-8.8	7
7	-3.8	3.1	57	-9.0	-3.7	3.1	57	-8.9	-3.6	3.2	57	-8.7	-3.5	3.2	57	-8.5	-3.4	3.2	58	-8.4	7
7	-3.7	3.2	58	-8.6	-3.6	3.2	59	-8.5	-3.5	3.3	59	-8.3	-3.4	3.3	59	-8.2	-3.3	3.3	59	-8.0	7
6	-3.6	3.3	60	-8.2	-3.5	3.3	60	-8.1	-3.4	3.4	61	-7.9	-3.3	3.4	61	-7.8	-3.2	3.4	61	-7.6	6
6	-3.5	3.4	62	-7.9	-3.4	3.4	62	-7.7	-3.3	3.5	62	-7.6	-3.2	3.5	63	-7.4	-3.1	3.5	63	-7.3	6
6	-3.4	3.5	64	-7.5	-3.3	3.5	64	-7.4	-3.2	3.6	64	-7.2	-3.1	3.6	64	-7.1	**-3.0**	3.6	65	-6.9	6
5	-3.3	3.6	65	-7.1	-3.2	3.6	66	-7.0	-3.1	3.7	66	-6.9	**-3.0**	3.7	66	-6.7	-2.9	3.7	66	-6.6	5
5	-3.2	3.7	67	-6.8	-3.1	3.7	67	-6.6	**-3.0**	3.8	68	-6.5	-2.9	3.8	68	-6.4	-2.8	3.8	68	-6.2	5
5	-3.1	3.8	69	-6.4	**-3.0**	3.8	69	-6.3	-2.9	3.9	69	-6.2	-2.8	3.9	70	-6.0	-2.7	3.9	70	-5.9	5
4	**-3.0**	3.9	71	-6.1	-2.9	3.9	71	-6.0	-2.8	4.0	71	-5.8	-2.7	4.0	71	-5.7	-2.6	4.0	72	-5.6	4
4	-2.9	4.0	73	-5.8	-2.8	4.0	73	-5.6	-2.7	4.1	73	-5.5	-2.6	4.1	73	-5.4	-2.5	4.1	73	-5.2	4
4	-2.8	4.1	74	-5.4	-2.7	4.1	75	-5.3	-2.6	4.2	75	-5.2	-2.5	4.2	75	-5.1	-2.4	4.2	75	-4.9	4
4	-2.7	4.2	76	-5.1	-2.6	4.2	76	-5.0	-2.5	4.3	77	-4.9	-2.4	4.3	77	-4.7	-2.3	4.3	77	-4.6	4
3	-2.6	4.3	78	-4.8	-2.5	4.3	78	-4.7	-2.4	4.4	78	-4.6	-2.3	4.4	79	-4.4	-2.2	4.4	79	-4.3	3
3	-2.5	4.4	80	-4.5	-2.4	4.4	80	-4.4	-2.3	4.5	80	-4.3	-2.2	4.5	80	-4.1	-2.1	4.5	81	-4.0	3
3	-2.4	4.5	82	-4.2	-2.3	4.5	82	-4.1	-2.2	4.6	82	-4.0	-2.1	4.6	82	-3.8	**-2.0**	4.6	82	-3.7	3
2	-2.3	4.6	84	-3.9	-2.2	4.6	84	-3.8	-2.1	4.7	84	-3.7	**-2.0**	4.7	84	-3.5	-1.9	4.7	84	-3.4	2
2	-2.2	4.7	85	-3.6	-2.1	4.7	86	-3.5	**-2.0**	4.8	86	-3.4	-1.9	4.8	86	-3.3	-1.8	4.8	86	-3.1	2
2	-2.1	4.8	87	-3.3	**-2.0**	4.8	87	-3.2	-1.9	4.9	88	-3.1	-1.8	4.9	88	-3.0	-1.7	5.0	88	-2.9	2
1	**-2.0**	4.9	89	-3.1	-1.9	4.9	89	-2.9	-1.8	5.0	89	-2.8	-1.7	5.0	90	-2.7	-1.6	5.1	90	-2.6	1
1	-1.9	5.0	91	-2.8	-1.8	5.0	91	-2.7	-1.7	5.1	91	-2.5	-1.6	5.1	91	-2.4	-1.5	5.2	92	-2.3	1
1	-1.8	5.1	93	-2.5	-1.7	5.1	93	-2.4	-1.6	5.2	93	-2.3	-1.5	5.2	93	-2.1	-1.4	5.3	93	-2.0	1
1	-1.7	5.2	95	-2.2	-1.6	5.2	95	-2.1	-1.5	5.3	95	-2.0	-1.4	5.3	95	-1.9	-1.3	5.4	95	-1.8	1
0	-1.6	5.3	97	-2.0	-1.5	5.3	97	-1.8	-1.4	5.4	97	-1.7	-1.3	5.4	97	-1.6	-1.2	5.5	97	-1.5	0
0	-1.5	5.4	99	-1.7	-1.4	5.4	99	-1.6	-1.3	5.5	99	-1.5	-1.2	5.5	99	-1.4	-1.1	5.6	99	-1.2	0
0	-1.4	5.5	100	-1.5																	0
	-1.0				**-0.9**				**-0.8**				**-0.7**				**-0.6**				
20																	-6.5	0.1	1	-50.6	20
19					-6.7	0.1	1	-50.9	-6.6	0.1	2	-47.2	-6.5	0.1	2	-44.4	-6.4	0.1	3	-42.3	19
19	-6.7	0.1	2	-44.6	-6.6	0.1	3	-42.4	-6.5	0.2	3	-40.6	-6.4	0.2	4	-39.1	-6.3	0.2	4	-37.7	19
18	-6.6	0.2	4	-39.2	-6.5	0.2	4	-37.9	-6.4	0.3	5	-36.6	-6.3	0.3	5	-35.5	-6.2	0.3	6	-34.5	18
18	-6.5	0.3	5	-35.6	-6.4	0.3	6	-34.6	-6.3	0.4	6	-33.7	-6.2	0.4	7	-32.9	-6.1	0.4	7	-32.1	18
18	-6.4	0.4	7	-32.9	-6.3	0.4	7	-32.1	-6.2	0.4	8	-31.4	-6.1	0.5	8	-30.7	**-6.0**	0.5	9	-30.0	18
17	-6.3	0.5	8	-30.8	-6.2	0.5	9	-30.1	-6.1	0.5	9	-29.4	**-6.0**	0.6	10	-28.8	-5.9	0.6	10	-28.2	17
17	-6.2	0.6	10	-28.9	-6.1	0.6	10	-28.3	**-6.0**	0.6	11	-27.8	-5.9	0.7	11	-27.2	-5.8	0.7	12	-26.7	17
17	-6.1	0.7	12	-27.3	**-6.0**	0.7	12	-26.8	-5.9	0.7	12	-26.3	-5.8	0.7	13	-25.8	-5.7	0.8	13	-25.4	17
16	**-6.0**	0.7	13	-25.9	-5.9	0.8	14	-25.4	-5.8	0.8	14	-25.0	-5.7	0.8	14	-24.5	-5.6	0.9	15	-24.1	16
16	-5.9	0.8	15	-24.6	-5.8	0.9	15	-24.2	-5.7	0.9	16	-23.8	-5.6	0.9	16	-23.4	-5.5	1.0	17	-23.0	16
15	-5.8	0.9	16	-23.5	-5.7	1.0	17	-23.1	-5.6	1.0	17	-22.7	-5.5	1.0	18	-22.3	-5.4	1.1	18	-22.0	15
15	-5.7	1.0	18	-22.4	-5.6	1.0	18	-22.0	-5.5	1.1	19	-21.7	-5.4	1.1	19	-21.3	-5.3	1.1	20	-21.0	15
15	-5.6	1.1	20	-21.4	-5.5	1.1	20	-21.1	-5.4	1.2	20	-20.8	-5.3	1.2	21	-20.4	-5.2	1.2	21	-20.1	15
14	-5.5	1.2	21	-20.5	-5.4	1.2	22	-20.2	-5.3	1.3	22	-19.9	-5.2	1.3	22	-19.6	-5.1	1.3	23	-19.3	14
14	-5.4	1.3	23	-19.7	-5.3	1.3	23	-19.4	-5.2	1.4	24	-19.1	-5.1	1.4	24	-18.8	**-5.0**	1.4	24	-18.5	14
14	-5.3	1.4	24	-18.8	-5.2	1.4	25	-18.6	-5.1	1.5	25	-18.3	**-5.0**	1.5	26	-18.0	-4.9	1.5	26	-17.7	14
13	-5.2	1.5	26	-18.1	-5.1	1.5	26	-17.8	**-5.0**	1.5	27	-17.6	-4.9	1.6	27	-17.3	-4.8	1.6	28	-17.0	13
13	-5.1	1.6	28	-17.4	**-5.0**	1.6	28	-17.1	-4.9	1.6	28	-16.9	-4.8	1.7	29	-16.6	-4.7	1.7	29	-16.4	13
13	**-5.0**	1.7	29	-16.7	-4.9	1.7	30	-16.4	-4.8	1.7	30	-16.2	-4.7	1.8	30	-16.0	-4.6	1.8	31	-15.7	13
12	-4.9	1.8	31	-16.0	-4.8	1.8	31	-15.8	-4.7	1.8	32	-15.6	-4.6	1.9	32	-15.3	-4.5	1.9	32	-15.1	12
12	-4.8	1.8	33	-15.4	-4.7	1.9	33	-15.2	-4.6	1.9	33	-15.0	-4.5	2.0	34	-14.7	-4.4	2.0	34	-14.5	12
12	-4.7	1.9	34	-14.8	-4.6	2.0	35	-14.6	-4.5	2.0	35	-14.4	-4.4	2.0	35	-14.2	-4.3	2.1	36	-13.9	12
11	-4.6	2.0	36	-14.2	-4.5	2.1	36	-14.0	-4.4	2.1	37	-13.8	-4.3	2.1	37	-13.6	-4.2	2.2	37	-13.4	11
11	-4.5	2.1	38	-13.7	-4.4	2.2	38	-13.5	-4.3	2.2	38	-13.3	-4.2	2.2	39	-13.1	-4.1	2.3	39	-12.9	11
10	-4.4	2.2	39	-13.1	-4.3	2.3	40	-12.9	-4.2	2.3	40	-12.7	-4.1	2.3	40	-12.5	**-4.0**	2.4	41	-12.4	10
10	-4.3	2.3	41	-12.6	-4.2	2.4	41	-12.4	-4.1	2.4	42	-12.2	**-4.0**	2.4	42	-12.1	-3.9	2.5	42	-11.9	10
10	-4.2	2.4	43	-12.1	-4.1	2.5	43	-11.9	**-4.0**	2.5	43	-11.8	-3.9	2.5	44	-11.6	-3.8	2.6	44	-11.4	10

n	t_W	e	U	t_d	t_W	e	U	t_d	t_W	e	U	t_d	t_W	e	U	t_d	t_W	e	U	t_d	n
	-1.0				**-0.9**				**-0.8**				**-0.7**				**-0.6**				
9	-4.1	2.5	44	-11.6	**-4.0**	2.5	45	-11.5	-3.9	2.6	45	-11.3	-3.8	2.6	45	-11.1	-3.7	2.7	46	-10.9	9
9	**-4.0**	2.6	46	-11.2	-3.9	2.6	46	-11.0	-3.8	2.7	47	-10.8	-3.7	2.7	47	-10.6	-3.6	2.8	47	-10.5	9
9	-3.9	2.7	48	-10.7	-3.8	2.7	48	-10.5	-3.7	2.8	48	-10.4	-3.6	2.8	49	-10.2	-3.5	2.9	49	-10.0	9
8	-3.8	2.8	49	-10.3	-3.7	2.8	50	-10.1	-3.6	2.9	50	-9.9	-3.5	2.9	50	-9.8	-3.4	3.0	51	-9.6	8
8	-3.7	2.9	51	-9.9	-3.6	2.9	51	-9.7	-3.5	3.0	52	-9.5	-3.4	3.0	52	-9.4	-3.3	3.1	52	-9.2	8
8	-3.6	3.0	53	-9.4	-3.5	3.0	53	-9.3	-3.4	3.1	53	-9.1	-3.3	3.1	54	-8.9	-3.2	3.1	54	-8.8	8
8	-3.5	3.1	54	-9.0	-3.4	3.1	55	-8.9	-3.3	3.2	55	-8.7	-3.2	3.2	55	-8.6	-3.1	3.2	56	-8.4	8
7	-3.4	3.2	56	-8.6	-3.3	3.2	56	-8.5	-3.2	3.3	57	-8.3	-3.1	3.3	57	-8.2	**-3.0**	3.3	57	-8.0	7
7	-3.3	3.3	58	-8.2	-3.2	3.3	58	-8.1	-3.1	3.4	58	-7.9	**-3.0**	3.4	59	-7.8	-2.9	3.4	59	-7.6	7
7	-3.2	3.4	60	-7.9	-3.1	3.4	60	-7.7	**-3.0**	3.5	60	-7.6	-2.9	3.5	60	-7.4	-2.8	3.5	61	-7.3	7
6	-3.1	3.5	61	-7.5	**-3.0**	3.5	62	-7.3	-2.9	3.6	62	-7.2	-2.8	3.6	62	-7.1	-2.7	3.6	62	-6.9	6
6	**-3.0**	3.6	63	-7.1	-2.9	3.6	63	-7.0	-2.8	3.7	64	-6.8	-2.7	3.7	64	-6.7	-2.6	3.7	64	-6.6	6
6	-2.9	3.7	65	-6.8	-2.8	3.7	65	-6.6	-2.7	3.8	65	-6.5	-2.6	3.8	66	-6.4	-2.5	3.8	66	-6.2	6
5	-2.8	3.8	67	-6.4	-2.7	3.8	67	-6.3	-2.6	3.9	67	-6.2	-2.5	3.9	67	-6.0	-2.4	3.9	67	-5.9	5
5	-2.7	3.9	68	-6.1	-2.6	3.9	69	-6.0	-2.5	4.0	69	-5.8	-2.4	4.0	69	-5.7	-2.3	4.0	69	-5.5	5
5	-2.6	4.0	70	-5.8	-2.5	4.0	70	-5.6	-2.4	4.1	71	-5.5	-2.3	4.1	71	-5.4	-2.2	4.1	71	-5.2	5
4	-2.5	4.1	72	-5.4	-2.4	4.1	72	-5.3	-2.3	4.2	72	-5.2	-2.2	4.2	72	-5.0	-2.1	4.2	73	-4.9	4
4	-2.4	4.2	74	-5.1	-2.3	4.2	74	-5.0	-2.2	4.3	74	-4.8	-2.1	4.3	74	-4.7	**-2.0**	4.3	74	-4.6	4
4	-2.3	4.3	75	-4.8	-2.2	4.3	76	-4.7	-2.1	4.4	76	-4.5	**-2.0**	4.4	76	-4.4	-1.9	4.5	76	-4.3	4
3	-2.2	4.4	77	-4.5	-2.1	4.4	77	-4.4	**-2.0**	4.5	78	-4.2	-1.9	4.5	78	-4.1	-1.8	4.6	78	-4.0	3
3	-2.1	4.5	79	-4.2	**-2.0**	4.5	79	-4.1	-1.9	4.6	79	-3.9	-1.8	4.6	79	-3.8	-1.7	4.7	80	-3.7	3
3	**-2.0**	4.6	81	-3.9	-1.9	4.6	81	-3.8	-1.8	4.7	81	-3.6	-1.7	4.7	81	-3.5	-1.6	4.8	81	-3.4	3
3	-1.9	4.7	83	-3.6	-1.8	4.7	83	-3.5	-1.7	4.8	83	-3.3	-1.6	4.8	83	-3.2	-1.5	4.9	83	-3.1	3
2	-1.8	4.8	84	-3.3	-1.7	4.8	85	-3.2	-1.6	4.9	85	-3.1	-1.5	4.9	85	-2.9	-1.4	5.0	85	-2.8	2
2	-1.7	4.9	86	-3.0	-1.6	4.9	86	-2.9	-1.5	5.0	86	-2.8	-1.4	5.0	87	-2.7	-1.3	5.1	87	-2.5	2
2	-1.6	5.0	88	-2.7	-1.5	5.0	88	-2.6	-1.4	5.1	88	-2.5	-1.3	5.1	88	-2.4	-1.2	5.2	89	-2.3	2
1	-1.5	5.1	90	-2.5	-1.4	5.1	90	-2.3	-1.3	5.2	90	-2.2	-1.2	5.2	90	-2.1	-1.1	5.3	90	-2.0	1
1	-1.4	5.2	92	-2.2	-1.3	5.2	92	-2.1	-1.2	5.3	92	-1.9	-1.1	5.3	92	-1.8	**-1.0**	5.4	92	-1.7	1
1	-1.3	5.3	93	-1.9	-1.2	5.4	94	-1.8	-1.1	5.4	94	-1.7	**-1.0**	5.4	94	-1.6	-0.9	5.5	94	-1.5	1
1	-1.2	5.4	95	-1.7	-1.1	5.5	95	-1.5	**-1.0**	5.5	96	-1.4	-0.9	5.6	96	-1.3	-0.8	5.6	96	-1.2	1
0	-1.1	5.5	97	-1.4	**-1.0**	5.6	97	-1.3	-0.9	5.6	97	-1.2	-0.8	5.7	97	-1.0	-0.7	5.7	98	-0.9	0
0	**-1.0**	5.6	99	-1.1	-0.9	5.7	99	-1.0	-0.8	5.7	99	-0.9	-0.7	5.8	99	-0.8	-0.6	5.8	99	-0.7	0
	-0.5				**-0.4**				**-0.3**				**-0.2**				**-0.1**				
20																	-6.2	0.0	1	-55.2	20
20					-6.4	0.0	1	-56.0	-6.3	0.1	1	-50.2	-6.2	0.1	2	-46.6	-6.1	0.1	2	-44.0	20
19	-6.4	0.1	2	-46.9	-6.3	0.1	2	-44.2	-6.2	0.2	3	-42.1	-6.1	0.2	3	-40.3	**-6.0**	0.2	4	-38.8	19
19	-6.3	0.2	3	-40.5	-6.2	0.2	4	-39.0	-6.1	0.2	4	-37.6	**-6.0**	0.3	5	-36.4	-5.9	0.3	5	-35.3	19
19	-6.2	0.3	5	-36.5	-6.1	0.3	5	-35.4	**-6.0**	0.3	6	-34.4	-5.9	0.4	6	-33.5	-5.8	0.4	7	-32.6	19
18	-6.1	0.4	6	-33.6	**-6.0**	0.4	7	-32.7	-5.9	0.4	7	-31.9	-5.8	0.5	8	-31.2	-5.7	0.5	8	-30.4	18
18	**-6.0**	0.5	8	-31.3	-5.9	0.5	8	-30.6	-5.8	0.5	9	-29.9	-5.7	0.5	9	-29.2	-5.6	0.6	10	-28.6	18
17	-5.9	0.5	9	-29.4	-5.8	0.6	10	-28.7	-5.7	0.6	10	-28.1	-5.6	0.6	11	-27.6	-5.5	0.7	11	-27.0	17
17	-5.8	0.6	11	-27.7	-5.7	0.7	11	-27.1	-5.6	0.7	12	-26.6	-5.5	0.7	12	-26.1	-5.4	0.8	13	-25.6	17
17	-5.7	0.7	12	-26.2	-5.6	0.8	13	-25.7	-5.5	0.8	13	-25.3	-5.4	0.8	14	-24.8	-5.3	0.9	14	-24.4	17
16	-5.6	0.8	14	-24.9	-5.5	0.8	14	-24.5	-5.4	0.9	15	-24.0	-5.3	0.9	15	-23.6	-5.2	0.9	16	-23.2	16
16	-5.5	0.9	15	-23.7	-5.4	0.9	16	-23.3	-5.3	1.0	16	-22.9	-5.2	1.0	17	-22.5	-5.1	1.0	17	-22.1	16
16	-5.4	1.0	17	-22.6	-5.3	1.0	17	-22.2	-5.2	1.1	18	-21.9	-5.1	1.1	18	-21.5	**-5.0**	1.1	19	-21.2	16
15	-5.3	1.1	19	-21.6	-5.2	1.1	19	-21.3	-5.1	1.2	19	-20.9	**-5.0**	1.2	20	-20.6	-4.9	1.2	20	-20.3	15
15	-5.2	1.2	20	-20.7	-5.1	1.2	21	-20.4	**-5.0**	1.3	21	-20.0	-4.9	1.3	21	-19.7	-4.8	1.3	22	-19.4	15
14	-5.1	1.3	22	-19.8	**-5.0**	1.3	22	-19.5	-4.9	1.3	22	-19.2	-4.8	1.4	23	-18.9	-4.7	1.4	23	-18.6	14
14	**-5.0**	1.4	23	-19.0	-4.9	1.4	24	-18.7	-4.8	1.4	24	-18.4	-4.7	1.5	24	-18.1	-4.6	1.5	25	-17.8	14
14	-4.9	1.5	25	-18.2	-4.8	1.5	25	-17.9	-4.7	1.5	26	-17.7	-4.6	1.6	26	-17.4	-4.5	1.6	26	-17.1	14
13	-4.8	1.6	26	-17.5	-4.7	1.6	27	-17.2	-4.6	1.6	27	-17.0	-4.5	1.7	28	-16.7	-4.4	1.7	28	-16.4	13
13	-4.7	1.6	28	-16.8	-4.6	1.7	28	-16.5	-4.5	1.7	29	-16.3	-4.4	1.8	29	-16.0	-4.3	1.8	30	-15.8	13
13	-4.6	1.7	30	-16.1	-4.5	1.8	30	-15.9	-4.4	1.8	30	-15.6	-4.3	1.9	31	-15.4	-4.2	1.9	31	-15.2	13
12	-4.5	1.8	31	-15.5	-4.4	1.9	32	-15.2	-4.3	1.9	32	-15.0	-4.2	1.9	32	-14.8	-4.1	2.0	33	-14.6	12
12	-4.4	1.9	33	-14.9	-4.3	2.0	33	-14.6	-4.2	2.0	34	-14.4	-4.1	2.0	34	-14.2	**-4.0**	2.1	34	-14.0	12
12	-4.3	2.0	34	-14.3	-4.2	2.1	35	-14.1	-4.1	2.1	35	-13.9	**-4.0**	2.1	35	-13.6	-3.9	2.2	36	-13.4	12
11	-4.2	2.1	36	-13.7	-4.1	2.2	36	-13.5	**-4.0**	2.2	37	-13.3	-3.9	2.2	37	-13.1	-3.8	2.3	37	-12.9	11
11	-4.1	2.2	38	-13.2	**-4.0**	2.3	38	-13.0	-3.9	2.3	38	-12.8	-3.8	2.3	39	-12.6	-3.7	2.4	39	-12.4	11
11	**-4.0**	2.3	39	-12.7	-3.9	2.4	40	-12.5	-3.8	2.4	40	-12.3	-3.7	2.4	40	-12.1	-3.6	2.5	41	-11.9	11
10	-3.9	2.4	41	-12.2	-3.8	2.4	41	-12.0	-3.7	2.5	42	-11.8	-3.6	2.5	42	-11.6	-3.5	2.6	42	-11.4	10
10	-3.8	2.5	43	-11.7	-3.7	2.5	43	-11.5	-3.6	2.6	43	-11.3	-3.5	2.6	44	-11.1	-3.4	2.7	44	-10.9	10
10	-3.7	2.6	44	-11.2	-3.6	2.6	45	-11.0	-3.5	2.7	45	-10.8	-3.4	2.7	45	-10.7	-3.3	2.8	45	-10.5	10
9	-3.6	2.7	46	-10.7	-3.5	2.7	46	-10.6	-3.4	2.8	46	-10.4	-3.3	2.8	47	-10.2	-3.2	2.9	47	-10.0	9
9	-3.5	2.8	47	-10.3	-3.4	2.8	48	-10.1	-3.3	2.9	48	-9.9	-3.2	2.9	48	-9.8	-3.1	3.0	49	-9.6	9
9	-3.4	2.9	49	-9.9	-3.3	2.9	49	-9.7	-3.2	3.0	50	-9.5	-3.1	3.0	50	-9.4	**-3.0**	3.1	50	-9.2	9
8	-3.3	3.0	51	-9.4	-3.2	3.0	51	-9.3	-3.1	3.1	51	-9.1	**-3.0**	3.1	52	-8.9	-2.9	3.2	52	-8.8	8
8	-3.2	3.1	52	-9.0	-3.1	3.1	53	-8.9	**-3.0**	3.2	53	-8.7	-2.9	3.2	53	-8.5	-2.8	3.2	54	-8.4	8
8	-3.1	3.2	54	-8.6	**-3.0**	3.2	54	-8.5	-2.9	3.3	55	-8.3	-2.8	3.3	55	-8.2	-2.7	3.3	55	-8.0	8
7	**-3.0**	3.3	56	-8.2	-2.9	3.3	56	-8.1	-2.8	3.4	56	-7.9	-2.7	3.4	57	-7.8	-2.6	3.4	57	-7.6	7
7	-2.9	3.4	57	-7.9	-2.8	3.4	58	-7.7	-2.7	3.5	58	-7.5	-2.6	3.5	58	-7.4	-2.5	3.5	59	-7.2	7

n	t_W	e	U	t_d	t_W	e	U	t_d	t_W	e	U	t_d	t_W	e	U	t_d	t_W	e	U	t_d	n
	-0.5				**-0.4**				**-0.3**				**-0.2**				**-0.1**				
7	-2.8	3.5	59	-7.5	-2.7	3.5	59	-7.3	-2.6	3.6	60	-7.2	-2.5	3.6	60	-7.0	-2.4	3.6	60	-6.9	7
6	-2.7	3.6	61	-7.1	-2.6	3.6	61	-7.0	-2.5	3.7	61	-6.8	-2.4	3.7	62	-6.7	-2.3	3.8	62	-6.5	6
6	-2.6	3.7	63	-6.8	-2.5	3.7	63	-6.6	-2.4	3.8	63	-6.5	-2.3	3.8	63	-6.3	-2.2	3.9	64	-6.2	6
6	-2.5	3.8	64	-6.4	-2.4	3.8	65	-6.3	-2.3	3.9	65	-6.1	-2.2	3.9	65	-6.0	-2.1	4.0	65	-5.8	6
6	-2.4	3.9	66	-6.1	-2.3	3.9	66	-5.9	-2.2	4.0	66	-5.8	-2.1	4.0	67	-5.6	**-2.0**	4.1	67	-5.5	6
5	-2.3	4.0	68	-5.7	-2.2	4.0	68	-5.6	-2.1	4.1	68	-5.5	**-2.0**	4.1	68	-5.3	-1.9	4.2	69	-5.2	5
5	-2.2	4.1	69	-5.4	-2.1	4.1	70	-5.3	**-2.0**	4.2	70	-5.1	-1.9	4.2	70	-5.0	-1.8	4.3	70	-4.9	5
5	-2.1	4.2	71	-5.1	**-2.0**	4.2	71	-4.9	-1.9	4.3	72	-4.8	-1.8	4.3	72	-4.7	-1.7	4.4	72	-4.5	5
4	**-2.0**	4.3	73	-4.8	-1.9	4.3	73	-4.6	-1.8	4.4	73	-4.5	-1.7	4.4	73	-4.4	-1.6	4.5	74	-4.2	4
4	-1.9	4.4	75	-4.5	-1.8	4.4	75	-4.3	-1.7	4.5	75	-4.2	-1.6	4.5	75	-4.1	-1.5	4.6	75	-3.9	4
4	-1.8	4.5	76	-4.1	-1.7	4.5	77	-4.0	-1.6	4.6	77	-3.9	-1.5	4.6	77	-3.8	-1.4	4.7	77	-3.6	4
3	-1.7	4.6	78	-3.8	-1.6	4.6	78	-3.7	-1.5	4.7	78	-3.6	-1.4	4.7	79	-3.5	-1.3	4.8	79	-3.3	3
3	-1.6	4.7	80	-3.5	-1.5	4.7	80	-3.4	-1.4	4.8	80	-3.3	-1.3	4.8	80	-3.2	-1.2	4.9	81	-3.0	3
3	-1.5	4.8	82	-3.3	-1.4	4.9	82	-3.1	-1.3	4.9	82	-3.0	-1.2	4.9	82	-2.9	-1.1	5.0	82	-2.8	3
3	-1.4	4.9	83	-3.0	-1.3	5.0	84	-2.8	-1.2	5.0	84	-2.7	-1.1	5.0	84	-2.6	**-1.0**	5.1	84	-2.5	3
2	-1.3	5.0	85	-2.7	-1.2	5.1	85	-2.6	-1.1	5.1	85	-2.4	**-1.0**	5.2	86	-2.3	-0.9	5.2	86	-2.2	2
2	-1.2	5.1	87	-2.4	-1.1	5.2	87	-2.3	**-1.0**	5.2	87	-2.2	-0.9	5.3	87	-2.0	-0.8	5.3	87	-1.9	2
2	-1.1	5.2	89	-2.1	**-1.0**	5.3	89	-2.0	-0.9	5.3	89	-1.9	-0.8	5.4	89	-1.8	-0.7	5.4	89	-1.7	2
1	**-1.0**	5.3	90	-1.9	-0.9	5.4	91	-1.7	-0.8	5.4	91	-1.6	-0.7	5.5	91	-1.5	-0.6	5.5	91	-1.4	1
1	-0.9	5.4	92	-1.6	-0.8	5.5	92	-1.5	-0.7	5.5	93	-1.4	-0.6	5.6	93	-1.2	-0.5	5.6	93	-1.1	1
1	-0.8	5.5	94	-1.3	-0.7	5.6	94	-1.2	-0.6	5.6	94	-1.1	-0.5	5.7	94	-1.0	-0.4	5.7	95	-0.9	1
1	-0.7	5.6	96	-1.1	-0.6	5.7	96	-1.0	-0.5	5.7	96	-0.8	-0.4	5.8	96	-0.7	-0.3	5.8	96	-0.6	1
0	-0.6	5.8	98	-0.8	-0.5	5.8	98	-0.7	-0.4	5.8	98	-0.6	-0.3	5.9	98	-0.5	-0.2	5.9	98	-0.4	0
0	-0.5	5.9	100	-0.6	-0.4	5.9	100	-0.5	-0.3	6.0	100	-0.3	-0.2	6.0	100	-0.2	-0.1	6.1	100	-0.1	0
	0.0				**0.1**				**0.2**				**0.3**				**0.4**				
20									**-6.0**	0.0	1	-54.3	-5.9	0.1	1	-49.1	-5.8	0.1	2	-45.7	20
20	-6.1	0.1	1	-49.7	**-6.0**	0.1	2	-46.2	-5.9	0.1	2	-43.6	-5.8	0.2	3	-41.5	-5.7	0.2	3	-39.8	20
19	**-6.0**	0.2	3	-41.8	-5.9	0.2	3	-40.1	-5.8	0.2	4	-38.5	-5.7	0.3	4	-37.2	-5.6	0.3	5	-36.0	19
19	-5.9	0.2	4	-37.4	-5.8	0.3	5	-36.2	-5.7	0.3	5	-35.1	-5.6	0.3	6	-34.1	-5.5	0.4	6	-33.1	19
19	-5.8	0.3	6	-34.3	-5.7	0.4	6	-33.3	-5.6	0.4	6	-32.5	-5.5	0.4	7	-31.6	-5.4	0.5	7	-30.9	19
18	-5.7	0.4	7	-31.8	-5.6	0.5	8	-31.0	-5.5	0.5	8	-30.3	-5.4	0.5	8	-29.6	-5.3	0.6	9	-29.0	18
18	-5.6	0.5	9	-29.8	-5.5	0.6	9	-29.1	-5.4	0.6	9	-28.5	-5.3	0.6	10	-27.9	-5.2	0.7	10	-27.3	18
18	-5.5	0.6	10	-28.0	-5.4	0.6	10	-27.5	-5.3	0.7	11	-26.9	-5.2	0.7	11	-26.4	-5.1	0.7	12	-25.9	18
17	-5.4	0.7	12	-26.5	-5.3	0.7	12	-26.0	-5.2	0.8	12	-25.5	-5.1	0.8	13	-25.0	**-5.0**	0.8	13	-24.6	17
17	-5.3	0.8	13	-25.2	-5.2	0.8	13	-24.7	-5.1	0.9	14	-24.2	**-5.0**	0.9	14	-23.8	-4.9	0.9	15	-23.4	17
16	-5.2	0.9	15	-23.9	-5.1	0.9	15	-23.5	**-5.0**	1.0	15	-23.1	-4.9	1.0	16	-22.7	-4.8	1.0	16	-22.3	16
16	-5.1	1.0	16	-22.8	**-5.0**	1.0	17	-22.4	-4.9	1.0	17	-22.0	-4.8	1.1	17	-21.7	-4.7	1.1	18	-21.3	16
16	**-5.0**	1.1	18	-21.8	-4.9	1.1	18	-21.4	-4.8	1.1	18	-21.1	-4.7	1.2	19	-20.7	-4.6	1.2	19	-20.4	16
15	-4.9	1.2	19	-20.8	-4.8	1.2	20	-20.5	-4.7	1.2	20	-20.2	-4.6	1.3	20	-19.8	-4.5	1.3	21	-19.5	15
15	-4.8	1.3	21	-19.9	-4.7	1.3	21	-19.6	-4.6	1.3	21	-19.3	-4.5	1.4	22	-19.0	-4.4	1.4	22	-18.7	15
15	-4.7	1.4	22	-19.1	-4.6	1.4	23	-18.8	-4.5	1.4	23	-18.5	-4.4	1.5	23	-18.2	-4.3	1.5	24	-17.9	15
14	-4.6	1.4	24	-18.3	-4.5	1.5	24	-18.0	-4.4	1.5	25	-17.7	-4.3	1.6	25	-17.5	-4.2	1.6	25	-17.2	14
14	-4.5	1.5	25	-17.6	-4.4	1.6	26	-17.3	-4.3	1.6	26	-17.0	-4.2	1.7	26	-16.8	-4.1	1.7	27	-16.5	14
14	-4.4	1.6	27	-16.9	-4.3	1.7	27	-16.6	-4.2	1.7	28	-16.3	-4.1	1.7	28	-16.1	**-4.0**	1.8	28	-15.8	14
13	-4.3	1.7	28	-16.2	-4.2	1.8	29	-15.9	-4.1	1.8	29	-15.7	**-4.0**	1.8	30	-15.4	-3.9	1.9	30	-15.2	13
13	-4.2	1.8	30	-15.5	-4.1	1.9	30	-15.3	**-4.0**	1.9	31	-15.1	-3.9	1.9	31	-14.8	-3.8	2.0	31	-14.6	13
13	-4.1	1.9	31	-14.9	**-4.0**	2.0	32	-14.7	-3.9	2.0	32	-14.5	-3.8	2.0	33	-14.2	-3.7	2.1	33	-14.0	13
12	**-4.0**	2.0	33	-14.3	-3.9	2.1	33	-14.1	-3.8	2.1	34	-13.9	-3.7	2.1	34	-13.7	-3.6	2.2	35	-13.5	12
12	-3.9	2.1	35	-13.8	-3.8	2.2	35	-13.6	-3.7	2.2	35	-13.3	-3.6	2.2	36	-13.1	-3.5	2.3	36	-12.9	12
12	-3.8	2.2	36	-13.2	-3.7	2.2	37	-13.0	-3.6	2.3	37	-12.8	-3.5	2.3	37	-12.6	-3.4	2.4	38	-12.4	12
11	-3.7	2.3	38	-12.7	-3.6	2.3	38	-12.5	-3.5	2.4	38	-12.3	-3.4	2.4	39	-12.1	-3.3	2.5	39	-11.9	11
11	-3.6	2.4	39	-12.2	-3.5	2.4	40	-12.0	-3.4	2.5	40	-11.8	-3.3	2.5	40	-11.6	-3.2	2.6	41	-11.4	11
11	-3.5	2.5	41	-11.7	-3.4	2.5	41	-11.5	-3.3	2.6	42	-11.3	-3.2	2.6	42	-11.1	-3.1	2.7	42	-10.9	11
10	-3.4	2.6	43	-11.2	-3.3	2.6	43	-11.0	-3.2	2.7	43	-10.8	-3.1	2.7	44	-10.7	**-3.0**	2.8	44	-10.5	10
10	-3.3	2.7	44	-10.7	-3.2	2.7	44	-10.6	-3.1	2.8	45	-10.4	**-3.0**	2.8	45	-10.2	-2.9	2.9	45	-10.0	10
10	-3.2	2.8	46	-10.3	-3.1	2.8	46	-10.1	**-3.0**	2.9	46	-9.9	-2.9	2.9	47	-9.8	-2.8	3.0	47	-9.6	10
9	-3.1	2.9	47	-9.9	**-3.0**	2.9	48	-9.7	-2.9	3.0	48	-9.5	-2.8	3.0	48	-9.3	-2.7	3.1	49	-9.2	9
9	**-3.0**	3.0	49	-9.4	-2.9	3.0	49	-9.3	-2.8	3.1	50	-9.1	-2.7	3.1	50	-8.9	-2.6	3.2	50	-8.8	9
9	-2.9	3.1	51	-9.0	-2.8	3.1	51	-8.9	-2.7	3.2	51	-8.7	-2.6	3.2	51	-8.5	-2.5	3.3	52	-8.4	9
8	-2.8	3.2	52	-8.6	-2.7	3.2	53	-8.5	-2.6	3.3	53	-8.3	-2.5	3.3	53	-8.1	-2.4	3.4	53	-8.0	8
8	-2.7	3.3	54	-8.2	-2.6	3.3	54	-8.1	-2.5	3.4	54	-7.9	-2.4	3.4	55	-7.7	-2.3	3.5	55	-7.6	8
8	-2.6	3.4	56	-7.8	-2.5	3.4	56	-7.7	-2.4	3.5	56	-7.5	-2.3	3.5	56	-7.4	-2.2	3.6	57	-7.2	8
7	-2.5	3.5	57	-7.5	-2.4	3.5	57	-7.3	-2.3	3.6	58	-7.2	-2.2	3.6	58	-7.0	-2.1	3.7	58	-6.8	7
7	-2.4	3.6	59	-7.1	-2.3	3.6	59	-6.9	-2.2	3.7	59	-6.8	-2.1	3.7	60	-6.6	**-2.0**	3.8	60	-6.5	7
7	-2.3	3.7	60	-6.7	-2.2	3.7	61	-6.6	-2.1	3.8	61	-6.4	**-2.0**	3.8	61	-6.3	-1.9	3.9	61	-6.1	7
6	-2.2	3.8	62	-6.4	-2.1	3.8	62	-6.2	**-2.0**	3.9	63	-6.1	-1.9	3.9	63	-5.9	-1.8	4.0	63	-5.8	6
6	-2.1	3.9	64	-6.0	**-2.0**	3.9	64	-5.9	-1.9	4.0	64	-5.7	-1.8	4.0	64	-5.6	-1.7	4.1	65	-5.5	6
6	**-2.0**	4.0	65	-5.7	-1.9	4.0	66	-5.6	-1.8	4.1	66	-5.4	-1.7	4.1	66	-5.3	-1.6	4.2	66	-5.1	6
5	-1.9	4.1	67	-5.4	-1.8	4.1	67	-5.2	-1.7	4.2	68	-5.1	-1.6	4.2	68	-4.9	-1.5	4.3	68	-4.8	5
5	-1.8	4.2	69	-5.0	-1.7	4.2	69	-4.9	-1.6	4.3	69	-4.8	-1.5	4.3	69	-4.6	-1.4	4.4	70	-4.5	5
5	-1.7	4.3	70	-4.7	-1.6	4.3	71	-4.6	-1.5	4.4	71	-4.4	-1.4	4.4	71	-4.3	-1.3	4.5	71	-4.2	5

n	t_W	e	U	t_d	t_W	e	U	t_d	t_W	e	U	t_d	t_W	e	U	t_d	t_W	e	U	t_d	n
	0.0				**0.1**				**0.2**				**0.3**				**0.4**				
5	-1.6	4.4	72	-4.4	-1.5	4.5	72	-4.3	-1.4	4.5	73	-4.1	-1.3	4.5	73	-4.0	-1.2	4.6	73	-3.9	5
4	-1.5	4.5	74	-4.1	-1.4	4.6	74	-4.0	-1.3	4.6	74	-3.8	-1.2	4.6	74	-3.7	-1.1	4.7	75	-3.6	4
4	-1.4	4.6	76	-3.8	-1.3	4.7	76	-3.7	-1.2	4.7	76	-3.5	-1.1	4.8	76	-3.4	**-1.0**	4.8	76	-3.3	4
4	-1.3	4.7	77	-3.5	-1.2	4.8	77	-3.4	-1.1	4.8	78	-3.2	**-1.0**	4.9	78	-3.1	-0.9	4.9	78	-3.0	4
3	-1.2	4.8	79	-3.2	-1.1	4.9	79	-3.1	**-1.0**	4.9	79	-2.9	-0.9	5.0	80	-2.8	-0.8	5.0	80	-2.7	3
3	-1.1	4.9	81	-2.9	**-1.0**	5.0	81	-2.8	-0.9	5.0	81	-2.7	-0.8	5.1	81	-2.5	-0.7	5.1	81	-2.4	3
3	**-1.0**	5.0	82	-2.6	-0.9	5.1	83	-2.5	-0.8	5.1	83	-2.4	-0.7	5.2	83	-2.3	-0.6	5.2	83	-2.1	3
2	-0.9	5.1	84	-2.4	-0.8	5.2	84	-2.2	-0.7	5.2	84	-2.1	-0.6	5.3	85	-2.0	-0.5	5.3	85	-1.9	2
2	-0.8	5.2	86	-2.1	-0.7	5.3	86	-2.0	-0.6	5.3	86	-1.8	-0.5	5.4	86	-1.7	-0.4	5.4	86	-1.6	2
2	-0.7	5.4	88	-1.8	-0.6	5.4	88	-1.7	-0.5	5.4	88	-1.6	-0.4	5.5	88	-1.4	-0.3	5.5	88	-1.3	2
2	-0.6	5.5	89	-1.5	-0.5	5.5	90	-1.4	-0.4	5.6	90	-1.3	-0.3	5.6	90	-1.2	-0.2	5.7	90	-1.1	2
1	-0.5	5.6	91	-1.3	-0.4	5.6	91	-1.2	-0.3	5.7	91	-1.0	-0.2	5.7	92	-0.9	-0.1	5.8	92	-0.8	1
1	-0.4	5.7	93	-1.0	-0.3	5.7	93	-0.9	-0.2	5.8	93	-0.8	-0.1	5.8	93	-0.7	**0.0**	5.9	93	-0.5	1
1	-0.3	5.8	95	-0.8	-0.2	5.8	95	-0.6	-0.1	5.9	95	-0.5	**0.0**	5.9	95	-0.4					1
1	-0.2	5.9	96	-0.5	-0.1	5.9	97	-0.4	**0.0**	6.0	97	-0.3									1
0	-0.1	6.0	98	-0.2	**0.0**	6.0	98	-0.1													0
	0.5				**0.6**				**0.7**				**0.8**				**0.9**				
21													-5.6	0.0	1	-52.1	-5.5	0.1	1	-47.7	21
20	-5.8	0.0	1	-53.2	-5.7	0.1	1	-48.4	-5.6	0.1	2	-45.2	-5.5	0.1	2	-42.8	-5.4	0.2	3	-40.8	20
20	-5.7	0.1	2	-43.2	-5.6	0.2	3	-41.2	-5.5	0.2	3	-39.4	-5.4	0.2	4	-38.0	-5.3	0.3	4	-36.6	20
19	-5.6	0.2	4	-38.3	-5.5	0.3	4	-36.9	-5.4	0.3	5	-35.7	-5.3	0.3	5	-34.6	-5.2	0.4	6	-33.6	19
19	-5.5	0.3	5	-34.9	-5.4	0.4	6	-33.9	-5.3	0.4	6	-32.9	-5.2	0.4	6	-32.1	-5.1	0.5	7	-31.2	19
19	-5.4	0.4	6	-32.3	-5.3	0.4	7	-31.5	-5.2	0.5	7	-30.7	-5.1	0.5	8	-30.0	**-5.0**	0.5	8	-29.3	19
18	-5.3	0.5	8	-30.1	-5.2	0.5	8	-29.5	-5.1	0.6	9	-28.8	**-5.0**	0.6	9	-28.2	-4.9	0.6	10	-27.6	18
18	-5.2	0.6	9	-28.3	-5.1	0.6	10	-27.7	**-5.0**	0.7	10	-27.2	-4.9	0.7	11	-26.6	-4.8	0.7	11	-26.1	18
18	-5.1	0.7	11	-26.8	**-5.0**	0.7	11	-26.2	-4.9	0.8	12	-25.7	-4.8	0.8	12	-25.2	-4.7	0.8	13	-24.7	18
17	**-5.0**	0.8	12	-25.4	-4.9	0.8	13	-24.9	-4.8	0.8	13	-24.4	-4.7	0.9	14	-24.0	-4.6	0.9	14	-23.5	17
17	-4.9	0.9	14	-24.1	-4.8	0.9	14	-23.7	-4.7	0.9	15	-23.3	-4.6	1.0	15	-22.8	-4.5	1.0	16	-22.4	17
17	-4.8	1.0	15	-23.0	-4.7	1.0	16	-22.6	-4.6	1.0	16	-22.2	-4.5	1.1	17	-21.8	-4.4	1.1	17	-21.4	17
16	-4.7	1.1	17	-21.9	-4.6	1.1	17	-21.6	-4.5	1.1	18	-21.2	-4.4	1.2	18	-20.8	-4.3	1.2	18	-20.5	16
16	-4.6	1.2	18	-21.0	-4.5	1.2	19	-20.6	-4.4	1.2	19	-20.3	-4.3	1.3	20	-19.9	-4.2	1.3	20	-19.6	16
15	-4.5	1.2	20	-20.0	-4.4	1.3	20	-19.7	-4.3	1.3	21	-19.4	-4.2	1.4	21	-19.1	-4.1	1.4	21	-18.8	15
15	-4.4	1.3	21	-19.2	-4.3	1.4	22	-18.9	-4.2	1.4	22	-18.6	-4.1	1.5	22	-18.3	**-4.0**	1.5	23	-18.0	15
15	-4.3	1.4	23	-18.4	-4.2	1.5	23	-18.1	-4.1	1.5	24	-17.8	**-4.0**	1.5	24	-17.5	-3.9	1.6	24	-17.2	15
14	-4.2	1.5	24	-17.6	-4.1	1.6	25	-17.4	**-4.0**	1.6	25	-17.1	-3.9	1.6	25	-16.8	-3.8	1.7	26	-16.5	14
14	-4.1	1.6	26	-16.9	**-4.0**	1.7	26	-16.7	-3.9	1.7	27	-16.4	-3.8	1.7	26	-16.1	-3.7	1.8	27	-15.9	14
14	**-4.0**	1.7	27	-16.2	-3.9	1.8	28	-16.0	-3.8	1.8	28	-15.7	-3.7	1.8	28	-15.5	-3.6	1.9	29	-15.2	14
13	-3.9	1.8	29	-15.6	-3.8	1.9	29	-15.3	-3.7	1.9	30	-15.1	-3.6	1.9	30	-14.9	-3.5	2.0	30	-14.6	13
13	-3.8	1.9	30	-15.0	-3.7	2.0	31	-14.7	-3.6	2.0	31	-14.5	-3.5	2.0	31	-14.3	-3.4	2.1	32	-14.0	13
13	-3.7	2.0	32	-14.4	-3.6	2.1	32	-14.1	-3.5	2.1	33	-13.9	-3.4	2.1	33	-13.7	-3.3	2.2	33	-13.5	13
12	-3.6	2.1	33	-13.8	-3.5	2.1	34	-13.6	-3.4	2.2	34	-13.4	-3.3	2.2	34	-13.1	-3.2	2.3	35	-12.9	12
12	-3.5	2.2	35	-13.2	-3.4	2.2	35	-13.0	-3.3	2.3	36	-12.8	-3.2	2.3	36	-12.6	-3.1	2.4	36	-12.4	12
12	-3.4	2.3	36	-12.7	-3.3	2.3	37	-12.5	-3.2	2.4	37	-12.3	-3.1	2.4	37	-12.1	**-3.0**	2.5	38	-11.9	12
11	-3.3	2.4	38	-12.2	-3.2	2.4	38	-12.0	-3.1	2.5	39	-11.8	**-3.0**	2.5	39	-11.6	-2.9	2.6	39	-11.4	11
11	-3.2	2.5	40	-11.7	-3.1	2.5	40	-11.5	**-3.0**	2.6	40	-11.3	-2.9	2.6	41	-11.1	-2.8	2.7	41	-10.9	11
11	-3.1	2.6	41	-11.2	**-3.0**	2.6	41	-11.0	-2.9	2.7	42	-10.8	-2.8	2.7	42	-10.6	-2.7	2.8	42	-10.5	11
10	**-3.0**	2.7	43	-10.7	-2.9	2.7	43	-10.6	-2.8	2.8	43	-10.4	-2.7	2.8	44	-10.2	-2.6	2.9	44	-10.0	10
10	-2.9	2.8	44	-10.3	-2.8	2.8	44	-10.1	-2.7	2.9	45	-9.9	-2.6	2.9	45	-9.7	-2.5	3.0	45	-9.6	10
10	-2.8	2.9	46	-9.8	-2.7	2.9	46	-9.7	-2.6	3.0	46	-9.5	-2.5	3.0	47	-9.3	-2.4	3.1	47	-9.1	10
9	-2.7	3.0	47	-9.4	-2.6	3.0	48	-9.2	-2.5	3.1	48	-9.1	-2.4	3.1	48	-8.9	-2.3	3.2	49	-8.7	9
9	-2.6	3.1	49	-9.0	-2.5	3.1	49	-8.8	-2.4	3.2	49	-8.7	-2.3	3.2	50	-8.5	-2.2	3.3	50	-8.3	9
9	-2.5	3.2	50	-8.6	-2.4	3.2	51	-8.4	-2.3	3.3	51	-8.3	-2.2	3.3	51	-8.1	-2.1	3.4	52	-7.9	9
8	-2.4	3.3	52	-8.2	-2.3	3.3	52	-8.0	-2.2	3.4	53	-7.9	-2.1	3.4	53	-7.7	**-2.0**	3.5	53	-7.5	8
8	-2.3	3.4	54	-7.8	-2.2	3.4	54	-7.6	-2.1	3.5	54	-7.5	**-2.0**	3.5	54	-7.3	-1.9	3.6	55	-7.2	8
8	-2.2	3.5	55	-7.4	-2.1	3.5	56	-7.3	**-2.0**	3.6	56	-7.1	-1.9	3.6	56	-7.0	-1.8	3.7	56	-6.8	8
7	-2.1	3.6	57	-7.1	**-2.0**	3.6	57	-6.9	-1.9	3.7	57	-6.8	-1.8	3.7	58	-6.6	-1.7	3.8	58	-6.4	7
7	**-2.0**	3.7	58	-6.7	-1.9	3.7	59	-6.5	-1.8	3.8	59	-6.4	-1.7	3.8	59	-6.2	-1.6	3.9	60	-6.1	7
7	-1.9	3.8	60	-6.3	-1.8	3.8	60	-6.2	-1.7	3.9	61	-6.0	-1.6	3.9	61	-5.9	-1.5	4.0	61	-5.7	7
7	-1.8	3.9	62	-6.0	-1.7	4.0	62	-5.8	-1.6	4.0	62	-5.7	-1.5	4.0	62	-5.6	-1.4	4.1	63	-5.4	7
6	-1.7	4.0	63	-5.7	-1.6	4.1	64	-5.5	-1.5	4.1	64	-5.4	-1.4	4.1	64	-5.2	-1.3	4.2	64	-5.1	6
6	-1.6	4.1	65	-5.3	-1.5	4.2	65	-5.2	-1.4	4.2	65	-5.0	-1.3	4.2	66	-4.9	-1.2	4.3	66	-4.8	6
6	-1.5	4.2	67	-5.0	-1.4	4.3	67	-4.9	-1.3	4.3	67	-4.7	-1.2	4.4	67	-4.6	-1.1	4.4	67	-4.4	6
5	-1.4	4.3	68	-4.7	-1.3	4.4	68	-4.5	-1.2	4.4	69	-4.4	-1.1	4.5	69	-4.3	**-1.0**	4.5	69	-4.1	5
5	-1.3	4.4	70	-4.4	-1.2	4.5	70	-4.2	-1.1	4.5	70	-4.1	**-1.0**	4.6	71	-3.9	-0.9	4.6	71	-3.8	5
5	-1.2	4.5	72	-4.0	-1.1	4.6	72	-3.9	**-1.0**	4.6	72	-3.8	-0.9	4.7	72	-3.6	-0.8	4.7	72	-3.5	5
4	-1.1	4.6	73	-3.7	**-1.0**	4.7	73	-3.6	-0.9	4.7	74	-3.5	-0.8	4.8	74	-3.3	-0.7	4.8	74	-3.2	4
4	**-1.0**	4.7	75	-3.4	-0.9	4.8	75	-3.3	-0.8	4.8	75	-3.2	-0.7	4.9	75	-3.0	-0.6	4.9	76	-2.9	4
4	-0.9	4.8	77	-3.1	-0.8	4.9	77	-3.0	-0.7	4.9	77	-2.9	-0.6	5.0	77	-2.8	-0.5	5.0	77	-2.6	4
4	-0.8	5.0	78	-2.9	-0.7	5.0	78	-2.7	-0.6	5.0	79	-2.6	-0.5	5.1	79	-2.5	-0.4	5.1	79	-2.3	4
3	-0.7	5.1	80	-2.6	-0.6	5.1	80	-2.4	-0.5	5.2	80	-2.3	-0.4	5.2	80	-2.2	-0.3	5.3	81	-2.1	3
3	-0.6	5.2	82	-2.3	-0.5	5.2	82	-2.2	-0.4	5.3	82	-2.0	-0.3	5.3	82	-1.9	-0.2	5.4	82	-1.8	3

n	t_W	e	U	t_d	t_W	e	U	t_d	t_W	e	U	t_d	t_W	e	U	t_d	t_W	e	U	t_d	n
	0.5				**0.6**				**0.7**				**0.8**				**0.9**				
3	-0.5	5.3	83	-2.0	-0.4	5.3	83	-1.9	-0.3	5.4	84	-1.8	-0.2	5.4	84	-1.6	-0.1	5.5	84	-1.5	3
2	-0.4	5.4	85	-1.7	-0.3	5.4	85	-1.6	-0.2	5.5	85	-1.5	-0.1	5.5	85	-1.4	**0.0**	5.6	86	-1.2	2
2	-0.3	5.5	87	-1.5	-0.2	5.5	87	-1.3	-0.1	5.6	87	-1.2	**0.0**	5.6	87	-1.1	0.1	5.7	87	-1.0	2
2	-0.2	5.6	88	-1.2	-0.1	5.6	88	-1.1	**0.0**	5.7	89	-1.0	0.1	5.7	89	-0.8	0.2	5.8	89	-0.7	2
2	-0.1	5.7	90	-0.9	**0.0**	5.8	90	-0.8	0.1	5.8	90	-0.7	0.2	5.8	90	-0.6					2
1	**0.0**	5.8	92	-0.7	0.1	5.9	92	-0.6													1
1	0.1	5.9	93	-0.4																	1
	1.0				**1.1**				**1.2**				**1.3**				**1.4**				
21																	-5.2	0.1	1	-49.8	21
21					-5.4	0.1	1	-50.9	-5.3	0.1	1	-46.9	-5.2	0.1	2	-44.0	-5.1	0.2	2	-41.7	21
20	-5.4	0.1	2	-44.6	-5.3	0.1	2	-42.3	-5.2	0.2	3	-40.3	-5.1	0.2	3	-38.7	**-5.0**	0.3	4	-37.2	20
20	-5.3	0.2	3	-39.1	-5.2	0.2	4	-37.6	-5.1	0.3	4	-36.3	**-5.0**	0.3	5	-35.1	-4.9	0.3	5	-34.1	20
20	-5.2	0.3	5	-35.4	-5.1	0.3	5	-34.4	**-5.0**	0.4	6	-33.4	-4.9	0.4	6	-32.4	-4.8	0.4	6	-31.6	20
19	-5.1	0.4	6	-32.7	**-5.0**	0.4	6	-31.8	-4.9	0.5	7	-31.0	-4.8	0.5	7	-30.3	-4.7	0.5	8	-29.5	19
19	**-5.0**	0.5	7	-30.5	-4.9	0.5	8	-29.8	-4.8	0.6	8	-29.1	-4.7	0.6	9	-28.4	-4.6	0.6	9	-27.8	19
18	-4.9	0.6	9	-28.6	-4.8	0.6	9	-28.0	-4.7	0.6	10	-27.4	-4.6	0.7	10	-26.8	-4.5	0.7	11	-26.3	18
18	-4.8	0.7	10	-27.0	-4.7	0.7	11	-26.4	-4.6	0.7	11	-25.9	-4.5	0.8	12	-25.4	-4.4	0.8	12	-24.9	18
18	-4.7	0.8	12	-25.6	-4.6	0.8	12	-25.1	-4.5	0.8	13	-24.6	-4.4	0.9	13	-24.1	-4.3	0.9	13	-23.7	18
17	-4.6	0.9	13	-24.3	-4.5	0.9	14	-23.8	-4.4	0.9	14	-23.4	-4.3	1.0	14	-23.0	-4.2	1.0	15	-22.5	17
17	-4.5	1.0	15	-23.1	-4.4	1.0	15	-22.7	-4.3	1.0	15	-22.3	-4.2	1.1	16	-21.9	-4.1	1.1	16	-21.5	17
17	-4.4	1.0	16	-22.0	-4.3	1.1	16	-21.7	-4.2	1.1	17	-21.3	-4.1	1.2	17	-20.9	**-4.0**	1.2	18	-20.5	17
16	-4.3	1.1	17	-21.1	-4.2	1.2	18	-20.7	-4.1	1.2	18	-20.3	**-4.0**	1.3	19	-20.0	-3.9	1.3	19	-19.7	16
16	-4.2	1.2	19	-20.1	-4.1	1.3	19	-19.8	**-4.0**	1.3	20	-19.5	-3.9	1.4	20	-19.1	-3.8	1.4	21	-18.8	16
16	-4.1	1.3	20	-19.3	**-4.0**	1.4	21	-18.9	-3.9	1.4	21	-18.6	-3.8	1.4	22	-18.3	-3.7	1.5	22	-18.0	16
15	**-4.0**	1.4	22	-18.5	-3.9	1.5	22	-18.2	-3.8	1.5	23	-17.9	-3.7	1.5	23	-17.6	-3.6	1.6	23	-17.3	15
15	-3.9	1.5	23	-17.7	-3.8	1.6	24	-17.4	-3.7	1.6	24	-17.1	-3.6	1.6	24	-16.8	-3.5	1.7	25	-16.6	15
15	-3.8	1.6	25	-17.0	-3.7	1.7	25	-16.7	-3.6	1.7	26	-16.4	-3.5	1.7	26	-16.2	-3.4	1.8	26	-15.9	15
14	-3.7	1.7	26	-16.3	-3.6	1.8	27	-16.0	-3.5	1.8	27	-15.8	-3.4	1.8	27	-15.5	-3.3	1.9	28	-15.2	14
14	-3.6	1.8	28	-15.6	-3.5	1.9	28	-15.4	-3.4	1.9	28	-15.1	-3.3	1.9	29	-14.9	-3.2	2.0	29	-14.6	14
14	-3.5	1.9	29	-15.0	-3.4	2.0	30	-14.7	-3.3	2.0	30	-14.5	-3.2	2.0	30	-14.3	-3.1	2.1	31	-14.0	14
13	-3.4	2.0	31	-14.4	-3.3	2.1	31	-14.1	-3.2	2.1	31	-13.9	-3.1	2.1	32	-13.7	**-3.0**	2.2	32	-13.5	13
13	-3.3	2.1	32	-13.8	-3.2	2.1	32	-13.6	-3.1	2.2	33	-13.3	**-3.0**	2.2	33	-13.1	-2.9	2.3	34	-12.9	13
12	-3.2	2.2	34	-13.2	-3.1	2.2	34	-13.0	**-3.0**	2.3	34	-12.8	-2.9	2.3	35	-12.6	-2.8	2.4	35	-12.4	12
12	-3.1	2.3	35	-12.7	**-3.0**	2.3	35	-12.5	-2.9	2.4	36	-12.3	-2.8	2.4	36	-12.1	-2.7	2.5	37	-11.9	12
12	**-3.0**	2.4	37	-12.2	-2.9	2.4	37	-12.0	-2.8	2.5	37	-11.8	-2.7	2.5	38	-11.6	-2.6	2.6	38	-11.4	12
11	-2.9	2.5	38	-11.7	-2.8	2.5	38	-11.5	-2.7	2.6	39	-11.3	-2.6	2.6	39	-11.1	-2.5	2.7	39	-10.9	11
11	-2.8	2.6	40	-11.2	-2.7	2.6	40	-11.0	-2.6	2.7	40	-10.8	-2.5	2.7	41	-10.6	-2.4	2.8	41	-10.4	11
11	-2.7	2.7	41	-10.7	-2.6	2.7	41	-10.5	-2.5	2.8	42	-10.3	-2.4	2.8	42	-10.2	-2.3	2.9	42	-10.0	11
11	-2.6	2.8	43	-10.3	-2.5	2.8	43	-10.1	-2.4	2.9	43	-9.9	-2.3	2.9	44	-9.7	-2.2	3.0	44	-9.5	11
10	-2.5	2.9	44	-9.8	-2.4	2.9	45	-9.6	-2.3	3.0	45	-9.5	-2.2	3.0	45	-9.3	-2.1	3.1	45	-9.1	10
10	-2.4	3.0	46	-9.4	-2.3	3.0	46	-9.2	-2.2	3.1	46	-9.0	-2.1	3.1	47	-8.9	**-2.0**	3.2	47	-8.7	10
10	-2.3	3.1	47	-9.0	-2.2	3.1	48	-8.8	-2.1	3.2	48	-8.6	**-2.0**	3.2	48	-8.5	-1.9	3.3	48	-8.3	10
9	-2.2	3.2	49	-8.6	-2.1	3.2	49	-8.4	**-2.0**	3.3	49	-8.2	-1.9	3.3	50	-8.1	-1.8	3.4	50	-7.9	9
9	-2.1	3.3	50	-8.2	**-2.0**	3.3	51	-8.0	-1.9	3.4	51	-7.8	-1.8	3.4	51	-7.7	-1.7	3.5	52	-7.5	9
9	**-2.0**	3.4	52	-7.8	-1.9	3.5	52	-7.6	-1.8	3.5	52	-7.4	-1.7	3.5	53	-7.3	-1.6	3.6	53	-7.1	9
8	-1.9	3.5	53	-7.4	-1.8	3.6	54	-7.2	-1.7	3.6	54	-7.1	-1.6	3.6	54	-6.9	-1.5	3.7	55	-6.7	8
8	-1.8	3.6	55	-7.0	-1.7	3.7	55	-6.9	-1.6	3.7	56	-6.7	-1.5	3.7	56	-6.5	-1.4	3.8	56	-6.4	8
8	-1.7	3.7	57	-6.6	-1.6	3.8	57	-6.5	-1.5	3.8	57	-6.3	-1.4	3.9	57	-6.2	-1.3	3.9	58	-6.0	8
7	-1.6	3.8	58	-6.3	-1.5	3.9	58	-6.1	-1.4	3.9	59	-6.0	-1.3	4.0	59	-5.8	-1.2	4.0	59	-5.7	7
7	-1.5	3.9	60	-5.9	-1.4	4.0	60	-5.8	-1.3	4.0	60	-5.6	-1.2	4.1	61	-5.5	-1.1	4.1	61	-5.3	7
7	-1.4	4.0	61	-5.6	-1.3	4.1	62	-5.5	-1.2	4.1	62	-5.3	-1.1	4.2	62	-5.2	**-1.0**	4.2	62	-5.0	7
6	-1.3	4.1	63	-5.3	-1.2	4.2	63	-5.1	-1.1	4.2	63	-5.0	**-1.0**	4.3	64	-4.8	-0.9	4.3	64	-4.7	6
6	-1.2	4.2	65	-4.9	-1.1	4.3	65	-4.8	**-1.0**	4.3	65	-4.6	-0.9	4.4	65	-4.5	-0.8	4.4	65	-4.4	6
6	-1.1	4.3	66	-4.6	**-1.0**	4.4	66	-4.5	-0.9	4.4	67	-4.3	-0.8	4.5	67	-4.2	-0.7	4.5	67	-4.0	6
6	**-1.0**	4.4	68	-4.3	-0.9	4.5	68	-4.2	-0.8	4.5	68	-4.0	-0.7	4.6	68	-3.9	-0.6	4.6	69	-3.7	6
5	-0.9	4.6	69	-4.0	-0.8	4.6	70	-3.8	-0.7	4.6	70	-3.7	-0.6	4.7	70	-3.6	-0.5	4.7	70	-3.4	5
5	-0.8	4.7	71	-3.7	-0.7	4.7	71	-3.5	-0.6	4.8	71	-3.4	-0.5	4.8	72	-3.3	-0.4	4.8	72	-3.1	5
5	-0.7	4.8	73	-3.4	-0.6	4.8	73	-3.2	-0.5	4.9	73	-3.1	-0.4	4.9	73	-3.0	-0.3	5.0	73	-2.8	5
4	-0.6	4.9	74	-3.1	-0.5	4.9	74	-2.9	-0.4	5.0	75	-2.8	-0.3	5.0	75	-2.7	-0.2	5.1	75	-2.5	4
4	-0.5	5.0	76	-2.8	-0.4	5.0	76	-2.7	-0.3	5.1	76	-2.5	-0.2	5.1	76	-2.4	-0.1	5.2	77	-2.3	4
4	-0.4	5.1	77	-2.5	-0.3	5.1	78	-2.4	-0.2	5.2	78	-2.2	-0.1	5.2	78	-2.1	**0.0**	5.3	78	-2.0	4
4	-0.3	5.2	79	-2.2	-0.2	5.2	79	-2.1	-0.1	5.3	79	-2.0	**0.0**	5.3	80	-1.8	0.1	5.4	80	-1.7	4
3	-0.2	5.3	81	-1.9	-0.1	5.4	81	-1.8	**0.0**	5.4	81	-1.7	0.1	5.4	81	-1.6	0.2	5.5	81	-1.5	3
3	-0.1	5.4	82	-1.7	**0.0**	5.5	83	-1.5	0.1	5.5	83	-1.4	0.2	5.6	83	-1.3	0.3	5.6	83	-1.2	3
3	**0.0**	5.5	84	-1.4	0.1	5.6	84	-1.3	0.2	5.6	84	-1.2	0.3	5.7	84	-1.1					3
2	0.1	5.6	86	-1.1	0.2	5.7	86	-1.0													2
2	0.2	5.7	87	-0.9																	2
	1.5				**1.6**				**1.7**				**1.8**				**1.9**				
21																	-4.9	0.1	1	-52.0	21

n	t_W	e	U	t_d	t_W	e	U	t_d	t_W	e	U	t_d	t_W	e	U	t_d	t_W	e	U	t_d	n
	1.5				**1.6**				**1.7**				**1.8**				**1.9**				
21					-5.1	0.0	1	-53.9	**-5.0**	0.1	1	-48.6	-4.9	0.1	2	-45.2	-4.8	0.1	2	-42.6	21
21	-5.1	0.1	1	-46.0	**-5.0**	0.1	2	-43.3	-4.9	0.2	2	-41.1	-4.8	0.2	3	-39.3	-4.7	0.2	3	-37.8	21
20	**-5.0**	0.2	3	-39.8	-4.9	0.2	3	-38.2	-4.8	0.3	4	-36.8	-4.7	0.3	4	-35.6	-4.6	0.3	5	-34.4	20
20	-4.9	0.3	4	-36.0	-4.8	0.3	5	-34.8	-4.7	0.4	5	-33.7	-4.6	0.4	6	-32.8	-4.5	0.4	6	-31.9	20
20	-4.8	0.4	6	-33.1	-4.7	0.4	6	-32.2	-4.6	0.4	7	-31.3	-4.5	0.5	7	-30.5	-4.4	0.5	7	-29.8	20
19	-4.7	0.5	7	-30.8	-4.6	0.5	7	-30.0	-4.5	0.5	8	-29.3	-4.4	0.6	8	-28.6	-4.3	0.6	9	-28.0	19
19	-4.6	0.6	8	-28.8	-4.5	0.6	9	-28.2	-4.4	0.6	9	-27.6	-4.3	0.7	10	-27.0	-4.2	0.7	10	-26.4	19
19	-4.5	0.7	10	-27.2	-4.4	0.7	10	-26.6	-4.3	0.7	11	-26.1	-4.2	0.8	11	-25.5	-4.1	0.8	12	-25.0	19
18	-4.4	0.8	11	-25.7	-4.3	0.8	12	-25.2	-4.2	0.8	12	-24.7	-4.1	0.9	12	-24.2	**-4.0**	0.9	13	-23.8	18
18	-4.3	0.9	12	-24.4	-4.2	0.9	13	-23.9	-4.1	0.9	13	-23.5	**-4.0**	1.0	14	-23.0	-3.9	1.0	14	-22.6	18
17	-4.2	0.9	14	-23.2	-4.1	1.0	14	-22.8	**-4.0**	1.0	15	-22.4	-3.9	1.1	15	-22.0	-3.8	1.1	16	-21.6	17
17	-4.1	1.0	15	-22.1	**-4.0**	1.1	16	-21.7	-3.9	1.1	16	-21.3	-3.8	1.2	17	-21.0	-3.7	1.2	17	-20.6	17
17	**-4.0**	1.1	17	-21.1	-3.9	1.2	17	-20.8	-3.8	1.2	18	-20.4	-3.7	1.2	18	-20.0	-3.6	1.3	18	-19.7	17
16	-3.9	1.2	18	-20.2	-3.8	1.3	19	-19.8	-3.7	1.3	19	-19.5	-3.6	1.3	19	-19.2	-3.5	1.4	20	-18.8	16
16	-3.8	1.3	20	-19.3	-3.7	1.4	20	-19.0	-3.6	1.4	20	-18.7	-3.5	1.4	21	-18.4	-3.4	1.5	21	-18.0	16
16	-3.7	1.4	21	-18.5	-3.6	1.5	21	-18.2	-3.5	1.5	22	-17.9	-3.4	1.5	22	-17.6	-3.3	1.6	23	-17.3	16
15	-3.6	1.5	22	-17.7	-3.5	1.6	23	-17.4	-3.4	1.6	23	-17.1	-3.3	1.6	24	-16.8	-3.2	1.7	24	-16.6	15
15	-3.5	1.6	24	-17.0	-3.4	1.7	24	-16.7	-3.3	1.7	25	-16.4	-3.2	1.7	25	-16.2	-3.1	1.8	25	-15.9	15
15	-3.4	1.7	25	-16.3	-3.3	1.8	26	-16.0	-3.2	1.8	26	-15.8	-3.1	1.8	26	-15.5	**-3.0**	1.9	27	-15.2	15
14	-3.3	1.8	27	-15.6	-3.2	1.9	27	-15.4	-3.1	1.9	27	-15.1	**-3.0**	1.9	28	-14.9	-2.9	2.0	28	-14.6	14
14	-3.2	1.9	28	-15.0	-3.1	2.0	28	-14.7	**-3.0**	2.0	29	-14.5	-2.9	2.0	29	-14.2	-2.8	2.1	30	-14.0	14
14	-3.1	2.0	30	-14.4	**-3.0**	2.1	30	-14.1	-2.9	2.1	30	-13.9	-2.8	2.1	31	-13.7	-2.7	2.2	31	-13.4	14
13	**-3.0**	2.1	31	-13.8	-2.9	2.2	31	-13.6	-2.8	2.2	32	-13.3	-2.7	2.2	32	-13.1	-2.6	2.3	32	-12.9	13
13	-2.9	2.2	32	-13.2	-2.8	2.2	33	-13.0	-2.7	2.3	33	-12.8	-2.6	2.3	34	-12.6	-2.5	2.4	34	-12.3	13
13	-2.8	2.3	34	-12.7	-2.7	2.3	34	-12.5	-2.6	2.4	35	-12.3	-2.5	2.4	35	-12.0	-2.4	2.5	35	-11.8	13
12	-2.7	2.4	35	-12.2	-2.6	2.4	36	-12.0	-2.5	2.5	36	-11.7	-2.4	2.5	36	-11.5	-2.3	2.6	37	-11.3	12
12	-2.6	2.5	37	-11.7	-2.5	2.5	37	11.5	-2.4	2.6	38	-11.3	-2.3	2.6	38	-11.0	-2.2	2.7	38	-10.8	12
12	-2.5	2.6	38	-11.2	-2.4	2.7	39	11.0	-2.3	2.7	39	-10.8	-2.2	2.7	39	-10.6	-2.1	2.8	40	-10.4	12
11	-2.4	2.7	40	-10.7	-2.3	2.8	40	10.5	-2.2	2.8	40	-10.3	-2.1	2.8	41	-10.1	**-2.0**	2.9	41	-9.9	11
11	-2.3	2.8	41	-10.2	-2.2	2.9	42	10.0	-2.1	2.9	42	-9.9	**-2.0**	2.9	42	-9.7	-1.9	3.0	43	-9.5	11
11	-2.2	2.9	43	-9.8	-2.1	3.0	43	-9.6	**-2.0**	3.0	43	-9.4	-1.9	3.0	44	-9.2	-1.8	3.1	44	-9.1	11
10	-2.1	3.0	44	-9.3	**-2.0**	3.1	45	-9.2	-1.9	3.1	45	-9.0	-1.8	3.1	45	-8.8	-1.7	3.2	46	-8.6	10
10	**-2.0**	3.1	46	-8.9	-1.9	3.2	46	-8.7	-1.8	3.2	46	-8.6	-1.7	3.2	47	-8.4	-1.6	3.3	47	-8.2	10
10	-1.9	3.2	47	-8.5	-1.8	3.3	48	-8.3	-1.7	3.3	48	-8.2	-1.6	3.3	48	-8.0	-1.5	3.4	48	-7.8	10
9	-1.8	3.3	49	-8.1	-1.7	3.4	49	-7.9	-1.6	3.4	49	-7.8	-1.5	3.5	50	-7.6	-1.4	3.5	50	-7.4	9
9	-1.7	3.4	50	-7.7	-1.6	3.5	51	-7.6	-1.5	3.5	51	-7.4	-1.4	3.6	51	-7.2	-1.3	3.6	51	-7.1	9
9	-1.6	3.5	52	-7.3	-1.5	3.6	52	-7.2	-1.4	3.6	52	-7.0	-1.3	3.7	53	-6.8	-1.2	3.7	53	-6.7	9
8	-1.5	3.6	53	-7.0	-1.4	3.7	54	-6.8	-1.3	3.7	54	-6.6	-1.2	3.8	54	-6.5	-1.1	3.8	54	-6.3	8
8	-1.4	3.7	55	-6.6	-1.3	3.8	55	-6.4	-1.2	3.8	55	-6.3	-1.1	3.9	56	-6.1	**-1.0**	3.9	56	-6.0	8
8	-1.3	3.8	56	-6.2	-1.2	3.9	57	-6.1	-1.1	3.9	57	-5.9	**-1.0**	4.0	57	-5.8	-0.9	4.0	57	-5.6	8
8	-1.2	3.9	58	-5.9	-1.1	4.0	58	-5.7	**-1.0**	4.0	58	-5.6	-0.9	4.1	59	-5.4	-0.8	4.1	59	-5.3	8
7	-1.1	4.0	59	-5.5	**-1.0**	4.1	60	-5.4	-0.9	4.1	60	-5.2	-0.8	4.2	60	-5.1	-0.7	4.2	60	-4.9	7
7	**-1.0**	4.2	61	-5.2	-0.9	4.2	61	-5.0	-0.8	4.2	61	-4.9	-0.7	4.3	62	-4.8	-0.6	4.3	62	-4.6	7
7	-0.9	4.3	63	-4.9	-0.8	4.3	63	-4.7	-0.7	4.4	63	-4.6	-0.6	4.4	63	-4.4	-0.5	4.4	64	-4.3	7
6	-0.8	4.4	64	-4.5	-0.7	4.4	64	-4.4	-0.6	4.5	65	-4.3	-0.5	4.5	65	-4.1	-0.4	4.6	65	-4.0	6
6	-0.7	4.5	66	-4.2	-0.6	4.5	66	-4.1	-0.5	4.6	66	-3.9	-0.4	4.6	66	-3.8	-0.3	4.7	67	-3.7	6
6	-0.6	4.6	67	-3.9	-0.5	4.6	67	-3.8	-0.4	4.7	68	-3.6	-0.3	4.7	68	-3.5	-0.2	4.8	68	-3.3	6
5	-0.5	4.7	69	-3.6	-0.4	4.7	69	-3.5	-0.3	4.8	69	-3.3	-0.2	4.8	69	-3.2	-0.1	4.9	70	-3.0	5
5	-0.4	4.8	70	-3.3	-0.3	4.8	71	-3.2	-0.2	4.9	71	-3.0	-0.1	4.9	71	-2.9	**0.0**	5.0	71	-2.7	5
5	-0.3	4.9	72	-3.0	-0.2	4.9	72	-2.9	-0.1	5.0	72	-2.7	**0.0**	5.0	73	-2.6	0.1	5.1	73	-2.5	5
5	-0.2	5.0	74	-2.7	-0.1	5.1	74	-2.6	**0.0**	5.1	74	-2.4	0.1	5.2	74	-2.3	0.2	5.2	74	-2.2	5
4	-0.1	5.1	75	-2.4	**0.0**	5.2	75	-2.3	0.1	5.2	75	-2.2	0.2	5.3	76	-2.0	0.3	5.3	76	-1.9	4
4	**0.0**	5.2	77	-2.1	0.1	5.3	77	-2.0	0.2	5.3	77	-1.9	0.3	5.4	77	-1.8	0.4	5.4	77	-1.7	4
4	0.1	5.3	78	-1.9	0.2	5.4	78	-1.7	0.3	5.4	78	-1.6	0.4	5.5	79	-1.5	0.5	5.5	79	-1.4	4
3	0.2	5.4	80	-1.6	0.3	5.5	80	-1.5	0.4	5.5	80	-1.4									3
3	0.3	5.5	81	-1.3	0.4	5.6	81	-1.2													3
	2.0				**2.1**				**2.2**				**2.3**				**2.4**				
22																	-4.6	0.0	1	-54.5	22
22									-4.7	0.1	1	-50.3	-4.6	0.1	1	-46.3	-4.5	0.1	2	-43.4	22
21	-4.8	0.1	1	-47.4	-4.7	0.1	2	-44.3	-4.6	0.2	2	-41.9	-4.5	0.2	3	-39.9	-4.4	0.2	3	-38.2	21
21	-4.7	0.2	3	-40.5	-4.6	0.2	3	-38.8	-4.5	0.2	3	-37.3	-4.4	0.3	4	-36.0	-4.3	0.3	4	-34.8	21
20	-4.6	0.3	4	-36.4	-4.5	0.3	4	-35.2	-4.4	0.3	5	-34.1	-4.3	0.4	5	-33.0	-4.2	0.4	6	-32.1	20
20	-4.5	0.4	5	-33.4	-4.4	0.4	6	-32.4	-4.3	0.4	6	-31.6	-4.2	0.5	7	-30.7	-4.1	0.5	7	-29.9	20
20	-4.4	0.5	7	-31.0	-4.3	0.5	7	-30.2	-4.2	0.5	7	-29.5	-4.1	0.6	8	-28.8	**-4.0**	0.6	8	-28.1	20
19	-4.3	0.6	8	-29.0	-4.2	0.6	8	-28.4	-4.1	0.6	9	-27.7	**-4.0**	0.7	9	-27.1	-3.9	0.7	10	-26.5	19
19	-4.2	0.7	9	-27.3	-4.1	0.7	10	-26.7	**-4.0**	0.7	10	-26.2	-3.9	0.8	11	-25.6	-3.8	0.8	11	-25.1	19
19	-4.1	0.7	11	-25.8	**-4.0**	0.8	11	-25.3	-3.9	0.8	11	-24.8	-3.8	0.9	12	-24.3	-3.7	0.9	12	-23.8	19
18	**-4.0**	0.8	12	-24.5	-3.9	0.9	12	-24.0	-3.8	0.9	13	-23.6	-3.7	1.0	13	-23.1	-3.6	1.0	14	-22.7	18
18	-3.9	0.9	13	-23.3	-3.8	1.0	14	-22.9	-3.7	1.0	14	-22.4	-3.6	1.1	15	-22.0	-3.5	1.1	15	-21.6	18
18	-3.8	1.0	15	-22.2	-3.7	1.1	15	-21.8	-3.6	1.1	16	-21.4	-3.5	1.1	16	-21.0	-3.4	1.2	16	-20.6	18
17	-3.7	1.1	16	-21.2	-3.6	1.2	16	-20.8	-3.5	1.2	17	-20.4	-3.4	1.2	17	-20.1	-3.3	1.3	18	-19.7	17

n	t_W	e	U	t_d	t_W	e	U	t_d	t_W	e	U	t_d	t_W	e	U	t_d	t_W	e	U	t_d	n
	2.0				**2.1**				**2.2**				**2.3**				**2.4**				
17	-3.6	1.2	17	-20.2	-3.5	1.3	18	-19.9	-3.4	1.3	18	-19.5	-3.3	1.3	19	-19.2	-3.2	1.4	19	-18.8	17
17	-3.5	1.3	19	-19.3	-3.4	1.4	19	-19.0	-3.3	1.4	20	-18.7	-3.2	1.4	20	-18.4	-3.1	1.5	20	-18.0	17
16	-3.4	1.4	20	-18.5	-3.3	1.5	21	-18.2	-3.2	1.5	21	-17.9	-3.1	1.5	21	-17.6	**-3.0**	1.6	22	-17.3	16
16	-3.3	1.5	22	-17.7	-3.2	1.6	22	-17.4	-3.1	1.6	22	-17.1	**-3.0**	1.6	23	-16.8	-2.9	1.7	23	-16.6	16
15	-3.2	1.6	23	-17.0	-3.1	1.7	23	-16.7	**-3.0**	1.7	24	-16.4	-2.9	1.7	24	-16.1	-2.8	1.8	25	-15.9	15
15	-3.1	1.7	24	-16.3	**-3.0**	1.8	25	-16.0	-2.9	1.8	25	-15.7	-2.8	1.8	26	-15.5	-2.7	1.9	26	-15.2	15
15	**-3.0**	1.8	26	-15.6	-2.9	1.9	26	-15.4	-2.8	1.9	27	-15.1	-2.7	1.9	27	-14.8	-2.6	2.0	27	-14.6	15
14	-2.9	1.9	27	-15.0	-2.8	2.0	28	-14.7	-2.7	2.0	28	-14.5	-2.6	2.0	28	-14.2	-2.5	2.1	29	-14.0	14
14	-2.8	2.0	29	-14.4	-2.7	2.1	29	-14.1	-2.6	2.1	29	-13.9	-2.5	2.1	30	-13.6	-2.4	2.2	30	-13.4	14
14	-2.7	2.1	30	-13.8	-2.6	2.2	30	-13.5	-2.5	2.2	31	-13.3	-2.4	2.2	31	-13.1	-2.3	2.3	31	-12.8	14
13	-2.6	2.2	31	-13.2	-2.5	2.3	32	-13.0	-2.4	2.3	32	-12.7	-2.3	2.3	32	-12.5	-2.2	2.4	33	-12.3	13
13	-2.5	2.3	33	-12.7	-2.4	2.4	33	-12.4	-2.3	2.4	34	-12.2	-2.2	2.4	34	-12.0	-2.1	2.5	34	-11.8	13
13	-2.4	2.4	34	-12.1	-2.3	2.5	35	-11.9	-2.2	2.5	35	-11.7	-2.1	2.5	35	-11.5	**-2.0**	2.6	36	-11.3	13
12	-2.3	2.5	36	-11.6	-2.2	2.6	36	-11.4	-2.1	2.6	36	-11.2	**-2.0**	2.6	37	-11.0	-1.9	2.7	37	-10.8	12
12	-2.2	2.6	37	-11.1	-2.1	2.7	37	-10.9	**-2.0**	2.7	38	-10.7	-1.9	2.7	38	-10.5	-1.8	2.8	38	-10.3	12
12	-2.1	2.7	39	-10.6	**-2.0**	2.8	39	-10.5	-1.9	2.8	39	-10.3	-1.8	2.8	40	-10.1	-1.7	2.9	40	-9.9	12
11	**-2.0**	2.8	40	-10.2	-1.9	2.9	40	-10.0	-1.8	2.9	41	-9.8	-1.7	3.0	41	-9.6	-1.6	3.0	41	-9.4	11
11	-1.9	2.9	41	-9.7	-1.8	3.0	42	-9.5	-1.7	3.0	42	-9.4	-1.6	3.1	42	-9.2	-1.5	3.1	43	-9.0	11
11	-1.8	3.0	43	-9.3	-1.7	3.1	43	-9.1	-1.6	3.1	44	-8.9	-1.5	3.2	44	-8.7	-1.4	3.2	44	-8.6	11
10	-1.7	3.1	44	-8.9	-1.6	3.2	45	-8.7	-1.5	3.2	45	-8.5	-1.4	3.3	45	-8.3	-1.3	3.3	46	-8.2	10
10	-1.6	3.2	46	-8.5	-1.5	3.3	46	-8.3	-1.4	3.3	46	-8.1	-1.3	3.4	47	-7.9	-1.2	3.4	47	-7.8	10
10	-1.5	3.3	47	-8.0	-1.4	3.4	48	-7.9	-1.3	3.4	48	-7.7	-1.2	3.5	48	-7.5	-1.1	3.5	48	-7.4	10
10	-1.4	3.4	49	-7.7	-1.3	3.5	49	-7.5	-1.2	3.5	49	-7.3	-1.1	3.6	50	-7.1	**-1.0**	3.6	50	-7.0	10
9	-1.3	3.5	50	-7.3	-1.2	3.6	51	-7.1	-1.1	3.6	51	-6.9	**-1.0**	3.7	51	-6.8	-0.9	3.7	51	-6.6	9
9	-1.2	3.6	52	-6.9	-1.1	3.7	52	-6.7	**-1.0**	3.7	52	-6.6	-0.9	3.8	53	-6.4	-0.8	3.8	53	-6.2	9
9	-1.1	3.8	53	-6.5	**-1.0**	3.8	53	-6.4	-0.9	3.8	54	-6.2	-0.8	3.9	54	-6.0	-0.7	3.9	54	-5.9	9
8	**-1.0**	3.9	55	-6.2	-0.9	3.9	55	-6.0	-0.8	4.0	55	-5.8	-0.7	4.0	55	-5.7	-0.6	4.0	56	-5.5	8
8	-0.9	4.0	56	-5.8	-0.8	4.0	56	-5.7	-0.7	4.1	57	-5.5	-0.6	4.1	57	-5.3	-0.5	4.2	57	-5.2	8
8	-0.8	4.1	58	-5.5	-0.7	4.1	58	-5.3	-0.6	4.2	58	-5.2	-0.5	4.2	58	-5.0	-0.4	4.3	59	-4.9	8
7	-0.7	4.2	59	-5.1	-0.6	4.2	59	-5.0	-0.5	4.3	60	-4.8	-0.4	4.3	60	-4.7	-0.3	4.4	60	-4.5	7
7	-0.6	4.3	61	-4.8	-0.5	4.3	61	-4.6	-0.4	4.4	61	-4.5	-0.3	4.4	61	-4.3	-0.2	4.5	62	-4.2	7
7	-0.5	4.4	62	-4.5	-0.4	4.4	62	-4.3	-0.3	4.5	63	-4.2	-0.2	4.5	63	-4.0	-0.1	4.6	63	-3.9	7
7	-0.4	4.5	64	-4.1	-0.3	4.5	64	-4.0	-0.2	4.6	64	-3.9	-0.1	4.6	64	-3.7	**0.0**	4.7	65	-3.6	7
6	-0.3	4.6	65	-3.8	-0.2	4.7	66	-3.7	-0.1	4.7	66	-3.5	**0.0**	4.8	66	-3.4	0.1	4.8	66	-3.3	6
6	-0.2	4.7	67	-3.5	-0.1	4.8	67	-3.4	**0.0**	4.8	67	-3.2	0.1	4.9	67	-3.1	0.2	4.9	68	-3.0	6
6	-0.1	4.8	68	-3.2	**0.0**	4.9	69	-3.1	0.1	4.9	69	-2.9	0.2	5.0	69	-2.8	0.3	5.0	69	-2.7	6
5	**0.0**	4.9	70	-2.9	0.1	5.0	70	-2.8	0.2	5.0	70	-2.7	0.3	5.1	70	-2.5	0.4	5.1	70	-2.4	5
5	0.1	5.0	71	-2.6	0.2	5.1	71	-2.5	0.3	5.1	72	-2.4	0.4	5.2	72	-2.3	0.5	5.2	72	-2.2	5
5	0.2	5.1	73	-2.3	0.3	5.2	73	-2.2	0.4	5.2	73	-2.1	0.5	5.3	73	-2.0	0.6	5.3	73	-1.9	5
5	0.3	5.2	74	-2.1	0.4	5.3	74	-2.0	0.5	5.3	75	-1.8	0.6	5.4	75	-1.7					5
4	0.4	5.3	76	-1.8	0.5	5.4	76	-1.7													4
	2.5				**2.6**				**2.7**				**2.8**				**2.9**				
22									-4.4	0.1	1	-52.1	-4.3	0.1	1	-47.3	-4.2	0.1	2	-44.1	22
22	-4.5	0.1	1	-48.8	-4.4	0.1	1	-45.2	-4.3	0.1	2	-42.5	-4.2	0.2	2	-40.4	-4.1	0.2	3	-38.6	22
21	-4.4	0.2	2	-41.2	-4.3	0.2	3	-39.3	-4.2	0.2	3	-37.7	-4.1	0.3	4	-36.3	**-4.0**	0.3	4	-35.0	21
21	-4.3	0.3	4	-36.8	-4.2	0.3	4	-35.5	-4.1	0.3	5	-34.3	**-4.0**	0.4	5	-33.3	-3.9	0.4	5	-32.3	21
21	-4.2	0.4	5	-33.7	-4.1	0.4	5	-32.7	**-4.0**	0.4	6	-31.7	-3.9	0.5	6	-30.9	-3.8	0.5	7	-30.1	21
20	-4.1	0.5	6	-31.2	**-4.0**	0.5	7	-30.4	-3.9	0.5	7	-29.6	-3.8	0.6	8	-28.9	-3.7	0.6	8	-28.2	20
20	**-4.0**	0.5	8	-29.2	-3.9	0.6	8	-28.5	-3.8	0.6	8	-27.8	-3.7	0.7	9	-27.2	-3.6	0.7	9	-26.6	20
19	-3.9	0.6	9	-27.5	-3.8	0.7	9	-26.8	-3.7	0.7	10	-26.3	-3.6	0.8	10	-25.7	-3.5	0.8	11	-25.1	19
19	-3.8	0.7	10	-25.9	-3.7	0.8	11	-25.4	-3.6	0.8	11	-24.9	-3.5	0.9	11	-24.3	-3.4	0.9	12	-23.9	19
19	-3.7	0.8	11	-24.6	-3.6	0.9	12	-24.1	-3.5	0.9	12	-23.6	-3.4	1.0	13	-23.1	-3.3	1.0	13	-22.7	19
18	-3.6	0.9	13	-23.4	-3.5	1.0	13	-22.9	-3.4	1.0	14	-22.5	-3.3	1.1	14	-22.0	-3.2	1.1	14	-21.6	18
18	-3.5	1.0	14	-22.2	-3.4	1.1	15	-21.8	-3.3	1.1	15	-21.4	-3.2	1.1	15	-21.0	-3.1	1.2	16	-20.6	18
18	-3.4	1.1	15	-21.2	-3.3	1.2	16	-20.8	-3.2	1.2	16	-20.4	-3.1	1.2	17	-20.1	**-3.0**	1.3	17	-19.7	18
17	-3.3	1.2	17	-20.2	-3.2	1.3	17	-19.9	-3.1	1.3	18	-19.5	**-3.0**	1.3	18	-19.2	-2.9	1.4	18	-18.8	17
17	-3.2	1.3	18	-19.4	-3.1	1.4	19	-19.0	**-3.0**	1.4	19	-18.7	-2.9	1.4	19	-18.3	-2.8	1.5	20	-18.0	17
17	-3.1	1.4	19	-18.5	**-3.0**	1.5	20	-18.2	-2.9	1.5	20	-17.9	-2.8	1.5	21	-17.6	-2.7	1.6	21	-17.2	17
16	**-3.0**	1.5	21	-17.7	-2.9	1.6	21	-17.4	-2.8	1.6	22	-17.1	-2.7	1.6	22	-16.8	-2.6	1.7	22	-16.5	16
16	-2.9	1.6	22	-17.0	-2.8	1.7	23	-16.7	-2.7	1.7	23	-16.4	-2.6	1.7	23	-16.1	-2.5	1.8	24	-15.8	16
16	-2.8	1.7	24	-16.3	-2.7	1.8	24	-16.0	-2.6	1.8	24	-15.7	-2.5	1.8	25	-15.4	-2.4	1.9	25	-15.2	16
15	-2.7	1.8	25	-15.6	-2.6	1.9	25	-15.3	-2.5	1.9	26	-15.1	-2.4	1.9	26	-14.8	-2.3	2.0	26	-14.5	15
15	-2.6	1.9	26	-14.9	-2.5	2.0	27	-14.7	-2.4	2.0	27	-14.4	-2.3	2.0	27	-14.2	-2.2	2.1	28	-13.9	15
15	-2.5	2.0	28	-14.3	-2.4	2.1	28	-14.1	-2.3	2.1	28	-13.8	-2.2	2.1	29	-13.6	-2.1	2.2	29	-13.3	15
14	-2.4	2.1	29	-13.7	-2.3	2.2	29	-13.5	-2.2	2.2	30	-13.3	-2.1	2.2	30	-13.0	**-2.0**	2.3	30	-12.8	14
14	-2.3	2.2	30	-13.2	-2.2	2.3	31	-12.9	-2.1	2.3	31	-12.7	**-2.0**	2.4	31	-12.5	-1.9	2.4	32	-12.2	14
14	-2.2	2.3	32	-12.6	-2.1	2.4	32	-12.4	**-2.0**	2.4	32	-12.2	-1.9	2.5	33	-11.9	-1.8	2.5	33	-11.7	14
13	-2.1	2.4	33	-12.1	**-2.0**	2.5	34	-11.9	-1.9	2.5	34	-11.6	-1.8	2.6	34	-11.4	-1.7	2.6	35	-11.2	13
13	**-2.0**	2.5	35	-11.6	-1.9	2.6	35	-11.4	-1.8	2.6	35	-11.1	-1.7	2.7	36	-10.9	-1.6	2.7	36	-10.7	13
13	-1.9	2.6	36	-11.1	-1.8	2.7	36	-10.9	-1.7	2.7	37	-10.7	-1.6	2.8	37	-10.5	-1.5	2.8	37	-10.3	13
12	-1.8	2.7	37	-10.6	-1.7	2.8	38	-10.4	-1.6	2.8	38	-10.2	-1.5	2.9	38	-10.0	-1.4	2.9	39	-9.8	12

n	t_W	e	U	t_d	t_W	e	U	t_d	t_W	e	U	t_d	t_W	e	U	t_d	t_W	e	U	t_d	n
	2.5				**2.6**				**2.7**				**2.8**				**2.9**				
12	-1.7	2.8	39	-10.1	-1.6	2.9	39	-9.9	-1.5	2.9	39	-9.7	-1.4	3.0	40	-9.5	-1.3	3.0	40	-9.3	12
12	-1.6	2.9	40	-9.7	-1.5	3.0	41	-9.5	-1.4	3.0	41	-9.3	-1.3	3.1	41	-9.1	-1.2	3.1	41	-8.9	12
11	-1.5	3.0	42	-9.2	-1.4	3.1	42	-9.0	-1.3	3.1	42	-8.9	-1.2	3.2	43	-8.7	-1.1	3.2	43	-8.5	11
11	-1.4	3.1	43	-8.8	-1.3	3.2	43	-8.6	-1.2	3.2	44	-8.4	-1.1	3.3	44	-8.3	**-1.0**	3.3	44	-8.1	11
11	-1.3	3.2	44	-8.4	-1.2	3.3	45	-8.2	-1.1	3.3	45	-8.0	**-1.0**	3.4	45	-7.8	-0.9	3.4	46	-7.7	11
10	-1.2	3.4	46	-8.0	-1.1	3.4	46	-7.8	**-1.0**	3.4	46	-7.6	-0.9	3.5	47	-7.5	-0.8	3.5	47	-7.3	10
10	-1.1	3.5	47	-7.6	**-1.0**	3.5	48	-7.4	-0.9	3.6	48	-7.2	-0.8	3.6	48	-7.1	-0.7	3.6	48	-6.9	10
10	**-1.0**	3.6	49	-7.2	-0.9	3.6	49	-7.0	-0.8	3.7	49	-6.9	-0.7	3.7	50	-6.7	-0.6	3.8	50	-6.5	10
9	-0.9	3.7	50	-6.8	-0.8	3.7	50	-6.6	-0.7	3.8	51	-6.5	-0.6	3.8	51	-6.3	-0.5	3.9	51	-6.2	9
9	-0.8	3.8	52	-6.4	-0.7	3.8	52	-6.3	-0.6	3.9	52	-6.1	-0.5	3.9	52	-6.0	-0.4	4.0	53	-5.8	9
9	-0.7	3.9	53	-6.1	-0.6	3.9	53	-5.9	-0.5	4.0	54	-5.8	-0.4	4.0	54	-5.6	-0.3	4.1	54	-5.4	9
8	-0.6	4.0	55	-5.7	-0.5	4.0	55	-5.6	-0.4	4.1	55	-5.4	-0.3	4.1	55	-5.3	-0.2	4.2	56	-5.1	8
8	-0.5	4.1	56	-5.4	-0.4	4.1	56	-5.2	-0.3	4.2	57	-5.1	-0.2	4.2	57	-4.9	-0.1	4.3	57	-4.8	8
8	-0.4	4.2	57	-5.0	-0.3	4.3	58	-4.9	-0.2	4.3	58	-4.7	-0.1	4.4	58	-4.6	**0.0**	4.4	59	-4.4	8
8	-0.3	4.3	59	-4.7	-0.2	4.4	59	-4.5	-0.1	4.4	59	-4.4	**0.0**	4.5	60	-4.2	0.1	4.5	60	-4.1	8
7	-0.2	4.4	60	-4.4	-0.1	4.5	61	-4.2	**0.0**	4.5	61	-4.1	0.1	4.6	61	-3.9	0.2	4.6	61	-3.8	7
7	-0.1	4.5	62	-4.0	**0.0**	4.6	62	-3.9	0.1	4.6	62	-3.8	0.2	4.7	63	-3.6	0.3	4.7	63	-3.5	7
7	**0.0**	4.6	63	-3.7	0.1	4.7	64	-3.6	0.2	4.7	64	-3.5	0.3	4.8	64	-3.3	0.4	4.8	64	-3.2	7
6	0.1	4.7	65	-3.4	0.2	4.8	65	-3.3	0.3	4.8	65	-3.2	0.4	4.9	65	-3.1	0.5	4.9	65	-2.9	6
6	0.2	4.8	66	-3.1	0.3	4.9	66	-3.0	0.4	4.9	67	-2.9	0.5	5.0	67	-2.8	0.6	5.0	67	-2.6	6
6	0.3	4.9	68	-2.9	0.4	5.0	68	-2.7	0.5	5.0	68	-2.6	0.6	5.1	68	-2.5					6
6	0.4	5.1	69	-2.6	0.5	5.1	69	-2.5	0.6	5.1	69	-2.3									6
5	0.5	5.2	71	-2.3																	5
	3.0				**3.1**				**3.2**				**3.3**				**3.4**				
22									-4.1	0.0	1	-53.6	**-4.0**	0.1	1	-48.1	-3.9	0.1	1	-44.6	22
22	-4.2	0.1	1	-50.0	-4.1	0.1	1	-45.9	**-4.0**	0.1	2	-43.0	-3.9	0.2	2	-40.8	-3.8	0.2	3	-38.9	22
22	-4.1	0.2	2	-41.6	**-4.0**	0.2	3	-39.6	-3.9	0.2	3	-38.0	-3.8	0.3	4	-36.5	-3.7	0.3	4	-35.2	22
21	**-4.0**	0.3	3	-37.1	-3.9	0.3	4	-35.7	-3.8	0.3	4	-34.5	-3.7	0.4	5	-33.4	-3.6	0.4	5	-32.4	21
21	-3.9	0.4	5	-33.9	-3.8	0.4	5	-32.8	-3.7	0.4	6	-31.9	-3.6	0.5	6	-31.0	-3.5	0.5	6	-30.1	21
21	-3.8	0.4	6	-31.4	-3.7	0.5	6	-30.5	-3.6	0.5	7	-29.7	-3.5	0.6	7	-28.9	-3.4	0.6	8	-28.2	21
20	-3.7	0.5	7	-29.3	-3.6	0.6	8	-28.6	-3.5	0.6	8	-27.9	-3.4	0.7	9	-27.2	-3.3	0.7	9	-26.6	20
20	-3.6	0.6	8	-27.5	-3.5	0.7	9	-26.9	-3.4	0.7	9	-26.3	-3.3	0.8	10	-25.7	-3.2	0.8	10	-25.1	20
20	-3.5	0.7	10	-26.0	-3.4	0.8	10	-25.4	-3.3	0.8	11	-24.9	-3.2	0.9	11	-24.4	-3.1	0.9	11	-23.8	20
19	-3.4	0.8	11	-24.6	-3.3	0.9	11	-24.1	-3.2	0.9	12	-23.6	-3.1	1.0	12	-23.1	**-3.0**	1.0	13	-22.7	19
19	-3.3	0.9	12	-23.4	-3.2	1.0	13	-22.9	-3.1	1.0	13	-22.5	**-3.0**	1.1	14	-22.0	-2.9	1.1	14	-21.6	19
18	-3.2	1.0	14	-22.2	-3.1	1.1	14	-21.8	**-3.0**	1.1	14	-21.4	-2.9	1.2	15	-21.0	-2.8	1.2	15	-20.6	18
18	-3.1	1.1	15	-21.2	**-3.0**	1.2	15	-20.8	-2.9	1.2	16	-20.4	-2.8	1.3	16	-20.0	-2.7	1.3	17	-19.7	18
18	**-3.0**	1.2	16	-20.2	-2.9	1.3	17	-19.9	-2.8	1.3	17	-19.5	-2.7	1.4	17	-19.1	-2.6	1.4	18	-18.8	18
17	-2.9	1.3	18	-19.3	-2.8	1.4	18	-19.0	-2.7	1.4	18	-18.6	-2.6	1.4	19	-18.3	-2.5	1.5	19	-18.0	17
17	-2.8	1.4	19	-18.5	-2.7	1.5	19	-18.2	-2.6	1.5	20	-17.8	-2.5	1.6	20	-17.5	-2.4	1.6	20	-17.2	17
17	-2.7	1.5	20	-17.7	-2.6	1.6	21	-17.4	-2.5	1.6	21	-17.1	-2.4	1.7	21	-16.8	-2.3	1.7	22	-16.5	17
16	-2.6	1.6	21	-16.9	-2.5	1.7	22	-16.6	-2.4	1.7	22	-16.3	-2.3	1.8	23	-16.1	-2.2	1.8	23	-15.8	16
16	-2.5	1.7	23	-16.2	-2.4	1.8	23	-15.9	-2.3	1.8	24	-15.7	-2.2	1.9	24	-15.4	-2.1	1.9	24	-15.1	16
16	-2.4	1.8	24	-15.5	-2.3	1.9	25	-15.3	-2.2	1.9	25	-15.0	-2.1	2.0	25	-14.7	**-2.0**	2.0	26	-14.5	16
15	-2.3	1.9	25	-14.9	-2.2	2.0	26	-14.6	-2.1	2.0	26	-14.4	**-2.0**	2.1	27	-14.1	-1.9	2.1	27	-13.9	15
15	-2.2	2.0	27	-14.3	-2.1	2.1	27	-14.0	**-2.0**	2.1	28	-13.8	-1.9	2.2	28	-13.5	-1.8	2.2	28	-13.3	15
15	-2.1	2.1	28	-13.7	**-2.0**	2.2	28	-13.4	-1.9	2.2	29	-13.2	-1.8	2.3	29	-12.9	-1.7	2.3	30	-12.7	15
14	**-2.0**	2.2	29	-13.1	-1.9	2.3	30	-12.9	-1.8	2.3	30	-12.6	-1.7	2.4	31	-12.4	-1.6	2.4	31	-12.2	14
14	-1.9	2.3	31	-12.5	-1.8	2.4	31	-12.3	-1.7	2.4	32	-12.1	-1.6	2.5	32	-11.9	-1.5	2.5	32	-11.6	14
14	-1.8	2.4	32	-12.0	-1.7	2.5	33	-11.8	-1.6	2.5	33	-11.6	-1.5	2.6	33	-11.4	-1.4	2.6	34	-11.1	14
13	-1.7	2.5	34	-11.5	-1.6	2.6	34	-11.3	-1.5	2.6	34	-11.1	-1.4	2.7	35	-10.9	-1.3	2.7	35	-10.6	13
13	-1.6	2.6	35	-11.0	-1.5	2.7	35	-10.8	-1.4	2.7	36	-10.6	-1.3	2.8	36	-10.4	-1.2	2.8	36	-10.2	13
13	-1.5	2.7	36	-10.5	-1.4	2.8	37	-10.3	-1.3	2.8	37	-10.1	-1.2	2.9	37	-9.9	-1.1	2.9	38	-9.7	13
12	-1.4	2.9	38	-10.1	-1.3	2.9	38	-9.8	-1.2	2.9	38	-9.7	-1.1	3.0	39	-9.5	**-1.0**	3.0	39	-9.3	12
12	-1.3	3.0	39	-9.6	-1.2	3.0	39	-9.4	-1.1	3.0	40	-9.2	**-1.0**	3.1	40	-9.0	-0.9	3.1	40	-8.8	12
12	-1.2	3.1	40	-9.2	-1.1	3.1	41	-9.0	**-1.0**	3.2	41	-8.8	-0.9	3.2	41	-8.6	-0.8	3.2	42	-8.4	12
11	-1.1	3.2	42	-8.7	**-1.0**	3.2	42	-8.5	-0.9	3.3	42	-8.3	-0.8	3.3	43	-8.2	-0.7	3.4	43	-8.0	11
11	**-1.0**	3.3	43	-8.3	-0.9	3.3	43	-8.1	-0.8	3.4	44	-7.9	-0.7	3.4	44	-7.8	-0.6	3.5	44	-7.6	11
11	-0.9	3.4	45	-7.9	-0.8	3.4	45	-7.7	-0.7	3.5	45	-7.5	-0.6	3.5	45	-7.4	-0.5	3.6	46	-7.2	11
10	-0.8	3.5	46	-7.5	-0.7	3.5	46	-7.3	-0.6	3.6	47	-7.1	-0.5	3.6	47	-7.0	-0.4	3.7	47	-6.8	10
10	-0.7	3.6	47	-7.1	-0.6	3.6	48	-6.9	-0.5	3.7	48	-6.8	-0.4	3.7	48	-6.6	-0.3	3.8	49	-6.4	10
10	-0.6	3.7	49	-6.7	-0.5	3.7	49	-6.6	-0.4	3.8	49	-6.4	-0.3	3.8	50	-6.2	-0.2	3.9	50	-6.1	10
10	-0.5	3.8	50	-6.4	-0.4	3.9	50	-6.2	-0.3	3.9	51	-6.0	-0.2	3.9	51	-5.9	-0.1	4.0	51	-5.7	10
9	-0.4	3.9	52	-6.0	-0.3	4.0	52	-5.8	-0.2	4.0	52	-5.7	-0.1	4.1	52	-5.5	**0.0**	4.1	53	-5.3	9
9	-0.3	4.0	53	-5.6	-0.2	4.1	53	-5.5	-0.1	4.1	54	-5.3	**0.0**	4.2	54	-5.1	0.1	4.2	54	-5.0	9
9	-0.2	4.1	54	-5.3	-0.1	4.2	55	-5.1	**0.0**	4.2	55	-5.0	0.1	4.3	55	-4.8	0.2	4.3	55	-4.7	9
8	-0.1	4.2	56	-4.9	**0.0**	4.3	56	-4.8	0.1	4.3	56	-4.6	0.2	4.4	57	-4.5	0.3	4.4	57	-4.4	8
8	**0.0**	4.3	57	-4.6	0.1	4.4	58	-4.5	0.2	4.4	58	-4.3	0.3	4.5	58	-4.2	0.4	4.5	58	-4.1	8
8	0.1	4.4	59	-4.3	0.2	4.5	59	-4.2	0.3	4.5	59	-4.0	0.4	4.6	59	-3.9	0.5	4.6	59	-3.8	8
7	0.2	4.6	60	-4.0	0.3	4.6	60	-3.9	0.4	4.6	60	-3.7	0.5	4.7	61	-3.6	0.6	4.7	61	-3.5	7
7	0.3	4.7	61	-3.7	0.4	4.7	62	-3.6	0.5	4.7	62	-3.4	0.6	4.8	62	-3.3	0.7	4.8	62	-3.2	7

n	t_W	e	U	t_d	t_W	e	U	t_d	t_W	e	U	t_d	t_W	e	U	t_d	t_W	e	U	t_d	n
	3.0				**3.1**				**3.2**				**3.3**				**3.4**				
7	0.4	4.8	63	-3.4	0.5	4.8	63	-3.3	0.6	4.9	63	-3.1	0.7	4.9	63	-3.0	0.8	4.9	63	-2.9	7
7	0.5	4.9	64	-3.1	0.6	4.9	64	-3.0	0.7	5.0	65	-2.8									7
6	0.6	5.0	66	-2.8	0.7	5.0	66	-2.7													6
	3.5				**3.6**				**3.7**				**3.8**				**3.9**				
23													-3.7	0.1	1	-48.7	-3.6	0.1	1	-45.0	23
22	-3.9	0.1	1	-51.0	-3.8	0.1	1	-46.5	-3.7	0.1	2	-43.4	-3.6	0.2	2	-41.0	-3.5	0.2	3	-39.0	22
22	-3.8	0.2	2	-42.0	-3.7	0.2	2	-39.9	-3.6	0.2	3	-38.1	-3.5	0.3	3	-36.6	-3.4	0.3	4	-35.2	22
22	-3.7	0.2	3	-37.3	-3.6	0.3	4	-35.9	-3.5	0.3	4	-34.6	-3.4	0.4	5	-33.5	-3.3	0.4	5	-32.4	22
21	-3.6	0.3	4	-34.0	-3.5	0.4	5	-32.9	-3.4	0.4	5	-31.9	-3.3	0.5	6	-31.0	-3.2	0.5	6	-30.1	21
21	-3.5	0.4	6	-31.4	-3.4	0.5	6	-30.6	-3.3	0.5	7	-29.7	-3.2	0.6	7	-29.0	-3.1	0.6	7	-28.2	21
21	-3.4	0.5	7	-29.3	-3.3	0.6	7	-28.6	-3.2	0.6	8	-27.9	-3.1	0.7	8	-27.2	**-3.0**	0.7	9	-26.6	21
20	-3.3	0.6	8	-27.6	-3.2	0.7	9	-26.9	-3.1	0.7	9	-26.3	**-3.0**	0.8	9	-25.7	-2.9	0.8	10	-25.1	20
20	-3.2	0.7	9	-26.0	-3.1	0.8	10	-25.4	**-3.0**	0.8	10	-24.9	-2.9	0.9	11	-24.3	-2.8	0.9	11	-23.8	20
20	-3.1	0.8	11	-24.6	**-3.0**	0.9	11	-24.1	-2.9	0.9	12	-23.6	-2.8	1.0	12	-23.1	-2.7	1.0	12	-22.6	20
19	**-3.0**	0.9	12	-23.4	-2.9	1.0	12	-22.9	-2.8	1.0	13	-22.4	-2.7	1.1	13	-22.0	-2.6	1.1	14	-21.5	19
19	-2.9	1.0	13	-22.2	-2.8	1.1	14	-21.8	-2.7	1.1	14	-21.4	-2.6	1.2	14	-20.9	-2.5	1.2	15	-20.5	19
19	-2.8	1.1	14	-21.2	-2.7	1.2	15	-20.8	-2.6	1.2	15	-20.4	-2.5	1.3	16	-20.0	-2.4	1.3	16	-19.6	19
18	-2.7	1.2	16	-20.2	-2.6	1.3	16	-19.8	-2.5	1.3	17	-19.4	-2.4	1.4	17	-19.1	-2.3	1.4	17	-18.7	18
18	-2.6	1.3	17	-19.3	-2.5	1.4	17	-18.9	-2.4	1.4	18	-18.6	-2.3	1.5	18	-18.2	-2.2	1.5	19	-17.9	18
17	-2.5	1.4	18	-18.4	-2.4	1.5	19	-18.1	-2.3	1.5	19	-17.8	-2.2	1.6	19	-17.4	-2.1	1.6	20	-17.1	17
17	-2.4	1.5	20	-17.6	-2.3	1.6	20	-17.3	-2.2	1.6	20	-17.0	-2.1	1.7	21	-16.7	-2.0	1.7	21	-16.4	17
17	-2.3	1.6	21	-16.9	-2.2	1.7	21	-16.6	-2.1	1.7	22	-16.3	-2.0	1.8	22	-16.0	-1.9	1.8	22	-15.7	17
16	-2.2	1.7	22	-16.2	-2.1	1.8	22	-15.9	**-2.0**	1.8	23	-15.6	-1.9	1.9	23	-15.3	-1.8	1.9	24	-15.0	16
16	-2.1	1.8	23	-15.5	**-2.0**	1.9	24	-15.2	-1.9	1.9	24	-14.9	-1.8	2.0	25	-14.7	-1.7	2.0	25	-14.4	16
16	**-2.0**	1.9	25	-14.8	-1.9	2.0	25	-14.6	-1.8	2.0	25	-14.3	-1.7	2.1	26	-14.0	-1.6	2.1	26	-13.8	16
15	-1.9	2.0	26	-14.2	-1.8	2.1	26	-13.9	-1.7	2.1	27	-13.7	-1.6	2.2	27	-13.4	-1.5	2.2	27	-13.2	15
15	-1.8	2.1	27	-13.6	-1.7	2.2	28	-13.4	-1.6	2.2	28	-13.1	-1.5	2.3	28	-12.9	-1.4	2.3	29	-12.6	15
15	-1.7	2.2	29	-13.0	-1.6	2.3	29	-12.8	-1.5	2.3	29	-12.5	-1.4	2.4	30	-12.3	-1.3	2.4	30	-12.1	15
14	-1.6	2.3	30	-12.5	-1.5	2.4	30	-12.2	-1.4	2.4	31	-12.0	-1.3	2.5	31	-11.8	-1.2	2.5	31	-11.5	14
14	-1.5	2.5	31	-11.9	-1.4	2.5	32	-11.7	-1.3	2.5	32	-11.5	-1.2	2.6	32	-11.3	-1.1	2.6	33	-11.0	14
14	-1.4	2.6	33	-11.4	-1.3	2.6	33	-11.2	-1.2	2.6	33	-11.0	-1.1	2.7	34	-10.8	**-1.0**	2.7	34	-10.5	14
13	-1.3	2.7	34	-10.9	-1.2	2.7	34	-10.7	-1.1	2.8	35	-10.5	**-1.0**	2.8	35	-10.3	-0.9	2.8	35	-10.1	13
13	-1.2	2.8	35	-10.4	-1.1	2.8	36	-10.2	**-1.0**	2.9	36	-10.0	-0.9	2.9	36	-9.8	-0.8	3.0	37	-9.6	13
13	-1.1	2.9	37	-10.0	**-1.0**	2.9	37	-9.8	-0.9	3.0	37	-9.6	-0.8	3.0	38	-9.4	-0.7	3.1	38	-9.2	13
12	**-1.0**	3.0	38	-9.5	-0.9	3.0	38	-9.3	-0.8	3.1	39	-9.1	-0.7	3.1	39	-8.9	-0.6	3.2	39	-8.7	12
12	-0.9	3.1	39	-9.1	-0.8	3.1	40	-8.9	-0.7	3.2	40	-8.7	-0.6	3.2	40	-8.5	-0.5	3.3	41	-8.3	12
12	-0.8	3.2	41	-8.6	-0.7	3.2	41	-8.4	-0.6	3.3	41	-8.3	-0.5	3.3	42	-8.1	-0.4	3.4	42	-7.9	12
12	-0.7	3.3	42	-8.2	-0.6	3.3	42	-8.0	-0.5	3.4	43	-7.8	-0.4	3.4	43	-7.7	-0.3	3.5	43	-7.5	12
11	-0.6	3.4	43	-7.8	-0.5	3.4	44	-7.6	-0.4	3.5	44	-7.4	-0.3	3.5	44	-7.3	-0.2	3.6	45	-7.1	11
11	-0.5	3.5	45	-7.4	-0.4	3.6	45	-7.2	-0.3	3.6	45	-7.0	-0.2	3.7	46	-6.9	-0.1	3.7	46	-6.7	11
11	-0.4	3.6	46	-7.0	-0.3	3.7	46	-6.8	-0.2	3.7	47	-6.7	-0.1	3.8	47	-6.5	**0.0**	3.8	47	-6.3	11
10	-0.3	3.7	47	-6.6	-0.2	3.8	48	-6.5	-0.1	3.8	48	-6.3	**0.0**	3.9	48	-6.1	0.1	3.9	49	-6.0	10
10	-0.2	3.8	49	-6.3	-0.1	3.9	49	-6.1	**0.0**	3.9	49	-5.9	0.1	4.0	50	-5.8	0.2	4.0	50	-5.6	10
10	-0.1	3.9	50	-5.9	**0.0**	4.0	50	-5.7	0.1	4.0	51	-5.6	0.2	4.1	51	-5.4	0.3	4.1	51	-5.3	10
9	**0.0**	4.0	52	-5.5	0.1	4.1	52	-5.4	0.2	4.1	52	-5.2	0.3	4.2	52	-5.1	0.4	4.2	52	-5.0	9
9	0.1	4.2	53	-5.2	0.2	4.2	53	-5.1	0.3	4.2	53	-4.9	0.4	4.3	54	-4.8	0.5	4.3	54	-4.6	9
9	0.2	4.3	54	-4.9	0.3	4.3	54	-4.7	0.4	4.3	55	-4.6	0.5	4.4	55	-4.4	0.6	4.4	55	-4.3	9
8	0.3	4.4	56	-4.5	0.4	4.4	56	-4.4	0.5	4.5	56	-4.3	0.6	4.5	56	-4.1	0.7	4.5	56	-4.0	8
8	0.4	4.5	57	-4.2	0.5	4.5	57	-4.1	0.6	4.6	57	-4.0	0.7	4.6	57	-3.8	0.8	4.6	58	-3.7	8
8	0.5	4.6	58	-3.9	0.6	4.6	58	-3.8	0.7	4.7	59	-3.7	0.8	4.7	59	-3.5	0.9	4.8	59	-3.4	8
8	0.6	4.7	60	-3.6	0.7	4.7	60	-3.5	0.8	4.8	60	-3.4	0.9	4.8	60	-3.2					8
7	0.7	4.8	61	-3.3	0.8	4.8	61	-3.2													7
7	0.8	4.9	62	-3.0																	7
	4.0				**4.1**				**4.2**				**4.3**				**4.4**				
23													-3.4	0.1	1	-49.0	-3.3	0.1	1	-45.1	23
23	-3.6	0.1	1	-51.6	-3.5	0.1	1	-46.8	-3.4	0.1	2	-43.6	-3.3	0.2	2	-41.1	-3.2	0.2	2	-39.1	23
23	-3.5	0.1	2	-42.2	-3.4	0.2	2	-40.0	-3.3	0.2	3	-38.2	-3.2	0.3	3	-36.6	-3.1	0.3	4	-35.2	23
22	-3.4	0.2	3	-37.4	-3.3	0.3	3	-35.9	-3.2	0.3	4	-34.6	-3.1	0.4	4	-33.5	**-3.0**	0.4	5	-32.4	22
22	-3.3	0.3	4	-34.0	-3.2	0.4	5	-32.9	-3.1	0.4	5	-31.9	**-3.0**	0.5	6	-31.0	-2.9	0.5	6	-30.1	22
21	-3.2	0.4	5	-31.4	-3.1	0.5	6	-30.5	**-3.0**	0.5	6	-29.7	-2.9	0.6	7	-28.9	-2.8	0.6	7	-28.2	21
21	-3.1	0.5	7	-29.3	**-3.0**	0.6	7	-28.6	-2.9	0.6	8	-27.9	-2.8	0.7	8	-27.2	-2.7	0.7	8	-26.5	21
21	**-3.0**	0.6	8	-27.5	-2.9	0.7	8	-26.9	-2.8	0.7	9	-26.2	-2.7	0.8	9	-25.6	-2.6	0.8	10	-25.1	21
20	-2.9	0.7	9	-26.0	-2.8	0.8	10	-25.4	-2.7	0.8	10	-24.8	-2.6	0.9	10	-24.3	-2.5	0.9	11	-23.7	20
20	-2.8	0.8	10	-24.6	-2.7	0.9	11	-24.0	-2.6	0.9	11	-23.5	-2.5	1.0	12	-23.0	-2.4	1.0	12	-22.5	20
20	-2.7	0.9	12	-23.3	-2.6	1.0	12	-22.8	-2.5	1.0	12	-22.4	-2.4	1.1	13	-21.9	-2.3	1.1	13	-21.5	20
19	-2.6	1.0	13	-22.2	-2.5	1.1	13	-21.7	-2.4	1.1	14	-21.3	-2.3	1.2	14	-20.9	-2.2	1.2	14	-20.4	19
19	-2.5	1.1	14	-21.1	-2.4	1.2	14	-20.7	-2.3	1.2	15	-20.3	-2.2	1.3	15	-19.9	-2.1	1.3	16	-19.5	19
19	-2.4	1.2	15	-20.1	-2.3	1.3	16	-19.7	-2.2	1.3	16	-19.4	-2.1	1.4	16	-19.0	**-2.0**	1.4	17	-18.6	19
18	-2.3	1.3	16	-19.2	-2.2	1.4	17	-18.9	-2.1	1.4	17	-18.5	**-2.0**	1.5	18	-18.2	-1.9	1.5	18	-17.8	18

n	t_W	e	U	t_d	t_W	e	U	t_d	t_W	e	U	t_d	t_W	e	U	t_d	t_W	e	U	t_d	n
	4.0				**4.1**				**4.2**				**4.3**				**4.4**				
18	-2.2	1.4	18	-18.4	-2.1	1.5	18	-18.0	**-2.0**	1.5	19	-17.7	-1.9	1.6	19	-17.4	-1.8	1.6	19	-17.0	18
18	-2.1	1.5	19	-17.6	**-2.0**	1.6	19	-17.2	-1.9	1.6	20	-16.9	-1.8	1.7	20	-16.6	-1.7	1.7	21	-16.3	18
17	**-2.0**	1.6	20	-16.8	-1.9	1.7	21	-16.5	-1.8	1.7	21	-16.2	-1.7	1.8	21	-15.9	-1.6	1.8	22	-15.6	17
17	-1.9	1.7	21	-16.1	-1.8	1.8	22	-15.8	-1.7	1.8	22	-15.5	-1.6	1.9	23	-15.2	-1.5	1.9	23	-14.9	17
16	-1.8	1.8	23	-15.4	-1.7	1.9	23	-15.1	-1.6	1.9	24	-14.8	-1.5	2.0	24	-14.6	-1.4	2.0	24	-14.3	16
16	-1.7	2.0	24	-14.7	-1.6	2.0	24	-14.5	-1.5	2.0	25	-14.2	-1.4	2.1	25	-13.9	-1.3	2.1	26	-13.7	16
16	-1.6	2.1	25	-14.1	-1.5	2.1	26	-13.9	-1.4	2.1	26	-13.6	-1.3	2.2	26	-13.3	-1.2	2.2	27	-13.1	16
15	-1.5	2.2	27	-13.5	-1.4	2.2	27	-13.3	-1.3	2.2	27	-13.0	-1.2	2.3	28	-12.8	-1.1	2.3	28	-12.5	15
15	-1.4	2.3	28	-12.9	-1.3	2.3	28	-12.7	-1.2	2.4	29	-12.4	-1.1	2.4	29	-12.2	**-1.0**	2.4	29	-12.0	15
15	-1.3	2.4	29	-12.4	-1.2	2.4	29	-12.1	-1.1	2.5	30	-11.9	**-1.0**	2.5	30	-11.7	-0.9	2.6	31	-11.4	15
15	-1.2	2.5	30	-11.8	-1.1	2.5	31	-11.6	**-1.0**	2.6	31	-11.4	-0.9	2.6	31	-11.2	-0.8	2.7	32	-10.9	15
14	-1.1	2.6	32	-11.3	**-1.0**	2.6	32	-11.1	-0.9	2.7	32	-10.9	-0.8	2.7	33	-10.7	-0.7	2.8	33	-10.4	14
14	**-1.0**	2.7	33	-10.8	-0.9	2.7	33	-10.6	-0.8	2.8	34	-10.4	-0.7	2.8	34	-10.2	-0.6	2.9	34	-10.0	14
14	-0.9	2.8	34	-10.3	-0.8	2.8	35	-10.1	-0.7	2.9	35	-9.9	-0.6	2.9	35	-9.7	-0.5	3.0	36	-9.5	14
13	-0.8	2.9	36	-9.9	-0.7	2.9	36	-9.7	-0.6	3.0	36	-9.5	-0.5	3.0	37	-9.2	-0.4	3.1	37	-9.0	13
13	-0.7	3.0	37	-9.4	-0.6	3.0	37	-9.2	-0.5	3.1	38	-9.0	-0.4	3.1	38	-8.8	-0.3	3.2	38	-8.6	13
13	-0.6	3.1	38	-9.0	-0.5	3.2	39	-8.8	-0.4	3.2	39	-8.6	-0.3	3.3	39	-8.4	-0.2	3.3	39	-8.2	13
12	-0.5	3.2	40	-8.5	-0.4	3.3	40	-8.3	-0.3	3.3	40	-8.1	-0.2	3.4	40	-8.0	-0.1	3.4	41	-7.8	12
12	-0.4	3.3	41	-8.1	-0.3	3.4	41	-7.9	-0.2	3.4	41	-7.7	-0.1	3.5	42	-7.5	**0.0**	3.5	42	-7.4	12
12	-0.3	3.4	42	-7.7	-0.2	3.5	42	-7.5	-0.1	3.5	43	-7.3	**0.0**	3.6	43	-7.1	0.1	3.6	43	-7.0	12
11	-0.2	3.5	44	-7.3	-0.1	3.6	44	-7.1	**0.0**	3.6	44	-6.9	0.1	3.7	44	-6.8	0.2	3.7	45	-6.6	11
11	-0.1	3.6	45	-6.9	**0.0**	3.7	45	-6.7	0.1	3.7	45	-6.6	0.2	3.8	46	-6.4	0.3	3.8	46	-6.3	11
11	**0.0**	3.8	46	-6.5	0.1	3.8	46	-6.4	0.2	3.8	47	-6.2	0.3	3.9	47	-6.1	0.4	3.9	47	-5.9	11
10	0.1	3.9	47	-6.2	0.2	3.9	48	-6.0	0.3	3.9	48	-5.9	0.4	4.0	48	-5.7	0.5	4.0	48	-5.6	10
10	0.2	4.0	49	-5.8	0.3	4.0	49	-5.7	0.4	4.1	49	-5.5	0.5	4.1	49	-5.4	0.6	4.1	50	-5.2	10
10	0.3	4.1	50	-5.5	0.4	4.1	50	-5.3	0.5	4.2	50	-5.2	0.6	4.2	51	-5.0	0.7	4.3	51	-4.9	10
10	0.4	4.2	51	-5.1	0.5	4.2	52	-5.0	0.6	4.3	52	-4.9	0.7	4.3	52	-4.7	0.8	4.4	52	-4.6	10
9	0.5	4.3	53	-4.8	0.6	4.3	53	-4.7	0.7	4.4	53	-4.5	0.8	4.4	53	-4.4	0.9	4.5	53	-4.2	9
9	0.6	4.4	54	-4.5	0.7	4.4	54	-4.3	0.8	4.5	54	-4.2	0.9	4.5	54	-4.1	**1.0**	4.6	55	-3.9	9
9	0.7	4.5	55	-4.2	0.8	4.5	55	-4.0	0.9	4.6	56	-3.9	**1.0**	4.6	56	-3.8					9
8	0.8	4.6	56	-3.9	0.9	4.6	57	-3.7	**1.0**	4.7	57	-3.6									8
8	0.9	4.7	58	-3.6																	8
	4.5				**4.6**				**4.7**				**4.8**				**4.9**				
24													-3.1	0.1	1	-49.0	**-3.0**	0.1	1	-45.0	24
23	-3.3	0.1	1	-51.9	-3.2	0.1	1	-46.9	-3.1	0.1	2	-43.5	**-3.0**	0.2	2	-41.0	-2.9	0.2	2	-39.0	23
23	-3.2	0.1	2	-42.2	-3.1	0.2	2	-40.0	**-3.0**	0.2	3	-38.1	-2.9	0.3	3	-36.5	-2.8	0.3	4	-35.1	23
23	-3.1	0.2	3	-37.4	**-3.0**	0.3	3	-35.9	-2.9	0.3	4	-34.6	-2.8	0.4	4	-33.4	-2.7	0.4	5	-32.3	23
22	**-3.0**	0.3	4	-34.0	-2.9	0.4	5	-32.9	-2.8	0.4	5	-31.8	-2.7	0.5	5	-30.9	-2.6	0.5	6	-30.0	22
22	-2.9	0.4	5	-31.4	-2.8	0.5	6	-30.5	-2.7	0.5	6	-29.6	-2.6	0.6	7	-28.8	-2.5	0.6	7	-28.1	22
21	-2.8	0.5	6	-29.3	-2.7	0.6	7	-28.5	-2.6	0.6	7	-27.8	-2.5	0.7	8	-27.1	-2.4	0.7	8	-26.4	21
21	-2.7	0.6	8	-27.5	-2.6	0.7	8	-26.8	-2.5	0.7	9	-26.1	-2.4	0.8	9	-25.5	-2.3	0.8	9	-24.9	21
21	-2.6	0.7	9	-25.9	-2.5	0.8	9	-25.3	-2.4	0.8	10	-24.7	-2.3	0.9	10	-24.2	-2.2	0.9	11	-23.6	21
20	-2.5	0.8	10	-24.5	-2.4	0.9	10	-24.0	-2.3	0.9	11	-23.4	-2.2	1.0	11	-22.9	-2.1	1.0	12	-22.4	20
20	-2.4	0.9	11	-23.2	-2.3	1.0	12	-22.7	-2.2	1.0	12	-22.3	-2.1	1.1	12	-21.8	**-2.0**	1.1	13	-21.3	20
20	-2.3	1.0	12	-22.1	-2.2	1.1	13	-21.6	-2.1	1.1	13	-21.2	**-2.0**	1.2	14	-20.8	-1.9	1.2	14	-20.3	20
19	-2.2	1.1	14	-21.0	-2.1	1.2	14	-20.6	**-2.0**	1.2	14	-20.2	-1.9	1.3	15	-19.8	-1.8	1.3	15	-19.4	19
19	-2.1	1.2	15	-20.0	**-2.0**	1.3	15	-19.7	-1.9	1.3	16	-19.3	-1.8	1.4	16	-18.9	-1.7	1.4	16	-18.5	19
19	**-2.0**	1.4	16	-19.1	-1.9	1.4	16	-18.8	-1.8	1.4	17	-18.4	-1.7	1.5	17	-18.0	-1.6	1.5	18	-17.7	19
18	-1.9	1.5	17	-18.3	-1.8	1.5	18	-17.9	-1.7	1.5	18	-17.6	-1.6	1.6	18	-17.2	-1.5	1.6	19	-16.9	18
18	-1.8	1.6	18	-17.5	-1.7	1.6	19	-17.1	-1.6	1.6	19	-16.8	-1.5	1.7	20	-16.5	-1.4	1.7	20	-16.2	18
18	-1.7	1.7	20	-16.7	-1.6	1.7	20	-16.4	-1.5	1.7	20	-16.1	-1.4	1.8	21	-15.8	-1.3	1.8	21	-15.5	18
17	-1.6	1.8	21	-16.0	-1.5	1.8	21	-15.7	-1.4	1.9	22	-15.4	-1.3	1.9	22	-15.1	-1.2	1.9	22	-14.8	17
17	-1.5	1.9	22	-15.3	-1.4	1.9	23	-15.0	-1.3	2.0	23	-14.7	-1.2	2.0	23	-14.4	-1.1	2.0	24	-14.2	17
17	-1.4	2.0	23	-14.6	-1.3	2.0	24	-14.4	-1.2	2.1	24	-14.1	-1.1	2.1	24	-13.8	**-1.0**	2.2	25	-13.6	17
16	-1.3	2.1	25	-14.0	-1.2	2.1	25	-13.7	-1.1	2.2	25	-13.5	**-1.0**	2.2	26	-13.2	-0.9	2.3	26	-13.0	16
16	-1.2	2.2	26	-13.4	-1.1	2.2	26	-13.2	**-1.0**	2.3	27	-12.9	-0.9	2.3	27	-12.6	-0.8	2.4	27	-12.4	16
16	-1.1	2.3	27	-12.8	**-1.0**	2.3	27	-12.6	-0.9	2.4	28	-12.3	-0.8	2.4	28	-12.1	-0.7	2.5	29	-11.8	16
15	**-1.0**	2.4	28	-12.3	-0.9	2.4	29	-12.0	-0.8	2.5	29	-11.8	-0.7	2.5	29	-11.6	-0.6	2.6	30	-11.3	15
15	-0.9	2.5	30	-11.7	-0.8	2.5	30	-11.5	-0.7	2.6	30	-11.3	-0.6	2.6	31	-11.0	-0.5	2.7	31	-10.8	15
15	-0.8	2.6	31	-11.2	-0.7	2.6	31	-11.0	-0.6	2.7	32	-10.8	-0.5	2.7	32	-10.5	-0.4	2.8	32	-10.3	15
14	-0.7	2.7	32	-10.7	-0.6	2.8	32	-10.5	-0.5	2.8	33	-10.3	-0.4	2.9	33	-10.1	-0.3	2.9	33	-9.8	14
14	-0.6	2.8	33	-10.2	-0.5	2.9	34	-10.0	-0.4	2.9	34	-9.8	-0.3	3.0	34	-9.6	-0.2	3.0	35	-9.4	14
14	-0.5	2.9	35	-9.7	-0.4	3.0	35	-9.5	-0.3	3.0	35	-9.3	-0.2	3.1	36	-9.1	-0.1	3.1	36	-8.9	14
13	-0.4	3.0	36	-9.3	-0.3	3.1	36	-9.1	-0.2	3.1	37	-8.9	-0.1	3.2	37	-8.7	**0.0**	3.2	37	-8.5	13
13	-0.3	3.1	37	-8.8	-0.2	3.2	38	-8.6	-0.1	3.2	38	-8.4	**0.0**	3.3	38	-8.2	0.1	3.3	38	-8.1	13
13	-0.2	3.2	39	-8.4	-0.1	3.3	39	-8.2	**0.0**	3.3	39	-8.0	0.1	3.4	39	-7.8	0.2	3.4	40	-7.7	13
12	-0.1	3.4	40	-8.0	**0.0**	3.4	40	-7.8	0.1	3.4	40	-7.6	0.2	3.5	41	-7.5	0.3	3.5	41	-7.3	12
12	**0.0**	3.5	41	-7.6	0.1	3.5	41	-7.4	0.2	3.6	42	-7.2	0.3	3.6	42	-7.1	0.4	3.6	42	-6.9	12
12	0.1	3.6	42	-7.2	0.2	3.6	43	-7.0	0.3	3.7	43	-6.9	0.4	3.7	43	-6.7	0.5	3.7	43	-6.5	12
11	0.2	3.7	44	-6.8	0.3	3.7	44	-6.7	0.4	3.8	44	-6.5	0.5	3.8	44	-6.3	0.6	3.9	44	-6.2	11
11	0.3	3.8	45	-6.5	0.4	3.8	45	-6.3	0.5	3.9	45	-6.1	0.6	3.9	45	-6.0	0.7	4.0	46	-5.8	11

n	t_W	e	U	t_d	t_W	e	U	t_d	t_W	e	U	t_d	t_W	e	U	t_d	t_W	e	U	t_d	n
	4.5				**4.6**				**4.7**				**4.8**				**4.9**				
11	0.4	3.9	46	-6.1	0.5	3.9	46	-5.9	0.6	4.0	46	-5.8	0.7	4.0	47	-5.6	0.8	4.1	47	-5.5	11
11	0.5	4.0	47	-5.7	0.6	4.0	47	-5.6	0.7	4.1	48	-5.4	0.8	4.1	48	-5.3	0.9	4.2	48	-5.2	11
10	0.6	4.1	49	-5.4	0.7	4.1	49	-5.3	0.8	4.2	49	-5.1	0.9	4.2	49	-5.0	**1.0**	4.3	49	-4.8	10
10	0.7	4.2	50	-5.1	0.8	4.2	50	-4.9	0.9	4.3	50	-4.8	**1.0**	4.3	50	-4.6	1.1	4.4	51	-4.5	10
10	0.8	4.3	51	-4.7	0.9	4.3	51	-4.6	**1.0**	4.4	51	-4.5	1.1	4.4	52	-4.3	1.2	4.5	52	-4.2	10
9	0.9	4.4	52	-4.4	**1.0**	4.4	52	-4.3	1.1	4.5	53	-4.1									9
9	**1.0**	4.5	54	-4.1	1.1	4.6	54	-4.0													9
	5.0				**5.1**				**5.2**				**5.3**				**5.4**				
24													-2.8	0.1	1	-48.6	-2.7	0.1	1	-44.7	24
24	**-3.0**	0.1	1	-51.7	-2.9	0.1	1	-46.7	-2.8	0.1	2	-43.3	-2.7	0.2	2	-40.8	-2.6	0.2	2	-38.7	24
23	-2.9	0.2	2	-42.1	-2.8	0.2	2	-39.9	-2.7	0.2	3	-38.0	-2.6	0.3	3	-36.4	-2.5	0.3	4	-34.9	23
23	-2.8	0.3	3	-37.2	-2.7	0.3	3	-35.7	-2.6	0.3	4	-34.4	-2.5	0.4	4	-33.2	-2.4	0.4	5	-32.1	23
23	-2.7	0.4	4	-33.9	-2.6	0.4	4	-32.7	-2.5	0.4	5	-31.7	-2.4	0.5	5	-30.7	-2.3	0.5	6	-29.8	23
22	-2.6	0.5	5	-31.3	-2.5	0.5	6	-30.4	-2.4	0.5	6	-29.5	-2.3	0.6	6	-28.7	-2.2	0.6	7	-27.9	22
22	-2.5	0.6	6	-29.2	-2.4	0.6	7	-28.4	-2.3	0.6	7	-27.6	-2.2	0.7	8	-26.9	-2.1	0.7	8	-26.3	22
21	-2.4	0.7	7	-27.4	-2.3	0.7	8	-26.7	-2.2	0.7	8	-26.0	-2.1	0.8	9	-25.4	**-2.0**	0.8	9	-24.8	21
21	-2.3	0.8	9	-25.8	-2.2	0.8	9	-25.2	-2.1	0.8	9	-24.6	**-2.0**	0.9	10	-24.0	-1.9	0.9	10	-23.5	21
21	-2.2	0.9	10	-24.4	-2.1	0.9	10	-23.8	**-2.0**	0.9	11	-23.3	-1.9	1.0	11	-22.8	-1.8	1.0	11	-22.3	21
20	-2.1	1.0	11	-23.1	**-2.0**	1.0	11	-22.6	-1.9	1.0	12	-22.1	-1.8	1.1	12	-21.7	-1.7	1.1	13	-21.2	20
20	**-2.0**	1.1	12	-22.0	-1.9	1.1	13	-21.5	-1.8	1.1	13	-21.1	-1.7	1.2	13	-20.6	-1.6	1.2	14	-20.2	20
20	-1.9	1.2	13	-20.9	-1.8	1.2	14	-20.5	-1.7	1.2	14	-20.1	-1.6	1.3	15	-19.7	-1.5	1.3	15	-19.3	20
19	-1.8	1.3	14	-19.9	-1.7	1.3	15	-19.5	-1.6	1.3	15	-19.1	-1.5	1.4	16	-18.8	-1.4	1.4	16	-18.4	19
19	-1.7	1.4	16	-19.0	-1.6	1.4	16	-18.6	-1.5	1.5	16	-18.3	-1.4	1.5	17	-17.9	-1.3	1.5	17	-17.6	19
19	-1.6	1.5	17	-18.2	-1.5	1.5	17	-17.8	-1.4	1.6	18	-17.5	-1.3	1.6	18	-17.1	-1.2	1.6	18	-16.8	19
18	-1.5	1.6	18	-17.4	-1.4	1.6	18	-17.0	-1.3	1.7	19	-16.7	-1.2	1.7	19	-16.4	-1.1	1.8	20	-16.0	18
18	-1.4	1.7	19	-16.6	-1.3	1.7	20	-16.3	-1.2	1.8	20	-16.0	-1.1	1.8	20	-15.6	**-1.0**	1.9	21	-15.3	18
18	-1.3	1.8	20	-15.9	-1.2	1.8	21	-15.6	-1.1	1.9	21	-15.3	**-1.0**	1.9	22	-15.0	-0.9	2.0	22	-14.7	18
17	-1.2	1.9	22	-15.2	-1.1	1.9	22	-14.9	**-1.0**	2.0	22	-14.6	-0.9	2.0	23	-14.3	-0.8	2.1	23	-14.0	17
17	-1.1	2.0	23	-14.5	**-1.0**	2.0	23	-14.2	-0.9	2.1	24	-14.0	-0.8	2.1	24	-13.7	-0.7	2.2	24	-13.4	17
17	**-1.0**	2.1	24	-13.9	-0.9	2.1	24	-13.6	-0.8	2.2	25	-13.4	-0.7	2.2	25	-13.1	-0.6	2.3	25	-12.8	17
16	-0.9	2.2	25	-13.3	-0.8	2.2	26	-13.0	-0.7	2.3	26	-12.8	-0.6	2.3	26	-12.5	-0.5	2.4	27	-12.3	16
16	-0.8	2.3	26	-12.7	-0.7	2.4	27	-12.5	-0.6	2.4	27	-12.2	-0.5	2.4	28	-12.0	-0.4	2.5	28	-11.7	16
16	-0.7	2.4	28	-12.1	-0.6	2.5	28	-11.9	-0.5	2.5	28	-11.7	-0.4	2.6	29	-11.4	-0.3	2.6	29	-11.2	16
15	-0.6	2.5	29	-11.6	-0.5	2.6	29	-11.4	-0.4	2.6	30	-11.1	-0.3	2.7	30	-10.9	-0.2	2.7	30	-10.7	15
15	-0.5	2.6	30	-11.1	-0.4	2.7	30	-10.9	-0.3	2.7	31	-10.6	-0.2	2.8	31	-10.4	-0.1	2.8	31	-10.2	15
15	-0.4	2.7	31	-10.6	-0.3	2.8	32	-10.4	-0.2	2.8	32	-10.1	-0.1	2.9	32	-9.9	**0.0**	2.9	33	-9.7	15
14	-0.3	2.8	33	-10.1	-0.2	2.9	33	-9.9	-0.1	2.9	33	-9.7	**0.0**	3.0	34	-9.4	0.1	3.0	34	-9.3	14
14	-0.2	2.9	34	-9.6	-0.1	3.0	34	-9.4	**0.0**	3.0	34	-9.2	0.1	3.1	35	-9.0	0.2	3.1	35	-8.8	14
14	-0.1	3.1	35	-9.2	**0.0**	3.1	35	-9.0	0.1	3.2	36	-8.8	0.2	3.2	36	-8.6	0.3	3.2	36	-8.4	14
13	**0.0**	3.2	36	-8.7	0.1	3.2	37	-8.5	0.2	3.3	37	-8.4	0.3	3.3	37	-8.2	0.4	3.3	37	-8.0	13
13	0.1	3.3	38	-8.3	0.2	3.3	38	-8.1	0.3	3.4	38	-8.0	0.4	3.4	38	-7.8	0.5	3.5	39	-7.6	13
13	0.2	3.4	39	-7.9	0.3	3.4	39	-7.7	0.4	3.5	39	-7.6	0.5	3.5	39	-7.4	0.6	3.6	40	-7.2	13
12	0.3	3.5	40	-7.5	0.4	3.5	40	-7.3	0.5	3.6	40	-7.2	0.6	3.6	41	-7.0	0.7	3.7	41	-6.8	12
12	0.4	3.6	41	-7.1	0.5	3.6	41	-7.0	0.6	3.7	42	-6.8	0.7	3.7	42	-6.6	0.8	3.8	42	-6.5	12
12	0.5	3.7	42	-6.8	0.6	3.7	43	-6.6	0.7	3.8	43	-6.4	0.8	3.8	43	-6.3	0.9	3.9	43	-6.1	12
12	0.6	3.8	43	-6.4	0.7	3.8	44	-6.2	0.8	3.9	44	-6.1	0.9	3.9	44	-5.9	**1.0**	4.0	44	-5.8	12
11	0.7	3.9	45	-6.0	0.8	3.9	45	-5.9	0.9	4.0	45	-5.7	**1.0**	4.1	46	-5.4	1.1	4.1	46	-5.4	11
11	0.8	4.0	46	-5.7	0.9	4.0	46	-5.5	**1.0**	4.1	46	-5.4	1.1	4.2	47	-5.1	1.2	4.2	47	-5.1	11
11	0.9	4.1	47	-5.3	**1.0**	4.2	47	-5.2	1.1	4.2	48	-5.0	1.2	4.3	48	-4.7	1.3	4.3	48	-4.7	11
10	**1.0**	4.2	48	-5.0	1.1	4.3	49	-4.9	1.2	4.4	49	-4.6	1.3	4.4	50	-4.4					10
10	1.1	4.3	50	-4.7	1.2	4.4	50	-4.5													10
10	1.2	4.4	51	-4.3																	10
	5.5				**5.6**				**5.7**				**5.8**				**5.9**				
24													-2.5	0.1	1	-47.9	-2.4	0.1	1	-44.1	24
24	-2.7	0.1	1	-51.0	-2.6	0.1	1	-46.2	-2.5	0.1	2	-42.9	-2.4	0.2	2	-40.4	-2.3	0.2	2	-38.4	24
24	-2.6	0.2	2	-41.8	-2.5	0.2	2	-39.6	-2.4	0.2	3	-37.7	-2.3	0.3	3	-36.1	-2.2	0.3	3	-34.7	24
23	-2.5	0.3	3	-37.0	-2.4	0.3	3	-35.5	-2.3	0.3	4	-34.2	-2.2	0.4	4	-33.0	-2.1	0.4	5	-31.9	23
23	-2.4	0.4	4	-33.7	-2.3	0.4	4	-32.5	-2.2	0.4	5	-31.5	-2.1	0.5	5	-30.5	**-2.0**	0.5	6	-29.6	23
23	-2.3	0.5	5	-31.1	-2.2	0.5	6	-30.2	-2.1	0.5	6	-29.3	**-2.0**	0.6	6	-28.5	-1.9	0.6	7	-27.7	23
22	-2.2	0.6	6	-29.0	-2.1	0.6	7	-28.2	**-2.0**	0.6	7	-27.5	-1.9	0.7	7	-26.7	-1.8	0.7	8	-26.1	22
22	-2.1	0.7	7	-27.2	**-2.0**	0.7	8	-26.5	-1.9	0.7	8	-25.8	-1.8	0.8	9	-25.2	-1.7	0.8	9	-24.6	22
21	**-2.0**	0.8	8	-25.6	-1.9	0.8	9	-25.0	-1.8	0.8	9	-24.4	-1.7	0.9	10	-23.9	-1.6	0.9	10	-23.3	21
21	-1.9	0.9	10	-24.2	-1.8	0.9	10	-23.7	-1.7	1.0	10	-23.1	-1.6	1.0	11	-22.6	-1.5	1.0	11	-22.1	21
21	-1.8	1.0	11	-23.0	-1.7	1.0	11	-22.5	-1.6	1.1	12	-22.0	-1.5	1.1	12	-21.5	-1.4	1.1	12	-21.0	21
20	-1.7	1.1	12	-21.8	-1.6	1.1	12	-21.4	-1.5	1.2	13	-20.9	-1.4	1.2	13	-20.5	-1.3	1.2	13	-20.0	20
20	-1.6	1.2	13	-20.8	-1.5	1.2	13	-20.3	-1.4	1.3	14	-19.9	-1.3	1.3	14	-19.5	-1.2	1.4	15	-19.1	20
20	-1.5	1.3	14	-19.8	-1.4	1.3	15	-19.4	-1.3	1.4	15	-19.0	-1.2	1.4	15	-18.6	-1.1	1.5	16	-18.2	20
19	-1.4	1.4	15	-18.9	-1.3	1.4	16	-18.5	-1.2	1.5	16	-18.1	-1.1	1.5	16	-17.8	**-1.0**	1.6	17	-17.4	19
19	-1.3	1.5	16	-18.0	-1.2	1.5	17	-17.7	-1.1	1.6	17	-17.3	**-1.0**	1.6	18	-17.0	-0.9	1.7	18	-16.6	19

n	t_W	e	U	t_d	t_W	e	U	t_d	t_W	e	U	t_d	t_W	e	U	t_d	t_W	e	U	t_d	n
	5.5				**5.6**				**5.7**				**5.8**				**5.9**				
19	-1.2	1.6	18	-17.2	-1.1	1.6	18	-16.9	**-1.0**	1.7	18	-16.5	-0.9	1.7	19	-16.2	-0.8	1.8	19	-15.9	19
18	-1.1	1.7	19	-16.4	**-1.0**	1.7	19	-16.1	-0.9	1.8	20	-15.8	-0.8	1.8	20	-15.5	-0.7	1.9	20	-15.2	18
18	**-1.0**	1.8	20	-15.7	-0.9	1.8	20	-15.4	-0.8	1.9	21	-15.1	-0.7	1.9	21	-14.8	-0.6	2.0	21	-14.5	18
18	-0.9	1.9	21	-15.0	-0.8	2.0	21	-14.7	-0.7	2.0	22	-14.4	-0.6	2.0	22	-14.2	-0.5	2.1	23	-13.9	18
17	-0.8	2.0	22	-14.4	-0.7	2.1	23	-14.1	-0.6	2.1	23	-13.8	-0.5	2.2	23	-13.5	-0.4	2.2	24	13.3	17
17	-0.7	2.1	23	-13.8	-0.6	2.2	24	-13.5	-0.5	2.2	24	-13.2	-0.4	2.3	25	-12.9	-0.3	2.3	25	-12.7	17
17	-0.6	2.2	25	-13.1	-0.5	2.3	25	-12.9	-0.4	2.3	25	-12.6	-0.3	2.4	26	-12.4	-0.2	2.4	26	-12.1	17
16	-0.5	2.3	26	-12.6	-0.4	2.4	26	-12.3	-0.3	2.4	27	-12.1	-0.2	2.5	27	-11.8	-0.1	2.5	27	-11.6	16
16	-0.4	2.4	27	-12.0	-0.3	2.5	27	-11.8	-0.2	2.5	28	-11.5	-0.1	2.6	28	-11.3	**0.0**	2.6	28	-11.0	16
16	-0.3	2.5	28	-11.5	-0.2	2.6	29	-11.2	-0.1	2.6	29	-11.0	**0.0**	2.7	29	-10.8	0.1	2.7	30	-10.5	16
15	-0.2	2.7	29	-10.9	-0.1	2.7	30	-10.7	**0.0**	2.8	30	-10.5	0.1	2.8	30	-10.3	0.2	2.8	31	-10.1	15
15	-0.1	2.8	31	-10.4	**0.0**	2.8	31	-10.2	0.1	2.9	31	-10.0	0.2	2.9	32	-9.8	0.3	2.9	32	-9.6	15
15	**0.0**	2.9	32	-10.0	0.1	2.9	32	-9.8	0.2	3.0	32	-9.6	0.3	3.0	33	-9.4	0.4	3.1	33	-9.2	15
14	0.1	3.0	33	-9.5	0.2	3.0	33	-9.3	0.3	3.1	33	-9.1	0.4	3.1	34	-8.9	0.5	3.2	34	-8.7	14
14	0.2	3.1	34	-9.1	0.3	3.1	34	-8.9	0.4	3.2	35	-8.7	0.5	3.2	35	-8.5	0.6	3.3	35	-8.3	14
14	0.3	3.2	35	-8.6	0.4	3.2	36	-8.5	0.5	3.3	36	-8.3	0.6	3.3	36	-8.1	0.7	3.4	36	-7.9	14
13	0.4	3.3	36	-8.2	0.5	3.3	37	-8.1	0.6	3.4	37	-7.9	0.7	3.4	37	-7.7	0.8	3.5	37	-7.5	13
13	0.5	3.4	38	-7.8	0.6	3.4	38	-7.7	0.7	3.5	38	-7.5	0.8	3.5	38	-7.3	0.9	3.6	39	-7.1	13
13	0.6	3.5	39	-7.4	0.7	3.5	39	-7.3	0.8	3.6	39	-7.1	0.9	3.6	39	-6.9	**1.0**	3.7	40	-6.8	13
13	0.7	3.6	40	-7.0	0.8	3.6	40	-6.9	0.9	3.7	40	-6.7	**1.0**	3.7	41	-6.6	1.1	3.8	41	-6.4	13
12	0.8	3.7	41	-6.7	0.9	3.8	41	-6.5	**1.0**	3.8	42	-6.4	1.1	3.8	42	-6.2	1.2	3.9	42	-6.0	12
12	0.9	3.8	42	-6.3	**1.0**	3.9	42	-6.2	1.1	3.9	43	-6.0	1.2	4.0	43	-5.8	1.3	4.0	43	-5.7	12
12	**1.0**	3.9	43	-6.0	1.1	4.0	44	-5.8	1.2	4.0	44	-5.6	1.3	4.1	44	-5.5					12
11	1.1	4.0	45	-5.6	1.2	4.1	45	-5.4	1.3	4.1	45	-5.3									11
11	1.2	4.1	46	-5.3	1.3	4.2	46	-5.1													11
11	1.3	4.2	47	-4.9																	11
	6.0				**6.1**				**6.2**				**6.3**				**6.4**				
25													-2.2	0.1	1	-47.0	-2.1	0.1	1	-43.4	25
24	-2.4	0.1	1	-50.0	-2.3	0.1	1	-45.5	-2.2	0.1	2	-42.4	-2.1	0.2	2	-39.9	**-2.0**	0.2	2	-37.9	24
24	-2.3	0.2	2	-41.4	-2.2	0.2	2	-39.1	-2.1	0.2	3	-37.3	**-2.0**	0.3	3	-35.7	-1.9	0.3	3	-34.3	24
24	-2.2	0.3	3	-36.7	-2.1	0.3	3	-35.2	**-2.0**	0.4	4	-33.9	-1.9	0.4	4	-32.7	-1.8	0.4	5	-31.6	24
23	-2.1	0.4	4	-33.4	**-2.0**	0.4	4	-32.3	-1.9	0.5	5	-31.2	-1.8	0.5	5	-30.2	-1.7	0.5	6	-29.3	23
23	**-2.0**	0.5	5	-30.9	-1.9	0.5	5	-29.9	-1.8	0.6	6	-29.1	-1.7	0.6	6	-28.2	-1.6	0.6	7	-27.5	23
23	-1.9	0.6	6	-28.8	-1.8	0.6	7	-28.0	-1.7	0.7	7	-27.2	-1.6	0.7	7	-26.5	-1.5	0.7	8	-25.8	23
22	-1.8	0.7	7	-27.0	-1.7	0.7	8	-26.3	-1.6	0.8	8	-25.6	-1.5	0.8	8	-25.0	-1.4	0.9	9	-24.4	22
22	-1.7	0.8	8	-25.4	-1.6	0.8	9	-24.8	-1.5	0.9	9	-24.2	-1.4	0.9	10	-23.7	-1.3	1.0	10	-23.1	22
21	-1.6	0.9	9	-24.0	-1.5	0.9	10	-23.5	-1.4	1.0	10	-22.9	-1.3	1.0	11	-22.4	-1.2	1.1	11	-21.9	21
21	-1.5	1.0	11	-22.8	-1.4	1.0	11	-22.3	-1.3	1.1	11	-21.8	-1.2	1.1	12	-21.3	-1.1	1.2	12	-20.8	21
21	-1.4	1.1	12	-21.6	-1.3	1.1	12	-21.2	-1.2	1.2	12	-20.7	-1.1	1.2	13	-20.3	**-1.0**	1.3	13	-19.8	21
20	-1.3	1.2	13	-20.6	-1.2	1.2	13	-20.2	-1.1	1.3	14	-19.7	**-1.0**	1.3	14	-19.3	-0.9	1.4	14	-18.9	20
20	-1.2	1.3	14	-19.6	-1.1	1.3	14	-19.2	**-1.0**	1.4	15	-18.8	-0.9	1.4	15	-18.4	-0.8	1.5	15	-18.0	20
20	-1.1	1.4	15	-18.7	**-1.0**	1.4	15	-18.3	-0.9	1.5	16	-17.9	-0.8	1.5	16	-17.6	-0.7	1.6	17	-17.2	20
19	**-1.0**	1.5	16	-17.9	-0.9	1.6	17	-17.5	-0.8	1.6	17	-17.1	-0.7	1.6	17	-16.8	-0.6	1.7	18	-16.4	19
19	-0.9	1.6	17	-17.1	-0.8	1.7	18	-16.7	-0.7	1.7	18	-16.4	-0.6	1.8	18	-16.0	-0.5	1.8	19	-15.7	19
19	-0.8	1.7	18	-16.3	-0.7	1.8	19	-16.0	-0.6	1.8	19	-15.6	-0.5	1.9	20	-15.3	-0.4	1.9	20	-15.0	19
18	-0.7	1.8	20	-15.6	-0.6	1.9	20	-15.3	-0.5	1.9	20	-14.9	-0.4	2.0	21	-14.6	-0.3	2.0	21	-14.3	18
18	-0.6	1.9	21	-14.9	-0.5	2.0	21	-14.6	-0.4	2.0	21	-14.3	-0.3	2.1	22	-14.0	-0.2	2.1	22	-13.7	18
18	-0.5	2.0	22	-14.2	-0.4	2.1	22	-13.9	-0.3	2.1	23	-13.7	-0.2	2.2	23	-13.4	-0.1	2.2	23	-13.1	18
17	-0.4	2.1	23	-13.6	-0.3	2.2	23	-13.3	-0.2	2.2	24	-13.0	-0.1	2.3	24	-12.8	**0.0**	2.3	24	-12.5	17
17	-0.3	2.3	24	-13.0	-0.2	2.3	24	-12.7	-0.1	2.4	25	-12.5	**0.0**	2.4	25	-12.2	0.1	2.4	25	-12.0	17
17	-0.2	2.4	25	-12.4	-0.1	2.4	26	-12.2	**0.0**	2.5	26	-11.9	0.1	2.5	26	-11.7	0.2	2.6	27	-11.4	17
16	-0.1	2.5	26	-11.9	**0.0**	2.5	27	-11.6	0.1	2.6	27	-11.4	0.2	2.6	27	-11.2	0.3	2.7	28	-10.9	16
16	**0.0**	2.6	28	-11.3	0.1	2.6	28	-11.1	0.2	2.7	28	-10.9	0.3	2.7	28	-10.7	0.4	2.8	29	-10.5	16
16	0.1	2.7	29	-10.8	0.2	2.7	29	-10.6	0.3	2.8	29	-10.4	0.4	2.8	30	-10.2	0.5	2.9	30	-10.0	16
15	0.2	2.8	30	-10.3	0.3	2.8	30	-10.1	0.4	2.9	30	-9.9	0.5	2.9	31	-9.7	0.6	3.0	31	-9.5	15
15	0.3	2.9	31	-9.9	0.4	2.9	31	-9.7	0.5	3.0	31	-9.5	0.6	3.0	32	-9.3	0.7	3.1	32	-9.1	15
15	0.4	3.0	32	-9.4	0.5	3.0	32	-9.2	0.6	3.1	33	-9.0	0.7	3.1	33	-8.8	0.8	3.2	33	-8.7	15
15	0.5	3.1	33	-9.0	0.6	3.1	33	-8.8	0.7	3.2	34	-8.6	0.8	3.2	34	-8.4	0.9	3.3	34	-8.2	15
14	0.6	3.2	34	-8.6	0.7	3.3	35	-8.4	0.8	3.3	35	-8.2	0.9	3.3	35	-8.0	**1.0**	3.4	35	-7.8	14
14	0.7	3.3	35	-8.1	0.8	3.4	36	-8.0	0.9	3.4	36	-7.8	**1.0**	3.4	36	-7.6	1.1	3.5	36	-7.4	14
14	0.8	3.4	37	-7.7	0.9	3.5	37	-7.6	**1.0**	3.5	37	-7.4	1.1	3.6	37	-7.2	1.2	3.6	38	-7.1	14
13	0.9	3.5	38	-7.4	**1.0**	3.6	38	-7.2	1.1	3.6	38	-7.0	1.2	3.7	38	-6.8	1.3	3.7	39	-6.7	13
13	**1.0**	3.6	39	-7.0	1.1	3.7	39	-6.8	1.2	3.7	39	-6.6	1.3	3.8	40	-6.5	1.4	3.8	40	-6.3	13
13	1.1	3.7	40	-6.6	1.2	3.8	40	-6.4	1.3	3.8	40	-6.3	1.4	3.9	41	-6.1	1.5	3.9	41	-5.9	13
12	1.2	3.8	41	-6.2	1.3	3.9	41	-6.1	1.4	3.9	42	-5.9									12
12	1.3	3.9	42	-5.9	1.4	4.0	42	-5.7													12
	6.5				**6.6**				**6.7**				**6.8**				**6.9**				
25									-2.0	0.1	1	-50.9	-1.9	0.1	1	-45.9	-1.8	0.1	1	-42.6	25
25	-2.1	0.1	1	-48.8	-2.0	0.1	1	-44.6	-1.9	0.2	2	-41.6	-1.8	0.2	2	-39.3	-1.7	0.2	2	-37.4	25

n	t_W	e	U	t_d	t_W	e	U	t_d	t_W	e	U	t_d	t_W	e	U	t_d	t_W	e	U	t_d	n
	6.5				**6.6**				**6.7**				**6.8**				**6.9**				
24	**-2.0**	0.2	2	-40.8	-1.9	0.2	2	-38.6	-1.8	0.3	3	-36.8	-1.7	0.3	3	-35.3	-1.6	0.4	4	-33.9	24
24	-1.9	0.3	3	-36.3	-1.8	0.3	3	-34.8	-1.7	0.4	4	-33.5	-1.6	0.4	4	-32.3	-1.5	0.5	5	-31.2	24
24	-1.8	0.4	4	-33.1	-1.7	0.4	4	-31.9	-1.6	0.5	5	-30.9	-1.5	0.5	5	-29.9	-1.4	0.6	6	-29.0	24
23	-1.7	0.5	5	-30.6	-1.6	0.5	5	-29.6	-1.5	0.6	6	-28.8	-1.4	0.6	6	-27.9	-1.3	0.7	7	-27.2	23
23	-1.6	0.6	6	-28.5	-1.5	0.6	6	-27.7	-1.4	0.7	7	-27.0	-1.3	0.7	7	-26.2	-1.2	0.8	8	-25.6	23
23	-1.5	0.7	7	-26.7	-1.4	0.7	8	-26.0	-1.3	0.8	8	-25.4	-1.2	0.8	8	-24.7	-1.1	0.9	9	-24.1	23
22	-1.4	0.8	8	-25.2	-1.3	0.8	9	-24.6	-1.2	0.9	9	-24.0	-1.1	0.9	9	-23.4	**-1.0**	1.0	10	-22.9	22
22	-1.3	0.9	9	-23.8	-1.2	0.9	10	-23.3	-1.1	1.0	10	-22.7	**-1.0**	1.0	10	-22.2	-0.9	1.1	11	-21.7	22
21	-1.2	1.0	10	-22.6	-1.1	1.0	11	-22.1	**-1.0**	1.1	11	-21.6	-0.9	1.1	12	-21.1	-0.8	1.2	12	-20.6	21
21	-1.1	1.1	11	-21.4	**-1.0**	1.2	12	-21.0	-0.9	1.2	12	-20.5	-0.8	1.2	13	-20.1	-0.7	1.3	13	-19.6	21
21	**-1.0**	1.2	13	-20.4	-0.9	1.3	13	-20.0	-0.8	1.3	13	-19.5	-0.7	1.4	14	-19.1	-0.6	1.4	14	-18.7	21
20	-0.9	1.3	14	-19.4	-0.8	1.4	14	-19.0	-0.7	1.4	14	-18.6	-0.6	1.5	15	-18.2	-0.5	1.5	15	-17.8	20
20	-0.8	1.4	15	-18.5	-0.7	1.5	15	-18.1	-0.6	1.5	15	-17.8	-0.5	1.6	16	-17.4	-0.4	1.6	16	-17.0	20
20	-0.7	1.5	16	-17.7	-0.6	1.6	16	-17.3	-0.5	1.6	17	-16.9	-0.4	1.7	17	-16.6	-0.3	1.7	17	-16.2	20
19	-0.6	1.6	17	-16.9	-0.5	1.7	17	-16.5	-0.4	1.7	18	-16.2	-0.3	1.8	18	-15.8	-0.2	1.8	18	-15.5	19
19	-0.5	1.7	18	-16.1	-0.4	1.8	18	-15.8	-0.3	1.8	19	-15.5	-0.2	1.9	19	-15.1	-0.1	1.9	20	-14.8	19
19	-0.4	1.9	19	-15.4	-0.3	1.9	20	-15.1	-0.2	1.9	20	-14.8	-0.1	2.0	20	-14.5	**0.0**	2.1	21	-14.1	19
18	-0.3	2.0	20	-14.7	-0.2	2.0	21	-14.4	-0.1	2.1	21	-14.1	**0.0**	2.1	21	-13.8	0.1	2.2	22	-13.5	18
18	-0.2	2.1	21	-14.0	-0.1	2.1	22	-13.8	**0.0**	2.2	22	-13.5	0.1	2.2	22	-13.2	0.2	2.3	23	-13.0	18
18	-0.1	2.2	22	-13.4	**0.0**	2.2	23	-13.1	0.1	2.3	23	-12.9	0.2	2.3	23	-12.6	0.3	2.4	24	-12.4	18
17	**0.0**	2.3	24	-12.8	0.1	2.3	24	-12.6	0.2	2.4	24	-12.3	0.3	2.4	25	-12.1	0.4	2.5	25	-11.9	17
17	0.1	2.4	25	-12.3	0.2	2.4	25	-12.0	0.3	2.5	25	-11.8	0.4	2.5	26	-11.6	0.5	2.6	26	-11.4	17
17	0.2	2.5	26	-11.7	0.3	2.5	26	-11.5	0.4	2.6	26	-11.3	0.5	2.6	27	-11.1	0.6	2.7	27	-10.9	17
16	0.3	2.6	27	-11.2	0.4	2.6	27	-11.0	0.5	2.7	27	-10.8	0.6	2.7	28	-10.6	0.7	2.8	28	-10.4	16
16	0.4	2.7	28	-10.7	0.5	2.7	28	-10.5	0.6	2.8	28	-10.3	0.7	2.8	29	-10.1	0.8	2.9	29	-9.9	16
16	0.5	2.8	29	-10.3	0.6	2.9	29	-10.0	0.7	2.9	30	-9.8	0.8	2.9	30	-9.6	0.9	3.0	30	-9.4	16
16	0.6	2.9	30	-9.8	0.7	3.0	30	-9.6	0.8	3.0	31	-9.4	0.9	3.0	31	-9.2	**1.0**	3.1	31	-9.0	16
15	0.7	3.0	31	-9.3	0.8	3.1	31	-9.1	0.9	3.1	32	-9.0	**1.0**	3.2	32	-8.8	1.1	3.2	32	-8.6	15
15	0.8	3.1	32	-8.9	0.9	3.2	33	-8.7	**1.0**	3.2	33	-8.5	1.1	3.3	33	-8.3	1.2	3.3	33	-8.2	15
15	0.9	3.2	33	-8.5	**1.0**	3.3	34	-8.3	1.1	3.3	34	-8.1	1.2	3.4	34	-7.9	1.3	3.4	34	-7.7	15
14	**1.0**	3.3	34	-8.1	1.1	3.4	35	-7.9	1.2	3.4	35	-7.7	1.3	3.5	35	-7.5	1.4	3.5	35	-7.3	14
14	1.1	3.4	36	-7.7	1.2	3.5	36	-7.5	1.3	3.5	36	-7.3	1.4	3.6	36	-7.1	1.5	3.6	37	-7.0	14
14	1.2	3.5	37	-7.3	1.3	3.6	37	-7.1	1.4	3.6	37	-6.9	1.5	3.7	37	-6.7	1.6	3.7	38	-6.6	14
13	1.3	3.7	38	-6.9	1.4	3.7	38	-6.7	1.5	3.7	38	-6.5	1.6	3.8	38	-6.4					13
13	1.4	3.8	39	-6.5	1.5	3.8	39	-6.3	1.6	3.9	39	-6.2									13
13	1.5	3.9	40	-6.1																	13

n	t_W	e	U	t_d	t_W	e	U	t_d	t_W	e	U	t_d	t_W	e	U	t_d	t_W	e	U	t_d	n
	7.0				**7.1**				**7.2**				**7.3**				**7.4**				
26																	-1.6	0.1	1	-51.0	26
25									-1.7	0.1	1	-49.1	-1.6	0.1	1	-44.7	-1.5	0.2	2	-41.6	25
25	-1.8	0.1	1	-47.4	-1.7	0.1	1	-43.6	-1.6	0.2	2	-40.8	-1.5	0.2	2	-38.6	-1.4	0.3	3	-36.7	25
25	-1.7	0.2	2	-40.0	-1.6	0.2	2	-38.0	-1.5	0.3	3	-36.2	-1.4	0.3	3	-34.7	-1.3	0.4	4	-33.4	25
24	-1.6	0.3	3	-35.7	-1.5	0.3	3	-34.3	-1.4	0.4	4	-33.0	-1.3	0.4	4	-31.8	-1.2	0.5	5	-30.8	24
24	-1.5	0.4	4	-32.6	-1.4	0.4	4	-31.5	-1.3	0.5	5	-30.5	-1.2	0.5	5	-29.5	-1.1	0.6	6	-28.6	24
24	-1.4	0.5	5	-30.2	-1.3	0.5	5	-29.3	-1.2	0.6	6	-28.4	-1.1	0.6	6	-27.6	**-1.0**	0.7	7	-26.8	24
23	-1.3	0.6	6	-28.2	-1.2	0.6	6	-27.4	-1.1	0.7	7	-26.6	**-1.0**	0.7	7	-25.9	-0.9	0.8	8	-25.3	23
23	-1.2	0.7	7	-26.4	-1.1	0.8	7	-25.8	**-1.0**	0.8	8	-25.1	-0.9	0.8	8	-24.5	-0.8	0.9	9	-23.9	23
23	-1.1	0.8	8	-24.9	**-1.0**	0.9	9	-24.3	-0.9	0.9	9	-23.7	-0.8	1.0	9	-23.1	-0.7	1.0	10	-22.6	23
22	**-1.0**	0.9	9	-23.6	-0.9	1.0	10	-23.0	-0.8	1.0	10	-22.5	-0.7	1.1	10	-21.9	-0.6	1.1	11	-21.4	22
22	-0.9	1.0	10	-22.3	-0.8	1.1	11	-21.8	-0.7	1.1	11	-21.3	-0.6	1.2	11	-20.8	-0.5	1.2	12	-20.4	22
21	-0.8	1.1	11	-21.2	-0.7	1.2	12	-20.7	-0.6	1.2	12	-20.3	-0.5	1.3	12	-19.8	-0.4	1.3	13	-19.4	21
21	-0.7	1.2	12	-20.2	-0.6	1.3	13	-19.7	-0.5	1.3	13	-19.3	-0.4	1.4	14	-18.9	-0.3	1.4	14	-18.5	21
21	-0.6	1.3	13	-19.2	-0.5	1.4	14	-18.8	-0.4	1.4	14	-18.4	-0.3	1.5	15	-18.0	-0.2	1.5	15	-17.6	21
20	-0.5	1.4	14	-18.3	-0.4	1.5	15	-17.9	-0.3	1.5	15	-17.5	-0.2	1.6	16	-17.2	-0.1	1.6	16	-16.8	20
20	-0.4	1.6	16	-17.5	-0.3	1.6	16	-17.1	-0.2	1.7	16	-16.7	-0.1	1.7	17	-16.4	**0.0**	1.8	17	-16.0	20
20	-0.3	1.7	17	-16.7	-0.2	1.7	17	-16.3	-0.1	1.8	17	-16.0	**0.0**	1.8	18	-15.6	0.1	1.9	18	-15.3	20
19	-0.2	1.8	18	-15.9	-0.1	1.8	18	-15.6	**0.0**	1.9	18	-15.2	0.1	1.9	19	-15.0	0.2	2.0	19	-14.7	19
19	-0.1	1.9	19	-15.2	**0.0**	1.9	19	-14.9	0.1	2.0	19	-14.6	0.2	2.0	20	-14.3	0.3	2.1	20	-14.0	19
19	**0.0**	2.0	20	-14.5	0.1	2.0	20	-14.2	0.2	2.1	20	-14.0	0.3	2.1	21	-13.7	0.4	2.2	21	-13.4	19
18	0.1	2.1	21	-13.9	0.2	2.1	21	-13.6	0.3	2.2	22	-13.4	0.4	2.2	22	-13.1	0.5	2.3	22	-12.9	18
18	0.2	2.2	22	-13.3	0.3	2.2	22	-13.0	0.4	2.3	23	-12.8	0.5	2.3	23	-12.5	0.6	2.4	23	-12.3	18
18	0.3	2.3	23	-12.7	0.4	2.3	23	-12.5	0.5	2.4	24	-12.2	0.6	2.4	24	-12.0	0.7	2.5	24	-11.8	18
17	0.4	2.4	24	-12.2	0.5	2.5	24	-11.9	0.6	2.5	25	-11.7	0.7	2.5	25	-11.5	0.8	2.6	25	-11.3	17
17	0.5	2.5	25	-11.6	0.6	2.6	25	-11.4	0.7	2.6	26	-11.2	0.8	2.6	26	-11.0	0.9	2.7	26	-10.8	17
17	0.6	2.6	26	-11.1	0.7	2.7	26	-10.9	0.8	2.7	27	-10.7	0.9	2.8	27	-10.5	**1.0**	2.8	27	-10.3	17
17	0.7	2.7	27	-10.6	0.8	2.8	27	-10.4	0.9	2.8	28	-10.2	**1.0**	2.9	28	-10.0	1.1	2.9	28	-9.8	17
16	0.8	2.8	28	-10.2	0.9	2.9	28	-10.0	**1.0**	2.9	29	-9.8	1.1	3.0	29	-9.5	1.2	3.0	29	-9.3	16
16	0.9	2.9	29	-9.7	**1.0**	3.0	30	-9.5	1.1	3.0	30	-9.3	1.2	3.1	30	-9.1	1.3	3.1	30	-8.9	16
16	**1.0**	3.0	30	-9.2	1.1	3.1	31	-9.0	1.2	3.1	31	-8.9	1.3	3.2	31	-8.7	1.4	3.2	31	-8.5	16
15	1.1	3.1	31	-8.8	1.2	3.2	32	-8.6	1.3	3.2	32	-8.4	1.4	3.3	32	-8.2	1.5	3.3	32	-8.0	15
15	1.2	3.3	32	-8.4	1.3	3.3	33	-8.2	1.4	3.3	33	-8.0	1.5	3.4	33	-7.8	1.6	3.4	33	-7.6	15
15	1.3	3.4	34	-8.0	1.4	3.4	34	-7.8	1.5	3.5	34	-7.6	1.6	3.5	34	-7.4	1.7	3.6	35	-7.2	15

n	t_W	e	U	t_d	t_W	e	U	t_d	t_W	e	U	t_d	t_W	e	U	t_d	t_W	e	U	t_d	n
	7.0				**7.1**				**7.2**				**7.3**				**7.4**				
14	1.4	3.5	35	-7.6	1.5	3.5	35	-7.4	1.6	3.6	35	-7.2	1.7	3.6	35	-7.0					14
14	1.5	3.6	36	-7.2	1.6	3.6	36	-7.0	1.7	3.7	36	-6.8									14
14	1.6	3.7	37	-6.8																	14
	7.5				**7.6**				**7.7**				**7.8**				**7.9**				
26																	-1.3	0.1	1	-48.7	26
26									-1.4	0.1	1	-47.2	-1.3	0.1	1	-43.4	-1.2	0.2	2	-40.6	26
25	-1.5	0.1	1	-45.9	-1.4	0.1	1	-42.5	-1.3	0.2	2	-39.9	-1.2	0.2	2	-37.8	-1.1	0.3	3	-36.0	25
25	-1.4	0.2	2	-39.2	-1.3	0.3	2	-37.3	-1.2	0.3	3	-35.6	-1.1	0.3	3	-34.1	**-1.0**	0.4	4	-32.8	25
25	-1.3	0.3	3	-35.2	-1.2	0.4	3	-33.7	-1.1	0.4	4	-32.5	**-1.0**	0.4	4	-31.3	-0.9	0.5	5	-30.3	25
24	-1.2	0.4	4	-32.2	-1.1	0.5	4	-31.1	**-1.0**	0.5	5	-30.0	-0.9	0.6	5	-29.1	-0.8	0.6	6	-28.2	24
24	-1.1	0.5	5	-29.8	**-1.0**	0.6	5	-28.9	-0.9	0.6	6	-28.0	-0.8	0.7	6	-27.2	-0.7	0.7	7	-26.5	24
24	**-1.0**	0.6	6	-27.8	-0.9	0.7	6	-27.0	-0.8	0.7	7	-26.3	-0.7	0.8	7	-25.6	-0.6	0.8	8	-24.9	24
23	-0.9	0.7	7	-26.1	-0.8	0.8	7	-25.4	-0.7	0.8	8	-24.8	-0.6	0.9	8	-24.1	-0.5	0.9	9	-23.5	23
23	-0.8	0.8	8	-24.6	-0.7	0.9	8	-24.0	-0.6	0.9	9	-23.4	-0.5	1.0	9	-22.8	-0.4	1.0	10	-22.3	23
22	-0.7	0.9	9	-23.3	-0.6	1.0	9	-22.7	-0.5	1.0	10	-22.2	-0.4	1.1	10	-21.6	-0.3	1.1	11	-21.1	22
22	-0.6	1.0	10	-22.1	-0.5	1.1	11	-21.5	-0.4	1.1	11	-21.0	-0.3	1.2	11	-20.6	-0.2	1.2	12	-20.1	22
22	-0.5	1.2	11	-20.9	-0.4	1.2	12	-20.5	-0.3	1.3	12	-20.0	-0.2	1.3	12	-19.6	-0.1	1.4	13	-19.1	22
21	-0.4	1.3	12	-19.9	-0.3	1.3	13	-19.5	-0.2	1.4	13	-19.0	-0.1	1.4	13	-18.6	**0.0**	1.5	14	-18.2	21
21	-0.3	1.4	13	-19.0	-0.2	1.4	14	-18.5	-0.1	1.5	14	-18.1	**0.0**	1.5	14	-17.7	0.1	1.6	15	-17.4	21
21	-0.2	1.5	14	-18.1	-0.1	1.5	15	-17.7	**0.0**	1.6	15	-17.3	0.1	1.6	15	-17.0	0.2	1.7	16	-16.6	21
20	-0.1	1.6	15	-17.2	**0.0**	1.6	16	-16.9	0.1	1.7	16	-16.5	0.2	1.7	16	-16.2	0.3	1.8	17	-15.9	20
20	**0.0**	1.7	16	-16.4	0.1	1.7	17	-16.1	0.2	1.8	17	-15.8	0.3	1.8	17	-15.5	0.4	1.9	18	-15.2	20
20	0.1	1.8	17	-15.7	0.2	1.8	18	-15.4	0.3	1.9	18	-15.1	0.4	1.9	18	-14.8	0.5	2.0	19	-14.6	20
19	0.2	1.9	18	-15.0	0.3	1.9	19	-14.8	0.4	2.0	19	-14.5	0.5	2.0	19	-14.2	0.6	2.1	20	-13.9	19
19	0.3	2.0	19	-14.4	0.4	2.1	20	-14.1	0.5	2.1	20	-13.9	0.6	2.1	20	-13.6	0.7	2.2	21	-13.3	19
19	0.4	2.1	20	-13.8	0.5	2.2	21	-13.5	0.6	2.2	21	-13.3	0.7	2.3	21	-13.0	0.8	2.3	22	-12.8	19
18	0.5	2.2	21	-13.2	0.6	2.3	22	-12.9	0.7	2.3	22	-12.7	0.8	2.4	22	-12.4	0.9	2.4	23	-12.2	18
18	0.6	2.3	22	-12.6	0.7	2.4	23	-12.4	0.8	2.4	23	-12.1	0.9	2.5	23	-11.9	**1.0**	2.5	24	-11.7	18
18	0.7	2.4	23	-12.1	0.8	2.5	24	-11.8	0.9	2.5	24	-11.6	**1.0**	2.6	24	-11.4	1.1	2.6	25	-11.1	18
18	0.8	2.5	24	-11.5	0.9	2.6	25	-11.3	**1.0**	2.6	25	-11.1	1.1	2.7	25	-10.9	1.2	2.7	26	-10.6	18
17	0.9	2.6	25	-11.0	**1.0**	2.7	26	-10.8	1.1	2.7	26	-10.6	1.2	2.8	26	-10.4	1.3	2.8	27	-10.2	17
17	**1.0**	2.7	26	-10.5	1.1	2.8	27	-10.3	1.2	2.8	27	-10.1	1.3	2.9	27	-9.9	1.4	2.9	28	-9.7	17
17	1.1	2.9	28	-10.1	1.2	2.9	28	-9.8	1.3	2.9	28	-9.6	1.4	3.0	28	-9.4	1.5	3.0	29	-9.2	17
16	1.2	3.0	29	-9.6	1.3	3.0	29	-9.4	1.4	3.1	29	-9.2	1.5	3.1	29	-9.0	1.6	3.2	30	-8.8	16
16	1.3	3.1	30	-9.1	1.4	3.1	30	-8.9	1.5	3.2	30	-8.7	1.6	3.2	30	-8.5	1.7	3.3	31	-8.3	16
16	1.4	3.2	31	-8.7	1.5	3.2	31	-8.5	1.6	3.3	31	-8.3	1.7	3.3	31	-8.1	1.8	3.4	32	-7.9	16
15	1.5	3.3	32	-8.3	1.6	3.3	32	-8.1	1.7	3.4	32	-7.9	1.8	3.4	32	-7.7					15
15	1.6	3.4	33	-7.9	1.7	3.4	33	-7.7	1.8	3.5	33	-7.6									15
15	1.7	3.5	34	-7.4	1.8	3.5	34	-7.3													15
	8.0				**8.1**				**8.2**				**8.3**				**8.4**				
26																	**-1.0**	0.1	1	-46.5	26
26					-1.2	0.1	1	-50.4	-1.1	0.1	1	-45.3	**-1.0**	0.2	1	-42.0	-0.9	0.2	2	-39.4	26
26	-1.2	0.1	1	-44.3	-1.1	0.2	2	-41.3	**-1.0**	0.2	2	-38.9	-0.9	0.3	2	-36.9	-0.8	0.3	3	-35.2	26
25	-1.1	0.2	2	-38.3	**-1.0**	0.3	3	-36.5	-0.9	0.3	3	-34.9	-0.8	0.4	3	-33.5	-0.7	0.4	4	-32.2	25
25	**-1.0**	0.3	3	-34.5	-0.9	0.4	3	-33.1	-0.8	0.4	4	-31.9	-0.7	0.5	4	-30.8	-0.6	0.5	5	-29.8	25
25	-0.9	0.4	4	-31.6	-0.8	0.5	4	-30.6	-0.7	0.5	5	-29.6	-0.6	0.6	5	-28.6	-0.5	0.6	6	-27.8	25
24	-0.8	0.5	5	-29.3	-0.7	0.6	5	-28.4	-0.6	0.6	6	-27.6	-0.5	0.7	6	-26.8	-0.4	0.7	7	-26.0	24
24	-0.7	0.6	6	-27.4	-0.6	0.7	6	-26.6	-0.5	0.7	7	-25.9	-0.4	0.8	7	-25.2	-0.3	0.8	8	-24.5	24
24	-0.6	0.8	7	-25.7	-0.5	0.8	7	-25.1	-0.4	0.9	8	-24.4	-0.3	0.9	8	-23.8	-0.2	0.9	9	-23.2	24
23	-0.5	0.9	8	-24.3	-0.4	0.9	8	-23.7	-0.3	1.0	9	-23.1	-0.2	1.0	9	-22.5	-0.1	1.1	10	-21.9	23
23	-0.4	1.0	9	-22.9	-0.3	1.0	9	-22.4	-0.2	1.1	10	-21.9	-0.1	1.1	10	-21.3	**0.0**	1.2	11	-20.8	23
22	-0.3	1.1	10	-21.8	-0.2	1.1	10	-21.2	-0.1	1.2	11	-20.7	**0.0**	1.2	11	-20.3	0.1	1.3	12	-19.8	22
22	-0.2	1.2	11	-20.7	-0.1	1.2	11	-20.2	**0.0**	1.3	12	-19.7	0.1	1.3	12	-19.3	0.2	1.4	12	-18.9	22
22	-0.1	1.3	12	-19.6	**0.0**	1.3	12	-19.2	0.1	1.4	13	-18.8	0.2	1.4	13	-18.4	0.3	1.5	13	-18.1	22
21	**0.0**	1.4	13	-18.7	0.1	1.4	13	-18.3	0.2	1.5	14	-18.0	0.3	1.5	14	-17.6	0.4	1.6	14	-17.3	21
21	0.1	1.5	14	-17.9	0.2	1.6	14	-17.5	0.3	1.6	15	-17.2	0.4	1.6	15	-16.8	0.5	1.7	15	-16.5	21
21	0.2	1.6	15	-17.1	0.3	1.7	15	-16.7	0.4	1.7	16	-16.4	0.5	1.7	16	-16.1	0.6	1.8	16	-15.8	21
20	0.3	1.7	16	-16.3	0.4	1.8	16	-16.0	0.5	1.8	17	-15.7	0.6	1.9	17	-15.4	0.7	1.9	17	-15.1	20
20	0.4	1.8	17	-15.6	0.5	1.9	17	-15.3	0.6	1.9	18	-15.0	0.7	2.0	18	-14.7	0.8	2.0	18	-14.4	20
20	0.5	1.9	18	-14.9	0.6	2.0	18	-14.6	0.7	2.0	19	-14.4	0.8	2.1	19	-14.1	0.9	2.1	19	-13.8	20
19	0.6	2.0	19	-14.3	0.7	2.1	19	-14.0	0.8	2.1	20	-13.7	0.9	2.2	20	-13.5	**1.0**	2.2	20	-13.2	19
19	0.7	2.1	20	-13.7	0.8	2.2	20	-13.4	0.9	2.2	20	-13.1	**1.0**	2.3	21	-12.9	1.1	2.3	21	-12.6	19
19	0.8	2.2	21	-13.1	0.9	2.3	21	-12.8	**1.0**	2.3	21	-12.6	1.1	2.4	22	-12.3	1.2	2.4	22	-12.1	19
19	0.9	2.3	22	-12.5	**1.0**	2.4	22	-12.3	1.1	2.4	22	-12.0	1.2	2.5	23	-11.8	1.3	2.5	23	-11.5	19
18	**1.0**	2.4	23	-12.0	1.1	2.5	23	-11.7	1.2	2.5	23	-11.5	1.3	2.6	24	-11.2	1.4	2.6	24	-11.0	18
18	1.1	2.6	24	-11.4	1.2	2.6	24	-11.2	1.3	2.7	24	-11.0	1.4	2.7	25	-10.7	1.5	2.7	25	-10.5	18
18	1.2	2.7	25	-10.9	1.3	2.7	25	-10.7	1.4	2.8	25	-10.5	1.5	2.8	26	-10.2	1.6	2.9	26	-10.0	18
17	1.3	2.8	26	-10.4	1.4	2.8	26	-10.2	1.5	2.9	26	-10.0	1.6	2.9	27	-9.8	1.7	3.0	27	-9.6	17
17	1.4	2.9	27	-9.9	1.5	2.9	27	-9.7	1.6	3.0	27	-9.5	1.7	3.0	28	-9.3	1.8	3.1	28	-9.1	17

n	t_W	e	U	t_d	t_W	e	U	t_d	t_W	e	U	t_d	t_W	e	U	t_d	t_W	e	U	t_d	n
	8.0				**8.1**				**8.2**				**8.3**				**8.4**				
17	1.5	3.0	28	-9.5	1.6	3.0	28	-9.3	1.7	3.1	28	-9.1	1.8	3.1	29	-8.9	1.9	3.2	29	-8.7	17
16	1.6	3.1	29	-9.0	1.7	3.1	29	-8.8	1.8	3.2	29	-8.6	1.9	3.2	30	-8.4					16
16	1.7	3.2	30	-8.6	1.8	3.3	30	-8.4	1.9	3.3	30	-8.2									16
16	1.8	3.3	31	-8.2																	16
	8.5				**8.6**				**8.7**				**8.8**				**8.9**				
27													-0.8	0.1	1	-49.0	-0.7	0.1	1	-44.4	27
26					-0.9	0.1	1	-47.7	-0.8	0.1	1	-43.6	-0.7	0.2	2	-40.6	-0.6	0.2	2	-38.3	26
26	-0.9	0.1	1	-42.8	-0.8	0.2	2	-40.0	-0.7	0.2	2	-37.8	-0.6	0.3	3	-36.0	-0.5	0.3	3	-34.4	26
26	-0.8	0.2	2	-37.4	-0.7	0.3	3	-35.6	-0.6	0.3	3	-34.1	-0.5	0.4	3	-32.7	-0.4	0.4	4	-31.5	26
25	-0.7	0.4	3	-33.8	-0.6	0.4	4	-32.5	-0.5	0.4	4	-31.3	-0.4	0.5	4	-30.2	-0.3	0.5	5	-29.2	25
25	-0.6	0.5	4	-31.0	-0.5	0.5	5	-30.0	-0.4	0.6	5	-29.0	-0.3	0.6	5	-28.1	-0.2	0.7	6	-27.3	25
25	-0.5	0.6	5	-28.8	-0.4	0.6	6	-27.9	-0.3	0.7	6	-27.1	-0.2	0.7	6	-26.3	-0.1	0.8	7	-25.6	25
24	-0.4	0.7	6	-27.0	-0.3	0.7	6	-26.2	-0.2	0.8	7	-25.5	-0.1	0.8	7	-24.8	**0.0**	0.9	8	-24.1	24
24	-0.3	0.8	7	-25.3	-0.2	0.8	7	-24.7	-0.1	0.9	8	-24.0	**0.0**	0.9	8	-23.4	0.1	1.0	9	-22.9	24
23	-0.2	0.9	8	-23.9	-0.1	0.9	8	-23.3	**0.0**	1.0	9	-22.7	0.1	1.0	9	-22.2	0.2	1.1	9	-21.7	23
23	-0.1	1.0	9	-22.6	**0.0**	1.1	9	-22.0	0.1	1.1	10	-21.6	0.2	1.1	10	-21.1	0.3	1.2	10	-20.7	23
23	**0.0**	1.1	10	-21.4	0.1	1.2	10	-21.0	0.2	1.2	11	-20.5	0.3	1.2	11	-20.1	0.4	1.3	11	-19.7	23
22	0.1	1.2	11	-20.4	0.2	1.3	11	-20.0	0.3	1.3	12	-19.6	0.4	1.3	12	-19.2	0.5	1.4	12	-18.8	22
22	0.2	1.3	12	-19.4	0.3	1.4	12	-19.0	0.4	1.4	13	-18.7	0.5	1.5	13	-18.3	0.6	1.5	13	-17.9	22
22	0.3	1.4	13	-18.5	0.4	1.5	13	-18.2	0.5	1.5	13	-17.8	0.6	1.6	14	-17.5	0.7	1.6	14	-17.1	22
21	0.4	1.5	14	-17.7	0.5	1.6	14	-17.4	0.6	1.6	14	-17.0	0.7	1.7	15	-16.7	0.8	1.7	15	-16.4	21
21	0.5	1.6	15	-16.9	0.6	1.7	15	-16.6	0.7	1.7	15	-16.3	0.8	1.8	16	-15.9	0.9	1.8	16	-15.6	21
21	0.6	1.7	16	-16.2	0.7	1.8	16	-15.9	0.8	1.8	16	-15.6	0.9	1.9	17	-15.2	**1.0**	1.9	17	-14.9	21
20	0.7	1.8	17	-15.5	0.8	1.9	17	-15.2	0.9	1.9	17	-14.9	**1.0**	2.0	17	-14.6	1.1	2.0	18	-14.3	20
20	0.8	1.9	18	-14.8	0.9	2.0	18	-14.5	**1.0**	2.0	18	-14.2	1.1	2.1	18	-13.9	1.2	2.1	19	-13.7	20
20	0.9	2.0	18	-14.2	**1.0**	2.1	19	-13.9	1.1	2.1	19	-13.6	1.2	2.2	19	-13.3	1.3	2.2	20	-13.1	20
19	**1.0**	2.2	19	-13.5	1.1	2.2	20	-13.3	1.2	2.3	20	-13.0	1.3	2.3	20	-12.7	1.4	2.3	21	-12.5	19
19	1.1	2.3	20	-12.9	1.2	2.3	21	-12.7	1.3	2.4	21	-12.4	1.4	2.4	21	-12.2	1.5	2.5	22	-11.9	19
19	1.2	2.4	21	-12.4	1.3	2.4	22	-12.1	1.4	2.5	22	-11.9	1.5	2.5	22	-11.6	1.6	2.6	22	-11.4	19
19	1.3	2.5	22	-11.8	1.4	2.5	23	-11.6	1.5	2.6	23	-11.3	1.6	2.6	23	-11.1	1.7	2.7	23	-10.9	19
18	1.4	2.6	23	-11.3	1.5	2.6	24	-11.1	1.6	2.7	24	-10.8	1.7	2.7	24	-10.6	1.8	2.8	24	-10.4	18
18	1.5	2.7	24	-10.8	1.6	2.7	25	-10.6	1.7	2.8	25	-10.3	1.8	2.8	25	-10.1	1.9	2.9	25	-9.9	18
18	1.6	2.8	25	-10.3	1.7	2.8	25	-10.1	1.8	2.9	26	-9.8	1.9	2.9	26	-9.6	**2.0**	3.0	26	-9.4	18
17	1.7	2.9	26	-9.8	1.8	3.0	26	-9.6	1.9	3.0	27	-9.4	**2.0**	3.1	27	-9.2	2.1	3.1	27	-9.0	17
17	1.8	3.0	27	-9.3	1.9	3.1	27	-9.1	**2.0**	3.1	28	-8.9									17
17	1.9	3.1	28	-8.9	**2.0**	3.2	28	-8.7													17
	9.0				**9.1**				**9.2**				**9.3**				**9.4**				
27													-0.5	0.1	1	-46.2	-0.4	0.1	1	-42.5	27
27	-0.7	0.1	1	-50.5	-0.6	0.1	1	-45.3	-0.5	0.2	1	-41.8	-0.4	0.2	2	-39.2	-0.3	0.3	2	-37.1	27
26	-0.6	0.2	1	-41.2	-0.5	0.2	2	-38.8	-0.4	0.3	2	-36.8	-0.3	0.3	3	-35.0	-0.2	0.4	3	-33.6	26
26	-0.5	0.3	2	-36.4	-0.4	0.3	3	-34.7	-0.3	0.4	3	-33.3	-0.2	0.4	4	-32.0	-0.1	0.5	4	-30.8	26
26	-0.4	0.4	3	-33.0	-0.3	0.4	4	-31.8	-0.2	0.5	4	-30.6	-0.1	0.5	5	-29.6	**0.0**	0.6	5	-28.6	26
25	-0.3	0.5	4	-30.4	-0.2	0.5	5	-29.4	-0.1	0.6	5	-28.5	**0.0**	0.6	5	-27.6	0.1	0.7	6	-26.8	25
25	-0.2	0.6	5	-28.3	-0.1	0.6	6	-27.4	**0.0**	0.7	6	-26.6	0.1	0.7	6	-25.9	0.2	0.8	7	-25.3	25
24	-0.1	0.7	6	-26.5	**0.0**	0.8	7	-25.7	0.1	0.8	7	-25.1	0.2	0.8	7	-24.5	0.3	0.9	8	-23.9	24
24	**0.0**	0.8	7	-24.9	0.1	0.9	7	-24.3	0.2	0.9	8	-23.7	0.3	0.9	8	-23.2	0.4	1.0	8	-22.6	24
24	0.1	0.9	8	-23.6	0.2	1.0	8	-23.0	0.3	1.0	9	-22.5	0.4	1.1	9	-22.0	0.5	1.1	9	-21.5	24
23	0.2	1.0	9	-22.3	0.3	1.1	9	-21.9	0.4	1.1	10	-21.4	0.5	1.2	10	-20.9	0.6	1.2	10	-20.5	23
23	0.3	1.1	10	-21.2	0.4	1.2	10	-20.8	0.5	1.2	10	-20.3	0.6	1.3	11	-19.9	0.7	1.3	11	-19.5	23
23	0.4	1.2	11	-20.2	0.5	1.3	11	-19.8	0.6	1.3	11	-19.4	0.7	1.4	12	-19.0	0.8	1.4	12	-18.6	23
22	0.5	1.3	12	-19.3	0.6	1.4	12	-18.9	0.7	1.4	12	-18.5	0.8	1.5	13	-18.1	0.9	1.5	13	-17.7	22
22	0.6	1.4	13	-18.4	0.7	1.5	13	-18.0	0.8	1.5	13	-17.7	0.9	1.6	13	-17.3	**1.0**	1.6	14	-16.9	22
22	0.7	1.5	13	-17.5	0.8	1.6	14	-17.2	0.9	1.6	14	-16.9	**1.0**	1.7	14	-16.5	1.1	1.7	15	-16.2	22
21	0.8	1.7	14	-16.8	0.9	1.7	15	-16.4	**1.0**	1.7	15	-16.1	1.1	1.8	15	-15.8	1.2	1.8	16	-15.5	21
21	0.9	1.8	15	-16.0	**1.0**	1.8	16	-15.7	1.1	1.9	16	-15.4	1.2	1.9	16	-15.1	1.3	1.9	17	-14.8	21
21	**1.0**	1.9	16	-15.3	1.1	1.9	17	-15.0	1.2	2.0	17	-14.7	1.3	2.0	17	-14.4	1.4	2.1	17	-14.1	21
20	1.1	2.0	17	-14.6	1.2	2.0	17	-14.4	1.3	2.1	18	-14.1	1.4	2.1	18	-13.8	1.5	2.2	18	-13.5	20
20	1.2	2.1	18	-14.0	1.3	2.1	18	-13.7	1.4	2.2	19	-13.4	1.5	2.2	19	-13.2	1.6	2.3	19	-12.9	20
20	1.3	2.2	19	-13.4	1.4	2.2	19	-13.1	1.5	2.3	20	-12.9	1.6	2.3	20	-12.6	1.7	2.4	20	-12.3	20
20	1.4	2.3	20	-12.8	1.5	2.3	20	-12.5	1.6	2.4	21	-12.3	1.7	2.4	21	-12.0	1.8	2.5	21	-11.8	20
19	1.5	2.4	21	-12.2	1.6	2.4	21	-12.0	1.7	2.5	21	-11.7	1.8	2.5	22	-11.5	1.9	2.6	22	-11.2	19
19	1.6	2.5	22	-11.7	1.7	2.5	22	-11.5	1.8	2.6	22	-11.2	1.9	2.7	23	-11.0	**2.0**	2.7	23	-10.7	19
19	1.7	2.6	23	-11.1	1.8	2.7	23	-11.0	1.9	2.7	23	-10.7	**2.0**	2.8	24	-10.5	2.1	2.8	24	-10.2	19
18	1.8	2.7	24	-10.6	1.9	2.8	24	-10.5	**2.0**	2.8	24	-10.2	2.1	2.9	25	-10.0	2.2	2.9	25	-9.7	18
18	1.9	2.8	25	-10.1	**2.0**	2.9	25	-9.9	2.1	2.9	25	-9.7	2.2	3.0	25	-9.5					18
18	**2.0**	2.9	26	-9.7	2.1	3.0	26	-9.5													18
17	2.1	3.0	27	-9.2																	17

n	t_W	e	U	t_d	t_W	e	U	t_d	t_W	e	U	t_d	t_W	e	U	t_d	t_W	e	U	t_d	n
	9.5				**9.6**				**9.7**				**9.8**				**9.9**				
27																	-0.2	0.1	1	-49.4	27
27									-0.3	0.1	1	-48.3	-0.2	0.1	1	-43.8	-0.1	0.2	1	-40.7	27
27	-0.4	0.1	1	-47.2	-0.3	0.1	1	-43.1	-0.2	0.2	2	-40.2	-0.1	0.2	2	-37.9	**0.0**	0.3	2	-35.9	27
27	-0.3	0.2	2	-39.7	-0.2	0.2	2	-37.5	-0.1	0.3	2	-35.7	**0.0**	0.3	3	-34.0	0.1	0.4	3	-32.8	27
26	-0.2	0.3	3	-35.4	-0.1	0.4	3	-33.8	**0.0**	0.4	3	-32.4	0.1	0.4	4	-31.4	0.2	0.5	4	-30.4	26
26	-0.1	0.4	3	-32.2	**0.0**	0.5	4	-31.0	0.1	0.5	4	-30.1	0.2	0.6	5	-29.1	0.3	0.6	5	-28.3	26
25	**0.0**	0.5	4	-29.7	0.1	0.6	5	-28.9	0.2	0.6	5	-28.1	0.3	0.7	5	-27.3	0.4	0.7	6	-26.5	25
25	0.1	0.6	5	-27.8	0.2	0.7	6	-27.1	0.3	0.7	6	-26.3	0.4	0.8	6	-25.7	0.5	0.8	7	-25.0	25
25	0.2	0.7	6	-26.1	0.3	0.8	6	-25.5	0.4	0.8	7	-24.8	0.5	0.9	7	-24.2	0.6	0.9	7	-23.7	25
24	0.3	0.8	7	-24.7	0.4	0.9	7	-24.1	0.5	0.9	8	-23.5	0.6	1.0	8	-23.0	0.7	1.0	8	-22.4	24
24	0.4	0.9	8	-23.3	0.5	1.0	8	-22.8	0.6	1.0	9	-22.3	0.7	1.1	9	-21.8	0.8	1.1	9	-21.3	24
24	0.5	1.0	9	-22.1	0.6	1.1	9	-21.7	0.7	1.1	9	-21.2	0.8	1.2	10	-20.7	0.9	1.2	10	-20.3	24
23	0.6	1.1	10	-21.0	0.7	1.2	10	-20.6	0.8	1.2	10	-20.1	0.9	1.3	11	-19.7	**1.0**	1.3	11	-19.3	23
23	0.7	1.3	11	-20.0	0.8	1.3	11	-19.6	0.9	1.3	11	-19.2	**1.0**	1.4	11	-18.8	1.1	1.4	12	-18.4	23
23	0.8	1.4	11	-19.1	0.9	1.4	12	-18.7	**1.0**	1.4	12	-18.3	1.1	1.5	12	-17.9	1.2	1.5	13	-17.6	23
22	0.9	1.5	12	-18.2	**1.0**	1.5	13	-17.8	1.1	1.6	13	-17.5	1.2	1.6	13	-17.1	1.3	1.7	14	-16.8	22
22	**1.0**	1.6	13	-17.4	1.1	1.6	14	-17.0	1.2	1.7	14	-16.7	1.3	1.7	14	-16.3	1.4	1.8	14	-16.0	22
22	1.1	1.7	14	-16.6	1.2	1.7	14	-16.3	1.3	1.8	15	-15.9	1.4	1.8	15	-15.6	1.5	1.9	15	-15.3	22
21	1.2	1.8	15	-15.9	1.3	1.8	15	-15.5	1.4	1.9	16	-15.2	1.5	1.9	16	-14.9	1.6	2.0	16	-14.6	21
21	1.3	1.9	16	-15.2	1.4	1.9	16	-14.9	1.5	2.0	16	-14.5	1.6	2.0	17	-14.3	1.7	2.1	17	-14.0	21
21	1.4	2.0	17	-14.5	1.5	2.0	17	-14.2	1.6	2.1	17	-13.9	1.7	2.1	18	-13.6	1.8	2.2	18	-13.3	21
20	1.5	2.1	18	-13.8	1.6	2.2	18	-13.6	1.7	2.2	18	-13.3	1.8	2.3	19	-13.0	1.9	2.3	19	-12.7	20
20	1.6	2.2	19	-13.2	1.7	2.3	19	-13.0	1.8	2.3	19	-12.7	1.9	2.4	19	-12.4	**2.0**	2.4	20	-12.2	20
20	1.7	2.3	20	-12.6	1.8	2.4	20	-12.4	1.9	2.4	20	-12.1	**2.0**	2.5	20	-11.9	2.1	2.5	21	-11.6	20
20	1.8	2.4	20	-12.1	1.9	2.5	21	-11.8	**2.0**	2.5	21	-11.6	2.1	2.6	21	-11.3	2.2	2.6	22	-11.1	20
19	1.9	2.5	21	-11.5	**2.0**	2.6	22	-11.3	2.1	2.6	22	-11.0	2.2	2.7	22	-10.8	2.3	2.7	22	-10.6	19
19	**2.0**	2.6	22	-11.0	2.1	2.7	23	-10.8	2.2	2.7	23	-10.5	2.3	2.8	23	-10.3					19
19	2.1	2.8	23	-10.5	2.2	2.8	23	-10.3	2.3	2.9	24	-10.0									19
18	2.2	2.9	24	-10.0																	18

表2 湿球未结冰部分

n	t_W	e	U	t_d	t_W	e	U	t_d	t_W	e	U	t_d	t_W	e	U	t_d	t_W	e	U	t_d	n
	-10.0				**-9.9**				**-9.8**				**-9.7**				**-9.6**				
13									-13.1	0.0	1	-55.8	**-13.0**	0.1	2	-52.1	-12.9	0.1	2	-49.4	13
13	-13.2	0.1	3	-47.9	-13.1	0.1	3	-46.1	**-13.0**	0.1	4	-44.5	-12.9	0.1	5	-43.2	-12.8	0.2	5	-42.0	13
12	-13.1	0.2	6	-41.3	**-13.0**	0.2	6	-40.3	-12.9	0.2	7	-39.4	-12.8	0.2	8	-38.5	-12.7	0.2	8	-37.7	12
12	**-13.0**	0.3	9	-37.3	-12.9	0.3	9	-36.6	-12.8	0.3	10	-35.9	-12.7	0.3	10	-35.3	-12.6	0.3	11	-34.7	12
11	-12.9	0.3	12	-34.3	-12.8	0.4	12	-33.8	-12.7	0.4	13	-33.3	-12.6	0.4	13	-32.8	-12.5	0.4	14	-32.3	11
11	-12.8	0.4	15	-32.0	-12.7	0.4	15	-31.6	-12.6	0.5	16	-31.1	-12.5	0.5	16	-30.7	-12.4	0.5	17	-30.3	11
11	-12.7	0.5	18	-30.1	-12.6	0.5	18	-29.7	-12.5	0.5	19	-29.3	-12.4	0.6	19	-28.9	-12.3	0.6	20	-28.6	11
10	-12.6	0.6	21	-28.4	-12.5	0.6	21	-28.1	-12.4	0.6	22	-27.7	-12.3	0.6	22	-27.4	12.2	0.7	23	-27.1	10
10	-12.5	0.7	24	-26.9	-12.4	0.7	24	-26.6	-12.3	0.7	25	-26.3	12.2	0.7	25	-26.0	-12.1	0.8	26	-25.8	10
9	-12.4	0.8	27	-25.6	-12.3	0.8	27	-25.4	12.2	0.8	28	-25.1	-12.1	0.8	28	-24.8	**-12.0**	0.8	28	-24.6	9
9	-12.3	0.8	30	-24.4	12.2	0.9	30	-24.2	-12.1	0.9	30	-23.9	**-12.0**	0.9	31	-23.7	-11.9	0.9	31	-23.5	9
9	12.2	0.9	33	-23.4	-12.1	1.0	33	-23.1	**-12.0**	1.0	33	-22.4	-11.9	1.0	34	-22.7	-11.8	1.0	34	-22.5	9
8	-12.1	1.0	36	-22.4	**-12.0**	1.0	36	-22.2	-11.9	1.1	36	-21.9	-11.8	1.1	37	-21.7	-11.7	1.1	37	-21.5	8
8	**-12.0**	1.1	39	-21.4	-11.9	1.1	39	-21.2	-11.8	1.1	39	-21.0	-11.7	1.2	40	-20.8	-11.6	1.2	40	-20.6	8
7	-11.9	1.2	42	-20.6	-11.8	1.2	42	-20.4	-11.7	1.2	42	-20.2	-11.6	1.3	43	-20.0	-11.5	1.3	43	-19.8	7
7	-11.8	1.3	45	-19.8	-11.7	1.3	45	-19.6	-11.6	1.3	45	-19.4	-11.5	1.3	46	-19.2	-11.4	1.4	46	-19.1	7
7	-11.7	1.4	48	-19.0	-11.6	1.4	48	-18.7	-11.5	1.4	48	-18.7	-11.4	1.4	49	-18.5	-11.3	1.4	49	-18.3	7
6	-11.6	1.5	51	-18.3	-11.5	1.5	51	-18.1	-11.4	1.5	51	-18.0	-11.3	1.5	52	-17.8	-11.2	1.5	52	-17.6	6
6	-11.5	1.5	54	-17.6	-11.4	1.6	54	-17.4	-11.3	1.6	54	-17.3	-11.2	1.6	55	-17.1	-11.1	1.6	55	-17.0	6
5	-11.4	1.6	57	-16.9	-11.3	1.6	57	-16.8	-11.2	1.7	57	-16.6	-11.1	1.7	58	-16.5	**-11.0**	1.7	58	-16.3	5
5	-11.3	1.7	60	-16.3	-11.2	1.7	60	-16.2	-11.1	1.8	60	-16.0	**-11.0**	1.8	61	-15.9	-10.9	1.8	61	-15.7	5
5	-11.2	1.8	63	-15.7	-11.1	1.8	63	-15.6	**-11.0**	1.8	63	-15.4	-10.9	1.9	64	-15.3	-10.8	1.9	64	-15.2	5
4	-11.1	1.9	66	-15.1	**-11.0**	1.9	66	-15.0	-10.9	1.9	66	-14.9	-10.8	2.0	67	-14.7	-10.7	2.0	67	-14.6	4
4	**-11.0**	2.0	69	-14.6	-10.9	2.0	69	-14.5	-10.8	2.0	69	-14.3	-10.7	2.0	70	-14.2	-10.6	2.1	70	-14.1	4
3	-10.9	2.1	72	-14.1	-10.8	2.1	72	-13.9	-10.7	2.1	72	-13.8	-10.6	2.1	73	-13.7	-10.5	2.2	73	-13.6	3
3	-10.8	2.2	75	-13.6	-10.7	2.2	75	-13.4	-10.6	2.2	76	-13.3	-10.5	2.2	76	-13.2	-10.4	2.2	76	-13.1	3
3	-10.7	2.2	78	-13.1	-10.6	2.3	78	-12.9	-10.5	2.3	79	-12.8	-10.4	2.3	79	-12.7	-10.3	2.3	79	-12.6	3
2	-10.6	2.3	81	-12.6	-10.5	2.4	81	-12.5	-10.4	2.4	82	-12.3	-10.3	2.4	82	-12.2	-10.2	2.4	82	-12.1	2
2	-10.5	2.4	84	-12.1	-10.4	2.4	85	-12.0	-10.3	2.5	85	-11.9	-10.2	2.5	85	-11.8	-10.1	2.5	85	-11.7	2
2	-10.4	2.5	88	-11.7	-10.3	2.5	88	-11.6	-10.2	2.6	88	-11.5	-10.1	2.6	88	-11.3	**-10.0**	2.6	88	-11.2	2
1	-10.3	2.6	91	-11.2	-10.2	2.6	91	-11.1	-10.1	2.6	91	-11.0	**-10.0**	2.7	91	-10.9	-9.9	2.7	91	-10.8	1
1	-10.2	2.7	94	-10.8	-10.1	2.7	94	-10.7	**-10.0**	2.7	94	-10.6	-9.9	2.8	94	-10.5	-9.8	2.8	94	-10.4	1
0	-10.1	2.8	97	-10.4	**-10.0**	2.8	97	-10.3	-9.9	2.8	97	-10.2	-9.8	2.8	97	-10.1	-9.7	2.9	97	-10.0	0
0	**-10.0**	2.9	100	-10.0	-9.9	2.9	100	-9.9	-9.8	2.9	100	-9.8	-9.7	2.9	100	-9.7	-9.6	3.0	100	-9.6	0
	-9.5				**-9.4**				**-9.3**				**-9.2**				**-9.1**				
13					-12.8	0.0	1	-59.5	-12.7	0.0	1	-54.2	-12.6	0.1	2	-50.9	-12.5	0.1	2	-48.4	13
13	-12.8	0.1	3	-47.2	-12.7	0.1	4	-45.5	-12.6	0.1	4	-44.0	-12.5	0.1	5	-42.7	-12.4	0.2	5	-41.5	13
12	-12.7	0.2	6	-40.9	-12.6	0.2	6	-39.9	-12.5	0.2	7	-39.0	-12.4	0.2	8	-38.2	-12.3	0.2	8	-37.4	12
12	-12.6	0.3	9	-37.0	-12.5	0.3	9	-36.3	-12.4	0.3	10	-35.6	-12.3	0.3	10	-35.0	-12.2	0.3	11	-34.4	12
12	-12.5	0.3	12	-34.1	-12.4	0.4	12	-33.5	-12.3	0.4	13	-33.0	-12.2	0.4	13	-32.5	-12.1	0.4	14	-32.0	12
11	-12.4	0.4	14	-31.8	-12.3	0.4	15	-31.3	-12.2	0.5	15	-30.9	-12.1	0.5	16	-30.5	**-12.0**	0.5	16	-30.1	11
11	-12.3	0.5	17	-29.9	-12.2	0.5	18	-29.5	-12.1	0.6	18	-29.1	**-12.0**	0.6	19	-28.7	-11.9	0.6	19	-28.4	11
10	-12.2	0.6	20	-28.2	-12.1	0.6	21	-27.9	**-12.0**	0.6	21	-27.5	-11.9	0.7	22	-27.2	-11.8	0.7	22	-26.9	10
10	-12.1	0.7	23	-26.8	**-12.0**	0.7	24	-26.5	-11.9	0.7	24	-26.2	-11.8	0.7	24	-25.9	-11.7	0.8	25	-25.6	10
10	**-12.0**	0.8	26	-25.5	-11.9	0.8	26	-25.2	-11.8	0.8	27	-24.9	-11.7	0.8	27	-24.7	-11.6	0.9	28	-24.4	10
9	-11.9	0.9	29	-24.3	-11.8	0.9	29	-24.0	-11.7	0.9	30	-23.8	-11.6	0.9	30	-23.5	-11.5	0.9	31	-23.3	9
9	-11.8	0.9	32	-23.2	-11.7	1.0	32	-23.0	-11.6	1.0	33	-22.8	-11.5	1.0	33	-22.5	-11.4	1.0	33	-22.3	9
8	-11.7	1.0	35	-22.2	-11.6	1.1	35	-22.0	-11.5	1.1	35	-21.8	-11.4	1.1	36	-21.6	-11.3	1.1	36	-21.4	8
8	-11.6	1.1	38	-21.3	-11.5	1.1	38	-21.1	-11.4	1.2	38	-20.9	-11.3	1.2	39	-20.7	-11.2	1.2	39	-20.5	8
8	-11.5	1.2	41	-20.4	-11.4	1.2	41	-20.3	-11.3	1.2	41	-20.1	-11.2	1.3	42	-19.9	-11.1	1.3	42	-19.7	8
7	-11.4	1.3	43	-19.6	-11.3	1.3	44	-19.5	-11.2	1.3	44	-19.3	-11.1	1.4	44	-19.1	**-11.0**	1.4	45	-18.9	7
7	-11.3	1.4	46	-18.9	-11.2	1.4	47	-18.7	-11.1	1.4	47	-18.5	**-11.0**	1.4	47	-18.4	-10.9	1.5	48	-18.2	7
6	-11.2	1.5	49	-18.2	-11.1	1.5	50	-18.0	**-11.0**	1.5	50	-17.8	-10.9	1.5	50	-17.7	-10.8	1.6	51	-17.5	6
6	-11.1	1.6	52	-17.5	**-11.0**	1.6	53	-17.3	-10.9	1.6	53	-17.2	-10.8	1.6	53	-17.0	-10.7	1.6	53	-16.8	6
6	**-11.0**	1.6	55	-16.8	-10.9	1.7	55	-16.7	-10.8	1.7	56	-16.5	-10.7	1.7	56	-16.4	-10.6	1.7	56	-16.2	6
5	-10.9	1.7	58	-16.2	-10.8	1.8	58	-16.0	-10.7	1.8	59	-15.9	-10.6	1.8	59	-15.8	-10.5	1.8	59	-15.6	5
5	-10.8	1.8	61	-15.6	-10.7	1.8	61	-15.5	-10.6	1.9	62	-15.3	-10.5	1.9	62	-15.2	-10.4	1.9	62	-15.0	5
5	-10.7	1.9	64	-15.0	-10.6	1.9	64	-14.9	-10.5	2.0	64	-14.8	-10.4	2.0	65	-14.6	-10.3	2.0	65	-14.5	5
4	-10.6	2.0	67	-14.5	-10.5	2.0	67	-14.3	-10.4	2.0	67	-14.2	-10.3	2.1	68	-14.1	-10.2	2.1	68	-13.9	4
4	-10.5	2.1	70	-13.9	-10.4	2.1	70	-13.8	-10.3	2.1	70	-13.7	-10.2	2.2	71	-13.6	-10.1	2.2	71	-13.4	4
3	-10.4	2.2	73	-13.4	-10.3	2.2	73	-13.3	-10.2	2.2	73	-13.2	-10.1	2.2	73	-13.1	**-10.0**	2.3	74	-12.9	3
3	-10.3	2.3	76	-12.9	-10.2	2.3	76	-12.8	-10.1	2.3	76	-12.7	**-10.0**	2.3	76	-12.6	-9.9	2.4	77	-12.5	3
3	-10.2	2.4	79	-12.5	-10.1	2.4	79	-12.3	**-10.0**	2.4	79	-12.2	-9.9	2.4	79	-12.1	-9.8	2.4	79	-12.0	3
2	-10.1	2.4	82	-12.0	**-10.0**	2.5	82	-11.9	-9.9	2.5	82	-11.8	-9.8	2.5	82	-11.7	-9.7	2.5	82	-11.5	2
2	**-10.0**	2.5	85	-11.6	-9.9	2.6	85	-11.4	-9.8	2.6	85	-11.3	-9.7	2.6	85	-11.2	-9.6	2.6	85	-11.1	2
1	-9.9	2.6	88	-11.1	-9.8	2.6	88	-11.0	-9.7	2.7	88	-10.9	-9.6	2.7	88	-10.8	-9.5	2.7	88	-10.7	1
1	-9.8	2.7	91	-10.7	-9.7	2.7	91	-10.6	-9.6	2.8	91	-10.5	-9.5	2.8	91	-10.4	-9.4	2.8	91	-10.3	1
1	-9.7	2.8	94	-10.3	-9.6	2.8	94	-10.2	-9.5	2.8	94	-10.1	-9.4	2.9	94	-10.0	-9.3	2.9	94	-9.9	1
0	-9.6	2.9	97	-9.9	-9.5	2.9	97	-9.8	-9.4	2.9	97	-9.7	-9.3	3.0	97	-9.6	-9.2	3.0	97	-9.5	0
0	-9.5	3.0	100	-9.5	-9.4	3.0	100	-9.4	-9.3	3.0	100	-9.3	-9.2	3.0	100	-9.2	-9.1	3.1	100	-9.1	0

n	t_W	e	U	t_d	t_W	e	U	t_d	t_W	e	U	t_d	t_W	e	U	t_d	t_W	e	U	t_d	n
	-9.0				**-8.9**				**-8.8**				**-8.7**				**-8.6**				
14					-12.4	0.0	1	-56.7	-12.3	0.0	2	-52.5	-12.2	0.1	2	-49.5	-12.1	0.1	3	-47.3	14
13	-12.4	0.1	3	-46.4	-12.3	0.1	4	-44.7	12.2	0.1	4	-43.3	-12.1	0.2	5	-42.0	**-12.0**	0.2	5	-40.9	13
13	-12.3	0.2	6	-40.4	12.2	0.2	6	-39.4	-12.1	0.2	7	-38.5	**-12.0**	0.2	8	-37.7	-11.9	0.3	8	-36.9	13
12	12.2	0.3	9	-36.6	-12.1	0.3	9	-35.9	**-12.0**	0.3	10	-35.3	-11.9	0.3	10	-34.6	-11.8	0.3	11	-34.0	12
12	-12.1	0.4	11	-33.8	**-12.0**	0.4	12	-33.2	-11.9	0.4	12	-32.7	-11.8	0.4	13	-32.2	-11.7	0.4	14	-31.7	12
12	**-12.0**	0.4	14	-31.5	-11.9	0.5	15	-31.1	-11.8	0.5	15	-30.6	-11.7	0.5	16	-30.2	-11.6	0.5	16	-29.8	12
11	-11.9	0.5	17	-29.6	-11.8	0.5	17	-29.3	-11.7	0.6	18	-28.9	-11.6	0.6	18	-28.5	-11.5	0.6	19	-28.1	11
11	-11.8	0.6	20	-28.0	-11.7	0.6	20	-27.7	-11.6	0.7	21	-27.3	-11.5	0.7	21	-27.0	-11.4	0.7	22	-26.7	11
10	-11.7	0.7	23	-26.6	-11.6	0.7	23	-26.3	-11.5	0.7	24	-26.0	-11.4	0.8	24	-25.7	-11.3	0.8	24	-25.4	10
10	-11.6	0.8	25	-25.3	-11.5	0.8	26	-25.0	-11.4	0.8	26	-24.7	-11.3	0.8	27	-24.5	-11.2	0.9	27	-24.2	10
10	-11.5	0.9	28	-24.1	-11.4	0.9	29	-23.9	-11.3	0.9	29	-23.6	-11.2	0.9	29	-23.4	-11.1	1.0	30	-23.1	10
9	-11.4	1.0	31	-23.1	-11.3	1.0	31	-22.8	-11.2	1.0	32	-22.6	-11.1	1.0	32	-22.3	**-11.0**	1.0	33	-22.1	9
9	-11.3	1.0	34	-22.1	-11.2	1.1	34	-21.8	-11.1	1.1	35	-21.6	**-11.0**	1.1	35	-21.4	-10.9	1.1	35	-21.2	9
8	-11.2	1.1	37	-21.2	-11.1	1.2	37	-20.9	**-11.0**	1.2	37	-20.7	-10.9	1.2	38	-20.5	-10.8	1.2	38	-20.3	8
8	-11.1	1.2	39	-20.3	**-11.0**	1.2	40	-20.1	-10.9	1.3	40	-19.9	-10.8	1.3	41	-19.7	-10.7	1.3	41	-19.5	8
8	**-11.0**	1.3	42	-19.5	-10.9	1.3	43	-19.3	-10.8	1.4	43	-19.1	-10.7	1.4	43	-18.9	-10.6	1.4	44	-18.8	8
7	-10.9	1.4	45	-18.7	-10.8	1.4	45	-18.6	-10.7	1.4	46	-18.4	-10.6	1.5	46	-18.2	-10.5	1.5	46	-18.0	7
7	-10.8	1.5	48	-18.0	-10.7	1.5	48	-17.8	-10.6	1.5	49	-17.7	-10.5	1.6	49	-17.5	-10.4	1.6	49	-17.3	7
6	-10.7	1.6	51	-17.3	-10.6	1.6	51	-17.2	-10.5	1.6	51	-17.0	-10.4	1.6	52	-16.8	-10.3	1.7	52	-16.7	6
6	-10.6	1.7	54	-16.7	-10.5	1.7	54	-16.5	-10.4	1.7	54	-16.4	-10.3	1.7	55	-16.2	-10.2	1.8	55	-16.1	6
6	-10.5	1.8	57	-16.1	-10.4	1.8	57	-15.9	-10.3	1.8	57	-15.8	-10.2	1.8	57	-15.6	-10.1	1.8	58	-15.5	6
5	-10.4	1.8	59	-15.5	-10.3	1.9	60	-15.3	-10.2	1.9	60	-15.2	-10.1	1.9	60	-15.0	**-10.0**	1.9	60	-14.9	5
5	-10.3	1.9	62	-14.9	-10.2	2.0	62	-14.8	-10.1	2.0	63	-14.6	**-10.0**	2.0	63	-14.5	-9.9	2.0	63	-14.3	5
4	-10.2	2.0	65	-14.3	-10.1	2.0	65	-14.2	**-10.0**	2.1	66	-14.1	-9.9	2.1	66	-13.9	-9.8	2.1	66	-13.8	4
4	-10.1	2.1	68	-13.8	**-10.0**	2.1	68	-13.7	-9.9	2.2	68	-13.6	-9.8	2.2	69	-13.4	-9.7	2.2	69	-13.3	4
4	**-10.0**	2.2	71	-13.3	-9.9	2.2	71	-13.2	-9.8	2.2	71	-13.1	-9.7	2.3	71	-12.9	-9.6	2.3	72	-12.8	4
3	-9.9	2.3	74	-12.8	-9.8	2.3	74	-12.7	-9.7	2.3	74	-12.6	-9.6	2.4	74	-12.4	-9.5	2.4	74	-12.3	3
3	-9.8	2.4	77	-12.3	-9.7	2.4	77	-12.2	-9.6	2.4	77	-12.1	- 9.5	2.4	77	-12.0	-9.4	2.5	77	-11.9	3
3	-9.7	2.5	80	-11.9	-9.6	2.5	80	-11.8	-9.5	2.5	80	-11.6	-9.4	2.5	80	-11.5	-9.3	2.6	80	-11.4	3
2	-9.6	2.6	82	-11.4	-9.5	2.6	83	-11.3	-9.4	2.6	83	-11.2	-9.3	2.6	83	-11.1	-9.2	2.6	83	-11.0	2
2	-9.5	2.6	85	-11.0	-9.4	2.7	85	-10.9	-9.3	2.7	86	-10.8	-9.2	2.7	86	-10.7	-9.1	2.7	86	-10.6	2
1	-9.4	2.7	88	-10.6	-9.3	2.8	88	-10.5	-9.2	2.8	88	-10.4	-9.1	2.8	89	-10.3	**-9.0**	2.8	89	-10.1	1
1	-9.3	2.8	91	-10.2	-9.2	2.8	91	-10.1	-9.1	2.9	91	-10.0	**-9.0**	2.9	91	-9.8	-8.9	2.9	91	-9.7	1
1	-9.2	2.9	94	-9.8	-9.1	2.9	94	-9.7	**-9.0**	3.0	94	-9.6	-8.9	3.0	94	-9.5	-8.8	3.0	94	-9.4	1
0	-9.1	3.0	97	-9.4	**-9.0**	3.0	97	-9.3	-8.9	3.1	97	-9.2	-8.8	3.1	97	-9.1	-8.7	3.1	97	-9.0	0
0	**-9.0**	3.1	100	-9.0	-8.9	3.1	100	-8.9	-8.8	3.1	100	-8.8	-8.7	3.2	100	-8.7	-8.6	3.2	100	-8.6	0
	-8.5				**-8.4**				**-8.3**				**-8.2**				**-8.1**				
14	-12.1	0.0	1	-59.7	**-12.0**	0.0	1	-54.1	-11.9	0.1	2	-50.7	-11.8	0.1	2	-48.1	-11.7	0.1	3	-46.1	14
14	**-12.0**	0.1	3	-45.4	-11.9	0.1	4	-43.9	-11.8	0.1	4	-42.5	-11.7	0.2	5	-41.3	-11.6	0.2	6	-40.2	14
13	-11.9	0.2	6	-39.8	-11.8	0.2	7	-38.9	-11.7	0.2	7	-38.0	-11.6	0.3	8	-37.2	-11.5	0.3	8	-36.4	13
13	-11.8	0.3	9	-36.2	-11.7	0.3	9	-35.5	-11.6	0.3	10	-34.8	-11.5	0.3	10	-34.2	-11.4	0.4	11	-33.6	13
12	-11.7	0.4	11	-33.4	-11.6	0.4	12	-32.9	-11.5	0.4	12	-32.4	-11.4	0.4	13	-31.9	-11.3	0.4	13	-31.4	12
12	-11.6	0.5	14	-31.2	-11.5	0.5	15	-30.8	-11.4	0.5	15	-30.3	-11.3	0.5	16	-29.9	-11.2	0.5	16	-29.5	12
11	-11.5	0.5	17	-29.4	-11.4	0.6	17	-29.0	-11.3	0.6	18	-28.6	-11.2	0.6	18	-28.2	-11.1	0.6	19	-27.9	11
11	-11.4	0.6	19	-27.8	-11.3	0.6	20	-27.4	-11.2	0.7	20	-27.1	-11.1	0.7	21	-26.7	**-11.0**	0.7	21	-26.4	11
11	-11.3	0.7	22	-26.4	-11.2	0.7	23	-26.0	-11.1	0.8	23	-25.7	**-11.0**	0.8	24	-25.4	-10.9	0.8	24	-25.1	11
10	-11.2	0.8	25	-25.1	-11.1	0.8	25	-24.8	**-11.0**	0.8	26	-24.5	-10.9	0.9	26	-24.2	-10.8	0.9	27	-24.0	10
10	-11.1	0.9	28	-23.9	**-11.0**	0.9	28	-23.7	-10.9	0.9	28	-23.4	-10.8	1.0	29	-23.1	-10.7	1.0	29	-22.9	10
9	**-11.0**	1.0	30	-22.9	-10.9	1.0	31	-22.6	-10.8	1.0	31	-22.4	-10.7	1.0	32	-22.1	-10.6	1.1	32	-21.9	9
9	-10.9	1.1	33	-21.9	-10.8	1.1	33	-21.7	-10.7	1.1	34	-21.4	-10.6	1.1	34	-21.2	-10.5	1.2	35	-21.0	9
9	-10.8	1.2	36	-21.0	-10.7	1.2	36	-20.8	-10.6	1.2	37	-20.6	-10.5	1.2	37	-20.3	-10.4	1.2	37	-20.1	9
8	-10.7	1.2	39	-20.1	-10.6	1.3	39	-19.9	-10.5	1.3	39	-19.7	-10.4	1.3	40	-19.5	-10.3	1.3	40	-19.3	8
8	-10.6	1.3	41	-19.3	-10.5	1.4	42	-19.1	-10.4	1.4	42	-18.9	-10.3	1.4	42	-18.8	-10.2	1.4	43	-18.6	8
8	-10.5	1.4	44	-18.6	-10.4	1.4	44	-18.4	-10.3	1.5	45	-18.2	-10.2	1.5	45	-18.0	-10.1	1.5	45	-17.9	8
7	-10.4	1.5	47	-17.9	-10.3	1.5	47	-17.7	-10.2	1.5	47	-17.5	-10.1	1.6	48	-17.3	**-10.0**	1.6	48	-17.2	7
7	-10.3	1.6	50	-17.2	-10.2	1.6	50	-17.0	-10.1	1.6	50	-16.8	**-10.0**	1.7	50	-16.7	-9.9	1.7	51	-16.5	7
6	-10.2	1.7	52	-16.5	-10.1	1.7	53	-16.4	**-10.0**	1.7	53	-16.2	-9.9	1.8	53	-16.1	-9.8	1.8	53	-15.9	6
6	-10.1	1.8	55	-15.9	**-10.0**	1.8	55	-15.8	-9.9	1.8	56	-15.6	-9.8	1.8	56	-15.5	-9.7	1.9	56	-15.3	6
6	**-10.0**	1.9	58	-15.3	-9.9	1.9	58	-15.2	-9.8	1.9	58	-15.0	-9.7	1.9	59	-14.9	-9.6	2.0	59	-14.7	6
5	-9.9	2.0	61	-14.8	-9.8	2.0	61	-14.6	-9.7	2.0	61	-14.5	-9.6	2.0	61	-14.3	-9.5	2.0	62	-14.2	5
5	-9.8	2.0	63	-14.2	-9.7	2.1	64	-14.1	-9.6	2.1	64	-13.9	-9.5	2.1	64	-13.8	-9.4	2.1	64	-13.7	5
4	-9.7	2.1	66	-13.7	-9.6	2.2	66	-13.5	-9.5	2.2	67	-13.4	-9.4	2.2	67	-13.3	-9.3	2.2	67	-13.1	4
4	-9.6	2.2	69	-13.2	-9.5	2.2	69	-13.0	-9.4	2.3	69	-12.9	-9.3	2.3	69	-12.8	-9.2	2.3	70	-12.7	4
4	-9.5	2.3	72	-12.7	-9.4	2.3	72	-12.6	-9.3	2.4	72	-12.4	-9.2	2.4	72	-12.3	-9.1	2.4	72	-12.2	4
3	-9.4	2.4	75	-12.2	-9.3	2.4	75	-12.1	-9.2	2.4	75	-12.0	-9.1	2.5	75	-11.8	**-9.0**	2.5	75	-11.7	3
3	-9.3	2.5	77	-11.7	-9.2	2.5	77	-11.6	-9.1	2.5	78	-11.5	**-9.0**	2.6	78	-11.4	-8.9	2.6	78	-11.3	3
3	-9.2	2.6	80	-11.3	-9.1	2.6	80	-11.2	**-9.0**	2.6	80	-11.1	-8.9	2.7	81	-11.0	-8.8	2.7	81	-10.8	3
2	-9.1	2.7	83	-10.9	**-9.0**	2.7	83	-10.8	-8.9	2.7	83	-10.6	-8.8	2.7	83	-10.5	-8.7	2.8	83	-10.4	2
2	**-9.0**	2.8	86	-10.4	-8.9	2.8	86	-10.3	-8.8	2.8	86	-10.2	-8.7	2.8	86	-10.1	-8.6	2.9	86	-10.0	2
1	-8.9	2.9	89	-10.0	-8.8	2.9	89	-9.9	-8.7	2.9	89	-9.8	-8.6	2.9	89	-9.7	-8.5	3.0	89	-9.6	1
1	-8.8	2.9	91	-9.6	-8.7	3.0	92	-9.5	-8.6	3.0	92	-9.4	-8.5	3.0	92	-9.3	-8.4	3.0	92	-9.2	1

n	t_W	e	U	t_d	t_W	e	U	t_d	t_W	e	U	t_d	t_W	e	U	t_d	t_W	e	U	t_d	n
	-8.5				**-8.4**				**-8.3**				**-8.2**				**-8.1**				
1	-8.7	3.0	94	-9.2	-8.6	3.1	94	-9.1	-8.5	3.1	94	-9.0	-8.4	3.1	94	-8.9	-8.3	3.1	94	-8.8	1
0	-8.6	3.1	97	-8.9	-8.5	3.2	97	-8.8	-8.4	3.2	97	-8.7	-8.3	3.2	97	-8.6	-8.2	3.2	97	-8.5	0
0	-8.5	3.2	100	-8.5	-8.4	3.2	100	-8.4	-8.3	3.3	100	-8.3	-8.2	3.3	100	-8.2	-8.1	3.3	100	-8.1	0
	-8.0				**-7.9**				**-7.8**				**-7.7**				**-7.6**				
15																	-11.4	0.0	1	-57.5	15
14	-11.7	0.0	1	-55.8	-11.6	0.1	2	-51.7	-11.5	0.1	2	-48.9	-11.4	0.1	3	-46.6	-11.3	0.1	3	-44.8	14
14	-11.6	0.1	4	-44.4	-11.5	0.1	4	-42.9	-11.4	0.2	5	-41.6	-11.3	0.2	5	-40.5	-11.2	0.2	6	-39.4	14
13	-11.5	0.2	6	-39.2	-11.4	0.2	7	-38.3	-11.3	0.2	7	-37.4	-11.2	0.3	8	-36.6	-11.1	0.3	8	-35.9	13
13	-11.4	0.3	9	-35.7	-11.3	0.3	9	-35.0	-11.2	0.3	9	-34.4	-11.1	0.4	10	-33.7	**-11.0**	0.4	11	-33.2	13
13	-11.3	0.4	11	-33.0	-11.2	0.4	12	-32.5	-11.1	0.4	12	-32.0	**-11.0**	0.4	13	-31.5	-10.9	0.5	13	-31.0	13
12	-11.2	0.5	14	-30.9	-11.1	0.5	14	-30.4	**-11.0**	0.5	15	-30.0	-10.9	0.5	15	-29.6	-10.8	0.6	16	-29.1	12
12	-11.1	0.6	17	-29.1	**-11.0**	0.6	17	-28.7	-10.9	0.6	18	-28.3	-10.8	0.6	18	-27.9	-10.7	0.6	19	-27.5	12
11	**-11.0**	0.6	19	-27.5	-10.9	0.7	20	-27.1	-10.8	0.7	20	-26.8	-10.7	0.7	21	-26.5	-10.6	0.7	21	-26.1	11
11	-10.9	0.7	22	-26.1	-10.8	0.8	22	-25.8	-10.7	0.8	23	-25.5	-10.6	0.8	23	-25.2	-10.5	0.8	24	-24.9	11
11	-10.8	0.8	24	-24.8	-10.7	0.8	25	-24.6	-10.6	0.9	25	-24.3	-10.5	0.9	26	-24.0	-10.4	0.9	26	-23.7	11
10	-10.7	0.9	27	-23.7	-10.6	0.9	28	-23.4	-10.5	1.0	28	-23.2	-10.4	1.0	28	-22.9	-10.3	1.0	29	-22.7	10
10	-10.6	1.0	30	-22.6	-10.5	1.0	30	-22.4	-10.4	1.0	31	-22.2	-10.3	1.1	31	-21.9	-10.2	1.1	31	-21.7	10
9	-10.5	1.1	32	-21.7	-10.4	1.1	33	-21.5	-10.3	1.1	33	-21.2	-10.2	1.1	34	-21.0	-10.1	1.2	34	-20.8	9
9	-10.4	1.2	35	-20.8	-10.3	1.2	35	-20.6	-10.2	1.2	36	-20.3	-10.1	1.2	36	-20.1	**-10.0**	1.3	37	-19.9	9
9	-10.3	1.3	38	-19.9	-10.2	1.3	38	-19.7	-10.1	1.3	38	-19.5	**-10.0**	1.3	39	-19.3	-9.9	1.4	39	-19.1	9
8	-10.2	1.3	40	-19.1	-10.1	1.4	41	-18.9	**-10.0**	1.4	41	-18.8	-9.9	1.4	41	-18.6	-9.8	1.4	42	-18.4	8
8	-10.1	1.4	43	-18.4	**-10.0**	1.5	43	-18.2	-9.9	1.5	44	-18.0	-9.8	1.5	44	-17.8	-9.7	1.5	44	-17.7	8
7	**-10.0**	1.5	46	-17.7	-9.9	1.6	46	-17.5	-9.8	1.6	46	-17.3	-9.7	1.6	47	-17.2	-9.6	1.6	47	-17.0	7
7	-9.9	1.6	48	-17.0	-9.8	1.6	49	-16.8	-9.7	1.7	49	-16.7	-9.6	1.7	49	-16.5	-9.5	1.7	50	-16.3	7
7	-9.8	1.7	51	-16.4	-9.7	1.7	51	-16.2	-9.6	1.8	52	-16.0	-9.5	1.8	52	-15.9	-9.4	1.8	52	-15.7	7
6	-9.7	1.8	54	-15.7	-9.6	1.8	54	-15.6	-9.5	1.8	54	-15.4	-9.4	1.9	54	-15.3	-9.3	1.9	55	-15.1	6
6	-9.6	1.9	56	-15.2	-9.5	1.9	57	-15.0	-9.4	1.9	57	-14.9	-9.3	2.0	57	-14.7	-9.2	2.0	57	-14.6	6
6	-9.5	2.0	59	-14.6	-9.4	2.0	59	-14.4	-9.3	2.0	60	-14.3	-9.2	2.0	60	-14.2	-9.1	2.1	60	-14.0	6
5	-9.4	2.1	62	-14.0	-9.3	2.1	62	-13.9	-9.2	2.1	62	-13.8	-9.1	2.1	62	-13.6	**-9.0**	2.2	63	-13.5	5
5	-9.3	2.2	64	-13.5	-9.2	2.2	65	-13.4	-9.1	2.2	65	-13.3	**-9.0**	2.2	65	-13.1	-8.9	2.3	65	-13.0	5
4	-9.2	2.2	67	-13.0	-9.1	2.3	67	-12.9	**-9.0**	2.3	68	-12.8	-8.9	2.3	68	-12.6	-8.8	2.3	68	-12.5	4
4	-9.1	2.3	70	-12.5	**-9.0**	2.4	70	-12.4	-8.9	2.4	70	-12.3	-8.8	2.4	70	-12.1	-8.7	2.4	71	-12.0	4
4	**-9.0**	2.4	73	-12.1	-8.9	2.5	73	-11.9	-8.8	2.5	73	-11.8	-8.7	2.5	73	-11.7	-8.6	2.5	73	-11.6	4
3	-8.9	2.5	75	-11.6	-8.8	2.5	75	-11.5	-8.7	2.6	76	-11.4	-8.6	2.6	76	-11.2	-8.5	2.6	76	-11.1	3
3	-8.8	2.6	78	-11.2	-8.7	2.6	78	-11.0	-8.6	2.7	78	-10.9	-8.5	2.7	78	-10.8	-8.4	2.7	79	-10.7	3
3	-8.7	2.7	81	-10.7	-8.6	2.7	81	-10.6	-8.5	2.8	81	-10.5	-8.4	2.8	81	-10.4	-8.3	2.8	81	-10.3	3
2	-8.6	2.8	83	-10.3	-8.5	2.8	84	-10.2	-8.4	2.8	84	-10.1	-8.3	2.9	84	-10.0	-8.2	2.9	84	-9.9	2
2	-8.5	2.9	86	-9.9	-8.4	2.9	86	-9.8	-8.3	2.9	86	-9.7	-8.2	3.0	86	-9.6	-8.1	3.0	87	-9.5	2
1	-8.4	3.0	89	-9.5	-8.3	3.0	89	-9.4	-8.2	3.0	89	-9.3	-8.1	3.1	89	-9.2	**-8.0**	3.1	89	-9.1	1
1	-8.3	3.1	92	-9.1	-8.2	3.1	92	-9.0	-8.1	3.1	92	-8.9	**-8.0**	3.1	92	-8.8	-7.9	3.2	92	-8.7	1
1	-8.2	3.2	94	-8.7	-8.1	3.2	95	-8.6	**-8.0**	3.2	95	-8.5	-7.9	3.2	95	-8.4	-7.8	3.3	95	-8.3	1
0	-8.1	3.3	97	-8.4	**-8.0**	3.3	97	-8.3	-7.9	3.3	97	-8.2	-7.8	3.3	97	-8.1	-7.7	3.4	97	-8.0	0
0	**-8.0**	3.3	100	-8.0	-7.9	3.4	100	-7.9	-7.8	3.4	100	-7.8	-7.7	3.4	100	-7.7	-7.6	3.5	100	-7.6	0
	-7.5				**-7.4**				**-7.3**				**-7.2**				**-7.1**				
15													-11.1	0.0	1	-59.0	**-11.0**	0.0	1	-53.4	15
15	-11.3	0.0	1	-52.7	-11.2	0.1	2	-49.5	-11.1	0.1	2	-47.5	**-11.0**	0.1	3	-45.2	-10.9	0.1	4	-43.5	15
14	-11.2	0.1	4	-43.3	-11.1	0.2	4	-41.9	**-11.0**	0.2	5	-40.7	-10.9	0.2	6	-39.6	-10.8	0.2	6	-38.6	14
14	-11.1	0.2	6	-38.5	**-11.0**	0.2	7	-37.6	-10.9	0.3	7	-36.7	-10.8	0.3	8	-36.0	-10.7	0.3	9	-35.2	14
13	**-11.0**	0.3	9	-35.1	-10.9	0.3	9	-34.5	-10.8	0.4	10	-33.8	-10.7	0.4	10	-33.2	-10.6	0.4	11	-32.7	13
13	-10.9	0.4	11	-32.6	-10.8	0.4	12	-32.0	-10.7	0.4	12	-31.5	-10.6	0.5	13	-31.0	-10.5	0.5	13	-30.5	13
12	-10.8	0.5	14	-30.5	-10.7	0.5	14	-30.0	-10.6	0.5	15	-29.6	-10.5	0.5	15	-29.2	-10.4	0.6	16	-28.8	12
12	-10.7	0.6	16	-28.7	-10.6	0.6	17	-28.3	-10.5	0.6	17	-27.9	-10.4	0.6	18	-27.6	-10.3	0.7	18	-27.2	12
12	-10.6	0.7	19	-27.2	-10.5	0.7	19	-26.8	-10.4	0.7	20	-26.5	-10.3	0.7	20	-26.1	-10.2	0.7	21	-25.8	12
11	-10.5	0.8	22	-25.8	-10.4	0.8	22	-25.5	-10.3	0.8	22	-25.2	-10.2	0.8	23	-24.9	-10.1	0.8	23	-24.6	11
11	-10.4	0.8	24	-24.6	-10.3	0.9	25	-24.3	-10.2	0.9	25	-24.0	-10.1	0.9	25	-23.7	**-10.0**	0.9	26	-23.4	11
10	-10.3	0.9	27	-23.4	-10.2	0.9	27	-23.2	-10.1	1.0	28	-22.9	**-10.0**	1.0	28	-22.7	-9.9	1.0	28	-22.4	10
10	-10.2	1.0	29	-22.4	-10.1	1.0	30	-22.2	**-10.0**	1.1	30	-21.9	-9.9	1.1	30	-21.7	-9.8	1.1	31	-21.4	10
10	-10.1	1.1	32	-21.5	**-10.0**	1.1	32	-21.2	-9.9	1.2	33	-21.0	-9.8	1.2	33	-20.8	-9.7	1.2	33	-20.5	10
9	**-10.0**	1.2	34	-20.6	-9.9	1.2	35	-20.3	-9.8	1.2	35	-20.1	-9.7	1.3	35	-19.9	-9.6	1.3	36	-19.7	9
9	-9.9	1.3	37	-19.7	-9.8	1.3	37	-19.5	-9.7	1.3	38	-19.3	-9.6	1.4	38	-19.1	-9.5	1.4	38	-18.9	9
9	-9.8	1.4	39	-18.9	-9.7	1.4	40	-18.7	-9.6	1.4	40	-18.5	-9.5	1.4	41	-18.4	-9.4	1.5	41	-18.2	9
8	-9.7	1.5	42	-18.2	-9.6	1.5	42	-18.0	-9.5	1.5	43	-17.8	-9.4	1.5	43	-17.6	-9.3	1.6	43	-17.5	8
8	-9.6	1.6	45	-17.5	-9.5	1.6	45	-17.3	-9.4	1.6	45	-17.1	-9.3	1.6	46	-17.0	-9.2	1.6	46	-16.8	8
7	-9.5	1.6	47	-16.8	-9.4	1.7	48	-16.6	-9.3	1.7	48	-16.5	-9.2	1.7	48	-16.3	-9.1	1.7	48	-16.1	7
7	-9.4	1.7	50	-16.2	-9.3	1.8	50	-16.0	-9.2	1.8	50	-15.9	-9.1	1.8	51	-15.7	**-9.0**	1.8	51	-15.5	7
7	-9.3	1.8	52	-15.6	-9.2	1.8	53	-15.4	-9.1	1.9	53	-15.3	**-9.0**	1.9	53	-15.1	-8.9	1.9	53	-14.9	7
6	-9.2	1.9	55	-15.0	-9.1	1.9	55	-14.8	**-9.0**	2.0	56	-14.7	-8.9	2.0	56	-14.5	-8.8	2.0	56	-14.4	6
6	-9.1	2.0	58	-14.4	**-9.0**	2.0	58	-14.3	-8.9	2.1	58	-14.1	-8.8	2.1	58	-14.0	-8.7	2.1	59	-13.8	6
5	**-9.0**	2.1	60	-13.9	-8.9	2.1	60	-13.7	-8.8	2.1	61	-13.6	-8.7	2.2	61	-13.5	-8.6	2.2	61	-13.3	5

n	t_W	e	U	t_d	t_W	e	U	t_d	t_W	e	U	t_d	t_W	e	U	t_d	t_W	e	U	t_d	n
	-7.5				**-7.4**				**-7.3**				**-7.2**				**-7.1**				
5	-8.9	2.2	63	-13.4	-8.8	2.2	63	-13.2	-8.7	2.2	63	-13.1	-8.6	2.3	63	-12.9	-8.5	2.3	64	-12.8	5
5	-8.8	2.3	65	-12.9	-8.7	2.3	66	-12.7	-8.6	2.3	66	-12.6	-8.5	2.4	66	-12.5	-8.4	2.4	66	-12.3	5
4	-8.7	2.4	68	-12.4	-8.6	2.4	68	-12.2	-8.5	2.4	68	-12.1	-8.4	2.4	69	-12.0	-8.3	2.5	69	-11.8	4
4	-8.6	2.5	71	-11.9	-8.5	2.5	71	-11.8	-8.4	2.5	71	-11.6	-8.3	2.5	71	-11.5	-8.2	2.6	71	-11.4	4
4	-8.5	2.6	73	-11.4	-8.4	2.6	74	-11.3	-8.3	2.6	74	-11.2	-8.2	2.6	74	-11.1	-8.1	2.7	74	-10.9	4
3	-8.4	2.6	76	-11.0	-8.3	2.7	76	-10.9	8.2	2.7	76	-10.8	-8.1	2.7	76	-10.6	**-8.0**	2.7	77	-10.5	3
3	-8.3	2.7	79	-10.6	-8.2	2.8	79	-10.4	-8.1	2.8	79	-10.3	**-8.0**	2.8	79	-10.2	-7.9	2.8	79	-10.1	3
3	-8.2	2.8	81	-10.1	-8.1	2.9	81	-10.0	**-8.0**	2.9	82	-9.9	-7.9	2.9	82	-9.8	-7.8	2.9	82	-9.7	3
2	-8.1	2.9	84	-9.7	**-8.0**	2.9	84	-9.6	-7.9	3.0	84	-9.5	-7.8	3.0	84	-9.4	-7.7	3.0	84	-9.3	2
2	**-8.0**	3.0	87	-9.3	-7.9	3.0	87	-9.2	-7.8	3.1	87	-9.1	-7.7	3.1	87	-9.0	-7.6	3.1	87	-8.9	2
1	-7.9	3.1	89	-9.0	-7.8	3.1	89	-8.8	-7.7	3.2	89	-8.7	-7.6	3.2	89	-8.6	-7.5	3.2	90	-8.5	1
1	-7.8	3.2	92	-8.6	-7.7	3.2	92	-8.5	-7.6	3.3	92	-8.4	-7.5	3.3	92	-8.3	-7.4	3.3	92	-8.2	1
1	-7.7	3.3	95	-8.2	-7.6	3.3	95	-8.1	-7.5	3.3	95	-8.0	-7.4	3.4	95	-7.9	-7.3	3.4	95	-7.8	1
0	-7.6	3.4	97	-7.9	-7.5	3.4	97	-7.7	-7.4	3.4	97	-7.6	-7.3	3.5	97	-7.5	-7.2	3.5	97	-7.4	0
0	-7.5	3.5	100	-7.5	-7.4	3.5	100	-7.4	-7.3	3.5	100	-7.3	-7.2	3.6	100	-7.2	-7.1	3.6	100	-7.1	0
	-7.0				**-6.9**				**-6.8**				**-6.7**				**-6.6**				
15													-10.7	0.0	1	-54.0	-10.6	0.1	2	-50.3	15
15	-10.9	0.1	2	-50.0	-10.8	0.1	2	-47.4	-10.7	0.1	3	-45.4	-10.6	0.1	3	-43.7	-10.5	0.1	4	-42.2	15
14	-10.8	0.2	4	-42.1	-10.7	0.2	5	-40.8	-10.6	0.2	5	-39.7	-10.5	0.2	6	-38.7	-10.4	0.2	6	-37.7	14
14	-10.7	0.2	7	-37.7	-10.6	0.3	7	-36.8	-10.5	0.3	8	-36.0	-10.4	0.3	8	-35.3	-10.3	0.3	9	-34.6	14
14	-10.6	0.3	9	-34.5	-10.5	0.3	10	-33.9	-10.4	0.4	10	-33.3	-10.3	0.4	11	-32.7	-10.2	0.4	11	-32.1	14
13	-10.5	0.4	12	-32.1	-10.4	0.4	12	-31.6	-10.3	0.5	13	-31.0	-10.2	0.5	13	-30.6	-10.1	0.5	14	-30.1	13
13	-10.4	0.5	14	-30.1	-10.3	0.5	14	-29.6	-10.2	0.5	15	-29.2	-10.1	0.6	15	-28.8	**-10.0**	0.6	16	-28.3	13
12	-10.3	0.6	16	-28.3	-10.2	0.6	17	-27.9	-10.1	0.6	17	-27.6	**-10.0**	0.7	18	-27.2	-9.9	0.7	18	-26.8	12
12	-10.2	0.7	19	-26.8	-10.1	0.7	19	-26.5	**-10.0**	0.7	20	-26.1	-9.9	0.8	20	-25.8	-9.8	0.8	21	-25.5	12
12	-10.1	0.8	21	-25.5	**-10.0**	0.8	22	-25.2	-9.9	0.8	22	-24.9	-9.8	0.8	23	-24.6	-9.7	0.9	23	-24.2	12
11	**-10.0**	0.9	24	-24.3	-9.9	0.9	24	-24.0	-9.8	0.9	25	-23.7	-9.7	0.9	25	-23.4	-9.6	1.0	26	-23.1	11
11	-9.9	1.0	26	-23.2	-9.8	1.0	27	-22.9	-9.7	1.0	27	-22.6	-9.6	1.0	28	-22.4	-9.5	1.0	28	-22.1	11
10	-9.8	1.0	29	-22.1	-9.7	1.1	29	-21.9	-9.6	1.1	30	-21.7	-9.5	1.1	30	-21.4	-9.4	1.1	30	-21.2	10
10	-9.7	1.1	31	-21.2	-9.6	1.2	32	-21.0	-9.5	1.2	32	-20.7	-9.4	1.2	32	-20.5	-9.3	1.2	33	-20.3	10
10	-9.6	1.2	34	-20.3	-9.5	1.2	34	-20.1	-9.4	1.3	34	-19.9	-9.3	1.3	35	-19.7	-9.2	1.3	35	-19.5	10
9	-9.5	1.3	36	-19.5	-9.4	1.3	37	-19.3	-9.3	1.4	37	-19.1	-9.2	1.4	37	-18.9	-9.1	1.4	38	-18.7	9
9	-9.4	1.4	39	-18.7	-9.3	1.4	39	-18.5	-9.2	1.4	39	-18.3	-9.1	1.5	40	-18.1	**-9.0**	1.5	40	-17.9	9
8	-9.3	1.5	41	-18.0	-9.2	1.5	42	-17.8	-9.1	1.5	42	-17.6	**-9.0**	1.6	42	-17.4	-8.9	1.6	43	-17.2	8
8	-9.2	1.6	44	-17.3	-9.1	1.6	44	-17.1	**-9.0**	1.6	44	-16.9	-8.9	1.7	45	-16.7	-8.8	1.7	45	-16.6	8
8	-9.1	1.7	46	-16.6	**-9.0**	1.7	47	-16.4	-8.9	1.7	47	-16.3	-8.8	1.7	47	-16.1	-8.7	1.8	47	-15.9	8
7	**-9.0**	1.8	49	-16.0	-8.9	1.8	49	-15.8	-8.8	1.8	49	-15.6	-8.7	1.8	50	-15.5	-8.6	1.9	50	-15.3	7
7	-8.9	1.9	51	-15.4	-8.8	1.9	52	-15.2	-8.7	1.9	52	-15.1	-8.6	1.9	52	-14.9	-8.5	2.0	52	-14.7	7
7	-8.8	1.9	54	-14.8	-8.7	2.0	54	-14.6	-8.6	2.0	54	-14.5	-8.5	2.0	55	-14.3	-8.4	2.0	55	-14.2	7
6	-8.7	2.0	56	-14.2	-8.6	2.1	57	-14.1	-8.5	2.1	57	-13.9	-8.4	2.1	57	-13.8	-8.3	2.1	57	-13.6	6
6	-8.6	2.1	59	-13.7	-8.5	2.2	59	-13.5	-8.4	2.2	59	-13.4	-8.3	2.2	60	-13.3	-8.2	2.2	60	-13.1	6
5	-8.5	2.2	61	-13.2	-8.4	2.2	62	-13.0	-8.3	2.3	62	-12.9	-8.2	2.3	62	-12.8	-8.1	2.3	62	-12.6	5
5	-8.4	2.3	64	-12.7	-8.3	2.3	64	-12.5	-8.2	2.4	64	-12.4	-8.1	2.4	65	-12.3	**-8.0**	2.4	65	-12.1	5
5	-8.3	2.4	66	-12.2	-8.2	2.4	67	-12.1	-8.1	2.5	67	-11.9	**-8.0**	2.5	67	-11.8	-7.9	2.5	67	-11.7	5
4	-8.2	2.5	69	-11.7	-8.1	2.5	69	-11.6	**-8.0**	2.5	69	-11.5	-7.9	2.6	70	-11.3	-7.8	2.6	70	-11.2	4
4	-8.1	2.6	72	-11.3	**-8.0**	2.6	72	-11.1	-7.9	2.6	72	-11.0	-7.8	2.7	72	-10.9	-7.7	2.7	72	-10.8	4
4	**-8.0**	2.7	74	-10.8	-7.9	2.7	74	-10.7	-7.8	2.7	74	-10.6	-7.7	2.8	75	-10.5	-7.6	2.8	75	-10.3	4
3	-7.9	2.8	77	-10.4	-7.8	2.8	77	-10.3	-7.7	2.8	77	-10.2	-7.6	2.9	77	-10.0	-7.5	2.9	77	-9.9	3
3	-7.8	2.9	79	-10.0	-7.7	2.9	79	-9.9	-7.6	2.9	79	-9.7	-7.5	2.9	80	-9.6	-7.4	3.0	80	-9.5	3
2	-7.7	3.0	82	-9.6	-7.6	3.0	82	-9.5	-7.5	3.0	82	-9.3	-7.4	3.0	82	-9.2	-7.3	3.1	82	-9.1	2
2	-7.6	3.1	84	-9.2	-7.5	3.1	84	-9.1	-7.4	3.1	85	-9.0	-7.3	3.1	85	-8.8	-7.2	3.2	85	-8.7	2
2	-7.5	3.1	87	-8.8	-7.4	3.2	87	-8.7	-7.3	3.2	87	-8.6	-7.2	3.2	87	-8.5	-7.1	3.3	87	-8.4	2
1	-7.4	3.2	90	-8.4	-7.3	3.3	90	-8.3	-7.2	3.3	90	-8.2	-7.1	3.3	90	-8.1	**-7.0**	3.4	90	-8.0	1
1	-7.3	3.3	92	-8.1	-7.2	3.4	92	-7.9	-7.1	3.4	92	-7.8	**-7.0**	3.4	92	-7.7	-6.9	3.4	92	-7.6	1
1	-7.2	3.4	95	-7.7	-7.1	3.5	95	-7.6	**-7.0**	3.5	95	-7.5	-6.9	3.5	95	-7.4	-6.8	3.5	95	-7.3	1
0	-7.1	3.5	97	-7.3	**-7.0**	3.6	97	-7.2	-6.9	3.6	97	-7.1	-6.8	3.6	97	-7.0	-6.7	3.6	97	-6.9	0
0	**-7.0**	3.6	100	-7.0	-6.9	3.6	100	-6.9	-6.8	3.7	100	-6.8	-6.7	3.7	100	-6.7	-6.6	3.7	100	-6.6	0
	-6.5				**-6.4**				**-6.3**				**-6.2**				**-6.1**				
15									-10.4	0.0	1	-54.3	-10.3	0.1	2	-50.4	-10.2	0.1	2	-47.7	15
15	-10.5	0.1	2	-47.6	-10.4	0.1	3	-45.5	-10.3	0.1	3	-43.8	-10.2	0.1	4	-42.3	-10.1	0.2	4	-40.9	15
15	-10.4	0.2	5	-40.9	-10.3	0.2	5	-39.8	-10.2	0.2	6	-38.7	-10.1	0.2	6	-37.7	**-10.0**	0.3	7	-36.8	15
14	-10.3	0.3	7	-36.9	-10.2	0.3	7	-36.0	-10.1	0.3	8	-35.3	**-10.0**	0.3	9	-34.6	-9.9	0.4	9	-33.9	14
14	-10.2	0.3	9	-33.9	-10.1	0.4	10	-33.3	**-10.0**	0.4	10	-32.7	-9.9	0.4	11	-32.1	-9.8	0.4	11	-31.5	14
13	-10.1	0.4	12	-31.6	**-10.0**	0.5	12	-31.0	-9.9	0.5	13	-30.5	-9.8	0.5	13	-30.0	-9.7	0.5	14	-29.6	13
13	**-10.0**	0.5	14	-29.6	-9.9	0.6	15	-29.2	-9.8	0.6	15	-28.7	-9.7	0.6	16	-28.3	-9.6	0.6	16	-27.9	13
13	-9.9	0.6	16	-27.9	-9.8	0.6	17	-27.5	-9.7	0.7	17	-27.2	-9.6	0.7	18	-26.8	-9.5	0.7	18	-26.4	13
12	-9.8	0.7	19	-26.5	-9.7	0.7	19	-26.1	-9.6	0.8	20	-25.8	-9.5	0.8	20	-25.4	-9.4	0.8	21	-25.1	12
12	-9.7	0.8	21	-25.1	-9.6	0.8	22	-24.8	-9.5	0.8	22	-24.5	-9.4	0.9	23	-24.2	-9.3	0.9	23	-23.9	12
11	-9.6	0.9	24	-24.0	-9.5	0.9	24	-23.7	-9.4	0.9	24	-23.4	-9.3	1.0	25	-23.1	-9.2	1.0	25	-22.8	11

n	t_W	e	U	t_d	t_W	e	U	t_d	t_W	e	U	t_d	t_W	e	U	t_d	t_W	e	U	t_d	n
	-6.5				**-6.4**				**-6.3**				**-6.2**				**-6.1**				
11	-9.5	1.0	26	-22.9	-9.4	1.0	26	-22.6	-9.3	1.0	27	-22.3	-9.2	1.0	27	-22.1	-9.1	1.1	28	-21.8	11
11	-9.4	1.1	28	-21.9	-9.3	1.1	29	-21.6	-9.2	1.1	29	-21.4	-9.1	1.1	30	-21.1	**-9.0**	1.2	30	-20.9	11
10	-9.3	1.2	31	-20.9	-9.2	1.2	31	-20.7	-9.1	1.2	32	-20.5	**-9.0**	1.2	32	-20.2	-8.9	1.3	32	-20.0	10
10	-9.2	1.2	33	-20.1	-9.1	1.3	34	-19.8	**-9.0**	1.3	34	-19.6	-8.9	1.3	34	-19.4	-8.8	1.3	35	-19.2	10
10	-9.1	1.3	36	-19.2	**-9.0**	1.4	36	-19.0	-8.9	1.4	36	-18.8	-8.8	1.4	37	-18.6	-8.7	1.4	37	-18.4	10
9	**-9.0**	1.4	38	-18.5	-8.9	1.5	38	-18.3	-8.8	1.5	39	-18.1	-8.7	1.5	39	-17.9	-8.6	1.5	39	-17.7	9
9	-8.9	1.5	40	-17.7	-8.8	1.5	41	-17.6	-8.7	1.6	41	-17.4	-8.6	1.6	41	-17.2	-8.5	1.6	42	-17.0	9
8	-8.8	1.6	43	-17.1	-8.7	1.6	43	-16.9	-8.6	1.7	44	-16.7	-8.5	1.7	44	-16.5	-8.4	1.7	44	-16.3	8
8	-8.7	1.7	45	-16.4	-8.6	1.7	46	-16.2	-8.5	1.8	46	-16.0	-8.4	1.8	46	-15.9	-8.3	1.8	47	-15.7	8
8	-8.6	1.8	48	-15.8	-8.5	1.8	48	-15.6	-8.4	1.8	48	-15.4	-8.3	1.9	49	-15.3	-8.2	1.9	49	-15.1	8
7	-8.5	1.9	50	-15.2	-8.4	1.9	50	-15.0	-8.3	1.9	51	-14.8	-8.2	2.0	51	-14.7	-8.1	2.0	51	-14.5	7
7	-8.4	2.0	53	-14.6	-8.3	2.0	53	-14.4	-8.2	2.0	53	-14.3	-8.1	2.1	53	-14.1	**-8.0**	2.1	54	-14.0	7
7	-8.3	2.1	55	-14.0	-8.2	2.1	55	-13.9	-8.1	2.1	56	-13.7	**-8.0**	2.1	56	-13.6	-7.9	2.2	56	-13.4	7
6	-8.2	2.2	58	-13.5	-8.1	2.2	58	-13.4	**-8.0**	2.2	58	-13.2	-7.9	2.2	58	-13.1	-7.8	2.3	58	-12.9	6
6	-8.1	2.3	60	-13.0	**-8.0**	2.3	60	-12.8	-7.9	2.3	60	-12.7	-7.8	2.3	61	-12.6	-7.7	2.4	61	-12.4	6
5	**-8.0**	2.3	62	-12.5	-7.9	2.4	63	-12.3	-7.8	2.4	63	-12.2	-7.7	2.4	63	-12.1	-7.6	2.5	63	-11.9	5
5	-7.9	2.4	65	-12.0	-7.8	2.5	65	-11.9	-7.7	2.5	65	-11.7	-7.6	2.5	66	-11.6	-7.5	2.5	66	-11.5	5
5	-7.8	2.5	67	-11.5	-7.7	2.6	68	-11.4	-7.6	2.6	68	-11.3	-7.5	2.6	68	-11.1	-7.4	2.6	68	-11.0	5
4	-7.7	2.6	70	-11.1	-7.6	2.7	70	-11.0	-7.5	2.7	70	-10.8	-7.4	2.7	70	-10.7	-7.3	2.7	71	-10.6	4
4	-7.6	2.7	72	-10.6	-7.5	2.7	73	-10.5	-7.4	2.8	73	-10.4	-7.3	2.8	73	-10.3	-7.2	2.8	73	-10.2	4
4	-7.5	2.8	75	-10.2	-7.4	2.8	75	-10.1	-7.3	2.9	75	-10.0	-7.2	2.9	75	-9.9	-7.1	2.9	75	-9.7	4
3	-7.4	2.9	77	-9.8	-7.3	2.9	77	-9.7	-7.2	3.0	78	-9.6	-7.1	3.0	78	-9.5	**-7.0**	3.0	78	-9.3	3
3	-7.3	3.0	80	-9.4	-7.2	3.0	80	-9.3	-7.1	3.1	80	-9.2	**-7.0**	3.1	80	-9.1	-6.9	3.1	80	-8.9	3
2	-7.2	3.1	82	-9.0	-7.1	3.1	82	-8.9	**-7.0**	3.2	83	-8.8	-6.9	3.2	83	-8.7	-6.8	3.2	83	-8.6	2
2	-7.1	3.2	85	-8.6	**-7.0**	3.2	85	-8.5	-6.9	3.2	85	-8.4	-6.8	3.3	85	-8.3	-6.7	3.3	85	-8.2	2
2	**-7.0**	3.3	87	-8.2	-6.9	3.3	87	-8.1	-6.8	3.3	87	-8.0	-6.7	3.4	88	-7.9	-6.6	3.4	88	-7.8	2
1	-6.9	3.4	90	-7.9	-6.8	3.4	90	-7.8	-6.7	3.4	90	-7.7	-6.6	3.5	90	-7.6	-6.5	3.5	90	-7.5	1
1	-6.8	3.5	92	-7.5	-6.7	3.5	92	-7.4	-6.6	3.5	92	-7.3	-6.5	3.6	93	-7.2	-6.4	3.6	93	-7.1	1
1	-6.7	3.6	95	-7.2	-6.6	3.6	95	-7.1	-6.5	3.6	95	-7.0	-6.4	3.7	95	-6.9	-6.3	3.7	95	-6.8	1
0	-6.6	3.7	97	-6.8	-6.5	3.7	97	-6.7	-6.4	3.7	97	-6.6	-6.3	3.8	98	-6.5	-6.2	3.8	98	-6.4	0
0	-6.5	3.8	100	-6.5	-6.4	3.8	100	-6.4	-6.3	3.8	100	-6.3	-6.2	3.8	100	-6.2	-6.1	3.9	100	-6.1	0
	-6.0				**-5.9**				**-5.8**				**-5.7**				**-5.6**				
16					-10.1	0.0	1	-54.3	**-10.0**	0.1	2	-50.4	-9.9	0.1	2	-47.6	-9.8	0.1	3	-45.4	16
15	-10.1	0.1	3	-45.5	**-10.0**	0.1	3	-43.7	-9.9	0.2	4	-42.2	-9.8	0.2	4	-40.8	-9.7	0.2	5	-39.6	15
15	**-10.0**	0.2	5	-39.7	-9.9	0.2	6	-38.7	-9.8	0.2	6	-37.7	-9.7	0.3	7	-36.8	-9.6	0.3	7	-35.9	15
15	-9.9	0.3	7	-36.0	-9.8	0.3	8	-35.2	-9.7	0.3	8	-34.5	-9.6	0.4	9	-33.8	-9.5	0.4	9	-33.2	15
14	-9.8	0.4	10	-33.2	-9.7	0.4	10	-32.6	-9.6	0.4	11	-32.0	-9.5	0.4	11	-31.5	-9.4	0.5	12	-30.9	14
14	-9.7	0.5	12	-31.0	-9.6	0.5	12	-30.5	-9.5	0.5	13	-30.0	-9.4	0.5	13	-29.5	-9.3	0.6	14	-29.0	14
13	-9.6	0.6	14	-29.1	-9.5	0.6	15	-28.7	-9.4	0.6	15	-28.2	-9.3	0.6	16	-27.8	-9.2	0.6	16	-27.4	13
13	-9.5	0.6	16	-27.5	-9.4	0.7	17	-27.1	-9.3	0.7	17	-26.7	-9.2	0.7	18	-26.3	-9.1	0.7	18	-26.0	13
13	-9.4	0.7	19	-26.1	-9.3	0.8	19	-25.7	-9.2	0.8	20	-25.4	-9.1	0.8	20	-25.0	**-9.0**	0.8	21	-24.7	13
12	-9.3	0.8	21	-24.8	-9.2	0.8	22	-24.5	-9.1	0.9	22	-24.1	**-9.0**	0.9	22	-23.8	-8.9	0.9	23	-23.5	12
12	-9.2	0.9	23	-23.6	-9.1	0.9	24	-23.3	**-9.0**	1.0	24	-23.0	-8.9	1.0	25	-22.7	-8.8	1.0	25	-22.5	12
11	-9.1	1.0	26	-22.5	**-9.0**	1.0	26	-22.3	-8.9	1.1	27	-22.0	-8.8	1.1	27	-21.7	-8.7	1.1	27	-21.5	11
11	**-9.0**	1.1	28	-21.6	-8.9	1.1	28	-21.3	-8.8	1.1	29	-21.1	-8.7	1.2	29	-20.8	-8.6	1.2	30	-20.6	11
11	-8.9	1.2	30	-20.6	-8.8	1.2	31	-20.4	-8.7	1.2	31	-20.2	-8.6	1.3	32	-19.9	-8.5	1.3	32	-19.7	11
10	-8.8	1.3	33	-19.8	-8.7	1.3	33	-19.6	-8.6	1.3	33	-19.3	-8.5	1.4	34	-19.1	-8.4	1.4	34	-18.9	10
10	-8.7	1.4	35	-19.0	-8.6	1.4	35	-18.8	-8.5	1.4	36	-18.6	-8.4	1.4	36	-18.3	-8.3	1.5	37	-18.1	10
9	-8.6	1.5	37	-18.2	-8.5	1.5	38	-18.0	-8.4	1.5	38	-17.8	-8.3	1.5	38	-17.6	-8.2	1.6	39	-17.4	9
9	-8.5	1.6	40	-17.5	-8.4	1.6	40	-17.3	-8.3	1.6	40	-17.1	-8.2	1.6	41	-16.9	-8.1	1.7	41	-16.7	9
9	-8.4	1.6	42	-16.8	-8.3	1.7	42	-16.6	-8.2	1.7	43	-16.4	-8.1	1.7	43	-16.3	**-8.0**	1.7	43	-16.1	9
8	-8.3	1.7	44	-16.2	-8.2	1.8	45	-16.0	-8.1	1.8	45	-15.8	**-8.0**	1.8	45	-15.6	-7.9	1.8	46	-15.5	8
8	-8.2	1.8	47	-15.5	-8.1	1.9	47	-15.4	**-8.0**	1.9	47	-15.2	-7.9	1.9	48	-15.0	-7.8	1.9	48	-14.9	8
8	-8.1	1.9	49	-14.9	**-8.0**	1.9	49	-14.8	-7.9	2.0	50	-14.6	-7.8	2.0	50	-14.5	-7.7	2.0	50	-14.3	8
7	**-8.0**	2.0	52	-14.4	-7.9	2.0	52	-14.2	-7.8	2.1	52	-14.1	-7.7	2.1	52	-13.9	-7.6	2.1	53	-13.7	7
7	-7.9	2.1	54	-13.8	-7.8	2.1	54	-13.7	-7.7	2.2	54	-13.5	-7.6	2.2	55	-13.4	-7.5	2.2	55	-13.2	7
6	-7.8	2.2	56	-13.3	-7.7	2.2	57	-13.1	-7.6	2.3	57	-13.0	-7.5	2.3	57	-12.8	-7.4	2.3	57	-12.7	6
6	-7.7	2.3	59	-12.8	-7.6	2.3	59	-12.6	-7.5	2.3	59	-12.5	-7.4	2.4	59	-12.3	-7.3	2.4	60	-12.2	6
6	-7.6	2.4	61	-12.3	-7.5	2.4	61	-12.1	-7.4	2.4	62	-12.0	-7.3	2.5	62	-11.9	-7.2	2.5	62	-11.7	6
5	-7.5	2.5	63	-11.8	-7.4	2.5	64	-11.7	-7.3	2.5	64	-11.5	-7.2	2.6	64	-11.4	-7.1	2.6	64	-11.3	5
5	-7.4	2.6	66	-11.3	-7.3	2.6	66	-11.2	-7.2	2.6	66	-11.1	-7.1	2.7	66	-10.9	**-7.0**	2.7	67	-10.8	5
5	-7.3	2.7	68	-10.9	-7.2	2.7	68	-10.8	-7.1	2.7	69	-10.6	**-7.0**	2.8	69	-10.5	-6.9	2.8	69	-10.4	5
4	-7.2	2.8	71	-10.5	-7.1	2.8	71	-10.3	**-7.0**	2.8	71	-10.2	-6.9	2.8	71	-10.1	-6.8	2.9	71	-10.0	4
4	-7.1	2.9	73	-10.0	**-7.0**	2.9	73	-9.9	-6.9	2.9	73	-9.8	-6.8	2.9	74	-9.7	-6.7	3.0	74	-9.5	4
4	**-7.0**	3.0	76	-9.6	-6.9	3.0	76	-9.5	-6.8	3.0	76	-9.4	-6.7	3.0	76	-9.3	-6.6	3.1	76	-9.1	4
3	-6.9	3.0	78	-9.2	-6.8	3.1	78	-9.1	-6.7	3.1	78	-9.0	-6.6	3.1	78	-8.9	-6.5	3.2	78	-8.7	3
3	-6.8	3.1	80	-8.8	-6.7	3.2	80	-8.7	-6.6	3.2	81	-8.6	-6.5	3.2	81	-8.5	-6.4	3.3	81	-8.4	3
2	-6.7	3.2	83	-8.4	-6.6	3.3	83	-8.3	-6.5	3.3	83	-8.2	-6.4	3.3	83	-8.1	-6.3	3.4	83	-8.0	2
2	-6.6	3.3	85	-8.1	-6.5	3.4	85	-8.0	-6.4	3.4	85	-7.8	-6.3	3.4	86	-7.7	-6.2	3.4	86	-7.6	2
2	-6.5	3.4	88	-7.7	-6.4	3.5	88	-7.6	-6.3	3.5	88	-7.5	-6.2	3.5	88	-7.4	-6.1	3.5	88	-7.3	2
1	-6.4	3.5	90	-7.3	-6.3	3.6	90	-7.2	-6.2	3.6	90	-7.1	-6.1	3.6	90	-7.0	**-6.0**	3.6	90	-6.9	1

n	t_W	e	U	t_d	t_W	e	U	t_d	t_W	e	U	t_d	t_W	e	U	t_d	t_W	e	U	t_d	n
	-6.0				**-5.9**				**-5.8**				**-5.7**				**-5.6**				
1	-6.3	3.6	93	-7.0	-6.2	3.6	93	-6.9	-6.1	3.7	93	-6.8	**-6.0**	3.7	93	-6.7	-5.9	3.7	93	-6.6	1
1	-6.2	3.7	95	-6.7	-6.1	3.7	95	-6.6	**-6.0**	3.8	95	-6.5	-5.9	3.8	95	-6.4	-5.8	3.8	95	-6.2	1
0	-6.1	3.8	98	-6.3	**-6.0**	3.8	98	-6.2	-5.9	3.9	98	-6.1	-5.8	3.9	98	-6.0	-5.7	3.9	98	-5.9	0
0	**-6.0**	3.9	100	-6.0	-5.9	3.9	100	-5.9	-5.8	4.0	100	-5.8	-5.7	4.0	100	-5.7	-5.6	4.0	100	-5.6	0
	-5.5				**-5.4**				**-5.3**				**-5.2**				**-5.1**				
16																	-9.5	0.0	1	-53.4	16
16	-9.8	0.0	1	-54.0	-9.7	0.1	2	-50.1	-9.6	0.1	2	-47.3	-9.5	0.1	3	-45.2	-9.4	0.1	3	-43.4	16
16	-9.7	0.1	3	-43.6	-9.6	0.2	4	-42.0	-9.5	0.2	4	-40.7	-9.4	0.2	5	-39.5	-9.3	0.2	5	-38.4	16
15	-9.6	0.2	5	-38.6	-9.5	0.2	6	-37.6	-9.4	0.3	6	-36.7	-9.3	0.3	7	-35.8	-9.2	0.3	7	-35.0	15
15	-9.5	0.3	8	-35.1	-9.4	0.3	8	-34.4	-9.3	0.4	9	-33.7	-9.2	0.4	9	-33.0	-9.1	0.4	10	-32.4	15
14	-9.4	0.4	10	-32.5	-9.3	0.4	10	-31.9	-9.2	0.4	11	-31.4	-9.1	0.5	11	-30.8	**-9.0**	0.5	12	-30.3	14
14	-9.3	0.5	12	-30.4	-9.2	0.5	13	-29.9	-9.1	0.5	13	-29.4	**-9.0**	0.6	14	-28.9	-8.9	0.6	14	-28.5	14
14	-9.2	0.6	14	-28.6	-9.1	0.6	15	-28.2	**-9.0**	0.6	15	-27.7	-8.9	0.7	16	-27.3	-8.8	0.7	16	-26.9	14
13	-9.1	0.7	17	-27.0	**-9.0**	0.7	17	-26.6	-8.9	0.7	17	-26.3	-8.8	0.7	18	-25.9	-8.7	0.8	18	-25.5	13
13	**-9.0**	0.8	19	-25.6	-8.9	0.8	19	-25.3	-8.8	0.8	20	-24.9	-8.7	0.8	20	-24.6	-8.6	0.9	21	-24.3	13
12	-8.9	0.9	21	-24.4	-8.8	0.9	21	-24.1	-8.7	0.9	22	-23.8	-8.6	0.9	22	-23.4	-8.5	1.0	23	-23.1	12
12	-8.8	0.9	23	-23.2	-8.7	1.0	24	-22.9	-8.6	1.0	24	-22.7	-8.5	1.0	25	-22.4	-8.4	1.0	25	-22.1	12
12	-8.7	1.0	26	-22.2	-8.6	1.1	26	-21.9	-8.5	1.1	26	-21.7	-8.4	1.1	27	-21.4	-8.3	1.1	27	-21.1	12
11	-8.6	1.1	28	-21.2	-8.5	1.2	28	-21.0	-8.4	1.2	29	-20.7	-8.3	1.2	29	-20.5	-8.2	1.2	29	-20.2	11
11	-8.5	1.2	30	-20.3	-8.4	1.2	30	-20.1	-8.3	1.3	31	-19.9	-8.2	1.3	31	-19.6	-8.1	1.3	32	-19.4	11
10	-8.4	1.3	32	-19.5	-8.3	1.3	33	-19.3	-8.2	1.4	33	-19.0	-8.1	1.4	33	-18.8	**-8.0**	1.4	34	-18.6	10
10	-8.3	1.4	35	-18.7	-8.2	1.4	35	-18.5	-8.1	1.5	35	-18.3	**-8.0**	1.5	36	-18.1	-7.9	1.5	36	-17.9	10
10	-8.2	1.5	37	-17.9	-8.1	1.5	37	-17.7	**-8.0**	1.5	38	-17.5	-7.9	1.6	38	-17.3	-7.8	1.6	38	-17.1	10
9	-8.1	1.6	39	-17.2	**-8.0**	1.6	39	-17.0	-7.9	1.6	40	-16.8	-7.8	1.7	40	-16.7	-7.7	1.7	40	-16.5	9
9	**-8.0**	1.7	41	-16.6	-7.9	1.7	42	-16.4	-7.8	1.7	42	-16.2	-7.7	1.8	42	-16.0	-7.6	1.8	43	-15.8	9
9	-7.9	1.8	44	-15.9	-7.8	1.8	44	-15.7	-7.7	1.8	44	-15.6	-7.6	1.9	45	-15.4	-7.5	1.9	45	-15.2	9
8	-7.8	1.9	46	-15.3	-7.7	1.9	46	-15.1	-7.6	1.9	47	-15.0	-7.5	1.9	47	-14.8	-7.4	2.0	47	-14.6	8
8	-7.7	2.0	48	-14.7	-7.6	2.0	49	-14.5	-7.5	2.0	49	-14.4	-7.4	2.0	49	-14.2	-7.3	2.1	49	-14.0	8
7	-7.6	2.1	51	-14.1	-7.5	2.1	51	-14.0	-7.4	2.1	51	-13.8	-7.3	2.1	51	-13.7	-7.2	2.2	52	-13.5	7
7	-7.5	2.1	53	-13.6	-7.4	2.2	53	-13.4	-7.3	2.2	53	-13.3	-7.2	2.2	54	-13.1	-7.1	2.3	54	-13.0	7
7	-7.4	2.2	55	-13.1	-7.3	2.3	55	-12.9	-7.2	2.3	56	-12.8	-7.1	2.3	56	-12.6	**-7.0**	2.3	56	-12.5	7
6	-7.3	2.3	58	-12.6	-7.2	2.4	58	-12.4	-7.1	2.4	58	-12.3	**-7.0**	2.4	58	-12.1	-6.9	2.4	58	-12.0	6
6	-7.2	2.4	60	-12.1	-7.1	2.5	60	-11.9	**-7.0**	2.5	60	-11.8	-6.9	2.5	60	-11.6	-6.8	2.5	61	-11.5	6
6	-7.1	2.5	62	-11.6	**-7.0**	2.5	62	-11.5	-6.9	2.6	63	-11.3	-6.8	2.6	63	-11.2	-6.7	2.6	63	-11.0	6
5	**-7.0**	2.6	64	-11.1	-6.9	2.6	65	-11.0	-6.8	2.7	65	-10.9	-6.7	2.7	65	-10.7	-6.6	2.7	65	-10.6	5
5	-6.9	2.7	67	-10.7	-6.8	2.7	67	-10.6	-6.7	2.8	67	-10.4	-6.6	2.8	67	-10.3	-6.5	2.8	68	-10.2	5
5	-6.8	2.8	69	-10.3	-6.7	2.8	69	-10.1	-6.6	2.9	70	-10.0	-6.5	2.9	70	-9.9	-6.4	2.9	70	-9.7	5
4	-6.7	2.9	72	-9.8	-6.6	2.9	72	-9.7	-6.5	3.0	72	-9.6	-6.4	3.0	72	-9.5	-6.3	3.0	72	-9.3	4
4	-6.6	3.0	74	-9.4	-6.5	3.0	74	-9.3	-6.4	3.1	74	-9.2	-6.3	3.1	74	-9.1	-6.2	3.1	74	-8.9	4
3	-6.5	3.1	76	-9.0	-6.4	3.1	76	-8.9	-6.3	3.1	76	-8.8	-6.2	3.2	77	-8.7	-6.1	3.2	77	-8.5	3
3	-6.4	3.2	79	-8.6	-6.3	3.2	79	-8.5	-6.2	3.2	79	-8.4	-6.1	3.3	79	-8.3	**-6.0**	3.3	79	-8.2	3
3	-6.3	3.3	81	-8.3	-6.2	3.3	81	-8.1	-6.1	3.3	81	-8.0	**-6.0**	3.4	81	-7.9	-5.9	3.4	81	-7.8	3
2	-6.2	3.4	83	-7.9	-6.1	3.4	83	-7.8	**-6.0**	3.4	83	-7.7	-5.9	3.5	84	-7.5	-5.8	3.5	84	-7.4	2
2	-6.1	3.5	86	-7.5	**-6.0**	3.5	86	-7.4	-5.9	3.5	86	-7.3	-5.8	3.6	86	-7.2	-5.7	3.6	86	-7.1	2
2	**-6.0**	3.6	88	-7.2	-5.9	3.6	88	-7.1	-5.8	3.6	88	-6.9	-5.7	3.7	88	-6.8	-5.6	3.7	88	-6.7	2
1	-5.9	3.7	90	-6.8	-5.8	3.7	90	-6.7	-5.7	3.7	91	-6.6	-5.6	3.8	91	-6.5	-5.5	3.8	91	-6.4	1
1	-5.8	3.8	93	-6.5	-5.7	3.8	93	-6.4	-5.6	3.8	93	-6.3	-5.5	3.9	93	-6.2	-5.4	3.9	93	-6.1	1
1	-5.7	3.9	95	-6.1	-5.6	3.9	95	-6.0	-5.5	3.9	95	-5.9	-5.4	4.0	95	-5.8	-5.3	4.0	95	-5.7	1
0	-5.6	4.0	98	-5.8	-5.5	4.0	98	-5.7	-5.4	4.0	98	-5.6	-5.3	4.1	98	-5.5	-5.2	4.1	98	-5.4	0
0	-5.5	4.1	100	-5.5	-5.4	4.1	100	-5.4	-5.3	4.1	100	-5.3	-5.2	4.2	100	-5.2	-5.1	4.2	100	-5.1	0
	-5.0				**-4.9**				**-4.8**				**-4.7**				**-4.6**				
17									-9.3	0.0	1	-58.5	-9.2	0.0	1	-52.6	-9.1	0.1	2	-49.0	17
16	-9.4	0.1	2	-49.7	-9.3	0.1	2	-46.9	-9.2	0.1	3	-44.8	-9.1	0.1	3	-43.0	**-9.0**	0.2	4	-41.5	16
16	-9.3	0.2	4	-41.8	-9.2	0.2	4	-40.5	-9.1	0.2	5	-39.3	**-9.0**	0.2	5	-38.2	-8.9	0.3	6	-37.2	16
15	-9.2	0.2	6	-37.4	-9.1	0.3	6	-36.5	**-9.0**	0.3	7	-35.6	-8.9	0.3	7	-34.8	-8.8	0.3	8	-34.1	15
15	-9.1	0.3	8	-34.3	**-9.0**	0.4	9	-33.5	-8.9	0.4	9	-32.9	-8.8	0.4	10	-32.2	-8.7	0.4	10	-31.6	15
15	**-9.0**	0.4	10	-31.8	-8.9	0.5	11	-31.2	-8.8	0.5	11	-30.7	-8.7	0.5	12	-30.1	-8.6	0.5	12	-29.6	15
14	-8.9	0.5	12	-29.8	-8.8	0.5	13	-29.3	-8.7	0.6	13	-28.8	-8.6	0.6	14	-28.4	-8.5	0.6	14	-27.9	14
14	-8.8	0.6	14	-28.0	-8.7	0.6	15	-27.6	-8.6	0.7	15	-27.2	-8.5	0.7	16	-26.8	-8.4	0.7	16	-26.4	14
13	-8.7	0.7	17	-26.5	-8.6	0.7	17	-26.1	-8.5	0.8	18	-25.8	-8.4	0.8	18	-25.4	-8.3	0.8	18	-25.1	13
13	-8.6	0.8	19	-25.2	-8.5	0.8	19	-24.8	-8.4	0.8	20	-24.5	-8.3	0.9	20	-24.2	-8.2	0.9	21	-23.8	13
13	-8.5	0.9	21	-24.0	-8.4	0.9	21	-23.6	-8.3	0.9	22	-23.3	-8.2	1.0	22	-23.0	-8.1	1.0	23	-22.7	13
12	-8.4	1.0	23	-22.9	-8.3	1.0	24	-22.6	-8.2	1.0	24	-22.3	-8.1	1.1	24	-22.0	**-8.0**	1.1	25	-21.7	12
12	-8.3	1.1	25	-21.8	-8.2	1.1	26	-21.6	-8.1	1.1	26	-21.3	**-8.0**	1.1	27	-21.0	-7.9	1.2	27	-20.8	12
12	-8.2	1.2	28	-20.9	-8.1	1.2	28	-20.6	**-8.0**	1.2	28	-20.4	-7.9	1.2	29	-20.1	-7.8	1.3	29	-19.9	12
11	-8.1	1.3	30	-20.0	**-8.0**	1.3	30	-19.8	-7.9	1.3	31	-19.5	-7.8	1.3	31	-19.3	-7.7	1.4	31	-19.1	11
11	**-8.0**	1.3	32	-19.2	-7.9	1.4	32	-18.9	-7.8	1.4	33	-18.7	-7.7	1.4	33	-18.5	-7.6	1.5	33	-18.3	11
10	-7.9	1.4	34	-18.4	-7.8	1.5	35	-18.2	-7.7	1.5	35	-18.0	-7.6	1.5	35	-17.8	-7.5	1.5	36	-17.5	10
10	-7.8	1.5	36	-17.6	-7.7	1.6	37	-17.4	-7.6	1.6	37	-17.2	-7.5	1.6	37	-17.0	-7.4	1.6	38	-16.8	10

n	t_W	e	U	t_d	t_W	e	U	t_d	t_W	e	U	t_d	t_W	e	U	t_d	t_W	e	U	t_d	n
	-5.0				**-4.9**				**-4.8**				**-4.7**				**-4.6**				
10	-7.7	1.6	39	-16.9	-7.6	1.7	39	-16.8	-7.5	1.7	39	-16.6	-7.4	1.7	40	-16.4	-7.3	1.7	40	-16.2	10
9	-7.6	1.7	41	-16.3	-7.5	1.7	41	-16.1	-7.4	1.8	41	-15.9	-7.3	1.8	42	-15.7	-7.2	1.8	42	-15.5	9
9	-7.5	1.8	43	-15.6	-7.4	1.8	43	-15.5	-7.3	1.9	44	-15.3	-7.2	1.9	44	-15.1	-7.1	1.9	44	-14.9	9
9	-7.4	1.9	45	-15.0	-7.3	1.9	46	-14.9	-7.2	2.0	46	-14.7	-7.1	2.0	46	-14.5	**-7.0**	2.0	46	-14.4	9
8	-7.3	2.0	47	-14.4	-7.2	2.0	48	-14.3	-7.1	2.1	48	-14.1	**-7.0**	2.1	48	-14.0	-6.9	2.1	49	-13.8	8
8	-7.2	2.1	50	-13.9	-7.1	2.1	50	-13.7	**-7.0**	2.1	50	-13.6	-6.9	2.2	51	-13.4	-6.8	2.2	51	-13.3	8
7	-7.1	2.2	52	-13.3	**-7.0**	2.2	52	-13.2	-6.9	2.2	52	-13.0	-6.8	2.3	53	-12.9	-6.7	2.3	53	-12.7	7
7	**-7.0**	2.3	54	-12.8	-6.9	2.3	54	-12.7	-6.8	2.3	55	-12.5	-6.7	2.4	55	-12.4	-6.6	2.4	55	-12.2	7
7	-6.9	2.4	56	-12.3	-6.8	2.4	57	-12.2	-6.7	2.4	57	-12.0	-6.6	2.5	57	-11.9	-6.5	2.5	57	-11.7	7
6	-6.8	2.5	59	-11.8	-6.7	2.5	59	-11.7	-6.6	2.5	59	-11.6	-6.5	2.6	59	-11.4	-6.4	2.6	60	-11.3	6
6	-6.7	2.6	61	-11.4	-6.6	2.6	61	-11.2	-6.5	2.6	61	-11.1	-6.4	2.7	62	-11.0	-6.3	2.7	62	-10.8	6
6	-6.6	2.7	63	-10.9	-6.5	2.7	63	-10.8	-6.4	2.7	64	-10.6	-6.3	2.7	64	-10.5	-6.2	2.8	64	-10.4	6
5	-6.5	2.8	65	-10.5	-6.4	2.8	66	-10.3	-6.3	2.8	66	-10.2	-6.2	2.8	66	-10.1	-6.1	2.9	66	-9.9	5
5	-6.4	2.9	68	-10.0	-6.3	2.9	68	-9.9	-6.2	2.9	68	-9.8	-6.1	2.9	68	-9.7	**-6.0**	3.0	68	-9.5	5
5	-6.3	2.9	70	-9.6	-6.2	3.0	70	-9.5	-6.1	3.0	70	-9.4	**-6.0**	3.0	70	-9.2	-5.9	3.1	71	-9.1	5
4	-6.2	3.0	72	-9.2	-6.1	3.1	72	-9.1	**-6.0**	3.1	73	-9.0	-5.9	3.1	73	-8.8	-5.8	3.2	73	-8.7	4
4	-6.1	3.1	75	-8.8	**-6.0**	3.2	75	-8.7	-5.9	3.2	75	-8.6	-5.8	3.2	75	-8.5	-5.7	3.3	75	-8.3	4
3	**-6.0**	3.2	77	-8.4	-5.9	3.3	77	-8.3	-5.8	3.3	77	-8.2	-5.7	3.3	77	-8.1	-5.6	3.4	77	-8.0	3
3	-5.9	3.3	79	-8.0	-5.8	3.4	79	-7.9	-5.7	3.4	79	-7.8	-5.6	3.4	79	-7.7	-5.5	3.5	80	-7.6	3
3	-5.8	3.4	81	-7.7	-5.7	3.5	82	-7.6	-5.6	3.5	82	-7.5	-5.5	3.5	82	-7.3	-5.4	3.6	82	-7.2	3
2	-5.7	3.5	84	-7.3	-5.6	3.6	84	-7.2	-5.5	3.6	84	-7.1	-5.4	3.6	84	-7.0	-5.3	3.7	84	-6.9	2
2	-5.6	3.6	86	-7.0	-5.5	3.7	86	-6.9	-5.4	3.7	86	-6.7	-5.3	3.7	86	-6.6	-5.2	3.8	86	-6.5	2
2	-5.5	3.7	88	-6.6	-5.4	3.8	88	-6.5	-5.3	3.8	88	-6.4	-5.2	3.8	89	-6.3	-5.1	3.8	89	-6.2	2
1	-5.4	3.8	91	-6.3	-5.3	3.9	91	-6.2	-5.2	3.9	91	-6.1	-5.1	3.9	91	-6.0	**-5.0**	3.9	91	-5.9	1
1	-5.3	3.9	93	-6.0	-5.2	4.0	93	-5.8	-5.1	4.0	93	-5.7	**-5.0**	4.0	93	-5.6	-4.9	4.0	93	-5.5	1
1	-5.2	4.0	95	-5.6	-5.1	4.0	95	-5.5	**-5.0**	4.1	95	-5.4	-4.9	4.1	95	-5.3	-4.8	4.1	95	-5.2	1
0	-5.1	4.1	98	-5.3	**-5.0**	4.1	98	-5.2	-4.9	4.2	98	-5.1	-4.8	4.2	98	-5.0	-4.7	4.2	98	-4.9	0
0	**-5.0**	4.2	100	-5.0	-4.9	4.2	100	-4.9	-4.8	4.3	100	-4.8	-4.7	4.3	100	-4.7	-4.6	4.3	100	-4.6	0
	-4.5				**-4.4**				**-4.3**				**-4.2**				**-4.1**				
17					**-9.0**	0.0	1	-56.8	-8.9	0.1	1	-51.6	-8.8	0.1	2	-48.3	-8.7	0.1	2	-45.8	17
16	**-9.0**	0.1	2	-46.4	-8.9	0.1	3	-44.3	-8.8	0.1	3	-42.6	-8.7	0.2	4	-41.1	-8.6	0.2	4	-39.8	16
16	-8.9	0.2	4	-40.2	-8.8	0.2	5	-39.0	-8.7	0.2	5	-37.9	-8.6	0.3	6	-36.9	-8.5	0.3	6	-36.0	16
16	-8.8	0.3	6	-36.2	-8.7	0.3	7	-35.4	-8.6	0.3	7	-34.6	-8.5	0.4	8	-33.8	-8.4	0.4	8	-33.1	16
15	-8.7	0.4	8	-33.4	-8.6	0.4	9	-32.7	-8.5	0.4	9	-32.0	-8.4	0.4	10	-31.4	-8.3	0.5	10	-30.9	15
15	-8.6	0.5	11	-31.1	-8.5	0.5	11	-30.5	-8.4	0.5	11	-30.0	-8.3	0.5	12	-29.4	-8.2	0.6	12	-28.9	15
15	-8.5	0.6	13	-29.1	-8.4	0.6	13	-28.7	-8.3	0.6	14	-28.2	-8.2	0.6	14	-27.7	-8.1	0.7	14	-27.3	15
14	-8.4	0.6	15	-27.5	-8.3	0.7	15	-27.1	-8.2	0.7	16	-26.6	-8.1	0.7	16	-26.2	**-8.0**	0.7	17	-25.9	14
14	-8.3	0.7	17	-26.0	-8.2	0.8	17	-25.6	-8.1	0.8	18	-25.3	**-8.0**	0.8	18	-24.9	-7.9	0.8	19	-24.6	14
13	-8.2	0.8	19	-24.7	-8.1	0.9	19	-24.4	**-8.0**	0.9	20	-24.0	-7.9	0.9	20	-23.7	-7.8	0.9	21	-23.4	13
13	-8.1	0.9	21	-23.5	**-8.0**	0.9	21	-23.2	-7.9	1.0	22	-22.9	-7.8	1.0	22	-22.6	-7.7	1.0	23	-22.3	13
13	**-8.0**	1.0	23	-22.4	-7.9	1.0	24	-22.2	-7.8	1.1	24	-21.9	-7.7	1.1	24	-21.6	-7.6	1.1	25	-21.3	13
12	-7.9	1.1	25	-21.4	-7.8	1.1	26	-21.2	-7.7	1.2	26	-20.9	-7.6	1.2	26	-20.6	-7.5	1.2	27	-20.4	12
12	-7.8	1.2	27	-20.5	-7.7	1.2	28	-20.3	-7.6	1.3	28	-20.0	-7.5	1.3	29	-19.8	-7.4	1.3	29	-19.5	12
11	-7.7	1.3	30	-19.6	-7.6	1.3	30	-19.4	-7.5	1.3	30	-19.2	-7.4	1.4	31	-18.9	-7.3	1.4	31	-18.7	11
11	-7.6	1.4	32	-18.8	-7.5	1.4	32	-18.6	-7.4	1.4	32	-18.4	-7.3	1.5	33	-18.2	-7.2	1.5	33	-17.9	11
11	-7.5	1.5	34	-18.1	-7.4	1.5	34	-17.9	-7.3	1.5	35	-17.6	-7.2	1.6	35	-17.4	-7.1	1.6	35	-17.2	11
10	-7.4	1.6	36	-17.3	-7.3	1.6	36	-17.1	-7.2	1.6	37	-16.9	-7.1	1.7	37	-16.7	**-7.0**	1.7	37	-16.5	10
10	-7.3	1.7	38	-16.6	-7.2	1.7	38	-16.5	-7.1	1.7	39	-16.3	**-7.0**	1.7	39	-16.1	-6.9	1.8	39	-15.9	10
10	-7.2	1.8	40	-16.0	-7.1	1.8	41	-15.8	**-7.0**	1.8	41	-15.6	-6.9	1.8	41	-15.4	-6.8	1.9	42	-15.3	10
9	-7.1	1.9	42	-15.4	**-7.0**	1.9	43	-15.2	-6.9	1.9	43	-15.0	-6.8	1.9	43	-14.8	-6.7	2.0	44	-14.6	9
9	**-7.0**	1.9	45	-14.8	-6.9	2.0	45	-14.6	-6.8	2.0	45	-14.4	-6.7	2.0	45	-14.2	-6.6	2.1	46	-14.1	9
8	-6.9	2.0	47	-14.2	-6.8	2.1	47	-14.0	-6.7	2.1	47	-13.8	-6.6	2.1	48	-13.7	-6.5	2.2	48	-13.5	8
8	-6.8	2.1	49	-13.6	-6.7	2.2	49	-13.5	-6.6	2.2	49	-13.3	-6.5	2.2	50	-13.1	-6.4	2.3	50	-13.0	8
8	-6.7	2.2	51	-13.1	-6.6	2.3	51	-12.9	-6.5	2.3	52	-12.8	-6.4	2.3	52	-12.6	-6.3	2.3	52	-12.5	8
7	-6.6	2.3	53	-12.6	-6.5	2.4	53	-12.4	-6.4	2.4	54	-12.3	-6.3	2.4	54	-12.1	-6.2	2.4	54	-12.0	7
7	-6.5	2.4	55	-12.1	-6.4	2.5	56	-11.9	-6.3	2.5	56	-11.8	-6.2	2.5	56	-11.6	-6.1	2.5	56	-11.5	7
7	-6.4	2.5	58	-11.6	-6.3	2.5	58	-11.5	-6.2	2.6	58	-11.3	-6.1	2.6	58	-11.2	**-6.0**	2.6	58	-11.0	7
6	-6.3	2.6	60	-11.1	-6.2	2.6	60	-11.0	-6.1	2.7	60	-10.9	**-6.0**	2.7	60	-10.7	-5.9	2.7	61	-10.6	6
6	-6.2	2.7	62	-10.7	-6.1	2.7	62	-10.5	**-6.0**	2.8	62	-10.4	-5.9	2.8	63	-10.3	-5.8	2.8	63	-10.1	6
6	-6.1	2.8	64	-10.2	**-6.0**	2.8	64	-10.1	-5.9	2.9	65	-10.0	-5.8	2.9	65	-9.8	-5.7	2.9	65	-9.7	6
5	**-6.0**	2.9	66	-9.8	-5.9	2.9	67	-9.7	-5.8	3.0	67	-9.6	-5.7	3.0	67	-9.4	-5.6	3.0	67	-9.3	5
5	-5.9	3.0	69	-9.4	-5.8	3.0	69	-9.3	-5.7	3.1	69	-9.1	-5.6	3.1	69	-9.0	-5.5	3.1	69	-8.9	5
4	-5.8	3.1	71	-9.0	-5.7	3.1	71	-8.9	-5.6	3.2	71	-8.7	-5.5	3.2	71	-8.6	-5.4	3.2	71	-8.5	4
4	-5.7	3.2	73	-8.6	-5.6	3.2	73	-8.5	-5.5	3.3	73	-8.4	-5.4	3.3	73	-8.2	-5.3	3.3	74	-8.1	4
4	-5.6	3.3	75	-8.2	-5.5	3.3	75	-8.1	-5.4	3.4	76	-8.0	-5.3	3.4	76	-7.9	-5.2	3.4	76	-7.7	4
3	-5.5	3.4	77	-7.8	-5.4	3.4	78	-7.7	-5.3	3.5	78	-7.6	-5.2	3.5	78	-7.5	-5.1	3.5	78	-7.4	3
3	-5.4	3.5	80	-7.5	-5.3	3.5	80	-7.4	-5.2	3.6	80	-7.2	-5.1	3.6	80	-7.1	**-5.0**	3.6	80	-7.0	3
3	-5.3	3.6	82	-7.1	-5.2	3.6	82	-7.0	-5.1	3.6	82	-6.9	**-5.0**	3.7	82	-6.8	-4.9	3.7	82	-6.7	3
2	-5.2	3.7	84	-6.8	-5.1	3.7	84	-6.7	**-5.0**	3.7	84	-6.5	-4.9	3.8	84	-6.4	-4.8	3.8	85	-6.3	2
2	-5.1	3.8	86	-6.4	**-5.0**	3.8	86	-6.3	-4.9	3.8	87	-6.2	-4.8	3.9	87	-6.1	-4.7	3.9	87	-6.0	2
2	**-5.0**	3.9	89	-6.1	4.9	3.9	89	-6.0	-4.8	3.9	89	-5.9	-4.7	4.0	89	-5.8	-4.6	4.0	89	-5.7	2

n	t_W	e	U	t_d	t_W	e	U	t_d	t_W	e	U	t_d	t_W	e	U	t_d	t_W	e	U	t_d	n
	-4.5				**-4.4**				**-4.3**				**-4.2**				**-4.1**				
1	-4.9	4.0	91	-5.8	-4.8	4.0	91	-5.6	-4.7	4.0	91	-5.5	-4.6	4.1	91	-5.4	-4.5	4.1	91	-5.3	1
1	-4.8	4.1	93	-5.4	-4.7	4.1	93	-5.3	-4.6	4.1	93	-5.2	-4.5	4.2	93	-5.1	-4.4	4.2	93	-5.0	1
1	-4.7	4.2	95	-5.1	-4.6	4.2	95	-5.0	-4.5	4.2	96	-4.9	-4.4	4.3	96	-4.8	-4.3	4.3	96	-4.7	1
0	-4.6	4.3	98	-4.8	-4.5	4.3	98	-4.7	-4.4	4.3	98	-4.6	-4.3	4.4	98	-4.5	-4.2	4.4	98	-4.4	0
0	-4.5	4.4	100	-4.5	-4.4	4.4	100	-4.4	-4.3	4.4	100	-4.3	-4.2	4.5	100	-4.2	-4.1	4.5	100	-4.1	0
	-4.0				**-3.9**				**-3.8**				**-3.7**				**-3.6**				
18																	-8.4	0.0	1	-53.2	18
17	-8.7	0.0	1	-55.0	-8.6	0.1	1	-50.5	-8.5	0.1	2	-47.4	-8.4	0.1	2	-45.1	-8.3	0.1	3	-43.1	17
17	-8.6	0.1	3	-43.8	-8.5	0.2	3	-42.1	-8.4	0.2	4	-40.6	-8.3	0.2	4	-39.3	-8.2	0.2	5	-38.2	17
16	-8.5	0.2	5	-38.6	-8.4	0.2	5	-37.5	-8.3	0.3	6	-36.5	-8.2	0.3	6	-35.6	-8.1	0.3	7	-34.8	16
16	-8.4	0.3	7	-35.1	-8.3	0.3	7	-34.3	-8.2	0.4	8	-33.6	-8.1	0.4	8	-32.9	**-8.0**	0.4	9	-32.2	16
16	-8.3	0.4	9	-32.5	-8.2	0.4	9	-31.8	-8.1	0.5	10	-31.2	**-8.0**	0.5	10	-30.6	-7.9	0.5	11	-30.1	16
15	-8.2	0.5	11	-30.3	-8.1	0.5	11	-29.8	**-8.0**	0.5	12	-29.2	-7.9	0.6	12	-28.7	-7.8	0.6	13	-28.3	15
15	-8.1	0.6	13	-28.5	**-8.0**	0.6	13	-28.0	-7.9	0.6	14	-27.6	-7.8	0.7	14	-27.1	-7.7	0.7	15	-26.7	15
14	**-8.0**	0.7	15	-26.9	-7.9	0.7	15	-26.5	-7.8	0.7	16	-26.1	-7.7	0.8	16	-25.7	-7.6	0.8	17	-25.3	14
14	-7.9	0.8	17	-25.5	-7.8	0.8	17	-25.1	-7.7	0.8	18	-24.7	-7.6	0.9	18	-24.4	-7.5	0.9	19	-24.0	14
14	-7.8	0.9	19	-24.2	-7.7	0.9	19	-23.9	-7.6	0.9	20	-23.5	-7.5	0.9	20	-23.2	-7.4	1.0	21	-22.9	14
13	-7.7	1.0	21	-23.1	-7.6	1.0	22	-22.8	-7.5	1.0	22	-22.5	-7.4	1.0	22	-22.2	-7.3	1.1	23	-21.9	13
13	-7.6	1.1	23	-22.0	-7.5	1.1	24	-21.7	-7.4	1.1	24	-21.4	-7.3	1.1	24	-21.2	-7.2	1.2	25	-20.9	13
12	-7.5	1.1	25	-21.0	-7.4	1.2	26	-20.8	-7.3	1.2	26	-20.5	-7.2	1.2	26	-20.2	-7.1	1.3	27	-20.0	12
12	-7.4	1.2	27	-20.1	-7.3	1.3	28	-19.9	-7.2	1.3	28	-19.6	-7.1	1.3	28	-19.4	**-7.0**	1.3	29	-19.1	12
12	-7.3	1.3	29	-19.3	-7.2	1.4	30	-19.0	-7.1	1.4	30	-18.8	**-7.0**	1.4	30	-18.6	-6.9	1.4	31	-18.3	12
11	-7.2	1.4	31	-18.5	-7.1	1.5	32	-18.3	**-7.0**	1.5	32	-18.0	-6.9	1.5	33	-17.8	-6.8	1.5	33	-17.6	11
11	-7.1	1.5	33	-17.7	**-7.0**	1.5	34	-17.5	-6.9	1.6	34	-17.3	-6.8	1.6	35	-17.1	-6.7	1.6	35	-16.9	11
11	**-7.0**	1.6	36	-17.0	-6.9	1.6	36	-16.8	-6.8	1.7	36	-16.6	-6.7	1.7	37	-16.4	-6.6	1.7	37	-16.2	11
10	-6.9	1.7	38	-16.3	-6.8	1.7	38	-16.1	-6.7	1.8	38	-15.9	-6.6	1.8	39	-15.8	-6.5	1.8	39	-15.6	10
10	-6.8	1.8	40	-15.7	-6.7	1.8	40	-15.5	-6.6	1.9	40	-15.3	-6.5	1.9	41	-15.1	-6.4	1.9	41	-14.9	10
9	-6.7	1.9	42	-15.1	-6.6	1.9	42	-14.9	-6.5	2.0	42	-14.7	-6.4	2.0	43	-14.5	-6.3	2.0	43	-14.4	9
9	-6.6	2.0	44	-14.5	-6.5	2.0	44	-14.3	-6.4	2.1	45	-14.1	-6.3	2.1	45	-14.0	-6.2	2.1	45	-13.8	9
9	-6.5	2.1	46	-13.9	-6.4	2.1	46	-13.7	-6.3	2.1	47	-13.6	-6.2	2.2	47	-13.4	-6.1	2.2	47	-13.2	9
8	-6.4	2.2	48	-13.4	-6.3	2.2	48	-13.2	-6.2	2.2	49	-13.0	-6.1	2.3	49	-12.9	**-6.0**	2.3	49	-12.7	8
8	-6.3	2.3	50	-12.8	-6.2	2.3	50	-12.7	-6.1	2.3	51	-12.5	**-6.0**	2.4	51	-12.4	-5.9	2.4	51	-12.2	8
8	-6.2	2.4	52	-12.3	-6.1	2.4	53	-12.2	**-6.0**	2.4	53	-12.0	-5.9	2.5	53	-11.9	-5.8	2.5	53	-11.7	8
7	-6.1	2.5	54	-11.8	**-6.0**	2.5	55	-11.7	-5.9	2.5	55	-11.5	-5.8	2.6	55	-11.4	-5.7	2.6	55	-11.2	7
7	**-6.0**	2.6	57	-11.3	-5.9	2.6	57	-11.2	-5.8	2.6	57	-11.1	-5.7	2.7	57	-10.9	-5.6	2.7	57	-10.8	7
7	-5.9	2.7	59	-10.9	-5.8	2.7	59	-10.7	-5.7	2.7	59	-10.6	-5.6	2.8	59	-10.5	-5.5	2.8	60	-10.3	7
6	-5.8	2.8	61	-10.4	-5.7	2.8	61	-10.3	-5.6	2.8	61	-10.2	-5.5	2.9	61	-10.0	-5.4	2.9	62	-9.9	6
6	-5.7	2.9	63	-10.0	-5.6	2.9	63	-9.9	-5.5	2.9	63	-9.7	-5.4	3.0	64	-9.6	-5.3	3.0	64	-9.5	6
5	-5.6	3.0	65	-9.6	-5.5	3.0	65	-9.4	-5.4	3.0	65	-9.3	-5.3	3.1	66	-9.2	-5.2	3.1	66	-9.1	5
5	-5.5	3.1	67	-9.2	-5.4	3.1	67	-9.0	-5.3	3.1	68	-8.9	-5.2	3.2	68	-8.8	-5.1	3.2	68	-8.7	5
5	-5.4	3.2	69	-8.8	-5.3	3.2	70	-8.6	-5.2	3.2	70	-8.5	-5.1	3.2	70	-8.4	**-5.0**	3.3	70	-8.3	5
4	-5.3	3.3	72	-8.4	-5.2	3.3	72	-8.2	-5.1	3.3	72	-8.1	**-5.0**	3.3	72	-8.0	-4.9	3.4	72	-7.9	4
4	-5.2	3.4	74	-8.0	-5.1	3.4	74	-7.9	**-5.0**	3.4	74	-7.7	-4.9	3.4	74	-7.6	-4.8	3.5	74	-7.5	4
4	-5.1	3.4	76	-7.6	**-5.0**	3.5	76	-7.5	-4.9	3.5	76	-7.4	-4.8	3.5	76	-7.3	-4.7	3.6	76	-7.1	4
3	**-5.0**	3.5	78	-7.3	-4.9	3.6	78	-7.1	-4.8	3.6	78	-7.0	-4.7	3.6	78	-6.9	-4.6	3.7	79	-6.8	3
3	-4.9	3.6	80	-6.9	-4.8	3.7	80	-6.8	-4.7	3.7	80	-6.7	-4.6	3.7	81	-6.6	-4.5	3.8	81	-6.4	3
3	-4.8	3.7	82	-6.5	-4.7	3.8	82	-6.4	-4.6	3.8	83	-6.3	-4.5	3.8	83	-6.2	-4.4	3.9	83	-6.1	3
2	-4.7	3.8	85	-6.2	-4.6	3.9	85	-6.1	-4.5	3.9	85	-6.0	-4.4	3.9	85	-5.9	-4.3	4.0	85	-5.8	2
2	-4.6	3.9	87	-5.9	-4.5	4.0	87	-5.8	-4.4	4.0	87	-5.7	-4.3	4.0	87	-5.5	-4.2	4.1	87	-5.4	2
2	-4.5	4.0	89	-5.5	-4.4	4.1	89	-5.4	-4.3	4.1	89	-5.3	-4.2	4.1	89	-5.2	-4.1	4.2	89	-5.1	2
1	-4.4	4.1	91	-5.2	-4.3	4.2	91	-5.1	-4.2	4.2	91	-5.0	-4.1	4.2	91	-4.9	**-4.0**	4.3	91	-4.8	1
1	-4.3	4.2	93	-4.9	-4.2	4.3	93	-4.8	-4.1	4.3	93	-4.7	**-4.0**	4.3	93	-4.6	-3.9	4.4	94	-4.5	1
1	-4.2	4.3	96	-4.6	-4.1	4.4	96	-4.5	**-4.0**	4.4	96	-4.4	-3.9	4.4	96	-4.3	-3.8	4.5	96	-4.2	1
0	-4.1	4.4	98	-4.3	**-4.0**	4.5	98	-4.2	-3.9	4.5	98	-4.1	-3.8	4.5	98	-4.0	-3.7	4.6	98	-3.9	0
0	**-4.0**	4.5	100	-4.0	-3.9	4.6	100	-3.9	-3.8	4.6	100	-3.8	-3.7	4.6	100	-3.7	-3.6	4.7	100	-3.6	0
	-3.5				**-3.4**				**-3.3**				**-3.2**				**-3.1**				
18									-8.2	0.0	1	-56.9	-8.1	0.1	1	-51.5	**-8.0**	0.1	2	-48.0	18
17	-8.3	0.1	1	-49.3	-8.2	0.1	2	-46.5	-8.1	0.1	3	-44.3	**-8.0**	0.1	3	-42.4	-7.9	0.2	4	-40.9	17
17	-8.2	0.2	3	-41.5	-8.1	0.2	4	-40.1	**-8.0**	0.2	4	-38.8	-7.9	0.2	5	-37.7	-7.8	0.3	5	-36.7	17
17	-8.1	0.3	5	-37.1	**-8.0**	0.3	6	-36.2	-7.9	0.3	6	-35.3	-7.8	0.3	7	-34.4	-7.7	0.4	7	-33.6	17
16	**-8.0**	0.3	7	-34.0	-7.9	0.4	8	-33.3	-7.8	0.4	8	-32.6	-7.7	0.4	9	-31.9	-7.6	0.5	9	-31.2	16
16	-7.9	0.4	9	-31.5	-7.8	0.5	10	-30.9	-7.7	0.5	10	-30.4	-7.6	0.5	11	-29.8	-7.5	0.5	11	-29.3	16
15	-7.8	0.5	11	-29.5	-7.7	0.6	12	-29.0	-7.6	0.6	12	-28.5	-7.5	0.6	13	-28.0	-7.4	0.6	13	-27.6	15
15	-7.7	0.6	13	-27.8	-7.6	0.7	14	-27.3	-7.5	0.7	14	-26.9	-7.4	0.7	15	-26.5	-7.3	0.7	15	-26.1	15
15	-7.6	0.7	15	-26.3	-7.5	0.7	16	-25.9	-7.4	0.8	16	-25.5	-7.3	0.8	17	-25.1	-7.2	0.8	17	-24.7	15
14	-7.5	0.8	17	-24.9	-7.4	0.8	18	-24.6	-7.3	0.9	18	-24.2	-7.2	0.9	19	-23.9	-7.1	0.9	19	-23.5	14
14	-7.4	0.9	19	-23.7	-7.3	0.9	20	-23.4	-7.2	1.0	20	-23.0	-7.1	1.0	20	-22.7	**-7.0**	1.0	21	-22.4	14
13	-7.3	1.0	21	-22.6	-7.2	1.0	22	-22.3	-7.1	1.1	22	-22.0	**-7.0**	1.1	22	-21.7	-6.9	1.1	23	-21.4	13
13	-7.2	1.1	23	-21.6	-7.1	1.1	24	-21.3	**-7.0**	1.1	24	-21.0	-6.9	1.2	24	-20.7	-6.8	1.2	25	-20.5	13

n	t_W	e	U	t_d	t_W	e	U	t_d	t_W	e	U	t_d	t_W	e	U	t_d	t_W	e	U	t_d	n
	-3.5				**-3.4**				**-3.3**				**-3.2**				**-3.1**				
13	-7.1	1.2	25	-20.6	**-7.0**	1.2	26	-20.4	-6.9	1.2	26	-20.1	-6.8	1.3	26	-19.8	-6.7	1.3	27	-19.6	13
12	**-7.0**	1.3	27	-19.7	-6.9	1.3	28	-19.5	-6.8	1.3	28	-19.2	-6.7	1.4	28	-19.0	-6.6	1.4	29	-18.7	12
12	-6.9	1.4	29	-18.9	-6.8	1.4	30	-18.7	-6.7	1.4	30	-18.4	-6.6	1.5	30	-18.2	-6.5	1.5	31	-18.0	12
12	-6.8	1.5	31	-18.1	-6.7	1.5	32	-17.9	-6.6	1.5	32	-17.7	-6.5	1.6	32	-17.5	-6.4	1.6	33	-17.2	12
11	-6.7	1.6	33	-17.4	-6.6	1.6	34	-17.2	-6.5	1.6	34	-17.0	-6.4	1.7	34	-16.7	-6.3	1.7	35	-16.5	11
11	-6.6	1.7	35	-16.7	-6.5	1.7	36	-16.5	-6.4	1.7	36	-16.3	-6.3	1.7	36	-16.1	-6.2	1.8	37	-15.9	11
10	-6.5	1.8	37	-16.0	-6.4	1.8	38	-15.8	-6.3	1.8	38	-15.6	-6.2	1.8	38	-15.4	-6.1	1.9	39	-15.2	10
10	-6.4	1.9	39	-15.4	-6.3	1.9	40	-15.2	-6.2	1.9	40	-15.0	-6.1	1.9	40	-14.8	**-6.0**	2.0	41	-14.6	10
10	-6.3	1.9	41	-14.8	-6.2	2.0	42	-14.6	-6.1	2.0	42	-14.4	**-6.0**	2.0	42	-14.2	-5.9	2.1	43	-14.0	10
9	-6.2	2.0	43	-14.2	-6.1	2.1	44	-14.0	**-6.0**	2.1	44	-13.8	-5.9	2.1	44	-13.7	-5.8	2.2	45	-13.5	9
9	-6.1	2.1	45	-13.6	**-6.0**	2.2	46	-13.4	-5.9	2.2	46	-13.3	-5.8	2.2	46	-13.1	-5.7	2.3	47	-12.9	9
9	**-6.0**	2.2	47	-13.1	-5.9	2.3	48	-12.9	-5.8	2.3	48	-12.7	-5.7	2.3	48	-12.6	-5.6	2.4	49	-12.4	9
8	-5.9	2.3	49	-12.6	-5.8	2.4	50	-12.4	-5.7	2.4	50	-12.2	-5.6	2.4	50	-12.1	-5.5	2.5	51	-11.9	8
8	-5.8	2.4	52	-12.0	-5.7	2.5	52	-11.9	-5.6	2.5	52	-11.7	-5.5	2.5	52	-11.6	-5.4	2.6	53	-11.4	8
8	-5.7	2.5	54	-11.6	-5.6	2.6	54	-11.4	-5.5	2.6	54	-11.3	-5.4	2.6	54	-11.1	-5.3	2.7	55	-11.0	8
7	-5.6	2.6	56	-11.1	-5.5	2.7	56	-10.9	-5.4	2.7	56	-10.8	-5.3	2.7	56	-10.6	-5.2	2.8	57	-10.5	7
7	-5.5	2.7	58	-10.6	-5.4	2.8	58	-10.5	-5.3	2.8	58	-10.3	-5.2	2.8	58	-10.2	-5.1	2.8	59	-10.1	7
6	-5.4	2.8	60	-10.2	-5.3	2.9	60	-10.0	-5.2	2.9	60	-9.9	-5.1	2.9	60	-9.8	**-5.0**	2.9	61	-9.6	6
6	-5.3	2.9	62	-9.8	-5.2	3.0	62	-9.6	-5.1	3.0	62	-9.5	**-5.0**	3.0	62	-9.3	-4.9	3.0	63	-9.2	6
6	-5.2	3.0	64	-9.3	-5.1	3.0	64	-9.2	**-5.0**	3.1	64	-9.1	-4.9	3.1	65	-8.9	-4.8	3.1	65	-8.8	6
5	-5.1	3.1	66	-8.9	**-5.0**	3.1	66	-8.8	-4.9	3.2	66	-8.7	-4.8	3.2	67	-8.5	-4.7	3.2	67	-8.4	5
5	**-5.0**	3.2	68	-8.5	-4.9	3.2	68	-8.4	-4.8	3.3	68	-8.3	-4.7	3.3	69	-8.1	-4.6	3.3	69	-8.0	5
5	-4.9	3.3	70	-8.1	-4.8	3.3	70	-8.0	-4.7	3.4	71	-7.9	-4.6	3.4	71	-7.8	-4.5	3.4	71	-7.6	5
4	-4.8	3.4	72	-7.8	-4.7	3.4	72	-7.6	-4.6	3.5	73	-7.5	-4.5	3.5	73	-7.4	-4.4	3.5	73	-7.3	4
4	-4.7	3.5	74	-7.4	-4.6	3.5	75	-7.3	-4.5	3.6	75	-7.1	-4.4	3.6	75	-7.0	-4.3	3.6	75	-6.9	4
4	-4.6	3.6	77	-7.0	-4.5	3.6	77	-6.9	-4.4	3.7	77	-6.8	-4.3	3.7	77	-6.7	-4.2	3.7	77	-6.6	4
3	-4.5	3.7	79	-6.7	-4.4	3.7	79	-6.6	-4.3	3.8	79	-6.4	-4.2	3.8	79	-6.3	-4.1	3.8	79	-6.2	3
3	-4.4	3.8	81	-6.3	-4.3	3.8	81	-6.2	-4.2	3.9	81	-6.1	-4.1	3.9	81	-6.0	**-4.0**	3.9	81	-5.9	3
3	-4.3	3.9	83	-6.0	-4.2	3.9	83	-5.9	-4.1	4.0	83	-5.8	**-4.0**	4.0	83	-5.7	-3.9	4.0	83	-5.5	3
2	-4.2	4.0	85	-5.7	-4.1	4.0	85	-5.5	**-4.0**	4.1	85	-5.4	-3.9	4.1	85	-5.3	-3.8	4.1	85	-5.2	2
2	-4.1	4.1	87	-5.3	**-4.0**	4.1	87	-5.2	-3.9	4.2	87	-5.1	-3.8	4.2	87	-5.0	-3.7	4.2	87	-4.9	2
2	**-4.0**	4.2	89	-5.0	-3.9	4.2	89	-4.9	-3.8	4.3	89	-4.8	-3.7	4.3	89	-4.7	-3.6	4.3	89	-4.6	2
1	-3.9	4.3	91	-4.7	-3.8	4.3	91	-4.6	-3.7	4.4	91	-4.5	-3.6	4.4	92	-4.4	-3.5	4.5	92	-4.3	1
1	-3.8	4.4	94	-4.4	-3.7	4.4	94	-4.3	-3.6	4.5	94	-4.2	-3.5	4.5	94	-4.1	-3.4	4.6	94	-4.0	1
1	-3.7	4.5	96	-4.1	-3.6	4.5	96	-4.0	-3.5	4.6	96	-3.9	-3.4	4.6	96	-3.8	-3.3	4.7	96	-3.7	1
0	-3.6	4.6	98	-3.8	-3.5	4.7	98	-3.7	-3.4	4.7	98	-3.6	-3.3	4.7	98	-3.5	-3.2	4.8	98	-3.4	0
0	-3.5	4.7	100	-3.5	-3.4	4.8	100	-3.4	-3.3	4.8	100	-3.3	-3.2	4.8	100	-3.2	-3.1	4.9	100	-3.1	0
	-3.0				**-2.9**				**-2.8**				**-2.7**				**-2.6**				
18					-7.9	0.0	1	-54.2	-7.8	0.1	1	-49.8	-7.7	0.1	2	-46.7	-7.6	0.1	2	-44.4	18
18	-7.9	0.1	2	-45.5	-7.8	0.1	3	-43.4	-7.7	0.2	3	-41.7	-7.6	0.2	4	-40.2	-7.5	0.2	4	-38.9	18
17	-7.8	0.2	4	-39.5	-7.7	0.2	5	-38.3	-7.6	0.3	5	-37.2	-7.5	0.3	6	-36.2	-7.4	0.3	6	-35.3	17
17	-7.7	0.3	6	-35.7	-7.6	0.3	6	-34.9	-7.5	0.3	7	-34.0	-7.4	0.4	7	-33.3	-7.3	0.4	8	-32.5	17
16	-7.6	0.4	8	-32.9	-7.5	0.4	8	-32.2	-7.4	0.4	9	-31.6	-7.3	0.5	9	-30.9	-7.2	0.5	10	-30.3	16
16	-7.5	0.5	10	-30.6	-7.4	0.5	10	-30.1	-7.3	0.5	11	-29.5	-7.2	0.6	11	-29.0	-7.1	0.6	12	-28.5	16
16	-7.4	0.6	12	-28.7	-7.3	0.6	12	-28.2	-7.2	0.6	13	-27.8	-7.1	0.7	13	-27.3	**-7.0**	0.7	14	-26.8	16
15	-7.3	0.7	14	-27.1	-7.2	0.7	14	-26.7	-7.1	0.7	15	-26.2	**-7.0**	0.7	15	-25.8	-6.9	0.8	15	-25.4	15
15	-7.2	0.8	16	-25.7	-7.1	0.8	16	-25.3	**-7.0**	0.8	16	-24.9	-6.9	0.8	17	-24.5	-6.8	0.9	17	-24.1	15
14	-7.1	0.9	17	-24.4	**-7.0**	0.9	18	-24.0	-6.9	0.9	18	-23.7	-6.8	0.9	19	-23.3	-6.7	1.0	19	-23.0	14
14	**-7.0**	0.9	19	-23.2	-6.9	1.0	20	-22.9	-6.8	1.0	20	-22.5	-6.7	1.0	21	-22.2	-6.6	1.1	21	-21.9	14
14	-6.9	1.0	21	-22.1	-6.8	1.1	22	-21.8	-6.7	1.1	22	-21.5	-6.6	1.1	23	-21.2	-6.5	1.2	23	-20.9	14
13	-6.8	1.1	23	-21.1	-6.7	1.2	24	-20.8	-6.6	1.2	24	-20.6	-6.5	1.2	24	-20.3	-6.4	1.3	25	-20.0	13
13	-6.7	1.2	25	-20.2	-6.6	1.3	26	-19.9	-6.5	1.3	26	-19.7	-6.4	1.3	26	-19.4	-6.3	1.3	27	-19.1	13
13	-6.6	1.3	27	-19.3	-6.5	1.4	28	-19.1	-6.4	1.4	28	-18.8	-6.3	1.4	28	-18.6	-6.2	1.4	29	-18.3	13
12	-6.5	1.4	29	-18.5	-6.4	1.5	29	-18.3	-6.3	1.5	30	-18.0	-6.2	1.5	30	-17.8	-6.1	1.5	31	-17.6	12
12	-6.4	1.5	31	-17.7	-6.3	1.5	31	-17.5	-6.2	1.6	32	-17.3	-6.1	1.6	32	-17.1	**-6.0**	1.6	32	-16.9	12
11	-6.3	1.6	33	-17.0	-6.2	1.6	33	-16.8	-6.1	1.7	34	-16.6	**-6.0**	1.7	34	-16.4	-5.9	1.7	34	-16.2	11
11	-6.2	1.7	35	-16.3	-6.1	1.7	35	-16.1	**-6.0**	1.8	36	-15.9	-5.9	1.8	36	-15.7	-5.8	1.8	36	-15.5	11
11	-6.1	1.8	37	-15.7	**-6.0**	1.8	37	-15.5	-5.9	1.9	38	-15.3	-5.8	1.9	38	-15.1	-5.7	1.9	38	-14.9	11
10	**-6.0**	1.9	39	-15.0	-5.9	1.9	39	-14.9	-5.8	2.0	40	-14.7	-5.7	2.0	40	-14.5	-5.6	2.0	40	-14.3	10
10	-5.9	2.0	41	-14.4	-5.8	2.0	41	-14.3	-5.7	2.1	41	-14.1	-5.6	2.1	42	-13.9	-5.5	2.1	42	-13.7	10
10	-5.8	2.1	43	-13.9	-5.7	2.1	43	-13.7	-5.6	2.2	43	-13.5	-5.5	2.2	44	-13.3	-5.4	2.2	44	-13.2	10
9	-5.7	2.2	45	-13.3	-5.6	2.2	45	-13.1	-5.5	2.3	45	-13.0	-5.4	2.3	46	-12.8	-5.3	2.3	46	-12.6	9
9	-5.6	2.3	47	-12.8	-5.5	2.3	47	-12.6	-5.4	2.4	47	-12.4	-5.3	2.4	48	-12.3	-5.2	2.4	48	-12.1	9
9	-5.5	2.4	49	-12.3	-5.4	2.4	49	-12.1	-5.3	2.5	49	-11.9	-5.2	2.5	50	-11.8	-5.1	2.5	50	-11.6	9
8	-5.4	2.5	51	-11.8	-5.3	2.5	51	-11.6	-5.2	2.5	51	-11.5	-5.1	2.6	52	-11.3	**-5.0**	2.6	52	-11.1	8
8	-5.3	2.6	53	-11.3	-5.2	2.6	53	-11.1	-5.1	2.6	53	-11.0	**-5.0**	2.7	54	-10.8	-4.9	2.7	54	-10.7	8
7	-5.2	2.7	55	-10.8	-5.1	2.7	55	-10.7	**-5.0**	2.7	55	-10.5	-4.9	2.8	55	-10.4	-4.8	2.8	56	-10.2	7
7	-5.1	2.8	57	-10.4	**-5.0**	2.8	57	-10.2	-4.9	2.8	57	-10.1	-4.8	2.9	57	-9.9	-4.7	2.9	58	-9.8	7
7	**-5.0**	2.9	59	-9.9	-4.9	2.9	59	-9.8	-4.8	2.9	59	-9.6	-4.7	3.0	59	-9.5	-4.6	3.0	60	-9.4	7
6	-4.9	3.0	61	-9.5	-4.8	3.0	61	-9.4	-4.7	3.0	61	-9.2	-4.6	3.1	61	-9.1	-4.5	3.1	62	-8.9	6
6	-4.8	3.1	63	-9.1	-4.7	3.1	63	-8.9	-4.6	3.1	63	-8.8	-4.5	3.2	63	-8.7	-4.4	3.2	64	-8.5	6

n	t_W	e	U	t_d	t_W	e	U	t_d	t_W	e	U	t_d	t_W	e	U	t_d	t_W	e	U	t_d	n
	-3.0				**-2.9**				**-2.8**				**-2.7**				**-2.6**				
6	-4.7	3.2	65	-8.7	-4.6	3.2	65	-8.5	-4.5	3.2	65	-8.4	-4.4	3.3	65	-8.3	-4.3	3.3	66	-8.1	6
5	-4.6	3.3	67	-8.3	-4.5	3.3	67	-8.1	-4.4	3.3	67	-8.0	-4.3	3.4	67	-7.9	-4.2	3.4	68	-7.3	5
5	-4.5	3.4	69	-7.9	-4.4	3.4	69	-7.8	-4.3	3.4	69	-7.6	-4.2	3.5	69	-7.5	-4.1	3.5	70	-7.4	5
5	-4.4	3.5	71	-7.5	-4.3	3.5	71	-7.4	-4.2	3.5	71	-7.3	-4.1	3.6	71	-7.1	**-4.0**	3.6	72	-7.0	5
4	-4.3	3.6	73	-7.1	-4.2	3.6	73	-7.0	-4.1	3.6	73	-6.9	**-4.0**	3.7	73	-6.8	-3.9	3.7	74	6.7	4
4	-4.2	3.7	75	-6.8	-4.1	3.7	75	-6.7	**-4.0**	3.7	75	-6.6	-3.9	3.8	75	-6.4	-3.8	3.8	76	-6.3	4
4	-4.1	3.8	77	-6.4	**-4.0**	3.8	77	-6.3	-3.9	3.8	77	-6.2	-3.8	3.9	77	-6.1	-3.7	3.9	78	-6.0	4
3	**-4.0**	3.9	79	-6.1	-3.9	3.9	79	-6.0	-3.8	3.9	79	-5.9	-3.7	4.0	79	-5.7	-3.6	4.0	80	-5.6	3
3	-3.9	4.0	81	-5.8	-3.8	4.0	81	-5.6	-3.7	4.0	81	-5.5	-3.6	4.1	82	-5.4	-3.5	4.1	82	-5.3	3
3	-3.8	4.1	83	-5.4	-3.7	4.1	83	-5.3	-3.6	4.1	83	-5.2	-3.5	4.2	84	-5.1	-3.4	4.2	84	-5.0	3
2	-3.7	4.2	85	-5.1	-3.6	4.2	85	-5.0	-3.5	4.3	86	-4.9	-3.4	4.3	86	-4.8	-3.3	4.3	86	-4.7	2
2	-3.6	4.3	87	-4.8	-3.5	4.3	88	-4.7	-3.4	4.4	88	-4.6	-3.3	4.4	88	-4.5	-3.2	4.4	88	-4.4	2
2	-3.5	4.4	90	-4.5	-3.4	4.4	90	-4.4	-3.3	4.5	90	-4.3	-3.2	4.5	90	-4.2	-3.1	4.5	90	-4.0	2
1	-3.4	4.5	92	-4.2	-3.3	4.5	92	-4.1	-3.2	4.6	92	-4.0	-3.1	4.6	92	-3.9	**-3.0**	4.6	92	-3.7	1
1	-3.3	4.6	94	-3.9	-3.2	4.6	94	-3.8	-3.1	4.7	94	-3.7	**-3.0**	4.7	94	-3.6	-2.9	4.7	94	-3.5	1
1	-3.2	4.7	96	-3.6	-3.1	4.7	96	-3.5	**-3.0**	4.8	96	-3.4	-2.9	4.8	96	-3.3	-2.8	4.8	96	-3.2	1
0	-3.1	4.8	98	-3.3	**-3.0**	4.8	98	-3.2	-2.9	4.9	98	-3.1	-2.8	4.9	98	-3.0	-2.7	4.9	98	-2.9	0
0	**-3.0**	4.9	100	-3.0	-2.9	4.9	100	-2.9	-2.8	5.0	100	-2.8	-2.7	5.0	100	-2.7	-2.6	5.0	100	-2.6	0
	-2.5				**-2.4**				**-2.3**				**-2.2**				**-2.1**				
19													-7.4	0.0	1	-54.2	-7.3	0.1	1	-49.7	19
18	-7.6	0.1	1	-51.8	-7.5	0.1	2	-48.1	-7.4	0.1	2	-45.5	-7.3	0.1	3	-43.4	-7.2	0.2	3	-41.6	18
18	-7.5	0.1	3	-42.5	-7.4	0.2	3	-40.9	-7.3	0.2	4	-39.5	-7.2	0.2	4	-38.2	-7.1	0.3	5	-37.1	18
17	-7.4	0.2	5	-37.7	-7.3	0.3	5	-36.7	-7.2	0.3	6	-35.7	-7.1	0.3	6	-34.8	**-7.0**	0.3	7	-33.9	17
17	-7.3	0.3	7	-34.4	-7.2	0.4	7	-33.6	-7.1	0.4	8	-32.8	**-7.0**	0.4	8	-32.1	-6.9	0.4	8	-31.4	17
17	-7.2	0.4	8	-31.8	-7.1	0.5	9	-31.2	**-7.0**	0.5	9	-30.6	-6.9	0.5	10	-30.0	-6.8	0.5	10	-29.4	17
16	-7.1	0.5	10	-29.7	**-7.0**	0.5	11	-29.2	-6.9	0.6	11	-28.7	-6.8	0.6	12	-28.1	-6.7	0.6	12	-27.7	16
16	**-7.0**	0.6	12	-28.0	-6.9	0.6	13	-27.5	-6.8	0.7	13	-27.0	-6.7	0.7	13	-26.6	-6.6	0.7	14	-26.1	16
15	-6.9	0.7	14	-26.4	-6.8	0.7	14	-26.0	-6.7	0.8	15	-25.6	-6.6	0.8	15	-25.2	-6.5	0.8	16	-24.8	15
15	-6.8	0.8	16	-25.0	-6.7	0.8	16	-24.6	-6.6	0.9	17	-24.3	-6.5	0.9	17	-23.9	-6.4	0.9	18	-23.5	15
15	-6.7	0.9	18	-23.8	-6.6	0.9	18	-23.4	-6.5	1.0	19	-23.1	-6.4	1.0	19	-22.7	-6.3	1.0	19	-22.4	15
14	-6.6	1.0	20	-22.6	-6.5	1.0	20	-22.3	-6.4	1.1	20	-22.0	-6.3	1.1	21	-21.7	-6.2	1.1	21	-21.4	14
14	-6.5	1.1	21	-21.6	-6.4	1.1	22	-21.3	-6.3	1.1	22	-21.0	-6.2	1.2	23	-20.7	-6.1	1.2	23	-20.4	14
14	-6.4	1.2	23	-20.6	-6.3	1.2	24	-20.4	-6.2	1.2	24	-20.1	-6.1	1.3	25	-19.8	**-6.0**	1.3	25	-19.5	14
13	-6.3	1.3	25	-19.7	-6.2	1.3	26	-19.5	-6.1	1.3	26	-19.2	**-6.0**	1.4	26	-19.0	-5.9	1.4	27	-18.7	13
13	-6.2	1.4	27	-18.9	-6.1	1.4	27	-18.6	**-6.0**	1.4	28	-18.4	-5.9	1.5	28	-18.2	-5.8	1.5	29	-17.9	13
12	-6.1	1.5	29	-18.1	**-6.0**	1.5	29	-17.9	-5.9	1.5	30	-17.6	-5.8	1.6	30	-17.4	-5.7	1.6	30	-17.2	12
12	**-6.0**	1.6	31	-17.4	-5.9	1.6	31	-17.1	-5.8	1.6	32	-16.9	-5.7	1.7	32	-16.7	-5.6	1.7	32	-16.5	12
12	-5.9	1.7	33	-16.6	-5.8	1.7	33	-16.4	-5.7	1.7	33	-16.2	-5.6	1.8	34	-16.0	-5.5	1.8	34	-15.8	12
11	-5.8	1.8	35	-16.0	-5.7	1.8	35	-15.8	-5.6	1.8	35	-15.6	-5.5	1.9	36	-15.4	-5.4	1.9	36	-15.2	11
11	-5.7	1.9	37	-15.3	-5.6	1.9	37	-15.1	-5.5	1.9	37	-14.9	-5.4	2.0	38	-14.7	-5.3	2.0	38	-14.5	11
11	-5.6	2.0	39	-14.7	-5.5	2.0	39	-14.5	-5.4	2.0	39	-14.3	-5.3	2.1	39	-14.1	-5.2	2.1	40	-14.0	11
10	-5.5	2.1	40	-14.1	-5.4	2.1	41	-13.9	-5.3	2.1	41	-13.7	-5.2	2.1	41	-13.6	-5.1	2.2	42	-13.4	10
10	-5.4	2.2	42	-13.5	-5.3	2.2	43	-13.4	-5.2	2.2	43	-13.2	-5.1	2.2	43	-13.0	**-5.0**	2.3	44	-12.8	10
10	-5.3	2.3	44	-13.0	-5.2	2.3	45	-12.8	-5.1	2.3	45	-12.7	**-5.0**	2.3	45	-12.5	-4.9	2.4	45	-12.3	10
9	-5.2	2.3	46	-12.5	-5.1	2.4	47	-12.3	**-5.0**	2.4	47	-12.1	-4.9	2.4	47	-12.0	-4.8	2.5	47	-11.8	9
9	-5.1	2.4	48	-12.0	**-5.0**	2.5	48	-11.8	-4.9	2.5	49	-11.6	-4.8	2.5	49	-11.5	-4.7	2.6	49	-11.3	9
8	**-5.0**	2.5	50	-11.5	-4.9	2.6	50	-11.3	-4.8	2.6	51	-11.2	-4.7	2.6	51	-11.0	-4.6	2.7	51	-10.8	8
8	-4.9	2.6	52	-11.0	-4.8	2.7	52	-10.8	-4.7	2.7	53	-10.7	-4.6	2.7	53	-10.5	-4.5	2.8	53	-10.4	8
8	-4.8	2.7	54	-10.5	-4.7	2.8	54	-10.4	-4.6	2.8	54	-10.2	-4.5	2.8	55	-10.1	-4.4	2.9	55	-9.9	8
7	-4.7	2.8	56	-10.1	-4.6	2.9	56	-9.9	-4.5	2.9	56	-9.8	-4.4	2.9	57	-9.7	-4.3	3.0	57	-9.5	7
7	-4.6	2.9	58	-9.6	-4.5	3.0	58	-9.5	-4.4	3.0	58	-9.4	-4.3	3.0	59	-9.2	-4.2	3.1	59	-9.1	7
7	-4.5	3.0	60	-9.2	-4.4	3.1	60	-9.1	-4.3	3.1	60	-8.9	-4.2	3.1	60	-8.8	-4.1	3.2	61	-8.7	7
6	-4.4	3.1	62	-8.8	-4.3	3.2	62	-8.7	-4.2	3.2	62	-8.5	-4.1	3.2	62	-8.4	**-4.0**	3.3	63	-8.3	6
6	-4.3	3.2	64	-8.4	-4.2	3.3	64	-8.3	-4.1	3.3	64	-8.1	**-4.0**	3.3	64	-8.0	-3.9	3.4	65	-7.9	6
6	-4.2	3.3	66	-8.0	-4.1	3.4	66	-7.9	**-4.0**	3.4	66	-7.8	-3.9	3.4	66	-7.6	-3.8	3.5	66	-7.5	6
5	-4.1	3.4	68	-7.6	**-4.0**	3.5	68	-7.5	-3.9	3.5	68	-7.4	-3.8	3.5	68	-7.3	-3.7	3.6	68	-7.1	5
5	**-4.0**	3.5	70	-7.3	-3.9	3.6	70	-7.1	-3.8	3.6	70	-7.0	-3.7	3.6	70	-6.9	-3.6	3.7	70	-6.8	5
5	-3.9	3.6	72	-6.9	-3.8	3.7	72	-6.8	-3.7	3.7	72	-6.7	-3.6	3.7	72	-6.5	-3.5	3.8	72	-6.4	5
4	-3.8	3.7	74	-6.5	-3.7	3.8	74	-6.4	-3.6	3.8	74	-6.3	-3.5	3.9	74	-6.2	-3.4	3.9	74	-6.1	4
4	-3.7	3.8	76	-6.2	-3.6	3.9	76	-6.1	-3.5	3.9	76	-6.0	-3.4	4.0	76	-5.8	-3.3	4.0	76	-5.7	4
4	-3.6	3.9	78	-5.9	-3.5	4.0	78	-5.7	-3.4	4.0	78	-5.6	-3.3	4.1	78	-5.5	-3.2	4.1	78	-5.4	4
3	-3.5	4.1	80	-5.5	-3.4	4.1	80	-5.4	-3.3	4.1	80	-5.3	-3.2	4.2	80	-5.2	-3.1	4.2	80	-5.1	3
3	-3.4	4.2	82	-5.2	-3.3	4.2	82	-5.1	-3.2	4.2	82	-5.0	-3.1	4.3	82	-4.9	**-3.0**	4.3	82	-4.7	3
3	-3.3	4.3	84	-4.9	-3.2	4.3	84	-4.8	-3.1	4.3	84	-4.6	**-3.0**	4.4	84	-4.5	-2.9	4.4	84	-4.4	3
2	-3.2	4.4	86	-4.6	-3.1	4.4	86	-4.4	**-3.0**	4.4	86	-4.3	-2.9	4.5	86	-4.2	-2.8	4.5	86	-4.1	2
2	-3.1	4.5	88	-4.2	**-3.0**	4.5	88	-4.1	-2.9	4.5	88	-4.0	-2.8	4.6	88	-3.9	-2.7	4.6	88	-3.8	2
2	**-3.0**	4.6	90	-3.9	-2.9	4.6	90	-3.8	-2.8	4.6	90	-3.7	-2.7	4.7	90	-3.6	-2.6	4.7	90	-3.5	2
1	-2.9	4.7	92	-3.6	-2.8	4.7	92	-3.5	-2.7	4.7	92	-3.4	-2.6	4.8	92	-3.3	-2.5	4.8	92	-3.2	1
1	-2.8	4.8	94	-3.4	-2.7	4.8	94	-3.2	-2.6	4.8	94	-3.1	-2.5	4.9	94	-3.0	-2.4	4.9	94	-2.9	1
1	-2.7	4.9	96	-3.1	-2.6	4.9	96	-3.0	-2.5	4.9	96	-2.9	-2.4	5.0	96	-2.8	-2.3	5.0	96	-2.7	1
0	-2.6	5.0	98	-2.8	-2.5	5.0	98	-2.7	-2.4	5.1	98	-2.6	-2.3	5.1	98	-2.5	-2.2	5.1	98	-2.4	0

n	t_W	e	U	t_d	t_W	e	U	t_d	t_W	e	U	t_d	t_W	e	U	t_d	t_W	e	U	t_d	n
	-2.5				**-2.4**				**-2.3**				**-2.2**				**-2.1**				
0	-2.5	5.1	100	-2.5	-2.4	5.1	100	-2.4	-2.3	5.2	100	-2.3	-2.2	5.2	100	-2.2	-2.1	5.2	100	-2.1	0
	-2.0				**-1.9**				**-1.8**				**-1.7**				**-1.6**				
19					-7.2	0.0	1	-57.3	-7.1	0.1	1	-51.4	**-7.0**	0.1	2	-47.7	-6.9	0.1	2	-45.1	19
18	-7.2	0.1	2	-46.6	-7.1	0.1	2	-44.2	**-7.0**	0.1	3	-42.3	-6.9	0.2	3	-40.7	-6.8	0.2	4	-39.2	18
18	-7.1	0.2	4	-40.1	**-7.0**	0.2	4	-38.7	-6.9	0.2	5	-37.5	-6.8	0.3	5	-36.5	-6.7	0.3	6	-35.5	18
18	**-7.0**	0.3	5	-36.1	-6.9	0.3	6	-35.1	-6.8	0.3	6	-34.2	-6.7	0.4	7	-33.4	-6.6	0.4	7	-32.6	18
17	-6.9	0.4	7	-33.1	-6.8	0.4	8	-32.4	-6.7	0.4	8	-31.7	-6.6	0.5	9	-31.0	-6.5	0.5	9	-30.4	17
17	-6.8	0.5	9	-30.8	-6.7	0.5	9	-30.2	-6.6	0.5	10	-29.6	-6.5	0.6	10	-29.0	-6.4	0.6	11	-28.5	17
16	-6.7	0.6	11	-28.9	-6.6	0.6	11	-28.3	-6.5	0.6	12	-27.8	-6.4	0.7	12	-27.3	-6.3	0.7	13	-26.8	16
16	-6.6	0.7	13	-27.2	-6.5	0.7	13	-26.7	-6.4	0.7	13	-26.3	-6.3	0.7	14	-25.8	-6.2	0.8	14	-25.4	16
16	-6.5	0.8	14	-25.7	-6.4	0.8	15	-25.3	-6.3	0.8	15	-24.9	-6.2	0.8	16	-24.5	-6.1	0.9	16	-24.1	16
15	-6.4	0.9	16	-24.4	-6.3	0.9	17	-24.0	-6.2	0.9	17	-23.6	-6.1	0.9	17	-23.3	**-6.0**	1.0	18	-22.9	15
15	-6.3	0.9	18	-23.2	-6.2	1.0	18	-22.8	-6.1	1.0	19	-22.5	**-6.0**	1.0	19	-22.2	-5.9	1.1	20	-21.9	15
15	-6.2	1.0	20	-22.1	-6.1	1.1	20	-21.8	**-6.0**	1.1	21	-21.5	-5.9	1.1	21	-21.2	-5.8	1.2	21	-20.9	15
14	-6.1	1.1	22	-21.1	**-6.0**	1.2	22	-20.8	-5.9	1.2	22	-20.5	-5.8	1.2	23	-20.2	-5.7	1.3	23	-19.9	14
14	**-6.0**	1.2	23	-20.2	-5.9	1.3	24	-19.9	-5.8	1.3	24	-19.6	-5.7	1.3	25	-19.3	-5.6	1.4	25	-19.1	14
13	-5.9	1.3	25	-19.3	-5.8	1.4	26	-19.0	-5.7	1.4	26	-18.8	-5.6	1.4	26	-18.5	-5.5	1.5	27	-18.3	13
13	-5.8	1.4	27	-18.5	-5.7	1.5	28	-18.2	-5.6	1.5	28	-18.0	-5.5	1.5	28	-17.7	-5.4	1.6	29	-17.5	13
13	-5.7	1.5	29	-17.7	-5.6	1.6	29	-17.4	-5.5	1.6	30	-17.2	-5.4	1.6	30	-17.0	-5.3	1.7	30	-16.8	13
12	-5.6	1.6	31	-16.9	-5.5	1.7	31	-16.7	-5.4	1.7	32	-16.5	-5.3	1.7	32	-16.3	-5.2	1.7	32	-16.1	12
12	-5.5	1.7	33	-16.3	-5.4	1.8	33	-16.0	-5.3	1.8	33	-15.8	-5.2	1.8	34	-15.6	-5.1	1.8	34	-15.4	12
12	-5.4	1.8	35	-15.6	-5.3	1.9	35	-15.4	-5.2	1.9	35	-15.2	-5.1	1.9	36	-15.0	**-5.0**	1.9	36	-14.8	12
11	-5.3	1.9	36	-15.0	-5.2	1.9	37	-14.8	-5.1	2.0	37	-14.6	**-5.0**	2.0	37	-14.4	-4.9	2.0	38	-14.2	11
11	-5.2	2.0	38	-14.4	-5.1	2.0	39	-14.2	**-5.0**	2.1	39	-14.0	-4.9	2.1	39	-13.8	-4.8	2.1	39	-13.6	11
10	-5.1	2.1	40	-13.8	**-5.0**	2.1	40	-13.6	-4.9	2.2	41	-13.4	-4.8	2.2	41	-13.2	-4.7	2.2	41	-13.0	10
10	**-5.0**	2.2	42	-13.2	-4.9	2.2	42	-13.0	-4.8	2.3	43	-12.9	-4.7	2.3	43	-12.7	-4.6	2.3	43	-12.5	10
10	-4.9	2.3	44	-12.7	-4.8	2.3	44	-12.5	-4.7	2.4	44	-12.3	-4.6	2.4	45	-12.2	-4.5	2.4	45	-12.0	10
9	-4.8	2.4	46	-12.2	-4.7	2.4	46	-12.0	-4.6	2.5	46	-11.8	-4.5	2.5	47	-11.7	-4.4	2.5	47	-11.5	9
9	-4.7	2.5	48	-11.6	-4.6	2.5	48	-11.5	-4.5	2.6	48	-11.3	-4.4	2.6	48	-11.2	-4.3	2.6	49	-11.0	9
9	-4.6	2.6	49	-11.2	-4.5	2.6	50	-11.0	-4.4	2.7	50	-10.9	-4.3	2.7	50	-10.7	-4.2	2.7	50	-10.5	9
8	-4.5	2.7	51	-10.7	-4.4	2.7	52	-10.5	-4.3	2.8	52	-10.4	-4.2	2.8	52	-10.2	-4.1	2.8	52	-10.1	8
8	-4.4	2.8	53	-10.2	-4.3	2.8	53	-10.1	-4.2	2.9	54	-9.9	-4.1	2.9	54	-9.8	**-4.0**	2.9	54	-9.6	8
8	-4.3	2.9	55	-9.8	-4.2	2.9	55	-9.6	-4.1	3.0	56	-9.5	**-4.0**	3.0	56	-9.4	-3.9	3.0	56	-9.2	8
7	-4.2	3.0	57	-9.4	-4.1	3.0	57	-9.2	**-4.0**	3.1	57	-9.1	-3.9	3.1	58	-8.9	-3.8	3.1	58	-8.8	7
7	-4.1	3.1	59	-8.9	**-4.0**	3.1	59	-8.8	-3.9	3.2	59	-8.7	-3.8	3.2	60	-8.5	-3.7	3.2	60	-8.4	7
7	**-4.0**	3.2	61	-8.5	-3.9	3.2	61	-8.4	-3.8	3.3	61	-8.3	-3.7	3.3	61	-8.1	-3.6	3.3	62	-8.0	7
6	-3.9	3.3	63	-8.1	-3.8	3.3	63	-8.0	-3.7	3.4	63	-7.9	-3.6	3.4	63	-7.7	-3.5	3.5	64	-7.6	6
6	-3.8	3.4	65	-7.8	-3.7	3.4	65	-7.6	-3.6	3.5	65	-7.5	-3.5	3.5	65	-7.4	-3.4	3.6	65	-7.2	6
6	-3.7	3.5	67	-7.4	-3.6	3.5	67	-7.2	-3.5	3.6	67	-7.1	-3.4	3.6	67	-7.0	-3.3	3.7	67	-6.9	6
5	-3.6	3.6	69	-7.0	-3.5	3.7	69	-6.9	-3.4	3.7	69	-6.8	-3.3	3.7	69	-6.6	-3.2	3.8	69	-6.5	5
5	-3.5	3.7	70	-6.6	-3.4	3.8	71	-6.5	-3.3	3.8	71	-6.4	-3.2	3.8	71	-6.3	-3.1	3.9	71	-6.2	5
5	-3.4	3.8	72	-6.3	-3.3	3.9	73	-6.2	-3.2	3.9	73	-6.0	-3.1	3.9	73	-5.9	**-3.0**	4.0	73	-5.8	5
4	-3.3	3.9	74	-5.9	-3.2	4.0	74	-5.8	-3.1	4.0	75	-5.7	**-3.0**	4.0	75	-5.6	-2.9	4.1	75	-5.5	4
4	-3.2	4.0	76	-5.6	-3.1	4.1	76	-5.5	**-3.0**	4.1	77	-5.4	-2.9	4.1	77	-5.3	-2.8	4.2	77	-5.1	4
4	-3.1	4.1	78	-5.3	**-3.0**	4.2	78	-5.2	-2.9	4.2	78	-5.0	-2.8	4.2	79	-4.9	-2.7	4.3	79	-4.8	4
3	**-3.0**	4.2	80	-4.9	-2.9	4.3	80	-4.8	-2.8	4.3	80	-4.7	-2.7	4.3	80	-4.6	-2.6	4.4	81	-4.5	3
3	-2.9	4.3	82	-4.6	-2.8	4.4	82	-4.5	-2.7	4.4	82	-4.4	-2.6	4.4	82	-4.3	-2.5	4.5	83	-4.2	3
3	-2.8	4.4	84	-4.3	-2.7	4.5	84	-4.2	-2.6	4.5	84	-4.1	-2.5	4.5	84	-4.0	-2.4	4.6	84	-3.9	3
2	-2.7	4.5	86	-4.0	-2.6	4.6	86	-3.9	-2.5	4.6	86	-3.8	-2.4	4.7	86	-3.7	-2.3	4.7	86	-3.6	2
2	-2.6	4.6	88	-3.7	-2.5	4.7	88	-3.6	-2.4	4.7	88	-3.5	-2.3	4.8	88	-3.4	-2.2	4.8	88	-3.3	2
2	-2.5	4.7	90	-3.4	-2.4	4.8	90	-3.3	-2.3	4.8	90	-3.2	-2.2	4.9	90	-3.1	-2.1	4.9	90	-3.0	2
1	-2.4	4.9	92	-3.1	-2.3	4.9	92	-3.0	-2.2	4.9	92	-2.9	-2.1	5.0	92	-2.8	**-2.0**	5.0	92	-2.7	1
1	-2.3	5.0	94	-2.8	-2.2	5.0	94	-2.7	-2.1	5.0	94	-2.6	**-2.0**	5.1	94	-2.5	-1.9	5.1	94	-2.4	1
1	-2.2	5.1	96	-2.6	-2.1	5.1	96	-2.4	**-2.0**	5.1	96	-2.3	-1.9	5.2	96	-2.2	-1.8	5.2	96	-2.1	1
0	-2.1	5.2	98	-2.3	**-2.0**	5.2	98	-2.2	-1.9	5.2	98	-2.1	-1.8	5.3	98	-2.0	-1.7	5.3	98	-1.9	0
0	**-2.0**	5.3	100	-2.0	-1.9	5.3	100	-1.9	-1.8	5.4	100	-1.8	-1.7	5.4	100	-1.7	-1.6	5.4	100	-1.6	0
	-1.5				**-1.4**				**-1.3**				**-1.2**				**-1.1**				
19													-6.7	0.0	1	-55.5	-6.6	0.1	1	-50.3	19
19	-6.9	0.0	1	-53.3	-6.8	0.1	1	-49.0	-6.7	0.1	2	-46.0	-6.6	0.1	2	-43.7	-6.5	0.2	3	-41.8	19
19	-6.8	0.1	3	-43.0	-6.7	0.2	3	-41.2	-6.6	0.2	4	-39.7	-6.5	0.2	4	-38.4	-6.4	0.3	4	-37.2	19
18	-6.7	0.2	4	-38.0	-6.6	0.3	5	-36.8	-6.5	0.3	5	-35.8	-6.4	0.3	6	-34.8	-6.3	0.3	6	-33.9	18
18	-6.6	0.3	6	-34.5	-6.5	0.4	6	-33.7	-6.4	0.4	7	-32.9	-6.3	0.4	7	-32.1	-6.2	0.4	8	-31.4	18
17	-6.5	0.4	8	-31.9	-6.4	0.5	8	-31.2	-6.3	0.5	9	-30.6	-6.2	0.5	9	-29.9	-6.1	0.5	10	-29.3	17
17	-6.4	0.5	9	-29.8	-6.3	0.5	10	-29.2	-6.2	0.6	10	-28.6	-6.1	0.6	11	-28.1	**-6.0**	0.6	11	-27.6	17
17	-6.3	0.6	11	-28.0	-6.2	0.6	12	-27.5	-6.1	0.7	12	-27.0	**-6.0**	0.7	13	-26.5	-5.9	0.7	13	-26.0	17
16	-6.2	0.7	13	-26.4	-6.1	0.7	13	-25.9	**-6.0**	0.8	14	-25.5	-5.9	0.8	14	-25.1	-5.8	0.8	15	-24.7	16
16	-6.1	0.8	15	-25.0	**-6.0**	0.8	15	-24.6	-5.9	0.9	16	-24.2	-5.8	0.9	16	-23.8	-5.7	0.9	16	-23.4	16
16	**-6.0**	0.9	17	-23.7	-5.9	0.9	17	-23.4	-5.8	1.0	17	-23.0	-5.7	1.0	18	-22.7	-5.6	1.0	18	-22.3	16
15	-5.9	1.0	18	-22.6	-5.8	1.0	19	-22.2	-5.7	1.1	19	-21.9	-5.6	1.1	20	-21.6	-5.5	1.1	20	-21.3	15

n	t_W	*e*	*U*	t_d	t_W	*e*	*U*	t_d	t_W	*e*	*U*	t_d	t_W	*e*	*U*	t_d	t_W	*e*	*U*	t_d	*n*
	-1.5				**-1.4**				**-1.3**				**-1.2**				**-1.1**				
15	-5.8	1.1	20	-21.5	-5.7	1.1	20	-21.2	-5.6	1.2	21	-20.9	-5.5	1.2	21	-20.6	-5.4	1.2	22	-20.3	15
14	-5.7	1.2	22	-20.6	-5.6	1.2	22	-20.3	-5.5	1.3	23	-20.0	-5.4	1.3	23	-19.7	-5.3	1.3	23	-19.4	14
14	-5.6	1.3	24	-19.7	-5.5	1.3	24	-19.4	-5.4	1.4	24	-19.1	-5.3	1.4	25	-18.8	-5.2	1.4	25	-18.6	14
14	-5.5	1.4	25	-18.8	-5.4	1.4	26	-18.5	-5.3	1.5	26	-18.3	-5.2	1.5	27	-18.0	-5.1	1.5	27	-17.8	14
13	-5.4	1.5	27	-18.0	-5.3	1.5	28	-17.8	-5.2	1.5	28	-17.5	-5.1	1.6	28	-17.3	**-5.0**	1.6	29	-17.0	13
13	-5.3	1.6	29	-17.2	-5.2	1.6	29	-17.0	-5.1	1.6	30	-16.8	**-5.0**	1.7	30	-16.6	-4.9	1.7	30	-16.3	13
13	-5.2	1.7	31	-16.5	-5.1	1.7	31	-16.3	**-5.0**	1.7	31	-16.1	-4.9	1.8	32	-15.9	-4.8	1.8	32	-15.7	13
12	-5.1	1.8	33	-15.9	**-5.0**	1.8	33	-15.6	-4.9	1.8	33	-15.4	-4.8	1.9	34	-15.2	-4.7	1.9	34	-15.0	12
12	**-5.0**	1.9	34	-15.2	-4.9	1.9	35	-15.0	-4.8	1.9	35	-14.8	-4.7	2.0	35	-14.6	-4.6	2.0	36	-14.4	12
11	-4.9	2.0	36	-14.6	-4.8	2.0	36	-14.4	-4.7	2.0	37	-14.2	-4.6	2.1	37	-14.0	-4.5	2.1	37	-13.8	11
11	-4.8	2.1	38	-14.0	-4.7	2.1	38	-13.8	-4.6	2.1	39	-13.6	-4.5	2.2	39	-13.4	-4.4	2.2	39	-13.2	11
11	-4.7	2.2	40	-13.4	-4.6	2.2	40	-13.2	-4.5	2.2	40	-13.0	-4.4	2.3	41	-12.9	-4.3	2.3	41	-12.7	11
10	-4.6	2.3	42	-12.9	-4.5	2.3	42	-12.7	-4.4	2.3	42	-12.5	-4.3	2.4	42	-12.3	-4.2	2.4	43	-12.2	10
10	-4.5	2.4	43	-12.3	-4.4	2.4	44	-12.2	-4.3	2.4	44	-12.0	-4.2	2.5	44	-11.8	-4.1	2.5	45	-11.7	10
10	-4.4	2.5	45	-11.8	-4.3	2.5	46	-11.7	-4.2	2.5	46	-11.5	-4.1	2.6	46	-11.3	**-4.0**	2.6	46	-11.2	10
9	-4.3	2.6	47	-11.3	-4.2	2.6	47	-11.2	-4.1	2.6	48	-11.0	**-4.0**	2.7	48	-10.8	-3.9	2.7	48	-10.7	9
9	-4.2	2.7	49	-10.8	-4.1	2.7	49	-10.7	**-4.0**	2.7	49	-10.5	-3.9	2.8	50	-10.4	-3.8	2.8	50	-10.2	9
9	-4.1	2.8	51	-10.4	**-4.0**	2.8	51	-10.2	-3.9	2.8	51	-10.1	-3.8	2.9	51	-9.9	-3.7	2.9	52	-9.8	9
8	**-4.0**	2.9	53	-9.9	-3.9	2.9	53	-9.8	-3.8	2.9	53	-9.6	-3.7	3.0	53	-9.5	-3.6	3.0	54	-9.3	8
8	-3.9	3.0	54	-9.5	-3.8	3.0	55	-9.4	-3.7	3.0	55	-9.2	-3.6	3.1	55	-9.1	-3.5	3.1	55	-8.9	8
8	-3.8	3.1	56	-9.1	-3.7	3.1	56	-8.9	-3.6	3.1	57	-8.8	-3.5	3.2	57	-8.6	-3.4	3.2	57	-8.5	8
7	-3.7	3.2	58	-8.7	-3.6	3.2	58	-8.5	-3.5	3.3	59	-8.4	-3.4	3.3	59	-8.2	-3.3	3.3	59	-8.1	7
7	-3.6	3.3	60	-8.3	-3.5	3.3	60	-8.1	-3.4	3.4	60	-8.0	-3.3	3.4	61	-7.8	-3.2	3.4	61	-7.7	7
7	-3.5	3.4	62	-7.9	-3.4	3.4	62	-7.7	-3.3	3.5	62	-7.6	-3.2	3.5	62	-7.5	-3.1	3.5	63	-7.3	7
6	-3.4	3.5	64	-7.5	-3.3	3.5	64	-7.3	-3.2	3.6	64	-7.2	-3.1	3.6	64	-7.1	**-3.0**	3.6	64	-7.0	6
6	-3.3	3.6	66	-7.1	-3.2	3.6	66	-7.0	-3.1	3.7	66	-6.8	**-3.0**	3.7	66	-6.7	-2.9	3.7	66	-6.6	6
6	-3.2	3.7	67	-6.7	-3.1	3.7	68	-6.6	**-3.0**	3.8	68	-6.5	-2.9	3.8	68	-6.4	-2.8	3.8	68	-6.2	6
5	-3.1	3.8	69	-6.4	**-3.0**	3.8	69	-6.3	-2.9	3.9	70	-6.1	-2.8	3.9	70	-6.0	-2.7	3.9	70	-5.9	5
5	**-3.0**	3.9	71	-6.0	-2.9	3.9	71	-5.9	-2.8	4.0	71	-5.8	-2.7	4.0	72	-5.7	-2.6	4.0	72	-5.5	5
4	-2.9	4.0	73	-5.7	-2.8	4.0	73	-5.6	-2.7	4.1	73	-5.4	-2.6	4.1	73	-5.3	-2.5	4.1	74	-5.2	4
4	-2.8	4.1	75	-5.4	-2.7	4.1	75	-5.2	-2.6	4.2	75	-5.1	-2.5	4.2	75	-5.0	-2.4	4.3	75	-4.9	4
4	-2.7	4.2	77	-5.0	-2.6	4.2	77	-4.9	-2.5	4.3	77	-4.8	-2.4	4.3	77	-4.7	-2.3	4.4	77	-4.6	4
4	-2.6	4.3	79	-4.7	-2.5	4.3	79	-4.6	-2.4	4.4	79	-4.5	-2.3	4.4	79	-4.4	-2.2	4.5	79	-4.2	4
3	-2.5	4.4	81	-4.4	-2.4	4.5	81	-4.3	-2.3	4.5	81	-4.2	-2.2	4.5	81	-4.0	-2.1	4.6	81	-3.9	3
3	-2.4	4.5	83	-4.1	-2.3	4.6	83	-4.0	-2.2	4.6	83	-3.8	-2.1	4.6	83	-3.7	**-2.0**	4.7	83	-3.6	3
3	-2.3	4.6	85	-3.8	-2.2	4.7	85	-3.7	-2.1	4.7	85	-3.5	**-2.0**	4.7	85	-3.4	-1.9	4.8	85	-3.3	3
2	-2.2	4.7	86	-3.5	-2.1	4.8	87	-3.4	**-2.0**	4.8	87	-3.2	-1.9	4.8	87	-3.1	-1.8	4.9	87	-3.0	2
2	-2.1	4.8	88	-3.2	**-2.0**	4.9	88	-3.1	-1.9	4.9	88	-3.0	-1.8	5.0	89	-2.8	-1.7	5.0	89	-2.7	2
2	**-2.0**	4.9	90	-2.9	-1.9	5.0	90	-2.8	-1.8	5.0	90	-2.7	-1.7	5.1	90	-2.6	-1.6	5.1	90	-2.5	2
1	-1.9	5.0	92	-2.6	-1.8	5.1	92	-2.5	-1.7	5.1	92	-2.4	-1.6	5.2	92	-2.3	-1.5	5.2	92	-2.2	1
1	-1.8	5.2	94	-2.3	-1.7	5.2	94	-2.2	-1.6	5.2	94	-2.1	-1.5	5.3	94	-2.0	-1.4	5.3	94	-1.9	1
1	-1.7	5.3	96	-2.0	-1.6	5.3	96	-1.9	-1.5	5.3	96	-1.8	-1.4	5.4	96	-1.7	-1.3	5.4	96	-1.6	1
0	-1.6	5.4	98	-1.8	-1.5	5.4	98	-1.7	-1.4	5.4	98	-1.6	-1.3	5.5	98	-1.5	-1.2	5.5	98	-1.4	0
0	-1.5	5.5	100	-1.5	-1.4	5.5	100	-1.4	-1.3	5.6	100	-1.3	-1.2	5.6	100	-1.2	-1.1	5.6	100	-1.1	0
	-1.0				**-0.9**				**-0.8**				**-0.7**				**-0.6**				
20									-6.4	0.1	1	-51.6	-6.3	0.1	1	-47.8	-6.2	0.1	2	-45.0	20
19	-6.5	0.1	2	-46.9	-6.4	0.1	2	-44.3	-6.3	0.1	3	-42.3	-6.2	0.2	3	-40.6	-6.1	0.2	4	-39.1	19
19	-6.4	0.2	3	-40.2	-6.3	0.2	4	-38.7	-6.2	0.2	4	-37.5	-6.1	0.3	5	-36.4	**-6.0**	0.3	5	-35.3	19
18	-6.3	0.3	5	-36.1	-6.2	0.3	5	-35.1	-6.1	0.3	6	-34.2	**-6.0**	0.4	6	-33.3	-5.9	0.4	7	-32.5	18
18	-6.2	0.4	7	-33.1	-6.1	0.4	7	-32.3	**-6.0**	0.4	8	-31.6	-5.9	0.5	8	-30.9	-5.8	0.5	9	-30.2	18
18	-6.1	0.5	8	-30.7	**-6.0**	0.5	9	-30.1	-5.9	0.5	9	-29.5	-5.8	0.6	10	-28.9	-5.7	0.6	10	-28.3	18
17	**-6.0**	0.6	10	-28.8	-5.9	0.6	10	-28.2	-5.8	0.6	11	-27.7	-5.7	0.7	11	-27.2	-5.6	0.7	12	-26.7	17
17	-5.9	0.7	12	-27.1	-5.8	0.7	12	-26.6	-5.7	0.7	13	-26.1	-5.6	0.8	13	-25.7	-5.5	0.8	13	-25.2	17
16	-5.8	0.8	13	-25.6	-5.7	0.8	14	-25.2	-5.6	0.8	14	-24.8	-5.5	0.9	15	-24.3	-5.4	0.9	15	-23.9	16
16	-5.7	0.9	15	-24.3	-5.6	0.9	16	-23.9	-5.5	0.9	16	-23.5	-5.4	1.0	16	-23.1	-5.3	1.0	17	-22.8	16
16	-5.6	1.0	17	-23.1	-5.5	1.0	17	-22.7	-5.4	1.0	18	-22.4	-5.3	1.1	18	-22.0	-5.2	1.1	19	-21.7	16
15	-5.5	1.1	19	-22.0	-5.4	1.1	19	-21.6	-5.3	1.1	19	-21.3	-5.2	1.1	20	-21.0	-5.1	1.2	20	-20.7	15
15	-5.4	1.2	20	-21.0	-5.3	1.2	21	-20.7	-5.2	1.2	21	-20.4	-5.1	1.2	21	-20.1	**-5.0**	1.3	22	-19.8	15
15	-5.3	1.3	22	-20.0	-5.2	1.3	22	-19.7	-5.1	1.3	23	-19.5	**-5.0**	1.3	23	-19.2	-4.9	1.4	24	-18.9	15
14	-5.2	1.3	24	-19.1	-5.1	1.4	24	-18.9	**-5.0**	1.4	25	-18.6	-4.9	1.4	25	-18.3	-4.8	1.5	25	-18.1	14
14	-5.1	1.4	26	-18.3	**-5.0**	1.5	26	-18.1	-4.9	1.5	26	-17.8	-4.8	1.5	27	-17.6	-4.7	1.6	27	-17.3	14
13	**-5.0**	1.5	27	-17.5	-4.9	1.6	28	-17.3	-4.8	1.6	28	-17.1	-4.7	1.6	28	-16.8	-4.6	1.7	29	-16.6	13
13	-4.9	1.6	29	-16.8	-4.8	1.7	29	-16.6	-4.7	1.7	30	-16.3	-4.6	1.7	30	-16.1	-4.5	1.8	30	-15.9	13
13	-4.8	1.7	31	-16.1	-4.7	1.8	31	-15.9	-4.6	1.8	31	-15.7	-4.5	1.8	32	-15.4	-4.4	1.9	32	-15.2	13
12	-4.7	1.8	32	-15.4	-4.6	1.9	33	-15.2	-4.5	1.9	33	-15.0	-4.4	1.9	33	-14.8	-4.3	2.0	34	-14.6	12
12	-4.6	1.9	34	-14.8	-4.5	2.0	35	-14.6	-4.4	2.0	35	-14.4	-4.3	2.0	35	-14.2	-4.2	2.1	36	-14.0	12
12	-4.5	2.0	36	-14.2	-4.4	2.1	36	-14.0	-4.3	2.1	37	-13.8	-4.2	2.1	37	-13.6	-4.1	2.2	37	-13.4	12
11	-4.4	2.1	38	-13.6	-4.3	2.2	38	-13.4	-4.2	2.2	38	-13.2	-4.1	2.2	39	-13.0	**-4.0**	2.3	39	-12.9	11
11	-4.3	2.2	39	-13.1	-4.2	2.3	40	-12.9	-4.1	2.3	40	-12.7	**-4.0**	2.3	40	-12.5	-3.9	2.4	41	-12.3	11
11	-4.2	2.3	41	-12.5	-4.1	2.4	42	-12.3	**-4.0**	2.4	42	-12.2	-3.9	2.4	42	-12.0	-3.8	2.5	42	-11.8	11
10	-4.1	2.4	43	-12.0	**-4.0**	2.5	43	-11.8	-3.9	2.5	44	-11.6	-3.8	2.5	44	-11.5	-3.7	2.6	44	-11.3	10

n	t_W	*e*	*U*	t_d	t_W	*e*	*U*	t_d	t_W	*e*	*U*	t_d	t_W	*e*	*U*	t_d	t_W	*e*	*U*	t_d	*n*
	-1.0				**-0.9**				**-0.8**				**-0.7**				**-0.6**				
10	**-4.0**	2.5	45	-11.5	-3.9	2.6	45	-11.3	-3.8	2.6	45	-11.2	-3.7	2.6	46	-11.0	-3.6	2.7	46	-10.8	10
10	-3.9	2.6	47	-11.0	-3.8	2.7	47	-10.8	-3.7	2.7	47	-10.7	-3.6	2.7	47	-10.5	-3.5	2.8	48	-10.4	10
9	-3.8	2.7	48	-10.5	-3.7	2.8	49	-10.4	-3.6	2.8	49	-10.2	-3.5	2.9	49	-10.1	-3.4	2.9	49	-9.9	9
9	-3.7	2.8	50	-10.1	-3.6	2.9	50	-9.9	-3.5	2.9	51	-9.8	-3.4	3.0	51	-9.6	-3.3	3.0	51	-9.5	9
8	-3.6	2.9	52	-9.6	-3.5	3.0	52	-9.5	-3.4	3.0	52	-9.3	-3.3	3.1	53	-9.2	-3.2	3.1	53	-9.0	8
8	-3.5	3.1	54	-9.2	-3.4	3.1	54	-9.0	-3.3	3.1	54	-8.9	-3.2	3.2	54	-8.8	-3.1	3.2	55	-8.6	8
8	-3.4	3.2	56	-8.8	-3.3	3.2	56	-8.6	-3.2	3.2	56	-8.5	-3.1	3.3	56	-8.3	**-3.0**	3.3	56	-8.2	8
7	-3.3	3.3	57	-8.4	-3.2	3.3	58	-8.2	-3.1	3.3	58	-8.1	**-3.0**	3.4	58	-7.9	-2.9	3.4	58	-7.8	7
7	-3.2	3.4	59	-8.0	-3.1	3.4	59	-7.8	**-3.0**	3.4	60	-7.7	-2.9	3.5	60	-7.6	-2.8	3.5	60	-7.4	7
7	-3.1	3.5	61	-7.6	**-3.0**	3.5	61	-7.4	-2.9	3.5	61	-7.3	-2.8	3.6	62	-7.2	-2.7	3.6	62	-7.0	7
6	**-3.0**	3.6	63	-7.2	-2.9	3.6	63	-7.1	-2.8	3.6	63	-6.9	-2.7	3.7	63	-6.8	-2.6	3.7	63	-6.7	6
6	-2.9	3.7	65	-6.8	-2.8	3.7	65	-6.7	-2.7	3.7	65	-6.6	-2.6	3.8	65	-6.4	-2.5	3.8	65	-6.3	6
6	-2.8	3.8	66	-6.5	-2.7	3.8	67	-6.3	-2.6	3.8	67	-6.2	-2.5	3.9	67	-6.1	-2.4	3.9	67	-6.0	6
5	-2.7	3.9	68	-6.1	-2.6	3.9	68	-6.0	-2.5	3.9	69	-5.9	-2.4	4.0	69	-5.7	-2.3	4.0	69	-5.6	5
5	-2.6	4.0	70	-5.8	-2.5	4.0	70	-5.6	-2.4	4.1	70	-5.5	-2.3	4.1	71	-5.4	-2.2	4.1	71	-5.3	5
5	-2.5	4.1	72	-5.4	-2.4	4.1	72	-5.3	-2.3	4.2	72	-5.2	-2.2	4.2	72	-5.1	-2.1	4.2	72	-4.9	5
4	-2.4	4.2	74	-5.1	-2.3	4.2	74	-5.0	-2.2	4.3	74	-4.8	-2.1	4.3	74	-4.7	**-2.0**	4.3	74	-4.6	4
4	-2.3	4.3	76	-4.8	-2.2	4.3	76	-4.6	-2.1	4.4	76	-4.5	**-2.0**	4.4	76	-4.4	-1.9	4.4	76	-4.3	4
4	-2.2	4.4	77	-4.4	-2.1	4.4	78	-4.3	**-2.0**	4.5	78	-4.2	-1.9	4.5	78	-4.1	-1.8	4.6	78	-4.0	4
3	-2.1	4.5	79	-4.1	**-2.0**	4.5	79	-4.0	-1.9	4.6	79	-3.9	-1.8	4.6	80	-3.8	-1.7	4.7	80	-3.7	3
3	**-2.0**	4.6	81	-3.8	-1.9	4.6	81	-3.7	-1.8	4.7	81	-3.6	-1.7	4.7	81	-3.5	-1.6	4.8	82	-3.4	3
3	-1.9	4.7	83	-3.5	-1.8	4.8	83	-3.4	-1.7	4.8	83	-3.3	-1.6	4.8	83	-3.2	-1.5	4.9	83	-3.1	3
3	-1.8	4.8	85	-3.2	-1.7	4.9	85	-3.1	-1.6	4.9	85	-3.0	-1.5	4.9	85	-2.9	-1.4	5.0	85	-2.8	3
2	-1.7	4.9	87	-2.9	-1.6	5.0	87	-2.8	-1.5	5.0	87	-2.7	-1.4	5.0	87	-2.6	-1.3	5.1	87	-2.5	2
2	-1.6	5.0	89	-2.6	-1.5	5.1	89	-2.5	-1.4	5.1	89	-2.4	-1.3	5.2	89	-2.3	-1.2	5.2	89	-2.2	2
2	-1.5	5.1	91	-2.4	-1.4	5.2	91	-2.2	-1.3	5.2	91	-2.1	-1.2	5.3	91	-2.0	-1.1	5.3	91	-1.9	2
1	-1.4	5.2	92	-2.1	-1.3	5.3	92	-2.0	-1.2	5.3	92	-1.9	-1.1	5.4	93	-1.8	**-1.0**	5.4	93	-1.7	1
1	-1.3	5.4	94	-1.8	-1.2	5.4	94	-1.7	-1.1	5.4	94	-1.0	**-1.0**	5.5	94	-1.5	-0.9	5.5	94	-1.4	1
1	-1.2	5.5	96	-1.5	-1.1	5.5	96	-1.4	**-1.0**	5.5	96	-1.3	-0.9	5.6	96	-1.2	-0.8	5.6	96	-1.1	1
0	-1.1	5.6	98	-1.3	**-1.0**	5.6	98	-1.2	-0.9	5.7	98	-1.1	-0.8	5.7	98	-1.0	-0.7	5.7	98	-0.9	0
0	**-1.0**	5.7	100	-1.0	-0.9	5.7	100	-0.9	-0.8	5.8	100	-0.8	0.7	5.8	100	-0.7	-0.6	5.8	100	-0.6	0
	-0.5				**-0.4**				**-0.3**				**-0.2**				**-0.1**				
20													**-6.0**	0.0	1	-54.6	-5.9	0.1	1	-49.6	20
20	-6.2	0.0	1	-53.1	-6.1	0.1	1	-48.7	**-6.0**	0.1	2	-45.6	-5.9	0.1	2	-43.3	-5.8	0.2	3	-41.4	20
19	-6.1	0.1	2	-42.8	**-6.0**	0.2	3	-41.0	-5.9	0.2	3	-39.4	-5.8	0.2	4	-38.1	-5.7	0.3	4	-36.9	19
19	**-6.0**	0.2	4	-37.8	-5.9	0.3	5	-36.6	-5.8	0.3	5	-35.6	-5.7	0.3	5	-34.6	-5.6	0.4	6	-33.7	19
19	-5.9	0.3	6	-34.4	-5.8	0.4	6	-33.5	-5.7	0.4	7	-32.7	-5.6	0.4	7	-31.9	-5.5	0.5	8	-31.2	19
18	-5.8	0.4	7	-31.8	-5.7	0.5	8	-31.0	-5.6	0.5	8	-30.4	-5.5	0.5	9	-29.7	-5.4	0.6	9	-29.1	18
18	-5.7	0.5	9	-29.6	-5.6	0.6	9	-29.0	-5.5	0.6	10	-28.4	-5.4	0.6	10	-27.9	-5.3	0.7	11	-27.4	18
17	-5.6	0.6	11	-27.8	-5.5	0.7	11	-27.3	-5.4	0.7	11	-26.8	-5.3	0.7	12	-26.3	-5.2	0.7	12	-25.8	17
17	-5.5	0.7	12	-26.2	-5.4	0.8	13	-25.8	-5.3	0.8	13	-25.3	-5.2	0.8	14	-24.9	-5.1	0.8	14	-24.5	17
17	-5.4	0.8	14	-24.8	-5.3	0.9	14	-24.4	-5.2	0.9	15	-24.0	-5.1	0.9	15	-23.6	**-5.0**	0.9	16	-23.2	17
16	-5.3	0.9	16	-23.6	-5.2	0.9	16	-23.2	-5.1	1.0	16	-22.8	**-5.0**	1.0	17	-22.5	-4.9	1.0	17	-22.1	16
16	-5.2	1.0	17	-22.4	-5.1	1.0	18	-22.1	**-5.0**	1.1	18	-21.7	-4.9	1.1	18	-21.4	-4.8	1.1	19	-21.1	16
16	-5.1	1.1	19	-21.4	**-5.0**	1.1	19	-21.0	-4.9	1.2	20	-20.7	-4.8	1.2	20	-20.4	-4.7	1.2	20	-20.1	16
15	**-5.0**	1.2	21	-20.4	-4.9	1.2	21	-20.1	-4.8	1.3	21	-19.8	-4.7	1.3	22	-19.5	-4.6	1.3	22	-19.2	15
15	-4.9	1.3	22	-19.5	-4.8	1.3	23	-19.2	-4.7	1.4	23	-18.9	-4.6	1.4	23	-18.6	-4.5	1.4	24	-18.4	15
14	-4.8	1.4	24	-18.6	-4.7	1.4	24	-18.4	-4.6	1.5	25	-18.1	-4.5	1.5	25	-17.8	-4.4	1.5	25	-17.6	14
14	-4.7	1.5	26	-17.8	-4.6	1.5	26	-17.6	-4.5	1.6	26	-17.3	-4.4	1.6	27	-17.1	-4.3	1.6	27	-16.8	14
14	-4.6	1.6	27	-17.1	-4.5	1.6	28	-16.8	-4.4	1.7	28	-16.6	-4.3	1.7	28	-16.4	-4.2	1.7	29	-16.1	14
13	-4.5	1.7	29	-16.4	-4.4	1.7	29	-16.1	-4.3	1.8	30	-15.9	-4.2	1.8	30	-15.7	-4.1	1.8	30	-15.4	13
13	-4.4	1.8	31	-15.7	-4.3	1.8	31	-15.4	-4.2	1.9	31	-15.2	-4.1	1.9	32	-15.0	**-4.0**	1.9	32	-14.8	13
13	-4.3	1.9	32	-15.0	-4.2	1.9	33	-14.8	-4.1	2.0	33	-14.6	**-4.0**	2.0	33	-14.4	-3.9	2.0	34	-14.2	13
12	-4.2	2.0	34	-14.4	-4.1	2.0	34	-14.2	**-4.0**	2.1	35	-14.0	-3.9	2.1	35	-13.8	-3.8	2.1	35	-13.0	12
12	-4.1	2.1	36	-13.8	**-4.0**	2.1	36	-13.6	-3.9	2.2	36	-13.4	-3.8	2.2	37	-13.2	-3.7	2.2	37	-13.0	12
12	**-4.0**	2.2	38	-13.2	-3.9	2.2	38	-13.0	-3.8	2.3	38	-12.9	-3.7	2.3	38	-12.7	-3.6	2.3	39	-12.5	12
11	-3.9	2.3	39	-12.7	-3.8	2.3	40	-12.5	-3.7	2.4	40	-12.3	-3.6	2.4	40	-12.1	-3.5	2.5	40	-12.0	11
11	-3.8	2.4	41	-12.1	-3.7	2.4	41	-12.0	-3.6	2.5	42	-11.8	-3.5	2.5	42	-11.6	-3.4	2.6	42	-11.4	11
10	-3.7	2.5	43	-11.6	-3.6	2.5	43	-11.5	-3.5	2.6	43	-11.3	-3.4	2.6	44	-11.1	-3.3	2.7	44	-10.9	10
10	-3.6	2.6	44	-11.1	-3.5	2.7	45	-11.0	-3.4	2.7	45	-10.8	-3.3	2.7	45	-10.6	-3.2	2.8	45	-10.5	10
10	-3.5	2.7	46	-10.7	-3.4	2.8	46	-10.5	-3.3	2.8	47	-10.3	-3.2	2.8	47	-10.2	-3.1	2.9	47	-10.0	10
9	-3.4	2.8	48	-10.2	-3.3	2.9	48	-10.0	-3.2	2.9	48	-9.9	-3.1	2.9	49	-9.7	**-3.0**	3.0	49	-9.6	9
9	-3.3	2.9	50	-9.7	-3.2	3.0	50	-9.6	-3.1	3.0	50	-9.4	**-3.0**	3.0	50	-9.3	-2.9	3.1	51	-9.1	9
9	-3.2	3.0	51	-9.3	-3.1	3.1	52	-9.2	**-3.0**	3.1	52	-9.0	-2.9	3.1	52	-8.9	-2.8	3.2	52	-8.7	9
8	-3.1	3.1	53	-8.9	**-3.0**	3.2	53	-8.7	-2.9	3.2	54	-8.6	-2.8	3.2	54	-8.4	-2.7	3.3	54	-8.3	8
8	**-3.0**	3.2	55	-8.5	-2.9	3.3	55	-8.3	-2.8	3.3	55	-8.2	-2.7	3.3	56	-8.0	-2.6	3.4	56	-7.9	8
8	-2.9	3.3	57	-8.1	-2.8	3.4	57	-7.9	-2.7	3.4	57	-7.8	-2.6	3.4	57	-7.6	-2.5	3.5	57	-7.5	8
7	-2.8	3.4	58	-7.7	-2.7	3.5	59	-7.5	-2.6	3.5	59	-7.4	-2.5	3.5	59	-7.2	-2.4	3.6	59	-7.1	7
7	-2.7	3.5	60	-7.3	-2.6	3.6	60	-7.1	-2.5	3.6	61	-7.0	-2.4	3.7	61	-6.9	-2.3	3.7	61	-6.7	7
7	-2.6	3.6	62	-6.9	-2.5	3.7	62	-6.8	-2.4	3.7	62	-6.6	-2.3	3.8	62	-6.5	-2.2	3.8	63	-6.4	7
6	-2.5	3.7	64	-6.5	-2.4	3.8	64	-6.4	-2.3	3.8	64	-6.3	-2.2	3.9	64	-6.1	-2.1	3.9	64	-6.0	6

n	t_W	e	U	t_d	t_W	e	U	t_d	t_W	e	U	t_d	t_W	e	U	t_d	t_W	e	U	t_d	n
	-0.5				**-0.4**				**-0.3**				**-0.2**				**-0.1**				
6	-2.4	3.9	65	-6.2	-2.3	3.9	66	-6.0	-2.2	3.9	66	-5.9	-2.1	4.0	66	-5.8	**-2.0**	4.0	66	-5.7	6
6	-2.3	4.0	67	-5.8	-2.2	4.0	67	-5.7	-2.1	4.0	68	-5.6	**-2.0**	4.1	68	-5.4	-1.9	4.1	68	-5.3	6
5	-2.2	4.1	69	-5.5	-2.1	4.1	69	-5.4	**-2.0**	4.1	69	-5.2	-1.9	4.2	69	-5.1	-1.8	4.2	70	-5.0	5
5	-2.1	4.2	71	-5.1	**-2.0**	4.2	71	-5.0	-1.9	4.2	71	-4.9	-1.8	4.3	71	-4.8	-1.7	4.3	71	-4.7	5
5	**-2.0**	4.3	73	-4.8	-1.9	4.3	73	-4.7	-1.8	4.4	73	-4.6	-1.7	4.4	73	-4.5	-1.6	4.4	73	-4.3	5
4	-1.9	4.4	74	-4.5	-1.8	4.4	75	-4.4	-1.7	4.5	75	-4.3	-1.6	4.5	75	-4.1	-1.5	4.5	75	-4.0	4
4	-1.8	4.5	76	-4.2	-1.7	4.5	76	-4.1	-1.6	4.6	76	-3.9	-1.5	4.6	77	-3.8	-1.4	4.6	77	-3.7	4
4	-1.7	4.6	78	-3.9	-1.6	4.6	78	-3.7	-1.5	4.7	78	-3.6	-1.4	4.7	78	-3.5	-1.3	4.8	78	-3.4	4
3	-1.6	4.7	80	-3.6	-1.5	4.7	80	-3.4	-1.4	4.8	80	-3.3	-1.3	4.8	80	-3.2	-1.2	4.9	80	-3.1	3
3	-1.5	4.8	82	-3.3	-1.4	4.8	82	-3.1	-1.3	4.9	82	-3.0	-1.2	4.9	82	-2.9	-1.1	5.0	82	-2.8	3
3	-1.4	4.9	83	-3.0	-1.3	5.0	84	-2.8	-1.2	5.0	84	-2.7	-1.1	5.0	84	-2.6	**-1.0**	5.1	84	-2.5	3
2	-1.3	5.0	85	-2.7	-1.2	5.1	85	-2.6	-1.1	5.1	85	-2.4	**-1.0**	5.1	85	-2.3	-0.9	5.2	86	-2.2	2
2	-1.2	5.1	87	-2.4	-1.1	5.2	87	-2.3	**-1.0**	5.2	87	-2.2	-0.9	5.3	87	-2.1	-0.8	5.3	87	-2.0	2
2	-1.1	5.2	89	-2.1	**-1.0**	5.3	89	-2.0	-0.9	5.3	89	-1.9	-0.8	5.4	89	-1.8	-0.7	5.4	89	-1.7	2
2	**-1.0**	5.3	91	-1.8	-0.9	5.4	91	-1.7	-0.8	5.4	91	-1.6	-0.7	5.5	91	-1.5	-0.6	5.5	91	-1.4	2
1	-0.9	5.5	93	-1.6	-0.8	5.5	93	-1.4	-0.7	5.5	93	-1.3	-0.6	5.6	93	-1.2	-0.5	5.6	93	-1.1	1
1	-0.8	5.6	94	-1.3	-0.7	5.6	94	-1.2	-0.6	5.6	94	-1.1	-0.5	5.7	95	-1.0	-0.4	5.7	95	-0.9	1
1	-0.7	5.7	96	-1.0	-0.6	5.7	96	-0.9	-0.5	5.8	96	-0.8	-0.4	5.8	96	-0.7	-0.3	5.8	96	-0.6	1
0	-0.6	5.8	98	-0.8	-0.5	5.8	98	-0.7	-0.4	5.9	98	-0.6	-0.3	5.9	98	-0.5	-0.2	6.0	98	-0.4	0
0	-0.5	5.9	100	-0.5	-0.4	5.9	100	-0.4	-0.3	6.0	100	-0.3	-0.2	6.0	100	-0.2	-0.1	6.1	100	-0.1	0
	0.0				**0.1**				**0.2**				**0.3**				**0.4**				
20									-5.7	0.1	1	-50.4	-5.6	0.1	1	-46.8	-5.5	0.1	2	-44.1	20
20	-5.8	0.1	2	-46.2	-5.7	0.1	2	-43.7	-5.6	0.2	3	-41.7	-5.5	0.2	3	-40.0	-5.4	0.2	3	-38.5	20
20	-5.7	0.2	3	-39.8	-5.6	0.2	4	-38.3	-5.5	0.3	4	-37.1	-5.4	0.3	5	-35.9	-5.3	0.3	5	-34.9	20
19	-5.6	0.3	5	-35.7	-5.5	0.3	5	-34.7	-5.4	0.4	6	-33.8	-5.3	0.4	6	-32.9	-5.2	0.4	7	-32.1	19
19	-5.5	0.4	6	-32.8	-5.4	0.4	7	-32.0	-5.3	0.5	7	-31.3	-5.2	0.5	8	-30.6	-5.1	0.5	8	-29.9	19
18	-5.4	0.5	8	-30.5	-5.3	0.5	8	-29.8	-5.2	0.5	9	-29.2	-5.1	0.6	9	-28.6	**-5.0**	0.6	10	-28.0	18
18	-5.3	0.6	10	-28.5	-5.2	0.6	10	-28.0	-5.1	0.6	10	-27.4	**-5.0**	0.7	11	-26.9	-4.9	0.7	11	-26.4	18
18	-5.2	0.7	11	-26.8	-5.1	0.7	12	-26.3	**-5.0**	0.7	12	-25.9	-4.9	0.8	12	-25.4	-4.8	0.8	13	-25.0	18
17	-5.1	0.8	13	-25.4	**-5.0**	0.8	13	-24.9	-4.9	0.8	14	-24.5	-4.8	0.9	14	-24.1	-4.7	0.9	14	-23.7	17
17	**-5.0**	0.9	14	-24.0	-4.9	0.9	15	-23.6	-4.8	0.9	15	-23.3	-4.7	1.0	16	-22.9	-4.6	1.0	16	-22.5	17
16	-4.9	1.0	16	-22.8	-4.8	1.0	16	-22.5	-4.7	1.0	17	-22.1	-4.6	1.1	17	-21.8	-4.5	1.1	18	-21.4	16
16	-4.8	1.1	18	-21.8	-4.7	1.1	18	-21.4	-4.6	1.1	18	-21.1	-4.5	1.2	19	-20.8	-4.4	1.2	19	-20.4	16
16	-4.7	1.2	19	-20.7	-4.6	1.2	20	-20.4	-4.5	1.2	20	-20.1	-4.4	1.3	20	-19.8	-4.3	1.3	21	-19.5	16
15	-4.6	1.3	21	-19.8	-4.5	1.3	21	-19.5	-4.4	1.3	22	-19.2	-4.3	1.4	22	-18.9	-4.2	1.4	22	-18.6	15
15	-4.5	1.4	23	-18.9	-4.4	1.4	23	-18.6	-4.3	1.4	23	-18.4	-4.2	1.5	24	-18.1	-4.1	1.5	24	-17.8	15
15	-4.4	1.5	24	-18.1	-4.3	1.5	25	-17.8	-4.2	1.5	25	-17.6	-4.1	1.6	25	-17.3	**-4.0**	1.6	26	-17.1	15
14	-4.3	1.6	26	-17.3	-4.2	1.6	26	-17.1	-4.1	1.6	27	-16.8	**-4.0**	1.7	27	-16.6	-3.9	1.7	27	-16.3	14
14	-4.2	1.7	27	-16.6	-4.1	1.7	28	-16.3	**-4.0**	1.7	28	-16.1	-3.9	1.8	28	-15.9	-3.8	1.8	29	-15.6	14
14	-4.1	1.8	29	-15.9	**-4.0**	1.8	29	-15.7	-3.9	1.8	30	-15.4	-3.8	1.9	30	-15.2	-3.7	1.9	30	-15.0	14
13	**-4.0**	1.9	31	-15.2	-3.9	1.9	31	-15.0	-3.8	1.9	31	-14.8	-3.7	2.0	32	-14.6	-3.6	2.0	32	-14.4	13
13	-3.9	2.0	32	-14.6	-3.8	2.0	33	-14.4	-3.7	2.0	33	-14.2	-3.6	2.1	33	-14.0	-3.5	2.1	34	-13.8	13
12	-3.8	2.1	34	-14.0	-3.7	2.1	34	-13.8	-3.6	2.1	35	-13.6	-3.5	2.2	35	-13.4	-3.4	2.2	35	-13.2	12
12	-3.7	2.2	36	-13.4	-3.6	2.2	36	-13.2	-3.5	2.3	36	-13.0	-3.4	2.3	37	-12.8	-3.3	2.3	37	-12.6	12
12	-3.6	2.3	37	-12.8	-3.5	2.3	38	-12.6	-3.4	2.4	38	-12.5	-3.3	2.4	38	-12.3	-3.2	2.4	39	-12.1	12
11	-3.5	2.4	39	-12.3	-3.4	2.4	39	-12.1	-3.3	2.5	40	-11.9	-3.2	2.5	40	-11.7	-3.1	2.5	40	-11.6	11
11	-3.4	2.5	41	-11.8	-3.3	2.5	41	-11.6	-3.2	2.6	41	-11.4	-3.1	2.6	42	-11.2	**-3.0**	2.6	42	-11.1	11
11	-3.3	2.6	42	-11.3	-3.2	2.6	43	-11.1	-3.1	2.7	43	-10.9	**-3.0**	2.7	43	-10.8	-2.9	2.7	43	-10.6	11
10	-3.2	2.7	44	-10.8	-3.1	2.7	44	-10.6	**-3.0**	2.8	45	-10.4	-2.9	2.8	45	-10.3	-2.8	2.8	45	-10.1	10
10	-3.1	2.8	46	-10.3	**-3.0**	2.8	46	-10.1	-2.9	2.9	46	-10.0	-2.8	2.9	47	-9.8	-2.7	2.9	47	-9.7	10
10	**-3.0**	2.9	47	-9.8	-2.9	2.9	48	-9.7	-2.8	3.0	48	-9.5	-2.7	3.0	48	-9.4	-2.6	3.0	48	-9.2	10
9	-2.9	3.0	49	-9.4	-2.8	3.0	49	-9.2	-2.7	3.1	50	-9.1	-2.6	3.1	50	-8.9	-2.5	3.1	50	-8.8	9
9	-2.8	3.1	51	-9.0	-2.7	3.1	51	-8.8	-2.6	3.2	51	-8.7	-2.5	3.2	52	-8.5	-2.4	3.3	52	-8.4	9
9	-2.7	3.2	53	-8.6	-2.6	3.2	53	-8.4	-2.5	3.3	53	-8.3	-2.4	3.3	53	-8.1	-2.3	3.4	53	-8.0	9
8	-2.6	3.3	54	-8.1	-2.5	3.3	54	-8.0	-2.4	3.4	55	-7.9	-2.3	3.4	55	-7.7	-2.2	3.5	55	-7.6	8
8	-2.5	3.4	56	-7.7	-2.4	3.5	56	-7.6	-2.3	3.5	56	-7.5	-2.2	3.5	57	-7.3	-2.1	3.6	57	-7.2	8
8	-2.4	3.5	58	-7.4	-2.3	3.6	58	-7.2	-2.2	3.6	58	-7.1	-2.1	3.6	58	-6.9	**-2.0**	3.7	58	-6.8	8
7	-2.3	3.6	59	-7.0	-2.2	3.7	60	-6.8	-2.1	3.7	60	-6.7	**-2.0**	3.7	60	-6.6	-1.9	3.8	60	-6.4	7
7	-2.2	3.7	61	-6.6	-2.1	3.8	61	-6.5	**-2.0**	3.8	61	-6.3	-1.9	3.8	62	-6.2	-1.8	3.9	62	-6.1	7
7	-2.1	3.8	63	-6.2	**-2.0**	3.9	63	-6.1	-1.9	3.9	63	-6.0	-1.8	4.0	63	-5.8	-1.7	4.0	63	-5.7	7
6	**-2.0**	3.9	65	-5.9	-1.9	4.0	65	-5.8	-1.8	4.0	65	-5.6	-1.7	4.1	65	-5.5	-1.6	4.1	65	-5.4	6
6	-1.9	4.0	66	-5.5	-1.8	4.1	66	-5.4	-1.7	4.1	67	-5.3	-1.6	4.2	67	-5.2	-1.5	4.2	67	-5.0	6
6	-1.8	4.2	68	-5.2	-1.7	4.2	68	-5.1	-1.6	4.2	68	-4.9	-1.5	4.3	68	-4.8	-1.4	4.3	69	-4.7	6
5	-1.7	4.3	70	-4.9	-1.6	4.3	70	-4.7	-1.5	4.3	70	-4.6	-1.4	4.4	70	-4.5	-1.3	4.4	70	-4.4	5
5	-1.6	4.4	71	-4.5	-1.5	4.4	72	-4.4	-1.4	4.4	72	-4.3	-1.3	4.5	72	-4.2	-1.2	4.5	72	-4.1	5
5	-1.5	4.5	73	-4.2	-1.4	4.5	73	-4.1	-1.3	4.6	73	-4.0	-1.2	4.6	74	-3.9	-1.1	4.6	74	-3.7	5
4	-1.4	4.6	75	-3.9	-1.3	4.6	75	-3.8	-1.2	4.7	75	-3.7	-1.1	4.7	75	-3.5	**-1.0**	4.7	75	-3.4	4
4	-1.3	4.7	77	-3.6	-1.2	4.7	77	-3.5	-1.1	4.8	77	-3.4	**-1.0**	4.8	77	-3.2	-0.9	4.9	77	-3.1	4
4	-1.2	4.8	79	-3.3	-1.1	4.8	79	-3.2	**-1.0**	4.9	79	-3.1	-0.9	4.9	79	-2.9	-0.8	5.0	79	-2.8	4
3	-1.1	4.9	80	-3.0	**-1.0**	4.9	80	-2.9	-0.9	5.0	80	-2.8	-0.8	5.0	81	-2.6	-0.7	5.1	81	-2.5	3
3	**-1.0**	5.0	82	-2.7	-0.9	5.1	82	-2.6	-0.8	5.1	82	-2.5	-0.7	5.1	82	-2.4	0.6	5.2	82	-2.2	3

n	t_W	e	U	t_d	t_W	e	U	t_d	t_W	e	U	t_d	t_W	e	U	t_d	t_W	e	U	t_d	n
	0.0				**0.1**				**0.2**				**0.3**				**0.4**				
3	-0.9	5.1	84	-2.4	-0.8	5.2	84	-2.3	-0.7	5.2	84	-2.2	-0.6	5.2	84	-2.1	-0.5	5.3	84	-2.0	3
2	-0.8	5.2	86	-2.1	-0.7	5.3	86	-2.0	-0.6	5.3	86	-1.9	-0.5	5.4	86	-1.8	-0.4	5.4	86	-1.7	2
2	-0.7	5.3	87	-1.8	-0.6	5.4	87	-1.7	-0.5	5.4	87	-1.6	-0.4	5.5	88	-1.5	-0.3	5.5	88	-1.4	2
2	-0.6	5.4	89	-1.6	-0.5	5.5	89	-1.5	-0.4	5.5	89	-1.4	-0.3	5.6	89	-1.2	-0.2	5.6	89	-1.1	2
2	-0.5	5.6	91	-1.3	-0.4	5.6	91	-1.2	-0.3	5.6	91	-1.1	-0.2	5.7	91	-1.0	-0.1	5.7	91	-0.9	2
1	-0.4	5.7	93	-1.0	-0.3	5.7	93	-0.9	-0.2	5.8	93	-0.8	-0.1	5.8	93	-0.7	**0.0**	5.8	93	-0.6	1
1	-0.3	5.8	95	-0.8	-0.2	5.8	95	-0.7	-0.1	5.9	95	-0.6	**0.0**	5.9	95	-0.5	0.1	6.0	95	-0.4	1
1	-0.2	5.9	96	-0.5	-0.1	5.9	96	-0.4	**0.0**	6.0	96	-0.3	0.1	6.0	96	-0.2	0.2	6.1	96	-0.1	1
0	-0.1	6.0	98	-0.3	**0.0**	6.0	98	-0.2	0.1	6.1	98	-0.1	0.2	6.1	98	0.1	0.3	6.2	98	0.2	0
0	**0.0**	6.1	100	0.0	0.1	6.2	100	0.1	0.2	6.2	100	0.2	0.3	6.2	100	0.3	0.4	6.3	100	0.4	0
	0.5				**0.6**				**0.7**				**0.8**				**0.9**				
21													-5.3	0.1	1	-51.9	-5.2	0.1	1	-47.7	21
20	-5.5	0.1	1	-51.2	-5.4	0.1	1	-47.3	-5.3	0.1	2	-44.5	-5.2	0.1	2	-42.3	-5.1	0.2	3	-40.5	20
20	-5.4	0.2	2	-42.0	-5.3	0.2	3	-40.3	-5.2	0.2	3	-38.7	-5.1	0.2	4	-37.4	**-5.0**	0.3	4	-36.2	20
20	-5.3	0.3	4	-37.2	-5.2	0.3	4	-36.1	-5.1	0.3	5	-35.0	**-5.0**	0.3	5	-34.0	-4.9	0.4	6	-33.1	20
19	-5.2	0.3	6	-33.9	-5.1	0.4	6	-33.0	**-5.0**	0.4	6	-32.2	-4.9	0.4	7	-31.4	-4.8	0.5	7	-30.7	19
19	-5.1	0.4	7	-31.4	**-5.0**	0.5	8	-30.6	-4.9	0.5	8	-30.0	-4.8	0.5	8	-29.3	-4.7	0.6	9	-28.7	19
19	**-5.0**	0.5	9	-29.3	-4.9	0.6	9	-28.6	-4.8	0.6	9	-28.1	-4.7	0.6	10	-27.5	-4.6	0.7	10	-27.0	19
18	-4.9	0.6	10	-27.5	-4.8	0.7	11	-26.9	-4.7	0.7	11	-26.4	-4.6	0.7	11	-25.9	-4.5	0.8	12	-25.4	18
18	-4.8	0.7	12	-25.9	-4.7	0.8	12	-25.4	-4.6	0.8	13	-25.0	-4.5	0.8	13	-24.5	-4.4	0.9	13	-24.1	18
17	-4.7	0.8	13	-24.5	-4.6	0.9	14	-24.1	-4.5	0.9	14	-23.7	-4.4	0.9	15	-23.3	-4.3	1.0	15	-22.9	17
17	-4.6	0.9	15	-23.3	-4.5	1.0	15	-22.9	-4.4	1.0	16	-22.5	-4.3	1.0	16	-22.1	-4.2	1.1	16	-21.8	17
17	-4.5	1.0	16	-22.1	-4.4	1.1	17	-21.8	-4.3	1.1	17	-21.4	-4.2	1.1	18	-21.1	-4.1	1.2	18	-20.7	17
16	-4.4	1.1	18	-21.1	-4.3	1.2	18	-20.8	-4.2	1.2	19	-20.4	-4.1	1.2	19	-20.1	**-4.0**	1.3	20	-19.8	16
16	-4.3	1.2	20	-20.1	-4.2	1.3	20	-19.8	-4.1	1.3	20	-19.5	**-4.0**	1.3	21	-19.2	-3.9	1.4	21	-18.9	16
16	-4.2	1.3	21	-19.2	-4.1	1.4	22	-18.9	**-4.0**	1.4	22	-18.6	-3.9	1.4	22	-18.4	-3.8	1.5	23	-18.1	16
15	-4.1	1.4	23	-18.4	**-4.0**	1.5	23	-18.1	-3.9	1.5	24	-17.8	-3.8	1.5	24	-17.6	-3.7	1.6	24	-17.3	15
15	**-4.0**	1.5	24	-17.6	-3.9	1.6	25	-17.3	-3.8	1.6	25	-17.0	-3.7	1.6	25	-16.8	-3.6	1.7	26	-16.5	15
14	-3.9	1.6	26	-16.8	-3.8	1.7	26	-16.6	-3.7	1.7	27	-16.3	-3.6	1.7	27	-16.1	-3.5	1.8	27	-15.8	14
14	-3.8	1.7	28	-16.1	-3.7	1.8	28	-15.9	-3.6	1.8	28	-15.6	-3.5	1.8	29	-15.4	-3.4	1.9	29	-15.2	14
14	-3.7	1.8	29	-15.4	-3.6	1.9	29	-15.2	-3.5	1.9	30	-15.0	-3.4	2.0	30	-14.7	-3.3	2.0	30	-14.5	14
13	-3.6	1.9	31	-14.8	-3.5	2.0	31	-14.6	-3.4	2.0	31	-14.3	-3.3	2.1	32	-14.1	-3.2	2.1	32	-13.9	13
13	-3.5	2.0	32	-14.1	-3.4	2.1	33	-13.9	-3.3	2.1	33	-13.7	-3.2	2.2	33	-13.5	-3.1	2.2	34	-13.3	13
13	-3.4	2.2	34	-13.6	-3.3	2.2	34	-13.4	-3.2	2.2	35	-13.2	-3.1	2.3	35	-13.0	**-3.0**	2.3	35	-12.8	13
12	-3.3	2.3	36	-13.0	-3.2	2.3	36	-12.8	-3.1	2.3	36	-12.6	**-3.0**	2.4	37	-12.4	-2.9	2.4	37	-12.2	12
12	-3.2	2.4	37	-12.4	-3.1	2.4	38	-12.2	**-3.0**	2.4	38	-12.1	-2.9	2.5	38	-11.9	-2.8	2.5	38	-11.7	12
12	-3.1	2.5	39	-11.9	**-3.0**	2.5	39	-11.7	-2.9	2.5	39	-11.5	-2.8	2.6	40	-11.4	-2.7	2.6	40	-11.2	12
11	**-3.0**	2.6	40	-11.4	-2.9	2.6	41	-11.2	-2.8	2.6	41	-11.0	-2.7	2.7	41	-10.9	-2.6	2.7	42	-10.7	11
11	-2.9	2.7	42	-10.9	-2.8	2.7	42	-10.7	-2.7	2.7	43	-10.6	-2.6	2.8	43	-10.4	-2.5	2.8	43	-10.2	11
11	-2.8	2.8	44	-10.4	-2.7	2.8	44	-10.2	-2.6	2.8	44	-10.1	-2.5	2.9	45	-9.9	-2.4	2.9	45	-9.7	11
10	-2.7	2.9	45	-10.0	-2.6	2.9	46	-9.8	-2.5	2.9	46	-9.6	-2.4	3.0	46	-9.5	-2.3	3.0	46	-9.3	10
10	-2.6	3.0	47	-9.5	-2.5	3.0	47	-9.3	-2.4	3.1	48	-9.2	-2.3	3.1	48	-9.0	-2.2	3.1	48	-8.9	10
10	-2.5	3.1	49	-9.1	-2.4	3.1	49	-8.9	-2.3	3.2	49	-8.7	-2.2	3.2	49	-8.6	-2.1	3.2	50	-8.4	10
9	-2.4	3.2	50	-8.6	-2.3	3.2	51	-8.5	-2.2	3.3	51	-8.3	-2.1	3.3	51	-8.2	**-2.0**	3.3	51	-8.0	9
9	-2.3	3.3	52	-8.2	-2.2	3.3	52	-8.1	-2.1	3.4	52	-7.9	**-2.0**	3.4	53	-7.8	-1.9	3.4	53	-7.6	9
9	-2.2	3.4	54	-7.8	-2.1	3.4	54	-7.7	**-2.0**	3.5	54	-7.5	-1.9	3.5	54	-7.4	-1.8	3.6	54	-7.2	9
8	-2.1	3.5	55	-7.4	**-2.0**	3.5	56	-7.3	-1.9	3.6	56	-7.1	-1.8	3.6	56	-7.0	-1.7	3.7	56	-6.9	8
8	**-2.0**	3.6	57	-7.0	-1.9	3.6	57	-6.9	-1.8	3.7	57	-6.8	-1.7	3.7	58	-6.6	-1.6	3.8	58	-6.5	8
8	-1.9	3.7	59	-6.7	-1.8	3.8	59	-6.5	-1.7	3.8	59	-6.4	-1.6	3.8	59	-6.2	-1.5	3.9	59	-6.1	8
7	-1.8	3.8	60	-6.3	-1.7	3.9	60	-6.2	-1.6	3.9	61	-6.0	-1.5	3.9	61	-5.9	-1.4	4.0	61	-5.8	7
7	-1.7	3.9	62	-5.9	-1.6	4.0	62	-5.8	-1.5	4.0	62	-5.7	-1.4	4.0	63	-5.5	-1.3	4.1	63	-5.4	7
7	-1.6	4.0	64	-5.6	-1.5	4.1	64	-5.5	-1.4	4.1	64	-5.3	-1.3	4.2	64	-5.2	-1.2	4.2	64	-5.1	7
6	-1.5	4.1	65	-5.2	-1.4	4.2	66	-5.1	-1.3	4.2	66	-5.0	-1.2	4.3	66	-4.9	-1.1	4.3	66	-4.7	6
6	-1.4	4.2	67	-4.9	-1.3	4.3	67	-4.8	-1.2	4.3	67	-4.7	-1.1	4.4	68	-4.5	**-1.0**	4.4	68	-4.4	6
6	-1.3	4.4	69	-4.6	-1.2	4.4	69	-4.4	-1.1	4.4	69	-4.3	**-1.0**	4.5	69	-4.2	-0.9	4.5	69	-4.1	6
5	-1.2	4.5	70	-4.2	-1.1	4.5	71	-4.1	**-1.0**	4.5	71	-4.0	-0.9	4.6	71	-3.9	-0.8	4.6	71	-3.8	5
5	-1.1	4.6	72	-3.9	**-1.0**	4.6	72	-3.8	-0.9	4.7	72	-3.7	-0.8	4.7	73	-3.6	-0.7	4.7	73	-3.4	5
5	**-1.0**	4.7	74	-3.6	-0.9	4.7	74	-3.5	-0.8	4.8	74	-3.4	-0.7	4.8	74	-3.3	-0.6	4.8	74	-3.1	5
4	-0.9	4.8	76	-3.3	-0.8	4.8	76	-3.2	-0.7	4.9	76	-3.1	-0.6	4.9	76	-3.0	-0.5	5.0	76	-2.8	4
4	-0.8	4.9	77	-3.0	-0.7	4.9	77	-2.9	-0.6	5.0	77	-2.8	-0.5	5.0	78	-2.7	-0.4	5.1	78	-2.5	4
4	-0.7	5.0	79	-2.7	-0.6	5.0	79	-2.6	-0.5	5.1	79	-2.5	-0.4	5.1	79	-2.4	-0.3	5.2	79	-2.3	4
3	-0.6	5.1	81	-2.4	-0.5	5.2	81	-2.3	-0.4	5.2	81	-2.2	-0.3	5.2	81	-2.1	-0.2	5.3	81	-2.0	3
3	-0.5	5.2	82	-2.1	-0.4	5.3	83	-2.0	-0.3	5.3	83	-1.9	-0.2	5.4	83	-1.8	-0.1	5.4	83	-1.7	3
3	-0.4	5.3	84	-1.9	-0.3	5.4	84	-1.7	-0.2	5.4	84	-1.6	-0.1	5.5	84	-1.5	**0.0**	5.5	84	-1.4	3
2	-0.3	5.4	86	-1.6	-0.2	5.5	86	-1.5	-0.1	5.5	86	-1.4	**0.0**	5.6	86	-1.3	0.1	5.6	86	-1.1	2
2	-0.2	5.6	88	-1.3	-0.1	5.6	88	-1.2	**0.0**	5.6	88	-1.1	0.1	5.7	88	-1.0	0.2	5.7	88	-0.9	2
2	-0.1	5.7	89	-1.0	**0.0**	5.7	89	-0.9	0.1	5.8	90	-0.8	0.2	5.8	90	-0.7	0.3	5.8	90	-0.6	2
1	**0.0**	5.8	91	-0.8	0.1	5.8	91	-0.7	0.2	5.9	91	-0.6	0.3	5.9	91	-0.5	0.4	6.0	91	-0.4	1
1	0.1	5.9	93	-0.5	0.2	5.9	93	-0.4	0.3	6.0	93	-0.3	0.4	6.0	93	-0.2	0.5	6.1	93	-0.1	1
1	0.2	6.0	95	-0.3	0.3	6.0	95	-0.1	0.4	6.1	95	0.0	0.5	6.1	95	0.1	0.6	6.2	95	0.2	1
1	0.3	6.1	96	0.0	0.4	6.2	96	0.1	0.5	6.2	96	0.2	0.6	6.2	97	0.3	0.7	6.3	97	0.4	1

n	t_W	e	U	t_d	t_W	e	U	t_d	t_W	e	U	t_d	t_W	e	U	t_d	t_W	e	U	t_d	n
	0.5				**0.6**				**0.7**				**0.8**				**0.9**				
0	0.4	6.2	98	0.3	0.5	6.3	98	0.4	0.6	6.3	98	0.5	0.7	6.4	98	0.6	0.8	6.4	98	0.7	0
0	0.5	6.3	100	0.5	0.6	6.4	100	0.6	0.7	6.4	100	0.7	0.8	6.5	100	0.8	0.9	6.5	100	0.9	0
	1.0				**1.1**				**1.2**				**1.3**				**1.4**				
21																	-4.9	0.0	1	-53.1	21
21					-5.1	0.0	1	-52.6	**-5.0**	0.1	1	-48.1	-4.9	0.1	2	-45.0	-4.8	0.1	2	-42.7	21
21	-5.1	0.1	2	-44.8	**-5.0**	0.1	2	-42.5	-4.9	0.2	3	-40.6	-4.8	0.2	3	-39.0	-4.7	0.2	4	-37.6	21
20	**-5.0**	0.2	3	-38.9	-4.9	0.2	4	-37.5	-4.8	0.3	4	-36.3	-4.7	0.3	5	-35.2	-4.6	0.3	5	-34.1	20
20	-4.9	0.3	5	-35.1	-4.8	0.3	5	-34.1	-4.7	0.4	6	-33.2	-4.6	0.4	6	-32.3	-4.5	0.4	7	-31.5	20
19	-4.8	0.4	6	-32.3	-4.7	0.4	7	-31.5	-4.6	0.5	7	-30.7	-4.5	0.5	8	-30.0	-4.4	0.5	8	-29.3	19
19	-4.7	0.5	8	-30.0	-4.6	0.5	8	-29.3	-4.5	0.6	9	-28.7	-4.4	0.6	9	-28.1	-4.3	0.6	9	-27.5	19
19	-4.6	0.6	9	-28.1	-4.5	0.6	10	-27.5	-4.4	0.7	10	-27.0	-4.3	0.7	11	-26.4	-4.2	0.7	11	-25.9	19
18	-4.5	0.7	11	-26.4	-4.4	0.7	11	-25.9	-4.3	0.8	12	-25.5	-4.2	0.8	12	-25.0	-4.1	0.8	12	-24.5	18
18	-4.4	0.8	12	-25.0	-4.3	0.8	13	-24.5	-4.2	0.9	13	-24.1	-4.1	0.9	14	-23.7	**-4.0**	0.9	14	-23.3	18
18	-4.3	0.9	14	-23.7	-4.2	0.9	14	-23.3	-4.1	1.0	15	-22.9	**-4.0**	1.0	15	-22.5	-3.9	1.0	15	-22.1	18
17	-4.2	1.0	15	-22.5	-4.1	1.0	16	-22.1	**-4.0**	1.1	16	-21.8	-3.9	1.1	17	-21.4	-3.8	1.1	17	-21.1	17
17	-4.1	1.1	17	-21.4	**-4.0**	1.1	17	-21.1	-3.9	1.2	18	-20.7	-3.8	1.2	18	-20.4	-3.7	1.2	18	-20.1	17
16	**-4.0**	1.2	18	-20.4	-3.9	1.2	19	-20.1	-3.8	1.3	19	-19.8	-3.7	1.3	20	-19.5	-3.6	1.3	20	-19.2	16
16	-3.9	1.3	20	-19.5	-3.8	1.3	20	-19.2	-3.7	1.4	21	-18.9	-3.6	1.4	21	-18.6	-3.5	1.4	21	-18.3	16
16	-3.8	1.4	22	-18.6	-3.7	1.4	22	-18.3	-3.6	1.5	22	-18.0	-3.5	1.5	23	-17.8	-3.4	1.6	23	-17.5	16
15	-3.7	1.5	23	-17.8	-3.6	1.5	23	-17.5	-3.5	1.6	24	-17.3	-3.4	1.6	24	-17.0	-3.3	1.7	24	-16.7	15
15	-3.6	1.6	25	-17.0	-3.5	1.6	25	-16.8	-3.4	1.7	25	-16.5	-3.3	1.7	26	-16.3	-3.2	1.8	26	-16.0	15
15	-3.5	1.7	26	-16.3	-3.4	1.8	26	-16.1	-3.3	1.8	27	-15.8	-3.2	1.8	27	-15.6	-3.1	1.9	28	-15.3	15
14	-3.4	1.8	28	-15.6	-3.3	1.9	28	-15.4	-3.2	1.9	28	-15.1	-3.1	1.9	29	-14.9	**-3.0**	2.0	29	-14.7	14
14	-3.3	1.9	29	-14.9	-3.2	2.0	30	-14.7	-3.1	2.0	30	-14.5	**-3.0**	2.0	30	-14.3	-2.9	2.1	31	-14.1	14
14	-3.2	2.0	31	-14.3	-3.1	2.1	31	-14.1	**-3.0**	2.1	31	-13.9	-2.9	2.1	32	-13.7	-2.8	2.2	32	-13.5	14
13	-3.1	2.1	32	-13.7	**-3.0**	2.2	33	-13.5	-2.9	2.2	33	-13.3	-2.8	2.2	33	-13.1	-2.7	2.3	34	-12.9	13
13	**-3.0**	2.2	34	-13.1	-2.9	2.3	34	-12.9	-2.8	2.3	35	-12.7	-2.7	2.3	35	-12.5	-2.6	2.4	35	-12.3	13
13	-2.9	2.3	36	-12.6	-2.8	2.4	36	-12.4	-2.7	2.4	36	-12.2	-2.6	2.4	36	-12.0	-2.5	2.5	37	-11.8	13
12	-2.8	2.4	37	-12.0	-2.7	2.5	37	-11.8	-2.6	2.5	38	-11.6	-2.5	2.5	38	-11.5	-2.4	2.6	38	-11.3	12
12	-2.7	2.5	39	-11.5	-2.6	2.6	39	-11.3	-2.5	2.6	39	-11.1	-2.4	2.7	40	-11.0	-2.3	2.7	40	-10.8	12
11	-2.6	2.6	40	-11.0	-2.5	2.7	41	-10.8	-2.4	2.7	41	-10.6	-2.3	2.8	41	-10.5	-2.2	2.8	41	-10.3	11
11	-2.5	2.7	42	-10.5	-2.4	2.8	42	-10.3	-2.3	2.8	42	-10.2	-2.2	2.9	43	-10.0	-2.1	2.9	43	-9.8	11
11	-2.4	2.9	43	-10.0	-2.3	2.9	44	-9.9	-2.2	2.9	44	-9.7	-2.1	3.0	44	-9.5	**-2.0**	3.0	44	-9.4	11
10	-2.3	3.0	45	-9.6	-2.2	3.0	45	-9.4	-2.1	3.0	46	-9.3	**-2.0**	3.1	46	-9.1	-1.9	3.1	46	-8.9	10
10	-2.2	3.1	47	-9.1	-2.1	3.1	47	-9.0	**-2.0**	3.1	47	-8.8	-1.9	3.2	47	-8.7	-1.8	3.2	48	-8.5	10
10	-2.1	3.2	48	-8.7	**-2.0**	3.2	48	-8.6	-1.9	3.2	49	-8.4	-1.8	3.3	49	-8.2	-1.7	3.3	49	-8.1	10
9	**-2.0**	3.3	50	-8.3	-1.9	3.3	50	-8.1	-1.8	3.4	50	-8.0	-1.7	3.4	51	-7.8	-1.6	3.4	51	-7.7	9
9	-1.9	3.4	51	-7.9	-1.8	3.4	52	-7.7	-1.7	3.5	52	-7.6	-1.6	3.5	52	-7.4	-1.5	3.5	52	-7.3	9
9	-1.8	3.5	53	-7.5	-1.7	3.5	53	-7.3	-1.6	3.6	54	-7.2	-1.5	3.6	54	-7.0	-1.4	3.6	54	-6.9	9
8	-1.7	3.6	55	-7.1	-1.6	3.6	55	-6.9	-1.5	3.7	55	-6.8	-1.4	3.7	55	-6.7	-1.3	3.8	56	-6.5	8
8	-1.6	3.7	56	-6.7	-1.5	3.7	57	-6.6	-1.4	3.8	57	-6.4	-1.3	3.8	57	-6.3	-1.2	3.9	57	-6.2	8
8	-1.5	3.8	58	-6.3	-1.4	3.8	58	-6.2	-1.3	3.9	58	-6.1	-1.2	3.9	59	-5.9	-1.1	4.0	59	-5.8	8
7	-1.4	3.9	60	-6.0	-1.3	4.0	60	-5.8	-1.2	4.0	60	-5.7	-1.1	4.0	60	-5.6	**-1.0**	4.1	60	-5.4	7
7	-1.3	4.0	61	-5.6	-1.2	4.1	61	-5.5	-1.1	4.1	62	-5.4	**-1.0**	4.1	62	-5.2	-0.9	4.2	62	-5.1	7
7	-1.2	4.1	63	-5.3	-1.1	4.2	63	-5.1	**-1.0**	4.2	63	-5.0	-0.9	4.3	63	-4.9	-0.8	4.3	64	-4.8	7
6	-1.1	4.2	65	-4.9	**-1.0**	4.3	65	-4.8	-0.9	4.3	65	-4.7	-0.8	4.4	65	-4.5	-0.7	4.4	65	-4.4	6
6	**-1.0**	4.3	66	-4.6	-0.9	4.4	66	-4.5	-0.8	4.4	66	-4.3	-0.7	4.5	67	-4.2	-0.6	4.5	67	-4.1	6
6	-0.9	4.5	68	-4.3	-0.8	4.5	68	-4.1	-0.7	4.5	68	-4.0	-0.6	4.6	68	-3.9	-0.5	4.6	68	-3.8	6
5	-0.8	4.6	69	-4.0	-0.7	4.6	70	-3.8	-0.6	4.6	70	-3.7	-0.5	4.7	70	-3.6	-0.4	4.7	70	-3.5	5
5	-0.7	4.7	71	-3.6	-0.6	4.7	71	-3.5	-0.5	4.8	71	-3.4	-0.4	4.8	72	-3.3	-0.3	4.8	72	-3.2	5
5	-0.6	4.8	73	-3.3	-0.5	4.8	73	-3.2	-0.4	4.9	73	-3.1	-0.3	4.9	73	-3.0	-0.2	5.0	73	-2.9	5
5	-0.5	4.9	74	-3.0	-0.4	4.9	75	-2.9	-0.3	5.0	75	-2.8	-0.2	5.0	75	-2.7	-0.1	5.1	75	-2.6	5
4	-0.4	5.0	76	-2.7	-0.3	5.0	76	-2.6	-0.2	5.1	76	-2.5	-0.1	5.1	76	-2.4	**0.0**	5.2	77	-2.3	4
4	-0.3	5.1	78	-2.4	-0.2	5.2	78	-2.3	-0.1	5.2	78	-2.2	**0.0**	5.2	78	-2.1	0.1	5.3	78	-2.0	4
4	-0.2	5.2	79	-2.1	-0.1	5.3	80	-2.0	**0.0**	5.3	80	-1.9	0.1	5.4	80	-1.8	0.2	5.4	80	-1.7	4
3	-0.1	5.3	81	-1.9	**0.0**	5.4	81	-1.7	0.1	5.4	81	-1.6	0.2	5.5	81	-1.5	0.3	5.5	82	-1.4	3
3	**0.0**	5.4	83	-1.6	0.1	5.5	83	-1.5	0.2	5.5	83	-1.4	0.3	5.6	83	-1.2	0.4	5.6	83	-1.1	3
3	0.1	5.6	85	-1.3	0.2	5.6	85	-1.2	0.3	5.6	85	-1.1	0.4	5.7	85	-1.0	0.5	5.7	85	-0.9	3
2	0.2	5.7	86	-1.0	0.3	5.7	86	-0.9	0.4	5.8	86	-0.8	0.5	5.8	86	-0.7	0.6	5.8	87	-0.6	2
2	0.3	5.8	88	-0.8	0.4	5.8	88	-0.7	0.5	5.9	88	-0.6	0.6	5.9	88	-0.4	0.7	6.0	88	-0.3	2
2	0.4	5.9	90	-0.5	0.5	5.9	90	-0.4	0.6	6.0	90	-0.3	0.7	6.0	90	-0.2	0.8	6.1	90	-0.1	2
1	0.5	6.0	91	-0.2	0.6	6.0	91	-0.1	0.7	6.1	91	0.0	0.8	6.1	91	0.1	0.9	6.2	92	0.2	1
1	0.6	6.1	93	0.0	0.7	6.2	93	0.1	0.8	6.2	93	0.2	0.9	6.3	93	0.3	**1.0**	6.3	93	0.4	1
1	0.7	6.2	95	0.3	0.8	6.3	95	0.4	0.9	6.3	95	0.5	**1.0**	6.4	95	0.6	1.1	6.4	95	0.7	1
1	0.8	6.3	97	0.5	0.9	6.4	97	0.6	**1.0**	6.4	97	0.7	1.1	6.5	97	0.8	1.2	6.5	97	0.9	1
0	0.9	6.5	98	0.8	**1.0**	6.5	98	0.9	1.1	6.5	98	1.0	1.2	6.6	98	1.1	1.3	6.6	98	1.2	0
0	**1.0**	6.6	100	1.0	1.1	6.6	100	1.1	1.2	6.7	100	1.2	1.3	6.7	100	1.3	1.4	6.8	100	1.4	0
	1.5				**1.6**				**1.7**				**1.8**				**1.9**				
22									-4.7	0.0	1	-53.5	-4.6	0.1	1	-48.6	-4.5	0.1	2	-45.3	22

n	t_W	e	U	t_d	t_W	e	U	t_d	t_W	e	U	t_d	t_W	e	U	t_d	t_W	e	U	t_d	n
	1.5				**1.6**				**1.7**				**1.8**				**1.9**				
21	-4.8	0.1	1	-48.4	-4.7	0.1	2	-45.2	-4.6	0.1	2	-42.8	-4.5	0.2	3	-40.8	-4.4	0.2	3	-39.1	21
21	-4.7	0.2	3	-40.7	-4.6	0.2	3	-39.1	-4.5	0.2	3	-37.6	-4.4	0.3	4	-36.4	-4.3	0.3	4	-35.2	21
20	-4.6	0.3	4	-36.3	-4.5	0.3	4	-35.2	-4.4	0.3	5	-34.2	-4.3	0.4	5	-33.2	-4.2	0.4	6	-32.3	20
20	-4.5	0.4	6	-33.2	-4.4	0.4	6	-32.3	-4.3	0.4	6	-31.5	-4.2	0.5	7	-30.7	-4.1	0.5	7	-30.0	20
20	-4.4	0.5	7	-30.7	-4.3	0.5	7	-30.0	-4.2	0.5	8	-29.3	-4.1	0.6	8	-28.7	**-4.0**	0.6	9	-28.1	20
19	-4.3	0.6	8	-28.7	-4.2	0.6	9	-28.1	-4.1	0.6	9	-27.5	**-4.0**	0.7	10	-26.9	-3.9	0.7	10	-26.4	19
19	-4.2	0.7	10	-27.0	-4.1	0.7	10	-26.4	**-4.0**	0.7	11	-25.9	-3.9	0.8	11	-25.4	-3.8	0.8	12	-24.9	19
19	-4.1	0.8	11	-25.4	**-4.0**	0.8	12	-25.0	-3.9	0.8	12	-24.5	-3.8	0.9	13	-24.1	-3.7	0.9	13	-23.6	19
18	**-4.0**	0.9	13	-24.1	-3.9	0.9	13	-23.7	-3.8	0.9	14	-23.2	-3.7	1.0	14	-22.8	-3.6	1.0	14	-22.4	18
18	-3.9	1.0	14	-22.9	-3.8	1.0	15	-22.5	-3.7	1.0	15	-22.1	-3.6	1.1	16	-21.7	-3.5	1.1	16	-21.3	18
17	-3.8	1.1	16	-21.7	-3.7	1.1	16	-21.4	-3.6	1.1	17	-21.0	-3.5	1.2	17	-20.7	-3.4	1.2	17	-20.3	17
17	-3.7	1.2	17	-20.7	-3.6	1.2	18	-20.4	-3.5	1.2	18	-20.0	-3.4	1.3	18	-19.7	-3.3	1.3	19	-19.4	17
17	-3.6	1.3	19	-19.7	-3.5	1.3	19	-19.4	-3.4	1.4	20	-19.1	-3.3	1.4	20	-18.8	-3.2	1.4	20	-18.5	17
16	-3.5	1.4	20	-18.9	-3.4	1.4	21	-18.6	-3.3	1.5	21	-18.3	-3.2	1.5	21	-18.0	-3.1	1.5	22	-17.7	16
16	-3.4	1.5	22	-18.0	-3.3	1.5	22	-17.7	-3.2	1.6	23	-17.5	-3.1	1.6	23	-17.2	**-3.0**	1.6	23	-16.9	16
16	-3.3	1.6	23	-17.2	-3.2	1.6	24	-17.0	-3.1	1.7	24	-16.7	**-3.0**	1.7	24	-16.4	-2.9	1.7	25	-16.2	16
15	-3.2	1.7	25	-16.5	-3.1	1.7	25	-16.2	**-3.0**	1.8	26	-16.0	-2.9	1.8	26	-15.7	-2.8	1.8	26	-15.5	15
15	-3.1	1.8	26	-15.8	**-3.0**	1.8	27	-15.5	-2.9	1.9	27	-15.3	-2.8	1.9	27	-15.1	-2.7	1.9	28	-14.8	15
14	**-3.0**	1.9	28	-15.1	-2.9	1.9	28	-14.9	-2.8	2.0	29	-14.6	-2.7	2.0	29	-14.4	-2.6	2.0	29	-14.2	14
14	-2.9	2.0	29	-14.5	-2.8	2.0	30	-14.2	-2.7	2.1	30	-14.0	-2.6	2.1	30	-13.8	-2.5	2.1	31	-13.6	14
14	-2.8	2.1	31	-13.8	-2.7	2.1	31	-13.6	-2.6	2.2	32	-13.4	-2.5	2.2	32	-13.2	-2.4	2.3	32	-13.0	14
13	-2.7	2.2	32	-13.2	-2.6	2.2	33	-13.0	-2.5	2.3	33	-12.8	-2.4	2.3	33	-12.6	-2.3	2.4	34	-12.4	13
13	-2.6	2.3	34	-12.7	-2.5	2.3	34	-12.5	-2.4	2.4	35	-12.3	-2.3	2.4	35	-12.1	-2.2	2.5	35	-11.9	13
13	-2.5	2.4	35	-12.1	-2.4	2.5	36	-11.9	-2.3	2.5	36	-11.7	-2.2	2.5	36	-11.6	-2.1	2.6	37	-11.4	13
12	-2.4	2.5	37	-11.6	-2.3	2.6	37	-11.4	-2.2	2.6	38	-11.2	-2.1	2.6	38	-11.0	**-2.0**	2.7	38	-10.9	12
12	-2.3	2.6	39	-11.1	-2.2	2.7	39	-10.9	-2.1	2.7	39	-10.7	**-2.0**	2.7	39	-10.6	-1.9	2.8	40	-10.4	12
12	-2.2	2.7	40	-10.6	-2.1	2.8	40	-10.4	**-2.0**	2.8	41	-10.2	-1.9	2.8	41	-10.1	-1.8	2.9	41	-9.9	12
11	-2.1	2.8	42	-10.1	**-2.0**	2.9	42	-10.0	-1.9	2.9	42	-9.8	-1.8	3.0	42	-9.6	-1.7	3.0	43	-9.4	11
11	**-2.0**	2.9	43	-9.7	-1.9	3.0	43	-9.5	-1.8	3.0	44	-9.3	-1.7	3.1	44	-9.2	-1.6	3.1	44	-9.0	11
11	-1.9	3.0	45	-9.2	-1.8	3.1	45	-9.0	-1.7	3.1	45	-8.9	-1.6	3.2	46	-8.7	-1.5	3.2	46	-8.6	11
10	-1.8	3.2	46	-8.8	-1.7	3.2	47	-8.6	-1.6	3.2	47	-8.5	-1.5	3.3	47	-8.3	-1.4	3.3	47	-8.1	10
10	-1.7	3.3	48	-8.3	-1.6	3.3	48	-8.2	-1.5	3.3	48	-8.0	-1.4	3.4	49	-7.9	-1.3	3.4	49	-7.7	10
10	-1.6	3.4	49	-7.9	-1.5	3.4	50	-7.8	-1.4	3.4	50	-7.6	-1.3	3.5	50	-7.5	-1.2	3.5	50	-7.3	10
9	-1.5	3.5	51	-7.5	-1.4	3.5	51	-7.4	-1.3	3.6	51	-7.2	-1.2	3.6	52	-7.1	-1.1	3.6	52	-6.9	9
9	-1.4	3.6	53	-7.1	-1.3	3.6	53	-7.0	-1.2	3.7	53	-6.8	-1.1	3.7	53	-6.7	**-1.0**	3.7	53	-6.6	9
9	-1.3	3.7	54	-6.8	-1.2	3.7	54	-6.6	-1.1	3.8	55	-6.5	**-1.0**	3.8	55	-6.3	-0.9	3.9	55	-6.2	9
8	-1.2	3.8	56	-6.4	-1.1	3.8	56	-6.2	**-1.0**	3.9	56	-6.1	-0.9	3.9	56	-6.0	-0.8	4.0	57	-5.8	8
8	-1.1	3.9	57	-6.0	**-1.0**	3.9	58	-5.9	-0.9	4.0	58	-5.7	-0.8	4.0	58	-5.6	-0.7	4.1	58	-5.5	8
8	**-1.0**	4.0	59	-5.7	-0.9	4.1	59	-5.5	-0.8	4.1	59	-5.4	-0.7	4.1	59	-5.2	-0.6	4.2	60	-5.1	8
7	-0.9	4.1	61	-5.3	-0.8	4.2	61	-5.2	-0.7	4.2	61	-5.0	-0.6	4.2	61	-4.9	-0.5	4.3	61	-4.8	7
7	-0.8	4.2	62	-5.0	-0.7	4.3	62	-4.8	-0.6	4.3	62	-4.7	-0.5	4.4	63	-4.6	-0.4	4.4	63	-4.4	7
7	-0.7	4.3	64	-4.6	-0.6	4.4	64	-4.5	-0.5	4.4	64	-4.4	-0.4	4.5	64	-4.2	-0.3	4.5	64	-4.1	7
6	-0.6	4.4	65	-4.3	-0.5	4.5	65	-4.2	-0.4	4.5	65	-4.0	-0.3	4.6	66	-3.9	-0.2	4.6	66	-3.8	6
6	-0.5	4.6	67	-4.0	-0.4	4.6	67	-3.8	-0.3	4.6	67	-3.7	-0.2	4.7	67	-3.6	-0.1	4.7	68	-3.5	6
6	-0.4	4.7	69	-3.7	-0.3	4.7	69	-3.5	-0.2	4.8	69	-3.4	-0.1	4.8	69	-3.3	**0.0**	4.8	69	-3.2	6
5	-0.3	4.8	70	-3.3	-0.2	4.8	70	-3.2	-0.1	4.9	70	-3.1	**0.0**	4.9	71	-3.0	0.1	5.0	71	-2.9	5
5	-0.2	4.9	72	-3.0	-0.1	4.9	72	-2.9	**0.0**	5.0	72	-2.8	0.1	5.0	72	-2.7	0.2	5.1	72	-2.6	5
5	-0.1	5.0	73	-2.7	**0.0**	5.0	74	-2.6	0.1	5.1	74	-2.5	0.2	5.1	74	-2.4	0.3	5.2	74	-2.3	5
4	**0.0**	5.1	75	-2.4	0.1	5.2	75	-2.3	0.2	5.2	75	-2.2	0.3	5.2	75	-2.1	0.4	5.3	75	-2.0	4
4	0.1	5.2	77	-2.1	0.2	5.3	77	-2.0	0.3	5.3	77	-1.9	0.4	5.4	77	-1.8	0.5	5.4	77	-1.7	4
4	0.2	5.3	78	-1.9	0.3	5.4	78	-1.7	0.4	5.4	79	-1.6	0.5	5.5	79	-1.5	0.6	5.5	79	-1.4	4
4	0.3	5.4	80	-1.6	0.4	5.5	80	-1.5	0.5	5.5	80	-1.4	0.6	5.6	80	-1.2	0.7	5.6	80	-1.1	4
3	0.4	5.6	82	-1.3	0.5	5.6	82	-1.2	0.6	5.6	82	-1.1	0.7	5.7	82	-1.0	0.8	5.7	82	-0.9	3
3	0.5	5.7	83	-1.0	0.6	5.7	83	-0.9	0.7	5.8	83	-0.8	0.8	5.8	83	-0.7	0.9	5.9	84	-0.6	3
3	0.6	5.8	85	-0.8	0.7	5.8	85	-0.7	0.8	5.9	85	-0.5	0.9	5.9	85	-0.4	**1.0**	6.0	85	-0.3	3
2	0.7	5.9	87	-0.5	0.8	5.9	87	-0.4	0.9	6.0	87	-0.3	**1.0**	6.0	87	-0.2	1.1	6.1	87	-0.1	2
2	0.8	6.0	88	-0.2	0.9	6.1	88	-0.1	**1.0**	6.1	88	0.0	1.1	6.1	88	0.1	1.2	6.2	88	0.2	2
2	0.9	6.1	90	0.0	**1.0**	6.2	90	0.1	1.1	6.2	90	0.2	1.2	6.3	90	0.3	1.3	6.3	90	0.4	2
1	**1.0**	6.2	92	0.3	1.1	6.3	92	0.4	1.2	6.3	92	0.5	1.3	6.4	92	0.6	1.4	6.4	92	0.7	1
1	1.1	6.3	93	0.5	1.2	6.4	93	0.6	1.3	6.4	93	0.7	1.4	6.5	93	0.8	1.5	6.5	93	0.9	1
1	1.2	6.5	95	0.8	1.3	6.5	95	0.9	1.4	6.6	95	1.0	1.5	6.6	95	1.1	1.6	6.7	95	1.2	1
1	1.3	6.6	97	1.0	1.4	6.6	97	1.1	1.5	6.7	97	1.2	1.6	6.7	97	1.3	1.7	6.8	97	1.4	1
0	1.4	6.7	98	1.3	1.5	6.7	98	1.4	1.6	6.8	98	1.5	1.7	6.8	98	1.6	1.8	6.9	98	1.7	0
0	1.5	6.8	100	1.5	1.6	6.9	100	1.6	1.7	6.9	100	1.7	1.8	7.0	100	1.8	1.9	7.0	100	1.9	0
	2.0				**2.1**				**2.2**				**2.3**				**2.4**				
22													-4.3	0.0	1	-53.8	-4.2	0.1	1	-48.6	22
22	-4.5	0.0	1	-53.7	-4.4	0.1	1	-48.6	-4.3	0.1	2	-45.3	-4.2	0.1	2	-42.8	-4.1	0.2	2	-40.8	22
21	-4.4	0.1	2	-42.8	-4.3	0.2	2	-40.8	-4.2	0.2	3	-39.1	-4.1	0.2	3	-37.6	**-4.0**	0.3	4	-36.3	21
21	-4.3	0.2	3	-37.6	-4.2	0.3	4	-36.3	-4.1	0.3	4	-35.2	**-4.0**	0.3	5	-34.1	-3.9	0.4	5	-33.1	21
21	-4.2	0.3	5	-34.2	-4.1	0.4	5	-33.2	**-4.0**	0.4	6	-32.3	-3.9	0.4	6	-31.4	-3.8	0.5	7	-30.7	21
20	-4.1	0.4	6	-31.5	**-4.0**	0.5	7	-30.7	-3.9	0.5	7	-30.0	-3.8	0.5	8	-29.3	-3.7	0.6	8	-28.6	20

n	t_W	e	U	t_d	t_W	e	U	t_d	t_W	e	U	t_d	t_W	e	U	t_d	t_W	e	U	t_d	n
	2.0				**2.1**				**2.2**				**2.3**				**2.4**				
20	**-4.0**	0.5	8	-29.3	-3.9	0.6	8	-28.7	-3.8	0.6	9	-28.0	-3.7	0.6	9	-27.4	-3.6	0.7	9	-26.9	20
19	-3.9	0.6	9	-27.5	-3.8	0.7	10	-26.9	-3.7	0.7	10	-26.4	-3.6	0.7	10	-25.8	-3.5	0.8	11	-25.3	19
19	-3.8	0.7	11	-25.9	-3.7	0.8	11	-25.4	-3.6	0.8	11	-24.9	-3.5	0.8	12	-24.4	-3.4	0.9	12	-24.0	19
19	-3.7	0.8	12	-24.5	-3.6	0.9	12	-24.0	-3.5	0.9	13	-23.6	-3.4	1.0	13	-23.2	-3.3	1.0	14	-22.7	19
18	-3.6	0.9	13	-23.2	-3.5	1.0	14	-22.8	-3.4	1.0	14	-22.4	-3.3	1.1	15	-22.0	-3.2	1.1	15	-21.6	18
18	-3.5	1.0	15	-22.0	-3.4	1.1	15	-21.7	-3.3	1.1	16	-21.3	-3.2	1.2	16	-20.9	-3.1	1.2	16	-20.6	18
18	-3.4	1.2	16	-21.0	-3.3	1.2	17	-20.6	-3.2	1.2	17	-20.3	-3.1	1.3	17	-19.9	**-3.0**	1.3	18	-19.6	18
17	-3.3	1.3	18	-20.0	-3.2	1.3	18	-19.7	-3.1	1.3	19	-19.3	**-3.0**	1.4	19	-19.0	-2.9	1.4	19	-18.7	17
17	-3.2	1.4	19	-19.1	-3.1	1.4	20	-18.8	**-3.0**	1.4	20	-18.5	-2.9	1.5	20	-18.2	-2.8	1.5	21	-17.9	17
16	-3.1	1.5	21	-18.2	**-3.0**	1.5	21	-17.9	-2.9	1.5	21	-17.6	-2.8	1.6	22	-17.4	-2.7	1.6	22	-17.1	16
16	**-3.0**	1.6	22	-17.4	-2.9	1.6	23	-17.1	-2.8	1.6	23	-16.9	-2.7	1.7	23	-16.6	-2.6	1.7	24	-16.3	16
16	-2.9	1.7	24	-16.7	-2.8	1.7	24	-16.4	-2.7	1.7	24	-16.1	-2.6	1.8	25	-15.9	-2.5	1.8	25	-15.6	16
15	-2.8	1.8	25	-15.9	-2.7	1.8	25	-15.7	-2.6	1.8	26	-15.4	-2.5	1.9	26	-15.2	-2.4	1.9	26	-15.0	15
15	-2.7	1.9	27	-15.2	-2.6	1.9	27	-15.0	-2.5	1.9	27	-14.8	-2.4	2.0	28	-14.5	-2.3	2.0	28	-14.3	15
15	-2.6	2.0	28	-14.6	-2.5	2.0	28	-14.4	-2.4	2.1	29	-14.1	-2.3	2.1	29	-13.9	-2.2	2.1	29	-13.7	15
14	-2.5	2.1	30	-14.0	-2.4	2.1	30	-13.7	-2.3	2.2	30	-13.5	-2.2	2.2	30	-13.3	-2.1	2.2	31	-13.1	14
14	-2.4	2.2	31	-13.4	-2.3	2.2	31	-13.1	-2.2	2.3	32	-12.9	-2.1	2.3	32	-12.7	**-2.0**	2.3	32	-12.5	14
14	-2.3	2.3	32	-12.8	-2.2	2.3	33	-12.6	-2.1	2.4	33	-12.4	**-2.0**	2.4	33	-12.2	-1.9	2.4	34	-12.0	14
13	-2.2	2.4	34	-12.2	-2.1	2.4	34	-12.0	**-2.0**	2.5	35	-11.8	-1.9	2.5	35	-11.6	-1.8	2.6	35	-11.4	13
13	-2.1	2.5	35	-11.7	**-2.0**	2.5	36	-11.5	-1.9	2.6	36	-11.3	-1.8	2.6	36	-11.1	-1.7	2.7	37	-10.9	13
13	**-2.0**	2.6	37	-11.2	-1.9	2.6	37	-11.0	-1.8	2.7	38	-10.8	-1.7	2.7	38	-10.6	-1.6	2.8	38	-10.4	13
12	-1.9	2.7	38	-10.7	-1.8	2.8	39	-10.5	-1.7	2.8	39	-10.3	-1.6	2.8	39	-10.1	-1.5	2.9	40	-10.0	12
12	-1.8	2.8	40	-10.2	-1.7	2.9	40	-10.0	-1.6	2.9	40	-9.8	-1.5	2.9	41	-9.7	-1.4	3.0	41	-9.5	12
12	-1.7	2.9	41	-9.7	-1.6	3.0	42	-9.6	-1.5	3.0	42	-9.4	-1.4	3.0	42	-9.2	-1.3	3.1	43	-9.0	12
11	-1.6	3.0	43	-9.3	-1.5	3.1	43	-9.1	-1.4	3.1	43	-8.9	-1.3	3.2	44	-8.8	-1.2	3.2	44	-8.6	11
11	-1.5	3.1	44	-8.8	-1.4	3.2	45	-8.7	-1.3	3.2	45	-8.5	-1.2	3.3	45	-8.3	-1.1	3.3	45	-8.2	11
11	-1.4	3.2	46	-8.4	-1.3	3.3	46	-8.2	-1.2	3.3	46	-8.1	-1.1	3.4	47	-7.9	**-1.0**	3.4	47	-7.8	11
10	-1.3	3.4	48	-8.0	-1.2	3.4	48	-7.8	-1.1	3.4	48	-7.7	**-1.0**	3.5	48	-7.5	-0.9	3.5	48	-7.4	10
10	-1.2	3.5	49	-7.6	-1.1	3.5	49	-7.4	**-1.0**	3.5	50	-7.3	-0.9	3.6	50	-7.1	-0.8	3.6	50	-7.0	10
10	-1.1	3.6	51	-7.2	**-1.0**	3.6	51	-7.0	-0.9	3.7	51	-6.9	-0.8	3.7	51	-6.7	-0.7	3.7	51	-6.6	10
9	**-1.0**	3.7	52	-6.8	-0.9	3.7	52	-6.6	-0.8	3.8	53	-6.5	-0.7	3.8	53	-6.4	-0.6	3.8	53	-6.2	9
9	-0.9	3.8	54	-6.4	-0.8	3.8	54	-6.3	-0.7	3.9	54	-6.1	-0.6	3.9	54	-6.0	-0.5	4.0	54	-5.8	9
9	-0.8	3.9	55	-6.0	-0.7	3.9	55	-5.9	-0.6	4.0	56	-5.8	-0.5	4.0	56	-5.6	-0.4	4.1	56	-5.5	9
8	-0.7	4.0	57	-5.7	-0.6	4.0	57	-5.5	-0.5	4.1	57	-5.4	-0.4	4.1	57	-5.3	-0.3	4.2	58	-5.1	8
8	-0.6	4.1	58	-5.3	-0.5	4.2	58	-5.2	-0.4	4.2	59	-5.1	-0.3	4.2	59	-4.9	-0.2	4.3	59	-4.8	8
8	-0.5	4.2	60	-5.0	-0.4	4.3	60	-4.8	-0.3	4.3	60	-4.7	-0.2	4.4	60	-4.6	-0.1	4.4	61	-4.4	8
7	-0.4	4.3	61	-4.6	-0.3	4.4	62	-4.5	-0.2	4.4	62	-4.4	-0.1	4.5	62	-4.2	**0.0**	4.5	62	-4.1	7
7	-0.3	4.4	63	-4.3	-0.2	4.5	63	-4.2	-0.1	4.5	63	-4.0	**0.0**	4.6	63	-3.9	0.1	4.6	64	-3.8	7
7	-0.2	4.6	65	-4.0	-0.1	4.6	65	-3.9	**0.0**	4.6	65	-3.7	0.1	4.7	65	-3.6	0.2	4.7	65	-3.5	7
6	-0.1	4.7	66	-3.7	**0.0**	4.7	66	-3.5	0.1	4.8	66	-3.4	0.2	4.8	67	-3.3	0.3	4.8	67	-3.2	6
6	**0.0**	4.8	68	-3.3	0.1	4.8	68	-3.2	0.2	4.9	68	-3.1	0.3	4.9	68	-3.0	0.4	5.0	68	-2.8	6
6	0.1	4.9	69	-3.0	0.2	4.9	69	-2.9	0.3	5.0	70	-2.8	0.4	5.0	70	-2.7	0.5	5.1	70	-2.5	6
5	0.2	5.0	71	-2.7	0.3	5.0	71	-2.6	0.4	5.1	71	-2.5	0.5	5.1	71	-2.4	0.6	5.2	71	-2.3	5
5	0.3	5.1	72	-2.4	0.4	5.2	73	-2.3	0.5	5.2	73	-2.2	0.6	5.2	73	-2.1	0.7	5.3	73	-2.0	5
5	0.4	5.2	74	-2.1	0.5	5.3	74	-2.0	0.6	5.3	74	-1.9	0.7	5.4	74	-1.8	0.8	5.4	74	-1.7	5
4	0.5	5.3	76	-1.9	0.6	5.4	76	-1.7	0.7	5.4	76	-1.6	0.8	5.5	76	-1.5	0.9	5.5	76	-1.4	4
4	0.6	5.4	77	-1.6	0.7	5.5	77	-1.5	0.8	5.5	77	-1.3	0.9	5.6	77	-1.2	**1.0**	5.6	78	-1.1	4
4	0.7	5.6	79	-1.3	0.8	5.6	79	-1.2	0.9	5.7	79	-1.1	**1.0**	5.7	79	-0.9	1.1	5.7	79	-0.8	4
4	0.8	5.7	80	-1.0	0.9	5.7	80	-0.9	**1.0**	5.8	81	-0.8	1.1	5.8	81	-0.7	1.2	5.9	81	-0.6	4
3	0.9	5.8	82	-0.7	**1.0**	5.8	82	-0.6	1.1	5.9	82	-0.5	1.2	5.9	82	-0.4	1.3	6.0	82	-0.3	3
3	**1.0**	5.9	84	-0.5	1.1	5.9	84	-0.4	1.2	6.0	84	-0.3	1.3	6.0	84	-0.1	1.4	6.1	84	0.0	3
3	1.1	6.0	85	-0.2	1.2	6.1	85	-0.1	1.3	6.1	85	0.0	1.4	6.2	85	0.1	1.5	6.2	85	0.2	3
2	1.2	6.1	87	0.0	1.3	6.2	87	0.2	1.4	6.2	87	0.3	1.5	6.3	87	0.4	1.6	6.3	87	0.5	2
2	1.3	6.2	88	0.3	1.4	6.3	89	0.4	1.5	6.3	89	0.5	1.6	6.4	89	0.6	1.7	6.4	89	0.7	2
2	1.4	6.4	90	0.6	1.5	6.4	90	0.7	1.6	6.5	90	0.8	1.7	6.5	90	0.9	1.8	6.6	90	1.0	2
1	1.5	6.5	92	0.8	1.6	6.5	92	0.9	1.7	6.6	92	1.0	1.8	6.6	92	1.1	1.9	6.7	92	1.2	1
1	1.6	6.6	93	1.0	1.7	6.6	93	1.2	1.8	6.7	93	1.3	1.9	6.7	93	1.4	**2.0**	6.8	94	1.5	1
1	1.7	6.7	95	1.3	1.8	6.8	95	1.4	1.9	6.8	95	1.5	**2.0**	6.9	95	1.6	2.1	6.9	95	1.7	1
1	1.8	6.8	97	1.5	1.9	6.9	97	1.6	**2.0**	6.9	97	1.7	2.1	7.0	97	1.8	2.2	7.0	97	1.9	1
0	1.9	6.9	98	1.8	**2.0**	7.0	98	1.9	2.1	7.0	98	2.0	2.2	7.1	98	2.1	2.3	7.1	98	2.2	0
0	**2.0**	7.1	100	2.0	2.1	7.1	100	2.1	2.2	7.2	100	2.2	2.3	7.2	100	2.3	2.4	7.3	100	2.4	0
	2.5				**2.6**				**2.7**				**2.8**				**2.9**				
23																	-3.9	0.0	1	-53.3	23
22					-4.1	0.0	1	-53.7	**-4.0**	0.1	1	-48.5	-3.9	0.1	1	-45.1	-3.8	0.1	2	-42.6	22
22	-4.1	0.1	1	-45.2	**-4.0**	0.1	2	-42.7	-3.9	0.2	2	-40.7	-3.8	0.2	3	-38.9	-3.7	0.2	3	-37.4	22
21	**-4.0**	0.2	3	-39.0	-3.9	0.2	3	-37.5	-3.8	0.3	4	-36.2	-3.7	0.3	4	-35.0	-3.6	0.3	5	-34.0	21
21	-3.9	0.3	4	-35.1	-3.8	0.3	5	-34.1	-3.7	0.4	5	-33.1	-3.6	0.4	6	-32.2	-3.5	0.4	6	-31.3	21
21	-3.8	0.4	6	-32.2	-3.7	0.4	6	-31.4	-3.6	0.5	6	-30.6	-3.5	0.5	7	-29.9	-3.4	0.6	7	-29.1	21
20	-3.7	0.5	7	-29.9	-3.6	0.5	7	-29.2	-3.5	0.6	8	-28.6	-3.4	0.6	8	-27.9	-3.3	0.7	9	-27.3	20
20	-3.6	0.6	8	-28.0	-3.5	0.6	9	-27.4	-3.4	0.7	9	-26.8	-3.3	0.7	10	-26.3	-3.2	0.8	10	-25.7	20
20	-3.5	0.7	10	-26.3	-3.4	0.8	10	-25.8	-3.3	0.8	11	-25.3	-3.2	0.8	11	-24.8	-3.1	0.9	11	-24.3	20

n	t_W	e	U	t_d	t_W	e	U	t_d	t_W	e	U	t_d	t_W	e	U	t_d	t_W	e	U	t_d	n
	2.5				**2.6**				**2.7**				**2.8**				**2.9**				
19	-3.4	0.8	11	-24.8	-3.3	0.9	12	-24.4	-3.2	0.9	12	-23.9	-3.1	0.9	12	-23.5	**-3.0**	1.0	13	-23.0	19
19	-3.3	0.9	13	-23.5	-3.2	1.0	13	-23.1	-3.1	1.0	13	-22.7	**-3.0**	1.0	14	-22.3	-2.9	1.1	14	-21.9	19
18	-3.2	1.0	14	-22.3	-3.1	1.1	14	-21.9	**-3.0**	1.1	15	-21.6	-2.9	1.1	15	-21.2	-2.8	1.2	16	-20.8	18
18	-3.1	1.1	15	-21.2	**-3.0**	1.2	16	-20.9	-2.9	1.2	16	-20.5	-2.8	1.2	17	-20.2	-2.7	1.3	17	-19.8	18
18	**-3.0**	1.2	17	-20.2	-2.9	1.3	17	-19.9	-2.8	1.3	18	-19.6	-2.7	1.3	18	-19.2	-2.6	1.4	18	-18.9	18
17	-2.9	1.3	18	-19.3	-2.8	1.4	19	-19.0	-2.7	1.4	19	-18.7	-2.6	1.4	19	-18.4	-2.5	1.5	20	-18.1	17
17	-2.8	1.4	20	-18.4	-2.7	1.5	20	-18.1	-2.6	1.5	20	-17.8	-2.5	1.5	21	-17.5	-2.4	1.6	21	-17.2	17
17	-2.7	1.5	21	-17.6	-2.6	1.6	21	-17.3	-2.5	1.6	22	-17.0	-2.4	1.7	22	-16.8	-2.3	1.7	22	-16.5	17
16	-2.6	1.6	22	-16.8	-2.5	1.7	23	-16.5	-2.4	1.7	23	-16.3	-2.3	1.8	24	-16.0	-2.2	1.8	24	-15.8	16
16	-2.5	1.7	24	-16.1	-2.4	1.8	24	-15.8	-2.3	1.8	25	-15.6	-2.2	1.9	25	-15.3	-2.1	1.9	25	-15.1	16
16	-2.4	1.9	25	-15.4	-2.3	1.9	26	-15.1	-2.2	1.9	26	-14.9	-2.1	2.0	26	-14.6	**-2.0**	2.0	27	-14.4	16
15	-2.3	2.0	27	-14.7	-2.2	2.0	27	-14.5	-2.1	2.0	27	-14.2	**-2.0**	2.1	28	-14.0	-1.9	2.1	28	-13.8	15
15	-2.2	2.1	28	-14.1	-2.1	2.1	29	-13.8	**-2.0**	2.1	29	-13.6	-1.9	2.2	29	-13.4	-1.8	2.2	29	-13.2	15
14	-2.1	2.2	30	-13.5	**-2.0**	2.2	30	-13.2	-1.9	2.2	30	-13.0	-1.8	2.3	31	-12.8	-1.7	2.3	31	-12.6	14
14	**-2.0**	2.3	31	-12.9	-1.9	2.3	31	-12.7	-1.8	2.4	32	-12.5	-1.7	2.4	32	-12.3	-1.6	2.4	32	-12.0	14
14	-1.9	2.4	33	-12.3	-1.8	2.4	33	-12.1	-1.7	2.5	33	-11.9	-1.6	2.5	33	-11.7	-1.5	2.5	34	-11.5	14
13	-1.8	2.5	34	-11.8	-1.7	2.5	34	-11.6	-1.6	2.6	35	-11.4	-1.5	2.6	35	-11.2	-1.4	2.6	35	-11.0	13
13	-1.7	2.6	35	-11.3	-1.6	2.6	36	-11.1	-1.5	2.7	36	-10.9	-1.4	2.7	36	-10.7	-1.3	2.8	37	-10.5	13
13	-1.6	2.7	37	-10.7	-1.5	2.7	37	-10.6	-1.4	2.8	37	-10.4	-1.3	2.8	38	-10.2	-1.2	2.9	38	-10.0	13
12	-1.5	2.8	38	-10.3	-1.4	2.8	39	-10.1	-1.3	2.9	39	-9.9	-1.2	2.9	39	-9.7	-1.1	3.0	39	-9.5	12
12	-1.4	2.9	40	-9.8	-1.3	3.0	40	-9.6	-1.2	3.0	40	-9.4	-1.1	3.0	41	-9.3	**-1.0**	3.1	41	-9.1	12
12	-1.3	3.0	41	-9.3	-1.2	3.1	42	-9.2	-1.1	3.1	42	-9.0	**-1.0**	3.1	42	-8.8	-0.9	3.2	42	-8.6	12
11	-1.2	3.1	43	-8.9	-1.1	3.2	43	-8.7	**-1.0**	3.2	43	-8.5	-0.9	3.3	44	-8.4	-0.8	3.3	44	-8.2	11
11	-1.1	3.2	44	-8.4	**-1.0**	3.3	44	-8.3	-0.9	3.3	45	-8.1	-0.8	3.4	45	-8.0	-0.7	3.4	45	-7.8	11
11	**-1.0**	3.3	46	-8.0	-0.9	3.4	46	-7.9	-0.8	3.4	46	-7.7	-0.7	3.5	46	-7.5	-0.6	3.5	47	-7.4	11
10	-0.9	3.5	47	-7.6	-0.8	3.5	47	-7.5	-0.7	3.5	48	-7.3	-0.6	3.6	48	-7.1	-0.5	3.6	48	-7.0	10
10	-0.8	3.6	49	-7.2	-0.7	3.6	49	-7.1	-0.6	3.6	49	-6.9	-0.5	3.7	49	-6.7	-0.4	3.7	50	-6.6	10
10	-0.7	3.7	50	-6.8	-0.6	3.7	50	-6.7	-0.5	3.8	51	-6.5	-0.4	3.8	51	-6.4	-0.3	3.8	51	-6.2	10
9	-0.6	3.8	52	-6.4	-0.5	3.8	52	-6.3	-0.4	3.9	52	-6.1	-0.3	3.9	52	-6.0	-0.2	4.0	53	-5.8	9
9	-0.5	3.9	53	-6.1	-0.4	3.9	53	-5.9	-0.3	4.0	54	-5.8	-0.2	4.0	54	-5.6	-0.1	4.1	54	-5.5	9
9	-0.4	4.0	55	-5.7	-0.3	4.0	55	-5.6	-0.2	4.1	55	-5.4	-0.1	4.1	55	-5.3	**0.0**	4.2	55	-5.1	9
8	-0.3	4.1	56	-5.3	-0.2	4.2	56	-5.2	-0.1	4.2	57	-5.1	**0.0**	4.2	57	-4.9	0.1	4.3	57	-4.8	8
8	-0.2	4.2	58	-5.0	-0.1	4.3	58	-4.9	**0.0**	4.3	58	-4.7	0.1	4.4	58	-4.6	0.2	4.4	58	-4.4	8
8	-0.1	4.3	59	-4.6	**0.0**	4.4	59	-4.5	0.1	4.4	60	-4.4	0.2	4.5	60	-4.2	0.3	4.5	60	-4.1	8
7	**0.0**	4.4	61	-4.3	0.1	4.5	61	-4.2	0.2	4.5	61	-4.0	0.3	4.6	61	-3.9	0.4	4.6	61	-3.8	7
7	0.1	4.6	62	-4.0	0.2	4.6	62	-3.9	0.3	4.6	63	-3.7	0.4	4.7	63	-3.6	0.5	4.7	63	-3.5	7
7	0.2	4.7	64	-3.7	0.3	4.7	64	-3.5	0.4	4.8	64	-3.4	0.5	4.8	64	-3.3	0.6	4.8	64	-3.1	7
7	0.3	4.8	65	-3.3	0.4	4.8	65	-3.2	0.5	4.9	66	-3.1	0.6	4.9	66	-3.0	0.7	5.0	66	-2.8	7
6	0.4	4.9	67	-3.0	0.5	4.9	67	-2.9	0.6	5.0	67	-2.8	0.7	5.0	67	-2.7	0.8	5.1	67	-2.5	6
6	0.5	5.0	68	-2.7	0.6	5.0	69	-2.6	0.7	5.1	69	-2.5	0.8	5.1	69	-2.4	0.9	5.2	69	-2.2	6
6	0.6	5.1	70	-2.4	0.7	5.2	70	-2.3	0.8	5.2	70	-2.2	0.9	5.3	70	-2.1	**1.0**	5.3	70	-1.9	6
5	0.7	5.2	71	-2.1	0.8	5.3	72	-2.0	0.9	5.3	72	-1.9	**1.0**	5.4	72	-1.8	1.1	5.4	72	-1.7	5
5	0.8	5.3	73	-1.8	0.9	5.4	73	-1.7	**1.0**	5.4	73	-1.6	1.1	5.5	73	-1.5	1.2	5.5	73	-1.4	5
5	0.9	5.5	75	-1.6	**1.0**	5.5	75	-1.4	1.1	5.5	75	-1.3	1.2	5.6	75	-1.2	1.3	5.6	75	-1.1	5
4	**1.0**	5.6	76	-1.3	1.1	5.6	76	-1.2	1.2	5.7	76	-1.0	1.3	5.7	76	-0.9	1.4	5.8	77	-0.8	4
4	1.1	5.7	78	-1.0	1.2	5.7	78	-0.9	1.3	5.8	78	-0.8	1.4	5.8	78	-0.7	1.5	5.9	78	-0.5	4
4	1.2	5.8	79	-0.7	1.3	5.8	79	-0.6	1.4	5.9	79	-0.5	1.5	5.9	80	-0.4	1.6	6.0	80	-0.3	4
3	1.3	5.9	81	-0.5	1.4	6.0	81	-0.3	1.5	6.0	81	-0.2	1.6	6.1	81	-0.1	1.7	6.1	81	0.0	3
3	1.4	6.0	82	-0.2	1.5	6.1	82	-0.1	1.6	6.1	83	0.0	1.7	6.2	83	0.1	1.8	6.2	83	0.2	3
3	1.5	6.1	84	0.1	1.6	6.2	84	0.2	1.7	6.2	84	0.3	1.8	6.3	84	0.4	1.9	6.3	84	0.5	3
3	1.6	6.3	86	0.3	1.7	6.3	86	0.4	1.8	6.4	86	0.5	1.9	6.4	86	0.7	**2.0**	6.5	86	0.8	3
2	1.7	6.4	87	0.6	1.8	6.4	87	0.7	1.9	6.5	87	0.8	**2.0**	6.5	87	0.9	2.1	6.6	87	1.0	2
2	1.8	6.5	89	0.8	1.9	6.5	89	0.9	**2.0**	6.6	89	1.0	2.1	6.6	89	1.2	2.2	6.7	89	1.3	2
2	1.9	6.6	90	1.1	**2.0**	6.7	90	1.2	2.1	6.7	90	1.3	2.2	6.8	90	1.4	2.3	6.8	91	1.5	2
1	**2.0**	6.7	92	1.3	2.1	6.8	92	1.4	2.2	6.8	92	1.5	2.3	6.9	92	1.6	2.4	6.9	92	1.7	1
1	2.1	6.8	94	1.6	2.2	6.9	94	1.7	2.3	6.9	94	1.8	2.4	7.0	94	1.9	2.5	7.0	94	2.0	1
1	2.2	7.0	95	1.8	2.3	7.0	95	1.9	2.4	7.1	95	2.0	2.5	7.1	95	2.1	2.6	7.2	95	2.2	1
1	2.3	7.1	97	2.0	2.4	7.1	97	2.1	2.5	7.2	97	2.2	2.6	7.2	97	2.3	2.7	7.3	97	2.4	1
0	2.4	7.2	98	2.3	2.5	7.2	98	2.4	2.6	7.3	98	2.5	2.7	7.3	98	2.6	2.8	7.4	98	2.7	0
0	2.5	7.3	100	2.5	2.6	7.4	100	2.6	2.7	7.4	100	2.7	2.8	7.5	100	2.8	2.9	7.5	100	2.9	0
	3.0				**3.1**				**3.2**				**3.3**				**3.4**				
23									-3.7	0.0	1	-52.9	-3.6	0.1	1	-47.9	-3.5	0.1	1	-44.6	23
22	-3.8	0.1	1	-48.2	-3.7	0.1	1	-44.9	-3.6	0.1	2	-42.4	-3.5	0.2	2	-40.3	-3.4	0.2	3	-38.6	22
22	-3.7	0.2	2	-40.5	-3.6	0.2	3	-38.8	-3.5	0.2	3	-37.3	-3.4	0.3	4	-36.0	-3.3	0.3	4	-34.8	22
22	-3.6	0.3	4	-36.1	-3.5	0.3	4	-34.9	-3.4	0.4	5	-33.9	-3.3	0.4	5	-32.9	-3.2	0.4	5	-31.9	22
21	-3.5	0.4	5	-33.0	-3.4	0.4	5	-32.1	-3.3	0.5	6	-31.2	-3.2	0.5	6	-30.4	-3.1	0.5	7	-29.7	21
21	-3.4	0.5	6	-30.5	-3.3	0.5	7	-29.8	-3.2	0.6	7	-29.1	-3.1	0.6	8	-28.4	**-3.0**	0.6	8	-27.7	21
20	-3.3	0.6	8	-28.5	-3.2	0.6	8	-27.8	-3.1	0.7	9	-27.2	**-3.0**	0.7	9	-26.6	-2.9	0.7	9	-26.1	20
20	-3.2	0.7	9	-26.7	-3.1	0.7	10	-26.2	**-3.0**	0.8	10	-25.6	-2.9	0.8	10	-25.1	-2.8	0.8	11	-24.6	20
20	-3.1	0.8	10	-25.2	**-3.0**	0.8	11	-24.7	-2.9	0.9	11	-24.2	-2.8	0.9	12	-23.8	-2.7	0.9	12	-23.3	20
19	**-3.0**	0.9	12	-23.8	-2.9	0.9	12	-23.4	-2.8	1.0	13	-23.0	-2.7	1.0	13	-22.5	-2.6	1.0	13	-22.1	19

n	t_W	e	U	t_d	t_W	e	U	t_d	t_W	e	U	t_d	t_W	e	U	t_d	t_W	e	U	t_d	n
	3.0				**3.1**				**3.2**				**3.3**				**3.4**				
19	-2.9	1.0	13	-22.6	-2.8	1.0	14	-22.2	-2.7	1.1	14	-21.8	-2.6	1.1	14	-21.4	-2.5	1.1	15	-21.0	19
19	-2.8	1.1	15	-21.5	-2.7	1.1	15	-21.1	-2.6	1.2	15	-20.7	-2.5	1.2	16	-20.4	-2.4	1.3	16	-20.0	19
18	-2.7	1.2	16	-20.4	-2.6	1.2	16	-20.1	-2.5	1.3	17	-19.8	-2.4	1.3	17	-19.4	-2.3	1.4	17	-19.1	18
18	-2.6	1.3	17	-19.5	-2.5	1.3	18	-19.2	-2.4	1.4	18	-18.8	-2.3	1.4	18	-18.5	-2.2	1.5	19	-18.2	18
18	-2.5	1.4	19	-18.6	-2.4	1.5	19	-18.3	-2.3	1.5	19	-18.0	-2.2	1.5	20	-17.7	-2.1	1.6	20	-17.4	18
17	-2.4	1.5	20	-17.8	-2.3	1.6	20	-17.5	-2.2	1.6	21	-17.2	-2.1	1.6	21	-16.9	**-2.0**	1.7	21	-16.6	17
17	2.3	1.6	21	-17.0	-2.2	1.7	22	-16.7	-2.1	1.7	22	-16.4	**-2.0**	1.7	22	-16.1	-1.9	1.8	23	-15.9	17
16	-2.2	1.7	23	-16.2	-2.1	1.8	23	-15.9	**-2.0**	1.8	24	-15.7	-1.9	1.8	24	-15.4	-1.8	1.9	24	-15.2	16
16	-2.1	1.8	24	-15.5	**-2.0**	1.9	25	-15.2	-1.9	1.9	25	-15.0	-1.8	2.0	25	-14.7	-1.7	2.0	26	-14.5	16
16	**-2.0**	1.9	26	-14.8	-1.9	2.0	26	-14.6	-1.8	2.0	26	-14.3	-1.7	2.1	27	-14.1	-1.6	2.1	27	-13.9	16
15	-1.9	2.0	27	-14.2	-1.8	2.1	27	-13.9	-1.7	2.1	28	-13.7	-1.6	2.2	28	-13.5	-1.5	2.2	28	-13.3	15
15	-1.8	2.2	28	-13.6	-1.7	2.2	29	-13.3	-1.6	2.2	29	-13.1	-1.5	2.3	29	-12.9	-1.4	2.3	30	-12.7	15
15	-1.7	2.3	30	-13.0	-1.6	2.3	30	-12.7	-1.5	2.3	30	-12.5	-1.4	2.4	31	-12.3	-1.3	2.4	31	-12.1	15
14	-1.6	2.4	31	-12.4	-1.5	2.4	32	-12.2	-1.4	2.4	32	-12.0	-1.3	2.5	32	-11.8	-1.2	2.5	32	-11.6	14
14	-1.5	2.5	33	-11.8	-1.4	2.5	33	-11.6	-1.3	2.6	33	-11.4	-1.2	2.6	34	-11.2	-1.1	2.6	34	-11.0	14
14	-1.4	2.6	34	-11.3	-1.3	2.6	34	-11.1	-1.2	2.7	35	-10.9	-1.1	2.7	35	-10.7	**-1.0**	2.7	35	-10.5	14
13	-1.3	2.7	35	-10.8	-1.2	2.7	36	-10.6	-1.1	2.8	36	-10.4	**-1.0**	2.8	36	-10.2	-0.9	2.9	37	-10.1	13
13	-1.2	2.8	37	-10.3	-1.1	2.8	37	-10.1	**-1.0**	2.9	37	-9.9	-0.9	2.9	38	-9.8	-0.8	3.0	38	-9.6	13
13	-1.1	2.9	38	-9.8	**-1.0**	2.9	39	-9.6	-0.9	3.0	39	-9.5	-0.8	3.0	39	-9.3	-0.7	3.1	39	-9.1	13
12	**-1.0**	3.0	40	-9.4	-0.9	3.1	40	-9.2	-0.8	3.1	40	-9.0	-0.7	3.1	41	-8.8	-0.6	3.2	41	-8.7	12
12	-0.9	3.1	41	-8.9	-0.8	3.2	41	-8.7	-0.7	3.2	42	-8.6	-0.6	3.2	42	-8.4	-0.5	3.3	42	-8.2	12
12	-0.8	3.2	43	-8.5	-0.7	3.3	43	-8.3	-0.6	3.3	43	-8.1	-0.5	3.4	43	-8.0	-0.4	3.4	44	-7.8	12
11	-0.7	3.3	44	-8.0	-0.6	3.4	44	-7.9	-0.5	3.4	45	-7.7	-0.4	3.5	45	-7.6	-0.3	3.5	45	-7.4	11
11	-0.6	3.4	45	-7.6	-0.5	3.5	46	-7.5	-0.4	3.5	46	-7.3	-0.3	3.6	46	-7.2	-0.2	3.6	46	-7.0	11
11	-0.5	3.6	47	-7.2	-0.4	3.6	47	-7.1	-0.3	3.6	47	-6.9	-0.2	3.7	48	-6.8	-0.1	3.7	48	-6.6	11
10	-0.4	3.7	48	-6.8	-0.3	3.7	49	-6.7	-0.2	3.8	49	-6.5	-0.1	3.8	49	-6.4	**0.0**	3.8	49	-6.2	10
10	-0.3	3.8	50	-6.4	-0.2	3.8	50	-6.3	-0.1	3.9	50	-6.1	**0.0**	3.9	50	-6.0	0.1	4.0	51	-5.9	10
10	-0.2	3.9	51	-6.1	-0.1	3.9	51	-5.9	**0.0**	4.0	52	-5.8	0.1	4.0	52	-5.6	0.2	4.1	52	-5.5	10
9	-0.1	4.0	53	-5.7	**0.0**	4.0	53	-5.6	0.1	4.1	53	-5.4	0.2	4.1	53	-5.3	0.3	4.2	54	-5.1	9
9	**0.0**	4.1	54	-5.3	0.1	4.2	54	-5.2	0.2	4.2	55	-5.1	0.3	4.2	55	-4.9	0.4	4.3	55	-4.8	9
9	0.1	4.2	56	-5.0	0.2	4.3	56	-4.9	0.3	4.3	56	-4.7	0.4	4.4	56	-4.6	0.5	4.4	56	-4.4	9
8	0.2	4.3	57	-4.6	0.3	4.4	57	-4.5	0.4	4.4	58	-4.4	0.5	4.5	58	-4.2	0.6	4.5	58	-4.1	8
8	0.3	4.4	59	-4.3	0.4	4.5	59	-4.2	0.5	4.5	59	-4.0	0.6	4.6	59	-3.9	0.7	4.6	59	-3.8	8
8	0.4	4.6	60	-4.0	0.5	4.6	60	-3.8	0.6	4.6	60	-3.7	0.7	4.7	61	-3.6	0.8	4.7	61	-3.4	8
7	0.5	4.7	62	-3.7	0.6	4.7	62	-3.5	0.7	4.8	62	-3.4	0.8	4.8	62	-3.3	0.9	4.9	62	-3.1	7
7	0.6	4.8	63	-3.3	0.7	4.8	63	-3.2	0.8	4.9	63	-3.1	0.9	4.9	64	-2.9	**1.0**	5.0	64	-2.8	7
7	0.7	4.9	65	-3.0	0.8	4.9	65	-2.9	0.9	5.0	65	-2.8	**1.0**	5.0	65	-2.6	1.1	5.1	65	-2.5	7
6	0.8	5.0	66	-2.7	0.9	5.1	66	-2.6	**1.0**	5.1	66	-2.5	1.1	5.1	67	-2.3	1.2	5.2	67	-2.2	6
6	0.9	5.1	68	-2.4	**1.0**	5.2	68	-2.3	1.1	5.2	68	-2.2	1.2	5.3	68	-2.0	1.3	5.3	68	-1.9	6
6	**1.0**	5.2	69	-2.1	1.1	5.3	69	-2.0	1.2	5.3	69	-1.9	1.3	5.4	69	-1.7	1.4	5.4	70	-1.6	6
6	1.1	5.3	71	-1.8	1.2	5.4	71	-1.7	1.3	5.4	71	-1.6	1.4	5.5	71	-1.5	1.5	5.5	71	-1.3	6
5	1.2	5.5	72	-1.5	1.3	5.5	72	-1.4	1.4	5.6	72	-1.3	1.5	5.6	72	-1.2	1.6	5.7	73	-1.1	5
5	1.3	5.6	74	-1.2	1.4	5.6	74	-1.1	1.5	5.7	74	-1.0	1.6	5.7	74	-0.9	1.7	5.8	74	-0.8	5
5	1.4	5.7	75	-1.0	1.5	5.7	75	-0.9	1.6	5.8	75	-0.7	1.7	5.8	75	-0.6	1.8	5.9	76	-0.5	5
4	1.5	5.8	77	-0.7	1.6	5.9	77	-0.6	1.7	5.9	77	-0.5	1.8	6.0	77	-0.4	1.9	6.0	77	-0.2	4
4	1.6	5.9	78	-0.4	1.7	6.0	78	-0.3	1.8	6.0	78	-0.2	1.9	6.1	78	-0.1	**2.0**	6.1	79	0.0	4
4	1.7	6.0	80	-0.2	1.8	6.1	80	0.0	1.9	6.1	80	0.1	**2.0**	6.2	80	0.2	2.1	6.2	80	0.3	4
3	1.8	6.2	81	0.1	1.9	6.2	81	0.2	**2.0**	6.3	81	0.3	2.1	6.3	81	0.4	2.2	6.4	82	0.5	3
3	1.9	6.3	83	0.4	**2.0**	6.3	83	0.5	2.1	6.4	83	0.6	2.2	6.4	83	0.7	2.3	6.5	83	0.8	3
3	**2.0**	6.4	84	0.6	2.1	6.4	84	0.7	2.2	6.5	84	0.8	2.3	6.5	85	0.9	2.4	6.6	85	1.1	3
3	2.1	6.5	86	0.9	2.2	6.6	86	1.0	2.3	6.6	86	1.1	2.4	6.7	86	1.2	2.5	6.7	86	1.3	3
2	2.2	6.6	87	1.1	2.3	6.7	87	1.2	2.4	6.7	88	1.3	2.5	6.8	88	1.4	2.6	6.8	88	1.5	2
2	2.3	6.7	89	1.4	2.4	6.8	89	1.5	2.5	6.8	89	1.6	2.6	6.9	89	1.7	2.7	6.9	89	1.8	2
2	2.4	6.9	91	1.6	2.5	6.9	91	1.7	2.6	7.0	91	1.8	2.7	7.0	91	1.9	2.8	7.1	91	2.0	2
1	2.5	7.0	92	1.8	2.6	7.0	92	1.9	2.7	7.1	92	2.1	2.8	7.1	92	2.2	2.9	7.2	92	2.3	1
1	2.6	7.1	94	2.1	2.7	7.1	94	2.2	2.8	7.2	94	2.3	2.9	7.3	94	2.4	**3.0**	7.3	94	2.5	1
1	2.7	7.2	95	2.3	2.8	7.3	95	2.4	2.9	7.3	95	2.5	**3.0**	7.4	95	2.6	3.1	7.4	95	2.7	1
1	2.8	7.3	97	2.5	2.9	7.4	97	2.6	**3.0**	7.4	97	2.7	3.1	7.5	97	2.9	3.2	7.5	97	3.0	1
0	2.9	7.5	98	2.8	**3.0**	7.5	98	2.9	3.1	7.6	98	3.0	3.2	7.6	98	3.1	3.3	7.7	98	3.2	0
0	**3.0**	7.6	100	3.0	3.1	7.6	100	3.1	3.2	7.7	100	3.2	3.3	7.7	100	3.3	3.4	7.8	100	3.4	0
	3.5				**3.6**				**3.7**				**3.8**				**3.9**				
23													-3.3	0.1	1	-51.5	-3.2	0.1	1	-47.0	23
23	-3.5	0.0	1	-52.2	-3.4	0.1	1	-47.5	-3.3	0.1	2	-44.3	-3.2	0.2	2	-41.8	-3.1	0.2	2	-39.9	23
22	-3.4	0.2	2	-42.1	-3.3	0.2	2	-40.1	-3.2	0.2	3	-38.4	-3.1	0.3	3	-36.9	**-3.0**	0.3	4	-35.6	22
22	-3.3	0.3	3	-37.1	-3.2	0.3	4	-35.8	-3.1	0.3	4	-34.6	**-3.0**	0.4	5	-33.6	-2.9	0.4	5	-32.6	22
22	-3.2	0.4	5	-33.7	-3.1	0.4	5	-32.7	**-3.0**	0.4	5	-31.8	-2.9	0.5	6	-30.9	-2.8	0.5	6	-30.1	22
21	-3.1	0.5	6	-31.1	**-3.0**	0.5	6	-30.3	-2.9	0.5	7	-29.5	-2.8	0.6	7	-28.8	-2.7	0.6	8	-28.1	21
21	**-3.0**	0.6	7	-28.9	-2.9	0.6	8	-28.3	-2.8	0.6	8	-27.6	-2.7	0.7	8	-27.0	-2.6	0.7	9	-26.4	21
21	-2.9	0.7	8	-27.1	-2.8	0.7	9	-26.5	-2.7	0.7	9	-26.0	-2.6	0.8	10	-25.4	-2.5	0.8	10	-24.9	21
20	-2.8	0.8	10	-25.5	-2.7	0.8	10	-25.0	-2.6	0.8	11	-24.5	-2.5	0.9	11	-24.0	-2.4	0.9	11	-23.6	20
20	-2.7	0.9	11	-24.1	-2.6	0.9	12	-23.7	-2.5	0.9	12	-23.2	-2.4	1.0	12	-22.8	-2.3	1.0	13	-22.3	20

n	t_W	e	U	t_d	t_W	e	U	t_d	t_W	e	U	t_d	t_W	e	U	t_d	t_W	e	U	t_d	n
	3.5				**3.6**				**3.7**				**3.8**				**3.9**				
19	-2.6	1.0	12	-22.9	-2.5	1.0	13	-22.4	-2.4	1.1	13	-22.0	-2.3	1.1	14	-21.6	-2.2	1.1	14	-21.2	19
19	-2.5	1.1	14	-21.7	-2.4	1.1	14	-21.3	-2.3	1.2	15	-20.9	-2.2	1.2	15	-20.6	-2.1	1.2	15	-20.2	19
19	-2.4	1.2	15	-20.6	-2.3	1.2	15	-20.3	-2.2	1.3	16	-19.9	-2.1	1.3	16	-19.6	**-2.0**	1.3	17	-19.2	19
18	-2.3	1.3	16	-19.7	-2.2	1.3	17	-19.3	-2.1	1.4	17	-19.0	**-2.0**	1.4	18	-18.7	-1.9	1.4	18	-18.3	18
18	-2.2	1.4	18	-18.8	-2.1	1.4	18	-18.4	**-2.0**	1.5	19	-18.1	-1.9	1.5	19	-17.8	-1.8	1.6	19	-17.5	18
18	-2.1	1.5	19	-17.9	**-2.0**	1.5	19	-17.6	-1.9	1.6	20	-17.3	-1.8	1.6	20	-17.0	-1.7	1.7	21	-16.7	18
17	**-2.0**	1.6	20	-17.1	-1.9	1.6	21	-16.8	-1.8	1.7	21	-16.5	-1.7	1.7	22	-16.2	-1.6	1.8	22	-16.0	17
17	-1.9	1.7	22	-16.3	-1.8	1.8	22	-16.1	-1.7	1.8	23	-15.8	-1.6	1.8	23	-15.5	-1.5	1.9	23	-15.3	17
17	-1.8	1.8	23	-15.6	-1.7	1.9	24	-15.3	-1.6	1.9	24	-15.1	-1.5	1.9	24	-14.8	-1.4	2.0	25	-14.6	17
16	-1.7	1.9	25	-14.9	-1.6	2.0	25	-14.7	-1.5	2.0	25	-14.4	-1.4	2.0	26	-14.2	-1.3	2.1	26	-13.9	16
16	-1.6	2.0	26	-14.3	-1.5	2.1	26	-14.0	-1.4	2.1	27	-13.8	-1.3	2.2	27	-13.6	-1.2	2.2	27	-13.3	16
16	-1.5	2.1	27	-13.6	-1.4	2.2	28	-13.4	-1.3	2.2	28	-13.2	-1.2	2.3	28	-13.0	-1.1	2.3	29	-12.7	16
15	-1.4	2.2	29	-13.0	-1.3	2.3	29	-12.8	-1.2	2.3	29	-12.6	-1.1	2.4	30	-12.4	**-1.0**	2.4	30	-12.2	15
15	-1.3	2.4	30	-12.5	-1.2	2.4	30	-12.2	-1.1	2.4	31	-12.0	**-1.0**	2.5	31	-11.8	-0.9	2.5	31	-11.6	15
14	-1.2	2.5	31	-11.9	-1.1	2.5	32	-11.7	**-1.0**	2.5	32	-11.5	-0.9	2.6	32	-11.3	-0.8	2.6	33	-11.1	14
14	-1.1	2.6	33	-11.4	**-1.0**	2.6	33	-11.2	-0.9	2.7	33	-11.0	-0.8	2.7	34	-10.8	-0.7	2.7	34	-10.6	14
14	**-1.0**	2.7	34	-10.8	-0.9	2.7	34	-10.7	-0.8	2.8	35	-10.5	-0.7	2.8	35	-10.3	-0.6	2.8	35	-10.1	14
13	-0.9	2.8	35	-10.3	-0.8	2.8	36	-10.2	-0.7	2.9	36	-10.0	-0.6	2.9	36	-9.8	-0.5	3.0	37	-9.6	13
13	-0.8	2.9	37	-9.9	-0.7	2.9	37	-9.7	-0.6	3.0	37	-9.5	-0.5	3.0	38	-9.3	-0.4	3.1	38	-9.1	13
13	-0.7	3.0	38	-9.4	-0.6	3.0	39	-9.2	-0.5	3.1	39	-9.0	-0.4	3.1	39	-8.9	-0.3	3.2	39	-8.7	13
12	-0.6	3.1	40	-8.9	-0.5	3.2	40	-8.8	-0.4	3.2	40	-8.6	-0.3	3.2	40	-8.4	-0.2	3.3	41	-8.2	12
12	-0.5	3.2	41	-8.5	-0.4	3.3	41	-8.3	-0.3	3.3	42	-8.2	-0.2	3.4	42	-8.0	-0.1	3.4	42	-7.8	12
12	-0.4	3.3	42	-8.1	-0.3	3.4	43	-7.9	-0.2	3.4	43	-7.7	-0.1	3.5	43	-7.6	**0.0**	3.5	43	-7.4	12
11	-0.3	3.4	44	-7.6	-0.2	3.5	44	-7.5	-0.1	3.5	44	-7.3	**0.0**	3.6	45	-7.2	0.1	3.6	45	-7.0	11
11	-0.2	3.6	45	-7.2	-0.1	3.6	45	-7.1	**0.0**	3.6	46	-6.9	0.1	3.7	46	-6.8	0.2	3.7	46	-6.6	11
11	-0.1	3.7	47	-6.8	**0.0**	3.7	47	-6.7	0.1	3.8	47	-6.5	0.2	3.8	47	-6.4	0.3	3.8	48	-6.2	11
10	**0.0**	3.8	48	-6.5	0.1	3.8	48	-6.3	0.2	3.9	49	-6.1	0.3	3.9	49	-6.0	0.4	4.0	49	-5.8	10
10	0.1	3.9	49	-6.1	0.2	3.9	50	-5.9	0.3	4.0	50	-5.8	0.4	4.0	50	-5.6	0.5	4.1	50	-5.5	10
10	0.2	4.0	51	-5.7	0.3	4.0	51	-5.6	0.4	4.1	51	-5.4	0.5	4.1	52	-5.3	0.6	4.2	52	-5.1	10
9	0.3	4.1	52	-5.3	0.4	4.2	53	-5.2	0.5	4.2	53	-5.1	0.6	4.2	53	-4.9	0.7	4.3	53	-4.8	9
9	0.4	4.2	54	-5.0	0.5	4.3	54	-4.8	0.6	4.3	54	-4.7	0.7	4.4	54	-4.6	0.8	4.4	55	-4.4	9
9	0.5	4.3	55	-4.6	0.6	4.4	55	-4.5	0.7	4.4	56	-4.4	0.8	4.5	56	-4.2	0.9	4.5	56	-4.1	9
9	0.6	4.4	57	-4.3	0.7	4.5	57	-4.2	0.8	4.5	57	-4.0	0.9	4.6	57	-3.9	**1.0**	4.6	57	-3.7	9
8	0.7	4.6	58	-4.0	0.8	4.6	58	-3.8	0.9	4.7	58	-3.7	**1.0**	4.7	59	-3.6	1.1	4.7	59	-3.4	8
8	0.8	4.7	60	-3.6	0.9	4.7	60	-3.5	**1.0**	4.8	60	-3.4	1.1	4.8	60	-3.2	1.2	4.9	60	-3.1	8
8	0.9	4.8	61	-3.3	**1.0**	4.8	61	-3.2	1.1	4.9	61	-3.1	1.2	4.9	61	-2.9	1.3	5.0	62	-2.8	8
7	**1.0**	4.9	62	-3.0	1.1	4.9	63	-2.9	1.2	5.0	63	-2.7	1.3	5.0	63	-2.6	1.4	5.1	63	-2.5	7
7	1.1	5.0	64	-2.7	1.2	5.1	64	-2.6	1.3	5.1	64	-2.4	1.4	5.2	64	-2.3	1.5	5.2	64	-2.2	7
7	1.2	5.1	65	-2.4	1.3	5.2	65	-2.3	1.4	5.2	66	-2.1	1.5	5.3	66	-2.0	1.6	5.3	66	-1.9	7
6	1.3	5.2	67	-2.1	1.4	5.3	67	-2.0	1.5	5.3	67	-1.8	1.6	5.4	67	-1.7	1.7	5.4	67	-1.6	6
6	1.4	5.4	68	-1.8	1.5	5.4	68	-1.7	1.6	5.5	69	-1.5	1.7	5.5	69	-1.4	1.8	5.6	69	-1.3	6
6	1.5	5.5	70	-1.5	1.6	5.5	70	-1.4	1.7	5.6	70	-1.3	1.8	5.6	70	-1.1	1.9	5.7	70	-1.0	6
5	1.6	5.6	71	-1.2	1.7	5.6	71	-1.1	1.8	5.7	71	-1.0	1.9	5.7	72	-0.9	**2.0**	5.8	72	-0.7	5
5	1.7	5.7	73	-0.9	1.8	5.8	73	-0.8	1.9	5.8	73	-0.7	**2.0**	5.9	73	-0.6	2.1	5.9	73	-0.5	5
5	1.8	5.8	74	-0.7	1.9	5.9	74	-0.5	**2.0**	5.9	74	-0.4	2.1	6.0	74	-0.3	2.2	6.0	75	-0.2	5
5	1.9	5.9	76	-0.4	**2.0**	6.0	76	-0.3	2.1	6.0	76	-0.2	2.2	6.1	76	0.0	2.3	6.1	76	0.1	5
4	**2.0**	6.1	77	-0.1	2.1	6.1	77	0.0	2.2	6.2	77	0.1	2.3	6.2	77	0.2	2.4	6.3	78	0.3	4
4	2.1	6.2	79	0.1	2.2	6.2	79	0.3	2.3	6.3	79	0.4	2.4	6.3	79	0.5	2.5	6.4	79	0.6	4
4	2.2	6.3	80	0.4	2.3	6.3	80	0.5	2.4	6.4	80	0.6	2.5	6.4	80	0.7	2.6	6.5	80	0.9	4
3	2.3	6.4	82	0.7	2.4	6.5	82	0.8	2.5	6.5	82	0.9	2.6	6.6	82	1.0	2.7	6.6	82	1.1	3
3	2.4	6.5	83	0.9	2.5	6.6	83	1.0	2.6	6.6	83	1.1	2.7	6.7	83	1.2	2.8	6.7	83	1.4	3
3	2.5	6.6	85	1.2	2.6	6.7	85	1.3	2.7	6.7	85	1.4	2.8	6.8	85	1.5	2.9	6.9	85	1.6	3
3	2.6	6.8	86	1.4	2.7	6.8	86	1.5	2.8	6.9	86	1.6	2.9	6.9	86	1.7	**3.0**	7.0	86	1.8	3
2	2.7	6.9	88	1.7	2.8	6.9	88	1.8	2.9	7.0	88	1.9	**3.0**	7.0	88	2.0	3.1	7.1	88	2.1	2
2	2.8	7.0	89	1.9	2.9	7.1	89	2.0	**3.0**	7.1	89	2.1	3.1	7.2	89	2.2	3.2	7.2	89	2.3	2
2	2.9	7.1	91	2.1	**3.0**	7.2	91	2.2	3.1	7.2	91	2.3	3.2	7.3	91	2.4	3.3	7.3	91	2.6	2
1	**3.0**	7.2	92	2.4	3.1	7.3	92	2.5	3.2	7.3	92	2.6	3.3	7.4	92	2.7	3.4	7.5	92	2.8	1
1	3.1	7.4	94	2.6	3.2	7.4	94	2.7	3.3	7.5	94	2.8	3.4	7.5	94	2.9	3.5	7.6	94	3.0	1
1	3.2	7.5	95	2.8	3.3	7.5	95	2.9	3.4	7.6	95	3.0	3.5	7.6	95	3.1	3.6	7.7	95	3.2	1
1	3.3	7.6	97	3.1	3.4	7.7	97	3.2	3.5	7.7	97	3.3	3.6	7.8	97	3.4	3.7	7.8	97	3.5	1
0	3.4	7.7	98	3.3	3.5	7.8	98	3.4	3.6	7.8	98	3.5	3.7	7.9	98	3.6	3.8	7.9	98	3.7	0
0	3.5	7.8	100	3.5	3.6	7.9	100	3.6	3.7	8.0	100	3.7	3.8	8.0	100	3.8	3.9	8.1	100	3.9	0
	4.0				**4.1**				**4.2**				**4.3**				**4.4**				
24																	-2.9	0.1	1	-49.8	24
23					-3.1	0.1	1	-50.7	**-3.0**	0.1	1	-46.4	-2.9	0.1	2	-43.4	-2.8	0.2	2	-41.1	23
23	-3.1	0.1	2	-43.9	**-3.0**	0.2	2	-41.5	-2.9	0.2	2	-39.5	-2.8	0.2	3	-37.9	-2.7	0.3	3	-36.4	23
23	**-3.0**	0.2	3	-38.2	-2.9	0.3	3	-36.7	-2.8	0.3	4	-35.4	-2.7	0.3	4	-34.2	-2.6	0.4	5	-33.1	23
22	-2.9	0.3	4	-34.4	-2.8	0.4	5	-33.4	-2.7	0.4	5	-32.4	-2.6	0.4	5	-31.5	-2.5	0.5	6	-30.6	22
22	-2.8	0.4	5	-31.6	-2.7	0.5	6	-30.8	-2.6	0.5	6	-30.0	-2.5	0.5	7	-29.2	-2.4	0.6	7	-28.5	22
21	-2.7	0.5	7	-29.4	-2.6	0.6	7	-28.7	-2.5	0.6	7	-28.0	-2.4	0.7	8	-27.3	-2.3	0.7	8	-26.7	21
21	-2.6	0.6	8	-27.5	-2.5	0.7	8	-26.9	-2.4	0.7	9	-26.3	-2.3	0.8	9	-25.7	-2.2	0.8	10	-25.2	21

n	t_W	e	U	t_d	t_W	e	U	t_d	t_W	e	U	t_d	t_W	e	U	t_d	t_W	e	U	t_d	n
	4.0				**4.1**				**4.2**				**4.3**				**4.4**				
21	-2.5	0.7	9	-25.8	-2.4	0.8	10	-25.3	-2.3	0.8	10	-24.8	-2.2	0.9	10	-24.3	-2.1	0.9	11	-23.8	21
20	-2.4	0.9	10	-24.4	-2.3	0.9	11	-23.9	-2.2	0.9	11	-23.4	-2.1	1.0	12	-23.0	**-2.0**	1.0	12	-22.5	20
20	-2.3	1.0	12	-23.1	-2.2	1.0	12	-22.6	-2.1	1.0	13	-22.2	**-2.0**	1.1	13	-21.8	-1.9	1.1	13	-21.4	20
20	-2.2	1.1	13	-21.9	-2.1	1.1	13	-21.5	**-2.0**	1.1	14	-21.1	-1.9	1.2	14	-20.7	-1.8	1.2	15	-20.3	20
19	-2.1	1.2	14	-20.8	**-2.0**	1.2	15	-20.5	-1.9	1.2	15	-20.1	-1.8	1.3	15	-19.7	-1.7	1.3	16	-19.4	19
19	**-2.0**	1.3	16	-19.8	-1.9	1.3	16	-19.5	-1.8	1.4	16	-19.1	-1.7	1.4	17	-18.8	-1.6	1.4	17	-18.5	19
19	-1.9	1.4	17	-18.9	-1.8	1.4	17	-18.6	-1.7	1.5	18	-18.2	-1.6	1.5	18	-17.9	-1.5	1.5	18	-17.6	19
18	-1.8	1.5	18	-18.0	-1.7	1.5	19	-17.7	-1.6	1.6	19	-17.4	-1.5	1.6	19	-17.1	-1.4	1.6	20	-16.8	18
18	-1.7	1.6	20	-17.2	-1.6	1.6	20	-16.9	-1.5	1.7	20	-16.6	-1.4	1.7	21	-16.3	-1.3	1.8	21	-16.1	18
17	-1.6	1.7	21	-16.4	-1.5	1.7	21	-16.2	-1.4	1.8	22	-15.9	-1.3	1.8	22	-15.6	-1.2	1.9	22	-15.3	17
17	-1.5	1.8	22	-15.7	-1.4	1.8	23	-15.4	-1.3	1.9	23	-15.2	-1.2	1.9	23	-14.9	-1.1	2.0	24	-14.7	17
17	-1.4	1.9	24	-15.0	-1.3	2.0	24	-14.7	-1.2	2.0	24	-14.5	-1.1	2.0	25	-14.2	**-1.0**	2.1	25	-14.0	17
16	-1.3	2.0	25	-14.3	-1.2	2.1	25	-14.1	-1.1	2.1	25	-13.9	**-1.0**	2.1	26	-13.6	-0.9	2.2	26	-13.4	16
16	-1.2	2.1	26	-13.7	-1.1	2.2	26	-13.5	**-1.0**	2.2	27	-13.2	-0.9	2.3	27	-13.0	-0.8	2.3	27	-12.8	16
16	-1.1	2.2	27	-13.1	**-1.0**	2.3	28	-12.9	-0.9	2.3	28	-12.6	-0.8	2.4	28	-12.4	-0.7	2.4	29	-12.2	16
15	**-1.0**	2.3	29	-12.5	-0.9	2.4	29	-12.3	-0.8	2.4	29	-12.1	-0.7	2.5	30	-11.9	-0.6	2.5	30	-11.6	15
15	-0.9	2.5	30	-11.9	-0.8	2.5	30	-11.7	-0.7	2.5	31	-11.5	-0.6	2.6	31	-11.3	-0.5	2.6	31	-11.1	15
15	-0.8	2.6	31	-11.4	-0.7	2.6	32	-11.2	-0.6	2.6	32	-11.0	-0.5	2.7	32	-10.8	-0.4	2.7	33	-10.6	15
14	-0.7	2.7	33	-10.9	-0.6	2.7	33	-10.7	-0.5	2.8	33	-10.5	-0.4	2.8	34	-10.3	-0.3	2.8	34	-10.1	14
14	-0.6	2.8	34	-10.4	-0.5	2.8	34	-10.2	-0.4	2.9	35	-10.0	-0.3	2.9	35	-9.8	-0.2	3.0	35	-9.6	14
14	-0.5	2.9	36	-9.9	-0.4	2.9	36	-9.7	-0.3	3.0	36	-9.5	-0.2	3.0	36	-9.3	-0.1	3.1	37	-9.1	14
13	-0.4	3.0	37	-9.4	-0.3	3.0	37	-9.2	-0.2	3.1	37	-9.1	-0.1	3.1	38	-8.9	**0.0**	3.2	38	-8.7	13
13	-0.3	3.1	38	-9.0	-0.2	3.2	38	-8.8	-0.1	3.2	39	-8.6	**0.0**	3.2	39	-8.4	0.1	3.3	39	-8.3	13
13	-0.2	3.2	40	-8.5	-0.1	3.3	40	-8.3	**0.0**	3.3	40	-8.2	0.1	3.4	40	-8.0	0.2	3.4	41	-7.8	13
12	-0.1	3.3	41	-8.1	**0.0**	3.4	41	-7.9	0.1	3.4	41	-7.7	0.2	3.5	42	-7.6	0.3	3.5	42	-7.4	12
12	**0.0**	3.4	42	-7.7	0.1	3.5	43	-7.5	0.2	3.5	43	-7.3	0.3	3.6	43	-7.2	0.4	3.6	43	-7.0	12
12	0.1	3.6	44	-7.2	0.2	3.6	44	-7.1	0.3	3.6	44	-6.9	0.4	3.7	44	-6.8	0.5	3.7	45	-6.6	12
11	0.2	3.7	45	-6.8	0.3	3.7	45	-6.7	0.4	3.8	46	-6.5	0.5	3.8	46	-6.4	0.6	3.8	46	-6.2	11
11	0.3	3.8	46	-6.4	0.4	3.8	47	-6.3	0.5	3.9	47	-6.1	0.6	3.9	47	-6.0	0.7	4.0	47	-5.8	11
11	0.4	3.9	48	-6.1	0.5	3.9	48	-5.9	0.6	4.0	48	-5.8	0.7	4.0	48	-5.6	0.8	4.1	49	-5.5	11
10	0.5	4.0	49	-5.7	0.6	4.0	49	-5.5	0.7	4.1	50	-5.4	0.8	4.1	50	-5.2	0.9	4.2	50	-5.1	10
10	0.6	4.1	51	-5.3	0.7	4.2	51	-5.2	0.8	4.2	51	-5.0	0.9	4.3	51	-4.9	**1.0**	4.3	51	-4.7	10
10	0.7	4.2	52	-5.0	0.8	4.3	52	-4.8	0.9	4.3	52	-4.7	**1.0**	4.4	53	-4.5	1.1	4.4	53	-4.4	10
9	0.8	4.3	53	-4.6	0.9	4.4	54	-4.5	**1.0**	4.4	54	-4.3	1.1	4.5	54	-4.2	1.2	4.5	54	-4.1	9
9	0.9	4.5	55	-4.3	**1.0**	4.5	55	-4.1	1.1	4.5	55	-4.0	1.2	4.6	55	-3.9	1.3	4.6	56	-3.7	9
9	**1.0**	4.6	56	-3.9	1.1	4.6	56	-3.8	1.2	4.7	57	-3.7	1.3	4.7	57	-3.5	1.4	4.8	57	-3.4	9
8	1.1	4.7	58	-3.6	1.2	4.7	58	-3.5	1.3	4.8	58	-3.3	1.4	4.8	58	-3.2	1.5	4.9	58	-3.1	8
8	1.2	4.8	59	-3.3	1.3	4.8	59	-3.2	1.4	4.9	59	-3.0	1.5	4.9	59	-2.9	1.6	5.0	60	-2.8	8
8	1.3	4.9	60	-3.0	1.4	5.0	61	-2.8	1.5	5.0	61	-2.7	1.6	5.1	61	-2.6	1.7	5.1	61	-2.4	8
7	1.4	5.0	62	-2.7	1.5	5.1	62	-2.5	1.6	5.1	62	-2.4	1.7	5.2	62	-2.3	1.8	5.2	62	-2.1	7
7	1.5	5.1	63	-2.4	1.6	5.2	63	-2.2	1.7	5.2	64	-2.1	1.8	5.3	64	-2.0	1.9	5.3	64	-1.8	7
7	1.6	5.3	65	-2.1	1.7	5.3	65	-1.9	1.8	5.4	65	-1.8	1.9	5.4	65	-1.7	**2.0**	5.5	65	-1.5	7
7	1.7	5.4	66	-1.8	1.8	5.4	66	-1.6	1.9	5.5	66	-1.5	**2.0**	5.5	66	-1.4	2.1	5.6	67	-1.3	7
6	1.8	5.5	67	-1.5	1.9	5.5	68	-1.3	**2.0**	5.6	68	-1.2	2.1	5.6	68	-1.1	2.2	5.7	68	-1.0	6
6	1.9	5.6	69	-1.2	**2.0**	5.7	69	-1.1	2.1	5.7	69	-0.9	2.2	5.8	69	-0.8	2.3	5.8	69	-0.7	6
6	**2.0**	5.7	70	-0.9	2.1	5.8	70	-0.8	2.2	5.8	71	-0.7	2.3	5.9	71	-0.5	2.4	5.9	71	-0.4	6
5	2.1	5.8	72	-0.6	2.2	5.9	72	-0.5	2.3	5.9	72	-0.4	2.4	6.0	72	-0.3	2.5	6.0	72	-0.1	5
5	2.2	6.0	73	-0.3	2.3	6.0	73	-0.2	2.4	6.1	73	-0.1	2.5	6.1	74	0.0	2.6	6.2	74	0.1	5
5	2.3	6.1	75	-0.1	2.4	6.1	75	0.0	2.5	6.2	75	0.2	2.6	6.2	75	0.3	2.7	6.3	75	0.4	5
4	2.4	6.2	76	0.2	2.5	6.2	76	0.3	2.6	6.3	76	0.4	2.7	6.3	76	0.5	2.8	6.4	77	0.6	4
4	2.5	6.3	78	0.4	2.6	6.4	78	0.6	2.7	6.4	78	0.7	2.8	6.5	78	0.8	2.9	6.5	78	0.9	4
4	2.6	6.4	79	0.7	2.7	6.5	79	0.8	2.8	6.5	79	0.9	2.9	6.6	79	1.0	**3.0**	6.6	79	1.2	4
4	2.7	6.5	81	1.0	2.8	6.6	81	1.1	2.9	6.7	81	1.2	**3.0**	6.7	81	1.3	3.1	6.8	81	1.4	4
3	2.8	6.7	82	1.2	2.9	6.7	82	1.3	**3.0**	6.8	82	1.4	3.1	6.8	82	1.5	3.2	6.9	82	1.7	3
3	2.9	6.8	83	1.5	**3.0**	6.8	84	1.6	3.1	6.9	84	1.7	3.2	6.9	84	1.8	3.3	7.0	84	1.9	3
3	**3.0**	6.9	85	1.7	3.1	7.0	85	1.8	3.2	7.0	85	1.9	3.3	7.1	85	2.0	3.4	7.1	85	2.1	3
2	3.1	7.0	86	1.9	3.2	7.1	87	2.1	3.3	7.1	87	2.2	3.4	7.2	87	2.3	3.5	7.2	87	2.4	2
2	3.2	7.1	88	2.2	3.3	7.2	88	2.3	3.4	7.3	88	2.4	3.5	7.3	88	2.5	3.6	7.4	88	2.6	2
2	3.3	7.3	89	2.4	3.4	7.3	89	2.5	3.5	7.4	90	2.6	3.6	7.4	90	2.7	3.7	7.5	90	2.8	2
2	3.4	7.4	91	2.7	3.5	7.4	91	2.8	3.6	7.5	91	2.9	3.7	7.6	91	3.0	3.8	7.6	91	3.1	2
1	3.5	7.5	92	2.9	3.6	7.6	92	3.0	3.7	7.6	92	3.1	3.8	7.7	93	3.2	3.9	7.7	93	3.3	1
1	3.6	7.6	94	3.1	3.7	7.7	94	3.2	3.8	7.7	94	3.3	3.9	7.8	94	3.4	**4.0**	7.9	94	3.5	1
1	3.7	7.8	95	3.3	3.8	7.8	95	3.4	3.9	7.9	95	3.5	**4.0**	7.9	96	3.6	4.1	8.0	96	3.7	1
1	3.8	7.9	97	3.6	3.9	7.9	97	3.7	**4.0**	8.0	97	3.8	4.1	8.1	97	3.9	4.2	8.1	97	4.0	1
0	3.9	8.0	98	3.8	**4.0**	8.1	98	3.9	4.1	8.1	98	4.0	4.2	8.2	98	4.1	4.3	8.2	99	4.2	0
0	**4.0**	8.1	100	4.0	4.1	8.2	100	4.1	4.2	8.2	100	4.2	4.3	8.3	100	4.3	4.4	8.4	100	4.4	0
	4.5				**4.6**				**4.7**				**4.8**				**4.9**				
24									-2.7	0.1	1	-48.9	-2.6	0.1	1	-45.1	-2.5	0.1	2	-42.4	24
23	-2.8	0.1	1	-45.8	-2.7	0.1	2	-42.9	-2.6	0.2	2	-40.7	-2.5	0.2	2	-38.8	-2.4	0.3	3	-37.2	23
23	-2.7	0.2	2	-39.2	-2.6	0.2	3	-37.6	-2.5	0.3	3	-36.1	-2.4	0.3	4	-34.9	-2.3	0.4	4	-33.7	23
23	-2.6	0.3	4	-35.1	-2.5	0.3	4	-34.0	-2.4	0.4	5	-32.9	-2.3	0.4	5	-31.9	-2.2	0.5	5	-31.0	23

n	t_W	e	U	t_d	t_W	e	U	t_d	t_W	e	U	t_d	t_W	e	U	t_d	t_W	e	U	t_d	n
	4.5				**4.6**				**4.7**				**4.8**				**4.9**				
22	-2.5	0.4	5	-32.2	-2.4	0.5	5	-31.3	-2.3	0.5	6	-30.4	-2.2	0.5	6	-29.6	-2.1	0.6	7	-28.8	22
22	-2.4	0.5	6	-29.8	-2.3	0.6	7	-29.0	-2.2	0.6	7	-28.3	-2.1	0.6	7	-27.7	**-2.0**	0.7	8	-27.0	22
22	-2.3	0.6	7	-27.8	-2.2	0.7	8	-27.2	-2.1	0.7	8	-26.6	**-2.0**	0.7	9	-26.0	-1.9	0.8	9	-25.4	22
21	-2.2	0.7	9	-26.1	-2.1	0.8	9	-25.6	**-2.0**	0.8	9	-25.0	-1.9	0.8	10	-24.5	-1.8	0.9	10	-24.0	21
21	-2.1	0.8	10	-24.6	**-2.0**	0.9	10	-24.1	-1.9	0.9	11	-23.6	-1.8	1.0	11	-23.2	-1.7	1.0	11	-22.7	21
20	**-2.0**	0.9	11	-23.3	-1.9	1.0	12	-22.8	-1.8	1.0	12	-22.4	-1.7	1.1	12	-22.0	-1.6	1.1	13	-21.5	20
20	-1.9	1.0	12	-22.1	-1.8	1.1	13	-21.7	-1.7	1.1	13	-21.3	-1.6	1.2	14	-20.9	-1.5	1.2	14	-20.5	20
20	-1.8	1.2	14	-21.0	-1.7	1.2	14	-20.6	-1.6	1.2	14	-20.2	-1.5	1.3	15	-19.8	-1.4	1.3	15	-19.5	20
19	-1.7	1.3	15	-20.0	-1.6	1.3	15	-19.6	-1.5	1.3	16	-19.3	-1.4	1.4	16	-18.9	-1.3	1.4	16	-18.6	19
19	-1.6	1.4	16	-19.0	-1.5	1.4	17	-18.7	-1.4	1.4	17	-18.3	-1.3	1.5	17	-18.0	-1.2	1.5	18	-17.7	19
19	-1.5	1.5	17	-18.1	-1.4	1.5	18	-17.8	-1.3	1.6	18	-17.5	-1.2	1.6	19	-17.2	-1.1	1.6	19	-16.9	19
18	-1.4	1.6	19	-17.3	-1.3	1.6	19	-17.0	-1.2	1.7	19	-16.7	-1.1	1.7	20	-16.4	**-1.0**	1.7	20	-16.1	18
18	-1.3	1.7	20	-16.5	-1.2	1.7	20	-16.2	-1.1	1.8	21	-15.9	**-1.0**	1.8	21	-15.7	-0.9	1.9	21	-15.4	18
18	-1.2	1.8	21	-15.8	-1.1	1.8	22	-15.5	**-1.0**	1.9	22	-15.2	-0.9	1.9	22	-15.0	-0.8	2.0	23	-14.7	18
17	-1.1	1.9	23	-15.1	**-1.0**	1.9	23	-14.8	-0.9	2.0	23	-14.5	-0.8	2.0	24	-14.3	-0.7	2.1	24	-14.0	17
17	**-1.0**	2.0	24	-14.4	-0.9	2.1	24	-14.1	-0.8	2.1	25	-13.9	-0.7	2.1	25	-13.7	-0.6	2.2	25	-13.4	17
17	-0.9	2.1	25	-13.8	-0.8	2.2	25	-13.5	-0.7	2.2	26	-13.3	-0.6	2.2	26	-13.0	-0.5	2.3	26	-12.8	17
16	-0.8	2.2	26	-13.1	-0.7	2.3	27	-12.9	-0.6	2.3	27	-12.7	-0.5	2.4	27	-12.5	-0.4	2.4	28	-12.2	16
16	-0.7	2.3	28	-12.5	-0.6	2.4	28	-12.3	-0.5	2.4	28	-12.1	-0.4	2.5	29	-11.9	-0.3	2.5	29	-11.7	16
15	-0.6	2.4	29	-12.0	-0.5	2.5	29	-11.8	-0.4	2.5	30	-11.6	-0.3	2.6	30	-11.3	-0.2	2.6	30	-11.1	15
15	-0.5	2.6	30	-11.4	-0.4	2.6	31	-11.2	-0.3	2.6	31	-11.0	-0.2	2.7	31	-10.8	-0.1	2.7	32	-10.6	15
15	-0.4	2.7	32	-10.9	-0.3	2.7	32	-10.7	-0.2	2.8	32	-10.5	-0.1	2.8	33	-10.3	**0.0**	2.8	33	-10.1	15
14	-0.3	2.8	33	-10.4	-0.2	2.8	33	-10.2	-0.1	2.9	34	-10.0	**0.0**	2.9	34	-9.8	0.1	2.9	34	-9.6	14
14	-0.2	2.9	34	-9.9	-0.1	2.9	35	-9.7	**0.0**	3.0	35	-9.5	0.1	3.0	35	-9.3	0.2	3.1	35	-9.1	14
14	-0.1	3.0	36	-9.4	**0.0**	3.0	36	-9.2	0.1	3.1	36	-9.1	0.2	3.1	36	-8.9	0.3	3.2	37	-8.7	14
13	**0.0**	3.1	37	-9.0	0.1	3.1	37	-8.8	0.2	3.2	37	-8.6	0.3	3.2	38	-8.4	0.4	3.3	38	-8.2	13
13	0.1	3.2	38	-8.5	0.2	3.3	38	-8.3	0.3	3.3	39	-8.2	0.4	3.4	39	-8.0	0.5	3.4	39	-7.8	13
13	0.2	3.3	40	-8.1	0.3	3.4	40	-7.9	0.4	3.4	40	-7.7	0.5	3.5	40	-7.6	0.6	3.5	41	-7.4	13
12	0.3	3.4	41	-7.7	0.4	3.5	41	-7.5	0.5	3.5	41	-7.3	0.6	3.6	42	-7.1	0.7	3.6	42	-7.0	12
12	0.4	3.6	42	-7.2	0.5	3.6	42	-7.1	0.6	3.6	43	-6.9	0.7	3.7	43	-6.7	0.8	3.7	43	-6.6	12
12	0.5	3.7	44	-6.8	0.6	3.7	44	-6.7	0.7	3.8	44	-6.5	0.8	3.8	44	-6.3	0.9	3.9	44	-6.2	12
11	0.6	3.8	45	-6.4	0.7	3.8	45	-6.3	0.8	3.9	45	-6.1	0.9	3.9	46	-6.0	**1.0**	4.0	46	-5.8	11
11	0.7	3.9	46	-6.1	0.8	3.9	46	-5.9	0.9	4.0	47	-5.7	**1.0**	4.0	47	-5.6	1.1	4.1	47	-5.4	11
11	0.8	4.0	48	-5.7	0.9	4.1	48	-5.5	**1.0**	4.1	48	-5.4	1.1	4.1	48	-5.2	1.2	4.2	48	-5.1	11
10	0.9	4.1	49	-5.3	**1.0**	4.2	49	-5.2	1.1	4.2	49	-5.0	1.2	4.3	50	-4.9	1.3	4.3	50	-4.7	10
10	**1.0**	4.2	50	-4.9	1.1	4.3	50	-4.8	1.2	4.3	51	-4.7	1.3	4.4	51	-4.5	1.4	4.4	51	-4.4	10
10	1.1	4.3	52	-4.6	1.2	4.4	52	-4.5	1.3	4.4	52	-4.3	1.4	4.5	52	-4.2	1.5	4.5	52	-4.0	10
10	1.2	4.5	53	-4.3	1.3	4.5	53	-4.1	1.4	4.6	53	-4.0	1.5	4.6	54	-3.8	1.6	4.7	54	-3.7	10
9	1.3	4.6	54	-3.9	1.4	4.6	55	-3.8	1.5	4.7	55	-3.6	1.6	4.7	55	-3.5	1.7	4.8	55	-3.4	9
9	1.4	4.7	56	-3.6	1.5	4.7	56	-3.4	1.6	4.8	56	-3.3	1.7	4.8	56	-3.2	1.8	4.9	56	-3.0	9
9	1.5	4.8	57	-3.3	1.6	4.9	57	-3.1	1.7	4.9	57	-3.0	1.8	5.0	58	-2.8	1.9	5.0	58	-2.7	9
8	1.6	4.9	58	-2.9	1.7	5.0	59	-2.8	1.8	5.0	59	-2.7	1.9	5.1	59	-2.5	**2.0**	5.1	59	-2.4	8
8	1.7	5.0	60	-2.6	1.8	5.1	60	-2.5	1.9	5.1	60	-2.4	**2.0**	5.2	60	-2.2	2.1	5.2	60	-2.1	8
8	1.8	5.2	61	-2.3	1.9	5.2	61	-2.2	**2.0**	5.3	62	-2.1	2.1	5.3	62	-1.9	2.2	5.4	62	-1.8	8
7	1.9	5.3	63	-2.0	**2.0**	5.3	63	-1.9	2.1	5.4	63	-1.8	2.2	5.4	63	-1.6	2.3	5.5	63	-1.5	7
7	**2.0**	5.4	64	-1.7	2.1	5.4	64	-1.6	2.2	5.5	64	-1.5	2.3	5.5	64	-1.3	2.4	5.6	65	-1.2	7
7	2.1	5.5	65	-1.4	2.2	5.6	66	-1.3	2.3	5.6	66	-1.2	2.4	5.7	66	-1.0	2.5	5.7	66	-0.9	7
6	2.2	5.6	67	-1.1	2.3	5.7	67	-1.0	2.4	5.7	67	-0.9	2.5	5.8	67	-0.8	2.6	5.8	67	-0.6	6
6	2.3	5.7	68	-0.9	2.4	5.8	68	-0.7	2.5	5.8	68	-0.6	2.6	5.9	69	-0.5	2.7	5.9	69	-0.4	6
6	2.4	5.9	70	-0.6	2.5	5.9	70	-0.5	2.6	6.0	70	-0.3	2.7	6.0	70	-0.2	2.8	6.1	70	-0.1	6
6	2.5	6.0	71	-0.3	2.6	6.0	71	-0.2	2.7	6.1	71	-0.1	2.8	6.1	71	0.1	2.9	6.2	71	0.2	6
5	2.6	6.1	72	0.0	2.7	6.1	73	0.1	2.8	6.2	73	0.2	2.9	6.3	73	0.3	**3.0**	6.3	73	0.4	5
5	2.7	6.2	74	0.2	2.8	6.3	74	0.4	2.9	6.3	74	0.5	**3.0**	6.4	74	0.6	3.1	6.4	74	0.7	5
5	2.8	6.3	75	0.5	2.9	6.4	75	0.6	**3.0**	6.4	75	0.7	3.1	6.5	76	0.8	3.2	6.5	76	1.0	5
4	2.9	6.5	77	0.8	**3.0**	6.5	77	0.9	3.1	6.6	77	1.0	3.2	6.6	77	1.1	3.3	6.7	77	1.2	4
4	**3.0**	6.6	78	1.0	3.1	6.6	78	1.1	3.2	6.7	78	1.2	3.3	6.7	78	1.4	3.4	6.8	78	1.5	4
4	3.1	6.7	80	1.3	3.2	6.7	80	1.4	3.3	6.8	80	1.5	3.4	6.9	80	1.6	3.5	6.9	80	1.7	4
4	3.2	6.8	81	1.5	3.3	6.9	81	1.6	3.4	6.9	81	1.7	3.5	7.0	81	1.9	3.6	7.0	81	2.0	4
3	3.3	6.9	82	1.8	3.4	7.0	82	1.9	3.5	7.0	83	2.0	3.6	7.1	83	2.1	3.7	7.2	83	2.2	3
3	3.4	7.1	84	2.0	3.5	7.1	84	2.1	3.6	7.2	84	2.2	3.7	7.2	84	2.3	3.8	7.3	84	2.4	3
3	3.5	7.2	85	2.2	3.6	7.2	85	2.4	3.7	7.3	85	2.5	3.8	7.3	85	2.6	3.9	7.4	86	2.7	3
2	3.6	7.3	87	2.5	3.7	7.4	87	2.6	3.8	7.4	87	2.7	3.9	7.5	87	2.8	**4.0**	7.5	87	2.9	2
2	3.7	7.4	88	2.7	3.8	7.5	88	2.8	3.9	7.5	88	2.9	**4.0**	7.6	88	3.0	4.1	7.7	88	3.1	2
2	3.8	7.5	90	3.0	3.9	7.6	90	3.1	**4.0**	7.7	90	3.2	4.1	7.7	90	3.3	4.2	7.8	90	3.4	2
2	3.9	7.7	91	3.2	**4.0**	7.7	91	3.3	4.1	7.8	91	3.4	4.2	7.8	91	3.5	4.3	7.9	91	3.6	2
1	**4.0**	7.8	93	3.4	4.1	7.9	93	3.5	4.2	7.9	93	3.6	4.3	8.0	93	3.7	4.4	8.0	93	3.8	1
1	4.1	7.9	94	3.6	4.2	8.0	94	3.7	4.3	8.0	94	3.8	4.4	8.1	94	3.9	4.5	8.2	94	4.0	1
1	4.2	8.0	96	3.9	4.3	8.1	96	4.0	4.4	8.2	96	4.1	4.5	8.2	96	4.2	4.6	8.3	96	4.3	1
1	4.3	8.2	97	4.1	4.4	8.2	97	4.2	4.5	8.3	97	4.3	4.6	8.3	97	4.4	4.7	8.4	97	4.5	1
0	4.4	8.3	99	4.3	4.5	8.4	99	4.4	4.6	8.4	99	4.5	4.7	8.5	99	4.6	4.8	8.5	99	4.7	0
0	4.5	8.4	100	4.5	4.6	8.5	100	4.6	4.7	8.5	100	4.7	4.8	8.6	100	4.8	4.9	8.7	100	4.9	0

n	t_W	e	U	t_d	t_W	e	U	t_d	t_W	e	U	t_d	t_W	e	U	t_d	t_W	e	U	t_d	n
	5.0				**5.1**				**5.2**				**5.3**				**5.4**				
24									-2.4	0.1	1	-51.8	-2.3	0.1	1	-47.0	-2.2	0.1	1	-43.7	24
24	-2.5	0.1	1	-47.9	-2.4	0.1	1	-44.4	-2.3	0.2	2	-41.8	-2.2	0.2	2	-39.7	-2.1	0.2	3	-38.0	24
23	-2.4	0.2	2	-40.2	-2.3	0.2	3	-38.4	-2.2	0.3	3	-36.8	-2.1	0.3	3	-35.5	**-2.0**	0.3	4	-34.2	23
23	-2.3	0.3	3	-35.8	-2.2	0.3	4	-34.6	-2.1	0.4	4	-33.4	**-2.0**	0.4	5	-32.4	-1.9	0.4	5	-31.4	23
23	-2.2	0.4	5	-32.7	-2.1	0.4	5	-31.7	**-2.0**	0.5	5	-30.8	-1.9	0.5	6	-29.9	-1.8	0.6	6	-29.2	23
22	-2.1	0.5	6	-30.2	**-2.0**	0.5	6	-29.4	-1.9	0.6	7	-28.6	-1.8	0.6	7	-27.9	-1.7	0.7	7	27.3	22
22	**-2.0**	0.6	7	-28.1	-1.9	0.6	7	-27.5	-1.8	0.7	8	-26.8	-1.7	0.7	8	-26.2	-1.6	0.8	9	-25.6	22
22	-1.9	0.7	8	-26.4	-1.8	0.8	9	-25.8	-1.7	0.8	9	-25.2	-1.6	0.8	9	-24.7	-1.5	0.9	10	-24.2	22
21	-1.8	0.8	9	-24.9	-1.7	0.9	10	-24.3	-1.6	0.9	10	-23.8	-1.5	0.9	11	-23.3	-1.4	1.0	11	-22.9	21
21	-1.7	0.9	11	-23.5	-1.6	1.0	11	-23.0	-1.5	1.0	11	-22.6	-1.4	1.0	12	-22.1	-1.3	1.1	12	-21.7	21
21	-1.6	1.0	12	-22.3	-1.5	1.1	12	-21.8	-1.4	1.1	13	-21.4	-1.3	1.2	13	-21.0	-1.2	1.2	13	-20.6	21
20	-1.5	1.1	13	-21.1	-1.4	1.2	13	-20.7	-1.3	1.2	14	-20.3	-1.2	1.3	14	-20.0	-1.1	1.3	15	-19.6	20
20	-1.4	1.2	14	-20.1	-1.3	1.3	15	-19.7	-1.2	1.3	15	-19.4	-1.1	1.4	15	-19.0	**-1.0**	1.4	16	-18.6	20
19	-1.3	1.4	16	-19.1	-1.2	1.4	16	-18.8	-1.1	1.4	16	-18.4	**-1.0**	1.5	17	-18.1	-0.9	1.5	17	-17.8	19
19	-1.2	1.5	17	-18.2	-1.1	1.5	17	-17.9	**-1.0**	1.5	17	-17.6	-0.9	1.6	18	-17.3	-0.8	1.6	18	-16.9	19
19	-1.1	1.6	18	-17.4	**-1.0**	1.6	18	-17.1	-0.9	1.7	19	-16.8	-0.8	1.7	19	-16.5	-0.7	1.7	19	-16.2	19
18	**-1.0**	1.7	19	-16.6	-0.9	1.7	20	-16.3	-0.8	1.8	20	-16.0	-0.7	1.8	20	-15.7	-0.6	1.8	21	-15.4	18
18	-0.9	1.8	20	-15.8	-0.8	1.8	21	-15.6	-0.7	1.9	21	-15.3	-0.6	1.9	21	-15.0	-0.5	2.0	22	-14.7	18
18	-0.8	1.9	22	-15.1	-0.7	1.9	22	-14.9	-0.6	2.0	22	-14.6	-0.5	2.0	23	-14.3	-0.4	2.1	23	-14.1	18
17	-0.7	2.0	23	-14.4	-0.6	2.0	23	-14.2	-0.5	2.1	24	-13.9	-0.4	2.1	24	-13.7	-0.3	2.2	24	-13.4	17
17	-0.6	2.1	24	-13.8	-0.5	2.2	25	-13.5	-0.4	2.2	25	-13.3	-0.3	2.2	25	-13.1	-0.2	2.3	25	-12.8	17
17	-0.5	2.2	25	-13.2	-0.4	2.3	26	-12.9	-0.3	2.3	26	-12.7	-0.2	2.4	26	-12.5	-0.1	2.4	27	-12.2	17
16	-0.4	2.3	27	-12.6	-0.3	2.4	27	-12.3	-0.2	2.4	27	-12.1	-0.1	2.5	28	-11.9	**0.0**	2.5	28	-11.7	16
16	-0.3	2.4	28	-12.0	-0.2	2.5	28	-11.8	-0.1	2.5	29	-11.6	**0.0**	2.6	29	-11.3	0.1	2.6	29	-11.1	16
16	-0.2	2.6	29	-11.5	-0.1	2.6	30	-11.2	**0.0**	2.6	30	-11.0	0.1	2.7	30	-10.8	0.2	2.7	30	-10.6	16
15	-0.1	2.7	31	-10.9	**0.0**	2.7	31	-10.7	0.1	2.7	31	-10.5	0.2	2.8	31	-10.3	0.3	2.8	32	-10.1	15
15	**0.0**	2.8	32	-10.4	0.1	2.8	32	-10.2	0.2	2.9	32	-10.0	0.3	2.9	33	-9.8	0.4	3.0	33	-9.6	15
15	0.1	2.9	33	-9.9	0.2	2.9	33	-9.7	0.3	3.0	34	-9.5	0.4	3.0	34	-9.3	0.5	3.1	34	-9.1	15
14	0.2	3.0	34	-9.4	0.3	3.0	35	-9.2	0.4	3.1	35	-9.0	0.5	3.1	35	-8.9	0.6	3.2	35	-8.7	14
14	0.3	3.1	36	-9.0	0.4	3.2	36	-8.8	0.5	3.2	36	-8.6	0.6	3.2	36	-8.4	0.7	3.3	37	-8.2	14
14	0.4	3.2	37	-8.5	0.5	3.3	37	-8.3	0.6	3.3	37	-8.1	0.7	3.4	38	-8.0	0.8	3.4	38	-7.8	14
13	0.5	3.3	38	-8.1	0.6	3.4	38	-7.9	0.7	3.4	39	-7.7	0.8	3.5	39	-7.5	0.9	3.5	39	-7.4	13
13	0.6	3.4	39	-7.6	0.7	3.5	40	-7.5	0.8	3.5	40	-7.3	0.9	3.6	40	-7.1	**1.0**	3.6	40	-7.0	13
13	0.7	3.6	41	-7.2	0.8	3.6	41	-7.1	0.9	3.7	41	-6.9	**1.0**	3.7	42	-6.7	1.1	3.7	42	-6.5	13
12	0.8	3.7	42	-6.8	0.9	3.7	42	-6.6	**1.0**	3.8	43	-6.5	1.1	3.8	43	-6.3	1.2	3.9	43	-6.2	12
12	0.9	3.8	43	-6.4	**1.0**	3.8	44	-6.3	1.1	3.9	44	-6.1	1.2	3.9	44	-5.9	1.3	4.0	44	-5.8	12
12	**1.0**	3.9	45	-6.0	1.1	3.9	45	-5.9	1.2	4.0	45	-5.7	1.3	4.0	45	-5.6	1.4	4.1	46	-5.4	12
11	1.1	4.0	46	-5.6	1.2	4.1	46	-5.5	1.3	4.1	46	-5.3	1.4	4.2	47	-5.2	1.5	4.2	47	-5.0	11
11	1.2	4.1	47	-5.3	1.3	4.2	48	-5.1	1.4	4.2	48	-5.0	1.5	4.3	48	-4.8	1.6	4.3	48	-4.7	11
11	1.3	4.2	49	-4.9	1.4	4.3	49	-4.8	1.5	4.3	49	-4.6	1.6	4.4	49	-4.5	1.7	4.4	49	-4.3	11
10	1.4	4.4	50	-4.6	1.5	4.4	50	-4.4	1.6	4.5	50	-4.3	1.7	4.5	51	-4.1	1.8	4.6	51	-4.0	10
10	1.5	4.5	51	-4.2	1.6	4.5	51	-4.1	1.7	4.6	52	-3.9	1.8	4.6	52	-3.8	1.9	4.7	52	-3.6	10
10	1.6	4.6	53	-3.9	1.7	4.6	53	-3.7	1.8	4.7	53	-3.6	1.9	4.7	53	-3.4	**2.0**	4.8	53	-3.3	10
9	1.7	4.7	54	-3.5	1.8	4.8	54	-3.4	1.9	4.8	54	-3.3	**2.0**	4.9	55	-3.1	2.1	4.9	55	-3.0	9
9	1.8	4.8	55	-3.2	1.9	4.9	55	-3.1	**2.0**	4.9	56	-2.9	2.1	5.0	56	-2.8	2.2	5.0	56	-2.7	9
9	1.9	4.9	57	-2.9	**2.0**	5.0	57	-2.8	2.1	5.0	57	-2.6	2.2	5.1	57	-2.5	2.3	5.1	57	-2.4	9
8	**2.0**	5.1	58	-2.6	2.1	5.1	58	-2.4	2.2	5.2	58	-2.3	2.3	5.2	58	-2.2	2.4	5.3	59	-2.0	8
8	2.1	5.2	59	-2.3	2.2	5.2	59	-2.1	2.3	5.3	60	-2.0	2.4	5.3	60	-1.9	2.5	5.4	60	-1.7	8
8	2.2	5.3	61	-2.0	2.3	5.3	61	-1.8	2.4	5.4	61	-1.7	2.5	5.4	61	-1.6	2.6	5.5	61	-1.4	8
8	2.3	5.4	62	-1.7	2.4	5.5	62	-1.5	2.5	5.5	62	-1.4	2.6	5.6	62	-1.3	2.7	5.6	63	-1.2	8
7	2.4	5.5	63	-1.4	2.5	5.6	64	-1.2	2.6	5.6	64	-1.1	2.7	5.7	64	-1.0	2.8	5.7	64	-0.9	7
7	2.5	5.6	65	-1.1	2.6	5.7	65	-1.0	2.7	5.7	65	-0.8	2.8	5.8	65	-0.7	2.9	5.9	65	-0.6	7
7	2.6	5.8	66	-0.8	2.7	5.8	66	-0.7	2.8	5.9	66	-0.6	2.9	5.9	66	-0.4	**3.0**	6.0	67	-0.3	7
6	2.7	5.9	67	-0.5	2.8	5.9	68	-0.4	2.9	6.0	68	-0.3	**3.0**	6.0	68	-0.2	3.1	6.1	68	0.0	6
6	2.8	6.0	69	-0.2	2.9	6.1	69	-0.1	**3.0**	6.1	69	0.0	3.1	6.2	69	0.1	3.2	6.2	69	0.2	6
6	2.9	6.1	70	0.0	**3.0**	6.2	70	0.1	3.1	6.2	70	0.3	3.2	6.3	71	0.4	3.3	6.3	71	0.5	6
6	**3.0**	6.2	72	0.3	3.1	6.3	72	0.4	3.2	6.3	72	0.5	3.3	6.4	72	0.7	3.4	6.5	72	0.8	6
5	3.1	6.4	73	0.6	3.2	6.4	73	0.7	3.3	6.5	73	0.8	3.4	6.5	73	0.9	3.5	6.6	73	1.0	5
5	3.2	6.5	74	0.8	3.3	6.5	74	0.9	3.4	6.6	75	1.1	3.5	6.6	75	1.2	3.6	6.7	75	1.3	5
5	3.3	6.6	76	1.1	3.4	6.7	76	1.2	3.5	6.7	76	1.3	3.6	6.8	76	1.4	3.7	6.8	76	1.5	5
4	3.4	6.7	77	1.3	3.5	6.8	77	1.4	3.6	6.8	77	1.6	3.7	6.9	77	1.7	3.8	6.9	78	1.8	4
4	3.5	6.8	79	1.6	3.6	6.9	79	1.7	3.7	7.0	79	1.8	3.8	7.0	79	1.9	3.9	7.1	79	2.0	4
4	3.6	7.0	80	1.8	3.7	7.0	80	1.9	3.8	7.1	80	2.1	3.9	7.1	80	2.2	**4.0**	7.2	80	2.3	4
4	3.7	7.1	81	2.1	3.8	7.1	81	2.2	3.9	7.2	81	2.3	**4.0**	7.3	82	2.4	4.1	7.3	82	2.5	4
3	3.8	7.2	83	2.3	3.9	7.3	83	2.4	**4.0**	7.3	83	2.5	4.1	7.4	83	2.6	4.2	7.4	83	2.8	3
3	3.9	7.3	84	2.6	**4.0**	7.4	84	2.7	4.1	7.5	84	2.8	4.2	7.5	84	2.9	4.3	7.6	84	3.0	3
3	**4.0**	7.5	86	2.8	4.1	7.5	86	2.9	4.2	7.6	86	3.0	4.3	7.6	86	3.1	4.4	7.7	86	3.2	3
2	4.1	7.6	87	3.0	4.2	7.6	87	3.1	4.3	7.7	87	3.2	4.4	7.8	87	3.3	4.5	7.8	87	3.4	2
2	4.2	7.7	88	3.3	4.3	7.8	88	3.4	4.4	7.8	89	3.5	4.5	7.9	89	3.6	4.6	7.9	89	3.7	2
2	4.3	7.8	90	3.5	4.4	7.9	90	3.6	4.5	8.0	90	3.7	4.6	8.0	90	3.8	4.7	8.1	90	3.9	2
2	4.4	8.0	91	3.7	4.5	8.0	91	3.8	4.6	8.1	91	3.9	4.7	8.1	91	4.0	4.8	8.2	91	4.1	2
1	4.5	8.1	93	3.9	4.6	8.1	93	4.0	4.7	8.2	93	4.1	4.8	8.3	93	4.2	4.9	8.3	93	4.3	1
1	4.6	8.2	94	4.1	4.7	8.3	94	4.2	4.8	8.3	94	4.3	4.9	8.4	94	4.5	**5.0**	8.5	94	4.6	1

n	t_W	*e*	*U*	t_d	t_W	*e*	*U*	t_d	t_W	*e*	*U*	t_d	t_W	*e*	*U*	t_d	t_W	*e*	*U*	t_d	*n*
	5.0				**5.1**				**5.2**				**5.3**				**5.4**				
1	4.7	8.3	96	4.4	4.8	8.4	96	4.5	4.9	8.5	96	4.6	**5.0**	8.5	96	4.7	5.1	8.6	96	4.8	1
1	4.8	8.5	97	4.6	4.9	8.5	97	4.7	**5.0**	8.6	97	4.8	5.1	8.6	97	4.9	5.2	8.7	97	5.0	1
0	4.9	8.6	99	4.8	**5.0**	8.7	99	4.9	5.1	8.7	99	5.0	5.2	8.8	99	5.1	5.3	8.8	99	5.2	0
0	**5.0**	8.7	100	5.0	5.1	8.8	100	5.1	5.2	8.8	100	5.2	5.3	8.9	100	5.3	5.4	9.0	100	5.4	0
	5.5				**5.6**				**5.7**				**5.8**				**5.9**				
25													**-2.0**	0.1	1	-48.9	-1.9	0.1	1	-45.0	25
24	-2.2	0.1	1	-50.3	-2.1	0.1	1	-46.0	**-2.0**	0.1	2	-42.9	-1.9	0.2	2	-40.6	-1.8	0.2	2	-38.7	24
24	-2.1	0.2	2	-41.2	**-2.0**	0.2	2	-39.2	-1.9	0.2	3	-37.5	-1.8	0.3	3	-36.0	-1.7	0.3	3	-34.7	24
24	**-2.0**	0.3	3	-36.4	-1.9	0.3	3	-35.1	-1.8	0.4	4	-33.9	-1.7	0.4	4	-32.8	-1.6	0.4	5	-31.8	24
23	-1.9	0.4	4	-33.1	-1.8	0.4	5	-32.1	-1.7	0.5	5	-31.1	-1.6	0.5	5	-30.3	-1.5	0.5	6	-29.4	23
23	-1.8	0.5	5	-30.5	-1.7	0.5	6	-29.7	-1.6	0.6	6	-28.9	-1.5	0.6	7	-28.2	-1.4	0.6	7	-27.5	23
22	-1.7	0.6	7	-28.4	-1.6	0.6	7	-27.7	-1.5	0.7	7	-27.0	-1.4	0.7	8	-26.4	-1.3	0.8	8	-25.8	22
22	-1.6	0.7	8	-26.6	-1.5	0.7	8	-26.0	-1.4	0.8	8	-25.4	-1.3	0.8	9	-24.8	-1.2	0.9	9	-24.3	22
22	-1.5	0.8	9	-25.0	-1.4	0.8	9	-24.5	-1.3	0.9	10	-24.0	-1.2	0.9	10	-23.5	-1.1	1.0	10	-23.0	22
21	-1.4	0.9	10	-23.6	-1.3	1.0	10	-23.2	-1.2	1.0	11	-22.7	-1.1	1.0	11	-22.2	**-1.0**	1.1	12	-21.8	21
21	-1.3	1.0	11	-22.4	-1.2	1.1	12	-21.9	-1.1	1.1	12	-21.5	**-1.0**	1.1	12	-21.1	-0.9	1.2	13	-20.7	21
21	-1.2	1.1	12	-21.2	-1.1	1.2	13	-20.8	**-1.0**	1.2	13	-20.4	-0.9	1.3	14	-20.0	-0.8	1.3	14	-19.7	21
20	-1.1	1.2	14	-20.2	**-1.0**	1.3	14	-19.8	-0.9	1.3	14	-19.4	-0.8	1.4	15	-19.1	-0.7	1.4	15	-18.7	20
20	**-1.0**	1.3	15	-19.2	-0.9	1.4	15	-18.9	-0.8	1.4	16	-18.5	-0.7	1.5	16	-18.2	-0.6	1.5	16	-17.8	20
20	-0.9	1.5	16	-18.3	-0.8	1.5	16	-18.0	-0.7	1.5	17	-17.6	-0.6	1.6	17	-17.3	-0.5	1.6	17	-17.0	20
19	-0.8	1.6	17	-17.4	-0.7	1.6	18	-17.1	-0.6	1.6	18	-16.8	-0.5	1.7	18	-16.5	-0.4	1.7	19	-16.2	19
19	-0.7	1.7	18	-16.6	-0.6	1.7	19	-16.3	-0.5	1.8	19	-16.0	-0.4	1.8	19	-15.8	-0.3	1.8	20	-15.5	19
19	-0.6	1.8	20	-15.9	-0.5	1.8	20	-15.6	-0.4	1.9	20	-15.3	-0.3	1.9	21	-15.0	-0.2	2.0	21	-14.8	19
18	-0.5	1.9	21	-15.2	-0.4	1.9	21	-14.9	-0.3	2.0	22	-14.6	-0.2	2.0	22	-14.3	-0.1	2.1	22	-14.1	18
18	-0.4	2.0	22	-14.5	-0.3	2.0	22	-14.2	-0.2	2.1	23	-14.0	-0.1	2.1	23	-13.7	**0.0**	2.2	23	-13.4	18
17	-0.3	2.1	23	-13.8	-0.2	2.2	24	-13.6	-0.1	2.2	24	-13.3	**0.0**	2.2	24	-13.1	0.1	2.3	25	-12.8	17
17	-0.2	2.2	25	-13.2	-0.1	2.3	25	-12.9	**0.0**	2.3	25	-12.7	0.1	2.3	25	-12.5	0.2	2.4	26	-12.2	17
17	-0.1	2.3	26	-12.6	**0.0**	2.4	26	-12.4	0.1	2.4	26	-12.1	0.2	2.5	27	-11.9	0.3	2.5	27	-11.7	17
16	**0.0**	2.4	27	-12.0	0.1	2.5	27	-11.8	0.2	2.5	28	-11.6	0.3	2.6	28	-11.3	0.4	2.6	28	-11.1	16
16	0.1	2.5	28	-11.5	0.2	2.6	29	-11.2	0.3	2.6	29	-11.0	0.4	2.7	29	-10.8	0.5	2.7	29	-10.6	16
16	0.2	2.7	29	-10.9	0.3	2.7	30	-10.7	0.4	2.8	30	-10.5	0.5	2.8	30	-10.3	0.6	2.8	31	-10.1	16
15	0.3	2.8	31	-10.4	0.4	2.8	31	-10.2	0.5	2.9	31	-10.0	0.6	2.9	32	-9.8	0.7	3.0	32	-9.6	15
15	0.4	2.9	32	-9.9	0.5	2.9	32	-9.7	0.6	3.0	33	-9.5	0.7	3.0	33	-9.3	0.8	3.1	33	-9.1	15
15	0.5	3.0	33	-9.4	0.6	3.0	33	-9.2	0.7	3.1	34	-9.0	0.8	3.1	34	-8.8	0.9	3.2	34	-8.6	15
14	0.6	3.1	34	-8.9	0.7	3.2	35	-8.8	0.8	3.2	35	-8.6	0.9	3.2	35	-8.4	**1.0**	3.3	36	-8.2	14
14	0.7	3.2	36	-8.5	0.8	3.3	36	-8.3	0.9	3.3	36	-8.1	**1.0**	3.4	36	-7.9	1.1	3.4	37	-7.8	14
14	0.8	3.3	37	-8.0	0.9	3.4	37	-7.9	**1.0**	3.4	37	-7.7	1.1	3.5	38	-7.5	1.2	3.5	38	-7.3	14
13	0.9	3.4	38	-7.6	**1.0**	3.5	38	-7.4	1.1	3.5	39	-7.3	1.2	3.6	39	-7.1	1.3	3.6	39	-6.9	13
13	**1.0**	3.6	39	-7.2	1.1	3.6	40	-7.0	1.2	3.7	40	-6.9	1.3	3.7	40	-6.7	1.4	3.8	40	-6.5	13
13	1.1	3.7	41	-6.8	1.2	3.7	41	-6.6	1.3	3.8	41	-6.4	1.4	3.8	41	-6.3	1.5	3.9	42	-6.1	13
12	1.2	3.8	42	-6.4	1.3	3.8	42	-6.2	1.4	3.9	42	-6.1	1.5	3.9	43	-5.9	1.6	4.0	43	-5.7	12
12	1.3	3.9	43	-6.0	1.4	4.0	44	-5.8	1.5	4.0	44	-5.7	1.6	4.1	44	-5.5	1.7	4.1	44	-5.4	12
12	1.4	4.0	45	-5.6	1.5	4.1	45	-5.5	1.6	4.1	45	-5.3	1.7	4.2	45	-5.1	1.8	4.2	45	-5.0	12
11	1.5	4.1	46	-5.2	1.6	4.2	46	-5.1	1.7	4.2	46	-4.9	1.8	4.3	46	-4.8	1.9	4.3	47	-4.6	11
11	1.6	4.3	47	-4.9	1.7	4.3	47	-4.7	1.8	4.4	48	-4.6	1.9	4.4	48	-4.4	**2.0**	4.5	48	-4.3	11
11	1.7	4.4	48	-4.5	1.8	4.4	49	-4.4	1.9	4.5	49	-4.2	**2.0**	4.5	49	-4.1	2.1	4.6	49	-3.9	11
11	1.8	4.5	50	-4.2	1.9	4.5	50	-4.0	**2.0**	4.6	50	-3.9	2.1	4.6	50	-3.7	2.2	4.7	51	-3.6	11
10	1.9	4.6	51	-3.8	**2.0**	4.7	51	-3.7	2.1	4.7	51	-3.5	2.2	4.8	52	-3.4	2.3	4.8	52	-3.3	10
10	**2.0**	4.7	52	-3.5	2.1	4.8	52	-3.4	2.2	4.8	53	-3.2	2.3	4.9	53	-3.1	2.4	4.9	53	-2.9	10
10	2.1	4.8	54	-3.2	2.2	4.9	54	-3.0	2.3	4.9	54	-2.9	2.4	5.0	54	-2.7	2.5	5.0	54	-2.6	10
9	2.2	5.0	55	-2.8	2.3	5.0	55	-2.7	2.4	5.1	55	-2.6	2.5	5.1	55	-2.4	2.6	5.2	56	-2.3	9
9	2.3	5.1	56	-2.5	2.4	5.1	56	-2.4	2.5	5.2	57	-2.3	2.6	5.2	57	-2.1	2.7	5.3	57	-2.0	9
9	2.4	5.2	57	-2.2	2.5	5.2	58	-2.1	2.6	5.3	58	-1.9	2.7	5.3	58	-1.8	2.8	5.4	58	-1.7	9
8	2.5	5.3	59	-1.9	2.6	5.4	59	-1.8	2.7	5.4	59	-1.6	2.8	5.5	59	-1.5	2.9	5.5	59	-1.4	8
8	2.6	5.4	60	-1.6	2.7	5.5	60	-1.5	2.8	5.5	60	-1.4	2.9	5.6	61	-1.2	**3.0**	5.6	61	-1.1	8
8	2.7	5.5	61	-1.3	2.8	5.6	62	-1.2	2.9	5.7	62	-1.1	**3.0**	5.7	62	-0.9	3.1	5.8	62	-0.8	8
7	2.8	5.7	63	-1.0	2.9	5.7	63	-0.9	**3.0**	5.8	63	-0.8	3.1	5.8	63	-0.6	3.2	5.9	63	-0.5	7
7	2.9	5.8	64	-0.7	**3.0**	5.8	64	-0.6	3.1	5.9	64	-0.5	3.2	5.9	65	-0.4	3.3	6.0	65	-0.2	7
7	**3.0**	5.9	65	-0.5	3.1	6.0	66	-0.3	3.2	6.0	66	-0.2	3.3	6.1	66	-0.1	3.4	6.1	66	0.0	7
7	3.1	6.0	67	-0.2	3.2	6.1	67	-0.1	3.3	6.1	67	0.1	3.4	6.2	67	0.2	3.5	6.2	67	0.3	7
6	3.2	6.1	68	0.1	3.3	6.2	68	0.2	3.4	6.3	68	0.3	3.5	6.3	68	0.5	3.6	6.4	69	0.6	6
6	3.3	6.3	69	0.4	3.4	6.3	70	0.5	3.5	6.4	70	0.6	3.6	6.4	70	0.7	3.7	6.5	70	0.8	6
6	3.4	6.4	71	0.6	3.5	6.4	71	0.7	3.6	6.5	71	0.9	3.7	6.6	71	1.0	3.8	6.6	71	1.1	6
5	3.5	6.5	72	0.9	3.6	6.6	72	1.0	3.7	6.6	72	1.1	3.8	6.7	72	1.2	3.9	6.7	73	1.4	5
5	3.6	6.6	74	1.1	3.7	6.7	74	1.3	3.8	6.7	74	1.4	3.9	6.8	74	1.5	**4.0**	6.9	74	1.6	5
5	3.7	6.8	75	1.4	3.8	6.8	75	1.5	3.9	6.9	75	1.6	**4.0**	6.9	75	1.7	4.1	7.0	75	1.9	5
5	3.8	6.9	76	1.7	3.9	6.9	76	1.8	**4.0**	7.0	76	1.9	4.1	7.1	77	2.0	4.2	7.1	77	2.1	5
4	3.9	7.0	78	1.9	**4.0**	7.1	78	2.0	4.1	7.1	78	2.1	4.2	7.2	78	2.2	4.3	7.2	78	2.4	4
4	**4.0**	7.1	79	2.1	4.1	7.2	79	2.3	4.2	7.2	79	2.4	4.3	7.3	79	2.5	4.4	7.4	79	2.6	4
4	4.1	7.3	80	2.4	4.2	7.3	80	2.5	4.3	7.4	80	2.6	4.4	7.4	81	2.7	4.5	7.5	81	2.8	4
3	4.2	7.4	82	2.6	4.3	7.4	82	2.7	4.4	7.5	82	2.8	4.5	7.6	82	3.0	4.6	7.6	82	3.1	3

n	t_W	e	U	t_d	t_W	e	U	t_d	t_W	e	U	t_d	t_W	e	U	t_d	t_W	e	U	t_d	n
	5.5				**5.6**				**5.7**				**5.8**				**5.9**				
3	4.3	7.5	83	2.9	4.4	7.6	83	3.0	4.5	7.6	83	3.1	4.6	7.7	83	3.2	4.7	7.7	83	3.3	3
3	4.4	7.6	84	3.1	4.5	7.7	85	3.2	4.6	7.7	85	3.3	4.7	7.8	85	3.4	4.8	7.9	85	3.5	3
3	4.5	7.8	86	3.3	4.6	7.8	86	3.4	4.7	7.9	86	3.5	4.8	7.9	86	3.6	4.9	8.0	86	3.8	3
2	4.6	7.9	87	3.6	4.7	7.9	87	3.7	4.8	8.0	87	3.8	4.9	8.1	87	3.9	**5.0**	8.1	87	4.0	2
2	4.7	8.0	89	3.8	4.8	8.1	89	3.9	4.9	8.1	89	4.0	**5.0**	8.2	89	4.1	5.1	8.2	89	4.2	2
2	4.8	8.1	90	4.0	4.9	8.2	90	4.1	**5.0**	8.3	90	4.2	5.1	8.3	90	4.3	5.2	8.4	90	4.4	2
2	4.9	8.3	91	4.2	**5.0**	8.3	92	4.3	5.1	8.4	92	4.4	5.2	8.4	92	4.5	5.3	8.5	92	4.6	2
1	**5.0**	8.4	93	4.4	5.1	8.4	93	4.5	5.2	8.5	93	4.6	5.3	8.6	93	4.8	5.4	8.6	93	4.9	1
1	5.1	8.5	94	4.7	5.2	8.6	94	4.8	5.3	8.6	94	4.9	5.4	8.7	94	5.0	5.5	8.8	94	5.1	1
1	5.2	8.6	96	4.9	5.3	8.7	96	5.0	5.4	8.8	96	5.1	5.5	8.8	96	5.2	5.6	8.9	96	5.3	1
1	5.3	8.8	97	5.1	5.4	8.8	97	5.2	5.5	8.9	97	5.3	5.6	9.0	97	5.4	5.7	9.0	97	5.5	1
0	5.4	8.9	99	5.3	5.5	9.0	99	5.4	5.6	9.0	99	5.5	5.7	9.1	99	5.6	5.8	9.2	99	5.7	0
0	5.5	9.0	100	5.5	5.6	9.1	100	5.6	5.7	9.2	100	5.7	5.8	9.2	100	5.8	5.9	9.3	100	5.9	0
	6.0				**6.1**				**6.2**				**6.3**				**6.4**				
25													-1.7	0.1	1	-51.0	-1.6	0.1	1	-46.3	25
25					-1.8	0.1	1	-47.6	-1.7	0.1	1	-44.0	-1.6	0.2	2	-41.4	-1.5	0.2	2	-39.3	25
24	-1.8	0.2	2	-42.2	-1.7	0.2	2	-40.0	-1.6	0.2	2	-38.1	-1.5	0.3	3	-36.5	-1.4	0.3	3	-35.1	24
24	-1.7	0.3	3	-37.0	-1.6	0.3	3	-35.6	-1.5	0.3	4	-34.3	-1.4	0.4	4	-33.1	-1.3	0.4	4	-32.1	24
24	-1.6	0.4	4	-33.5	-1.5	0.4	4	-32.4	-1.4	0.5	5	-31.4	-1.3	0.5	5	-30.5	-1.2	0.5	5	-29.7	24
23	-1.5	0.5	5	-30.8	-1.4	0.5	5	-30.0	-1.3	0.6	6	-29.1	-1.2	0.6	6	-28.4	-1.1	0.6	7	-27.7	23
23	-1.4	0.6	6	-28.7	-1.3	0.6	7	-27.9	-1.2	0.7	7	-27.2	-1.1	0.7	7	-26.6	**-1.0**	0.7	8	-25.9	23
23	-1.3	0.7	7	-26.8	-1.2	0.7	8	-26.2	-1.1	0.8	8	-25.6	**-1.0**	0.8	8	-25.0	-0.9	0.8	9	-24.4	23
22	-1.2	0.8	8	-25.2	-1.1	0.8	9	-24.6	**-1.0**	0.9	9	-24.1	-0.9	0.9	10	-23.6	-0.8	1.0	10	-23.1	22
22	-1.1	0.9	10	-23.8	**-1.0**	0.9	10	-23.3	-0.9	1.0	10	-22.8	-0.8	1.0	11	-22.3	-0.7	1.1	11	-21.8	22
21	**-1.0**	1.0	11	-22.5	-0.9	1.0	11	-22.0	-0.8	1.1	12	-21.6	-0.7	1.1	12	-21.2	-0.6	1.2	12	-20.7	21
21	-0.9	1.1	12	-21.3	-0.8	1.2	12	-20.9	-0.7	1.2	13	-20.5	-0.6	1.2	13	-20.1	-0.5	1.3	13	-19.7	21
21	-0.8	1.2	13	-20.3	-0.7	1.3	13	-19.9	-0.6	1.3	14	-19.5	-0.5	1.4	14	-19.1	-0.4	1.4	15	-18.7	21
20	-0.7	1.3	14	-19.3	-0.6	1.4	15	-18.9	-0.5	1.4	15	-18.5	-0.4	1.5	15	-18.2	-0.3	1.5	16	-17.9	20
20	-0.6	1.4	15	-18.4	-0.5	1.5	16	-18.0	-0.4	1.5	16	-17.7	-0.3	1.6	16	-17.3	-0.2	1.6	17	-17.0	20
20	-0.5	1.6	17	-17.5	-0.4	1.6	17	-17.2	-0.3	1.6	17	-16.8	-0.2	1.7	18	-16.5	-0.1	1.7	18	-16.2	20
19	-0.4	1.7	18	-16.7	-0.3	1.7	18	-16.4	-0.2	1.7	18	-16.1	-0.1	1.8	19	-15.8	**0.0**	1.8	19	-15.5	19
19	-0.3	1.8	19	-15.9	-0.2	1.8	19	-15.6	-0.1	1.9	20	-15.3	**0.0**	1.9	20	-15.0	0.1	1.9	20	-14.8	19
19	-0.2	1.9	20	-15.2	-0.1	1.9	20	-14.9	**0.0**	2.0	21	-14.6	0.1	2.0	21	-14.4	0.2	2.1	21	-14.1	19
18	-0.1	2.0	21	-14.5	**0.0**	2.0	22	-14.2	0.1	2.1	22	-14.0	0.2	2.1	22	-13.7	0.3	2.2	23	-13.4	18
18	**0.0**	2.1	23	-13.8	0.1	2.1	23	-13.6	0.2	2.2	23	-13.3	0.3	2.2	23	-13.1	0.4	2.3	24	-12.8	18
18	0.1	2.2	24	-13.2	0.2	2.3	24	-12.9	0.3	2.3	24	-12.7	0.4	2.4	25	-12.5	0.5	2.4	25	-12.2	18
17	0.2	2.3	25	-12.6	0.3	2.4	25	-12.3	0.4	2.4	26	-12.1	0.5	2.5	26	-11.9	0.6	2.5	26	-11.7	17
17	0.3	2.4	26	-12.0	0.4	2.5	26	-11.8	0.5	2.5	27	-11.5	0.6	2.6	27	-11.3	0.7	2.6	27	-11.1	17
17	0.4	2.6	27	-11.4	0.5	2.6	28	-11.2	0.6	2.6	28	-11.0	0.7	2.7	28	-10.8	0.8	2.7	28	-10.6	17
16	0.5	2.7	29	-10.9	0.6	2.7	29	-10.7	0.7	2.8	29	-10.5	0.8	2.8	29	-10.3	0.9	2.8	30	-10.1	16
16	0.6	2.8	30	-10.4	0.7	2.8	30	-10.2	0.8	2.9	30	-10.0	0.9	2.9	31	-9.8	**1.0**	3.0	31	-9.6	16
16	0.7	2.9	31	-9.9	0.8	2.9	31	-9.7	0.9	3.0	31	-9.5	**1.0**	3.0	32	-9.3	1.1	3.1	32	-9.1	16
15	0.8	3.0	32	-9.4	0.9	3.0	32	-9.2	**1.0**	3.1	33	-9.0	1.1	3.1	33	-8.8	1.2	3.2	33	-8.6	15
15	0.9	3.1	33	-8.9	**1.0**	3.2	34	-8.7	1.1	3.2	34	-8.5	1.2	3.3	34	-8.3	1.3	3.3	34	-8.2	15
15	**1.0**	3.2	35	-8.5	1.1	3.3	35	-8.3	1.2	3.3	35	-8.1	1.3	3.4	35	-7.9	1.4	3.4	36	-7.7	15
14	1.1	3.3	36	-8.0	1.2	3.4	36	-7.8	1.3	3.4	36	-7.6	1.4	3.5	37	-7.5	1.5	3.5	37	-7.3	14
14	1.2	3.5	37	-7.6	1.3	3.5	37	-7.4	1.4	3.6	38	-7.2	1.5	3.6	38	-7.0	1.6	3.7	38	-6.9	14
14	1.3	3.6	38	-7.2	1.4	3.6	38	-7.0	1.5	3.7	39	-6.8	1.6	3.7	39	-6.6	1.7	3.8	39	-6.5	14
13	1.4	3.7	39	-6.7	1.5	3.7	40	-6.6	1.6	3.8	40	-6.4	1.7	3.8	40	-6.2	1.8	3.9	40	-6.1	13
13	1.5	3.8	41	-6.3	1.6	3.9	41	-6.2	1.7	3.9	41	-6.0	1.8	4.0	41	-5.8	1.9	4.0	42	-5.7	13
13	1.6	3.9	42	-6.0	1.7	4.0	42	-5.8	1.8	4.0	42	-5.6	1.9	4.1	43	-5.5	**2.0**	4.1	43	-5.3	13
12	1.7	4.0	43	-5.6	1.8	4.1	43	-5.4	1.9	4.1	44	-5.2	**2.0**	4.2	44	-5.1	2.1	4.2	44	-4.9	12
12	1.8	4.2	44	-5.2	1.9	4.2	45	-5.0	**2.0**	4.3	45	-4.9	2.1	4.3	45	-4.7	2.2	4.4	45	-4.6	12
12	1.9	4.3	46	-4.8	**2.0**	4.3	46	-4.7	2.1	4.4	46	-4.5	2.2	4.4	46	-4.4	2.3	4.5	47	-4.2	12
11	**2.0**	4.4	47	-4.5	2.1	4.4	47	-4.3	2.2	4.5	47	-4.2	2.3	4.5	48	-4.0	2.4	4.6	48	-3.9	11
11	2.1	4.5	48	-4.1	2.2	4.6	48	-4.0	2.3	4.6	49	-3.8	2.4	4.7	49	-3.7	2.5	4.7	49	-3.5	11
11	2.2	4.6	49	-3.8	2.3	4.7	50	-3.6	2.4	4.7	50	-3.5	2.5	4.8	50	-3.3	2.6	4.8	50	-3.2	11
10	2.3	4.7	51	-3.4	2.4	4.8	51	-3.3	2.5	4.8	51	-3.2	2.6	4.9	51	-3.0	2.7	4.9	51	-2.9	10
10	2.4	4.9	52	-3.1	2.5	4.9	52	-3.0	2.6	5.0	52	-2.8	2.7	5.0	53	-2.7	2.8	5.1	53	-2.5	10
10	2.5	5.0	53	-2.8	2.6	5.0	53	-2.6	2.7	5.1	54	-2.5	2.8	5.1	54	-2.4	2.9	5.2	54	-2.2	10
9	2.6	5.1	55	-2.5	2.7	5.1	55	-2.3	2.8	5.2	55	-2.2	2.9	5.3	55	-2.1	**3.0**	5.3	55	-1.9	9
9	2.7	5.2	56	-2.2	2.8	5.3	56	-2.0	2.9	5.3	56	-1.9	**3.0**	5.4	56	-1.7	3.1	5.4	56	-1.6	9
9	2.8	5.3	57	-1.9	2.9	5.4	57	-1.7	**3.0**	5.4	57	-1.6	3.1	5.5	58	-1.4	3.2	5.5	58	-1.3	9
9	2.9	5.5	58	-1.5	**3.0**	5.5	59	-1.4	3.1	5.6	59	-1.3	3.2	5.6	59	-1.2	3.3	5.7	59	-1.0	9
8	**3.0**	5.6	60	-1.3	3.1	5.6	60	-1.1	3.2	5.7	60	-1.0	3.3	5.7	60	-0.9	3.4	5.8	60	-0.7	8
8	3.1	5.7	61	-1.0	3.2	5.7	61	-0.8	3.3	5.8	61	-0.7	3.4	5.9	61	-0.6	3.5	5.9	62	-0.4	8
8	3.2	5.8	62	-0.7	3.3	5.9	62	-0.5	3.4	5.9	63	-0.4	3.5	6.0	63	-0.3	3.6	6.0	63	-0.2	8
7	3.3	5.9	64	-0.4	3.4	6.0	64	-0.3	3.5	6.0	64	-0.1	3.6	6.1	64	0.0	3.7	6.2	64	0.1	7
7	3.4	6.1	65	-0.1	3.5	6.1	65	0.0	3.6	6.2	65	0.1	3.7	6.2	65	0.3	3.8	6.3	65	0.4	7
7	3.5	6.2	66	0.2	3.6	6.2	66	0.3	3.7	6.3	66	0.4	3.8	6.3	67	0.5	3.9	6.4	67	0.7	7
6	3.6	6.3	67	0.4	3.7	6.4	68	0.6	3.8	6.4	68	0.7	3.9	6.5	68	0.8	**4.0**	6.5	68	0.9	6

n	t_W	e	U	t_d	t_W	e	U	t_d	t_W	e	U	t_d	t_W	e	U	t_d	t_W	e	U	t_d	n
	6.0				**6.1**				**6.2**				**6.3**				**6.4**				
6	3.7	6.4	69	0.7	3.8	6.5	69	0.8	3.9	6.5	69	0.9	**4.0**	6.6	69	1.1	4.1	6.7	69	1.2	6
6	3.8	6.5	70	1.0	3.9	6.6	70	1.1	**4.0**	6.7	70	1.2	4.1	6.7	70	1.3	4.2	6.8	71	1.4	6
6	3.9	6.7	71	1.2	**4.0**	6.7	71	1.3	4.1	6.8	72	1.5	4.2	6.8	72	1.6	4.3	6.9	72	1.7	6
5	**4.0**	6.8	73	1.5	4.1	6.9	73	1.6	4.2	6.9	73	1.7	4.3	7.0	73	1.8	4.4	7.0	73	1.9	5
5	4.1	6.9	74	1.7	4.2	7.0	74	1.8	4.3	7.0	74	2.0	4.4	7.1	74	2.1	4.5	7.2	74	2.2	5
5	4.2	7.0	75	2.0	4.3	7.1	75	2.1	4.4	7.2	76	2.2	4.5	7.2	76	2.3	4.6	7.3	76	2.4	5
5	4.3	7.2	77	2.2	4.4	7.2	77	2.3	4.5	7.3	77	2.5	4.6	7.3	77	2.6	4.7	7.4	77	2.7	5
4	4.4	7.3	78	2.5	4.5	7.4	78	2.6	4.6	7.4	78	2.7	4.7	7.5	78	2.8	4.8	7.5	78	2.9	4
4	4.5	7.4	79	2.7	4.6	7.5	79	2.8	4.7	7.5	80	2.9	4.8	7.6	80	3.0	4.9	7.7	80	3.2	4
4	4.6	7.5	81	2.9	4.7	7.6	81	3.1	4.8	7.7	81	3.2	4.9	7.7	81	3.3	**5.0**	7.8	81	3.4	4
3	4.7	7.7	82	3.2	4.8	7.7	82	3.3	4.9	7.8	82	3.4	**5.0**	7.9	82	3.5	5.1	7.9	82	3.6	3
3	4.8	7.8	83	3.4	4.9	7.9	83	3.5	**5.0**	7.9	84	3.6	5.1	8.0	84	3.7	5.2	8.0	84	3.8	3
3	4.9	7.9	85	3.6	**5.0**	8.0	85	3.7	5.1	8.0	85	3.9	5.2	8.1	85	4.0	5.3	8.2	85	4.1	3
3	**5.0**	8.1	86	3.9	5.1	8.1	86	4.0	5.2	8.2	86	4.1	5.3	8.2	86	4.2	5.4	8.3	86	4.3	3
2	5.1	8.2	88	4.1	5.2	8.2	88	4.2	5.3	8.3	88	4.3	5.4	8.4	88	4.4	5.5	8.4	88	4.5	2
2	5.2	8.3	89	4.3	5.3	8.4	89	4.4	5.4	8.4	89	4.5	5.5	8.5	89	4.6	5.6	8.6	89	4.7	2
2	5.3	8.4	90	4.5	5.4	8.5	90	4.6	5.5	8.6	90	4.7	5.6	8.6	90	4.8	5.7	8.7	90	4.9	2
2	5.4	8.6	92	4.7	5.5	8.6	92	4.8	5.6	8.7	92	5.0	5.7	8.8	92	5.1	5.8	8.8	92	5.2	2
1	5.5	8.7	93	5.0	5.6	8.8	93	5.1	5.7	8.8	93	5.2	5.8	8.9	93	5.3	5.9	8.9	93	5.4	1
1	5.6	8.8	94	5.2	5.7	8.9	94	5.3	5.8	8.9	94	5.4	5.9	9.0	94	5.5	**6.0**	9.1	94	5.6	1
1	5.7	9.0	96	5.4	5.8	9.0	96	5.5	5.9	9.1	96	5.6	**6.0**	9.1	96	5.7	6.1	9.2	96	5.8	1
1	5.8	9.1	97	5.6	5.9	9.1	97	5.7	**6.0**	9.2	97	5.8	6.1	9.3	97	5.9	6.2	9.3	97	6.0	1
0	5.9	9.2	99	5.8	**6.0**	9.3	99	5.9	6.1	9.3	99	6.0	6.2	9.4	99	6.1	6.3	9.5	99	6.2	0
0	**6.0**	9.3	100	6.0	6.1	9.4	100	6.1	6.2	9.5	100	6.2	6.3	9.5	100	6.3	6.4	9.6	100	6.4	0
	6.5				**6.6**				**6.7**				**6.8**				**6.9**				
26																	-1.3	0.1	1	-47.5	26
25					-1.5	0.1	1	-49.2	-1.4	0.1	1	-45.1	-1.3	0.2	2	-42.1	-1.2	0.2	2	-39.9	25
25	-1.5	0.1	1	-43.1	-1.4	0.2	2	-40.6	-1.3	0.2	2	-38.6	-1.2	0.3	3	-36.9	-1.1	0.3	3	-35.5	25
24	-1.4	0.2	3	-37.5	-1.3	0.3	3	-36.0	-1.2	0.3	3	-34.6	-1.1	0.4	4	-33.4	**-1.0**	0.4	4	-32.3	24
24	-1.3	0.4	4	-33.9	-1.2	0.4	4	-32.7	-1.1	0.4	4	-31.7	**-1.0**	0.5	5	-30.7	-0.9	0.5	5	-29.8	24
24	-1.2	0.5	5	-31.1	-1.1	0.5	5	-30.2	**-1.0**	0.5	6	-29.3	-0.9	0.6	6	-28.5	-0.8	0.6	6	-27.8	24
23	-1.1	0.6	6	-28.9	**-1.0**	0.6	6	-28.1	-0.9	0.6	7	-27.4	-0.8	0.7	7	-26.7	-0.7	0.7	7	-26.0	23
23	**-1.0**	0.7	7	-27.0	-0.9	0.7	7	-26.3	-0.8	0.8	8	-25.7	-0.7	0.8	8	-25.1	-0.6	0.8	8	-24.5	23
23	-0.9	0.8	8	-25.3	-0.8	0.8	8	-24.8	-0.7	0.9	9	-24.2	-0.6	0.9	9	-23.7	-0.5	1.0	10	-23.1	23
22	-0.8	0.9	9	-23.9	-0.7	0.9	10	-23.4	-0.6	1.0	10	-22.9	-0.5	1.0	10	-22.4	-0.4	1.1	11	-21.9	22
22	-0.7	1.0	10	-22.6	-0.6	1.0	11	-22.1	-0.5	1.1	11	-21.7	-0.4	1.1	11	-21.2	-0.3	1.2	12	-20.8	22
22	-0.6	1.1	11	-21.4	-0.5	1.2	12	-21.0	-0.4	1.2	12	-20.5	-0.3	1.2	13	-20.1	-0.2	1.3	13	-19.7	22
21	-0.5	1.2	13	-20.3	-0.4	1.3	13	-19.9	-0.3	1.3	13	-19.5	-0.2	1.3	14	-19.1	-0.1	1.4	14	-18.8	21
21	-0.4	1.3	14	-19.3	-0.3	1.4	14	-18.9	-0.2	1.4	14	-18.6	-0.1	1.5	15	-18.2	**0.0**	1.5	15	-17.9	21
20	-0.3	1.4	15	-18.4	-0.2	1.5	15	-18.0	-0.1	1.5	16	-17.7	**0.0**	1.6	16	-17.4	0.1	1.6	16	-17.0	20
20	-0.2	1.5	16	-17.5	-0.1	1.6	16	-17.2	**0.0**	1.6	17	-16.9	0.1	1.7	17	-16.5	0.2	1.7	17	-16.2	20
20	-0.1	1.7	17	-16.7	**0.0**	1.7	18	-16.4	0.1	1.7	18	-16.1	0.2	1.8	18	-15.8	0.3	1.8	18	-15.5	20
19	**0.0**	1.8	18	-15.9	0.1	1.8	19	-15.6	0.2	1.9	19	-15.3	0.3	1.9	19	-15.0	0.4	2.0	20	-14.7	19
19	0.1	1.9	19	-15.2	0.2	1.9	20	-14.9	0.3	2.0	20	-14.6	0.4	2.0	20	-14.3	0.5	2.1	21	-14.1	19
19	0.2	2.0	21	-14.5	0.3	2.0	21	-14.2	0.4	2.1	21	-13.9	0.5	2.1	22	-13.7	0.6	2.2	22	-13.4	19
18	0.3	2.1	22	-13.8	0.4	2.2	22	-13.6	0.5	2.2	22	-13.3	0.6	2.2	23	-13.0	0.7	2.3	23	-12.8	18
18	0.4	2.2	23	-13.2	0.5	2.3	23	-12.9	0.6	2.3	24	-12.7	0.7	2.4	24	-12.4	0.8	2.4	24	-12.2	18
18	0.5	2.3	24	-12.6	0.6	2.4	24	-12.3	0.7	2.4	25	-12.1	0.8	2.5	25	-11.9	0.9	2.5	25	-11.6	18
17	0.6	2.4	25	-12.0	0.7	2.5	26	-11.8	0.8	2.5	26	-11.5	0.9	2.6	26	-11.3	**1.0**	2.6	26	-11.1	17
17	0.7	2.6	26	-11.4	0.8	2.6	27	-11.2	0.9	2.6	27	-11.0	**1.0**	2.7	27	-10.8	1.1	2.7	28	-10.5	17
17	0.8	2.7	28	-10.9	0.9	2.7	28	-10.7	**1.0**	2.8	28	-10.4	1.1	2.8	28	-10.2	1.2	2.9	29	-10.0	17
16	0.9	2.8	29	-10.4	**1.0**	2.8	29	-10.1	1.1	2.9	29	-9.9	1.2	2.9	30	-9.7	1.3	3.0	30	-9.5	16
16	**1.0**	2.9	30	-9.8	1.1	2.9	30	-9.6	1.2	3.0	31	-9.4	1.3	3.0	31	-9.2	1.4	3.1	31	-9.0	16
16	1.1	3.0	31	-9.4	1.2	3.1	31	-9.2	1.3	3.1	32	-9.0	1.4	3.2	32	-8.8	1.5	3.2	32	-8.6	16
15	1.2	3.1	32	-8.9	1.3	3.2	33	-8.7	1.4	3.2	33	-8.5	1.5	3.3	33	-8.3	1.6	3.3	33	-8.1	15
15	1.3	3.2	33	-8.4	1.4	3.3	34	-8.2	1.5	3.3	34	-8.0	1.6	3.4	34	-7.9	1.7	3.4	35	-7.7	15
15	1.4	3.4	35	-8.0	1.5	3.4	35	-7.8	1.6	3.5	35	-7.6	1.7	3.5	35	-7.4	1.8	3.6	36	-7.2	15
14	1.5	3.5	36	-7.5	1.6	3.5	36	-7.4	1.7	3.6	36	-7.2	1.8	3.6	37	-7.0	1.9	3.7	37	-6.8	14
14	1.6	3.6	37	-7.1	1.7	3.6	37	-6.9	1.8	3.7	38	-6.8	1.9	3.7	38	-6.6	**2.0**	3.8	38	-6.4	14
14	1.7	3.7	38	-6.7	1.8	3.8	39	-6.5	1.9	3.8	39	-6.4	**2.0**	3.9	39	-6.2	2.1	3.9	39	-6.0	14
13	1.8	3.8	39	-6.3	1.9	3.9	40	-6.1	**2.0**	3.9	40	-6.0	2.1	4.0	40	-5.8	2.2	4.0	40	-5.6	13
13	1.9	3.9	41	-5.9	**2.0**	4.0	41	-5.7	2.1	4.0	41	-5.6	2.2	4.1	41	-5.4	2.3	4.1	42	-5.2	13
13	**2.0**	4.1	42	-5.5	2.1	4.1	42	-5.4	2.2	4.2	42	-5.2	2.3	4.2	43	-5.0	2.4	4.3	43	-4.9	13
12	2.1	4.2	43	-5.1	2.2	4.2	43	-5.0	2.3	4.3	43	-4.8	2.4	4.3	44	-4.7	2.5	4.4	44	-4.5	12
12	2.2	4.3	44	-4.8	2.3	4.3	45	-4.6	2.4	4.4	45	-4.5	2.5	4.4	45	-4.3	2.6	4.5	45	-4.1	12
12	2.3	4.4	46	-4.4	2.4	4.5	46	-4.3	2.5	4.5	46	-4.1	2.6	4.6	46	-4.0	2.7	4.6	46	-3.8	12
11	2.4	4.5	47	-4.1	2.5	4.6	47	-3.9	2.6	4.6	47	-3.8	2.7	4.7	47	-3.6	2.8	4.7	48	-3.5	11
11	2.5	4.6	48	-3.7	2.6	4.7	48	-3.6	2.7	4.7	48	-3.4	2.8	4.8	49	-3.3	2.9	4.9	49	-3.1	11
11	2.6	4.8	49	-3.4	2.7	4.8	49	-3.2	2.8	4.9	50	-3.1	2.9	4.9	50	-2.9	**3.0**	5.0	50	-2.8	11
11	2.7	4.9	50	-3.0	2.8	4.9	51	-2.9	2.9	5.0	51	-2.8	**3.0**	5.0	51	-2.6	3.1	5.1	51	-2.5	11
10	2.8	5.0	52	-2.7	2.9	5.1	52	-2.6	**3.0**	5.1	52	-2.4	3.1	5.2	52	-2.3	3.2	5.2	52	-2.2	10

n	t_W	e	U	t_d	t_W	e	U	t_d	t_W	e	U	t_d	t_W	e	U	t_d	t_W	e	U	t_d	n
	6.5				**6.6**				**6.7**				**6.8**				**6.9**				
10	2.9	5.1	53	-2.4	**3.0**	5.2	53	-2.3	3.1	5.2	53	-2.1	3.2	5.3	53	-2.0	3.3	5.3	54	-1.8	10
10	**3.0**	5.2	54	-2.1	3.1	5.3	54	-2.0	3.2	5.3	55	-1.8	3.3	5.4	55	-1.7	3.4	5.5	55	-1.5	10
9	3.1	5.4	55	-1.8	3.2	5.4	56	-1.6	3.3	5.5	56	-1.5	3.4	5.5	56	-1.4	3.5	5.6	56	-1.2	9
9	3.2	5.5	57	-1.5	3.3	5.5	57	-1.3	3.4	5.6	57	-1.2	3.5	5.6	57	-1.1	3.6	5.7	57	-0.9	9
9	3.3	5.6	58	-1.2	3.4	5.7	58	-1.0	3.5	5.7	58	-0.9	3.6	5.8	58	-0.8	3.7	5.8	59	-0.7	9
8	3.4	5.7	59	-0.9	3.5	5.8	59	-0.8	3.6	5.8	59	-0.6	3.7	5.9	60	-0.5	3.8	5.9	60	-0.4	8
8	3.5	5.8	60	-0.6	3.6	5.9	61	-0.5	3.7	6.0	61	-0.3	3.8	6.0	61	-0.2	3.9	6.1	61	-0.1	8
8	3.6	6.0	62	-0.3	3.7	6.0	62	-0.2	3.8	6.1	62	-0.1	3.9	6.1	62	0.1	**4.0**	6.2	62	0.2	8
8	3.7	6.1	63	0.0	3.8	6.1	63	0.1	3.9	6.2	63	0.2	**4.0**	6.3	63	0.3	4.1	6.3	64	0.5	8
7	3.8	6.2	64	0.2	3.9	6.3	64	0.4	**4.0**	6.3	65	0.5	4.1	6.4	65	0.6	4.2	6.4	65	0.7	7
7	3.9	6.3	66	0.5	**4.0**	6.4	66	0.6	4.1	6.5	66	0.8	4.2	6.5	66	0.9	4.3	6.6	66	1.0	7
7	**4.0**	6.5	67	0.8	4.1	6.5	67	0.9	4.2	6.6	67	1.0	4.3	6.6	67	1.1	4.4	6.7	67	1.3	7
6	4.1	6.6	68	1.0	4.2	6.6	68	1.2	4.3	6.7	68	1.3	4.4	6.8	68	1.4	4.5	6.8	69	1.5	6
6	4.2	6.7	69	1.3	4.3	6.8	69	1.4	4.4	6.8	70	1.5	4.5	6.9	70	1.7	4.6	6.9	70	1.8	6
6	4.3	6.8	71	1.6	4.4	6.9	71	1.7	4.5	7.0	71	1.8	4.6	7.0	71	1.9	4.7	7.1	71	2.0	6
6	4.4	7.0	72	1.8	4.5	7.0	72	1.9	4.6	7.1	72	2.0	4.7	7.1	72	2.2	4.8	7.2	72	2.3	6
5	4.5	7.1	73	2.1	4.6	7.1	73	2.2	4.7	7.2	73	2.3	4.8	7.3	74	2.4	4.9	7.3	74	2.5	5
5	4.6	7.2	75	2.3	4.7	7.3	75	2.4	4.8	7.3	75	2.5	4.9	7.4	75	2.7	**5.0**	7.5	75	2.8	5
5	4.7	7.3	76	2.6	4.8	7.4	76	2.7	4.9	7.5	76	2.8	**5.0**	7.5	76	2.9	5.1	7.6	76	3.0	5
4	4.8	7.5	77	2.8	4.9	7.5	77	2.9	**5.0**	7.6	77	3.0	5.1	7.6	77	3.1	5.2	7.7	78	3.2	4
4	4.9	7.6	78	3.0	**5.0**	7.7	79	3.1	5.1	7.7	79	3.3	5.2	7.8	79	3.4	5.3	7.8	79	3.5	4
4	**5.0**	7.7	80	3.3	5.1	7.8	80	3.4	5.2	7.8	80	3.5	5.3	7.9	80	3.6	5.4	8.0	80	3.7	4
4	5.1	7.8	81	3.5	5.2	7.9	81	3.6	5.3	8.0	81	3.7	5.4	8.0	81	3.8	5.5	8.1	81	3.9	4
3	5.2	8.0	82	3.7	5.3	8.0	82	3.8	5.4	8.1	83	3.9	5.5	8.2	83	4.1	5.6	8.2	83	4.2	3
3	5.3	8.1	84	4.0	5.4	8.2	84	4.1	5.5	8.2	84	4.2	5.6	8.3	84	4.3	5.7	8.4	84	4.4	3
3	5.4	8.2	85	4.2	5.5	8.3	85	4.3	5.6	8.4	85	4.4	5.7	8.4	85	4.5	5.8	8.5	85	4.6	3
3	5.5	8.4	86	4.4	5.6	8.4	86	4.5	5.7	8.5	87	4.6	5.8	8.5	87	4.7	5.9	8.6	87	4.8	3
2	5.6	8.5	88	4.6	5.7	8.6	88	4.7	5.8	8.6	88	4.8	5.9	8.7	88	4.9	**6.0**	8.7	88	5.0	2
2	5.7	8.6	89	4.8	5.8	8.7	89	4.9	5.9	8.7	89	5.0	**6.0**	8.8	89	5.2	6.1	8.9	89	5.3	2
2	5.8	8.7	90	5.1	5.9	8.8	90	5.2	**6.0**	8.9	91	5.3	6.1	8.9	91	5.4	6.2	9.0	91	5.5	2
2	5.9	8.9	92	5.3	**6.0**	8.9	92	5.4	6.1	9.0	92	5.5	6.2	9.1	92	5.6	6.3	9.1	92	5.7	2
1	**6.0**	9.0	93	5.5	6.1	9.1	93	5.6	6.2	9.1	93	5.7	6.3	9.2	93	5.8	6.4	9.3	93	5.9	1
1	6.1	9.1	95	5.7	6.2	9.2	95	5.8	6.3	9.3	95	5.9	6.4	9.3	95	6.0	6.5	9.4	95	6.1	1
1	6.2	9.3	96	5.9	6.3	9.3	96	6.0	6.4	9.4	96	6.1	6.5	9.5	96	6.2	6.6	9.5	96	6.3	1
0	6.3	9.4	97	6.1	6.4	9.5	97	6.2	6.5	9.5	97	6.3	6.6	9.6	97	6.4	6.7	9.7	97	6.5	0
0	6.4	9.5	99	6.3	6.5	9.6	99	6.4	6.6	9.7	99	6.5	6.7	9.7	99	6.6	6.8	9.8	99	6.7	0
0	6.5	9.7	100	6.5	6.6	9.7	100	6.6	6.7	9.8	100	6.7	6.8	9.9	100	6.8	6.9	9.9	100	6.9	0
	7.0				**7.1**				**7.2**				**7.3**				**7.4**				
26																	**-1.0**	0.1	1	-48.6	26
26					-1.2	0.1	1	-50.7	-1.1	0.1	1	-46.0	**-1.0**	0.1	1	-42.8	-0.9	0.2	2	-40.3	26
25	-1.2	0.1	1	-43.9	-1.1	0.2	2	-41.2	**-1.0**	0.2	2	-39.1	-0.9	0.2	2	-37.3	-0.8	0.3	3	-35.7	25
25	-1.1	0.2	2	-38.0	**-1.0**	0.3	3	-36.3	-0.9	0.3	3	-34.9	-0.8	0.4	4	-33.7	-0.7	0.4	4	-32.5	25
25	**-1.0**	0.3	3	-34.1	-0.9	0.4	4	-33.0	-0.8	0.4	4	-31.9	-0.7	0.5	5	-30.9	-0.6	0.5	5	-30.0	25
24	-0.9	0.4	4	-31.3	-0.8	0.5	5	-30.4	-0.7	0.5	5	-29.5	-0.6	0.6	6	-28.7	-0.5	0.6	6	-27.9	24
24	-0.8	0.6	6	-29.0	-0.7	0.6	6	-28.2	-0.6	0.6	6	-27.5	-0.5	0.7	7	-26.8	-0.4	0.7	7	-26.1	24
23	-0.7	0.7	7	-27.1	-0.6	0.7	7	-26.4	-0.5	0.8	7	-25.8	-0.4	0.8	8	-25.2	-0.3	0.8	8	-24.6	23
23	-0.6	0.8	8	-25.4	-0.5	0.8	8	-24.8	-0.4	0.9	8	-24.3	-0.3	0.9	9	-23.7	-0.2	0.9	9	-23.2	23
23	-0.5	0.9	9	-24.0	-0.4	0.9	9	-23.4	-0.3	1.0	10	-22.9	-0.2	1.0	10	-22.4	-0.1	1.1	10	-21.9	23
22	-0.4	1.0	10	-22.6	-0.3	1.0	10	-22.2	-0.2	1.1	11	-21.7	-0.1	1.1	11	-21.2	**0.0**	1.2	11	-20.8	22
22	-0.3	1.1	11	-21.4	-0.2	1.1	11	-21.0	-0.1	1.2	12	-20.6	**0.0**	1.2	12	-20.1	0.1	1.3	12	-19.7	22
22	-0.2	1.2	12	-20.4	-0.1	1.3	13	-19.9	**0.0**	1.3	13	-19.5	0.1	1.3	13	-19.1	0.2	1.4	14	-18.8	22
21	-0.1	1.3	13	-19.3	**0.0**	1.4	14	-19.0	0.1	1.4	14	-18.6	0.2	1.5	14	-18.2	0.3	1.5	15	-17.9	21
21	**0.0**	1.4	14	-18.4	0.1	1.5	15	-18.0	0.2	1.5	15	-17.7	0.3	1.6	15	-17.3	0.4	1.6	16	-17.0	21
21	0.1	1.5	15	-17.5	0.2	1.6	16	-17.2	0.3	1.6	16	-16.8	0.4	1.7	16	-16.5	0.5	1.7	17	-16.2	21
20	0.2	1.7	17	-16.7	0.3	1.7	17	-16.4	0.4	1.8	17	-16.1	0.5	1.8	18	-15.7	0.6	1.8	18	-15.4	20
20	0.3	1.8	18	-15.9	0.4	1.8	18	-15.6	0.5	1.9	18	-15.3	0.6	1.9	19	-15.0	0.7	2.0	19	-14.7	20
20	0.4	1.9	19	-15.2	0.5	1.9	19	-14.9	0.6	2.0	19	-14.6	0.7	2.0	20	-14.3	0.8	2.1	20	-14.0	20
19	0.5	2.0	20	-14.5	0.6	2.0	20	-14.2	0.7	2.1	21	-13.9	0.8	2.1	21	-13.6	0.9	2.2	21	-13.4	19
19	0.6	2.1	21	-13.8	0.7	2.2	21	-13.5	0.8	2.2	22	-13.3	0.9	2.2	22	-13.0	**1.0**	2.3	22	-12.8	19
18	0.7	2.2	22	-13.2	0.8	2.3	23	-12.9	0.9	2.3	23	-12.6	**1.0**	2.4	23	-12.4	1.1	2.4	23	-12.2	18
18	0.8	2.3	23	-12.5	0.9	2.4	24	-12.3	**1.0**	2.4	24	-12.1	1.1	2.5	24	-11.8	1.2	2.5	25	-11.6	18
18	0.9	2.4	24	-12.0	**1.0**	2.5	25	-11.7	1.1	2.5	25	-11.5	1.2	2.6	25	-11.2	1.3	2.6	26	-11.0	18
17	**1.0**	2.6	26	-11.4	1.1	2.6	26	-11.2	1.2	2.7	26	-10.9	1.3	2.7	26	-10.7	1.4	2.8	27	-10.5	17
17	1.1	2.7	27	-10.8	1.2	2.7	27	-10.6	1.3	2.8	27	-10.4	1.4	2.8	28	-10.2	1.5	2.9	28	-10.0	17
17	1.2	2.8	28	-10.3	1.3	2.8	28	-10.1	1.4	2.9	28	-9.9	1.5	2.9	29	-9.7	1.6	3.0	29	-9.5	17
16	1.3	2.9	29	-9.8	1.4	3.0	29	-9.6	1.5	3.0	30	-9.4	1.6	3.1	30	-9.2	1.7	3.1	30	-9.0	16
16	1.4	3.0	30	-9.3	1.5	3.1	30	-9.1	1.6	3.1	31	-8.9	1.7	3.2	31	-8.7	1.8	3.2	31	-8.5	16
16	1.5	3.1	31	-8.8	1.6	3.2	32	-8.6	1.7	3.2	32	-8.4	1.8	3.3	32	-8.2	1.9	3.3	32	-8.0	16
15	1.6	3.3	32	-8.4	1.7	3.3	33	-8.2	1.8	3.4	33	-8.0	1.9	3.4	33	-7.8	**2.0**	3.5	34	-7.6	15
15	1.7	3.4	34	-7.9	1.8	3.4	34	-7.7	1.9	3.5	34	-7.5	**2.0**	3.5	34	-7.4	2.1	3.6	35	-7.2	15
15	1.8	3.5	35	-7.5	1.9	3.5	35	-7.3	**2.0**	3.6	35	-7.1	2.1	3.6	36	-6.9	2.2	3.7	36	-6.8	15

n	t_W	e	U	t_d	t_W	e	U	t_d	t_W	e	U	t_d	t_W	e	U	t_d	t_W	e	U	t_d	n
	7.0				**7.1**				**7.2**				**7.3**				**7.4**				
14	1.9	3.6	36	-7.1	**2.0**	3.7	36	-6.9	2.1	3.7	36	-6.7	2.2	3.8	37	-6.5	2.3	3.8	37	-6.3	14
14	**2.0**	3.7	37	-6.6	2.1	3.8	37	-6.5	2.2	3.8	38	-6.3	2.3	3.9	38	-6.1	2.4	3.9	38	-5.9	14
14	2.1	3.8	38	-6.2	2.2	3.9	39	-6.1	2.3	3.9	39	-5.9	2.4	4.0	39	-5.7	2.5	4.0	39	-5.6	14
14	2.2	4.0	39	-5.8	2.3	4.0	40	-5.7	2.4	4.1	40	-5.5	2.5	4.1	40	-5.3	2.6	4.2	40	-5.2	14
13	2.3	4.1	41	-5.5	2.4	4.1	41	-5.3	2.5	4.2	41	-5.1	2.6	4.2	41	-5.0	2.7	4.3	42	-4.8	13
13	2.4	4.2	42	-5.1	2.5	4.2	42	-4.9	2.6	4.3	42	-4.8	2.7	4.3	43	-4.6	2.8	4.4	43	-4.4	13
13	2.5	4.3	43	-4.7	2.6	4.4	43	-4.5	2.7	4.4	43	-4.4	2.8	4.5	44	-4.2	2.9	4.5	44	-4.1	13
12	2.6	4.4	44	-4.3	2.7	4.5	44	-4.2	2.8	4.5	45	-4.0	2.9	4.6	45	-3.9	**3.0**	4.6	45	-3.7	12
12	2.7	4.5	45	-4.0	2.8	4.6	46	-3.8	2.9	4.7	46	-3.7	**3.0**	4.7	46	-3.5	3.1	4.8	46	-3.4	12
12	2.8	4.7	47	-3.6	2.9	4.7	47	-3.5	**3.0**	4.8	47	-3.3	3.1	4.8	47	-3.2	3.2	4.9	47	-3.0	12
11	2.9	4.8	48	-3.3	**3.0**	4.8	48	-3.2	3.1	4.9	48	-3.0	3.2	4.9	48	-2.9	3.3	5.0	49	-2.7	11
11	**3.0**	4.9	49	-3.0	3.1	5.0	49	-2.8	3.2	5.0	49	-2.7	3.3	5.1	50	-2.5	3.4	5.1	50	-2.4	11
11	3.1	5.0	50	-2.6	3.2	5.1	50	-2.5	3.3	5.1	51	-2.4	3.4	5.2	51	-2.2	3.5	5.2	51	-2.1	11
10	3.2	5.1	51	-2.3	3.3	5.2	52	-2.2	3.4	5.3	52	-2.0	3.5	5.3	52	-1.9	3.6	5.4	52	-1.8	10
10	3.3	5.3	53	-2.0	3.4	5.3	53	-1.9	3.5	5.4	53	-1.7	3.6	5.4	53	-1.6	3.7	5.5	53	-1.5	10
10	3.4	5.4	54	-1.7	3.5	5.4	54	-1.6	3.6	5.5	54	-1.4	3.7	5.6	54	-1.3	3.8	5.6	55	-1.2	10
9	3.5	5.5	55	-1.4	3.6	5.6	55	-1.3	3.7	5.6	55	-1.1	3.8	5.7	56	-1.0	3.9	5.7	56	-0.9	9
9	3.6	5.6	56	-1.1	3.7	5.7	56	-1.0	3.8	5.7	57	-0.8	3.9	5.8	57	-0.7	**4.0**	5.9	57	-0.6	9
9	3.7	5.8	58	-0.8	3.8	5.8	58	-0.7	3.9	5.9	58	-0.5	**4.0**	5.9	58	-0.4	4.1	6.0	58	-0.3	9
9	3.8	5.9	59	-0.5	3.9	5.9	59	-0.4	**4.0**	6.0	59	-0.3	4.1	6.1	59	-0.1	4.2	6.1	59	0.0	9
8	3.9	6.0	60	-0.2	**4.0**	6.1	60	-0.1	4.1	6.1	60	0.0	4.2	6.2	60	0.2	4.3	6.2	61	0.3	8
8	**4.0**	6.1	61	0.0	4.1	6.2	61	0.2	4.2	6.2	62	0.3	4.3	6.3	62	0.4	4.4	6.4	62	0.6	8
8	4.1	6.3	62	0.3	4.2	6.3	63	0.4	4.3	6.4	63	0.6	4.4	6.4	63	0.7	4.5	6.5	63	0.8	8
7	4.2	6.4	64	0.6	4.3	6.4	64	0.7	4.4	6.5	64	0.8	4.5	6.6	64	1.0	4.6	6.6	64	1.1	7
7	4.3	6.5	65	0.9	4.4	6.6	65	1.0	4.5	6.6	65	1.1	4.6	6.7	65	1.2	4.7	6.7	65	1.4	7
7	4.4	6.6	66	1.1	4.5	6.7	66	1.2	4.6	6.7	66	1.4	4.7	6.8	67	1.5	4.8	6.9	67	1.6	7
7	4.5	6.8	67	1.4	4.6	6.8	68	1.5	4.7	6.9	68	1.6	4.8	6.9	68	1.8	4.9	7.0	68	1.9	7
6	4.6	6.9	69	1.6	4.7	6.9	69	1.8	4.8	7.0	69	1.9	4.9	7.1	69	2.0	**5.0**	7.1	69	2.1	6
6	4.7	7.0	70	1.9	4.8	7.1	70	2.0	4.9	7.1	70	2.1	**5.0**	7.2	70	2.3	5.1	7.2	70	2.4	6
6	4.8	7.1	71	2.1	4.9	7.2	71	2.3	**5.0**	7.3	71	2.4	5.1	7.3	72	2.5	5.2	7.4	72	2.6	6
5	4.9	7.3	72	2.4	**5.0**	7.3	73	2.5	5.1	7.4	73	2.6	5.2	7.4	73	2.7	5.3	7.5	73	2.9	5
5	**5.0**	7.4	74	2.6	5.1	7.4	74	2.8	5.2	7.5	74	2.9	5.3	7.6	74	3.0	5.4	7.6	74	3.1	5
5	5.1	7.5	75	2.9	5.2	7.6	75	3.0	5.3	7.6	75	3.1	5.4	7.7	75	3.2	5.5	7.8	75	3.3	5
5	5.2	7.6	76	3.1	5.3	7.7	76	3.2	5.4	7.8	76	3.3	5.5	7.8	77	3.5	5.6	7.9	77	3.6	5
4	5.3	7.8	78	3.4	5.4	7.8	78	3.5	5.5	7.9	78	3.6	5.6	8.0	78	3.7	5.7	8.0	78	3.8	4
4	5.4	7.9	79	3.6	5.5	8.0	79	3.7	5.6	8.0	79	3.8	5.7	8.1	79	3.9	5.8	8.1	79	4.0	4
4	5.5	8.0	80	3.8	5.6	8.1	80	3.9	5.7	8.2	80	4.0	5.8	8.2	80	4.2	5.9	8.3	80	4.3	4
4	5.6	8.2	81	4.0	5.7	8.2	82	4.2	5.8	8.3	82	4.3	5.9	8.3	82	4.4	**6.0**	8.4	82	4.5	4
3	5.7	8.3	83	4.3	5.8	8.3	83	4.4	5.9	8.4	83	4.5	**6.0**	8.5	83	4.6	6.1	8.5	83	4.7	3
3	5.8	8.4	84	4.5	5.9	8.5	84	4.6	**6.0**	8.5	84	4.7	6.1	8.6	84	4.8	6.2	8.7	84	4.9	3
3	5.9	8.5	85	4.7	**6.0**	8.6	85	4.8	6.1	8.7	85	4.9	6.2	8.7	86	5.0	6.3	8.8	86	5.1	3
3	**6.0**	8.7	87	4.9	6.1	8.7	87	5.0	6.2	8.8	87	5.1	6.3	8.9	87	5.3	6.4	8.9	87	5.4	3
2	6.1	8.8	88	5.2	6.2	8.9	88	5.3	6.3	8.9	88	5.4	6.4	9.0	88	5.5	6.5	9.1	88	5.6	2
2	6.2	8.9	89	5.4	6.3	9.0	89	5.5	6.4	9.1	89	5.6	6.5	9.1	89	5.7	6.6	9.2	89	5.8	2
2	6.3	9.1	91	5.6	6.4	9.1	91	5.7	6.5	9.2	91	5.8	6.6	9.3	91	5.9	6.7	9.3	91	6.0	2
1	6.4	9.2	92	5.8	6.5	9.3	92	5.9	6.6	9.3	92	6.0	6.7	9.4	92	6.1	6.8	9.5	92	6.2	1
1	6.5	9.3	93	6.0	6.6	9.4	93	6.1	6.7	9.5	93	6.2	6.8	9.5	93	6.3	6.9	9.6	93	6.4	1
1	6.6	9.5	95	6.2	6.7	9.5	95	6.3	6.8	9.6	95	6.4	6.9	9.7	95	6.5	**7.0**	9.7	95	6.6	1
1	6.7	9.6	96	6.4	6.8	9.7	96	6.5	6.9	9.7	96	6.6	**7.0**	9.8	96	6.7	7.1	9.9	96	6.8	1
0	6.8	9.7	97	6.6	6.9	9.8	97	6.7	**7.0**	9.9	97	6.8	7.1	9.9	97	6.9	7.2	10.0	97	7.0	0
0	6.9	9.9	99	6.8	**7.0**	9.9	99	6.9	7.1	10.0	99	7.0	7.2	10.1	99	7.1	7.3	10.2	99	7.2	0
0	**7.0**	10.0	100	7.0	7.1	10.1	100	7.1	7.2	10.2	100	7.2	7.3	10.2	100	7.3	7.4	10.3	100	7.4	0
	7.5				**7.6**				**7.7**				**7.8**				**7.9**				
26																	-0.7	0.1	1	-49.5	26
26									-0.8	0.1	1	-46.8	-0.7	0.1	1	-43.3	-0.6	0.2	2	-40.7	26
26	-0.9	0.1	1	-44.6	-0.8	0.2	2	-41.7	-0.7	0.2	2	-39.4	-0.6	0.2	2	-37.6	-0.5	0.3	3	-35.9	26
25	-0.8	0.2	2	-38.3	-0.7	0.3	3	-36.6	-0.6	0.3	3	-35.1	-0.5	0.4	3	-33.8	-0.4	0.4	4	-32.6	25
25	-0.7	0.3	3	-34.4	-0.6	0.4	4	-33.1	-0.5	0.4	4	-32.0	-0.4	0.5	4	-31.0	-0.3	0.5	5	-30.1	25
25	-0.6	0.4	4	-31.5	-0.5	0.5	5	-30.5	-0.4	0.5	5	-29.6	-0.3	0.6	5	-28.7	-0.2	0.6	6	-28.0	25
24	-0.5	0.6	5	-29.1	-0.4	0.6	6	-28.3	-0.3	0.6	6	-27.6	-0.2	0.7	6	-26.8	-0.1	0.7	7	-26.2	24
24	-0.4	0.7	6	-27.2	-0.3	0.7	7	-26.5	-0.2	0.7	7	-25.8	-0.1	0.8	8	-25.2	**0.0**	0.8	8	-24.6	24
23	-0.3	0.8	7	-25.5	-0.2	0.8	8	-24.9	-0.1	0.9	8	-24.3	**0.0**	0.9	8	-23.7	0.1	0.9	9	-23.2	23
23	-0.2	0.9	9	-24.0	-0.1	0.9	9	-23.5	**0.0**	1.0	9	-22.9	0.1	1.0	10	-22.4	0.2	1.1	10	-21.9	23
23	-0.1	1.0	10	-22.7	**0.0**	1.0	10	-22.2	0.1	1.1	10	-21.7	0.2	1.1	11	-21.2	0.3	1.2	11	-20.8	23
22	**0.0**	1.1	11	-21.5	0.1	1.1	11	-21.0	0.2	1.2	11	-20.6	0.3	1.2	12	-20.1	0.4	1.3	12	-19.7	22
22	0.1	1.2	12	-20.4	0.2	1.3	12	-19.9	0.3	1.3	12	-19.5	0.4	1.4	13	-19.1	0.5	1.4	13	-18.7	22
22	0.2	1.3	13	-19.3	0.3	1.4	13	-18.9	0.4	1.4	13	-18.6	0.5	1.5	14	-18.2	0.6	1.5	14	-17.8	22
21	0.3	1.4	14	-18.4	0.4	1.5	14	-18.0	0.5	1.5	15	-17.7	0.6	1.6	15	-17.3	0.7	1.6	15	-17.0	21
21	0.4	1.6	15	-17.5	0.5	1.6	15	-17.2	0.6	1.6	16	-16.8	0.7	1.7	16	-16.5	0.8	1.7	16	-16.2	21
21	0.5	1.7	16	-16.7	0.6	1.7	16	-16.3	0.7	1.8	17	-16.0	0.8	1.8	17	-15.7	0.9	1.8	17	-15.4	21
20	0.6	1.8	17	-15.9	0.7	1.8	17	-15.6	0.8	1.9	18	-15.3	0.9	1.9	18	-15.0	**1.0**	2.0	18	-14.7	20

n	t_W	e	U	t_d	t_W	e	U	t_d	t_W	e	U	t_d	t_W	e	U	t_d	t_W	e	U	t_d	n
	7.5				**7.6**				**7.7**				**7.8**				**7.9**				
20	0.7	1.9	18	-15.1	0.8	1.9	19	-14.8	0.9	2.0	19	-14.6	**1.0**	2.0	19	-14.3	1.1	2.1	20	-14.0	20
20	0.8	2.0	19	-14.4	0.9	2.0	20	-14.2	**1.0**	2.1	20	-13.9	1.1	2.1	20	-13.6	1.2	2.2	21	-13.3	20
19	0.9	2.1	20	-13.8	**1.0**	2.2	21	-13.5	1.1	2.2	21	-13.2	1.2	2.3	21	-13.0	1.3	2.3	22	-12.7	19
19	**1.0**	2.2	22	-13.1	1.1	2.3	22	-12.9	1.2	2.3	22	-12.6	1.3	2.4	22	-12.3	1.4	2.4	23	-12.1	19
19	1.1	2.3	23	-12.5	1.2	2.4	23	-12.3	1.3	2.4	23	-12.0	1.4	2.5	24	-11.8	1.5	2.5	24	-11.5	19
18	1.2	2.5	24	-11.9	1.3	2.5	24	-11.7	1.4	2.6	24	-11.4	1.5	2.6	25	-11.2	1.6	2.7	25	-11.0	18
18	1.3	2.6	25	-11.3	1.4	2.6	25	-11.1	1.5	2.7	25	-10.9	1.6	2.7	26	-10.6	1.7	2.8	26	-10.4	18
18	1.4	2.7	26	-10.8	1.5	2.7	26	-10.6	1.6	2.8	27	-10.3	1.7	2.8	27	-10.1	1.8	2.9	27	-9.9	18
17	1.5	2.8	27	-10.3	1.6	2.9	27	-10.0	1.7	2.9	28	-9.8	1.8	3.0	28	-9.6	1.9	3.0	28	-9.4	17
17	1.6	2.9	28	-9.7	1.7	3.0	28	-9.5	1.8	3.0	29	-9.3	1.9	3.1	29	-9.1	**2.0**	3.1	29	-8.9	17
17	1.7	3.0	29	-9.3	1.8	3.1	30	-9.0	1.9	3.1	30	-8.8	**2.0**	3.2	30	-8.6	2.1	3.2	30	-8.4	17
16	1.8	3.2	30	-8.8	1.9	3.2	31	-8.6	**2.0**	3.3	31	-8.4	2.1	3.3	31	-8.2	2.2	3.4	31	-8.0	16
16	1.9	3.3	32	-8.3	**2.0**	3.3	32	-8.1	2.1	3.4	32	-7.9	2.2	3.4	32	-7.7	2.3	3.5	33	-7.5	16
16	**2.0**	3.4	33	-7.9	2.1	3.4	33	-7.7	2.2	3.5	33	-7.5	2.3	3.5	33	-7.3	2.4	3.6	34	-7.1	16
15	2.1	3.5	34	-7.4	2.2	3.6	34	-7.2	2.3	3.6	34	-7.0	2.4	3.7	35	-6.9	2.5	3.7	35	-6.7	15
15	2.2	3.6	35	-7.0	2.3	3.7	35	-6.8	2.4	3.7	35	-6.6	2.5	3.8	36	-6.4	2.6	3.8	36	-6.3	15
15	2.3	3.7	36	-6.6	2.4	3.8	36	-6.4	2.5	3.8	37	-6.2	2.6	3.9	37	-6.0	2.7	3.9	37	-5.9	15
14	2.4	3.9	37	-6.2	2.5	3.9	37	-6.0	2.6	4.0	38	-5.8	2.7	4.0	38	-5.6	2.8	4.1	38	-5.5	14
14	2.5	4.0	38	-5.8	2.6	4.0	39	-5.6	2.7	4.1	39	-5.4	2.8	4.1	39	-5.3	2.9	4.2	39	-5.1	14
14	2.6	4.1	40	-5.4	2.7	4.1	40	-5.2	2.8	4.2	40	-5.0	2.9	4.3	40	-4.9	**3.0**	4.3	40	-4.7	14
13	2.7	4.2	41	-5.0	2.8	4.3	41	-4.8	2.9	4.3	41	-4.7	**3.0**	4.4	41	-4.5	3.1	4.4	42	-4.3	13
13	2.8	4.3	42	-4.6	2.9	4.4	42	-4.5	**3.0**	4.4	42	-4.3	3.1	4.5	42	-4.2	3.2	4.5	43	-4.0	13
13	2.9	4.5	43	-4.3	**3.0**	4.5	43	-4.1	3.1	4.6	43	-4.0	3.2	4.6	44	-3.8	3.3	4.7	44	-3.6	13
12	**3.0**	4.6	44	-3.9	3.1	4.6	44	-3.8	3.2	4.7	45	-3.6	3.3	4.7	45	-3.5	3.4	4.8	45	-3.3	12
12	3.1	4.7	45	-3.6	3.2	4.7	46	-3.4	3.3	4.8	46	-3.3	3.4	4.9	46	-3.1	3.5	4.9	46	-3.0	12
12	3.2	4.8	46	-3.2	3.3	4.9	47	-3.1	3.4	4.9	47	-2.9	3.5	5.0	47	-2.8	3.6	5.0	47	-2.6	12
11	3.3	4.9	48	-2.9	3.4	5.0	48	-2.7	3.5	5.0	48	-2.6	3.6	5.1	48	-2.5	3.7	5.2	48	-2.3	11
11	3.4	5.1	49	-2.6	3.5	5.1	49	-2.4	3.6	5.2	49	-2.3	3.7	5.2	49	-2.1	3.8	5.3	50	-2.0	11
11	3.5	5.2	50	-2.2	3.6	5.2	50	-2.1	3.7	5.3	50	-2.0	3.8	5.3	51	-1.8	3.9	5.4	51	-1.7	11
11	3.6	5.3	51	-1.9	3.7	5.4	51	-1.8	3.8	5.4	52	-1.6	3.9	5.5	52	-1.5	**4.0**	5.5	52	-1.4	11
10	3.7	5.4	52	-1.6	3.8	5.5	53	-1.5	3.9	5.5	53	-1.3	**4.0**	5.6	53	-1.2	4.1	5.7	53	-1.1	10
10	3.8	5.5	54	-1.3	3.9	5.6	54	-1.2	**4.0**	5.7	54	-1.0	4.1	5.7	54	-0.9	4.2	5.8	54	-0.8	10
10	3.9	5.7	55	-1.0	**4.0**	5.7	55	-0.9	4.1	5.8	55	-0.7	4.2	5.8	55	-0.6	4.3	5.9	55	-0.5	10
9	**4.0**	5.8	56	-0.7	4.1	5.9	56	-0.6	4.2	5.9	56	-0.5	4.3	6.0	56	-0.3	4.4	6.0	57	-0.2	9
9	4.1	5.9	57	-0.4	4.2	6.0	57	-0.3	4.3	6.0	57	-0.2	4.4	6.1	58	0.0	4.5	6.2	58	0.1	9
9	4.2	6.0	58	-0.1	4.3	6.1	58	0.0	4.4	6.2	59	0.1	4.5	6.2	59	0.2	4.6	6.3	59	0.4	9
8	4.3	6.2	60	0.1	4.4	6.2	60	0.3	4.5	6.3	60	0.4	4.6	6.3	60	0.5	4.7	6.4	60	0.7	8
8	4.4	6.3	61	0.4	4.5	6.4	61	0.5	4.6	6.4	61	0.7	4.7	6.5	61	0.8	4.8	6.5	61	0.9	8
8	4.5	6.4	62	0.7	4.6	6.5	62	0.8	4.7	6.5	62	0.9	4.8	6.6	62	1.1	4.9	6.7	63	1.2	8
8	4.6	6.5	63	1.0	4.7	6.6	63	1.1	4.8	6.7	63	1.2	4.9	6.7	64	1.3	**5.0**	6.8	64	1.5	8
7	4.7	6.7	64	1.2	4.8	6.7	65	1.3	4.9	6.8	65	1.5	**5.0**	6.9	65	1.6	5.1	6.9	65	1.7	7
7	4.8	6.8	66	1.5	4.9	6.9	66	1.6	**5.0**	6.9	66	1.7	5.1	7.0	66	1.8	5.2	7.0	66	2.0	7
7	4.9	6.9	67	1.7	**5.0**	7.0	67	1.9	5.1	7.0	67	2.0	5.2	7.1	67	2.1	5.3	7.2	67	2.2	7
6	**5.0**	7.1	68	2.0	5.1	7.1	68	2.1	5.2	7.2	68	2.2	5.3	7.2	68	2.4	5.4	7.3	69	2.5	6
6	5.1	7.2	69	2.2	5.2	7.2	69	2.4	5.3	7.3	70	2.5	5.4	7.4	70	2.6	5.5	7.4	70	2.7	6
6	5.2	7.3	71	2.5	5.3	7.4	71	2.6	5.4	7.4	71	2.7	5.5	7.5	71	2.8	5.6	7.6	71	3.0	6
6	5.3	7.4	72	2.7	5.4	7.5	72	2.9	5.5	7.6	72	3.0	5.6	7.6	72	3.1	5.7	7.7	72	3.2	6
5	5.4	7.6	73	3.0	5.5	7.6	73	3.1	5.6	7.7	73	3.2	5.7	7.8	73	3.3	5.8	7.8	73	3.4	5
5	5.5	7.7	74	3.2	5.6	7.8	74	3.3	5.7	7.8	74	3.4	5.8	7.9	75	3.6	5.9	7.9	75	3.7	5
5	5.6	7.8	76	3.5	5.7	7.9	76	3.6	5.8	7.9	76	3.7	5.9	8.0	76	3.8	**6.0**	8.1	76	3.9	5
5	5.7	8.0	77	3.7	5.8	8.0	77	3.8	5.9	8.1	77	3.9	**6.0**	8.1	77	4.0	6.1	8.2	77	4.1	5
4	5.8	8.1	78	3.9	5.9	8.1	78	4.0	**6.0**	8.2	78	4.1	6.1	8.3	78	4.3	6.2	8.3	78	4.4	4
4	5.9	8.2	79	4.1	**6.0**	8.3	79	4.3	6.1	8.3	79	4.4	6.2	8.4	80	4.5	6.3	8.5	80	4.6	4
4	**6.0**	8.3	81	4.4	6.1	8.4	81	4.5	6.2	8.5	81	4.6	6.3	8.5	81	4.7	6.4	8.6	81	4.8	4
4	6.1	8.5	82	4.6	6.2	8.5	82	4.7	6.3	8.6	82	4.8	6.4	8.7	82	4.9	6.5	8.7	82	5.0	4
3	6.2	8.6	83	4.8	6.3	8.7	83	4.9	6.4	8.7	83	5.0	6.5	8.8	83	5.1	6.6	8.9	83	5.3	3
3	6.3	8.7	84	5.0	6.4	8.8	84	5.1	6.5	8.9	84	5.3	6.6	8.9	85	5.4	6.7	9.0	85	5.5	3
3	6.4	8.9	86	5.3	6.5	8.9	86	5.4	6.6	9.0	86	5.5	6.7	9.1	86	5.6	6.8	9.1	86	5.7	3
2	6.5	9.0	87	5.5	6.6	9.1	87	5.6	6.7	9.1	87	5.7	6.8	9.2	87	5.8	6.9	9.3	87	5.9	2
2	6.6	9.1	88	5.7	6.7	9.2	88	5.8	6.8	9.3	88	5.9	6.9	9.3	88	6.0	**7.0**	9.4	88	6.1	2
2	6.7	9.3	90	5.9	6.8	9.3	90	6.0	6.9	9.4	90	6.1	**7.0**	9.5	90	6.2	7.1	9.5	90	6.3	2
2	6.8	9.4	91	6.1	6.9	9.5	91	6.2	**7.0**	9.5	91	6.3	7.1	9.6	91	6.4	7.2	9.7	91	6.5	2
1	6.9	9.5	92	6.3	**7.0**	9.6	92	6.4	7.1	9.7	92	6.5	7.2	9.8	92	6.6	7.3	9.8	92	6.7	1
1	**7.0**	9.7	93	6.5	7.1	9.7	93	6.6	7.2	9.8	93	6.7	7.3	9.9	93	6.8	7.4	10.0	94	6.9	1
1	7.1	9.8	95	6.7	7.2	9.9	95	6.8	7.3	10.0	95	6.9	7.4	10.0	95	7.0	7.5	10.1	95	7.1	1
1	7.2	10.0	96	6.9	7.3	10.0	96	7.0	7.4	10.1	96	7.1	7.5	10.2	96	7.2	7.6	10.2	96	7.3	1
0	7.3	10.1	97	7.1	7.4	10.2	97	7.2	7.5	10.2	97	7.3	7.6	10.3	97	7.4	7.7	10.4	97	7.5	0
0	7.4	10.2	99	7.3	7.5	10.3	99	7.4	7.6	10.4	99	7.5	7.7	10.4	99	7.6	7.8	10.5	99	7.7	0
0	7.5	10.4	100	7.5	7.6	10.4	100	7.6	7.7	10.5	100	7.7	7.8	10.6	100	7.8	7.9	10.6	100	7.9	0

n	t_W	e	U	t_d	t_W	e	U	t_d	t_W	e	U	t_d	t_W	e	U	t_d	t_W	e	U	t_d	n
	8.0				**8.1**				**8.2**				**8.3**				**8.4**				
27																	-0.4	0.1	1	-50.2	27
26									-0.5	0.1	1	-47.4	-0.4	0.1	1	-43.6	-0.3	0.2	2	-40.9	26
26	-0.6	0.1	1	-45.1	-0.5	0.2	1	-42.1	-0.4	0.2	2	-39.7	-0.3	0.2	2	-37.7	-0.2	0.3	3	-36.1	26
26	-0.5	0.2	2	-38.6	-0.4	0.3	2	-36.8	-0.3	0.3	3	-35.3	-0.2	0.3	3	-33.9	-0.1	0.4	4	-32.7	26
25	-0.4	0.3	3	-34.5	-0.3	0.4	3	-33.3	-0.2	0.4	4	-32.1	-0.1	0.5	4	-31.1	**0.0**	0.5	5	-30.1	25
25	-0.3	0.4	4	-31.5	-0.2	0.5	4	-30.6	-0.1	0.5	5	-29.6	**0.0**	0.6	5	-28.8	0.1	0.6	6	-28.0	25
25	-0.2	0.5	5	-29.2	-0.1	0.6	5	-28.4	**0.0**	0.6	6	-27.6	0.1	0.7	6	-26.8	0.2	0.7	7	-26.2	25
24	-0.1	0.7	6	-27.2	**0.0**	0.7	7	-26.5	0.1	0.7	7	-25.8	0.2	0.8	7	-25.2	0.3	0.8	8	-24.6	24
24	**0.0**	0.8	7	-25.5	0.1	0.8	8	-24.9	0.2	0.9	8	-24.3	0.3	0.9	8	-23.7	0.4	1.0	9	-23.2	24
24	0.1	0.9	8	-24.0	0.2	0.9	9	-23.4	0.3	1.0	9	-22.9	0.4	1.0	9	-22.4	0.5	1.1	10	-21.9	24
23	0.2	1.0	9	-22.7	0.3	1.0	10	-22.2	0.4	1.1	10	-21.7	0.5	1.1	10	-21.2	0.6	1.2	11	-20.7	23
23	0.3	1.1	10	-21.5	0.4	1.2	11	-21.0	0.5	1.2	11	-20.5	0.6	1.2	11	-20.1	0.7	1.3	12	-19.7	23
22	0.4	1.2	11	-20.3	0.5	1.3	12	-19.9	0.6	1.3	12	-19.5	0.7	1.4	12	-19.1	0.8	1.4	13	-18.7	22
22	0.5	1.3	12	-19.3	0.6	1.4	13	-18.9	0.7	1.4	13	-18.5	0.8	1.5	13	-18.1	0.9	1.5	14	-17.8	22
22	0.6	1.4	13	-18.4	0.7	1.5	14	-18.0	0.8	1.5	14	-17.6	0.9	1.6	14	-17.3	**1.0**	1.6	15	-16.9	22
21	0.7	1.6	15	-17.5	0.8	1.6	15	-17.1	0.9	1.6	15	-16.8	**1.0**	1.7	16	-16.4	1.1	1.7	16	-16.1	21
21	0.8	1.7	16	-16.6	0.9	1.7	16	-16.3	**1.0**	1.8	16	-16.0	1.1	1.8	17	-15.7	1.2	1.9	17	-15.3	21
21	0.9	1.8	17	-15.8	**1.0**	1.8	17	-15.5	1.1	1.9	17	-15.2	1.2	1.9	18	-14.9	1.3	2.0	18	-14.6	21
20	**1.0**	1.9	18	-15.1	1.1	1.9	18	-14.8	1.2	2.0	18	-14.5	1.3	2.0	19	-14.2	1.4	2.1	19	-13.9	20
20	1.1	2.0	19	-14.4	1.2	2.1	19	-14.1	1.3	2.1	19	-13.8	1.4	2.2	20	-13.5	1.5	2.2	20	-13.3	20
20	1.2	2.1	20	-13.7	1.3	2.2	20	-13.4	1.4	2.2	20	-13.2	1.5	2.3	21	-12.9	1.6	2.3	21	-12.6	20
19	1.3	2.2	21	-13.1	1.4	2.3	21	-12.8	1.5	2.3	22	-12.5	1.6	2.4	22	-12.3	1.7	2.4	22	-12.0	19
19	1.4	2.4	22	-12.4	1.5	2.4	22	-12.2	1.6	2.5	23	-11.9	1.7	2.5	23	-11.7	1.8	2.6	23	-11.4	19
19	1.5	2.5	23	-11.8	1.6	2.5	23	-11.6	1.7	2.6	24	-11.4	1.8	2.6	24	-11.1	1.9	2.7	24	-10.9	19
18	1.6	2.6	24	-11.3	1.7	2.6	24	-11.0	1.8	2.7	25	-10.8	1.9	2.7	25	-10.6	**2.0**	2.8	25	-10.3	18
18	1.7	2.7	25	-10.7	1.8	2.8	25	-10.5	1.9	2.8	26	-10.3	**2.0**	2.9	26	-10.0	2.1	2.9	26	-9.8	18
18	1.8	2.8	26	-10.2	1.9	2.9	27	-10.0	**2.0**	2.9	27	-9.8	2.1	3.0	27	-9.5	2.2	3.0	27	-9.3	18
17	1.9	2.9	27	-9.7	**2.0**	3.0	28	-9.5	2.1	3.0	28	-9.3	2.2	3.1	28	-9.0	2.3	3.1	28	-8.8	17
17	**2.0**	3.1	28	-9.2	2.1	3.1	29	-9.0	2.2	3.2	29	-8.8	2.3	3.2	29	-8.6	2.4	3.3	30	-8.4	17
17	2.1	3.2	30	-8.7	2.2	3.2	30	-8.5	2.3	3.3	30	-8.3	2.4	3.3	30	-8.1	2.5	3.4	31	-7.9	17
16	2.2	3.3	31	-8.2	2.3	3.3	31	-8.0	2.4	3.4	31	-7.8	2.5	3.4	31	-7.6	2.6	3.5	32	-7.5	16
16	2.3	3.4	32	-7.8	2.4	3.5	32	-7.6	2.5	3.5	32	-7.4	2.6	3.6	33	-7.2	2.7	3.6	33	-7.0	16
16	2.4	3.5	33	-7.3	2.5	3.6	33	-7.2	2.6	3.6	33	-7.0	2.7	3.7	34	-6.8	2.8	3.7	34	-6.6	16
15	2.5	3.6	34	-6.9	2.6	3.7	34	-6.7	2.7	3.7	34	-6.5	2.8	3.8	35	-6.4	2.9	3.9	35	-6.2	15
15	2.6	3.8	35	-6.5	2.7	3.8	35	-6.3	2.8	3.9	36	-6.1	2.9	3.9	36	-6.0	**3.0**	4.0	36	-5.8	15
15	2.7	3.9	36	-6.1	2.8	3.9	36	-5.9	2.9	4.0	37	-5.7	**3.0**	4.0	37	-5.6	3.1	4.1	37	-5.4	15
14	2.8	4.0	37	-5.7	2.9	4.1	38	-5.5	**3.0**	4.1	38	-5.3	3.1	4.2	38	-5.2	3.2	4.2	38	-5.0	14
14	2.9	4.1	38	-5.3	**3.0**	4.2	39	-5.1	3.1	4.2	39	-5.0	3.2	4.3	39	-4.8	3.3	4.3	39	-4.6	14
14	**3.0**	4.2	40	-4.9	3.1	4.3	40	-4.8	3.2	4.3	40	-4.6	3.3	4.4	40	-4.4	3.4	4.5	40	-4.3	14
13	3.1	4.4	41	-4.6	3.2	4.4	41	-4.4	3.3	4.5	41	-4.2	3.4	4.5	41	-4.1	3.5	4.6	42	-3.9	13
13	3.2	4.5	42	-4.2	3.3	4.5	42	-4.0	3.4	4.6	42	-3.9	3.5	4.6	42	-3.7	3.6	4.7	43	-3.5	13
13	3.3	4.6	43	-3.8	3.4	4.7	43	-3.7	3.5	4.7	43	-3.5	3.6	4.8	44	-3.4	3.7	4.8	44	-3.2	13
13	3.4	4.7	44	-3.5	3.5	4.8	44	-3.3	3.6	4.8	44	-3.2	3.7	4.9	45	-3.0	3.8	4.9	45	-2.9	13
12	3.5	4.8	45	-3.1	3.6	4.9	45	-3.0	3.7	5.0	46	-2.8	3.8	5.0	46	-2.7	3.9	5.1	46	-2.5	12
12	3.6	5.0	46	-2.8	3.7	5.0	47	-2.7	3.8	5.1	47	-2.5	3.9	5.1	47	-2.4	**4.0**	5.2	47	-2.2	12
12	3.7	5.1	47	-2.5	3.8	5.1	48	-2.3	3.9	5.2	48	-2.2	**4.0**	5.3	48	-2.0	4.1	5.3	48	-1.9	12
11	3.8	5.2	49	-2.2	3.9	5.3	49	-2.0	**4.0**	5.3	49	-1.9	4.1	5.4	49	-1.7	4.2	5.4	49	-1.6	11
11	3.9	5.3	50	-1.8	**4.0**	5.4	50	-1.7	4.1	5.5	50	-1.6	4.2	5.5	50	-1.4	4.3	5.6	51	-1.3	11
11	**4.0**	5.5	51	-1.5	4.1	5.5	51	-1.4	4.2	5.6	51	-1.2	4.3	5.6	51	-1.1	4.4	5.7	52	-1.0	11
10	4.1	5.6	52	-1.2	4.2	5.6	52	-1.1	4.3	5.7	52	-0.9	4.4	5.8	53	-0.8	4.5	5.8	53	-0.7	10
10	4.2	5.7	53	-0.9	4.3	5.8	53	-0.8	4.4	5.8	54	-0.6	4.5	5.9	54	-0.5	4.6	5.9	54	-0.4	10
10	4.3	5.8	54	-0.6	4.4	5.9	55	-0.5	4.5	6.0	55	-0.4	4.6	6.0	55	-0.2	4.7	6.1	55	-0.1	10
10	4.4	6.0	56	-0.3	4.5	6.0	56	-0.2	4.6	6.1	56	-0.1	4.7	6.1	56	0.1	4.8	6.2	56	0.2	10
9	4.5	6.1	57	-0.1	4.6	6.1	57	0.1	4.7	6.2	57	0.2	4.8	6.3	57	0.3	4.9	6.3	57	0.5	9
9	4.6	6.2	58	0.2	4.7	6.3	58	0.4	4.8	6.3	58	0.5	4.9	6.4	58	0.6	**5.0**	6.5	59	0.8	9
9	4.7	6.3	59	0.5	4.8	6.4	59	0.6	4.9	6.5	59	0.8	**5.0**	6.5	60	0.9	5.1	6.6	60	1.0	9
8	4.8	6.5	60	0.8	4.9	6.5	60	0.9	**5.0**	6.6	61	1.0	5.1	6.6	61	1.2	5.2	6.7	61	1.3	8
8	4.9	6.6	61	1.1	**5.0**	6.7	62	1.2	5.1	6.7	62	1.3	5.2	6.8	62	1.4	5.3	6.8	62	1.6	8
8	**5.0**	6.7	63	1.3	5.1	6.8	63	1.4	5.2	6.8	63	1.6	5.3	6.9	63	1.7	5.4	7.0	63	1.8	8
8	5.1	6.8	64	1.6	5.2	6.9	64	1.7	5.3	7.0	64	1.8	5.4	7.0	64	2.0	5.5	7.1	64	2.1	8
7	5.2	7.0	65	1.8	5.3	7.0	65	2.0	5.4	7.1	65	2.1	5.5	7.2	65	2.2	5.6	7.2	66	2.3	7
7	5.3	7.1	66	2.1	5.4	7.2	66	2.2	5.5	7.2	66	2.3	5.6	7.3	67	2.5	5.7	7.4	67	2.6	7
7	5.4	7.2	67	2.3	5.5	7.3	68	2.5	5.6	7.4	68	2.6	5.7	7.4	68	2.7	5.8	7.5	68	2.8	7
6	5.5	7.4	69	2.6	5.6	7.4	69	2.7	5.7	7.5	69	2.8	5.8	7.5	69	3.0	5.9	7.6	69	3.1	6
6	5.6	7.5	70	2.8	5.7	7.6	70	3.0	5.8	7.6	70	3.1	5.9	7.7	70	3.2	**6.0**	7.7	70	3.3	6
6	5.7	7.6	71	3.1	5.8	7.7	71	3.2	5.9	7.7	71	3.3	**6.0**	7.8	71	3.4	6.1	7.9	71	3.6	6
6	5.8	7.7	72	3.3	5.9	7.8	72	3.4	**6.0**	7.9	72	3.6	6.1	7.9	73	3.7	6.2	8.0	73	3.8	6
5	5.9	7.9	74	3.6	**6.0**	7.9	74	3.7	6.1	8.0	74	3.8	6.2	8.1	74	3.9	6.3	8.1	74	4.0	5
5	**6.0**	8.0	75	3.8	6.1	8.1	75	3.9	6.2	8.1	75	4.0	6.3	8.2	75	4.1	6.4	8.3	75	4.3	5
5	6.1	8.1	76	4.0	6.2	8.2	76	4.1	6.3	8.3	76	4.3	6.4	8.3	76	4.4	6.5	8.4	76	4.5	5
5	6.2	8.3	77	4.3	6.3	8.3	77	4.4	6.4	8.4	77	4.5	6.5	8.5	77	4.6	6.6	8.5	78	4.7	5
4	6.3	8.4	78	4.5	6.4	8.5	79	4.6	6.5	8.5	79	4.7	6.6	8.6	79	4.8	6.7	8.7	79	4.9	4
4	6.4	8.5	80	4.7	6.5	8.6	80	4.8	6.6	8.7	80	4.9	6.7	8.7	80	5.0	6.8	8.8	80	5.1	4

n	t_W	e	U	t_d	t_W	e	U	t_d	t_W	e	U	t_d	t_W	e	U	t_d	t_W	e	U	t_d	n
	8.0				**8.1**				**8.2**				**8.3**				**8.4**				
4	6.5	8.7	81	4.9	6.6	8.7	81	5.0	6.7	8.8	81	5.1	6.8	8.9	81	5.3	6.9	8.9	81	5.4	4
3	6.6	8.8	82	5.1	6.7	8.9	82	5.3	6.8	8.9	82	5.4	6.9	9.0	82	5.5	**7.0**	9.1	82	5.6	3
3	6.7	8.9	83	5.4	6.8	9.0	83	5.5	6.9	9.1	84	5.6	**7.0**	9.1	84	5.7	7.1	9.2	84	5.8	3
3	6.8	9.1	85	5.6	6.9	9.1	85	5.7	**7.0**	9.2	85	5.8	7.1	9.3	85	5.9	7.2	9.3	85	6.0	3
3	6.9	9.2	86	5.8	**7.0**	9.3	86	5.9	7.1	9.3	86	6.0	7.2	9.4	86	6.1	7.3	9.5	86	6.2	3
2	**7.0**	9.3	87	6.0	7.1	9.4	87	6.1	7.2	9.5	87	6.2	7.3	9.6	87	6.3	7.4	9.6	87	6.4	2
2	7.1	9.5	88	6.2	7.2	9.5	88	6.3	7.3	9.6	89	6.4	7.4	9.7	89	6.5	7.5	9.8	89	6.6	2
2	7.2	9.6	90	6.4	7.3	9.7	90	6.5	7.4	9.8	90	6.6	7.5	9.8	90	6.7	7.6	9.9	90	6.8	2
2	7.3	9.8	91	6.6	7.4	9.8	91	6.7	7.5	9.9	91	6.8	7.6	10.0	91	6.9	7.7	10.0	91	7.0	2
1	7.4	9.9	92	6.8	7.5	10.0	92	6.9	7.6	10.0	92	7.0	7.7	10.1	92	7.1	7.8	10.2	92	7.2	1
1	7.5	10.0	94	7.0	7.6	10.1	94	7.1	7.7	10.2	94	7.2	7.8	10.2	94	7.3	7.9	10.3	94	7.4	1
1	7.6	10.2	95	7.2	7.7	10.2	95	7.3	7.8	10.3	95	7.4	7.9	10.4	95	7.5	**8.0**	10.5	95	7.6	1
1	7.7	10.3	96	7.4	7.8	10.4	96	7.5	7.9	10.4	96	7.6	**8.0**	10.5	96	7.7	8.1	10.6	96	7.8	1
0	7.8	10.4	97	7.6	7.9	10.5	97	7.7	**8.0**	10.6	97	7.8	8.1	10.7	97	7.9	8.2	10.7	97	8.0	0
0	7.9	10.6	99	7.8	**8.0**	10.7	99	7.9	8.1	10.7	99	8.0	8.2	10.8	99	8.1	8.3	10.9	99	8.2	0
0	**8.0**	10.7	100	8.0	8.1	10.8	100	8.1	8.2	10.9	100	8.2	8.3	10.9	100	8.3	8.4	11.0	100	8.4	0
	8.5				**8.6**				**8.7**				**8.8**				**8.9**				
27																	-0.1	0.1	1	-50.5	27
27									-0.2	0.1	1	-47.7	-0.1	0.1	1	-43.8	**0.0**	0.2	1	-41.0	27
27	-0.3	0.1	1	-45.5	-0.2	0.1	1	-42.3	-0.1	0.2	2	-39.8	**0.0**	0.2	2	-37.8	0.1	0.3	2	-36.1	27
26	-0.2	0.2	2	-38.7	-0.1	0.3	2	-36.9	**0.0**	0.3	3	-35.3	0.1	0.3	3	-33.9	0.2	0.4	3	-32.7	26
26	-0.1	0.3	3	-34.6	**0.0**	0.4	3	-33.3	0.1	0.4	4	-32.1	0.2	0.5	4	-31.1	0.3	0.5	4	-30.1	26
25	**0.0**	0.4	4	-31.6	0.1	0.5	4	-30.6	0.2	0.5	5	-29.6	0.3	0.6	5	-28.8	0.4	0.6	5	-27.9	25
25	0.1	0.5	5	-29.2	0.2	0.6	5	-28.4	0.3	0.6	6	-27.6	0.4	0.7	6	-26.8	0.5	0.7	6	-26.1	25
25	0.2	0.7	6	-27.2	0.3	0.7	6	-26.5	0.4	0.8	7	-25.8	0.5	0.8	7	-25.1	0.6	0.8	7	-24.5	25
24	0.3	0.8	7	-25.5	0.4	0.8	7	-24.9	0.5	0.9	8	-24.3	0.6	0.9	8	-23.7	0.7	1.0	8	-23.1	24
24	0.4	0.9	8	-24.0	0.5	0.9	8	-23.4	0.6	1.0	9	-22.9	0.7	1.0	9	-22.3	0.8	1.1	9	-21.8	24
24	0.5	1.0	9	-22.6	0.6	1.0	9	-22.1	0.7	1.1	10	-21.6	0.8	1.1	10	-21.1	0.9	1.2	10	-20.7	24
23	0.6	1.1	10	-21.4	0.7	1.2	10	-20.9	0.8	1.2	11	-20.5	0.9	1.2	11	-20.0	**1.0**	1.3	11	-19.6	23
23	0.7	1.2	11	-20.3	0.8	1.3	11	-19.9	0.9	1.3	12	-19.4	**1.0**	1.4	12	-19.0	1.1	1.4	12	-18.6	23
23	0.8	1.3	12	-19.3	0.9	1.4	12	-18.9	**1.0**	1.4	13	-18.5	1.1	1.5	13	-18.1	1.2	1.5	13	-17.7	23
22	0.9	1.4	13	-18.3	**1.0**	1.5	13	-17.9	1.1	1.5	14	-17.6	1.2	1.6	14	-17.2	1.3	1.6	14	-16.8	22
22	**1.0**	1.6	14	-17.4	1.1	1.6	14	-17.1	1.2	1.7	15	-16.7	1.3	1.7	15	-16.4	1.4	1.8	15	-16.0	22
21	1.1	1.7	15	-16.6	1.2	1.7	15	-16.2	1.3	1.8	16	-15.9	1.4	1.8	16	-15.6	1.5	1.9	16	-15.3	21
21	1.2	1.8	16	-15.8	1.3	1.8	16	-15.5	1.4	1.9	17	-15.2	1.5	1.9	17	-14.8	1.6	2.0	17	-14.5	21
21	1.3	1.9	17	-15.0	1.4	2.0	18	-14.7	1.5	2.0	18	-14.4	1.6	2.1	18	-14.1	1.7	2.1	18	-13.8	21
20	1.4	2.0	18	-14.3	1.5	2.1	19	-14.0	1.6	2.1	19	-13.7	1.7	2.2	19	-13.5	1.8	2.2	19	-13.2	20
20	1.5	2.1	19	-13.6	1.6	2.2	20	-13.4	1.7	2.2	20	-13.1	1.8	2.3	20	-12.8	1.9	2.3	20	-12.6	20
20	1.6	2.3	20	-13.0	1.7	2.3	21	-12.7	1.8	2.4	21	-12.5	1.9	2.4	21	-12.2	**2.0**	2.5	22	-11.9	20
19	1.7	2.4	21	-12.4	1.8	2.4	22	-12.1	1.9	2.5	22	-11.9	**2.0**	2.5	22	-11.6	2.1	2.6	23	-11.4	19
19	1.8	2.5	22	-11.8	1.9	2.5	23	-11.5	**2.0**	2.6	23	-11.3	2.1	2.6	23	-11.0	2.2	2.7	24	-10.8	19
19	1.9	2.6	23	-11.2	**2.0**	2.7	24	-11.0	2.1	2.7	24	-10.7	2.2	2.8	24	-10.5	2.3	2.8	25	-10.3	19
18	**2.0**	2.7	25	-10.7	2.1	2.8	25	-10.4	2.2	2.8	25	-10.2	2.3	2.9	25	-10.0	2.4	2.9	26	-9.7	18
18	2.1	2.8	26	-10.1	2.2	2.9	26	-9.9	2.3	2.9	26	-9.7	2.4	3.0	26	-9.4	2.5	3.0	27	-9.2	18
18	2.2	3.0	27	-9.6	2.3	3.0	27	-9.4	2.4	3.1	27	-9.2	2.5	3.1	27	-9.0	2.6	3.2	28	-8.7	18
17	2.3	3.1	28	-9.1	2.4	3.1	28	-8.9	2.5	3.2	28	-8.7	2.6	3.2	29	-8.5	2.7	3.3	29	-8.3	17
17	2.4	3.2	29	-8.6	2.5	3.2	29	-8.4	2.6	3.3	29	-8.2	2.7	3.3	30	-8.0	2.8	3.4	30	-7.8	17
17	2.5	3.3	30	-8.2	2.6	3.4	30	-8.0	2.7	3.4	30	-7.8	2.8	3.5	31	-7.6	2.9	3.5	31	-7.4	17
16	2.6	3.4	31	-7.7	2.7	3.5	31	-7.5	2.8	3.5	31	-7.3	2.9	3.6	32	-7.1	**3.0**	3.6	32	-6.9	16
16	2.7	3.5	32	-7.3	2.8	3.6	32	-7.1	2.9	3.7	32	-6.9	**3.0**	3.7	33	-6.7	3.1	3.8	33	-6.5	16
16	2.8	3.7	33	-6.8	2.9	3.7	33	-6.6	**3.0**	3.8	34	-6.5	3.1	3.8	34	-6.3	3.2	3.9	34	-6.1	16
15	2.9	3.8	34	-6.4	**3.0**	3.8	34	-6.2	3.1	3.9	35	-6.0	3.2	3.9	35	-5.9	3.3	4.0	35	-5.7	15
15	**3.0**	3.9	35	-6.0	3.1	4.0	35	-5.8	3.2	4.0	36	-5.6	3.3	4.1	36	-5.5	3.4	4.1	36	-5.3	15
15	3.1	4.0	36	-5.6	3.2	4.1	37	-5.4	3.3	4.1	37	-5.3	3.4	4.2	37	-5.1	3.5	4.2	37	4.9	15
14	3.2	4.1	37	-5.2	3.3	4.2	38	-5.0	3.4	4.3	38	-4.9	3.5	4.3	38	-4.7	3.6	4.4	38	-4.5	14
14	3.3	4.3	38	-4.8	3.4	4.3	39	-4.7	3.5	4.4	39	-4.5	3.6	4.4	39	-4.3	3.7	4.5	39	-4.2	14
14	3.4	4.4	40	-4.5	3.5	4.4	40	-4.3	3.6	4.5	40	-4.1	3.7	4.6	40	-4.0	3.8	4.6	40	-3.8	14
14	3.5	4.5	41	-4.1	3.6	4.6	41	-3.9	3.7	4.6	41	-3.8	3.8	4.7	41	-3.6	3.9	4.7	42	-3.4	14
13	3.6	4.6	42	-3.7	3.7	4.7	42	-3.6	3.8	4.7	42	-3.4	3.9	4.8	42	-3.3	**4.0**	4.9	43	-3.1	13
13	3.7	4.8	43	-3.4	3.8	4.8	43	-3.2	3.9	4.9	43	-3.1	**4.0**	4.9	44	-2.9	4.1	5.0	44	-2.8	13
13	3.8	4.9	44	-3.0	3.9	4.9	44	-2.9	**4.0**	5.0	44	-2.7	4.1	5.1	45	-2.6	4.2	5.1	45	-2.4	13
12	3.9	5.0	45	-2.7	**4.0**	5.1	45	-2.6	4.1	5.1	46	-2.4	4.2	5.2	46	-2.3	4.3	5.2	46	-2.1	12
12	**4.0**	5.1	46	-2.4	4.1	5.2	46	-2.2	4.2	5.2	47	-2.1	4.3	5.3	47	-1.9	4.4	5.4	47	-1.8	12
12	4.1	5.3	47	-2.1	4.2	5.3	48	-1.9	4.3	5.4	48	-1.8	4.4	5.4	48	-1.6	4.5	5.5	48	-1.5	12
11	4.2	5.4	48	-1.7	4.3	5.4	49	-1.6	4.4	5.5	49	-1.5	4.5	5.6	49	-1.3	4.6	5.6	49	-1.2	11
11	4.3	5.5	50	-1.4	4.4	5.6	50	-1.3	4.5	5.6	50	-1.1	4.6	5.7	50	-1.0	4.7	5.7	50	-0.9	11
11	4.4	5.6	51	-1.1	4.5	5.7	51	-1.0	4.6	5.7	51	-0.8	4.7	5.8	51	-0.7	4.8	5.9	51	-0.6	11
11	4.5	5.8	52	-0.8	4.6	5.8	52	-0.7	4.7	5.9	52	-0.5	4.8	5.9	52	-0.4	4.9	6.0	53	-0.3	11
10	4.6	5.9	53	-0.5	4.7	5.9	53	-0.4	4.8	6.0	53	-0.3	4.9	6.1	54	-0.1	**5.0**	6.1	54	0.0	10
10	4.7	6.0	54	-0.2	4.8	6.1	54	-0.1	4.9	6.1	54	0.0	**5.0**	6.2	55	0.2	5.1	6.2	55	0.3	10
10	4.8	6.1	55	0.1	4.9	6.2	55	0.2	**5.0**	6.3	56	0.3	5.1	6.3	56	0.5	5.2	6.4	56	0.6	10

n	t_W	e	U	t_d	t_W	e	U	t_d	t_W	e	U	t_d	t_W	e	U	t_d	t_W	e	U	t_d	n
	8.5				**8.6**				**8.7**				**8.8**				**8.9**				
9	4.9	6.3	56	0.3	**5.0**	6.3	57	0.5	5.1	6.4	57	0.6	5.2	6.4	57	0.7	5.3	6.5	57	0.9	9
9	**5.0**	6.4	58	0.6	5.1	6.4	58	0.7	5.2	6.5	58	0.9	5.3	6.6	58	1.0	5.4	6.6	58	1.1	9
9	5.1	6.5	59	0.9	5.2	6.6	59	1.0	5.3	6.6	59	1.1	5.4	6.7	59	1.3	5.5	6.8	59	1.4	9
9	5.2	6.6	60	1.2	5.3	6.7	60	1.3	5.4	6.8	60	1.4	5.5	6.8	60	1.5	5.6	6.9	60	1.7	9
8	5.3	6.8	61	1.4	5.4	6.8	61	1.5	5.5	6.9	61	1.7	5.6	7.0	61	1.8	5.7	7.0	62	1.9	8
8	5.4	6.9	62	1.7	5.5	7.0	62	1.8	5.6	7.0	62	1.9	5.7	7.1	63	2.1	5.8	7.1	63	2.2	8
8	5.5	7.0	63	1.9	5.6	7.1	63	2.1	5.7	7.2	64	2.2	5.8	7.2	64	2.3	5.9	7.3	64	2.4	8
7	5.6	7.2	65	2.2	5.7	7.2	65	2.3	5.8	7.3	65	2.4	5.9	7.3	65	2.6	**6.0**	7.4	65	2.7	7
7	5.7	7.3	66	2.5	5.8	7.3	66	2.6	5.9	7.4	66	2.7	**6.0**	7.5	66	2.8	6.1	7.5	66	2.9	7
7	5.8	7.4	67	2.7	5.9	7.5	67	2.8	**6.0**	7.5	67	2.9	6.1	7.6	67	3.1	6.2	7.7	67	3.2	7
7	5.9	7.5	68	2.9	**6.0**	7.6	68	3.1	6.1	7.7	68	3.2	6.2	7.7	68	3.3	6.3	7.8	69	3.4	7
6	**6.0**	7.7	69	3.2	6.1	7.7	69	3.3	6.2	7.8	69	3.4	6.3	7.9	70	3.5	6.4	7.9	70	3.7	6
6	6.1	7.8	70	3.4	6.2	7.9	71	3.5	6.3	7.9	71	3.7	6.4	8.0	71	3.8	6.5	8.1	71	3.9	6
6	6.2	7.9	72	3.7	6.3	8.0	72	3.8	6.4	8.1	72	3.9	6.5	8.1	72	4.0	6.6	8.2	72	4.1	6
5	6.3	8.1	73	3.9	6.4	8.1	73	4.0	6.5	8.2	73	4.1	6.6	8.3	73	4.3	6.7	8.3	73	4.4	5
5	6.4	8.2	74	4.1	6.5	8.3	74	4.3	6.6	8.3	74	4.4	6.7	8.4	74	4.5	6.8	8.5	74	4.6	5
5	6.5	8.3	75	4.4	6.6	8.4	75	4.5	6.7	8.5	75	4.6	6.8	8.5	75	4.7	6.9	8.6	76	4.8	5
5	6.6	8.5	76	4.6	6.7	8.5	76	4.7	6.8	8.6	77	4.8	6.9	8.7	77	4.9	**7.0**	8.7	77	5.0	5
4	6.7	8.6	78	4.8	6.8	8.7	78	4.9	6.9	8.7	78	5.0	**7.0**	8.8	78	5.2	7.1	8.9	78	5.3	4
4	6.8	8.7	79	5.0	6.9	8.8	79	5.1	**7.0**	8.9	79	5.3	7.1	8.9	79	5.4	7.2	9.0	79	5.5	4
4	6.9	8.9	80	5.3	**7.0**	8.9	80	5.4	7.1	9.0	80	5.5	7.2	9.1	80	5.6	7.3	9.2	80	5.7	4
4	**7.0**	9.0	81	5.5	7.1	9.1	81	5.6	7.2	9.1	81	5.7	7.3	9.2	81	5.8	7.4	9.3	82	5.9	4
3	7.1	9.1	82	5.7	7.2	9.2	83	5.8	7.3	9.3	83	5.9	7.4	9.4	83	6.0	7.5	9.4	83	6.1	3
3	7.2	9.3	84	5.9	7.3	9.4	84	6.0	7.4	9.4	84	6.1	7.5	9.5	84	6.2	7.6	9.6	84	6.3	3
3	7.3	9.4	85	6.1	7.4	9.5	85	6.2	7.5	9.6	85	6.3	7.6	9.6	85	6.4	7.7	9.7	85	6.5	3
3	7.4	9.6	86	6.3	7.5	9.6	86	6.4	7.6	9.7	86	6.5	7.7	9.8	86	6.6	7.8	9.8	86	6.7	3
2	7.5	9.7	87	6.5	7.6	9.8	87	6.6	7.7	9.8	87	6.7	7.8	9.9	88	6.8	7.9	10.0	88	7.0	2
2	7.6	9.8	89	6.7	7.7	9.9	89	6.8	7.8	10.0	89	6.9	7.9	10.0	89	7.1	**8.0**	10.1	89	7.2	2
2	7.7	10.0	90	6.9	7.8	10.0	90	7.0	7.9	10.1	90	7.1	**8.0**	10.2	90	7.3	8.1	10.3	90	7.4	2
2	7.8	10.1	91	7.1	7.9	10.2	91	7.2	**8.0**	10.3	91	7.3	8.1	10.3	91	7.5	8.2	10.4	91	7.6	2
1	7.9	10.2	92	7.3	**8.0**	10.3	92	7.4	8.1	10.4	92	7.5	8.2	10.5	92	7.6	8.3	10.5	93	7.8	1
1	**8.0**	10.4	94	7.5	8.1	10.5	94	7.6	8.2	10.5	94	7.7	8.3	10.6	94	7.8	8.4	10.7	94	7.9	1
1	8.1	10.5	95	7.7	8.2	10.6	95	7.8	8.3	10.7	95	7.9	8.4	10.7	95	8.0	8.5	10.8	95	8.1	1
1	8.2	10.7	96	7.9	8.3	10.7	96	8.0	8.4	10.8	96	8.1	8.5	10.9	96	8.2	8.6	11.0	96	8.3	1
0	8.3	10.8	97	8.1	8.4	10.9	97	8.2	8.5	11.0	97	8.3	8.6	11.0	97	8.4	8.7	11.1	97	8.5	0
0	8.4	10.9	99	8.3	8.5	11.0	99	8.4	8.6	11.1	99	8.5	8.7	11.2	99	8.6	8.8	11.3	99	8.7	0
0	8.5	11.1	100	8.5	8.6	11.2	100	8.6	8.7	11.2	100	8.7	8.8	11.3	100	8.8	8.9	11.4	100	8.9	0
	9.0				**9.1**				**9.2**				**9.3**				**9.4**				
28																	0.2	0.1	1	-50.5	28
27									0.1	0.1	1	-47.8	0.2	0.1	1	-43.8	0.3	0.2	1	-40.9	27
27	**0.0**	0.1	1	-45.6	0.1	0.1	1	-42.3	0.2	0.2	2	-39.8	0.3	0.2	2	-37.7	0.4	0.3	2	-36.0	27
27	0.1	0.2	2	-38.7	0.2	0.3	2	-36.9	0.3	0.3	3	-35.3	0.4	0.4	3	-33.9	0.5	0.4	3	-32.6	27
26	0.2	0.3	3	-34.6	0.3	0.4	3	-33.3	0.4	0.4	4	-32.1	0.5	0.5	4	-31.0	0.6	0.5	4	-30.0	26
26	0.3	0.4	4	-31.6	0.4	0.5	4	-30.5	0.5	0.5	5	-29.6	0.6	0.6	5	-28.7	0.7	0.6	5	-27.9	26
25	0.4	0.6	5	-29.2	0.5	0.6	5	-28.3	0.6	0.6	6	-27.5	0.7	0.7	6	-26.7	0.8	0.7	6	-26.0	25
25	0.5	0.7	6	-27.2	0.6	0.7	6	-26.4	0.7	0.8	6	-25.7	0.8	0.8	7	-25.1	0.9	0.8	7	-24.4	25
25	0.6	0.8	7	-25.4	0.7	0.8	7	-24.8	0.8	0.9	7	-24.2	0.9	0.9	8	-23.6	**1.0**	1.0	8	-23.0	25
24	0.7	0.9	8	-23.9	0.8	0.9	8	-23.4	0.9	1.0	8	-22.8	**1.0**	1.0	9	-22.3	1.1	1.1	9	-21.8	24
24	0.8	1.0	9	-22.6	0.9	1.0	9	-22.1	**1.0**	1.1	9	-21.6	1.1	1.1	10	-21.1	1.2	1.2	10	-20.6	24
24	0.9	1.1	10	-21.3	**1.0**	1.2	10	-20.9	1.1	1.2	10	-20.4	1.2	1.3	11	-20.0	1.3	1.3	11	-19.5	24
23	**1.0**	1.2	11	-20.2	1.1	1.3	11	-19.8	1.2	1.3	11	-19.4	1.3	1.4	12	-18.9	1.4	1.4	12	-18.5	23
23	1.1	1.3	12	-19.2	1.2	1.4	12	-18.8	1.3	1.4	12	-18.4	1.4	1.5	13	-18.0	1.5	1.5	13	-17.6	23
23	1.2	1.5	13	-18.2	1.3	1.5	13	-17.9	1.4	1.6	13	-17.5	1.5	1.6	14	-17.1	1.6	1.7	14	-16.8	23
22	1.3	1.6	14	-17.3	1.4	1.6	14	-17.0	1.5	1.7	14	-16.6	1.6	1.7	15	-16.3	1.7	1.8	15	-15.9	22
22	1.4	1.7	15	-16.5	1.5	1.7	15	-16.2	1.6	1.8	15	-15.8	1.7	1.8	16	-15.5	1.8	1.9	16	-15.2	22
22	1.5	1.8	16	-15.7	1.6	1.9	16	-15.4	1.7	1.9	16	-15.1	1.8	2.0	17	-14.8	1.9	2.0	17	-14.4	22
21	1.6	1.9	17	-15.0	1.7	2.0	17	-14.6	1.8	2.0	17	-14.3	1.9	2.1	18	-14.0	**2.0**	2.1	18	-13.7	21
21	1.7	2.0	18	-14.2	1.8	2.1	18	-13.9	1.9	2.1	18	-13.7	**2.0**	2.2	19	-13.4	2.1	2.2	19	-13.1	21
20	1.8	2.2	19	-13.6	1.9	2.2	19	-13.3	**2.0**	2.3	19	-13.0	2.1	2.3	20	-12.7	2.2	2.4	20	-12.5	20
20	1.9	2.3	20	-12.9	**2.0**	2.3	20	-12.6	2.1	2.4	20	-12.4	2.2	2.4	21	-12.1	2.3	2.5	21	-11.8	20
20	**2.0**	2.4	21	-12.3	2.1	2.4	21	-12.0	2.2	2.5	21	-11.8	2.3	2.5	22	-11.5	2.4	2.6	22	-11.3	20
19	2.1	2.5	22	-11.7	2.2	2.6	22	-11.4	2.3	2.6	22	-11.2	2.4	2.7	23	-10.9	2.5	2.7	23	-10.7	19
19	2.2	2.6	23	-11.1	2.3	2.7	23	-10.9	2.4	2.7	23	-10.6	2.5	2.8	24	-10.4	2.6	2.8	24	-10.2	19
19	2.3	2.7	24	-10.6	2.4	2.8	24	-10.3	2.5	2.8	24	-10.1	2.6	2.9	25	-9.9	2.7	2.9	25	-9.6	19
18	2.4	2.9	25	-10.0	2.5	2.9	25	-9.8	2.6	3.0	25	-9.6	2.7	3.0	26	-9.4	2.8	3.1	26	-9.1	18
18	2.5	3.0	26	-9.5	2.6	3.0	26	-9.3	2.7	3.1	26	-9.1	2.8	3.1	27	-8.9	2.9	3.2	27	-8.6	18
18	2.6	3.1	27	-9.0	2.7	3.1	27	-8.8	2.8	3.2	28	-8.6	2.9	3.3	28	-8.4	**3.0**	3.3	28	-8.2	18
17	2.7	3.2	28	-8.5	2.8	3.3	28	-8.3	2.9	3.3	29	-8.1	**3.0**	3.4	29	-7.9	3.1	3.4	29	-7.7	17
17	2.8	3.3	29	-8.1	2.9	3.4	29	-7.9	**3.0**	3.4	30	-7.7	3.1	3.5	30	-7.5	3.2	3.5	30	-7.3	17
17	2.9	3.5	30	-7.6	**3.0**	3.5	30	-7.4	3.1	3.6	31	-7.2	3.2	3.6	31	-7.0	3.3	3.7	31	-6.8	17
17	**3.0**	3.6	31	-7.2	3.1	3.6	31	-7.0	3.2	3.7	32	-6.8	3.3	3.7	32	-6.6	3.4	3.8	32	-6.4	17

n	t_W	e	U	t_d	t_W	e	U	t_d	t_W	e	U	t_d	t_W	e	U	t_d	t_W	e	U	t_d	n
	9.0				**9.1**				**9.2**				**9.3**				**9.4**				
16	3.1	3.7	32	-6.7	3.2	3.7	32	-6.5	3.3	3.8	33	-6.4	3.4	3.9	33	-6.2	3.5	3.9	33	-6.0	16
16	3.2	3.8	33	-6.3	3.3	3.9	33	-6.1	3.4	3.9	34	-5.9	3.5	4.0	34	-5.8	3.6	4.0	34	-5.6	16
16	3.3	3.9	34	-5.9	3.4	4.0	35	-5.7	3.5	4.0	35	-5.5	3.6	4.1	35	-5.4	3.7	4.2	35	-5.2	16
15	3.4	4.1	35	-5.5	3.5	4.1	36	-5.3	3.6	4.2	36	-5.1	3.7	4.2	36	-5.0	3.8	4.3	36	-4.8	15
15	3.5	4.2	36	-5.1	3.6	4.2	37	-4.9	3.7	4.3	37	-4.8	3.8	4.3	37	-4.6	3.9	4.4	37	-4.4	15
15	3.6	4.3	37	-4.7	3.7	4.4	38	-4.6	3.8	4.4	38	-4.4	3.9	4.5	38	-4.2	**4.0**	4.5	38	-4.1	15
14	3.7	4.4	39	-4.4	3.8	4.5	39	-4.2	3.9	4.5	39	-4.0	**4.0**	4.6	39	-3.9	4.1	4.7	39	-3.7	14
14	3.8	4.5	40	-4.0	3.9	4.6	40	-3.8	**4.0**	4.7	40	-3.7	4.1	4.7	40	-3.5	4.2	4.8	41	-3.3	14
14	3.9	4.7	41	-3.6	**4.0**	4.7	41	-3.5	4.1	4.8	41	-3.3	4.2	4.8	41	-3.2	4.3	4.9	42	-3.0	14
13	**4.0**	4.8	42	-3.3	4.1	4.9	42	-3.1	4.2	4.9	42	-3.0	4.3	5.0	42	-2.8	4.4	5.0	43	-2.7	13
13	4.1	4.9	43	-2.9	4.2	5.0	43	-2.8	4.3	5.0	43	-2.6	4.4	5.1	43	-2.5	4.5	5.2	44	-2.3	13
13	4.2	5.0	44	-2.6	4.3	5.1	44	-2.5	4.4	5.2	44	-2.3	4.5	5.2	45	-2.1	4.6	5.3	45	-2.0	13
12	4.3	5.2	45	-2.3	4.4	5.2	45	-2.1	4.5	5.3	45	-2.0	4.6	5.3	46	-1.8	4.7	5.4	46	-1.7	12
12	4.4	5.3	46	-2.0	4.5	5.4	46	-1.8	4.6	5.4	47	-1.7	4.7	5.5	47	-1.5	4.8	5.5	47	-1.4	12
12	4.5	5.4	47	-1.6	4.6	5.5	47	-1.5	4.7	5.5	48	-1.3	4.8	5.6	48	-1.2	4.9	5.7	48	-1.1	12
12	4.6	5.5	48	-1.3	4.7	5.6	49	-1.2	4.8	5.7	49	-1.0	4.9	5.7	49	-0.9	**5.0**	5.8	49	-0.7	12
11	4.7	5.7	49	-1.0	4.8	5.7	50	-0.9	4.9	5.8	50	-0.7	**5.0**	5.9	50	-0.6	5.1	5.9	50	-0.4	11
11	4.8	5.8	51	-0.7	4.9	5.9	51	-0.6	**5.0**	5.9	51	-0.4	5.1	6.0	51	-0.3	5.2	6.0	51	-0.2	11
11	4.9	5.9	52	-0.4	**5.0**	6.0	52	-0.3	5.1	6.0	52	-0.1	5.2	6.1	52	0.0	5.3	6.2	52	0.1	11
10	**5.0**	6.1	53	-0.1	5.1	6.1	53	0.0	5.2	6.2	53	0.1	5.3	6.2	53	0.3	5.4	6.3	53	0.4	10
10	5.1	6.2	54	0.2	5.2	6.2	54	0.3	5.3	6.3	54	0.4	5.4	6.4	54	0.6	5.5	6.4	55	0.7	10
10	5.2	6.3	55	0.4	5.3	6.4	55	0.6	5.4	6.4	55	0.7	5.5	6.5	55	0.8	5.6	6.6	56	1.0	10
10	5.3	6.4	56	0.7	5.4	6.5	56	0.9	5.5	6.6	56	1.0	5.6	6.6	57	1.1	5.7	6.7	57	1.3	10
9	5.4	6.6	57	1.0	5.5	6.6	57	1.1	5.6	6.7	58	1.3	5.7	6.8	58	1.4	5.8	6.8	58	1.5	9
9	5.5	6.7	58	1.3	5.6	6.8	58	1.4	5.7	6.8	59	1.5	5.8	6.9	59	1.7	5.9	6.9	59	1.8	9
9	5.6	6.8	59	1.5	5.7	6.9	60	1.7	5.8	6.9	60	1.8	5.9	7.0	60	1.9	**6.0**	7.1	60	2.0	9
8	5.7	7.0	61	1.8	5.8	7.0	61	1.9	5.9	7.1	61	2.1	**6.0**	7.1	61	2.2	6.1	7.2	61	2.3	8
8	5.8	7.1	62	2.1	5.9	7.1	62	2.2	**6.0**	7.2	62	2.3	6.1	7.3	62	2.4	6.2	7.3	62	2.6	8
8	5.9	7.2	63	2.3	**6.0**	7.3	63	2.4	6.1	7.3	63	2.6	6.2	7.4	63	2.7	6.3	7.5	63	2.8	8
8	**6.0**	7.3	64	2.6	6.1	7.4	64	2.7	6.2	7.5	64	2.8	6.3	7.5	64	2.9	6.4	7.6	65	3.1	8
7	6.1	7.5	65	2.8	6.2	7.5	65	2.9	6.3	7.6	65	3.1	6.4	7.7	66	3.2	6.5	7.7	66	3.3	7
7	6.2	7.6	66	3.1	6.3	7.7	66	3.2	6.4	7.7	67	3.3	6.5	7.8	67	3.4	6.6	7.9	67	3.5	7
7	6.3	7.7	67	3.3	6.4	7.8	68	3.4	6.5	7.9	68	3.5	6.6	7.9	68	3.7	6.7	8.0	68	3.8	7
6	6.4	7.9	69	3.5	6.5	7.9	69	3.7	6.6	8.0	69	3.8	6.7	8.1	69	3.9	6.8	8.1	69	4.0	6
6	6.5	8.0	70	3.8	6.6	8.1	70	3.9	6.7	8.1	70	4.0	6.8	8.2	70	4.1	6.9	8.3	70	4.3	6
6	6.6	8.1	71	4.0	6.7	8.2	71	4.1	6.8	8.3	71	4.3	6.9	8.3	71	4.4	**7.0**	8.4	71	4.5	6
6	6.7	8.3	72	4.3	6.8	8.3	72	4.4	6.9	8.4	72	4.5	**7.0**	8.5	72	4.6	7.1	8.5	73	4.7	6
5	6.8	8.4	73	4.5	6.9	8.5	73	4.6	**7.0**	8.5	73	4.7	7.1	8.6	74	4.8	7.2	8.7	74	4.9	5
5	6.9	8.5	74	4.7	**7.0**	8.6	75	4.8	7.1	8.7	75	4.9	7.2	8.7	75	5.1	7.3	8.8	75	5.2	5
5	**7.0**	8.7	76	4.9	7.1	8.7	76	5.0	7.2	8.8	76	5.2	7.3	8.9	76	5.3	7.4	9.0	76	5.4	5
5	7.1	8.8	77	5.2	7.2	8.9	77	5.3	7.3	9.0	77	5.4	7.4	9.0	77	5.5	7.5	9.1	77	5.6	5
4	7.2	8.9	78	5.4	7.3	9.0	78	5.5	7.4	9.1	78	5.6	7.5	9.2	78	5.7	7.6	9.2	78	5.8	4
4	7.3	9.1	79	5.6	7.4	9.2	79	5.7	7.5	9.2	79	5.8	7.6	9.3	79	5.9	7.7	9.4	79	6.0	4
4	7.4	9.2	80	5.8	7.5	9.3	80	5.9	7.6	9.4	81	6.0	7.7	9.4	81	6.1	7.8	9.5	81	6.2	4
4	7.5	9.4	82	6.0	7.6	9.4	82	6.1	7.7	9.5	82	6.2	7.8	9.6	82	6.4	7.9	9.6	82	6.5	4
3	7.6	9.5	83	6.2	7.7	9.6	83	6.3	7.8	9.6	83	6.5	7.9	9.7	83	6.6	**8.0**	9.8	83	6.7	3
3	7.7	9.6	84	6.4	7.8	9.7	84	6.6	7.9	9.8	84	6.7	**8.0**	9.9	84	6.8	8.1	9.9	84	6.9	3
3	7.8	9.8	85	6.7	7.9	9.8	85	6.8	**8.0**	9.9	85	6.9	8.1	10.0	85	7.0	8.2	10.1	85	7.1	3
3	7.9	9.9	86	6.9	**8.0**	10.0	86	7.0	8.1	10.1	87	7.1	8.2	10.1	87	7.2	8.3	10.2	87	7.3	3
2	**8.0**	10.1	88	7.1	8.1	10.1	88	7.2	8.2	10.2	88	7.3	8.3	10.3	88	7.4	8.4	10.3	88	7.5	2
2	8.1	10.2	89	7.3	8.2	10.3	89	7.4	8.3	10.3	89	7.5	8.4	10.4	89	7.6	8.5	10.5	89	7.7	2
2	8.2	10.3	90	7.5	8.3	10.4	90	7.6	8.4	10.5	90	7.7	8.5	10.6	90	7.8	8.6	10.6	90	7.9	2
2	8.3	10.5	91	7.7	8.4	10.5	91	7.8	8.5	10.6	91	7.9	8.6	10.7	91	8.0	8.7	10.8	91	8.1	2
1	8.4	10.6	93	7.9	8.5	10.7	93	8.0	8.6	10.8	93	8.1	8.7	10.8	93	8.2	8.8	10.9	93	8.3	1
1	8.5	10.8	94	8.1	8.6	10.8	94	8.2	8.7	10.9	94	8.3	8.8	11.0	94	8.4	8.9	11.1	94	8.5	1
1	8.6	10.9	95	8.2	8.7	11.0	95	8.3	8.8	11.1	95	8.4	8.9	11.1	95	8.5	**9.0**	11.2	95	8.7	1
1	8.7	11.0	96	8.4	8.8	11.1	96	8.5	8.9	11.2	96	8.6	**9.0**	11.3	96	8.7	9.1	11.4	96	8.8	1
0	8.8	11.2	97	8.6	8.9	11.3	98	8.7	**9.0**	11.3	98	8.8	9.1	11.4	98	8.9	9.2	11.5	98	9.0	0
0	8.9	11.3	99	8.8	**9.0**	11.4	99	8.9	9.1	11.5	99	9.0	9.2	11.6	99	9.1	9.3	11.6	99	9.2	0
0	**9.0**	11.5	100	9.0	9.1	11.6	100	9.1	9.2	11.6	100	9.2	9.3	11.7	100	9.3	9.4	11.8	100	9.4	0
	9.5				**9.6**				**9.7**				**9.8**				**9.9**				
28																	0.5	0.1	1	-50.1	28
28									0.4	0.1	1	-47.6	0.5	0.1	1	-43.6	0.6	0.2	1	-40.7	28
27	0.3	0.1	1	-45.5	0.4	0.2	1	-42.2	0.5	0.2	2	-39.7	0.6	0.2	2	-37.6	0.7	0.3	2	-35.9	27
27	0.4	0.2	2	-38.7	0.5	0.3	2	-36.8	0.6	0.3	3	-35.2	0.7	0.4	3	-33.7	0.8	0.4	3	-32.5	27
27	0.5	0.3	3	-34.5	0.6	0.4	3	-33.2	0.7	0.4	4	-32.0	0.8	0.5	4	-30.9	0.9	0.5	4	-29.9	27
26	0.6	0.4	4	-31.5	0.7	0.5	4	-30.4	0.8	0.5	4	-29.5	0.9	0.6	5	-28.6	**1.0**	0.6	5	-27.7	26
26	0.7	0.6	5	-29.1	0.8	0.6	5	-28.2	0.9	0.6	5	-27.4	**1.0**	0.7	6	-26.6	1.1	0.7	6	-25.9	26
25	0.8	0.7	6	-27.1	0.9	0.7	6	-26.3	**1.0**	0.8	6	-25.6	1.1	0.8	7	-25.0	1.2	0.9	7	-24.3	25
25	0.9	0.8	7	-25.3	**1.0**	0.8	7	-24.7	1.1	0.9	7	-24.1	1.2	0.9	8	-23.5	1.3	1.0	8	-22.9	25
25	**1.0**	0.9	8	-23.8	1.1	0.9	8	-23.3	1.2	1.0	8	-22.7	1.3	1.0	9	-22.2	1.4	1.1	9	-21.6	25

n	t_W	e	U	t_d	t_W	e	U	t_d	t_W	e	U	t_d	t_W	e	U	t_d	t_W	e	U	t_d	n
	9.5				**9.6**				**9.7**				**9.8**				**9.9**				
24	1.1	1.0	9	-22.5	1.2	1.1	9	-22.0	1.3	1.1	9	-21.4	1.4	1.2	10	-21.0	1.5	1.2	10	-20.5	24
24	1.2	1.1	9	-21.3	1.3	1.2	10	-20.8	1.4	1.2	10	-20.3	1.5	1.3	10	-19.9	1.6	1.3	11	-19.4	24
24	1.3	1.2	10	-20.1	1.4	1.3	11	-19.7	1.5	1.3	11	-19.3	1.6	1.4	11	-18.8	1.7	1.4	12	-18.4	24
23	1.4	1.4	11	-19.1	1.5	1.4	12	-18.7	1.6	1.5	12	-18.3	1.7	1.5	12	-17.9	1.8	1.6	13	-17.5	23
23	1.5	1.5	12	-18.1	1.6	1.5	13	-17.8	1.7	1.6	13	-17.4	1.8	1.6	13	-17.0	1.9	1.7	14	-16.6	23
23	1.6	1.6	13	-17.2	1.7	1.6	14	-16.9	1.8	1.7	14	-16.5	1.9	1.7	14	-16.2	**2.0**	1.8	15	-15.8	23
22	1.7	1.7	14	-16.4	1.8	1.8	15	-16.1	1.9	1.8	15	-15.7	**2.0**	1.9	15	-15.4	2.1	1.9	16	-15.1	22
22	1.8	1.8	15	-15.6	1.9	1.9	16	-15.3	**2.0**	1.9	16	-15.0	2.1	2.0	16	-14.6	2.2	2.0	17	-14.3	22
22	1.9	1.9	16	-14.9	**2.0**	2.0	17	-14.5	2.1	2.0	17	-14.2	2.2	2.1	17	-13.9	2.3	2.1	18	-13.6	22
21	**2.0**	2.1	17	-14.1	2.1	2.1	18	-13.8	2.2	2.2	18	-13.5	2.3	2.2	18	-13.3	2.4	2.3	19	-13.0	21
21	2.1	2.2	18	-13.5	2.2	2.2	19	-13.2	2.3	2.3	19	-12.9	2.4	2.3	19	-12.6	2.5	2.4	19	-12.3	21
21	2.2	2.3	19	-12.8	2.3	2.3	20	-12.5	2.4	2.4	20	-12.3	2.5	2.4	20	-12.0	2.6	2.5	20	-11.7	21
20	2.3	2.4	20	-12.2	2.4	2.5	21	-11.9	2.5	2.5	21	-11.7	2.6	2.6	21	-11.4	2.7	2.6	21	-11.2	20
20	2.4	2.5	21	-11.6	2.5	2.6	22	-11.3	2.6	2.6	22	-11.1	2.7	2.7	22	-10.8	2.8	2.7	22	-10.6	20
20	2.5	2.6	22	-11.0	2.6	2.7	23	-10.8	2.7	2.7	23	-10.5	2.8	2.8	23	-10.3	2.9	2.9	23	-10.0	20
19	2.6	2.8	23	-10.5	2.7	2.8	24	-10.2	2.8	2.9	24	-10.0	2.9	2.9	24	-9.8	**3.0**	3.0	24	-9.5	19
19	2.7	2.9	24	-9.9	2.8	2.9	25	-9.7	2.9	3.0	25	-9.5	**3.0**	3.0	25	-9.2	3.1	3.1	25	-9.0	19
19	2.8	3.0	25	-9.4	2.9	3.1	26	-9.2	**3.0**	3.1	26	-9.0	3.1	3.2	26	-8.7	3.2	3.2	26	-8.5	19
18	2.9	3.1	26	-8.9	**3.0**	3.2	27	-8.7	3.1	3.2	27	-8.5	3.2	3.3	27	-8.3	3.3	3.3	27	-8.1	18
18	**3.0**	3.2	27	-8.4	3.1	3.3	28	-8.2	3.2	3.3	28	-8.0	3.3	3.4	28	-7.8	3.4	3.5	28	-7.6	18
18	3.1	3.4	28	-8.0	3.2	3.4	29	-7.7	3.3	3.5	29	-7.5	3.4	3.5	29	-7.3	3.5	3.6	29	-7.1	18
17	3.2	3.5	29	-7.5	3.3	3.5	30	-7.3	3.4	3.6	30	-7.1	3.5	3.6	30	-6.9	3.6	3.7	30	-6.7	17
17	3.3	3.6	30	-7.1	3.4	3.7	31	-6.9	3.5	3.7	31	-6.7	3.6	3.8	31	-6.5	3.7	3.8	31	-6.3	17
17	3.4	3.7	31	-6.6	3.5	3.8	32	-6.4	3.6	3.8	32	-6.2	3.7	3.9	32	-6.1	3.8	3.9	32	-5.9	17
16	3.5	3.8	32	-6.2	3.6	3.9	33	-6.0	3.7	4.0	33	-5.8	3.8	4.0	33	-5.6	3.9	4.1	33	-5.5	16
16	3.6	4.0	33	-5.8	3.7	4.0	34	-5.6	3.8	4.1	34	-5.4	3.9	4.1	34	-5.2	**4.0**	4.2	34	-5.1	16
16	3.7	4.1	34	-5.4	3.8	4.1	35	-5.2	3.9	4.2	35	-5.0	**4.0**	4.3	35	-4.9	4.1	4.3	35	-4.7	16
15	3.8	4.2	36	-5.0	3.9	4.3	36	-4.8	**4.0**	4.3	36	-4.7	4.1	4.4	36	-4.5	4.2	4.4	36	-4.3	15
15	3.9	4.3	37	-4.6	**4.0**	4.3	37	-4.4	4.1	4.5	37	-4.3	4.2	4.5	37	-4.1	4.3	4.6	37	-3.9	15
15	**4.0**	4.5	38	-4.2	4.1	4.5	38	-4.1	4.2	4.6	38	-3.9	4.3	4.6	38	-3.7	4.4	4.7	38	-3.6	15
14	4.1	4.6	39	-3.9	4.2	4.6	39	-3.7	4.3	4.7	39	-3.6	4.4	4.8	39	-3.4	4.5	4.8	40	-3.2	14
14	4.2	4.7	40	-3.5	4.3	4.8	40	-3.4	4.4	4.8	40	-3.2	4.5	4.9	40	-3.0	4.6	4.9	41	-2.9	14
14	4.3	4.8	41	-3.2	4.4	4.9	41	-3.0	4.5	5.0	41	-2.9	4.6	5.0	41	-2.7	4.7	5.1	42	-2.5	14
13	4.4	5.0	42	-2.8	4.5	5.0	42	-2.7	4.6	5.1	42	-2.5	4.7	5.1	42	-2.4	4.8	5.2	43	-2.2	13
13	4.5	5.1	43	-2.5	4.6	5.1	43	-2.3	4.7	5.2	43	-2.2	4.8	5.3	43	-2.0	4.9	5.3	44	-1.9	13
13	4.6	5.2	44	-2.2	4.7	5.3	44	-2.0	4.8	5.3	44	-1.9	4.9	5.4	45	-1.7	**5.0**	5.4	45	-1.6	13
13	4.7	5.3	45	-1.8	4.8	5.4	45	-1.7	4.9	5.5	45	-1.5	**5.0**	5.5	46	-1.4	5.1	5.6	46	-1.2	13
12	4.8	5.5	46	-1.5	4.9	5.5	46	-1.4	**5.0**	5.6	46	-1.2	5.1	5.6	47	-1.1	5.2	5.7	47	-0.9	12
12	4.9	5.6	47	-1.2	**5.0**	5.6	47	-1.1	5.1	5.7	47	-0.9	5.2	5.8	48	-0.8	5.3	5.8	48	-0.6	12
12	**5.0**	5.7	48	-0.9	5.1	5.8	48	-0.8	5.2	5.8	49	-0.6	5.3	5.9	49	-0.5	5.4	6.0	49	-0.3	12
11	5.1	5.8	49	-0.6	5.2	5.9	49	-0.5	5.3	6.0	50	-0.3	5.4	6.0	50	-0.2	5.5	6.1	50	0.0	11
11	5.2	6.0	50	-0.3	5.3	6.0	51	-0.2	5.4	6.1	51	0.0	5.5	6.2	51	0.1	5.6	6.2	51	0.3	11
11	5.3	6.1	51	0.0	5.4	6.2	52	0.1	5.5	6.2	52	0.3	5.6	6.3	52	0.4	5.7	6.4	52	0.5	11
11	5.4	6.2	53	0.3	5.5	6.3	53	0.4	5.6	6.4	53	0.5	5.7	6.4	53	0.7	5.8	6.5	53	0.8	11
10	5.5	6.6	54	0.6	5.6	6.4	54	0.7	5.7	6.5	54	0.8	5.8	6.5	54	1.0	5.9	6.6	54	1.1	10
10	5.6	6.5	55	0.8	5.7	6.6	55	1.0	5.8	6.6	55	1.1	5.9	6.7	55	1.2	**6.0**	6.7	55	1.4	10
10	5.7	6.6	56	1.1	5.8	6.7	56	1.2	5.9	6.7	56	1.4	**6.0**	6.8	56	1.5	6.1	6.9	56	1.6	10
9	5.8	6.7	57	1.4	5.9	6.8	57	1.5	**6.0**	6.9	57	1.6	6.1	6.9	57	1.8	6.2	7.0	57	1.9	9
9	5.9	6.9	58	1.7	**6.0**	6.9	58	1.8	6.1	7.0	58	1.9	6.2	7.1	58	2.0	6.3	7.1	59	2.2	9
9	**6.0**	7.0	59	1.9	6.1	7.1	59	2.0	6.2	7.1	59	2.2	6.3	7.2	60	2.3	6.4	7.3	60	2.4	9
9	6.1	7.1	60	2.2	6.2	7.2	60	2.3	6.3	7.3	60	2.4	6.4	7.3	61	2.6	6.5	7.4	61	2.7	9
8	6.2	7.3	61	2.4	6.3	7.3	61	2.6	6.4	7.4	62	2.7	6.5	7.5	62	2.8	6.6	7.5	62	2.9	8
8	6.3	7.4	62	2.7	6.4	7.5	63	2.8	6.5	7.5	63	2.9	6.6	7.6	63	3.1	6.7	7.7	63	3.2	8
8	6.4	7.5	64	2.9	6.5	7.6	64	3.1	6.6	7.7	64	3.2	6.7	7.7	64	3.3	6.8	7.8	64	3.4	8
7	6.5	7.7	65	3.2	6.6	7.7	65	3.3	6.7	7.8	65	3.4	6.8	7.9	65	3.5	6.9	7.9	65	3.7	7
7	6.6	7.8	66	3.4	6.7	7.9	66	3.5	6.8	7.9	66	3.7	6.9	8.0	66	3.8	**7.0**	8.1	66	3.9	7
7	6.7	7.9	67	3.7	6.8	8.0	67	3.8	6.9	8.1	67	3.9	**7.0**	8.1	67	4.0	7.1	8.2	67	4.1	7
7	6.8	8.1	68	3.9	6.9	8.1	68	4.0	**7.0**	8.2	68	4.1	7.1	8.3	68	4.3	7.2	8.3	68	4.4	7
6	6.9	8.2	69	4.1	**7.0**	8.3	69	4.3	7.1	8.3	69	4.4	7.2	8.4	70	4.5	7.3	8.5	70	4.6	6
6	**7.0**	8.3	70	4.4	7.1	8.4	70	4.5	7.2	8.5	71	4.6	7.3	8.6	71	4.7	7.4	8.6	71	4.8	6
6	7.1	8.5	71	4.6	7.2	8.5	72	4.7	7.3	8.6	72	4.8	7.4	8.7	72	5.0	7.5	8.8	72	5.1	6
6	7.2	8.6	73	4.8	7.3	8.7	73	4.9	7.4	8.8	73	5.1	7.5	8.8	73	5.2	7.6	8.9	73	5.3	6
5	7.3	8.8	74	5.1	7.4	8.8	74	5.2	7.5	8.9	74	5.3	7.6	9.0	74	5.4	7.7	9.0	74	5.5	5
5	7.4	8.9	75	5.3	7.5	9.0	75	5.4	7.6	9.0	75	5.5	7.7	9.1	75	5.6	7.8	9.2	75	5.7	5
5	7.5	9.0	76	5.5	7.6	9.1	76	5.6	7.7	9.2	76	5.7	7.8	9.2	76	5.8	7.9	9.3	76	6.0	5
5	7.6	9.2	77	5.7	7.7	9.2	77	5.8	7.8	9.3	77	5.9	7.9	9.4	77	6.1	**8.0**	9.5	78	6.2	5
4	7.7	9.3	78	5.9	7.8	9.4	78	6.0	7.9	9.4	79	6.2	**8.0**	9.5	79	6.3	8.1	9.6	79	6.4	4
4	7.8	9.4	80	6.1	7.9	9.5	80	6.3	**8.0**	9.6	80	6.4	8.1	9.7	80	6.5	8.2	9.7	80	6.6	4
4	7.9	9.6	81	6.4	**8.0**	9.7	81	6.5	8.1	9.7	81	6.6	8.2	9.8	81	6.7	8.3	9.9	81	6.8	4
4	**8.0**	9.7	82	6.6	8.1	9.8	82	6.7	8.2	9.9	82	6.8	8.3	9.9	82	6.9	8.4	10.0	82	7.0	4
3	8.1	9.9	83	6.8	8.2	9.9	83	6.9	8.3	10.0	83	7.0	8.4	10.1	83	7.1	8.5	10.2	83	7.2	3
3	8.2	10.0	84	7.0	8.3	10.1	84	7.1	8.4	10.1	84	7.2	8.5	10.2	84	7.3	8.6	10.3	84	7.4	3
3	8.3	10.1	85	7.2	8.4	10.2	86	7.3	8.5	10.3	86	7.4	8.6	10.4	86	7.5	8.7	10.4	86	7.6	3

n	t_W	*e*	*U*	t_d	t_W	*e*	*U*	t_d	t_W	*e*	*U*	t_d	t_W	*e*	*U*	t_d	t_W	*e*	*U*	t_d	*n*
	9.5				**9.6**				**9.7**				**9.8**				**9.9**				
3	8.4	10.3	87	7.4	8.5	10.4	87	7.5	8.6	10.4	87	7.6	8.7	10.5	87	7.7	8.8	10.6	87	7.8	3
2	8.5	10.4	88	7.6	8.6	10.5	88	7.7	8.7	10.6	88	7.8	8.8	10.7	88	7.9	8.9	10.7	88	8.0	2
2	8.6	10.6	89	7.8	8.7	10.6	89	7.9	8.8	10.7	89	8.0	8.9	10.8	89	8.1	**9.0**	10.9	89	8.2	2
2	8.7	10.7	90	8.0	8.8	10.8	90	8.1	8.9	10.9	90	8.2	**9.0**	10.9	90	8.3	9.1	11.0	90	8.4	2
2	8.8	10.9	91	8.2	8.9	10.9	91	8.3	**9.0**	11.0	92	8.4	9.1	11.1	92	8.5	9.2	11.2	92	8.6	2
1	8.9	11.0	93	8.4	**9.0**	11.1	93	8.5	9.1	11.2	93	8.6	9.2	11.2	93	8.7	9.3	11.3	93	8.8	1
1	**9.0**	11.1	94	8.6	9.1	11.2	94	8.7	9.2	11.3	94	8.8	9.3	11.4	94	8.9	9.4	11.5	94	9.0	1
1	9.1	11.3	95	8.8	9.2	11.4	95	8.9	9.3	11.4	95	9.0	9.4	11.5	95	9.1	9.5	11.6	95	9.2	1
1	9.2	11.4	96	8.9	9.3	11.5	96	9.0	9.4	11.6	96	9.1	9.5	11.7	96	9.2	9.6	11.7	96	9.3	1
0	9.3	11.6	98	9.1	9.4	11.7	98	9.2	9.5	11.7	98	9.3	9.6	11.8	98	9.4	9.7	11.9	98	9.5	0
0	9.4	11.7	99	9.3	9.5	11.8	99	9.4	9.6	11.9	99	9.5	9.7	12.0	99	9.6	9.8	12.0	99	9.7	0
0	9.5	11.9	100	9.5	9.6	11.9	100	9.6	9.7	12.0	100	9.7	9.8	12.1	100	9.8	9.9	12.2	100	9.9	0
	10.0				**10.1**				**10.2**				**10.3**				**10.4**				
28																	0.8	0.1	1	-49.4	28
28									0.7	0.1	1	-47.1	0.8	0.1	1	-43.2	0.9	0.2	1	-40.4	28
28	0.6	0.1	1	-45.2	0.7	0.2	1	-41.9	0.8	0.2	2	-39.4	0.9	0.2	2	-37.3	**1.0**	0.3	2	-35.6	28
27	0.7	0.2	2	-38.5	0.8	0.3	2	-36.6	0.9	0.3	3	-35.0	**1.0**	0.4	3	-33.5	1.1	0.4	3	-32.3	27
27	0.8	0.3	3	-34.3	0.9	0.4	3	-33.0	**1.0**	0.4	3	-31.8	1.1	0.5	4	-30.7	1.2	0.5	4	-29.7	27
27	0.9	0.4	4	-31.3	**1.0**	0.5	4	-30.3	1.1	0.5	4	-29.3	1.2	0.6	5	-28.4	1.3	0.6	5	-27.6	27
26	**1.0**	0.6	5	-28.9	1.1	0.6	5	-28.1	1.2	0.7	5	-27.2	1.3	0.7	6	-26.5	1.4	0.8	6	-25.7	26
26	1.1	0.7	6	-26.9	1.2	0.7	6	-26.2	1.3	0.8	6	-25.5	1.4	0.8	7	-24.8	1.5	0.9	7	-24.2	26
25	1.2	0.8	6	-25.2	1.3	0.8	7	-24.6	1.4	0.9	7	-23.9	1.5	0.9	7	-23.3	1.6	1.0	8	-22.8	25
25	1.3	0.9	7	-23.7	1.4	1.0	8	-23.1	1.5	1.0	8	-22.6	1.6	1.1	8	-22.0	1.7	1.1	9	-21.5	25
25	1.4	1.0	8	-22.4	1.5	1.1	9	-21.8	1.6	1.1	9	-21.3	1.7	1.2	9	-20.8	1.8	1.2	10	-20.3	25
24	1.5	1.1	9	-21.1	1.6	1.2	10	-20.7	1.7	1.2	10	-20.2	1.8	1.3	10	-19.7	1.9	1.3	11	-19.3	24
24	1.6	1.3	10	-20.0	1.7	1.3	11	-19.6	1.8	1.4	11	-19.1	1.9	1.4	11	-18.7	**2.0**	1.5	12	-18.3	24
24	1.7	1.4	11	-19.0	1.8	1.4	11	-18.6	1.9	1.5	12	-18.2	**2.0**	1.5	12	-17.8	2.1	1.6	12	-17.4	24
23	1.8	1.5	12	-18.0	1.9	1.5	12	-17.6	**2.0**	1.6	13	-17.3	2.1	1.6	13	-16.9	2.2	1.7	13	-16.5	23
23	1.9	1.6	13	-17.1	**2.0**	1.7	13	-16.8	2.1	1.7	14	-16.4	2.2	1.8	14	-16.0	2.3	1.8	14	-15.7	23
23	**2.0**	1.7	14	-16.3	2.1	1.8	14	-15.9	2.2	1.8	15	-15.6	2.3	1.9	15	-15.3	2.4	1.9	15	-14.9	23
22	2.1	1.8	15	-15.5	2.2	1.9	15	-15.2	2.3	1.9	16	-14.8	2.4	2.0	16	-14.5	2.5	2.0	16	-14.2	22
22	2.2	2.0	16	-14.7	2.3	2.0	16	-14.4	2.4	2.1	17	-14.1	2.5	2.1	17	-13.8	2.6	2.2	17	-13.5	22
22	2.3	2.1	17	-14.0	2.4	2.1	17	-13.7	2.5	2.2	17	-13.4	2.6	2.2	18	-13.1	2.7	2.3	18	-12.8	22
21	2.4	2.2	18	-13.3	2.5	2.2	18	-13.1	2.6	2.3	18	-12.8	2.7	2.3	19	-12.5	2.8	2.4	19	-12.2	21
21	2.5	2.3	19	-12.7	2.6	2.4	19	-12.4	2.7	2.4	19	-12.1	2.8	2.5	20	-11.9	2.9	2.5	20	-11.6	21
21	2.6	2.4	20	-12.1	2.7	2.5	20	-11.8	2.8	2.5	20	-11.5	2.9	2.6	21	-11.3	**3.0**	2.6	21	-11.0	21
20	2.7	2.5	21	-11.5	2.8	2.6	21	-11.2	2.9	2.7	21	-11.0	**3.0**	2.7	22	-10.7	3.1	2.8	22	-10.5	20
20	2.8	2.7	22	-10.9	2.9	2.7	22	-10.7	**3.0**	2.8	22	-10.4	3.1	2.8	23	-10.2	3.2	2.9	23	-9.9	20
20	2.9	2.8	23	-10.3	**3.0**	2.8	23	-10.1	3.1	2.9	23	-9.9	3.2	2.9	24	-9.6	3.3	3.0	24	-9.4	20
19	**3.0**	2.9	24	-9.8	3.1	3.0	24	-9.6	3.2	3.0	24	-9.3	3.3	3.1	25	-9.1	3.4	3.1	25	-8.9	19
19	3.1	3.0	25	-9.3	3.2	3.1	25	-9.1	3.3	3.1	25	-8.8	3.4	3.2	25	-8.6	3.5	3.2	26	-8.4	19
19	3.2	3.1	26	-8.8	3.3	3.2	26	-8.6	3.4	3.3	26	-8.4	3.5	3.3	26	-8.1	3.6	3.4	27	-7.9	19
18	3.3	3.3	27	-8.3	3.4	3.3	27	-8.1	3.5	3.4	27	-7.9	3.6	3.4	27	-7.7	3.7	3.5	28	-7.5	18
18	3.4	3.4	28	-7.8	3.5	3.4	28	-7.6	3.6	3.5	28	-7.4	3.7	3.6	28	-7.2	3.8	3.6	29	-7.0	18
18	3.5	3.5	29	-7.4	3.6	3.6	29	-7.2	3.7	3.6	29	-7.0	3.8	3.7	29	-6.8	3.9	3.7	30	-6.6	18
17	3.6	3.6	30	-6.9	3.7	3.7	30	-6.7	3.8	3.7	30	-6.5	3.9	3.8	30	-6.3	**4.0**	3.9	31	-6.2	17
17	3.7	3.8	31	-6.5	3.8	3.8	31	-6.3	3.9	3.9	31	-6.1	**4.0**	3.9	31	-5.9	4.1	4.0	32	-5.7	17
17	3.8	3.9	32	-6.1	3.9	3.9	32	-5.9	**4.0**	4.0	32	-5.7	4.1	4.1	32	-5.5	4.2	4.1	33	-5.3	17
16	3.9	4.0	33	-5.7	**4.0**	4.1	33	-5.5	4.1	4.1	33	-5.3	4.2	4.2	33	-5.1	4.3	4.2	34	-4.9	16
16	**4.0**	4.1	34	-5.3	4.1	4.2	34	-5.1	4.2	4.2	34	-4.9	4.3	4.3	34	-4.7	4.4	4.4	35	-4.6	16
16	4.1	4.3	35	-4.9	4.2	4.3	35	-4.7	4.3	4.4	35	-4.5	4.4	4.4	35	-4.4	4.5	4.5	36	-4.2	16
15	4.2	4.4	36	-4.5	4.3	4.4	36	-4.3	4.4	4.5	36	-4.2	4.5	4.6	36	-4.0	4.6	4.6	37	-3.8	15
15	4.3	4.5	37	-4.1	4.4	4.6	37	-4.0	4.5	4.6	37	-3.8	4.6	4.7	37	-3.6	4.7	4.7	38	-3.5	15
15	4.4	4.6	38	-3.8	4.5	4.7	38	-3.6	4.6	4.7	38	-3.4	4.7	4.8	38	-3.3	4.8	4.9	39	-3.1	15
14	4.5	4.8	39	-3.4	4.6	4.8	39	-3.2	4.7	4.9	39	-3.1	4.8	4.9	39	-2.9	4.9	5.0	40	-2.8	14
14	4.6	4.9	40	-3.1	4.7	4.9	40	-2.9	4.8	5.0	40	-2.7	4.9	5.1	40	-2.6	**5.0**	5.1	41	-2.4	14
14	4.7	5.0	41	-2.7	4.8	5.1	41	-2.6	4.9	5.1	41	-2.4	**5.0**	5.2	41	-2.2	5.1	5.2	42	-2.1	14
14	4.8	5.1	42	-2.4	4.9	5.2	42	-2.2	**5.0**	5.2	42	-2.1	5.1	5.3	42	-1.9	5.2	5.4	43	-1.8	14
13	4.9	5.3	43	-2.0	**5.0**	5.3	43	-1.9	5.1	5.4	43	-1.7	5.2	5.4	43	-1.6	5.3	5.5	44	-1.4	13
13	**5.0**	5.4	44	-1.7	5.1	5.4	44	-1.6	5.2	5.5	44	-1.4	5.3	5.6	44	-1.3	5.4	5.6	45	-1.1	13
13	5.1	5.5	45	-1.4	5.2	5.6	45	-1.3	5.3	5.6	45	-1.1	5.4	5.7	45	-1.0	5.5	5.8	46	-0.8	13
12	5.2	5.6	46	-1.1	5.3	5.7	46	-0.9	5.4	5.8	46	-0.8	5.5	5.8	47	-0.6	5.6	5.9	47	-0.5	12
12	5.3	5.8	47	-0.8	5.4	5.8	47	-0.6	5.5	5.9	47	-0.5	5.6	6.0	48	-0.3	5.7	6.0	48	-0.2	12
12	5.4	5.9	48	-0.5	5.5	6.0	48	-0.3	5.6	6.0	48	-0.2	5.7	6.1	49	0.0	5.8	6.1	49	0.1	12
12	5.5	6.0	49	-0.2	5.6	6.1	49	0.0	5.7	6.2	49	0.1	5.8	6.2	50	0.2	5.9	6.3	50	0.4	12
11	5.6	6.2	50	0.1	5.7	6.2	50	0.2	5.8	6.3	51	0.4	5.9	6.3	51	0.5	**6.0**	6.4	51	0.7	11
11	5.7	6.3	51	0.4	5.8	6.3	51	0.5	5.9	6.4	52	0.7	**6.0**	6.5	52	0.8	6.1	6.5	52	1.0	11
11	5.8	6.4	52	0.7	5.9	6.5	52	0.8	**6.0**	6.5	53	1.0	6.1	6.6	53	1.1	6.2	6.7	53	1.2	11
10	5.9	6.5	53	1.0	**6.0**	6.5	54	1.1	6.1	6.7	54	1.2	6.2	6.7	54	1.4	6.3	6.8	54	1.5	10
10	**6.0**	6.7	54	1.2	6.1	6.7	55	1.4	6.2	6.8	55	1.5	6.3	6.9	55	1.6	6.4	6.9	55	1.8	10
10	6.1	6.8	55	1.5	6.2	6.9	56	1.6	6.3	6.9	56	1.8	6.4	7.0	56	1.9	6.5	7.1	56	2.0	10

n	t_W	e	U	t_d	t_W	e	U	t_d	t_W	e	U	t_d	t_W	e	U	t_d	t_W	e	U	t_d	n
	10.0				**10.1**				**10.2**				**10.3**				**10.4**				
10	6.2	6.9	57	1.8	6.3	7.0	57	1.9	6.4	7.1	57	2.0	6.5	7.1	57	2.2	6.6	7.2	57	2.3	10
9	6.3	7.1	58	2.0	6.4	7.1	58	2.2	6.5	7.2	58	2.3	6.6	7.3	58	2.4	6.7	7.3	58	2.6	9
9	6.4	7.2	59	2.3	6.5	7.3	59	2.4	6.6	7.3	59	2.6	6.7	7.4	59	2.7	6.8	7.5	59	2.8	9
9	6.5	7.3	60	2.6	6.6	7.4	60	2.7	6.7	7.5	60	2.8	6.8	7.5	60	2.9	6.9	7.6	60	3.1	9
8	6.6	7.5	61	2.8	6.7	7.5	61	2.9	6.8	7.6	61	3.1	6.9	7.7	61	3.2	**7.0**	7.7	61	3.3	8
8	6.7	7.6	62	3.1	6.8	7.7	62	3.2	6.9	7.7	62	3.3	**7.0**	7.8	62	3.4	7.1	7.9	63	3.6	8
8	6.8	7.7	63	3.3	6.9	7.8	63	3.4	**7.0**	7.9	63	3.6	7.1	7.9	63	3.7	7.2	8.0	64	3.8	8
8	6.9	7.9	64	3.6	**7.0**	7.9	64	3.7	7.1	8.0	64	3.8	7.2	8.1	65	3.9	7.3	8.2	65	4.0	8
7	**7.0**	8.0	65	3.8	7.1	8.1	65	3.9	7.2	8.1	66	4.0	7.3	8.2	66	4.2	7.4	8.3	66	4.3	7
7	7.1	8.1	66	4.0	7.2	8.2	67	4.2	7.3	8.3	67	4.3	7.4	8.4	67	4.4	7.5	8.4	67	4.5	7
7	7.2	8.3	67	4.3	7.3	8.4	68	4.4	7.4	8.4	68	4.5	7.5	8.5	68	4.6	7.6	8.6	68	4.7	7
7	7.3	8.4	69	4.5	7.4	8.5	69	4.6	7.5	8.6	69	4.7	7.6	8.6	69	4.9	7.7	8.7	69	5.0	7
6	7.4	8.6	70	4.7	7.5	8.6	70	4.8	7.6	8.7	70	5.0	7.7	8.8	70	5.1	7.8	8.8	70	5.2	6
6	7.5	8.7	71	5.0	7.6	8.8	71	5.1	7.7	8.8	71	5.2	7.8	8.9	71	5.3	7.9	9.0	71	5.4	6
6	7.6	8.8	72	5.2	7.7	8.9	72	5.3	7.8	9.0	72	5.4	7.9	9.0	72	5.5	**8.0**	9.1	72	5.6	6
5	7.7	9.0	73	5.4	7.8	9.0	73	5.5	7.9	9.1	73	5.6	**8.0**	9.2	73	5.8	8.1	9.3	73	5.9	5
5	7.8	9.1	74	5.6	7.9	9.2	74	5.7	**8.0**	9.3	74	5.9	8.1	9.3	74	6.0	8.2	9.4	75	6.1	5
5	7.9	9.2	75	5.8	**8.0**	9.3	75	6.0	8.1	9.4	76	6.1	8.2	9.5	76	6.2	8.3	9.5	76	6.3	5
5	**8.0**	9.4	76	6.1	8.1	9.5	77	6.2	8.2	9.5	77	6.3	8.3	9.6	77	6.4	8.4	9.7	77	6.5	5
4	8.1	9.5	78	6.3	8.2	9.6	78	6.4	8.3	9.7	78	6.5	8.4	9.7	78	6.6	8.5	9.8	78	6.7	4
4	8.2	9.7	79	6.5	8.3	9.7	79	6.6	8.4	9.8	79	6.7	8.5	9.9	79	6.8	8.6	10.0	79	6.9	4
4	8.3	9.8	80	6.7	8.4	9.9	80	6.8	8.5	10.0	80	6.9	8.6	10.0	80	7.0	8.7	10.1	80	7.1	4
4	8.4	9.9	81	6.9	8.5	10.0	81	7.0	8.6	10.1	81	7.1	8.7	10.2	81	7.2	8.8	10.3	81	7.3	4
3	8.5	10.1	82	7.1	8.6	10.2	82	7.2	8.7	10.2	82	7.3	8.8	10.3	82	7.4	8.9	10.4	82	7.5	3
3	8.6	10.2	83	7.3	8.7	10.3	83	7.4	8.8	10.4	84	7.5	8.9	10.5	84	7.6	**9.0**	10.5	84	7.7	3
3	8.7	10.4	85	7.5	8.8	10.5	85	7.6	8.9	10.5	85	7.7	**9.0**	10.6	85	7.8	9.1	10.7	85	7.9	3
3	8.8	10.5	86	7.7	8.9	10.6	86	7.8	**9.0**	10.7	86	7.9	9.1	10.7	86	8.0	9.2	10.8	86	8.1	3
3	8.9	10.7	87	7.9	**9.0**	10.7	87	8.0	9.1	10.8	87	8.1	9.2	10.9	87	8.2	9.3	11.0	87	8.3	3
2	**9.0**	10.8	88	8.1	9.1	10.9	88	8.2	9.2	11.0	88	8.3	9.3	11.0	88	8.4	9.4	11.1	88	8.5	2
2	9.1	10.9	89	8.3	9.2	11.0	89	8.4	9.3	11.1	89	8.5	9.4	11.2	89	8.6	9.5	11.3	89	8.7	2
2	9.2	11.1	90	8.5	9.3	11.2	90	8.6	9.4	11.3	90	8.7	9.5	11.3	91	8.8	9.6	11.4	91	8.9	2
2	9.3	11.2	92	8.7	9.4	11.3	92	8.8	9.5	11.4	92	8.9	9.6	11.5	92	9.0	9.7	11.6	92	9.1	2
1	9.4	11.4	93	8.9	9.5	11.5	93	9.0	9.6	11.5	93	9.1	9.7	11.6	93	9.2	9.8	11.7	93	9.3	1
1	9.5	11.5	94	9.1	9.6	11.6	94	9.2	9.7	11.7	94	9.3	9.8	11.8	94	9.4	9.9	11.9	94	9.5	1
1	9.6	11.7	95	9.3	9.7	11.8	95	9.4	9.8	11.8	95	9.5	9.9	11.9	95	9.6	**10.0**	12.0	95	9.7	1
1	9.7	11.8	96	9.5	9.8	11.9	96	9.6	9.9	12.0	96	9.7	**10.0**	12.1	96	9.8	10.1	12.2	96	9.9	1
0	9.8	12.0	98	9.6	9.9	12.1	98	9.7	**10.0**	12.1	98	9.8	10.1	12.2	98	9.9	10.2	12.3	98	10.0	0
0	9.9	12.1	99	9.8	**10.0**	12.2	99	9.9	10.1	12.3	99	10.0	10.2	12.4	99	10.1	10.3	12.5	99	10.2	0
0	**10.0**	12.3	100	10.0	10.1	12.4	100	10.1	10.2	12.4	100	10.2	10.3	12.5	100	10.3	10.4	12.6	100	10.4	0
	10.5				**10.6**				**10.7**				**10.8**				**10.9**				
29																	1.1	0.1	1	-48.4	29
28									**1.0**	0.1	1	-46.4	1.1	0.1	1	-42.7	1.2	0.2	1	-39.9	28
28	0.9	0.1	1	-44.7	**1.0**	0.2	1	-41.5	1.1	0.2	2	-39.0	1.2	0.3	2	-37.0	1.3	0.3	2	-35.3	28
28	**1.0**	0.2	2	-38.1	1.1	0.3	2	-36.3	1.2	0.3	3	-34.7	1.3	0.4	3	-33.3	1.4	0.4	3	-32.0	28
27	1.1	0.3	3	-34.1	1.2	0.4	3	-32.8	1.3	0.4	3	-31.6	1.4	0.5	4	-30.5	1.5	0.5	4	-29.4	27
27	1.2	0.5	4	-31.1	1.3	0.5	4	-30.1	1.4	0.6	4	-29.1	1.5	0.6	5	-28.2	1.6	0.7	5	-27.3	27
27	1.3	0.6	5	-28.7	1.4	0.6	5	-27.9	1.5	0.7	5	-27.1	1.6	0.7	6	-26.3	1.7	0.8	6	-25.6	27
26	1.4	0.7	5	-26.8	1.5	0.7	6	-26.0	1.6	0.8	6	-25.3	1.7	0.8	6	-24.6	1.8	0.9	7	-24.0	26
26	1.5	0.8	6	-25.1	1.6	0.9	7	-24.4	1.7	0.9	7	-23.8	1.8	1.0	7	-23.2	1.9	1.0	8	-22.6	26
25	1.6	0.9	7	-23.6	1.7	1.0	8	-23.0	1.8	1.0	8	-22.4	1.9	1.1	8	-21.9	**2.0**	1.1	9	-21.3	25
25	1.7	1.0	8	-22.2	1.8	1.1	8	-21.7	1.9	1.1	9	-21.2	**2.0**	1.2	9	-20.7	2.1	1.2	9	-20.2	25
25	1.8	1.2	9	-21.0	1.9	1.2	9	-20.5	**2.0**	1.3	10	-20.0	2.1	1.3	10	-19.6	2.2	1.4	10	-19.1	25
24	1.9	1.3	10	-19.9	**2.0**	1.3	10	-19.4	2.1	1.4	11	-19.0	2.2	1.4	11	-18.6	2.3	1.5	11	-18.1	24
24	**2.0**	1.4	11	-18.8	2.1	1.4	11	-18.4	2.2	1.5	12	-18.0	2.3	1.5	12	-17.6	2.4	1.6	12	-17.2	24
24	2.1	1.5	12	-17.9	2.2	1.6	12	-17.5	2.3	1.6	12	-17.1	2.4	1.7	13	-16.7	2.5	1.7	13	-16.4	24
23	2.2	1.6	13	-17.0	2.3	1.7	13	-16.6	2.4	1.7	13	-16.3	2.5	1.8	14	-15.9	2.6	1.8	14	-15.6	23
23	2.3	1.7	14	-16.2	2.4	1.8	14	-15.8	2.5	1.8	14	-15.5	2.6	1.9	15	-15.1	2.7	1.9	15	-14.8	23
23	2.4	1.9	15	-15.4	2.5	1.9	15	-15.0	2.6	2.0	15	-14.7	2.7	2.0	16	-14.4	2.8	2.1	16	-14.1	23
22	2.5	2.0	16	-14.6	2.6	2.0	16	-14.3	2.7	2.1	16	-14.0	2.8	2.1	16	-13.7	2.9	2.2	17	-13.4	22
22	2.6	2.1	16	-13.9	2.7	2.1	17	-13.6	2.8	2.2	17	-13.3	2.9	2.3	17	-13.0	**3.0**	2.3	18	-12.7	22
22	2.7	2.2	17	-13.2	2.8	2.3	18	-12.9	2.9	2.3	18	-12.6	**3.0**	2.4	18	-12.4	3.1	2.4	19	-12.1	22
21	2.8	2.3	18	-12.6	2.9	2.4	19	-12.3	**3.0**	2.4	19	-12.0	3.1	2.5	19	-11.7	3.2	2.5	20	-11.5	21
21	2.9	2.5	19	-11.9	**3.0**	2.5	20	-11.7	3.1	2.6	20	-11.4	3.2	2.6	20	-11.1	3.3	2.7	20	-10.9	21
21	**3.0**	2.6	20	-11.3	3.1	2.6	21	-11.1	3.2	2.7	21	-10.8	3.3	2.7	21	-10.6	3.4	2.8	21	-10.3	21
20	3.1	2.7	21	-10.8	3.2	2.7	22	-10.5	3.3	2.8	22	-10.3	3.4	2.9	22	-10.0	3.5	2.9	22	-9.8	20
20	3.2	2.8	22	-10.2	3.3	2.9	22	-10.0	3.4	2.9	23	-9.7	3.5	3.0	23	-9.5	3.6	3.0	23	-9.3	20
20	3.3	2.9	23	-9.7	3.4	3.0	23	-9.4	3.5	3.0	24	-9.2	3.6	3.1	24	-9.0	3.7	3.2	24	-8.8	20
19	3.4	3.1	24	-9.2	3.5	3.1	24	-8.9	3.6	3.2	25	-8.7	3.7	3.2	25	-8.5	3.8	3.3	25	-8.3	19
19	3.5	3.2	25	-8.7	3.6	3.2	25	-8.4	3.7	3.3	26	-8.2	3.8	3.3	26	-8.0	3.9	3.4	26	-7.8	19
19	3.6	3.3	26	-8.2	3.7	3.4	26	-8.0	3.8	3.4	27	-7.8	3.9	3.5	27	-7.5	**4.0**	3.5	27	-7.3	19
18	3.7	3.4	27	-7.7	3.8	3.5	27	-7.5	3.9	3.5	27	-7.3	**4.0**	3.6	28	-7.1	4.1	3.7	28	-6.9	18

n	t_W	e	U	t_d	t_W	e	U	t_d	t_W	e	U	t_d	t_W	e	U	t_d	t_W	e	U	t_d	n
	10.5				**10.6**				**10.7**				**10.8**				**10.9**				
18	3.8	3.5	28	-7.3	3.9	3.6	28	-7.1	**4.0**	3.7	28	-6.8	4.1	3.7	29	-6.6	4.2	3.8	29	-6.4	18
18	3.9	3.7	29	-6.8	**4.0**	3.7	29	-6.6	4.1	3.8	29	-6.4	4.2	3.8	30	-6.2	4.3	3.9	30	-6.0	18
17	**4.0**	3.8	30	-6.4	4.1	3.9	30	-6.2	4.2	3.9	30	-6.0	4.3	4.0	31	-5.8	4.4	4.0	31	-5.6	17
17	4.1	3.9	31	-6.0	4.2	4.0	31	-5.8	4.3	4.0	31	-5.6	4.4	4.1	32	-5.4	4.5	4.1	32	-5.2	17
17	4.2	4.0	32	-5.6	4.3	4.1	32	-5.4	4.4	4.2	32	-5.2	4.5	4.2	33	-5.0	4.6	4.3	33	-4.8	17
16	4.3	4.2	33	-5.2	4.4	4.2	33	-5.0	4.5	4.3	33	-4.8	4.6	4.3	34	-4.6	4.7	4.4	34	-4.4	16
16	4.4	4.3	34	-4.8	4.5	4.4	34	-4.6	4.6	4.4	34	-4.4	4.7	4.5	35	-4.2	4.8	4.5	35	-4.0	16
16	4.5	4.4	35	-4.4	4.6	4.5	35	4.2	4.7	4.5	35	-4.0	4.8	4.6	35	-3.9	4.9	4.7	36	-3.7	16
15	4.6	4.5	36	-4.0	4.7	4.6	36	-3.8	4.8	4.7	36	-3.7	4.9	4.7	36	-3.5	**5.0**	4.8	37	-3.3	15
15	4.7	4.7	37	-3.6	4.8	4.7	37	-3.5	4.9	4.8	37	-3.3	**5.0**	4.8	37	-3.1	5.1	4.9	38	-3.0	15
15	4.8	4.8	38	-3.3	4.9	4.9	38	-3.1	**5.0**	4.9	38	-2.9	5.1	5.0	38	-2.8	5.2	5.0	39	-2.6	15
15	4.9	4.9	39	-2.9	**5.0**	5.0	39	-2.8	5.1	5.0	39	-2.6	5.2	5.1	39	-2.4	5.3	5.2	40	-2.3	15
14	**5.0**	5.0	40	-2.6	5.1	5.1	40	-2.4	5.2	5.2	40	-2.3	5.3	5.2	40	-2.1	5.4	5.3	41	-1.9	14
14	5.1	5.2	41	-2.3	5.2	5.2	41	-2.1	5.3	5.3	41	-1.9	5.4	5.4	41	-1.8	5.5	5.4	42	-1.6	14
14	5.2	5.3	42	-1.9	5.3	5.4	42	-1.8	5.4	5.4	42	-1.6	5.5	5.5	42	-1.5	5.6	5.6	43	-1.3	14
13	5.3	5.4	43	-1.6	5.4	5.5	43	-1.4	5.5	5.6	43	-1.3	5.6	5.6	43	-1.1	5.7	5.7	44	-1.0	13
13	5.4	5.6	44	-1.3	5.5	5.6	44	-1.1	5.6	5.7	44	-1.0	5.7	5.8	44	-0.8	5.8	5.8	45	-0.7	13
13	5.5	5.7	45	-1.0	5.6	5.8	45	-0.8	5.7	5.8	45	-0.7	5.8	5.9	45	-0.5	5.9	5.9	46	-0.4	13
12	5.6	5.8	46	-0.7	5.7	5.9	46	-0.5	5.8	5.9	46	-0.4	5.9	6.0	46	-0.2	**6.0**	6.1	47	-0.1	12
12	5.7	6.0	47	-0.4	5.8	6.0	47	-0.2	5.9	6.1	47	-0.1	**6.0**	6.1	47	0.1	6.1	6.2	48	0.2	12
12	5.8	6.1	48	-0.1	5.9	6.1	48	0.1	**6.0**	6.2	48	0.2	6.1	6.3	48	0.4	6.2	6.3	49	0.5	12
12	5.9	6.2	49	0.2	**6.0**	6.3	49	0.4	6.1	6.3	49	0.5	6.2	6.4	49	0.7	6.3	6.5	50	0.8	12
11	**6.0**	6.3	50	0.5	6.1	6.4	50	0.7	6.2	6.5	50	0.8	6.3	6.5	51	0.9	6.4	6.6	51	1.1	11
11	6.1	6.5	51	0.8	6.2	6.5	51	0.9	6.3	6.6	51	1.1	6.4	6.7	52	1.2	6.5	6.7	52	1.4	11
11	6.2	6.6	52	1.1	6.3	6.7	52	1.2	6.4	6.7	52	1.4	6.5	6.8	53	1.5	6.6	6.9	53	1.6	11
10	6.3	6.7	53	1.4	6.4	6.8	53	1.5	6.5	6.9	53	1.6	6.6	6.9	54	1.8	6.7	7.0	54	1.9	10
10	6.4	6.9	54	1.6	6.5	6.9	54	1.8	6.6	7.0	54	1.9	6.7	7.1	55	2.0	6.8	7.1	55	2.2	10
10	6.5	7.0	55	1.9	6.6	7.1	55	2.0	6.7	7.1	56	2.2	6.8	7.2	56	2.3	6.9	7.3	56	2.4	10
10	6.6	7.1	56	2.2	6.7	7.2	56	2.3	6.8	7.3	57	2.4	6.9	7.3	57	2.6	**7.0**	7.4	57	2.7	10
9	6.7	7.3	57	2.4	6.8	7.3	57	2.6	6.9	7.4	58	2.7	**7.0**	7.5	58	2.8	7.1	7.5	58	2.9	9
9	6.8	7.4	58	2.7	6.9	7.5	59	2.8	**7.0**	7.5	59	2.9	7.1	7.6	59	3.1	7.2	7.7	59	3.2	9
9	6.9	7.5	59	2.9	**7.0**	7.6	60	3.1	7.1	7.7	60	3.2	7.2	7.7	60	3.3	7.3	7.8	60	3.4	9
9	**7.0**	7.7	61	3.2	7.1	7.7	61	3.3	7.2	7.8	61	3.4	7.3	7.9	61	3.6	7.4	8.0	61	3.7	9
8	7.1	7.8	62	3.4	7.2	7.9	62	3.6	7.3	8.0	62	3.7	7.4	8.0	62	3.8	7.5	8.1	62	3.9	8
8	7.2	7.9	63	3.7	7.3	8.0	63	3.8	7.4	8.1	63	3.9	7.5	8.2	63	4.1	7.6	8.2	63	4.2	8
8	7.3	8.1	64	3.9	7.4	8.2	64	4.0	7.5	8.2	64	4.2	7.6	8.3	64	4.3	7.7	8.4	64	4.4	8
7	7.4	8.2	65	4.2	7.5	8.3	65	4.3	7.6	8.4	65	4.4	7.7	8.4	65	4.5	7.8	8.5	65	4.6	7
7	7.5	8.4	66	4.4	7.6	8.4	66	4.5	7.7	8.5	66	4.6	7.8	8.6	66	4.8	7.9	8.6	66	4.9	7
7	7.6	8.5	67	4.6	7.7	8.6	67	4.8	7.8	8.6	67	4.9	7.9	8.7	67	5.0	**8.0**	8.8	67	5.1	7
7	7.7	8.6	68	4.9	7.8	8.7	68	5.0	7.9	8.8	68	5.1	**8.0**	8.9	68	5.2	8.1	8.9	68	5.3	7
6	7.8	8.8	69	5.1	7.9	8.8	69	5.2	**8.0**	8.9	69	5.3	8.1	9.0	69	5.4	8.2	9.1	70	5.6	6
6	7.9	8.9	70	5.3	**8.0**	9.0	70	5.4	8.1	9.1	70	5.6	8.2	9.1	71	5.7	8.3	9.2	71	5.8	6
6	**8.0**	9.1	71	5.5	8.1	9.1	71	5.7	8.2	9.2	72	5.8	8.3	9.3	72	5.9	8.4	9.3	72	6.0	6
6	8.1	9.2	72	5.8	8.2	9.3	73	5.9	8.3	9.3	73	6.0	8.4	9.4	73	6.1	8.5	9.5	73	6.2	6
5	8.2	9.3	74	6.0	8.3	9.4	74	6.1	8.4	9.5	74	6.2	8.5	9.6	74	6.3	8.6	9.6	74	6.4	5
5	8.3	9.5	75	6.2	8.4	9.5	75	6.3	8.5	9.6	75	6.4	8.6	9.7	75	6.5	8.7	9.8	75	6.7	5
5	8.4	9.6	76	6.4	8.5	9.7	76	6.5	8.6	9.8	76	6.6	8.7	9.8	76	6.7	8.8	9.9	76	6.9	5
5	8.5	9.8	77	6.6	8.6	9.8	77	6.7	8.7	9.9	77	6.8	8.8	10.0	77	7.0	8.9	10.1	77	7.1	5
4	8.6	9.9	78	6.8	8.7	10.0	78	6.9	8.8	10.1	78	7.1	8.9	10.1	78	7.2	**9.0**	10.2	78	7.3	4
4	8.7	10.0	79	7.0	8.8	10.1	79	7.2	8.9	10.2	79	7.3	**9.0**	10.3	79	7.4	9.1	10.3	79	7.5	4
4	8.8	10.2	80	7.2	8.9	10.3	80	7.4	**9.0**	10.3	80	7.5	9.1	10.4	80	7.6	9.2	10.5	81	7.7	4
4	8.9	10.3	81	7.5	**9.0**	10.4	81	7.6	9.1	10.5	82	7.7	9.2	10.6	82	7.8	9.3	10.6	82	7.9	4
3	**9.0**	10.5	83	7.7	9.1	10.5	83	7.8	9.2	10.6	83	7.9	9.3	10.7	83	8.0	9.4	10.8	83	8.1	3
3	9.1	10.6	84	7.9	9.2	10.7	84	8.0	9.3	10.8	84	8.1	9.4	10.9	84	8.2	9.5	10.9	84	8.3	3
3	9.2	10.8	85	8.1	9.3	10.8	85	8.2	9.4	10.9	85	8.3	9.5	11.0	85	8.4	9.6	11.1	85	8.5	3
3	9.3	10.9	86	8.3	9.4	11.0	86	8.4	9.5	11.1	86	8.5	9.6	11.1	86	8.6	9.7	11.2	86	8.7	3
2	9.4	11.1	87	8.4	9.5	11.1	87	8.6	9.6	11.2	87	8.7	9.7	11.3	87	8.8	9.8	11.4	87	8.9	2
2	9.5	11.2	88	8.6	9.6	11.3	88	8.7	9.7	11.4	88	8.9	9.8	11.4	88	9.0	9.9	11.5	88	9.1	2
2	9.6	11.3	89	8.8	9.7	11.4	89	8.9	9.8	11.5	89	9.0	9.9	11.6	90	9.1	**10.0**	11.7	90	9.3	2
2	9.7	11.5	91	9.0	9.8	11.6	91	9.1	9.9	11.7	91	9.2	**10.0**	11.7	91	9.3	10.1	11.8	91	9.4	2
2	9.8	11.6	92	9.2	9.9	11.7	92	9.3	**10.0**	11.8	92	9.4	10.1	11.9	92	9.5	10.2	12.0	92	9.6	2
1	9.9	11.8	93	9.4	**10.0**	11.9	93	9.5	10.1	12.0	93	9.6	10.2	12.0	93	9.7	10.3	12.1	93	9.8	1
1	**10.0**	11.9	94	9.6	10.1	12.0	94	9.7	10.2	12.1	94	9.8	10.3	12.2	94	9.9	10.4	12.3	94	10.0	1
1	10.1	12.1	95	9.8	10.2	12.2	95	9.9	10.3	12.3	95	10.0	10.4	12.3	95	10.1	10.5	12.4	95	10.2	1
1	10.2	12.2	96	10.0	10.3	12.3	96	10.1	10.4	12.4	96	10.2	10.5	12.5	96	10.3	10.6	12.6	96	10.4	1
0	10.3	12.4	98	10.1	10.4	12.5	98	10.2	10.5	12.6	98	10.3	10.6	12.6	98	10.4	10.7	12.7	98	10.5	0
0	10.4	12.5	99	10.3	10.5	12.6	99	10.4	10.6	12.7	99	10.5	10.7	12.8	99	10.6	10.8	12.9	99	10.7	0
0	10.5	12.7	100	10.5	10.6	12.8	100	10.6	10.7	12.9	100	10.7	10.8	12.9	100	10.8	10.9	13.0	100	10.9	0
	11.0				**11.1**				**11.2**				**11.3**				**11.4**				
29																	1.4	0.1	1	-47.2	29
29									1.3	0.1	1	-45.5	1.4	0.2	1	-42.0	1.5	0.2	2	-39.3	29

n	t_W	e	U	t_d	t_W	e	U	t_d	t_W	e	U	t_d	t_W	e	U	t_d	t_W	e	U	t_d	n
	11.0				**11.1**				**11.2**				**11.3**				**11.4**				
28	1.2	0.1	1	-44.0	1.3	0.2	1	-40.9	1.4	0.2	2	-38.5	1.5	0.3	2	-36.5	1.6	0.3	2	-34.9	28
28	1.3	0.2	2	-37.7	1.4	0.3	2	-35.9	1.5	0.3	3	-34.3	1.6	0.4	3	-32.9	1.7	0.4	3	-31.7	28
28	1.4	0.4	3	-33.8	1.5	0.4	3	-32.5	1.6	0.5	3	-31.3	1.7	0.5	4	-30.2	1.8	0.6	4	-29.2	28
27	1.5	0.5	4	-30.9	1.6	0.5	4	-29.8	1.7	0.6	4	-28.8	1.8	0.6	5	-27.9	1.9	0.7	5	-27.1	27
27	1.6	0.6	4	-28.5	1.7	0.6	5	-27.6	1.8	0.7	5	-26.8	1.9	0.7	5	-26.0	**2.0**	0.8	6	-25.3	27
27	1.7	0.7	5	-26.6	1.8	0.8	6	-25.8	1.9	0.8	6	-25.1	**2.0**	0.9	6	-24.4	2.1	0.9	7	-23.8	27
26	1.8	0.8	6	-24.9	1.9	0.9	7	-24.2	**2.0**	0.9	7	-23.6	2.1	1.0	7	-23.0	2.2	1.0	8	-22.4	26
26	1.9	0.9	7	-23.4	**2.0**	1.0	7	-22.8	2.1	1.0	8	-22.2	2.2	1.1	8	-21.7	2.3	1.1	8	-21.1	26
25	**2.0**	1.1	8	-22.0	2.1	1.1	8	-21.5	2.2	1.2	9	-21.0	2.3	1.2	9	-20.5	2.4	1.3	9	-20.0	25
25	2.1	1.2	9	-20.8	2.2	1.2	9	-20.3	2.3	1.3	10	-19.8	2.4	1.3	10	-19.4	2.5	1.4	10	-18.9	25
25	2.2	1.3	10	-19.7	2.3	1.3	10	-19.3	2.4	1.4	10	-18.8	2.5	1.4	11	-18.4	2.6	1.5	11	-18.0	25
24	2.3	1.4	11	-18.7	2.4	1.5	11	-18.3	2.5	1.5	11	-17.8	2.6	1.6	12	-17.4	2.7	1.6	12	-17.0	24
24	2.4	1.5	12	-17.7	2.5	1.6	12	-17.3	2.6	1.6	12	-16.9	2.7	1.7	13	-16.6	2.8	1.7	13	-16.2	24
24	2.5	1.6	13	-16.8	2.6	1.7	13	-16.5	2.7	1.7	13	-16.1	2.8	1.8	13	-15.7	2.9	1.9	14	-15.4	24
23	2.6	1.8	13	-16.0	2.7	1.8	14	-15.6	2.8	1.9	14	-15.3	2.9	1.9	14	-15.0	**3.0**	2.0	15	-14.6	23
23	2.7	1.9	14	-15.2	2.8	1.9	15	-14.9	2.9	2.0	15	-14.5	**3.0**	2.0	15	-14.2	3.1	2.1	16	-13.9	23
23	2.8	2.0	15	-14.5	2.9	2.1	16	-14.1	**3.0**	2.1	16	-13.8	3.1	2.2	16	-13.5	3.2	2.2	16	-13.2	23
22	2.9	2.1	16	-13.7	**3.0**	2.2	16	-13.4	3.1	2.2	17	-13.1	3.2	2.3	17	-12.8	3.3	2.3	17	-12.6	22
22	**3.0**	2.2	17	-13.1	3.1	2.3	17	-12.8	3.2	2.3	18	-12.5	3.3	2.4	18	-12.2	3.4	2.5	18	-11.9	22
22	3.1	2.4	18	-12.4	3.2	2.4	18	-12.1	3.3	2.5	19	-11.9	3.4	2.5	19	-11.6	3.5	2.6	19	-11.3	22
21	3.2	2.5	19	-11.8	3.3	2.5	19	-11.5	3.4	2.6	19	-11.3	3.5	2.6	20	-11.0	3.6	2.7	20	-10.7	21
21	3.3	2.6	20	-11.2	3.4	2.7	20	-10.9	3.5	2.7	20	-10.7	3.6	2.8	21	-10.4	3.7	2.8	21	-10.2	21
21	3.4	2.7	21	-10.6	3.5	2.8	21	-10.4	3.6	2.8	21	-10.1	3.7	2.9	22	-9.9	3.8	2.9	22	-9.6	21
20	3.5	2.8	22	-10.1	3.6	2.9	22	-9.8	3.7	3.0	22	-9.6	3.8	3.0	23	-9.4	3.9	3.1	23	-9.1	20
20	3.6	3.0	23	-9.5	3.7	3.0	23	-9.3	3.8	3.1	23	-9.1	3.9	3.1	23	-8.8	**4.0**	3.2	24	-8.6	20
20	3.7	3.1	24	-9.0	3.8	3.1	24	-8.8	3.9	3.2	24	-8.6	**4.0**	3.3	24	-8.3	4.1	3.3	25	-8.1	20
19	3.8	3.2	24	-8.5	3.9	3.3	25	-8.3	**4.0**	3.3	25	-8.1	4.1	3.4	25	-7.9	4.2	3.4	26	-7.6	19
19	3.9	3.3	25	-8.0	**4.0**	3.4	26	-7.8	4.1	3.5	26	-7.6	4.2	3.5	26	-7.4	4.3	3.6	26	-7.2	19
19	**4.0**	3.5	26	-7.6	4.1	3.5	27	-7.4	4.2	3.6	27	-7.2	4.3	3.6	27	-6.9	4.4	3.7	27	-6.7	19
18	4.1	3.6	27	-7.1	4.2	3.6	28	-6.9	4.3	3.7	28	-6.7	4.4	3.8	28	-6.5	4.5	3.8	28	-6.3	18
18	4.2	3.7	28	-6.7	4.3	3.8	29	-6.5	4.4	3.8	29	-6.3	4.5	3.9	29	-6.1	4.6	3.9	29	-5.9	18
18	4.3	3.8	29	-6.2	4.4	3.9	29	-6.0	4.5	3.9	30	-5.9	4.6	4.0	30	-5.7	4.7	4.1	30	-5.5	18
17	4.4	4.0	30	-5.8	4.5	4.0	30	-5.6	4.6	4.1	31	-5.4	4.7	4.1	31	-5.2	4.8	4.2	31	-5.1	17
17	4.5	4.1	31	-5.4	4.6	4.1	31	-5.2	4.7	4.2	32	-5.0	4.8	4.3	32	-4.9	4.9	4.3	32	-4.7	17
17	4.6	4.2	32	-5.0	4.7	4.3	32	-4.8	4.8	4.3	33	-4.6	4.9	4.4	33	-4.5	**5.0**	4.4	33	-4.3	17
16	4.7	4.3	33	-4.6	4.8	4.4	33	-4.4	4.9	4.5	34	-4.3	**5.0**	4.5	34	-4.1	5.1	4.6	34	-3.9	16
16	4.8	4.5	34	-4.2	4.9	4.5	34	-4.1	**5.0**	4.6	34	-3.9	5.1	4.6	35	-3.7	5.2	4.7	35	-3.5	16
16	4.9	4.6	35	-3.9	**5.0**	4.6	35	-3.7	5.1	4.7	35	-3.5	5.2	4.8	36	-3.3	5.3	4.8	36	-3.2	16
16	**5.0**	4.7	36	-3.5	5.1	4.8	36	-3.3	5.2	4.8	36	-3.2	5.3	4.9	37	-3.0	5.4	5.0	37	-2.8	16
15	5.1	4.8	37	-3.1	5.2	4.9	37	-3.0	5.3	5.0	37	-2.8	5.4	5.0	38	-2.6	5.5	5.1	38	-2.5	15
15	5.2	5.0	38	-2.8	5.3	5.0	38	-2.6	5.4	5.1	38	-2.5	5.5	5.2	39	-2.3	5.6	5.2	39	-2.1	15
15	5.3	5.1	39	-2.5	5.4	5.2	39	-2.3	5.5	5.2	39	-2.1	5.6	5.3	40	-2.0	5.7	5.4	40	-1.8	15
14	5.4	5.2	40	-2.1	5.5	5.3	40	-2.0	5.6	5.4	40	-1.8	5.7	5.4	40	-1.6	5.8	5.5	41	-1.5	14
14	5.5	5.4	41	-1.8	5.6	5.4	41	-1.6	5.7	5.5	41	-1.5	5.8	5.5	41	-1.3	5.9	5.6	42	-1.2	14
14	5.6	5.5	42	-1.5	5.7	5.6	42	-1.3	5.8	5.6	42	-1.2	5.9	5.7	42	-1.0	**6.0**	5.7	43	-0.8	14
13	5.7	5.6	43	-1.1	5.8	5.7	43	-1.0	5.9	5.7	43	-0.8	**6.0**	5.8	43	-0.7	6.1	5.9	44	-0.5	13
13	5.8	5.7	44	-0.8	5.9	5.8	44	-0.7	**6.0**	5.9	44	-0.5	6.1	5.9	44	-0.4	6.2	6.0	45	-0.2	13
13	5.9	5.9	45	-0.5	**6.0**	5.9	45	-0.4	6.1	6.0	45	-0.2	6.2	6.1	45	-0.1	6.3	6.1	46	0.1	13
13	**6.0**	6.0	46	-0.2	6.1	6.1	46	-0.1	6.2	6.1	46	0.1	6.3	6.2	46	0.2	6.4	6.3	47	0.4	13
12	6.1	6.1	47	0.1	6.2	6.2	47	0.2	6.3	6.3	47	0.4	6.4	6.3	47	0.5	6.5	6.4	48	0.7	12
12	6.2	6.3	48	0.4	6.3	6.3	48	0.5	6.4	6.4	48	0.7	6.5	6.5	48	0.8	6.6	6.5	49	0.9	12
12	6.3	6.4	49	0.7	6.4	6.5	49	0.8	6.5	6.5	49	0.9	6.6	6.6	49	1.1	6.7	6.7	50	1.2	12
11	6.4	6.5	50	0.9	6.5	6.6	50	1.1	6.6	6.7	50	1.2	6.7	6.7	50	1.4	6.8	6.8	51	1.5	11
11	6.5	6.7	51	1.2	6.6	6.7	51	1.4	6.7	6.8	51	1.5	6.8	6.9	51	1.6	6.9	6.9	52	1.8	11
11	6.6	6.8	52	1.5	6.7	6.9	52	1.6	6.8	6.9	52	1.8	6.9	7.0	52	1.9	**7.0**	7.1	53	2.0	11
11	6.7	6.9	53	1.8	6.8	7.0	53	1.9	6.9	7.1	53	2.0	**7.0**	7.1	53	2.2	7.1	7.2	54	2.3	11
10	6.8	7.1	54	2.0	6.9	7.1	54	2.2	**7.0**	7.2	54	2.3	7.1	7.3	54	2.4	7.2	7.3	55	2.6	10
10	6.9	7.2	55	2.3	**7.0**	7.3	55	2.4	7.1	7.3	55	2.6	7.2	7.4	55	2.7	7.3	7.5	56	2.8	10
10	**7.0**	7.3	56	2.6	7.1	7.4	56	2.7	7.2	7.5	56	2.8	7.3	7.6	56	3.0	7.4	7.6	57	3.1	10
9	7.1	7.5	57	2.8	7.2	7.5	57	3.0	7.3	7.6	57	3.1	7.4	7.7	57	3.2	7.5	7.8	58	3.3	9
9	7.2	7.6	58	3.1	7.3	7.7	58	3.2	7.4	7.8	58	3.3	7.5	7.8	58	3.5	7.6	7.9	59	3.6	9
9	7.3	7.8	59	3.3	7.4	7.8	59	3.5	7.5	7.9	59	3.6	7.6	8.0	60	3.7	7.7	8.0	60	3.8	9
9	7.4	7.9	60	3.6	7.5	8.0	60	3.7	7.6	8.0	60	3.8	7.7	8.1	61	4.0	7.8	8.2	61	4.1	9
8	7.5	8.0	61	3.8	7.6	8.1	61	3.9	7.7	8.2	61	4.1	7.8	8.2	62	4.2	7.9	8.3	62	4.3	8
8	7.6	8.2	62	4.1	7.7	8.2	62	4.2	7.8	8.3	62	4.3	7.9	8.4	63	4.4	**8.0**	8.5	63	4.6	8
8	7.7	8.3	63	4.3	7.8	8.4	63	4.4	7.9	8.4	64	4.5	**8.0**	8.5	64	4.7	8.1	8.6	64	4.8	8
8	7.8	8.4	64	4.5	7.9	8.5	64	4.7	**8.0**	8.6	65	4.8	8.1	8.7	65	4.9	8.2	8.7	65	5.0	8
7	7.9	8.6	65	4.8	**8.0**	8.7	66	4.9	8.1	8.7	66	5.0	8.2	8.8	66	5.1	8.3	8.9	66	5.3	7
7	**8.0**	8.7	66	5.0	8.1	8.8	67	5.1	8.2	8.9	67	5.2	8.3	8.9	67	5.4	8.4	9.0	67	5.5	7
7	8.1	8.9	68	5.2	8.2	8.9	68	5.3	8.3	9.0	68	5.5	8.4	9.1	68	5.6	8.5	9.2	68	5.7	7
7	8.2	9.0	69	5.5	8.3	9.1	69	5.6	8.4	9.1	69	5.7	8.5	9.2	69	5.8	8.6	9.3	69	5.9	7
6	8.3	9.1	70	5.7	8.4	9.2	70	5.8	8.5	9.3	70	5.9	8.6	9.4	70	6.0	8.7	9.4	70	6.1	6
6	8.4	9.3	71	5.9	8.5	9.4	71	6.0	8.6	9.4	71	6.1	8.7	9.5	71	6.2	8.8	9.6	71	6.4	6

n	t_W	e	U	t_d	t_W	e	U	t_d	t_W	e	U	t_d	t_W	e	U	t_d	t_W	e	U	t_d	n
	11.0				**11.1**				**11.2**				**11.3**				**11.4**				
6	8.5	9.4	72	6.1	8.6	9.5	72	6.2	8.7	9.6	72	6.4	8.8	9.7	72	6.5	8.9	9.7	72	6.6	6
6	8.6	9.6	73	6.3	8.7	9.6	73	6.5	8.8	9.7	73	6.6	8.9	9.8	73	6.7	**9.0**	9.9	73	6.8	6
5	8.7	9.7	74	6.6	8.8	9.8	74	6.7	8.9	9.9	74	6.8	**9.0**	9.9	74	6.9	9.1	10.0	74	7.0	5
5	8.8	9.9	75	6.8	8.9	9.9	75	6.9	**9.0**	10.0	75	7.0	9.1	10.1	75	7.1	9.2	10.2	75	7.2	5
5	8.9	10.0	76	7.0	**9.0**	10.1	76	7.1	9.1	10.1	76	7.2	9.2	10.2	76	7.3	9.3	10.3	77	7.4	5
5	**9.0**	10.1	77	7.2	9.1	10.2	77	7.3	9.2	10.3	77	7.4	9.3	10.4	78	7.5	9.4	10.5	78	7.6	5
4	9.1	10.3	78	7.4	9.2	10.4	78	7.5	9.3	10.4	79	7.6	9.4	10.5	79	7.7	9.5	10.6	79	7.8	4
4	9.2	10.4	79	7.6	9.3	10.5	80	7.7	9.4	10.6	80	7.8	9.5	10.7	80	7.9	9.6	10.7	80	8.0	4
4	9.3	10.6	81	7.8	9.4	10.7	81	7.9	9.5	10.7	81	8.0	9.6	10.8	81	8.1	9.7	10.9	81	8.2	4
4	9.4	10.7	82	8.0	9.5	10.8	82	8.1	9.6	10.9	82	8.2	9.7	11.0	82	8.3	9.8	11.0	82	8.4	4
3	9.5	10.9	83	8.2	9.6	10.9	83	8.3	9.7	11.0	83	8.4	9.8	11.1	83	8.5	9.9	11.2	83	8.6	3
3	9.6	11.0	84	8.4	9.7	11.1	84	8.5	9.8	11.2	84	8.6	9.9	11.3	84	8.7	**10.0**	11.3	84	8.8	3
3	9.7	11.2	85	8.6	9.8	11.2	85	8.7	9.9	11.3	85	8.8	**10.0**	11.4	85	8.9	10.1	11.5	85	9.0	3
3	9.8	11.3	86	8.8	9.9	11.4	86	8.9	**10.0**	11.5	86	9.0	10.1	11.6	86	9.1	10.2	11.6	86	9.2	3
2	9.9	11.5	87	9.0	**10.0**	11.5	87	9.1	10.1	11.6	87	9.2	10.2	11.7	87	9.3	10.3	11.8	87	9.4	2
2	**10.0**	11.6	88	9.2	10.1	11.7	88	9.3	10.2	11.8	89	9.4	10.3	11.9	89	9.5	10.4	11.9	89	9.6	2
2	10.1	11.8	90	9.4	10.2	11.8	90	9.5	10.3	11.9	90	9.6	10.4	12.0	90	9.7	10.5	12.1	90	9.8	2
2	10.2	11.9	91	9.5	10.3	12.0	91	9.7	10.4	12.1	91	9.8	10.5	12.2	91	9.9	10.6	12.2	91	10.0	2
2	10.3	12.1	92	9.7	10.4	12.1	92	9.8	10.5	12.2	92	9.9	10.6	12.3	92	10.0	10.7	12.4	92	10.1	2
1	10.4	12.2	93	9.9	10.5	12.3	93	10.0	10.6	12.4	93	10.1	10.7	12.5	93	10.2	10.8	12.5	93	10.3	1
1	10.5	12.4	94	10.1	10.6	12.4	94	10.2	10.7	12.5	94	10.3	10.8	12.6	94	10.4	10.9	12.7	94	10.5	1
1	10.6	12.5	95	10.3	10.7	12.6	95	10.4	10.8	12.7	95	10.5	10.9	12.8	95	10.6	**11.0**	12.9	95	10.7	1
1	10.7	12.7	96	10.5	10.8	12.7	97	10.6	10.9	12.8	97	10.7	**11.0**	12.9	97	10.8	11.1	13.0	97	10.9	1
0	10.8	12.8	98	10.6	10.9	12.9	98	10.7	**11.0**	13.0	98	10.8	11.1	13.1	98	10.9	11.2	13.2	98	11.0	0
0	10.9	13.0	99	10.8	**11.0**	13.1	99	10.9	11.1	13.1	99	11.0	11.2	13.2	99	11.1	11.3	13.3	99	11.2	0
0	**11.0**	13.1	100	11.0	11.1	13.2	100	11.1	11.2	13.3	100	11.2	11.3	13.4	100	11.3	11.4	13.5	100	11.4	0
	11.5				**11.6**				**11.7**				**11.8**				**11.9**				
29																	1.7	0.1	1	-45.9	29
29					1.5	0.1	1	-49.3	1.6	0.1	1	-44.4	1.7	0.2	1	-41.2	1.8	0.2	2	-38.7	29
29	1.5	0.1	1	-43.2	1.6	0.2	1	-40.2	1.7	0.2	2	-37.9	1.8	0.3	2	-36.0	1.9	0.3	2	-34.4	29
28	1.6	0.3	2	-37.2	1.7	0.3	2	-35.4	1.8	0.4	3	-33.9	1.9	0.4	3	-32.5	**2.0**	0.5	3	-31.3	28
28	1.7	0.4	3	-33.4	1.8	0.4	3	-32.1	1.9	0.5	3	-30.9	**2.0**	0.5	4	-29.8	2.1	0.6	4	-28.8	28
28	1.8	0.5	4	-30.5	1.9	0.5	4	-29.5	**2.0**	0.6	4	-28.5	2.1	0.6	5	-27.6	2.2	0.7	5	-26.8	28
27	1.9	0.6	4	-28.2	**2.0**	0.7	5	-27.4	2.1	0.7	5	-26.5	2.2	0.8	5	-25.8	2.3	0.8	6	-25.0	27
27	**2.0**	0.7	5	-26.3	2.1	0.8	6	-25.5	2.2	0.8	6	-24.8	2.3	0.9	6	-24.2	2.4	0.9	7	-23.5	27
27	2.1	0.8	6	-24.6	2.2	0.9	6	-24.0	2.3	0.9	7	-23.3	2.4	1.0	7	-22.7	2.5	1.0	7	-22.1	27
26	2.2	1.0	7	-23.1	2.3	1.0	7	-22.6	2.4	1.1	8	-22.0	2.5	1.1	8	-21.4	2.6	1.2	8	-20.9	26
26	2.3	1.1	8	-21.8	2.4	1.1	8	-21.3	2.5	1.2	9	-20.8	2.6	1.2	9	-20.3	2.7	1.3	9	-19.8	26
25	2.4	1.2	9	-20.6	2.5	1.2	9	-20.1	2.6	1.3	9	-19.6	2.7	1.3	10	-19.2	2.8	1.4	10	-18.7	25
25	2.5	1.3	10	-19.5	2.6	1.4	10	-19.1	2.7	1.4	10	-18.6	2.8	1.5	11	-18.2	2.9	1.5	11	-17.8	25
25	2.6	1.4	11	-18.5	2.7	1.5	11	-18.1	2.8	1.5	11	-17.7	2.9	1.6	11	-17.3	**3.0**	1.6	12	-16.9	25
24	2.7	1.5	11	-17.6	2.8	1.6	12	-17.2	2.9	1.7	12	-16.8	**3.0**	1.7	12	-16.4	3.1	1.8	13	-16.0	24
24	2.8	1.7	12	-16.7	2.9	1.7	13	-16.3	**3.0**	1.8	13	-15.9	3.1	1.8	13	-15.6	3.2	1.9	13	-15.2	24
24	2.9	1.8	13	-15.8	**3.0**	1.8	13	-15.5	3.1	1.9	14	-15.1	3.2	1.9	14	-14.8	3.3	2.0	14	-14.4	24
23	**3.0**	1.9	14	-15.0	3.1	2.0	14	-14.7	3.2	2.0	15	-14.4	3.3	2.1	15	-14.0	3.4	2.1	15	-13.7	23
23	3.1	2.0	15	-14.3	3.2	2.1	15	-14.0	3.3	2.1	16	-13.7	3.4	2.2	16	-13.3	3.5	2.2	16	-13.0	23
23	3.2	2.1	16	-13.6	3.3	2.2	16	-13.3	3.4	2.3	16	-13.0	3.5	2.3	17	-12.7	3.6	2.4	17	-12.4	23
22	3.3	2.3	17	-12.9	3.4	2.3	17	-12.6	3.5	2.4	17	-12.3	3.6	2.4	18	-12.0	3.7	2.5	18	-11.8	22
22	3.4	2.4	18	-12.3	3.5	2.4	18	-12.0	3.6	2.5	18	-11.7	3.7	2.6	18	-11.4	3.8	2.6	19	-11.2	22
22	3.5	2.5	19	-11.6	3.6	2.6	19	-11.4	3.7	2.6	19	-11.1	3.8	2.7	19	-10.8	3.9	2.7	20	-10.6	22
21	3.6	2.6	19	-11.1	3.7	2.7	20	-10.8	3.8	2.7	20	-10.5	3.9	2.8	20	-10.3	**4.0**	2.9	21	-10.0	21
21	3.7	2.8	20	-10.5	3.8	2.8	21	-10.2	3.9	2.9	21	-10.0	**4.0**	2.9	21	-9.7	4.1	3.0	21	-9.5	21
21	3.8	2.9	21	-9.9	3.9	2.9	22	-9.7	**4.0**	3.0	22	-9.4	4.1	3.0	22	-9.2	4.2	3.1	22	-9.0	21
20	3.9	3.0	22	-9.4	**4.0**	3.1	22	-9.2	4.1	3.1	23	-8.9	4.2	3.2	23	-8.7	4.3	3.2	23	-8.5	20
20	**4.0**	3.1	23	-8.9	4.1	3.2	23	-8.6	4.2	3.2	24	-8.4	4.3	3.3	24	-8.2	4.4	3.4	24	-8.0	20
20	4.1	3.2	24	-8.4	4.2	3.3	24	-8.2	4.3	3.4	24	-7.9	4.4	3.4	25	-7.7	4.5	3.5	25	-7.5	20
19	4.2	3.4	25	-7.9	4.3	3.4	25	-7.7	4.4	3.5	25	-7.5	4.5	3.5	26	-7.2	4.6	3.6	26	-7.0	19
19	4.3	3.5	26	-7.4	4.4	3.6	26	-7.2	4.5	3.6	26	-7.0	4.6	3.7	27	-6.8	4.7	3.7	27	-6.6	19
19	4.4	3.6	27	-7.0	4.5	3.7	27	-6.8	4.6	3.7	27	-6.6	4.7	3.8	27	-6.4	4.8	3.9	28	-6.1	19
18	4.5	3.7	28	-6.5	4.6	3.8	28	-6.3	4.7	3.9	28	-6.1	4.8	3.9	28	-5.9	4.9	4.0	29	-5.7	18
18	4.6	3.9	29	-6.1	4.7	3.9	29	-5.9	4.8	4.0	29	-5.7	4.9	4.1	29	-5.5	**5.0**	4.1	30	-5.3	18
18	4.7	4.0	30	-5.7	4.8	4.1	30	-5.5	4.9	4.1	30	-5.3	**5.0**	4.2	30	-5.1	5.1	4.2	30	-4.9	18
17	4.8	4.1	30	-5.3	4.9	4.2	31	-5.1	**5.0**	4.2	31	-4.9	5.1	4.3	31	-4.7	5.2	4.4	31	-4.5	17
17	4.9	4.3	31	-4.9	**5.0**	4.3	32	-4.7	5.1	4.4	32	-4.5	5.2	4.4	32	-4.3	5.3	4.5	32	-4.1	17
17	**5.0**	4.4	32	-4.5	5.1	4.4	33	-4.3	5.2	4.5	33	-4.1	5.3	4.6	33	-3.9	5.4	4.6	33	-3.8	17
17	5.1	4.5	33	-4.1	5.2	4.6	33	-3.9	5.3	4.6	34	-3.7	5.4	4.7	34	-3.6	5.5	4.8	34	-3.4	17
16	5.2	4.6	34	-3.7	5.3	4.7	34	-3.6	5.4	4.8	35	-3.4	5.5	4.8	35	-3.2	5.6	4.9	35	-3.0	16
16	5.3	4.8	35	-3.4	5.4	4.8	35	-3.2	5.5	4.9	36	-3.0	5.6	5.0	36	-2.8	5.7	5.0	36	-2.7	16
16	5.4	4.9	36	-3.0	5.5	5.0	36	-2.8	5.6	5.0	37	-2.7	5.7	5.1	37	-2.5	5.8	5.1	37	-2.3	16
15	5.5	5.0	37	-2.7	5.6	5.1	37	-2.5	5.7	5.2	37	-2.3	5.8	5.2	38	-2.2	5.9	5.3	38	-2.0	15
15	5.6	5.2	38	-2.3	5.7	5.2	38	-2.1	5.8	5.3	38	-2.0	5.9	5.3	39	-1.8	**6.0**	5.4	39	-1.7	15

n	t_W	e	U	t_d	t_W	e	U	t_d	t_W	e	U	t_d	t_W	e	U	t_d	t_W	e	U	t_d	n
	11.5				**11.6**				**11.7**				**11.8**				**11.9**				
15	5.7	5.3	39	-2.0	5.8	5.3	39	-1.8	5.9	5.4	39	-1.7	**6.0**	5.5	40	-1.5	6.1	5.5	40	-1.3	15
14	5.8	5.4	40	-1.6	5.9	5.5	40	-1.5	**6.0**	5.5	40	-1.3	6.1	5.6	41	-1.2	6.2	5.7	41	-1.0	14
14	5.9	5.5	41	-1.3	**6.0**	5.6	41	-1.2	6.1	5.7	41	-1.0	6.2	5.7	42	-0.8	6.3	5.8	42	-0.7	14
14	**6.0**	5.7	42	-1.0	6.1	5.7	42	-0.8	6.2	5.8	42	-0.7	6.3	5.9	42	-0.5	6.4	5.9	43	-0.4	14
14	6.1	5.8	43	-0.7	6.2	5.9	43	-0.5	6.3	5.9	43	-0.4	6.4	6.0	43	-0.2	6.5	6.1	44	-0.1	14
13	6.2	5.9	44	-0.4	6.3	6.0	44	-0.2	6.4	6.1	44	-0.1	6.5	6.1	44	0.1	6.6	6.2	45	0.2	13
13	6.3	6.1	45	-0.1	6.4	6.1	45	0.1	6.5	6.2	45	0.2	6.6	6.3	45	0.4	6.7	6.3	46	0.5	13
13	6.4	6.2	46	0.2	6.5	6.3	46	0.4	6.6	6.3	46	0.5	6.7	6.4	46	0.7	6.8	6.5	46	0.8	13
12	6.5	6.3	47	0.5	6.6	6.4	47	0.7	6.7	6.5	47	0.8	6.8	6.5	47	0.9	6.9	6.6	47	1.1	12
12	6.6	6.5	48	0.8	6.7	6.5	48	0.9	6.8	6.6	48	1.1	6.9	6.7	48	1.2	**7.0**	6.7	48	1.4	12
12	6.7	6.6	49	1.1	6.8	6.7	49	1.2	6.9	6.7	49	1.4	**7.0**	6.8	49	1.5	7.1	6.9	49	1.7	12
12	6.8	6.7	50	1.4	6.9	6.8	50	1.5	**7.0**	6.9	50	1.6	7.1	6.9	50	1.8	7.2	7.0	50	1.9	12
11	6.9	6.9	51	1.6	**7.0**	6.9	51	1.8	7.1	7.0	51	1.9	7.2	7.1	51	2.1	7.3	7.2	51	2.2	11
11	**7.0**	7.0	52	1.9	7.1	7.1	52	2.1	7.2	7.1	52	2.2	7.3	7.2	52	2.3	7.4	7.3	52	2.5	11
11	7.1	7.1	53	2.2	7.2	7.2	53	2.3	7.3	7.3	53	2.5	7.4	7.4	53	2.6	7.5	7.4	53	2.7	11
10	7.2	7.3	54	2.4	7.3	7.4	54	2.6	7.4	7.4	54	2.7	7.5	7.5	54	2.8	7.6	7.6	54	3.0	10
10	7.3	7.4	55	2.7	7.4	7.5	55	2.8	7.5	7.6	55	3.0	7.6	7.6	55	3.1	7.7	7.7	55	3.2	10
10	7.4	7.6	56	3.0	7.5	7.6	56	3.1	7.6	7.7	56	3.2	7.7	7.8	56	3.4	7.8	7.8	56	3.5	10
10	7.5	7.7	57	3.2	7.6	7.8	57	3.3	7.7	7.8	57	3.5	7.8	7.9	57	3.6	7.9	8.0	57	3.7	10
9	7.6	7.8	58	3.5	7.7	7.9	58	3.6	7.8	8.0	58	3.7	7.9	8.0	58	3.9	**8.0**	8.1	58	4.0	9
9	7.7	8.0	59	3.7	7.8	8.0	59	3.8	7.9	8.1	59	4.0	**8.0**	8.2	59	4.1	8.1	8.3	59	4.2	9
9	7.8	8.1	60	4.0	7.9	8.2	60	4.1	**8.0**	8.3	60	4.2	8.1	8.3	60	4.3	8.2	8.4	60	4.5	9
9	7.9	8.2	61	4.2	**8.0**	8.3	61	4.3	8.1	8.4	61	4.5	8.2	8.5	61	4.6	8.3	8.5	61	4.7	9
8	**8.0**	8.4	62	4.4	8.1	8.5	62	4.6	8.2	8.5	62	4.7	8.3	8.6	62	4.8	8.4	8.7	62	4.9	8
8	8.1	8.5	63	4.7	8.2	8.6	63	4.8	8.3	8.7	63	4.9	8.4	8.7	63	5.0	8.5	8.8	63	5.2	8
8	8.2	8.7	64	4.9	8.3	8.7	64	5.0	8.4	8.8	64	5.2	8.5	8.9	64	5.3	8.6	9.0	64	5.4	8
7	8.3	8.8	65	5.1	8.4	8.9	65	5.3	8.5	9.0	65	5.4	8.6	9.0	65	5.5	8.7	9.1	65	5.6	7
7	8.4	8.9	66	5.4	8.5	9.0	66	5.5	8.6	9.1	66	5.6	8.7	9.2	66	5.7	8.8	9.3	66	5.9	7
7	8.5	9.1	67	5.6	8.6	9.2	67	5.7	8.7	9.2	67	5.8	8.8	9.3	67	6.0	8.9	9.4	67	6.1	7
7	8.6	9.2	68	5.8	8.7	9.3	68	5.9	8.8	9.4	68	6.1	8.9	9.5	68	6.2	**9.0**	9.5	69	6.3	7
6	8.7	9.4	69	6.0	8.8	9.5	69	6.2	8.9	9.5	69	6.3	**9.0**	9.6	69	6.4	9.1	9.7	70	6.5	6
6	8.8	9.5	70	6.3	8.9	9.6	70	6.4	**9.0**	9.7	70	6.5	9.1	9.7	70	6.6	9.2	9.8	71	6.7	6
6	8.9	9.7	71	6.5	**9.0**	9.7	71	6.6	9.1	9.8	71	6.7	9.2	9.9	72	6.8	9.3	10.0	72	6.9	6
6	**9.0**	9.8	72	6.7	9.1	9.9	72	6.8	9.2	10.0	72	6.9	9.3	10.0	73	7.0	9.4	10.1	73	7.2	6
5	9.1	9.9	73	6.9	9.2	10.0	73	7.0	9.3	10.1	74	7.1	9.4	10.2	74	7.3	9.5	10.3	74	7.4	5
5	9.2	10.1	74	7.1	9.3	10.2	75	7.2	9.4	10.3	75	7.3	9.5	10.3	75	7.5	9.6	10.4	75	7.6	5
5	9.3	10.2	76	7.3	9.4	10.3	76	7.4	9.5	10.4	76	7.6	9.6	10.5	76	7.7	9.7	10.6	76	7.8	5
5	9.4	10.4	77	7.5	9.5	10.5	77	7.6	9.6	10.5	77	7.8	9.7	10.6	77	7.9	9.8	10.7	77	8.0	5
5	9.5	10.5	78	7.7	9.6	10.6	78	7.9	9.7	10.7	78	8.0	9.8	10.8	78	8.1	9.9	10.9	78	8.2	5
4	9.6	10.7	79	7.9	9.7	10.8	79	8.1	9.8	10.8	79	8.2	9.9	10.9	79	8.3	**10.0**	11.0	79	8.4	4
4	9.7	10.8	80	8.1	9.8	10.9	80	8.3	9.9	11.0	80	8.4	**10.0**	11.1	80	8.5	10.1	11.2	80	8.6	4
4	9.8	11.0	81	8.3	9.9	11.1	81	8.5	**10.0**	11.1	81	8.6	10.1	11.2	81	8.7	10.2	11.3	81	8.8	4
4	9.9	11.1	82	8.5	**10.0**	11.2	82	8.6	10.1	11.3	82	8.8	10.2	11.4	82	8.9	10.3	11.5	82	9.0	4
3	**10.0**	11.3	83	8.7	10.1	11.4	83	8.8	10.2	11.4	83	9.0	10.3	11.5	83	9.1	10.4	11.6	83	9.2	3
3	10.1	11.4	84	8.9	10.2	11.5	84	9.0	10.3	11.6	84	9.1	10.4	11.7	84	9.3	10.5	11.8	84	9.4	3
3	10.2	11.6	85	9.1	10.3	11.7	85	9.2	10.4	11.7	85	9.3	10.5	11.8	85	9.4	10.6	11.9	86	9.6	3
3	10.3	11.7	86	9.3	10.4	11.8	86	9.4	10.5	11.9	87	9.5	10.6	12.0	87	9.6	10.7	12.1	87	9.7	3
2	10.4	11.9	88	9.5	10.5	12.0	88	9.6	10.6	12.0	88	9.7	10.7	12.1	88	9.8	10.8	12.2	88	9.9	2
2	10.5	12.0	89	9.7	10.6	12.1	89	9.8	10.7	12.2	89	9.9	10.8	12.3	89	10.0	10.9	12.4	89	10.1	2
2	10.6	12.2	90	9.9	10.7	12.3	90	10.0	10.8	12.3	90	10.1	10.9	12.4	90	10.2	**11.0**	12.5	90	10.3	2
2	10.7	12.3	91	10.1	10.8	12.4	91	10.2	10.9	12.5	91	10.3	**11.0**	12.6	91	10.4	11.1	12.7	91	10.5	2
2	10.8	12.5	92	10.2	10.9	12.6	92	10.4	**11.0**	12.7	92	10.5	11.1	12.7	92	10.6	11.2	12.8	92	10.7	2
1	10.9	12.6	93	10.4	**11.0**	12.7	93	10.5	11.1	12.8	93	10.6	11.2	12.9	93	10.7	11.3	13.0	93	10.8	1
1	**11.0**	12.8	94	10.6	11.1	12.9	94	10.7	11.2	13.0	94	10.8	11.3	13.0	94	10.9	11.4	13.1	94	11.0	1
1	11.1	12.9	95	10.8	11.2	13.0	95	10.9	11.3	13.1	95	11.0	11.4	13.2	95	11.1	11.5	13.3	95	11.2	1
1	11.2	13.1	97	11.0	11.3	13.2	97	11.1	11.4	13.3	97	11.2	11.5	13.4	97	11.3	11.6	13.5	97	11.4	1
0	11.3	13.2	98	11.1	11.4	13.3	98	11.2	11.5	13.4	98	11.4	11.6	13.5	98	11.5	11.7	13.6	98	11.6	0
0	11.4	13.4	99	11.3	11.5	13.5	99	11.4	11.6	13.6	99	11.5	11.7	13.7	99	11.6	11.8	13.8	99	11.7	0
0	11.5	13.6	100	11.5	11.6	13.7	100	11.6	11.7	13.7	100	11.7	11.8	13.8	100	11.8	11.9	13.9	100	11.9	0
	12.0				**12.1**				**12.2**				**12.3**				**12.4**				
30																	**2.0**	0.1	1	-44.5	30
29					1.8	0.1	1	-47.6	1.9	0.1	1	-43.3	**2.0**	0.2	1	-40.3	2.1	0.2	2	-37.9	29
29	1.8	0.2	1	-42.2	1.9	0.2	1	-39.5	**2.0**	0.3	2	-37.3	2.1	0.3	2	-35.4	2.2	0.4	2	-33.8	29
29	1.9	0.3	2	-36.6	**2.0**	0.3	2	-34.9	2.1	0.4	3	-33.4	2.2	0.4	3	-32.0	2.3	0.5	3	-30.8	29
28	**2.0**	0.4	3	-32.9	2.1	0.4	3	-31.7	2.2	0.5	3	-30.5	2.3	0.5	4	-29.4	2.4	0.6	4	-28.5	28
28	2.1	0.5	4	-30.2	2.2	0.6	4	-29.1	2.3	0.6	4	-28.2	2.4	0.7	5	-27.3	2.5	0.7	5	-26.5	28
28	2.2	0.6	4	-27.9	2.3	0.7	5	-27.0	2.4	0.7	5	-26.2	2.5	0.8	5	-25.5	2.6	0.8	6	-24.7	28
27	2.3	0.7	5	-26.0	2.4	0.8	6	-25.3	2.5	0.8	6	-24.6	2.6	0.9	6	-23.9	2.7	0.9	7	-23.2	27
27	2.4	0.9	6	-24.4	2.5	0.9	6	-23.7	2.6	1.0	7	-23.1	2.7	1.0	7	-22.5	2.8	1.1	7	-21.9	27
27	2.5	1.0	7	-22.9	2.6	1.0	7	-22.3	2.7	1.1	8	-21.7	2.8	1.1	8	-21.2	2.9	1.2	8	-20.7	27
26	2.6	1.1	8	-21.6	2.7	1.1	8	-21.0	2.8	1.2	8	-20.5	2.9	1.3	9	-20.0	**3.0**	1.3	9	-19.5	26

n	t_W	e	U	t_d	t_W	e	U	t_d	t_W	e	U	t_d	t_W	e	U	t_d	t_W	e	U	t_d	n
	12.0				**12.1**				**12.2**				**12.3**				**12.4**				
26	2.7	1.2	9	-20.4	2.8	1.3	9	-19.9	2.9	1.3	9	-19.4	**3.0**	1.4	10	-19.0	3.1	1.4	10	-18.5	26
25	2.8	1.3	9	-19.3	2.9	1.4	10	-18.8	**3.0**	1.4	10	-18.4	3.1	1.5	10	-18.0	3.2	1.5	11	-17.5	25
25	2.9	1.5	10	-18.3	**3.0**	1.5	11	-17.9	3.1	1.6	11	-17.4	3.2	1.6	11	-17.0	3.3	1.7	12	-16.6	25
25	**3.0**	1.6	11	-17.4	3.1	1.6	12	-16.9	3.2	1.7	12	-16.6	3.3	1.7	12	-16.2	3.4	1.8	12	-15.8	25
24	3.1	1.7	12	-16.5	3.2	1.7	12	-16.1	3.3	1.8	13	-15.7	3.4	1.9	13	-15.4	3.5	1.9	13	-15.0	24
24	3.2	1.8	13	-15.6	3.3	1.9	13	-15.3	3.4	1.9	14	-14.9	3.5	2.0	14	-14.6	3.6	2.0	14	-14.3	24
24	3.3	1.9	14	-14.9	3.4	2.0	14	-14.5	3.5	2.0	14	-14.2	3.6	2.1	15	-13.9	3.7	2.2	15	-13.5	24
23	3.4	2.1	15	-14.1	3.5	2.1	15	-13.8	3.6	2.2	15	-13.5	3.7	2.2	16	-13.2	3.8	2.3	16	-12.9	23
23	3.5	2.2	16	-13.4	3.6	2.2	16	-13.1	3.7	2.3	16	-12.8	3.8	2.3	16	-12.5	3.9	2.4	17	-12.2	23
23	3.6	2.3	16	-12.7	3.7	2.4	17	-12.4	3.8	2.4	17	-12.1	3.9	2.5	17	-11.9	**4.0**	2.5	18	-11.6	23
22	3.7	2.4	17	-12.1	3.8	2.5	18	-11.8	3.9	2.5	18	-11.5	**4.0**	2.6	18	-11.2	4.1	2.6	18	-11.0	22
22	3.8	2.5	18	-11.5	3.9	2.6	18	-11.2	**4.0**	2.7	19	-10.9	4.1	2.7	19	-10.7	4.2	2.8	19	-10.4	22
22	3.9	2.7	19	-10.9	**4.0**	2.7	19	-10.6	4.1	2.8	20	-10.4	4.2	2.8	20	-10.1	4.3	2.9	20	-9.8	22
21	**4.0**	2.8	20	-10.3	4.1	2.8	20	-10.1	4.2	2.9	20	-9.8	4.3	3.0	21	-9.6	4.4	3.0	21	-9.3	21
21	4.1	2.9	21	-9.8	4.2	3.0	21	-9.5	4.3	3.0	21	-9.3	4.4	3.1	22	-9.0	4.5	3.1	22	-8.8	21
21	4.2	3.0	22	-9.2	4.3	3.1	22	-9.0	4.4	3.2	22	-8.8	4.5	3.2	22	-8.5	4.6	3.3	23	-8.3	21
20	4.3	3.2	23	-8.7	4.4	3.2	23	-8.5	4.5	3.3	23	-8.3	4.6	3.3	23	-8.0	4.7	3.4	24	-7.8	20
20	4.4	3.3	23	-8.2	4.5	3.3	24	-8.0	4.6	3.4	24	-7.8	4.7	3.5	24	-7.5	4.8	3.5	25	-7.3	20
20	4.5	3.4	24	-7.7	4.6	3.5	25	-7.5	4.7	3.5	25	-7.3	4.8	3.6	25	-7.1	4.9	3.7	25	-6.9	20
19	4.6	3.5	25	-7.3	4.7	3.6	26	-7.1	4.8	3.7	26	-6.8	4.9	3.7	26	-6.6	**5.0**	3.8	26	-6.4	19
19	4.7	3.7	26	-6.8	4.8	3.7	26	-6.6	4.9	3.8	27	-6.4	**5.0**	3.8	27	-6.2	5.1	3.9	27	-6.0	19
19	4.8	3.8	27	-6.4	4.9	3.9	27	-6.2	**5.0**	3.9	28	-6.0	5.1	4.0	28	-5.8	5.2	4.0	28	-5.6	19
18	4.9	3.9	28	-5.9	**5.0**	4.0	28	-5.7	5.1	4.0	28	-5.5	5.2	4.1	29	-5.3	5.3	4.2	29	-5.2	18
18	**5.0**	4.0	29	-5.5	5.1	4.1	29	-5.3	5.2	4.2	29	-5.1	5.3	4.2	30	-4.9	5.4	4.3	30	-4.7	18
18	5.1	4.2	30	-5.1	5.2	4.2	30	-4.9	5.3	4.3	30	-4.7	5.4	4.4	31	-4.5	5.5	4.4	31	-4.4	18
18	5.2	4.3	31	-4.7	5.3	4.4	31	-4.5	5.4	4.4	31	-4.3	5.5	4.5	31	-4.2	5.6	4.6	32	-4.0	18
17	5.3	4.4	32	-4.3	5.4	4.5	32	-4.1	5.5	4.6	32	-4.0	5.6	4.6	32	-3.8	5.7	4.7	33	-3.6	17
17	5.4	4.6	33	-3.9	5.5	4.6	33	-3.8	5.6	4.7	33	-3.6	5.7	4.8	33	-3.4	5.8	4.8	33	-3.2	17
17	5.5	4.7	33	-3.6	5.6	4.8	34	-3.4	5.7	4.8	34	-3.2	5.8	4.9	34	-3.0	5.9	4.9	34	-2.9	17
16	5.6	4.8	34	-3.2	5.7	4.9	35	-3.0	5.8	4.9	35	-2.9	5.9	5.0	35	-2.7	**6.0**	5.1	35	-2.5	16
16	5.7	5.0	35	-2.9	5.8	5.0	36	-2.7	5.9	5.1	36	-2.5	**6.0**	5.1	36	-2.3	6.1	5.2	36	-2.2	16
16	5.8	5.1	36	-2.5	5.9	5.1	36	-2.3	**6.0**	5.2	37	-2.2	6.1	5.3	37	-2.0	6.2	5.3	37	-1.8	16
15	5.9	5.2	37	-2.2	**6.0**	5.3	37	-2.0	6.1	5.3	38	-1.8	6.2	5.4	38	-1.7	6.3	5.5	38	-1.5	15
15	**6.0**	5.3	38	-1.8	6.1	5.4	38	-1.7	6.2	5.5	39	-1.5	6.3	5.5	39	-1.3	6.4	5.6	39	-1.2	15
15	6.1	5.5	39	-1.5	6.2	5.5	39	-1.3	6.3	5.6	39	-1.2	6.4	5.7	40	-1.0	6.5	5.7	40	-0.9	15
15	6.2	5.6	40	-1.2	6.3	5.7	40	-1.0	6.4	5.7	40	-0.9	6.5	5.8	41	-0.7	6.6	5.9	41	-0.5	15
14	6.3	5.7	41	-0.9	6.4	5.8	41	-0.7	6.5	5.9	41	-0.5	6.6	5.9	42	-0.4	6.7	6.0	42	-0.2	14
14	6.4	5.9	42	-0.5	6.5	5.9	42	-0.4	6.6	6.0	42	-0.2	6.7	6.1	42	-0.1	6.8	6.1	43	0.1	14
14	6.5	6.0	43	-0.2	6.6	6.1	43	-0.1	6.7	6.1	43	0.1	6.8	6.2	43	0.2	6.9	6.3	44	0.4	14
13	6.6	6.1	44	0.1	6.7	6.2	44	0.2	6.8	6.3	44	0.4	6.9	6.3	44	0.5	**7.0**	6.4	45	0.7	13
13	6.7	6.3	45	0.4	6.8	6.3	45	0.5	6.9	6.4	45	0.7	**7.0**	6.5	45	0.8	7.1	6.5	45	1.0	13
13	6.8	6.4	46	0.7	6.9	6.5	46	0.8	**7.0**	6.5	46	1.0	7.1	6.6	46	1.1	7.2	6.7	46	1.2	13
12	6.9	6.5	47	1.0	**7.0**	6.6	47	1.1	7.1	6.7	47	1.2	7.2	6.7	47	1.4	7.3	6.8	47	1.5	12
12	**7.0**	6.7	48	1.2	7.1	6.7	48	1.4	7.2	6.8	48	1.5	7.3	6.9	48	1.7	7.4	7.0	48	1.8	12
12	7.1	6.8	49	1.5	7.2	6.9	49	1.7	7.3	7.0	49	1.8	7.4	7.0	49	1.9	7.5	7.1	49	2.1	12
12	7.2	6.9	50	1.8	7.3	7.0	50	1.9	7.4	7.1	50	2.1	7.5	7.2	50	2.2	7.6	7.2	50	2.3	12
11	7.3	7.1	51	2.1	7.4	7.2	51	2.2	7.5	7.2	51	2.3	7.6	7.3	51	2.5	7.7	7.4	51	2.6	11
11	7.4	7.2	52	2.3	7.5	7.3	52	2.5	7.6	7.4	52	2.6	7.7	7.4	52	2.7	7.8	7.5	52	2.9	11
11	7.5	7.4	53	2.6	7.6	7.4	53	2.7	7.7	7.5	53	2.9	7.8	7.6	53	3.0	7.9	7.6	53	3.1	11
11	7.6	7.5	53	2.9	7.7	7.6	54	3.0	7.8	7.6	54	3.1	7.9	7.7	54	3.3	**8.0**	7.8	54	3.4	11
10	7.7	7.6	54	3.1	7.8	7.7	55	3.2	7.9	7.8	55	3.4	**8.0**	7.9	55	3.5	8.1	7.9	55	3.6	10
10	7.8	7.8	55	3.4	7.9	7.8	56	3.5	**8.0**	7.9	56	3.6	8.1	8.0	56	3.8	8.2	8.1	56	3.9	10
10	7.9	7.9	56	3.6	**8.0**	8.0	57	3.7	8.1	8.1	57	3.9	8.2	8.1	57	4.0	8.3	8.2	57	4.1	10
9	**8.0**	8.1	57	3.9	8.1	8.1	58	4.0	8.2	8.2	58	4.1	8.3	8.3	58	4.3	8.4	8.3	58	4.4	9
9	8.1	8.2	58	4.1	8.2	8.3	59	4.2	8.3	8.3	59	4.4	8.4	8.4	59	4.5	8.5	8.5	59	4.6	9
9	8.2	8.3	59	4.4	8.3	8.4	60	4.5	8.4	8.5	60	4.6	8.5	8.6	60	4.7	8.6	8.6	60	4.9	9
9	8.3	8.5	60	4.6	8.4	8.5	61	4.7	8.5	8.6	61	4.8	8.6	8.7	61	5.0	8.7	8.8	61	5.1	9
8	8.4	8.6	61	4.8	8.5	8.7	62	5.0	8.6	8.8	62	5.1	8.7	8.8	62	5.2	8.8	8.9	62	5.3	8
8	8.5	8.8	62	5.1	8.6	8.8	63	5.2	8.7	8.9	63	5.3	8.8	9.0	63	5.4	8.9	9.1	63	5.6	8
8	8.6	8.9	63	5.3	8.7	9.0	64	5.4	8.8	9.1	64	5.5	8.9	9.1	64	5.7	**9.0**	9.2	64	5.8	8
8	8.7	9.0	65	5.5	8.8	9.1	65	5.6	8.9	9.2	65	5.8	**9.0**	9.3	65	5.9	9.1	9.3	65	6.0	8
7	8.8	9.2	66	5.7	8.9	9.3	66	5.9	**9.0**	9.3	66	6.0	9.1	9.4	66	6.1	9.2	9.5	66	6.2	7
7	8.9	9.3	67	6.0	**9.0**	9.4	67	6.1	9.1	9.5	67	6.2	9.2	9.6	67	6.3	9.3	9.6	67	6.4	7
7	**9.0**	9.5	68	6.2	9.1	9.5	68	6.3	9.2	9.6	68	6.4	9.3	9.7	68	6.5	9.4	9.8	68	6.7	7
7	9.1	9.6	69	6.4	9.2	9.7	69	6.5	9.3	9.8	69	6.6	9.4	9.9	69	6.8	9.5	9.9	69	6.9	7
6	9.2	9.8	70	6.6	9.3	9.8	70	6.7	9.4	9.9	70	6.9	9.5	10.0	70	7.0	9.6	10.1	70	7.1	6
6	9.3	9.9	71	6.8	9.4	10.0	71	7.0	9.5	10.1	71	7.1	9.6	10.1	71	7.2	9.7	10.2	71	7.3	6
6	9.4	10.1	72	7.1	9.5	10.1	72	7.2	9.6	10.2	72	7.3	9.7	10.3	72	7.4	9.8	10.4	72	7.5	6
6	9.5	10.2	73	7.3	9.6	10.3	73	7.4	9.7	10.4	73	7.5	9.8	10.4	73	7.6	9.9	10.5	73	7.7	6
5	9.6	10.3	74	7.5	9.7	10.4	74	7.6	9.8	10.5	74	7.7	9.9	10.6	74	7.8	**10.0**	10.7	74	7.9	5
5	9.7	10.5	75	7.7	9.8	10.6	75	7.8	9.9	10.7	75	7.9	**10.0**	10.7	75	8.0	10.1	10.8	75	8.1	5
5	9.8	10.6	76	7.9	9.9	10.7	76	8.0	**10.0**	10.8	76	8.1	10.1	10.9	76	8.2	10.2	11.0	76	8.3	5
5	9.9	10.8	77	8.1	**10.0**	10.9	77	8.2	10.1	11.0	77	8.3	10.2	11.0	77	8.4	10.3	11.1	77	8.5	5

n	t_W	e	U	t_d	t_W	e	U	t_d	t_W	e	U	t_d	t_W	e	U	t_d	t_W	e	U	t_d	n
	12.0				**12.1**				**12.2**				**12.3**				**12.4**				
4	**10.0**	10.9	78	8.3	10.1	11.0	78	8.4	10.2	11.1	78	8.5	10.3	11.2	78	8.6	10.4	11.3	78	8.7	4
4	10.1	11.1	79	8.5	10.2	11.2	79	8.6	10.3	11.3	79	8.7	10.4	11.3	79	8.8	10.5	11.4	79	8.9	4
4	10.2	11.2	80	8.7	10.3	11.3	80	8.8	10.4	11.4	80	8.9	10.5	11.5	80	9.0	10.6	11.6	80	9.1	4
4	10.3	11.4	81	8.9	10.4	11.5	81	9.0	10.5	11.6	81	9.1	10.6	11.6	81	9.2	10.7	11.7	81	9.3	4
3	10.4	11.5	82	9.1	10.5	11.6	82	9.2	10.6	11.7	82	9.3	10.7	11.8	82	9.4	10.8	11.9	83	9.5	3
3	10.5	11.7	83	9.3	10.6	11.8	83	9.4	10.7	11.9	83	9.5	10.8	11.9	84	9.6	10.9	12.0	84	9.7	3
3	10.6	11.8	84	9.5	10.7	11.9	85	9.6	10.8	12.0	85	9.7	10.9	12.1	85	9.8	**11.0**	12.2	85	9.9	3
3	10.7	12.0	86	9.7	10.8	12.1	86	9.8	10.9	12.2	86	9.9	**11.0**	12.3	86	10.0	11.1	12.3	86	10.1	3
3	10.8	12.1	87	9.8	10.9	12.2	87	10.0	**11.0**	12.3	87	10.1	11.1	12.4	87	10.2	11.2	12.5	87	10.3	3
2	10.9	12.3	88	10.0	**11.0**	12.4	88	10.1	11.1	12.5	88	10.2	11.2	12.6	88	10.3	11.3	12.6	88	10.5	2
2	**11.0**	12.5	89	10.2	11.1	12.5	89	10.3	11.2	12.6	89	10.4	11.3	12.7	89	10.5	11.4	12.8	89	10.6	2
2	11.1	12.6	90	10.4	11.2	12.7	90	10.5	11.3	12.8	90	10.6	11.4	12.9	90	10.7	11.5	13.0	90	10.8	2
2	11.2	12.8	91	10.6	11.3	12.8	91	10.7	11.4	12.9	91	10.8	11.5	13.0	91	10.9	11.6	13.1	91	11.0	2
1	11.3	12.9	92	10.8	11.4	13.0	92	10.9	11.5	13.1	92	11.0	11.6	13.2	92	11.1	11.7	13.3	92	11.2	1
1	11.4	13.1	93	10.9	11.5	13.2	93	11.0	11.6	13.2	93	11.2	11.7	13.3	93	11.3	11.8	13.4	93	11.4	1
1	11.5	13.2	94	11.1	11.6	13.3	94	11.2	11.7	13.4	94	11.3	11.8	13.5	94	11.4	11.9	13.6	94	11.5	1
1	11.6	13.4	95	11.3	11.7	13.5	96	11.4	11.8	13.6	96	11.5	11.9	13.7	96	11.6	**12.0**	13.7	96	11.7	1
1	11.7	13.5	97	11.5	11.8	13.6	97	11.6	11.9	13.7	97	11.7	**12.0**	13.8	97	11.8	12.1	13.9	97	11.9	1
0	11.8	13.7	98	11.7	11.9	13.8	98	11.8	**12.0**	13.9	98	11.9	12.1	14.0	98	12.0	12.2	14.1	98	12.1	0
0	11.9	13.9	99	11.8	**12.0**	13.9	99	11.9	12.1	14.0	99	12.0	12.2	14.1	99	12.1	12.3	14.2	99	12.2	0
0	**12.0**	14.0	100	12.0	12.1	14.1	100	12.1	12.2	14.2	100	12.2	12.3	14.3	100	12.3	12.4	14.4	100	12.4	0
	12.5				**12.6**				**12.7**				**12.8**				**12.9**				
30													2.2	0.1	1	-47.4	2.3	0.1	1	-43.1	30
30					2.1	0.1	1	-45.9	2.2	0.2	1	-42.1	2.3	0.2	1	-39.3	2.4	0.3	2	-37.1	30
29	2.1	0.2	1	-41.2	2.2	0.2	1	-38.6	2.3	0.3	2	-36.5	2.4	0.3	2	-34.8	2.5	0.4	3	-33.2	29
29	2.2	0.3	2	-36.0	2.3	0.3	2	-34.3	2.4	0.4	3	-32.8	2.5	0.4	3	-31.5	2.6	0.5	3	-30.4	29
29	2.3	0.4	3	-32.4	2.4	0.5	3	-31.2	2.5	0.5	3	-30.0	2.6	0.6	4	-29.0	2.7	0.6	4	-28.0	29
28	2.4	0.5	4	-29.7	2.5	0.6	4	-28.7	2.6	0.6	4	-27.8	2.7	0.7	5	-26.9	2.8	0.7	5	-26.1	28
28	2.5	0.6	4	-27.5	2.6	0.7	5	-26.7	2.7	0.7	5	-25.9	2.8	0.8	5	-25.1	2.9	0.9	6	-24.4	28
28	2.6	0.8	5	-25.7	2.7	0.8	6	-24.9	2.8	0.9	6	-24.2	2.9	0.9	6	-23.6	**3.0**	1.0	7	-22.9	28
27	2.7	0.9	6	-24.1	2.8	0.9	6	-23.4	2.9	1.0	7	-22.8	**3.0**	1.0	7	-22.2	3.1	1.1	7	-21.6	27
27	2.8	1.0	7	-22.6	2.9	1.1	7	-22.0	**3.0**	1.1	8	-21.5	3.1	1.2	8	-20.9	3.2	1.2	8	-20.4	27
26	2.9	1.1	8	-21.3	**3.0**	1.2	8	-20.8	3.1	1.2	8	-20.3	3.2	1.3	9	-19.8	3.3	1.3	9	-19.3	26
26	**3.0**	1.2	9	-20.1	3.1	1.3	9	-19.7	3.2	1.3	9	-19.2	3.3	1.4	9	-18.7	3.4	1.5	10	-18.3	26
26	3.1	1.4	9	-19.1	3.2	1.4	10	-18.6	3.3	1.5	10	-18.2	3.4	1.5	10	-17.7	3.5	1.6	11	-17.3	26
25	3.2	1.5	10	-18.1	3.3	1.5	11	-17.6	3.4	1.6	11	-17.2	3.5	1.6	11	-16.8	3.6	1.7	11	-16.4	25
25	3.3	1.6	11	-17.1	3.4	1.7	11	-16.7	3.5	1.7	12	-16.3	3.6	1.8	12	-16.0	3.7	1.8	12	-15.6	25
25	3.4	1.7	12	-16.3	3.5	1.8	12	-15.9	3.6	1.8	12	-15.5	3.7	1.9	13	-15.1	3.8	1.9	13	-14.8	25
24	3.5	1.8	13	-15.4	3.6	1.9	13	-15.1	3.7	2.0	13	-14.7	3.8	2.0	14	-14.4	3.9	2.1	14	-14.0	24
24	3.6	2.0	14	-14.7	3.7	2.0	14	-14.3	3.8	2.1	14	-14.0	3.9	2.1	14	-13.7	**4.0**	2.2	15	-13.3	24
24	3.7	2.1	14	-13.9	3.8	2.1	15	-13.6	3.9	2.2	15	-13.3	**4.0**	2.3	15	-13.0	4.1	2.3	16	-12.6	24
23	3.8	2.2	15	-13.2	3.9	2.3	16	-12.9	**4.0**	2.3	16	-12.6	4.1	2.4	16	-12.3	4.2	2.4	16	-12.0	23
23	3.9	2.3	16	-12.5	**4.0**	2.4	16	-12.2	4.1	2.4	17	-12.0	4.2	2.5	17	-11.7	4.3	2.6	17	-11.4	23
23	**4.0**	2.5	17	-11.9	4.1	2.5	17	-11.6	4.2	2.6	18	-11.3	4.3	2.6	18	-11.1	4.4	2.7	18	-10.8	23
22	4.1	2.6	18	-11.3	4.2	2.6	18	-11.0	4.3	2.7	18	-10.7	4.4	2.8	19	-10.5	4.5	2.8	19	-10.2	22
22	4.2	2.7	19	-10.7	4.3	2.8	19	-10.4	4.4	2.8	19	-10.2	4.5	2.9	20	-9.9	4.6	2.9	20	-9.7	22
22	4.3	2.8	20	-10.1	4.4	2.9	20	-9.9	4.5	2.9	20	-9.6	4.6	3.0	20	-9.4	4.7	3.1	21	-9.1	22
21	4.4	3.0	20	-9.6	4.5	3.0	21	-9.3	4.6	3.1	21	-9.1	4.7	3.1	21	-8.8	4.8	3.2	21	-8.6	21
21	4.5	3.1	21	-9.1	4.6	3.1	22	-8.8	4.7	3.2	22	-8.6	4.8	3.3	22	-8.3	4.9	3.3	22	-8.1	21
21	4.6	3.2	22	-8.5	4.7	3.3	22	-8.3	4.8	3.3	23	-8.1	4.9	3.4	23	-7.8	**5.0**	3.4	23	-7.6	21
20	4.7	3.3	23	-8.1	4.8	3.4	23	-7.8	4.9	3.5	24	-7.6	**5.0**	3.5	24	-7.4	5.1	3.6	24	-7.1	20
20	4.8	3.5	24	-7.6	4.9	3.5	24	-7.3	**5.0**	3.6	24	-7.1	5.1	3.6	25	-6.9	5.2	3.7	25	-6.7	20
20	4.9	3.6	25	-7.1	**5.0**	3.6	25	-6.9	5.1	3.7	25	-6.7	5.2	3.8	26	-6.5	5.3	3.8	26	-6.2	20
19	**5.0**	3.7	26	-6.7	5.1	3.8	26	-6.4	5.2	3.8	26	-6.2	5.3	3.9	26	-6.0	5.4	4.0	27	-5.8	19
19	5.1	3.8	27	-6.2	5.2	3.9	27	-6.0	5.3	4.0	27	-5.8	5.4	4.0	27	-5.6	5.5	4.1	28	-5.4	19
19	5.2	4.0	27	-5.8	5.3	4.0	28	-5.6	5.4	4.1	28	-5.4	5.5	4.2	28	-5.2	5.6	4.2	28	-5.0	19
19	5.3	4.1	28	-5.4	5.4	4.2	29	-5.2	5.5	4.2	29	-5.0	5.6	4.3	29	-4.8	5.7	4.4	29	-4.6	19
18	5.4	4.2	29	-5.0	5.5	4.3	29	-4.8	5.6	4.4	30	-4.6	5.7	4.4	30	-4.4	5.8	4.5	30	-4.2	18
18	5.5	4.4	30	-4.6	5.6	4.4	30	-4.4	5.7	4.5	31	-4.2	5.8	4.5	31	-4.0	5.9	4.6	31	-3.8	18
18	5.6	4.5	31	-4.2	5.7	4.6	31	-4.0	5.8	4.6	31	-3.8	5.9	4.7	32	-3.6	**6.0**	4.7	32	-3.4	18
17	5.7	4.6	32	-3.8	5.8	4.7	32	-3.6	5.9	4.7	32	-3.4	**6.0**	4.8	33	-3.2	6.1	4.9	33	-3.1	17
17	5.8	4.7	33	-3.4	5.9	4.8	33	-3.2	**6.0**	4.9	33	-3.1	6.1	4.9	33	-2.9	6.2	5.0	34	-2.7	17
17	5.9	4.9	34	-3.1	**6.0**	4.9	34	-2.9	6.1	5.0	34	-2.7	6.2	5.1	34	-2.5	6.3	5.1	35	-2.4	17
16	**6.0**	5.0	35	-2.7	6.1	5.1	35	-2.5	6.2	5.1	35	-2.3	6.3	5.2	35	-2.2	6.4	5.3	35	-2.0	16
16	6.1	5.1	35	-2.3	6.2	5.2	36	-2.2	6.3	5.3	36	-2.0	6.4	5.3	36	-1.8	6.5	5.4	36	-1.7	16
16	6.2	5.3	36	-2.0	6.3	5.3	37	-1.8	6.4	5.4	37	-1.7	6.5	5.5	37	-1.5	6.6	5.5	37	-1.3	16
15	6.3	5.4	37	-1.7	6.4	5.5	38	-1.5	6.5	5.5	38	-1.3	6.6	5.6	38	-1.2	6.7	5.7	38	-1.0	15
15	6.4	5.5	38	-1.3	6.5	5.6	38	-1.2	6.6	5.7	39	-1.0	6.7	5.7	39	-0.9	6.8	5.8	39	-0.7	15
15	6.5	5.7	39	-1.0	6.6	5.7	39	-0.9	6.7	5.8	40	-0.7	6.8	5.9	40	-0.5	6.9	5.9	40	-0.4	15
15	6.6	5.8	40	-0.7	6.7	5.9	40	-0.5	6.8	5.9	40	-0.4	6.9	6.0	41	-0.2	**7.0**	6.1	41	-0.1	15
14	6.7	5.9	41	-0.4	6.8	6.0	41	-0.2	6.9	6.1	41	-0.1	**7.0**	6.1	42	0.1	7.1	6.2	42	0.2	14

n	t_W	e	U	t_d	t_W	e	U	t_d	t_W	e	U	t_d	t_W	e	U	t_d	t_W	e	U	t_d	n
	12.5				**12.6**				**12.7**				**12.8**				**12.9**				
14	6.8	6.1	42	-0.1	6.9	6.1	42	0.1	**7.0**	6.2	42	0.2	7.1	6.3	43	0.4	7.2	6.3	43	0.5	14
14	6.9	6.2	43	0.2	**7.0**	6.3	43	0.4	7.1	6.3	43	0.5	7.2	6.4	43	0.7	7.3	6.5	44	0.8	14
13	**7.0**	6.3	44	0.5	7.1	6.4	44	0.7	7.2	6.5	44	0.8	7.3	6.6	44	1.0	7.4	6.6	45	1.1	13
13	7.1	6.5	45	0.8	7.2	6.5	45	1.0	7.3	6.6	45	1.1	7.4	6.7	45	1.3	7.5	6.8	45	1.4	13
13	7.2	6.6	46	1.1	7.3	6.7	46	1.3	7.4	6.8	46	1.4	7.5	6.8	46	1.5	7.6	6.9	46	1.7	13
13	7.3	6.8	47	1.4	7.4	6.8	47	1.5	7.5	6.9	47	1.7	7.6	7.0	47	1.8	7.7	7.0	47	2.0	13
12	7.4	6.9	48	1.7	7.5	7.0	48	1.8	7.6	7.0	48	2.0	7.7	7.1	48	2.1	7.8	7.2	48	2.2	12
12	7.5	7.0	49	1.9	7.6	7.1	49	2.1	7.7	7.2	49	2.2	7.8	7.2	49	2.4	7.9	7.3	49	2.5	12
12	7.6	7.2	49	2.2	7.7	7.2	50	2.4	7.8	7.3	50	2.5	7.9	7.4	50	2.6	**8.0**	7.5	50	2.8	12
11	7.7	7.3	50	2.5	7.8	7.4	51	2.6	7.9	7.4	51	2.8	**8.0**	7.5	51	2.9	8.1	7.6	51	3.0	11
11	7.8	7.4	51	2.7	7.9	7.5	52	2.9	**8.0**	7.6	52	3.0	8.1	7.7	52	3.2	8.2	7.7	52	3.3	11
11	7.9	7.6	52	3.0	**8.0**	7.7	52	3.1	8.1	7.7	53	3.3	8.2	7.8	53	3.4	8.3	7.9	53	3.5	11
11	**8.0**	7.7	53	3.3	8.1	7.8	53	3.4	8.2	7.9	54	3.5	8.3	7.9	54	3.7	8.4	8.0	54	3.8	11
10	8.1	7.9	54	3.5	8.2	7.9	54	3.7	8.3	8.0	55	3.8	8.4	8.1	55	3.9	8.5	8.2	55	4.0	10
10	8.2	8.0	55	3.8	8.3	8.1	55	3.9	8.4	8.1	56	4.0	8.5	8.2	56	4.2	8.6	8.3	56	4.3	10
10	8.3	8.1	56	4.0	8.4	8.2	56	4.1	8.5	8.3	56	4.3	8.6	8.4	57	4.4	8.7	8.4	57	4.5	10
10	8.4	8.3	57	4.3	8.5	8.4	57	4.4	8.6	8.4	57	4.5	8.7	8.5	58	4.6	8.8	8.6	58	4.8	10
9	8.5	8.4	58	4.5	8.6	8.5	58	4.6	8.7	8.6	58	4.8	8.8	8.7	59	4.9	8.9	8.7	59	5.0	9
9	8.6	8.6	59	4.7	8.7	8.6	59	4.9	8.8	8.7	59	5.0	8.9	8.8	60	5.1	**9.0**	8.9	60	5.2	9
9	8.7	8.7	60	5.0	8.8	8.8	60	5.1	8.9	8.9	60	5.2	**9.0**	8.9	61	5.4	9.1	9.0	61	5.5	9
9	8.8	8.9	61	5.2	8.9	8.9	61	5.3	**9.0**	9.0	61	5.5	9.1	9.1	61	5.6	9.2	9.2	62	5.7	9
8	8.9	9.0	62	5.4	**9.0**	9.1	62	5.6	9.1	9.1	62	5.7	9.2	9.2	62	5.8	9.3	9.3	63	5.9	8
8	**9.0**	9.1	63	5.7	9.1	9.2	63	5.8	9.2	9.3	63	5.9	9.3	9.4	63	6.0	9.4	9.5	64	6.2	8
8	9.1	9.3	64	5.9	9.2	9.4	64	6.0	9.3	9.4	64	6.1	9.4	9.5	64	6.3	9.5	9.6	65	6.4	8
8	9.2	9.4	65	6.1	9.3	9.5	65	6.2	9.4	9.6	65	6.4	9.5	9.7	65	6.5	9.6	9.7	66	6.6	8
7	9.3	9.6	66	6.3	9.4	9.7	66	6.5	9.5	9.7	66	6.6	9.6	9.8	66	6.7	9.7	9.9	67	6.8	7
7	9.4	9.7	67	6.6	9.5	9.8	67	6.7	9.6	9.9	67	6.8	9.7	10.0	67	6.9	9.8	10.0	68	7.0	7
7	9.5	9.9	68	6.8	9.6	9.9	68	6.9	9.7	10.0	68	7.0	9.8	10.1	68	7.1	9.9	10.2	69	7.3	7
7	9.6	10.0	69	7.0	9.7	10.1	69	7.1	9.8	10.2	69	7.2	9.9	10.3	69	7.3	**10.0**	10.3	70	7.5	7
6	9.7	10.2	70	7.2	9.8	10.2	70	7.3	9.9	10.3	70	7.4	**10.0**	10.4	70	7.6	10.1	10.5	71	7.7	6
6	9.8	10.3	71	7.4	9.9	10.4	71	7.5	**10.0**	10.5	71	7.7	10.1	10.6	71	7.8	10.2	10.6	72	7.9	6
6	9.9	10.5	72	7.6	**10.0**	10.5	72	7.7	10.1	10.6	72	7.9	10.2	10.7	72	8.0	10.3	10.8	73	8.1	6
6	**10.0**	10.6	73	7.8	10.1	10.7	73	8.0	10.2	10.8	73	8.1	10.3	10.9	73	8.2	10.4	10.9	74	8.3	6
5	10.1	10.8	74	8.0	10.2	10.8	74	8.2	10.3	10.9	74	8.3	10.4	11.0	74	8.4	10.5	11.1	75	8.5	5
5	10.2	10.9	75	8.2	10.3	11.0	75	8.4	10.4	11.1	75	8.5	10.5	11.2	76	8.6	10.6	11.2	76	8.7	5
5	10.3	11.1	76	8.4	10.4	11.1	76	8.6	10.5	11.2	76	8.7	10.6	11.3	77	8.8	10.7	11.4	77	8.9	5
5	10.4	11.2	77	8.6	10.5	11.3	77	8.8	10.6	11.4	77	8.9	10.7	11.5	78	9.0	10.8	11.5	78	9.1	5
4	10.5	11.4	78	8.8	10.6	11.4	78	9.0	10.7	11.5	79	9.1	10.8	11.6	79	9.2	10.9	11.7	79	9.3	4
4	10.6	11.5	79	9.0	10.7	11.6	80	9.2	10.8	11.7	80	9.3	10.9	11.8	80	9.4	**11.0**	11.9	80	9.5	4
4	10.7	11.7	80	9.2	10.8	11.7	81	9.3	10.9	11.8	81	9.5	**11.0**	11.9	81	9.6	11.1	12.0	81	9.7	4
4	10.8	11.8	82	9.4	10.9	11.9	82	9.5	**11.0**	12.0	82	9.6	11.1	12.1	82	9.8	11.2	12.2	82	9.9	4
3	10.9	12.0	83	9.6	**11.0**	12.1	83	9.7	11.1	12.1	83	9.8	11.2	12.2	83	9.9	11.3	12.3	83	10.1	3
3	**11.0**	12.1	84	9.8	11.1	12.2	84	9.9	11.2	12.3	84	10.0	11.3	12.4	84	10.1	11.4	12.5	84	10.2	3
3	11.1	12.3	85	10.0	11.2	12.4	85	10.1	11.3	12.4	85	10.2	11.4	12.5	85	10.3	11.5	12.6	85	10.4	3
3	11.2	12.4	86	10.2	11.3	12.5	86	10.3	11.4	12.6	86	10.4	11.5	12.7	86	10.5	11.6	12.8	86	10.6	3
3	11.3	12.6	87	10.4	11.4	12.7	87	10.5	11.5	12.8	87	10.6	11.6	12.8	87	10.7	11.7	12.9	87	10.8	3
2	11.4	12.7	88	10.6	11.5	12.8	88	10.7	11.6	12.9	88	10.8	11.7	13.0	88	10.9	11.8	13.1	88	11.0	2
2	11.5	12.9	89	10.7	11.6	13.0	89	10.8	11.7	13.1	89	10.9	11.8	13.2	89	11.1	11.9	13.3	89	11.2	2
2	11.6	13.0	90	10.9	11.7	13.1	90	11.0	11.8	13.2	90	11.1	11.9	13.3	90	11.2	**12.0**	13.4	90	11.3	2
2	11.7	13.2	91	11.1	11.8	13.3	91	11.2	11.9	13.4	91	11.3	**12.0**	13.5	91	11.4	12.1	13.6	91	11.5	2
1	11.8	13.4	92	11.3	11.9	13.5	92	11.4	**12.0**	13.5	92	11.5	12.1	13.6	92	11.6	12.2	13.7	92	11.7	1
1	11.9	13.5	93	11.5	**12.0**	13.6	93	11.6	12.1	13.7	93	11.7	12.2	13.8	93	11.8	12.3	13.9	93	11.9	1
1	**12.0**	13.7	94	11.6	12.1	13.8	94	11.7	12.2	13.9	94	11.8	12.3	14.0	95	11.9	12.4	14.1	95	12.0	1
1	12.1	13.8	96	11.8	12.2	13.9	96	11.9	12.3	14.0	96	12.0	12.4	14.1	96	12.1	12.5	14.2	96	12.2	1
1	12.2	14.0	97	12.0	12.3	14.1	97	12.1	12.4	14.2	97	12.2	12.5	14.3	97	12.3	12.6	14.4	97	12.4	1
0	12.3	14.2	98	12.2	12.4	14.3	98	12.3	12.5	14.4	98	12.4	12.6	14.4	98	12.5	12.7	14.5	98	12.6	0
0	12.4	14.3	99	12.3	12.5	14.4	99	12.4	12.6	14.5	99	12.5	12.7	14.6	99	12.6	12.8	14.7	99	12.7	0
0	12.5	14.5	100	12.5	12.6	14.6	100	12.6	12.7	14.7	100	12.7	12.8	14.8	100	12.8	12.9	14.9	100	12.9	0
	13.0				**13.1**				**13.2**				**13.3**				**13.4**				
30													2.5	0.1	1	-45.4	2.6	0.2	1	-41.7	30
30					2.4	0.1	1	-44.2	2.5	0.2	1	-40.9	2.6	0.2	1	-38.3	2.7	0.3	2	-36.2	30
30	2.4	0.2	1	-40.1	2.5	0.2	2	-37.7	2.6	0.2	2	-35.7	2.7	0.3	2	-34.1	2.8	0.4	3	-32.6	30
29	2.5	0.3	2	-35.2	2.6	0.4	2	-33.6	2.7	0.4	3	-32.2	2.8	0.5	3	-31.0	2.9	0.5	3	-29.8	29
29	2.6	0.4	3	-31.9	2.7	0.5	3	-30.7	2.8	0.5	3	-29.5	2.9	0.6	4	-28.5	**3.0**	0.6	4	-27.6	29
29	2.7	0.5	4	-29.3	2.8	0.6	4	-28.3	2.9	0.7	4	-27.4	**3.0**	0.7	5	-26.5	3.1	0.8	5	-25.7	29
28	2.8	0.7	4	-27.1	2.9	0.7	5	-26.3	**3.0**	0.8	5	-25.5	3.1	0.8	5	-24.8	3.2	0.9	6	-24.0	28
28	2.9	0.8	5	-25.3	**3.0**	0.8	6	-24.6	3.1	0.9	6	-23.9	3.2	0.9	6	-23.2	3.3	1.0	7	-22.6	28
28	**3.0**	0.9	6	-23.7	3.1	1.0	6	-23.1	3.2	1.0	7	-22.5	3.3	1.1	7	-21.9	3.4	1.1	7	-21.3	28
27	3.1	1.0	7	-22.3	3.2	1.1	7	-21.7	3.3	1.1	7	-21.2	3.4	1.2	8	-20.6	3.5	1.2	8	-20.1	27
27	3.2	1.1	8	-21.0	3.3	1.2	8	-20.5	3.4	1.3	8	-20.0	3.5	1.3	9	-19.5	3.6	1.4	9	-19.0	27
26	3.3	1.3	8	-19.9	3.4	1.3	9	-19.4	3.5	1.4	9	-18.9	3.6	1.4	9	-18.4	3.7	1.5	10	-18.0	26

n	t_W	e	U	t_d	t_W	e	U	t_d	t_W	e	U	t_d	t_W	e	U	t_d	t_W	e	U	t_d	n
	13.0				**13.1**				**13.2**				**13.3**				**13.4**				
26	3.4	1.4	9	-18.8	3.5	1.4	10	-18.4	3.6	1.5	10	-17.9	3.7	1.6	10	-17.5	3.8	1.6	10	-17.0	26
26	3.5	1.5	10	-17.8	3.6	1.6	10	-17.4	3.7	1.6	11	-17.0	3.8	1.7	11	-16.6	3.9	1.7	11	-16.2	26
25	3.6	1.6	11	-16.9	3.7	1.7	11	-16.5	3.8	1.7	12	-16.1	3.9	1.8	12	-15.7	**4.0**	1.9	12	-15.3	25
25	3.7	1.8	12	-16.0	3.8	1.8	12	-15.6	3.9	1.9	12	-15.3	**4.0**	1.9	13	-14.9	4.1	2.0	13	-14.6	25
25	3.8	1.9	13	-15.2	3.9	1.9	13	-14.9	**4.0**	2.0	13	-14.5	4.1	2.0	13	-14.2	4.2	2.1	14	-13.8	25
24	3.9	2.0	13	-14.4	**4.0**	2.1	14	-14.1	4.1	2.1	14	-13.8	4.2	2.2	14	-13.4	4.3	2.2	15	-13.1	24
24	**4.0**	2.1	14	-13.7	4.1	2.2	14	-13.4	4.2	2.2	15	-13.1	4.3	2.3	15	-12.7	4.4	2.4	15	-12.4	24
24	4.1	2.2	15	-13.0	4.2	2.3	15	-12.7	4.3	2.4	16	-12.4	4.4	2.4	16	-12.1	4.5	2.5	16	-11.8	24
23	4.2	2.4	16	-12.3	4.3	2.4	16	-12.0	4.4	2.5	16	-11.7	4.5	2.5	17	-11.5	4.6	2.6	17	-11.2	23
23	4.3	2.5	17	-11.7	4.4	2.6	17	-11.4	4.5	2.6	17	-11.1	4.6	2.7	18	-10.9	4.7	2.7	18	-10.6	23
23	4.4	2.6	18	-11.1	4.5	2.7	18	-10.8	4.6	2.7	18	-10.5	4.7	2.8	18	-10.3	4.8	2.9	19	-10.0	23
22	4.5	2.7	18	-10.5	4.6	2.8	19	-10.2	4.7	2.9	19	-10.0	4.8	2.9	19	-9.7	4.9	3.0	19	-9.5	22
22	4.6	2.9	19	-9.9	4.7	2.9	19	-9.7	4.8	3.0	20	-9.4	4.9	3.1	20	-9.2	**5.0**	3.1	20	-8.9	22
22	4.7	3.0	20	-9.4	4.8	3.1	20	-9.1	4.9	3.1	21	-8.9	**5.0**	3.2	21	-8.7	5.1	3.2	21	-8.4	22
21	4.8	3.1	21	-8.9	4.9	3.2	21	-8.6	**5.0**	3.2	21	-8.4	5.1	3.3	22	-8.1	5.2	3.4	22	-7.9	21
21	4.9	3.3	22	-8.4	**5.0**	3.3	22	-8.1	5.1	3.4	22	-7.9	5.2	3.4	23	-7.7	5.3	3.5	23	-7.4	21
21	**5.0**	3.4	23	-7.9	5.1	3.4	23	-7.6	5.2	3.5	23	-7.4	5.3	3.6	23	-7.2	5.4	3.6	24	-7.0	21
20	5.1	3.5	23	-7.4	5.2	3.6	24	-7.2	5.3	3.6	24	-6.9	5.4	3.7	24	-6.7	5.5	3.8	24	-6.5	20
20	5.2	3.6	24	-6.9	5.3	3.7	25	-6.7	5.4	3.8	25	-6.5	5.5	3.8	25	-6.3	5.6	3.9	25	-6.1	20
20	5.3	3.8	25	-6.5	5.4	3.8	25	-6.3	5.5	3.9	26	-6.0	5.6	4.0	26	-5.8	5.7	4.0	26	-5.6	20
19	5.4	3.9	26	-6.0	5.5	4.0	26	-5.8	5.6	4.0	27	-5.6	5.7	4.1	27	-5.4	5.8	4.1	27	-5.2	19
19	5.5	4.0	27	-5.6	5.6	4.1	27	-5.4	5.7	4.2	27	-5.2	5.8	4.2	28	-5.0	5.9	4.3	28	-4.8	19
19	5.6	4.2	28	-5.2	5.7	4.2	28	-5.0	5.8	4.3	28	-4.8	5.9	4.3	28	-4.6	**6.0**	4.4	29	-4.4	19
19	5.7	4.3	29	-4.8	5.8	4.3	29	-4.6	5.9	4.4	29	-4.4	**6.0**	4.5	29	-4.2	6.1	4.5	30	-4.0	19
18	5.8	4.4	29	-4.4	5.9	4.5	30	-4.2	**6.0**	4.5	30	-4.0	6.1	4.6	30	-3.8	6.2	4.7	30	-3.6	18
18	5.9	4.5	30	-4.0	**6.0**	4.6	31	-3.8	6.1	4.7	31	-3.6	6.2	4.7	31	-3.4	6.3	4.8	31	-3.3	18
18	**6.0**	4.7	31	-3.6	6.1	4.7	31	-3.4	6.2	4.8	32	-3.3	6.3	4.9	32	-3.1	6.4	4.9	32	-2.9	18
17	6.1	4.8	32	-3.2	6.2	4.9	32	-3.1	6.3	4.9	33	-2.9	6.4	5.0	33	-2.7	6.5	5.1	33	-2.5	17
17	6.2	4.9	33	-2.9	6.3	5.0	33	-2.7	6.4	5.1	33	-2.5	6.5	5.1	34	-2.4	6.6	5.2	34	-2.2	17
17	6.3	5.1	34	-2.5	6.4	5.1	34	-2.4	6.5	5.2	34	-2.2	6.6	5.3	35	-2.0	6.7	5.3	35	-1.8	17
16	6.4	5.2	35	-2.2	6.5	5.3	35	-2.0	6.6	5.3	35	-1.8	6.7	5.4	35	-1.7	6.8	5.5	36	-1.5	16
16	6.5	5.3	36	-1.8	6.6	5.4	36	-1.7	6.7	5.5	36	-1.5	6.8	5.5	36	-1.3	6.9	5.6	37	-1.2	16
16	6.6	5.5	37	-1.5	6.7	5.5	37	-1.3	6.8	5.6	37	-1.2	6.9	5.7	37	-1.0	**7.0**	5.7	37	-0.8	16
16	6.7	5.6	37	-1.2	6.8	5.7	38	-1.0	6.9	5.7	38	-0.8	**7.0**	5.8	38	-0.7	7.1	5.9	38	-0.5	16
15	6.8	5.7	38	-0.8	6.9	5.8	39	-0.7	**7.0**	5.9	39	-0.5	7.1	5.9	39	-0.4	7.2	6.0	39	-0.2	15
15	6.9	5.9	39	-0.5	**7.0**	5.9	39	-0.4	7.1	6.0	40	-0.2	7.2	6.1	40	-0.1	7.3	6.2	40	0.1	15
15	**7.0**	6.0	40	-0.2	7.1	6.1	40	-0.1	7.2	6.1	41	0.1	7.3	6.2	41	0.2	7.4	6.3	41	0.4	15
14	7.1	6.1	41	0.1	7.2	6.2	41	0.2	7.3	6.3	41	0.4	7.4	6.4	42	0.5	7.5	6.4	42	0.7	14
14	7.2	6.3	42	0.4	7.3	6.4	42	0.5	7.4	6.4	42	0.7	7.5	6.5	43	0.8	7.6	6.6	43	1.0	14
14	7.3	6.4	43	0.7	7.4	6.5	43	0.8	7.5	6.6	43	1.0	7.6	6.6	43	1.1	7.7	6.7	44	1.3	14
13	7.4	6.6	44	1.0	7.5	6.6	44	1.1	7.6	6.7	44	1.3	7.7	6.8	44	1.4	7.8	6.8	45	1.6	13
13	7.5	6.7	45	1.3	7.6	6.8	45	1.4	7.7	6.8	45	1.6	7.8	6.9	45	1.7	7.9	7.0	45	1.9	13
13	7.6	6.8	46	1.5	7.7	6.9	46	1.7	7.8	7.0	46	1.8	7.9	7.0	46	2.0	**8.0**	7.1	46	2.1	13
13	7.7	7.0	47	1.8	7.8	7.0	47	2.0	7.9	7.1	47	2.1	**8.0**	7.2	47	2.3	8.1	7.3	47	2.4	13
12	7.8	7.1	47	2.1	7.9	7.2	48	2.2	**8.0**	7.3	48	2.4	8.1	7.3	48	2.5	8.2	7.4	48	2.7	12
12	7.9	7.2	48	2.4	**8.0**	7.3	49	2.5	8.1	7.4	49	2.7	8.2	7.5	49	2.8	8.3	7.5	49	2.9	12
12	**8.0**	7.4	49	2.6	8.1	7.5	50	2.8	8.2	7.5	50	2.9	8.3	7.6	50	3.1	8.4	7.7	50	3.2	12
12	8.1	7.5	50	2.9	8.2	7.6	50	3.0	8.3	7.7	51	3.2	8.4	7.7	51	3.3	8.5	7.8	51	3.5	12
11	8.2	7.7	51	3.2	8.3	7.7	51	3.3	8.4	7.8	52	3.4	8.5	7.9	52	3.6	8.6	8.0	52	3.7	11
11	8.3	7.8	52	3.4	8.4	7.9	52	3.6	8.5	8.0	52	3.7	8.6	8.0	53	3.8	8.7	8.1	53	4.0	11
11	8.4	7.9	53	3.7	8.5	8.0	53	3.8	8.6	8.1	53	3.9	8.7	8.2	54	4.1	8.8	8.3	54	4.2	11
10	8.5	8.1	54	3.9	8.6	8.2	54	4.1	8.7	8.2	54	4.2	8.8	8.3	54	4.3	8.9	8.4	55	4.5	10
10	8.6	8.2	55	4.2	8.7	8.3	55	4.3	8.8	8.4	55	4.4	8.9	8.5	55	4.6	**9.0**	8.5	56	4.7	10
10	8.7	8.4	56	4.4	8.8	8.5	56	4.6	8.9	8.5	56	4.7	**9.0**	8.6	56	4.8	9.1	8.7	57	4.9	10
10	8.8	8.5	57	4.7	8.9	8.6	57	4.8	**9.0**	8.7	57	4.9	9.1	8.7	57	5.1	9.2	8.8	57	5.2	10
9	8.9	8.7	58	4.9	**9.0**	8.7	58	5.0	9.1	8.8	58	5.2	9.2	8.9	58	5.3	9.3	9.0	58	5.4	9
9	**9.0**	8.8	59	5.1	9.1	8.9	59	5.3	9.2	9.0	59	5.4	9.3	9.0	59	5.5	9.4	9.1	59	5.6	9
9	9.1	8.9	60	5.4	9.2	9.0	60	5.5	9.3	9.1	60	5.6	9.4	9.2	60	5.7	9.5	9.3	60	5.9	9
9	9.2	9.1	61	5.6	9.3	9.2	61	5.7	9.4	9.3	61	5.9	9.5	9.3	61	6.0	9.6	9.4	61	6.1	9
8	9.3	9.2	62	5.8	9.4	9.3	62	6.0	9.5	9.4	62	6.1	9.6	9.5	62	6.2	9.7	9.6	62	6.3	8
8	9.4	9.4	63	6.1	9.5	9.5	63	6.2	9.6	9.5	63	6.3	9.7	9.6	63	6.4	9.8	9.7	63	6.5	8
8	9.5	9.5	64	6.3	9.6	9.6	64	6.4	9.7	9.7	64	6.5	9.8	9.8	64	6.6	9.9	9.9	64	6.8	8
8	9.6	9.7	65	6.5	9.7	9.8	65	6.6	9.8	9.8	65	6.7	9.9	9.9	65	6.9	**10.0**	10.0	65	7.0	8
7	9.7	9.8	66	6.7	9.8	9.9	66	6.8	9.9	10.0	66	7.0	**10.0**	10.1	66	7.1	10.1	10.2	66	7.2	7
7	9.8	10.0	67	6.9	9.9	10.1	67	7.1	**10.0**	10.1	67	7.2	10.1	10.2	67	7.3	10.2	10.3	67	7.4	7
7	9.9	10.1	68	7.2	**10.0**	10.2	68	7.3	10.1	10.3	68	7.4	10.2	10.4	68	7.5	10.3	10.5	68	7.6	7
7	**10.0**	10.3	69	7.4	10.1	10.4	69	7.5	10.2	10.4	69	7.6	10.3	10.5	69	7.7	10.4	10.6	69	7.8	7
6	10.1	10.4	70	7.6	10.2	10.5	70	7.7	10.3	10.6	70	7.8	10.4	10.7	70	7.9	10.5	10.8	70	8.0	6
6	10.2	10.6	71	7.8	10.3	10.7	71	7.9	10.4	10.7	71	8.0	10.5	10.8	71	8.1	10.6	10.9	71	8.3	6
6	10.3	10.7	72	8.0	10.4	10.8	72	8.1	10.5	10.9	72	8.2	10.6	11.0	72	8.3	10.7	11.1	72	8.5	6
6	10.4	10.9	73	8.2	10.5	11.0	73	8.3	10.6	11.0	73	8.4	10.7	11.1	73	8.5	10.8	11.2	73	8.7	6
5	10.5	11.0	74	8.4	10.6	11.1	74	8.5	10.7	11.2	74	8.6	10.8	11.3	74	8.7	10.9	11.4	74	8.9	5
5	10.6	11.2	75	8.6	10.7	11.3	75	8.7	10.8	11.3	75	8.8	10.9	11.4	75	8.9	**11.0**	11.5	75	9.1	5

n	t_W	e	U	t_d	t_W	e	U	t_d	t_W	e	U	t_d	t_W	e	U	t_d	t_W	e	U	t_d	n
	13.0				**13.1**				**13.2**				**13.3**				**13.4**				
5	10.7	11.3	76	8.8	10.8	11.4	76	8.9	10.9	11.5	76	9.0	**11.0**	11.6	76	9.1	11.1	11.7	76	9.3	5
5	10.8	11.5	77	9.0	10.9	11.6	77	9.1	**11.0**	11.7	77	9.2	11.1	11.7	77	9.3	11.2	11.8	77	9.4	5
5	10.9	11.6	78	9.2	**11.0**	11.7	78	9.3	11.1	11.8	78	9.4	11.2	11.9	78	9.5	11.3	12.0	78	9.6	5
4	**11.0**	11.8	79	9.4	11.1	11.9	79	9.5	11.2	12.0	79	9.6	11.3	12.0	79	9.7	11.4	12.1	79	9.8	4
4	11.1	11.9	80	9.6	11.2	12.0	80	9.7	11.3	12.1	80	9.8	11.4	12.2	80	9.9	11.5	12.3	80	10.0	4
4	11.2	12.1	81	9.8	11.3	12.2	81	9.9	11.4	12.3	81	10.0	11.5	12.4	81	10.1	11.6	12.4	81	10.2	4
4	11.3	12.2	82	10.0	11.4	12.3	82	10.1	11.5	12.4	82	10.2	11.6	12.5	82	10.3	11.7	12.6	82	10.4	4
3	11.4	12.4	83	10.2	11.5	12.5	83	10.3	11.6	12.6	83	10.4	11.7	12.7	83	10.5	11.8	12.8	83	10.6	3
3	11.5	12.6	84	10.3	11.6	12.6	84	10.5	11.7	12.7	84	10.6	11.8	12.8	84	10.7	11.9	12.9	84	10.8	3
3	11.6	12.7	85	10.5	11.7	12.8	85	10.6	11.8	12.9	85	10.7	11.9	13.0	85	10.9	**12.0**	13.1	85	11.0	3
3	11.7	12.9	86	10.7	11.8	13.0	86	10.8	11.9	13.1	86	10.9	**12.0**	13.1	86	11.0	12.1	13.2	86	11.1	3
2	11.8	13.0	87	10.9	11.9	13.1	87	11.0	**12.0**	13.2	87	11.1	12.1	13.3	87	11.2	12.2	13.4	87	11.3	2
2	11.9	13.2	88	11.1	**12.0**	13.3	88	11.2	12.1	13.4	88	11.3	12.2	13.5	88	11.4	12.3	13.6	88	11.5	2
2	**12.0**	13.3	89	11.3	12.1	13.4	89	11.4	12.2	13.5	89	11.5	12.3	13.6	89	11.6	12.4	13.7	89	11.7	2
2	12.1	13.5	90	11.4	12.2	13.6	90	11.5	12.3	13.7	90	11.6	12.4	13.8	90	11.8	12.5	13.9	90	11.9	2
2	12.2	13.7	91	11.6	12.3	13.8	91	11.7	12.4	13.9	91	11.8	12.5	14.0	91	11.9	12.6	14.0	91	12.0	2
1	12.3	13.8	92	11.8	12.4	13.9	92	11.9	12.5	14.0	92	12.0	12.6	14.1	92	12.1	12.7	14.2	92	12.2	1
1	12.4	14.0	93	12.0	12.5	14.1	93	12.1	12.6	14.2	94	12.2	12.7	14.3	94	12.3	12.8	14.4	94	12.4	1
1	12.5	14.2	95	12.1	12.6	14.2	95	12.2	12.7	14.3	95	12.3	12.8	14.4	95	12.5	12.9	14.5	95	12.6	1
1	12.6	14.3	96	12.3	12.7	14.4	96	12.4	12.8	14.5	96	12.5	12.9	14.6	96	12.6	**13.0**	14.7	96	12.7	1
1	12.7	14.5	97	12.5	12.8	14.6	97	12.6	12.9	14.7	97	12.7	**13.0**	14.8	97	12.8	13.1	14.9	97	12.9	1
0	12.8	14.6	98	12.7	12.9	14.7	98	12.8	**13.0**	14.8	98	12.9	13.1	14.9	98	13.0	13.2	15.0	98	13.1	0
0	12.9	14.8	99	12.8	**13.0**	14.9	99	12.9	13.1	15.0	99	13.0	13.2	15.1	99	13.1	13.3	15.2	99	13.2	0
0	**13.0**	15.0	100	13.0	13.1	15.1	100	13.1	13.2	15.2	100	13.2	13.3	15.3	100	13.3	13.4	15.4	100	13.4	0
	13.5				**13.6**				**13.7**				**13.8**				**13.9**				
31													2.8	0.1	1	-43.5	2.9	0.2	1	-40.3	31
30	2.6	0.1	1	-46.7	2.7	0.1	1	-42.6	2.8	0.2	1	-39.6	2.9	0.3	2	-37.3	**3.0**	0.3	2	-35.3	30
30	2.7	0.2	1	-38.9	2.8	0.3	2	-36.7	2.9	0.3	2	-34.9	**3.0**	0.4	2	-33.3	3.1	0.4	3	-31.9	30
30	2.8	0.3	2	-34.5	2.9	0.4	2	-32.9	**3.0**	0.4	3	-31.6	3.1	0.5	3	-30.4	3.2	0.5	3	-29.3	30
29	2.9	0.5	3	-31.3	**3.0**	0.5	3	-30.1	3.1	0.6	4	-29.0	3.2	0.6	4	-28.0	3.3	0.7	4	-27.1	29
29	**3.0**	0.6	4	-28.8	3.1	0.6	4	-27.8	3.2	0.7	4	-26.9	3.3	0.7	5	-26.1	3.4	0.8	5	-25.3	29
29	3.1	0.7	4	-26.7	3.2	0.7	5	-25.9	3.3	0.8	5	-25.1	3.4	0.9	5	-24.4	3.5	0.9	6	-23.7	29
28	3.2	0.8	5	-24.9	3.3	0.9	6	-24.2	3.4	0.9	6	-23.5	3.5	1.0	6	-22.9	3.6	1.0	7	-22.2	28
28	3.3	0.9	6	-23.4	3.4	1.0	6	-22.7	3.5	1.0	7	-22.1	3.6	1.1	7	-21.5	3.7	1.2	7	-20.9	28
27	3.4	1.1	7	-22.0	3.5	1.1	7	-21.4	3.6	1.2	7	-20.8	3.7	1.2	8	-20.3	3.8	1.3	8	-19.8	27
27	3.5	1.2	8	-20.7	3.6	1.2	8	-20.2	3.7	1.3	8	-19.7	3.8	1.3	9	-19.2	3.9	1.4	9	-18.7	27
27	3.6	1.3	8	-19.6	3.7	1.4	9	-19.1	3.8	1.4	9	-18.6	3.9	1.5	9	-18.2	**4.0**	1.5	10	-17.7	27
26	3.7	1.4	9	-18.5	3.8	1.5	9	-18.1	3.9	1.5	10	-17.6	**4.0**	1.6	10	-17.2	4.1	1.6	10	-16.8	26
26	3.8	1.5	10	-17.6	3.9	1.6	10	-17.1	**4.0**	1.7	11	-16.7	4.1	1.7	11	-16.3	4.2	1.8	11	-15.9	26
26	3.9	1.7	11	-16.6	**4.0**	1.7	11	-16.2	4.1	1.8	11	-15.8	4.2	1.8	12	-15.5	4.3	1.9	12	-15.1	26
25	**4.0**	1.8	12	-15.8	4.1	1.8	12	-15.4	4.2	1.9	12	-15.0	4.3	2.0	12	-14.7	4.4	2.0	13	-14.3	25
25	4.1	1.9	12	-15.0	4.2	2.0	13	-14.6	4.3	2.0	13	-14.3	4.4	2.1	13	-13.9	4.5	2.1	14	-13.6	25
25	4.2	2.0	13	-14.2	4.3	2.1	13	-13.9	4.4	2.2	14	-13.5	4.5	2.2	14	-13.2	4.6	2.3	14	-12.9	25
24	4.3	2.2	14	-13.5	4.4	2.2	14	-13.2	4.5	2.3	15	-12.8	4.6	2.3	15	-12.5	4.7	2.4	15	-12.2	24
24	4.4	2.3	15	-12.8	4.5	2.3	15	-12.5	4.6	2.4	15	-12.2	4.7	2.5	16	-11.9	4.8	2.5	16	-11.6	24
24	4.5	2.4	16	-12.1	4.6	2.5	16	-11.8	4.7	2.5	16	-11.5	4.8	2.6	16	-11.2	4.9	2.7	17	-10.9	24
23	4.6	2.5	16	-11.5	4.7	2.6	17	-11.2	4.8	2.7	17	-10.9	4.9	2.7	17	-10.6	**5.0**	2.8	18	-10.4	23
23	4.7	2.7	17	-10.9	4.8	2.7	18	-10.6	4.9	2.8	18	-10.3	**5.0**	2.8	18	-10.1	5.1	2.9	18	-9.8	23
23	4.8	2.8	18	-10.3	4.9	2.9	18	-10.0	**5.0**	2.9	19	-9.8	5.1	3.0	19	-9.5	5.2	3.0	19	-9.2	23
22	4.9	2.9	19	-9.7	**5.0**	3.0	19	-9.5	5.1	3.0	19	-9.2	5.2	3.1	20	-9.0	5.3	3.2	20	-8.7	22
22	**5.0**	3.0	20	-9.2	5.1	3.1	20	-8.9	5.2	3.2	20	-8.7	5.3	3.2	21	-8.4	5.4	3.3	21	-8.2	22
22	5.1	3.2	21	-8.7	5.2	3.2	21	-8.4	5.3	3.3	21	-8.2	5.4	3.4	21	-7.9	5.5	3.4	22	-7.7	22
21	5.2	3.3	21	-8.2	5.3	3.4	22	-7.9	5.4	3.4	22	-7.7	5.5	3.5	22	-7.5	5.6	3.6	22	-7.2	21
21	5.3	3.4	22	-7.7	5.4	3.5	22	-7.4	5.5	3.6	23	-7.2	5.6	3.6	23	-7.0	5.7	3.7	23	-6.8	21
21	5.4	3.6	23	-7.2	5.5	3.6	23	-7.0	5.6	3.7	24	-6.8	5.7	3.8	24	-6.5	5.8	3.8	24	-6.3	21
20	5.5	3.7	24	-6.7	5.6	3.8	24	-6.5	5.7	3.8	24	-6.3	5.8	3.9	25	-6.1	5.9	3.9	25	-5.9	20
20	5.6	3.8	25	-6.3	5.7	3.9	25	-6.1	5.8	3.9	25	-5.9	5.9	4.0	25	-5.6	**6.0**	4.1	26	-5.4	20
20	5.7	4.0	26	-5.9	5.8	4.0	26	-5.6	5.9	4.1	26	-5.4	**6.0**	4.1	26	-5.2	6.1	4.2	27	-5.0	20
20	5.8	4.1	26	-5.4	5.9	4.1	27	-5.2	**6.0**	4.2	27	-5.0	6.1	4.3	27	-4.8	6.2	4.3	27	-4.6	20
19	5.9	4.2	27	-5.0	**6.0**	4.3	27	-4.8	6.1	4.3	28	-4.6	6.2	4.4	28	-4.4	6.3	4.5	28	-4.2	19
19	**6.0**	4.3	28	-4.6	6.1	4.4	28	-4.4	6.2	4.5	29	-4.2	6.3	4.5	29	-4.0	6.4	4.6	29	-3.8	19
19	6.1	4.5	29	-4.2	6.2	4.5	29	-4.0	6.3	4.6	29	-3.8	6.4	4.7	30	-3.6	6.5	4.7	30	-3.4	19
18	6.2	4.6	30	-3.8	6.3	4.7	30	-3.6	6.4	4.7	30	-3.4	6.5	4.8	30	-3.3	6.6	4.9	31	-3.1	18
18	6.3	4.7	31	-3.4	6.4	4.8	31	-3.3	6.5	4.9	31	-3.1	6.6	4.9	31	-2.9	6.7	5.0	32	-2.7	18
18	6.4	4.9	32	-3.1	6.5	4.9	32	-2.9	6.6	5.0	32	-2.7	6.7	5.1	32	-2.5	6.8	5.1	32	-2.4	18
17	6.5	5.0	32	-2.7	6.6	5.1	33	-2.5	6.7	5.1	33	-2.4	6.8	5.2	33	-2.2	6.9	5.3	33	-2.0	17
17	6.6	5.1	33	-2.4	6.7	5.2	33	-2.2	6.8	5.3	34	-2.0	6.9	5.3	34	-1.8	**7.0**	5.4	34	-1.7	17
17	6.7	5.3	34	-2.0	6.8	5.3	34	-1.8	6.9	5.4	35	-1.7	**7.0**	5.5	35	-1.5	7.1	5.5	35	-1.3	17
16	6.8	5.4	35	-1.7	6.9	5.5	35	-1.5	**7.0**	5.5	35	-1.3	7.1	5.6	36	-1.2	7.2	5.7	36	-1.0	16
16	6.9	5.5	36	-1.3	**7.0**	5.6	36	-1.2	7.1	5.7	36	-1.0	7.2	5.7	36	-0.8	7.3	5.8	37	-0.7	16
16	**7.0**	5.7	37	-1.0	7.1	5.7	37	-0.8	7.2	5.8	37	-0.7	7.3	5.9	37	-0.5	7.4	6.0	38	-0.3	16

n	t_W	e	U	t_d	t_W	e	U	t_d	t_W	e	U	t_d	t_W	e	U	t_d	t_W	e	U	t_d	n
	13.5				**13.6**				**13.7**				**13.8**				**13.9**				
16	7.1	5.8	38	-0.7	7.2	5.9	38	-0.5	7.3	6.0	38	-0.4	7.4	6.0	38	-0.2	7.5	6.1	38	0.0	16
15	7.2	5.9	38	-0.4	7.3	6.0	39	-0.2	7.4	6.1	39	0.0	7.5	6.2	39	0.1	7.6	6.2	39	0.3	15
15	7.3	6.1	39	-0.1	7.4	6.2	40	0.1	7.5	6.2	40	0.3	7.6	6.3	40	0.4	7.7	6.4	40	0.6	15
15	7.4	6.2	40	0.3	7.5	6.3	40	0.4	7.6	6.4	41	0.6	7.7	6.4	41	0.7	7.8	6.5	41	0.9	15
14	7.5	6.4	41	0.6	7.6	6.4	41	0.7	7.7	6.5	41	0.9	7.8	6.6	42	1.0	7.9	6.6	42	1.2	14
14	7.6	6.5	42	0.9	7.7	6.6	42	1.0	7.8	6.6	42	1.2	7.9	6.7	43	1.3	**8.0**	6.8	43	1.5	14
14	7.7	6.6	43	1.1	7.8	6.7	43	1.3	7.9	6.8	43	1.4	**8.0**	6.9	43	1.6	8.1	6.9	44	1.7	14
14	7.8	6.8	44	1.4	7.9	6.8	44	1.6	**8.0**	6.9	44	1.7	8.1	7.0	44	1.9	8.2	7.1	45	2.0	14
13	7.9	6.9	45	1.7	**8.0**	7.0	45	1.9	8.1	7.1	45	2.0	8.2	7.1	45	2.2	8.3	7.2	45	2.3	13
13	**8.0**	7.1	46	2.0	8.1	7.1	46	2.1	8.2	7.2	46	2.3	8.3	7.3	46	2.4	8.4	7.3	46	2.6	13
13	8.1	7.2	47	2.3	8.2	7.3	47	2.4	8.3	7.3	47	2.6	8.4	7.4	47	2.7	8.5	7.5	47	2.8	13
12	8.2	7.3	47	2.5	8.3	7.4	48	2.7	8.4	7.5	48	2.8	8.5	7.6	48	3.0	8.6	7.6	48	3.1	12
12	8.3	7.5	48	2.8	8.4	7.5	48	2.9	8.5	7.6	49	3.1	8.6	7.7	49	3.2	8.7	7.8	49	3.4	12
12	8.4	7.6	49	3.1	8.5	7.7	49	3.2	8.6	7.8	50	3.4	8.7	7.8	50	3.5	8.8	7.9	50	3.6	12
12	8.5	7.8	50	3.3	8.6	7.8	50	3.5	8.7	7.9	50	3.6	8.8	8.0	51	3.7	8.9	8.1	51	3.9	12
11	8.6	7.9	51	3.6	8.7	8.0	51	3.7	8.8	8.1	51	3.9	8.9	8.1	52	4.0	**9.0**	8.2	52	4.1	11
11	8.7	8.0	52	3.8	8.8	8.1	52	4.0	8.9	8.2	52	4.1	**9.0**	8.3	52	4.2	9.1	8.3	53	4.4	11
11	8.8	8.2	53	4.1	8.9	8.3	53	4.2	**9.0**	8.3	53	4.4	9.1	8.4	53	4.5	9.2	8.5	54	4.6	11
11	8.9	8.3	54	4.3	**9.0**	8.4	54	4.5	9.1	8.5	54	4.6	9.2	8.6	54	4.7	9.3	8.6	54	4.9	11
10	**9.0**	8.5	55	4.6	9.1	8.5	55	4.7	9.2	8.6	55	4.8	9.3	8.7	55	5.0	9.4	8.8	55	5.1	10
10	9.1	8.6	56	4.8	9.2	8.7	56	5.0	9.3	8.8	56	5.1	9.4	8.9	56	5.2	9.5	8.9	56	5.3	10
10	9.2	8.8	57	5.1	9.3	8.8	57	5.2	9.4	8.9	57	5.3	9.5	9.0	57	5.5	9.6	9.1	57	5.6	10
10	9.3	8.9	58	5.3	9.4	9.0	58	5.4	9.5	9.1	58	5.6	9.6	9.1	58	5.7	9.7	9.2	58	5.8	10
9	9.4	9.1	59	5.5	9.5	9.1	59	5.7	9.6	9.2	59	5.8	9.7	9.3	59	5.9	9.8	9.4	59	6.0	9
9	9.5	9.2	59	5.8	9.6	9.3	60	5.9	9.7	9.4	60	6.0	9.8	9.4	60	6.1	9.9	9.5	60	6.3	9
9	9.6	9.3	60	6.0	9.7	9.4	61	6.1	9.8	9.5	61	6.2	9.9	9.6	61	6.4	**10.0**	9.7	61	6.5	9
8	9.7	9.5	61	6.2	9.8	9.6	62	6.3	9.9	9.7	62	6.5	**10.0**	9.7	62	6.6	10.1	9.8	62	6.7	8
8	9.8	9.6	62	6.4	9.9	9.7	62	6.6	**10.0**	9.8	63	6.7	10.1	9.9	63	6.8	10.2	10.0	63	6.9	8
8	9.9	9.8	63	6.7	**10.0**	9.9	63	6.8	10.1	10.0	64	6.9	10.2	10.0	64	7.0	10.3	10.1	64	7.2	8
8	**10.0**	9.9	64	6.9	10.1	10.0	64	7.0	10.2	10.1	64	7.1	10.3	10.2	65	7.3	10.4	10.3	65	7.4	8
8	10.1	10.1	65	7.1	10.2	10.2	65	7.2	10.3	10.3	65	7.3	10.4	10.3	66	7.5	10.5	10.4	66	7.6	8
7	10.2	10.2	66	7.3	10.3	10.3	66	7.4	10.4	10.4	66	7.6	10.5	10.5	67	7.7	10.6	10.6	67	7.8	7
7	10.3	10.4	67	7.5	10.4	10.5	67	7.7	10.5	10.6	67	7.8	10.6	10.6	67	7.9	10.7	10.7	68	8.0	7
7	10.4	10.5	68	7.7	10.5	10.6	68	7.9	10.6	10.7	68	8.0	10.7	10.8	68	8.1	10.8	10.9	69	8.2	7
7	10.5	10.7	69	8.0	10.6	10.8	69	8.1	10.7	10.9	69	8.2	10.8	10.9	69	8.3	10.9	11.0	69	8.4	7
6	10.6	10.8	70	8.2	10.7	10.9	70	8.3	10.8	11.0	70	8.4	10.9	11.1	70	8.5	**11.0**	11.2	70	8.6	6
6	10.7	11.0	71	8.4	10.8	11.1	71	8.5	10.9	11.2	71	8.6	**11.0**	11.3	71	8.7	11.1	11.3	71	8.8	6
6	10.8	11.1	72	8.6	10.9	11.2	72	8.7	**11.0**	11.3	72	8.8	11.1	11.4	72	8.9	11.2	11.5	72	9.0	6
6	10.9	11.3	73	8.8	**11.0**	11.4	73	8.9	11.1	11.5	73	9.0	11.2	11.6	73	9.1	11.3	11.6	73	9.2	6
5	**11.0**	11.5	74	9.0	11.1	11.5	74	9.1	11.2	11.6	74	9.2	11.3	11.7	74	9.3	11.4	11.8	74	9.4	5
5	11.1	11.6	75	9.2	11.2	11.7	75	9.3	11.3	11.8	75	9.4	11.4	11.9	75	9.5	11.5	12.0	75	9.6	5
5	11.2	11.8	76	9.4	11.3	11.8	76	9.5	11.4	11.9	76	9.6	11.5	12.0	76	9.7	11.6	12.1	76	9.8	5
5	11.3	11.9	77	9.6	11.4	12.0	77	9.7	11.5	12.1	77	9.8	11.6	12.2	77	9.9	11.7	12.3	77	10.0	5
4	11.4	12.1	78	9.8	11.5	12.2	78	9.9	11.6	12.2	78	10.0	11.7	12.3	78	10.1	11.8	12.4	78	10.2	4
4	11.5	12.2	79	9.9	11.6	12.3	79	10.1	11.7	12.4	79	10.2	11.8	12.5	79	10.3	11.9	12.6	79	10.4	4
4	11.6	12.4	80	10.1	11.7	12.5	80	10.2	11.8	12.6	80	10.4	11.9	12.7	80	10.5	**12.0**	12.7	80	10.6	4
4	11.7	12.5	81	10.3	11.8	12.6	81	10.4	11.9	12.7	81	10.5	**12.0**	12.8	81	10.6	12.1	12.9	81	10.8	4
4	11.8	12.7	82	10.5	11.9	12.8	82	10.6	**12.0**	12.9	82	10.7	12.1	13.0	82	10.8	12.2	13.1	82	10.9	4
3	11.9	12.9	83	10.7	**12.0**	12.9	83	10.8	12.1	13.0	83	10.9	12.2	13.1	83	11.0	12.3	13.2	83	11.1	3
3	**12.0**	13.0	84	10.9	12.1	13.1	84	11.0	12.2	13.2	84	11.1	12.3	13.3	84	11.2	12.4	13.4	84	11.3	3
3	12.1	13.2	85	11.1	12.2	13.3	85	11.2	12.3	13.4	85	11.3	12.4	13.5	85	11.4	12.5	13.6	85	11.5	3
3	12.2	13.3	86	11.2	12.3	13.4	86	11.4	12.4	13.5	86	11.5	12.5	13.6	86	11.6	12.6	13.7	86	11.7	3
2	12.3	13.5	87	11.4	12.4	13.6	87	11.5	12.5	13.7	87	11.6	12.6	13.8	87	11.7	12.7	13.9	87	11.8	2
2	12.4	13.7	88	11.6	12.5	13.8	88	11.7	12.6	13.8	88	11.8	12.7	13.9	88	11.9	12.8	14.0	88	12.0	2
2	12.5	13.8	89	11.8	12.6	13.9	89	11.9	12.7	14.0	89	12.0	12.8	14.1	89	12.1	12.9	14.2	89	12.2	2
2	12.6	14.0	90	12.0	12.7	14.1	90	12.1	12.8	14.2	90	12.2	12.9	14.3	90	12.3	**13.0**	14.4	91	12.4	2
2	12.7	14.1	91	12.1	12.8	14.2	91	12.2	12.9	14.3	92	12.3	**13.0**	14.4	92	12.4	13.1	14.5	92	12.5	2
1	12.8	14.3	93	12.3	12.9	14.4	93	12.4	**13.0**	14.5	93	12.5	13.1	14.6	93	12.6	13.2	14.7	93	12.7	1
1	12.9	14.5	94	12.5	**13.0**	14.6	94	12.6	13.1	14.7	94	12.7	13.2	14.8	94	12.8	13.3	14.9	94	12.9	1
1	**13.0**	14.6	95	12.7	13.1	14.7	95	12.8	13.2	14.8	95	12.9	13.3	14.9	95	13.0	13.4	15.0	95	13.1	1
1	13.1	14.8	96	12.8	13.2	14.9	96	12.9	13.3	15.0	96	13.0	13.4	15.1	96	13.1	13.5	15.2	96	13.2	1
1	13.2	15.0	97	13.0	13.3	15.1	97	13.1	13.4	15.2	97	13.2	13.5	15.3	97	13.3	13.6	15.4	97	13.4	1
0	13.3	15.1	98	13.2	13.4	15.2	98	13.3	13.5	15.3	98	13.4	13.6	15.4	98	13.5	13.7	15.5	98	13.6	0
0	13.4	15.3	99	13.3	13.5	15.4	99	13.4	13.6	15.5	99	13.5	13.7	15.6	99	13.6	13.8	15.7	99	13.7	0
0	13.5	15.5	100	13.5	13.6	15.6	100	13.6	13.7	15.7	100	13.7	13.8	15.8	100	13.8	13.9	15.9	100	13.9	0
	14.0				**14.1**				**14.2**				**14.3**				**14.4**				
31																	3.1	0.1	1	-46.8	31
31									**3.0**	0.1	1	-45.6	3.1	0.2	1	-41.7	3.2	0.2	1	-38.9	31
31	2.9	0.1	1	-44.5	**3.0**	0.2	1	-41.0	3.1	0.2	1	-38.3	3.2	0.3	2	-36.2	3.3	0.3	2	-34.4	31
30	**3.0**	0.2	1	-37.8	3.1	0.3	2	-35.8	3.2	0.3	2	-34.0	3.3	0.4	2	-32.5	3.4	0.5	3	-31.2	30
30	3.1	0.4	2	-33.7	3.2	0.4	3	-32.2	3.3	0.5	3	-30.9	3.4	0.5	3	-29.7	3.5	0.6	4	-28.7	30

n	t_W	e	U	t_d	t_W	e	U	t_d	t_W	e	U	t_d	t_W	e	U	t_d	t_W	e	U	t_d	n
	14.0				**14.1**				**14.2**				**14.3**				**14.4**				
30	3.2	0.5	3	-30.6	3.3	0.5	3	-29.5	3.4	0.6	4	-28.5	3.5	0.6	4	-27.5	3.6	0.7	4	-26.6	30
29	3.3	0.6	4	-28.2	3.4	0.7	4	-27.3	3.5	0.7	4	-26.4	3.6	0.8	5	-25.6	3.7	0.8	5	-24.8	29
29	3.4	0.7	5	-26.2	3.5	0.8	5	-25.4	3.6	0.8	5	-24.7	3.7	0.9	5	-23.9	3.8	0.9	6	-23.2	29
28	3.5	0.8	5	-24.5	3.6	0.9	6	-23.8	3.7	1.0	6	-23.1	3.8	1.0	6	-22.5	3.9	1.1	7	-21.8	28
28	3.6	1.0	6	-23.0	3.7	1.0	6	-22.3	3.8	1.1	7	-21.7	3.9	1.1	7	-21.2	**4.0**	1.2	7	-20.6	28
28	3.7	1.1	7	-21.6	3.8	1.1	7	-21.1	3.9	1.2	7	-20.5	**4.0**	1.3	8	-20.0	4.1	1.3	8	-19.4	28
27	3.8	1.2	8	-20.4	3.9	1.3	8	-19.9	**4.0**	1.3	8	-19.4	4.1	1.4	8	-18.9	4.2	1.4	9	-18.4	27
27	3.9	1.3	8	-19.3	**4.0**	1.4	9	-18.8	4.1	1.4	9	-18.3	4.2	1.5	9	-17.8	4.3	1.6	10	-17.4	27
27	**4.0**	1.5	9	-18.2	4.1	1.5	9	-17.8	4.2	1.6	10	-17.3	4.3	1.6	10	-16.9	4.4	1.7	10	-16.5	27
26	4.1	1.6	10	-17.3	4.2	1.6	10	-16.8	4.3	1.7	10	-16.4	4.4	1.8	11	-16.0	4.5	1.8	11	-15.6	26
26	4.2	1.7	11	-16.4	4.3	1.8	11	-16.0	4.4	1.8	11	-15.6	4.5	1.9	12	-15.2	4.6	1.9	12	-14.8	26
26	4.3	1.8	11	-15.5	4.4	1.9	12	-15.1	4.5	1.9	12	-14.8	4.6	2.0	12	-14.4	4.7	2.1	13	-14.0	26
25	4.4	2.0	12	-14.7	4.5	2.0	13	-14.4	4.6	2.1	13	-14.0	4.7	2.1	13	-13.7	4.8	2.2	13	-13.3	25
25	4.5	2.1	13	-14.0	4.6	2.1	13	-13.6	4.7	2.2	14	-13.3	4.8	2.3	14	-12.9	4.9	2.3	14	-12.6	25
25	4.6	2.2	14	-13.2	4.7	2.3	14	-12.9	4.8	2.3	14	-12.6	4.9	2.4	15	-12.3	**5.0**	2.4	15	-12.0	25
24	4.7	2.3	15	-12.6	4.8	2.4	15	-12.2	4.9	2.5	15	-11.9	**5.0**	2.5	15	-11.6	5.1	2.6	16	-11.3	24
24	4.8	2.5	15	-11.9	4.9	2.5	16	-11.6	**5.0**	2.6	16	-11.3	5.1	2.6	16	-11.0	5.2	2.7	16	-10.7	24
24	4.9	2.6	16	-11.3	**5.0**	2.6	16	-11.0	5.1	2.7	17	-10.7	5.2	2.8	17	-10.4	5.3	2.8	17	-10.1	24
23	**5.0**	2.7	17	-10.7	5.1	2.8	17	-10.4	5.2	2.8	18	-10.1	5.3	2.9	18	-9.8	5.4	3.0	18	-9.6	23
23	5.1	2.8	18	-10.1	5.2	2.9	18	-9.8	5.3	3.0	18	-9.5	5.4	3.0	19	-9.3	5.5	3.1	19	-9.0	23
23	5.2	3.0	19	-9.5	5.3	3.0	19	-9.3	5.4	3.1	19	-9.0	5.5	3.2	19	-8.8	5.6	3.2	20	-8.5	23
22	5.3	3.1	19	-9.0	5.4	3.2	20	-8.7	5.5	3.2	20	-8.5	5.6	3.3	20	-8.2	5.7	3.4	20	-8.0	22
22	5.4	3.2	20	-8.5	5.5	3.3	20	-8.2	5.6	3.4	21	-8.0	5.7	3.4	21	-7.7	5.8	3.5	21	-7.5	22
22	5.5	3.4	21	-8.0	5.6	3.4	21	-7.7	5.7	3.5	22	-7.5	5.8	3.5	22	-7.3	5.9	3.6	22	-7.0	22
21	5.6	3.5	22	-7.5	5.7	3.6	22	-7.2	5.8	3.6	22	-7.0	5.9	3.7	23	-6.8	**6.0**	3.7	23	-6.6	21
21	5.7	3.6	23	-7.0	5.8	3.7	23	-6.8	5.9	3.7	23	-6.5	**6.0**	3.8	23	-6.3	6.1	3.9	24	-6.1	21
21	5.8	3.7	23	-6.5	5.9	3.8	24	-6.3	**6.0**	3.9	24	-6.1	6.1	3.9	24	-5.9	6.2	4.0	24	-5.7	21
20	5.9	3.9	24	-6.1	**6.0**	3.9	25	-5.9	6.1	4.0	25	-5.7	6.2	4.1	25	-5.5	6.3	4.1	25	-5.2	20
20	**6.0**	4.0	25	-5.7	6.1	4.1	25	-5.4	6.2	4.1	26	-5.2	6.3	4.2	26	-5.0	6.4	4.3	26	-4.8	20
20	6.1	4.1	26	-5.2	6.2	4.2	26	-5.0	6.3	4.3	26	-4.8	6.4	4.3	27	-4.6	6.5	4.4	27	-4.4	20
20	6.2	4.3	27	-4.8	6.3	4.3	27	-4.6	6.4	4.4	27	-4.4	6.5	4.5	27	-4.2	6.6	4.5	28	-4.0	20
19	6.3	4.4	28	-4.4	6.4	4.5	28	-4.2	6.5	4.5	28	-4.0	6.6	4.6	28	-3.8	6.7	4.7	28	-3.6	19
19	6.4	4.5	28	-4.0	6.5	4.6	29	-3.8	6.6	4.7	29	-3.6	6.7	4.7	29	-3.4	6.8	4.8	29	-3.3	19
19	6.5	4.7	29	-3.6	6.6	4.7	29	-3.4	6.7	4.8	30	-3.3	6.8	4.9	30	-3.1	6.9	4.9	30	-2.9	19
18	6.6	4.8	30	-3.3	6.7	4.9	30	-3.1	6.8	4.9	31	-2.9	6.9	5.0	31	-2.7	**7.0**	5.1	31	-2.5	18
18	6.7	4.9	31	-2.9	6.8	5.0	31	-2.7	6.9	5.1	31	-2.5	**7.0**	5.1	32	-2.3	7.1	5.2	32	-2.2	18
18	6.8	5.1	32	-2.5	6.9	5.1	32	-2.3	**7.0**	5.2	32	-2.2	7.1	5.3	32	-2.0	7.2	5.3	33	-1.8	18
17	6.9	5.2	33	-2.2	**7.0**	5.3	33	-2.0	7.1	5.3	33	-1.8	7.2	5.4	33	-1.6	7.3	5.5	33	-1.5	17
17	**7.0**	5.3	33	-1.8	7.1	5.4	34	-1.7	7.2	5.5	34	-1.5	7.3	5.6	34	-1.3	7.4	5.6	34	-1.1	17
17	7.1	5.5	34	-1.5	7.2	5.5	35	-1.3	7.3	5.6	35	-1.1	7.4	5.7	35	-1.0	7.5	5.8	35	-0.8	17
16	7.2	5.6	35	-1.2	7.3	5.7	35	-1.0	7.4	5.8	36	-0.8	7.5	5.8	36	-0.6	7.6	5.9	36	-0.5	16
16	7.3	5.8	36	-0.8	7.4	5.8	36	-0.7	7.5	5.9	36	-0.5	7.6	6.0	37	-0.3	7.7	6.0	37	-0.2	16
16	7.4	5.9	37	-0.5	7.5	6.0	37	-0.3	7.6	6.0	37	-0.2	7.7	6.1	37	0.0	7.8	6.2	38	0.1	16
16	7.5	6.0	38	-0.2	7.6	6.1	38	0.0	7.7	6.2	38	0.1	7.8	6.2	38	0.3	7.9	6.3	39	0.5	16
15	7.6	6.2	39	0.1	7.7	6.2	39	0.3	7.8	6.3	39	0.4	7.9	6.4	39	0.6	**8.0**	6.5	39	0.8	15
15	7.7	6.3	39	0.4	7.8	6.4	40	0.6	7.9	6.4	40	0.7	**8.0**	6.5	40	0.9	8.1	6.6	40	1.1	15
15	7.8	6.4	40	0.7	7.9	6.5	41	0.9	**8.0**	6.6	41	1.0	8.1	6.7	41	1.2	8.2	6.7	41	1.3	15
14	7.9	6.6	41	1.0	**8.0**	6.7	41	1.2	8.1	6.7	42	1.3	8.2	6.8	42	1.5	8.3	6.9	42	1.6	14
14	**8.0**	6.7	42	1.3	8.1	6.8	42	1.5	8.2	6.9	42	1.6	8.3	6.9	43	1.8	8.4	7.0	43	1.9	14
14	8.1	6.9	43	1.6	8.2	6.9	43	1.8	8.3	7.0	43	1.9	8.4	7.1	43	2.1	8.5	7.2	44	2.2	14
14	8.2	7.0	44	1.9	8.3	7.1	44	2.0	8.4	7.1	44	2.2	8.5	7.2	44	2.3	8.6	7.3	45	2.5	14
13	8.3	7.1	45	2.2	8.4	7.2	45	2.3	8.5	7.3	45	2.5	8.6	7.4	45	2.6	8.7	7.4	45	2.7	13
13	8.4	7.3	46	2.4	8.5	7.4	46	2.6	8.6	7.4	46	2.7	8.7	7.5	46	2.9	8.8	7.6	46	3.0	13
13	8.5	7.4	46	2.7	8.6	7.5	47	2.9	8.7	7.6	47	3.0	8.8	7.7	47	3.1	8.9	7.7	47	3.3	13
13	8.6	7.6	47	3.0	8.7	7.6	48	3.1	8.8	7.7	48	3.3	8.9	7.8	48	3.4	**9.0**	7.9	48	3.5	13
12	8.7	7.7	48	3.2	8.8	7.8	48	3.4	8.9	7.9	49	3.5	**9.0**	7.9	49	3.7	9.1	8.0	49	3.8	12
12	8.8	7.9	49	3.5	8.9	7.9	49	3.6	**9.0**	8.0	49	3.8	9.1	8.1	50	3.9	9.2	8.2	50	4.1	12
12	8.9	8.0	50	3.8	**9.0**	8.1	50	3.9	9.1	8.1	50	4.0	9.2	8.2	51	4.2	9.3	8.3	51	4.3	12
11	**9.0**	8.1	51	4.0	9.1	8.2	51	4.2	9.2	8.3	51	4.3	9.3	8.4	51	4.4	9.4	8.5	52	4.6	11
11	9.1	8.3	52	4.3	9.2	8.4	52	4.4	9.3	8.4	52	4.5	9.4	8.5	52	4.7	9.5	8.6	52	4.8	11
11	9.2	8.4	53	4.5	9.3	8.5	53	4.6	9.4	8.6	53	4.8	9.5	8.7	53	4.9	9.6	8.7	53	5.0	11
11	9.3	8.6	54	4.8	9.4	8.7	54	4.9	9.5	8.7	54	5.0	9.6	8.8	54	5.2	9.7	8.9	54	5.3	11
10	9.4	8.7	55	5.0	9.5	8.8	55	5.1	9.6	8.9	55	5.3	9.7	9.0	55	5.4	9.8	9.0	55	5.5	10
10	9.5	8.9	55	5.2	9.6	8.9	56	5.4	9.7	9.0	56	5.5	9.8	9.1	56	5.6	9.9	9.2	56	5.8	10
10	9.6	9.0	56	5.5	9.7	9.1	57	5.6	9.8	9.2	57	5.7	9.9	9.3	57	5.9	**10.0**	9.3	57	6.0	10
10	9.7	9.2	57	5.7	9.8	9.2	57	5.8	9.9	9.3	58	6.0	**10.0**	9.4	58	6.1	10.1	9.5	58	6.2	10
9	9.8	9.3	58	5.9	9.9	9.4	58	6.1	**10.0**	9.5	59	6.2	10.1	9.6	59	6.3	10.2	9.6	59	6.4	9
9	9.9	9.5	59	6.2	**10.0**	9.5	59	6.3	10.1	9.6	59	6.4	10.2	9.7	60	6.5	10.3	9.8	60	6.7	9
9	**10.0**	9.6	60	6.4	10.1	9.7	60	6.5	10.2	9.8	60	6.6	10.3	9.9	60	6.8	10.4	9.9	61	6.9	9
9	10.1	9.8	61	6.6	10.2	9.8	61	6.7	10.3	9.9	61	6.9	10.4	10.0	61	7.0	10.5	10.1	62	7.1	9
8	10.2	9.9	62	6.8	10.3	10.0	62	7.0	10.4	10.1	62	7.1	10.5	10.2	62	7.2	10.6	10.2	62	7.3	8
8	10.3	10.1	63	7.1	10.4	10.1	63	7.2	10.5	10.2	63	7.3	10.6	10.3	63	7.4	10.7	10.4	63	7.5	8
8	10.4	10.2	64	7.3	10.5	10.3	64	7.4	10.6	10.4	64	7.5	10.7	10.5	64	7.6	10.8	10.5	64	7.8	8

n	t_W	e	U	t_d	t_W	e	U	t_d	t_W	e	U	t_d	t_W	e	U	t_d	t_W	e	U	t_d	n
	14.0				**14.1**				**14.2**				**14.3**				**14.4**				
8	10.5	10.4	65	7.5	10.6	10.4	65	7.6	10.7	10.5	65	7.7	10.8	10.6	65	7.8	10.9	10.7	65	8.0	8
7	10.6	10.5	66	7.7	10.7	10.6	66	7.8	10.8	10.7	66	7.9	10.9	10.8	66	8.1	**11.0**	10.8	66	8.2	7
7	10.7	10.7	67	7.9	10.8	10.7	67	8.0	10.9	10.8	67	8.1	**11.0**	10.9	67	8.3	11.1	11.0	67	8.4	7
7	10.8	10.8	68	8.1	10.9	10.9	68	8.2	**11.0**	11.0	68	8.4	11.1	11.1	68	8.5	11.2	11.2	68	8.6	7
7	10.9	11.0	69	8.3	**11.0**	11.1	69	8.4	11.1	11.1	69	8.6	11.2	11.2	69	8.7	11.3	11.3	69	8.8	7
6	**11.0**	11.1	70	8.5	11.1	11.2	70	8.6	11.2	11.3	70	8.8	11.3	11.4	70	8.9	11.4	11.5	70	9.0	6
6	11.1	11.3	71	8.7	11.2	11.4	71	8.9	11.3	11.4	71	9.0	11.4	11.5	71	9.1	11.5	11.6	71	9.2	6
6	11.2	11.4	72	8.9	11.3	11.5	72	9.1	11.4	11.6	72	9.2	11.5	11.7	72	9.3	11.6	11.8	72	9.4	6
6	11.3	11.6	72	9.1	11.4	11.7	73	9.3	11.5	11.8	73	9.4	11.6	11.8	73	9.5	11.7	11.9	73	9.6	6
5	11.4	11.7	73	9.3	11.5	11.8	74	9.4	11.6	11.9	74	9.6	11.7	12.0	74	9.7	11.8	12.1	74	9.8	5
5	11.5	11.9	74	9.5	11.6	12.0	75	9.6	11.7	12.1	75	9.8	11.8	12.2	75	9.9	11.9	12.3	75	10.0	5
5	11.6	12.0	75	9.7	11.7	12.1	76	9.8	11.8	12.2	76	10.0	11.9	12.3	76	10.1	**12.0**	12.4	76	10.2	5
5	11.7	12.2	76	9.9	11.8	12.3	76	10.0	11.9	12.4	77	10.1	**12.0**	12.5	77	10.3	12.1	12.6	77	10.4	5
5	11.8	12.4	77	10.1	11.9	12.5	77	10.2	**12.0**	12.5	78	10.3	12.1	12.6	78	10.4	12.2	12.7	78	10.6	5
4	11.9	12.5	78	10.3	**12.0**	12.6	78	10.4	12.1	12.7	79	10.5	12.2	12.8	79	10.6	12.3	12.9	79	10.7	4
4	**12.0**	12.7	79	10.5	12.1	12.8	79	10.6	12.2	12.9	80	10.7	12.3	13.0	80	10.8	12.4	13.1	80	10.9	4
4	12.1	12.8	80	10.7	12.2	12.9	80	10.8	12.3	13.0	81	10.9	12.4	13.1	81	11.0	12.5	13.2	81	11.1	4
4	12.2	13.0	81	10.9	12.3	13.1	81	11.0	12.4	13.2	81	11.1	12.5	13.3	82	11.2	12.6	13.4	82	11.3	4
3	12.3	13.2	82	11.0	12.4	13.3	82	11.2	12.5	13.4	82	11.3	12.6	13.4	83	11.4	12.7	13.5	83	11.5	3
3	12.4	13.3	83	11.2	12.5	13.4	83	11.3	12.6	13.5	83	11.4	12.7	13.6	84	11.6	12.8	13.7	84	11.7	3
3	12.5	13.5	84	11.4	12.6	13.6	84	11.5	12.7	13.7	85	11.6	12.8	13.8	85	11.7	12.9	13.9	85	11.8	3
3	12.6	13.6	85	11.6	12.7	13.7	85	11.7	12.8	13.8	86	11.8	12.9	13.9	86	11.9	**13.0**	14.0	86	12.0	3
3	12.7	13.8	86	11.8	12.8	13.9	86	11.9	12.9	14.0	87	12.0	**13.0**	14.1	87	12.1	13.1	14.2	87	12.2	3
2	12.8	14.0	87	12.0	12.9	14.1	87	12.1	**13.0**	14.2	88	12.2	13.1	14.3	88	12.3	13.2	14.4	88	12.4	2
2	12.9	14.1	88	12.1	**13.0**	14.2	89	12.2	13.1	14.3	89	12.3	13.2	14.4	89	12.4	13.3	14.5	89	12.5	2
2	**13.0**	14.3	90	12.3	13.1	14.4	90	12.4	13.2	14.5	90	12.5	13.3	14.6	90	12.6	13.4	14.7	90	12.7	2
2	13.1	14.5	91	12.5	13.2	14.6	91	12.6	13.3	14.7	91	12.7	13.4	14.8	91	12.8	13.5	14.9	91	12.9	2
2	13.2	14.6	92	12.7	13.3	14.7	92	12.8	13.4	14.8	92	12.9	13.5	14.9	92	13.0	13.6	15.0	92	13.1	2
1	13.3	14.8	93	12.8	13.4	14.9	93	12.9	13.5	15.0	93	13.0	13.6	15.1	93	13.1	13.7	15.2	93	13.2	1
1	13.4	15.0	94	13.0	13.5	15.1	94	13.1	13.6	15.2	94	13.2	13.7	15.3	94	13.3	13.8	15.4	94	13.4	1
1	13.5	15.1	95	13.2	13.6	15.2	95	13.3	13.7	15.3	95	13.4	13.8	15.4	95	13.5	13.9	15.5	95	13.6	1
1	13.6	15.3	96	13.3	13.7	15.4	96	13.4	13.8	15.5	96	13.5	13.9	15.6	96	13.6	**14.0**	15.7	96	13.7	1
1	13.7	15.5	97	13.5	13.8	15.6	97	13.6	13.9	15.7	97	13.7	**14.0**	15.8	97	13.8	14.1	15.9	97	13.9	1
0	13.8	15.6	98	13.7	13.9	15.7	98	13.8	**14.0**	15.8	98	13.9	14.1	15.9	98	14.0	14.2	16.1	98	14.1	0
0	13.9	15.8	99	13.8	**14.0**	15.9	99	13.9	14.1	16.0	99	14.0	14.2	16.1	99	14.1	14.3	16.2	99	14.2	0
0	**14.0**	16.0	100	14.0	14.1	16.1	100	14.1	14.2	16.2	100	14.2	14.3	16.3	100	14.3	14.4	16.4	100	14.4	0
	14.5				**14.6**				**14.7**				**14.8**				**14.9**				
32																	3.4	0.1	1	-44.2	32
31									3.3	0.1	1	-43.3	3.4	0.2	1	-40.1	3.5	0.2	1	-37.5	31
31	3.2	0.1	1	-42.5	3.3	0.2	1	-39.5	3.4	0.3	2	-37.1	3.5	0.3	2	-35.1	3.6	0.4	2	-33.4	31
31	3.3	0.3	2	-36.6	3.4	0.3	2	-34.8	3.5	0.4	2	-33.1	3.6	0.4	3	-31.7	3.7	0.5	3	-30.4	31
30	3.4	0.4	2	-32.8	3.5	0.4	3	-31.4	3.6	0.5	3	-30.2	3.7	0.6	3	-29.1	3.8	0.6	4	-28.0	30
30	3.5	0.5	3	-30.0	3.6	0.6	3	-28.9	3.7	0.6	4	-27.9	3.8	0.7	4	-26.9	3.9	0.7	4	-26.0	30
29	3.6	0.6	4	-27.7	3.7	0.7	4	-26.7	3.8	0.7	4	-25.9	3.9	0.8	5	-25.1	**4.0**	0.9	5	-24.3	29
29	3.7	0.8	5	-25.7	3.8	0.8	5	-24.9	3.9	0.9	5	-24.2	**4.0**	0.9	5	-23.5	4.1	1.0	6	-22.8	29
29	3.8	0.9	5	-24.1	3.9	0.9	6	-23.4	**4.0**	1.0	6	-22.7	4.1	1.0	6	-22.1	4.2	1.1	7	-21.4	29
28	3.9	1.0	6	-22.6	**4.0**	1.1	6	-21.9	4.1	1.1	7	-21.3	4.2	1.2	7	-20.8	4.3	1.2	7	-20.2	28
28	**4.0**	1.1	7	-21.3	4.1	1.2	7	-20.7	4.2	1.2	7	-20.1	4.3	1.3	8	-19.6	4.4	1.4	8	-19.1	28
28	4.1	1.2	8	-20.0	4.2	1.3	8	-19.5	4.3	1.4	8	-19.0	4.4	1.4	8	-18.5	4.5	1.5	9	-18.0	28
27	4.2	1.4	8	-18.9	4.3	1.4	9	-18.5	4.4	1.5	9	-18.0	4.5	1.5	9	-17.5	4.6	1.6	9	-17.1	27
27	4.3	1.5	9	-17.9	4.4	1.6	9	-17.5	4.5	1.6	10	-17.0	4.6	1.7	10	-16.6	4.7	1.7	10	-16.2	27
27	4.4	1.6	10	-17.0	4.5	1.7	10	-16.5	4.6	1.7	10	-16.1	4.7	1.8	11	-15.7	4.8	1.9	11	-15.3	27
26	4.5	1.7	11	-16.1	4.6	1.8	11	-15.7	4.7	1.9	11	-15.3	4.8	1.9	11	-14.9	4.9	2.0	12	-14.5	26
26	4.6	1.9	11	-15.2	4.7	1.9	12	-14.9	4.8	2.0	12	-14.5	4.9	2.1	12	-14.1	**5.0**	2.1	12	-13.8	26
26	4.7	2.0	12	-14.4	4.8	2.1	12	-14.1	4.9	2.1	13	-13.7	**5.0**	2.2	13	-13.4	5.1	2.2	13	-13.0	26
25	4.8	2.1	13	-13.7	4.9	2.2	13	-13.4	**5.0**	2.2	13	-13.0	5.1	2.3	14	-12.7	5.2	2.4	14	-12.4	25
25	4.9	2.3	14	-13.0	**5.0**	2.3	14	-12.7	5.1	2.4	14	-12.3	5.2	2.4	14	-12.0	5.3	2.5	15	-11.7	25
25	**5.0**	2.4	14	-12.3	5.1	2.4	15	-12.0	5.2	2.5	15	-11.7	5.3	2.6	15	-11.4	5.4	2.6	16	-11.1	25
24	5.1	2.5	15	-11.7	5.2	2.6	15	-11.4	5.3	2.6	16	-11.1	5.4	2.7	16	-10.8	5.5	2.8	16	-10.5	24
24	5.2	2.6	16	-11.0	5.3	2.7	16	-10.7	5.4	2.8	17	-10.5	5.5	2.8	17	-10.2	5.6	2.9	17	-9.9	24
24	5.3	2.8	17	-10.4	5.4	2.8	17	-10.2	5.5	2.9	17	-9.9	5.6	3.0	18	-9.6	5.7	3.0	18	-9.3	24
23	5.4	2.9	18	-9.9	5.5	3.0	18	-9.6	5.6	3.0	18	-9.3	5.7	3.1	18	-9.1	5.8	3.1	19	-8.8	23
23	5.5	3.0	18	-9.3	5.6	3.1	19	-9.0	5.7	3.2	19	-8.8	5.8	3.2	19	-8.5	5.9	3.3	19	-8.3	23
23	5.6	3.2	19	-8.8	5.7	3.2	19	-8.5	5.8	3.3	20	-8.3	5.9	3.3	20	-8.0	**6.0**	3.4	20	-7.8	23
22	5.7	3.3	20	-8.2	5.8	3.3	20	-8.0	5.9	3.4	20	-7.8	**6.0**	3.5	21	-7.5	6.1	3.5	21	7.3	22
22	5.8	3.4	21	-7.7	5.9	3.5	21	-7.5	**6.0**	3.5	21	-7.3	6.1	3.6	21	-7.0	6.2	3.7	22	-6.8	22
22	5.9	3.5	21	-7.3	**6.0**	3.6	22	-7.0	6.1	3.7	22	-6.8	6.2	3.7	22	-6.6	6.3	3.8	22	-6.3	22
21	**6.0**	3.7	22	-6.8	6.1	3.7	23	-6.6	6.2	3.8	23	-6.3	6.3	3.9	23	-6.1	6.4	3.9	23	-5.9	21
21	6.1	3.8	23	-6.3	6.2	3.9	23	-6.1	6.3	3.9	24	-5.9	6.4	4.0	24	-5.7	6.5	4.1	24	-5.5	21
21	6.2	3.9	24	-5.9	6.3	4.0	24	-5.7	6.4	4.1	24	-5.5	6.5	4.1	25	-5.2	6.6	4.2	25	-5.0	21
20	6.3	4.1	25	-5.5	6.4	4.1	25	-5.2	6.5	4.2	25	-5.0	6.6	4.3	25	-4.8	6.7	4.3	26	-4.6	20

n	t_W	e	U	t_d	t_W	e	U	t_d	t_W	e	U	t_d	t_W	e	U	t_d	t_W	e	U	t_d	n
	14.5				**14.6**				**14.7**				**14.8**				**14.9**				
20	6.4	4.2	25	-5.0	6.5	4.3	26	-4.8	6.6	4.3	26	-4.6	6.7	4.4	26	-4.4	6.8	4.5	26	-4.2	20
20	6.5	4.3	26	-4.6	6.6	4.4	27	-4.4	6.7	4.5	27	-4.2	6.8	4.5	27	-4.0	6.9	4.6	27	-3.8	20
20	6.6	4.5	27	-4.2	6.7	4.5	27	-4.0	6.8	4.6	28	-3.8	6.9	4.7	28	-3.6	**7.0**	4.7	28	-3.4	20
19	6.7	4.6	28	-3.8	6.8	4.7	28	-3.6	6.9	4.7	28	-3.4	**7.0**	4.8	29	-3.2	7.1	4.9	29	-3.1	19
19	6.8	4.7	29	-3.4	6.9	4.8	29	-3.2	**7.0**	4.9	29	-3.1	7.1	4.9	29	-2.9	7.2	5.0	30	-2.7	19
19	6.9	4.9	30	-3.1	**7.0**	4.9	30	-2.9	7.1	5.0	30	-2.7	7.2	5.1	30	-2.5	7.3	5.2	30	-2.3	19
18	**7.0**	5.0	30	-2.7	7.1	5.1	31	-2.5	7.2	5.1	31	-2.3	7.3	5.2	31	-2.1	7.4	5.3	31	-2.0	18
18	7.1	5.1	31	-2.3	7.2	5.2	31	-2.2	7.3	5.3	32	-2.0	7.4	5.4	32	-1.8	7.5	5.4	32	-1.6	18
18	7.2	5.3	32	-2.0	7.3	5.4	32	-1.8	7.4	5.4	32	-1.6	7.5	5.5	33	-1.5	7.6	5.6	33	-1.3	18
17	7.3	5.4	33	-1.6	7.4	5.5	33	-1.5	7.5	5.6	33	-1.3	7.6	5.6	33	-1.1	7.7	5.7	34	-0.9	17
17	7.4	5.6	34	-1.3	7.5	5.6	34	-1.1	7.6	5.7	34	1.0	7.7	5.8	34	-0.8	7.8	5.8	34	-0.6	17
17	7.5	5.7	34	-1.0	7.6	5.8	35	-0.8	7.7	5.8	35	-0.6	7.8	5.9	35	-0.5	7.9	6.0	35	-0.3	17
17	7.6	5.8	35	-0.6	7.7	5.9	36	-0.5	7.8	6.0	36	-0.3	7.9	6.0	36	-0.1	**8.0**	6.1	36	0.0	17
16	7.7	6.0	36	-0.3	7.8	6.0	36	-0.2	7.9	6.1	37	0.0	**8.0**	6.2	37	0.2	8.1	6.3	37	0.3	16
16	7.8	6.1	37	0.0	7.9	6.2	37	0.2	**8.0**	6.3	37	0.3	8.1	6.3	38	0.5	8.2	6.4	38	0.6	16
16	7.9	6.2	38	0.3	**8.0**	6.3	38	0.5	8.1	6.4	38	0.6	8.2	6.5	38	0.8	8.3	6.5	39	0.9	16
15	**8.0**	6.4	39	0.6	8.1	6.5	39	0.8	8.2	6.5	39	0.9	8.3	6.6	39	1.1	8.4	6.7	39	1.2	15
15	8.1	6.5	40	0.9	8.2	6.6	40	1.1	8.3	6.7	40	1.2	8.4	6.7	40	1.4	8.5	6.8	40	1.5	15
15	8.2	6.7	40	1.2	8.3	6.7	41	1.4	8.4	6.8	41	1.5	8.5	6.9	41	1.7	8.6	7.0	41	1.8	15
15	8.3	6.8	41	1.5	8.4	6.9	41	1.7	8.5	7.0	42	1.8	8.6	7.0	42	2.0	8.7	7.1	42	2.1	15
14	8.4	6.9	42	1.8	8.5	7.0	42	1.9	8.6	7.1	42	2.1	8.7	7.2	43	2.2	8.8	7.2	43	2.4	14
14	8.5	7.1	43	2.1	8.6	7.2	43	2.2	8.7	7.2	43	2.4	8.8	7.3	43	2.5	8.9	7.4	44	2.7	14
14	8.6	7.2	44	2.3	8.7	7.3	44	2.5	8.8	7.4	44	2.6	8.9	7.5	44	2.8	**9.0**	7.5	45	2.9	14
13	8.7	7.4	45	2.6	8.8	7.4	45	2.8	8.9	7.5	45	2.9	**9.0**	7.6	45	3.1	9.1	7.7	45	3.2	13
13	8.8	7.5	46	2.9	8.9	7.6	46	3.0	**9.0**	7.7	46	3.2	9.1	7.7	46	3.3	9.2	7.8	46	3.5	13
13	8.9	7.7	46	3.2	**9.0**	7.7	47	3.3	9.1	7.8	47	3.4	9.2	7.9	47	3.6	9.3	8.0	47	3.7	13
13	**9.0**	7.8	47	3.4	9.1	7.9	47	3.6	9.2	8.0	48	3.7	9.3	8.0	48	3.8	9.4	8.1	48	4.0	13
12	9.1	7.9	48	3.7	9.2	8.0	48	3.8	9.3	8.1	48	4.0	9.4	8.2	49	4.1	9.5	8.3	49	4.2	12
12	9.2	8.1	49	3.9	9.3	8.2	49	4.1	9.4	8.3	49	4.2	9.5	8.3	50	4.3	9.6	8.4	50	4.5	12
12	9.3	8.2	50	4.2	9.4	8.3	50	4.3	9.5	8.4	50	4.5	9.6	8.5	50	4.6	9.7	8.6	51	4.7	12
12	9.4	8.4	51	4.4	9.5	8.5	51	4.6	9.6	8.5	51	4.7	9.7	8.6	51	4.8	9.8	8.7	51	5.0	12
11	9.5	8.5	52	4.7	9.6	8.6	52	4.8	9.7	8.7	52	5.0	9.8	8.8	52	5.1	9.9	8.9	52	5.2	11
11	9.6	8.7	53	4.9	9.7	8.8	53	5.1	9.8	8.8	53	5.2	9.9	8.9	53	5.3	**10.0**	9.0	53	5.5	11
11	9.7	8.8	53	5.2	9.8	8.9	54	5.3	9.9	9.0	54	5.4	**10.0**	9.1	54	5.6	10.1	9.2	54	5.7	11
10	9.8	9.0	54	5.4	9.9	9.1	55	5.5	**10.0**	9.1	55	5.7	10.1	9.2	55	5.8	10.2	9.3	55	5.9	10
10	9.9	9.1	55	5.6	**10.0**	9.2	55	5.8	10.1	9.3	56	5.9	10.2	9.4	56	6.0	10.3	9.5	56	6.2	10
10	**10.0**	9.3	56	5.9	10.1	9.4	56	6.0	10.2	9.4	56	6.1	10.3	9.5	57	6.3	10.4	9.6	57	6.4	10
10	10.1	9.4	57	6.1	10.2	9.5	57	6.2	10.3	9.6	57	6.4	10.4	9.7	57	6.5	10.5	9.8	58	6.6	10
9	10.2	9.6	58	6.3	10.3	9.7	58	6.5	10.4	9.7	58	6.6	10.5	9.8	58	6.7	10.6	9.9	58	6.8	9
9	10.3	9.7	59	6.6	10.4	9.8	59	6.7	10.5	9.9	59	6.8	10.6	10.0	59	6.9	10.7	10.1	59	7.1	9
9	10.4	9.9	60	6.8	10.5	10.0	60	6.9	10.6	10.0	60	7.0	10.7	10.1	60	7.2	10.8	10.2	60	7.3	9
9	10.5	10.0	61	7.0	10.6	10.1	61	7.1	10.7	10.2	61	7.3	10.8	10.3	61	7.4	10.9	10.4	61	7.5	9
8	10.6	10.2	62	7.2	10.7	10.3	62	7.4	10.8	10.3	62	7.5	10.9	10.4	62	7.6	**11.0**	10.5	62	7.7	8
8	10.7	10.3	63	7.4	10.8	10.4	63	7.6	10.9	10.5	63	7.7	**11.0**	10.6	63	7.8	11.1	10.7	63	7.9	8
8	10.8	10.5	63	7.7	10.9	10.6	64	7.8	**11.0**	10.6	64	7.9	11.1	10.7	64	8.0	11.2	10.8	64	8.1	8
8	10.9	10.6	64	7.9	**11.0**	10.7	65	8.0	11.1	10.8	65	8.1	11.2	10.9	65	8.2	11.3	11.0	65	8.4	8
7	**11.0**	10.8	65	8.1	11.1	10.9	65	8.2	11.2	11.0	66	8.3	11.3	11.0	66	8.4	11.4	11.1	66	8.6	7
7	11.1	10.9	66	8.3	11.2	11.0	66	8.4	11.3	11.1	66	8.5	11.4	11.2	67	8.6	11.5	11.3	67	8.8	7
7	11.2	11.1	67	8.5	11.3	11.2	67	8.6	11.4	11.3	67	8.7	11.5	11.4	68	8.9	11.6	11.4	68	9.0	7
7	11.3	11.2	68	8.7	11.4	11.3	68	8.8	11.5	11.4	68	8.9	11.6	11.5	68	9.1	11.7	11.6	69	9.2	7
7	11.4	11.4	69	8.9	11.5	11.5	69	9.0	11.6	11.6	69	9.1	11.7	11.7	69	9.3	11.8	11.8	69	9.4	7
6	11.5	11.6	70	9.1	11.6	11.6	70	9.2	11.7	11.7	70	9.3	11.8	11.8	70	9.5	11.9	11.9	70	9.6	6
6	11.6	11.7	71	9.3	11.7	11.8	71	9.4	11.8	11.9	71	9.5	11.9	12.0	71	9.7	**12.0**	12.1	71	9.8	6
6	11.7	11.9	72	9.5	11.8	12.0	72	9.6	11.9	12.1	72	9.7	**12.0**	12.1	72	9.8	12.1	12.2	72	10.0	6
6	11.8	12.0	73	9.7	11.9	12.1	73	9.8	**12.0**	12.2	73	9.9	12.1	12.3	73	10.0	12.2	12.4	73	10.2	6
5	11.9	12.2	74	9.9	**12.0**	12.3	74	10.0	12.1	12.4	74	10.1	12.2	12.5	74	10.2	12.3	12.6	74	10.3	5
5	**12.0**	12.3	75	10.1	12.1	12.4	75	10.2	12.2	12.5	75	10.3	12.3	12.6	75	10.4	12.4	12.7	75	10.5	5
5	12.1	12.5	76	10.3	12.2	12.6	76	10.4	12.3	12.7	76	10.5	12.4	12.8	76	10.6	12.5	12.9	76	10.7	5
5	12.2	12.7	77	10.5	12.3	12.8	77	10.6	12.4	12.9	77	10.7	12.5	13.0	77	10.8	12.6	13.0	77	10.9	5
5	12.3	12.8	78	10.7	12.4	12.9	78	10.8	12.5	13.0	78	10.9	12.6	13.1	78	11.0	12.7	13.2	78	11.1	5
4	12.4	13.0	79	10.9	12.5	13.1	79	11.0	12.6	13.2	79	11.1	12.7	13.3	79	11.2	12.8	13.4	79	11.3	4
4	12.5	13.2	80	11.0	12.6	13.2	80	11.1	12.7	13.3	80	11.3	12.8	13.4	80	11.4	12.9	13.5	80	11.5	4
4	12.6	13.3	81	11.2	12.7	13.4	81	11.3	12.8	13.5	81	11.4	12.9	13.6	81	11.5	**13.0**	13.7	81	11.7	4
4	12.7	13.5	82	11.4	12.8	13.6	82	11.5	12.9	13.7	82	11.6	**13.0**	13.8	82	11.7	13.1	13.9	82	11.8	4
3	12.8	13.6	83	11.6	12.9	13.7	83	11.7	**13.0**	13.8	83	11.8	13.1	13.9	83	11.9	13.2	14.0	83	12.0	3
3	12.9	13.8	84	11.8	**13.0**	13.9	84	11.9	13.1	14.0	84	12.0	13.2	14.1	84	12.1	13.3	14.2	84	12.2	3
3	**13.0**	14.0	85	11.9	13.1	14.1	85	12.1	13.2	14.2	85	12.2	13.3	14.3	85	12.3	13.4	14.4	85	12.4	3
3	13.1	14.1	86	12.1	13.2	14.2	86	12.2	13.3	14.3	86	12.3	13.4	14.4	86	12.4	13.5	14.5	86	12.5	3
3	13.2	14.3	87	12.3	13.3	14.4	87	12.4	13.4	14.5	87	12.5	13.5	14.6	87	12.6	13.6	14.7	87	12.7	3
2	13.3	14.5	88	12.5	13.4	14.6	88	12.6	13.5	14.7	88	12.7	13.6	14.8	88	12.8	13.7	14.9	88	12.9	2
2	13.4	14.6	89	12.7	13.5	14.7	89	12.8	13.6	14.8	89	12.9	13.7	14.9	89	13.0	13.8	15.0	89	13.1	2
2	13.5	14.8	90	12.8	13.6	14.9	90	12.9	13.7	15.0	90	13.0	13.8	15.1	90	13.1	13.9	15.2	90	13.2	2
2	13.6	15.0	91	13.0	13.7	15.1	91	13.1	13.8	15.2	91	13.2	13.9	15.3	91	13.3	**14.0**	15.4	91	13.4	2

n	t_W	e	U	t_d	t_W	e	U	t_d	t_W	e	U	t_d	t_W	e	U	t_d	t_W	e	U	t_d	n
	14.5				**14.6**				**14.7**				**14.8**				**14.9**				
2	13.7	15.1	92	13.2	13.8	15.2	92	13.3	13.9	15.3	92	13.4	**14.0**	15.4	92	13.5	14.1	15.5	92	13.6	2
1	13.8	15.3	93	13.3	13.9	15.4	93	13.4	**14.0**	15.5	93	13.5	14.1	15.6	93	13.6	14.2	15.7	93	13.7	1
1	13.9	15.5	94	13.5	**14.0**	15.6	94	13.6	14.1	15.7	94	13.7	14.2	15.8	94	13.8	14.3	15.9	94	13.9	1
1	**14.0**	15.6	95	13.7	14.1	15.7	95	13.8	14.2	15.9	95	13.9	14.3	16.0	95	14.0	14.4	16.1	95	14.1	1
1	14.1	15.8	96	13.8	14.2	15.9	96	13.9	14.3	16.0	96	14.0	14.4	16.1	96	14.1	14.5	16.2	96	14.2	1
1	14.2	16.0	97	14.0	14.3	16.1	97	14.1	14.4	16.2	97	14.2	14.5	16.3	97	14.3	14.6	16.4	97	14.4	1
0	14.3	16.2	98	14.2	14.4	16.3	98	14.3	14.5	16.4	98	14.4	14.6	16.5	98	14.5	14.7	16.6	98	14.6	0
0	14.4	16.3	99	14.3	14.5	16.4	99	14.4	14.6	16.5	99	14.5	14.7	16.6	99	14.6	14.8	16.8	99	14.7	0
0	14.5	16.5	100	14.5	14.6	16.6	100	14.6	14.7	16.7	100	14.7	14.8	16.8	100	14.8	14.9	16.9	100	14.9	0
	15.0				**15.1**				**15.2**				**15.3**				**15.4**				
32													3.6	0.1	1	-46.1	3.7	0.2	1	-41.9	32
32					3.5	0.1	1	-45.1	3.6	0.2	1	-41.3	3.7	0.2	1	-38.5	3.8	0.3	2	-36.2	32
31	3.5	0.2	1	-40.7	3.6	0.2	1	-38.0	3.7	0.3	2	-35.9	3.8	0.3	2	-34.1	3.9	0.4	2	-32.5	31
31	3.6	0.3	2	-35.5	3.7	0.4	2	-33.8	3.8	0.4	2	-32.2	3.9	0.5	3	-30.9	**4.0**	0.5	3	-29.7	31
30	3.7	0.4	2	-32.0	3.8	0.5	3	-30.7	3.9	0.5	3	-29.5	**4.0**	0.6	3	-28.4	4.1	0.6	4	-27.4	30
30	3.8	0.5	3	-29.3	3.9	0.6	4	-28.2	**4.0**	0.7	4	-27.2	4.1	0.7	4	-26.3	4.2	0.8	4	-25.5	30
30	3.9	0.7	4	-27.1	**4.0**	0.7	4	-26.2	4.1	0.8	5	-25.3	4.2	0.8	5	-24.6	4.3	0.9	5	-23.8	30
29	**4.0**	0.8	5	-25.2	4.1	0.8	5	-24.4	4.2	0.9	5	-23.7	4.3	1.0	6	-23.0	4.4	1.0	6	-22.3	29
29	4.1	0.9	5	-23.6	4.2	1.0	6	-22.9	4.3	1.0	6	-22.2	4.4	1.1	6	-21.6	4.5	1.1	7	-21.0	29
29	4.2	1.0	6	-22.1	4.3	1.1	6	-21.5	4.4	1.2	7	-20.9	4.5	1.2	7	-20.4	4.6	1.3	7	-19.8	29
28	4.3	1.2	7	-20.9	4.4	1.2	7	-20.3	4.5	1.3	7	-19.7	4.6	1.3	8	-19.2	4.7	1.4	8	-18.7	28
28	4.4	1.3	8	-19.7	4.5	1.3	8	-19.2	4.6	1.4	8	-18.6	4.7	1.5	8	-18.2	4.8	1.5	9	-17.7	28
28	4.5	1.4	8	-18.6	4.6	1.5	9	-18.1	4.7	1.5	9	-17.6	4.8	1.6	9	-17.2	4.9	1.7	9	-16.7	28
27	4.6	1.5	9	-17.6	4.7	1.6	9	-17.1	4.8	1.7	10	-16.7	4.9	1.7	10	-16.3	**5.0**	1.8	10	-15.9	27
27	4.7	1.7	10	-16.6	4.8	1.7	10	-16.2	4.9	1.8	10	-15.8	**5.0**	1.8	11	-15.4	5.1	1.9	11	-15.0	27
27	4.8	1.8	11	-15.8	4.9	1.9	11	-15.4	**5.0**	1.9	11	-15.0	5.1	2.0	11	-14.6	5.2	2.0	12	-14.2	27
26	4.9	1.9	11	-14.9	**5.0**	2.0	12	-14.6	5.1	2.0	12	-14.2	5.2	2.1	12	-13.8	5.3	2.2	12	-13.5	26
26	**5.0**	2.0	12	-14.2	5.1	2.1	12	-13.8	5.2	2.2	13	-13.4	5.3	2.2	13	-13.1	5.4	2.3	13	-12.8	26
26	5.1	2.2	13	-13.4	5.2	2.2	13	-13.1	5.3	2.3	13	-12.7	5.4	2.4	14	-12.4	5.5	2.4	14	-12.1	26
25	5.2	2.3	14	-12.7	5.3	2.4	14	-12.4	5.4	2.4	14	-12.1	5.5	2.5	14	-11.7	5.6	2.6	15	-11.4	25
25	5.3	2.4	14	-12.0	5.4	2.5	15	-11.7	5.5	2.6	15	-11.4	5.6	2.6	15	-11.1	5.7	2.7	15	-10.8	25
25	5.4	2.6	15	-11.4	5.5	2.6	15	-11.1	5.6	2.7	16	-10.8	5.7	2.7	16	-10.5	5.8	2.8	16	-10.2	25
24	5.5	2.7	16	-10.8	5.6	2.8	16	-10.5	5.7	2.8	16	-10.2	5.8	2.9	17	-9.9	5.9	2.9	17	-9.6	24
24	5.6	2.8	17	-10.2	5.7	2.9	17	-9.9	5.8	2.9	17	-9.6	5.9	3.0	17	-9.4	**6.0**	3.1	18	-9.1	24
24	5.7	3.0	17	-9.6	5.8	3.0	18	-9.3	5.9	3.1	18	-9.1	**6.0**	3.1	18	-8.8	6.1	3.2	18	-8.6	24
23	5.8	3.1	18	-9.1	5.9	3.1	18	-8.8	**6.0**	3.2	19	-8.5	6.1	3.3	19	-8.3	6.2	3.3	19	-8.0	23
23	5.9	3.2	19	-8.5	**6.0**	3.3	19	-8.3	6.1	3.3	19	-8.0	6.2	3.4	20	-7.8	6.3	3.5	20	-7.5	23
23	**6.0**	3.3	20	-8.0	6.1	3.4	20	-7.8	6.2	3.5	20	-7.5	6.3	3.5	20	-7.3	6.4	3.6	21	-7.0	23
22	6.1	3.5	20	-7.5	6.2	3.5	21	-7.3	6.3	3.6	21	-7.0	6.4	3.7	21	-6.8	6.5	3.7	21	-6.6	22
22	6.2	3.6	21	-7.0	6.3	3.7	21	-6.8	6.4	3.7	22	-6.6	6.5	3.8	22	-6.3	6.6	3.9	22	-6.1	22
22	6.3	3.7	22	-6.6	6.4	3.8	22	-6.3	6.5	3.9	22	-6.1	6.6	3.9	23	-5.9	6.7	4.0	23	-5.7	22
21	6.4	3.9	23	-6.1	6.5	3.9	23	-5.9	6.6	4.0	23	-5.7	6.7	4.1	23	-5.5	6.8	4.1	24	-5.2	21
21	6.5	4.0	23	-5.7	6.6	4.1	24	-5.5	6.7	4.1	24	-5.2	6.8	4.2	24	-5.0	6.9	4.3	24	-4.8	21
21	6.6	4.1	24	-5.2	6.7	4.2	25	-5.0	6.8	4.3	25	-4.8	6.9	4.3	25	-4.6	**7.0**	4.4	25	-4.4	21
20	6.7	4.3	25	-4.8	6.8	4.3	25	-4.6	6.9	4.4	26	-4.4	**7.0**	4.5	26	-4.2	7.1	4.5	26	-4.0	20
20	6.8	4.4	26	-4.4	6.9	4.5	26	-4.2	**7.0**	4.5	26	-4.0	7.1	4.6	27	-3.8	7.2	4.7	27	-3.6	20
20	6.9	4.5	27	-4.0	**7.0**	4.6	27	-3.8	7.1	4.7	27	-3.6	7.2	4.7	27	-3.4	7.3	4.8	28	-3.2	20
20	**7.0**	4.7	27	-3.6	7.1	4.7	28	-3.4	7.2	4.8	28	-3.2	7.3	4.9	28	-3.0	7.4	5.0	28	-2.8	20
19	7.1	4.8	28	-3.2	7.2	4.9	28	-3.0	7.3	5.0	29	-2.9	7.4	5.0	29	-2.7	7.5	5.1	29	-2.5	19
19	7.2	4.9	29	-2.9	7.3	5.0	29	-2.7	7.4	5.1	29	-2.5	7.5	5.2	30	-2.3	7.6	5.2	30	-2.1	19
19	7.3	5.1	30	-2.5	7.4	5.2	30	-2.3	7.5	5.2	30	-2.1	7.6	5.3	30	-1.9	7.7	5.4	31	-1.8	19
18	7.4	5.2	31	-2.1	7.5	5.3	31	-2.0	7.6	5.4	31	-1.8	7.7	5.4	31	-1.6	7.8	5.5	31	-1.4	18
18	7.5	5.4	31	-1.8	7.6	5.4	32	-1.6	7.7	5.5	32	-1.4	7.8	5.6	32	-1.3	7.9	5.6	32	-1.1	18
18	7.6	5.5	32	-1.4	7.7	5.6	32	-1.3	7.8	5.6	33	-1.1	7.9	5.7	33	-0.9	**8.0**	5.8	33	-0.7	18
17	7.7	5.6	33	-1.1	7.8	5.7	33	-0.9	7.9	5.8	33	-0.8	**8.0**	5.9	34	-0.6	8.1	5.9	34	-0.4	17
17	7.8	5.8	34	-0.8	7.9	5.8	34	-0.6	**8.0**	5.9	34	-0.4	8.1	6.0	34	-0.3	8.2	6.1	35	-0.1	17
17	7.9	5.9	35	-0.4	**8.0**	6.0	35	-0.3	8.1	6.1	35	-0.1	8.2	6.1	35	0.1	8.3	6.2	35	0.2	17
17	**8.0**	6.1	36	-0.1	8.1	6.1	36	0.0	8.2	6.2	36	0.2	8.3	6.3	36	0.4	8.4	6.3	36	0.5	17
16	8.1	6.2	36	0.2	8.2	6.3	37	0.4	8.3	6.3	37	0.5	8.4	6.4	37	0.7	8.5	6.5	37	0.8	16
16	8.2	6.3	37	0.5	8.3	6.4	37	0.7	8.4	6.5	38	0.8	8.5	6.6	38	1.0	8.6	6.6	38	1.1	16
16	8.3	6.5	38	0.8	8.4	6.5	38	1.0	8.5	6.6	38	1.1	8.6	6.7	39	1.3	8.7	6.8	39	1.4	16
15	8.4	6.6	39	1.1	8.5	6.7	39	1.3	8.6	6.8	39	1.4	8.7	6.8	39	1.6	8.8	6.9	40	1.7	15
15	8.5	6.8	40	1.4	8.6	6.8	40	1.6	8.7	6.9	40	1.7	8.8	7.0	40	1.9	8.9	7.1	40	2.0	15
15	8.6	6.9	40	1.7	8.7	7.0	41	1.8	8.8	7.0	41	2.0	8.9	7.1	41	2.1	**9.0**	7.2	41	2.3	15
15	8.7	7.0	41	2.0	8.8	7.1	41	2.1	8.9	7.2	42	2.3	**9.0**	7.3	42	2.4	9.1	7.3	42	2.6	15
14	8.8	7.2	42	2.3	8.9	7.3	42	2.4	**9.0**	7.3	43	2.6	9.1	7.4	43	2.7	9.2	7.5	43	2.8	14
14	8.9	7.3	43	2.5	**9.0**	7.4	43	2.7	9.1	7.5	43	2.8	9.2	7.6	44	3.0	9.3	7.6	44	3.1	14
14	**9.0**	7.5	44	2.8	9.1	7.5	44	3.0	9.2	7.6	44	3.1	9.3	7.7	44	3.2	9.4	7.8	45	3.4	14
13	9.1	7.6	45	3.1	9.2	7.7	45	3.2	9.3	7.8	45	3.4	9.4	7.9	45	3.5	9.5	7.9	45	3.6	13
13	9.2	7.8	46	3.3	9.3	7.8	46	3.5	9.4	7.9	46	3.6	9.5	8.0	46	3.8	9.6	8.1	46	3.9	13
13	9.3	7.9	46	3.6	9.4	8.0	47	3.7	9.5	8.1	47	3.9	9.6	8.1	47	4.0	9.7	8.2	47	4.2	13

n	t_W	e	U	t_d	t_W	e	U	t_d	t_W	e	U	t_d	t_W	e	U	t_d	t_W	e	U	t_d	n
	15.0				**15.1**				**15.2**				**15.3**				**15.4**				
13	9.4	8.1	47	3.9	9.5	8.1	47	4.0	9.6	8.2	48	4.1	9.7	8.3	48	4.3	9.8	8.4	48	4.4	13
12	9.5	8.2	48	4.1	9.6	8.3	48	4.3	9.7	8.4	48	4.4	9.8	8.4	49	4.5	9.9	8.5	49	4.7	12
12	9.6	8.3	49	4.4	9.7	8.4	49	4.5	9.8	8.5	49	4.6	9.9	8.6	49	4.8	**10.0**	8.7	50	4.9	12
12	9.7	8.5	50	4.6	9.8	8.6	50	4.8	9.9	8.7	50	4.9	**10.0**	8.7	50	5.0	10.1	8.8	50	5.2	12
12	9.8	8.6	51	4.9	9.9	8.7	51	5.0	**10.0**	8.8	51	5.1	10.1	8.9	51	5.3	10.2	9.0	51	5.4	12
11	9.9	8.8	52	5.1	**10.0**	8.9	52	5.2	10.1	9.0	52	5.4	10.2	9.0	52	5.5	10.3	9.1	52	5.6	11
11	**10.0**	8.9	52	5.4	10.1	9.0	53	5.5	10.2	9.1	53	5.6	10.3	9.2	53	5.7	10.4	9.3	53	5.9	11
11	10.1	9.1	53	5.6	10.2	9.2	53	5.7	10.3	9.3	54	5.9	10.4	9.3	54	6.0	10.5	9.4	54	6.1	11
11	10.2	9.2	54	5.8	10.3	9.3	54	6.0	10.4	9.4	54	6.1	10.5	9.5	55	6.2	10.6	9.6	55	6.3	11
10	10.3	9.4	55	6.1	10.4	9.5	55	6.2	10.5	9.6	55	6.3	10.6	9.6	55	6.4	10.7	9.7	56	6.6	10
10	10.4	9.5	56	6.3	10.5	9.6	56	6.4	10.6	9.7	56	6.5	10.7	9.8	56	6.7	10.8	9.9	56	6.8	10
10	10.5	9.7	57	6.5	10.6	9.8	57	6.6	10.7	9.9	57	6.8	10.8	9.9	57	6.9	10.9	10.0	57	7.0	10
10	10.6	9.8	58	6.7	10.7	9.9	58	6.9	10.8	10.0	58	7.0	10.9	10.1	58	7.1	**11.0**	10.2	58	7.2	10
9	10.7	10.0	59	7.0	10.8	10.1	59	7.1	10.9	10.2	59	7.2	**11.0**	10.2	59	7.3	11.1	10.3	59	7.5	9
9	10.8	10.1	60	7.2	10.9	10.2	60	7.3	**11.0**	10.3	60	7.4	11.1	10.4	60	7.6	11.2	10.5	60	7.7	9
9	10.9	10.3	60	7.4	**11.0**	10.4	61	7.5	11.1	10.5	61	7.7	11.2	10.6	61	7.8	11.3	10.6	61	7.9	9
9	**11.0**	10.4	61	7.6	11.1	10.5	61	7.7	11.2	10.6	62	7.9	11.3	10.7	62	8.0	11.4	10.8	62	8.1	9
8	11.1	10.6	62	7.8	11.2	10.7	62	8.0	11.3	10.8	62	8.1	11.4	10.9	63	8.2	11.5	11.0	63	8.3	8
8	11.2	10.8	63	8.1	11.3	10.8	63	8.2	11.4	10.9	63	8.3	11.5	11.0	63	8.4	11.6	11.1	64	8.5	8
8	11.3	10.9	64	8.3	11.4	11.0	64	8.4	11.5	11.1	64	8.5	11.6	11.2	64	8.6	11.7	11.3	64	8.7	8
8	11.4	11.1	65	8.5	11.5	11.2	65	8.6	11.6	11.2	65	8.7	11.7	11.3	65	8.8	11.8	11.4	65	8.9	8
7	11.5	11.2	66	8.7	11.6	11.3	66	8.8	11.7	11.4	66	8.9	11.8	11.5	66	9.0	11.9	11.6	66	9.1	7
7	11.6	11.4	67	8.9	11.7	11.5	67	9.0	11.8	11.6	67	9.1	11.9	11.7	67	9.2	**12.0**	11.7	67	9.4	7
7	11.7	11.5	68	9.1	11.8	11.6	68	9.2	11.9	11.7	68	9.3	**12.0**	11.8	68	9.4	12.1	11.9	68	9.6	7
7	11.8	11.7	69	9.3	11.9	11.8	69	9.4	**12.0**	11.9	69	9.5	12.1	12.0	69	9.6	12.2	12.1	69	9.8	7
6	11.9	11.9	70	9.5	**12.0**	11.9	70	9.6	12.1	12.0	70	9.7	12.2	12.1	70	9.8	12.3	12.2	70	9.9	6
6	**12.0**	12.0	71	9.7	12.1	12.1	71	9.8	12.2	12.2	71	9.9	12.3	12.3	71	10.0	12.4	12.4	71	10.1	6
6	12.1	12.2	71	9.9	12.2	12.3	72	10.0	12.3	12.4	72	10.1	12.4	12.5	72	10.2	12.5	12.6	72	10.3	6
6	12.2	12.3	72	10.1	12.3	12.4	72	10.2	12.4	12.5	73	10.3	12.5	12.6	73	10.4	12.6	12.7	73	10.5	6
6	12.3	12.5	73	10.3	12.4	12.6	73	10.4	12.5	12.7	73	10.5	12.6	12.8	74	10.6	12.7	12.9	74	10.7	6
5	12.4	12.7	74	10.5	12.5	12.8	74	10.6	12.6	12.8	74	10.7	12.7	12.9	74	10.8	12.8	13.0	75	10.9	5
5	12.5	12.8	75	10.7	12.6	12.9	75	10.8	12.7	13.0	75	10.9	12.8	13.1	75	11.0	12.9	13.2	76	11.1	5
5	12.6	13.0	76	10.8	12.7	13.1	76	11.0	12.8	13.2	76	11.1	12.9	13.3	76	11.2	**13.0**	13.4	76	11.3	5
5	12.7	13.1	77	11.0	12.8	13.2	77	11.1	12.9	13.3	77	11.2	**13.0**	13.4	77	11.4	13.1	13.5	77	11.5	5
4	12.8	13.3	78	11.2	12.9	13.4	78	11.3	**13.0**	13.5	78	11.4	13.1	13.6	78	11.5	13.2	13.7	78	11.7	4
4	12.9	13.5	79	11.4	**13.0**	13.6	79	11.5	13.1	13.7	79	11.6	13.2	13.8	79	11.7	13.3	13.9	79	11.8	4
4	**13.0**	13.6	80	11.6	13.1	13.7	80	11.7	13.2	13.8	80	11.8	13.3	13.9	80	11.9	13.4	14.0	80	12.0	4
4	13.1	13.8	81	11.8	13.2	13.9	81	11.9	13.3	14.0	81	12.0	13.4	14.1	81	12.1	13.5	14.2	81	12.2	4
4	13.2	14.0	82	11.9	13.3	14.1	82	12.1	13.4	14.2	82	12.2	13.5	14.3	82	12.3	13.6	14.4	82	12.4	4
3	13.3	14.1	83	12.1	13.4	14.2	83	12.2	13.5	14.3	83	12.3	13.6	14.4	83	12.4	13.7	14.5	83	12.6	3
3	13.4	14.3	84	12.3	13.5	14.4	84	12.4	13.6	14.5	84	12.5	13.7	14.6	84	12.6	13.8	14.7	84	12.8	3
3	13.5	14.5	85	12.5	13.6	14.6	85	12.6	13.7	14.7	85	12.7	13.8	14.8	85	12.8	13.9	14.9	85	12.9	3
3	13.6	14.6	86	12.7	13.7	14.7	86	12.8	13.8	14.8	86	12.9	13.9	14.9	86	13.0	**14.0**	15.0	86	13.1	3
3	13.7	14.8	87	12.8	13.8	14.9	87	12.9	13.9	15.0	87	13.0	**14.0**	15.1	87	13.1	14.1	15.2	87	13.2	3
2	13.8	15.0	88	13.0	13.9	15.1	88	13.1	**14.0**	15.2	88	13.2	14.1	15.3	88	13.3	14.2	15.4	88	13.4	2
2	13.9	15.1	89	13.2	**14.0**	15.2	89	13.3	14.1	15.3	89	13.4	14.2	15.4	89	13.5	14.3	15.6	89	13.6	2
2	**14.0**	15.3	90	13.3	14.1	15.4	90	13.4	14.2	15.5	90	13.6	14.3	15.6	90	13.7	14.4	15.7	90	13.8	2
2	14.1	15.5	91	13.5	14.2	15.6	91	13.6	14.3	15.7	91	13.7	14.4	15.8	91	13.8	14.5	15.9	91	13.9	2
2	14.2	15.7	92	13.7	14.3	15.8	92	13.8	14.4	15.9	92	13.9	14.5	16.0	92	14.0	14.6	16.1	92	14.1	2
1	14.3	15.8	93	13.9	14.4	15.9	93	14.0	14.5	16.0	93	14.1	14.6	16.1	93	14.2	14.7	16.2	93	14.3	1
1	14.4	16.0	94	14.0	14.5	16.1	94	14.1	14.6	16.2	94	14.2	14.7	16.3	94	14.3	14.8	16.4	94	14.4	1
1	14.5	16.2	95	14.2	14.6	16.3	95	14.3	14.7	16.4	95	14.4	14.8	16.5	95	14.5	14.9	16.6	95	14.6	1
1	14.6	16.3	96	14.3	14.7	16.4	96	14.5	14.8	16.6	96	14.6	14.9	16.7	96	14.7	**15.0**	16.8	96	14.8	1
1	14.7	16.5	97	14.5	14.8	16.6	97	14.6	14.9	16.7	97	14.7	**15.0**	16.8	97	14.8	15.1	17.0	97	14.9	1
0	14.8	16.7	98	14.7	14.9	16.8	98	14.8	**15.0**	16.9	98	14.9	15.1	17.0	98	15.0	15.2	17.1	98	15.1	0
0	14.9	16.9	99	14.8	**15.0**	17.0	99	14.9	15.1	17.1	99	15.0	15.2	17.2	99	15.1	15.3	17.3	99	15.2	0
0	**15.0**	17.0	100	15.0	15.1	17.2	100	15.1	15.2	17.3	100	15.2	15.3	17.4	100	15.3	15.4	17.5	100	15.4	0
	15.5				**15.6**				**15.7**				**15.8**				**15.9**				
32													3.9	0.1	1	-43.3	**4.0**	0.2	1	-39.9	32
32					3.8	0.1	1	-42.6	3.9	0.2	1	-39.4	**4.0**	0.3	1	-37.0	4.1	0.3	2	-35.0	32
31	3.8	0.2	1	-38.9	3.9	0.3	2	-36.6	**4.0**	0.3	2	-34.7	4.1	0.4	2	-33.0	4.2	0.4	2	-31.5	31
31	3.9	0.3	2	-34.4	**4.0**	0.4	2	-32.7	4.1	0.4	3	-31.3	4.2	0.5	3	-30.1	4.3	0.6	3	-28.9	31
31	**4.0**	0.5	3	-31.1	4.1	0.5	3	-29.9	4.2	0.6	3	-28.7	4.3	0.6	4	-27.7	4.4	0.7	4	-26.7	31
30	4.1	0.6	3	-28.6	4.2	0.6	4	-27.5	4.3	0.7	4	-26.6	4.4	0.8	4	-25.7	4.5	0.8	5	-24.9	30
30	4.2	0.7	4	-26.5	4.3	0.8	4	-25.6	4.4	0.8	5	-24.8	4.5	0.9	5	-24.0	4.6	0.9	5	-23.3	30
30	4.3	0.8	5	-24.7	4.4	0.9	5	-23.9	4.5	0.9	5	-23.2	4.6	1.0	6	-22.5	4.7	1.1	6	-21.9	30
29	4.4	1.0	5	-23.1	4.5	1.0	6	-22.4	4.6	1.1	6	-21.8	4.7	1.1	6	-21.2	4.8	1.2	7	-20.6	29
29	4.5	1.1	6	-21.7	4.6	1.1	6	-21.1	4.7	1.2	7	-20.5	4.8	1.3	7	-19.9	4.9	1.3	7	-19.4	29
29	4.6	1.2	7	-20.4	4.7	1.3	7	-19.9	4.8	1.3	7	-19.3	4.9	1.4	8	-18.8	**5.0**	1.4	8	-18.3	29
28	4.7	1.3	8	-19.3	4.8	1.4	8	-18.8	4.9	1.5	8	-18.3	**5.0**	1.5	8	-17.8	5.1	1.6	9	-17.3	28
28	4.8	1.5	8	-18.2	4.9	1.5	9	-17.7	**5.0**	1.6	9	-17.3	5.1	1.6	9	-16.8	5.2	1.7	9	-16.4	28

n	t_W	e	U	t_d	t_W	e	U	t_d	t_W	e	U	t_d	t_W	e	U	t_d	t_W	e	U	t_d	n
	15.5				**15.6**				**15.7**				**15.8**				**15.9**				
28	4.9	1.6	9	-17.2	**5.0**	1.6	9	-16.8	5.1	1.7	10	-16.3	5.2	1.8	10	-15.9	5.3	1.8	10	-15.5	28
27	**5.0**	1.7	10	-16.3	5.1	1.8	10	-15.9	5.2	1.8	10	-15.5	5.3	1.9	11	-15.1	5.4	2.0	11	-14.7	27
27	5.1	1.8	10	-15.4	5.2	1.9	11	-15.0	5.3	2.0	11	-14.7	5.4	2.0	11	-14.3	5.5	2.1	12	-13.9	27
27	5.2	2.0	11	-14.6	5.3	2.0	11	-14.3	5.4	2.1	12	-13.9	5.5	2.2	12	-13.5	5.6	2.2	12	-13.2	27
26	5.3	2.1	12	-13.9	5.4	2.2	12	-13.5	5.5	2.2	12	-13.2	5.6	2.3	13	-12.8	5.7	2.3	13	-12.5	26
26	5.4	2.2	13	-13.1	5.5	2.3	13	-12.8	5.6	2.4	13	-12.5	5.7	2.4	13	-12.1	5.8	2.5	14	-11.8	26
26	5.5	2.4	13	-12.4	5.6	2.4	14	-12.1	5.7	2.5	14	-11.8	5.8	2.5	14	-11.5	5.9	2.6	14	-11.2	26
25	5.6	2.5	14	-11.8	5.7	2.5	14	-11.5	5.8	2.6	15	-11.1	5.9	2.7	15	-10.8	**6.0**	2.7	15	-10.5	25
25	5.7	2.6	15	-11.1	5.8	2.7	15	-10.8	5.9	2.7	15	-10.5	**6.0**	2.8	16	-10.2	6.1	2.9	16	-9.9	25
25	5.8	2.7	16	-10.5	5.9	2.8	16	-10.2	**6.0**	2.9	16	-9.9	6.1	2.9	16	-9.7	6.2	3.0	17	-9.4	25
24	5.9	2.9	16	-9.9	**6.0**	2.9	17	-9.7	6.1	3.0	17	-9.4	6.2	3.1	17	-9.1	6.3	3.1	17	-8.8	24
24	**6.0**	3.0	17	-9.4	6.1	3.1	17	-9.1	6.2	3.1	18	-8.8	6.3	3.2	18	-8.6	6.4	3.3	18	-8.3	24
24	6.1	3.1	18	-8.8	6.2	3.2	18	-8.6	6.3	3.3	18	-8.3	6.4	3.3	19	-8.0	6.5	3.4	19	-7.8	24
23	6.2	3.3	19	-8.3	6.3	3.3	19	-8.0	6.4	3.4	19	-7.8	6.5	3.5	19	-7.5	6.6	3.5	20	-7.3	23
23	6.3	3.4	19	-7.8	6.4	3.5	20	-7.5	6.5	3.5	20	-7.3	6.6	3.6	20	-7.0	6.7	3.7	20	-6.8	23
23	6.4	3.5	20	-7.3	6.5	3.6	20	-7.0	6.6	3.7	21	-6.8	6.7	3.7	21	-6.6	6.8	3.8	21	-6.3	23
22	6.5	3.7	21	-6.8	6.6	3.7	21	-6.6	6.7	3.8	21	-6.3	6.8	3.9	22	-6.1	6.9	3.9	22	-5.9	22
22	6.6	3.8	22	-6.3	6.7	3.9	22	-6.1	6.8	3.9	22	-5.9	6.9	4.0	22	-5.7	**7.0**	4.1	23	-5.4	22
22	6.7	3.9	22	-5.9	6.8	4.0	23	-5.7	6.9	4.1	23	-5.4	**7.0**	4.1	23	-5.2	7.1	4.2	23	-5.0	22
21	6.8	4.1	23	-5.5	6.9	4.1	23	-5.2	**7.0**	4.2	24	-5.0	7.1	4.3	24	-4.8	7.2	4.3	24	-4.6	21
21	6.9	4.2	24	-5.0	**7.0**	4.3	24	-4.8	7.1	4.3	24	-4.6	7.2	4.4	25	-4.4	7.3	4.5	25	-4.2	21
21	**7.0**	4.3	25	-4.6	7.1	4.4	25	-4.4	7.2	4.5	25	-4.2	7.3	4.6	25	-4.0	7.4	4.6	26	-3.8	21
20	7.1	4.5	25	-4.2	7.2	4.5	26	-4.0	7.3	4.6	26	-3.8	7.4	4.7	26	-3.6	7.5	4.8	26	-3.4	20
20	7.2	4.6	26	-3.8	7.3	4.7	26	-3.6	7.4	4.8	27	-3.4	7.5	4.8	27	-3.2	7.6	4.9	27	-3.0	20
20	7.3	4.8	27	-3.4	7.4	4.8	27	-3.2	7.5	4.9	27	-3.0	7.6	5.0	28	-2.8	7.7	5.0	28	-2.6	20
20	7.4	4.9	28	-3.0	7.5	5.0	28	-2.8	7.6	5.0	28	-2.6	7.7	5.1	28	-2.5	7.8	5.2	29	-2.3	20
19	7.5	5.0	29	-2.7	7.6	5.1	29	-2.5	7.7	5.2	29	-2.3	7.8	5.2	29	-2.1	7.9	5.3	29	-1.9	19
19	7.6	5.2	29	-2.3	7.7	5.2	30	-2.1	7.8	5.3	30	-1.9	7.9	5.4	30	-1.7	**8.0**	5.5	30	-1.6	19
19	7.7	5.3	30	-1.9	7.8	5.4	30	-1.8	7.9	5.4	31	-1.6	**8.0**	5.5	31	-1.4	8.1	5.6	31	-1.2	19
18	7.8	5.4	31	-1.6	7.9	5.5	31	-1.4	**8.0**	5.6	31	-1.2	8.1	5.7	32	-1.0	8.2	5.7	32	-0.9	18
18	7.9	5.6	32	-1.2	**8.0**	5.7	32	-1.1	8.1	5.7	32	-0.9	8.2	5.8	32	-0.7	8.3	5.9	33	-0.5	18
18	**8.0**	5.7	32	-0.9	8.1	5.8	33	-0.7	8.2	5.9	33	-0.6	8.3	5.9	33	-0.4	8.4	6.0	33	-0.2	18
17	8.1	5.9	33	-0.6	8.2	5.9	33	-0.4	8.3	6.0	34	-0.2	8.4	6.1	34	-0.1	8.5	6.2	34	0.1	17
17	8.2	6.0	34	-0.2	8.3	6.1	34	-0.1	8.4	6.1	34	0.1	8.5	6.2	35	0.3	8.6	6.3	35	0.4	17
17	8.3	6.1	35	0.1	8.4	6.2	35	0.2	8.5	6.3	35	0.4	8.6	6.4	35	0.6	8.7	6.4	36	0.7	17
17	8.4	6.3	36	0.4	8.5	6.4	36	0.5	8.6	6.4	36	0.7	8.7	6.5	36	0.9	8.8	6.6	36	1.0	17
16	8.5	6.4	36	0.7	8.6	6.5	37	0.9	8.7	6.6	37	1.0	8.8	6.6	37	1.2	8.9	6.7	37	1.3	16
16	8.6	6.6	37	1.0	8.7	6.6	37	1.2	8.8	6.7	38	1.3	8.9	6.8	38	1.5	**9.0**	6.9	38	1.6	16
16	8.7	6.7	38	1.3	8.8	6.8	38	1.5	8.9	6.9	38	1.6	**9.0**	6.9	39	1.8	9.1	7.0	39	1.9	16
15	8.8	6.8	39	1.6	8.9	6.9	39	1.7	**9.0**	7.0	39	1.9	9.1	7.1	39	2.1	9.2	7.2	40	2.2	15
15	8.9	7.0	40	1.9	**9.0**	7.1	40	2.0	9.1	7.1	40	2.2	9.2	7.2	40	2.3	9.3	7.3	40	2.5	15
15	**9.0**	7.1	41	2.2	9.1	7.2	41	2.3	9.2	7.3	41	2.5	9.3	7.4	41	2.6	9.4	7.5	41	2.8	15
15	9.1	7.3	41	2.4	9.2	7.4	42	2.6	9.3	7.4	42	2.7	9.4	7.5	42	2.9	9.5	7.6	42	3.0	15
14	9.2	7.4	42	2.7	9.3	7.5	42	2.9	9.4	7.6	43	3.0	9.5	7.7	43	3.2	9.6	7.7	43	3.3	14
14	9.3	7.6	43	3.0	9.4	7.7	43	3.1	9.5	7.7	43	3.3	9.6	7.8	44	3.4	9.7	7.9	44	3.6	14
14	9.4	7.7	44	3.3	9.5	7.8	44	3.4	9.6	7.9	44	3.6	9.7	8.0	44	3.7	9.8	8.0	45	3.8	14
14	9.5	7.9	45	3.5	9.6	7.9	45	3.7	9.7	8.0	45	3.8	9.8	8.1	45	4.0	9.9	8.2	45	4.1	14
13	9.6	8.0	46	3.8	9.7	8.1	46	3.9	9.8	8.2	46	4.1	9.9	8.3	46	4.2	**10.0**	8.3	46	4.4	13
13	9.7	8.2	46	4.1	9.8	8.2	47	4.2	9.9	8.3	47	4.3	**10.0**	8.4	47	4.5	10.1	8.5	47	4.6	13
13	9.8	8.3	47	4.3	9.9	8.4	47	4.4	**10.0**	8.5	48	4.6	10.1	8.6	48	4.7	10.2	8.6	48	4.9	13
12	9.9	8.5	48	4.6	**10.0**	8.5	48	4.7	10.1	8.6	48	4.8	10.2	8.7	49	5.0	10.3	8.8	49	5.1	12
12	**10.0**	8.6	49	4.8	10.1	8.7	49	4.9	10.2	8.8	49	5.1	10.3	8.9	49	5.2	10.4	8.9	49	5.4	12
12	10.1	8.8	50	5.1	10.2	8.8	50	5.2	10.3	8.9	50	5.3	10.4	9.0	50	5.5	10.5	9.1	50	5.6	12
12	10.2	8.9	51	5.3	10.3	9.0	51	5.4	10.4	9.1	51	5.6	10.5	9.2	51	5.7	10.6	9.2	51	5.8	12
11	10.3	9.1	51	5.5	10.4	9.1	52	5.7	10.5	9.2	52	5.8	10.6	9.3	52	5.9	10.7	9.4	52	6.1	11
11	10.4	9.2	52	5.8	10.5	9.3	52	5.9	10.6	9.4	53	6.0	10.7	9.5	53	6.2	10.8	9.5	53	6.3	11
11	10.5	9.4	53	6.0	10.6	9.4	53	6.1	10.7	9.5	53	6.3	10.8	9.6	54	6.4	10.9	9.7	54	6.5	11
11	10.6	9.5	54	6.2	10.7	9.6	54	6.4	10.8	9.7	54	6.5	10.9	9.8	54	6.6	**11.0**	9.8	55	6.8	11
10	10.7	9.7	55	6.5	10.8	9.7	55	6.6	10.9	9.8	55	6.7	**11.0**	9.9	55	6.9	11.1	10.0	55	7.0	10
10	10.8	9.8	56	6.7	10.9	9.9	56	6.8	**11.0**	10.0	56	7.0	11.1	10.1	56	7.1	11.2	10.2	56	7.2	10
10	10.9	10.0	57	6.9	**11.0**	10.0	57	7.1	11.1	10.1	57	7.2	11.2	10.2	57	7.3	11.3	10.3	57	7.4	10
10	**11.0**	10.1	57	7.2	11.1	10.2	58	7.3	11.2	10.3	58	7.4	11.3	10.4	58	7.5	11.4	10.5	58	7.7	10
9	11.1	10.3	58	7.4	11.2	10.4	58	7.5	11.3	10.4	59	7.6	11.4	10.5	59	7.7	11.5	10.6	59	7.9	9
9	11.2	10.4	59	7.6	11.3	10.5	59	7.7	11.4	10.6	59	7.8	11.5	10.7	60	8.0	11.6	10.8	60	8.1	9
9	11.3	10.6	60	7.8	11.4	10.7	60	7.9	11.5	10.8	60	8.1	11.6	10.8	60	8.2	11.7	10.9	61	8.3	9
9	11.4	10.7	61	8.0	11.5	10.8	61	8.1	11.6	10.9	61	8.3	11.7	11.0	61	8.4	11.8	11.1	61	8.5	9
8	11.5	10.9	62	8.2	11.6	11.0	62	8.4	11.7	11.1	62	8.5	11.8	11.2	62	8.6	11.9	11.3	62	8.7	8
8	11.6	11.0	63	8.4	11.7	11.1	63	8.6	11.8	11.2	63	8.7	11.9	11.3	63	8.8	**12.0**	11.4	63	8.9	8
8	11.7	11.2	64	8.7	11.8	11.3	64	8.8	11.9	11.4	64	8.9	**12.0**	11.5	64	9.0	12.1	11.6	64	9.1	8
8	11.8	11.4	65	8.9	11.9	11.5	65	9.0	**12.0**	11.5	65	9.1	12.1	11.6	65	9.2	12.2	11.7	65	9.3	8
7	11.9	11.5	65	9.1	**12.0**	11.6	66	9.2	12.1	11.7	66	9.3	12.2	11.8	66	9.4	12.3	11.9	66	9.5	7
7	**12.0**	11.7	66	9.3	12.1	11.8	66	9.4	12.2	11.9	67	9.5	12.3	12.0	67	9.6	12.4	12.1	67	9.7	7
7	12.1	11.8	67	9.5	12.2	11.9	67	9.6	12.3	12.0	67	9.7	12.4	12.1	68	9.8	12.5	12.2	68	9.9	7

n	t_W	e	U	t_d	t_W	e	U	t_d	t_W	e	U	t_d	t_W	e	U	t_d	t_W	e	U	t_d	n
	15.5				**15.6**				**15.7**				**15.8**				**15.9**				
7	12.2	12.0	68	9.7	12.3	12.1	68	9.8	12.4	12.2	68	9.9	12.5	12.3	68	10.0	12.6	12.4	69	10.1	7
7	12.3	12.2	69	9.9	12.4	12.3	69	10.0	12.5	12.4	69	10.1	12.6	12.4	69	10.2	12.7	12.5	69	10.3	7
6	12.4	12.3	70	10.1	12.5	12.4	70	10.2	12.6	12.5	70	10.3	12.7	12.6	70	10.4	12.8	12.7	70	10.5	6
6	12.5	12.5	71	10.3	12.6	12.6	71	10.4	12.7	12.7	71	10.5	12.8	12.8	71	10.6	12.9	12.9	71	10.7	6
6	12.6	12.6	72	10.4	12.7	12.7	72	10.6	12.8	12.8	72	10.7	12.9	12.9	72	10.8	**13.0**	13.0	72	10.9	6
6	12.7	12.8	73	10.6	12.8	12.9	73	10.8	12.9	13.0	73	10.9	**13.0**	13.1	73	11.0	13.1	13.2	73	11.1	6
5	12.8	13.0	74	10.8	12.9	13.1	74	10.9	**13.0**	13.2	74	11.1	13.1	13.3	74	11.2	13.2	13.4	74	11.3	5
5	12.9	13.1	75	11.0	**13.0**	13.2	75	11.1	13.1	13.3	75	11.2	13.2	13.4	75	11.4	13.3	13.5	75	11.5	5
5	**13.0**	13.3	76	11.2	13.1	13.4	76	11.3	13.2	13.5	76	11.4	13.3	13.6	76	11.5	13.4	13.7	76	11.7	5
5	13.1	13.5	77	11.4	13.2	13.6	77	11.5	13.3	13.7	77	11.6	13.4	13.8	77	11.7	13.5	13.9	77	11.8	5
5	13.2	13.6	77	11.6	13.3	13.7	78	11.7	13.4	13.8	78	11.8	13.5	13.9	78	11.9	13.6	14.0	78	12.0	5
4	13.3	13.8	78	11.8	13.4	13.9	78	11.9	13.5	14.0	79	12.0	13.6	14.1	79	12.1	13.7	14.2	79	12.2	4
4	13.4	14.0	79	11.9	13.5	14.1	79	12.1	13.6	14.2	79	12.2	13.7	14.3	80	12.3	13.8	14.4	80	12.4	4
4	13.5	14.1	80	12.1	13.6	14.2	80	12.2	13.7	14.3	80	12.3	13.8	14.4	80	12.4	13.9	14.5	81	12.6	4
4	13.6	14.3	81	12.3	13.7	14.4	81	12.4	13.8	14.5	81	12.5	13.9	14.6	81	12.6	**14.0**	14.7	81	12.7	4
4	13.7	14.5	82	12.5	13.8	14.6	82	12.6	13.9	14.7	82	12.7	**14.0**	14.8	82	12.8	14.1	14.9	82	12.9	4
3	13.8	14.6	83	12.7	13.9	14.7	83	12.8	**14.0**	14.8	83	12.9	14.1	14.9	83	13.0	14.2	15.0	83	13.1	3
3	13.9	14.8	84	12.8	**14.0**	14.9	84	12.9	14.1	15.0	84	13.0	14.2	15.1	84	13.2	14.3	15.2	84	13.3	3
3	**14.0**	15.0	85	13.0	14.1	15.1	85	13.1	14.2	15.2	85	13.2	14.3	15.3	85	13.3	14.4	15.4	85	13.4	3
3	14.1	15.1	86	13.2	14.2	15.2	86	13.3	14.3	15.4	86	13.4	14.4	15.5	86	13.5	14.5	15.6	86	13.6	3
2	14.2	15.3	87	13.4	14.3	15.4	87	13.5	14.4	15.5	87	13.6	14.5	15.6	87	13.7	14.6	15.7	87	13.8	2
2	14.3	15.5	88	13.5	14.4	15.6	88	13.6	14.5	15.7	88	13.7	14.6	15.8	88	13.8	14.7	15.9	88	13.9	2
2	14.4	15.7	89	13.7	14.5	15.8	89	13.8	14.6	15.9	89	13.9	14.7	16.0	89	14.0	14.8	16.1	89	14.1	2
2	14.5	15.8	90	13.9	14.6	15.9	90	14.0	14.7	16.0	90	14.1	14.8	16.2	90	14.2	14.9	16.3	90	14.3	2
2	14.6	16.0	91	14.0	14.7	16.1	91	14.1	14.8	16.2	91	14.2	14.9	16.3	91	14.3	**15.0**	16.4	91	14.4	2
2	14.7	16.2	92	14.2	14.8	16.3	92	14.3	14.9	16.4	92	14.4	**15.0**	16.5	92	14.5	15.1	16.6	92	14.6	2
1	14.8	16.4	93	14.4	14.9	16.5	93	14.5	**15.0**	16.6	93	14.6	15.1	16.7	93	14.7	15.2	16.8	93	14.8	1
1	14.9	16.5	94	14.5	**15.0**	16.6	94	14.6	15.1	16.8	94	14.7	15.2	16.9	94	14.8	15.3	17.0	94	14.9	1
1	**15.0**	16.7	95	14.7	15.1	16.8	95	14.8	15.2	16.9	95	14.9	15.3	17.0	95	15.0	15.4	17.2	95	15.1	1
1	15.1	16.9	96	14.9	15.2	17.0	96	15.0	15.3	17.1	96	15.1	15.4	17.2	96	15.2	15.5	17.3	96	15.3	1
1	15.2	17.1	97	15.0	15.3	17.2	97	15.1	15.4	17.3	97	15.2	15.5	17.4	97	15.3	15.6	17.5	97	15.4	1
0	15.3	17.2	98	15.2	15.4	17.4	98	15.3	15.5	17.5	98	15.4	15.6	17.6	98	15.5	15.7	17.7	98	15.6	0
0	15.4	17.4	99	15.3	15.5	17.5	99	15.4	15.6	17.6	99	15.5	15.7	17.8	99	15.6	15.8	17.9	99	15.7	0
0	15.5	17.6	100	15.5	15.6	17.7	100	15.6	15.7	17.8	100	15.7	15.8	17.9	100	15.8	15.9	18.1	100	15.9	0
	16.0				**16.1**				**16.2**				**16.3**				**16.4**				
33																	4.2	0.1	1	-45.4	33
32									4.1	0.1	1	-44.7	4.2	0.2	1	-40.9	4.3	0.2	1	-38.1	32
32	**4.0**	0.1	1	-44.0	4.1	0.2	1	-40.4	4.2	0.2	1	-37.7	4.3	0.3	2	-35.5	4.4	0.4	2	-33.7	32
32	4.1	0.2	1	-37.3	4.2	0.3	2	-35.2	4.3	0.4	2	-33.5	4.4	0.4	2	-31.9	4.5	0.5	3	-30.6	32
31	4.2	0.4	2	-33.2	4.3	0.4	2	-31.7	4.4	0.5	3	-30.4	4.5	0.5	3	-29.2	4.6	0.6	3	-28.1	31
31	4.3	0.5	3	-30.2	4.4	0.6	3	-29.1	4.5	0.6	3	-28.0	4.6	0.7	4	-27.0	4.7	0.7	4	-26.1	31
31	4.4	0.6	3	-27.8	4.5	0.7	4	-26.9	4.6	0.7	4	-25.9	4.7	0.8	4	-25.1	4.8	0.9	5	-24.3	31
30	4.5	0.7	4	-25.8	4.6	0.8	4	-25.0	4.7	0.9	5	-24.2	4.8	0.9	5	-23.5	4.9	1.0	5	-22.7	30
30	4.6	0.9	5	-24.1	4.7	0.9	5	-23.4	4.8	1.0	5	-22.7	4.9	1.1	6	-22.0	**5.0**	1.1	6	-21.4	30
30	4.7	1.0	6	-22.6	4.8	1.1	6	-21.9	4.9	1.1	6	-21.3	**5.0**	1.2	6	-20.7	5.1	1.2	7	-20.1	30
29	4.8	1.1	6	-21.2	4.9	1.2	6	-20.6	**5.0**	1.2	7	-20.1	5.1	1.3	7	-19.5	5.2	1.4	7	-19.0	29
29	4.9	1.3	7	-20.0	**5.0**	1.3	7	-19.5	5.1	1.4	7	-18.9	5.2	1.4	8	-18.4	5.3	1.5	8	-17.9	29
29	**5.0**	1.4	8	-18.9	5.1	1.4	8	-18.4	5.2	1.5	8	-17.9	5.3	1.6	8	-17.4	5.4	1.6	9	-16.9	29
28	5.1	1.5	8	-17.8	5.2	1.6	9	-17.4	5.3	1.6	9	-16.9	5.4	1.7	9	-16.5	5.5	1.8	9	-16.0	28
28	5.2	1.6	9	-16.9	5.3	1.7	9	-16.4	5.4	1.8	10	-16.0	5.5	1.8	10	-15.6	5.6	1.9	10	-15.2	28
28	5.3	1.8	10	-16.0	5.4	1.8	10	-15.5	5.5	1.9	10	-15.1	5.6	2.0	11	-14.7	5.7	2.0	11	-14.4	28
27	5.4	1.9	10	-15.1	5.5	2.0	11	-14.7	5.6	2.0	11	-14.3	5.7	2.1	11	-14.0	5.8	2.1	12	-13.6	27
27	5.5	2.0	11	-14.3	5.6	2.1	11	-13.9	5.7	2.1	12	-13.6	5.8	2.2	12	-13.2	5.9	2.3	12	-12.9	27
26	5.6	2.2	12	-13.5	5.7	2.2	12	-13.2	5.8	2.3	12	-12.8	5.9	2.3	13	-12.5	**6.0**	2.4	13	-12.2	26
26	5.7	2.3	13	-12.8	5.8	2.3	13	-12.5	5.9	2.4	13	-12.2	**6.0**	2.5	13	-11.8	6.1	2.5	14	-11.5	26
26	5.8	2.4	13	-12.1	5.9	2.5	14	-11.8	**6.0**	2.5	14	-11.5	6.1	2.6	14	-11.2	6.2	2.7	14	-10.9	26
25	5.9	2.5	14	-11.5	**6.0**	2.6	14	-11.2	6.1	2.7	15	-10.9	6.2	2.7	15	-10.6	6.3	2.8	15	-10.3	25
25	**6.0**	2.7	15	-10.9	6.1	2.7	15	-10.6	6.2	2.8	15	-10.3	6.3	2.9	16	-10.0	6.4	2.9	16	-9.7	25
25	6.1	2.8	15	-10.2	6.2	2.9	16	-10.0	6.3	2.9	16	-9.7	6.4	3.0	16	-9.4	6.5	3.1	16	-9.1	25
25	6.2	2.9	16	-9.7	6.3	3.0	16	-9.4	6.4	3.1	17	-9.1	6.5	3.1	17	-8.8	6.6	3.2	17	-8.6	25
24	6.3	3.1	17	-9.1	6.4	3.1	17	-8.8	6.5	3.2	17	-8.6	6.6	3.3	18	-8.3	6.7	3.3	18	-8.0	24
24	6.4	3.2	18	-8.6	6.5	3.3	18	-8.3	6.6	3.3	18	-8.0	6.7	3.4	18	-7.8	6.8	3.5	19	-7.5	24
24	6.5	3.3	18	-8.0	6.6	3.4	19	-7.8	6.7	3.5	19	-7.5	6.8	3.5	19	-7.3	6.9	3.6	19	-7.0	24
23	6.6	3.5	19	-7.5	6.7	3.5	19	-7.3	6.8	3.6	20	-7.0	6.9	3.7	20	-6.8	**7.0**	3.7	20	-6.6	23
23	6.7	3.6	20	-7.0	6.8	3.7	20	-6.8	6.9	3.7	20	-6.6	**7.0**	3.8	21	-6.3	7.1	3.9	21	-6.1	23
23	6.8	3.7	21	-6.6	6.9	3.8	21	-6.3	**7.0**	3.9	21	-6.1	7.1	3.9	21	-5.9	7.2	4.0	22	-5.6	23
22	6.9	3.9	21	-6.1	**7.0**	3.9	22	-5.9	7.1	4.0	22	-5.6	7.2	4.1	22	-5.4	7.3	4.2	22	-5.2	22
22	**7.0**	4.0	22	-5.7	7.1	4.1	22	-5.4	7.2	4.1	23	-5.2	7.3	4.2	23	-5.0	7.4	4.3	23	-4.8	22
22	7.1	4.1	23	-5.2	7.2	4.2	23	-5.0	7.3	4.3	23	-4.8	7.4	4.4	24	-4.6	7.5	4.4	24	-4.4	22
21	7.2	4.3	24	-4.8	7.3	4.4	24	-4.6	7.4	4.4	24	-4.4	7.5	4.5	24	-4.2	7.6	4.6	24	-3.9	21
21	7.3	4.4	24	-4.4	7.4	4.5	25	-4.2	7.5	4.6	25	-4.0	7.6	4.6	25	-3.8	7.7	4.7	25	-3.5	21

n	t_W	e	U	t_d	t_W	e	U	t_d	t_W	e	U	t_d	t_W	e	U	t_d	t_W	e	U	t_d	n
	16.0				**16.1**				**16.2**				**16.3**				**16.4**				
21	7.4	4.6	25	-4.0	7.5	4.6	25	-3.8	7.6	4.7	26	-3.6	7.7	4.8	26	-3.4	7.8	4.8	26	-3.2	21
20	7.5	4.7	26	-3.6	7.6	4.8	26	-3.4	7.7	4.8	26	-3.2	7.8	4.9	26	-3.0	7.9	5.0	27	-2.8	20
20	7.6	4.8	27	-3.2	7.7	4.9	27	-3.0	7.8	5.0	27	-2.8	7.9	5.0	27	-2.6	**8.0**	5.1	27	-2.4	20
20	7.7	5.0	27	-2.8	7.8	5.0	28	-2.6	7.9	5.1	28	-2.4	**8.0**	5.2	28	-2.2	8.1	5.3	28	-2.0	20
20	7.8	5.1	28	-2.4	7.9	5.2	28	-2.2	**8.0**	5.3	29	-2.1	8.1	5.3	29	-1.9	8.2	5.4	29	-1.7	20
19	7.9	5.2	29	-2.1	**8.0**	5.3	29	-1.9	8.1	5.4	29	-1.7	8.2	5.5	30	-1.5	8.3	5.5	30	-1.3	19
19	**8.0**	5.4	30	-1.7	8.1	5.5	30	-1.5	8.2	5.5	30	-1.4	8.3	5.6	30	-1.2	8.4	5.7	30	-1.0	19
19	8.1	5.5	30	-1.4	8.2	5.6	31	-1.2	8.3	5.7	31	-1.0	8.4	5.7	31	-0.8	8.5	5.8	31	-0.7	19
18	8.2	5.7	31	-1.0	8.3	5.7	31	-0.9	8.4	5.8	32	-0.7	8.5	5.9	32	-0.5	8.6	6.0	32	-0.3	18
18	8.3	5.8	32	-0.7	8.4	5.9	32	-0.5	8.5	6.0	32	-0.3	8.6	6.0	33	-0.2	8.7	6.1	33	0.0	18
18	8.4	5.9	33	-0.4	8.5	6.0	33	-0.2	8.6	6.1	33	0.0	8.7	6.2	33	0.1	8.8	6.2	34	0.3	18
17	8.5	6.1	34	0.0	8.6	6.2	34	0.1	8.7	6.2	34	0.3	8.8	6.3	34	0.5	8.9	6.4	34	0.6	17
17	8.6	6.2	34	0.3	8.7	6.3	34	0.4	8.8	6.4	35	0.6	8.9	6.5	35	0.8	**9.0**	6.5	35	0.9	17
17	8.7	6.4	35	0.6	8.8	6.4	35	0.8	8.9	6.5	35	0.9	**9.0**	6.6	36	1.1	9.1	6.7	36	1.2	17
17	8.8	6.5	36	0.9	8.9	6.6	36	1.1	**9.0**	6.7	36	1.2	9.1	6.7	36	1.4	9.2	6.8	37	1.5	17
16	8.9	6.7	37	1.2	**9.0**	6.7	37	1.4	9.1	6.8	37	1.5	9.2	6.9	37	1.7	9.3	7.0	37	1.8	16
16	**9.0**	6.8	37	1.5	9.1	6.9	38	1.7	9.2	7.0	38	1.8	9.3	7.0	38	2.0	9.4	7.1	38	2.1	16
16	9.1	6.9	38	1.8	9.2	7.0	38	1.9	9.3	7.1	39	2.1	9.4	7.2	39	2.3	9.5	7.3	39	2.4	16
15	9.2	7.1	39	2.1	9.3	7.2	39	2.2	9.4	7.3	39	2.4	9.5	7.3	40	2.5	9.6	7.4	40	2.7	15
15	9.3	7.2	40	2.4	9.4	7.3	40	2.5	9.5	7.4	40	2.7	9.6	7.5	40	2.8	9.7	7.6	41	3.0	15
15	9.4	7.4	41	2.6	9.5	7.5	41	2.8	9.6	7.5	41	2.9	9.7	7.6	41	3.1	9.8	7.7	41	3.2	15
15	9.5	7.5	41	2.9	9.6	7.6	42	3.1	9.7	7.7	42	3.2	9.8	7.8	42	3.4	9.9	7.9	42	3.5	15
14	9.6	7.7	42	3.2	9.7	7.8	42	3.3	9.8	7.8	43	3.5	9.9	7.9	43	3.6	**10.0**	8.0	43	3.8	14
14	9.7	7.8	43	3.5	9.8	7.9	43	3.6	9.9	8.0	43	3.8	**10.0**	8.1	44	3.9	10.1	8.2	44	4.0	14
14	9.8	8.0	44	3.7	9.9	8.1	44	3.9	**10.0**	8.1	44	4.0	10.1	8.2	44	4.2	10.2	8.3	45	4.3	14
14	9.9	8.1	45	4.0	**10.0**	8.2	45	4.1	10.1	8.3	45	4.3	10.2	8.4	45	4.4	10.3	8.5	45	4.6	14
13	**10.0**	8.3	46	4.2	10.1	8.4	46	4.4	10.2	8.4	46	4.5	10.3	8.5	46	4.7	10.4	8.6	46	4.8	13
13	10.1	8.4	46	4.5	10.2	8.5	46	4.6	10.3	8.6	47	4.8	10.4	8.7	47	4.9	10.5	8.8	47	5.1	13
13	10.2	8.6	47	4.8	10.3	8.7	47	4.9	10.4	8.7	47	5.0	10.5	8.8	48	5.2	10.6	8.9	48	5.3	13
12	10.3	8.7	48	5.0	10.4	8.8	48	5.1	10.5	8.9	48	5.3	10.6	9.0	48	5.4	10.7	9.1	49	5.5	12
12	10.4	8.9	49	5.2	10.5	9.0	49	5.4	10.6	9.0	49	5.5	10.7	9.1	49	5.7	10.8	9.2	49	5.8	12
12	10.5	9.0	50	5.5	10.6	9.1	50	5.6	10.7	9.2	50	5.8	10.8	9.3	50	5.9	10.9	9.4	50	6.0	12
12	10.6	9.2	50	5.7	10.7	9.3	51	5.9	10.8	9.3	51	6.0	10.9	9.4	51	6.1	**11.0**	9.5	51	6.3	12
11	10.7	9.3	51	6.0	10.8	9.4	51	6.1	10.9	9.5	52	6.2	**11.0**	9.6	52	6.4	11.1	9.7	52	6.5	11
11	10.8	9.5	52	6.2	10.9	9.6	52	6.3	**11.0**	9.6	52	6.5	11.1	9.7	53	6.6	11.2	9.8	53	6.7	11
11	10.9	9.6	53	6.4	**11.0**	9.7	53	6.6	11.1	9.8	53	6.7	11.2	9.9	53	6.8	11.3	10.0	54	7.0	11
11	**11.0**	9.8	54	6.7	11.1	9.9	54	6.8	11.2	10.0	54	6.9	11.3	10.0	54	7.1	11.4	10.1	54	7.2	11
10	11.1	9.9	55	6.9	11.2	10.0	55	7.0	11.3	10.1	55	7.1	11.4	10.2	55	7.3	11.5	10.3	55	7.4	10
10	11.2	10.1	56	7.1	11.3	10.2	56	7.2	11.4	10.3	56	7.4	11.5	10.4	56	7.5	11.6	10.4	56	7.6	10
10	11.3	10.2	56	7.3	11.4	10.3	57	7.5	11.5	10.4	57	7.6	11.6	10.5	57	7.7	11.7	10.6	57	7.8	10
10	11.4	10.4	57	7.6	11.5	10.5	57	7.7	11.6	10.6	57	7.8	11.7	10.7	58	7.9	11.8	10.8	58	8.1	10
9	11.5	10.6	58	7.8	11.6	10.6	58	7.9	11.7	10.7	58	8.0	11.8	10.8	58	8.1	11.9	10.9	59	8.3	9
9	11.6	10.7	59	8.0	11.7	10.8	59	8.1	11.8	10.9	59	8.2	11.9	11.0	59	8.4	**12.0**	11.1	59	8.5	9
9	11.7	10.9	60	8.2	11.8	11.0	60	8.3	11.9	11.1	60	8.5	**12.0**	11.1	60	8.6	12.1	11.2	60	8.7	9
9	11.8	11.0	61	8.4	11.9	11.1	61	8.5	**12.0**	11.2	61	8.7	12.1	11.3	61	8.8	12.2	11.4	61	8.9	9
9	11.9	11.2	62	8.6	**12.0**	11.3	62	8.8	12.1	11.4	62	8.9	12.2	11.5	62	9.0	12.3	11.6	62	9.1	9
8	**12.0**	11.3	62	8.8	12.1	11.4	63	9.0	12.2	11.5	63	9.1	12.3	11.6	63	9.2	12.4	11.7	63	9.3	8
8	12.1	11.5	63	9.0	12.2	11.6	63	9.2	12.3	11.7	64	9.3	12.4	11.8	64	9.4	12.5	11.9	64	9.5	8
8	12.2	11.7	64	9.2	12.3	11.8	64	9.4	12.4	11.9	64	9.5	12.5	11.9	65	9.6	12.6	12.0	65	9.7	8
8	12.3	11.8	65	9.5	12.4	11.9	65	9.6	12.5	12.0	65	9.7	12.6	12.1	65	9.8	12.7	12.2	65	9.9	8
7	12.4	12.0	66	9.7	12.5	12.1	66	9.8	12.6	12.2	66	9.9	12.7	12.3	66	10.0	12.8	12.4	66	10.1	7
7	12.5	12.2	67	9.9	12.6	12.2	67	10.0	12.7	12.3	67	10.1	12.8	12.4	67	10.2	12.9	12.5	67	10.3	7
7	12.6	12.3	68	10.1	12.7	12.4	68	10.2	12.8	12.5	68	10.3	12.9	12.6	68	10.4	**13.0**	12.7	68	10.5	7
7	12.7	12.5	69	10.2	12.8	12.6	69	10.4	12.9	12.7	69	10.5	**13.0**	12.8	69	10.6	13.1	12.9	69	10.7	7
6	12.8	12.6	70	10.4	12.9	12.7	70	10.6	**13.0**	12.8	70	10.7	13.1	12.9	70	10.8	13.2	13.0	70	10.9	6
6	12.9	12.8	70	10.6	**13.0**	12.9	71	10.7	13.1	13.0	71	10.9	13.2	13.1	71	11.0	13.3	13.2	71	11.1	6
6	**13.0**	13.0	71	10.8	13.1	13.1	71	10.9	13.2	13.2	72	11.1	13.3	13.3	72	11.2	13.4	13.4	72	11.3	6
6	13.1	13.1	72	11.0	13.2	13.2	72	11.1	13.3	13.3	72	11.2	13.4	13.4	73	11.4	13.5	13.5	73	11.5	6
6	13.2	13.3	73	11.2	13.3	13.4	73	11.3	13.4	13.5	73	11.4	13.5	13.6	73	11.5	13.6	13.7	73	11.7	6
5	13.3	13.5	74	11.4	13.4	13.6	74	11.5	13.5	13.7	74	11.6	13.6	13.8	74	11.7	13.7	13.9	74	11.8	5
5	13.4	13.6	75	11.6	13.5	13.7	75	11.7	13.6	13.8	75	11.8	13.7	13.9	75	11.9	13.8	14.0	75	12.0	5
5	13.5	13.8	76	11.8	13.6	13.9	76	11.9	13.7	14.0	76	12.0	13.8	14.1	76	12.1	13.9	14.2	76	12.2	5
5	13.6	14.0	77	11.9	13.7	14.1	77	12.1	13.8	14.2	77	12.2	13.9	14.3	77	12.3	**14.0**	14.4	77	12.4	5
4	13.7	14.1	78	12.1	13.8	14.2	78	12.2	13.9	14.3	78	12.3	**14.0**	14.4	78	12.5	14.1	14.5	78	12.6	4
4	13.8	14.3	79	12.3	13.9	14.4	79	12.4	**14.0**	14.5	79	12.5	14.1	14.6	79	12.6	14.2	14.7	79	12.7	4
4	13.9	14.5	80	12.5	**14.0**	14.6	80	12.6	14.1	14.7	80	12.7	14.2	14.8	80	12.8	14.3	14.9	80	12.9	4
4	**14.0**	14.6	81	12.7	14.1	14.7	81	12.8	14.2	14.8	81	12.9	14.3	15.0	81	13.0	14.4	15.1	81	13.1	4
4	14.1	14.8	82	12.8	14.2	14.9	82	12.9	14.3	15.0	82	13.1	14.4	15.1	82	13.2	14.5	15.2	82	13.3	4
3	14.2	15.0	82	13.0	14.3	15.1	83	13.1	14.4	15.2	83	13.2	14.5	15.3	83	13.3	14.6	15.4	83	13.4	3
3	14.3	15.2	83	13.2	14.4	15.3	83	13.3	14.5	15.4	83	13.4	14.6	15.5	84	13.5	14.7	15.6	84	13.6	3
3	14.4	15.3	84	13.4	14.5	15.4	84	13.5	14.6	15.5	84	13.6	14.7	15.6	84	13.7	14.8	15.8	85	13.8	3
3	14.5	15.5	85	13.5	14.6	15.6	85	13.6	14.7	15.7	85	13.7	14.8	15.8	85	13.9	14.9	15.9	85	14.0	3
3	14.6	15.7	86	13.7	14.7	15.8	86	13.8	14.8	15.9	86	13.9	14.9	16.0	86	14.0	**15.0**	16.1	86	14.1	3

n	t_W	e	U	t_d	t_W	e	U	t_d	t_W	e	U	t_d	t_W	e	U	t_d	t_W	e	U	t_d	n
	16.0				**16.1**				**16.2**				**16.3**				**16.4**				
2	14.7	15.8	87	13.9	14.8	16.0	87	14.0	14.9	16.1	87	14.1	**15.0**	16.2	87	14.2	15.1	16.3	87	14.3	2
2	14.8	16.0	88	14.0	14.9	16.1	88	14.2	**15.0**	16.2	88	14.3	15.1	16.4	88	14.4	15.2	16.5	88	14.5	2
2	14.9	16.2	89	14.2	**15.0**	16.3	89	14.3	15.1	16.4	89	14.4	15.2	16.5	89	14.5	15.3	16.6	89	14.6	2
2	**15.0**	16.4	90	14.4	15.1	16.5	90	14.5	15.2	16.6	90	14.6	15.3	16.7	90	14.7	15.4	16.8	90	14.8	2
2	15.1	16.6	91	14.5	15.2	16.7	91	14.7	15.3	16.8	91	14.8	15.4	16.9	91	14.9	15.5	17.0	91	15.0	2
1	15.2	16.7	92	14.7	15.3	16.8	92	14.8	15.4	17.0	92	14.9	15.5	17.1	92	15.0	15.6	17.2	92	15.1	1
1	15.3	16.9	93	14.9	15.4	17.0	93	15.0	15.5	17.1	93	15.1	15.6	17.2	93	15.2	15.7	17.4	93	15.3	1
1	15.4	17.1	94	15.0	15.5	17.2	94	15.1	15.6	17.3	94	15.2	15.7	17.4	94	15.3	15.8	17.5	94	15.4	1
1	15.5	17.3	95	15.2	15.6	17.4	95	15.3	15.7	17.5	95	15.4	15.8	17.6	95	15.5	15.9	17.7	95	15.6	1
1	15.6	17.4	96	15.4	15.7	17.6	96	15.5	15.8	17.7	96	15.6	15.9	17.8	96	15.7	**16.0**	17.9	96	15.8	1
1	15.7	17.6	97	15.5	15.8	17.7	97	15.6	15.9	17.9	97	15.7	**16.0**	18.0	97	15.8	16.1	18.1	97	15.9	1
0	15.8	17.8	98	15.7	15.9	17.9	98	15.8	**16.0**	18.0	98	15.9	16.1	18.2	98	16.0	16.2	18.3	98	16.1	0
0	15.9	18.0	99	15.8	**16.0**	18.1	99	15.9	16.1	18.2	99	16.0	16.2	18.3	99	16.1	16.3	18.5	99	16.2	0
0	**16.0**	18.2	100	16.0	16.1	18.3	100	16.1	16.2	18.4	100	16.2	16.3	18.5	100	16.3	16.4	18.6	100	16.4	0
	16.5				**16.6**				**16.7**				**16.8**				**16.9**				
33																	4.5	0.1	1	-42.3	33
33					4.3	0.1	1	-46.2	4.4	0.2	1	-41.8	4.5	0.2	1	-38.8	4.6	0.3	1	-36.4	33
32	4.3	0.2	1	-41.4	4.4	0.2	1	-38.4	4.5	0.3	1	-36.1	4.6	0.3	2	-34.2	4.7	0.4	2	-32.5	32
32	4.4	0.3	2	-35.8	4.5	0.3	2	-33.9	4.6	0.4	2	-32.3	4.7	0.5	2	-30.9	4.8	0.5	3	-29.6	32
32	4.5	0.4	2	-32.1	4.6	0.5	3	-30.7	4.7	0.5	3	-29.5	4.8	0.6	3	-28.4	4.9	0.7	3	-27.3	32
31	4.6	0.5	3	-29.4	4.7	0.6	3	-28.2	4.8	0.7	3	-27.2	4.9	0.7	4	-26.3	**5.0**	0.8	4	-25.4	31
31	4.7	0.7	4	-27.1	4.8	0.7	4	-26.2	4.9	0.8	4	-25.3	**5.0**	0.8	4	-24.5	5.1	0.9	5	-23.7	31
31	4.8	0.8	4	-25.2	4.9	0.9	5	-24.4	**5.0**	0.9	5	-23.6	5.1	1.0	5	-22.9	5.2	1.0	5	-22.2	31
30	4.9	0.9	5	-23.5	**5.0**	1.0	5	-22.8	5.1	1.0	5	-22.1	5.2	1.1	6	-21.5	5.3	1.2	6	-20.8	30
30	**5.0**	1.0	6	-22.1	5.1	1.1	6	-21.4	5.2	1.2	6	-20.8	5.3	1.2	6	-20.2	5.4	1.3	7	-19.6	30
29	5.1	1.2	6	-20.7	5.2	1.2	7	-20.2	5.3	1.3	7	-19.6	5.4	1.4	7	-19.0	5.5	1.4	7	-18.5	29
29	5.2	1.3	7	-19.5	5.3	1.4	7	-19.0	5.4	1.4	8	-18.5	5.5	1.5	8	-18.0	5.6	1.6	8	-17.5	29
29	5.3	1.4	8	-18.4	5.4	1.5	8	-17.9	5.5	1.6	8	-17.5	5.6	1.6	8	-17.0	5.7	1.7	9	-16.5	29
28	5.4	1.6	8	-17.4	5.5	1.6	9	-17.0	5.6	1.7	9	-16.5	5.7	1.7	9	-16.1	5.8	1.8	9	-15.6	28
28	5.5	1.7	9	-16.5	5.6	1.8	9	-16.0	5.7	1.8	10	-15.6	5.8	1.9	10	-15.2	5.9	1.9	10	-14.8	28
28	5.6	1.8	10	-15.6	5.7	1.9	10	-15.2	5.8	1.9	10	-14.8	5.9	2.0	11	-14.4	**6.0**	2.1	11	-14.0	28
27	5.7	1.9	10	-14.8	5.8	2.0	11	-14.4	5.9	2.1	11	-14.0	**6.0**	2.1	11	-13.6	6.1	2.2	11	-13.2	27
27	5.8	2.1	11	-14.0	5.9	2.1	11	-13.6	**6.0**	2.2	12	-13.2	6.1	2.3	12	-12.9	6.2	2.3	12	-12.5	27
27	5.9	2.2	12	-13.2	**6.0**	2.3	12	-12.9	6.1	2.3	12	-12.5	6.2	2.4	13	-12.2	6.3	2.5	13	-11.8	27
26	**6.0**	2.3	12	-12.5	6.1	2.4	13	-12.2	6.2	2.5	13	-11.8	6.3	2.5	13	-11.5	6.4	2.6	14	-11.2	26
26	6.1	2.5	13	-11.8	6.2	2.5	13	-11.5	6.3	2.6	14	-11.2	6.4	2.7	14	-10.9	6.5	2.7	14	-10.6	26
26	6.2	2.6	14	-11.2	6.3	2.7	14	-10.9	6.4	2.7	14	-10.6	6.5	2.8	15	-10.3	6.6	2.9	15	-10.0	26
25	6.3	2.7	15	-10.6	6.4	2.8	15	-10.3	6.5	2.9	15	-10.0	6.6	2.9	15	-9.7	6.7	3.0	16	-9.4	25
25	6.4	2.9	15	-10.0	6.5	2.9	16	-9.7	6.6	3.0	16	-9.4	6.7	3.1	16	-9.1	6.8	3.1	16	-8.8	25
25	6.5	3.0	16	-9.4	6.6	3.1	16	-9.1	6.7	3.1	17	-8.8	6.8	3.2	17	-8.6	6.9	3.3	17	-8.3	25
24	6.6	3.1	17	-8.8	6.7	3.2	17	-8.6	6.8	3.3	17	-8.3	6.9	3.3	17	-8.0	**7.0**	3.4	18	-7.8	24
24	6.7	3.3	17	-8.3	6.8	3.3	18	-8.0	6.9	3.4	18	-7.8	**7.0**	3.5	18	-7.5	7.1	3.5	18	-7.3	24
24	6.8	3.4	18	-7.8	6.9	3.5	18	-7.5	**7.0**	3.5	19	-7.3	7.1	3.6	19	-7.0	7.2	3.7	19	-6.8	24
23	6.9	3.5	19	-7.3	**7.0**	3.6	19	-7.0	7.1	3.7	19	-6.8	7.2	3.7	20	-6.5	7.3	3.8	20	-6.3	23
23	**7.0**	3.7	20	-6.8	7.1	3.7	20	-6.6	7.2	3.8	20	-6.3	7.3	3.9	20	-6.1	7.4	4.0	21	-5.8	23
23	7.1	3.8	20	-6.3	7.2	3.9	21	-6.1	7.3	4.0	21	-5.9	7.4	4.0	21	-5.6	7.5	4.1	21	-5.4	23
23	7.2	3.9	21	-5.9	7.3	4.0	21	-5.6	7.4	4.1	22	-5.4	7.5	4.2	22	-5.2	7.6	4.2	22	-5.0	23
22	7.3	4.1	22	-5.4	7.4	4.2	22	-5.2	7.5	4.2	22	-5.0	7.6	4.3	22	-4.7	7.7	4.4	23	-4.5	22
22	7.4	4.2	22	-5.0	7.5	4.3	23	-4.8	7.6	4.4	23	-4.5	7.7	4.4	23	-4.3	7.8	4.5	23	-4.1	22
22	7.5	4.4	23	-4.6	7.6	4.4	23	-4.3	7.7	4.5	24	-4.1	7.8	4.6	24	-3.9	7.9	4.6	24	-3.7	22
21	7.6	4.5	24	-4.1	7.7	4.6	24	-3.9	7.8	4.6	24	-3.7	7.9	4.7	25	-3.5	**8.0**	4.8	25	-3.3	21
21	7.7	4.6	25	-3.7	7.8	4.7	25	-3.5	7.9	4.8	25	-3.3	**8.0**	4.9	25	-3.1	8.1	4.9	26	-2.9	21
21	7.8	4.8	25	-3.3	7.9	4.8	26	-3.1	**8.0**	4.9	26	-2.9	8.1	5.0	26	-2.7	8.2	5.1	26	-2.5	21
20	7.9	4.9	26	-3.0	**8.0**	5.0	26	-2.8	8.1	5.1	27	-2.6	8.2	5.1	27	-2.4	8.3	5.2	27	-2.2	20
20	**8.0**	5.1	27	-2.6	8.1	5.1	27	-2.4	8.2	5.2	27	-2.2	8.3	5.3	28	-2.0	8.4	5.3	28	-1.8	20
20	8.1	5.2	28	-2.2	8.2	5.3	28	-2.0	8.3	5.3	28	-1.8	8.4	5.4	28	-1.6	8.5	5.5	29	-1.5	20
19	8.2	5.3	28	-1.9	8.3	5.4	29	-1.7	8.4	5.5	29	-1.5	8.5	5.6	29	-1.3	8.6	5.6	29	-1.1	19
19	8.3	5.5	29	-1.5	8.4	5.5	29	-1.3	8.5	5.6	30	-1.1	8.6	5.7	30	-1.0	8.7	5.8	30	-0.8	19
19	8.4	5.6	30	-1.2	8.5	5.7	30	-1.0	8.6	5.8	30	-0.8	8.7	5.8	31	-0.6	8.8	5.9	31	-0.4	19
19	8.5	5.8	31	-0.8	8.6	5.8	31	-0.6	8.7	5.9	31	-0.5	8.8	6.0	31	-0.3	8.9	6.1	31	-0.1	19
18	8.6	5.9	31	-0.5	8.7	6.0	32	-0.3	8.8	6.0	32	-0.1	8.9	6.1	32	0.0	**9.0**	6.2	32	0.2	18
18	8.7	6.0	32	-0.2	8.8	6.1	32	0.0	8.9	6.2	33	0.2	**9.0**	6.3	33	0.4	9.1	6.3	33	0.5	18
18	8.8	6.2	33	0.2	8.9	6.3	33	0.3	**9.0**	6.3	33	0.5	9.1	6.4	34	0.7	9.2	6.5	34	0.8	18
17	8.9	6.3	34	0.5	**9.0**	6.4	34	0.7	9.1	6.5	34	0.8	9.2	6.6	34	1.0	9.3	6.6	34	1.2	17
17	**9.0**	6.5	34	0.8	9.1	6.5	35	1.0	9.2	6.6	35	1.1	9.3	6.7	35	1.3	9.4	6.8	35	1.5	17
17	9.1	6.6	35	1.1	9.2	6.7	35	1.3	9.3	6.8	36	1.4	9.4	6.9	36	1.6	9.5	6.9	36	1.8	17
17	9.2	6.8	36	1.4	9.3	6.8	36	1.6	9.4	6.9	36	1.7	9.5	7.0	37	1.9	9.6	7.1	37	2.0	17
16	9.3	6.9	37	1.7	9.4	7.0	37	1.9	9.5	7.1	37	2.0	9.6	7.1	37	2.2	9.7	7.2	38	2.3	16
16	9.4	7.1	38	2.0	9.5	7.1	38	2.2	9.6	7.2	38	2.3	9.7	7.3	38	2.5	9.8	7.4	38	2.6	16
16	9.5	7.2	38	2.3	9.6	7.3	39	2.4	9.7	7.4	39	2.6	9.8	7.4	39	2.7	9.9	7.5	39	2.9	16
15	9.6	7.3	39	2.6	9.7	7.4	39	2.7	9.8	7.5	40	2.9	9.9	7.6	40	3.0	**10.0**	7.7	40	3.2	15

n	t_W	e	U	t_d	t_W	e	U	t_d	t_W	e	U	t_d	t_W	e	U	t_d	t_W	e	U	t_d	n
	16.5				**16.6**				**16.7**				**16.8**				**16.9**				
15	9.7	7.5	40	2.8	9.8	7.6	40	3.0	9.9	7.7	40	3.1	**10.0**	7.7	40	3.3	10.1	7.8	41	3.4	15
15	9.8	7.6	41	3.1	9.9	7.7	41	3.3	**10.0**	7.8	41	3.4	10.1	7.9	41	3.6	10.2	8.0	41	3.7	15
15	9.9	7.8	42	3.4	**10.0**	7.9	42	3.5	10.1	8.0	42	3.7	10.2	8.0	42	3.8	10.3	8.1	42	4.0	15
14	**10.0**	7.9	42	3.7	10.1	8.0	42	3.8	10.2	8.1	43	4.0	10.3	8.2	43	4.1	10.4	8.3	43	4.2	14
14	10.1	8.1	43	3.9	10.2	8.2	43	4.1	10.3	8.3	43	4.2	10.4	8.3	44	4.4	10.5	8.4	44	4.5	14
14	10.2	8.2	44	4.2	10.3	8.3	44	4.3	10.4	8.4	44	4.5	10.5	8.5	44	4.6	10.6	8.6	45	4.8	14
14	10.3	8.4	45	4.4	10.4	8.5	45	4.6	10.5	8.6	45	4.7	10.6	8.6	45	4.9	10.7	8.7	45	5.0	14
13	10.4	8.5	45	4.7	10.5	8.6	46	4.8	10.6	8.7	46	5.0	10.7	8.8	46	5.1	10.8	8.9	46	5.3	13
13	10.5	8.7	46	4.9	10.6	8.8	46	5.1	10.7	8.9	47	5.2	10.8	8.9	47	5.4	10.9	9.0	47	5.5	13
13	10.6	8.8	47	5.2	10.7	8.9	47	5.3	10.8	9.0	47	5.5	10.9	9.1	48	5.6	**11.0**	9.2	48	5.7	13
13	10.7	9.0	48	5.4	10.8	9.1	48	5.6	10.9	9.2	48	5.7	**11.0**	9.2	48	5.9	11.1	9.3	49	6.0	13
12	10.8	9.1	49	5.7	10.9	9.2	49	5.8	**11.0**	9.3	49	6.0	11.1	9.4	49	6.1	11.2	9.5	49	6.2	12
12	10.9	9.3	50	5.9	**11.0**	9.4	50	6.1	11.1	9.5	50	6.2	11.2	9.6	50	6.3	11.3	9.6	50	6.5	12
12	**11.0**	9.4	50	6.2	11.1	9.5	51	6.3	11.2	9.6	51	6.4	11.3	9.7	51	6.6	11.4	9.8	51	6.7	12
12	11.1	9.6	51	6.4	11.2	9.7	51	6.5	11.3	9.8	51	6.7	11.4	9.9	52	6.8	11.5	10.0	52	6.9	12
11	11.2	9.8	52	6.6	11.3	9.8	52	6.8	11.4	9.9	52	6.9	11.5	10.0	52	7.0	11.6	10.1	53	7.1	11
11	11.3	9.9	53	6.9	11.4	10.0	53	7.0	11.5	10.1	53	7.1	11.6	10.2	53	7.2	11.7	10.3	53	7.4	11
11	11.4	10.1	54	7.1	11.5	10.2	54	7.2	11.6	10.2	54	7.3	11.7	10.3	54	7.5	11.8	10.4	54	7.6	11
11	11.5	10.2	55	7.3	11.6	10.3	55	7.4	11.7	10.4	55	7.6	11.8	10.5	55	7.7	11.9	10.6	55	7.8	11
10	11.6	10.4	55	7.5	11.7	10.5	55	7.7	11.8	10.6	56	7.8	11.9	10.7	56	7.9	**12.0**	10.7	56	8.0	10
10	11.7	10.5	56	7.7	11.8	10.6	56	7.9	11.9	10.7	56	8.0	**12.0**	10.8	57	8.1	12.1	10.9	57	8.3	10
10	11.8	10.7	57	8.0	11.9	10.8	57	8.1	**12.0**	10.9	57	8.2	12.1	11.0	57	8.3	12.2	11.1	58	8.5	10
10	11.9	10.9	58	8.2	**12.0**	10.9	58	8.3	12.1	11.0	58	8.4	12.2	11.1	58	8.6	12.3	11.2	58	8.7	10
9	**12.0**	11.0	59	8.4	12.1	11.1	59	8.5	12.2	11.2	59	8.6	12.3	11.3	59	8.8	12.4	11.4	59	8.9	9
9	12.1	11.2	60	8.6	12.2	11.3	60	8.7	12.3	11.4	60	8.9	12.4	11.5	60	9.0	12.5	11.5	60	9.1	9
9	12.2	11.3	60	8.8	12.3	11.4	61	8.9	12.4	11.5	61	9.1	12.5	11.6	61	9.2	12.6	11.7	61	9.3	9
9	12.3	11.5	61	9.0	12.4	11.6	61	9.1	12.5	11.7	61	9.3	12.6	11.8	62	9.4	12.7	11.9	62	9.5	9
8	12.4	11.7	62	9.2	12.5	11.7	62	9.4	12.6	11.8	62	9.5	12.7	11.9	62	9.6	12.8	12.0	63	9.7	8
8	12.5	11.8	63	9.4	12.6	11.9	63	9.6	12.7	12.0	63	9.7	12.8	12.1	63	9.8	12.9	12.2	63	9.9	8
8	12.6	12.0	64	9.6	12.7	12.1	64	9.8	12.8	12.2	64	9.9	12.9	12.3	64	10.0	**13.0**	12.4	64	10.1	8
8	12.7	12.1	65	9.8	12.8	12.2	65	10.0	12.9	12.3	65	10.1	**13.0**	12.4	65	10.2	13.1	12.5	65	10.3	8
7	12.8	12.3	66	10.0	12.9	12.4	66	10.2	**13.0**	12.5	66	10.3	13.1	12.6	66	10.4	13.2	12.7	66	10.5	7
7	12.9	12.5	66	10.2	**13.0**	12.6	67	10.4	13.1	12.7	67	10.5	13.2	12.8	67	10.6	13.3	12.9	67	10.7	7
7	**13.0**	12.6	67	10.4	13.1	12.7	67	10.6	13.2	12.8	68	10.7	13.3	12.9	68	10.8	13.4	13.0	68	10.9	7
7	13.1	12.8	68	10.6	13.2	12.9	68	10.7	13.3	13.0	68	10.9	13.4	13.1	68	11.0	13.5	13.2	69	11.1	7
7	13.2	13.0	69	10.8	13.3	13.1	69	10.9	13.4	13.2	69	11.1	13.5	13.3	69	11.2	13.6	13.4	69	11.3	7
6	13.3	13.1	70	11.0	13.4	13.2	70	11.1	13.5	13.3	70	11.2	13.6	13.4	70	11.4	13.7	13.5	70	11.5	6
6	13.4	13.3	71	11.2	13.5	13.4	71	11.3	13.6	13.5	71	11.4	13.7	13.6	71	11.5	13.8	13.7	71	11.7	6
6	13.5	13.5	72	11.4	13.6	13.6	72	11.5	13.7	13.7	72	11.6	13.8	13.8	72	11.7	13.9	13.9	72	11.8	6
6	13.6	13.6	73	11.6	13.7	13.7	73	11.7	13.8	13.8	73	11.8	13.9	13.9	73	11.9	**14.0**	14.0	73	12.0	6
5	13.7	13.8	74	11.8	13.8	13.9	74	11.9	13.9	14.0	74	12.0	**14.0**	14.1	74	12.1	14.1	14.2	74	12.2	5
5	13.8	14.0	74	11.9	13.9	14.1	75	12.1	**14.0**	14.2	75	12.2	14.1	14.3	75	12.3	14.2	14.4	75	12.4	5
5	13.9	14.1	75	12.1	**14.0**	14.2	75	12.2	14.1	14.3	75	12.4	14.2	14.4	76	12.5	14.3	14.6	76	12.6	5
5	**14.0**	14.3	76	12.3	14.1	14.4	76	12.4	14.2	14.5	76	12.5	14.3	14.6	76	12.6	14.4	14.7	77	12.8	5
5	14.1	14.5	77	12.5	14.2	14.6	77	12.6	14.3	14.7	77	12.7	14.4	14.8	77	12.8	14.5	14.9	77	12.9	5
4	14.2	14.6	78	12.7	14.3	14.8	78	12.8	14.4	14.9	78	12.9	14.5	15.0	78	13.0	14.6	15.1	78	13.1	4
4	14.3	14.8	79	12.9	14.4	14.9	79	13.0	14.5	15.0	79	13.1	14.6	15.1	79	13.2	14.7	15.2	79	13.3	4
4	14.4	15.0	80	13.0	14.5	15.1	80	13.1	14.6	15.2	80	13.2	14.7	15.3	80	13.4	14.8	15.4	80	13.5	4
4	14.5	15.2	81	13.2	14.6	15.3	81	13.3	14.7	15.4	81	13.4	14.8	15.5	81	13.5	14.9	15.6	81	13.6	4
4	14.6	15.3	82	13.4	14.7	15.4	82	13.5	14.8	15.6	82	13.6	14.9	15.7	82	13.7	**15.0**	15.8	82	13.8	4
3	14.7	15.5	83	13.6	14.8	15.6	83	13.7	14.9	15.7	83	13.8	**15.0**	15.8	83	13.9	15.1	16.0	83	14.0	3
3	14.8	15.7	84	13.7	14.9	15.8	84	13.8	**15.0**	15.9	84	13.9	15.1	16.0	84	14.0	15.2	16.1	84	14.1	3
3	14.9	15.9	85	13.9	**15.0**	16.0	85	14.0	15.1	16.1	85	14.1	15.2	16.2	85	14.2	15.3	16.3	85	14.3	3
3	**15.0**	16.0	86	14.1	15.1	16.2	86	14.2	15.2	16.3	86	14.3	15.3	16.4	86	14.4	15.4	16.5	86	14.5	3
3	15.1	16.2	86	14.2	15.2	16.3	86	14.3	15.3	16.4	87	14.4	15.4	16.6	87	14.5	15.5	16.7	87	14.7	3
2	15.2	16.4	87	14.4	15.3	16.5	87	14.5	15.4	16.6	87	14.6	15.5	16.7	88	14.7	15.6	16.8	88	14.8	2
2	15.3	16.6	88	14.6	15.4	16.7	88	14.7	15.5	16.8	88	14.8	15.6	16.9	88	14.9	15.7	17.0	88	15.0	2
2	15.4	16.8	89	14.7	15.5	16.9	89	14.8	15.6	17.0	89	14.9	15.7	17.1	89	15.0	15.8	17.2	89	15.1	2
2	15.5	16.9	90	14.9	15.6	17.0	90	15.0	15.7	17.2	90	15.1	15.8	17.3	90	15.2	15.9	17.4	90	15.3	2
2	15.6	17.1	91	15.1	15.7	17.2	91	15.2	15.8	17.3	91	15.3	15.9	17.5	91	15.4	**16.0**	17.6	91	15.5	2
1	15.7	17.3	92	15.2	15.8	17.4	92	15.3	15.9	17.5	92	15.4	**16.0**	17.6	92	15.5	16.1	17.8	92	15.6	1
1	15.8	17.5	93	15.4	15.9	17.6	93	15.5	**16.0**	17.7	93	15.6	16.1	17.8	93	15.7	16.2	17.9	93	15.8	1
1	15.9	17.7	94	15.5	**16.0**	17.8	94	15.7	16.1	17.9	94	15.8	16.2	18.0	94	15.9	16.3	18.1	94	16.0	1
1	**16.0**	17.8	95	15.7	16.1	18.0	95	15.8	16.2	18.1	95	15.9	16.3	18.2	95	16.0	16.4	18.3	95	16.1	1
1	16.1	18.0	96	15.9	16.2	18.1	96	16.0	16.3	18.3	96	16.1	16.4	18.4	96	16.2	16.5	18.5	96	16.3	1
1	16.2	18.2	97	16.0	16.3	18.3	97	16.1	16.4	18.4	97	16.2	16.5	18.6	97	16.3	16.6	18.7	97	16.4	1
0	16.3	18.4	98	16.2	16.4	18.5	98	16.3	16.5	18.6	98	16.4	16.6	18.7	98	16.5	16.7	18.9	98	16.6	0
0	16.4	18.6	99	16.3	16.5	18.7	99	16.4	16.6	18.8	99	16.5	16.7	18.9	99	16.6	16.8	19.1	99	16.7	0
0	16.5	18.8	100	16.5	16.6	18.9	100	16.6	16.7	19.0	100	16.7	16.8	19.1	100	16.8	16.9	19.2	100	16.9	0
	17.0				**17.1**				**17.2**				**17.3**				**17.4**				
33													4.7	0.1	1	-43.3	4.8	0.2	1	-39.8	33

n	t_W	e	U	t_d	t_W	e	U	t_d	t_W	e	U	t_d	t_W	e	U	t_d	t_W	e	U	t_d	n
	17.0				**17.1**				**17.2**				**17.3**				**17.4**				
33					4.6	0.1	1	-42.8	4.7	0.2	1	-39.5	4.8	0.3	1	-36.9	4.9	0.3	2	-34.8	33
33	4.6	0.2	1	-39.1	4.7	0.3	1	-36.6	4.8	0.3	2	-34.6	4.9	0.4	2	-32.9	**5.0**	0.4	2	-31.4	33
32	4.7	0.3	2	-34.4	4.8	0.4	2	-32.7	4.9	0.5	2	-31.2	**5.0**	0.5	3	-29.9	5.1	0.6	3	-28.7	32
32	4.8	0.5	2	-31.1	4.9	0.5	3	-29.8	**5.0**	0.6	3	-28.6	5.1	0.6	3	-27.5	5.2	0.7	4	-26.5	32
31	4.9	0.6	3	-28.5	**5.0**	0.6	3	-27.4	5.1	0.7	4	-26.4	5.2	0.8	4	-25.5	5.3	0.8	4	-24.7	31
31	**5.0**	0.7	4	-26.3	5.1	0.8	4	-25.4	5.2	0.8	4	-24.6	5.3	0.9	5	-23.8	5.4	1.0	5	-23.1	31
31	5.1	0.8	4	-24.5	5.2	0.9	5	-23.7	5.3	1.0	5	-23.0	5.4	1.0	5	-22.3	5.5	1.1	5	-21.6	31
30	5.2	1.0	5	-22.9	5.3	1.0	5	-22.2	5.4	1.1	6	-21.6	5.5	1.2	6	-20.9	5.6	1.2	6	-20.3	30
30	5.3	1.1	6	-21.5	5.4	1.2	6	-20.9	5.5	1.2	6	-20.3	5.6	1.3	7	-19.7	5.7	1.3	7	-19.1	30
30	5.4	1.2	6	-20.2	5.5	1.3	7	-19.7	5.6	1.4	7	-19.1	5.7	1.4	7	-18.6	5.8	1.5	7	-18.1	30
29	5.5	1.4	7	-19.1	5.6	1.4	7	-18.6	5.7	1.5	8	-18.0	5.8	1.5	8	-17.5	5.9	1.6	8	-17.1	29
29	5.6	1.5	8	-18.0	5.7	1.5	8	-17.5	5.8	1.6	8	-17.0	5.9	1.7	8	-16.6	**6.0**	1.7	9	-16.1	29
29	5.7	1.6	8	-17.0	5.8	1.7	9	-16.6	5.9	1.7	9	-16.1	**6.0**	1.8	9	-15.7	6.1	1.9	9	-15.2	29
28	5.8	1.7	9	-16.1	5.9	1.8	9	-15.7	**6.0**	1.9	10	-15.2	6.1	1.9	10	-14.8	6.2	2.0	10	-14.4	28
28	5.9	1.9	10	-15.2	**6.0**	1.9	10	-14.8	6.1	2.0	10	-14.4	6.2	2.1	10	-14.0	6.3	2.1	11	-13.6	28
28	**6.0**	2.0	10	-14.4	6.1	2.1	11	-14.0	6.2	2.1	11	-13.6	6.3	2.2	11	-13.3	6.4	2.3	11	-12.9	28
27	6.1	2.1	11	-13.6	6.2	2.2	11	-13.3	6.3	2.3	12	-12.9	6.4	2.3	12	-12.5	6.5	2.4	12	-12.2	27
27	6.2	2.3	12	-12.9	6.3	2.3	12	-12.5	6.4	2.4	12	-12.2	6.5	2.5	13	-11.9	6.6	2.5	13	-11.5	27
27	6.3	2.4	12	-12.2	6.4	2.5	13	-11.8	6.5	2.5	13	-11.5	6.6	2.6	13	-11.2	6.7	2.7	13	-10.9	27
26	6.4	2.5	13	-11.5	6.5	2.6	13	-11.2	6.6	2.7	14	-10.9	6.7	2.7	14	-10.6	6.8	2.8	14	-10.3	26
26	6.5	2.7	14	-10.9	6.6	2.7	14	-10.6	6.7	2.8	14	-10.3	6.8	2.9	15	-10.0	6.9	2.9	15	-9.7	26
26	6.6	2.8	14	-10.3	6.7	2.9	15	-10.0	6.8	2.9	15	-9.7	6.9	3.0	15	-9.4	**7.0**	3.1	15	-9.1	26
25	6.7	2.9	15	-9.7	6.8	3.0	15	-9.4	6.9	3.1	16	-9.1	**7.0**	3.1	16	-8.8	7.1	3.2	16	-8.5	25
25	6.8	3.1	16	-9.1	6.9	3.1	16	-8.8	**7.0**	3.2	16	-8.5	7.1	3.3	17	-8.3	7.2	3.3	17	-8.0	25
25	6.9	3.2	17	-8.6	**7.0**	3.3	17	-8.3	7.1	3.3	17	-8.0	7.2	3.4	17	-7.7	7.3	3.5	18	-7.5	25
24	**7.0**	3.3	17	-8.0	7.1	3.4	18	-7.8	7.2	3.5	18	-7.5	7.3	3.6	18	-7.2	7.4	3.6	18	-7.0	24
24	7.1	3.5	18	-7.5	7.2	3.5	18	-7.3	7.3	3.6	18	-7.0	7.4	3.7	19	-6.8	7.5	3.8	19	-6.5	24
24	7.2	3.6	19	-7.0	7.3	3.7	19	-6.8	7.4	3.8	19	-6.5	7.5	3.8	19	-6.3	7.6	3.9	20	-6.0	24
23	7.3	3.8	19	-6.5	7.4	3.8	20	-6.3	7.5	3.9	20	-6.0	7.6	4.0	20	-5.8	7.7	4.0	20	-5.6	23
23	7.4	3.9	20	-6.1	7.5	4.0	20	-5.8	7.6	4.0	21	-5.6	7.7	4.1	21	-5.4	7.8	4.2	21	-5.1	23
23	7.5	4.0	21	-5.6	7.6	4.1	21	-5.4	7.7	4.2	21	-5.1	7.8	4.2	21	-4.9	7.9	4.3	22	-4.7	23
23	7.6	4.2	21	-5.2	7.7	4.2	22	-4.9	7.8	4.3	22	-4.7	7.9	4.4	22	-4.5	**8.0**	4.5	22	-4.3	23
22	7.7	4.3	22	-4.7	7.8	4.4	22	-4.5	7.9	4.4	23	-4.3	**8.0**	4.5	23	-4.1	8.1	4.6	23	-3.9	22
22	7.8	4.4	23	-4.3	7.9	4.5	23	-4.1	**8.0**	4.6	23	-3.9	8.1	4.7	24	-3.7	8.2	4.7	24	-3.5	22
22	7.9	4.6	24	-3.9	**8.0**	4.7	24	-3.7	8.1	4.7	24	-3.5	8.2	4.8	24	-3.3	8.3	4.9	25	-3.1	22
21	**8.0**	4.7	24	-3.5	8.1	4.8	25	-3.3	8.2	4.9	25	-3.1	8.3	4.9	25	-2.9	8.4	5.0	25	-2.7	21
21	8.1	4.9	25	-3.1	8.2	4.9	25	-2.9	8.3	5.0	26	-2.7	8.4	5.1	26	-2.5	8.5	5.2	26	-2.3	21
21	8.2	5.0	26	-2.7	8.3	5.1	26	-2.5	8.4	5.1	26	-2.3	8.5	5.2	26	-2.1	8.6	5.3	27	-1.9	21
20	8.3	5.1	27	-2.4	8.4	5.2	27	-2.2	8.5	5.3	27	-2.0	8.6	5.4	27	-1.8	8.7	5.4	27	-1.6	20
20	8.4	5.3	27	-2.0	8.5	5.4	27	-1.8	8.6	5.4	28	-1.6	8.7	5.5	28	-1.4	8.8	5.6	28	-1.2	20
20	8.5	5.4	28	-1.6	8.6	5.5	28	-1.4	8.7	5.6	28	-1.3	8.8	5.6	29	-1.1	8.9	5.7	29	-0.9	20
19	8.6	5.6	29	-1.3	8.7	5.6	29	-1.1	8.8	5.7	29	-0.9	8.9	5.8	29	-0.7	**9.0**	5.9	30	-0.5	19
19	8.7	5.7	29	-0.9	8.8	5.8	30	-0.7	8.9	5.9	30	-0.6	**9.0**	5.9	30	-0.4	9.1	6.0	30	-0.2	19
19	8.8	5.8	30	-0.6	8.9	5.9	30	-0.4	**9.0**	6.0	31	-0.2	9.1	6.1	31	-0.1	9.2	6.2	31	0.1	19
19	8.9	6.0	31	-0.3	**9.0**	6.1	31	-0.1	9.1	6.1	31	0.1	9.2	6.2	32	0.3	9.3	6.3	32	0.4	19
18	**9.0**	6.1	32	0.1	9.1	6.2	32	0.2	9.2	6.3	32	0.4	9.3	6.4	32	0.6	9.4	6.5	32	0.8	18
18	9.1	6.3	32	0.4	9.2	6.4	33	0.6	9.3	6.4	33	0.7	9.4	6.5	33	0.9	9.5	6.6	33	1.1	18
18	9.2	6.4	33	0.7	9.3	6.5	33	0.9	9.4	6.6	34	1.0	9.5	6.7	34	1.2	9.6	6.7	34	1.4	18
17	9.3	6.6	34	1.0	9.4	6.7	34	1.2	9.5	6.7	34	1.3	9.6	6.8	35	1.5	9.7	6.9	35	1.7	17
17	9.4	6.7	35	1.3	9.5	6.8	35	1.5	9.6	6.9	35	1.6	9.7	7.0	35	1.8	9.8	7.0	35	2.0	17
17	9.5	6.9	35	1.6	9.6	6.9	36	1.8	9.7	7.0	36	1.9	9.8	7.1	36	2.1	9.9	7.2	36	2.3	17
17	9.6	7.0	36	1.9	9.7	7.1	36	2.1	9.8	7.2	37	2.2	9.9	7.3	37	2.4	**10.0**	7.3	37	2.5	17
16	9.7	7.2	37	2.2	9.8	7.2	37	2.4	9.9	7.3	37	2.5	**10.0**	7.4	38	2.7	10.1	7.5	38	2.8	16
16	9.8	7.3	38	2.5	9.9	7.4	38	2.6	**10.0**	7.5	38	2.8	10.1	7.6	38	3.0	10.2	7.6	38	3.1	16
16	9.9	7.5	38	2.8	**10.0**	7.5	39	2.9	10.1	7.6	39	3.1	10.2	7.7	39	3.2	10.3	7.8	39	3.4	16
15	**10.0**	7.6	39	3.1	10.1	7.7	39	3.2	10.2	7.8	40	3.4	10.3	7.9	40	3.5	10.4	7.9	40	3.7	15
15	10.1	7.8	40	3.3	10.2	7.8	40	3.5	10.3	7.9	40	3.6	10.4	8.0	41	3.8	10.5	8.1	41	3.9	15
15	10.2	7.9	41	3.6	10.3	8.0	41	3.7	10.4	8.1	41	3.9	10.5	8.2	41	4.0	10.6	8.2	41	4.2	15
15	10.3	8.1	42	3.9	10.4	8.1	42	4.0	10.5	8.2	42	4.2	10.6	8.3	42	4.3	10.7	8.4	42	4.5	15
14	10.4	8.2	42	4.1	10.5	8.3	43	4.3	10.6	8.4	43	4.4	10.7	8.5	43	4.6	10.8	8.5	43	4.7	14
14	10.5	8.4	43	4.4	10.6	8.4	43	4.5	10.7	8.5	43	4.7	10.8	8.6	44	4.8	10.9	8.7	44	5.0	14
14	10.6	8.5	44	4.6	10.7	8.6	44	4.8	10.8	8.7	44	4.9	10.9	8.8	44	5.1	**11.0**	8.8	45	5.2	14
14	10.7	8.7	45	4.9	10.8	8.7	45	5.0	10.9	8.8	45	5.2	**11.0**	8.9	45	5.3	11.1	9.0	45	5.5	14
13	10.8	8.8	45	5.1	10.9	8.9	46	5.3	**11.0**	9.0	46	5.4	11.1	9.1	46	5.6	11.2	9.2	46	5.7	13
13	10.9	9.0	46	5.4	**11.0**	9.0	46	5.5	11.1	9.1	47	5.7	11.2	9.2	47	5.8	11.3	9.3	47	5.9	13
13	**11.0**	9.1	47	5.6	11.1	9.2	47	5.8	11.2	9.3	47	5.9	11.3	9.4	48	6.1	11.4	9.5	48	6.2	13
13	11.1	9.3	48	5.9	11.2	9.4	48	6.0	11.3	9.4	48	6.2	11.4	9.5	48	6.3	11.5	9.6	48	6.4	13
12	11.2	9.4	49	6.1	11.3	9.5	49	6.3	11.4	9.6	49	6.4	11.5	9.7	49	6.5	11.6	9.8	49	6.7	12
12	11.3	9.6	49	6.4	11.4	9.7	50	6.5	11.5	9.8	50	6.6	11.6	9.8	50	6.8	11.7	9.9	50	6.9	12
12	11.4	9.7	50	6.6	11.5	9.8	50	6.7	11.6	9.9	51	6.9	11.7	10.0	51	7.0	11.8	10.1	51	7.1	12
12	11.5	9.9	51	6.8	11.6	10.0	51	7.0	11.7	10.1	51	7.1	11.8	10.2	51	7.2	11.9	10.3	52	7.3	12
11	11.6	10.0	52	7.1	11.7	10.1	52	7.2	11.8	10.2	52	7.3	11.9	10.3	52	7.4	**12.0**	10.4	52	7.6	11
11	11.7	10.2	53	7.3	11.8	10.3	53	7.4	11.9	10.4	53	7.5	**12.0**	10.5	53	7.7	12.1	10.6	53	7.8	11

n	t_W	e	U	t_d	t_W	e	U	t_d	t_W	e	U	t_d	t_W	e	U	t_d	t_W	e	U	t_d	n
	17.0				**17.1**				**17.2**				**17.3**				**17.4**				
11	11.8	10.4	54	7.5	11.9	10.5	54	7.6	**12.0**	10.5	54	7.8	12.1	10.6	54	7.9	12.2	10.7	54	8.0	11
11	11.9	10.5	54	7.7	**12.0**	10.6	54	7.9	12.1	10.7	55	8.0	12.2	10.8	55	8.1	12.3	10.9	55	8.2	11
10	**12.0**	10.7	55	7.9	12.1	10.8	55	8.1	12.2	10.9	55	8.2	12.3	11.0	56	8.3	12.4	11.1	56	8.5	10
10	12.1	10.8	56	8.2	12.2	10.9	56	8.3	12.3	11.0	56	8.4	12.4	11.1	56	8.5	12.5	11.2	56	8.7	10
10	12.2	11.0	57	8.4	12.3	11.1	57	8.5	12.4	11.2	57	8.6	12.5	11.3	57	8.8	12.6	11.4	57	8.9	10
10	12.3	11.2	58	8.6	12.4	11.3	58	8.7	12.5	11.3	58	8.8	12.6	11.4	58	9.0	12.7	11.5	58	9.1	10
9	12.4	11.3	58	8.8	12.5	11.4	59	8.9	12.6	11.5	59	9.1	12.7	11.6	59	9.2	12.8	11.7	59	9.3	9
9	12.5	11.5	59	9.0	12.6	11.6	59	9.1	12.7	11.7	60	9.3	12.8	11.8	60	9.4	12.9	11.9	60	9.5	9
9	12.6	11.6	60	9.2	12.7	11.7	60	9.3	12.8	11.8	60	9.5	12.9	11.9	60	9.6	**13.0**	12.0	61	9.7	9
9	12.7	11.8	61	9.4	12.8	11.9	61	9.5	12.9	12.0	61	9.7	**13.0**	12.1	61	9.8	13.1	12.2	61	9.9	9
8	12.8	12.0	62	9.6	12.9	12.1	62	9.8	**13.0**	12.2	62	9.9	13.1	12.3	62	10.0	13.2	12.4	62	10.1	8
8	12.9	12.1	63	9.8	**13.0**	12.2	63	10.0	13.1	12.3	63	10.1	13.2	12.4	63	10.2	13.3	12.5	63	10.3	8
8	**13.0**	12.3	64	10.0	13.1	12.4	64	10.2	13.2	12.5	64	10.3	13.3	12.6	64	10.4	13.4	12.7	64	10.5	8
8	13.1	12.5	64	10.2	13.2	12.6	64	10.4	13.3	12.7	65	10.5	13.4	12.8	65	10.6	13.5	12.9	65	10.7	8
8	13.2	12.6	65	10.4	13.3	12.7	65	10.5	13.4	12.8	65	10.7	13.5	12.9	66	10.8	13.6	13.0	66	10.9	8
7	13.3	12.8	66	10.6	13.4	12.9	66	10.7	13.5	13.0	66	10.9	13.6	13.1	66	11.0	13.7	13.2	66	11.1	7
7	13.4	13.0	67	10.8	13.5	13.1	67	10.9	13.6	13.2	67	11.1	13.7	13.3	67	11.2	13.8	13.4	67	11.3	7
7	13.5	13.1	68	11.0	13.6	13.2	68	11.1	13.7	13.3	68	11.2	13.8	13.4	68	11.4	13.9	13.5	68	11.5	7
7	13.6	13.3	69	11.2	13.7	13.4	69	11.3	13.8	13.5	69	11.4	13.9	13.6	69	11.5	**14.0**	13.7	69	11.7	7
6	13.7	13.5	70	11.4	13.8	13.6	70	11.5	13.9	13.7	70	11.6	**14.0**	13.8	70	11.7	14.1	13.9	70	11.9	6
6	13.8	13.6	70	11.6	13.9	13.7	70	11.7	**14.0**	13.8	71	11.8	14.1	13.9	71	11.9	14.2	14.0	71	12.0	6
6	13.9	13.8	71	11.8	**14.0**	13.9	71	11.9	14.1	14.0	71	12.0	14.2	14.1	72	12.1	14.3	14.2	72	12.2	6
6	**14.0**	14.0	72	12.0	14.1	14.1	72	12.1	14.2	14.2	72	12.2	14.3	14.3	72	12.3	14.4	14.4	72	12.4	6
6	14.1	14.1	73	12.1	14.2	14.2	73	12.3	14.3	14.4	73	12.4	14.4	14.5	73	12.5	14.5	14.6	73	12.6	6
5	14.2	14.3	74	12.3	14.3	14.4	74	12.4	14.4	14.5	74	12.5	14.5	14.6	74	12.7	14.6	14.7	74	12.8	5
5	14.3	14.5	75	12.5	14.4	14.6	75	12.6	14.5	14.7	75	12.7	14.6	14.8	75	12.8	14.7	14.9	75	12.9	5
5	14.4	14.7	76	12.7	14.5	14.8	76	12.8	14.6	14.9	76	12.9	14.7	15.0	76	13.0	14.8	15.1	76	13.1	5
5	14.5	14.8	77	12.9	14.6	14.9	77	13.0	14.7	15.0	77	13.1	14.8	15.2	77	13.2	14.9	15.3	77	13.3	5
5	14.6	15.0	77	13.0	14.7	15.1	78	13.1	14.8	15.2	78	13.3	14.9	15.3	78	13.4	**15.0**	15.4	78	13.5	5
4	14.7	15.2	78	13.2	14.8	15.3	78	13.3	14.9	15.4	79	13.4	**15.0**	15.5	79	13.5	15.1	15.6	79	13.7	4
4	14.8	15.4	79	13.4	14.9	15.5	79	13.5	**15.0**	15.6	79	13.6	15.1	15.7	79	13.7	15.2	15.8	80	13.8	4
4	14.9	15.5	80	13.6	**15.0**	15.6	80	13.7	15.1	15.8	80	13.8	15.2	15.9	80	13.9	15.3	16.0	80	14.0	4
4	**15.0**	15.7	81	13.7	15.1	15.8	81	13.8	15.2	15.9	81	14.0	15.3	16.0	81	14.1	15.4	16.2	81	14.2	4
4	15.1	15.9	82	13.9	15.2	16.0	82	14.0	15.3	16.1	82	14.1	15.4	16.2	82	14.2	15.5	16.3	82	14.3	4
3	15.2	16.1	83	14.1	15.3	16.2	83	14.2	15.4	16.3	83	14.3	15.5	16.4	83	14.4	15.6	16.5	83	14.5	3
3	15.3	16.2	84	14.3	15.4	16.4	84	14.4	15.5	16.5	84	14.5	15.6	16.6	84	14.6	15.7	16.7	84	14.7	3
3	15.4	16.4	85	14.4	15.5	16.5	85	14.5	15.6	16.6	85	14.6	15.7	16.8	85	14.7	15.8	16.9	85	14.8	3
3	15.5	16.6	86	14.6	15.6	16.7	86	14.7	15.7	16.8	86	14.8	15.8	16.9	86	14.9	15.9	17.1	86	15.0	3
3	15.6	16.8	87	14.8	15.7	16.9	87	14.9	15.8	17.0	87	15.0	15.9	17.1	87	15.1	**16.0**	17.2	87	15.2	3
2	15.7	17.0	88	14.9	15.8	17.1	88	15.0	15.9	17.2	88	15.1	**16.0**	17.3	88	15.2	16.1	17.4	88	15.3	2
2	15.8	17.1	89	15.1	15.9	17.3	89	15.2	**16.0**	17.4	89	15.3	16.1	17.5	89	15.4	16.2	17.6	89	15.5	2
2	15.9	17.3	89	15.3	**16.0**	17.4	89	15.4	16.1	17.6	90	15.5	16.2	17.7	90	15.6	16.3	17.8	90	15.7	2
2	**16.0**	17.5	90	15.4	16.1	17.6	90	15.5	16.2	17.7	90	15.6	16.3	17.9	90	15.7	16.4	18.0	90	15.8	2
2	16.1	17.7	91	15.6	16.2	17.8	91	15.7	16.3	17.9	91	15.8	16.4	18.0	91	15.9	16.5	18.2	91	16.0	2
1	16.2	17.9	92	15.7	16.3	18.0	92	15.8	16.4	18.1	92	15.9	16.5	18.2	92	16.0	16.6	18.3	92	16.1	1
1	16.3	18.1	93	15.9	16.4	18.2	93	16.0	16.5	18.3	93	16.1	16.6	18.4	93	16.2	16.7	18.5	93	16.3	1
1	16.4	18.2	94	16.1	16.5	18.4	94	16.2	16.6	18.5	94	16.3	16.7	18.6	94	16.4	16.8	18.7	94	16.5	1
1	16.5	18.4	95	16.2	16.6	18.5	95	16.3	16.7	18.7	95	16.4	16.8	18.8	95	16.5	16.9	18.9	95	16.6	1
1	16.6	18.6	96	16.4	16.7	18.7	96	16.5	16.8	18.9	96	16.6	16.9	19.0	96	16.7	**17.0**	19.1	96	16.8	1
1	16.7	18.8	97	16.5	16.8	18.9	97	16.6	16.9	19.0	97	16.7	**17.0**	19.2	97	16.8	17.1	19.3	97	16.9	1
0	16.8	19.0	98	16.7	16.9	19.1	98	16.8	**17.0**	19.2	98	16.9	17.1	19.4	98	17.0	17.2	19.5	98	17.1	0
0	16.9	19.2	99	16.8	**17.0**	19.3	99	16.9	17.1	19.4	99	17.0	17.2	19.5	99	17.1	17.3	19.7	99	17.2	0
0	**17.0**	19.4	100	17.0	17.1	19.5	100	17.1	17.2	19.6	100	17.2	17.3	19.7	100	17.3	17.4	19.9	100	17.4	0
	17.5				**17.6**				**17.7**				**17.8**				**17.9**				
34																	**5.0**	0.1	1	-44.8	34
34									4.9	0.1	1	-44.3	**5.0**	0.2	1	-40.4	5.1	0.2	1	-37.6	34
33	4.8	0.1	1	-43.8	4.9	0.2	1	-40.1	**5.0**	0.2	1	-37.4	5.1	0.3	2	-35.2	5.2	0.4	2	-33.3	33
33	4.9	0.3	1	-37.1	**5.0**	0.3	2	-35.0	5.1	0.4	2	-33.2	5.2	0.4	2	-31.6	5.3	0.5	2	-30.2	33
32	**5.0**	0.4	2	-33.0	5.1	0.4	2	-31.5	5.2	0.5	2	-30.1	5.3	0.6	3	-28.9	5.4	0.6	3	-27.8	32
32	5.1	0.5	3	-30.0	5.2	0.6	3	-28.8	5.3	0.6	3	-27.7	5.4	0.7	3	-26.7	5.5	0.8	4	-25.7	32
32	5.2	0.6	3	-27.6	5.3	0.7	3	-26.6	5.4	0.8	4	-25.7	5.5	0.8	4	-24.8	5.6	0.9	4	-24.0	32
31	5.3	0.8	4	-25.6	5.4	0.8	4	-24.7	5.5	0.9	4	-23.9	5.6	1.0	5	-23.1	5.7	1.0	5	-22.4	31
31	5.4	0.9	4	-23.9	5.5	1.0	5	-23.1	5.6	1.0	5	-22.4	5.7	1.1	5	-21.7	5.8	1.1	6	-21.0	31
31	5.5	1.0	5	-22.3	5.6	1.1	5	-21.7	5.7	1.1	6	-21.0	5.8	1.2	6	-20.4	5.9	1.3	6	-19.8	31
30	5.6	1.2	6	-21.0	5.7	1.2	6	-20.4	5.8	1.3	6	-19.8	5.9	1.3	7	-19.2	**6.0**	1.4	7	-18.6	30
30	5.7	1.3	6	-19.7	5.8	1.3	7	-19.2	5.9	1.4	7	-18.6	**6.0**	1.5	7	-18.1	6.1	1.5	8	-17.6	30
30	5.8	1.4	7	-18.6	5.9	1.5	7	-18.1	**6.0**	1.5	8	-17.6	6.1	1.6	8	-17.1	6.2	1.7	8	-16.6	30
29	5.9	1.5	8	-17.6	**6.0**	1.6	8	-17.1	6.1	1.7	8	-16.6	6.2	1.7	9	-16.1	6.3	1.8	9	-15.7	29
29	**6.0**	1.7	8	-16.6	6.1	1.7	9	-16.1	6.2	1.8	9	-15.7	6.3	1.9	9	-15.3	6.4	1.9	9	-14.8	29
29	6.1	1.8	9	-15.7	6.2	1.9	9	-15.3	6.3	1.9	10	-14.8	6.4	2.0	10	-14.4	6.5	2.1	10	-14.0	29
28	6.2	1.9	10	-14.8	6.3	2.0	10	-14.4	6.4	2.1	10	-14.0	6.5	2.1	10	-13.6	6.6	2.2	11	-13.3	28

n	t_W	e	U	t_d	t_W	e	U	t_d	t_W	e	U	t_d	t_W	e	U	t_d	t_W	e	U	t_d	n
	17.5				**17.6**				**17.7**				**17.8**				**17.9**				
28	6.3	2.1	10	-14.0	6.4	2.1	11	-13.6	6.5	2.2	11	-13.3	6.6	2.3	11	-12.9	6.7	2.3	11	-12.5	28
28	6.4	2.2	11	-13.3	6.5	2.3	11	-12.9	6.6	2.3	12	-12.5	6.7	2.4	12	-12.2	6.8	2.5	12	-11.8	28
27	6.5	2.3	12	-12.5	6.6	2.4	12	-12.2	6.7	2.5	12	-11.8	6.8	2.5	12	-11.5	6.9	2.6	13	-11.2	27
27	6.6	2.5	12	-11.8	6.7	2.5	13	-11.5	6.8	2.6	13	-11.2	6.9	2.7	13	-10.9	**7.0**	2.7	13	-10.5	27
27	6.7	2.6	13	-11.2	6.8	2.7	13	-10.9	6.9	2.7	14	-10.6	**7.0**	2.8	14	-10.2	7.1	2.9	14	-9.9	27
26	6.8	2.7	14	-10.6	6.9	2.8	14	-10.2	**7.0**	2.9	14	-9.9	7.1	2.9	14	-9.6	7.2	3.0	15	-9.3	26
26	6.9	2.9	14	-10.0	**7.0**	2.9	15	-9.7	7.1	3.0	15	-9.4	7.2	3.1	15	-9.1	7.3	3.1	15	-8.8	26
26	**7.0**	3.0	15	-9.4	7.1	3.1	15	-9.1	7.2	3.1	16	-8.8	7.3	3.2	16	-8.5	7.4	3.3	16	-8.2	26
25	7.1	3.1	16	-8.8	7.2	3.2	16	-8.5	7.3	3.3	16	-8.3	7.4	3.4	16	-8.0	7.5	3.4	17	-7.7	25
25	7.2	3.3	16	-8.3	7.3	3.3	17	-8.0	7.4	3.4	17	-7.7	7.5	3.5	17	-7.5	7.6	3.6	17	-7.2	25
25	7.3	3.4	17	-7.7	7.4	3.5	17	-7.5	7.5	3.6	18	-7.2	7.6	3.6	18	-7.0	7.7	3.7	18	-6.7	25
24	7.4	3.6	18	-7.2	7.5	3.6	18	-7.0	7.6	3.7	18	-6.7	7.7	3.8	18	-6.5	7.8	3.8	19	-6.2	24
24	7.5	3.7	18	-6.7	7.6	3.8	19	-6.5	7.7	3.8	19	-6.2	7.8	3.9	19	-6.0	7.9	4.0	19	-5.8	24
24	7.6	3.8	19	-6.3	7.7	3.9	19	-6.0	7.8	4.0	20	-5.8	7.9	4.0	20	-5.5	**8.0**	4.1	20	-5.3	24
23	7.7	4.0	20	-5.8	7.8	4.0	20	-5.6	7.9	4.1	20	-5.3	**8.0**	4.2	21	-5.1	8.1	4.3	21	-4.9	23
23	7.8	4.1	21	-5.3	7.9	4.2	21	-5.1	**8.0**	4.3	21	-4.9	8.1	4.3	21	-4.7	8.2	4.4	21	-4.4	23
23	7.9	4.2	21	-4.9	**8.0**	4.3	21	-4.7	8.1	4.4	22	-4.5	8.2	4.5	22	-4.2	8.3	4.5	22	-4.0	23
22	**8.0**	4.4	22	-4.5	8.1	4.5	22	-4.3	8.2	4.5	22	-4.0	8.3	4.6	23	-3.8	8.4	4.7	23	-3.6	22
22	8.1	4.5	23	-4.1	8.2	4.6	23	-3.8	8.3	4.7	23	-3.6	8.4	4.7	23	-3.4	8.5	4.8	24	-3.2	22
22	8.2	4.7	23	-3.7	8.3	4.7	24	-3.4	8.4	4.8	24	-3.2	8.5	4.9	24	-3.0	8.6	5.0	24	-2.8	22
22	8.3	4.8	24	-3.3	8.4	4.9	24	-3.0	8.5	5.0	24	-2.8	8.6	5.0	25	-2.6	8.7	5.1	25	-2.4	22
21	8.4	4.9	25	-2.9	8.5	5.0	25	-2.7	8.6	5.1	25	-2.5	8.7	5.2	25	-2.3	8.8	5.2	26	-2.1	21
21	8.5	5.1	25	-2.5	8.6	5.2	26	-2.3	8.7	5.2	26	-2.1	8.8	5.3	26	-1.9	8.9	5.4	26	-1.7	21
21	8.6	5.2	26	-2.1	8.7	5.3	26	-1.9	8.8	5.4	27	-1.7	8.9	5.5	27	-1.5	**9.0**	5.5	27	-1.3	21
20	8.7	5.4	27	-1.8	8.8	5.4	27	-1.6	8.9	5.5	27	-1.4	**9.0**	5.6	28	-1.2	9.1	5.7	28	-1.0	20
20	8.8	5.5	28	-1.4	8.9	5.6	28	-1.2	**9.0**	5.7	28	-1.0	9.1	5.7	28	-0.8	9.2	5.8	28	-0.6	20
20	8.9	5.7	28	-1.0	**9.0**	5.7	29	-0.9	9.1	5.8	29	-0.7	9.2	5.9	29	-0.5	9.3	6.0	29	-0.3	20
19	**9.0**	5.8	29	-0.7	9.1	5.9	29	-0.5	9.2	6.0	29	-0.3	9.3	6.0	30	-0.2	9.4	6.1	30	0.0	19
19	9.1	5.9	30	-0.4	9.2	6.0	30	-0.2	9.3	6.1	30	0.0	9.4	6.2	30	0.2	9.5	6.3	31	0.3	19
19	9.2	6.1	30	0.0	9.3	6.2	31	0.1	9.4	6.3	31	0.3	9.5	6.3	31	0.5	9.6	6.4	31	0.7	19
19	9.3	6.2	31	0.3	9.4	6.3	31	0.5	9.5	6.4	32	0.6	9.6	6.5	32	0.8	9.7	6.6	32	1.0	19
18	9.4	6.4	32	0.6	9.5	6.5	32	0.8	9.6	6.5	32	1.0	9.7	6.6	33	1.1	9.8	6.7	33	1.3	18
18	9.5	6.5	33	0.9	9.6	6.6	33	1.1	9.7	6.7	33	1.3	9.8	6.8	33	1.4	9.9	6.9	33	1.6	18
18	9.6	6.7	33	1.2	9.7	6.8	34	1.4	9.8	6.8	34	1.6	9.9	6.9	34	1.7	**10.0**	7.0	34	1.9	18
17	9.7	6.8	34	1.5	9.8	6.9	34	1.7	9.9	7.0	35	1.9	**10.0**	7.1	35	2.0	10.1	7.2	35	2.2	17
17	9.8	7.0	35	1.8	9.9	7.1	35	2.0	**10.0**	7.1	35	2.2	10.1	7.2	35	2.3	10.2	7.3	36	2.5	17
17	9.9	7.1	36	2.1	**10.0**	7.2	36	2.3	10.1	7.3	36	2.5	10.2	7.4	36	2.6	10.3	7.5	36	2.8	17
17	**10.0**	7.3	36	2.4	10.1	7.4	37	2.6	10.2	7.4	37	2.7	10.3	7.5	37	2.9	10.4	7.6	37	3.0	17
16	10.1	7.4	37	2.7	10.2	7.5	37	2.9	10.3	7.6	37	3.0	10.4	7.7	38	3.2	10.5	7.8	38	3.3	16
16	10.2	7.6	38	3.0	10.3	7.7	38	3.1	10.4	7.7	38	3.3	10.5	7.8	38	3.4	10.6	7.9	39	3.6	16
16	10.3	7.7	39	3.3	10.4	7.8	39	3.4	10.5	7.9	39	3.6	10.6	8.0	39	3.7	10.7	8.1	39	3.9	16
16	10.4	7.9	39	3.5	10.5	8.0	40	3.7	10.6	8.0	40	3.8	10.7	8.1	40	4.0	10.8	8.2	40	4.1	16
15	10.5	8.0	40	3.8	10.6	8.1	40	4.0	10.7	8.2	40	4.1	10.8	8.3	41	4.3	10.9	8.4	41	4.4	15
15	10.6	8.2	41	4.1	10.7	8.3	41	4.2	10.8	8.3	41	4.4	10.9	8.4	41	4.5	**11.0**	8.5	42	4.7	15
15	10.7	8.3	42	4.3	10.8	8.4	42	4.5	10.9	8.5	42	4.6	**11.0**	8.6	42	4.8	11.1	8.7	42	4.9	15
14	10.8	8.5	42	4.6	10.9	8.6	43	4.7	**11.0**	8.6	43	4.9	11.1	8.7	43	5.0	11.2	8.8	43	5.2	14
14	10.9	8.6	43	4.9	**11.0**	8.7	43	5.0	11.1	8.8	43	5.1	11.2	8.9	44	5.3	11.3	9.0	44	5.4	14
14	**11.0**	8.8	44	5.1	11.1	8.9	44	5.2	11.2	9.0	44	5.4	11.3	9.0	44	5.5	11.4	9.1	45	5.7	14
14	11.1	8.9	45	5.4	11.2	9.0	45	5.5	11.3	9.1	45	5.6	11.4	9.2	45	5.8	11.5	9.3	45	5.9	14
13	11.2	9.1	45	5.6	11.3	9.2	46	5.7	11.4	9.3	46	5.9	11.5	9.4	46	6.0	11.6	9.4	46	6.2	13
13	11.3	9.2	46	5.8	11.4	9.3	46	6.0	11.5	9.4	47	6.1	11.6	9.5	47	6.3	11.7	9.6	47	6.4	13
13	11.4	9.4	47	6.1	11.5	9.5	47	6.2	11.6	9.6	47	6.4	11.7	9.7	47	6.5	11.8	9.8	48	6.6	13
13	11.5	9.6	48	6.3	11.6	9.6	48	6.5	11.7	9.7	48	6.6	11.8	9.8	48	6.7	11.9	9.9	48	6.9	13
12	11.6	9.7	49	6.6	11.7	9.8	49	6.7	11.8	9.9	49	6.8	11.9	10.0	49	7.0	**12.0**	10.1	49	7.1	12
12	11.7	9.9	49	6.8	11.8	10.0	50	6.9	11.9	10.1	50	7.1	**12.0**	10.1	50	7.2	12.1	10.2	50	7.3	12
12	11.8	10.0	50	7.0	11.9	10.1	50	7.2	**12.0**	10.2	50	7.3	12.1	10.3	51	7.4	12.2	10.4	51	7.6	12
12	11.9	10.2	51	7.3	**12.0**	10.3	51	7.4	12.1	10.4	51	7.5	12.2	10.5	51	7.6	12.3	10.6	52	7.8	12
11	**12.0**	10.3	52	7.5	12.1	10.4	52	7.6	12.2	10.5	52	7.7	12.3	10.6	52	7.9	12.4	10.7	52	8.0	11
11	12.1	10.5	53	7.7	12.2	10.6	53	7.8	12.3	10.7	53	8.0	12.4	10.8	53	8.1	12.5	10.9	53	8.2	11
11	12.2	10.7	53	7.9	12.3	10.8	53	8.1	12.4	10.9	54	8.2	12.5	10.9	54	8.3	12.6	11.0	54	8.4	11
11	12.3	10.8	54	8.1	12.4	10.9	54	8.3	12.5	11.0	54	8.4	12.6	11.1	55	8.5	12.7	11.2	55	8.7	11
10	12.4	11.0	55	8.4	12.5	11.1	55	8.5	12.6	11.2	55	8.6	12.7	11.3	55	8.7	12.8	11.4	55	8.9	10
10	12.5	11.1	56	8.6	12.6	11.2	56	8.7	12.7	11.3	56	8.8	12.8	11.4	56	9.0	12.9	11.5	56	9.1	10
10	12.6	11.3	57	8.8	12.7	11.4	57	8.9	12.8	11.5	57	9.0	12.9	11.6	57	9.2	**13.0**	11.7	57	9.3	10
10	12.7	11.5	57	9.0	12.8	11.6	58	9.1	12.9	11.7	58	9.3	**13.0**	11.8	58	9.4	13.1	11.9	58	9.5	10
9	12.8	11.6	58	9.2	12.9	11.7	58	9.3	**13.0**	11.8	58	9.5	13.1	11.9	59	9.6	13.2	12.0	59	9.7	9
9	12.9	11.8	59	9.4	**13.0**	11.9	59	9.5	13.1	12.0	59	9.7	13.2	12.1	59	9.8	13.3	12.2	59	9.9	9
9	**13.0**	12.0	60	9.6	13.1	12.1	60	9.7	13.2	12.2	60	9.9	13.3	12.3	60	10.0	13.4	12.4	60	10.1	9
9	13.1	12.1	61	9.8	13.2	12.2	61	9.9	13.3	12.3	61	10.1	13.4	12.4	61	10.2	13.5	12.5	61	10.3	9
9	13.2	12.3	62	10.0	13.3	12.4	62	10.2	13.4	12.5	62	10.3	13.5	12.6	62	10.4	13.6	12.7	62	10.5	9
8	13.3	12.5	62	10.2	13.4	12.6	62	10.4	13.5	12.7	63	10.5	13.6	12.8	63	10.6	13.7	12.9	63	10.7	8
8	13.4	12.6	63	10.4	13.5	12.7	63	10.5	13.6	12.8	63	10.7	13.7	12.9	63	10.8	13.8	13.0	64	10.9	8
8	13.5	12.8	64	10.6	13.6	12.9	64	10.7	13.7	13.0	64	10.9	13.8	13.1	64	11.0	13.9	13.2	64	11.1	8

n	t_W	e	U	t_d	t_W	e	U	t_d	t_W	e	U	t_d	t_W	e	U	t_d	t_W	e	U	t_d	n
	17.5				**17.6**				**17.7**				**17.8**				**17.9**				
8	13.6	13.0	65	10.8	13.7	13.1	65	10.9	13.8	13.2	65	11.1	13.9	13.3	65	11.2	**14.0**	13.4	65	11.3	8
7	13.7	13.1	66	11.0	13.8	13.2	66	11.1	13.9	13.3	66	11.2	**14.0**	13.4	66	11.4	14.1	13.5	66	11.5	7
7	13.8	13.3	67	11.2	13.9	13.4	67	11.3	**14.0**	13.5	67	11.4	14.1	13.6	67	11.6	14.2	13.7	67	11.7	7
7	13.9	13.5	67	11.4	**14.0**	13.6	67	11.5	14.1	13.7	68	11.6	14.2	13.8	68	11.7	14.3	13.9	68	11.9	7
7	**14.0**	13.6	68	11.6	14.1	13.7	68	11.7	14.2	13.8	68	11.8	14.3	14.0	69	11.9	14.4	14.1	69	12.0	7
7	14.1	13.8	69	11.8	14.2	13.9	69	11.9	14.3	14.0	69	12.0	14.4	14.1	69	12.1	14.5	14.2	69	12.2	7
6	14.2	14.0	70	12.0	14.3	14.1	70	12.1	14.4	14.2	70	12.2	14.5	14.3	70	12.3	14.6	14.4	70	12.4	6
6	14.3	14.2	71	12.1	14.4	14.3	71	12.3	14.5	14.4	71	12.4	14.6	14.5	71	12.5	14.7	14.6	71	12.6	6
6	14.4	14.3	72	12.3	14.5	14.4	72	12.4	14.6	14.5	72	12.6	14.7	14.6	72	12.7	14.8	14.8	72	12.8	6
6	14.5	14.5	73	12.5	14.6	14.6	73	12.6	14.7	14.7	73	12.7	14.8	14.8	73	12.9	14.9	14.9	73	13.0	6
5	14.6	14.7	73	12.7	14.7	14.8	73	12.8	14.8	14.9	74	12.9	14.9	15.0	74	13.0	**15.0**	15.1	74	13.1	5
5	14.7	14.8	74	12.9	14.8	15.0	74	13.0	14.9	15.1	74	13.1	**15.0**	15.2	74	13.2	15.1	15.3	75	13.3	5
5	14.8	15.0	75	13.1	14.9	15.1	75	13.2	**15.0**	15.2	75	13.3	15.1	15.4	75	13.4	15.2	15.5	75	13.5	5
5	14.9	15.2	76	13.2	**15.0**	15.3	76	13.3	15.1	15.4	76	13.5	15.2	15.5	76	13.6	15.3	15.6	76	13.7	5
5	**15.0**	15.4	77	13.4	15.1	15.5	77	13.5	15.2	15.6	77	13.6	15.3	15.7	77	13.7	15.4	15.8	77	13.8	5
4	15.1	15.6	78	13.6	15.2	15.7	78	13.7	15.3	15.8	78	13.8	15.4	15.9	78	13.9	15.5	16.0	78	14.0	4
4	15.2	15.7	79	13.8	15.3	15.8	79	13.9	15.4	16.0	79	14.0	15.5	16.1	79	14.1	15.6	16.2	79	14.2	4
4	15.3	15.9	80	13.9	15.4	16.0	80	14.0	15.5	16.1	80	14.1	15.6	16.2	80	14.3	15.7	16.4	80	14.4	4
4	15.4	16.1	80	14.1	15.5	16.2	81	14.2	15.6	16.3	81	14.3	15.7	16.4	81	14.4	15.8	16.5	81	14.5	4
4	15.5	16.3	81	14.3	15.6	16.4	81	14.4	15.7	16.5	81	14.5	15.8	16.6	82	14.6	15.9	16.7	82	14.7	4
3	15.6	16.4	82	14.4	15.7	16.6	82	14.6	15.8	16.7	82	14.7	15.9	16.8	82	14.8	**16.0**	16.9	82	14.9	3
3	15.7	16.6	83	14.6	15.8	16.7	83	14.7	15.9	16.9	83	14.8	**16.0**	17.0	83	14.9	16.1	17.1	83	15.0	3
3	15.8	16.8	84	14.8	15.9	16.9	84	14.9	**16.0**	17.0	84	15.0	16.1	17.2	84	15.1	16.2	17.3	84	15.2	3
3	15.9	17.0	85	15.0	**16.0**	17.1	85	15.1	16.1	17.2	85	15.2	16.2	17.3	85	15.3	16.3	17.5	85	15.4	3
3	**16.0**	17.2	86	15.1	16.1	17.3	86	15.2	16.2	17.4	86	15.3	16.3	17.5	86	15.4	16.4	17.6	86	15.5	3
3	16.1	17.4	87	15.3	16.2	17.5	87	15.4	16.3	17.6	87	15.5	16.4	17.7	87	15.6	16.5	17.8	87	15.7	3
2	16.2	17.5	88	15.4	16.3	17.7	88	15.6	16.4	17.8	88	15.7	16.5	17.9	88	15.8	16.6	18.0	88	15.9	2
2	16.3	17.7	89	15.6	16.4	17.8	89	15.7	16.5	18.0	89	15.8	16.6	18.1	89	15.9	16.7	18.2	89	16.0	2
2	16.4	17.9	90	15.8	16.5	18.0	90	15.9	16.6	18.1	90	16.0	16.7	18.3	90	16.1	16.8	18.4	90	16.2	2
2	16.5	18.1	91	15.9	16.6	18.2	91	16.0	16.7	18.3	91	16.1	16.8	18.5	91	16.2	16.9	18.6	91	16.3	2
2	16.6	18.3	91	16.1	16.7	18.4	91	16.2	16.8	18.5	91	16.3	16.9	18.6	92	16.4	**17.0**	18.8	92	16.5	2
1	16.7	18.5	92	16.3	16.8	18.6	92	16.4	16.9	18.7	92	16.5	**17.0**	18.8	92	16.6	17.1	19.0	92	16.7	1
1	16.8	18.7	93	16.4	16.9	18.8	93	16.5	**17.0**	18.9	93	16.6	17.1	19.0	93	16.7	17.2	19.1	93	16.8	1
1	16.9	18.8	94	16.6	**17.0**	19.0	94	16.7	17.1	19.1	94	16.8	17.2	19.2	94	16.9	17.3	19.3	94	17.0	1
1	**17.0**	19.0	95	16.7	17.1	19.2	95	16.8	17.2	19.3	95	16.9	17.3	19.4	95	17.0	17.4	19.5	95	17.1	1
1	17.1	19.2	96	16.9	17.2	19.3	96	17.0	17.3	19.5	96	17.1	17.4	19.6	96	17.2	17.5	19.7	96	17.3	1
1	17.2	19.4	97	17.0	17.3	19.5	97	17.1	17.4	19.7	97	17.2	17.5	19.8	97	17.3	17.6	19.9	97	17.4	1
0	17.3	19.6	98	17.2	17.4	19.7	98	17.3	17.5	19.9	98	17.4	17.6	20.0	98	17.5	17.7	20.1	98	17.6	0
0	17.4	19.8	99	17.3	17.5	19.9	99	17.4	17.6	20.0	99	17.5	17.7	20.2	99	17.6	17.8	20.3	99	17.7	0
0	17.5	20.0	100	17.5	17.6	20.1	100	17.6	17.7	20.2	100	17.7	17.8	20.4	100	17.8	17.9	20.5	100	17.9	0
	18.0				**18.1**				**18.2**				**18.3**				**18.4**				
34																	5.3	0.2	1	-41.3	34
34					5.1	0.1	1	-45.3	5.2	0.2	1	-41.0	5.3	0.2	1	-38.0	5.4	0.3	1	-35.7	34
33	5.1	0.2	1	-40.8	5.2	0.2	1	-37.8	5.3	0.3	1	-35.5	5.4	0.4	2	-33.6	5.5	0.4	2	-31.9	33
33	5.2	0.3	1	-35.4	5.3	0.4	2	-33.5	5.4	0.4	2	-31.8	5.5	0.5	2	-30.4	5.6	0.6	3	-29.1	33
33	5.3	0.4	2	-31.7	5.4	0.5	2	-30.3	5.5	0.6	3	-29.1	5.6	0.6	3	-27.9	5.7	0.7	3	-26.8	33
32	5.4	0.6	3	-29.0	5.5	0.6	3	-27.8	5.6	0.7	3	-26.8	5.7	0.7	4	-25.8	5.8	0.8	4	-24.9	32
32	5.5	0.7	3	-26.7	5.6	0.8	4	-25.8	5.7	0.8	4	-24.9	5.8	0.9	4	-24.0	5.9	0.9	4	-23.3	32
32	5.6	0.8	4	-24.8	5.7	0.9	4	-24.0	5.8	0.9	5	-23.2	5.9	1.0	5	-22.5	**6.0**	1.1	5	-21.8	32
31	5.7	0.9	5	-23.2	5.8	1.0	5	-22.5	5.9	1.1	5	-21.8	**6.0**	1.1	5	-21.1	6.1	1.2	6	-20.4	31
31	5.8	1.1	5	-21.7	5.9	1.1	6	-21.1	**6.0**	1.2	6	-20.4	6.1	1.3	6	-19.8	6.2	1.3	6	-19.2	31
31	5.9	1.2	6	-20.4	**6.0**	1.3	6	-19.8	6.1	1.3	6	-19.2	6.2	1.4	7	-18.7	6.3	1.5	7	-18.1	31
30	**6.0**	1.3	7	-19.2	6.1	1.4	7	-18.7	6.2	1.5	7	-18.1	6.3	1.5	7	-17.6	6.4	1.6	8	-17.1	30
30	6.1	1.5	7	-18.1	6.2	1.5	7	-17.6	6.3	1.6	8	-17.1	6.4	1.7	8	-16.6	6.5	1.7	8	-16.2	30
30	6.2	1.6	8	-17.1	6.3	1.7	8	-16.6	6.4	1.7	8	-16.2	6.5	1.8	9	-15.7	6.6	1.9	9	-15.3	30
29	6.3	1.7	8	-16.2	6.4	1.8	9	-15.7	6.5	1.9	9	-15.3	6.6	1.9	9	-14.8	6.7	2.0	9	-14.4	29
29	6.4	1.9	9	-15.3	6.5	1.9	9	-14.8	6.6	2.0	10	-14.4	6.7	2.1	10	-14.0	6.8	2.1	10	-13.6	29
29	6.5	2.0	10	-14.4	6.6	2.1	10	-14.0	6.7	2.1	10	-13.6	6.8	2.2	10	-13.3	6.9	2.3	11	-12.9	29
28	6.6	2.1	10	-13.6	6.7	2.2	11	-13.3	6.8	2.3	11	-12.9	6.9	2.3	11	-12.5	**7.0**	2.4	11	-12.2	28
28	6.7	2.3	11	-12.9	6.8	2.3	11	-12.5	6.9	2.4	12	-12.2	**7.0**	2.5	12	-11.8	7.1	2.5	12	-11.5	28
27	6.8	2.4	12	-12.2	6.9	2.5	12	-11.8	**7.0**	2.5	12	-11.5	7.1	2.6	12	-11.2	7.2	2.7	13	-10.8	27
27	6.9	2.5	12	-11.5	**7.0**	2.6	13	-11.2	7.1	2.7	13	-10.8	7.2	2.7	13	-10.5	7.3	2.8	13	-10.2	27
27	**7.0**	2.7	13	-10.9	7.1	2.7	13	-10.5	7.2	2.8	13	-10.2	7.3	2.9	14	-9.9	7.4	3.0	14	-9.6	27
27	7.1	2.8	14	-10.2	7.2	2.9	14	-9.9	7.3	2.9	14	-9.6	7.4	3.0	14	-9.3	7.5	3.1	15	-9.0	27
26	7.2	2.9	14	-9.6	7.3	3.0	15	-9.3	7.4	3.1	15	-9.0	7.5	3.2	15	-8.8	7.6	3.2	15	-8.5	26
26	7.3	3.1	15	-9.1	7.4	3.2	15	-8.8	7.5	3.2	15	-8.5	7.6	3.3	16	-8.2	7.7	3.4	16	-7.9	26
26	7.4	3.2	16	-8.5	7.5	3.3	16	-8.2	7.6	3.4	16	-7.9	7.7	3.4	16	-7.7	7.8	3.5	17	-7.4	26
25	7.5	3.4	16	-8.0	7.6	3.4	17	-7.7	7.7	3.5	17	-7.4	7.8	3.6	17	-7.2	7.9	3.6	17	-6.9	25
25	7.6	3.5	17	-7.4	7.7	3.6	17	-7.2	7.8	3.6	17	-6.9	7.9	3.7	18	-6.7	**8.0**	3.8	18	-6.4	25
25	7.7	3.6	18	-6.9	7.8	3.7	18	-6.7	7.9	3.8	18	-6.4	**8.0**	3.9	18	-6.2	8.1	3.9	19	-5.9	25
24	7.8	3.8	18	-6.5	7.9	3.8	19	-6.2	**8.0**	3.9	19	-6.0	8.1	4.0	19	-5.7	8.2	4.1	19	-5.5	24

n	t_W	e	U	t_d	t_W	e	U	t_d	t_W	e	U	t_d	t_W	e	U	t_d	t_W	e	U	t_d	n
	18.0				**18.1**				**18.2**				**18.3**				**18.4**				
24	7.9	3.9	19	-6.0	**8.0**	4.0	19	-5.7	8.1	4.1	19	-5.5	8.2	4.1	20	-5.3	8.3	4.2	20	-5.0	24
24	**8.0**	4.1	20	-5.5	8.1	4.1	20	-5.3	8.2	4.2	20	-5.1	8.3	4.3	20	-4.8	8.4	4.3	21	-4.6	24
23	8.1	4.2	20	-5.1	8.2	4.3	21	-4.8	8.3	4.3	21	-4.6	8.4	4.4	21	-4.4	8.5	4.5	21	-4.2	23
23	8.2	4.3	21	-4.6	8.3	4.4	21	-4.4	8.4	4.5	21	-4.2	8.5	4.6	22	-4.0	8.6	4.6	22	-3.8	23
23	8.3	4.5	22	-4.2	8.4	4.5	22	-4.0	8.5	4.6	22	-3.8	8.6	4.7	22	-3.6	8.7	4.8	23	-3.3	23
22	8.4	4.6	22	-3.8	8.5	4.7	23	-3.6	8.6	4.8	23	-3.4	8.7	4.8	23	-3.2	8.8	4.9	23	-3.0	22
22	8.5	4.8	23	-3.4	8.6	4.8	23	-3.2	8.7	4.9	23	-3.0	8.8	5.0	24	-2.8	8.9	5.1	24	-2.6	22
22	8.6	4.9	24	-3.0	8.7	5.0	24	-2.8	8.8	5.0	24	-2.6	8.9	5.1	24	-2.4	**9.0**	5.2	25	-2.2	22
21	8.7	5.0	24	-2.6	8.8	5.1	25	-2.4	8.9	5.2	25	-2.2	**9.0**	5.3	25	-2.0	9.1	5.3	25	-1.8	21
21	8.8	5.2	25	-2.2	8.9	5.3	25	-2.0	**9.0**	5.3	26	-1.8	9.1	5.4	26	-1.6	9.2	5.5	26	-1.5	21
21	8.9	5.3	26	-1.9	**9.0**	5.4	26	-1.7	9.1	5.5	26	-1.5	9.2	5.6	26	-1.3	9.3	5.6	27	-1.1	21
21	**9.0**	5.5	27	-1.5	9.1	5.5	27	-1.3	9.2	5.6	27	-1.1	9.3	5.7	27	-0.9	9.4	5.8	27	-0.7	21
20	9.1	5.6	27	-1.2	9.2	5.7	27	-1.0	9.3	5.8	28	-0.8	9.4	5.8	28	-0.6	9.5	5.9	28	-0.4	20
20	9.2	5.8	28	-0.8	9.3	5.8	28	-0.6	9.4	5.9	28	-0.4	9.5	6.0	29	-0.3	9.6	6.1	29	-0.1	20
20	9.3	5.9	29	-0.5	9.4	6.0	29	-0.3	9.5	6.1	29	-0.1	9.6	6.1	29	0.1	9.7	6.2	29	0.3	20
19	9.4	6.1	29	-0.1	9.5	6.1	30	0.1	9.6	6.2	30	0.2	9.7	6.3	30	0.4	9.8	6.4	30	0.6	19
19	9.5	6.2	30	0.2	9.6	6.3	30	0.4	9.7	6.4	30	0.6	9.8	6.4	31	0.7	9.9	6.5	31	0.9	19
19	9.6	6.3	31	0.5	9.7	6.4	31	0.7	9.8	6.5	31	0.9	9.9	6.6	31	1.0	**10.0**	6.7	32	1.2	19
19	9.7	6.5	31	0.8	9.8	6.6	32	1.0	9.9	6.7	32	1.2	**10.0**	6.7	32	1.4	10.1	6.8	32	1.5	19
18	9.8	6.6	32	1.2	9.9	6.7	32	1.3	**10.0**	6.8	33	1.5	10.1	6.9	33	1.7	10.2	7.0	33	1.8	18
18	9.9	6.8	33	1.5	**10.0**	6.9	33	1.6	10.1	7.0	33	1.8	10.2	7.0	33	2.0	10.3	7.1	34	2.1	18
18	**10.0**	6.9	34	1.8	10.1	7.0	34	1.9	10.2	7.1	34	2.1	10.3	7.2	34	2.3	10.4	7.3	34	2.4	18
17	10.1	7.1	34	2.1	10.2	7.2	35	2.2	10.3	7.3	35	2.4	10.4	7.3	35	2.5	10.5	7.4	35	2.7	17
17	10.2	7.2	35	2.4	10.3	7.3	35	2.5	10.4	7.4	35	2.7	10.5	7.5	36	2.8	10.6	7.6	36	3.0	17
17	10.3	7.4	36	2.6	10.4	7.5	36	2.8	10.5	7.6	36	3.0	10.6	7.6	36	3.1	10.7	7.7	37	3.3	17
17	10.4	7.5	37	2.9	10.5	7.6	37	3.1	10.6	7.7	37	3.2	10.7	7.8	37	3.4	10.8	7.9	37	3.6	17
16	10.5	7.7	37	3.2	10.6	7.8	37	3.4	10.7	7.9	38	3.5	10.8	7.9	38	3.7	10.9	8.0	38	3.8	16
16	10.6	7.8	38	3.5	10.7	7.9	38	3.6	10.8	8.0	38	3.8	10.9	8.1	39	3.9	**11.0**	8.2	39	4.1	16
16	10.7	8.0	39	3.8	10.8	8.1	39	3.9	10.9	8.2	39	4.1	**11.0**	8.2	39	4.2	11.1	8.3	39	4.4	16
16	10.8	8.1	39	4.0	10.9	8.2	40	4.2	**11.0**	8.3	40	4.3	11.1	8.4	40	4.5	11.2	8.5	40	4.6	16
15	10.9	8.3	40	4.3	**11.0**	8.4	40	4.4	11.1	8.5	41	4.6	11.2	8.6	41	4.7	11.3	8.6	41	4.9	15
15	**11.0**	8.4	41	4.6	11.1	8.5	41	4.7	11.2	8.6	41	4.8	11.3	8.7	41	5.0	11.4	8.8	42	5.1	15
15	11.1	8.6	42	4.8	11.2	8.7	42	5.0	11.3	8.8	42	5.1	11.4	8.9	42	5.2	11.5	9.0	42	5.4	15
14	11.2	8.8	42	5.1	11.3	8.8	43	5.2	11.4	8.9	43	5.4	11.5	9.0	43	5.5	11.6	9.1	43	5.6	14
14	11.3	8.9	43	5.3	11.4	9.0	43	5.5	11.5	9.1	44	5.6	11.6	9.2	44	5.7	11.7	9.3	44	5.9	14
14	11.4	9.1	44	5.6	11.5	9.2	44	5.7	11.6	9.2	44	5.8	11.7	9.3	44	6.0	11.8	9.4	45	6.1	14
14	11.5	9.2	45	5.8	11.6	9.3	45	6.0	11.7	9.4	45	6.1	11.8	9.5	45	6.2	11.9	9.6	45	6.4	14
13	11.6	9.4	45	6.1	11.7	9.5	46	6.2	11.8	9.6	46	6.3	11.9	9.7	46	6.5	**12.0**	9.7	46	6.6	13
13	11.7	9.5	46	6.3	11.8	9.6	46	6.4	11.9	9.7	47	6.6	**12.0**	9.8	47	6.7	12.1	9.9	47	6.8	13
13	11.8	9.7	47	6.5	11.9	9.8	47	6.7	**12.0**	9.9	47	6.8	12.1	10.0	47	6.9	12.2	10.1	48	7.1	13
13	11.9	9.9	48	6.8	**12.0**	9.9	48	6.9	12.1	10.0	48	7.0	12.2	10.1	48	7.2	12.3	10.2	48	7.3	13
12	**12.0**	10.0	49	7.0	12.1	10.1	49	7.1	12.2	10.2	49	7.3	12.3	10.3	49	7.4	12.4	10.4	49	7.5	12
12	12.1	10.2	49	7.2	12.2	10.3	49	7.4	12.3	10.4	50	7.5	12.4	10.5	50	7.6	12.5	10.5	50	7.8	12
12	12.2	10.3	50	7.5	12.3	10.4	50	7.6	12.4	10.5	50	7.7	12.5	10.6	51	7.9	12.6	10.7	51	8.0	12
12	12.3	10.5	51	7.7	12.4	10.6	51	7.8	12.5	10.7	51	7.9	12.6	10.8	51	8.1	12.7	10.9	51	8.2	12
11	12.4	10.7	52	7.9	12.5	10.7	52	8.0	12.6	10.8	52	8.2	12.7	10.9	52	8.3	12.8	11.0	52	8.4	11
11	12.5	10.8	52	8.1	12.6	10.9	53	8.3	12.7	11.0	53	8.4	12.8	11.1	53	8.5	12.9	11.2	53	8.6	11
11	12.6	11.0	53	8.3	12.7	11.1	53	8.5	12.8	11.2	53	8.6	12.9	11.3	54	8.7	**13.0**	11.4	54	8.9	11
11	12.7	11.1	54	8.6	12.8	11.2	54	8.7	12.9	11.3	54	8.8	**13.0**	11.4	54	8.9	13.1	11.5	55	9.1	11
10	12.8	11.3	55	8.8	12.9	11.4	55	8.9	**13.0**	11.5	55	9.0	13.1	11.6	55	9.2	13.2	11.7	55	9.3	10
10	12.9	11.5	56	9.0	**13.0**	11.6	56	9.1	13.1	11.7	56	9.2	13.2	11.8	56	9.4	13.3	11.9	56	9.5	10
10	**13.0**	11.6	56	9.2	13.1	11.7	57	9.3	13.2	11.8	57	9.5	13.3	11.9	57	9.6	13.4	12.0	57	9.7	10
10	13.1	11.8	57	9.4	13.2	11.9	57	9.5	13.3	12.0	57	9.7	13.4	12.1	58	9.8	13.5	12.2	58	9.9	10
10	13.2	12.0	58	9.6	13.3	12.1	58	9.7	13.4	12.2	58	9.9	13.5	12.3	58	10.0	13.6	12.4	58	10.1	10
9	13.3	12.1	59	9.8	13.4	12.2	59	9.9	13.5	12.3	59	10.1	13.6	12.4	59	10.2	13.7	12.5	59	10.3	9
9	13.4	12.3	60	10.0	13.5	12.4	60	10.2	13.6	12.5	60	10.3	13.7	12.6	60	10.4	13.8	12.7	60	10.5	9
9	13.5	12.5	60	10.2	13.6	12.6	61	10.4	13.7	12.7	61	10.5	13.8	12.8	61	10.6	13.9	12.9	61	10.7	9
9	13.6	12.6	61	10.4	13.7	12.7	61	10.6	13.8	12.8	61	10.7	13.9	12.9	62	10.8	**14.0**	13.0	62	10.9	9
8	13.7	12.8	62	10.6	13.8	12.9	62	10.7	13.9	13.0	62	10.9	**14.0**	13.1	62	11.0	14.1	13.2	62	11.1	8
8	13.8	13.0	63	10.8	13.9	13.1	63	10.9	**14.0**	13.2	63	11.1	14.1	13.3	63	11.2	14.2	13.4	63	11.3	8
8	13.9	13.1	64	11.0	**14.0**	13.2	64	11.1	14.1	13.3	64	11.3	14.2	13.4	64	11.4	14.3	13.6	64	11.5	8
8	**14.0**	13.3	65	11.2	14.1	13.4	65	11.3	14.2	13.5	65	11.5	14.3	13.6	65	11.6	14.4	13.7	65	11.7	8
7	14.1	13.5	65	11.4	14.2	13.6	65	11.5	14.3	13.7	66	11.6	14.4	13.8	66	11.8	14.5	13.9	66	11.9	7
7	14.2	13.6	66	11.6	14.3	13.8	66	11.7	14.4	13.9	66	11.8	14.5	14.0	66	11.9	14.6	14.1	67	12.1	7
7	14.3	13.8	67	11.8	14.4	13.9	67	11.9	14.5	14.0	67	12.0	14.6	14.1	67	12.1	14.7	14.2	67	12.2	7
7	14.4	14.0	68	12.0	14.5	14.1	68	12.1	14.6	14.2	68	12.2	14.7	14.3	68	12.3	14.8	14.4	68	12.4	7
7	14.5	14.2	69	12.2	14.6	14.3	69	12.3	14.7	14.4	69	12.4	14.8	14.5	69	12.5	14.9	14.6	69	12.6	7
6	14.6	14.3	70	12.3	14.7	14.4	70	12.5	14.8	14.6	70	12.6	14.9	14.7	70	12.7	**15.0**	14.8	70	12.8	6
6	14.7	14.5	70	12.5	14.8	14.6	70	12.6	14.9	14.7	71	12.8	**15.0**	14.8	71	12.9	15.1	15.0	71	13.0	6
6	14.8	14.7	71	12.7	14.9	14.8	71	12.8	**15.0**	14.9	71	12.9	15.1	15.0	71	13.1	15.2	15.1	72	13.2	6
6	14.9	14.9	72	12.9	**15.0**	15.0	72	13.0	15.1	15.1	72	13.1	15.2	15.2	72	13.2	15.3	15.3	72	13.3	6
6	**15.0**	15.0	73	13.1	15.1	15.2	73	13.2	15.2	15.3	73	13.3	15.3	15.4	73	13.4	15.4	15.5	73	13.5	6
5	15.1	15.2	74	13.3	15.2	15.3	74	13.4	15.3	15.4	74	13.5	15.4	15.6	74	13.6	15.5	15.7	74	13.7	5

n	t_W	e	U	t_d	t_W	e	U	t_d	t_W	e	U	t_d	t_W	e	U	t_d	t_W	e	U	t_d	n
	18.0				**18.1**				**18.2**				**18.3**				**18.4**				
5	15.2	15.4	75	13.4	15.3	15.5	75	13.5	15.4	15.6	75	13.7	15.5	15.7	75	13.8	15.6	15.8	75	13.9	5
5	15.3	15.6	75	13.6	15.4	15.7	76	13.7	15.5	15.8	76	13.8	15.6	15.9	76	13.9	15.7	16.0	76	14.0	5
5	15.4	15.8	76	13.8	15.5	15.9	76	13.9	15.6	16.0	76	14.0	15.7	16.1	77	14.1	15.8	16.2	77	14.2	5
5	15.5	15.9	77	14.0	15.6	16.0	77	14.1	15.7	16.2	77	14.2	15.8	16.3	77	14.3	15.9	16.4	77	14.4	5
4	15.6	16.1	78	14.1	15.7	16.2	78	14.2	15.8	16.3	78	14.3	15.9	16.5	78	14.5	**16.0**	16.6	78	14.6	4
4	15.7	16.3	79	14.3	15.8	16.4	79	14.4	15.9	16.5	79	14.5	**16.0**	16.6	79	14.6	16.1	16.8	79	14.7	4
4	15.8	16.5	80	14.5	15.9	16.6	80	14.6	**16.0**	16.7	80	14.7	16.1	16.8	80	14.8	16.2	16.9	80	14.9	4
4	15.9	16.7	81	14.6	**16.0**	16.8	81	14.8	16.1	16.9	81	14.9	16.2	17.0	81	15.0	16.3	17.1	81	15.1	4
4	**16.0**	16.8	82	14.8	16.1	17.0	82	14.9	16.2	17.1	82	15.0	16.3	17.2	82	15.1	16.4	17.3	82	15.2	4
3	16.1	17.0	83	15.0	16.2	17.1	83	15.1	16.3	17.3	83	15.2	16.4	17.4	83	15.3	16.5	17.5	83	15.4	3
3	16.2	17.2	83	15.1	16.3	17.3	83	15.3	16.4	17.4	83	15.4	16.5	17.6	84	15.5	16.6	17.7	84	15.6	3
3	16.3	17.4	84	15.3	16.4	17.5	84	15.4	16.5	17.6	84	15.5	16.6	17.7	84	15.6	16.7	17.9	84	15.7	3
3	16.4	17.6	85	15.5	16.5	17.7	85	15.6	16.6	17.8	85	15.7	16.7	17.9	85	15.8	16.8	18.1	85	15.9	3
3	16.5	17.8	86	15.6	16.6	17.9	86	15.7	16.7	18.0	86	15.9	16.8	18.1	86	16.0	16.9	18.2	86	16.1	3
2	16.6	17.9	87	15.8	16.7	18.1	87	15.9	16.8	18.2	87	16.0	16.9	18.3	87	16.1	**17.0**	18.4	87	16.2	2
2	16.7	18.1	88	16.0	16.8	18.3	88	16.1	16.9	18.4	88	16.2	**17.0**	18.5	88	16.3	17.1	18.6	88	16.4	2
2	16.8	18.3	89	16.1	16.9	18.4	89	16.2	**17.0**	18.6	89	16.3	17.1	18.7	89	16.4	17.2	18.8	89	16.5	2
2	16.9	18.5	90	16.3	**17.0**	18.6	90	16.4	17.1	18.8	90	16.5	17.2	18.9	90	16.6	17.3	19.0	90	16.7	2
2	**17.0**	18.7	91	16.4	17.1	18.8	91	16.6	17.2	18.9	91	16.7	17.3	19.1	91	16.8	17.4	19.2	91	16.9	2
2	17.1	18.9	92	16.6	17.2	19.0	92	16.7	17.3	19.1	92	16.8	17.4	19.3	92	16.9	17.5	19.4	92	17.0	2
1	17.2	19.1	92	16.8	17.3	19.2	93	16.9	17.4	19.3	93	17.0	17.5	19.5	93	17.1	17.6	19.6	93	17.2	1
1	17.3	19.3	93	16.9	17.4	19.4	93	17.0	17.5	19.5	93	17.1	17.6	19.6	93	17.2	17.7	19.8	93	17.3	1
1	17.4	19.5	94	17.1	17.5	19.6	94	17.2	17.6	19.7	94	17.3	17.7	19.8	94	17.4	17.8	20.0	94	17.5	1
1	17.5	19.7	95	17.2	17.6	19.8	95	17.3	17.7	19.9	95	17.4	17.8	20.0	95	17.5	17.9	20.2	95	17.6	1
1	17.6	19.8	96	17.4	17.7	20.0	96	17.5	17.8	20.1	96	17.6	17.9	20.2	96	17.7	**18.0**	20.4	96	17.8	1
1	17.7	20.0	97	17.5	17.8	20.2	97	17.6	17.9	20.3	97	17.7	**18.0**	20.4	97	17.8	18.1	20.6	97	17.9	1
0	17.8	20.2	98	17.7	17.9	20.4	98	17.8	**18.0**	20.5	98	17.9	18.1	20.6	98	18.0	18.2	20.8	98	18.1	0
0	17.9	20.4	99	17.8	**18.0**	20.6	99	17.9	18.1	20.7	99	18.0	18.2	20.8	99	18.1	18.3	21.0	99	18.2	0
0	**18.0**	20.6	100	18.0	18.1	20.8	100	18.1	18.2	20.9	100	18.2	18.3	21.0	100	18.3	18.4	21.2	100	18.4	0
	18.5				**18.6**				**18.7**				**18.8**				**18.9**				
34													5.5	0.2	1	-41.8	5.6	0.2	1	-38.6	34
34					5.4	0.2	1	-41.6	5.5	0.2	1	-38.4	5.6	0.3	1	-36.0	5.7	0.3	2	-33.9	34
34	5.4	0.2	1	-38.2	5.5	0.3	1	-35.8	5.6	0.4	2	-33.8	5.7	0.4	2	-32.1	5.8	0.5	2	-30.6	34
33	5.5	0.4	2	-33.7	5.6	0.4	2	-32.0	5.7	0.5	2	-30.6	5.8	0.5	3	-29.3	5.9	0.6	3	-28.1	33
33	5.6	0.5	2	-30.5	5.7	0.5	3	-29.2	5.8	0.6	3	-28.0	5.9	0.7	3	-26.9	**6.0**	0.7	3	-25.9	33
33	5.7	0.6	3	-28.0	5.8	0.7	3	-26.9	5.9	0.7	3	-25.9	**6.0**	0.8	4	-25.0	6.1	0.9	4	-24.1	33
32	5.8	0.7	4	-25.9	5.9	0.8	4	-25.0	**6.0**	0.9	4	-24.1	6.1	0.9	4	-23.3	6.2	1.0	5	-22.5	32
32	5.9	0.9	4	-24.1	**6.0**	0.9	4	-23.3	6.1	1.0	5	-22.5	6.2	1.1	5	-21.8	6.3	1.1	5	-21.1	32
31	**6.0**	1.0	5	-22.5	6.1	1.1	5	-21.8	6.2	1.1	5	-21.1	6.3	1.2	6	-20.5	6.4	1.3	6	-19.9	31
31	6.1	1.1	5	-21.1	6.2	1.2	6	-20.5	6.3	1.3	6	-19.8	6.4	1.3	6	-19.3	6.5	1.4	6	-18.7	31
31	6.2	1.3	6	-19.8	6.3	1.3	6	-19.3	6.4	1.4	7	-18.7	6.5	1.5	7	-18.1	6.6	1.5	7	-17.6	31
30	6.3	1.4	7	-18.7	6.4	1.5	7	-18.1	6.5	1.5	7	-17.6	6.6	1.6	7	-17.1	6.7	1.7	8	-16.6	30
30	6.4	1.5	7	-17.6	6.5	1.6	7	-17.1	6.6	1.7	8	-16.6	6.7	1.7	8	-16.2	6.8	1.8	8	-15.7	30
30	6.5	1.7	8	-16.6	6.6	1.7	8	-16.2	6.7	1.8	8	-15.7	6.8	1.9	9	-15.3	6.9	1.9	9	-14.8	30
29	6.6	1.8	8	-15.7	6.7	1.9	9	-15.3	6.8	1.9	9	-14.8	6.9	2.0	9	-14.4	**7.0**	2.1	10	-14.0	29
29	6.7	1.9	9	-14.8	6.8	2.0	9	-14.4	6.9	2.1	10	-14.0	**7.0**	2.1	10	-13.6	7.1	2.2	10	-13.2	29
29	6.8	2.1	10	-14.0	6.9	2.1	10	-13.8	**7.0**	2.2	10	-13.2	7.1	2.3	10	-12.9	7.2	2.3	11	-12.5	29
28	6.9	2.2	10	-13.2	**7.0**	2.3	11	-12.9	7.1	2.3	11	-12.5	7.2	2.4	11	-12.1	7.3	2.5	11	-11.8	28
28	**7.0**	2.3	11	-12.5	7.1	2.4	11	-12.2	7.2	2.5	12	-11.8	7.3	2.5	12	-11.5	7.4	2.6	12	-11.1	28
28	7.1	2.5	12	-11.8	7.2	2.5	12	-11.5	7.3	2.6	12	-11.1	7.4	2.7	12	-10.8	7.5	2.8	13	-10.5	28
27	7.2	2.6	12	-11.1	7.3	2.7	13	-10.8	7.4	2.8	13	-10.5	7.5	2.8	13	-10.2	7.6	2.9	13	-9.9	27
27	7.3	2.7	13	-10.5	7.4	2.8	13	-10.2	7.5	2.9	13	-9.9	7.6	3.0	14	-9.6	7.7	3.0	14	-9.3	27
27	7.4	2.9	14	-9.9	7.5	3.0	14	-9.6	7.6	3.0	14	-9.3	7.7	3.1	14	-9.0	7.8	3.2	15	-8.7	27
26	7.5	3.0	14	-9.3	7.6	3.1	14	-9.0	7.7	3.2	15	-8.7	7.8	3.2	15	-8.4	7.9	3.3	15	-8.1	26
26	7.6	3.2	15	-8.7	7.7	3.2	15	-8.4	7.8	3.3	15	-8.2	7.9	3.4	16	-7.9	**8.0**	3.5	16	-7.6	26
26	7.7	3.3	16	-8.2	7.8	3.4	16	-7.9	7.9	3.4	16	-7.6	**8.0**	3.5	16	-7.4	8.1	3.6	16	-7.1	26
25	7.8	3.4	16	-7.7	7.9	3.5	16	-7.4	**8.0**	3.6	17	-7.1	8.1	3.7	17	-6.9	8.2	3.7	17	-6.6	25
25	7.9	3.6	17	-7.1	**8.0**	3.7	17	-6.9	8.1	3.7	17	-6.6	8.2	3.8	18	-6.4	8.3	3.9	18	-6.1	25
25	**8.0**	3.7	17	-6.6	8.1	3.8	18	-6.4	8.2	3.9	18	-6.1	8.3	3.9	18	-5.9	8.4	4.0	18	-5.6	25
25	8.1	3.9	18	-6.2	8.2	3.9	18	-5.9	8.3	4.0	19	-5.7	8.4	4.1	19	-5.4	8.5	4.2	19	-5.2	25
24	8.2	4.0	19	-5.7	8.3	4.1	19	-5.5	8.4	4.1	19	-5.2	8.5	4.2	19	-5.0	8.6	4.3	20	-4.7	24
24	8.3	4.1	19	-5.2	8.4	4.2	20	-5.0	8.5	4.3	20	-4.8	8.6	4.4	20	-4.5	8.7	4.4	20	-4.3	24
24	8.4	4.3	20	-4.8	8.5	4.4	20	-4.6	8.6	4.4	21	-4.3	8.7	4.5	21	-4.1	8.8	4.6	21	-3.9	24
23	8.5	4.4	21	-4.4	8.6	4.5	21	-4.1	8.7	4.6	21	-3.9	8.8	4.6	21	-3.7	8.9	4.7	22	-3.5	23
23	8.6	4.6	21	-3.9	8.7	4.6	22	-3.7	8.8	4.7	22	-3.5	8.9	4.8	22	-3.3	**9.0**	4.9	22	-3.1	23
23	8.7	4.7	22	-3.5	8.8	4.8	22	-3.3	8.9	4.9	23	-3.1	**9.0**	4.9	23	-2.9	9.1	5.0	23	-2.7	23
22	8.8	4.8	23	-3.1	8.9	4.9	23	-2.9	**9.0**	5.0	23	-2.7	9.1	5.1	23	-2.5	9.2	5.2	24	-2.3	22
22	8.9	5.0	23	-2.7	**9.0**	5.1	24	-2.5	9.1	5.1	24	-2.3	9.2	5.2	24	-2.1	9.3	5.3	24	-1.9	22
22	**9.0**	5.1	24	-2.4	9.1	5.2	24	-2.2	9.2	5.3	25	-2.0	9.3	5.4	25	-1.8	9.4	5.4	25	-1.6	22
21	9.1	5.3	25	-2.0	9.2	5.4	25	-1.8	9.3	5.4	25	-1.6	9.4	5.5	25	-1.4	9.5	5.6	26	-1.2	21
21	9.2	5.4	25	-1.6	9.3	5.5	26	-1.4	9.4	5.6	26	-1.2	9.5	5.7	26	-1.0	9.6	5.7	26	-0.8	21

n	t_W	e	U	t_d	t_W	e	U	t_d	t_W	e	U	t_d	t_W	e	U	t_d	t_W	e	U	t_d	n
	18.5				**18.6**				**18.7**				**18.8**				**18.9**				
21	9.3	5.6	26	-1.3	9.4	5.6	26	-1.1	9.5	5.7	27	-0.9	9.6	5.8	27	-0.7	9.7	5.9	27	-0.5	21
21	9.4	5.7	27	-0.9	9.5	5.8	27	-0.7	9.6	5.9	27	-0.5	9.7	6.0	27	-0.3	9.8	6.0	28	-0.2	21
20	9.5	5.9	28	-0.6	9.6	5.9	28	-0.4	9.7	6.0	28	-0.2	9.8	6.1	28	0.0	9.9	6.2	28	0.2	20
20	9.6	6.0	28	-0.2	9.7	6.1	28	0.0	9.8	6.2	29	0.1	9.9	6.3	29	0.3	**10.0**	6.3	29	0.5	20
20	9.7	6.2	29	0.1	9.8	6.2	29	0.3	9.9	6.3	29	0.5	**10.0**	6.4	30	0.6	10.1	6.5	30	0.8	20
19	9.8	6.3	30	0.4	9.9	6.4	30	0.6	**10.0**	6.5	30	0.8	10.1	6.6	30	1.0	10.2	6.6	30	1.1	19
19	9.9	6.5	30	0.8	**10.0**	6.5	31	0.9	10.1	6.6	31	1.1	10.2	6.7	31	1.3	10.3	6.8	31	1.5	19
19	**10.0**	6.6	31	1.1	10.1	6.7	31	1.2	10.2	6.8	31	1.4	10.3	6.9	32	1.6	10.4	6.9	32	1.8	19
19	10.1	6.8	32	1.4	10.2	6.8	32	1.6	10.3	6.9	32	1.7	10.4	7.0	32	1.9	10.5	7.1	32	2.1	19
18	10.2	6.9	32	1.7	10.3	7.0	33	1.9	10.4	7.1	33	2.0	10.5	7.2	33	2.2	10.6	7.2	33	2.4	18
18	10.3	7.1	33	2.0	10.4	7.1	33	2.2	10.5	7.2	33	2.3	10.6	7.3	34	2.5	10.7	7.4	34	2.7	18
18	10.4	7.2	34	2.3	10.5	7.3	34	2.5	10.6	7.4	34	2.6	10.7	7.5	34	2.8	10.8	7.5	35	2.9	18
17	10.5	7.4	35	2.6	10.6	7.4	35	2.7	10.7	7.5	35	2.9	10.8	7.6	35	3.1	10.9	7.7	35	3.2	17
17	10.6	7.5	35	2.9	10.7	7.6	35	3.0	10.8	7.7	36	3.2	10.9	7.8	36	3.3	**11.0**	7.8	36	3.5	17
17	10.7	7.7	36	3.2	10.8	7.7	36	3.3	10.9	7.8	36	3.5	**11.0**	7.9	36	3.6	11.1	8.0	37	3.8	17
17	10.8	7.8	37	3.4	10.9	7.9	37	3.6	**11.0**	8.0	37	3.7	11.1	8.1	37	3.9	11.2	8.2	37	4.1	17
16	10.9	8.0	37	3.7	**11.0**	8.0	38	3.9	11.1	8.1	38	4.0	11.2	8.2	38	4.2	11.3	8.3	38	4.3	16
16	**11.0**	8.1	38	4.0	11.1	8.2	38	4.1	11.2	8.3	38	4.3	11.3	8.4	39	4.4	11.4	8.5	39	4.6	16
16	11.1	8.3	39	4.2	11.2	8.4	39	4.4	11.3	8.4	39	4.5	11.4	8.5	39	4.7	11.5	8.6	40	4.8	16
16	11.2	8.4	40	4.5	11.3	8.5	40	4.7	11.4	8.6	40	4.8	11.5	8.7	40	5.0	11.6	8.8	40	5.1	16
15	11.3	8.6	40	4.8	11.4	8.7	40	4.9	11.5	8.8	41	5.1	11.6	8.8	41	5.2	11.7	8.9	41	5.4	15
15	11.4	8.7	41	5.0	11.5	8.8	41	5.2	11.6	8.9	41	5.3	11.7	9.0	42	5.5	11.8	9.1	42	5.6	15
15	11.5	8.9	42	5.3	11.6	9.0	42	5.4	11.7	9.1	42	5.6	11.8	9.2	42	5.7	11.9	9.3	42	5.9	15
14	11.6	9.0	43	5.5	11.7	9.1	43	5.7	11.8	9.2	43	5.8	11.9	9.3	43	6.0	**12.0**	9.4	43	6.1	14
14	11.7	9.2	43	5.8	11.8	9.3	43	5.9	11.9	9.4	44	6.1	**12.0**	9.5	44	6.2	12.1	9.6	44	6.3	14
14	11.8	9.4	44	6.0	11.9	9.5	44	6.2	**12.0**	9.5	44	6.3	12.1	9.6	44	6.4	12.2	9.7	45	6.6	14
14	11.9	9.5	45	6.3	**12.0**	9.6	45	6.4	12.1	9.7	45	6.5	12.2	9.8	45	6.7	12.3	9.9	45	6.8	14
13	**12.0**	9.7	45	6.5	12.1	9.8	46	6.6	12.2	9.9	46	6.8	12.3	10.0	46	6.9	12.4	10.1	46	7.1	13
13	12.1	9.8	46	6.7	12.2	9.9	46	6.9	12.3	10.0	47	7.0	12.4	10.1	47	7.2	12.5	10.2	47	7.3	13
13	12.2	10.0	47	7.0	12.3	10.1	47	7.1	12.4	10.2	47	7.3	12.5	10.3	47	7.4	12.6	10.4	48	7.5	13
13	12.3	10.2	48	7.2	12.4	10.3	48	7.3	12.5	10.3	48	7.5	12.6	10.4	48	7.6	12.7	10.5	48	7.8	13
12	12.4	10.3	48	7.4	12.5	10.4	49	7.6	12.6	10.5	49	7.7	12.7	10.6	49	7.8	12.8	10.7	49	8.0	12
12	12.5	10.5	49	7.7	12.6	10.6	49	7.8	12.7	10.7	50	7.9	12.8	10.8	50	8.1	12.9	10.9	50	8.2	12
12	12.6	10.6	50	7.9	12.7	10.7	50	8.0	12.8	10.8	50	8.2	12.9	10.9	50	8.3	**13.0**	11.0	51	8.4	12
12	12.7	10.8	51	8.1	12.8	10.9	51	8.2	12.9	11.0	51	8.4	**13.0**	11.1	51	8.5	13.1	11.2	51	8.6	12
11	12.8	11.0	52	8.3	12.9	11.1	52	8.5	**13.0**	11.2	52	8.6	13.1	11.3	52	8.7	13.2	11.4	52	8.9	11
11	12.9	11.1	52	8.6	**13.0**	11.2	52	8.7	13.1	11.3	53	8.8	13.2	11.4	53	8.9	13.3	11.5	53	9.1	11
11	**13.0**	11.3	53	8.8	13.1	11.4	53	8.9	13.2	11.5	53	9.0	13.3	11.6	53	9.2	13.4	11.7	54	9.3	11
11	13.1	11.5	54	9.0	13.2	11.6	54	9.1	13.3	11.7	54	9.2	13.4	11.8	54	9.4	13.5	11.9	54	9.5	11
11	13.2	11.6	55	9.2	13.3	11.7	55	9.3	13.4	11.8	55	9.5	13.5	11.9	55	9.6	13.6	12.0	55	9.7	11
10	13.3	11.8	55	9.4	13.4	11.9	56	9.5	13.5	12.0	56	9.7	13.6	12.1	56	9.8	13.7	12.2	56	9.9	10
10	13.4	12.0	56	9.6	13.5	12.1	56	9.7	13.6	12.2	56	9.9	13.7	12.3	57	10.0	13.8	12.4	57	10.1	10
10	13.5	12.1	57	9.8	13.6	12.2	57	10.0	13.7	12.3	57	10.1	13.8	12.4	57	10.2	13.9	12.5	57	10.3	10
10	13.6	12.3	58	10.0	13.7	12.4	58	10.2	13.8	12.5	58	10.3	13.9	12.6	58	10.4	**14.0**	12.7	58	10.5	10
9	13.7	12.5	59	10.2	13.8	12.6	59	10.4	13.9	12.7	59	10.5	**14.0**	12.8	59	10.6	14.1	12.9	59	10.7	9
9	13.8	12.6	59	10.4	13.9	12.7	59	10.6	**14.0**	12.8	60	10.7	14.1	12.9	60	10.8	14.2	13.0	60	10.9	9
9	13.9	12.8	60	10.6	**14.0**	12.9	60	10.8	14.1	13.0	60	10.9	14.2	13.1	60	11.0	14.3	13.2	61	11.1	9
9	**14.0**	13.0	61	10.8	14.1	13.1	61	11.0	14.2	13.2	61	11.1	14.3	13.3	61	11.2	14.4	13.4	61	11.3	9
8	14.1	13.1	62	11.0	14.2	13.2	62	11.1	14.3	13.4	62	11.3	14.4	13.5	62	11.4	14.5	13.6	62	11.5	8
8	14.2	13.3	63	11.2	14.3	13.4	63	11.3	14.4	13.5	63	11.5	14.5	13.6	63	11.6	14.6	13.7	63	11.7	8
8	14.3	13.5	63	11.4	14.4	13.6	63	11.5	14.5	13.7	64	11.7	14.6	13.8	64	11.8	14.7	13.9	64	11.9	8
8	14.4	13.7	64	11.6	14.5	13.8	64	11.7	14.6	13.9	64	11.8	14.7	14.0	64	12.0	14.8	14.1	65	12.1	8
8	14.5	13.8	65	11.8	14.6	13.9	65	11.9	14.7	14.0	65	12.0	14.8	14.2	65	12.2	14.9	14.3	65	12.3	8
7	14.6	14.0	66	12.0	14.7	14.1	66	12.1	14.8	14.2	66	12.2	14.9	14.3	66	12.3	**15.0**	14.4	66	12.5	7
7	14.7	14.2	67	12.2	14.8	14.3	67	12.3	14.9	14.4	67	12.4	**15.0**	14.5	67	12.5	15.1	14.6	67	12.6	7
7	14.8	14.4	67	12.4	14.9	14.5	68	12.5	**15.0**	14.6	68	12.6	15.1	14.7	68	12.7	15.2	14.8	68	12.8	7
7	14.9	14.5	68	12.5	**15.0**	14.6	68	12.7	15.1	14.8	68	12.8	15.2	14.9	69	12.9	15.3	15.0	69	13.0	7
7	**15.0**	14.7	69	12.7	15.1	14.8	69	12.8	15.2	14.9	69	13.0	15.3	15.0	69	13.1	15.4	15.2	69	13.2	7
6	15.1	14.9	70	12.9	15.2	15.0	70	13.0	15.3	15.1	70	13.1	15.4	15.2	70	13.3	15.5	15.3	70	13.4	6
6	15.2	15.1	71	13.1	15.3	15.2	71	13.2	15.4	15.3	71	13.3	15.5	15.4	71	13.4	15.6	15.5	71	13.5	6
6	15.3	15.2	72	13.3	15.4	15.4	72	13.4	15.5	15.5	72	13.5	15.6	15.6	72	13.6	15.7	15.7	72	13.7	6
6	15.4	15.4	72	13.5	15.5	15.5	73	13.6	15.6	15.6	73	13.7	15.7	15.8	73	13.8	15.8	15.9	73	13.9	6
5	15.5	15.6	73	13.6	15.6	15.7	73	13.7	15.7	15.8	73	13.9	15.8	15.9	73	14.0	15.9	16.1	74	14.1	5
5	15.6	15.8	74	13.8	15.7	15.9	74	13.9	15.8	16.0	74	14.0	15.9	16.1	74	14.1	**16.0**	16.2	74	14.3	5
5	15.7	16.0	75	14.0	15.8	16.1	75	14.1	15.9	16.2	75	14.2	**16.0**	16.3	75	14.3	16.1	16.4	75	14.4	5
5	15.8	16.1	76	14.2	15.9	16.3	76	14.3	**16.0**	16.4	76	14.4	16.1	16.5	76	14.5	16.2	16.6	76	14.6	5
5	15.9	16.3	77	14.3	**16.0**	16.4	77	14.4	16.1	16.6	77	14.5	16.2	16.7	77	14.7	16.3	16.8	77	14.8	5
4	**16.0**	16.5	78	14.5	16.1	16.6	78	14.6	16.2	16.7	78	14.7	16.3	16.9	78	14.8	16.4	17.0	78	14.9	4
4	16.1	16.7	78	14.7	16.2	16.8	78	14.8	16.3	16.9	79	14.9	16.4	17.0	79	15.0	16.5	17.2	79	15.1	4
4	16.2	16.9	79	14.8	16.3	17.0	79	15.0	16.4	17.1	79	15.1	16.5	17.2	79	15.2	16.6	17.3	79	15.3	4
4	16.3	17.1	80	15.0	16.4	17.2	80	15.1	16.5	17.3	80	15.2	16.6	17.4	80	15.3	16.7	17.5	80	15.4	4
4	16.4	17.2	81	15.2	16.5	17.4	81	15.3	16.6	17.5	81	15.4	16.7	17.6	81	15.5	16.8	17.7	81	15.6	4
4	16.5	17.4	82	15.3	16.6	17.5	82	15.5	16.7	17.7	82	15.6	16.8	17.8	82	15.7	16.9	17.9	82	15.8	4

n	t_W	e	U	t_d	t_W	e	U	t_d	t_W	e	U	t_d	t_W	e	U	t_d	t_W	e	U	t_d	n
	18.5				**18.6**				**18.7**				**18.8**				**18.9**				
3	16.6	17.6	83	15.5	16.7	17.7	83	15.6	16.8	17.9	83	15.7	16.9	18.0	83	15.8	**17.0**	18.1	83	15.9	3
3	16.7	17.8	84	15.7	16.8	17.9	84	15.8	16.9	18.0	84	15.9	**17.0**	18.2	84	16.0	17.1	18.3	84	16.1	3
3	16.8	18.0	85	15.8	16.9	18.1	85	15.9	**17.0**	18.2	85	16.1	17.1	18.4	85	16.2	17.2	18.5	85	16.3	3
3	16.9	18.2	85	16.0	**17.0**	18.3	85	16.1	17.1	18.4	85	16.2	17.2	18.5	86	16.3	17.3	18.7	86	16.4	3
3	**17.0**	18.4	86	16.2	17.1	18.5	86	16.3	17.2	18.6	86	16.4	17.3	18.7	86	16.5	17.4	18.9	86	16.6	3
2	17.1	18.6	87	16.3	17.2	18.7	87	16.4	17.3	18.8	87	16.5	17.4	18.9	87	16.6	17.5	19.1	87	16.7	2
2	17.2	18.7	88	16.5	17.3	18.9	88	16.6	17.4	19.0	88	16.7	17.5	19.1	88	16.8	17.6	19.2	88	16.9	2
2	17.3	18.9	89	16.6	17.4	19.1	89	16.8	17.5	19.2	89	16.9	17.6	19.3	89	17.0	17.7	19.4	89	17.1	2
2	17.4	19.1	90	16.8	17.5	19.3	90	16.9	17.6	19.4	90	17.0	17.7	19.5	90	17.1	17.8	19.6	90	17.2	2
2	17.5	19.3	91	17.0	17.6	19.4	91	17.1	17.7	19.6	91	17.2	17.8	19.7	91	17.3	17.9	19.8	91	17.4	2
2	17.6	19.5	92	17.1	17.7	19.6	92	17.2	17.8	19.8	92	17.3	17.9	19.9	92	17.4	**18.0**	20.0	92	17.5	2
1	17.7	19.7	93	17.3	17.8	19.8	93	17.4	17.9	20.0	93	17.5	**18.0**	20.1	93	17.6	18.1	20.2	93	17.7	1
1	17.8	19.9	94	17.4	17.9	20.0	94	17.5	**18.0**	20.2	94	17.6	18.1	20.3	94	17.7	18.2	20.4	94	17.8	1
1	17.9	20.1	94	17.6	**18.0**	20.2	94	17.7	18.1	20.4	94	17.8	18.2	20.5	94	17.9	18.3	20.6	94	18.0	1
1	**18.0**	20.3	95	17.7	18.1	20.4	95	17.8	18.2	20.6	95	17.9	18.3	20.7	95	18.0	18.4	20.8	95	18.1	1
1	18.1	20.5	96	17.9	18.2	20.6	96	18.0	18.3	20.8	96	18.1	18.4	20.9	96	18.2	18.5	21.0	96	18.3	1
0	18.2	20.7	97	18.0	18.3	20.8	97	18.1	18.4	21.0	97	18.2	18.5	21.1	97	18.3	18.6	21.2	97	18.5	0
0	18.3	20.9	98	18.2	18.4	21.0	98	18.3	18.5	21.2	98	18.4	18.6	21.3	98	18.5	18.7	21.4	98	18.6	0
0	18.4	21.1	99	18.3	18.5	21.2	99	18.4	18.6	21.4	99	18.6	18.7	21.5	99	18.7	18.8	21.6	99	18.8	0
0	18.5	21.3	100	18.5	18.6	21.4	100	18.6	18.7	21.6	100	18.7	18.8	21.7	100	18.8	18.9	21.8	100	18.9	0
	19.0				**19.1**				**19.2**				**19.3**				**19.4**				
35																	5.8	0.1	1	-42.5	35
35									5.7	0.1	1	-42.3	5.8	0.2	1	-38.9	5.9	0.3	1	-36.3	35
34	5.6	0.2	1	-42.1	5.7	0.2	1	-38.7	5.8	0.3	1	-36.2	5.9	0.3	2	-34.1	**6.0**	0.4	2	-32.3	34
34	5.7	0.3	1	-36.1	5.8	0.3	2	-34.0	5.9	0.4	2	-32.3	**6.0**	0.5	2	-30.7	6.1	0.5	2	-29.4	34
33	5.8	0.4	2	-32.2	5.9	0.5	2	-30.7	**6.0**	0.5	2	-29.3	6.1	0.6	3	-28.1	6.2	0.7	3	-27.0	33
33	5.9	0.5	2	-29.3	**6.0**	0.6	3	-28.1	6.1	0.7	3	-27.0	6.2	0.7	3	-26.0	6.3	0.8	4	-25.0	33
33	**6.0**	0.7	3	-27.0	6.1	0.7	3	-26.0	6.2	0.8	4	-25.0	6.3	0.9	4	-24.2	6.4	0.9	4	-23.3	33
32	6.1	0.8	4	-25.0	6.2	0.9	4	-24.1	6.3	0.9	4	-23.3	6.4	1.0	4	-22.6	6.5	1.1	5	-21.8	32
32	6.2	0.9	4	-23.3	6.3	1.0	5	-22.6	6.4	1.1	5	-21.8	6.5	1.1	5	-21.1	6.6	1.2	5	-20.5	32
32	6.3	1.1	5	-21.8	6.4	1.1	5	-21.1	6.5	1.2	5	-20.5	6.6	1.3	6	-19.9	6.7	1.3	6	-19.3	32
31	6.4	1.2	5	-20.5	6.5	1.3	6	-19.9	6.6	1.3	6	-19.3	6.7	1.4	6	-18.7	6.8	1.5	7	-18.1	31
31	6.5	1.3	6	-19.3	6.6	1.4	6	-18.7	6.7	1.5	7	-18.1	6.8	1.5	7	-17.6	6.9	1.6	7	-17.1	31
31	6.6	1.5	7	-18.1	6.7	1.5	7	-17.6	6.8	1.6	7	-17.1	6.9	1.7	7	-16.6	**7.0**	1.7	8	-16.1	31
30	6.7	1.6	7	-17.1	6.8	1.7	8	-16.6	6.9	1.7	8	-16.1	**7.0**	1.8	8	-15.7	7.1	1.9	8	-15.2	30
30	6.8	1.7	8	-16.1	6.9	1.8	8	-15.7	**7.0**	1.9	8	-15.2	7.1	1.9	9	-14.8	7.2	2.0	9	-14.4	30
30	6.9	1.9	8	-15.2	**7.0**	1.9	8	-14.8	7.1	2.0	9	-14.4	7.2	2.1	9	-14.0	7.3	2.1	10	-13.6	30
29	**7.0**	2.0	9	-14.4	7.1	2.1	9	-14.0	7.2	2.1	10	-13.6	7.3	2.2	10	-13.2	7.4	2.3	10	-12.8	29
29	7.1	2.1	10	-13.6	7.2	2.2	10	-13.2	7.3	2.3	10	-12.8	7.4	2.4	11	-12.5	7.5	2.4	11	-12.1	29
29	7.2	2.3	10	-12.8	7.3	2.3	11	-12.5	7.4	2.4	11	-12.1	7.5	2.5	11	-11.7	7.6	2.6	11	-11.4	29
28	7.3	2.4	11	-12.1	7.4	2.5	11	-11.8	7.5	2.6	11	-11.4	7.6	2.6	12	-11.1	7.7	2.7	12	-10.7	28
28	7.4	2.6	12	-11.4	7.5	2.6	12	-11.1	7.6	2.7	12	-10.8	7.7	2.8	12	-10.4	7.8	2.8	13	-10.1	28
28	7.5	2.7	12	-10.8	7.6	2.8	12	-10.5	7.7	2.8	13	-10.1	7.8	2.9	13	-9.8	7.9	3.0	13	-9.5	28
27	7.6	2.8	13	-10.2	7.7	2.9	13	-9.8	7.8	3.0	13	-9.5	7.9	3.0	14	-9.2	**8.0**	3.1	14	-8.9	27
27	7.7	3.0	14	-9.5	7.8	3.0	14	-9.2	7.9	3.1	14	-8.9	**8.0**	3.2	14	-8.6	8.1	3.3	14	-8.4	27
27	7.8	3.1	14	-9.0	7.9	3.2	14	-8.7	**8.0**	3.2	15	-8.4	8.1	3.3	15	-8.1	8.2	3.4	15	-7.8	27
26	7.9	3.2	15	-8.4	**8.0**	3.3	15	-8.1	8.1	3.4	15	-7.8	8.2	3.5	15	-7.6	8.3	3.5	16	-7.3	26
26	**8.0**	3.4	15	-7.9	8.1	3.5	16	-7.6	8.2	3.5	16	-7.3	8.3	3.6	16	-7.0	8.4	3.7	16	-6.8	26
26	8.1	3.5	16	-7.3	8.2	3.6	16	-7.1	8.3	3.7	17	-6.8	8.4	3.7	17	-6.5	8.5	3.8	17	-6.3	26
25	8.2	3.7	17	-6.8	8.3	3.7	17	-6.6	8.4	3.8	17	-6.3	8.5	3.9	17	-6.1	8.6	4.0	18	-5.8	25
25	8.3	3.8	17	-6.3	8.4	3.9	18	-6.1	8.5	4.0	18	-5.8	8.6	4.0	18	-5.6	8.7	4.1	18	-5.3	25
25	8.4	3.9	18	-5.9	8.5	4.0	18	-5.6	8.6	4.1	18	-5.4	8.7	4.2	19	-5.1	8.8	4.2	19	-4.9	25
24	8.5	4.1	19	-5.4	8.6	4.2	19	-5.2	8.7	4.2	19	-4.9	8.8	4.3	19	-4.7	8.9	4.4	20	-4.5	24
24	8.6	4.2	19	-5.0	8.7	4.3	19	-4.7	8.8	4.4	20	-4.5	8.9	4.5	20	-4.3	**9.0**	4.5	20	-4.0	24
24	8.7	4.4	20	-4.5	8.8	4.4	20	-4.3	8.9	4.5	20	-4.1	**9.0**	4.6	21	-3.8	9.1	4.7	21	-3.6	24
23	8.8	4.5	21	-4.1	8.9	4.6	21	-3.9	**9.0**	4.7	21	-3.6	9.1	4.7	21	-3.4	9.2	4.8	21	-3.2	23
23	8.9	4.7	21	-3.7	**9.0**	4.7	21	-3.4	9.1	4.8	22	-3.2	9.2	4.9	22	-3.0	9.3	5.0	22	-2.8	23
23	**9.0**	4.8	22	-3.3	9.1	4.9	22	-3.0	9.2	5.0	22	-2.8	9.3	5.0	23	-2.6	9.4	5.1	23	-2.4	23
23	9.1	4.9	23	-2.9	9.2	5.0	23	-2.7	9.3	5.1	23	-2.4	9.4	5.2	23	-2.2	9.5	5.3	23	-2.0	23
22	9.2	5.1	23	-2.5	9.3	5.2	23	-2.3	9.4	5.2	24	-2.1	9.5	5.3	24	-1.9	9.6	5.4	24	-1.7	22
22	9.3	5.2	24	-2.1	9.4	5.3	24	-1.9	9.5	5.4	24	-1.7	9.6	5.5	24	-1.5	9.7	5.6	25	-1.3	22
22	9.4	5.4	25	-1.7	9.5	5.5	25	-1.5	9.6	5.5	25	-1.3	9.7	5.6	25	-1.1	9.8	5.7	25	-0.9	22
21	9.5	5.5	25	-1.4	9.6	5.6	25	-1.2	9.7	5.7	26	-1.0	9.8	5.8	26	-0.8	9.9	5.9	26	-0.6	21
21	9.6	5.7	26	-1.0	9.7	5.8	26	-0.8	9.8	5.8	26	-0.6	9.9	5.9	26	-0.4	**10.0**	6.0	27	-0.2	21
21	9.7	5.8	27	-0.7	9.8	5.9	27	-0.5	9.9	6.0	27	-0.3	**10.0**	6.1	27	-0.1	10.1	6.2	27	0.1	21
21	9.8	6.0	27	-0.3	9.9	6.1	27	-0.1	**10.0**	6.1	28	0.1	10.1	6.2	28	0.2	10.2	6.3	28	0.4	21
20	9.9	6.1	28	0.0	**10.0**	6.2	28	0.2	10.1	6.3	28	0.4	10.2	6.4	28	0.6	10.3	6.5	29	0.8	20
20	**10.0**	6.3	29	0.4	10.1	6.4	29	0.5	10.2	6.4	29	0.7	10.3	6.5	29	0.9	10.4	6.6	29	1.1	20
20	10.1	6.4	29	0.7	10.2	6.5	29	0.9	10.3	6.6	30	1.0	10.4	6.7	30	1.2	10.5	6.8	30	1.4	20
19	10.2	6.6	30	1.0	10.3	6.7	30	1.2	10.4	6.7	30	1.4	10.5	6.8	30	1.5	10.6	6.9	31	1.7	19
19	10.3	6.7	31	1.3	10.4	6.8	31	1.5	10.5	6.9	31	1.7	10.6	7.0	31	1.8	10.7	7.1	31	2.0	19

n	t_W	e	U	t_d	t_W	e	U	t_d	t_W	e	U	t_d	t_W	e	U	t_d	t_W	e	U	t_d	n
	19.0				**19.1**				**19.2**				**19.3**				**19.4**				
19	10.4	6.9	31	1.6	10.5	7.0	31	1.8	10.6	7.0	32	2.0	10.7	7.1	32	2.1	10.8	7.2	32	2.3	19
19	10.5	7.0	32	1.9	10.6	7.1	32	2.1	10.7	7.2	32	2.3	10.8	7.3	33	2.4	10.9	7.4	33	2.6	19
18	10.6	7.2	33	2.2	10.7	7.3	33	2.4	10.8	7.3	33	2.6	10.9	7.4	33	2.7	**11.0**	7.5	33	2.9	18
18	10.7	7.3	33	2.5	10.8	7.4	34	2.7	10.9	7.5	34	2.9	**11.0**	7.6	34	3.0	11.1	7.7	34	3.2	18
18	10.8	7.5	34	2.8	10.9	7.6	34	3.0	**11.0**	7.6	34	3.1	11.1	7.7	35	3.3	11.2	7.8	35	3.5	18
17	10.9	7.6	35	3.1	**11.0**	7.7	35	3.3	11.1	7.8	35	3.4	11.2	7.9	35	3.6	11.3	8.0	35	3.7	17
17	**11.0**	7.8	35	3.4	11.1	7.9	36	3.5	11.2	8.0	36	3.7	11.3	8.0	36	3.9	11.4	8.1	36	4.0	17
17	11.1	7.9	36	3.7	11.2	8.0	36	3.8	11.3	8.1	36	4.0	11.4	8.2	37	4.1	11.5	8.3	37	4.3	17
17	11.2	8.1	37	3.9	11.3	8.2	37	4.1	11.4	8.3	37	4.2	11.5	8.4	37	4.4	11.6	8.4	38	4.5	17
16	11.3	8.2	38	4.2	11.4	8.3	38	4.4	11.5	8.4	38	4.5	11.6	8.5	38	4.7	11.7	8.6	38	4.8	16
16	11.4	8.4	38	4.5	11.5	8.5	38	4.6	11.6	8.6	39	4.8	11.7	8.7	39	4.9	11.8	8.8	39	5.1	16
16	11.5	8.6	39	4.7	11.6	8.6	39	4.9	11.7	8.7	39	5.0	11.8	8.8	39	5.2	11.9	8.9	40	5.3	16
16	11.6	8.7	40	5.0	11.7	8.8	40	5.1	11.8	8.9	40	5.3	11.9	9.0	40	5.4	**12.0**	9.1	40	5.6	16
15	11.7	8.9	40	5.3	11.8	9.0	41	5.4	11.9	9.1	41	5.5	**12.0**	9.1	41	5.7	12.1	9.2	41	5.8	15
15	11.8	9.0	41	5.5	11.9	9.1	41	5.6	**12.0**	9.2	41	5.8	12.1	9.3	42	5.9	12.2	9.4	42	6.1	15
15	11.9	9.2	42	5.8	**12.0**	9.3	42	5.9	12.1	9.4	42	6.0	12.2	9.5	42	6.2	12.3	9.6	42	6.3	15
14	**12.0**	9.3	43	6.0	12.1	9.4	43	6.1	12.2	9.5	43	6.3	12.3	9.6	43	6.4	12.4	9.7	43	6.6	14
14	12.1	9.5	43	6.2	12.2	9.6	43	6.4	12.3	9.7	44	6.5	12.4	9.8	44	6.7	12.5	9.9	44	6.8	14
14	12.2	9.7	44	6.5	12.3	9.8	44	6.6	12.4	9.9	44	6.8	12.5	9.9	44	6.9	12.6	10.0	45	7.0	14
14	12.3	9.8	45	6.7	12.4	9.9	45	6.9	12.5	10.0	45	7.0	12.6	10.1	45	7.1	12.7	10.2	45	7.3	14
13	12.4	10.0	45	7.0	12.5	10.1	46	7.1	12.6	10.2	46	7.2	12.7	10.3	46	7.4	12.8	10.4	46	7.5	13
13	12.5	10.1	46	7.2	12.6	10.2	46	7.3	12.7	10.3	46	7.5	12.8	10.4	47	7.6	12.9	10.5	47	7.7	13
13	12.6	10.3	47	7.4	12.7	10.4	47	7.6	12.8	10.5	47	7.7	12.9	10.6	47	7.8	**13.0**	10.7	48	8.0	13
13	12.7	10.5	48	7.7	12.8	10.6	48	7.8	12.9	10.7	48	7.9	**13.0**	10.8	48	8.1	13.1	10.9	48	8.2	13
12	12.8	10.6	48	7.9	12.9	10.7	49	8.0	**13.0**	10.8	49	8.2	13.1	10.9	49	8.3	13.2	11.0	49	8.4	12
12	12.9	10.8	49	8.1	**13.0**	10.9	49	8.2	13.1	11.0	49	8.4	13.2	11.1	50	8.5	13.3	11.2	50	8.6	12
12	**13.0**	11.0	50	8.3	13.1	11.1	50	8.5	13.2	11.2	50	8.6	13.3	11.3	50	8.7	13.4	11.4	50	8.9	12
12	13.1	11.1	51	8.6	13.2	11.2	51	8.7	13.3	11.3	51	8.8	13.4	11.4	51	8.9	13.5	11.5	51	9.1	12
12	13.2	11.3	51	8.8	13.3	11.4	52	8.9	13.4	11.5	52	9.0	13.5	11.6	52	9.2	13.6	11.7	52	9.3	12
11	13.3	11.5	52	9.0	13.4	11.6	52	9.1	13.5	11.7	52	9.2	13.6	11.8	53	9.4	13.7	11.9	53	9.5	11
11	13.4	11.6	53	9.2	13.5	11.7	53	9.3	13.6	11.8	53	9.5	13.7	11.9	53	9.6	13.8	12.0	53	9.7	11
11	13.5	11.8	54	9.4	13.6	11.9	54	9.5	13.7	12.0	54	9.7	13.8	12.1	54	9.8	13.9	12.2	54	9.9	11
11	13.6	12.0	54	9.6	13.7	12.1	55	9.7	13.8	12.2	55	9.9	13.9	12.3	55	10.0	**14.0**	12.4	55	10.1	11
10	13.7	12.1	55	9.8	13.8	12.2	55	10.0	13.9	12.3	55	10.1	**14.0**	12.4	56	10.2	14.1	12.5	56	10.3	10
10	13.8	12.3	56	10.0	13.9	12.4	56	10.2	**14.0**	12.5	56	10.3	14.1	12.6	56	10.4	14.2	12.7	56	10.5	10
10	13.9	12.5	57	10.2	**14.0**	12.6	57	10.4	14.1	12.7	57	10.5	14.2	12.8	57	10.6	14.3	12.9	57	10.7	10
10	**14.0**	12.6	58	10.4	14.1	12.7	58	10.6	14.2	12.8	58	10.7	14.3	13.0	58	10.8	14.4	13.1	58	10.9	10
9	14.1	12.8	58	10.6	14.2	12.9	58	10.8	14.3	13.0	59	10.9	14.4	13.1	59	11.0	14.5	13.2	59	11.1	9
9	14.2	13.0	59	10.8	14.3	13.1	59	11.0	14.4	13.2	59	11.1	14.5	13.3	59	11.2	14.6	13.4	60	11.3	9
9	14.3	13.2	60	11.0	14.4	13.3	60	11.2	14.5	13.4	60	11.3	14.6	13.5	60	11.4	14.7	13.6	60	11.5	9
9	14.4	13.3	61	11.2	14.5	13.4	61	11.4	14.6	13.5	61	11.5	14.7	13.6	61	11.6	14.8	13.8	61	11.7	9
9	14.5	13.5	61	11.4	14.6	13.6	62	11.6	14.7	13.7	62	11.7	14.8	13.8	62	11.8	14.9	13.9	62	11.9	9
8	14.6	13.7	62	11.6	14.7	13.8	62	11.7	14.8	13.9	62	11.9	14.9	14.0	63	12.0	**15.0**	14.1	63	12.1	8
8	14.7	13.8	63	11.8	14.8	14.0	63	11.9	14.9	14.1	63	12.1	**15.0**	14.2	63	12.2	15.1	14.3	63	12.3	8
8	14.8	14.0	64	12.0	14.9	14.1	64	12.1	**15.0**	14.2	64	12.2	15.1	14.4	64	12.4	15.2	14.5	64	12.5	8
8	14.9	14.2	65	12.2	**15.0**	14.3	65	12.3	15.1	14.4	65	12.4	15.2	14.5	65	12.5	15.3	14.6	65	12.7	8
7	**15.0**	14.4	65	12.4	15.1	14.5	66	12.5	15.2	14.6	66	12.6	15.3	14.7	66	12.7	15.4	14.8	66	12.8	7
7	15.1	14.6	66	12.6	15.2	14.7	66	12.7	15.3	14.8	66	12.8	15.4	14.9	67	12.9	15.5	15.0	67	13.0	7
7	15.2	14.7	67	12.8	15.3	14.8	67	12.9	15.4	15.0	67	13.0	15.5	15.1	67	13.1	15.6	15.2	67	13.2	7
7	15.3	14.9	68	12.9	15.4	15.0	68	13.1	15.5	15.1	68	13.2	15.6	15.2	68	13.3	15.7	15.4	68	13.4	7
7	15.4	15.1	69	13.1	15.5	15.2	69	13.2	15.6	15.3	69	13.3	15.7	15.4	69	13.5	15.8	15.5	69	13.6	7
6	15.5	15.3	70	13.3	15.6	15.4	70	13.4	15.7	15.5	70	13.5	15.8	15.6	70	13.6	15.9	15.7	70	13.8	6
6	15.6	15.4	70	13.5	15.7	15.6	70	13.6	15.8	15.7	70	13.7	15.9	15.8	71	13.8	**16.0**	15.9	71	13.9	6
6	15.7	15.6	71	13.7	15.8	15.7	71	13.8	15.9	15.9	71	13.9	**16.0**	16.0	71	14.0	16.1	16.1	71	14.1	6
6	15.8	15.8	72	13.8	15.9	15.9	72	13.9	**16.0**	16.0	72	14.1	16.1	16.2	72	14.2	16.2	16.3	72	14.3	6
6	15.9	16.0	73	14.0	**16.0**	16.1	73	14.1	16.1	16.2	73	14.2	16.2	16.3	73	14.3	16.3	16.5	73	14.5	6
5	**16.0**	16.2	74	14.2	16.1	16.3	74	14.3	16.2	16.4	74	14.4	16.3	16.5	74	14.5	16.4	16.6	74	14.6	5
5	16.1	16.4	74	14.4	16.2	16.5	75	14.5	16.3	16.6	75	14.6	16.4	16.7	75	14.7	16.5	16.8	75	14.8	5
5	16.2	16.5	75	14.5	16.3	16.7	75	14.6	16.4	16.8	75	14.8	16.5	16.9	75	14.9	16.6	17.0	76	15.0	5
5	16.3	16.7	76	14.7	16.4	16.8	76	14.8	16.5	17.0	76	14.9	16.6	17.1	76	15.0	16.7	17.2	76	15.1	5
5	16.4	16.9	77	14.9	16.5	17.0	77	15.0	16.6	17.1	77	15.1	16.7	17.3	77	15.2	16.8	17.4	77	15.3	5
4	16.5	17.1	78	15.0	16.6	17.2	78	15.2	16.7	17.3	78	15.3	16.8	17.5	78	15.4	16.9	17.6	78	15.5	4
4	16.6	17.3	79	15.2	16.7	17.4	79	15.3	16.8	17.5	79	15.4	16.9	17.6	79	15.5	**17.0**	17.8	79	15.6	4
4	16.7	17.5	80	15.4	16.8	17.6	80	15.5	16.9	17.7	80	15.6	**17.0**	17.8	80	15.7	17.1	18.0	80	15.8	4
4	16.8	17.7	80	15.5	16.9	17.8	80	15.7	**17.0**	17.9	80	15.8	17.1	18.0	81	15.9	17.2	18.1	81	16.0	4
4	16.9	17.8	81	15.7	**17.0**	18.0	81	15.8	17.1	18.1	81	15.9	17.2	18.2	81	16.0	17.3	18.3	81	16.1	4
3	**17.0**	18.0	82	15.9	17.1	18.2	82	16.0	17.2	18.3	82	16.1	17.3	18.4	82	16.2	17.4	18.5	82	16.3	3
3	17.1	18.2	83	16.0	17.2	18.3	83	16.1	17.3	18.5	83	16.3	17.4	18.6	83	16.4	17.5	18.7	83	16.5	3
3	17.2	18.4	84	16.2	17.3	18.5	84	16.3	17.4	18.7	84	16.4	17.5	18.8	84	16.5	17.6	18.9	84	16.6	3
3	17.3	18.6	85	16.4	17.4	18.7	85	16.5	17.5	18.9	85	16.6	17.6	19.0	85	16.7	17.7	19.1	85	16.8	3
3	17.4	18.8	86	16.5	17.5	18.9	86	16.6	17.6	19.0	86	16.7	17.7	19.2	86	16.8	17.8	19.3	86	16.9	3
3	17.5	19.0	86	16.7	17.6	19.1	86	16.8	17.7	19.2	87	16.9	17.8	19.4	87	17.0	17.9	19.5	87	17.1	3
2	17.6	19.2	87	16.8	17.7	19.3	87	17.0	17.8	19.4	87	17.1	17.9	19.6	87	17.2	**18.0**	19.7	87	17.3	2

n	t_W	e	U	t_d	t_W	e	U	t_d	t_W	e	U	t_d	t_W	e	U	t_d	t_W	e	U	t_d	n
	19.0				**19.1**				**19.2**				**19.3**				**19.4**				
2	17.7	19.4	88	17.0	17.8	19.5	88	17.1	17.9	19.6	88	17.2	**18.0**	19.8	88	17.3	18.1	19.9	88	17.4	2
2	17.8	19.6	89	17.2	17.9	19.7	89	17.3	**18.0**	19.8	89	17.4	18.1	20.0	89	17.5	18.2	20.1	89	17.6	2
2	17.9	19.8	90	17.3	**18.0**	19.9	90	17.4	18.1	20.0	90	17.5	18.2	20.2	90	17.6	18.3	20.3	90	17.7	2
2	**18.0**	20.0	91	17.5	18.1	20.1	91	17.6	18.2	20.2	91	17.7	18.3	20.4	91	17.8	18.4	20.5	91	17.9	2
1	18.1	20.2	92	17.6	18.2	20.3	92	17.7	18.3	20.4	92	17.8	18.4	20.6	92	17.9	18.5	20.7	92	18.0	1
1	18.2	20.4	93	17.8	18.3	20.5	93	17.9	18.4	20.6	93	18.0	18.5	20.8	93	18.1	18.6	20.9	93	18.2	1
1	18.3	20.6	94	17.9	18.4	20.7	94	18.0	18.5	20.8	94	18.1	18.6	21.0	94	18.2	18.7	21.1	94	18.4	1
1	18.4	20.8	94	18.1	18.5	20.9	95	18.2	18.6	21.0	95	18.3	18.7	21.2	95	18.4	18.8	21.3	95	18.5	1
1	18.5	21.0	95	18.2	18.6	21.1	95	18.3	18.7	21.2	95	18.5	18.8	21.4	95	18.6	18.9	21.5	95	18.7	1
1	18.6	21.2	96	18.4	18.7	21.3	96	18.5	18.8	21.4	96	18.6	18.9	21.6	96	18.7	**19.0**	21.7	96	18.8	1
0	18.7	21.4	97	18.6	18.8	21.5	97	18.7	18.9	21.6	97	18.8	**19.0**	21.8	97	18.9	19.1	21.9	97	19.0	0
0	18.8	21.6	98	18.7	18.9	21.7	98	18.8	**19.0**	21.8	98	18.9	19.1	22.0	98	19.0	19.2	22.1	98	19.1	0
0	18.9	21.8	99	18.9	**19.0**	21.9	99	19.0	19.1	22.0	99	19.1	19.2	22.2	99	19.2	19.3	22.3	99	19.3	0
0	**19.0**	22.0	100	19.0	19.1	22.1	100	19.1	19.2	22.2	100	19.2	19.3	22.4	100	19.3	19.4	22.5	100	19.4	0
	19.5				**19.6**				**19.7**				**19.8**				**19.9**				
35													**6.0**	0.1	1	-42.8	6.1	0.2	1	-39.2	35
35					5.9	0.1	1	-42.7	**6.0**	0.2	1	-39.1	6.1	0.3	1	-36.4	6.2	0.3	1	-34.3	35
34	5.9	0.2	1	-39.0	**6.0**	0.3	1	-36.4	6.1	0.3	1	-34.2	6.2	0.4	2	-32.4	6.3	0.5	2	-30.8	34
34	**6.0**	0.3	2	-34.2	6.1	0.4	2	-32.4	6.2	0.5	2	-30.8	6.3	0.5	2	-29.4	6.4	0.6	3	-28.2	34
34	6.1	0.5	2	-30.8	6.2	0.5	2	-29.4	6.3	0.6	3	-28.2	6.4	0.7	3	-27.1	6.5	0.7	3	-26.0	34
33	6.2	0.6	3	-28.2	6.3	0.7	3	-27.0	6.4	0.7	3	-26.0	6.5	0.8	3	-25.1	6.6	0.9	4	-24.2	33
33	6.3	0.7	3	-26.0	6.4	0.8	4	-25.1	6.5	0.9	4	-24.2	6.6	0.9	4	-23.3	6.7	1.0	4	-22.6	33
33	6.4	0.9	4	-24.2	6.5	0.9	4	-23.3	6.6	1.0	4	-22.6	6.7	1.1	5	-21.8	6.8	1.1	5	-21.1	33
32	6.5	1.0	4	-22.6	6.6	1.1	5	-21.8	6.7	1.1	5	-21.1	6.8	1.2	5	-20.5	6.9	1.3	5	-19.8	32
32	6.6	1.1	5	-21.1	6.7	1.2	5	-20.5	6.8	1.3	6	-19.8	6.9	1.3	6	-19.2	**7.0**	1.4	6	-18.6	32
32	6.7	1.3	6	-19.8	6.8	1.3	6	-19.2	6.9	1.4	6	-18.7	**7.0**	1.5	6	-18.1	7.1	1.5	7	-17.6	32
31	6.8	1.4	6	-18.7	6.9	1.5	6	-18.1	**7.0**	1.5	7	-17.6	7.1	1.6	7	-17.1	7.2	1.7	7	-16.6	31
31	6.9	1.5	7	-17.6	**7.0**	1.6	7	-17.1	7.1	1.7	7	-16.6	7.2	1.7	8	-16.1	7.3	1.8	8	-15.6	31
30	**7.0**	1.7	7	-16.6	7.1	1.7	8	-16.1	7.2	1.8	8	-15.6	7.3	1.9	8	-15.2	7.4	2.0	8	-14.7	30
30	7.1	1.8	8	-15.7	7.2	1.9	8	-15.2	7.3	1.9	8	-14.8	7.4	2.0	9	-14.3	7.5	2.1	9	-13.9	30
30	7.2	1.9	9	-14.8	7.3	2.0	9	-14.4	7.4	2.1	9	-13.9	7.5	2.2	9	-13.5	7.6	2.2	10	-13.1	30
29	7.3	2.1	9	-14.0	7.4	2.2	9	-13.5	7.5	2.2	10	-13.2	7.6	2.3	10	-12.8	7.7	2.4	10	-12.4	29
29	7.4	2.2	10	-13.2	7.5	2.3	10	-12.8	7.6	2.4	10	-12.4	7.7	2.4	11	-12.0	7.8	2.5	11	-11.7	29
29	7.5	2.4	10	-12.4	7.6	2.4	11	-12.1	7.7	2.5	11	-11.7	7.8	2.6	11	-11.3	7.9	2.6	11	-11.0	29
28	7.6	2.5	11	-11.7	7.7	2.6	11	-11.4	7.8	2.6	11	-11.0	7.9	2.7	12	-10.7	**8.0**	2.8	12	-10.4	28
28	7.7	2.6	12	-11.1	7.8	2.7	12	-10.7	7.9	2.8	12	-10.4	**8.0**	2.8	12	-10.1	8.1	2.9	13	-9.7	28
28	7.8	2.8	12	-10.4	7.9	2.8	12	-10.1	**8.0**	2.9	13	-9.8	8.1	3.0	13	-9.4	8.2	3.1	13	-9.1	28
28	7.9	2.9	13	-9.8	**8.0**	3.0	13	-9.5	8.1	3.1	13	-9.2	8.2	3.1	14	-8.9	8.3	3.2	14	-8.6	28
27	**8.0**	3.0	13	-9.2	8.1	3.1	14	-8.9	8.2	3.2	14	-8.6	8.3	3.3	14	-8.3	8.4	3.3	14	-8.0	27
27	8.1	3.2	14	-8.6	8.2	3.3	14	-8.3	8.3	3.3	15	-8.0	8.4	3.4	15	-7.8	8.5	3.5	15	-7.5	27
27	8.2	3.3	15	-8.1	8.3	3.4	15	-7.8	8.4	3.5	15	-7.5	8.5	3.6	15	-7.2	8.6	3.6	16	-7.0	27
26	8.3	3.5	15	-7.5	8.4	3.5	16	-7.3	8.5	3.6	16	-7.0	8.6	3.7	16	-6.7	8.7	3.8	16	-6.5	26
26	8.4	3.6	16	-7.0	8.5	3.7	16	-6.8	8.6	3.8	16	-6.5	8.7	3.8	17	-6.2	8.8	3.9	17	-6.0	26
26	8.5	3.8	17	-6.5	8.6	3.8	17	-6.3	8.7	3.9	17	-6.0	8.8	4.0	17	-5.7	8.9	4.1	17	-5.5	26
25	8.6	3.9	17	-6.0	8.7	4.0	17	-5.8	8.8	4.0	18	-5.5	8.9	4.1	18	-5.3	**9.0**	4.2	18	-5.0	25
25	8.7	4.0	18	-5.6	8.8	4.1	18	-5.3	8.9	4.2	18	-5.1	**9.0**	4.3	18	-4.8	9.1	4.3	19	-4.6	25
25	8.8	4.2	18	-5.1	8.9	4.3	19	-4.9	**9.0**	4.3	19	-4.6	9.1	4.4	19	-4.4	9.2	4.5	19	-4.2	25
24	8.9	4.3	19	-4.7	**9.0**	4.4	19	-4.4	9.1	4.5	20	-4.2	9.2	4.6	20	-4.0	9.3	4.6	20	-3.7	24
24	**9.0**	4.5	20	-4.2	9.1	4.5	20	-4.0	9.2	4.6	20	-3.8	9.3	4.7	20	-3.5	9.4	4.8	21	-3.3	24
24	9.1	4.6	20	-3.8	9.2	4.7	21	-3.6	9.3	4.8	21	-3.4	9.4	4.8	21	-3.1	9.5	4.9	21	-2.9	24
23	9.2	4.8	21	-3.4	9.3	4.8	21	-3.2	9.4	4.9	21	-2.9	9.5	5.0	22	-2.7	9.6	5.1	22	-2.5	23
23	9.3	4.9	22	-3.0	9.4	5.0	22	-2.8	9.5	5.1	22	-2.6	9.6	5.1	22	-2.3	9.7	5.2	22	-2.1	23
23	9.4	5.0	22	-2.6	9.5	5.1	22	-2.4	9.6	5.2	23	-2.2	9.7	5.3	23	-2.0	9.8	5.4	23	-1.8	23
23	9.5	5.2	23	-2.2	9.6	5.3	23	-2.0	9.7	5.4	23	-1.8	9.8	5.4	24	-1.6	9.9	5.5	24	-1.4	23
22	9.6	5.3	24	-1.8	9.7	5.4	24	-1.6	9.8	5.5	24	-1.4	9.9	5.6	24	-1.2	**10.0**	5.7	24	-1.0	22
22	9.7	5.5	24	-1.5	9.8	5.6	24	-1.3	9.9	5.7	25	-1.1	**10.0**	5.7	25	-0.9	10.1	5.8	25	-0.7	22
22	9.8	5.6	25	-1.1	9.9	5.7	25	-0.9	**10.0**	5.8	25	-0.7	10.1	5.9	25	-0.5	10.2	6.0	26	-0.3	22
21	9.9	5.8	26	-0.7	**10.0**	5.9	26	-0.5	10.1	6.0	26	-0.4	10.2	6.0	26	-0.2	10.3	6.1	26	0.0	21
21	**10.0**	5.9	26	-0.4	10.1	6.0	26	-0.2	10.2	6.1	27	0.0	10.3	6.2	27	0.2	10.4	6.3	27	0.4	21
21	10.1	6.1	27	-0.1	10.2	6.2	27	0.1	10.3	6.2	27	0.3	10.4	6.3	27	0.5	10.5	6.4	28	0.7	21
20	10.2	6.2	28	0.3	10.3	6.3	28	0.5	10.4	6.4	28	0.6	10.5	6.5	28	0.8	10.6	6.6	28	1.0	20
20	10.3	6.4	28	0.6	10.4	6.5	28	0.8	10.5	6.6	29	1.0	10.6	6.6	29	1.1	10.7	6.7	29	1.3	20
20	10.4	6.5	29	0.9	10.5	6.6	29	1.1	10.6	6.7	29	1.3	10.7	6.8	29	1.5	10.8	6.9	30	1.6	20
20	10.5	6.7	30	1.3	10.6	6.8	30	1.4	10.7	6.9	30	1.6	10.8	6.9	30	1.8	10.9	7.0	30	1.9	20
19	10.6	6.8	30	1.6	10.7	6.9	30	1.7	10.8	7.0	31	1.9	10.9	7.1	31	2.1	**11.0**	7.2	31	2.3	19
19	10.7	7.0	31	1.9	10.8	7.1	31	2.0	10.9	7.2	31	2.2	**11.0**	7.2	31	2.4	11.1	7.3	32	2.5	19
19	10.8	7.1	32	2.2	10.9	7.2	32	2.3	**11.0**	7.3	32	2.5	11.1	7.4	32	2.7	11.2	7.5	32	2.8	19
18	10.9	7.3	32	2.5	**11.0**	7.4	32	2.6	11.1	7.5	33	2.8	11.2	7.6	33	3.0	11.3	7.6	33	3.1	18
18	**11.0**	7.4	33	2.8	11.1	7.5	33	2.9	11.2	7.6	33	3.1	11.3	7.7	33	3.3	11.4	7.8	34	3.4	18
18	11.1	7.6	34	3.1	11.2	7.7	34	3.2	11.3	7.8	34	3.4	11.4	7.9	34	3.5	11.5	8.0	34	3.7	18
18	11.2	7.8	34	3.3	11.3	7.8	34	3.5	11.4	7.9	35	3.7	11.5	8.0	35	3.8	11.6	8.1	35	4.0	18

n	t_W	e	U	t_d	t_W	e	U	t_d	t_W	e	U	t_d	t_W	e	U	t_d	t_W	e	U	t_d	n
	19.5				**19.6**				**19.7**				**19.8**				**19.9**				
17	11.3	7.9	35	3.6	11.4	8.0	35	3.8	11.5	8.1	35	3.9	11.6	8.2	35	4.1	11.7	8.3	36	4.2	17
17	11.4	8.1	36	3.9	11.5	8.2	36	4.1	11.6	8.2	36	4.2	11.7	8.3	36	4.4	11.8	8.4	36	4.5	17
17	11.5	8.2	36	4.2	11.6	8.3	36	4.3	11.7	8.4	37	4.5	11.8	8.5	37	4.6	11.9	8.6	37	4.8	17
17	11.6	8.4	37	4.4	11.7	8.5	37	4.6	11.8	8.6	37	4.7	11.9	8.7	37	4.9	**12.0**	8.7	38	5.0	17
16	11.7	8.5	38	4.7	11.8	8.6	38	4.9	11.9	8.7	38	5.0	**12.0**	8.8	38	5.2	12.1	8.9	38	5.3	16
16	11.8	8.7	38	5.0	11.9	8.8	39	5.1	**12.0**	8.9	39	5.3	12.1	9.0	39	5.4	12.2	9.1	39	5.6	16
16	11.9	8.9	39	5.2	**12.0**	8.9	39	5.4	12.1	9.0	39	5.5	12.2	9.1	40	5.7	12.3	9.2	40	5.8	16
16	**12.0**	9.0	40	5.5	12.1	9.1	40	5.8	12.2	9.2	40	5.8	12.3	9.3	40	5.9	12.4	9.4	40	6.1	16
15	12.1	9.2	40	5.7	12.2	9.3	41	5.9	12.3	9.4	41	6.0	12.4	9.5	41	6.2	12.5	9.5	41	6.3	15
15	12.2	9.3	41	6.0	12.3	9.4	41	6.1	12.4	9.5	42	6.3	12.5	9.6	42	6.4	12.6	9.7	42	6.6	15
15	12.3	9.5	42	6.2	12.4	9.6	42	6.4	12.5	9.7	42	6.5	12.6	9.8	42	6.7	12.7	9.9	43	6.8	15
14	12.4	9.7	43	6.5	12.5	9.7	43	6.6	12.6	9.8	43	6.8	12.7	9.9	43	6.9	12.8	10.0	43	7.0	14
14	12.5	9.8	43	6.7	12.6	9.9	43	6.9	12.7	10.0	44	7.0	12.8	10.1	44	7.1	12.9	10.2	44	7.3	14
14	12.6	10.0	44	6.9	12.7	10.1	44	7.1	12.8	10.2	44	7.2	12.9	10.3	44	7.4	**13.0**	10.4	45	7.5	14
14	12.7	10.1	45	7.2	12.8	10.2	45	7.3	12.9	10.3	45	7.5	**13.0**	10.4	45	7.6	13.1	10.5	45	7.7	14
13	12.8	10.3	45	7.4	12.9	10.4	46	7.6	**13.0**	10.5	46	7.7	13.1	10.6	46	7.8	13.2	10.7	46	8.0	13
13	12.9	10.5	46	7.6	**13.0**	10.6	46	7.8	13.1	10.7	46	7.9	13.2	10.8	47	8.1	13.3	10.9	47	8.2	13
13	**13.0**	10.6	47	7.9	13.1	10.7	47	8.0	13.2	10.8	47	8.1	13.3	10.9	47	8.3	13.4	11.0	47	8.4	13
13	13.1	10.8	48	8.1	13.2	10.9	48	8.2	13.3	11.0	48	8.4	13.4	11.1	48	8.5	13.5	11.2	48	8.6	13
12	13.2	11.0	48	8.3	13.3	11.1	49	8.5	13.4	11.2	49	8.6	13.5	11.3	49	8.7	13.6	11.4	49	8.9	12
12	13.3	11.1	49	8.5	13.4	11.2	49	8.7	13.5	11.3	49	8.8	13.6	11.4	50	8.9	13.7	11.5	50	9.1	12
12	13.4	11.3	50	8.8	13.5	11.4	50	8.9	13.6	11.5	50	9.0	13.7	11.6	50	9.2	13.8	11.7	50	9.3	12
12	13.5	11.5	51	9.0	13.6	11.6	51	9.1	13.7	11.7	51	9.2	13.8	11.8	51	9.4	13.9	11.9	51	9.5	12
12	13.6	11.6	51	9.2	13.7	11.7	51	9.3	13.8	11.8	52	9.5	13.9	11.9	52	9.6	**14.0**	12.0	52	9.7	12
11	13.7	11.8	52	9.4	13.8	11.9	52	9.5	13.9	12.0	52	9.7	**14.0**	12.1	52	9.8	14.1	12.2	53	9.9	11
11	13.8	12.0	53	9.6	13.9	12.1	53	9.8	**14.0**	12.2	53	9.9	14.1	12.3	53	10.0	14.2	12.4	53	10.1	11
11	13.9	12.1	54	9.8	**14.0**	12.2	54	10.0	14.1	12.3	54	10.1	14.2	12.4	54	10.2	14.3	12.6	54	10.3	11
11	**14.0**	12.3	54	10.0	14.1	12.4	54	10.2	14.2	12.5	55	10.3	14.3	12.6	55	10.4	14.4	12.7	55	10.5	11
10	14.1	12.5	55	10.2	14.2	12.6	55	10.4	14.3	12.7	55	10.5	14.4	12.8	55	10.6	14.5	12.9	56	10.7	10
10	14.2	12.6	56	10.5	14.3	12.8	56	10.6	14.4	12.9	56	10.7	14.5	13.0	56	10.8	14.6	13.1	56	10.9	10
10	14.3	12.8	57	10.7	14.4	12.9	57	10.8	14.5	13.0	57	10.9	14.6	13.1	57	11.0	14.7	13.2	57	11.1	10
10	14.4	13.0	57	10.9	14.5	13.1	57	11.0	14.6	13.2	58	11.1	14.7	13.3	58	11.2	14.8	13.4	58	11.3	10
9	14.5	13.2	58	11.1	14.6	13.3	58	11.2	14.7	13.4	58	11.3	14.8	13.5	58	11.4	14.9	13.6	59	11.5	9
9	14.6	13.3	59	11.3	14.7	13.4	59	11.4	14.8	13.6	59	11.5	14.9	13.7	59	11.6	**15.0**	13.8	59	11.7	9
9	14.7	13.5	60	11.4	14.8	13.6	60	11.6	14.9	13.7	60	11.7	**15.0**	13.8	60	11.8	15.1	14.0	60	11.9	9
9	14.8	13.7	60	11.6	14.9	13.8	61	11.8	**15.0**	13.9	61	11.9	15.1	14.0	61	12.0	15.2	14.1	61	12.1	9
9	14.9	13.9	61	11.8	**15.0**	14.0	61	12.0	15.1	14.1	61	12.1	15.2	14.2	61	12.2	15.3	14.3	62	12.3	9
8	**15.0**	14.0	62	12.0	15.1	14.2	62	12.1	15.2	14.3	62	12.3	15.3	14.4	62	12.4	15.4	14.5	62	12.5	8
8	15.1	14.2	63	12.2	15.2	14.3	63	12.3	15.3	14.4	63	12.5	15.4	14.6	63	12.6	15.5	14.7	63	12.7	8
8	15.2	14.4	64	12.4	15.3	14.5	64	12.5	15.4	14.6	64	12.6	15.5	14.7	64	12.8	15.6	14.8	64	12.9	8
8	15.3	14.6	64	12.6	15.4	14.7	64	12.7	15.5	14.8	65	12.8	15.6	14.9	65	12.9	15.7	15.0	65	13.1	8
8	15.4	14.8	65	12.8	15.5	14.9	65	12.9	15.6	15.0	65	13.0	15.7	15.1	65	13.1	15.8	15.2	65	13.2	8
7	15.5	14.9	66	13.0	15.6	15.0	66	13.1	15.7	15.2	66	13.2	15.8	15.3	66	13.3	15.9	15.4	66	13.4	7
7	15.6	15.1	67	13.1	15.7	15.2	67	13.3	15.8	15.3	67	13.4	15.9	15.5	67	13.5	**16.0**	15.6	67	13.6	7
7	15.7	15.3	67	13.3	15.8	15.4	68	13.4	15.9	15.5	68	13.6	**16.0**	15.6	68	13.7	16.1	15.8	68	13.8	7
7	15.8	15.5	68	13.5	15.9	15.6	68	13.6	**16.0**	15.7	68	13.7	16.1	15.8	69	13.8	16.2	15.9	69	14.0	7
6	15.9	15.7	69	13.7	**16.0**	15.8	69	13.8	16.1	15.9	69	13.9	16.2	16.0	69	14.0	16.3	16.1	69	14.1	6
6	**16.0**	15.8	70	13.9	16.1	16.0	70	14.0	16.2	16.1	70	14.1	16.3	16.2	70	14.2	16.4	16.3	70	14.3	6
6	16.1	16.0	71	14.0	16.2	16.1	71	14.2	16.3	16.3	71	14.3	16.4	16.4	71	14.4	16.5	16.5	71	14.5	6
6	16.2	16.2	72	14.2	16.3	16.3	72	14.3	16.4	16.4	72	14.4	16.5	16.6	72	14.6	16.6	16.7	72	14.7	6
6	16.3	16.4	72	14.4	16.4	16.5	72	14.5	16.5	16.6	72	14.6	16.6	16.7	73	14.7	16.7	16.9	73	14.8	6
5	16.4	16.6	73	14.6	16.5	16.7	73	14.7	16.6	16.8	73	14.8	16.7	16.9	73	14.9	16.8	17.1	73	15.0	5
5	16.5	16.8	74	14.7	16.6	16.9	74	14.9	16.7	17.0	74	15.0	16.8	17.1	74	15.1	16.9	17.2	74	15.2	5
5	16.6	16.9	75	14.9	16.7	17.1	75	15.0	16.8	17.2	75	15.1	16.9	17.3	75	15.2	**17.0**	17.4	75	15.4	5
5	16.7	17.1	76	15.1	16.8	17.3	76	15.2	16.9	17.4	76	15.3	**17.0**	17.5	76	15.4	17.1	17.6	76	15.5	5
5	16.8	17.3	76	15.3	16.9	17.4	77	15.4	**17.0**	17.6	77	15.5	17.1	17.7	77	15.6	17.2	17.8	77	15.7	5
5	16.9	17.5	77	15.4	**17.0**	17.6	77	15.5	17.1	17.8	77	15.6	17.2	17.9	77	15.7	17.3	18.0	78	15.9	5
4	**17.0**	17.7	78	15.6	17.1	17.8	78	15.7	17.2	17.9	78	15.8	17.3	18.1	78	15.9	17.4	18.2	78	16.0	4
4	17.1	17.9	79	15.8	17.2	18.0	79	15.9	17.3	18.1	79	16.0	17.4	18.3	79	16.1	17.5	18.4	79	16.2	4
4	17.2	18.1	80	15.9	17.3	18.2	80	16.0	17.4	18.3	80	16.1	17.5	18.5	80	16.2	17.6	18.6	80	16.3	4
4	17.3	18.3	81	16.1	17.4	18.4	81	16.2	17.5	18.5	81	16.3	17.6	18.6	81	16.4	17.7	18.8	81	16.5	4
4	17.4	18.5	81	16.2	17.5	18.6	82	16.4	17.6	18.7	82	16.5	17.7	18.8	82	16.6	17.8	19.0	82	16.7	4
3	17.5	18.7	82	16.4	17.6	18.8	82	16.5	17.7	18.9	82	16.6	17.8	19.0	82	16.7	17.9	19.2	83	16.8	3
3	17.6	18.8	83	16.6	17.7	19.0	83	16.7	17.8	19.1	83	16.8	17.9	19.2	83	16.9	**18.0**	19.4	83	17.0	3
3	17.7	19.0	84	16.7	17.8	19.2	84	16.8	17.9	19.3	84	16.9	**18.0**	19.4	84	17.1	18.1	19.6	84	17.2	3
3	17.8	19.2	85	16.9	17.9	19.4	85	17.0	**18.0**	19.5	85	17.1	18.1	19.6	85	17.2	18.2	19.8	85	17.3	3
3	17.9	19.4	86	17.1	**18.0**	19.6	86	17.2	18.1	19.7	86	17.3	18.2	19.8	86	17.4	18.3	20.0	86	17.5	3
3	**18.0**	19.6	87	17.2	18.1	19.8	87	17.3	18.2	19.9	87	17.4	18.3	20.0	87	17.5	18.4	20.2	87	17.6	3
2	18.1	19.8	87	17.4	18.2	20.0	88	17.5	18.3	20.1	88	17.6	18.4	20.2	88	17.7	18.5	20.4	88	17.8	2
2	18.2	20.0	88	17.5	18.3	20.2	88	17.6	18.4	20.3	88	17.7	18.5	20.4	88	17.8	18.6	20.6	88	17.9	2
2	18.3	20.2	89	17.7	18.4	20.4	89	17.8	18.5	20.5	89	17.9	18.6	20.6	89	18.0	18.7	20.8	89	18.1	2
2	18.4	20.4	90	17.8	18.5	20.6	90	17.9	18.6	20.7	90	18.0	18.7	20.8	90	18.1	18.8	21.0	90	18.3	2
2	18.5	20.6	91	18.0	18.6	20.8	91	18.1	18.7	20.9	91	18.2	18.8	21.0	91	18.3	18.9	21.2	91	18.4	2

n	t_W	e	U	t_d	t_W	e	U	t_d	t_W	e	U	t_d	t_W	e	U	t_d	t_W	e	U	t_d	n
	19.5				**19.6**				**19.7**				**19.8**				**19.9**				
1	18.6	20.8	92	18.1	18.7	21.0	92	18.2	18.8	21.1	92	18.4	18.9	21.2	92	18.5	**19.0**	21.4	92	18.6	1
1	18.7	21.0	93	18.3	18.8	21.2	93	18.4	18.9	21.3	93	18.5	**19.0**	21.4	93	18.6	19.1	21.6	93	18.7	1
1	18.8	21.2	94	18.5	18.9	21.4	94	18.6	**19.0**	21.5	94	18.7	19.1	21.6	94	18.8	19.2	21.8	94	18.9	1
1	18.9	21.4	95	18.6	**19.0**	21.6	95	18.7	19.1	21.7	95	18.8	19.2	21.8	95	18.9	19.3	22.0	95	19.0	1
1	**19.0**	21.6	95	18.8	19.1	21.8	95	18.9	19.2	21.9	95	19.0	19.3	22.0	95	19.1	19.4	22.2	96	19.2	1
1	19.1	21.8	96	18.9	19.2	22.0	96	19.0	19.3	22.1	96	19.1	19.4	22.2	96	19.2	19.5	22.4	96	19.3	1
0	19.2	22.0	97	19.1	19.3	22.2	97	19.2	19.4	22.3	97	19.3	19.5	22.5	97	19.4	19.6	22.6	97	19.5	0
0	19.3	22.2	98	19.2	19.4	22.4	98	19.3	19.5	22.5	98	19.4	19.6	22.7	98	19.5	19.7	22.8	98	19.6	0
0	19.4	22.4	99	19.4	19.5	22.6	99	19.5	19.6	22.7	99	19.6	19.7	22.9	99	19.7	19.8	23.0	99	19.8	0
0	19.5	22.7	100	19.5	19.6	22.8	100	19.6	19.7	22.9	100	19.7	19.8	23.1	100	19.8	19.9	23.2	100	19.9	0
	20.0				**20.1**				**20.2**				**20.3**				**20.4**				
36																	6.3	0.1	1	-43.1	36
35									6.2	0.1	1	-43.0	6.3	0.2	1	-39.3	6.4	0.3	1	-36.5	35
35	6.1	0.1	1	-42.9	6.2	0.2	1	-39.3	6.3	0.3	1	-36.5	6.4	0.3	1	-34.3	6.5	0.4	2	-32.5	35
35	6.2	0.3	1	-36.5	6.3	0.3	1	-34.3	6.4	0.4	2	-32.5	6.5	0.5	2	-30.9	6.6	0.5	2	-29.4	35
34	6.3	0.4	2	-32.4	6.4	0.5	2	-30.9	6.5	0.5	2	-29.5	6.6	0.6	3	-28.2	6.7	0.7	3	-27.0	34
34	6.4	0.5	2	-29.4	6.5	0.6	3	-28.2	6.6	0.7	3	-27.1	6.7	0.7	3	-26.0	6.8	0.8	3	-25.0	34
33	6.5	0.7	3	-27.1	6.6	0.7	3	-26.0	6.7	0.8	3	-25.0	6.8	0.9	4	-24.1	6.9	0.9	4	-23.3	33
33	6.6	0.8	3	-25.1	6.7	0.9	4	-24.2	6.8	0.9	4	-23.3	6.9	1.0	4	-22.5	**7.0**	1.1	4	-21.8	33
33	6.7	0.9	4	-23.3	6.8	1.0	4	-22.5	6.9	1.1	5	-21.8	**7.0**	1.1	5	-21.1	7.1	1.2	5	-20.4	33
32	6.8	1.1	5	-21.8	6.9	1.1	5	-21.1	**7.0**	1.2	5	-20.4	7.1	1.3	5	-19.8	7.2	1.3	6	-19.2	32
32	6.9	1.2	5	-20.5	**7.0**	1.3	5	-19.8	7.1	1.3	6	-19.2	7.2	1.4	6	-18.6	7.3	1.5	6	-18.0	32
32	**7.0**	1.3	6	-19.2	7.1	1.4	6	-18.6	7.2	1.5	6	-18.1	7.3	1.5	7	-17.5	7.4	1.6	7	-17.0	32
31	7.1	1.5	6	-18.1	7.2	1.5	7	-17.5	7.3	1.6	7	-17.0	7.4	1.7	7	-16.5	7.5	1.8	7	-16.0	31
31	7.2	1.6	7	-17.0	7.3	1.7	7	-16.5	7.4	1.8	7	-16.0	7.5	1.8	8	-15.6	7.6	1.9	8	-15.1	31
31	7.3	1.7	7	-16.1	7.4	1.8	8	-15.6	7.5	1.9	8	-15.1	7.6	2.0	8	-14.7	7.7	2.0	8	-14.3	31
30	7.4	1.9	8	-15.2	7.5	2.0	8	-14.7	7.6	2.0	9	-14.3	7.7	2.1	9	-13.9	7.8	2.2	9	-13.4	30
30	7.5	2.0	9	-14.3	7.6	2.1	9	-13.9	7.7	2.2	9	-13.5	7.8	2.2	9	-13.1	7.9	2.3	10	-12.7	30
30	7.6	2.2	9	-13.5	7.7	2.2	9	-13.1	7.8	2.3	10	-12.7	7.9	2.4	10	-12.3	**8.0**	2.4	10	-12.0	30
29	7.7	2.3	10	-12.7	7.8	2.4	10	-12.4	7.9	2.4	10	-12.0	**8.0**	2.5	11	-11.6	8.1	2.6	11	-11.3	29
29	7.8	2.4	10	-12.0	7.9	2.5	11	-11.6	**8.0**	2.6	11	-11.3	8.1	2.7	11	-10.9	8.2	2.7	11	-10.6	29
29	7.9	2.6	11	-11.3	**8.0**	2.6	11	-11.0	8.1	2.7	12	-10.6	8.2	2.8	12	-10.3	8.3	2.9	12	-10.0	29
28	**8.0**	2.7	12	-10.7	8.1	2.8	12	-10.3	8.2	2.9	12	-10.0	8.3	2.9	12	-9.7	8.4	3.0	13	-9.4	28
28	8.1	2.9	12	-10.0	8.2	2.9	12	-9.7	8.3	3.0	13	-9.4	8.4	3.1	13	-9.1	8.5	3.2	13	-8.8	28
28	8.2	3.0	13	-9.4	8.3	3.1	13	-9.1	8.4	3.1	13	-8.8	8.5	3.2	14	-8.5	8.6	3.3	14	-8.2	28
27	8.3	3.1	13	-8.8	8.4	3.2	14	-8.5	8.5	3.3	14	-8.2	8.6	3.4	14	-7.9	8.7	3.4	14	-7.7	27
27	8.4	3.3	14	-8.3	8.5	3.4	14	-8.0	8.6	3.4	14	-7.7	8.7	3.5	15	-7.4	8.8	3.6	15	-7.1	27
27	8.5	3.4	15	-7.7	8.6	3.5	15	-7.4	8.7	3.6	15	-7.2	8.8	3.6	15	-6.9	8.9	3.7	16	-6.6	27
26	8.6	3.6	15	-7.2	8.7	3.6	15	-6.9	8.8	3.7	16	-6.7	8.9	3.8	16	-6.4	**9.0**	3.9	16	-6.1	26
26	8.7	3.7	16	-6.7	8.8	3.8	16	-6.4	8.9	3.9	16	-6.2	**9.0**	3.9	17	-5.9	9.1	4.0	17	-5.6	26
26	8.8	3.8	16	-6.2	8.9	3.9	17	-5.9	**9.0**	4.0	17	-5.7	9.1	4.1	17	-5.4	9.2	4.2	17	-5.2	26
25	8.9	4.0	17	-5.7	**9.0**	4.1	17	-5.5	9.1	4.1	18	-5.2	9.2	4.2	18	-5.0	9.3	4.3	18	-4.7	25
25	**9.0**	4.1	18	-5.2	9.1	4.2	18	-5.0	9.2	4.3	18	-4.8	9.3	4.4	18	-4.5	9.4	4.4	19	-4.3	25
25	9.1	4.3	18	-4.8	9.2	4.4	19	-4.6	9.3	4.4	19	-4.3	9.4	4.5	19	-4.1	9.5	4.6	19	-3.9	25
25	9.2	4.4	19	-4.4	9.3	4.5	19	-4.1	9.4	4.6	19	-3.9	9.5	4.7	20	-3.7	9.6	4.7	20	-3.4	25
24	9.3	4.6	20	-3.9	9.4	4.6	20	-3.7	9.5	4.7	20	-3.5	9.6	4.8	20	-3.2	9.7	4.9	20	-3.0	24
24	9.4	4.7	20	-3.5	9.5	4.8	20	-3.3	9.6	4.9	21	-3.1	9.7	5.0	21	-2.8	9.8	5.0	21	-2.6	24
24	9.5	4.9	21	-3.1	9.6	4.9	21	-2.9	9.7	5.0	21	-2.7	9.8	5.1	21	-2.4	9.9	5.2	22	-2.2	24
23	9.6	5.0	21	-2.7	9.7	5.1	22	-2.5	9.8	5.2	22	-2.3	9.9	5.3	22	-2.1	**10.0**	5.3	22	-1.8	23
23	9.7	5.2	22	-2.3	9.8	5.2	22	-2.1	9.9	5.3	22	-1.9	**10.0**	5.4	23	-1.7	10.1	5.5	23	-1.5	23
23	9.8	5.3	23	-1.9	9.9	5.4	23	-1.7	**10.0**	5.5	23	-1.5	10.1	5.5	23	-1.3	10.2	5.6	24	-1.1	23
22	9.9	5.5	23	-1.6	**10.0**	5.5	24	-1.3	10.1	5.6	24	-1.1	10.2	5.7	24	-0.9	10.3	5.8	24	-0.7	22
22	**10.0**	5.6	24	-1.2	10.1	5.7	24	-1.0	10.2	5.8	24	-0.8	10.3	5.8	25	-0.6	10.4	5.9	25	-0.4	22
22	10.1	5.8	25	-0.8	10.2	5.8	25	-0.6	10.3	5.9	25	-0.4	10.4	6.0	25	-0.2	10.5	6.1	25	-0.1	22
22	10.2	5.9	25	-0.5	10.3	6.0	25	-0.3	10.4	6.1	26	-0.1	10.5	6.2	26	0.1	10.6	6.2	26	0.3	22
21	10.3	6.0	26	-0.1	10.4	6.1	26	0.1	10.5	6.2	26	0.2	10.6	6.3	26	0.4	10.7	6.4	27	0.6	21
21	10.4	6.2	27	0.2	10.5	6.3	27	0.4	10.6	6.4	27	0.6	10.7	6.5	27	0.8	10.8	6.5	27	0.9	21
21	10.5	6.4	27	0.5	10.6	6.4	27	0.7	10.7	6.5	28	0.9	10.8	6.6	28	1.1	10.9	6.7	28	1.3	21
20	10.6	6.5	28	0.9	10.7	6.6	28	1.0	10.8	6.7	28	1.2	10.9	6.8	28	1.4	**11.0**	6.8	29	1.6	20
20	10.7	6.7	28	1.2	10.8	6.7	29	1.4	10.9	6.8	29	1.5	**11.0**	6.9	29	1.7	11.1	7.0	29	1.9	20
20	10.8	6.8	29	1.5	10.9	6.9	29	1.7	**11.0**	7.0	30	1.9	11.1	7.1	30	2.0	11.2	7.2	30	2.2	20
20	10.9	7.0	30	1.8	**11.0**	7.0	30	2.0	11.1	7.1	30	2.2	11.2	7.2	30	2.3	11.3	7.3	31	2.5	20
19	**11.0**	7.1	30	2.1	11.1	7.2	31	2.3	11.2	7.3	31	2.5	11.3	7.4	31	2.6	11.4	7.5	31	2.8	19
19	11.1	7.3	31	2.4	11.2	7.4	31	2.6	11.3	7.4	31	2.8	11.4	7.5	32	2.9	11.5	7.6	32	3.1	19
19	11.2	7.4	32	2.7	11.3	7.5	32	2.9	11.4	7.6	32	3.0	11.5	7.7	32	3.2	11.6	7.8	32	3.4	19
18	11.3	7.6	32	3.0	11.4	7.7	33	3.2	11.5	7.8	33	3.3	11.6	7.8	33	3.5	11.7	7.9	33	3.7	18
18	11.4	7.7	33	3.3	11.5	7.8	33	3.5	11.6	7.9	33	3.6	11.7	8.0	34	3.8	11.8	8.1	34	3.9	18
18	11.5	7.9	34	3.6	11.6	8.0	34	3.7	11.7	8.1	34	3.9	11.8	8.2	34	4.1	11.9	8.3	34	4.2	18
18	11.6	8.0	34	3.9	11.7	8.1	35	4.0	11.8	8.2	35	4.2	11.9	8.3	35	4.3	**12.0**	8.4	35	4.5	18
17	11.7	8.2	35	4.1	11.8	8.3	35	4.3	11.9	8.4	35	4.4	**12.0**	8.5	36	4.6	12.1	8.6	36	4.8	17
17	11.8	8.4	36	4.4	11.9	8.5	36	4.6	**12.0**	8.5	36	4.7	12.1	8.6	36	4.9	12.2	8.7	36	5.0	17

n	t_W	e	U	t_d	t_W	e	U	t_d	t_W	e	U	t_d	t_W	e	U	t_d	t_W	e	U	t_d	n
	20.0				**20.1**				**20.2**				**20.3**				**20.4**				
17	11.9	8.5	36	4.7	**12.0**	8.6	37	4.8	12.1	8.7	37	5.0	12.2	8.8	37	5.1	12.3	8.9	37	5.3	17
17	**12.0**	8.7	37	4.9	12.1	8.8	37	5.1	12.2	8.9	37	5.2	12.3	9.0	38	5.4	12.4	9.1	38	5.5	17
16	12.1	8.8	38	5.2	12.2	8.9	38	5.3	12.3	9.0	38	5.5	12.4	9.1	38	5.6	12.5	9.2	38	5.8	16
16	12.2	9.0	39	5.5	12.3	9.1	39	5.6	12.4	9.2	39	5.8	12.5	9.3	39	5.9	12.6	9.4	39	6.0	16
16	12.3	9.2	39	5.7	12.4	9.3	39	5.9	12.5	9.3	40	6.0	12.6	9.4	40	6.2	12.7	9.5	40	6.3	16
16	12.4	9.3	40	6.0	12.5	9.4	40	6.1	12.6	9.5	40	6.3	12.7	9.6	40	6.4	12.8	9.7	41	6.5	16
15	12.5	9.5	41	6.2	12.6	9.6	41	6.4	12.7	9.7	41	6.5	12.8	9.8	41	6.6	12.9	9.9	41	6.8	15
15	12.6	9.6	41	6.5	12.7	9.7	41	6.6	12.8	9.8	42	6.7	12.9	9.9	42	6.9	**13.0**	10.0	42	7.0	15
15	12.7	9.8	42	6.7	12.8	9.9	42	6.8	12.9	10.0	42	7.0	**13.0**	10.1	42	7.1	13.1	10.2	43	7.3	15
14	12.8	10.0	43	6.9	12.9	10.1	43	7.1	**13.0**	10.2	43	7.2	13.1	10.3	43	7.4	13.2	10.4	43	7.5	14
14	12.9	10.1	43	7.2	**13.0**	10.2	44	7.3	13.1	10.3	44	7.5	13.2	10.4	44	7.6	13.3	10.5	44	7.7	14
14	**13.0**	10.3	44	7.4	13.1	10.4	44	7.5	13.2	10.5	44	7.7	13.3	10.6	44	7.8	13.4	10.7	45	8.0	14
14	13.1	10.5	45	7.6	13.2	10.6	45	7.8	13.3	10.7	45	7.9	13.4	10.8	45	8.1	13.5	10.9	45	8.2	14
13	13.2	10.6	45	7.9	13.3	10.7	46	8.0	13.4	10.8	46	8.1	13.5	10.9	46	8.3	13.6	11.0	46	8.4	13
13	13.3	10.8	46	8.1	13.4	10.9	46	8.2	13.5	11.0	46	8.4	13.6	11.1	47	8.5	13.7	11.2	47	8.6	13
13	13.4	11.0	47	8.3	13.5	11.1	47	8.5	13.6	11.2	47	8.6	13.7	11.3	47	8.7	13.8	11.4	47	8.9	13
13	13.5	11.1	48	8.5	13.6	11.2	48	8.7	13.7	11.3	48	8.8	13.8	11.4	48	8.9	13.9	11.5	48	9.1	13
13	13.6	11.3	48	8.8	13.7	11.4	48	8.9	13.8	11.5	49	9.0	13.9	11.6	49	9.2	**14.0**	11.7	49	9.3	13
12	13.7	11.5	49	9.0	13.8	11.6	49	9.1	13.9	11.7	49	9.3	**14.0**	11.8	49	9.4	14.1	11.9	50	9.5	12
12	13.8	11.6	50	9.2	13.9	11.7	50	9.3	**14.0**	11.8	50	9.5	14.1	11.9	50	9.6	14.2	12.0	50	9.7	12
12	13.9	11.8	51	9.4	**14.0**	11.9	51	9.6	14.1	12.0	51	9.7	14.2	12.1	51	9.8	14.3	12.2	51	9.9	12
12	**14.0**	12.0	51	9.6	14.1	12.1	51	9.8	14.2	12.2	51	9.9	14.3	12.3	52	10.0	14.4	12.4	52	10.1	12
11	14.1	12.1	52	9.8	14.2	12.2	52	10.0	14.3	12.4	52	10.1	14.4	12.5	52	10.2	14.5	12.6	52	10.4	11
11	14.2	12.3	53	10.1	14.3	12.4	53	10.2	14.4	12.5	53	10.3	14.5	12.6	53	10.4	14.6	12.7	53	10.6	11
11	14.3	12.5	53	10.3	14.4	12.6	54	10.4	14.5	12.7	54	10.5	14.6	12.8	54	10.6	14.7	12.9	54	10.8	11
11	14.4	12.7	54	10.5	14.5	12.8	54	10.6	14.6	12.9	54	10.7	14.7	13.0	55	10.8	14.8	13.1	55	11.0	11
10	14.5	12.8	55	10.7	14.6	12.9	55	10.8	14.7	13.0	55	10.9	14.8	13.2	55	11.0	14.9	13.3	55	11.2	10
10	14.6	13.0	56	10.9	14.7	13.1	56	11.0	14.8	13.2	56	11.1	14.9	13.3	56	11.2	**15.0**	13.4	56	11.4	10
10	14.7	13.2	56	11.1	14.8	13.3	57	11.2	14.9	13.4	57	11.3	**15.0**	13.5	57	11.4	15.1	13.6	57	11.6	10
10	14.8	13.4	57	11.3	14.9	13.5	57	11.4	**15.0**	13.6	57	11.5	15.1	13.7	57	11.6	15.2	13.8	58	11.8	10
10	14.9	13.5	58	11.5	**15.0**	13.6	58	11.6	15.1	13.8	58	11.7	15.2	13.9	58	11.8	15.3	14.0	58	12.0	10
9	**15.0**	13.7	59	11.7	15.1	13.8	59	11.8	15.2	13.9	59	11.9	15.3	14.0	59	12.0	15.4	14.2	59	12.1	9
9	15.1	13.9	59	11.9	15.2	14.0	60	12.0	15.3	14.1	60	12.1	15.4	14.2	60	12.2	15.5	14.3	60	12.3	9
9	15.2	14.1	60	12.0	15.3	14.2	60	12.2	15.4	14.3	60	12.3	15.5	14.4	60	12.4	15.6	14.5	61	12.5	9
9	15.3	14.2	61	12.2	15.4	14.4	61	12.4	15.5	14.5	61	12.5	15.6	14.6	61	12.6	15.7	14.7	61	12.7	9
8	15.4	14.4	62	12.4	15.5	14.5	62	12.5	15.6	14.6	62	12.7	15.7	14.8	62	12.8	15.8	14.9	62	12.9	8
8	15.5	14.6	62	12.6	15.6	14.7	63	12.7	15.7	14.8	63	12.9	15.8	14.9	63	13.0	15.9	15.1	63	13.1	8
8	15.6	14.8	63	12.8	15.7	14.9	63	12.9	15.8	15.0	63	13.0	15.9	15.1	64	13.2	**16.0**	15.2	64	13.3	8
8	15.7	15.0	64	13.0	15.8	15.1	64	13.1	15.9	15.2	64	13.2	**16.0**	15.3	64	13.3	16.1	15.4	64	13.5	8
8	15.8	15.1	65	13.2	15.9	15.3	65	13.3	**16.0**	15.4	65	13.4	16.1	15.5	65	13.5	16.2	15.6	65	13.6	8
7	15.9	15.3	66	13.4	**16.0**	15.4	66	13.5	16.1	15.6	66	13.6	16.2	15.7	66	13.7	16.3	15.8	66	13.8	7
7	**16.0**	15.5	66	13.5	16.1	15.6	66	13.7	16.2	15.7	67	13.8	16.3	15.9	67	13.9	16.4	16.0	67	14.0	7
7	16.1	15.7	67	13.7	16.2	15.8	67	13.8	16.3	15.9	67	13.9	16.4	16.0	67	14.1	16.5	16.2	67	14.2	7
7	16.2	15.9	68	13.9	16.3	16.0	68	14.0	16.4	16.1	68	14.1	16.5	16.2	68	14.2	16.6	16.3	68	14.4	7
7	16.3	16.1	69	14.1	16.4	16.2	69	14.2	16.5	16.3	69	14.3	16.6	16.4	69	14.4	16.7	16.5	69	14.5	7
6	16.4	16.2	69	14.3	16.5	16.4	70	14.4	16.6	16.5	70	14.5	16.7	16.6	70	14.6	16.8	16.7	70	14.7	6
6	16.5	16.4	70	14.4	16.6	16.5	70	14.5	16.7	16.7	70	14.7	16.8	16.8	71	14.8	16.9	16.9	71	14.9	6
6	16.6	16.6	71	14.6	16.7	16.7	71	14.7	16.8	16.9	71	14.8	16.9	17.0	71	14.9	**17.0**	17.1	71	15.1	6
6	16.7	16.8	72	14.8	16.8	16.9	72	14.9	16.9	17.0	72	15.0	**17.0**	17.2	72	15.1	17.1	17.3	72	15.2	6
6	16.8	17.0	73	14.9	16.9	17.1	73	15.1	**17.0**	17.2	73	15.2	17.1	17.4	73	15.3	17.2	17.5	73	15.4	6
5	16.9	17.2	73	15.1	**17.0**	17.3	74	15.2	17.1	17.4	74	15.3	17.2	17.5	74	15.5	17.3	17.7	74	15.6	5
5	**17.0**	17.4	74	15.3	17.1	17.5	74	15.4	17.2	17.6	74	15.5	17.3	17.7	74	15.6	17.4	17.9	75	15.7	5
5	17.1	17.6	75	15.5	17.2	17.7	75	15.6	17.3	17.8	75	15.7	17.4	17.9	75	15.8	17.5	18.1	75	15.9	5
5	17.2	17.7	76	15.6	17.3	17.9	76	15.7	17.4	18.0	76	15.8	17.5	18.1	76	16.0	17.6	18.2	76	16.1	5
5	17.3	17.9	77	15.8	17.4	18.1	77	15.9	17.5	18.2	77	16.0	17.6	18.3	77	16.1	17.7	18.4	77	16.2	5
4	17.4	18.1	78	16.0	17.5	18.3	78	16.1	17.6	18.4	78	16.2	17.7	18.5	78	16.3	17.8	18.6	78	16.4	4
4	17.5	18.3	78	16.1	17.6	18.4	78	16.2	17.7	18.6	78	16.3	17.8	18.7	79	16.5	17.9	18.8	79	16.6	4
4	17.6	18.5	79	16.3	17.7	18.6	79	16.4	17.8	18.8	79	16.5	17.9	18.9	79	16.6	**18.0**	19.0	79	16.7	4
4	17.7	18.7	80	16.5	17.8	18.8	80	16.6	17.9	19.0	80	16.7	**18.0**	19.1	80	16.8	18.1	19.2	80	16.9	4
4	17.8	18.9	81	16.6	17.9	19.0	81	16.7	**18.0**	19.2	81	16.8	18.1	19.3	81	16.9	18.2	19.4	81	17.0	4
4	17.9	19.1	82	16.8	**18.0**	19.2	82	16.9	18.1	19.4	82	17.0	18.2	19.5	82	17.1	18.3	19.6	82	17.2	4
3	**18.0**	19.3	83	16.9	18.1	19.4	83	17.0	18.2	19.6	83	17.2	18.3	19.7	83	17.3	18.4	19.8	83	17.4	3
3	18.1	19.5	83	17.1	18.2	19.6	83	17.2	18.3	19.8	83	17.3	18.4	19.9	84	17.4	18.5	20.0	84	17.5	3
3	18.2	19.7	84	17.3	18.3	19.8	84	17.4	18.4	20.0	84	17.5	18.5	20.1	84	17.6	18.6	20.2	84	17.7	3
3	18.3	19.9	85	17.4	18.4	20.0	85	17.5	18.5	20.2	85	17.6	18.6	20.3	85	17.7	18.7	20.4	85	17.8	3
3	18.4	20.1	86	17.6	18.5	20.2	86	17.7	18.6	20.4	86	17.8	18.7	20.5	86	17.9	18.8	20.6	86	18.0	3
2	18.5	20.3	87	17.7	18.6	20.4	87	17.8	18.7	20.6	87	17.9	18.8	20.7	87	18.0	18.9	20.8	87	18.2	2
2	18.6	20.5	88	17.9	18.7	20.6	88	18.0	18.8	20.8	88	18.1	18.9	20.9	88	18.2	**19.0**	21.0	88	18.3	2
2	18.7	20.7	89	18.0	18.8	20.8	89	18.1	18.9	21.0	89	18.3	**19.0**	21.1	89	18.4	19.1	21.2	89	18.5	2
2	18.8	20.9	89	18.2	18.9	21.0	89	18.3	**19.0**	21.2	89	18.4	19.1	21.3	89	18.5	19.2	21.4	89	18.6	2
2	18.9	21.1	90	18.4	**19.0**	21.2	90	18.5	19.1	21.4	90	18.6	19.2	21.5	90	18.7	19.3	21.6	90	18.8	2
2	**19.0**	21.3	91	18.5	19.1	21.4	91	18.6	19.2	21.6	91	18.7	19.3	21.7	91	18.8	19.4	21.8	91	18.9	2
1	19.1	21.5	92	18.7	19.2	21.6	92	18.8	19.3	21.8	92	18.9	19.4	21.9	92	19.0	19.5	22.1	92	19.1	1

n	t_W	e	U	t_d	t_W	e	U	t_d	t_W	e	U	t_d	t_W	e	U	t_d	t_W	e	U	t_d	n
	20.0				**20.1**				**20.2**				**20.3**				**20.4**				
1	19.2	21.7	93	18.8	19.3	21.8	93	18.9	19.4	22.0	93	19.0	19.5	22.1	93	19.1	19.6	22.3	93	19.2	1
1	19.3	21.9	94	19.0	19.4	22.0	94	19.1	19.5	22.2	94	19.2	19.6	22.3	94	19.3	19.7	22.5	94	19.4	1
1	19.4	22.1	95	19.1	19.5	22.3	95	19.2	19.6	22.4	95	19.3	19.7	22.5	95	19.4	19.8	22.7	95	19.5	1
1	19.5	22.3	96	19.3	19.6	22.5	96	19.4	19.7	22.6	96	19.5	19.8	22.7	96	19.6	19.9	22.9	96	19.7	1
1	19.6	22.5	96	19.4	19.7	22.7	96	19.5	19.8	22.8	96	19.6	19.9	23.0	96	19.7	**20.0**	23.1	96	19.8	1
0	19.7	22.7	97	19.6	19.8	22.9	97	19.7	19.9	23.0	97	19.8	**20.0**	23.2	97	19.9	20.1	23.3	97	20.0	0
0	19.8	22.9	98	19.7	19.9	23.1	98	19.8	**20.0**	23.2	98	19.9	20.1	23.4	98	20.0	20.2	23.5	98	20.1	0
0	19.9	23.2	99	19.9	**20.0**	23.3	99	20.0	20.1	23.4	99	20.1	20.2	23.6	99	20.2	20.3	23.7	99	20.3	0
0	**20.0**	23.4	100	20.0	20.1	23.5	100	20.1	20.2	23.7	100	20.2	20.3	23.8	100	20.3	20.4	24.0	100	20.4	0
	20.5				**20.6**				**20.7**				**20.8**				**20.9**				
36													6.5	0.1	1	-43.2	6.6	0.2	1	-39.3	36
35					6.4	0.1	1	-43.1	6.5	0.2	1	-39.4	6.6	0.3	1	-36.5	6.7	0.3	1	-34.3	35
35	6.4	0.2	1	-39.3	6.5	0.3	1	-36.5	6.6	0.3	1	-34.3	6.7	0.4	2	-32.4	6.8	0.5	2	-30.8	35
35	6.5	0.3	1	-34.3	6.6	0.4	2	-32.5	6.7	0.5	2	-30.8	6.8	0.5	2	-29.4	6.9	0.6	2	-28.1	35
34	6.6	0.5	2	-30.9	6.7	0.5	2	-29.4	6.8	0.6	2	-28.2	6.9	0.7	3	-27.0	**7.0**	0.7	3	-25.9	34
34	6.7	0.6	3	-28.2	6.8	0.7	3	-27.0	6.9	0.7	3	-26.0	**7.0**	0.8	3	-25.0	7.1	0.9	4	-24.1	34
34	6.8	0.7	3	-26.0	6.9	0.8	3	-25.0	**7.0**	0.9	4	-24.1	7.1	0.9	4	-23.3	7.2	1.0	4	-22.5	34
33	6.9	0.9	4	-24.1	**7.0**	0.9	4	-23.3	7.1	1.0	4	-22.5	7.2	1.1	4	-21.7	7.3	1.1	5	-21.0	33
33	**7.0**	1.0	4	-22.5	7.1	1.1	4	-21.8	7.2	1.1	5	-21.0	7.3	1.2	5	-20.4	7.4	1.3	5	-19.7	33
33	7.1	1.1	5	-21.1	7.2	1.2	5	-20.4	7.3	1.3	5	-19.7	7.4	1.4	6	-19.1	7.5	1.4	6	-18.5	33
32	7.2	1.3	5	-19.8	7.3	1.3	6	-19.1	7.4	1.4	6	-18.6	7.5	1.5	6	-18.0	7.6	1.6	6	-17.4	32
32	7.3	1.4	6	-18.6	7.4	1.5	6	-18.0	7.5	1.6	6	-17.5	7.6	1.6	7	-16.9	7.7	1.7	7	-16.4	32
32	7.4	1.6	6	-17.5	7.5	1.6	7	-17.0	7.6	1.7	7	-16.5	7.7	1.8	7	-16.0	7.8	1.8	7	-15.5	32
31	7.5	1.7	7	-16.5	7.6	1.8	7	-16.0	7.7	1.8	8	-15.5	7.8	1.9	8	-15.0	7.9	2.0	8	-14.6	31
31	7.6	1.8	8	-15.5	7.7	1.9	8	-15.1	7.8	2.0	8	-14.6	7.9	2.0	8	-14.2	**8.0**	2.1	9	-13.8	31
31	7.7	2.0	8	-14.7	7.8	2.0	8	-14.2	7.9	2.1	9	-13.8	**8.0**	2.2	9	-13.4	8.1	2.3	9	-13.0	31
30	7.8	2.1	9	-13.8	7.9	2.2	9	-13.4	**8.0**	2.2	9	-13.0	8.1	2.3	9	-12.6	8.2	2.4	10	-12.2	30
30	7.9	2.2	9	-13.0	**8.0**	2.3	10	-12.6	8.1	2.4	10	-12.3	8.2	2.5	10	-11.9	8.3	2.5	10	-11.5	30
30	**8.0**	2.4	10	-12.3	8.1	2.5	10	-11.9	8.2	2.5	10	-11.6	8.3	2.6	11	-11.2	8.4	2.7	11	-10.8	30
29	8.1	2.5	10	-11.6	8.2	2.6	11	-11.2	8.3	2.7	11	-10.9	8.4	2.7	11	-10.5	8.5	2.8	11	-10.2	29
29	8.2	2.7	11	-10.9	8.3	2.7	11	-10.6	8.4	2.8	12	-10.2	8.5	2.9	12	-9.9	8.6	3.0	12	-9.6	29
29	8.3	2.8	12	-10.3	8.4	2.9	12	-9.9	8.5	3.0	12	-9.6	8.6	3.0	12	-9.3	8.7	3.1	13	-9.0	29
28	8.4	2.9	12	-9.6	8.5	3.0	12	-9.3	8.6	3.1	13	-9.0	8.7	3.2	13	-8.7	8.8	3.2	13	-8.4	28
28	8.5	3.1	13	-9.0	8.6	3.2	13	-8.7	8.7	3.2	13	-8.4	8.8	3.3	13	-8.1	8.9	3.4	14	-7.8	28
28	8.6	3.2	13	-8.5	8.7	3.3	14	-8.2	8.8	3.4	14	-7.9	8.9	3.5	14	-7.6	**9.0**	3.5	14	-7.3	28
27	8.7	3.4	14	-7.9	8.8	3.4	14	-7.6	8.9	3.5	14	-7.3	**9.0**	3.6	15	-7.1	9.1	3.7	15	-6.8	27
27	8.8	3.5	15	-7.4	8.9	3.6	15	-7.1	**9.0**	3.7	15	-6.8	9.1	3.7	15	-6.5	9.2	3.8	15	-6.3	27
27	8.9	3.7	15	-6.9	**9.0**	3.7	15	-6.6	9.1	3.8	16	-6.3	9.2	3.9	16	-6.0	9.3	4.0	16	-5.8	27
26	**9.0**	3.8	16	-6.4	9.1	3.9	16	-6.1	9.2	4.0	16	-5.8	9.3	4.0	16	-5.6	9.4	4.1	17	-5.3	26
26	9.1	3.9	16	-5.9	9.2	4.0	17	-5.6	9.3	4.1	17	-5.4	9.4	4.2	17	-5.1	9.5	4.3	17	-4.9	26
26	9.2	4.1	17	-5.4	9.3	4.2	17	-5.1	9.4	4.2	17	-4.9	9.5	4.3	18	-4.6	9.6	4.4	18	-4.4	26
25	9.3	4.2	18	-4.9	9.4	4.3	18	-4.7	9.5	4.4	18	-4.4	9.6	4.5	18	-4.2	9.7	4.6	18	-4.0	25
25	9.4	4.4	18	-4.5	9.5	4.5	18	-4.2	9.6	4.5	19	-4.0	9.7	4.6	19	-3.8	9.8	4.7	19	-3.5	25
25	9.5	4.5	19	-4.0	9.6	4.6	19	-3.8	9.7	4.7	19	-3.6	9.8	4.8	19	-3.4	9.9	4.9	20	-3.1	25
24	9.6	4.7	19	-3.6	9.7	4.8	20	-3.4	9.8	4.8	20	-3.2	9.9	4.9	20	-2.9	**10.0**	5.0	20	-2.7	24
24	9.7	4.8	20	-3.2	9.8	4.9	20	-3.0	9.9	5.0	20	-2.8	**10.0**	5.1	21	-2.5	10.1	5.1	21	-2.3	24
24	9.8	5.0	21	-2.8	9.9	5.1	21	-2.6	**10.0**	5.1	21	-2.4	10.1	5.2	21	-2.1	10.2	5.3	21	-1.9	24
24	9.9	5.1	21	-2.4	**10.0**	5.2	21	-2.2	10.1	5.3	22	-2.0	10.2	5.4	22	-1.8	10.3	5.4	22	-1.6	24
23	**10.0**	5.3	22	-2.0	10.1	5.3	22	-1.8	10.2	5.4	22	-1.6	10.3	5.5	22	-1.4	10.4	5.6	23	-1.2	23
23	10.1	5.4	22	-1.6	10.2	5.5	23	-1.4	10.3	5.6	23	-1.2	10.4	5.7	23	-1.0	10.5	5.8	23	-0.8	23
23	10.2	5.6	23	-1.3	10.3	5.6	23	-1.1	10.4	5.7	23	-0.9	10.5	5.8	24	-0.7	10.6	5.9	24	-0.5	23
22	10.3	5.7	24	-0.9	10.4	5.8	24	-0.7	10.5	5.9	24	-0.5	10.6	6.0	24	-0.3	10.7	6.1	25	-0.1	22
22	10.4	5.9	24	-0.6	10.5	6.0	25	-0.4	10.6	6.0	25	-0.2	10.7	6.1	25	0.0	10.8	6.2	25	0.2	22
22	10.5	6.0	25	-0.2	10.6	6.1	25	0.0	10.7	6.2	25	0.2	10.8	6.3	26	0.4	10.9	6.4	26	0.6	22
21	10.6	6.2	26	0.1	10.7	6.3	26	0.3	10.8	6.3	26	0.5	10.9	6.4	26	0.7	**11.0**	6.5	26	0.9	21
21	10.7	6.3	26	0.5	10.8	6.4	26	0.7	10.9	6.5	27	0.8	**11.0**	6.6	27	1.0	11.1	6.7	27	1.2	21
21	10.8	6.5	27	0.8	10.9	6.6	27	1.0	**11.0**	6.6	27	1.2	11.1	6.7	27	1.4	11.2	6.8	28	1.5	21
21	10.9	6.6	27	1.1	**11.0**	6.7	28	1.3	11.1	6.8	28	1.5	11.2	6.9	28	1.7	11.3	7.0	28	1.8	21
20	**11.0**	6.8	28	1.4	11.1	6.9	28	1.6	11.2	7.0	29	1.8	11.3	7.0	29	2.0	11.4	7.1	29	2.2	20
20	11.1	6.9	29	1.8	11.2	7.0	29	1.9	11.3	7.1	29	2.1	11.4	7.2	29	2.3	11.5	7.3	30	2.5	20
20	11.2	7.1	29	2.1	11.3	7.2	30	2.2	11.4	7.3	30	2.4	11.5	7.4	30	2.6	11.6	7.4	30	2.8	20
19	11.3	7.2	30	2.4	11.4	7.3	30	2.5	11.5	7.4	30	2.7	11.6	7.5	31	2.9	11.7	7.6	31	3.1	19
19	11.4	7.4	31	2.7	11.5	7.5	31	2.8	11.6	7.6	31	3.0	11.7	7.7	31	3.2	11.8	7.8	31	3.3	19
19	11.5	7.6	31	3.0	11.6	7.6	32	3.1	11.7	7.7	32	3.3	11.8	7.8	32	3.5	11.9	7.9	32	3.6	19
19	11.6	7.7	32	3.3	11.7	7.8	32	3.4	11.8	7.9	32	3.6	11.9	8.0	33	3.8	**12.0**	8.1	33	3.9	19
18	11.7	7.9	33	3.5	11.8	8.0	33	3.7	11.9	8.1	33	3.9	**12.0**	8.1	33	4.0	12.1	8.2	33	4.2	18
18	11.8	8.0	33	3.8	11.9	8.1	33	4.0	**12.0**	8.2	34	4.1	12.1	8.3	34	4.3	12.2	8.4	34	4.5	18
18	11.9	8.2	34	4.1	**12.0**	8.3	34	4.3	12.1	8.4	34	4.4	12.2	8.5	34	4.6	12.3	8.6	35	4.7	18
18	**12.0**	8.3	35	4.4	12.1	8.4	35	4.5	12.2	8.5	35	4.7	12.3	8.6	35	4.8	12.4	8.7	35	5.0	18
17	12.1	8.5	35	4.6	12.2	8.6	35	4.8	12.3	8.7	36	5.0	12.4	8.8	36	5.1	12.5	8.9	36	5.3	17
17	12.2	8.7	36	4.9	12.3	8.8	36	5.1	12.4	8.9	36	5.2	12.5	8.9	36	5.4	12.6	9.0	37	5.5	17

n	t_W	e	U	t_d	t_W	e	U	t_d	t_W	e	U	t_d	t_W	e	U	t_d	t_W	e	U	t_d	n
	20.5				**20.6**				**20.7**				**20.8**				**20.9**				
17	12.3	8.8	37	5.2	12.4	8.9	37	5.3	12.5	9.0	37	5.5	12.6	9.1	37	5.6	12.7	9.2	37	5.8	17
17	12.4	9.0	37	5.4	12.5	9.1	37	5.6	12.6	9.2	38	5.7	12.7	9.3	38	5.9	12.8	9.4	38	6.0	17
16	12.5	9.1	38	5.7	12.6	9.2	38	5.8	12.7	9.3	38	6.0	12.8	9.4	38	6.1	12.9	9.5	39	6.3	16
16	12.6	9.3	39	5.9	12.7	9.4	39	6.1	12.8	9.5	39	6.2	12.9	9.6	39	6.4	**13.0**	9.7	39	6.5	16
16	12.7	9.5	39	6.2	12.8	9.6	39	6.3	12.9	9.7	40	6.5	**13.0**	9.8	40	6.6	13.1	9.9	40	6.8	16
15	12.8	9.6	40	6.4	12.9	9.7	40	6.6	**13.0**	9.8	40	6.7	13.1	9.9	40	6.9	13.2	10.0	41	7.0	15
15	12.9	9.8	41	6.7	**13.0**	9.9	41	6.8	13.1	10.0	41	7.0	13.2	10.1	41	7.1	13.3	10.2	41	7.3	15
15	**13.0**	10.0	41	6.9	13.1	10.1	41	7.1	13.2	10.2	42	7.2	13.3	10.3	42	7.4	13.4	10.4	42	7.5	15
15	13.1	10.1	42	7.2	13.2	10.2	42	7.3	13.3	10.3	42	7.5	13.4	10.4	42	7.6	13.5	10.5	43	7.7	15
14	13.2	10.3	43	7.4	13.3	10.4	43	7.5	13.4	10.5	43	7.7	13.5	10.6	43	7.8	13.6	10.7	43	8.0	14
14	13.3	10.5	43	7.6	13.4	10.6	44	7.8	13.5	10.7	44	7.9	13.6	10.8	44	8.1	13.7	10.9	44	8.2	14
14	13.4	10.6	44	7.9	13.5	10.7	44	8.0	13.6	10.8	44	8.1	13.7	10.9	45	8.3	13.8	11.0	45	8.4	14
14	13.5	10.8	45	8.1	13.6	10.9	45	8.2	13.7	11.0	45	8.4	13.8	11.1	45	8.5	13.9	11.2	45	8.6	14
13	13.6	11.0	45	8.3	13.7	11.1	46	8.5	13.8	11.2	46	8.6	13.9	11.3	46	8.7	**14.0**	11.4	46	8.9	13
13	13.7	11.1	46	8.6	13.8	11.2	46	8.7	13.9	11.3	46	8.8	**14.0**	11.4	47	9.0	14.1	11.5	47	9.1	13
13	13.8	11.3	47	8.8	13.9	11.4	47	8.9	**14.0**	11.5	47	9.0	14.1	11.6	47	9.2	14.2	11.7	47	9.3	13
13	13.9	11.5	48	9.0	**14.0**	11.6	48	9.1	14.1	11.7	48	9.3	14.2	11.8	48	9.4	14.3	11.9	48	9.5	13
13	**14.0**	11.6	48	9.2	14.1	11.7	48	9.3	14.2	11.8	49	9.5	14.3	12.0	49	9.6	14.4	12.1	49	9.7	13
12	14.1	11.8	49	9.4	14.2	11.9	49	9.6	14.3	12.0	49	9.7	14.4	12.1	49	9.8	14.5	12.2	50	10.0	12
12	14.2	12.0	50	9.6	14.3	12.1	50	9.8	14.4	12.2	50	9.9	14.5	12.3	50	10.0	14.6	12.4	50	10.2	12
12	14.3	12.2	50	9.9	14.4	12.3	51	10.0	14.5	12.4	51	10.1	14.6	12.5	51	10.2	14.7	12.6	51	10.4	12
12	14.4	12.3	51	10.1	14.5	12.4	51	10.2	14.6	12.5	51	10.3	14.7	12.6	52	10.5	14.8	12.8	52	10.6	12
11	14.5	12.5	52	10.3	14.6	12.6	52	10.4	14.7	12.7	52	10.5	14.8	12.8	52	10.7	14.9	12.9	52	10.8	11
11	14.6	12.7	53	10.5	14.7	12.8	53	10.6	14.8	12.9	53	10.7	14.9	13.0	53	10.9	**15.0**	13.1	53	11.0	11
11	14.7	12.8	53	10.7	14.8	13.0	53	10.8	14.9	13.1	54	10.9	**15.0**	13.2	54	11.1	15.1	13.3	54	11.2	11
11	14.8	13.0	54	10.9	14.9	13.1	54	11.0	**15.0**	13.2	54	11.1	15.1	13.4	54	11.3	15.2	13.5	54	11.4	11
10	14.9	13.2	55	11.1	**15.0**	13.3	55	11.2	15.1	13.4	55	11.3	15.2	13.5	55	11.5	15.3	13.6	55	11.6	10
10	**15.0**	13.4	55	11.3	15.1	13.5	56	11.4	15.2	13.6	56	11.5	15.3	13.7	56	11.7	15.4	13.8	56	11.8	10
10	15.1	13.6	56	11.5	15.2	13.7	56	11.6	15.3	13.8	56	11.7	15.4	13.9	57	11.9	15.5	14.0	57	12.0	10
10	15.2	13.7	57	11.7	15.3	13.8	57	11.8	15.4	14.0	57	11.9	15.5	14.1	57	12.1	15.6	14.2	57	12.2	10
10	15.3	13.9	58	11.9	15.4	14.0	58	12.0	15.5	14.1	58	12.1	15.6	14.2	58	12.2	15.7	14.4	58	12.4	10
9	15.4	14.1	58	12.1	15.5	14.2	59	12.2	15.6	14.3	59	12.3	15.7	14.4	59	12.4	15.8	14.5	59	12.6	9
9	15.5	14.3	59	12.3	15.6	14.4	59	12.4	15.7	14.5	59	12.5	15.8	14.6	59	12.6	15.9	14.7	60	12.7	9
9	15.6	14.4	60	12.5	15.7	14.6	60	12.6	15.8	14.7	60	12.7	15.9	14.8	60	12.8	**16.0**	14.9	60	12.9	9
9	15.7	14.6	61	12.6	15.8	14.7	61	12.8	15.9	14.9	61	12.9	**16.0**	15.0	61	13.0	16.1	15.1	61	13.1	9
8	15.8	14.8	61	12.8	15.9	14.9	62	13.0	**16.0**	15.0	62	13.1	16.1	15.2	62	13.2	16.2	15.3	62	13.3	8
8	15.9	15.0	62	13.0	**16.0**	15.1	62	13.1	16.1	15.2	62	13.3	16.2	15.3	62	13.4	16.3	15.5	63	13.5	8
8	**16.0**	15.2	63	13.2	16.1	15.3	63	13.3	16.2	15.4	63	13.4	16.3	15.5	63	13.6	16.4	15.6	63	13.7	8
8	16.1	15.4	64	13.4	16.2	15.5	64	13.5	16.3	15.6	64	13.6	16.4	15.7	64	13.7	16.5	15.8	64	13.9	8
8	16.2	15.5	64	13.6	16.3	15.7	65	13.7	16.4	15.8	65	13.8	16.5	15.9	65	13.9	16.6	16.0	65	14.0	8
7	16.3	15.7	65	13.8	16.4	15.8	65	13.9	16.5	16.0	65	14.0	16.6	16.1	65	14.1	16.7	16.2	66	14.2	7
7	16.4	15.9	66	13.9	16.5	16.0	66	14.0	16.6	16.1	66	14.2	16.7	16.3	66	14.3	16.8	16.4	66	14.4	7
7	16.5	16.1	67	14.1	16.6	16.2	67	14.2	16.7	16.3	67	14.3	16.8	16.5	67	14.5	16.9	16.6	67	14.6	7
7	16.6	16.3	68	14.3	16.7	16.4	68	14.4	16.8	16.5	68	14.5	16.9	16.6	68	14.6	**17.0**	16.8	68	14.7	7
7	16.7	16.5	68	14.5	16.8	16.6	68	14.6	16.9	16.7	68	14.7	**17.0**	16.8	69	14.8	17.1	17.0	69	14.9	7
6	16.8	16.7	69	14.6	16.9	16.8	69	14.8	**17.0**	16.9	69	14.9	17.1	17.0	69	15.0	17.2	17.1	69	15.1	6
6	16.9	16.8	70	14.8	**17.0**	17.0	70	14.9	17.1	17.1	70	15.0	17.2	17.2	70	15.2	17.3	17.3	70	15.3	6
6	**17.0**	17.0	71	15.0	17.1	17.2	71	15.1	17.2	17.3	71	15.2	17.3	17.4	71	15.3	17.4	17.5	71	15.4	6
6	17.1	17.2	71	15.2	17.2	17.3	72	15.3	17.3	17.5	72	15.4	17.4	17.6	72	15.5	17.5	17.7	72	15.6	6
6	17.2	17.4	72	15.3	17.3	17.5	72	15.4	17.4	17.7	72	15.6	17.5	17.8	72	15.7	17.6	17.9	73	15.8	6
5	17.3	17.6	73	15.5	17.4	17.7	73	15.6	17.5	17.9	73	15.7	17.6	18.0	73	15.8	17.7	18.1	73	15.9	5
5	17.4	17.8	74	15.7	17.5	17.9	74	15.8	17.6	18.0	74	15.9	17.7	18.2	74	16.0	17.8	18.3	74	16.1	5
5	17.5	18.0	75	15.8	17.6	18.1	75	16.0	17.7	18.2	75	16.1	17.8	18.4	75	16.2	17.9	18.5	75	16.3	5
5	17.6	18.2	75	16.0	17.7	18.3	75	16.1	17.8	18.4	76	16.2	17.9	18.6	76	16.3	**18.0**	18.7	76	16.4	5
5	17.7	18.4	76	16.2	17.8	18.5	76	16.3	17.9	18.6	76	16.4	**18.0**	18.8	76	16.5	18.1	18.9	76	16.6	5
5	17.8	18.6	77	16.3	17.9	18.7	77	16.4	**18.0**	18.8	77	16.6	18.1	19.0	77	16.7	18.2	19.1	77	16.8	5
4	17.9	18.8	78	16.5	**18.0**	18.9	78	16.6	18.1	19.0	78	16.7	18.2	19.2	78	16.8	18.3	19.3	78	16.9	4
4	**18.0**	19.0	79	16.7	18.1	19.1	79	16.8	18.2	19.2	79	16.9	18.3	19.4	79	17.0	18.4	19.5	79	17.1	4
4	18.1	19.2	79	16.8	18.2	19.3	80	16.9	18.3	19.4	80	17.0	18.4	19.6	80	17.2	18.5	19.7	80	17.3	4
4	18.2	19.4	80	17.0	18.3	19.5	80	17.1	18.4	19.6	80	17.2	18.5	19.8	80	17.3	18.6	19.9	80	17.4	4
4	18.3	19.6	81	17.2	18.4	19.7	81	17.3	18.5	19.8	81	17.4	18.6	20.0	81	17.5	18.7	20.1	81	17.6	4
3	18.4	19.8	82	17.3	18.5	19.9	82	17.4	18.6	20.0	82	17.5	18.7	20.2	82	17.6	18.8	20.3	82	17.7	3
3	18.5	20.0	83	17.5	18.6	20.1	83	17.6	18.7	20.2	83	17.7	18.8	20.4	83	17.8	18.9	20.5	83	17.9	3
3	18.6	20.2	84	17.6	18.7	20.3	84	17.7	18.8	20.4	84	17.8	18.9	20.6	84	17.9	**19.0**	20.7	84	18.1	3
3	18.7	20.4	84	17.8	18.8	20.5	84	17.9	18.9	20.6	85	18.0	**19.0**	20.8	85	18.1	19.1	20.9	85	18.2	3
3	18.8	20.6	85	17.9	18.9	20.7	85	18.0	**19.0**	20.8	85	18.2	19.1	21.0	85	18.3	19.2	21.1	85	18.4	3
3	18.9	20.8	86	18.1	**19.0**	20.9	86	18.2	19.1	21.0	86	18.3	19.2	21.2	86	18.4	19.3	21.3	86	18.5	3
2	**19.0**	21.0	87	18.3	19.1	21.1	87	18.4	19.2	21.2	87	18.5	19.3	21.4	87	18.6	19.4	21.5	87	18.7	2
2	19.1	21.2	88	18.4	19.2	21.3	88	18.5	19.3	21.4	88	18.6	19.4	21.6	88	18.7	19.5	21.7	88	18.8	2
2	19.2	21.4	89	18.6	19.3	21.5	89	18.7	19.4	21.6	89	18.8	19.5	21.8	89	18.9	19.6	21.9	89	19.0	2
2	19.3	21.6	90	18.7	19.4	21.7	90	18.8	19.5	21.9	90	18.9	19.6	22.0	90	19.0	19.7	22.1	90	19.1	2
2	19.4	21.8	90	18.9	19.5	21.9	90	19.0	19.6	22.1	90	19.1	19.7	22.2	90	19.2	19.8	22.3	90	19.3	2
2	19.5	22.0	91	19.0	19.6	22.1	91	19.1	19.7	22.3	91	19.2	19.8	22.4	91	19.3	19.9	22.6	91	19.4	2

n	t_W	e	U	t_d	t_W	e	U	t_d	t_W	e	U	t_d	t_W	e	U	t_d	t_W	e	U	t_d	n
	20.5				**20.6**				**20.7**				**20.8**				**20.9**				
1	19.6	22.2	92	19.2	19.7	22.3	92	19.3	19.8	22.5	92	19.4	19.9	22.6	92	19.5	**20.0**	22.8	92	19.6	1
1	19.7	22.4	93	19.3	19.8	22.5	93	19.4	19.9	22.7	93	19.5	**20.0**	22.8	93	19.6	20.1	23.0	93	19.7	1
1	19.8	22.6	94	19.5	19.9	22.8	94	19.6	**20.0**	22.9	94	19.7	20.1	23.0	94	19.8	20.2	23.2	94	19.9	1
1	19.9	22.8	95	19.6	**20.0**	23.0	95	19.7	20.1	23.1	95	19.8	20.2	23.3	95	19.9	20.3	23.4	95	20.0	1
1	**20.0**	23.0	96	19.8	20.1	23.2	96	19.9	20.2	23.3	96	20.0	20.3	23.5	96	20.1	20.4	23.6	96	20.2	1
1	20.1	23.2	96	19.9	20.2	23.4	96	20.0	20.3	23.5	96	20.1	20.4	23.7	96	20.2	20.5	23.8	96	20.3	1
0	20.2	23.5	97	20.1	20.3	23.6	97	20.2	20.4	23.8	97	20.3	20.5	23.9	97	20.4	20.6	24.1	97	20.5	0
0	20.3	23.7	98	20.2	20.4	23.8	98	20.3	20.5	24.0	98	20.4	20.6	24.1	98	20.5	20.7	24.3	98	20.6	0
0	20.4	23.9	99	20.4	20.5	24.0	99	20.5	20.6	24.2	99	20.6	20.7	24.3	99	20.7	20.8	24.5	99	20.8	0
0	20.5	24.1	100	20.5	20.6	24.3	100	20.6	20.7	24.4	100	20.7	20.8	24.6	100	20.8	20.9	24.7	100	20.9	0
	21.0				**21.1**				**21.2**				**21.3**				**21.4**				
36																	6.8	0.1	1	-43.0	36
36									6.7	0.1	1	-43.1	6.8	0.2	1	-39.3	6.9	0.3	1	-36.4	36
36	6.6	0.1	1	-43.2	6.7	0.2	1	-39.3	6.8	0.3	1	-36.5	6.9	0.3	1	-34.2	**7.0**	0.4	2	-32.3	36
35	6.7	0.3	1	-36.5	6.8	0.3	1	-34.3	6.9	0.4	2	-32.4	**7.0**	0.5	2	-30.7	7.1	0.5	2	-29.3	35
35	6.8	0.4	2	-32.4	6.9	0.5	2	-30.8	**7.0**	0.5	2	-29.4	7.1	0.6	2	-28.1	7.2	0.7	3	-26.9	35
35	6.9	0.5	2	-29.4	**7.0**	0.6	2	-28.1	7.1	0.7	3	-26.9	7.2	0.7	3	-25.9	7.3	0.8	3	-24.9	35
34	**7.0**	0.7	3	-27.0	7.1	0.7	3	-25.9	7.2	0.8	3	-24.9	7.3	0.9	3	-24.0	7.4	1.0	4	-23.1	34
34	7.1	0.8	3	-25.0	7.2	0.9	4	-24.0	7.3	0.9	4	-23.2	7.4	1.0	4	-22.4	7.5	1.1	4	-21.6	34
33	7.2	0.9	4	-23.2	7.3	1.0	4	-22.4	7.4	1.1	4	-21.7	7.5	1.2	5	-20.9	7.6	1.2	5	-20.2	33
33	7.3	1.1	4	-21.7	7.4	1.2	5	-21.0	7.5	1.2	5	-20.3	7.6	1.3	5	-19.6	7.7	1.4	5	-19.0	33
33	7.4	1.2	5	-20.3	7.5	1.3	5	-19.7	7.6	1.4	5	-19.0	7.7	1.4	6	-18.4	7.8	1.5	6	-17.9	33
32	7.5	1.4	5	-19.1	7.6	1.4	6	-18.5	7.7	1.5	6	-17.9	7.8	1.6	6	-17.4	7.9	1.6	6	-16.8	32
32	7.6	1.5	6	-17.9	7.7	1.6	6	-17.4	7.8	1.6	7	-16.9	7.9	1.7	7	-16.3	**8.0**	1.8	7	-15.8	32
32	7.7	1.6	7	-16.9	7.8	1.7	7	-16.4	7.9	1.8	7	-15.9	**8.0**	1.8	7	-15.4	8.1	1.9	8	-14.9	32
31	7.8	1.8	7	-15.9	7.9	1.8	7	-15.4	**8.0**	1.9	8	-15.0	8.1	2.0	8	-14.5	8.2	2.1	8	-14.1	31
31	7.9	1.9	8	-15.0	**8.0**	2.0	8	-14.6	8.1	2.1	8	-14.1	8.2	2.1	8	-13.7	8.3	2.2	9	-13.3	31
31	**8.0**	2.0	8	-14.2	8.1	2.1	8	-13.7	8.2	2.2	9	-13.3	8.3	2.3	9	-12.9	8.4	2.3	9	-12.5	31
30	8.1	2.2	9	-13.3	8.2	2.3	9	-12.9	8.3	2.3	9	-12.5	8.4	2.4	10	-12.1	8.5	2.5	10	-11.8	30
30	8.2	2.3	9	-12.6	8.3	2.4	10	-12.2	8.4	2.5	10	-11.8	8.5	2.6	10	-11.4	8.6	2.6	10	-11.1	30
30	8.3	2.5	10	-11.8	8.4	2.5	10	-11.5	8.5	2.6	10	-11.1	8.6	2.7	11	-10.8	8.7	2.8	11	-10.4	30
29	8.4	2.6	11	-11.2	8.5	2.7	11	-10.8	8.6	2.8	11	-10.4	8.7	2.8	11	-10.1	8.8	2.9	11	-9.8	29
29	8.5	2.8	11	-10.5	8.6	2.8	11	-10.1	8.7	2.9	12	-9.8	8.8	3.0	12	-9.5	8.9	3.1	12	-9.2	29
29	8.6	2.9	12	-9.9	8.7	3.0	12	-9.5	8.8	3.0	12	-9.2	8.9	3.1	12	-8.9	**9.0**	3.2	13	-8.6	29
28	8.7	3.0	12	-9.2	8.8	3.1	12	-8.9	8.9	3.2	13	-8.6	**9.0**	3.3	13	-8.3	9.1	3.3	13	-8.0	28
28	8.8	3.2	13	-8.7	8.9	3.3	13	-8.4	**9.0**	3.3	13	-8.0	9.1	3.4	13	-7.8	9.2	3.5	14	-7.5	28
28	8.9	3.3	13	-8.1	**9.0**	3.4	14	-7.8	9.1	3.5	14	-7.5	9.2	3.6	14	-7.2	9.3	3.6	14	-6.9	28
27	**9.0**	3.5	14	-7.5	9.1	3.5	14	-7.3	9.2	3.6	14	-7.0	9.3	3.7	15	-6.7	9.4	3.8	15	-6.4	27
27	9.1	3.6	15	-7.0	9.2	3.7	15	-6.7	9.3	3.8	15	-6.5	9.4	3.8	15	-6.2	9.5	3.9	15	-5.9	27
27	9.2	3.8	15	-6.5	9.3	3.8	15	-6.2	9.4	3.9	16	-6.0	9.5	4.0	16	-5.7	9.6	4.1	16	-5.4	27
27	9.3	3.9	16	-6.0	9.4	4.0	16	-5.7	9.5	4.1	16	-5.5	9.6	4.1	16	-5.2	9.7	4.2	17	-5.0	27
26	9.4	4.0	16	-5.5	9.5	4.1	17	-5.3	9.6	4.2	17	-5.0	9.7	4.3	17	-4.8	9.8	4.4	17	-4.5	26
26	9.5	4.2	17	-5.1	9.6	4.3	17	-4.8	9.7	4.4	17	-4.6	9.8	4.4	18	-4.3	9.9	4.5	18	-4.1	26
26	9.6	4.3	17	-4.6	9.7	4.4	18	-4.4	9.8	4.5	18	-4.1	9.9	4.6	18	-3.9	**10.0**	4.7	18	-3.6	26
25	9.7	4.5	18	-4.2	9.8	4.6	18	-3.9	9.9	4.7	18	-3.7	**10.0**	4.7	19	-3.5	10.1	4.8	19	-3.2	25
25	9.8	4.6	19	-3.7	9.9	4.7	19	-3.5	**10.0**	4.8	19	-3.3	10.1	4.9	19	-3.0	10.2	5.0	19	-2.8	25
25	9.9	4.8	19	-3.3	**10.0**	4.9	19	-3.1	10.1	4.9	20	-2.9	10.2	5.0	20	-2.6	10.3	5.1	20	-2.4	25
24	**10.0**	4.9	20	-2.9	10.1	5.0	20	-2.7	10.2	5.1	20	-2.5	10.3	5.2	20	-2.2	10.4	5.3	21	-2.0	24
24	10.1	5.1	20	-2.5	10.2	5.2	21	-2.3	10.3	5.2	21	-2.1	10.4	5.3	21	-1.8	10.5	5.4	21	-1.6	24
24	10.2	5.2	21	-2.1	10.3	5.3	21	-1.9	10.4	5.4	21	-1.7	10.5	5.5	22	-1.5	10.6	5.6	22	-1.3	24
23	10.3	5.4	22	-1.7	10.4	5.5	22	-1.5	10.5	5.6	22	-1.3	10.6	5.6	22	-1.1	10.7	5.7	22	-0.9	23
23	10.4	5.5	22	-1.3	10.5	5.6	22	-1.1	10.6	5.7	23	-0.9	10.7	5.8	23	-0.7	10.8	5.9	23	-0.5	23
23	10.5	5.7	23	-1.0	10.6	5.8	23	-0.8	10.7	5.9	23	-0.6	10.8	5.9	23	-0.4	10.9	6.0	24	-0.2	23
23	10.6	5.8	23	-0.6	10.7	5.9	24	-0.4	10.8	6.0	24	-0.2	10.9	6.1	24	0.0	**11.0**	6.2	24	0.2	23
22	10.7	6.0	24	-0.3	10.8	6.1	24	-0.1	10.9	6.2	24	0.1	**11.0**	6.2	25	0.3	11.1	6.3	25	0.5	22
22	10.8	6.1	25	0.1	10.9	6.2	25	0.3	**11.0**	6.3	25	0.5	11.1	6.4	25	0.7	11.2	6.5	25	0.8	22
22	10.9	6.3	25	0.4	**11.0**	6.4	26	0.6	11.1	6.5	26	0.8	11.2	6.6	26	1.0	11.3	6.6	26	1.2	22
21	**11.0**	6.4	26	0.7	11.1	6.5	26	0.9	11.2	6.6	26	1.1	11.3	6.7	27	1.3	11.4	6.8	27	1.5	21
21	11.1	6.6	27	1.1	11.2	6.7	27	1.3	11.3	6.8	27	1.4	11.4	6.9	27	1.6	11.5	7.0	27	1.8	21
21	11.2	6.8	27	1.4	11.3	6.8	27	1.6	11.4	6.9	28	1.8	11.5	7.0	28	1.9	11.6	7.1	28	2.1	21
21	11.3	6.9	28	1.7	11.4	7.0	28	1.9	11.5	7.1	28	2.1	11.6	7.2	28	2.2	11.7	7.3	29	2.4	21
20	11.4	7.1	28	2.0	11.5	7.2	29	2.2	11.6	7.2	29	2.4	11.7	7.3	29	2.6	11.8	7.4	29	2.7	20
20	11.5	7.2	29	2.3	11.6	7.3	29	2.5	11.7	7.4	29	2.7	11.8	7.5	30	2.9	11.9	7.6	30	3.0	20
20	11.6	7.4	30	2.6	11.7	7.5	30	2.8	11.8	7.6	30	3.0	11.9	7.7	30	3.1	**12.0**	7.7	30	3.3	20
19	11.7	7.5	30	2.9	11.8	7.6	31	3.1	11.9	7.7	31	3.3	**12.0**	7.8	31	3.4	12.1	7.9	31	3.6	19
19	11.8	7.7	31	3.2	11.9	7.8	31	3.4	**12.0**	7.9	31	3.6	12.1	8.0	31	3.7	12.2	8.1	32	3.9	19
19	11.9	7.9	32	3.5	**12.0**	7.9	32	3.7	12.1	8.0	32	3.8	12.2	8.1	32	4.0	12.3	8.2	32	4.2	19
19	**12.0**	8.0	32	3.8	12.1	8.1	32	4.0	12.2	8.2	33	4.1	12.3	8.3	33	4.3	12.4	8.4	33	4.4	19
18	12.1	8.2	33	4.1	12.2	8.3	33	4.2	12.3	8.4	33	4.4	12.4	8.5	33	4.6	12.5	8.5	34	4.7	18
18	12.2	8.3	34	4.4	12.3	8.4	34	4.5	12.4	8.5	34	4.7	12.5	8.6	34	4.8	12.6	8.7	34	5.0	18
18	12.3	8.5	34	4.6	12.4	8.6	34	4.8	12.5	8.7	34	4.9	12.6	8.8	35	5.1	12.7	8.9	35	5.3	18

n	t_W	e	U	t_d	t_W	e	U	t_d	t_W	e	U	t_d	t_W	e	U	t_d	t_W	e	U	t_d	n
	21.0				**21.1**				**21.2**				**21.3**				**21.4**				
18	12.4	8.7	35	4.9	12.5	8.7	35	5.0	12.6	8.8	35	5.2	12.7	8.9	35	5.4	12.8	9.0	35	5.5	18
17	12.5	8.8	35	5.2	12.6	8.9	36	5.3	12.7	9.0	36	5.5	12.8	9.1	36	5.6	12.9	9.2	36	5.8	17
17	12.6	9.0	36	5.4	12.7	9.1	36	5.6	12.8	9.2	36	5.7	12.9	9.3	37	5.9	**13.0**	9.4	37	6.0	17
17	12.7	9.1	37	5.7	12.8	9.2	37	5.8	12.9	9.3	37	6.0	**13.0**	9.4	37	6.1	13.1	9.5	37	6.3	17
16	12.8	9.3	37	5.9	12.9	9.4	38	6.1	**13.0**	9.5	38	6.2	13.1	9.6	38	6.4	13.2	9.7	38	6.5	16
16	12.9	9.5	38	6.2	**13.0**	9.6	38	6.3	13.1	9.7	38	6.5	13.2	9.8	39	6.6	13.3	9.9	39	6.8	16
16	**13.0**	9.6	39	6.4	13.1	9.7	39	6.6	13.2	9.8	39	6.7	13.3	9.9	39	6.9	13.4	10.0	39	7.0	16
16	13.1	9.8	39	6.7	13.2	9.9	40	6.8	13.3	10.0	40	7.0	13.4	10.1	40	7.1	13.5	10.2	40	7.3	16
15	13.2	10.0	40	6.9	13.3	10.1	40	7.1	13.4	10.2	40	7.2	13.5	10.3	41	7.4	13.6	10.4	41	7.5	15
15	13.3	10.1	41	7.2	13.4	10.2	41	7.3	13.5	10.3	41	7.5	13.6	10.4	41	7.6	13.7	10.5	41	7.7	15
15	13.4	10.3	41	7.4	13.5	10.4	42	7.5	13.6	10.5	42	7.7	13.7	10.6	42	7.8	13.8	10.7	42	8.0	15
15	13.5	10.5	42	7.6	13.6	10.6	42	7.8	13.7	10.7	42	7.9	13.8	10.8	43	8.1	13.9	10.9	43	8.2	15
14	13.6	10.6	43	7.9	13.7	10.7	43	8.0	13.8	10.8	43	8.2	13.9	10.9	43	8.3	**14.0**	11.0	43	8.4	14
14	13.7	10.8	43	8.1	13.8	10.9	44	8.2	13.9	11.0	44	8.4	**14.0**	11.1	44	8.5	14.1	11.2	44	8.7	14
14	13.8	11.0	44	8.3	13.9	11.1	44	8.5	**14.0**	11.2	44	8.6	14.1	11.3	45	8.7	14.2	11.4	45	8.9	14
14	13.9	11.1	45	8.6	**14.0**	11.2	45	8.7	14.1	11.3	45	8.8	14.2	11.4	45	9.0	14.3	11.6	45	9.1	14
14	**14.0**	11.3	45	8.8	14.1	11.4	46	8.9	14.2	11.5	46	9.1	14.3	11.6	46	9.2	14.4	11.7	46	9.3	14
13	14.1	11.5	46	9.0	14.2	11.6	46	9.1	14.3	11.7	46	9.3	14.4	11.8	47	9.4	14.5	11.9	47	9.5	13
13	14.2	11.6	47	9.2	14.3	11.8	47	9.4	14.4	11.9	47	9.5	14.5	12.0	47	9.6	14.6	12.1	47	9.8	13
13	14.3	11.8	48	9.4	14.4	11.9	48	9.6	14.5	12.0	48	9.7	14.6	12.1	48	9.8	14.7	12.2	48	10.0	13
13	14.4	12.0	48	9.7	14.5	12.1	48	9.8	14.6	12.2	49	9.9	14.7	12.3	49	10.1	14.8	12.4	49	10.2	13
12	14.5	12.2	49	9.9	14.6	12.3	49	10.0	14.7	12.4	49	10.1	14.8	12.5	49	10.3	14.9	12.6	49	10.4	12
12	14.6	12.3	50	10.1	14.7	12.4	50	10.2	14.8	12.6	50	10.3	14.9	12.7	50	10.5	**15.0**	12.8	50	10.6	12
12	14.7	12.5	50	10.3	14.8	12.6	50	10.4	14.9	12.7	51	10.5	**15.0**	12.8	51	10.7	15.1	13.0	51	10.8	12
12	14.8	12.7	51	10.5	14.9	12.8	51	10.6	**15.0**	12.9	51	10.8	15.1	13.0	51	10.9	15.2	13.1	52	11.0	12
11	14.9	12.9	52	10.7	**15.0**	13.0	52	10.8	15.1	13.1	52	11.0	15.2	13.2	52	11.1	15.3	13.3	52	11.2	11
11	**15.0**	13.0	52	10.9	15.1	13.2	53	11.0	15.2	13.3	53	11.2	15.3	13.4	53	11.3	15.4	13.5	53	11.4	11
11	15.1	13.2	53	11.1	15.2	13.3	53	11.2	15.3	13.4	53	11.4	15.4	13.6	54	11.5	15.5	13.7	54	11.6	11
11	15.2	13.4	54	11.3	15.3	13.5	54	11.4	15.4	13.6	54	11.6	15.5	13.7	54	11.7	15.6	13.8	54	11.8	11
10	15.3	13.6	55	11.5	15.4	13.7	55	11.6	15.5	13.8	55	11.8	15.6	13.9	55	11.9	15.7	14.0	55	12.0	10
10	15.4	13.8	55	11.7	15.5	13.9	55	11.8	15.6	14.0	56	12.0	15.7	14.1	56	12.1	15.8	14.2	56	12.2	10
10	15.5	13.9	56	11.9	15.6	14.0	56	12.0	15.7	14.2	56	12.2	15.8	14.3	56	12.3	15.9	14.4	56	12.4	10
10	15.6	14.1	57	12.1	15.7	14.2	57	12.2	15.8	14.3	57	12.3	15.9	14.5	57	12.5	**16.0**	14.6	57	12.6	10
10	15.7	14.3	57	12.3	15.8	14.4	58	12.4	15.9	14.5	58	12.5	**16.0**	14.6	58	12.7	16.1	14.8	58	12.8	10
9	15.8	14.5	58	12.5	15.9	14.6	58	12.6	**16.0**	14.7	58	12.7	16.1	14.8	59	12.8	16.2	14.9	59	13.0	9
9	15.9	14.7	59	12.7	**16.0**	14.8	59	12.8	16.1	14.9	59	12.9	16.2	15.0	59	13.0	16.3	15.1	59	13.2	9
9	**16.0**	14.8	60	12.9	16.1	15.0	60	13.0	16.2	15.1	60	13.1	16.3	15.2	60	13.2	16.4	15.3	60	13.3	9
9	16.1	15.0	60	13.1	16.2	15.1	61	13.2	16.3	15.3	61	13.3	16.4	15.4	61	13.4	16.5	15.5	61	13.5	9
9	16.2	15.2	61	13.2	16.3	15.3	61	13.4	16.4	15.4	61	13.5	16.5	15.6	61	13.6	16.6	15.7	62	13.7	9
8	16.3	15.4	62	13.4	16.4	15.5	62	13.5	16.5	15.6	62	13.7	16.6	15.7	62	13.8	16.7	15.9	62	13.9	8
8	16.4	15.6	63	13.6	16.5	15.7	63	13.7	16.6	15.8	63	13.8	16.7	15.9	63	14.0	16.8	16.1	63	14.1	8
8	16.5	15.8	63	13.8	16.6	15.9	63	13.9	16.7	16.0	64	14.0	16.8	16.1	64	14.1	16.9	16.2	64	14.3	8
8	16.6	15.9	64	14.0	16.7	16.1	64	14.1	16.8	16.2	64	14.2	16.9	16.3	64	14.3	**17.0**	16.4	64	14.4	8
8	16.7	16.1	65	14.2	16.8	16.3	65	14.3	16.9	16.4	65	14.4	**17.0**	16.5	65	14.5	17.1	16.6	65	14.6	8
7	16.8	16.3	66	14.3	16.9	16.4	66	14.4	**17.0**	16.6	66	14.6	17.1	16.7	66	14.7	17.2	16.8	66	14.8	7
7	16.9	16.5	66	14.5	**17.0**	16.6	66	14.6	17.1	16.8	67	14.7	17.2	16.9	67	14.8	17.3	17.0	67	15.0	7
7	**17.0**	16.7	67	14.7	17.1	16.8	67	14.8	17.2	16.9	67	14.9	17.3	17.1	67	15.0	17.4	17.2	67	15.1	7
7	17.1	16.9	68	14.9	17.2	17.0	68	15.0	17.3	17.1	68	15.1	17.4	17.3	68	15.2	17.5	17.4	68	15.3	7
7	17.2	17.1	69	15.0	17.3	17.2	69	15.1	17.4	17.3	69	15.3	17.5	17.5	69	15.4	17.6	17.6	69	15.5	7
6	17.3	17.3	69	15.2	17.4	17.4	70	15.3	17.5	17.5	70	15.4	17.6	17.6	70	15.5	17.7	17.8	70	15.7	6
6	17.4	17.5	70	15.4	17.5	17.6	70	15.5	17.6	17.7	70	15.6	17.7	17.8	70	15.7	17.8	18.0	71	15.8	6
6	17.5	17.7	71	15.5	17.6	17.8	71	15.7	17.7	17.9	71	15.8	17.8	18.0	71	15.9	17.9	18.2	71	16.0	6
6	17.6	17.8	72	15.7	17.7	18.0	72	15.8	17.8	18.1	72	15.9	17.9	18.2	72	16.1	**18.0**	18.4	72	16.2	6
6	17.7	18.0	73	15.9	17.8	18.2	73	16.0	17.9	18.3	73	16.1	**18.0**	18.4	73	16.2	18.1	18.6	73	16.3	6
5	17.8	18.2	73	16.1	17.9	18.4	73	16.2	**18.0**	18.5	73	16.3	18.1	18.6	74	16.4	18.2	18.8	74	16.5	5
5	17.9	18.4	74	16.2	**18.0**	18.6	74	16.3	18.1	18.7	74	16.4	18.2	18.8	74	16.6	18.3	19.0	74	16.7	5
5	**18.0**	18.6	75	16.4	18.1	18.8	75	16.5	18.2	18.9	75	16.6	18.3	19.0	75	16.7	18.4	19.2	75	16.8	5
5	18.1	18.8	76	16.6	18.2	19.0	76	16.7	18.3	19.1	76	16.8	18.4	19.2	76	16.9	18.5	19.4	76	17.0	5
5	18.2	19.0	77	16.7	18.3	19.2	77	16.8	18.4	19.3	77	16.9	18.5	19.4	77	17.0	18.6	19.6	77	17.2	5
4	18.3	19.2	77	16.9	18.4	19.4	77	17.0	18.5	19.5	77	17.1	18.6	19.6	77	17.2	18.7	19.8	78	17.3	4
4	18.4	19.4	78	17.0	18.5	19.6	78	17.2	18.6	19.7	78	17.3	18.7	19.8	78	17.4	18.8	20.0	78	17.5	4
4	18.5	19.6	79	17.2	18.6	19.8	79	17.3	18.7	19.9	79	17.4	18.8	20.0	79	17.5	18.9	20.2	79	17.6	4
4	18.6	19.8	80	17.4	18.7	20.0	80	17.5	18.8	20.1	80	17.6	18.9	20.2	80	17.7	**19.0**	20.4	80	17.8	4
4	18.7	20.0	81	17.5	18.8	20.2	81	17.6	18.9	20.3	81	17.7	**19.0**	20.4	81	17.8	19.1	20.6	81	18.0	4
4	18.8	20.2	81	17.7	18.9	20.4	81	17.8	**19.0**	20.5	81	17.9	19.1	20.6	81	18.0	19.2	20.8	82	18.1	4
3	18.9	20.4	82	17.8	**19.0**	20.6	82	17.9	19.1	20.7	82	18.1	19.2	20.8	82	18.2	19.3	21.0	82	18.3	3
3	**19.0**	20.6	83	18.0	19.1	20.8	83	18.1	19.2	20.9	83	18.2	19.3	21.0	83	18.3	19.4	21.2	83	18.4	3
3	19.1	20.8	84	18.2	19.2	21.0	84	18.3	19.3	21.1	84	18.4	19.4	21.2	84	18.5	19.5	21.4	84	18.6	3
3	19.2	21.0	85	18.3	19.3	21.2	85	18.4	19.4	21.3	85	18.5	19.5	21.5	85	18.6	19.6	21.6	85	18.7	3
3	19.3	21.2	85	18.5	19.4	21.4	85	18.6	19.5	21.5	86	18.7	19.6	21.7	86	18.8	19.7	21.8	86	18.9	3
3	19.4	21.4	86	18.6	19.5	21.6	86	18.7	19.6	21.7	86	18.8	19.7	21.9	86	18.9	19.8	22.0	86	19.0	3
2	19.5	21.7	87	18.8	19.6	21.8	87	18.9	19.7	21.9	87	19.0	19.8	21.1	87	19.1	19.9	22.2	87	19.2	2
2	19.6	21.9	88	18.9	19.7	22.0	88	19.0	19.8	22.1	88	19.1	19.9	22.3	88	19.2	**20.0**	22.4	88	19.3	2

n	t_W	e	U	t_d	t_W	e	U	t_d	t_W	e	U	t_d	t_W	e	U	t_d	t_W	e	U	t_d	n
	21.0				**21.1**				**21.2**				**21.3**				**21.4**				
2	19.7	22.1	89	19.1	19.8	22.2	89	19.2	19.9	22.4	89	19.3	**20.0**	22.5	89	19.4	20.1	22.6	89	19.5	2
2	19.8	22.3	90	19.2	19.9	22.4	90	19.3	**20.0**	22.6	90	19.4	20.1	22.7	90	19.5	20.2	22.9	90	19.6	2
2	19.9	22.5	90	19.4	**20.0**	22.6	91	19.5	20.1	22.8	91	19.6	20.2	22.9	91	19.7	20.3	23.1	91	19.8	2
2	**20.0**	22.7	91	19.5	20.1	22.8	91	19.6	20.2	23.0	91	19.7	20.3	23.1	91	19.8	20.4	23.3	91	19.9	2
1	20.1	22.9	92	19.7	20.2	23.1	92	19.8	20.3	23.2	92	19.9	20.4	23.4	92	20.0	20.5	23.5	92	20.1	1
1	20.2	23.1	93	19.8	20.3	23.3	93	19.9	20.4	23.4	93	20.0	20.5	23.6	93	20.1	20.6	23.7	93	20.2	1
1	20.3	23.3	94	20.0	20.4	23.5	94	20.1	20.5	23.6	94	20.2	20.6	23.8	94	20.3	20.7	23.9	94	20.4	1
1	20.4	23.6	95	20.1	20.5	23.7	95	20.2	20.6	23.9	95	20.3	20.7	24.0	95	20.4	20.8	24.2	95	20.5	1
1	20.5	23.8	96	20.3	20.6	23.9	96	20.4	20.7	24.1	96	20.5	20.8	24.2	96	20.6	20.9	24.4	96	20.7	1
1	20.6	24.0	96	20.4	20.7	24.1	97	20.5	20.8	24.3	97	20.6	20.9	24.4	97	20.7	**21.0**	24.6	97	20.8	1
0	20.7	24.2	97	20.6	20.8	24.4	97	20.7	20.9	24.5	97	20.8	**21.0**	24.7	97	20.9	21.1	24.8	97	21.0	0
0	20.8	24.4	98	20.7	20.9	24.6	98	20.8	**21.0**	24.7	98	20.9	21.1	24.9	98	21.0	21.2	25.0	98	21.1	0
0	20.9	24.6	99	20.9	**21.0**	24.8	99	21.0	21.1	24.9	99	21.1	21.2	25.1	99	21.2	21.3	25.3	99	21.3	0
0	**21.0**	24.9	100	21.0	21.1	25.0	100	21.1	21.2	25.2	100	21.2	21.3	25.3	100	21.3	21.4	25.5	100	21.4	0
	21.5				**21.6**				**21.7**				**21.8**				**21.9**				
36													**7.0**	0.1	1	-42.8	7.1	0.2	1	-39.0	36
36					6.9	0.1	1	-42.9	**7.0**	0.2	1	-39.1	7.1	0.3	1	-36.3	7.2	0.3	1	-34.0	36
36	6.9	0.2	1	-39.2	**7.0**	0.3	1	-36.4	7.1	0.3	1	-34.1	7.2	0.4	2	-32.2	7.3	0.5	2	-30.6	36
35	**7.0**	0.3	1	-34.2	7.1	0.4	2	-32.3	7.2	0.5	2	-30.6	7.3	0.5	2	-29.2	7.4	0.6	2	-27.9	35
35	7.1	0.5	2	-30.7	7.2	0.5	2	-29.3	7.3	0.6	2	-28.0	7.4	0.7	3	-26.8	7.5	0.8	3	-25.7	35
35	7.2	0.6	2	-28.0	7.3	0.7	3	-26.8	7.4	0.8	3	-25.8	7.5	0.8	3	-24.8	7.6	0.9	3	-23.9	35
34	7.3	0.7	3	-25.8	7.4	0.8	3	-24.8	7.5	0.9	3	-23.9	7.6	1.0	4	-23.0	7.7	1.0	4	-22.2	34
34	7.4	0.9	3	-24.0	7.5	1.0	4	-23.1	7.6	1.0	4	-22.3	7.7	1.1	4	-21.5	7.8	1.2	4	-20.8	34
34	7.5	1.0	4	-22.3	7.6	1.1	4	-21.6	7.7	1.2	4	-20.8	7.8	1.2	5	-20.2	7.9	1.3	5	-19.5	34
33	7.6	1.2	5	-20.9	7.7	1.2	5	-20.2	7.8	1.3	5	-19.5	7.9	1.4	5	-18.9	**8.0**	1.4	6	-18.3	33
33	7.7	1.3	5	-19.6	7.8	1.4	5	-19.0	7.9	1.4	6	-18.4	**8.0**	1.5	6	-17.8	8.1	1.6	6	-17.2	33
33	7.8	1.4	6	-18.4	7.9	1.5	6	-17.8	**8.0**	1.6	6	-17.3	8.1	1.7	6	-16.7	8.2	1.7	7	-16.2	33
32	7.9	1.6	6	-17.3	**8.0**	1.6	6	-16.8	8.1	1.7	7	-16.3	8.2	1.8	7	-15.8	8.3	1.9	7	-15.3	32
32	**8.0**	1.7	7	-16.3	8.1	1.8	7	-15.8	8.2	1.9	7	-15.3	8.3	1.9	7	-14.8	8.4	2.0	8	-14.4	32
32	8.1	1.9	7	-15.4	8.2	1.9	7	-14.9	8.3	2.0	8	-14.4	8.4	2.1	8	-14.0	8.5	2.2	8	-13.5	32
31	8.2	2.0	8	-14.5	8.3	2.1	8	-14.0	8.4	2.1	8	-13.6	8.5	2.2	9	-13.2	8.6	2.3	9	-12.8	31
31	8.3	2.1	8	-13.6	8.4	2.2	9	-13.2	8.5	2.3	9	-12.8	8.6	2.4	9	-12.4	8.7	2.4	9	-12.0	31
31	8.4	2.3	9	-12.9	8.5	2.4	9	-12.5	8.6	2.4	9	-12.1	8.7	2.5	10	-11.7	8.8	2.6	10	-11.3	31
30	8.5	2.4	9	-12.1	8.6	2.5	10	-11.7	8.7	2.6	10	-11.3	8.8	2.6	10	-11.0	8.9	2.7	10	-10.6	30
30	8.6	2.6	10	-11.4	8.7	2.6	10	-11.0	8.8	2.7	10	-10.7	8.9	2.8	11	-10.3	**9.0**	2.9	11	-10.0	30
30	8.7	2.7	11	-10.7	8.8	2.8	11	-10.4	8.9	2.9	11	-10.0	**9.0**	2.9	11	-9.7	9.1	3.0	11	-9.3	30
29	8.8	2.8	11	-10.1	8.9	2.9	11	-9.7	**9.0**	3.0	12	-9.4	9.1	3.1	12	-9.1	9.2	3.2	12	-8.8	29
29	8.9	3.0	12	-9.4	**9.0**	3.1	12	-9.1	9.1	3.1	12	-8.8	9.2	3.2	12	-8.5	9.3	3.3	13	-8.2	29
29	**9.0**	3.1	12	-8.8	9.1	3.2	12	-8.5	9.2	3.3	13	-8.2	9.3	3.4	13	-7.9	9.4	3.4	13	-7.6	29
28	9.1	3.3	13	-8.3	9.2	3.4	13	-8.0	9.3	3.4	13	-7.7	9.4	3.5	13	-7.4	9.5	3.6	14	-7.1	28
28	9.2	3.4	13	-7.7	9.3	3.5	14	-7.4	9.4	3.6	14	-7.1	9.5	3.7	14	-6.8	9.6	3.7	14	-6.6	28
28	9.3	3.6	14	-7.2	9.4	3.6	14	-6.9	9.5	3.7	14	-6.6	9.6	3.8	15	-6.3	9.7	3.9	15	-6.1	28
27	9.4	3.7	14	-6.7	9.5	3.8	15	-6.4	9.6	3.9	15	-6.1	9.7	4.0	15	-5.8	9.8	4.0	15	-5.6	27
27	9.5	3.9	15	-6.1	9.6	3.9	15	-5.9	9.7	4.0	16	-5.6	9.8	4.1	16	-5.4	9.9	4.2	16	-5.1	27
27	9.6	4.0	16	-5.7	9.7	4.1	16	-5.4	9.8	4.2	16	-5.1	9.9	4.3	16	-4.9	**10.0**	4.3	16	-4.6	27
26	9.7	4.2	16	-5.2	9.8	4.2	16	-4.9	9.9	4.3	17	-4.7	**10.0**	4.4	17	-4.4	10.1	4.5	17	-4.2	26
26	9.8	4.3	17	-4.7	9.9	4.4	17	-4.5	**10.0**	4.5	17	-4.2	10.1	4.5	17	-4.0	10.2	4.6	18	-3.7	26
26	9.9	4.5	17	-4.3	**10.0**	4.5	18	-4.0	10.1	4.6	18	-3.8	10.2	4.7	18	-3.6	10.3	4.8	18	-3.3	26
25	**10.0**	4.6	18	-3.8	10.1	4.7	18	-3.6	10.2	4.8	18	-3.4	10.3	4.8	19	-3.1	10.4	4.9	19	-2.9	25
25	10.1	4.7	19	-3.4	10.2	4.8	19	-3.2	10.3	4.9	19	-2.9	10.4	5.0	19	-2.7	10.5	5.1	19	-2.5	25
25	10.2	4.9	19	-3.0	10.3	5.0	19	-2.8	10.4	5.1	20	-2.5	10.5	5.2	20	-2.3	10.6	5.2	20	-2.1	25
25	10.3	5.0	20	-2.6	10.4	5.1	20	-2.4	10.5	5.2	20	-2.1	10.6	5.3	20	-1.9	10.7	5.4	21	-1.7	25
24	10.4	5.2	20	-2.2	10.5	5.3	20	-2.0	10.6	5.4	21	-1.8	10.7	5.5	21	-1.5	10.8	5.5	21	-1.3	24
24	10.5	5.4	21	-1.8	10.6	5.4	21	-1.6	10.7	5.5	21	-1.4	10.8	5.6	21	-1.2	10.9	5.7	22	-1.0	24
24	10.6	5.5	21	-1.4	10.7	5.6	22	-1.2	10.8	5.7	22	-1.0	10.9	5.8	22	-0.8	**11.0**	5.8	22	-0.6	24
23	10.7	5.7	22	-1.1	10.8	5.7	22	-0.8	10.9	5.8	22	-0.6	**11.0**	5.9	23	-0.4	11.1	6.0	23	-0.2	23
23	10.8	5.8	23	-0.7	10.9	5.9	23	-0.5	**11.0**	6.0	23	-0.3	11.1	6.1	23	-0.1	11.2	6.2	23	0.1	23
23	10.9	6.0	23	-0.3	**11.0**	6.0	23	-0.1	11.1	6.1	24	0.1	11.2	6.2	24	0.3	11.3	6.3	24	0.5	23
22	**11.0**	6.1	24	0.0	11.1	6.2	24	0.2	11.2	6.3	24	0.4	11.3	6.4	24	0.6	11.4	6.5	25	0.8	22
22	11.1	6.3	24	0.4	11.2	6.4	25	0.6	11.3	6.4	25	0.7	11.4	6.5	25	0.9	11.5	6.6	25	1.1	22
22	11.2	6.4	25	0.7	11.3	6.5	25	0.9	11.4	6.6	25	1.1	11.5	6.7	26	1.3	11.6	6.8	26	1.4	22
22	11.3	6.6	26	1.0	11.4	6.7	26	1.2	11.5	6.8	26	1.4	11.6	6.8	26	1.6	11.7	6.9	26	1.8	22
21	11.4	6.7	26	1.4	11.5	6.8	26	1.5	11.6	6.9	27	1.7	11.7	7.0	27	1.9	11.8	7.1	27	2.1	21
21	11.5	6.9	27	1.7	11.6	7.0	27	1.9	11.7	7.1	27	2.0	11.8	7.2	27	2.2	11.9	7.3	28	2.4	21
21	11.6	7.0	27	2.0	11.7	7.1	28	2.2	11.8	7.2	28	2.3	11.9	7.3	28	2.5	**12.0**	7.4	28	2.7	21
20	11.7	7.2	28	2.3	11.8	7.3	28	2.5	11.9	7.4	28	2.6	**12.0**	7.5	29	2.8	12.1	7.6	29	3.0	20
20	11.8	7.4	29	2.6	11.9	7.5	29	2.8	**12.0**	7.5	29	2.9	12.1	7.6	29	3.1	12.2	7.7	29	3.3	20
20	11.9	7.5	29	2.9	**12.0**	7.6	30	3.1	12.1	7.7	30	3.2	12.2	7.8	30	3.4	12.3	7.9	30	3.6	20
20	**12.0**	7.7	30	3.2	12.1	7.8	30	3.4	12.2	7.9	30	3.5	12.3	8.0	30	3.7	12.4	8.1	31	3.9	20
19	12.1	7.8	31	3.5	12.2	7.9	31	3.7	12.3	8.0	31	3.8	12.4	8.1	31	4.0	12.5	8.2	31	4.2	19
19	12.2	8.0	31	3.8	12.3	8.1	31	3.9	12.4	8.2	32	4.1	12.5	8.3	32	4.3	12.6	8.4	32	4.4	19

n	t_W	e	U	t_d	t_W	e	U	t_d	t_W	e	U	t_d	t_W	e	U	t_d	t_W	e	U	t_d	n
	21.5				21.6				21.7				21.8				21.9				
19	12.3	8.2	32	4.1	12.4	8.3	32	4.2	12.5	8.3	32	4.4	12.6	8.4	32	4.5	12.7	8.5	33	4.7	19
19	12.4	8.3	32	4.3	12.5	8.4	33	4.5	12.6	8.5	33	4.7	12.7	8.6	33	4.8	12.8	8.7	33	5.0	19
18	12.5	8.5	33	4.6	12.6	8.6	33	4.8	12.7	8.7	33	4.9	12.8	8.8	34	5.1	12.9	8.9	34	5.2	18
18	12.6	8.6	34	4.9	12.7	8.7	34	5.0	12.8	8.8	34	5.2	12.9	8.9	34	5.3	**13.0**	9.0	34	5.5	18
18	12.7	8.8	34	5.1	12.8	8.9	35	5.3	12.9	9.0	35	5.5	**13.0**	9.1	35	5.6	13.1	9.2	35	5.8	18
18	12.8	9.0	35	5.4	12.9	9.1	35	5.6	**13.0**	9.2	35	5.7	13.1	9.3	35	5.9	13.2	9.4	36	6.0	18
17	12.9	9.1	36	5.7	**13.0**	9.2	36	5.8	13.1	9.3	36	6.0	13.2	9.4	36	6.1	13.3	9.5	36	6.3	17
17	**13.0**	9.3	36	5.9	13.1	9.4	36	6.1	13.2	9.5	37	6.2	13.3	9.6	37	6.4	13.4	9.7	37	6.5	17
17	13.1	9.5	37	6.2	13.2	9.6	37	6.3	13.3	9.7	37	6.5	13.4	9.8	37	6.6	13.5	9.9	38	6.8	17
16	13.2	9.6	38	6.4	13.3	9.7	38	6.6	13.4	9.8	38	6.7	13.5	9.9	38	6.9	13.6	10.0	38	7.0	16
16	13.3	9.8	38	6.7	13.4	9.9	38	6.8	13.5	10.0	39	7.0	13.6	10.1	39	7.1	13.7	10.2	39	7.3	16
16	13.4	10.0	39	6.9	13.5	10.1	39	7.1	13.6	10.2	39	7.2	13.7	10.3	39	7.4	13.8	10.4	39	7.5	16
16	13.5	10.1	40	7.2	13.6	10.2	40	7.3	13.7	10.3	40	7.5	13.8	10.4	40	7.6	13.9	10.5	40	7.7	16
15	13.6	10.3	40	7.4	13.7	10.4	40	7.6	13.8	10.5	40	7.7	13.9	10.6	41	7.8	**14.0**	10.7	41	8.0	15
15	13.7	10.5	41	7.6	13.8	10.6	41	7.8	13.9	10.7	41	7.9	**14.0**	10.8	41	8.1	14.1	10.9	41	8.2	15
15	13.8	10.6	41	7.9	13.9	10.7	42	8.0	**14.0**	10.8	42	8.2	14.1	10.9	42	8.3	14.2	11.0	42	8.4	15
15	13.9	10.8	42	8.1	**14.0**	10.9	42	8.3	14.1	11.0	42	8.4	14.2	11.1	43	8.5	14.3	11.2	43	8.7	15
14	**14.0**	11.0	43	8.3	14.1	11.1	43	8.5	14.2	11.2	43	8.6	14.3	11.3	43	8.8	14.4	11.4	43	8.9	14
14	14.1	11.1	43	8.6	14.2	11.2	44	8.7	14.3	11.4	44	8.8	14.4	11.5	44	9.0	14.5	11.6	44	9.1	14
14	14.2	11.3	44	8.8	14.3	11.4	44	8.9	14.4	11.5	44	9.1	14.5	11.6	45	9.2	14.6	11.7	45	9.3	14
14	14.3	11.5	45	9.0	14.4	11.6	45	9.2	14.5	11.7	45	9.3	14.6	11.8	45	9.4	14.7	11.9	45	9.6	14
14	14.4	11.7	45	9.2	14.5	11.8	46	9.4	14.6	11.9	46	9.5	14.7	12.0	46	9.6	14.8	12.1	46	9.8	14
13	14.5	11.8	46	9.5	14.6	11.9	46	9.6	14.7	12.0	46	9.7	14.8	12.2	47	9.9	14.9	12.3	47	10.0	13
13	14.6	12.0	47	9.7	14.7	12.1	47	9.8	14.8	12.2	47	9.9	14.9	12.3	47	10.1	**15.0**	12.4	47	10.2	13
13	14.7	12.2	48	9.9	14.8	12.3	48	10.0	14.9	12.4	48	10.2	**15.0**	12.5	48	10.3	15.1	12.6	48	10.4	13
13	14.8	12.4	48	10.1	14.9	12.5	48	10.2	**15.0**	12.6	48	10.4	15.1	12.7	49	10.5	15.2	12.8	49	10.6	13
12	14.9	12.5	49	10.3	**15.0**	12.6	49	10.4	15.1	12.7	49	10.6	15.2	12.9	49	10.7	15.3	13.0	49	10.8	12
12	**15.0**	12.7	50	10.5	15.1	12.8	50	10.7	15.2	12.9	50	10.8	15.3	13.0	50	10.9	15.4	13.2	50	11.0	12
12	15.1	12.9	50	10.7	15.2	13.0	50	10.9	15.3	13.1	51	11.0	15.4	13.2	51	11.1	15.5	13.3	51	11.2	12
12	15.2	13.1	51	10.9	15.3	13.2	51	11.1	15.4	13.3	51	11.2	15.5	13.4	51	11.3	15.6	13.5	51	11.4	12
11	15.3	13.2	52	11.1	15.4	13.4	52	11.3	15.5	13.5	52	11.4	15.6	13.6	52	11.5	15.7	13.7	52	11.6	11
11	15.4	13.4	52	11.3	15.5	13.5	52	11.5	15.6	13.6	53	11.6	15.7	13.8	53	11.7	15.8	13.9	53	11.8	11
11	15.5	13.6	53	11.5	15.6	13.7	53	11.7	15.7	13.8	53	11.8	15.8	13.9	53	11.9	15.9	14.1	54	12.0	11
11	15.6	13.8	54	11.7	15.7	13.9	54	11.9	15.8	14.0	54	12.0	15.9	14.1	54	12.1	**16.0**	14.2	54	12.2	11
11	15.7	14.0	54	11.9	15.8	14.1	55	12.1	15.9	14.2	55	12.2	**16.0**	14.3	55	12.3	16.1	14.4	55	12.4	11
10	15.8	14.1	55	12.1	15.9	14.3	55	12.3	**16.0**	14.4	55	12.4	16.1	14.5	55	12.5	16.2	14.6	56	12.6	10
10	15.9	14.3	56	12.3	**16.0**	14.4	56	12.4	16.1	14.6	56	12.6	16.2	14.7	56	12.7	16.3	14.8	56	12.8	10
10	**16.0**	14.5	57	12.5	16.1	14.6	57	12.6	16.2	14.7	57	12.8	16.3	14.9	57	12.9	16.4	15.0	57	13.0	10
10	16.1	14.7	57	12.7	16.2	14.8	57	12.8	16.3	14.9	58	13.0	16.4	15.0	58	13.1	16.5	15.2	58	13.2	10
9	16.2	14.9	58	12.9	16.3	15.0	58	13.0	16.4	15.1	58	13.1	16.5	15.2	58	13.3	16.6	15.3	58	13.4	9
9	16.3	15.1	59	13.1	16.4	15.2	59	13.2	16.5	15.3	59	13.3	16.6	15.4	59	13.4	16.7	15.5	59	13.6	9
9	16.4	15.2	59	13.3	16.5	15.4	60	13.4	16.6	15.5	60	13.5	16.7	15.6	60	13.6	16.8	15.7	60	13.8	9
9	16.5	15.4	60	13.5	16.6	15.5	60	13.6	16.7	15.7	60	13.7	16.8	15.8	60	13.8	16.9	15.9	61	13.9	9
9	16.6	15.6	61	13.6	16.7	15.7	61	13.8	16.8	15.9	61	13.9	16.9	16.0	61	14.0	**17.0**	16.1	61	14.1	9
8	16.7	15.8	62	13.8	16.8	15.9	62	13.9	16.9	16.0	62	14.1	**17.0**	16.2	62	14.2	17.1	16.3	62	14.3	8
8	16.8	16.0	62	14.0	16.9	16.1	62	14.1	**17.0**	16.2	63	14.2	17.1	16.4	63	14.4	17.2	16.5	63	14.5	8
8	16.9	16.2	63	14.2	**17.0**	16.3	63	14.3	17.1	16.4	63	14.4	17.2	16.5	63	14.5	17.3	16.7	63	14.7	8
8	**17.0**	16.4	64	14.4	17.1	16.5	64	14.5	17.2	16.6	64	14.6	17.3	16.7	64	14.7	17.4	16.9	64	14.8	8
8	17.1	16.6	65	14.5	17.2	16.7	65	14.7	17.3	16.8	65	14.8	17.4	16.9	65	14.9	17.5	17.1	65	15.0	8
7	17.2	16.7	65	14.7	17.3	16.9	65	14.8	17.4	17.0	65	15.0	17.5	17.1	66	15.1	17.6	17.2	66	15.2	7
7	17.3	16.9	66	14.9	17.4	17.1	66	15.0	17.5	17.2	66	15.1	17.6	17.3	66	15.2	17.7	17.4	66	15.4	7
7	17.4	17.1	67	15.1	17.5	17.3	67	15.2	17.6	17.4	67	15.3	17.7	17.5	67	15.4	17.8	17.6	67	15.5	7
7	17.5	17.3	68	15.3	17.6	17.4	68	15.4	17.7	17.6	68	15.5	17.8	17.7	68	15.6	17.9	17.8	68	15.7	7
7	17.6	17.5	68	15.4	17.7	17.6	68	15.5	17.8	17.8	68	15.6	17.9	17.9	69	15.8	**18.0**	18.0	69	15.9	7
6	17.7	17.7	69	15.6	17.8	17.8	69	15.7	17.9	18.0	69	15.8	**18.0**	18.1	69	15.9	18.1	18.2	69	16.0	6
6	17.8	17.9	70	15.8	17.9	18.0	70	15.9	**18.0**	18.2	70	16.0	18.1	18.3	70	16.1	18.2	18.4	70	16.2	6
6	17.9	18.1	71	15.9	**18.0**	18.2	71	16.0	18.1	18.4	71	16.2	18.2	18.5	71	16.3	18.3	18.6	71	16.4	6
6	**18.0**	18.3	71	16.1	18.1	18.4	71	16.2	18.2	18.6	72	16.3	18.3	18.7	72	16.4	18.4	18.8	72	16.5	6
6	18.1	18.5	72	16.3	18.2	18.6	72	16.4	18.3	18.8	72	16.5	18.4	18.9	72	16.6	18.5	19.0	72	16.7	6
5	18.2	18.7	73	16.4	18.3	18.8	73	16.5	18.4	19.0	73	16.7	18.5	19.1	73	16.8	18.6	19.2	73	16.9	5
5	18.3	18.9	74	16.6	18.4	19.0	74	16.7	18.5	19.2	74	16.8	18.6	19.3	74	16.9	18.7	19.4	74	17.0	5
5	18.4	19.1	74	16.8	18.5	19.2	75	16.9	18.6	19.4	75	17.0	18.7	19.5	75	17.1	18.8	19.6	75	17.2	5
5	18.5	19.3	75	16.9	18.6	19.4	75	17.0	18.7	19.6	75	17.2	18.8	19.7	75	17.3	18.9	19.8	75	17.4	5
5	18.6	19.5	76	17.1	18.7	19.6	76	17.2	18.8	19.8	76	17.3	18.9	19.9	76	17.4	**19.0**	20.0	76	17.5	5
5	18.7	19.7	77	17.3	18.8	19.8	77	17.4	18.9	20.0	77	17.5	**19.0**	20.1	77	17.6	19.1	20.2	77	17.7	5
4	18.8	19.9	78	17.4	18.9	20.0	78	17.5	**19.0**	20.2	78	17.6	19.1	20.3	78	17.7	19.2	20.4	78	17.9	4
4	18.9	20.1	78	17.6	**19.0**	20.2	78	17.7	19.1	20.4	78	17.8	19.2	20.5	79	17.9	19.3	20.6	79	18.0	4
4	**19.0**	20.3	79	17.7	19.1	20.4	79	17.8	19.2	20.6	79	18.0	19.3	20.7	79	18.1	19.4	20.8	79	18.2	4
4	19.1	20.5	80	17.9	19.2	20.6	80	18.0	19.3	20.8	80	18.1	19.4	20.9	80	18.2	19.5	21.1	80	18.3	4
4	19.2	20.7	81	18.1	19.3	20.8	81	18.2	19.4	21.0	81	18.3	19.5	21.1	81	18.4	19.6	21.3	81	18.5	4
3	19.3	20.9	82	18.2	19.4	21.0	82	18.3	19.5	21.2	82	18.4	19.6	21.3	82	18.5	19.7	21.5	82	18.6	3
3	19.4	21.1	82	18.4	19.5	21.3	82	18.5	19.6	21.4	82	18.6	19.7	21.5	83	18.7	19.8	21.7	83	18.8	3
3	19.5	21.3	83	18.5	19.6	21.5	83	18.6	19.7	21.6	83	18.7	19.8	21.7	83	18.8	19.9	21.9	83	18.9	3

n	t_W	e	U	t_d	t_W	e	U	t_d	t_W	e	U	t_d	t_W	e	U	t_d	t_W	e	U	t_d	n
	21.5				**21.6**				**21.7**				**21.8**				**21.9**				
3	19.6	21.5	84	18.7	19.7	21.7	84	18.8	19.8	21.8	84	18.9	19.9	22.0	84	19.0	**20.0**	22.1	84	19.1	3
3	19.7	21.7	85	18.8	19.8	21.9	85	18.9	19.9	22.0	85	19.0	**20.0**	22.2	85	19.2	20.1	22.3	85	19.3	3
3	19.8	21.9	86	19.0	19.9	22.1	86	19.1	**20.0**	22.2	86	19.2	20.1	22.4	86	19.3	20.2	22.5	86	19.4	3
2	19.9	22.2	86	19.1	**20.0**	22.3	86	19.2	20.1	22.4	87	19.4	20.2	22.6	87	19.5	20.3	22.7	87	19.6	2
2	**20.0**	22.4	87	19.3	20.1	22.5	87	19.4	20.2	22.7	87	19.5	20.3	22.8	87	19.6	20.4	23.0	87	19.7	2
2	20.1	22.6	88	19.4	20.2	22.7	88	19.6	20.3	22.9	88	19.7	20.4	23.0	88	19.8	20.5	23.2	88	19.9	2
2	20.2	22.8	89	19.6	20.3	22.9	89	19.7	20.4	23.1	89	19.8	20.5	23.2	89	19.9	20.6	23.4	89	20.0	2
2	20.3	23.0	90	19.7	20.4	23.2	90	19.9	20.5	23.3	90	20.0	20.6	23.5	90	20.1	20.7	23.6	90	20.2	2
2	20.4	23.2	91	19.9	20.5	23.4	91	20.0	20.6	23.5	91	20.1	20.7	23.7	91	20.2	20.8	23.8	91	20.3	2
2	20.5	23.4	91	20.0	20.6	23.6	91	20.1	20.7	23.7	91	20.3	20.8	23.9	91	20.4	20.9	24.0	92	20.5	2
1	20.6	23.7	92	20.2	20.7	23.8	92	20.3	20.8	24.0	92	20.4	20.9	24.1	92	20.5	**21.0**	24.3	92	20.6	1
1	20.7	23.9	93	20.3	20.8	24.0	93	20.4	20.9	24.2	93	20.5	**21.0**	24.3	93	20.6	21.1	24.5	93	20.7	1
1	20.8	24.1	94	20.5	20.9	24.2	94	20.6	**21.0**	24.4	94	20.7	21.1	24.5	94	20.8	21.2	24.7	94	20.9	1
1	20.9	24.3	95	20.6	**21.0**	24.5	95	20.7	21.1	24.6	95	20.8	21.2	24.8	95	20.9	21.3	24.9	95	21.0	1
1	**21.0**	24.5	96	20.8	21.1	24.7	96	20.9	21.2	24.8	96	21.0	21.3	25.0	96	21.1	21.4	25.1	96	21.2	1
1	21.1	24.7	97	20.9	21.2	24.9	97	21.0	21.3	25.1	97	21.1	21.4	25.2	97	21.2	21.5	25.4	97	21.3	1
0	21.2	25.0	97	21.1	21.3	25.1	97	21.2	21.4	25.3	97	21.3	21.5	25.4	97	21.4	21.6	25.6	97	21.5	0
0	21.3	25.2	98	21.2	21.4	25.3	98	21.3	21.5	25.5	98	21.4	21.6	25.7	98	21.5	21.7	25.8	98	21.6	0
0	21.4	25.4	99	21.4	21.5	25.6	99	21.5	21.6	25.7	99	21.6	21.7	25.9	99	21.7	21.8	26.0	99	21.8	0
0	21.5	25.6	100	21.5	21.6	25.8	100	21.6	21.7	25.9	100	21.7	21.8	26.1	100	21.8	21.9	26.3	100	21.9	0
	22.0				**22.1**				**22.2**				**22.3**				**22.4**				
37																	7.3	0.1	1	-42.3	37
37									7.2	0.1	1	-42.5	7.3	0.2	1	-38.8	7.4	0.3	1	-36.0	37
36	7.1	0.1	1	-42.7	7.2	0.2	1	-38.9	7.3	0.3	1	-36.1	7.4	0.4	1	-33.8	7.5	0.4	2	-31.9	36
36	7.2	0.3	1	-36.2	7.3	0.3	1	-33.9	7.4	0.4	2	-32.0	7.5	0.5	2	-30.4	7.6	0.6	2	-29.0	36
36	7.3	0.4	2	-32.1	7.4	0.5	2	-30.5	7.5	0.6	2	-29.1	7.6	0.6	2	-27.8	7.7	0.7	3	-26.6	36
35	7.4	0.6	2	-29.1	7.5	0.6	2	-27.8	7.6	0.7	3	-26.7	7.7	0.8	3	-25.6	7.8	0.8	3	-24.6	35
35	7.5	0.7	3	-26.7	7.6	0.8	3	-25.7	7.7	0.8	3	-24.7	7.8	0.9	3	-23.7	7.9	1.0	4	-22.9	35
34	7.6	0.8	3	-24.7	7.7	0.9	3	-23.8	7.8	1.0	4	-22.9	7.9	1.0	4	-22.1	**8.0**	1.1	4	-21.3	34
34	7.7	1.0	4	-23.0	7.8	1.0	4	-22.2	7.9	1.1	4	-21.4	**8.0**	1.2	4	-20.7	8.1	1.3	5	-20.0	34
34	7.8	1.1	4	-21.5	7.9	1.2	4	-20.7	**8.0**	1.2	5	-20.0	8.1	1.3	5	-19.4	8.2	1.4	5	-18.7	34
33	7.9	1.2	5	-20.1	**8.0**	1.3	5	-19.4	8.1	1.4	5	-18.8	8.2	1.5	5	-18.2	8.3	1.5	6	-17.6	33
33	**8.0**	1.4	5	-18.9	8.1	1.5	5	-18.3	8.2	1.5	6	-17.7	8.3	1.6	6	-17.1	8.4	1.7	6	-16.6	33
33	8.1	1.5	6	-17.7	8.2	1.6	6	-17.2	8.3	1.7	6	-16.6	8.4	1.7	6	-16.1	8.5	1.8	7	-15.6	33
32	8.2	1.7	6	-16.7	8.3	1.7	7	-16.2	8.4	1.8	7	-15.7	8.5	1.9	7	-15.2	8.6	2.0	7	-14.7	32
32	8.3	1.8	7	-15.7	8.4	1.9	7	-15.2	8.5	2.0	7	-14.7	8.6	2.0	8	-14.3	8.7	2.1	8	-13.8	32
32	8.4	1.9	7	-14.8	8.5	2.0	8	-14.3	8.6	2.1	8	-13.9	8.7	2.2	8	-13.4	8.8	2.2	8	-13.0	32
31	8.5	2.1	8	-13.9	8.6	2.2	8	-13.5	8.7	2.2	8	-13.1	8.8	2.3	9	-12.7	8.9	2.4	9	-12.3	31
31	8.6	2.2	8	-13.1	8.7	2.3	9	-12.7	8.8	2.4	9	-12.3	8.9	2.5	9	-11.9	**9.0**	2.5	9	-11.5	31
31	8.7	2.4	9	-12.4	8.8	2.4	9	-12.0	8.9	2.5	9	-11.6	**9.0**	2.6	10	-11.2	9.1	2.7	10	-10.8	31
30	8.8	2.5	10	-11.6	8.9	2.6	10	-11.3	**9.0**	2.7	10	-10.9	9.1	2.7	10	-10.5	9.2	2.8	10	-10.2	30
30	8.9	2.7	10	-10.9	**9.0**	2.7	10	-10.6	9.1	2.8	11	-10.2	9.2	2.9	11	-9.9	9.3	3.0	11	-9.5	30
30	**9.0**	2.8	11	-10.3	9.1	2.9	11	-9.9	9.2	3.0	11	-9.6	9.3	3.0	11	-9.3	9.4	3.1	12	-8.9	30
29	9.1	2.9	11	-9.6	9.2	3.0	11	-9.3	9.3	3.1	12	-9.0	9.4	3.2	12	-8.7	9.5	3.3	12	-8.3	29
29	9.2	3.1	12	-9.0	9.3	3.2	12	-8.7	9.4	3.2	12	-8.4	9.5	3.3	12	-8.1	9.6	3.4	13	-7.8	29
29	9.3	3.2	12	-8.4	9.4	3.3	12	-8.1	9.5	3.4	13	-7.8	9.6	3.5	13	-7.5	9.7	3.6	13	-7.2	29
28	9.4	3.4	13	-7.9	9.5	3.5	13	-7.6	9.6	3.5	13	-7.3	9.7	3.6	13	-7.0	9.8	3.7	14	-6.7	28
28	9.5	3.5	13	-7.3	9.6	3.6	14	-7.0	9.7	3.7	14	-6.7	9.8	3.8	14	-6.5	9.9	3.9	14	-6.2	28
28	9.6	3.7	14	-6.8	9.7	3.8	14	-6.5	9.8	3.8	14	-6.2	9.9	3.9	15	-6.0	**10.0**	4.0	15	-5.7	28
28	9.7	3.8	14	-6.3	9.8	3.9	15	-6.0	9.9	4.0	15	-5.7	**10.0**	4.1	15	-5.5	10.1	4.1	15	-5.2	28
27	9.8	4.0	15	-5.8	9.9	4.1	15	-5.5	**10.0**	4.1	15	-5.3	10.1	4.2	16	-5.0	10.2	4.3	16	-4.7	27
27	9.9	4.1	16	-5.3	**10.0**	4.2	16	-5.0	10.1	4.3	16	-4.8	10.2	4.4	16	-4.5	10.3	4.4	16	-4.3	27
27	**10.0**	4.3	16	-4.8	10.1	4.3	16	-4.6	10.2	4.4	17	-4.3	10.3	4.5	17	-4.1	10.4	4.6	17	-3.8	27
26	10.1	4.4	17	-4.4	10.2	4.5	17	-4.1	10.3	4.6	17	-3.9	10.4	4.7	17	-3.6	10.5	4.8	18	-3.4	26
26	10.2	4.6	17	-3.9	10.3	4.6	17	-3.7	10.4	4.7	18	-3.5	10.5	4.8	18	-3.2	10.6	4.9	18	-3.0	26
26	10.3	4.7	18	-3.5	10.4	4.8	18	-3.3	10.5	4.9	18	-3.0	10.6	5.0	18	-2.8	10.7	5.1	19	-2.6	26
25	10.4	4.9	18	-3.1	10.5	5.0	19	-2.9	10.6	5.0	19	-2.6	10.7	5.1	19	-2.4	10.8	5.2	19	-2.2	25
25	10.5	5.0	19	-2.7	10.6	5.1	19	-2.4	10.7	5.2	19	-2.2	10.8	5.3	20	-2.0	10.9	5.4	20	-1.8	25
25	10.6	5.2	20	-2.3	10.7	5.3	20	-2.1	10.8	5.3	20	-1.8	10.9	5.4	20	-1.6	**11.0**	5.5	20	-1.4	25
24	10.7	5.3	20	-1.9	10.8	5.4	20	-1.7	10.9	5.5	21	-1.4	**11.0**	5.6	21	-1.2	11.1	5.7	21	-1.0	24
24	10.8	5.5	21	-1.5	10.9	5.6	21	-1.3	**11.0**	5.6	21	-1.1	11.1	5.7	21	-0.9	11.2	5.8	22	-0.7	24
24	10.9	5.6	21	-1.1	**11.0**	5.7	21	-0.9	11.1	5.8	22	-0.7	11.2	5.9	22	-0.5	11.3	6.0	22	-0.3	24
24	**11.0**	5.8	22	-0.8	11.1	5.9	22	-0.5	11.2	6.0	22	-0.3	11.3	6.0	22	-0.1	11.4	6.1	23	0.1	24
23	11.1	5.9	22	-0.4	11.2	6.0	23	-0.2	11.3	6.1	23	0.0	11.4	6.2	23	0.2	11.5	6.3	23	0.4	23
23	11.2	6.1	23	0.0	11.3	6.2	23	0.2	11.4	6.3	23	0.4	11.5	6.4	24	0.6	11.6	6.4	24	0.7	23
23	11.3	6.2	24	0.3	11.4	6.3	24	0.5	11.5	6.4	24	0.7	11.6	6.5	24	0.9	11.7	6.6	24	1.1	23
22	11.4	6.4	24	0.6	11.5	6.5	24	0.8	11.6	6.6	25	1.0	11.7	6.7	25	1.2	11.8	6.8	25	1.4	22
22	11.5	6.6	25	1.0	11.6	6.6	25	1.2	11.7	6.7	25	1.4	11.8	6.8	25	1.5	11.9	6.9	26	1.7	22
22	11.6	6.7	25	1.3	11.7	6.8	26	1.5	11.8	6.9	26	1.7	11.9	7.0	26	1.9	**12.0**	7.1	26	2.0	22
22	11.7	6.9	26	1.6	11.8	7.0	26	1.8	11.9	7.1	26	2.0	**12.0**	7.1	27	2.2	12.1	7.2	27	2.4	22
21	11.8	7.0	27	1.9	11.9	7.1	27	2.1	**12.0**	7.2	27	2.3	12.1	7.3	27	2.5	12.2	7.4	27	2.7	21

n	t_W	e	U	t_d	t_W	e	U	t_d	t_W	e	U	t_d	t_W	e	U	t_d	t_W	e	U	t_d	n
	22.0				**22.1**				**22.2**				**22.3**				**22.4**				
21	11.9	7.2	27	2.3	**12.0**	7.3	27	2.4	12.1	7.4	28	2.6	12.2	7.5	28	2.8	12.3	7.6	28	3.0	21
21	**12.0**	7.3	28	2.6	12.1	7.4	28	2.7	12.2	7.5	28	2.9	12.3	7.6	28	3.1	12.4	7.7	29	3.3	21
20	12.1	7.5	28	2.9	12.2	7.6	29	3.0	12.3	7.7	29	3.2	12.4	7.8	29	3.4	12.5	7.9	29	3.6	20
20	12.2	7.7	29	3.2	12.3	7.8	29	3.3	12.4	7.9	29	3.5	12.5	7.9	30	3.7	12.6	8.0	30	3.9	20
20	12.3	7.8	30	3.5	12.4	7.9	30	3.6	12.5	8.0	30	3.8	12.6	8.1	30	4.0	12.7	8.2	30	4.1	20
20	12.4	8.0	30	3.7	12.5	8.1	30	3.9	12.6	8.2	31	4.1	12.7	8.3	31	4.3	12.8	8.4	31	4.4	20
19	12.5	8.1	31	4.0	12.6	8.2	31	4.2	12.7	8.3	31	4.4	12.8	8.4	31	4.5	12.9	8.5	32	4.7	19
19	12.6	8.3	31	4.3	12.7	8.4	32	4.5	12.8	8.5	32	4.6	12.9	8.6	32	4.8	**13.0**	8.7	32	5.0	19
19	12.7	8.5	32	4.6	12.8	8.6	32	4.8	12.9	8.7	32	4.9	**13.0**	8.8	33	5.1	13.1	8.9	33	5.2	19
19	12.8	8.6	33	4.9	12.9	8.7	33	5.0	**13.0**	8.8	33	5.2	13.1	8.9	33	5.3	13.2	9.0	33	5.5	19
18	12.9	8.8	33	5.1	**13.0**	8.9	33	5.3	13.1	9.0	34	5.5	13.2	9.1	34	5.6	13.3	9.2	34	5.8	18
18	**13.0**	9.0	34	5.4	13.1	9.1	34	5.6	13.2	9.2	34	5.7	13.3	9.3	34	5.9	13.4	9.4	35	6.0	18
18	13.1	9.1	35	5.7	13.2	9.2	35	5.8	13.3	9.3	35	6.0	13.4	9.4	35	6.1	13.5	9.5	35	6.3	18
17	13.2	9.3	35	5.9	13.3	9.4	35	6.1	13.4	9.5	35	6.2	13.5	9.6	36	6.4	13.6	9.7	36	6.5	17
17	13.3	9.5	36	6.2	13.4	9.6	36	6.3	13.5	9.7	36	6.5	13.6	9.8	36	6.6	13.7	9.9	36	6.8	17
17	13.4	9.6	36	6.4	13.5	9.7	37	6.6	13.6	9.8	37	6.7	13.7	9.9	37	6.9	13.8	10.0	37	7.0	17
17	13.5	9.8	37	6.7	13.6	9.9	37	6.8	13.7	10.0	37	7.0	13.8	10.1	38	7.1	13.9	10.2	38	7.3	17
16	13.6	10.0	38	6.9	13.7	10.1	38	7.1	13.8	10.2	38	7.2	13.9	10.3	38	7.4	**14.0**	10.4	38	7.5	16
16	13.7	10.1	38	7.2	13.8	10.2	38	7.3	13.9	10.3	39	7.5	**14.0**	10.4	39	7.6	14.1	10.5	39	7.8	16
16	13.8	10.3	39	7.4	13.9	10.4	39	7.6	**14.0**	10.5	39	7.7	14.1	10.6	39	7.8	14.2	10.7	40	8.0	16
16	13.9	10.5	40	7.7	**14.0**	10.6	40	7.8	14.1	10.7	40	7.9	14.2	10.8	40	8.1	14.3	10.9	40	8.2	16
15	**14.0**	10.6	40	7.9	14.1	10.7	40	8.0	14.2	10.8	41	8.2	14.3	11.0	41	8.3	14.4	11.1	41	8.5	15
15	14.1	10.8	41	8.1	14.2	10.9	41	8.3	14.3	11.0	41	8.4	14.4	11.1	41	8.5	14.5	11.2	41	8.7	15
15	14.2	11.0	42	8.4	14.3	11.1	42	8.5	14.4	11.2	42	8.6	14.5	11.3	42	8.8	14.6	11.4	42	8.9	15
15	14.3	11.2	42	8.6	14.4	11.3	42	8.7	14.5	11.4	42	8.9	14.6	11.5	43	9.0	14.7	11.6	43	9.1	15
14	14.4	11.3	43	8.8	14.5	11.4	43	8.9	14.6	11.5	43	9.1	14.7	11.6	43	9.2	14.8	11.8	43	9.4	14
14	14.5	11.5	44	9.0	14.6	11.6	44	9.2	14.7	11.7	44	9.3	14.8	11.8	44	9.4	14.9	11.9	44	9.6	14
14	14.6	11.7	44	9.3	14.7	11.8	44	9.4	14.8	11.9	44	9.5	14.9	12.0	45	9.7	**15.0**	12.1	45	9.8	14
14	14.7	11.8	45	9.5	14.8	12.0	45	9.6	14.9	12.1	45	9.7	**15.0**	12.2	45	9.9	15.1	12.3	45	10.0	14
13	14.8	12.0	45	9.7	14.9	12.1	46	9.8	**15.0**	12.2	46	10.0	15.1	12.3	46	10.1	15.2	12.5	46	10.2	13
13	14.9	12.2	46	9.9	**15.0**	12.3	46	10.0	15.1	12.4	46	10.2	15.2	12.5	47	10.3	15.3	12.6	47	10.4	13
13	**15.0**	12.4	47	10.1	15.1	12.5	47	10.3	15.2	12.6	47	10.4	15.3	12.7	47	10.5	15.4	12.8	47	10.7	13
13	15.1	12.5	77	10.3	15.2	12.7	48	10.5	15.3	12.8	48	10.6	15.4	12.9	48	10.7	15.5	13.0	48	10.9	13
13	15.2	12.7	48	10.5	15.3	12.8	48	10.7	15.4	13.0	48	10.8	15.5	13.1	49	10.9	15.6	13.2	49	11.1	13
12	15.3	12.9	49	10.8	15.4	13.0	49	10.9	15.5	13.1	49	11.0	15.6	13.2	49	11.1	15.7	13.4	49	11.3	12
12	15.4	13.1	50	11.0	15.5	13.2	50	11.1	15.6	13.3	50	11.2	15.7	13.4	50	11.3	15.8	13.5	50	11.5	12
12	15.5	13.3	50	11.2	15.6	13.4	50	11.3	15.7	13.5	50	11.4	15.8	13.6	51	11.5	15.9	13.7	51	11.7	12
12	15.6	13.4	51	11.4	15.7	13.6	51	11.5	15.8	13.7	51	11.6	15.9	13.8	51	11.8	**16.0**	13.9	51	11.9	12
11	15.7	13.6	52	11.6	15.8	13.7	52	11.7	15.9	13.9	52	11.8	**16.0**	14.0	52	11.9	16.1	14.1	52	12.1	11
11	15.8	13.8	52	11.8	15.9	13.9	52	11.9	**16.0**	14.0	52	12.0	16.1	14.2	53	12.1	16.2	14.3	53	12.3	11
11	15.9	14.0	53	12.0	**16.0**	14.1	53	12.1	16.1	14.2	53	12.2	16.2	14.3	53	12.3	16.3	14.5	53	12.5	11
11	**16.0**	14.2	54	12.2	16.1	14.3	54	12.3	16.2	14.4	54	12.4	16.3	14.5	54	12.5	16.4	14.6	54	12.7	11
11	16.1	14.4	54	12.4	16.2	14.5	54	12.5	16.3	14.6	55	12.6	16.4	14.7	55	12.7	16.5	14.8	55	12.9	11
10	16.2	14.5	55	12.6	16.3	14.7	55	12.7	16.4	14.8	55	12.8	16.5	14.9	55	12.9	16.6	15.0	55	13.0	10
10	16.3	14.7	56	12.7	16.4	14.8	56	12.9	16.5	15.0	56	13.0	16.6	15.1	56	13.1	16.7	15.2	56	13.2	10
10	16.4	14.9	56	12.9	16.5	15.0	57	13.1	16.6	15.1	57	13.2	16.7	15.3	57	13.3	16.8	15.4	57	13.4	10
10	16.5	15.1	57	13.1	16.6	15.2	57	13.2	16.7	15.3	57	13.4	16.8	15.5	57	13.5	16.9	15.6	58	13.6	10
9	16.6	15.3	58	13.3	16.7	15.4	58	13.4	16.8	15.5	58	13.6	16.9	15.6	58	13.7	**17.0**	15.8	58	13.8	9
9	16.7	15.5	59	13.5	16.8	15.6	59	13.6	16.9	15.7	59	13.7	**17.0**	15.8	59	13.9	17.1	16.0	59	14.0	9
9	16.8	15.7	59	13.7	16.9	15.8	59	13.8	**17.0**	15.9	59	13.9	17.1	16.0	60	14.0	17.2	16.1	60	14.2	9
9	16.9	15.8	60	13.9	**17.0**	16.0	60	14.0	17.1	16.1	60	14.1	17.2	16.2	60	14.2	17.3	16.3	60	14.3	9
9	**17.0**	16.0	61	14.1	17.1	16.2	61	14.2	17.2	16.3	61	14.3	17.3	16.4	61	14.4	17.4	16.5	61	14.5	9
8	17.1	16.2	61	14.2	17.2	16.3	61	14.4	17.3	16.5	62	14.5	17.4	16.6	62	14.6	17.5	16.7	62	14.7	8
8	17.2	16.4	62	14.4	17.3	16.5	62	14.5	17.4	16.7	62	14.6	17.5	16.8	62	14.8	17.6	16.9	62	14.9	8
8	17.3	16.6	63	14.6	17.4	16.7	63	14.7	17.5	16.9	63	14.8	17.6	17.0	63	14.9	17.7	17.1	63	15.1	8
8	17.4	16.8	64	14.8	17.5	16.9	64	14.9	17.6	17.0	64	15.0	17.7	17.2	64	15.1	17.8	17.3	64	15.2	8
8	17.5	17.0	64	14.9	17.6	17.1	64	15.1	17.7	17.2	64	15.2	17.8	17.4	65	15.3	17.9	17.5	65	15.4	8
7	17.6	17.2	65	15.1	17.7	17.3	65	15.2	17.8	17.4	65	15.4	17.9	17.6	65	15.5	**18.0**	17.7	65	15.6	7
7	17.7	17.4	66	15.3	17.8	17.5	66	15.4	17.9	17.6	66	15.5	**18.0**	17.8	66	15.6	18.1	17.9	66	15.8	7
7	17.8	17.6	66	15.5	17.9	17.7	67	15.6	**18.0**	17.8	67	15.7	18.1	18.0	67	15.8	18.2	18.1	67	15.9	7
7	17.9	17.8	67	15.6	**18.0**	17.9	67	15.8	18.1	18.0	67	15.9	18.2	18.2	67	16.0	18.3	18.3	68	16.1	7
7	**18.0**	18.0	68	15.8	18.1	18.1	68	15.9	18.2	18.2	68	16.0	18.3	18.4	68	16.2	18.4	18.5	68	16.3	7
6	18.1	18.2	69	16.0	18.2	18.3	69	16.1	18.3	18.4	69	16.2	18.4	18.6	69	16.3	18.5	18.7	69	16.4	6
6	18.2	18.4	69	16.2	18.3	18.5	70	16.3	18.4	18.6	70	16.4	18.5	18.8	70	16.5	18.6	18.9	70	16.6	6
6	18.3	18.6	70	16.3	18.4	18.7	70	16.4	18.5	18.8	70	16.5	18.6	19.0	70	16.7	18.7	19.1	70	16.8	6
6	18.4	18.8	71	16.5	18.5	18.9	71	16.6	18.6	19.0	71	16.7	18.7	19.2	71	16.8	18.8	19.3	71	16.9	6
6	18.5	19.0	72	16.7	18.6	19.1	72	16.8	18.7	19.2	72	16.9	18.8	19.4	72	17.0	18.9	19.5	72	17.1	6
6	18.6	19.2	72	16.8	18.7	19.3	73	16.9	18.8	19.4	73	17.0	18.9	19.6	73	17.2	**19.0**	19.7	73	17.3	6
5	18.7	19.4	73	17.0	18.8	19.5	73	17.1	18.9	19.6	73	17.2	**19.0**	19.8	73	17.3	19.1	19.9	73	17.4	5
5	18.8	19.6	74	17.2	18.9	19.7	74	17.3	**19.0**	19.8	74	17.4	19.1	20.0	74	17.5	19.2	20.1	74	17.6	5
5	18.9	19.8	75	17.3	**19.0**	19.9	75	17.4	19.1	20.0	75	17.5	19.2	20.2	75	17.6	19.3	20.3	75	17.8	5
5	**19.0**	20.0	76	17.5	19.1	20.1	76	17.6	19.2	20.2	76	17.7	19.3	20.4	76	17.8	19.4	20.5	76	17.9	5
5	19.1	20.2	76	17.6	19.2	20.3	76	17.7	19.3	20.4	76	17.9	19.4	20.6	76	18.0	19.5	20.7	77	18.1	5

n	t_W	e	U	t_d	t_W	e	U	t_d	t_W	e	U	t_d	t_W	e	U	t_d	t_W	e	U	t_d	n
	22.0				**22.1**				**22.2**				**22.3**				**22.4**				
4	19.2	20.4	77	17.8	19.3	20.5	77	17.9	19.4	20.6	77	18.0	19.5	20.8	77	18.1	19.6	20.9	77	18.2	4
4	19.3	20.6	78	18.0	19.4	20.7	78	18.1	19.5	20.9	78	18.2	19.6	21.0	78	18.3	19.7	21.1	78	18.4	4
4	19.4	20.8	79	18.1	19.5	20.9	79	18.2	19.6	21.1	79	18.3	19.7	21.2	79	18.4	19.8	21.3	79	18.5	4
4	19.5	21.0	79	18.3	19.6	21.1	79	18.4	19.7	21.3	80	18.5	19.8	21.4	80	18.6	19.9	21.6	80	18.7	4
4	19.6	21.2	80	18.4	19.7	21.3	80	18.5	19.8	21.5	80	18.6	19.9	21.6	80	18.8	**20.0**	21.8	80	18.9	4
4	19.7	21.4	81	18.6	19.8	21.5	81	18.7	19.9	21.7	81	18.8	**20.0**	21.8	81	18.9	20.1	22.0	81	19.0	4
3	19.8	21.6	82	18.7	19.9	21.8	82	18.9	**20.0**	21.9	82	19.0	20.1	22.0	82	19.1	20.2	22.2	82	19.2	3
3	19.9	21.8	83	18.9	**20.0**	22.0	83	19.0	20.1	22.1	83	19.1	20.2	22.3	83	19.2	20.3	22.4	83	19.3	3
3	**20.0**	22.0	83	19.1	20.1	22.2	83	19.2	20.2	22.3	83	19.3	20.3	22.5	84	19.4	20.4	22.6	84	19.5	3
3	20.1	22.2	84	19.2	20.2	22.4	84	19.3	20.3	22.5	84	19.4	20.4	22.7	84	19.5	20.5	22.8	84	19.6	3
3	20.2	22.5	85	19.4	20.3	22.6	85	19.5	20.4	22.8	85	19.6	20.5	22.9	85	19.7	20.6	23.1	85	19.8	3
3	20.3	22.7	86	19.5	20.4	22.8	86	19.6	20.5	23.0	86	19.7	20.6	23.1	86	19.8	20.7	23.3	86	19.9	3
2	20.4	22.9	87	19.7	20.5	23.0	87	19.8	20.6	23.2	87	19.9	20.7	23.3	87	20.0	20.8	23.5	87	20.1	2
2	20.5	23.1	87	19.8	20.6	23.3	87	19.9	20.7	23.4	87	20.0	20.8	23.6	88	20.1	20.9	23.7	88	20.2	2
2	20.6	23.3	88	20.0	20.7	23.5	88	20.1	20.8	23.6	88	20.2	20.9	23.8	88	20.3	**21.0**	23.9	88	20.4	2
2	20.7	23.5	89	20.1	20.8	23.7	89	20.2	20.9	23.8	89	20.3	**21.0**	24.0	89	20.4	21.1	24.1	89	20.5	2
2	20.8	23.8	90	20.3	20.9	23.9	90	20.4	**21.0**	24.1	90	20.5	21.1	24.2	90	20.6	21.2	24.4	90	20.7	2
2	20.9	24.0	91	20.4	**21.0**	24.1	91	20.5	21.1	24.3	91	20.6	21.2	24.4	91	20.7	21.3	24.6	91	20.8	2
1	**21.0**	24.2	92	20.6	21.1	24.3	92	20.7	21.2	24.5	92	20.8	21.3	24.7	92	20.9	21.4	24.8	92	21.0	1
1	21.1	24.4	92	20.7	21.2	24.6	92	20.8	21.3	24.7	92	20.9	21.4	24.9	92	21.0	21.5	25.0	92	21.1	1
1	21.2	24.6	93	20.9	21.3	24.8	93	21.0	21.4	24.9	93	21.1	21.5	25.1	93	21.2	21.6	25.3	93	21.3	1
1	21.3	24.9	94	21.0	21.4	25.0	94	21.1	21.5	25.2	94	21.2	21.6	25.3	94	21.3	21.7	25.5	94	21.4	1
1	21.4	25.1	95	21.1	21.5	25.2	95	21.2	21.6	25.4	95	21.3	21.7	25.5	95	21.4	21.8	25.7	95	21.5	1
1	21.5	25.3	96	21.3	21.6	25.5	96	21.4	21.7	25.6	96	21.5	21.8	25.8	96	21.6	21.9	25.9	96	21.7	1
1	21.6	25.5	97	21.4	21.7	25.7	97	21.5	21.8	25.8	97	21.6	21.9	26.0	97	21.7	**22.0**	26.2	97	21.8	1
0	21.7	25.7	97	21.6	21.8	25.9	97	21.7	21.9	26.1	97	21.8	**22.0**	26.2	97	21.9	22.1	26.4	97	22.0	0
0	21.8	26.0	98	21.7	21.9	26.1	98	21.8	**22.0**	26.3	98	21.9	22.1	26.5	98	22.0	22.2	26.6	98	22.1	0
0	21.9	26.2	99	21.9	**22.0**	26.4	99	22.0	22.1	26.5	99	22.1	22.2	26.7	99	22.2	22.3	26.8	99	22.3	0
0	**22.0**	26.4	100	22.0	22.1	26.6	100	22.1	22.2	26.8	100	22.2	22.3	26.9	100	22.3	22.4	27.1	100	22.4	0
	22.5				**22.6**				**22.7**				**22.8**				**22.9**				
37													7.5	0.2	1	-41.9	7.6	0.2	1	-38.2	37
37					7.4	0.2	1	-42.1	7.5	0.2	1	-38.4	7.6	0.3	1	-35.7	7.7	0.4	1	-33.5	37
36	7.4	0.2	1	-38.6	7.5	0.3	1	-35.8	7.6	0.4	1	-33.6	7.7	0.4	2	-31.7	7.8	0.5	2	-30.1	36
36	7.5	0.4	1	-33.7	7.6	0.4	2	-31.8	7.7	0.5	2	-30.2	7.8	0.6	2	-28.8	7.9	0.6	2	-27.5	36
36	7.6	0.5	2	-30.3	7.7	0.6	2	-28.9	7.8	0.6	2	-27.6	7.9	0.7	3	-26.4	**8.0**	0.8	3	-25.3	36
35	7.7	0.6	2	-27.7	7.8	0.7	3	-26.5	7.9	0.8	3	-25.4	**8.0**	0.8	3	-24.4	8.1	0.9	3	-23.5	35
35	7.8	0.8	3	-25.5	7.9	0.8	3	-24.5	**8.0**	0.9	3	-23.6	8.1	1.0	4	-22.7	8.2	1.1	4	-21.9	35
35	7.9	0.9	3	-23.7	**8.0**	1.0	4	-22.8	8.1	1.1	4	-22.0	8.2	1.1	4	-21.2	8.3	1.2	4	-20.5	35
34	**8.0**	1.0	4	-22.1	8.1	1.1	4	-21.3	8.2	1.2	4	-20.5	8.3	1.3	5	-19.9	8.4	1.3	5	-19.2	34
34	8.1	1.2	4	-20.6	8.2	1.3	5	-19.9	8.3	1.3	5	-19.3	8.4	1.4	5	-18.6	8.5	1.5	5	-18.0	34
34	8.2	1.3	5	-19.3	8.3	1.4	5	-18.7	8.4	1.5	5	-18.1	8.5	1.6	6	-17.5	8.6	1.6	6	-16.9	34
33	8.3	1.5	5	-18.1	8.4	1.5	6	-17.6	8.5	1.6	6	-17.0	8.6	1.7	6	-16.4	8.7	1.8	6	-15.9	33
33	8.4	1.6	6	-17.1	8.5	1.7	6	-16.5	8.6	1.8	6	-16.0	8.7	1.8	7	-15.5	8.8	1.9	7	-15.0	33
33	8.5	1.8	6	-16.0	8.6	1.8	7	-15.5	8.7	1.9	7	-15.0	8.8	2.0	7	-14.6	8.9	2.1	7	-14.1	33
32	8.6	1.9	7	-15.1	8.7	2.0	7	-14.6	8.8	2.0	7	-14.2	8.9	2.1	8	-13.7	**9.0**	2.2	8	-13.3	32
32	8.7	2.0	7	-14.2	8.8	2.1	8	-13.8	8.9	2.2	8	-13.3	**9.0**	2.3	8	-12.9	9.1	2.3	8	-12.5	32
32	8.8	2.2	8	-13.4	8.9	2.3	8	-13.0	**9.0**	2.3	8	-12.6	9.1	2.4	9	-12.1	9.2	2.5	9	-11.7	32
31	8.9	2.3	9	-12.6	**9.0**	2.4	9	-12.2	9.1	2.5	9	-11.8	9.2	2.6	9	-11.4	9.3	2.6	9	-11.0	31
31	**9.0**	2.5	9	-11.9	9.1	2.5	9	-11.5	9.2	2.6	10	-11.1	9.3	2.7	10	-10.7	9.4	2.8	10	-10.4	31
31	9.1	2.6	10	-11.1	9.2	2.7	10	-10.8	9.3	2.8	10	-10.4	9.4	2.8	10	-10.1	9.5	2.9	10	-9.7	31
30	9.2	2.8	10	-10.5	9.3	2.8	10	-10.1	9.4	2.9	11	-9.8	9.5	3.0	11	-9.4	9.6	3.1	11	-9.1	30
30	9.3	2.9	11	-9.8	9.4	3.0	11	-9.5	9.5	3.1	11	-9.1	9.6	3.1	11	-8.8	9.7	3.2	12	-8.5	30
30	9.4	3.0	11	-9.2	9.5	3.1	11	-8.9	9.6	3.2	12	-8.5	9.7	3.2	12	-8.2	9.8	3.4	12	-7.9	30
29	9.5	3.2	12	-8.6	9.6	3.3	12	-8.3	9.7	3.4	12	-8.0	9.8	3.4	12	-7.7	9.9	3.5	13	-7.4	29
29	9.6	3.3	12	-8.0	9.7	3.4	12	-7.7	9.8	3.5	13	-7.4	9.9	3.6	13	-7.1	**10.0**	3.7	13	-6.8	29
29	9.7	3.5	13	-7.5	9.8	3.6	13	-7.2	9.9	3.7	13	-6.9	**10.0**	3.7	13	-6.6	10.1	3.8	14	-6.3	29
28	9.8	3.6	13	-6.9	9.9	3.7	14	-6.6	**10.0**	3.8	14	-6.4	10.1	3.9	14	-6.1	10.2	4.0	14	-5.8	28
28	9.9	3.8	14	-6.4	**10.0**	3.9	14	-6.1	10.1	3.9	14	-5.9	10.2	4.0	15	-5.6	10.3	4.1	15	-5.3	28
28	**10.0**	3.9	14	-5.9	10.1	4.0	15	-5.6	10.2	4.1	15	-5.4	10.3	4.2	15	-5.1	10.4	4.3	15	-4.8	28
27	10.1	4.1	15	-5.4	10.2	4.2	15	-5.2	10.3	4.2	15	-4.9	10.4	4.3	16	-4.6	10.5	4.4	16	-4.4	27
27	10.2	4.2	16	-4.9	10.3	4.3	16	-4.7	10.4	4.4	16	-4.4	10.5	4.5	16	-4.2	10.6	4.6	16	-3.9	27
27	10.3	4.4	16	-4.5	10.4	4.5	16	-4.2	10.5	4.6	17	-4.0	10.6	4.6	17	-3.7	10.7	4.7	17	-3.5	27
26	10.4	4.5	17	-4.0	10.5	4.6	17	-3.8	10.6	4.7	17	-3.5	10.7	4.8	17	-3.3	10.8	4.9	17	-3.1	26
26	10.5	4.7	17	-3.6	10.6	4.8	17	-3.4	10.7	4.9	18	-3.1	10.8	4.9	18	-2.9	10.9	5.0	18	-2.6	26
26	10.6	4.8	18	-3.2	10.7	4.9	18	-2.9	10.8	5.0	18	-2.7	10.9	5.1	18	-2.5	**11.0**	5.2	19	-2.2	26
26	10.7	5.0	18	-2.8	10.8	5.1	19	-2.5	10.9	5.2	19	-2.3	**11.0**	5.2	19	-2.1	11.1	5.3	19	-1.8	26
25	10.8	5.1	19	-2.3	10.9	5.2	19	-2.1	**11.0**	5.3	19	-1.9	11.1	5.4	19	-1.7	11.2	5.5	20	-1.5	25
25	10.9	5.3	19	-2.0	**11.0**	5.4	20	-1.7	11.1	5.5	20	-1.5	11.2	5.6	20	-1.3	11.3	5.6	20	-1.1	25
25	**11.0**	5.4	20	-1.6	11.1	5.5	20	-1.3	11.2	5.6	20	-1.1	11.3	5.7	21	-0.9	11.4	5.8	21	-0.7	25
24	11.1	5.6	21	-1.2	11.2	5.7	21	-1.0	11.3	5.8	21	-0.8	11.4	5.9	21	-0.6	11.5	6.0	21	-0.3	24
24	11.2	5.8	21	-0.8	11.3	5.8	21	-0.6	11.4	5.9	22	-0.4	11.5	6.0	22	-0.2	11.6	6.1	22	0.0	24

n	t_W	e	U	t_d	t_W	e	U	t_d	t_W	e	U	t_d	t_W	e	U	t_d	t_W	e	U	t_d	n
	22.5				**22.6**				**22.7**				**22.8**				**22.9**				
24	11.3	5.9	22	-0.4	11.4	6.0	22	-0.2	11.5	6.1	22	0.0	11.6	6.2	22	0.2	11.7	6.3	22	0.4	24
23	11.4	6.1	22	-0.1	11.5	6.2	22	0.1	11.6	6.2	23	0.3	11.7	6.3	23	0.5	11.8	6.4	23	0.7	23
23	11.5	6.2	23	0.3	11.6	6.3	23	0.5	11.7	6.4	23	0.7	11.8	6.5	23	0.9	11.9	6.6	24	1.0	23
23	11.6	6.4	23	0.6	11.7	6.5	24	0.8	11.8	6.6	24	1.0	11.9	6.7	24	1.2	**12.0**	6.7	24	1.4	23
23	11.7	6.5	24	0.9	11.8	6.6	24	1.1	11.9	6.7	24	1.3	**12.0**	6.8	25	1.5	12.1	6.9	25	1.7	23
22	11.8	6.7	25	1.3	11.9	6.8	25	1.5	**12.0**	6.9	25	1.6	12.1	7.0	25	1.8	12.2	7.1	25	2.0	22
22	11.9	6.9	25	1.6	**12.0**	6.9	25	1.8	12.1	7.0	26	2.0	12.2	7.1	26	2.2	12.3	7.2	26	2.3	22
22	**12.0**	7.0	26	1.9	12.1	7.1	26	2.1	12.2	7.2	26	2.3	12.3	7.3	26	2.5	12.4	7.4	26	2.6	22
21	12.1	7.2	26	2.2	12.2	7.3	27	2.4	12.3	7.4	27	2.6	12.4	7.5	27	2.8	12.5	7.5	27	3.0	21
21	12.2	7.3	27	2.5	12.3	7.4	27	2.7	12.4	7.5	27	2.9	12.5	7.6	27	3.1	12.6	7.7	28	3.3	21
21	12.3	7.5	27	2.8	12.4	7.6	28	3.0	12.5	7.7	28	3.2	12.6	7.8	28	3.4	12.7	7.9	28	3.5	21
21	12.4	7.7	28	3.1	12.5	7.7	28	3.3	12.6	7.8	28	3.5	12.7	7.9	29	3.7	12.8	8.0	29	3.8	21
20	12.5	7.8	29	3.4	12.6	7.9	29	3.6	12.7	8.0	29	3.8	12.8	8.1	29	4.0	12.9	8.2	29	4.1	20
20	12.6	8.0	29	3.7	12.7	8.1	29	3.9	12.8	8.2	30	4.1	12.9	8.3	30	4.2	**13.0**	8.4	30	4.4	20
20	12.7	8.1	30	4.0	12.8	8.2	30	4.2	12.9	8.3	30	4.4	**13.0**	8.4	30	4.5	13.1	8.5	31	4.7	20
20	12.8	8.3	30	4.3	12.9	8.4	31	4.5	**13.0**	8.5	31	4.6	13.1	8.6	31	4.8	13.2	8.7	31	5.0	20
19	12.9	8.5	31	4.6	**13.0**	8.6	31	4.7	13.1	8.7	31	4.9	13.2	8.8	32	5.1	13.3	8.9	32	5.2	19
19	**13.0**	8.6	32	4.9	13.1	8.7	32	5.0	13.2	8.8	32	5.2	13.3	8.9	32	5.3	13.4	9.0	32	5.5	19
19	13.1	8.8	32	5.1	13.2	8.9	32	5.3	13.3	9.0	33	5.4	13.4	9.1	33	5.6	13.5	9.2	33	5.8	19
18	13.2	9.0	33	5.4	13.3	9.1	33	5.6	13.4	9.2	33	5.7	13.5	9.3	33	5.9	13.6	9.4	34	6.0	18
18	13.3	9.1	34	5.7	13.4	9.2	34	5.8	13.5	9.3	34	6.0	13.6	9.4	34	6.1	13.7	9.5	34	6.3	18
18	13.4	9.3	34	5.9	13.5	9.4	34	6.1	13.6	9.5	34	6.2	13.7	9.6	35	6.4	13.8	9.7	35	6.5	18
18	13.5	9.5	35	6.2	13.6	9.6	35	6.3	13.7	9.7	35	6.5	13.8	9.8	35	6.6	13.9	9.9	35	6.8	18
17	13.6	9.6	35	6.4	13.7	9.7	35	6.6	13.8	9.8	36	6.7	13.9	9.9	36	6.9	**14.0**	10.0	36	7.0	17
17	13.7	9.8	36	6.7	13.8	9.9	36	6.8	13.9	10.0	36	7.0	**14.0**	10.1	36	7.1	14.1	10.2	37	7.3	17
17	13.8	10.0	37	6.9	13.9	10.1	37	7.1	**14.0**	10.2	37	7.2	14.1	10.3	37	7.4	14.2	10.4	37	7.5	17
17	13.9	10.1	37	7.2	**14.0**	10.2	37	7.3	14.1	10.3	38	7.5	14.2	10.4	38	7.6	14.3	10.6	38	7.8	17
16	**14.0**	10.3	38	7.4	14.1	10.4	38	7.6	14.2	10.5	38	7.7	14.3	10.6	38	7.9	14.4	10.7	38	8.0	16
16	14.1	10.5	38	7.7	14.2	10.6	39	7.8	14.3	10.7	39	8.0	14.4	10.8	39	8.1	14.5	10.9	39	8.2	16
16	14.2	10.6	39	7.9	14.3	10.8	39	8.0	14.4	10.9	39	8.2	14.5	11.0	40	8.3	14.6	11.1	40	8.5	16
16	14.3	10.8	40	8.1	14.4	10.9	40	8.3	14.5	11.0	40	8.4	14.6	11.1	40	8.6	14.7	11.2	40	8.7	16
15	14.4	11.0	40	8.4	14.5	11.1	40	8.5	14.6	11.2	41	8.7	14.7	11.3	41	8.8	14.8	11.4	41	8.9	15
15	14.5	11.2	41	8.6	14.6	11.3	41	8.7	14.7	11.4	41	8.9	14.8	11.5	41	9.0	14.9	11.6	42	9.2	15
15	14.6	11.3	42	8.8	14.7	11.4	42	9.0	14.8	11.6	42	9.1	14.9	11.7	42	9.2	**15.0**	11.8	42	9.4	15
15	14.7	11.5	42	9.1	14.8	11.6	42	9.2	14.9	11.7	43	9.3	**15.0**	11.8	43	9.5	15.1	11.9	43	9.6	15
14	14.8	11.7	43	9.3	14.9	11.8	43	9.4	**15.0**	11.9	43	9.6	15.1	12.0	43	9.7	15.2	12.1	43	9.8	14
14	14.9	11.9	44	9.5	**15.0**	12.0	44	9.6	15.1	12.1	44	9.8	15.2	12.2	44	9.9	15.3	12.3	44	10.0	14
14	**15.0**	12.0	44	9.7	15.1	12.1	44	9.9	15.2	12.3	44	10.0	15.3	12.4	45	10.1	15.4	12.5	45	10.3	14
14	15.1	12.2	45	9.9	15.2	12.3	45	10.1	15.3	12.4	45	10.2	15.4	12.6	45	10.3	15.5	12.7	45	10.5	14
13	15.2	12.4	45	10.1	15.3	12.5	46	10.3	15.4	12.6	46	10.4	15.5	12.7	46	10.5	15.6	12.8	46	10.7	13
13	15.3	12.6	46	10.4	15.4	12.7	46	10.5	15.5	12.8	46	10.6	15.6	12.9	47	10.8	15.7	13.0	47	10.9	13
13	15.4	12.8	47	10.6	15.5	12.9	47	10.7	15.6	13.0	47	10.8	15.7	13.1	47	11.0	15.8	13.2	47	11.1	13
13	15.5	12.9	47	10.8	15.6	13.0	48	10.9	15.7	13.2	48	11.0	15.8	13.3	48	11.2	15.9	13.4	48	11.3	13
13	15.6	13.1	48	11.0	15.7	13.2	48	11.1	15.8	13.3	48	11.3	15.9	13.5	48	11.4	**16.0**	13.6	49	11.5	13
12	15.7	13.3	49	11.2	15.8	13.4	49	11.3	15.9	13.5	49	11.5	**16.0**	13.6	49	11.6	16.1	13.8	49	11.7	12
12	15.8	13.5	49	11.4	15.9	13.6	50	11.5	**16.0**	13.7	50	11.7	16.1	13.8	50	11.8	16.2	13.9	50	11.9	12
12	15.9	13.7	50	11.6	**16.0**	13.8	50	11.7	16.1	13.9	50	11.9	16.2	14.0	50	12.0	16.3	14.1	51	12.1	12
12	**16.0**	13.8	51	11.8	16.1	14.0	51	11.9	16.2	14.1	51	12.1	16.3	14.2	51	12.2	16.4	14.3	51	12.3	12
11	16.1	14.0	51	12.0	16.2	14.1	52	12.1	16.3	14.3	52	12.3	16.4	14.4	52	12.4	16.5	14.5	52	12.5	11
11	16.2	14.2	52	12.2	16.3	14.3	52	12.3	16.4	14.4	52	12.5	16.5	14.6	52	12.6	16.6	14.7	53	12.7	11
11	16.3	14.4	53	12.4	16.4	14.5	53	12.5	16.5	14.6	53	12.6	16.6	14.7	53	12.8	16.7	14.9	53	12.9	11
11	16.4	14.6	53	12.6	16.5	14.7	54	12.7	16.6	14.8	54	12.8	16.7	14.9	54	13.0	16.8	15.1	54	13.1	11
11	16.5	14.8	54	12.8	16.6	14.9	54	12.9	16.7	15.0	54	13.0	16.8	15.1	54	13.2	16.9	15.2	55	13.3	11
10	16.6	14.9	55	13.0	16.7	15.1	55	13.1	16.8	15.2	55	13.2	16.9	15.3	55	13.3	**17.0**	15.4	55	13.5	10
10	16.7	15.1	56	13.2	16.8	15.3	56	13.3	16.9	15.4	56	13.4	**17.0**	15.5	56	13.5	17.1	15.6	56	13.7	10
10	16.8	15.3	56	13.4	16.9	15.4	56	13.5	**17.0**	15.6	56	13.6	17.1	15.7	57	13.7	17.2	15.8	57	13.8	10
10	16.9	15.5	57	13.5	**17.0**	15.6	57	13.7	17.1	15.8	57	13.8	17.2	15.9	57	13.9	17.3	16.0	57	14.0	10
10	**17.0**	15.7	58	13.7	17.1	15.8	58	13.8	17.2	15.9	58	14.0	17.3	16.1	58	14.1	17.4	16.2	58	14.2	10
9	17.1	15.9	58	13.9	17.2	16.0	58	14.0	17.3	16.1	59	14.2	17.4	16.3	59	14.3	17.5	16.4	59	14.4	9
9	17.2	16.1	59	14.1	17.3	16.2	59	14.2	17.4	16.3	59	14.3	17.5	16.5	59	14.5	17.6	16.6	59	14.6	9
9	17.3	16.3	60	14.3	17.4	16.4	60	14.4	17.5	16.5	60	14.5	17.6	16.6	60	14.6	17.7	16.8	60	14.8	9
9	17.4	16.5	60	14.5	17.5	16.6	61	14.6	17.6	16.7	61	14.7	17.7	16.8	61	14.8	17.8	17.0	61	14.9	9
8	17.5	16.7	61	14.6	17.6	16.8	61	14.8	17.7	16.9	61	14.9	17.8	17.0	61	15.0	17.9	17.2	61	15.1	8
8	17.6	16.8	62	14.8	17.7	17.0	62	14.9	17.8	17.1	62	15.1	17.9	17.2	62	15.2	**18.0**	17.4	62	15.3	8
8	17.7	17.0	63	15.0	17.8	17.2	63	15.1	17.9	17.3	63	15.2	**18.0**	17.4	63	15.3	18.1	17.6	63	15.5	8
8	17.8	17.2	63	15.2	17.9	17.4	63	15.3	**18.0**	17.5	63	15.4	18.1	17.6	64	15.5	18.2	17.8	64	15.6	8
8	17.9	17.4	64	15.4	**18.0**	17.6	64	15.5	18.1	17.7	64	15.6	18.2	17.8	64	15.7	18.3	18.0	64	15.8	8
8	**18.0**	17.6	65	15.5	18.1	17.8	65	15.6	18.2	17.9	65	15.8	18.3	18.0	65	15.9	18.4	18.2	65	16.0	8
7	18.1	17.8	65	15.7	18.2	18.0	65	15.8	18.3	18.1	66	15.9	18.4	18.2	66	16.0	18.5	18.4	66	16.2	7
7	18.2	18.0	66	15.9	18.3	18.2	66	16.0	18.4	18.3	66	16.1	18.5	18.4	66	16.2	18.6	18.6	66	16.3	7
7	18.3	18.2	67	16.0	18.4	18.4	67	16.2	18.5	18.5	67	16.3	18.6	18.6	67	16.4	18.7	18.8	67	16.5	7
7	18.4	18.4	68	16.2	18.5	18.6	68	16.3	18.6	18.7	68	16.4	18.7	18.8	68	16.5	18.8	19.0	68	16.7	7
7	18.5	18.6	68	16.4	18.6	18.8	68	16.5	18.7	18.9	68	16.6	18.8	19.0	69	16.7	18.9	19.2	69	16.8	7

n	t_W	e	U	t_d	t_W	e	U	t_d	t_W	e	U	t_d	t_W	e	U	t_d	t_W	e	U	t_d	n
	22.5				**22.6**				**22.7**				**22.8**				**22.9**				
6	18.6	18.8	69	16.5	18.7	19.0	69	16.7	18.8	19.1	69	16.8	18.9	19.2	69	16.9	**19.0**	19.4	69	17.0	6
6	18.7	19.0	70	16.7	18.8	19.2	70	16.8	18.9	19.3	70	16.9	**19.0**	19.4	70	17.1	19.1	19.6	70	17.2	6
6	18.8	19.2	71	16.9	18.9	19.4	71	17.0	**19.0**	19.5	71	17.1	19.1	19.6	71	17.2	19.2	19.8	71	17.3	6
6	18.9	19.4	71	17.0	**19.0**	19.6	71	17.2	19.1	19.7	71	17.3	19.2	19.8	71	17.4	19.3	20.0	72	17.5	6
6	**19.0**	19.6	72	17.2	19.1	19.8	72	17.3	19.2	19.9	72	17.4	19.3	20.0	72	17.5	19.4	20.2	72	17.7	6
5	19.1	19.8	73	17.4	19.2	20.0	73	17.5	19.3	20.1	73	17.6	19.4	20.2	73	17.7	19.5	20.4	73	17.8	5
5	19.2	20.0	74	17.5	19.3	20.2	74	17.6	19.4	20.3	74	17.8	19.5	20.5	74	17.9	19.6	20.6	74	18.0	5
5	19.3	20.2	74	17.7	19.4	20.4	74	17.8	19.5	20.5	74	17.9	19.6	20.7	74	18.0	19.7	20.8	75	18.1	5
5	19.4	20.4	75	17.9	19.5	20.6	75	18.0	19.6	20.7	75	18.1	19.7	20.9	75	18.2	19.8	21.0	75	18.3	5
5	19.5	20.7	76	18.0	19.6	20.8	76	18.1	19.7	20.9	76	18.2	19.8	21.1	76	18.3	19.9	21.2	76	18.5	5
5	19.6	20.9	77	18.2	19.7	21.0	77	18.3	19.8	21.1	77	18.4	19.9	21.3	77	18.5	**20.0**	21.4	77	18.6	5
4	19.7	21.1	77	18.3	19.8	21.2	77	18.4	19.9	21.4	77	18.6	**20.0**	21.5	78	18.7	20.1	21.6	78	18.8	4
4	19.8	21.3	78	18.5	19.9	21.4	78	18.6	**20.0**	21.6	78	18.7	20.1	21.7	78	18.8	20.2	21.9	78	18.9	4
4	19.9	21.5	79	18.7	**20.0**	21.6	79	18.8	20.1	21.8	79	18.9	20.2	21.9	79	19.0	20.3	22.1	79	19.1	4
4	**20.0**	21.7	80	18.8	20.1	21.8	80	18.9	20.2	22.0	80	19.0	20.3	22.1	80	19.1	20.4	22.3	80	19.2	4
4	20.1	21.9	80	19.0	20.2	22.1	80	19.1	20.3	22.2	81	19.2	20.4	22.4	81	19.3	20.5	22.5	81	19.4	4
4	20.2	22.1	81	19.1	20.3	22.3	81	19.2	20.4	22.4	81	19.3	20.5	22.6	81	19.4	20.6	22.7	81	19.5	4
3	20.3	22.3	82	19.3	20.4	22.5	82	19.4	20.5	22.6	82	19.5	20.6	22.8	82	19.6	20.7	22.9	82	19.7	3
3	20.4	22.6	83	19.4	20.5	22.7	83	19.5	20.6	22.9	83	19.6	20.7	23.0	83	19.7	20.8	23.2	83	19.8	3
3	20.5	22.8	84	19.6	20.6	22.9	84	19.7	20.7	23.1	84	19.8	20.8	23.2	84	19.9	20.9	23.4	84	20.0	3
3	20.6	23.0	84	19.7	20.7	23.1	84	19.8	20.8	23.3	84	19.9	20.9	23.4	84	20.0	**21.0**	23.6	85	20.2	3
3	20.7	23.2	85	19.9	20.8	23.4	85	20.0	20.9	23.5	85	20.1	**21.0**	23.7	85	20.2	21.1	23.8	85	20.3	3
3	20.8	23.4	86	20.0	20.9	23.6	86	20.1	**21.0**	23.7	86	20.2	21.1	23.9	86	20.3	21.2	24.0	86	20.5	3
2	20.9	23.6	87	20.2	**21.0**	23.8	87	20.3	21.1	23.9	87	20.4	21.2	24.1	87	20.5	21.3	24.3	87	20.6	2
2	**21.0**	23.9	88	20.3	21.1	24.0	88	20.4	21.2	24.2	88	20.5	21.3	24.3	88	20.6	21.4	24.5	88	20.7	2
2	21.1	24.1	88	20.5	21.2	24.2	88	20.6	21.3	24.4	88	20.7	21.4	24.5	88	20.8	21.5	24.7	88	20.9	2
2	21.2	24.3	89	20.6	21.3	24.5	89	20.7	21.4	24.6	89	20.8	21.5	24.8	89	20.9	21.6	24.9	89	21.0	2
2	21.3	24.5	90	20.8	21.4	24.7	90	20.9	21.5	24.8	90	21.0	21.6	25.0	90	21.1	21.7	25.1	90	21.2	2
2	21.4	24.7	91	20.9	21.5	24.9	91	21.0	21.6	25.1	91	21.1	21.7	25.2	91	21.2	21.8	25.4	91	21.3	2
1	21.5	25.0	92	21.1	21.6	25.1	92	21.2	21.7	25.3	92	21.3	21.8	25.4	92	21.4	21.9	25.6	92	21.5	1
1	21.6	25.2	92	21.2	21.7	25.3	92	21.3	21.8	25.5	92	21.4	21.9	25.7	93	21.5	**22.0**	25.8	93	21.6	1
1	21.7	25.4	93	21.4	21.8	25.6	93	21.5	21.9	25.7	93	21.6	**22.0**	25.9	93	21.7	22.1	26.1	93	21.8	1
1	21.8	25.6	94	21.5	21.9	25.8	94	21.6	**22.0**	26.0	94	21.7	22.1	26.1	94	21.8	22.2	26.3	94	21.9	1
1	21.9	25.9	95	21.6	**22.0**	26.0	95	21.8	22.1	26.2	95	21.9	22.2	26.4	95	22.0	22.3	26.5	95	22.1	1
1	**22.0**	26.1	96	21.8	22.1	26.3	96	21.9	22.2	26.4	96	22.0	22.3	26.6	96	22.1	22.4	26.7	96	22.2	1
1	22.1	26.3	97	21.9	22.2	26.5	97	22.0	22.3	26.6	97	22.1	22.4	26.8	97	22.2	22.5	27.0	97	22.3	1
0	22.2	26.6	97	22.1	22.3	26.7	97	22.2	22.4	26.9	97	22.3	22.5	27.0	97	22.4	22.6	27.2	97	22.5	0
0	22.3	26.8	98	22.2	22.4	26.9	98	22.3	22.5	27.1	98	22.4	22.6	27.3	98	22.5	22.7	27.4	98	22.6	0
0	22.4	27.0	99	22.4	22.5	27.2	99	22.5	22.6	27.3	99	22.6	22.7	27.5	99	22.7	22.8	27.7	99	22.8	0
0	22.5	27.2	100	22.5	22.6	27.4	100	22.6	22.7	27.6	100	22.7	22.8	27.7	100	22.8	22.9	27.9	100	22.9	0
	23.0				**23.1**				**23.2**				**23.3**				**23.4**				
38																	7.8	0.2	1	-41.0	38
37									7.7	0.2	1	-41.3	7.8	0.2	1	-37.8	7.9	0.3	1	-35.2	37
37	7.6	0.2	1	-41.6	7.7	0.2	1	-38.0	7.8	0.3	1	-35.3	7.9	0.4	1	-33.2	**8.0**	0.4	2	-31.3	37
37	7.7	0.3	1	-35.5	7.8	0.4	1	-33.3	7.9	0.4	2	-31.5	**8.0**	0.5	2	-29.9	8.1	0.6	2	-28.4	37
36	7.8	0.4	2	-31.6	7.9	0.5	2	-30.0	**8.0**	0.6	2	-28.6	8.1	0.7	2	-27.3	8.2	0.7	3	-26.1	36
36	7.9	0.6	2	-28.7	**8.0**	0.6	2	-27.4	8.1	0.7	3	-26.2	8.2	0.8	3	-25.2	8.3	0.9	3	-24.2	36
35	**8.0**	0.7	3	-26.3	8.1	0.8	3	-25.3	8.2	0.9	3	-24.3	8.3	0.9	3	-23.3	8.4	1.0	4	-22.5	35
35	8.1	0.9	3	-24.4	8.2	0.9	3	-23.4	8.3	1.0	4	-22.6	8.4	1.1	4	-21.7	8.5	1.2	4	-21.0	35
35	8.2	1.0	4	-22.6	8.3	1.1	4	-21.8	8.4	1.1	4	-21.1	8.5	1.2	4	-20.3	8.6	1.3	5	-19.6	35
34	8.3	1.1	4	-21.1	8.4	1.2	4	-20.4	8.5	1.3	5	-19.7	8.6	1.4	5	-19.0	8.7	1.4	5	-18.4	34
34	8.4	1.3	5	-19.8	8.5	1.4	5	-19.1	8.6	1.4	5	-18.5	8.7	1.5	5	-17.9	8.8	1.6	5	-17.3	34
34	8.5	1.4	5	-18.6	8.6	1.5	5	-17.9	8.7	1.6	6	-17.4	8.8	1.6	6	-16.8	8.9	1.7	6	-16.2	34
33	8.6	1.6	6	-17.4	8.7	1.6	6	-16.9	8.8	1.7	6	-16.3	8.9	1.8	6	-15.8	**9.0**	1.9	6	-15.3	33
33	8.7	1.7	6	-16.4	8.8	1.8	6	-15.9	8.9	1.9	7	-15.3	**9.0**	1.9	7	-14.9	9.1	2.0	7	-14.4	33
33	8.8	1.8	7	-15.4	8.9	1.9	7	-14.9	**9.0**	2.0	7	-14.4	9.1	2.1	7	-14.0	9.2	2.2	7	-13.5	33
32	8.9	2.0	7	-14.5	**9.0**	2.1	7	-14.0	9.1	2.1	8	-13.6	9.2	2.2	8	-13.2	9.3	2.3	8	-12.7	32
32	**9.0**	2.1	8	-13.7	9.1	2.2	8	-13.2	9.2	2.3	8	-12.8	9.3	2.4	8	-12.4	9.4	2.4	9	-12.0	32
32	9.1	2.3	8	-12.8	9.2	2.4	8	-12.4	9.3	2.4	9	-12.0	9.4	2.5	9	-11.6	9.5	2.6	9	-11.2	32
31	9.2	2.4	9	-12.1	9.3	2.5	9	-11.7	9.4	2.6	9	-11.3	9.5	2.7	9	-10.9	9.6	2.7	10	-10.5	31
31	9.3	2.6	9	-11.4	9.4	2.6	9	-11.0	9.5	2.7	10	-10.6	9.6	2.8	10	-10.2	9.7	2.9	10	-9.9	31
31	9.4	2.7	10	-10.7	9.5	2.8	10	-10.3	9.6	2.9	10	-9.9	9.7	3.0	10	-9.6	9.8	3.0	11	-9.3	31
30	9.5	2.9	10	-10.0	9.6	2.9	10	-9.7	9.7	3.0	11	-9.3	9.8	3.1	11	-9.0	9.9	3.2	11	-8.6	30
30	9.6	3.0	11	-9.4	9.7	3.1	11	-9.0	9.8	3.2	11	-8.7	9.9	3.3	11	-8.4	**10.0**	3.3	12	-8.1	30
30	9.7	3.2	11	-8.8	9.8	3.2	11	-8.4	9.9	3.3	12	-8.1	**10.0**	3.4	12	-7.8	10.1	3.5	12	-7.5	30
29	9.8	3.3	12	-8.2	9.9	3.4	12	-7.9	**10.0**	3.5	12	-7.6	10.1	3.5	12	-7.2	10.2	3.6	13	-6.9	29
29	9.9	3.5	12	-7.6	**10.0**	3.5	13	-7.3	10.1	3.6	13	-7.0	10.2	3.7	13	-6.7	10.3	3.8	13	-6.4	29
29	**10.0**	3.6	13	-7.1	10.1	3.7	13	-6.8	10.2	3.8	13	-6.5	10.3	3.8	13	-6.2	10.4	3.9	14	-5.9	29
28	10.1	3.7	13	-6.5	10.2	3.8	14	-6.2	10.3	3.9	14	-6.0	10.4	4.0	14	-5.7	10.5	4.1	14	-5.4	28
28	10.2	3.9	14	-6.0	10.3	4.0	14	-5.7	10.4	4.1	14	-5.5	10.5	4.2	15	-5.2	10.6	4.2	15	-4.9	28
28	10.3	4.0	14	-5.5	10.4	4.1	15	-5.3	10.5	4.2	15	-5.0	10.6	4.3	15	-4.7	10.7	4.4	15	-4.5	28

n	t_W	e	U	t_d	t_W	e	U	t_d	t_W	e	U	t_d	t_W	e	U	t_d	t_W	e	U	t_d	n
	23.0				**23.1**				**23.2**				**23.3**				**23.4**				
28	10.4	4.2	15	-5.0	10.5	4.3	15	-4.8	10.6	4.4	15	-4.5	10.7	4.5	16	-4.3	10.8	4.5	16	-4.0	28
27	10.5	4.4	15	-4.6	10.6	4.4	16	-4.3	10.7	4.5	16	-4.1	10.8	4.6	16	-3.8	10.9	4.7	16	-3.6	27
27	10.6	4.5	16	-4.1	10.7	4.6	16	-3.9	10.8	4.7	16	-3.6	10.9	4.8	17	-3.4	**11.0**	4.8	17	-3.1	27
27	10.7	4.7	17	-3.7	10.8	4.7	17	-3.4	10.9	4.8	17	-3.2	**11.0**	4.9	17	-3.0	11.1	5.0	17	-2.7	27
26	10.8	4.8	17	-3.2	10.9	4.9	17	-3.0	**11.0**	5.0	18	-2.8	11.1	5.1	18	-2.5	11.2	5.2	18	-2.3	26
26	10.9	5.0	18	-2.8	**11.0**	5.0	18	-2.6	11.1	5.1	18	-2.4	11.2	5.2	18	-2.1	11.3	5.3	18	-1.9	26
26	**11.0**	5.1	18	-2.4	11.1	5.2	18	-2.2	11.2	5.3	19	-2.0	11.3	5.4	19	-1.7	11.4	5.5	19	-1.5	26
25	11.1	5.3	19	-2.0	11.2	5.4	19	-1.8	11.3	5.4	19	-1.6	11.4	5.5	19	-1.3	11.5	5.6	20	-1.1	25
25	11.2	5.4	19	-1.6	11.3	5.5	20	-1.4	11.4	5.6	20	-1.2	11.5	5.7	20	-1.0	11.6	5.8	20	-0.8	25
25	11.3	5.6	20	-1.2	11.4	5.7	20	-1.0	11.5	5.8	20	-0.8	11.6	5.8	20	-0.6	11.7	5.9	21	-0.4	25
24	11.4	5.7	20	-0.9	11.5	5.8	21	-0.7	11.6	5.9	21	-0.4	11.7	6.0	21	-0.2	11.8	6.1	21	0.0	24
24	11.5	5.9	21	-0.5	11.6	6.0	21	-0.3	11.7	6.1	21	-0.1	11.8	6.2	22	0.1	11.9	6.3	22	0.3	24
24	11.6	6.0	22	-0.1	11.7	6.1	22	0.1	11.8	6.2	22	0.3	11.9	6.3	22	0.5	**12.0**	6.4	22	0.7	24
24	11.7	6.2	22	0.2	11.8	6.3	22	0.4	11.9	6.4	22	0.6	**12.0**	6.5	23	0.8	12.1	6.6	23	1.0	24
23	11.8	6.4	23	0.6	11.9	6.5	23	0.8	**12.0**	6.5	23	1.0	12.1	6.6	23	1.2	12.2	6.7	23	1.3	23
23	11.9	6.5	23	0.9	**12.0**	6.6	23	1.1	12.1	6.7	24	1.3	12.2	6.8	24	1.5	12.3	6.9	24	1.7	23
23	**12.0**	6.7	24	1.2	12.1	6.8	24	1.4	12.2	6.9	24	1.6	12.3	7.0	24	1.8	12.4	7.1	25	2.0	23
22	12.1	6.8	24	1.6	12.2	6.9	25	1.8	12.3	7.0	25	1.9	12.4	7.1	25	2.1	12.5	7.2	25	2.3	22
22	12.2	7.0	25	1.9	12.3	7.1	25	2.1	12.4	7.2	25	2.3	12.5	7.3	25	2.4	12.6	7.4	26	2.6	22
22	12.3	7.2	25	2.2	12.4	7.3	26	2.4	12.5	7.3	26	2.6	12.6	7.4	26	2.8	12.7	7.5	26	2.9	22
22	12.4	7.3	26	2.5	12.5	7.4	26	2.7	12.6	7.5	26	2.9	12.7	7.6	27	3.1	12.8	7.7	27	3.2	22
21	12.5	7.5	27	2.8	12.6	7.6	27	3.0	12.7	7.7	27	3.2	12.8	7.8	27	3.4	12.9	7.9	27	3.5	21
21	12.6	7.6	27	3.1	12.7	7.7	27	3.3	12.8	7.8	28	3.5	12.9	7.9	28	3.7	**13.0**	8.0	28	3.8	21
21	12.7	7.8	28	3.4	12.8	7.9	28	3.6	12.9	8.0	28	3.8	**13.0**	8.1	28	3.9	13.1	8.2	28	4.1	21
21	12.8	8.0	28	3.7	12.9	8.1	29	3.9	**13.0**	8.2	29	4.1	13.1	8.3	29	4.2	13.2	8.4	29	4.4	21
20	12.9	8.1	29	4.0	**13.0**	8.3	29	4.2	13.1	8.3	29	4.3	13.2	8.4	29	4.5	13.3	8.5	30	4.7	20
20	**13.0**	8.3	30	4.3	13.1	8.4	30	4.5	13.2	8.5	30	4.6	13.3	8.6	30	4.8	13.4	8.7	30	5.0	20
20	13.1	8.5	30	4.6	13.2	8.6	30	4.7	13.3	8.7	30	4.9	13.4	8.8	31	5.1	13.5	8.9	31	5.2	20
19	13.2	8.6	31	4.9	13.3	8.7	31	5.0	13.4	8.8	31	5.2	13.5	8.9	31	5.3	13.6	9.0	31	5.5	19
19	13.3	8.8	31	5.1	13.4	8.9	31	5.3	13.5	9.0	32	5.4	13.6	9.1	32	5.6	13.7	9.2	32	5.8	19
19	13.4	9.0	32	5.4	13.5	9.1	32	5.6	13.6	9.2	32	5.7	13.7	9.3	32	5.9	13.8	9.4	33	6.0	19
19	13.5	9.1	33	5.7	13.6	9.2	33	5.8	13.7	9.3	33	6.0	13.8	9.4	33	6.1	13.9	9.5	33	6.3	19
18	13.6	9.3	33	5.9	13.7	9.4	33	6.1	13.8	9.5	33	6.2	13.9	9.6	34	6.4	**14.0**	9.7	34	6.5	18
18	13.7	9.5	34	6.2	13.8	9.6	34	6.3	13.9	9.7	34	6.5	**14.0**	9.8	34	6.6	14.1	9.9	34	6.8	18
18	13.8	9.6	34	6.4	13.9	9.7	34	6.6	**14.0**	9.8	35	6.7	14.1	9.9	35	6.9	14.2	10.0	35	7.1	18
18	13.9	9.8	35	6.7	**14.0**	9.9	35	6.8	14.1	10.0	35	7.0	14.2	10.1	35	7.1	14.3	10.2	36	7.3	18
17	**14.0**	10.0	36	6.9	14.1	10.1	36	7.1	14.2	10.2	36	7.2	14.3	10.3	36	7.4	14.4	10.4	36	7.5	17
17	14.1	10.1	36	7.2	14.2	10.2	36	7.3	14.3	10.4	36	7.5	14.4	10.5	37	7.6	14.5	10.6	37	7.8	17
17	14.2	10.3	37	7.4	14.3	10.4	37	7.6	14.4	10.5	37	7.7	14.5	10.6	37	7.9	14.6	10.7	37	8.0	17
17	14.3	10.5	37	7.7	14.4	10.6	37	7.8	14.5	10.7	38	8.0	14.6	10.8	38	8.1	14.7	10.9	38	8.3	17
16	14.4	10.7	38	7.9	14.5	10.8	38	8.1	14.6	10.9	38	8.2	14.7	11.0	38	8.4	14.8	11.1	39	8.5	16
16	14.5	10.8	39	8.2	14.6	10.9	39	8.3	14.7	11.0	39	8.4	14.8	11.2	39	8.6	14.9	11.3	39	8.7	16
16	14.6	11.0	39	8.4	14.7	11.1	39	8.5	14.8	11.2	39	8.7	14.9	11.3	40	8.8	**15.0**	11.4	40	9.0	16
16	14.7	11.2	40	8.6	14.8	11.3	40	8.8	14.9	11.4	40	8.9	**15.0**	11.5	40	9.0	15.1	11.6	40	9.2	16
15	14.8	11.4	40	8.8	14.9	11.5	41	9.0	**15.0**	11.6	41	9.1	15.1	11.7	41	9.3	15.2	11.8	41	9.4	15
15	14.9	11.5	41	9.1	**15.0**	11.6	41	9.2	15.1	11.7	41	9.4	15.2	11.9	41	9.5	15.3	12.0	42	9.6	15
15	**15.0**	11.7	42	9.3	15.1	11.8	42	9.4	15.2	11.9	42	9.6	15.3	12.0	42	9.7	15.4	12.2	42	9.9	15
15	15.1	11.9	42	9.5	15.2	12.0	42	9.7	15.3	12.1	43	9.8	15.4	12.2	43	9.9	15.5	12.3	43	10.1	15
14	15.2	12.1	43	9.7	15.3	12.2	43	9.9	15.4	12.3	43	10.0	15.5	12.4	43	10.2	15.6	12.5	43	10.3	14
14	15.3	12.2	44	10.0	15.4	12.4	44	10.1	15.5	12.5	44	10.2	15.6	12.6	44	10.4	15.7	12.7	44	10.5	14
14	15.4	12.4	44	10.2	15.5	12.5	44	10.3	15.6	12.6	44	10.4	15.7	12.8	45	10.6	15.8	12.9	45	10.7	14
14	15.5	12.6	45	10.4	15.6	12.7	45	10.5	15.7	12.8	45	10.7	15.8	12.9	45	10.8	15.9	13.1	45	10.9	14
13	15.6	12.8	45	10.6	15.7	12.9	46	10.7	15.8	13.0	46	10.9	15.9	13.1	46	11.0	**16.0**	13.2	46	11.1	13
13	15.7	13.0	46	10.8	15.8	13.1	46	10.9	15.9	13.2	46	11.1	**16.0**	13.3	47	11.2	16.1	13.4	47	11.3	13
13	15.8	13.1	47	11.0	15.9	13.3	47	11.2	**16.0**	13.4	47	11.3	16.1	13.5	47	11.4	16.2	13.6	47	11.5	13
13	15.9	13.3	47	11.2	**16.0**	13.4	48	11.4	16.1	13.6	48	11.5	16.2	13.7	48	11.6	16.3	13.8	48	11.8	13
13	**16.0**	13.5	48	11.4	16.1	13.6	48	11.6	16.2	13.7	48	11.7	16.3	13.9	48	11.8	16.4	14.0	49	12.0	13
12	16.1	13.7	49	11.6	16.2	13.8	49	11.8	16.3	13.9	49	11.9	16.4	14.0	49	12.0	16.5	14.2	49	12.2	12
12	16.2	13.9	49	11.8	16.3	14.0	50	12.0	16.4	14.1	50	12.1	16.5	14.2	50	12.2	16.6	14.3	50	12.4	12
12	16.3	14.1	50	12.0	16.4	14.2	50	12.2	16.5	14.3	50	12.3	16.6	14.4	50	12.4	16.7	14.5	51	12.5	12
12	16.4	14.2	51	12.2	16.5	14.4	51	12.4	16.6	14.5	51	12.5	16.7	14.6	51	12.6	16.8	14.7	51	12.7	12
11	16.5	14.4	51	12.4	16.6	14.5	51	12.6	16.7	14.7	52	12.7	16.8	14.8	52	12.8	16.9	14.9	52	12.9	11
11	16.6	14.6	52	12.6	16.7	14.7	52	12.8	16.8	14.9	52	12.9	16.9	15.0	52	13.0	**17.0**	15.1	52	13.1	11
11	16.7	14.8	53	12.8	16.8	14.9	53	13.0	16.9	15.0	53	13.1	**17.0**	15.2	53	13.2	17.1	15.3	53	13.3	11
11	16.8	15.0	53	13.0	16.9	15.1	53	13.1	**17.0**	15.2	54	13.3	17.1	15.4	54	13.4	17.2	15.5	54	13.5	11
11	16.9	15.2	54	13.2	**17.0**	15.3	54	13.3	17.1	15.4	54	13.5	17.2	15.5	54	13.6	17.3	15.7	54	13.7	11
10	**17.0**	15.4	55	13.4	17.1	15.5	55	13.5	17.2	15.6	55	13.6	17.3	15.7	55	13.8	17.4	15.9	55	13.9	10
10	17.1	15.6	55	13.6	17.2	15.7	55	13.7	17.3	15.8	56	13.8	17.4	15.9	56	14.0	17.5	16.1	56	14.1	10
10	17.2	15.7	56	13.8	17.3	15.9	56	13.9	17.4	16.0	56	14.0	17.5	16.1	56	14.1	17.6	16.2	56	14.3	10
10	17.3	15.9	57	14.0	17.4	16.1	57	14.1	17.5	16.2	57	14.2	17.6	16.3	57	14.3	17.7	16.4	57	14.4	10
10	17.4	16.1	57	14.1	17.5	16.3	58	14.3	17.6	16.4	58	14.4	17.7	16.5	58	14.5	17.8	16.6	58	14.6	10
9	17.5	16.3	58	14.3	17.6	16.4	58	14.4	17.7	16.6	58	14.6	17.8	16.7	58	14.7	17.9	16.8	58	14.8	9
9	17.6	16.5	59	14.5	17.7	16.6	59	14.6	17.8	16.8	59	14.7	17.9	16.9	59	14.9	**18.0**	17.0	59	15.0	9

n	t_W	e	U	t_d	t_W	e	U	t_d	t_W	e	U	t_d	t_W	e	U	t_d	t_W	e	U	t_d	n
	23.0				**23.1**				**23.2**				**23.3**				**23.4**				
9	17.7	16.7	59	14.7	17.8	16.8	60	14.8	17.9	17.0	60	14.9	**18.0**	17.1	60	15.0	18.1	17.2	60	15.2	9
9	17.8	16.9	60	14.9	17.9	17.0	60	15.0	**18.0**	17.2	60	15.1	18.1	17.3	60	15.2	18.2	17.4	61	15.3	9
9	17.9	17.1	61	15.0	**18.0**	17.2	61	15.2	18.1	17.4	61	15.3	18.2	17.5	61	15.4	18.3	17.6	61	15.5	9
8	**18.0**	17.3	62	15.2	18.1	17.4	62	15.3	18.2	17.6	62	15.5	18.3	17.7	62	15.6	18.4	17.8	62	15.7	8
8	18.1	17.5	62	15.4	18.2	17.6	62	15.5	18.3	17.8	62	15.6	18.4	17.9	63	15.8	18.5	18.0	63	15.9	8
8	18.2	17.7	63	15.6	18.3	17.8	63	15.7	18.4	18.0	63	15.8	18.5	18.1	63	15.9	18.6	18.2	63	16.0	8
8	18.3	17.9	64	15.8	18.4	18.0	64	15.9	18.5	18.2	64	16.0	18.6	18.3	64	16.1	18.7	18.4	64	16.2	8
8	18.4	18.1	64	15.9	18.5	18.2	64	16.0	18.6	18.4	65	16.2	18.7	18.5	65	16.3	18.8	18.6	65	16.4	8
7	18.5	18.3	65	16.1	18.6	18.4	65	16.2	18.7	18.6	65	16.3	18.8	18.7	65	16.4	18.9	18.8	65	16.6	7
7	18.6	18.5	66	16.3	18.7	18.6	66	16.4	18.8	18.8	66	16.5	18.9	18.9	66	16.6	**19.0**	19.0	66	16.7	7
7	18.7	18.7	67	16.4	18.8	18.8	67	16.6	18.9	19.0	67	16.7	**19.0**	19.1	67	16.8	19.1	19.2	67	16.9	7
7	18.8	18.9	67	16.6	18.9	19.0	67	16.7	**19.0**	19.2	67	16.8	19.1	19.3	67	16.9	19.2	19.4	68	17.1	7
7	18.9	19.1	68	16.8	**19.0**	19.2	68	16.9	19.1	19.4	68	17.0	19.2	19.5	68	17.1	19.3	19.6	68	17.2	7
6	**19.0**	19.3	69	16.9	19.1	19.4	69	17.1	19.2	19.6	69	17.2	19.3	19.7	69	17.3	19.4	19.8	69	17.4	6
6	19.1	19.5	69	17.1	19.2	19.6	69	17.2	19.3	19.8	70	17.3	19.4	19.9	70	17.4	19.5	20.1	70	17.6	6
6	19.2	19.7	70	17.3	19.3	19.8	70	17.4	19.4	20.0	70	17.5	19.5	20.1	70	17.6	19.6	20.3	70	17.7	6
6	19.3	19.9	71	17.4	19.4	20.0	71	17.5	19.5	20.2	71	17.7	19.6	20.3	71	17.8	19.7	20.5	71	17.9	6
6	19.4	20.1	72	17.6	19.5	20.3	72	17.7	19.6	20.4	72	17.8	19.7	20.5	72	17.9	19.8	20.7	72	18.0	6
6	19.5	20.3	72	17.8	19.6	20.5	72	17.9	19.7	20.6	72	18.0	19.8	20.7	73	18.1	19.9	20.9	73	18.2	6
5	19.6	20.5	73	17.9	19.7	20.7	73	18.0	19.8	20.8	73	18.1	19.9	21.0	73	18.3	**20.0**	21.1	73	18.4	5
5	19.7	20.7	74	18.1	19.8	20.9	74	18.2	19.9	21.0	74	18.3	**20.0**	21.2	74	18.4	20.1	21.3	74	18.5	5
5	19.8	20.9	75	18.2	19.9	21.1	75	18.4	**20.0**	21.2	75	18.5	20.1	21.4	75	18.6	20.2	21.5	75	18.7	5
5	19.9	21.2	75	18.4	**20.0**	21.3	75	18.5	20.1	21.4	75	18.6	20.2	21.6	76	18.7	20.3	21.7	76	18.8	5
5	**20.0**	21.4	76	18.6	20.1	21.5	76	18.7	20.2	21.7	76	18.8	20.3	21.8	76	18.9	20.4	22.0	76	19.0	5
4	20.1	21.6	77	18.7	20.2	21.7	77	18.8	20.3	21.9	77	18.9	20.4	22.0	77	19.0	20.5	22.2	77	19.2	4
4	20.2	21.8	78	18.9	20.3	21.9	78	19.0	20.4	22.1	78	19.1	20.5	22.2	78	19.2	20.6	22.4	78	19.3	4
4	20.3	22.0	78	19.0	20.4	22.2	78	19.1	20.5	22.3	78	19.2	20.6	22.5	79	19.4	20.7	22.6	79	19.5	4
4	20.4	22.2	79	19.2	20.5	22.4	79	19.3	20.6	22.5	79	19.4	20.7	22.7	79	19.5	20.8	22.8	79	19.6	4
4	20.5	22.4	80	19.3	20.6	22.6	80	19.4	20.7	22.7	80	19.6	20.8	22.9	80	19.7	20.9	23.0	80	19.8	4
4	20.6	22.7	81	19.5	20.7	22.8	81	19.6	20.8	23.0	81	19.7	20.9	23.1	81	19.8	**21.0**	23.3	81	19.9	4
3	20.7	22.9	81	19.7	20.8	23.0	81	19.8	20.9	23.2	82	19.9	**21.0**	23.3	82	20.0	21.1	23.5	82	20.1	3
3	20.8	23.1	82	19.8	20.9	23.2	82	19.9	**21.0**	23.4	82	20.0	21.1	23.5	82	20.1	21.2	23.7	82	20.2	3
3	20.9	23.3	83	20.0	**21.0**	23.5	83	20.1	21.1	23.6	83	20.2	21.2	23.8	83	20.3	21.3	23.9	83	20.4	3
3	**21.0**	23.5	84	20.1	21.1	23.7	84	20.2	21.2	23.8	84	20.3	21.3	24.0	84	20.4	21.4	24.1	84	20.5	3
3	21.1	23.7	85	20.3	21.2	23.9	85	20.4	21.3	24.1	85	20.5	21.4	24.2	85	20.6	21.5	24.4	85	20.7	3
3	21.2	24.0	85	20.4	21.3	24.1	85	20.5	21.4	24.3	85	20.6	21.5	24.4	85	20.7	21.6	24.6	85	20.8	3
3	21.3	24.2	86	20.6	21.4	24.3	86	20.7	21.5	24.5	86	20.8	21.6	24.7	86	20.9	21.7	24.8	86	21.0	3
2	21.4	24.4	87	20.7	21.5	24.6	87	20.8	21.6	24.7	87	20.9	21.7	24.9	87	21.0	21.8	25.0	87	21.1	2
2	21.5	24.6	88	20.9	21.6	24.8	88	21.0	21.7	24.9	88	21.1	21.8	25.1	88	21.2	21.9	25.3	88	21.3	2
2	21.6	24.9	89	21.0	21.7	25.0	89	21.1	21.8	25.2	89	21.2	21.9	25.3	89	21.3	**22.0**	25.5	89	21.4	2
2	21.7	25.1	89	21.1	21.8	25.2	89	21.2	21.9	25.4	89	21.4	**22.0**	25.6	89	21.5	22.1	25.7	89	21.6	2
2	21.8	25.3	90	21.3	21.9	25.5	90	21.4	**22.0**	25.6	90	21.5	22.1	25.8	90	21.6	22.2	26.0	90	21.7	2
2	21.9	25.5	91	21.4	**22.0**	25.7	91	21.5	22.1	25.9	91	21.6	22.2	26.0	91	21.7	22.3	26.2	91	21.8	2
1	**22.0**	25.8	92	21.6	22.1	25.9	92	21.7	22.2	26.1	92	21.8	22.3	26.2	92	21.9	22.4	26.4	92	22.0	1
1	22.1	26.0	93	21.7	22.2	26.2	93	21.8	22.3	26.3	93	21.9	22.4	26.5	93	22.0	22.5	26.6	93	22.1	1
1	22.2	26.2	93	21.9	22.3	26.4	93	22.0	22.4	26.5	93	22.1	22.5	26.7	93	22.2	22.6	26.9	93	22.3	1
1	22.3	26.4	94	22.0	22.4	26.6	94	22.1	22.5	26.8	94	22.2	22.6	26.9	94	22.3	22.7	27.1	94	22.4	1
1	22.4	26.7	95	22.2	22.5	26.8	95	22.3	22.6	27.0	95	22.4	22.7	27.2	95	22.5	22.8	27.3	95	22.6	1
1	22.5	26.9	96	22.3	22.6	27.1	96	22.4	22.7	27.2	96	22.5	22.8	27.4	96	22.6	22.9	27.6	96	22.7	1
1	22.6	27.1	97	22.4	22.7	27.3	97	22.5	22.8	27.5	97	22.6	22.9	27.6	97	22.7	**23.0**	27.8	97	22.8	1
0	22.7	27.4	97	22.6	22.8	27.5	97	22.7	22.9	27.7	97	22.8	**23.0**	27.9	98	22.9	23.1	28.1	98	23.0	0
0	22.8	27.6	98	22.7	22.9	27.8	98	22.8	**23.0**	28.0	98	22.9	23.1	28.1	98	23.0	23.2	28.3	98	23.1	0
0	22.9	27.8	99	22.9	**23.0**	28.0	99	23.0	23.1	28.2	99	23.1	23.2	28.4	99	23.2	23.3	28.5	99	23.3	0
0	**23.0**	28.1	100	23.0	23.1	28.3	100	23.1	23.2	28.4	100	23.2	23.3	28.6	100	23.3	23.4	28.8	100	23.4	0
	23.5				**23.6**				**23.7**				**23.8**				**23.9**				
38													**8.0**	0.2	1	-40.4	8.1	0.3	1	-37.1	38
37					7.9	0.2	1	-40.7	**8.0**	0.2	1	-37.3	8.1	0.3	1	-34.7	8.2	0.4	1	-32.6	37
37	7.9	0.2	1	-37.6	**8.0**	0.3	1	-35.0	8.1	0.4	1	-32.8	8.2	0.5	2	-31.0	8.3	0.5	2	-29.4	37
37	**8.0**	0.4	1	-33.0	8.1	0.5	2	-31.2	8.2	0.5	2	-29.6	8.3	0.6	2	-28.2	8.4	0.7	2	-26.9	37
36	8.1	0.5	2	-29.7	8.2	0.6	2	-28.3	8.3	0.7	2	-27.0	8.4	0.7	3	-25.9	8.5	0.8	3	-24.8	36
36	8.2	0.7	2	-27.2	8.3	0.7	3	-26.0	8.4	0.8	3	-24.9	8.5	0.9	3	-24.0	8.6	1.0	3	-23.0	36
36	8.3	0.8	3	-25.1	8.4	0.9	3	-24.1	8.5	1.0	3	-23.1	8.6	1.0	3	-22.3	8.7	1.1	4	-21.5	36
35	8.4	0.9	3	-23.2	8.5	1.0	3	-22.4	8.6	1.1	4	-21.6	8.7	1.2	4	-20.8	8.8	1.2	4	-20.1	35
35	8.5	1.1	4	-21.7	8.6	1.2	4	-20.9	8.7	1.2	4	-20.2	8.8	1.3	4	-19.5	8.9	1.4	5	-18.8	35
35	8.6	1.2	4	-20.2	8.7	1.3	4	-19.5	8.8	1.4	5	-18.9	8.9	1.5	5	-18.2	**9.0**	1.5	5	-17.6	35
34	8.7	1.4	5	-19.0	8.8	1.4	5	-18.3	8.9	1.5	5	-17.7	**9.0**	1.6	5	-17.1	9.1	1.7	6	-16.6	34
34	8.8	1.5	5	-17.8	8.9	1.6	5	-17.2	**9.0**	1.7	6	-16.6	9.1	1.7	6	-16.1	9.2	1.8	6	-15.6	34
34	8.9	1.7	6	-16.7	**9.0**	1.7	6	-16.2	9.1	1.8	6	-15.6	9.2	1.9	6	-15.1	9.3	2.0	7	-14.6	34
33	**9.0**	1.8	6	-15.7	9.1	1.9	6	-15.2	9.2	2.0	7	-14.7	9.3	2.0	7	-14.2	9.4	2.1	7	-13.8	33
33	9.1	1.9	7	-14.8	9.2	2.0	7	-14.3	9.3	2.1	7	-13.8	9.4	2.2	7	-13.4	9.5	2.3	8	-12.9	33
33	9.2	2.1	7	-13.9	9.3	2.2	7	-13.5	9.4	2.2	8	-13.0	9.5	2.3	8	-12.6	9.6	2.4	8	-12.2	33

n	t_W	e	U	t_d	t_W	e	U	t_d	t_W	e	U	t_d	t_W	e	U	t_d	t_W	e	U	t_d	n
	23.5				**23.6**				**23.7**				**23.8**				**23.9**				
32	9.3	2.2	8	-13.1	9.4	2.3	8	-12.7	9.5	2.4	8	-12.2	9.6	2.5	8	-11.8	9.7	2.6	9	-11.4	32
32	9.4	2.4	8	-12.3	9.5	2.5	8	-11.9	9.6	2.5	9	-11.5	9.7	2.6	9	-11.1	9.8	2.7	9	-10.7	32
32	9.5	2.5	9	-11.6	9.6	2.6	9	-11.2	9.7	2.7	9	-10.8	9.8	2.8	9	-10.4	9.9	2.9	10	-10.1	32
31	9.6	2.7	9	-10.9	9.7	2.8	9	-10.5	9.8	2.8	10	-10.1	9.9	2.9	10	-9.8	**10.0**	3.0	10	-9.4	31
31	9.7	2.8	10	-10.2	9.8	2.9	10	-9.8	9.9	3.0	10	-9.5	**10.0**	3.1	10	-9.1	10.1	3.1	11	-8.8	31
31	9.8	3.0	10	-9.5	9.9	3.1	10	-9.2	**10.0**	3.1	11	-8.9	10.1	3.2	11	-8.5	10.2	3.3	11	-8.2	31
30	9.9	3.1	11	-8.9	**10.0**	3.2	11	8.6	10.1	3.3	11	-8.3	10.2	3.4	11	-7.9	10.3	3.4	12	-7.6	30
30	**10.0**	3.3	11	-8.3	10.1	3.3	12	-8.0	10.2	3.4	12	-7.7	10.3	3.5	12	-7.4	10.4	3.6	12	-7.1	30
30	10.1	3.4	12	-7.7	10.2	3.5	12	-7.4	10.3	3.6	12	-7.1	10.4	3.7	12	-6.8	10.5	3.8	13	-6.5	30
29	10.2	3.6	12	-7.2	10.3	3.6	13	-6.9	10.4	3.7	13	-6.6	10.5	3.8	13	-6.3	10.6	3.9	13	-6.0	29
29	10.3	3.7	13	-6.7	10.4	3.8	13	-6.4	10.5	3.9	13	-6.1	10.6	4.0	13	-5.8	10.7	4.1	14	-5.5	29
29	10.4	3.9	13	-6.1	10.5	4.0	14	-5.9	10.6	4.0	14	-5.6	10.7	4.1	14	-5.3	10.8	4.2	14	-5.0	29
28	10.5	4.0	14	-5.6	10.6	4.1	14	-5.4	10.7	4.2	14	-5.1	10.8	4.3	14	-4.8	10.9	4.4	15	-4.6	28
28	10.6	4.2	14	-5.1	10.7	4.3	15	-4.9	10.8	4.3	15	-4.6	10.9	4.4	15	-4.3	**11.0**	4.5	15	-4.1	28
28	10.7	4.3	15	-4.7	10.8	4.4	15	-4.4	10.9	4.5	15	-4.2	**11.0**	4.6	16	-3.9	11.1	4.7	16	-3.6	28
27	10.8	4.5	15	-4.2	10.9	4.6	16	-4.0	**11.0**	4.6	16	-3.7	11.1	4.7	16	-3.5	11.2	4.8	16	-3.2	27
27	10.9	4.6	16	-3.8	**11.0**	4.7	16	-3.5	11.1	4.8	16	-3.3	11.2	4.9	17	-3.0	11.3	5.0	17	-2.8	27
27	**11.0**	4.8	17	-3.3	11.1	4.9	17	-3.1	11.2	5.0	17	-2.8	11.3	5.0	17	-2.6	11.4	5.1	17	-2.4	27
26	11.1	4.9	17	-2.9	11.2	5.0	17	-2.7	11.3	5.1	17	-2.4	11.4	5.2	18	-2.2	11.5	5.3	18	-2.0	26
26	11.2	5.1	18	-2.5	11.3	5.2	18	-2.3	11.4	5.3	18	-2.0	11.5	5.4	18	-1.8	11.6	5.4	18	-1.6	26
26	11.3	5.2	18	-2.1	11.4	5.3	18	-1.9	11.5	5.4	19	-1.6	11.6	5.5	19	-1.4	11.7	5.6	19	-1.2	26
26	11.4	5.4	19	-1.7	11.5	5.5	19	-1.5	11.6	5.6	19	-1.2	11.7	5.7	19	-1.0	11.8	5.8	19	-0.8	26
25	11.5	5.6	19	-1.3	11.6	5.6	19	-1.1	11.7	5.7	20	-0.9	11.8	5.8	20	-0.6	11.9	5.9	20	-0.4	25
25	11.6	5.7	20	-0.9	11.7	5.8	20	-0.7	11.8	5.9	20	-0.5	11.9	6.0	20	-0.3	**12.0**	6.1	21	-0.1	25
25	11.7	5.9	20	-0.5	11.8	6.0	20	-0.3	11.9	6.1	21	-0.1	**12.0**	6.1	21	0.1	12.1	6.2	21	0.3	25
24	11.8	6.0	21	-0.2	11.9	6.1	21	0.0	**12.0**	6.2	21	0.2	12.1	6.3	21	0.4	12.2	6.4	22	0.6	24
24	11.9	6.2	21	0.2	**12.0**	6.3	22	0.4	12.1	6.4	22	0.6	12.2	6.5	22	0.8	12.3	6.6	22	1.0	24
24	**12.0**	6.3	22	0.5	12.1	6.4	22	0.7	12.2	6.5	22	0.9	12.3	6.6	22	1.1	12.4	6.7	23	1.3	24
24	12.1	6.5	22	0.9	12.2	6.6	23	1.1	12.3	6.7	23	1.3	12.4	6.8	23	1.5	12.5	6.9	23	1.7	24
23	12.2	6.7	23	1.2	12.3	6.8	23	1.4	12.4	6.9	23	1.6	12.5	6.9	24	1.8	12.6	7.0	24	2.0	23
23	12.3	6.8	24	1.5	12.4	6.9	24	1.7	12.5	7.0	24	1.9	12.6	7.1	24	2.1	12.7	7.2	24	2.3	23
23	12.4	7.0	24	1.9	12.5	7.1	24	2.1	12.6	7.2	24	2.2	12.7	7.3	25	2.4	12.8	7.4	25	2.6	23
22	12.5	7.1	25	2.2	12.6	7.2	25	2.4	12.7	7.3	25	2.6	12.8	7.4	25	2.7	12.9	7.5	25	2.9	22
22	12.6	7.3	25	2.5	12.7	7.4	25	2.7	12.8	7.5	26	2.9	12.9	7.6	26	3.0	**13.0**	7.7	26	3.2	22
22	12.7	7.5	26	2.8	12.8	7.6	26	3.0	12.9	7.7	26	3.2	**13.0**	7.8	26	3.3	13.1	7.9	27	3.5	22
22	12.8	7.6	26	3.1	12.9	7.7	27	3.3	**13.0**	7.8	27	3.5	13.1	7.9	27	3.6	13.2	8.0	27	3.8	22
21	12.9	7.8	27	3.4	**13.0**	7.9	27	3.6	13.1	8.0	27	3.8	13.2	8.1	27	3.9	13.3	8.2	28	4.1	21
21	**13.0**	8.0	28	3.7	13.1	8.1	28	3.9	13.2	8.2	28	4.1	13.3	8.3	28	4.2	13.4	8.4	28	4.4	21
21	13.1	8.1	28	4.0	13.2	8.2	28	4.2	13.3	8.3	28	4.3	13.4	8.4	29	4.5	13.5	8.5	29	4.7	21
20	13.2	8.3	29	4.3	13.3	8.4	29	4.5	13.4	8.5	29	4.6	13.5	8.6	29	4.8	13.6	8.7	29	5.0	20
20	13.3	8.5	29	4.6	13.4	8.6	29	4.7	13.5	8.7	30	4.9	13.6	8.8	30	5.1	13.7	8.9	30	5.2	20
20	13.4	8.6	30	4.8	13.5	8.7	30	5.0	13.6	8.8	30	5.2	13.7	8.9	30	5.3	13.8	9.0	30	5.5	20
20	13.5	8.8	30	5.1	13.6	8.9	31	5.3	13.7	9.0	31	5.5	13.8	9.1	31	5.6	13.9	9.2	31	5.8	20
19	13.6	9.0	31	5.4	13.7	9.1	31	5.6	13.8	9.2	31	5.7	13.9	9.3	31	5.9	**14.0**	9.4	32	6.0	19
19	13.7	9.1	32	5.7	13.8	9.2	32	5.8	13.9	9.3	32	6.0	**14.0**	9.4	32	6.1	14.1	9.5	32	6.3	19
19	13.8	9.3	32	5.9	13.9	9.4	32	6.1	**14.0**	9.5	32	6.2	14.1	9.6	33	6.4	14.2	9.7	33	6.6	19
19	13.9	9.5	33	6.2	**14.0**	9.6	33	6.3	14.1	9.7	33	6.5	14.2	9.8	33	6.7	14.3	9.9	33	6.8	19
18	**14.0**	9.6	33	6.4	14.1	9.7	33	6.6	14.2	9.8	34	6.8	14.3	10.0	34	6.9	14.4	10.1	34	7.1	18
18	14.1	9.8	34	6.7	14.2	9.9	34	6.9	14.3	10.0	34	7.0	14.4	10.1	34	7.2	14.5	10.2	35	7.3	18
18	14.2	10.0	34	7.0	14.3	10.1	35	7.1	14.4	10.2	35	7.3	14.5	10.3	35	7.4	14.6	10.4	35	7.6	18
18	14.3	10.2	35	7.2	14.4	10.3	35	7.4	14.5	10.4	35	7.5	14.6	10.5	36	7.7	14.7	10.6	36	7.8	18
17	14.4	10.3	36	7.4	14.5	10.4	36	7.6	14.6	10.5	36	7.7	14.7	10.6	36	7.9	14.8	10.8	36	8.0	17
17	14.5	10.5	36	7.7	14.6	10.6	36	7.8	14.7	10.7	37	8.0	14.8	10.8	37	8.1	14.9	10.9	37	8.3	17
17	14.6	10.7	37	7.9	14.7	10.8	37	8.1	14.8	10.9	37	8.2	14.9	11.0	37	8.4	**15.0**	11.1	37	8.5	17
17	14.7	10.8	37	8.2	14.8	11.0	38	8.3	14.9	11.1	38	8.5	**15.0**	11.2	38	8.6	15.1	11.3	38	8.8	17
16	14.8	11.0	38	8.4	14.9	11.1	38	8.6	**15.0**	11.2	38	8.7	15.1	11.3	39	8.8	15.2	11.5	39	9.0	16
16	14.9	11.2	39	8.6	**15.0**	11.3	39	8.8	15.1	11.4	39	8.9	15.2	11.5	39	9.1	15.3	11.6	39	9.2	16
16	**15.0**	11.4	39	8.9	15.1	11.5	39	9.0	15.2	11.6	40	9.2	15.3	11.7	40	9.3	15.4	11.8	40	9.4	16
16	15.1	11.5	40	9.1	15.2	11.7	40	9.2	15.3	11.8	40	9.4	15.4	11.9	40	9.5	15.5	12.0	40	9.7	16
15	15.2	11.7	41	9.3	15.3	11.8	41	9.5	15.4	11.9	41	9.6	15.5	12.1	41	9.7	15.6	12.2	41	9.9	15
15	15.3	11.9	41	9.5	15.4	12.0	41	9.7	15.5	12.1	41	9.8	15.6	12.2	42	10.0	15.7	12.4	42	10.1	15
15	15.4	12.1	42	9.8	15.5	12.2	42	9.9	15.6	12.3	42	10.0	15.7	12.4	42	10.2	15.8	12.5	42	10.3	15
15	15.5	12.3	42	10.0	15.6	12.4	43	10.1	15.7	12.5	43	10.3	15.8	12.6	43	10.4	15.9	12.7	43	10.5	15
14	15.6	12.4	43	10.2	15.7	12.6	43	10.3	15.8	12.7	43	10.5	15.9	12.8	43	10.6	**16.0**	12.9	44	10.8	14
14	15.7	12.6	44	10.4	15.8	12.7	44	10.6	15.9	12.9	44	10.7	**16.0**	13.0	44	10.8	16.1	13.1	44	11.0	14
14	15.8	12.8	44	10.6	15.9	12.9	44	10.8	**16.0**	13.0	44	10.9	16.1	13.2	45	11.0	16.2	13.3	45	11.2	14
14	15.9	13.0	45	10.8	**16.0**	13.1	45	11.0	16.1	13.2	45	11.1	16.2	13.3	45	11.2	16.3	13.5	45	11.4	14
13	**16.0**	13.2	45	11.1	16.1	13.3	46	11.2	16.2	13.4	46	11.3	16.3	13.5	46	11.5	16.4	13.6	46	11.6	13
13	16.1	13.4	46	11.3	16.2	13.5	46	11.4	16.3	13.6	46	11.5	16.4	13.7	47	11.7	16.5	13.8	47	11.8	13
13	16.2	13.5	47	11.5	16.3	13.7	47	11.6	16.4	13.8	47	11.7	16.5	13.9	47	11.9	16.6	14.0	47	12.0	13
13	16.3	13.7	47	11.7	16.4	13.8	48	11.8	16.5	14.0	48	11.9	16.6	14.1	48	12.1	16.7	14.2	48	12.2	13
13	16.4	13.9	48	11.9	16.5	14.0	48	12.0	16.6	14.1	48	12.1	16.7	14.3	48	12.3	16.8	14.4	49	12.4	13
12	16.5	14.1	49	12.1	16.6	14.2	49	12.2	16.7	14.3	49	12.3	16.8	14.5	49	12.5	16.9	14.6	49	12.6	12

n	t_W	e	U	t_d	t_W	e	U	t_d	t_W	e	U	t_d	t_W	e	U	t_d	t_W	e	U	t_d	n
	23.5				**23.6**				**23.7**				**23.8**				**23.9**				
12	16.6	14.3	49	12.3	16.7	14.4	49	12.4	16.8	14.5	50	12.5	16.9	14.6	50	12.7	**17.0**	14.8	50	12.8	12
12	16.7	14.5	50	12.5	16.8	14.6	50	12.6	16.9	14.7	50	12.7	**17.0**	14.8	50	12.9	17.1	15.0	50	13.0	12
12	16.8	14.7	51	12.7	16.9	14.8	51	12.8	**17.0**	14.9	51	12.9	17.1	15.0	51	13.1	17.2	15.1	51	13.2	12
11	16.9	14.8	51	12.9	**17.0**	15.0	51	13.0	17.1	15.1	51	13.1	17.2	15.2	52	13.2	17.3	15.3	52	13.4	11
11	**17.0**	15.0	52	13.1	17.1	15.2	52	13.2	17.2	15.3	52	13.3	17.3	15.4	52	13.4	17.4	15.5	52	13.6	11
11	17.1	15.2	53	13.3	17.2	15.3	53	13.4	17.3	15.5	53	13.5	17.4	15.6	53	13.6	17.5	15.7	53	13.8	11
11	17.2	15.4	53	13.4	17.3	15.5	53	13.6	17.4	15.7	53	13.7	17.5	15.8	54	13.8	17.6	15.9	54	13.9	11
11	17.3	15.6	54	13.6	17.4	15.7	54	13.8	17.5	15.9	54	13.9	17.6	16.0	54	14.0	17.7	16.1	54	14.1	11
10	17.4	15.8	55	13.8	17.5	15.9	55	13.9	17.6	16.0	55	14.1	17.7	16.2	55	14.2	17.8	16.3	55	14.3	10
10	17.5	16.0	55	14.0	17.6	16.1	55	14.1	17.7	16.2	55	14.3	17.8	16.4	56	14.4	17.9	16.5	56	14.5	10
10	17.6	16.2	56	14.2	17.7	16.3	56	14.3	17.8	16.4	56	14.4	17.9	16.6	56	14.6	**18.0**	16.7	56	14.7	10
10	17.7	16.4	57	14.4	17.8	16.5	57	14.5	17.9	16.6	57	14.6	**18.0**	16.8	57	14.7	18.1	16.9	57	14.9	10
10	17.8	16.6	57	14.6	17.9	16.7	57	14.7	**18.0**	16.8	57	14.8	18.1	17.0	58	14.9	18.2	17.1	58	15.0	10
9	17.9	16.8	58	14.7	**18.0**	16.9	58	14.9	18.1	17.0	58	15.0	18.2	17.2	58	15.1	18.3	17.3	58	15.2	9
9	**18.0**	17.0	59	14.9	18.1	17.1	59	15.0	18.2	17.2	59	15.2	18.3	17.4	59	15.3	18.4	17.5	59	15.4	9
9	18.1	17.2	59	15.1	18.2	17.3	59	15.2	18.3	17.4	59	15.3	18.4	17.6	60	15.5	18.5	17.7	60	15.6	9
9	18.2	17.4	60	15.3	18.3	17.5	60	15.4	18.4	17.6	60	15.5	18.5	17.8	60	15.6	18.6	17.9	60	15.8	9
9	18.3	17.6	61	15.5	18.4	17.7	61	15.6	18.5	17.8	61	15.7	18.6	18.0	61	15.8	18.7	18.1	61	15.9	9
8	18.4	17.8	61	15.6	18.5	17.9	61	15.8	18.6	18.0	62	15.9	18.7	18.2	62	16.0	18.8	18.3	62	16.1	8
8	18.5	18.0	62	15.8	18.6	18.1	62	15.9	18.7	18.2	62	16.0	18.8	18.4	62	16.2	18.9	18.5	62	16.3	8
8	18.6	18.2	63	16.0	18.7	18.3	63	16.1	18.8	18.4	63	16.2	18.9	18.6	63	16.3	**19.0**	18.7	63	16.4	8
8	18.7	18.4	63	16.2	18.8	18.5	63	16.3	18.9	18.6	64	16.4	**19.0**	18.8	64	16.5	19.1	18.9	64	16.6	8
8	18.8	18.6	64	16.3	18.9	18.7	64	16.4	**19.0**	18.8	64	16.6	19.1	19.0	64	16.7	19.2	19.1	64	16.8	8
7	18.9	18.8	65	16.5	**19.0**	18.9	65	16.6	19.1	19.0	65	16.7	19.2	19.2	65	16.8	19.3	19.3	65	17.0	7
7	**19.0**	19.0	66	16.7	19.1	19.1	66	16.8	19.2	19.2	66	16.9	19.3	19.4	66	17.0	19.4	19.5	66	17.1	7
7	19.1	19.2	66	16.8	19.2	19.3	66	16.9	19.3	19.4	66	17.1	19.4	19.6	66	17.2	19.5	19.7	67	17.3	7
7	19.2	19.4	67	17.0	19.3	19.5	67	17.1	19.4	19.6	67	17.2	19.5	19.8	67	17.3	19.6	19.9	67	17.5	7
7	19.3	19.6	68	17.2	19.4	19.7	68	17.3	19.5	19.9	68	17.4	19.6	20.0	68	17.5	19.7	20.1	68	17.6	7
6	19.4	19.8	68	17.3	19.5	19.9	68	17.4	19.6	20.1	68	17.6	19.7	20.2	69	17.7	19.8	20.3	69	17.8	6
6	19.5	20.0	69	17.5	19.6	20.1	69	17.6	19.7	20.3	69	17.7	19.8	20.4	69	17.8	19.9	20.6	69	17.9	6
6	19.6	20.2	70	17.7	19.7	20.3	70	17.8	19.8	20.5	70	17.9	19.9	20.6	70	18.0	**20.0**	20.8	70	18.1	6
6	19.7	20.4	70	17.8	19.8	20.5	71	17.9	19.9	20.7	71	18.0	**20.0**	20.8	71	18.2	20.1	21.0	71	18.3	6
6	19.8	20.6	71	18.0	19.9	20.8	71	18.1	**20.0**	20.9	71	18.2	20.1	21.0	71	18.3	20.2	21.2	71	18.4	6
6	19.9	20.8	72	18.2	**20.0**	21.0	72	18.3	20.1	21.1	72	18.4	20.2	21.3	72	18.5	20.3	21.4	72	18.6	6
5	**20.0**	21.0	73	18.3	20.1	21.2	73	18.4	20.2	21.3	73	18.5	20.3	21.5	73	18.6	20.4	21.6	73	18.8	5
5	20.1	21.2	73	18.5	20.2	21.4	73	18.6	20.3	21.5	74	18.7	20.4	21.7	74	18.8	20.5	21.8	74	18.9	5
5	20.2	21.5	74	18.6	20.3	21.6	74	18.7	20.4	21.8	74	18.8	20.5	21.9	74	19.0	20.6	22.1	74	19.1	5
5	20.3	21.7	75	18.8	20.4	21.8	75	18.9	20.5	22.0	75	19.0	20.6	22.1	75	19.1	20.7	22.3	75	19.2	5
5	20.4	21.9	76	18.9	20.5	22.0	76	19.1	20.6	22.2	76	19.2	20.7	22.3	76	19.3	20.8	22.5	76	19.4	5
5	20.5	22.1	76	19.1	20.6	22.3	76	19.2	20.7	22.4	76	19.3	20.8	22.6	77	19.4	20.9	22.7	77	19.5	5
4	20.6	22.3	77	19.3	20.7	22.5	77	19.4	20.8	22.6	77	19.5	20.9	22.8	77	19.6	**21.0**	22.9	77	19.7	4
4	20.7	22.5	78	19.4	20.8	22.7	78	19.5	20.9	22.8	78	19.6	**21.0**	23.0	78	19.7	21.1	23.1	78	19.8	4
4	20.8	22.8	79	19.6	20.9	22.9	79	19.7	**21.0**	23.1	79	19.8	21.1	23.2	79	19.9	21.2	23.4	79	20.0	4
4	20.9	23.0	79	19.7	**21.0**	23.1	79	19.8	21.1	23.3	79	19.9	21.2	23.4	80	20.0	21.3	23.6	80	20.1	4
4	**21.0**	23.2	80	19.9	21.1	23.3	80	20.0	21.2	23.5	80	20.1	21.3	23.7	80	20.2	21.4	23.8	80	20.3	4
4	21.1	23.4	81	20.0	21.2	23.6	81	20.1	21.3	23.7	81	20.2	21.4	23.9	81	20.3	21.5	24.0	81	20.5	4
3	21.2	23.6	82	20.2	21.3	23.8	82	20.3	21.4	23.9	82	20.4	21.5	24.1	82	20.5	21.6	24.3	82	20.6	3
3	21.3	23.9	82	20.3	21.4	24.0	82	20.4	21.5	24.2	82	20.5	21.6	24.3	83	20.6	21.7	24.5	83	20.8	3
3	21.4	24.1	83	20.5	21.5	24.2	83	20.6	21.6	24.4	83	20.7	21.7	24.5	83	20.8	21.8	24.7	83	20.9	3
3	21.5	24.3	84	20.6	21.6	24.5	84	20.7	21.7	24.6	84	20.8	21.8	24.8	84	20.9	21.9	24.9	84	21.0	3
3	21.6	24.5	85	20.8	21.7	24.7	85	20.9	21.8	24.8	85	21.0	21.9	25.0	85	21.1	**22.0**	25.2	85	21.2	3
3	21.7	24.7	85	20.9	21.8	24.9	86	21.0	21.9	25.1	86	21.1	**22.0**	25.2	86	21.2	22.1	25.4	86	21.3	3
2	21.8	25.0	86	21.1	21.9	25.1	86	21.2	**22.0**	25.3	86	21.3	22.1	25.5	86	21.4	22.2	25.6	86	21.5	2
2	21.9	25.2	87	21.2	**22.0**	25.4	87	21.3	22.1	25.5	87	21.4	22.2	25.7	87	21.5	22.3	25.8	87	21.6	2
2	**22.0**	25.4	88	21.4	22.1	25.6	88	21.5	22.2	25.8	88	21.6	22.3	25.9	88	21.7	22.4	26.1	88	21.8	2
2	22.1	25.7	89	21.5	22.2	25.8	89	21.6	22.3	26.0	89	21.7	22.4	26.1	89	21.8	22.5	26.3	89	21.9	2
2	22.2	25.9	89	21.7	22.3	26.0	89	21.8	22.4	26.2	89	21.9	22.5	26.4	89	22.0	22.6	26.5	90	22.1	2
2	22.3	26.1	90	21.8	22.4	26.3	90	21.9	22.5	26.4	90	22.0	22.6	26.6	90	22.1	22.7	26.8	90	22.2	2
2	22.4	26.3	91	21.9	22.5	26.5	91	22.1	22.6	26.7	91	22.2	22.7	26.8	91	22.3	22.8	27.0	91	22.4	2
1	22.5	26.6	92	22.1	22.6	26.7	92	22.2	22.7	26.9	92	22.3	22.8	27.1	92	22.4	22.9	27.2	92	22.5	1
1	22.6	26.8	93	22.2	22.7	27.0	93	22.3	22.8	27.1	93	22.4	22.9	27.3	93	22.5	**23.0**	27.5	93	22.6	1
1	22.7	27.0	93	22.4	22.8	27.2	93	22.5	22.9	27.4	93	22.6	**23.0**	27.5	93	22.7	23.1	27.7	93	22.8	1
1	22.8	27.3	94	22.5	22.9	27.4	94	22.6	**23.0**	27.6	94	22.7	23.1	27.8	94	22.8	23.2	28.0	94	22.9	1
1	22.9	27.5	95	22.7	**23.0**	27.7	95	22.8	23.1	27.9	95	22.9	23.2	28.0	95	23.0	23.3	28.2	95	23.1	1
1	**23.0**	27.7	96	22.8	23.1	27.9	96	22.9	23.2	28.1	96	23.0	23.3	28.3	96	23.1	23.4	28.4	96	23.2	1
1	23.1	28.0	97	22.9	23.2	28.2	97	23.0	23.3	28.3	97	23.1	23.4	28.5	97	23.2	23.5	28.7	97	23.3	1
0	23.2	28.2	98	23.1	23.3	28.4	98	23.2	23.4	28.6	98	23.3	23.5	28.7	98	23.4	23.6	28.9	98	23.5	0
0	23.3	28.5	98	23.2	23.4	28.6	98	23.3	23.5	28.8	98	23.4	23.6	29.0	98	23.5	23.7	29.2	98	23.6	0
0	23.4	28.7	99	23.4	23.5	28.9	99	23.5	23.6	29.1	99	23.6	23.7	29.2	99	23.7	23.8	29.4	99	23.8	0
0	23.5	28.9	100	23.5	23.6	29.1	100	23.6	23.7	29.3	100	23.7	23.8	29.5	100	23.8	23.9	29.7	100	23.9	0

n	t_W	e	U	t_d	t_W	e	U	t_d	t_W	e	U	t_d	t_W	e	U	t_d	t_W	e	U	t_d	n
	24.0				**24.1**				**24.2**				**24.3**				**24.4**				
38																	8.3	0.2	1	-39.3	38
38									8.2	0.2	1	-39.7	8.3	0.3	1	-36.5	8.4	0.3	1	-34.1	38
37	8.1	0.2	1	-40.0	8.2	0.3	1	-36.8	8.3	0.3	1	-34.3	8.4	0.4	1	-32.2	8.5	0.5	2	-30.5	37
37	8.2	0.3	1	-34.5	8.3	0.4	1	-32.4	8.4	0.5	2	-30.7	8.5	0.6	2	-29.1	8.6	0.6	2	-27.7	37
37	8.3	0.5	2	-30.8	8.4	0.5	2	-29.3	8.5	0.6	2	-27.9	8.6	0.7	2	-26.7	8.7	0.8	3	-25.5	37
36	8.4	0.6	2	-28.0	8.5	0.7	2	-26.8	8.6	0.8	3	-25.6	8.7	0.8	3	-24.6	8.8	0.9	3	-23.6	36
36	8.5	0.8	3	-25.8	8.6	0.8	3	-24.7	8.7	0.9	3	-23.7	8.8	1.0	3	-22.8	8.9	1.1	3	-22.0	36
36	8.6	0.9	3	-23.8	8.7	1.0	3	-22.9	8.8	1.0	3	-22.1	8.9	1.1	4	-21.3	**9.0**	1.2	4	-20.5	36
35	8.7	1.0	3	-22.2	8.8	1.1	4	-21.4	8.9	1.2	4	-20.6	**9.0**	1.3	4	-19.9	9.1	1.3	4	-19.2	35
35	8.8	1.2	4	-20.7	8.9	1.3	4	-20.0	**9.0**	1.3	4	-19.3	9.1	1.4	5	-18.6	9.2	1.5	5	-18.0	35
35	8.9	1.3	4	-19.4	**9.0**	1.4	5	-18.7	9.1	1.5	5	-18.1	9.2	1.6	5	-17.5	9.3	1.6	5	-16.9	35
34	**9.0**	1.5	5	-18.2	9.1	1.5	5	-17.5	9.2	1.6	5	-17.0	9.3	1.7	6	-16.4	9.4	1.8	6	-15.9	34
34	9.1	1.6	5	-17.0	9.2	1.7	6	-16.5	9.3	1.8	6	-15.9	9.4	1.8	6	-15.4	9.5	1.9	6	-14.9	34
34	9.2	1.8	6	-16.0	9.3	1.8	6	-15.5	9.4	1.9	6	-15.0	9.5	2.0	7	-14.5	9.6	2.1	7	-14.0	34
33	9.3	1.9	6	-15.1	9.4	2.0	7	-14.6	9.5	2.1	7	-14.1	9.6	2.1	7	-13.6	9.7	2.2	7	-13.2	33
33	9.4	2.0	7	-14.2	9.5	2.1	7	-13.7	9.6	2.2	7	-13.2	9.7	2.3	8	-12.8	9.8	2.4	8	-12.4	33
33	9.5	2.2	7	-13.3	9.6	2.3	8	-12.9	9.7	2.4	8	-12.4	9.8	2.4	8	-12.0	9.9	2.5	8	-11.6	33
32	9.6	2.3	8	-12.5	9.7	2.4	8	-12.1	9.8	2.5	8	-11.7	9.9	2.6	9	-11.3	**10.0**	2.7	9	-10.9	32
32	9.7	2.5	8	-11.8	9.8	2.6	9	-11.4	9.9	2.7	9	-11.0	**10.0**	2.7	9	-10.6	10.1	2.8	9	-10.2	32
32	9.8	2.6	9	-11.0	9.9	2.7	9	-10.7	**10.0**	2.8	9	-10.3	10.1	2.9	9	-9.9	10.2	3.0	10	-9.6	32
31	9.9	2.8	9	-10.3	**10.0**	2.9	10	-10.0	10.1	2.9	10	-9.6	10.2	3.0	10	-9.3	10.3	3.1	10	-8.9	31
31	**10.0**	2.9	10	-9.7	10.1	3.0	10	-9.3	10.2	3.1	10	-9.0	10.3	3.2	10	-8.7	10.4	3.3	11	-8.3	31
31	10.1	3.1	10	-9.1	10.2	3.2	11	-8.7	10.3	3.2	11	-8.4	10.4	3.3	11	-8.1	10.5	3.4	11	-7.7	31
30	10.2	3.2	11	-8.5	10.3	3.3	11	-8.1	10.4	3.4	11	-7.8	10.5	3.5	11	-7.5	10.6	3.6	12	-7.2	30
30	10.3	3.4	11	-7.9	10.4	3.5	12	-7.6	10.5	3.6	12	-7.2	10.6	3.6	12	-6.9	10.7	3.7	12	-6.6	30
30	10.4	3.5	12	-7.3	10.5	3.6	12	-7.0	10.6	3.7	12	-6.7	10.7	3.8	12	-6.4	10.8	3.9	13	-6.1	30
29	10.5	3.7	12	-6.8	10.6	3.8	13	-6.5	10.7	3.9	13	-6.2	10.8	3.9	13	-5.9	10.9	4.0	13	-5.6	29
29	10.6	3.8	13	-6.2	10.7	3.9	13	-5.9	10.8	4.0	13	-5.7	10.9	4.1	13	-5.4	**11.0**	4.2	14	-5.1	29
29	10.7	4.0	13	-6.7	10.8	4.1	14	-5.4	10.9	4.2	14	-5.2	**11.0**	4.2	14	-4.9	11.1	4.3	14	-4.6	29
28	10.8	4.1	14	-5.2	10.9	4.2	14	-5.0	**11.0**	4.3	14	-4.7	11.1	4.4	14	-4.4	11.2	4.5	15	-4.2	28
28	10.9	4.3	14	-4.8	**11.0**	4.4	15	-4.5	11.1	4.5	15	-4.2	11.2	4.6	15	-4.0	11.3	4.6	15	-3.7	28
28	**11.0**	4.4	15	-4.3	11.1	4.5	15	-4.0	11.2	4.6	15	-3.8	11.3	4.7	16	-3.5	11.4	4.8	16	-3.3	28
28	11.1	4.6	15	-3.8	11.2	4.7	16	-3.6	11.3	4.8	16	-3.3	11.4	4.9	16	-3.1	11.5	5.0	16	-2.8	28
27	11.2	4.8	16	-3.4	11.3	4.8	16	-3.1	11.4	4.9	16	-2.9	11.5	5.0	17	-2.7	11.6	5.1	17	-2.4	27
27	11.3	4.9	16	-3.0	11.4	5.0	17	-2.7	11.5	5.1	17	-2.5	11.6	5.2	17	-2.2	11.7	5.3	17	-2.0	27
27	11.4	5.1	17	-2.5	11.5	5.2	17	-2.3	11.6	5.2	17	-2.1	11.7	5.3	18	-1.8	11.8	5.4	18	-1.6	27
26	11.5	5.2	18	-2.1	11.6	5.3	18	-1.9	11.7	5.4	18	-1.7	11.8	5.5	18	-1.4	11.9	5.6	18	-1.2	26
26	11.6	5.4	18	-1.7	11.7	5.5	18	-1.5	11.8	5.6	18	-1.3	11.9	5.7	19	-1.1	**12.0**	5.7	19	-0.8	26
26	11.7	5.5	19	-1.3	11.8	5.6	19	-1.1	11.9	5.7	19	-0.9	**12.0**	5.8	19	-0.7	12.1	5.9	19	-0.5	26
25	11.8	5.7	19	-1.0	11.9	5.8	19	-0.7	**12.0**	5.9	19	-0.5	12.1	6.0	20	-0.3	12.2	6.1	20	-0.1	25
25	11.9	5.9	20	-0.6	**12.0**	5.9	20	-0.4	12.1	6.0	20	-0.2	12.2	6.1	20	0.1	12.3	6.2	20	0.3	25
25	**12.0**	6.0	20	-0.2	12.1	6.1	20	0.0	12.2	6.2	21	0.2	12.3	6.3	21	0.4	12.4	6.4	21	0.6	25
25	12.1	6.2	21	0.1	12.2	6.3	21	0.4	12.3	6.4	21	0.6	12.4	6.5	21	0.8	12.5	6.5	21	1.0	25
24	12.2	6.3	21	0.5	12.3	6.4	21	0.7	12.4	6.5	22	0.9	12.5	6.6	22	1.1	12.6	6.7	22	1.3	24
24	12.3	6.5	22	0.8	12.4	6.6	22	1.0	12.5	6.7	22	1.2	12.6	6.8	22	1.4	12.7	6.9	22	1.6	24
24	12.4	6.7	22	1.2	12.5	6.7	22	1.4	12.6	6.8	23	1.6	12.7	6.9	23	1.8	12.8	7.0	23	2.0	24
23	12.5	6.8	23	1.5	12.6	6.9	23	1.7	12.7	7.0	23	1.9	12.8	7.1	23	2.1	12.9	7.2	24	2.3	23
23	12.6	7.0	23	1.8	12.7	7.1	24	2.0	12.8	7.2	24	2.2	12.9	7.3	24	2.4	**13.0**	7.4	24	2.6	23
23	12.7	7.1	24	2.2	12.8	7.2	24	2.4	12.9	7.3	24	2.5	**13.0**	7.4	24	2.7	13.1	7.5	25	2.9	23
23	12.8	7.3	24	2.5	12.9	7.4	25	2.7	**13.0**	7.5	25	2.9	13.1	7.6	25	3.0	13.2	7.7	25	3.2	23
22	12.9	7.5	25	2.8	**13.0**	7.6	25	3.0	13.1	7.7	25	3.2	13.2	7.8	26	3.3	13.3	7.9	26	3.5	22
22	**13.0**	7.6	26	3.1	13.1	7.7	26	3.3	13.2	7.8	26	3.5	13.3	7.9	26	3.6	13.4	8.0	26	3.8	22
22	13.1	7.8	26	3.4	13.2	7.9	26	3.6	13.3	8.0	26	3.8	13.4	8.1	27	3.9	13.5	8.2	27	4.1	22
21	13.2	8.0	27	3.7	13.3	8.1	27	3.9	13.4	8.2	27	4.1	13.5	8.3	27	4.2	13.6	8.4	27	4.4	21
21	13.3	8.1	27	4.0	13.4	8.2	27	4.2	13.5	8.3	28	4.3	13.6	8.4	28	4.5	13.7	8.5	28	4.7	21
21	13.4	8.3	28	4.3	13.5	8.4	28	4.5	13.6	8.5	28	4.6	13.7	8.6	28	4.8	13.8	8.7	28	5.0	21
21	13.5	8.5	28	4.6	13.6	8.6	29	4.7	13.7	8.7	29	4.9	13.8	8.8	29	5.1	13.9	8.9	29	5.2	21
20	13.6	8.6	29	4.9	13.7	8.7	29	5.0	13.8	8.8	29	5.2	13.9	8.9	29	5.4	**14.0**	9.0	30	5.5	20
20	13.7	8.8	29	5.1	13.8	8.9	30	5.3	13.9	9.0	30	5.5	**14.0**	9.1	30	5.6	14.1	9.2	30	5.8	20
20	13.8	9.0	30	5.4	13.9	9.1	30	5.6	**14.0**	9.2	30	5.7	14.1	9.3	31	5.9	14.2	9.4	31	6.1	20
20	13.9	9.1	31	5.7	**14.0**	9.2	31	5.8	14.1	9.3	31	6.0	14.2	9.4	31	6.2	14.3	9.6	31	6.3	20
19	**14.0**	9.3	31	5.9	14.1	9.4	31	6.1	14.2	9.5	32	6.3	14.3	9.6	32	6.4	14.4	9.7	32	6.6	19
19	14.1	9.5	32	6.2	14.2	9.6	32	6.4	14.3	9.7	32	6.5	14.4	9.8	32	6.7	14.5	9.9	32	6.8	19
19	14.2	9.6	32	6.5	14.3	9.8	32	6.6	14.4	9.9	33	6.8	14.5	10.0	33	6.9	14.6	10.1	33	7.1	19
19	14.3	9.8	33	6.7	14.4	9.9	33	6.9	14.5	10.0	33	7.0	14.6	10.1	33	7.2	14.7	10.2	34	7.3	19
18	14.4	10.0	33	7.0	14.5	10.1	34	7.1	14.6	10.2	34	7.3	14.7	10.3	34	7.4	14.8	10.4	34	7.6	18
18	14.5	10.2	34	7.2	14.6	10.3	34	7.4	14.7	10.4	34	7.5	14.8	10.5	35	7.7	14.9	10.6	35	7.8	18
18	14.6	10.3	35	7.5	14.7	10.4	35	7.6	14.8	10.6	35	7.8	14.9	10.7	35	7.9	**15.0**	10.8	35	8.1	18
17	14.7	10.5	35	7.7	14.8	10.6	35	7.9	14.9	10.7	36	8.0	**15.0**	10.8	36	8.2	15.1	10.9	36	8.3	17
17	14.8	10.7	36	8.0	14.9	10.8	36	8.1	**15.0**	10.9	36	8.3	15.1	11.0	36	8.4	15.2	11.1	36	8.5	17
17	14.9	10.9	36	8.2	**15.0**	11.0	37	8.3	15.1	11.1	37	8.5	15.2	11.2	37	8.6	15.3	11.3	37	8.8	17
17	**15.0**	11.0	37	8.4	15.1	11.1	37	8.6	15.2	11.3	37	8.7	15.3	11.4	37	8.9	15.4	11.5	38	9.0	17
17	15.1	11.2	38	8.7	15.2	11.3	38	8.8	15.3	11.4	38	9.0	15.4	11.5	38	9.1	15.5	11.7	38	9.2	17

n	t_W	e	U	t_d	t_W	e	U	t_d	t_W	e	U	t_d	t_W	e	U	t_d	t_W	e	U	t_d	n
	24.0				**24.1**				**24.2**				**24.3**				**24.4**				
16	15.2	11.4	38	8.9	15.3	11.5	38	9.0	15.4	11.6	38	9.2	15.5	11.7	39	9.3	15.6	11.8	39	9.5	16
16	15.3	11.6	39	9.1	15.4	11.7	39	9.3	15.5	11.8	39	9.4	15.6	11.9	39	9.6	15.7	12.0	39	9.7	16
16	15.4	11.7	39	9.4	15.5	11.9	40	9.5	15.6	12.0	40	9.6	15.7	12.1	40	9.8	15.8	12.2	40	9.9	16
16	15.5	11.9	40	9.6	15.6	12.0	40	9.7	15.7	12.2	40	9.9	15.8	12.3	40	10.0	15.9	12.4	41	10.1	16
15	15.6	12.1	41	9.8	15.7	12.2	41	9.9	15.8	12.3	41	10.1	15.9	12.5	41	10.2	**16.0**	12.6	41	10.4	15
15	15.7	12.3	41	10.0	15.8	12.4	41	10.2	15.9	12.5	41	10.3	**16.0**	12.6	42	10.4	16.1	12.8	42	10.6	15
15	15.8	12.5	42	10.2	15.9	12.6	42	10.4	**16.0**	12.7	42	10.5	16.1	12.8	42	10.7	16.2	12.9	42	10.8	15
15	15.9	12.7	42	10.5	**16.0**	12.8	43	10.6	16.1	12.9	43	10.7	16.2	13.0	43	10.9	16.3	13.1	43	11.0	15
14	**16.0**	12.8	43	10.7	16.1	13.0	43	10.8	16.2	13.1	43	10.9	16.3	13.2	43	11.1	16.4	13.3	44	11.2	14
14	16.1	13.0	44	10.9	16.2	13.1	44	11.0	16.3	13.3	44	11.2	16.4	13.4	44	11.3	16.5	13.5	44	11.4	14
14	16.2	13.2	44	11.1	16.3	13.3	44	11.2	16.4	13.4	45	11.4	16.5	13.6	45	11.5	16.6	13.7	45	11.6	14
14	16.3	13.4	45	11.3	16.4	13.5	45	11.4	16.5	13.6	45	11.6	16.6	13.7	45	11.7	16.7	13.9	45	11.8	14
13	16.4	13.6	45	11.5	16.5	13.7	46	11.6	16.6	13.8	46	11.8	16.7	13.9	46	11.9	16.8	14.1	46	12.0	13
13	16.5	13.8	46	11.7	16.6	13.9	46	11.8	16.7	14.0	46	12.0	16.8	14.1	46	12.1	16.9	14.2	47	12.2	13
13	16.6	13.9	47	11.9	16.7	14.1	47	12.1	16.8	14.2	47	12.2	16.9	14.3	47	12.3	**17.0**	14.4	47	12.4	13
13	16.7	14.1	47	12.1	16.8	14.3	47	12.3	16.9	14.4	48	12.4	**17.0**	14.5	48	12.5	17.1	14.6	48	12.6	13
13	16.8	14.3	48	12.3	16.9	14.4	48	12.5	**17.0**	14.6	48	12.6	17.1	14.7	48	12.7	17.2	14.8	48	12.8	13
12	16.9	14.5	49	12.5	**17.0**	14.6	49	12.7	17.1	14.8	49	12.8	17.2	14.9	49	12.9	17.3	15.0	49	13.0	12
12	**17.0**	14.7	49	12.7	17.1	14.8	49	12.8	17.2	14.9	49	13.0	17.3	15.1	50	13.1	17.4	15.2	50	13.2	12
12	17.1	14.9	50	12.9	17.2	15.0	50	13.0	17.3	15.1	50	13.2	17.4	15.3	50	13.3	17.5	15.4	50	13.4	12
12	17.2	15.1	51	13.1	17.3	15.2	51	13.2	17.4	15.3	51	13.4	17.5	15.5	51	13.5	17.6	15.6	51	13.6	12
11	17.3	15.3	51	13.3	17.4	15.4	51	13.4	17.5	15.5	51	13.6	17.6	15.6	52	13.7	17.7	15.8	52	13.8	11
11	17.4	15.5	52	13.5	17.5	15.6	52	13.6	17.6	15.7	52	13.7	17.7	15.8	52	13.9	17.8	16.0	52	14.0	11
11	17.5	15.7	52	13.7	17.6	15.8	53	13.8	17.7	15.9	53	13.9	17.8	16.0	53	14.1	17.9	16.2	53	14.2	11
11	17.6	15.8	53	13.9	17.7	16.0	53	14.0	17.8	16.1	53	14.1	17.9	16.2	53	14.2	**18.0**	16.4	54	14.4	11
11	17.7	16.0	54	14.1	17.8	16.2	54	14.2	17.9	16.3	54	14.3	**18.0**	16.4	54	14.4	18.1	16.6	54	14.6	11
10	17.8	16.2	54	14.2	17.9	16.4	55	14.4	**18.0**	16.5	55	14.5	18.1	16.6	55	14.6	18.2	16.8	55	14.7	10
10	17.9	16.4	55	14.4	**18.0**	16.6	55	14.6	18.1	16.7	55	14.7	18.2	16.8	55	14.8	18.3	17.0	55	14.9	10
10	**18.0**	16.6	56	14.6	18.1	16.8	56	14.7	18.2	16.9	56	14.9	18.3	17.0	56	15.0	18.4	17.2	56	15.1	10
10	18.1	16.8	56	14.8	18.2	17.0	56	14.9	18.3	17.1	57	15.0	18.4	17.2	57	15.2	18.5	17.4	57	15.3	10
10	18.2	17.0	57	15.0	18.3	17.2	57	15.1	18.4	17.3	57	15.2	18.5	17.4	57	15.3	18.6	17.6	57	15.5	10
9	18.3	17.2	58	15.2	18.4	17.4	58	15.3	18.5	17.5	58	15.4	18.6	17.6	58	15.5	18.7	17.8	58	15.6	9
9	18.4	17.4	58	15.3	18.5	17.6	58	15.5	18.6	17.7	59	15.6	18.7	17.8	59	15.7	18.8	18.0	59	15.8	9
9	18.5	17.6	59	15.5	18.6	17.8	59	15.6	18.7	17.9	59	15.8	18.8	18.0	59	15.9	18.9	18.2	59	16.0	9
9	18.6	17.8	60	15.7	18.7	18.0	60	15.8	18.8	18.1	60	15.9	18.9	18.2	60	16.0	**19.0**	18.4	60	16.2	9
9	18.7	18.0	60	15.9	18.8	18.2	60	16.0	18.9	18.3	61	16.1	**19.0**	18.4	61	16.2	19.1	18.6	61	16.3	9
8	18.8	18.2	61	16.0	18.9	18.4	61	16.2	**19.0**	18.5	61	16.3	19.1	18.6	61	16.4	19.2	18.8	61	16.5	8
8	18.9	18.4	62	16.2	**19.0**	18.6	62	16.3	19.1	18.7	62	16.4	19.2	18.8	62	16.6	19.3	19.0	62	16.7	8
8	**19.0**	18.6	62	16.4	19.1	18.8	63	16.5	19.2	18.9	63	16.6	19.3	19.0	63	16.7	19.4	19.2	63	16.8	8
8	19.1	18.8	63	16.6	19.2	19.0	63	16.7	19.3	19.1	63	16.8	19.4	19.2	63	16.9	19.5	19.4	63	17.0	8
8	19.2	19.0	64	16.7	19.3	19.2	64	16.8	19.4	19.3	64	17.0	19.5	19.5	64	17.1	19.6	19.6	64	17.2	8
7	19.3	19.2	65	16.9	19.4	19.4	65	17.0	19.5	19.5	65	17.1	19.6	19.7	65	17.2	19.7	19.8	65	17.4	7
7	19.4	19.4	65	17.1	19.5	19.6	65	17.2	19.6	19.7	65	17.3	19.7	19.9	65	17.4	19.8	20.0	66	17.5	7
7	19.5	19.7	66	17.2	19.6	19.8	66	17.3	19.7	19.9	66	17.5	19.8	20.1	66	17.6	19.9	20.2	66	17.7	7
7	19.6	19.9	67	17.4	19.7	20.0	67	17.5	19.8	20.1	67	17.6	19.9	20.3	67	17.7	**20.0**	20.4	67	17.9	7
7	19.7	20.1	67	17.6	19.8	20.2	67	17.7	19.9	20.4	67	17.8	**20.0**	20.5	68	17.9	20.1	20.6	68	18.0	7
7	19.8	20.3	68	17.7	19.9	20.4	68	17.8	**20.0**	20.6	68	18.0	20.1	20.7	68	18.1	20.2	20.9	68	18.2	7
6	19.9	20.5	69	17.9	**20.0**	20.6	69	18.0	20.1	20.8	69	18.1	20.2	20.9	69	18.2	20.3	21.1	69	18.3	6
6	**20.0**	20.7	69	18.1	20.1	20.8	69	18.2	20.2	21.0	70	18.3	20.3	21.1	70	18.4	20.4	21.3	70	18.5	6
6	20.1	20.9	70	18.2	20.2	21.1	70	18.3	20.3	21.2	70	18.4	20.4	21.4	70	18.6	20.5	21.5	70	18.7	6
6	20.2	21.1	71	18.4	20.3	21.3	71	18.5	20.4	21.4	71	18.6	20.5	21.6	71	18.7	20.6	21.7	71	18.8	6
6	20.3	21.3	72	18.5	20.4	21.5	72	18.7	20.5	21.6	72	18.8	20.6	21.8	72	18.9	20.7	21.9	72	19.0	6
5	20.4	21.6	72	18.7	20.5	21.7	72	18.8	20.6	21.9	72	18.9	20.7	22.0	72	19.0	20.8	22.2	73	19.1	5
5	20.5	21.8	73	18.9	20.6	21.9	73	19.0	20.7	22.1	73	19.1	20.8	22.2	73	19.2	20.9	22.4	73	19.3	5
5	20.6	22.0	74	19.0	20.7	22.1	74	19.1	20.8	22.3	74	19.2	20.9	22.4	74	19.3	**21.0**	22.6	74	19.5	5
5	20.7	22.2	74	19.2	20.8	22.4	74	19.3	20.9	22.5	75	19.4	**21.0**	22.7	75	19.5	21.1	22.8	75	19.6	5
5	20.8	22.4	75	19.3	20.9	22.6	75	19.4	**21.0**	22.7	75	19.5	21.1	22.9	75	19.7	21.2	23.0	75	19.8	5
5	20.9	22.6	76	19.5	**21.0**	22.8	76	19.6	21.1	22.9	76	19.7	21.2	23.1	76	19.8	21.3	23.3	76	19.9	5
4	**21.0**	22.9	77	19.6	21.1	23.0	77	19.7	21.2	23.2	77	19.9	21.3	23.3	77	20.0	21.4	23.5	77	20.1	4
4	21.1	23.1	77	19.8	21.2	23.2	77	19.9	21.3	23.4	77	20.0	21.4	23.5	78	20.1	21.5	23.7	78	20.2	4
4	21.2	23.3	78	19.9	21.3	23.5	78	20.1	21.4	23.6	78	20.2	21.5	23.8	78	20.3	21.6	23.9	78	20.4	4
4	21.3	23.5	79	20.1	21.4	23.7	79	20.2	21.5	23.8	79	20.3	21.6	24.0	79	20.4	21.7	24.1	79	20.5	4
4	21.4	23.7	80	20.3	21.5	23.9	80	20.4	21.6	24.1	80	20.5	21.7	24.2	80	20.6	21.8	24.4	80	20.7	4
4	21.5	24.0	80	20.4	21.6	24.1	80	20.5	21.7	24.3	80	20.6	21.8	24.4	80	20.7	21.9	24.6	81	20.8	4
3	21.6	24.2	81	20.6	21.7	24.3	81	20.7	21.8	24.5	81	20.8	21.9	24.7	81	20.9	**22.0**	24.8	81	21.0	3
3	21.7	24.4	82	20.7	21.8	24.6	82	20.8	21.9	24.7	82	20.9	**22.0**	24.9	82	21.0	22.1	25.1	82	21.1	3
3	21.8	24.6	83	20.9	21.9	24.8	83	21.0	**22.0**	25.0	83	21.1	22.1	25.1	83	21.2	22.2	25.3	83	21.3	3
3	21.9	24.9	83	21.0	**22.0**	25.0	83	21.1	22.1	25.2	83	21.2	22.2	25.4	83	21.3	22.3	25.5	84	21.4	3
3	**22.0**	25.1	84	21.2	22.1	25.3	84	21.3	22.2	25.4	84	21.4	22.3	25.6	84	21.5	22.4	25.7	84	21.6	3
3	22.1	25.3	85	21.3	22.2	25.5	85	21.4	22.3	25.6	85	21.5	22.4	25.8	85	21.6	22.5	26.0	85	21.7	3
3	22.2	25.6	86	21.4	22.3	25.7	86	21.6	22.4	25.9	86	21.7	22.5	26.0	86	21.8	22.6	26.2	86	21.9	3
2	22.3	25.8	86	21.6	22.4	25.9	86	21.7	22.5	26.1	86	21.8	22.6	26.3	87	21.9	22.7	26.4	87	22.0	2
2	22.4	26.0	87	21.7	22.5	26.2	87	21.8	22.6	26.3	87	21.9	22.7	26.5	87	22.1	22.8	26.7	87	22.2	2

n	t_W	e	U	t_d	t_W	e	U	t_d	t_W	e	U	t_d	t_W	e	U	t_d	t_W	e	U	t_d	n
	24.0				**24.1**				**24.2**				**24.3**				**24.4**				
2	22.5	26.2	88	21.9	22.6	26.4	88	22.0	22.7	26.6	88	22.1	22.8	26.7	88	22.2	22.9	26.9	88	22.3	2
2	22.6	26.5	89	22.0	22.7	26.6	89	22.1	22.8	26.8	89	22.2	22.9	27.0	89	22.3	**23.0**	27.1	89	22.4	2
2	22.7	26.7	90	22.2	22.8	26.9	90	22.3	22.9	27.0	90	22.4	**23.0**	27.2	90	22.5	23.1	27.4	90	22.6	2
2	22.8	26.9	90	22.3	22.9	27.1	90	22.4	**23.0**	27.3	90	22.5	23.1	27.5	90	22.6	23.2	27.6	90	22.7	2
2	22.9	27.2	91	22.5	**23.0**	27.3	91	22.6	23.1	27.5	91	22.7	23.2	27.7	91	22.8	23.3	27.9	91	22.9	2
1	**23.0**	27.4	92	22.6	23.1	27.6	92	22.7	23.2	27.8	92	22.8	23.3	27.9	92	22.9	23.4	28.1	92	23.0	1
1	23.1	27.7	93	22.7	23.2	27.8	93	22.8	23.3	28.0	93	22.9	23.4	28.2	93	23.1	23.5	28.3	93	23.2	1
1	23.2	27.9	94	22.9	23.3	28.1	94	23.0	23.4	28.2	94	23.1	23.5	28.4	94	23.2	23.6	28.6	94	23.3	1
1	23.3	28.1	94	23.0	23.4	28.3	94	23.1	23.5	28.5	94	23.2	23.6	28.7	94	23.3	23.7	28.8	94	23.4	1
1	23.4	28.4	95	23.2	23.5	28.5	95	23.3	23.6	28.7	95	23.4	23.7	28.9	95	23.5	23.8	29.1	95	23.6	1
1	23.5	28.6	96	23.3	23.6	28.8	96	23.4	23.7	29.0	96	23.5	23.8	29.1	96	23.6	23.9	29.3	96	23.7	1
1	23.6	28.9	97	23.4	23.7	29.0	97	23.5	23.8	29.2	97	23.6	23.9	29.4	97	23.7	**24.0**	29.6	97	23.9	1
0	23.7	29.1	98	23.6	23.8	29.3	98	23.7	23.9	29.5	98	23.8	**24.0**	29.6	98	23.9	24.1	29.8	98	24.0	0
0	23.8	29.3	98	23.7	23.9	29.5	98	23.8	**24.0**	29.7	98	23.9	24.1	29.9	98	24.0	24.2	30.1	98	24.1	0
0	23.9	29.6	99	23.9	**24.0**	29.8	99	24.0	24.1	29.9	99	24.1	24.2	30.1	99	24.2	24.3	30.3	99	24.3	0
0	**24.0**	29.8	100	24.0	24.1	30.0	100	24.1	24.2	30.2	100	24.2	24.3	30.4	100	24.3	24.4	30.6	100	24.4	0
	24.5				**24.6**				**24.7**				**24.8**				**24.9**				
38													8.5	0.2	1	-38.6	8.6	0.3	1	-35.7	38
38					8.4	0.2	1	-39.0	8.5	0.3	1	-36.0	8.6	0.4	1	-33.6	8.7	0.4	1	-31.6	38
38	8.4	0.3	1	-36.2	8.5	0.4	1	-33.8	8.6	0.4	1	-31.8	8.7	0.5	2	-30.1	8.8	0.6	2	-28.6	38
37	8.5	0.4	1	-32.0	8.6	0.5	2	-30.3	8.7	0.6	2	-28.8	8.8	0.6	2	-27.4	8.9	0.7	2	-26.2	37
37	8.6	0.6	2	-29.0	8.7	0.6	2	-27.6	8.8	0.7	2	-26.4	8.9	0.8	3	-25.2	**9.0**	0.9	3	-24.2	37
37	8.7	0.7	2	-26.5	8.8	0.8	3	-25.4	8.9	0.9	3	-24.3	**9.0**	0.9	3	-23.4	9.1	1.0	3	-22.5	37
36	8.8	0.8	3	-24.5	8.9	0.9	3	-23.5	**9.0**	1.0	3	-22.6	9.1	1.1	3	-21.7	9.2	1.2	4	-20.9	36
36	8.9	1.0	3	-22.7	**9.0**	1.1	3	-21.9	9.1	1.1	4	-21.0	9.2	1.2	4	-20.3	9.3	1.3	4	-19.6	36
35	**9.0**	1.1	4	-21.2	9.1	1.2	4	-20.4	9.2	1.3	4	-19.7	9.3	1.4	4	-19.0	9.4	1.4	5	-18.3	35
35	9.1	1.3	4	-19.8	9.2	1.4	4	-19.1	9.3	1.4	5	-18.4	9.4	1.5	5	-17.8	9.5	1.6	5	-17.2	35
35	9.2	1.4	5	-18.5	9.3	1.5	5	-17.9	9.4	1.6	5	-17.3	9.5	1.7	5	-16.7	9.6	1.7	6	-16.1	35
34	9.3	1.6	5	-17.4	9.4	1.6	5	-16.8	9.5	1.7	6	-16.2	9.6	1.8	6	-15.7	9.7	1.9	6	-15.1	34
34	9.4	1.7	6	-16.3	9.5	1.8	6	-15.8	9.6	1.9	6	-15.2	9.7	2.0	6	-14.7	9.8	2.0	6	-14.2	34
34	9.5	1.9	6	-15.3	9.6	1.9	6	-14.8	9.7	2.0	6	-14.3	9.8	2.1	7	-13.8	9.9	2.2	7	-13.4	34
33	9.6	2.0	7	-14.4	9.7	2.1	7	-13.9	9.8	2.2	7	-13.5	9.9	2.3	7	-13.0	**10.0**	2.3	7	-12.6	33
33	9.7	2.2	7	-13.5	9.8	2.2	7	-13.1	9.9	2.3	7	-12.6	**10.0**	2.4	8	-12.2	10.1	2.5	8	-11.8	33
33	9.8	2.3	7	-12.7	9.9	2.4	8	-12.3	**10.0**	2.5	8	-11.9	10.1	2.5	8	-11.5	10.2	2.6	8	-11.1	33
32	9.9	2.5	8	-11.9	**10.0**	2.5	8	-11.5	10.1	2.6	8	-11.1	10.2	2.7	9	-10.7	10.3	2.8	9	-10.4	32
32	**10.0**	2.6	8	-11.2	10.1	2.7	9	-10.8	10.2	2.8	9	-10.4	10.3	2.8	9	-10.1	10.4	2.9	9	-9.7	32
32	10.1	2.7	9	-10.5	10.2	2.8	9	-10.1	10.3	2.9	9	-9.8	10.4	3.0	10	-9.4	10.5	3.1	10	-9.1	32
31	10.2	2.9	9	-9.8	10.3	3.0	10	-9.5	10.4	3.1	10	-9.1	10.5	3.1	10	-8.8	10.6	3.2	10	-8.4	31
31	10.3	3.0	10	-9.2	10.4	3.1	10	-8.9	10.5	3.2	10	-8.5	10.6	3.3	11	-8.2	10.7	3.4	11	-7.9	31
31	10.4	3.2	10	-8.6	10.5	3.3	11	-8.2	10.6	3.4	11	-7.9	10.7	3.5	11	-7.6	10.8	3.5	11	-7.3	31
30	10.5	3.4	11	-8.0	10.6	3.4	11	-7.7	10.7	3.5	11	-7.4	10.8	3.6	12	-7.0	10.9	3.7	12	-6.7	30
30	10.6	3.5	11	-7.4	10.7	3.6	12	-7.1	10.8	3.7	12	-6.8	10.9	3.8	12	-6.5	**11.0**	3.8	12	-6.2	30
30	10.7	3.7	12	-6.9	10.8	3.7	12	-6.6	10.9	3.8	12	-6.3	**11.0**	3.9	13	-6.0	11.1	4.0	13	-5.7	30
30	10.8	3.8	12	-6.8	10.9	3.9	13	-6.0	**11.0**	4.0	13	-5.8	11.1	4.1	13	-5.5	11.2	4.2	13	-5.2	30
29	10.9	4.0	13	-5.8	**11.0**	4.0	13	-5.5	11.1	4.1	13	-5.3	11.2	4.2	13	-5.0	11.3	4.3	14	-4.7	29
29	**11.0**	4.1	13	-5.3	11.1	4.2	14	-5.0	11.2	4.3	14	-4.8	11.3	4.4	14	-4.5	11.4	4.5	14	-4.2	29
29	11.1	4.3	14	-4.8	11.2	4.4	14	-4.6	11.3	4.4	14	-4.3	11.4	4.5	14	-4.0	11.5	4.6	15	-3.8	29
28	11.2	4.4	14	-4.4	11.3	4.5	15	-4.1	11.4	4.6	15	-3.8	11.5	4.7	15	-3.6	11.6	4.8	15	-3.3	28
28	11.3	4.6	15	-3.9	11.4	4.7	15	-3.6	11.5	4.8	15	-3.4	11.6	4.8	15	-3.1	11.7	4.9	16	-2.9	28
28	11.4	4.7	15	-3.5	11.5	4.8	16	-3.2	11.6	4.9	16	-3.0	11.7	5.0	16	-2.7	11.8	5.1	16	-2.5	28
27	11.5	4.9	16	-3.0	11.6	5.0	16	-2.8	11.7	5.1	16	-2.5	11.8	5.2	16	-2.3	11.9	5.3	17	-2.1	27
27	11.6	5.0	16	-2.6	11.7	5.1	17	-2.4	11.8	5.2	17	-2.1	11.9	5.3	17	-1.9	**12.0**	5.4	17	-1.7	27
27	11.7	5.2	17	-2.2	11.8	5.3	17	-1.9	11.9	5.4	17	-1.7	**12.0**	5.5	18	-1.5	12.1	5.6	18	-1.3	27
26	11.8	5.4	17	-1.8	11.9	5.5	18	-1.5	**12.0**	5.5	18	-1.3	12.1	5.6	18	-1.1	12.2	5.7	18	-0.9	26
26	11.9	5.5	18	-1.4	**12.0**	5.6	18	-1.2	12.1	5.7	18	-0.9	12.2	5.8	19	-0.7	12.3	5.9	19	-0.5	26
26	**12.0**	5.7	18	-1.0	12.1	5.8	19	-0.8	12.2	5.9	19	-0.6	12.3	6.0	19	-0.3	12.4	6.1	19	-0.1	26
26	12.1	5.8	19	-0.6	12.2	5.9	19	-0.4	12.3	6.0	19	-0.2	12.4	6.1	20	0.0	12.5	6.2	20	0.2	26
25	12.2	6.0	20	-0.2	12.3	6.1	20	0.0	12.4	6.2	20	0.2	12.5	6.3	20	0.4	12.6	6.4	20	0.6	25
25	12.3	6.2	20	0.1	12.4	6.3	20	0.3	12.5	6.3	20	0.5	12.6	6.4	21	0.7	12.7	6.5	21	0.9	25
25	12.4	6.3	21	0.5	12.5	6.4	21	0.7	12.6	6.5	21	0.9	12.7	6.6	21	1.1	12.8	6.7	21	1.3	25
24	12.5	6.5	21	0.8	12.6	6.6	21	1.0	12.7	6.7	21	1.2	12.8	6.8	22	1.4	12.9	6.9	22	1.6	24
24	12.6	6.6	22	1.2	12.7	6.7	22	1.4	12.8	6.8	22	1.6	12.9	6.9	22	1.8	**13.0**	7.0	22	2.0	24
24	12.7	6.8	22	1.5	12.8	6.9	22	1.7	12.9	7.0	23	1.9	**13.0**	7.1	23	2.1	13.1	7.2	23	2.3	24
24	12.8	7.0	23	1.8	12.9	7.1	23	2.0	**13.0**	7.2	23	2.2	13.1	7.3	23	2.4	13.2	7.4	23	2.6	24
23	12.9	7.1	23	2.2	**13.0**	7.2	23	2.3	13.1	7.3	24	2.5	13.2	7.4	24	2.7	13.3	7.5	24	2.9	23
23	**13.0**	7.3	24	2.5	13.1	7.4	24	2.7	13.2	7.5	24	2.8	13.3	7.6	24	3.0	13.4	7.7	24	3.2	23
23	13.1	7.5	24	2.8	13.2	7.6	24	3.0	13.3	7.7	25	3.2	13.4	7.8	25	3.3	13.5	7.9	25	3.5	23
22	13.2	7.6	25	3.1	13.3	7.7	25	3.3	13.4	7.8	25	3.5	13.5	7.9	25	3.6	13.6	8.0	26	3.8	22
22	13.3	7.8	25	3.4	13.4	7.9	26	3.6	13.5	8.0	26	3.8	13.6	8.1	26	3.9	13.7	8.2	26	4.1	22
22	13.4	8.0	26	3.7	13.5	8.1	26	3.9	13.6	8.2	26	4.1	13.7	8.3	26	4.2	13.8	8.4	27	4.4	22
22	13.5	8.1	26	4.0	13.6	8.2	27	4.2	13.7	8.3	27	4.3	13.8	8.4	27	4.5	13.9	8.5	27	4.7	22

n	t_W	e	U	t_d	t_W	e	U	t_d	t_W	e	U	t_d	t_W	e	U	t_d	t_W	e	U	t_d	n
	24.5				**24.6**				**24.7**				**24.8**				**24.9**				
21	13.6	8.3	27	4.3	13.7	8.4	27	4.5	13.8	8.5	27	4.6	13.9	8.6	27	4.8	**14.0**	8.7	28	5.0	21
21	13.7	8.5	28	4.6	13.8	8.6	28	4.7	13.9	8.7	28	4.9	**14.0**	8.8	28	5.1	14.1	8.9	28	5.3	21
21	13.8	8.6	28	4.9	13.9	8.7	28	5.0	**14.0**	8.8	28	5.2	14.1	8.9	29	5.4	14.2	9.0	29	5.5	21
21	13.9	8.8	29	5.1	**14.0**	8.9	29	5.3	14.1	9.0	29	5.5	14.2	9.1	29	5.6	14.3	9.2	29	5.8	21
20	**14.0**	9.0	29	5.4	14.1	9.1	29	5.6	14.2	9.2	30	5.7	14.3	9.3	30	5.9	14.4	9.4	30	6.1	20
20	14.1	9.1	30	5.7	14.2	9.2	30	5.8	14.3	9.4	30	6.0	14.4	9.5	30	6.2	14.5	9.6	30	6.3	20
20	14.2	9.3	30	6.0	14.3	9.4	30	6.1	14.4	9.5	31	6.3	14.5	9.6	31	6.4	14.6	9.7	31	6.6	20
19	14.3	9.5	31	6.2	14.4	9.6	31	6.4	14.5	9.7	31	6.5	14.6	9.8	31	6.7	14.7	9.9	31	6.9	19
19	14.4	9.7	31	6.5	14.5	9.8	32	6.6	14.6	9.9	32	6.8	14.7	10.0	32	7.0	14.8	10.1	32	7.1	19
19	14.5	9.8	32	6.7	14.6	9.9	32	6.9	14.7	10.0	32	7.0	14.8	10.2	32	7.2	14.9	10.3	33	7.4	19
19	14.6	10.0	33	7.0	14.7	10.1	33	7.1	14.8	10.2	33	7.3	14.9	10.3	33	7.5	**15.0**	10.4	33	7.6	19
18	14.7	10.2	33	7.2	14.8	10.3	33	7.4	14.9	10.4	33	7.5	**15.0**	10.5	34	7.7	15.1	10.6	34	7.9	18
18	14.8	10.4	34	7.5	14.9	10.5	34	7.6	**15.0**	10.6	34	7.8	15.1	10.7	34	7.9	15.2	10.8	34	8.1	18
18	14.9	10.5	34	7.7	**15.0**	10.6	34	7.9	15.1	10.7	35	8.0	15.2	10.9	35	8.2	15.3	11.0	35	8.3	18
18	**15.0**	10.7	35	8.0	15.1	10.8	35	8.1	15.2	10.9	35	8.3	15.3	11.0	35	8.4	15.4	11.1	35	8.6	18
17	15.1	10.9	35	8.2	15.2	11.0	36	8.4	15.3	11.1	36	8.5	15.4	11.2	36	8.7	15.5	11.3	36	8.8	17
17	15.2	11.1	36	8.5	15.3	11.2	36	8.6	15.4	11.3	36	8.8	15.5	11.4	36	8.9	15.6	11.5	37	9.0	17
17	15.3	11.2	37	8.7	15.4	11.3	37	8.8	15.5	11.5	37	9.0	15.6	11.6	37	9.1	15.7	11.7	37	9.3	17
17	15.4	11.4	37	8.9	15.5	11.5	37	9.1	15.6	11.6	37	9.2	15.7	11.8	38	9.4	15.8	11.9	38	9.5	17
16	15.5	11.6	38	9.2	15.6	11.7	38	9.3	15.7	11.8	38	9.4	15.8	11.9	38	9.6	15.9	12.1	38	9.7	16
16	15.6	11.8	38	9.4	15.7	11.9	38	9.5	15.8	12.0	39	9.7	15.9	12.1	39	9.8	**16.0**	12.2	39	10.0	16
16	15.7	12.0	39	9.6	15.8	12.1	39	9.8	15.9	12.2	39	9.9	**16.0**	12.3	39	10.0	16.1	12.4	39	10.2	16
16	15.8	12.1	39	9.8	15.9	12.3	40	10.0	**16.0**	12.4	40	10.1	16.1	12.5	40	10.3	16.2	12.6	40	10.4	16
15	15.9	12.3	40	10.1	**16.0**	12.4	40	10.2	16.1	12.6	40	10.3	16.2	12.7	40	10.5	16.3	12.8	41	10.6	15
15	**16.0**	12.5	41	10.3	16.1	12.6	41	10.4	16.2	12.7	41	10.6	16.3	12.9	41	10.7	16.4	13.0	41	10.8	15
15	16.1	12.7	41	10.5	16.2	12.8	41	10.6	16.3	12.9	42	10.8	16.4	13.0	42	10.9	16.5	13.2	42	11.0	15
15	16.2	12.9	42	10.7	16.3	13.0	42	10.8	16.4	13.1	42	11.0	16.5	13.2	42	11.1	16.6	13.3	42	11.3	15
15	16.3	13.1	42	10.9	16.4	13.2	43	11.1	16.5	13.3	43	11.2	16.6	13.4	43	11.3	16.7	13.5	43	11.5	15
14	16.4	13.2	43	11.1	16.5	13.4	43	11.3	16.6	13.5	43	11.4	16.7	13.6	43	11.5	16.8	13.7	44	11.7	14
14	16.5	13.4	44	11.3	16.6	13.5	44	11.5	16.7	13.7	44	11.6	16.8	13.8	44	11.7	16.9	13.9	44	11.9	14
14	16.6	13.6	44	11.6	16.7	13.7	44	11.7	16.8	13.9	45	11.8	16.9	14.0	45	12.0	**17.0**	14.1	45	12.1	14
14	16.7	13.8	45	11.8	16.8	13.9	45	11.9	16.9	14.0	45	12.0	**17.0**	14.2	45	12.2	17.1	14.3	45	12.3	14
13	16.8	14.0	46	12.0	16.9	14.1	46	12.1	**17.0**	14.2	46	12.2	17.1	14.4	46	12.4	17.2	14.5	46	12.5	13
13	16.9	14.2	46	12.2	**17.0**	14.3	46	12.3	17.1	14.4	46	12.4	17.2	14.5	46	12.6	17.3	14.7	47	12.7	13
13	**17.0**	14.4	47	12.4	17.1	14.5	47	12.5	17.2	14.6	47	12.6	17.3	14.7	47	12.8	17.4	14.9	47	12.9	13
13	17.1	14.6	47	12.6	17.2	14.7	47	12.7	17.3	14.8	48	12.8	17.4	14.9	48	13.0	17.5	15.1	48	13.1	13
13	17.2	14.7	48	12.8	17.3	14.9	48	12.9	17.4	15.0	48	13.0	17.5	15.1	48	13.2	17.6	15.2	48	13.3	13
12	17.3	14.9	49	13.0	17.4	15.1	49	13.1	17.5	15.2	49	13.2	17.6	15.3	49	13.3	17.7	15.4	49	13.5	12
12	17.4	15.1	49	13.2	17.5	15.3	49	13.3	17.6	15.4	49	13.4	17.7	15.5	50	13.5	17.8	15.6	50	13.7	12
12	17.5	15.3	50	13.4	17.6	15.4	50	13.5	17.7	15.6	50	13.6	17.8	15.7	50	13.7	17.9	15.8	50	13.9	12
12	17.6	15.5	50	13.5	17.7	15.6	51	13.7	17.8	15.8	51	13.8	17.9	15.9	51	13.9	**18.0**	16.0	51	14.0	12
11	17.7	15.7	51	13.7	17.8	15.8	51	13.9	17.9	16.0	51	14.0	**18.0**	16.1	51	14.1	18.1	16.2	52	14.2	11
11	17.8	15.9	52	13.9	17.9	16.0	52	14.1	**18.0**	16.2	52	14.2	18.1	16.3	52	14.3	18.2	16.4	52	14.4	11
11	17.9	16.1	52	14.1	**18.0**	16.2	52	14.2	18.1	16.4	53	14.4	18.2	16.5	53	14.5	18.3	16.6	53	14.6	11
11	**18.0**	16.3	53	14.3	18.1	16.4	53	14.4	18.2	16.6	53	14.5	18.3	16.7	53	14.7	18.4	16.8	53	14.8	11
11	18.1	16.5	54	14.5	18.2	16.6	54	14.6	18.3	16.8	54	14.7	18.4	16.9	54	14.9	18.5	17.0	54	15.0	11
10	18.2	16.7	54	14.7	18.3	16.8	54	14.8	18.4	17.0	54	14.9	18.5	17.1	55	15.0	18.6	17.2	55	15.2	10
10	18.3	16.9	55	14.9	18.4	17.0	55	15.0	18.5	17.2	55	15.1	18.6	17.3	55	15.2	18.7	17.4	55	15.3	10
10	18.4	17.1	56	15.0	18.5	17.2	56	15.2	18.6	17.4	56	15.3	18.7	17.5	56	15.4	18.8	17.6	56	15.5	10
10	18.5	17.3	56	15.2	18.6	17.4	56	15.3	18.7	17.6	56	15.5	18.8	17.7	57	15.6	18.9	17.8	57	15.7	10
10	18.6	17.5	57	15.4	18.7	17.6	57	15.5	18.8	17.8	57	15.6	18.9	17.9	57	15.8	**19.0**	18.0	57	15.9	10
9	18.7	17.7	58	15.6	18.8	17.8	58	15.7	18.9	18.0	58	15.8	**19.0**	18.1	58	15.9	19.1	18.2	58	16.1	9
9	18.8	17.9	58	15.8	18.9	18.0	58	15.9	**19.0**	18.2	58	16.0	19.1	18.3	58	16.1	19.2	18.4	59	16.2	9
9	18.9	18.1	59	15.9	**19.0**	18.2	59	16.0	19.1	18.4	59	16.2	19.2	18.5	59	16.3	19.3	18.6	59	16.4	9
9	**19.0**	18.3	60	16.1	19.1	18.4	60	16.2	19.2	18.6	60	16.3	19.3	18.7	60	16.5	19.4	18.8	60	16.6	9
9	19.1	18.5	60	16.3	19.2	18.6	60	16.4	19.3	18.8	60	16.5	19.4	18.9	60	16.6	19.5	19.1	61	16.7	9
8	19.2	18.7	61	16.5	19.3	18.8	61	16.6	19.4	19.0	61	16.7	19.5	19.1	61	16.8	19.6	19.3	61	16.9	8
8	19.3	18.9	62	16.6	19.4	19.0	62	16.7	19.5	19.2	62	16.9	19.6	19.3	62	17.0	19.7	19.5	62	17.1	8
8	19.4	19.1	62	16.8	19.5	19.3	62	16.9	19.6	19.4	62	17.0	19.7	19.5	62	17.1	19.8	19.7	63	17.3	8
8	19.5	19.3	63	17.0	19.6	19.5	63	17.1	19.7	19.6	63	17.2	19.8	19.7	63	17.3	19.9	19.9	63	17.4	8
8	19.6	19.5	64	17.1	19.7	19.7	64	17.2	19.8	19.8	64	17.4	19.9	20.0	64	17.5	**20.0**	20.1	64	17.6	8
8	19.7	19.7	64	17.3	19.8	19.9	64	17.4	19.9	20.0	64	17.5	**20.0**	20.2	64	17.6	20.1	20.3	65	17.8	8
7	19.8	19.9	65	17.5	19.9	20.1	65	17.6	**20.0**	20.2	65	17.7	20.1	20.4	65	17.8	20.2	20.5	65	17.9	7
7	19.9	20.2	66	17.6	**20.0**	20.3	66	17.7	20.1	20.4	66	17.9	20.2	20.6	66	18.0	20.3	20.7	66	18.1	7
7	**20.0**	20.4	66	17.8	20.1	20.5	66	17.9	20.2	20.7	66	18.0	20.3	20.8	66	18.1	20.4	21.0	67	18.3	7
7	20.1	20.6	67	18.0	20.2	20.7	67	18.1	20.3	20.9	67	18.2	20.4	21.0	67	18.3	20.5	21.2	67	18.4	7
7	20.2	20.8	68	18.1	20.3	20.9	68	18.2	20.4	21.1	68	18.4	20.5	21.2	68	18.5	20.6	21.4	68	18.6	7
6	20.3	21.0	68	18.3	20.4	21.2	68	18.4	20.5	21.3	68	18.5	20.6	21.5	69	18.6	20.7	21.6	69	18.7	6
6	20.4	21.2	69	18.5	20.5	21.4	69	18.6	20.6	21.5	69	18.7	20.7	21.7	69	18.8	20.8	21.8	69	18.9	6
6	20.5	21.4	70	18.6	20.6	21.6	70	18.7	20.7	21.7	70	18.8	20.8	21.9	70	18.9	20.9	22.0	70	19.1	6
6	20.6	21.7	70	18.8	20.7	21.8	71	18.9	20.8	22.0	71	19.0	20.9	22.1	71	19.1	**21.0**	22.3	71	19.2	6
6	20.7	21.9	71	18.9	20.8	22.0	71	19.0	20.9	22.2	71	19.2	**21.0**	22.3	71	19.3	21.1	22.5	71	19.4	6
6	20.8	22.1	72	19.1	20.9	22.2	72	19.2	**21.0**	22.4	72	19.3	21.1	22.5	72	19.4	21.2	22.7	72	19.5	6

n	t_W	e	U	t_d	t_W	e	U	t_d	t_W	e	U	t_d	t_W	e	U	t_d	t_W	e	U	t_d	n
	24.5				**24.6**				**24.7**				**24.8**				**24.9**				
5	20.9	22.3	73	19.2	**21.0**	22.5	73	19.4	21.1	22.6	73	19.5	21.2	22.8	73	19.6	21.3	22.9	73	19.7	5
5	**21.0**	22.5	73	19.4	21.1	22.7	73	19.5	21.2	22.8	73	19.6	21.3	23.0	73	19.7	21.4	23.1	74	19.8	5
5	21.1	22.7	74	19.6	21.2	22.9	74	19.7	21.3	23.1	74	19.8	21.4	23.2	74	19.9	21.5	23.4	74	20.0	5
5	21.2	23.0	75	19.7	21.3	23.1	75	19.8	21.4	23.3	75	19.9	21.5	23.4	75	20.0	21.6	23.6	75	20.1	5
5	21.3	23.2	75	19.9	21.4	23.3	75	20.0	21.5	23.5	76	20.1	21.6	23.7	76	20.2	21.7	23.8	76	20.3	5
5	21.4	23.4	76	20.0	21.5	23.6	76	20.1	21.6	23.7	76	20.2	21.7	23.9	76	20.3	21.8	24.0	76	20.5	5
4	21.5	23.6	77	20.2	21.6	23.8	77	20.3	21.7	23.9	77	20.4	21.8	24.1	77	20.5	21.9	24.3	77	20.6	4
4	21.6	23.9	78	20.3	21.7	24.0	78	20.4	21.8	24.2	78	20.5	21.9	24.3	78	20.7	**22.0**	24.5	78	20.8	4
4	21.7	24.1	78	20.5	21.8	24.2	78	20.6	21.9	24.4	78	20.7	**22.0**	24.6	78	20.8	22.1	24.7	79	20.9	4
4	21.8	24.3	79	20.6	21.9	24.5	79	20.7	**22.0**	24.6	79	20.8	22.1	24.8	79	21.0	22.2	25.0	79	21.1	4
4	21.9	24.5	80	20.8	**22.0**	24.7	80	20.9	22.1	24.9	80	21.0	22.2	25.0	80	21.1	22.3	25.2	80	21.2	4
4	**22.0**	24.8	81	20.9	22.1	24.9	81	21.0	22.2	25.1	81	21.1	22.3	25.2	81	21.3	22.4	25.4	81	21.4	4
3	22.1	25.0	81	21.1	22.2	25.2	81	21.2	22.3	25.3	81	21.3	22.4	25.5	81	21.4	22.5	25.6	81	21.5	3
3	22.2	25.2	82	21.2	22.3	25.4	82	21.3	22.4	25.5	82	21.4	22.5	25.7	82	21.5	22.6	25.9	82	21.7	3
3	22.3	25.4	83	21.4	22.4	25.6	83	21.5	22.5	25.8	83	21.6	22.6	25.9	83	21.7	22.7	26.1	83	21.8	3
3	22.4	25.7	84	21.5	22.5	25.8	84	21.6	22.6	26.0	84	21.7	22.7	26.2	84	21.8	22.8	26.3	84	21.9	3
3	22.5	25.9	84	21.7	22.6	26.1	84	21.8	22.7	26.2	84	21.9	22.8	26.4	84	22.0	22.9	26.6	84	22.1	3
3	22.6	26.1	85	21.8	22.7	26.3	85	21.9	22.8	26.5	85	22.0	22.9	26.6	85	22.1	**23.0**	26.8	85	22.2	3
3	22.7	26.4	86	22.0	22.8	26.5	86	22.1	22.9	26.7	86	22.2	**23.0**	26.9	86	22.3	23.1	27.1	86	22.4	3
2	22.8	26.6	87	22.1	22.9	26.8	87	22.2	**23.0**	26.9	87	22.3	23.1	27.1	87	22.4	23.2	27.3	87	22.5	2
2	22.9	26.8	87	22.3	**23.0**	27.0	87	22.4	23.1	27.2	87	22.5	23.2	27.4	87	22.6	23.3	27.5	87	22.7	2
2	**23.0**	27.1	88	22.4	23.1	27.3	88	22.5	23.2	27.4	88	22.6	23.3	27.6	88	22.7	23.4	27.8	88	22.8	2
2	23.1	27.3	89	22.5	23.2	27.5	89	22.6	23.3	27.7	89	22.8	23.4	27.8	89	22.9	23.5	28.0	89	23.0	2
2	23.2	27.6	90	22.7	23.3	27.7	90	22.8	23.4	27.9	90	22.9	23.5	28.1	90	23.0	23.6	28.3	90	23.1	2
2	23.3	27.8	90	22.8	23.4	28.0	90	22.9	23.5	28.1	90	23.0	23.6	28.3	90	23.1	23.7	28.5	91	23.2	2
1	23.4	28.0	91	23.0	23.5	28.2	91	23.1	23.6	28.4	91	23.2	23.7	28.6	91	23.3	23.8	28.7	91	23.4	1
1	23.5	28.3	92	23.1	23.6	28.5	92	23.2	23.7	28.6	92	23.3	23.8	28.8	92	23.4	23.9	29.0	92	23.5	1
1	23.6	28.5	93	23.3	23.7	28.7	93	23.4	23.8	28.9	93	23.5	23.9	29.0	93	23.6	**24.0**	29.2	93	23.7	1
1	23.7	28.8	94	23.4	23.8	28.9	94	23.5	23.9	29.1	94	23.6	**24.0**	29.3	94	23.7	24.1	29.5	94	23.8	1
1	23.8	29.0	94	23.5	23.9	29.2	94	23.6	**24.0**	29.4	94	23.7	24.1	29.5	94	23.8	24.2	29.7	94	23.9	1
1	23.9	29.2	95	23.7	**24.0**	29.4	95	23.8	24.1	29.6	95	23.9	24.2	29.8	95	24.0	24.3	30.0	95	24.1	1
1	**24.0**	29.5	96	23.8	24.1	29.7	96	23.9	24.2	29.9	96	24.0	24.3	30.0	96	24.1	24.4	30.2	96	24.2	1
1	24.1	29.7	97	24.0	24.2	29.9	97	24.1	24.3	30.1	97	24.2	24.4	30.3	97	24.3	24.5	30.5	97	24.4	1
0	24.2	30.0	98	24.1	24.3	30.2	98	24.2	24.4	30.4	98	24.3	24.5	30.5	98	24.4	24.6	30.7	98	24.5	0
0	24.3	30.2	98	24.2	24.4	30.4	98	24.3	24.5	30.6	98	24.4	24.6	30.8	98	24.5	24.7	31.0	98	24.6	0
0	24.4	30.5	99	24.4	24.5	30.7	99	24.5	24.6	30.9	99	24.6	24.7	31.0	99	24.7	24.8	31.2	99	24.8	0
0	24.5	30.7	100	24.5	24.6	30.9	100	24.6	24.7	31.1	100	24.7	24.8	31.3	100	24.8	24.9	31.5	100	24.9	0
	25.0				**25.1**				**25.2**				**25.3**				**25.4**				
39													8.7	0.2	1	-41.0	8.8	0.2	1	-37.4	39
38					8.6	0.2	1	-41.6	8.7	0.2	1	-37.8	8.8	0.3	1	-35.0	8.9	0.4	1	-32.8	38
38	8.6	0.2	1	-38.2	8.7	0.3	1	-35.3	8.8	0.4	1	-33.1	8.9	0.5	1	-31.1	**9.0**	0.5	2	-29.5	38
38	8.7	0.4	1	-33.3	8.8	0.4	1	-31.4	8.9	0.5	2	-29.7	**9.0**	0.6	2	-28.2	9.1	0.7	2	-26.9	38
37	8.8	0.5	2	-29.9	8.9	0.6	2	-28.4	**9.0**	0.7	2	-27.1	9.1	0.7	2	-25.9	9.2	0.8	3	-24.8	37
37	8.9	0.7	2	-27.3	**9.0**	0.7	2	-26.0	9.1	0.8	3	-24.9	9.2	0.9	3	-23.9	9.3	1.0	3	-23.0	37
37	**9.0**	0.8	3	-25.1	9.1	0.9	3	-24.1	9.2	1.0	3	-23.1	9.3	1.0	3	-22.2	9.4	1.1	3	-21.4	37
36	9.1	0.9	3	-23.2	9.2	1.0	3	-22.3	9.3	1.1	3	-21.5	9.4	1.2	4	-20.7	9.5	1.3	4	-19.9	36
36	9.2	1.1	3	-21.6	9.3	1.2	4	-20.8	9.4	1.2	4	-20.1	9.5	1.3	4	-19.3	9.6	1.4	4	-18.7	36
36	9.3	1.2	4	-20.2	9.4	1.3	4	-19.5	9.5	1.4	4	-18.8	9.6	1.5	5	-18.1	9.7	1.6	5	-17.5	36
35	9.4	1.4	4	-18.9	9.5	1.5	5	-18.2	9.6	1.5	5	-17.6	9.7	1.6	5	-17.0	9.8	1.7	5	-16.4	35
35	9.5	1.5	5	-17.7	9.6	1.6	5	-17.1	9.7	1.7	5	-16.5	9.8	1.8	5	-15.9	9.9	1.9	6	-15.4	35
35	9.6	1.7	5	-16.6	9.7	1.8	6	-16.0	9.8	1.8	6	-15.5	9.9	1.9	6	-15.0	**10.0**	2.0	6	-14.5	35
34	9.7	1.8	6	-15.6	9.8	1.9	6	-15.1	9.9	2.0	6	-14.5	**10.0**	2.1	6	-14.1	10.1	2.1	7	-13.6	34
34	9.8	2.0	6	-14.6	9.9	2.1	6	-14.1	**10.0**	2.1	7	-13.7	10.1	2.2	7	-13.2	10.2	2.3	7	-12.7	34
34	9.9	2.1	7	-13.8	**10.0**	2.2	7	-13.3	10.1	2.3	7	-12.8	10.2	2.4	7	-12.4	10.3	2.4	8	-12.0	34
33	**10.0**	2.3	7	-12.9	10.1	2.3	7	-12.5	10.2	2.4	8	-12.0	10.3	2.5	8	-11.6	10.4	2.6	8	-11.2	33
33	10.1	2.4	8	-12.1	10.2	2.5	8	-11.7	10.3	2.6	8	-11.3	10.4	2.7	8	-10.9	10.5	2.7	8	-10.5	33
33	10.2	2.6	8	-11.4	10.3	2.6	8	-11.0	10.4	2.7	9	-10.6	10.5	2.8	9	-10.2	10.6	2.9	9	-9.8	33
32	10.3	2.7	9	-10.7	10.4	2.8	9	-10.3	10.5	2.9	9	-9.9	10.6	3.0	9	-9.5	10.7	3.1	9	-9.2	32
32	10.4	2.9	9	-10.0	10.5	2.9	9	-9.6	10.6	3.0	9	-9.3	10.7	3.1	10	-8.9	10.8	3.2	10	-8.6	32
32	10.5	3.0	10	-9.3	10.6	3.1	10	-9.0	10.7	3.2	10	-8.6	10.8	3.3	10	-8.3	10.9	3.4	10	-8.0	32
31	10.6	3.2	10	-8.7	10.7	3.3	10	-8.4	10.8	3.3	10	-8.0	10.9	3.4	11	-7.7	**11.0**	3.5	11	-7.4	31
31	10.7	3.3	10	-8.1	10.8	3.4	11	-7.8	10.9	3.5	11	-7.5	**11.0**	3.6	11	-7.1	11.1	3.7	11	-6.8	31
31	10.8	3.5	11	-7.5	10.9	3.6	11	-7.2	**11.0**	3.6	11	-6.9	11.1	3.7	12	-6.6	11.2	3.8	12	-6.3	31
30	10.9	3.6	11	-7.0	**11.0**	3.7	12	-6.7	11.1	3.8	12	-6.4	11.2	3.9	12	-6.1	11.3	4.0	12	-5.8	30
30	**11.0**	3.8	12	-6.4	11.1	3.9	12	-6.1	11.2	4.0	12	-5.8	11.3	4.0	13	-5.5	11.4	4.1	13	-5.3	30
30	11.1	3.9	12	-5.9	11.2	4.0	13	-5.6	11.3	4.1	13	-5.3	11.4	4.2	13	-5.0	11.5	4.3	13	-4.8	30
29	11.2	4.1	13	-5.4	11.3	4.2	13	-5.1	11.4	4.3	13	-4.8	11.5	4.4	14	-4.6	11.6	4.4	14	-4.3	29
29	11.3	4.2	13	-4.9	11.4	4.3	14	-4.6	11.5	4.4	14	-4.4	11.6	4.5	14	-4.1	11.7	4.6	14	-3.8	29
29	11.4	4.4	14	-4.4	11.5	4.5	14	-4.2	11.6	4.6	14	-3.9	11.7	4.7	14	-3.6	11.8	4.8	15	-3.4	29
28	11.5	4.6	14	-4.0	11.6	4.6	15	-3.7	11.7	4.7	15	-3.4	11.8	4.8	15	-3.2	11.9	4.9	15	-2.9	28
28	11.6	4.7	15	-3.5	11.7	4.8	15	-3.3	11.8	4.9	15	-3.0	11.9	5.0	15	-2.8	**12.0**	5.1	16	-2.5	28

n	t_W	e	U	t_d	t_W	e	U	t_d	t_W	e	U	t_d	t_W	e	U	t_d	t_W	e	U	t_d	n
	25.0				**25.1**				**25.2**				**25.3**				**25.4**				
28	11.7	4.9	15	-3.1	11.8	5.0	16	-2.8	11.9	5.1	16	-2.6	**12.0**	5.1	16	-2.3	12.1	5.2	16	-2.1	28
27	11.8	5.0	16	-2.6	11.9	5.1	16	-2.4	**12.0**	5.2	16	-2.2	12.1	5.3	16	-1.9	12.2	5.4	17	-1.7	27
27	11.9	5.2	16	-2.2	**12.0**	5.3	17	-2.0	12.1	5.4	17	-1.8	12.2	5.5	17	-1.5	12.3	5.6	17	-1.3	27
27	**12.0**	5.3	17	-1.8	12.1	5.4	17	-1.6	12.2	5.5	17	-1.4	12.3	5.6	17	-1.1	12.4	5.7	18	-0.9	27
27	12.1	5.5	17	-1.4	12.2	5.6	18	-1.2	12.3	5.7	18	-1.0	12.4	5.8	18	-0.7	12.5	5.9	18	-0.5	27
26	12.2	5.7	18	-1.0	12.3	5.8	18	-0.8	12.4	5.9	18	-0.6	12.5	5.9	18	-0.4	12.6	6.0	19	-0.1	26
26	12.3	5.8	18	-0.7	12.4	5.9	19	-0.4	12.5	6.0	19	-0.2	12.6	6.1	19	0.0	12.7	6.2	19	0.2	26
26	12.4	6.0	19	-0.3	12.5	6.1	19	-0.1	12.6	6.2	19	0.2	12.7	6.3	19	0.4	12.8	6.4	20	0.6	26
25	12.5	6.1	19	0.1	12.6	6.2	20	0.3	12.7	6.3	20	0.5	12.8	6.4	20	0.7	12.9	6.5	20	0.9	25
25	12.6	6.3	20	0.4	12.7	6.4	20	0.7	12.8	6.5	20	0.9	12.9	6.6	20	1.1	**13.0**	6.7	21	1.3	25
25	12.7	6.5	20	0.8	12.8	6.6	21	1.0	12.9	6.7	21	1.2	**13.0**	6.8	21	1.4	13.1	6.9	21	1.6	25
25	12.8	6.6	21	1.1	12.9	6.7	21	1.3	**13.0**	6.8	21	1.5	13.1	6.9	21	1.7	13.2	7.0	22	1.9	25
24	12.9	6.8	21	1.5	**13.0**	6.9	22	1.7	13.1	7.0	22	1.9	13.2	7.1	22	2.1	13.3	7.2	22	2.3	24
24	**13.0**	7.0	22	1.8	13.1	7.1	22	2.0	13.2	7.2	22	2.2	13.3	7.3	23	2.4	13.4	7.4	23	2.6	24
24	13.1	7.1	23	2.1	13.2	7.2	23	2.3	13.3	7.3	23	2.5	13.4	7.4	23	2.7	13.5	7.5	23	2.9	24
23	13.2	7.3	23	2.5	13.3	7.4	23	2.7	13.4	7.5	23	2.8	13.5	7.6	24	3.0	13.6	7.7	24	3.2	23
23	13.3	7.5	24	2.8	13.4	7.6	24	3.0	13.5	7.7	24	3.2	13.6	7.8	24	3.3	13.7	7.9	24	3.5	23
23	13.4	7.6	24	3.1	13.5	7.7	24	3.3	13.6	7.8	24	3.5	13.7	7.9	25	3.6	13.8	8.0	25	3.8	23
23	13.5	7.8	25	3.4	13.6	7.9	25	3.6	13.7	8.0	25	3.8	13.8	8.1	25	3.9	13.9	8.2	25	4.1	23
22	13.6	8.0	25	3.7	13.7	8.1	25	3.9	13.8	8.2	25	4.1	13.9	8.3	26	4.2	**14.0**	8.4	26	4.4	22
22	13.7	8.1	26	4.0	13.8	8.2	26	4.2	13.9	8.3	26	4.4	**14.0**	8.4	26	4.5	14.1	8.5	26	4.7	22
22	13.8	8.3	26	4.3	13.9	8.4	26	4.5	**14.0**	8.5	27	4.6	14.1	8.6	27	4.8	14.2	8.7	27	5.0	22
21	13.9	8.5	27	4.6	**14.0**	8.6	27	4.8	14.1	8.7	27	4.9	14.2	8.8	27	5.1	14.3	8.9	27	5.3	21
21	**14.0**	8.6	27	4.9	14.1	8.7	27	5.0	14.2	8.8	28	5.2	14.3	9.0	28	5.4	14.4	9.1	28	5.5	21
21	14.1	8.8	28	5.1	14.2	8.9	28	5.3	14.3	9.0	28	5.5	14.4	9.1	28	5.7	14.5	9.2	28	5.8	21
21	14.2	9.0	28	5.4	14.3	9.1	29	5.6	14.4	9.2	29	5.8	14.5	9.3	29	5.9	14.6	9.4	29	6.1	21
20	14.3	9.2	29	5.7	14.4	9.3	29	5.9	14.5	9.4	29	6.0	14.6	9.5	29	6.2	14.7	9.6	30	6.4	20
20	14.4	9.3	29	6.0	14.5	9.4	30	6.1	14.6	9.5	30	6.3	14.7	9.6	30	6.5	14.8	9.8	30	6.6	20
20	14.5	9.5	30	6.2	14.6	9.6	30	6.4	14.7	9.7	30	6.6	14.8	9.8	30	6.7	14.9	9.9	31	6.9	20
20	14.6	9.7	31	6.5	14.7	9.8	31	6.7	14.8	9.9	31	6.8	14.9	10.0	31	7.0	**15.0**	10.1	31	7.1	20
19	14.7	9.8	31	6.8	14.8	10.0	31	6.9	14.9	10.1	31	7.1	**15.0**	10.2	32	7.2	15.1	10.3	32	7.4	19
19	14.8	10.0	32	7.0	14.9	10.1	32	7.2	**15.0**	10.2	32	7.3	15.1	10.3	32	7.5	15.2	10.5	32	7.6	19
19	14.9	10.2	32	7.3	**15.0**	10.3	32	7.4	15.1	10.4	32	7.6	15.2	10.5	33	7.7	15.3	10.6	33	7.9	19
19	**15.0**	10.4	33	7.5	15.1	10.5	33	7.7	15.2	10.6	33	7.8	15.3	10.7	33	8.0	15.4	10.8	33	8.1	19
18	15.1	10.5	33	7.8	15.2	10.7	33	7.9	15.3	10.8	34	8.1	15.4	10.9	34	8.2	15.5	11.0	34	8.4	18
18	15.2	10.7	34	8.0	15.3	10.8	34	8.2	15.4	10.9	34	8.3	15.5	11.1	34	8.5	15.6	11.2	34	8.6	18
18	15.3	10.9	34	8.2	15.4	11.0	35	8.4	15.5	11.1	35	8.6	15.6	11.2	35	8.7	15.7	11.4	35	8.8	18
18	15.4	11.1	35	8.5	15.5	11.2	35	8.6	15.6	11.3	35	8.8	15.7	11.4	35	8.9	15.8	11.5	36	9.1	18
17	15.5	11.3	36	8.7	15.6	11.4	36	8.9	15.7	11.5	36	9.0	15.8	11.6	36	9.2	15.9	11.7	36	9.3	17
17	15.6	11.4	36	9.0	15.7	11.6	36	9.1	15.8	11.7	36	9.3	15.9	11.8	37	9.4	**16.0**	11.9	37	9.5	17
17	15.7	11.6	37	9.2	15.8	11.7	37	9.3	15.9	11.9	37	9.5	**16.0**	12.0	37	9.6	16.1	12.1	37	9.8	17
17	15.8	11.8	37	9.4	15.9	11.9	37	9.6	**16.0**	12.0	38	9.7	16.1	12.2	38	9.9	16.2	12.3	38	10.0	17
16	15.9	12.0	38	9.6	**16.0**	12.1	38	9.8	16.1	12.2	38	9.9	16.2	12.3	38	10.1	16.3	12.5	38	10.2	16
16	**16.0**	12.2	38	9.9	16.1	12.3	39	10.0	16.2	12.4	39	10.2	16.3	12.5	39	10.3	16.4	12.6	39	10.4	16
16	16.1	12.4	39	10.1	16.2	12.5	39	10.2	16.3	12.6	39	10.4	16.4	12.7	39	10.5	16.5	12.8	40	10.7	16
16	16.2	12.5	40	10.3	16.3	12.7	40	10.5	16.4	12.8	40	10.6	16.5	12.9	40	10.7	16.6	13.0	40	10.9	16
15	16.3	12.7	40	10.5	16.4	12.8	40	10.7	16.5	13.0	40	10.8	16.6	13.1	41	11.0	16.7	13.2	41	11.1	15
15	16.4	12.9	41	10.8	16.5	13.0	41	10.9	16.6	13.1	41	11.0	16.7	13.3	41	11.2	16.8	13.4	41	11.3	15
15	16.5	13.1	41	11.0	16.6	13.2	41	11.1	16.7	13.3	42	11.2	16.8	13.5	42	11.4	16.9	13.6	42	11.5	15
15	16.6	13.3	42	11.2	16.7	13.4	42	11.3	16.8	13.5	42	11.5	16.9	13.6	42	11.6	**17.0**	13.8	42	11.7	15
15	16.7	13.5	43	11.4	16.8	13.6	43	11.5	16.9	13.7	43	11.7	**17.0**	13.8	43	11.8	17.1	14.0	43	11.9	15
14	16.8	13.7	43	11.6	16.9	13.8	43	11.7	**17.0**	13.9	43	11.9	17.1	14.0	43	12.0	17.2	14.1	44	12.1	14
14	16.9	13.8	44	11.8	**17.0**	14.0	44	11.9	17.1	14.1	44	12.1	17.2	14.2	44	12.2	17.3	14.3	44	12.3	14
14	**17.0**	14.0	44	12.0	17.1	14.2	44	12.1	17.2	14.3	45	12.3	17.3	14.4	45	12.4	17.4	14.5	45	12.5	14
14	17.1	14.2	45	12.2	17.2	14.3	45	12.4	17.3	14.5	45	12.5	17.4	14.6	45	12.6	17.5	14.7	45	12.7	14
13	17.2	14.4	46	12.4	17.3	14.5	46	12.6	17.4	14.7	46	12.7	17.5	14.8	46	12.8	17.6	14.9	46	12.9	13
13	17.3	14.6	46	12.6	17.4	14.7	46	12.8	17.5	14.9	46	12.9	17.6	15.0	46	13.0	17.7	15.1	47	13.1	13
13	17.4	14.8	47	12.8	17.5	14.9	47	13.0	17.6	15.0	47	13.1	17.7	15.2	47	13.2	17.8	15.3	47	13.3	13
13	17.5	15.0	47	13.0	17.6	15.1	47	13.1	17.7	15.2	48	13.3	17.8	15.4	48	13.4	17.9	15.5	48	13.5	13
13	17.6	15.2	48	13.2	17.7	15.3	48	13.3	17.8	15.4	48	13.5	17.9	15.6	48	13.6	**18.0**	15.7	48	13.7	13
12	17.7	15.4	49	13.4	17.8	15.5	49	13.5	17.9	15.6	49	13.7	**18.0**	15.8	49	13.8	18.1	15.9	49	13.9	12
12	17.8	15.6	49	13.6	17.9	15.7	49	13.7	**18.0**	15.8	49	13.9	18.1	16.0	49	14.0	18.2	16.1	50	14.1	12
12	17.9	15.8	50	13.8	**18.0**	15.9	50	13.9	18.1	16.0	50	14.0	18.2	16.2	50	14.2	18.3	16.3	50	14.3	12
12	**18.0**	16.0	50	14.0	18.1	16.1	51	14.1	18.2	16.2	51	14.2	18.3	16.4	51	14.4	18.4	16.5	51	14.5	12
11	18.1	16.2	51	14.2	18.2	16.3	51	14.3	18.3	16.4	51	14.4	18.4	16.6	51	14.5	18.5	16.7	51	14.7	11
11	18.2	16.4	52	14.4	18.3	16.5	52	14.5	18.4	16.6	52	14.6	18.5	16.8	52	14.7	18.6	16.9	52	14.9	11
11	18.3	16.6	52	14.5	18.4	16.7	52	14.7	18.5	16.8	52	14.8	18.6	17.0	53	14.9	18.7	17.1	53	15.0	11
11	18.4	16.8	53	14.7	18.5	16.9	53	14.9	18.6	17.0	53	15.0	18.7	17.2	53	15.1	18.8	17.3	53	15.2	11
11	18.5	17.0	54	14.9	18.6	17.1	54	15.0	18.7	17.2	54	15.2	18.8	17.4	54	15.3	18.9	17.5	54	15.4	11
10	18.6	17.2	54	15.1	18.7	17.3	54	15.2	18.8	17.4	54	15.3	18.9	17.6	54	15.5	**19.0**	17.7	55	15.6	10
10	18.7	17.4	55	15.3	18.8	17.5	55	15.4	18.9	17.6	55	15.5	**19.0**	17.8	55	15.6	19.1	17.9	55	15.8	10
10	18.8	17.6	55	15.5	18.9	17.7	56	15.6	**19.0**	17.8	56	15.7	19.1	18.0	56	15.8	19.2	18.1	56	15.9	10
10	18.9	17.8	56	15.6	**19.0**	17.9	56	15.8	19.1	18.0	56	15.9	19.2	18.2	56	16.0	19.3	18.3	56	16.1	10

n	t_W	e	U	t_d	t_W	e	U	t_d	t_W	e	U	t_d	t_W	e	U	t_d	t_W	e	U	t_d	n
	25.0				**25.1**				**25.2**				**25.3**				**25.4**				
10	**19.0**	18.0	57	15.8	19.1	18.1	57	15.9	19.2	18.2	57	16.1	19.3	18.4	57	16.2	19.4	18.5	57	16.3	10
9	19.1	18.2	57	16.0	19.2	18.3	57	16.1	19.3	18.4	58	16.2	19.4	18.6	58	16.3	19.5	18.7	58	16.5	9
9	19.2	18.4	58	16.2	19.3	18.5	58	16.3	19.4	18.6	58	16.4	19.5	18.8	58	16.5	19.6	18.9	58	16.6	9
9	19.3	18.6	59	16.3	19.4	18.7	59	16.5	19.5	18.9	59	16.6	19.6	19.0	59	16.7	19.7	19.1	59	16.8	9
9	19.4	18.8	59	16.5	19.5	18.9	59	16.6	19.6	19.1	59	16.8	19.7	19.2	60	16.9	19.8	19.3	60	17.0	9
9	19.5	19.0	60	16.7	19.6	19.1	60	16.8	19.7	19.3	60	16.9	19.8	19.4	60	17.0	19.9	19.6	60	17.2	9
8	19.6	19.2	61	16.9	19.7	19.3	61	17.0	19.8	19.5	61	17.1	19.9	19.6	61	17.2	**20.0**	19.8	61	17.3	8
8	19.7	19.4	61	17.0	19.8	19.5	61	17.1	19.9	19.7	61	17.3	**20.0**	19.8	62	17.4	20.1	20.0	62	17.5	8
8	19.8	19.6	62	17.2	19.9	19.8	62	17.3	**20.0**	19.9	62	17.4	20.1	20.0	62	17.5	20.2	20.2	62	17.7	8
8	19.9	19.8	63	17.4	**20.0**	20.0	63	17.5	20.1	20.1	63	17.6	20.2	20.3	63	17.7	20.3	20.4	63	17.8	8
8	**20.0**	20.0	63	17.5	20.1	20.2	63	17.7	20.2	20.3	63	17.8	20.3	20.5	64	17.9	20.4	20.6	64	18.0	8
8	20.1	20.2	64	17.7	20.2	20.4	64	17.8	20.3	20.5	64	17.9	20.4	20.7	64	18.0	20.5	20.8	64	18.2	8
7	20.2	20.5	65	17.9	20.3	20.6	65	18.0	20.4	20.8	65	18.1	20.5	20.9	65	18.2	20.6	21.1	65	18.3	7
7	20.3	20.7	65	18.0	20.4	20.8	65	18.1	20.5	21.0	65	18.3	20.6	21.1	66	18.4	20.7	21.3	66	18.5	7
7	20.4	20.9	66	18.2	20.5	21.0	66	18.3	20.6	21.2	66	18.4	20.7	21.3	66	18.5	20.8	21.5	66	18.6	7
7	20.5	21.1	67	18.4	20.6	21.3	67	18.5	20.7	21.4	67	18.6	20.8	21.6	67	18.7	20.9	21.7	67	18.8	7
7	20.6	21.3	67	18.5	20.7	21.5	67	18.6	20.8	21.6	67	18.7	20.9	21.8	68	18.9	**21.0**	21.9	68	19.0	7
6	20.7	21.5	68	18.7	20.8	21.7	68	18.8	20.9	21.8	68	18.9	**21.0**	22.0	68	19.0	21.1	22.1	68	19.1	6
6	20.8	21.8	69	18.8	20.9	21.9	69	19.0	**21.0**	22.1	69	19.1	21.1	22.2	69	19.2	21.2	22.4	69	19.3	6
6	20.9	22.0	69	19.0	**21.0**	22.1	69	19.1	21.1	22.3	70	19.2	21.2	22.4	70	19.3	21.3	22.6	70	19.4	6
6	**21.0**	22.2	70	19.2	21.1	22.3	70	19.3	21.2	22.5	70	19.4	21.3	22.7	70	19.5	21.4	22.8	70	19.6	6
6	21.1	22.4	71	19.3	21.2	22.6	71	19.4	21.3	22.7	71	19.5	21.4	22.9	71	19.7	21.5	23.0	71	19.8	6
6	21.2	22.6	71	19.5	21.3	22.8	72	19.6	21.4	22.9	72	19.7	21.5	23.1	72	19.8	21.6	23.3	72	19.9	6
5	21.3	22.9	72	19.6	21.4	23.0	72	19.7	21.5	23.2	72	19.9	21.6	23.3	72	20.0	21.7	23.5	72	20.1	5
5	21.4	23.1	73	19.8	21.5	23.2	73	19.9	21.6	23.4	73	20.0	21.7	23.5	73	20.1	21.8	23.7	73	20.2	5
5	21.5	23.3	74	19.9	21.6	23.5	74	20.1	21.7	23.6	74	20.2	21.8	23.8	74	20.3	21.9	23.9	74	20.4	5
5	21.6	23.5	74	20.1	21.7	23.7	74	20.2	21.8	23.8	74	20.3	21.9	24.0	74	20.4	**22.0**	24.2	74	20.5	5
5	21.7	23.7	75	20.3	21.8	23.9	75	20.4	21.9	24.1	75	20.5	**22.0**	24.2	75	20.6	22.1	24.4	75	20.7	5
5	21.8	24.0	76	20.4	21.9	24.1	76	20.5	**22.0**	24.3	76	20.6	22.1	24.5	76	20.7	22.2	24.6	76	20.8	5
4	21.9	24.2	76	20.6	**22.0**	24.4	76	20.7	22.1	24.5	77	20.8	22.2	24.7	77	20.9	22.3	24.8	77	21.0	4
4	**22.0**	24.4	77	20.7	22.1	24.6	77	20.8	22.2	24.8	77	20.9	22.3	24.9	77	21.0	22.4	25.1	77	21.1	4
4	22.1	24.7	78	20.9	22.2	24.8	78	21.0	22.3	25.0	78	21.1	22.4	25.1	78	21.2	22.5	25.3	78	21.3	4
4	22.2	24.9	79	21.0	22.3	25.0	79	21.1	22.4	25.2	79	21.2	22.5	25.4	79	21.3	22.6	25.5	79	21.4	4
4	22.3	25.1	79	21.2	22.4	25.3	79	21.3	22.5	25.4	79	21.4	22.6	25.6	79	21.5	22.7	25.8	79	21.6	4
4	22.4	25.3	80	21.3	22.5	25.5	80	21.4	22.6	25.7	80	21.5	22.7	25.8	80	21.6	22.8	26.0	80	21.7	4
4	22.5	25.6	81	21.5	22.6	25.7	81	21.6	22.7	25.9	81	21.7	22.8	26.1	81	21.8	22.9	26.2	81	21.9	4
3	22.6	25.8	82	21.6	22.7	26.0	82	21.7	22.8	26.1	82	21.8	22.9	26.3	82	21.9	**23.0**	26.5	82	22.0	3
3	22.7	26.0	82	21.8	22.8	26.2	82	21.9	22.9	26.4	82	22.0	**23.0**	26.5	82	22.1	23.1	26.7	82	22.2	3
3	22.8	26.3	83	21.9	22.9	26.4	83	22.0	**23.0**	26.6	83	22.1	23.1	26.8	83	22.2	23.2	27.0	83	22.3	3
3	22.9	26.5	84	22.1	**23.0**	26.7	84	22.2	23.1	26.9	84	22.3	23.2	27.0	84	22.4	23.3	27.2	84	22.5	3
3	**23.0**	26.7	84	22.2	23.1	26.9	85	22.3	23.2	27.1	85	22.4	23.3	27.3	85	22.5	23.4	27.4	85	22.6	3
3	23.1	27.0	85	22.3	23.2	27.2	85	22.4	23.3	27.3	85	22.6	23.4	27.5	85	22.7	23.5	27.7	85	22.8	3
2	23.2	27.2	86	22.5	23.3	27.4	86	22.6	23.4	27.6	86	22.7	23.5	27.7	86	22.8	23.6	27.9	86	22.9	2
2	23.3	27.5	87	22.6	23.4	27.6	87	22.7	23.5	27.8	87	22.8	23.6	28.0	87	22.9	23.7	28.2	87	23.0	2
2	23.4	27.7	87	22.8	23.5	27.9	88	22.9	23.6	28.1	88	23.0	23.7	28.2	88	23.1	23.8	28.4	88	23.2	2
2	23.5	27.9	88	22.9	23.6	28.1	88	23.0	23.7	28.3	88	23.1	23.8	28.5	88	23.2	23.9	28.6	88	23.3	2
2	23.6	28.2	89	23.1	23.7	28.4	89	23.2	23.8	28.5	89	23.3	23.9	28.7	89	23.4	**24.0**	28.9	89	23.5	2
2	23.7	28.4	90	23.2	23.8	28.6	90	23.3	23.9	28.8	90	23.4	**24.0**	29.0	90	23.5	24.1	29.1	90	23.6	2
2	23.8	28.7	91	23.3	23.9	28.8	91	23.4	**24.0**	29.0	91	23.5	24.1	29.2	91	23.7	24.2	29.4	91	23.8	2
1	23.9	28.9	91	23.5	**24.0**	29.1	91	23.6	24.1	29.3	91	23.7	24.2	29.5	91	23.8	24.3	29.6	91	23.9	1
1	**24.0**	29.2	92	23.6	24.1	29.3	92	23.7	24.2	29.5	92	23.8	24.3	29.7	92	23.9	24.4	29.9	92	24.0	1
1	24.1	29.4	93	23.8	24.2	29.6	93	23.9	24.3	29.8	93	24.0	24.4	30.0	93	24.1	24.5	30.1	93	24.2	1
1	24.2	29.7	94	23.9	24.3	29.8	94	24.0	24.4	30.0	94	24.1	24.5	30.2	94	24.2	24.6	30.4	94	24.3	1
1	24.3	29.9	94	24.0	24.4	30.1	94	24.1	24.5	30.3	94	24.2	24.6	30.5	94	24.3	24.7	30.6	94	24.4	1
1	24.4	30.2	95	24.2	24.5	30.3	95	24.3	24.6	30.5	95	24.4	24.7	30.7	95	24.5	24.8	30.9	95	24.6	1
1	24.5	30.4	96	24.3	24.6	30.6	96	24.4	24.7	30.8	96	24.5	24.8	31.0	96	24.6	24.9	31.1	96	24.7	1
1	24.6	30.7	97	24.5	24.7	30.8	97	24.6	24.8	31.0	97	24.7	24.9	31.2	97	24.8	**25.0**	31.4	97	24.9	1
0	24.7	30.9	98	24.6	24.8	31.1	98	24.7	24.9	31.3	98	24.8	**25.0**	31.5	98	24.9	25.1	31.7	98	25.0	0
0	24.8	31.2	98	24.7	24.9	31.3	98	24.8	**25.0**	31.5	98	24.9	25.1	31.7	98	25.0	25.2	31.9	98	25.1	0
0	24.9	31.4	99	24.9	**25.0**	31.6	99	25.0	25.1	31.8	99	25.1	25.2	32.0	99	25.2	25.3	32.2	99	25.3	0
0	**25.0**	31.7	100	25.0	25.1	31.9	100	25.1	25.2	32.0	100	25.2	25.3	32.2	100	25.3	25.4	32.4	100	25.4	0
	25.5				**25.6**				**25.7**				**25.8**				**25.9**				
39																	**9.0**	0.2	1	-39.4	39
39									8.9	0.2	1	-40.0	**9.0**	0.3	1	-36.6	9.1	0.3	1	-34.0	39
38	8.8	0.2	1	-40.5	8.9	0.3	1	-37.0	**9.0**	0.3	1	-34.4	9.1	0.4	1	-32.2	9.2	0.5	1	-30.4	38
38	8.9	0.3	1	-34.7	**9.0**	0.4	1	-32.5	9.1	0.5	1	-30.7	9.2	0.6	2	-29.0	9.3	0.6	2	-27.6	38
38	**9.0**	0.5	1	-30.9	9.1	0.5	2	-29.3	9.2	0.6	2	-27.8	9.3	0.7	2	-26.5	9.4	0.8	2	-25.4	38
37	9.1	0.6	2	-28.0	9.2	0.7	2	-26.7	9.3	0.8	2	-25.5	9.4	0.8	3	-24.5	9.5	0.9	3	-23.4	37
37	9.2	0.8	2	-25.7	9.3	0.8	3	-24.6	9.4	0.9	3	-23.6	9.5	1.0	3	-22.7	9.6	1.1	3	-21.8	37
37	9.3	0.9	3	-23.8	9.4	1.0	3	-22.8	9.5	1.1	3	-21.9	9.6	1.1	3	-21.1	9.7	1.2	4	-20.3	37
36	9.4	1.0	3	-22.1	9.5	1.1	3	-21.2	9.6	1.2	4	-20.4	9.7	1.3	4	-19.7	9.8	1.4	4	-19.0	36

n	t_W	e	U	t_d	t_W	e	U	t_d	t_W	e	U	t_d	t_W	e	U	t_d	t_W	e	U	t_d	n
	25.5				**25.6**				**25.7**				**25.8**				**25.9**				
36	9.5	1.2	4	-20.6	9.6	1.3	4	-19.8	9.7	1.4	4	-19.1	9.8	1.4	4	-18.4	9.9	1.5	5	-17.8	36
36	9.6	1.3	4	-19.2	9.7	1.4	4	-18.5	9.8	1.5	5	-17.9	9.9	1.6	5	-17.3	**10.0**	1.7	5	-16.7	36
35	9.7	1.5	5	-18.0	9.8	1.6	5	-17.4	9.9	1.7	5	-16.8	**10.0**	1.7	5	-16.2	10.1	1.8	5	-15.6	35
35	9.8	1.6	5	-16.9	9.9	1.7	5	-16.3	**10.0**	1.8	5	-15.7	10.1	1.9	6	-15.2	10.2	2.0	6	-14.7	35
35	9.9	1.8	5	-15.8	**10.0**	1.9	6	-15.3	10.1	1.9	6	-14.8	10.2	2.0	6	-14.3	10.3	2.1	6	-13.8	35
34	**10.0**	1.9	6	-14.9	10.1	2.0	6	-14.4	10.2	2.1	6	-13.9	10.3	2.2	7	-13.4	10.4	2.3	7	-12.9	34
34	10.1	2.1	6	-14.0	10.2	2.2	7	-13.5	10.3	2.2	7	-13.0	10.4	2.3	7	-12.6	10.5	2.4	7	-12.1	34
34	10.2	2.2	7	-13.1	10.3	2.3	7	-12.7	10.4	2.4	7	-12.2	10.5	2.5	7	-11.8	10.6	2.6	8	-11.4	34
33	10.3	2.4	7	-12.3	10.4	2.5	8	-11.9	10.5	2.5	8	-11.5	10.6	2.6	8	-11.0	10.7	2.7	8	-10.6	33
33	10.4	2.5	8	-11.5	10.5	2.6	8	-11.1	10.6	2.7	8	-10.7	10.7	2.8	8	-10.3	10.8	2.9	9	-10.0	33
33	10.5	2.7	8	-10.8	10.6	2.8	8	-10.4	10.7	2.9	9	-10.0	10.8	2.9	9	-9.7	10.9	3.0	9	-9.3	33
32	10.6	2.8	9	-10.1	10.7	2.9	9	-9.7	10.8	3.0	9	-9.4	10.9	3.1	9	-9.0	**11.0**	3.2	10	-8.7	32
32	10.7	3.0	9	-9.5	10.8	3.1	9	-9.1	10.9	3.2	10	-8.7	**11.0**	3.2	10	-8.4	11.1	3.3	10	-8.1	32
32	10.8	3.1	10	-8.8	10.9	3.2	10	-8.5	**11.0**	3.3	10	-8.1	11.1	3.4	10	-7.8	11.2	3.5	10	-7.5	32
31	10.9	3.3	10	-8.2	**11.0**	3.4	10	-7.9	11.1	3.5	11	-7.5	11.2	3.6	11	-7.2	11.3	3.6	11	-6.9	31
31	**11.0**	3.4	11	-7.6	11.1	3.5	11	-7.3	11.2	3.6	11	-7.0	11.3	3.7	11	-6.7	11.4	3.8	11	-6.4	31
31	11.1	3.6	11	-7.1	11.2	3.7	11	-6.7	11.3	3.8	11	-6.4	11.4	3.9	12	-6.1	11.5	4.0	12	-5.8	31
30	11.2	3.8	12	-6.5	11.3	3.8	12	-6.2	11.4	3.9	12	-5.9	11.5	4.0	12	-5.6	11.6	4.1	12	-5.3	30
30	11.3	3.9	12	-6.0	11.4	4.0	12	-5.7	11.5	4.1	12	-5.4	11.6	4.2	13	-5.1	11.7	4.3	13	-4.8	30
30	11.4	4.1	12	-5.5	11.5	4.2	13	-5.2	11.6	4.2	13	-4.9	11.7	4.3	13	-4.6	11.8	4.4	13	-4.3	30
29	11.5	4.2	13	-5.0	11.6	4.3	13	-4.7	11.7	4.4	13	-4.4	11.8	4.5	14	-4.1	11.9	4.6	14	-3.9	29
29	11.6	4.4	13	-4.5	11.7	4.5	14	-4.2	11.8	4.6	14	-4.0	11.9	4.7	14	-3.7	**12.0**	4.7	14	-3.4	29
29	11.7	4.5	14	-4.0	11.8	4.6	14	-3.8	11.9	4.7	14	-3.5	**12.0**	4.8	14	-3.2	12.1	4.9	15	-3.0	29
29	11.8	4.7	14	-3.6	11.9	4.8	15	-3.3	**12.0**	4.9	15	-3.1	12.1	5.0	15	-2.8	12.2	5.1	15	-2.6	29
28	11.9	4.9	15	-3.1	**12.0**	4.9	15	-2.9	12.1	5.0	15	-2.6	12.2	5.1	15	-2.4	12.3	5.2	16	-2.1	28
28	**12.0**	5.0	15	-2.7	12.1	5.1	16	-2.4	12.2	5.2	16	-2.2	12.3	5.3	16	-2.0	12.4	5.4	16	-1.7	28
28	12.1	5.2	16	-2.3	12.2	5.3	16	-2.0	12.3	5.4	16	-1.8	12.4	5.5	16	-1.6	12.5	5.5	17	-1.3	28
27	12.2	5.3	16	-1.9	12.3	5.4	17	-1.6	12.4	5.5	17	-1.4	12.5	5.6	17	-1.2	12.6	5.7	17	-0.9	27
27	12.3	5.5	17	-1.5	12.4	5.6	17	-1.2	12.5	5.7	17	-1.0	12.6	5.8	17	-0.8	12.7	5.9	18	-0.5	27
27	12.4	5.7	17	-1.1	12.5	5.7	18	-0.8	12.6	5.8	18	-0.6	12.7	5.9	18	-0.4	12.8	6.0	18	-0.2	27
26	12.5	5.8	18	-0.7	12.6	5.9	18	-0.5	12.7	6.0	18	-0.2	12.8	6.1	18	0.0	12.9	6.2	19	0.2	26
26	12.6	6.0	18	-0.3	12.7	6.1	19	-0.1	12.8	6.2	19	0.1	12.9	6.3	19	0.4	**13.0**	6.4	19	0.6	26
26	12.7	6.1	19	0.1	12.8	6.2	19	0.3	12.9	6.3	19	0.5	**13.0**	6.4	19	0.7	13.1	6.5	20	0.9	26
26	12.8	6.3	19	0.4	12.9	6.4	19	0.6	**13.0**	6.5	20	0.9	13.1	6.6	20	1.1	13.2	6.7	20	1.3	26
25	12.9	6.5	20	0.8	**13.0**	6.6	20	1.0	13.1	6.7	20	1.2	13.2	6.8	20	1.4	13.3	6.9	21	1.6	25
25	**13.0**	6.6	20	1.1	13.1	6.7	21	1.3	13.2	6.8	21	1.5	13.3	6.9	21	1.7	13.4	7.0	21	1.9	25
25	13.1	6.8	21	1.5	13.2	6.9	21	1.7	13.3	7.0	21	1.9	13.4	7.1	21	2.1	13.5	7.2	22	2.3	25
24	13.2	7.0	21	1.8	13.3	7.1	22	2.0	13.4	7.2	22	2.2	13.5	7.3	22	2.4	13.6	7.4	22	2.6	24
24	13.3	7.1	22	2.1	13.4	7.2	22	2.3	13.5	7.3	22	2.5	13.6	7.4	22	2.7	13.7	7.5	23	2.9	24
24	13.4	7.3	22	2.5	13.5	7.4	23	2.7	13.6	7.5	23	2.9	13.7	7.6	23	3.0	13.8	7.7	23	3.2	24
24	13.5	7.5	23	2.8	13.6	7.6	23	3.0	13.7	7.7	23	3.2	13.8	7.8	23	3.4	13.9	7.9	24	3.5	24
23	13.6	7.6	23	3.1	13.7	7.7	24	3.3	13.8	7.8	24	3.5	13.9	7.9	24	3.7	**14.0**	8.0	24	3.8	23
23	13.7	7.8	24	3.4	13.8	7.9	24	3.6	13.9	8.0	24	3.8	**14.0**	8.1	24	4.0	14.1	8.2	25	4.1	23
23	13.8	8.0	24	3.7	13.9	8.1	25	3.9	**14.0**	8.2	25	4.1	14.1	8.3	25	4.3	14.2	8.4	25	4.4	23
22	13.9	8.1	25	4.0	**14.0**	8.2	25	4.2	14.1	8.3	25	4.4	14.2	8.4	25	4.5	14.3	8.6	26	4.7	22
22	**14.0**	8.3	25	4.3	14.1	8.4	26	4.5	14.2	8.5	26	4.7	14.3	8.6	26	4.8	14.4	8.7	26	5.0	22
22	14.1	8.5	26	4.6	14.2	8.6	26	4.8	14.3	8.7	26	4.9	14.4	8.8	26	5.1	14.5	8.9	27	5.3	22
22	14.2	8.6	27	4.9	14.3	8.8	27	5.1	14.4	8.9	27	5.2	14.5	9.0	27	5.4	14.6	9.1	27	5.6	22
21	14.3	8.8	27	5.2	14.4	8.9	27	5.3	14.5	9.0	27	5.5	14.6	9.1	28	5.7	14.7	9.2	28	5.8	21
21	14.4	9.0	28	5.4	14.5	9.1	28	5.6	14.6	9.2	28	5.8	14.7	9.3	28	5.9	14.8	9.4	28	6.1	21
21	14.5	9.2	28	5.7	14.6	9.3	28	5.9	14.7	9.4	28	6.1	14.8	9.5	29	6.2	14.9	9.6	29	6.4	21
21	14.6	9.3	29	6.0	14.7	9.4	29	6.2	14.8	9.6	29	6.3	14.9	9.7	29	6.5	**15.0**	9.8	29	6.6	21
20	14.7	9.5	29	6.3	14.8	9.6	29	6.4	14.9	9.7	29	6.6	**15.0**	9.8	30	6.7	15.1	9.9	30	6.9	20
20	14.8	9.7	30	6.5	14.9	9.8	30	6.7	**15.0**	9.9	30	6.8	15.1	10.0	30	7.0	15.2	10.1	30	7.2	20
20	14.9	9.9	30	6.8	**15.0**	10.0	30	6.9	15.1	10.1	31	7.1	15.2	10.2	31	7.3	15.3	10.3	31	7.4	20
20	**15.0**	10.0	31	7.0	15.1	10.1	31	7.2	15.2	10.3	31	7.4	15.3	10.4	31	7.5	15.4	10.5	31	7.7	20
19	15.1	10.2	31	7.3	15.2	10.3	31	7.5	15.3	10.4	32	7.6	15.4	10.5	32	7.8	15.5	10.7	32	7.9	19
19	15.2	10.4	32	7.5	15.3	10.5	32	7.7	15.4	10.6	32	7.9	15.5	10.7	32	8.0	15.6	10.8	32	8.2	19
19	15.3	10.6	32	7.8	15.4	10.7	33	7.9	15.5	10.8	33	8.1	15.6	10.9	33	8.3	15.7	11.0	33	8.4	19
19	15.4	10.7	33	8.0	15.5	10.9	33	8.2	15.6	11.0	33	8.3	15.7	11.1	33	8.5	15.8	11.2	34	8.6	19
18	15.5	10.9	33	8.3	15.6	11.0	34	8.4	15.7	11.2	34	8.6	15.8	11.3	34	8.7	15.9	11.4	34	8.9	18
18	15.6	11.1	34	8.5	15.7	11.2	34	8.7	15.8	11.3	34	8.8	15.9	11.5	34	9.0	**16.0**	11.6	35	9.1	18
18	15.7	11.3	35	8.8	15.8	11.4	35	8.9	15.9	11.5	35	9.1	**16.0**	11.6	35	9.2	16.1	11.8	35	9.4	18
18	15.8	11.5	35	9.0	15.9	11.6	35	9.1	**16.0**	11.7	35	9.3	16.1	11.8	36	9.4	16.2	11.9	36	9.6	18
17	15.9	11.7	36	9.2	**16.0**	11.8	36	9.4	16.1	11.9	36	9.5	16.2	12.0	36	9.7	16.3	12.1	36	9.8	17
17	**16.0**	11.8	36	9.5	16.1	12.0	36	9.6	16.2	12.1	37	9.8	16.3	12.2	37	9.9	16.4	12.3	37	10.0	17
17	16.1	12.0	37	9.7	16.2	12.1	37	9.8	16.3	12.3	37	10.0	16.4	12.4	37	10.1	16.5	12.5	37	10.3	17
17	16.2	12.2	37	9.9	16.3	12.3	38	10.1	16.4	12.4	38	10.2	16.5	12.6	38	10.3	16.6	12.7	38	10.5	17
16	16.3	12.4	38	10.1	16.4	12.5	38	10.3	16.5	12.6	38	10.4	16.6	12.7	38	10.6	16.7	12.9	39	10.7	16
16	16.4	12.6	39	10.4	16.5	12.7	39	10.5	16.6	12.8	39	10.6	16.7	12.9	39	10.8	16.8	13.1	39	10.9	16
16	16.5	12.8	39	10.6	16.6	12.9	39	10.7	16.7	13.0	39	10.9	16.8	13.1	40	11.0	16.9	13.2	40	11.1	16
16	16.6	12.9	40	10.8	16.7	13.1	40	10.9	16.8	13.2	40	11.1	16.9	13.3	40	11.2	**17.0**	13.4	40	11.4	16
15	16.7	13.1	40	11.0	16.8	13.3	40	11.2	16.9	13.4	41	11.3	**17.0**	13.5	41	11.4	17.1	13.6	41	11.6	15

n	t_W	e	U	t_d	t_W	e	U	t_d	t_W	e	U	t_d	t_W	e	U	t_d	t_W	e	U	t_d	n
	25.5				**25.6**				**25.7**				**25.8**				**25.9**				
15	16.8	13.3	41	11.2	16.9	13.4	41	11.4	**17.0**	13.6	41	11.5	17.1	13.7	41	11.6	17.2	13.8	41	11.8	15
15	16.9	13.5	41	11.4	**17.0**	13.6	42	11.6	17.1	13.8	42	11.7	17.2	13.9	42	11.8	17.3	14.0	42	12.0	15
15	**17.0**	13.7	42	11.7	17.1	13.8	42	11.8	17.2	13.9	42	11.9	17.3	14.1	42	12.1	17.4	14.2	42	12.2	15
14	17.1	13.9	43	11.9	17.2	14.0	43	12.0	17.3	14.1	43	12.1	17.4	14.3	43	12.3	17.5	14.4	43	12.4	14
14	17.2	14.1	43	12.1	17.3	14.2	43	12.2	17.4	14.3	43	12.3	17.5	14.5	44	12.5	17.6	14.6	44	12.6	14
14	17.3	14.3	44	12.3	17.4	14.4	44	12.4	17.5	14.5	44	12.5	17.6	14.6	44	12.7	17.7	14.8	44	12.8	14
14	17.4	14.5	44	12.5	17.5	14.6	44	12.6	17.6	14.7	45	12.7	17.7	14.8	45	12.9	17.8	15.0	45	13.0	14
14	17.5	14.7	45	12.7	17.6	14.8	45	12.8	17.7	14.9	45	12.9	17.8	15.0	45	13.1	17.9	15.2	45	13.2	14
13	17.6	14.8	46	12.9	17.7	15.0	46	13.0	17.8	15.1	46	13.1	17.9	15.2	46	13.3	**18.0**	15.4	46	13.4	13
13	17.7	15.0	46	13.1	17.8	15.2	46	13.2	17.9	15.3	46	13.3	**18.0**	15.4	46	13.5	18.1	15.6	47	13.6	13
13	17.8	15.2	47	13.3	17.9	15.4	47	13.4	**18.0**	15.5	47	13.5	18.1	15.6	47	13.7	18.2	15.8	47	13.8	13
13	17.9	15.4	47	13.5	**18.0**	15.6	47	13.6	18.1	15.7	48	13.7	18.2	15.8	48	13.8	18.3	16.0	48	14.0	13
13	**18.0**	15.6	48	13.7	18.1	15.8	48	13.8	18.2	15.9	48	13.9	18.3	16.0	48	14.0	18.4	16.2	48	14.2	13
12	18.1	15.8	48	13.9	18.2	16.0	49	14.0	18.3	16.1	49	14.1	18.4	16.2	49	14.2	18.5	16.3	49	14.4	12
12	18.2	16.0	49	14.0	18.3	16.2	49	14.2	18.4	16.3	49	14.3	18.5	16.4	49	14.4	18.6	16.6	50	14.5	12
12	18.3	16.2	50	14.2	18.4	16.4	50	14.4	18.5	16.5	50	14.5	18.6	16.6	50	14.6	18.7	16.8	50	14.7	12
12	18.4	16.4	50	14.4	18.5	16.5	50	14.5	18.6	16.7	51	14.7	18.7	16.8	51	14.8	18.8	17.0	51	14.9	12
11	18.5	16.6	51	14.6	18.6	16.8	51	14.7	18.7	16.9	51	14.9	18.8	17.0	51	15.0	18.9	17.2	51	15.1	11
11	18.6	16.8	52	14.8	18.7	17.0	52	14.9	18.8	17.1	52	15.0	18.9	17.2	52	15.2	**19.0**	17.4	52	15.3	11
11	18.7	17.0	52	15.0	18.8	17.2	52	15.1	18.9	17.3	52	15.2	**19.0**	17.4	52	15.3	19.1	17.6	53	15.5	11
11	18.8	17.2	53	15.2	18.9	17.4	53	15.3	**19.0**	17.5	53	15.4	19.1	17.6	53	15.5	19.2	17.8	53	15.6	11
11	18.9	17.4	53	15.3	**19.0**	17.6	54	15.5	19.1	17.7	54	15.6	19.2	17.8	54	15.7	19.3	18.0	54	15.8	11
10	**19.0**	17.6	54	15.5	19.1	17.8	54	15.6	19.2	17.9	54	15.8	19.3	18.0	54	15.9	19.4	18.2	54	16.0	10
10	19.1	17.8	55	15.7	19.2	18.0	55	15.8	19.3	18.1	55	15.9	19.4	18.2	55	16.1	19.5	18.4	55	16.2	10
10	19.2	18.0	55	15.9	19.3	18.2	55	16.0	19.4	18.3	55	16.1	19.5	18.5	56	16.2	19.6	18.6	56	16.4	10
10	19.3	18.2	56	16.1	19.4	18.4	56	16.2	19.5	18.5	56	16.3	19.6	18.7	56	16.4	19.7	18.8	56	16.5	10
10	19.4	18.4	57	16.2	19.5	18.6	57	16.4	19.6	18.7	57	16.5	19.7	18.9	57	16.6	19.8	19.0	57	16.7	10
9	19.5	18.7	57	16.4	19.6	18.8	57	16.5	19.7	18.9	57	16.6	19.8	19.1	57	16.8	19.9	19.2	58	16.9	9
9	19.6	18.9	58	16.6	19.7	19.0	58	16.7	19.8	19.1	58	16.8	19.9	19.3	58	16.9	**20.0**	19.4	58	17.1	9
9	19.7	19.1	58	16.8	19.8	19.2	59	16.9	19.9	19.4	59	17.0	**20.0**	19.5	59	17.1	20.1	19.6	59	17.2	9
9	19.8	19.3	59	16.9	19.9	19.4	59	17.0	**20.0**	19.6	59	17.2	20.1	19.7	59	17.3	20.2	19.9	59	17.4	9
9	19.9	19.5	60	17.1	**20.0**	19.6	60	17.2	20.1	19.8	60	17.3	20.2	19.9	60	17.5	20.3	20.1	60	17.6	9
9	**20.0**	19.7	60	17.3	20.1	19.8	60	17.4	20.2	20.0	61	17.5	20.3	20.1	61	17.6	20.4	20.3	61	17.7	9
8	20.1	19.9	61	17.4	20.2	20.1	61	17.6	20.3	20.2	61	17.7	20.4	20.4	61	17.8	20.5	20.5	61	17.9	8
8	20.2	20.1	62	17.6	20.3	20.3	62	17.7	20.4	20.4	62	17.8	20.5	20.6	62	18.0	20.6	20.7	62	18.1	8
8	20.3	20.3	62	17.8	20.4	20.5	62	17.9	20.5	20.6	63	18.0	20.6	20.8	63	18.1	20.7	20.9	63	18.2	8
8	20.4	20.6	63	17.9	20.5	20.7	63	18.1	20.6	20.9	63	18.2	20.7	21.0	63	18.3	20.8	21.2	63	18.4	8
8	20.5	20.8	64	18.1	20.6	20.9	64	18.2	20.7	21.1	64	18.3	20.8	21.2	64	18.5	20.9	21.4	64	18.6	8
7	20.6	21.0	64	18.3	20.7	21.1	64	18.4	20.8	21.3	64	18.5	20.9	21.4	65	18.6	**21.0**	21.6	65	18.7	7
7	20.7	21.2	65	18.4	20.8	21.4	65	18.6	20.9	21.5	65	18.7	**21.0**	21.7	65	18.8	21.1	21.8	65	18.9	7
7	20.8	21.4	66	18.6	20.9	21.6	66	18.7	**21.0**	21.7	66	18.8	21.1	21.9	66	18.9	21.2	22.0	66	19.1	7
7	20.9	21.6	66	18.8	**21.0**	21.8	66	18.9	21.1	21.9	66	19.0	21.2	22.1	67	19.1	21.3	22.3	67	19.2	7
7	**21.0**	21.9	67	18.9	21.1	22.0	67	19.0	21.2	22.2	67	19.1	21.3	22.3	67	19.3	21.4	22.5	67	19.4	7
7	21.1	22.1	68	19.1	21.2	22.2	68	19.2	21.3	22.4	68	19.3	21.4	22.5	68	19.4	21.5	22.7	68	19.5	7
6	21.2	22.3	68	19.2	21.3	22.5	68	19.4	21.4	22.6	68	19.5	21.5	22.8	69	19.6	21.6	22.9	69	19.7	6
6	21.3	22.5	69	19.4	21.4	22.7	69	19.5	21.5	22.8	69	19.6	21.6	23.0	69	19.7	21.7	23.1	69	19.8	6
6	21.4	22.7	70	19.6	21.5	22.9	70	19.7	21.6	23.1	70	19.8	21.7	23.2	70	19.9	21.8	23.4	70	20.0	6
6	21.5	23.0	70	19.7	21.6	23.1	70	19.8	21.7	23.3	71	19.9	21.8	23.4	71	20.0	21.9	23.6	71	20.2	6
6	21.6	23.2	71	19.9	21.7	23.3	71	20.0	21.8	23.5	71	20.1	21.9	23.7	71	20.2	**22.0**	23.8	71	20.3	6
6	21.7	23.4	72	20.0	21.8	23.6	72	20.1	21.9	23.7	72	20.2	**22.0**	23.9	72	20.4	22.1	24.1	72	20.5	6
5	21.8	23.6	72	20.2	21.9	23.8	73	20.3	**22.0**	24.0	73	20.4	22.1	24.1	73	20.5	22.2	24.3	73	20.6	5
5	21.9	23.9	73	20.3	**22.0**	24.0	73	20.4	22.1	24.2	73	20.6	22.2	24.4	73	20.7	22.3	24.5	73	20.8	5
5	**22.0**	24.1	74	20.5	22.1	24.3	74	20.6	22.2	24.4	74	20.7	22.3	24.6	74	20.8	22.4	24.7	74	20.9	5
5	22.1	24.3	75	20.6	22.2	24.5	75	20.8	22.3	24.6	75	20.9	22.4	24.8	75	21.0	22.5	25.0	75	21.1	5
5	22.2	24.6	75	20.8	22.3	24.7	75	20.9	22.4	24.9	75	21.0	22.5	25.0	75	21.1	22.6	25.2	75	21.2	5
5	22.3	24.8	76	20.9	22.4	24.9	76	21.1	22.5	25.1	76	21.2	22.6	25.3	76	21.3	22.7	25.4	76	21.4	5
4	22.4	25.0	77	21.1	22.5	25.2	77	21.2	22.6	25.3	77	21.3	22.7	25.5	77	21.4	22.8	25.7	77	21.5	4
4	22.5	25.2	77	21.3	22.6	25.4	77	21.4	22.7	25.6	77	21.5	22.8	25.7	78	21.6	22.9	25.9	78	21.7	4
4	22.6	25.5	78	21.4	22.7	25.6	78	21.5	22.8	25.8	78	21.6	22.9	26.0	78	21.7	**23.0**	26.1	78	21.8	4
4	22.7	25.7	79	21.5	22.8	25.9	79	21.7	22.9	26.0	79	21.8	**23.0**	26.2	79	21.9	23.1	26.4	79	22.0	4
4	22.8	25.9	80	21.7	22.9	26.1	80	21.8	**23.0**	26.3	80	21.9	23.1	26.5	80	22.0	23.2	26.6	80	22.1	4
4	22.9	26.2	80	21.8	**23.0**	26.3	80	22.0	23.1	26.5	80	22.1	23.2	26.7	80	22.2	23.3	26.9	80	22.3	4
3	**23.0**	26.4	81	22.0	23.1	26.6	81	22.1	23.2	26.8	81	22.2	23.3	26.9	81	22.3	23.4	27.1	81	22.4	3
3	23.1	26.7	82	22.1	23.2	26.8	82	22.2	23.3	27.0	82	22.3	23.4	27.2	82	22.5	23.5	27.3	82	22.6	3
3	23.2	26.9	82	22.3	23.3	27.1	82	22.4	23.4	27.2	82	22.5	23.5	27.4	83	22.6	23.6	27.6	83	22.7	3
3	23.3	27.1	83	22.4	23.4	27.3	83	22.5	23.5	27.5	83	22.6	23.6	27.7	83	22.7	23.7	27.8	83	22.8	3
3	23.4	27.4	84	22.6	23.5	27.5	84	22.7	23.6	27.7	84	22.8	23.7	27.9	84	22.9	23.8	28.1	84	23.0	3
3	23.5	27.6	85	22.7	23.6	27.8	85	22.8	23.7	28.0	85	22.9	23.8	28.1	85	23.0	23.9	28.3	85	23.1	3
3	23.6	27.9	85	22.9	23.7	28.0	85	23.0	23.8	28.2	85	23.1	23.9	28.4	85	23.2	**24.0**	28.6	85	23.3	3
2	23.7	28.1	86	23.0	23.8	28.3	86	23.1	23.9	28.4	86	23.2	**24.0**	28.6	86	23.3	24.1	28.8	86	23.4	2
2	23.8	28.3	87	23.1	23.9	28.5	87	23.3	**24.0**	28.7	87	23.4	24.1	28.9	87	23.5	24.2	29.1	87	23.6	2
2	23.9	28.6	88	23.3	**24.0**	28.8	88	23.4	24.1	28.9	88	23.5	24.2	29.1	88	23.6	24.3	29.3	88	23.7	2
2	**24.0**	28.8	88	23.4	24.1	29.0	88	23.5	24.2	29.2	88	23.6	24.3	29.4	88	23.7	24.4	29.6	88	23.8	2

n	t_W	e	U	t_d	t_W	e	U	t_d	t_W	e	U	t_d	t_W	e	U	t_d	t_W	e	U	t_d	n
	25.5				**25.6**				**25.7**				**25.8**				**25.9**				
2	24.1	29.1	89	23.6	24.2	29.3	89	23.7	24.3	29.4	89	23.8	24.4	20.6	89	23.9	24.5	29.8	89	24.0	2
2	24.2	29.3	90	23.7	24.3	29.5	90	23.8	24.4	29.7	90	23.9	24.5	29.9	90	24.0	24.6	30.1	90	24.1	2
2	24.3	29.6	91	23.9	24.4	29.8	91	24.0	24.5	29.9	91	24.1	24.6	30.1	91	24.2	24.7	30.3	91	24.3	2
1	24.4	29.8	91	24.0	24.5	30.0	91	24.1	24.6	30.2	91	24.2	24.7	30.4	91	24.3	24.8	30.6	91	24.4	1
1	24.5	30.1	92	24.1	24.6	30.3	92	24.2	24.7	30.4	92	24.3	24.8	30.6	92	24.4	24.9	30.8	92	24.5	1
1	24.6	30.3	93	24.3	24.7	30.5	93	24.4	24.8	30.7	93	24.5	24.9	30.9	93	24.6	**25.0**	31.1	93	24.7	1
1	24.7	30.6	94	24.4	24.8	30.8	94	24.5	24.9	30.9	94	24.6	**25.0**	31.1	94	24.7	25.1	31.3	94	24.8	1
1	24.8	30.8	94	24.5	24.9	31.0	94	24.6	**25.0**	31.2	95	24.8	25.1	31.4	95	24.9	25.2	31.6	95	25.0	1
1	24.9	31.1	95	24.7	**25.0**	31.3	95	24.8	25.1	31.5	95	24.9	25.2	31.6	95	25.0	25.3	31.8	95	25.1	1
1	**25.0**	31.3	96	24.8	25.1	31.5	96	24.9	25.2	31.7	96	25.0	25.3	31.9	96	25.1	25.4	32.1	96	25.2	1
1	25.1	31.6	97	25.0	25.2	31.8	97	25.1	25.3	32.0	97	25.2	25.4	32.2	97	25.3	25.5	32.4	97	25.4	1
0	25.2	31.8	98	25.1	25.3	32.0	98	25.2	25.4	32.2	98	25.3	25.5	32.4	98	25.4	25.6	32.6	98	25.5	0
0	25.3	32.1	98	25.2	25.4	32.3	98	25.3	25.5	32.5	98	25.4	25.6	32.7	98	25.5	25.7	32.9	98	25.6	0
0	25.4	32.4	99	25.4	25.5	32.6	99	25.5	25.5	32.8	99	25.6	25.7	32.9	99	25.7	25.8	33.1	99	25.8	0
0	25.5	32.6	100	25.5	25.6	32.8	100	25.0	25.7	33.0	100	25.7	25.8	33.2	100	25.8	25.9	33.4	100	25.9	0
	26.0				**26.1**				**26.2**				**26.3**				**26.4**				
39													9.2	0.2	1	-38.4	9.3	0.3	1	-35.4	39
39					9.1	0.2	1	-38.9	9.2	0.3	1	-35.8	9.3	0.4	1	-33.4	9.4	0.4	1	-31.4	39
39	9.1	0.3	1	-36.2	9.2	0.4	1	-33.7	9.3	0.4	1	-31.6	9.4	0.5	2	-29.9	9.5	0.6	2	-28.4	39
38	9.2	0.4	1	-31.9	9.3	0.5	1	-30.2	9.4	0.6	2	-28.6	9.5	0.7	2	-27.2	9.6	0.7	2	-26.0	38
38	9.3	0.6	2	-28.8	9.4	0.6	2	-27.4	9.5	0.7	2	-26.2	9.6	0.8	2	-25.0	9.7	0.9	3	-23.9	38
37	9.4	0.7	2	-26.3	9.5	0.8	2	-25.2	9.6	0.9	3	-24.1	9.7	1.0	3	-23.1	9.8	1.0	3	-22.2	37
37	9.5	0.9	3	-24.3	9.6	0.9	3	-23.3	9.7	1.0	3	-22.4	9.8	1.1	3	-21.5	9.9	1.2	3	-20.7	37
37	9.6	1.0	3	-22.5	9.7	1.1	3	-21.6	9.8	1.2	3	-20.8	9.9	1.3	4	-20.0	**10.0**	1.3	4	-19.3	37
36	9.7	1.2	3	-21.0	9.8	1.2	4	-20.2	9.9	1.3	4	-19.4	**10.0**	1.4	4	-18.7	10.1	1.5	4	-18.0	36
36	9.8	1.3	4	-19.6	9.9	1.4	4	-18.9	**10.0**	1.5	4	-18.2	10.1	1.5	5	-17.5	10.2	1.6	5	-16.9	36
36	9.9	1.5	4	-18.3	**10.0**	1.5	5	-17.6	10.1	1.6	5	-17.0	10.2	1.7	5	-16.4	10.3	1.8	5	-15.9	36
35	**10.0**	1.6	5	-17.1	10.1	1.7	5	-16.5	10.2	1.8	5	-16.0	10.3	1.8	5	-15.4	10.4	1.9	6	-14.9	35
35	10.1	1.7	5	-16.1	10.2	1.8	5	-15.5	10.3	1.9	6	-15.0	10.4	2.0	6	-14.5	10.5	2.1	6	-14.0	35
35	10.2	1.9	6	-15.1	10.3	2.0	6	-14.6	10.4	2.1	6	-14.1	10.5	2.1	6	-13.6	10.6	2.2	6	-13.1	35
34	10.3	2.0	6	-14.2	10.4	2.1	6	-13.7	10.5	2.2	7	-13.2	10.6	2.3	7	-12.7	10.7	2.4	7	-12.3	34
34	10.4	2.2	7	-13.3	10.5	2.3	7	-12.8	10.6	2.4	7	-12.4	10.7	2.5	7	-11.9	10.8	2.5	7	-11.5	34
34	10.5	2.3	7	-12.5	10.6	2.4	7	-12.0	10.7	2.5	7	-11.6	10.8	2.6	8	-11.2	10.9	2.7	8	-10.8	34
33	10.6	2.5	7	-11.7	10.7	2.6	8	-11.3	10.8	2.7	8	-10.9	10.9	2.8	8	-10.5	**11.0**	2.8	8	-10.1	33
33	10.7	2.7	8	-11.0	10.8	2.7	8	-10.6	10.9	2.8	8	-10.2	**11.0**	2.9	9	-9.8	11.1	3.0	9	-9.4	33
33	10.8	2.8	8	-10.3	10.9	2.9	9	-9.9	**11.0**	3.0	9	-9.5	11.1	3.1	9	-9.1	11.2	3.2	9	-8.8	33
32	10.9	3.0	9	-9.6	**11.0**	3.0	9	-9.2	11.1	3.1	9	-8.8	11.2	3.2	9	-8.5	11.3	3.3	10	-8.1	32
32	**11.0**	3.1	9	-8.9	11.1	3.2	9	-8.6	11.2	3.3	10	-8.2	11.3	3.4	10	-7.9	11.4	3.5	10	-7.6	32
32	11.1	3.3	10	-8.3	11.2	3.4	10	-8.0	11.3	3.4	10	-7.6	11.4	3.5	10	-7.3	11.5	3.6	11	-7.0	32
31	11.2	3.4	10	-7.7	11.3	3.5	10	-7.4	11.4	3.6	11	-7.1	11.5	3.7	11	-6.7	11.6	3.8	11	-6.4	31
31	11.3	3.6	11	-7.1	11.4	3.7	11	-6.8	11.5	3.8	11	-6.5	11.6	3.8	11	-6.2	11.7	3.9	11	-5.9	31
31	11.4	3.7	11	-6.6	11.5	3.8	11	-6.3	11.6	3.9	12	-6.0	11.7	4.0	12	-5.7	11.8	4.1	12	-5.4	31
31	11.5	3.9	12	-6.1	11.6	4.0	12	-5.8	11.7	4.1	12	-5.5	11.8	4.2	12	-5.2	11.9	4.3	12	-4.9	31
30	11.6	4.0	12	-5.5	11.7	4.1	12	-5.2	11.8	4.2	12	-5.0	11.9	4.3	13	-4.7	**12.0**	4.4	13	-4.4	30
30	11.7	4.2	13	-5.0	11.8	4.3	13	-4.8	11.9	4.4	13	-4.5	**12.0**	4.5	13	-4.2	12.1	4.6	13	-3.9	30
30	11.8	4.4	13	-4.5	11.9	4.5	13	-4.3	**12.0**	4.5	13	-4.0	12.1	4.6	14	-3.7	12.2	4.7	14	-3.5	30
29	11.9	4.5	13	-4.1	**12.0**	4.6	14	-3.8	12.1	4.7	14	-3.5	12.2	4.8	14	-3.3	12.3	4.9	14	-3.0	29
29	**12.0**	4.7	14	-3.6	12.1	4.8	14	-3.4	12.2	4.9	14	-3.1	12.3	5.0	14	-2.8	12.4	5.1	15	-2.6	29
29	12.1	4.8	14	-3.2	12.2	4.9	15	-2.9	12.3	5.0	15	-2.7	12.4	5.1	15	-2.4	12.5	5.2	15	-2.2	29
28	12.2	5.0	15	-2.7	12.3	5.1	15	-2.5	12.4	5.2	15	-2.2	12.5	5.3	15	-2.0	12.6	5.4	16	-1.7	28
28	12.3	5.2	15	-2.3	12.4	5.3	16	-2.1	12.5	5.3	16	-1.8	12.6	5.4	16	-1.6	12.7	5.5	16	-1.3	28
28	12.4	5.3	16	-1.9	12.5	5.4	16	-1.6	12.6	5.5	16	-1.4	12.7	5.6	16	-1.2	12.8	5.7	17	-0.9	28
27	12.5	5.5	16	-1.5	12.6	5.6	16	-1.2	12.7	5.7	17	-1.0	12.8	5.8	17	-0.8	12.9	5.9	17	-0.6	27
27	12.6	5.6	17	-1.1	12.7	5.7	17	-0.9	12.8	5.8	17	-0.6	12.9	5.9	17	-0.4	**13.0**	6.0	18	-0.2	27
27	12.7	5.8	17	-0.7	12.8	5.9	17	-0.5	12.9	6.0	18	-0.2	**13.0**	6.1	18	0.0	13.1	6.2	18	0.2	27
27	12.8	6.0	18	-0.3	12.9	6.1	18	-0.1	**13.0**	6.2	18	0.1	13.1	6.3	18	0.3	13.2	6.4	18	0.6	27
26	12.9	6.1	18	0.1	**13.0**	6.2	18	0.3	13.1	6.3	19	0.5	13.2	6.4	19	0.7	13.3	6.5	19	0.9	26
26	**13.0**	6.3	19	0.4	13.1	6.4	19	0.6	13.2	6.5	19	0.8	13.3	6.6	19	1.1	13.4	6.7	19	1.3	26
26	13.1	6.5	19	0.8	13.2	6.6	19	1.0	13.3	6.7	20	1.2	13.4	6.8	20	1.4	13.5	6.9	20	1.6	26
25	13.2	6.6	20	1.1	13.3	6.7	20	1.3	13.4	6.8	20	1.5	13.5	6.9	20	1.7	13.6	7.0	20	1.9	25
25	13.3	6.8	20	1.5	13.4	6.9	20	1.7	13.5	7.0	21	1.9	13.6	7.1	21	2.1	13.7	7.2	21	2.3	25
25	13.4	7.0	21	1.8	13.5	7.1	21	2.0	13.6	7.2	21	2.2	13.7	7.3	21	2.4	13.8	7.4	21	2.6	25
25	13.5	7.1	21	2.1	13.6	7.2	21	2.3	13.7	7.3	22	2.5	13.8	7.4	22	2.7	13.9	7.5	22	2.9	25
24	13.6	7.3	22	2.5	13.7	7.4	22	2.7	13.8	7.5	22	2.9	13.9	7.6	22	3.0	**14.0**	7.7	22	3.2	24
24	13.7	7.5	22	2.8	13.8	7.6	22	3.0	13.9	7.7	23	3.2	**14.0**	7.8	23	3.4	14.1	7.9	23	3.6	24
24	13.8	7.6	23	3.1	13.9	7.7	23	3.3	**14.0**	7.8	23	3.5	14.1	7.9	23	3.7	14.2	8.0	23	3.9	24
23	13.9	7.8	23	3.4	**14.0**	7.9	23	3.6	14.1	8.0	24	3.8	14.2	8.1	24	4.0	14.3	8.2	24	4.2	23
23	**14.0**	8.0	24	3.7	14.1	8.1	24	3.9	14.2	8.2	24	4.1	14.3	8.3	24	4.3	14.4	8.4	24	4.5	23
23	14.1	8.1	24	4.0	14.2	8.2	24	4.2	14.3	8.4	25	4.4	14.4	8.5	25	4.6	14.5	8.6	25	4.7	23
23	14.2	8.3	25	4.3	14.3	8.4	25	4.5	14.4	8.5	25	4.7	14.5	8.6	25	4.9	14.6	8.7	25	5.0	23
22	14.3	8.5	25	4.6	14.4	8.6	25	4.8	14.5	8.7	26	5.0	14.6	8.8	26	5.1	14.7	8.9	26	5.3	22

n	t_W	e	U	t_d	t_W	e	U	t_d	t_W	e	U	t_d	t_W	e	U	t_d	t_W	e	U	t_d	n
	26.0				**26.1**				**26.2**				**26.3**				**26.4**				
22	14.4	8.7	26	4.9	14.5	8.8	26	5.1	14.6	8.9	26	5.2	14.7	9.0	26	5.4	14.8	9.1	26	5.6	22
22	14.5	8.8	26	5.2	14.6	8.9	26	5.4	14.7	9.0	27	5.5	14.8	9.2	27	5.7	14.9	9.3	27	5.9	22
22	14.6	9.0	27	5.5	14.7	9.1	27	5.6	14.8	9.2	27	5.8	14.9	9.3	27	6.0	**15.0**	9.4	27	6.1	22
21	14.7	9.2	27	5.7	14.8	9.3	27	5.9	14.9	9.4	28	6.1	**15.0**	9.5	28	6.2	15.1	9.6	28	6.4	21
21	14.8	9.4	28	6.0	14.9	9.5	28	6.2	**15.0**	9.6	28	6.3	15.1	9.7	28	6.5	15.2	9.8	28	6.7	21
21	14.9	9.5	28	6.3	**15.0**	9.6	29	6.4	15.1	9.7	29	6.6	15.2	9.9	29	6.8	15.3	10.0	29	6.9	21
20	**15.0**	9.7	29	6.5	15.1	9.8	29	6.7	15.2	9.9	29	6.9	15.3	10.0	29	7.0	15.4	10.1	29	7.2	20
20	15.1	9.9	29	6.8	15.2	10.0	30	7.0	15.3	10.1	30	7.1	15.4	10.2	30	7.3	15.5	10.3	30	7.5	20
20	15.2	10.1	30	7.1	15.3	10.2	30	7.2	15.4	10.3	30	7.4	15.5	10.4	30	7.5	15.6	10.5	31	7.7	20
20	15.3	10.2	30	7.3	15.4	10.3	31	7.5	15.5	10.5	31	7.6	15.6	10.6	31	7.8	15.7	10.7	31	8.0	20
19	15.4	10.4	31	7.6	15.5	10.5	31	7.7	15.6	10.6	31	7.9	15.7	10.8	31	8.0	15.8	10.9	32	8.2	19
19	15.5	10.6	32	7.8	15.6	10.7	32	8.0	15.7	10.8	32	8.1	15.8	10.9	32	8.3	15.9	11.1	32	8.4	19
19	15.6	10.8	32	8.1	15.7	10.9	32	8.2	15.8	11.0	32	8.4	15.9	11.1	33	8.5	**16.0**	11.2	33	8.7	19
19	15.7	11.0	33	8.3	15.8	11.1	33	8.5	15.9	11.2	33	8.6	**16.0**	11.3	33	8.8	16.1	11.4	33	8.9	19
18	15.8	11.1	33	8.6	15.9	11.3	33	8.7	**16.0**	11.4	33	8.9	16.1	11.5	34	9.0	16.2	11.6	34	9.2	18
18	15.9	11.3	34	8.8	**16.0**	11.4	34	9.0	16.1	11.6	34	9.1	16.2	11.7	34	9.3	16.3	11.8	34	9.4	18
18	**16.0**	11.5	34	9.0	16.1	11.6	34	9.2	16.2	11.7	35	9.3	16.3	11.9	35	9.5	16.4	12.0	35	9.6	18
18	16.1	11.7	35	9.3	16.2	11.8	35	9.4	16.3	11.9	35	9.6	16.4	12.0	35	9.7	16.5	12.2	35	9.9	18
17	16.2	11.9	35	9.5	16.3	12.0	35	9.6	16.4	12.1	36	9.8	16.5	12.2	36	9.9	16.6	12.3	36	10.1	17
17	16.3	12.1	36	9.7	16.4	12.2	36	9.9	16.5	12.3	36	10.0	16.6	12.4	36	10.2	16.7	12.5	36	10.3	17
17	16.4	12.2	36	10.0	16.5	12.4	37	10.1	16.6	12.5	37	10.2	16.7	12.6	37	10.4	16.8	12.7	37	10.5	17
17	16.5	12.4	37	10.2	16.6	12.5	37	10.3	16.7	12.7	37	10.5	16.8	12.8	37	10.6	16.9	12.9	38	10.8	17
17	16.6	12.6	38	10.4	16.7	12.7	38	10.5	16.8	12.9	38	10.7	16.9	13.0	38	10.8	**17.0**	13.1	38	11.0	17
16	16.7	12.8	38	10.6	16.8	12.9	38	10.8	16.9	13.0	38	10.9	**17.0**	13.2	38	11.1	17.1	13.3	39	11.2	16
16	16.8	13.0	39	10.8	16.9	13.1	39	11.0	**17.0**	13.2	39	11.1	17.1	13.4	39	11.3	17.2	13.5	39	11.4	16
16	16.9	13.2	39	11.1	**17.0**	13.3	39	11.2	17.1	13.4	39	11.3	17.2	13.5	40	11.5	17.3	13.7	40	11.6	16
16	**17.0**	13.4	40	11.3	17.1	13.5	40	11.4	17.2	13.6	40	11.6	17.3	13.7	40	11.7	17.4	13.9	40	11.8	16
15	17.1	13.6	40	11.5	17.2	13.7	40	11.6	17.3	13.8	41	11.8	17.4	13.9	41	11.9	17.5	14.1	41	12.0	15
15	17.2	13.7	41	11.7	17.3	13.9	41	11.8	17.4	14.0	41	12.0	17.5	14.1	41	12.1	17.6	14.2	41	12.2	15
15	17.3	13.9	41	11.9	17.4	14.1	42	12.0	17.5	14.2	42	12.2	17.6	14.3	42	12.3	17.7	14.4	42	12.5	15
15	17.4	14.1	42	12.1	17.5	14.3	42	12.3	17.6	14.4	42	12.4	17.7	14.5	42	12.5	17.8	14.6	43	12.7	15
14	17.5	14.3	43	12.3	17.6	14.4	43	12.5	17.7	14.6	43	12.6	17.8	14.7	43	12.7	17.9	14.8	43	12.9	14
14	17.6	14.5	43	12.5	17.7	14.6	43	12.7	17.8	14.8	43	12.8	17.9	14.9	44	12.9	**18.0**	15.0	44	13.1	14
14	17.7	14.7	44	12.7	17.8	14.8	44	12.9	17.9	15.0	44	13.0	**18.0**	15.1	44	13.1	18.1	15.2	44	13.3	14
14	17.8	14.9	44	12.9	17.9	15.0	44	13.1	**18.0**	15.2	45	13.2	18.1	15.3	45	13.3	18.2	15.4	45	13.5	14
14	17.9	15.1	45	13.1	**18.0**	15.2	45	13.3	18.1	15.4	45	13.4	18.2	15.5	45	13.5	18.3	15.6	45	13.7	14
13	**18.0**	15.3	46	13.3	18.1	15.4	46	13.5	18.2	15.6	46	13.6	18.3	15.7	46	13.7	18.4	15.8	46	13.8	13
13	18.1	15.5	46	13.5	18.2	15.6	46	13.7	18.3	15.8	46	13.8	18.4	15.9	46	13.9	18.5	16.0	47	14.0	13
13	18.2	15.7	47	13.7	18.3	15.8	47	13.8	18.4	16.0	47	14.0	18.5	16.1	47	14.1	18.6	16.2	47	14.2	13
13	18.3	15.9	47	13.9	18.4	16.0	47	14.0	18.5	16.1	47	14.2	18.6	16.3	48	14.3	18.7	16.4	48	14.4	13
12	18.4	16.1	48	14.1	18.5	16.2	48	14.2	18.6	16.4	48	14.4	18.7	16.5	48	14.5	18.8	16.6	48	14.6	12
12	18.5	16.3	48	14.3	18.6	16.4	49	14.4	18.7	16.6	49	14.5	18.8	16.7	49	14.7	18.9	16.8	49	14.8	12
12	18.6	16.5	49	14.5	18.7	16.6	49	14.6	18.8	16.8	49	14.7	18.9	16.9	49	14.9	**19.0**	17.0	49	15.0	12
12	18.7	16.7	50	14.7	18.8	16.8	50	14.8	18.9	17.0	50	14.9	**19.0**	17.1	50	15.0	19.1	17.2	50	15.2	12
12	18.8	16.9	50	14.9	18.9	17.0	50	15.0	**19.0**	17.2	50	15.1	19.1	17.3	51	15.2	19.2	17.4	51	15.4	12
11	18.9	17.1	51	15.0	**19.0**	17.2	51	15.2	19.1	17.4	51	15.3	19.2	17.5	51	15.4	19.3	17.6	51	15.5	11
11	**19.0**	17.3	51	15.2	19.1	17.4	52	15.4	19.2	17.6	52	15.5	19.3	17.7	52	15.6	19.4	17.8	52	15.7	11
11	19.1	17.5	52	15.4	19.2	17.6	52	15.5	19.3	17.8	52	15.7	19.4	17.9	52	15.8	19.5	18.1	52	15.9	11
11	19.2	17.7	53	15.6	19.3	17.8	53	15.7	19.4	18.0	53	15.8	19.5	18.1	53	16.0	19.6	18.3	53	16.1	11
11	19.3	17.9	53	15.8	19.4	18.0	53	15.9	19.5	18.2	53	16.0	19.6	18.3	54	16.1	19.7	18.5	54	16.3	11
10	19.4	18.1	54	16.0	19.5	18.3	54	16.1	19.6	18.4	54	16.2	19.7	18.5	54	16.3	19.8	18.7	54	16.4	10
10	19.5	18.3	55	16.1	19.6	18.5	55	16.2	19.7	18.6	55	16.4	19.8	18.7	55	16.5	19.9	18.9	55	16.6	10
10	19.6	18.5	55	16.3	19.7	18.7	55	16.4	19.8	18.8	55	16.5	19.9	19.0	55	16.7	**20.0**	19.1	56	16.8	10
10	19.7	18.7	56	16.5	19.8	18.9	56	16.6	19.9	19.0	56	16.7	**20.0**	19.2	56	16.8	20.1	19.3	56	17.0	10
10	19.8	18.9	56	16.7	19.9	19.1	56	16.8	**20.0**	19.2	57	16.9	20.1	19.4	57	17.0	20.2	19.5	57	17.1	10
9	19.9	19.2	57	16.8	**20.0**	19.3	57	16.9	20.1	19.4	57	17.1	20.2	19.6	57	17.2	20.3	19.7	57	17.3	9
9	**20.0**	19.4	58	17.0	20.1	19.5	58	17.1	20.2	19.7	58	17.2	20.3	19.8	58	17.4	20.4	20.0	58	17.5	9
9	20.1	19.6	58	17.2	20.2	19.7	58	17.3	20.3	19.9	58	17.4	20.4	20.0	59	17.5	20.5	20.2	59	17.6	9
9	20.2	19.8	59	17.3	20.3	19.9	59	17.5	20.4	20.1	59	17.6	20.5	20.2	59	17.7	20.6	20.4	59	17.8	9
9	20.3	20.0	60	17.5	20.4	20.2	60	17.6	20.5	20.3	60	17.7	20.6	20.5	60	17.9	20.7	20.6	60	18.0	9
9	20.4	20.2	60	17.7	20.5	20.4	60	17.8	20.6	20.5	60	17.9	20.7	20.7	60	18.0	20.8	20.8	61	18.1	9
8	20.5	20.4	61	17.9	20.6	20.6	61	18.0	20.7	20.7	61	18.1	20.8	20.9	61	18.2	20.9	21.0	61	18.3	8
8	20.6	20.7	61	18.0	20.7	20.8	62	18.1	20.8	21.0	62	18.2	20.9	21.1	62	18.4	**21.0**	21.3	62	18.5	8
8	20.7	20.9	62	18.2	20.8	21.0	62	18.3	20.9	21.2	62	18.4	**21.0**	21.3	62	18.5	21.1	21.5	62	18.6	8
8	20.8	21.1	63	18.3	20.9	21.2	63	18.5	**21.0**	21.4	63	18.6	21.1	21.5	63	18.7	21.2	21.7	63	18.8	8
8	20.9	21.3	63	18.5	**21.0**	21.5	63	18.6	21.1	21.6	64	18.7	21.2	21.8	64	18.9	21.3	21.9	64	19.0	8
7	**21.0**	21.5	64	18.7	21.1	21.7	64	18.8	21.2	21.8	64	18.9	21.3	22.0	64	19.0	21.4	22.1	64	19.1	7
7	21.1	21.7	65	18.8	21.2	21.9	65	19.0	21.3	22.1	65	19.1	21.4	22.2	65	19.2	21.5	22.4	65	19.3	7
7	21.2	22.0	65	19.0	21.3	22.1	65	19.1	21.4	22.3	66	19.2	21.5	22.4	66	19.3	21.6	22.6	66	19.5	7
7	21.3	22.2	66	19.2	21.4	22.3	66	19.3	21.5	22.5	66	19.4	21.6	22.7	66	19.5	21.7	22.8	66	19.6	7
7	21.4	22.4	67	19.3	21.5	22.6	67	19.4	21.6	22.7	67	19.5	21.7	22.9	67	19.7	21.8	23.0	67	19.8	7
7	21.5	22.6	67	19.5	21.6	22.8	67	19.6	21.7	22.9	67	19.7	21.8	23.1	68	19.8	21.9	23.3	68	19.9	7
6	21.6	22.9	68	19.6	21.7	23.0	68	19.8	21.8	23.2	68	19.9	21.9	23.3	68	20.0	**22.0**	23.5	68	20.1	6

n	t_W	e	U	t_d	t_W	e	U	t_d	t_W	e	U	t_d	t_W	e	U	t_d	t_W	e	U	t_d	n
	26.0				**26.1**				**26.2**				**26.3**				**26.4**				
6	21.7	23.1	69	19.8	21.8	23.2	69	19.9	21.9	23.4	69	20.0	**22.0**	23.6	69	20.1	22.1	23.7	69	20.2	6
6	21.8	23.3	69	20.0	21.9	23.5	69	20.1	**22.0**	23.6	69	20.2	22.1	23.8	70	20.3	22.2	24.0	70	20.4	6
6	21.9	23.5	70	20.1	**22.0**	23.7	70	20.2	22.1	23.9	70	20.3	22.2	24.0	70	20.4	22.3	24.2	70	20.6	6
6	**22.0**	23.8	71	20.3	22.1	23.9	71	20.4	22.2	24.1	71	20.5	22.3	24.2	71	20.6	22.4	24.4	71	20.7	6
6	22.1	24.0	71	20.4	22.2	24.2	71	20.5	22.3	24.3	72	20.6	22.4	24.5	72	20.7	22.5	24.6	72	20.9	6
5	22.2	24.2	72	20.6	22.3	24.4	72	20.7	22.4	24.5	72	20.8	22.5	24.7	72	20.9	22.6	24.9	72	21.0	5
5	22.3	24.4	73	20.7	22.4	24.6	73	20.8	22.5	24.8	73	20.9	22.6	24.9	73	21.1	22.7	25.1	73	21.2	5
5	22.4	24.7	73	20.9	22.5	24.8	73	21.0	22.6	25.0	74	21.1	22.7	25.2	74	21.2	22.8	25.3	74	21.3	5
5	22.5	24.9	74	21.0	22.6	25.1	74	21.1	22.7	25.2	74	21.3	22.8	25.4	74	21.4	22.9	25.6	74	21.5	5
5	22.6	25.1	75	21.2	22.7	25.3	75	21.3	22.8	25.5	75	21.4	22.9	25.6	75	21.5	**23.0**	25.8	75	21.6	5
5	22.7	25.4	76	21.3	22.8	25.5	76	21.4	22.9	25.7	76	21.6	**23.0**	25.9	76	21.7	23.1	26.1	76	21.8	5
4	22.8	25.6	76	21.5	22.9	25.8	76	21.6	**23.0**	25.9	76	21.7	23.1	26.1	76	21.8	23.2	26.3	76	21.9	4
4	22.9	25.8	77	21.6	**23.0**	26.0	77	21.7	23.1	26.2	77	21.8	23.2	26.4	77	22.0	23.3	26.5	77	22.1	4
4	**23.0**	26.1	78	21.8	23.1	26.3	78	21.9	23.2	26.4	78	22.0	23.3	26.6	78	22.1	23.4	26.8	78	22.2	4
4	23.1	26.3	78	21.9	23.2	26.5	78	22.0	23.3	26.7	78	22.1	23.4	26.8	78	22.3	23.5	27.0	78	22.4	4
4	23.2	26.6	79	22.1	23.3	26.7	79	22.2	23.4	26.9	79	22.3	23.5	27.1	79	22.4	23.6	27.3	79	22.5	4
4	23.3	26.8	80	22.2	23.4	27.0	80	22.3	23.5	27.1	80	22.4	23.6	27.3	80	22.5	23.7	27.5	80	22.7	4
4	23.4	27.0	80	22.4	23.5	27.2	80	22.5	23.6	27.4	81	22.6	23.7	27.6	81	22.7	23.8	27.7	81	22.8	4
3	23.5	27.3	81	22.5	23.6	27.5	81	22.6	23.7	27.6	81	22.7	23.8	27.8	81	22.8	23.9	28.0	81	22.9	3
3	23.6	27.5	82	22.7	23.7	27.7	82	22.8	23.8	27.9	82	22.9	23.9	28.0	82	23.0	**24.0**	28.2	82	23.1	3
3	23.7	27.8	83	22.8	23.8	27.9	83	22.9	23.9	28.1	83	23.0	**24.0**	28.3	83	23.1	24.1	28.5	83	23.2	3
3	23.8	28.0	83	23.0	23.9	28.2	83	23.1	**24.0**	28.4	83	23.2	24.1	28.5	83	23.3	24.2	28.7	83	23.4	3
3	23.9	28.2	84	23.1	**24.0**	28.4	84	23.2	24.1	28.6	84	23.3	24.2	28.8	84	23.4	24.3	29.0	84	23.5	3
3	**24.0**	28.5	85	23.2	24.1	28.7	85	23.3	24.2	28.9	85	23.4	24.3	29.0	85	23.6	24.4	29.2	85	23.7	3
3	24.1	28.7	86	23.4	24.2	28.9	86	23.5	24.3	29.1	86	23.6	24.4	29.3	86	23.7	24.5	29.5	86	23.8	3
2	24.2	29.0	86	23.5	24.3	29.2	86	23.6	24.4	29.4	86	23.7	24.5	29.5	86	23.8	24.6	29.7	86	23.9	2
2	24.3	29.2	87	23.7	24.4	29.4	87	23.8	24.5	29.6	87	23.9	24.6	29.8	87	24.0	24.7	30.0	87	24.1	2
2	24.4	29.5	88	23.8	24.5	29.7	88	23.9	24.6	29.9	88	24.0	24.7	30.0	88	24.1	24.8	30.2	88	24.2	2
2	24.5	29.7	88	23.9	24.6	29.9	89	24.1	24.7	30.1	89	24.2	24.8	30.3	89	24.3	24.9	30.5	89	24.4	2
2	24.6	30.0	89	24.1	24.7	30.2	89	24.2	24.8	30.4	89	24.3	24.9	30.5	89	24.4	**25.0**	30.7	89	24.5	2
2	24.7	30.2	90	24.2	24.8	30.4	90	24.3	24.9	30.6	90	24.4	**25.0**	30.8	90	24.5	25.1	31.0	90	24.6	2
2	24.8	30.5	91	24.4	24.9	30.7	91	24.5	**25.0**	30.9	91	24.6	25.1	31.1	91	24.7	25.2	31.2	91	24.8	2
1	24.9	30.7	91	24.5	**25.0**	30.9	92	24.6	25.1	31.1	92	24.7	25.2	31.3	92	24.8	25.3	31.5	92	24.9	1
1	**25.0**	31.0	92	24.6	25.1	31.2	92	24.7	25.2	31.4	92	24.8	25.3	31.6	92	24.9	25.4	31.8	92	25.1	1
1	25.1	31.3	93	24.8	25.2	31.4	93	24.9	25.3	31.6	93	25.0	25.4	31.8	93	25.1	25.5	32.0	93	25.2	1
1	25.2	31.5	94	24.9	25.3	31.7	94	25.0	25.4	31.9	94	25.1	25.5	32.1	94	25.2	25.6	32.3	94	25.3	1
1	25.3	31.8	95	25.1	25.4	32.0	95	25.2	25.5	32.2	95	25.3	25.6	32.4	95	25.4	25.7	32.5	95	25.5	1
1	25.4	32.0	95	25.2	25.5	32.2	95	25.3	25.6	32.4	95	25.4	25.7	32.6	95	25.5	25.8	32.8	95	25.6	1
1	25.5	32.3	96	25.3	25.6	32.5	96	25.4	25.7	32.7	96	25.5	25.8	32.9	96	25.6	25.9	33.1	96	25.7	1
0	25.6	32.6	97	25.5	25.7	32.7	97	25.6	25.8	32.9	97	25.7	25.9	33.1	97	25.8	**26.0**	33.3	97	25.9	0
0	25.7	32.8	98	25.6	25.8	33.0	98	25.7	25.9	33.2	98	25.8	**26.0**	33.4	98	25.9	26.1	33.6	98	26.0	0
0	25.8	33.1	98	25.7	25.9	33.3	98	25.8	**26.0**	33.5	98	25.9	26.1	33.7	98	26.0	26.2	33.9	98	26.1	0
0	25.9	33.3	99	25.9	**26.0**	33.5	99	26.0	26.1	33.7	99	26.1	26.2	33.9	99	26.2	26.3	34.1	99	26.3	0
0	**26.0**	33.6	100	26.0	26.1	33.8	100	26.1	26.2	34.0	100	26.2	26.3	34.2	100	26.3	26.4	34.4	100	26.4	0
	26.5				**26.6**				**26.7**				**26.8**				**26.9**				
40													9.4	0.2	1	-40.5	9.5	0.3	1	-36.9	40
39									9.4	0.2	1	-37.4	9.5	0.3	1	-34.6	9.6	0.4	1	-32.3	39
39	9.3	0.2	1	-37.9	9.4	0.3	1	-35.0	9.5	0.4	1	-32.7	9.6	0.5	1	-30.8	9.7	0.6	2	-29.1	39
39	9.4	0.4	1	-33.0	9.5	0.5	1	-31.1	9.6	0.5	2	-29.4	9.7	0.6	2	-27.9	9.8	0.7	2	-26.5	39
38	9.5	0.5	2	-29.6	9.6	0.6	2	-28.1	9.7	0.7	2	-26.8	9.8	0.8	2	-25.5	9.9	0.8	2	-24.4	38
38	9.6	0.7	2	-27.0	9.7	0.8	2	-25.7	9.8	0.8	2	-24.6	9.9	0.9	3	-23.6	**10.0**	1.0	3	-22.6	38
38	9.7	0.8	2	-24.8	9.8	0.9	3	-23.8	9.9	1.0	3	-22.8	**10.0**	1.1	3	-21.9	10.1	1.1	3	-21.0	38
37	9.8	1.0	3	-23.0	9.9	1.1	3	-22.0	**10.0**	1.1	3	-21.2	10.1	1.2	3	-20.4	10.2	1.3	4	-19.6	37
37	9.9	1.1	3	-21.3	**10.0**	1.2	3	-20.5	10.1	1.3	4	-19.7	10.2	1.4	4	-19.0	10.3	1.4	4	-18.3	37
37	**10.0**	1.3	4	-19.9	10.1	1.3	4	-19.2	10.2	1.4	4	-18.5	10.3	1.5	4	-17.8	10.4	1.6	5	-17.1	37
36	10.1	1.4	4	-18.6	10.2	1.5	4	-17.9	10.3	1.6	5	-17.3	10.4	1.7	5	-16.7	10.5	1.7	5	-16.1	36
36	10.2	1.6	5	-17.4	10.3	1.6	5	-16.8	10.4	1.7	5	-16.2	10.5	1.8	5	-15.6	10.6	1.9	5	-15.1	36
36	10.3	1.7	5	-16.3	10.4	1.8	5	-15.7	10.5	1.9	5	-15.2	10.6	2.0	6	-14.6	10.7	2.1	6	-14.1	36
35	10.4	1.9	5	-15.3	10.5	1.9	6	-14.8	10.6	2.0	6	-14.2	10.7	2.1	6	-13.7	10.8	2.2	6	-13.3	35
35	10.5	2.0	6	-14.4	10.6	2.1	6	-13.8	10.7	2.2	6	-13.4	10.8	2.3	6	-12.9	10.9	2.4	7	-12.4	35
35	10.6	2.2	6	-13.5	10.7	2.3	6	-13.0	10.8	2.3	7	-12.5	10.9	2.4	7	-12.1	**11.0**	2.5	7	-11.6	35
34	10.7	2.3	7	-12.6	10.8	2.4	7	-12.2	10.9	2.5	7	-11.7	**11.0**	2.6	7	-11.3	11.1	2.7	8	-10.9	34
34	10.8	2.5	7	-11.8	10.9	2.6	7	-11.4	**11.0**	2.6	8	-11.0	11.1	2.7	8	-10.6	11.2	2.8	8	-10.2	34
34	10.9	2.6	8	-11.1	**11.0**	2.7	8	-10.7	11.1	2.8	8	-10.3	11.2	2.9	8	-9.9	11.3	3.0	8	-9.5	34
33	**11.0**	2.8	8	-10.4	11.1	2.9	8	-10.0	11.2	3.0	8	-9.6	11.3	3.0	9	-9.2	11.4	3.1	9	-8.9	33
33	11.1	2.9	8	-9.7	11.2	3.0	9	-9.3	11.3	3.1	9	-8.9	11.4	3.2	9	-8.6	11.5	3.3	9	-8.2	33
33	11.2	3.1	9	-9.0	11.3	3.2	9	-8.7	11.4	3.3	9	-8.3	11.5	3.4	10	-8.0	11.6	3.4	10	-7.6	33
32	11.3	3.2	9	-8.4	11.4	3.3	10	-8.1	11.5	3.4	10	-7.7	11.6	3.5	10	-7.4	11.7	3.6	10	-7.1	32
32	11.4	3.4	10	-7.8	11.5	3.5	10	-7.5	11.6	3.6	10	-7.1	11.7	3.7	10	-6.8	11.8	3.8	11	-6.5	32
32	11.5	3.6	10	-7.2	11.6	3.6	10	-6.9	11.7	3.7	11	-6.6	11.8	3.8	11	-6.3	11.9	3.9	11	-6.0	32
31	11.6	3.7	11	-6.7	11.7	3.8	11	-6.3	11.8	3.9	11	-6.0	11.9	4.0	11	-5.7	**12.0**	4.1	12	-5.4	31

n	t_W	e	U	t_d	t_W	e	U	t_d	t_W	e	U	t_d	t_W	e	U	t_d	t_W	e	U	t_d	n
	26.5				**26.6**				**26.7**				**26.8**				**26.9**				
31	11.7	3.9	11	-6.1	11.8	4.0	11	-5.8	11.9	4.1	12	-5.5	**12.0**	4.1	12	-5.2	12.1	4.2	12	-4.9	31
31	11.8	4.0	12	-5.6	11.9	4.1	12	-5.3	**12.0**	4.2	12	-5.0	12.1	4.3	12	-4.7	12.2	4.4	12	-4.4	31
30	11.9	4.2	12	-5.1	**12.0**	4.3	12	-4.8	12.1	4.4	12	-4.5	12.2	4.5	13	-4.2	12.3	4.6	13	-4.0	30
30	**12.0**	4.3	13	-4.6	12.1	4.4	13	-4.3	12.2	4.5	13	-4.0	12.3	4.6	13	-3.8	12.4	4.7	13	-3.5	30
30	12.1	4.5	13	-4.1	12.2	4.6	13	-3.8	12.3	4.7	13	-3.6	12.4	4.8	14	-3.3	12.5	4.9	14	-3.0	30
29	12.2	4.7	13	-3.7	12.3	4.8	14	-3.4	12.4	4.9	14	-3.1	12.5	4.9	14	-2.9	12.6	5.0	14	-2.6	29
29	12.3	4.8	14	-3.2	12.4	4.9	14	-2.9	12.5	5.0	14	2.7	12.6	5.1	15	-2.4	12.7	5.2	15	-2.2	29
29	12.4	5.0	14	-2.8	12.5	5.1	15	-2.5	12.6	5.2	15	-2.3	12.7	5.3	15	-2.0	12.8	5.4	15	-1.8	29
28	12.5	5.1	15	-2.3	12.6	5.2	15	-2.1	12.7	5.3	15	-1.8	12.8	5.4	15	-1.6	12.9	5.5	16	-1.4	28
28	12.6	5.3	15	-1.9	12.7	5.4	16	-1.7	12.8	5.5	16	-1.4	12.9	5.6	16	-1.2	**13.0**	5.7	16	-1.0	28
28	12.7	5.5	16	-1.5	12.8	5.6	16	-1.3	12.9	5.7	16	-1.0	**13.0**	5.8	16	-0.8	13.1	5.9	17	-0.6	28
28	12.8	5.6	16	-1.1	12.9	5.7	16	-0.9	**13.0**	5.8	17	-0.6	13.1	5.9	17	-0.4	13.2	6.0	17	-0.2	28
27	12.9	5.8	17	-0.7	**13.0**	5.9	17	-0.5	13.1	6.0	17	-0.3	13.2	6.1	17	0.0	13.3	6.2	17	0.2	27
27	**13.0**	6.0	17	-0.3	13.1	6.1	17	-0.1	13.2	6.2	18	0.1	13.3	6.3	18	0.3	13.4	6.4	18	0.6	27
27	13.1	6.1	18	0.0	13.2	6.2	18	0.3	13.3	6.3	18	0.5	13.4	6.4	18	0.7	13.5	6.5	18	0.9	27
26	13.2	6.3	18	0.4	13.3	6.4	18	0.6	13.4	6.5	19	0.8	13.5	6.6	19	1.1	13.6	6.7	19	1.3	26
26	13.3	6.5	19	0.8	13.4	6.6	19	1.0	13.5	6.7	19	1.2	13.6	6.8	19	1.4	13.7	6.9	19	1.6	26
26	13.4	6.6	19	1.1	13.5	6.7	19	1.3	13.6	6.8	19	1.5	13.7	6.9	20	1.8	13.8	7.0	20	2.0	26
26	13.5	6.8	20	1.5	13.6	6.9	20	1.7	13.7	7.0	20	1.9	13.8	7.1	20	2.1	13.9	7.2	20	2.3	26
25	13.6	7.0	20	1.8	13.7	7.1	20	2.0	13.8	7.2	20	2.2	13.9	7.3	21	2.4	**14.0**	7.4	21	2.6	25
25	13.7	7.1	21	2.1	13.8	7.2	21	2.3	13.9	7.3	21	2.5	**14.0**	7.4	21	2.7	14.1	7.5	21	2.9	25
25	13.8	7.3	21	2.5	13.9	7.4	21	2.7	**14.0**	7.5	21	2.9	14.1	7.6	22	3.1	14.2	7.7	22	3.3	25
24	13.9	7.5	22	2.8	**14.0**	7.6	22	3.0	14.1	7.7	22	3.2	14.2	7.8	22	3.4	14.3	7.9	22	3.6	24
24	**14.0**	7.6	22	3.1	14.1	7.7	22	3.3	14.2	7.8	22	3.5	14.3	8.0	23	3.7	14.4	8.1	23	3.9	24
24	14.1	7.8	23	3.4	14.2	7.9	23	3.6	14.3	8.0	23	3.8	14.4	8.1	23	4.0	14.5	8.2	23	4.2	24
24	14.2	8.0	23	3.7	14.3	8.1	23	3.9	14.4	8.2	23	4.1	14.5	8.3	24	4.3	14.6	8.4	24	4.5	24
23	14.3	8.2	24	4.0	14.4	8.3	24	4.2	14.5	8.4	24	4.4	14.6	8.5	24	4.6	14.7	8.6	24	4.8	23
23	14.4	8.3	24	4.3	14.5	8.4	24	4.5	14.6	8.5	24	4.7	14.7	8.6	25	4.9	14.8	8.8	25	5.1	23
23	14.5	8.5	25	4.6	14.6	8.6	25	4.8	14.7	8.7	25	5.0	14.8	8.8	25	5.2	14.9	8.9	25	5.3	23
22	14.6	8.7	25	4.9	14.7	8.8	25	5.1	14.8	8.9	25	5.3	14.9	9.0	26	5.4	**15.0**	9.1	26	5.6	22
22	14.7	8.8	26	5.2	14.8	9.0	26	5.4	14.9	9.1	26	5.6	**15.0**	9.2	26	5.7	15.1	9.3	26	5.9	22
22	14.8	9.0	26	5.5	14.9	9.1	26	5.7	**15.0**	9.2	26	5.8	15.1	9.3	27	6.0	15.2	9.5	27	6.2	22
22	14.9	9.2	27	5.8	**15.0**	9.3	27	5.9	15.1	9.4	27	6.1	15.2	9.5	27	6.3	15.3	9.6	27	6.4	22
21	**15.0**	9.4	27	6.0	15.1	9.5	27	6.2	15.2	9.6	27	6.4	15.3	9.7	28	6.5	15.4	9.8	28	6.7	21
21	15.1	9.5	28	6.3	15.2	9.7	28	6.5	15.3	9.8	28	6.6	15.4	9.9	28	6.8	15.5	10.0	28	7.0	21
21	15.2	9.7	28	6.6	15.3	9.8	28	6.7	15.4	9.9	28	6.9	15.5	10.1	29	7.1	15.6	10.2	29	7.2	21
21	15.3	9.9	29	6.8	15.4	10.0	29	7.0	15.5	10.1	29	7.2	15.6	10.2	29	7.3	15.7	10.4	29	7.5	21
20	15.4	10.1	29	7.1	15.5	10.2	29	7.3	15.6	10.3	29	7.4	15.7	10.4	30	7.6	15.8	10.5	30	7.7	20
20	15.5	10.3	30	7.4	15.6	10.4	30	7.5	15.7	10.5	30	7.7	15.8	10.6	30	7.8	15.9	10.7	30	8.0	20
20	15.6	10.4	30	7.6	15.7	10.6	30	7.8	15.8	10.7	30	7.9	15.9	10.8	31	8.1	**16.0**	10.9	31	8.2	20
20	15.7	10.6	31	7.9	15.8	10.7	31	8.0	15.9	10.9	31	8.2	**16.0**	11.0	31	8.3	16.1	11.1	31	8.5	20
19	15.8	10.8	31	8.1	15.9	10.9	31	8.3	**16.0**	11.0	32	8.4	16.1	11.2	32	8.6	16.2	11.3	32	8.7	19
19	15.9	11.0	32	8.4	**16.0**	11.1	32	8.5	16.1	11.2	32	8.7	16.2	11.3	32	8.8	16.3	11.5	32	9.0	19
19	**16.0**	11.2	32	8.6	16.1	11.3	32	8.8	16.2	11.4	33	8.9	16.3	11.5	33	9.1	16.4	11.6	33	9.2	19
19	16.1	11.4	33	8.8	16.2	11.5	33	9.0	16.3	11.6	33	9.1	16.4	11.7	33	9.3	16.5	11.8	33	9.4	19
18	16.2	11.5	33	9.1	16.3	11.7	33	9.2	16.4	11.8	34	9.4	16.5	11.9	34	9.5	16.6	12.0	34	9.7	18
18	16.3	11.7	34	9.3	16.4	11.8	34	9.5	16.5	12.0	34	9.6	16.6	12.1	34	9.8	16.7	12.2	34	9.9	18
18	16.4	11.9	34	9.5	16.5	12.0	35	9.7	16.6	12.1	35	9.8	16.7	12.3	35	10.0	16.8	12.4	35	10.1	18
18	16.5	12.1	35	9.8	16.6	12.2	35	9.9	16.7	12.3	35	10.1	16.8	12.5	35	10.2	16.9	12.6	35	10.4	18
17	16.6	12.3	35	10.0	16.7	12.4	36	10.2	16.8	12.5	36	10.3	16.9	12.6	36	10.4	**17.0**	12.8	36	10.6	17
17	16.7	12.5	36	10.2	16.8	12.6	36	10.4	16.9	12.7	36	10.5	**17.0**	12.8	36	10.7	17.1	13.0	37	10.8	17
17	16.8	12.7	37	10.5	16.9	12.8	37	10.6	**17.0**	12.9	37	10.7	17.1	13.0	37	10.9	17.2	13.1	37	11.0	17
17	16.9	12.8	37	10.7	**17.0**	13.0	37	10.8	17.1	13.1	37	11.0	17.2	13.2	37	11.1	17.3	13.3	38	11.2	17
16	**17.0**	13.0	38	10.9	17.1	13.2	38	11.0	17.2	13.3	38	11.2	17.3	13.4	38	11.3	17.4	13.5	38	11.5	16
16	17.1	13.2	38	11.1	17.2	13.3	38	11.3	17.3	13.5	38	11.4	17.4	13.6	39	11.5	17.5	13.7	39	11.7	16
16	17.2	13.4	39	11.3	17.3	13.5	39	11.5	17.4	13.7	39	11.6	17.5	13.8	39	11.7	17.6	13.9	39	11.9	16
16	17.3	13.6	39	11.5	17.4	13.7	39	11.7	17.5	13.9	40	11.8	17.6	14.0	40	12.0	17.7	14.1	40	12.1	16
16	17.4	13.8	40	11.8	17.5	13.9	40	11.9	17.6	14.0	40	12.0	17.7	14.2	40	12.2	17.8	14.3	40	12.3	16
15	17.5	14.0	40	12.0	17.6	14.1	41	12.1	17.7	14.2	41	12.2	17.8	14.4	41	12.4	17.9	14.5	41	12.5	15
15	17.6	14.2	41	12.2	17.7	14.3	41	12.3	17.8	14.4	41	12.4	17.9	14.6	41	12.6	**18.0**	14.7	41	12.7	15
15	17.7	14.4	42	12.4	17.8	14.5	42	12.5	17.9	14.6	42	12.7	**18.0**	14.8	42	12.8	18.1	14.9	42	12.9	15
15	17.8	14.6	42	12.6	17.9	14.7	42	12.7	**18.0**	14.8	42	12.9	18.1	15.0	42	13.0	18.2	15.1	43	13.1	15
14	17.9	14.8	43	12.8	**18.0**	14.9	43	12.9	18.1	15.0	43	13.1	18.2	15.2	43	13.2	18.3	15.3	43	13.3	14
14	**18.0**	15.0	43	13.0	18.1	15.1	43	13.1	18.2	15.2	43	13.3	18.3	15.4	44	13.4	18.4	15.5	44	13.5	14
14	18.1	15.2	44	13.2	18.2	15.3	44	13.3	18.3	15.4	44	13.5	18.4	15.5	44	13.6	18.5	15.7	44	13.7	14
14	18.2	15.4	44	13.4	18.3	15.5	44	13.5	18.4	15.6	45	13.7	18.5	15.7	45	13.8	18.6	15.9	45	13.9	14
14	18.3	15.6	45	13.6	18.4	15.7	45	13.7	18.5	15.8	45	13.8	18.6	16.0	45	14.0	18.7	16.1	45	14.1	14
13	18.4	15.7	46	13.8	18.5	15.9	46	13.9	18.6	16.0	46	14.0	18.7	16.2	46	14.2	18.8	16.3	46	14.3	13
13	18.5	15.9	46	14.0	18.6	16.1	46	14.1	18.7	16.2	46	14.2	18.8	16.4	46	14.4	18.9	16.5	47	14.5	13
13	18.6	16.2	47	14.2	18.7	16.3	47	14.3	18.8	16.4	47	14.4	18.9	16.6	47	14.6	**19.0**	16.7	47	14.7	13
13	18.7	16.4	47	14.4	18.8	16.5	47	14.5	18.9	16.6	47	14.6	**19.0**	16.8	48	14.7	19.1	16.9	48	14.9	13
12	18.8	16.6	48	14.5	18.9	16.7	48	14.7	**19.0**	16.8	48	14.8	19.1	17.0	48	14.9	19.2	17.1	48	15.1	12
12	18.9	16.8	48	14.7	**19.0**	16.9	49	14.9	19.1	17.0	49	15.0	19.2	17.2	49	15.1	19.3	17.3	49	15.2	12

n	t_W	e	U	t_d	t_W	e	U	t_d	t_W	e	U	t_d	t_W	e	U	t_d	t_W	e	U	t_d	n
	26.5				**26.6**				**26.7**				**26.8**				**26.9**				
12	**19.0**	17.0	49	14.9	19.1	17.1	49	15.0	19.2	17.2	49	15.2	19.3	17.4	49	15.3	19.4	17.5	49	15.4	12
12	19.1	17.2	50	15.1	19.2	17.3	50	15.2	19.3	17.4	50	15.4	19.4	17.6	50	15.5	19.5	17.7	50	15.6	12
12	19.2	17.4	50	15.3	19.3	17.5	50	15.4	19.4	17.6	50	15.5	19.5	17.8	50	15.7	19.6	17.9	51	15.8	12
11	19.3	17.6	51	15.5	19.4	17.7	51	15.6	19.5	17.9	51	15.7	19.6	18.0	51	15.8	19.7	18.1	51	16.0	11
11	19.4	17.8	51	15.7	19.5	17.9	51	15.8	19.6	18.1	52	15.9	19.7	18.2	52	16.0	19.8	18.3	52	16.2	11
11	19.5	18.0	52	15.8	19.6	18.1	52	16.0	19.7	18.3	52	16.1	19.8	18.4	52	16.2	19.9	18.6	52	16.3	11
11	19.6	18.2	53	16.0	19.7	18.3	53	16.1	19.8	18.5	53	16.3	19.9	18.6	53	16.4	**20.0**	18.8	53	16.5	11
11	19.7	18.4	53	16.2	19.8	18.5	53	16.3	19.9	18.7	53	16.4	**20.0**	18.8	53	16.6	20.1	19.0	54	16.7	11
10	19.8	18.6	54	16.4	19.9	18.8	54	16.5	**20.0**	18.9	54	16.6	20.1	19.0	54	16.7	20.2	19.2	54	16.9	10
10	19.9	18.8	54	16.6	**20.0**	19.0	54	16.7	20.1	19.1	55	16.8	20.2	19.3	55	16.9	20.3	19.4	55	17.0	10
10	**20.0**	19.0	55	16.7	20.1	19.2	55	16.8	20.2	19.3	55	17.0	20.3	19.5	55	17.1	20.4	19.6	55	17.2	10
10	20.1	19.2	56	16.9	20.2	19.4	56	17.0	20.3	19.5	56	17.1	20.4	19.7	56	17.3	20.5	19.8	56	17.4	10
10	20.2	19.5	56	17.1	20.3	19.6	56	17.2	20.4	19.8	56	17.3	20.5	19.9	56	17.4	20.6	20.1	57	17.6	10
9	20.3	19.7	57	17.2	20.4	19.8	57	17.4	20.5	20.0	57	17.5	20.6	20.1	57	17.6	20.7	20.3	57	17.7	9
9	20.4	19.9	57	17.4	20.5	20.0	58	17.5	20.6	20.2	58	17.7	20.7	20.3	58	17.8	20.8	20.5	58	17.9	9
9	20.5	20.1	58	17.6	20.6	20.3	58	17.7	20.7	20.4	58	17.8	20.8	20.6	58	17.9	20.9	20.7	58	18.1	9
9	20.6	20.3	59	17.8	20.7	20.5	59	17.9	20.8	20.6	59	18.0	20.9	20.8	59	18.1	**21.0**	20.9	59	18.2	9
9	20.7	20.5	59	17.9	20.8	20.7	59	18.0	20.9	20.8	59	18.2	**21.0**	21.0	60	18.3	21.1	21.1	60	18.4	9
9	20.8	20.8	60	18.1	20.9	20.9	60	18.2	**21.0**	21.1	60	18.3	21.1	21.2	60	18.4	21.2	21.4	60	18.6	9
8	20.9	21.0	61	18.3	**21.0**	21.1	61	18.4	21.1	21.3	61	18.5	21.2	21.4	61	18.6	21.3	21.6	61	18.7	8
8	**21.0**	21.2	61	18.4	21.1	21.3	61	18.5	21.2	21.5	61	18.7	21.3	21.7	61	18.8	21.4	21.8	62	18.9	8
8	21.1	21.4	62	18.6	21.2	21.6	62	18.7	21.3	21.7	62	18.8	21.4	21.9	62	18.9	21.5	22.0	62	19.1	8
8	21.2	21.6	62	18.8	21.3	21.8	63	18.9	21.4	21.9	63	19.0	21.5	22.1	63	19.1	21.6	22.3	63	19.2	8
8	21.3	21.9	63	18.9	21.4	22.0	63	19.0	21.5	22.2	63	19.1	21.6	22.3	63	19.3	21.7	22.5	63	19.4	8
7	21.4	22.1	64	19.1	21.5	22.2	64	19.2	21.6	22.4	64	19.3	21.7	22.5	64	19.4	21.8	22.7	64	19.5	7
7	21.5	22.3	64	19.2	21.6	22.5	64	19.4	21.7	22.6	65	19.5	21.8	22.8	65	19.6	21.9	22.9	65	19.7	7
7	21.6	22.5	65	19.4	21.7	22.7	65	19.5	21.8	22.8	65	19.6	21.9	23.0	65	19.7	**22.0**	23.2	65	19.9	7
7	21.7	22.7	66	19.6	21.8	22.9	66	19.7	21.9	23.1	66	19.8	**22.0**	23.2	66	19.9	22.1	23.4	66	20.0	7
7	21.8	23.0	66	19.7	21.9	23.1	66	19.8	**22.0**	23.3	67	19.9	22.1	23.5	67	20.1	22.2	23.6	67	20.2	7
7	21.9	23.2	67	19.9	**22.0**	23.4	67	20.0	22.1	23.5	67	20.1	22.2	23.7	67	20.2	22.3	23.8	67	20.3	7
6	**22.0**	23.4	68	20.0	22.1	23.6	68	20.1	22.2	23.8	68	20.3	22.3	23.9	68	20.4	22.4	24.1	68	20.5	6
6	22.1	23.7	68	20.2	22.2	23.8	68	20.3	22.3	24.0	68	20.4	22.4	24.1	69	20.5	22.5	24.3	69	20.6	6
6	22.2	23.9	69	20.4	22.3	24.0	69	20.5	22.4	24.2	69	20.6	22.5	24.4	69	20.7	22.6	24.5	69	20.8	6
6	22.3	24.1	70	20.5	22.4	24.3	70	20.6	22.5	24.4	70	20.7	22.6	24.6	70	20.8	22.7	24.8	70	20.9	6
6	22.4	24.3	70	20.7	22.5	24.5	70	20.8	22.6	24.7	70	20.9	22.7	24.8	71	21.0	22.8	25.0	71	21.1	6
6	22.5	24.6	71	20.8	22.6	24.7	71	20.9	22.7	24.9	71	21.0	22.8	25.1	71	21.1	22.9	25.2	71	21.3	6
5	22.6	24.8	72	21.0	22.7	25.0	72	21.1	22.8	25.1	72	21.2	22.9	25.3	72	21.3	**23.0**	25.5	72	21.4	5
5	22.7	25.0	72	21.1	22.8	25.2	72	21.2	22.9	25.4	72	21.3	**23.0**	25.5	73	21.4	23.1	25.7	73	21.6	5
5	22.8	25.3	73	21.3	22.9	25.4	73	21.4	**23.0**	25.6	73	21.5	23.1	25.8	73	21.6	23.2	26.0	73	21.7	5
5	22.9	25.5	74	21.4	**23.0**	25.7	74	21.5	23.1	25.9	74	21.6	23.2	26.0	74	21.7	23.3	26.2	74	21.9	5
5	**23.0**	25.7	74	21.6	23.1	25.9	74	21.7	23.2	26.1	74	21.8	23.3	26.3	75	21.9	23.4	26.4	75	22.0	5
5	23.1	26.0	75	21.7	23.2	26.2	75	21.8	23.3	26.3	75	21.9	23.4	26.5	75	22.0	23.5	26.7	75	22.2	5
5	23.2	26.2	76	21.9	23.3	26.4	76	22.0	23.4	26.6	76	22.1	23.5	26.7	76	22.2	23.6	26.9	76	22.3	5
4	23.3	26.5	76	22.0	23.4	26.6	77	22.1	23.5	26.8	77	22.2	23.6	27.0	77	22.3	23.7	27.2	77	22.4	4
4	23.4	26.7	77	22.2	23.5	26.9	77	22.3	23.6	27.1	77	22.4	23.7	27.2	77	22.5	23.8	27.4	77	22.6	4
4	23.5	26.9	78	22.3	23.6	27.1	78	22.4	23.7	27.3	78	22.5	23.8	27.5	78	22.6	23.9	27.6	78	22.7	4
4	23.6	27.2	79	22.5	23.7	27.4	79	22.6	23.8	27.5	79	22.7	23.9	27.7	79	22.8	**24.0**	27.9	79	22.9	4
4	23.7	27.4	79	22.6	23.8	27.6	79	22.7	23.9	27.8	79	22.8	**24.0**	28.0	79	22.9	24.1	28.1	79	23.0	4
4	23.8	27.7	80	22.8	23.9	27.8	80	22.9	**24.0**	28.0	80	23.0	24.1	28.2	80	23.1	24.2	28.4	80	23.2	4
3	23.9	27.9	81	22.9	**24.0**	28.1	81	23.0	24.1	28.3	81	23.1	24.2	28.5	81	23.2	24.3	28.6	81	23.3	3
3	**24.0**	28.2	81	23.0	24.1	28.3	81	23.2	24.2	28.5	81	23.3	24.3	28.7	81	23.4	24.4	28.9	82	23.5	3
3	24.1	28.4	82	23.2	24.2	28.6	82	23.3	24.3	28.8	82	23.4	24.4	29.0	82	23.5	24.5	29.1	82	23.6	3
3	24.2	28.7	83	23.3	24.3	28.8	83	23.4	24.4	29.0	83	23.5	24.5	29.2	83	23.6	24.6	29.4	83	23.8	3
3	24.3	28.9	84	23.5	24.4	29.1	84	23.6	24.5	29.3	84	23.7	24.6	29.5	84	23.8	24.7	29.6	84	23.9	3
3	24.4	29.2	84	23.6	24.5	29.3	84	23.7	24.6	29.5	84	23.8	24.7	29.7	84	23.9	24.8	29.9	84	24.0	3
3	24.5	29.4	85	23.8	24.6	29.6	85	23.9	24.7	29.8	85	24.0	24.8	30.0	85	24.1	24.9	30.1	85	24.2	3
2	24.6	29.7	86	23.9	24.7	29.8	86	24.0	24.8	30.0	86	24.1	24.9	30.2	86	24.2	**25.0**	30.4	86	24.3	2
2	24.7	29.9	86	24.0	24.8	30.1	86	24.1	24.9	30.3	86	24.2	**25.0**	30.5	86	24.4	25.1	30.7	87	24.5	2
2	24.8	30.2	87	24.2	24.9	30.3	87	24.3	**25.0**	30.5	87	24.4	25.1	30.7	87	24.5	25.2	30.9	87	24.6	2
2	24.9	30.4	88	24.3	**25.0**	30.6	88	24.4	25.1	30.8	88	24.5	25.2	31.0	88	24.6	25.3	31.2	88	24.7	2
2	**25.0**	30.7	89	24.5	25.1	30.9	89	24.6	25.2	31.0	89	24.7	25.3	31.2	89	24.8	25.4	31.4	89	24.9	2
2	25.1	30.9	89	24.6	25.2	31.1	89	24.7	25.3	31.3	89	24.8	25.4	31.5	89	24.9	25.5	31.7	89	25.0	2
2	25.2	31.2	90	24.7	25.3	31.4	90	24.8	25.4	31.6	90	24.9	25.5	31.8	90	25.0	25.6	32.0	90	25.1	2
2	25.3	31.4	91	24.9	25.4	31.6	91	25.0	25.5	31.8	91	25.1	25.6	32.0	91	25.2	25.7	32.2	91	25.3	2
1	25.4	31.7	92	25.0	25.5	31.9	92	25.1	25.6	32.1	92	25.2	25.7	32.3	92	25.3	25.8	32.5	92	25.4	1
1	25.5	32.0	92	25.2	25.6	32.2	92	25.3	25.7	32.3	92	25.4	25.8	32.5	92	25.5	25.9	32.7	92	25.6	1
1	25.6	32.2	93	25.3	25.7	32.4	93	25.4	25.8	32.6	93	25.5	25.9	32.8	93	25.6	**26.0**	33.0	93	25.7	1
1	25.7	32.5	94	25.4	25.8	32.7	94	25.5	25.9	32.9	94	25.6	**26.0**	33.1	94	25.7	26.1	33.3	94	25.8	1
1	25.8	32.7	95	25.6	25.9	32.9	95	25.7	**26.0**	33.1	95	25.8	26.1	33.3	95	25.9	26.2	33.5	95	26.0	1
1	25.9	33.0	95	25.7	**26.0**	33.2	95	25.8	26.1	33.4	95	25.9	26.2	33.6	95	26.0	26.3	33.8	95	26.1	1
1	**26.0**	33.3	96	25.8	26.1	33.5	96	25.9	26.2	33.7	96	26.0	26.3	33.9	96	26.1	26.4	34.1	96	26.2	1
0	26.1	33.5	97	26.0	26.2	33.7	97	26.1	26.3	33.9	97	26.2	26.4	34.1	97	26.3	26.5	34.3	97	26.4	0
0	26.2	33.8	98	26.1	26.3	34.0	98	26.2	26.4	34.2	98	26.3	26.5	34.4	98	26.4	26.6	34.6	98	26.5	0

n	t_W	e	U	t_d	t_W	e	U	t_d	t_W	e	U	t_d	t_W	e	U	t_d	t_W	e	U	t_d	n
	26.5				**26.6**				**26.7**				**26.8**				**26.9**				
0	26.3	34.1	98	26.2	26.4	34.3	98	26.3	26.5	34.5	98	26.4	26.6	34.7	98	26.5	26.7	34.9	98	26.6	0
0	26.4	34.3	99	26.4	26.5	34.5	99	26.5	26.6	34.8	99	26.6	26.7	35.0	99	26.7	26.8	35.2	99	26.8	0
0	26.5	34.6	100	26.5	26.6	34.8	100	26.6	26.7	35.0	100	26.7	26.8	35.2	100	26.8	26.9	35.4	100	26.9	0
	27.0				**27.1**				**27.2**				**27.3**				**27.4**				
40																	9.7	0.2	1	-38.5	40
40									9.6	0.2	1	-39.1	9.7	0.3	1	-35.9	9.8	0.4	1	-33.4	40
39	9.5	0.2	1	-39.8	9.6	0.3	1	-36.4	9.7	0.4	1	-33.8	9.8	0.4	1	-31.6	9.9	0.5	1	-29.8	39
39	9.6	0.3	1	-34.2	9.7	0.4	1	-32.0	9.8	0.5	1	-30.1	9.9	0.6	2	-28.5	**10.0**	0.7	2	-27.1	39
39	9.7	0.5	1	-30.5	9.8	0.6	2	-28.8	9.9	0.6	2	-27.4	**10.0**	0.7	2	-26.1	10.1	0.8	2	-24.9	39
38	9.8	0.6	2	-27.6	9.9	0.7	2	-26.3	**10.0**	0.8	2	-25.1	10.1	0.9	2	-24.0	10.2	1.0	3	-23.0	38
38	9.9	0.8	2	-25.3	**10.0**	0.9	2	-24.2	10.1	0.9	3	-23.2	10.2	1.0	3	-22.3	10.3	1.1	3	-21.4	38
38	**10.0**	0.9	3	-23.4	10.1	1.0	3	-22.4	10.2	1.1	3	-21.5	10.3	1.2	3	-20.7	10.4	1.3	3	-19.9	38
37	10.1	1.1	3	-21.7	10.2	1.2	3	-20.9	10.3	1.2	3	-20.1	10.4	1.3	4	-19.3	10.5	1.4	4	-18.6	37
37	10.2	1.2	3	-20.2	10.3	1.3	4	-19.5	10.4	1.4	4	-18.7	10.5	1.5	4	-18.0	10.6	1.6	4	-17.4	37
37	10.3	1.4	4	-18.9	10.4	1.5	4	-18.2	10.5	1.5	4	-17.5	10.6	1.6	5	-16.9	10.7	1.7	5	-16.3	37
36	10.4	1.5	4	-17.7	10.5	1.6	5	-17.0	10.6	1.7	5	-16.4	10.7	1.8	5	-15.8	10.8	1.9	5	-15.3	36
36	10.5	1.7	5	-16.5	10.6	1.8	5	-15.9	10.7	1.9	5	-15.4	10.8	1.9	5	-14.8	10.9	2.0	6	-14.3	36
36	10.6	1.8	5	-15.5	10.7	1.9	5	-14.9	10.8	2.0	6	-14.4	10.9	2.1	6	-13.9	**11.0**	2.2	6	-13.4	36
35	10.7	2.0	6	-14.5	10.8	2.1	6	-14.0	10.9	2.2	6	-13.5	**11.0**	2.2	6	-13.0	11.1	2.3	6	-12.6	35
35	10.8	2.1	6	-13.6	10.9	2.2	6	-13.1	**11.0**	2.3	6	-12.7	11.1	2.4	7	-12.2	11.2	2.5	7	-11.8	35
35	10.9	2.3	6	-12.8	**11.0**	2.4	7	-12.3	11.1	2.5	7	-11.9	11.2	2.6	7	-11.4	11.3	2.6	7	-11.0	35
34	**11.0**	2.4	7	-12.0	11.1	2.5	7	-11.5	11.2	2.6	7	-11.1	11.3	2.7	7	-10.7	11.4	2.8	8	-10.3	34
34	11.1	2.6	7	-11.2	11.2	2.7	7	-10.8	11.3	2.8	8	-10.4	11.4	2.9	8	-10.0	11.5	3.0	8	-9.6	34
34	11.2	2.8	8	-10.5	11.3	2.8	8	-10.1	11.4	2.9	8	-9.7	11.5	3.0	8	-9.3	11.6	3.1	9	-8.9	34
33	11.3	2.9	8	-9.8	11.4	3.0	8	-9.4	11.5	3.1	9	-9.0	11.6	3.2	9	-8.7	11.7	3.3	9	-8.3	33
33	11.4	3.1	9	-9.1	11.5	3.2	9	-8.8	11.6	3.2	9	-8.4	11.7	3.3	9	-8.0	11.8	3.4	9	-7.7	33
33	11.5	3.2	9	-8.5	11.6	3.3	9	-8.1	11.7	3.4	9	-7.8	11.8	3.5	10	-7.5	11.9	3.6	10	-7.1	33
32	11.6	3.4	9	-7.9	11.7	3.5	10	-7.5	11.8	3.6	10	-7.2	11.9	3.7	10	-6.9	**12.0**	3.7	10	-6.6	32
32	11.7	3.5	10	-7.3	11.8	3.6	10	-7.0	11.9	3.7	10	-6.6	**12.0**	3.8	11	-6.3	12.1	3.9	11	-6.0	32
32	11.8	3.7	10	-6.7	11.9	3.8	11	-6.4	**12.0**	3.9	11	-6.1	12.1	4.0	11	-5.8	12.2	4.1	11	-5.5	32
31	11.9	3.9	11	-6.2	**12.0**	3.9	11	-5.9	12.1	4.0	11	-5.6	12.2	4.1	11	-5.3	12.3	4.2	12	-5.0	31
31	**12.0**	4.0	11	-5.7	12.1	4.1	11	-5.4	12.2	4.2	12	-5.1	12.3	4.3	12	-4.8	12.4	4.4	12	-4.5	31
31	12.1	4.2	12	-5.1	12.2	4.3	12	-4.8	12.3	4.4	12	-4.6	12.4	4.5	12	-4.3	12.5	4.5	12	-4.0	31
30	12.2	4.3	12	-4.6	12.3	4.4	12	-4.4	12.4	4.5	13	-4.1	12.5	4.6	13	-3.8	12.6	4.7	13	-3.5	30
30	12.3	4.5	13	-4.2	12.4	4.6	13	-3.9	12.5	4.7	13	-3.6	12.6	4.8	13	-3.3	12.7	4.9	13	-3.1	30
30	12.4	4.7	13	-3.7	12.5	4.7	13	-3.4	12.6	4.8	13	-3.2	12.7	4.9	14	-2.9	12.8	5.0	14	-2.6	30
29	12.5	4.8	14	-3.2	12.6	4.9	14	-3.0	12.7	5.0	14	-2.7	12.8	5.1	14	-2.5	12.9	5.2	14	-2.2	29
29	12.6	5.0	14	-2.8	12.7	5.1	14	-2.5	12.8	5.2	14	-2.3	12.9	5.3	15	-2.0	**13.0**	5.4	15	-1.8	29
29	12.7	5.1	14	-2.4	12.8	5.2	15	-2.1	12.9	5.3	15	-1.9	**13.0**	5.4	15	-1.6	13.1	5.5	15	-1.4	29
29	12.8	5.3	15	-1.9	12.9	5.4	15	-1.7	**13.0**	5.5	15	-1.4	13.1	5.6	15	-1.2	13.2	5.7	16	-1.0	29
28	12.9	5.5	15	-1.5	**13.0**	5.6	16	-1.3	13.1	5.7	16	-1.0	13.2	5.8	16	-0.8	13.3	5.9	16	-0.6	28
28	**13.0**	5.6	16	-1.1	13.1	5.7	16	-0.9	13.2	5.8	16	-0.6	13.3	5.9	16	-0.4	13.4	6.0	17	-0.2	28
28	13.1	5.8	16	-0.7	13.2	5.9	16	-0.5	13.3	6.0	17	-0.3	13.4	6.1	17	0.0	13.5	6.2	17	0.2	28
27	13.2	6.0	17	-0.3	13.3	6.1	17	-0.1	13.4	6.2	17	0.1	13.5	6.3	17	0.3	13.6	6.4	17	0.6	27
27	13.3	6.1	17	0.0	13.4	6.2	17	0.3	13.5	6.3	18	0.5	13.6	6.4	18	0.7	13.7	6.5	18	0.9	27
27	13.4	6.3	18	0.4	13.5	6.4	18	0.6	13.6	6.5	18	0.8	13.7	6.6	18	1.1	13.8	6.7	18	1.3	27
27	13.5	6.5	18	0.8	13.6	6.6	18	1.0	13.7	6.7	18	1.2	13.8	6.8	19	1.4	13.9	6.9	19	1.6	27
26	13.6	6.6	19	1.1	13.7	6.7	19	1.3	13.8	6.8	19	1.6	13.9	6.9	19	1.8	**14.0**	7.0	19	2.0	26
26	13.7	6.8	19	1.5	13.8	6.9	19	1.7	13.9	7.0	19	1.9	**14.0**	7.1	20	2.1	14.1	7.2	20	2.3	26
26	13.8	7.0	20	1.8	13.9	7.1	20	2.0	**14.0**	7.2	20	2.2	14.1	7.3	20	2.4	14.2	7.4	20	2.6	26
25	13.9	7.1	20	2.2	**14.0**	7.2	20	2.4	14.1	7.3	20	2.6	14.2	7.4	21	2.8	14.3	7.6	21	3.0	25
25	**14.0**	7.3	20	2.5	14.1	7.4	21	2.7	14.2	7.5	21	2.9	14.3	7.6	21	3.1	14.4	7.7	21	3.3	25
25	14.1	7.5	21	2.8	14.2	7.6	21	3.0	14.3	7.7	21	3.2	14.4	7.8	21	3.4	14.5	7.9	22	3.6	25
25	14.2	7.6	21	3.1	14.3	7.8	22	3.3	14.4	7.9	22	3.5	14.5	8.0	22	3.7	14.6	8.1	22	3.9	25
24	14.3	7.8	22	3.4	14.4	7.9	22	3.6	14.5	8.0	22	3.8	14.6	8.1	22	4.0	14.7	8.2	23	4.2	24
24	14.4	8.0	22	3.8	14.5	8.1	23	3.9	14.6	8.2	23	4.1	14.7	8.3	23	4.3	14.8	8.4	23	4.5	24
24	14.5	8.2	23	4.1	14.6	8.3	23	4.2	14.7	8.4	23	4.4	14.8	8.5	23	4.6	14.9	8.6	24	4.8	24
23	14.6	8.3	23	4.4	14.7	8.4	24	4.5	14.8	8.6	24	4.7	14.9	8.7	24	4.9	**15.0**	8.8	24	5.1	23
23	14.7	8.5	24	4.7	14.8	8.6	24	4.8	14.9	8.7	24	5.0	**15.0**	8.8	24	5.2	15.1	8.9	25	5.4	23
23	14.8	8.7	24	4.9	14.9	8.8	25	5.1	**15.0**	8.9	25	5.3	15.1	9.0	25	5.5	15.2	9.1	25	5.7	23
23	14.9	8.9	25	5.2	**15.0**	9.0	25	5.4	15.1	9.1	25	5.6	15.2	9.2	25	5.8	15.3	9.3	25	5.9	23
22	**15.0**	9.0	25	5.5	15.1	9.1	26	5.7	15.2	9.3	26	5.9	15.3	9.4	26	6.0	15.4	9.5	26	6.2	22
22	15.1	9.2	26	5.8	15.2	9.3	26	6.0	15.3	9.4	26	6.1	15.4	9.5	26	6.3	15.5	9.7	26	6.5	22
22	15.2	9.4	26	6.1	15.3	9.5	27	6.2	15.4	9.6	27	6.4	15.5	9.7	27	6.6	15.6	9.8	27	6.7	22
22	15.3	9.6	27	6.3	15.4	9.7	27	6.5	15.5	9.8	27	6.7	15.6	9.9	27	6.8	15.7	10.0	27	7.0	22
21	15.4	9.7	27	6.6	15.5	9.9	28	6.8	15.6	10.0	28	6.9	15.7	10.1	28	7.1	15.8	10.2	28	7.3	21
21	15.5	9.9	28	6.9	15.6	10.0	28	7.0	15.7	10.2	28	7.2	15.8	10.3	28	7.4	15.9	10.4	28	7.5	21
21	15.6	10.1	28	7.1	15.7	10.2	29	7.3	15.8	10.3	29	7.5	15.9	10.5	29	7.6	**16.0**	10.6	29	7.8	21
21	15.7	10.3	29	7.4	15.8	10.4	29	7.6	15.9	10.5	29	7.7	**16.0**	10.6	29	7.9	16.1	10.8	29	8.0	21
20	15.8	10.5	29	7.7	15.9	10.6	30	7.8	**16.0**	10.7	30	8.0	16.1	10.8	30	8.1	16.2	10.9	30	8.3	20
20	15.9	10.7	30	7.9	**16.0**	10.8	30	8.1	16.1	10.9	30	8.2	16.2	11.0	30	8.4	16.3	11.1	30	8.5	20

n	t_W	e	U	t_d	t_W	e	U	t_d	t_W	e	U	t_d	t_W	e	U	t_d	t_W	e	U	t_d	n
	27.0				**27.1**				**27.2**				**27.3**				**27.4**				
20	**16.0**	10.8	30	8.2	16.1	11.0	31	8.3	16.2	11.1	31	8.5	16.3	11.2	31	8.6	16.4	11.3	31	8.8	20
19	16.1	11.0	31	8.4	16.2	11.1	31	8.6	16.3	11.3	31	8.7	16.4	11.4	31	8.9	16.5	11.5	31	9.0	19
19	16.2	11.2	31	8.6	16.3	11.3	32	8.8	16.4	11.4	32	9.0	16.5	11.6	32	9.1	16.6	11.7	32	9.3	19
19	16.3	11.4	32	8.9	16.4	11.5	32	9.0	16.5	11.6	32	9.2	16.6	11.7	32	9.3	16.7	11.9	33	9.5	19
19	16.4	11.6	32	9.1	16.5	11.7	33	9.3	16.6	11.8	33	9.4	16.7	11.9	33	9.6	16.8	12.1	33	9.7	19
19	16.5	11.8	33	9.4	16.6	11.9	33	9.5	16.7	12.0	33	9.7	16.8	12.1	33	9.8	16.9	12.2	34	10.0	19
18	16.6	11.9	34	9.6	16.7	12.1	34	9.7	16.8	12.2	34	9.9	16.9	12.3	34	10.0	**17.0**	12.4	34	10.2	18
18	16.7	12.1	34	9.8	16.8	12.3	34	10.0	16.9	12.4	34	10.1	**17.0**	12.5	34	10.3	17.1	12.6	35	10.4	18
18	16.8	12.3	35	10.1	16.9	12.4	35	10.2	**17.0**	12.6	35	10.4	17.1	12.7	35	10.5	17.2	12.8	35	10.6	18
18	16.9	12.5	35	10.3	**17.0**	12.6	35	10.4	17.1	12.8	35	10.6	17.2	12.9	35	10.7	17.3	13.0	36	10.9	18
17	**17.0**	12.7	36	10.5	17.1	12.8	36	10.7	17.2	12.9	36	10.8	17.3	13.1	36	10.9	17.4	13.2	36	11.1	17
17	17.1	12.9	36	10.7	17.2	13.0	36	10.9	17.3	13.1	36	11.0	17.4	13.3	37	11.2	17.5	13.4	37	11.3	17
17	17.2	13.1	37	11.0	17.3	13.2	37	11.1	17.4	13.3	37	11.2	17.5	13.5	37	11.4	17.6	13.6	37	11.5	17
17	17.3	13.3	37	11.2	17.4	13.4	37	11.3	17.5	13.5	37	11.5	17.6	13.6	38	11.6	17.7	13.8	38	11.7	17
16	17.4	13.5	38	11.4	17.5	13.6	38	11.5	17.6	13.7	38	11.7	17.7	13.8	38	11.8	17.8	14.0	38	11.9	16
16	17.5	13.7	38	11.6	17.6	13.8	38	11.7	17.7	13.9	39	11.9	17.8	14.0	39	12.0	17.9	14.2	39	12.2	16
16	17.6	13.8	39	11.8	17.7	14.0	39	12.0	17.8	14.1	39	12.1	17.9	14.2	39	12.2	**18.0**	14.4	39	12.4	16
16	17.7	14.0	39	12.0	17.8	14.2	40	12.2	17.9	14.3	40	12.3	**18.0**	14.4	40	12.4	18.1	14.6	40	12.6	16
15	17.8	14.2	40	12.2	17.9	14.4	40	12.4	**18.0**	14.5	40	12.5	18.1	14.6	40	12.6	18.2	14.8	40	12.8	15
15	17.9	14.4	40	12.4	**18.0**	14.6	41	12.6	18.1	14.7	41	12.7	18.2	14.8	41	12.8	18.3	15.0	41	13.0	15
15	**18.0**	14.6	41	12.6	18.1	14.8	41	12.8	18.2	14.9	41	12.9	18.3	15.0	41	13.1	18.4	15.1	42	13.2	15
15	18.1	14.8	42	12.9	18.2	15.0	42	13.0	18.3	15.1	42	13.1	18.4	15.2	42	13.3	18.5	15.3	42	13.4	15
15	18.2	15.0	42	13.1	18.3	15.2	42	13.2	18.4	15.3	42	13.3	18.5	15.4	42	13.5	18.6	15.5	43	13.6	15
14	18.3	15.2	43	13.3	18.4	15.3	43	13.4	18.5	15.5	43	13.5	18.6	15.6	43	13.7	18.7	15.8	43	13.8	14
14	18.4	15.4	43	13.5	18.5	15.5	43	13.6	18.6	15.7	43	13.7	18.7	15.8	44	13.8	18.8	16.0	44	14.0	14
14	18.5	15.6	44	13.7	18.6	15.7	44	13.8	18.7	15.9	44	13.9	18.8	16.0	44	14.0	18.9	16.2	44	14.2	14
14	18.6	15.8	44	13.8	18.7	16.0	44	14.0	18.8	16.1	45	14.1	18.9	16.2	45	14.2	**19.0**	16.4	45	14.4	14
13	18.7	16.0	45	14.0	18.8	16.2	45	14.2	18.9	16.3	45	14.3	**19.0**	16.4	45	14.4	19.1	16.6	45	14.6	13
13	18.8	16.2	46	14.2	18.9	16.4	46	14.4	**19.0**	16.5	46	14.5	19.1	16.6	46	14.6	19.2	16.8	46	14.7	13
13	18.9	16.4	46	14.4	**19.0**	16.6	46	14.6	19.1	16.7	46	14.7	19.2	16.8	46	14.8	19.3	17.0	47	14.9	13
13	**19.0**	16.6	47	14.6	19.1	16.8	47	14.7	19.2	16.9	47	14.9	19.3	17.0	47	15.0	19.4	17.2	47	15.1	13
13	19.1	16.8	47	14.8	19.2	17.0	47	14.9	19.3	17.1	47	15.1	19.4	17.2	48	15.2	19.5	17.4	48	15.3	13
12	19.2	17.0	48	15.0	19.3	17.2	48	15.1	19.4	17.3	48	15.2	19.5	17.5	48	15.4	19.6	17.6	48	15.5	12
12	19.3	17.2	48	15.2	19.4	17.4	48	15.3	19.5	17.5	49	15.4	19.6	17.7	49	15.6	19.7	17.8	49	15.7	12
12	19.4	17.4	49	15.4	19.5	17.6	49	15.5	19.6	17.7	49	15.6	19.7	17.9	49	15.7	19.8	18.0	49	15.9	12
12	19.5	17.7	50	15.5	19.6	17.8	50	15.7	19.7	17.9	50	15.8	19.8	18.1	50	15.9	19.9	18.2	50	16.0	12
12	19.6	17.9	50	15.7	19.7	18.0	50	15.9	19.8	18.1	50	16.0	19.9	18.3	50	16.1	**20.0**	18.4	51	16.2	12
11	19.7	18.1	51	15.9	19.8	18.2	51	16.0	19.9	18.4	51	16.2	**20.0**	18.5	51	16.3	20.1	18.6	51	16.4	11
11	19.8	18.3	51	16.1	19.9	18.4	51	16.2	**20.0**	18.6	51	16.3	20.1	18.7	52	16.5	20.2	18.9	52	16.6	11
11	19.9	18.5	52	16.3	**20.0**	18.6	52	16.4	20.1	18.8	52	16.5	20.2	18.9	52	16.6	20.3	19.1	52	16.8	11
11	**20.0**	18.7	52	16.5	20.1	18.8	53	16.6	20.2	19.0	53	16.7	20.3	19.1	53	16.8	20.4	19.3	53	16.9	11
11	20.1	18.9	53	16.6	20.2	19.1	53	16.7	20.3	19.2	53	16.9	20.4	19.4	53	17.0	20.5	19.5	53	17.1	11
10	20.2	19.1	54	16.8	20.3	19.3	54	16.9	20.4	19.4	54	17.0	20.5	19.6	54	17.2	20.6	19.7	54	17.3	10
10	20.3	19.3	54	17.0	20.4	19.5	54	17.1	20.5	19.6	54	17.2	20.6	19.8	55	17.3	20.7	19.9	55	17.5	10
10	20.4	19.6	55	17.2	20.5	19.7	55	17.3	20.6	19.9	55	17.4	20.7	20.0	55	17.5	20.8	20.2	55	17.6	10
10	20.5	19.8	55	17.3	20.6	19.9	56	17.4	20.7	20.1	56	17.6	20.8	20.2	56	17.7	20.9	20.4	56	17.8	10
10	20.6	20.0	56	17.5	20.7	20.1	56	17.6	20.8	20.3	56	17.7	20.9	20.4	56	17.9	**21.0**	20.6	56	18.0	10
9	20.7	20.2	57	17.7	20.8	20.4	57	17.8	20.9	20.5	57	17.9	**21.0**	20.7	57	18.0	21.1	20.8	57	18.1	9
9	20.8	20.4	57	17.8	20.9	20.6	57	18.0	**21.0**	20.7	57	18.1	21.1	20.9	58	18.2	21.2	21.0	58	18.3	9
9	20.9	20.6	58	18.0	**21.0**	20.8	58	18.1	21.1	20.9	58	18.2	21.2	21.1	58	18.4	21.3	21.3	58	18.5	9
9	**21.0**	20.9	59	18.2	21.1	21.0	59	18.3	21.2	21.2	59	18.4	21.3	21.3	59	18.5	21.4	21.5	59	18.6	9
9	21.1	21.1	59	18.3	21.2	21.2	59	18.5	21.3	21.4	59	18.6	21.4	21.5	59	18.7	21.5	21.7	59	18.8	9
9	21.2	21.3	60	18.5	21.3	21.5	60	18.6	21.4	21.6	60	18.7	21.5	21.8	60	18.9	21.6	21.9	60	19.0	9
8	21.3	21.5	60	18.7	21.4	21.7	60	18.8	21.5	21.8	61	18.9	21.6	22.0	61	19.0	21.7	22.1	61	19.1	8
8	21.4	21.7	61	18.8	21.5	21.9	61	19.0	21.6	22.1	61	19.1	21.7	22.2	61	19.2	21.8	22.4	61	19.3	8
8	21.5	22.0	62	19.0	21.6	22.1	62	19.1	21.7	22.3	62	19.2	21.8	22.4	62	19.3	21.9	22.6	62	19.5	8
8	21.6	22.2	62	19.2	21.7	22.3	62	19.3	21.8	22.5	62	19.4	21.9	22.7	62	19.5	**22.0**	22.8	63	19.6	8
8	21.7	22.4	63	19.3	21.8	22.6	63	19.4	21.9	22.7	63	19.6	**22.0**	22.9	63	19.7	22.1	23.1	63	19.8	8
8	21.8	22.6	64	19.5	21.9	22.8	64	19.6	**22.0**	23.0	64	19.7	22.1	23.1	64	19.8	22.2	23.3	64	19.9	8
7	21.9	22.9	64	19.6	**22.0**	23.0	64	19.8	22.1	23.2	64	19.9	22.2	23.4	64	20.0	22.3	23.5	64	20.1	7
7	**22.0**	23.1	65	19.8	22.1	23.3	65	19.9	22.2	23.4	65	20.0	22.3	23.6	65	20.1	22.4	23.7	65	20.3	7
7	22.1	23.3	65	20.0	22.2	23.5	65	20.1	22.3	23.6	66	20.2	22.4	23.8	66	20.3	22.5	24.0	66	20.4	7
7	22.2	23.6	66	20.1	22.3	23.7	66	20.2	22.4	23.9	66	20.3	22.5	24.0	66	20.5	22.6	24.2	66	20.6	7
7	22.3	23.8	67	20.3	22.4	23.9	67	20.4	22.5	24.1	67	20.5	22.6	24.3	67	20.6	22.7	24.4	67	20.7	7
6	22.4	24.0	67	20.4	22.5	24.2	67	20.5	22.6	24.3	67	20.7	22.7	24.5	68	20.8	22.8	24.7	68	20.9	6
6	22.5	24.2	68	20.6	22.6	24.4	68	20.7	22.7	24.6	68	20.8	22.8	24.7	68	20.9	22.9	24.9	68	21.0	6
6	22.6	24.5	69	20.7	22.7	24.6	69	20.9	22.8	24.8	69	21.0	22.9	25.0	69	21.1	**23.0**	25.1	69	21.2	6
6	22.7	24.7	69	20.9	22.8	24.9	69	21.0	22.9	25.0	69	21.1	**23.0**	25.2	70	21.2	23.1	25.4	70	21.3	6
6	22.8	24.9	70	21.1	22.9	25.1	70	21.2	**23.0**	25.3	70	21.3	23.1	25.5	70	21.4	23.2	25.6	70	21.5	6
6	22.9	25.2	71	21.2	**23.0**	25.3	71	21.3	23.1	25.5	71	21.4	23.2	25.7	71	21.5	23.3	25.9	71	21.6	6
6	**23.0**	25.4	71	21.4	23.1	25.6	71	21.5	23.2	25.8	71	21.6	23.3	25.9	71	21.7	23.4	26.1	72	21.8	6
5	23.1	25.7	72	21.5	23.2	25.8	72	21.6	23.3	26.0	72	21.7	23.4	26.2	72	21.8	23.5	26.3	72	21.9	5
5	23.2	25.9	73	21.7	23.3	26.1	73	21.8	23.4	26.2	73	21.9	23.5	26.4	73	22.0	23.6	26.6	73	22.1	5

n	t_W	e	U	t_d	t_W	e	U	t_d	t_W	e	U	t_d	t_W	e	U	t_d	t_W	e	U	t_d	n
	27.0				**27.1**				**27.2**				**27.3**				**27.4**				
5	23.3	26.1	73	21.8	23.4	26.3	73	21.9	23.5	26.5	73	22.0	23.6	26.7	73	22.1	23.7	26.8	74	22.2	5
5	23.4	26.4	74	22.0	23.5	26.5	74	22.1	23.6	26.7	74	22.2	23.7	26.9	74	22.3	23.8	27.1	74	22.4	5
5	23.5	26.6	75	22.1	23.6	26.8	75	22.2	23.7	27.0	75	22.3	23.8	27.1	75	22.4	23.9	27.3	75	22.5	5
5	23.6	26.9	75	22.3	23.7	27.0	75	22.4	23.8	27.2	75	22.5	23.9	27.4	75	22.6	**24.0**	27.6	76	22.7	5
4	23.7	27.1	76	22.4	23.8	27.3	76	22.5	23.9	27.4	76	22.6	**24.0**	27.6	76	22.7	24.1	27.8	76	22.8	4
4	23.8	27.3	77	22.6	23.9	27.5	77	22.7	**24.0**	27.7	77	22.8	24.1	27.9	77	22.9	24.2	28.1	77	23.0	4
4	23.9	27.6	77	22.7	**24.0**	27.8	77	22.8	24.1	27.9	77	22.9	24.2	28.1	78	23.0	24.3	28.3	78	23.1	4
4	**24.0**	27.8	78	22.8	24.1	28.0	78	23.0	24.2	28.2	78	23.1	24.3	28.4	78	23.2	24.4	28.6	78	23.3	4
4	24.1	28.1	79	23.0	24.2	28.3	79	23.1	24.3	28.4	79	23.2	24.4	28.6	79	23.3	24.5	28.8	79	23.4	4
4	24.2	28.3	79	23.1	24.3	28.5	79	23.2	24.4	28.7	80	23.4	24.5	28.9	80	23.5	24.6	29.1	80	23.6	4
4	24.3	28.6	80	23.3	24.4	28.8	80	23.4	24.5	28.9	80	23.5	24.6	29.1	80	23.6	24.7	29.3	80	23.7	4
3	24.4	28.8	81	23.4	24.5	29.0	81	23.5	24.6	29.2	81	23.6	24.7	29.4	81	23.7	24.8	29.6	81	23.8	3
3	24.5	29.1	82	23.6	24.6	29.3	82	23.7	24.7	29.4	82	23.8	24.8	29.6	82	23.9	24.9	29.8	82	24.0	3
3	24.6	29.3	82	23.7	24.7	29.5	82	23.8	24.8	29.7	82	23.9	24.9	29.9	82	24.0	**25.0**	30.1	82	24.1	3
3	24.7	29.6	83	23.9	24.8	29.8	83	24.0	24.9	29.9	83	24.1	**25.0**	30.1	83	24.2	25.1	30.3	83	24.3	3
3	24.8	29.8	84	24.0	24.9	30.0	84	24.1	**25.0**	30.2	84	24.2	25.1	30.4	84	24.3	25.2	30.6	84	24.4	3
3	24.9	30.1	84	24.1	**25.0**	30.3	84	24.2	25.1	30.5	84	24.3	25.2	30.6	84	24.5	25.3	30.8	85	24.6	3
3	**25.0**	30.3	85	24.3	25.1	30.5	85	24.4	25.2	30.7	85	24.5	25.3	30.9	85	24.6	25.4	31.1	85	24.7	3
2	25.1	30.6	86	24.4	25.2	30.8	86	24.5	25.3	31.0	86	24.6	25.4	31.2	86	24.7	25.5	31.4	86	24.8	2
2	25.2	30.8	87	24.6	25.3	31.0	87	24.7	25.4	31.2	87	24.8	25.5	31.4	87	24.9	25.6	31.6	87	25.0	2
2	25.3	31.1	87	24.7	25.4	31.3	87	24.8	25.5	31.5	87	24.9	25.6	31.7	87	25.0	25.7	31.9	87	25.1	2
2	25.4	31.4	88	24.8	25.5	31.6	88	24.9	25.6	31.8	88	25.0	25.7	31.9	88	25.1	25.8	32.1	88	25.2	2
2	25.5	31.6	89	25.0	25.6	31.8	89	25.1	25.7	32.0	89	25.2	25.8	32.2	89	25.3	25.9	32.4	89	25.4	2
2	25.6	31.9	89	25.1	25.7	32.1	89	25.2	25.8	32.3	89	25.3	25.9	32.5	90	25.4	**26.0**	32.7	90	25.5	2
2	25.7	32.1	90	25.3	25.8	32.3	90	25.4	25.9	32.5	90	25.5	**26.0**	32.7	90	25.6	26.1	32.9	90	25.7	2
1	25.8	32.4	91	25.4	25.9	32.6	91	25.5	**26.0**	32.8	91	25.6	26.1	33.0	91	25.7	26.2	33.2	91	25.8	1
1	25.9	32.7	92	25.5	**26.0**	32.9	92	25.6	26.1	33.1	92	25.7	26.2	33.3	92	25.8	26.3	33.5	92	25.9	1
1	**26.0**	32.9	92	25.7	26.1	33.1	92	25.8	26.2	33.3	92	25.9	26.3	33.5	92	26.0	26.4	33.7	92	26.1	1
1	26.1	33.2	93	25.8	26.2	33.4	93	25.9	26.3	33.6	93	26.0	26.4	33.8	93	26.1	26.5	34.0	93	26.2	1
1	26.2	33.5	94	25.9	26.3	33.7	94	26.0	26.4	33.9	94	26.1	26.5	34.1	94	26.2	26.6	34.3	94	26.3	1
1	26.3	33.7	95	26.1	26.4	33.9	95	26.2	26.5	34.1	95	26.3	26.6	34.4	95	26.4	26.7	34.6	95	26.5	1
1	26.4	34.0	95	26.2	26.5	34.2	95	26.3	26.6	34.4	95	26.4	26.7	34.6	95	26.5	26.8	34.8	95	26.6	1
1	26.5	34.3	96	26.3	26.6	34.5	96	26.4	26.7	34.7	96	26.5	26.8	34.9	96	26.6	26.9	35.1	96	26.7	1
0	26.6	34.6	97	26.5	26.7	34.8	97	26.6	26.8	35.0	97	26.7	26.9	35.2	97	26.8	**27.0**	35.4	97	26.9	0
0	26.7	34.8	98	26.6	26.8	35.0	98	26.7	26.9	35.2	98	26.8	**27.0**	35.4	98	26.9	27.1	35.7	98	27.0	0
0	26.8	35.1	98	26.7	26.9	35.3	98	26.8	**27.0**	35.5	98	26.9	27.1	35.7	98	27.0	27.2	35.9	98	27.1	0
0	26.9	35.4	99	26.9	**27.0**	35.6	99	27.0	27.1	35.8	99	27.1	27.2	36.0	99	27.2	27.3	36.2	99	27.3	0
0	**27.0**	35.6	100	27.0	27.1	35.9	100	27.1	27.2	36.1	100	27.2	27.3	36.3	100	27.3	27.4	36.5	100	27.4	0
	27.5				**27.6**				**27.7**				**27.8**				**27.9**				
40													9.9	0.2	1	-37.3	**10.0**	0.3	1	-34.4	40
40					9.8	0.2	1	-37.9	9.9	0.3	1	-34.9	**10.0**	0.4	1	-32.6	10.1	0.5	1	-30.6	40
39	9.8	0.3	1	-35.4	9.9	0.4	1	-33.0	**10.0**	0.5	1	-30.9	10.1	0.5	1	-29.2	10.2	0.6	2	-27.7	39
39	9.9	0.4	1	-31.3	**10.0**	0.5	1	-29.5	10.1	0.6	2	-28.0	10.2	0.7	2	-26.6	10.3	0.8	2	-25.4	39
39	**10.0**	0.6	2	-28.3	10.1	0.7	2	-26.9	10.2	0.8	2	-25.6	10.3	0.8	2	-24.5	10.4	0.9	2	-23.4	39
38	10.1	0.7	2	-25.8	10.2	0.8	2	-24.7	10.3	0.9	2	-23.6	10.4	1.0	3	-22.6	10.5	1.1	3	-21.7	38
38	10.2	0.9	2	-23.8	10.3	1.0	3	-22.8	10.4	1.1	3	-21.9	10.5	1.1	3	-21.0	10.6	1.2	3	-20.2	38
38	10.3	1.0	3	-22.1	10.4	1.1	3	-21.2	10.5	1.2	3	-20.4	10.6	1.3	3	-19.6	10.7	1.4	4	-18.8	38
37	10.4	1.2	3	-20.5	10.5	1.3	3	-19.7	10.6	1.4	4	-19.0	10.7	1.5	4	-18.3	10.8	1.5	4	-17.6	37
37	10.5	1.3	4	-19.1	10.6	1.4	4	-18.4	10.7	1.5	4	-17.7	10.8	1.6	4	-17.1	10.9	1.7	5	-16.5	37
37	10.6	1.5	4	-17.9	10.7	1.6	4	-17.2	10.8	1.7	5	-16.6	10.9	1.8	5	-16.0	**11.0**	1.8	5	-15.4	37
36	10.7	1.7	5	-16.7	10.8	1.7	5	-16.1	10.9	1.8	5	-15.6	**11.0**	1.9	5	-15.0	11.1	2.0	5	-14.5	36
36	10.8	1.8	5	-15.7	10.9	1.9	5	-15.1	**11.0**	2.0	5	-14.6	11.1	2.1	6	-14.1	11.2	2.2	6	-13.5	36
36	10.9	2.0	5	-14.7	**11.0**	2.0	6	-14.2	11.1	2.1	6	-13.7	11.2	2.2	6	-13.2	11.3	2.3	6	-12.7	36
35	**11.0**	2.1	6	-13.8	11.1	2.2	6	-13.3	11.2	2.3	6	-12.8	11.3	2.4	6	-12.3	11.4	2.5	7	-11.9	35
35	11.1	2.3	6	-12.9	11.2	2.4	6	-12.4	11.3	2.4	7	-12.0	11.4	2.5	7	-11.5	11.5	2.6	7	-11.1	35
35	11.2	2.4	7	-12.1	11.3	2.5	7	-11.7	11.4	2.6	7	-11.2	11.5	2.7	7	-10.8	11.6	2.8	7	-10.4	35
34	11.3	2.6	7	-11.3	11.4	2.7	7	-10.9	11.5	2.8	7	-10.5	11.6	2.8	8	-10.1	11.7	2.9	8	-9.7	34
34	11.4	2.7	7	-10.6	11.5	2.8	8	-10.2	11.6	2.9	8	-9.8	11.7	3.0	8	-9.4	11.8	3.1	8	-9.0	34
34	11.5	2.9	8	-9.9	11.6	3.0	8	-9.5	11.7	3.1	8	-9.1	11.8	3.2	8	-8.7	11.9	3.3	9	-8.4	34
33	11.6	3.0	8	-9.2	11.7	3.1	8	-8.8	11.8	3.2	9	-8.5	11.9	3.3	9	-8.1	**12.0**	3.4	9	-7.8	33
33	11.7	3.2	9	-8.6	11.8	3.3	9	-8.2	11.9	3.4	9	-7.9	**12.0**	3.5	9	-7.5	12.1	3.6	10	-7.2	33
33	11.8	3.4	9	-8.0	11.9	3.5	9	-7.6	**12.0**	3.5	10	-7.3	12.1	3.6	10	-6.9	12.2	3.7	10	-6.6	33
32	11.9	3.5	10	-7.4	**12.0**	3.6	10	-7.0	12.1	3.7	10	-6.7	12.2	3.8	10	-6.4	12.3	3.9	10	-6.1	32
32	**12.0**	3.7	10	-6.8	12.1	3.8	10	-6.5	12.2	3.9	10	-6.1	12.3	4.0	11	-5.8	12.4	4.1	11	-5.5	32
32	12.1	3.8	10	-6.2	12.2	3.9	11	-5.9	12.3	4.0	11	-5.6	12.4	4.1	11	-5.3	12.5	4.2	11	-5.0	32
31	12.2	4.0	11	-5.7	12.3	4.1	11	-5.4	12.4	4.2	11	-5.1	12.5	4.3	11	-4.8	12.6	4.4	12	-4.5	31
31	12.3	4.2	11	-5.2	12.4	4.3	12	-4.9	12.5	4.3	12	-4.6	12.6	4.4	12	-4.3	12.7	4.5	12	-4.0	31
31	12.4	4.3	12	-4.7	12.5	4.4	12	-4.4	12.6	4.5	12	-4.1	12.7	4.6	12	-3.8	12.8	4.7	13	-3.5	31
30	12.5	4.5	12	-4.2	12.6	4.6	12	-3.9	12.7	4.7	13	-3.6	12.8	4.8	13	-3.4	12.9	4.9	13	-3.1	30
30	12.6	4.6	13	-3.7	12.7	4.7	13	-3.4	12.8	4.8	13	-3.2	12.9	4.9	13	-2.9	**13.0**	5.0	13	-2.6	30
30	12.7	4.8	13	-3.3	12.8	4.9	13	-3.0	12.9	5.0	13	-2.7	**13.0**	5.1	14	-2.5	13.1	5.2	14	-2.2	30

n	t_W	e	U	t_d	t_W	e	U	t_d	t_W	e	U	t_d	t_W	e	U	t_d	t_W	e	U	t_d	n
	27.5				**27.6**				**27.7**				**27.8**				**27.9**				
30	12.8	5.0	14	-2.8	12.9	5.1	14	-2.5	**13.0**	5.2	14	-2.3	13.1	5.3	14	-2.0	13.2	5.4	14	-1.8	30
29	12.9	5.1	14	-2.4	**13.0**	5.2	14	-2.1	13.1	5.3	14	-1.9	13.2	5.4	15	-1.6	13.3	5.5	15	-1.4	29
29	**13.0**	5.3	14	-1.9	13.1	5.4	15	-1.7	13.2	5.5	15	-1.5	13.3	5.6	15	-1.2	13.4	5.7	15	-1.0	29
29	13.1	5.5	15	-1.5	13.2	5.6	15	-1.3	13.3	5.7	15	-1.0	13.4	5.8	15	-0.8	13.5	5.9	16	-0.6	29
28	13.2	5.6	15	-1.1	13.3	5.7	16	-0.9	13.4	5.8	16	-0.6	13.5	5.9	16	-0.4	13.6	6.0	16	-0.2	28
28	13.3	5.8	16	-0.7	13.4	5.9	16	-0.5	13.5	6.0	16	-0.3	13.6	6.1	16	0.0	13.7	6.2	16	0.2	28
28	13.4	6.0	16	-0.3	13.5	6.1	16	-0.1	13.6	6.2	17	0.1	13.7	6.3	17	0.3	13.8	6.4	17	0.6	28
27	13.5	6.1	17	0.0	13.6	6.2	17	0.3	13.7	6.3	17	0.5	13.8	6.4	17	0.7	13.9	6.5	17	0.9	27
27	13.6	6.3	17	0.4	13.7	6.4	17	0.6	13.8	6.5	17	0.9	13.9	6.6	18	1.1	**14.0**	6.7	18	1.3	27
27	13.7	6.5	18	0.8	13.8	6.6	18	1.0	13.9	6.7	18	1.2	**14.0**	6.8	18	1.4	14.1	6.9	18	1.6	27
27	13.8	6.6	18	1.1	13.9	6.7	18	1.4	**14.0**	6.8	18	1.6	14.1	6.9	19	1.8	14.2	7.0	19	2.0	27
26	13.9	6.8	19	1.5	**14.0**	6.9	19	1.7	14.1	7.0	19	1.9	14.2	7.1	19	2.1	14.3	7.2	19	2.3	26
26	**14.0**	7.0	19	1.8	14.1	7.1	19	2.0	14.2	7.2	19	2.2	14.3	7.3	20	2.5	14.4	7.4	20	2.7	26
26	14.1	7.1	19	2.2	14.2	7.2	20	2.4	14.3	7.4	20	2.6	14.4	7.5	20	2.8	14.5	7.6	20	3.0	26
25	14.2	7.3	20	2.5	14.3	7.4	20	2.7	14.4	7.5	20	2.9	14.5	7.6	20	3.1	14.6	7.7	21	3.3	25
25	14.3	7.5	20	2.8	14.4	7.6	21	3.0	14.5	7.7	21	3.2	14.6	7.8	21	3.4	14.7	7.9	21	3.6	25
25	14.4	7.7	21	3.2	14.5	7.8	21	3.3	14.6	7.9	21	3.5	14.7	8.0	21	3.7	14.8	8.1	22	3.9	25
25	14.5	7.8	21	3.5	14.6	7.9	21	3.7	14.7	8.0	22	3.9	14.8	8.2	22	4.0	14.9	8.3	22	4.2	25
24	14.6	8.0	22	3.8	14.7	8.1	22	4.0	14.8	8.2	22	4.2	14.9	8.3	22	4.3	**15.0**	8.4	22	4.5	24
24	14.7	8.2	22	4.1	14.8	8.3	22	4.3	14.9	8.4	23	4.5	**15.0**	8.5	23	4.6	15.1	8.6	23	4.8	24
24	14.8	8.4	23	4.4	14.9	8.5	23	4.6	**15.0**	8.6	23	4.8	15.1	8.7	23	4.9	15.2	8.8	23	5.1	24
24	14.9	8.5	23	4.7	**15.0**	8.6	23	4.9	15.1	8.7	24	5.0	15.2	8.9	24	5.2	15.3	9.0	24	5.4	24
23	**15.0**	8.7	24	5.0	15.1	8.8	24	5.2	15.2	8.9	24	5.3	15.3	9.0	24	5.5	15.4	9.1	24	5.7	23
23	15.1	8.9	24	5.3	15.2	9.0	24	5.4	15.3	9.1	25	5.6	15.4	9.2	25	5.8	15.5	9.3	25	6.0	23
23	15.2	9.1	25	5.6	15.3	9.2	25	5.7	15.4	9.3	25	5.9	15.5	9.4	25	6.1	15.6	9.5	25	6.2	23
22	15.3	9.2	25	5.8	15.4	9.3	25	6.0	15.5	9.5	25	6.2	15.6	9.6	26	6.4	15.7	9.7	26	6.5	22
22	15.4	9.4	26	6.1	15.5	9.5	26	6.3	15.6	9.6	26	6.5	15.7	9.8	26	6.6	15.8	9.9	26	6.8	22
22	15.5	9.6	26	6.4	15.6	9.7	26	6.6	15.7	9.8	26	6.7	15.8	9.9	27	6.9	15.9	10.1	27	7.1	22
22	15.6	9.8	27	6.7	15.7	9.9	27	6.8	15.8	10.0	27	7.0	15.9	10.1	27	7.2	**16.0**	10.2	27	7.3	22
21	15.7	10.0	27	6.9	15.8	10.1	27	7.1	15.9	10.2	27	7.2	**16.0**	10.3	28	7.4	16.1	10.4	28	7.6	21
21	15.8	10.1	28	7.2	15.9	10.3	28	7.3	**16.0**	10.4	28	7.5	16.1	10.5	28	7.7	16.2	10.6	28	7.8	21
21	15.9	10.3	28	7.4	**16.0**	10.4	28	7.6	16.1	10.6	28	7.8	16.2	10.7	29	7.9	16.3	10.8	29	8.1	21
21	**16.0**	10.5	29	7.7	16.1	10.6	29	7.9	16.2	10.7	29	8.0	16.3	10.9	29	8.2	16.4	11.0	29	8.3	21
20	16.1	10.7	29	7.9	16.2	10.8	29	8.1	16.3	10.9	29	8.3	16.4	11.0	30	8.4	16.5	11.2	30	8.6	20
20	16.2	10.9	30	8.2	16.3	11.0	30	8.4	16.4	11.1	30	8.5	16.5	11.2	30	8.7	16.6	11.3	30	8.8	20
20	16.3	11.1	30	8.4	16.4	11.2	30	8.6	16.5	11.3	30	8.8	16.6	11.4	31	8.9	16.7	11.5	31	9.1	20
20	16.4	11.2	31	8.7	16.5	11.4	31	8.8	16.6	11.5	31	9.0	16.7	11.6	31	9.2	16.8	11.7	31	9.3	20
19	16.5	11.4	31	8.9	16.6	11.5	31	9.1	16.7	11.7	31	9.2	16.8	11.8	32	9.4	16.9	11.9	32	9.6	19
19	16.6	11.6	32	9.2	16.7	11.7	32	9.3	16.8	11.9	32	9.5	16.9	12.0	32	9.6	**17.0**	12.1	32	9.8	19
19	16.7	11.8	32	9.4	16.8	11.9	32	9.6	16.9	12.0	32	9.7	**17.0**	12.2	33	9.9	17.1	12.3	33	10.0	19
19	16.8	12.0	33	9.6	16.9	12.1	33	9.8	**17.0**	12.2	33	9.9	17.1	12.4	33	10.1	17.2	12.5	33	10.2	19
18	16.9	12.2	33	9.9	**17.0**	12.3	33	10.0	17.1	12.4	33	10.2	17.2	12.5	34	10.3	17.3	12.7	34	10.5	18
18	**17.0**	12.4	34	10.1	17.1	12.5	34	10.3	17.2	12.6	34	10.4	17.3	12.7	34	10.6	17.4	12.9	34	10.7	18
18	17.1	12.6	34	10.3	17.2	12.7	34	10.5	17.3	12.8	34	10.6	17.4	12.9	35	10.8	17.5	13.1	35	10.9	18
18	17.2	12.7	35	10.6	17.3	12.9	35	10.7	17.4	13.0	35	10.9	17.5	13.1	35	11.0	17.6	13.2	35	11.1	18
17	17.3	12.9	35	10.8	17.4	13.1	35	10.9	17.5	13.2	36	11.1	17.6	13.3	36	11.2	17.7	13.4	36	11.4	17
17	17.4	13.1	36	11.0	17.5	13.3	36	11.2	17.6	13.4	36	11.3	17.7	13.5	36	11.4	17.8	13.6	36	11.6	17
17	17.5	13.3	36	11.2	17.6	13.4	36	11.4	17.7	13.6	37	11.5	17.8	13.7	37	11.7	17.9	13.8	37	11.8	17
17	17.6	13.5	37	11.4	17.7	13.6	37	11.6	17.8	13.8	37	11.7	17.9	13.9	37	11.9	**18.0**	14.0	37	12.0	17
17	17.7	13.7	37	11.7	17.8	13.8	37	11.8	17.9	14.0	38	11.9	**18.0**	14.1	38	12.1	18.1	14.2	38	12.2	17
16	17.8	13.9	38	11.9	17.9	14.0	38	12.0	**18.0**	14.2	38	12.2	18.1	14.3	38	12.3	18.2	14.4	38	12.4	16
16	17.9	14.1	38	12.1	**18.0**	14.2	39	12.2	18.1	14.4	39	12.4	18.2	14.5	39	12.5	18.3	14.6	39	12.6	16
16	**18.0**	14.3	39	12.3	18.1	14.4	39	12.4	18.2	14.6	39	12.6	18.3	14.7	39	12.7	18.4	14.8	39	12.8	16
16	18.1	14.5	39	12.5	18.2	14.6	40	12.6	18.3	14.8	40	12.8	18.4	14.9	40	12.9	18.5	15.0	40	13.0	16
15	18.2	14.7	40	12.7	18.3	14.8	40	12.8	18.4	14.9	40	13.0	18.5	15.1	40	13.1	18.6	15.2	40	13.3	15
15	18.3	14.9	41	12.9	18.4	15.0	41	13.0	18.5	15.1	41	13.2	18.6	15.3	41	13.3	18.7	15.4	41	13.5	15
15	18.4	15.1	41	13.1	18.5	15.2	41	13.3	18.6	15.3	41	13.4	18.7	15.5	41	13.5	18.8	15.6	42	13.7	15
15	18.5	15.3	42	13.3	18.6	15.4	42	13.5	18.7	15.6	42	13.6	18.8	15.7	42	13.7	18.9	15.8	42	13.9	15
15	18.6	15.5	42	13.5	18.7	15.6	42	13.7	18.8	15.8	42	13.8	18.9	15.9	43	13.9	**19.0**	16.0	43	14.0	15
14	18.7	15.7	43	13.7	18.8	15.8	43	13.8	18.9	16.0	43	14.0	**19.0**	16.1	43	14.1	19.1	16.2	43	14.2	14
14	18.8	15.9	43	13.9	18.9	16.0	43	14.0	**19.0**	16.2	44	14.2	19.1	16.3	44	14.3	19.2	16.4	44	14.4	14
14	18.9	16.1	44	14.1	**19.0**	16.2	44	14.2	19.1	16.4	44	14.4	19.2	16.5	44	14.5	19.3	16.6	44	14.6	14
14	**19.0**	16.3	44	14.3	19.1	16.4	44	14.4	19.2	16.6	45	14.6	19.3	16.7	45	14.7	19.4	16.8	45	14.8	14
13	19.1	16.5	45	14.5	19.2	16.6	45	14.6	19.3	16.8	45	14.8	19.4	16.9	45	14.9	19.5	17.1	45	15.0	13
13	19.2	16.7	46	14.7	19.3	16.8	46	14.8	19.4	17.0	46	14.9	19.5	17.1	46	15.1	19.6	17.3	46	15.2	13
13	19.3	16.9	46	14.9	19.4	17.0	46	15.0	19.5	17.2	46	15.1	19.6	17.3	46	15.3	19.7	17.5	46	15.4	13
13	19.4	17.1	47	15.1	19.5	17.3	47	15.2	19.6	17.4	47	15.3	19.7	17.5	47	15.4	19.8	17.7	47	15.6	13
13	19.5	17.3	47	15.3	19.6	17.5	47	15.4	19.7	17.6	47	15.5	19.8	17.7	48	15.6	19.9	17.9	48	15.8	13
12	19.6	17.5	48	15.4	19.7	17.7	48	15.6	19.8	17.8	48	15.7	19.9	18.0	48	15.8	**20.0**	18.1	48	15.9	12
12	19.7	17.7	48	15.6	19.8	17.9	48	15.7	19.9	18.0	49	15.9	**20.0**	18.2	49	16.0	20.1	18.3	49	16.1	12
12	19.8	17.9	49	15.8	19.9	18.1	49	15.9	**20.0**	18.2	49	16.1	20.1	18.4	49	16.2	20.2	18.5	49	16.3	12
12	19.9	18.2	49	16.0	**20.0**	18.3	50	16.1	20.1	18.4	50	16.2	20.2	18.6	50	16.4	20.3	18.7	50	16.5	12
12	**20.0**	18.4	50	16.2	20.1	18.5	50	16.3	20.2	18.7	50	16.4	20.3	18.8	50	16.5	20.4	19.0	50	16.7	12

n	t_W	e	U	t_d	t_W	e	U	t_d	t_W	e	U	t_d	t_W	e	U	t_d	t_W	e	U	t_d	n
	27.5				**27.6**				**27.7**				**27.8**				**27.9**				
11	20.1	18.6	51	16.3	20.2	18.7	51	16.5	20.3	18.9	51	16.6	20.4	19.0	51	16.7	20.5	19.2	51	16.8	11
11	20.2	18.8	51	16.5	20.3	18.9	51	16.6	20.4	19.1	51	16.8	20.5	19.2	51	16.9	20.6	19.4	52	17.0	11
11	20.3	19.0	52	16.7	20.4	19.2	52	16.8	20.5	19.3	52	16.9	20.6	19.5	52	17.1	20.7	19.6	52	17.2	11
11	20.4	19.2	52	16.9	20.5	19.4	52	17.0	20.6	19.5	53	17.1	20.7	19.7	53	17.2	20.8	19.8	53	17.4	11
11	20.5	19.4	53	17.1	20.6	19.6	53	17.2	20.7	19.7	53	17.3	20.8	19.9	53	17.4	20.9	20.0	53	17.5	11
10	20.6	19.7	54	17.2	20.7	19.8	54	17.4	20.8	20.0	54	17.5	20.9	20.1	54	17.6	**21.0**	20.3	54	17.7	10
10	20.7	19.9	54	17.4	20.8	20.0	54	17.5	20.9	20.2	54	17.6	**21.0**	20.3	54	17.8	21.1	20.5	54	17.9	10
10	20.8	20.1	55	17.6	20.9	20.2	55	17.7	**21.0**	20.4	55	17.8	21.1	20.5	55	17.9	21.2	20.7	55	18.1	10
10	20.9	20.3	55	17.7	**21.0**	20.5	55	17.9	21.1	20.6	55	18.0	21.2	20.8	56	18.1	21.3	20.9	56	18.2	10
10	**21.0**	20.5	56	17.9	21.1	20.7	56	18.0	21.2	20.8	56	18.2	21.3	21.0	56	18.3	21.4	21.1	56	18.4	10
9	21.1	20.7	57	18.1	21.2	20.9	57	18.2	21.3	21.1	57	18.3	21.4	21.2	57	18.4	21.5	21.4	57	18.6	9
9	21.2	21.0	57	18.3	21.3	21.1	57	18.4	21.4	21.3	57	18.5	21.5	21.4	57	18.6	21.6	21.6	57	18.7	9
9	21.3	21.2	58	18.4	21.4	21.3	58	18.5	21.5	21.5	58	18.7	21.6	21.7	58	18.8	21.7	21.8	58	18.9	9
9	21.4	21.4	58	18.6	21.5	21.6	58	18.7	21.6	21.7	58	18.8	21.7	21.9	59	18.9	21.8	22.0	59	19.1	9
9	21.5	21.6	59	18.8	21.6	21.8	59	18.9	21.7	21.9	59	19.0	21.8	22.1	59	19.1	21.9	22.3	59	19.2	9
9	21.6	21.9	60	18.9	21.7	22.0	60	19.0	21.8	22.2	60	19.2	21.9	22.3	60	19.3	**22.0**	22.5	60	19.4	9
8	21.7	22.1	60	19.1	21.8	22.2	60	19.2	21.9	22.4	60	19.3	**22.0**	22.6	60	19.4	22.1	22.7	60	19.5	8
8	21.8	22.3	61	19.2	21.9	22.5	61	19.4	**22.0**	22.6	61	19.5	22.1	22.8	61	19.6	22.2	23.0	61	19.7	8
8	21.9	22.5	61	19.4	**22.0**	22.7	61	19.5	22.1	22.9	62	19.6	22.2	23.0	62	19.8	22.3	23.2	62	19.9	8
8	**22.0**	22.8	62	19.6	22.1	22.9	62	19.7	22.2	23.1	62	19.8	22.3	23.2	62	19.9	22.4	23.4	62	20.0	8
8	22.1	23.0	63	19.7	22.2	23.2	63	19.8	22.3	23.3	63	20.0	22.4	23.5	63	20.1	22.5	23.6	63	20.2	8
8	22.2	23.2	63	19.9	22.3	23.4	63	20.0	22.4	23.5	63	20.1	22.5	23.7	63	20.2	22.6	23.9	64	20.3	8
7	22.3	23.4	64	20.1	22.4	23.6	64	20.2	22.5	23.8	64	20.3	22.6	23.9	64	20.4	22.7	24.1	64	20.5	7
7	22.4	23.7	65	20.2	22.5	23.8	65	20.3	22.6	24.0	65	20.4	22.7	24.2	65	20.5	22.8	24.3	65	20.7	7
7	22.5	23.9	65	20.4	22.6	24.1	65	20.5	22.7	24.2	65	20.6	22.8	24.4	65	20.7	22.9	24.6	65	20.8	7
7	22.6	24.1	66	20.5	22.7	24.3	66	20.6	22.8	24.5	66	20.7	22.9	24.6	66	20.9	**23.0**	24.8	66	21.0	7
7	22.7	24.4	66	20.7	22.8	24.5	66	20.8	22.9	24.7	67	20.9	**23.0**	24.9	67	21.0	23.1	25.1	67	21.1	7
7	22.8	24.6	67	20.8	22.9	24.8	67	20.9	**23.0**	24.9	67	21.1	23.1	25.1	67	21.2	23.2	25.3	67	21.3	7
6	22.9	24.8	68	21.0	**23.0**	25.0	68	21.1	23.1	25.2	68	21.2	23.2	25.4	68	21.3	23.3	25.5	68	21.4	6
6	**23.0**	25.1	68	21.1	23.1	25.3	68	21.3	23.2	25.4	68	21.4	23.3	25.6	69	21.5	23.4	25.8	69	21.6	6
6	23.1	25.3	69	21.3	23.2	25.5	69	21.4	23.3	25.7	69	21.5	23.4	25.8	69	21.6	23.5	26.0	69	21.7	6
6	23.2	25.6	70	21.5	23.3	25.7	70	21.6	23.4	25.9	70	21.7	23.5	26.1	70	21.8	23.6	26.3	70	21.9	6
6	23.3	25.8	70	21.6	23.4	26.0	70	21.7	23.5	26.1	70	21.8	23.6	26.3	70	21.9	23.7	26.5	71	22.0	6
6	23.4	26.0	71	21.8	23.5	26.2	71	21.9	23.6	26.4	71	22.0	23.7	26.6	71	22.1	23.8	26.7	71	22.2	6
5	23.5	26.3	72	21.9	23.6	26.5	72	22.0	23.7	26.6	72	22.1	23.8	26.8	72	22.2	23.9	27.0	72	22.3	5
5	23.6	26.5	72	22.1	23.7	26.7	72	22.2	23.8	26.9	72	22.3	23.9	27.0	72	22.4	**24.0**	27.2	72	22.5	5
5	23.7	26.8	73	22.2	23.8	26.9	73	22.3	23.9	27.1	73	22.4	**24.0**	27.3	73	22.5	24.1	27.5	73	22.6	5
5	23.8	27.0	74	22.4	23.9	27.2	74	22.5	**24.0**	27.4	74	22.6	24.1	27.5	74	22.7	24.2	27.7	74	22.8	5
5	23.9	27.2	74	22.5	**24.0**	27.4	74	22.6	24.1	27.6	74	22.7	24.2	27.8	74	22.8	24.3	28.0	74	22.9	5
5	**24.0**	27.5	75	22.7	24.1	27.7	75	22.8	24.2	27.9	75	22.9	24.3	28.0	75	23.0	24.4	28.2	75	23.1	5
4	24.1	27.7	76	22.8	24.2	27.9	76	22.9	24.3	28.1	76	23.0	24.4	28.3	76	23.1	24.5	28.5	76	23.2	4
4	24.2	28.0	76	22.9	24.3	28.2	76	23.1	24.4	28.4	76	23.2	24.5	28.5	76	23.3	24.6	28.7	76	23.4	4
4	24.3	28.2	77	23.1	24.4	28.4	77	23.2	24.5	28.6	77	23.3	24.6	28.8	77	23.4	24.7	29.0	77	23.5	4
4	24.4	28.5	78	23.2	24.5	28.7	78	23.3	24.6	28.9	78	23.4	24.7	29.0	78	23.6	24.8	29.2	78	23.7	4
4	24.5	28.7	78	23.4	24.6	28.9	78	23.5	24.7	29.1	78	23.6	24.8	29.3	78	23.7	24.9	29.5	78	23.8	4
4	24.6	29.0	79	23.5	24.7	29.2	79	23.6	24.8	29.4	79	23.7	24.9	29.5	79	23.8	**25.0**	29.7	79	23.9	4
4	24.7	29.2	80	23.7	24.8	29.4	80	23.8	24.9	29.6	80	23.9	**25.0**	29.8	80	24.0	25.1	30.0	80	24.1	4
3	24.8	29.5	80	23.8	24.9	29.7	80	23.9	**25.0**	29.9	80	24.0	25.1	30.1	80	24.1	25.2	30.2	81	24.2	3
3	24.9	29.7	81	24.0	**25.0**	29.9	81	24.1	25.1	30.1	81	24.2	25.2	30.3	81	24.3	25.3	30.5	81	24.4	3
3	**25.0**	30.0	82	24.1	25.1	30.2	82	24.2	25.2	30.4	82	24.3	25.3	30.6	82	24.4	25.4	30.8	82	24.5	3
3	25.1	30.3	82	24.2	25.2	30.4	82	24.3	25.3	30.6	82	24.4	25.4	30.8	83	24.6	25.5	31.0	83	24.7	3
3	25.2	30.5	83	24.4	25.3	30.7	83	24.5	25.4	30.9	83	24.6	25.5	31.1	83	24.7	25.6	31.3	83	24.8	3
3	25.3	30.8	84	24.5	25.4	31.0	84	24.6	25.5	31.2	84	24.7	25.6	31.4	84	24.8	25.7	31.5	84	24.9	3
3	25.4	31.0	85	24.7	25.5	31.2	85	24.8	25.6	31.4	85	24.9	25.7	31.6	85	25.0	25.8	31.8	85	25.1	3
2	25.5	31.3	85	24.8	25.6	31.5	85	24.9	25.7	31.7	85	25.0	25.8	31.9	85	25.1	25.9	32.1	85	25.2	2
2	25.6	31.6	86	24.9	25.7	31.7	86	25.0	25.8	31.9	86	25.1	25.9	32.1	86	25.2	**26.0**	32.3	86	25.4	2
2	25.7	31.8	87	25.1	25.8	32.0	87	25.2	25.9	32.2	87	25.3	**26.0**	32.4	87	25.4	26.1	32.6	87	25.5	2
2	25.8	32.1	87	25.2	25.9	32.3	87	25.3	**26.0**	32.5	87	25.4	26.1	32.7	87	25.5	26.2	32.9	87	25.6	2
2	25.9	32.3	88	25.4	**26.0**	32.5	88	25.5	26.1	32.7	88	25.6	26.2	32.9	88	25.7	26.3	33.1	88	25.8	2
2	**26.0**	32.6	89	25.5	26.1	32.8	89	25.6	26.2	33.0	89	25.7	26.3	33.2	89	25.8	26.4	33.4	89	25.9	2
2	26.1	32.9	90	25.6	26.2	33.1	90	25.7	26.3	33.3	90	25.8	26.4	33.5	90	25.9	26.5	33.7	90	26.0	2
2	26.2	33.1	90	25.8	26.3	33.3	90	25.9	26.4	33.5	90	26.0	26.5	33.7	90	26.1	26.6	34.0	90	26.2	2
1	26.3	33.4	91	25.9	26.4	33.6	91	26.0	26.5	33.8	91	26.1	26.6	34.0	91	26.2	26.7	34.2	91	26.3	1
1	26.4	33.7	92	26.0	26.5	33.9	92	26.1	26.6	34.1	92	26.2	26.7	34.3	92	26.3	26.8	34.5	92	26.4	1
1	26.5	33.9	92	26.2	26.6	34.2	92	26.3	26.7	34.4	93	26.4	26.8	34.6	93	26.5	26.9	34.8	93	26.6	1
1	26.6	34.2	93	26.3	26.7	34.4	93	26.4	26.8	34.6	93	26.5	26.9	34.8	93	26.6	**27.0**	35.0	93	26.7	1
1	26.7	34.5	94	26.4	26.8	34.7	94	26.5	26.9	34.9	94	26.6	**27.0**	35.1	94	26.7	27.1	35.3	94	26.8	1
1	26.8	34.8	95	26.6	26.9	35.0	95	26.7	**27.0**	35.2	95	26.8	27.1	35.4	95	26.9	27.2	35.6	95	27.0	1
1	26.9	35.0	95	26.7	**27.0**	35.2	95	26.8	27.1	35.5	95	26.9	27.2	35.7	95	27.0	27.3	35.9	95	27.1	1
1	**27.0**	35.3	96	26.8	27.1	35.5	96	26.9	27.2	35.7	96	27.0	27.3	35.9	96	27.1	27.4	36.2	96	27.2	1
0	27.1	35.6	97	27.0	27.2	35.8	97	27.1	27.3	36.0	97	27.2	27.4	36.2	97	27.3	27.5	36.4	97	27.4	0
0	27.2	35.9	98	27.1	27.3	36.1	98	27.2	27.4	36.3	98	27.3	27.5	36.5	98	27.4	27.6	36.7	98	27.5	0
0	27.3	36.1	98	27.2	27.4	36.4	98	27.3	27.5	36.6	98	27.4	27.6	36.8	98	27.5	27.7	37.0	98	27.6	0

n	t_W	e	U	t_d	t_W	e	U	t_d	t_W	e	U	t_d	t_W	e	U	t_d	t_W	e	U	t_d	n
	27.5				**27.6**				**27.7**				**27.8**				**27.9**				
0	27.4	36.4	99	27.4	27.5	36.6	99	27.5	27.6	36.9	99	27.6	27.7	37.1	99	27.7	27.8	37.3	99	27.8	0
0	27.5	36.7	100	27.5	27.6	36.9	100	27.6	27.7	37.1	100	27.7	27.8	37.4	100	27.8	27.9	37.6	100	27.9	0
	28.0				**28.1**				**28.2**				**28.3**				**28.4**				
41													10.1	0.2	1	-38.8	10.2	0.3	1	-35.6	41
40					**10.0**	0.2	1	-39.5	10.1	0.3	1	-36.1	10.2	0.4	1	-33.5	10.3	0.4	1	-31.4	40
40	**10.0**	0.3	1	-36.7	10.1	0.3	1	-34.0	10.2	0.4	1	-31.8	10.3	0.5	1	-29.9	10.4	0.6	2	-28.3	40
39	10.1	0.4	1	-32.2	10.2	0.5	1	-30.2	10.3	0.6	2	-28.6	10.4	0.7	2	-27.1	10.5	0.7	2	-25.8	39
39	10.2	0.6	1	-28.9	10.3	0.6	2	-27.4	10.4	0.7	2	-26.1	10.5	0.8	2	-24.9	10.6	0.9	2	-23.8	39
39	10.3	0.7	2	-26.3	10.4	0.8	2	-25.1	10.5	0.9	2	-24.0	10.6	1.0	3	-23.0	10.7	1.1	3	-22.0	39
38	10.4	0.9	2	-24.2	10.5	0.9	2	-23.2	10.6	1.0	3	-22.2	10.7	1.1	3	-21.3	10.8	1.2	3	-20.5	38
38	10.5	1.0	3	-22.4	10.6	1.1	3	-21.5	10.7	1.2	3	-20.6	10.8	1.3	3	-19.8	10.9	1.4	4	-19.1	38
38	10.6	1.2	3	-20.8	10.7	1.3	3	-20.0	10.8	1.3	4	-19.2	10.9	1.4	4	-18.5	**11.0**	1.5	4	-17.8	38
37	10.7	1.3	3	-19.4	10.8	1.4	4	-18.7	10.9	1.5	4	-18.0	**11.0**	1.6	4	-17.3	11.1	1.7	4	-16.7	37
37	10.8	1.5	4	-18.1	10.9	1.6	4	-17.4	**11.0**	1.6	4	-16.8	11.1	1.7	5	-16.2	11.2	1.8	5	-15.6	37
37	10.9	1.6	4	-17.0	**11.0**	1.7	5	-16.3	11.1	1.8	5	-15.7	11.2	1.9	5	-15.2	11.3	2.0	5	-14.6	37
36	**11.0**	1.8	5	-15.9	11.1	1.9	5	-15.3	11.2	2.0	5	-14.7	11.3	2.0	5	-14.2	11.4	2.1	6	-13.7	36
36	11.1	1.9	5	-14.9	11.2	2.0	5	-14.3	11.3	2.1	6	-13.8	11.4	2.2	6	-13.3	11.5	2.3	6	-12.8	36
36	11.2	2.1	6	-13.9	11.3	2.2	6	-13.4	11.4	2.3	6	-12.9	11.5	2.4	6	-12.4	11.6	2.4	6	-12.0	36
35	11.3	2.2	6	-13.0	11.4	2.3	6	-12.6	11.5	2.4	6	-12.1	11.6	2.5	7	-11.6	11.7	2.6	7	-11.2	35
35	11.4	2.4	6	-12.2	11.5	2.5	7	-11.8	11.6	2.6	7	-11.3	11.7	2.7	7	-10.9	11.8	2.8	7	-10.5	35
35	11.5	2.6	7	-11.4	11.6	2.6	7	-11.0	11.7	2.7	7	-10.6	11.8	2.8	7	-10.2	11.9	2.9	8	-9.8	35
34	11.6	2.7	7	-10.7	11.7	2.8	7	-10.3	11.8	2.9	8	-9.9	11.9	3.0	8	-9.5	**12.0**	3.1	8	-9.1	34
34	11.7	2.9	8	-10.0	11.8	3.0	8	-9.6	11.9	3.1	8	-9.2	**12.0**	3.1	8	-8.8	12.1	3.2	8	-8.4	34
34	11.8	3.0	8	-9.3	11.9	3.1	8	-8.9	**12.0**	3.2	8	-8.5	12.1	3.3	9	-8.2	12.2	3.4	9	-7.8	34
33	11.9	3.2	8	-8.6	**12.0**	3.3	9	-8.3	12.1	3.4	9	-7.9	12.2	3.5	9	-7.6	12.3	3.6	9	-7.2	33
33	**12.0**	3.3	9	-8.0	12.1	3.4	9	-7.7	12.2	3.5	9	-7.3	12.3	3.6	9	-7.0	12.4	3.7	10	-6.6	33
33	12.1	3.5	9	-7.4	12.2	3.6	9	-7.1	12.3	3.7	10	-6.7	12.4	3.8	10	-6.4	12.5	3.9	10	-6.1	33
32	12.2	3.7	10	-6.8	12.3	3.8	10	-6.5	12.4	3.9	10	-6.2	12.5	3.9	10	-5.9	12.6	4.0	10	-5.6	32
32	12.3	3.8	10	-6.3	12.4	3.9	10	-6.0	12.5	4.0	10	-5.6	12.6	4.1	11	-5.3	12.7	4.2	11	-5.0	32
32	12.4	4.0	11	-5.7	12.5	4.1	11	-5.4	12.6	4.2	11	-5.1	12.7	4.3	11	-4.8	12.8	4.4	11	-4.5	32
32	12.5	4.1	11	-5.2	12.6	4.2	11	-4.9	12.7	4.3	11	-4.6	12.8	4.4	12	-4.3	12.9	4.5	12	-4.0	32
31	12.6	4.3	11	-4.7	12.7	4.4	12	-4.4	12.8	4.5	12	-4.1	12.9	4.6	12	-3.8	**13.0**	4.7	12	-3.6	31
31	12.7	4.5	12	-4.2	12.8	4.6	12	-3.9	12.9	4.7	12	-3.7	**13.0**	4.8	12	-3.4	13.1	4.9	13	-3.1	31
31	12.8	4.6	12	-3.7	12.9	4.7	12	-3.5	**13.0**	4.8	13	-3.2	13.1	4.9	13	-2.9	13.2	5.0	13	-2.7	31
30	12.9	4.8	13	-3.3	**13.0**	4.9	13	-3.0	13.1	5.0	13	-2.7	13.2	5.1	13	-2.5	13.3	5.2	13	-2.2	30
30	**13.0**	5.0	13	-2.8	13.1	5.1	13	-2.6	13.2	5.2	13	-2.3	13.3	5.3	14	-2.0	13.4	5.4	14	-1.8	30
30	13.1	5.1	14	-2.4	13.2	5.2	14	-2.1	13.3	5.3	14	-1.9	13.4	5.4	14	-1.6	13.5	5.5	14	-1.4	30
29	13.2	5.3	14	-2.0	13.3	5.4	14	-1.7	13.4	5.5	14	-1.5	13.5	5.6	15	-1.2	13.6	5.7	15	-1.0	29
29	13.3	5.5	14	-1.5	13.4	5.6	15	-1.3	13.5	5.7	15	-1.0	13.6	5.8	15	-0.8	13.7	5.9	15	-0.6	29
29	13.4	5.6	15	-1.1	13.5	5.7	15	-0.9	13.6	5.8	15	-0.6	13.7	5.9	15	-0.4	13.8	6.0	16	-0.2	29
28	13.5	5.8	15	-0.7	13.6	5.9	16	-0.5	13.7	6.0	16	-0.3	13.8	6.1	16	0.0	13.9	6.2	16	0.2	28
28	13.6	6.0	16	-0.3	13.7	6.1	16	-0.1	13.8	6.2	16	0.1	13.9	6.3	16	0.4	**14.0**	6.4	16	0.6	28
28	13.7	6.1	16	0.0	13.8	6.2	16	0.3	13.9	6.3	17	0.5	**14.0**	6.4	17	0.7	14.1	6.5	17	0.9	28
28	13.8	6.3	17	0.4	13.9	6.4	17	0.6	**14.0**	6.5	17	0.9	14.1	6.6	17	1.1	14.2	6.7	17	1.3	28
27	13.9	6.5	17	0.8	**14.0**	6.6	17	1.0	14.1	6.7	17	1.2	14.2	6.8	18	1.4	14.3	6.9	18	1.7	27
27	**14.0**	6.6	18	1.2	14.1	6.7	18	1.4	14.2	6.8	18	1.6	14.3	7.0	18	1.8	14.4	7.1	18	2.0	27
27	14.1	6.8	18	1.5	14.2	6.9	18	1.7	14.3	7.0	18	1.9	14.4	7.1	19	2.1	14.5	7.2	19	2.3	27
26	14.2	7.0	18	1.9	14.3	7.1	19	2.1	14.4	7.2	19	2.3	14.5	7.3	19	2.5	14.6	7.4	19	2.7	26
26	14.3	7.2	19	2.2	14.4	7.3	19	2.4	14.5	7.4	19	2.6	14.6	7.5	19	2.8	14.7	7.6	20	3.0	26
26	14.4	7.3	19	2.5	14.5	7.4	20	2.7	14.6	7.5	20	2.9	14.7	7.6	20	3.1	14.8	7.8	20	3.3	26
26	14.5	7.5	20	2.9	14.6	7.6	20	3.1	14.7	7.7	20	3.3	14.8	7.8	20	3.4	14.9	7.9	20	3.6	26
25	14.6	7.7	20	3.2	14.7	7.8	20	3.4	14.8	7.9	21	3.6	14.9	8.0	21	3.8	**15.0**	8.1	21	4.0	25
25	14.7	7.8	21	3.5	14.8	8.0	21	3.7	14.9	8.1	21	3.9	**15.0**	8.2	21	4.1	15.1	8.3	21	4.3	25
25	14.8	8.0	21	3.8	14.9	8.1	21	4.0	**15.0**	8.2	22	4.2	15.1	8.3	22	4.4	15.2	8.5	22	4.6	25
24	14.9	8.2	22	4.1	**15.0**	8.3	22	4.3	15.1	8.4	22	4.5	15.2	8.5	22	4.7	15.3	8.6	22	4.9	24
24	**15.0**	8.4	22	4.4	15.1	8.5	22	4.6	15.2	8.6	22	4.8	15.3	8.7	23	5.0	15.4	8.8	23	5.2	24
24	15.1	8.5	23	4.7	15.2	8.7	23	4.9	15.3	8.8	23	5.1	15.4	8.9	23	5.3	15.5	9.0	23	5.4	24
24	15.2	8.7	23	5.0	15.3	8.8	23	5.2	15.4	8.9	23	5.4	15.5	9.1	24	5.6	15.6	9.2	24	5.7	24
23	15.3	8.9	24	5.3	15.4	9.0	24	5.5	15.5	9.1	24	5.7	15.6	9.2	24	5.8	15.7	9.4	24	6.0	23
23	15.4	9.1	24	5.6	15.5	9.2	24	5.8	15.6	9.3	24	5.9	15.7	9.4	24	6.1	15.8	9.5	25	6.3	23
23	15.5	9.3	25	5.9	15.6	9.4	25	6.0	15.7	9.5	25	6.2	15.8	9.6	25	6.4	15.9	9.7	25	6.6	23
23	15.6	9.4	25	6.1	15.7	9.6	25	6.3	15.8	9.7	25	6.5	15.9	9.8	25	6.7	**16.0**	9.9	26	6.8	23
22	15.7	9.6	25	6.4	15.8	9.7	26	6.6	15.9	9.9	26	6.8	**16.0**	10.0	26	6.9	16.1	10.1	26	7.1	22
22	15.8	9.8	26	6.7	15.9	9.9	26	6.9	**16.0**	10.0	26	7.0	16.1	10.2	26	7.2	16.2	10.3	27	7.4	22
22	15.9	10.0	26	7.0	**16.0**	10.1	27	7.1	16.1	10.2	27	7.3	16.2	10.3	27	7.5	16.3	10.5	27	7.6	22
22	**16.0**	10.2	27	7.2	16.1	10.3	27	7.4	16.2	10.4	27	7.6	16.3	10.5	27	7.7	16.4	10.6	27	7.9	22
21	16.1	10.4	27	7.5	16.2	10.5	28	7.6	16.3	10.6	28	7.8	16.4	10.7	28	8.0	16.5	10.8	28	8.1	21
21	16.2	10.5	28	7.7	16.3	10.7	28	7.9	16.4	10.8	28	8.1	16.5	10.9	28	8.2	16.6	11.0	28	8.4	21
21	16.3	10.7	28	8.0	16.4	10.8	29	8.2	16.5	11.0	29	8.3	16.6	11.1	29	8.5	16.7	11.2	29	8.6	21
21	16.4	10.9	29	8.2	16.5	11.0	29	8.4	16.6	11.1	29	8.6	16.7	11.3	29	8.7	16.8	11.4	29	8.9	21
20	16.5	11.1	29	8.5	16.6	11.2	29	8.7	16.7	11.3	30	8.8	16.8	11.5	30	9.0	16.9	11.6	30	9.1	20

n	t_W	e	U	t_d	t_W	e	U	t_d	t_W	e	U	t_d	t_W	e	U	t_d	t_W	e	U	t_d	n
	28.0				**28.1**				**28.2**				**28.3**				**28.4**				
20	16.6	11.3	30	8.7	16.7	11.4	30	8.9	16.8	11.5	30	9.1	16.9	11.6	30	9.2	**17.0**	11.8	30	9.4	20
20	16.7	11.5	30	9.0	16.8	11.6	30	9.1	16.9	11.7	31	9.3	**17.0**	11.8	31	9.5	17.1	12.0	31	9.6	20
20	16.8	11.7	31	9.2	16.9	11.8	31	9.4	**17.0**	11.9	31	9.5	17.1	12.0	31	9.7	17.2	12.1	31	9.8	20
19	16.9	11.8	31	9.5	**17.0**	12.0	31	9.6	17.1	12.1	32	9.8	17.2	12.2	32	9.9	17.3	12.3	32	10.1	19
19	**17.0**	12.0	32	9.7	17.1	12.2	32	9.9	17.2	12.3	32	10.0	17.3	12.4	32	10.2	17.4	12.5	32	10.3	19
19	17.1	12.2	32	9.9	17.2	12.3	32	10.1	17.3	12.5	33	10.2	17.4	12.6	33	10.4	17.5	12.7	33	10.5	19
19	17.2	12.4	33	10.2	17.3	12.5	33	10.3	17.4	12.7	33	10.5	17.5	12.8	33	10.6	17.6	12.9	33	10.8	19
18	17.3	12.6	33	10.4	17.4	12.7	33	10.5	17.5	12.9	34	10.7	17.6	13.0	34	10.8	17.7	13.1	34	11.0	18
18	17.4	12.8	34	10.6	17.5	12.9	34	10.8	17.6	13.0	34	10.9	17.7	13.2	34	11.1	17.8	13.3	34	11.2	18
18	17.5	13.0	34	10.8	17.6	13.1	34	11.0	17.7	13.2	35	11.1	17.8	13.4	35	11.3	17.9	13.5	35	11.4	18
18	17.6	13.2	35	11.1	17.7	13.3	35	11.2	17.8	13.4	35	11.4	17.9	13.6	35	11.5	**18.0**	13.7	35	11.6	18
17	17.7	13.4	35	11.3	17.8	13.5	36	11.4	17.9	13.6	36	11.6	**18.0**	13.8	36	11.7	18.1	13.9	36	11.9	17
17	17.8	13.6	36	11.5	17.9	13.7	36	11.6	**18.0**	13.8	36	11.8	18.1	14.0	36	11.9	18.2	14.1	36	12.1	17
17	17.9	13.8	36	11.7	**18.0**	13.9	37	11.9	18.1	14.0	37	12.0	18.2	14.2	37	12.1	18.3	14.3	37	12.3	17
17	**18.0**	14.0	37	11.9	18.1	14.1	37	12.1	18.2	14.2	37	12.2	18.3	14.4	37	12.4	18.4	14.5	37	12.5	17
16	18.1	14.2	37	12.1	18.2	14.3	38	12.3	18.3	14.4	38	12.4	18.4	14.5	38	12.6	18.5	14.7	38	12.7	16
16	18.2	14.4	38	12.4	18.3	14.5	38	12.5	18.4	14.6	38	12.6	18.5	14.7	38	12.8	18.6	14.9	38	12.9	16
16	18.3	14.6	39	12.6	18.4	14.7	39	12.7	18.5	14.8	39	12.8	18.6	14.9	39	13.0	18.7	15.1	39	13.1	16
16	18.4	14.7	39	12.8	18.5	14.9	39	12.9	18.6	15.0	39	13.0	18.7	15.2	39	13.2	18.8	15.3	40	13.3	16
16	18.5	14.9	40	13.0	18.6	15.1	40	13.1	18.7	15.2	40	13.3	18.8	15.4	40	13.4	18.9	15.5	40	13.5	16
15	18.6	15.1	40	13.2	18.7	15.3	40	13.3	18.8	15.4	40	13.5	18.9	15.6	40	13.6	**19.0**	15.7	41	13.7	15
15	18.7	15.4	41	13.4	18.8	15.5	41	13.5	18.9	15.6	41	13.7	**19.0**	15.8	41	13.8	19.1	15.9	41	13.9	15
15	18.8	15.6	41	13.6	18.9	15.7	41	13.7	**19.0**	15.8	41	13.9	19.1	16.0	42	14.0	19.2	16.1	42	14.1	15
15	18.9	15.8	42	13.8	**19.0**	15.9	42	13.9	19.1	16.0	42	14.1	19.2	16.2	42	14.2	19.3	16.3	42	14.3	15
14	**19.0**	16.0	42	14.0	19.1	16.1	42	14.1	19.2	16.2	42	14.2	19.3	16.4	43	14.4	19.4	16.5	43	14.5	14
14	19.1	16.2	43	14.2	19.2	16.3	43	14.3	19.3	16.4	43	14.4	19.4	16.6	43	14.6	19.5	16.7	43	14.7	14
14	19.2	16.4	43	14.4	19.3	16.5	43	14.5	19.4	16.6	44	14.6	19.5	16.8	44	14.8	19.6	16.9	44	14.9	14
14	19.3	16.6	44	14.6	19.4	16.7	44	14.7	19.5	16.9	44	14.8	19.6	17.0	44	15.0	19.7	17.1	44	15.1	14
14	19.4	16.8	44	14.8	19.5	16.9	45	14.9	19.6	17.1	45	15.0	19.7	17.2	45	15.1	19.8	17.3	45	15.3	14
13	19.5	17.0	45	14.9	19.6	17.1	45	15.1	19.7	17.3	45	15.2	19.8	17.4	45	15.3	19.9	17.6	45	15.5	13
13	19.6	17.2	45	15.1	19.7	17.3	46	15.3	19.8	17.5	46	15.4	19.9	17.6	46	15.5	**20.0**	17.8	46	15.6	13
13	19.7	17.4	46	15.3	19.8	17.5	46	15.5	19.9	17.7	46	15.6	**20.0**	17.8	46	15.7	20.1	18.0	46	15.8	13
13	19.8	17.6	47	15.5	19.9	17.8	47	15.6	**20.0**	17.9	47	15.8	20.1	18.0	47	15.9	20.2	18.2	47	16.0	13
13	19.9	17.8	47	15.7	**20.0**	18.0	47	15.8	20.1	18.1	47	16.0	20.2	18.3	47	16.1	20.3	18.4	48	16.2	13
12	**20.0**	18.0	48	15.9	20.1	18.2	48	16.0	20.2	18.3	48	16.1	20.3	18.5	48	16.3	20.4	18.6	48	16.4	12
12	20.1	18.2	48	16.1	20.2	18.4	48	16.2	20.3	18.5	48	16.3	20.4	18.7	49	16.4	20.5	18.8	49	16.6	12
12	20.2	18.5	49	16.2	20.3	18.6	49	16.4	20.4	18.8	49	16.5	20.5	18.9	49	16.6	20.6	19.1	49	16.7	12
12	20.3	18.7	49	16.4	20.4	18.8	50	16.6	20.5	19.0	50	16.7	20.6	19.1	50	16.8	20.7	19.3	50	16.9	12
12	20.4	18.9	50	16.6	20.5	19.0	50	16.7	20.6	19.2	50	16.9	20.7	19.3	50	17.0	20.8	19.5	50	17.1	12
11	20.5	19.1	51	16.8	20.6	19.3	51	16.9	20.7	19.4	51	17.0	20.8	19.6	51	17.2	20.9	19.7	51	17.3	11
11	20.6	19.3	51	17.0	20.7	19.5	51	17.1	20.8	19.6	51	17.2	20.9	19.8	51	17.3	**21.0**	19.9	52	17.4	11
11	20.7	19.5	52	17.1	20.8	19.7	52	17.3	20.9	19.8	52	17.4	**21.0**	20.0	52	17.5	21.1	20.1	52	17.6	11
11	20.8	19.8	52	17.3	20.9	19.9	52	17.4	**21.0**	20.1	52	17.6	21.1	20.2	53	17.7	21.2	20.4	53	17.8	11
11	20.9	20.0	53	17.5	**21.0**	20.1	53	17.6	21.1	20.3	53	17.7	21.2	20.4	53	17.8	21.3	20.6	53	18.0	11
10	**21.0**	20.2	53	17.7	21.1	20.3	54	17.8	21.2	20.5	54	17.9	21.3	20.7	54	18.0	21.4	20.8	54	18.1	10
10	21.1	20.4	54	17.8	21.2	20.6	54	18.0	21.3	20.7	54	18.1	21.4	20.9	54	18.2	21.5	21.0	54	18.3	10
10	21.2	20.6	55	18.0	21.3	20.8	55	18.1	21.4	20.9	55	18.2	21.5	21.1	55	18.4	21.6	21.3	55	18.5	10
10	21.3	20.9	55	18.2	21.4	21.0	55	18.3	21.5	21.2	55	18.4	21.6	21.3	55	18.5	21.7	21.5	56	18.6	10
10	21.4	21.1	56	18.3	21.5	21.2	56	18.5	21.6	21.4	56	18.6	21.7	21.5	56	18.7	21.8	21.7	56	18.8	10
9	21.5	21.3	56	18.5	21.6	21.5	56	18.6	21.7	21.6	57	18.7	21.8	21.8	57	18.9	21.9	21.9	57	19.0	9
9	21.6	21.5	57	18.7	21.7	21.7	57	18.8	21.8	21.8	57	18.9	21.9	22.0	57	19.0	**22.0**	22.2	57	19.1	9
9	21.7	21.7	58	18.8	21.8	21.9	58	19.0	21.9	22.1	58	19.1	**22.0**	22.2	58	19.2	22.1	22.4	58	19.3	9
9	21.8	22.0	58	19.0	21.9	22.1	58	19.1	**22.0**	22.3	58	19.2	22.1	22.5	58	19.4	22.2	22.6	58	19.5	9
9	21.9	22.2	59	19.2	**22.0**	22.4	59	19.3	22.1	22.5	59	19.4	22.2	22.7	59	19.5	22.3	22.8	59	19.6	9
9	**22.0**	22.4	59	19.3	22.1	22.6	59	19.5	22.2	22.7	59	19.6	22.3	22.9	60	19.7	22.4	23.1	60	19.8	9
8	22.1	22.7	60	19.5	22.2	22.8	60	19.6	22.3	23.0	60	19.7	22.4	23.1	60	19.8	22.5	23.3	60	20.0	8
8	22.2	22.9	61	19.7	22.3	23.0	61	19.8	22.4	23.2	61	19.9	22.5	23.4	61	20.0	22.6	23.5	61	20.1	8
8	22.3	23.1	61	19.8	22.4	23.3	61	19.9	22.5	23.4	61	20.0	22.6	23.6	61	20.2	22.7	23.8	61	20.3	8
8	22.4	23.3	62	20.0	22.5	23.5	62	20.1	22.6	23.7	62	20.2	22.7	23.8	62	20.3	22.8	24.0	62	20.4	8
8	22.5	23.6	62	20.1	22.6	23.7	62	20.3	22.7	23.9	63	20.4	22.8	24.1	63	20.5	22.9	24.2	63	20.6	8
8	22.6	23.8	63	20.3	22.7	24.0	63	20.4	22.8	24.1	63	20.5	22.9	24.3	63	20.6	**23.0**	24.5	63	20.8	8
7	22.7	24.0	64	20.5	22.8	24.2	64	20.6	22.9	24.4	64	20.7	**23.0**	24.5	64	20.8	23.1	24.7	64	20.9	7
7	22.8	24.3	64	20.6	22.9	24.4	64	20.7	**23.0**	24.6	64	20.8	23.1	24.8	64	21.0	23.2	25.0	65	21.1	7
7	22.9	24.5	65	20.8	**23.0**	24.7	65	20.9	23.1	24.9	65	21.0	23.2	25.0	65	21.1	23.3	25.2	65	21.2	7
7	**23.0**	24.7	65	20.9	23.1	24.9	66	21.0	23.2	25.1	66	21.2	23.3	25.3	66	21.3	23.4	25.4	66	21.4	7
7	23.1	25.0	66	21.1	23.2	25.2	66	21.2	23.3	25.3	66	21.3	23.4	25.5	66	21.4	23.5	25.7	66	21.5	7
7	23.2	25.2	67	21.2	23.3	25.4	67	21.3	23.4	25.6	67	21.5	23.5	25.7	67	21.6	23.6	25.9	67	21.7	7
6	23.3	25.5	67	21.4	23.4	25.6	67	21.5	23.5	25.8	68	21.6	23.6	26.0	68	21.7	23.7	26.2	68	21.8	6
6	23.4	25.7	68	21.5	23.5	25.9	68	21.7	23.6	26.1	68	21.8	23.7	26.2	68	21.9	23.8	26.4	68	22.0	6
6	23.5	25.9	69	21.7	23.6	26.1	69	21.8	23.7	26.3	69	21.9	23.8	26.5	69	22.0	23.9	26.6	69	22.1	6
6	23.6	26.2	69	21.8	23.7	26.4	69	22.0	23.8	26.5	69	22.1	23.9	26.7	69	22.2	**24.0**	26.9	70	22.3	6
6	23.7	26.4	70	22.0	23.8	26.6	70	22.1	23.9	26.8	70	22.2	**24.0**	27.0	70	22.3	24.1	27.1	70	22.4	6
6	23.8	26.7	71	22.2	23.9	26.8	71	22.3	**24.0**	27.0	71	22.4	24.1	27.2	71	22.5	24.2	27.4	71	22.6	6

n	t_W	e	U	t_d	t_W	e	U	t_d	t_W	e	U	t_d	t_W	e	U	t_d	t_W	e	U	t_d	n
	28.0				**28.1**				**28.2**				**28.3**				**28.4**				
5	23.9	26.9	71	22.3	**24.0**	27.1	71	22.4	24.1	27.3	71	22.5	24.2	27.5	71	22.6	24.3	27.6	71	22.7	5
5	**24.0**	27.2	72	22.4	24.1	27.3	72	22.6	24.2	27.5	72	22.7	24.3	27.7	72	22.8	24.4	27.9	72	22.9	5
5	24.1	27.4	73	22.6	24.2	27.6	73	22.7	24.3	27.8	73	22.8	24.4	28.0	73	22.9	24.5	28.1	73	23.0	5
5	24.2	27.7	73	22.7	24.3	27.8	73	22.9	24.4	28.0	73	23.0	24.5	28.2	73	23.1	24.6	28.4	73	23.2	5
5	24.3	27.9	74	22.9	24.4	28.1	74	23.0	24.5	28.3	74	23.1	24.6	28.5	74	23.2	24.7	28.6	74	23.3	5
5	24.4	28.2	74	23.0	24.5	28.3	75	23.1	24.6	28.5	75	23.3	24.7	28.7	75	23.4	24.8	28.9	75	23.5	5
5	24.5	28.4	75	23.2	24.6	28.6	75	23.3	24.7	28.8	75	23.4	24.8	29.0	75	23.5	24.9	29.1	75	23.6	5
4	24.6	28.7	76	23.3	24.7	28.8	76	23.4	24.8	29.0	76	23.5	24.9	29.2	76	23.7	**25.0**	29.4	76	23.8	4
4	24.7	28.9	76	23.5	24.8	29.1	77	23.6	24.9	29.3	77	23.7	**25.0**	29.5	77	23.8	25.1	29.7	77	23.9	4
4	24.8	29.2	77	23.6	24.9	29.3	77	23.7	**25.0**	29.5	77	23.8	25.1	29.7	77	23.9	25.2	29.9	77	24.0	4
4	24.9	29.4	78	23.8	**25.0**	29.6	78	23.9	25.1	29.8	78	24.0	25.2	30.0	78	24.1	25.3	30.2	78	24.2	4
4	**25.0**	29.7	78	23.9	25.1	29.9	79	24.0	25.2	30.0	79	24.1	25.3	30.2	79	24.2	25.4	30.4	79	24.3	4
4	25.1	29.9	79	24.1	25.2	30.1	79	24.2	25.3	30.3	79	24.3	25.4	30.5	79	24.4	25.5	30.7	79	24.5	4
4	25.2	30.2	80	24.2	25.3	30.4	80	24.3	25.4	30.6	80	24.4	25.5	30.8	80	24.5	25.6	31.0	80	24.6	4
3	25.3	30.4	81	24.3	25.4	30.6	81	24.4	25.5	30.8	81	24.5	25.6	31.0	81	24.7	25.7	31.2	81	24.8	3
3	25.4	30.7	81	24.5	25.5	30.9	81	24.6	25.6	31.1	81	24.7	25.7	31.3	81	24.8	25.8	31.5	81	24.9	3
3	25.5	31.0	82	24.6	25.6	31.2	82	24.7	25.7	31.3	82	24.8	25.8	31.5	82	24.9	25.9	31.7	82	25.0	3
3	25.6	31.2	83	24.8	25.7	31.4	83	24.9	25.8	31.6	83	25.0	25.9	31.8	83	25.1	**26.0**	32.0	83	25.2	3
3	25.7	31.5	83	24.9	25.8	31.7	83	25.0	25.9	31.9	83	25.1	**26.0**	32.1	83	25.2	26.1	32.3	83	25.3	3
3	25.8	31.7	84	25.0	25.9	31.9	84	25.1	**26.0**	32.1	84	25.2	26.1	32.3	84	25.4	26.2	32.5	84	25.5	3
3	25.9	32.0	85	25.2	**26.0**	32.2	85	25.3	26.1	32.4	85	25.4	26.2	32.6	85	25.5	26.3	32.8	85	25.6	3
2	**26.0**	32.3	85	25.3	26.1	32.5	85	25.4	26.2	32.7	85	25.5	26.3	32.9	85	25.6	26.4	33.1	86	25.7	2
2	26.1	32.5	86	25.5	26.2	32.7	86	25.6	26.3	32.9	86	25.7	26.4	33.1	86	25.8	26.5	33.3	86	25.9	2
2	26.2	32.8	87	25.6	26.3	33.0	87	25.7	26.4	33.2	87	25.8	26.5	33.4	87	25.9	26.6	33.6	87	26.0	2
2	26.3	33.1	88	25.7	26.4	33.3	88	25.8	26.5	33.5	88	25.9	26.6	33.7	88	26.0	26.7	33.9	88	26.1	2
2	26.4	33.3	88	25.9	26.5	33.5	88	26.0	26.6	33.8	88	26.1	26.7	34.0	88	26.2	26.8	34.2	88	26.3	2
2	26.5	33.6	89	26.0	26.6	33.8	89	26.1	26.7	34.0	89	26.2	26.8	34.2	89	26.3	26.9	34.4	89	26.4	2
2	26.6	33.9	90	26.1	26.7	34.1	90	26.2	26.8	34.3	90	26.3	26.9	34.5	90	26.4	**27.0**	34.7	90	26.5	2
2	26.7	34.2	90	26.3	26.8	34.4	90	26.4	26.9	34.6	90	26.5	**27.0**	34.8	90	26.6	27.1	35.0	90	26.7	2
1	26.8	34.4	91	26.4	26.9	34.6	91	26.5	**27.0**	34.8	91	26.6	27.1	35.1	91	26.7	27.2	35.3	91	26.8	1
1	26.9	34.7	92	26.5	**27.0**	34.9	92	26.6	27.1	35.1	92	26.7	27.2	35.3	92	26.8	27.3	35.5	92	27.0	1
1	**27.0**	35.0	93	26.7	27.1	35.2	93	26.8	27.2	35.4	93	26.9	27.3	35.6	93	27.0	27.4	35.8	93	27.1	1
1	27.1	35.3	93	26.8	27.2	35.5	93	26.9	27.3	35.7	93	27.0	27.4	35.9	93	27.1	27.5	36.1	93	27.2	1
1	27.2	35.5	94	26.9	27.3	35.7	94	27.0	27.4	36.0	94	27.1	27.5	36.2	94	27.2	27.6	36.4	94	27.4	1
1	27.3	35.8	95	27.1	27.4	36.0	95	27.2	27.5	36.2	95	27.3	27.6	36.5	95	27.4	27.7	36.7	95	27.5	1
1	27.4	36.1	95	27.2	27.5	36.3	96	27.3	27.6	36.5	96	27.4	27.7	36.7	96	27.5	27.8	37.0	96	27.6	1
1	27.5	36.4	96	27.3	27.6	36.6	96	27.4	27.7	36.8	96	27.5	27.8	37.0	96	27.6	27.9	37.2	96	27.7	1
0	27.6	36.7	97	27.5	27.7	36.9	97	27.6	27.8	37.1	97	27.7	27.9	37.3	97	27.8	**28.0**	37.5	97	27.9	0
0	27.7	36.9	98	27.6	27.8	37.2	98	27.7	27.9	37.4	98	27.8	**28.0**	37.6	98	27.9	28.1	37.8	98	28.0	0
0	27.8	37.2	98	27.7	27.9	37.4	98	27.8	**28.0**	37.7	98	27.9	28.1	37.9	98	28.0	28.2	38.1	98	28.1	0
0	27.9	37.5	99	27.9	**28.0**	37.7	99	28.0	28.1	37.9	99	28.1	28.2	38.2	99	28.2	28.3	38.4	99	28.3	0
0	**28.0**	37.8	100	28.0	28.1	38.0	100	28.1	28.2	38.2	100	28.2	28.3	38.5	100	28.3	28.4	38.7	100	28.4	0
	28.5				**28.6**				**28.7**				**28.8**				**28.9**				
41																	10.4	0.3	1	-36.7	41
41									10.3	0.2	1	-37.4	10.4	0.3	1	-34.5	10.5	0.4	1	-32.1	41
40	10.2	0.2	1	-38.1	10.3	0.3	1	-35.0	10.4	0.4	1	-32.6	10.5	0.5	1	-30.6	10.6	0.6	1	-28.8	40
40	10.3	0.4	1	-33.0	10.4	0.5	1	-31.0	10.5	0.5	1	-29.2	10.6	0.6	2	-27.6	10.7	0.7	2	-26.3	40
40	10.4	0.5	1	-29.5	10.5	0.6	2	-28.0	10.6	0.7	2	-26.6	10.7	0.8	2	-25.3	10.8	0.9	2	-24.1	40
39	10.5	0.7	2	-26.8	10.6	0.8	2	-25.6	10.7	0.9	2	-24.4	10.8	0.9	2	-23.3	10.9	1.0	3	-22.3	39
39	10.6	0.8	2	-24.6	10.7	0.9	2	-23.5	10.8	1.0	3	-22.5	10.9	1.1	3	-21.6	**11.0**	1.2	3	-20.7	39
38	10.7	1.0	3	-22.8	10.8	1.1	3	-21.8	10.9	1.2	3	-20.9	**11.0**	1.2	3	-20.1	11.1	1.3	3	-19.3	38
38	10.8	1.1	3	-21.1	10.9	1.2	3	-20.3	**11.0**	1.3	3	-19.5	11.1	1.4	4	-18.7	11.2	1.5	4	-18.0	38
38	10.9	1.3	3	-19.7	**11.0**	1.4	4	-18.9	11.1	1.5	4	-18.2	11.2	1.6	4	-17.5	11.3	1.6	4	-16.8	38
37	**11.0**	1.4	4	-18.3	11.1	1.5	4	-17.6	11.2	1.6	4	-17.0	11.3	1.7	4	-16.3	11.4	1.8	5	-15.7	37
37	11.1	1.6	4	-17.1	11.2	1.7	4	-16.5	11.3	1.8	5	-15.9	11.4	1.9	5	-15.3	11.5	2.0	5	-14.7	37
37	11.2	1.8	5	-16.0	11.3	1.8	5	-15.4	11.4	1.9	5	-14.9	11.5	2.0	5	-14.3	11.6	2.1	5	-13.8	37
36	11.3	1.9	5	-15.0	11.4	2.0	5	-14.5	11.5	2.1	5	-13.9	11.6	2.2	6	-13.4	11.7	2.3	6	-12.9	36
36	11.4	2.1	5	-14.1	11.5	2.2	6	-13.5	11.6	2.2	6	-13.0	11.7	2.3	6	-12.5	11.8	2.4	6	-12.1	36
36	11.5	2.2	6	-13.2	11.6	2.3	6	-12.7	11.7	2.4	6	-12.2	11.8	2.5	6	-11.7	11.9	2.6	6	-11.3	36
35	11.6	2.4	6	-12.3	11.7	2.5	6	-11.9	11.8	2.6	7	-11.4	11.9	2.7	7	-11.0	**12.0**	2.7	7	-10.5	35
35	11.7	2.5	7	-11.5	11.8	2.6	7	-11.1	11.9	2.7	7	-10.7	**12.0**	2.8	7	-10.2	12.1	2.9	7	-9.8	35
35	11.8	2.7	7	-10.8	11.9	2.8	7	-10.3	**12.0**	2.9	7	-9.9	12.1	3.0	8	-9.5	12.2	3.1	8	-9.1	35
34	11.9	2.9	7	-10.0	**12.0**	2.9	8	-9.6	12.1	3.0	8	-9.3	12.2	3.1	8	-8.9	12.3	3.2	8	-8.5	34
34	**12.0**	3.0	8	-9.4	12.1	3.1	8	-9.0	12.2	3.2	8	-8.6	12.3	3.3	8	-8.2	12.4	3.4	8	-7.9	34
34	12.1	3.2	8	-8.7	12.2	3.3	8	-8.3	12.3	3.4	9	-8.0	12.4	3.5	9	-7.6	12.5	3.5	9	-7.3	34
33	12.2	3.3	9	-8.1	12.3	3.4	9	-7.7	12.4	3.5	9	-7.4	12.5	3.6	9	-7.0	12.6	3.7	9	-6.7	33
33	12.3	3.5	9	-7.5	12.4	3.6	9	-7.1	12.5	3.7	9	-6.8	12.6	3.8	10	-6.4	12.7	3.9	10	-6.1	33
33	12.4	3.7	9	-6.9	12.5	3.7	10	-6.5	12.6	3.8	10	-6.2	12.7	3.9	10	-5.9	12.8	4.0	10	-5.6	33
33	12.5	3.8	10	-6.3	12.6	3.9	10	-6.0	12.7	4.0	10	-5.7	12.8	4.1	10	-5.4	12.9	4.2	11	-5.1	33
32	12.6	4.0	10	-5.8	12.7	4.1	10	-5.5	12.8	4.2	11	-5.1	12.9	4.3	11	-4.8	**13.0**	4.4	11	-4.5	32
32	12.7	4.1	11	-5.2	12.8	4.2	11	-4.9	12.9	4.3	11	-4.6	**13.0**	4.4	11	-4.3	13.1	4.5	11	-4.1	32

n	t_W	e	U	t_d	t_W	e	U	t_d	t_W	e	U	t_d	t_W	e	U	t_d	t_W	e	U	t_d	n
	28.5				**28.6**				**28.7**				**28.8**				**28.9**				
32	12.8	4.3	11	-4.7	12.9	4.4	11	-4.4	**13.0**	4.5	11	-4.1	13.1	4.6	12	-3.9	13.2	4.7	12	-3.6	32
31	12.9	4.5	11	-4.2	**13.0**	4.6	12	-3.9	13.1	4.7	12	-3.7	13.2	4.8	12	-3.4	13.3	4.9	12	-3.1	31
31	**13.0**	4.6	12	-3.8	13.1	4.7	12	-3.5	13.2	4.8	12	-3.2	13.3	4.9	12	-2.9	13.4	5.0	13	-2.7	31
31	13.1	4.8	12	-3.3	13.2	4.9	13	-3.0	13.3	5.0	13	-2.7	13.4	5.1	13	-2.5	13.5	5.2	13	-2.2	31
30	13.2	5.0	13	-2.8	13.3	5.1	13	-2.6	13.4	5.2	13	-2.3	13.5	5.3	13	-2.0	13.6	5.4	13	-1.8	30
30	13.3	5.1	13	-2.4	13.4	5.2	13	-2.1	13.5	5.3	14	-1.9	13.6	5.4	14	-1.6	13.7	5.5	14	-1.4	30
30	13.4	5.3	14	-2.0	13.5	5.4	14	-1.7	13.6	5.5	14	-1.4	13.7	5.6	14	-1.2	13.8	5.7	14	-1.0	30
29	13.5	5.5	14	-1.5	13.6	5.6	14	-1.3	13.7	5.7	14	-1.0	13.8	5.8	15	-0.8	13.9	5.9	15	-0.6	29
29	13.6	5.6	14	-1.1	13.7	5.7	15	-0.9	13.8	5.8	15	-0.6	13.9	5.9	15	-0.4	**14.0**	6.0	15	-0.2	29
29	13.7	5.8	15	-0.7	13.8	5.9	15	-0.5	13.9	6.0	15	-0.2	**14.0**	6.1	15	0.0	14.1	6.2	16	0.2	29
29	13.8	6.0	15	-0.3	13.9	6.1	16	-0.1	**14.0**	6.2	16	0.1	14.1	6.3	16	0.4	14.2	6.4	16	0.6	29
28	13.9	6.1	16	0.1	**14.0**	6.2	16	0.3	14.1	6.3	16	0.5	14.2	6.4	16	0.7	14.3	6.6	16	1.0	28
28	**14.0**	6.3	16	0.4	14.1	6.4	16	0.7	14.2	6.5	17	0.9	14.3	6.6	17	1.1	14.4	6.7	17	1.3	28
28	14.1	6.5	17	0.8	14.2	6.6	17	1.0	14.3	6.7	17	1.2	14.4	6.8	17	1.5	14.5	6.9	17	1.7	28
27	14.2	6.6	17	1.2	14.3	6.8	17	1.4	14.4	6.9	17	1.6	14.5	7.0	18	1.8	14.6	7.1	18	2.0	27
27	14.3	6.8	18	1.5	14.4	6.9	18	1.7	14.5	7.0	18	2.0	14.6	7.1	18	2.2	14.7	7.2	18	2.4	27
27	14.4	7.0	18	1.9	14.5	7.1	18	2.1	14.6	7.2	18	2.3	14.7	7.3	18	2.5	14.8	7.4	19	2.7	27
27	14.5	7.2	18	2.2	14.6	7.3	19	2.4	14.7	7.4	19	2.6	14.8	7.5	19	2.8	14.9	7.6	19	3.0	27
26	14.6	7.3	19	2.6	14.7	7.4	19	2.8	14.8	7.6	19	3.0	14.9	7.7	19	3.2	**15.0**	7.8	20	3.4	26
26	14.7	7.5	19	2.9	14.8	7.6	19	3.1	14.9	7.7	20	3.3	**15.0**	7.8	20	3.5	15.1	7.9	20	3.7	26
26	14.8	7.7	20	3.2	14.9	7.8	20	3.4	**15.0**	7.9	20	3.6	15.1	8.0	20	3.8	15.2	8.1	20	4.0	26
25	14.9	7.9	20	3.5	**15.0**	8.0	20	3.7	15.1	8.1	21	3.9	15.2	8.2	21	4.1	15.3	8.3	21	4.3	25
25	**15.0**	8.0	21	3.8	15.1	8.1	21	4.0	15.2	8.3	21	4.2	15.3	8.4	21	4.4	15.4	8.5	21	4.6	25
25	15.1	8.2	21	4.1	15.2	8.3	21	4.3	15.3	8.4	21	4.5	15.4	8.5	22	4.7	15.5	8.7	22	4.9	25
25	15.2	8.4	22	4.5	15.3	8.5	22	4.6	15.4	8.6	22	4.8	15.5	8.7	22	5.0	15.6	8.8	22	5.2	25
24	15.3	8.6	22	4.8	15.4	8.7	22	4.9	15.5	8.8	22	5.1	15.6	8.9	22	5.3	15.7	9.0	23	5.5	24
24	15.4	8.7	22	5.0	15.5	8.9	23	5.2	15.6	9.0	23	5.4	15.7	9.1	23	5.6	15.8	9.2	23	5.8	24
24	15.5	8.9	23	5.3	15.6	9.0	23	5.5	15.7	9.2	23	5.7	15.8	9.3	23	5.9	15.9	9.4	24	6.1	24
23	15.6	9.1	23	5.6	15.7	9.2	24	5.8	15.8	9.3	24	6.0	15.9	9.5	24	6.2	**16.0**	9.6	24	6.3	23
23	15.7	9.3	24	5.9	15.8	9.4	24	6.1	15.9	9.5	24	6.3	**16.0**	9.6	24	6.4	16.1	9.7	24	6.6	23
23	15.8	9.5	24	6.2	15.9	9.6	24	6.4	**16.0**	9.7	25	6.5	16.1	9.8	25	6.7	16.2	9.9	25	6.9	23
23	15.9	9.7	25	6.5	**16.0**	9.8	25	6.6	16.1	9.9	25	6.8	16.2	10.0	25	7.0	16.3	10.1	25	7.2	23
22	**16.0**	9.8	25	6.7	16.1	10.0	25	6.9	16.2	10.1	26	7.1	16.3	10.2	26	7.2	16.4	10.3	26	7.4	22
22	16.1	10.0	26	7.0	16.2	10.1	26	7.2	16.3	10.3	26	7.3	16.4	10.4	26	7.5	16.5	10.5	26	7.7	22
22	16.2	10.2	26	7.3	16.3	10.3	26	7.4	16.4	10.4	27	7.6	16.5	10.6	27	7.8	16.6	10.7	27	7.9	22
22	16.3	10.4	27	7.5	16.4	10.5	27	7.7	16.5	10.6	27	7.9	16.6	10.7	27	8.0	16.7	10.9	27	8.2	22
21	16.4	10.6	27	7.8	16.5	10.7	27	8.0	16.6	10.8	27	8.1	16.7	10.9	28	8.3	16.8	11.1	28	8.4	21
21	16.5	10.8	28	8.0	16.6	10.9	28	8.2	16.7	11.0	28	8.4	16.8	11.1	28	8.5	16.9	11.2	28	8.7	21
21	16.6	10.9	28	8.3	16.7	11.1	28	8.5	16.8	11.2	28	8.6	16.9	11.3	29	8.8	**17.0**	11.4	29	8.9	21
21	16.7	11.1	29	8.6	16.8	11.3	29	8.7	16.9	11.4	29	8.9	**17.0**	11.5	29	9.0	17.1	11.6	29	9.2	21
20	16.8	11.3	29	8.8	16.9	11.4	29	9.0	**17.0**	11.6	29	9.1	17.1	11.7	30	9.3	17.2	11.8	30	9.4	20
20	16.9	11.5	30	9.0	**17.0**	11.6	30	9.2	17.1	11.8	30	9.4	17.2	11.9	30	9.5	17.3	12.0	30	9.7	20
20	**17.0**	11.7	30	9.3	17.1	11.8	30	9.4	17.2	11.9	30	9.6	17.3	12.1	30	9.7	17.4	12.2	31	9.9	20
20	17.1	11.9	31	9.5	17.2	12.0	31	9.7	17.3	12.1	31	9.8	17.4	12.3	31	10.0	17.5	12.4	31	10.1	20
19	17.2	12.1	31	9.8	17.3	12.2	31	9.9	17.4	12.3	31	10.1	17.5	12.5	31	10.2	17.6	12.6	32	10.4	19
19	17.3	12.3	32	10.0	17.4	12.4	32	10.1	17.5	12.5	32	10.3	17.6	12.6	32	10.4	17.7	12.8	32	10.6	19
19	17.4	12.5	32	10.2	17.5	12.6	32	10.4	17.6	12.7	32	10.5	17.7	12.8	32	10.7	17.8	13.0	33	10.8	19
19	17.5	12.7	33	10.5	17.6	12.8	33	10.6	17.7	12.9	33	10.8	17.8	13.0	33	10.9	17.9	13.2	33	11.0	19
18	17.6	12.8	33	10.7	17.7	13.0	33	10.8	17.8	13.1	33	11.0	17.9	13.2	33	11.1	**18.0**	13.4	34	11.3	18
18	17.7	13.0	34	10.9	17.8	13.2	34	11.1	17.9	13.3	34	11.2	**18.0**	13.4	34	11.3	18.1	13.6	34	11.5	18
18	17.8	13.2	34	11.1	17.9	13.4	34	11.3	**18.0**	13.5	34	11.4	18.1	13.6	34	11.6	18.2	13.8	35	11.7	18
18	17.9	13.4	35	11.4	**18.0**	13.6	35	11.5	18.1	13.7	35	11.6	18.2	13.8	35	11.8	18.3	14.0	35	11.9	18
18	**18.0**	13.6	35	11.6	18.1	13.8	35	11.7	18.2	13.9	35	11.9	18.3	14.0	35	12.0	18.4	14.1	36	12.1	18
17	18.1	13.8	36	11.8	18.2	14.0	36	11.9	18.3	14.1	36	12.1	18.4	14.2	36	12.2	18.5	14.3	36	12.4	17
17	18.2	14.0	36	12.0	18.3	14.2	36	12.1	18.4	14.3	36	12.3	18.5	14.4	36	12.4	18.6	14.5	37	12.6	17
17	18.3	14.2	37	12.2	18.4	14.3	37	12.4	18.5	14.5	37	12.5	18.6	14.6	37	12.6	18.7	14.8	37	12.8	17
17	18.4	14.4	37	12.4	18.5	14.5	37	12.6	18.6	14.7	37	12.7	18.7	14.8	37	12.8	18.8	15.0	38	13.0	17
16	18.5	14.6	38	12.6	18.6	14.7	38	12.8	18.7	14.9	38	12.9	18.8	15.0	38	13.1	18.9	15.2	38	13.2	16
16	18.6	14.8	38	12.8	18.7	15.0	38	13.0	18.8	15.1	38	13.1	18.9	15.2	38	13.3	**19.0**	15.4	39	13.4	16
16	18.7	15.0	39	13.1	18.8	15.2	39	13.2	18.9	15.3	39	13.3	**19.0**	15.4	39	13.5	19.1	15.6	39	13.6	16
16	18.8	15.2	39	13.3	18.9	15.4	39	13.4	**19.0**	15.5	39	13.5	19.1	15.6	39	13.7	19.2	15.8	40	13.8	16
15	18.9	15.4	40	13.5	**19.0**	15.6	40	13.6	19.1	15.7	40	13.7	19.2	15.8	40	13.9	19.3	16.0	40	14.0	15
15	**19.0**	15.6	40	13.7	19.1	15.8	40	13.8	19.2	15.9	40	13.9	19.3	16.0	41	14.1	19.4	16.2	41	14.2	15
15	19.1	15.8	41	13.9	19.2	16.0	41	14.0	19.3	16.1	41	14.1	19.4	16.2	41	14.3	19.5	16.4	41	14.4	15
15	19.2	16.0	41	14.1	19.3	16.2	41	14.2	19.4	16.3	41	14.3	19.5	16.5	42	14.5	19.6	16.6	42	14.6	15
15	19.3	16.2	42	14.3	19.4	16.4	42	14.4	19.5	16.5	42	14.5	19.6	16.7	42	14.6	19.7	16.8	42	14.8	15
14	19.4	16.4	42	14.4	19.5	16.6	42	14.6	19.6	16.7	42	14.7	19.7	16.9	43	14.8	19.8	17.0	43	15.0	14
14	19.5	16.7	43	14.6	19.6	16.8	43	14.8	19.7	16.9	43	14.9	19.8	17.1	43	15.0	19.9	17.2	43	15.2	14
14	19.6	16.9	43	14.8	19.7	17.0	43	15.0	19.8	17.1	44	15.1	19.9	17.3	44	15.2	**20.0**	17.4	44	15.4	14
14	19.7	17.1	44	15.0	19.8	17.2	44	15.2	19.9	17.4	44	15.3	**20.0**	17.5	44	15.4	20.1	17.6	44	15.5	14
14	19.8	17.3	44	15.2	19.9	17.4	45	15.3	**20.0**	17.6	45	15.5	20.1	17.7	45	15.6	20.2	17.9	45	15.7	14
13	19.9	17.5	45	15.4	**20.0**	17.6	45	15.5	20.1	17.8	45	15.7	20.2	17.9	45	15.8	20.3	18.1	45	15.9	13
13	**20.0**	17.7	45	15.6	20.1	17.8	46	15.7	20.2	18.0	46	15.8	20.3	18.1	46	16.0	20.4	18.3	46	16.1	13

n	t_W	e	U	t_d	t_W	e	U	t_d	t_W	e	U	t_d	t_W	e	U	t_d	t_W	e	U	t_d	n
	28.5				**28.6**				**28.7**				**28.8**				**28.9**				
13	20.1	17.9	46	15.8	20.2	18.1	46	15.9	20.3	18.2	46	16.0	20.4	18.4	46	16.2	20.5	18.5	46	16.3	13
13	20.2	18.1	47	16.0	20.3	18.3	47	16.1	20.4	18.4	47	16.2	20.5	18.6	47	16.3	20.6	18.7	47	16.5	13
13	20.3	18.3	47	16.1	20.4	18.5	47	16.3	20.5	18.6	47	16.4	20.6	18.8	47	16.5	20.7	18.9	48	16.6	13
12	20.4	18.6	48	16.3	20.5	18.7	48	16.5	20.6	18.9	48	16.6	20.7	19.0	48	16.7	20.8	19.2	48	16.8	12
12	20.5	18.8	48	16.5	20.6	18.9	48	16.6	20.7	19.1	48	16.8	20.8	19.2	49	16.9	20.9	19.4	49	17.0	12
12	20.6	19.0	49	16.7	20.7	19.1	49	16.8	20.8	19.3	49	16.9	20.9	19.4	49	17.1	**21.0**	19.6	49	17.2	12
12	20.7	19.2	49	16.9	20.8	19.4	49	17.0	20.9	19.5	50	17.1	**21.0**	19.7	50	17.2	21.1	19.8	50	17.4	12
12	20.8	19.4	50	17.0	20.9	19.6	50	17.2	**21.0**	19.7	50	17.3	21.1	19.9	50	17.4	21.2	20.0	50	17.5	12
11	20.9	19.6	50	17.2	**21.0**	19.8	51	17.3	21.1	19.9	51	17.5	21.2	20.1	51	17.6	21.3	20.3	51	17.7	11
11	**21.0**	19.9	51	17.4	21.1	20.0	51	17.5	21.2	20.2	51	17.6	21.3	20.3	51	17.8	21.4	20.5	51	17.9	11
11	21.1	20.1	52	17.6	21.2	20.2	52	17.7	21.3	20.4	52	17.8	21.4	20.5	52	17.9	21.5	20.7	52	18.1	11
11	21.2	20.3	52	17.7	21.3	20.5	52	17.9	21.4	20.6	52	18.0	21.5	20.8	52	18.1	21.6	20.9	53	18.2	11
11	21.3	20.5	53	17.9	21.4	20.7	53	18.0	21.5	20.8	53	18.2	21.6	21.0	53	18.3	21.7	21.1	53	18.4	11
10	21.4	20.7	53	18.1	21.5	20.9	53	18.2	21.6	21.1	53	18.3	21.7	21.2	54	18.4	21.8	21.4	54	18.6	10
10	21.5	21.0	54	18.3	21.6	21.1	54	18.4	21.7	21.3	54	18.5	21.8	21.4	54	18.6	21.9	21.6	54	18.7	10
10	21.6	21.2	54	18.4	21.7	21.3	55	18.5	21.8	21.5	55	18.7	21.9	21.7	55	18.8	**22.0**	21.8	55	18.9	10
10	21.7	21.4	55	18.6	21.8	21.6	55	18.7	21.9	21.7	55	18.8	**22.0**	21.9	55	18.9	22.1	22.1	55	19.1	10
10	21.8	21.6	56	18.8	21.9	21.8	56	18.9	**22.0**	22.0	56	19.0	22.1	22.1	56	19.1	22.2	22.3	56	19.2	10
9	21.9	21.9	56	18.9	**22.0**	22.0	56	19.0	22.1	22.2	56	19.2	22.2	22.3	56	19.3	22.3	22.5	57	19.4	9
9	**22.0**	22.1	57	19.1	22.1	22.3	57	19.2	22.2	22.4	57	19.3	22.3	22.6	57	19.4	22.4	22.7	57	19.6	9
9	22.1	22.3	57	19.3	22.2	22.5	57	19.4	22.3	22.6	58	19.5	22.4	22.8	58	19.6	22.5	23.0	58	19.7	9
9	22.2	22.5	58	19.4	22.3	22.7	58	19.5	22.4	22.9	58	19.7	22.5	23.0	58	19.8	22.6	23.2	58	19.9	9
9	22.3	22.8	59	19.6	22.4	22.9	59	19.7	22.5	23.1	59	19.8	22.6	23.3	59	19.9	22.7	23.4	59	20.0	9
9	22.4	23.0	59	19.7	22.5	23.2	59	19.9	22.6	23.3	59	20.0	22.7	23.5	59	20.1	22.8	23.7	59	20.2	9
8	22.5	23.2	60	19.9	22.6	23.4	60	20.0	22.7	23.6	60	20.1	22.8	23.7	60	20.3	22.9	23.9	60	20.4	8
8	22.6	23.5	60	20.1	22.7	23.6	60	20.2	22.8	23.8	60	20.3	22.9	24.0	61	20.4	**23.0**	24.1	61	20.5	8
8	22.7	23.7	61	20.2	22.8	23.9	61	20.3	22.9	24.0	61	20.5	**23.0**	24.2	61	20.6	23.1	24.4	61	20.7	8
8	22.8	23.9	62	20.4	22.9	24.1	62	20.5	**23.0**	24.3	62	20.6	23.1	24.5	62	20.7	23.2	24.6	62	20.8	8
8	22.9	24.2	62	20.5	**23.0**	24.3	62	20.7	23.1	24.5	62	20.8	23.2	24.7	62	20.9	23.3	24.9	62	21.0	8
8	**23.0**	24.4	63	20.7	23.1	24.6	63	20.8	23.2	24.8	63	20.9	23.3	24.9	63	21.0	23.4	25.1	63	21.2	8
7	23.1	24.7	63	20.9	23.2	24.8	63	21.0	23.3	25.0	64	21.1	23.4	25.2	64	21.2	23.5	25.3	64	21.3	7
7	23.2	24.9	64	21.0	23.3	25.1	64	21.1	23.4	25.2	64	21.2	23.5	25.4	64	21.4	23.6	25.6	64	21.5	7
7	23.3	25.1	65	21.2	23.4	25.3	65	21.3	23.5	25.5	65	21.4	23.6	25.7	65	21.5	23.7	25.8	65	21.6	7
7	23.4	25.4	65	21.3	23.5	25.5	65	21.4	23.6	25.7	65	21.6	23.7	25.9	65	21.7	23.8	26.1	65	21.8	7
7	23.5	25.6	66	21.5	23.6	25.8	66	21.6	23.7	26.0	66	21.7	23.8	26.1	66	21.8	23.9	26.3	66	21.9	7
7	23.6	25.9	66	21.6	23.7	26.0	67	21.7	23.8	26.2	67	21.9	23.9	26.4	67	22.0	**24.0**	26.6	67	22.1	7
6	23.7	26.1	67	21.8	23.8	26.3	67	21.9	23.9	26.4	67	22.0	**24.0**	26.6	67	22.1	24.1	26.8	67	22.2	6
6	23.8	26.3	68	21.9	23.9	26.5	68	22.1	**24.0**	26.7	68	22.2	24.1	26.9	68	22.3	24.2	27.1	68	22.4	6
6	23.9	26.6	68	22.1	**24.0**	26.8	68	22.2	24.1	26.9	68	22.3	24.2	27.1	69	22.4	24.3	27.3	69	22.5	6
6	**24.0**	26.8	69	22.2	24.1	27.0	69	22.4	24.2	27.2	69	22.5	24.3	27.4	69	22.6	24.4	27.6	69	22.7	6
6	24.1	27.1	70	22.4	24.2	27.3	70	22.5	24.3	27.4	70	22.6	24.4	27.6	70	22.7	24.5	27.8	70	22.8	6
6	24.2	27.3	70	22.5	24.3	27.5	70	22.7	24.4	27.7	70	22.8	24.5	27.9	70	22.9	24.6	28.1	70	23.0	6
5	24.3	27.6	71	22.7	24.4	27.8	71	22.8	24.5	27.9	71	22.9	24.6	28.1	71	23.0	24.7	28.3	71	23.1	5
5	24.4	27.8	71	22.8	24.5	28.0	72	23.0	24.6	28.2	72	23.1	24.7	28.4	72	23.2	24.8	28.6	72	23.3	5
5	24.5	28.1	72	23.0	24.6	28.3	72	23.1	24.7	28.4	72	23.2	24.8	28.6	72	23.3	24.9	28.8	72	23.4	5
5	24.6	28.3	73	23.1	24.7	28.5	73	23.2	24.8	28.7	73	23.4	24.9	28.9	73	23.5	**25.0**	29.1	73	23.6	5
5	24.7	28.6	73	23.3	24.8	28.8	73	23.4	24.9	28.9	74	23.5	**25.0**	29.1	74	23.6	25.1	29.3	74	23.7	5
5	24.8	28.8	74	23.4	24.9	29.0	74	23.5	**25.0**	29.2	74	23.6	25.1	29.4	74	23.8	25.2	29.6	74	23.9	5
5	24.9	29.1	75	23.6	**25.0**	29.3	75	23.7	25.1	29.5	75	23.8	25.2	29.6	75	23.9	25.3	29.8	75	24.0	5
4	**25.0**	29.3	75	23.7	25.1	29.5	75	23.8	25.2	29.7	75	23.9	25.3	29.9	76	24.0	25.4	30.1	76	24.1	4
4	25.1	29.6	76	23.9	25.2	29.8	76	24.0	25.3	30.0	76	24.1	25.4	30.2	76	24.2	25.5	30.4	76	24.3	4
4	25.2	29.8	77	24.0	25.3	30.0	77	24.1	25.4	30.2	77	24.2	25.5	30.4	77	24.3	25.6	30.6	77	24.4	4
4	25.3	30.1	77	24.2	25.4	30.3	77	24.3	25.5	30.5	77	24.4	25.6	30.7	78	24.5	25.7	30.9	78	24.6	4
4	25.4	30.4	78	24.3	25.5	30.6	78	24.4	25.6	30.8	78	24.5	25.7	30.9	78	24.6	25.8	31.1	78	24.7	4
4	25.5	30.6	79	24.4	25.6	30.8	79	24.5	25.7	31.0	79	24.6	25.8	31.2	79	24.8	25.9	31.4	79	24.9	4
4	25.6	30.9	79	24.6	25.7	31.1	79	24.7	25.8	31.3	79	24.8	25.9	31.5	79	24.9	**26.0**	31.7	80	25.0	4
3	25.7	31.1	80	24.7	25.8	31.3	80	24.8	25.9	31.5	80	24.9	**26.0**	31.7	80	25.0	26.1	31.9	80	25.1	3
3	25.8	31.4	81	24.9	25.9	31.6	81	25.0	**26.0**	31.8	81	25.1	26.1	32.0	81	25.2	26.2	32.2	81	25.3	3
3	25.9	31.7	81	25.0	**26.0**	31.9	81	25.1	26.1	32.1	81	25.2	26.2	32.3	82	25.3	26.3	32.5	82	25.4	3
3	**26.0**	31.9	82	25.1	26.1	32.1	82	25.2	26.2	32.3	82	25.4	26.3	32.5	82	25.5	26.4	32.7	82	25.6	3
3	26.1	32.2	83	25.3	26.2	32.4	83	25.4	26.3	32.6	83	25.5	26.4	32.8	83	25.6	26.5	33.0	83	25.7	3
3	26.2	32.5	83	25.4	26.3	32.7	83	25.5	26.4	32.9	84	25.6	26.5	33.1	84	25.7	26.6	33.3	84	25.8	3
3	26.3	32.7	84	25.6	26.4	32.9	84	25.7	26.5	33.1	84	25.8	26.6	33.3	84	25.9	26.7	33.6	84	26.0	3
3	26.4	33.0	85	25.7	26.5	33.2	85	25.8	26.6	33.4	85	25.9	26.7	33.6	85	26.0	26.8	33.8	85	26.1	3
2	26.5	33.3	86	25.8	26.6	33.5	86	25.9	26.7	33.7	86	26.0	26.8	33.9	86	26.1	26.9	34.1	86	26.2	2
2	26.6	33.5	86	26.0	26.7	33.8	86	26.1	26.8	34.0	86	26.2	26.9	34.2	86	26.3	**27.0**	34.4	86	26.4	2
2	26.7	33.8	87	26.1	26.8	34.0	87	26.2	26.9	34.2	87	26.3	**27.0**	34.4	87	26.4	27.1	34.7	87	26.5	2
2	26.8	34.1	88	26.2	26.9	34.3	88	26.3	**27.0**	34.5	88	26.5	27.1	34.7	88	26.6	27.2	34.9	88	26.7	2
2	26.9	34.4	88	26.4	**27.0**	34.6	88	26.5	27.1	34.8	88	26.6	27.2	35.0	88	26.7	27.3	35.2	88	26.8	2
2	**27.0**	34.6	89	26.5	27.1	34.9	89	26.6	27.2	35.1	89	26.7	27.3	35.3	89	26.8	27.4	35.5	89	26.9	2
2	27.1	34.9	90	26.7	27.2	35.1	90	26.8	27.3	35.3	90	26.9	27.4	35.6	90	27.0	27.5	35.8	90	27.1	2
2	27.2	35.2	90	26.8	27.3	35.4	90	26.9	27.4	35.6	91	27.0	27.5	35.8	91	27.1	27.6	36.1	91	27.2	2
1	27.3	35.5	91	26.9	27.4	35.7	91	27.0	27.5	35.9	91	27.1	27.6	36.1	91	27.2	27.7	36.3	91	27.3	1

n	t_W	e	U	t_d	t_W	e	U	t_d	t_W	e	U	t_d	t_W	e	U	t_d	t_W	e	U	t_d	n
	28.5				**28.6**				**28.7**				**28.8**				**28.9**				
1	27.4	35.8	92	27.1	27.5	36.0	92	27.2	27.6	36.2	92	27.3	27.7	36.4	92	27.4	27.8	36.6	92	27.5	1
1	27.5	36.0	93	27.2	27.6	36.3	93	27.3	27.7	36.5	93	27.4	27.8	36.7	93	27.5	27.9	36.9	93	27.6	1
1	27.6	36.3	93	27.3	27.7	36.5	93	27.4	27.8	36.8	93	27.5	27.9	37.0	93	27.6	**28.0**	37.2	93	27.7	1
1	27.7	36.6	94	27.5	27.8	36.8	94	27.6	27.9	37.0	94	27.7	**28.0**	37.3	94	27.8	28.1	37.5	94	27.9	1
1	27.8	36.9	95	27.6	27.9	37.1	95	27.7	**28.0**	37.3	95	27.8	28.1	37.5	95	27.9	28.2	37.8	95	28.0	1
1	27.9	37.2	96	27.7	**28.0**	37.4	96	27.8	28.1	37.6	96	27.9	28.2	37.8	96	28.0	28.3	38.1	96	28.1	1
1	**28.0**	37.5	96	27.8	28.1	37.7	96	27.9	28.2	37.9	96	28.0	28.3	38.1	96	28.2	28.4	38.3	96	28.3	1
0	28.1	37.7	97	28.0	28.2	38.0	97	28.1	28.3	38.2	97	28.2	28.4	38.4	97	28.3	28.5	38.6	97	28.4	0
0	28.2	38.0	98	28.1	28.3	38.3	98	28.2	28.4	38.5	98	28.3	28.5	38.7	98	28.4	28.6	38.9	98	28.5	0
0	28.3	38.3	99	28.2	28.4	38.5	99	28.3	28.5	38.8	99	28.4	28.6	39.0	99	28.5	28.7	39.2	99	28.6	0
0	28.4	38.6	99	28.4	28.5	38.8	99	28.5	28.6	39.1	99	28.6	28.7	39.3	99	28.7	28.8	39.5	99	28.8	0
0	28.5	38.9	100	28.5	28.6	39.1	100	28.6	28.7	39.4	100	28.7	28.8	39.6	100	28.8	28.9	39.8	100	28.9	0
	29.0				**29.1**				**29.2**				**29.3**				**29.4**				
41																	10.6	0.2	1	-37.9	41
41									10.5	0.2	1	-38.7	10.6	0.3	1	-35.4	10.7	0.4	1	-32.9	41
41					10.5	0.3	1	-36.1	10.6	0.4	1	-33.4	10.7	0.5	1	-31.2	10.8	0.5	1	-29.4	41
40	10.5	0.3	1	-33.9	10.6	0.4	1	-31.7	10.7	0.5	1	-29.8	10.8	0.6	1	-28.1	10.9	0.7	2	-26.7	40
40	10.6	0.5	1	-30.2	10.7	0.6	1	-28.5	10.8	0.7	2	-27.0	10.9	0.8	2	-25.7	**11.0**	0.8	2	-24.5	40
40	10.7	0.7	2	-27.3	10.8	0.7	2	-26.0	10.9	0.8	2	-24.8	**11.0**	0.9	2	-23.6	11.1	1.0	2	-22.6	40
39	10.8	0.8	2	-25.0	10.9	0.9	2	-23.9	**11.0**	1.0	2	-22.8	11.1	1.1	3	-21.9	11.2	1.2	3	-21.0	39
39	10.9	1.0	2	-23.1	**11.0**	1.0	3	-22.1	11.1	1.1	3	-21.2	11.2	1.2	3	-20.3	11.3	1.3	3	-19.5	39
39	**11.0**	1.1	3	-21.4	11.1	1.2	3	-20.5	11.2	1.3	3	-19.7	11.3	1.4	3	-18.9	11.4	1.5	4	-18.2	39
38	11.1	1.3	3	-19.9	11.2	1.4	3	-19.1	11.3	1.4	4	-18.4	11.4	1.5	4	-17.7	11.5	1.6	4	-17.0	38
38	11.2	1.4	4	-18.5	11.3	1.5	4	-17.8	11.4	1.6	4	-17.2	11.5	1.7	4	-16.5	11.6	1.8	4	-15.9	38
38	11.3	1.6	4	-17.3	11.4	1.7	4	-16.7	11.5	1.8	4	-16.0	11.6	1.8	5	-15.4	11.7	1.9	5	-14.9	38
37	11.4	1.7	4	-16.2	11.5	1.8	5	-15.6	11.6	1.9	5	-15.0	11.7	2.0	5	-14.4	11.8	2.1	5	-13.9	37
37	11.5	1.9	5	-15.2	11.6	2.0	5	-14.6	11.7	2.1	5	-14.0	11.8	2.2	5	-13.5	11.9	2.3	5	-13.0	37
36	11.6	2.0	5	-14.2	11.7	2.1	5	-13.7	11.8	2.2	5	-13.1	11.9	2.3	6	-12.6	**12.0**	2.4	6	-12.2	36
36	11.7	2.2	5	-13.3	11.8	2.3	6	-12.8	11.9	2.4	6	-12.3	**12.0**	2.5	6	-11.8	12.1	2.6	6	-11.4	36
36	11.8	2.4	6	-12.4	11.9	2.5	6	-11.9	**12.0**	2.5	6	-11.5	12.1	2.6	6	-11.0	12.2	2.7	7	-10.6	36
35	11.9	2.5	6	-11.6	**12.0**	2.6	6	-11.2	12.1	2.7	7	-10.7	12.2	2.8	7	-10.3	12.3	2.9	7	-9.9	35
35	**12.0**	2.7	7	-10.8	12.1	2.8	7	-10.4	12.2	2.9	7	-10.0	12.3	3.0	7	-9.6	12.4	3.1	7	-9.2	35
35	12.1	2.8	7	-10.1	12.2	2.9	7	-9.7	12.3	3.0	7	-9.3	12.4	3.1	8	-8.9	12.5	3.2	8	-8.5	35
35	12.2	3.0	7	-9.4	12.3	3.1	8	-9.0	12.4	3.2	8	-8.6	12.5	3.3	8	-8.3	12.6	3.4	8	-7.9	35
34	12.3	3.2	8	-8.8	12.4	3.3	8	-8.4	12.5	3.3	8	-8.0	12.6	3.4	8	-7.6	12.7	3.5	9	-7.3	34
34	12.4	3.3	8	-8.1	12.5	3.4	8	-7.8	12.6	3.5	9	-7.4	12.7	3.6	9	-7.0	12.8	3.7	9	-6.7	34
34	12.5	3.5	9	-7.5	12.6	3.6	9	-7.2	12.7	3.7	9	-6.8	12.8	3.8	9	-6.5	12.9	3.9	9	-6.1	34
33	12.6	3.6	9	-6.9	12.7	3.7	9	-6.6	12.8	3.8	9	-6.2	12.9	3.9	10	-5.9	**13.0**	4.0	10	-5.6	33
33	12.7	3.8	9	-6.3	12.8	3.9	10	-6.0	12.9	4.0	10	-5.7	**13.0**	4.1	10	-5.4	13.1	4.2	10	-5.1	33
33	12.8	4.0	10	-5.8	12.9	4.1	10	-5.5	**13.0**	4.2	10	-5.2	13.1	4.3	10	-4.9	13.2	4.4	11	-4.6	33
32	12.9	4.1	10	-5.3	**13.0**	4.2	10	-5.0	13.1	4.3	11	-4.7	13.2	4.4	11	-4.4	13.3	4.5	11	-4.1	32
32	**13.0**	4.3	11	-4.7	13.1	4.4	11	-4.4	13.2	4.5	11	-4.2	13.3	4.6	11	-3.9	13.4	4.7	11	-3.6	32
32	13.1	4.5	11	-4.2	13.2	4.6	11	-4.0	13.3	4.7	11	-3.7	13.4	4.8	12	-3.4	13.5	4.9	12	-3.1	32
31	13.2	4.6	12	-3.8	13.3	4.7	12	-3.5	13.4	4.8	12	-3.2	13.5	4.9	12	-2.9	13.6	5.0	12	-2.7	31
31	13.3	4.8	12	-3.3	13.4	4.9	12	-3.0	13.5	5.0	12	-2.7	13.6	5.1	12	-2.5	13.7	5.2	13	-2.2	31
31	13.4	5.0	12	-2.8	13.5	5.1	13	-2.6	13.6	5.2	13	-2.3	13.7	5.3	13	-2.0	13.8	5.4	13	-1.8	31
30	13.5	5.1	13	-2.4	13.6	5.2	13	-2.1	13.7	5.3	13	-1.9	13.8	5.4	13	-1.6	13.9	5.5	13	-1.4	30
30	13.6	5.3	13	-2.0	13.7	5.4	13	-1.7	13.8	5.5	14	-1.4	13.9	5.6	14	-1.2	**14.0**	5.7	14	-0.9	30
30	13.7	5.5	14	-1.5	13.8	5.6	14	-1.3	13.9	5.7	14	-1.0	**14.0**	5.8	14	-0.8	14.1	5.9	14	-0.5	30
30	13.8	5.6	14	-1.1	13.9	5.7	14	-0.9	**14.0**	5.8	14	-0.6	14.1	5.9	15	-0.4	14.2	6.0	15	-0.1	30
29	13.9	5.8	14	-0.7	**14.0**	5.9	15	-0.5	14.1	6.0	15	-0.2	14.2	6.1	15	0.0	14.3	6.2	15	0.2	29
29	**14.0**	6.0	15	-0.3	14.1	6.1	15	-0.1	14.2	6.2	15	0.2	14.3	6.3	15	0.4	14.4	6.4	16	0.6	29
29	14.1	6.1	15	0.1	14.2	6.2	16	0.3	14.3	6.4	16	0.5	14.4	6.5	16	0.8	14.5	6.6	16	1.0	29
28	14.2	6.3	16	0.5	14.3	6.4	16	0.7	14.4	6.5	16	0.9	14.5	6.6	16	1.1	14.6	6.7	16	1.4	28
28	14.3	6.5	16	0.8	14.4	6.6	16	1.1	14.5	6.7	17	1.3	14.6	6.8	17	1.5	14.7	6.9	17	1.7	28
28	14.4	6.7	17	1.2	14.5	6.8	17	1.4	14.6	6.9	17	1.6	14.7	7.0	17	1.8	14.8	7.1	17	2.1	28
27	14.5	6.8	17	1.5	14.6	6.9	17	1.8	14.7	7.0	17	2.0	14.8	7.2	18	2.2	14.9	7.3	18	2.4	27
27	14.6	7.0	17	1.9	14.7	7.1	18	2.1	14.8	7.2	18	2.3	14.9	7.3	18	2.5	**15.0**	7.4	18	2.7	27
27	14.7	7.2	18	2.2	14.8	7.3	18	2.5	14.9	7.4	18	2.7	**15.0**	7.5	18	2.9	15.1	7.6	19	3.1	27
27	14.8	7.4	18	2.6	14.9	7.5	19	2.8	**15.0**	7.6	19	3.0	15.1	7.7	19	3.2	15.2	7.8	19	3.4	27
26	14.9	7.5	19	2.9	**15.0**	7.6	19	3.1	15.1	7.7	19	3.3	15.2	7.9	19	3.5	15.3	8.0	19	3.7	26
26	**15.0**	7.7	19	3.2	15.1	7.8	19	3.4	15.2	7.9	20	3.6	15.3	8.0	20	3.8	15.4	8.1	20	4.0	26
26	15.1	7.9	20	3.6	15.2	8.0	20	3.8	15.3	8.1	20	4.0	15.4	8.2	20	4.2	15.5	8.3	20	4.3	26
25	15.2	8.1	20	3.9	15.3	8.2	20	4.1	15.4	8.3	20	4.3	15.5	8.4	21	4.5	15.6	8.5	21	4.6	25
25	15.3	8.2	21	4.2	15.4	8.3	21	4.4	15.5	8.5	21	4.6	15.6	8.6	21	4.8	15.7	8.7	21	4.9	25
25	15.4	8.4	21	4.5	15.5	8.5	21	4.7	15.6	8.6	21	4.9	15.7	8.8	21	5.1	15.8	8.9	22	5.2	25
25	15.5	8.6	21	4.8	15.6	8.7	22	5.0	15.7	8.8	22	5.2	15.8	8.9	22	5.4	15.9	9.1	22	5.5	25
24	15.6	8.8	22	5.1	15.7	8.9	22	5.3	15.8	9.0	22	5.5	15.9	9.1	22	5.6	**16.0**	9.2	23	5.8	24
24	15.7	9.0	22	5.4	15.8	9.1	23	5.6	15.9	9.2	23	5.7	**16.0**	9.3	23	5.9	16.1	9.4	23	6.1	24
24	15.8	9.1	23	5.7	15.9	9.3	23	5.9	**16.0**	9.4	23	6.0	16.1	9.5	23	6.2	16.2	9.6	23	6.4	24
24	15.9	9.3	23	6.0	**16.0**	9.4	23	6.1	16.1	9.5	24	6.3	16.2	9.7	24	6.5	16.3	9.8	24	6.7	24

n	t_W	e	U	t_d	t_W	e	U	t_d	t_W	e	U	t_d	t_W	e	U	t_d	t_W	e	U	t_d	n
	29.0				**29.1**				**29.2**				**29.3**				**29.4**				
23	**16.0**	9.5	24	6.2	16.1	9.6	24	6.4	16.2	9.7	24	6.6	16.3	9.9	24	6.8	16.4	10.0	24	6.9	23
23	16.1	9.7	24	6.5	16.2	9.8	24	6.7	16.3	9.9	24	6.9	16.4	10.0	25	7.0	16.5	10.2	25	7.2	23
23	16.2	9.9	25	6.8	16.3	10.0	25	7.0	16.4	10.1	25	7.1	16.5	10.2	25	7.3	16.6	10.3	25	7.5	23
23	16.3	10.1	25	7.1	16.4	10.2	25	7.2	16.5	10.3	25	7.4	16.6	10.4	26	7.6	16.7	10.5	26	7.7	23
22	16.4	10.2	26	7.3	16.5	10.4	26	7.5	16.6	10.5	26	7.7	16.7	10.6	26	7.8	16.8	10.7	26	8.0	22
22	16.5	10.4	26	7.6	16.6	10.5	26	7.8	16.7	10.7	26	7.9	16.8	10.8	26	8.1	16.9	10.9	27	8.3	22
22	16.6	10.6	26	7.8	16.7	10.7	27	8.0	16.8	10.9	27	8.2	16.9	11.0	27	8.3	**17.0**	11.1	27	8.5	22
22	16.7	10.8	27	8.1	16.8	10.9	27	8.3	16.9	11.0	27	8.4	**17.0**	11.2	27	8.6	17.1	11.3	28	8.8	22
21	16.8	11.0	27	8.4	16.9	11.1	28	8.5	**17.0**	11.2	28	8.7	17.1	11.4	28	8.8	17.2	11.5	28	9.0	21
21	16.9	11.2	28	8.6	**17.0**	11.3	28	8.8	17.1	11.4	28	9.0	17.2	11.5	28	9.1	17.3	11.7	28	9.2	21
21	**17.0**	11.4	28	8.9	17.1	11.5	29	9.0	17.2	11.6	29	9.2	17.3	11.7	29	9.3	17.4	11.9	29	9.5	21
21	17.1	11.6	29	9.1	17.2	11.7	29	9.3	17.3	11.8	29	9.4	17.4	11.9	29	9.6	17.5	12.1	29	9.7	21
20	17.2	11.7	29	9.3	17.3	11.9	29	9.5	17.4	12.0	30	9.7	17.5	12.1	30	9.8	17.6	12.2	30	10.0	20
20	17.3	11.9	30	9.6	17.4	12.1	30	9.7	17.5	12.2	30	9.9	17.6	12.3	30	10.0	17.7	12.4	30	10.2	20
20	17.4	12.1	30	9.8	17.5	12.3	30	10.0	17.6	12.4	31	10.1	17.7	12.5	31	10.3	17.8	12.6	31	10.4	20
20	17.5	12.3	31	10.1	17.6	12.4	31	10.2	17.7	12.6	31	10.4	17.8	12.7	31	10.5	17.9	12.8	31	10.7	20
19	17.6	12.5	31	10.3	17.7	12.6	31	10.4	17.8	12.8	32	10.6	17.9	12.9	32	10.7	**18.0**	13.0	32	10.9	19
19	17.7	12.7	32	10.5	17.8	12.8	32	10.7	17.9	13.0	32	10.8	**18.0**	13.1	32	11.0	18.1	13.2	32	11.1	19
19	17.8	12.9	32	10.7	17.9	13.0	32	10.9	**18.0**	13.2	32	11.0	18.1	13.3	33	11.2	18.2	13.4	33	11.3	19
19	17.9	13.1	33	11.0	**18.0**	13.2	33	11.1	18.1	13.4	33	11.3	18.2	13.5	33	11.4	18.3	13.6	33	11.6	19
18	**18.0**	13.3	33	11.2	18.1	13.4	33	11.3	18.2	13.6	33	11.5	18.3	13.7	34	11.6	18.4	13.8	34	11.8	18
18	18.1	13.5	34	11.4	18.2	13.6	34	11.6	18.3	13.8	34	11.7	18.4	13.9	34	11.9	18.5	14.0	34	12.0	18
18	18.2	13.7	34	11.6	18.3	13.8	34	11.8	18.4	13.9	34	11.9	18.5	14.1	35	12.1	18.6	14.2	35	12.2	18
18	18.3	13.9	35	11.9	18.4	14.0	35	12.0	18.5	14.1	35	12.1	18.6	14.3	35	12.3	18.7	14.4	35	12.4	18
17	18.4	14.1	35	12.1	18.5	14.2	35	12.2	18.6	14.3	35	12.4	18.7	14.5	36	12.5	18.8	14.6	36	12.6	17
17	18.5	14.3	36	12.3	18.6	14.4	36	12.4	18.7	14.6	36	12.6	18.8	14.7	36	12.7	18.9	14.8	36	12.9	17
17	18.6	14.5	36	12.5	18.7	14.6	36	12.6	18.8	14.8	36	12.8	18.9	14.9	37	12.9	**19.0**	15.0	37	13.1	17
17	18.7	14.7	37	12.7	18.8	14.8	37	12.8	18.9	15.0	37	13.0	**19.0**	15.1	37	13.1	19.1	15.2	37	13.3	17
17	18.8	14.9	37	12.9	18.9	15.0	37	13.1	**19.0**	15.2	37	13.2	19.1	15.3	38	13.3	19.2	15.4	38	13.5	17
16	18.9	15.1	38	13.1	**19.0**	15.2	38	13.3	19.1	15.4	38	13.4	19.2	15.5	38	13.5	19.3	15.6	38	13.7	16
16	**19.0**	15.3	38	13.3	19.1	15.4	38	13.5	19.2	15.6	38	13.6	19.3	15.7	39	13.7	19.4	15.8	39	13.9	16
16	19.1	15.5	39	13.5	19.2	15.6	39	13.7	19.3	15.8	39	13.8	19.4	15.9	39	13.9	19.5	16.1	39	14.1	16
16	19.2	15.7	39	13.7	19.3	15.8	39	13.9	19.4	16.0	39	14.0	19.5	16.1	40	14.1	19.6	16.3	40	14.3	16
15	19.3	15.9	40	13.9	19.4	16.0	40	14.1	19.5	16.2	40	14.2	19.6	16.3	40	14.3	19.7	16.5	40	14.5	15
15	19.4	16.1	40	14.1	19.5	16.3	40	14.3	19.6	16.4	40	14.4	19.7	16.5	41	14.5	19.8	16.7	41	14.7	15
15	19.5	16.3	41	14.3	19.6	16.5	41	14.5	19.7	16.6	41	14.6	19.8	16.7	41	14.7	19.9	16.9	41	14.9	15
15	19.6	16.5	41	14.5	19.7	16.7	41	14.7	19.8	16.8	41	14.8	19.9	17.0	42	14.9	**20.0**	17.1	42	15.1	15
15	19.7	16.7	42	14.7	19.8	16.9	42	14.9	19.9	17.0	42	15.0	**20.0**	17.2	42	15.1	20.1	17.3	42	15.2	15
14	19.8	16.9	42	14.9	19.9	17.1	42	15.0	**20.0**	17.2	43	15.2	20.1	17.4	43	15.3	20.2	17.5	43	15.4	14
14	19.9	17.2	43	15.1	**20.0**	17.3	43	15.2	20.1	17.4	43	15.4	20.2	17.6	43	15.5	20.3	17.7	43	15.6	14
14	**20.0**	17.4	43	15.3	20.1	17.5	43	15.4	20.2	17.7	44	15.6	20.3	17.8	44	15.7	20.4	18.0	44	15.8	14
14	20.1	17.6	44	15.5	20.2	17.7	44	15.6	20.3	17.9	44	15.7	20.4	18.0	44	15.9	20.5	18.2	44	16.0	14
14	20.2	17.8	44	15.7	20.3	17.9	45	15.8	20.4	18.1	45	15.9	20.5	18.2	45	16.1	20.6	18.4	45	16.2	14
13	20.3	18.0	45	15.9	20.4	18.2	45	16.0	20.5	18.3	45	16.1	20.6	18.5	45	16.2	20.7	18.6	45	16.4	13
13	20.4	18.2	45	16.0	20.5	18.4	46	16.2	20.6	18.5	46	16.3	20.7	18.7	46	16.4	20.8	18.8	46	16.5	13
13	20.5	18.4	46	16.2	20.6	18.6	46	16.4	20.7	18.7	46	16.5	20.8	18.9	46	16.6	20.9	19.0	46	16.7	13
13	20.6	18.7	47	16.4	20.7	18.8	47	16.5	20.8	19.0	47	16.7	20.9	19.1	47	16.8	**21.0**	19.3	47	16.9	13
12	20.7	18.9	47	16.6	20.8	19.0	47	16.7	20.9	19.2	47	16.8	**21.0**	19.3	47	17.0	21.1	19.5	48	17.1	12
12	20.8	19.1	48	16.8	20.9	19.2	48	16.9	**21.0**	19.4	48	17.0	21.1	19.5	48	17.1	21.2	19.7	48	17.3	12
12	20.9	19.3	48	16.9	**21.0**	19.5	48	17.1	21.1	19.6	48	17.2	21.2	19.8	48	17.3	21.3	19.9	49	17.4	12
12	**21.0**	19.5	49	17.1	21.1	19.7	49	17.3	21.2	19.8	49	17.4	21.3	20.0	49	17.5	21.4	20.1	49	17.6	12
12	21.1	19.7	49	17.3	21.2	19.9	49	17.4	21.3	20.1	49	17.5	21.4	20.2	50	17.7	21.5	20.4	50	17.8	12
12	21.2	20.0	50	17.5	21.3	20.1	50	17.6	21.4	20.3	50	17.7	21.5	20.4	50	17.8	21.6	20.6	50	18.0	12
11	21.3	20.2	50	17.7	21.4	20.3	50	17.8	21.5	20.5	51	17.9	21.6	20.7	51	18.0	21.7	20.8	51	18.1	11
11	21.4	20.4	51	17.8	21.5	20.6	51	18.0	21.6	20.7	51	18.1	21.7	20.9	51	18.2	21.8	21.0	51	18.3	11
11	21.5	20.6	52	18.0	21.6	20.8	52	18.1	21.7	20.9	52	18.2	21.8	21.1	52	18.4	21.9	21.3	52	18.5	11
11	21.6	20.9	52	18.2	21.7	21.0	52	18.3	21.8	21.2	52	18.4	21.9	21.3	52	18.5	**22.0**	21.5	52	18.7	11
11	21.7	21.1	53	18.3	21.8	21.2	53	18.5	21.9	21.4	53	18.6	**22.0**	21.6	53	18.7	22.1	21.7	53	18.8	11
10	21.8	21.3	53	18.5	21.9	21.5	53	18.6	**22.0**	21.6	53	18.8	22.1	21.8	53	18.9	22.2	21.9	54	19.0	10
10	21.9	21.5	54	18.7	**22.0**	21.7	54	18.8	22.1	21.9	54	18.9	22.2	22.0	54	19.0	22.3	22.2	54	19.2	10
10	**22.0**	21.8	54	18.9	22.1	21.9	54	19.0	22.2	22.1	55	19.1	22.3	22.2	55	19.2	22.4	22.4	55	19.3	10
10	22.1	22.0	55	19.0	22.2	22.1	55	19.1	22.3	22.3	55	19.3	22.4	22.5	55	19.4	22.5	22.6	55	19.5	10
10	22.2	22.2	55	19.2	22.3	22.4	56	19.3	22.4	22.5	56	19.4	22.5	22.7	56	19.5	22.6	22.9	56	19.7	10
9	22.3	22.4	56	19.4	22.4	22.6	56	19.5	22.5	22.8	56	19.6	22.6	22.9	56	19.7	22.7	23.1	56	19.8	9
9	22.4	22.7	57	19.5	22.5	22.8	57	19.6	22.6	23.0	57	19.7	22.7	23.2	57	19.9	22.8	23.3	57	20.0	9
9	22.5	22.9	57	19.7	22.6	23.1	57	19.8	22.7	23.2	57	19.9	22.8	23.4	57	20.0	22.9	23.6	58	20.1	9
9	22.6	23.1	58	19.8	22.7	23.3	58	20.0	22.8	23.5	58	20.1	22.9	23.6	58	20.2	**23.0**	23.8	58	20.3	9
9	22.7	23.4	58	20.0	22.8	23.5	58	20.1	22.9	23.7	59	20.2	**23.0**	23.9	59	20.3	23.1	24.1	59	20.5	9
9	22.8	23.6	59	20.2	22.9	23.8	59	20.3	**23.0**	23.9	59	20.4	23.1	24.1	59	20.5	23.2	24.3	59	20.6	9
8	22.9	23.8	60	20.3	**23.0**	24.0	60	20.4	23.1	24.2	60	20.6	23.2	24.4	60	20.7	23.3	24.5	60	20.8	8
8	**23.0**	24.1	60	20.5	23.1	24.3	60	20.6	23.2	24.4	60	20.7	23.3	24.6	60	20.8	23.4	24.8	60	20.9	8
8	23.1	24.3	61	20.6	23.2	24.5	61	20.8	23.3	24.7	61	20.9	23.4	24.8	61	21.0	23.5	25.0	61	21.1	8
8	23.2	24.6	61	20.8	23.3	24.7	61	20.9	23.4	24.9	61	21.0	23.5	25.1	62	21.1	23.6	25.3	62	21.3	8

n	t_W	e	U	t_d	t_W	e	U	t_d	t_W	e	U	t_d	t_W	e	U	t_d	t_W	e	U	t_d	n
	29.0				**29.1**				**29.2**				**29.3**				**29.4**				
8	23.3	24.8	62	21.0	23.4	25.0	62	21.1	23.5	25.1	62	21.2	23.6	25.3	62	21.3	23.7	25.5	62	21.4	8
8	23.4	25.0	63	21.1	23.5	25.2	63	21.2	23.6	25.4	63	21.3	23.7	25.6	63	21.5	23.8	25.7	63	21.6	8
7	23.5	25.3	63	21.3	23.6	25.5	63	21.4	23.7	25.6	63	21.5	23.8	25.8	63	21.6	23.9	26.0	63	21.7	7
7	23.6	25.5	64	21.4	23.7	25.7	64	21.5	23.8	25.9	64	21.7	23.9	26.0	64	21.8	**24.0**	26.2	64	21.9	7
7	23.7	25.8	64	21.6	23.8	25.9	64	21.7	23.9	26.1	64	21.8	**24.0**	26.3	65	21.9	24.1	26.5	65	22.0	7
7	23.8	26.0	65	21.7	23.9	26.2	65	21.8	**24.0**	26.4	65	22.0	24.1	26.5	65	22.1	24.2	26.7	65	22.2	7
7	23.9	26.2	66	21.9	**24.0**	26.4	66	22.0	24.1	26.6	66	22.1	24.2	26.8	66	22.2	24.3	27.0	66	22.3	7
7	**24.0**	26.5	66	22.0	24.1	26.7	66	22.2	24.2	26.9	66	22.3	24.3	27.0	66	22.4	24.4	27.2	66	22.5	7
6	24.1	26.7	67	22.2	24.2	26.9	67	22.3	24.3	27.1	67	22.4	24.4	27.3	67	22.5	24.5	27.5	67	22.6	6
6	24.2	27.0	67	22.3	24.3	27.2	67	22.5	24.4	27.4	68	22.6	24.5	27.5	68	22.7	24.6	27.7	68	22.8	6
6	24.3	27.2	68	22.5	24.4	27.4	68	22.6	24.5	27.6	68	22.7	24.6	27.8	68	22.8	24.7	28.0	68	22.9	6
6	24.4	27.5	69	22.6	24.5	27.7	69	22.8	24.6	27.9	69	22.9	24.7	28.0	69	23.0	24.8	28.2	69	23.1	6
6	24.5	27.7	69	22.8	24.6	27.9	69	22.9	24.7	28.1	69	23.0	24.8	28.3	69	23.1	24.9	28.5	69	23.2	6
6	24.6	28.0	70	22.9	24.7	28.2	70	23.1	24.8	28.4	70	23.2	24.9	28.5	70	23.3	**25.0**	28.7	70	23.4	6
6	24.7	28.2	71	23.1	24.8	28.4	71	23.2	24.9	28.6	71	23.3	**25.0**	28.8	71	23.4	25.1	29.0	71	23.5	6
5	24.8	28.5	71	23.2	24.9	28.7	71	23.3	**25.0**	28.9	71	23.5	25.1	29.1	71	23.6	25.2	29.2	71	23.7	5
5	24.9	28.7	72	23.4	**25.0**	28.9	72	23.5	25.1	29.1	72	23.6	25.2	29.3	72	23.7	25.3	29.5	72	23.8	5
5	**25.0**	29.0	72	23.5	25.1	29.2	72	23.6	25.2	29.4	73	23.7	25.3	29.6	73	23.9	25.4	29.8	73	24.0	5
5	25.1	29.3	73	23.7	25.2	29.4	73	23.8	25.3	29.6	73	23.9	25.4	29.8	73	24.0	25.5	30.0	73	24.1	5
5	25.2	29.5	74	23.8	25.3	29.7	74	23.9	25.4	29.9	74	24.0	25.5	30.1	74	24.1	25.6	30.3	74	24.3	5
5	25.3	29.8	74	24.0	25.4	30.0	74	24.1	25.5	30.2	74	24.2	25.6	30.4	74	24.3	25.7	30.5	75	24.4	5
5	25.4	30.0	75	24.1	25.5	30.2	75	24.2	25.6	30.4	75	24.3	25.7	30.6	75	24.4	25.8	30.8	75	24.5	5
4	25.5	30.3	76	24.3	25.6	30.5	76	24.4	25.7	30.7	76	24.5	25.8	30.9	76	24.6	25.9	31.1	76	24.7	4
4	25.6	30.6	76	24.4	25.7	30.7	76	24.5	25.8	30.9	76	24.6	25.9	31.1	76	24.7	**26.0**	31.3	76	24.8	4
4	25.7	30.8	77	24.5	25.8	31.0	77	24.6	25.9	31.2	77	24.8	**26.0**	31.4	77	24.9	26.1	31.6	77	25.0	4
4	25.8	31.1	78	24.7	25.9	31.3	78	24.8	**26.0**	31.5	78	24.9	26.1	31.7	78	25.0	26.2	31.9	78	25.1	4
4	25.9	31.3	78	24.8	**26.0**	31.5	78	24.9	26.1	31.7	78	25.0	26.2	31.9	78	25.1	26.3	32.1	78	25.2	4
4	**26.0**	31.6	79	25.0	26.1	31.8	79	25.1	26.2	32.0	79	25.2	26.3	32.2	79	25.3	26.4	32.4	79	25.4	4
4	26.1	31.9	80	25.1	26.2	32.1	80	25.2	26.3	32.3	80	25.3	26.4	32.5	80	25.4	26.5	32.7	80	25.5	4
3	26.2	32.1	80	25.2	26.3	32.3	80	25.4	26.4	32.5	80	25.5	26.5	32.7	80	25.6	26.6	32.9	80	25.7	3
3	26.3	32.4	81	25.4	26.4	32.6	81	25.5	26.5	32.8	81	25.6	26.6	33.0	81	25.7	26.7	33.2	81	25.8	3
3	26.4	32.7	82	25.5	26.5	32.9	82	25.6	26.6	33.1	82	25.7	26.7	33.3	82	25.8	26.8	33.5	82	25.9	3
3	26.5	32.9	82	25.7	26.6	33.1	82	25.8	26.7	33.4	82	25.9	26.8	33.6	82	26.0	26.9	33.8	82	26.1	3
3	26.6	33.2	83	25.8	26.7	33.4	83	25.9	26.8	33.6	83	26.0	26.9	33.8	83	26.1	**27.0**	34.0	83	26.2	3
3	26.7	33.5	84	25.9	26.8	33.7	84	26.0	26.9	33.9	84	26.1	**27.0**	34.1	84	26.3	27.1	34.3	84	26.4	3
3	26.8	33.8	84	26.1	26.9	34.0	84	26.2	**27.0**	34.2	84	26.3	27.1	34.4	84	26.4	27.2	34.6	84	26.5	3
2	26.9	34.0	85	26.2	**27.0**	34.2	85	26.3	27.1	34.5	85	26.4	27.2	34.7	85	26.5	27.3	34.9	85	26.6	2
2	**27.0**	34.3	86	26.4	27.1	34.5	86	26.5	27.2	34.7	86	26.6	27.3	34.9	86	26.7	27.4	35.2	86	26.8	2
2	27.1	34.6	86	26.5	27.2	34.8	86	26.6	27.3	35.0	86	26.7	27.4	35.2	86	26.8	27.5	35.4	86	26.9	2
2	27.2	34.9	87	26.6	27.3	35.1	87	26.7	27.4	35.3	87	26.8	27.5	35.5	87	26.9	27.6	35.7	87	27.0	2
2	27.3	35.1	88	26.8	27.4	35.4	88	26.9	27.5	35.6	88	27.0	27.6	35.8	88	27.1	27.7	36.0	88	27.2	2
2	27.4	35.4	88	26.9	27.5	35.6	88	27.0	27.6	35.9	88	27.1	27.7	36.1	89	27.2	27.8	36.3	89	27.3	2
2	27.5	35.7	89	27.0	27.6	35.9	89	27.1	27.7	36.1	89	27.2	27.8	36.4	89	27.3	27.9	36.6	89	27.4	2
2	27.6	36.0	90	27.2	27.7	36.2	90	27.3	27.8	36.4	90	27.4	27.9	36.6	90	27.5	**28.0**	36.9	90	27.6	2
1	27.7	36.3	91	27.3	27.8	36.5	91	27.4	27.9	36.7	91	27.5	**28.0**	36.9	91	27.6	28.1	37.1	91	27.7	1
1	27.8	36.6	91	27.4	27.9	36.8	91	27.5	**28.0**	37.0	91	27.6	28.1	37.2	91	27.7	28.2	37.4	91	27.8	1
1	27.9	36.8	92	27.6	**28.0**	37.1	92	27.7	28.1	37.3	92	27.8	28.2	37.5	92	27.9	28.3	37.7	92	28.0	1
1	**28.0**	37.1	93	27.7	28.1	37.3	93	27.8	28.2	37.6	93	27.9	28.3	37.8	93	28.0	28.4	38.0	93	28.1	1
1	28.1	37.4	93	27.8	28.2	37.6	93	27.9	28.3	37.9	93	28.0	28.4	38.1	93	28.1	28.5	38.3	93	28.2	1
1	28.2	37.7	94	28.0	28.3	37.9	94	28.1	28.4	38.1	94	28.2	28.5	38.4	94	28.3	28.6	38.6	94	28.4	1
1	28.3	38.0	95	28.1	28.4	38.2	95	28.2	28.5	38.4	95	28.3	28.6	38.7	95	28.4	28.7	38.9	95	28.5	1
1	28.4	38.3	96	28.2	28.5	38.5	96	28.3	28.6	38.7	96	28.4	28.7	39.0	96	28.5	28.8	39.2	96	28.6	1
1	28.5	38.6	96	28.4	28.6	38.8	96	28.5	28.7	39.0	96	28.6	28.8	39.3	96	28.7	28.9	39.5	96	28.8	1
0	28.6	38.9	97	28.5	28.7	39.1	97	28.6	28.8	39.3	97	28.7	28.9	39.6	97	28.8	**29.0**	39.8	97	28.9	0
0	28.7	39.2	98	28.6	28.8	39.4	98	28.7	28.9	39.6	98	28.8	**29.0**	39.9	98	28.9	29.1	40.1	98	29.0	0
0	28.8	39.5	99	28.7	28.9	39.7	99	28.8	**29.0**	39.9	99	28.9	29.1	40.2	99	29.0	29.2	40.4	99	29.1	0
0	28.9	39.8	99	28.9	**29.0**	40.0	99	29.0	29.1	40.2	99	29.1	29.2	40.5	99	29.2	29.3	40.7	99	29.3	0
0	**29.0**	40.1	100	29.0	29.1	40.3	100	29.1	29.2	40.5	100	29.2	29.3	40.8	100	29.3	29.4	41.0	100	29.4	0
	29.5				**29.6**				**29.7**				**29.8**				**29.9**				
41													10.8	0.3	1	-36.5	10.9	0.4	1	-33.7	41
41					10.7	0.3	1	-37.2	10.8	0.3	1	-34.2	10.9	0.4	1	-31.9	**11.0**	0.5	1	-29.9	41
41	10.7	0.3	1	-34.8	10.8	0.4	1	-32.4	10.9	0.5	1	-30.4	**11.0**	0.6	1	-28.6	11.1	0.7	2	-27.1	41
40	10.8	0.5	1	-30.8	10.9	0.6	1	-29.0	**11.0**	0.6	2	-27.5	11.1	0.7	2	-26.1	11.2	0.8	2	-24.8	40
40	10.9	0.6	2	-27.8	**11.0**	0.7	2	-26.4	11.1	0.8	2	-25.1	11.2	0.9	2	-23.9	11.3	1.0	2	-22.9	40
40	**11.0**	0.8	2	-25.4	11.1	0.9	2	-24.2	11.2	1.0	2	-23.1	11.3	1.0	2	-22.1	11.4	1.1	3	-21.2	40
39	11.1	0.9	2	-23.4	11.2	1.0	2	-22.4	11.3	1.1	3	-21.4	11.4	1.2	3	-20.5	11.5	1.3	3	-19.7	39
39	11.2	1.1	3	-21.6	11.3	1.2	3	-20.7	11.4	1.3	3	-19.9	11.5	1.4	3	-19.1	11.6	1.4	3	-18.3	39
39	11.3	1.2	3	-20.1	11.4	1.3	3	-19.3	11.5	1.4	3	-18.5	11.6	1.5	4	-17.8	11.7	1.6	4	-17.1	39
38	11.4	1.4	3	-18.7	11.5	1.5	4	-18.0	11.6	1.6	4	-17.3	11.7	1.7	4	-16.6	11.8	1.8	4	-16.0	38
38	11.5	1.6	4	-17.5	11.6	1.6	4	-16.8	11.7	1.7	4	-16.2	11.8	1.8	4	-15.6	11.9	1.9	5	-15.0	38
38	11.6	1.7	4	-16.3	11.7	1.8	4	-15.7	11.8	1.9	5	-15.1	11.9	2.0	5	-14.5	**12.0**	2.1	5	-14.0	38

n	t_W	e	U	t_d	t_W	e	U	t_d	t_W	e	U	t_d	t_W	e	U	t_d	t_W	e	U	t_d	n
	29.5				**29.6**				**29.7**				**29.8**				**29.9**				
37	11.7	1.9	5	-15.3	11.8	2.0	5	-14.7	11.9	2.1	5	-14.1	**12.0**	2.1	5	-13.6	12.1	2.2	5	-13.1	37
37	11.8	2.0	5	-14.3	11.9	2.1	5	-13.8	**12.0**	2.2	5	-13.2	12.1	2.3	5	-12.7	12.2	2.4	6	-12.2	37
37	11.9	2.2	5	-13.4	**12.0**	2.3	5	-12.9	12.1	2.4	6	-12.4	12.2	2.5	6	-11.9	12.3	2.6	6	-11.4	37
36	**12.0**	2.3	6	-12.5	12.1	2.4	6	-12.0	12.2	2.5	6	-11.6	12.3	2.6	6	-11.1	12.4	2.7	6	-10.7	36
36	12.1	2.5	6	-11.7	12.2	2.6	6	-11.2	12.3	2.7	6	-10.8	12.4	2.8	7	-10.4	12.5	2.9	7	-9.9	36
36	12.2	2.7	6	-10.9	12.3	2.8	7	-10.5	12.4	2.9	7	-10.1	12.5	2.9	7	-9.6	12.6	3.0	7	-9.2	36
35	12.3	2.8	7	-10.2	12.4	2.9	7	-9.8	12.5	3.0	7	-9.4	12.6	3.1	7	-9.0	12.7	3.2	8	-8.6	35
35	12.4	3.0	7	-9.5	12.5	3.1	7	-9.1	12.6	3.2	8	-8.7	12.7	3.3	8	-8.3	12.8	3.4	8	-7.9	35
35	12.5	3.1	8	-8.8	12.6	3.2	8	-8.4	12.7	3.3	8	-8.0	12.8	3.4	8	-7.7	12.9	3.5	8	-7.3	35
34	12.6	3.3	8	-8.2	12.7	3.4	8	-7.8	12.8	3.5	8	-7.4	12.9	3.6	9	-7.1	**13.0**	3.7	9	-6.7	34
34	12.7	3.5	8	-7.5	12.8	3.6	9	-7.2	12.9	3.7	9	-6.8	**13.0**	3.8	9	-6.5	13.1	3.9	9	-6.2	34
34	12.8	3.6	9	-6.9	12.9	3.7	9	-6.6	**13.0**	3.8	9	-6.3	13.1	3.9	9	-5.9	13.2	4.0	10	-5.6	34
33	12.9	3.8	9	-6.4	**13.0**	3.9	9	-6.0	13.1	4.0	10	-5.7	13.2	4.1	10	-5.4	13.3	4.2	10	-5.1	33
33	**13.0**	4.0	10	-5.8	13.1	4.1	10	-5.5	13.2	4.2	10	-5.2	13.3	4.3	10	-4.9	13.4	4.4	10	-4.6	33
33	13.1	4.1	10	-5.3	13.2	4.2	10	-5.0	13.3	4.3	10	-4.7	13.4	4.4	11	-4.4	13.5	4.5	11	-4.1	33
32	13.2	4.3	10	-4.8	13.3	4.4	11	-4.5	13.4	4.5	11	-4.2	13.5	4.6	11	-3.9	13.6	4.7	11	-3.6	32
32	13.3	4.5	11	-4.3	13.4	4.6	11	-4.0	13.5	4.7	11	-3.7	13.6	4.8	11	-3.4	13.7	4.9	12	-3.1	32
32	13.4	4.6	11	-3.8	13.5	4.7	11	-3.5	13.6	4.8	12	-3.2	13.7	4.9	12	-2.9	13.8	5.0	12	-2.6	32
31	13.5	4.8	12	-3.3	13.6	4.9	12	-3.0	13.7	5.0	12	-2.7	13.8	5.1	12	-2.5	13.9	5.2	12	-2.2	31
31	13.6	5.0	12	-2.8	13.7	5.1	12	-2.6	13.8	5.2	12	-2.3	13.9	5.3	13	-2.0	**14.0**	5.4	13	-1.8	31
31	13.7	5.1	12	-2.4	13.8	5.2	13	-2.1	13.9	5.3	13	-1.9	**14.0**	5.4	13	-1.6	14.1	5.5	13	-1.3	31
30	13.8	5.3	13	-1.9	13.9	5.4	13	-1.7	**14.0**	5.5	13	-1.4	14.1	5.6	13	-1.2	14.2	5.7	14	-0.9	30
30	13.9	5.5	13	-1.5	**14.0**	5.6	13	-1.3	14.1	5.7	14	-1.0	14.2	5.8	14	-0.8	14.3	5.9	14	-0.5	30
30	**14.0**	5.6	14	-1.1	14.1	5.7	14	-0.8	14.2	5.8	14	-0.6	14.3	6.0	14	-0.4	14.4	6.1	14	-0.1	30
30	14.1	5.8	14	-0.7	14.2	5.9	14	-0.4	14.3	6.0	14	-0.2	14.4	6.1	15	0.0	14.5	6.2	15	0.3	30
29	14.2	6.0	15	-0.3	14.3	6.1	15	-0.1	14.4	6.2	15	0.2	14.5	6.3	15	0.4	14.6	6.4	15	0.7	29
29	14.3	6.2	15	0.1	14.4	6.3	15	0.3	14.5	6.4	15	0.6	14.6	6.5	15	0.8	14.7	6.6	16	1.0	29
29	14.4	6.3	15	0.5	14.5	6.4	16	0.7	14.6	6.5	16	0.9	14.7	6.6	16	1.2	14.8	6.8	16	1.4	29
28	14.5	6.5	16	0.9	14.6	6.6	16	1.1	14.7	6.7	16	1.3	14.8	6.8	16	1.5	14.9	6.9	16	1.7	28
28	14.6	6.7	16	1.2	14.7	6.8	16	1.4	14.8	6.9	17	1.7	14.9	7.0	17	1.9	**15.0**	7.1	17	2.1	28
28	14.7	6.8	17	1.6	14.8	7.0	17	1.8	14.9	7.1	17	2.0	**15.0**	7.2	17	2.2	15.1	7.3	17	2.4	28
28	14.8	7.0	17	1.9	14.9	7.1	17	2.1	**15.0**	7.2	17	2.4	15.1	7.3	18	2.6	15.2	7.5	18	2.8	28
27	14.9	7.2	17	2.3	**15.0**	7.3	18	2.5	15.1	7.4	18	2.7	15.2	7.5	18	2.9	15.3	7.6	18	3.1	27
27	**15.0**	7.4	18	2.6	15.1	7.5	18	2.8	15.2	7.6	18	3.0	15.3	7.7	18	3.2	15.4	7.8	19	3.4	27
27	15.1	7.5	18	2.9	15.2	7.7	18	3.2	15.3	7.8	19	3.4	15.4	7.9	19	3.6	15.5	8.0	19	3.8	27
26	15.2	7.7	19	3.3	15.3	7.8	19	3.5	15.4	7.9	19	3.7	15.5	8.1	19	3.9	15.6	8.2	19	4.1	26
26	15.3	7.9	19	3.6	15.4	8.0	19	3.8	15.5	8.1	19	4.0	15.6	8.2	20	4.2	15.7	8.4	20	4.4	26
26	15.4	8.1	20	3.9	15.5	8.2	20	4.1	15.6	8.3	20	4.3	15.7	8.4	20	4.5	15.8	8.5	20	4.7	26
26	15.5	8.3	20	4.2	15.6	8.4	20	4.4	15.7	8.5	20	4.6	15.8	8.6	21	4.8	15.9	8.7	21	5.0	26
25	15.6	8.4	20	4.5	15.7	8.6	21	4.7	15.8	8.7	21	4.9	15.9	8.8	21	5.1	**16.0**	8.9	21	5.3	25
25	15.7	8.6	21	4.8	15.8	8.7	21	5.0	15.9	8.9	21	5.2	**16.0**	9.0	21	5.4	16.1	9.1	22	5.6	25
25	15.8	8.8	21	5.1	15.9	8.9	22	5.3	**16.0**	9.0	22	5.5	16.1	9.1	22	5.7	16.2	9.3	22	5.9	25
24	15.9	9.0	22	5.4	**16.0**	9.1	22	5.6	16.1	9.2	22	5.8	16.2	9.3	22	6.0	16.3	9.5	22	6.2	24
24	**16.0**	9.2	22	5.7	16.1	9.3	22	5.9	16.2	9.4	23	6.1	16.3	9.5	23	6.3	16.4	9.6	23	6.4	24
24	16.1	9.3	23	6.0	16.2	9.5	23	6.2	16.3	9.6	23	6.4	16.4	9.7	23	6.5	16.5	9.8	23	6.7	24
24	16.2	9.5	23	6.3	16.3	9.7	23	6.5	16.4	9.8	23	6.6	16.5	9.9	24	6.8	16.6	10.0	24	7.0	24
23	16.3	9.7	24	6.6	16.4	9.8	24	6.7	16.5	10.0	24	6.9	16.6	10.1	24	7.1	16.7	10.2	24	7.3	23
23	16.4	9.9	24	6.8	16.5	10.0	24	7.0	16.6	10.1	24	7.2	16.7	10.3	24	7.4	16.8	10.4	25	7.5	23
23	16.5	10.1	24	7.1	16.6	10.2	25	7.3	16.7	10.3	25	7.5	16.8	10.5	25	7.6	16.9	10.6	25	7.8	23
23	16.6	10.3	25	7.4	16.7	10.4	25	7.5	16.8	10.5	25	7.7	16.9	10.6	25	7.9	**17.0**	10.8	26	8.1	23
22	16.7	10.5	25	7.6	16.8	10.6	26	7.8	16.9	10.7	26	8.0	**17.0**	10.8	26	8.1	17.1	11.0	26	8.3	22
22	16.8	10.7	26	7.9	16.9	10.8	26	8.1	**17.0**	10.9	26	8.2	17.1	11.0	26	8.4	17.2	11.1	26	8.6	22
22	16.9	10.8	26	8.2	**17.0**	11.0	26	8.3	17.1	11.1	27	8.5	17.2	11.2	27	8.7	17.3	11.3	27	8.8	22
22	**17.0**	11.0	27	8.4	17.1	11.2	27	8.6	17.2	11.3	27	8.7	17.3	11.4	27	8.9	17.4	11.5	27	9.1	22
21	17.1	11.2	27	8.7	17.2	11.3	27	8.8	17.3	11.5	27	9.0	17.4	11.6	28	9.2	17.5	11.7	28	9.3	21
21	17.2	11.4	28	8.9	17.3	11.5	28	9.1	17.4	11.7	28	9.2	17.5	11.8	28	9.4	17.6	11.9	28	9.6	21
21	17.3	11.6	28	9.2	17.4	11.7	28	9.3	17.5	11.9	28	9.5	17.6	12.0	29	9.6	17.7	12.1	29	9.8	21
21	17.4	11.8	29	9.4	17.5	11.9	29	9.6	17.6	12.0	29	9.7	17.7	12.2	29	9.9	17.8	12.3	29	10.0	21
20	17.5	12.0	29	9.6	17.6	12.1	29	9.8	17.7	12.2	29	10.0	17.8	12.4	29	10.1	17.9	12.5	30	10.3	20
20	17.6	12.2	30	9.9	17.7	12.3	30	10.0	17.8	12.4	30	10.2	17.9	12.6	30	10.3	**18.0**	12.7	30	10.5	20
20	17.7	12.4	30	10.1	17.8	12.5	30	10.3	17.9	12.6	30	10.4	**18.0**	12.8	30	10.6	18.1	12.9	31	10.7	20
20	17.8	12.6	30	10.4	17.9	12.7	31	10.5	**18.0**	12.8	31	10.7	18.1	13.0	31	10.8	18.2	13.1	31	11.0	20
19	17.9	12.8	31	10.6	**18.0**	12.9	31	10.7	18.1	13.0	31	10.9	18.2	13.2	31	11.0	18.3	13.3	31	11.2	19
19	**18.0**	13.0	31	10.8	18.1	13.1	32	11.0	18.2	13.2	32	11.1	18.3	13.3	32	11.3	18.4	13.5	32	11.4	19
19	18.1	13.2	32	11.0	18.2	13.3	32	11.2	18.3	13.4	32	11.3	18.4	13.5	32	11.5	18.5	13.7	32	11.6	19
19	18.2	13.4	32	11.3	18.3	13.5	33	11.4	18.4	13.6	33	11.6	18.5	13.7	33	11.7	18.6	13.9	33	11.9	19
18	18.3	13.5	33	11.5	18.4	13.7	33	11.6	18.5	13.8	33	11.8	18.6	13.9	33	11.9	18.7	14.1	33	12.1	18
18	18.4	13.7	33	11.7	18.5	13.9	33	11.9	18.6	14.0	34	12.0	18.7	14.2	34	12.1	18.8	14.3	34	12.3	18
18	18.5	13.9	34	11.9	18.6	14.1	34	12.1	18.7	14.2	34	12.2	18.8	14.4	34	12.4	18.9	14.5	34	12.5	18
18	18.6	14.1	34	12.1	18.7	14.3	34	12.3	18.8	14.4	35	12.4	18.9	14.6	35	12.6	**19.0**	14.7	35	12.7	18
18	18.7	14.4	35	12.4	18.8	14.5	35	12.5	18.9	14.6	35	12.6	**19.0**	14.8	35	12.8	19.1	14.9	35	12.9	18
17	18.8	14.6	35	12.6	18.9	14.7	35	12.7	**19.0**	14.8	36	12.9	19.1	15.0	36	13.0	19.2	15.1	36	13.1	17
17	18.9	14.8	36	12.8	**19.0**	14.9	36	12.9	19.1	15.0	36	13.1	19.2	15.2	36	13.2	19.3	15.3	36	13.3	17

n	t_W	e	U	t_d	t_W	e	U	t_d	t_W	e	U	t_d	t_W	e	U	t_d	t_W	e	U	t_d	n
	29.5				**29.6**				**29.7**				**29.8**				**29.9**				
17	**19.0**	15.0	36	13.0	19.1	15.1	36	13.1	19.2	15.2	37	13.3	19.3	15.4	37	13.4	19.4	15.5	37	13.5	17
17	19.1	15.2	37	13.2	19.2	15.3	37	13.3	19.3	15.4	37	13.5	19.4	15.6	37	13.6	19.5	15.7	37	13.8	17
16	19.2	15.4	37	13.4	19.3	15.5	37	13.5	19.4	15.6	38	13.7	19.5	15.8	38	13.8	19.6	15.9	38	14.0	16
16	19.3	15.6	38	13.6	19.4	15.7	38	13.7	19.5	15.9	38	13.9	19.6	16.0	38	14.0	19.7	16.1	38	14.2	16
16	19.4	15.8	38	13.8	19.5	15.9	38	13.9	19.6	16.1	39	14.1	19.7	16.2	39	14.2	19.8	16.3	39	14.4	16
16	19.5	16.0	39	14.0	19.6	16.1	39	14.1	19.7	16.3	39	14.3	19.8	16.4	39	14.4	19.9	16.6	39	14.6	16
16	19.6	16.2	39	14.2	19.7	16.3	39	14.3	19.8	16.5	40	14.5	19.9	16.6	40	14.6	**20.0**	16.8	40	14.7	16
15	19.7	16.4	40	14.4	19.8	16.5	40	14.5	19.9	16.7	40	14.7	**20.0**	16.8	40	14.8	20.1	17.0	40	14.9	15
15	19.8	16.6	40	14.6	19.9	16.8	40	14.7	**20.0**	16.9	41	14.9	20.1	17.0	41	15.0	20.2	17.2	41	15.1	15
15	19.9	16.8	41	14.8	**20.0**	17.0	41	14.9	20.1	17.1	41	15.1	20.2	17.3	41	15.2	20.3	17.4	41	15.3	15
15	**20.0**	17.0	41	15.0	20.1	17.2	41	15.1	20.2	17.3	42	15.3	20.3	17.5	42	15.4	20.4	17.6	42	15.5	15
14	20.1	17.2	42	15.2	20.2	17.4	42	15.3	20.3	17.5	42	15.4	20.4	17.7	42	15.6	20.5	17.8	42	15.7	14
14	20.2	17.5	42	15.4	20.3	17.6	42	15.5	20.4	17.8	43	15.6	20.5	17.9	43	15.8	20.6	18.1	43	15.9	14
14	20.3	17.7	43	15.6	20.4	17.8	43	15.7	20.5	18.0	43	15.8	20.6	18.1	43	16.0	20.7	18.3	43	16.1	14
14	20.4	17.9	43	15.8	20.5	18.0	43	15.9	20.6	18.2	44	16.0	20.7	18.3	44	16.1	20.8	18.5	44	16.3	14
14	20.5	18.1	44	15.9	20.6	18.3	44	16.1	20.7	18.4	44	16.2	20.8	18.6	44	16.3	20.9	18.7	44	16.5	14
13	20.6	18.3	44	16.1	20.7	18.5	45	16.3	20.8	18.6	45	16.4	20.9	18.8	45	16.5	**21.0**	18.9	45	16.6	13
13	20.7	18.5	45	16.3	20.8	18.7	45	16.4	20.9	18.8	45	16.6	**21.0**	19.0	45	16.7	21.1	19.1	45	16.8	13
13	20.8	18.8	45	16.5	20.9	18.9	46	16.6	**21.0**	19.1	46	16.7	21.1	19.2	46	16.9	21.2	19.4	46	17.0	13
13	20.9	19.0	46	16.7	**21.0**	19.1	46	16.8	21.1	19.3	46	16.9	21.2	19.4	46	17.1	21.3	19.6	46	17.2	13
13	**21.0**	19.2	47	16.9	21.1	19.3	47	17.0	21.2	19.5	47	17.1	21.3	19.7	47	17.2	21.4	19.8	47	17.4	13
12	21.1	19.4	47	17.0	21.2	19.6	47	17.2	21.3	19.7	47	17.3	21.4	19.9	47	17.4	21.5	20.0	47	17.5	12
12	21.2	19.6	48	17.2	21.3	19.8	48	17.3	21.4	19.9	48	17.5	21.5	20.1	48	17.6	21.6	20.3	48	17.7	12
12	21.3	19.9	48	17.4	21.4	20.0	48	17.5	21.5	20.2	48	17.6	21.6	20.3	48	17.8	21.7	20.5	49	17.9	12
12	21.4	20.1	49	17.6	21.5	20.2	49	17.7	21.6	20.4	49	17.8	21.7	20.5	49	17.9	21.8	20.7	49	18.1	12
12	21.5	20.3	49	17.7	21.6	20.5	49	17.9	21.7	20.6	49	18.0	21.8	20.8	50	18.1	21.9	20.9	50	18.2	12
11	21.6	20.5	50	17.9	21.7	20.7	50	18.0	21.8	20.8	50	18.2	21.9	21.0	50	18.3	**22.0**	21.2	50	18.4	11
11	21.7	20.7	50	18.1	21.8	20.9	50	18.2	21.9	21.1	51	18.3	**22.0**	21.2	51	18.5	22.1	21.4	51	18.6	11
11	21.8	21.0	51	18.3	21.9	21.1	51	18.4	**22.0**	21.3	51	18.5	22.1	21.5	51	18.6	22.2	21.6	51	18.7	11
11	21.9	21.2	51	18.4	**22.0**	21.4	52	18.6	22.1	21.5	52	18.7	22.2	21.7	52	18.8	22.3	21.8	52	18.9	11
11	**22.0**	21.4	52	18.6	22.1	21.6	52	18.7	22.2	21.7	52	18.8	22.3	21.9	52	19.0	22.4	22.1	52	19.1	11
11	22.1	21.7	53	18.8	22.2	21.8	53	18.9	22.3	22.0	53	19.0	22.4	22.1	53	19.1	22.5	22.3	53	19.3	11
10	22.2	21.9	53	18.9	22.3	22.0	53	19.1	22.4	22.2	53	19.2	22.5	22.4	53	19.3	22.6	22.5	53	19.4	10
10	22.3	22.1	54	19.1	22.4	22.3	54	19.2	22.5	22.4	54	19.3	22.6	22.6	54	19.5	22.7	22.8	54	19.6	10
10	22.4	22.3	54	19.3	22.5	22.5	54	19.4	22.6	22.7	54	19.5	22.7	22.8	54	19.6	22.8	23.0	55	19.7	10
10	22.5	22.6	55	19.4	22.6	22.7	55	19.6	22.7	22.9	55	19.7	22.8	23.1	55	19.8	22.9	23.2	55	19.9	10
10	22.6	22.8	55	19.6	22.7	23.0	55	19.7	22.8	23.1	55	19.8	22.9	23.3	56	20.0	**23.0**	23.5	56	20.1	10
9	22.7	23.0	56	19.8	22.8	23.2	56	19.9	22.9	23.4	56	20.0	**23.0**	23.5	56	20.1	23.1	23.7	56	20.2	9
9	22.8	23.3	56	19.9	22.9	23.4	57	20.1	**23.0**	23.6	57	20.2	23.1	23.8	57	20.3	23.2	24.0	57	20.4	9
9	22.9	23.5	57	20.1	**23.0**	23.7	57	20.2	23.1	23.9	57	20.3	23.2	24.0	57	20.4	23.3	24.2	57	20.6	9
9	**23.0**	23.7	58	20.3	23.1	23.9	58	20.4	23.2	24.1	58	20.5	23.3	24.3	58	20.6	23.4	24.4	58	20.7	9
9	23.1	24.0	58	20.4	23.2	24.2	58	20.5	23.3	24.3	58	20.7	23.4	24.5	58	20.8	23.5	24.7	58	20.9	9
9	23.2	24.2	59	20.6	23.3	24.4	59	20.7	23.4	24.6	59	20.8	23.5	24.7	59	20.9	23.6	24.9	59	21.0	9
8	23.3	24.5	59	20.7	23.4	24.6	59	20.9	23.5	24.8	59	21.0	23.6	25.0	60	21.1	23.7	25.2	60	21.2	8
8	23.4	24.7	60	20.9	23.5	24.9	60	21.0	23.6	25.1	60	21.1	23.7	25.2	60	21.2	23.8	25.4	60	21.4	8
8	23.5	24.9	61	21.1	23.6	25.1	61	21.2	23.7	25.3	61	21.3	23.8	25.5	61	21.4	23.9	25.6	61	21.5	8
8	23.6	25.2	61	21.2	23.7	25.4	61	21.3	23.8	25.5	61	21.4	23.9	25.7	61	21.6	**24.0**	25.9	61	21.7	8
8	23.7	25.4	62	21.4	23.8	25.6	62	21.5	23.9	25.8	62	21.6	**24.0**	26.0	62	21.7	24.1	26.1	62	21.8	8
8	23.8	25.7	62	21.5	23.9	25.8	62	21.6	**24.0**	26.0	62	21.7	24.1	26.2	62	21.9	24.2	26.4	63	22.0	8
7	23.9	25.9	63	21.7	**24.0**	26.1	63	21.8	24.1	26.3	63	21.9	24.2	26.5	63	22.0	24.3	26.6	63	22.1	7
7	**24.0**	26.2	63	21.8	24.1	26.3	64	21.9	24.2	26.5	64	22.1	24.3	26.7	64	22.2	24.4	26.9	64	22.3	7
7	24.1	26.4	64	22.0	24.2	26.6	64	22.1	24.3	26.8	64	22.2	24.4	27.0	64	22.3	24.5	27.1	64	22.4	7
7	24.2	26.7	65	22.1	24.3	26.8	65	22.3	24.4	27.0	65	22.4	24.5	27.2	65	22.5	24.6	27.4	65	22.6	7
7	24.3	26.9	65	22.3	24.4	27.1	65	22.4	24.5	27.3	65	22.5	24.6	27.5	65	22.6	24.7	27.6	66	22.7	7
7	24.4	27.2	66	22.4	24.5	27.3	66	22.6	24.6	27.5	66	22.7	24.7	27.7	66	22.8	24.8	27.9	66	22.9	7
6	24.5	27.4	66	22.6	24.6	27.6	67	22.7	24.7	27.8	67	22.8	24.8	28.0	67	22.9	24.9	28.1	67	23.0	6
6	24.6	27.7	67	22.7	24.7	27.8	67	22.9	24.8	28.0	67	23.0	24.9	28.2	67	23.1	**25.0**	28.4	67	23.2	6
6	24.7	27.9	68	22.9	24.8	28.1	68	23.0	24.9	28.3	68	23.1	**25.0**	28.5	68	23.2	25.1	28.7	68	23.3	6
6	24.8	28.2	68	23.0	24.9	28.3	68	23.2	**25.0**	28.5	68	23.3	25.1	28.7	68	23.4	25.2	28.9	69	23.5	6
6	24.9	28.4	69	23.2	**25.0**	28.6	69	23.3	25.1	28.8	69	23.4	25.2	29.0	69	23.5	25.3	29.2	69	23.6	6
6	**25.0**	28.7	70	23.3	25.1	28.9	70	23.4	25.2	29.0	70	23.6	25.3	29.2	70	23.7	25.4	29.4	70	23.8	6
6	25.1	28.9	70	23.5	25.2	29.1	70	23.6	25.3	29.3	70	23.7	25.4	29.5	70	23.8	25.5	29.7	70	23.9	6
5	25.2	29.2	71	23.6	25.3	29.4	71	23.7	25.4	29.6	71	23.9	25.5	29.8	71	24.0	25.6	30.0	71	24.1	5
5	25.3	29.4	71	23.8	25.4	29.6	71	23.9	25.5	29.8	72	24.0	25.6	30.0	72	24.1	25.7	30.2	72	24.2	5
5	25.4	29.7	72	23.9	25.5	29.9	72	24.0	25.6	30.1	72	24.1	25.7	30.3	72	24.2	25.8	30.5	72	24.4	5
5	25.5	30.0	73	24.1	25.6	30.2	73	24.2	25.7	30.3	73	24.3	25.8	30.5	73	24.4	25.9	30.7	73	24.5	5
5	25.6	30.2	73	24.2	25.7	30.4	73	24.3	25.8	30.6	73	24.4	25.9	30.8	73	24.5	**26.0**	31.0	73	24.6	5
5	25.7	30.5	74	24.4	25.8	30.7	74	24.5	25.9	30.9	74	24.6	**26.0**	31.1	74	24.7	26.1	31.3	74	24.8	5
5	25.8	30.7	75	24.5	25.9	30.9	75	24.6	**26.0**	31.1	75	24.7	26.1	31.3	75	24.8	26.2	31.5	75	24.9	5
4	25.9	31.0	75	24.6	**26.0**	31.2	75	24.8	26.1	31.4	75	24.9	26.2	31.6	75	25.0	26.3	31.8	75	25.1	4
4	**26.0**	31.3	76	24.8	26.1	31.5	76	24.9	26.2	31.7	76	25.0	26.3	31.9	76	25.1	26.4	32.1	76	25.2	4
4	26.1	31.5	77	24.9	26.2	31.7	77	25.0	26.3	31.9	77	25.1	26.4	32.1	77	25.2	26.5	32.3	77	25.4	4
4	26.2	31.8	77	25.1	26.3	32.0	77	25.2	26.4	32.2	77	25.3	26.5	32.4	77	25.4	26.6	32.6	77	25.5	4

n	t_W	e	U	t_d	t_W	e	U	t_d	t_W	e	U	t_d	t_W	e	U	t_d	t_W	e	U	t_d	n
	29.5				**29.6**				**29.7**				**29.8**				**29.9**				
4	26.3	32.1	78	25.2	26.4	32.3	78	25.3	26.5	32.5	78	25.4	26.6	32.7	78	25.5	26.7	32.9	78	25.6	4
4	26.4	32.3	78	25.4	26.5	32.5	78	25.5	26.6	32.7	79	25.6	26.7	33.0	79	25.7	26.8	33.2	79	25.8	4
4	26.5	32.6	79	25.5	26.6	32.8	79	25.6	26.7	33.0	79	25.7	26.8	33.2	79	25.8	26.9	33.4	79	25.9	4
3	26.6	32.9	80	25.6	26.7	33.1	80	25.7	26.8	33.3	80	25.8	26.9	33.5	80	25.9	**27.0**	33.7	80	26.1	3
3	26.7	33.2	80	25.8	26.8	33.4	80	25.9	26.9	33.6	80	26.0	**27.0**	33.8	81	26.1	27.1	34.0	81	26.2	3
3	26.8	33.4	81	25.9	26.9	33.6	81	26.0	**27.0**	33.8	81	26.1	27.1	34.1	81	26.2	27.2	34.3	81	26.3	3
3	26.9	33.7	82	26.0	**27.0**	33.9	82	26.2	27.1	34.1	82	26.3	27.2	34.3	82	26.4	27.3	34.5	82	26.5	3
3	**27.0**	34.0	82	26.2	27.1	34.2	82	26.3	27.2	34.4	82	26.4	27.3	34.6	83	26.5	27.4	34.8	83	26.6	3
3	27.1	34.3	83	26.3	27.2	34.5	83	26.4	27.3	34.7	83	26.5	27.4	34.9	83	26.6	27.5	35.1	83	26.7	3
3	27.2	34.5	84	26.5	27.3	34.7	84	26.6	27.4	35.0	84	26.7	27.5	35.2	84	26.8	27.6	35.4	84	26.9	3
3	27.3	34.8	84	26.6	27.4	35.0	84	26.7	27.5	35.2	85	26.8	27.6	35.5	85	26.9	27.7	35.7	85	27.0	3
2	27.4	35.1	85	26.7	27.5	35.3	85	26.8	27.6	35.5	85	26.9	27.7	35.7	85	27.0	27.8	36.0	85	27.1	2
2	27.5	35.4	86	26.9	27.6	35.6	86	27.0	27.7	35.8	86	27.1	27.8	36.0	86	27.2	27.9	36.2	86	27.3	2
2	27.6	35.7	86	27.0	27.7	35.9	87	27.1	27.8	36.1	87	27.2	27.9	36.3	87	27.3	**28.0**	36.5	87	27.4	2
2	27.7	35.9	87	27.1	27.8	36.2	87	27.2	27.9	36.4	87	27.3	**28.0**	36.6	87	27.4	28.1	36.8	87	27.5	2
2	27.8	36.2	88	27.3	27.9	36.4	88	27.4	**28.0**	36.7	88	27.5	28.1	36.9	88	27.6	28.2	37.1	88	27.7	2
2	27.9	36.5	89	27.4	**28.0**	36.7	89	27.5	28.1	36.9	89	27.6	28.2	37.2	89	27.7	28.3	37.4	89	27.8	2
2	**28.0**	36.8	89	27.5	28.1	37.0	89	27.6	28.2	37.2	89	27.7	28.3	37.5	89	27.8	28.4	37.7	89	27.9	2
2	28.1	37.1	90	27.7	28.2	37.3	90	27.8	28.3	37.5	90	27.9	28.4	37.7	90	28.0	28.5	38.0	90	28.1	2
1	28.2	37.4	91	27.8	28.3	37.6	91	27.9	28.4	37.8	91	28.0	28.5	38.0	91	28.1	28.6	38.3	91	28.2	1
1	28.3	37.7	91	27.9	28.4	37.9	91	28.0	28.5	38.1	91	28.1	28.6	38.3	91	28.2	28.7	38.6	91	28.3	1
1	28.4	37.9	92	28.1	28.5	38.2	92	28.2	28.6	38.4	92	28.3	28.7	38.6	92	28.4	28.8	38.9	92	28.5	1
1	28.5	38.2	93	28.2	28.6	38.5	93	28.3	28.7	38.7	93	28.4	28.8	38.9	93	28.5	28.9	39.2	93	28.6	1
1	28.6	38.5	93	28.3	28.7	38.8	93	28.4	28.8	39.0	93	28.5	28.9	39.2	94	28.6	**29.0**	39.5	94	28.7	1
1	28.7	38.8	94	28.5	28.8	39.1	94	28.6	28.9	39.3	94	28.7	**29.0**	39.5	94	28.8	29.1	39.8	94	28.9	1
1	28.8	39.1	95	28.6	28.9	39.4	95	28.7	**29.0**	39.6	95	28.8	29.1	39.8	95	28.9	29.2	40.1	95	29.0	1
1	28.9	39.4	96	28.7	**29.0**	39.7	96	28.8	29.1	39.9	96	28.9	29.2	40.1	96	29.0	29.3	40.4	96	29.1	1
1	**29.0**	39.7	96	28.9	29.1	40.0	96	29.0	29.2	40.2	96	29.1	29.3	40.4	96	29.2	29.4	40.7	96	29.3	1
0	29.1	40.0	97	29.0	29.2	40.3	97	29.1	29.3	40.5	97	29.2	29.4	40.7	97	29.3	29.5	41.0	97	29.4	0
0	29.2	40.3	98	29.1	29.3	40.6	98	29.2	29.4	40.8	98	29.3	29.5	41.0	98	29.4	29.6	41.3	98	29.5	0
0	29.3	40.6	99	29.2	29.4	40.9	99	29.3	29.5	41.1	99	29.4	29.6	41.3	99	29.5	29.7	41.6	99	29.6	0
0	29.4	40.9	99	29.4	29.5	41.2	99	29.5	29.6	41.4	99	29.6	29.7	41.6	99	29.7	29.8	41.9	99	29.8	0
0	29.5	41.2	100	29.5	29.6	41.5	100	29.6	29.7	41.7	100	29.7	29.8	41.9	100	29.8	29.9	42.2	100	29.9	0
	30.0				**30.1**				**30.2**				**30.3**				**30.4**				
42													**11.0**	0.2	1	-37.5	11.1	0.3	1	-34.4	42
41					10.9	0.2	1	-38.3	**11.0**	0.3	1	-35.1	11.1	0.4	1	-32.5	11.2	0.5	1	-30.5	41
41	10.9	0.3	1	-35.8	**11.0**	0.4	1	-33.1	11.1	0.5	1	-30.9	11.2	0.6	1	-29.1	11.3	0.6	1	-27.5	41
41	**11.0**	0.4	1	-31.4	11.1	0.5	1	-29.5	11.2	0.6	1	-27.9	11.3	0.7	2	-26.4	11.4	0.8	2	-25.1	41
40	11.1	0.6	1	-28.3	11.2	0.7	2	-26.8	11.3	0.8	2	-25.4	11.4	0.9	2	-24.2	11.5	1.0	2	-23.1	40
40	11.2	0.8	2	-25.8	11.3	0.8	2	-24.5	11.4	0.9	2	-23.4	11.5	1.0	2	-22.4	11.6	1.1	3	-21.4	40
40	11.3	0.9	2	-23.7	11.4	1.0	2	-22.6	11.5	1.1	3	-21.6	11.6	1.2	3	-20.7	11.7	1.3	3	-19.9	40
39	11.4	1.1	3	-21.9	11.5	1.2	3	-21.0	11.6	1.2	3	-20.1	11.7	1.3	3	-19.3	11.8	1.4	3	-18.5	39
39	11.5	1.2	3	-20.3	11.6	1.3	3	-19.5	11.7	1.4	3	-18.7	11.8	1.5	3	-18.0	11.9	1.6	4	-17.3	39
39	11.6	1.4	3	-18.9	11.7	1.5	3	-18.2	11.8	1.6	4	-17.4	11.9	1.7	4	-16.8	**12.0**	1.7	4	-16.1	39
38	11.7	1.5	4	-17.6	11.8	1.6	4	-16.9	11.9	1.7	4	-16.3	**12.0**	1.8	4	-15.7	12.1	1.9	4	-15.1	38
38	11.8	1.7	4	-16.5	11.9	1.8	4	-15.8	**12.0**	1.9	4	-15.2	12.1	2.0	5	-14.6	12.2	2.1	5	-14.1	38
38	11.9	1.9	4	-15.4	**12.0**	1.9	5	-14.8	12.1	2.0	5	-14.2	12.2	2.1	5	-13.7	12.3	2.2	5	-13.2	38
37	**12.0**	2.0	5	-14.4	12.1	2.1	5	-13.8	12.2	2.2	5	-13.3	12.3	2.3	5	-12.8	12.4	2.4	5	-12.3	37
37	12.1	2.2	5	-13.5	12.2	2.3	5	-12.9	12.3	2.4	5	-12.4	12.4	2.5	6	-11.9	12.5	2.5	6	-11.5	37
37	12.2	2.3	5	-12.6	12.3	2.4	6	-12.1	12.4	2.5	6	-11.6	12.5	2.6	6	-11.2	12.6	2.7	6	-10.7	37
36	12.3	2.5	6	-11.8	12.4	2.6	6	-11.3	12.5	2.7	6	-10.8	12.6	2.8	6	-10.4	12.7	2.9	7	-10.0	36
36	12.4	2.7	6	-11.0	12.5	2.7	6	-10.5	12.6	2.8	7	-10.1	12.7	2.9	7	-9.7	12.8	3.0	7	-9.3	36
36	12.5	2.8	7	-10.2	12.6	2.9	7	-9.8	12.7	3.0	7	-9.4	12.8	3.1	7	-9.0	12.9	3.2	7	-8.6	36
35	12.6	3.0	7	-9.5	12.7	3.1	7	-9.1	12.8	3.2	7	-8.7	12.9	3.3	8	-8.3	**13.0**	3.4	8	-7.9	35
35	12.7	3.1	7	-8.8	12.8	3.2	8	-8.4	12.9	3.3	8	-8.1	**13.0**	3.4	8	-7.7	13.1	3.5	8	-7.3	35
35	12.8	3.3	8	-8.2	12.9	3.4	8	-7.8	**13.0**	3.5	8	-7.4	13.1	3.6	8	-7.1	13.2	3.7	9	-6.7	35
34	12.9	3.5	8	-7.6	**13.0**	3.6	8	-7.2	13.1	3.7	9	-6.8	13.2	3.8	9	-6.5	13.3	3.9	9	-6.2	34
34	**13.0**	3.6	9	-7.0	13.1	3.7	9	-6.6	13.2	3.8	9	-6.3	13.3	3.9	9	-5.9	13.4	4.0	9	-5.6	34
34	13.1	3.8	9	-6.4	13.2	3.9	9	-6.0	13.3	4.0	9	-5.7	13.4	4.1	9	-5.4	13.5	4.2	10	-5.1	34
33	13.2	4.0	9	-5.8	13.3	4.1	10	-5.5	13.4	4.2	10	-5.2	13.5	4.3	10	-4.9	13.6	4.4	10	-4.6	33
33	13.3	4.1	10	-5.3	13.4	4.2	10	-5.0	13.5	4.3	10	-4.7	13.6	4.4	10	-4.4	13.7	4.5	10	-4.0	33
33	13.4	4.3	10	-4.8	13.5	4.4	10	-4.5	13.6	4.5	10	-4.2	13.7	4.6	11	-3.9	13.8	4.7	11	-3.6	33
32	13.5	4.5	11	-4.3	13.6	4.6	11	-4.0	13.7	4.7	11	-3.7	13.8	4.8	11	-3.4	13.9	4.9	11	-3.1	32
32	13.6	4.6	11	-3.8	13.7	4.7	11	-3.5	13.8	4.8	11	-3.2	13.9	4.9	11	-2.9	**14.0**	5.0	12	-2.6	32
32	13.7	4.8	11	-3.3	13.8	4.9	11	-3.0	13.9	5.0	12	-2.7	**14.0**	5.1	12	-2.4	14.1	5.2	12	-2.2	32
31	13.8	5.0	12	-2.8	13.9	5.1	12	-2.5	**14.0**	5.2	12	-2.3	14.1	5.3	12	-2.0	14.2	5.4	12	-1.7	31
31	13.9	5.1	12	-2.4	**14.0**	5.2	12	-2.1	14.1	5.3	12	-1.8	14.2	5.4	13	-1.6	14.3	5.6	13	-1.3	31
31	**14.0**	5.3	12	-1.9	14.1	5.4	13	-1.7	14.2	5.5	13	-1.4	14.3	5.6	13	-1.1	14.4	5.7	13	-0.9	31
31	14.1	5.5	13	-1.5	14.2	5.6	13	-1.2	14.3	5.7	13	-1.0	14.4	5.8	13	-0.7	14.5	5.9	14	-0.5	31
30	14.2	5.6	13	-1.1	14.3	5.8	13	-0.8	14.4	5.9	14	-0.6	14.5	6.0	14	-0.3	14.6	6.1	14	-0.1	30
30	14.3	5.8	14	-0.7	14.4	5.9	14	-0.4	14.5	6.0	14	-0.2	14.6	6.1	14	0.1	14.7	6.2	14	0.3	30

n	t_W	e	U	t_d	t_W	e	U	t_d	t_W	e	U	t_d	t_W	e	U	t_d	t_W	e	U	t_d	n
	30.0				**30.1**				**30.2**				**30.3**				**30.4**				
30	14.4	6.0	14	-0.3	14.5	6.1	14	0.0	14.6	6.2	14	0.2	14.7	6.3	15	0.5	14.8	6.4	15	0.7	30
29	14.5	6.2	15	0.1	14.6	6.3	15	0.4	14.7	6.4	15	0.6	14.8	6.5	15	0.8	14.9	6.6	15	1.1	29
29	14.6	6.3	15	0.5	14.7	6.4	15	0.7	14.8	6.6	15	1.0	14.9	6.7	15	1.2	**15.0**	6.8	16	1.4	29
29	14.7	6.5	15	0.9	14.8	6.6	16	1.1	14.9	6.7	16	1.3	**15.0**	6.8	16	1.6	15.1	6.9	16	1.8	29
28	14.8	6.7	16	1.3	14.9	6.8	16	1.5	**15.0**	6.9	16	1.7	15.1	7.0	16	1.9	15.2	7.1	16	2.1	28
28	14.9	6.9	16	1.6	**15.0**	7.0	16	1.8	15.1	7.1	16	2.1	15.2	7.2	17	2.3	15.3	7.3	17	2.5	28
28	**15.0**	7.0	17	2.0	15.1	7.1	17	2.2	15.2	7.3	17	2.4	15.3	7.4	17	2.6	15.4	7.5	17	2.8	28
28	15.1	7.2	17	2.3	15.2	7.3	17	2.5	15.3	7.4	17	2.7	15.4	7.5	17	3.0	15.5	7.7	18	3.2	28
27	15.2	7.4	17	2.7	15.3	7.5	18	2.9	15.4	7.6	18	3.1	15.5	7.7	18	3.3	15.6	7.8	18	3.5	27
27	15.3	7.6	18	3.0	15.4	7.7	18	3.2	15.5	7.8	18	3.4	15.6	7.9	18	3.6	15.7	8.0	18	3.8	27
27	15.4	7.7	18	3.3	15.5	7.9	18	3.5	15.6	8.0	19	3.7	15.7	8.1	19	3.9	15.8	8.2	19	4.1	27
27	15.5	7.9	19	3.6	15.6	8.0	19	3.8	15.7	8.2	19	4.0	15.8	8.3	19	4.2	15.9	8.4	19	4.4	27
26	15.6	8.1	19	4.0	15.7	8.2	19	4.2	15.8	8.3	19	4.4	15.9	8.5	20	4.6	**16.0**	8.6	20	4.7	26
26	15.7	8.3	20	4.3	15.8	8.4	20	4.5	15.9	8.5	20	4.7	**16.0**	8.6	20	4.9	16.1	8.7	20	5.1	26
26	15.8	8.5	20	4.6	15.9	8.6	20	4.8	**16.0**	8.7	20	5.0	16.1	8.8	20	5.2	16.2	8.9	21	5.3	26
25	15.9	8.7	20	4.9	**16.0**	8.8	21	5.1	16.1	8.9	21	5.3	16.2	9.0	21	5.5	16.3	9.1	21	5.6	25
25	**16.0**	8.8	21	5.2	16.1	8.9	21	5.4	16.2	9.1	21	5.6	16.3	9.2	21	5.7	16.4	9.3	21	5.9	25
25	16.1	9.0	21	5.5	16.2	9.1	21	5.7	16.3	9.3	22	5.9	16.4	9.4	22	6.0	16.5	9.5	22	6.2	25
25	16.2	9.2	22	5.8	16.3	9.3	22	6.0	16.4	9.4	22	6.1	16.5	9.6	22	6.3	16.6	9.7	22	6.5	25
24	16.3	9.4	22	6.1	16.4	9.5	22	6.2	16.5	9.6	22	6.4	16.6	9.7	23	6.6	16.7	9.9	23	6.8	24
24	16.4	9.6	23	6.3	16.5	9.7	23	6.5	16.6	9.8	23	6.7	16.7	9.9	23	6.9	16.8	10.0	23	7.1	24
24	16.5	9.8	23	6.6	16.6	9.9	23	6.8	16.7	10.0	23	7.0	16.8	10.1	23	7.2	16.9	10.2	24	7.3	24
24	16.6	9.9	23	6.9	16.7	10.1	24	7.1	16.8	10.2	24	7.2	16.9	10.3	24	7.4	**17.0**	10.4	24	7.6	24
23	16.7	10.1	24	7.2	16.8	10.3	24	7.3	16.9	10.4	24	7.5	**17.0**	10.5	24	7.7	17.1	10.6	24	7.9	23
23	16.8	10.3	24	7.4	16.9	10.4	24	7.6	**17.0**	10.6	25	7.8	17.1	10.7	25	8.0	17.2	10.8	25	8.1	23
23	16.9	10.5	25	7.7	**17.0**	10.6	25	7.9	17.1	10.8	25	8.0	17.2	10.9	25	8.2	17.3	11.0	25	8.4	23
22	**17.0**	10.7	25	8.0	17.1	10.8	25	8.1	17.2	10.9	25	8.3	17.3	11.1	26	8.5	17.4	11.2	26	8.6	22
22	17.1	10.9	26	8.2	17.2	11.0	26	8.4	17.3	11.1	26	8.6	17.4	11.3	26	8.7	17.5	11.4	26	8.9	22
22	17.2	11.1	26	8.5	17.3	11.2	26	8.6	17.4	11.3	26	8.8	17.5	11.5	27	9.0	17.6	11.6	27	9.1	22
22	17.3	11.3	27	8.7	17.4	11.4	27	8.9	17.5	11.5	27	9.1	17.6	11.6	27	9.2	17.7	11.8	27	9.4	22
21	17.4	11.5	27	9.0	17.5	11.6	27	9.1	17.6	11.7	27	9.3	17.7	11.8	27	9.5	17.8	12.0	28	9.6	21
21	17.5	11.7	27	9.2	17.6	11.8	28	9.4	17.7	11.9	28	9.5	17.8	12.0	28	9.7	17.9	12.2	28	9.9	21
21	17.6	11.8	28	9.5	17.7	12.0	28	9.6	17.8	12.1	28	9.8	17.9	12.2	28	9.9	**18.0**	12.4	28	10.1	21
21	17.7	12.0	28	9.7	17.8	12.2	29	9.9	17.9	12.3	29	10.0	**18.0**	12.4	29	10.2	18.1	12.6	29	10.3	21
20	17.8	12.2	29	10.0	17.9	12.4	29	10.1	**18.0**	12.5	29	10.3	18.1	12.6	29	10.4	18.2	12.8	29	10.6	20
20	17.9	12.4	29	10.2	**18.0**	12.6	29	10.3	18.1	12.7	30	10.5	18.2	12.8	30	10.7	18.3	12.9	30	10.8	20
20	**18.0**	12.6	30	10.4	18.1	12.8	30	10.6	18.2	12.9	30	10.7	18.3	13.0	30	10.9	18.4	13.1	30	11.0	20
20	18.1	12.8	30	10.7	18.2	13.0	30	10.8	18.3	13.1	30	11.0	18.4	13.2	31	11.1	18.5	13.3	31	11.3	20
20	18.2	13.0	31	10.9	18.3	13.1	31	11.0	18.4	13.3	31	11.2	18.5	13.4	31	11.3	18.6	13.5	31	11.5	20
19	18.3	13.2	31	11.1	18.4	13.3	31	11.3	18.5	13.5	31	11.4	18.6	13.6	32	11.6	18.7	13.8	32	11.7	19
19	18.4	13.4	32	11.3	18.5	13.5	32	11.5	18.6	13.7	32	11.6	18.7	13.8	32	11.8	18.8	14.0	32	11.9	19
19	18.5	13.6	32	11.6	18.6	13.7	32	11.7	18.7	13.9	32	11.9	18.8	14.0	32	12.0	18.9	14.2	33	12.1	19
19	18.6	13.8	33	11.8	18.7	14.0	33	11.9	18.8	14.1	33	12.1	18.9	14.2	33	12.2	**19.0**	14.4	33	12.4	19
18	18.7	14.0	33	12.0	18.8	14.2	33	12.1	18.9	14.3	33	12.3	**19.0**	14.4	33	12.4	19.1	14.6	34	12.6	18
18	18.8	14.2	34	12.2	18.9	14.4	34	12.4	**19.0**	14.5	34	12.5	19.1	14.6	34	12.7	19.2	14.8	34	12.8	18
18	18.9	14.4	34	12.4	**19.0**	14.6	34	12.6	19.1	14.7	34	12.7	19.2	14.8	34	12.9	19.3	15.0	34	13.0	18
18	**19.0**	14.6	34	12.6	19.1	14.8	35	12.8	19.2	14.9	35	12.9	19.3	15.0	35	13.1	19.4	15.2	35	13.2	18
17	19.1	14.8	35	12.9	19.2	15.0	35	13.0	19.3	15.1	35	13.1	19.4	15.2	35	13.3	19.5	15.4	35	13.4	17
17	19.2	15.0	35	13.1	19.3	15.2	36	13.2	19.4	15.3	36	13.3	19.5	15.5	36	13.5	19.6	15.6	36	13.6	17
17	19.3	15.2	36	13.3	19.4	15.4	36	13.4	19.5	15.5	36	13.6	19.6	15.7	36	13.7	19.7	15.8	36	13.8	17
17	19.4	15.4	36	13.5	19.5	15.6	37	13.6	19.6	15.7	37	13.8	19.7	15.9	37	13.9	19.8	16.0	37	14.0	17
17	19.5	15.7	37	13.7	19.6	15.8	37	13.8	19.7	15.9	37	14.0	19.8	16.1	37	14.1	19.9	16.2	37	14.2	17
16	19.6	15.9	37	13.9	19.7	16.0	38	14.0	19.8	16.1	38	14.2	19.9	16.3	38	14.3	**20.0**	16.4	38	14.4	16
16	19.7	16.1	38	14.1	19.8	16.2	38	14.2	19.9	16.4	38	14.4	**20.0**	16.5	38	14.5	20.1	16.6	38	14.6	16
16	19.8	16.3	38	14.3	19.9	16.4	38	14.4	**20.0**	16.6	39	14.6	20.1	16.7	39	14.7	20.2	16.9	39	14.8	16
16	19.9	16.5	39	14.5	**20.0**	16.6	39	14.6	20.1	16.8	39	14.8	20.2	16.9	39	14.9	20.3	17.1	39	15.0	16
15	**20.0**	16.7	39	14.7	20.1	16.8	39	14.8	20.2	17.0	40	15.0	20.3	17.1	40	15.1	20.4	17.3	40	15.2	15
15	20.1	16.9	40	14.9	20.2	17.1	40	15.0	20.3	17.2	40	15.1	20.4	17.4	40	15.3	20.5	17.5	40	15.4	15
15	20.2	17.1	40	15.1	20.3	17.3	40	15.2	20.4	17.4	41	15.3	20.5	17.6	41	15.5	20.6	17.7	41	15.6	15
15	20.3	17.3	41	15.3	20.4	17.5	41	15.4	20.5	17.6	41	15.5	20.6	17.8	41	15.7	20.7	17.9	41	15.8	15
15	20.4	17.6	41	15.5	20.5	17.7	41	15.6	20.6	17.9	42	15.7	20.7	18.0	42	15.9	20.8	18.2	42	16.0	15
14	20.5	17.8	42	15.6	20.6	17.9	42	15.8	20.7	18.1	42	15.9	20.8	18.2	42	16.0	20.9	18.4	42	16.2	14
14	20.6	18.0	42	15.8	20.7	18.1	42	16.0	20.8	18.3	43	16.1	20.9	18.4	43	16.2	**21.0**	18.6	43	16.4	14
14	20.7	18.2	43	16.0	20.8	18.4	43	16.2	20.9	18.5	43	16.3	**21.0**	18.7	43	16.4	21.1	18.8	43	16.5	14
14	20.8	18.4	43	16.2	20.9	18.6	44	16.3	**21.0**	18.7	44	16.5	21.1	18.9	44	16.6	21.2	19.0	44	16.7	14
14	20.9	18.6	44	16.4	**21.0**	18.8	44	16.5	21.1	18.9	44	16.7	21.2	19.1	44	16.8	21.3	19.3	44	16.9	14
13	**21.0**	18.9	44	16.6	21.1	19.0	45	16.7	21.2	19.2	45	16.8	21.3	19.3	45	17.0	21.4	19.5	45	17.1	13
13	21.1	19.1	45	16.8	21.2	19.2	45	16.9	21.3	19.4	45	17.0	21.4	19.5	45	17.1	21.5	19.7	45	17.3	13
13	21.2	19.3	45	16.9	21.3	19.5	46	17.1	21.4	19.6	46	17.2	21.5	19.8	46	17.3	21.6	19.9	46	17.4	13
13	21.3	19.5	46	17.1	21.4	19.7	46	17.2	21.5	19.8	46	17.4	21.6	20.0	46	17.5	21.7	20.1	46	17.6	13
13	21.4	19.7	47	17.3	21.5	19.9	47	17.4	21.6	20.1	47	17.6	21.7	20.2	47	17.7	21.8	20.4	47	17.8	13
12	21.5	20.0	47	17.5	21.6	20.1	47	17.6	21.7	20.3	47	17.7	21.8	20.4	47	17.9	21.9	20.6	47	18.0	12
12	21.6	20.2	48	17.7	21.7	20.3	48	17.8	21.8	20.5	48	17.9	21.9	20.7	48	18.0	**22.0**	20.8	48	18.2	12

n	t_W	e	U	t_d	t_W	e	U	t_d	t_W	e	U	t_d	t_W	e	U	t_d	t_W	e	U	t_d	n
	30.0				**30.1**				**30.2**				**30.3**				**30.4**				
12	21.7	20.4	48	17.8	21.8	20.6	48	18.0	21.9	20.7	48	18.1	**22.0**	20.9	48	18.2	22.1	21.1	48	18.3	12
12	21.8	20.6	49	18.0	21.9	20.8	49	18.1	**22.0**	21.0	49	18.3	22.1	21.1	49	18.4	22.2	21.3	49	18.5	12
12	21.9	20.9	49	18.2	**22.0**	21.0	49	18.3	22.1	21.2	49	18.4	22.2	21.3	49	18.5	22.3	21.5	50	18.7	12
11	**22.0**	21.1	50	18.4	22.1	21.3	50	18.5	22.2	21.4	50	18.6	22.3	21.6	50	18.7	22.4	21.7	50	18.8	11
11	22.1	21.3	50	18.5	22.2	21.5	50	18.6	22.3	21.6	50	18.8	22.4	21.8	51	18.9	22.5	22.0	51	19.0	11
11	22.2	21.5	51	18.7	22.3	21.7	51	18.8	22.4	21.9	51	18.9	22.5	22.0	51	19.1	22.6	22.2	51	19.2	11
11	22.3	21.8	51	18.9	22.4	21.9	51	19.0	22.5	22.1	52	19.1	22.6	22.3	52	19.2	22.7	22.4	52	19.3	11
11	22.4	22.0	52	19.0	22.5	22.2	52	19.2	22.6	22.3	52	19.3	22.7	22.5	52	19.4	22.8	22.7	52	19.5	11
11	22.5	22.2	52	19.2	22.6	22.4	53	19.3	22.7	22.6	53	19.4	22.8	22.7	53	19.6	22.9	22.9	53	19.7	11
10	22.6	22.5	53	19.4	22.7	22.6	53	19.5	22.8	22.8	53	19.6	22.9	23.0	53	19.7	**23.0**	23.1	53	19.8	10
10	22.7	22.7	54	19.5	22.8	22.9	54	19.7	22.9	23.0	54	19.8	**23.0**	23.2	54	19.9	23.1	23.4	54	20.0	10
10	22.8	22.9	54	19.7	22.9	23.1	54	19.8	**23.0**	23.3	54	19.9	23.1	23.5	54	20.1	23.2	23.6	54	20.2	10
10	22.9	23.2	55	19.9	**23.0**	23.3	55	20.0	23.1	23.5	55	20.1	23.2	23.7	55	20.2	23.3	23.9	55	20.3	10
10	**23.0**	23.4	55	20.0	23.1	23.6	55	20.1	23.2	23.8	55	20.3	23.3	23.9	55	20.4	23.4	24.1	56	20.5	10
9	23.1	23.7	56	20.2	23.2	23.8	56	20.3	23.3	24.0	56	20.4	23.4	24.2	56	20.5	23.5	24.3	56	20.7	9
9	23.2	23.9	56	20.4	23.3	24.1	56	20.5	23.4	24.2	56	20.6	23.5	24.4	57	20.7	23.6	24.6	57	20.8	9
9	23.3	24.1	57	20.5	23.4	24.3	57	20.6	23.5	24.5	57	20.7	23.6	24.7	57	20.9	23.7	24.8	57	21.0	9
9	23.4	24.4	57	20.7	23.5	24.5	58	20.8	23.6	24.7	58	20.9	23.7	24.9	58	21.0	23.8	25.1	58	21.1	9
9	23.5	24.6	58	20.8	23.6	24.8	58	21.0	23.7	25.0	58	21.1	23.8	25.1	58	21.2	23.9	25.3	58	21.3	9
9	23.6	24.9	59	21.0	23.7	25.0	59	21.1	23.8	25.2	59	21.2	23.9	25.4	59	21.3	**24.0**	25.6	59	21.5	9
8	23.7	25.1	59	21.2	23.8	25.3	59	21.3	23.9	25.4	59	21.4	**24.0**	25.6	59	21.5	24.1	25.8	59	21.6	8
8	23.8	25.3	60	21.3	23.9	25.5	60	21.4	**24.0**	25.7	60	21.5	24.1	25.9	60	21.7	24.2	26.1	60	21.8	8
8	23.9	25.6	60	21.5	**24.0**	25.8	60	21.6	24.1	25.9	60	21.7	24.2	26.1	61	21.8	24.3	26.3	61	21.9	8
8	**24.0**	25.8	61	21.6	24.1	26.0	61	21.7	24.2	26.2	61	21.8	24.3	26.4	61	22.0	24.4	26.6	61	22.1	8
8	24.1	26.1	61	21.8	24.2	26.3	62	21.9	24.3	26.4	62	22.0	24.4	26.6	62	22.1	24.5	26.8	62	22.2	8
8	24.2	26.3	62	21.9	24.3	26.5	62	22.0	24.4	26.7	62	22.2	24.5	26.9	62	22.3	24.6	27.1	62	22.4	8
7	24.3	26.6	63	22.1	24.4	26.8	63	22.2	24.5	26.9	63	22.3	24.6	27.1	63	22.4	24.7	27.3	63	22.5	7
7	24.4	26.8	63	22.2	24.5	27.0	63	22.4	24.6	27.2	63	22.5	24.7	27.4	63	22.6	24.8	27.6	63	22.7	7
7	24.5	27.1	64	22.4	24.6	27.3	64	22.5	24.7	27.4	64	22.6	24.8	27.6	64	22.7	24.9	27.8	64	22.8	7
7	24.6	27.3	64	22.5	24.7	27.5	64	22.7	24.8	27.7	65	22.8	24.9	27.9	65	22.9	**25.0**	28.1	65	23.0	7
7	24.7	27.6	65	22.7	24.8	27.8	65	22.8	24.9	27.9	65	22.9	**25.0**	28.1	65	23.0	25.1	28.3	65	23.1	7
7	24.8	27.8	66	22.8	24.9	28.0	66	23.0	**25.0**	28.2	66	23.1	25.1	28.4	66	23.2	25.2	28.6	66	23.3	7
7	24.9	28.1	66	23.0	**25.0**	28.3	66	23.1	25.1	28.5	66	23.2	25.2	28.6	66	23.3	25.3	28.8	66	23.4	7
6	**25.0**	28.3	67	23.1	25.1	28.5	67	23.3	25.2	28.7	67	23.4	25.3	28.9	67	23.5	25.4	29.1	67	23.6	6
6	25.1	28.6	67	23.3	25.2	28.8	67	23.4	25.3	29.0	68	23.5	25.4	29.2	68	23.6	25.5	29.4	68	23.7	6
6	25.2	28.8	68	23.4	25.3	29.0	68	23.6	25.4	29.2	68	23.7	25.5	29.4	68	23.8	25.6	29.6	68	23.9	6
6	25.3	29.1	69	23.6	25.4	29.3	69	23.7	25.5	29.5	69	23.8	25.6	29.7	69	23.9	25.7	29.9	69	24.0	6
6	25.4	29.4	69	23.7	25.5	29.6	69	23.8	25.6	29.8	69	24.0	25.7	29.9	69	24.1	25.8	30.1	69	24.2	6
6	25.5	29.6	70	23.9	25.6	29.8	70	24.0	25.7	30.0	70	24.1	25.8	30.2	70	24.2	25.9	30.4	70	24.3	6
5	25.6	29.9	70	24.0	25.7	30.1	70	24.1	25.8	30.3	71	24.2	25.9	30.5	71	24.4	**26.0**	30.7	71	24.5	5
5	25.7	30.1	71	24.2	25.8	30.3	71	24.3	25.9	30.5	71	24.4	**26.0**	30.7	71	24.5	26.1	30.9	71	24.6	5
5	25.8	30.4	72	24.3	25.9	30.6	72	24.4	**26.0**	30.8	72	24.5	26.1	31.0	72	24.6	26.2	31.2	72	24.8	5
5	25.9	30.7	72	24.5	**26.0**	30.9	72	24.6	26.1	31.1	72	24.7	26.2	31.3	72	24.8	26.3	31.5	72	24.9	5
5	**26.0**	30.9	73	24.6	26.1	31.1	73	24.7	26.2	31.3	73	24.8	26.3	31.5	73	24.9	26.4	31.7	73	25.0	5
5	26.1	31.2	74	24.8	26.2	31.4	74	24.9	26.3	31.6	74	25.0	26.4	31.8	74	25.1	26.5	32.0	74	25.2	5
5	26.2	31.5	74	24.9	26.3	31.7	74	25.0	26.4	31.9	74	25.1	26.5	32.1	74	25.2	26.6	32.3	74	25.3	5
4	26.3	31.7	75	25.0	26.4	31.9	75	25.1	26.5	32.1	75	25.3	26.6	32.3	75	25.4	26.7	32.6	75	25.5	4
4	26.4	32.0	75	25.2	26.5	32.2	75	25.3	26.6	32.4	76	25.4	26.7	32.6	76	25.5	26.8	32.8	76	25.6	4
4	26.5	32.3	76	25.3	26.6	32.5	76	25.4	26.7	32.7	76	25.5	26.8	32.9	76	25.6	26.9	33.1	76	25.7	4
4	26.6	32.5	77	25.5	26.7	32.8	77	25.6	26.8	33.0	77	25.7	26.9	33.2	77	25.8	**27.0**	33.4	77	25.9	4
4	26.7	32.8	77	25.6	26.8	33.0	77	25.7	26.9	33.2	77	25.8	**27.0**	33.4	77	25.9	27.1	33.7	78	26.0	4
4	26.8	33.1	78	25.7	26.9	33.3	78	25.8	**27.0**	33.5	78	26.0	27.1	33.7	78	26.1	27.2	33.9	78	26.2	4
4	26.9	33.4	79	25.9	**27.0**	33.6	79	26.0	27.1	33.8	79	26.1	27.2	34.0	79	26.2	27.3	34.2	79	26.3	4
4	**27.0**	33.6	79	26.0	27.1	33.9	79	26.1	27.2	34.1	79	26.2	27.3	34.3	79	26.3	27.4	34.5	79	26.4	4
3	27.1	33.9	80	26.2	27.2	34.1	80	26.3	27.3	34.3	80	26.4	27.4	34.6	80	26.5	27.5	34.8	80	26.6	3
3	27.2	34.2	81	26.3	27.3	34.4	81	26.4	27.4	34.6	81	26.5	27.5	34.8	81	26.6	27.6	35.1	81	26.7	3
3	27.3	34.5	81	26.4	27.4	34.7	81	26.5	27.5	34.9	81	26.6	27.6	35.1	81	26.7	27.7	35.3	81	26.9	3
3	27.4	34.8	82	26.6	27.5	35.0	82	26.7	27.6	35.2	82	26.8	27.7	35.4	82	26.9	27.8	35.6	82	27.0	3
3	27.5	35.0	83	26.7	27.6	35.3	83	26.8	27.7	35.5	83	26.9	27.8	35.7	83	27.0	27.9	35.9	83	27.1	3
3	27.6	35.3	83	26.8	27.7	35.5	83	26.9	27.8	35.8	83	27.1	27.9	36.0	83	27.2	**28.0**	36.2	83	27.3	3
3	27.7	35.6	84	27.0	27.8	35.8	84	27.1	27.9	36.0	84	27.2	**28.0**	36.3	84	27.3	28.1	36.5	84	27.4	3
3	27.8	35.9	85	27.1	27.9	36.1	85	27.2	**28.0**	36.3	85	27.3	28.1	36.5	85	27.4	28.2	36.8	85	27.5	3
2	27.9	36.2	85	27.3	**28.0**	36.4	85	27.4	28.1	36.6	85	27.5	28.2	36.8	85	27.6	28.3	37.1	85	27.7	2
2	**28.0**	36.5	86	27.4	28.1	36.7	86	27.5	28.2	36.9	86	27.6	28.3	37.1	86	27.7	28.4	37.3	86	27.8	2
2	28.1	36.7	87	27.5	28.2	37.0	87	27.6	28.3	37.2	87	27.7	28.4	37.4	87	27.8	28.5	37.6	87	27.9	2
2	28.2	37.0	87	27.7	28.3	37.3	87	27.8	28.4	37.5	87	27.9	28.5	37.7	87	28.0	28.6	37.9	87	28.1	2
2	28.3	37.3	88	27.8	28.4	37.5	88	27.9	28.5	37.8	88	28.0	28.6	38.0	88	28.1	28.7	38.2	88	28.2	2
2	28.4	37.6	89	27.9	28.5	37.8	89	28.0	28.6	38.1	89	28.1	28.7	38.3	89	28.2	28.8	38.5	89	28.3	2
2	28.5	37.9	89	28.1	28.6	38.1	89	28.2	28.7	38.4	89	28.3	28.8	38.6	89	28.4	28.9	38.8	89	28.5	2
2	28.6	38.2	90	28.2	28.7	38.4	90	28.3	28.8	38.7	90	28.4	28.9	38.9	90	28.5	**29.0**	39.1	90	28.6	2
1	28.7	38.5	91	28.3	28.8	38.7	91	28.4	28.9	39.0	91	28.5	**29.0**	39.2	91	28.6	29.1	39.4	91	28.7	1
1	28.8	38.8	91	28.4	28.9	39.0	91	28.5	**29.0**	39.3	91	28.7	29.1	39.5	91	28.8	29.2	39.7	91	28.9	1
1	28.9	39.1	92	28.6	**29.0**	39.3	92	28.7	29.1	39.6	92	28.8	29.2	39.8	92	28.9	29.3	40.0	92	29.0	1

n	t_W	e	U	t_d	t_W	e	U	t_d	t_W	e	U	t_d	t_W	e	U	t_d	t_W	e	U	t_d	n
	30.0				**30.1**				**30.2**				**30.3**				**30.4**				
1	**29.0**	39.4	93	28.7	29.1	39.6	93	28.8	29.2	39.9	93	28.9	29.3	40.1	93	29.0	29.4	40.3	93	29.1	1
1	29.1	39.7	94	28.8	29.2	39.9	94	28.9	29.3	40.2	94	29.0	29.4	40.4	94	29.1	29.5	40.6	94	29.2	1
1	29.2	40.0	94	29.0	29.3	40.2	94	29.1	29.4	40.5	94	29.2	29.5	40.7	94	29.3	29.6	40.9	94	29.4	1
1	29.3	40.3	95	29.1	29.4	40.5	95	29.2	29.5	40.8	95	29.3	29.6	41.0	95	29.4	29.7	41.2	95	29.5	1
1	29.4	40.6	96	29.2	29.5	40.8	96	29.3	29.6	41.1	96	29.4	29.7	41.3	96	29.5	29.8	41.5	96	29.6	1
1	29.5	40.9	96	29.4	29.6	41.1	96	29.5	29.7	41.4	96	29.6	29.8	41.6	96	29.7	29.9	41.9	96	29.8	1
0	29.6	41.2	97	29.5	29.7	41.4	97	29.6	29.8	41.7	97	29.7	29.9	41.9	97	29.8	**30.0**	42.2	97	29.9	0
0	29.7	41.5	98	29.6	29.8	41.7	98	29.7	29.9	42.0	98	29.8	**30.0**	42.2	98	29.9	30.1	42.5	98	30.0	0
0	29.8	41.8	99	29.7	29.9	42.1	99	29.8	**30.0**	42.3	99	29.9	30.1	42.5	99	30.0	30.2	42.8	99	30.1	0
0	29.9	42.1	99	29.9	**30.0**	42.4	99	30.0	30.1	42.6	99	30.1	30.2	42.9	99	30.2	30.3	43.1	99	30.3	0
0	**30.0**	42.4	100	30.0	30.1	42.7	100	30.1	30.2	42.9	100	30.2	30.3	43.2	100	30.3	30.4	43.4	100	30.4	0
	30.5				**30.6**				**30.7**				**30.8**				**30.9**				
42																	11.3	0.3	1	-35.2	42
42									11.2	0.3	1	-35.9	11.3	0.4	1	-33.2	11.4	0.5	1	-31.0	42
41	11.1	0.3	1	-36.7	11.2	0.4	1	-33.8	11.3	0.4	1	-31.5	11.4	0.4	1	-29.5	11.5	0.6	1	-27.9	41
41	11.2	0.4	1	-32.0	11.3	0.5	1	-30.0	11.4	0.6	1	-28.3	11.5	0.7	2	-26.8	11.6	0.8	2	-25.4	41
41	11.3	0.6	1	-28.7	11.4	0.7	2	-27.1	11.5	0.8	2	-25.8	11.6	0.8	2	-24.5	11.7	0.9	2	-23.4	41
40	11.4	0.7	2	-26.1	11.5	0.8	2	-24.8	11.6	0.9	2	-23.7	11.7	1.0	2	-22.6	11.8	1.1	2	-21.6	40
40	11.5	0.9	2	-23.9	11.6	1.0	2	-22.9	11.7	1.1	2	-21.8	11.8	1.2	3	-20.9	11.9	1.3	3	-20.0	40
40	11.6	1.0	2	-22.1	11.7	1.1	3	-21.2	11.8	1.2	3	-20.3	11.9	1.3	3	-19.4	**12.0**	1.4	3	-18.6	40
39	11.7	1.2	3	-20.5	11.8	1.3	3	-19.6	11.9	1.4	3	-18.8	**12.0**	1.5	3	-18.1	12.1	1.6	4	-17.4	39
39	11.8	1.4	3	-19.1	11.9	1.5	3	-18.3	**12.0**	1.5	3	-17.6	12.1	1.6	4	-16.9	12.2	1.7	4	-16.2	39
39	11.9	1.5	3	-17.8	**12.0**	1.6	4	-17.1	12.1	1.7	4	-16.4	12.2	1.8	4	-15.8	12.3	1.9	4	-15.1	39
38	**12.0**	1.7	4	-16.6	12.1	1.8	4	-15.9	12.2	1.9	4	-15.3	12.3	2.0	4	-14.7	12.4	2.1	5	-14.1	38
38	12.1	1.8	4	-15.5	12.2	1.9	4	-14.9	12.3	2.0	5	-14.3	12.4	2.1	5	-13.8	12.5	2.2	5	-13.2	38
38	12.2	2.0	5	-14.5	12.3	2.1	5	-13.9	12.4	2.2	5	-13.4	12.5	2.3	5	-12.9	12.6	2.4	5	-12.3	38
37	12.3	2.2	5	-13.5	12.4	2.3	5	-13.0	12.5	2.3	5	-12.5	12.6	2.4	5	-12.0	12.7	2.5	6	-11.5	37
37	12.4	2.3	5	-12.6	12.5	2.4	5	-12.1	12.6	2.5	6	-11.7	12.7	2.6	6	-11.2	12.8	2.7	6	-10.7	37
37	12.5	2.5	6	-11.8	12.6	2.6	6	-11.3	12.7	2.7	6	-10.9	12.8	2.8	6	-10.4	12.9	2.9	6	-10.0	37
36	12.6	2.6	6	-11.0	12.7	2.7	6	-10.6	12.8	2.8	6	-10.1	12.9	2.9	7	-9.7	**13.0**	3.0	7	-9.3	36
36	12.7	2.8	6	-10.3	12.8	2.9	7	-9.8	12.9	3.0	7	-9.4	**13.0**	3.1	7	-9.0	13.1	3.2	7	-8.6	36
36	12.8	3.0	7	-9.5	12.9	3.1	7	-9.1	**13.0**	3.2	7	-8.7	13.1	3.3	7	-8.3	13.2	3.4	8	-8.0	36
35	12.9	3.1	7	-8.9	**13.0**	3.2	7	-8.5	13.1	3.3	8	-8.1	13.2	3.4	8	-7.7	13.3	3.5	8	-7.3	35
35	**13.0**	3.3	8	-8.2	13.1	3.4	8	-7.8	13.2	3.5	8	-7.5	13.3	3.6	8	-7.1	13.4	3.7	8	-6.7	35
35	13.1	3.5	8	-7.6	13.2	3.6	8	-7.2	13.3	3.7	8	-6.9	13.4	3.8	8	-6.5	13.5	3.9	9	-6.2	35
34	13.2	3.6	8	-7.0	13.3	3.7	8	-6.6	13.4	3.8	9	-6.3	13.5	3.9	9	-5.9	13.6	4.0	9	-5.6	34
34	13.3	3.8	9	-6.4	13.4	3.9	9	-6.0	13.5	4.0	9	-5.7	13.6	4.1	9	-5.4	13.7	4.2	9	-5.1	34
34	13.4	4.0	9	-5.8	13.5	4.1	9	-5.5	13.6	4.2	9	-5.2	13.7	4.3	10	-4.9	13.8	4.4	10	-4.5	34
33	13.5	4.1	9	-5.3	13.6	4.2	10	-5.0	13.7	4.3	10	-4.6	13.8	4.4	10	-4.3	13.9	4.5	10	-4.0	33
33	13.6	4.3	10	-4.8	13.7	4.4	10	-4.4	13.8	4.5	10	-4.1	13.9	4.6	10	-3.8	**14.0**	4.7	11	-3.5	33
33	13.7	4.5	10	-4.2	13.8	4.6	10	-3.9	13.9	4.7	11	-3.6	**14.0**	4.8	11	-3.4	14.1	4.9	11	-3.1	33
32	13.8	4.6	11	-3.8	13.9	4.7	11	-3.5	**14.0**	4.8	11	-3.2	14.1	4.9	11	-2.9	14.2	5.0	11	-2.6	32
32	13.9	4.8	11	-3.3	**14.0**	4.9	11	-3.0	14.1	5.0	11	-2.7	14.2	5.1	12	-2.4	14.3	5.2	12	-2.1	32
32	**14.0**	5.0	11	-2.8	14.1	5.1	12	-2.5	14.2	5.2	12	-2.2	14.3	5.3	12	-2.0	14.4	5.4	12	-1.7	32
32	14.1	5.1	12	-2.3	14.2	5.2	12	-2.1	14.3	5.3	12	-1.8	14.4	5.5	12	-1.5	14.5	5.6	12	-1.3	32
31	14.2	5.3	12	-1.9	14.3	5.4	12	-1.6	14.4	5.5	13	-1.4	14.5	5.6	13	-1.1	14.6	5.7	13	-0.9	31
31	14.3	5.5	13	-1.5	14.4	5.6	13	-1.2	14.5	5.7	13	-1.0	14.6	5.8	13	-0.7	14.7	5.9	13	-0.5	31
31	14.4	5.7	13	-1.1	14.5	5.8	13	-0.8	14.6	5.9	13	-0.5	14.7	6.0	13	-0.3	14.8	6.1	14	0.0	31
30	14.5	5.8	13	-0.6	14.6	5.9	14	-0.4	14.7	6.0	14	-0.1	14.8	6.2	14	0.1	14.9	6.3	14	0.3	30
30	14.6	6.0	14	-0.2	14.7	6.1	14	0.0	14.8	6.2	14	0.2	14.9	6.3	14	0.5	**15.0**	6.4	14	0.7	30
30	14.7	6.2	14	0.2	14.8	6.3	14	0.4	14.9	6.4	14	0.6	**15.0**	6.5	15	0.9	15.1	6.6	15	1.1	30
29	14.8	6.4	15	0.5	14.9	6.5	15	0.8	**15.0**	6.6	15	1.0	15.1	6.7	15	1.2	15.2	6.8	15	1.5	29
29	14.9	6.5	15	0.9	**15.0**	6.6	15	1.2	15.1	6.7	15	1.4	15.2	6.9	15	1.6	15.3	7.0	16	1.8	29
29	**15.0**	6.7	15	1.3	15.1	6.8	16	1.5	15.2	6.9	16	1.7	15.3	7.0	16	2.0	15.4	7.1	16	2.2	29
29	15.1	6.9	16	1.7	15.2	7.0	16	1.9	15.3	7.1	16	2.1	15.4	7.2	16	2.3	15.5	7.3	16	2.5	29
28	15.2	7.1	16	2.0	15.3	7.2	16	2.2	15.4	7.3	16	2.4	15.5	7.4	17	2.7	15.6	7.5	17	2.9	28
28	15.3	7.2	17	2.4	15.4	7.3	17	2.6	15.5	7.5	17	2.8	15.6	7.6	17	3.0	15.7	7.7	17	3.2	28
28	15.4	7.4	17	2.7	15.5	7.5	17	2.9	15.6	7.6	17	3.1	15.7	7.8	17	3.3	15.8	7.9	18	3.5	28
27	15.5	7.6	17	3.0	15.6	7.7	18	3.2	15.7	7.8	18	3.5	15.8	7.9	18	3.7	15.9	8.1	18	3.9	27
27	15.6	7.8	18	3.4	15.7	7.9	18	3.6	15.8	8.0	18	3.8	15.9	8.1	18	4.0	**16.0**	8.2	18	4.2	27
27	15.7	8.0	18	3.7	15.8	8.1	18	3.9	15.9	8.2	19	4.1	**16.0**	8.3	19	4.3	16.1	8.4	19	4.5	27
27	15.8	8.1	19	4.0	15.9	8.3	19	4.2	**16.0**	8.4	19	4.4	16.1	8.5	19	4.6	16.2	8.6	19	4.8	27
26	15.9	8.3	19	4.3	**16.0**	8.4	19	4.5	16.1	8.5	19	4.7	16.2	8.7	20	4.9	16.3	8.8	20	5.1	26
26	**16.0**	8.5	19	4.6	16.1	8.6	20	4.8	16.2	8.7	20	5.0	16.3	8.9	20	5.2	16.4	9.0	20	5.4	26
26	16.1	8.7	20	4.9	16.2	8.8	20	5.1	16.3	8.9	20	5.3	16.4	9.0	20	5.5	16.5	9.2	20	5.7	26
25	16.2	8.9	20	5.2	16.3	9.0	20	5.4	16.4	9.1	21	5.6	16.5	9.2	21	5.8	16.6	9.3	21	6.0	25
25	16.3	9.1	21	5.5	16.4	9.2	21	5.7	16.5	9.3	21	5.9	16.6	9.4	21	6.1	16.7	9.5	21	6.3	25
25	16.4	9.2	21	5.8	16.5	9.4	21	6.0	16.6	9.5	21	6.2	16.7	9.6	22	6.4	16.8	9.7	22	6.6	25
25	16.5	9.4	22	6.1	16.6	9.5	22	6.3	16.7	9.7	22	6.5	16.8	9.8	22	6.7	16.9	9.9	22	6.8	25
24	16.6	9.6	22	6.4	16.7	9.7	22	6.6	16.8	9.8	22	6.8	16.9	10.0	22	6.9	**17.0**	10.1	23	7.1	24
24	16.7	9.8	22	6.7	16.8	9.9	23	6.9	16.9	10.0	23	7.0	**17.0**	10.2	23	7.2	17.1	10.3	23	7.4	24

n	t_W	e	U	t_d	t_W	e	U	t_d	t_W	e	U	t_d	t_W	e	U	t_d	t_W	e	U	t_d	n
	30.5				**30.6**				**30.7**				**30.8**				**30.9**				
24	16.8	10.0	23	7.0	16.9	10.1	23	7.1	**17.0**	10.2	23	7.3	17.1	10.4	23	7.5	17.2	10.5	23	7.7	24
24	16.9	10.2	23	7.2	**17.0**	10.3	23	7.4	17.1	10.4	24	7.6	17.2	10.5	24	7.8	17.3	10.7	24	7.9	24
23	**17.0**	10.4	24	7.5	17.1	10.5	24	7.7	17.2	10.6	24	7.8	17.3	10.7	24	8.0	17.4	10.9	24	8.2	23
23	17.1	10.6	24	7.8	17.2	10.7	24	7.9	17.3	10.8	24	8.1	17.4	10.9	25	8.3	17.5	11.1	25	8.4	23
23	17.2	10.7	25	8.0	17.3	10.9	25	8.2	17.4	11.0	25	8.4	17.5	11.1	25	8.5	17.6	11.2	25	8.7	23
23	17.3	10.9	25	8.3	17.4	11.1	25	8.5	17.5	11.2	25	8.6	17.6	11.3	25	8.8	17.7	11.4	26	9.0	23
22	17.4	11.1	25	8.5	17.5	11.3	26	8.7	17.6	11.4	26	8.9	17.7	11.5	26	9.0	17.8	11.6	26	9.2	22
22	17.5	11.3	26	8.8	17.6	11.4	26	9.0	17.7	11.6	26	9.1	17.8	11.7	26	9.3	17.9	11.8	26	9.5	22
22	17.6	11.5	26	9.0	17.7	11.6	27	9.2	17.8	11.8	27	9.4	17.9	11.9	27	9.5	**18.0**	12.0	27	9.7	22
22	17.7	11.7	27	9.3	17.8	11.8	27	9.5	17.9	12.0	27	9.6	**18.0**	12.1	27	9.8	18.1	12.2	27	9.9	22
21	17.8	11.9	27	9.5	17.9	12.0	27	9.7	**18.0**	12.2	28	9.9	18.1	12.3	28	10.0	18.2	12.4	28	10.2	21
21	17.9	12.1	28	9.8	**18.0**	12.2	28	9.9	18.1	12.4	28	10.1	18.2	12.5	28	10.3	18.3	12.6	28	10.4	21
21	**18.0**	12.3	28	10.0	18.1	12.4	28	10.2	18.2	12.6	28	10.3	18.3	12.7	29	10.5	18.4	12.8	29	10.6	21
21	18.1	12.5	29	10.3	18.2	12.6	29	10.4	18.3	12.7	29	10.6	18.4	12.9	29	10.7	18.5	13.0	29	10.9	21
20	18.2	12.7	29	10.5	18.3	12.8	29	10.7	18.4	12.9	29	10.8	18.5	13.1	29	11.0	18.6	13.2	30	11.1	20
20	18.3	12.9	30	10.7	18.4	13.0	30	10.9	18.5	13.1	30	11.0	18.6	13.3	30	11.2	18.7	13.4	30	11.3	20
20	18.4	13.1	30	11.0	18.5	13.2	30	11.1	18.6	13.3	30	11.3	18.7	13.5	30	11.4	18.8	13.6	30	11.6	20
20	18.5	13.3	30	11.2	18.6	13.4	31	11.3	18.7	13.5	31	11.5	18.8	13.7	31	11.6	18.9	13.8	31	11.8	20
19	18.6	13.5	31	11.4	18.7	13.6	31	11.6	18.8	13.8	31	11.7	18.9	13.9	31	11.9	**19.0**	14.0	31	12.0	19
19	18.7	13.7	31	11.6	18.8	13.8	31	11.8	18.9	14.0	32	11.9	**19.0**	14.1	32	12.1	19.1	14.2	32	12.2	19
19	18.8	13.9	32	11.9	18.9	14.0	32	12.0	**19.0**	14.2	32	12.2	19.1	14.3	32	12.3	19.2	14.4	32	12.4	19
19	18.9	14.1	32	12.1	**19.0**	14.2	32	12.2	19.1	14.4	33	12.4	19.2	14.5	33	12.5	19.3	14.6	33	12.7	19
18	**19.0**	14.3	33	12.3	19.1	14.4	33	12.4	19.2	14.6	33	12.6	19.3	14.7	33	12.7	19.4	14.8	33	12.9	18
18	19.1	14.5	33	12.5	19.2	14.6	33	12.7	19.3	14.8	33	12.8	19.4	14.9	34	12.9	19.5	15.1	34	13.1	18
18	19.2	14.7	34	12.7	19.3	14.8	34	12.9	19.4	15.0	34	13.0	19.5	15.1	34	13.2	19.6	15.3	34	13.3	18
18	19.3	14.9	34	12.9	19.4	15.0	34	13.1	19.5	15.2	34	13.2	19.6	15.3	35	13.4	19.7	15.5	35	13.5	18
18	19.4	15.1	35	13.1	19.5	15.3	35	13.3	19.6	15.4	35	13.4	19.7	15.5	35	13.6	19.8	15.7	35	13.7	18
17	19.5	15.3	35	13.4	19.6	15.5	35	13.5	19.7	15.6	35	13.6	19.8	15.7	35	13.8	19.9	15.9	36	13.9	17
17	19.6	15.5	36	13.6	19.7	15.7	36	13.7	19.8	15.8	36	13.8	19.9	16.0	36	14.0	**20.0**	16.1	36	14.1	17
17	19.7	15.7	36	13.8	19.8	15.9	36	13.9	19.9	16.0	36	14.0	**20.0**	16.2	36	14.2	20.1	16.3	37	14.3	17
17	19.8	15.9	37	14.0	19.9	16.1	37	14.1	**20.0**	16.2	37	14.2	20.1	16.4	37	14.4	20.2	16.5	37	14.5	17
16	19.9	16.2	37	14.2	**20.0**	16.3	37	14.3	20.1	16.4	37	14.4	20.2	16.6	37	14.6	20.3	16.7	37	14.7	16
16	**20.0**	16.4	37	14.4	20.1	16.5	38	14.5	20.2	16.7	38	14.6	20.3	16.8	38	14.8	20.4	17.0	38	14.9	16
16	20.1	16.6	38	14.6	20.2	16.7	38	14.7	20.3	16.9	38	14.8	20.4	17.0	38	15.0	20.5	17.2	38	15.1	16
16	20.2	16.8	38	14.8	20.3	16.9	39	14.9	20.4	17.1	39	15.0	20.5	17.2	39	15.2	20.6	17.4	39	15.3	16
16	20.3	17.0	39	15.0	20.4	17.2	39	15.1	20.5	17.3	39	15.2	20.6	17.5	39	15.4	20.7	17.6	39	15.5	16
15	20.4	17.2	39	15.2	20.5	17.4	40	15.3	20.6	17.5	40	15.4	20.7	17.7	40	15.6	20.8	17.8	40	15.7	15
15	20.5	17.4	40	15.4	20.6	17.6	40	15.5	20.7	17.7	40	15.6	20.8	17.9	40	15.8	20.9	18.0	40	15.9	15
15	20.6	17.7	40	15.5	20.7	17.8	41	15.7	20.8	18.0	41	15.8	20.9	18.1	41	15.9	**21.0**	18.3	41	16.1	15
15	20.7	17.9	41	15.7	20.8	18.0	41	15.9	20.9	18.2	41	16.0	**21.0**	18.3	41	16.1	21.1	18.5	41	16.3	15
15	20.8	18.1	41	15.9	20.9	18.2	42	16.1	**21.0**	18.4	42	16.2	21.1	18.5	42	16.3	21.2	18.7	42	16.4	15
14	20.9	18.3	42	16.1	**21.0**	18.5	42	16.2	21.1	18.6	42	16.4	21.2	18.8	42	16.5	21.3	18.9	42	16.6	14
14	**21.0**	18.5	42	16.3	21.1	18.7	43	16.4	21.2	18.8	43	16.6	21.3	19.0	43	16.7	21.4	19.1	43	16.8	14
14	21.1	18.7	43	16.5	21.2	18.9	43	16.6	21.3	19.1	43	16.7	21.4	19.2	43	16.9	21.5	19.4	43	17.0	14
14	21.2	19.0	43	16.7	21.3	19.1	44	16.8	21.4	19.3	44	16.9	21.5	19.4	44	17.1	21.6	19.6	44	17.2	14
14	21.3	19.2	44	16.9	21.4	19.3	44	17.0	21.5	19.5	44	17.1	21.6	19.7	44	17.2	21.7	19.8	44	17.4	14
13	21.4	19.4	44	17.0	21.5	19.6	45	17.2	21.6	19.7	45	17.3	21.7	19.9	45	17.4	21.8	20.0	45	17.5	13
13	21.5	19.6	45	17.2	21.6	19.8	45	17.3	21.7	19.9	45	17.5	21.8	20.1	45	17.6	21.9	20.3	45	17.7	13
13	21.6	19.9	45	17.4	21.7	20.0	46	17.5	21.8	20.2	46	17.6	21.9	20.3	46	17.8	**22.0**	20.5	46	17.9	13
13	21.7	20.1	46	17.6	21.8	20.2	46	17.7	21.9	20.4	46	17.8	**22.0**	20.6	46	17.9	22.1	20.7	46	18.1	13
13	21.8	20.3	47	17.7	21.9	20.5	47	17.9	**22.0**	20.6	47	18.0	22.1	20.8	47	18.1	22.2	20.9	47	18.2	13
12	21.9	20.5	47	17.9	**22.0**	20.7	47	18.0	22.1	20.9	47	18.2	22.2	21.0	47	18.3	22.3	21.2	47	18.4	12
12	**22.0**	20.8	48	18.1	22.1	20.9	48	18.2	22.2	21.1	48	18.3	22.3	21.2	48	18.5	22.4	21.4	48	18.6	12
12	22.1	21.0	48	18.3	22.2	21.1	48	18.4	22.3	21.3	48	18.5	22.4	21.5	48	18.6	22.5	21.6	48	18.8	12
12	22.2	21.2	49	18.4	22.3	21.4	49	18.6	22.4	21.5	49	18.7	22.5	21.7	49	18.8	22.6	21.9	49	18.9	12
12	22.3	21.4	49	18.6	22.4	21.6	49	18.7	22.5	21.8	49	18.9	22.6	21.9	49	19.0	22.7	22.1	49	19.1	12
11	22.4	21.7	50	18.8	22.5	21.8	50	18.9	22.6	22.0	50	19.0	22.7	22.2	50	19.2	22.8	22.3	50	19.3	11
11	22.5	21.9	50	19.0	22.6	22.1	50	19.1	22.7	22.2	50	19.2	22.8	22.4	50	19.3	22.9	22.6	51	19.4	11
11	22.6	22.1	51	19.1	22.7	22.3	51	19.3	22.8	22.5	51	19.4	22.9	22.6	51	19.5	**23.0**	22.8	51	19.6	11
11	22.7	22.4	51	19.3	22.8	22.5	51	19.4	22.9	22.7	51	19.5	**23.0**	22.9	52	19.7	23.1	23.1	52	19.8	11
11	22.8	22.6	52	19.5	22.9	22.8	52	19.6	**23.0**	22.9	52	19.7	23.1	23.1	52	19.8	23.2	23.3	52	19.9	11
11	22.9	22.8	52	19.6	**23.0**	23.0	52	19.8	23.1	23.2	52	19.9	23.2	23.4	53	20.0	23.3	23.5	53	20.1	11
10	**23.0**	23.1	53	19.8	23.1	23.3	53	19.9	23.2	23.4	53	20.0	23.3	23.6	53	20.2	23.4	23.8	53	20.3	10
10	23.1	23.3	53	20.0	23.2	23.5	53	20.1	23.3	23.7	54	20.2	23.4	23.8	54	20.3	23.5	24.0	54	20.4	10
10	23.2	23.6	54	20.1	23.3	23.7	54	20.2	23.4	23.9	54	20.4	23.5	24.1	54	20.5	23.6	24.3	54	20.6	10
10	23.3	23.8	55	20.3	23.4	24.0	55	20.4	23.5	24.1	55	20.5	23.6	24.3	55	20.6	23.7	24.5	55	20.8	10
10	23.4	24.0	55	20.5	23.5	24.2	55	20.6	23.6	24.4	55	20.7	23.7	24.6	55	20.8	23.8	24.7	55	20.9	10
9	23.5	24.3	56	20.6	23.6	24.5	56	20.7	23.7	24.6	56	20.8	23.8	24.8	56	21.0	23.9	25.0	56	21.1	9
9	23.6	24.5	56	20.8	23.7	24.7	56	20.9	23.8	24.9	56	21.0	23.9	25.0	56	21.1	**24.0**	25.2	56	21.2	9
9	23.7	24.8	57	20.9	23.8	24.9	57	21.1	23.9	25.1	57	21.2	**24.0**	25.3	57	21.3	24.1	25.5	57	21.4	9
9	23.8	25.0	57	21.1	23.9	25.2	57	21.2	**24.0**	25.4	57	21.3	24.1	25.5	58	21.4	24.2	25.7	58	21.6	9
9	23.9	25.2	58	21.3	**24.0**	25.4	58	21.4	24.1	25.6	58	21.5	24.2	25.8	58	21.6	24.3	26.0	58	21.7	9
9	**24.0**	25.5	58	21.4	24.1	25.7	58	21.5	24.2	25.9	59	21.6	24.3	26.0	59	21.8	24.4	26.2	59	21.9	9

n	t_W	e	U	t_d	t_W	e	U	t_d	t_W	e	U	t_d	t_W	e	U	t_d	t_W	e	U	t_d	n
	30.5				**30.6**				**30.7**				**30.8**				**30.9**				
8	24.1	25.7	59	21.6	24.2	25.9	59	21.7	24.3	26.1	59	21.8	24.4	26.3	59	21.9	24.5	26.5	59	22.0	8
8	24.2	26.0	60	21.7	24.3	26.2	60	21.8	24.4	26.4	60	22.0	24.5	26.5	60	22.1	24.6	26.7	60	22.2	8
8	24.3	26.2	60	21.9	24.4	26.4	60	22.0	24.5	26.6	60	22.1	24.6	26.8	60	22.2	24.7	27.0	60	22.3	8
8	24.4	26.5	61	22.0	24.5	26.7	61	22.1	24.6	26.9	61	22.3	24.7	27.0	61	22.4	24.8	27.2	61	22.5	8
8	24.5	26.7	61	22.2	24.6	26.9	61	22.3	24.7	27.1	61	22.4	24.8	27.3	61	22.5	24.9	27.5	62	22.6	8
8	24.6	27.0	62	22.3	24.7	27.2	62	22.5	24.8	27.4	62	22.6	24.9	27.5	62	22.7	**25.0**	27.7	62	22.8	8
7	24.7	27.2	62	22.5	24.8	27.4	62	22.6	24.9	27.6	63	22.7	**25.0**	27.8	63	22.8	25.1	28.0	63	22.9	7
7	24.8	27.5	63	22.6	24.9	27.7	63	22.8	**25.0**	27.9	63	22.9	25.1	28.1	63	23.0	25.2	28.2	63	23.1	7
7	24.9	27.7	64	22.8	**25.0**	27.9	64	22.9	25.1	28.1	64	23.0	25.2	28.3	64	23.1	25.3	28.5	64	23.2	7
7	**25.0**	28.0	64	23.0	25.1	28.2	64	23.1	25.2	28.4	64	23.2	25.3	28.6	64	23.3	25.4	28.8	64	23.4	7
7	25.1	28.3	65	23.1	25.2	28.4	65	23.2	25.3	28.6	65	23.3	25.4	28.8	65	23.4	25.5	29.0	65	23.5	7
7	25.2	28.5	65	23.3	25.3	28.7	65	23.4	25.4	28.9	65	23.5	25.5	29.1	65	23.6	25.6	29.3	66	23.7	7
7	25.3	28.8	66	23.4	25.4	29.0	66	23.5	25.5	29.2	66	23.6	25.6	29.4	66	23.7	25.7	29.5	66	23.8	7
6	25.4	29.0	66	23.5	25.5	29.2	67	23.7	25.6	29.4	67	23.8	25.7	29.6	67	23.9	25.8	29.8	67	24.0	6
6	25.5	29.3	67	23.7	25.6	29.5	67	23.8	25.7	29.7	67	23.9	25.8	29.9	67	24.0	25.9	30.1	67	24.1	6
6	25.6	29.6	68	23.8	25.7	29.7	68	24.0	25.8	29.9	68	24.1	25.9	30.1	68	24.2	**26.0**	30.3	68	24.3	6
6	25.7	29.8	68	24.0	25.8	30.0	68	24.1	25.9	30.2	68	24.2	**26.0**	30.4	68	24.3	26.1	30.6	69	24.4	6
6	25.8	30.1	69	24.1	25.9	30.3	69	24.2	**26.0**	30.5	69	24.4	26.1	30.7	69	24.5	26.2	30.9	69	24.6	6
6	25.9	30.3	69	24.3	**26.0**	30.5	70	24.4	26.1	30.7	70	24.5	26.2	30.9	70	24.6	26.3	31.1	70	24.7	6
6	**26.0**	30.6	70	24.4	26.1	30.8	70	24.5	26.2	31.0	70	24.6	26.3	31.2	70	24.8	26.4	31.4	70	24.9	6
5	26.1	30.9	71	24.6	26.2	31.1	71	24.7	26.3	31.3	71	24.8	26.4	31.5	71	24.9	26.5	31.7	71	25.0	5
5	26.2	31.1	71	24.7	26.3	31.3	71	24.8	26.4	31.5	71	24.9	26.5	31.7	71	25.0	26.6	31.9	72	25.1	5
5	26.3	31.4	72	24.9	26.4	31.6	72	25.0	26.5	31.8	72	25.1	26.6	32.0	72	25.2	26.7	32.2	72	25.3	5
5	26.4	31.7	73	25.0	26.5	31.9	73	25.1	26.6	32.1	73	25.2	26.7	32.3	73	25.3	26.8	32.5	73	25.4	5
5	26.5	31.9	73	25.1	26.6	32.1	73	25.3	26.7	32.4	73	25.4	26.8	32.6	73	25.5	26.9	32.8	73	25.6	5
5	26.6	32.2	74	25.3	26.7	32.4	74	25.4	26.8	32.6	74	25.5	26.9	32.8	74	25.6	**27.0**	33.0	74	25.7	5
5	26.7	32.5	74	25.4	26.8	32.7	74	25.5	26.9	32.9	75	25.6	**27.0**	33.1	75	25.7	27.1	33.3	75	25.9	5
4	26.8	32.8	75	25.6	26.9	33.0	75	25.7	**27.0**	33.2	75	25.8	27.1	33.4	75	25.9	27.2	33.6	75	26.0	4
4	26.9	33.0	76	25.7	**27.0**	33.2	76	25.8	27.1	33.5	76	25.9	27.2	33.7	76	26.0	27.3	33.9	76	26.1	4
4	**27.0**	33.3	76	25.9	27.1	33.5	76	26.0	27.2	33.7	76	26.1	27.3	33.9	76	26.2	27.4	34.2	76	26.3	4
4	27.1	33.6	77	26.0	27.2	33.8	77	26.1	27.3	34.0	77	26.2	27.4	34.2	77	26.3	27.5	34.4	77	26.4	4
4	27.2	33.9	78	26.1	27.3	34.1	78	26.2	27.4	34.3	78	26.3	27.5	34.5	78	26.4	27.6	34.7	78	26.6	4
4	27.3	34.1	78	26.3	27.4	34.4	78	26.4	27.5	34.6	78	26.5	27.6	34.8	78	26.6	27.7	35.0	78	26.7	4
4	27.4	34.4	79	26.4	27.5	34.6	79	26.5	27.6	34.9	79	26.6	27.7	35.1	79	26.7	27.8	35.3	79	26.8	4
3	27.5	34.7	79	26.5	27.6	34.9	80	26.6	27.7	35.1	80	26.8	27.8	35.4	80	26.9	27.9	35.6	80	27.0	3
3	27.6	35.0	80	26.7	27.7	35.2	80	26.8	27.8	35.4	80	26.9	27.9	35.6	80	27.0	**28.0**	35.9	80	27.1	3
3	27.7	35.3	81	26.8	27.8	35.5	81	26.9	27.9	35.7	81	27.0	**28.0**	35.9	81	27.1	28.1	36.1	81	27.2	3
3	27.8	35.6	81	27.0	27.9	35.8	81	27.1	**28.0**	36.0	82	27.2	28.1	36.2	82	27.3	28.2	36.4	82	27.4	3
3	27.9	35.8	82	27.1	**28.0**	36.1	82	27.2	28.1	36.3	82	27.3	28.2	36.5	82	27.4	28.3	36.7	82	27.5	3
3	**28.0**	36.1	83	27.2	28.1	36.3	83	27.3	28.2	36.6	83	27.4	28.3	36.8	83	27.5	28.4	37.0	83	27.6	3
3	28.1	36.4	83	27.4	28.2	36.6	83	27.5	28.3	36.9	83	27.6	28.4	37.1	83	27.7	28.5	37.3	84	27.8	3
3	28.2	36.7	84	27.5	28.3	36.9	84	27.6	28.4	37.1	84	27.7	28.5	37.4	84	27.8	28.6	37.6	84	27.9	3
2	28.3	37.0	85	27.6	28.4	37.2	85	27.7	28.5	37.4	85	27.8	28.6	37.7	85	27.9	28.7	37.9	85	28.0	2
2	28.4	37.3	85	27.8	28.5	37.5	85	27.9	28.6	37.7	85	28.0	28.7	38.0	85	28.1	28.8	38.2	85	28.2	2
2	28.5	37.6	86	27.9	28.6	37.8	86	28.0	28.7	38.0	86	28.1	28.8	38.3	86	28.2	28.9	38.5	86	28.3	2
2	28.6	37.9	87	28.0	28.7	38.1	87	28.1	28.8	38.3	87	28.2	28.9	38.6	87	28.3	**29.0**	38.8	87	28.4	2
2	28.7	38.2	87	28.2	28.8	38.4	87	28.3	28.9	38.6	87	28.4	**29.0**	38.9	87	28.5	29.1	39.1	87	28.6	2
2	28.8	38.5	88	28.3	28.9	38.7	88	28.4	**29.0**	38.9	88	28.5	29.1	39.2	88	28.6	29.2	39.4	88	28.7	2
2	28.9	38.8	89	28.4	**29.0**	39.0	89	28.5	29.1	39.2	89	28.6	29.2	39.5	89	28.7	29.3	39.7	89	28.8	2
2	**29.0**	39.1	89	28.6	29.1	39.3	89	28.7	29.2	39.5	89	28.8	29.3	39.8	90	28.9	29.4	40.0	90	29.0	2
2	29.1	39.4	90	28.7	29.2	39.6	90	28.8	29.3	39.8	90	28.9	29.4	40.1	90	29.0	29.5	40.3	90	29.1	2
1	29.2	39.7	91	28.8	29.3	39.9	91	28.9	29.4	40.1	91	29.0	29.5	40.4	91	29.1	29.6	40.6	91	29.2	1
1	29.3	40.0	92	29.0	29.4	40.2	92	29.1	29.5	40.4	92	29.2	29.6	40.7	92	29.3	29.7	40.9	92	29.4	1
1	29.4	40.3	92	29.1	29.5	40.5	92	29.2	29.6	40.7	92	29.3	29.7	41.0	92	29.4	29.8	41.2	92	29.5	1
1	29.5	40.6	93	29.2	29.6	40.8	93	29.3	29.7	41.0	93	29.4	29.8	41.3	93	29.5	29.9	41.5	93	29.6	1
1	29.6	40.9	94	29.3	29.7	41.1	94	29.4	29.8	41.3	94	29.5	29.9	41.6	94	29.7	**30.0**	41.8	94	29.8	1
1	29.7	41.2	94	29.5	29.8	41.4	94	29.6	29.9	41.7	94	29.7	**30.0**	41.9	94	29.8	30.1	42.1	94	29.9	1
1	29.8	41.5	95	29.6	29.9	41.7	95	29.7	**30.0**	42.0	95	29.8	30.1	42.2	95	29.9	30.2	42.4	95	30.0	1
1	29.9	41.8	96	29.7	**30.0**	42.0	96	29.8	30.1	42.3	96	29.9	30.2	42.5	96	30.0	30.3	42.8	96	30.1	1
1	**30.0**	42.1	96	29.9	30.1	42.3	96	30.0	30.2	42.6	96	30.1	30.3	42.8	96	30.2	30.4	43.1	96	30.3	1
0	30.1	42.4	97	30.0	30.2	42.6	97	30.1	30.3	42.9	97	30.2	30.4	43.1	97	30.3	30.5	43.4	97	30.4	0
0	30.2	42.7	98	30.1	30.3	43.0	98	30.2	30.4	43.2	98	30.3	30.5	43.5	98	30.4	30.6	43.7	98	30.5	0
0	30.3	43.0	99	30.2	30.4	43.3	99	30.3	30.5	43.5	99	30.4	30.6	43.8	99	30.5	30.7	44.0	99	30.6	0
0	30.4	43.3	99	30.4	30.5	43.6	99	30.5	30.6	43.8	99	30.6	30.7	44.1	99	30.7	30.8	44.3	99	30.8	0
0	30.5	43.7	100	30.5	30.6	43.9	100	30.6	30.7	44.2	100	30.7	30.8	44.4	100	30.8	30.9	44.7	100	30.9	0
	31.0				**31.1**				**31.2**				**31.3**				**31.4**				
42																	11.5	0.3	1	-35.9	42
42									11.4	0.3	1	-36.7	11.5	0.4	1	-33.8	11.6	0.4	1	-31.4	42
42	11.3	0.2	1	-37.6	11.4	0.3	1	-34.5	11.5	0.4	1	-32.0	11.6	0.5	1	-30.0	11.7	0.6	1	-28.2	42
41	11.4	0.4	1	-32.6	11.5	0.5	1	-30.5	11.6	0.6	1	-28.7	11.7	0.7	1	-27.1	11.8	0.8	2	-25.7	41
41	11.5	0.6	1	-29.1	11.6	0.6	1	-27.5	11.7	0.7	2	-26.0	11.8	0.8	2	-24.7	11.9	0.9	2	-23.6	41

n	t_W	e	U	t_d	t_W	e	U	t_d	t_W	e	U	t_d	t_W	e	U	t_d	t_W	e	U	t_d	n
	31.0				**31.1**				**31.2**				**31.3**				**31.4**				
41	11.6	0.7	2	-26.4	11.7	0.8	2	-25.1	11.8	0.9	2	-23.9	11.9	1.0	2	-22.8	**12.0**	1.1	2	-21.8	41
40	11.7	0.9	2	-24.2	11.8	1.0	2	-23.1	11.9	1.1	2	-22.0	**12.0**	1.1	3	-21.1	12.1	1.2	3	-20.2	40
40	11.8	1.0	2	-22.3	11.9	1.1	2	-21.3	**12.0**	1.2	3	-20.4	12.1	1.3	3	-19.6	12.2	1.4	3	-18.8	40
40	11.9	1.2	3	-20.7	**12.0**	1.3	3	-19.8	12.1	1.4	3	-19.0	12.2	1.5	3	-18.2	12.3	1.6	3	-17.5	40
39	**12.0**	1.3	3	-19.2	12.1	1.4	3	-18.4	12.2	1.5	3	-17.7	12.3	1.6	4	-17.0	12.4	1.7	4	-16.3	39
39	12.1	1.5	3	-17.9	12.2	1.6	4	-17.2	12.3	1.7	4	-16.5	12.4	1.8	4	-15.8	12.5	1.9	4	-15.2	39
39	12.2	1.7	4	-16.7	12.3	1.8	4	-16.0	12.4	1.9	4	-15.4	12.5	1.9	4	-14.8	12.6	2.0	4	-14.2	39
38	12.3	1.8	4	-15.6	12.4	1.9	4	-15.0	12.5	2.0	4	-14.4	12.6	2.1	5	-13.8	12.7	2.2	5	-13.3	38
38	12.4	2.0	4	-14.6	12.5	2.1	5	-14.0	12.6	2.2	5	-13.4	12.7	2.3	5	-12.9	12.8	2.4	5	-12.4	38
38	12.5	2.1	5	-13.6	12.6	2.2	5	-13.1	12.7	2.3	5	-12.5	12.8	2.4	5	-12.0	12.9	2.5	6	-11.6	38
37	12.6	2.3	5	-12.7	12.7	2.4	5	-12.2	12.8	2.5	6	-11.7	12.9	2.6	6	-11.2	**13.0**	2.7	6	-10.8	37
37	12.7	2.5	5	-11.9	12.8	2.6	6	-11.4	12.9	2.7	6	-10.9	**13.0**	2.8	6	-10.5	13.1	2.9	6	-10.0	37
37	12.8	2.6	6	-11.1	12.9	2.7	6	-10.6	**13.0**	2.8	6	-10.2	13.1	2.9	6	-9.7	13.2	3.0	7	-9.3	37
36	12.9	2.8	6	-10.3	**13.0**	2.9	6	-9.9	13.1	3.0	7	-9.4	13.2	3.1	7	-9.0	13.3	3.2	7	-8.6	36
36	**13.0**	3.0	7	-9.6	13.1	3.1	7	-9.2	13.2	3.2	7	-8.7	13.3	3.3	7	-8.4	13.4	3.4	7	-8.0	36
36	13.1	3.1	7	-8.9	13.2	3.2	7	-8.5	13.3	3.3	7	-8.1	13.4	3.4	7	-7.7	13.5	3.5	8	-7.3	36
35	13.2	3.3	7	-8.2	13.3	3.4	8	-7.8	13.4	3.5	8	-7.5	13.5	3.6	8	-7.1	13.6	3.7	8	-6.7	35
35	13.3	3.5	8	-7.6	13.4	3.6	8	-7.2	13.5	3.7	8	-6.9	13.6	3.8	8	-6.5	13.7	3.9	8	-6.2	35
35	13.4	3.6	8	-7.0	13.5	3.7	8	-6.6	13.6	3.8	8	-6.3	13.7	3.9	9	-5.9	13.8	4.0	9	-5.6	35
34	13.5	3.8	8	-6.4	13.6	3.9	9	-6.0	13.7	4.0	9	-5.7	13.8	4.1	9	-5.4	13.9	4.2	9	-5.0	34
34	13.6	4.0	9	-5.8	13.7	4.1	9	-5.5	13.8	4.2	9	-5.2	13.9	4.3	9	-4.8	**14.0**	4.4	10	-4.5	34
34	13.7	4.1	9	-5.3	13.8	4.2	9	-5.0	13.9	4.3	10	-4.6	**14.0**	4.4	10	-4.3	14.1	4.5	10	-4.0	34
33	13.8	4.3	10	-4.7	13.9	4.4	10	-4.4	**14.0**	4.5	10	-4.1	14.1	4.6	10	-3.8	14.2	4.7	10	-3.5	33
33	13.9	4.5	10	-4.2	**14.0**	4.6	10	-3.9	14.1	4.7	10	-3.6	14.2	4.8	10	-3.3	14.3	4.9	11	-3.0	33
33	**14.0**	4.6	10	-3.7	14.1	4.7	10	-3.4	14.2	4.8	11	-3.1	14.3	4.9	11	-2.9	14.4	5.1	11	-2.6	33
32	14.1	4.8	11	-3.3	14.2	4.9	11	-3.0	14.3	5.0	11	-2.7	14.4	5.1	11	-2.4	14.5	5.2	11	-2.1	32
32	14.2	5.0	11	-2.8	14.3	5.1	11	-2.5	14.4	5.2	11	-2.2	14.5	5.3	12	-1.9	14.6	5.4	12	-1.7	32
32	14.3	5.1	11	-2.3	14.4	5.3	12	-2.0	14.5	5.4	12	-1.8	14.6	5.5	12	-1.5	14.7	5.6	12	-1.2	32
32	14.4	5.3	12	-1.9	14.5	5.4	12	-1.6	14.6	5.5	12	-1.3	14.7	5.6	12	-1.1	14.8	5.8	13	-0.8	32
31	14.5	5.5	12	-1.4	14.6	5.6	12	-1.2	14.7	5.7	13	-0.9	14.8	5.8	13	-0.7	14.9	5.9	13	-0.4	31
31	14.6	5.7	13	-1.0	14.7	5.8	13	-0.8	14.8	5.9	13	-0.5	14.9	6.0	13	-0.3	**15.0**	6.1	13	0.0	31
31	14.7	5.8	13	-0.6	14.8	6.0	13	-0.4	14.9	6.1	13	-0.1	**15.0**	6.2	14	0.1	15.1	6.3	14	0.4	31
30	14.8	6.0	13	-0.2	14.9	6.1	14	0.0	**15.0**	6.2	14	0.3	15.1	6.3	14	0.5	15.2	6.5	14	0.8	30
30	14.9	6.2	14	0.2	**15.0**	6.3	14	0.4	15.1	6.4	14	0.7	15.2	6.5	14	0.9	15.3	6.6	14	1.1	30
30	**15.0**	6.4	14	0.6	15.1	6.5	14	0.8	15.2	6.6	15	1.1	15.3	6.7	15	1.3	15.4	6.8	15	1.5	30
29	15.1	6.5	15	1.0	15.2	6.7	15	1.2	15.3	6.8	15	1.4	15.4	6.9	15	1.7	15.5	7.0	15	1.9	29
29	15.2	6.7	15	1.3	15.3	6.8	15	1.6	15.4	6.9	15	1.8	15.5	7.1	15	2.0	15.6	7.2	16	2.2	29
29	15.3	6.9	15	1.7	15.4	7.0	16	1.9	15.5	7.1	16	2.1	15.6	7.2	16	2.4	15.7	7.4	16	2.6	29
29	15.4	7.1	16	2.1	15.5	7.2	16	2.3	15.6	7.3	16	2.5	15.7	7.4	16	2.7	15.8	7.5	16	2.9	29
28	15.5	7.3	16	2.4	15.6	7.4	16	2.6	15.7	7.5	16	2.8	15.8	7.6	17	3.1	15.9	7.7	17	3.3	28
28	15.6	7.4	17	2.7	15.7	7.6	17	3.0	15.8	7.7	17	3.2	15.9	7.8	17	3.4	**16.0**	7.9	17	3.6	28
28	15.7	7.6	17	3.1	15.8	7.7	17	3.3	15.9	7.9	17	3.5	**16.0**	8.0	17	3.7	16.1	8.1	18	3.9	28
27	15.8	7.8	17	3.4	15.9	7.9	18	3.6	**16.0**	8.0	18	3.8	16.1	8.1	18	4.0	16.2	8.3	18	4.2	27
27	15.9	8.0	18	3.7	**16.0**	8.1	18	3.9	16.1	8.2	18	4.2	16.2	8.3	18	4.4	16.3	8.5	18	4.6	27
27	**16.0**	8.2	18	4.1	16.1	8.3	18	4.3	16.2	8.4	18	4.5	16.3	8.5	19	4.7	16.4	8.6	19	4.9	27
27	16.1	8.3	19	4.4	16.2	8.5	19	4.6	16.3	8.6	19	4.8	16.4	8.7	19	5.0	16.5	8.8	19	5.2	27
26	16.2	8.5	19	4.7	16.3	8.7	19	4.9	16.4	8.8	19	5.1	16.5	8.9	19	5.3	16.6	9.0	20	5.5	26
26	16.3	8.7	19	5.0	16.4	8.8	20	5.2	16.5	9.0	20	5.4	16.6	9.1	20	5.6	16.7	9.2	20	5.8	26
26	16.4	8.9	20	5.3	16.5	9.0	20	5.5	16.6	9.1	20	5.7	16.7	9.3	20	5.9	16.8	9.4	20	6.1	26
26	16.5	9.1	20	5.6	16.6	9.2	20	5.8	16.7	9.3	21	6.0	16.8	9.4	21	6.2	16.9	9.6	21	6.3	26
25	16.6	9.3	21	5.9	16.7	9.4	21	6.1	16.8	9.5	21	6.3	16.9	9.6	21	6.4	**17.0**	9.8	21	6.6	25
25	16.7	9.5	21	6.2	16.8	9.6	21	6.4	16.9	9.7	21	6.5	**17.0**	9.8	22	6.7	17.1	10.0	22	6.9	25
25	16.8	9.6	21	6.5	16.9	9.8	22	6.6	**17.0**	9.9	22	6.8	17.1	10.0	22	7.0	17.2	10.1	22	7.2	25
24	16.9	9.8	22	6.7	**17.0**	10.0	22	6.9	17.1	10.1	22	7.1	17.2	10.2	22	7.3	17.3	10.3	22	7.5	24
24	**17.0**	10.0	22	7.0	17.1	10.2	22	7.2	17.2	10.3	23	7.4	17.3	10.4	23	7.5	17.4	10.5	23	7.7	24
24	17.1	10.2	23	7.3	17.2	10.3	23	7.5	17.3	10.5	23	7.6	17.4	10.6	23	7.8	17.5	10.7	23	8.0	24
24	17.2	10.4	23	7.6	17.3	10.5	23	7.7	17.4	10.7	23	7.9	17.5	10.8	24	8.1	17.6	10.9	24	8.3	24
23	17.3	10.6	24	7.8	17.4	10.7	24	8.0	17.5	10.8	24	8.2	17.6	11.0	24	8.3	17.7	11.1	24	8.5	23
23	17.4	10.8	24	8.1	17.5	10.9	24	8.3	17.6	11.0	24	8.4	17.7	11.2	24	8.6	17.8	11.3	25	8.8	23
23	17.5	11.0	24	8.4	17.6	11.1	25	8.5	17.7	11.2	25	8.7	17.8	11.4	25	8.9	17.9	11.5	25	9.0	23
23	17.6	11.2	25	8.6	17.7	11.3	25	8.8	17.8	11.4	25	8.9	17.9	11.6	25	9.1	**18.0**	11.7	25	9.3	23
22	17.7	11.4	25	8.9	17.8	11.5	25	9.0	17.9	11.6	26	9.2	**18.0**	11.8	26	9.4	18.1	11.9	26	9.5	22
22	17.8	11.6	26	9.1	17.9	11.7	26	9.3	**18.0**	11.8	26	9.4	18.1	12.0	26	9.6	18.2	12.1	26	9.8	22
22	17.9	11.8	26	9.4	**18.0**	11.9	26	9.5	18.1	12.0	26	9.7	18.2	12.2	27	9.9	18.3	12.3	27	10.0	22
22	**18.0**	12.0	27	9.6	18.1	12.1	27	9.8	18.2	12.2	27	9.9	18.3	12.3	27	10.1	18.4	12.5	27	10.3	22
21	18.1	12.2	27	9.9	18.2	12.3	27	10.0	18.3	12.4	27	10.2	18.4	12.5	27	10.3	18.5	12.7	28	10.5	21
21	18.2	12.4	27	10.1	18.3	12.5	28	10.3	18.4	12.6	28	10.4	18.5	12.7	28	10.6	18.6	12.9	28	10.7	21
21	18.3	12.5	28	10.3	18.4	12.7	28	10.5	18.5	12.8	28	10.6	18.6	12.9	28	10.8	18.7	13.1	28	11.0	21
21	18.4	12.7	28	10.6	18.5	12.9	29	10.7	18.6	13.0	29	10.9	18.7	13.1	29	11.0	18.8	13.3	29	11.2	21
20	18.5	12.9	29	10.8	18.6	13.1	29	11.0	18.7	13.2	29	11.1	18.8	13.4	29	11.3	18.9	13.5	29	11.4	20
20	18.6	13.1	29	11.0	18.7	13.3	29	11.2	18.8	13.4	30	11.3	18.9	13.6	30	11.5	**19.0**	13.7	30	11.6	20
20	18.7	13.3	30	11.3	18.8	13.5	30	11.4	18.9	13.6	30	11.6	**19.0**	13.8	30	11.7	19.1	13.9	30	11.9	20
20	18.8	13.6	30	11.5	18.9	13.7	30	11.6	**19.0**	13.8	30	11.8	19.1	14.0	31	11.9	19.2	14.1	31	12.1	20

n	t_W	e	U	t_d	t_W	e	U	t_d	t_W	e	U	t_d	t_W	e	U	t_d	t_W	e	U	t_d	n
	31.0				**31.1**				**31.2**				**31.3**				**31.4**				
20	18.9	13.8	31	11.7	**19.0**	13.9	31	11.9	19.1	14.0	31	12.0	19.2	14.2	31	12.2	19.3	14.3	31	12.3	20
19	**19.0**	14.0	31	11.9	19.1	14.1	31	12.1	19.2	14.2	31	12.2	19.3	14.4	31	12.4	19.4	14.5	32	12.5	19
19	19.1	14.2	32	12.2	19.2	14.3	32	12.3	19.3	14.4	32	12.5	19.4	14.6	32	12.6	19.5	14.7	32	12.7	19
19	19.2	14.4	32	12.4	19.3	14.5	32	12.5	19.4	14.6	32	12.7	19.5	14.8	32	12.8	19.6	14.9	32	13.0	19
19	19.3	14.6	32	12.6	19.4	14.7	33	12.7	19.5	14.9	33	12.9	19.6	15.0	33	13.0	19.7	15.1	33	13.2	19
18	19.4	14.8	33	12.8	19.5	14.9	33	13.0	19.6	15.1	33	13.1	19.7	15.2	33	13.2	19.8	15.3	33	13.4	18
18	19.5	15.0	33	13.0	19.6	15.1	33	13.2	19.7	15.3	34	13.3	19.8	15.4	34	13.4	19.9	15.6	34	13.6	18
18	19.6	15.2	34	13.2	19.7	15.3	34	13.4	19.8	15.5	34	13.5	19.9	15.6	34	13.7	**20.0**	15.8	34	13.8	18
18	19.7	15.4	34	13.4	19.8	15.5	34	13.6	19.9	15.7	35	13.7	**20.0**	15.8	35	13.9	20.1	16.0	35	14.0	18
17	19.8	15.6	35	13.6	19.9	15.8	35	13.8	**20.0**	15.9	35	13.9	20.1	16.0	35	14.1	20.2	16.2	35	14.2	17
17	19.9	15.8	35	13.9	**20.0**	16.0	35	14.0	20.1	16.1	35	14.1	20.2	16.3	36	14.3	20.3	16.4	36	14.4	17
17	**20.0**	16.0	36	14.1	20.1	16.2	36	14.2	20.2	16.3	36	14.3	20.3	16.5	36	14.5	20.4	16.6	36	14.6	17
17	20.1	16.2	36	14.3	20.2	16.4	36	14.4	20.3	16.5	36	14.5	20.4	16.7	37	14.7	20.5	16.8	37	14.8	17
17	20.2	16.5	37	14.5	20.3	16.6	37	14.6	20.4	16.8	37	14.7	20.5	16.9	37	14.9	20.6	17.1	37	15.0	17
16	20.3	16.7	37	14.7	20.4	16.8	37	14.8	20.5	17.0	37	14.9	20.6	17.1	37	15.1	20.7	17.3	38	15.2	16
16	20.4	16.9	38	14.9	20.5	17.0	38	15.0	20.6	17.2	38	15.1	20.7	17.3	38	15.3	20.8	17.5	38	15.4	16
16	20.5	17.1	38	15.1	20.6	17.3	38	15.2	20.7	17.4	38	15.3	20.8	17.6	38	15.5	20.9	17.7	39	15.6	16
16	20.6	17.3	39	15.2	20.7	17.5	39	15.4	20.8	17.6	39	15.5	20.9	17.8	39	15.7	**21.0**	17.9	39	15.8	16
16	20.7	17.5	39	15.4	20.8	17.7	39	15.6	20.9	17.8	39	15.7	**21.0**	18.0	39	15.8	21.1	18.1	39	16.0	16
15	20.8	17.8	40	15.6	20.9	17.9	40	15.8	**21.0**	18.1	40	15.9	21.1	18.2	40	16.0	21.2	18.4	40	16.2	15
15	20.9	18.0	40	15.8	**21.0**	18.1	40	16.0	21.1	18.3	40	16.1	21.2	18.4	40	16.2	21.3	18.6	40	16.4	15
15	**21.0**	18.2	40	16.0	21.1	18.3	41	16.1	21.2	18.5	41	16.3	21.3	18.7	41	16.4	21.4	18.8	41	16.5	15
15	21.1	18.4	41	16.2	21.2	18.6	41	16.3	21.3	18.7	41	16.5	21.4	18.9	41	16.6	21.5	19.0	41	16.7	15
14	21.2	18.6	41	16.4	21.3	18.8	42	16.5	21.4	18.9	42	16.6	21.5	19.1	42	16.8	21.6	19.3	42	16.9	14
14	21.3	18.9	42	16.6	21.4	19.0	42	16.7	21.5	19.2	42	16.8	21.6	19.3	42	17.0	21.7	19.5	42	17.1	14
14	21.4	19.1	42	16.8	21.5	19.2	43	16.9	21.6	19.4	43	17.0	21.7	19.5	43	17.1	21.8	19.7	43	17.3	14
14	21.5	19.3	43	16.9	21.6	19.5	43	17.1	21.7	19.6	43	17.2	21.8	19.8	43	17.3	21.9	19.9	43	17.5	14
14	21.6	19.5	43	17.1	21.7	19.7	44	17.3	21.8	19.8	44	17.4	21.9	20.0	44	17.5	**22.0**	20.2	44	17.6	14
13	21.7	19.7	44	17.3	21.8	19.9	44	17.4	21.9	20.1	44	17.6	**22.0**	20.2	44	17.7	22.1	20.4	44	17.8	13
13	21.8	20.0	44	17.5	21.9	20.1	45	17.6	**22.0**	20.3	45	17.7	22.1	20.5	45	17.9	22.2	20.6	45	18.0	13
13	21.9	20.2	45	17.7	**22.0**	20.4	45	17.8	22.1	20.5	45	17.9	22.2	20.7	45	18.0	22.3	20.8	45	18.2	13
13	**22.0**	20.4	45	17.8	22.1	20.6	46	18.0	22.2	20.7	46	18.1	22.3	20.9	46	18.2	22.4	21.1	46	18.3	13
13	22.1	20.7	46	18.0	22.2	20.8	46	18.1	22.3	21.0	46	18.3	22.4	21.1	46	18.4	22.5	21.3	46	18.5	13
13	22.2	20.9	46	18.2	22.3	21.0	47	18.3	22.4	21.2	47	18.4	22.5	21.4	47	18.6	22.6	21.5	47	18.7	13
12	22.3	21.1	47	18.4	22.4	21.3	47	18.5	22.5	21.4	47	18.6	22.6	21.6	47	18.7	22.7	21.8	47	18.9	12
12	22.4	21.3	48	18.5	22.5	21.5	48	18.7	22.6	21.7	48	18.8	22.7	21.8	48	18.9	22.8	22.0	48	19.0	12
12	22.5	21.6	48	18.7	22.6	21.7	48	18.8	22.7	21.9	48	19.0	22.8	22.1	48	19.1	22.9	22.2	48	19.2	12
12	22.6	21.8	49	18.9	22.7	22.0	49	19.0	22.8	22.1	49	19.1	22.9	22.3	49	19.3	**23.0**	22.5	49	19.4	12
12	22.7	22.0	49	19.1	22.8	22.2	49	19.2	22.9	22.4	49	19.3	**23.0**	22.5	49	19.4	23.1	22.7	49	19.5	12
11	22.8	22.3	50	19.2	22.9	22.4	50	19.3	**23.0**	22.6	50	19.5	23.1	22.8	50	19.6	23.2	23.0	50	19.7	11
11	22.9	22.5	50	19.4	**23.0**	22.7	50	19.5	23.1	22.9	50	19.6	23.2	23.0	50	19.8	23.3	23.2	50	19.9	11
11	**23.0**	22.7	51	19.6	23.1	22.9	51	19.7	23.2	23.1	51	19.8	23.3	23.3	51	19.9	23.4	23.4	51	20.0	11
11	23.1	23.0	51	19.7	23.2	23.2	51	19.9	23.3	23.3	51	20.0	23.4	23.5	51	20.1	23.5	23.7	52	20.2	11
11	23.2	23.2	52	19.9	23.3	23.4	52	20.0	23.4	23.6	52	20.1	23.5	23.7	52	20.3	23.6	23.9	52	20.4	11
10	23.3	23.5	52	20.1	23.4	23.6	52	20.2	23.5	23.8	52	20.3	23.6	24.0	52	20.4	23.7	24.2	53	20.5	10
10	23.4	23.7	53	20.2	23.5	23.9	53	20.3	23.6	24.1	53	20.5	23.7	24.2	53	20.6	23.8	24.4	53	20.7	10
10	23.5	23.9	53	20.4	23.6	24.1	53	20.5	23.7	24.3	53	20.6	23.8	24.5	54	20.7	23.9	24.6	54	20.9	10
10	23.6	24.2	54	20.6	23.7	24.4	54	20.7	23.8	24.5	54	20.8	23.9	24.7	54	20.9	**24.0**	24.9	54	21.0	10
10	23.7	24.4	54	20.7	23.8	24.6	54	20.8	23.9	24.8	55	20.9	**24.0**	25.0	55	21.1	24.1	25.1	55	21.2	10
10	23.8	24.7	55	20.9	23.9	24.8	55	21.0	**24.0**	25.0	55	21.1	24.1	25.2	55	21.2	24.2	25.4	55	21.3	10
9	23.9	24.9	55	21.0	**24.0**	25.1	56	21.2	24.1	25.3	56	21.3	24.2	25.5	56	21.4	24.3	25.6	56	21.5	9
9	**24.0**	25.2	56	21.2	24.1	25.3	56	21.3	24.2	25.5	56	21.4	24.3	25.7	56	21.5	24.4	25.9	56	21.7	9
9	24.1	25.4	57	21.4	24.2	25.6	57	21.5	24.3	25.8	57	21.6	24.4	26.0	57	21.7	24.5	26.1	57	21.8	9
9	24.2	25.7	57	21.5	24.3	25.8	57	21.6	24.4	26.0	57	21.7	24.5	26.2	57	21.9	24.6	26.4	57	22.0	9
9	24.3	25.9	58	21.7	24.4	26.1	58	21.8	24.5	26.3	58	21.9	24.6	26.5	58	22.0	24.7	26.6	58	22.1	9
9	24.4	26.2	58	21.8	24.5	26.3	58	21.9	24.6	26.5	58	22.1	24.7	26.7	58	22.2	24.8	26.9	59	22.3	9
8	24.5	26.4	59	22.0	24.6	26.6	59	22.1	24.7	26.8	59	22.2	24.8	27.0	59	22.3	24.9	27.1	59	22.4	8
8	24.6	26.7	59	22.1	24.7	26.8	59	22.3	24.8	27.0	59	22.4	24.9	27.2	60	22.5	**25.0**	27.4	60	22.6	8
8	24.7	26.9	60	22.3	24.8	27.1	60	22.4	24.9	27.3	60	22.5	**25.0**	27.5	60	22.6	25.1	27.7	60	22.7	8
8	24.8	27.2	60	22.4	24.9	27.3	61	22.6	**25.0**	27.5	61	22.7	25.1	27.7	61	22.8	25.2	27.9	61	22.9	8
8	24.9	27.4	61	22.6	**25.0**	27.6	61	22.7	25.1	27.8	61	22.8	25.2	28.0	61	22.9	25.3	28.2	61	23.1	8
8	**25.0**	27.7	62	22.8	25.1	27.9	62	22.9	25.2	28.0	62	23.0	25.3	28.2	62	23.1	25.4	28.4	62	23.2	8
7	25.1	27.9	62	22.9	25.2	28.1	62	23.0	25.3	28.3	62	23.1	25.4	28.5	62	23.2	25.5	28.7	62	23.4	7
7	25.2	28.2	63	23.1	25.3	28.4	63	23.2	25.4	28.6	63	23.3	25.5	28.8	63	23.4	25.6	29.0	63	23.5	7
7	25.3	28.4	63	23.2	25.4	28.6	63	23.3	25.5	28.8	63	23.4	25.6	29.0	63	23.5	25.7	29.2	64	23.7	7
7	25.4	28.7	64	23.4	25.5	28.9	64	23.5	25.6	29.1	64	23.6	25.7	29.3	64	23.7	25.8	29.5	64	23.8	7
7	25.5	29.0	64	23.5	25.6	29.2	65	23.6	25.7	29.3	65	23.7	25.8	29.5	65	23.8	25.9	29.7	65	23.9	7
7	25.6	29.2	65	23.7	25.7	29.4	65	23.8	25.8	29.6	65	23.9	25.9	29.8	65	24.0	**26.0**	30.0	65	24.1	7
7	25.7	29.5	66	23.8	25.8	29.7	66	23.9	25.9	29.9	66	24.0	**26.0**	30.1	66	24.1	26.1	30.3	66	24.2	7
6	25.8	29.7	66	24.0	25.9	29.9	66	24.1	**26.0**	30.1	66	24.2	26.1	30.3	66	24.3	26.2	30.5	66	24.4	6
6	25.9	30.0	67	24.1	**26.0**	30.2	67	24.2	26.1	30.4	67	24.3	26.2	30.6	67	24.4	26.3	30.8	67	24.5	6
6	**26.0**	30.3	67	24.2	26.1	30.5	67	24.4	26.2	30.7	67	24.5	26.3	30.9	68	24.6	26.4	31.1	68	24.7	6
6	26.1	30.5	68	24.4	26.2	30.7	68	24.5	26.3	30.9	68	24.6	26.4	31.1	68	24.7	26.5	31.3	68	24.8	6

n	t_W	e	U	t_d	t_W	e	U	t_d	t_W	e	U	t_d	t_W	e	U	t_d	t_W	e	U	t_d	n
	31.0				**31.1**				**31.2**				**31.3**				**31.4**				
6	26.2	30.8	69	24.5	26.3	31.0	69	24.6	26.4	31.2	69	24.8	26.5	31.4	69	24.9	26.6	31.6	69	25.0	6
6	26.3	31.1	69	24.7	26.4	31.3	69	24.8	26.5	31.5	69	24.9	26.6	31.7	69	25.0	26.7	31.9	69	25.1	6
6	26.4	31.3	70	24.8	26.5	31.5	70	24.9	26.6	31.7	70	25.0	26.7	32.0	70	25.2	26.8	32.2	70	25.3	6
5	26.5	31.6	70	25.0	26.6	31.8	70	25.1	26.7	32.0	70	25.2	26.8	32.2	71	25.3	26.9	32.4	71	25.4	5
5	26.6	31.9	71	25.1	26.7	32.1	71	25.2	26.8	32.3	71	25.3	26.9	32.5	71	25.4	**27.0**	32.7	71	25.5	5
5	26.7	32.2	72	25.3	26.8	32.4	72	25.4	26.9	32.6	72	25.5	**27.0**	32.8	72	25.6	27.1	33.0	72	25.7	5
5	26.8	32.4	72	25.4	26.9	32.6	72	25.5	**27.0**	32.8	72	25.6	27.1	33.1	72	25.7	27.2	33.3	72	25.8	5
5	26.9	32.7	73	25.5	**27.0**	32.9	73	25.6	27.1	33.1	73	25.8	27.2	33.3	73	25.9	27.3	33.5	73	26.0	5
5	**27.0**	33.0	73	25.7	27.1	33.2	73	25.8	27.2	33.4	74	25.9	27.3	33.6	74	26.0	27.4	33.8	74	26.1	5
5	27.1	33.3	74	25.8	27.2	33.5	74	25.9	27.3	33.7	74	26.0	27.4	33.9	74	26.1	27.5	34.1	74	26.2	5
4	27.2	33.5	75	26.0	27.3	33.7	75	26.1	27.4	34.0	75	26.2	27.5	34.2	75	26.3	27.6	34.4	75	26.4	4
4	27.3	33.8	75	26.1	27.4	34.0	75	26.2	27.5	34.2	75	26.3	27.6	34.5	75	26.4	27.7	34.7	75	26.5	4
4	27.4	34.1	76	26.2	27.5	34.3	76	26.3	27.6	34.5	76	26.5	27.7	34.7	76	26.6	27.8	35.0	76	26.7	4
4	27.5	34.4	77	26.4	27.6	34.6	77	26.5	27.7	34.8	77	26.6	27.8	35.0	77	26.7	27.9	35.2	77	26.8	4
4	27.6	34.7	77	26.5	27.7	34.9	77	26.6	27.8	35.1	77	26.7	27.9	35.3	77	26.8	**28.0**	35.5	77	26.9	4
4	27.7	34.9	78	26.7	27.8	35.2	78	26.8	27.9	35.4	78	26.9	**28.0**	35.6	78	27.0	28.1	35.8	78	27.1	4
4	27.8	35.2	78	26.8	27.9	35.4	78	26.9	**28.0**	35.7	78	27.0	28.1	35.9	79	27.1	28.2	36.1	79	27.2	4
4	27.9	35.5	79	26.9	**28.0**	35.7	79	27.0	28.1	35.9	79	27.1	28.2	36.2	79	27.2	28.3	36.4	79	27.4	4
3	**28.0**	35.8	80	27.1	28.1	36.0	80	27.2	28.2	36.2	80	27.3	28.3	36.5	80	27.4	28.4	36.7	80	27.5	3
3	28.1	36.1	80	27.2	28.2	36.3	80	27.3	28.3	36.5	80	27.4	28.4	36.7	80	27.5	28.5	37.0	80	27.6	3
3	28.2	36.4	81	27.3	28.3	36.6	81	27.4	28.4	36.8	81	27.6	28.5	37.0	81	27.7	28.6	37.3	81	27.8	3
3	28.3	36.7	82	27.5	28.4	36.9	82	27.6	28.5	37.1	82	27.7	28.6	37.3	82	27.8	28.7	37.6	82	27.9	3
3	28.4	36.9	82	27.6	28.5	37.2	82	27.7	28.6	37.4	82	27.8	28.7	37.6	82	27.9	28.8	37.9	82	28.0	3
3	28.5	37.2	83	27.7	28.6	37.5	83	27.9	28.7	37.7	83	28.0	28.8	37.9	83	28.1	28.9	38.2	83	28.2	3
3	28.6	37.5	84	27.9	28.7	37.8	84	28.0	28.8	38.0	84	28.1	28.9	38.2	84	28.2	**29.0**	38.5	84	28.3	3
3	28.7	37.8	84	28.0	28.8	38.1	84	28.1	28.9	38.3	84	28.2	**29.0**	38.5	84	28.3	29.1	38.7	84	28.4	3
2	28.8	38.1	85	28.1	28.9	38.4	85	28.3	**29.0**	38.6	85	28.4	29.1	38.8	85	28.5	29.2	39.1	85	28.6	2
2	28.9	38.4	86	28.3	**29.0**	38.7	86	28.4	29.1	38.9	86	28.5	29.2	39.1	86	28.6	29.3	39.4	86	28.7	2
2	**29.0**	38.7	86	28.4	29.1	39.0	86	28.5	29.2	39.2	86	28.6	29.3	39.4	86	28.7	29.4	39.7	86	28.8	2
2	29.1	39.0	87	28.5	29.2	39.3	87	28.7	29.3	39.5	87	28.8	29.4	39.7	87	28.9	29.5	40.0	87	29.0	2
2	29.2	39.3	88	28.7	29.3	39.6	88	28.8	29.4	39.8	88	28.9	29.5	40.0	88	29.0	29.6	40.3	88	29.1	2
2	29.3	39.6	88	28.8	29.4	39.9	88	28.9	29.5	40.1	88	29.0	29.6	40.3	88	29.1	29.7	40.6	88	29.2	2
2	29.4	39.9	89	28.9	29.5	40.2	89	29.0	29.6	40.4	89	29.1	29.7	40.6	89	29.3	29.8	40.9	89	29.4	2
2	29.5	40.2	90	29.1	29.6	40.5	90	29.2	29.7	40.7	90	29.3	29.8	40.9	90	29.4	29.9	41.2	90	29.5	2
1	29.6	40.5	90	29.2	29.7	40.8	90	29.3	29.8	41.0	90	29.4	29.9	41.3	90	29.5	**30.0**	41.5	90	29.6	1
1	29.7	40.8	91	29.3	29.8	41.1	91	29.4	29.9	41.3	91	29.5	**30.0**	41.6	91	29.6	30.1	41.8	91	29.7	1
1	29.8	41.1	92	29.5	29.9	41.4	92	29.6	**30.0**	41.6	92	29.7	30.1	41.9	92	29.8	30.2	42.1	92	29.9	1
1	29.9	41.5	92	29.6	**30.0**	41.7	92	29.7	30.1	41.9	92	29.8	30.2	42.2	92	29.9	30.3	42.4	92	30.0	1
1	**30.0**	41.8	93	29.7	30.1	42.0	93	29.8	30.2	42.2	93	29.9	30.3	42.5	93	30.0	30.4	42.7	93	30.1	1
1	30.1	42.1	94	29.9	30.2	42.3	94	30.0	30.3	42.6	94	30.1	30.4	42.8	94	30.2	30.5	43.1	94	30.3	1
1	30.2	42.4	94	30.0	30.3	42.6	94	30.1	30.4	42.9	94	30.2	30.5	43.1	94	30.3	30.6	43.4	94	30.4	1
1	30.3	42.7	95	30.1	30.4	42.9	95	30.2	30.5	43.2	95	30.3	30.6	43.4	95	30.4	30.7	43.7	95	30.5	1
1	30.4	43.0	96	30.2	30.5	43.3	96	30.3	30.6	43.5	96	30.4	30.7	43.8	96	30.5	30.8	44.0	96	30.6	1
1	30.5	43.3	96	30.4	30.6	43.6	96	30.5	30.7	43.8	96	30.6	30.8	44.1	96	30.7	30.9	44.3	96	30.8	1
0	30.6	43.6	97	30.5	30.7	43.9	97	30.6	30.8	44.1	97	30.7	30.9	44.4	97	30.8	**31.0**	44.7	97	30.9	0
0	30.7	44.0	98	30.6	30.8	44.2	98	30.7	30.9	44.5	98	30.8	**31.0**	44.7	98	30.9	31.1	45.0	98	31.0	0
0	30.8	44.3	99	30.7	30.9	44.5	99	30.8	**31.0**	44.8	99	30.9	31.1	45.0	99	31.0	31.2	45.3	99	31.1	0
0	30.9	44.6	99	30.9	**31.0**	44.9	99	31.0	31.1	45.1	99	31.1	31.2	45.4	99	31.2	31.3	45.6	99	31.3	0
0	**31.0**	44.9	100	31.0	31.1	45.2	100	31.1	31.2	45.4	100	31.2	31.3	45.7	100	31.3	31.4	46.0	100	31.4	0
	31.5				**31.6**				**31.7**				**31.8**				**31.9**				
43																	11.7	0.3	1	-36.6	43
42									11.6	0.2	1	-37.5	11.7	0.3	1	-34.4	11.8	0.4	1	-31.9	42
42					11.6	0.3	1	-35.1	11.7	0.4	1	-32.5	11.8	0.5	1	-30.4	11.9	0.6	1	-28.5	42
42	11.6	0.4	1	-33.1	11.7	0.5	1	-30.9	11.8	0.6	1	-29.0	11.9	0.7	1	-27.4	**12.0**	0.7	2	-25.9	42
41	11.7	0.5	1	-29.5	11.8	0.6	1	-27.8	11.9	0.7	2	-26.3	**12.0**	0.8	2	-25.0	12.1	0.9	2	-23.8	41
41	11.8	0.7	1	-26.7	11.9	0.8	2	-25.3	**12.0**	0.9	2	-24.1	12.1	1.0	2	-23.0	12.2	1.1	2	-21.9	41
41	11.9	0.9	2	-24.4	**12.0**	0.9	2	-23.3	12.1	1.0	2	-22.2	12.2	1.1	2	-21.2	12.3	1.2	3	-20.3	41
40	**12.0**	1.0	2	-22.5	12.1	1.1	2	-21.5	12.2	1.2	3	-20.6	12.3	1.3	3	-19.7	12.4	1.4	3	-18.9	40
40	12.1	1.2	3	-20.8	12.2	1.3	3	-19.9	12.3	1.4	3	-19.1	12.4	1.4	3	-18.3	12.5	1.5	3	-17.6	40
40	12.2	1.3	3	-19.3	12.3	1.4	3	-18.5	12.4	1.5	3	-17.8	12.5	1.6	3	-17.1	12.6	1.7	4	-16.4	40
39	12.3	1.5	3	-18.0	12.4	1.6	3	-17.3	12.5	1.7	4	-16.6	12.6	1.8	4	-15.9	12.7	1.9	4	-15.3	39
39	12.4	1.6	4	-16.8	12.5	1.7	4	-16.1	12.6	1.8	4	-15.5	12.7	1.9	4	-14.8	12.8	2.0	4	-14.3	39
39	12.5	1.8	4	-15.6	12.6	1.9	4	-15.0	12.7	2.0	4	-14.4	12.8	2.1	4	-13.9	12.9	2.2	5	-13.3	39
38	12.6	2.0	4	-14.6	12.7	2.1	4	-14.0	12.8	2.2	5	-13.5	12.9	2.3	5	-12.9	**13.0**	2.4	5	-12.4	38
38	12.7	2.1	5	-13.6	12.8	2.2	5	-13.1	12.9	2.3	5	-12.6	**13.0**	2.4	5	-12.1	13.1	2.5	5	-11.6	38
38	12.8	2.3	5	-12.7	12.9	2.4	5	-12.2	**13.0**	2.5	5	-11.7	13.1	2.6	6	-11.2	13.2	2.7	6	-10.8	38
37	12.9	2.5	5	-11.9	**13.0**	2.6	6	-11.4	13.1	2.7	6	-10.9	13.2	2.8	6	-10.5	13.3	2.9	6	-10.0	37
37	**13.0**	2.6	6	-11.1	13.1	2.7	6	-10.6	13.2	2.8	6	-10.2	13.3	2.9	6	-9.7	13.4	3.0	6	-9.3	37
37	13.1	2.8	6	-10.3	13.2	2.9	6	-9.9	13.3	3.0	6	-9.4	13.4	3.1	7	-9.0	13.5	3.2	7	-8.6	37
36	13.2	3.0	6	-9.6	13.3	3.1	7	-9.2	13.4	3.2	7	-8.8	13.5	3.3	7	-8.4	13.6	3.4	7	-8.0	36
36	13.3	3.1	7	-8.9	13.4	3.2	7	-8.5	13.5	3.3	7	-8.1	13.6	3.4	7	-7.7	13.7	3.5	7	-7.3	36

n	t_W	e	U	t_d	t_W	e	U	t_d	t_W	e	U	t_d	t_W	e	U	t_d	t_W	e	U	t_d	n
	31.5				**31.6**				**31.7**				**31.8**				**31.9**				
36	13.4	3.3	7	-8.2	13.5	3.4	7	-7.8	13.6	3.5	7	-7.5	13.7	3.6	8	-7.1	13.8	3.7	8	-6.7	36
35	13.5	3.5	7	-7.6	13.6	3.6	8	-7.2	13.7	3.7	8	-6.8	13.8	3.8	8	-6.5	13.9	3.9	8	-6.1	35
35	13.6	3.6	8	-7.0	13.7	3.7	8	-6.6	13.8	3.8	8	-6.3	13.9	3.9	8	-5.9	**14.0**	4.0	9	-5.6	35
35	13.7	3.8	8	-6.4	13.8	3.9	8	-6.0	13.9	4.0	9	-5.7	**14.0**	4.1	9	-5.4	14.1	4.2	9	-5.0	35
34	13.8	4.0	9	-5.8	13.9	4.1	9	-5.5	**14.0**	4.2	9	-5.1	14.1	4.3	9	-4.8	14.2	4.4	9	-4.5	34
34	13.9	4.1	9	-5.3	**14.0**	4.2	9	-4.9	14.1	4.3	9	-4.6	14.2	4.4	9	-4.3	14.3	4.5	10	-4.0	34
34	**14.0**	4.3	9	-4.7	14.1	4.4	9	-4.4	14.2	4.5	10	-4.1	14.3	4.6	10	-3.8	14.4	4.7	10	-3.5	34
33	14.1	4.5	10	-4.2	14.2	4.6	10	-3.9	14.3	4.7	10	-3.6	14.4	4.8	10	-3.3	14.5	4.9	10	-3.0	33
33	14.2	4.6	10	-3.7	14.3	4.7	10	-3.4	14.4	4.9	10	-3.1	14.5	5.0	11	-2.8	14.6	5.1	11	-2.5	33
33	14.3	4.8	10	-3.2	14.4	4.9	11	-2.9	14.5	5.0	11	-2.6	14.6	5.1	11	-2.4	14.7	5.2	11	-2.1	33
33	14.4	5.0	11	-2.8	14.5	5.1	11	-2.5	14.6	5.2	11	-2.2	14.7	5.3	11	-1.9	14.8	5.4	11	-1.6	33
32	14.5	5.2	11	-2.3	14.6	5.3	11	-2.0	14.7	5.4	12	-1.7	14.8	5.5	12	-1.5	14.9	5.6	12	-1.2	32
32	14.6	5.3	12	-1.8	14.7	5.4	12	-1.6	14.8	5.6	12	-1.3	14.9	5.7	12	-1.0	**15.0**	5.8	12	-0.8	32
32	14.7	5.5	12	-1.4	14.8	5.6	12	-1.1	14.9	5.7	12	-0.9	**15.0**	5.8	12	-0.6	15.1	5.9	13	-0.4	32
31	14.8	5.7	12	-1.0	14.9	5.8	12	-0.7	**15.0**	5.9	13	-0.5	15.1	6.0	13	-0.2	15.2	6.1	13	0.0	31
31	14.9	5.9	13	-0.6	**15.0**	6.0	13	-0.3	15.1	6.1	13	-0.1	15.2	6.2	13	0.2	15.3	6.3	13	0.4	31
31	**15.0**	6.0	13	-0.2	15.1	6.1	13	0.1	15.2	6.3	13	0.3	15.3	6.4	14	0.6	15.4	6.5	14	0.8	31
30	15.1	6.2	13	0.2	15.2	6.3	14	0.5	15.3	6.4	14	0.7	15.4	6.5	14	1.0	15.5	6.7	14	1.2	30
30	15.2	6.4	14	0.6	15.3	6.5	14	0.9	15.4	6.6	14	1.1	15.5	6.7	14	1.3	15.6	6.8	14	1.6	30
30	15.3	6.6	14	1.0	15.4	6.7	14	1.2	15.5	6.8	15	1.5	15.6	6.9	15	1.7	15.7	7.0	15	1.9	30
30	15.4	6.7	15	1.4	15.5	6.9	15	1.6	15.6	7.0	15	1.8	15.7	7.1	15	2.1	15.8	7.2	15	2.3	30
29	15.5	6.9	15	1.7	15.6	7.0	15	2.0	15.7	7.2	15	2.2	15.8	7.3	15	2.4	15.9	7.4	16	2.6	29
29	15.6	7.1	15	2.1	15.7	7.2	16	2.3	15.8	7.3	16	2.5	15.9	7.5	16	2.8	**16.0**	7.6	16	3.0	29
29	15.7	7.3	16	2.5	15.8	7.4	16	2.7	15.9	7.5	16	2.9	**16.0**	7.6	16	3.1	16.1	7.7	16	3.3	29
28	15.8	7.5	16	2.8	15.9	7.6	16	3.0	**16.0**	7.7	16	3.2	16.1	7.8	17	3.4	16.2	7.9	17	3.7	28
28	15.9	7.7	17	3.1	**16.0**	7.8	17	3.4	16.1	7.9	17	3.6	16.2	8.0	17	3.8	16.3	8.1	17	4.0	28
28	**16.0**	7.8	17	3.5	16.1	7.9	17	3.7	16.2	8.1	17	3.9	16.3	8.2	17	4.1	16.4	8.3	18	4.3	28
28	16.1	8.0	17	3.8	16.2	8.1	17	4.0	16.3	8.3	18	4.2	16.4	8.4	18	4.4	16.5	8.5	18	4.6	28
27	16.2	8.2	18	4.1	16.3	8.3	18	4.3	16.4	8.4	18	4.5	16.5	8.6	18	4.7	16.6	8.7	18	4.9	27
27	16.3	8.4	18	4.4	16.4	8.5	18	4.6	16.5	8.6	18	4.8	16.6	8.7	19	5.0	16.7	8.9	19	5.2	27
27	16.4	8.6	19	4.8	16.5	8.7	19	5.0	16.6	8.8	19	5.1	16.7	8.9	19	5.3	16.8	9.0	19	5.5	27
26	16.5	8.8	19	5.1	16.6	8.9	19	5.3	16.7	9.0	19	5.4	16.8	9.1	19	5.6	16.9	9.2	20	5.8	26
26	16.6	8.9	19	5.4	16.7	9.1	19	5.6	16.8	9.2	20	5.7	16.9	9.3	20	5.9	**17.0**	9.4	20	6.1	26
26	16.7	9.1	20	5.7	16.8	9.2	20	5.9	16.9	9.4	20	6.0	**17.0**	9.5	20	6.2	17.1	9.6	20	6.4	26
26	16.8	9.3	20	6.0	16.9	9.4	20	6.1	**17.0**	9.6	20	6.3	17.1	9.7	21	6.5	17.2	9.8	21	6.7	26
25	16.9	9.5	21	6.2	**17.0**	9.6	21	6.4	17.1	9.8	21	6.6	17.2	9.9	21	6.8	17.3	10.0	21	7.0	25
25	**17.0**	9.7	21	6.5	17.1	9.8	21	6.7	17.2	9.9	21	6.9	17.3	10.1	21	7.1	17.4	10.2	22	7.3	25
25	17.1	9.9	21	6.8	17.2	10.0	22	7.0	17.3	10.1	22	7.2	17.4	10.3	22	7.4	17.5	10.4	22	7.5	25
25	17.2	10.1	22	7.1	17.3	10.2	22	7.3	17.4	10.3	22	7.4	17.5	10.4	22	7.6	17.6	10.6	22	7.8	25
24	17.3	10.3	22	7.4	17.4	10.4	22	7.5	17.5	10.5	22	7.7	17.6	10.6	23	7.9	17.7	10.8	23	8.1	24
24	17.4	10.5	23	7.6	17.5	10.6	23	7.8	17.6	10.7	23	8.0	17.7	10.8	23	8.2	17.8	11.0	23	8.3	24
24	17.5	10.6	23	7.9	17.6	10.8	23	8.1	17.7	10.9	23	8.2	17.8	11.0	23	8.4	17.9	11.2	24	8.6	24
24	17.6	10.8	23	8.2	17.7	11.0	24	8.3	17.8	11.1	24	8.5	17.9	11.2	24	8.7	**18.0**	11.4	24	8.8	24
23	17.7	11.0	24	8.4	17.8	11.2	24	8.6	17.9	11.3	24	8.8	**18.0**	11.4	24	8.9	18.1	11.6	24	9.1	23
23	17.8	11.2	24	8.7	17.9	11.4	24	8.9	**18.0**	11.5	25	9.0	18.1	11.6	25	9.2	18.2	11.8	25	9.4	23
23	17.9	11.4	25	8.9	**18.0**	11.6	25	9.1	18.1	11.7	25	9.3	18.2	11.8	25	9.4	18.3	11.9	25	9.6	23
23	**18.0**	11.6	25	9.2	18.1	11.8	25	9.4	18.2	11.9	25	9.5	18.3	12.0	26	9.7	18.4	12.1	26	9.8	23
22	18.1	11.8	26	9.4	18.2	12.0	26	9.6	18.3	12.1	26	9.8	18.4	12.2	26	9.9	18.5	12.3	26	10.1	22
22	18.2	12.0	26	9.7	18.3	12.1	26	9.9	18.4	12.3	26	10.0	18.5	12.4	26	10.2	18.6	12.5	27	10.3	22
22	18.3	12.2	26	9.9	18.4	12.3	27	10.1	18.5	12.5	27	10.3	18.6	12.6	27	10.4	18.7	12.7	27	10.6	22
22	18.4	12.4	27	10.2	18.5	12.5	27	10.3	18.6	12.7	27	10.5	18.7	12.8	27	10.7	18.8	13.0	27	10.8	22
21	18.5	12.6	27	10.4	18.6	12.7	27	10.6	18.7	12.9	28	10.7	18.8	13.0	28	10.9	18.9	13.2	28	11.0	21
21	18.6	12.8	28	10.6	18.7	12.9	28	10.8	18.8	13.1	28	11.0	18.9	13.2	28	11.1	**19.0**	13.4	28	11.3	21
21	18.7	13.0	28	10.9	18.8	13.2	28	11.0	18.9	13.3	28	11.2	**19.0**	13.4	29	11.3	19.1	13.6	29	11.5	21
21	18.8	13.2	29	11.1	18.9	13.4	29	11.3	**19.0**	13.5	29	11.4	19.1	13.6	29	11.6	19.2	13.8	29	11.7	21
20	18.9	13.4	29	11.3	**19.0**	13.6	29	11.5	19.1	13.7	29	11.6	19.2	13.8	29	11.8	19.3	14.0	30	12.0	20
20	**19.0**	13.6	29	11.6	19.1	13.8	30	11.7	19.2	13.9	30	11.9	19.3	14.0	30	12.0	19.4	14.2	30	12.2	20
20	19.1	13.8	30	11.8	19.2	14.0	30	11.9	19.3	14.1	30	12.1	19.4	14.2	30	12.2	19.5	14.4	30	12.4	20
20	19.2	14.0	30	12.0	19.3	14.2	30	12.2	19.4	14.3	31	12.3	19.5	14.5	31	12.5	19.6	14.6	31	12.6	20
19	19.3	14.2	31	12.2	19.4	14.4	31	12.4	19.5	14.5	31	12.5	19.6	14.7	31	12.7	19.7	14.8	31	12.8	19
19	19.4	14.4	31	12.5	19.5	14.6	31	12.6	19.6	14.7	32	12.8	19.7	14.9	32	12.9	19.8	15.0	32	13.0	19
19	19.5	14.7	32	12.7	19.6	14.8	32	12.8	19.7	14.9	32	13.0	19.8	15.1	32	13.1	19.9	15.2	32	13.3	19
19	19.6	14.9	32	12.9	19.7	15.0	32	13.0	19.8	15.1	32	13.2	19.9	15.3	33	13.3	**20.0**	15.4	33	13.5	19
18	19.7	15.1	33	13.1	19.8	15.2	33	13.2	19.9	15.4	33	13.4	**20.0**	15.5	33	13.5	20.1	15.6	33	13.7	18
18	19.8	15.3	33	13.3	19.9	15.4	33	13.5	**20.0**	15.6	33	13.6	20.1	15.7	33	13.7	20.2	15.9	34	13.9	18
18	19.9	15.5	34	13.5	**20.0**	15.6	34	13.7	20.1	15.8	34	13.8	20.2	15.9	34	14.0	20.3	16.1	34	14.1	18
18	**20.0**	15.7	34	13.7	20.1	15.8	34	13.9	20.2	16.0	34	14.0	20.3	16.1	34	14.2	20.4	16.3	34	14.3	18
18	20.1	15.9	34	13.9	20.2	16.1	35	14.1	20.3	16.2	35	14.2	20.4	16.4	35	14.4	20.5	16.5	35	14.5	18
17	20.2	16.1	35	14.1	20.3	16.3	35	14.3	20.4	16.4	35	14.4	20.5	16.6	35	14.6	20.6	16.7	35	14.7	17
17	20.3	16.3	35	14.3	20.4	16.5	35	14.5	20.5	16.6	36	14.6	20.6	16.8	36	14.8	20.7	16.9	36	14.9	17
17	20.4	16.6	36	14.5	20.5	16.7	36	14.7	20.6	16.8	36	14.8	20.7	17.0	36	15.0	20.8	17.2	36	15.1	17
17	20.5	16.8	36	14.7	20.6	16.9	36	14.9	20.7	17.1	37	15.0	20.8	17.2	37	15.2	20.9	17.4	37	15.3	17
16	20.6	17.0	37	14.9	20.7	17.1	37	15.1	20.8	17.3	37	15.2	20.9	17.4	37	15.4	**21.0**	17.6	37	15.5	16

n	t_W	e	U	t_d	t_W	e	U	t_d	t_W	e	U	t_d	t_W	e	U	t_d	t_W	e	U	t_d	n
	31.5				**31.6**				**31.7**				**31.8**				**31.9**				
16	20.7	17.2	37	15.1	20.8	17.4	37	15.3	20.9	17.5	37	15.4	**21.0**	17.7	38	15.5	21.1	17.8	38	15.7	16
16	20.8	17.4	38	15.3	20.9	17.6	38	15.5	**21.0**	17.7	38	15.6	21.1	17.9	38	15.7	21.2	18.0	38	15.9	16
16	20.9	17.6	38	15.5	**21.0**	17.8	38	15.7	21.1	17.9	38	15.8	21.2	18.1	38	15.9	21.3	18.3	39	16.1	16
16	**21.0**	17.9	39	15.7	21.1	18.0	39	15.9	21.2	18.2	39	16.0	21.3	18.3	39	16.1	21.4	18.5	39	16.3	16
15	21.1	18.1	39	15.9	21.2	18.2	39	16.0	21.3	18.4	39	16.2	21.4	18.5	39	16.3	21.5	18.7	40	16.4	15
15	21.2	18.3	40	16.1	21.3	18.5	40	16.2	21.4	18.6	40	16.4	21.5	18.8	40	16.5	21.6	18.9	40	16.6	15
15	21.3	18.5	40	16.3	21.4	18.7	40	16.4	21.5	18.8	40	16.6	21.6	19.0	40	16.7	21.7	19.1	40	16.8	15
15	21.4	18.7	41	16.5	21.5	18.9	41	16.6	21.6	19.1	41	16.7	21.7	19.2	41	16.9	21.8	19.4	41	17.0	15
15	21.5	19.0	41	16.7	21.6	19.1	41	16.8	21.7	19.3	41	16.9	21.8	19.4	41	17.1	21.9	19.6	41	17.2	15
14	21.6	19.2	42	16.9	21.7	19.3	42	17.0	21.8	19.5	42	17.1	21.9	19.7	42	17.2	**22.0**	19.8	42	17.4	14
14	21.7	19.4	42	17.0	21.8	19.6	42	17.2	21.9	19.7	42	17.3	**22.0**	19.9	42	17.4	22.1	20.1	42	17.6	14
14	21.8	19.6	42	17.2	21.9	19.8	43	17.3	**22.0**	20.0	43	17.5	22.1	20.1	43	17.6	22.2	20.3	43	17.7	14
14	21.9	19.9	43	17.4	**22.0**	20.0	43	17.5	22.1	20.2	43	17.7	22.2	20.3	43	17.8	22.3	20.5	43	17.9	14
14	**22.0**	20.1	43	17.6	22.1	20.3	44	17.7	22.2	20.4	44	17.8	22.3	20.6	44	18.0	22.4	20.7	44	18.1	14
13	22.1	20.3	44	17.8	22.2	20.5	44	17.9	22.3	20.6	44	18.0	22.4	20.8	44	18.1	22.5	21.0	44	18.3	13
13	22.2	20.5	44	17.9	22.3	20.7	45	18.1	22.4	20.9	45	18.2	22.5	21.0	45	18.3	22.6	21.2	45	18.4	13
13	22.3	20.8	45	18.1	22.4	20.9	45	18.2	22.5	21.1	45	18.4	22.6	21.3	45	18.5	22.7	21.4	45	18.6	13
13	22.4	21.0	45	18.3	22.5	21.2	46	18.4	22.6	21.3	46	18.5	22.7	21.5	46	18.7	22.8	21.7	46	18.8	13
13	22.5	21.2	46	18.5	22.6	21.4	46	18.6	22.7	21.6	46	18.7	22.8	21.7	46	18.8	22.9	21.9	46	19.0	13
12	22.6	21.5	46	18.6	22.7	21.6	47	18.8	22.8	21.8	47	18.9	22.9	22.0	47	19.0	**23.0**	22.1	47	19.1	12
12	22.7	21.7	47	18.8	22.8	21.9	47	18.9	22.9	22.0	47	19.1	**23.0**	22.2	47	19.2	23.1	22.4	47	19.3	12
12	22.8	21.9	47	19.0	22.9	22.1	48	19.1	**23.0**	22.3	48	19.2	23.1	22.5	48	19.4	23.2	22.6	48	19.5	12
12	22.9	22.2	48	19.2	**23.0**	22.3	48	19.3	23.1	22.5	48	19.4	23.2	22.7	48	19.5	23.3	22.9	48	19.6	12
12	**23.0**	22.4	48	19.3	23.1	22.6	49	19.4	23.2	22.8	49	19.6	23.3	22.9	49	19.7	23.4	23.1	49	19.8	12
12	23.1	22.7	49	19.5	23.2	22.8	49	19.6	23.3	23.0	49	19.7	23.4	23.2	49	19.9	23.5	23.3	49	20.0	12
11	23.2	22.9	50	19.7	23.3	23.1	50	19.8	23.4	23.2	50	19.9	23.5	23.4	50	20.0	23.6	23.6	50	20.1	11
11	23.3	23.1	50	19.8	23.4	23.3	50	20.0	23.5	23.5	50	20.1	23.6	23.7	50	20.2	23.7	23.8	50	20.3	11
11	23.4	23.4	51	20.0	23.5	23.5	51	20.1	23.6	23.7	51	20.2	23.7	23.9	51	20.4	23.8	24.1	51	20.5	11
11	23.5	23.6	51	20.2	23.6	23.8	51	20.3	23.7	24.0	51	20.4	23.8	24.1	51	20.5	23.9	24.3	51	20.6	11
11	23.6	23.9	52	20.3	23.7	24.0	52	20.4	23.8	24.2	52	20.6	23.9	24.4	52	20.7	**24.0**	24.6	52	20.8	11
10	23.7	24.1	52	20.5	23.8	24.3	52	20.6	23.9	24.4	52	20.7	**24.0**	24.6	52	20.8	24.1	24.8	52	21.0	10
10	23.8	24.3	53	20.7	23.9	24.5	53	20.8	**24.0**	24.7	53	20.9	24.1	24.9	53	21.0	24.2	25.1	53	21.1	10
10	23.9	24.6	53	20.8	**24.0**	24.8	53	20.9	24.1	24.9	53	21.1	24.2	25.1	53	21.2	24.3	25.3	54	21.3	10
10	**24.0**	24.8	54	21.0	24.1	25.0	54	21.1	24.2	25.2	54	21.2	24.3	25.4	54	21.3	24.4	25.6	54	21.4	10
10	24.1	25.1	54	21.1	24.2	25.3	54	21.3	24.3	25.4	54	21.4	24.4	25.6	54	21.5	24.5	25.8	55	21.6	10
10	24.2	25.3	55	21.3	24.3	25.5	55	21.4	24.4	25.7	55	21.5	24.5	25.9	55	21.6	24.6	26.1	55	21.8	10
9	24.3	25.6	55	21.5	24.4	25.8	55	21.6	24.5	25.9	55	21.7	24.6	26.1	56	21.8	24.7	26.3	56	21.9	9
9	24.4	25.8	56	21.6	24.5	26.0	56	21.7	24.6	26.2	56	21.8	24.7	26.4	56	22.0	24.8	26.6	56	22.1	9
9	24.5	26.1	56	21.8	24.6	26.3	56	21.9	24.7	26.4	57	22.0	24.8	26.6	57	22.1	24.9	26.8	57	22.2	9
9	24.6	26.3	57	21.9	24.7	26.5	57	22.0	24.8	26.7	57	22.2	24.9	26.9	57	22.3	**25.0**	27.1	57	22.4	9
9	24.7	26.6	57	22.1	24.8	26.8	58	22.2	24.9	26.9	58	22.3	**25.0**	27.1	58	22.4	25.1	27.3	58	22.5	9
9	24.8	26.8	58	22.2	24.9	27.0	58	22.4	**25.0**	27.2	58	22.5	25.1	27.4	58	22.6	25.2	27.6	58	22.7	9
8	24.9	27.1	59	22.4	**25.0**	27.3	59	22.5	25.1	27.5	59	22.6	25.2	27.6	59	22.7	25.3	27.8	59	22.9	8
8	**25.0**	27.3	59	22.6	25.1	27.5	59	22.7	25.2	27.7	59	22.8	25.3	27.9	59	22.9	25.4	28.1	59	23.0	8
8	25.1	27.6	60	22.7	25.2	27.8	60	22.8	25.3	28.0	60	22.9	25.4	28.2	60	23.0	25.5	28.4	60	23.2	8
8	25.2	27.8	60	22.9	25.3	28.0	60	23.0	25.4	28.2	60	23.1	25.5	28.4	60	23.2	25.6	28.6	61	23.3	8
8	25.3	28.1	61	23.0	25.4	28.3	61	23.1	25.5	28.5	61	23.2	25.6	28.7	61	23.3	25.7	28.9	61	23.5	8
8	25.4	28.4	61	23.2	25.5	28.6	61	23.3	25.6	28.8	62	23.4	25.7	28.9	62	23.5	25.8	29.1	62	23.6	8
7	25.5	28.6	62	23.3	25.6	28.8	62	23.4	25.7	29.0	62	23.5	25.8	29.2	62	23.7	25.9	29.4	62	23.8	7
7	25.6	28.9	62	23.5	25.7	29.1	63	23.6	25.8	29.3	63	23.7	25.9	29.5	63	23.8	**26.0**	29.7	63	23.9	7
7	25.7	29.1	63	23.6	25.8	29.3	63	23.7	25.9	29.5	63	23.8	**26.0**	29.7	63	23.9	26.1	29.9	63	24.1	7
7	25.8	29.4	64	23.8	25.9	29.6	64	23.9	**26.0**	29.8	64	24.0	26.1	30.0	64	24.1	26.2	30.2	64	24.2	7
7	25.9	29.7	64	23.9	**26.0**	29.9	64	24.0	26.1	30.1	64	24.1	26.2	30.3	64	24.2	26.3	30.5	64	24.4	7
7	**26.0**	29.9	65	24.1	26.1	30.1	65	24.2	26.2	30.3	65	24.3	26.3	30.5	65	24.4	26.4	30.7	65	24.5	7
7	26.1	30.2	65	24.2	26.2	30.4	65	24.3	26.3	30.6	65	24.4	26.4	30.8	66	24.5	26.5	31.0	66	24.6	7
6	26.2	30.5	66	24.4	26.3	30.7	66	24.5	26.4	30.9	66	24.6	26.5	31.1	66	24.7	26.6	31.3	66	24.8	6
6	26.3	30.7	67	24.5	26.4	30.9	67	24.6	26.5	31.1	67	24.7	26.6	31.3	67	24.8	26.7	31.6	67	24.9	6
6	26.4	31.0	67	24.6	26.5	31.2	67	24.8	26.6	31.4	67	24.9	26.7	31.6	67	25.0	26.8	31.8	67	25.1	6
6	26.5	31.3	68	24.8	26.6	31.5	68	24.9	26.7	31.7	68	25.0	26.8	31.9	68	25.1	26.9	32.1	68	25.2	6
6	26.6	31.5	68	24.9	26.7	31.8	68	25.0	26.8	32.0	68	25.2	26.9	32.2	68	25.3	**27.0**	32.4	68	25.4	6
6	26.7	31.8	69	25.1	26.8	32.0	69	25.2	26.9	32.2	69	25.3	**27.0**	32.4	69	25.4	27.1	32.7	69	25.5	6
6	26.8	32.1	69	25.2	26.9	32.3	69	25.3	**27.0**	32.5	70	25.4	27.1	32.7	70	25.5	27.2	32.9	70	25.7	6
5	26.9	32.4	70	25.4	**27.0**	32.6	70	25.5	27.1	32.8	70	25.6	27.2	33.0	70	25.7	27.3	33.2	70	25.8	5
5	**27.0**	32.6	71	25.5	27.1	32.9	71	25.6	27.2	33.1	71	25.7	27.3	33.3	71	25.8	27.4	33.5	71	25.9	5
5	27.1	32.9	71	25.7	27.2	33.1	71	25.8	27.3	33.3	71	25.9	27.4	33.6	71	26.0	27.5	33.8	71	26.1	5
5	27.2	33.2	72	25.8	27.3	33.4	72	25.9	27.4	33.6	72	26.0	27.5	33.8	72	26.1	27.6	34.1	72	26.2	5
5	27.3	33.5	72	25.9	27.4	33.7	72	26.0	27.5	33.9	73	26.1	27.6	34.1	73	26.3	27.7	34.3	73	26.4	5
5	27.4	33.8	73	26.1	27.5	34.0	73	26.2	27.6	34.2	73	26.3	27.7	34.4	73	26.4	27.8	34.6	73	26.5	5
5	27.5	34.0	74	26.2	27.6	34.3	74	26.3	27.7	34.5	74	26.4	27.8	34.7	74	26.5	27.9	34.9	74	26.6	5
4	27.6	34.3	74	26.4	27.7	34.5	74	26.5	27.8	34.8	74	26.6	27.9	35.0	74	26.7	**28.0**	35.2	74	26.8	4
4	27.7	34.6	75	26.5	27.8	34.8	75	26.6	27.9	35.0	75	26.7	**28.0**	35.3	75	26.8	28.1	35.5	75	26.9	4
4	27.8	34.9	75	26.6	27.9	35.1	76	26.7	**28.0**	35.3	76	26.8	28.1	35.5	76	27.0	28.2	35.8	76	27.1	4
4	27.9	35.2	76	26.8	**28.0**	35.4	76	26.9	28.1	35.6	76	27.0	28.2	35.8	76	27.1	28.3	36.1	76	27.2	4

n	t_W	e	U	t_d	t_W	e	U	t_d	t_W	e	U	t_d	t_W	e	U	t_d	t_W	e	U	t_d	n
	31.5				**31.6**				**31.7**				**31.8**				**31.9**				
4	**28.0**	35.5	77	26.9	28.1	35.7	77	27.0	28.2	35.9	77	27.1	28.3	36.1	77	27.2	28.4	36.3	77	27.3	4
4	28.1	35.7	77	27.0	28.2	36.0	77	27.2	28.3	36.2	77	27.3	28.4	36.4	77	27.4	28.5	36.6	77	27.5	4
4	28.2	36.0	78	27.2	28.3	36.3	78	27.3	28.4	36.5	78	27.4	28.5	36.7	78	27.5	28.6	36.9	78	27.6	4
4	28.3	36.3	79	27.3	28.4	36.5	79	27.4	28.5	36.8	79	27.5	28.6	37.0	79	27.6	28.7	37.2	79	27.7	4
3	28.4	36.6	79	27.5	28.5	36.8	79	27.6	28.6	37.1	79	27.7	28.7	37.3	79	27.8	28.8	37.5	79	27.9	3
3	28.5	36.9	80	27.6	28.6	37.1	80	27.7	28.7	37.4	80	27.8	28.8	37.6	80	27.9	28.9	37.8	80	28.0	3
3	28.6	37.2	80	27.7	28.7	37.4	81	27.8	28.8	37.7	81	27.9	28.9	37.9	81	28.0	**29.0**	38.1	81	28.1	3
3	28.7	37.5	81	27.9	28.8	37.7	81	28.0	28.9	38.0	81	28.1	**29.0**	38.2	81	28.2	29.1	38.4	81	28.3	3
3	28.8	37.8	82	28.0	28.9	38.0	82	28.1	**29.0**	38.3	82	28.2	29.1	38.5	82	28.3	29.2	38.7	82	28.4	3
3	28.9	38.1	82	28.1	**29.0**	38.3	82	28.2	29.1	38.5	82	28.3	29.2	38.8	82	28.4	29.3	39.0	83	28.5	3
3	**29.0**	38.4	83	28.3	29.1	38.6	83	28.4	29.2	38.8	83	28.5	29.3	39.1	83	28.6	29.4	39.3	83	28.7	3
3	29.1	38.7	84	28.4	29.2	38.9	84	28.5	29.3	39.2	84	28.6	29.4	39.4	84	28.7	29.5	39.6	84	28.8	3
2	29.2	39.0	84	28.5	29.3	39.2	84	28.6	29.4	39.5	84	28.7	29.5	39.7	84	28.8	29.6	39.9	84	28.9	2
2	29.3	39.3	85	28.7	29.4	39.5	85	28.8	29.5	39.8	85	28.9	29.6	40.0	85	29.0	29.7	40.2	85	29.1	2
2	29.4	39.6	86	28.8	29.5	39.8	86	28.9	29.6	40.1	86	29.0	29.7	40.3	86	29.1	29.8	40.5	86	29.2	2
2	29.5	39.9	86	28.9	29.6	40.1	86	29.0	29.7	40.4	86	29.1	29.8	40.6	86	29.2	29.9	40.9	86	29.3	2
2	29.6	40.2	87	29.1	29.7	40.4	87	29.2	29.8	40.7	87	29.3	29.9	40.9	87	29.4	**30.0**	41.2	87	29.5	2
2	29.7	40.5	88	29.2	29.8	40.7	88	29.3	29.9	41.0	88	29.4	**30.0**	41.2	88	29.5	30.1	41.5	88	29.6	2
2	29.8	40.8	88	29.3	29.9	41.1	88	29.4	**30.0**	41.3	88	29.5	30.1	41.5	88	29.6	30.2	41.8	88	29.7	2
2	29.9	41.1	89	29.5	**30.0**	41.4	89	29.6	30.1	41.6	89	29.7	30.2	41.8	89	29.8	30.3	42.1	89	29.9	2
2	**30.0**	41.4	90	29.6	30.1	41.7	90	29.7	30.2	41.9	90	29.8	30.3	42.2	90	29.9	30.4	42.4	90	30.0	2
1	30.1	41.7	90	29.7	30.2	42.0	90	29.8	30.3	42.2	90	29.9	30.4	42.5	90	30.0	30.5	42.7	90	30.1	1
1	30.2	42.0	91	29.8	30.3	42.3	91	29.9	30.4	42.5	91	30.0	30.5	42.8	91	30.1	30.6	43.0	91	30.3	1
1	30.3	42.4	92	30.0	30.4	42.6	92	30.1	30.5	42.9	92	30.2	30.6	43.1	92	30.3	30.7	43.4	92	30.4	1
1	30.4	42.7	92	30.1	30.5	42.9	92	30.2	30.6	43.2	92	30.3	30.7	43.4	92	30.4	30.8	43.7	92	30.5	1
1	30.5	43.0	93	30.2	30.6	43.2	93	30.3	30.7	43.5	93	30.4	30.8	43.7	93	30.5	30.9	44.0	93	30.6	1
1	30.6	43.3	94	30.4	30.7	43.6	94	30.5	30.8	43.8	94	30.6	30.9	44.1	94	30.7	**31.0**	44.3	94	30.8	1
1	30.7	43.6	94	30.5	30.8	43.9	94	30.6	30.9	44.1	94	30.7	**31.0**	44.4	94	30.8	31.1	44.6	94	30.9	1
1	30.8	43.9	95	30.6	30.9	44.2	95	30.7	**31.0**	44.5	95	30.8	31.1	44.7	95	30.9	31.2	45.0	95	31.0	1
1	30.9	44.3	96	30.7	**31.0**	44.5	96	30.8	31.1	44.8	96	30.9	31.2	45.0	96	31.0	31.3	45.3	96	31.1	1
1	**31.0**	44.6	96	30.9	31.1	44.8	96	31.0	31.2	45.1	96	31.1	31.3	45.4	96	31.2	31.4	45.6	96	31.3	1
0	31.1	44.9	97	31.0	31.2	45.2	97	31.1	31.3	45.4	97	31.2	31.4	45.7	97	31.3	31.5	46.0	97	31.4	0
0	31.2	45.2	98	31.1	31.3	45.5	98	31.2	31.4	45.8	98	31.3	31.5	46.0	98	31.4	31.6	46.3	98	31.5	0
0	31.3	45.6	99	31.2	31.4	45.8	99	31.3	31.5	46.1	99	31.4	31.6	46.3	99	31.5	31.7	46.6	99	31.6	0
0	31.4	45.9	99	31.4	31.5	46.2	99	31.5	31.6	46.4	99	31.6	31.7	46.7	99	31.7	31.8	46.9	99	31.8	0
0	31.5	46.2	100	31.5	31.6	46.5	100	31.6	31.7	46.7	100	31.7	31.8	47.0	100	31.8	31.9	47.3	100	31.9	0
	32.0				**32.1**				**32.2**				**32.3**				**32.4**				
43																	11.9	0.2	1	-37.3	43
43													11.9	0.3	1	-34.9	**12.0**	0.4	1	-32.3	43
42					11.8	0.3	1	-35.7	11.9	0.4	1	-33.0	**12.0**	0.5	1	-30.7	12.1	0.6	1	-28.8	42
42	11.8	0.4	1	-33.6	11.9	0.5	1	-31.3	**12.0**	0.5	1	-29.3	12.1	0.6	1	-27.6	12.2	0.7	1	-26.1	42
42	11.9	0.5	1	-29.8	**12.0**	0.6	1	-28.1	12.1	0.7	1	-26.5	12.2	0.8	2	-25.2	12.3	0.9	2	-23.9	42
41	**12.0**	0.7	1	-27.0	12.1	0.8	2	-25.5	12.2	0.9	2	-24.3	12.3	1.0	2	-23.1	12.4	1.0	2	-22.0	41
41	12.1	0.8	2	-24.6	12.2	0.9	2	-23.4	12.3	1.0	2	-22.3	12.4	1.1	2	-21.3	12.5	1.2	2	-20.4	41
41	12.2	1.0	2	-22.7	12.3	1.1	2	-21.6	12.4	1.2	2	-20.7	12.5	1.3	3	-19.8	12.6	1.4	3	-18.9	41
40	12.3	1.2	2	-20.9	12.4	1.2	3	-20.0	12.5	1.3	3	-19.2	12.6	1.4	3	-18.4	12.7	1.5	3	-17.6	40
40	12.4	1.3	3	-19.4	12.5	1.4	3	-18.6	12.6	1.5	3	-17.8	12.7	1.6	3	-17.1	12.8	1.7	3	-16.4	40
40	12.5	1.5	3	-18.1	12.6	1.6	3	-17.3	12.7	1.7	3	-16.6	12.8	1.8	4	-16.0	12.9	1.9	4	-15.3	40
39	12.6	1.6	3	-16.8	12.7	1.7	4	-16.2	12.8	1.8	4	-15.5	12.9	1.9	4	-14.9	**13.0**	2.0	4	-14.3	39
39	12.7	1.8	4	-15.7	12.8	1.9	4	-15.1	12.9	2.0	4	-14.5	**13.0**	2.1	4	-13.9	13.1	2.2	5	-13.3	39
39	12.8	2.0	4	-14.7	12.9	2.1	4	-14.1	**13.0**	2.2	4	-13.5	13.1	2.3	5	-13.0	13.2	2.4	5	-12.4	39
38	12.9	2.1	4	-13.7	**13.0**	2.2	5	-13.1	13.1	2.3	5	-12.6	13.2	2.4	5	-12.1	13.3	2.5	5	-11.6	38
38	**13.0**	2.3	5	-12.8	13.1	2.4	5	-12.2	13.2	2.5	5	-11.7	13.3	2.6	5	-11.3	13.4	2.7	6	-10.8	38
38	13.1	2.5	5	-11.9	13.2	2.6	5	-11.4	13.3	2.7	6	-10.9	13.4	2.8	6	-10.5	13.5	2.9	6	-10.0	38
37	13.2	2.6	6	-11.1	13.3	2.7	6	-10.6	13.4	2.8	6	-10.2	13.5	2.9	6	-9.7	13.6	3.0	6	-9.3	37
37	13.3	2.8	6	-10.3	13.4	2.9	6	-9.9	13.5	3.0	6	-9.4	13.6	3.1	6	-9.0	13.7	3.2	7	-8.6	37
37	13.4	3.0	6	-9.6	13.5	3.1	6	-9.2	13.6	3.2	7	-8.7	13.7	3.3	7	-8.3	13.8	3.4	7	-7.9	37
36	13.5	3.1	7	-8.9	13.6	3.2	7	-8.5	13.7	3.3	7	-8.1	13.8	3.4	7	-7.7	13.9	3.5	7	-7.3	36
36	13.6	3.3	7	-8.2	13.7	3.4	7	-7.8	13.8	3.5	7	-7.4	13.9	3.6	7	-7.1	**14.0**	3.7	8	-6.7	36
36	13.7	3.5	7	-7.6	13.8	3.6	7	-7.2	13.9	3.7	8	-6.8	**14.0**	3.8	8	-6.5	14.1	3.9	8	-6.1	36
35	13.8	3.6	8	-7.0	13.9	3.7	8	-6.6	**14.0**	3.8	8	-6.2	14.1	3.9	8	-5.9	14.2	4.0	8	-5.5	35
35	13.9	3.8	8	-6.4	**14.0**	3.9	8	-6.0	14.1	4.0	8	-5.7	14.2	4.1	9	-5.3	14.3	4.2	9	-5.0	35
35	**14.0**	4.0	8	-5.8	14.1	4.1	9	-5.4	14.2	4.2	9	-5.1	14.3	4.3	9	-4.8	14.4	4.4	9	-4.5	35
34	14.1	4.1	9	-5.2	14.2	4.2	9	-4.9	14.3	4.3	9	-4.6	14.4	4.5	9	-4.3	14.5	4.6	9	-3.9	34
34	14.2	4.3	9	-4.7	14.3	4.4	9	-4.4	14.4	4.5	9	-4.1	14.5	4.6	10	-3.8	14.6	4.7	10	-3.5	34
34	14.3	4.5	9	-4.2	14.4	4.6	10	-3.9	14.5	4.7	10	-3.6	14.6	4.8	10	-3.3	14.7	4.9	10	-3.0	34
33	14.4	4.7	10	-3.7	14.5	4.8	10	-3.4	14.6	4.9	10	-3.1	14.7	5.0	10	-2.8	14.8	5.1	10	-2.5	33
33	14.5	4.8	10	-3.2	14.6	4.9	10	-2.9	14.7	5.0	10	-2.6	14.8	5.2	11	-2.3	14.9	5.3	11	-2.0	33
33	14.6	5.0	11	-2.7	14.7	5.1	11	-2.4	14.8	5.2	11	-2.1	14.9	5.3	11	-1.9	**15.0**	5.4	11	-1.6	33
33	14.7	5.2	11	-2.3	14.8	5.3	11	-2.0	14.9	5.4	11	-1.7	**15.0**	5.5	11	-1.4	15.1	5.6	12	-1.2	33
32	14.8	5.4	11	-1.8	14.9	5.5	11	-1.5	**15.0**	5.6	12	-1.3	15.1	5.7	12	-1.0	15.2	5.8	12	-0.7	32

n	t_W	e	U	t_d	t_W	e	U	t_d	t_W	e	U	t_d	t_W	e	U	t_d	t_W	e	U	t_d	n
	32.0				**32.1**				**32.2**				**32.3**				**32.4**				
32	14.9	5.5	12	-1.4	**15.0**	5.6	12	-1.1	15.1	5.7	12	-0.8	15.2	5.9	12	-0.6	15.3	6.0	12	-0.3	32
32	**15.0**	5.7	12	-0.9	15.1	5.8	12	-0.7	15.2	5.9	12	-0.4	15.3	6.0	12	-0.2	15.4	6.1	13	0.1	32
31	15.1	5.9	12	-0.5	15.2	6.0	13	-0.3	15.3	6.1	13	0.0	15.4	6.2	13	0.2	15.5	6.3	13	0.5	31
31	15.2	6.1	13	-0.1	15.3	6.2	13	0.1	15.4	6.3	13	0.4	15.5	6.4	13	0.6	15.6	6.5	13	0.9	31
31	15.3	6.2	13	0.3	15.4	6.3	13	0.5	15.5	6.5	13	0.8	15.6	6.6	14	1.0	15.7	6.7	14	1.3	31
30	15.4	6.4	13	0.7	15.5	6.5	14	0.9	15.6	6.6	14	1.2	15.7	6.8	14	1.4	15.8	6.9	14	1.6	30
30	15.5	6.6	14	1.1	15.6	6.7	14	1.3	15.7	6.8	14	1.5	15.8	6.9	14	1.8	15.9	7.0	14	2.0	30
30	15.6	6.8	14	1.4	15.7	6.9	14	1.7	15.8	7.0	15	1.9	15.9	7.1	15	2.1	**16.0**	7.2	15	2.4	30
30	15.7	7.0	15	1.8	15.8	7.1	15	2.0	15.9	7.2	15	2.3	**16.0**	7.3	15	2.5	16.1	7.4	15	2.7	30
29	15.8	7.1	15	2.2	15.9	7.2	15	2.4	**16.0**	7.4	15	2.6	16.1	7.5	15	2.8	16.2	7.6	16	3.0	29
29	15.9	7.3	15	2.5	**16.0**	7.4	16	2.7	16.1	7.5	16	3.0	16.2	7.7	16	3.2	16.3	7.8	16	3.4	29
29	**16.0**	7.5	16	2.9	16.1	7.6	16	3.1	16.2	7.7	16	3.3	16.3	7.9	16	3.5	16.4	8.0	16	3.7	29
28	16.1	7.7	16	3.2	16.2	7.8	16	3.4	16.3	7.9	16	3.6	16.4	8.0	17	3.8	16.5	8.2	17	4.0	28
28	16.2	7.9	17	3.5	16.3	8.0	17	3.7	16.4	8.1	17	4.0	16.5	8.2	17	4.2	16.6	8.3	17	4.4	28
28	16.3	8.1	17	3.9	16.4	8.2	17	4.1	16.5	8.3	17	4.3	16.6	8.4	17	4.5	16.7	8.5	18	4.7	28
28	16.4	8.2	17	4.2	16.5	8.4	17	4.4	16.6	8.5	18	4.6	16.7	8.6	18	4.8	16.8	8.7	18	5.0	28
27	16.5	8.4	18	4.5	16.6	8.5	18	4.7	16.7	8.7	18	4.9	16.8	8.8	18	5.1	16.9	8.9	18	5.3	27
27	16.6	8.6	18	4.8	16.7	8.7	18	5.0	16.8	8.8	18	5.2	16.9	9.0	19	5.4	**17.0**	9.1	19	5.6	27
27	16.7	8.8	18	5.1	16.8	8.9	19	5.3	16.9	9.0	19	5.5	**17.0**	9.2	19	5.7	17.1	9.3	19	5.9	27
26	16.8	9.0	19	5.4	16.9	9.1	19	5.6	**17.0**	9.2	19	5.8	17.1	9.4	19	6.0	17.2	9.5	19	6.2	26
26	16.9	9.2	19	5.7	**17.0**	9.3	19	5.9	17.1	9.4	20	6.1	17.2	9.5	20	6.3	17.3	9.7	20	6.5	26
26	**17.0**	9.4	20	6.0	17.1	9.5	20	6.2	17.2	9.6	20	6.4	17.3	9.7	20	6.6	17.4	9.9	20	6.8	26
26	17.1	9.6	20	6.3	17.2	9.7	20	6.5	17.3	9.8	20	6.7	17.4	9.9	21	6.9	17.5	10.0	21	7.1	26
25	17.2	9.7	20	6.6	17.3	9.9	21	6.8	17.4	10.0	21	7.0	17.5	10.1	21	7.2	17.6	10.2	21	7.3	25
25	17.3	9.9	21	6.9	17.4	10.1	21	7.1	17.5	10.2	21	7.2	17.6	10.3	21	7.4	17.7	10.4	21	7.6	25
25	17.4	10.1	21	7.2	17.5	10.2	21	7.3	17.6	10.4	22	7.5	17.7	10.5	22	7.7	17.8	10.6	22	7.9	25
25	17.5	10.3	22	7.4	17.6	10.4	22	7.6	17.7	10.6	22	7.8	17.8	10.7	22	8.0	17.9	10.8	22	8.1	25
24	17.6	10.5	22	7.7	17.7	10.6	22	7.9	17.8	10.8	22	8.1	17.9	10.9	23	8.2	**18.0**	11.0	23	8.4	24
24	17.7	10.7	23	8.0	17.8	10.8	23	8.2	17.9	11.0	23	8.3	**18.0**	11.1	23	8.5	18.1	11.2	23	8.7	24
24	17.8	10.9	23	8.2	17.9	11.0	23	8.4	**18.0**	11.2	23	8.6	18.1	11.3	23	8.8	18.2	11.4	23	8.9	24
24	17.9	11.1	23	8.5	**18.0**	11.2	23	8.7	18.1	11.4	24	8.8	18.2	11.5	24	9.0	18.3	11.6	24	9.2	24
23	**18.0**	11.3	24	8.8	18.1	11.4	24	8.9	18.2	11.6	24	9.1	18.3	11.7	24	9.3	18.4	11.8	24	9.4	23
23	18.1	11.5	24	9.0	18.2	11.6	24	9.2	18.3	11.7	24	9.4	18.4	11.9	25	9.5	18.5	12.0	25	9.7	23
23	18.2	11.7	25	9.3	18.3	11.8	25	9.4	18.4	11.9	25	9.6	18.5	12.1	25	9.8	18.6	12.2	25	9.9	23
23	18.3	11.9	25	9.5	18.4	12.0	25	9.7	18.5	12.1	25	9.8	18.6	12.3	25	10.0	18.7	12.4	26	10.2	23
22	18.4	12.1	25	9.8	18.5	12.2	26	9.9	18.6	12.3	26	10.1	18.7	12.5	26	10.3	18.8	12.6	26	10.4	22
22	18.5	12.3	26	10.0	18.6	12.4	26	10.2	18.7	12.5	26	10.3	18.8	12.7	26	10.5	18.9	12.8	26	10.7	22
22	18.6	12.5	26	10.3	18.7	12.6	26	10.4	18.8	12.8	27	10.6	18.9	12.9	27	10.7	**19.0**	13.0	27	10.9	22
22	18.7	12.7	27	10.5	18.8	12.8	27	10.7	18.9	13.0	27	10.8	**19.0**	13.1	27	11.0	19.1	13.2	27	11.1	22
21	18.8	12.9	27	10.7	18.9	13.0	27	10.9	**19.0**	13.2	27	11.0	19.1	13.3	27	11.2	19.2	13.4	28	11.4	21
21	18.9	13.1	28	11.0	**19.0**	13.2	28	11.1	19.1	13.4	28	11.3	19.2	13.5	28	11.4	19.3	13.6	28	11.6	21
21	**19.0**	13.3	28	11.2	19.1	13.4	28	11.4	19.2	13.6	28	11.5	19.3	13.7	28	11.7	19.4	13.8	28	11.8	21
21	19.1	13.5	28	11.4	19.2	13.6	29	11.6	19.3	13.8	29	11.7	19.4	13.9	29	11.9	19.5	14.1	29	12.0	21
20	19.2	13.7	29	11.7	19.3	13.8	29	11.8	19.4	14.0	29	12.0	19.5	14.1	29	12.1	19.6	14.3	29	12.3	20
20	19.3	13.9	29	11.9	19.4	14.0	29	12.0	19.5	14.2	29	12.2	19.6	14.3	30	12.3	19.7	14.5	30	12.5	20
20	19.4	14.1	30	12.1	19.5	14.3	30	12.3	19.6	14.4	30	12.4	19.7	14.5	30	12.6	19.8	14.7	30	12.7	20
20	19.5	14.3	30	12.3	19.6	14.5	30	12.5	19.7	14.6	30	12.6	19.8	14.7	30	12.8	19.9	14.9	31	12.9	20
19	19.6	14.5	31	12.5	19.7	14.7	31	12.7	19.8	14.8	31	12.8	19.9	15.0	31	13.0	**20.0**	15.1	31	13.1	19
19	19.7	14.7	31	12.8	19.8	14.9	31	12.9	19.9	15.0	31	13.1	**20.0**	15.2	31	13.2	20.1	15.3	31	13.3	19
19	19.8	14.9	31	13.0	19.9	15.1	32	13.1	**20.0**	15.2	32	13.3	20.1	15.4	32	13.4	20.2	15.5	32	13.6	19
19	19.9	15.2	32	13.2	**20.0**	15.3	32	13.3	20.1	15.4	32	13.5	20.2	15.6	32	13.6	20.3	15.7	32	13.8	19
19	**20.0**	15.4	32	13.4	20.1	15.5	32	13.5	20.2	15.7	33	13.7	20.3	15.8	33	13.8	20.4	16.0	33	14.0	19
18	20.1	15.6	33	13.6	20.2	15.7	33	13.8	20.3	15.9	33	13.9	20.4	16.0	33	14.0	20.5	16.2	33	14.2	18
18	20.2	15.8	33	13.8	20.3	15.9	33	14.0	20.4	16.1	33	14.1	20.5	16.2	34	14.2	20.6	16.4	34	14.4	18
18	20.3	16.0	34	14.0	20.4	16.2	34	14.2	20.5	16.3	34	14.3	20.6	16.4	34	14.5	20.7	16.6	34	14.6	18
18	20.4	16.2	34	14.2	20.5	16.4	34	14.4	20.6	16.5	34	14.5	20.7	16.7	34	14.7	20.8	16.8	35	14.8	18
17	20.5	16.4	35	14.4	20.6	16.6	35	14.6	20.7	16.7	35	14.7	20.8	16.9	35	14.9	20.9	17.0	35	15.0	17
17	20.6	16.6	35	14.6	20.7	16.8	35	14.8	20.8	17.0	35	14.9	20.9	17.1	35	15.1	**21.0**	17.3	35	15.2	17
17	20.7	16.9	35	14.8	20.8	17.0	36	15.0	20.9	17.2	36	15.1	**21.0**	17.3	36	15.3	21.1	17.5	36	15.4	17
17	20.8	17.1	36	15.0	20.9	17.2	36	15.2	**21.0**	17.4	36	15.3	21.1	17.5	36	15.4	21.2	17.7	36	15.6	17
17	20.9	17.3	36	15.2	**21.0**	17.5	37	15.4	21.1	17.6	37	15.5	21.2	17.8	37	15.6	21.3	17.9	37	15.8	17
16	**21.0**	17.5	37	15.4	21.1	17.7	37	15.6	21.2	17.8	37	15.7	21.3	18.0	37	15.8	21.4	18.1	37	16.0	16
16	21.1	17.7	37	15.6	21.2	17.9	37	15.8	21.3	18.1	38	15.9	21.4	18.2	38	16.0	21.5	18.4	38	16.2	16
16	21.2	18.0	38	15.8	21.3	18.1	38	16.0	21.4	18.3	38	16.1	21.5	18.4	38	16.2	21.6	18.6	38	16.4	16
16	21.3	18.2	38	16.0	21.4	18.3	38	16.1	21.5	18.5	38	16.3	21.6	18.7	39	16.4	21.7	18.8	39	16.5	16
16	21.4	18.4	39	16.2	21.5	18.6	39	16.3	21.6	18.7	39	16.5	21.7	18.9	39	16.6	21.8	19.0	39	16.7	16
15	21.5	18.6	39	16.4	21.6	18.8	39	16.5	21.7	18.9	39	16.7	21.8	19.1	40	16.8	21.9	19.3	40	16.9	15
15	21.6	18.9	40	16.6	21.7	19.0	40	16.7	21.8	19.2	40	16.8	21.9	19.3	40	17.0	**22.0**	19.5	40	17.1	15
15	21.7	19.1	40	16.8	21.8	19.2	40	16.9	21.9	19.4	40	17.0	**22.0**	19.6	40	17.2	22.1	19.7	41	17.3	15
15	21.8	19.3	41	16.9	21.9	19.5	41	17.1	**22.0**	19.6	41	17.2	22.1	19.8	41	17.3	22.2	19.9	41	17.5	15
15	21.9	19.5	41	17.1	**22.0**	19.7	41	17.3	22.1	19.9	41	17.4	22.2	20.0	41	17.5	22.3	20.2	41	17.7	15
14	**22.0**	19.8	42	17.3	22.1	19.9	42	17.4	22.2	20.1	42	17.6	22.3	20.2	42	17.7	22.4	20.4	42	17.8	14
14	22.1	20.0	42	17.5	22.2	20.1	42	17.6	22.3	20.3	42	17.8	22.4	20.5	42	17.9	22.5	20.6	42	18.0	14

n	t_W	e	U	t_d	t_W	e	U	t_d	t_W	e	U	t_d	t_W	e	U	t_d	t_W	e	U	t_d	n
	32.0				**32.1**				**32.2**				**32.3**				**32.4**				
14	22.2	20.2	43	17.7	22.3	20.4	43	17.8	22.4	20.5	43	17.9	22.5	20.7	43	18.1	22.6	20.9	43	18.2	14
14	22.3	20.4	43	17.9	22.4	20.6	43	18.0	22.5	20.8	43	18.1	22.6	20.9	43	18.2	22.7	21.1	43	18.4	14
14	22.4	20.7	43	18.0	22.5	20.8	44	18.2	22.6	21.0	44	18.3	22.7	21.2	44	18.4	22.8	21.3	44	18.5	14
13	22.5	20.9	44	18.2	22.6	21.1	44	18.3	22.7	21.2	44	18.5	22.8	21.4	44	18.6	22.9	21.6	44	18.7	13
13	22.6	21.1	44	18.4	22.7	21.3	45	18.5	22.8	21.5	45	18.6	22.9	21.6	45	18.8	**23.0**	21.8	45	18.9	13
13	22.7	21.4	45	18.6	22.8	21.5	45	18.7	22.9	21.7	45	18.8	**23.0**	21.9	45	18.9	23.1	22.1	45	19.1	13
13	22.8	21.6	45	18.7	22.9	21.8	46	18.9	**23.0**	21.9	46	19.0	23.1	22.1	46	19.1	23.2	22.3	46	19.2	13
13	22.9	21.8	46	18.9	**23.0**	22.0	46	19.0	23.1	22.2	46	19.2	23.2	22.4	46	19.3	23.3	22.5	46	19.4	13
12	**23.0**	22.1	46	19.1	23.1	22.3	47	19.2	23.2	22.4	47	19.3	23.3	22.6	47	19.5	23.4	22.8	47	19.6	12
12	23.1	22.3	47	19.3	23.2	22.5	47	19.4	23.3	22.7	47	19.5	23.4	22.8	47	19.6	23.5	23.0	47	19.7	12
12	23.2	22.6	47	19.4	23.3	22.7	48	19.6	23.4	22.9	48	19.7	23.5	23.1	48	19.8	23.6	23.3	48	19.9	12
12	23.3	22.8	48	19.6	23.4	23.0	48	19.7	23.5	23.1	48	19.8	23.6	23.3	48	20.0	23.7	23.5	48	20.1	12
12	23.4	23.0	48	19.8	23.5	23.2	49	19.9	23.6	23.4	49	20.0	23.7	23.6	49	20.1	23.8	23.7	49	20.3	12
11	23.5	23.3	49	19.9	23.6	23.5	49	20.1	23.7	23.6	49	20.2	23.8	23.8	49	20.3	23.9	24.0	49	20.4	11
11	23.6	23.5	49	20.1	23.7	23.7	50	20.2	23.8	23.9	50	20.3	23.9	24.0	50	20.5	**24.0**	24.2	50	20.6	11
11	23.7	23.8	50	20.3	23.8	23.9	50	20.4	23.9	24.1	50	20.5	**24.0**	24.3	50	20.6	24.1	24.5	50	20.7	11
11	23.8	24.0	50	20.4	23.9	24.2	51	20.6	**24.0**	24.4	51	20.7	24.1	24.5	51	20.8	24.2	24.7	51	20.9	11
11	23.9	24.2	51	20.6	**24.0**	24.4	51	20.7	24.1	24.6	51	20.8	24.2	24.8	51	21.0	24.3	25.0	51	21.1	11
11	**24.0**	24.5	52	20.8	24.1	24.7	52	20.9	24.2	24.9	52	21.0	24.3	25.0	52	21.1	24.4	25.2	52	21.2	11
10	24.1	24.7	52	20.9	24.2	24.9	52	21.0	24.3	25.1	52	21.2	24.4	25.3	52	21.3	24.5	25.5	52	21.4	10
10	24.2	25.0	53	21.1	24.3	25.2	53	21.2	24.4	25.4	53	21.3	24.5	25.5	53	21.4	24.6	25.7	53	21.6	10
10	24.3	25.2	53	21.2	24.4	25.4	53	21.4	24.5	25.6	53	21.5	24.6	25.8	53	21.6	24.7	26.0	53	21.7	10
10	24.4	25.5	54	21.4	24.5	25.7	54	21.5	24.6	25.9	54	21.6	24.7	26.0	54	21.8	24.8	26.2	54	21.9	10
10	24.5	25.7	54	21.6	24.6	25.9	54	21.7	24.7	26.1	54	21.8	24.8	26.3	54	21.9	24.9	26.5	54	22.0	10
10	24.6	26.0	55	21.7	24.7	26.2	55	21.8	24.8	26.4	55	22.0	24.9	26.5	55	22.1	**25.0**	26.7	55	22.2	10
9	24.7	26.2	55	21.9	24.8	26.4	55	22.0	24.9	26.6	55	22.1	**25.0**	26.8	55	22.2	25.1	27.0	55	22.3	9
9	24.8	26.5	56	22.0	24.9	26.7	56	22.2	**25.0**	26.9	56	22.3	25.1	27.1	56	22.4	25.2	27.2	56	22.5	9
9	24.9	26.7	56	22.2	**25.0**	26.9	56	22.3	25.1	27.1	56	22.4	25.2	27.3	56	22.5	25.3	27.5	57	22.7	9
9	**25.0**	27.0	57	22.4	25.1	27.2	57	22.5	25.2	27.4	57	22.6	25.3	27.6	57	22.7	25.4	27.8	57	22.8	9
9	25.1	27.3	57	22.5	25.2	27.4	57	22.6	25.3	27.6	57	22.7	25.4	27.8	58	22.8	25.5	28.0	58	23.0	9
9	25.2	27.5	58	22.7	25.3	27.7	58	22.8	25.4	27.9	58	22.9	25.5	28.1	58	23.0	25.6	28.3	58	23.1	9
8	25.3	27.8	58	22.8	25.4	28.0	58	22.9	25.5	28.2	59	23.0	25.6	28.3	59	23.2	25.7	28.5	59	23.3	8
8	25.4	28.0	59	23.0	25.5	28.2	59	23.1	25.6	28.4	59	23.2	25.7	28.6	59	23.3	25.8	28.8	59	23.4	8
8	25.5	28.3	59	23.1	25.6	28.5	60	23.2	25.7	28.7	60	23.3	25.8	28.9	60	23.5	25.9	29.1	60	23.6	8
8	25.6	28.5	60	23.3	25.7	28.7	60	23.4	25.8	28.9	60	23.5	25.9	29.1	60	23.6	**26.0**	29.3	60	23.7	8
8	25.7	28.8	61	23.4	25.8	29.0	61	23.5	25.9	29.2	61	23.6	**26.0**	29.4	61	23.8	26.1	29.6	61	23.9	8
8	25.8	29.1	61	23.6	25.9	29.3	61	23.7	**26.0**	29.5	61	23.8	26.1	29.7	61	23.9	26.2	29.9	61	24.0	8
7	25.9	29.3	62	23.7	**26.0**	29.5	62	23.8	26.1	29.7	62	23.9	26.2	29.9	62	24.1	26.3	30.1	62	24.2	7
7	**26.0**	29.6	62	23.9	26.1	29.8	62	24.0	26.2	30.0	62	24.1	26.3	30.2	62	24.2	26.4	30.4	63	24.3	7
7	26.1	29.9	63	24.0	26.2	30.1	63	24.1	26.3	30.3	63	24.2	26.4	30.5	63	24.4	26.5	30.7	63	24.5	7
7	26.2	30.1	63	24.2	26.3	30.3	63	24.3	26.4	30.5	64	24.4	26.5	30.7	64	24.5	26.6	30.9	64	24.6	7
7	26.3	30.4	64	24.3	26.4	30.6	64	24.4	26.5	30.8	64	24.5	26.6	31.0	64	24.7	26.7	31.2	64	24.8	7
7	26.4	30.7	65	24.5	26.5	30.9	65	24.6	26.6	31.1	65	24.7	26.7	31.3	65	24.8	26.8	31.5	65	24.9	7
7	26.5	30.9	65	24.6	26.6	31.1	65	24.7	26.7	31.4	65	24.8	26.8	31.6	65	24.9	26.9	31.8	65	25.1	7
6	26.6	31.2	66	24.8	26.7	31.4	66	24.9	26.8	31.6	66	25.0	26.9	31.8	66	25.1	**27.0**	32.0	66	25.2	6
6	26.7	31.5	66	24.9	26.8	31.7	66	25.0	26.9	31.9	66	25.1	**27.0**	32.1	66	25.2	27.1	32.3	66	25.3	6
6	26.8	31.8	67	25.0	26.9	32.0	67	25.2	**27.0**	32.2	67	25.3	27.1	32.4	67	25.4	27.2	32.6	67	25.5	6
6	26.9	32.0	67	25.2	**27.0**	32.2	67	25.3	27.1	32.5	67	25.4	27.2	32.7	68	25.5	27.3	32.9	68	25.6	6
6	**27.0**	32.3	68	25.3	27.1	32.5	68	25.4	27.2	32.7	68	25.6	27.3	32.9	68	25.7	27.4	33.2	68	25.8	6
6	27.1	32.6	69	25.5	27.2	32.8	69	25.6	27.3	33.0	69	25.7	27.4	33.2	69	25.8	27.5	33.4	69	25.9	6
6	27.2	32.9	69	25.6	27.3	33.1	69	25.7	27.4	33.3	69	25.8	27.5	33.5	69	25.9	27.6	33.7	69	26.1	6
5	27.3	33.1	70	25.8	27.4	33.4	70	25.9	27.5	33.6	70	26.0	27.6	33.8	70	26.1	27.7	34.0	70	26.2	5
5	27.4	33.4	70	25.9	27.5	33.6	70	26.0	27.6	33.9	70	26.1	27.7	34.1	70	26.2	27.8	34.3	70	26.3	5
5	27.5	33.7	71	26.0	27.6	33.9	71	26.2	27.7	34.1	71	26.3	27.8	34.4	71	26.4	27.9	34.6	71	26.5	5
5	27.6	34.0	71	26.2	27.7	34.2	72	26.3	27.8	34.4	72	26.4	27.9	34.6	72	26.5	**28.0**	34.9	72	26.6	5
5	27.7	34.3	72	26.3	27.8	34.5	72	26.4	27.9	34.7	72	26.5	**28.0**	34.9	72	26.7	28.1	35.1	72	26.8	5
5	27.8	34.6	73	26.5	27.9	34.8	73	26.6	**28.0**	35.0	73	26.7	28.1	35.2	73	26.8	28.2	35.4	73	26.9	5
5	27.9	34.8	73	26.6	**28.0**	35.1	73	26.7	28.1	35.3	73	26.8	28.2	35.5	73	26.9	28.3	35.7	73	27.0	5
5	**28.0**	35.1	74	26.7	28.1	35.3	74	26.9	28.2	35.6	74	27.0	28.3	35.8	74	27.1	28.4	36.0	74	27.2	5
4	28.1	35.4	74	26.9	28.2	35.6	75	27.0	28.3	35.9	75	27.1	28.4	36.1	75	27.2	28.5	36.3	75	27.3	4
4	28.2	35.7	75	27.0	28.3	35.9	75	27.1	28.4	36.1	75	27.2	28.5	36.4	75	27.3	28.6	36.6	75	27.5	4
4	28.3	36.0	76	27.2	28.4	36.2	76	27.3	28.5	36.4	76	27.4	28.6	36.7	76	27.5	28.7	36.9	76	27.6	4
4	28.4	36.3	76	27.3	28.5	36.5	76	27.4	28.6	36.7	76	27.5	28.7	37.0	76	27.6	28.8	37.2	76	27.7	4
4	28.5	36.6	77	27.4	28.6	36.8	77	27.5	28.7	37.0	77	27.6	28.8	37.3	77	27.8	28.9	37.5	77	27.9	4
4	28.6	36.9	78	27.6	28.7	37.1	78	27.7	28.8	37.3	78	27.8	28.9	37.6	78	27.9	**29.0**	37.8	78	28.0	4
4	28.7	37.2	78	27.7	28.8	37.4	78	27.8	28.9	37.6	78	27.9	**29.0**	37.9	78	28.0	29.1	38.1	78	28.1	4
4	28.8	37.5	79	27.8	28.9	37.7	79	28.0	**29.0**	37.9	79	28.1	29.1	38.1	79	28.2	29.2	38.4	79	28.3	4
3	28.9	37.8	79	28.0	**29.0**	38.0	79	28.1	29.1	38.2	79	28.2	29.2	38.4	80	28.3	29.3	38.7	80	28.4	3
3	**29.0**	38.1	80	28.1	29.1	38.3	80	28.2	29.2	38.5	80	28.3	29.3	38.8	80	28.4	29.4	39.0	80	28.5	3
3	29.1	38.3	81	28.3	29.2	38.6	81	28.4	29.3	38.8	81	28.5	29.4	39.1	81	28.6	29.5	39.3	81	28.7	3
3	29.2	38.6	81	28.4	29.3	38.9	81	28.5	29.4	39.1	81	28.6	29.5	39.4	81	28.7	29.6	39.6	81	28.8	3
3	29.3	39.0	82	28.5	29.4	39.2	82	28.6	29.5	39.4	82	28.7	29.6	39.7	82	28.8	29.7	39.9	82	28.9	3
3	29.4	39.3	83	28.7	29.5	39.5	83	28.8	29.6	39.7	83	28.9	29.7	40.0	83	29.0	29.8	40.2	83	29.1	3

n	t_W	e	U	t_d	t_W	e	U	t_d	t_W	e	U	t_d	t_W	e	U	t_d	t_W	e	U	t_d	n
	32.0				**32.1**				**32.2**				**32.3**				**32.4**				
3	29.5	39.6	83	28.8	29.6	39.8	83	28.9	29.7	40.0	83	29.0	29.8	40.3	83	29.1	29.9	40.5	83	29.2	3
3	29.6	39.9	84	28.9	29.7	40.1	84	29.0	29.8	40.3	84	29.1	29.9	40.6	84	29.2	**30.0**	40.8	84	29.3	3
2	29.7	40.2	84	29.1	29.8	40.4	85	29.2	29.6	40.7	85	29.3	**30.0**	40.9	85	29.4	30.1	41.1	85	29.5	2
2	29.8	40.5	85	29.2	29.9	40.7	85	29.3	**30.0**	41.0	85	29.4	30.1	41.2	85	29.5	30.2	41.4	85	29.6	2
2	29.9	40.8	86	29.3	**30.0**	41.0	86	29.4	30.1	41.3	86	29.5	30.2	41.5	86	29.6	30.3	41.8	86	29.7	2
2	**30.0**	41.1	86	29.4	30.1	41.3	86	29.5	30.2	41.6	86	29.7	30.3	41.8	86	29.8	30.4	42.1	87	29.9	2
2	30.1	41.4	87	29.6	30.2	41.6	87	29.7	30.3	41.9	87	29.8	30.4	42.1	87	29.9	30.5	42.4	87	30.0	2
2	30.2	41.7	88	29.7	30.3	42.0	88	29.8	30.4	42.2	88	29.0	30.5	42.5	88	30.0	30.6	42.7	88	30.1	2
2	30.3	42.0	88	29.8	30.4	42.3	88	29.9	30.5	42.5	88	30.0	30.6	42.8	88	30.1	30.7	43.0	88	30.2	2
2	30.4	42.3	89	30.0	30.5	42.6	89	30.1	30.6	42.8	89	30.2	30.7	43.1	89	30.3	30.8	43.3	89	30.4	2
2	30.5	42.7	90	30.1	30.6	42.9	90	30.2	30.7	43.2	90	30.3	30.8	43.4	90	30.4	30.9	43.7	90	30.5	2
1	30.6	43.0	90	30.2	30.7	43.2	90	30.3	30.8	43.5	90	30.4	30.9	43.7	90	30.5	**31.0**	44.0	90	30.6	1
1	30.7	43.3	91	30.4	30.8	43.5	91	30.5	30.9	43.8	91	30.6	**31.C**	44.1	91	30.7	31.1	44.3	91	30.8	1
1	30.8	43.6	92	30.5	30.9	43.9	92	30.6	**31.0**	44.1	92	30.7	31.1	44.4	92	30.8	31.2	44.6	92	30.9	1
1	30.9	43.9	92	30.6	**31.0**	44.2	92	30.7	31.1	44.4	92	30.8	31.2	44.7	92	30.9	31.3	45.0	92	31.0	1
1	**31.0**	44.3	93	30.7	31.1	44.5	93	30.8	31.2	44.8	93	30.9	31.3	45.0	93	31.0	31.4	45.3	93	31.1	1
1	31.1	44.6	94	30.9	31.2	44.8	94	31.0	31.3	45.1	94	31.1	31.4	45.4	94	31.2	31.5	45.6	94	31.3	1
1	31.2	44.9	94	31.0	31.3	45.2	94	31.1	31.4	45.4	94	31.2	31.5	45.7	94	31.3	31.6	45.9	94	31.4	1
1	31.3	45.2	95	31.1	31.4	45.5	95	31.2	31.5	45.8	95	31.3	31.6	46.0	95	31.4	31.7	46.3	95	31.5	1
1	31.4	45.6	96	31.2	31.5	45.8	96	31.3	31.6	46.1	96	31.4	31.7	46.3	96	31.5	31.8	46.6	96	31.6	1
0	31.5	45.9	97	31.4	31.6	46.1	97	31.5	31.7	46.4	97	31.6	31.8	46.7	97	31.7	31.9	46.9	97	31.8	0
0	31.6	46.2	97	31.5	31.7	46.5	97	31.6	31.8	46.7	97	31.7	31.9	47.0	97	31.8	**32.0**	47.3	97	31.9	0
0	31.7	46.5	98	31.6	31.8	46.8	98	31.7	31.9	47.1	98	31.8	**32.0**	47.3	98	31.9	32.1	47.6	98	32.0	0
0	31.8	46.9	99	31.7	31.9	47.1	99	31.9	**32.0**	47.4	99	32.0	32.1	47.7	99	32.1	32.2	48.0	99	32.2	0
0	31.9	47.2	99	31.9	**32.0**	47.5	99	32.0	32.1	47.8	99	32.1	32.2	48.0	99	32.2	32.3	48.3	99	32.3	0
0	**32.0**	47.5	100	32.0	32.1	47.8	100	32.1	32.2	48.1	100	32.2	32.3	48.4	100	32.3	32.4	48.6	100	32.4	0
	32.5				**32.6**				**32.7**				**32.8**				**32.9**				
43													12.1	0.3	1	-35.4	12.2	0.4	1	-32.7	43
43					**12.0**	0.3	1	-36.3	12.1	0.4	1	-33.4	12.2	0.5	1	-31.0	12.3	0.6	1	-29.1	43
42	**12.0**	0.3	1	-34.1	12.1	0.4	1	-31.6	12.2	0.5	1	-29.6	12.3	0.6	1	-27.9	12.4	0.7	1	-26.3	42
42	12.1	0.5	1	-30.1	12.2	0.6	1	-28.3	12.3	0.7	1	-26.7	12.4	0.8	2	-25.3	12.5	0.9	2	-24.1	42
42	12.2	0.7	1	-27.2	12.3	0.8	2	-25.7	12.4	0.8	2	-24.4	12.5	0.9	2	-23.2	12.6	1.0	2	-22.1	42
41	12.3	0.8	2	-24.8	12.4	0.9	2	-23.6	12.5	1.0	2	-22.5	12.6	1.1	2	-21.4	12.7	1.2	2	-20.5	41
41	12.4	1.0	2	-22.8	12.5	1.1	2	-21.7	12.6	1.2	2	-20.8	12.7	1.3	3	-19.9	12.8	1.4	3	-19.0	41
41	12.5	1.1	2	-21.1	12.6	1.2	3	-20.1	12.7	1.3	3	-19.3	12.8	1.4	3	-18.4	12.9	1.5	3	-17.7	41
40	12.6	1.3	3	-19.5	12.7	1.4	3	-18.7	12.8	1.5	3	-17.9	12.9	1.6	3	-17.2	**13.0**	1.7	3	-16.5	40
40	12.7	1.5	3	-18.1	12.8	1.6	3	-17.4	12.9	1.7	3	-16.7	**13.0**	1.8	4	-16.0	13.1	1.9	4	-15.3	40
40	12.8	1.6	3	-16.9	12.9	1.7	4	-16.2	**13.0**	1.8	4	-15.5	13.1	1.9	4	-14.9	13.2	2.0	4	-14.3	40
39	12.9	1.8	4	-15.8	**13.0**	1.9	4	-15.1	13.1	2.0	4	-14.5	13.2	2.1	4	-13.9	13.3	2.2	4	-13.3	39
39	**13.0**	2.0	4	-14.7	13.1	2.1	4	-14.1	13.2	2.2	4	-13.5	13.3	2.3	5	-13.0	13.4	2.4	5	-12.4	39
39	13.1	2.1	4	-13.7	13.2	2.2	5	-13.1	13.3	2.3	5	-12.6	13.4	2.4	5	-12.1	13.5	2.5	5	-11.6	39
38	13.2	2.3	5	-12.8	13.3	2.4	5	-12.3	13.4	2.5	5	-11.7	13.5	2.6	5	-11.3	13.6	2.7	5	-10.8	38
38	13.3	2.5	5	-11.9	13.4	2.6	5	-11.4	13.5	2.7	5	-10.9	13.6	2.8	6	-10.5	13.7	2.9	6	-10.0	38
38	13.4	2.6	5	-11.1	13.5	2.7	6	-10.6	13.6	2.8	5	-10.2	13.7	2.9	6	-9.7	13.8	3.0	6	-9.3	38
37	13.5	2.8	6	-10.3	13.6	2.9	6	-9.9	13.7	3.0	6	-9.4	13.8	3.1	6	-9.0	13.9	3.2	6	-8.6	37
37	13.6	3.0	6	-9.6	13.7	3.1	6	-9.2	13.8	3.2	6	-8.7	13.9	3.3	7	-8.3	**14.0**	3.4	7	-7.9	37
37	13.7	3.1	6	-8.9	13.8	3.2	7	-8.5	13.9	3.3	7	-8.1	**14.0**	3.4	7	-7.7	14.1	3.5	7	-7.3	37
36	13.8	3.3	7	-8.2	13.9	3.4	7	-7.8	**14.0**	3.5	7	-7.4	14.1	3.6	7	-7.0	14.2	3.7	7	-6.7	36
36	13.9	3.5	7	-7.6	**14.0**	3.6	7	-7.2	14.1	3.7	7	-6.8	14.2	3.8	8	-6.4	14.3	3.9	8	-6.1	36
36	**14.0**	3.6	7	-6.9	14.1	3.7	8	-6.6	14.2	3.8	8	-6.2	14.3	3.9	8	-5.9	14.4	4.1	8	-5.5	36
35	14.1	3.8	8	-6.3	14.2	3.9	8	-6.0	14.3	4.0	8	-5.6	14.4	4.1	8	-5.3	14.5	4.2	8	-5.0	35
35	14.2	4.0	8	-5.8	14.3	4.1	8	-5.4	14.4	4.2	8	-5.1	14.5	4.3	9	-4.7	14.6	4.4	9	-4.4	35
35	14.3	4.1	8	-5.2	14.4	4.3	9	-4.9	14.5	4.4	9	-4.5	14.6	4.5	9	-4.2	14.7	4.6	9	-3.9	35
34	14.4	4.3	9	-4.7	14.5	4.4	9	-4.3	14.6	4.5	9	-4.0	14.7	4.6	9	-3.7	14.8	4.8	9	-3.4	34
34	14.5	4.5	9	-4.1	14.6	4.6	9	-3.8	14.7	4.7	10	-3.5	14.8	4.8	10	-3.2	14.9	4.9	10	-2.9	34
34	14.6	4.7	10	-3.6	14.7	4.8	10	-3.3	14.8	4.9	10	-3.0	14.9	5.0	10	-2.7	**15.0**	5.1	10	-2.4	34
33	14.7	4.8	10	-3.2	14.8	5.0	10	-2.9	14.9	5.1	10	-2.6	**15.0**	5.2	10	-2.3	15.1	5.3	11	-2.0	33
33	14.8	5.0	10	-2.7	14.9	5.1	10	-2.4	**15.0**	5.2	11	-2.1	15.1	5.3	11	-1.8	15.2	5.5	11	-1.5	33
33	14.9	5.2	11	-2.2	**15.0**	5.3	11	-1.9	15.1	5.4	11	-1.6	15.2	5.5	11	-1.4	15.3	5.6	11	-1.1	33
33	**15.0**	5.4	11	-1.8	15.1	5.5	11	-1.5	15.2	5.6	11	-1.2	15.3	5.7	11	-0.9	15.4	5.8	12	-0.7	33
32	15.1	5.5	11	-1.3	15.2	5.7	12	-1.0	15.3	5.8	12	-0.8	15.4	5.9	12	-0.5	15.5	6.0	12	-0.3	32
32	15.2	5.7	12	-0.9	15.3	5.8	12	-0.6	15.4	5.9	12	-0.4	15.5	6.1	12	-0.1	15.6	6.2	12	0.1	32
32	15.3	5.9	12	-0.5	15.4	6.0	12	-0.2	15.5	6.1	12	0.0	15.6	6.2	13	0.3	15.7	6.4	13	0.5	32
31	15.4	6.1	12	-0.1	15.5	6.2	13	0.2	15.6	6.3	13	0.4	15.7	6.4	13	0.7	15.8	6.5	13	0.9	31
31	15.5	6.3	13	0.3	15.6	6.4	13	0.6	15.7	6.5	13	0.8	15.8	6.6	13	1.1	15.9	6.7	13	1.3	31
31	15.6	6.4	13	0.7	15.7	6.6	13	1.0	15.8	6.7	13	1.2	15.9	6.8	14	1.5	**16.0**	6.9	14	1.7	31
30	15.7	6.6	14	1.1	15.8	6.7	14	1.4	15.9	6.8	14	1.6	**16.0**	7.0	14	1.8	16.1	7.1	14	2.1	30
30	15.8	6.8	14	1.5	15.9	6.9	14	1.7	**16.0**	7.0	14	2.0	16.1	7.1	14	2.2	16.2	7.3	15	2.4	30
30	15.9	7.0	14	1.9	**16.0**	7.1	14	2.1	16.1	7.2	15	2.3	16.2	7.3	15	2.5	16.3	7.5	15	2.8	30
30	**16.0**	7.2	15	2.2	16.1	7.3	15	2.4	16.2	7.4	15	2.7	16.3	7.5	15	2.9	16.4	7.6	15	3.1	30
29	16.1	7.3	15	2.6	16.2	7.5	15	2.8	16.3	7.0	15	3.0	16.4	7.7	15	3.2	16.5	7.8	16	3.5	29

n	t_W	e	U	t_d	t_W	e	U	t_d	t_W	e	U	t_d	t_W	e	U	t_d	t_W	e	U	t_d	n
	32.5				**32.6**				**32.7**				**32.8**				**32.9**				
29	16.2	7.5	15	2.9	16.3	7.7	16	3.1	16.4	7.8	16	3.4	16.5	7.9	16	3.6	16.6	8.0	16	3.8	29
29	16.3	7.7	16	3.3	16.4	7.8	16	3.5	16.5	8.0	16	3.7	16.6	8.1	16	3.9	16.7	8.2	16	4.1	29
28	16.4	7.9	16	3.6	16.5	8.0	16	3.8	16.6	8.1	16	4.0	16.7	8.3	17	4.2	16.8	8.4	17	4.4	28
28	16.5	8.1	17	3.9	16.6	8.2	17	4.1	16.7	8.3	17	4.3	16.8	8.4	17	4.6	16.9	8.6	17	4.8	28
28	16.6	8.3	17	4.3	16.7	8.4	17	4.5	16.8	8.5	17	4.7	16.9	8.6	17	4.9	**17.0**	8.8	18	5.1	28
28	16.7	8.5	17	4.6	16.8	8.6	17	4.8	16.9	8.7	18	5.0	**17.0**	8.8	18	5.2	17.1	8.9	18	5.4	28
27	16.8	8.6	18	4.9	16.9	8.8	18	5.1	**17.0**	8.9	18	5.3	17.1	9.0	18	5.5	17.2	9.1	18	5.7	27
27	16.9	8.8	18	5.2	**17.0**	9.0	18	5.4	17.1	9.1	18	5.6	17.2	9.2	19	5.8	17.3	9.3	19	6.0	27
27	**17.0**	9.0	18	5.5	17.1	9.1	19	5.7	17.2	9.3	19	5.9	17.3	9.4	19	6.1	17.4	9.5	19	6.3	27
27	17.1	9.2	19	5.8	17.2	9.3	19	6.0	17.3	9.5	19	6.2	17.4	9.6	19	6.4	17.5	9.7	19	6.6	27
26	17.2	9.4	19	6.1	17.3	9.5	19	6.3	17.4	9.7	20	6.5	17.5	9.8	20	6.7	17.6	9.9	20	6.8	26
26	17.3	9.6	20	6.4	17.4	9.7	20	6.6	17.5	9.8	20	6.8	17.6	10.0	20	6.9	17.7	10.1	20	7.1	26
26	17.4	9.8	20	6.7	17.5	9.9	20	6.9	17.6	10.0	20	7.0	17.7	10.2	20	7.2	17.8	10.3	21	7.4	26
25	17.5	10.0	20	7.0	17.6	10.1	21	7.1	17.7	10.2	21	7.3	17.8	10.4	21	7.5	17.9	10.5	21	7.7	25
25	17.6	10.2	21	7.2	17.7	10.3	21	7.4	17.8	10.4	21	7.6	17.9	10.6	21	7.8	**18.0**	10.7	21	8.0	25
25	17.7	10.4	21	7.5	17.8	10.5	21	7.7	17.9	10.6	21	7.9	**18.0**	10.8	22	8.0	18.1	10.9	22	8.2	25
25	17.8	10.6	22	7.8	17.9	10.7	22	8.0	**18.0**	10.8	22	8.1	18.1	11.0	22	8.3	18.2	11.1	22	8.5	25
24	17.9	10.8	22	8.1	**18.0**	10.9	22	8.2	18.1	11.0	22	8.4	18.2	11.2	22	8.6	18.3	11.3	23	8.8	24
24	**18.0**	11.0	22	8.3	18.1	11.1	23	8.5	18.2	11.2	23	8.7	18.3	11.3	23	8.8	18.4	11.5	23	9.0	24
24	18.1	11.2	23	8.6	18.2	11.3	23	8.8	18.3	11.4	23	8.9	18.4	11.5	23	9.1	18.5	11.7	23	9.3	24
24	18.2	11.4	23	8.8	18.3	11.5	23	9.0	18.4	11.6	23	9.2	18.5	11.7	24	9.4	18.6	11.9	24	9.5	24
23	18.3	11.5	24	9.1	18.4	11.7	24	9.3	18.5	11.8	24	9.4	18.6	11.9	24	9.6	18.7	12.1	24	9.8	23
23	18.4	11.7	24	9.4	18.5	11.9	24	9.5	18.6	12.0	24	9.7	18.7	12.1	24	9.9	18.8	12.3	25	10.0	23
23	18.5	11.9	24	9.6	18.6	12.1	25	9.8	18.7	12.2	25	9.9	18.8	12.4	25	10.1	18.9	12.5	25	10.3	23
23	18.6	12.1	25	9.8	18.7	12.3	25	10.0	18.8	12.4	25	10.2	18.9	12.6	25	10.3	**19.0**	12.7	25	10.5	23
22	18.7	12.3	25	10.1	18.8	12.5	25	10.3	18.9	12.6	26	10.4	**19.0**	12.8	26	10.6	19.1	12.9	26	10.7	22
22	18.8	12.6	26	10.3	18.9	12.7	26	10.5	**19.0**	12.8	26	10.7	19.1	13.0	26	10.8	19.2	13.1	26	11.0	22
22	18.9	12.8	26	10.6	**19.0**	12.9	26	10.7	19.1	13.0	26	10.9	19.2	13.2	26	11.1	19.3	13.3	27	11.2	22
22	**19.0**	13.0	26	10.8	19.1	13.1	27	11.0	19.2	13.2	27	11.1	19.3	13.4	27	11.3	19.4	13.5	27	11.4	22
21	19.1	13.2	27	11.1	19.2	13.3	27	11.2	19.3	13.4	27	11.4	19.4	13.6	27	11.5	19.5	13.7	27	11.7	21
21	19.2	13.4	27	11.3	19.3	13.5	27	11.4	19.4	13.6	28	11.6	19.5	13.8	28	11.7	19.6	13.9	28	11.9	21
21	19.3	13.6	28	11.5	19.4	13.7	28	11.7	19.5	13.9	28	11.8	19.6	14.0	28	12.0	19.7	14.1	28	12.1	21
21	19.4	13.8	28	11.7	19.5	13.9	28	11.9	19.6	14.1	28	12.0	19.7	14.2	29	12.2	19.8	14.3	29	12.4	21
20	19.5	14.0	29	12.0	19.6	14.1	29	12.1	19.7	14.3	29	12.3	19.8	14.4	29	12.4	19.9	14.6	29	12.6	20
20	19.6	14.2	29	12.2	19.7	14.3	29	12.3	19.8	14.5	29	12.5	19.9	14.6	29	12.6	**20.0**	14.8	30	12.8	20
20	19.7	14.4	29	12.4	19.8	14.5	30	12.6	19.9	14.7	30	12.7	**20.0**	14.8	30	12.9	20.1	15.0	30	13.0	20
20	19.8	14.6	30	12.6	19.9	14.8	30	12.8	**20.0**	14.9	30	12.9	20.1	15.0	30	13.1	20.2	15.2	30	13.2	20
20	19.9	14.8	30	12.9	**20.0**	15.0	30	13.0	20.1	15.1	31	13.1	20.2	15.3	31	13.3	20.3	15.4	31	13.4	20
19	**20.0**	15.0	31	13.1	20.1	15.2	31	13.2	20.2	15.3	31	13.4	20.3	15.5	31	13.5	20.4	15.6	31	13.7	19
19	20.1	15.2	31	13.3	20.2	15.4	31	13.4	20.3	15.5	31	13.6	20.4	15.7	32	13.7	20.5	15.8	32	13.9	19
19	20.2	15.5	32	13.5	20.3	15.6	32	13.6	20.4	15.8	32	13.8	20.5	15.9	32	13.9	20.6	16.0	32	14.1	19
19	20.3	15.7	32	13.7	20.4	15.8	32	13.8	20.5	16.0	32	14.0	20.6	16.1	32	14.1	20.7	16.3	33	14.3	19
18	20.4	15.9	32	13.9	20.5	16.0	33	14.1	20.6	16.2	33	14.2	20.7	16.3	33	14.3	20.8	16.5	33	14.5	18
18	20.5	16.1	33	14.1	20.6	16.2	33	14.3	20.7	16.4	33	14.4	20.8	16.6	33	14.5	20.9	16.7	33	14.7	18
18	20.6	16.3	33	14.3	20.7	16.5	33	14.5	20.8	16.6	34	14.6	20.9	16.8	34	14.7	**21.0**	16.9	34	14.9	18
18	20.7	16.5	34	14.5	20.8	16.7	34	14.7	20.9	16.8	34	14.8	**21.0**	17.0	34	15.0	21.1	17.1	34	15.1	18
18	20.8	16.8	34	14.7	20.9	16.9	34	14.9	**21.0**	17.1	34	15.0	21.1	17.2	35	15.2	21.2	17.4	35	15.3	18
17	20.9	17.0	35	14.9	**21.0**	17.1	35	15.1	21.1	17.3	35	15.2	21.2	17.4	35	15.3	21.3	17.6	35	15.5	17
17	**21.0**	17.2	35	15.1	21.1	17.3	35	15.3	21.2	17.5	35	15.4	21.3	17.6	35	15.5	21.4	17.8	36	15.7	17
17	21.1	17.4	36	15.3	21.2	17.6	36	15.5	21.3	17.7	36	15.6	21.4	17.9	36	15.7	21.5	18.0	36	15.9	17
17	21.2	17.6	36	15.5	21.3	17.8	36	15.7	21.4	17.9	36	15.8	21.5	18.1	36	15.9	21.6	18.3	36	16.1	17
16	21.3	17.8	36	15.7	21.4	18.0	37	15.9	21.5	18.2	37	16.0	21.6	18.3	37	16.1	21.7	18.5	37	16.3	16
16	21.4	18.1	37	15.9	21.5	18.2	37	16.0	21.6	18.4	37	16.2	21.7	18.5	37	16.3	21.8	18.7	37	16.5	16
16	21.5	18.3	37	16.1	21.6	18.5	38	16.2	21.7	18.6	38	16.4	21.8	18.8	38	16.5	21.9	18.9	38	16.6	16
16	21.6	18.5	38	16.3	21.7	18.7	38	16.4	21.8	18.8	38	16.6	21.9	19.0	38	16.7	**22.0**	19.2	38	16.8	16
16	21.7	18.7	38	16.5	21.8	18.9	38	16.6	21.9	19.1	39	16.8	**22.0**	19.2	39	16.9	22.1	19.4	39	17.0	16
15	21.8	19.0	39	16.7	21.9	19.1	39	16.8	**22.0**	19.3	39	16.9	22.1	19.5	39	17.1	22.2	19.6	39	17.2	15
15	21.9	19.2	39	16.9	**22.0**	19.4	39	17.0	22.1	19.5	39	17.1	22.2	19.7	40	17.3	22.3	19.8	40	17.4	15
15	**22.0**	19.4	40	17.0	22.1	19.6	40	17.2	22.2	19.7	40	17.3	22.3	19.9	40	17.4	22.4	20.1	40	17.6	15
15	22.1	19.7	40	17.2	22.2	19.8	40	17.4	22.3	20.0	40	17.5	22.4	20.1	40	17.6	22.5	20.3	41	17.8	15
15	22.2	19.9	41	17.4	22.3	20.0	41	17.5	22.4	20.2	41	17.7	22.5	20.4	41	17.8	22.6	20.5	41	17.9	15
14	22.3	20.1	41	17.6	22.4	20.3	41	17.7	22.5	20.4	41	17.9	22.6	20.6	41	18.0	22.7	20.8	42	18.1	14
14	22.4	20.3	42	17.8	22.5	20.5	42	17.9	22.6	20.7	42	18.0	22.7	20.8	42	18.2	22.8	21.0	42	18.3	14
14	22.5	20.6	42	18.0	22.6	20.7	42	18.1	22.7	20.9	42	18.2	22.8	21.1	42	18.3	22.9	21.2	42	18.5	14
14	22.6	20.8	43	18.1	22.7	21.0	43	18.3	22.8	21.1	43	18.4	22.9	21.3	43	18.5	**23.0**	21.5	43	18.6	14
14	22.7	21.0	43	18.3	22.8	21.2	43	18.4	22.9	21.4	43	18.6	**23.0**	21.5	43	18.7	23.1	21.7	43	18.8	14
13	22.8	21.3	44	18.5	22.9	21.4	44	18.6	**23.0**	21.6	44	18.7	23.1	21.8	44	18.9	23.2	22.0	44	19.0	13
13	22.9	21.5	44	18.7	**23.0**	21.7	44	18.8	23.1	21.9	44	18.9	23.2	22.0	44	19.0	23.3	22.2	44	19.2	13
13	**23.0**	21.7	44	18.8	23.1	21.9	45	19.0	23.2	22.1	45	19.1	23.3	22.3	45	19.2	23.4	22.4	45	19.3	13
13	23.1	22.0	45	19.0	23.2	22.2	45	19.1	23.3	22.3	45	19.3	23.4	22.5	45	19.4	23.5	22.7	45	19.5	13
13	23.2	22.2	45	19.2	23.3	22.4	46	19.3	23.4	22.6	46	19.4	23.5	22.7	46	19.6	23.6	22.9	46	19.7	13
13	23.3	22.5	46	19.4	23.4	22.6	46	19.5	23.5	22.8	46	19.6	23.6	23.0	46	19.7	23.7	23.2	46	19.9	13
12	23.4	22.7	46	19.5	23.5	22.9	47	19.7	23.6	23.0	47	19.8	23.7	23.2	47	19.9	23.8	23.4	47	20.0	12

n	t_W	e	U	t_d	t_W	e	U	t_d	t_W	e	U	t_d	t_W	e	U	t_d	t_W	e	U	t_d	n
	32.5				**32.6**				**32.7**				**32.8**				**32.9**				
12	23.5	22.9	47	19.7	23.6	23.1	47	19.8	23.7	23.3	47	19.9	23.8	23.5	47	20.1	23.9	23.6	47	20.2	12
12	23.6	23.2	47	19.9	23.7	23.4	47	20.0	23.8	23.5	48	20.1	23.9	23.7	48	20.2	**24.0**	23.9	48	20.4	12
12	23.7	23.4	48	20.0	23.8	23.6	48	20.2	23.9	23.8	48	20.3	**24.0**	24.0	48	20.4	24.1	24.1	48	20.5	12
12	23.8	23.7	48	20.2	23.9	23.8	48	20.3	**24.0**	24.0	49	20.4	24.1	24.2	49	20.6	24.2	24.4	49	20.7	12
11	23.9	23.9	49	20.4	**24.0**	24.1	49	20.5	24.1	24.3	49	20.6	24.2	24.5	49	20.7	24.3	24.6	49	20.9	11
11	**24.0**	24.2	49	20.5	24.1	24.3	49	20.7	24.2	24.5	50	20.8	24.3	24.7	50	20.9	24.4	24.9	50	21.0	11
11	24.1	24.4	50	20.7	24.2	24.6	50	20.8	24.3	24.8	50	20.9	24.4	25.0	50	21.1	24.5	25.1	50	21.2	11
11	24.2	24.7	50	20.9	24.3	24.8	50	21.0	24.4	25.0	51	21.1	24.5	25.2	51	21.2	24.6	25.4	51	21.3	11
11	24.3	24.9	51	21.0	24.4	25.1	51	21.1	24.5	25.3	51	21.3	24.6	25.5	51	21.4	24.7	25.6	51	21.5	11
11	24.4	25.2	51	21.2	24.5	25.3	52	21.3	24.6	25.5	52	21.4	24.7	25.7	52	21.5	24.8	25.9	52	21.7	11
10	24.5	25.4	52	21.4	24.6	25.6	52	21.5	24.7	25.8	52	21.6	24.8	26.0	52	21.7	24.9	26.1	52	21.8	10
10	24.6	25.7	52	21.5	24.7	25.8	53	21.6	24.8	26.0	53	21.7	24.9	26.2	53	21.9	**25.0**	26.4	53	22.0	10
10	24.7	25.9	53	21.7	24.8	26.1	53	21.8	24.9	26.3	53	21.9	**25.0**	26.5	53	22.0	25.1	26.7	53	22.1	10
10	24.8	26.2	53	21.8	24.9	26.3	54	21.9	**25.0**	26.5	54	22.1	25.1	26.7	54	22.2	25.2	26.9	54	22.3	10
10	24.9	26.4	54	22.0	**25.0**	26.6	54	22.1	25.1	26.8	54	22.2	25.2	27.0	54	22.3	25.3	27.2	54	22.5	10
10	**25.0**	26.7	55	22.1	25.1	26.9	55	22.3	25.2	27.0	55	22.4	25.3	27.2	55	22.5	25.4	27.4	55	22.6	10
9	25.1	26.9	55	22.3	25.2	27.1	55	22.4	25.3	27.3	55	22.5	25.4	27.5	55	22.7	25.5	27.7	55	22.8	9
9	25.2	27.2	56	22.5	25.3	27.4	56	22.6	25.4	27.6	56	22.7	25.5	27.8	56	22.8	25.6	27.9	56	22.9	9
9	25.3	27.4	56	22.6	25.4	27.6	56	22.7	25.5	27.8	56	22.8	25.6	28.0	56	23.0	25.7	28.2	56	23.1	9
9	25.4	27.7	57	22.8	25.5	27.9	57	22.9	25.6	28.1	57	23.0	25.7	28.3	57	23.1	25.8	28.5	57	23.2	9
9	25.5	28.0	57	22.9	25.6	28.1	57	23.0	25.7	28.3	57	23.2	25.8	28.5	57	23.3	25.9	28.7	57	23.4	9
9	25.6	28.2	58	23.1	25.7	28.4	58	23.2	25.8	28.6	58	23.3	25.9	28.8	58	23.4	**26.0**	29.0	58	23.5	9
8	25.7	28.5	58	23.2	25.8	28.7	58	23.3	25.9	28.9	58	23.5	**26.0**	29.1	58	23.6	26.1	29.3	59	23.7	8
8	25.8	28.7	59	23.4	25.9	28.9	59	23.5	**26.0**	29.1	59	23.6	26.1	29.3	59	23.7	26.2	29.5	59	23.8	8
8	25.9	29.0	59	23.5	**26.0**	29.2	59	23.6	26.1	29.4	59	23.8	26.2	29.6	60	23.9	26.3	29.8	60	24.0	8
8	**26.0**	29.3	60	23.7	26.1	29.5	60	23.8	26.2	29.7	60	23.9	26.3	29.9	60	24.0	26.4	30.1	60	24.1	8
8	26.1	29.5	60	23.8	26.2	29.7	60	23.9	26.3	29.9	61	24.1	26.4	30.1	61	24.2	26.5	30.3	61	24.3	8
8	26.2	29.8	61	24.0	26.3	30.0	61	24.1	26.4	30.2	61	24.2	26.5	30.4	61	24.3	26.6	30.6	61	24.4	8
8	26.3	30.1	61	24.1	26.4	30.3	62	24.2	26.5	30.5	62	24.4	26.6	30.7	62	24.5	26.7	30.9	62	24.6	8
7	26.4	30.3	62	24.3	26.5	30.5	62	24.4	26.6	30.7	62	24.5	26.7	31.0	62	24.6	26.8	31.2	62	24.7	7
7	26.5	30.6	63	24.4	26.6	30.8	63	24.5	26.7	31.0	63	24.7	26.8	31.2	63	24.8	26.9	31.4	63	24.9	7
7	26.6	30.9	63	24.6	26.7	31.1	63	24.7	26.8	31.3	63	24.8	26.9	31.5	63	24.9	**27.0**	31.7	63	25.0	7
7	26.7	31.2	64	24.7	26.8	31.4	64	24.8	26.9	31.6	64	24.9	**27.0**	31.8	64	25.1	27.1	32.0	64	25.2	7
7	26.8	31.4	64	24.9	26.9	31.6	64	25.0	**27.0**	31.8	64	25.1	27.1	32.1	64	25.2	27.2	32.3	65	25.3	7
7	26.9	31.7	65	25.0	**27.0**	31.9	65	25.1	27.1	32.1	65	25.2	27.2	32.3	65	25.3	27.3	32.5	65	25.5	7
6	**27.0**	32.0	65	25.2	27.1	32.2	65	25.3	27.2	32.4	66	25.4	27.3	32.6	66	25.5	27.4	32.8	66	25.6	6
6	27.1	32.3	66	25.3	27.2	32.5	66	25.4	27.3	32.7	66	25.5	27.4	32.9	66	25.6	27.5	33.1	66	25.7	6
6	27.2	32.5	67	25.5	27.3	32.7	67	25.6	27.4	33.0	67	25.7	27.5	33.2	67	25.8	27.6	33.4	67	25.9	6
6	27.3	32.8	67	25.6	27.4	33.0	67	25.7	27.5	33.2	67	25.8	27.6	33.5	67	25.9	27.7	33.7	67	26.0	6
6	27.4	33.1	68	25.7	27.5	33.3	68	25.8	27.6	33.5	68	26.0	27.7	33.7	68	26.1	27.8	34.0	68	26.2	6
6	27.5	33.4	68	25.9	27.6	33.6	68	26.0	27.7	33.8	68	26.1	27.8	34.0	68	26.2	27.9	34.2	68	26.3	6
6	27.6	33.7	69	26.0	27.7	33.9	69	26.1	27.8	34.1	69	26.2	27.9	34.3	69	26.3	**28.0**	34.5	69	26.5	6
5	27.7	33.9	69	26.2	27.8	34.2	69	26.3	27.9	34.4	69	26.4	**28.0**	34.6	70	26.5	28.1	34.8	70	26.6	5
5	27.8	34.2	70	26.3	27.9	34.4	70	26.4	**28.0**	34.7	70	26.5	28.1	34.9	70	26.6	28.2	35.1	70	26.7	5
5	27.9	34.5	71	26.4	**28.0**	34.7	71	26.6	28.1	34.9	71	26.7	28.2	35.2	71	26.8	28.3	35.4	71	26.9	5
5	**28.0**	34.8	71	26.6	28.1	35.0	71	26.7	28.2	35.2	71	26.8	28.3	35.5	71	26.9	28.4	35.7	71	27.0	5
5	28.1	35.1	72	26.7	28.2	35.3	72	26.8	28.3	35.5	72	26.9	28.4	35.7	72	27.0	28.5	36.0	72	27.2	5
5	28.2	35.4	72	26.9	28.3	35.6	72	27.0	28.4	35.8	72	27.1	28.5	36.0	72	27.2	28.6	36.3	73	27.3	5
5	28.3	35.7	73	27.0	28.4	35.9	73	27.1	28.5	36.1	73	27.2	28.6	36.3	73	27.3	28.7	36.6	73	27.4	5
5	28.4	35.9	74	27.1	28.5	36.2	74	27.3	28.6	36.4	74	27.4	28.7	36.6	74	27.5	28.8	36.9	74	27.6	5
4	28.5	36.2	74	27.3	28.6	36.5	74	27.4	28.7	36.7	74	27.5	28.8	36.9	74	27.6	28.9	37.2	74	27.7	4
4	28.6	36.5	75	27.4	28.7	36.8	75	27.5	28.8	37.0	75	27.6	28.9	37.2	75	27.7	**29.0**	37.5	75	27.8	4
4	28.7	36.8	75	27.6	28.8	37.1	75	27.7	28.9	37.3	75	27.8	**29.0**	37.5	75	27.9	29.1	37.7	75	28.0	4
4	28.8	37.1	76	27.7	28.9	37.4	76	27.8	**29.0**	37.6	76	27.9	29.1	37.8	76	28.0	29.2	38.0	76	28.1	4
4	28.9	37.4	77	27.8	**29.0**	37.7	77	27.9	29.1	37.9	77	28.0	29.2	38.1	77	28.1	29.3	38.4	77	28.3	4
4	**29.0**	37.7	77	28.0	29.1	37.9	77	28.1	29.2	38.2	77	28.2	29.3	38.4	77	28.3	29.4	38.7	77	28.4	4
4	29.1	38.0	78	28.1	29.2	38.2	78	28.2	29.3	38.5	78	28.3	29.4	38.7	78	28.4	29.5	39.0	78	28.5	4
4	29.2	38.3	78	28.2	29.3	38.6	78	28.3	29.4	38.8	78	28.4	29.5	39.0	78	28.6	29.6	39.3	78	28.7	4
3	29.3	38.6	79	28.4	29.4	38.9	79	28.5	29.5	39.1	79	28.6	29.6	39.3	79	28.7	29.7	39.6	79	28.8	3
3	29.4	38.9	80	28.5	29.5	39.2	80	28.6	29.6	39.4	80	28.7	29.7	39.6	80	28.8	29.8	39.9	80	28.9	3
3	29.5	39.2	80	28.6	29.6	39.5	80	28.7	29.7	39.7	80	28.8	29.8	39.9	80	29.0	29.9	40.2	80	29.1	3
3	29.6	39.5	81	28.8	29.7	39.8	81	28.9	29.8	40.0	81	29.0	29.9	40.3	81	29.1	**30.0**	40.5	81	29.2	3
3	29.7	39.8	81	28.9	29.8	40.1	81	29.0	29.9	40.3	82	29.1	**30.0**	40.6	82	29.2	30.1	40.8	82	29.3	3
3	29.8	40.1	82	29.0	29.9	40.4	82	29.1	**30.0**	40.6	82	29.2	30.1	40.9	82	29.4	30.2	41.1	82	29.5	3
3	29.9	40.5	83	29.2	**30.0**	40.7	83	29.3	30.1	40.9	83	29.4	30.2	41.2	83	29.5	30.3	41.4	83	29.6	3
3	**30.0**	40.8	83	29.3	30.1	41.0	83	29.4	30.2	41.2	83	29.5	30.3	41.5	83	29.6	30.4	41.7	83	29.7	3
2	30.1	41.1	84	29.4	30.2	41.3	84	29.5	30.3	41.6	84	29.6	30.4	41.8	84	29.7	30.5	42.1	84	29.8	2
2	30.2	41.4	85	29.6	30.3	41.6	85	29.7	30.4	41.9	85	29.8	30.5	42.1	85	29.9	30.6	42.4	85	30.0	2
2	30.3	41.7	85	29.7	30.4	41.9	85	29.8	30.5	42.2	85	29.9	30.6	42.4	85	30.0	30.7	42.7	85	30.1	2
2	30.4	42.0	86	29.8	30.5	42.3	86	29.9	30.6	42.5	86	30.0	30.7	42.8	86	30.1	30.8	43.0	86	30.2	2
2	30.5	42.3	87	30.0	30.6	42.6	87	30.1	30.7	42.8	87	30.2	30.8	43.1	87	30.3	30.9	43.3	87	30.4	2
2	30.6	42.6	87	30.1	30.7	42.9	87	30.2	30.8	43.1	87	30.3	30.9	43.4	87	30.4	**31.0**	43.7	87	30.5	2
2	30.7	43.0	88	30.2	30.8	43.2	88	30.3	30.9	43.5	88	30.4	**31.0**	43.7	88	30.5	31.1	44.0	88	30.6	2

n	t_W	e	U	t_d	t_W	e	U	t_d	t_W	e	U	t_d	t_W	e	U	t_d	t_W	e	U	t_d	n
	32.5				**32.6**				**32.7**				**32.8**				**32.9**				
2	30.8	43.3	88	30.3	30.9	43.5	89	30.4	**31.0**	43.8	89	30.6	31.1	44.0	89	30.7	31.2	44.3	89	30.8	2
2	30.9	43.6	89	30.5	**31.0**	43.9	89	30.6	31.1	44.1	89	30.7	31.2	44.4	89	30.8	31.3	44.6	89	30.9	2
2	**31.0**	43.9	90	30.6	31.1	44.2	90	30.7	31.2	44.4	90	30.8	31.3	44.7	90	30.9	31.4	45.0	90	31.0	2
1	31.1	44.2	90	30.7	31.2	44.5	90	30.8	31.3	44.8	91	30.9	31.4	45.0	91	31.0	31.5	45.3	91	31.1	1
1	31.2	44.6	91	30.9	31.3	44.8	91	31.0	31.4	45.1	91	31.1	31.5	45.4	91	31.2	31.6	45.6	91	31.3	1
1	31.3	44.9	92	31.0	31.4	45.2	92	31.1	31.5	45.4	92	31.2	31.6	45.7	92	31.3	31.7	45.9	92	31.4	1
1	31.4	45.2	92	31.1	31.5	45.5	92	31.2	31.6	45.7	92	31.3	31.7	46.0	93	31.4	31.8	46.3	93	31.5	1
1	31.5	45.6	93	31.2	31.6	45.8	93	31.3	31.7	46.1	93	31.4	31.8	46.3	93	31.5	31.9	46.6	93	31.6	1
1	31.6	45.9	94	31.4	31.7	46.1	94	31.5	31.8	46.4	94	31.6	31.9	46.7	94	31.7	**32.0**	46.9	94	31.8	1
1	31.7	46.2	94	31.5	31.8	46.5	94	31.6	31.9	46.7	95	31.7	**32.0**	47.0	95	31.8	32.1	47.3	95	31.9	1
1	31.8	46.5	95	31.6	31.9	46.8	95	31.7	**32.0**	47.1	95	31.8	32.1	47.4	95	31.9	32.2	47.6	95	32.0	1
1	31.9	46.9	96	31.7	**32.0**	47.1	96	31.9	32.1	47.4	96	32.0	32.2	47.7	96	32.1	32.3	48.0	96	32.2	1
0	**32.0**	47.2	97	31.9	32.1	47.5	97	32.0	32.2	47.8	97	32.1	32.3	48.0	97	32.2	32.4	48.3	97	32.3	0
0	32.1	47.6	97	32.0	32.2	47.8	97	32.1	32.3	48.1	97	32.2	32.4	48.4	97	32.3	32.5	48.6	97	32.4	0
0	32.2	47.9	98	32.1	32.3	48.2	98	32.2	32.4	48.4	98	32.3	32.5	48.7	98	32.4	32.6	49.0	98	32.5	0
0	32.3	48.2	99	32.3	32.4	48.5	99	32.4	32.5	48.8	99	32.5	32.6	49.1	99	32.6	32.7	49.3	99	32.7	0
0	32.4	48.6	99	32.4	32.5	48.8	99	32.5	32.6	49.1	99	32.6	32.7	49.4	99	32.7	32.8	49.7	99	32.8	0
0	32.5	48.9	100	32.5	32.6	49.2	100	32.6	32.7	49.5	100	32.7	32.8	49.7	100	32.8	32.9	50.0	100	32.9	0
	33.0				**33.1**				**33.2**				**33.3**				**33.4**				
43													12.3	0.3	1	-35.9	12.4	0.4	1	-33.0	43
43					12.2	0.3	1	-36.8	12.3	0.4	1	-33.7	12.4	0.4	1	-31.3	12.5	0.5	1	-29.3	43
43	12.2	0.3	1	-34.6	12.3	0.4	1	-32.0	12.4	0.5	1	-29.8	12.5	0.6	1	-28.0	12.6	0.7	1	-26.5	43
42	12.3	0.5	1	-30.4	12.4	0.6	1	-28.5	12.5	0.7	1	-26.9	12.6	0.8	2	-25.5	12.7	0.9	2	-24.2	42
42	12.4	0.6	1	-27.4	12.5	0.7	1	-25.9	12.6	0.8	2	-24.6	12.7	0.9	2	-23.3	12.8	1.0	2	-22.2	42
42	12.5	0.8	2	-24.9	12.6	0.9	2	-23.7	12.7	1.0	2	-22.6	12.8	1.1	2	-21.5	12.9	1.2	2	-20.5	42
41	12.6	1.0	2	-22.9	12.7	1.1	2	-21.8	12.8	1.2	2	-20.8	12.9	1.3	2	-19.9	**13.0**	1.4	3	-19.0	41
41	12.7	1.1	2	-21.1	12.8	1.2	2	-20.2	12.9	1.3	3	-19.3	**13.0**	1.4	3	-18.5	13.1	1.5	3	-17.7	41
41	12.8	1.3	3	-19.6	12.9	1.4	3	-18.7	**13.0**	1.5	3	-17.9	13.1	1.6	3	-17.2	13.2	1.7	3	-16.5	41
40	12.9	1.5	3	-18.2	**13.0**	1.6	3	-17.4	13.1	1.7	3	-16.7	13.2	1.8	3	-16.0	13.3	1.9	4	-15.4	40
40	**13.0**	1.6	3	-16.9	13.1	1.7	3	-16.2	13.2	1.8	4	-15.6	13.3	1.9	4	-14.9	13.4	2.0	4	-14.3	40
40	13.1	1.8	4	-15.8	13.2	1.9	4	-15.1	13.3	2.0	4	-14.5	13.4	2.1	4	-13.9	13.5	2.2	4	-13.3	40
39	13.2	2.0	4	-14.7	13.3	2.1	4	-14.1	13.4	2.2	4	-13.5	13.5	2.3	4	-13.0	13.6	2.4	5	-12.4	39
39	13.3	2.1	4	-13.7	13.4	2.2	4	-13.2	13.5	2.3	5	-12.6	13.6	2.4	5	-12.1	13.7	2.5	5	-11.6	39
39	13.4	2.3	5	-12.8	13.5	2.4	5	-12.3	13.6	2.5	5	-11.7	13.7	2.6	5	-11.2	13.8	2.7	5	-10.8	39
38	13.5	2.5	5	-11.9	13.6	2.6	5	-11.4	13.7	2.7	5	-10.9	13.8	2.8	5	-10.4	13.9	2.9	6	-10.0	38
38	13.6	2.6	5	-11.1	13.7	2.7	5	-10.6	13.8	2.8	6	-10.1	13.9	2.9	6	-9.7	**14.0**	3.0	6	-9.3	38
38	13.7	2.8	6	-10.3	13.8	2.9	6	-9.9	13.9	3.0	6	-9.4	**14.0**	3.1	6	-9.0	14.1	3.2	6	-8.6	38
37	13.8	3.0	6	-9.6	13.9	3.1	6	-9.1	**14.0**	3.2	6	-8.7	14.1	3.3	6	-8.3	14.2	3.4	7	-7.9	37
37	13.9	3.1	6	-8.9	**14.0**	3.2	6	-8.4	14.1	3.3	7	-8.0	14.2	3.4	7	-7.6	14.3	3.5	7	-7.2	37
37	**14.0**	3.3	7	-8.2	14.1	3.4	7	-7.8	14.2	3.5	7	-7.4	14.3	3.6	7	-7.0	14.4	3.7	7	-6.6	37
36	14.1	3.5	7	-7.5	14.2	3.6	7	-7.1	14.3	3.7	7	-6.8	14.4	3.8	7	-6.4	14.5	3.9	8	-6.0	36
36	14.2	3.6	7	-6.9	14.3	3.7	7	-6.5	14.4	3.9	8	-6.2	14.5	4.0	8	-5.8	14.6	4.1	8	-5.5	36
36	14.3	3.8	8	-6.3	14.4	3.9	8	-5.9	14.5	4.0	8	-5.6	14.6	4.1	8	-5.3	14.7	4.2	8	-4.9	36
35	14.4	4.0	8	-5.7	14.5	4.1	8	-5.4	14.6	4.2	8	-5.0	14.7	4.3	8	-4.7	14.8	4.4	9	-4.4	35
35	14.5	4.2	8	-5.2	14.6	4.3	8	-4.8	14.7	4.4	9	-4.5	14.8	4.5	9	-4.2	14.9	4.6	9	-3.9	35
35	14.6	4.3	9	-4.6	14.7	4.4	9	-4.3	14.8	4.6	9	-4.0	14.9	4.7	9	-3.7	**15.0**	4.8	9	-3.4	35
34	14.7	4.5	9	-4.1	14.8	4.6	9	-3.8	14.9	4.7	9	-3.5	**15.0**	4.8	9	-3.2	15.1	4.9	10	-2.9	34
34	14.8	4.7	9	-3.6	14.9	4.8	9	-3.3	**15.0**	4.9	10	-3.0	15.1	5.0	10	-2.7	15.2	5.1	10	-2.4	34
34	14.9	4.9	10	-3.1	**15.0**	5.0	10	-2.8	15.1	5.1	10	-2.5	15.2	5.2	10	-2.2	15.3	5.3	10	-1.9	34
33	**15.0**	5.0	10	-2.6	15.1	5.1	10	-2.3	15.2	5.3	10	-2.0	15.3	5.4	10	-1.8	15.4	5.5	11	-1.5	33
33	15.1	5.2	10	-2.2	15.2	5.3	11	-1.9	15.3	5.4	11	-1.6	15.4	5.5	11	-1.3	15.5	5.7	11	-1.0	33
33	15.2	5.4	11	-1.7	15.3	5.5	11	-1.4	15.4	5.6	11	-1.2	15.5	5.7	11	-0.9	15.6	5.8	11	-0.6	33
33	15.3	5.6	11	-1.3	15.4	5.7	11	-1.0	15.5	5.8	11	-0.7	15.6	5.9	12	-0.5	15.7	6.0	12	-0.2	33
32	15.4	5.7	11	-0.8	15.5	5.9	12	-0.6	15.6	6.0	12	-0.3	15.7	6.1	12	0.0	15.8	6.2	12	0.2	32
32	15.5	5.9	12	-0.4	15.6	6.0	12	-0.2	15.7	6.2	12	0.1	15.8	6.3	12	0.4	15.9	6.4	12	0.6	32
32	15.6	6.1	12	0.0	15.7	6.2	12	0.3	15.8	6.3	12	0.5	15.9	6.4	13	0.8	**16.0**	6.6	13	1.0	32
31	15.7	6.3	12	0.4	15.8	6.4	13	0.6	15.9	6.5	13	0.9	**16.0**	6.6	13	1.1	16.1	6.7	13	1.4	31
31	15.8	6.5	13	0.8	15.9	6.6	13	1.0	**16.0**	6.7	13	1.3	16.1	6.8	13	1.5	16.2	6.9	13	1.8	31
31	15.9	6.6	13	1.2	**16.0**	6.8	13	1.4	16.1	6.9	14	1.7	16.2	7.0	14	1.9	16.3	7.1	14	2.1	31
31	**16.0**	6.8	14	1.6	16.1	6.9	14	1.8	16.2	7.1	14	2.0	16.3	7.2	14	2.3	16.4	7.3	14	2.5	31
30	16.1	7.0	14	1.9	16.2	7.1	14	2.2	16.3	7.3	14	2.4	16.4	7.4	14	2.6	16.5	7.5	15	2.8	30
30	16.2	7.2	14	2.3	16.3	7.3	14	2.5	16.4	7.4	15	2.7	16.5	7.6	15	3.0	16.6	7.7	15	3.2	30
30	16.3	7.4	15	2.6	16.4	7.5	15	2.9	16.5	7.6	15	3.1	16.6	7.7	15	3.3	16.7	7.9	15	3.5	30
29	16.4	7.6	15	3.0	16.5	7.7	15	3.2	16.6	7.8	15	3.4	16.7	7.9	15	3.6	16.8	8.0	16	3.9	29
29	16.5	7.8	15	3.3	16.6	7.9	16	3.5	16.7	8.0	16	3.8	16.8	8.1	16	4.0	16.9	8.2	16	4.2	29
29	16.6	7.9	16	3.7	16.7	8.1	16	3.9	16.8	8.2	16	4.1	16.9	8.3	16	4.3	**17.0**	8.4	16	4.5	29
29	16.7	8.1	16	4.0	16.8	8.2	16	4.2	16.9	8.4	16	4.4	**17.0**	8.5	17	4.6	17.1	8.6	17	4.8	29
28	16.8	8.3	17	4.3	16.9	8.4	17	4.5	**17.0**	8.6	17	4.7	17.1	8.7	17	4.9	17.2	8.8	17	5.1	28
28	16.9	8.5	17	4.6	**17.0**	8.6	17	4.8	17.1	8.7	17	5.1	17.2	8.9	17	5.3	17.3	9.0	17	5.5	28
28	**17.0**	8.7	17	5.0	17.1	8.8	17	5.2	17.2	8.9	18	5.4	17.3	9.1	18	5.6	17.4	9.2	18	5.8	28
27	17.1	8.9	18	5.3	17.2	9.0	18	5.5	17.3	9.1	18	5.7	17.4	9.3	18	5.9	17.5	9.4	18	6.1	27

n	t_W	e	U	t_d	t_W	e	U	t_d	t_W	e	U	t_d	t_W	e	U	t_d	t_W	e	U	t_d	n
	33.0				**33.1**				**33.2**				**33.3**				**33.4**				
27	17.2	9.1	18	5.6	17.3	9.2	18	5.8	17.4	9.3	18	6.0	17.5	9.4	18	6.2	17.6	9.6	19	6.4	27
27	17.3	9.3	18	5.9	17.4	9.4	19	6.1	17.5	9.5	19	6.3	17.6	9.6	19	6.5	17.7	9.8	19	6.6	27
27	17.4	9.5	19	6.2	17.5	9.6	19	6.4	17.6	9.7	19	6.6	17.7	9.8	19	6.7	17.8	10.0	19	6.9	27
26	17.5	9.6	19	6.5	17.6	9.8	19	6.7	17.7	9.9	19	6.8	17.8	10.0	20	7.0	17.9	10.2	20	7.2	26
26	17.6	9.8	20	6.8	17.7	10.0	20	6.9	17.8	10.1	20	7.1	17.9	10.2	20	7.3	**18.0**	10.4	20	7.5	26
26	17.7	10.0	20	7.0	17.8	10.2	20	7.2	17.9	10.3	20	7.4	**18.0**	10.4	20	7.6	18.1	10.6	21	7.8	26
26	17.8	10.2	20	7.3	17.9	10.4	20	7.5	**18.0**	10.5	21	7.7	18.1	10.6	21	7.9	18.2	10.8	21	8.0	26
25	17.9	10.4	21	7.6	**18.0**	10.6	21	7.8	18.1	10.7	21	8.0	18.2	10.8	21	8.1	18.3	10.9	21	8.3	25
25	**18.0**	10.6	21	7.9	18.1	10.8	21	8.0	18.2	10.9	21	8.2	18.3	11.0	22	8.4	18.4	11.1	22	8.6	25
25	18.1	10.8	22	8.1	18.2	11.0	22	8.3	18.3	11.1	22	8.5	18.4	11.2	22	8.7	18.5	11.3	22	8.8	25
24	18.2	11.0	22	8.4	18.3	11.1	22	8.6	18.4	11.3	22	8.8	18.5	11.4	22	8.9	18.6	11.5	22	9.1	24
24	18.3	11.2	22	8.7	18.4	11.3	22	8.8	18.5	11.5	23	9.0	18.6	11.6	23	9.2	18.7	11.7	23	9.4	24
24	18.4	11.4	23	8.9	18.5	11.5	23	9.1	18.6	11.7	23	9.3	18.7	11.8	23	9.4	18.8	12.0	23	9.6	24
24	18.5	11.6	23	9.2	18.6	11.7	23	9.4	18.7	11.9	23	9.5	18.8	12.0	23	9.7	18.9	12.2	24	9.9	24
23	18.6	11.8	23	9.4	18.7	11.9	24	9.6	18.8	12.1	24	9.8	18.9	12.2	24	9.9	**19.0**	12.4	24	10.1	23
23	18.7	12.0	24	9.7	18.8	12.2	24	9.9	18.9	12.3	24	10.0	**19.0**	12.4	24	10.2	19.1	12.6	24	10.3	23
23	18.8	12.2	24	9.9	18.9	12.4	24	10.1	**19.0**	12.5	25	10.3	19.1	12.6	25	10.4	19.2	12.8	25	10.6	23
23	18.9	12.4	25	10.2	**19.0**	12.6	25	10.3	19.1	12.7	25	10.5	19.2	12.8	25	10.7	19.3	13.0	25	10.8	23
22	**19.0**	12.6	25	10.4	19.1	12.8	25	10.6	19.2	12.9	25	10.7	19.3	13.0	25	10.9	19.4	13.2	26	11.1	22
22	19.1	12.8	26	10.7	19.2	13.0	26	10.8	19.3	13.1	26	11.0	19.4	13.2	26	11.1	19.5	13.4	26	11.3	22
22	19.2	13.0	26	10.9	19.3	13.2	26	11.1	19.4	13.3	26	11.2	19.5	13.5	26	11.4	19.6	13.6	26	11.5	22
22	19.3	13.2	26	11.1	19.4	13.4	26	11.3	19.5	13.5	27	11.5	19.6	13.7	27	11.6	19.7	13.8	27	11.8	22
22	19.4	13.4	27	11.4	19.5	13.6	27	11.5	19.6	13.7	27	11.7	19.7	13.9	27	11.8	19.8	14.0	27	12.0	22
21	19.5	13.7	27	11.6	19.6	13.8	27	11.8	19.7	13.9	27	11.9	19.8	14.1	28	12.1	19.9	14.2	28	12.2	21
21	19.6	13.9	28	11.8	19.7	14.0	28	12.0	19.8	14.1	28	12.1	19.9	14.3	28	12.3	**20.0**	14.4	28	12.4	21
21	19.7	14.1	28	12.1	19.8	14.2	28	12.2	19.9	14.4	28	12.4	**20.0**	14.5	28	12.5	20.1	14.6	28	12.7	21
21	19.8	14.3	28	12.3	19.9	14.4	29	12.4	**20.0**	14.6	29	12.6	20.1	14.7	29	12.7	20.2	14.9	29	12.9	21
20	19.9	14.5	29	12.5	**20.0**	14.6	29	12.7	20.1	14.8	29	12.8	20.2	14.9	29	13.0	20.3	15.1	29	13.1	20
20	**20.0**	14.7	29	12.7	20.1	14.8	29	12.9	20.2	15.0	29	13.0	20.3	15.1	30	13.2	20.4	15.3	30	13.3	20
20	20.1	14.9	30	12.9	20.2	15.1	30	13.1	20.3	15.2	30	13.2	20.4	15.4	30	13.4	20.5	15.5	30	13.5	20
20	20.2	15.1	30	13.2	20.3	15.3	30	13.3	20.4	15.4	30	13.5	20.5	15.6	30	13.6	20.6	15.7	31	13.7	20
19	20.3	15.3	30	13.4	20.4	15.5	31	13.5	20.5	15.6	31	13.7	20.6	15.8	31	13.8	20.7	15.9	31	14.0	19
19	20.4	15.6	31	13.6	20.5	15.7	31	13.7	20.6	15.8	31	13.9	20.7	16.0	31	14.0	20.8	16.2	31	14.2	19
19	20.5	15.8	31	13.8	20.6	15.9	31	13.9	20.7	16.1	32	14.1	20.8	16.2	32	14.2	20.9	16.4	32	14.4	19
19	20.6	16.0	32	14.0	20.7	16.1	32	14.2	20.8	16.3	32	14.3	20.9	16.4	32	14.4	**21.0**	16.6	32	14.6	19
19	20.7	16.2	32	14.2	20.8	16.4	32	14.4	20.9	16.5	32	14.5	**21.0**	16.7	33	14.6	21.1	16.8	33	14.8	19
18	20.8	16.4	33	14.4	20.9	16.6	33	14.6	**21.0**	16.7	33	14.7	21.1	16.9	33	14.8	21.2	17.0	33	15.0	18
18	20.9	16.6	33	14.6	**21.0**	16.8	33	14.8	21.1	16.9	33	14.9	21.2	17.1	33	15.0	21.3	17.2	34	15.2	18
18	**21.0**	16.9	34	14.8	21.1	17.0	34	15.0	21.2	17.2	34	15.1	21.3	17.3	34	15.2	21.4	17.5	34	15.4	18
18	21.1	17.1	34	15.0	21.2	17.2	34	15.2	21.3	17.4	34	15.3	21.4	17.5	34	15.4	21.5	17.7	34	15.6	18
17	21.2	17.3	34	15.2	21.3	17.4	34	15.4	21.4	17.6	35	15.5	21.5	17.8	35	15.6	21.6	17.9	35	15.8	17
17	21.3	17.5	35	15.4	21.4	17.7	35	15.6	21.5	17.8	35	15.7	21.6	18.0	35	15.8	21.7	18.1	35	16.0	17
17	21.4	17.7	35	15.6	21.5	17.9	35	15.8	21.6	18.1	35	15.9	21.7	18.2	36	16.0	21.8	18.4	36	16.2	17
17	21.5	18.0	36	15.8	21.6	18.1	36	16.0	21.7	18.3	36	16.1	21.8	18.4	36	16.2	21.9	18.6	36	16.4	17
17	21.6	18.2	36	16.0	21.7	18.3	36	16.1	21.8	18.5	36	16.3	21.9	18.7	36	16.4	**22.0**	18.8	37	16.6	17
16	21.7	18.4	37	16.2	21.8	18.6	37	16.3	21.9	18.7	37	16.5	**22.0**	18.9	37	16.6	22.1	19.1	37	16.7	16
16	21.8	18.6	37	16.4	21.9	18.8	37	16.5	**22.0**	19.0	37	16.7	22.1	19.1	37	16.8	22.2	19.3	37	16.9	16
16	21.9	18.9	37	16.6	**22.0**	19.0	38	16.7	22.1	19.2	38	16.9	22.2	19.3	38	17.0	22.3	19.5	38	17.1	16
16	**22.0**	19.1	38	16.8	22.1	19.3	38	16.9	22.2	19.4	38	17.0	22.3	19.6	38	17.2	22.4	19.7	38	17.3	16
16	22.1	19.3	38	17.0	22.2	19.5	39	17.1	22.3	19.6	39	17.2	22.4	19.8	39	17.4	22.5	20.0	39	17.5	16
15	22.2	19.5	39	17.1	22.3	19.7	39	17.3	22.4	19.9	39	17.4	22.5	20.0	39	17.5	22.6	20.2	39	17.7	15
15	22.3	19.8	39	17.3	22.4	19.9	39	17.5	22.5	20.1	40	17.6	22.6	20.3	40	17.7	22.7	20.4	40	17.9	15
15	22.4	20.0	40	17.5	22.5	20.2	40	17.6	22.6	20.3	40	17.8	22.7	20.5	40	17.9	22.8	20.7	40	18.0	15
15	22.5	20.2	40	17.7	22.6	20.4	40	17.8	22.7	20.6	40	18.0	22.8	20.7	41	18.1	22.9	20.9	41	18.2	15
15	22.6	20.5	41	17.9	22.7	20.6	41	18.0	22.8	20.8	41	18.1	22.9	21.0	41	18.3	**23.0**	21.1	41	18.4	15
14	22.7	20.7	41	18.1	22.8	20.9	41	18.2	22.9	21.0	41	18.3	**23.0**	21.2	41	18.4	23.1	21.4	42	18.6	14
14	22.8	20.9	42	18.2	22.9	21.1	42	18.4	**23.0**	21.3	42	18.5	23.1	21.5	42	18.6	23.2	21.6	42	18.8	14
14	22.9	21.2	42	18.4	**23.0**	21.3	42	18.5	23.1	21.5	42	18.7	23.2	21.7	42	18.8	23.3	21.9	42	18.9	14
14	**23.0**	21.4	43	18.6	23.1	21.6	43	18.7	23.2	21.8	43	18.8	23.3	21.9	43	19.0	23.4	22.1	43	19.1	14
14	23.1	21.7	43	18.8	23.2	21.8	43	18.9	23.3	22.0	43	19.0	23.4	22.2	43	19.1	23.5	22.3	43	19.3	14
13	23.2	21.9	44	18.9	23.3	22.1	44	19.1	23.4	22.2	44	19.2	23.5	22.4	44	19.3	23.6	22.6	44	19.4	13
13	23.3	22.1	44	19.1	23.4	22.3	44	19.2	23.5	22.5	44	19.4	23.6	22.6	44	19.5	23.7	22.8	44	19.6	13
13	23.4	22.4	44	19.3	23.5	22.5	45	19.4	23.6	22.7	45	19.5	23.7	22.9	45	19.7	23.8	23.1	45	19.8	13
13	23.5	22.6	45	19.5	23.6	22.8	45	19.6	23.7	23.0	45	19.7	23.8	23.1	45	19.8	23.9	23.3	45	20.0	13
13	23.6	22.8	45	19.6	23.7	23.0	46	19.8	23.8	23.2	46	19.9	23.9	23.4	46	20.0	**24.0**	23.6	46	20.1	13
12	23.7	23.1	46	19.8	23.8	23.3	46	19.9	23.9	23.4	46	20.1	**24.0**	23.6	46	20.2	24.1	23.8	46	20.3	12
12	23.8	23.3	46	20.0	23.9	23.5	46	20.1	**24.0**	23.7	47	20.2	24.1	23.9	47	20.3	24.2	24.1	47	20.5	12
12	23.9	23.6	47	20.1	**24.0**	23.8	47	20.3	24.1	23.9	47	20.4	24.2	24.1	47	20.5	24.3	24.3	47	20.6	12
12	**24.0**	23.8	47	20.3	24.1	24.0	47	20.4	24.2	24.2	48	20.6	24.3	24.4	48	20.7	24.4	24.6	48	20.8	12
12	24.1	24.1	48	20.5	24.2	24.3	48	20.6	24.3	24.4	48	20.7	24.4	24.6	48	20.8	24.5	24.8	48	21.0	12
12	24.2	24.3	48	20.6	24.3	24.5	48	20.8	24.4	24.7	49	20.9	24.5	24.9	49	21.0	24.6	25.1	49	21.1	12
11	24.3	24.6	49	20.8	24.4	24.8	49	20.9	24.5	24.9	49	21.0	24.6	25.1	49	21.2	24.7	25.3	49	21.3	11
11	24.4	24.8	49	21.0	24.5	25.0	49	21.1	24.6	25.2	50	21.2	24.7	25.4	50	21.3	24.8	25.6	50	21.5	11

n	t_W	e	U	t_d	t_W	e	U	t_d	t_W	e	U	t_d	t_W	e	U	t_d	t_W	e	U	t_d	n
	33.0				**33.1**				**33.2**				**33.3**				**33.4**				
11	24.5	25.1	50	21.1	24.6	25.3	50	21.3	24.7	25.4	50	21.4	24.8	25.6	50	21.5	24.9	25.8	50	21.6	11
11	24.6	25.3	50	21.3	24.7	25.5	50	21.4	24.8	25.7	51	21.5	24.9	25.9	51	21.7	**25.0**	26.1	51	21.8	11
11	24.7	25.6	51	21.5	24.8	25.8	51	21.6	24.9	25.9	51	21.7	**25.0**	26.1	51	21.8	25.1	26.3	51	21.9	11
11	24.8	25.8	51	21.6	24.9	26.0	51	21.7	**25.0**	26.2	52	21.9	25.1	26.4	52	22.0	25.2	26.6	52	22.1	11
10	24.9	26.1	52	21.8	**25.0**	26.3	52	21.9	25.1	26.5	52	22.0	25.2	26.6	52	22.1	25.3	26.8	52	22.3	10
10	**25.0**	26.3	52	21.9	25.1	26.5	52	22.1	25.2	26.7	53	22.2	25.3	26.9	53	22.3	25.4	27.1	53	22.4	10
10	25.1	26.6	53	22.1	25.2	26.8	53	22.2	25.3	27.0	53	22.3	25.4	27.2	53	22.4	25.5	27.4	53	22.6	10
10	25.2	26.8	53	22.3	25.3	27.0	53	22.4	25.4	27.2	54	22.5	25.5	27.4	54	22.6	25.6	27.6	54	22.7	10
10	25.3	27.1	54	22.4	25.4	27.3	54	22.5	25.5	27.5	54	22.6	25.6	27.7	54	22.8	25.7	27.9	54	22.9	10
10	25.4	27.4	54	22.6	25.5	27.6	54	22.7	25.6	27.7	55	22.8	25.7	27.9	55	22.9	25.8	28.1	55	23.0	10
9	25.5	27.6	55	22.7	25.6	27.8	55	22.8	25.7	28.0	55	23.0	25.8	28.2	55	23.1	25.9	28.4	55	23.2	9
9	25.6	27.9	55	22.9	25.7	28.1	56	23.0	25.8	28.3	56	23.1	25.9	28.5	56	23.2	**26.0**	28.7	56	23.3	9
9	25.7	28.1	56	23.0	25.8	28.3	56	23.2	25.9	28.5	56	23.3	**26.0**	28.7	56	23.4	26.1	28.9	56	23.5	9
9	25.8	28.4	56	23.2	25.9	28.6	57	23.3	**26.0**	28.8	57	23.4	26.1	29.0	57	23.5	26.2	29.2	57	23.6	9
9	25.9	28.7	57	23.3	**26.0**	28.9	57	23.5	26.1	29.1	57	23.6	26.2	29.3	57	23.7	26.3	29.5	57	23.8	9
9	**26.0**	28.9	58	23.5	26.1	29.1	58	23.6	26.2	29.3	58	23.7	26.3	29.5	58	23.8	26.4	29.7	58	24.0	9
8	26.1	29.2	58	23.6	26.2	29.4	58	23.8	26.3	29.6	58	23.9	26.4	29.8	58	24.0	26.5	30.0	58	24.1	8
8	26.2	29.5	59	23.8	26.3	29.7	59	23.9	26.4	29.9	59	24.0	26.5	30.1	59	24.1	26.6	30.3	59	24.3	8
8	26.3	29.7	59	23.9	26.4	29.9	59	24.1	26.5	30.1	59	24.2	26.6	30.3	59	24.3	26.7	30.6	59	24.4	8
8	26.4	30.0	60	24.1	26.5	30.2	60	24.2	26.6	30.4	60	24.3	26.7	30.6	60	24.4	26.8	30.8	60	24.5	8
8	26.5	30.3	60	24.2	26.6	30.5	60	24.4	26.7	30.7	60	24.5	26.8	30.9	60	24.6	26.9	31.1	60	24.7	8
8	26.6	30.5	61	24.4	26.7	30.8	61	24.5	26.8	31.0	61	24.6	26.9	31.2	61	24.7	**27.0**	31.4	61	24.8	8
8	26.7	30.8	61	24.5	26.8	31.0	61	24.7	26.9	31.2	61	24.8	**27.0**	31.4	61	24.9	27.1	31.7	62	25.0	8
7	26.8	31.1	62	24.7	26.9	31.3	62	24.8	**27.0**	31.5	62	24.9	27.1	31.7	62	25.0	27.2	31.9	62	25.1	7
7	26.9	31.4	62	24.8	**27.0**	31.6	62	25.0	27.1	31.8	62	25.1	27.2	32.0	63	25.2	27.3	32.2	63	25.3	7
7	**27.0**	31.6	63	25.0	27.1	31.9	63	25.1	27.2	32.1	63	25.2	27.3	32.3	63	25.3	27.4	32.5	63	25.4	7
7	27.1	31.9	63	25.1	27.2	32.1	64	25.2	27.3	32.3	64	25.4	27.4	32.6	64	25.5	27.5	32.8	64	25.6	7
7	27.2	32.2	64	25.3	27.3	32.4	64	25.4	27.4	32.6	64	25.5	27.5	32.8	64	25.6	27.6	33.1	64	25.7	7
7	27.3	32.5	65	25.4	27.4	32.7	65	25.5	27.5	32.9	65	25.6	27.6	33.1	65	25.8	27.7	33.3	65	25.9	7
6	27.4	32.8	65	25.6	27.5	33.0	65	25.7	27.6	33.2	65	25.8	27.7	33.4	65	25.9	27.8	33.6	65	26.0	6
6	27.5	33.0	66	25.7	27.6	33.3	66	25.8	27.7	33.5	66	25.9	27.8	33.7	66	26.0	27.9	33.9	66	26.1	6
6	27.6	33.3	66	25.9	27.7	33.5	66	26.0	27.8	33.8	66	26.1	27.9	34.0	66	26.2	**28.0**	34.2	66	26.3	6
6	27.7	33.6	67	26.0	27.8	33.8	67	26.1	27.9	34.0	67	26.2	**28.0**	34.3	67	26.3	28.1	34.5	67	26.4	6
6	27.8	33.9	67	26.1	27.9	34.1	67	26.2	**28.0**	34.3	67	26.4	28.1	34.5	68	26.5	28.2	34.8	68	26.6	6
6	27.9	34.2	68	26.3	**28.0**	34.4	68	26.4	28.1	34.6	68	26.5	28.2	34.8	68	26.6	28.3	35.1	68	26.7	6
6	**28.0**	34.5	69	26.4	28.1	34.7	69	26.5	28.2	34.9	69	26.6	28.3	35.1	69	26.7	28.4	35.3	69	26.9	6
6	28.1	34.7	69	26.6	28.2	35.0	69	26.7	28.3	35.2	69	26.8	28.4	35.4	69	26.9	28.5	35.6	69	27.0	6
5	28.2	35.0	70	26.7	28.3	35.3	70	26.8	28.4	35.5	70	26.9	28.5	35.7	70	27.0	28.6	35.9	70	27.1	5
5	28.3	35.3	70	26.8	28.4	35.5	70	27.0	28.5	35.8	70	27.1	28.6	36.0	70	27.2	28.7	36.2	70	27.3	5
5	28.4	35.6	71	27.0	28.5	35.8	71	27.1	28.6	36.1	71	27.2	28.7	36.3	71	27.3	28.8	36.5	71	27.4	5
5	28.5	35.9	71	27.1	28.6	36.1	71	27.2	28.7	36.4	71	27.3	28.8	36.6	72	27.4	28.9	36.8	72	27.6	5
5	28.6	36.2	72	27.3	28.7	36.4	72	27.4	28.8	36.7	72	27.5	28.9	36.9	72	27.6	**29.0**	37.1	72	27.7	5
5	28.7	36.5	73	27.4	28.8	36.7	73	27.5	28.9	37.0	73	27.6	**29.0**	37.2	73	27.7	29.1	37.4	73	27.8	5
5	28.8	36.8	73	27.5	28.9	37.0	73	27.6	**29.0**	37.3	73	27.8	29.1	37.5	73	27.9	29.2	37.7	73	28.0	5
4	28.9	37.1	74	27.7	**29.0**	37.3	74	27.8	29.1	37.5	74	27.9	29.2	37.8	74	28.0	29.3	38.0	74	28.1	4
4	**29.0**	37.4	74	27.8	29.1	37.6	74	27.9	29.2	37.8	74	28.0	29.3	38.1	74	28.1	29.4	38.3	74	28.2	4
4	29.1	37.7	75	27.9	29.2	37.9	75	28.1	29.3	38.2	75	28.2	29.4	38.4	75	28.3	29.5	38.6	75	28.4	4
4	29.2	38.0	76	28.1	29.3	38.2	76	28.2	29.4	38.5	76	28.3	29.5	38.7	76	28.4	29.6	38.9	76	28.5	4
4	29.3	38.3	76	28.2	29.4	38.5	76	28.3	29.5	38.8	76	28.4	29.6	39.0	76	28.5	29.7	39.2	76	28.6	4
4	29.4	38.6	77	28.4	29.5	38.8	77	28.5	29.6	39.1	77	28.6	29.7	39.3	77	28.7	29.8	39.5	77	28.8	4
4	29.5	38.9	77	28.5	29.6	39.1	77	28.6	29.7	39.4	77	28.7	29.8	39.6	77	28.8	29.9	39.8	77	28.9	4
4	29.6	39.2	78	28.6	29.7	39.4	78	28.7	29.8	39.7	78	28.8	29.9	39.9	78	28.9	**30.0**	40.2	78	29.0	4
3	29.7	39.5	79	28.8	29.8	39.7	79	28.9	29.9	40.0	79	29.0	**30.0**	40.2	79	29.1	30.1	40.5	79	29.2	3
3	29.8	39.8	79	28.9	29.9	40.0	79	29.0	**30.0**	40.3	79	29.1	30.1	40.5	79	29.2	30.2	40.8	79	29.3	3
3	29.9	40.1	80	29.0	**30.0**	40.4	80	29.1	30.1	40.6	80	29.2	30.2	40.8	80	29.3	30.3	41.1	80	29.4	3
3	**30.0**	40.4	80	29.2	30.1	40.7	80	29.3	30.2	40.9	80	29.4	30.3	41.2	80	29.5	30.4	41.4	80	29.6	3
3	30.1	40.7	81	29.3	30.2	41.0	81	29.4	30.3	41.2	81	29.5	30.4	41.5	81	29.6	30.5	41.7	81	29.7	3
3	30.2	41.0	82	29.4	30.3	41.3	82	29.5	30.4	41.5	82	29.6	30.5	41.8	82	29.7	30.6	42.0	82	29.8	3
3	30.3	41.4	82	29.6	30.4	41.6	82	29.7	30.5	41.9	82	29.8	30.6	42.1	82	29.9	30.7	42.4	82	30.0	3
3	30.4	41.7	83	29.7	30.5	41.9	83	29.8	30.6	42.2	83	29.9	30.7	42.4	83	30.0	30.8	42.7	83	30.1	3
3	30.5	42.0	83	29.8	30.6	42.2	84	29.9	30.7	42.5	84	30.0	30.8	42.7	84	30.1	30.9	43.0	84	30.2	3
2	30.6	42.3	84	30.0	30.7	42.6	84	30.1	30.8	42.8	84	30.2	30.9	43.1	84	30.3	**31.0**	43.3	84	30.4	2
2	30.7	42.6	85	30.1	30.8	42.9	85	30.2	30.9	43.1	85	30.3	**31.0**	43.4	85	30.4	31.1	43.6	85	30.5	2
2	30.8	42.9	85	30.2	30.9	43.2	85	30.3	**31.0**	43.5	85	30.4	31.1	43.7	85	30.5	31.2	44.0	85	30.6	2
2	30.9	43.3	86	30.3	**31.0**	43.5	86	30.4	31.1	43.8	86	30.5	31.2	44.0	86	30.7	31.3	44.3	86	30.8	2
2	**31.0**	43.6	87	30.5	31.1	43.8	87	30.6	31.2	44.1	87	30.7	31.3	44.4	87	30.8	31.4	44.6	87	30.9	2
2	31.1	43.9	87	30.6	31.2	44.2	87	30.7	31.3	44.4	87	30.8	31.4	44.7	87	30.9	31.5	45.0	87	31.0	2
2	31.2	44.2	88	30.7	31.3	44.5	88	30.8	31.4	44.8	88	30.9	31.5	45.0	88	31.0	31.6	45.3	88	31.1	2
2	31.3	44.6	89	30.9	31.4	44.8	89	31.0	31.5	45.1	89	31.1	31.6	45.3	89	31.2	31.7	45.6	89	31.3	2
2	31.4	44.9	89	31.0	31.5	45.2	89	31.1	31.6	45.4	89	31.2	31.7	45.7	89	31.3	31.8	45.9	89	31.4	2
1	31.5	45.2	90	31.1	31.6	45.5	90	31.2	31.7	45.7	90	31.3	31.8	46.0	90	31.4	31.9	46.3	90	31.5	1
1	31.6	45.5	91	31.2	31.7	45.8	91	31.3	31.8	46.1	91	31.4	31.9	46.3	91	31.5	**32.0**	46.6	91	31.6	1
1	31.7	45.9	91	31.4	31.8	46.1	91	31.5	31.9	46.4	91	31.6	**32.0**	46.7	91	31.7	32.1	47.0	91	31.8	1

n	t_W	e	U	t_d	t_W	e	U	t_d	t_W	e	U	t_d	t_W	e	U	t_d	t_W	e	U	t_d	n
	33.0				**33.1**				**33.2**				**33.3**				**33.4**				
1	31.8	46.2	92	31.5	31.9	46.5	92	31.6	**32.0**	46.7	92	31.7	32.1	47.0	92	31.8	32.2	47.3	92	31.9	1
1	31.9	46.5	93	31.6	**32.0**	46.8	93	31.7	32.1	47.1	93	31.8	32.2	47.4	93	31.9	32.3	47.6	93	32.0	1
1	**32.0**	46.9	93	31.8	32.1	47.2	93	31.9	32.2	47.4	93	32.0	32.3	47.7	93	32.1	32.4	48.0	93	32.2	1
1	32.1	47.2	94	31.9	32.2	47.5	94	32.0	32.3	47.8	94	32.1	32.4	48.0	94	32.2	32.5	48.3	94	32.3	1
1	32.2	47.6	95	32.0	32.3	47.8	95	32.1	32.4	48.1	95	32.2	32.5	48.4	95	32.3	32.6	48.7	95	32.4	1
1	32.3	47.9	95	32.1	32.4	48.2	95	32.2	32.5	48.4	95	32.3	32.6	48.7	95	32.4	32.7	49.0	95	32.5	1
1	32.4	48.2	96	32.3	32.5	48.5	96	32.4	32.6	48.8	96	32.5	32.7	49.1	96	32.6	32.8	49.3	96	32.7	1
0	32.5	48.6	97	32.4	32.6	48.9	97	32.5	32.7	49.1	97	32.6	32.8	49.4	97	32.7	32.9	49.7	97	32.8	0
0	32.6	48.9	97	32.5	32.7	49.2	97	32.6	32.8	49.5	97	32.7	32.9	49.8	97	32.8	**33.0**	50.0	97	32.9	0
0	32.7	49.3	98	32.6	32.8	49.5	98	32.7	32.9	49.8	98	32.8	**33.0**	50.1	98	32.9	33.1	50.4	98	33.0	0
0	32.8	49.6	99	32.8	32.9	49.9	99	32.9	**33.0**	50.2	99	33.0	33.1	50.5	99	33.1	33.2	50.7	99	33.2	0
0	32.9	50.0	99	32.9	**33.0**	50.2	99	33.0	33.1	50.5	99	33.1	33.2	50.8	99	33.2	33.3	51.1	99	33.3	0
0	**33.0**	50.3	100	33.0	33.1	50.6	100	33.1	33.2	50.9	100	33.2	33.3	51.2	100	33.3	33.4	51.4	100	33.4	0
	33.5				**33.6**				**33.7**				**33.8**				**33.9**				
44													12.5	0.3	1	-36.2	12.6	0.4	1	-33.2	44
43									12.5	0.3	1	-34.1	12.6	0.4	1	-31.5	12.7	0.5	1	-29.5	43
43	12.4	0.3	1	-34.9	12.5	0.4	1	-32.2	12.6	0.5	1	-30.1	12.7	0.6	1	-28.2	12.8	0.7	1	-26.6	43
43	12.5	0.5	1	-30.7	12.6	0.6	1	-28.7	12.7	0.7	1	-27.1	12.8	0.8	1	-25.6	12.9	0.9	2	-24.3	43
42	12.6	0.6	1	-27.5	12.7	0.7	1	-26.0	12.8	0.8	2	-24.7	12.9	0.9	2	-23.4	**13.0**	1.0	2	-22.3	42
42	12.7	0.8	2	-25.1	12.8	0.9	2	-23.8	12.9	1.0	2	-22.6	**13.0**	1.1	2	-21.6	13.1	1.2	2	-20.6	42
42	12.8	1.0	2	-23.0	12.9	1.1	2	-21.9	**13.0**	1.2	2	-20.9	13.1	1.3	2	-20.0	13.2	1.4	3	-19.1	42
41	12.9	1.1	2	-21.2	**13.0**	1.2	2	-20.3	13.1	1.3	3	-19.4	13.2	1.4	3	-18.5	13.3	1.5	3	-17.7	41
41	**13.0**	1.3	3	-19.6	13.1	1.4	3	-18.8	13.2	1.5	3	-18.0	13.3	1.6	3	-17.2	13.4	1.7	3	-16.5	41
41	13.1	1.5	3	-18.2	13.2	1.6	3	-17.5	13.3	1.7	3	-16.7	13.4	1.8	3	-16.0	13.5	1.9	4	-15.3	41
40	13.2	1.6	3	-17.0	13.3	1.7	3	-16.2	13.4	1.8	3	-15.6	13.5	1.9	4	-14.9	13.6	2.0	4	-14.3	40
40	13.3	1.8	3	-15.8	13.4	1.9	4	-15.1	13.5	2.0	4	-14.5	13.6	2.1	4	-13.9	13.7	2.2	4	-13.3	40
40	13.4	2.0	4	-14.7	13.5	2.1	4	-14.1	13.6	2.2	4	-13.5	13.7	2.3	4	-13.0	13.8	2.4	4	-12.4	40
39	13.5	2.1	4	-13.7	13.6	2.2	4	-13.1	13.7	2.3	4	-12.6	13.8	2.4	5	-12.1	13.9	2.5	5	-11.5	39
39	13.6	2.3	4	-12.8	13.7	2.4	5	-12.2	13.8	2.5	5	-11.7	13.9	2.6	5	-11.2	**14.0**	2.7	5	-10.7	39
39	13.7	2.5	5	-11.9	13.8	2.6	5	-11.4	13.9	2.7	5	-10.9	**14.0**	2.8	5	-10.4	14.1	2.9	5	-10.0	39
38	13.8	2.6	5	-11.1	13.9	2.7	5	-10.6	**14.0**	2.8	5	-10.1	14.1	2.9	6	-9.7	14.2	3.0	6	-9.2	38
38	13.9	2.8	5	-10.3	**14.0**	2.9	6	-9.8	14.1	3.0	6	-9.4	14.2	3.1	6	-8.9	14.3	3.2	6	-8.5	38
38	**14.0**	3.0	6	-9.5	14.1	3.1	6	-9.1	14.2	3.2	6	-8.7	14.3	3.3	6	-8.3	14.4	3.4	6	-7.8	38
37	14.1	3.1	6	-8.8	14.2	3.2	6	-8.4	14.3	3.3	6	-8.0	14.4	3.5	7	-7.6	14.5	3.6	7	-7.2	37
37	14.2	3.3	6	-8.1	14.3	3.4	7	-7.7	14.4	3.5	7	-7.3	14.5	3.6	7	-7.0	14.6	3.7	7	-6.6	37
37	14.3	3.5	7	-7.5	14.4	3.6	7	-7.1	14.5	3.7	7	-6.7	14.6	3.8	7	-6.4	14.7	3.9	7	-6.0	37
36	14.4	3.7	7	-6.9	14.5	3.8	7	-6.5	14.6	3.9	7	-6.1	14.7	4.0	8	-5.8	14.8	4.1	8	-5.4	36
36	14.5	3.8	7	-6.3	14.6	3.9	8	-5.9	14.7	4.0	8	-5.5	14.8	4.2	8	-5.2	14.9	4.3	8	-4.9	36
36	14.6	4.0	8	-5.7	14.7	4.1	8	-5.3	14.8	4.2	8	-5.0	14.9	4.3	8	-4.7	**15.0**	4.4	8	-4.3	36
35	14.7	4.2	8	-5.1	14.8	4.3	8	-4.8	14.9	4.4	8	-4.5	**15.0**	4.5	9	-4.1	15.1	4.6	9	-3.8	35
35	14.8	4.4	8	-4.6	14.9	4.5	9	-4.3	**15.0**	4.6	9	-3.9	15.1	4.7	9	-3.6	15.2	4.8	9	-3.3	35
35	14.9	4.5	9	-4.1	**15.0**	4.6	9	-3.7	15.1	4.7	9	-3.4	15.2	4.9	9	-3.1	15.3	5.0	9	-2.8	35
34	**15.0**	4.7	9	-3.5	15.1	4.8	9	-3.2	15.2	4.9	9	-2.9	15.3	5.0	10	-2.6	15.4	5.1	10	-2.3	34
34	15.1	4.9	9	-3.0	15.2	5.0	10	-2.7	15.3	5.1	10	-2.5	15.4	5.2	10	-2.2	15.5	5.3	10	-1.9	34
34	15.2	5.1	10	-2.6	15.3	5.2	10	-2.3	15.4	5.3	10	-2.0	15.5	5.4	10	-1.7	15.6	5.5	10	-1.4	34
34	15.3	5.2	10	-2.1	15.4	5.3	10	-1.8	15.5	5.5	10	-1.5	15.6	5.6	11	-1.3	15.7	5.7	11	-1.0	34
33	15.4	5.4	10	-1.6	15.5	5.5	11	-1.4	15.6	5.6	11	-1.1	15.7	5.8	11	-0.8	15.8	5.9	11	-0.5	33
33	15.5	5.6	11	-1.2	15.6	5.7	11	-0.9	15.7	5.8	11	-0.7	15.8	5.9	11	-0.4	15.9	6.0	11	-0.1	33
33	15.6	5.8	11	-0.8	15.7	5.9	11	-0.5	15.8	6.0	11	-0.2	15.9	6.1	12	0.0	**16.0**	6.2	12	0.3	33
32	15.7	6.0	12	-0.4	15.8	6.1	12	-0.1	15.9	6.2	12	0.2	**16.0**	6.3	12	0.4	16.1	6.4	12	0.7	32
32	15.8	6.1	12	0.1	15.9	6.2	12	0.3	**16.0**	6.4	12	0.6	16.1	6.5	12	0.8	16.2	6.6	12	1.1	32
32	15.9	6.3	12	0.5	**16.0**	6.4	12	0.7	16.1	6.5	13	1.0	16.2	6.7	13	1.2	16.3	6.8	13	1.5	32
31	**16.0**	6.5	13	0.9	16.1	6.6	13	1.1	16.2	6.7	13	1.3	16.3	6.8	13	1.6	16.4	7.0	13	1.8	31
31	16.1	6.7	13	1.2	16.2	6.8	13	1.5	16.3	6.9	13	1.7	16.4	7.0	13	2.0	16.5	7.2	14	2.2	31
31	16.2	6.9	13	1.6	16.3	7.0	13	1.9	16.4	7.1	14	2.1	16.5	7.2	14	2.3	16.6	7.3	14	2.6	31
31	16.3	7.1	14	2.0	16.4	7.2	14	2.2	16.5	7.3	14	2.5	16.6	7.4	14	2.7	16.7	7.5	14	2.9	31
30	16.4	7.2	14	2.4	16.5	7.4	14	2.6	16.6	7.5	14	2.8	16.7	7.6	14	3.0	16.8	7.7	15	3.3	30
30	16.5	7.4	14	2.7	16.6	7.5	14	2.9	16.7	7.7	15	3.2	16.8	7.8	15	3.4	16.9	7.9	15	3.6	30
30	16.6	7.6	15	3.1	16.7	7.7	15	3.3	16.8	7.8	15	3.5	16.9	8.0	15	3.7	**17.0**	8.1	15	3.9	30
29	16.7	7.8	15	3.4	16.8	7.9	15	3.6	16.9	8.0	15	3.8	**17.0**	8.2	16	4.1	17.1	8.3	16	4.3	29
29	16.8	8.0	15	3.7	16.9	8.1	16	4.0	**17.0**	8.2	16	4.2	17.1	8.3	16	4.4	17.2	8.5	16	4.6	29
29	16.9	8.2	16	4.1	**17.0**	8.3	16	4.3	17.1	8.4	16	4.5	17.2	8.5	16	4.7	17.3	8.7	16	4.9	29
29	**17.0**	8.4	16	4.4	17.1	8.5	16	4.6	17.2	8.6	16	4.8	17.3	8.7	17	5.0	17.4	8.9	17	5.2	29
28	17.1	8.5	17	4.7	17.2	8.7	17	4.9	17.3	8.8	17	5.1	17.4	8.9	17	5.3	17.5	9.0	17	5.5	28
28	17.2	8.7	17	5.0	17.3	8.9	17	5.2	17.4	9.0	17	5.4	17.5	9.1	17	5.6	17.6	9.2	17	5.8	28
28	17.3	8.9	17	5.3	17.4	9.1	17	5.5	17.5	9.2	18	5.7	17.6	9.3	18	5.9	17.7	9.4	18	6.1	28
27	17.4	9.1	18	5.7	17.5	9.2	18	5.9	17.6	9.4	18	6.0	17.7	9.5	18	6.2	17.8	9.6	18	6.4	27
27	17.5	9.3	18	6.0	17.6	9.4	18	6.1	17.7	9.6	18	6.3	17.8	9.7	18	6.5	17.9	9.8	19	6.7	27
27	17.6	9.5	18	6.3	17.7	9.6	19	6.4	17.8	9.8	19	6.6	17.9	9.9	19	6.8	**18.0**	10.0	19	7.0	27
27	17.7	9.7	19	6.5	17.8	9.8	19	6.7	17.9	10.0	19	6.9	**18.0**	10.1	19	7.1	18.1	10.2	19	7.3	27
26	17.8	9.9	19	6.8	17.9	10.0	19	7.0	**18.0**	10.2	19	7.2	18.1	10.3	20	7.4	18.2	10.4	20	7.6	26

n	t_W	e	U	t_d	t_W	e	U	t_d	t_W	e	U	t_d	t_W	e	U	t_d	t_W	e	U	t_d	n
	33.5				**33.6**				**33.7**				**33.8**				**33.9**				
26	17.9	10.1	20	7.1	**18.0**	10.2	20	7.3	18.1	10.4	20	7.5	18.2	10.5	20	7.7	18.3	10.6	20	7.9	26
26	**18.0**	10.3	20	7.4	18.1	10.4	20	7.6	18.2	10.6	20	7.8	18.3	10.7	20	7.9	18.4	10.8	20	8.1	26
26	18.1	10.5	20	7.7	18.2	10.6	20	7.9	18.3	10.7	21	8.0	18.4	10.9	21	8.2	18.5	11.0	21	8.4	26
25	18.2	10.7	21	7.9	18.3	10.8	21	8.1	18.4	10.9	21	8.3	18.5	11.1	21	8.5	18.6	11.2	21	8.7	25
25	18.3	10.9	21	8.2	18.4	11.0	21	8.4	18.5	11.1	21	8.6	18.6	11.3	21	8.8	18.7	11.4	22	8.9	25
25	18.4	11.1	21	8.5	18.5	11.2	22	8.7	18.6	11.3	22	8.8	18.7	11.5	22	9.0	18.8	11.6	22	9.2	25
25	18.5	11.3	22	8.8	18.6	11.4	22	8.9	18.7	11.5	22	9.1	18.8	11.7	22	9.3	18.9	11.8	22	9.4	25
24	18.6	11.5	22	9.0	18.7	11.6	22	9.2	18.8	11.8	22	9.4	18.9	11.9	23	9.5	**19.0**	12.0	23	9.7	24
24	18.7	11.7	23	9.3	18.8	11.8	23	9.4	18.9	12.0	23	9.6	**19.0**	12.1	23	9.8	19.1	12.2	23	9.9	24
24	18.8	11.9	23	9.5	18.9	12.0	23	9.7	**19.0**	12.2	23	9.9	19.1	12.3	23	10.0	19.2	12.4	24	10.2	24
24	18.9	12.1	23	9.8	**19.0**	12.2	23	9.9	19.1	12.4	24	10.1	19.2	12.5	24	10.3	19.3	12.6	24	10.4	24
23	**19.0**	12.3	24	10.0	19.1	12.4	24	10.2	19.2	12.6	24	10.4	19.3	12.7	24	10.5	19.4	12.8	24	10.7	23
23	19.1	12.5	24	10.3	19.2	12.6	24	10.4	19.3	12.8	24	10.6	19.4	12.9	25	10.8	19.5	13.1	25	10.9	23
23	19.2	12.7	25	10.5	19.3	12.8	25	10.7	19.4	13.0	25	10.8	19.5	13.1	25	11.0	19.6	13.3	25	11.2	23
23	19.3	12.9	25	10.8	19.4	13.0	25	10.9	19.5	13.2	25	11.1	19.6	13.3	25	11.2	19.7	13.5	25	11.4	23
22	19.4	13.1	25	11.0	19.5	13.3	25	11.2	19.6	13.4	26	11.3	19.7	13.5	26	11.5	19.8	13.7	26	11.6	22
22	19.5	13.3	26	11.2	19.6	13.5	26	11.4	19.7	13.6	26	11.5	19.8	13.7	26	11.7	19.9	13.9	26	11.9	22
22	19.6	13.5	26	11.5	19.7	13.7	26	11.6	19.8	13.8	26	11.8	19.9	14.0	27	11.9	**20.0**	14.1	27	12.1	22
22	19.7	13.7	27	11.7	19.8	13.9	27	11.9	19.9	14.0	27	12.0	**20.0**	14.2	27	12.2	20.1	14.3	27	12.3	22
21	19.8	13.9	27	11.9	19.9	14.1	27	12.1	**20.0**	14.2	27	12.2	20.1	14.4	27	12.4	20.2	14.5	27	12.5	21
21	19.9	14.2	27	12.2	**20.0**	14.3	27	12.3	20.1	14.4	28	12.5	20.2	14.6	28	12.6	20.3	14.7	28	12.8	21
21	**20.0**	14.4	28	12.4	20.1	14.5	28	12.5	20.2	14.7	28	12.7	20.3	14.8	28	12.8	20.4	15.0	28	13.0	21
21	20.1	14.6	28	12.6	20.2	14.7	28	12.7	20.3	14.9	28	12.9	20.4	15.0	29	13.1	20.5	15.2	29	13.2	21
20	20.2	14.8	29	12.8	20.3	14.9	29	13.0	20.4	15.1	29	13.1	20.5	15.2	29	13.3	20.6	15.4	29	13.4	20
20	20.3	15.0	29	13.0	20.4	15.2	29	13.2	20.5	15.3	29	13.3	20.6	15.4	29	13.5	20.7	15.6	29	13.6	20
20	20.4	15.2	29	13.3	20.5	15.4	30	13.4	20.6	15.5	30	13.6	20.7	15.7	30	13.7	20.8	15.8	30	13.8	20
20	20.5	15.4	30	13.5	20.6	15.6	30	13.6	20.7	15.7	30	13.8	20.8	15.9	30	13.9	20.9	16.0	30	14.1	20
19	20.6	15.6	30	13.7	20.7	15.8	30	13.8	20.8	16.0	30	14.0	20.9	16.1	31	14.1	**21.0**	16.3	31	14.3	19
19	20.7	15.9	31	13.9	20.8	16.0	31	14.0	20.9	16.2	31	14.2	**21.0**	16.3	31	14.3	21.1	16.5	31	14.5	19
19	20.8	16.1	31	14.1	20.9	16.2	31	14.2	**21.0**	16.4	31	14.4	21.1	16.5	31	14.5	21.2	16.7	32	14.7	19
19	20.9	16.3	32	14.3	**21.0**	16.5	32	14.5	21.1	16.6	32	14.6	21.2	16.8	32	14.7	21.3	16.9	32	14.9	19
19	**21.0**	16.5	32	14.5	21.1	16.7	32	14.7	21.2	16.8	32	14.8	21.3	17.0	32	14.9	21.4	17.1	32	15.1	19
18	21.1	16.7	32	14.7	21.2	16.9	32	14.9	21.3	17.0	33	15.0	21.4	17.2	33	15.1	21.5	17.4	33	15.3	18
18	21.2	17.0	33	14.9	21.3	17.1	33	15.1	21.4	17.3	33	15.2	21.5	17.4	33	15.3	21.6	17.6	33	15.5	18
18	21.3	17.2	33	15.1	21.4	17.3	33	15.3	21.5	17.5	33	15.4	21.6	17.7	34	15.5	21.7	17.8	34	15.7	18
18	21.4	17.4	34	15.3	21.5	17.6	34	15.5	21.6	17.7	34	15.6	21.7	17.9	34	15.7	21.8	18.0	34	15.9	18
18	21.5	17.6	34	15.5	21.6	17.8	34	15.7	21.7	17.9	34	15.8	21.8	18.1	34	15.9	21.9	18.3	35	16.1	18
17	21.6	17.9	35	15.7	21.7	18.0	35	15.9	21.8	18.2	35	16.0	21.9	18.3	35	16.1	**22.0**	18.5	35	16.3	17
17	21.7	18.1	35	15.9	21.8	18.2	35	16.1	21.9	18.4	35	16.2	**22.0**	18.6	35	16.3	22.1	18.7	35	16.5	17
17	21.8	18.3	35	16.1	21.9	18.5	35	16.2	**22.0**	18.6	36	16.4	22.1	18.8	36	16.5	22.2	18.9	36	16.7	17
17	21.9	18.5	36	16.3	**22.0**	18.7	36	16.4	22.1	18.9	36	16.6	22.2	19.0	36	16.7	22.3	19.2	36	16.8	17
16	**22.0**	18.8	36	16.5	22.1	18.9	36	16.6	22.2	19.1	36	16.8	22.3	19.2	37	16.9	22.4	19.4	37	17.0	16
16	22.1	19.0	37	16.7	22.2	19.1	37	16.8	22.3	19.3	37	17.0	22.4	19.5	37	17.1	22.5	19.6	37	17.2	16
16	22.2	19.2	37	16.9	22.3	19.4	37	17.0	22.4	19.5	37	17.1	22.5	19.7	37	17.3	22.6	19.9	38	17.4	16
16	22.3	19.4	38	17.1	22.4	19.6	38	17.2	22.5	19.8	38	17.3	22.6	19.9	38	17.5	22.7	20.1	38	17.6	16
16	22.4	19.7	38	17.3	22.5	19.8	38	17.4	22.6	20.0	38	17.5	22.7	20.2	38	17.6	22.8	20.3	38	17.8	16
15	22.5	19.9	38	17.4	22.6	20.1	39	17.6	22.7	20.2	39	17.7	22.8	20.4	39	17.8	22.9	20.6	39	18.0	15
15	22.6	20.1	39	17.6	22.7	20.3	39	17.8	22.8	20.5	39	17.9	22.9	20.6	39	18.0	**23.0**	20.8	39	18.1	15
15	22.7	20.4	39	17.8	22.8	20.5	39	17.9	22.9	20.7	40	18.1	**23.0**	20.9	40	18.2	23.1	21.1	40	18.3	15
15	22.8	20.6	40	18.0	22.9	20.8	40	18.1	**23.0**	20.9	40	18.2	23.1	21.1	40	18.4	23.2	21.3	40	18.5	15
15	22.9	20.8	40	18.2	**23.0**	21.0	40	18.3	23.1	21.2	40	18.4	23.2	21.4	41	18.6	23.3	21.5	41	18.7	15
14	**23.0**	21.1	41	18.3	23.1	21.3	41	18.5	23.2	21.4	41	18.6	23.3	21.6	41	18.7	23.4	21.8	41	18.9	14
14	23.1	21.3	41	18.5	23.2	21.5	41	18.7	23.3	21.7	41	18.8	23.4	21.8	42	18.9	23.5	22.0	42	19.0	14
14	23.2	21.6	42	18.7	23.3	21.7	42	18.8	23.4	21.9	42	19.0	23.5	22.1	42	19.1	23.6	22.2	42	19.2	14
14	23.3	21.8	42	18.9	23.4	22.0	42	19.0	23.5	22.1	42	19.1	23.6	22.3	42	19.3	23.7	22.5	43	19.4	14
14	23.4	22.0	43	19.1	23.5	22.2	43	19.2	23.6	22.4	43	19.3	23.7	22.6	43	19.4	23.8	22.7	43	19.6	14
14	23.5	22.3	43	19.2	23.6	22.4	43	19.4	23.7	22.6	43	19.5	23.8	22.8	43	19.6	23.9	23.0	43	19.7	14
13	23.6	22.5	44	19.4	23.7	22.7	44	19.5	23.8	22.9	44	19.7	23.9	23.0	44	19.8	**24.0**	23.2	44	19.9	13
13	23.7	22.8	44	19.6	23.8	22.9	44	19.7	23.9	23.1	44	19.8	**24.0**	23.3	44	19.9	24.1	23.5	44	20.1	13
13	23.8	23.0	44	19.7	23.9	23.2	45	19.9	**24.0**	23.4	45	20.0	24.1	23.5	45	20.1	24.2	23.7	45	20.2	13
13	23.9	23.2	45	19.9	**24.0**	23.4	45	20.0	24.1	23.6	45	20.2	24.2	23.8	45	20.3	24.3	24.0	45	20.4	13
13	**24.0**	23.5	45	20.1	24.1	23.7	46	20.2	24.2	23.9	46	20.3	24.3	24.0	46	20.5	24.4	24.2	46	20.6	13
12	24.1	23.7	46	20.3	24.2	23.9	46	20.4	24.3	24.1	46	20.5	24.4	24.3	46	20.6	24.5	24.5	46	20.7	12
12	24.2	24.0	46	20.4	24.3	24.2	46	20.5	24.4	24.4	47	20.7	24.5	24.5	47	20.8	24.6	24.7	47	20.9	12
12	24.3	24.2	47	20.6	24.4	24.4	47	20.7	24.5	24.6	47	20.8	24.6	24.8	47	21.0	24.7	25.0	47	21.1	12
12	24.4	24.5	47	20.8	24.5	24.7	47	20.9	24.6	24.9	48	21.0	24.7	25.0	48	21.1	24.8	25.2	48	21.2	12
12	24.5	24.7	48	20.9	24.6	24.9	48	21.0	24.7	25.1	48	21.2	24.8	25.3	48	21.3	24.9	25.5	48	21.4	12
12	24.6	25.0	48	21.1	24.7	25.2	48	21.2	24.8	25.4	48	21.3	24.9	25.5	49	21.4	**25.0**	25.7	49	21.6	12
11	24.7	25.2	49	21.2	24.8	25.4	49	21.4	24.9	25.6	49	21.5	**25.0**	25.8	49	21.6	25.1	26.0	49	21.7	11
11	24.8	25.5	49	21.4	24.9	25.7	49	21.5	**25.0**	25.9	49	21.6	25.1	26.1	50	21.8	25.2	26.2	50	21.9	11
11	24.9	25.7	50	21.6	**25.0**	25.9	50	21.7	25.1	26.1	50	21.8	25.2	26.3	50	21.9	25.3	26.5	50	22.0	11
11	**25.0**	26.0	50	21.7	25.1	26.2	50	21.9	25.2	26.4	50	22.0	25.3	26.6	51	22.1	25.4	26.8	51	22.2	11
11	25.1	26.3	51	21.9	25.2	26.4	51	22.0	25.3	26.6	51	22.1	25.4	26.8	51	22.2	25.5	27.0	51	22.4	11

n	t_W	e	U	t_d	t_W	e	U	t_d	t_W	e	U	t_d	t_W	e	U	t_d	t_W	e	U	t_d	n
	33.5				**33.6**				**33.7**				**33.8**				**33.9**				
10	25.2	26.5	51	22.1	25.3	26.7	51	22.2	25.4	26.9	51	22.3	25.5	27.1	51	22.4	25.6	27.3	52	22.5	10
10	25.3	26.8	52	22.2	25.4	27.0	52	22.3	25.5	27.2	52	22.4	25.6	27.3	52	22.6	25.7	27.5	52	22.7	10
10	25.4	27.0	52	22.4	25.5	27.2	52	22.5	25.6	27.4	52	22.6	25.7	27.6	52	22.7	25.8	27.8	53	22.8	10
10	25.5	27.3	53	22.5	25.6	27.5	53	22.6	25.7	27.7	53	22.8	25.8	27.9	53	22.9	25.9	28.1	53	23.0	10
10	25.6	27.5	53	22.7	25.7	27.7	53	22.8	25.8	27.9	53	22.9	25.9	28.1	53	23.0	**26.0**	28.3	54	23.1	10
10	25.7	27.8	54	22.8	25.8	28.0	54	23.0	25.9	28.2	54	23.1	**26.0**	28.4	54	23.2	26.1	28.6	54	23.3	10
10	25.8	28.1	54	23.0	25.9	28.3	54	23.1	**26.0**	28.5	54	23.2	26.1	28.7	54	23.3	26.2	28.9	55	23.5	10
9	25.9	28.3	55	23.1	**26.0**	28.5	55	23.3	26.1	28.7	55	23.4	26.2	28.9	55	23.5	26.3	29.1	55	23.6	9
9	**26.0**	28.6	55	23.3	26.1	28.8	55	23.4	26.2	29.0	55	23.5	26.3	29.2	56	23.6	26.4	29.4	56	23.8	9
9	26.1	28.9	56	23.5	26.2	29.1	56	23.5	26.3	29.3	56	23.7	26.4	29.5	56	23.8	26.5	29.7	56	23.9	9
9	26.2	29.1	56	23.6	26.3	29.3	56	23.7	26.4	29.5	56	23.8	26.5	29.7	57	24.0	26.6	29.9	57	24.1	9
9	26.3	29.4	57	23.8	26.4	29.6	57	23.9	26.5	29.8	57	24.0	26.6	30.0	57	24.1	26.7	30.2	57	24.2	9
9	26.4	29.7	57	23.9	26.5	29.9	57	24.0	26.6	30.1	58	24.1	26.7	30.3	58	24.3	26.8	30.5	58	24.4	9
8	26.5	29.9	58	24.1	26.6	30.1	58	24.2	26.7	30.4	58	24.3	26.8	30.6	58	24.4	26.9	30.8	58	24.5	8
8	26.6	30.2	58	24.2	26.7	30.4	58	24.3	26.8	30.6	59	24.4	26.9	30.8	59	24.6	**27.0**	31.0	59	24.7	8
8	26.7	30.5	59	24.4	26.8	30.7	59	24.5	26.9	30.9	59	24.6	**27.0**	31.1	59	24.7	27.1	31.3	59	24.8	8
8	26.8	30.8	59	24.5	26.9	31.0	60	24.6	**27.0**	31.2	60	24.7	27.1	31.4	60	24.9	27.2	31.6	60	25.0	8
8	26.9	31.0	60	24.7	**27.0**	31.2	60	24.8	27.1	31.5	60	24.9	27.2	31.7	60	25.0	27.3	31.9	60	25.1	8
8	**27.0**	31.3	61	24.8	27.1	31.5	61	24.9	27.2	31.7	61	25.0	27.3	31.9	61	25.1	27.4	32.2	61	25.3	8
8	27.1	31.6	61	25.0	27.2	31.8	61	25.1	27.3	32.0	61	25.2	27.4	32.2	61	25.3	27.5	32.4	61	25.4	8
7	27.2	31.9	62	25.1	27.3	32.1	62	25.2	27.4	32.3	62	25.3	27.5	32.5	62	25.4	27.6	32.7	62	25.5	7
7	27.3	32.1	62	25.2	27.4	32.4	62	25.4	27.5	32.6	62	25.5	27.6	32.8	62	25.6	27.7	33.0	62	25.7	7
7	27.4	32.4	63	25.4	27.5	32.6	63	25.5	27.6	32.9	63	25.6	27.7	33.1	63	25.7	27.8	33.3	63	25.8	7
7	27.5	32.7	63	25.5	27.6	32.9	63	25.7	27.7	33.1	63	25.8	27.8	33.4	63	25.9	27.9	33.6	63	26.0	7
7	27.6	33.0	64	25.7	27.7	33.2	64	25.8	27.8	33.4	64	25.9	27.9	33.6	64	26.0	**28.0**	33.9	64	26.1	7
7	27.7	33.3	64	25.8	27.8	33.5	64	25.9	27.9	33.7	64	26.0	**28.0**	33.9	64	26.2	28.1	34.1	65	26.3	7
6	27.8	33.6	65	26.0	27.9	33.8	65	26.1	**28.0**	34.0	65	26.2	28.1	34.2	65	26.3	28.2	34.4	65	26.4	6
6	27.9	33.8	65	26.1	**28.0**	34.1	65	26.2	28.1	34.3	66	26.3	28.2	34.5	66	26.4	28.3	34.7	66	26.6	6
6	**28.0**	34.1	66	26.3	28.1	34.3	66	26.4	28.2	34.6	66	26.5	28.3	34.8	66	26.6	28.4	35.0	66	26.7	6
6	28.1	34.4	67	26.4	28.2	34.6	67	26.5	28.3	34.9	67	26.6	28.4	35.1	67	26.7	28.5	35.3	67	26.8	6
6	28.2	34.7	67	26.5	28.3	34.9	67	26.7	28.4	35.1	67	26.8	28.5	35.4	67	26.9	28.6	35.6	67	27.0	6
6	28.3	35.0	68	26.7	28.4	35.2	68	26.8	28.5	35.4	68	26.9	28.6	35.7	68	27.0	28.7	35.9	68	27.1	6
6	28.4	35.3	68	26.8	28.5	35.5	68	26.9	28.6	35.7	68	27.0	28.7	36.0	68	27.1	28.8	36.2	68	27.3	6
6	28.5	35.6	69	27.0	28.6	35.8	69	27.1	28.7	36.0	69	27.2	28.8	36.3	69	27.3	28.9	36.5	69	27.4	6
5	28.6	35.9	69	27.1	28.7	36.1	69	27.2	28.8	36.3	69	27.3	28.9	36.6	69	27.4	**29.0**	36.8	70	27.5	5
5	28.7	36.2	70	27.2	28.8	36.4	70	27.4	28.9	36.6	70	27.5	**29.0**	36.9	70	27.6	29.1	37.1	70	27.7	5
5	28.8	36.5	70	27.4	28.9	36.7	71	27.5	**29.0**	36.9	71	27.6	29.1	37.1	71	27.7	29.2	37.4	71	27.8	5
5	28.9	36.8	71	27.5	**29.0**	37.0	71	27.6	29.1	37.2	71	27.7	29.2	37.4	71	27.8	29.3	37.7	71	28.0	5
5	**29.0**	37.1	72	27.7	29.1	37.3	72	27.8	29.2	37.5	72	27.9	29.3	37.8	72	28.0	29.4	38.0	72	28.1	5
5	29.1	37.3	72	27.8	29.2	37.6	72	27.9	29.3	37.8	72	28.0	29.4	38.1	72	28.1	29.5	38.3	72	28.2	5
5	29.2	37.6	73	27.9	29.3	37.9	73	28.0	29.4	38.1	73	28.1	29.5	38.4	73	28.3	29.6	38.6	73	28.4	5
5	29.3	38.0	73	28.1	29.4	38.2	73	28.2	29.5	38.4	73	28.3	29.6	38.7	73	28.4	29.7	38.9	74	28.5	5
4	29.4	38.3	74	28.2	29.5	38.5	74	28.3	29.6	38.7	74	28.4	29.7	39.0	74	28.5	29.8	39.2	74	28.6	4
4	29.5	38.6	75	28.3	29.6	38.8	75	28.4	29.7	39.0	75	28.6	29.8	39.3	75	28.7	29.9	39.5	75	28.8	4
4	29.6	38.9	75	28.5	29.7	39.1	75	28.6	29.8	39.3	75	28.7	29.9	39.6	75	28.8	**30.0**	39.8	75	28.9	4
4	29.7	39.2	76	28.6	29.8	39.4	76	28.7	29.9	39.6	76	28.8	**30.0**	39.9	76	28.9	30.1	40.1	76	29.0	4
4	29.8	39.5	76	28.7	29.9	39.7	76	28.9	**30.0**	40.0	76	29.0	30.1	40.2	76	29.1	30.2	40.4	76	29.2	4
4	29.9	39.8	77	28.9	**30.0**	40.0	77	29.0	30.1	40.3	77	29.1	30.2	40.5	77	29.2	30.3	40.8	77	29.3	4
4	**30.0**	40.1	78	29.0	30.1	40.3	78	29.1	30.2	40.6	78	29.2	30.3	40.8	78	29.3	30.4	41.1	78	29.4	4
4	30.1	40.4	78	29.2	30.2	40.6	78	29.3	30.3	40.9	78	29.4	30.4	41.1	78	29.5	30.5	41.4	78	29.6	4
3	30.2	40.7	79	29.3	30.3	41.0	79	29.4	30.4	41.2	79	29.5	30.5	41.5	79	29.6	30.6	41.7	79	29.7	3
3	30.3	41.0	79	29.4	30.4	41.3	79	29.5	30.5	41.5	79	29.6	30.6	41.8	79	29.7	30.7	42.0	79	29.8	3
3	30.4	41.3	80	29.5	30.5	41.6	80	29.7	30.6	41.8	80	29.8	30.7	42.1	80	29.9	30.8	42.3	80	30.0	3
3	30.5	41.7	81	29.7	30.6	41.9	81	29.8	30.7	42.2	81	29.9	30.8	42.4	81	30.0	30.9	42.7	81	30.1	3
3	30.6	42.0	81	29.8	30.7	42.2	81	29.9	30.8	42.5	81	30.0	30.9	42.7	81	30.1	**31.0**	43.0	81	30.2	3
3	30.7	42.3	82	29.9	30.8	42.5	82	30.0	30.9	42.8	82	30.2	**31.0**	43.1	82	30.3	31.1	43.3	82	30.4	3
3	30.8	42.6	82	30.1	30.9	42.9	82	30.2	**31.0**	43.1	82	30.3	31.1	43.4	82	30.4	31.2	43.6	82	30.5	3
3	30.9	42.9	83	30.2	**31.0**	43.2	83	30.3	31.1	43.4	83	30.4	31.2	43.7	83	30.5	31.3	44.0	83	30.6	3
3	**31.0**	43.3	84	30.3	31.1	43.5	84	30.4	31.2	43.8	84	30.5	31.3	44.0	84	30.6	31.4	44.3	84	30.8	3
2	31.1	43.6	84	30.5	31.2	43.8	84	30.6	31.3	44.1	84	30.7	31.4	44.4	84	30.8	31.5	44.6	84	30.9	2
2	31.2	43.9	85	30.6	31.3	44.2	85	30.7	31.4	44.4	85	30.8	31.5	44.7	85	30.9	31.6	44.9	85	31.0	2
2	31.3	44.2	85	30.7	31.4	44.5	86	30.8	31.5	44.8	86	30.9	31.6	45.0	86	31.0	31.7	45.3	86	31.1	2
2	31.4	44.6	86	30.9	31.5	44.8	86	31.0	31.6	45.1	86	31.1	31.7	45.3	86	31.2	31.8	45.6	86	31.3	2
2	31.5	44.9	87	31.0	31.6	45.1	87	31.1	31.7	45.4	87	31.2	31.8	45.7	87	31.3	31.9	45.9	87	31.4	2
2	31.6	45.2	87	31.1	31.7	45.5	87	31.2	31.8	45.7	87	31.3	31.9	46.0	87	31.4	**32.0**	46.3	87	31.5	2
2	31.7	45.5	88	31.2	31.8	45.8	88	31.3	31.9	46.1	88	31.4	**32.0**	46.3	88	31.5	32.1	46.6	88	31.7	2
2	31.8	45.9	89	31.4	31.9	46.1	89	31.5	**32.0**	46.4	89	31.6	32.1	46.7	89	31.7	32.2	47.0	89	31.8	2
2	31.9	46.2	89	31.5	**32.0**	46.5	89	31.6	32.1	46.8	89	31.7	32.2	47.0	89	31.8	32.3	47.3	89	31.9	2
1	**32.0**	46.5	90	31.6	32.1	46.8	90	31.7	32.2	47.1	90	31.8	32.3	47.4	90	31.9	32.4	47.6	90	32.0	1
1	32.1	46.9	91	31.8	32.2	47.2	91	31.9	32.3	47.4	91	32.0	32.4	47.7	91	32.1	32.5	48.0	91	32.2	1
1	32.2	47.2	91	31.9	32.3	47.5	91	32.0	32.4	47.8	91	32.1	32.5	48.0	91	32.2	32.6	48.3	91	32.3	1
1	32.3	47.6	92	32.0	32.4	47.8	92	32.1	32.5	48.1	92	32.2	32.6	48.4	92	32.3	32.7	48.7	92	32.4	1
1	32.4	47.9	93	32.1	32.5	48.2	93	32.2	32.6	48.5	93	32.3	32.7	48.7	93	32.4	32.8	49.0	93	32.5	1

n	t_W	e	U	t_d	t_W	e	U	t_d	t_W	e	U	t_d	t_W	e	U	t_d	t_W	e	U	t_d	n
	33.5				**33.6**				**33.7**				**33.8**				**33.9**				
1	32.5	48.2	93	32.3	32.6	48.5	93	32.4	32.7	48.8	93	32.5	32.8	49.1	93	32.6	32.9	49.4	93	32.7	1
1	32.6	48.6	94	32.4	32.7	48.9	94	32.5	32.8	49.1	94	32.6	32.9	49.4	94	32.7	**33.0**	49.7	94	32.8	1
1	32.7	48.9	95	32.5	32.8	49.2	95	32.6	32.9	49.5	95	32.7	**33.0**	49.8	95	32.8	33.1	50.1	95	32.9	1
1	32.8	49.3	95	32.6	32.9	49.6	95	32.7	**33.0**	49.8	95	32.8	33.1	50.1	95	32.9	33.2	50.4	95	33.0	1
1	32.9	49.6	96	32.8	**33.0**	49.9	96	32.9	33.1	50.2	96	33.0	33.2	50.5	96	33.1	33.3	50.8	96	33.2	1
0	**33.0**	50.0	97	32.9	33.1	50.3	97	33.0	33.2	50.5	97	33.1	33.3	50.8	97	33.2	33.4	51.1	97	33.3	0
0	33.1	50.3	97	33.0	33.2	50.6	97	33.1	33.3	50.9	97	33.2	33.4	51.2	97	33.3	33.5	51.5	97	33.4	0
0	33.2	50.7	98	33.1	33.3	51.0	98	33.2	33.4	51.2	98	33.3	33.5	51.5	98	33.4	33.6	51.8	98	33.5	0
0	33.3	51.0	99	33.3	33.4	51.3	99	33.4	33.5	51.6	99	33.5	33.6	51.9	99	33.6	33.7	52.2	99	33.7	0
0	33.4	51.4	99	33.4	33.5	51.7	99	33.5	33.6	52.0	99	33.6	33.7	52.2	99	33.7	33.8	52.5	99	33.8	0
0	33.5	51.7	100	33.5	33.6	52.0	100	33.6	33.7	52.3	100	33.7	33.8	52.6	100	33.8	33.9	52.9	100	33.9	0
	34.0				**34.1**				**34.2**				**34.3**				**34.4**				
44																	12.8	0.4	1	-33.5	44
44									12.7	0.3	1	-34.3	12.8	0.4	1	-31.7	12.9	0.5	1	-29.6	44
43	12.6	0.3	1	-35.2	12.7	0.4	1	-32.5	12.8	0.5	1	-30.2	12.9	0.6	1	-28.3	**13.0**	0.7	1	-26.7	43
43	12.7	0.5	1	-30.9	12.8	0.6	1	-28.9	12.9	0.7	1	-27.2	**13.0**	0.8	1	-25.7	13.1	0.9	2	-24.3	43
43	12.8	0.6	1	-27.7	12.9	0.7	1	-26.1	**13.0**	0.8	2	-24.7	13.1	0.9	2	-23.5	13.2	1.0	2	-22.3	43
42	12.9	0.8	1	-25.2	**13.0**	0.9	2	-23.9	13.1	1.0	2	-22.7	13.2	1.1	2	-21.6	13.3	1.2	2	-20.6	42
42	**13.0**	1.0	2	-23.1	13.1	1.1	2	-21.9	13.2	1.2	2	-20.9	13.3	1.3	2	-20.0	13.4	1.4	2	-19.1	42
42	13.1	1.1	2	-21.2	13.2	1.2	2	-20.3	13.3	1.3	2	-19.4	13.4	1.4	3	-18.5	13.5	1.5	3	-17.7	42
41	13.2	1.3	2	-19.7	13.3	1.4	3	-18.8	13.4	1.5	3	-18.0	13.5	1.6	3	-17.2	13.6	1.7	3	-16.5	41
41	13.3	1.5	3	-18.2	13.4	1.6	3	-17.5	13.5	1.7	3	-16.7	13.6	1.8	3	-16.0	13.7	1.9	3	-15.3	41
41	13.4	1.6	3	-17.0	13.5	1.7	3	-16.2	13.6	1.8	3	-15.6	13.7	1.9	4	-14.9	13.8	2.0	4	-14.3	41
40	13.5	1.8	3	-15.8	13.6	1.9	4	-15.1	13.7	2.0	4	-14.5	13.8	2.1	4	-13.9	13.9	2.2	4	-13.3	40
40	13.6	2.0	4	-14.7	13.7	2.1	4	-14.1	13.8	2.2	4	-13.5	13.9	2.3	4	-12.9	**14.0**	2.4	4	-12.4	40
40	13.7	2.1	4	-13.7	13.8	2.2	4	-13.1	13.9	2.3	4	-12.6	**14.0**	2.4	5	-12.0	14.1	2.5	5	-11.5	40
39	13.8	2.3	4	-12.8	13.9	2.4	4	-12.2	**14.0**	2.5	5	-11.7	14.1	2.6	5	-11.2	14.2	2.7	5	-10.7	39
39	13.9	2.5	5	-11.9	**14.0**	2.6	5	-11.4	14.1	2.7	5	-10.9	14.2	2.8	5	-10.4	14.3	2.9	5	-9.9	39
39	**14.0**	2.6	5	-11.0	14.1	2.7	5	-10.6	14.2	2.8	5	-10.1	14.3	2.9	5	-9.6	14.4	3.1	6	-9.2	39
38	14.1	2.8	5	-10.3	14.2	2.9	5	-9.8	14.3	3.0	6	-9.3	14.4	3.1	6	-8.9	14.5	3.2	6	-8.5	38
38	14.2	3.0	6	-9.5	14.3	3.1	6	-9.1	14.4	3.2	6	-8.6	14.5	3.3	6	-8.2	14.6	3.4	6	-7.8	38
38	14.3	3.1	6	-8.8	14.4	3.3	6	-8.4	14.5	3.4	6	-7.9	14.6	3.5	6	-7.5	14.7	3.6	7	-7.1	38
37	14.4	3.3	6	-8.1	14.5	3.4	6	-7.7	14.6	3.5	7	-7.3	14.7	3.6	7	-6.9	14.8	3.8	7	-6.5	37
37	14.5	3.5	7	-7.4	14.6	3.6	7	-7.1	14.7	3.7	7	-6.7	14.8	3.8	7	-6.3	14.9	3.9	7	-5.9	37
37	14.6	3.7	7	-6.8	14.7	3.8	7	-6.4	14.8	3.9	7	-6.1	14.9	4.0	7	-5.7	**15.0**	4.1	8	-5.4	37
36	14.7	3.8	7	-6.2	14.8	4.0	7	-5.8	14.9	4.1	8	-5.5	**15.0**	4.2	8	-5.1	15.1	4.3	8	-4.8	36
36	14.8	4.0	8	-5.6	14.9	4.1	8	-5.3	**15.0**	4.2	8	-4.9	15.1	4.3	8	-4.6	15.2	4.5	8	-4.3	36
36	14.9	4.2	8	-5.1	**15.0**	4.3	8	-4.7	15.1	4.4	8	-4.4	15.2	4.5	8	-4.1	15.3	4.6	9	-3.7	36
35	**15.0**	4.4	8	-4.5	15.1	4.5	8	-4.2	15.2	4.6	9	-3.9	15.3	4.7	9	-3.5	15.4	4.8	9	-3.2	35
35	15.1	4.5	9	-4.0	15.2	4.7	9	-3.7	15.3	4.8	9	-3.4	15.4	4.9	9	-3.0	15.5	5.0	9	-2.7	35
35	15.2	4.7	9	-3.5	15.3	4.8	9	-3.2	15.4	4.9	9	-2.9	15.5	5.1	9	-2.6	15.6	5.2	10	-2.3	35
34	15.3	4.9	9	-3.0	15.4	5.0	9	-2.7	15.5	5.1	10	-2.4	15.6	5.2	10	-2.1	15.7	5.4	10	-1.8	34
34	15.4	5.1	10	-2.5	15.5	5.2	10	-2.2	15.6	5.3	10	-1.9	15.7	5.4	10	-1.6	15.8	5.5	10	-1.3	34
34	15.5	5.3	10	-2.0	15.6	5.4	10	-1.8	15.7	5.5	10	-1.5	15.8	5.6	10	-1.2	15.9	5.7	11	-0.9	34
34	15.6	5.4	10	-1.6	15.7	5.6	10	-1.3	15.8	5.7	11	-1.0	15.9	5.8	11	-0.7	**16.0**	5.9	11	-0.5	34
33	15.7	5.6	11	-1.1	15.8	5.7	11	-0.9	15.9	5.8	11	-0.6	**16.0**	6.0	11	-0.3	16.1	6.1	11	-0.1	33
33	15.8	5.8	11	-0.7	15.9	5.9	11	-0.4	**16.0**	6.0	11	-0.2	16.1	6.1	11	0.1	16.2	6.3	12	0.4	33
33	15.9	6.0	11	-0.3	**16.0**	6.1	11	0.0	16.1	6.2	12	0.2	16.2	6.3	12	0.5	16.3	6.4	12	0.8	33
32	**16.0**	6.2	12	0.1	16.1	6.3	12	0.4	16.2	6.4	12	0.6	16.3	6.5	12	0.9	16.4	6.6	12	1.1	32
32	16.1	6.3	12	0.5	16.2	6.5	12	0.8	16.3	6.6	12	1.0	16.4	6.7	12	1.3	16.5	6.8	13	1.5	32
32	16.2	6.5	12	0.9	16.3	6.6	12	1.2	16.4	6.8	13	1.4	16.5	6.9	13	1.7	16.6	7.0	13	1.9	32
31	16.3	6.7	13	1.3	16.4	6.8	13	1.6	16.5	7.0	13	1.8	16.6	7.1	13	2.0	16.7	7.2	13	2.3	31
31	16.4	6.9	13	1.7	16.5	7.0	13	1.9	16.6	7.1	13	2.2	16.7	7.3	13	2.4	16.8	7.4	14	2.6	31
31	16.5	7.1	13	2.1	16.6	7.2	13	2.3	16.7	7.3	14	2.5	16.8	7.4	14	2.8	16.9	7.6	14	3.0	31
31	16.6	7.3	14	2.4	16.7	7.4	14	2.7	16.8	7.5	14	2.9	16.9	7.6	14	3.1	**17.0**	7.8	14	3.3	31
30	16.7	7.5	14	2.8	16.8	7.6	14	3.0	16.9	7.7	14	3.2	**17.0**	7.8	14	3.5	17.1	7.9	15	3.7	30
30	16.8	7.6	14	3.1	16.9	7.8	15	3.4	**17.0**	7.9	15	3.6	17.1	8.0	15	3.8	17.2	8.1	15	4.0	30
30	16.9	7.8	15	3.5	**17.0**	8.0	15	3.7	17.1	8.1	15	3.9	17.2	8.2	15	4.1	17.3	8.3	15	4.4	30
29	**17.0**	8.0	15	3.8	17.1	8.1	15	4.0	17.2	8.3	15	4.3	17.3	8.4	16	4.5	17.4	8.5	16	4.7	29
29	17.1	8.2	15	4.2	17.2	8.3	16	4.4	17.3	8.5	16	4.6	17.4	8.6	16	4.8	17.5	8.7	16	5.0	29
29	17.2	8.4	16	4.5	17.3	8.5	16	4.7	17.4	8.7	16	4.9	17.5	8.8	16	5.1	17.6	8.9	16	5.3	29
29	17.3	8.6	16	4.8	17.4	8.7	16	5.0	17.5	8.8	16	5.2	17.6	9.0	17	5.4	17.7	9.1	17	5.6	29
28	17.4	8.8	17	5.1	17.5	8.9	17	5.3	17.6	9.0	17	5.5	17.7	9.2	17	5.7	17.8	9.3	17	5.9	28
28	17.5	9.0	17	5.4	17.6	9.1	17	5.6	17.7	9.2	17	5.8	17.8	9.4	17	6.0	17.9	9.5	17	6.2	28
28	17.6	9.2	17	5.7	17.7	9.3	17	5.9	17.8	9.4	18	6.1	17.9	9.6	18	6.3	**18.0**	9.7	18	6.5	28
27	17.7	9.4	18	6.0	17.8	9.5	18	6.2	17.9	9.6	18	6.4	**18.0**	9.8	18	6.6	18.1	9.9	18	6.8	27
27	17.8	9.6	18	6.3	17.9	9.7	18	6.5	**18.0**	9.8	18	6.7	18.1	10.0	18	6.9	18.2	10.1	19	7.1	27
27	17.9	9.8	18	6.6	**18.0**	9.9	18	6.8	18.1	10.0	19	7.0	18.2	10.2	19	7.2	18.3	10.3	19	7.4	27
27	**18.0**	10.0	19	6.9	18.1	10.1	19	7.1	18.2	10.2	19	7.3	18.3	10.3	19	7.5	18.4	10.5	19	7.7	27
26	18.1	10.2	19	7.2	18.2	10.3	19	7.4	18.3	10.4	19	7.6	18.4	10.5	19	7.8	18.5	10.7	20	7.9	26
26	18.2	10.4	19	7.5	18.3	10.5	20	7.7	18.4	10.6	20	7.9	18.5	10.7	20	8.0	18.6	10.9	20	8.2	26

n	t_W	e	U	t_d	t_W	e	U	t_d	t_W	e	U	t_d	t_W	e	U	t_d	t_W	e	U	t_d	n
	34.0				**34.1**				**34.2**				**34.3**				**34.4**				
26	18.3	10.5	20	7.8	18.4	10.7	20	7.9	18.5	10.8	20	8.1	18.6	10.9	20	8.3	18.7	11.1	20	8.5	26
26	18.4	10.7	20	8.0	18.5	10.9	20	8.2	18.6	11.0	20	8.4	18.7	11.1	21	8.6	18.8	11.3	21	8.8	26
25	18.5	10.9	21	8.3	18.6	11.1	21	8.5	18.7	11.2	21	8.7	18.8	11.4	21	8.8	18.9	11.5	21	9.0	25
25	18.6	11.1	21	8.6	18.7	11.3	21	8.8	18.8	11.4	21	8.9	18.9	11.6	21	9.1	**19.0**	11.7	21	9.3	25
25	18.7	11.3	21	8.8	18.8	11.5	21	9.0	18.9	11.6	22	9.2	**19.0**	11.8	22	9.4	19.1	11.9	22	9.5	25
25	18.8	11.6	22	9.1	18.9	11.7	22	9.3	**19.0**	11.8	22	9.4	19.1	12.0	22	9.6	19.2	12.1	22	9.8	25
24	18.9	11.8	22	9.4	**19.0**	11.9	22	9.5	19.1	12.0	22	9.7	19.2	12.2	22	9.9	19.3	12.3	23	10.0	24
24	**19.0**	12.0	22	9.6	19.1	12.1	23	9.8	19.2	12.2	23	10.0	19.3	12.4	23	10.1	19.4	12.5	23	10.3	24
24	19.1	12.2	23	9.9	19.2	12.3	23	10.0	19.3	12.4	23	10.2	19.4	12.6	23	10.4	19.5	12.7	23	10.5	24
24	19.2	12.4	23	10.1	19.3	12.5	23	10.3	19.4	12.6	24	10.4	19.5	12.8	24	10.6	19.6	12.9	24	10.8	24
23	19.3	12.6	24	10.4	19.4	12.7	24	10.5	19.5	12.9	24	10.7	19.6	13.0	24	10.9	19.7	13.1	24	11.0	23
23	19.4	12.8	24	10.6	19.5	12.9	24	10.8	19.6	13.1	24	10.9	19.7	13.2	24	11.1	19.8	13.3	25	11.3	23
23	19.5	13.0	24	10.8	19.6	13.1	25	11.0	19.7	13.3	25	11.2	19.8	13.4	25	11.3	19.9	13.6	25	11.5	23
23	19.6	13.2	25	11.1	19.7	13.3	25	11.2	19.8	13.5	25	11.4	19.9	13.6	25	11.6	**20.0**	13.8	25	11.7	23
22	19.7	13.4	25	11.3	19.8	13.5	25	11.5	19.9	13.7	25	11.6	**20.0**	13.8	26	11.8	20.1	14.0	26	12.0	22
22	19.8	13.6	26	11.6	19.9	13.8	26	11.7	**20.0**	13.9	26	11.9	20.1	14.0	26	12.0	20.2	14.2	26	12.2	22
22	19.9	13.8	26	11.8	**20.0**	14.0	26	11.9	20.1	14.1	26	12.1	20.2	14.3	26	12.3	20.3	14.4	26	12.4	22
22	**20.0**	14.0	26	12.0	20.1	14.2	27	12.2	20.2	14.3	27	12.3	20.3	14.5	27	12.5	20.4	14.6	27	12.6	22
21	20.1	14.2	27	12.2	20.2	14.4	27	12.4	20.3	14.5	27	12.6	20.4	14.7	27	12.7	20.5	14.8	27	12.9	21
21	20.2	14.5	27	12.5	20.3	14.6	27	12.6	20.4	14.8	27	12.8	20.5	14.9	28	12.9	20.6	15.0	28	13.1	21
21	20.3	14.7	28	12.7	20.4	14.8	28	12.8	20.5	15.0	28	13.0	20.6	15.1	28	13.2	20.7	15.3	28	13.3	21
21	20.4	14.9	28	12.9	20.5	15.0	28	13.1	20.6	15.2	28	13.2	20.7	15.3	28	13.4	20.8	15.5	28	13.5	21
20	20.5	15.1	28	13.1	20.6	15.2	29	13.3	20.7	15.4	29	13.4	20.8	15.5	29	13.6	20.9	15.7	29	13.7	20
20	20.6	15.3	29	13.4	20.7	15.5	29	13.5	20.8	15.6	29	13.7	20.9	15.8	29	13.8	**21.0**	15.9	20	13.9	20
20	20.7	15.5	29	13.6	20.8	15.7	29	13.7	20.9	15.8	29	13.9	**21.0**	16.0	30	14.0	21.1	16.1	30	14.2	20
20	20.8	15.7	30	13.8	20.9	15.9	30	13.9	**21.0**	16.1	30	14.1	21.1	16.2	30	14.2	21.2	16.4	30	14.4	20
20	20.9	16.0	30	14.0	**21.0**	16.1	30	14.1	21.1	16.3	30	14.3	21.2	16.4	30	14.4	21.3	16.6	30	14.6	20
19	**21.0**	16.2	30	14.2	21.1	16.3	31	14.3	21.2	16.5	31	14.5	21.3	16.6	31	14.6	21.4	16.8	31	14.8	19
19	21.1	16.4	31	14.4	21.2	16.6	31	14.6	21.3	16.7	31	14.7	21.4	16.9	31	14.8	21.5	17.0	31	15.0	19
19	21.2	16.6	31	14.6	21.3	16.8	31	14.8	21.4	16.9	31	14.9	21.5	17.1	32	15.0	21.6	17.3	32	15.2	19
19	21.3	16.8	32	14.8	21.4	17.0	32	15.0	21.5	17.2	32	15.1	21.6	17.3	32	15.3	21.7	17.5	32	15.4	19
18	21.4	17.1	32	15.0	21.5	17.2	32	15.2	21.6	17.4	32	15.3	21.7	17.5	32	15.5	21.8	17.7	33	15.6	18
18	21.5	17.3	33	15.2	21.6	17.5	33	15.4	21.7	17.6	33	15.5	21.8	17.8	33	15.7	21.9	17.9	33	15.8	18
18	21.6	17.5	33	15.4	21.7	17.7	33	15.6	21.8	17.8	33	15.7	21.9	18.0	33	15.8	**22.0**	18.2	33	16.0	18
18	21.7	17.7	33	15.6	21.8	17.9	33	15.8	21.9	18.1	34	15.9	**22.0**	18.2	34	16.0	22.1	18.4	34	16.2	18
18	21.8	18.0	34	15.8	21.9	18.1	34	16.0	**22.0**	18.3	34	16.1	22.1	18.5	34	16.2	22.2	18.6	34	16.4	18
17	21.9	18.2	34	16.0	**22.0**	18.4	34	16.2	22.1	18.5	34	16.3	22.2	18.7	35	16.4	22.3	18.8	35	16.6	17
17	**22.0**	18.4	35	16.2	22.1	18.6	35	16.4	22.2	18.7	35	16.5	22.3	18.9	35	16.6	22.4	19.1	35	16.8	17
17	22.1	18.7	35	16.4	22.2	18.8	35	16.5	22.3	19.0	35	16.7	22.4	19.1	35	16.8	22.5	19.3	35	17.0	17
17	22.2	18.9	35	16.6	22.3	19.0	36	16.7	22.4	19.2	36	16.9	22.5	19.4	36	17.0	22.6	19.5	36	17.1	17
17	22.3	19.1	36	16.8	22.4	19.3	36	16.9	22.5	19.4	36	17.1	22.6	19.6	36	17.2	22.7	19.8	36	17.3	17
16	22.4	19.3	36	17.0	22.5	19.5	36	17.1	22.6	19.7	37	17.2	22.7	19.8	37	17.4	22.8	20.0	37	17.5	16
16	22.5	19.6	37	17.2	22.6	19.7	37	17.3	22.7	19.9	37	17.4	22.8	20.1	37	17.6	22.9	20.2	37	17.7	16
16	22.6	19.8	37	17.4	22.7	20.0	37	17.5	22.8	20.1	37	17.6	22.9	20.3	38	17.8	**23.0**	20.5	38	17.9	16
16	22.7	20.0	38	17.5	22.8	20.2	38	17.7	22.9	20.4	38	17.8	**23.0**	20.5	38	17.9	23.1	20.7	38	18.1	16
16	22.8	20.3	38	17.7	22.9	20.4	38	17.9	**23.0**	20.6	38	18.0	23.1	20.8	38	18.1	23.2	21.0	39	18.3	16
15	22.9	20.5	39	17.9	**23.0**	20.7	39	18.0	23.1	20.9	39	18.2	23.2	21.0	39	18.3	23.3	21.2	39	18.4	15
15	**23.0**	20.7	39	18.1	23.1	20.9	39	18.2	23.2	21.1	39	18.4	23.3	21.3	39	18.5	23.4	21.4	39	18.6	15
15	23.1	21.0	39	18.3	23.2	21.2	40	18.4	23.3	21.3	40	18.5	23.4	21.5	40	18.7	23.5	21.7	40	18.8	15
15	23.2	21.2	40	18.5	23.3	21.4	40	18.6	23.4	21.6	40	18.7	23.5	21.7	40	18.8	23.6	21.9	40	19.0	15
15	23.3	21.5	40	18.6	23.4	21.6	40	18.8	23.5	21.8	41	18.9	23.6	22.0	41	19.0	23.7	22.2	41	19.1	15
14	23.4	21.7	41	18.8	23.5	21.9	41	18.9	23.6	22.0	41	19.1	23.7	22.2	41	19.2	23.8	22.4	41	19.3	14
14	23.5	21.9	41	19.0	23.6	22.1	41	19.1	23.7	22.3	41	19.2	23.8	22.5	42	19.4	23.9	22.6	42	19.5	14
14	23.6	22.2	42	19.2	23.7	22.4	42	19.3	23.8	22.5	42	19.4	23.9	22.7	42	19.5	**24.0**	22.9	42	19.7	14
14	23.7	22.4	42	19.3	23.8	22.6	42	19.5	23.9	22.8	42	19.6	**24.0**	23.0	42	19.7	24.1	23.1	43	19.8	14
14	23.8	22.7	43	19.5	23.9	22.8	43	19.6	**24.0**	23.0	43	19.8	24.1	23.2	43	19.9	24.2	23.4	43	20.0	14
13	23.9	22.9	43	19.7	**24.0**	23.1	43	19.8	24.1	23.3	43	19.9	24.2	23.5	43	20.1	24.3	23.6	43	20.2	13
13	**24.0**	23.2	44	19.9	24.1	23.3	44	20.0	24.2	23.5	44	20.1	24.3	23.7	44	20.2	24.4	23.9	44	20.4	13
13	24.1	23.4	44	20.0	24.2	23.6	44	20.1	24.3	23.8	44	20.3	24.4	23.9	44	20.4	24.5	24.1	44	20.5	13
13	24.2	23.7	44	20.2	24.3	23.8	45	20.3	24.4	24.0	45	20.4	24.5	24.2	45	20.6	24.6	24.4	45	20.7	13
13	24.3	23.9	45	20.4	24.4	24.1	45	20.5	24.5	24.3	45	20.6	24.6	24.5	45	20.7	24.7	24.6	45	20.9	13
13	24.4	24.1	45	20.5	24.5	24.3	45	20.7	24.6	24.5	46	20.8	24.7	24.7	46	20.9	24.8	24.9	46	21.0	13
12	24.5	24.4	46	20.7	24.6	24.6	46	20.8	24.7	24.8	46	20.9	24.8	25.0	46	21.1	24.9	25.1	46	21.2	12
12	24.6	24.7	46	20.9	24.7	24.8	46	21.0	24.8	25.0	47	21.1	24.9	25.2	47	21.2	**25.0**	25.4	47	21.4	12
12	24.7	24.9	47	21.0	24.8	25.1	47	21.2	24.9	25.3	47	21.3	**25.0**	25.5	47	21.4	25.1	25.7	47	21.5	12
12	24.8	25.2	47	21.2	24.9	25.3	47	21.3	**25.0**	25.5	47	21.4	25.1	25.7	48	21.6	25.2	25.9	48	21.7	12
12	24.9	25.4	48	21.4	**25.0**	25.6	48	21.5	25.1	25.8	48	21.6	25.2	26.0	48	21.7	25.3	26.2	48	21.8	12
11	**25.0**	25.7	48	21.5	25.1	25.9	48	21.6	25.2	26.0	48	21.8	25.3	26.2	49	21.9	25.4	26.4	49	22.0	11
11	25.1	25.9	49	21.7	25.2	26.1	49	21.8	25.3	26.3	49	21.9	25.4	26.5	49	22.0	25.5	26.7	49	22.2	11
11	25.2	26.2	49	21.8	25.3	26.4	49	22.0	25.4	26.6	49	22.1	25.5	26.8	49	22.2	25.6	26.9	50	22.3	11
11	25.3	26.4	50	22.0	25.4	26.6	50	22.1	25.5	26.8	50	22.2	25.6	27.0	50	22.4	25.7	27.2	50	22.5	11
11	25.4	26.7	50	22.2	25.5	26.9	50	22.3	25.6	27.1	50	22.4	25.7	27.3	50	22.5	25.8	27.5	51	22.6	11
11	25.5	27.0	51	22.3	25.6	27.1	51	22.4	25.7	27.3	51	22.6	25.8	27.5	51	22.7	25.9	27.7	51	22.8	11

n	t_W	e	U	t_d	t_W	e	U	t_d	t_W	e	U	t_d	t_W	e	U	t_d	t_W	e	U	t_d	n
	34.0				**34.1**				**34.2**				**34.3**				**34.4**				
10	25.6	27.2	51	22.5	25.7	27.4	51	22.6	25.8	27.6	51	22.7	25.9	27.8	51	22.8	**26.0**	28.0	51	23.0	10
10	25.7	27.5	52	22.6	25.8	27.7	52	22.8	25.9	27.9	52	22.9	**26.0**	28.1	52	23.0	26.1	28.3	52	23.1	10
10	25.8	27.7	52	22.8	25.9	27.9	52	22.9	**26.0**	28.1	52	23.0	26.1	28.3	52	23.1	26.2	28.5	52	23.3	10
10	25.9	28.0	53	23.0	**26.0**	28.2	53	23.1	26.1	28.4	53	23.2	26.2	28.6	53	23.3	26.3	28.8	53	23.4	10
10	**26.0**	28.3	53	23.1	26.1	28.5	53	23.2	26.2	28.7	53	23.3	26.3	28.9	53	23.5	26.4	29.1	53	23.6	10
10	26.1	28.5	54	23.3	26.2	28.7	54	23.4	26.3	28.9	54	23.5	26.4	29.1	54	23.6	26.5	29.3	54	23.7	10
9	26.2	28.8	54	23.4	26.3	29.0	54	23.5	26.4	29.2	54	23.6	26.5	29.4	54	23.8	26.6	29.6	54	23.9	9
9	26.3	29.1	55	23.6	26.4	29.3	55	23.7	26.5	29.5	55	23.8	26.6	29.7	55	23.9	26.7	29.9	55	24.0	9
9	26.4	29.3	55	23.7	26.5	29.5	55	23.8	26.6	29.7	55	24.0	26.7	30.0	55	24.1	26.8	30.2	55	24.2	9
9	26.5	29.6	56	23.9	26.6	29.8	56	24.0	26.7	30.0	56	24.1	26.8	30.2	56	24.2	26.9	30.4	56	24.3	9
9	26.6	29.9	56	24.0	26.7	30.1	56	24.1	26.8	30.3	56	24.3	26.9	30.5	56	24.4	**27.0**	30.7	56	24.5	9
9	26.7	30.2	57	24.2	26.8	30.4	57	24.3	26.9	30.6	57	24.4	**27.0**	30.8	57	24.5	27.1	31.0	57	24.6	9
9	26.8	30.4	57	24.3	26.9	30.6	57	24.4	**27.0**	30.8	57	24.6	27.1	31.1	57	24.7	27.2	31.3	57	24.8	9
8	26.9	30.7	58	24.5	**27.0**	30.9	58	24.6	27.1	31.1	58	24.7	27.2	31.3	58	24.8	27.3	31.5	58	24.9	8
8	**27.0**	31.0	58	24.6	27.1	31.2	58	24.7	27.2	31.4	58	24.9	27.3	31.6	58	25.0	27.4	31.8	59	25.1	8
8	27.1	31.3	59	24.8	27.2	31.5	59	24.9	27.3	31.7	59	25.0	27.4	31.9	59	25.1	27.5	32.1	59	25.2	8
8	27.2	31.5	59	24.9	27.3	31.7	59	25.0	27.4	32.0	59	25.2	27.5	32.2	59	25.3	27.6	32.4	60	25.4	8
8	27.3	31.8	60	25.1	27.4	32.0	60	25.2	27.5	32.2	60	25.3	27.6	32.5	60	25.4	27.7	32.7	60	25.5	8
8	27.4	32.1	60	25.2	27.5	32.3	60	25.3	27.6	32.5	60	25.4	27.7	32.7	61	25.6	27.8	33.0	61	25.7	8
7	27.5	32.4	61	25.4	27.6	32.6	61	25.5	27.7	32.8	61	25.6	27.8	33.0	61	25.7	27.9	33.2	61	25.8	7
7	27.6	32.7	61	25.5	27.7	32.9	61	25.6	27.8	33.1	62	25.7	27.9	33.3	62	25.8	**28.0**	33.5	62	26.0	7
7	27.7	32.9	62	25.7	27.8	33.2	62	25.8	27.9	33.4	62	25.9	**28.0**	33.6	62	26.0	28.1	33.8	62	26.1	7
7	27.8	33.2	62	25.8	27.9	33.4	63	25.9	**28.0**	33.7	63	26.0	28.1	33.9	63	26.1	28.2	34.1	63	26.2	7
7	27.9	33.5	63	25.9	**28.0**	33.7	63	26.1	28.1	33.9	63	26.2	28.2	34.2	63	26.3	28.3	34.4	63	26.4	7
7	**28.0**	33.8	64	26.1	28.1	34.0	64	26.2	28.2	34.2	64	26.3	28.3	34.5	64	26.4	28.4	34.7	64	26.5	7
7	28.1	34.1	64	26.2	28.2	34.3	64	26.3	28.3	34.5	64	26.5	28.4	34.7	64	26.6	28.5	35.0	64	26.7	7
7	28.2	34.4	65	26.4	28.3	34.6	65	26.5	28.4	34.8	65	26.6	28.5	35.0	65	26.7	28.6	35.3	65	26.8	7
6	28.3	34.7	65	26.5	28.4	34.9	65	26.6	28.5	35.1	65	26.7	28.6	35.3	65	26.8	28.7	35.6	65	27.0	6
6	28.4	34.9	66	26.7	28.5	35.2	66	26.8	28.6	35.4	66	26.9	28.7	35.6	66	27.0	28.8	35.9	66	27.1	6
6	28.5	35.2	66	26.8	28.6	35.5	66	26.9	28.7	35.7	66	27.0	28.8	35.9	66	27.1	28.9	36.2	66	27.2	6
6	28.6	35.5	67	26.9	28.7	35.8	67	27.1	28.8	36.0	67	27.2	28.9	36.2	67	27.3	**29.0**	36.5	67	27.4	6
6	28.7	35.8	67	27.1	28.8	36.1	67	27.2	28.9	36.3	67	27.3	**29.0**	36.5	68	27.4	29.1	36.7	68	27.5	6
6	28.8	36.1	68	27.2	28.9	36.4	68	27.3	**29.0**	36.6	68	27.4	29.1	36.8	68	27.6	29.2	37.0	68	27.7	6
6	28.9	36.4	68	27.4	**29.0**	36.7	69	27.5	29.1	36.9	69	27.6	29.2	37.1	69	27.7	29.3	37.4	69	27.8	6
5	**29.0**	36.7	69	27.5	29.1	36.9	69	27.6	29.2	37.2	69	27.7	29.3	37.4	69	27.8	29.4	37.7	69	27.9	5
5	29.1	37.0	70	27.6	29.2	37.2	70	27.8	29.3	37.5	70	27.9	29.4	37.7	70	28.0	29.5	38.0	70	28.1	5
5	29.2	37.3	70	27.8	29.3	37.6	70	27.9	29.4	37.8	70	28.0	29.5	38.0	70	28.1	29.6	38.3	70	28.2	5
5	29.3	37.6	71	27.9	29.4	37.9	71	28.0	29.5	38.1	71	28.1	29.6	38.3	71	28.2	29.7	38.6	71	28.3	5
5	29.4	37.9	71	28.1	29.5	38.2	71	28.2	29.6	38.4	71	28.3	29.7	38.6	71	28.4	29.8	38.9	71	28.5	5
5	29.5	38.2	72	28.2	29.6	38.5	72	28.3	29.7	38.7	72	28.4	29.8	38.9	72	28.5	29.9	39.2	72	28.6	5
5	29.6	38.5	72	28.3	29.7	38.8	72	28.4	29.8	39.0	73	28.5	29.9	39.2	73	28.7	**30.0**	39.5	73	28.8	5
5	29.7	38.8	73	28.5	29.8	39.1	73	28.6	29.9	39.3	73	28.7	**30.0**	39.6	73	28.8	30.1	39.8	73	28.9	5
4	29.8	39.1	74	28.6	29.9	39.4	74	28.7	**30.0**	39.6	74	28.8	30.1	39.9	74	28.9	30.2	40.1	74	29.0	4
4	29.9	39.4	74	28.7	**30.0**	39.7	74	28.8	30.1	39.9	74	29.0	30.2	40.2	74	29.1	30.3	40.4	74	29.2	4
4	**30.0**	39.8	75	28.9	30.1	40.0	75	29.0	30.2	40.2	75	29.1	30.3	40.5	75	29.2	30.4	40.7	75	29.3	4
4	30.1	40.1	75	29.0	30.2	40.3	75	29.1	30.3	40.6	75	29.2	30.4	40.8	75	29.3	30.5	41.1	75	29.4	4
4	30.2	40.4	76	29.1	30.3	40.6	76	29.2	30.4	40.9	76	29.4	30.5	41.1	76	29.5	30.6	41.4	76	29.6	4
4	30.3	40.7	77	29.3	30.4	40.9	77	29.4	30.5	41.2	77	29.5	30.6	41.4	77	29.6	30.7	41.7	77	29.7	4
4	30.4	41.0	77	29.4	30.5	41.3	77	29.5	30.6	41.5	77	29.6	30.7	41.8	77	29.7	30.8	42.0	77	29.8	4
4	30.5	41.3	78	29.5	30.6	41.6	78	29.6	30.7	41.8	78	29.8	30.8	42.1	78	29.9	30.9	42.3	78	30.0	4
3	30.6	41.6	78	29.7	30.7	41.9	78	29.8	30.8	42.1	78	29.9	30.9	42.4	78	30.0	**31.0**	42.7	78	30.1	3
3	30.7	42.0	79	29.8	30.8	42.2	79	29.9	30.9	42.5	79	30.0	**31.0**	42.7	79	30.1	31.1	43.0	79	30.2	3
3	30.8	42.3	79	29.9	30.9	42.5	80	30.0	**31.0**	42.8	80	30.1	31.1	43.0	80	30.3	31.2	43.3	80	30.4	3
3	30.9	42.6	80	30.1	**31.0**	42.9	80	30.2	31.1	43.1	80	30.3	31.2	43.4	80	30.4	31.3	43.6	80	30.5	3
3	**31.0**	42.9	81	30.2	31.1	43.2	81	30.3	31.2	43.4	81	30.4	31.3	43.7	81	30.5	31.4	44.0	81	30.6	3
3	31.1	43.2	81	30.3	31.2	43.5	81	30.4	31.3	43.8	81	30.5	31.4	44.0	81	30.6	31.5	44.3	81	30.7	3
3	31.2	43.6	82	30.5	31.3	43.8	82	30.6	31.4	44.1	82	30.7	31.5	44.4	82	30.8	31.6	44.6	82	30.9	3
3	31.3	43.9	83	30.6	31.4	44.2	83	30.7	31.5	44.4	83	30.8	31.6	44.7	83	30.9	31.7	44.9	83	31.0	3
3	31.4	44.2	83	30.7	31.5	44.5	83	30.8	31.6	44.7	83	30.9	31.7	45.0	83	31.0	31.8	45.3	83	31.1	3
2	31.5	44.6	84	30.9	31.6	44.8	84	31.0	31.7	45.1	84	31.1	31.8	45.3	84	31.2	31.9	45.6	84	31.3	2
2	31.6	44.9	84	31.0	31.7	45.1	84	31.1	31.8	45.4	84	31.2	31.9	45.7	84	31.3	**32.0**	45.9	84	31.4	2
2	31.7	45.2	85	31.1	31.8	45.5	85	31.2	31.9	45.7	85	31.3	**32.0**	46.0	85	31.4	32.1	46.3	85	31.5	2
2	31.8	45.5	86	31.2	31.9	45.8	86	31.3	**32.0**	46.1	86	31.4	32.1	46.3	86	31.5	32.2	46.6	86	31.7	2
2	31.9	45.9	86	31.4	**32.0**	46.1	86	31.5	32.1	46.4	86	31.6	32.2	46.7	86	31.7	32.3	47.0	86	31.8	2
2	**32.0**	46.2	87	31.5	32.1	46.5	87	31.6	32.2	46.8	87	31.7	32.3	47.0	87	31.8	32.4	47.3	87	31.9	2
2	32.1	46.6	88	31.6	32.2	46.8	88	31.7	32.3	47.1	88	31.8	32.4	47.4	88	31.9	32.5	47.6	88	32.0	2
2	32.2	46.9	88	31.8	32.3	47.2	88	31.9	32.4	47.4	88	32.0	32.5	47.7	88	32.1	32.6	48.0	88	32.2	2
2	32.3	47.2	89	31.9	32.4	47.5	89	32.0	32.5	47.8	89	32.1	32.6	48.1	89	32.2	32.7	48.3	89	32.3	2
2	32.4	47.6	89	32.0	32.5	47.8	89	32.1	32.6	48.1	89	32.2	32.7	48.4	89	32.3	32.8	48.7	89	32.4	2
1	32.5	47.9	90	32.1	32.6	48.2	90	32.2	32.7	48.5	90	32.3	32.8	48.7	90	32.4	32.9	49.0	90	32.5	1
1	32.6	48.3	91	32.3	32.7	48.5	91	32.4	32.8	48.8	91	32.5	32.9	49.1	91	32.6	**33.0**	49.4	91	32.7	1
1	32.7	48.6	91	32.4	32.8	48.9	91	32.5	32.9	49.2	91	32.6	**33.0**	49.4	91	32.7	33.1	49.7	91	32.8	1
1	32.8	48.9	92	32.5	32.9	49.2	92	32.6	**33.0**	49.5	92	32.7	33.1	49.8	92	32.8	33.2	50.1	92	32.9	1

n	t_W	e	U	t_d	t_W	e	U	t_d	t_W	e	U	t_d	t_W	e	U	t_d	t_W	e	U	t_d	n
	34.0				**34.1**				**34.2**				**34.3**				**34.4**				
1	32.9	49.3	93	32.6	**33.0**	49.6	93	32.7	33.1	49.9	93	32.8	33.2	50.1	93	32.9	33.3	50.4	93	33.0	1
1	**33.0**	49.6	93	32.8	33.1	49.9	93	32.9	33.2	50.2	93	33.0	33.3	50.5	93	33.1	33.4	50.8	93	33.2	1
1	33.1	50.0	94	32.9	33.2	50.3	94	33.0	33.3	50.6	94	33.1	33.4	50.8	94	33.2	33.5	51.1	94	33.3	1
1	33.2	50.3	95	33.0	33.3	50.6	95	33.1	33.4	50.9	95	33.2	33.5	51.2	95	33.3	33.6	51.5	95	33.4	1
1	33.3	50.7	95	33.1	33.4	51.0	95	33.2	33.5	51.3	95	33.3	33.6	51.6	95	33.4	33.7	51.8	95	33.5	1
1	33.4	51.0	96	33.3	33.5	51.3	96	33.4	33.6	51.6	96	33.5	33.7	51.9	96	33.6	33.8	52.2	96	33.7	1
0	33.5	51.4	97	33.4	33.6	51.7	97	33.5	33.7	52.0	97	33.6	33.8	52.3	97	33.7	33.9	52.6	97	33.8	0
0	33.6	51.8	97	33.5	33.7	52.0	97	33.6	33.8	52.3	97	33.7	33.9	52.6	97	33.8	**34.0**	52.9	97	33.9	0
0	33.7	52.1	98	33.6	33.8	52.4	98	33.7	33.9	52.7	98	33.8	**34.0**	53.0	98	33.9	34.1	53.3	98	34.0	0
0	33.8	52.5	99	33.8	33.9	52.8	99	33.9	**34.0**	53.1	99	34.0	34.1	53.4	99	34.1	34.2	53.7	99	34.2	0
0	33.9	52.8	99	33.9	**34.0**	53.1	99	34.0	34.1	53.4	99	34.1	34.2	53.7	99	34.2	34.3	54.0	99	34.3	0
0	**34.0**	53.2	100	34.0	34.1	53.5	100	34.1	34.2	53.8	100	34.2	34.3	54.1	100	34.3	34.4	54.4	100	34.4	0
	34.5				**34.6**				**34.7**				**34.8**				**34.9**				
44																	**13.0**	0.4	1	-33.6	44
44									12.9	0.3	1	-34.5	**13.0**	0.4	1	-31.8	13.1	0.5	1	-29.7	44
44	12.8	0.3	1	-35.5	12.9	0.4	1	-32.6	**13.0**	0.5	1	-30.3	13.1	0.6	1	-28.4	13.2	0.7	1	-26.7	44
43	12.9	0.5	1	-31.0	**13.0**	0.6	1	-29.0	13.1	0.7	1	-27.2	13.2	0.8	1	-25.7	13.3	0.9	2	-24.3	43
43	**13.0**	0.6	1	-27.8	13.1	0.7	1	-26.2	13.2	0.8	1	-24.8	13.3	0.9	2	-23.5	13.4	1.0	2	-22.3	43
43	13.1	0.8	1	-25.2	13.2	0.9	2	-23.9	13.3	1.0	2	-22.7	13.4	1.1	2	-21.6	13.5	1.2	2	-20.6	43
42	13.2	1.0	2	-23.1	13.3	1.1	2	-22.0	13.4	1.2	2	-20.9	13.5	1.3	2	-20.0	13.6	1.4	2	-19.1	42
42	13.3	1.1	2	-21.3	13.4	1.2	2	-20.3	13.5	1.3	2	-19.4	13.6	1.4	3	-18.5	13.7	1.5	3	-17.7	42
42	13.4	1.3	2	-19.7	13.5	1.4	3	-18.8	13.6	1.5	3	-18.0	13.7	1.6	3	-17.2	13.8	1.7	3	-16.4	42
41	13.5	1.5	3	-18.2	13.6	1.6	3	-17.5	13.7	1.7	3	-16.7	13.8	1.8	3	-16.0	13.9	1.9	3	-15.3	41
41	13.6	1.6	3	-17.0	13.7	1.7	3	-16.2	13.8	1.8	3	-15.5	13.9	1.9	3	-14.9	**14.0**	2.0	4	-14.2	41
41	13.7	1.8	3	-15.8	13.8	1.9	3	-15.1	13.9	2.0	4	-14.5	**14.0**	2.1	4	-13.8	14.1	2.2	4	-13.3	41
40	13.8	2.0	4	-14.7	13.9	2.1	4	-14.1	**14.0**	2.2	4	-13.5	14.1	2.3	4	-12.9	14.2	2.4	4	-12.3	40
40	13.9	2.1	4	-13.7	**14.0**	2.2	4	-13.1	14.1	2.3	4	-12.5	14.2	2.4	4	-12.0	14.3	2.5	5	-11.5	40
40	**14.0**	2.3	4	-12.7	14.1	2.4	4	-12.2	14.2	2.5	5	-11.6	14.3	2.6	5	-11.1	14.4	2.7	5	-10.6	40
39	14.1	2.5	5	-11.8	14.2	2.6	5	-11.3	14.3	2.7	5	-10.8	14.4	2.8	5	-10.3	14.5	2.9	5	-9.9	39
39	14.2	2.6	5	-11.0	14.3	2.7	5	-10.5	14.4	2.9	5	-10.0	14.5	3.0	5	-9.6	14.6	3.1	5	-9.1	39
39	14.3	2.8	5	-10.2	14.4	2.9	5	-9.7	14.5	3.0	5	-9.3	14.6	3.1	6	-8.8	14.7	3.2	6	-8.4	39
38	14.4	3.0	5	-9.5	14.5	3.1	6	-9.0	14.6	3.2	6	-8.6	14.7	3.3	6	-8.2	14.8	3.4	6	-7.7	38
38	14.5	3.2	6	-8.7	14.6	3.3	6	-8.3	14.7	3.4	6	-7.9	14.8	3.5	6	-7.5	14.9	3.6	6	-7.1	38
38	14.6	3.3	6	-8.1	14.7	3.4	6	-7.6	14.8	3.6	6	-7.2	14.9	3.7	7	-6.8	**15.0**	3.8	7	-6.5	38
37	14.7	3.5	6	-7.4	14.8	3.6	7	-7.0	14.9	3.7	7	-6.6	**15.0**	3.8	7	-6.2	15.1	3.9	7	-5.9	37
37	14.8	3.7	7	-6.8	14.9	3.8	7	-6.4	**15.0**	3.9	7	-6.0	15.1	4.0	7	-5.6	15.2	4.1	7	-5.3	37
37	14.9	3.9	7	-6.2	**15.0**	4.0	7	-5.8	15.1	4.1	7	-5.4	15.2	4.2	8	-5.1	15.3	4.3	8	-4.7	37
36	**15.0**	4.0	7	-5.6	15.1	4.1	8	-5.2	15.2	4.3	8	-4.9	15.3	4.4	8	-4.5	15.4	4.5	8	-4.2	36
36	15.1	4.2	8	-5.0	15.2	4.3	8	-4.7	15.3	4.4	8	-4.3	15.4	4.5	8	-4.0	15.5	4.7	8	-3.7	36
36	15.2	4.4	8	-4.5	15.3	4.5	8	-4.1	15.4	4.6	8	-3.8	15.5	4.7	8	-3.5	15.6	4.8	9	-3.2	36
35	15.3	4.6	8	-3.9	15.4	4.7	9	-3.6	15.5	4.8	9	-3.3	15.6	4.9	9	-3.0	15.7	5.0	9	-2.7	35
35	15.4	4.7	9	-3.4	15.5	4.9	9	-3.1	15.6	5.0	9	-2.8	15.7	5.1	9	-2.5	15.8	5.2	9	-2.2	35
35	15.5	4.9	9	-2.9	15.6	5.0	9	-2.6	15.7	5.2	9	-2.3	15.8	5.3	9	-2.0	15.9	5.4	10	-1.7	35
34	15.6	5.1	9	-2.4	15.7	5.2	9	-2.1	15.8	5.3	10	-1.8	15.9	5.4	10	-1.6	**16.0**	5.6	10	-1.3	34
34	15.7	5.3	10	-2.0	15.8	5.4	10	-1.7	15.9	5.5	10	-1.4	**16.0**	5.6	10	-1.1	16.1	5.7	10	-0.8	34
34	15.8	5.5	10	-1.5	15.9	5.6	10	-1.2	**16.0**	5.7	10	-0.9	16.1	5.8	10	-0.7	16.2	5.9	11	-0.4	34
34	15.9	5.6	10	-1.1	**16.0**	5.8	10	-0.8	16.1	5.9	11	-0.5	16.2	6.0	11	-0.2	16.3	6.1	11	0.0	34
33	**16.0**	5.8	11	-0.6	16.1	5.9	11	-0.4	16.2	6.1	11	-0.1	16.3	6.2	11	0.2	16.4	6.3	11	0.4	33
33	16.1	6.0	11	-0.2	16.2	6.1	11	0.1	16.3	6.2	11	0.3	16.4	6.4	11	0.6	16.5	6.5	12	0.8	33
33	16.2	6.2	11	0.2	16.3	6.3	11	0.5	16.4	6.4	12	0.7	16.5	6.6	12	1.0	16.6	6.7	12	1.2	33
32	16.3	6.4	12	0.6	16.4	6.5	12	0.9	16.5	6.6	12	1.1	16.6	6.7	12	1.4	16.7	6.9	12	1.6	32
32	16.4	6.6	12	1.0	16.5	6.7	12	1.3	16.6	6.8	12	1.5	16.7	6.9	12	1.7	16.8	7.0	13	2.0	32
32	16.5	6.8	12	1.4	16.6	6.9	12	1.6	16.7	7.0	13	1.9	16.8	7.1	13	2.1	16.9	7.2	13	2.4	32
31	16.6	6.9	13	1.8	16.7	7.1	13	2.0	16.8	7.2	13	2.3	16.9	7.3	13	2.5	**17.0**	7.4	13	2.7	31
31	16.7	7.1	13	2.1	16.8	7.2	13	2.4	16.9	7.4	13	2.6	**17.0**	7.5	13	2.8	17.1	7.6	14	3.1	31
31	16.8	7.3	13	2.5	16.9	7.4	14	2.7	**17.0**	7.6	14	3.0	17.1	7.7	14	3.2	17.2	7.8	14	3.4	31
31	16.9	7.5	14	2.9	**17.0**	7.6	14	3.1	17.1	7.7	14	3.3	17.2	7.9	14	3.5	17.3	8.0	14	3.8	31
30	**17.0**	7.7	14	3.2	17.1	7.8	14	3.4	17.2	7.9	14	3.7	17.3	8.1	15	3.9	17.4	8.2	15	4.1	30
30	17.1	7.9	14	3.6	17.2	8.0	15	3.8	17.3	8.1	15	4.0	17.4	8.3	15	4.2	17.5	8.4	15	4.4	30
30	17.2	8.1	15	3.9	17.3	8.2	15	4.1	17.4	8.3	15	4.3	17.5	8.4	15	4.6	17.6	8.6	15	4.8	30
29	17.3	8.3	15	4.2	17.4	8.4	15	4.5	17.5	8.5	15	4.7	17.6	8.6	16	4.9	17.7	8.8	16	5.1	29
29	17.4	8.5	15	4.6	17.5	8.6	16	4.8	17.6	8.7	16	5.0	17.7	8.8	16	5.2	17.8	9.0	16	5.4	29
29	17.5	8.6	16	4.9	17.6	8.8	16	5.1	17.7	8.9	16	5.3	17.8	9.0	16	5.5	17.9	9.2	16	5.7	29
29	17.6	8.8	16	5.2	17.7	9.0	16	5.4	17.8	9.1	16	5.6	17.9	9.2	17	5.8	**18.0**	9.4	17	6.0	29
28	17.7	9.0	17	5.5	17.8	9.2	17	5.7	17.9	9.3	17	5.9	**18.0**	9.4	17	6.1	18.1	9.6	17	6.3	28
28	17.8	9.2	17	5.8	17.9	9.4	17	6.0	**18.0**	9.5	17	6.2	18.1	9.6	17	6.4	18.2	9.7	17	6.6	28
28	17.9	9.4	17	6.1	**18.0**	9.6	17	6.3	18.1	9.7	18	6.5	18.2	9.8	18	6.7	18.3	9.9	18	6.9	28
28	**18.0**	9.6	18	6.4	18.1	9.8	18	6.6	18.2	9.9	18	6.8	18.3	10.0	18	7.0	18.4	10.1	18	7.2	28
27	18.1	9.8	18	6.7	18.2	9.9	18	6.9	18.3	10.1	18	7.1	18.4	10.2	18	7.3	18.5	10.3	19	7.5	27
27	18.2	10.0	18	7.0	18.3	10.1	18	7.2	18.4	10.3	19	7.4	18.5	10.4	19	7.6	18.6	10.5	19	7.8	27
27	18.3	10.2	19	7.3	18.4	10.3	19	7.5	18.5	10.5	19	7.7	18.6	10.6	19	7.9	18.7	10.7	19	8.0	27

n	t_W	e	U	t_d	t_W	e	U	t_d	t_W	e	U	t_d	t_W	e	U	t_d	t_W	e	U	t_d	n
	34.5				**34.6**				**34.7**				**34.8**				**34.9**				
26	18.4	10.4	19	7.6	18.5	10.5	19	7.8	18.6	10.7	19	7.9	18.7	10.8	19	8.1	18.8	11.0	20	8.3	26
26	18.5	10.6	19	7.9	18.6	10.7	20	8.0	18.7	10.9	20	8.2	18.8	11.0	20	8.4	18.9	11.2	20	8.6	26
26	18.6	10.8	20	8.1	18.7	10.9	20	8.3	18.8	11.1	20	8.5	18.9	11.2	20	8.7	**19.0**	11.4	20	8.8	26
26	18.7	11.0	20	8.4	18.8	11.2	20	8.6	18.9	11.3	20	8.8	**19.0**	11.4	21	8.9	19.1	11.6	21	9.1	26
25	18.8	11.2	21	8.7	18.9	11.4	21	8.8	**19.0**	11.5	21	9.0	19.1	11.6	21	9.2	19.2	11.8	21	9.4	25
25	18.9	11.4	21	8.9	**19.0**	11.6	21	9.1	19.1	11.7	21	9.3	19.2	11.8	21	9.5	19.3	12.0	21	9.6	25
25	**19.0**	11.6	21	9.2	19.1	11.8	21	9.4	19.2	11.9	22	9.5	19.3	12.0	22	9.7	19.4	12.2	22	9.9	25
25	19.1	11.8	22	9.5	19.2	12.0	22	9.6	19.3	12.1	22	9.8	19.4	12.2	22	10.0	19.5	12.4	22	10.1	25
24	19.2	12.0	22	9.7	19.3	12.2	22	9.9	19.4	12.3	22	10.0	19.5	12.5	22	10.2	19.6	12.6	23	10.4	24
24	19.3	12.2	22	10.0	19.4	12.4	23	10.1	19.5	12.5	23	10.3	19.6	12.7	23	10.5	19.7	12.8	23	10.6	24
24	19.4	12.4	23	10.2	19.5	12.6	23	10.4	19.6	12.7	23	10.5	19.7	12.9	23	10.7	19.8	13.0	23	10.9	24
24	19.5	12.7	23	10.5	19.6	12.8	23	10.6	19.7	12.9	23	10.8	19.8	13.1	24	11.0	19.9	13.2	24	11.1	24
23	19.6	12.9	24	10.7	19.7	13.0	24	10.9	19.8	13.1	24	11.0	19.9	13.3	24	11.2	**20.0**	13.4	24	11.4	23
23	19.7	13.1	24	10.9	19.8	13.2	24	11.1	19.9	13.4	24	11.3	**20.0**	13.5	24	11.4	20.1	13.6	24	11.6	23
23	19.8	13.3	24	11.2	19.9	13.4	24	11.3	**20.0**	13.6	25	11.5	20.1	13.7	25	11.7	20.2	13.9	25	11.8	23
23	19.9	13.5	25	11.4	**20.0**	13.6	25	11.6	20.1	13.8	25	11.7	20.2	13.9	25	11.9	20.3	14.1	25	12.1	23
22	**20.0**	13.7	25	11.7	20.1	13.8	25	11.8	20.2	14.0	25	12.0	20.3	14.1	25	12.1	20.4	14.3	26	12.3	22
22	20.1	13.9	25	11.9	20.2	14.1	26	12.0	20.3	14.2	26	12.2	20.4	14.4	26	12.4	20.5	14.5	26	12.5	22
22	20.2	14.1	26	12.1	20.3	14.3	26	12.3	20.4	14.4	26	12.4	20.5	14.6	26	12.6	20.6	14.7	26	12.7	22
22	20.3	14.3	26	12.3	20.4	14.5	26	12.5	20.5	14.6	26	12.7	20.6	14.8	27	12.8	20.7	14.9	27	13.0	22
21	20.4	14.6	27	12.6	20.5	14.7	27	12.7	20.6	14.8	27	12.9	20.7	15.0	27	13.0	20.8	15.1	27	13.2	21
21	20.5	14.8	27	12.8	20.6	14.9	27	12.9	20.7	15.1	27	13.1	20.8	15.2	27	13.3	20.9	15.4	27	13.4	21
21	20.6	15.0	27	13.0	20.7	15.1	28	13.2	20.8	15.3	28	13.3	20.9	15.4	28	13.5	**21.0**	15.6	28	13.6	21
21	20.7	15.2	28	13.2	20.8	15.3	28	13.4	20.9	15.5	28	13.5	**21.0**	15.7	28	13.7	21.1	15.8	28	13.8	21
21	20.8	15.4	28	13.5	20.9	15.6	28	13.6	**21.0**	15.7	28	13.8	21.1	15.9	29	13.9	21.2	16.0	29	14.1	21
20	20.9	15.6	29	13.7	**21.0**	15.8	29	13.8	21.1	15.9	29	14.0	21.2	16.1	29	14.1	21.3	16.2	29	14.3	20
20	**21.0**	15.9	29	13.9	21.1	16.0	29	14.0	21.2	16.2	29	14.2	21.3	16.3	29	14.3	21.4	16.5	29	14.5	20
20	21.1	16.1	29	14.1	21.2	16.2	30	14.2	21.3	16.4	30	14.4	21.4	16.5	30	14.5	21.5	16.7	30	14.7	20
20	21.2	16.3	30	14.3	21.3	16.4	30	14.5	21.4	16.6	30	14.6	21.5	16.8	30	14.7	21.6	16.9	30	14.9	20
19	21.3	16.5	30	14.5	21.4	16.7	30	14.7	21.5	16.8	30	14.8	21.6	17.0	31	14.9	21.7	17.1	31	15.1	19
19	21.4	16.7	31	14.7	21.5	16.9	31	14.9	21.6	17.1	31	15.0	21.7	17.2	31	15.2	21.8	17.4	31	15.3	19
19	21.5	17.0	31	14.9	21.6	17.1	31	15.1	21.7	17.3	31	15.2	21.8	17.4	31	15.4	21.9	17.6	31	15.5	19
19	21.6	17.2	31	15.1	21.7	17.3	32	15.3	21.8	17.5	32	15.4	21.9	17.7	32	15.6	**22.0**	17.8	32	15.7	19
19	21.7	17.4	32	15.3	21.8	17.6	32	15.5	21.9	17.7	32	15.6	**22.0**	17.9	32	15.8	22.1	18.1	32	15.9	19
18	21.8	17.6	32	15.5	21.9	17.8	32	15.7	**22.0**	18.0	32	15.8	22.1	18.1	33	16.0	22.2	18.3	33	16.1	18
18	21.9	17.9	33	15.7	**22.0**	18.0	33	15.9	22.1	18.2	33	16.0	22.2	18.3	33	16.2	22.3	18.5	33	16.3	18
18	**22.0**	18.1	33	15.9	22.1	18.3	33	16.1	22.2	18.4	33	16.2	22.3	18.6	33	16.3	22.4	18.7	34	16.5	18
18	22.1	18.3	33	16.1	22.2	18.5	34	16.3	22.3	18.6	34	16.4	22.4	18.8	34	16.5	22.5	19.0	34	16.7	18
17	22.2	18.5	34	16.3	22.3	18.7	34	16.5	22.4	18.9	34	16.6	22.5	19.0	34	16.7	22.6	19.2	34	16.9	17
17	22.3	18.8	34	16.5	22.4	18.9	34	16.7	22.5	19.1	35	16.8	22.6	19.3	35	16.9	22.7	19.4	35	17.1	17
17	22.4	19.0	35	16.7	22.5	19.2	35	16.8	22.6	19.3	35	17.0	22.7	19.5	35	17.1	22.8	19.7	35	17.3	17
17	22.5	19.2	35	16.9	22.6	19.4	35	17.0	22.7	19.6	35	17.2	22.8	19.7	35	17.3	22.9	19.9	36	17.4	17
17	22.6	19.5	36	17.1	22.7	19.6	36	17.2	22.8	19.8	36	17.4	22.9	20.0	36	17.5	**23.0**	20.1	36	17.6	17
16	22.7	19.7	36	17.3	22.8	19.9	36	17.4	22.9	20.0	36	17.5	**23.0**	20.2	36	17.7	23.1	20.4	36	17.8	16
16	22.8	19.9	36	17.5	22.9	20.1	37	17.6	**23.0**	20.3	37	17.7	23.1	20.4	37	17.9	23.2	20.6	37	18.0	16
16	22.9	20.2	37	17.6	**23.0**	20.3	37	17.8	23.1	20.5	37	17.9	23.2	20.7	37	18.0	23.3	20.9	37	18.2	16
16	**23.0**	20.4	37	17.8	23.1	20.6	37	18.0	23.2	20.8	38	18.1	23.3	20.9	38	18.2	23.4	21.1	38	18.4	16
16	23.1	20.7	38	18.0	23.2	20.8	38	18.1	23.3	21.0	38	18.3	23.4	21.2	38	18.4	23.5	21.3	38	18.5	16
15	23.2	20.9	38	18.2	23.3	21.1	38	18.3	23.4	21.2	38	18.5	23.5	21.4	38	18.6	23.6	21.6	39	18.7	15
15	23.3	21.1	39	18.4	23.4	21.3	39	18.5	23.5	21.5	39	18.6	23.6	21.6	39	18.8	23.7	21.8	39	18.9	15
15	23.4	21.4	39	18.6	23.5	21.5	39	18.7	23.6	21.7	39	18.8	23.7	21.9	39	18.9	23.8	22.1	39	19.1	15
15	23.5	21.6	40	18.7	23.6	21.8	40	18.9	23.7	22.0	40	19.0	23.8	22.1	40	19.1	23.9	22.3	40	19.3	15
15	23.6	21.8	40	18.9	23.7	22.0	40	19.0	23.8	22.2	40	19.2	23.9	22.4	40	19.3	**24.0**	22.6	40	19.4	15
14	23.7	22.1	40	19.1	23.8	22.3	40	19.2	23.9	22.4	41	19.4	**24.0**	22.6	41	19.5	24.1	22.8	41	19.6	14
14	23.8	22.3	41	19.3	23.9	22.5	41	19.4	**24.0**	22.7	41	19.5	24.1	22.9	41	19.7	24.2	23.1	41	19.8	14
14	23.9	22.6	41	19.4	**24.0**	22.8	41	19.6	24.1	22.9	41	19.7	24.2	23.1	42	19.8	24.3	23.3	42	20.0	14
14	**24.0**	22.8	42	19.6	24.1	23.0	42	19.7	24.2	23.2	42	19.9	24.3	23.4	42	20.0	24.4	23.5	42	20.1	14
14	24.1	23.1	42	19.8	24.2	23.3	42	19.9	24.3	23.4	42	20.0	24.4	23.6	42	20.2	24.5	23.8	43	20.3	14
14	24.2	23.3	43	20.0	24.3	23.5	43	20.1	24.4	23.7	43	20.2	24.5	23.9	43	20.3	24.6	24.1	43	20.5	14
13	24.3	23.6	43	20.1	24.4	23.7	43	20.3	24.5	23.9	43	20.4	24.6	24.1	43	20.5	24.7	24.3	43	20.6	13
13	24.4	23.8	44	20.3	24.5	24.0	44	20.4	24.6	24.2	44	20.6	24.7	24.4	44	20.7	24.8	24.6	44	20.8	13
13	24.5	24.1	44	20.5	24.6	24.3	44	20.6	24.7	24.4	44	20.7	24.8	24.6	44	20.8	24.9	24.8	44	21.0	13
13	24.6	24.3	44	20.6	24.7	24.5	45	20.8	24.8	24.7	45	20.9	24.9	24.9	45	21.0	**25.0**	25.1	45	21.1	13
13	24.7	24.6	45	20.8	24.8	24.8	45	20.9	24.9	24.9	45	21.1	**25.0**	25.1	45	21.2	25.1	25.3	45	21.3	13
12	24.8	24.8	45	21.0	24.9	25.0	45	21.1	**25.0**	25.2	46	21.2	25.1	25.4	46	21.3	25.2	25.6	46	21.5	12
12	24.9	25.1	46	21.1	**25.0**	25.3	46	21.3	25.1	25.5	46	21.4	25.2	25.6	46	21.5	25.3	25.8	46	21.6	12
12	**25.0**	25.3	46	21.3	25.1	25.5	46	21.4	25.2	25.7	46	21.6	25.3	25.9	47	21.7	25.4	26.1	47	21.8	12
12	25.1	25.6	47	21.5	25.2	25.8	47	21.6	25.3	26.0	47	21.7	25.4	26.2	47	21.8	25.5	26.4	47	22.0	12
12	25.2	25.8	47	21.6	25.3	26.0	47	21.8	25.4	26.2	47	21.9	25.5	26.4	48	22.0	25.6	26.6	48	22.1	12
12	25.3	26.1	48	21.8	25.4	26.3	48	21.9	25.5	26.5	48	22.0	25.6	26.7	48	22.2	25.7	26.9	48	22.3	12
11	25.4	26.4	48	22.0	25.5	26.6	48	22.1	25.6	26.7	48	22.2	25.7	26.9	48	22.3	25.8	27.1	49	22.4	11
11	25.5	26.6	49	22.1	25.6	26.8	49	22.2	25.7	27.0	49	22.4	25.8	27.2	49	22.5	25.9	27.4	49	22.6	11
11	25.6	26.9	49	22.3	25.7	27.1	49	22.4	25.8	27.3	49	22.5	25.9	27.5	49	22.6	**26.0**	27.7	49	22.8	11

n	t_W	e	U	t_d	t_W	e	U	t_d	t_W	e	U	t_d	t_W	e	U	t_d	t_W	e	U	t_d	n
	34.5				**34.6**				**34.7**				**34.8**				**34.9**				
11	25.7	27.1	50	22.4	25.8	27.3	50	22.6	25.9	27.5	50	22.7	**26.0**	27.7	50	22.8	26.1	27.9	50	22.9	11
11	25.8	27.4	50	22.6	25.9	27.6	50	22.7	**26.0**	27.8	50	22.8	26.1	28.0	50	23.0	26.2	28.2	50	23.1	11
11	25.9	27.7	51	22.8	**26.0**	27.9	51	22.9	26.1	28.1	51	23.0	26.2	28.3	51	23.1	26.3	28.5	51	23.2	11
10	**26.0**	27.9	51	22.9	26.1	28.1	51	23.0	26.2	28.3	51	23.1	26.3	28.5	51	23.3	26.4	28.7	51	23.4	10
10	26.1	28.2	52	23.1	26.2	28.4	52	23.2	26.3	28.6	52	23.3	26.4	28.8	52	23.4	26.5	29.0	52	23.5	10
10	26.2	28.5	52	23.2	26.3	28.7	52	23.3	26.4	28.9	52	23.5	26.5	29.1	52	23.6	26.6	29.3	52	23.7	10
10	26.3	28.7	53	23.4	26.4	28.9	53	23.5	26.5	29.1	53	23.6	26.6	29.3	53	23.7	26.7	29.6	53	23.8	10
10	26.4	29.0	53	23.5	26.5	29.2	53	23.7	26.6	29.4	53	23.8	26.7	29.6	53	23.9	26.8	29.8	53	24.0	10
10	26.5	29.3	54	23.7	26.6	29.5	54	23.8	26.7	29.7	54	23.9	26.8	29.9	54	24.0	26.9	30.1	54	24.2	10
9	26.6	29.5	54	23.8	26.7	29.8	54	24.0	26.8	30.0	54	24.1	26.9	30.2	54	24.2	**27.0**	30.4	54	24.3	9
9	26.7	29.8	55	24.0	26.8	30.0	55	24.1	26.9	30.2	55	24.2	**27.0**	30.4	55	24.3	27.1	30.7	55	24.5	9
9	26.8	30.1	55	24.1	26.9	30.3	55	24.3	**27.0**	30.5	55	24.4	27.1	30.7	55	24.5	27.2	30.9	55	24.6	9
9	26.9	30.4	56	24.3	**27.0**	30.6	56	24.4	27.1	30.8	56	24.5	27.2	31.0	56	24.6	27.3	31.2	56	24.8	9
9	**27.0**	30.6	56	24.4	27.1	30.9	56	24.6	27.2	31.1	56	24.7	27.3	31.3	56	24.8	27.4	31.5	56	24.9	9
9	27.1	30.9	57	24.6	27.2	31.1	57	24.7	27.3	31.3	57	24.8	27.4	31.6	57	24.9	27.5	31.8	57	25.1	9
9	27.2	31.2	57	24.7	27.3	31.4	57	24.9	27.4	31.6	57	25.0	27.5	31.8	57	25.1	27.6	32.1	57	25.2	9
8	27.3	31.5	58	24.9	27.4	31.7	58	25.0	27.5	31.9	58	25.1	27.6	32.1	58	25.2	27.7	32.3	58	25.3	8
8	27.4	31.8	58	25.0	27.5	32.0	58	25.2	27.6	32.2	58	25.3	27.7	32.4	58	25.4	27.8	32.6	58	25.5	8
8	27.5	32.0	59	25.2	27.6	32.3	59	25.3	27.7	32.5	59	25.4	27.8	32.7	59	25.5	27.9	32.9	59	25.6	8
8	27.6	32.3	59	25.3	27.7	32.5	59	25.5	27.8	32.8	59	25.6	27.9	33.0	59	25.7	**28.0**	33.2	59	25.8	8
8	27.7	32.6	60	25.5	27.8	32.8	60	25.6	27.9	33.0	60	25.7	**28.0**	33.3	60	25.8	28.1	33.5	60	25.9	8
8	27.8	32.9	60	25.6	27.9	33.1	60	25.7	**28.0**	33.3	60	25.9	28.1	33.5	60	26.0	28.2	33.8	60	26.1	8
7	27.9	33.2	61	25.8	**28.0**	33.4	61	25.9	28.1	33.6	61	26.0	28.2	33.8	61	26.1	28.3	34.1	61	26.2	7
7	**28.0**	33.5	61	25.9	28.1	33.7	61	26.0	28.2	33.9	61	26.1	28.3	34.1	61	26.3	28.4	34.3	61	26.4	7
7	28.1	33.7	62	26.1	28.2	34.0	62	26.2	28.3	34.2	62	26.3	28.4	34.4	62	26.4	28.5	34.6	62	26.5	7
7	28.2	34.0	62	26.2	28.3	34.3	62	26.3	28.4	34.5	62	26.4	28.5	34.7	62	26.5	28.6	34.9	62	26.7	7
7	28.3	34.3	63	26.4	28.4	34.5	63	26.5	28.5	34.8	63	26.6	28.6	35.0	63	26.7	28.7	35.2	63	26.8	7
7	28.4	34.6	63	26.5	28.5	34.8	63	26.6	28.6	35.1	63	26.7	28.7	35.3	63	26.8	28.8	35.5	64	26.9	7
7	28.5	34.9	64	26.6	28.6	35.1	64	26.8	28.7	35.4	64	26.9	28.8	35.6	64	27.0	28.9	35.8	64	27.1	7
7	28.6	35.2	64	26.8	28.7	35.4	64	26.9	28.8	35.7	64	27.0	28.9	35.9	65	27.1	**29.0**	36.1	65	27.2	7
6	28.7	35.5	65	26.9	28.8	35.7	65	27.0	28.9	36.0	65	27.1	**29.0**	36.2	65	27.3	29.1	36.4	65	27.4	6
6	28.8	35.8	65	27.1	28.9	36.0	65	27.2	**29.0**	36.2	66	27.3	29.1	36.5	66	27.4	29.2	36.7	66	27.5	6
6	28.9	36.1	66	27.2	**29.0**	36.3	66	27.3	29.1	36.5	66	27.4	29.2	36.8	66	27.5	29.3	37.0	66	27.6	6
6	**29.0**	36.4	67	27.3	29.1	36.6	67	27.5	29.2	36.8	67	27.6	29.3	37.1	67	27.7	29.4	37.3	67	27.8	6
6	29.1	36.7	67	27.5	29.2	36.9	67	27.6	29.3	37.2	67	27.7	29.4	37.4	67	27.8	29.5	37.6	67	27.9	6
6	29.2	37.0	68	27.6	29.3	37.2	68	27.7	29.4	37.5	68	27.8	29.5	37.7	68	28.0	29.6	37.9	68	28.1	6
6	29.3	37.3	68	27.8	29.4	37.5	68	27.9	29.5	37.8	68	28.0	29.6	38.0	68	28.1	29.7	38.2	68	28.2	6
5	29.4	37.6	69	27.9	29.5	37.8	69	28.0	29.6	38.1	69	28.1	29.7	38.3	69	28.2	29.8	38.5	69	28.3	5
5	29.5	37.9	69	28.0	29.6	38.1	69	28.2	29.7	38.4	69	28.3	29.8	38.6	69	28.4	29.9	38.8	69	28.5	5
5	29.6	38.2	70	28.2	29.7	38.4	70	28.3	29.8	38.7	70	28.4	29.9	38.9	70	28.5	**30.0**	39.2	70	28.6	5
5	29.7	38.5	70	28.3	29.8	38.7	70	28.4	29.9	39.0	70	28.5	**30.0**	39.2	71	28.6	30.1	39.5	71	28.7	5
5	29.8	38.8	71	28.5	29.9	39.0	71	28.6	**30.0**	39.3	71	28.7	30.1	39.5	71	28.8	30.2	39.8	71	28.9	5
5	29.9	39.1	72	28.6	**30.0**	39.4	72	28.7	30.1	39.6	72	28.8	30.2	39.8	72	28.9	30.3	40.1	72	29.0	5
5	**30.0**	39.4	72	28.7	30.1	39.7	72	28.8	30.2	39.9	72	28.9	30.3	40.2	72	29.0	30.4	40.4	72	29.2	5
5	30.1	39.7	73	28.9	30.2	40.0	73	29.0	30.3	40.2	73	29.1	30.4	40.5	73	29.2	30.5	40.7	73	29.3	5
4	30.2	40.0	73	29.0	30.3	40.3	73	29.1	30.4	40.5	73	29.2	30.5	40.8	73	29.3	30.6	41.0	73	29.4	4
4	30.3	40.4	74	29.1	30.4	40.6	74	29.2	30.5	40.9	74	29.3	30.6	41.1	74	29.5	30.7	41.4	74	29.6	4
4	30.4	40.7	74	29.3	30.5	40.9	74	29.4	30.6	41.2	74	29.5	30.7	41.4	74	29.6	30.8	41.7	75	29.7	4
4	30.5	41.0	75	29.4	30.6	41.2	75	29.5	30.7	41.5	75	29.6	30.8	41.7	75	29.7	30.9	42.0	75	29.8	4
4	30.6	41.3	76	29.5	30.7	41.6	76	29.6	30.8	41.8	76	29.7	30.9	42.1	76	29.9	**31.0**	42.3	76	30.0	4
4	30.7	41.6	76	29.7	30.8	41.9	76	29.8	30.9	42.1	76	29.9	**31.0**	42.4	76	30.0	31.1	42.6	76	30.1	4
4	30.8	41.9	77	29.8	30.9	42.2	77	29.9	**31.0**	42.5	77	30.0	31.1	42.7	77	30.1	31.2	43.0	77	30.2	4
4	30.9	42.3	77	29.9	**31.0**	42.5	77	30.0	31.1	42.8	77	30.1	31.2	43.0	77	30.2	31.3	43.3	77	30.4	4
4	**31.0**	42.6	78	30.1	31.1	42.8	78	30.2	31.2	43.1	78	30.3	31.3	43.4	78	30.4	31.4	43.6	78	30.5	4
3	31.1	42.9	78	30.2	31.2	43.2	78	30.3	31.3	43.4	79	30.4	31.4	43.7	79	30.5	31.5	44.0	79	30.6	3
3	31.2	43.2	79	30.3	31.3	43.5	79	30.4	31.4	43.8	79	30.5	31.5	44.0	79	30.6	31.6	44.3	79	30.7	3
3	31.3	43.6	80	30.5	31.4	43.8	80	30.6	31.5	44.1	80	30.7	31.6	44.3	80	30.8	31.7	44.6	80	30.9	3
3	31.4	43.9	80	30.6	31.5	44.2	80	30.7	31.6	44.4	80	30.8	31.7	44.7	80	30.9	31.8	44.9	80	31.0	3
3	31.5	44.2	81	30.7	31.6	44.5	81	30.8	31.7	44.7	81	30.9	31.8	45.0	81	31.0	31.9	45.3	81	31.1	3
3	31.6	44.5	81	30.9	31.7	44.8	81	31.0	31.8	45.1	82	31.1	31.9	45.3	82	31.2	**32.0**	45.6	82	31.3	3
3	31.7	44.9	82	31.0	31.8	45.1	82	31.1	31.9	45.4	82	31.2	**32.0**	45.7	82	31.3	32.1	45.9	82	31.4	3
3	31.8	45.2	83	31.1	31.9	45.5	83	31.2	**32.0**	45.7	83	31.3	32.1	46.0	83	31.4	32.2	46.3	83	31.5	3
3	31.9	45.5	83	31.2	**32.0**	45.8	83	31.3	32.1	46.1	83	31.4	32.2	46.4	83	31.6	32.3	46.6	83	31.7	3
2	**32.0**	45.9	84	31.4	32.1	46.1	84	31.5	32.2	46.4	84	31.6	32.3	46.7	84	31.7	32.4	47.0	84	31.8	2
2	32.1	46.2	84	31.5	32.2	46.5	85	31.6	32.3	46.8	85	31.7	32.4	47.0	85	31.8	32.5	47.3	85	31.9	2
2	32.2	46.6	85	31.6	32.3	46.8	85	31.7	32.4	47.1	85	31.8	32.5	47.4	85	31.9	32.6	47.7	85	32.0	2
2	32.3	46.9	86	31.8	32.4	47.2	86	31.9	32.5	47.4	86	32.0	32.6	47.7	86	32.1	32.7	48.0	86	32.2	2
2	32.4	47.2	86	31.9	32.5	47.5	86	32.0	32.6	47.8	86	32.1	32.7	48.1	86	32.2	32.8	48.3	86	32.3	2
2	32.5	47.6	87	32.0	32.6	47.9	87	32.1	32.7	48.1	87	32.2	32.8	48.4	87	32.3	32.9	48.7	87	32.4	2
2	32.6	47.9	88	32.1	32.7	48.2	88	32.2	32.8	48.5	88	32.3	32.9	48.8	88	32.4	**33.0**	49.0	88	32.5	2
2	32.7	48.3	88	32.3	32.8	48.5	88	32.4	32.9	48.8	88	32.5	**33.0**	49.1	88	32.6	33.1	49.4	88	32.7	2
2	32.8	48.6	89	32.4	32.9	48.9	89	32.5	**33.0**	49.2	89	32.6	33.1	49.5	89	32.7	33.2	49.7	89	32.8	2
1	32.9	49.0	90	32.5	**33.0**	49.2	90	32.6	33.1	49.5	90	32.7	33.2	49.8	90	32.8	33.3	50.1	90	32.9	1

n	t_W	e	U	t_d	t_W	e	U	t_d	t_W	e	U	t_d	t_W	e	U	t_d	t_W	e	U	t_d	n
	34.5				**34.6**				**34.7**				**34.8**				**34.9**				
1	**33.0**	49.3	90	32.6	33.1	49.6	90	32.7	33.2	49.9	90	32.8	33.3	50.2	90	32.9	33.4	50.4	90	33.0	1
1	33.1	49.7	91	32.8	33.2	49.9	91	32.9	33.3	50.2	91	33.0	33.4	50.5	91	33.1	33.5	50.8	91	33.2	1
1	33.2	50.0	91	32.9	33.3	50.3	91	33.0	33.4	50.6	91	33.1	33.5	50.9	91	33.2	33.6	51.2	91	33.3	1
1	33.3	50.4	92	33.0	33.4	50.6	92	33.1	33.5	50.9	92	33.2	33.6	51.2	92	33.3	33.7	51.5	92	33.4	1
1	33.4	50.7	93	33.1	33.5	51.0	93	33.2	33.6	51.3	93	33.3	33.7	51.6	93	33.4	33.8	51.9	93	33.5	1
1	33.5	51.1	93	33.3	33.6	51.4	93	33.4	33.7	51.6	93	33.5	33.8	51.9	93	33.6	33.9	52.2	93	33.7	1
1	33.6	51.4	94	33.4	33.7	51.7	94	33.5	33.8	52.0	94	33.6	33.9	52.3	94	33.7	**34.0**	52.6	94	33.8	1
1	33.7	51.8	95	33.5	33.8	52.1	95	33.6	33.9	52.4	95	33.7	**34.0**	52.7	95	33.8	34.1	53.0	95	33.9	1
1	33.8	52.1	95	33.6	33.9	52.4	95	33.7	**34.0**	52.7	95	33.8	34.1	53.0	95	33.9	34.2	53.3	95	34.0	1
1	33.9	52.5	96	33.8	**34.0**	52.8	96	33.9	34.1	53.1	96	34.0	34.2	53.4	96	34.1	34.3	53.7	96	34.2	1
0	**34.0**	52.9	97	33.9	34.1	53.2	97	34.0	34.2	53.5	97	34.1	34.3	53.8	97	34.2	34.4	54.1	97	34.3	0
0	34.1	53.2	97	34.0	34.2	53.5	97	34.1	34.3	53.8	97	34.2	34.4	54.1	97	34.3	34.5	54.4	97	34.4	0
0	34.2	53.6	98	34.1	34.3	53.9	98	34.2	34.4	54.2	98	34.3	34.5	54.5	98	34.4	34.6	54.8	98	34.5	0
0	34.3	54.0	99	34.3	34.4	54.3	99	34.4	34.5	54.6	99	34.5	34.6	54.9	99	34.6	34.7	55.2	99	34.7	0
0	34.4	54.3	99	34.4	34.5	54.6	99	34.5	34.6	54.9	99	34.6	34.7	55.2	99	34.7	34.8	55.5	99	34.8	0
0	34.5	54.7	100	34.5	34.6	55.0	100	34.6	34.7	55.3	100	34.7	34.8	55.6	100	34.8	34.9	55.9	100	34.9	0
	35.0				**35.1**				**35.2**				**35.3**				**35.4**				
45																	13.2	0.4	1	-33.7	45
44									13.1	0.3	1	-34.7	13.2	0.4	1	-31.9	13.3	0.5	1	-29.7	44
44	**13.0**	0.3	1	-35.7	13.1	0.4	1	-32.7	13.2	0.5	1	-30.4	13.3	0.6	1	-28.4	13.4	0.7	1	-26.7	44
44	13.1	0.5	1	-31.1	13.2	0.6	1	-29.0	13.3	0.7	1	-27.3	13.4	0.8	1	-25.7	13.5	0.9	1	-24.3	44
43	13.2	0.6	1	-27.8	13.3	0.7	1	-26.2	13.4	0.8	1	-24.8	13.5	0.9	2	-23.5	13.6	1.0	2	-22.3	43
43	13.3	0.8	1	-25.2	13.4	0.9	2	-23.9	13.5	1.0	2	-22.7	13.6	1.1	2	-21.6	13.7	1.2	2	-20.6	43
43	13.4	1.0	2	-23.1	13.5	1.1	2	-22.0	13.6	1.2	2	-20.9	13.7	1.3	2	-19.9	13.8	1.4	2	-19.0	43
42	13.5	1.1	2	-21.3	13.6	1.2	2	-20.3	13.7	1.3	2	-19.3	13.8	1.4	2	-18.5	13.9	1.5	3	-17.7	42
42	13.6	1.3	2	-19.7	13.7	1.4	2	-18.8	13.8	1.5	3	-17.9	13.9	1.6	3	-17.2	**14.0**	1.7	3	-16.4	42
42	13.7	1.5	3	-18.2	13.8	1.6	3	-17.4	13.9	1.7	3	-16.7	**14.0**	1.8	3	-15.9	14.1	1.9	3	-15.3	42
41	13.8	1.6	3	-16.9	13.9	1.7	3	-16.2	**14.0**	1.8	3	-15.5	14.1	1.9	3	-14.8	14.2	2.0	4	-14.2	41
41	13.9	1.8	3	-15.7	**14.0**	1.9	3	-15.1	14.1	2.0	4	-14.4	14.2	2.1	4	-13.8	14.3	2.2	4	-13.2	41
41	**14.0**	2.0	3	-14.6	14.1	2.1	4	-14.0	14.2	2.2	4	-13.4	14.3	2.3	4	-12.8	14.4	2.4	4	-12.3	41
40	14.1	2.1	4	-13.6	14.2	2.2	4	-13.0	14.3	2.3	4	-12.5	14.4	2.5	4	-11.9	14.5	2.6	4	-11.4	40
40	14.2	2.3	4	-12.7	14.3	2.4	4	-12.1	14.4	2.5	4	-11.6	14.5	2.6	5	-11.1	14.6	2.7	5	-10.6	40
40	14.3	2.5	4	-11.8	14.4	2.6	5	-11.3	14.5	2.7	5	-10.8	14.6	2.8	5	-10.3	14.7	2.9	5	-9.8	40
39	14.4	2.7	5	-11.0	14.5	2.8	5	-10.5	14.6	2.9	5	-10.0	14.7	3.0	5	-9.5	14.8	3.1	5	-9.1	39
39	14.5	2.8	5	-10.2	14.6	2.9	5	-9.7	14.7	3.0	5	-9.2	14.8	3.2	6	-8.8	14.9	3.3	6	-8.3	39
39	14.6	3.0	5	-9.4	14.7	3.1	5	-8.9	14.8	3.2	6	-8.5	14.9	3.3	6	-8.1	**15.0**	3.4	6	-7.7	39
38	14.7	3.2	6	-8.7	14.8	3.3	6	-8.2	14.9	3.4	6	-7.8	**15.0**	3.5	6	-7.4	15.1	3.6	6	-7.0	38
38	14.8	3.4	6	-8.0	14.9	3.5	6	-7.6	**15.0**	3.6	6	-7.2	15.1	3.7	6	-6.8	15.2	3.8	7	-6.4	38
38	14.9	3.5	6	-7.3	**15.0**	3.6	6	-6.9	15.1	3.7	7	-6.5	15.2	3.9	7	-6.2	15.3	4.0	7	-5.8	38
37	**15.0**	3.7	7	-6.7	15.1	3.8	7	-6.3	15.2	3.9	7	-5.9	15.3	4.0	7	-5.6	15.4	4.1	7	-5.2	37
37	15.1	3.9	7	-6.1	15.2	4.0	7	-5.7	15.3	4.1	7	-5.4	15.4	4.2	7	-5.0	15.5	4.3	8	-4.7	37
37	15.2	4.1	7	-5.5	15.3	4.2	7	-5.1	15.4	4.3	8	-4.8	15.5	4.4	8	-4.5	15.6	4.5	8	-4.1	37
36	15.3	4.2	8	-4.9	15.4	4.3	8	-4.6	15.5	4.5	8	-4.3	15.6	4.6	8	-3.9	15.7	4.7	8	-3.6	36
36	15.4	4.4	8	-4.4	15.5	4.5	8	-4.1	15.6	4.6	8	-3.7	15.7	4.8	8	-3.4	15.8	4.9	8	-3.1	36
36	15.5	4.6	8	-3.9	15.6	4.7	8	-3.5	15.7	4.8	8	-3.2	15.8	4.9	9	-2.9	15.9	5.0	9	-2.6	36
35	15.6	4.8	8	-3.3	15.7	4.9	9	-3.0	15.8	5.0	9	-2.7	15.9	5.1	9	-2.4	**16.0**	5.2	9	-2.1	35
35	15.7	5.0	9	-2.8	15.8	5.1	9	-2.5	15.9	5.2	9	-2.2	**16.0**	5.3	9	-1.9	16.1	5.4	9	-1.6	35
35	15.8	5.1	9	-2.4	15.9	5.2	9	-2.1	**16.0**	5.4	9	-1.8	16.1	5.5	10	-1.5	16.2	5.6	10	-1.2	35
34	15.9	5.3	9	-1.9	**16.0**	5.4	10	-1.6	16.1	5.5	10	-1.3	16.2	5.7	10	-1.0	16.3	5.8	10	-0.7	34
34	**16.0**	5.5	10	-1.4	16.1	5.6	10	-1.2	16.2	5.7	10	-0.9	16.3	5.8	10	-0.6	16.4	6.0	10	-0.3	34
34	16.1	5.7	10	-1.0	16.2	5.8	10	-0.7	16.3	5.9	10	-0.4	16.4	6.0	11	-0.2	16.5	6.2	11	0.1	34
33	16.2	5.9	10	-0.6	16.3	6.0	11	-0.3	16.4	6.1	11	0.0	16.5	6.2	11	0.3	16.6	6.3	11	0.5	33
33	16.3	6.0	11	-0.1	16.4	6.2	11	0.1	16.5	6.3	11	0.4	16.6	6.4	11	0.7	16.7	6.5	11	0.9	33
33	16.4	6.2	11	0.3	16.5	6.4	11	0.5	16.6	6.5	11	0.8	16.7	6.6	12	1.1	16.8	6.7	12	1.3	33
33	16.5	6.4	11	0.7	16.6	6.5	12	0.9	16.7	6.7	12	1.2	16.8	6.8	12	1.5	16.9	6.9	12	1.7	33
32	16.6	6.6	12	1.1	16.7	6.7	12	1.3	16.8	6.8	12	1.6	16.9	7.0	12	1.8	**17.0**	7.1	12	2.1	32
32	16.7	6.8	12	1.5	16.8	6.9	12	1.7	16.9	7.0	12	2.0	**17.0**	7.2	13	2.2	17.1	7.3	13	2.4	32
32	16.8	7.0	12	1.9	16.9	7.1	13	2.1	**17.0**	7.2	13	2.3	17.1	7.3	13	2.6	17.2	7.5	13	2.8	32
31	16.9	7.2	13	2.2	**17.0**	7.3	13	2.5	17.1	7.4	13	2.7	17.2	7.5	13	2.9	17.3	7.7	13	3.2	31
31	**17.0**	7.4	13	2.6	17.1	7.5	13	2.8	17.2	7.6	13	3.1	17.3	7.7	14	3.3	17.4	7.9	14	3.5	31
31	17.1	7.5	13	3.0	17.2	7.7	14	3.2	17.3	7.8	14	3.4	17.4	7.9	14	3.6	17.5	8.0	14	3.9	31
31	17.2	7.7	14	3.3	17.3	7.9	14	3.5	17.4	8.0	14	3.8	17.5	8.1	14	4.0	17.6	8.2	14	4.2	31
30	17.3	7.9	14	3.7	17.4	8.1	14	3.9	17.5	8.2	14	4.1	17.6	8.3	15	4.3	17.7	8.4	15	4.5	30
30	17.4	8.1	14	4.0	17.5	8.2	15	4.2	17.6	8.4	15	4.4	17.7	8.5	15	4.6	17.8	8.6	15	4.9	30
30	17.5	8.3	15	4.3	17.6	8.4	15	4.5	17.7	8.6	15	4.8	17.8	8.7	15	5.0	17.9	8.8	15	5.2	30
29	17.6	8.5	15	4.7	17.7	8.6	15	4.9	17.8	8.8	15	5.1	17.9	8.9	16	5.3	**18.0**	9.0	16	5.5	29
29	17.7	8.7	15	5.0	17.8	8.8	16	5.2	17.9	9.0	16	5.4	**18.0**	9.1	16	5.6	18.1	9.2	16	5.8	29
29	17.8	8.9	16	5.3	17.9	9.0	16	5.5	**18.0**	9.2	16	5.7	18.1	9.3	16	5.9	18.2	9.4	16	6.1	29
29	17.9	9.1	16	5.6	**18.0**	9.2	16	5.8	18.1	9.4	16	6.0	18.2	9.5	17	6.2	18.3	9.6	17	6.4	29
28	**18.0**	9.3	17	5.9	18.1	9.4	17	6.1	18.2	9.5	17	6.3	18.3	9.7	17	6.5	18.4	9.8	17	6.7	28
28	18.1	9.5	17	6.2	18.2	9.6	17	6.4	18.3	9.7	17	6.6	18.4	9.9	17	6.8	18.5	10.0	17	7.0	28

n	t_W	e	U	t_d	t_W	e	U	t_d	t_W	e	U	t_d	t_W	e	U	t_d	t_W	e	U	t_d	n
	35.0				**35.1**				**35.2**				**35.3**				**35.4**				
28	18.2	9.7	17	6.5	18.3	9.8	17	6.7	18.4	9.9	17	6.9	18.5	10.1	18	7.1	18.6	10.2	18	7.3	28
28	18.3	9.9	18	6.8	18.4	10.0	18	7.0	18.5	10.1	18	7.2	18.6	10.3	18	7.4	18.7	10.4	18	7.6	28
27	18.4	10.1	18	7.1	18.5	10.2	18	7.3	18.6	10.3	18	7.5	18.7	10.5	18	7.7	18.8	10.6	18	7.9	27
27	18.5	10.3	18	7.4	18.6	10.4	18	7.6	18.7	10.5	19	7.8	18.8	10.7	19	7.9	18.9	10.8	19	8.1	27
27	18.6	10.5	19	7.7	18.7	10.6	19	7.9	18.8	10.8	19	8.0	18.9	10.9	19	8.2	**19.0**	11.0	19	8.4	27
26	18.7	10.7	19	7.9	18.8	10.8	19	8.1	18.9	11.0	19	8.3	**19.0**	11.1	19	8.5	19.1	11.2	20	8.7	26
26	18.8	10.9	19	8.2	18.9	11.0	19	8.4	**19.0**	11.2	20	8.6	19.1	11.3	20	8.8	19.2	11.4	20	8.9	26
26	18.9	11.1	20	8.5	**19.0**	11.2	20	8.7	19.1	11.4	20	8.9	19.2	11.5	20	9.0	19.3	11.6	20	9.2	26
26	**19.0**	11.3	20	8.8	19.1	11.4	20	8.9	19.2	11.6	20	9.1	19.3	11.7	20	9.3	19.4	11.8	21	9.5	26
25	19.1	11.5	20	9.0	19.2	11.6	21	9.2	19.3	11.8	21	9.4	19.4	11.9	21	9.6	19.5	12.1	21	9.7	25
25	19.2	11.7	21	9.3	19.3	11.8	21	9.5	19.4	12.0	21	9.6	19.5	12.1	21	9.8	19.6	12.3	21	10.0	25
25	19.3	11.9	21	9.5	19.4	12.0	21	9.7	19.5	12.2	21	9.9	19.6	12.3	22	10.1	19.7	12.5	22	10.2	25
25	19.4	12.1	22	9.8	19.5	12.3	22	10.0	19.6	12.4	22	10.1	19.7	12.5	22	10.3	19.8	12.7	22	10.5	25
24	19.5	12.3	22	10.1	19.6	12.5	22	10.2	19.7	12.6	22	10.4	19.8	12.7	22	10.6	19.9	12.9	22	10.7	24
24	19.6	12.5	22	10.3	19.7	12.7	22	10.5	19.8	12.8	23	10.6	19.9	13.0	23	10.8	**20.0**	13.1	23	11.0	24
24	19.7	12.7	23	10.6	19.8	12.9	23	10.7	19.9	13.0	23	10.9	**20.0**	13.2	23	11.1	20.1	13.3	23	11.2	24
24	19.8	12.9	23	10.8	19.9	13.1	23	11.0	**20.0**	13.2	23	11.1	20.1	13.4	23	11.3	20.2	13.5	24	11.5	24
23	19.9	13.2	23	11.0	**20.0**	13.3	24	11.2	20.1	13.4	24	11.4	20.2	13.6	24	11.5	20.3	13.7	24	11.7	23
23	**20.0**	13.4	24	11.3	20.1	13.5	24	11.4	20.2	13.7	24	11.6	20.3	13.8	24	11.8	20.4	14.0	24	11.9	23
23	20.1	13.6	24	11.5	20.2	13.7	24	11.7	20.3	13.9	24	11.8	20.4	14.0	25	12.0	20.5	14.2	25	12.2	23
23	20.2	13.8	25	11.8	20.3	13.9	25	11.9	20.4	14.1	25	12.1	20.5	14.2	25	12.2	20.6	14.4	25	12.4	23
22	20.3	14.0	25	12.0	20.4	14.2	25	12.1	20.5	14.3	25	12.3	20.6	14.4	25	12.5	20.7	14.6	25	12.6	22
22	20.4	14.2	25	12.2	20.5	14.4	25	12.4	20.6	14.5	26	12.5	20.7	14.7	26	12.7	20.8	14.8	26	12.8	22
22	20.5	14.4	26	12.4	20.6	14.6	26	12.6	20.7	14.7	26	12.8	20.8	14.9	26	12.9	20.9	15.0	26	13.1	22
22	20.6	14.6	26	12.7	20.7	14.8	26	12.8	20.8	14.9	26	13.0	20.9	15.1	26	13.1	**21.0**	15.3	27	13.3	22
22	20.7	14.9	26	12.9	20.8	15.0	27	13.0	20.9	15.2	27	13.2	**21.0**	15.3	27	13.4	21.1	15.5	27	13.5	22
21	20.8	15.1	27	13.1	20.9	15.2	27	13.3	**21.0**	15.4	27	13.4	21.1	15.5	27	13.6	21.2	15.7	27	13.7	21
21	20.9	15.3	27	13.3	**21.0**	15.5	27	13.5	21.1	15.6	27	13.6	21.2	15.8	28	13.8	21.3	15.9	28	13.9	21
21	**21.0**	15.5	28	13.6	21.1	15.7	28	13.7	21.2	15.8	28	13.9	21.3	16.0	28	14.0	21.4	16.1	28	14.2	21
21	21.1	15.7	28	13.8	21.2	15.9	28	13.9	21.3	16.0	28	14.1	21.4	16.2	28	14.2	21.5	16.4	28	14.4	21
20	21.2	16.0	28	14.0	21.3	16.1	29	14.1	21.4	16.3	29	14.3	21.5	16.4	29	14.4	21.6	16.6	29	14.6	20
20	21.3	16.2	29	14.2	21.4	16.3	29	14.3	21.5	16.5	29	14.5	21.6	16.7	29	14.6	21.7	16.8	29	14.8	20
20	21.4	16.4	29	14.4	21.5	16.6	29	14.6	21.6	16.7	29	14.7	21.7	16.9	30	14.8	21.8	17.0	30	15.0	20
20	21.5	16.6	30	14.6	21.6	16.8	30	14.8	21.7	16.9	30	14.9	21.8	17.1	30	15.1	21.9	17.3	30	15.2	20
19	21.6	16.9	30	14.8	21.7	17.0	30	15.0	21.8	17.2	30	15.1	21.9	17.3	30	15.3	**22.0**	17.5	30	15.4	19
19	21.7	17.1	30	15.0	21.8	17.2	30	15.2	21.9	17.4	31	15.3	**22.0**	17.6	31	15.5	22.1	17.7	31	15.6	19
19	21.8	17.3	31	15.2	21.9	17.5	31	15.4	**22.0**	17.6	31	15.5	22.1	17.8	31	15.7	22.2	17.9	31	15.8	19
19	21.9	17.5	31	15.4	**22.0**	17.7	31	15.6	22.1	17.9	31	15.7	22.2	18.0	32	15.9	22.3	18.2	32	16.0	19
19	**22.0**	17.8	32	15.6	22.1	17.9	32	15.8	22.2	18.1	32	15.9	22.3	18.2	32	16.1	22.4	18.4	32	16.2	19
18	22.1	18.0	32	15.8	22.2	18.1	32	16.0	22.3	18.3	32	16.1	22.4	18.5	32	16.3	22.5	18.6	32	16.4	18
18	22.2	18.2	32	16.0	22.3	18.4	33	16.2	22.4	18.5	33	16.3	22.5	18.7	33	16.5	22.6	18.9	33	16.6	18
18	22.3	18.4	33	16.2	22.4	18.6	33	16.4	22.5	18.8	33	16.5	22.6	18.9	33	16.6	22.7	19.1	33	16.8	18
18	22.4	18.7	33	16.4	22.5	18.8	33	16.6	22.6	19.0	33	16.7	22.7	19.2	34	16.8	22.8	19.3	34	17.0	18
18	22.5	18.9	34	16.6	22.6	19.1	34	16.8	22.7	19.2	34	16.9	22.8	19.4	34	17.0	22.9	19.6	34	17.2	18
17	22.6	19.1	34	16.8	22.7	19.3	34	17.0	22.8	19.5	34	17.1	22.9	19.6	34	17.2	**23.0**	19.8	34	17.4	17
17	22.7	19.4	34	17.0	22.8	19.5	35	17.1	22.9	19.7	35	17.3	**23.0**	19.9	35	17.4	23.1	20.0	35	17.5	17
17	22.8	19.6	35	17.2	22.9	19.8	35	17.3	**23.0**	19.9	35	17.5	23.1	20.1	35	17.6	23.2	20.3	35	17.7	17
17	22.9	19.8	35	17.4	**23.0**	20.0	35	17.5	23.1	20.2	35	17.7	23.2	20.4	36	17.8	23.3	20.5	36	17.9	17
17	**23.0**	20.1	36	17.6	23.1	20.2	36	17.7	23.2	20.4	36	17.8	23.3	20.6	36	18.0	23.4	20.8	36	18.1	17
16	23.1	20.3	36	17.8	23.2	20.5	36	17.9	23.3	20.7	36	18.0	23.4	20.8	36	18.2	23.5	21.0	37	18.3	16
16	23.2	20.6	37	17.9	23.3	20.7	37	18.1	23.4	20.9	37	18.2	23.5	21.1	37	18.3	23.6	21.2	37	18.5	16
16	23.3	20.8	37	18.1	23.4	21.0	37	18.3	23.5	21.1	37	18.4	23.6	21.3	37	18.5	23.7	21.5	37	18.7	16
16	23.4	21.0	37	18.3	23.5	21.2	38	18.4	23.6	21.4	38	18.6	23.7	21.6	38	18.7	23.8	21.7	38	18.8	16
16	23.5	21.3	38	18.5	23.6	21.4	38	18.6	23.7	21.6	38	18.8	23.8	21.8	38	18.9	23.9	22.0	38	19.0	16
15	23.6	21.5	38	18.7	23.7	21.7	38	18.8	23.8	21.9	38	18.9	23.9	22.0	39	19.1	**24.0**	22.2	39	19.2	15
15	23.7	21.8	39	18.9	23.8	21.9	39	19.0	23.9	22.1	39	19.1	**24.0**	22.3	39	19.2	24.1	22.5	39	19.4	15
15	23.8	22.0	39	19.0	23.9	22.2	39	19.2	**24.0**	22.4	39	19.3	24.1	22.5	39	19.4	24.2	22.7	40	19.5	15
15	23.9	22.2	40	19.2	**24.0**	22.4	40	19.3	24.1	22.6	40	19.5	24.2	22.8	40	19.6	24.3	23.0	40	19.7	15
15	**24.0**	22.5	40	19.4	24.1	22.7	40	19.5	24.2	22.9	40	19.6	24.3	23.0	40	19.8	24.4	23.2	40	19.9	15
14	24.1	22.7	40	19.6	24.2	22.9	41	19.7	24.3	23.1	41	19.8	24.4	23.3	41	19.9	24.5	23.5	41	20.1	14
14	24.2	23.0	41	19.7	24.3	23.2	41	19.9	24.4	23.3	41	20.0	24.5	23.5	41	20.1	24.6	23.7	41	20.2	14
14	24.3	23.2	41	19.9	24.4	23.4	41	20.0	24.5	23.6	42	20.2	24.6	23.8	42	20.3	24.7	24.0	42	20.4	14
14	24.4	23.5	42	20.1	24.5	23.7	42	20.2	24.6	23.9	42	20.3	24.7	24.0	42	20.5	24.8	24.2	42	20.6	14
14	24.5	23.7	42	20.2	24.6	23.9	42	20.4	24.7	24.1	42	20.5	24.8	24.3	42	20.6	24.9	24.5	43	20.7	14
13	24.6	24.0	43	20.4	24.7	24.2	43	20.5	24.8	24.4	43	20.7	24.9	24.5	43	20.8	**25.0**	24.7	43	20.9	13
13	24.7	24.2	43	20.6	24.8	24.4	43	20.7	24.9	24.6	43	20.8	**25.0**	24.8	43	21.0	25.1	25.0	43	21.1	13
13	24.8	24.5	44	20.8	24.9	24.7	44	20.9	**25.0**	24.9	44	21.0	25.1	25.1	44	21.1	25.2	25.2	44	21.3	13
13	24.9	24.7	44	20.9	**25.0**	24.9	44	21.0	25.1	25.1	44	21.2	25.2	25.3	44	21.3	25.3	25.5	44	21.4	13
13	**25.0**	25.0	44	21.1	25.1	25.2	45	21.2	25.2	25.4	45	21.3	25.3	25.6	45	21.5	25.4	25.8	45	21.6	13
13	25.1	25.3	45	21.3	25.2	25.4	45	21.4	25.3	25.6	45	21.5	25.4	25.8	45	21.6	25.5	26.0	45	21.7	13
12	25.2	25.5	45	21.4	25.3	25.7	45	21.5	25.4	25.9	46	21.7	25.5	26.1	46	21.8	25.6	26.3	46	21.9	12
12	25.3	25.8	46	21.6	25.4	26.0	46	21.7	25.5	26.2	46	21.8	25.6	26.3	46	22.0	25.7	26.5	46	22.1	12
12	25.4	26.0	46	21.8	25.5	26.2	46	21.9	25.6	26.4	46	22.0	25.7	26.6	47	22.1	25.8	26.8	47	22.2	12

n	t_W	e	U	t_d	t_W	e	U	t_d	t_W	e	U	t_d	t_W	e	U	t_d	t_W	e	U	t_d	n
	35.0				**35.1**				**35.2**				**35.3**				**35.4**				
12	25.5	26.3	47	21.9	25.6	26.5	47	22.0	25.7	26.7	47	22.2	25.8	26.9	47	22.3	25.9	27.1	47	22.4	12
12	25.6	26.5	47	22.1	25.7	26.7	47	22.2	25.8	26.9	47	22.3	25.9	27.1	47	22.4	**26.0**	27.3	48	22.6	12
12	25.7	26.8	48	22.2	25.8	27.0	48	22.4	25.9	27.2	48	22.5	**26.0**	27.4	48	22.6	26.1	27.6	48	22.7	12
11	25.8	27.1	48	22.4	25.9	27.3	48	22.5	**26.0**	27.5	48	22.6	26.1	27.7	48	22.8	26.2	27.9	48	22.9	11
11	25.9	27.3	49	22.6	**26.0**	27.5	49	22.7	26.1	27.7	49	22.8	26.2	27.9	49	22.9	26.3	28.1	49	23.0	11
11	**26.0**	27.6	49	22.7	26.1	27.8	49	22.8	26.2	28.0	49	23.0	26.3	28.2	49	23.1	26.4	28.4	49	23.2	11
11	26.1	27.9	50	22.9	26.2	28.1	50	23.0	26.3	28.3	50	23.1	26.4	28.5	50	23.2	26.5	28.7	50	23.3	11
11	26.2	28.1	50	23.0	26.3	28.3	50	23.1	26.4	28.5	50	23.3	26.5	28.7	50	23.4	26.6	28.9	50	23.5	11
11	26.3	28.4	51	23.2	26.4	28.6	51	23.3	26.5	28.8	51	23.4	26.6	29.0	51	23.5	26.7	29.2	51	23.7	11
10	26.4	28.7	51	23.3	26.5	28.9	51	23.5	26.6	29.1	51	23.6	26.7	29.3	51	23.7	26.8	29.5	51	23.8	10
10	26.5	28.9	51	23.5	26.6	29.1	52	23.6	26.7	29.4	52	23.7	26.8	29.6	52	23.8	26.9	29.8	52	24.0	10
10	26.6	29.2	52	23.7	26.7	29.4	52	23.8	26.8	29.6	52	23.9	26.9	29.8	52	24.0	**27.0**	30.0	52	24.1	10
10	26.7	29.5	52	23.8	26.8	29.7	53	23.9	26.9	29.9	53	24.0	**27.0**	30.1	53	24.2	27.1	30.3	53	24.3	10
10	26.8	29.8	53	24.0	26.9	30.0	53	24.1	**27.0**	30.2	53	24.2	27.1	30.4	53	24.3	27.2	30.6	53	24.4	10
10	26.9	30.0	53	24.1	**27.0**	30.2	53	24.2	27.1	30.5	54	24.3	27.2	30.7	54	24.5	27.3	30.9	54	24.6	10
9	**27.0**	30.3	54	24.3	27.1	30.5	54	24.4	27.2	30.7	54	24.5	27.3	30.9	54	24.6	27.4	31.2	54	24.7	9
9	27.1	30.6	54	24.4	27.2	30.8	54	24.5	27.3	31.0	55	24.6	27.4	31.2	55	24.8	27.5	31.4	55	24.9	9
9	27.2	30.9	55	24.6	27.3	31.1	55	24.7	27.4	31.3	55	24.8	27.5	31.5	55	24.9	27.6	31.7	55	25.0	9
9	27.3	31.1	55	24.7	27.4	31.4	55	24.8	27.5	31.6	56	24.9	27.6	31.8	56	25.1	27.7	32.0	56	25.2	9
9	27.4	31.4	56	24.9	27.5	31.6	56	25.0	27.6	31.9	56	25.1	27.7	32.1	56	25.2	27.8	32.3	56	25.3	9
9	27.5	31.7	56	25.0	27.6	31.9	56	25.1	27.7	32.1	57	25.2	27.8	32.4	57	25.4	27.9	32.6	57	25.5	9
9	27.6	32.0	57	25.2	27.7	32.2	57	25.3	27.8	32.4	57	25.4	27.9	32.6	57	25.5	**28.0**	32.9	57	25.6	9
8	27.7	32.3	57	25.3	27.8	32.5	57	25.4	27.9	32.7	58	25.5	**28.0**	32.9	58	25.7	28.1	33.1	58	25.8	8
8	27.8	32.6	58	25.5	27.9	32.8	58	25.6	**28.0**	33.0	58	25.7	28.1	33.2	58	25.8	28.2	33.4	58	25.9	8
8	27.9	32.8	58	25.6	**28.0**	33.1	58	25.7	28.1	33.3	59	25.8	28.2	33.5	59	25.9	28.3	33.7	59	26.1	8
8	**28.0**	33.1	59	25.8	28.1	33.3	59	25.9	28.2	33.6	59	26.0	28.3	33.8	59	26.1	28.4	34.0	59	26.2	8
8	28.1	33.4	59	25.9	28.2	33.6	59	26.0	28.3	33.9	60	26.1	28.4	34.1	60	26.2	28.5	34.3	60	26.3	8
8	28.2	33.7	60	26.0	28.3	33.9	60	26.2	28.4	34.1	60	26.3	28.5	34.4	60	26.4	28.6	34.6	60	26.5	8
7	28.3	34.0	60	26.2	28.4	34.2	61	26.3	28.5	34.4	61	26.4	28.6	34.7	61	26.5	28.7	34.9	61	26.6	7
7	28.4	34.3	61	26.3	28.5	34.5	61	26.4	28.6	34.7	61	26.6	28.7	35.0	61	26.7	28.8	35.2	61	26.8	7
7	28.5	34.6	61	26.5	28.6	34.8	62	26.6	28.7	35.0	62	26.7	28.8	35.3	62	26.8	28.9	35.5	62	26.9	7
7	28.6	34.9	62	26.6	28.7	35.1	62	26.7	28.8	35.3	62	26.8	28.9	35.6	62	27.0	**29.0**	35.8	62	27.1	7
7	28.7	35.2	63	26.8	28.8	35.4	63	26.9	28.9	35.6	63	27.0	**29.0**	35.8	63	27.1	29.1	36.1	63	27.2	7
7	28.8	35.5	63	26.9	28.9	35.7	63	27.0	**29.0**	35.9	63	27.1	29.1	36.1	63	27.2	29.2	36.4	63	27.3	7
7	28.9	35.8	64	27.1	**29.0**	36.0	64	27.2	29.1	36.2	64	27.3	29.2	36.4	64	27.4	29.3	36.7	64	27.5	7
7	**29.0**	36.0	64	27.2	29.1	36.3	64	27.3	29.2	36.5	64	27.4	29.3	36.8	64	27.5	29.4	37.0	64	27.6	7
6	29.1	36.3	65	27.3	29.2	36.6	65	27.4	29.3	36.8	65	27.6	29.4	37.1	65	27.7	29.5	37.3	65	27.8	6
6	29.2	36.6	65	27.5	29.3	36.9	65	27.6	29.4	37.1	65	27.7	29.5	37.4	65	27.8	29.6	37.6	65	27.9	6
6	29.3	37.0	66	27.6	29.4	37.2	66	27.7	29.5	37.4	66	27.8	29.6	37.7	66	27.9	29.7	37.9	66	28.0	6
6	29.4	37.3	66	27.8	29.5	37.5	66	27.9	29.6	37.7	66	28.0	29.7	38.0	66	28.1	29.8	38.2	66	28.2	6
6	29.5	37.6	67	27.9	29.6	37.8	67	28.0	29.7	38.0	67	28.1	29.8	38.3	67	28.2	29.9	38.5	67	28.3	6
6	29.6	37.9	67	28.0	29.7	38.1	67	28.1	29.8	38.3	67	28.2	29.9	38.6	67	28.4	**30.0**	38.8	68	28.5	6
6	29.7	38.2	68	28.2	29.8	38.4	68	28.3	29.9	38.6	68	28.4	**30.0**	38.9	68	28.5	30.1	39.1	68	28.6	6
5	29.8	38.5	68	28.3	29.9	38.7	68	28.4	**30.0**	39.0	69	28.5	30.1	39.2	69	28.6	30.2	39.4	69	28.7	5
5	29.9	38.8	69	28.4	**30.0**	39.0	69	28.6	30.1	39.3	69	28.7	30.2	39.5	69	28.8	30.3	39.8	69	28.9	5
5	**30.0**	39.1	70	28.6	30.1	39.3	70	28.7	30.2	39.6	70	28.8	30.3	39.8	70	28.9	30.4	40.1	70	29.0	5
5	30.1	39.4	70	28.7	30.2	39.6	70	28.8	30.3	39.9	70	28.9	30.4	40.1	70	29.0	30.5	40.4	70	29.1	5
5	30.2	39.7	71	28.9	30.3	40.0	71	29.0	30.4	40.2	71	29.1	30.5	40.5	71	29.2	30.6	40.7	71	29.3	5
5	30.3	40.0	71	29.0	30.4	40.3	71	29.1	30.5	40.5	71	29.2	30.6	40.8	71	29.3	30.7	41.0	71	29.4	5
5	30.4	40.3	72	29.1	30.5	40.6	72	29.2	30.6	40.8	72	29.3	30.7	41.1	72	29.4	30.8	41.3	72	29.6	5
5	30.5	40.7	72	29.3	30.6	40.9	72	29.4	30.7	41.2	72	29.5	30.8	41.4	72	29.6	30.9	41.7	72	29.7	5
4	30.6	41.0	73	29.4	30.7	41.2	73	29.5	30.8	41.5	73	29.6	30.9	41.7	73	29.7	**31.0**	42.0	73	29.8	4
4	30.7	41.3	73	29.5	30.8	41.5	73	29.6	30.9	41.8	74	29.7	**31.0**	42.1	74	29.8	31.1	42.3	74	30.0	4
4	30.8	41.6	74	29.7	30.9	41.9	74	29.8	**31.0**	42.1	74	29.9	31.1	42.4	74	30.0	31.2	42.6	74	30.1	4
4	30.9	41.9	75	29.8	**31.0**	42.2	75	29.9	31.1	42.4	75	30.0	31.2	42.7	75	30.1	31.3	43.0	75	30.2	4
4	**31.0**	42.3	75	29.9	31.1	42.5	75	30.0	31.2	42.8	75	30.1	31.3	43.0	75	30.2	31.4	43.3	75	30.4	4
4	31.1	42.6	76	30.1	31.2	42.8	76	30.2	31.3	43.1	76	30.3	31.4	43.4	76	30.4	31.5	43.6	76	30.5	4
4	31.2	42.9	76	30.2	31.3	43.2	76	30.3	31.4	43.4	76	30.4	31.5	43.7	76	30.5	31.6	43.9	76	30.6	4
4	31.3	43.2	77	30.3	31.4	43.5	77	30.4	31.5	43.8	77	30.5	31.6	44.0	77	30.6	31.7	44.3	77	30.7	4
4	31.4	43.6	77	30.5	31.5	43.8	77	30.6	31.6	44.1	78	30.7	31.7	44.3	78	30.8	31.8	44.6	78	30.9	4
3	31.5	43.9	78	30.6	31.6	44.1	78	30.7	31.7	44.4	78	30.8	31.8	44.7	78	30.9	31.9	44.9	78	31.0	3
3	31.6	44.2	79	30.7	31.7	44.5	79	30.8	31.8	44.7	79	30.9	31.9	45.0	79	31.0	**32.0**	45.3	79	31.1	3
3	31.7	44.5	79	30.9	31.8	44.8	79	31.0	31.9	45.1	79	31.1	**32.0**	45.3	79	31.2	32.1	45.6	79	31.3	3
3	31.8	44.9	80	31.0	31.9	45.1	80	31.1	**32.0**	45.4	80	31.2	32.1	45.7	80	31.3	32.2	46.0	80	31.4	3
3	31.9	45.2	80	31.1	**32.0**	45.5	80	31.2	32.1	45.7	80	31.3	32.2	46.0	80	31.4	32.3	46.3	81	31.5	3
3	**32.0**	45.5	81	31.2	32.1	45.8	81	31.3	32.2	46.1	81	31.4	32.3	46.4	81	31.6	32.4	46.6	81	31.7	3
3	32.1	45.9	82	31.4	32.2	46.2	82	31.5	32.3	46.4	82	31.6	32.4	46.7	82	31.7	32.5	47.0	82	31.8	3
3	32.2	46.2	82	31.5	32.3	46.5	82	31.6	32.4	46.8	82	31.7	32.5	47.0	82	31.8	32.6	47.3	82	31.9	3
3	32.3	46.6	83	31.6	32.4	46.8	83	31.7	32.5	47.1	83	31.8	32.6	47.4	83	31.9	32.7	47.7	83	32.0	3
2	32.4	46.9	83	31.8	32.5	47.2	83	31.9	32.6	47.5	83	32.0	32.7	47.7	83	32.1	32.8	48.0	84	32.2	2
2	32.5	47.2	84	31.9	32.6	47.5	84	32.0	32.7	47.8	84	32.1	32.8	48.1	84	32.2	32.9	48.4	84	32.3	2
2	32.6	47.6	85	32.0	32.7	47.9	85	32.1	32.8	48.1	85	32.2	32.9	48.4	85	32.3	**33.0**	48.7	85	32.4	2
2	32.7	47.9	85	32.1	32.8	48.2	85	32.2	32.9	48.5	85	32.3	**33.0**	48.8	85	32.4	33.1	49.1	85	32.6	2

n	t_W	e	U	t_d	t_W	e	U	t_d	t_W	e	U	t_d	t_W	e	U	t_d	t_W	e	U	t_d	n
	35.0				**35.1**				**35.2**				**35.3**				**35.4**				
2	32.8	48.3	86	32.3	32.9	48.6	86	32.4	**33.0**	48.8	86	32.5	33.1	49.1	86	32.6	33.2	49.4	86	32.7	2
2	32.9	48.6	86	32.4	**33.0**	48.9	86	32.5	33.1	49.2	87	32.6	33.2	49.5	87	32.7	33.3	49.8	87	32.8	2
2	**33.0**	49.0	87	32.5	33.1	49.3	87	32.6	33.2	49.5	87	32.7	33.3	49.8	87	32.8	33.4	50.1	87	32.9	2
2	33.1	49.3	88	32.6	33.2	49.6	88	32.8	33.3	49.9	88	32.9	33.4	50.2	88	33.0	33.5	50.5	88	33.1	2
2	33.2	49.7	88	32.8	33.3	50.0	88	32.9	33.4	50.2	88	33.0	33.5	50.5	88	33.1	33.6	50.8	88	33.2	2
2	33.3	50.0	89	32.9	33.4	50.3	89	33.0	33.5	50.6	89	33.1	33.6	50.9	89	33.2	33.7	51.2	89	33.3	2
1	33.4	50.4	90	33.0	33.5	50.7	90	33.1	33.6	51.0	90	33.2	33.7	51.2	90	33.3	33.8	51.5	90	33.4	1
1	33.5	50.7	90	33.2	33.6	51.0	90	33.3	33.7	51.3	90	33.4	33.8	51.6	90	33.5	33.9	51.9	90	33.6	1
1	33.6	51.1	91	33.3	33.7	51.4	91	33.4	33.8	51.7	91	33.5	33.9	52.0	91	33.6	**34.0**	52.3	91	33.7	1
1	33.7	51.4	91	33.4	33.8	51.7	92	33.5	33.9	52.0	92	33.6	**34.0**	52.3	92	33.7	34.1	52.6	92	33.8	1
1	33.8	51.8	92	33.5	33.9	52.1	92	33.6	**34.0**	52.4	92	33.7	34.1	52.7	92	33.8	34.2	53.0	92	33.9	1
1	33.9	52.2	93	33.6	**34.0**	52.5	93	33.8	34.1	52.8	93	33.9	34.2	53.1	93	34.0	34.3	53.4	93	34.1	1
1	**34.0**	52.5	93	33.8	34.1	52.8	93	33.9	34.2	53.1	93	34.0	34.3	53.4	93	34.1	34.4	53.7	93	34.2	1
1	34.1	52.9	94	33.9	34.2	53.2	94	34.0	34.3	53.5	94	34.1	34.4	53.8	94	34.2	34.5	54.1	94	34.3	1
1	34.2	53.3	95	34.0	34.3	53.6	95	34.1	34.4	53.9	95	34.2	34.5	54.2	95	34.3	34.6	54.5	95	34.4	1
1	34.3	53.6	95	34.1	34.4	53.9	95	34.2	34.5	54.2	95	34.3	34.6	54.5	95	34.4	34.7	54.8	95	34.5	1
1	34.4	54.0	96	34.3	34.5	54.3	96	34.4	34.6	54.6	96	34.5	34.7	54.9	96	34.6	34.8	55.2	96	34.7	1
0	34.5	54.4	97	34.4	34.6	54.7	97	34.5	34.7	55.0	97	34.6	34.8	55.3	97	34.7	34.9	55.6	97	34.8	0
0	34.6	54.7	97	34.5	34.7	55.0	97	34.6	34.8	55.3	97	34.7	34.9	55.7	97	34.8	**35.0**	56.0	97	34.9	0
0	34.7	55.1	98	34.6	34.8	55.4	98	34.7	34.9	55.7	98	34.8	**35.0**	56.0	98	34.9	35.1	56.3	98	35.0	0
0	34.8	55.5	99	34.8	34.9	55.8	99	34.9	**35.0**	56.1	99	35.0	35.1	56.4	99	35.1	35.2	56.7	99	35.2	0
0	34.9	55.9	99	34.9	**35.0**	56.2	99	35.0	35.1	56.5	99	35.1	35.2	56.8	99	35.2	35.3	57.1	99	35.3	0
0	**35.0**	56.2	100	35.0	35.1	56.5	100	35.1	35.2	56.9	100	35.2	35.3	57.2	100	35.3	35.4	57.5	100	35.4	0
	35.5				**35.6**				**35.7**				**35.8**				**35.9**				
45																	13.4	0.4	1	-33.7	45
45									13.3	0.3	1	-34.7	13.4	0.4	1	-31.9	13.5	0.5	1	-29.7	45
44	13.2	0.3	1	-35.8	13.3	0.4	1	-32.8	13.4	0.5	1	-30.4	13.5	0.6	1	-28.4	13.6	0.7	1	-26.7	44
44	13.3	0.5	1	-31.2	13.4	0.6	1	-29.1	13.5	0.7	1	-27.3	13.6	0.8	1	-25.7	13.7	0.9	1	-24.3	44
44	13.4	0.6	1	-27.8	13.5	0.7	1	-26.2	13.6	0.8	1	-24.8	13.7	0.9	2	-23.5	13.8	1.0	2	-22.3	44
43	13.5	0.8	1	-25.2	13.6	0.9	2	-23.9	13.7	1.0	2	-22.7	13.8	1.1	2	-21.6	13.9	1.2	2	-20.5	43
43	13.6	1.0	2	-23.1	13.7	1.1	2	-21.9	13.8	1.2	2	-20.9	13.9	1.3	2	-19.9	**14.0**	1.4	2	-19.0	43
42	13.7	1.1	2	-21.2	13.8	1.2	2	-20.2	13.9	1.3	2	-19.3	**14.0**	1.4	2	-18.4	14.1	1.5	3	-17.6	42
42	13.8	1.3	2	-19.6	13.9	1.4	2	-18.7	**14.0**	1.5	3	-17.9	14.1	1.6	3	-17.1	14.2	1.7	3	-16.3	42
42	13.9	1.5	3	-18.2	**14.0**	1.6	3	-17.4	14.1	1.7	3	-16.6	14.2	1.8	3	-15.9	14.3	1.9	3	-15.2	42
41	**14.0**	1.6	3	-16.9	14.1	1.7	3	-16.1	14.2	1.8	3	-15.4	14.3	1.9	3	-14.8	14.4	2.1	3	-14.1	41
41	14.1	1.8	3	-15.7	14.2	1.9	3	-15.0	14.3	2.0	3	-14.4	14.4	2.1	4	-13.7	14.5	2.2	4	-13.1	41
41	14.2	2.0	3	-14.6	14.3	2.1	4	-14.0	14.4	2.2	4	-13.4	14.5	2.3	4	-12.8	14.6	2.4	4	-12.2	41
40	14.3	2.1	4	-13.6	14.4	2.3	4	-13.0	14.5	2.4	4	-12.4	14.6	2.5	4	-11.9	14.7	2.6	4	-11.3	40
40	14.4	2.3	4	-12.6	14.5	2.4	4	-12.1	14.6	2.5	4	-11.5	14.7	2.6	4	-11.0	14.8	2.8	5	-10.5	40
40	14.5	2.5	4	-11.7	14.6	2.6	4	-11.2	14.7	2.7	5	-10.7	14.8	2.8	5	-10.2	14.9	2.9	5	-9.7	40
39	14.6	2.7	5	-10.9	14.7	2.8	5	-10.4	14.8	2.9	5	-9.9	14.9	3.0	5	-9.4	**15.0**	3.1	5	-9.0	39
39	14.7	2.8	5	-10.1	14.8	3.0	5	-9.6	14.9	3.1	5	-9.2	**15.0**	3.2	5	-8.7	15.1	3.3	6	-8.3	39
39	14.8	3.0	5	-9.3	14.9	3.1	5	-8.9	**15.0**	3.2	6	-8.4	15.1	3.3	6	-8.0	15.2	3.5	6	-7.6	39
38	14.9	3.2	6	-8.6	**15.0**	3.3	6	-8.2	15.1	3.4	6	-7.8	15.2	3.5	6	-7.3	15.3	3.6	6	-6.9	38
38	**15.0**	3.4	6	-7.9	15.1	3.5	6	-7.5	15.2	3.6	6	-7.1	15.3	3.7	6	-6.7	15.4	3.8	6	-6.3	38
38	15.1	3.5	6	-7.3	15.2	3.7	6	-6.9	15.3	3.8	6	-6.5	15.4	3.9	7	-6.1	15.5	4.0	7	-5.7	38
38	15.2	3.7	6	-6.6	15.3	3.8	7	-6.2	15.4	3.9	7	-5.9	15.5	4.1	7	-5.5	15.6	4.2	7	-5.1	38
37	15.3	3.9	7	-6.0	15.4	4.0	7	-5.6	15.5	4.1	7	-5.3	15.6	4.2	7	-4.9	15.7	4.4	7	-4.6	37
37	15.4	4.1	7	-5.4	15.5	4.2	7	-5.1	15.6	4.3	7	-4.7	15.7	4.4	8	-4.4	15.8	4.5	8	-4.0	37
37	15.5	4.3	7	-4.9	15.6	4.4	8	-4.5	15.7	4.5	8	-4.2	15.8	4.6	8	-3.8	15.9	4.7	8	-3.5	37
36	15.6	4.4	8	-4.3	15.7	4.6	8	-4.0	15.8	4.7	8	-3.6	15.9	4.8	8	-3.3	**16.0**	4.9	8	-3.0	36
36	15.7	4.6	8	-3.8	15.8	4.7	8	-3.5	15.9	4.8	8	-3.1	**16.0**	5.0	8	-2.8	16.1	5.1	9	-2.5	36
36	15.8	4.8	8	-3.3	15.9	4.9	8	-3.0	**16.0**	5.0	9	-2.6	16.1	5.1	9	-2.3	16.2	5.3	9	-2.0	36
35	15.9	5.0	9	-2.8	**16.0**	5.1	9	-2.5	16.1	5.2	9	-2.2	16.2	5.3	9	-1.9	16.3	5.4	9	-1.6	35
35	**16.0**	5.2	9	-2.3	16.1	5.3	9	-2.0	16.2	5.4	9	-1.7	16.3	5.5	9	-1.4	16.4	5.6	10	-1.1	35
35	16.1	5.3	9	-1.8	16.2	5.5	9	-1.5	16.3	5.6	10	-1.2	16.4	5.7	10	-0.9	16.5	5.8	10	-0.7	35
34	16.2	5.5	10	-1.4	16.3	5.6	10	-1.1	16.4	5.8	10	-0.8	16.5	5.9	10	-0.5	16.6	6.0	10	-0.2	34
34	16.3	5.7	10	-0.9	16.4	5.8	10	-0.6	16.5	6.0	10	-0.3	16.6	6.1	10	-0.1	16.7	6.2	10	0.2	34
34	16.4	5.9	10	-0.5	16.5	6.0	10	-0.2	16.6	6.1	11	0.1	16.7	6.3	11	0.3	16.8	6.4	11	0.6	34
33	16.5	6.1	11	0.0	16.6	6.2	11	0.2	16.7	6.3	11	0.5	16.8	6.4	11	0.8	16.9	6.6	11	1.0	33
33	16.6	6.3	11	0.4	16.7	6.4	11	0.6	16.8	6.5	11	0.9	16.9	6.6	11	1.1	**17.0**	6.8	11	1.4	33
33	16.7	6.5	11	0.8	16.8	6.6	11	1.0	16.9	6.7	11	1.3	**17.0**	6.8	12	1.5	17.1	6.9	12	1.8	33
33	16.8	6.6	12	1.2	16.9	6.8	12	1.4	**17.0**	6.9	12	1.7	17.1	7.0	12	1.9	17.2	7.1	12	2.2	33
32	16.9	6.8	12	1.6	**17.0**	7.0	12	1.8	17.1	7.1	12	2.1	17.2	7.2	12	2.3	17.3	7.3	12	2.5	32
32	**17.0**	7.0	12	1.9	17.1	7.1	12	2.2	17.2	7.3	12	2.4	17.3	7.4	13	2.7	17.4	7.5	13	2.9	32
32	17.1	7.2	12	2.3	17.2	7.3	13	2.6	17.3	7.5	13	2.8	17.4	7.6	13	3.0	17.5	7.7	13	3.3	32
31	17.2	7.4	13	2.7	17.3	7.5	13	2.9	17.4	7.7	13	3.2	17.5	7.8	13	3.4	17.6	7.9	13	3.6	31
31	17.3	7.6	13	3.0	17.4	7.7	13	3.3	17.5	7.8	13	3.5	17.6	8.0	14	3.7	17.7	8.1	14	4.0	31
31	17.4	7.8	13	3.4	17.5	7.9	14	3.6	17.6	8.0	14	3.8	17.7	8.2	14	4.1	17.8	8.3	14	4.3	31
31	17.5	8.0	14	3.7	17.6	8.1	14	4.0	17.7	8.2	14	4.2	17.8	8.4	14	4.4	17.9	8.5	14	4.6	31
30	17.6	8.2	14	4.1	17.7	8.3	14	4.3	17.8	8.4	14	4.5	17.9	8.6	15	4.7	**18.0**	8.7	15	5.0	30

n	t_W	e	U	t_d	t_W	e	U	t_d	t_W	e	U	t_d	t_W	e	U	t_d	t_W	e	U	t_d	n
	35.5				**35.6**				**35.7**				**35.8**				**35.9**				
30	17.7	8.4	14	4.4	17.8	8.5	15	4.6	17.9	8.6	15	4.8	**18.0**	8.8	15	5.1	18.1	8.9	15	5.3	30
30	17.8	8.6	15	4.7	17.9	8.7	15	5.0	**18.0**	8.8	15	5.2	18.1	9.0	15	5.4	18.2	9.1	15	5.6	30
29	17.9	8.8	15	5.1	**18.0**	8.9	15	5.3	18.1	9.0	15	5.5	18.2	9.1	16	5.7	18.3	9.3	16	5.9	29
29	**18.0**	9.0	15	5.4	18.1	9.1	16	5.6	18.2	9.2	16	5.8	18.3	9.3	16	6.0	18.4	9.5	16	6.2	29
29	18.1	9.2	16	5.7	18.2	9.3	16	5.9	18.3	9.4	16	6.1	18.4	9.5	16	6.3	18.5	9.7	16	6.5	29
29	18.2	9.3	16	6.0	18.3	9.5	16	6.2	18.4	9.6	16	6.4	18.5	9.7	17	6.6	18.6	9.9	17	6.8	29
28	18.3	9.5	17	6.3	18.4	9.7	17	6.5	18.5	9.8	17	6.7	18.6	9.9	17	6.9	18.7	10.1	17	7.1	28
28	18.4	9.7	17	6.6	18.5	9.9	17	6.8	18.6	10.0	17	7.0	18.7	10.1	17	7.2	18.8	10.3	17	7.4	28
28	18.5	9.9	17	6.9	18.6	10.1	17	7.1	18.7	10.2	17	7.3	18.8	10.4	18	7.5	18.9	10.5	18	7.7	28
28	18.6	10.1	18	7.2	18.7	10.3	18	7.4	18.8	10.4	18	7.6	18.9	10.6	18	7.8	**19.0**	10.7	18	8.0	28
27	18.7	10.3	18	7.5	18.8	10.5	18	7.7	18.9	10.6	18	7.9	**19.0**	10.8	18	8.0	19.1	10.9	18	8.2	27
27	18.8	10.6	18	7.8	18.9	10.7	18	8.0	**19.0**	10.8	19	8.1	19.1	11.0	19	8.3	19.2	11.1	19	8.5	27
27	18.9	10.8	19	8.0	**19.0**	10.9	19	8.2	19.1	11.0	19	8.4	19.2	11.2	19	8.6	19.3	11.3	19	8.8	27
26	**19.0**	11.0	19	8.3	19.1	11.1	19	8.5	19.2	11.2	19	8.7	19.3	11.4	19	8.9	19.4	11.5	19	9.0	26
26	19.1	11.2	19	8.6	19.2	11.3	19	8.8	19.3	11.4	20	9.0	19.4	11.6	20	9.1	19.5	11.7	20	9.3	26
26	19.2	11.4	20	8.9	19.3	11.5	20	9.0	19.4	11.6	20	9.2	19.5	11.8	20	9.4	19.6	11.9	20	9.6	26
26	19.3	11.6	20	9.1	19.4	11.7	20	9.3	19.5	11.9	20	9.5	19.6	12.0	20	9.7	19.7	12.1	21	9.8	26
25	19.4	11.8	20	9.4	19.5	11.9	21	9.6	19.6	12.1	21	9.7	19.7	12.2	21	9.9	19.8	12.3	21	10.1	25
25	19.5	12.0	21	9.6	19.6	12.1	21	9.8	19.7	12.3	21	10.0	19.8	12.4	21	10.2	19.9	12.6	21	10.3	25
25	19.6	12.2	21	9.9	19.7	12.3	21	10.1	19.8	12.5	21	10.2	19.9	12.6	21	10.4	**20.0**	12.8	22	10.6	25
25	19.7	12.4	21	10.2	19.8	12.5	22	10.3	19.9	12.7	22	10.5	**20.0**	12.8	22	10.7	20.1	13.0	22	10.8	25
24	19.8	12.6	22	10.4	19.9	12.8	22	10.6	**20.0**	12.9	22	10.7	20.1	13.0	22	10.9	20.2	13.2	22	11.1	24
24	19.9	12.8	22	10.7	**20.0**	13.0	22	10.8	20.1	13.1	22	11.0	20.2	13.3	23	11.2	20.3	13.4	23	11.3	24
24	**20.0**	13.0	23	10.9	20.1	13.2	23	11.1	20.2	13.3	23	11.2	20.3	13.5	23	11.4	20.4	13.6	23	11.6	24
24	20.1	13.2	23	11.1	20.2	13.4	23	11.3	20.3	13.5	23	11.5	20.4	13.7	23	11.6	20.5	13.8	23	11.8	24
23	20.2	13.5	23	11.4	20.3	13.6	23	11.5	20.4	13.8	24	11.7	20.5	13.9	24	11.9	20.6	14.0	24	12.0	23
23	20.3	13.7	24	11.6	20.4	13.8	24	11.8	20.5	14.0	24	11.9	20.6	14.1	24	12.1	20.7	14.3	24	12.3	23
23	20.4	13.9	24	11.9	20.5	14.0	24	12.0	20.6	14.2	24	12.2	20.7	14.3	24	12.3	20.8	14.5	25	12.5	23
23	20.5	14.1	24	12.1	20.6	14.2	25	12.3	20.7	14.4	25	12.4	20.8	14.5	25	12.6	20.9	14.7	25	12.7	23
23	20.6	14.3	25	12.3	20.7	14.5	25	12.5	20.8	14.6	25	12.6	20.9	14.8	25	12.8	**21.0**	14.9	25	13.0	23
22	20.7	14.5	25	12.5	20.8	14.7	25	12.7	20.9	14.8	25	12.9	**21.0**	15.0	26	13.0	21.1	15.1	26	13.2	22
22	20.8	14.7	26	12.8	20.9	14.9	26	12.9	**21.0**	15.1	26	13.1	21.1	15.2	26	13.2	21.2	15.4	26	13.4	22
22	20.9	15.0	26	13.0	**21.0**	15.1	26	13.2	21.1	15.3	26	13.3	21.2	15.4	26	13.5	21.3	15.6	26	13.6	22
22	**21.0**	15.2	26	13.2	21.1	15.3	26	13.4	21.2	15.5	27	13.5	21.3	15.6	27	13.7	21.4	15.8	27	13.8	22
21	21.1	15.4	27	13.4	21.2	15.6	27	13.6	21.3	15.7	27	13.7	21.4	15.9	27	13.9	21.5	16.0	27	14.1	21
21	21.2	15.6	27	13.7	21.3	15.8	27	13.8	21.4	15.9	27	14.0	21.5	16.1	27	14.1	21.6	16.3	28	14.3	21
21	21.3	15.8	27	13.9	21.4	16.0	28	14.0	21.5	16.2	28	14.2	21.6	16.3	28	14.3	21.7	16.5	28	14.5	21
21	21.4	16.1	28	14.1	21.5	16.2	28	14.2	21.6	16.4	28	14.4	21.7	16.5	28	14.5	21.8	16.7	28	14.7	21
20	21.5	16.3	28	14.3	21.6	16.5	28	14.5	21.7	16.6	28	14.6	21.8	16.8	29	14.7	21.9	16.9	29	14.9	20
20	21.6	16.5	29	14.5	21.7	16.7	29	14.7	21.8	16.8	29	14.8	21.9	17.0	29	15.0	**22.0**	17.2	29	15.1	20
20	21.7	16.7	29	14.7	21.8	16.9	29	14.9	21.9	17.1	29	15.0	**22.0**	17.2	29	15.2	22.1	17.4	29	15.3	20
20	21.8	17.0	29	14.9	21.9	17.1	29	15.1	**22.0**	17.3	30	15.2	22.1	17.5	30	15.4	22.2	17.6	30	15.5	20
20	21.9	17.2	30	15.1	**22.0**	17.4	30	15.3	22.1	17.5	30	15.4	22.2	17.7	30	15.6	22.3	17.8	30	15.7	20
19	**22.0**	17.4	30	15.3	22.1	17.6	30	15.5	22.2	17.7	30	15.6	22.3	17.9	30	15.8	22.4	18.1	31	15.9	19
19	22.1	17.7	31	15.5	22.2	17.8	31	15.7	22.3	18.0	31	15.8	22.4	18.1	31	16.0	22.5	18.3	31	16.1	19
19	22.2	17.9	31	15.7	22.3	18.0	31	15.9	22.4	18.2	31	16.0	22.5	18.4	31	16.2	22.6	18.5	31	16.3	19
19	22.3	18.1	31	15.9	22.4	18.3	31	16.1	22.5	18.4	32	16.2	22.6	18.6	32	16.4	22.7	18.8	32	16.5	19
18	22.4	18.3	32	16.1	22.5	18.5	32	16.3	22.6	18.7	32	16.4	22.7	18.8	32	16.6	22.8	19.0	32	16.7	18
18	22.5	18.6	32	16.3	22.6	18.7	32	16.5	22.7	18.9	32	16.6	22.8	19.1	32	16.8	22.9	19.2	33	16.9	18
18	22.6	18.8	33	16.5	22.7	19.0	33	16.7	22.8	19.1	33	16.8	22.9	19.3	33	17.0	**23.0**	19.5	33	17.1	18
18	22.7	19.0	33	16.7	22.8	19.2	33	16.9	22.9	19.4	33	17.0	**23.0**	19.5	33	17.1	23.1	19.7	33	17.3	18
18	22.8	19.3	33	16.9	22.9	19.4	33	17.1	**23.0**	19.6	34	17.2	23.1	19.8	34	17.3	23.2	20.0	34	17.5	18
17	22.9	19.5	34	17.1	**23.0**	19.7	34	17.3	23.1	19.8	34	17.4	23.2	20.0	34	17.5	23.3	20.2	34	17.7	17
17	**23.0**	19.7	34	17.3	23.1	19.9	34	17.4	23.2	20.1	34	17.6	23.3	20.3	34	17.7	23.4	20.4	35	17.8	17
17	23.1	20.0	35	17.5	23.2	20.2	35	17.6	23.3	20.3	35	17.8	23.4	20.5	35	17.9	23.5	20.7	35	18.0	17
17	23.2	20.2	35	17.7	23.3	20.4	35	17.8	23.4	20.6	35	18.0	23.5	20.7	35	18.1	23.6	20.9	35	18.2	17
17	23.3	20.5	35	17.9	23.4	20.6	35	18.0	23.5	20.8	36	18.1	23.6	21.0	36	18.3	23.7	21.2	36	18.4	17
16	23.4	20.7	36	18.1	23.5	20.9	36	18.2	23.6	21.0	36	18.3	23.7	21.2	36	18.5	23.8	21.4	36	18.6	16
16	23.5	20.9	36	18.2	23.6	21.1	36	18.4	23.7	21.3	36	18.5	23.8	21.5	37	18.6	23.9	21.6	37	18.8	16
16	23.6	21.2	37	18.4	23.7	21.4	37	18.6	23.8	21.5	37	18.7	23.9	21.7	37	18.8	**24.0**	21.9	37	18.9	16
16	23.7	21.4	37	18.6	23.8	21.6	37	18.7	23.9	21.8	37	18.9	**24.0**	22.0	37	19.0	24.1	22.1	37	19.1	16
16	23.8	21.7	37	18.8	23.9	21.8	38	18.9	**24.0**	22.0	38	19.0	24.1	22.2	38	19.2	24.2	22.4	38	19.3	16
15	23.9	21.9	38	19.0	**24.0**	22.1	38	19.1	24.1	22.3	38	19.2	24.2	22.5	38	19.4	24.3	22.6	38	19.5	15
15	**24.0**	22.2	38	19.1	24.1	22.3	38	19.3	24.2	22.5	39	19.4	24.3	22.7	39	19.5	24.4	22.9	39	19.7	15
15	24.1	22.4	39	19.3	24.2	22.6	39	19.4	24.3	22.8	39	19.6	24.4	22.9	39	19.7	24.5	23.1	39	19.8	15
15	24.2	22.7	39	19.5	24.3	22.8	39	19.6	24.4	23.0	39	19.8	24.5	23.2	39	19.9	24.6	23.4	40	20.0	15
15	24.3	22.9	40	19.7	24.4	23.1	40	19.8	24.5	23.3	40	19.9	24.6	23.5	40	20.1	24.7	23.6	40	20.2	15
14	24.4	23.1	40	19.8	24.5	23.3	40	20.0	24.6	23.5	40	20.1	24.7	23.7	40	20.2	24.8	23.9	40	20.4	14
14	24.5	23.4	40	20.0	24.6	23.6	41	20.1	24.7	23.8	41	20.3	24.8	24.0	41	20.4	24.9	24.1	41	20.5	14
14	24.6	23.7	41	20.2	24.7	23.8	41	20.3	24.8	24.0	41	20.4	24.9	24.2	41	20.6	**25.0**	24.4	41	20.7	14
14	24.7	23.9	41	20.4	24.8	24.1	41	20.5	24.9	24.3	42	20.6	**25.0**	24.5	42	20.7	25.1	24.7	42	20.9	14
14	24.8	24.2	42	20.5	24.9	24.3	42	20.7	**25.0**	24.5	42	20.8	25.1	24.7	42	20.9	25.2	24.9	42	21.0	14
14	24.9	24.4	42	20.7	**25.0**	24.6	42	20.8	25.1	24.8	42	21.0	25.2	25.0	43	21.1	25.3	25.2	43	21.2	14

n	t_W	e	U	t_d	t_W	e	U	t_d	t_W	e	U	t_d	t_W	e	U	t_d	t_W	e	U	t_d	n
	35.5				**35.6**				**35.7**				**35.8**				**35.9**				
13	**25.0**	24.7	43	20.9	25.1	24.9	43	21.0	25.2	25.0	43	21.1	25.3	25.2	43	21.2	25.4	25.4	43	21.4	13
13	25.1	24.9	43	21.0	25.2	25.1	43	21.2	25.3	25.3	43	21.3	25.4	25.5	43	21.4	25.5	25.7	43	21.5	13
13	25.2	25.2	44	21.2	25.3	25.4	44	21.3	25.4	25.6	44	21.5	25.5	25.8	44	21.6	25.6	25.9	44	21.7	13
13	25.3	25.4	44	21.4	25.4	25.6	44	21.5	25.5	25.8	44	21.6	25.6	26.0	44	21.7	25.7	26.2	44	21.9	13
13	25.4	25.7	44	21.5	25.5	25.9	45	21.7	25.6	26.1	45	21.8	25.7	26.3	45	21.9	25.8	26.5	45	22.0	13
12	25.5	26.0	45	21.7	25.6	26.1	45	21.8	25.7	26.3	45	21.9	25.8	26.5	45	22.1	25.9	26.7	45	22.2	12
12	25.6	26.2	45	21.9	25.7	26.4	45	22.0	25.8	26.6	46	22.1	25.9	26.8	46	22.2	**26.0**	27.0	46	22.4	12
12	25.7	26.5	46	22.0	25.8	26.7	46	22.2	25.9	26.9	46	22.3	**26.0**	27.1	46	22.4	26.1	27.3	46	22.5	12
12	25.8	26.7	46	22.2	25.9	26.9	46	22.3	**26.0**	27.1	46	22.4	26.1	27.3	47	22.6	26.2	27.5	47	22.7	12
12	25.9	27.0	47	22.4	**26.0**	27.2	47	22.5	26.1	27.4	47	22.6	26.2	27.6	47	22.7	26.3	27.8	47	22.8	12
12	**26.0**	27.3	47	22.5	26.1	27.5	47	22.6	26.2	27.7	47	22.8	26.3	27.9	47	22.9	26.4	28.1	48	23.0	12
11	26.1	27.5	48	22.7	26.2	27.7	48	22.8	26.3	27.9	48	22.9	26.4	28.1	48	23.0	26.5	28.3	48	23.2	11
11	26.2	27.8	48	22.8	26.3	28.0	48	23.0	26.4	28.2	48	23.1	26.5	28.4	48	23.2	26.6	28.6	48	23.3	11
11	26.3	28.1	49	23.0	26.4	28.3	49	23.1	26.5	28.5	49	23.2	26.6	28.7	49	23.3	26.7	28.9	49	23.5	11
11	26.4	28.3	49	23.2	26.5	28.5	49	23.3	26.6	28.7	49	23.4	26.7	29.0	49	23.5	26.8	29.2	49	23.6	11
11	26.5	28.6	49	23.3	26.6	28.8	50	23.4	26.7	29.0	50	23.5	26.8	29.2	50	23.7	26.9	29.4	50	23.8	11
11	26.6	28.9	50	23.5	26.7	29.1	50	23.6	26.8	29.3	50	23.7	26.9	29.5	50	23.8	**27.0**	29.7	50	23.9	11
10	26.7	29.2	50	23.6	26.8	29.4	51	23.7	26.9	29.6	51	23.9	**27.0**	29.8	51	24.0	27.1	30.0	51	24.1	10
10	26.8	29.4	51	23.8	26.9	29.6	51	23.9	**27.0**	29.8	51	24.0	27.1	30.1	51	24.1	27.2	30.3	51	24.2	10
10	26.9	29.7	51	23.9	**27.0**	29.9	51	24.0	27.1	30.1	52	24.2	27.2	30.3	52	24.3	27.3	30.5	52	24.4	10
10	**27.0**	30.0	52	24.1	27.1	30.2	52	24.2	27.2	30.4	52	24.3	27.3	30.6	52	24.4	27.4	30.8	52	24.5	10
10	27.1	30.3	52	24.2	27.2	30.5	52	24.4	27.3	30.7	52	24.5	27.4	30.9	53	24.6	27.5	31.1	53	24.7	10
10	27.2	30.5	53	24.4	27.3	30.7	53	24.5	27.4	31.0	53	24.6	27.5	31.2	53	24.7	27.6	31.4	53	24.8	10
10	27.3	30.8	53	24.5	27.4	31.0	53	24.7	27.5	31.2	53	24.8	27.6	31.5	54	24.9	27.7	31.7	54	25.0	10
9	27.4	31.1	54	24.7	27.5	31.3	54	24.8	27.6	31.5	54	24.9	27.7	31.7	54	25.0	27.8	32.0	54	25.1	9
9	27.5	31.4	54	24.8	27.6	31.6	54	25.0	27.7	31.8	54	25.1	27.8	32.0	54	25.2	27.9	32.2	55	25.3	9
9	27.6	31.7	55	25.0	27.7	31.9	55	25.1	27.8	32.1	55	25.2	27.9	32.3	55	25.3	**28.0**	32.5	55	25.4	9
9	27.7	31.9	55	25.1	27.8	32.2	55	25.3	27.9	32.4	55	25.4	**28.0**	32.6	55	25.5	28.1	32.8	56	25.6	9
9	27.8	32.2	56	25.3	27.9	32.4	56	25.4	**28.0**	32.7	56	25.5	28.1	32.9	56	25.6	28.2	33.1	56	25.7	9
9	27.9	32.5	56	25.4	**28.0**	32.7	56	25.6	28.1	32.9	56	25.7	28.2	33.2	56	25.8	28.3	33.4	57	25.9	9
8	**28.0**	32.8	57	25.6	28.1	33.0	57	25.7	28.2	33.2	57	25.8	28.3	33.5	57	25.9	28.4	33.7	57	26.0	8
8	28.1	33.1	57	25.7	28.2	33.3	57	25.8	28.3	33.5	57	26.0	28.4	33.7	57	26.1	28.5	34.0	57	26.2	8
8	28.2	33.4	58	25.9	28.3	33.6	58	26.0	28.4	33.8	58	26.1	28.5	34.0	58	26.2	28.6	34.3	58	26.3	8
8	28.3	33.7	58	26.0	28.4	33.9	58	26.1	28.5	34.1	58	26.2	28.6	34.3	58	26.4	28.7	34.6	58	26.5	8
8	28.4	33.9	59	26.2	28.5	34.2	59	26.3	28.6	34.4	59	26.4	28.7	34.6	59	26.5	28.8	34.9	59	26.6	8
8	28.5	34.2	59	26.3	28.6	34.5	59	26.4	28.7	34.7	59	26.5	28.8	34.9	59	26.7	28.9	35.2	59	26.8	8
8	28.6	34.5	60	26.5	28.7	34.8	60	26.6	28.8	35.0	60	26.7	28.9	35.2	60	26.8	**29.0**	35.4	60	26.9	8
7	28.7	34.8	60	26.6	28.8	35.1	60	26.7	28.9	35.3	60	26.8	**29.0**	35.5	60	26.9	29.1	35.7	60	27.0	7
7	28.8	35.1	61	26.7	28.9	35.4	61	26.9	**29.0**	35.6	61	27.0	29.1	35.8	61	27.1	29.2	36.0	61	27.2	7
7	28.9	35.4	61	26.9	**29.0**	35.6	61	27.0	29.1	35.9	61	27.1	29.2	36.1	61	27.2	29.3	36.3	62	27.3	7
7	**29.0**	35.7	62	27.0	29.1	35.9	62	27.1	29.2	36.2	62	27.3	29.3	36.4	62	27.4	29.4	36.7	62	27.5	7
7	29.1	36.0	62	27.2	29.2	36.2	62	27.3	29.3	36.5	62	27.4	29.4	36.7	62	27.5	29.5	37.0	63	27.6	7
7	29.2	36.3	63	27.3	29.3	36.5	63	27.4	29.4	36.8	63	27.5	29.5	37.0	63	27.6	29.6	37.3	63	27.8	7
7	29.3	36.6	63	27.5	29.4	36.9	63	27.6	29.5	37.1	63	27.7	29.6	37.3	64	27.8	29.7	37.6	64	27.9	7
7	29.4	36.9	64	27.6	29.5	37.2	64	27.7	29.6	37.4	64	27.8	29.7	37.6	64	27.9	29.8	37.9	64	28.0	7
6	29.5	37.2	64	27.7	29.6	37.5	64	27.8	29.7	37.7	65	28.0	29.8	37.9	65	28.1	29.9	38.2	65	28.2	6
6	29.6	37.5	65	27.9	29.7	37.8	65	28.0	29.8	38.0	65	28.1	29.9	38.2	65	28.2	**30.0**	38.5	65	28.3	6
6	29.7	37.8	65	28.0	29.8	38.1	66	28.1	29.9	38.3	66	28.2	**30.0**	38.6	66	28.3	30.1	38.8	66	28.5	6
6	29.8	38.1	66	28.2	29.9	38.4	66	28.3	**30.0**	38.6	66	28.4	30.1	38.9	66	28.5	30.2	39.1	66	28.6	6
6	29.9	38.4	67	28.3	**30.0**	38.7	67	28.4	30.1	38.9	67	28.5	30.2	39.2	67	28.6	30.3	39.4	67	28.7	6
6	**30.0**	38.8	67	28.4	30.1	39.0	67	28.5	30.2	39.2	67	28.6	30.3	39.5	67	28.8	30.4	39.7	67	28.9	6
6	30.1	39.1	68	28.6	30.2	39.3	68	28.7	30.3	39.6	68	28.8	30.4	39.8	68	28.9	30.5	40.1	68	29.0	6
5	30.2	39.4	68	28.7	30.3	39.6	68	28.8	30.4	39.9	68	28.9	30.5	40.1	68	29.0	30.6	40.4	68	29.1	5
5	30.3	39.7	69	28.8	30.4	39.9	69	29.0	30.5	40.2	69	29.1	30.6	40.4	69	29.2	30.7	40.7	69	29.3	5
5	30.4	40.0	69	29.0	30.5	40.3	69	29.1	30.6	40.5	69	29.2	30.7	40.8	69	29.3	30.8	41.0	69	29.4	5
5	30.5	40.3	70	29.1	30.6	40.6	70	29.2	30.7	40.8	70	29.3	30.8	41.1	70	29.4	30.9	41.3	70	29.5	5
5	30.6	40.6	70	29.3	30.7	40.9	70	29.4	30.8	41.1	70	29.5	30.9	41.4	70	29.6	**31.0**	41.7	70	29.7	5
5	30.7	41.0	71	29.4	30.8	41.2	71	29.5	30.9	41.5	71	29.6	**31.0**	41.7	71	29.7	31.1	42.0	71	29.8	5
5	30.8	41.3	71	29.5	30.9	41.5	71	29.6	**31.0**	41.8	71	29.7	31.1	42.0	72	29.8	31.2	42.3	72	29.9	5
5	30.9	41.6	72	29.7	**31.0**	41.9	72	29.8	31.1	42.1	72	29.9	31.2	42.4	72	30.0	31.3	42.6	72	30.1	5
5	**31.0**	41.9	73	29.8	31.1	42.2	73	29.9	31.2	42.4	73	30.0	31.3	42.7	73	30.1	31.4	43.0	73	30.2	5
4	31.1	42.2	73	29.9	31.2	42.5	73	30.0	31.3	42.8	73	30.1	31.4	43.0	73	30.2	31.5	43.3	73	30.3	4
4	31.2	42.6	74	30.1	31.3	42.8	74	30.2	31.4	43.1	74	30.3	31.5	43.4	74	30.4	31.6	43.6	74	30.5	4
4	31.3	42.9	74	30.2	31.4	43.2	74	30.3	31.5	43.4	74	30.4	31.6	43.7	74	30.5	31.7	43.9	74	30.6	4
4	31.4	43.2	75	30.3	31.5	43.5	75	30.4	31.6	43.7	75	30.5	31.7	44.0	75	30.6	31.8	44.3	75	30.7	4
4	31.5	43.6	75	30.5	31.6	43.8	75	30.6	31.7	44.1	75	30.7	31.8	44.3	75	30.8	31.9	44.6	75	30.9	4
4	31.6	43.9	76	30.6	31.7	44.1	76	30.7	31.8	44.4	76	30.8	31.9	44.7	76	30.9	**32.0**	44.9	76	31.0	4
4	31.7	44.2	76	30.7	31.8	44.5	77	30.8	31.9	44.7	77	30.9	**32.0**	45.0	77	31.0	32.1	45.3	77	31.1	4
4	31.8	44.5	77	30.9	31.9	44.8	77	31.0	**32.0**	45.1	77	31.1	32.1	45.3	77	31.2	32.2	45.6	77	31.3	4
3	31.9	44.9	78	31.0	**32.0**	45.1	78	31.1	32.1	45.4	78	31.2	32.2	45.7	78	31.3	32.3	46.0	78	31.4	3
3	**32.0**	45.2	78	31.1	32.1	45.5	78	31.2	32.2	45.8	78	31.3	32.3	46.0	78	31.4	32.4	46.3	78	31.5	3
3	32.1	45.5	79	31.2	32.2	45.8	79	31.3	32.3	46.1	79	31.5	32.4	46.4	79	31.6	32.5	46.6	79	31.7	3
3	32.2	45.9	79	31.4	32.3	46.2	79	31.5	32.4	46.4	79	31.6	32.5	46.7	79	31.7	32.6	47.0	80	31.8	3

n	t_W	e	U	t_d	t_W	e	U	t_d	t_W	e	U	t_d	t_W	e	U	t_d	t_W	e	U	t_d	n
	35.5				**35.6**				**35.7**				**35.8**				**35.9**				
3	32.3	46.2	80	31.5	32.4	46.5	80	31.6	32.5	46.8	80	31.7	32.6	47.1	80	31.8	32.7	47.3	80	31.9	3
3	32.4	46.6	81	31.6	32.5	46.8	81	31.7	32.6	47.1	81	31.8	32.7	47.4	81	31.9	32.8	47.7	81	32.0	3
3	32.5	46.9	81	31.8	32.6	47.2	81	31.9	32.7	47.5	81	32.0	32.8	47.7	81	32.1	32.9	48.0	81	32.2	3
3	32.6	47.3	82	31.9	32.7	47.5	82	32.0	32.8	47.8	82	32.1	32.9	48.1	82	32.2	**33.0**	48.4	82	32.3	3
3	32.7	47.6	82	32.0	32.8	47.9	82	32.1	32.9	48.2	82	32.2	**33.0**	48.4	82	32.3	33.1	48.7	82	32.4	3
3	32.8	47.9	83	32.1	32.9	48.2	83	32.2	**33.0**	48.5	83	32.4	33.1	48.8	83	32.5	33.2	49.1	83	32.6	3
2	32.9	48.3	84	32.3	**33.0**	48.6	84	32.4	33.1	48.9	84	32.5	33.2	49.1	84	32.6	33.3	49.4	84	32.7	2
2	**33.0**	48.6	84	32.4	33.1	48.9	84	32.5	33.2	49.2	84	32.6	33.3	49.5	84	32.7	33.4	49.8	84	32.8	2
2	33.1	49.0	85	32.5	33.2	49.3	85	32.6	33.3	49.6	85	32.7	33.4	49.8	85	32.8	33.5	50.1	85	32.9	2
2	33.2	49.3	85	32.7	33.3	49.6	85	32.8	33.4	49.9	85	32.9	33.5	50.2	85	33.0	33.6	50.5	85	33.1	2
2	33.3	49.7	86	32.8	33.4	50.0	86	32.9	33.5	50.3	86	33.0	33.6	50.6	86	33.1	33.7	50.8	86	33.2	2
2	33.4	50.0	87	32.9	33.5	50.3	87	33.0	33.6	50.6	87	33.1	33.7	50.9	87	33.2	33.8	51.2	87	33.3	2
2	33.5	50.4	87	33.0	33.6	50.7	87	33.1	33.7	51.0	87	33.2	33.8	51.3	87	33.3	33.9	51.6	87	33.4	2
2	33.6	50.8	88	33.2	33.7	51.0	88	33.3	33.8	51.3	88	33.4	33.9	51.6	88	33.5	**34.0**	51.9	88	33.6	2
2	33.7	51.1	88	33.3	33.8	51.4	88	33.4	33.9	51.7	88	33.5	**34.0**	52.0	88	33.6	34.1	52.3	88	33.7	2
2	33.8	51.5	89	33.4	33.9	51.8	89	33.5	**34.0**	52.1	89	33.6	34.1	52.4	89	33.7	34.2	52.7	89	33.8	2
1	33.9	51.8	90	33.5	**34.0**	52.1	90	33.6	34.1	52.4	90	33.7	34.2	52.7	90	33.8	34.3	53.0	90	33.9	1
1	**34.0**	52.2	90	33.7	34.1	52.5	90	33.8	34.2	52.8	90	33.9	34.3	53.1	90	34.0	34.4	53.4	90	34.1	1
1	34.1	52.6	91	33.8	34.2	52.9	91	33.9	34.3	53.2	91	34.0	34.4	53.5	91	34.1	34.5	53.8	91	34.2	1
1	34.2	52.9	92	33.9	34.3	53.2	92	34.0	34.4	53.5	92	34.1	34.5	53.8	92	34.2	34.6	54.1	92	34.3	1
1	34.3	53.3	92	34.0	34.4	53.6	92	34.1	34.5	53.9	92	34.2	34.6	54.2	92	34.3	34.7	54.5	92	34.4	1
1	34.4	53.7	93	34.2	34.5	54.0	93	34.3	34.6	54.3	93	34.4	34.7	54.6	93	34.5	34.8	54.9	93	34.6	1
1	34.5	54.0	93	34.3	34.6	54.3	93	34.4	34.7	54.6	93	34.5	34.8	54.9	93	34.6	34.9	55.3	94	34.7	1
1	34.6	54.4	94	34.4	34.7	54.7	94	34.5	34.8	55.0	94	34.6	34.9	55.3	94	34.7	**35.0**	55.6	94	34.8	1
1	34.7	54.8	95	34.5	34.8	55.1	95	34.6	34.9	55.4	95	34.7	**35.0**	55.7	95	34.8	35.1	56.0	95	34.9	1
1	34.8	55.1	95	34.6	34.9	55.5	95	34.7	**35.0**	55.8	95	34.8	35.1	56.1	95	34.9	35.2	56.4	95	35.1	1
1	34.9	55.5	96	34.8	**35.0**	55.8	96	34.9	35.1	56.1	96	35.0	35.2	56.5	96	35.1	35.3	56.8	96	35.2	1
0	**35.0**	55.9	97	34.9	35.1	56.2	97	35.0	35.2	56.5	97	35.1	35.3	56.8	97	35.2	35.4	57.2	97	35.3	0
0	35.1	56.3	97	35.0	35.2	56.6	97	35.1	35.3	56.9	97	35.2	35.4	57.2	97	35.3	35.5	57.5	97	35.4	0
0	35.2	56.7	98	35.1	35.3	57.0	98	35.2	35.4	57.3	98	35.3	35.5	57.6	98	35.4	35.6	57.9	98	35.5	0
0	35.3	57.0	99	35.3	35.4	57.4	99	35.4	35.5	57.7	99	35.5	35.6	58.0	99	35.6	35.7	58.3	99	35.7	0
0	35.4	57.4	99	35.4	35.5	57.7	99	35.5	35.6	58.1	99	35.6	35.7	58.4	99	35.7	35.8	58.7	99	35.8	0
0	35.5	57.8	100	35.5	35.6	58.1	100	35.6	35.7	58.4	100	35.7	35.8	58.8	100	35.8	35.9	59.1	100	35.9	0
	36.0				**36.1**				**36.2**				**36.3**				**36.4**				
45																	13.6	0.4	1	-33.7	45
45									13.5	0.3	1	-34.7	13.6	0.4	1	-31.9	13.7	0.5	1	-29.7	45
45					13.5	0.4	1	-32.8	13.6	0.5	1	-30.4	13.7	0.6	1	-28.4	13.8	0.7	1	-26.6	45
44	13.5	0.5	1	-31.1	13.6	0.6	1	-29.0	13.7	0.7	1	-27.2	13.8	0.8	1	-25.6	13.9	0.9	1	-24.2	44
44	13.6	0.6	1	-27.8	13.7	0.7	1	-26.2	13.8	0.8	1	-24.7	13.9	0.9	2	-23.4	**14.0**	1.0	2	-22.2	44
43	13.7	0.8	1	-25.2	13.8	0.9	1	-23.8	13.9	1.0	2	-22.6	**14.0**	1.1	2	-21.5	14.1	1.2	2	-20.5	43
43	13.8	1.0	2	-23.0	13.9	1.1	2	-21.9	**14.0**	1.2	2	-20.8	14.1	1.3	2	-19.8	14.2	1.4	2	-18.9	43
43	13.9	1.1	2	-21.2	**14.0**	1.2	2	-20.2	14.1	1.3	2	-19.2	14.2	1.5	2	-18.4	14.3	1.5	3	-17.5	43
42	**14.0**	1.3	2	-19.6	14.1	1.4	2	-18.7	14.2	1.5	3	-17.8	14.3	1.6	3	-17.0	14.4	1.7	3	-16.3	42
42	14.1	1.5	2	-18.1	14.2	1.6	3	-17.3	14.3	1.7	3	-16.5	14.4	1.8	3	-15.8	14.5	1.9	3	-15.1	42
42	14.2	1.6	3	-16.8	14.3	1.7	3	-16.1	14.4	1.9	3	-15.4	14.5	2.0	3	-14.7	14.6	2.1	3	-14.0	42
41	14.3	1.8	3	-15.6	14.4	1.9	3	-14.9	14.5	2.0	3	-14.3	14.6	2.1	4	-13.7	14.7	2.2	4	-13.1	41
41	14.4	2.0	3	-14.5	14.5	2.1	4	-13.9	14.6	2.2	4	-13.3	14.7	2.3	4	-12.7	14.8	2.4	4	-12.1	41
41	14.5	2.2	4	-13.5	14.6	2.3	4	-12.9	14.7	2.4	4	-12.3	14.8	2.5	4	-11.8	14.9	2.6	4	-11.2	41
40	14.6	2.3	4	-12.6	14.7	2.4	4	-12.0	14.8	2.5	4	-11.5	14.9	2.7	4	-10.9	**15.0**	2.8	5	-10.4	40
40	14.7	2.5	4	-11.7	14.8	2.6	4	-11.1	14.9	2.7	5	-10.6	**15.0**	2.8	5	-10.1	15.1	2.9	5	-9.6	40
40	14.8	2.7	5	-10.8	14.9	2.8	5	-10.3	**15.0**	2.9	5	-9.8	15.1	3.0	5	-9.4	15.2	3.1	5	-8.9	40
39	14.9	2.9	5	-10.0	**15.0**	3.0	5	-9.5	15.1	3.1	5	-9.1	15.2	3.2	5	-8.6	15.3	3.3	5	-8.2	39
39	**15.0**	3.0	5	-9.3	15.1	3.1	5	-8.8	15.2	3.3	5	-8.4	15.3	3.4	6	-7.9	15.4	3.5	6	-7.5	39
39	15.1	3.2	5	-8.5	15.2	3.3	6	-8.1	15.3	3.4	6	-7.7	15.4	3.5	6	-7.3	15.5	3.7	6	-6.9	39
38	15.2	3.4	6	-7.8	15.3	3.5	6	-7.4	15.4	3.6	6	-7.0	15.5	3.7	6	-6.6	15.6	3.8	6	-6.2	38
38	15.3	3.6	6	-7.2	15.4	3.7	6	-6.8	15.5	3.8	6	-6.4	15.6	3.9	6	-6.0	15.7	4.0	7	-5.6	38
38	15.4	3.7	6	-6.5	15.5	3.9	6	-6.2	15.6	4.0	7	-5.8	15.7	4.1	7	-5.4	15.8	4.2	7	-5.0	38
37	15.5	3.9	7	-5.9	15.6	4.0	7	-5.6	15.7	4.2	7	-5.2	15.8	4.3	7	-4.8	15.9	4.4	7	-4.5	37
37	15.6	4.1	7	-5.3	15.7	4.2	7	-5.0	15.8	4.3	7	-4.6	15.9	4.4	7	-4.3	**16.0**	4.6	8	-3.9	37
37	15.7	4.3	7	-4.8	15.8	4.4	7	-4.4	15.9	4.5	8	-4.1	**16.0**	4.6	8	-3.7	16.1	4.7	8	-3.4	37
37	15.8	4.5	8	-4.2	15.9	4.6	8	-3.9	**16.0**	4.7	8	-3.6	16.1	4.8	8	-3.2	16.2	4.9	8	-2.9	37
36	15.9	4.6	8	-3.7	**16.0**	4.8	8	-3.4	16.1	4.9	8	-3.0	16.2	5.0	8	-2.7	16.3	5.1	8	-2.4	36
36	**16.0**	4.8	8	-3.2	16.1	4.9	8	-2.9	16.2	5.1	8	-2.5	16.3	5.2	9	-2.2	16.4	5.3	9	-1.9	36
36	16.1	5.0	8	-2.7	16.2	5.1	9	-2.4	16.3	5.2	9	-2.1	16.4	5.4	9	-1.8	16.5	5.5	9	-1.5	36
35	16.2	5.2	9	-2.2	16.3	5.3	9	-1.9	16.4	5.4	9	-1.6	16.5	5.6	9	-1.3	16.6	5.7	9	-1.0	35
35	16.3	5.4	9	-1.7	16.4	5.5	9	-1.4	16.5	5.6	9	-1.1	16.6	5.7	10	-0.9	16.7	5.9	10	-0.6	35
35	16.4	5.6	9	-1.3	16.5	5.7	10	-1.0	16.6	5.8	10	-0.7	16.7	5.9	10	-0.4	16.8	6.0	10	-0.1	35
34	16.5	5.8	10	-0.8	16.6	5.9	10	-0.5	16.7	6.0	10	-0.3	16.8	6.1	10	0.0	16.9	6.2	10	0.3	34
34	16.6	5.9	10	-0.4	16.7	6.1	10	-0.1	16.8	6.2	10	0.2	16.9	6.3	10	0.4	**17.0**	6.4	11	0.7	34
34	16.7	6.1	10	0.0	16.8	6.2	10	0.3	16.9	6.4	11	0.6	**17.0**	6.5	11	0.8	17.1	6.6	11	1.1	34
33	16.8	6.3	11	0.5	16.9	6.4	11	0.7	**17.0**	6.6	11	1.0	17.1	6.7	11	1.2	17.2	6.8	11	1.5	33

n	t_W	e	U	t_d	t_W	e	U	t_d	t_W	e	U	t_d	t_W	e	U	t_d	t_W	e	U	t_d	n
	36.0				**36.1**				**36.2**				**36.3**				**36.4**				
33	16.9	6.5	11	0.9	**17.0**	6.6	11	1.1	17.1	6.7	11	1.4	17.2	6.9	11	1.6	17.3	7.0	12	1.9	33
33	**17.0**	6.7	11	1.3	17.1	6.8	11	1.5	17.2	6.9	12	1.8	17.3	7.1	12	2.0	17.4	7.2	12	2.3	33
33	17.1	6.9	12	1.7	17.2	7.0	12	1.9	17.3	7.1	12	2.2	17.4	7.3	12	2.4	17.5	7.4	12	2.6	33
32	17.2	7.1	12	2.0	17.3	7.2	12	2.3	17.4	7.3	12	2.5	17.5	7.4	12	2.8	17.6	7.6	12	3.0	32
32	17.3	7.3	12	2.4	17.4	7.4	12	2.7	17.5	7.5	13	2.9	17.6	7.6	13	3.1	17.7	7.8	13	3.4	32
32	17.4	7.5	13	2.8	17.5	7.6	13	3.0	17.6	7.7	13	3.2	17.7	7.8	13	3.5	17.8	8.0	13	3.7	32
31	17.5	7.6	13	3.1	17.6	7.8	13	3.4	17.7	7.9	13	3.6	17.8	8.0	13	3.8	17.9	8.2	13	4.1	31
31	17.6	7.8	13	3.5	17.7	8.0	13	3.7	17.8	8.1	13	3.9	17.9	8.2	14	4.2	**18.0**	8.4	14	4.4	31
31	17.7	8.0	14	3.8	17.8	8.2	14	4.1	17.9	8.3	14	4.3	**18.0**	8.4	14	4.5	18.1	8.6	14	4.7	31
31	17.8	8.2	14	4.2	17.9	8.4	14	4.4	**18.0**	8.5	14	4.6	18.1	8.6	14	4.8	18.2	8.7	14	5.1	31
30	17.9	8.4	14	4.5	**18.0**	8.6	14	4.7	18.1	8.7	14	4.9	18.2	8.8	15	5.2	18.3	8.9	15	5.4	30
30	**18.0**	8.6	15	4.8	18.1	8.8	15	5.1	18.2	8.9	15	5.3	18.3	9.0	15	5.5	18.4	9.1	15	5.7	30
30	18.1	8.8	15	5.2	18.2	8.9	15	5.4	18.3	9.1	15	5.6	18.4	9.2	15	5.8	18.5	9.3	15	6.0	30
29	18.2	9.0	15	5.5	18.3	9.1	15	5.7	18.4	9.3	15	5.9	18.5	9.4	16	6.1	18.6	9.5	16	6.3	29
29	18.3	9.2	16	5.8	18.4	9.3	16	6.0	18.5	9.5	16	6.2	18.6	9.6	16	6.4	18.7	9.7	16	6.6	29
29	18.4	9.4	16	6.1	18.5	9.5	16	6.3	18.6	9.7	16	6.5	18.7	9.8	16	6.7	18.8	9.9	16	6.9	29
29	18.5	9.6	16	6.4	18.6	9.7	16	6.6	18.7	9.9	16	6.8	18.8	10.0	17	7.0	18.9	10.2	17	7.2	29
28	18.6	9.8	17	6.7	18.7	9.9	17	6.9	18.8	10.1	17	7.1	18.9	10.2	17	7.3	**19.0**	10.4	17	7.5	28
28	18.7	10.0	17	7.0	18.8	10.2	17	7.2	18.9	10.3	17	7.4	**19.0**	10.4	17	7.6	19.1	10.6	17	7.8	28
28	18.8	10.2	17	7.3	18.9	10.4	17	7.5	**19.0**	10.5	17	7.7	19.1	10.6	18	7.9	19.2	10.8	18	8.1	28
28	18.9	10.4	18	7.6	**19.0**	10.6	18	7.8	19.1	10.7	18	8.0	19.2	10.8	18	8.2	19.3	11.0	18	8.3	28
27	**19.0**	10.6	18	7.9	19.1	10.8	18	8.1	19.2	10.9	18	8.2	19.3	11.0	18	8.4	19.4	11.2	18	8.6	27
27	19.1	10.8	18	8.1	19.2	11.0	18	8.3	19.3	11.1	18	8.5	19.4	11.2	19	8.7	19.5	11.4	19	8.9	27
27	19.2	11.0	19	8.4	19.3	11.2	19	8.6	19.4	11.3	19	8.8	19.5	11.5	19	9.0	19.6	11.6	19	9.2	27
27	19.3	11.2	19	8.7	19.4	11.4	19	8.9	19.5	11.5	19	9.1	19.6	11.7	19	9.2	19.7	11.8	19	9.4	27
26	19.4	11.4	19	9.0	19.5	11.6	19	9.1	19.6	11.7	20	9.3	19.7	11.9	20	9.5	19.8	12.0	20	9.7	26
26	19.5	11.7	20	9.2	19.6	11.8	20	9.4	19.7	11.9	20	9.6	19.8	12.1	20	9.8	19.9	12.2	20	9.9	26
26	19.6	11.9	20	9.5	19.7	12.0	20	9.7	19.8	12.1	20	9.8	19.9	12.3	20	10.0	**20.0**	12.4	20	10.2	26
25	19.7	12.1	20	9.8	19.8	12.2	20	9.9	19.9	12.4	21	10.1	**20.0**	12.5	21	10.3	20.1	12.6	21	10.4	25
25	19.8	12.3	21	10.0	19.9	12.4	21	10.2	**20.0**	12.6	21	10.4	20.1	12.7	21	10.5	20.2	12.9	21	10.7	25
25	19.9	12.5	21	10.3	**20.0**	12.6	21	10.4	20.1	12.8	21	10.6	20.2	12.9	21	10.8	20.3	13.1	22	10.9	25
25	**20.0**	12.7	21	10.5	20.1	12.8	21	10.7	20.2	13.0	22	10.9	20.3	13.1	22	11.0	20.4	13.3	22	11.2	25
24	20.1	12.9	22	10.8	20.2	13.1	22	10.9	20.3	13.2	22	11.1	20.4	13.4	22	11.3	20.5	13.5	22	11.4	24
24	20.2	13.1	22	11.0	20.3	13.3	22	11.2	20.4	13.4	22	11.3	20.5	13.6	22	11.5	20.6	13.7	23	11.7	24
24	20.3	13.3	22	11.2	20.4	13.5	23	11.4	20.5	13.6	23	11.6	20.6	13.8	23	11.7	20.7	13.9	23	11.9	24
24	20.4	13.6	23	11.5	20.5	13.7	23	11.7	20.6	13.8	23	11.8	20.7	14.0	23	12.0	20.8	14.1	23	12.1	24
24	20.5	13.8	23	11.7	20.6	13.9	23	11.9	20.7	14.1	23	12.1	20.8	14.2	24	12.2	20.9	14.4	24	12.4	24
23	20.6	14.0	24	12.0	20.7	14.1	24	12.1	20.8	14.3	24	12.3	20.9	14.4	24	12.4	**21.0**	14.6	24	12.6	23
23	20.7	14.2	24	12.2	20.8	14.3	24	12.4	20.9	14.5	24	12.5	**21.0**	14.7	24	12.7	21.1	14.8	24	12.8	23
23	20.8	14.4	24	12.4	20.9	14.6	24	12.6	**21.0**	14.7	25	12.7	21,1	14.9	25	12.9	21.2	15.0	25	13.1	23
23	20.9	14.6	25	12.7	**21.0**	14.8	25	12.8	21.1	14.9	25	13.0	21.2	15.1	25	13.1	21.3	15.2	25	13.3	23
22	**21.0**	14.9	25	12.9	21.1	15.0	25	13.0	21.2	15.2	25	13.2	21.3	15.3	25	13.4	21.4	15.5	25	13.5	22
22	21.1	15.1	25	13.1	21.2	15.2	25	13.3	21.3	15.4	26	13.4	21.4	15.5	26	13.6	21.5	15.7	26	13.7	22
22	21.2	15.3	26	13.3	21.3	15.4	26	13.5	21.4	15.6	26	13.6	21.5	15.8	26	13.8	21.6	15.9	26	13.9	22
22	21.3	15.5	26	13.6	21.4	15.7	26	13.7	21.5	15.8	26	13.9	21.6	16.0	26	14.0	21.7	16.1	27	14.2	22
21	21.4	15.7	26	13.8	21.5	15.9	27	13.9	21.6	16.1	27	14.1	21.7	16.2	27	14.2	21.8	16.4	27	14.4	21
21	21.5	16.0	27	14.0	21.6	16.1	27	14.1	21.7	16.3	27	14.3	21.8	16.4	27	14.4	21.9	16.6	27	14.6	21
21	21.6	16.2	27	14.2	21.7	16.3	27	14.4	21.8	16.5	27	14.5	21.9	16.7	28	14.7	**22.0**	16.8	28	14.8	21
21	21.7	16.4	28	14.4	21.8	16.6	28	14.6	21.9	16.7	28	14.7	**22.0**	16.9	28	14.9	22.1	17.1	28	15.0	21
20	21.8	16.6	28	14.6	21.9	16.8	28	14.8	**22.0**	17.0	28	14.9	22.1	17.1	28	15.1	22.2	17.3	28	15.2	20
20	21.9	16.9	28	14.8	**22.0**	17.0	28	15.0	22.1	17.2	29	15.1	22.2	17.3	29	15.3	22.3	17.5	29	15.4	20
20	**22.0**	17.1	29	15.0	22.1	17.3	29	15.2	22.2	17.4	29	15.3	22.3	17.6	29	15.5	22.4	17.7	29	15.6	20
20	22.1	17.3	29	15.2	22.2	17.5	29	15.4	22.3	17.6	29	15.5	22.4	17.8	29	15.7	22.5	18.0	30	15.8	20
20	22.2	17.5	30	15.5	22.3	17.7	30	15.6	22.4	17.9	30	15.7	22.5	18.0	30	15.9	22.6	18.2	30	16.0	20
19	22.3	17.8	30	15.7	22.4	17.9	30	15.8	22.5	18.1	30	15.9	22.6	18.3	30	16.1	22.7	18.4	30	16.2	19
19	22.4	18.0	30	15.9	22.5	18.2	30	16.0	22.6	18.3	31	16.1	22.7	18.5	31	16.3	22.8	18.7	31	16.4	19
19	22.5	18.2	31	16.1	22.6	18.4	31	16.2	22.7	18.6	31	16.3	22.8	18.7	31	16.5	22.9	18.9	31	16.6	19
19	22.6	18.5	31	16.3	22.7	18.6	31	16.4	22.8	18.8	31	16.5	22.9	19.0	31	16.7	**23.0**	19.1	32	16.8	19
19	22.7	18.7	31	16.5	22.8	18.9	32	16.6	22.9	19.0	32	16.7	**23.0**	19.2	32	16.9	23.1	19.4	32	17.0	19
18	22.8	18.9	32	16.7	22.9	19.1	32	16.8	**23.0**	19.3	32	16.9	23.1	19.4	32	17.1	23.2	19.6	32	17.2	18
18	22.9	19.2	32	16.8	**23.0**	19.3	32	17.0	23.1	19.5	32	17.1	23.2	19.7	33	17.3	23.3	19.9	33	17.4	18
18	**23.0**	19.4	33	17.0	23.1	19.6	33	17.2	23.2	19.8	33	17.3	23.3	19.9	33	17.5	23.4	20.1	33	17.6	18
18	23.1	19.6	33	17.2	23.2	19.8	33	17.4	23.3	20.0	33	17.5	23.4	20.2	33	17.6	23.5	20.3	33	17.8	18
17	23.2	19.9	33	17.4	23.3	20.1	34	17.6	23.4	20.2	34	17.7	23.5	20.4	34	17.8	23.6	20.6	34	18.0	17
17	23.3	20.1	34	17.6	23.4	20.3	34	17.7	23.5	20.5	34	17.9	23.6	20.6	34	18.0	23.7	20.8	34	18.2	17
17	23.4	20.4	34	17.8	23.5	20.5	34	17.9	23.6	20.7	34	18.1	23.7	20.9	35	18.2	23.8	21.1	35	18.3	17
17	23.5	20.6	35	18.0	23.6	20.8	35	18.1	23.7	21.0	35	18.3	23.8	21.1	35	18.4	23.9	21.3	35	18.5	17
17	23.6	20.8	35	18.2	23.7	21.0	35	18.3	23.8	21.2	35	18.4	23.9	21.4	35	18.6	**24.0**	21.6	35	18.7	17
16	23.7	21.1	35	18.4	23.8	21.3	36	18.5	23.9	21.4	36	18.6	**24.0**	21.6	36	18.8	24.1	21.8	36	18.9	16
16	23.8	21.3	36	18.5	23.9	21.5	36	18.7	**24.0**	21.7	36	18.8	24.1	21.9	36	18.9	24.2	22.1	36	19.1	16
16	23.9	21.6	36	18.7	**24.0**	21.8	36	18.9	24.1	21.9	37	19.0	24.2	22.1	37	19.1	24.3	22.3	37	19.2	16
16	**24.0**	21.8	37	18.9	24.1	22.0	37	19.0	24.2	22.2	37	19.2	24.3	22.4	37	19.3	24.4	22.5	37	19.4	16
16	24.1	22.1	37	19.1	24.2	22.3	37	19.2	24.3	22.4	37	19.3	24.4	22.6	37	19.5	24.5	22.8	38	19.6	16

n	t_W	e	U	t_d	t_W	e	U	t_d	t_W	e	U	t_d	t_W	e	U	t_d	t_W	e	U	t_d	n
	36.0				**36.1**				**36.2**				**36.3**				**36.4**				
16	24.2	22.3	38	19.3	24.3	22.5	38	19.4	24.4	22.7	38	19.5	24.5	22.9	38	19.6	24.6	23.1	38	19.8	16
15	24.3	22.6	38	19.4	24.4	22.7	38	19.6	24.5	22.9	38	19.7	24.6	23.1	38	19.8	24.7	23.3	38	20.0	15
15	24.4	22.8	38	19.6	24.5	23.0	38	19.7	24.6	23.2	39	19.9	24.7	23.4	39	20.0	24.8	23.6	39	20.1	15
15	24.5	23.1	39	19.8	24.6	23.3	39	19.9	24.7	23.4	39	20.0	24.8	23.6	39	20.2	24.9	23.8	39	20.3	15
15	24.6	23.3	39	20.0	24.7	23.5	39	20.1	24.8	23.7	39	20.2	24.9	23.9	40	20.3	**25.0**	24.1	40	20.5	15
15	24.7	23.6	40	20.1	24.8	23.8	40	20.3	24.9	23.9	40	20.4	**25.0**	24.1	40	20.5	25.1	24.3	40	20.6	15
14	24.8	23.8	40	20.3	24.9	24.0	40	20.4	**25.0**	24.2	40	20.6	25.1	24.4	40	20.7	25.2	24.6	40	20.8	14
14	24.9	24.1	41	20.5	**25.0**	24.3	41	20.6	25.1	24.5	41	20.7	25.2	24.6	41	20.9	25.3	24.8	41	21.0	14
14	**25.0**	24.3	41	20.7	25.1	24.5	41	20.8	25.2	24.7	41	20.9	25.3	24.9	41	21.0	25.4	25.1	41	21.2	14
14	25.1	24.6	41	20.8	25.2	24.8	41	20.9	25.3	25.0	42	21.1	25.4	25.2	42	21.2	25.5	25.4	42	21.3	14
14	25.2	24.8	42	21.0	25.3	25.0	42	21.1	25.4	25.2	42	21.2	25.5	25.4	42	21.4	25.6	25.6	42	21.5	14
13	25.3	25.1	42	21.2	25.4	25.3	42	21.3	25.5	25.5	42	21.4	25.6	25.7	43	21.5	25.7	25.9	43	21.7	13
13	25.4	25.4	43	21.3	25.5	25.6	43	21.4	25.6	25.7	43	21.6	25.7	25.9	43	21.7	25.8	26.1	43	21.8	13
13	25.5	25.6	43	21.5	25.6	25.8	43	21.6	25.7	26.0	43	21.7	25.8	26.2	43	21.9	25.9	26.4	43	22.0	13
13	25.6	25.9	44	21.7	25.7	26.1	44	21.8	25.8	26.3	44	21.9	25.9	26.5	44	22.0	**26.0**	26.7	44	22.1	13
13	25.7	26.1	44	21.8	25.8	26.3	44	21.9	25.9	26.5	44	22.1	**26.0**	26.7	44	22.2	26.1	26.9	44	22.3	13
13	25.8	26.4	44	22.0	25.9	26.6	45	22.1	**26.0**	26.8	45	22.2	26.1	27.0	45	22.4	26.2	27.2	45	22.5	13
12	25.9	26.7	45	22.2	**26.0**	26.9	45	22.3	26.1	27.1	45	22.4	26.2	27.3	45	22.5	26.3	27.5	45	22.6	12
12	**26.0**	26.9	45	22.3	26.1	27.1	45	22.4	26.2	27.3	46	22.6	26.3	27.5	46	22.7	26.4	27.7	46	22.8	12
12	26.1	27.2	46	22.5	26.2	27.4	46	22.6	26.3	27.6	46	22.7	26.4	27.8	46	22.8	26.5	28.0	46	23.0	12
12	26.2	27.5	46	22.6	26.3	27.7	46	22.8	26.4	27.9	46	22.9	26.5	28.1	46	23.0	26.6	28.3	47	23.1	12
12	26.3	27.7	47	22.8	26.4	27.9	47	22.9	26.5	28.1	47	23.0	26.6	28.3	47	23.2	26.7	28.6	47	23.3	12
12	26.4	28.0	47	23.0	26.5	28.2	47	23.1	26.6	28.4	47	23.2	26.7	28.6	47	23.3	26.8	28.8	47	23.4	12
11	26.5	28.3	48	23.1	26.6	28.5	48	23.2	26.7	28.7	48	23.4	26.8	28.9	48	23.5	26.9	29.1	48	23.6	11
11	26.6	28.5	48	23.3	26.7	28.8	48	23.4	26.8	29.0	48	23.5	26.9	29.2	48	23.6	**27.0**	29.4	48	23.7	11
11	26.7	28.8	49	23.4	26.8	29.0	49	23.5	26.9	29.2	49	23.7	**27.0**	29.4	49	23.8	27.1	29.7	49	23.9	11
11	26.8	29.1	49	23.6	26.9	29.3	49	23.7	**27.0**	29.5	49	23.8	27.1	29.7	49	23.9	27.2	29.9	49	24.1	11
11	26.9	29.4	49	23.7	**27.0**	29.6	50	23.9	27.1	29.8	50	24.0	27.2	30.0	50	24.1	27.3	30.2	50	24.2	11
11	**27.0**	29.6	50	23.9	27.1	29.9	50	24.0	27.2	30.1	50	24.1	27.3	30.3	50	24.2	27.4	30.5	50	24.4	11
10	27.1	29.9	50	24.1	27.2	30.1	50	24.2	27.3	30.3	51	24.3	27.4	30.6	51	24.4	27.5	30.8	51	24.5	10
10	27.2	30.2	51	24.2	27.3	30.4	51	24.3	27.4	30.6	51	24.4	27.5	30.8	51	24.6	27.6	31.1	51	24.7	10
10	27.3	30.5	51	24.4	27.4	30.7	51	24.5	27.5	30.9	51	24.6	27.6	31.1	52	24.7	27.7	31.3	52	24.8	10
10	27.4	30.8	52	24.5	27.5	31.0	52	24.6	27.6	31.2	52	24.7	27.7	31.4	52	24.9	27.8	31.6	52	25.0	10
10	27.5	31.0	52	24.7	27.6	31.3	52	24.8	27.7	31.5	52	24.9	27.8	31.7	52	25.0	27.9	31.9	53	25.1	10
10	27.6	31.3	53	24.8	27.7	31.5	53	24.9	27.8	31.8	53	25.0	27.9	32.0	53	25.2	**28.0**	32.2	53	25.3	10
10	27.7	31.6	53	25.0	27.8	31.8	53	25.1	27.9	32.0	53	25.2	**28.0**	32.3	53	25.3	28.1	32.5	53	25.4	10
9	27.8	31.9	54	25.1	27.9	32.1	54	25.2	**28.0**	32.3	54	25.3	28.1	32.5	54	25.5	28.2	32.8	54	25.6	9
9	27.9	32.2	54	25.3	**28.0**	32.4	54	25.4	28.1	32.6	54	25.5	28.2	32.8	54	25.6	28.3	33.1	54	25.7	9
9	**28.0**	32.5	55	25.4	28.1	32.7	55	25.5	28.2	32.9	55	25.6	28.3	33.1	55	25.8	28.4	33.3	55	25.9	9
9	28.1	32.7	55	25.6	28.2	33.0	55	25.7	28.3	33.2	55	25.8	28.4	33.4	55	25.9	28.5	33.6	55	26.0	9
9	28.2	33.0	56	25.7	28.3	33.3	56	25.8	28.4	33.5	56	25.9	28.5	33.7	56	26.1	28.6	33.9	56	26.2	9
9	28.3	33.3	56	25.9	28.4	33.5	56	26.0	28.5	33.8	56	26.1	28.6	34.0	56	26.2	28.7	34.2	56	26.3	9
8	28.4	33.6	57	26.0	28.5	33.8	57	26.1	28.6	34.1	57	26.2	28.7	34.3	57	26.3	28.8	34.5	57	26.5	8
8	28.5	33.9	57	26.2	28.6	34.1	57	26.3	28.7	34.4	57	26.4	28.8	34.6	57	26.5	28.9	34.8	57	26.6	8
8	28.6	34.2	58	26.3	28.7	34.4	58	26.4	28.8	34.7	58	26.5	28.9	34.9	58	26.6	**29.0**	35.1	58	26.7	8
8	28.7	34.5	58	26.4	28.8	34.7	58	26.6	28.9	35.0	58	26.7	**29.0**	35.2	58	26.8	29.1	35.4	58	26.9	8
8	28.8	34.8	59	26.6	28.9	35.0	59	26.7	**29.0**	35.2	59	26.8	29.1	35.5	59	26.9	29.2	35.7	59	27.0	8
8	28.9	35.1	59	26.7	**29.0**	35.3	59	26.8	29.1	35.5	59	27.0	29.2	35.8	59	27.1	29.3	36.0	59	27.2	8
8	**29.0**	35.4	60	26.9	29.1	35.6	60	27.0	29.2	35.8	60	27.1	29.3	36.1	60	27.2	29.4	36.3	60	27.3	8
7	29.1	35.7	60	27.0	29.2	35.9	60	27.1	29.3	36.1	60	27.2	29.4	36.4	60	27.4	29.5	36.6	60	27.5	7
7	29.2	36.0	61	27.2	29.3	36.2	61	27.3	29.4	36.5	61	27.4	29.5	36.7	61	27.5	29.6	36.9	61	27.6	7
7	29.3	36.3	61	27.3	29.4	36.5	61	27.4	29.5	36.8	61	27.5	29.6	37.0	61	27.6	29.7	37.2	61	27.7	7
7	29.4	36.6	62	27.4	29.5	36.8	62	27.6	29.6	37.1	62	27.7	29.7	37.3	62	27.8	29.8	37.5	62	27.9	7
7	29.5	36.9	62	27.6	29.6	37.1	62	27.7	29.7	37.4	62	27.8	29.8	37.6	62	27.9	29.9	37.3	62	28.0	7
7	29.6	37.2	63	27.7	29.7	37.4	63	27.8	29.8	37.7	63	27.9	29.9	37.9	63	28.1	**30.0**	38.2	63	28.2	7
7	29.7	37.5	63	27.9	29.8	37.7	63	28.0	29.9	38.0	63	28.1	**30.0**	38.2	63	28.2	30.1	38.5	63	28.3	7
7	29.8	37.8	64	28.0	29.9	38.0	64	28.1	**30.0**	38.3	64	28.2	30.1	38.5	64	28.3	30.2	38.8	64	28.4	7
6	29.9	38.1	64	28.1	**30.0**	38.4	64	28.3	30.1	38.6	64	28.4	30.2	38.8	64	28.5	30.3	39.1	64	28.6	6
6	**30.0**	38.4	65	28.3	30.1	38.7	65	28.4	30.2	38.9	65	28.5	30.3	39.2	65	28.6	30.4	39.4	65	28.7	6
6	30.1	38.7	65	28.4	30.2	39.0	65	28.5	30.3	39.2	65	28.6	30.4	39.5	65	28.7	30.5	39.7	65	28.9	6
6	30.2	39.0	66	28.6	30.3	39.3	66	28.7	30.4	39.5	66	28.8	30.5	39.8	66	28.9	30.6	40.0	66	29.0	6
6	30.3	39.4	66	28.7	30.4	39.6	66	28.8	30.5	39.9	66	28.9	30.6	40.1	66	29.0	30.7	40.4	66	29.1	6
6	30.4	39.7	67	28.8	30.5	39.9	67	28.9	30.6	40.2	67	29.1	30.7	40.4	67	29.2	30.8	40.7	67	29.3	6
6	30.5	40.0	67	29.0	30.6	40.2	67	29.1	30.7	40.5	67	29.2	30.8	40.7	67	29.3	30.9	41.0	68	29.4	6
6	30.6	40.3	68	29.1	30.7	40.6	68	29.2	30.8	40.8	68	29.3	30.9	41.1	68	29.4	**31.0**	41.3	68	29.5	6
5	30.7	40.6	68	29.2	30.8	40.9	68	29.4	30.9	41.1	68	29.5	**31.0**	41.4	69	29.6	31.1	41.6	69	29.7	5
5	30.8	40.9	69	29.4	30.9	41.2	69	29.5	**31.0**	41.5	69	29.6	31.1	41.7	69	29.7	31.2	42.0	69	29.8	5
5	30.9	41.3	69	29.5	**31.0**	41.5	69	29.6	31.1	41.8	70	29.7	31.2	42.0	70	29.8	31.3	42.3	70	29.9	5
5	**31.0**	41.6	70	29.7	31.1	41.8	70	29.8	31.2	42.1	70	29.9	31.3	42.4	70	30.0	31.4	42.6	70	30.1	5
5	31.1	41.9	71	29.8	31.2	42.2	71	29.9	31.3	42.4	71	30.0	31.4	42.7	71	30.1	31.5	43.0	71	30.2	5
5	31.2	42.2	71	29.9	31.3	42.5	71	30.0	31.4	42.8	71	30.1	31.5	43.0	71	30.2	31.6	43.3	71	30.3	5
5	31.3	42.6	72	30.1	31.4	42.8	72	30.2	31.5	43.1	72	30.3	31.6	43.3	72	30.4	31.7	43.6	72	30.5	5
5	31.4	42.9	72	30.2	31.5	43.2	72	30.3	31.6	43.4	72	30.4	31.7	43.7	72	30.5	31.8	43.9	72	30.6	5

n	t_W	e	U	t_d	t_W	e	U	t_d	t_W	e	U	t_d	t_W	e	U	t_d	t_W	e	U	t_d	n
	36.0				**36.1**				**36.2**				**36.3**				**36.4**				
4	31.5	43.2	73	30.3	31.6	43.5	73	30.4	31.7	43.7	73	30.5	31.8	44.0	73	30.6	31.9	44.3	73	30.7	4
4	31.6	43.5	73	30.5	31.7	43.8	73	30.6	31.8	44.1	73	30.7	31.9	44.3	73	30.8	**32.0**	44.6	73	30.9	4
4	31.7	43.9	74	30.6	31.8	44.1	74	30.7	31.9	44.4	74	30.8	**32.0**	44.7	74	30.9	32.1	44.9	74	31.0	4
4	31.8	44.2	74	30.7	31.9	44.5	74	30.8	**32.0**	44.7	74	30.9	32.1	45.0	75	31.0	32.2	45.3	75	31.1	4
4	31.9	44.5	75	30.9	**32.0**	44.8	75	31.0	32.1	45.1	75	31.1	32.2	45.4	75	31.2	32.3	45.6	75	31.3	4
4	**32.0**	44.9	76	31.0	32.1	45.1	76	31.1	32.2	45.4	76	31.2	32.3	45.7	76	31.3	32.4	46.0	76	31.4	4
4	32.1	45.2	76	31.1	32.2	45.5	76	31.2	32.3	45.8	76	31.3	32.4	46.0	76	31.4	32.5	46.3	76	31.5	4
4	32.2	45.6	77	31.2	32.3	45.8	77	31.3	32.4	46.1	77	31.5	32.5	46.4	77	31.6	32.6	46.7	77	31.7	4
4	32.3	45.9	77	31.4	32.4	46.2	77	31.5	32.5	46.4	77	31.6	32.6	46.7	77	31.7	32.7	47.0	77	31.8	4
3	32.4	46.2	78	31.5	32.5	46.5	78	31.6	32.6	46.8	78	31.7	32.7	47.1	78	31.8	32.8	47.3	78	31.9	3
3	32.5	46.6	78	31.6	32.6	46.9	78	31.7	32.7	47.1	78	31.8	32.8	47.4	78	31.9	32.9	47.7	79	32.1	3
3	32.6	46.9	79	31.8	32.7	47.2	79	31.9	32.8	47.5	79	32.0	32.9	47.8	79	32.1	**33.0**	48.0	79	32.2	3
3	32.7	47.3	80	31.9	32.8	47.5	80	32.0	32.9	47.8	80	32.1	**33.0**	48.1	80	32.2	33.1	48.4	80	32.3	3
3	32.8	47.6	80	32.0	32.9	47.9	80	32.1	**33.0**	48.2	80	32.2	33.1	48.5	80	32.3	33.2	48.7	80	32.4	3
3	32.9	48.0	81	32.2	**33.0**	48.2	81	32.3	33.1	48.5	81	32.4	33.2	48.8	81	32.5	33.3	49.1	81	32.6	3
3	**33.0**	48.3	81	32.3	33.1	48.6	81	32.4	33.2	48.9	81	32.5	33.3	49.2	81	32.6	33.4	49.4	81	32.7	3
3	33.1	48.7	82	32.4	33.2	48.9	82	32.5	33.3	49.2	82	32.6	33.4	49.5	82	32.7	33.5	49.8	82	32.8	3
3	33.2	49.0	82	32.5	33.3	49.3	82	32.6	33.4	49.6	83	32.7	33.5	49.9	83	32.8	33.6	50.2	83	32.9	3
2	33.3	49.4	83	32.7	33.4	49.6	83	32.8	33.5	49.9	83	32.9	33.6	50.2	83	33.0	33.7	50.5	83	33.1	2
2	33.4	49.7	84	32.8	33.5	50.0	84	32.9	33.6	50.3	84	33.0	33.7	50.6	84	33.1	33.8	50.9	84	33.2	2
2	33.5	50.1	84	32.9	33.6	50.4	84	33.0	33.7	50.6	84	33.1	33.8	50.9	84	33.2	33.9	51.2	84	33.3	2
2	33.6	50.4	85	33.0	33.7	50.7	85	33.1	33.8	51.0	85	33.2	33.9	51.3	85	33.3	**34.0**	51.6	85	33.5	2
2	33.7	50.8	85	33.2	33.8	51.1	85	33.3	33.9	51.4	86	33.4	**34.0**	51.7	86	33.5	34.1	52.0	86	33.6	2
2	33.8	51.1	86	33.3	33.9	51.4	86	33.4	**34.0**	51.7	86	33.5	34.1	52.0	86	33.6	34.2	52.3	86	33.7	2
2	33.9	51.5	87	33.4	**34.0**	51.8	87	33.5	34.1	52.1	87	33.6	34.2	52.4	87	33.7	34.3	52.7	87	33.8	2
2	**34.0**	51.9	87	33.5	34.1	52.2	87	33.6	34.2	52.5	87	33.7	34.3	52.8	87	33.9	34.4	53.1	87	34.0	2
2	34.1	52.2	88	33.7	34.2	52.5	88	33.8	34.3	52.8	88	33.9	34.4	53.1	88	34.0	34.5	53.4	88	34.1	2
2	34.2	52.6	89	33.8	34.3	52.9	89	33.9	34.4	53.2	89	34.0	34.5	53.5	89	34.1	34.6	53.8	89	34.2	2
1	34.3	53.0	89	33.9	34.4	53.3	89	34.0	34.5	53.6	89	34.1	34.6	53.9	89	34.2	34.7	54.2	89	34.3	1
1	34.4	53.3	90	34.0	34.5	53.6	90	34.1	34.6	53.9	90	34.2	34.7	54.2	90	34.3	34.8	54.5	90	34.5	1
1	34.5	53.7	90	34.2	34.6	54.0	90	34.3	34.7	54.3	90	34.4	34.8	54.6	90	34.5	34.9	54.9	90	34.6	1
1	34.6	54.1	91	34.3	34.7	54.4	91	34.4	34.8	54.7	91	34.5	34.9	55.0	91	34.6	**35.0**	55.3	91	34.7	1
1	34.7	54.4	92	34.4	34.8	54.7	92	34.5	34.9	55.1	92	34.6	**35.0**	55.4	92	34.7	35.1	55.7	92	34.8	1
1	34.8	54.8	92	34.5	34.9	55.1	92	34.6	**35.0**	55.4	92	34.7	35.1	55.7	92	34.8	35.2	56.1	92	34.9	1
1	34.9	55.2	93	34.7	**35.0**	55.5	93	34.8	35.1	55.8	93	34.9	35.2	56.1	93	35.0	35.3	56.4	93	35.1	1
1	**35.0**	55.6	94	34.8	35.1	55.9	94	34.9	35.2	56.2	94	35.0	35.3	56.5	94	35.1	35.4	56.8	94	35.2	1
1	35.1	55.9	94	34.9	35.2	56.3	94	35.0	35.3	56.6	94	35.1	35.4	56.9	94	35.2	35.5	57.2	94	35.3	1
1	35.2	56.3	95	35.0	35.3	56.6	95	35.1	35.4	57.0	95	35.2	35.5	57.3	95	35.3	35.6	57.6	95	35.4	1
1	35.3	56.7	95	35.2	35.4	57.0	95	35.3	35.5	57.3	95	35.4	35.6	57.7	95	35.5	35.7	58.0	95	35.6	1
1	35.4	57.1	96	35.3	35.5	57.4	96	35.4	35.6	57.7	96	35.5	35.7	58.0	96	35.6	35.8	58.4	96	35.7	1
0	35.5	57.5	97	35.4	35.6	57.8	97	35.5	35.7	58.1	97	35.6	35.8	58.4	97	35.7	35.9	58.8	97	35.8	0
0	35.6	57.9	97	35.5	35.7	58.2	97	35.6	35.8	58.5	97	35.7	35.9	58.8	97	35.8	**36.0**	59.2	97	35.9	0
0	35.7	58.2	98	35.6	35.8	58.6	98	35.7	35.9	58.9	98	35.8	**36.0**	59.2	98	35.9	36.1	59.5	98	36.0	0
0	35.8	58.6	99	35.8	35.9	50.0	99	35.9	**36.0**	59.3	99	36.0	36.1	59.6	99	36.1	36.2	59.9	99	36.2	0
0	35.9	59.0	99	35.9	**36.0**	59.4	99	36.0	36.1	59.7	99	36.1	36.2	60.0	99	36.2	36.3	60.3	99	36.3	0
0	**36.0**	59.4	100	36.0	36.1	59.7	100	36.1	36.2	60.1	100	36.2	36.3	60.4	100	36.3	36.4	60.7	100	36.4	0
	36.5				**36.6**				**36.7**				**36.8**				**36.9**				
46																	13.8	0.4	1	-33.6	46
45									13.7	0.3	1	-34.6	13.8	0.4	1	-31.8	13.9	0.5	1	-29.6	45
45					13.7	0.4	1	-32.7	13.8	0.5	1	-30.3	13.9	0.6	1	-28.3	**14.0**	0.7	1	-26.6	45
44	13.7	0.5	1	-31.1	13.8	0.6	1	-29.0	13.9	0.7	1	-27.1	**14.0**	0.8	1	-25.6	14.1	0.9	1	-24.1	44
44	13.8	0.6	1	-27.7	13.9	0.7	1	-26.1	**14.0**	0.8	1	-24.6	14.1	0.9	2	-23.3	14.2	1.0	2	-22.1	44
44	13.9	0.8	1	-25.1	**14.0**	0.9	1	-23.8	14.1	1.0	2	-22.5	14.2	1.1	2	-21.4	14.3	1.2	2	-20.4	44
43	**14.0**	1.0	2	-23.0	14.1	1.1	2	-21.8	14.2	1.2	2	-20.7	14.3	1.3	2	-19.7	14.4	1.4	2	-18.8	43
43	14.1	1.1	2	-21.1	14.2	1.2	2	-20.1	14.3	1.3	2	-19.2	14.4	1.5	2	-18.3	14.5	1.6	2	-17.4	43
43	14.2	1.3	2	-19.5	14.3	1.4	2	-18.6	14.4	1.5	2	-17.7	14.5	1.6	3	-16.9	14.6	1.7	3	-16.2	43
42	14.3	1.5	2	-18.0	14.4	1.6	3	-17.2	14.5	1.7	3	-16.5	14.6	1.8	3	-15.7	14.7	1.9	3	-15.0	42
42	14.4	1.7	3	-16.7	14.5	1.8	3	-16.0	14.6	1.9	3	-15.3	14.7	2.0	3	-14.6	14.8	2.1	3	-14.0	42
42	14.5	1.8	3	-15.5	14.6	1.9	3	-14.9	14.7	2.0	3	-14.2	14.8	2.1	3	-13.6	14.9	2.3	4	-13.0	42
41	14.6	2.0	3	-14.4	14.7	2.1	3	-13.8	14.8	2.2	4	-13.2	14.9	2.3	4	-12.6	**15.0**	2.4	4	-12.0	41
41	14.7	2.2	4	-13.4	14.8	2.3	4	-12.8	14.9	2.4	4	-12.2	**15.0**	2.5	4	-11.7	15.1	2.6	4	-11.2	41
41	14.8	2.3	4	-12.5	14.9	2.5	4	-11.9	**15.0**	2.6	4	-11.4	15.1	2.7	4	-10.8	15.2	2.8	4	-10.3	41
40	14.9	2.5	4	-11.6	**15.0**	2.6	4	-11.0	15.1	2.7	4	-10.5	15.2	2.9	5	-10.0	15.3	3.0	5	-9.5	40
40	**15.0**	2.7	4	-10.7	15.1	2.8	5	-10.2	15.2	2.9	5	-9.7	15.3	3.0	5	-9.3	15.4	3.1	5	-8.8	40
40	15.1	2.9	5	-9.9	15.2	3.0	5	-9.5	15.3	3.1	5	-9.0	15.4	3.2	5	-8.5	15.5	3.3	5	-8.1	40
39	15.2	3.1	5	-9.2	15.3	3.2	5	-8.7	15.4	3.3	5	-8.3	15.5	3.4	5	-7.8	15.6	3.5	6	-7.4	39
39	15.3	3.2	5	-8.4	15.4	3.3	5	-8.0	15.5	3.5	6	-7.6	15.6	3.6	6	-7.2	15.7	3.7	6	-6.8	39
39	15.4	3.4	6	-7.8	15.5	3.5	6	-7.3	15.6	3.6	6	-6.9	15.7	3.8	6	-6.5	15.8	3.9	6	-6.1	39
38	15.5	3.6	6	-7.1	15.6	3.7	6	-6.7	15.7	3.8	6	-6.3	15.8	3.9	6	-5.9	15.9	4.0	6	-5.5	38
38	15.6	3.8	6	-6.5	15.7	3.9	6	-6.1	15.8	4.0	6	-5.7	15.9	4.1	7	-5.3	**16.0**	4.2	7	-4.9	38
38	15.7	4.0	6	-5.8	15.8	4.1	7	-5.5	15.9	4.2	7	-5.1	**16.0**	4.3	7	-4.7	16.1	4.4	7	-4.4	38

n	t_W	e	U	t_d	t_W	e	U	t_d	t_W	e	U	t_d	t_W	e	U	t_d	t_W	e	U	t_d	n
	36.5				**36.6**				**36.7**				**36.8**				**36.9**				
37	15.8	4.1	7	-5.3	15.9	4.2	7	-4.9	**16.0**	4.4	7	-4.5	16.1	4.5	7	-4.2	16.2	4.6	7	-3.8	37
37	15.9	4.3	7	-4.7	**16.0**	4.4	7	-4.3	16.1	4.5	7	-4.0	16.2	4.7	8	-3.7	16.3	4.8	8	-3.3	37
37	**16.0**	4.5	7	-4.1	16.1	4.6	8	-3.8	16.2	4.7	8	-3.5	16.3	4.8	8	-3.1	16.4	5.0	8	-2.8	37
36	16.1	4.7	8	-3.6	16.2	4.8	8	-3.3	16.3	4.9	8	-3.0	16.4	5.0	8	-2.6	16.5	5.2	8	-2.3	36
36	16.2	4.9	8	-3.1	16.3	5.0	8	-2.8	16.4	5.1	8	-2.5	16.5	5.2	8	-2.1	16.6	5.3	9	-1.8	36
36	16.3	5.0	8	-2.6	16.4	5.2	8	-2.3	16.5	5.3	9	-2.0	16.6	5.4	9	-1.7	16.7	5.5	9	-1.4	36
36	16.4	5.2	9	-2.1	16.5	5.4	9	-1.8	16.6	5.5	9	-1.5	16.7	5.6	9	-1.2	16.8	5.7	9	-0.9	36
35	16.5	5.4	9	-1.6	16.6	5.5	9	-1.3	16.7	5.7	9	-1.0	16.8	5.8	9	-0.8	16.9	5.9	9	-0.5	35
35	16.6	5.6	9	-1.2	16.7	5.7	9	-0.9	16.8	5.8	9	-0.6	16.9	6.0	10	-0.3	**17.0**	6.1	10	0.0	35
35	16.7	5.8	9	-0.7	16.8	5.9	10	-0.4	16.9	6.0	10	-0.2	**17.0**	6.2	10	0.1	17.1	6.3	10	0.4	35
34	16.8	6.0	10	-0.3	16.9	6.1	10	0.0	**17.0**	6.2	10	0.3	17.1	6.3	10	0.5	17.2	6.5	10	0.8	34
34	16.9	6.2	10	0.1	**17.0**	6.3	10	0.4	17.1	6.4	10	0.7	17.2	6.5	11	0.9	17.3	6.7	11	1.2	34
34	**17.0**	6.4	10	0.6	17.1	6.5	11	0.8	17.2	6.6	11	1.1	17.3	6.7	11	1.3	17.4	6.9	11	1.6	34
33	17.1	6.5	11	1.0	17.2	6.7	11	1.2	17.3	6.8	11	1.5	17.4	6.9	11	1.7	17.5	7.0	11	2.0	33
33	17.2	6.7	11	1.4	17.3	6.9	11	1.6	17.4	7.0	11	1.9	17.5	7.1	11	2.1	17.6	7.2	12	2.4	33
33	17.3	6.9	11	1.8	17.4	7.1	11	2.0	17.5	7.2	12	2.3	17.6	7.3	12	2.5	17.7	7.4	12	2.7	33
33	17.4	7.1	12	2.1	17.5	7.2	12	2.4	17.6	7.4	12	2.6	17.7	7.5	12	2.9	17.8	7.6	12	3.1	33
32	17.5	7.3	12	2.5	17.6	7.4	12	2.8	17.7	7.6	12	3.0	17.8	7.7	12	3.2	17.9	7.8	13	3.5	32
32	17.6	7.5	12	2.9	17.7	7.6	12	3.1	17.8	7.8	13	3.3	17.9	7.9	13	3.6	**18.0**	8.0	13	3.8	32
32	17.7	7.7	13	3.2	17.8	7.8	13	3.5	17.9	8.0	13	3.7	**18.0**	8.1	13	3.9	18.1	8.2	13	4.2	32
31	17.8	7.9	13	3.6	17.9	8.0	13	3.8	**18.0**	8.2	13	4.0	18.1	8.3	13	4.3	18.2	8.4	13	4.5	31
31	17.9	8.1	13	3.9	**18.0**	8.2	13	4.2	18.1	8.4	14	4.4	18.2	8.5	14	4.6	18.3	8.6	14	4.8	31
31	**18.0**	8.3	14	4.3	18.1	8.4	14	4.5	18.2	8.5	14	4.7	18.3	8.7	14	4.9	18.4	8.8	14	5.2	31
31	18.1	8.5	14	4.6	18.2	8.6	14	4.8	18.3	8.7	14	5.0	18.4	8.9	14	5.3	18.5	9.0	14	5.5	31
30	18.2	8.7	14	4.9	18.3	8.8	14	5.2	18.4	8.9	14	5.4	18.5	9.1	15	5.6	18.6	9.2	15	5.8	30
30	18.3	8.9	15	5.3	18.4	9.0	15	5.5	18.5	9.1	15	5.7	18.6	9.3	15	5.9	18.7	9.4	15	6.1	30
30	18.4	9.1	15	5.6	18.5	9.2	15	5.8	18.6	9.3	15	6.0	18.7	9.5	15	6.2	18.8	9.6	15	6.4	30
29	18.5	9.3	15	5.9	18.6	9.4	15	6.1	18.7	9.5	15	6.3	18.8	9.7	16	6.5	18.9	9.8	16	6.7	29
29	18.6	9.5	16	6.2	18.7	9.6	16	6.4	18.8	9.7	16	6.6	18.9	9.9	16	6.8	**19.0**	10.0	16	7.0	29
29	18.7	9.7	16	6.5	18.8	9.8	16	6.7	18.9	10.0	16	6.9	**19.0**	10.1	16	7.1	19.1	10.2	16	7.3	29
29	18.8	9.9	16	6.8	18.9	10.0	16	7.0	**19.0**	10.2	16	7.2	19.1	10.3	17	7.4	19.2	10.4	17	7.6	29
28	18.9	10.1	17	7.1	**19.0**	10.2	17	7.3	19.1	10.4	17	7.5	19.2	10.5	17	7.7	19.3	10.6	17	7.9	28
28	**19.0**	10.3	17	7.4	19.1	10.4	17	7.6	19.2	10.6	17	7.8	19.3	10.7	17	8.0	19.4	10.8	17	8.2	28
28	19.1	10.5	17	7.7	19.2	10.6	17	7.9	19.3	10.8	17	8.1	19.4	10.9	18	8.3	19.5	11.1	18	8.4	28
28	19.2	10.7	18	8.0	19.3	10.8	18	8.2	19.4	11.0	18	8.3	19.5	11.1	18	8.5	19.6	11.3	18	8.7	28
27	19.3	10.9	18	8.2	19.4	11.0	18	8.4	19.5	11.2	18	8.6	19.6	11.3	18	8.8	19.7	11.5	18	9.0	27
27	19.4	11.1	18	8.5	19.5	11.3	18	8.7	19.6	11.4	18	8.9	19.7	11.5	19	9.1	19.8	11.7	19	9.3	27
27	19.5	11.3	19	8.8	19.6	11.5	19	9.0	19.7	11.6	19	9.2	19.8	11.7	19	9.3	19.9	11.9	19	9.5	27
27	19.6	11.5	19	9.1	19.7	11.7	19	9.2	19.8	11.8	19	9.4	19.9	12.0	19	9.6	**20.0**	12.1	19	9.8	27
26	19.7	11.7	19	9.3	19.8	11.9	19	9.5	19.9	12.0	19	9.7	**20.0**	12.2	20	9.9	20.1	12.3	20	10.0	26
26	19.8	11.9	20	9.6	19.9	12.1	20	9.8	**20.0**	12.2	20	10.0	20.1	12.4	20	10.1	20.2	12.5	20	10.3	26
26	19.9	12.2	20	9.9	**20.0**	12.3	20	10.0	20.1	12.4	20	10.2	20.2	12.6	20	10.4	20.3	12.7	20	10.6	26
26	**20.0**	12.4	20	10.1	20.1	12.5	20	10.3	20.2	12.7	20	10.5	20.3	12.8	21	10.6	20.4	13.0	21	10.8	26
25	20.1	12.6	21	10.4	20.2	12.7	21	10.5	20.3	12.9	21	10.7	20.4	13.0	21	10.9	20.5	13.2	21	11.1	25
25	20.2	12.8	21	10.6	20.3	12.9	21	10.8	20.4	13.1	21	11.0	20.5	13.2	21	11.1	20.6	13.4	21	11.3	25
25	20.3	13.0	21	10.9	20.4	13.2	21	11.0	20.5	13.3	22	11.2	20.6	13.4	22	11.4	20.7	13.6	22	11.5	25
25	20.4	13.2	22	11.1	20.5	13.4	22	11.3	20.6	13.5	22	11.4	20.7	13.7	22	11.6	20.8	13.8	22	11.8	25
24	20.5	13.4	22	11.4	20.6	13.6	22	11.5	20.7	13.7	22	11.7	20.8	13.9	22	11.9	20.9	14.0	22	12.0	24
24	20.6	13.6	22	11.6	20.7	13.8	22	11.8	20.8	13.9	23	11.9	20.9	14.1	23	12.1	**21.0**	14.3	23	12.3	24
24	20.7	13.9	23	11.8	20.8	14.0	23	12.0	20.9	14.2	23	12.2	**21.0**	14.3	23	12.3	21.1	14.5	23	12.5	24
24	20.8	14.1	23	12.1	20.9	14.2	23	12.2	**21.0**	14.4	23	12.4	21.1	14.5	23	12.6	21.2	14.7	24	12.7	24
23	20.9	14.3	23	12.3	**21.0**	14.5	24	12.5	21.1	14.6	24	12.6	21.2	14.8	24	12.8	21.3	14.9	24	12.9	23
23	**21.0**	14.5	24	12.5	21.1	14.7	24	12.7	21.2	14.8	24	12.9	21.3	15.0	24	13.0	21.4	15.1	24	13.2	23
23	21.1	14.7	24	12.8	21.2	14.9	24	12.9	21.3	15.0	24	13.1	21.4	15.2	24	13.2	21.5	15.4	25	13.4	23
23	21.2	15.0	24	13.0	21.3	15.1	25	13.2	21.4	15.3	25	13.3	21.5	15.4	25	13.5	21.6	15.6	25	13.6	23
22	21.3	15.2	25	13.2	21.4	15.3	25	13.4	21.5	15.5	25	13.5	21.6	15.7	25	13.7	21.7	15.8	25	13.8	22
22	21.4	15.4	25	13.4	21.5	15.6	25	13.6	21.6	15.7	25	13.8	21.7	15.9	26	13.9	21.8	16.0	26	14.1	22
22	21.5	15.6	26	13.7	21.6	15.8	26	13.8	21.7	15.9	26	14.0	21.8	16.1	26	14.1	21.9	16.3	26	14.3	22
22	21.6	15.9	26	13.9	21.7	16.0	26	14.0	21.8	16.2	26	14.2	21.9	16.3	26	14.3	**22.0**	16.5	26	14.5	22
21	21.7	16.1	26	14.1	21.8	16.2	26	14.2	21.9	16.4	27	14.4	**22.0**	16.6	27	14.6	22.1	16.7	27	14.7	21
21	21.8	16.3	27	14.3	21.9	16.5	27	14.5	**22.0**	16.6	27	14.6	22.1	16.8	27	14.8	22.2	16.9	27	14.9	21
21	21.9	16.5	27	14.5	**22.0**	16.7	27	14.7	22.1	16.9	27	14.8	22.2	17.0	27	15.0	22.3	17.2	28	15.1	21
21	**22.0**	16.8	27	14.7	22.1	16.9	28	14.9	22.2	17.1	28	15.0	22.3	17.2	28	15.2	22.4	17.4	28	15.3	21
21	22.1	17.0	28	14.9	22.2	17.1	28	15.1	22.3	17.3	28	15.2	22.4	17.5	28	15.4	22.5	17.6	28	15.5	21
20	22.2	17.2	28	15.2	22.3	17.4	28	15.3	22.4	17.5	28	15.4	22.5	17.7	29	15.6	22.6	17.9	29	15.7	20
20	22.3	17.4	29	15.4	22.4	17.6	29	15.5	22.5	17.8	29	15.7	22.6	17.9	29	15.8	22.7	18.1	29	15.9	20
20	22.4	17.7	29	15.6	22.5	17.8	29	15.7	22.6	18.0	29	15.9	22.7	18.2	29	16.0	22.8	18.3	29	16.1	20
20	22.5	17.9	29	15.8	22.6	18.1	29	15.9	22.7	18.2	30	16.1	22.8	18.4	30	16.2	22.9	18.6	30	16.3	20
19	22.6	18.1	30	16.0	22.7	18.3	30	16.1	22.8	18.5	30	16.3	22.9	18.6	30	16.4	**23.0**	18.8	30	16.5	19
19	22.7	18.4	30	16.2	22.8	18.5	30	16.3	22.9	18.7	30	16.5	**23.0**	18.9	30	16.6	23.1	19.0	31	16.7	19
19	22.8	18.6	30	16.4	22.9	18.8	31	16.5	**23.0**	18.9	31	16.7	23.1	19.1	31	16.8	23.2	19.3	31	16.9	19
19	22.9	18.8	31	16.6	**23.0**	19.0	31	16.7	23.1	19.2	31	16.9	23.2	19.4	31	17.0	23.3	19.5	31	17.1	19
19	**23.0**	19.1	31	16.8	23.1	19.2	31	16.9	23.2	19.4	31	17.0	23.3	19.6	32	17.2	23.4	19.8	32	17.3	19

n	t_W	e	U	t_d	t_W	e	U	t_d	t_W	e	U	t_d	t_W	e	U	t_d	t_W	e	U	t_d	n
	36.5				**36.6**				**36.7**				**36.8**				**36.9**				
18	23.1	19.3	32	17.0	23.2	19.5	32	17.1	23.3	19.7	32	17.2	23.4	19.8	32	17.4	23.5	20.0	32	17.5	18
18	23.2	19.6	32	17.2	23.3	19.7	32	17.3	23.4	19.9	32	17.4	23.5	20.1	32	17.6	23.6	20.2	32	17.7	18
18	23.3	19.8	32	17.3	23.4	20.0	33	17.5	23.5	20.1	33	17.6	23.6	20.3	33	17.8	23.7	20.5	33	17.9	18
18	23.4	20.0	33	17.5	23.5	20.2	33	17.7	23.6	20.4	33	17.8	23.7	20.6	33	17.9	23.8	20.7	33	18.1	18
18	23.5	20.3	33	17.7	23.6	20.4	33	17.9	23.7	20.6	33	18.0	23.8	20.8	34	18.1	23.9	21.0	34	18.3	18
17	23.6	20.5	34	17.9	23.7	20.7	34	18.0	23.8	20.9	34	18.2	23.9	21.0	34	18.3	**24.0**	21.2	34	18.5	17
17	23.7	20.8	34	18.1	23.8	20.9	34	18.2	23.9	21.1	34	18.4	**24.0**	21.3	34	18.5	24.1	21.5	34	18.6	17
17	23.8	21.0	34	18.3	23.9	21.2	34	18.4	**24.0**	21.4	35	18.6	24.1	21.5	35	18.7	24.2	21.7	35	18.8	17
17	23.9	21.2	35	18.5	**24.0**	21.4	35	18.6	24.1	21.6	35	18.7	24.2	21.8	35	18.9	24.3	22.0	35	19.0	17
17	**24.0**	21.5	35	18.7	24.1	21.7	35	18.8	24.2	21.9	35	18.9	24.3	22.0	35	19.1	24.4	22.2	36	19.2	17
16	24.1	21.7	36	18.8	24.2	21.9	36	19.0	24.3	22.1	36	19.1	24.4	22.3	36	19.2	24.5	22.5	36	19.4	16
16	24.2	22.0	36	19.0	24.3	22.2	36	19.1	24.4	22.3	36	19.3	24.5	22.5	36	19.4	24.6	22.7	36	19.5	16
16	24.3	22.2	36	19.2	24.4	22.4	37	19.3	24.5	22.6	37	19.5	24.6	22.8	37	19.6	24.7	23.0	37	19.7	16
16	24.4	22.5	37	19.4	24.5	22.7	37	19.5	24.6	22.9	37	19.6	24.7	23.0	37	19.8	24.8	23.2	37	19.9	16
16	24.5	22.7	37	19.6	24.6	22.9	37	19.7	24.7	23.1	37	19.8	24.8	23.3	38	19.9	24.9	23.5	38	20.1	16
15	24.6	23.0	38	19.7	24.7	23.2	38	19.9	24.8	23.4	38	20.0	24.9	23.5	38	20.1	**25.0**	23.7	38	20.2	15
15	24.7	23.2	38	19.9	24.8	23.4	38	20.0	24.9	23.6	38	20.2	**25.0**	23.8	38	20.3	25.1	24.0	38	20.4	15
15	24.8	23.5	38	20.1	24.9	23.7	39	20.2	**25.0**	23.9	39	20.3	25.1	24.1	39	20.5	25.2	24.2	39	20.6	15
15	24.9	23.7	39	20.3	**25.0**	23.9	39	20.4	25.1	24.1	39	20.5	25.2	24.3	39	20.6	25.3	24.5	39	20.8	15
15	**25.0**	24.0	39	20.4	25.1	24.2	39	20.6	25.2	24.4	39	20.7	25.3	24.6	40	20.8	25.4	24.8	40	20.9	15
14	25.1	24.3	40	20.6	25.2	24.4	40	20.7	25.3	24.6	40	20.9	25.4	24.8	40	21.0	25.5	25.0	40	21.1	14
14	25.2	24.5	40	20.8	25.3	24.7	40	20.9	25.4	24.9	40	21.0	25.5	25.1	40	21.1	25.6	25.3	41	21.3	14
14	25.3	24.8	41	20.9	25.4	25.0	41	21.1	25.5	25.2	41	21.2	25.6	25.3	41	21.3	25.7	25.5	41	21.4	14
14	25.4	25.0	41	21.1	25.5	25.2	41	21.2	25.6	25.4	41	21.4	25.7	25.6	41	21.5	25.8	25.8	41	21.6	14
14	25.5	25.3	41	21.3	25.6	25.5	41	21.4	25.7	25.7	42	21.5	25.8	25.9	42	21.7	25.9	26.1	42	21.8	14
14	25.6	25.5	42	21.4	25.7	25.7	42	21.6	25.8	25.9	42	21.7	25.9	26.1	42	21.8	**26.0**	26.3	42	21.9	14
13	25.7	25.8	42	21.6	25.8	26.0	42	21.7	25.9	26.2	42	21.9	**26.0**	26.4	43	22.0	26.1	26.6	43	22.1	13
13	25.8	26.1	43	21.8	25.9	26.3	43	21.9	**26.0**	26.5	43	22.0	26.1	26.7	43	22.1	26.2	26.9	43	22.3	13
13	25.9	26.3	43	21.9	**26.0**	26.5	43	22.1	26.1	26.7	43	22.2	26.2	26.9	43	22.3	26.3	27.1	43	22.4	13
13	**26.0**	26.6	44	22.1	26.1	26.8	44	22.2	26.2	27.0	44	22.4	26.3	27.2	44	22.5	26.4	27.4	44	22.6	13
13	26.1	26.9	44	22.3	26.2	27.1	44	22.4	26.3	27.3	44	22.5	26.4	27.5	44	22.6	26.5	27.7	44	22.8	13
13	26.2	27.1	44	22.4	26.3	27.3	45	22.6	26.4	27.5	45	22.7	26.5	27.7	45	22.8	26.6	27.9	45	22.9	13
12	26.3	27.4	45	22.6	26.4	27.6	45	22.7	26.5	27.8	45	22.8	26.6	28.0	45	23.0	26.7	28.2	45	23.1	12
12	26.4	27.7	45	22.8	26.5	27.9	45	22.9	26.6	28.1	45	23.0	26.7	28.3	46	23.1	26.8	28.5	46	23.2	12
12	26.5	27.9	46	22.9	26.6	28.1	46	23.0	26.7	28.4	46	23.2	26.8	28.6	46	23.3	26.9	28.8	46	23.4	12
12	26.6	28.2	46	23.1	26.7	28.4	46	23.2	26.8	28.6	46	23.3	26.9	28.8	46	23.4	**27.0**	29.0	47	23.6	12
12	26.7	28.5	47	23.2	26.8	28.7	47	23.4	26.9	28.9	47	23.5	**27.0**	29.1	47	23.6	27.1	29.3	47	23.7	12
12	26.8	28.8	47	23.4	26.9	29.0	47	23.5	**27.0**	29.2	47	23.6	27.1	29.4	47	23.8	27.2	29.6	47	23.9	12
11	26.9	29.0	48	23.6	**27.0**	29.2	48	23.7	27.1	29.5	48	23.8	27.2	29.7	48	23.9	27.3	29.9	48	24.0	11
11	**27.0**	29.3	48	23.7	27.1	29.5	48	23.8	27.2	29.7	48	23.9	27.3	29.9	48	24.1	27.4	30.2	48	24.2	11
11	27.1	29.6	48	23.9	27.2	29.8	49	24.0	27.3	30.0	49	24.1	27.4	30.2	49	24.2	27.5	30.4	49	24.3	11
11	27.2	29.9	49	24.0	27.3	30.1	49	24.1	27.4	30.3	49	24.3	27.5	30.5	49	24.4	27.6	30.7	49	24.5	11
11	27.3	30.1	49	24.2	27.4	30.4	49	24.3	27.5	30.6	50	24.4	27.6	30.8	50	24.5	27.7	31.0	50	24.6	11
11	27.4	30.4	50	24.3	27.5	30.6	50	24.4	27.6	30.9	50	24.6	27.7	31.1	50	24.7	27.8	31.3	50	24.8	11
10	27.5	30.7	50	24.5	27.6	30.9	50	24.6	27.7	31.1	50	24.7	27.8	31.4	51	24.8	27.9	31.6	51	24.9	10
10	27.6	31.0	51	24.6	27.7	31.2	51	24.8	27.8	31.4	51	24.9	27.9	31.6	51	25.0	**28.0**	31.9	51	25.1	10
10	27.7	31.3	51	24.8	27.8	31.5	51	24.9	27.9	31.7	51	25.0	**28.0**	31.9	51	25.1	28.1	32.1	51	25.3	10
10	27.8	31.6	52	24.9	27.9	31.8	52	25.1	**28.0**	32.0	52	25.2	28.1	32.2	52	25.3	28.2	32.4	52	25.4	10
10	27.9	31.8	52	25.1	**28.0**	32.1	52	25.2	28.1	32.3	52	25.3	28.2	32.5	52	25.4	28.3	32.7	52	25.6	10
10	**28.0**	32.1	53	25.2	28.1	32.3	53	25.4	28.2	32.6	53	25.5	28.3	32.8	53	25.6	28.4	33.0	53	25.7	10
9	28.1	32.4	53	25.4	28.2	32.6	53	25.5	28.3	32.9	53	25.6	28.4	33.1	53	25.7	28.5	33.3	53	25.8	9
9	28.2	32.7	54	25.5	28.3	32.9	54	25.7	28.4	33.1	54	25.8	28.5	33.4	54	25.9	28.6	33.6	54	26.0	9
9	28.3	33.0	54	25.7	28.4	33.2	54	25.8	28.5	33.4	54	25.9	28.6	33.7	54	26.0	28.7	33.9	54	26.1	9
9	28.4	33.3	54	25.8	28.5	33.5	55	25.9	28.6	33.7	55	26.1	28.7	34.0	55	26.2	28.8	34.2	55	26.3	9
9	28.5	33.6	55	26.0	28.6	33.8	55	26.1	28.7	34.0	55	26.2	28.8	34.3	55	26.3	28.9	34.5	55	26.4	9
9	28.6	33.9	55	26.1	28.7	34.1	56	26.2	28.8	34.3	56	26.4	28.9	34.6	56	26.5	**29.0**	34.8	56	26.6	9
9	28.7	34.2	56	26.3	28.8	34.4	56	26.4	28.9	34.6	56	26.5	**29.0**	34.8	56	26.6	29.1	35.1	56	26.7	9
8	28.8	34.5	56	26.4	28.9	34.7	56	26.5	**29.0**	34.9	57	26.6	29.1	35.1	57	26.8	29.2	35.4	57	26.9	8
8	28.9	34.8	57	26.6	**29.0**	35.0	57	26.7	29.1	35.2	57	26.8	29.2	35.4	57	26.9	29.3	35.7	57	27.0	8
8	**29.0**	35.0	57	26.7	29.1	35.3	57	26.8	29.2	35.5	58	26.9	29.3	35.7	58	27.0	29.4	36.0	58	27.2	8
8	29.1	35.3	58	26.9	29.2	35.6	58	27.0	29.3	35.8	58	27.1	29.4	36.1	58	27.2	29.5	36.3	58	27.3	8
8	29.2	35.6	58	27.0	29.3	35.9	58	27.1	29.4	36.1	59	27.2	29.5	36.4	59	27.3	29.6	36.6	59	27.4	8
8	29.3	35.9	59	27.1	29.4	36.2	59	27.3	29.5	36.4	59	27.4	29.6	36.7	59	27.5	29.7	36.9	59	27.6	8
8	29.4	36.3	59	27.3	29.5	36.5	59	27.4	29.6	36.7	59	27.5	29.7	37.0	60	27.6	29.8	37.2	60	27.7	8
7	29.5	36.6	60	27.4	29.6	36.8	60	27.5	29.7	37.0	60	27.7	29.8	37.3	60	27.8	29.9	37.5	60	27.9	7
7	29.6	36.9	60	27.6	29.7	37.1	60	27.7	29.8	37.3	60	27.8	29.9	37.6	61	27.9	**30.0**	37.8	61	28.0	7
7	29.7	37.2	61	27.7	29.8	37.4	61	27.8	29.9	37.6	61	27.9	**30.0**	37.9	61	28.0	30.1	38.1	61	28.2	7
7	29.8	37.5	61	27.9	29.9	37.7	61	28.0	**30.0**	38.0	61	28.1	30.1	38.2	62	28.2	30.2	38.4	62	28.3	7
7	29.9	37.8	62	28.0	**30.0**	38.0	62	28.1	30.1	38.3	62	28.2	30.2	38.5	62	28.3	30.3	38.8	62	28.4	7
7	**30.0**	38.1	62	28.1	30.1	38.3	62	28.2	30.2	38.6	62	28.4	30.3	38.8	63	28.5	30.4	39.1	63	28.6	7
7	30.1	38.4	63	28.3	30.2	38.6	63	28.4	30.3	38.9	63	28.5	30.4	39.1	63	28.6	30.5	39.4	63	28.7	7
7	30.2	38.7	63	28.4	30.3	39.0	63	28.5	30.4	39.2	64	28.6	30.5	39.5	64	28.7	30.6	39.7	64	28.9	7
6	30.3	39.0	64	28.6	30.4	39.3	64	28.7	30.5	39.5	64	28.8	30.6	39.8	64	28.9	30.7	40.0	64	29.0	6

n	t_W	e	U	t_d	t_W	e	U	t_d	t_W	e	U	t_d	t_W	e	U	t_d	t_W	e	U	t_d	n
	36.5				**36.6**				**36.7**				**36.8**				**36.9**				
6	30.4	39.3	64	28.7	30.5	39.6	64	28.8	30.6	39.8	65	28.9	30.7	40.1	65	29.0	30.8	40.3	65	29.1	6
6	30.5	39.7	65	28.8	30.6	39.9	65	28.9	30.7	40.2	65	29.0	30.8	40.4	65	29.2	30.9	40.7	65	29.3	6
6	30.6	40.0	65	29.0	30.7	40.2	66	29.1	30.8	40.5	66	29.2	30.9	40.7	66	29.3	**31.0**	41.0	66	29.4	6
6	30.7	40.3	66	29.1	30.8	40.5	66	29.2	30.9	40.8	66	29.3	**31.0**	41.1	66	29.4	31.1	41.3	66	29.5	6
6	30.8	40.6	67	29.2	30.9	40.9	67	29.3	**31.0**	41.1	67	29.5	31.1	41.4	67	29.6	31.2	41.6	67	29.7	6
6	30.9	40.9	67	29.4	**31.0**	41.2	67	29.5	31.1	41.4	67	29.6	31.2	41.7	67	29.7	31.3	42.0	67	29.8	6
6	**31.0**	41.3	68	29.5	31.1	41.5	68	29.6	31.2	41.8	68	29.7	31.3	42.0	68	29.8	31.4	42.3	68	29.9	6
5	31.1	41.8	68	29.6	31.2	41.8	68	29.8	31.3	42.1	68	29.9	31.4	42.4	68	30.0	31.5	42.6	68	30.1	5
5	31.2	41.9	69	29.8	31.3	42.2	69	29.9	31.4	42.4	69	30.0	31.5	42.7	69	30.1	31.6	42.9	69	30.2	5
5	31.3	42.2	69	29.9	31.4	42.5	69	30.0	31.5	42.8	69	30.1	31.6	43.0	69	30.2	31.7	43.3	69	30.3	5
5	31.4	42.6	70	30.1	31.5	42.8	70	30.2	31.6	43.1	70	30.3	31.7	43.3	70	30.4	31.8	43.6	70	30.5	5
5	31.5	42.9	70	30.2	31.6	43.1	70	30.3	31.7	43.4	70	30.4	31.8	43.7	70	30.5	31.9	43.9	70	30.6	5
5	31.6	43.2	71	30.3	31.7	43.5	71	30.4	31.8	43.7	71	30.5	31.9	44.0	71	30.6	**32.0**	44.3	71	30.7	5
5	31.7	43.5	71	30.5	31.8	43.8	71	30.6	31.9	44.1	71	30.7	**32.0**	44.3	71	30.8	32.1	44.6	71	30.9	5
5	31.8	43.9	72	30.6	31.9	44.1	72	30.7	**32.0**	44.4	72	30.8	32.1	44.7	72	30.9	32.2	45.0	72	31.0	5
4	31.9	44.2	72	30.7	**32.0**	44.5	72	30.8	32.1	44.7	72	30.9	32.2	45.0	73	31.0	32.3	45.3	73	31.1	4
4	**32.0**	44.5	73	30.9	32.1	44.8	73	31.0	32.2	45.1	73	31.1	32.3	45.4	73	31.2	32.4	45.6	73	31.3	4
4	32.1	44.9	73	31.0	32.2	45.2	74	31.1	32.3	45.4	74	31.2	32.4	45.7	74	31.3	32.5	46.0	74	31.4	4
4	32.2	45.2	74	31.1	32.3	45.5	74	31.2	32.4	45.8	74	31.3	32.5	46.0	74	31.4	32.6	46.3	74	31.5	4
4	32.3	45.6	75	31.2	32.4	45.8	75	31.4	32.5	46.1	75	31.5	32.6	46.4	75	31.6	32.7	46.7	75	31.7	4
4	32.4	45.9	75	31.4	32.5	46.2	75	31.5	32.6	46.5	75	31.6	32.7	46.7	75	31.7	32.8	47.0	75	31.8	4
4	32.5	46.2	76	31.5	32.6	46.5	76	31.6	32.7	46.8	76	31.7	32.8	47.1	76	31.8	32.9	47.4	76	31.9	4
4	32.6	46.6	76	31.6	32.7	46.9	76	31.7	32.8	47.1	76	31.8	32.9	47.4	76	32.0	**33.0**	47.7	76	32.1	4
4	32.7	46.9	77	31.8	32.8	47.2	77	31.9	32.9	47.5	77	32.0	**33.0**	47.8	77	32.1	33.1	48.1	77	32.2	4
3	32.8	47.3	77	31.9	32.9	47.6	77	32.0	**33.0**	47.8	77	32.1	33.1	48.1	78	32.2	33.2	48.4	78	32.3	3
3	32.9	47.6	78	32.0	**33.0**	47.9	78	32.1	33.1	48.2	78	32.2	33.2	48.5	78	32.3	33.3	48.8	78	32.4	3
3	**33.0**	48.0	79	32.2	33.1	48.3	79	32.3	33.2	48.5	79	32.4	33.3	48.8	79	32.5	33.4	49.1	79	32.6	3
3	33.1	48.3	79	32.3	33.2	48.6	79	32.4	33.3	48.9	79	32.5	33.4	49.2	79	32.6	33.5	49.5	79	32.7	3
3	33.2	48.7	80	32.4	33.3	49.0	80	32.5	33.4	49.2	80	32.6	33.5	49.5	80	32.7	33.6	49.8	80	32.8	3
3	33.3	49.0	80	32.5	33.4	49.3	80	32.6	33.5	49.6	80	32.7	33.6	49.9	80	32.9	33.7	50.2	80	33.0	3
3	33.4	49.4	81	32.7	33.5	49.7	81	32.8	33.6	50.0	81	32.9	33.7	50.2	81	33.0	33.8	50.5	81	33.1	3
3	33.5	49.7	81	32.8	33.6	50.0	81	32.9	33.7	50.3	81	33.0	33.8	50.6	82	33.1	33.9	50.9	82	33.2	3
3	33.6	50.1	82	32.9	33.7	50.4	82	33.0	33.8	50.7	82	33.1	33.9	51.0	82	33.2	**34.0**	51.3	82	33.3	3
3	33.7	50.4	83	33.1	33.8	50.7	83	33.2	33.9	51.0	83	33.3	**34.0**	51.3	83	33.4	34.1	51.6	83	33.5	3
2	33.8	50.8	83	33.2	33.9	51.1	83	33.3	**34.0**	51.4	83	33.4	34.1	51.7	83	33.5	34.2	52.0	83	33.6	2
2	33.9	51.2	84	33.3	**34.0**	51.5	84	33.4	34.1	51.8	84	33.5	34.2	52.1	84	33.6	34.3	52.4	84	33.7	2
2	**34.0**	51.5	84	33.4	34.1	51.8	84	33.5	34.2	52.1	84	33.6	34.3	52.4	84	33.7	34.4	52.7	84	33.8	2
2	34.1	51.9	85	33.6	34.2	52.2	85	33.7	34.3	52.5	85	33.8	34.4	52.8	85	33.9	34.5	53.1	85	34.0	2
2	34.2	52.3	86	33.7	34.3	52.6	86	33.8	34.4	52.9	86	33.9	34.5	53.2	86	34.0	34.6	53.5	86	34.1	2
2	34.3	52.6	86	33.8	34.4	52.9	86	33.9	34.5	53.2	86	34.0	34.6	53.5	86	34.1	34.7	53.8	86	34.2	2
2	34.4	53.0	87	33.9	34.5	53.3	87	34.0	34.6	53.6	87	34.1	34.7	53.9	87	34.2	34.8	54.2	87	34.3	2
2	34.5	53.4	87	34.1	34.6	53.7	87	34.2	34.7	54.0	87	34.3	34.8	54.3	87	34.4	34.9	54.6	87	34.5	2
2	34.6	53.7	88	34.2	34.7	54.0	88	34.3	34.8	54.3	88	34.4	34.9	54.7	88	34.5	**35.0**	55.0	88	34.6	2
2	34.7	54.1	89	34.3	34.8	54.4	89	34.4	34.9	54.7	89	34.5	**35.0**	55.0	89	34.6	35.1	55.3	89	34.7	2
1	34.8	54.5	89	34.4	34.9	54.8	89	34.5	**35.0**	55.1	89	34.6	35.1	55.4	89	34.7	35.2	55.7	89	34.8	1
1	34.9	54.9	90	34.6	**35.0**	55.2	90	34.7	35.1	55.5	90	34.8	35.2	55.8	90	34.9	35.3	56.1	90	35.0	1
1	**35.0**	55.2	90	34.7	35.1	55.5	90	34.8	35.2	55.9	90	34.9	35.3	56.2	90	35.0	35.4	56.5	91	35.1	1
1	35.1	55.6	91	34.8	35.2	55.9	91	34.9	35.3	56.2	91	35.0	35.4	56.6	91	35.1	35.5	56.9	91	35.2	1
1	35.2	56.0	92	34.9	35.3	56.3	92	35.0	35.4	56.6	92	35.1	35.5	56.9	92	35.2	35.6	57.3	92	35.3	1
1	35.3	56.4	92	35.0	35.4	56.7	92	35.1	35.5	57.0	92	35.2	35.6	57.3	92	35.3	35.7	57.6	92	35.4	1
1	35.4	56.8	93	35.2	35.5	57.1	93	35.3	35.6	57.4	93	35.4	35.7	57.7	93	35.5	35.8	58.0	93	35.6	1
1	35.5	57.1	94	35.3	35.6	57.5	94	35.4	35.7	57.8	94	35.5	35.8	58.1	94	35.6	35.9	58.4	94	35.7	1
1	35.6	57.5	94	35.4	35.7	57.8	94	35.5	35.8	58.2	94	35.6	35.9	58.5	94	35.7	**36.0**	58.8	94	35.8	1
1	35.7	57.9	95	35.5	35.8	58.2	95	35.6	35.9	58.6	95	35.7	**36.0**	58.9	95	35.8	36.1	59.2	95	35.9	1
1	35.8	58.3	95	35.7	35.9	58.6	95	35.8	**36.0**	59.0	95	35.9	36.1	59.3	95	36.0	36.2	59.6	95	36.1	1
0	35.9	58.7	96	35.8	**36.0**	59.0	96	35.9	36.1	59.3	96	36.0	36.2	59.7	96	36.1	36.3	60.0	96	36.2	0
0	**36.0**	59.1	97	35.9	36.1	59.4	97	36.0	36.2	59.7	97	36.1	36.3	60.1	97	36.2	36.4	60.4	97	36.3	0
0	36.1	59.5	97	36.0	36.2	59.8	97	36.1	36.3	60.1	97	36.2	36.4	60.5	97	36.3	36.5	60.8	97	36.4	0
0	36.2	59.9	98	36.1	36.3	60.2	98	36.2	36.4	60.5	98	36.3	36.5	60.9	98	36.4	36.6	61.2	98	36.5	0
0	36.3	60.3	99	36.3	36.4	60.6	99	36.4	36.5	60.9	99	36.5	36.6	61.3	99	36.6	36.7	61.6	99	36.7	0
0	36.4	60.7	99	36.4	36.5	61.0	99	36.5	36.6	61.3	99	36.6	36.7	61.7	99	36.7	36.8	62.0	99	36.8	0
0	36.5	61.1	100	36.5	36.6	61.4	100	36.6	36.7	61.7	100	36.7	36.8	62.1	100	36.8	36.9	62.4	100	36.9	0
	37.0				**37.1**				**37.2**				**37.3**				**37.4**				
46																	**14.0**	0.4	1	-33.4	46
45									13.9	0.3	1	-34.5	**14.0**	0.4	1	-31.7	14.1	0.5	1	-29.4	45
45					13.9	0.4	1	-32.6	**14.0**	0.5	1	-30.2	14.1	0.6	1	-28.2	14.2	0.7	1	-26.4	45
45	13.9	0.5	1	-31.0	**14.0**	0.6	1	-28.8	14.1	0.7	1	-27.0	14.2	0.8	1	-25.4	14.3	0.9	1	-24.0	45
44	**14.0**	0.6	1	-27.6	14.1	0.7	1	-26.0	14.2	0.8	1	-24.5	14.3	0.9	1	-23.2	14.4	1.1	2	-22.0	44
44	14.1	0.8	1	-25.0	14.2	0.9	1	-23.7	14.3	1.0	2	-22.4	14.4	1.1	2	-21.3	14.5	1.2	2	-20.3	44
44	14.2	1.0	2	-22.9	14.3	1.1	2	-21.7	14.4	1.2	2	-20.6	14.5	1.3	2	-19.6	14.6	1.4	2	-18.7	44
43	14.3	1.1	2	-21.0	14.4	1.3	2	-20.0	14.5	1.4	2	-20.1	14.6	1.5	2	-18.2	14.7	1.6	2	-17.3	43

n	t_W	e	U	t_d	t_W	e	U	t_d	t_W	e	U	t_d	t_W	e	U	t_d	t_W	e	U	t_d	n
	37.0				**37.1**				**37.2**				**37.3**				**37.4**				
43	14.4	1.3	2	-19.4	14.5	1.4	2	-18.5	14.6	1.5	2	-17.6	14.7	1.6	3	-16.8	14.8	1.7	3	-16.1	43
43	14.5	1.5	2	-18.0	14.6	1.6	3	-17.1	14.7	1.7	3	-16.4	14.8	1.8	3	-15.6	14.9	1.9	3	-14.9	43
42	14.6	1.7	3	-16.6	14.7	1.8	3	-15.9	14.8	1.9	3	-15.2	14.9	2.0	3	-14.5	**15.0**	2.1	3	-13.8	42
42	14.7	1.8	3	-15.5	14.8	1.9	3	-14.8	14.9	2.1	3	-14.1	**15.0**	2.2	3	-13.5	15.1	2.3	4	-12.9	42
42	14.8	2.0	3	-14.4	14.9	2.1	3	-13.7	**15.0**	2.2	4	-13.1	15.1	2.3	4	-12.5	15.2	2.5	4	-11.9	42
41	14.9	2.2	3	-13.3	**15.0**	2.3	4	-12.7	15.1	2.4	4	-12.1	15.2	2.5	4	-11.6	15.3	2.6	4	-11.0	41
41	**15.0**	2.4	4	-12.4	15.1	2.5	4	-11.8	15.2	2.6	4	-11.3	15.3	2.7	4	-10.7	15.4	2.8	4	-10.2	41
41	15.1	2.5	4	-11.5	15.2	2.7	4	-10.9	15.3	2.8	4	-10.4	15.4	2.9	5	-9.9	15.5	3.0	5	-9.4	41
40	15.2	2.7	4	-10.6	15.3	2.8	4	-10.1	15.4	2.9	5	-9.6	15.5	3.1	5	-9.2	15.6	3.2	5	-8.7	40
40	15.3	2.9	5	-9.8	15.4	3.0	5	-9.4	15.5	3.1	5	-8.9	15.6	3.2	5	-8.4	15.7	3.4	5	-8.0	40
40	15.4	3.1	5	-9.1	15.5	3.2	5	-8.6	15.6	3.3	5	-8.2	15.7	3.4	5	-7.7	15.8	3.5	6	-7.3	40
39	15.5	3.3	5	-8.3	15.6	3.4	5	-7.9	15.7	3.5	5	-7.5	15.8	3.6	6	-7.1	15.9	3.7	6	-6.7	39
39	15.6	3.4	5	-7.7	15.7	3.6	6	-7.2	15.8	3.7	6	-6.8	15.9	3.8	6	-6.4	**16.0**	3.9	6	-6.0	39
39	15.7	3.6	6	-7.0	15.8	3.7	6	-6.6	15.9	3.8	6	-6.2	**16.0**	4.0	6	-5.8	16.1	4.1	6	-5.4	39
38	15.8	3.8	6	-6.4	15.9	3.9	6	-6.0	**16.0**	4.0	6	-5.6	16.1	4.1	7	-5.2	16.2	4.3	7	-4.8	38
38	15.9	4.0	6	-5.7	**16.0**	4.1	6	-5.4	16.1	4.2	7	-5.0	16.2	4.3	7	-4.6	16.3	4.4	7	-4.3	38
38	**16.0**	4.2	7	-5.2	16.1	4.3	7	-4.8	16.2	4.4	7	-4.4	16.3	4.5	7	-4.1	16.4	4.6	7	-3.7	38
37	16.1	4.3	7	-4.6	16.2	4.5	7	-4.2	16.3	4.6	7	-3.9	16.4	4.7	7	-3.5	16.5	4.8	8	-3.2	37
37	16.2	4.5	7	-4.0	16.3	4.6	7	-3.7	16.4	4.8	8	-3.4	16.5	4.9	8	-3.0	16.6	5.0	8	-2.7	37
37	16.3	4.7	8	-3.5	16.4	4.8	8	-3.2	16.5	5.0	8	-2.8	16.6	5.1	8	-2.5	16.7	5.2	8	-2.2	37
36	16.4	4.9	8	-3.0	16.5	5.0	8	-2.7	16.6	5.1	8	-2.4	16.7	5.3	8	-2.0	16.8	5.4	8	-1.7	36
36	16.5	5.1	8	-2.5	16.6	5.2	8	-2.2	16.7	5.3	8	-1.9	16.8	5.4	9	-1.6	16.9	5.6	9	-1.3	36
36	16.6	5.3	8	-2.0	16.7	5.4	9	-1.7	16.8	5.5	9	-1.4	16.9	5.6	9	-1.1	**17.0**	5.8	9	-0.8	36
36	16.7	5.5	9	-1.5	16.8	5.6	9	-1.2	16.9	5.7	9	-0.9	**17.0**	5.8	9	-0.6	17.1	5.9	9	-0.4	36
35	16.8	5.6	9	-1.1	16.9	5.8	9	-0.8	**17.0**	5.9	9	-0.5	17.1	6.0	9	-0.2	17.2	6.1	10	0.1	35
35	16.9	5.8	9	-0.6	**17.0**	6.0	9	-0.3	17.1	6.1	10	-0.1	17.2	6.2	10	0.2	17.3	6.3	10	0.5	35
35	**17.0**	6.0	10	-0.2	17.1	6.1	10	0.1	17.2	6.3	10	0.4	17.3	6.4	10	0.6	17.4	6.5	10	0.9	35
34	17.1	6.2	10	0.2	17.2	6.3	10	0.5	17.3	6.5	10	0.8	17.4	6.6	10	1.0	17.5	6.7	10	1.3	34
34	17.2	6.4	10	0.7	17.3	6.5	10	0.9	17.4	6.7	10	1.2	17.5	6.8	11	1.4	17.6	6.9	11	1.7	34
34	17.3	6.6	11	1.1	17.4	6.7	11	1.3	17.5	6.8	11	1.6	17.6	7.0	11	1.8	17.7	7.1	11	2.1	34
33	17.4	6.8	11	1.5	17.5	6.9	11	1.7	17.6	7.0	11	2.0	17.7	7.2	11	2.2	17.8	7.3	11	2.5	33
33	17.5	7.0	11	1.9	17.6	7.1	11	2.1	17.7	7.2	11	2.4	17.8	7.4	12	2.6	17.9	7.5	12	2.8	33
33	17.6	7.2	11	2.2	17.7	7.3	12	2.5	17.8	7.4	12	2.7	17.9	7.6	12	3.0	**18.0**	7.7	12	3.2	33
33	17.7	7.4	12	2.6	17.8	7.5	12	2.9	17.9	7.6	12	3.1	**18.0**	7.8	12	3.3	18.1	7.9	12	3.6	33
32	17.8	7.6	12	3.0	17.9	7.7	12	3.2	**18.0**	7.8	12	3.5	18.1	8.0	12	3.7	18.2	8.1	13	3.9	32
32	17.9	7.8	12	3.3	**18.0**	7.9	13	3.6	18.1	8.0	13	3.8	18.2	8.1	13	4.0	18.3	8.3	13	4.3	32
32	**18.0**	8.0	13	3.7	18.1	8.1	13	3.9	18.2	8.2	13	4.2	18.3	8.3	13	4.4	18.4	8.5	13	4.6	32
31	18.1	8.2	13	4.0	18.2	8.3	13	4.3	18.3	8.4	13	4.5	18.4	8.5	13	4.7	18.5	8.7	14	4.9	31
31	18.2	8.3	13	4.4	18.3	8.5	13	4.6	18.4	8.6	14	4.8	18.5	8.7	14	5.0	18.6	8.9	14	5.3	31
31	18.3	8.5	14	4.7	18.4	8.7	14	4.9	18.5	8.8	14	5.2	18.6	8.9	14	5.4	18.7	9.1	14	5.6	31
31	18.4	8.7	14	5.0	18.5	8.9	14	5.3	18.6	9.0	14	5.5	18.7	9.1	14	5.7	18.8	9.3	14	5.9	31
30	18.5	8.9	14	5.4	18.6	9.1	14	5.6	18.7	9.2	15	5.8	18.8	9.3	15	6.0	18.9	9.5	15	6.2	30
30	18.6	9.1	15	5.7	18.7	9.3	15	5.9	18.8	9.4	15	6.1	18.9	9.6	15	6.3	**19.0**	9.7	15	6.5	30
30	18.7	9.3	15	6.0	18.8	9.5	15	6.2	18.9	9.6	15	6.4	**19.0**	9.8	15	6.6	19.1	9.9	15	6.8	30
29	18.8	9.5	15	6.3	18.9	9.7	15	6.5	**19.0**	9.8	15	6.7	19.1	10.0	16	6.9	19.2	10.1	16	7.1	29
29	18.9	9.8	16	6.6	**19.0**	9.9	16	6.8	19.1	10.0	16	7.0	19.2	10.2	16	7.2	19.3	10.3	16	7.4	29
29	**19.0**	10.0	16	6.9	19.1	10.1	16	7.1	19.2	10.2	16	7.3	19.3	10.4	16	7.5	19.4	10.5	16	7.7	29
29	19.1	10.2	16	7.2	19.2	10.3	16	7.4	19.3	10.4	16	7.6	19.4	10.6	17	7.8	19.5	10.7	17	8.0	29
28	19.2	10.4	17	7.5	19.3	10.5	17	7.7	19.4	10.6	17	7.9	19.5	10.8	17	8.1	19.6	10.9	17	8.3	28
28	19.3	10.6	17	7.8	19.4	10.7	17	8.0	19.5	10.9	17	8.2	19.6	11.0	17	8.4	19.7	11.1	17	8.6	28
28	19.4	10.8	17	8.1	19.5	10.9	17	8.3	19.6	11.1	17	8.5	19.7	11.2	18	8.6	19.8	11.3	18	8.8	28
28	19.5	11.0	18	8.4	19.6	11.1	18	8.5	19.7	11.3	18	8.7	19.8	11.4	18	8.9	19.9	11.6	18	9.1	28
27	19.6	11.2	18	8.6	19.7	11.3	18	8.8	19.8	11.5	18	9.0	19.9	11.6	18	9.2	**20.0**	11.8	18	9.4	27
27	19.7	11.4	18	8.9	19.8	11.5	18	9.1	19.9	11.7	18	9.3	**20.0**	11.8	19	9.5	20.1	12.0	19	9.6	27
27	19.8	11.6	19	9.2	19.9	11.8	19	9.4	**20.0**	11.9	19	9.5	20.1	12.0	19	9.7	20.2	12.2	19	9.9	27
27	19.9	11.8	19	9.4	**20.0**	12.0	19	9.6	20.1	12.1	19	9.8	20.2	12.3	19	10.0	20.3	12.4	19	10.2	27
26	**20.0**	12.0	19	9.7	20.1	12.2	19	9.9	20.2	12.3	19	10.1	20.3	12.5	20	10.2	20.4	12.6	20	10.4	26
26	20.1	12.2	20	10.0	20.2	12.4	20	10.1	20.3	12.5	20	10.3	20.4	12.7	20	10.5	20.5	12.8	20	10.7	26
26	20.2	12.5	20	10.2	20.3	12.6	20	10.4	20.4	12.8	20	10.6	20.5	12.9	20	10.7	20.6	13.0	20	10.9	26
26	20.3	12.7	20	10.5	20.4	12.8	20	10.7	20.5	13.0	20	10.8	20.6	13.1	21	11.0	20.7	13.3	21	11.2	26
25	20.4	12.9	21	10.7	20.5	13.0	21	10.9	20.6	13.2	21	11.1	20.7	13.3	21	11.2	20.8	13.5	21	11.4	25
25	20.5	13.1	21	11.0	20.6	13.2	21	11.1	20.7	13.4	21	11.3	20.8	13.5	21	11.5	20.9	13.7	21	11.7	25
25	20.6	13.3	21	11.2	20.7	13.5	21	11.4	20.8	13.6	21	11.6	20.9	13.8	22	11.7	**21.0**	13.9	22	11.9	25
25	20.7	13.5	22	11.5	20.8	13.7	22	11.6	20.9	13.8	22	11.8	**21.0**	14.0	22	12.0	21.1	14.1	22	12.1	25
24	20.8	13.7	22	11.7	20.9	13.9	22	11.9	**21.0**	14.1	22	12.0	21.1	14.2	22	12.2	21.2	14.4	22	12.4	24
24	20.9	14.0	22	11.9	**21.0**	14.1	22	12.1	21.1	14.3	22	12.3	21.2	14.4	23	12.4	21.3	14.6	23	12.6	24
24	**21.0**	14.2	23	12.2	21.1	14.3	23	12.3	21.2	14.5	23	12.5	21.3	14.6	23	12.7	21.4	14.8	23	12.8	24
24	21.1	14.4	23	12.4	21.2	14.6	23	12.6	21.3	14.7	23	12.7	21.4	14.9	23	12.9	21.5	15.0	23	13.1	24
23	21.2	14.6	23	12.6	21.3	14.8	23	12.8	21.4	14.9	24	13.0	21.5	15.1	24	13.1	21.6	15.3	24	13.3	23
23	21.3	14.8	24	12.9	21.4	15.0	24	13.0	21.5	15.2	24	13.2	21.6	15.3	24	13.4	21.7	15.5	24	13.5	23
23	21.4	15.1	24	13.1	21.5	15.2	24	13.3	21.6	15.4	24	13.4	21.7	15.5	24	13.6	21.8	15.7	24	13.7	23
23	21.5	15.3	24	13.3	21.6	15.5	24	13.5	21.7	15.6	25	13.6	21.8	15.8	25	13.8	21.9	15.9	25	14.0	23
22	21.6	15.5	25	13.6	21.7	15.7	25	13.7	21.8	15.8	25	13.9	21.9	16.0	25	14.0	**22.0**	16.2	25	14.2	22

n	t_W	e	U	t_d	t_W	e	U	t_d	t_W	e	U	t_d	t_W	e	U	t_d	t_W	e	U	t_d	n
	37.0				**37.1**				**37.2**				**37.3**				**37.4**				
22	21.7	15.7	25	13.8	21.8	15.9	25	13.9	21.9	16.1	25	14.1	**22.0**	16.2	25	14.2	22.1	16.4	26	14.4	22
22	21.8	16.0	25	14.0	21.9	16.1	26	14.1	**22.0**	16.3	26	14.3	22.1	16.5	26	14.5	22.2	16.6	26	14.6	22
22	21.9	16.2	26	14.2	**22.0**	16.4	26	14.4	22.1	16.5	26	14.5	22.2	16.7	26	14.7	22.3	16.8	26	14.8	22
21	**22.0**	16.4	26	14.4	22.1	16.6	26	14.6	22.2	16.7	26	14.7	22.3	16.9	27	14.9	22.4	17.1	27	15.0	21
21	22.1	16.7	27	14.6	22.2	16.8	27	14.8	22.3	17.0	27	14.9	22.4	17.1	27	15.1	22.5	17.3	27	15.2	21
21	22.2	16.9	27	14.9	22.3	17.0	27	15.0	22.4	17.2	27	15.2	22.5	17.4	27	15.3	22.6	17.5	27	15.4	21
21	22.3	17.1	27	15.1	22.4	17.3	27	15.2	22.5	17.4	27	15.4	22.6	17.6	28	15.5	22.7	17.8	28	15.7	21
21	22.4	17.3	28	15.3	22.5	17.5	28	15.4	22.6	17.7	28	15.6	22.7	17.8	28	15.7	22.8	18.0	28	15.9	21
20	22.5	17.6	28	15.5	22.6	17.7	28	15.6	22.7	17.9	28	15.8	22.8	18.1	28	15.9	22.9	18.2	28	16.1	20
20	22.6	17.8	28	15.7	22.7	18.0	28	15.8	22.8	18.1	29	16.0	22.9	18.3	29	16.1	**23.0**	18.5	29	16.3	20
20	22.7	18.0	29	15.9	22.8	18.2	29	16.0	22.9	18.4	29	16.2	**23.0**	18.5	29	16.3	23.1	18.7	29	16.5	20
20	22.8	18.3	29	16.1	22.9	18.4	29	16.2	**23.0**	18.6	29	16.4	23.1	18.8	29	16.5	23.2	19.0	30	16.7	20
19	22.9	18.5	29	16.3	**23.0**	18.7	30	16.4	23.1	18.8	30	16.6	23.2	19.0	30	16.7	23.3	19.2	30	16.9	19
19	**23.0**	18.7	30	16.5	23.1	18.9	30	16.6	23.2	19.1	30	16.8	23.3	19.3	30	16.9	23.4	19.4	30	17.1	19
19	23.1	19.0	30	16.7	23.2	19.2	30	16.8	23.3	19.3	30	17.0	23.4	19.5	31	17.1	23.5	19.7	31	17.2	19
19	23.2	19.2	31	16.9	23.3	19.4	31	17.0	23.4	19.6	31	17.2	23.5	19.7	31	17.3	23.6	19.9	31	17.4	19
19	23.3	19.5	31	17.1	23.4	19.6	31	17.2	23.5	19.8	31	17.4	23.6	20.0	31	17.5	23.7	20.2	31	17.6	19
18	23.4	19.7	31	17.3	23.5	19.9	31	17.4	23.6	20.0	32	17.5	23.7	20.2	32	17.7	23.8	20.4	32	17.8	18
18	23.5	19.9	32	17.5	23.6	20.1	32	17.6	23.7	20.3	32	17.7	23.8	20.5	32	17.9	23.9	20.6	32	18.0	18
18	23.6	20.2	32	17.7	23.7	20.4	32	17.8	23.8	20.5	32	17.9	23.9	20.7	32	18.1	**24.0**	20.9	33	18.2	18
18	23.7	20.4	33	17.8	23.8	20.6	33	18.0	23.9	20.8	33	18.1	**24.0**	21.0	33	18.3	24.1	21.1	33	18.4	18
18	23.8	20.7	33	18.0	23.9	20.8	33	18.2	**24.0**	21.0	33	18.3	24.1	21.2	33	18.4	24.2	21.4	33	18.6	18
17	23.9	20.9	33	18.2	**24.0**	21.1	33	18.4	24.1	21.3	34	18.5	24.2	21.5	34	18.6	24.3	21.6	34	18.8	17
17	**24.0**	21.2	34	18.4	24.1	21.3	34	18.5	24.2	21.5	34	18.7	24.3	21.7	34	18.8	24.4	21.9	34	18.9	17
17	24.1	21.4	34	18.6	24.2	21.6	34	18.7	24.3	21.8	34	18.9	24.4	21.9	34	19.0	24.5	22.1	35	19.1	17
17	24.2	21.7	34	18.8	24.3	21.8	35	18.9	24.4	22.0	35	19.0	24.5	22.2	35	19.2	24.6	22.4	35	19.3	17
17	24.3	21.9	35	19.0	24.4	22.1	35	19.1	24.5	22.3	35	19.2	24.6	22.5	35	19.4	24.7	22.6	35	19.5	17
16	24.4	22.1	35	19.1	24.5	22.3	35	19.3	24.6	22.5	35	19.4	24.7	22.7	36	19.5	24.8	22.9	36	19.7	16
16	24.5	22.4	36	19.3	24.6	22.6	36	19.4	24.7	22.8	36	19.6	24.8	23.0	36	19.7	24.9	23.1	36	19.8	16
16	24.6	22.7	36	19.5	24.7	22.8	36	19.6	24.8	23.0	36	19.8	24.9	23.2	36	19.9	**25.0**	23.4	36	20.0	16
16	24.7	22.9	36	19.7	24.8	23.1	37	19.8	24.9	23.3	37	19.9	**25.0**	23.5	37	20.1	25.1	23.7	37	20.2	16
16	24.8	23.2	37	19.9	24.9	23.3	37	20.0	**25.0**	23.5	37	20.1	25.1	23.7	37	20.2	25.2	23.9	37	20.4	16
15	24.9	23.4	37	20.0	**25.0**	23.6	37	20.2	25.1	23.8	37	20.3	25.2	24.0	38	20.4	25.3	24.2	38	20.5	15
15	**25.0**	23.7	38	20.2	25.1	23.9	38	20.3	25.2	24.0	38	20.5	25.3	24.2	38	20.6	25.4	24.4	38	20.7	15
15	25.1	23.9	38	20.4	25.2	24.1	38	20.5	25.3	24.3	38	20.6	25.4	24.5	38	20.8	25.5	24.7	38	20.9	15
15	25.2	24.2	39	20.5	25.3	24.4	39	20.7	25.4	24.6	39	20.8	25.5	24.8	39	20.9	25.6	24.9	39	21.1	15
15	25.3	24.4	39	20.7	25.4	24.6	39	20.8	25.5	24.8	39	21.0	25.6	25.0	39	21.1	25.7	25.2	39	21.2	15
15	25.4	24.7	39	20.9	25.5	24.9	39	21.0	25.6	25.1	40	21.1	25.7	25.3	40	21.3	25.8	25.5	40	21.4	15
14	25.5	25.0	40	21.1	25.6	25.1	40	21.2	25.7	25.3	40	21.3	25.8	25.5	40	21.4	25.9	25.7	40	21.6	14
14	25.6	25.2	40	21.2	25.7	25.4	40	21.4	25.8	25.6	40	21.5	25.9	25.8	40	21.6	**26.0**	26.0	41	21.7	14
14	25.7	25.5	41	21.4	25.8	25.7	41	21.5	25.9	25.9	41	21.7	**26.0**	26.1	41	21.8	26.1	26.3	41	21.9	14
14	25.8	25.7	41	21.6	25.9	25.9	41	21.7	**26.0**	26.1	41	21.8	26.1	26.3	41	21.9	26.2	26.5	41	22.1	14
14	25.9	26.0	41	21.7	**26.0**	26.2	42	21.9	26.1	26.4	42	22.0	26.2	26.6	42	22.1	26.3	26.8	42	22.2	14
13	**26.0**	26.3	42	21.9	26.1	26.5	42	22.0	26.2	26.7	42	22.1	26.3	26.9	42	22.3	26.4	27.1	42	22.4	13
13	26.1	26.5	42	22.1	26.2	26.7	42	22.2	26.3	26.9	42	22.3	26.4	27.1	43	22.4	26.5	27.3	43	22.6	13
13	26.2	26.8	43	22.2	26.3	27.0	43	22.4	26.4	27.2	43	22.5	26.5	27.4	43	22.6	26.6	27.6	43	22.7	13
13	26.3	27.1	43	22.4	26.4	27.3	43	22.5	26.5	27.5	43	22.6	26.6	27.7	43	22.8	26.7	27.9	43	22.9	13
13	26.4	27.3	44	22.6	26.5	27.5	44	22.7	26.6	27.7	44	22.8	26.7	28.0	44	22.9	26.8	28.2	44	23.0	13
13	26.5	27.6	44	22.7	26.6	27.8	44	22.8	26.7	28.0	44	23.0	26.8	28.2	44	23.1	26.9	28.4	44	23.2	13
12	26.6	27.9	44	22.9	26.7	28.1	45	23.0	26.8	28.3	45	23.1	26.9	28.5	45	23.2	**27.0**	28.7	45	23.4	12
12	26.7	28.2	45	23.0	26.8	28.4	45	23.2	26.9	28.6	45	23.3	**27.0**	28.8	45	23.4	27.1	29.0	45	23.5	12
12	26.8	28.4	45	23.2	26.9	28.6	45	23.3	**27.0**	28.8	45	23.4	27.1	29.1	46	23.6	27.2	29.3	46	23.7	12
12	26.9	28.7	46	23.4	**27.0**	28.9	46	23.5	27.1	29.1	46	23.6	27.2	29.3	46	23.7	27.3	29.5	46	23.8	12
12	**27.0**	29.0	46	23.5	27.1	29.2	46	23.6	27.2	29.4	46	23.8	27.3	29.6	46	23.9	27.4	29.8	46	24.0	12
12	27.1	29.3	47	23.7	27.2	29.5	47	23.8	27.3	29.7	47	23.9	27.4	29.9	47	24.0	27.5	30.1	47	24.2	12
11	27.2	29.5	47	23.8	27.3	29.7	47	24.0	27.4	30.0	47	24.1	27.5	30.2	47	24.2	27.6	30.4	47	24.3	11
11	27.3	29.8	47	24.0	27.4	30.0	48	24.1	27.5	30.2	48	24.2	27.6	30.5	48	24.3	27.7	30.7	48	24.5	11
11	27.4	30.1	48	24.1	27.5	30.3	48	24.3	27.6	30.5	48	24.4	27.7	30.7	48	24.5	27.8	31.0	48	24.6	11
11	27.5	30.4	48	24.3	27.6	30.6	48	24.4	27.7	30.8	49	24.5	27.8	31.0	49	24.7	27.9	31.2	49	24.8	11
11	27.6	30.7	49	24.5	27.7	30.9	49	24.6	27.8	31.1	49	24.7	27.9	31.3	49	24.8	**28.0**	31.5	49	24.9	11
11	27.7	30.9	49	24.6	27.8	31.2	49	24.7	27.9	31.4	49	24.8	**28.0**	31.6	50	25.0	28.1	31.8	50	25.1	11
10	27.8	31.2	50	24.8	27.9	31.4	50	24.9	**28.0**	31.7	50	25.0	28.1	31.9	50	25.1	28.2	32.1	50	25.2	10
10	27.9	31.5	50	24.9	**28.0**	31.7	50	25.0	28.1	31.9	50	25.1	28.2	32.2	50	25.3	28.3	32.4	50	25.4	10
10	**28.0**	31.8	51	25.1	28.1	32.0	51	25.2	28.2	32.2	51	25.3	28.3	32.5	51	25.4	28.4	32.7	51	25.5	10
10	28.1	32.1	51	25.2	28.2	32.3	51	25.3	28.3	32.5	51	25.4	28.4	32.7	51	25.6	28.5	33.0	51	25.7	10
10	28.2	32.4	52	25.4	28.3	32.6	52	25.5	28.4	32.8	52	25.6	28.5	33.0	52	25.7	28.6	33.3	52	25.8	10
10	28.3	32.7	52	25.5	28.4	32.9	52	25.6	28.5	33.1	52	25.7	28.6	33.3	52	25.9	28.7	33.6	52	26.0	10
10	28.4	32.9	52	25.7	28.5	33.2	53	25.8	28.6	33.4	53	25.9	28.7	33.6	53	26.0	28.8	33.9	53	26.1	10
9	28.5	33.2	53	25.8	28.6	33.5	53	25.9	28.7	33.7	53	26.0	28.8	33.9	53	26.2	28.9	34.2	53	26.3	9
9	28.6	33.5	53	26.0	28.7	33.8	54	26.1	28.8	34.0	54	26.2	28.9	34.2	54	26.3	**29.0**	34.4	54	26.4	9
9	28.7	33.8	54	26.1	28.8	34.1	54	26.2	28.9	34.3	54	26.3	**29.0**	34.5	54	26.5	29.1	34.7	54	26.6	9
9	28.8	34.1	54	26.3	28.9	34.4	54	26.4	**29.0**	34.6	55	26.5	29.1	34.8	55	26.6	29.2	35.0	55	26.7	9
9	28.9	34.4	55	26.4	**29.0**	34.6	55	26.5	29.1	34.9	55	26.6	29.2	35.1	55	26.7	29.3	35.3	55	26.9	9

n	t_W	e	U	t_d	t_W	e	U	t_d	t_W	e	U	t_d	t_W	e	U	t_d	t_W	e	U	t_d	n
	37.0				**37.1**				**37.2**				**37.3**				**37.4**				
9	**29.0**	34.7	55	26.6	29.1	34.9	55	26.7	29.2	35.2	55	26.8	29.3	35.4	56	26.9	29.4	35.7	56	27.0	9
9	29.1	35.0	56	26.7	29.2	35.2	56	26.8	29.3	35.5	56	26.9	29.4	35.7	56	27.0	29.5	36.0	56	27.1	9
8	29.2	35.3	56	26.8	29.3	35.5	56	27.0	29.4	35.8	56	27.1	29.5	36.0	56	27.2	29.6	36.3	57	27.3	8
8	29.3	35.6	57	27.0	29.4	35.9	57	27.1	29.5	36.1	57	27.2	29.6	36.3	57	27.3	29.7	36.6	57	27.4	8
8	29.4	35.9	57	27.1	29.5	36.2	57	27.2	29.6	36.4	57	27.4	29.7	36.6	57	27.5	29.8	36.9	57	27.6	8
8	29.5	36.2	58	27.3	29.6	36.5	58	27.4	29.7	36.7	58	27.5	29.8	36.9	58	27.6	29.9	37.2	58	27.7	8
8	29.6	36.5	58	27.4	29.7	36.8	58	27.5	29.8	37.0	58	27.6	29.9	37.2	58	27.8	**30.0**	37.5	58	27.9	8
8	29.7	36.8	59	27.6	29.8	37.1	59	27.7	29.9	37.3	59	27.8	**30.0**	37.6	59	27.9	30.1	37.8	59	28.0	8
8	29.8	37.1	59	27.7	29.9	37.4	59	27.8	**30.0**	37.6	59	27.9	30.1	37.9	59	28.0	30.2	38.1	59	28.1	8
7	29.9	37.4	60	27.8	**30.0**	37.7	60	28.0	30.1	37.9	60	28.1	30.2	38.2	60	28.2	30.3	38.4	60	28.3	7
7	**30.0**	37.8	60	28.0	30.1	38.0	60	28.1	30.2	38.2	60	28.2	30.3	38.5	60	28.3	30.4	38.7	60	28.4	7
7	30.1	38.1	61	28.1	30.2	38.3	61	28.2	30.3	38.6	61	28.3	30.4	38.8	61	28.5	30.5	39.1	61	28.6	7
7	30.2	38.4	61	28.3	30.3	38.6	61	28.4	30.4	38.9	61	28.5	30.5	39.1	61	28.6	30.6	39.4	61	28.7	7
7	30.3	38.7	62	28.4	30.4	38.9	62	28.5	30.5	39.2	62	28.6	30.6	39.4	62	28.7	30.7	39.7	62	28.8	7
7	30.4	39.0	62	28.5	30.5	39.3	62	28.7	30.6	39.5	62	28.8	30.7	39.8	62	28.9	30.8	40.0	62	29.0	7
7	30.5	39.3	63	28.7	30.6	39.6	63	28.8	30.7	39.8	63	28.9	30.8	40.1	63	29.0	30.9	40.3	63	29.1	7
7	30.6	39.6	63	28.8	30.7	39.9	63	28.9	30.8	40.1	63	29.0	30.9	40.4	63	29.1	**31.0**	40.7	63	29.3	7
6	30.7	40.0	64	29.0	30.8	40.2	64	29.1	30.9	40.5	64	29.2	**31.0**	40.7	64	29.3	31.1	41.0	64	29.4	6
6	30.8	40.3	64	29.1	30.9	40.5	64	29.2	**31.0**	40.8	64	29.3	31.1	41.0	64	29.4	31.2	41.3	64	29.5	6
6	30.9	40.6	65	29.2	**31.0**	40.9	65	29.3	31.1	41.1	65	29.5	31.2	41.4	65	29.6	31.3	41.6	65	29.7	6
6	**31.0**	40.9	65	29.4	31.1	41.2	65	29.5	31.2	41.4	65	29.6	31.3	41.7	65	29.7	31.4	42.0	65	29.8	6
6	31.1	41.2	66	29.5	31.2	41.5	66	29.6	31.3	41.8	66	29.7	31.4	42.0	66	29.8	31.5	42.3	66	29.9	6
6	31.2	41.6	66	29.6	31.3	41.8	66	29.8	31.4	42.1	66	29.9	31.5	42.4	66	30.0	31.6	42.6	66	30.1	6
6	31.3	41.9	67	29.8	31.4	42.2	67	29.9	31.5	42.4	67	30.0	31.6	42.7	67	30.1	31.7	42.9	67	30.2	6
6	31.4	42.2	67	29.9	31.5	42.5	67	30.0	31.6	42.7	67	30.1	31.7	43.0	67	30.2	31.8	43.3	67	30.3	6
5	31.5	42.6	68	30.1	31.6	42.8	68	30.2	31.7	43.1	68	30.3	31.8	43.3	68	30.4	31.9	43.6	68	30.5	5
5	31.6	42.9	68	30.2	31.7	43.1	68	30.3	31.8	43.4	68	30.4	31.9	43.7	68	30.5	**32.0**	43.9	69	30.6	5
5	31.7	43.2	69	30.3	31.8	43.5	69	30.4	31.9	43.7	69	30.5	**32.0**	44.0	69	30.6	32.1	44.3	69	30.7	5
5	31.8	43.5	69	30.5	31.9	43.8	69	30.6	**32.0**	44.1	69	30.7	32.1	44.3	70	30.8	32.2	44.6	70	30.9	5
5	31.9	43.9	70	30.6	**32.0**	44.1	70	30.7	32.1	44.4	70	30.8	32.2	44.7	70	30.9	32.3	45.0	70	31.0	5
5	**32.0**	44.2	70	30.7	32.1	44.5	70	30.8	32.2	44.8	71	30.9	32.3	45.0	71	31.0	32.4	45.3	71	31.1	5
5	32.1	44.5	71	30.9	32.2	44.8	71	31.0	32.3	45.1	71	31.1	32.4	45.4	71	31.2	32.5	45.6	71	31.3	5
5	32.2	44.9	72	31.0	32.3	45.2	72	31.1	32.4	45.4	72	31.2	32.5	45.7	72	31.3	32.6	46.0	72	31.4	5
4	32.3	45.2	72	31.1	32.4	45.5	72	31.2	32.5	45.8	72	31.3	32.6	46.1	72	31.4	32.7	46.3	72	31.5	4
4	32.4	45.6	73	31.2	32.5	45.8	73	31.4	32.6	46.1	73	31.5	32.7	46.4	73	31.6	32.8	46.7	73	31.7	4
4	32.5	45.9	73	31.4	32.6	46.2	73	31.5	32.7	46.5	73	31.6	32.8	46.7	73	31.7	32.9	47.0	73	31.8	4
4	32.6	46.3	74	31.5	32.7	46.5	74	31.6	32.8	46.8	74	31.7	32.9	47.1	74	31.8	**33.0**	47.4	74	31.9	4
4	32.7	46.6	74	31.6	32.8	46.9	74	31.7	32.9	47.2	74	31.9	**33.0**	47.4	74	32.0	33.1	47.7	74	32.1	4
4	32.8	46.9	75	31.8	32.9	47.2	75	31.9	**33.0**	47.5	75	32.0	33.1	47.8	75	32.1	33.2	48.1	75	32.2	4
4	32.9	47.3	75	31.9	**33.0**	47.6	75	32.0	33.1	47.9	75	32.1	33.2	48.1	75	32.2	33.3	48.4	75	32.3	4
4	**33.0**	47.6	76	32.0	33.1	47.9	76	32.1	33.2	48.2	76	32.2	33.3	48.5	76	32.3	33.4	48.8	76	32.5	4
4	33.1	48.0	76	32.2	33.2	48.3	76	32.3	33.3	48.6	77	32.4	33.4	48.8	77	32.5	33.5	49.1	77	32.6	4
3	33.2	48.3	77	32.3	33.3	48.6	77	32.4	33.4	48.9	77	32.5	33.5	49.2	77	32.6	33.6	49.5	77	32.7	3
3	33.3	48.7	78	32.4	33.4	49.0	78	32.5	33.5	49.3	78	32.6	33.6	49.6	78	32.7	33.7	49.8	78	32.8	3
3	33.4	49.0	78	32.5	33.5	49.3	78	32.7	33.6	49.6	78	32.8	33.7	49.9	78	32.9	33.8	50.2	78	33.0	3
3	33.5	49.4	79	32.7	33.6	49.7	79	32.8	33.7	50.0	79	32.9	33.8	50.3	79	33.0	33.9	50.6	79	33.1	3
3	33.6	49.8	79	32.8	33.7	50.0	79	32.9	33.8	50.3	79	33.0	33.9	50.6	79	33.1	**34.0**	50.9	79	33.2	3
3	33.7	50.1	80	32.9	33.8	50.4	80	33.0	33.9	50.7	80	33.1	**34.0**	51.0	80	33.2	34.1	51.3	80	33.3	3
3	33.8	50.5	80	33.1	33.9	50.8	80	33.2	**34.0**	51.1	80	33.3	34.1	51.4	81	33.4	34.2	51.7	81	33.5	3
3	33.9	50.8	81	33.2	**34.0**	51.1	81	33.3	34.1	51.4	81	33.4	34.2	51.7	81	33.5	34.3	52.0	81	33.6	3
3	**34.0**	51.2	82	33.3	34.1	51.5	82	33.4	34.2	51.8	82	33.5	34.3	52.1	82	33.6	34.4	52.4	82	33.7	3
3	34.1	51.6	82	33.4	34.2	51.9	82	33.5	34.3	52.2	82	33.6	34.4	52.5	82	33.7	34.5	52.8	82	33.9	3
2	34.2	51.9	83	33.6	34.3	52.2	83	33.7	34.4	52.5	83	33.8	34.5	52.8	83	33.9	34.6	53.1	83	34.0	2
2	34.3	52.3	83	33.7	34.4	52.6	83	33.8	34.5	52.9	83	33.9	34.6	53.2	83	34.0	34.7	53.5	83	34.1	2
2	34.4	52.7	84	33.8	34.5	53.0	84	33.9	34.6	53.3	84	34.0	34.7	53.6	84	34.1	34.8	53.9	84	34.2	2
2	34.5	53.0	84	33.9	34.6	53.3	85	34.0	34.7	53.6	85	34.1	34.8	53.9	85	34.3	34.9	54.3	85	34.4	2
2	34.6	53.4	85	34.1	34.7	53.7	85	34.2	34.8	54.0	85	34.3	34.9	54.3	85	34.4	**35.0**	54.6	85	34.5	2
2	34.7	53.8	86	34.2	34.8	54.1	86	34.3	34.9	54.4	86	34.4	**35.0**	54.7	86	34.5	35.1	55.0	86	34.6	2
2	34.8	54.1	86	34.3	34.9	54.5	86	34.4	**35.0**	54.8	86	34.5	35.1	55.1	86	34.6	35.2	55.4	86	34.7	2
2	34.9	54.5	87	34.4	**35.0**	54.8	87	34.5	35.1	55.1	87	34.6	35.2	55.5	87	34.7	35.3	55.8	87	34.9	2
2	**35.0**	54.9	87	34.6	35.1	55.2	87	34.7	35.2	55.5	88	34.8	35.3	55.8	88	34.9	35.4	56.2	88	35.0	2
2	35.1	55.3	88	34.7	35.2	55.6	88	34.8	35.3	55.9	88	34.9	35.4	56.2	88	35.0	35.5	56.5	88	35.1	2
2	35.2	55.7	89	34.8	35.3	56.0	89	34.9	35.4	56.3	89	35.0	35.5	56.6	89	35.1	35.6	56.9	89	35.2	2
1	35.3	56.0	89	34.9	35.4	56.4	89	35.0	35.5	56.7	89	35.1	35.6	57.0	89	35.2	35.7	57.3	89	35.3	1
1	35.4	56.4	90	35.1	35.5	56.7	90	35.2	35.6	57.1	90	35.3	35.7	57.4	90	35.4	35.8	57.7	90	35.5	1
1	35.5	56.8	91	35.2	35.6	57.1	91	35.3	35.7	57.4	91	35.4	35.8	57.8	91	35.5	35.9	58.1	91	35.6	1
1	35.6	57.2	91	35.3	35.7	57.5	91	35.4	35.8	57.8	91	35.5	35.9	58.2	91	35.6	**36.0**	58.5	91	35.7	1
1	35.7	57.6	92	35.4	35.8	57.9	92	35.5	35.9	58.2	92	35.6	**36.0**	58.6	92	35.7	36.1	58.9	92	35.8	1
1	35.8	58.0	92	35.6	35.9	58.3	92	35.7	**36.0**	58.6	92	35.8	36.1	58.9	92	35.9	36.2	59.3	92	36.0	1
1	35.9	58.4	93	35.7	**36.0**	58.7	93	35.8	36.1	59.0	93	35.9	36.2	59.3	93	36.0	36.3	59.7	93	36.1	1
1	**36.0**	58.8	94	35.8	36.1	59.1	94	35.9	36.2	59.4	94	36.0	36.3	59.7	94	36.1	36.4	60.1	94	36.2	1
1	36.1	59.1	94	35.9	36.2	59.5	94	36.0	36.3	59.8	94	36.1	36.4	60.1	94	36.2	36.5	60.5	94	36.3	1
1	36.2	59.5	95	36.0	36.3	59.9	95	36.1	36.4	60.2	95	36.2	36.5	60.5	95	36.3	36.6	60.9	95	36.4	1

n	t_W	e	U	t_d	t_W	e	U	t_d	t_W	e	U	t_d	t_W	e	U	t_d	t_W	e	U	t_d	n
	37.0				**37.1**				**37.2**				**37.3**				**37.4**				
1	36.3	59.9	96	36.2	36.4	60.3	96	36.3	36.5	60.6	96	36.4	36.6	60.9	96	36.5	36.7	61.3	96	36.6	1
0	36.4	60.3	96	36.3	36.5	60.7	96	36.4	36.6	61.0	96	36.5	36.7	61.3	96	36.6	36.8	61.7	96	36.7	0
0	36.5	60.7	97	36.4	36.6	61.1	97	36.5	36.7	61.4	97	36.6	36.8	61.7	97	36.7	36.9	62.1	97	36.8	0
0	36.6	61.1	97	36.5	36.7	61.5	97	36.6	36.8	61.8	97	36.7	36.9	62.2	97	36.8	**37.0**	62.5	97	36.9	0
0	36.7	61.5	98	36.6	36.8	61.9	98	36.7	36.9	62.2	98	36.8	**37.0**	62.6	98	36.9	37.1	62.9	98	37.0	0
0	36.8	61.9	99	36.8	36.9	62.3	99	36.9	**37.0**	62.6	99	37.0	37.1	63.0	99	37.1	37.2	63.3	99	37.2	0
0	36.9	62.4	99	36.9	**37.0**	62.7	99	37.0	37.1	63.0	99	37.1	37.2	63.4	99	37.2	37.3	63.7	99	37.3	0
0	**37.0**	62.8	100	37.0	37.1	63.1	100	37.1	37.2	63.4	100	37.2	37.3	63.8	100	37.3	37.4	64.1	100	37.4	0
	37.5				**37.6**				**37.7**				**37.8**				**37.9**				
46																	14.2	0.4	1	-33.2	46
46									14.1	0.3	1	-34.3	14.2	0.4	1	-31.5	14.3	0.5	1	-29.2	46
45					14.1	0.4	1	-32.4	14.2	0.5	1	-30.0	14.3	0.6	1	-28.0	14.4	0.7	1	-26.3	45
45	14.1	0.5	1	-30.8	14.2	0.6	1	-28.7	14.3	0.7	1	-26.9	14.4	0.8	1	-25.3	14.5	0.9	1	-23.9	45
45	14.2	0.6	1	-27.5	14.3	0.7	1	-25.8	14.4	0.9	1	-24.4	14.5	1.0	1	-23.1	14.6	1.1	2	-21.9	45
44	14.3	0.8	1	-24.9	14.4	0.9	1	-23.5	14.5	1.0	2	-22.3	14.6	1.1	2	-21.2	14.7	1.2	2	-20.1	44
44	14.4	1.0	2	-22.7	14.5	1.1	2	-21.6	14.6	1.2	2	-20.5	14.7	1.3	2	-19.5	14.8	1.4	2	-18.6	44
44	14.5	1.2	2	-20.9	14.6	1.3	2	-19.9	14.7	1.4	2	-18.9	14.8	1.5	2	-18.0	14.9	1.6	2	-17.2	44
43	14.6	1.3	2	-19.3	14.7	1.4	2	-18.4	14.8	1.5	2	-17.5	14.9	1.7	3	-16.7	**15.0**	1.8	3	-15.9	43
43	14.7	1.5	2	-17.8	14.8	1.6	2	-17.0	14.9	1.7	3	-16.2	**15.0**	1.8	3	-15.5	15.1	1.9	3	-14.8	43
43	14.8	1.7	3	-16.5	14.9	1.8	3	-15.8	**15.0**	1.9	3	-15.1	15.1	2.0	3	-14.4	15.2	2.1	3	-13.7	43
42	14.9	1.9	3	-15.3	**15.0**	2.0	3	-14.6	15.1	2.1	3	-14.0	15.2	2.2	3	-13.3	15.3	2.3	3	-12.7	42
42	**15.0**	2.0	3	-14.2	15.1	2.1	3	-13.6	15.2	2.3	3	-13.0	15.3	2.4	4	-12.4	15.4	2.5	4	-11.8	42
42	15.1	2.2	3	-13.2	15.2	2.3	4	-12.6	15.3	2.4	4	-12.0	15.4	2.5	4	-11.5	15.5	2.7	4	-10.9	42
41	15.2	2.4	4	-12.3	15.3	2.5	4	-11.7	15.4	2.6	4	-11.2	15.5	2.7	4	-10.6	15.6	2.8	4	-10.1	41
41	15.3	2.6	4	-11.4	15.4	2.7	4	-10.8	15.5	2.8	4	-10.3	15.6	2.9	4	-9.8	15.7	3.0	5	-9.3	41
41	15.4	2.7	4	-10.5	15.5	2.9	4	-10.0	15.6	3.0	5	-9.5	15.7	3.1	5	-9.0	15.8	3.2	5	-8.6	41
40	15.5	2.9	5	-9.7	15.6	3.0	5	-9.2	15.7	3.2	5	-8.8	15.8	3.3	5	-8.3	15.9	3.4	5	-7.9	40
40	15.6	3.1	5	-9.0	15.7	3.2	5	-8.5	15.8	3.3	5	-8.1	15.9	3.4	5	-7.6	**16.0**	3.6	5	-7.2	40
40	15.7	3.3	5	-8.2	15.8	3.4	5	-7.8	15.9	3.5	5	-7.4	**16.0**	3.6	6	-7.0	16.1	3.7	6	-6.5	40
39	15.8	3.5	5	-7.6	15.9	3.6	6	-7.1	**16.0**	3.7	6	-6.7	16.1	3.8	6	-6.3	16.2	3.9	6	-5.9	39
39	15.9	3.6	6	-6.9	**16.0**	3.8	6	-6.5	16.1	3.9	6	-6.1	16.2	4.0	6	-5.7	16.3	4.1	6	-5.3	39
39	**16.0**	3.8	6	-6.3	16.1	3.9	6	-5.9	16.2	4.1	6	-5.5	16.3	4.2	6	-5.1	16.4	4.3	7	-4.7	39
38	16.1	4.0	6	-5.6	16.2	4.1	6	-5.3	16.3	4.2	7	-4.9	16.4	4.4	7	-4.5	16.5	4.5	7	-4.2	38
38	16.2	4.2	7	-5.1	16.3	4.3	7	-4.7	16.4	4.4	7	-4.3	16.5	4.6	7	-4.0	16.6	4.7	7	-3.6	38
38	16.3	4.4	7	-4.5	16.4	4.5	7	-4.1	16.5	4.6	7	-3.8	16.6	4.7	7	-3.4	16.7	4.9	7	-3.1	38
37	16.4	4.6	7	-3.9	16.5	4.7	7	-3.6	16.6	4.8	7	-3.3	16.7	4.9	8	-2.9	16.8	5.0	8	-2.6	37
37	16.5	4.8	7	-3.4	16.6	4.9	8	-3.1	16.7	5.0	8	-2.7	16.8	5.1	8	-2.4	16.9	5.2	8	-2.1	37
37	16.6	4.9	8	-2.9	16.7	5.1	8	-2.6	16.8	5.2	8	-2.2	16.9	5.3	8	-1.9	**17.0**	5.4	8	-1.6	37
36	16.7	5.1	8	-2.4	16.8	5.2	8	-2.1	16.9	5.4	8	-1.8	**17.0**	5.5	8	-1.5	17.1	5.6	9	-1.2	36
36	16.8	5.3	8	-1.9	16.9	5.4	8	-1.6	**17.0**	5.6	9	-1.3	17.1	5.7	9	-1.0	17.2	5.8	9	-0.7	36
36	16.9	5.5	9	-1.4	**17.0**	5.6	9	-1.1	17.1	5.7	9	-0.8	17.2	5.9	9	-0.5	17.3	6.0	9	-0.3	36
35	**17.0**	5.7	9	-1.0	17.1	5.8	9	-0.7	17.2	5.9	9	-0.4	17.3	6.1	9	-0.1	17.4	6.2	9	0.2	35
35	17.1	5.9	9	-0.5	17.2	6.0	9	-0.2	17.3	6.1	9	0.1	17.4	6.3	10	0.3	17.5	6.4	10	0.6	35
35	17.2	6.1	9	-0.1	17.3	6.2	10	0.2	17.4	6.3	10	0.5	17.5	6.4	10	0.7	17.6	6.6	10	1.0	35
35	17.3	6.3	10	0.3	17.4	6.4	10	0.6	17.5	6.5	10	0.9	17.6	6.6	10	1.2	17.7	6.8	10	1.4	35
34	17.4	6.5	10	0.8	17.5	6.6	10	1.0	17.6	6.7	10	1.3	17.7	6.8	10	1.6	17.8	7.0	11	1.8	34
34	17.5	6.6	10	1.2	17.6	6.8	10	1.4	17.7	6.9	11	1.7	17.8	7.0	11	2.0	17.9	7.2	11	2.2	34
34	17.6	6.8	11	1.6	17.7	7.0	11	1.8	17.8	7.1	11	2.1	17.9	7.2	11	2.3	**18.0**	7.4	11	2.6	34
33	17.7	7.0	11	2.0	17.8	7.2	11	2.2	17.9	7.3	11	2.5	**18.0**	7.4	11	2.7	18.1	7.6	11	3.0	33
33	17.8	7.2	11	2.3	17.9	7.4	11	2.6	**18.0**	7.5	11	2.8	18.1	7.6	12	3.1	18.2	7.7	12	3.3	33
33	17.9	7.4	12	2.7	**18.0**	7.6	12	3.0	18.1	7.7	12	3.2	18.2	7.8	12	3.4	18.3	7.9	12	3.7	33
33	**18.0**	7.6	12	3.1	18.1	7.8	12	3.3	18.2	7.9	12	3.6	18.3	8.0	12	3.8	18.4	8.1	12	4.0	33
32	18.1	7.8	12	3.4	18.2	7.9	12	3.7	18.3	8.1	12	3.9	18.4	8.2	13	4.1	18.5	8.3	13	4.4	32
32	18.2	8.0	12	3.8	18.3	8.1	13	4.0	18.4	8.3	13	4.3	18.5	8.4	13	4.5	18.6	8.5	13	4.7	32
32	18.3	8.2	13	4.1	18.4	8.3	13	4.4	18.5	8.5	13	4.6	18.6	8.6	13	4.8	18.7	8.7	13	5.0	32
31	18.4	8.4	13	4.5	18.5	8.5	13	4.7	18.6	8.7	13	4.9	18.7	8.8	13	5.2	18.8	8.9	14	5.4	31
31	18.5	8.6	13	4.8	18.6	8.7	13	5.0	18.7	8.9	14	5.3	18.8	9.0	14	5.5	18.9	9.2	14	5.7	31
31	18.6	8.8	14	5.2	18.7	8.9	14	5.4	18.8	9.1	14	5.6	18.9	9.2	14	5.8	**19.0**	9.4	14	6.0	31
31	18.7	9.0	14	5.5	18.8	9.1	14	5.7	18.9	9.3	14	5.9	**19.0**	9.4	14	6.1	19.1	9.6	15	6.3	31
30	18.8	9.2	14	5.8	18.9	9.4	14	6.0	**19.0**	9.5	15	6.2	19.1	9.6	15	6.4	19.2	9.8	15	6.6	30
30	18.9	9.4	15	6.1	**19.0**	9.6	15	6.3	19.1	9.7	15	6.5	19.2	9.8	15	6.7	19.3	10.0	15	6.9	30
30	**19.0**	9.6	15	6.4	19.1	9.8	15	6.6	19.2	9.9	15	6.8	19.3	10.0	15	7.0	19.4	10.2	15	7.2	30
29	19.1	9.8	15	6.7	19.2	10.0	15	6.9	19.3	10.1	15	7.1	19.4	10.2	16	7.3	19.5	10.4	16	7.5	29
29	19.2	10.0	16	7.0	19.3	10.2	16	7.2	19.4	10.3	16	7.4	19.5	10.5	16	7.6	19.6	10.6	16	7.8	29
29	19.3	10.2	16	7.3	19.4	10.4	16	7.5	19.5	10.5	16	7.7	19.6	10.7	16	7.9	19.7	10.8	16	8.1	29
29	19.4	10.4	16	7.6	19.5	10.6	16	7.8	19.6	10.7	16	8.0	19.7	10.9	17	8.2	19.8	11.0	17	8.4	29
28	19.5	10.7	17	7.9	19.6	10.8	17	8.1	19.7	10.9	17	8.3	19.8	11.1	17	8.5	19.9	11.2	17	8.7	28
28	19.6	10.9	17	8.2	19.7	11.0	17	8.4	19.8	11.1	17	8.6	19.9	11.3	17	8.8	**20.0**	11.4	17	8.9	28
28	19.7	11.1	17	8.5	19.8	11.2	17	8.7	19.9	11.4	17	8.8	**20.0**	11.5	18	9.0	20.1	11.6	18	9.2	28
28	19.8	11.3	17	8.7	19.9	11.4	18	8.9	**20.0**	11.6	18	9.1	20.1	11.7	18	9.3	20.2	11.9	18	9.5	28
27	19.9	11.5	18	9.0	**20.0**	11.6	18	9.2	20.1	11.8	18	9.4	20.2	11.9	18	9.6	20.3	12.1	18	9.8	27

n	t_W	e	U	t_d	t_W	e	U	t_d	t_W	e	U	t_d	t_W	e	U	t_d	t_W	e	U	t_d	n
	37.5				**37.6**				**37.7**				**37.8**				**37.9**				
27	**20.0**	11.7	18	9.3	20.1	11.8	18	9.5	20.2	12.0	18	9.7	20.3	12.1	19	9.8	20.4	12.3	19	10.0	27
27	20.1	11.9	18	9.6	20.2	12.1	19	9.7	20.3	12.2	19	9.9	20.4	12.4	19	10.1	20.5	12.5	19	10.3	27
27	20.2	12.1	19	9.8	20.3	12.3	19	10.0	20.4	12.4	19	10.2	20.5	12.6	19	10.4	20.6	12.7	19	10.5	27
26	20.3	12.3	19	10.1	20.4	12.5	19	10.3	20.5	12.6	19	10.4	20.6	12.8	19	10.6	20.7	12.9	20	10.8	26
26	20.4	12.6	19	10.3	20.5	12.7	20	10.5	20.6	12.8	20	10.7	20.7	13.0	20	10.9	20.8	13.1	20	11.0	26
26	20.5	12.8	20	10.6	20.6	12.9	20	10.8	20.7	13.1	20	10.9	20.8	13.2	20	11.1	20.9	13.4	20	11.3	26
26	20.6	13.0	20	10.8	20.7	13.1	20	11.0	20.8	13.3	20	11.2	20.9	13.4	20	11.4	**21.0**	13.6	21	11.5	26
25	20.7	13.2	20	11.1	20.8	13.3	21	11.3	20.9	13.5	21	11.4	**21.0**	13.7	21	11.6	21.1	13.8	21	11.8	25
25	20.8	13.4	21	11.3	20.9	13.6	21	11.5	**21.0**	13.7	21	11.7	21.1	13.9	21	11.8	21.2	14.0	21	12.0	25
25	20.9	13.6	21	11.6	**21.0**	13.8	21	11.7	21.1	13.9	21	11.9	21.2	14.1	22	12.1	21.3	14.2	22	12.2	25
25	**21.0**	13.9	21	11.8	21.1	14.0	22	12.0	21.2	14.2	22	12.2	21.3	14.3	22	12.3	21.4	14.5	22	12.5	25
24	21.1	14.1	22	12.1	21.2	14.2	22	12.2	21.3	14.4	22	12.4	21.4	14.5	22	12.6	21.5	14.7	22	12.7	24
24	21.2	14.3	22	12.3	21.3	14.4	22	12.5	21.4	14.6	22	12.6	21.5	14.8	23	12.8	21.6	14.9	23	12.9	24
24	21.3	14.5	23	12.5	21.4	14.7	23	12.7	21.5	14.8	23	12.9	21.6	15.0	23	13.0	21.7	15.1	23	13.2	24
24	21.4	14.7	23	12.8	21.5	14.9	23	12.9	21.6	15.1	23	13.1	21.7	15.2	23	13.2	21.8	15.4	23	13.4	24
23	21.5	15.0	23	13.0	21.6	15.1	23	13.2	21.7	15.3	23	13.3	21.8	15.4	24	13.5	21.9	15.6	24	13.6	23
23	21.6	15.2	24	13.2	21.7	15.3	24	13.4	21.8	15.5	24	13.5	21.9	15.7	24	13.7	**22.0**	15.8	24	13.9	23
23	21.7	15.4	24	13.4	21.8	15.6	24	13.6	21.9	15.7	24	13.8	**22.0**	15.9	24	13.9	22.1	16.1	24	14.1	23
23	21.8	15.6	24	13.7	21.9	15.8	24	13.8	**22.0**	16.0	24	14.0	22.1	16.1	25	14.1	22.2	16.3	25	14.3	23
22	21.9	15.9	25	13.9	**22.0**	16.0	25	14.0	22.1	16.2	25	14.2	22.2	16.3	25	14.4	22.3	16.5	25	14.5	22
22	**22.0**	16.1	25	14.1	22.1	16.3	25	14.3	22.2	16.4	25	14.4	22.3	16.6	25	14.6	22.4	16.7	25	14.7	22
22	22.1	16.3	25	14.3	22.2	16.5	25	14.5	22.3	16.6	26	14.6	22.4	16.8	26	14.8	22.5	17.0	26	14.9	22
22	22.2	16.5	26	14.5	22.3	16.7	26	14.7	22.4	16.9	26	14.8	22.5	17.0	26	15.0	22.6	17.2	26	15.1	22
22	22.3	16.8	26	14.8	22.4	16.9	26	14.9	22.5	17.1	26	15.1	22.6	17.3	26	15.2	22.7	17.4	26	15.4	22
21	22.4	17.0	26	15.0	22.5	17.2	26	15.1	22.6	17.3	27	15.3	22.7	17.5	27	15.4	22.8	17.7	27	15.6	21
21	22.5	17.2	27	15.2	22.6	17.4	27	15.3	22.7	17.6	27	15.5	22.8	17.7	27	15.6	22.9	17.9	27	15.8	21
21	22.6	17.5	27	15.4	22.7	17.6	27	15.5	22.8	17.8	27	15.7	22.9	18.0	27	15.8	**23.0**	18.1	28	16.0	21
21	22.7	17.7	27	15.6	22.8	17.9	28	15.7	22.9	18.0	28	15.9	**23.0**	18.2	28	16.0	23.1	18.4	28	16.2	21
20	22.8	17.9	28	15.8	22.9	18.1	28	15.9	**23.0**	18.3	28	16.1	23.1	18.4	28	16.2	23.2	18.6	28	16.4	20
20	22.9	18.2	28	16.0	**23.0**	18.3	28	16.1	23.1	18.5	28	16.3	23.2	18.7	29	16.4	23.3	18.9	29	16.6	20
20	**23.0**	18.4	29	16.2	23.1	18.6	29	16.4	23.2	18.8	29	16.5	23.3	18.9	29	16.6	23.4	19.1	29	16.8	20
20	23.1	18.6	29	16.4	23.2	18.8	29	16.6	23.3	19.0	29	16.7	23.4	19.2	29	16.8	23.5	19.3	29	17.0	20
20	23.2	18.9	29	16.6	23.3	19.1	29	16.7	23.4	19.2	30	16.9	23.5	19.4	30	17.0	23.6	19.6	30	17.2	20
19	23.3	19.1	30	16.8	23.4	19.3	30	16.9	23.5	19.5	30	17.1	23.6	19.6	30	17.2	23.7	19.8	30	17.4	19
19	23.4	19.4	30	17.0	23.5	19.5	30	17.1	23.6	19.7	30	17.3	23.7	19.9	30	17.4	23.8	20.1	30	17.6	19
19	23.5	19.6	30	17.2	23.6	19.8	31	17.3	23.7	20.0	31	17.5	23.8	20.1	31	17.6	23.9	20.3	31	17.8	19
19	23.6	19.8	31	17.4	23.7	20.0	31	17.5	23.8	20.2	31	17.7	23.9	20.4	31	17.8	**24.0**	20.6	31	17.9	19
18	23.7	20.1	31	17.6	23.8	20.3	31	17.7	23.9	20.4	31	17.9	**24.0**	20.6	31	18.0	24.1	20.8	32	18.1	18
18	23.8	20.3	32	17.8	23.9	20.5	32	17.9	**24.0**	20.7	32	18.0	24.1	20.9	32	18.2	24.2	21.1	32	18.3	18
18	23.9	20.6	32	18.0	**24.0**	20.8	32	18.1	24.1	20.9	32	18.2	24.2	21.1	32	18.4	24.3	21.3	32	18.5	18
18	**24.0**	20.8	32	18.2	24.1	21.0	32	18.3	24.2	21.2	32	18.4	24.3	21.4	33	18.6	24.4	21.5	33	18.7	18
18	24.1	21.1	33	18.3	24.2	21.3	33	18.5	24.3	21.4	33	18.6	24.4	21.6	33	18.7	24.5	21.8	33	18.9	18
17	24.2	21.3	33	18.5	24.3	21.5	33	18.7	24.4	21.7	33	18.8	24.5	21.9	33	18.9	24.6	22.0	33	19.1	17
17	24.3	21.6	33	18.7	24.4	21.7	34	18.8	24.5	21.9	34	19.0	24.6	22.1	34	19.1	24.7	22.3	34	19.2	17
17	24.4	21.8	34	18.9	24.5	22.0	34	19.0	24.6	22.2	34	19.2	24.7	22.4	34	19.3	24.8	22.6	34	19.4	17
17	24.5	22.1	34	19.1	24.6	22.2	34	19.2	24.7	22.4	34	19.3	24.8	22.6	35	19.5	24.9	22.8	35	19.6	17
17	24.6	22.3	35	19.3	24.7	22.5	35	19.4	24.8	22.7	35	19.5	24.9	22.9	35	19.7	**25.0**	23.1	35	19.8	17
16	24.7	22.6	35	19.4	24.8	22.8	35	19.6	24.9	22.9	35	19.7	**25.0**	23.1	35	19.8	25.1	23.3	35	20.0	16
16	24.8	22.8	35	19.6	24.9	23.0	35	19.7	**25.0**	23.2	36	19.9	25.1	23.4	36	20.0	25.2	23.6	36	20.1	16
16	24.9	23.1	36	19.8	**25.0**	23.3	36	19.9	25.1	23.5	36	20.1	25.2	23.6	36	20.2	25.3	23.8	36	20.3	16
16	**25.0**	23.3	36	20.0	25.1	23.5	36	20.1	25.2	23.7	36	20.2	25.3	23.9	36	20.4	25.4	24.1	37	20.5	16
16	25.1	23.6	37	20.1	25.2	23.8	37	20.3	25.3	24.0	37	20.4	25.4	24.2	37	20.5	25.5	24.4	37	20.7	16
16	25.2	23.8	37	20.3	25.3	24.0	37	20.5	25.4	24.2	37	20.6	25.5	24.4	37	20.7	25.6	24.6	37	20.8	16
15	25.3	24.1	37	20.5	25.4	24.3	37	20.6	25.5	24.5	38	20.8	25.6	24.7	38	20.9	25.7	24.9	38	21.0	15
15	25.4	24.4	38	20.7	25.5	24.6	38	20.8	25.6	24.7	38	20.9	25.7	24.9	38	21.1	25.8	25.1	38	21.2	15
15	25.5	24.6	38	20.8	25.6	24.8	38	21.0	25.7	25.0	38	21.1	25.8	25.2	38	21.2	25.9	25.4	39	21.4	15
15	25.6	24.9	39	21.0	25.7	25.1	39	21.1	25.8	25.3	39	21.3	25.9	25.5	39	21.4	**26.0**	25.7	39	21.5	15
15	25.7	25.1	39	21.2	25.8	25.3	39	21.3	25.9	25.5	39	21.4	**26.0**	25.7	39	21.6	26.1	25.9	39	21.7	15
14	25.8	25.4	39	21.4	25.9	25.6	39	21.5	**26.0**	25.8	40	21.6	26.1	26.0	40	21.7	26.2	26.2	40	21.9	14
14	25.9	25.7	40	21.5	**26.0**	25.9	40	21.6	26.1	26.1	40	21.8	26.2	26.3	40	21.9	26.3	26.5	40	22.0	14
14	**26.0**	25.9	40	21.7	26.1	26.1	40	21.8	26.2	26.3	40	21.9	26.3	26.5	40	22.1	26.4	26.7	41	22.2	14
14	26.1	26.2	41	21.9	26.2	26.4	41	22.0	26.3	26.6	41	22.1	26.4	26.8	41	22.2	26.5	27.0	41	22.4	14
14	26.2	26.5	41	22.0	26.3	26.7	41	22.1	26.4	26.9	41	22.3	26.5	27.1	41	22.4	26.6	27.3	41	22.5	14
14	26.3	26.7	41	22.2	26.4	26.9	42	22.3	26.5	27.1	42	22.4	26.6	27.3	42	22.6	26.7	27.6	42	22.7	14
13	26.4	27.0	42	22.4	26.5	27.2	42	22.5	26.6	27.4	42	22.6	26.7	27.6	42	22.7	26.8	27.8	42	22.8	13
13	26.5	27.3	42	22.5	26.6	27.5	42	22.6	26.7	27.7	42	22.8	26.8	27.9	43	22.9	26.9	28.1	43	23.0	13
13	26.6	27.5	43	22.7	26.7	27.8	43	22.8	26.8	28.0	43	22.9	26.9	28.2	43	23.0	**27.0**	28.4	43	23.2	13
13	26.7	27.8	43	22.8	26.8	28.0	43	23.0	26.9	28.2	43	23.1	**27.0**	28.4	43	23.2	27.1	28.7	43	23.3	13
13	26.8	28.1	44	23.0	26.9	28.3	44	23.1	**27.0**	28.5	44	23.2	27.1	28.7	44	23.4	27.2	28.9	44	23.5	13
13	26.9	28.4	44	23.2	**27.0**	28.6	44	23.3	27.1	28.8	44	23.4	27.2	29.0	44	23.5	27.3	29.2	44	23.7	13
12	**27.0**	28.6	44	23.3	27.1	28.9	44	23.4	27.2	29.1	45	23.6	27.3	29.3	45	23.7	27.4	29.5	45	23.8	12
12	27.1	28.9	45	23.5	27.2	29.1	45	23.6	27.3	29.3	45	23.7	27.4	29.6	45	23.8	27.5	29.8	45	24.0	12
12	27.2	29.2	45	23.6	27.3	29.4	45	23.8	27.4	29.6	45	23.9	27.5	29.8	46	24.0	27.6	30.1	46	24.1	12

n	t_W	e	U	t_d	t_W	e	U	t_d	t_W	e	U	t_d	t_W	e	U	t_d	t_W	e	U	t_d	n
	37.5				**37.6**				**37.7**				**37.8**				**37.9**				
12	27.3	29.5	46	23.8	27.4	29.7	46	23.9	27.5	29.9	46	24.0	27.6	30.1	46	24.2	27.7	30.3	46	24.3	12
12	27.4	29.8	46	24.0	27.5	30.0	46	24.1	27.6	30.2	46	24.2	27.7	30.4	46	24.3	27.8	30.6	46	24.4	12
12	27.5	30.0	47	24.1	27.6	30.3	47	24.2	27.7	30.5	47	24.4	27.8	30.7	47	24.5	27.9	30.9	47	24.6	12
11	27.6	30.3	47	24.3	27.7	30.5	47	24.4	27.8	30.8	47	24.5	27.9	31.0	47	24.6	**28.0**	31.2	47	24.7	11
11	27.7	30.6	47	24.4	27.8	30.8	48	24.5	27.9	31.0	48	24.7	**28.0**	31.3	48	24.8	28.1	31.5	48	24.9	11
11	27.8	30.9	48	24.6	27.9	31.1	48	24.7	**28.0**	31.3	48	24.8	28.1	31.5	48	24.9	28.2	31.8	48	25.1	11
11	27.9	31.2	48	24.7	**28.0**	31.4	48	24.9	28.1	31.6	48	25.0	28.2	31.8	49	25.1	28.3	32.1	49	25.2	11
11	**28.0**	31.5	49	24.9	28.1	31.7	49	25.0	28.2	31.9	49	25.1	28.3	32.1	49	25.2	28.4	32.3	49	25.4	11
11	28.1	31.7	49	25.0	28.2	32.0	49	25.2	28.3	32.2	49	25.3	28.4	32.4	49	25.4	28.5	32.6	50	25.5	11
10	28.2	32.0	50	25.2	28.3	32.3	50	25.3	28.4	32.5	50	25.4	28.5	32.7	50	25.5	28.6	32.9	50	25.7	10
10	28.3	32.3	50	25.3	28.4	32.5	50	25.5	28.5	32.8	50	25.6	28.6	33.0	50	25.7	28.7	33.2	50	25.8	10
10	28.4	32.6	51	25.5	28.5	32.8	51	25.6	28.6	33.1	51	25.7	28.7	33.3	51	25.8	28.8	33.5	51	26.0	10
10	28.5	32.9	51	25.6	28.6	33.1	51	25.8	28.7	33.4	51	25.9	28.8	33.6	51	26.0	28.9	33.8	51	26.1	10
10	28.6	33.2	51	25.8	28.7	33.4	52	25.9	28.8	33.7	52	26.0	28.9	33.9	52	26.1	**29.0**	34.1	52	26.3	10
10	28.7	33.5	52	25.9	28.8	33.7	52	26.1	28.9	34.0	52	26.2	**29.0**	34.2	52	26.3	29.1	34.4	52	26.4	10
10	28.8	33.8	52	26.1	28.9	34.0	52	26.2	**29.0**	34.2	53	26.3	29.1	34.5	53	26.4	29.2	34.7	53	26.5	10
9	28.9	34.1	53	26.2	**29.0**	34.3	53	26.4	29.1	34.5	53	26.5	29.2	34.8	53	26.6	29.3	35.0	53	26.7	9
9	**29.0**	34.4	53	26.4	29.1	34.6	53	26.5	29.2	34.8	53	26.6	29.3	35.1	54	26.7	29.4	35.3	54	26.8	9
9	29.1	34.7	54	26.5	29.2	34.9	54	26.6	29.3	35.1	54	26.8	29.4	35.4	54	26.9	29.5	35.6	54	27.0	9
9	29.2	35.0	54	26.7	29.3	35.2	54	26.8	29.4	35.5	54	26.9	29.5	35.7	54	27.0	29.6	35.9	55	27.1	9
9	29.3	35.3	55	26.8	29.4	35.5	55	26.9	29.5	35.8	55	27.1	29.6	36.0	55	27.2	29.7	36.2	55	27.3	9
9	29.4	35.6	55	27.0	29.5	35.8	55	27.1	29.6	36.1	55	27.2	29.7	36.3	55	27.3	29.8	36.5	55	27.4	9
9	29.5	35.9	56	27.1	29.6	36.1	56	27.2	29.7	36.4	56	27.3	29.8	36.6	56	27.5	29.9	36.8	56	27.6	9
8	29.6	36.2	56	27.3	29.7	36.4	56	27.4	29.8	36.7	56	27.5	29.9	36.9	56	27.6	**30.0**	37.2	56	27.7	8
8	29.7	36.5	57	27.4	29.8	36.7	57	27.5	29.9	37.0	57	27.6	**30.0**	37.2	57	27.7	30.1	37.5	57	27.9	8
8	29.8	36.8	57	27.5	29.9	37.0	57	27.7	**30.0**	37.3	57	27.8	30.1	37.5	57	27.9	30.2	37.8	57	28.0	8
8	29.9	37.1	58	27.7	**30.0**	37.4	58	27.8	30.1	37.6	58	27.9	30.2	37.8	58	28.0	30.3	38.1	58	28.1	8
8	**30.0**	37.4	58	27.8	30.1	37.7	58	27.9	30.2	37.9	58	28.1	30.3	38.2	58	28.2	30.4	38.4	58	28.3	8
8	30.1	37.7	59	28.0	30.2	38.0	59	28.1	30.3	38.2	59	28.2	30.4	38.5	59	28.3	30.5	38.7	59	28.4	8
8	30.2	38.0	59	28.1	30.3	38.3	59	28.2	30.4	38.5	59	28.3	30.5	38.8	59	28.4	30.6	39.0	59	28.6	8
7	30.3	38.4	59	28.3	30.4	38.6	60	28.4	30.5	38.9	60	28.5	30.6	39.1	60	28.6	30.7	39.4	60	28.7	7
7	30.4	38.7	60	28.4	30.5	38.9	60	28.5	30.6	39.2	60	28.6	30.7	39.4	60	28.7	30.8	39.7	60	28.8	7
7	30.5	39.0	60	28.5	30.6	39.2	61	28.6	30.7	39.5	61	28.8	30.8	39.7	61	28.9	30.9	40.0	61	29.0	7
7	30.6	39.3	61	28.7	30.7	39.6	61	28.8	30.8	39.8	61	28.9	30.9	40.1	61	29.0	**31.0**	40.3	61	29.1	7
7	30.7	39.6	61	28.8	30.8	39.9	62	28.9	30.9	40.1	62	29.0	**31.0**	40.4	62	29.1	31.1	40.6	62	29.3	7
7	30.8	39.9	62	29.0	30.9	40.2	62	29.1	**31.0**	40.5	62	29.2	31.1	40.7	62	29.3	31.2	41.0	62	29.4	7
7	30.9	40.3	62	29.1	**31.0**	40.5	62	29.2	31.1	40.8	63	29.3	31.2	41.0	63	29.4	31.3	41.3	63	29.5	7
7	**31.0**	40.6	63	29.2	31.1	40.8	63	29.3	31.2	41.1	63	29.4	31.3	41.4	63	29.6	31.4	41.6	63	29.7	7
6	31.1	40.9	63	29.4	31.2	41.2	63	29.5	31.3	41.4	64	29.6	31.4	41.7	64	29.7	31.5	42.0	64	29.8	6
6	31.2	41.2	64	29.5	31.3	41.5	64	29.6	31.4	41.8	64	29.7	31.5	42.0	64	29.8	31.6	42.3	64	29.9	6
6	31.3	41.6	64	29.6	31.4	41.8	65	29.8	31.5	42.1	65	29.9	31.6	42.3	65	30.0	31.7	42.6	65	30.1	6
6	31.4	41.9	65	29.8	31.5	42.2	65	29.9	31.6	42.4	65	30.0	31.7	42.7	65	30.1	31.8	42.9	65	30.2	6
6	31.5	42.2	65	29.9	31.6	42.5	66	30.0	31.7	42.7	66	30.1	31.8	43.0	66	30.2	31.9	43.3	66	30.3	6
6	31.6	42.5	66	30.0	31.7	42.8	66	30.2	31.8	43.1	66	30.3	31.9	43.3	66	30.4	**32.0**	43.6	66	30.5	6
6	31.7	42.9	66	30.2	31.8	43.1	67	30.3	31.9	43.4	67	30.4	**32.0**	43.7	67	30.5	32.1	43.9	67	30.6	6
6	31.8	43.2	67	30.3	31.9	43.5	67	30.4	**32.0**	43.7	67	30.5	32.1	44.0	67	30.6	32.2	44.3	67	30.7	6
5	31.9	43.5	68	30.5	**32.0**	43.8	68	30.6	32.1	44.1	68	30.7	32.2	44.4	68	30.8	32.3	44.6	68	30.9	5
5	**32.0**	43.9	68	30.6	32.1	44.1	68	30.7	32.2	44.4	68	30.8	32.3	44.7	68	30.9	32.4	45.0	68	31.0	5
5	32.1	44.2	69	30.7	32.2	44.5	69	30.8	32.3	44.8	69	30.9	32.4	45.0	69	31.0	32.5	45.3	69	31.1	5
5	32.2	44.6	69	30.9	32.3	44.8	69	31.0	32.4	45.1	69	31.1	32.5	45.4	69	31.2	32.6	45.6	69	31.3	5
5	32.3	44.9	70	31.0	32.4	45.2	70	31.1	32.5	45.4	70	31.2	32.6	45.7	70	31.3	32.7	46.0	70	31.4	5
5	32.4	45.2	70	31.1	32.5	45.5	70	31.2	32.6	45.8	70	31.3	32.7	46.1	70	31.4	32.8	46.3	70	31.5	5
5	32.5	45.6	71	31.3	32.6	45.9	71	31.4	32.7	46.1	71	31.5	32.8	46.4	71	31.6	32.9	46.7	71	31.7	5
5	32.6	45.9	71	31.4	32.7	46.2	71	31.5	32.8	46.5	71	31.6	32.9	46.8	71	31.7	**33.0**	47.0	71	31.8	5
4	32.7	46.3	72	31.5	32.8	46.5	72	31.6	32.9	46.8	72	31.7	**33.0**	47.1	72	31.8	33.1	47.4	72	31.9	4
4	32.8	46.6	72	31.6	32.9	46.9	72	31.8	**33.0**	47.2	72	31.9	33.1	47.5	72	32.0	33.2	47.7	72	32.1	4
4	32.9	47.0	73	31.8	**33.0**	47.2	73	31.9	33.1	47.5	73	32.0	33.2	47.8	73	32.1	33.3	48.1	73	32.2	4
4	**33.0**	47.3	73	31.9	33.1	47.6	73	32.0	33.2	47.9	73	32.1	33.3	48.2	73	32.2	33.4	48.4	74	32.3	4
4	33.1	47.7	74	32.0	33.2	47.9	74	32.1	33.3	48.2	74	32.2	33.4	48.5	74	32.4	33.5	48.8	74	32.5	4
4	33.2	48.0	74	32.2	33.3	48.3	74	32.3	33.4	48.6	75	32.4	33.5	48.9	75	32.5	33.6	49.2	75	32.6	4
4	33.3	48.4	75	32.3	33.4	48.6	75	32.4	33.5	48.9	75	32.5	33.6	49.2	75	32.6	33.7	49.5	75	32.7	4
4	33.4	48.7	76	32.4	33.5	49.0	76	32.5	33.6	49.3	76	32.6	33.7	49.6	76	32.7	33.8	49.9	76	32.8	4
4	33.5	49.1	76	32.6	33.6	49.4	76	32.7	33.7	49.6	76	32.8	33.8	49.9	76	32.9	33.9	50.2	76	33.0	4
4	33.6	49.4	77	32.7	33.7	49.7	77	32.8	33.8	50.0	77	32.9	33.9	50.3	77	33.0	**34.0**	50.6	77	33.1	4
3	33.7	49.8	77	32.8	33.8	50.1	77	32.9	33.9	50.4	77	33.0	**34.0**	50.7	77	33.1	34.1	51.0	77	33.2	3
3	33.8	50.1	78	32.9	33.9	50.4	78	33.0	**34.0**	50.7	78	33.2	34.1	51.0	78	33.3	34.2	51.3	78	33.4	3
3	33.9	50.5	78	33.1	**34.0**	50.8	78	33.2	34.1	51.1	78	33.3	34.2	51.4	78	33.4	34.3	51.7	78	33.5	3
3	**34.0**	50.9	79	33.2	34.1	51.2	79	33.3	34.2	51.5	79	33.4	34.3	51.8	79	33.5	34.4	52.1	79	33.6	3
3	34.1	51.2	79	33.3	34.2	51.5	79	33.4	34.3	51.8	79	33.5	34.4	52.1	80	33.6	34.5	52.4	80	33.7	3
3	34.2	51.6	80	33.5	34.3	51.9	80	33.6	34.4	52.2	80	33.7	34.5	52.5	80	33.8	34.6	52.8	80	33.9	3
3	34.3	52.0	81	33.6	34.4	52.3	81	33.7	34.5	52.6	81	33.8	34.6	52.9	81	33.9	34.7	53.2	81	34.0	3
3	34.4	52.3	81	33.7	34.5	52.6	81	33.8	34.6	52.9	81	33.9	34.7	53.2	81	34.0	34.8	53.5	81	34.1	3
3	34.5	52.7	82	33.8	34.6	53.0	82	33.9	34.7	53.3	82	34.0	34.8	53.6	82	34.1	34.9	53.9	82	34.2	3

n	t_W	e	U	t_d	t_W	e	U	t_d	t_W	e	U	t_d	t_W	e	U	t_d	t_W	e	U	t_d	n
	37.5				**37.6**				**37.7**				**37.8**				**37.9**				
3	34.6	53.1	82	34.0	34.7	53.4	82	34.1	34.8	53.7	82	34.2	34.9	54.0	82	34.3	**35.0**	54.3	82	34.4	3
2	34.7	53.4	83	34.1	34.8	53.7	83	34.2	34.9	54.1	83	34.3	**35.0**	54.4	83	34.4	35.1	54.7	83	34.5	2
2	34.8	53.8	83	34.2	34.9	54.1	83	34.3	**35.0**	54.4	83	34.4	35.1	54.7	84	34.5	35.2	55.1	84	34.6	2
2	34.9	54.2	84	34.3	**35.0**	54.5	84	34.4	35.1	54.8	84	34.5	35.2	55.1	84	34.6	35.3	55.4	84	34.7	2
2	**35.0**	54.6	85	34.5	35.1	54.9	85	34.6	35.2	55.2	85	34.7	35.3	55.5	85	34.8	35.4	55.8	85	34.9	2
2	35.1	54.9	85	34.6	35.2	55.3	85	34.7	35.3	55.6	85	34.8	35.4	55.9	85	34.9	35.5	56.2	85	35.0	2
2	35.2	55.3	86	34.7	35.3	55.6	86	34.8	35.4	56.0	86	34.9	35.5	56.3	86	35.0	35.6	56.6	86	35.1	2
2	35.3	55.7	86	34.8	35.4	56.0	86	34.9	35.5	56.3	86	35.0	35.6	56.7	86	35.1	35.7	57.0	86	35.2	2
2	35.4	56.1	87	35.0	35.5	56.4	87	35.1	35.6	56.7	87	35.2	35.7	57.0	87	35.3	35.8	57.4	87	35.4	2
2	35.5	56.5	88	35.1	35.6	56.8	88	35.2	35.7	57.1	88	35.3	35.8	57.4	88	35.4	35.9	57.8	88	35.5	2
2	35.6	56.9	88	35.2	35.7	57.2	88	35.3	35.8	57.5	88	35.4	35.9	57.8	88	35.5	**36.0**	58.2	88	35.6	2
1	35.7	57.2	89	35.3	35.8	57.6	89	35.4	35.9	57.9	89	35.5	**36.0**	58.2	89	35.6	36.1	58.5	89	35.7	1
1	35.8	57.6	89	35.4	35.9	58.0	89	35.5	**36.0**	58.3	89	35.6	36.1	58.6	89	35.8	36.2	58.9	89	35.9	1
1	35.9	58.0	90	35.6	**36.0**	58.4	90	35.7	36.1	58.7	90	35.8	36.2	59.0	90	35.9	36.3	59.3	90	36.0	1
1	**36.0**	58.4	91	35.7	36.1	58.7	91	35.8	36.2	59.1	91	35.9	36.3	59.4	91	36.0	36.4	59.7	91	36.1	1
1	36.1	58.8	91	35.8	36.2	59.1	91	35.9	36.3	59.5	91	36.0	36.4	59.8	91	36.1	36.5	60.1	91	36.2	1
1	36.2	59.2	92	35.9	36.3	59.5	92	36.0	36.4	59.9	92	36.1	36.5	60.2	92	36.2	36.6	60.5	92	36.3	1
1	36.3	59.6	92	36.1	36.4	59.9	92	36.2	36.5	60.3	92	36.3	36.6	60.6	92	36.4	36.7	60.9	92	36.5	1
1	36.4	60.0	93	36.2	36.5	60.3	93	36.3	36.6	60.7	93	36.4	36.7	61.0	93	36.5	36.8	61.3	93	36.6	1
1	36.5	60.4	94	36.3	36.6	60.7	94	36.4	36.7	61.1	94	36.5	36.8	61.4	94	36.6	36.9	61.8	94	36.7	1
1	36.6	60.8	94	36.4	36.7	61.1	94	36.5	36.8	61.5	94	36.6	36.9	61.8	94	36.7	**37.0**	62.2	94	36.8	1
1	36.7	61.2	95	36.5	36.8	61.5	95	36.6	36.9	61.9	95	36.7	**37.0**	62.2	95	36.8	37.1	62.6	95	36.9	1
1	36.8	61.6	96	36.7	36.9	62.0	96	36.8	**37.0**	62.3	96	36.9	37.1	62.6	96	37.0	37.2	63.0	96	37.1	1
0	36.9	62.0	96	36.8	**37.0**	62.4	96	36.9	37.1	62.7	96	37.0	37.2	63.0	96	37.1	37.3	63.4	96	37.2	0
0	**37.0**	62.4	97	36.9	37.1	62.8	97	37.0	37.2	63.1	97	37.1	37.3	63.5	97	37.2	37.4	63.8	97	37.3	0
0	37.1	62.8	97	37.0	37.2	63.2	97	37.1	37.3	63.5	97	37.2	37.4	63.9	97	37.3	37.5	64.2	97	37.4	0
0	37.2	63.2	98	37.1	37.3	63.6	98	37.2	37.4	63.9	98	37.3	37.5	64.3	98	37.4	37.6	64.6	98	37.5	0
0	37.3	63.7	99	37.3	37.4	64.0	99	37.4	37.5	64.4	99	37.5	37.6	64.7	99	37.6	37.7	65.1	99	37.7	0
0	37.4	64.1	99	37.4	37.5	64.4	99	37.5	37.6	64.8	99	37.6	37.7	65.1	99	37.7	37.8	65.5	99	37.8	0
0	37.5	64.5	100	37.5	37.6	64.8	100	37.6	37.7	65.2	100	37.7	37.8	65.5	100	37.8	37.9	65.9	100	37.9	0
	38.0				**38.1**				**38.2**				**38.3**				**38.4**				
46																	14.4	0.4	1	-32.9	46
46									14.3	0.3	1	-34.0	14.4	0.5	1	-31.2	14.5	0.6	1	-29.0	46
46					14.3	0.4	1	-32.2	14.4	0.5	1	-29.8	14.5	0.6	1	-27.8	14.6	0.7	1	-26.1	46
45	14.3	0.5	1	-30.6	14.4	0.6	1	-28.5	14.5	0.7	1	-26.7	14.6	0.8	1	-25.1	14.7	0.9	1	-23.7	45
45	14.4	0.7	1	-27.3	14.5	0.8	1	-25.7	14.6	0.9	1	-24.2	14.7	1.0	1	-22.9	14.8	1.1	2	-21.7	45
45	14.5	0.8	1	-24.7	14.6	0.9	1	-23.4	14.7	1.0	2	-22.1	14.8	1.1	2	-21.0	14.9	1.3	2	-20.0	45
44	14.6	1.0	2	-22.6	14.7	1.1	2	-21.4	14.8	1.2	2	-20.4	14.9	1.3	2	-19.4	**15.0**	1.4	2	-18.4	44
44	14.7	1.2	2	-20.8	14.8	1.3	2	-19.7	14.9	1.4	2	-18.8	**15.0**	1.5	2	-17.9	15.1	1.6	2	-17.1	44
43	14.8	1.3	2	-19.1	14.9	1.5	2	-18.2	**15.0**	1.6	2	-17.4	15.1	1.7	2	-16.6	15.2	1.8	3	-15.8	43
43	14.9	1.5	2	-17.7	**15.0**	1.6	2	-16.9	15.1	1.7	3	-16.1	15.2	1.9	3	-15.4	15.3	2.0	3	-14.7	43
43	**15.0**	1.7	3	-16.4	15.1	1.8	3	-15.7	15.2	1.9	3	-14.9	15.3	2.0	3	-14.2	15.4	2.1	3	-13.6	43
42	15.1	1.9	3	-15.2	15.2	2.0	3	-14.5	15.3	2.1	3	-13.9	15.4	2.2	3	-13.2	15.5	2.3	3	-12.6	42
42	15.2	2.1	3	-14.1	15.3	2.2	3	-13.5	15.4	2.3	3	-12.9	15.5	2.4	4	-12.3	15.6	2.5	4	-11.7	42
42	15.3	2.2	3	-13.1	15.4	2.3	4	-12.5	15.5	2.5	4	-11.9	15.6	2.6	4	-11.4	15.7	2.7	4	-10.8	42
41	15.4	2.4	4	-12.1	15.5	2.5	4	-11.6	15.6	2.6	4	-11.0	15.7	2.8	4	-10.5	15.8	2.9	4	-10.0	41
41	15.5	2.6	4	-11.3	15.6	2.7	4	-10.7	15.7	2.8	4	-10.2	15.8	2.9	4	-9.7	15.9	3.0	5	-9.2	41
41	15.6	2.8	4	-10.4	15.7	2.9	4	-9.9	15.8	3.0	4	-9.4	15.9	3.1	5	-8.9	**16.0**	3.2	5	-8.5	41
40	15.7	3.0	4	-9.6	15.8	3.1	5	-9.1	15.9	3.2	5	-8.7	**16.0**	3.3	5	-8.2	16.1	3.4	5	-7.7	40
40	15.8	3.1	5	-8.9	15.9	3.2	5	-8.4	**16.0**	3.4	5	-7.9	16.1	3.5	5	-7.5	16.2	3.6	5	-7.1	40
40	15.9	3.3	5	-8.1	**16.0**	3.4	5	-7.7	16.1	3.5	5	-7.3	16.2	3.7	5	-6.8	16.3	3.8	6	-6.4	40
39	**16.0**	3.5	5	-7.4	16.1	3.6	5	-7.0	16.2	3.7	6	-6.6	16.3	3.8	6	-6.2	16.4	4.0	6	-5.8	39
39	16.1	3.7	6	-6.8	16.2	3.8	6	-6.4	16.3	3.9	6	-6.0	16.4	4.0	6	-5.6	16.5	4.2	6	-5.2	39
39	16.2	3.9	6	-6.1	16.3	4.0	6	-5.7	16.4	4.1	6	-5.4	16.5	4.2	6	-5.0	16.6	4.3	6	-4.6	39
39	16.3	4.0	6	-5.5	16.4	4.2	6	-5.1	16.5	4.3	6	-4.8	16.6	4.4	7	-4.4	16.7	4.5	7	-4.1	39
38	16.4	4.2	6	-4.9	16.5	4.4	7	-4.6	16.6	4.5	7	-4.2	16.7	4.6	7	-3.9	16.8	4.7	7	-3.5	38
38	16.5	4.4	7	-4.4	16.6	4.5	7	-4.0	16.7	4.7	7	-3.7	16.8	4.8	7	-3.3	16.9	4.9	7	-3.0	38
38	16.6	4.6	7	-3.8	16.7	4.7	7	-3.5	16.8	4.8	7	-3.1	16.9	5.0	7	-2.8	**17.0**	5.1	8	-2.5	38
37	16.7	4.8	7	-3.3	16.8	4.9	7	-3.0	16.9	5.0	8	-2.6	**17.0**	5.2	8	-2.3	17.1	5.3	8	-2.0	37
37	16.8	5.0	8	-2.8	16.9	5.1	8	-2.4	**17.0**	5.2	8	-2.1	17.1	5.3	8	-1.8	17.2	5.5	8	-1.5	37
37	16.9	5.2	8	-2.3	**17.0**	5.3	8	-2.0	17.1	5.4	8	-1.6	17.2	5.5	8	-1.3	17.3	5.7	8	-1.0	37
36	**17.0**	5.4	8	-1.8	17.1	5.5	8	-1.5	17.2	5.6	8	-1.2	17.3	5.7	9	-0.9	17.4	5.9	9	-0.6	36
36	17.1	5.5	8	-1.3	17.2	5.7	9	-1.0	17.3	5.8	9	-0.7	17.4	5.9	9	-0.4	17.5	6.0	9	-0.1	36
36	17.2	5.7	9	-0.9	17.3	5.9	9	-0.6	17.4	6.0	9	-0.3	17.5	6.1	9	0.0	17.6	6.2	9	0.3	36
35	17.3	5.9	9	-0.4	17.4	6.1	9	-0.1	17.5	6.2	9	0.2	17.6	6.3	9	0.4	17.7	6.4	10	0.7	35
35	17.4	6.1	9	0.0	17.5	6.2	9	0.3	17.6	6.4	10	0.6	17.7	6.5	10	0.9	17.8	6.6	10	1.1	35
35	17.5	6.3	10	0.5	17.6	6.4	10	0.7	17.7	6.6	10	1.0	17.8	6.7	10	1.3	17.9	6.8	10	1.5	35
35	17.6	6.5	10	0.9	17.7	6.6	10	1.1	17.8	6.8	10	1.4	17.9	6.9	10	1.7	**18.0**	7.0	10	1.9	35
34	17.7	6.7	10	1.3	17.8	6.8	10	1.5	17.9	7.0	10	1.8	**18.0**	7.1	11	2.1	18.1	7.2	11	2.3	34
34	17.8	6.9	10	1.7	17.9	7.0	11	1.9	**18.0**	7.2	11	2.2	18.1	7.3	11	2.5	18.2	7.4	11	2.7	34
34	17.9	7.1	11	2.1	**18.0**	7.2	11	2.3	18.1	7.4	11	2.6	18.2	7.5	11	2.8	18.3	7.6	11	3.1	34

n	t_W	e	U	t_d	t_W	e	U	t_d	t_W	e	U	t_d	t_W	e	U	t_d	t_W	e	U	t_d	n
	38.0				**38.1**				**38.2**				**38.3**				**38.4**				
33	**18.0**	7.3	11	2.5	18.1	7.4	11	2.7	18.2	7.5	11	3.0	18.3	7.7	11	3.2	18.4	7.8	12	3.4	33
33	18.1	7.5	11	2.8	18.2	7.6	11	3.1	18.3	7.7	12	3.3	18.4	7.9	12	3.6	18.5	8.0	12	3.8	33
33	18.2	7.7	12	3.2	18.3	7.8	12	3.4	18.4	7.9	12	3.7	18.5	8.1	12	3.9	18.6	8.2	12	4.1	33
32	18.3	7.9	12	3.6	18.4	8.0	12	3.8	18.5	8.1	12	4.0	18.6	8.3	12	4.3	18.7	8.4	12	4.5	32
32	18.4	8.1	12	3.9	18.5	8.2	12	4.1	18.6	8.3	12	4.4	18.7	8.5	13	4.6	18.8	8.6	13	4.8	32
32	18.5	8.3	12	4.3	18.6	8.4	13	4.5	18.7	8.5	13	4.7	18.8	8.7	13	4.9	18.9	8.8	13	5.2	32
32	18.6	8.5	13	4.6	18.7	8.6	13	4.8	18.8	8.7	13	5.1	18.9	8.9	13	5.3	**19.0**	9.0	13	5.5	32
31	18.7	8.7	13	4.9	18.8	8.8	13	5.2	18.9	9.0	13	5.4	**19.0**	9.1	13	5.6	19.1	9.2	14	5.8	31
31	18.8	8.9	13	5.3	18.9	9.0	14	5.5	**19.0**	9.2	14	5.7	19.1	9.3	14	5.9	19.2	9.4	14	6.1	31
31	18.9	9.1	14	5.6	**19.0**	9.2	14	5.8	19.1	9.4	14	6.0	19.2	9.5	14	6.2	19.3	9.6	14	6.4	31
31	**19.0**	9.3	14	5.9	19.1	9.4	14	6.1	19.2	9.6	14	6.3	19.3	9.7	14	6.5	19.4	9.8	15	6.8	31
30	19.1	9.5	14	6.2	19.2	9.6	14	6.4	19.3	9.8	15	6.6	19.4	9.9	15	6.9	19.5	10.1	15	7.1	30
30	19.2	9.7	15	6.5	19.3	9.8	15	6.7	19.4	10.0	15	6.9	19.5	10.1	15	7.2	19.6	10.3	15	7.4	30
30	19.3	9.9	15	6.8	19.4	10.0	15	7.0	19.5	10.2	15	7.2	19.6	10.3	15	7.4	19.7	10.5	15	7.6	30
29	19.4	10.1	15	7.1	19.5	10.3	15	7.3	19.6	10.4	16	7.5	19.7	10.5	16	7.7	19.8	10.7	16	7.9	29
29	19.5	10.3	16	7.4	19.6	10.5	16	7.6	19.7	10.6	16	7.8	19.8	10.7	16	8.0	19.9	10.9	16	8.2	29
29	19.6	10.5	16	7.7	19.7	10.7	16	7.9	19.8	10.8	16	8.1	19.9	11.0	16	8.3	**20.0**	11.1	16	8.5	29
29	19.7	10.7	16	8.0	19.8	10.9	16	8.2	19.9	11.0	16	8.4	**20.0**	11.2	17	8.6	20.1	11.3	17	8.8	29
28	19.8	10.9	17	8.3	19.9	11.1	17	8.5	**20.0**	11.2	17	8.7	20.1	11.4	17	8.9	20.2	11.5	17	9.1	28
28	19.9	11.2	17	8.6	**20.0**	11.3	17	8.8	20.1	11.4	17	9.0	20.2	11.6	17	9.1	20.3	11.7	17	9.3	28
28	**20.0**	11.4	17	8.9	20.1	11.5	17	9.0	20.2	11.7	17	9.2	20.3	11.8	18	9.4	20.4	12.0	18	9.6	28
28	20.1	11.6	17	9.1	20.2	11.7	18	9.3	20.3	11.9	18	9.5	20.4	12.0	18	9.7	20.5	12.2	18	9.9	28
27	20.2	11.8	18	9.4	20.3	11.9	18	9.6	20.4	12.1	18	9.8	20.5	12.2	18	10.0	20.6	12.4	18	10.1	27
27	20.3	12.0	18	9.7	20.4	12.2	18	9.9	20.5	12.3	18	10.0	20.6	12.4	18	10.2	20.7	12.6	19	10.4	27
27	20.4	12.2	18	9.9	20.5	12.4	19	10.1	20.6	12.5	19	10.3	20.7	12.7	19	10.5	20.8	12.8	19	10.6	27
27	20.5	12.4	19	10.2	20.6	12.6	19	10.4	20.7	12.7	19	10.6	20.8	12.9	19	10.7	20.9	13.0	19	10.9	27
26	20.6	12.6	19	10.5	20.7	12.8	19	10.6	20.8	12.9	19	10.8	20.9	13.1	19	11.0	**21.0**	13.3	20	11.2	26
26	20.7	12.9	19	10.7	20.8	13.0	20	10.9	20.9	13.2	20	11.1	**21.0**	13.3	20	11.2	21.1	13.5	20	11.4	26
26	20.8	13.1	20	11.0	20.9	13.2	20	11.1	**21.0**	13.4	20	11.3	21.1	13.5	20	11.5	21.2	13.7	20	11.6	26
26	20.9	13.3	20	11.2	**21.0**	13.5	20	11.4	21.1	13.6	20	11.6	21.2	13.8	20	11.7	21.3	13.9	21	11.9	26
25	**21.0**	13.5	20	11.5	21.1	13.7	21	11.6	21.2	13.8	21	11.8	21.3	14.0	21	12.0	21.4	14.1	21	12.1	25
25	21.1	13.7	21	11.7	21.2	13.9	21	11.9	21.3	14.0	21	12.0	21.4	14.2	21	12.2	21.5	14.4	21	12.4	25
25	21.2	14.0	21	11.9	21.3	14.1	21	12.1	21.4	14.3	21	12.3	21.5	14.4	21	12.4	21.6	14.6	22	12.6	25
25	21.3	14.2	21	12.2	21.4	14.3	22	12.3	21.5	14.5	22	12.5	21.6	14.7	22	12.7	21.7	14.8	22	12.8	25
24	21.4	14.4	22	12.4	21.5	14.6	22	12.6	21.6	14.7	22	12.7	21.7	14.9	22	12.9	21.8	15.0	22	13.1	24
24	21.5	14.6	22	12.6	21.6	14.8	22	12.8	21.7	14.9	22	13.0	21.8	15.1	22	13.1	21.9	15.3	23	13.3	24
24	21.6	14.9	22	12.9	21.7	15.0	23	13.0	21.8	15.2	23	13.2	21.9	15.3	23	13.4	**22.0**	15.5	23	13.5	24
24	21.7	15.1	23	13.1	21.8	15.2	23	13.3	21.9	15.4	23	13.4	**22.0**	15.6	23	13.6	22.1	15.7	23	13.7	24
23	21.8	15.3	23	13.3	21.9	15.5	23	13.5	**22.0**	15.6	23	13.7	22.1	15.8	23	13.8	22.2	15.9	24	14.0	23
23	21.9	15.5	23	13.6	**22.0**	15.7	24	13.7	22.1	15.9	24	13.9	22.2	16.0	24	14.0	22.3	16.2	24	14.2	23
23	**22.0**	15.8	24	13.8	22.1	15.9	24	13.9	22.2	16.1	24	14.1	22.3	16.2	24	14.3	22.4	16.4	24	14.4	23
23	22.1	16.0	24	14.0	22.2	16.1	24	14.2	22.3	16.3	24	14.3	22.4	16.5	24	14.5	22.5	16.6	25	14.6	23
22	22.2	16.2	24	14.2	22.3	16.4	25	14.4	22.4	16.5	25	14.5	22.5	16.7	25	14.7	22.6	16.9	25	14.8	22
22	22.3	16.4	25	14.4	22.4	16.6	25	14.6	22.5	16.8	25	14.8	22.6	16.9	25	14.9	22.7	17.1	25	15.1	22
22	22.4	16.7	25	14.7	22.5	16.8	25	14.8	22.6	17.0	25	15.0	22.7	17.2	25	15.1	22.8	17.3	26	15.3	22
22	22.5	16.9	26	14.9	22.6	17.1	26	15.0	22.7	17.2	26	15.2	22.8	17.4	26	15.3	22.9	17.6	26	15.5	22
22	22.6	17.1	26	15.1	22.7	17.3	26	15.2	22.8	17.5	26	15.4	22.9	17.6	26	15.5	**23.0**	17.8	26	15.7	22
21	22.7	17.4	26	15.3	22.8	17.5	26	15.4	22.9	17.7	26	15.6	**23.0**	17.9	27	15.7	23.1	18.0	27	15.9	21
21	22.8	17.6	27	15.5	22.9	17.8	27	15.7	**23.0**	17.9	27	15.8	23.1	18.1	27	16.0	23.2	18.3	27	16.1	21
21	22.9	17.8	27	15.7	**23.0**	18.0	27	15.9	23.1	18.2	27	16.0	23.2	18.4	27	16.2	23.3	18.5	27	16.3	21
21	**23.0**	18.1	27	15.9	23.1	18.2	27	16.1	23.2	18.4	28	16.2	23.3	18.6	28	16.4	23.4	18.8	28	16.5	21
20	23.1	18.3	28	16.1	23.2	18.5	28	16.3	23.3	18.7	28	16.4	23.4	18.8	28	16.6	23.5	19.0	28	16.7	20
20	23.2	18.6	28	16.3	23.3	18.7	28	16.5	23.4	18.9	28	16.6	23.5	19.1	28	16.8	23.6	19.2	28	16.9	20
20	23.3	18.8	28	16.5	23.4	19.0	28	16.7	23.5	19.1	29	16.8	23.6	19.3	29	17.0	23.7	19.5	29	17.1	20
20	23.4	19.0	29	16.7	23.5	19.2	29	16.9	23.6	19.4	29	17.0	23.7	19.6	29	17.2	23.8	19.7	29	17.3	20
20	23.5	19.3	29	16.9	23.6	19.4	29	17.1	23.7	19.6	29	17.2	23.8	19.8	29	17.4	23.9	20.0	30	17.5	20
19	23.6	19.5	29	17.1	23.7	19.7	30	17.3	23.8	19.9	30	17.4	23.9	20.0	30	17.5	**24.0**	20.2	30	17.7	19
19	23.7	19.8	30	17.3	23.8	19.9	30	17.5	23.9	20.1	30	17.6	**24.0**	20.3	30	17.7	24.1	20.5	30	17.9	19
19	23.8	20.0	30	17.5	23.9	20.2	30	17.7	**24.0**	20.4	30	17.8	24.1	20.5	30	17.9	24.2	20.7	31	18.1	19
19	23.9	20.2	31	17.7	**24.0**	20.4	31	17.8	24.1	20.6	31	18.0	24.2	20.8	31	18.1	24.3	21.0	31	18.3	19
19	**24.0**	20.5	31	17.9	24.1	20.7	31	18.0	24.2	20.9	31	18.2	24.3	21.0	31	18.3	24.4	21.2	31	18.4	19
18	24.1	20.7	31	18.1	24.2	20.9	31	18.2	24.3	21.1	32	18.4	24.4	21.3	32	18.5	24.5	21.5	32	18.6	18
18	24.2	21.0	32	18.3	24.3	21.2	32	18.4	24.4	21.3	32	18.5	24.5	21.5	32	18.7	24.6	21.7	32	18.8	18
18	24.3	21.2	32	18.5	24.4	21.4	32	18.6	24.5	21.6	32	18.7	24.6	21.8	32	18.9	24.7	22.0	32	19.0	18
18	24.4	21.5	32	18.6	24.5	21.7	33	18.8	24.6	21.8	33	18.9	24.7	22.0	33	19.1	24.8	22.2	33	19.2	18
18	24.5	21.7	33	18.8	24.6	21.9	33	19.0	24.7	22.1	33	19.1	24.8	22.3	33	19.2	24.9	22.5	33	19.4	18
17	24.6	22.0	33	19.0	24.7	22.2	33	19.2	24.8	22.4	33	19.3	24.9	22.5	33	19.4	**25.0**	22.7	34	19.6	17
17	24.7	22.2	34	19.2	24.8	22.4	34	19.3	24.9	22.6	34	19.5	**25.0**	22.8	34	19.6	25.1	23.0	34	19.7	17
17	24.8	22.5	34	19.4	24.9	22.7	34	19.5	**25.0**	22.9	34	19.6	25.1	23.1	34	19.8	25.2	23.2	34	19.9	17
17	24.9	22.7	34	19.6	**25.0**	22.9	34	19.7	25.1	23.1	35	19.8	25.2	23.3	35	20.0	25.3	23.5	35	20.1	17
17	**25.0**	23.0	35	19.7	25.1	23.2	35	19.9	25.2	23.4	35	20.0	25.3	23.6	35	20.1	25.4	23.8	35	20.3	17
16	25.1	23.3	35	19.9	25.2	23.4	35	20.1	25.3	23.6	35	20.2	25.4	23.8	35	20.3	25.5	24.0	35	20.4	16
16	25.2	23.5	35	20.1	25.3	23.7	36	20.2	25.4	23.9	36	20.4	25.5	24.1	36	20.5	25.6	24.3	36	20.6	16

n	t_W	e	U	t_d	t_W	e	U	t_d	t_W	e	U	t_d	t_W	e	U	t_d	t_W	e	U	t_d	n
	38.0				**38.1**				**38.2**				**38.3**				**38.4**				
16	25.3	23.8	36	20.3	25.4	24.0	36	20.4	25.5	24.2	36	20.5	25.6	24.3	36	20.7	25.7	24.5	36	20.8	16
16	25.4	24.0	36	20.4	25.5	24.2	36	20.6	25.6	24.4	36	20.7	25.7	24.6	37	20.8	25.8	24.8	37	21.0	16
16	25.5	24.3	37	20.6	25.6	24.5	37	20.8	25.7	24.7	37	20.9	25.8	24.9	37	21.0	25.9	25.1	37	21.1	16
15	25.6	24.5	37	20.8	25.7	24.7	37	20.9	25.8	24.9	37	21.1	25.9	25.1	37	21.2	**26.0**	25.3	37	21.3	15
15	25.7	24.8	37	21.0	25.8	25.0	38	21.1	25.9	25.2	38	21.2	**26.0**	25.4	38	21.4	26.1	25.6	38	21.5	15
15	25.8	25.1	38	21.1	25.9	25.3	38	21.3	**26.0**	25.5	38	21.4	26.1	25.7	38	21.5	26.2	25.9	38	21.6	15
15	25.9	25.3	38	21.3	**26.0**	25.5	38	21.4	26.1	25.7	38	21.6	26.2	25.9	39	21.7	26.3	26.1	39	21.8	15
15	**26.0**	25.6	39	21.5	26.1	25.8	39	21.6	26.2	26.0	39	21.7	26.3	26.2	39	21.9	26.4	26.4	39	22.0	15
15	26.1	25.9	39	21.6	26.2	26.1	39	21.8	26.3	26.3	39	21.9	26.4	26.5	39	22.0	26.5	26.7	39	22.2	15
14	26.2	26.1	39	21.8	26.3	26.3	40	21.9	26.4	26.5	40	22.1	26.5	26.7	40	22.2	26.6	26.9	40	22.3	14
14	26.3	26.4	40	22.0	26.4	26.6	40	22.1	26.5	26.8	40	22.2	26.6	27.0	40	22.4	26.7	27.2	40	22.5	14
14	26.4	26.7	40	22.2	26.5	26.9	40	22.3	26.6	27.1	40	22.4	26.7	27.3	41	22.5	26.8	27.5	41	22.6	14
14	26.5	26.9	41	22.3	26.6	27.1	41	22.4	26.7	27.4	41	22.6	26.8	27.6	41	22.7	26.9	27.8	41	22.8	14
14	26.6	27.2	41	22.5	26.7	27.4	41	22.6	26.8	27.6	41	22.7	26.9	27.8	41	22.9	**27.0**	28.0	41	23.0	14
13	26.7	27.5	41	22.6	26.8	27.7	42	22.8	26.9	27.9	42	22.9	**27.0**	28.1	42	23.0	27.1	28.3	42	23.1	13
13	26.8	27.8	42	22.8	26.9	28.0	42	22.9	**27.0**	28.2	42	23.1	27.1	28.4	42	23.2	27.2	28.6	42	23.3	13
13	26.9	28.0	42	23.0	**27.0**	28.2	42	23.1	27.1	28.5	42	23.2	27.2	28.7	43	23.3	27.3	28.9	43	23.5	13
13	**27.0**	28.3	43	23.1	27.1	28.5	43	23.3	27.2	28.7	43	23.4	27.3	28.9	43	23.5	27.4	29.2	43	23.6	13
13	27.1	28.6	43	23.3	27.2	28.8	43	23.4	27.3	29.0	43	23.5	27.4	29.2	43	23.7	27.5	29.4	43	23.8	13
13	27.2	28.9	44	23.5	27.3	29.1	44	23.6	27.4	29.3	44	23.7	27.5	29.5	44	23.8	27.6	29.7	44	23.9	13
12	27.3	29.1	44	23.6	27.4	29.4	44	23.7	27.5	29.6	44	23.9	27.6	29.8	44	24.0	27.7	30.0	44	24.1	12
12	27.4	29.4	44	23.8	27.5	29.6	44	23.9	27.6	29.9	45	24.0	27.7	30.1	45	24.1	27.8	30.3	45	24.3	12
12	27.5	29.7	45	23.9	27.6	29.9	45	24.0	27.7	30.1	45	24.2	27.8	30.4	45	24.3	27.9	30.6	45	24.4	12
12	27.6	30.0	45	24.1	27.7	30.2	45	24.2	27.8	30.4	45	24.3	27.9	30.6	45	24.4	**28.0**	30.9	46	24.6	12
12	27.7	30.3	46	24.2	27.8	30.5	46	24.4	27.9	30.7	46	24.5	**28.0**	30.9	46	24.6	28.1	31.1	46	24.7	12
12	27.8	30.6	46	24.4	27.9	30.8	46	24.5	**28.0**	31.0	46	24.6	28.1	31.2	46	24.8	28.2	31.4	46	24.9	12
11	27.9	30.8	47	24.6	**28.0**	31.1	47	24.7	28.1	31.3	47	24.8	28.2	31.5	47	24.9	28.3	31.7	47	25.0	11
11	**28.0**	31.1	47	24.7	28.1	31.3	47	24.8	28.2	31.6	47	24.9	28.3	31.8	47	25.1	28.4	32.0	47	25.2	11
11	28.1	31.4	47	24.9	28.2	31.6	47	25.0	28.3	31.9	48	25.1	28.4	32.1	48	25.2	28.5	32.3	48	25.3	11
11	28.2	31.7	48	25.0	28.3	31.9	48	25.1	28.4	32.1	48	25.3	28.5	32.4	48	25.4	28.6	32.6	48	25.5	11
11	28.3	32.0	48	25.2	28.4	32.2	48	25.3	28.5	32.4	48	25.4	28.6	32.7	49	25.5	28.7	32.9	49	25.6	11
11	28.4	32.3	49	25.3	28.5	32.5	49	25.4	28.6	32.7	49	25.6	28.7	33.0	49	25.7	28.8	33.2	49	25.8	11
11	28.5	32.6	49	25.5	28.6	32.8	49	25.6	28.7	33.0	49	25.7	28.8	33.3	49	25.8	28.9	33.5	49	25.9	11
10	28.6	32.9	50	25.6	28.7	33.1	50	25.7	28.8	33.3	50	25.9	28.9	33.6	50	26.0	**29.0**	33.8	50	26.1	10
10	28.7	33.2	50	25.8	28.8	33.4	50	25.9	28.9	33.6	50	26.0	**29.0**	33.8	50	26.1	29.1	34.1	50	26.2	10
10	28.8	33.5	50	25.9	28.9	33.7	51	26.0	**29.0**	33.9	51	26.2	29.1	34.1	51	26.3	29.2	34.4	51	26.4	10
10	28.9	33.8	51	26.1	**29.0**	34.0	51	26.2	29.1	34.2	51	26.3	29.2	34.4	51	26.4	29.3	34.7	51	26.5	10
10	**29.0**	34.0	51	26.2	29.1	34.3	51	26.3	29.2	34.5	52	26.5	29.3	34.7	52	26.6	29.4	35.0	52	26.7	10
10	29.1	34.3	52	26.4	29.2	34.6	52	26.5	29.3	34.8	52	26.6	29.4	35.1	52	26.7	29.5	35.3	52	26.8	10
9	29.2	34.6	52	26.5	29.3	34.9	52	26.6	29.4	35.1	52	26.7	29.5	35.4	52	26.9	29.6	35.6	53	27.0	9
9	29.3	34.9	53	26.7	29.4	35.2	53	26.8	29.5	35.4	53	26.9	29.6	35.7	53	27.0	29.7	35.9	53	27.1	9
9	29.4	35.3	53	26.8	29.5	35.5	53	26.9	29.6	35.7	53	27.0	29.7	36.0	53	27.2	29.8	36.2	53	27.3	9
9	29.5	35.6	54	27.0	29.6	35.8	54	27.1	29.7	36.0	54	27.2	29.8	36.3	54	27.3	29.9	36.5	54	27.4	9
9	29.6	35.9	54	27.1	29.7	36.1	54	27.2	29.8	36.3	54	27.3	29.9	36.6	54	27.4	**30.0**	36.8	54	27.6	9
9	29.7	36.2	55	27.2	29.8	36.4	55	27.4	29.9	36.6	55	27.5	**30.0**	36.9	55	27.6	30.1	37.1	55	27.7	9
9	29.8	36.5	55	27.4	29.9	36.7	55	27.5	**30.0**	37.0	55	27.6	30.1	37.2	55	27.7	30.2	37.4	55	27.8	9
8	29.9	36.8	56	27.5	**30.0**	37.0	56	27.6	30.1	37.3	56	27.8	30.2	37.5	56	27.9	30.3	37.8	56	28.0	8
8	**30.0**	37.1	56	27.7	30.1	37.3	56	27.8	30.2	37.6	56	27.9	30.3	37.8	56	28.0	30.4	38.1	56	28.1	8
8	30.1	37.4	56	27.8	30.2	37.6	57	27.9	30.3	37.9	57	28.0	30.4	38.1	57	28.2	30.5	38.4	57	28.3	8
8	30.2	37.7	57	28.0	30.3	38.0	57	28.1	30.4	38.2	57	28.2	30.5	38.5	57	28.3	30.6	38.7	57	28.4	8
8	30.3	38.0	57	28.1	30.4	38.3	57	28.2	30.5	38.5	58	28.3	30.6	38.8	58	28.4	30.7	39.0	58	28.6	8
8	30.4	38.3	58	28.2	30.5	38.6	58	28.4	30.6	38.8	58	28.5	30.7	39.1	58	28.6	30.8	39.3	58	28.7	8
8	30.5	38.7	58	28.4	30.6	38.9	58	28.5	30.7	39.2	58	28.6	30.8	39.4	59	28.7	30.9	39.7	59	28.8	8
8	30.6	39.0	59	28.5	30.7	39.2	59	28.6	30.8	39.5	59	28.8	30.9	39.7	59	28.9	**31.0**	40.0	59	29.0	8
7	30.7	39.3	59	28.7	30.8	39.5	59	28.8	30.9	39.8	59	28.9	**31.0**	40.1	59	29.0	31.1	40.3	60	29.1	7
7	30.8	39.6	60	28.8	30.9	39.9	60	28.9	**31.0**	40.1	60	29.0	31.1	40.4	60	29.1	31.2	40.6	60	29.3	7
7	30.9	39.9	60	28.9	**31.0**	40.2	60	29.1	31.1	40.4	60	29.2	31.2	40.7	60	29.3	31.3	41.0	60	29.4	7
7	**31.0**	40.3	61	29.1	31.1	40.5	61	29.2	31.2	40.8	61	29.3	31.3	41.0	61	29.4	31.4	41.3	61	29.5	7
7	31.1	40.6	61	29.2	31.2	40.8	61	29.3	31.3	41.1	61	29.4	31.4	41.4	61	29.6	31.5	41.6	61	29.7	7
7	31.2	40.9	62	29.4	31.3	41.2	62	29.5	31.4	41.4	62	29.6	31.5	41.7	62	29.7	31.6	41.9	62	29.8	7
7	31.3	41.2	62	29.5	31.4	41.5	62	29.6	31.5	41.8	62	29.7	31.6	42.0	62	29.8	31.7	42.3	62	29.9	7
7	31.4	41.6	63	29.6	31.5	41.8	63	29.7	31.6	42.1	63	29.9	31.7	42.3	63	30.0	31.8	42.6	63	30.1	7
6	31.5	41.9	63	29.8	31.6	42.1	63	29.9	31.7	42.4	63	30.0	31.8	42.7	63	30.1	31.9	42.9	63	30.2	6
6	31.6	42.2	64	29.9	31.7	42.5	64	30.0	31.8	42.7	64	30.1	31.9	43.0	64	30.2	**32.0**	43.3	64	30.3	6
6	31.7	42.5	64	30.0	31.8	42.8	64	30.2	31.9	43.1	64	30.3	**32.0**	43.3	64	30.4	32.1	43.6	64	30.5	6
6	31.8	42.9	65	30.2	31.9	43.1	65	30.3	**32.0**	43.4	65	30.4	32.1	43.7	65	30.5	32.2	44.0	65	30.6	6
6	31.9	43.2	65	30.3	**32.0**	43.5	65	30.4	32.1	43.7	65	30.5	32.2	44.0	65	30.6	32.3	44.3	65	30.8	6
6	**32.0**	43.5	66	30.5	32.1	43.8	66	30.6	32.2	44.1	66	30.7	32.3	44.4	66	30.8	32.4	44.6	66	30.9	6
6	32.1	43.9	66	30.6	32.2	44.2	66	30.7	32.3	44.4	66	30.8	32.4	44.7	66	30.9	32.5	45.0	66	31.0	6
6	32.2	44.2	67	30.7	32.3	44.5	67	30.8	32.4	44.8	67	30.9	32.5	45.0	67	31.0	32.6	45.3	67	31.2	6
5	32.3	44.6	67	30.9	32.4	44.8	67	31.0	32.5	45.1	67	31.1	32.6	45.4	67	31.2	32.7	45.7	67	31.3	5
5	32.4	44.9	68	31.0	32.5	45.2	68	31.1	32.6	45.4	68	31.2	32.7	45.7	68	31.3	32.8	46.0	68	31.4	5
5	32.5	45.2	68	31.1	32.6	45.5	68	31.2	32.7	45.8	68	31.3	32.8	46.1	68	31.4	32.9	46.4	68	31.6	5

n	t_W	*e*	*U*	t_d	t_W	*e*	*U*	t_d	t_W	*e*	*U*	t_d	t_W	*e*	*U*	t_d	t_W	*e*	*U*	t_d	*n*
	38.0				**38.1**				**38.2**				**38.3**				**38.4**				
5	32.6	45.6	69	31.3	32.7	45.9	69	31.4	32.8	46.1	69	31.5	32.9	46.4	69	31.6	**33.0**	46.7	69	31.7	5
5	32.7	45.9	69	31.4	32.8	46.2	69	31.5	32.9	46.5	69	31.6	**33.0**	46.8	69	31.7	33.1	47.1	69	31.8	5
5	32.8	46.3	70	31.5	32.9	46.6	70	31.6	**33.0**	46.8	70	31.7	33.1	47.1	70	31.8	33.2	47.4	70	31.9	5
5	32.9	46.6	70	31.7	**33.0**	46.9	70	31.8	33.1	47.2	70	31.9	33.2	47.5	70	32.0	33.3	47.8	71	32.1	5
5	**33.0**	47.0	71	31.8	33.1	47.3	71	31.9	33.2	47.5	71	32.0	33.3	47.8	71	32.1	33.4	48.1	71	32.2	5
5	33.1	47.3	71	31.9	33.2	47.6	71	32.0	33.3	47.9	71	32.1	33.4	48.2	72	32.2	33.5	48.5	72	32.3	5
4	33.2	47.7	72	32.0	33.3	48.0	72	32.2	33.4	48.2	72	32.3	33.5	48.5	72	32.4	33.6	48.8	72	32.5	4
4	33.3	48.0	72	32.2	33.4	48.3	73	32.3	33.5	48.6	73	32.4	33.6	48.9	73	32.5	33.7	49.2	73	32.6	4
4	33.4	48.4	73	32.3	33.5	48.7	73	32.4	33.6	49.0	73	32.5	33.7	49.2	73	32.6	33.8	49.5	73	32.7	4
4	33.5	48.7	74	32.4	33.6	49.0	74	32.5	33.7	49.3	74	32.6	33.8	49.6	74	32.8	33.9	49.9	74	32.9	4
4	33.6	49.1	74	32.6	33.7	49.4	74	32.7	33.8	49.7	74	32.8	33.9	50.0	74	32.9	**34.0**	50.3	74	33.0	4
4	33.7	49.4	75	32.7	33.8	49.7	75	32.8	33.9	50.0	75	32.9	**34.0**	50.3	75	33.0	34.1	50.6	75	33.1	4
4	33.8	49.8	75	32.8	33.9	50.1	75	32.9	**34.0**	50.4	75	33.0	34.1	50.7	75	33.1	34.2	51.0	75	33.2	4
4	33.9	50.2	76	33.0	**34.0**	50.5	76	33.1	34.1	50.8	76	33.2	34.2	51.1	76	33.3	34.3	51.4	76	33.4	4
4	**34.0**	50.5	76	33.1	34.1	50.8	76	33.2	34.2	51.1	76	33.3	34.3	51.4	76	33.4	34.4	51.7	76	33.5	4
3	34.1	50.9	77	33.2	34.2	51.2	77	33.3	34.3	51.5	77	33.4	34.4	51.8	77	33.5	34.5	52.1	77	33.6	3
3	34.2	51.3	77	33.3	34.3	51.6	77	33.4	34.4	51.9	77	33.5	34.5	52.2	77	33.6	34.6	52.5	77	33.8	3
3	34.3	51.6	78	33.5	34.4	51.9	78	33.6	34.5	52.2	78	33.7	34.6	52.5	78	33.8	34.7	52.8	78	33.9	3
3	34.4	52.0	78	33.6	34.5	52.3	78	33.7	34.6	52.6	79	33.8	34.7	52.9	79	33.9	34.8	53.2	79	34.0	3
3	34.5	52.4	79	33.7	34.6	52.7	79	33.8	34.7	53.0	79	33.9	34.8	53.3	79	34.0	34.9	53.6	79	34.1	3
3	34.6	52.7	80	33.8	34.7	53.0	80	33.9	34.8	53.3	80	34.1	34.9	53.7	80	34.2	**35.0**	54.0	80	34.3	3
3	34.7	53.1	80	34.0	34.8	53.4	80	34.1	34.9	53.7	80	34.2	**35.0**	54.0	80	34.3	35.1	54.3	80	34.4	3
3	34.8	53.5	81	34.1	34.9	53.8	81	34.2	**35.0**	54.1	81	34.3	35.1	54.4	81	34.4	35.2	54.7	81	34.5	3
3	34.9	53.9	81	34.2	**35.0**	54.2	81	34.3	35.1	54.5	81	34.4	35.2	54.8	81	34.5	35.3	55.1	81	34.6	3
3	**35.0**	54.2	82	34.3	35.1	54.5	82	34.4	35.2	54.9	82	34.6	35.3	55.2	82	34.7	35.4	55.5	82	34.8	3
2	35.1	54.6	82	34.5	35.2	54.9	82	34.6	35.3	55.2	82	34.7	35.4	55.6	82	34.8	35.5	55.9	83	34.9	2
2	35.2	55.0	83	34.6	35.3	55.3	83	34.7	35.4	55.6	83	34.8	35.5	55.9	83	34.9	35.6	56.3	83	35.0	2
2	35.3	55.4	84	34.7	35.4	55.7	84	34.8	35.5	56.0	84	34.9	35.6	56.3	84	35.0	35.7	56.6	84	35.1	2
2	35.4	55.8	84	34.8	35.5	56.1	84	34.9	35.6	56.4	84	35.1	35.7	56.7	84	35.2	35.8	57.0	84	35.3	2
2	35.5	56.1	85	35.0	35.6	56.5	85	35.1	35.7	56.8	85	35.2	35.8	57.1	85	35.3	35.9	57.4	85	35.4	2
2	35.6	56.5	85	35.1	35.7	56.8	85	35.2	35.8	57.2	85	35.3	35.9	57.5	85	35.4	**36.0**	57.8	85	35.5	2
2	35.7	56.9	86	35.2	35.8	57.2	86	35.3	35.9	57.6	86	35.4	**36.0**	57.9	86	35.5	36.1	58.2	86	35.6	2
2	35.8	57.3	86	35.3	35.9	57.6	86	35.4	**36.0**	58.0	87	35.5	36.1	58.3	87	35.6	36.2	58.6	87	35.7	2
2	35.9	57.7	87	35.5	**36.0**	58.0	87	35.6	36.1	58.3	87	35.7	36.2	58.7	87	35.8	36.3	59.0	87	35.9	2
2	**36.0**	58.1	88	35.6	36.1	58.4	88	35.7	36.2	58.7	88	35.8	36.3	59.1	88	35.9	36.4	59.4	88	36.0	2
2	36.1	58.5	88	35.7	36.2	58.8	88	35.8	36.3	59.1	88	35.9	36.4	59.5	88	36.0	36.5	59.8	88	36.1	2
1	36.2	58.9	89	35.8	36.3	59.2	89	35.9	36.4	59.5	89	36.0	36.5	59.9	89	36.1	36.6	60.2	89	36.2	1
1	36.3	59.3	89	36.0	36.4	59.6	89	36.1	36.5	59.9	89	36.2	36.6	60.3	89	36.3	36.7	60.6	90	36.4	1
1	36.4	59.7	90	36.1	36.5	60.0	90	36.2	36.6	60.3	90	36.3	36.7	60.7	90	36.4	36.8	61.0	90	36.5	1
1	36.5	60.1	91	36.2	36.6	60.4	91	36.3	36.7	60.7	91	36.4	36.8	61.1	91	36.5	36.9	61.4	91	36.6	1
1	36.6	60.5	91	36.3	36.7	60.8	91	36.4	36.8	61.1	91	36.5	36.9	61.5	91	36.6	**37.0**	61.8	91	36.7	1
1	36.7	60.9	92	36.4	36.8	61.2	92	36.5	36.9	61.6	92	36.6	**37.0**	61.9	92	36.7	37.1	62.2	92	36.8	1
1	36.8	61.3	92	36.6	36.9	61.6	92	36.7	**37.0**	62.0	93	36.8	37.1	62.3	93	36.9	37.2	62.6	93	37.0	1
1	36.9	61.7	93	36.7	**37.0**	62.0	93	36.8	37.1	62.4	93	36.9	37.2	62.7	93	37.0	37.3	63.1	93	37.1	1
1	**37.0**	62.1	94	36.8	37.1	62.4	94	36.9	37.2	62.8	94	37.0	37.3	63.1	94	37.1	37.4	63.5	94	37.2	1
1	37.1	62.5	94	36.9	37.2	62.8	94	37.0	37.3	63.2	94	37.1	37.4	63.5	94	37.2	37.5	63.9	94	37.3	1
1	37.2	62.9	95	37.0	37.3	63.3	95	37.1	37.4	63.6	95	37.2	37.5	64.0	95	37.3	37.6	64.3	95	37.4	1
1	37.3	63.3	96	37.2	37.4	63.7	96	37.3	37.5	64.0	96	37.4	37.6	64.4	96	37.5	37.7	64.7	96	37.6	1
0	37.4	63.7	96	37.3	37.5	64.1	96	37.4	37.6	64.4	96	37.5	37.7	64.8	96	37.6	37.8	65.1	96	37.7	0
0	37.5	64.2	97	37.4	37.6	64.5	97	37.5	37.7	64.9	97	37.6	37.8	65.2	97	37.7	37.9	65.6	97	37.8	0
0	37.6	64.6	97	37.5	37.7	64.9	97	37.6	37.8	65.3	97	37.7	37.9	65.6	97	37.8	**38.0**	66.0	97	37.9	0
0	37.7	65.0	98	37.6	37.8	65.3	98	37.7	37.9	65.7	98	37.8	**38.0**	66.1	98	37.9	38.1	66.4	98	38.0	0
0	37.8	65.4	99	37.8	37.9	65.8	99	37.9	**38.0**	66.1	99	38.0	38.1	66.5	99	38.1	38.2	66.8	99	38.2	0
0	37.9	65.8	99	37.9	**38.0**	66.2	99	38.0	38.1	66.6	99	38.1	38.2	66.9	99	38.2	38.3	67.3	99	38.3	0
0	**38.0**	66.3	100	38.0	38.1	66.6	100	38.1	38.2	67.0	100	38.2	38.3	67.3	100	38.3	38.4	67.7	100	38.4	0
	38.5				**38.6**				**38.7**				**38.8**				**38.9**				
47																	14.6	0.4	1	-32.5	47
46									14.5	0.4	1	-33.6	14.6	0.5	1	-30.9	14.7	0.6	1	-28.7	46
46					14.5	0.4	1	-31.9	14.6	0.5	1	-29.5	14.7	0.6	1	-27.5	14.8	0.7	1	-25.8	46
45	14.5	0.5	1	-30.3	14.6	0.6	1	-28.2	14.7	0.7	1	-26.4	14.8	0.8	1	-24.9	14.9	0.9	1	-23.5	45
45	14.6	0.7	1	-27.1	14.7	0.8	1	-25.5	14.8	0.9	1	-24.0	14.9	1.0	1	-22.7	**15.0**	1.1	2	-21.5	45
45	14.7	0.8	1	-24.5	14.8	0.9	1	-23.2	14.9	1.1	2	-22.0	**15.0**	1.2	2	-20.8	15.1	1.3	2	-19.8	45
44	14.8	1.0	1	-22.4	14.9	1.1	2	-21.3	**15.0**	1.2	2	-20.2	15.1	1.3	2	-19.2	15.2	1.5	2	-18.3	44
44	14.9	1.2	2	-20.6	**15.0**	1.3	2	-19.6	15.1	1.4	2	-18.6	15.2	1.5	2	-17.7	15.3	1.6	2	-16.9	44
44	**15.0**	1.4	2	-19.0	15.1	1.5	2	-18.1	15.2	1.6	2	-17.2	15.3	1.7	2	-16.4	15.4	1.8	3	-15.6	44
43	15.1	1.5	2	-17.6	15.2	1.7	2	-16.7	15.3	1.8	3	-16.0	15.4	1.9	3	-15.2	15.5	2.0	3	-14.5	43
43	15.2	1.7	3	-16.3	15.3	1.8	3	-15.5	15.4	1.9	3	-14.8	15.5	2.1	3	-14.1	15.6	2.2	3	-13.4	43
43	15.3	1.9	3	-15.1	15.4	2.0	3	-14.4	15.5	2.1	3	-13.7	15.6	2.2	3	-13.1	15.7	2.4	3	-12.5	43
42	15.4	2.1	3	-14.0	15.5	2.2	3	-13.3	15.6	2.3	3	-12.7	15.7	2.4	3	-12.1	15.8	2.5	4	-11.5	42
42	15.5	2.3	3	-13.0	15.6	2.4	3	-12.4	15.7	2.5	4	-11.8	15.8	2.6	4	-11.2	15.9	2.7	4	-10.7	42
42	15.6	2.4	4	-12.0	15.7	2.6	4	-11.4	15.8	2.7	4	-10.9	15.9	2.8	4	-10.4	**16.0**	2.9	4	-9.8	42

n	t_W	e	U	t_d	t_W	e	U	t_d	t_W	e	U	t_d	t_W	e	U	t_d	t_W	e	U	t_d	n
	38.5				**38.6**				**38.7**				**38.8**				**38.9**				
41	15.7	2.6	4	-11.1	15.8	2.7	4	-10.6	15.9	2.8	4	-10.1	**16.0**	3.0	4	-9.6	16.1	3.1	4	-9.1	41
41	15.8	2.8	4	-10.3	15.9	2.9	4	-9.8	**16.0**	3.0	4	-9.3	16.1	3.1	5	-8.8	16.2	3.3	5	-8.3	41
41	15.9	3.0	4	-9.5	**16.0**	3.1	5	-9.0	16.1	3.2	5	-8.5	16.2	3.3	5	-8.1	16.3	3.4	5	-7.6	41
40	**16.0**	3.2	5	-8.7	16.1	3.3	5	-8.3	16.2	3.4	5	-7.8	16.3	3.5	5	-7.4	16.4	3.6	5	-6.9	40
40	16.1	3.3	5	-8.0	16.2	3.5	5	-7.6	16.3	3.6	5	-7.1	16.4	3.7	5	-6.7	16.5	3.8	5	-6.3	40
40	16.2	3.5	5	-7.3	16.3	3.6	5	-6.9	16.4	3.8	5	-6.5	16.5	3.9	6	-6.1	16.6	4.0	6	-5.7	40
39	16.3	3.7	5	-6.7	16.4	3.8	6	-6.2	16.5	4.0	6	-5.8	16.6	4.1	6	-5.5	16.7	4.2	6	-5.1	39
39	16.4	3.9	6	-6.0	16.5	4.0	6	-5.6	16.6	4.1	6	-5.2	16.7	4.3	6	-4.9	16.8	4.4	6	-4.5	39
39	16.5	4.1	6	-5.4	16.6	4.2	6	-5.0	16.7	4.3	6	-4.7	16.8	4.4	6	-4.3	16.9	4.6	7	-3.9	39
38	16.6	4.3	6	-4.8	16.7	4.4	6	-4.5	16.8	4.5	7	-4.1	16.9	4.6	7	-3.7	**17.0**	4.8	7	-3.4	38
38	16.7	4.5	7	-4.3	16.8	4.6	7	-3.9	16.9	4.7	7	-3.5	**17.0**	4.8	7	-3.2	17.1	4.9	7	-2.9	38
38	16.8	4.6	7	-3.7	16.9	4.8	7	-3.4	**17.0**	4.9	7	-3.0	17.1	5.0	7	-2.7	17.2	5.1	7	-2.4	38
38	16.9	4.8	7	-3.2	**17.0**	5.0	7	-2.8	17.1	5.1	7	-2.5	17.2	5.2	8	-2.2	17.3	5.3	8	-1.9	38
37	**17.0**	5.0	7	-2.7	17.1	5.1	8	-2.3	17.2	5.3	8	-2.0	17.3	5.4	8	-1.7	17.4	5.5	8	-1.4	37
37	17.1	5.2	8	-2.2	17.2	5.3	8	-1.8	17.3	5.5	8	-1.5	17.4	5.6	8	-1.2	17.5	5.7	8	-0.9	37
37	17.2	5.4	8	-1.7	17.3	5.5	8	-1.4	17.4	5.7	8	-1.1	17.5	5.8	8	-0.8	17.6	5.9	8	-0.5	37
36	17.3	5.6	8	-1.2	17.4	5.7	8	-0.9	17.5	5.8	8	-0.6	17.6	6.0	9	-0.3	17.7	6.1	9	0.0	36
36	17.4	5.8	9	-0.7	17.5	5.9	9	-0.4	17.6	6.0	9	-0.2	17.7	6.2	9	0.1	17.8	6.3	9	0.4	36
36	17.5	6.0	9	-0.3	17.6	6.1	9	0.0	17.7	6.2	9	0.3	17.8	6.4	9	0.6	17.9	6.5	9	0.8	36
35	17.6	6.2	9	0.2	17.7	6.3	9	0.4	17.8	6.4	9	0.7	17.9	6.6	9	1.0	**18.0**	6.7	10	1.3	35
35	17.7	6.4	9	0.6	17.8	6.5	9	0.9	17.9	6.6	10	1.1	**18.0**	6.8	10	1.4	18.1	6.9	10	1.7	35
35	17.8	6.6	10	1.0	17.9	6.7	10	1.3	**18.0**	6.8	10	1.5	18.1	7.0	10	1.8	18.2	7.1	10	2.1	35
34	17.9	6.8	10	1.4	**18.0**	6.9	10	1.7	18.1	7.0	10	1.9	18.2	7.1	10	2.2	18.3	7.3	10	2.4	34
34	**18.0**	7.0	10	1.8	18.1	7.1	10	2.1	18.2	7.2	10	2.3	18.3	7.3	11	2.6	18.4	7.5	11	2.8	34
34	18.1	7.2	11	2.2	18.2	7.3	11	2.4	18.3	7.4	11	2.7	18.4	7.5	11	2.9	18.5	7.7	11	3.2	34
34	18.2	7.3	11	2.6	18.3	7.5	11	2.8	18.4	7.6	11	3.1	18.5	7.7	11	3.3	18.6	7.9	11	3.6	34
33	18.3	7.5	11	2.9	18.4	7.7	11	3.2	18.5	7.8	11	3.4	18.6	7.9	11	3.7	18.7	8.1	12	3.9	33
33	18.4	7.7	11	3.3	18.5	7.9	12	3.6	18.6	8.0	12	3.8	18.7	8.1	12	4.0	18.8	8.3	12	4.3	33
33	18.5	7.9	12	3.7	18.6	8.1	12	3.9	18.7	8.2	12	4.1	18.8	8.3	12	4.4	18.9	8.5	12	4.6	33
32	18.6	8.1	12	4.0	18.7	8.3	12	4.3	18.8	8.4	12	4.5	18.9	8.6	12	4.7	**19.0**	8.7	12	5.0	32
32	18.7	8.3	12	4.4	18.8	8.5	12	4.6	18.9	8.6	13	4.8	**19.0**	8.8	13	5.1	19.1	8.9	13	5.3	32
32	18.8	8.5	13	4.7	18.9	8.7	13	4.9	**19.0**	8.8	13	5.2	19.1	9.0	13	5.4	19.2	9.1	13	5.6	32
32	18.9	8.8	13	5.1	**19.0**	8.9	13	5.3	19.1	9.0	13	5.5	19.2	9.2	13	5.7	19.3	9.3	13	5.9	32
31	**19.0**	9.0	13	5.4	19.1	9.1	13	5.6	19.2	9.2	13	5.8	19.3	9.4	14	6.0	19.4	9.5	14	6.3	31
31	19.1	9.2	13	5.7	19.2	9.3	14	5.9	19.3	9.4	14	6.1	19.4	9.6	14	6.4	19.5	9.7	14	6.6	31
31	19.2	9.4	14	6.0	19.3	9.5	14	6.2	19.4	9.6	14	6.5	19.5	9.8	14	6.7	19.6	9.9	14	6.9	31
30	19.3	9.6	14	6.3	19.4	9.7	14	6.6	19.5	9.9	14	6.8	19.6	10.0	14	7.0	19.7	10.1	15	7.2	30
30	19.4	9.8	14	6.7	19.5	9.9	14	6.9	19.6	10.1	15	7.1	19.7	10.2	15	7.3	19.8	10.3	15	7.5	30
30	19.5	10.0	15	7.0	19.6	10.1	15	7.2	19.7	10.3	15	7.4	19.8	10.4	15	7.6	19.9	10.6	15	7.8	30
30	19.6	10.2	15	7.3	19.7	10.3	15	7.5	19.8	10.5	15	7.7	19.9	10.6	15	7.9	**20.0**	10.8	15	8.1	30
29	19.7	10.4	15	7.6	19.8	10.5	15	7.8	19.9	10.7	16	8.0	**20.0**	10.8	16	8.2	20.1	11.0	16	8.3	29
29	19.8	10.6	16	7.8	19.9	10.8	16	8.0	**20.0**	10.9	16	8.2	20.1	11.0	16	8.4	20.2	11.2	16	8.6	29
29	19.9	10.8	16	8.1	**20.0**	11.0	16	8.3	20.1	11.1	16	8.5	20.2	11.3	16	8.7	20.3	11.4	16	8.9	29
29	**20.0**	11.0	16	8.4	20.1	11.2	16	8.6	20.2	11.3	16	8.8	20.3	11.5	17	9.0	20.4	11.6	17	9.2	29
28	20.1	11.2	17	8.7	20.2	11.4	17	8.9	20.3	11.5	17	9.1	20.4	11.7	17	9.3	20.5	11.8	17	9.5	28
28	20.2	11.5	17	9.0	20.3	11.6	17	9.2	20.4	11.8	17	9.4	20.5	11.9	17	9.5	20.6	12.0	17	9.7	28
28	20.3	11.7	17	9.3	20.4	11.8	17	9.4	20.5	12.0	17	9.6	20.6	12.1	18	9.8	20.7	12.3	18	10.0	28
28	20.4	11.9	17	9.5	20.5	12.0	18	9.7	20.6	12.2	18	9.9	20.7	12.3	18	10.1	20.8	12.5	18	10.3	28
27	20.5	12.1	18	9.8	20.6	12.2	18	10.0	20.7	12.4	18	10.2	20.8	12.5	18	10.3	20.9	12.7	18	10.5	27
27	20.6	12.3	18	10.1	20.7	12.5	18	10.2	20.8	12.6	18	10.4	20.9	12.8	18	10.6	**21.0**	12.9	19	10.8	27
27	20.7	12.5	18	10.3	20.8	12.7	19	10.5	20.9	12.8	19	10.7	**21.0**	13.0	19	10.8	21.1	13.1	19	11.0	27
27	20.8	12.7	19	10.6	20.9	12.9	19	10.7	**21.0**	13.1	19	10.9	21.1	13.2	19	11.1	21.2	13.4	19	11.3	27
26	20.9	13.0	19	10.8	**21.0**	13.1	19	11.0	21.1	13.3	19	11.2	21.2	13.4	19	11.4	21.3	13.6	20	11.5	26
26	**21.0**	13.2	19	11.1	21.1	13.3	19	11.3	21.2	13.5	20	11.4	21.3	13.6	20	11.6	21.4	13.8	20	11.8	26
26	21.1	13.4	20	11.3	21.2	13.6	20	11.5	21.3	13.7	20	11.7	21.4	13.9	20	11.8	21.5	14.0	20	12.0	26
26	21.2	13.6	20	11.6	21.3	13.8	20	11.7	21.4	13.9	20	11.9	21.5	14.1	20	12.1	21.6	14.3	20	12.3	26
25	21.3	13.8	20	11.8	21.4	14.0	20	12.0	21.5	14.2	21	12.2	21.6	14.3	21	12.3	21.7	14.5	21	12.5	25
25	21.4	14.1	21	12.1	21.5	14.2	21	12.2	21.6	14.4	21	12.4	21.7	14.5	21	12.6	21.8	14.7	21	12.7	25
25	21.5	14.3	21	12.3	21.6	14.5	21	12.5	21.7	14.6	21	12.6	21.8	14.8	21	12.8	21.9	14.9	21	13.0	25
25	21.6	14.5	21	12.5	21.7	14.7	21	12.7	21.8	14.8	22	12.9	21.9	15.0	22	13.0	**22.0**	15.2	22	13.2	25
24	21.7	14.7	22	12.8	21.8	14.9	22	12.9	21.9	15.1	22	13.1	**22.0**	15.2	22	13.3	22.1	15.4	22	13.4	24
24	21.8	15.0	22	13.0	21.9	15.1	22	13.2	**22.0**	15.3	22	13.3	22.1	15.5	22	13.5	22.2	15.6	22	13.6	24
24	21.9	15.2	22	13.2	**22.0**	15.4	22	13.4	22.1	15.5	23	13.6	22.2	15.7	23	13.7	22.3	15.8	23	13.9	24
24	**22.0**	15.4	23	13.5	22.1	15.6	23	13.6	22.2	15.7	23	13.8	22.3	15.9	23	13.9	22.4	16.1	23	14.1	24
23	22.1	15.7	23	13.7	22.2	15.8	23	13.8	22.3	16.0	23	14.0	22.4	16.1	23	14.2	22.5	16.3	23	14.3	23
23	22.2	15.9	23	13.9	22.3	16.0	23	14.1	22.4	16.2	24	14.2	22.5	16.4	24	14.4	22.6	16.5	24	14.5	23
23	22.3	16.1	24	14.1	22.4	16.3	24	14.3	22.5	16.4	24	14.4	22.6	16.6	24	14.6	22.7	16.8	24	14.8	23
23	22.4	16.3	24	14.3	22.5	16.5	24	14.5	22.6	16.7	24	14.7	22.7	16.8	24	14.8	22.8	17.0	24	15.0	23
22	22.5	16.6	24	14.6	22.6	16.7	24	14.7	22.7	16.9	25	14.9	22.8	17.1	25	15.0	22.9	17.2	25	15.2	22
22	22.6	16.8	25	14.8	22.7	17.0	25	14.9	22.8	17.1	25	15.1	22.9	17.3	25	15.2	**23.0**	17.5	25	15.4	22
22	22.7	17.0	25	15.0	22.8	17.2	25	15.1	22.9	17.4	25	15.3	**23.0**	17.5	25	15.5	23.1	17.7	25	15.6	22
22	22.8	17.3	25	15.2	22.9	17.4	25	15.4	**23.0**	17.6	26	15.5	23.1	17.8	26	15.7	23.2	18.0	26	15.8	22
22	22.9	17.5	26	15.4	**23.0**	17.7	26	15.6	23.1	17.8	26	15.7	23.2	18.0	26	15.9	23.3	18.2	26	16.0	22

n	t_W	e	U	t_d	t_W	e	U	t_d	t_W	e	U	t_d	t_W	e	U	t_d	t_W	e	U	t_d	n
	38.5				**38.6**				**38.7**				**38.8**				**38.9**				
21	**23.0**	17.7	26	15.6	23.1	17.9	26	15.8	23.2	18.1	26	15.9	23.3	18.3	26	16.1	23.4	18.4	27	16.2	21
21	23.1	18.0	26	15.8	23.2	18.2	27	16.0	23.3	18.3	27	16.1	23.4	18.5	27	16.3	23.5	18.7	27	16.4	21
21	23.2	18.2	27	16.0	23.3	18.4	27	16.2	23.4	18.6	27	16.3	23.5	18.7	27	16.5	23.6	18.9	27	16.6	21
21	23.3	18.5	27	16.2	23.4	18.6	27	16.4	23.5	18.8	27	16.5	23.6	19.0	27	16.7	23.7	19.2	28	16.8	21
20	23.4	18.7	27	16.4	23.5	18.9	28	16.6	23.6	19.0	28	16.7	23.7	19.2	28	16.9	23.8	19.4	28	17.0	20
20	23.5	18.9	28	16.6	23.6	19.1	28	16.8	23.7	19.3	28	16.9	23.8	19.5	28	17.1	23.9	19.6	28	17.2	20
20	23.6	19.2	28	16.8	23.7	19.4	28	17.0	23.8	19.5	28	17.1	23.9	19.7	28	17.3	**24.0**	19.9	29	17.4	20
20	23.7	19.4	29	17.0	23.8	19.6	29	17.2	23.9	19.8	29	17.3	**24.0**	20.0	29	17.5	24.1	20.1	29	17.6	20
20	23.8	19.7	29	17.2	23.9	19.8	29	17.4	**24.0**	20.0	29	17.5	24.1	20.2	29	17.7	24.2	20.4	29	17.8	20
19	23.9	19.9	29	17.4	**24.0**	20.1	29	17.6	24.1	20.3	29	17.7	24.2	20.5	30	17.9	24.3	20.6	30	18.0	19
19	**24.0**	20.2	30	17.6	24.1	20.3	30	17.8	24.2	20.5	30	17.9	24.3	20.7	30	18.1	24.4	20.9	30	18.2	19
19	24.1	20.4	30	17.8	24.2	20.6	30	18.0	24.3	20.8	30	18.1	24.4	20.9	30	18.2	24.5	21.1	30	18.4	19
19	24.2	20.7	30	18.0	24.3	20.8	30	18.2	24.4	21.0	31	18.3	24.5	21.2	31	18.4	24.6	21.4	31	18.6	19
19	24.3	20.9	31	18.2	24.4	21.1	31	18.3	24.5	21.3	31	18.5	24.6	21.4	31	18.6	24.7	21.6	31	18.8	19
18	24.4	21.1	31	18.4	24.5	21.3	31	18.5	24.6	21.5	31	18.7	24.7	21.7	31	18.8	24.8	21.9	31	18.9	18
18	24.5	21.4	31	18.6	24.6	21.6	32	18.7	24.7	21.8	32	18.9	24.8	22.0	32	19.0	24.9	22.1	32	19.1	18
18	24.6	21.6	32	18.8	24.7	21.8	32	18.9	24.8	22.0	32	19.0	24.9	22.2	32	19.2	**25.0**	22.4	32	19.3	18
18	24.7	21.9	32	19.0	24.8	22.1	32	19.1	24.9	22.3	32	19.2	**25.0**	22.5	32	19.4	25.1	22.7	33	19.5	18
18	24.8	22.2	33	19.1	24.9	22.3	33	19.3	**25.0**	22.5	33	19.4	25.1	22.7	33	19.5	25.2	22.9	33	19.7	18
17	24.9	22.4	33	19.3	**25.0**	22.6	33	19.5	25.1	22.8	33	19.6	25.2	23.0	33	19.7	25.3	23.2	33	19.9	17
17	**25.0**	22.7	33	19.5	25.1	22.9	33	19.6	25.2	23.0	33	19.8	25.3	23.2	34	19.9	25.4	23.4	34	20.0	17
17	25.1	22.9	34	19.7	25.2	23.1	34	19.8	25.3	23.3	34	20.0	25.4	23.5	34	20.1	25.5	23.7	34	20.2	17
17	25.2	23.2	34	19.9	25.3	23.4	34	20.0	25.4	23.6	34	20.1	25.5	23.8	34	20.3	25.6	23.9	34	20.4	17
17	25.3	23.4	34	20.0	25.4	23.6	35	20.2	25.5	23.8	35	20.3	25.6	24.0	35	20.4	25.7	24.2	35	20.6	17
16	25.4	23.7	35	20.2	25.5	23.9	35	20.4	25.6	24.1	35	20.5	25.7	24.3	35	20.6	25.8	24.5	35	20.7	16
16	25.5	24.0	35	20.4	25.6	24.1	35	20.5	25.7	24.3	35	20.7	25.8	24.5	35	20.8	25.9	24.7	36	20.9	16
16	25.6	24.2	36	20.6	25.7	24.4	36	20.7	25.8	24.6	36	20.8	25.9	24.8	36	21.0	**26.0**	25.0	36	21.1	16
16	25.7	24.5	36	20.7	25.8	24.7	36	20.9	25.9	24.9	36	21.0	**26.0**	25.1	36	21.1	26.1	25.3	36	21.3	16
16	25.8	24.7	36	20.9	25.9	24.9	36	21.1	**26.0**	25.1	37	21.2	26.1	25.3	37	21.3	26.2	25.5	37	21.4	16
15	25.9	25.0	37	21.1	**26.0**	25.2	37	21.2	26.1	25.4	37	21.4	26.2	25.6	37	21.5	26.3	25.8	37	21.6	15
15	**26.0**	25.3	37	21.3	26.1	25.5	37	21.4	26.2	25.7	37	21.5	26.3	25.9	37	21.7	26.4	26.1	37	21.8	15
15	26.1	25.5	38	21.4	26.2	25.7	38	21.6	26.3	25.9	38	21.7	26.4	26.1	38	21.8	26.5	26.3	38	21.9	15
15	26.2	25.8	38	21.6	26.3	26.0	38	21.7	26.4	26.2	38	21.9	26.5	26.4	38	22.0	26.6	26.6	38	22.1	15
15	26.3	26.1	38	21.8	26.4	26.3	38	21.9	26.5	26.5	38	22.0	26.6	26.7	39	22.2	26.7	26.9	39	22.3	15
15	26.4	26.3	39	21.9	26.5	26.5	39	22.1	26.6	26.7	39	22.2	26.7	27.0	39	22.3	26.8	27.2	39	22.4	15
14	26.5	26.6	39	22.1	26.6	26.8	39	22.2	26.7	27.0	39	22.4	26.8	27.2	39	22.5	26.9	27.4	39	22.6	14
14	26.6	26.9	39	22.3	26.7	27.1	40	22.4	26.8	27.3	40	22.5	26.9	27.5	40	22.7	**27.0**	27.7	40	22.8	14
14	26.7	27.2	40	22.4	26.8	27.4	40	22.6	26.9	27.6	40	22.7	**27.0**	27.8	40	22.8	27.1	28.0	40	22.9	14
14	26.8	27.4	40	22.6	26.9	27.6	40	22.7	**27.0**	27.8	40	22.9	27.1	28.1	41	23.0	27.2	28.3	41	23.1	14
14	26.9	27.7	41	22.8	**27.0**	27.9	41	22.9	27.1	28.1	41	23.0	27.2	28.3	41	23.1	27.3	28.5	41	23.3	14
14	**27.0**	28.0	41	22.9	27.1	28.2	41	23.1	27.2	28.4	41	23.2	27.3	28.6	41	23.3	27.4	28.8	41	23.4	14
13	27.1	28.3	42	23.1	27.2	28.5	42	23.2	27.3	28.7	42	23.3	27.4	28.9	42	23.5	27.5	29.1	42	23.6	13
13	27.2	28.5	42	23.3	27.3	28.7	42	23.4	27.4	29.0	42	23.5	27.5	29.2	42	23.6	27.6	29.4	42	23.7	13
13	27.3	28.8	42	23.4	27.4	29.0	42	23.5	27.5	29.2	42	23.7	27.6	29.5	43	23.8	27.7	29.7	43	23.9	13
13	27.4	29.1	43	23.6	27.5	29.3	43	23.7	27.6	29.5	43	23.8	27.7	29.7	43	23.9	27.8	30.0	43	24.1	13
13	27.5	29.4	43	23.7	27.6	29.6	43	23.9	27.7	29.8	43	24.0	27.8	30.0	43	24.1	27.9	30.2	43	24.2	13
13	27.6	29.7	44	23.9	27.7	29.9	44	24.0	27.8	30.1	44	24.1	27.9	30.3	44	24.3	**28.0**	30.5	44	24.4	13
12	27.7	29.9	44	24.1	27.8	30.2	44	24.2	27.9	30.4	44	24.3	**28.0**	30.6	44	24.4	28.1	30.8	44	24.5	12
12	27.8	30.2	44	24.2	27.9	30.4	44	24.3	**28.0**	30.7	45	24.5	28.1	30.9	45	24.6	28.2	31.1	45	24.7	12
12	27.9	30.5	45	24.4	**28.0**	30.7	45	24.5	28.1	30.9	45	24.6	28.2	31.2	45	24.7	28.3	31.4	45	24.9	12
12	**28.0**	30.8	45	24.5	28.1	31.0	45	24.6	28.2	31.2	45	24.8	28.3	31.5	45	24.9	28.4	31.7	46	25.0	12
12	28.1	31.1	46	24.7	28.2	31.3	46	24.8	28.3	31.5	46	24.9	28.4	31.7	46	25.0	28.5	32.0	46	25.2	12
12	28.2	31.4	46	24.8	28.3	31.6	46	25.0	28.4	31.8	46	25.1	28.5	32.0	46	25.2	28.6	32.3	46	25.3	12
11	28.3	31.7	47	25.0	28.4	31.9	47	25.1	28.5	32.1	47	25.2	28.6	32.3	47	25.3	28.7	32.6	47	25.5	11
11	28.4	31.9	47	25.1	28.5	32.2	47	25.3	28.6	32.4	47	25.4	28.7	32.6	47	25.5	28.8	32.9	47	25.6	11
11	28.5	32.2	47	25.3	28.6	32.5	47	25.4	28.7	32.7	48	25.5	28.8	32.9	48	25.7	28.9	33.2	48	25.8	11
11	28.6	32.5	48	25.5	28.7	32.8	48	25.6	28.8	33.0	48	25.7	28.9	33.2	48	25.8	**29.0**	33.4	48	25.9	11
11	28.7	32.8	48	25.6	28.8	33.1	48	25.7	28.9	33.3	48	25.8	**29.0**	33.5	48	26.0	29.1	33.7	49	26.1	11
11	28.8	33.1	49	25.8	28.9	33.4	49	25.9	**29.0**	33.6	49	26.0	29.1	33.8	49	26.1	29.2	34.0	49	26.2	11
10	28.9	33.4	49	25.9	**29.0**	33.6	49	26.0	29.1	33.9	49	26.1	29.2	34.1	49	26.3	29.3	34.3	49	26.4	10
10	**29.0**	33.7	50	26.1	29.1	33.9	50	26.2	29.2	34.2	50	26.3	29.3	34.4	50	26.4	29.4	34.7	50	26.5	10
10	29.1	34.0	50	26.2	29.2	34.2	50	26.3	29.3	34.5	50	26.4	29.4	34.7	50	26.6	29.5	35.0	50	26.7	10
10	29.2	34.3	50	26.4	29.3	34.5	50	26.5	29.4	34.8	51	26.6	29.5	35.0	51	26.7	29.6	35.3	51	26.8	10
10	29.3	34.6	51	26.5	29.4	34.9	51	26.6	29.5	35.1	51	26.7	29.6	35.3	51	26.8	29.7	35.6	51	27.0	10
10	29.4	34.9	51	26.6	29.5	35.2	51	26.8	29.6	35.4	51	26.9	29.7	35.6	52	27.0	29.8	35.9	52	27.1	10
10	29.5	35.2	52	26.8	29.6	35.5	52	26.9	29.7	35.7	52	27.0	29.8	35.9	52	27.1	29.9	36.2	52	27.3	10
9	29.6	35.5	52	26.9	29.7	35.8	52	27.1	29.8	36.0	52	27.2	29.9	36.2	52	27.3	**30.0**	36.5	52	27.4	9
9	29.7	35.8	53	27.1	29.8	36.1	53	27.2	29.9	36.3	53	27.3	**30.0**	36.6	53	27.4	30.1	36.8	53	27.5	9
9	29.8	36.1	53	27.2	29.9	36.4	53	27.3	**30.0**	36.6	53	27.5	30.1	36.9	53	27.6	30.2	37.1	53	27.7	9
9	29.9	36.4	54	27.4	**30.0**	36.7	54	27.5	30.1	36.9	54	27.6	30.2	37.2	54	27.7	30.3	37.4	54	27.8	9
9	**30.0**	36.8	54	27.5	30.1	37.0	54	27.6	30.2	37.2	54	27.8	30.3	37.5	54	27.9	30.4	37.7	54	28.0	9
9	30.1	37.1	54	27.7	30.2	37.3	55	27.8	30.3	37.6	55	27.9	30.4	37.8	55	28.0	30.5	38.1	55	28.1	9
9	30.2	37.4	55	27.8	30.3	37.6	55	27.9	30.4	37.9	55	28.0	30.5	38.1	55	28.1	30.6	38.4	55	28.3	9

n	t_W	e	U	t_d	t_W	e	U	t_d	t_W	e	U	t_d	t_W	e	U	t_d	t_W	e	U	t_d	n
	38.5				**38.6**				**38.7**				**38.8**				**38.9**				
8	30.3	37.7	55	28.0	30.4	37.9	55	28.1	30.5	38.2	56	28.2	30.6	38.4	56	28.3	30.7	38.7	56	28.4	8
8	30.4	38.0	56	28.1	30.5	38.3	56	28.2	30.6	38.5	56	28.3	30.7	38.8	56	28.4	30.8	39.0	56	28.5	8
8	30.5	38.3	56	28.2	30.6	38.6	56	28.4	30.7	38.8	56	28.5	30.8	39.1	56	28.6	30.9	39.3	57	28.7	8
8	30.6	38.6	57	28.4	30.7	38.9	57	28.5	30.8	39.1	57	28.6	30.9	39.4	57	28.7	**31.0**	39.7	57	28.8	8
8	30.7	39.0	57	28.5	30.8	39.2	57	28.6	30.9	39.5	57	28.7	**31.0**	39.7	57	28.9	31.1	40.0	57	29.0	8
8	30.8	39.3	58	28.7	30.9	39.5	58	28.8	**31.0**	39.8	58	28.9	31.1	40.0	58	29.0	31.2	40.3	58	29.1	8
8	30.9	39.6	58	28.8	**31.0**	39.9	58	28.9	31.1	40.1	58	29.0	31.2	40.4	58	29.1	31.3	40.6	58	29.2	8
8	**31.0**	39.9	59	28.9	31.1	40.2	59	29.1	31.2	40.4	59	29.2	31.3	40.7	59	29.3	31.4	41.0	59	29.4	8
7	31.1	40.2	59	29.1	31.2	40.5	59	29.2	31.3	40.8	59	29.3	31.4	41.0	59	29.4	31.5	41.3	59	29.5	7
7	31.2	40.6	60	29.2	31.3	40.8	60	29.3	31.4	41.1	60	29.4	31.5	41.4	60	29.6	31.6	41.6	60	29.7	7
7	31.3	40.9	60	29.4	31.4	41.2	60	29.5	31.5	41.4	60	29.6	31.6	41.7	60	29.7	31.7	41.9	60	29.8	7
7	31.4	41.2	61	29.5	31.5	41.5	61	29.6	31.6	41.7	61	29.7	31.7	42.0	61	29.8	31.8	42.3	61	29.9	7
7	31.5	41.6	61	29.6	31.6	41.8	61	29.7	31.7	42.1	61	29.9	31.8	42.3	61	30.0	31.9	42.6	61	30.1	7
7	31.6	41.9	62	29.8	31.7	42.1	62	29.9	31.8	42.4	62	30.0	31.9	42.7	62	30.1	**32.0**	42.9	62	30.2	7
7	31.7	42.2	62	29.9	31.8	42.5	62	30.0	31.9	42.7	62	30.1	**32.0**	43.0	62	30.2	32.1	43.3	62	30.3	7
7	31.8	42.5	62	30.0	31.9	42.8	63	30.2	**32.0**	43.1	63	30.3	32.1	43.3	63	30.4	32.2	43.6	63	30.5	7
6	31.9	42.9	63	30.2	**32.0**	43.1	63	30.3	32.1	43.4	63	30.4	32.2	43.7	63	30.5	32.3	44.0	63	30.6	6
6	**32.0**	43.2	63	30.3	32.1	43.5	64	30.4	32.2	43.8	64	30.5	32.3	44.0	64	30.6	32.4	44.3	64	30.8	6
6	32.1	43.5	64	30.5	32.2	43.8	64	30.6	32.3	44.1	64	30.7	32.4	44.4	64	30.8	32.5	44.6	64	30.9	6
6	32.2	43.9	64	30.6	32.3	44.2	65	30.7	32.4	44.4	65	30.8	32.5	44.7	65	30.9	32.6	45.0	65	31.0	6
6	32.3	44.2	65	30.7	32.4	44.5	65	30.8	32.5	44.8	65	30.9	32.6	45.0	65	31.0	32.7	45.3	65	31.2	6
6	32.4	44.6	65	30.9	32.5	44.8	66	31.0	32.6	45.1	66	31.1	32.7	45.4	66	31.2	32.8	45.7	66	31.3	6
6	32.5	44.9	66	31.0	32.6	45.2	66	31.1	32.7	45.5	66	31.2	32.8	45.7	66	31.3	32.9	46.0	66	31.4	6
6	32.6	45.2	66	31.1	32.7	45.5	67	31.2	32.8	45.8	67	31.3	32.9	46.1	67	31.4	**33.0**	46.4	67	31.6	6
5	32.7	45.6	67	31.3	32.8	45.9	67	31.4	32.9	46.2	67	31.5	**33.0**	46.4	67	31.6	33.1	46.7	67	31.7	5
5	32.8	45.9	67	31.4	32.9	46.2	68	31.5	**33.0**	46.5	68	31.6	33.1	46.8	68	31.7	33.2	47.1	68	31.8	5
5	32.9	46.3	68	31.5	**33.0**	46.6	68	31.6	33.1	46.9	68	31.7	33.2	47.1	68	31.8	33.3	47.4	68	32.0	5
5	**33.0**	46.6	69	31.7	33.1	46.9	69	31.8	33.2	47.2	69	31.9	33.3	47.5	69	32.0	33.4	47.8	69	32.1	5
5	33.1	47.0	69	31.8	33.2	47.3	69	31.9	33.3	47.6	69	32.0	33.4	47.8	69	32.1	33.5	48.1	69	32.2	5
5	33.2	47.3	70	31.9	33.3	47.6	70	32.0	33.4	47.9	70	32.1	33.5	48.2	70	32.2	33.6	48.5	70	32.3	5
5	33.3	47.7	70	32.1	33.4	48.0	70	32.2	33.5	48.3	70	32.3	33.6	48.6	70	32.4	33.7	48.8	70	32.5	5
5	33.4	48.0	71	32.2	33.5	48.3	71	32.3	33.6	48.6	71	32.4	33.7	48.9	71	32.5	33.8	49.2	71	32.6	5
5	33.5	48.4	71	32.3	33.6	48.7	71	32.4	33.7	49.0	71	32.5	33.8	49.3	71	32.6	33.9	49.6	71	32.7	5
4	33.6	48.8	72	32.4	33.7	49.0	72	32.5	33.8	49.3	72	32.7	33.9	49.6	72	32.8	**34.0**	49.9	72	32.9	4
4	33.7	49.1	72	32.6	33.8	49.4	72	32.7	33.9	49.7	72	32.8	**34.0**	50.0	72	32.9	34.1	50.3	72	33.0	4
4	33.8	49.5	73	32.7	33.9	49.8	73	32.8	**34.0**	50.1	73	32.9	34.1	50.4	73	33.0	34.2	50.7	73	33.1	4
4	33.9	49.8	73	32.8	**34.0**	50.1	73	32.9	34.1	50.4	73	33.0	34.2	50.7	73	33.1	34.3	51.0	73	33.3	4
4	**34.0**	50.2	74	33.0	34.1	50.5	74	33.1	34.2	50.8	74	33.2	34.3	51.1	74	33.3	34.4	51.4	74	33.4	4
4	34.1	50.6	74	33.1	34.2	50.9	74	33.2	34.3	51.2	74	33.3	34.4	51.5	74	33.4	34.5	51.8	74	33.5	4
4	34.2	50.9	75	33.2	34.3	51.2	75	33.3	34.4	51.5	75	33.4	34.5	51.8	75	33.5	34.6	52.1	75	33.6	4
4	34.3	51.3	75	33.3	34.4	51.6	75	33.5	34.5	51.9	75	33.6	34.6	52.2	75	33.7	34.7	52.5	75	33.8	4
4	34.4	51.7	76	33.5	34.5	52.0	76	33.6	34.6	52.3	76	33.7	34.7	52.6	76	33.8	34.8	52.9	76	33.9	4
3	34.5	52.0	76	33.6	34.6	52.3	76	33.7	34.7	52.6	76	33.8	34.8	52.9	77	33.9	34.9	53.3	77	34.0	3
3	34.6	52.4	77	33.7	34.7	52.7	77	33.8	34.8	53.0	77	33.9	34.9	53.3	77	34.0	**35.0**	53.6	77	34.1	3
3	34.7	52.8	78	33.9	34.8	53.1	78	34.0	34.9	53.4	78	34.1	**35.0**	53.7	78	34.2	35.1	54.0	78	34.3	3
3	34.8	53.1	78	34.0	34.9	53.5	78	34.1	**35.0**	53.8	78	34.2	35.1	54.1	78	34.3	35.2	54.4	78	34.4	3
3	34.9	53.5	79	34.1	**35.0**	53.8	79	34.2	35.1	54.1	79	34.3	35.2	54.5	79	34.4	35.3	54.8	79	34.5	3
3	**35.0**	53.9	79	34.2	35.1	54.2	79	34.3	35.2	54.5	79	34.4	35.3	54.8	79	34.5	35.4	55.2	79	34.7	3
3	35.1	54.3	80	34.4	35.2	54.6	80	34.5	35.3	54.9	80	34.6	35.4	55.2	80	34.7	35.5	55.5	80	34.8	3
3	35.2	54.7	80	34.5	35.3	55.0	80	34.6	35.4	55.3	80	34.7	35.5	55.6	80	34.8	35.6	55.9	80	34.9	3
3	35.3	55.0	81	34.6	35.4	55.4	81	34.7	35.5	55.7	81	34.8	35.6	56.0	81	34.9	35.7	56.3	81	35.0	3
3	35.4	55.4	81	34.7	35.5	55.7	81	34.8	35.6	56.1	81	34.9	35.7	56.4	81	35.0	35.8	56.7	82	35.2	3
3	35.5	55.8	82	34.9	35.6	56.1	82	35.0	35.7	56.4	82	35.1	35.8	56.8	82	35.2	35.9	57.1	82	35.3	3
2	35.6	56.2	83	35.0	35.7	56.5	83	35.1	35.8	56.8	83	35.2	35.9	57.2	83	35.3	**36.0**	57.5	83	35.4	2
2	35.7	56.6	83	35.1	35.8	56.9	83	35.2	35.9	57.2	83	35.3	**36.0**	57.6	83	35.4	36.1	57.9	83	35.5	2
2	35.8	57.0	84	35.2	35.9	57.3	84	35.3	**36.0**	57.6	84	35.4	36.1	57.9	84	35.5	36.2	58.3	84	35.6	2
2	35.9	57.4	84	35.4	**36.0**	57.7	84	35.5	36.1	58.0	84	35.6	36.2	58.3	84	35.7	36.3	58.7	84	35.8	2
2	**36.0**	57.8	85	35.5	36.1	58.1	85	35.6	36.2	58.4	85	35.7	36.3	58.7	85	35.8	36.4	59.1	85	35.9	2
2	36.1	58.1	85	35.6	36.2	58.5	85	35.7	36.3	58.8	85	35.8	36.4	59.1	85	35.9	36.5	59.5	85	36.0	2
2	36.2	58.5	86	35.7	36.3	58.9	86	35.8	36.4	59.2	86	35.9	36.5	59.5	86	36.0	36.6	59.9	86	36.1	2
2	36.3	58.9	87	35.9	36.4	59.3	87	36.0	36.5	59.6	87	36.1	36.6	59.9	87	36.2	36.7	60.3	87	36.3	2
2	36.4	59.3	87	36.0	36.5	59.7	87	36.1	36.6	60.0	87	36.2	36.7	60.3	87	36.3	36.8	60.7	87	36.4	2
2	36.5	59.7	88	36.1	36.6	60.1	88	36.2	36.7	60.4	88	36.3	36.8	60.7	88	36.4	36.9	61.1	88	36.5	2
2	36.6	60.1	88	36.2	36.7	60.5	88	36.3	36.8	60.8	88	36.4	36.9	61.2	88	36.5	**37.0**	61.5	88	36.6	2
1	36.7	60.5	89	36.3	36.8	60.9	89	36.4	36.9	61.2	89	36.5	**37.0**	61.6	89	36.6	37.1	61.9	89	36.7	1
1	36.8	60.9	90	36.5	36.9	61.3	90	36.6	**37.0**	61.6	90	36.7	37.1	62.0	90	36.8	37.2	62.3	90	36.9	1
1	36.9	61.4	90	36.6	**37.0**	61.7	90	36.7	37.1	62.0	90	36.8	37.2	62.4	90	36.9	37.3	62.7	90	37.0	1
1	**37.0**	61.8	91	36.7	37.1	62.1	91	36.8	37.2	62.4	91	36.9	37.3	62.8	91	37.0	37.4	63.1	91	37.1	1
1	37.1	62.2	91	36.8	37.2	62.5	91	36.9	37.3	62.9	91	37.0	37.4	63.2	91	37.1	37.5	63.6	91	37.2	1
1	37.2	62.6	92	36.9	37.3	62.9	92	37.0	37.4	63.3	92	37.1	37.5	63.6	92	37.3	37.6	64.0	92	37.4	1
1	37.3	63.0	93	37.1	37.4	63.3	93	37.2	37.5	63.7	93	37.3	37.6	64.0	93	37.4	37.7	64.4	93	37.5	1
1	37.4	63.4	93	37.2	37.5	63.8	93	37.3	37.6	64.1	93	37.4	37.7	64.5	93	37.5	37.8	64.8	93	37.6	1
1	37.5	63.8	94	37.3	37.6	64.2	94	37.4	37.7	64.5	94	37.5	37.8	64.9	94	37.6	37.9	65.2	94	37.7	1

n	t_W	e	U	t_d	t_W	e	U	t_d	t_W	e	U	t_d	t_W	e	U	t_d	t_W	e	U	t_d	n
	38.5				**38.6**				**38.7**				**38.8**				**38.9**				
1	37.6	64.2	94	37.4	37.7	64.6	94	37.5	37.8	64.9	94	37.6	37.9	65.3	94	37.7	**38.0**	65.7	94	37.8	1
1	37.7	64.7	95	37.5	37.8	65.0	95	37.6	37.9	65.4	95	37.7	**38.0**	65.7	95	37.9	38.1	66.1	95	38.0	1
1	37.8	65.1	96	37.7	37.9	65.4	96	37.8	**38.0**	65.8	96	37.9	38.1	66.2	96	38.0	38.2	66.5	96	38.1	1
0	37.9	65.5	96	37.8	**38.0**	65.9	96	37.9	38.1	66.2	96	38.0	38.2	66.6	96	38.1	38.3	66.9	96	38.2	0
0	**38.0**	65.9	97	37.9	38.1	66.3	97	38.0	38.2	66.6	97	38.1	38.3	67.0	97	38.2	38.4	67.4	97	38.3	0
0	38.1	66.4	97	38.0	38.2	66.7	97	38.1	38.3	67.1	97	38.2	38.4	67.4	97	38.3	38.5	67.8	97	38.4	0
0	38.2	66.8	98	38.1	38.3	67.1	98	38.2	38.4	67.5	98	38.3	38.5	67.9	98	38.4	38.6	68.2	98	38.5	0
0	38.3	67.2	99	38.3	38.4	67.6	99	38.4	38.5	67.9	99	38.5	38.6	68.3	99	38.6	38.7	68.7	99	38.7	0
0	38.4	67.6	99	38.4	38.5	68.0	99	38.5	38.6	68.4	99	38.6	38.7	68.7	99	38.7	38.8	69.1	99	38.8	0
0	38.5	68.1	100	38.5	38.6	68.4	100	38.6	38.7	68.8	100	38.7	38.8	69.2	100	38.8	38.9	69.6	100	38.9	0
	39.0				**39.1**				**39.2**				**39.3**				**39.4**				
47																	14.8	0.4	1	-32.1	47
46									14.7	0.4	1	-33.2	14.8	0.5	1	-30.6	14.9	0.6	1	-28.4	46
46					14.7	0.4	1	-31.5	14.8	0.5	1	-29.2	14.9	0.7	1	-27.2	**15.0**	0.8	1	-25.6	46
46	14.7	0.5	1	-30.0	14.8	0.6	1	-28.0	14.9	0.7	1	-26.2	**15.0**	0.8	1	-24.6	15.1	0.9	1	-23.2	46
45	14.8	0.7	1	-26.8	14.9	0.8	1	-25.2	**15.0**	0.9	1	-23.8	15.1	1.0	1	-22.5	15.2	1.1	2	-21.3	45
45	14.9	0.9	1	-24.3	**15.0**	1.0	1	-23.0	15.1	1.1	2	-21.7	15.2	1.2	2	-20.6	15.3	1.3	2	-19.6	45
45	**15.0**	1.0	1	-22.2	15.1	1.1	2	-21.1	15.2	1.3	2	-20.0	15.3	1.4	2	-19.0	15.4	1.5	2	-18.1	45
44	15.1	1.2	2	-20.4	15.2	1.3	2	-19.4	15.3	1.4	2	-18.4	15.4	1.5	2	-17.6	15.5	1.7	2	-16.7	44
44	15.2	1.4	2	-18.8	15.3	1.5	2	-17.9	15.4	1.6	2	-17.1	15.5	1.7	2	-16.2	15.6	1.8	3	-15.5	44
44	15.3	1.6	2	-17.4	15.4	1.7	2	-16.6	15.5	1.8	3	-15.8	15.6	1.9	3	-15.0	15.7	2.0	3	-14.3	44
43	15.4	1.7	2	-16.1	15.5	1.9	3	-15.3	15.6	2.0	3	-14.6	15.7	2.1	3	-13.9	15.8	2.2	3	-13.3	43
43	15.5	1.9	3	-14.9	15.6	2.0	3	-14.2	15.7	2.2	3	-13.6	15.8	2.3	3	-12.9	15.9	2.4	3	-12.3	43
43	15.6	2.1	3	-13.8	15.7	2.2	3	-13.2	15.8	2.3	3	-12.6	15.9	2.4	3	-12.0	**16.0**	2.6	4	-11.4	43
42	15.7	2.3	3	-12.8	15.8	2.4	3	-12.2	15.9	2.5	4	-11.6	**16.0**	2.6	4	-11.1	16.1	2.7	4	-10.5	42
42	15.8	2.5	4	-11.9	15.9	2.6	4	-11.3	**16.0**	2.7	4	-10.8	16.1	2.8	4	-10.2	16.2	2.9	4	-9.7	42
42	15.9	2.6	4	-11.0	**16.0**	2.8	4	-10.4	16.1	2.9	4	-9.9	16.2	3.0	4	-9.4	16.3	3.1	4	-8.9	42
41	**16.0**	2.8	4	-10.1	16.1	2.9	4	-9.6	16.2	3.1	4	-9.1	16.3	3.2	4	-8.7	16.4	3.3	5	-8.2	41
41	16.1	3.0	4	-9.3	16.2	3.1	4	-8.9	16.3	3.2	5	-8.4	16.4	3.4	5	-7.9	16.5	3.5	5	-7.5	41
41	16.2	3.2	5	-8.6	16.3	3.3	5	-8.1	16.4	3.4	5	-7.7	16.5	3.6	5	-7.2	16.6	3.7	5	-6.8	41
40	16.3	3.4	5	-7.9	16.4	3.5	5	-7.4	16.5	3.6	5	-7.0	16.6	3.7	5	-6.6	16.7	3.9	5	-6.2	40
40	16.4	3.6	5	-7.2	16.5	3.7	5	-6.8	16.6	3.8	5	-6.3	16.7	3.9	6	-5.9	16.8	4.0	6	-5.5	40
40	16.5	3.8	5	-6.5	16.6	3.9	6	-6.1	16.7	4.0	6	-5.7	16.8	4.1	6	-5.3	16.9	4.2	6	-4.9	40
39	16.6	3.9	6	-5.9	16.7	4.1	6	-5.5	16.8	4.2	6	-5.1	16.9	4.3	6	-4.7	**17.0**	4.4	6	-4.4	39
39	16.7	4.1	6	-5.3	16.8	4.2	6	-4.9	16.9	4.4	6	-4.5	**17.0**	4.5	6	-4.2	17.1	4.6	6	-3.8	39
39	16.8	4.3	6	-4.7	16.9	4.4	6	-4.3	**17.0**	4.6	6	-4.0	17.1	4.7	7	-3.6	17.2	4.8	7	-3.3	39
38	16.9	4.5	6	-4.1	**17.0**	4.6	7	-3.8	17.1	4.7	7	-3.4	17.2	4.9	7	-3.1	17.3	5.0	7	-2.7	38
38	**17.0**	4.7	7	-3.6	17.1	4.8	7	-3.2	17.2	4.9	7	-2.9	17.3	5.1	7	-2.6	17.4	5.2	7	-2.2	38
38	17.1	4.9	7	-3.0	17.2	5.0	7	-2.7	17.3	5.1	7	-2.4	17.4	5.3	7	-2.1	17.5	5.4	8	-1.7	38
37	17.2	5.1	7	-2.5	17.3	5.2	7	-2.2	17.4	5.3	8	-1.9	17.5	5.4	8	-1.6	17.6	5.6	8	-1.3	37
37	17.3	5.3	8	-2.0	17.4	5.4	8	-1.7	17.5	5.5	8	-1.4	17.6	5.6	8	-1.1	17.7	5.8	8	-0.8	37
37	17.4	5.5	8	-1.5	17.5	5.6	8	-1.2	17.6	5.7	8	-0.9	17.7	5.8	8	-0.6	17.8	6.0	8	-0.3	37
37	17.5	5.6	8	-1.1	17.6	5.8	8	-0.8	17.7	5.9	8	-0.5	17.8	6.0	8	-0.2	17.9	6.2	9	0.1	37
36	17.6	5.8	8	-0.6	17.7	6.0	8	-0.3	17.8	6.1	9	0.0	17.9	6.2	9	0.3	**18.0**	6.4	9	0.5	36
36	17.7	6.0	9	-0.2	17.8	6.2	9	0.1	17.9	6.3	9	0.4	**18.0**	6.4	9	0.7	18.1	6.6	9	1.0	36
36	17.8	6.2	9	0.3	17.9	6.4	9	0.6	**18.0**	6.5	9	0.8	18.1	6.6	9	1.1	18.2	6.7	9	1.4	36
35	17.9	6.4	9	0.7	**18.0**	6.6	9	1.0	18.1	6.7	9	1.2	18.2	6.8	10	1.5	18.3	6.9	10	1.8	35
35	**18.0**	6.6	9	1.1	18.1	6.8	10	1.4	18.2	6.9	10	1.7	18.3	7.0	10	1.9	18.4	7.1	10	2.2	35
35	18.1	6.8	10	1.5	18.2	6.9	10	1.8	18.3	7.1	10	2.1	18.4	7.2	10	2.3	18.5	7.3	10	2.6	35
34	18.2	7.0	10	1.9	18.3	7.1	10	2.2	18.4	7.3	10	2.4	18.5	7.4	10	2.7	18.6	7.5	11	2.9	34
34	18.3	7.2	10	2.3	18.4	7.3	10	2.6	18.5	7.5	11	2.8	18.6	7.6	11	3.1	18.7	7.7	11	3.3	34
34	18.4	7.4	11	2.7	18.5	7.5	11	2.9	18.6	7.7	11	3.2	18.7	7.8	11	3.4	18.8	7.9	11	3.7	34
34	18.5	7.6	11	3.1	18.6	7.7	11	3.3	18.7	7.9	11	3.6	18.8	8.0	11	3.8	18.9	8.2	11	4.0	34
33	18.6	7.8	11	3.4	18.7	7.9	11	3.7	18.8	8.1	11	3.9	18.9	8.2	12	4.2	**19.0**	8.4	12	4.4	33
33	18.7	8.0	11	3.8	18.8	8.1	12	4.0	18.9	8.3	12	4.3	**19.0**	8.4	12	4.5	19.1	8.6	12	4.7	33
33	18.8	8.2	12	4.2	18.9	8.4	12	4.4	**19.0**	8.5	12	4.6	19.1	8.6	12	4.8	19.2	8.8	12	5.1	33
32	18.9	8.4	12	4.5	**19.0**	8.6	12	4.7	19.1	8.7	12	5.0	19.2	8.8	12	5.2	19.3	9.0	13	5.4	32
32	**19.0**	8.6	12	4.8	19.1	8.8	12	5.1	19.2	8.9	13	5.3	19.3	9.0	13	5.5	19.4	9.2	13	5.7	32
32	19.1	8.8	13	5.2	19.2	9.0	13	5.4	19.3	9.1	13	5.6	19.4	9.2	13	5.8	19.5	9.4	13	6.1	32
32	19.2	9.0	13	5.5	19.3	9.2	13	5.7	19.4	9.3	13	5.9	19.5	9.5	13	6.2	19.6	9.6	13	6.4	32
31	19.3	9.2	13	5.8	19.4	9.4	13	6.0	19.5	9.5	13	6.3	19.6	9.7	14	6.5	19.7	9.8	14	6.7	31
31	19.4	9.4	14	6.2	19.5	9.6	14	6.4	19.6	9.7	14	6.6	19.7	9.9	14	6.8	19.8	10.0	14	7.0	31
31	19.5	9.7	14	6.5	19.6	9.8	14	6.7	19.7	9.9	14	6.9	19.8	10.1	14	7.1	19.9	10.2	14	7.3	31
30	19.6	9.9	14	6.8	19.7	10.0	14	7.0	19.8	10.1	14	7.2	19.9	10.3	14	7.4	**20.0**	10.4	15	7.6	30
30	19.7	10.1	14	7.1	19.8	10.2	15	7.3	19.9	10.4	15	7.5	**20.0**	10.5	15	7.7	20.1	10.6	15	7.9	30
30	19.8	10.3	15	7.4	19.9	10.4	15	7.6	**20.0**	10.6	15	7.8	20.1	10.7	15	8.0	20.2	10.9	15	8.2	30
30	19.9	10.5	15	7.7	**20.0**	10.6	15	7.9	20.1	10.8	15	8.1	20.2	10.9	15	8.3	20.3	11.1	15	8.5	30
29	**20.0**	10.7	15	8.0	20.1	10.8	15	8.2	20.2	11.0	16	8.4	20.3	11.1	16	8.6	20.4	11.3	16	8.8	29
29	20.1	10.9	16	8.3	20.2	11.1	16	8.5	20.3	11.2	16	8.6	20.4	11.3	16	8.8	20.5	11.5	16	9.0	29
29	20.2	11.1	16	8.5	20.3	11.3	16	8.7	20.4	11.4	16	8.9	20.5	11.6	16	9.1	20.6	11.7	16	9.3	29
29	20.3	11.3	16	8.8	20.4	11.5	16	9.0	20.5	11.6	16	9.2	20.6	11.8	17	9.4	20.7	11.9	17	9.6	29

n	t_W	e	U	t_d	t_W	e	U	t_d	t_W	e	U	t_d	t_W	e	U	t_d	t_W	e	U	t_d	n
	39.0				**39.1**				**39.2**				**39.3**				**39.4**				
28	20.4	11.5	17	9.1	20.5	11.7	17	9.3	20.6	11.8	17	9.6	20.7	12.0	17	9.7	20.8	12.1	17	9.8	28
28	20.5	11.8	17	9.4	20.6	11.9	17	9.6	20.7	12.1	17	9.7	20.8	12.2	17	9.9	20.9	12.4	17	10.1	28
28	20.6	12.0	17	9.6	20.7	12.1	17	9.8	20.8	12.3	17	10.0	20.9	12.4	17	10.2	**21.0**	12.6	18	10.4	28
28	20.7	12.2	17	9.9	20.8	12.3	18	10.1	20.9	12.5	18	10.3	**21.0**	12.7	18	10.5	21.1	12.8	18	10.6	28
27	20.8	12.4	18	10.2	20.9	12.6	18	10.4	**21.0**	12.7	18	10.5	21.1	12.9	18	10.7	21.2	13.0	18	10.9	27
27	20.9	12.6	18	10.4	**21.0**	12.8	18	10.6	21.1	12.9	18	10.8	21.2	13.1	18	11.0	21.3	13.2	19	11.1	27
27	**21.0**	12.9	18	10.7	21.1	13.0	18	10.9	21.2	13.2	19	11.0	21.3	13.3	19	11.2	21.4	13.5	19	11.4	27
27	21.1	13.1	19	10.9	21.2	13.2	19	11.1	21.3	13.4	19	11.3	21.4	13.5	19	11.5	21.5	13.7	19	11.6	27
26	21.2	13.3	19	11.2	21.3	13.4	19	11.4	21.4	13.6	19	11.5	21.5	13.8	19	11.7	21.6	13.9	19	11.9	26
26	21.3	13.5	19	11.4	21.4	13.7	19	11.6	21.5	13.8	20	11.8	21.6	14.0	20	12.0	21.7	14.1	20	12.1	26
26	21.4	13.7	20	11.7	21.5	13.9	20	11.9	21.6	14.1	20	12.0	21.7	14.2	20	12.2	21.8	14.4	20	12.4	26
26	21.5	14.0	20	11.9	21.6	14.1	20	12.1	21.7	14.3	20	12.3	21.8	14.4	20	12.4	21.9	14.6	20	12.6	26
25	21.6	14.2	20	12.2	21.7	14.3	20	12.3	21.8	14.5	21	12.5	21.9	14.7	21	12.7	**22.0**	14.8	21	12.9	25
25	21.7	14.4	21	12.4	21.8	14.6	21	12.6	21.9	14.7	21	12.8	**22.0**	14.9	21	12.9	22.1	15.1	21	13.1	25
25	21.8	14.6	21	12.7	21.9	14.8	21	12.8	**22.0**	15.0	21	13.0	22.1	15.1	21	13.2	22.2	15.3	21	13.3	25
25	21.9	14.9	21	12.9	**22.0**	15.0	21	13.1	22.1	15.2	21	13.2	22.2	15.3	22	13.4	22.3	15.5	22	13.5	25
24	**22.0**	15.1	22	13.1	22.1	15.3	22	13.3	22.2	15.4	22	13.4	22.3	15.6	22	13.6	22.4	15.7	22	13.8	24
24	22.1	15.3	22	13.4	22.2	15.5	22	13.5	22.3	15.6	22	13.7	22.4	15.8	22	13.8	22.5	16.0	22	14.0	24
24	22.2	15.5	22	13.6	22.3	15.7	22	13.7	22.4	15.9	22	13.9	22.5	16.0	23	14.1	22.6	16.2	23	14.2	24
24	22.3	15.8	23	13.8	22.4	15.9	23	14.0	22.5	16.1	23	14.1	22.6	16.3	23	14.3	22.7	16.4	23	14.4	24
23	22.4	16.0	23	14.0	22.5	16.2	23	14.2	22.6	16.3	23	14.3	22.7	16.5	23	14.5	22.8	16.7	23	14.7	23
23	22.5	16.2	23	14.3	22.6	16.4	23	14.4	22.7	16.6	23	14.6	22.8	16.7	24	14.7	22.9	16.9	24	14.9	23
23	22.6	16.5	24	14.5	22.7	16.6	24	14.6	22.8	16.8	24	14.8	22.9	17.0	24	14.9	**23.0**	17.1	24	15.1	23
23	22.7	16.7	24	14.7	22.8	16.9	24	14.8	22.9	17.0	24	15.0	**23.0**	17.2	24	15.2	23.1	17.4	24	15.3	23
22	22.8	16.9	24	14.9	22.9	17.1	24	15.1	**23.0**	17.3	24	15.2	23.1	17.4	25	15.4	23.2	17.6	25	15.5	22
22	22.9	17.2	25	15.1	**23.0**	17.3	25	15.3	23.1	17.5	25	15.4	23.2	17.7	25	15.6	23.3	17.9	25	15.7	22
22	**23.0**	17.4	25	15.3	23.1	17.6	25	15.5	23.2	17.8	25	15.6	23.3	17.9	25	15.8	23.4	18.1	25	15.9	22
22	23.1	17.6	25	15.5	23.2	17.8	25	15.7	23.3	18.0	25	15.8	23.4	18.2	26	16.0	23.5	18.3	26	16.1	22
22	23.2	17.9	26	15.8	23.3	18.1	26	15.9	23.4	18.2	26	16.1	23.5	18.4	26	16.2	23.6	18.6	26	16.3	22
21	23.3	18.1	26	16.0	23.4	18.3	26	16.1	23.5	18.5	26	16.3	23.6	18.6	26	16.4	23.7	18.8	26	16.6	21
21	23.4	18.4	26	16.2	23.5	18.5	26	16.3	23.6	18.7	26	16.5	23.7	18.9	27	16.6	23.8	19.1	27	16.8	21
21	23.5	18.6	27	16.4	23.6	18.8	27	16.5	23.7	19.0	27	16.7	23.8	19.1	27	16.8	23.9	19.3	27	17.0	21
21	23.6	18.8	27	16.6	23.7	19.0	27	16.7	23.8	19.2	27	16.9	23.9	19.4	27	17.0	**24.0**	19.6	27	17.2	21
21	23.7	19.1	27	16.8	23.8	19.3	27	16.9	23.9	19.4	28	17.1	**24.0**	19.6	28	17.2	24.1	19.8	28	17.4	21
20	23.8	19.3	28	17.0	23.9	19.5	28	17.1	**24.0**	19.7	28	17.3	24.1	19.9	28	17.4	24.2	20.1	28	17.5	20
20	23.9	19.6	28	17.2	**24.0**	19.8	28	17.3	24.1	19.9	28	17.5	24.2	20.1	28	17.6	24.3	20.3	28	17.7	20
20	**24.0**	19.8	28	17.4	24.1	20.0	28	17.5	24.2	20.2	29	17.7	24.3	20.4	29	17.8	24.4	20.5	29	17.9	20
20	24.1	20.1	29	17.6	24.2	20.3	29	17.7	24.3	20.4	29	17.8	24.4	20.6	29	18.0	24.5	20.8	29	18.1	20
19	24.2	20.3	29	17.8	24.3	20.5	29	17.9	24.4	20.7	29	18.0	24.5	20.9	29	18.2	24.6	21.0	29	18.3	19
19	24.3	20.6	29	18.0	24.4	20.7	30	18.1	24.5	20.9	30	18.2	24.6	21.1	30	18.4	24.7	21.3	30	18.5	19
19	24.4	20.8	30	18.1	24.5	21.0	30	18.3	24.6	21.2	30	18.4	24.7	21.4	30	18.6	24.8	21.6	30	18.7	19
19	24.5	21.1	30	18.3	24.6	21.2	30	18.5	24.7	21.4	30	18.6	24.8	21.6	30	18.7	24.9	21.8	31	18.9	19
19	24.6	21.3	30	18.5	24.7	21.5	31	18.7	24.8	21.7	31	18.8	24.9	21.9	31	18.9	**25.0**	22.1	31	19.1	19
18	24.7	21.6	31	18.7	24.8	21.8	31	18.8	24.9	21.9	31	19.0	**25.0**	22.1	31	19.1	25.1	22.3	31	19.3	18
18	24.8	21.8	31	18.9	24.9	22.0	31	19.0	**25.0**	22.2	31	19.2	25.1	22.4	32	19.3	25.2	22.6	32	19.4	18
18	24.9	22.1	32	19.1	**25.0**	22.3	32	19.2	25.1	22.5	32	19.4	25.2	22.6	32	19.5	25.3	22.8	32	19.6	18
18	**25.0**	22.3	32	19.3	25.1	22.5	32	19.4	25.2	22.7	32	19.5	25.3	22.9	32	19.7	25.4	23.1	32	19.8	18
18	25.1	22.6	32	19.4	25.2	22.8	32	19.6	25.3	23.0	32	19.7	25.4	23.2	33	19.9	25.5	23.4	33	20.0	18
17	25.2	22.8	33	19.6	25.3	23.0	33	19.8	25.4	23.2	33	19.9	25.5	23.4	33	20.0	25.6	23.6	33	20.2	17
17	25.3	23.1	33	19.8	25.4	23.3	33	19.9	25.5	23.5	33	20.1	25.6	23.7	33	20.2	25.7	23.9	33	20.3	17
17	25.4	23.4	33	20.0	25.5	23.6	34	20.1	25.6	23.7	34	20.3	25.7	23.9	34	20.4	25.8	24.1	34	20.5	17
17	25.5	23.6	34	20.2	25.6	23.8	34	20.3	25.7	24.0	34	20.4	25.8	24.2	34	20.6	25.9	24.4	34	20.7	17
17	25.6	23.9	34	20.3	25.7	24.1	34	20.5	25.8	24.3	34	20.6	25.9	24.5	34	20.7	**26.0**	24.7	35	20.9	17
16	25.7	24.1	35	20.5	25.8	24.3	35	20.7	25.9	24.5	35	20.8	**26.0**	24.7	35	20.9	26.1	24.9	35	21.0	16
16	25.8	24.4	35	20.7	25.9	24.6	35	20.8	**26.0**	24.8	35	21.0	26.1	25.0	35	21.1	26.2	25.2	35	21.2	16
16	25.9	24.7	35	20.9	**26.0**	24.9	35	21.0	26.1	25.1	35	21.1	26.2	25.3	36	21.3	26.3	25.5	36	21.4	16
16	**26.0**	24.9	36	21.0	26.1	25.1	36	21.2	26.2	25.3	36	21.3	26.3	25.5	36	21.4	26.4	25.7	36	21.6	16
16	26.1	25.2	36	21.2	26.2	25.4	36	21.4	26.3	25.6	36	21.5	26.4	25.8	36	21.6	26.5	26.0	36	21.7	16
16	26.2	25.5	36	21.4	26.3	25.7	37	21.5	26.4	25.9	37	21.7	26.5	26.1	37	21.8	26.6	26.3	37	21.9	16
15	26.3	25.7	37	21.6	26.4	25.9	37	21.7	26.5	26.1	37	21.8	26.6	26.3	37	21.9	26.7	26.6	37	22.1	15
15	26.4	26.0	37	21.7	26.5	26.2	37	21.9	26.6	26.4	37	22.0	26.7	26.6	37	22.1	26.8	26.8	38	22.2	15
15	26.5	26.3	38	21.9	26.6	26.5	38	22.0	26.7	26.7	38	22.2	26.8	26.9	38	22.3	26.9	27.1	38	22.4	15
15	26.6	26.5	38	22.1	26.7	26.8	38	22.2	26.8	27.0	38	22.3	26.9	27.2	38	22.5	**27.0**	27.4	38	22.6	15
15	26.7	26.8	38	22.2	26.8	27.0	38	22.4	26.9	27.2	39	22.5	**27.0**	27.4	39	22.6	27.1	27.7	39	22.7	15
14	26.8	27.1	39	22.4	26.9	27.3	39	22.5	**27.0**	27.5	39	22.7	27.1	27.7	39	22.8	27.2	27.9	39	22.9	14
14	26.9	27.4	39	22.6	**27.0**	27.6	39	22.7	27.1	27.8	39	22.8	27.2	28.0	39	22.9	27.3	28.2	39	23.1	14
14	**27.0**	27.6	40	22.7	27.1	27.9	40	22.9	27.2	28.1	40	23.0	27.3	28.3	40	23.1	27.4	28.5	40	23.2	14
14	27.1	27.9	40	22.9	27.2	28.1	40	23.0	27.3	28.3	40	23.2	27.4	28.6	40	23.3	27.5	28.8	40	23.4	14
14	27.2	28.2	40	23.1	27.3	28.4	40	23.2	27.4	28.6	40	23.3	27.5	28.8	41	23.4	27.6	29.1	41	23.6	14
14	27.3	28.5	41	23.2	27.4	28.7	41	23.4	27.5	28.9	41	23.5	27.6	29.1	41	23.6	27.7	29.3	41	23.7	14
13	27.4	28.8	41	23.4	27.5	29.0	41	23.5	27.6	29.2	41	23.6	27.7	29.4	41	23.8	27.8	29.6	41	23.9	13
13	27.5	29.0	42	23.6	27.6	29.3	42	23.7	27.7	29.5	42	23.8	27.8	29.7	42	23.9	27.9	29.9	42	24.0	13
13	27.6	29.3	42	23.7	27.7	29.5	42	23.8	27.8	29.8	42	24.0	27.9	30.0	42	24.1	**28.0**	30.2	42	24.2	13

n	t_W	e	U	t_d	t_W	e	U	t_d	t_W	e	U	t_d	t_W	e	U	t_d	t_W	e	U	t_d	n
	39.0				**39.1**				**39.2**				**39.3**				**39.4**				
13	27.7	29.6	42	23.9	27.8	29.8	42	24.0	27.9	30.0	42	24.1	**28.0**	30.3	43	24.2	28.1	30.5	43	24.4	13
13	27.8	29.9	43	24.0	27.9	30.1	43	24.2	**28.0**	30.3	43	24.3	28.1	30.5	43	24.4	28.2	30.8	43	24.5	13
13	27.9	30.2	43	24.2	**28.0**	30.4	43	24.3	28.1	30.6	43	24.4	28.2	30.8	43	24.6	28.3	31.1	43	24.7	13
12	**28.0**	30.5	44	24.3	28.1	30.7	44	24.5	28.2	30.9	44	24.6	28.3	31.1	44	24.7	28.4	31.3	44	24.8	12
12	28.1	30.7	44	24.5	28.2	31.0	44	24.6	28.3	31.2	44	24.7	28.4	31.4	44	24.9	28.5	31.6	44	25.0	12
12	28.2	31.0	44	24.7	28.3	31.3	44	24.8	28.4	31.5	45	24.9	28.5	31.7	45	25.0	28.6	31.9	45	25.1	12
12	28.3	31.3	45	24.8	28.4	31.5	45	24.9	28.5	31.8	45	25.1	28.6	32.0	45	25.2	28.7	32.2	45	25.3	12
12	28.4	31.6	45	25.0	28.5	31.8	45	25.1	28.6	32.1	45	25.2	28.7	32.3	45	25.3	28.8	32.5	46	25.4	12
12	28.5	31.9	46	25.1	28.6	32.1	46	25.2	28.7	32.4	46	25.4	28.8	32.6	46	25.5	28.9	32.8	46	25.6	12
11	28.6	32.2	46	25.3	28.7	32.4	46	25.4	28.8	32.7	46	25.5	28.9	32.9	46	25.6	**29.0**	33.1	46	25.8	11
11	28.7	32.5	46	25.4	28.8	32.7	47	25.5	28.9	33.0	47	25.7	**29.0**	33.2	47	25.8	29.1	33.4	47	25.9	11
11	28.8	32.8	47	25.6	28.9	33.0	47	25.7	**29.0**	33.2	47	25.8	29.1	33.5	47	25.9	29.2	33.7	47	26.1	11
11	28.9	33.1	47	25.7	**29.0**	33.3	47	25.9	29.1	33.5	47	26.0	29.2	33.8	48	26.1	29.3	34.0	48	26.2	11
11	**29.0**	33.4	48	25.9	29.1	33.6	48	26.0	29.2	33.8	48	26.1	29.3	34.1	48	26.2	29.4	34.3	48	26.4	11
11	29.1	33.7	48	26.0	29.2	33.9	48	26.2	29.3	34.1	48	26.3	29.4	34.4	48	26.4	29.5	34.6	48	26.5	11
11	29.2	34.0	49	26.2	29.3	34.2	49	26.3	29.4	34.5	49	26.4	29.5	34.7	49	26.5	29.6	34.9	49	26.7	11
10	29.3	34.3	49	26.3	29.4	34.5	49	26.5	29.5	34.8	49	26.6	29.6	35.0	49	26.7	29.7	35.2	49	26.8	10
10	29.4	34.6	49	26.5	29.5	34.8	50	26.6	29.6	35.1	50	26.7	29.7	35.3	50	26.8	29.8	35.5	50	26.9	10
10	29.5	34.9	50	26.6	29.6	35.1	50	26.8	29.7	35.4	50	26.9	29.8	35.6	50	27.0	29.9	35.8	50	27.1	10
10	29.6	35.2	50	26.8	29.7	35.4	50	26.9	29.8	35.7	50	27.0	29.9	35.9	51	27.1	**30.0**	36.2	51	27.2	10
10	29.7	35.5	51	26.9	29.8	35.7	51	27.0	29.9	36.0	51	27.2	**30.0**	36.2	51	27.3	30.1	36.5	51	27.4	10
10	29.8	35.8	51	27.1	29.9	36.0	51	27.2	**30.0**	36.3	51	27.3	30.1	36.5	51	27.4	30.2	36.8	51	27.5	10
10	29.9	36.1	52	27.2	**30.0**	36.4	52	27.3	30.1	36.6	52	27.5	30.2	36.8	52	27.6	30.3	37.1	52	27.7	10
9	**30.0**	36.4	52	27.4	30.1	36.7	52	27.5	30.2	36.9	52	27.6	30.3	37.2	52	27.7	30.4	37.4	52	27.8	9
9	30.1	36.7	53	27.5	30.2	37.0	53	27.6	30.3	37.2	53	27.7	30.4	37.5	53	27.9	30.5	37.7	53	28.0	9
9	30.2	37.0	53	27.7	30.3	37.3	53	27.8	30.4	37.5	53	27.9	30.5	37.8	53	28.0	30.6	38.0	53	28.1	9
9	30.3	37.4	53	27.8	30.4	37.6	53	27.9	30.5	37.9	54	28.0	30.6	38.1	54	28.1	30.7	38.4	54	28.3	9
9	30.4	37.7	54	27.9	30.5	37.9	54	28.1	30.6	38.2	54	28.2	30.7	38.4	54	28.3	30.8	38.7	54	28.4	9
9	30.5	38.0	54	28.1	30.6	38.2	54	28.2	30.7	38.5	54	28.3	30.8	38.7	55	28.4	30.9	39.0	55	28.5	9
9	30.6	38.3	55	28.2	30.7	38.6	55	28.3	30.8	38.8	55	28.5	30.9	39.1	55	28.6	**31.0**	39.3	55	28.7	9
8	30.7	38.6	55	28.4	30.8	38.9	55	28.5	30.9	39.1	55	28.6	**31.0**	39.4	55	28.7	31.1	39.6	55	28.8	8
8	30.8	38.9	56	28.5	30.9	39.2	56	28.6	**31.0**	39.5	56	28.7	31.1	39.7	56	28.9	31.2	40.0	56	29.0	8
8	30.9	39.3	56	28.7	**31.0**	39.5	56	28.8	31.1	39.8	56	28.9	31.2	40.0	56	29.0	31.3	40.3	56	29.1	8
8	**31.0**	39.6	57	28.8	31.1	39.8	57	28.9	31.2	40.1	57	29.0	31.3	40.4	57	29.1	31.4	40.6	57	29.2	8
8	31.1	39.9	57	28.9	31.2	40.2	57	29.1	31.3	40.4	57	29.2	31.4	40.7	57	29.3	31.5	41.0	57	29.4	8
8	31.2	40.2	58	29.1	31.3	40.5	58	29.2	31.4	40.8	58	29.3	31.5	41.0	58	29.4	31.6	41.3	58	29.5	8
8	31.3	40.6	58	29.2	31.4	40.8	58	29.3	31.5	41.1	58	29.4	31.6	41.3	58	29.6	31.7	41.6	58	29.7	8
8	31.4	40.9	58	29.4	31.5	41.2	59	29.5	31.6	41.4	59	29.6	31.7	41.7	59	29.7	31.8	41.9	59	29.8	8
7	31.5	41.2	59	29.5	31.6	41.5	59	29.6	31.7	41.7	59	29.7	31.8	42.0	59	29.8	31.9	42.3	59	29.9	7
7	31.6	41.5	59	29.6	31.7	41.8	59	29.7	31.8	42.1	60	29.9	31.9	42.3	60	30.0	**32.0**	42.6	60	30.1	7
7	31.7	41.9	60	29.8	31.8	42.1	60	29.9	31.9	42.4	60	30.0	**32.0**	42.7	60	30.1	32.1	42.9	60	30.2	7
7	31.8	42.2	60	29.9	31.9	42.5	60	30.0	**32.0**	42.7	60	30.1	32.1	43.0	61	30.2	32.2	43.3	61	30.3	7
7	31.9	42.5	61	30.0	**32.0**	42.8	61	30.2	32.1	43.1	61	30.3	32.2	43.4	61	30.4	32.3	43.6	61	30.5	7
7	**32.0**	42.9	61	30.2	32.1	43.1	61	30.3	32.2	43.4	61	30.4	32.3	43.7	61	30.5	32.4	44.0	62	30.6	7
7	32.1	43.2	62	30.3	32.2	43.5	62	30.4	32.3	43.8	62	30.5	32.4	44.0	62	30.6	32.5	44.3	62	30.8	7
6	32.2	43.6	62	30.5	32.3	43.8	62	30.6	32.4	44.1	62	30.7	32.5	44.4	62	30.8	32.6	44.6	62	30.9	6
6	32.3	43.9	63	30.6	32.4	44.2	63	30.7	32.5	44.4	63	30.8	32.6	44.7	63	30.9	32.7	45.0	63	31.0	6
6	32.4	44.2	63	30.7	32.5	44.5	63	30.8	32.6	44.8	63	30.9	32.7	45.1	63	31.1	32.8	45.3	63	31.2	6
6	32.5	44.6	64	30.9	32.6	44.8	64	31.0	32.7	45.1	64	31.1	32.8	45.4	64	31.2	32.9	45.7	64	31.3	6
6	32.6	44.9	64	31.0	32.7	45.2	64	31.1	32.8	45.5	64	31.2	32.9	45.8	64	31.3	**33.0**	46.0	64	31.4	6
6	32.7	45.3	65	31.1	32.8	45.5	65	31.2	32.9	45.8	65	31.3	**33.0**	46.1	65	31.5	33.1	46.4	65	31.6	6
6	32.8	45.6	65	31.3	32.9	45.9	65	31.4	**33.0**	46.2	65	31.5	33.1	46.5	65	31.6	33.2	46.7	65	31.7	6
6	32.9	46.0	66	31.4	**33.0**	46.2	66	31.5	33.1	46.5	66	31.6	33.2	46.8	66	31.7	33.3	47.1	66	31.8	6
6	**33.0**	46.3	66	31.5	33.1	46.6	66	31.6	33.2	46.9	66	31.7	33.3	47.2	66	31.9	33.4	47.4	66	32.0	6
5	33.1	46.7	67	31.7	33.2	46.9	67	31.8	33.3	47.2	67	31.9	33.4	47.5	67	32.0	33.5	47.8	67	32.1	5
5	33.2	47.0	67	31.8	33.3	47.3	67	31.9	33.4	47.6	67	32.0	33.5	47.9	67	32.1	33.6	48.2	67	32.2	5
5	33.3	47.4	68	31.9	33.4	47.6	68	32.0	33.5	47.9	68	32.1	33.6	48.2	68	32.2	33.7	48.5	68	32.4	5
5	33.4	47.7	68	32.1	33.5	48.0	68	32.2	33.6	48.3	68	32.3	33.7	48.6	68	32.4	33.8	48.9	68	32.5	5
5	33.5	48.1	69	32.2	33.6	48.4	69	32.3	33.7	48.6	69	32.4	33.8	48.9	69	32.5	33.9	49.2	69	32.6	5
5	33.6	48.4	69	32.3	33.7	48.7	69	32.4	33.8	49.0	69	32.5	33.9	49.3	69	32.6	**34.0**	49.6	69	32.7	5
5	33.7	48.8	70	32.5	33.8	49.1	70	32.6	33.9	49.4	70	32.7	**34.0**	49.7	70	32.8	34.1	50.0	70	32.9	5
5	33.8	49.1	70	32.6	33.9	49.4	70	32.7	**34.0**	49.7	70	32.8	34.1	50.0	70	32.9	34.2	50.3	70	33.0	5
5	33.9	49.5	71	32.7	**34.0**	49.8	71	32.8	34.1	50.1	71	32.9	34.2	50.4	71	33.0	34.3	50.7	71	33.1	5
4	**34.0**	49.9	71	32.8	34.1	50.2	71	32.9	34.2	50.5	71	33.1	34.3	50.8	71	33.2	34.4	51.1	71	33.3	4
4	34.1	50.2	72	33.0	34.2	50.5	72	33.1	34.3	50.8	72	33.2	34.4	51.1	72	33.3	34.5	51.4	72	33.4	4
4	34.2	50.6	72	33.1	34.3	50.9	72	33.2	34.4	51.2	72	33.3	34.5	51.5	72	33.4	34.6	51.8	73	33.5	4
4	34.3	51.0	73	33.2	34.4	51.3	73	33.3	34.5	51.6	73	33.4	34.6	51.9	73	33.5	34.7	52.2	73	33.7	4
4	34.4	51.3	73	33.4	34.5	51.6	73	33.5	34.6	51.9	73	33.6	34.7	52.2	74	33.7	34.8	52.5	74	33.8	4
4	34.5	51.7	74	33.5	34.6	52.0	74	33.6	34.7	52.3	74	33.7	34.8	52.6	74	33.8	34.9	52.9	74	33.9	4
4	34.6	52.1	74	33.6	34.7	52.4	74	33.7	34.8	52.7	75	33.8	34.9	53.0	75	33.9	**35.0**	53.3	75	34.0	4
4	34.7	52.4	75	33.7	34.8	52.7	75	33.8	34.9	53.1	75	34.0	**35.0**	53.4	75	34.1	35.1	53.7	75	34.2	4
4	34.8	52.8	76	33.9	34.9	53.1	76	34.0	**35.0**	53.4	76	34.1	35.1	53.7	76	34.2	35.2	54.1	76	34.3	4
4	34.9	53.2	76	34.0	**35.0**	53.5	76	34.1	35.1	53.8	76	34.2	35.2	54.1	76	34.3	35.3	54.4	76	34.4	4

n	t_W	e	U	t_d	t_W	e	U	t_d	t_W	e	U	t_d	t_W	e	U	t_d	t_W	e	U	t_d	n
	39.0				**39.1**				**39.2**				**39.3**				**39.4**				
3	**35.0**	53.6	77	34.1	35.1	53.9	77	34.2	35.2	54.2	77	34.3	35.3	54.5	77	34.4	35.4	54.8	77	34.5	3
3	35.1	53.9	77	34.3	35.2	54.3	77	34.4	35.3	54.6	77	34.5	35.4	54.9	77	34.6	35.5	55.2	77	34.7	3
3	35.2	54.3	78	34.4	35.3	54.6	78	34.5	35.4	55.0	78	34.6	35.5	55.3	78	34.7	35.6	55.6	78	34.8	3
3	35.3	54.7	78	34.5	35.4	55.0	78	34.6	35.5	55.3	78	34.7	35.6	55.7	78	34.8	35.7	56.0	78	34.9	3
3	35.4	55.1	79	34.6	35.5	55.4	79	34.7	35.6	55.7	79	34.8	35.7	56.0	79	34.9	35.8	56.4	79	35.0	3
3	35.5	55.5	79	34.8	35.6	55.8	79	34.9	35.7	56.1	79	35.0	35.8	56.4	79	35.1	35.9	56.8	79	35.2	3
3	35.6	55.9	80	34.9	35.7	56.2	80	35.0	35.8	56.5	80	35.1	35.9	56.8	80	35.2	**36.0**	57.2	80	35.3	3
3	35.7	56.2	80	35.0	35.8	56.6	80	35.1	35.9	56.9	80	35.2	**36.0**	57.2	81	35.3	36.1	57.5	81	35.4	3
3	35.8	56.6	81	35.1	35.9	57.0	81	35.2	**36.0**	57.3	81	35.3	36.1	57.6	81	35.4	36.2	57.9	81	35.5	3
3	35.9	57.0	82	35.3	**36.0**	57.4	82	35.4	36.1	57.7	82	35.5	36.2	58.0	82	35.6	36.3	58.3	82	35.7	3
2	**36.0**	57.4	82	35.4	36.1	57.7	82	35.5	36.2	58.1	82	35.6	36.3	58.4	82	35.7	36.4	58.7	82	35.8	2
2	36.1	57.8	83	35.5	36.2	58.1	83	35.6	36.3	58.5	83	35.7	36.4	58.8	83	35.8	36.5	59.1	83	35.9	2
2	36.2	58.2	83	35.6	36.3	58.5	83	35.7	36.4	58.9	83	35.8	36.5	59.2	83	35.9	36.6	59.5	83	36.0	2
2	36.3	58.6	84	35.7	36.4	58.9	84	35.9	36.5	59.3	84	36.0	36.6	59.6	84	36.1	36.7	59.9	84	36.2	2
2	36.4	59.0	84	35.9	36.5	59.3	84	36.0	36.6	59.7	84	36.1	36.7	60.0	84	36.2	36.8	60.3	84	36.3	2
2	36.5	59.4	85	36.0	36.6	59.7	85	36.1	36.7	60.1	85	36.2	36.8	60.4	85	36.3	36.9	60.7	85	36.4	2
2	36.6	59.8	86	36.1	36.7	60.1	86	36.2	36.8	60.5	86	36.3	36.9	60.8	86	36.4	**37.0**	61.2	86	36.5	2
2	36.7	60.2	86	36.2	36.8	60.5	86	36.3	36.9	60.9	86	36.4	**37.0**	61.2	86	36.5	37.1	61.6	86	36.6	2
2	36.8	60.6	87	36.4	36.9	61.0	87	36.5	**37.0**	61.3	87	36.6	37.1	61.6	87	36.7	37.2	62.0	87	36.8	2
2	36.9	61.0	87	36.5	**37.0**	61.4	87	36.6	37.1	61.7	87	36.7	37.2	62.0	87	36.8	37.3	62.4	87	36.9	2
2	**37.0**	61.4	88	36.6	37.1	61.8	88	36.7	37.2	62.1	88	36.8	37.3	62.5	88	36.9	37.4	62.8	88	37.0	2
1	37.1	61.8	88	36.7	37.2	62.2	88	36.8	37.3	62.5	88	36.9	37.4	62.9	88	37.0	37.5	63.2	88	37.1	1
1	37.2	62.2	89	36.8	37.3	62.6	89	37.0	37.4	62.9	89	37.1	37.5	63.3	89	37.2	37.6	63.6	89	37.3	1
1	37.3	62.7	90	37.0	37.4	63.0	90	37.1	37.5	63.4	90	37.2	37.6	63.7	90	37.3	37.7	64.1	90	37.4	1
1	37.4	63.1	90	37.1	37.5	63.4	90	37.2	37.6	63.8	90	37.3	37.7	64.1	90	37.4	37.8	64.5	90	37.5	1
1	37.5	63.5	91	37.2	37.6	63.8	91	37.3	37.7	64.2	91	37.4	37.8	64.5	91	37.5	37.9	64.9	91	37.6	1
1	37.6	63.9	91	37.3	37.7	64.3	91	37.4	37.8	64.6	91	37.5	37.9	65.0	91	37.6	**38.0**	65.3	91	37.7	1
1	37.7	64.3	92	37.5	37.8	64.7	92	37.6	37.9	65.0	92	37.7	**38.0**	65.4	92	37.8	38.1	65.8	92	37.9	1
1	37.8	64.7	93	37.6	37.9	65.1	93	37.7	**38.0**	65.5	93	37.8	38.1	65.8	93	37.9	38.2	66.2	93	38.0	1
1	37.9	65.2	93	37.7	**38.0**	65.5	93	37.8	38.1	65.9	93	37.9	38.2	66.2	93	38.0	38.3	66.6	93	38.1	1
1	**38.0**	65.6	94	37.8	38.1	66.0	94	37.9	38.2	66.3	94	38.0	38.3	66.7	94	38.1	38.4	67.0	94	38.2	1
1	38.1	66.0	94	37.9	38.2	66.4	94	38.0	38.3	66.7	94	38.1	38.4	67.1	94	38.2	38.5	67.5	94	38.3	1
1	38.2	66.4	95	38.1	38.3	66.8	95	38.2	38.4	67.2	95	38.3	38.5	67.5	95	38.4	38.6	67.9	95	38.5	1
1	38.3	66.9	96	38.2	38.4	67.2	96	38.3	38.5	67.6	96	38.4	38.6	68.0	96	38.5	38.7	68.3	96	38.6	1
0	38.4	67.3	96	38.3	38.5	67.7	96	38.4	38.6	68.0	96	38.5	38.7	68.4	96	38.6	38.8	68.8	96	38.7	0
0	38.5	67.7	97	38.4	38.6	68.1	97	38.5	38.7	68.5	97	38.6	38.8	68.8	97	38.7	38.9	69.2	97	38.8	0
0	38.6	68.2	97	38.5	38.7	68.5	97	38.6	38.8	68.9	97	38.7	38.9	69.3	98	38.8	**39.0**	69.7	98	38.9	0
0	38.7	68.6	98	38.6	38.8	69.0	98	38.7	38.9	69.4	98	38.8	**39.0**	69.7	98	38.9	39.1	70.1	98	39.0	0
0	38.8	69.0	99	38.8	38.9	69.4	99	38.9	**39.0**	69.8	99	39.0	39.1	70.2	99	39.1	39.2	70.6	99	39.2	0
0	38.9	69.5	99	38.9	**39.0**	69.9	99	39.0	39.1	70.2	99	39.1	39.2	70.6	99	39.2	39.3	71.0	99	39.3	0
0	**39.0**	69.9	100	39.0	39.1	70.3	100	39.1	39.2	70.7	100	39.2	39.3	71.1	100	39.3	39.4	71.4	100	39.4	0
	39.5				**39.6**				**39.7**				**39.8**				**39.9**				
47																	**15.0**	0.4	1	-31.7	47
47									14.9	0.4	1	-32.8	**15.0**	0.5	1	-30.2	15.1	0.6	1	-28.0	47
46					14.9	0.5	1	-31.1	**15.0**	0.6	1	-28.8	15.1	0.7	1	-26.9	15.2	0.8	1	-25.3	46
46	14.9	0.5	1	-29.7	**15.0**	0.6	1	-27.6	15.1	0.7	1	-25.9	15.2	0.9	1	-24.4	15.3	1.0	1	-23.0	46
46	**15.0**	0.7	1	-26.6	15.1	0.8	1	-24.9	15.2	0.9	1	-23.5	15.3	1.0	1	-22.2	15.4	1.1	2	-21.1	46
45	15.1	0.9	1	-24.1	15.2	1.0	1	-22.7	15.3	1.1	2	-21.5	15.4	1.2	2	-20.4	15.5	1.3	2	-19.4	45
45	15.2	1.1	1	-22.0	15.3	1.2	2	-20.8	15.4	1.3	2	-19.8	15.5	1.4	2	-18.8	15.6	1.5	2	-17.9	45
45	15.3	1.2	2	-20.2	15.4	1.3	2	-19.2	15.5	1.5	2	-18.2	15.6	1.6	2	-17.4	15.7	1.7	2	-16.5	45
44	15.4	1.4	2	-18.6	15.5	1.5	2	-17.7	15.6	1.6	2	-16.9	15.7	1.8	2	-16.1	15.8	1.9	3	-15.3	44
44	15.5	1.6	2	-17.2	15.6	1.7	2	-16.4	15.7	1.8	3	-15.6	15.8	1.9	3	-14.9	15.9	2.0	3	-14.2	44
44	15.6	1.8	2	-15.9	15.7	1.9	3	-15.2	15.8	2.0	3	-14.5	15.9	2.1	3	-13.8	**16.0**	2.2	3	-13.1	44
43	15.7	2.0	3	-14.8	15.8	2.1	3	-14.1	15.9	2.2	3	-13.4	**16.0**	2.3	3	-12.8	16.1	2.4	3	-12.1	43
43	15.8	2.1	3	-13.7	15.9	2.2	3	-13.0	**16.0**	2.4	3	-12.4	16.1	2.5	3	-11.8	16.2	2.6	4	-11.2	43
43	15.9	2.3	3	-12.7	**16.0**	2.4	3	-12.1	16.1	2.5	4	-11.5	16.2	2.7	4	-10.9	16.3	2.8	4	-10.4	43
42	**16.0**	2.5	3	-11.7	16.1	2.6	4	-11.1	16.2	2.7	4	-10.6	16.3	2.8	4	-10.1	16.4	3.0	4	-9.5	42
42	16.1	2.7	4	-10.8	16.2	2.8	4	-10.3	16.3	2.9	4	-9.8	16.4	3.0	4	-9.3	16.5	3.2	4	-8.8	42
42	16.2	2.9	4	-10.0	16.3	3.0	4	-9.5	16.4	3.1	4	-9.0	16.5	3.2	4	-8.5	16.6	3.3	5	-8.0	42
41	16.3	3.0	4	-9.2	16.4	3.2	4	-8.7	16.5	3.3	5	-8.2	16.6	3.4	5	-7.8	16.7	3.5	5	-7.3	41
41	16.4	3.2	5	-8.4	16.5	3.4	5	-8.0	16.6	3.5	5	-7.5	16.7	3.6	5	-7.1	16.8	3.7	5	-6.7	41
41	16.5	3.4	5	-7.7	16.6	3.5	5	-7.3	16.7	3.7	5	-6.9	16.8	3.8	5	-6.4	16.9	3.9	5	-6.0	41
40	16.6	3.6	5	-7.0	16.7	3.7	5	-6.6	16.8	3.8	5	-6.2	16.9	4.0	5	-5.8	**17.0**	4.1	6	-5.4	40
40	16.7	3.8	5	-6.4	16.8	3.9	5	-6.0	16.9	4.0	6	-5.6	**17.0**	4.2	6	-5.2	17.1	4.3	6	-4.8	40
40	16.8	4.0	6	-5.8	16.9	4.1	6	-5.4	**17.0**	4.2	6	-5.0	17.1	4.3	6	-4.6	17.2	4.5	6	-4.2	40
39	16.9	4.2	6	-5.1	**17.0**	4.3	6	-4.8	17.1	4.4	6	-4.4	17.2	4.5	6	-4.0	17.3	4.7	6	-3.7	39
39	**17.0**	4.4	6	-4.6	17.1	4.5	6	-4.2	17.2	4.6	6	-3.8	17.3	4.7	6	-3.5	17.4	4.9	7	-3.1	39
39	17.1	4.5	6	-4.0	17.2	4.7	6	-3.6	17.3	4.8	7	-3.3	17.4	4.9	7	-2.9	17.5	5.0	7	-2.6	39
38	17.2	4.7	7	-3.4	17.3	4.9	7	-3.1	17.4	5.0	7	-2.8	17.5	5.1	7	-2.4	17.6	5.2	7	-2.1	38
38	17.3	4.9	7	-2.9	17.4	5.1	7	-2.6	17.5	5.2	7	-2.2	17.6	5.3	7	-1.9	17.7	5.4	7	-1.6	38
38	17.4	5.1	7	-2.4	17.5	5.2	7	-2.1	17.6	5.4	7	-1.7	17.7	5.5	8	-1.4	17.8	5.6	8	-1.1	38

n	t_W	e	U	t_d	t_W	e	U	t_d	t_W	e	U	t_d	t_W	e	U	t_d	t_W	e	U	t_d	n
	39.5				**39.6**				**39.7**				**39.8**				**39.9**				
37	17.5	5.3	7	-1.9	17.6	5.4	8	-1.6	17.7	5.6	8	-1.3	17.8	5.7	8	-1.0	17.9	5.8	8	-0.7	37
37	17.6	5.5	8	-1.4	17.7	5.6	8	-1.1	17.8	5.8	8	-0.8	17.9	5.9	8	-0.5	**18.0**	6.0	8	-0.2	37
37	17.7	5.7	8	-0.9	17.8	5.8	8	-0.6	17.9	6.0	8	-0.3	**18.0**	6.1	8	0.0	18.1	6.2	8	0.2	37
36	17.8	5.9	8	-0.5	17.9	6.0	8	-0.2	**18.0**	6.2	8	0.1	18.1	6.3	9	0.4	18.2	6.4	9	0.7	36
36	17.9	6.1	8	0.0	**18.0**	6.2	9	0.3	18.1	6.4	9	0.5	18.2	6.5	9	0.8	18.3	6.6	9	1.1	36
36	**18.0**	6.3	9	0.4	18.1	6.4	9	0.7	18.2	6.5	9	1.0	18.3	6.7	9	1.2	18.4	6.8	9	1.5	36
36	18.1	6.5	9	0.8	18.2	6.6	9	1.1	18.3	6.7	9	1.4	18.4	6.9	9	1.6	18.5	7.0	10	1.9	36
35	18.2	6.7	9	1.2	18.3	6.8	9	1.5	18.4	6.9	10	1.8	18.5	7.1	10	2.0	18.6	7.2	10	2.3	35
35	18.3	6.9	10	1.7	18.4	7.0	10	1.9	18.5	7.1	10	2.2	18.6	7.3	10	2.4	18.7	7.4	10	2.7	35
35	18.4	7.1	10	2.0	18.5	7.2	10	2.3	18.6	7.3	10	2.6	18.7	7.5	10	2.8	18.8	7.6	10	3.1	35
34	18.5	7.3	10	2.4	18.6	7.4	10	2.7	18.7	7.5	10	2.9	18.8	7.7	11	3.2	18.9	7.8	11	3.4	34
34	18.6	7.5	10	2.8	18.7	7.6	11	3.1	18.8	7.7	11	3.3	18.9	7.9	11	3.6	**19.0**	8.0	11	3.8	34
34	18.7	7.7	11	3.2	18.8	7.8	11	3.4	18.9	8.0	11	3.7	**19.0**	8.1	11	3.9	19.1	8.2	11	4.2	34
33	18.8	7.9	11	3.6	18.9	8.0	11	3.8	**19.0**	8.2	11	4.0	19.1	8.3	11	4.3	19.2	8.4	11	4.5	33
33	18.9	8.1	11	3.9	**19.0**	8.2	11	4.2	19.1	8.4	12	4.4	19.2	8.5	12	4.6	19.3	8.6	12	4.9	33
33	**19.0**	8.3	12	4.3	19.1	8.4	12	4.5	19.2	8.6	12	4.7	19.3	8.7	12	5.0	19.4	8.8	12	5.2	33
33	19.1	8.5	12	4.6	19.2	8.6	12	4.9	19.3	8.8	12	5.1	19.4	8.9	12	5.3	19.5	9.0	12	5.5	33
32	19.2	8.7	12	5.0	19.3	8.8	12	5.2	19.4	9.0	12	5.4	19.5	9.1	12	5.6	19.6	9.3	13	5.9	32
32	19.3	8.9	12	5.3	19.4	9.0	13	5.5	19.5	9.2	13	5.7	19.6	9.3	13	6.0	19.7	9.5	13	6.2	32
32	19.4	9.1	13	5.6	19.5	9.3	13	5.9	19.6	9.4	13	6.1	19.7	9.5	13	6.3	19.8	9.7	13	6.5	32
32	19.5	9.3	13	6.0	19.6	9.5	13	6.2	19.7	9.6	13	6.4	19.8	9.7	13	6.6	19.9	9.9	13	6.8	32
31	19.6	9.5	13	6.3	19.7	9.7	13	6.5	19.8	9.8	14	6.7	19.9	10.0	14	6.9	**20.0**	10.1	14	7.1	31
31	19.7	9.7	14	6.6	19.8	9.9	14	6.8	19.9	10.0	14	7.0	**20.0**	10.2	14	7.2	20.1	10.3	14	7.4	31
31	19.8	9.9	14	6.9	19.9	10.1	14	7.1	**20.0**	10.2	14	7.3	20.1	10.4	14	7.5	20.2	10.5	14	7.7	31
30	19.9	10.2	14	7.2	**20.0**	10.3	14	7.4	20.1	10.4	14	7.6	20.2	10.6	15	7.8	20.3	10.7	15	8.0	30
30	**20.0**	10.4	14	7.5	20.1	10.5	15	7.7	20.2	10.7	15	7.9	20.3	10.8	15	8.1	20.4	10.9	15	8.3	30
30	20.1	10.6	15	7.8	20.2	10.7	15	8.0	20.3	10.9	15	8.2	20.4	11.0	15	8.4	20.5	11.2	15	8.6	30
30	20.2	10.8	15	8.1	20.3	10.9	15	8.3	20.4	11.1	15	8.5	20.5	11.2	15	8.7	20.6	11.4	16	8.9	30
29	20.3	11.0	15	8.4	20.4	11.1	15	8.6	20.5	11.3	16	8.8	20.6	11.4	16	9.0	20.7	11.6	16	9.2	29
29	20.4	11.2	16	8.7	20.5	11.4	16	8.9	20.6	11.5	16	9.1	20.7	11.7	16	9.2	20.8	11.8	16	9.4	29
29	20.5	11.4	16	8.9	20.6	11.6	16	9.1	20.7	11.7	16	9.3	20.8	11.9	16	9.5	20.9	12.0	16	9.7	29
29	20.6	11.6	16	9.2	20.7	11.8	16	9.4	20.8	11.9	16	9.6	20.9	12.1	17	9.8	**21.0**	12.3	17	10.0	29
28	20.7	11.9	17	9.5	20.8	12.0	17	9.7	20.9	12.2	17	9.9	**21.0**	12.3	17	10.1	21.1	12.5	17	10.2	28
28	20.8	12.1	17	9.8	20.9	12.2	17	10.0	**21.0**	12.4	17	10.1	21.1	12.5	17	10.3	21.2	12.7	17	10.5	28
28	20.9	12.3	17	10.0	**21.0**	12.5	17	10.2	21.1	12.6	17	10.4	21.2	12.8	17	10.6	21.3	12.9	18	10.8	28
28	**21.0**	12.5	17	10.3	21.1	12.7	18	10.5	21.2	12.8	18	10.7	21.3	13.0	18	10.8	21.4	13.1	18	11.0	28
27	21.1	12.7	18	10.6	21.2	12.9	18	10.7	21.3	13.0	18	10.9	21.4	13.2	18	11.1	21.5	13.4	18	11.3	27
27	21.2	13.0	18	10.8	21.3	13.1	18	11.0	21.4	13.3	18	11.2	21.5	13.4	18	11.4	21.6	13.6	19	11.5	27
27	21.3	13.2	18	11.1	21.4	13.3	18	11.2	21.5	13.5	19	11.4	21.6	13.7	19	11.6	21.7	13.8	19	11.8	27
27	21.4	13.4	19	11.3	21.5	13.6	19	11.5	21.6	13.7	19	11.7	21.7	13.9	19	11.8	21.8	14.0	19	12.0	27
26	21.5	13.6	19	11.6	21.6	13.8	19	11.7	21.7	13.9	19	11.9	21.8	14.1	19	12.1	21.9	14.3	19	12.3	26
26	21.6	13.9	19	11.8	21.7	14.0	19	12.0	21.8	14.2	20	12.2	21.9	14.3	20	12.3	**22.0**	14.5	20	12.5	26
26	21.7	14.1	20	12.1	21.8	14.2	20	12.2	21.9	14.4	20	12.4	**22.0**	14.6	20	12.6	22.1	14.7	20	12.7	26
26	21.8	14.3	20	12.3	21.9	14.5	20	12.5	**22.0**	14.6	20	12.6	22.1	14.8	20	12.8	22.2	14.9	20	13.0	26
25	21.9	14.5	20	12.5	**22.0**	14.7	20	12.7	22.1	14.9	20	12.9	22.2	15.0	21	13.0	22.3	15.2	21	13.2	25
25	**22.0**	14.8	21	12.8	22.1	14.9	21	12.9	22.2	15.1	21	13.1	22.3	15.2	21	13.3	22.4	15.4	21	13.4	25
25	22.1	15.0	21	13.0	22.2	15.1	21	13.2	22.3	15.3	21	13.3	22.4	15.5	21	13.5	22.5	15.6	21	13.7	25
25	22.2	15.2	21	13.2	22.3	15.4	21	13.4	22.4	15.5	21	13.6	22.5	15.7	22	13.7	22.6	15.9	22	13.9	25
24	22.3	15.4	21	13.5	22.4	15.6	22	13.6	22.5	15.8	22	13.8	22.6	15.9	22	14.0	22.7	16.1	22	14.1	24
24	22.4	15.7	22	13.7	22.5	15.8	22	13.9	22.6	16.0	22	14.0	22.7	16.2	22	14.2	22.8	16.3	22	14.3	24
24	22.5	15.9	22	13.9	22.6	16.1	22	14.1	22.7	16.2	22	14.3	22.8	16.4	22	14.4	22.9	16.6	23	14.6	24
24	22.6	16.1	22	14.2	22.7	16.3	23	14.3	22.8	16.5	23	14.5	22.9	16.6	23	14.6	**23.0**	16.8	23	14.8	24
23	22.7	16.4	23	14.4	22.8	16.5	23	14.5	22.9	16.7	23	14.7	**23.0**	16.9	23	14.8	23.1	17.0	23	15.0	23
23	22.8	16.6	23	14.6	22.9	16.8	23	14.8	**23.0**	16.9	23	14.9	23.1	17.1	23	15.1	23.2	17.3	24	15.2	23
23	22.9	16.8	23	14.8	**23.0**	17.0	24	15.0	23.1	17.2	24	15.1	23.2	17.4	24	15.3	23.3	17.5	24	15.4	23
23	**23.0**	17.1	24	15.0	23.1	17.2	24	15.2	23.2	17.4	24	15.3	23.3	17.6	24	15.5	23.4	17.8	24	15.6	23
23	23.1	17.3	24	15.2	23.2	17.5	24	15.4	23.3	17.7	24	15.6	23.4	17.8	24	15.7	23.5	18.0	25	15.9	23
22	23.2	17.6	24	15.5	23.3	17.7	25	15.6	23.4	17.9	25	15.8	23.5	18.1	25	15.9	23.6	18.2	25	16.1	22
22	23.3	17.8	25	15.7	23.4	18.0	25	15.8	23.5	18.1	25	16.0	23.6	18.3	25	16.1	23.7	18.5	25	16.3	22
22	23.4	18.0	25	15.9	23.5	18.2	25	16.0	23.6	18.4	25	16.2	23.7	18.6	25	16.3	23.8	18.7	26	16.5	22
22	23.5	18.3	25	16.1	23.6	18.4	26	16.2	23.7	18.6	26	16.4	23.8	18.8	26	16.5	23.9	19.0	26	16.7	22
21	23.6	18.5	26	16.3	23.7	18.7	26	16.4	23.8	18.9	26	16.6	23.9	19.0	26	16.7	**24.0**	19.2	26	16.9	21
21	23.7	18.8	26	16.5	23.8	18.9	26	16.6	23.9	19.1	26	16.8	**24.0**	19.3	26	16.9	24.1	19.5	27	17.1	21
21	23.8	19.0	26	16.7	23.9	19.2	27	16.8	**24.0**	19.4	27	17.0	24.1	19.5	27	17.1	24.2	19.7	27	17.3	21
21	23.9	19.2	27	16.9	**24.0**	19.4	27	17.0	24.1	19.6	27	17.2	24.2	19.8	27	17.3	24.3	20.0	27	17.5	21
21	**24.0**	19.5	27	17.1	24.1	19.7	27	17.2	24.2	19.9	27	17.4	24.3	20.0	27	17.5	24.4	20.2	28	17.7	21
20	24.1	19.7	27	17.3	24.2	19.9	28	17.4	24.3	20.1	28	17.6	24.4	20.3	28	17.7	24.5	20.5	28	17.9	20
20	24.2	20.0	28	17.5	24.3	20.2	28	17.6	24.4	20.3	28	17.8	24.5	20.5	28	17.9	24.6	20.7	28	18.1	20
20	24.3	20.2	28	17.7	24.4	20.4	28	17.8	24.5	20.6	28	18.0	24.6	20.8	28	18.1	24.7	21.0	29	18.3	20
20	24.4	20.5	29	17.9	24.5	20.7	29	18.0	24.6	20.8	29	18.2	24.7	21.0	29	18.3	24.8	21.2	29	18.5	20
19	24.5	20.7	29	18.1	24.6	20.9	29	18.2	24.7	21.1	29	18.4	24.8	21.3	29	18.5	24.9	21.5	29	18.6	19
19	24.6	21.0	29	18.3	24.7	21.2	29	18.4	24.8	21.4	29	18.6	24.9	21.5	30	18.7	**25.0**	21.7	30	18.8	19
19	24.7	21.2	30	18.5	24.8	21.4	30	18.6	24.9	21.6	30	18.7	**25.0**	21.8	30	18.9	25.1	22.0	30	19.0	19

n	t_W	e	U	t_d	t_W	e	U	t_d	t_W	e	U	t_d	t_W	e	U	t_d	t_W	e	U	t_d	n
	39.5				**39.6**				**39.7**				**39.8**				**39.9**				
19	24.8	21.5	30	18.7	24.9	21.7	30	18.8	**25.0**	21.9	30	18.9	25.1	22.1	30	19.1	25.2	22.2	30	19.2	19
19	24.9	21.7	30	18.8	**25.0**	21.9	30	19.0	25.1	22.1	30	19.1	25.2	22.3	31	19.3	25.3	22.5	31	19.4	19
18	**25.0**	22.0	31	19.0	25.1	22.2	31	19.2	25.2	22.4	31	19.3	25.3	22.6	31	19.4	25.4	22.8	31	19.6	18
18	25.1	22.3	31	19.2	25.2	22.4	31	19.3	25.3	22.6	31	19.5	25.4	22.8	31	19.6	25.5	23.0	31	19.8	18
18	25.2	22.5	31	19.4	25.3	22.7	31	19.5	25.4	22.9	32	19.7	25.5	23.1	32	19.8	25.6	23.3	32	19.9	18
18	25.3	22.8	32	19.6	25.4	23.0	32	19.7	25.5	23.2	32	19.8	25.6	23.3	32	20.0	25.7	23.5	32	20.1	18
18	25.4	23.0	32	19.8	25.5	23.2	32	19.9	25.6	23.4	32	20.0	25.7	23.6	32	20.2	25.8	23.8	32	20.3	18
17	25.5	23.3	32	19.9	25.6	23.5	33	20.1	25.7	23.7	33	20.2	25.8	23.9	33	20.3	25.9	24.1	33	20.5	17
17	25.6	23.5	33	20.1	25.7	23.7	33	20.3	25.8	23.9	33	20.4	25.9	24.1	33	20.5	**26.0**	24.3	33	20.7	17
17	25.7	23.8	33	20.3	25.8	24.0	33	20.4	25.9	24.2	33	20.6	**26.0**	24.4	33	20.7	26.1	24.6	34	20.8	17
17	25.8	24.1	34	20.5	25.9	24.3	34	20.6	**26.0**	24.5	34	20.7	26.1	24.7	34	20.9	26.2	24.9	34	21.0	17
17	25.9	24.3	34	20.7	**26.0**	24.5	34	20.8	26.1	24.7	34	20.9	26.2	24.9	34	21.0	26.3	25.1	34	21.2	17
17	**26.0**	24.6	34	20.8	26.1	24.8	34	21.0	26.2	25.0	34	21.1	26.3	25.2	35	21.2	26.4	25.4	35	21.4	17
16	26.1	24.9	35	21.0	26.2	25.1	35	21.1	26.3	25.3	35	21.3	26.4	25.5	35	21.4	26.5	25.7	35	21.5	16
16	26.2	25.1	35	21.2	26.3	25.3	35	21.3	26.4	25.5	35	21.4	26.5	25.7	35	21.6	26.6	25.9	35	21.7	16
16	26.3	25.4	35	21.4	26.4	25.6	35	21.5	26.5	25.8	36	21.6	26.6	26.0	36	21.7	26.7	26.2	36	21.9	16
16	26.4	25.7	36	21.5	26.5	25.9	36	21.7	26.6	26.1	36	21.8	26.7	26.3	36	21.9	26.8	26.5	36	22.0	16
16	26.5	25.9	36	21.7	26.6	26.1	36	21.8	26.7	26.4	36	22.0	26.8	26.6	36	22.1	26.9	26.8	36	22.2	16
15	26.6	26.2	36	21.9	26.7	26.4	37	22.0	26.8	26.6	37	22.1	26.9	26.8	37	22.2	**27.0**	27.0	37	22.4	15
15	26.7	26.5	37	22.0	26.8	26.7	37	22.2	26.9	26.9	37	22.3	**27.0**	27.1	37	22.4	27.1	27.3	37	22.5	15
15	26.8	26.8	37	22.2	26.9	27.0	37	22.3	**27.0**	27.2	37	22.5	27.1	27.4	38	22.6	27.2	27.6	38	22.7	15
15	26.9	27.0	38	22.4	**27.0**	27.2	38	22.5	27.1	27.5	38	22.6	27.2	27.7	38	22.8	27.3	27.9	38	22.9	15
15	**27.0**	27.3	38	22.5	27.1	27.5	38	22.7	27.2	27.7	38	22.8	27.3	27.9	38	22.9	27.4	28.2	38	23.0	15
15	27.1	27.6	38	22.7	27.2	27.8	38	22.8	27.3	28.0	39	23.0	27.4	28.2	39	23.1	27.5	28.4	39	23.2	15
14	27.2	27.9	39	22.9	27.3	28.1	39	23.0	27.4	28.3	39	23.1	27.5	28.5	39	23.2	27.6	28.7	39	23.4	14
14	27.3	28.1	39	23.0	27.4	28.4	39	23.2	27.5	28.6	39	23.3	27.6	28.8	39	23.4	27.7	29.0	40	23.5	14
14	27.4	28.4	40	23.2	27.5	28.6	40	23.3	27.6	28.9	40	23.4	27.7	29.1	40	23.6	27.8	29.3	40	23.7	14
14	27.5	28.7	40	23.4	27.6	28.9	40	23.5	27.7	29.1	40	23.6	27.8	29.4	40	23.7	27.9	29.6	40	23.9	14
14	27.6	29.0	40	23.5	27.7	29.2	40	23.6	27.8	29.4	41	23.8	27.9	29.6	41	23.9	**28.0**	29.9	41	24.0	14
14	27.7	29.3	41	23.7	27.8	29.5	41	23.8	27.9	29.7	41	23.9	**28.0**	29.9	41	24.1	28.1	30.1	41	24.2	14
13	27.8	29.6	41	23.8	27.9	29.8	41	24.0	**28.0**	30.0	41	24.1	28.1	30.2	41	24.2	28.2	30.4	41	24.3	13
13	27.9	29.8	42	24.0	**28.0**	30.1	42	24.1	28.1	30.3	42	24.2	28.2	30.5	42	24.4	28.3	30.7	42	24.5	13
13	**28.0**	30.1	42	24.2	28.1	30.3	42	24.3	28.2	30.6	42	24.4	28.3	30.8	42	24.5	28.4	31.0	42	24.6	13
13	28.1	30.4	42	24.3	28.2	30.6	42	24.4	28.3	30.9	42	24.6	28.4	31.1	43	24.7	28.5	31.3	43	24.8	13
13	28.2	30.7	43	24.5	28.3	30.9	43	24.6	28.4	31.1	43	24.7	28.5	31.4	43	24.8	28.6	31.6	43	25.0	13
13	28.3	31.0	43	24.6	28.4	31.2	43	24.8	28.5	31.4	43	24.9	28.6	31.7	43	25.0	28.7	31.9	43	25.1	13
12	28.4	31.3	44	24.8	28.5	31.5	44	24.9	28.6	31.7	44	25.0	28.7	32.0	44	25.2	28.8	32.2	44	25.3	12
12	28.5	31.6	44	24.9	28.6	31.8	44	25.1	28.7	32.0	44	25.2	28.8	32.3	44	25.3	28.9	32.5	44	25.4	12
12	28.6	31.9	44	25.1	28.7	32.1	44	25.2	28.8	32.3	45	25.3	28.9	32.6	45	25.5	**29.0**	32.8	45	25.6	12
12	28.7	32.2	45	25.3	28.8	32.4	45	25.4	28.9	32.6	45	25.5	**29.0**	32.8	45	25.6	29.1	33.1	45	25.7	12
12	28.8	32.5	45	25.4	28.9	32.7	45	25.5	**29.0**	32.9	45	25.6	29.1	33.1	45	25.8	29.2	33.4	45	25.9	12
12	28.9	32.8	46	25.6	**29.0**	33.0	46	25.7	29.1	33.2	46	25.8	29.2	33.4	46	25.9	29.3	33.7	46	26.0	12
11	**29.0**	33.0	46	25.7	29.1	33.3	46	25.8	29.2	33.5	46	26.0	29.3	33.7	46	26.1	29.4	34.0	46	26.2	11
11	29.1	33.3	46	25.9	29.2	33.6	47	26.0	29.3	33.8	47	26.1	29.4	34.1	47	26.2	29.5	34.3	47	26.3	11
11	29.2	33.6	47	26.0	29.3	33.9	47	26.1	29.4	34.1	47	26.3	29.5	34.4	47	26.4	29.6	34.6	47	26.5	11
11	29.3	33.9	47	26.2	29.4	34.2	47	26.3	29.5	34.4	47	26.4	29.6	34.7	47	26.5	29.7	34.9	48	26.6	11
11	29.4	34.3	48	26.3	29.5	34.5	48	26.4	29.6	34.7	48	26.6	29.7	35.0	48	26.7	29.8	35.2	48	26.8	11
11	29.5	34.6	48	26.5	29.6	34.8	48	26.6	29.7	35.0	48	26.7	29.8	35.3	48	26.8	29.9	35.5	48	26.9	11
11	29.6	34.9	49	26.6	29.7	35.1	49	26.7	29.8	35.3	49	26.9	29.9	35.6	49	27.0	**30.0**	35.8	49	27.1	11
10	29.7	35.2	49	26.8	29.8	35.4	49	26.9	29.9	35.6	49	27.0	**30.0**	35.9	49	27.1	30.1	36.1	49	27.2	10
10	29.8	35.5	49	26.9	29.9	35.7	49	27.0	**30.0**	36.0	50	27.1	30.1	36.2	50	27.3	30.2	36.4	50	27.4	10
10	29.9	35.8	50	27.1	**30.0**	36.0	50	27.2	30.1	36.3	50	27.3	30.2	36.5	50	27.4	30.3	36.8	50	27.5	10
10	**30.0**	36.1	50	27.2	30.1	36.3	50	27.3	30.2	36.6	50	27.4	30.3	36.8	50	27.6	30.4	37.1	51	27.7	10
10	30.1	36.4	51	27.4	30.2	36.6	51	27.5	30.3	36.9	51	27.6	30.4	37.1	51	27.7	30.5	37.4	51	27.8	10
10	30.2	36.7	51	27.5	30.3	37.0	51	27.6	30.4	37.2	51	27.7	30.5	37.5	51	27.8	30.6	37.7	51	28.0	10
9	30.3	37.0	52	27.6	30.4	37.3	52	27.8	30.5	37.5	52	27.9	30.6	37.8	52	28.0	30.7	38.0	52	28.1	9
9	30.4	37.3	52	27.8	30.5	37.6	52	27.9	30.6	37.8	52	28.0	30.7	38.1	52	28.1	30.8	38.3	52	28.2	9
9	30.5	37.7	52	27.9	30.6	37.9	52	28.1	30.7	38.2	53	28.2	30.8	38.4	53	28.3	30.9	38.7	53	28.4	9
9	30.6	38.0	53	28.1	30.7	38.2	53	28.2	30.8	38.5	53	28.3	30.9	38.7	53	28.4	**31.0**	39.0	53	28.5	9
9	30.7	38.3	53	28.2	30.8	38.5	53	28.3	30.9	38.8	53	28.5	**31.0**	39.1	54	28.6	31.1	39.3	54	28.7	9
9	30.8	38.6	54	28.4	30.9	38.9	54	28.5	**31.0**	39.1	54	28.6	31.1	39.4	54	28.7	31.2	39.6	54	28.8	9
9	30.9	38.9	54	28.5	**31.0**	39.2	54	28.6	31.1	39.4	54	28.7	31.2	39.7	54	28.8	31.3	40.0	54	29.0	9
9	**31.0**	39.3	55	28.7	31.1	39.5	55	28.8	31.2	39.8	55	28.9	31.3	40.0	55	29.0	31.4	40.3	55	29.1	9
8	31.1	39.6	55	28.8	31.2	39.8	55	28.9	31.3	40.1	55	29.0	31.4	40.4	55	29.1	31.5	40.6	55	29.2	8
8	31.2	39.9	56	28.9	31.3	40.2	56	29.0	31.4	40.4	56	29.2	31.5	40.7	56	29.3	31.6	40.9	56	29.4	8
8	31.3	40.2	56	29.1	31.4	40.5	56	29.2	31.5	40.8	56	29.3	31.6	41.0	56	29.4	31.7	41.3	56	29.5	8
8	31.4	40.6	56	29.2	31.5	40.8	57	29.3	31.6	41.1	57	29.4	31.7	41.3	57	29.6	31.8	41.6	57	29.7	8
8	31.5	40.9	57	29.4	31.6	41.1	57	29.5	31.7	41.4	57	29.6	31.8	41.7	57	29.7	31.9	41.9	57	29.8	8
8	31.6	41.2	57	29.5	31.7	41.5	57	29.6	31.8	41.7	57	29.7	31.9	42.0	58	29.8	**32.0**	42.3	58	29.9	8
8	31.7	41.5	58	29.6	31.8	41.8	58	29.7	31.9	42.1	58	29.9	**32.0**	42.3	58	30.0	32.1	42.6	58	30.1	8
7	31.8	41.9	58	29.8	31.9	42.1	58	29.9	**32.0**	42.4	58	30.0	32.1	42.7	58	30.1	32.2	43.0	59	30.2	7
7	31.9	42.2	59	29.9	**32.0**	42.5	59	30.0	32.1	42.7	59	30.1	32.2	43.0	59	30.2	32.3	43.3	59	30.4	7
7	**32.0**	42.5	59	30.0	32.1	42.8	59	30.2	32.2	43.1	59	30.3	32.3	43.4	59	30.4	32.4	43.6	59	30.5	7

n	t_W	e	U	t_d	t_W	e	U	t_d	t_W	e	U	t_d	t_W	e	U	t_d	t_W	e	U	t_d	n
	39.5				**39.6**				**39.7**				**39.8**				**39.9**				
7	32.1	42.9	60	30.2	32.2	43.2	60	30.3	32.3	43.4	60	30.4	32.4	43.7	60	30.5	32.5	44.0	60	30.6	7
7	32.2	43.2	60	30.3	32.3	43.5	60	30.4	32.4	43.8	60	30.5	32.5	44.0	60	30.7	32.6	44.3	60	30.8	7
7	32.3	43.6	61	30.5	32.4	43.8	61	30.6	32.5	44.1	61	30.7	32.6	44.4	61	30.8	32.7	44.7	61	30.9	7
7	32.4	43.9	61	30.6	32.5	44.2	61	30.7	32.6	44.4	61	30.8	32.7	44.7	61	30.9	32.8	45.0	61	31.0	7
7	32.5	44.2	62	30.7	32.6	44.5	62	30.8	32.7	44.8	62	30.9	32.8	45.1	62	31.1	32.9	45.4	62	31.2	7
6	32.6	44.6	62	30.9	32.7	44.9	62	31.0	32.8	45.1	62	31.1	32.9	45.4	62	31.2	**33.0**	45.7	62	31.3	6
6	32.7	44.9	63	31.0	32.8	45.2	63	31.1	32.9	45.5	63	31.2	**33.0**	45.8	63	31.3	33.1	46.1	63	31.4	6
6	32.8	45.3	63	31.1	32.9	45.6	63	31.2	**33.0**	45.8	63	31.4	33.1	46.1	63	31.5	33.2	46.4	63	31.6	6
6	32.9	45.6	64	31.3	**33.0**	45.9	64	3I.4	33.1	46.2	64	31.5	33.2	46.5	64	31.6	33.3	46.8	64	31.7	6
6	**33.0**	46.0	64	31.4	33.1	46.3	64	31.5	33.2	46.5	64	3I.6	33.3	46.8	64	31.7	33.4	47.1	64	31.8	6
6	33.1	46.3	64	31.5	33.2	46.6	65	31.6	33.3	46.9	65	31.8	33.4	47.2	65	31.9	33.5	47.5	65	32.0	6
6	33.2	46.7	65	31.7	33.3	47.0	65	31.8	33.4	47.2	65	31.9	33.5	47.5	65	32.0	33.6	47.8	65	32.1	6
6	33.3	47.0	65	31.8	33.4	47.3	66	31.9	33.5	47.6	66	32.0	33.6	47.9	66	32.1	33.7	48.2	66	32.2	6
6	33.4	47.4	66	31.9	33.5	47.7	66	32.0	33.6	48.0	66	32.2	33.7	48.2	66	32.3	33.8	48.5	66	32.4	6
5	33.5	47.7	66	32.1	33.6	48.0	66	32.2	33.7	48.3	67	32.3	33.8	48.6	67	32.4	33.9	48.9	67	32.5	5
5	33.6	48.1	67	32.2	33.7	48.4	67	32.3	33.8	48.7	67	32.4	33.9	49.0	67	32.5	**34.0**	49.3	67	32.6	5
5	33.7	48.4	67	32.3	33.8	48.7	67	32.4	33.9	49.0	68	32.5	**34.0**	49.3	68	32.7	34.1	49.6	68	32.8	5
5	33.8	48.8	68	32.5	33.9	49.1	68	32.6	**34.0**	49.4	68	32.7	34.1	49.7	68	32.8	34.2	50.0	68	32.9	5
5	33.9	49.2	68	32.6	**34.0**	49.5	68	32.7	34.1	49.8	69	32.8	34.2	50.1	69	32.9	34.3	50.4	69	33.0	5
5	**34.0**	49.5	69	32.7	34.1	49.8	69	32.8	34.2	50.1	69	32.9	34.3	50.4	69	33.0	34.4	50.7	69	33.1	5
5	34.1	49.9	69	32.9	34.2	50.2	70	33.0	34.3	50.5	70	33.1	34.4	50.8	70	33.2	34.5	51.1	70	33.3	5
5	34.2	50.3	70	33.0	34.3	50.6	70	33.1	34.4	50.9	70	33.2	34.5	51.2	70	33.3	34.6	51.5	70	33.4	5
5	34.3	50.6	70	33.1	34.4	50.9	71	33.2	34.5	51.2	71	33.3	34.6	51.5	71	33.4	34.7	51.8	71	33.5	5
4	34.4	51.0	71	33.2	34.5	51.3	71	33.3	34.6	51.6	71	33.5	34.7	51.9	71	33.6	34.8	52.2	71	33.7	4
4	34.5	51.4	72	33.4	34.6	51.7	72	33.5	34.7	52.0	72	33.6	34.8	52.3	72	33.7	34.9	52.6	72	33.8	4
4	34.6	51.7	72	33.5	34.7	52.0	72	33.6	34.8	52.3	72	33.7	34.9	52.7	72	33.8	**35.0**	53.0	72	33.9	4
4	34.7	52.1	73	33.6	34.8	52.4	73	33.7	34.9	52.7	73	33.8	**35.0**	53.0	73	33.9	35.1	53.3	73	34.0	4
4	34.8	52.5	73	33.8	34.9	52.8	73	33.9	**35.0**	53.1	73	34.0	35.1	53.4	73	34.1	35.2	53.7	73	34.2	4
4	34.9	52.9	74	33.9	**35.0**	53.2	74	34.0	35.1	53.5	74	34.1	35.2	53.8	74	34.2	35.3	54.1	74	34.3	4
4	**35.0**	53.2	74	34.0	35.1	53.5	74	34.1	35.2	53.9	74	34.2	35.3	54.2	74	34.3	35.4	54.5	74	34.4	4
4	35.1	53.6	75	34.1	35.2	53.9	75	34.2	35.3	54.2	75	34.3	35.4	54.6	75	34.5	35.5	54.9	75	34.6	4
4	35.2	54.0	75	34.3	35.3	54.3	75	34.4	35.4	54.6	75	34.5	35.5	54.9	75	34.6	35.6	55.3	75	34.7	4
4	35.3	54.4	76	34.4	35.4	54.7	76	34.5	35.5	55.0	76	34.6	35.6	55.3	76	34.7	35.7	55.6	76	34.8	4
3	35.4	54.8	76	34.5	35.5	55.1	76	34.6	35.6	55.4	76	34.7	35.7	55.7	76	34.8	35.8	56.0	76	34.9	3
3	35.5	55.1	77	34.6	35.6	55.5	77	34.7	35.7	55.8	77	34.9	35.8	56.1	77	35.0	35.9	56.4	77	35.1	3
3	35.6	55.5	77	34.8	35.7	55.8	77	34.9	35.8	56.2	77	35.0	35.9	56.5	77	35.1	**36.0**	56.8	77	35.2	3
3	35.7	55.9	78	34.9	35.8	56.2	78	35.0	35.9	56.6	78	35.1	**36.0**	56.9	78	35.2	36.1	57.2	78	35.3	3
3	35.8	56.3	78	35.0	35.9	56.6	78	35.1	**36.0**	57.0	78	35.2	36.1	57.3	78	35.3	36.2	57.6	79	35.4	3
3	35.9	56.7	79	35.1	**36.0**	57.0	79	35.3	36.1	57.3	79	35.4	36.2	57.7	79	35.5	36.3	58.0	79	35.6	3
3	**36.0**	57.1	79	35.3	36.1	57.4	80	35.4	36.2	57.7	80	35.5	36.3	58.1	80	35.6	36.4	58.4	80	35.7	3
3	36.1	57.5	80	35.4	36.2	57.8	80	35.5	36.3	58.1	80	35.6	36.4	58.5	80	35.7	36.5	58.8	80	35.8	3
3	36.2	57.9	81	35.5	36.3	58.2	81	35.6	36.4	58.5	81	35.7	36.5	58.9	81	35.8	36.6	59.2	81	35.9	3
3	36.3	58.3	81	35.6	36.4	58.6	81	35.7	36.5	58.9	81	35.9	36.6	59.3	81	36.0	36.7	59.6	81	36.1	3
3	36.4	58.7	82	35.8	36.5	59.0	82	35.9	36.6	59.3	82	36.0	36.7	59.7	82	36.1	36.8	60.0	82	36.2	3
2	36.5	59.1	82	35.9	36.6	59.4	82	36.0	36.7	59.7	82	36.1	36.8	60.1	82	36.2	36.9	60.4	82	36.3	2
2	36.6	59.5	83	36.0	36.7	59.8	83	36.1	36.8	60.1	83	36.2	36.9	60.5	83	36.3	**37.0**	60.8	83	36.4	2
2	36.7	59.9	83	36.1	36.8	60.2	83	36.2	36.9	60.5	83	36.3	**37.0**	60.9	83	36.4	37.1	61.2	83	36.5	2
2	36.8	60.3	84	36.3	36.9	60.6	84	36.4	**37.0**	61.0	84	36.5	37.1	61.3	84	36.6	37.2	61.6	84	36.7	2
2	36.9	60.7	84	36.4	**37.0**	61.0	85	36.5	37.1	61.4	85	36.6	37.2	61.7	85	36.7	37.3	62.1	85	36.8	2
2	**37.0**	61.1	85	36.5	37.1	61.4	85	36.6	37.2	61.8	85	36.7	37.3	62.1	85	36.8	37.4	62.5	85	36.9	2
2	37.1	61.5	86	36.6	37.2	61.8	86	36.7	37.3	62.2	86	36.8	37.4	62.5	86	36.9	37.5	62.9	86	37.0	2
2	37.2	61.9	86	36.8	37.3	62.3	86	36.9	37.4	62.6	86	37.0	37.5	63.0	86	37.1	37.6	63.3	86	37.2	2
2	37.3	62.3	87	36.9	37.4	62.7	87	37.0	37.5	63.0	87	37.1	37.6	63.4	87	37.2	37.7	63.7	87	37.3	2
2	37.4	62.7	87	37.0	37.5	63.1	87	37.1	37.6	63.4	87	37.2	37.7	63.8	87	37.3	37.8	64.1	87	37.4	2
2	37.5	63.2	88	37.1	37.6	63.5	88	37.2	37.7	63.9	88	37.3	37.8	64.2	88	37.4	37.9	64.6	88	37.5	2
1	37.6	63.6	89	37.2	37.7	63.9	89	37.3	37.8	64.3	89	37.4	37.9	64.6	89	37.5	**38.0**	65.0	89	37.6	1
1	37.7	64.0	89	37.4	37.8	64.3	89	37.5	37.9	64.7	89	37.6	**38.0**	65.1	89	37.7	38.1	65.4	89	37.8	1
1	37.8	64.4	90	37.5	37.9	64.8	90	37.6	**38.0**	65.1	90	37.7	38.1	65.5	90	37.8	38.2	65.8	90	37.9	1
1	37.9	64.8	90	37.6	**38.0**	65.2	90	37.7	38.1	65.6	90	37.8	38.2	65.9	90	37.9	38.3	66.3	90	38.0	1
1	**38.0**	65.3	91	37.7	38.1	65.6	91	37.8	38.2	66.0	91	37.9	38.3	66.3	91	38.0	38.4	66.7	91	38.1	1
1	38.1	65.7	91	37.8	38.2	66.0	91	37.9	38.3	66.4	91	38.0	38.4	66.8	91	38.1	38.5	67.1	91	38.2	1
1	38.2	66.1	92	38.0	38.3	66.5	92	38.1	38.4	66.8	92	38.2	38.5	67.2	92	38.3	38.6	67.6	92	38.4	1
1	38.3	66.5	93	38.1	38.4	66.9	93	38.2	38.5	67.3	93	38.3	38.6	67.6	93	38.4	38.7	68.0	93	38.5	1
1	38.4	67.0	93	38.2	38.5	67.3	93	38.3	38.6	67.7	93	38.4	38.7	68.1	93	38.5	38.8	68.4	93	38.6	1
1	38.5	67.4	94	38.3	38.6	67.8	94	38.4	38.7	68.1	94	38.5	38.8	68.5	94	38.6	38.9	68.9	94	38.7	1
1	38.6	67.8	94	38.4	38.7	68.2	94	38.5	38.8	68.6	94	38.6	38.9	69.0	94	38.7	**39.0**	69.3	94	38.8	1
1	38.7	68.3	95	38.6	38.8	68.6	95	38.7	38.9	69.0	95	38.8	**39.0**	69.4	95	38.9	39.1	69.8	95	39.0	1
1	38.8	68.7	96	38.7	38.9	69.1	96	38.8	**39.0**	69.5	96	38.9	39.1	69.8	96	39.0	39.2	70.2	96	39.1	1
0	38.9	69.2	96	38.8	**39.0**	69.5	96	38.9	39.1	69.9	96	39.0	39.2	70.3	96	39.1	39.3	70.7	96	39.2	0
0	**39.0**	69.6	97	38.9	39.1	70.0	97	39.0	39.2	70.4	97	39.1	39.3	70.7	97	39.2	39.4	71.1	97	39.3	0
0	39.1	70.0	98	39.0	39.2	70.4	98	39.1	39.3	70.8	98	39.2	39.4	71.2	98	39.3	39.5	71.6	98	39.4	0
0	39.2	70.5	98	39.1	39.3	70.9	98	39.2	39.4	71.2	98	39.3	39.5	71.6	98	39.4	39.6	72.0	98	39.5	0
0	39.3	70.9	99	39.3	39.4	71.3	99	39.4	39.5	71.7	99	39.5	39.6	72.1	99	39.6	39.7	72.5	99	39.7	0

n	t_W	e	U	t_d	t_W	e	U	t_d	t_W	e	U	t_d	t_W	e	U	t_d	t_W	e	U	t_d	n
	39.5				**39.6**				**39.7**				**39.8**				**39.9**				
0	39.4	71.4	99	39.4	39.5	71.8	99	39.5	39.6	72.1	99	39.6	39.7	72.5	99	39.7	39.8	72.9	99	39.8	0
0	39.5	71.8	100	39.5	39.6	72.2	100	39.6	39.7	72.6	100	39.7	39.8	73.0	100	39.8	39.9	73.4	100	39.9	0

n	t_W	e	U	t_d	t_W	e	U	t_d	t_W	e	U	t_d	t_W	e	U	t_d	t_W	e	U	t_d	n
	40.0				**40.1**				**40.2**				**40.3**				**40.4**				
47																	15.2	0.5	1	-31.2	47
47									15.1	0.4	1	-32.3	15.2	0.5	1	-29.7	15.3	0.6	1	-27.7	47
47					15.1	0.5	1	-30.7	15.2	0.6	1	-28.5	15.3	0.7	1	-26.6	15.4	0.8	1	-24.9	47
46	15.1	0.5	1	-29.3	15.2	0.7	1	-27.3	15.3	0.8	1	-25.6	15.4	0.9	1	-24.1	15.5	1.0	1	-22.7	46
46	15.2	0.7	1	-26.2	15.3	0.8	1	-24.7	15.4	0.9	1	-23.2	15.5	1.1	1	-22.0	15.6	1.2	2	-20.8	46
45	15.3	0.9	1	-23.8	15.4	1.0	1	-22.5	15.5	1.1	2	-21.3	15.6	1.2	2	-20.2	15.7	1.4	2	-19.1	45
45	15.4	1.1	1	-21.7	15.5	1.2	2	-20.6	15.6	1.3	2	-19.5	15.7	1.4	2	-18.6	15.8	1.5	2	-17.7	45
45	15.5	1.3	2	-20.0	15.6	1.4	2	-19.0	15.7	1.5	2	-18.0	15.8	1.6	2	-17.1	15.9	1.7	2	-16.3	45
44	15.6	1.4	2	-18.4	15.7	1.6	2	-17.5	15.8	1.7	2	-16.7	15.9	1.8	2	-15.9	**16.0**	1.9	3	-15.1	44
44	15.7	1.6	2	-17.0	15.8	1.7	2	-16.2	15.9	1.8	2	-15.4	**16.0**	2.0	3	-14.7	16.1	2.1	3	-14.0	44
44	15.8	1.8	2	-15.7	15.9	1.9	3	-15.0	**16.0**	2.0	3	-14.3	16.1	2.1	3	-13.6	16.2	2.3	3	-12.9	44
43	15.9	2.0	3	-14.6	**16.0**	2.1	3	-13.9	16.1	2.2	3	-13.2	16.2	2.3	3	-12.6	16.3	2.4	3	-12.0	43
43	**16.0**	2.2	3	-13.5	16.1	2.3	3	-12.8	16.2	2.4	3	-12.2	16.3	2.5	3	-11.6	16.4	2.6	3	-11.1	43
43	16.1	2.3	3	-12.5	16.2	2.5	3	-11.9	16.3	2.6	3	-11.3	16.4	2.7	4	-10.7	16.5	2.8	4	-10.2	43
42	16.2	2.5	3	-11.6	16.3	2.6	4	-11.0	16.4	2.8	4	-10.4	16.5	2.9	4	-9.9	16.6	3.0	4	-9.4	42
42	16.3	2.7	4	-10.7	16.4	2.8	4	-10.1	16.5	3.0	4	-9.6	16.6	3.1	4	-9.1	16.7	3.2	4	-8.6	42
42	16.4	2.9	4	-9.8	16.5	3.0	4	-9.3	16.6	3.1	4	-8.8	16.7	3.3	4	-8.3	16.8	3.4	4	-7.9	42
41	16.5	3.1	4	-9.0	16.6	3.2	4	-8.6	16.7	3.3	4	-8.1	16.8	3.4	5	-7.6	16.9	3.6	5	-7.2	41
41	16.6	3.3	4	-8.3	16.7	3.4	5	-7.8	16.8	3.5	5	-7.4	16.9	3.6	5	-6.9	**17.0**	3.8	5	-6.5	41
41	16.7	3.5	5	-7.6	16.8	3.6	5	-7.1	16.9	3.7	5	-6.7	**17.0**	3.8	5	-6.3	17.1	3.9	5	-5.9	41
40	16.8	3.6	5	-6.9	16.9	3.8	5	-6.5	**17.0**	3.9	5	-6.0	17.1	4.0	5	-5.6	17.2	4.1	5	-5.2	40
40	16.9	3.8	5	-6.2	**17.0**	4.0	5	-5.8	17.1	4.1	5	-5.4	17.2	4.2	6	-5.0	17.3	4.3	6	-4.6	40
40	**17.0**	4.0	5	-5.6	17.1	4.1	6	-5.2	17.2	4.3	6	-4.8	17.3	4.4	6	-4.4	17.4	4.5	6	-4.1	40
39	17.1	4.2	6	-5.0	17.2	4.3	6	-4.6	17.3	4.5	6	-4.2	17.4	4.6	6	-3.9	17.5	4.7	6	-3.5	39
39	17.2	4.4	6	-4.4	17.3	4.5	6	-4.0	17.4	4.7	6	-3.7	17.5	4.8	6	-3.3	17.6	4.9	7	-3.0	39
39	17.3	4.6	6	-3.9	17.4	4.7	6	-3.5	17.5	4.8	7	-3.1	17.6	5.0	7	-2.8	17.7	5.1	7	-2.5	39
39	17.4	4.8	6	-3.3	17.5	4.9	7	-3.0	17.6	5.0	7	-2.6	17.7	5.2	7	-2.3	17.8	5.3	7	-1.9	39
38	17.5	5.0	7	-2.8	17.6	5.1	7	-2.4	17.7	5.2	7	-2.1	17.8	5.4	7	-1.8	17.9	5.5	7	-1.5	38
38	17.6	5.2	7	-2.3	17.7	5.3	7	-1.9	17.8	5.4	7	-1.6	17.9	5.6	7	-1.3	**18.0**	5.7	8	-1.0	38
38	17.7	5.4	7	-1.8	17.8	5.5	7	-1.4	17.9	5.6	8	-1.1	**18.0**	5.8	8	-0.8	18.1	5.9	8	-0.5	38
37	17.8	5.6	8	-1.3	17.9	5.7	8	-1.0	**18.0**	5.8	8	-0.7	18.1	6.0	8	-0.4	18.2	6.1	8	-0.1	37
37	17.9	5.8	8	-0.8	**18.0**	5.9	8	-0.5	18.1	6.0	8	-0.2	18.2	6.1	8	0.1	18.3	6.3	8	0.4	37
37	**18.0**	6.0	8	-0.3	18.1	6.1	8	-0.1	18.2	6.2	8	0.2	18.3	6.3	8	0.5	18.4	6.5	9	0.8	37
36	18.1	6.2	8	0.1	18.2	6.3	8	0.4	18.3	6.4	9	0.7	18.4	6.5	9	1.0	18.5	6.7	9	1.2	36
36	18.2	6.3	9	0.5	18.3	6.5	9	0.8	18.4	6.6	9	1.1	18.5	6.7	9	1.4	18.6	6.9	9	1.6	36
36	18.3	6.5	9	1.0	18.4	6.7	9	1.2	18.5	6.8	9	1.5	18.6	6.9	9	1.8	18.7	7.1	9	2.1	36
35	18.4	6.7	9	1.4	18.5	6.9	9	1.6	18.6	7.0	9	1.9	18.7	7.1	10	2.2	18.8	7.3	10	2.4	35
35	18.5	6.9	9	1.8	18.6	7.1	10	2.0	18.7	7.2	10	2.3	18.8	7.3	10	2.6	18.9	7.5	10	2.8	35
35	18.6	7.1	10	2.2	18.7	7.3	10	2.4	18.8	7.4	10	2.7	18.9	7.6	10	3.0	**19.0**	7.7	10	3.2	35
35	18.7	7.3	10	2.6	18.8	7.5	10	2.8	18.9	7.6	10	3.1	**19.0**	7.8	10	3.3	19.1	7.9	10	3.6	35
34	18.8	7.5	10	3.0	18.9	7.7	10	3.2	**19.0**	7.8	10	3.5	19.1	8.0	11	3.7	19.2	8.1	11	3.9	34
34	18.9	7.8	11	3.3	**19.0**	7.9	11	3.6	19.1	8.0	11	3.8	19.2	8.2	11	4.1	19.3	8.3	11	4.3	34
34	**19.0**	8.0	11	3.7	19.1	8.1	11	3.9	19.2	8.2	11	4.2	19.3	8.4	11	4.4	19.4	8.5	11	4.7	34
33	19.1	8.2	11	4.1	19.2	8.3	11	4.3	19.3	8.4	11	4.5	19.4	8.6	11	4.8	19.5	8.7	12	5.0	33
33	19.2	8.4	11	4.4	19.3	8.5	11	4.6	19.4	8.6	12	4.9	19.5	8.8	12	5.1	19.6	8.9	12	5.3	33
33	19.3	8.6	12	4.8	19.4	8.7	12	5.0	19.5	8.8	12	5.2	19.6	9.0	12	5.4	19.7	9.1	12	5.7	33
33	19.4	8.8	12	5.1	19.5	8.9	12	5.3	19.6	9.1	12	5.5	19.7	9.2	12	5.8	19.8	9.3	12	6.0	33
32	19.5	9.0	12	5.4	19.6	9.1	12	5.7	19.7	9.3	12	5.9	19.8	9.4	13	6.1	19.9	9.6	13	6.3	32
32	19.6	9.2	12	5.8	19.7	9.3	13	6.0	19.8	9.5	13	6.2	19.9	9.6	13	6.4	**20.0**	9.8	13	6.6	32
32	19.7	9.4	13	6.1	19.8	9.5	13	6.3	19.9	9.7	13	6.5	**20.0**	9.8	13	6.7	20.1	10.0	13	6.9	32
31	19.8	9.6	13	6.4	19.9	9.8	13	6.6	**20.0**	9.9	13	6.8	20.1	10.0	13	7.0	20.2	10.2	14	7.3	31
31	19.9	9.8	13	6.7	**20.0**	10.0	13	6.9	20.1	10.1	14	7.1	20.2	10.3	14	7.4	20.3	10.4	14	7.6	31
31	**20.0**	10.0	14	7.0	20.1	10.2	14	7.2	20.2	10.3	14	7.4	20.3	10.5	14	7.7	20.4	10.6	14	7.9	31
31	20.1	10.2	14	7.3	20.2	10.4	14	7.5	20.3	10.5	14	7.7	20.4	10.7	14	7.9	20.5	10.8	14	8.2	31
30	20.2	10.5	14	7.6	20.3	10.6	14	7.8	20.4	10.7	14	8.0	20.5	10.9	15	8.2	20.6	11.0	15	8.4	30
30	20.3	10.7	14	7.9	20.4	10.8	15	8.1	20.5	11.0	15	8.3	20.6	11.1	15	8.5	20.7	11.3	15	8.7	30
30	20.4	10.9	15	8.2	20.5	11.0	15	8.4	20.6	11.2	15	8.6	20.7	11.3	15	8.8	20.8	11.5	15	9.0	30
30	20.5	11.1	15	8.5	20.6	11.2	15	8.7	20.7	11.4	15	8.9	20.8	11.5	15	9.1	20.9	11.7	16	9.3	30
29	20.6	11.3	15	8.8	20.7	11.5	15	9.0	20.8	11.6	16	9.2	20.9	11.8	16	9.4	**21.0**	11.9	16	9.6	29
29	20.7	11.5	16	9.1	20.8	11.7	16	9.3	20.9	11.8	16	9.5	**21.0**	12.0	16	9.6	21.1	12.1	16	9.8	29
29	20.8	11.7	16	9.4	20.9	11.9	16	9.5	**21.0**	12.1	16	9.7	21.1	12.2	16	9.9	21.2	12.4	16	10.1	29
29	20.9	12.0	16	9.6	**21.0**	12.1	16	9.8	21.1	12.3	16	10.0	21.2	12.4	17	10.2	21.3	12.6	17	10.4	29
28	**21.0**	12.2	17	9.9	21.1	12.3	17	10.1	21.2	12.5	17	10.3	21.3	12.6	17	10.5	21.4	12.8	17	10.6	28
28	21.1	12.4	17	10.2	21.2	12.6	17	10.3	21.3	12.7	17	10.5	21.4	12.9	17	10.7	21.5	13.0	17	10.9	28
28	21.2	12.6	17	10.4	21.3	12.8	17	10.6	21.4	12.9	17	10.8	21.5	13.1	17	11.0	21.6	13.3	18	11.2	28
28	21.3	12.8	17	10.7	21.4	13.0	18	10.9	21.5	13.2	18	11.0	21.6	13.3	18	11.2	21.7	13.5	18	11.4	28
27	21.4	13.1	18	10.9	21.5	13.2	18	11.1	21.6	13.4	18	11.3	21.7	13.5	18	11.5	21.8	13.7	18	11.7	27
27	21.5	13.3	18	11.2	21.6	13.5	18	11.4	21.7	13.6	18	11.6	21.8	13.8	18	11.7	21.9	13.9	18	11.9	27
27	21.6	13.5	18	11.5	21.7	13.7	18	11.6	21.8	13.8	19	11.8	21.9	14.0	19	12.0	**22.0**	14.2	19	12.2	27
27	21.7	13.7	19	11.7	21.8	13.9	19	11.9	21.9	14.1	19	12.0	**22.0**	14.2	19	12.2	22.1	14.4	19	12.4	27
26	21.8	14.0	19	11.9	21.9	14.1	19	12.1	**22.0**	14.3	19	12.3	22.1	14.5	19	12.5	22.2	14.6	19	12.6	26
26	21.9	14.2	19	12.2	**22.0**	14.4	19	12.4	22.1	14.5	19	12.5	22.2	14.7	20	12.7	22.3	14.8	20	12.9	26
26	**22.0**	14.4	20	12.4	22.1	14.6	20	12.6	22.2	14.7	20	12.8	22.3	14.9	20	12.9	22.4	15.1	20	13.1	26

n	t_W	e	U	t_d	t_W	e	U	t_d	t_W	e	U	t_d	t_W	e	U	t_d	t_W	e	U	t_d	n
	40.0				**40.1**				**40.2**				**40.3**				**40.4**				
26	22.1	14.7	20	12.7	22.2	14.8	20	12.8	22.3	15.0	20	13.0	22.4	15.1	20	13.2	22.5	15.3	20	13.3	26
25	22.2	14.9	20	12.9	22.3	15.0	20	13.1	22.4	15.2	20	13.2	22.5	15.4	21	13.4	22.6	15.5	21	13.6	25
25	22.3	15.1	20	13.1	22.4	15.3	21	13.3	22.5	15.4	21	13.5	22.6	15.6	21	13.6	22.7	15.8	21	13.8	25
25	22.4	15.3	21	13.4	22.5	15.5	21	13.5	22.6	15.7	21	13.7	22.7	15.8	21	13.9	22.8	16.0	21	14.0	25
25	22.5	15.6	21	13.6	22.6	15.7	21	13.8	22.7	15.9	21	13.9	22.8	16.1	21	14.1	22.9	16.2	22	14.3	25
24	22.6	15.8	21	13.8	22.7	16.0	22	14.0	22.8	16.1	22	14.2	22.9	16.3	22	14.3	**23.0**	16.5	22	14.5	24
24	22.7	16.0	22	14.1	22.8	16.2	22	14.2	22.9	16.4	22	14.4	**23.0**	16.5	22	14.5	23.1	16.7	22	14.7	24
24	22.8	16.3	22	14.3	22.9	16.4	22	14.4	**23.0**	16.6	22	14.6	23.1	16.8	22	14.8	23.2	17.0	22	14.9	24
24	22.9	16.5	22	14.5	**23.0**	16.7	22	14.7	23.1	16.8	23	14.8	23.2	17.0	23	15.0	23.3	17.2	23	15.1	24
23	**23.0**	16.7	23	14.7	23.1	16.9	23	14.9	23.2	17.1	23	15.0	23.3	17.3	23	15.2	23.4	17.4	23	15.4	23
23	23.1	17.0	23	14.9	23.2	17.2	23	15.1	23.3	17.3	23	15.3	23.4	17.5	23	15.4	23.5	17.7	23	15.6	23
23	23.2	17.2	23	15.2	23.3	17.4	23	15.3	23.4	17.6	24	15.5	23.5	17.7	24	15.6	23.6	17.9	24	15.8	23
23	23.3	17.5	24	15.4	23.4	17.6	24	15.5	23.5	17.8	24	15.7	23.6	18.0	24	15.8	23.7	18.2	24	16.0	23
23	23.4	17.7	24	15.6	23.5	17.9	24	15.7	23.6	18.0	24	15.9	23.7	18.2	24	16.0	23.8	18.4	24	16.2	23
22	23.5	17.9	24	15.8	23.6	18.1	24	16.0	23.7	18.3	25	16.1	23.8	18.5	25	16.3	23.9	18.6	25	16.4	22
22	23.6	18.2	25	16.0	23.7	18.4	25	16.2	23.8	18.5	25	16.3	23.9	18.7	25	16.5	**24.0**	18.9	25	16.6	22
22	23.7	18.4	25	16.2	23.8	18.6	25	16.4	23.9	18.8	25	16.5	**24.0**	19.0	25	16.7	24.1	19.1	25	16.8	22
22	23.8	18.7	25	16.4	23.9	18.8	25	16.6	**24.0**	19.0	26	16.7	24.1	19.2	26	16.9	24.2	19.4	26	17.0	22
21	23.9	18.9	26	16.6	**24.0**	19.1	26	16.8	24.1	19.3	26	16.9	24.2	19.5	26	17.1	24.3	19.6	26	17.2	21
21	**24.0**	19.2	26	16.8	24.1	19.3	26	17.0	24.2	19.5	26	17.1	24.3	19.7	26	17.3	24.4	19.9	26	17.4	21
21	24.1	19.4	26	17.0	24.2	19.6	26	17.2	24.3	19.8	27	17.3	24.4	19.9	27	17.5	24.5	20.1	27	17.6	21
21	24.2	19.7	27	17.2	24.3	19.8	27	17.4	24.4	20.0	27	17.5	24.5	20.2	27	17.7	24.6	20.4	27	17.8	21
21	24.3	19.9	27	17.4	24.4	20.1	27	17.6	24.5	20.3	27	17.7	24.6	20.4	27	17.9	24.7	20.6	27	18.0	21
20	24.4	20.1	27	17.6	24.5	20.3	27	17.8	24.6	20.5	28	17.9	24.7	20.7	28	18.1	24.8	20.9	28	18.2	20
20	24.5	20.4	28	17.8	24.6	20.6	28	18.0	24.7	29.8	28	18.1	24.8	21.0	28	18.2	24.9	21.1	28	18.4	20
20	24.6	20.6	28	18.0	24.7	20.8	28	18.2	24.8	21.0	28	18.3	24.9	21.2	28	18.4	**25.0**	21.4	28	18.6	20
20	24.7	20.9	28	18.2	24.8	21.1	28	18.4	24.9	21.3	29	18.5	**25.0**	21.5	29	18.6	25.1	21.7	29	18.8	20
20	24.8	21.2	29	18.4	24.9	21.3	29	18.5	**25.0**	21.5	29	18.7	25.1	21.7	29	18.8	25.2	21.9	29	19.0	20
19	24.9	21.4	29	18.6	**25.0**	21.6	29	18.7	25.1	21.8	29	18.9	25.2	22.0	29	19.0	25.3	22.2	29	19.1	19
19	**25.0**	21.7	29	18.8	25.1	21.9	29	18.9	25.2	22.0	30	19.1	25.3	22.2	30	19.2	25.4	22.4	30	19.3	19
19	25.1	21.9	30	19.0	25.2	22.1	30	19.1	25.3	22.3	30	19.2	25.4	22.5	30	19.4	25.5	22.7	30	19.5	19
19	25.2	22.2	30	19.2	25.3	22.4	30	19.3	25.4	22.6	30	19.4	25.5	22.8	30	19.6	25.6	22.9	30	19.7	19
19	25.3	22.4	30	19.3	25.4	22.6	31	19.5	25.5	22.8	31	19.6	25.6	23.0	31	19.8	25.7	23.2	31	19.9	19
18	25.4	22.7	31	19.5	25.5	22.9	31	19.7	25.6	23.1	31	19.8	25.7	23.3	31	19.9	25.8	23.5	31	20.1	18
18	25.5	23.0	31	19.7	25.6	23.1	31	19.8	25.7	23.3	31	20.0	25.8	23.5	31	20.1	25.9	23.7	31	20.3	18
18	25.6	23.2	31	19.9	25.7	23.4	32	20.0	25.8	23.6	32	20.2	25.9	23.8	32	20.3	**26.0**	24.0	32	20.4	18
18	25.7	23.5	32	20.1	25.8	23.7	32	20.2	25.9	23.9	32	20.3	**26.0**	24.1	32	20.5	26.1	24.3	32	20.6	18
18	25.8	23.7	32	20.3	25.9	23.9	32	20.4	**26.0**	24.1	32	20.5	26.1	24.3	32	20.7	26.2	24.5	33	20.8	18
17	25.9	24.0	33	20.4	**26.0**	24.2	33	20.6	26.1	24.4	33	20.7	26.2	24.6	33	20.8	26.3	24.8	33	21.0	17
17	**26.0**	24.3	33	20.6	26.1	24.5	33	20.7	26.2	24.7	33	20.9	26.3	24.9	33	21.0	26.4	25.1	33	21.1	17
17	26.1	24.5	33	20.8	26.2	24.7	33	20.9	26.3	24.9	33	21.1	26.4	25.1	34	21.2	26.5	25.3	34	21.3	17
17	26.2	24.8	34	21.0	26.3	25.0	34	21.1	26.4	25.2	34	21.2	26.5	25.4	34	21.4	26.6	25.6	34	21.5	17
17	26.3	25.1	34	21.1	26.4	25.3	34	21.3	26.5	25.5	34	21.4	26.6	25.7	34	21.5	26.7	25.9	34	21.7	17
16	26.4	25.3	34	21.3	26.5	25.5	34	21.4	26.6	25.7	35	21.6	26.7	26.0	35	21.7	26.8	26.2	35	21.8	16
16	26.5	25.6	35	21.5	26.6	25.8	35	21.6	26.7	26.0	35	21.7	26.8	26.2	35	21.9	26.9	26.4	35	22.0	16
16	26.6	25.9	35	21.7	26.7	26.1	35	21.8	26.8	26.3	35	21.9	26.9	26.5	35	22.0	**27.0**	26.7	35	22.2	16
16	26.7	26.2	35	21.8	26.8	26.4	36	22.0	26.9	26.6	36	22.1	**27.0**	26.8	36	22.2	27.1	27.0	36	22.3	16
16	26.8	26.4	36	22.0	26.9	26.6	36	22.1	**27.0**	26.8	36	22.3	27.1	27.1	36	22.4	27.2	27.3	36	22.5	16
15	26.9	26.7	36	22.2	**27.0**	26.9	36	22.3	27.1	27.1	36	22.4	27.2	27.3	36	22.6	27.3	27.5	37	22.7	15
15	**27.0**	27.0	37	22.3	27.1	27.2	37	22.5	27.2	27.4	37	22.6	27.3	27.6	37	22.7	27.4	27.8	37	22.8	15
15	27.1	27.3	37	22.5	27.2	27.5	37	22.6	27.3	27.7	37	22.8	27.4	27.9	37	22.9	27.5	28.1	37	23.0	15
15	27.2	27.5	37	22.7	27.3	27.7	37	22.8	27.4	28.0	37	22.9	27.5	28.2	38	23.0	27.6	28.4	38	23.2	15
15	27.3	27.8	38	22.8	27.4	28.0	38	23.0	27.5	28.2	38	23.1	27.6	28.5	38	23.2	27.7	28.7	38	23.3	15
15	27.4	28.1	38	23.0	27.5	28.3	38	23.1	27.6	28.5	38	23.3	27.7	28.7	38	23.4	27.8	29.0	38	23.5	15
14	27.5	28.4	38	23.2	27.6	28.6	39	23.3	27.7	28.8	39	23.4	27.8	29.0	39	23.5	27.9	29.2	39	23.7	14
14	27.6	28.7	39	23.3	27.7	28.9	39	23.5	27.8	29.1	39	23.6	27.9	29.3	39	23.7	**28.0**	29.5	39	23.8	14
14	27.7	28.9	39	23.5	27.8	29.2	39	23.6	27.9	29.4	39	23.7	**28.0**	29.6	39	23.9	28.1	29.8	40	24.0	14
14	27.8	29.2	40	23.7	27.9	29.4	40	23.8	**28.0**	29.7	40	23.9	28.1	29.9	40	24.0	28.2	30.1	40	24.1	14
14	27.9	29.5	40	23.8	**28.0**	29.7	40	23.9	28.1	29.9	40	24.1	28.2	30.2	40	24.2	28.3	30.4	40	24.3	14
14	**28.0**	29.8	40	24.0	28.1	30.0	40	24.1	28.2	30.2	41	24.2	28.3	30.5	41	24.3	28.4	30.7	41	24.5	14
13	28.1	30.1	41	24.1	28.2	30.3	41	24.3	28.3	30.5	41	24.4	28.4	30.7	41	24.5	28.5	31.0	41	24.6	13
13	28.2	30.4	41	24.3	28.3	30.6	41	24.4	28.4	30.8	41	24.5	28.5	31.0	41	24.7	28.6	31.3	41	24.8	13
13	28.3	30.7	42	24.5	28.4	30.9	42	24.6	28.5	31.1	42	24.7	28.6	31.3	42	24.8	28.7	31.6	42	24.9	13
13	28.4	30.9	42	24.6	28.5	31.2	42	24.7	28.6	31.4	42	24.9	28.7	31.6	42	25.0	28.8	31.9	42	25.1	13
13	28.5	31.2	42	24.8	28.6	31.5	42	24.9	28.7	31.7	43	25.0	28.8	31.9	43	25.1	28.9	32.2	43	25.3	13
13	28.6	31.5	43	24.9	28.7	31.8	43	25.0	28.8	32.0	43	25.2	28.9	32.2	43	25.3	**29.0**	32.4	43	25.4	13
12	28.7	31.8	43	25.1	28.8	32.1	43	25.2	28.9	32.3	43	25.3	**29.0**	32.5	43	25.4	29.1	32.7	43	25.6	12
12	28.8	32.1	44	25.2	28.9	32.4	44	25.4	**29.0**	32.6	44	25.5	29.1	32.8	44	25.6	29.2	33.0	44	25.7	12
12	28.9	32.4	44	25.4	**29.0**	32.6	44	25.5	29.1	32.9	44	25.6	29.2	33.1	44	25.8	29.3	33.3	44	25.9	12
12	**29.0**	32.7	44	25.5	29.1	32.9	44	25.7	29.2	33.2	44	25.8	29.3	33.4	45	25.9	29.4	33.7	45	26.0	12
12	29.1	33.0	45	25.7	29.2	33.2	45	25.8	29.3	33.5	45	25.9	29.4	33.7	45	26.1	29.5	34.0	45	26.2	12
12	29.2	33.3	45	25.9	29.3	33.5	45	26.0	29.4	33.8	45	26.1	29.5	34.6	45	26.2	29.6	34.3	45	26.3	12
11	29.3	33.6	46	26.0	29.4	33.9	46	26.1	29.5	34.1	46	26.2	29.6	34.3	46	26.4	29.7	34.6	46	26.5	11

n	t_W	e	U	t_d	t_W	e	U	t_d	t_W	e	U	t_d	t_W	e	U	t_d	t_W	e	U	t_d	n
	40.0				**40.1**				**40.2**				**40.3**				**40.4**				
11	29.4	33.9	46	26.2	29.5	34.2	46	26.3	29.6	34.4	46	26.4	29.7	34.6	46	26.5	29.8	34.9	46	26.6	11
11	29.5	34.2	46	26.3	29.6	34.5	46	26.4	29.7	34.7	47	26.5	29.8	34.9	47	26.7	29.9	35.2	47	26.8	11
11	29.6	34.5	47	26.5	29.7	34.8	47	26.6	29.8	35.0	47	26.7	29.9	35.2	47	26.8	**30.0**	35.5	47	26.9	11
11	29.7	34.8	47	26.6	29.8	35.1	47	26.7	29.9	35.3	47	26.8	**30.0**	35.6	47	27.0	30.1	35.8	48	27.1	11
11	29.8	35.1	48	26.8	29.9	35.4	48	26.9	**30.0**	35.6	48	27.0	30.1	35.9	48	27.1	30.2	36.1	48	27.2	11
11	29.9	35.4	48	26.9	**30.0**	35.7	48	27.0	30.1	35.9	48	27.1	30.2	36.2	48	27.3	30.3	36.4	48	27.4	11
10	**30.0**	35.8	48	27.1	30.1	36.0	49	27.2	30.2	36.2	49	27.3	30.3	36.5	49	27.4	30.4	36.7	49	27.5	10
10	30.1	36.1	49	27.2	30.2	36.3	49	27.3	30.3	36.6	49	27.4	30.4	36.8	49	27.5	30.5	37.1	49	27.7	10
10	30.2	36.4	49	27.3	30.3	36.6	49	27.5	30.4	36.9	49	27.6	30.5	37.1	50	27.7	30.6	37.4	50	27.8	10
10	30.3	36.7	50	27.5	30.4	36.9	50	27.6	30.5	37.2	50	27.7	30.6	37.4	50	27.8	30.7	37.7	50	28.0	10
10	30.4	37.0	50	27.6	30.5	37.3	50	27.8	30.6	37.5	50	27.9	30.7	37.8	50	28.0	30.8	38.0	50	28.1	10
10	30.5	37.3	51	27.8	30.6	37.6	51	27.9	30.7	37.8	51	28.0	30.8	38.1	51	28.1	30.9	38.3	51	28.2	10
10	30.6	37.6	51	27.9	30.7	37.9	51	28.0	30.8	38.1	51	28.2	30.9	38.4	51	28.3	**31.0**	38.7	51	28.4	10
9	30.7	38.0	51	28.1	30.8	38.2	52	28.2	30.9	38.5	52	28.3	**31.0**	38.7	52	28.4	31.1	39.0	52	28.5	9
9	30.8	38.3	52	28.2	30.9	38.5	52	28.3	**31.0**	38.8	52	28.4	31.1	39.0	52	28.6	31.2	39.3	52	28.7	9
9	30.9	38.6	52	28.4	**31.0**	38.9	52	28.5	31.1	39.1	52	28.6	31.2	39.4	53	28.7	31.3	39.6	53	28.8	9
9	**31.0**	38.9	53	28.5	31.1	39.2	53	28.6	31.2	39.4	53	28.7	31.3	39.7	53	28.8	31.4	40.0	53	29.0	9
9	31.1	39.2	53	28.6	31.2	39.5	53	28.8	31.3	39.8	53	28.9	31.4	40.0	53	29.0	31.5	40.3	53	29.1	9
9	31.2	39.6	54	28.8	31.3	39.8	54	28.9	31.4	40.1	54	29.0	31.5	40.4	54	29.1	31.6	40.6	54	29.2	9
9	31.3	39.9	54	28.9	31.4	40.2	54	29.0	31.5	40.4	54	29.2	31.6	40.7	54	29.3	31.7	40.9	54	29.4	9
8	31.4	40.2	55	29.1	31.5	40.5	55	29.2	31.6	40.7	55	29.3	31.7	41.0	55	29.4	31.8	41.3	55	29.5	8
8	31.5	40.6	55	29.2	31.6	40.8	55	29.3	31.7	41.1	55	29.4	31.8	41.3	55	29.5	31.9	41.6	55	29.7	8
8	31.6	40.9	55	29.4	31.7	41.1	55	29.5	31.8	41.4	56	29.6	31.9	41.7	56	29.7	**32.0**	41.9	56	29.8	8
8	31.7	41.2	56	29.5	31.8	41.5	56	29.6	31.9	41.7	56	29.7	**32.0**	42.0	56	29.8	32.1	42.3	56	29.9	8
8	31.8	41.5	56	29.6	31.9	41.8	56	29.7	**32.0**	42.1	56	29.9	32.1	42.3	56	30.0	32.2	42.6	57	30.1	8
8	31.9	41.9	57	29.8	**32.0**	42.1	57	29.9	32.1	42.4	57	30.0	32.2	42.7	57	30.1	32.3	43.0	57	30.2	8
8	**32.0**	42.2	57	29.9	32.1	42.5	57	30.0	32.2	42.8	57	30.1	32.3	43.0	57	30.2	32.4	43.3	57	30.4	8
8	32.1	42.5	58	30.0	32.2	42.8	58	30.2	32.3	43.1	58	30.3	32.4	43.4	58	30.4	32.5	43.6	58	30.5	8
7	32.2	42.9	58	30.2	32.3	43.2	58	30.3	32.4	43.4	58	30.4	32.5	43.7	58	30.5	32.6	44.0	58	30.6	7
7	32.3	43.2	59	30.3	32.4	43.5	59	30.4	32.5	43.8	59	30.5	32.6	44.0	59	30.7	32.7	44.3	59	30.8	7
7	32.4	43.6	59	30.5	32.5	43.8	59	30.6	32.6	44.1	59	30.7	32.7	44.4	59	30.8	32.8	44.7	59	30.9	7
7	32.5	43.9	60	30.6	32.6	44.2	60	30.7	32.7	44.5	60	30.8	32.8	44.7	60	30.9	32.9	45.0	60	31.0	7
7	32.6	44.2	60	30.7	32.7	44.5	60	30.8	32.8	44.8	60	31.0	32.9	45.1	60	31.1	**33.0**	45.4	60	31.2	7
7	32.7	44.6	60	30.9	32.8	44.9	61	31.0	32.9	45.2	61	31.1	**33.0**	45.4	61	31.2	33.1	45.7	61	31.3	7
7	32.8	44.9	61	31.0	32.9	45.2	61	31.1	**33.0**	45.5	61	31.2	33.1	45.8	61	31.3	33.2	46.1	61	31.4	7
7	32.9	45.3	61	31.1	**33.0**	45.6	61	31.2	33.1	45.9	61	31.4	33.2	46.1	62	31.5	33.3	46.4	62	31.6	7
6	**33.0**	45.6	62	31.3	33.1	45.9	62	31.4	33.2	46.2	62	31.5	33.3	46.5	62	31.6	33.4	46.8	62	31.7	6
6	33.1	46.0	62	31.4	33.2	46.3	62	31.5	33.3	46.6	62	31.6	33.4	46.8	62	31.7	33.5	47.1	63	31.8	6
6	33.2	46.3	63	31.5	33.3	46.6	63	31.7	33.4	46.9	63	31.8	33.5	47.2	63	31.9	33.6	47.5	63	32.0	6
6	33.3	46.7	63	31.7	33.4	47.0	63	31.8	33.5	47.3	63	31.9	33.6	47.6	63	32.0	33.7	47.8	63	32.1	6
6	33.4	47.0	64	31.8	33.5	47.3	64	31.9	33.6	47.6	64	32.0	33.7	47.9	64	32.1	33.8	48.2	64	32.2	6
6	33.5	47.4	64	31.9	33.6	47.7	64	32.1	33.7	48.0	64	32.2	33.8	48.3	64	32.3	33.9	48.6	64	32.4	6
6	33.6	47.8	65	32.1	33.7	48.0	65	32.2	33.8	48.3	65	32.3	33.9	48.6	65	32.4	**34.0**	48.9	65	32.5	6
6	33.7	48.1	65	32.2	33.8	48.4	65	32.3	33.9	48.7	65	32.4	**34.0**	49.0	65	32.5	34.1	49.3	65	32.6	6
6	33.8	48.5	66	32.3	33.9	48.8	66	32.4	**34.0**	49.1	66	32.6	34.1	49.4	66	32.7	34.2	49.7	66	32.8	6
5	33.9	48.8	66	32.5	**34.0**	49.1	66	32.6	34.1	49.4	66	32.7	34.2	49.7	66	32.8	34.3	50.0	66	32.9	5
5	**34.0**	49.2	67	32.6	34.1	49.5	67	32.7	34.2	49.8	67	32.8	34.3	50.1	67	32.9	34.4	50.4	67	33.0	5
5	34.1	49.6	67	32.7	34.2	49.9	67	32.8	34.3	50.2	67	32.9	34.4	50.5	67	33.1	34.5	50.8	87	33.2	5
5	34.2	49.9	68	32.9	34.3	50.2	68	33.0	34.4	50.5	68	33.1	34.5	50.8	68	33.2	34.6	51.1	68	33.3	5
5	34.3	50.3	68	33.0	34.4	50.6	68	33.1	34.5	50.9	68	33.2	34.6	51.2	68	33.3	34.7	51.5	68	33.4	5
5	34.4	50.7	69	33.1	34.5	51.0	69	33.2	34.6	51.3	69	33.3	34.7	51.6	69	33.4	34.8	51.9	69	33.6	5
5	34.5	51.0	69	33.3	34.6	51.3	69	33.4	34.7	51.6	69	33.5	34.8	51.9	69	33.6	34.9	52.3	69	33.7	5
5	34.6	51.4	70	33.4	34.7	51.7	70	33.5	34.8	52.0	70	33.6	34.9	52.3	70	33.7	**35.0**	52.6	70	33.8	5
5	34.7	51.8	70	33.5	34.8	52.1	70	33.6	34.9	52.4	70	33.7	**35.0**	52.7	70	33.8	35.1	53.0	70	33.9	5
4	34.8	52.1	71	33.6	34.9	52.5	71	33.7	**35.0**	52.8	71	33.9	35.1	53.1	71	34.0	35.2	53.4	71	34.1	4
4	34.9	52.5	71	33.8	**35.0**	52.8	71	33.9	35.1	53.1	71	34.0	35.2	53.5	71	34.1	35.3	53.8	71	34.2	4
4	**35.0**	52.9	72	33.9	35.1	53.2	72	34.0	35.2	53.5	72	34.1	35.3	53.8	72	34.2	35.4	54.2	72	34.3	4
4	35.1	53.3	72	34.0	35.2	53.6	72	34.1	35.3	53.9	72	34.2	35.4	54.2	72	34.3	35.5	54.5	72	34.4	4
4	35.2	53.7	73	34.2	35.3	54.0	73	34.3	35.4	54.3	73	34.4	35.5	54.6	73	34.5	35.6	54.9	73	34.6	4
4	35.3	54.0	73	34.3	35.4	54.4	73	34.4	35.5	54.7	73	34.5	35.6	55.0	73	34.6	35.7	55.3	73	34.7	4
4	35.4	54.4	74	34.4	35.5	54.7	74	34.5	35.6	55.1	74	34.6	35.7	55.4	74	34.7	35.8	55.7	74	34.8	4
4	35.5	54.8	74	34.5	35.6	55.1	74	34.6	35.7	55.4	74	34.7	35.8	55.8	74	34.8	35.9	56.1	74	35.0	4
4	35.6	55.2	75	34.7	35.7	55.5	75	34.8	35.8	55.8	75	34.9	35.9	56.2	75	35.0	**36.0**	56.5	75	35.1	4
4	35.7	55.6	75	34.8	35.8	55.9	75	34.9	35.9	56.2	75	35.0	**36.0**	56.6	75	35.1	36.1	56.9	75	35.2	4
3	35.8	56.0	76	34.9	35.9	56.3	76	35.0	**36.0**	56.6	76	35.1	36.1	56.9	76	35.2	36.2	57.3	76	35.3	3
3	35.9	56.4	76	35.0	**36.0**	56.7	76	35.1	36.1	57.0	76	35.2	36.2	57.3	76	35.4	36.3	57.7	77	35.5	3
3	**36.0**	56.8	77	35.2	36.1	57.1	77	35.3	36.2	57.4	77	35.4	36.3	57.7	77	35.5	36.4	58.1	77	35.6	3
3	36.1	57.1	77	35.3	36.2	57.5	77	35.4	36.3	57.8	78	35.5	36.4	58.1	78	35.6	36.5	58.5	78	35.7	3
3	36.2	57.5	78	35.4	36.3	57.9	78	35.5	36.4	58.2	78	35.6	36.5	58.5	78	35.7	36.6	58.9	78	35.8	3
3	36.3	57.9	79	35.5	36.4	58.3	79	35.6	36.5	58.6	79	35.7	36.6	58.9	79	35.9	36.7	59.3	79	36.0	3
3	36.4	58.3	79	35.7	36.5	58.7	79	35.8	36.6	59.0	79	35.9	36.7	59.3	79	36.0	36.8	59.7	79	36.1	3
3	36.5	58.7	80	35.8	36.6	59.1	80	35.9	36.7	59.4	80	36.0	36.8	59.7	80	36.1	36.9	60.1	80	36.2	3
3	36.6	59.1	80	35.9	36.7	59.5	80	36.0	36.8	59.8	80	36.1	36.9	60.1	80	36.2	**37.0**	60.5	80	36.3	3

n	t_W	e	U	t_d	t_W	e	U	t_d	t_W	e	U	t_d	t_W	e	U	t_d	t_W	e	U	t_d	n
	40.0				**40.1**				**40.2**				**40.3**				**40.4**				
3	36.7	59.5	81	36.0	36.8	59.9	81	36.1	36.9	60.2	81	36.2	**37.0**	60.6	81	36.3	37.1	60.9	81	36.4	3
3	36.8	59.9	81	36.2	36.9	60.3	81	36.3	**37.0**	60.6	81	36.4	37.1	61.0	81	36.5	37.2	61.3	81	36.6	3
2	36.9	60.3	82	36.3	**37.0**	60.7	82	36.4	37.1	61.0	82	36.5	37.2	61.4	82	36.6	37.3	61.7	82	36.7	2
2	**37.0**	60.8	82	36.4	37.1	61.1	82	36.5	37.2	61.4	82	36.6	37.3	61.8	82	36.7	37.4	62.1	82	36.8	2
2	37.1	61.2	83	36.5	37.2	61.5	83	36.6	37.3	61.9	83	36.7	37.4	62.2	83	36.8	37.5	62.6	83	36.9	2
2	37.2	61.6	83	36.7	37.3	61.9	83	36.8	37.4	62.3	84	36.9	37.5	62.6	84	37.0	37.6	63.0	84	37.1	2
2	37.3	62.0	84	36.8	37.4	62.3	84	36.9	37.5	62.7	84	37.0	37.6	63.0	84	37.1	37.7	63.4	84	37.2	2
2	37.4	62.4	85	36.9	37.5	62.8	85	37.0	37.6	63.1	85	37.1	37.7	63.5	85	37.2	37.8	63.8	85	37.3	2
2	37.5	62.8	85	37.0	37.6	63.2	85	37.1	37.7	63.5	85	37.2	37.8	63.9	85	37.3	37.9	64.2	85	37.4	2
2	37.6	63.2	86	37.1	37.7	63.6	86	37.2	37.8	63.9	86	37.3	37.9	64.3	86	37.4	**38.0**	64.7	86	37.5	2
2	37.7	63.7	86	37.3	37.8	64.0	86	37.4	37.9	64.4	86	37.5	**38.0**	64.7	86	37.6	38.1	65.1	86	37.7	2
2	37.8	64.1	87	37.4	37.9	64.4	87	37.5	**38.0**	64.8	87	37.6	38.1	65.2	87	37.7	38.2	65.5	87	37.8	2
2	37.9	64.5	87	37.5	**38.0**	64.9	87	37.6	38.1	65.2	87	37.7	38.2	65.6	87	37.8	38.3	65.9	88	37.9	2
2	**38.0**	64.9	88	37.6	38.1	65.3	88	37.7	38.2	65.6	88	37.8	38.3	66.0	88	37.9	38.4	66.4	88	38.0	2
1	38.1	65.4	89	37.7	38.2	65.7	89	37.8	38.3	66.1	89	37.9	38.4	66.4	89	38.1	38.5	66.8	89	38.2	1
1	38.2	65.8	89	37.9	38.3	66.1	89	38.0	38.4	66.5	89	38.1	38.5	66.9	89	38.2	38.6	67.2	89	38.3	1
1	38.3	66.2	90	38.0	38.4	66.6	90	38.1	38.5	66.9	90	38.2	38.6	67.3	90	38.3	38.7	67.7	90	38.4	1
1	38.4	66.6	90	38.1	38.5	67.0	90	38.2	38.6	67.4	90	38.3	38.7	67.7	90	38.4	38.8	68.1	90	38.5	1
1	38.5	67.1	91	38.2	38.6	67.4	91	38.3	38.7	67.8	91	38.4	38.8	68.2	91	38.5	38.9	68.6	91	38.6	1
1	38.6	67.5	92	38.3	38.7	67.9	92	38.4	38.8	68.2	92	38.5	38.9	68.6	92	38.6	**39.0**	69.0	92	38.7	1
1	38.7	67.9	92	38.5	38.8	68.3	92	38.6	38.9	68.7	92	38.7	**39.0**	69.1	92	38.8	39.1	69.4	92	38.9	1
1	38.8	68.4	93	38.6	38.9	68.8	93	38.7	**39.0**	69.1	93	38.8	39.1	69.5	93	38.9	39.2	69.9	93	39.0	1
1	38.9	68.8	93	38.7	**39.0**	69.2	93	38.8	39.1	69.6	93	38.9	39.2	70.0	93	39.0	39.3	70.3	93	39.1	1
1	**39.0**	69.3	94	38.8	39.1	69.6	94	38.9	39.2	70.0	94	39.0	39.3	70.4	94	39.1	39.4	70.8	94	39.2	1
1	39.1	69.7	94	38.9	39.2	70.1	94	39.0	39.3	70.5	95	39.1	39.4	70.8	95	39.2	39.5	71.2	95	39.3	1
1	39.2	70.2	95	39.1	39.3	70.5	95	39.2	39.4	70.9	95	39.3	39.5	71.3	95	39.4	39.6	71.7	95	39.5	1
1	39.3	70.6	96	39.2	39.4	71.0	96	39.3	39.5	71.4	96	39.4	39.6	71.7	96	39.5	39.7	72.1	96	39.6	1
0	39.4	71.0	96	39.3	39.5	71.4	96	39.4	39.6	71.8	96	39.5	39.7	72.2	96	39.6	39.8	72.6	96	39.7	0
0	39.5	71.5	97	39.4	39.6	71.9	97	39.5	39.7	72.3	97	39.6	39.8	72.7	97	39.7	39.9	73.0	97	39.8	0
0	39.6	71.9	98	39.5	39.7	72.3	98	39.6	39.8	72.7	98	39.7	39.9	73.1	98	39.8	**40.0**	73.5	98	39.9	0
0	39.7	72.4	98	39.6	39.8	72.8	98	39.7	39.9	73.2	98	39.8	**40.0**	73.6	98	39.9	40.1	74.0	98	40.0	0
0	39.8	72.9	99	39.8	39.9	73.2	99	39.9	**40.0**	73.6	99	40.0	40.1	74.0	99	40.1	40.2	74.4	99	40.2	0
0	39.9	73.3	99	39.9	**40.0**	73.7	99	40.0	40.1	74.1	99	40.1	40.2	74.5	99	40.2	40.3	74.9	99	40.3	0
0	**40.0**	73.8	100	40.0	40.1	74.2	100	40.1	40.2	74.6	100	40.2	40.3	75.0	100	40.3	40.4	75.4	100	40.4	0
	40.5				**40.6**				**40.7**				**40.8**				**40.9**				
47																	15.4	0.5	1	-30.7	47
47									15.3	0.4	1	-31.7	15.4	0.5	1	-29.3	15.5	0.7	1	-27.3	47
47	15.2	0.4	1	-32.8	15.3	0.5	1	-30.2	15.4	0.6	1	-28.0	15.5	0.7	1	-26.2	15.6	0.8	1	-24.6	47
46	15.3	0.6	1	-28.9	15.4	0.7	1	-26.9	15.5	0.8	1	-25.2	15.6	0.9	1	-23.7	15.7	1.0	1	-22.4	46
46	15.4	0.7	1	-25.9	15.5	0.9	1	-24.3	15.6	1.0	1	-22.9	15.7	1.1	1	-21.7	15.8	1.2	2	-20.5	46
46	15.5	0.9	1	-23.5	15.6	1.0	1	-22.2	15.7	1.2	2	-21.0	15.8	1.3	2	-19.9	15.9	1.4	2	-18.9	46
45	15.6	1.1	1	-21.5	15.7	1.2	2	-20.3	15.8	1.3	2	-19.3	15.9	1.4	2	-18.3	**16.0**	1.6	2	-17.4	45
45	15.7	1.3	2	-19.7	15.8	1.4	2	-18.7	15.9	1.5	2	-17.8	**16.0**	1.6	2	-16.9	16.1	1.7	2	-16.1	45
45	15.8	1.5	2	-18.2	15.9	1.6	2	-17.3	**16.0**	1.7	2	-16.4	16.1	1.8	2	-15.6	16.2	1.9	2	-14.9	45
44	15.9	1.6	2	-16.8	**16.0**	1.8	2	-16.0	16.1	1.9	2	-15.2	16.2	2.0	3	-14.5	16.3	2.1	3	-13.8	44
44	**16.0**	1.8	2	-15.5	16.1	1.9	3	-14.8	16.2	2.1	3	-14.1	16.3	2.2	3	-13.4	16.4	2.3	3	-12.7	44
44	16.1	2.0	3	-14.4	16.2	2.1	3	-13.7	16.3	2.2	3	-13.0	16.4	2.4	3	-12.4	16.5	2.5	3	-11.8	44
43	16.2	2.2	3	-13.3	16.3	2.3	3	-12.7	16.4	2.4	3	-12.0	16.5	2.6	3	-11.4	16.6	2.7	3	-10.9	43
43	16.3	2.4	3	-12.3	16.4	2.5	3	-11.7	16.5	2.6	3	-11.1	16.6	2.7	4	-10.6	16.7	2.9	4	-10.0	43
43	16.4	2.6	3	-11.4	16.5	2.7	4	-10.8	16.6	2.8	4	-10.3	16.7	2.9	4	-9.7	16.8	3.0	4	-9.2	43
42	16.5	2.8	4	-10.5	16.6	2.9	4	-10.0	16.7	3.0	4	-9.4	16.8	3.1	4	-8.9	16.9	3.2	4	-8.4	42
42	16.6	2.9	4	-9.7	16.7	3.1	4	-9.2	16.8	3.2	4	-8.7	16.9	3.3	4	-8.2	**17.0**	3.4	4	-7.7	42
42	16.7	3.1	4	-8.9	16.8	3.2	4	-8.4	16.9	3.4	4	-7.9	**17.0**	3.5	5	-7.5	17.1	3.6	5	-7.0	42
41	16.8	3.3	4	-8.1	16.9	3.4	5	-7.7	**17.0**	3.6	5	-7.2	17.1	3.7	5	-6.8	17.2	3.8	5	-6.3	41
41	16.9	3.5	5	-7.4	**17.0**	3.6	5	-7.0	17.1	3.7	5	-6.5	17.2	3.9	5	-6.1	17.3	4.0	5	-5.7	41
41	**17.0**	3.7	5	-6.7	17.1	3.8	5	-6.3	17.2	3.9	5	-5.9	17.3	4.1	5	-5.5	17.4	4.2	5	-5.1	41
40	17.1	3.9	5	-6.1	17.2	4.0	5	-5.7	17.3	4.1	5	-5.3	17.4	4.3	6	-4.9	17.5	4.4	6	-4.5	40
40	17.2	4.1	5	-5.5	17.3	4.2	6	-5.1	17.4	4.3	6	-4.7	17.5	4.4	6	-4.3	17.6	4.6	6	-3.9	40
40	17.3	4.3	6	-4.9	17.4	4.4	6	-4.5	17.5	4.5	6	-4.1	17.6	4.6	6	-3.7	17.7	4.8	6	-3.4	40
39	17.4	4.5	6	-4.3	17.5	4.6	6	-3.9	17.6	4.7	6	-3.5	17.7	4.8	6	-3.2	17.8	5.0	6	-2.8	39
39	17.5	4.6	6	-3.7	17.6	4.8	6	-3.3	17.7	4.9	6	-3.0	17.8	5.0	7	-2.6	17.9	5.2	7	-2.3	39
39	17.6	4.8	6	-3.2	17.7	5.0	7	-2.8	17.8	5.1	7	-2.5	17.9	5.2	7	-2.1	**18.0**	5.4	7	-1.8	39
38	17.7	5.0	7	-2.6	17.8	5.2	7	-2.3	17.9	5.3	7	-2.0	**18.0**	5.4	7	-1.6	18.1	5.6	7	-1.3	38
38	17.8	5.2	7	-2.1	17.9	5.4	7	-1.8	**18.0**	5.5	7	-1.5	18.1	5.6	7	-1.1	18.2	5.7	7	-0.8	38
38	17.9	5.4	7	-1.6	**18.0**	5.6	7	-1.3	18.1	5.7	7	-1.0	18.2	5.8	8	-0.7	18.3	5.9	8	-0.4	38
38	**18.0**	5.6	7	-1.1	18.1	5.8	8	-0.8	18.2	5.9	8	-0.5	18.3	6.0	8	-0.2	18.4	6.1	8	0.1	38
37	18.1	5.8	8	-0.7	18.2	5.9	8	-0.4	18.3	6.1	8	-0.1	18.4	6.2	8	0.2	18.5	6.3	8	0.5	37
37	18.2	6.0	8	-0.2	18.3	6.1	8	0.1	18.4	6.3	8	0.4	18.5	6.4	8	0.7	18.6	6.5	8	1.0	37
37	18.3	6.2	8	0.2	18.4	6.3	8	0.5	18.5	6.5	8	0.8	18.6	6.6	9	1.1	18.7	6.7	9	1.4	37
36	18.4	6.4	8	0.7	18.5	6.5	9	1.0	18.6	6.7	9	1.2	18.7	6.8	9	1.5	18.8	6.9	9	1.8	36
36	18.5	6.6	9	1.1	18.6	6.7	9	1.4	18.7	6.9	9	1.7	18.8	7.0	9	1.9	18.9	7.2	9	2.2	36

n	t_W	e	U	t_d	t_W	e	U	t_d	t_W	e	U	t_d	t_W	e	U	t_d	t_W	e	U	t_d	n
	40.5				**40.6**				**40.7**				**40.8**				**40.9**				
36	18.6	6.8	9	1.5	18.7	6.9	9	1.8	18.8	7.1	9	2.1	18.9	7.2	9	2.3	**19.0**	7.4	10	2.6	36
35	18.7	7.0	9	1.9	18.8	7.1	9	2.2	18.9	7.3	10	2.5	**19.0**	7.4	10	2.7	19.1	7.6	10	3.0	35
35	18.8	7.2	10	2.3	18.9	7.4	10	2.6	**19.0**	7.5	10	2.8	19.1	7.6	10	3.1	19.2	7.8	10	3.3	35
35	18.9	7.4	10	2.7	**19.0**	7.6	10	3.0	19.1	7.7	10	3.2	19.2	7.8	10	3.5	19.3	8.0	10	3.7	35
35	**19.0**	7.6	10	3.1	19.1	7.8	10	3.3	19.2	7.9	10	3.6	19.3	8.0	10	3.8	19.4	8.2	11	4.1	35
34	19.1	7.8	10	3.5	19.2	8.0	10	3.7	19.3	8.1	11	4.0	19.4	8.2	11	4.2	19.5	8.4	11	4.4	34
34	19.2	8.0	11	3.8	19.3	8.2	11	4.1	19.4	8.3	11	4.3	19.5	8.4	11	4.6	19.6	8.6	11	4.8	34
34	19.3	8.2	11	4.2	19.4	8.4	11	4.4	19.5	8.5	11	4.7	19.6	8.7	11	4.9	19.7	8.8	11	5.1	34
33	19.4	8.4	11	4.5	19.5	8.6	11	4.8	19.6	8.7	11	5.0	19.7	8.9	12	5.2	19.8	9.0	12	5.5	33
33	19.5	8.6	11	4.9	19.6	8.8	12	5.1	19.7	8.9	12	5.3	19.8	9.1	12	5.6	19.9	9.2	12	5.8	33
33	19.6	8.9	12	5.2	19.7	9.0	12	5.5	19.8	9.1	12	5.7	19.9	9.3	12	5.9	**20.0**	9.4	12	6.1	33
33	19.7	9.1	12	5.6	19.8	9.2	12	5.8	19.9	9.4	12	6.0	**20.0**	9.5	12	6.2	20.1	9.6	12	6.5	33
32	19.8	9.3	12	5.9	19.9	9.4	12	6.1	**20.0**	9.6	12	6.3	20.1	9.7	13	6.6	20.2	9.9	13	6.8	32
32	19.9	9.5	13	6.2	**20.0**	9.6	13	6.4	20.1	9.8	13	6.7	20.2	9.9	13	6.9	20.3	10.1	13	7.1	32
32	**20.0**	9.7	13	6.5	20.1	9.8	13	6.8	20.2	10.0	13	7.0	20.3	10.1	13	7.2	20.4	10.3	13	7.4	32
31	20.1	9.9	13	6.8	20.2	10.1	13	7.1	20.3	10.2	13	7.3	20.4	10.3	13	7.5	20.5	10.5	14	7.7	31
31	20.2	10.1	13	7.2	20.3	10.3	13	7.4	20.4	10.4	14	7.6	20.5	10.6	14	7.8	20.6	10.7	14	8.0	31
31	20.3	10.3	14	7.5	20.4	10.5	14	7.7	20.5	10.6	14	7.9	20.6	10.8	14	8.1	20.7	10.9	14	8.3	31
31	20.4	10.5	14	7.8	20.5	10.7	14	8.0	20.6	10.8	14	8.2	20.7	11.0	14	8.4	20.8	11.1	14	8.6	31
30	20.5	10.8	14	8.1	20.6	10.9	14	8.3	20.7	11.1	14	8.5	20.8	11.2	15	8.7	20.9	11.4	15	8.9	30
30	20.6	11.0	14	8.4	20.7	11.1	15	8.6	20.8	11.3	15	8.8	20.9	11.4	15	8.9	**21.0**	11.6	15	9.1	30
30	20.7	11.2	15	8.6	20.8	11.3	15	8.8	20.9	11.5	15	9.0	**21.0**	11.7	15	9.2	21.1	11.8	15	9.4	30
30	20.8	11.4	15	8.9	20.9	11.6	15	9.1	**21.0**	11.7	15	9.3	21.1	11.9	15	9.5	21.2	12.0	16	9.7	30
29	20.9	11.6	15	9.2	**21.0**	11.8	15	9.4	21.1	11.9	16	9.6	21.2	12.1	16	9.8	21.3	12.2	16	10.0	29
29	**21.0**	11.9	16	9.5	21.1	12.0	16	9.7	21.2	12.2	16	9.9	21.3	12.3	16	10.1	21.4	12.5	16	10.2	29
29	21.1	12.1	16	9.8	21.2	12.2	16	9.9	21.3	12.4	16	10.1	21.4	12.5	16	10.3	21.5	12.7	16	10.5	29
29	21.2	12.3	16	10.0	21.3	12.4	16	10.2	21.4	12.6	16	10.4	21.5	12.8	17	10.6	21.6	12.9	17	10.8	29
28	21.3	12.5	17	10.3	21.4	12.7	17	10.5	21.5	12.8	17	10.7	21.6	13.0	17	10.8	21.7	13.1	17	11.0	28
28	21.4	12.7	17	10.6	21.5	12.9	17	10.7	21.6	13.1	17	10.9	21.7	13.2	17	11.1	21.8	13.4	17	11.3	28
28	21.5	13.0	17	10.8	21.6	13.1	17	11.0	21.7	13.3	17	11.2	21.8	13.4	17	11.4	21.9	13.6	18	11.5	28
27	21.6	13.2	17	11.1	21.7	13.3	18	11.3	21.8	13.5	18	11.4	21.9	13.7	18	11.6	**22.0**	13.8	18	11.8	27
27	21.7	13.4	18	11.3	21.8	13.6	18	11.5	21.9	13.7	18	11.7	**22.0**	13.9	18	11.9	22.1	14.0	18	12.0	27
27	21.8	13.6	18	11.6	21.9	13.8	18	11.8	**22.0**	14.0	18	11.9	22.1	14.1	18	12.1	22.2	14.3	18	12.3	27
27	21.9	13.9	18	11.8	**22.0**	14.0	18	12.0	22.1	14.2	19	12.2	22.2	14.3	19	12.4	22.3	14.5	19	12.5	27
26	**22.0**	14.1	19	12.1	22.1	14.3	19	12.3	22.2	14.4	19	12.4	22.3	14.6	19	12.6	22.4	14.7	19	12.8	26
26	22.1	14.3	19	12.3	22.2	14.5	19	12.5	22.3	14.6	19	12.7	22.4	14.8	19	12.8	22.5	15.0	19	13.0	26
26	22.2	14.5	19	12.6	22.3	14.7	19	12.7	22.4	14.9	19	12.9	22.5	15.0	20	13.1	22.6	15.2	20	13.2	26
26	22.3	14.8	20	12.8	22.4	14.9	20	13.0	22.5	15.1	20	13.1	22.6	15.3	20	13.3	22.7	15.4	20	13.5	26
26	22.4	15.0	20	13.0	22.5	15.2	20	13.2	22.6	15.3	20	13.4	22.7	15.5	20	13.5	22.8	15.7	20	13.7	26
25	22.5	15.2	20	13.3	22.6	15.4	20	13.4	22.7	15.6	20	13.6	22.8	15.7	20	13.8	22.9	15.9	21	13.9	25
25	22.6	15.5	20	13.5	22.7	15.6	21	13.7	22.8	15.8	21	13.8	22.9	16.0	21	14.0	**23.0**	16.1	21	14.2	25
25	22.7	15.7	21	13.7	22.8	15.9	21	13.9	22.9	16.0	21	14.1	**23.0**	16.2	21	14.2	23.1	16.4	21	14.4	25
25	22.8	15.9	21	14.0	22.9	16.1	21	14.1	**23.0**	16.3	21	14.3	23.1	16.4	21	14.5	23.2	16.6	21	14.6	25
24	22.9	16.2	21	14.2	**23.0**	16.3	21	14.4	23.1	16.5	22	14.5	23.2	16.7	22	14.7	23.3	16.9	22	14.8	24
24	**23.0**	16.4	22	14.4	23.1	16.6	22	14.6	23.2	16.8	22	14.7	23.3	16.9	22	14.9	23.4	17.1	22	15.1	24
24	23.1	16.6	22	14.6	23.2	16.8	22	14.8	23.3	17.0	22	15.0	23.4	17.2	22	15.1	23.5	17.3	22	15.3	24
24	23.2	16.9	22	14.9	23.3	17.1	22	15.0	23.4	17.2	23	15.2	23.5	17.4	23	15.3	23.6	17.6	23	15.5	24
23	23.3	17.1	23	15.1	23.4	17.3	23	15.2	23.5	17.5	23	15.4	23.6	17.6	23	15.5	23.7	17.8	23	15.7	23
23	23.4	17.4	23	15.3	23.5	17.5	23	15.4	23.6	17.7	23	15.6	23.7	17.9	23	15.8	23.8	18.1	23	15.9	23
23	23.5	17.6	23	15.5	23.6	17.8	23	15.7	23.7	18.0	23	15.8	23.8	18.1	24	16.0	23.9	18.3	24	16.1	23
23	23.6	17.8	24	15.7	23.7	18.0	24	15.9	23.8	18.2	24	16.0	23.9	18.4	24	16.2	**24.0**	18.6	24	16.3	23
23	23.7	18.1	24	15.9	23.8	18.3	24	16.1	23.9	18.4	24	16.2	**24.0**	18.6	24	16.4	24.1	18.8	24	16.5	23
22	23.8	18.3	24	16.1	23.9	18.5	24	16.3	**24.0**	18.7	24	16.4	24.1	18.9	25	16.6	24.2	19.1	25	16.7	22
22	23.9	18.6	25	16.3	**24.0**	18.8	25	16.5	24.1	18.9	25	16.6	24.2	19.1	25	16.8	24.3	19.3	25	16.9	22
22	**24.0**	18.8	25	16.6	24.1	19.0	25	16.7	24.2	19.2	25	16.9	24.3	19.4	25	17.0	24.4	19.5	25	17.1	22
22	24.1	19.1	25	16.8	24.2	19.3	25	16.9	24.3	19.4	25	17.1	24.4	19.6	25	17.2	24.5	19.8	26	17.3	22
21	24.2	19.3	25	17.0	24.3	19.5	26	17.1	24.4	19.7	26	17.3	24.5	19.9	26	17.4	24.6	20.0	26	17.5	21
21	24.3	19.6	26	17.2	24.4	19.7	26	17.3	24.5	19.9	26	17.5	24.6	20.1	26	17.6	24.7	20.3	26	17.7	21
21	24.4	19.8	26	17.4	24.5	20.0	26	17.5	24.6	20.2	26	17.7	24.7	20.4	26	17.8	24.8	20.6	27	17.9	21
21	24.5	20.1	26	17.6	24.6	20.2	27	17.7	24.7	20.4	27	17.9	24.8	20.6	27	18.0	24.9	20.8	27	18.1	21
21	24.6	20.3	27	17.8	24.7	20.5	27	17.9	24.8	20.7	27	18.0	24.9	20.9	27	18.2	**25.0**	21.1	27	18.3	21
20	24.7	20.6	27	18.0	24.8	20.8	27	18.1	24.9	20.9	27	18.2	**25.0**	21.1	27	18.4	25.1	21.3	28	18.5	20
20	24.8	20.8	27	18.1	24.9	21.0	28	18.3	**25.0**	21.2	28	18.4	25.1	21.4	28	18.6	25.2	21.6	28	18.7	20
20	24.9	21.1	28	18.3	**25.0**	21.3	28	18.5	25.1	21.5	28	18.6	25.2	21.6	28	18.8	25.3	21.8	28	18.9	20
20	**25.0**	21.3	28	18.5	25.1	21.5	28	18.7	25.2	21.7	28	18.8	25.3	21.9	28	19.0	25.4	22.1	29	19.1	20
20	25.1	21.6	28	18.7	25.2	21.8	29	18.9	25.3	22.0	29	19.0	25.4	22.2	29	19.1	25.5	22.4	29	19.3	20
19	25.2	21.8	29	18.9	25.3	22.0	29	19.1	25.4	22.2	29	19.2	25.5	22.4	29	19.3	25.6	22.6	29	19.5	19
19	25.3	22.1	29	19.1	25.4	22.3	29	19.2	25.5	22.5	29	19.4	25.6	22.7	29	19.5	25.7	22.9	30	19.7	19
19	25.4	22.4	30	19.3	25.5	22.6	30	19.4	25.6	22.7	30	19.6	25.7	22.9	30	19.7	25.8	23.1	30	19.8	19
19	25.5	22.6	30	19.5	25.6	22.8	30	19.6	25.7	23.0	30	19.7	25.8	23.2	30	19.9	25.9	23.4	30	20.0	19
19	25.6	22.9	30	19.7	25.7	23.1	30	19.8	25.8	23.3	30	19.9	25.9	23.5	30	20.1	**26.0**	23.7	31	20.2	19
18	25.7	23.1	31	19.8	25.8	23.3	31	20.0	25.9	23.5	31	20.1	**26.0**	23.7	31	20.2	26.1	23.9	31	20.4	18
18	25.8	23.4	31	20.0	25.9	23.6	31	20.2	**26.0**	23.8	31	20.3	26.1	24.0	31	20.4	26.2	24.2	31	20.6	18

n	t_W	e	U	t_d	t_W	e	U	t_d	t_W	e	U	t_d	t_W	e	U	t_d	t_W	e	U	t_d	n
	40.5				**40.6**				**40.7**				**40.8**				**40.9**				
18	25.9	23.7	31	20.2	**26.0**	23.9	31	20.3	26.1	24.1	31	20.5	26.2	24.3	32	20.6	26.3	24.5	32	20.7	18
18	**26.0**	23.9	32	20.4	26.1	24.1	32	20.5	26.2	24.3	32	20.7	26.3	24.5	32	20.8	26.4	24.7	32	20.9	18
18	26.1	24.2	32	20.6	26.2	24.4	32	20.7	26.3	24.6	32	20.8	26.4	24.8	32	21.0	26.5	25.0	32	21.1	18
17	26.2	24.5	32	20.7	26.3	24.7	32	20.9	26.4	24.9	32	21.0	26.5	25.1	33	21.1	26.6	25.3	33	21.3	17
17	26.3	24.7	33	20.9	26.4	24.9	33	21.1	26.5	25.1	33	21.2	26.6	25.3	33	21.3	26.7	25.6	33	21.4	17
17	26.4	25.0	33	21.1	26.5	25.2	33	21.2	26.6	25.4	33	21.4	26.7	25.6	33	21.5	26.8	25.8	33	21.6	17
17	26.5	25.3	33	21.3	26.6	25.5	33	21.4	26.7	25.7	34	21.5	26.8	25.9	34	21.7	26.9	26.1	34	21.8	17
17	26.6	25.5	34	21.4	26.7	25.8	34	21.6	26.8	26.0	34	21.7	26.9	26.2	34	21.8	**27.0**	26.4	34	22.0	17
16	26.7	25.8	34	21.6	26.8	26.0	34	21.7	26.9	26.2	34	21.9	**27.0**	26.4	34	22.0	27.1	26.7	34	22.1	16
16	26.8	26.1	34	21.8	26.9	26.3	35	21.9	**27.0**	26.5	35	22.0	27.1	26.7	35	22.2	27.2	26.9	35	22.3	16
16	26.9	26.4	35	22.0	**27.0**	26.6	35	22.1	27.1	26.8	35	22.2	27.2	27.0	35	22.3	27.3	27.2	35	22.5	16
16	**27.0**	26.6	35	22.1	27.1	26.9	35	22.3	27.2	27.1	35	22.4	27.3	27.3	35	22.5	27.4	27.5	36	22.6	16
16	27.1	26.9	36	22.3	27.2	27.1	36	22.4	27.3	27.3	36	22.6	27.4	27.6	36	22.7	27.5	27.8	36	22.8	16
16	27.2	27.2	36	22.5	27.3	27.4	36	22.6	27.4	27.6	36	22.7	27.5	27.8	36	22.9	27.6	28.0	36	23.0	16
15	27.3	27.5	36	22.6	27.4	27.7	36	22.8	27.5	27.9	36	22.9	27.6	28.1	37	23.0	27.7	28.3	37	23.1	15
15	27.4	27.8	37	22.8	27.5	28.0	37	22.9	27.6	28.2	37	23.1	27.7	28.4	37	23.2	27.8	28.6	37	23.3	15
15	27.5	28.0	37	23.0	27.6	28.3	37	23.1	27.7	28.5	37	23.2	27.8	28.7	37	23.3	27.9	28.9	37	23.5	15
15	27.6	28.3	37	23.1	27.7	28.5	37	23.3	27.8	28.8	38	23.4	27.9	29.0	38	23.5	**28.0**	29.2	38	23.6	15
15	27.7	28.6	38	23.3	27.8	28.8	38	23.4	27.9	29.0	38	23.6	**28.0**	29.3	38	23.7	28.1	29.5	38	23.8	15
14	27.8	28.9	38	23.5	27.9	29.1	38	23.6	**28.0**	29.3	38	23.7	28.1	29.5	38	23.8	28.2	29.8	38	24.0	14
14	27.9	29.2	39	23.6	**28.0**	29.4	39	23.8	28.1	29.6	39	23.9	28.2	29.8	39	24.0	28.3	30.1	39	24.1	14
14	**28.0**	29.5	39	23.8	28.1	29.7	39	23.9	28.2	29.9	39	24.0	28.3	30.1	39	24.2	28.4	30.3	39	24.3	14
14	28.1	29.7	39	24.0	28.2	30.0	39	24.1	28.3	30.2	39	24.2	28.4	30.4	40	24.3	28.5	30.6	40	24.4	14
14	28.2	30.0	40	24.1	28.3	30.3	40	24.2	28.4	30.5	40	24.4	28.5	30.7	40	24.5	28.6	30.9	40	24.6	14
14	28.3	30.3	40	24.3	28.4	30.5	40	24.4	28.5	30.8	40	24.5	28.6	31.0	40	24.6	28.7	31.2	40	24.8	14
13	28.4	30.6	40	24.4	28.5	30.8	40	24.6	28.6	31.1	41	24.7	28.7	31.3	41	24.8	28.8	31.5	41	24.9	13
13	28.5	30.9	41	24.6	28.6	31.1	41	24.7	28.7	31.4	41	24.8	28.8	31.6	41	25.0	28.9	31.8	41	25.1	13
13	28.6	31.2	41	24.7	28.7	31.4	41	24.9	28.8	31.7	41	25.0	28.9	31.9	41	25.1	**29.0**	32.1	41	25.2	13
13	28.7	31.5	42	24.9	28.8	31.7	42	25.0	28.9	32.0	42	25.1	**29.0**	32.2	42	25.3	29.1	32.4	42	25.4	13
13	28.8	31.8	42	25.1	28.9	32.0	42	25.2	**29.0**	32.2	42	25.3	29.1	32.5	42	25.4	29.2	32.7	42	25.5	13
13	28.9	32.1	42	25.2	**29.0**	32.3	42	25.3	29.1	32.5	43	25.5	29.2	32.8	43	25.6	29.3	33.0	43	25.7	13
12	**29.0**	32.4	43	25.4	29.1	32.6	43	25.5	29.2	32.8	43	25.6	29.3	33.1	43	25.7	29.4	33.3	43	25.9	12
12	29.1	32.7	43	25.5	29.2	32.9	43	25.6	29.3	33.1	43	25.8	29.4	33.4	43	25.9	29.5	33.6	43	26.0	12
12	29.2	33.0	44	25.7	29.3	33.2	44	25.8	29.4	33.5	44	25.9	29.5	33.7	44	26.0	29.6	33.9	44	26.2	12
12	29.3	33.3	44	25.8	29.4	33.5	44	26.0	29.5	33.8	44	26.1	29.6	34.0	44	26.2	29.7	34.2	44	26.3	12
12	29.4	33.6	44	26.0	29.5	33.8	44	26.1	29.6	34.1	44	26.2	29.7	34.3	45	26.3	29.8	34.5	45	26.5	12
12	29.5	33.9	45	26.1	29.6	34.1	45	26.3	29.7	34.4	45	26.4	29.8	34.6	45	26.5	29.9	34.8	45	26.6	12
12	29.6	34.2	45	26.3	29.7	34.4	45	26.4	29.8	34.7	45	26.5	29.9	34.9	45	26.6	**30.0**	35.2	45	26.8	12
11	29.7	34.5	46	26.4	29.8	34.7	46	26.6	29.9	35.0	46	26.7	**30.0**	35.2	46	26.8	30.1	35.5	46	26.9	11
11	29.8	34.8	46	26.6	29.9	35.0	46	26.7	**30.0**	35.3	46	26.8	30.1	35.5	46	26.9	30.2	35.8	46	27.1	11
11	29.9	35.1	46	26.7	**30.0**	35.4	46	26.9	30.1	35.6	46	27.0	30.2	35.8	47	27.1	30.3	36.1	47	27.2	11
11	**30.0**	35.4	47	26.9	30.1	35.7	47	27.0	30.2	35.9	47	27.1	30.3	36.2	47	27.2	30.4	36.4	47	27.4	11
11	30.1	35.7	47	27.0	30.2	36.0	47	27.2	30.3	36.2	47	27.3	30.4	36.5	47	27.4	30.5	36.7	47	27.5	11
11	30.2	36.0	48	27.2	30.3	36.3	48	27.3	30.4	36.5	48	27.4	30.5	36.8	48	27.5	30.6	37.0	48	27.7	11
11	30.3	36.4	48	27.3	30.4	36.6	48	27.5	30.5	36.9	48	27.6	30.6	37.1	48	27.7	30.7	37.4	48	27.8	11
10	30.4	36.7	48	27.5	30.5	36.9	48	27.6	30.6	37.2	49	27.7	30.7	37.4	49	27.8	30.8	37.7	49	27.9	10
10	30.5	37.0	49	27.6	30.6	37.2	49	27.7	30.7	37.5	49	27.9	30.8	37.7	49	28.0	30.9	38.0	49	28.1	10
10	30.6	37.3	49	27.8	30.7	37.6	49	27.9	30.8	37.8	49	28.0	30.9	38.1	49	28.1	**31.0**	38.3	50	28.2	10
10	30.7	37.6	50	27.9	30.8	37.9	50	28.0	30.9	38.1	50	28.2	**31.0**	38.4	50	28.3	31.1	38.6	50	28.4	10
10	30.8	37.9	50	28.1	30.9	38.2	50	28.2	**31.0**	38.5	50	28.3	31.1	38.7	50	28.4	31.2	39.0	50	28.5	10
10	30.9	38.3	51	28.2	**31.0**	38.5	51	28.3	31.1	38.8	51	28.4	31.2	39.0	51	28.6	31.3	39.3	51	28.7	10
10	**31.0**	38.6	51	28.4	31.1	38.8	51	28.5	31.2	39.1	51	28.6	31.3	39.4	51	28.7	31.4	39.6	51	28.8	10
9	31.1	38.9	51	28.5	31.2	39.2	51	28.6	31.3	39.4	51	28.7	31.4	39.7	52	28.8	31.5	40.0	52	29.0	9
9	31.2	39.2	52	28.6	31.3	39.5	52	28.8	31.4	39.8	52	28.9	31.5	40.0	52	29.0	31.6	40.3	52	29.1	9
9	31.3	39.6	52	28.8	31.4	39.8	52	28.9	31.5	40.1	52	29.0	31.6	40.3	52	29.1	31.7	40.6	52	29.2	9
9	31.4	39.9	53	28.9	31.5	40.2	53	29.0	31.6	40.4	53	29.2	31.7	40.7	53	29.3	31.8	40.9	53	29.4	9
9	31.5	40.2	53	29.1	31.6	40.5	53	29.2	31.7	40.7	53	29.3	31.8	41.0	53	29.4	31.9	41.3	53	29.5	9
9	31.6	40.5	54	29.2	31.7	40.8	54	29.3	31.8	41.1	54	29.4	31.9	41.3	54	29.5	**32.0**	41.6	54	29.7	9
9	31.7	40.9	54	29.4	31.8	41.1	54	29.5	31.9	41.4	54	29.6	**32.0**	41.7	54	29.7	32.1	41.9	54	29.8	9
8	31.8	41.2	54	29.5	31.9	41.5	54	29.6	**32.0**	41.7	55	29.7	32.1	42.0	55	29.8	32.2	42.3	55	29.9	8
8	31.9	41.5	55	29.6	**32.0**	41.8	55	29.7	32.1	42.1	55	29.9	32.2	42.4	55	30.0	32.3	42.6	55	30.1	8
8	**32.0**	41.9	55	29.8	32.1	42.1	55	29.9	32.2	42.4	55	30.0	32.3	42.7	55	30.1	32.4	43.0	56	30.2	8
8	32.1	42.2	56	29.9	32.2	42.5	56	30.0	32.3	42.8	56	30.1	32.4	43.0	56	30.2	32.5	43.3	56	30.4	8
8	32.2	42.6	56	30.1	32.3	42.8	56	30.2	32.4	43.1	56	30.3	32.5	43.4	56	30.4	32.6	43.6	56	30.5	8
8	32.3	42.9	57	30.2	32.4	43.2	57	30.3	32.5	43.4	57	30.4	32.6	43.7	57	30.5	32.7	44.0	57	30.6	8
8	32.4	43.2	57	30.3	32.5	43.5	57	30.4	32.6	43.8	57	30.5	32.7	44.1	57	30.7	32.8	44.3	57	30.8	8
8	32.5	43.6	58	30.5	32.6	43.8	58	30.6	32.7	44.1	58	30.7	32.8	44.4	58	30.8	32.9	44.7	58	30.9	8
7	32.6	43.9	58	30.6	32.7	44.2	58	30.7	32.8	44.5	58	30.8	32.9	44.8	58	30.9	**33.0**	45.0	58	31.0	7
7	32.7	44.3	58	30.7	32.8	44.5	58	30.8	32.9	44.8	59	31.0	**33.0**	45.1	59	31.1	33.1	45.4	59	31.2	7
7	32.8	44.6	59	30.9	32.9	44.9	59	31.0	**33.0**	45.2	59	31.1	33.1	45.5	59	31.2	33.2	45.7	59	31.3	7
7	32.9	45.0	59	31.0	**33.0**	45.2	59	31.1	33.1	45.5	59	31.2	33.2	45.8	59	31.3	33.3	46.1	60	31.4	7
7	**33.0**	45.3	60	31.1	33.1	45.6	60	31.3	33.2	45.9	60	31.4	33.3	46.2	60	31.5	33.4	46.4	60	31.6	7
7	33.1	45.7	60	31.3	33.2	45.9	60	31.4	33.3	46.2	60	31.5	33.4	46.5	60	31.6	33.5	46.8	60	31.7	7

n	t_W	e	U	t_d	t_W	e	U	t_d	t_W	e	U	t_d	t_W	e	U	t_d	t_W	e	U	t_d	n
	40.5				**40.6**				**40.7**				**40.8**				**40.9**				
7	33.2	46.0	61	31.4	33.3	46.3	61	31.5	33.4	46.6	61	31.6	33.5	46.9	61	31.7	33.6	47.2	61	31.9	7
7	33.3	46.4	61	31.6	33.4	46.6	61	31.7	33.5	46.9	61	31.8	33.6	47.2	61	31.9	33.7	47.5	61	32.0	7
6	33.4	46.7	62	31.7	33.5	47.0	62	31.8	33.6	47.3	62	31.9	33.7	47.6	62	32.0	33.8	47.9	62	32.1	6
6	33.5	47.1	62	31.8	33.6	47.4	62	31.9	33.7	47.6	62	32.0	33.8	47.9	62	32.1	33.9	48.2	62	32.3	6
6	33.6	47.4	63	32.0	33.7	47.7	63	32.1	33.8	48.0	63	32.2	33.9	48.3	63	32.3	**34.0**	48.6	63	32.4	6
6	33.7	47.8	63	32.1	33.8	48.1	63	32.2	33.9	48.4	63	32.3	**34.0**	48.7	63	32.4	34.1	49.0	63	32.5	6
6	33.8	48.1	64	32.2	33.9	48.4	64	32.3	**34.0**	48.7	64	32.4	34.1	49.0	64	32.5	34.2	49.3	64	32.6	6
6	33.9	48.5	64	32.4	**34.0**	48.8	64	32.5	34.1	49.1	64	32.6	34.2	49.4	64	32.7	34.3	49.7	64	32.8	6
6	**34.0**	48.9	64	32.5	34.1	49.2	65	32.6	34.2	49.5	65	32.7	34.3	49.8	65	32.8	34.4	50.1	65	32.9	6
6	34.1	49.2	65	32.6	34.2	49.5	65	32.7	34.3	49.8	65	32.8	34.4	50.1	65	32.9	34.5	50.4	65	33.0	6
6	34.2	49.6	65	32.7	34.3	49.9	66	32.9	34.4	50.2	66	33.0	34.5	50.5	66	33.1	34.6	50.8	66	33.2	6
5	34.3	50.0	66	32.9	34.4	50.3	66	33.0	34.5	50.6	66	33.1	34.6	50.9	66	33.2	34.7	51.2	66	33.3	5
5	34.4	50.3	66	33.0	34.5	50.6	66	33.1	34.6	50.9	67	33.2	34.7	51.2	67	33.3	34.8	51.5	67	33.4	5
5	34.5	50.7	67	33.1	34.6	51.0	67	33.2	34.7	51.3	67	33.4	34.8	51.6	67	33.5	34.9	51.9	67	33.6	5
5	34.6	51.1	67	33.3	34.7	51.4	67	33.4	34.8	51.7	67	33.5	34.9	52.0	68	33.6	**35.0**	52.3	68	33.7	5
5	34.7	51.4	68	33.4	34.8	51.7	68	33.5	34.9	52.1	68	33.6	**35.0**	52.4	68	33.7	35.1	52.7	68	33.8	5
5	34.8	51.8	68	33.5	34.9	52.1	68	33.6	**35.0**	52.4	68	33.7	35.1	52.7	69	33.8	35.2	53.1	69	34.0	5
5	34.9	52.2	69	33.7	**35.0**	52.5	69	33.8	35.1	52.8	69	33.9	35.2	53.1	69	34.0	35.3	53.4	69	34.1	5
5	**35.0**	52.6	69	33.8	35.1	52.9	69	33.9	35.2	53.2	69	34.0	35.3	53.5	70	34.1	35.4	53.8	70	34.2	5
5	35.1	52.9	70	33.9	35.2	53.3	70	34.0	35.3	53.6	70	34.1	35.4	53.9	70	34.2	35.5	54.2	70	34.3	5
4	35.2	53.3	70	34.0	35.3	53.6	70	34.1	35.4	54.0	70	34.3	35.5	54.3	71	34.4	35.6	54.6	71	34.5	4
4	35.3	53.7	71	34.2	35.4	54.0	71	34.3	35.5	54.3	71	34.4	35.6	54.7	71	34.5	35.7	55.0	71	34.6	4
4	35.4	54.1	71	34.3	35.5	54.4	71	34.4	35.6	54.7	71	34.5	35.7	55.0	72	34.6	35.8	55.4	72	34.7	4
4	35.5	54.5	72	34.4	35.6	54.8	72	34.5	35.7	55.1	72	34.6	35.8	55.4	72	34.7	35.9	55.8	72	34.8	4
4	35.6	54.9	72	34.6	35.7	55.2	72	34.7	35.8	55.5	72	34.8	35.9	55.8	73	34.9	**36.0**	56.1	73	35.0	4
4	35.7	55.2	73	34.7	35.8	55.6	73	34.8	35.9	55.9	73	34.9	**36.0**	56.2	73	35.0	36.1	56.5	73	35.1	4
4	35.8	55.6	73	34.8	35.9	56.0	73	34.9	**36.0**	56.3	74	35.0	36.1	56.6	74	35.1	36.2	56.9	74	35.2	4
4	35.9	56.0	74	34.9	**36.0**	56.4	74	35.0	36.1	56.7	74	35.1	36.2	57.0	74	35.2	36.3	57.3	74	35.4	4
4	**36.0**	56.4	74	35.1	36.1	56.7	75	35.2	36.2	57.1	75	35.3	36.3	57.4	75	35.4	36.4	57.7	75	35.5	4
4	36.1	56.8	75	35.2	36.2	57.1	75	35.3	36.3	57.5	75	35.4	36.4	57.8	75	35.5	36.5	58.1	75	35.6	4
3	36.2	57.2	76	35.3	36.3	57.5	76	35.4	36.4	57.9	76	35.5	36.5	58.2	76	35.6	36.6	58.5	76	35.7	3
3	36.3	57.6	76	35.4	36.4	57.9	76	35.5	36.5	58.3	76	35.6	36.6	58.6	76	35.7	36.7	58.9	76	35.9	3
3	36.4	58.0	77	35.6	36.5	58.3	77	35.7	36.6	58.7	77	35.8	36.7	59.0	77	35.9	36.8	59.3	77	36.0	3
3	36.5	58.4	77	35.7	36.6	58.7	77	35.8	36.7	59.1	77	35.9	36.8	59.4	77	36.0	36.9	59.7	77	36.1	3
3	36.6	58.8	78	35.8	36.7	59.1	78	35.9	36.8	59.5	78	36.0	36.9	59.8	78	36.1	**37.0**	60.2	78	36.2	3
3	36.7	59.2	78	35.9	36.8	59.5	78	36.0	36.9	59.9	78	36.1	**37.0**	60.2	78	36.2	37.1	60.6	78	36.3	3
3	36.8	59.6	79	36.1	36.9	59.9	79	36.2	**37.0**	60.3	79	36.3	37.1	60.6	79	36.4	37.2	61.0	79	36.5	3
3	36.9	60.0	79	36.2	**37.0**	60.4	79	36.3	37.1	60.7	79	36.4	37.2	61.0	79	36.5	37.3	61.4	79	36.6	3
3	**37.0**	60.4	80	36.3	37.1	60.8	80	36.4	37.2	61.1	80	36.5	37.3	61.5	80	36.6	37.4	61.8	80	36.7	3
3	37.1	60.8	80	36.4	37.2	61.2	80	36.5	37.3	61.5	80	36.6	37.4	61.9	80	36.7	37.5	62.2	80	36.8	3
3	37.2	61.2	81	36.6	37.3	61.6	81	36.7	37.4	61.9	81	36.8	37.5	62.3	81	36.9	37.6	62.6	81	37.0	3
2	37.3	61.7	81	36.7	37.4	62.0	81	36.8	37.5	62.4	81	36.9	37.6	62.7	81	37.0	37.7	63.1	81	37.1	2
2	37.4	62.1	82	36.8	37.5	62.4	82	36.9	37.6	62.8	82	37.0	37.7	63.1	82	37.1	37.8	63.5	82	37.2	2
2	37.5	62.5	82	36.9	37.6	62.8	83	37.0	37.7	63.2	83	37.1	37.8	63.5	83	37.2	37.9	63.9	83	37.3	2
2	37.6	62.9	83	37.0	37.7	63.3	83	37.1	37.8	63.6	83	37.2	37.9	64.0	83	37.4	**38.0**	64.3	83	37.5	2
2	37.7	63.3	84	37.2	37.8	63.7	84	37.3	37.9	64.0	84	37.4	**38.0**	64.4	84	37.5	38.1	64.8	84	37.6	2
2	37.8	63.7	84	37.3	37.9	64.1	84	37.4	**38.0**	64.5	84	37.5	38.1	64.8	84	37.6	38.2	65.2	84	37.7	2
2	37.9	64.2	85	37.4	**38.0**	64.5	85	37.5	38.1	64.9	85	37.6	38.2	65.2	85	37.7	38.3	65.6	85	37.8	2
2	**38.0**	64.6	85	37.5	38.1	65.0	85	37.6	38.2	65.3	85	37.7	38.3	65.7	85	37.8	38.4	66.0	85	37.9	2
2	38.1	65.0	86	37.7	38.2	65.4	86	37.8	38.3	65.7	86	37.9	38.4	66.1	86	38.0	38.5	66.5	86	38.1	2
2	38.2	65.4	86	37.8	38.3	65.8	86	37.9	38.4	66.2	86	38.0	38.5	66.5	86	38.1	38.6	66.9	86	38.2	2
2	38.3	65.9	87	37.9	38.4	66.2	87	38.0	38.5	66.6	87	38.1	38.6	67.0	87	38.2	38.7	67.3	87	38.3	2
2	38.4	66.3	88	38.0	38.5	66.7	88	38.1	38.6	67.0	88	38.2	38.7	67.4	88	38.3	38.8	67.8	88	38.4	2
1	38.5	66.7	88	38.1	38.6	67.1	88	38.2	38.7	67.5	88	38.3	38.8	67.8	88	38.4	38.9	68.2	88	38.5	1
1	38.6	67.2	89	38.3	38.7	67.5	89	38.4	38.8	67.9	89	38.5	38.9	68.3	89	38.6	**39.0**	68.7	89	38.7	1
1	38.7	67.6	89	38.4	38.8	68.0	89	38.5	38.9	68.4	89	38.6	**39.0**	68.7	89	38.7	39.1	69.1	89	38.8	1
1	38.8	68.0	90	38.5	38.9	68.4	90	38.6	**39.0**	68.8	90	38.7	39.1	69.2	90	38.8	39.2	69.6	90	38.9	1
1	38.9	68.5	90	38.6	**39.0**	68.9	90	38.7	39.1	69.2	90	38.8	39.2	69.6	90	38.9	39.3	70.0	90	39.0	1
1	**39.0**	68.9	91	38.7	39.1	69.3	91	38.8	39.2	69.7	91	38.9	39.3	70.1	91	39.0	39.4	70.4	91	39.1	1
1	39.1	69.4	92	38.9	39.2	69.8	92	39.0	39.3	70.1	92	39.1	39.4	70.5	92	39.2	39.5	70.9	92	39.3	1
1	39.2	69.8	92	39.0	39.3	70.2	92	39.1	39.4	70.6	92	39.2	39.5	71.0	92	39.3	39.6	71.3	92	39.4	1
1	39.3	70.3	93	39.1	39.4	70.6	93	39.2	39.5	71.0	93	39.3	39.6	71.4	93	39.4	39.7	71.8	93	39.5	1
1	39.4	70.7	93	39.2	39.5	71.1	93	39.3	39.6	71.5	93	39.4	39.7	71.9	93	39.5	39.8	72.3	93	39.6	1
1	39.5	71.2	94	39.3	39.6	71.5	94	39.4	39.7	71.9	94	39.5	39.8	72.3	94	39.6	39.9	72.7	94	39.7	1
1	39.6	71.6	95	39.4	39.7	72.0	95	39.5	39.8	72.4	95	39.6	39.9	72.8	95	39.7	**40.0**	73.2	95	39.8	1
1	39.7	72.1	95	39.6	39.8	72.5	95	39.7	39.9	72.8	95	39.8	**40.0**	73.2	95	39.9	40.1	73.6	95	40.0	1
0	39.8	72.5	96	39.7	39.9	72.9	96	39.8	**40.0**	73.3	96	39.9	40.1	73.7	96	40.0	40.2	74.1	96	40.1	0
0	39.9	73.0	96	39.8	**40.0**	73.4	96	39.9	40.1	73.8	96	40.0	40.2	74.2	96	40.1	40.3	74.6	96	40.2	0
0	**40.0**	73.4	97	39.9	40.1	73.8	97	40.0	40.2	74.2	97	40.1	40.3	74.6	97	40.2	40.4	75.0	97	40.3	0
0	40.1	73.9	98	40.0	40.2	74.3	98	40.1	40.3	74.7	98	40.2	40.4	75.1	98	40.3	40.5	75.5	98	40.4	0
0	40.2	74.4	98	40.1	40.3	74.8	98	40.2	40.4	75.2	98	40.3	40.5	75.6	98	40.5	40.6	76.0	98	40.6	0
0	40.3	74.8	99	40.3	40.4	75.2	99	40.4	40.5	75.6	99	40.5	40.6	76.0	99	40.6	40.7	76.4	99	40.7	0
0	40.4	75.3	99	40.4	40.5	75.7	99	40.5	40.6	76.1	99	40.6	40.7	76.5	99	40.7	40.8	76.9	99	40.8	0

n	t_W	e	U	t_d	t_W	e	U	t_d	t_W	e	U	t_d	t_W	e	U	t_d	t_W	e	U	t_d	n
	40.5				**40.6**				**40.7**				**40.8**				**40.9**				
0	40.5	75.8	100	40.5	40.6	76.2	100	40.6	40.7	76.6	100	40.7	40.8	77.0	100	40.8	40.9	77.4	100	40.9	0
	41.0				**41.1**				**41.2**				**41.3**				**41.4**				
48																	15.6	0.5	1	-30.1	48
47									15.5	0.5	1	-31.1	15.6	0.6	1	-28.8	15.7	0.7	1	-26.8	47
47	15.4	0.4	1	-32.2	15.5	0.5	1	-29.7	15.6	0.6	1	-27.6	15.7	0.8	1	-25.8	15.8	0.9	1	-24.2	47
47	15.5	0.6	1	-28.4	15.6	0.7	1	-26.5	15.7	0.8	1	-24.9	15.8	0.9	1	-23.4	15.9	1.0	1	-22.1	47
46	15.6	0.8	1	-25.5	15.7	0.9	1	-24.0	15.8	1.0	1	-22.6	15.9	1.1	1	-21.4	**16.0**	1.2	2	-20.2	46
46	15.7	1.0	1	-23.2	15.8	1.1	1	-21.9	15.9	1.2	2	-20.7	**16.0**	1.3	2	-19.6	16.1	1.4	2	-18.6	46
46	15.8	1.1	1	-21.2	15.9	1.2	2	-20.1	**16.0**	1.4	2	-19.0	16.1	1.5	2	-18.1	16.2	1.6	2	-17.2	46
45	15.9	1.3	2	-19.5	**16.0**	1.4	2	-18.5	16.1	1.5	2	-17.5	16.2	1.7	2	-16.7	16.3	1.8	2	-15.9	45
45	**16.0**	1.5	2	-17.9	16.1	1.6	2	-17.0	16.2	1.7	2	-16.2	16.3	1.8	2	-15.4	16.4	2.0	2	-14.7	45
45	16.1	1.7	2	-16.6	16.2	1.8	2	-15.8	16.3	1.9	2	-15.0	16.4	2.0	3	-14.3	16.5	2.2	3	-13.6	45
44	16.2	1.9	2	-15.3	16.3	2.0	3	-14.6	16.4	2.1	3	-13.9	16.5	2.2	3	-13.2	16.6	2.3	3	-12.5	44
44	16.3	2.0	3	-14.2	16.4	2.2	3	-13.5	16.5	2.3	3	-12.8	16.6	2.4	3	-12.2	16.7	2.5	3	-11.6	44
44	16.4	2.2	3	-13.1	16.5	2.4	3	-12.5	16.6	2.5	3	-11.8	16.7	2.6	3	-11.2	16.8	2.7	3	-10.7	44
43	16.5	2.4	3	-12.1	16.6	2.5	3	-11.5	16.7	2.7	3	-10.9	16.8	2.8	4	-10.4	16.9	2.9	4	-9.8	43
43	16.6	2.6	3	-11.2	16.7	2.7	3	-10.6	16.8	2.8	4	-10.1	16.9	3.0	4	-9.5	**17.0**	3.1	4	-9.0	43
43	16.7	2.8	4	-10.3	16.8	2.9	4	-9.8	16.9	3.0	4	-9.3	**17.0**	3.2	4	-8.8	17.1	3.3	4	-8.3	43
42	16.8	3.0	4	-9.5	16.9	3.1	4	-9.0	**17.0**	3.2	4	-8.5	17.1	3.3	4	-8.0	17.2	3.5	4	-7.5	42
42	16.9	3.2	4	-8.7	**17.0**	3.3	4	-8.2	17.1	3.4	4	-7.7	17.2	3.5	4	-7.3	17.3	3.7	5	-6.8	42
42	**17.0**	3.4	4	-8.0	17.1	3.5	4	-7.5	17.2	3.6	5	-7.0	17.3	3.7	5	-6.6	17.4	3.9	5	-6.2	42
41	17.1	3.5	5	-7.3	17.2	3.7	5	-6.8	17.3	3.8	5	-6.4	17.4	3.9	5	-5.9	17.5	4.0	5	-5.5	41
41	17.2	3.7	5	-6.6	17.3	3.9	5	-6.1	17.4	4.0	5	-5.7	17.5	4.1	5	-5.3	17.6	4.2	5	-4.9	41
41	17.3	3.9	5	-5.9	17.4	4.1	5	-5.5	17.5	4.2	5	-5.1	17.6	4.3	5	-4.7	17.7	4.4	6	-4.3	41
40	17.4	4.1	5	-5.3	17.5	4.2	5	-4.9	17.6	4.4	6	-4.5	17.7	4.5	6	-4.1	17.8	4.6	6	-3.8	40
40	17.5	4.3	6	-4.7	17.6	4.4	6	-4.3	17.7	4.6	6	-3.9	17.8	4.7	6	-3.6	17.9	4.8	6	-3.2	40
40	17.6	4.5	6	-4.1	17.7	4.6	6	-3.7	17.8	4.8	6	-3.4	17.9	4.9	6	-3.0	**18.0**	5.0	6	-2.7	40
39	17.7	4.7	6	-3.5	17.8	4.8	6	-3.2	17.9	5.0	6	-2.8	**18.0**	5.1	6	-2.5	18.1	5.2	7	-2.1	39
39	17.8	4.9	6	-3.0	17.9	5.0	6	-2.7	**18.0**	5.2	7	-2.3	18.1	5.3	7	-2.0	18.2	5.4	7	-1.6	39
39	17.9	5.1	7	-2.5	**18.0**	5.2	7	-2.1	18.1	5.4	7	-1.8	18.2	5.5	7	-1.5	18.3	5.6	7	-1.2	39
38	**18.0**	5.3	7	-2.0	18.1	5.4	7	-1.6	18.2	5.5	7	-1.3	18.3	5.7	7	-1.0	18.4	5.8	7	-0.7	38
38	18.1	5.5	7	-1.5	18.2	5.6	7	-1.2	18.3	5.7	7	-0.8	18.4	5.9	7	-0.5	18.5	6.0	8	-0.2	38
38	18.2	5.7	7	-1.0	18.3	5.8	7	-0.7	18.4	5.9	8	-0.4	18.5	6.1	8	-0.1	18.6	6.2	8	0.2	38
37	18.3	5.9	8	-0.5	18.4	6.0	8	-0.2	18.5	6.1	8	0.1	18.6	6.3	8	0.4	18.7	6.4	8	0.7	37
37	18.4	6.1	8	-0.1	18.5	6.2	8	0.2	18.6	6.3	8	0.5	18.7	6.5	8	0.8	18.8	6.6	8	1.1	37
37	18.5	6.3	8	0.4	18.6	6.4	8	0.7	18.7	6.5	8	1.0	18.8	6.7	8	1.2	18.9	6.8	9	1.5	37
37	18.6	6.5	8	0.8	18.7	6.6	8	1.1	18.8	6.7	9	1.4	18.9	6.9	9	1.7	**19.0**	7.0	9	1.9	37
36	18.7	6.7	9	1.2	18.8	6.8	9	1.5	18.9	7.0	9	1.8	**19.0**	7.1	9	2.1	19.1	7.2	9	2.3	36
36	18.8	6.9	9	1.7	18.9	7.0	9	1.9	**19.0**	7.2	9	2.2	19.1	7.3	9	2.5	19.2	7.4	9	2.7	36
36	18.9	7.1	9	2.1	**19.0**	7.2	9	2.3	19.1	7.4	9	2.6	19.2	7.5	9	2.9	19.3	7.6	10	3.1	36
35	**19.0**	7.3	9	2.5	19.1	7.4	9	2.7	19.2	7.6	10	3.0	19.3	7.7	10	3.2	19.4	7.8	10	3.5	35
35	19.1	7.5	10	2.8	19.2	7.6	10	3.1	19.3	7.8	10	3.4	19.4	7.9	10	3.6	19.5	8.0	10	3.9	35
35	19.2	7.7	10	3.2	19.3	7.8	10	3.5	19.4	8.0	10	3.7	19.5	8.1	10	4.0	19.6	8.3	10	4.2	35
34	19.3	7.9	10	3.6	19.4	8.0	10	3.8	19.5	8.2	10	4.1	19.6	8.3	11	4.3	19.7	8.5	11	4.6	34
34	19.4	8.1	10	4.0	19.5	8.2	11	4.2	19.6	8.4	11	4.5	19.7	8.5	11	4.7	19.8	8.7	11	4.9	34
34	19.5	8.3	11	4.3	19.6	8.5	11	4.6	19.7	8.6	11	4.8	19.8	8.7	11	5.0	19.9	8.9	11	5.3	34
34	19.6	8.5	11	4.7	19.7	8.7	11	4.9	19.8	8.8	11	5.1	19.9	9.0	11	5.4	**20.0**	9.1	11	5.6	34
33	19.7	8.7	11	5.0	19.8	8.9	11	5.3	19.9	9.0	11	5.5	**20.0**	9.2	12	5.7	20.1	9.3	12	5.9	33
33	19.8	8.9	11	5.4	19.9	9.1	12	5.6	**20.0**	9.2	12	5.8	20.1	9.4	12	6.0	20.2	9.5	12	6.3	33
33	19.9	9.2	12	5.7	**20.0**	9.3	12	5.9	20.1	9.4	12	6.1	20.2	9.6	12	6.4	20.3	9.7	12	6.6	33
32	**20.0**	9.4	12	6.0	20.1	9.5	12	6.3	20.2	9.7	12	6.5	20.3	9.8	12	6.7	20.4	9.9	13	6.9	32
32	20.1	9.6	12	6.4	20.2	9.7	12	6.6	20.3	9.9	13	6.8	20.4	10.0	13	7.0	20.5	10.2	13	7.2	32
32	20.2	9.8	13	6.7	20.3	9.9	13	6.9	20.4	10.1	13	7.1	20.5	10.2	13	7.3	20.6	10.4	13	7.5	32
32	20.3	10.0	13	7.0	20.4	10.1	13	7.2	20.5	10.3	13	7.4	20.6	10.4	13	7.6	20.7	10.6	13	7.8	32
31	20.4	10.2	13	7.3	20.5	10.4	13	7.5	20.6	10.5	13	7.7	20.7	10.7	13	7.9	20.8	10.8	14	8.1	31
31	20.5	10.4	13	7.6	20.6	10.6	14	7.8	20.7	10.7	14	8.0	20.8	10.9	14	8.2	20.9	11.0	14	8.4	31
31	20.6	10.6	14	7.9	20.7	10.8	14	8.1	20.8	10.9	14	8.3	20.9	11.1	14	8.5	**21.0**	11.3	14	8.7	31
31	20.7	10.9	14	8.2	20.8	11.0	14	8.4	20.9	11.2	14	8.6	**21.0**	11.3	14	8.8	21.1	11.5	14	9.0	31
30	20.8	11.1	14	8.5	20.9	11.2	14	8.7	**21.0**	11.4	14	8.9	21.1	11.5	15	9.1	21.2	11.7	15	9.3	30
30	20.9	11.3	15	8.8	**21.0**	11.5	15	9.0	21.1	11.6	15	9.2	21.2	11.8	15	9.4	21.3	11.9	15	9.6	30
30	**21.0**	11.5	15	9.1	21.1	11.7	15	9.3	21.2	11.8	15	9.4	21.3	12.0	15	9.6	21.4	12.1	15	9.8	30
30	21.1	11.7	15	9.3	21.2	11.9	15	9.5	21.3	12.0	15	9.7	21.4	12.2	15	9.9	21.5	12.4	16	10.1	30
29	21.2	12.0	15	9.6	21.3	12.1	15	9.8	21.4	12.3	16	10.0	21.5	12.4	16	10.2	21.6	12.6	16	10.4	29
29	21.3	12.2	16	9.9	21.4	12.3	16	10.1	21.5	12.5	16	10.3	21.6	12.7	16	10.5	21.7	12.8	16	10.6	29
29	21.4	12.4	16	10.2	21.5	12.6	16	10.3	21.6	12.7	16	10.5	21.7	12.9	16	10.7	21.8	13.0	16	10.9	29
28	21.5	12.6	16	10.4	21.6	12.8	16	10.6	21.7	12.9	16	10.8	21.8	13.1	17	11.0	21.9	13.3	17	11.2	28
28	21.6	12.9	17	10.7	21.7	13.0	17	10.9	21.8	13.2	17	11.1	21.9	13.3	17	11.2	**22.0**	13.5	17	11.4	28
28	21.7	13.1	17	11.0	21.8	13.2	17	11.1	21.9	13.4	17	11.3	**22.0**	13.6	17	11.5	22.1	13.7	17	11.7	28
28	21.8	13.3	17	11.2	21.9	13.5	17	11.4	**22.0**	13.6	17	11.6	22.1	13.8	17	11.7	22.2	13.9	18	11.9	28
27	21.9	13.5	17	11.5	**22.0**	13.7	18	11.6	22.1	13.8	18	11.8	22.2	14.0	18	12.0	22.3	14.2	18	12.2	27
27	**22.0**	13.8	18	11.7	22.1	13.9	18	11.9	22.2	14.1	18	12.1	22.3	14.2	18	12.2	22.4	14.4	18	12.4	27

n	t_W	e	U	t_d	t_W	e	U	t_d	t_W	e	U	t_d	t_W	e	U	t_d	t_W	e	U	t_d	n
	41.0				**41.1**				**41.2**				**41.3**				**41.4**				
27	22.1	14.0	18	12.0	22.2	14.1	18	12.1	22.3	14.3	18	12.3	22.4	14.5	18	12.5	22.5	14.6	18	12.7	27
27	22.2	14.2	18	12.2	22.3	14.4	18	12.4	22.4	14.5	18	12.6	22.5	14.7	19	12.7	22.6	14.9	19	12.9	27
26	22.3	14.4	19	12.5	22.4	14.6	19	12.6	22.5	14.8	19	12.8	22.6	14.9	19	13.0	22.7	15.1	19	13.1	26
26	22.4	14.7	19	12.7	22.5	14.8	19	12.9	22.6	15.0	19	13.0	22.7	15.2	19	13.2	22.8	15.3	19	13.4	26
26	22.5	14.9	19	12.9	22.6	15.1	19	13.1	22.7	15.2	19	13.3	22.8	15.4	19	13.4	22.9	15.6	20	13.6	26
26	22.6	15.1	19	13.2	22.7	15.3	20	13.3	22.8	15.5	20	13.5	22.9	15.6	20	13.7	**23.0**	15.8	20	13.8	26
26	22.7	15.4	20	13.4	22.8	15.5	20	13.6	22.9	15.7	20	13.7	**23.0**	15.9	20	13.9	23.1	16.0	20	14.1	26
25	22.8	15.6	20	13.6	22.9	15.8	20	13.8	**23.0**	15.9	20	14.0	23.1	16.1	20	14.1	23.2	16.3	20	14.3	25
25	22.9	15.8	20	13.9	**23.0**	16.0	20	14.0	23.1	16.2	21	14.2	23.2	16.4	21	14.4	23.3	16.5	21	14.5	25
25	**23.0**	16.1	21	14.1	23.1	16.2	21	14.3	23.2	16.4	21	14.4	23.3	16.6	21	14.6	23.4	16.8	21	14.7	25
25	23.1	16.3	21	14.3	23.2	16.5	21	14.5	23.3	16.7	21	14.6	23.4	16.8	21	14.8	23.5	17.0	21	15.0	25
24	23.2	16.6	21	14.5	23.3	16.7	21	14.7	23.4	16.9	21	14.9	23.5	17.1	22	15.0	23.6	17.2	22	15.2	24
24	23.3	16.8	22	14.8	23.4	17.0	22	14.9	23.5	17.1	22	15.1	23.6	17.3	22	15.2	23.7	17.5	22	15.4	24
24	23.4	17.0	22	15.0	23.5	17.2	22	15.1	23.6	17.4	22	15.3	23.7	17.6	22	15.5	23.8	17.7	22	15.6	24
24	23.5	17.3	22	15.2	23.6	17.4	22	15.4	23.7	17.6	22	15.5	23.8	17.8	23	15.7	23.9	18.0	23	15.8	24
23	23.6	17.5	23	15.4	23.7	17.7	23	15.6	23.8	17.9	23	15.7	23.9	18.0	23	15.9	**24.0**	18.2	23	16.0	23
23	23.7	17.8	23	15.6	23.8	17.9	23	15.8	23.9	18.1	23	15.9	**24.0**	18.3	23	16.1	24.1	18.5	23	16.3	23
23	23.8	18.0	23	15.9	23.9	18.2	23	16.0	**24.0**	18.4	23	16.2	24.1	18.5	23	16.3	24.2	18.7	24	16.5	23
23	23.9	18.2	23	16.1	**24.0**	18.4	24	16.2	24.1	18.6	24	16.4	24.2	18.8	24	16.5	24.3	19.0	24	16.7	23
23	**24.0**	18.5	24	16.3	24.1	18.7	24	16.4	24.2	18.9	24	16.6	24.3	19.0	24	16.7	24.4	19.2	24	16.9	23
22	24.1	18.7	24	16.5	24.2	18.9	24	16.6	24.3	19.1	24	16.8	24.4	19.3	24	16.9	24.5	19.5	24	17.1	22
22	24.2	19.0	24	16.7	24.3	19.2	25	16.8	24.4	19.3	25	17.0	24.5	19.5	25	17.1	24.6	19.7	25	17.3	22
22	24.3	19.2	25	16.9	24.4	19.4	25	17.0	24.5	19.6	25	17.2	24.6	19.8	25	17.3	24.7	20.0	25	17.5	22
22	24.4	19.5	25	17.1	24.5	19.7	25	17.2	24.6	19.8	25	17.4	24.7	20.0	25	17.5	24.8	20.2	25	17.7	22
21	24.5	19.7	25	17.3	24.6	19.9	25	17.4	24.7	20.1	26	17.6	24.8	20.3	26	17.7	24.9	20.5	26	17.9	21
21	24.6	20.0	26	17.5	24.7	20.2	26	17.6	24.8	20.4	26	17.8	24.9	20.5	26	17.9	**25.0**	20.7	26	18.1	21
21	24.7	20.2	26	17.7	24.8	20.4	26	17.8	24.9	20.6	26	18.0	**25.0**	20.8	26	18.1	25.1	21.0	26	18.3	21
21	24.8	20.5	26	17.9	24.9	20.7	26	18.0	**25.0**	20.9	27	18.2	25.1	21.1	27	18.3	25.2	21.2	27	18.5	21
21	24.9	20.7	27	18.1	**25.0**	20.9	27	18.2	25.1	21.1	27	18.4	25.2	21.3	27	18.5	25.3	21.5	27	18.7	21
20	**25.0**	21.0	27	18.3	25.1	21.2	27	18.4	25.2	21.4	27	18.6	25.3	21.6	27	18.7	25.4	21.8	27	18.9	20
20	25.1	21.3	27	18.5	25.2	21.4	27	18.6	25.3	21.6	28	18.8	25.4	21.8	28	18.9	25.5	22.0	28	19.0	20
20	25.2	21.5	28	18.7	25.3	21.7	28	18.8	25.4	21.9	28	18.9	25.5	22.1	28	19.1	25.6	22.3	28	19.2	20
20	25.3	21.8	28	18.9	25.4	22.0	28	19.0	25.5	22.2	28	19.1	25.6	22.3	28	19.3	25.7	22.5	28	19.4	20
20	25.4	22.0	28	19.0	25.5	22.2	28	19.2	25.6	22.4	29	19.3	25.7	22.6	29	19.5	25.8	22.8	29	19.6	20
19	25.5	22.3	29	19.2	25.6	22.5	29	19.4	25.7	22.7	29	19.5	25.8	22.9	29	19.7	25.9	23.1	29	19.8	19
19	25.6	22.5	29	19.4	25.7	22.7	29	19.6	25.8	22.9	29	19.7	25.9	23.1	29	19.8	**26.0**	23.3	29	20.0	19
19	25.7	22.8	29	19.6	25.8	23.0	29	19.7	25.9	23.2	30	19.9	**26.0**	23.4	30	20.0	26.1	23.6	30	20.2	19
19	25.8	23.1	30	19.8	25.9	23.3	30	19.9	**26.0**	23.5	30	20.1	26.1	23.7	30	20.2	26.2	23.9	30	20.3	19
19	25.9	23.3	30	20.0	**26.0**	23.5	30	20.1	26.1	23.7	30	20.2	26.2	23.9	30	20.4	26.3	24.1	30	20.5	19
18	**26.0**	23.6	30	20.2	26.1	23.8	30	20.3	26.2	24.0	31	20.4	26.3	24.2	31	20.6	26.4	24.4	31	20.7	18
18	26.1	23.9	31	20.3	26.2	24.1	31	20.5	26.3	24.3	31	20.6	26.4	24.5	31	20.7	26.5	24.7	31	20.9	18
18	26.2	24.1	31	20.5	26.3	24.3	31	20.7	26.4	24.5	31	20.8	26.5	24.7	31	20.9	26.6	24.9	31	21.1	18
18	26.3	24.4	31	20.7	26.4	24.6	31	20.8	26.5	24.8	32	21.0	26.6	25.0	32	21.1	26.7	25.2	32	21.2	18
18	26.4	24.7	32	20.9	26.5	24.9	32	21.0	26.6	25.1	32	21.1	26.7	25.3	32	21.3	26.8	25.5	32	21.4	18
17	26.5	24.9	32	21.1	26.6	25.1	32	21.2	26.7	25.4	32	21.3	26.8	25.6	32	21.5	26.9	25.8	32	21.6	17
17	26.6	25.2	32	21.2	26.7	25.4	32	21.4	26.8	25.6	33	21.5	26.9	25.8	33	21.6	**27.0**	26.0	33	21.8	17
17	26.7	25.5	33	21.4	26.8	25.7	33	21.5	26.9	25.9	33	21.7	**27.0**	26.1	33	21.8	27.1	26.3	33	21.9	17
17	26.8	25.8	33	21.6	26.9	26.0	33	21.7	**27.0**	26.2	33	21.8	27.1	26.4	33	22.0	27.2	26.6	33	22.1	17
17	26.9	26.0	33	21.8	**27.0**	26.2	34	21.9	27.1	26.5	34	22.0	27.2	26.7	34	22.1	27.3	26.9	34	22.3	17
16	**27.0**	26.3	34	21.9	27.1	26.5	34	22.1	27.2	26.7	34	22.2	27.3	26.9	34	22.3	27.4	27.2	34	22.4	16
16	27.1	26.6	34	22.1	27.2	26.8	34	22.2	27.3	27.0	34	22.4	27.4	27.2	34	22.5	27.5	27.4	35	22.6	16
16	27.2	26.9	35	22.3	27.3	27.1	35	22.4	27.4	27.3	35	22.5	27.5	27.5	35	22.7	27.6	27.7	35	22.8	16
16	27.3	27.1	35	22.4	27.4	27.4	35	22.6	27.5	27.6	35	22.7	27.6	27.8	35	22.8	27.7	28.0	35	23.0	16
16	27.4	27.4	35	22.6	27.5	27.6	35	22.7	27.6	27.8	35	22.9	27.7	28.1	36	23.0	27.8	28.3	36	23.1	16
16	27.5	27.7	36	22.8	27.6	27.9	36	22.9	27.7	28.1	36	23.0	27.8	28.4	36	23.2	27.9	28.6	36	23.3	16
15	27.6	28.0	36	22.9	27.7	28.2	36	23.1	27.8	28.4	36	23.2	27.9	28.6	36	23.3	**28.0**	28.9	36	23.4	15
15	27.7	28.3	36	23.1	27.8	28.5	36	23.2	27.9	28.7	37	23.4	**28.0**	28.9	37	23.5	28.1	29.1	37	23.6	15
15	27.8	28.6	37	23.3	27.9	28.8	37	23.4	**28.0**	29.0	37	23.5	28.1	29.2	37	23.7	28.2	29.4	37	23.8	15
15	27.9	28.8	37	23.4	**28.0**	29.1	37	23.6	28.1	29.3	37	23.7	28.2	29.5	37	23.8	28.3	29.7	37	23.9	15
15	**28.0**	29.1	37	23.6	28.1	29.3	38	23.7	28.2	29.6	38	23.9	28.3	29.8	38	24.0	28.4	30.0	38	24.1	15
15	28.1	29.4	38	23.8	28.2	29.6	38	23.9	28.3	29.9	38	24.0	28.4	30.1	38	24.1	28.5	30.3	38	24.3	15
14	28.2	29.7	38	23.9	28.3	29.9	38	24.1	28.4	30.1	38	24.2	28.5	30.4	38	24.3	28.6	30.6	39	24.4	14
14	28.3	30.0	39	24.1	28.4	30.2	39	24.2	28.5	30.4	39	24.3	28.6	30.7	39	24.5	28.7	30.9	39	24.6	14
14	28.4	30.3	39	24.2	28.5	30.5	39	24.4	28.6	30.7	39	24.5	28.7	31.0	39	24.6	28.8	31.2	39	24.7	14
14	28.5	30.6	39	24.4	28.6	30.8	39	24.5	28.7	31.0	39	24.7	28.8	31.3	40	24.8	28.9	31.5	40	24.9	14
14	28.6	30.9	40	24.6	28.7	31.1	40	24.7	28.8	31.3	40	24.8	28.9	31.6	40	24.9	**29.0**	31.8	40	25.1	14
14	28.7	31.2	40	24.7	28.8	31.4	40	24.9	28.9	31.6	40	25.0	**29.0**	31.8	40	25.1	29.1	32.1	40	25.2	14
13	28.8	31.5	40	24.9	28.9	31.7	41	25.0	**29.0**	31.9	41	25.1	29.1	32.1	41	25.3	29.2	32.4	41	25.4	13
13	28.9	31.8	41	25.0	**29.0**	32.0	41	25.2	29.1	32.2	41	25.3	29.2	32.4	41	25.4	29.3	32.7	41	25.5	13
13	**29.0**	32.0	41	25.2	29.1	32.3	41	25.3	29.2	32.5	41	25.4	29.3	32.7	41	25.6	29.4	33.0	42	25.7	13
13	29.1	32.3	42	25.4	29.2	32.6	42	25.5	29.3	32.8	42	25.6	29.4	33.1	42	25.7	29.5	33.3	42	25.8	13
13	29.2	32.6	42	25.5	29.3	32.9	42	25.6	29.4	33.1	42	25.8	29.5	33.4	42	25.9	29.6	33.6	42	26.0	13
13	29.3	32.9	42	25.7	29.4	33.2	42	25.8	29.5	33.4	43	25.9	29.6	33.7	43	26.0	29.7	33.9	43	26.1	13

n	t_W	e	U	t_d	t_W	e	U	t_d	t_W	e	U	t_d	t_W	e	U	t_d	t_W	e	U	t_d	n
	41.0				**41.1**				**41.2**				**41.3**				**41.4**				
12	29.4	33.3	43	25.8	29.5	33.5	43	25.9	29.6	33.7	43	26.1	29.7	34.0	43	26.2	29.8	34.2	43	26.3	12
12	29.5	33.6	43	26.0	29.6	33.8	43	26.1	29.7	34.0	43	26.2	29.8	34.3	43	26.3	29.9	34.5	43	26.5	12
12	29.6	33.9	44	26.1	29.7	34.1	44	26.2	29.8	34.3	44	26.4	29.9	34.6	44	26.5	**30.0**	34.8	44	26.6	12
12	29.7	34.2	44	26.3	29.8	34.4	44	26.4	29.9	34.6	44	26.5	**30.0**	34.9	44	26.6	30.1	35.1	44	26.8	12
12	29.8	34.5	44	26.4	29.9	34.7	44	26.5	**30.0**	35.0	44	26.7	30.1	35.2	45	26.8	30.2	35.4	45	26.9	12
12	29.9	34.8	45	26.6	**30.0**	35.0	45	26.7	30.1	35.3	45	26.8	30.2	35.5	45	26.9	30.3	35.8	45	27.1	12
11	**30.0**	35.1	45	26.7	30.1	35.3	45	26.9	30.2	35.6	45	27.0	30.3	35.8	45	27.1	30.4	36.1	45	27.2	11
11	30.1	35.4	46	26.9	30.2	35.6	46	27.0	30.3	35.9	46	27.1	30.4	36.1	46	27.2	30.5	36.4	46	27.4	11
11	30.2	35.7	46	27.0	30.3	36.0	46	27.1	30.4	36.2	46	27.3	30.5	36.5	46	27.4	30.6	36.7	46	27.5	11
11	30.3	36.0	46	27.2	30.4	36.3	46	27.3	30.5	36.5	46	27.4	30.6	36.8	47	27.5	30.7	37.0	47	27.6	11
11	30.4	36.3	47	27.3	30.5	36.6	47	27.4	30.6	36.8	47	27.6	30.7	37.1	47	27.7	30.8	37.3	47	27.8	11
11	30.5	36.7	47	27.5	30.6	36.9	47	27.6	30.7	37.2	47	27.7	30.8	37.4	47	27.8	30.9	37.7	47	27.9	11
11	30.6	37.0	48	27.6	30.7	37.2	48	27.7	30.8	37.5	48	27.9	30.9	37.7	48	28.0	**31.0**	38.0	48	28.1	11
10	30.7	37.3	48	27.8	30.8	37.5	48	27.9	30.9	37.8	48	28.0	**31.0**	38.1	48	28.1	31.1	38.3	48	28.2	10
10	30.8	37.6	48	27.9	30.9	37.9	48	28.0	**31.0**	38.1	48	28.1	31.1	38.4	49	28.3	31.2	38.6	49	28.4	10
10	30.9	37.9	49	28.1	**31.0**	38.2	49	28.2	31.1	38.4	49	28.3	31.2	38.7	49	28.4	31.3	39.0	49	28.5	10
10	**31.0**	38.3	49	28.2	31.1	38.5	49	28.3	31.2	38.8	49	28.4	31.3	39.0	49	28.6	31.4	39.3	49	28.7	10
10	31.1	38.6	50	28.4	31.2	38.8	50	28.5	31.3	39.1	50	28.6	31.4	39.4	50	28.7	31.5	39.6	50	28.8	10
10	31.2	38.9	50	28.5	31.3	39.2	50	28.6	31.4	39.4	50	28.7	31.5	39.7	50	28.8	31.6	39.9	50	29.0	10
10	31.3	39.2	50	28.6	31.4	39.5	50	28.8	31.5	39.7	51	28.9	31.6	40.0	51	29.0	31.7	40.3	51	29.1	10
9	31.4	39.6	51	28.8	31.5	39.8	51	28.9	31.6	40.1	51	29.0	31.7	40.3	51	29.1	31.8	40.6	51	29.2	9
9	31.5	39.9	51	28.9	31.6	40.1	51	29.0	31.7	40.4	51	29.2	31.8	40.7	51	29.3	31.9	40.9	52	29.4	9
9	31.6	40.2	52	29.1	31.7	40.5	52	29.2	31.8	40.7	52	29.3	31.9	41.0	52	29.4	**32.0**	41.3	52	29.5	9
9	31.7	40.5	52	29.2	31.8	40.8	52	29.3	31.9	41.1	52	29.4	**32.0**	41.3	52	29.6	32.1	41.6	52	29.7	9
9	31.8	40.9	53	29.4	31.9	41.1	53	29.5	**32.0**	41.4	53	29.6	32.1	41.7	53	29.7	32.2	42.0	53	29.8	9
9	31.9	41.2	53	29.5	**32.0**	41.5	53	29.6	32.1	41.7	53	29.7	32.2	42.0	53	29.8	32.3	42.3	53	29.9	9
9	**32.0**	41.5	53	29.6	32.1	41.8	53	29.7	32.2	42.1	54	29.9	32.3	42.4	54	30.0	32.4	42.6	54	30.1	9
9	32.1	41.9	54	29.8	32.2	42.2	54	29.9	32.3	42.4	54	30.0	32.4	42.7	54	30.1	32.5	43.0	54	30.2	9
8	32.2	42.2	54	29.9	32.3	42.5	54	30.0	32.4	42.8	54	30.1	32.5	43.0	54	30.2	32.6	43.3	55	30.4	8
8	32.3	42.6	55	30.1	32.4	42.8	55	30.2	32.5	43.1	55	30.3	32.6	43.4	55	30.4	32.7	43.7	55	30.5	8
8	32.4	42.9	55	30.2	32.5	43.2	55	30.3	32.6	43.4	55	30.4	32.7	43.7	55	30.5	32.8	44.0	55	30.6	8
8	32.5	43.2	56	30.3	32.6	43.5	56	30.4	32.7	43.8	56	30.6	32.8	44.1	56	30.7	32.9	44.4	56	30.8	8
8	32.6	43.6	56	30.5	32.7	43.9	56	30.6	32.8	44.1	56	30.7	32.9	44.4	56	30.8	**33.0**	44.7	56	30.9	8
8	32.7	43.9	56	30.6	32.8	44.2	57	30.7	32.9	44.5	57	30.8	**33.0**	44.8	57	30.9	33.1	45.1	57	31.0	8
8	32.8	44.3	57	30.7	32.9	44.6	57	30.9	**33.0**	44.8	57	31.0	33.1	45.1	57	31.1	33.2	45.4	57	31.2	8
8	32.9	44.6	57	30.9	**33.0**	44.9	57	31.0	33.1	45.2	57	31.1	33.2	45.5	58	31.2	33.3	45.8	58	31.3	8
7	**33.0**	45.0	58	31.0	33.1	45.3	58	31.1	33.2	45.5	58	31.2	33.3	45.8	58	31.3	33.4	46.1	58	31.5	7
7	33.1	45.3	58	31.2	33.2	45.6	58	31.3	33.3	45.9	58	31.4	33.4	46.2	58	31.5	33.5	46.5	58	31.6	7
7	33.2	45.7	59	31.3	33.3	46.0	59	31.4	33.4	46.2	59	31.5	33.5	46.5	59	31.6	33.6	46.8	59	31.7	7
7	33.3	46.0	59	31.4	33.4	46.3	59	31.5	33.5	46.6	59	31.6	33.6	46.9	59	31.8	33.7	47.2	59	31.9	7
7	33.4	46.4	60	31.6	33.5	46.7	60	31.7	33.6	47.0	60	31.8	33.7	47.2	60	31.9	33.8	47.5	60	32.0	7
7	33.5	46.7	60	31.7	33.6	47.0	60	31.8	33.7	47.3	60	31.9	33.8	47.6	60	32.0	33.9	47.9	60	32.1	7
7	33.6	47.1	61	31.8	33.7	47.4	61	31.9	33.8	47.7	61	32.0	33.9	48.0	61	32.2	**34.0**	48.3	61	32.3	7
7	33.7	47.4	61	32.0	33.8	47.7	61	32.1	33.9	48.0	61	32.2	**34.0**	48.3	61	32.3	34.1	48.6	61	32.4	7
6	33.8	47.8	61	32.1	33.9	48.1	61	32.2	**34.0**	48.4	62	32.3	34.1	48.7	62	32.4	34.2	49.0	62	32.5	6
6	33.9	48.2	62	32.2	**34.0**	48.5	62	32.3	34.1	48.8	62	32.4	34.2	49.1	62	32.6	34.3	49.4	62	32.7	6
6	**34.0**	48.5	62	32.4	34.1	48.8	62	32.5	34.2	49.1	62	32.6	34.3	49.4	63	32.7	34.4	49.7	63	32.8	6
6	34.1	48.9	63	32.5	34.2	49.2	63	32.6	34.3	49.5	63	32.7	34.4	49.8	63	32.8	34.5	50.1	63	32.9	6
6	34.2	49.3	63	32.6	34.3	49.6	63	32.7	34.4	49.9	63	32.8	34.5	50.2	63	32.9	34.6	50.5	64	33.1	6
6	34.3	49.6	64	32.8	34.4	49.9	64	32.9	34.5	50.2	64	33.0	34.6	50.5	64	33.1	34.7	50.8	64	33.2	6
6	34.4	50.0	64	32.9	34.5	50.3	64	33.0	34.6	50.6	64	33.1	34.7	50.9	64	33.2	34.8	51.2	64	33.3	6
6	34.5	50.4	65	33.0	34.6	50.7	65	33.1	34.7	51.0	65	33.2	34.8	51.3	65	33.3	34.9	51.6	65	33.4	6
6	34.6	50.7	65	33.2	34.7	51.0	65	33.3	34.8	51.3	65	33.4	34.9	51.7	65	33.5	**35.0**	52.0	65	33.6	6
5	34.7	51.1	66	33.3	34.8	51.4	66	33.4	34.9	51.7	66	33.5	**35.0**	52.0	66	33.6	35.1	52.3	66	33.7	5
5	34.8	51.5	66	33.4	34.9	51.8	66	33.5	**35.0**	52.1	66	33.6	35.1	52.4	66	33.7	35.2	52.7	66	33.8	5
5	34.9	51.9	67	33.5	**35.0**	52.2	67	33.6	35.1	52.5	67	33.8	35.2	52.8	67	33.9	35.3	53.1	67	34.0	5
5	**35.0**	52.2	67	33.7	35.1	52.5	67	33.8	35.2	52.9	67	33.9	35.3	53.2	67	34.0	35.4	53.5	67	34.1	5
5	35.1	52.6	68	33.8	35.2	52.9	68	33.9	35.3	53.2	68	34.0	35.4	53.6	68	34.1	35.5	53.9	68	34.2	5
5	35.2	53.0	68	33.9	35.3	53.3	68	34.0	35.4	53.6	68	34.1	35.5	53.9	68	34.2	35.6	54.3	68	34.4	5
5	35.3	53.4	69	34.1	35.4	53.7	69	34.2	35.5	54.0	69	34.3	35.6	54.3	69	34.4	35.7	54.6	69	34.5	5
5	35.4	53.8	69	34.2	35.5	54.1	69	34.3	35.6	54.4	69	34.4	35.7	54.7	69	34.5	35.8	55.0	69	34.6	5
5	35.5	54.1	70	34.3	35.6	54.5	70	34.4	35.7	54.8	70	34.5	35.8	55.1	70	34.6	35.9	55.4	70	34.7	5
4	35.6	54.5	70	34.4	35.7	54.8	70	34.5	35.8	55.2	70	34.7	35.9	55.5	70	34.8	**36.0**	55.8	70	34.9	4
4	35.7	54.9	71	34.6	35.8	55.2	71	34.7	35.9	55.6	71	34.8	**36.0**	55.9	71	34.9	36.1	56.2	71	35.0	4
4	35.8	55.3	71	34.7	35.9	55.6	71	34.8	**36.0**	55.9	71	34.9	36.1	56.3	71	35.0	36.2	56.6	71	35.1	4
4	35.9	55.7	72	34.8	**36.0**	56.0	72	34.9	36.1	56.3	72	35.0	36.2	56.7	72	35.1	36.3	57.0	72	35.2	4
4	**36.0**	56.1	72	35.0	36.1	56.4	72	35.1	36.2	56.7	72	35.2	36.3	57.1	72	35.3	36.4	57.4	72	35.4	4
4	36.1	56.5	73	35.1	36.2	56.8	73	35.2	36.3	57.1	73	35.3	36.4	57.5	73	35.4	36.5	57.8	73	35.5	4
4	36.2	56.9	73	35.2	36.3	57.2	73	35.3	36.4	57.5	73	35.4	36.5	57.9	73	35.5	36.6	58.2	73	35.6	4
4	36.3	57.3	74	35.3	36.4	57.6	74	35.4	36.5	57.9	74	35.5	36.6	58.3	74	35.6	36.7	58.6	74	35.7	4
4	36.4	57.7	74	35.5	36.5	58.0	74	35.6	36.6	58.3	74	35.7	36.7	58.7	74	35.8	36.8	59.0	74	35.9	4
4	36.5	58.1	75	35.6	36.6	58.4	75	35.7	36.7	58.7	75	35.8	36.8	59.1	75	35.9	36.9	59.4	75	36.0	4
4	36.6	58.5	75	35.7	36.7	58.8	75	35.8	36.8	59.1	75	35.9	36.9	59.5	75	36.0	**37.0**	59.8	75	36.1	4

n	t_W	e	U	t_d	t_W	e	U	t_d	t_W	e	U	t_d	t_W	e	U	t_d	t_W	e	U	t_d	n
	41.0				**41.1**				**41.2**				**41.3**				**41.4**				
3	36.7	58.9	76	35.8	36.8	59.2	76	35.9	36.9	59.5	76	36.0	**37.0**	59.9	76	36.1	37.1	60.2	76	36.2	3
3	36.8	59.3	76	36.0	36.9	59.6	76	36.1	**37.0**	60.0	76	36.2	37.1	60.3	76	36.3	37.2	60.6	76	36.4	3
3	36.9	59.7	77	36.1	**37.0**	60.0	77	36.2	37.1	60.4	77	36.3	37.2	60.7	77	36.4	37.3	61.1	77	36.5	3
3	**37.0**	60.1	77	36.2	37.1	60.4	77	36.3	37.2	60.8	77	36.4	37.3	61.1	77	36.5	37.4	61.5	77	36.6	3
3	37.1	60.5	78	36.3	37.2	60.8	78	36.4	37.3	61.2	78	36.5	37.4	61.5	78	36.6	37.5	61.9	78	36.7	3
3	37.2	60.9	78	36.5	37.3	61.3	78	36.6	37.4	61.6	78	36.7	37.5	62.0	78	36.8	37.6	62.3	78	36.9	3
3	37.3	61.3	79	36.6	37.4	61.7	79	36.7	37.5	62.0	79	36.8	37.6	62.4	79	36.9	37.7	62.7	79	37.0	3
3	37.4	61.7	79	36.7	37.5	62.1	79	36.8	37.6	62.4	79	36.9	37.7	62.8	79	37.0	37.8	63.1	79	37.1	3
3	37.5	62.2	80	36.8	37.6	62.5	80	36.9	37.7	62.9	80	37.0	37.8	63.2	80	37.1	37.9	63.6	80	37.2	3
3	37.6	62.6	80	36.9	37.7	62.9	80	37.0	37.8	63.3	80	37.2	37.9	63.6	81	37.3	**38.0**	64.0	81	37.4	3
3	37.7	63.0	81	37.1	37.8	63.3	81	37.2	37.9	63.7	81	37.3	**38.0**	64.1	81	37.4	38.1	64.4	81	37.5	3
2	37.8	63.4	82	37.2	37.9	63.8	82	37.3	**38.0**	64.1	82	37.4	38.1	64.5	82	37.5	38.2	64.8	82	37.6	2
2	37.9	63.8	82	37.3	**38.0**	64.2	82	37.4	38.1	64.6	82	37.5	38.2	64.9	82	37.6	38.3	65.3	82	37.7	2
2	**38.0**	64.3	83	37.4	38.1	64.6	83	37.5	38.2	65.0	83	37.6	38.3	65.3	83	37.7	38.4	65.7	83	37.8	2
2	38.1	64.7	83	37.6	38.2	65.0	83	37.7	38.3	65.4	83	37.8	38.4	65.8	83	37.9	38.5	66.1	83	38.0	2
2	38.2	65.1	84	37.7	38.3	65.5	84	37.8	38.4	65.8	84	37.9	38.5	66.2	84	38.0	38.6	66.6	84	38.1	2
2	38.3	65.5	84	37.8	38.4	65.9	84	37.9	38.5	66.3	84	38.0	38.6	66.6	84	38.1	38.7	67.0	84	38.2	2
2	38.4	66.0	85	37.9	38.5	66.3	85	38.0	38.6	66.7	85	38.1	38.7	67.1	85	38.2	38.8	67.4	85	38.3	2
2	38.5	66.4	85	38.0	38.6	66.8	85	38.1	38.7	67.1	85	38.2	38.8	67.5	85	38.3	38.9	67.9	85	38.4	2
2	38.6	66.8	86	38.2	38.7	67.2	86	38.3	38.8	67.6	86	38.4	38.9	68.0	86	38.5	**39.0**	68.3	86	38.6	2
2	38.7	67.3	86	38.3	38.8	67.6	86	38.4	38.9	68.0	87	38.5	**39.0**	68.4	87	38.6	39.1	68.8	87	38.7	2
2	38.8	67.7	87	38.4	38.9	68.1	87	38.5	**39.0**	68.5	87	38.6	39.1	68.8	87	38.7	39.2	69.2	87	38.8	2
2	38.9	68.2	88	38.5	**39.0**	68.5	88	38.6	39.1	68.9	88	38.7	39.2	69.3	88	38.8	39.3	69.7	88	38.9	2
1	**39.0**	68.6	88	38.6	39.1	69.0	88	38.7	39.2	69.4	88	38.8	39.3	69.7	88	38.9	39.4	70.1	88	39.0	1
1	39.1	69.0	89	38.8	39.2	69.4	89	38.9	39.3	69.8	89	39.0	39.4	70.2	89	39.1	39.5	70.6	89	39.2	1
1	39.2	69.5	89	38.9	39.3	69.9	89	39.0	39.4	70.2	89	39.1	39.5	70.6	89	39.2	39.6	71.0	89	39.3	1
1	39.3	69.9	90	39.0	39.4	70.3	90	39.1	39.5	70.7	90	39.2	39.6	71.1	90	39.3	39.7	71.5	90	39.4	1
1	39.4	70.4	90	39.1	39.5	70.8	90	39.2	39.6	71.1	90	39.3	39.7	71.5	91	39.4	39.8	71.9	91	39.5	1
1	39.5	70.8	91	39.2	39.6	71.2	91	39.3	39.7	71.6	91	39.4	39.8	72.0	91	39.5	39.9	72.4	91	39.6	1
1	39.6	71.3	92	39.4	39.7	71.7	92	39.5	39.8	72.1	92	39.6	39.9	72.4	92	39.7	**40.0**	72.8	92	39.8	1
1	39.7	71.7	92	39.5	39.8	72.1	92	39.6	39.9	72.5	92	39.7	**40.0**	72.9	92	39.8	40.1	73.3	92	39.9	1
1	39.8	72.2	93	39.6	39.9	72.6	93	39.7	**40.0**	73.0	93	39.8	40.1	73.4	93	39.9	40.2	73.8	93	40.0	1
1	39.9	72.6	93	39.7	**40.0**	73.0	93	39.8	40.1	73.4	93	39.9	40.2	73.8	93	40.0	40.3	74.2	93	40.1	1
1	**40.0**	73.1	94	39.8	40.1	73.5	94	39.9	40.2	73.9	94	40.0	40.3	74.3	94	40.1	40.4	74.7	94	40.2	1
1	40.1	73.6	95	39.9	40.2	74.0	95	40.0	40.3	74.4	95	40.1	40.4	74.8	95	40.2	40.5	75.2	95	40.4	1
1	40.2	74.0	95	40.1	40.3	74.4	95	40.2	40.4	74.8	95	40.3	40.5	75.2	95	40.4	40.6	75.6	95	40.5	1
0	40.3	74.5	96	40.2	40.4	74.9	96	40.3	40.5	75.3	96	40.4	40.6	75.7	96	40.5	40.7	76.1	96	40.6	0
0	40.4	75.0	96	40.3	40.5	75.4	96	40.4	40.6	75.8	96	40.5	40.7	76.2	96	40.6	40.8	76.6	96	40.7	0
0	40.5	75.4	97	40.4	40.6	75.8	97	40.5	40.7	76.2	97	40.6	40.8	76.6	97	40.7	40.9	77.1	97	40.8	0
0	40.6	75.9	98	40.5	40.7	76.3	98	40.6	40.8	76.7	98	40.7	40.9	77.1	98	40.8	**41.0**	77.5	98	40.9	0
0	40.7	76.4	98	40.7	40.8	76.8	98	40.8	40.9	77.2	98	40.9	**41.0**	77.6	98	41.0	41.1	78.0	98	41.1	0
0	40.8	76.8	99	40.8	40.9	77.3	99	40.9	**41.0**	77.7	99	41.0	41.1	78.1	99	41.1	41.2	78.5	99	41.2	0
0	40.9	77.3	99	40.9	**41.0**	77.7	99	41.0	41.1	78.1	99	41.1	41.2	78.6	99	41.2	41.3	79.0	99	41.3	0
0	**41.0**	77.8	100	41.0	41.1	78.2	100	41.1	41.2	78.6	100	41.2	41.3	79.0	100	41.3	41.4	79.5	100	41.4	0
	41.5				**41.6**				**41.7**				**41.8**				**41.9**				
48													15.7	0.4	1	-32.1	15.8	0.5	1	-29.5	48
48									15.7	0.5	1	-30.5	15.8	0.6	1	-28.3	15.9	0.7	1	-26.4	48
47	15.6	0.4	1	-31.6	15.7	0.6	1	-29.2	15.8	0.7	1	-27.1	15.9	0.8	1	-25.4	**16.0**	0.9	1	-23.8	47
47	15.7	0.6	1	-27.9	15.8	0.7	1	-26.1	15.9	0.8	1	-24.5	**16.0**	1.0	1	-23.0	16.1	1.1	1	-21.7	47
46	15.8	0.8	1	-25.1	15.9	0.9	1	-23.6	**16.0**	1.0	1	-22.3	16.1	1.1	1	-21.0	16.2	1.3	2	-19.9	46
46	15.9	1.0	1	-22.8	**16.0**	1.1	1	-21.5	16.1	1.2	2	-20.4	16.2	1.3	2	-19.3	16.3	1.4	2	-18.3	46
46	**16.0**	1.2	1	-20.9	16.1	1.3	2	-19.8	16.2	1.4	2	-18.7	16.3	1.5	2	-17.8	16.4	1.6	2	-16.9	46
45	16.1	1.3	2	-19.2	16.2	1.5	2	-18.2	16.3	1.6	2	-17.3	16.4	1.7	2	-16.4	16.5	1.8	2	-15.6	45
45	16.2	1.5	2	-17.7	16.3	1.6	2	-16.8	16.4	1.8	2	-16.0	16.5	1.9	2	-15.2	16.6	2.0	2	-14.4	45
45	16.3	1.7	2	-16.3	16.4	1.8	2	-15.5	16.5	2.0	2	-14.7	16.6	2.1	3	-14.0	16.7	2.2	3	-13.3	45
44	16.4	1.9	2	-15.1	16.5	2.0	3	-14.3	16.6	2.1	3	-13.6	16.7	2.3	3	-13.0	16.8	2.4	3	-12.3	44
44	16.5	2.1	3	-13.9	16.6	2.2	3	-13.3	16.7	2.3	3	-12.6	16.8	2.4	3	-12.0	16.9	2.6	3	-11.4	44
44	16.6	2.3	3	-12.9	16.7	2.4	3	-12.3	16.8	2.5	3	-11.6	16.9	2.6	3	-11.0	**17.0**	2.8	3	-10.5	44
43	16.7	2.5	3	-11.9	16.8	2.6	3	-11.3	16.9	2.7	3	-10.7	**17.0**	2.8	3	-10.2	17.1	2.9	4	-9.6	43
43	16.8	2.6	3	-11.0	16.9	2.8	3	-10.4	**17.0**	2.9	4	-9.9	17.1	3.0	4	-9.3	17.2	3.1	4	-8.8	43
43	16.9	2.8	4	-10.1	**17.0**	3.0	4	-9.6	17.1	3.1	4	-9.1	17.2	3.2	4	-8.6	17.3	3.3	4	-8.1	43
42	**17.0**	3.0	4	-9.3	17.1	3.1	4	-8.8	17.2	3.3	4	-8.3	17.3	3.4	4	-7.8	17.4	3.5	4	-7.4	42
42	17.1	3.2	4	-8.5	17.2	3.3	4	-8.0	17.3	3.5	4	-7.6	17.4	3.6	4	-7.1	17.5	3.7	5	-6.7	42
42	17.2	3.4	4	-7.8	17.3	3.5	4	-7.3	17.4	3.7	5	-6.9	17.5	3.8	5	-6.4	17.6	3.9	5	-6.0	42
41	17.3	3.6	5	-7.1	17.4	3.7	5	-6.6	17.5	3.8	5	-6.2	17.6	4.0	5	-5.8	17.7	4.1	5	-5.4	41
41	17.4	3.8	5	-6.4	17.5	3.9	5	-6.0	17.6	4.0	5	-5.6	17.7	4.2	5	-5.1	17.8	4.3	5	-4.7	41
41	17.5	4.0	5	-5.8	17.6	4.1	5	-5.3	17.7	4.2	5	-4.9	17.8	4.4	5	-4.5	17.9	4.5	6	-4.2	41
40	17.6	4.2	5	-5.1	17.7	4.3	5	-4.7	17.8	4.4	5	-4.3	17.9	4.6	6	-4.0	**18.0**	4.7	6	-3.6	40
40	17.7	4.4	5	-4.5	17.8	4.5	6	-4.1	17.9	4.6	6	-3.8	**18.0**	4.8	6	-3.4	18.1	4.9	6	-3.0	40
40	17.8	4.6	6	-3.9	17.9	4.7	6	-3.6	**18.0**	4.8	6	-3.2	18.1	5.0	6	-2.9	18.2	5.1	6	-2.5	40
39	17.9	4.8	6	-3.4	**18.0**	4.9	6	-3.0	18.1	5.0	6	-2.7	18.2	5.1	6	-2.3	18.3	5.3	6	-2.0	39

n	t_W	e	U	t_d	t_W	e	U	t_d	t_W	e	U	t_d	t_W	e	U	t_d	t_W	e	U	t_d	n
	41.5				**41.6**				**41.7**				**41.8**				**41.9**				
39	**18.0**	5.0	6	-2.8	18.1	5.1	6	-2.5	18.2	5.2	6	-2.2	18.3	5.3	7	-1.8	18.4	5.5	7	-1.5	39
39	18.1	5.2	6	-2.3	18.2	5.3	7	-2.0	18.3	5.4	7	-1.6	18.4	5.5	7	-1.3	18.5	5.7	7	-1.0	39
39	18.2	5.3	7	-1.8	18.3	5.5	7	-1.5	18.4	5.6	7	-1.2	18.5	5.7	7	-0.8	18.6	5.9	7	-0.5	39
38	18.3	5.5	7	-1.3	18.4	5.7	7	-1.0	18.5	5.8	7	-0.7	18.6	5.9	7	-0.4	18.7	6.1	7	-0.1	38
38	18.4	5.7	7	-0.8	18.5	5.9	7	-0.5	18.6	6.0	7	-0.2	18.7	6.1	8	0.1	18.8	6.3	8	0.4	38
38	18.5	5.9	7	-0.4	18.6	6.1	8	-0.1	18.7	6.2	8	0.2	18.8	6.3	8	0.5	18.9	6.5	8	0.8	38
37	18.6	6.1	8	0.1	18.7	6.3	8	0.4	18.8	6.4	8	0.7	18.9	6.6	8	1.0	**19.0**	6.7	8	1.3	37
37	18.7	6.3	8	0.5	18.8	6.5	8	0.8	18.9	6.6	8	1.1	**19.0**	6.8	8	1.4	19.1	6.9	8	1.7	37
37	18.8	6.5	8	1.0	18.9	6.7	8	1.2	**19.0**	6.8	8	1.5	19.1	7.0	9	1.8	19.2	7.1	9	2.1	37
36	18.9	6.8	8	1.4	**19.0**	6.9	9	1.7	19.1	7.0	9	1.9	19.2	7.2	9	2.2	19.3	7.3	9	2.5	36
36	**19.0**	7.0	9	1.8	19.1	7.1	9	2.1	19.2	7.2	9	2.3	19.3	7.4	9	2.6	19.4	7.5	9	2.9	36
36	19.1	7.2	9	2.2	19.2	7.3	9	2.5	19.3	7.4	9	2.7	19.4	7.6	9	3.0	19.5	7.7	9	3.3	36
36	19.2	7.4	9	2.6	19.3	7.5	9	2.9	19.4	7.6	9	3.1	19.5	7.8	10	3.4	19.6	7.9	10	3.6	36
35	19.3	7.6	9	3.0	19.4	7.7	10	3.2	19.5	7.8	10	3.5	19.6	8.0	10	3.8	19.7	8.1	10	4.0	35
35	19.4	7.8	10	3.4	19.5	7.9	10	3.6	19.6	8.1	10	3.9	19.7	8.2	10	4.1	19.8	8.3	10	4.4	35
35	19.5	8.0	10	3.7	19.6	8.1	10	4.0	19.7	8.3	10	4.2	19.8	8.4	10	4.5	19.9	8.6	10	4.7	35
34	19.6	8.2	10	4.1	19.7	8.3	10	4.4	19.8	8.5	10	4.6	19.9	8.6	11	4.8	**20.0**	8.8	11	5.1	34
34	19.7	8.4	11	4.5	19.8	8.5	11	4.7	19.9	8.7	11	4.9	**20.0**	8.8	11	5.2	20.1	9.0	11	5.4	34
34	19.8	8.6	11	4.8	19.9	8.8	11	5.1	**20.0**	8.9	11	5.3	20.1	9.0	11	5.5	20.2	9.2	11	5.8	34
34	19.9	8.8	11	5.2	**20.0**	9.0	11	5.4	20.1	9.1	11	5.6	20.2	9.3	11	5.9	20.3	9.4	12	6.1	34
33	**20.0**	9.0	11	5.5	20.1	9.2	11	5.7	20.2	9.3	12	6.0	20.3	9.5	12	6.2	20.4	9.6	12	6.4	33
33	20.1	9.2	12	5.8	20.2	9.4	12	6.1	20.3	9.5	12	6.3	20.4	9.7	12	6.5	20.5	9.8	12	6.7	33
33	20.2	9.5	12	6.2	20.3	9.6	12	6.4	20.4	9.7	12	6.6	20.5	9.9	12	6.8	20.6	10.0	12	7.1	33
32	20.3	9.7	12	6.5	20.4	9.8	12	6.7	20.5	10.0	12	6.9	20.6	10.1	12	7.1	20.7	10.3	13	7.4	32
32	20.4	9.9	12	6.8	20.5	10.0	12	7.0	20.6	10.2	13	7.2	20.7	10.3	13	7.5	20.8	10.4	13	7.7	32
32	20.5	10.1	13	7.1	20.6	10.2	13	7.3	20.7	10.4	13	7.6	20.8	10.5	13	7.8	20.9	10.7	13	8.0	32
32	20.6	10.3	13	7.4	20.7	10.5	13	7.6	20.8	10.6	13	7.9	20.9	10.8	13	8.1	**21.0**	10.9	13	8.3	32
31	20.7	10.5	13	7.7	20.8	10.7	13	7.9	20.9	10.8	13	8.2	**21.0**	11.0	14	8.4	21.1	11.1	14	8.6	31
31	20.8	10.7	13	8.0	20.9	10.9	14	8.2	**21.0**	11.1	14	8.4	21.1	11.2	14	8.7	21.2	11.4	14	8.9	31
31	20.9	11.0	14	8.3	**21.0**	11.1	14	8.5	21.1	11.3	14	8.7	21.2	11.4	14	8.9	21.3	11.6	14	9.1	31
31	**21.0**	11.2	14	8.6	21.1	11.3	14	8.8	21.2	11.5	14	9.0	21.3	11.6	14	9.2	21.4	11.8	14	9.4	31
30	21.1	11.4	14	8.9	21.2	11.6	14	9.1	21.3	11.7	15	9.3	21.4	11.9	15	9.5	21.5	12.0	15	9.7	30
30	21.2	11.6	15	9.2	21.3	11.8	15	9.4	21.4	11.9	15	9.6	21.5	12.1	15	9.8	21.6	12.2	15	10.0	30
30	21.3	11.8	15	9.5	21.4	12.0	15	9.7	21.5	12.2	15	9.9	21.6	12.3	15	10.1	21.7	12.5	15	10.2	30
29	21.4	12.1	15	9.8	21.5	12.2	15	9.9	21.6	12.4	15	10.1	21.7	12.5	15	10.3	21.8	12.7	16	10.5	29
29	21.5	12.3	15	10.0	21.6	12.4	16	10.2	21.7	12.6	16	10.4	21.8	12.8	16	10.6	21.9	12.9	16	10.8	29
29	21.6	12.5	16	10.3	21.7	12.7	16	10.5	21.8	12.8	16	10.7	21.9	13.0	16	10.9	**22.0**	13.2	16	11.0	29
29	21.7	12.7	16	10.6	21.8	12.9	16	10.7	21.9	13.1	16	10.9	**22.0**	13.2	16	11.1	22.1	13.4	16	11.3	29
28	21.8	13.0	16	10.8	21.9	13.1	16	11.0	**22.0**	13.3	16	11.2	22.1	13.4	17	11.4	22.2	13.6	17	11.6	28
28	21.9	13.2	17	11.1	**22.0**	13.4	17	11.3	22.1	13.5	17	11.5	22.2	13.7	17	11.6	22.3	13.8	17	11.8	28
28	**22.0**	13.4	17	11.3	22.1	13.6	17	11.5	22.2	13.7	17	11.7	22.3	13.9	17	11.9	22.4	14.1	17	12.1	28
28	22.1	13.6	17	11.6	22.2	13.8	17	11.8	22.3	14.0	17	12.0	22.4	14.1	17	12.1	22.5	14.3	18	12.3	28
27	22.2	13.9	17	11.9	22.3	14.0	17	12.0	22.4	14.2	18	12.2	22.5	14.4	18	12.4	22.6	14.5	18	12.6	27
27	22.3	14.1	18	12.1	22.4	14.3	18	12.3	22.5	14.4	18	12.5	22.6	14.6	18	12.6	22.7	14.8	18	12.8	27
27	22.4	14.3	18	12.3	22.5	14.5	18	12.5	22.6	14.7	18	12.7	22.7	14.8	18	12.9	22.8	15.0	18	13.0	27
27	22.5	14.6	18	12.6	22.6	14.7	18	12.8	22.7	14.9	18	12.9	22.8	15.1	19	13.1	22.9	15.2	19	13.3	27
26	22.6	14.8	19	12.8	22.7	15.0	19	13.0	22.8	15.1	19	13.2	22.9	15.3	19	13.3	**23.0**	15.5	19	13.5	26
26	22.7	15.0	19	13.1	22.8	15.2	19	13.2	22.9	15.4	19	13.4	**23.0**	15.5	19	13.6	23.1	15.7	19	13.7	26
26	22.8	15.3	19	13.3	22.9	15.4	19	13.5	**23.0**	15.6	19	13.6	23.1	15.8	19	13.8	23.2	16.0	20	14.0	26
26	22.9	15.5	19	13.5	**23.0**	15.7	20	13.7	23.1	15.8	20	13.9	23.2	16.0	20	14.0	23.3	16.2	20	14.2	26
25	**23.0**	15.7	20	13.8	23.1	15.9	20	13.9	23.2	16.1	20	14.1	23.3	16.3	20	14.3	23.4	16.4	20	14.4	25
25	23.1	16.0	20	14.0	23.2	16.2	20	14.2	23.3	16.3	20	14.3	23.4	16.5	20	14.5	23.5	16.7	20	14.7	25
25	23.2	16.2	20	14.2	23.3	16.4	20	14.4	23.4	16.6	21	14.6	23.5	16.7	21	14.7	23.6	16.9	21	14.9	25
25	23.3	16.5	21	14.5	23.4	16.6	21	14.6	23.5	16.8	21	14.8	23.6	17.0	21	14.9	23.7	17.2	21	15.1	25
25	23.4	16.7	21	14.7	23.5	16.9	21	14.8	23.6	17.0	21	15.0	23.7	17.2	21	15.2	23.8	17.4	21	15.3	25
24	23.5	16.9	21	14.9	23.6	17.1	21	15.1	23.7	17.3	21	15.2	23.8	17.5	22	15.4	23.9	17.6	22	15.5	24
24	23.6	17.2	22	15.1	23.7	17.4	22	15.3	23.8	17.5	22	15.4	23.9	17.7	22	15.6	**24.0**	17.9	22	15.8	24
24	23.7	17.4	22	15.3	23.8	17.6	22	15.5	23.9	17.8	22	15.7	**24.0**	18.0	22	15.8	24.1	18.1	22	16.0	24
24	23.8	17.7	22	15.6	23.9	17.8	22	15.7	**24.0**	18.0	22	15.9	24.1	18.2	22	16.0	24.2	18.4	23	16.2	24
23	23.9	17.9	22	15.8	**24.0**	18.1	23	15.9	24.1	18.3	23	16.1	24.2	18.4	23	16.2	24.3	18.6	23	16.4	23
23	**24.0**	18.2	23	16.0	24.1	18.3	23	16.1	24.2	18.5	23	16.3	24.3	18.7	23	16.4	24.4	18.9	23	16.6	23
23	24.1	18.4	23	16.2	24.2	18.6	23	16.4	24.3	18.8	23	16.5	24.4	18.9	23	16.7	24.5	19.1	23	16.8	23
23	24.2	18.6	23	16.4	24.3	18.8	23	16.6	24.4	19.0	24	16.7	24.5	19.2	24	16.9	24.6	19.4	24	17.0	23
23	24.3	18.9	24	16.6	24.4	19.1	24	16.8	24.5	19.3	24	16.9	24.6	19.4	24	17.1	24.7	19.6	24	17.2	23
22	24.4	19.1	24	16.8	24.5	19.3	24	17.0	24.6	19.5	24	17.1	24.7	19.7	24	17.3	24.8	19.9	24	17.4	22
22	24.5	19.4	24	17.0	24.6	19.6	24	17.2	24.7	19.8	24	17.3	24.8	20.0	25	17.5	24.9	20.1	25	17.6	22
22	24.6	19.6	25	17.2	24.7	19.8	25	17.4	24.8	20.0	25	17.5	24.9	20.2	25	17.7	**25.0**	20.4	25	17.8	22
22	24.7	19.9	25	17.4	24.8	20.1	25	17.6	24.9	20.3	25	17.7	**25.0**	20.5	25	17.9	25.1	20.7	25	18.0	22
21	24.8	20.2	25	17.6	24.9	20.3	25	17.8	**25.0**	20.5	25	17.9	25.1	20.7	26	18.1	25.2	20.9	26	18.2	21
21	24.9	20.4	26	17.8	**25.0**	20.6	26	18.0	25.1	20.8	26	18.1	25.2	21.0	26	18.3	25.3	21.2	26	18.4	21
21	**25.0**	20.7	26	18.0	25.1	20.9	26	18.2	25.2	21.0	26	18.3	25.3	21.2	26	18.5	25.4	21.4	26	18.6	21
21	25.1	20.9	26	18.2	25.2	21.1	26	18.4	25.3	21.3	26	18.5	25.4	21.5	26	18.7	25.5	21.7	27	18.8	21
21	25.2	21.2	27	18.4	25.3	21.4	27	18.6	25.4	21.6	27	18.7	25.5	21.8	27	18.8	25.6	21.9	27	19.0	21

n	t_W	e	U	t_d	t_W	e	U	t_d	t_W	e	U	t_d	t_W	e	U	t_d	t_W	e	U	t_d	n
	41.5				**41.6**				**41.7**				**41.8**				**41.9**				
20	25.3	21.4	27	18.6	25.4	21.6	27	18.8	25.5	21.8	27	18.9	25.6	22.0	27	19.0	25.7	22.2	27	19.2	20
20	25.4	21.7	27	18.8	25.5	21.0	27	18.9	25.6	22.1	27	19.1	25.7	22.3	27	19.2	25.8	22.5	28	19.4	20
20	25.5	22.0	27	19.0	25.6	22.1	28	19.1	25.7	22.3	28	19.3	25.8	22.5	28	19.4	25.9	22.7	28	19.6	20
20	25.6	22.2	28	19.2	25.7	22.4	28	19.3	25.8	22.6	28	19.5	25.9	22.8	28	19.6	**26.0**	23.0	28	19.7	20
20	25.7	22.5	28	19.4	25.8	22.7	28	19.5	25.9	22.9	28	19.6	**26.0**	23.1	28	19.8	26.1	23.3	29	19.9	20
19	25.8	22.7	28	19.6	25.9	22.9	29	19.7	**26.0**	23.1	29	19.8	26.1	23.3	29	20.0	26.2	23.5	29	20.1	19
19	25.9	23.0	29	19.7	**26.0**	23.2	29	19.9	26.1	23.4	29	20.0	26.2	23.6	29	20.2	26.3	23.8	29	20.3	19
19	**26.0**	23.3	29	19.9	26.1	23.5	29	20.1	26.2	23.7	29	20.2	26.3	23.9	29	20.3	26.4	24.1	30	20.5	19
19	26.1	23.5	29	20.1	26.2	23.7	30	20.2	26.3	23.9	30	20.4	26.4	24.1	30	20.5	26.5	24.3	30	20.7	19
19	26.2	23.8	30	20.3	26.3	24.0	30	20.4	26.4	24.2	30	20.6	26.5	24.4	30	20.7	26.6	24.6	30	20.8	19
18	26.3	24.1	30	20.5	26.4	24.3	30	20.6	26.5	24.5	30	20.7	26.6	24.7	30	20.9	26.7	24.9	31	21.0	18
18	26.4	24.3	30	20.7	26.5	24.5	31	20.8	26.6	24.7	31	20.9	26.7	25.0	31	21.1	26.8	25.2	31	21.2	18
18	26.5	24.6	31	20.8	26.6	24.8	31	21.0	26.7	25.0	31	21.1	26.8	25.2	31	21.2	26.9	25.4	31	21.4	18
18	26.6	24.9	31	21.0	26.7	25.1	31	21.1	26.8	25.3	31	21.3	26.9	25.5	31	21.4	**27.0**	25.7	32	21.5	18
18	26.7	25.2	31	21.2	26.8	25.4	32	21.3	26.9	25.6	32	21.5	**27.0**	25.8	32	21.6	27.1	26.0	32	21.7	18
17	26.8	25.4	32	21.4	26.9	25.6	32	21.5	**27.0**	25.8	32	21.6	27.1	26.1	32	21.8	27.2	26.3	32	21.9	17
17	26.9	25.7	32	21.5	**27.0**	25.9	32	21.7	27.1	26.1	32	21.8	27.2	26.3	32	21.9	27.3	26.5	33	22.1	17
17	**27.0**	26.0	33	21.7	27.1	26.2	33	21.8	27.2	26.4	33	22.0	27.3	26.6	33	22.1	27.4	26.8	33	22.2	17
17	27.1	26.3	33	21.9	27.2	26.5	33	22.0	27.3	26.7	33	22.2	27.4	26.9	33	22.3	27.5	27.1	33	22.4	17
17	27.2	26.5	33	22.1	27.3	26.7	33	22.2	27.4	27.0	33	22.3	27.5	27.2	33	22.5	27.6	27.4	34	22.6	17
17	27.3	26.8	34	22.2	27.4	27.0	34	22.4	27.5	27.2	34	22.5	27.6	27.4	34	22.6	27.7	27.7	34	22.8	17
16	27.4	27.1	34	22.4	27.5	27.3	34	22.5	27.6	27.5	34	22.7	27.7	27.7	34	22.8	27.8	28.0	34	22.9	16
16	27.5	27.4	34	22.6	27.6	27.6	34	22.7	27.7	27.8	34	22.8	27.8	28.0	35	23.0	27.9	28.2	35	23.1	16
16	27.6	27.6	35	22.7	27.7	27.9	35	22.9	27.8	28.1	35	23.0	27.9	28.3	35	23.1	**28.0**	28.5	35	23.3	16
16	27.7	27.9	35	22.9	27.8	28.2	35	23.0	27.9	28.4	35	23.2	**28.0**	28.6	35	23.3	28.1	28.8	35	23.4	16
16	27.8	28.2	35	23.1	27.9	28.4	35	23.2	**28.0**	28.7	35	23.3	28.1	28.9	36	23.5	28.2	29.1	36	23.6	16
15	27.9	28.5	30	23.2	**28.0**	28.7	36	23.4	28.1	28.9	36	23.5	28.2	29.2	36	23.6	28.3	29.4	36	23.8	15
15	**28.0**	28.8	36	23.4	28.1	29.0	36	23.5	28.2	29.2	36	23.7	28.3	29.5	36	23.8	28.4	29.7	36	23.9	15
15	28.1	29.1	36	23.6	28.2	29.3	36	23.7	28.3	29.5	37	23.8	28.4	29.7	37	24.0	28.5	30.0	37	24.1	15
15	28.2	29.4	37	23.7	28.3	29.6	37	23.9	28.4	29.8	37	24.0	28.5	30.0	37	24.1	28.6	30.3	37	24.2	15
15	28.3	29.7	37	23.9	28.4	29.9	37	24.0	28.5	30.1	37	24.2	28.6	30.3	37	24.3	28.7	30.6	37	24.4	15
15	28.4	29.9	37	24.1	28.5	30.2	38	24.2	28.6	30.4	38	24.3	28.7	30.6	38	24.4	28.8	30.9	38	24.6	15
14	28.5	30.2	38	24.2	28.6	30.5	38	24.4	28.7	30.7	38	24.5	28.8	30.9	38	24.6	28.9	31.1	38	24.7	14
14	28.6	30.5	38	24.4	28.7	30.8	38	24.5	28.8	31.0	38	24.6	28.9	31.2	38	24.8	**29.0**	31.4	39	24.9	14
14	28.7	30.8	39	24.5	28.8	31.1	39	24.7	28.9	31.3	39	24.8	**29.0**	31.5	39	24.9	29.1	31.7	39	25.0	14
14	28.8	31.1	39	24.7	28.9	31.3	39	24.8	**29.0**	31.6	39	25.0	29.1	31.8	39	25.1	29.2	32.0	39	25.2	14
14	28.9	31.4	39	24.9	**29.0**	31.6	39	25.0	29.1	31.9	39	25.1	29.2	32.1	40	25.2	29.3	32.3	40	25.4	14
14	**29.0**	31.7	40	25.0	29.1	31.9	40	25.1	29.2	32.2	40	25.3	29.3	32.4	40	25.4	29.4	32.7	40	25.5	14
13	29.1	32.0	40	25.2	29.2	32.2	40	25.3	29.3	32.5	40	25.4	29.4	32.7	40	25.5	29.5	33.0	40	25.7	13
13	29.2	32.3	40	25.3	29.3	32.5	41	25.5	29.4	32.8	41	25.6	29.5	33.0	41	25.7	29.6	33.3	41	25.8	13
13	29.3	32.6	41	25.5	29.4	32.9	41	25.6	29.5	33.1	41	25.7	29.6	33.3	41	25.9	29.7	33.6	41	26.0	13
13	29.4	32.9	41	25.7	29.5	33.2	41	25.8	29.6	33.4	41	25.9	29.7	33.6	41	26.0	29.8	33.9	42	26.1	13
13	29.5	33.2	42	25.8	29.6	33.5	42	25.9	29.7	33.7	42	26.0	29.8	33.9	42	26.2	29.9	34.2	42	26.3	13
13	29.6	33.5	42	26.0	29.7	33.8	42	26.1	29.8	34.0	42	26.2	29.9	34.2	42	26.3	**30.0**	34.5	42	26.4	13
12	29.7	33.8	42	26.1	29.8	34.1	42	26.2	29.9	34.3	43	26.4	**30.0**	34.6	43	26.5	30.1	34.8	43	26.6	12
12	29.8	34.1	43	26.3	29.9	34.4	43	26.4	**30.0**	34.6	43	26.5	30.1	34.9	43	26.6	30.2	35.1	43	26.7	12
12	29.9	34.4	43	26.4	**30.0**	34.7	43	26.5	30.1	34.9	43	26.7	30.2	35.2	43	26.8	30.3	35.4	43	26.9	12
12	**30.0**	34.8	44	26.6	30.1	35.0	44	26.7	30.2	35.2	44	26.8	30.3	35.5	44	26.9	30.4	35.7	44	27.0	12
12	30.1	35.1	44	26.7	30.2	35.3	44	26.8	30.3	35.6	44	27.0	30.4	35.8	44	27.1	30.5	36.1	44	27.2	12
12	30.2	35.4	44	26.9	30.3	35.6	44	27.0	30.4	35.9	44	27.1	30.5	36.1	45	27.2	30.6	36.4	45	27.3	12
12	30.3	35.7	45	27.0	30.4	35.9	45	27.1	30.5	36.2	45	27.3	30.6	36.4	45	27.4	30.7	36.7	45	27.5	12
11	30.4	36.0	45	27.2	30.5	36.3	45	27.3	30.6	36.5	45	27.4	30.7	36.8	45	27.5	30.8	37.0	45	27.6	11
11	30.5	36.3	45	27.3	30.6	36.6	46	27.4	30.7	36.8	46	27.6	30.8	37.1	46	27.7	30.9	37.3	46	27.8	11
11	30.6	36.6	46	27.5	30.7	36.9	46	27.6	30.8	37.1	46	27.7	30.9	37.4	46	27.8	**31.0**	37.7	46	27.9	11
11	30.7	37.0	46	27.6	30.8	37.2	46	27.7	30.9	37.5	46	27.9	**31.0**	37.7	46	28.0	31.1	38.0	47	28.1	11
11	30.8	37.3	47	27.8	30.9	37.5	47	27.9	**31.0**	37.8	47	28.0	31.1	38.0	47	28.1	31.2	38.3	47	28.2	11
11	30.9	37.6	47	27.9	**31.0**	37.9	47	28.0	31.1	38.1	47	28.1	31.2	38.4	47	28.3	31.3	38.6	47	28.4	11
11	**31.0**	37.9	47	28.1	31.1	38.2	48	28.2	31.2	38.4	48	28.3	31.3	38.7	48	28.4	31.4	39.0	48	28.5	11
10	31.1	38.2	48	28.2	31.2	38.5	48	28.3	31.3	38.8	48	28.4	31.4	39.0	48	28.5	31.5	39.3	48	28.7	10
10	31.2	38.6	48	28.3	31.3	38.8	48	28.5	31.4	39.1	48	28.6	31.5	39.3	48	28.7	31.6	39.6	49	28.8	10
10	31.3	38.9	49	28.5	31.4	39.2	49	28.6	31.5	39.4	49	28.7	31.6	39.7	49	28.8	31.7	39.9	49	29.0	10
10	31.4	39.2	49	28.6	31.5	39.5	49	28.8	31.6	39.7	49	28.9	31.7	40.0	49	29.0	31.8	40.3	49	29.1	10
10	31.5	39.5	50	28.8	31.6	39.8	50	28.9	31.7	40.1	50	29.0	31.8	40.3	50	29.1	31.9	40.6	50	29.2	10
10	31.6	39.9	50	28.9	31.7	40.1	50	29.0	31.8	40.4	50	29.2	31.9	40.7	50	29.3	**32.0**	40.9	50	29.4	10
10	31.7	40.2	50	29.1	31.8	40.5	50	29.2	31.9	40.7	50	29.3	**32.0**	41.0	51	29.4	32.1	41.3	51	29.5	10
9	31.8	40.5	51	29.2	31.9	40.8	51	29.3	**32.0**	41.1	51	29.4	32.1	41.3	51	29.6	32.2	41.6	51	29.7	9
9	31.9	40.9	51	29.4	**32.0**	41.1	51	29.5	32.1	41.4	51	29.6	32.2	41.7	51	29.7	32.3	42.0	51	29.8	9
9	**32.0**	41.2	52	29.5	32.1	41.5	52	29.6	32.2	41.8	52	29.7	32.3	42.0	52	29.8	32.4	42.3	52	29.9	9
9	32.1	41.5	52	29.6	32.2	41.8	52	29.7	32.3	42.1	52	29.9	32.4	42.4	52	30.0	32.5	42.6	52	30.1	9
9	32.2	41.9	52	29.8	32.3	42.2	52	29.9	32.4	42.4	53	30.0	32.5	42.7	53	30.1	32.6	43.0	53	30.2	9
9	32.3	42.2	53	29.9	32.4	42.5	53	30.0	32.5	42.8	53	30.1	32.6	43.0	53	30.3	32.7	43.3	53	30.4	9
9	32.4	42.6	53	30.1	32.5	42.8	53	30.2	32.6	43.1	53	30.3	32.7	43.4	53	30.4	32.8	43.7	54	30.5	9
8	32.5	42.9	54	30.2	32.6	43.2	54	30.3	32.7	43.5	54	30.4	32.8	43.7	54	30.5	32.9	44.0	54	30.6	8

n	t_W	e	U	t_d	t_W	e	U	t_d	t_W	e	U	t_d	t_W	e	U	t_d	t_W	e	U	t_d	n
	41.5				**41.6**				**41.7**				**41.8**				**41.9**				
8	32.6	43.2	54	30.3	32.7	43.5	54	30.4	32.8	43.8	54	30.6	32.9	44.1	54	30.7	**33.0**	44.4	54	30.8	8
8	32.7	43.6	55	30.5	32.8	43.9	55	30.6	32.9	44.2	55	30.7	**33.0**	44.4	55	30.8	33.1	44.7	55	30.9	8
8	32.8	43.9	55	30.6	32.9	44.2	55	30.7	**33.0**	44.5	55	30.8	33.1	44.8	55	30.9	33.2	45.1	55	31.1	8
8	32.9	44.3	55	30.7	**33.0**	44.6	55	30.9	33.1	44.9	56	31.0	33.2	45.1	56	31.1	33.3	45.4	56	31.2	8
8	**33.0**	44.6	56	30.9	33.1	44.9	56	31.0	33.2	45.2	56	31.1	33.3	45.5	56	31.2	33.4	45.8	56	31.3	8
8	33.1	45.0	56	31.0	33.2	45.3	56	31.1	33.3	45.6	56	31.2	33.4	45.8	56	31.4	33.5	46.1	57	31.5	8
8	33.2	45.3	57	31.2	33.3	45.6	57	31.3	33.4	45.9	57	31.4	33.5	46.2	57	31.5	33.6	46.5	57	31.6	8
7	33.3	45.7	57	31.3	33.4	46.0	57	31.4	33.5	46.3	57	31.5	33.6	46.6	57	31.6	33.7	46.8	57	31.7	7
7	33.4	46.0	58	31.4	33.5	46.3	58	31.5	33.6	46.6	58	31.7	33.7	46.9	58	31.8	33.8	47.2	58	31.9	7
7	33.5	46.4	58	31.6	33.6	46.7	58	31.7	33.7	47.0	58	31.8	33.8	47.3	58	31.9	33.9	47.6	58	32.0	7
7	33.6	46.8	59	31.7	33.7	47.0	59	31.8	33.8	47.3	59	31.9	33.9	47.6	59	32.0	**34.0**	47.9	59	32.1	7
7	33.7	47.1	59	31.8	33.8	47.4	59	31.9	33.9	47.7	59	32.1	**34.0**	48.0	59	32.2	34.1	48.3	59	32.3	7
7	33.8	47.5	59	32.0	33.9	47.8	59	32.1	**34.0**	48.1	60	32.2	34.1	48.4	60	32.3	34.2	48.7	60	32.4	7
7	33.9	47.8	60	32.1	**34.0**	48.1	60	32.2	34.1	48.4	60	32.3	34.2	48.7	60	32.4	34.3	49.0	60	32.5	7
7	**34.0**	48.2	60	32.2	34.1	48.5	60	32.3	34.2	48.8	60	32.5	34.3	49.1	60	32.6	34.4	49.4	61	32.7	7
7	34.1	48.6	61	32.4	34.2	48.9	61	32.5	34.3	49.2	61	32.6	34.4	49.5	61	32.7	34.5	49.8	61	32.8	7
6	34.2	48.9	61	32.5	34.3	49.2	61	32.6	34.4	49.5	61	32.7	34.5	49.8	61	32.8	34.6	50.1	61	32.9	6
6	34.3	49.3	62	32.6	34.4	49.6	62	32.7	34.5	49.9	62	32.9	34.6	50.2	62	33.0	34.7	50.5	62	33.1	6
6	34.4	49.7	62	32.8	34.5	50.0	62	32.9	34.6	50.3	62	33.0	34.7	50.6	62	33.1	34.8	50.9	62	33.2	6
6	34.5	50.0	63	32.9	34.6	50.3	63	33.0	34.7	50.6	63	33.1	34.8	50.9	63	33.2	34.9	51.3	63	33.3	6
6	34.6	50.4	63	33.0	34.7	50.7	63	33.1	34.8	51.0	63	33.2	34.9	51.3	63	33.4	**35.0**	51.6	63	33.5	6
6	34.7	50.8	64	33.2	34.8	51.1	64	33.3	34.9	51.4	64	33.4	**35.0**	51.7	64	33.5	35.1	52.0	64	33.6	6
6	34.8	51.1	64	33.3	34.9	51.5	64	33.4	**35.0**	51.8	64	33.5	35.1	52.1	64	33.6	35.2	52.4	64	33.7	6
6	34.9	51.5	64	33.4	**35.0**	51.8	65	33.5	35.1	52.1	65	33.6	35.2	52.5	65	33.7	35.3	52.8	65	33.9	6
6	**35.0**	51.9	65	33.6	35.1	52.2	65	33.7	35.2	52.5	65	33.8	35.3	52.8	65	33.9	35.4	53.2	65	34.0	6
5	35.1	52.3	65	33.7	35.2	52.6	65	33.8	35.3	52.9	66	33.9	35.4	53.2	66	34.0	35.5	53.5	66	34.1	5
5	35.2	52.7	66	33.8	35.3	53.0	66	33.9	35.4	53.3	66	34.0	35.5	53.6	66	34.1	35.6	53.9	66	34.2	5
5	35.3	53.0	66	33.9	35.4	53.4	66	34.1	35.5	53.7	66	34.2	35.6	54.0	67	34.3	35.7	54.3	67	34.4	5
5	35.4	53.4	67	34.1	35.5	53.7	67	34.2	35.6	54.1	67	34.3	35.7	54.4	67	34.4	35.8	54.7	67	34.5	5
5	35.5	53.8	67	34.2	35.6	54.1	67	34.3	35.7	54.4	67	34.4	35.8	54.8	67	34.5	35.9	55.1	68	34.6	5
5	35.6	54.2	68	34.3	35.7	54.5	68	34.4	35.8	54.8	68	34.5	35.9	55.2	68	34.7	**36.0**	55.5	68	34.8	5
5	35.7	54.6	68	34.5	35.8	54.9	68	34.6	35.9	55.2	68	34.7	**36.0**	55.5	68	34.8	36.1	55.9	68	34.9	5
5	35.8	55.0	69	34.6	35.9	55.3	69	34.7	**36.0**	55.6	69	34.8	36.1	55.9	69	34.9	36.2	56.3	69	35.0	5
5	35.9	55.4	69	34.7	**36.0**	55.7	69	34.8	36.1	56.0	69	34.9	36.2	56.3	69	35.0	36.3	56.7	69	35.1	5
5	**36.0**	55.7	70	34.8	36.1	56.1	70	34.9	36.2	56.4	70	35.1	36.3	56.7	70	35.2	36.4	57.1	70	35.3	5
4	36.1	56.1	70	35.0	36.2	56.5	70	35.1	36.3	56.8	70	35.2	36.4	57.1	70	35.3	36.5	57.5	70	35.4	4
4	36.2	56.5	71	35.1	36.3	56.9	71	35.2	36.4	57.2	71	35.3	36.5	57.5	71	35.4	36.6	57.9	71	35.5	4
4	36.3	56.9	71	35.2	36.4	57.3	71	35.3	36.5	57.6	71	35.4	36.6	57.9	71	35.5	36.7	58.3	71	35.6	4
4	36.4	57.3	72	35.4	36.5	57.7	72	35.5	36.6	58.0	72	35.6	36.7	58.3	72	35.7	36.8	58.7	72	35.8	4
4	36.5	57.7	72	35.5	36.6	58.1	72	35.6	36.7	58.4	72	35.7	36.8	58.7	72	35.8	36.9	59.1	72	35.9	4
4	36.6	58.1	73	35.6	36.7	58.5	73	35.7	36.8	58.8	73	35.8	36.9	59.1	73	35.9	**37.0**	59.5	73	36.0	4
4	36.7	58.5	73	35.7	36.8	58.9	73	35.8	36.9	59.2	73	35.9	**37.0**	59.6	73	36.0	37.1	59.9	73	36.1	4
4	36.8	58.9	74	35.9	36.9	59.3	74	36.0	**37.0**	59.6	74	36.1	37.1	60.0	74	36.2	37.2	60.3	74	36.3	4
4	36.9	59.3	74	36.0	**37.0**	59.7	74	36.1	37.1	60.0	74	36.2	37.2	60.4	74	36.3	37.3	60.7	74	36.4	4
4	**37.0**	59.8	75	36.1	37.1	60.1	75	36.2	37.2	60.4	75	36.3	37.3	60.8	75	36.4	37.4	61.1	75	36.5	4
3	37.1	60.2	75	36.2	37.2	60.5	75	36.3	37.3	60.9	75	36.4	37.4	61.2	75	36.5	37.5	61.6	75	36.6	3
3	37.2	60.6	76	36.4	37.3	60.9	76	36.5	37.4	61.3	76	36.6	37.5	61.6	76	36.7	37.6	62.0	76	36.8	3
3	37.3	61.0	76	36.5	37.4	61.3	76	36.6	37.5	61.7	76	36.7	37.6	62.0	76	36.8	37.7	62.4	76	36.9	3
3	37.4	61.4	77	36.6	37.5	61.8	77	36.7	37.6	62.1	77	36.8	37.7	62.5	77	36.9	37.8	62.8	77	37.0	3
3	37.5	61.8	77	36.7	37.6	62.2	77	36.8	37.7	62.5	77	36.9	37.8	62.9	77	37.0	37.9	63.2	78	37.1	3
3	37.6	62.2	78	36.8	37.7	62.6	78	37.0	37.8	62.9	78	37.1	37.9	63.3	78	37.2	**38.0**	63.7	78	37.3	3
3	37.7	62.7	78	37.0	37.8	63.0	78	37.1	37.9	63.4	78	37.2	**38.0**	63.7	79	37.3	38.1	64.1	79	37.4	3
3	37.8	63.1	79	37.1	37.9	63.4	79	37.2	**38.0**	63.8	79	37.3	38.1	64.2	79	37.4	38.2	64.5	79	37.5	3
3	37.9	63.5	79	37.2	**38.0**	63.9	80	37.3	38.1	64.2	80	37.4	38.2	64.6	80	37.5	38.3	64.9	80	37.6	3
3	**38.0**	63.9	80	37.3	38.1	64.3	80	37.4	38.2	64.6	80	37.5	38.3	65.0	80	37.6	38.4	65.4	80	37.8	3
3	38.1	64.4	81	37.5	38.2	64.7	81	37.6	38.3	65.1	81	37.7	38.4	65.4	81	37.8	38.5	65.8	81	37.9	3
2	38.2	64.8	81	37.6	38.3	65.1	81	37.7	38.4	65.5	81	37.8	38.5	65.9	81	37.9	38.6	66.2	81	38.0	2
2	38.3	65.2	82	37.7	38.4	65.6	82	37.8	38.5	65.9	82	37.9	38.6	66.3	82	38.0	38.7	66.7	82	38.1	2
2	38.4	65.6	82	37.8	38.5	66.0	82	37.9	38.6	66.4	82	38.0	38.7	66.7	82	38.1	38.8	67.1	82	38.2	2
2	38.5	66.1	83	37.9	38.6	66.4	83	38.1	38.7	66.8	83	38.2	38.8	67.2	83	38.3	38.9	67.6	83	38.4	2
2	38.6	66.5	83	38.1	38.7	66.9	83	38.2	38.8	67.2	83	38.3	38.9	67.6	83	38.4	**39.0**	68.0	83	38.5	2
2	38.7	66.9	84	38.2	38.8	67.3	84	38.3	38.9	67.7	84	38.4	**39.0**	68.1	84	38.5	39.1	68.4	84	38.6	2
2	38.8	67.4	84	38.3	38.9	67.8	84	38.4	**39.0**	68.1	84	38.5	39.1	68.5	84	38.6	39.2	68.9	84	38.7	2
2	38.9	67.8	85	38.4	**39.0**	68.2	85	38.5	39.1	68.6	85	38.6	39.2	69.0	85	38.7	39.3	69.3	85	38.8	2
2	**39.0**	68.3	85	38.6	39.1	68.6	85	38.7	39.2	69.0	85	38.8	39.3	69.4	86	38.9	39.4	39.8	86	39.0	2
2	39.1	68.7	86	38.7	39.2	69.1	86	38.8	39.3	69.5	86	38.9	39.4	69.8	86	39.0	39.5	70.2	86	39.1	2
2	39.2	69.2	87	38.8	39.3	69.5	87	38.9	39.4	69.9	87	39.0	39.5	70.3	87	39.1	39.6	70.7	87	39.2	2
2	39.3	69.6	87	38.9	39.4	70.0	87	39.0	39.5	70.4	87	39.1	39.6	70.7	87	39.2	39.7	71.1	87	39.3	2
2	39.4	70.0	88	39.0	39.5	70.4	88	39.1	39.6	70.8	88	39.2	39.7	71.2	88	39.3	39.8	71.6	88	39.4	2
1	39.5	70.5	88	39.2	39.6	70.9	88	39.3	39.7	71.3	88	39.4	39.8	71.7	88	39.5	39.9	72.0	88	39.6	1
1	39.6	70.9	89	39.3	39.7	71.3	89	39.4	39.8	71.7	89	39.5	39.9	72.1	89	39.6	**40.0**	72.5	89	39.7	1
1	39.7	71.4	89	39.4	39.8	71.8	89	39.5	39.9	72.2	89	39.6	**40.0**	72.6	89	39.7	40.1	73.0	89	39.8	1
1	39.8	71.9	90	39.5	39.9	72.2	90	39.6	**40.0**	72.6	90	39.7	40.1	73.0	90	39.8	40.2	73.4	90	39.9	1

n	t_W	e	U	t_d	t_W	e	U	t_d	t_W	e	U	t_d	t_W	e	U	t_d	t_W	e	U	t_d	n
	41.5				**41.6**				**41.7**				**41.8**				**41.9**				
1	39.9	72.3	91	39.6	**40.0**	72.7	91	39.7	40.1	73.1	91	39.8	40.2	73.5	91	39.9	40.3	73.9	91	40.0	1
1	**40.0**	72.8	91	39.7	40.1	73.2	91	39.8	40.2	73.6	91	39.9	40.3	74.0	91	40.0	40.4	74.4	91	40.1	1
1	40.1	73.2	92	39.9	40.2	73.6	92	40.0	40.3	74.0	92	40.0	40.4	74.4	92	40.2	40.5	74.8	92	40.3	1
1	40.2	73.7	92	40.0	40.3	74.1	92	40.1	40.4	74.5	92	40.2	40.5	74.9	92	40.3	40.6	75.3	92	40.4	1
1	40.3	74.2	93	40.1	40.4	74.6	93	40.2	40.5	75.0	93	40.3	40.6	75.4	93	40.4	40.7	75.8	93	40.5	1
1	40.4	74.6	93	40.2	40.5	75.0	93	40.3	40.6	75.4	93	40.4	40.7	75.8	93	40.5	40.8	76.2	93	40.6	1
1	40.5	75.1	94	40.3	40.6	75.5	94	40.4	40.7	75.9	94	40.5	40.8	76.3	94	40.6	40.9	76.7	94	40.7	1
1	40.6	75.6	95	40.5	40.7	76.0	95	40.6	40.8	76.4	95	40.7	40.9	76.8	95	40.8	**41.0**	77.2	95	40.9	1
1	40.7	76.0	95	40.6	40.8	76.4	95	40.7	40.9	76.9	95	40.8	**41.0**	77.3	95	40.9	41.1	77.7	95	41.0	1
0	40.8	76.5	96	40.7	40.9	76.9	96	40.8	**41.0**	77.3	96	40.9	41.1	77.7	96	41.0	41.2	78.2	96	41.1	0
0	40.9	77.0	96	40.8	**41.0**	77.4	96	40.9	41.1	77.8	96	41.0	41.2	78.2	96	41.1	41.3	78.6	96	41.2	0
0	**41.0**	77.5	97	40.9	41.1	77.9	97	41.0	41.2	78.3	97	41.1	41.3	78.7	97	41.2	41.4	79.1	97	41.3	0
0	41.1	77.9	98	41.0	41.2	78.4	98	41.1	41.3	78.8	98	41.2	41.4	79.2	98	41.3	41.5	79.6	98	41.4	0
0	41.2	78.4	98	41.2	41.3	78.8	98	41.3	41.4	79.3	98	41.4	41.5	79.7	98	41.5	41.6	80.1	98	41.6	0
0	41.3	78.9	99	41.3	41.4	79.3	99	41.4	41.5	79.7	99	41.5	41.6	80.2	99	41.6	41.7	80.6	99	41.7	0
0	41.4	79.4	99	41.4	41.5	79.8	99	41.5	41.6	80.2	99	41.6	41.7	80.7	99	41.7	41.8	81.1	99	41.8	0
0	41.5	79.9	100	41.5	41.6	80.3	100	41.6	41.7	80.7	100	41.7	41.8	81.2	100	41.8	41.9	81.6	100	41.9	0
	42.0				**42.1**				**42.2**				**42.3**				**42.4**				
48													15.9	0.4	1	-31.4	**16.0**	0.6	1	-28.9	48
48									15.9	0.5	1	-29.9	**16.0**	0.6	1	-27.7	16.1	0.7	1	-25.9	48
47	15.8	0.5	1	-31.0	15.9	0.6	1	-28.6	**16.0**	0.7	1	-26.6	16.1	0.8	1	-24.9	16.2	0.9	1	-23.4	47
47	15.9	0.6	1	-27.4	**16.0**	0.8	1	-25.6	16.1	0.9	1	-24.0	16.2	1.0	1	-22.6	16.3	1.1	1	-21.4	47
47	**16.0**	0.8	1	-24.7	16.1	0.9	1	-23.2	16.2	1.1	1	-21.9	16.3	1.2	1	-20.7	16.4	1.3	2	-19.6	47
46	16.1	1.0	1	-22.5	16.2	1.1	1	-21.2	16.3	1.2	2	-20.1	16.4	1.4	2	-19.0	16.5	1.5	2	-18.0	46
46	16.2	1.2	1	-20.5	16.3	1.3	2	-19.5	16.4	1.4	2	-18.4	16.5	1.6	2	-17.5	16.6	1.7	2	-16.6	46
46	16.3	1.4	2	-18.9	16.4	1.5	2	-17.9	16.5	1.6	2	-17.0	16.6	1.7	2	-16.1	16.7	1.9	2	-15.3	46
45	16.4	1.6	2	-17.4	16.5	1.7	2	-16.5	16.6	1.8	2	-15.7	16.7	1.9	2	-14.9	16.8	2.0	2	-14.2	45
45	16.5	1.8	2	-16.1	16.6	1.9	2	-15.3	16.7	2.0	2	-14.5	16.8	2.1	3	-13.8	16.9	2.2	3	-13.1	45
45	16.6	1.9	2	-14.8	16.7	2.1	2	-14.1	16.8	2.2	3	-13.4	16.9	2.3	3	-12.7	**17.0**	2.4	3	-12.1	45
44	16.7	2.1	3	-13.7	16.8	2.2	3	-13.0	16.9	2.4	3	-12.4	**17.0**	2.5	3	-11.7	17.1	2.6	3	-11.1	44
44	16.8	2.3	3	-12.7	16.9	2.4	3	-12.0	**17.0**	2.6	3	-11.4	17.1	2.7	3	-10.8	17.2	2.8	3	-10.3	44
44	16.9	2.5	3	-11.7	**17.0**	2.6	3	-11.1	17.1	2.7	3	-10.5	17.2	2.9	3	-10.0	17.3	3.0	4	-9.4	44
43	**17.0**	2.7	3	-10.8	17.1	2.8	3	-10.2	17.2	2.9	4	-9.7	17.3	3.1	4	-9.1	17.4	3.2	4	-8.6	43
43	17.1	2.9	4	-9.9	17.2	3.0	4	-9.4	17.3	3.1	4	-8.9	17.4	3.3	4	-8.4	17.5	3.4	4	-7.9	43
43	17.2	3.1	4	-9.1	17.3	3.2	4	-8.6	17.4	3.3	4	-8.1	17.5	3.4	4	-7.6	17.6	3.6	4	-7.2	43
42	17.3	3.3	4	-8.3	17.4	3.4	4	-7.9	17.5	3.5	4	-7.4	17.6	3.6	4	-6.9	17.7	3.8	4	-6.5	42
42	17.4	3.5	4	-7.6	17.5	3.6	4	-7.1	17.6	3.7	4	-6.7	17.7	3.8	5	-6.2	17.8	4.0	5	-5.8	42
42	17.5	3.6	4	-6.9	17.6	3.8	5	-6.5	17.7	3.9	5	-6.0	17.8	4.0	5	-5.6	17.9	4.2	5	-5.2	42
41	17.6	3.8	5	-6.2	17.7	4.0	5	-5.8	17.8	4.1	5	-5.4	17.9	4.2	5	-5.0	**18.0**	4.4	5	-4.6	41
41	17.7	4.0	5	-5.6	17.8	4.2	5	-5.2	17.9	4.3	5	-4.8	**18.0**	4.4	5	-4.4	18.1	4.5	5	-4.0	41
41	17.8	4.2	5	-5.0	17.9	4.4	5	-4.6	**18.0**	4.5	5	-4.2	18.1	4.6	6	-3.8	18.2	4.7	6	-3.4	41
40	17.9	4.4	5	-4.4	**18.0**	4.6	6	-4.0	18.1	4.7	6	-3.6	18.2	4.8	6	-3.2	18.3	4.9	6	-2.9	40
40	**18.0**	4.6	6	-3.8	18.1	4.7	6	-3.4	18.2	4.9	6	-3.0	18.3	5.0	6	-2.7	18.4	5.1	6	-2.3	40
40	18.1	4.8	6	-3.2	18.2	4.9	6	-2.9	18.3	5.1	6	-2.5	18.4	5.2	6	-2.2	18.5	5.3	6	-1.8	40
39	18.2	5.0	6	-2.7	18.3	5.1	6	-2.3	18.4	5.3	6	-2.0	18.5	5.4	6	-1.7	18.6	5.5	7	-1.3	39
39	18.3	5.2	6	-2.2	18.4	5.3	6	-1.8	18.5	5.5	7	-1.5	18.6	5.6	7	-1.2	18.7	5.7	7	-0.8	39
39	18.4	5.4	7	-1.7	18.5	5.5	7	-1.3	18.6	5.7	7	-1.0	18.7	5.8	7	-0.7	18.8	5.9	7	-0.4	39
38	18.5	5.6	7	-1.2	18.6	5.7	7	-0.8	18.7	5.9	7	-0.5	18.8	6.0	7	-0.2	18.9	6.2	7	0.1	38
38	18.6	5.8	7	-0.7	18.7	5.9	7	-0.4	18.8	6.1	7	-0.1	18.9	6.2	7	0.2	**19.0**	6.4	8	0.5	38
38	18.7	6.0	7	-0.2	18.8	6.1	7	0.1	18.9	6.3	8	0.4	**19.0**	6.4	8	0.7	19.1	6.6	8	1.0	38
38	18.8	6.2	8	0.2	18.9	6.4	8	0.5	**19.0**	6.5	8	0.8	19.1	6.6	8	1.1	19.2	6.8	8	1.4	38
37	18.9	6.4	8	0.7	**19.0**	6.6	8	1.0	19.1	6.7	8	1.3	19.2	6.8	8	1.5	19.3	7.0	8	1.8	37
37	**19.0**	6.6	8	1.1	19.1	6.8	8	1.4	19.2	6.9	8	1.7	19.3	7.0	8	2.0	19.4	7.2	9	2.2	37
37	19.1	6.8	8	1.5	19.2	7.0	8	1.8	19.3	7.1	9	2.1	19.4	7.2	9	2.4	19.5	7.4	9	2.6	37
36	19.2	7.0	9	2.0	19.3	7.2	9	2.2	19.4	7.3	9	2.5	19.5	7.4	9	2.8	19.6	7.6	9	3.0	36
36	19.3	7.2	9	2.4	19.4	7.4	9	2.6	19.5	7.5	9	2.9	19.6	7.7	9	3.2	19.7	7.8	9	3.4	36
36	19.4	7.4	9	2.8	19.5	7.6	9	3.0	19.6	7.7	9	3.3	19.7	7.9	9	3.5	19.8	8.0	10	3.8	36
35	19.5	7.6	9	3.1	19.6	7.8	9	3.4	19.7	7.9	10	3.7	19.8	8.1	10	3.9	19.9	8.2	10	4.2	35
35	19.6	7.9	10	3.5	19.7	8.0	10	3.8	19.8	8.1	10	4.0	19.9	8.3	10	4.3	**20.0**	8.4	10	4.5	35
35	19.7	8.1	10	3.9	19.8	8.2	10	4.1	19.9	8.4	10	4.4	**20.0**	8.5	10	4.6	20.1	8.6	10	4.9	35
35	19.8	8.3	10	4.3	19.9	8.4	10	4.5	**20.0**	8.6	10	4.7	20.1	8.7	10	5.0	20.2	8.9	11	5.2	35
34	19.9	8.5	10	4.6	**20.0**	8.6	10	4.9	20.1	8.8	11	5.1	20.2	8.9	11	5.3	20.3	9.1	11	5.6	34
34	**20.0**	8.7	11	5.0	20.1	8.8	11	5.2	20.2	9.0	11	5.4	20.3	9.1	11	5.7	20.4	9.3	11	5.9	34
34	20.1	8.9	11	5.3	20.2	9.1	11	5.5	20.3	9.2	11	5.8	20.4	9.3	11	6.0	20.5	9.5	11	6.2	34
33	20.2	9.1	11	5.6	20.3	9.3	11	5.9	20.4	9.4	11	6.1	20.5	9.6	11	6.3	20.6	9.7	12	6.6	33
33	20.3	9.3	11	6.0	20.4	9.5	12	6.2	20.5	9.6	12	6.4	20.6	9.8	12	6.7	20.7	9.9	12	6.9	33
33	20.4	9.5	12	6.3	20.5	9.7	12	6.5	20.6	9.8	12	6.8	20.7	10.0	12	7.0	20.8	10.1	12	7.2	33
33	20.5	9.8	12	6.6	20.6	9.9	12	6.9	20.7	10.1	12	7.1	20.8	10.2	12	7.3	20.9	10.4	12	7.5	33
32	20.6	10.0	12	7.0	20.7	10.1	12	7.2	20.8	10.3	12	7.4	20.9	10.4	13	7.6	**21.0**	10.6	13	7.8	32
32	20.7	10.2	12	7.3	20.8	10.3	13	7.5	20.9	10.5	13	7.7	**21.0**	10.7	13	7.9	21.1	10.8	13	8.1	32
32	20.8	10.4	13	7.6	20.9	10.6	13	7.8	**21.0**	10.7	13	8.0	21.1	10.9	13	8.2	21.2	11.0	13	8.4	32

n	t_W	e	U	t_d	t_W	e	U	t_d	t_W	e	U	t_d	t_W	e	U	t_d	t_W	e	U	t_d	n
	42.0				42.1				42.2				42.3				42.4				
32	20.9	10.6	13	7.9	**21.0**	10.8	13	8.1	21.1	10.9	13	8.3	21.2	11.1	13	8.5	21.3	11.2	13	8.7	32
31	**21.0**	10.9	13	8.2	21.1	11.0	13	8.4	21.2	11.2	13	8.6	21.3	11.3	14	8.8	21.4	11.5	14	9.0	31
31	21.1	11.1	13	8.5	21.2	11.2	14	8.7	21.3	11.4	14	8.9	21.4	11.5	14	9.1	21.5	11.7	14	9.3	31
31	21.2	11.3	14	8.8	21.3	11.4	14	9.0	21.4	11.6	14	9.2	21.5	11.8	14	9.4	21.6	11.9	14	9.6	31
30	21.3	11.5	14	9.1	21.4	11.7	14	9.3	21.5	11.8	14	9.4	21.6	12.0	14	9.6	21.7	12.1	14	9.8	30
30	21.4	11.7	14	9.3	21.5	11.9	14	9.5	21.6	12.0	15	9.7	21.7	12.2	15	9.9	21.8	12.4	15	10.1	30
30	21.5	12.0	15	9.6	21.6	12.1	15	9.8	21.7	12.3	15	10.0	21.8	12.4	15	10.2	21.9	12.6	15	10.4	30
30	21.6	12.2	15	9.9	21.7	12.3	15	10.1	21.8	12.5	15	10.3	21.9	12.7	15	10.5	**22.0**	12.8	15	10.7	30
29	21.7	12.4	15	10.2	21.8	12.6	15	10.4	21.9	12.7	15	10.5	**22.0**	12.9	15	10.7	22.1	13.0	16	10.9	29
29	21.8	12.6	15	10.4	21.9	12.8	16	10.6	**22.0**	13.0	16	10.8	22.1	13.1	16	11.0	22.2	13.3	16	11.2	29
29	21.9	12.9	16	10.7	**22.0**	13.0	16	10.9	22.1	13.2	16	11.1	22.2	13.3	16	11.3	22.3	13.5	16	11.4	29
29	**22.0**	13.1	16	11.0	22.1	13.2	16	11.2	22.2	13.4	16	11.3	22.3	13.6	16	11.5	22.4	13.7	16	11.7	29
28	22.1	13.3	16	11.2	22.2	13.5	16	11.4	22.3	13.6	16	11.6	22.4	13.8	17	11.8	22.5	14.0	17	12.0	28
28	22.2	13.5	17	11.5	22.3	13.7	17	11.7	22.4	13.9	17	11.8	22.5	14.0	17	12.0	22.6	14.2	17	12.2	28
28	22.3	13.8	17	11.7	22.4	13.9	17	11.9	22.5	14.1	17	12.1	22.6	14.3	17	12.3	22.7	14.4	17	12.5	28
28	22.4	14.0	17	12.0	22.5	14.2	17	12.2	22.6	14.3	17	12.3	22.7	14.5	17	12.5	22.8	14.7	18	12.7	28
27	22.5	14.2	17	12.2	22.6	14.4	17	12.4	22.7	14.6	18	12.6	22.8	14.7	18	12.8	22.9	14.9	18	12.9	27
27	22.6	14.5	18	12.5	22.7	14.6	18	12.7	22.8	14.8	18	12.8	22.9	15.0	18	13.0	**23.0**	15.1	18	13.2	27
27	22.7	14.7	18	12.7	22.8	14.9	18	12.9	22.9	15.0	18	13.1	**23.0**	15.2	18	13.2	23.1	15.4	18	13.4	27
27	22.8	14.9	18	13.0	22.9	15.1	18	13.1	**23.0**	15.3	18	13.3	23.1	15.4	19	13.5	23.2	15.6	19	13.7	27
26	22.9	15.2	19	13.2	**23.0**	15.3	19	13.4	23.1	15.5	19	13.5	23.2	15.7	19	13.7	23.3	15.9	19	13.9	26
26	**23.0**	15.4	19	13.4	23.1	15.6	19	13.6	23.2	15.8	19	13.8	23.3	15.9	19	14.0	23.4	16.1	19	14.1	26
26	23.1	15.6	19	13.7	23.2	15.8	19	13.8	23.3	16.0	19	14.0	23.4	16.2	19	14.2	23.5	16.3	20	14.3	26
26	23.2	15.9	19	13.9	23.3	16.1	19	14.1	23.4	16.2	20	14.2	23.5	16.4	20	14.4	23.6	16.6	20	14.6	26
25	23.3	16.1	20	14.1	23.4	16.3	20	14.3	23.5	16.5	20	14.5	23.6	16.6	20	14.6	23.7	16.8	20	14.8	25
25	23.4	16.4	20	14.4	23.5	16.5	20	14.5	23.6	16.7	20	14.7	23.7	16.9	20	14.9	23.8	17.1	20	15.0	25
25	23.5	16.6	20	14.6	23.6	16.8	20	14.8	23.7	17.0	20	14.9	23.8	17.1	21	15.1	23.9	17.3	21	15.2	25
25	23.6	16.8	21	14.8	23.7	17.0	21	15.0	23.8	17.2	21	15.1	23.9	17.4	21	15.3	**24.0**	17.6	21	15.5	25
25	23.7	17.1	21	15.0	23.8	17.3	21	15.2	23.9	17.4	21	15.4	**24.0**	17.6	21	15.5	24.1	17.8	21	15.7	25
24	23.8	17.3	21	15.3	23.9	17.5	21	15.4	**24.0**	17.7	21	15.6	24.1	17.9	21	15.7	24.2	18.0	22	15.9	24
24	23.9	17.6	21	15.5	**24.0**	17.8	22	15.6	24.1	17.9	22	15.8	24.2	18.1	22	16.0	24.3	18.3	22	16.1	24
24	**24.0**	17.8	22	15.7	24.1	18.0	22	15.9	24.2	18.2	22	16.0	24.3	18.4	22	16.2	24.4	18.5	22	16.3	24
24	24.1	18.1	22	15.9	24.2	18.2	22	16.1	24.3	18.4	22	16.2	24.4	18.6	22	16.4	24.5	18.8	22	16.5	24
23	24.2	18.3	22	16.1	24.3	18.5	22	16.3	24.4	18.7	23	16.4	24.5	18.9	23	16.6	24.6	19.0	23	16.7	23
23	24.3	18.6	23	16.3	24.4	18.7	23	16.5	24.5	18.9	23	16.6	24.6	19.1	23	16.8	24.7	19.3	23	16.9	23
23	24.4	18.8	23	16.5	24.5	19.0	23	16.7	24.6	19.2	23	16.8	24.7	19.4	23	17.0	24.8	19.6	23	17.2	23
23	24.5	19.1	23	16.8	24.6	19.2	23	16.9	24.7	19.4	23	17.1	24.8	19.6	24	17.2	24.9	19.8	24	17.4	23
23	24.6	19.3	24	17.0	24.7	19.5	24	17.1	24.8	19.7	24	17.3	24.9	19.9	24	17.4	**25.0**	20.1	24	17.6	23
22	24.7	19.6	24	17.2	24.8	19.8	24	17.3	24.9	19.9	24	17.5	**25.0**	20.1	24	17.6	25.1	20.3	24	17.8	22
22	24.8	19.8	24	17.4	24.9	20.0	24	17.5	**25.0**	20.2	24	17.7	25.1	20.4	24	17.8	25.2	20.6	25	18.0	22
22	24.9	20.1	24	17.6	**25.0**	20.3	25	17.7	25.1	20.5	25	17.9	25.2	20.6	25	18.0	25.3	20.8	25	18.2	22
22	**25.0**	20.3	25	17.8	25.1	20.5	25	17.9	25.2	20.7	25	18.1	25.3	20.9	25	18.2	25.4	21.1	25	18.4	22
21	25.1	20.6	25	18.0	25.2	20.8	25	18.1	25.3	21.0	25	18.3	25.4	21.2	25	18.4	25.5	21.4	25	18.5	21
21	25.2	20.8	25	18.2	25.3	21.0	26	18.3	25.4	21.2	26	18.5	25.5	21.4	26	18.6	25.6	21.6	26	18.7	21
21	25.3	21.1	26	18.4	25.4	21.3	26	18.5	25.5	21.5	26	18.6	25.6	21.7	26	18.8	25.7	21.9	26	18.9	21
21	25.4	21.4	26	18.6	25.5	21.6	26	18.7	25.6	21.7	26	18.8	25.7	21.9	26	19.0	25.8	22.1	26	19.1	21
21	25.5	21.6	26	18.7	25.6	21.8	26	18.9	25.7	22.0	27	19.0	25.8	22.2	27	19.2	25.9	22.4	27	19.3	21
20	25.6	21.9	27	18.9	25.7	22.1	27	19.1	25.8	22.3	27	19.2	25.9	22.5	27	19.4	**26.0**	22.7	27	19.5	20
20	25.7	22.1	27	19.1	25.8	22.3	27	19.3	25.9	22.5	27	19.4	**26.0**	22.7	27	19.6	26.1	22.9	27	19.7	20
20	25.8	22.4	27	19.3	25.9	22.6	27	19.5	**26.0**	22.8	28	19.6	26.1	23.0	28	19.7	26.2	23.2	28	19.9	20
20	25.9	22.7	28	19.5	**26.0**	22.9	28	19.6	26.1	23.1	28	19.8	26.2	23.3	28	19.9	26.3	23.5	28	20.1	20
20	**26.0**	22.9	28	19.7	26.1	23.1	28	19.8	26.2	23.3	28	20.0	26.3	23.5	28	20.1	26.4	23.7	28	20.3	20
19	26.1	23.2	28	19.9	26.2	23.4	28	20.0	26.3	23.6	28	20.2	26.4	23.8	29	20.3	26.5	24.0	29	20.4	19
19	26.2	23.5	29	20.1	26.3	23.7	29	20.2	26.4	23.9	29	20.3	26.5	24.1	29	20.5	26.6	24.3	29	20.6	19
19	26.3	23.7	29	20.2	26.4	23.9	29	20.4	26.5	24.1	29	20.5	26.6	24.3	29	20.7	26.7	24.6	29	20.8	19
19	26.4	24.0	29	20.4	26.5	24.2	29	20.6	26.6	24.4	29	20.7	26.7	24.6	30	20.8	26.8	24.8	30	21.0	19
19	26.5	24.3	30	20.6	26.6	24.5	30	20.7	26.7	24.7	30	20.9	26.8	24.9	30	21.0	26.9	25.1	30	21.2	19
18	26.6	24.5	30	20.8	26.7	24.8	30	20.9	26.8	25.0	30	21.1	26.9	25.2	30	21.2	**27.0**	25.4	30	21.3	18
18	26.7	24.8	30	21.0	26.8	25.0	30	21.1	26.9	25.2	30	21.2	**27.0**	25.4	31	21.4	27.1	25.7	31	21.5	18
18	26.8	25.1	31	21.2	26.9	25.3	31	21.3	**27.0**	25.5	31	21.4	27.1	25.7	31	21.6	27.2	25.9	31	21.7	18
18	26.9	25.4	31	21.3	**27.0**	25.6	31	21.5	27.1	25.8	31	21.6	27.2	26.0	31	21.7	27.3	26.2	31	21.9	18
18	**27.0**	25.6	31	21.5	27.1	25.9	31	21.6	27.2	26.1	31	21.8	27.3	26.3	32	21.9	27.4	26.5	32	22.0	18
17	27.1	25.9	32	21.7	27.2	26.1	32	21.8	27.3	26.3	32	21.9	27.4	26.6	32	22.1	27.5	26.8	32	22.2	17
17	27.2	26.2	32	21.9	27.3	26.4	32	22.0	27.4	26.6	32	22.1	27.5	26.8	32	22.3	27.6	27.0	32	22.4	17
17	27.3	26.5	32	22.0	27.4	26.7	32	22.2	27.5	26.9	32	22.3	27.6	27.1	33	22.4	27.7	27.3	33	22.6	17
17	27.4	26.8	33	22.2	27.5	27.0	33	22.3	27.6	27.2	33	22.5	27.7	27.4	33	22.6	27.8	27.6	33	22.7	17
17	27.5	27.0	33	22.4	27.6	27.2	33	22.5	27.7	27.5	33	22.6	27.8	27.7	33	22.8	27.9	27.9	33	22.9	17
17	27.6	27.3	33	22.5	27.7	27.5	33	22.7	27.8	27.7	33	22.8	27.9	28.0	34	22.9	**28.0**	28.2	34	23.1	17
16	27.7	27.6	34	22.7	27.8	27.8	34	22.8	27.9	28.0	34	23.0	**28.0**	28.3	34	23.1	28.1	28.5	34	23.2	16
16	27.8	27.9	34	22.9	27.9	28.1	34	23.0	**28.0**	28.3	34	23.1	28.1	28.5	34	23.3	28.2	28.8	34	23.4	16
16	27.9	28.2	34	23.0	**28.0**	28.4	34	23.2	28.1	28.6	35	23.3	28.2	28.8	35	23.4	28.3	29.1	35	23.6	16
16	**28.0**	28.5	35	23.2	28.1	28.7	35	23.3	28.2	28.9	35	23.5	28.3	29.1	35	23.6	28.4	29.3	35	23.7	16
16	28.1	28.7	35	23.4	28.2	29.0	35	23.5	28.3	29.2	35	23.6	28.4	29.4	35	23.8	28.5	29.6	35	23.9	16

n	t_W	e	U	t_d	t_W	e	U	t_d	t_W	e	U	t_d	t_W	e	U	t_d	t_W	e	U	t_d	n
	42.0				**42.1**				**42.2**				**42.3**				**42.4**				
15	28.2	29.0	35	23.5	28.3	29.3	35	23.7	28.4	29.5	36	23.8	28.5	29.7	36	23.9	28.6	29.9	36	24.1	15
15	28.3	29.3	36	23.7	28.4	29.5	36	23.8	28.5	29.8	36	24.0	28.6	30.0	36	24.1	28.7	30.2	36	24.2	15
15	28.4	26.6	36	23.9	28.5	29.8	36	24.0	28.6	30.1	36	24.1	28.7	30.3	36	24.3	28.8	30.5	36	24.4	15
15	28.5	29.9	36	24.0	28.6	30.1	37	24.2	28.7	30.4	37	24.3	28.8	30.6	37	24.4	28.9	30.8	37	24.5	15
15	28.6	30.2	37	24.2	28.7	30.4	37	24.3	28.8	30.7	37	24.5	28.9	30.9	37	24.6	**29.0**	31.1	37	24.7	15
15	28.7	30.5	37	24.4	28.8	30.7	37	24.5	28.9	30.9	37	24.6	**29.0**	31.2	37	24.7	29.1	31.4	38	24.9	15
14	28.8	30.8	38	24.5	20.9	31.0	38	24.7	**29.0**	31.2	38	24.8	29.1	31.5	38	24.9	29.2	31.7	38	25.0	14
14	28.9	31.1	38	24.7	**29.0**	31.3	38	24.8	29.1	31.5	38	24.9	29.2	31.8	38	25.1	29.3	32.0	38	25.2	14
14	**29.0**	31.4	38	24.8	29.1	31.6	38	25.0	29.2	31.8	38	25.1	29.3	32.1	39	25.2	29.4	32.3	39	25.3	14
14	29.1	31.7	39	25.0	29.2	31.9	39	25.1	29.3	32.1	39	25.3	29.4	32.4	39	25.4	29.5	32.6	39	25.5	14
14	29.2	32.0	39	25.2	29.3	32.2	39	25.3	29.4	32.5	39	25.4	29.5	32.7	39	25.5	29.6	32.9	39	25.7	14
14	29.3	32.3	39	25.3	29.4	32.5	39	25.4	29.5	32.8	40	25.6	29.6	33.0	40	25.7	29.7	33.2	40	25.8	14
13	29.4	32.6	40	25.5	29.5	32.8	40	25.6	29.6	33.1	40	25.7	29.7	33.3	40	25.8	29.8	33.5	40	26.0	13
13	29.5	32.9	40	25.6	29.6	33.1	40	25.8	29.7	33.4	40	25.9	29.8	33.6	40	26.0	29.9	33.8	40	26.1	13
13	29.6	33.2	40	25.8	29.7	33.4	41	25.9	29.8	33.7	41	26.0	29.9	33.9	41	26.2	**30.0**	34.2	41	26.3	13
13	29.7	33.5	41	25.9	29.8	33.7	41	26.1	29.9	34.0	41	26.2	**30.0**	34.2	41	26.3	30.1	34.5	41	26.4	13
13	29.8	33.8	41	26.1	29.9	34.0	41	26.2	**30.0**	34.3	41	26.3	30.1	34.5	41	26.5	30.2	34.8	42	26.6	13
13	29.9	34.1	42	26.3	**30.0**	34.4	42	26.4	30.1	34.6	42	26.5	30.2	34.8	42	26.6	30.3	35.1	42	26.7	13
13	**30.0**	34.4	42	26.4	30.1	34.7	42	26.5	30.2	34.9	42	26.6	30.3	35.2	42	26.8	30.4	35.4	42	26.5	13
12	30.1	34.7	42	26.6	30.2	35.0	42	26.7	30.3	35.2	43	26.8	30.4	35.5	43	26.9	30.5	35.7	43	27.0	12
12	30.2	35.0	43	26.7	30.3	35.3	43	26.8	30.4	35.5	43	26.9	30.5	35.8	43	27.1	30.6	36.0	43	27.2	12
12	30.3	35.4	43	26.9	30.4	35.6	43	27.0	30.5	35.9	43	27.1	30.6	36.1	43	27.2	30.7	36.4	43	27.3	12
12	30.4	35.7	43	27.0	30.5	35.9	44	27.1	30.6	36.2	44	27.3	30.7	36.4	44	27.4	30.8	36.7	44	27.5	12
12	30.5	36.0	44	27.2	30.6	36.2	44	27.3	30.7	36.5	44	27.4	30.8	36.7	44	27.5	30.9	37.0	44	27.6	12
12	30.6	36.3	44	27.3	30.7	36.6	44	27.4	30.8	36.8	44	27.5	30.9	37.1	44	27.7	**31.0**	37.3	45	27.8	12
11	30.7	36.6	45	27.5	30.8	36.9	45	27.6	30.9	37.1	45	27.7	**31.0**	37.4	45	27.8	31.1	37.6	45	27.9	11
11	30.8	36.9	45	27.6	30.9	37.2	45	27.7	**31.0**	37.5	45	27.8	31.1	37.7	45	28.0	31.2	38.0	45	28.1	11
11	30.9	37.3	45	27.8	**31.0**	37.5	46	27.9	31.1	37.8	46	28.0	31.2	38.0	46	28.1	31.3	38.3	46	28.2	11
11	**31.0**	37.6	46	27.9	31.1	37.8	46	28.0	31.2	38.1	46	28.1	31.3	38.4	46	28.3	31.4	38.6	46	28.4	11
11	31.1	37.9	46	28.1	31.2	38.2	46	28.2	31.3	38.4	46	28.3	31.4	38.7	46	28.4	31.5	38.9	47	28.5	11
11	31.2	38.2	47	28.2	31.3	38.5	47	28.3	31.4	38.8	47	28.4	31.5	39.0	47	28.5	31.6	39.3	47	28.7	11
11	31.3	38.6	47	28.3	31.4	38.8	47	28.5	31.5	39.1	47	28.6	31.6	39.3	47	28.7	31.7	39.6	47	28.8	11
10	31.4	38.9	47	28.5	31.5	39.1	47	28.6	31.6	39.4	48	28.7	31.7	39.7	48	28.8	31.8	39.9	48	29.0	10
10	31.5	39.2	48	28.0	31.6	39.5	48	28.8	31.7	39.7	48	28.9	31.8	40.0	48	29.0	31.9	40.3	48	29.1	10
10	31.6	39.5	48	28.8	31.7	39.8	48	28.9	31.8	40.1	48	29.0	31.9	40.3	48	29.1	**32.0**	40.6	48	29.2	10
10	31.7	39.9	49	28.9	31.8	40.1	49	29.0	31.9	40.4	49	29.2	**32.0**	40.7	49	29.3	32.1	40.9	49	29.4	10
10	31.8	40.2	49	29.1	31.9	40.5	49	29.2	**32.0**	40.7	49	29.3	32.1	41.0	49	29.4	32.2	41.3	49	29.5	10
10	31.9	40.5	49	29.2	**32.0**	40.8	50	29.3	32.1	41.1	50	29.4	32.2	41.4	50	29.6	32.3	41.6	50	29.7	10
10	**32.0**	40.9	50	29.4	32.1	41.1	50	29.5	32.2	41.4	50	29.6	32.3	41.7	50	29.7	32.4	42.0	50	29.8	10
9	32.1	41.2	50	29.5	32.2	41.5	50	29.6	32.3	41.8	50	29.7	32.4	42.0	50	29.8	32.5	42.3	51	29.5	9
9	32.2	41.6	51	29.6	32.3	41.8	51	29.8	32.4	42.1	51	29.9	32.5	42.4	51	30.0	32.6	42.6	51	30.1	9
9	32.3	41.9	51	29.8	32.4	42.2	51	29.9	32.5	42.4	51	30.0	32.6	42.7	51	30.1	32.7	43.0	51	30.2	9
9	32.4	42.2	51	29.9	32.5	42.5	52	30.0	32.6	42.8	52	30.1	32.7	43.1	52	30.3	32.8	43.3	52	30.4	9
9	32.5	42.6	52	30.1	32.6	42.8	52	30.2	32.7	43.1	52	30.3	32.8	43.4	52	30.4	32.9	43.7	52	30.5	9
9	32.6	42.9	52	30.2	32.7	43.2	52	30.3	32.8	43.5	52	30.4	32.9	43.8	53	30.5	**33.0**	44.0	53	30.6	9
9	32.7	43.3	53	30.3	32.8	43.5	53	30.5	32.9	43.8	53	30.6	**33.0**	44.1	53	30.7	33.1	44.4	53	30.8	9
9	32.8	43.6	53	30.5	32.9	43.9	53	30.6	**33.0**	44.2	53	30.7	33.1	44.5	53	30.8	33.2	44.7	53	30.9	9
8	32.9	44.0	54	30.6	**33.0**	44.2	54	30.7	33.1	44.5	54	30.8	33.2	44.8	54	31.0	33.3	45.1	54	31.1	8
8	**33.0**	44.3	54	30.8	33.1	44.6	54	30.9	33.2	44.9	54	31.0	33.3	45.2	54	31.1	33.4	45.4	54	31.2	8
8	33.1	44.7	54	30.9	33.2	44.9	55	31.0	33.3	45.2	55	31.1	33.4	45.5	55	31.2	33.5	45.8	55	31.3	8
8	33.2	45.0	55	31.0	33.3	45.3	55	31.1	33.4	45.6	55	31.3	33.5	45.9	55	31.4	33.6	46.2	55	31.5	8
8	33.3	45.4	55	31.2	33.4	45.6	55	31.3	33.5	45.9	55	31.4	33.6	46.2	55	31.5	33.7	46.5	56	31.6	8
8	33.4	45.7	56	31.3	33.5	46.0	56	31.4	33.6	46.3	56	31.5	33.7	46.6	56	31.6	33.8	46.9	56	31.7	8
8	33.5	46.1	56	31.4	33.6	46.4	56	31.6	33.7	46.6	56	31.7	33.8	46.9	56	31.8	33.9	47.2	56	31.9	8
8	33.6	46.4	57	31.6	33.7	46.7	57	31.7	33.8	47.0	57	31.8	33.9	47.3	57	31.9	**34.0**	47.6	57	32.0	8
7	33.7	46.8	57	31.7	33.8	47.1	57	31.8	33.9	47.4	57	31.9	**34.0**	47.7	57	32.0	34.1	48.0	57	32.2	7
7	33.8	47.1	57	31.8	33.9	47.4	58	32.0	**34.0**	47.7	58	32.1	34.1	48.0	58	32.2	34.2	48.3	58	32.3	7
7	33.9	47.5	58	32.0	**34.0**	47.8	58	32.1	34.1	48.1	58	32.2	34.2	48.4	58	32.3	34.3	48.7	58	32.4	7
7	**34.0**	47.9	58	32.1	34.1	48.2	58	32.2	34.2	48.5	58	32.3	34.3	48.8	59	32.4	34.4	49.1	59	32.6	7
7	34.1	48.2	59	32.3	34.2	48.5	59	32.4	34.3	48.8	59	32.5	34.4	49.1	59	32.6	34.5	49.4	59	32.7	7
7	34.2	48.6	59	32.4	34.3	48.9	59	32.5	34.4	49.2	59	32.6	34.5	49.5	59	32.7	34.6	49.8	59	32.8	7
7	34.3	49.0	60	32.5	34.4	49.3	60	32.6	34.5	49.6	60	32.7	34.6	49.9	60	32.8	34.7	50.2	60	33.0	7
7	34.4	49.3	60	32.7	34.5	49.6	60	32.8	34.6	49.9	60	32.9	34.7	50.2	60	33.0	34.8	50.5	60	33.1	7
7	34.5	49.7	61	32.8	34.6	50.0	61	32.9	34.7	50.3	61	33.0	34.8	50.6	61	33.1	34.9	50.9	61	33.2	7
6	34.6	50.1	61	32.9	34.7	50.4	61	33.0	34.8	50.7	61	33.1	34.9	51.0	61	33.2	**35.0**	51.3	61	33.3	6
6	34.7	50.4	62	33.0	34.8	50.7	62	33.2	34.9	51.1	62	33.3	**35.0**	51.4	62	33.4	35.1	51.7	62	33.5	6
6	34.8	50.8	62	33.2	34.9	51.1	62	33.3	**35.0**	51.4	62	33.4	35.1	51.7	62	33.5	35.2	52.1	62	33.6	6
6	34.9	51.2	62	33.3	**35.0**	51.5	62	33.4	35.1	51.8	63	33.5	35.2	52.1	63	33.6	35.3	52.4	63	33.7	6
6	**35.0**	51.6	63	33.4	35.1	51.9	63	33.5	35.2	52.2	63	33.7	35.3	52.5	63	33.8	35.4	52.8	63	33.9	6
6	35.1	51.9	63	33.6	35.2	52.3	63	33.7	35.3	52.6	63	33.8	35.4	52.9	63	33.9	35.5	53.2	64	34.0	6
6	35.2	52.3	64	33.7	35.3	52.6	64	33.8	35.4	53.0	64	33.9	35.5	53.3	64	34.0	35.6	53.6	64	34.1	6
6	35.3	52.7	64	33.8	35.4	53.0	64	33.9	35.5	53.3	64	34.0	35.6	53.7	64	34.2	35.7	54.0	64	34.3	6
6	35.4	53.1	65	34.0	35.5	53.4	65	34.1	35.6	53.7	65	34.2	35.7	54.0	65	34.3	35.8	54.4	65	34.4	6

n	t_W	e	U	t_d	t_W	e	U	t_d	t_W	e	U	t_d	t_W	e	U	t_d	t_W	e	U	t_d	n
	42.0				**42.1**				**42.2**				**42.3**				**42.4**				
5	35.5	53.5	65	34.1	35.6	53.8	65	34.2	35.7	54.1	65	34.3	35.8	54.4	65	34.4	35.9	54.8	65	34.5	5
5	35.6	53.9	66	34.2	35.7	54.2	66	34.3	35.8	54.5	66	34.4	35.9	54.8	66	34.5	**36.0**	55.1	66	34.6	5
5	35.7	54.2	66	34.4	35.8	54.6	66	34.5	35.9	54.9	66	34.6	**36.0**	55.2	66	34.7	36.1	55.5	66	34.8	5
5	35.8	54.6	67	34.5	35.9	55.0	67	34.6	**36.0**	55.3	67	34.7	36.1	55.6	67	34.8	36.2	55.9	67	34.9	5
5	35.9	55.0	67	34.6	**36.0**	55.3	67	34.7	36.1	55.7	67	34.8	36.2	56.0	67	34.9	36.3	56.3	67	35.0	5
5	**36.0**	55.4	68	34.7	36.1	55.7	68	34.8	36.2	56.1	68	34.9	36.3	56.4	68	35.1	36.4	56.7	68	35.2	5
5	36.1	55.8	68	34.9	36.2	56.1	68	35.0	36.3	56.5	68	35.1	36.4	56.8	68	35.2	36.5	57.1	68	35.3	5
5	36.2	56.2	69	35.0	36.3	56.5	69	35.1	36.4	56.9	69	35.2	36.5	57.2	69	35.3	36.6	57.5	69	35.4	5
5	36.3	56.6	69	35.1	36.4	56.9	69	35.2	36.5	57.3	69	35.3	36.6	57.6	69	35.4	36.7	57.9	69	35.5	5
5	36.4	57.0	70	35.2	36.5	57.3	70	35.4	36.6	57.7	70	35.5	36.7	58.0	70	35.6	36.8	58.3	70	35.7	5
4	36.5	57.4	70	35.4	36.6	57.7	70	35.5	36.7	58.1	70	35.6	36.8	58.4	70	35.7	36.9	58.7	70	35.8	4
4	36.6	57.8	70	35.5	36.7	58.1	71	35.6	36.8	58.5	71	35.7	36.9	58.8	71	35.8	**37.0**	59.2	71	35.9	4
4	36.7	58.2	71	35.6	36.8	58.5	71	35.7	36.9	58.9	71	35.8	**37.0**	59.2	71	35.9	37.1	59.6	71	36.0	4
4	36.8	58.6	71	35.8	36.9	58.9	72	35.9	**37.0**	59.3	72	36.0	37.1	59.6	72	36.1	37.2	60.0	72	36.2	4
4	36.9	59.0	72	35.9	**37.0**	59.4	72	36.0	37.1	59.7	72	36.1	37.2	60.0	72	36.2	37.3	60.4	72	36.3	4
4	**37.0**	59.4	72	36.0	37.1	59.8	72	36.1	37.2	60.1	73	36.2	37.3	60.5	73	36.3	37.4	60.8	73	36.4	4
4	37.1	59.8	73	36.1	37.2	60.2	73	36.2	37.3	60.5	73	36.3	37.4	60.9	73	36.4	37.5	61.2	73	36.5	4
4	37.2	60.2	73	36.3	37.3	60.6	73	36.4	37.4	60.9	74	36.5	37.5	61.3	74	36.6	37.6	61.6	74	36.7	4
4	37.3	60.7	74	36.4	37.4	61.0	74	36.5	37.5	61.4	74	36.6	37.6	61.7	74	36.7	37.7	62.1	74	36.8	4
4	37.4	61.1	74	36.5	37.5	61.4	75	36.6	37.6	61.8	75	36.7	37.7	62.1	75	36.8	37.8	62.5	75	36.9	4
3	37.5	61.5	75	36.6	37.6	61.8	75	36.7	37.7	62.2	75	36.8	37.8	62.5	75	36.9	37.9	62.9	75	37.0	3
3	37.6	61.9	75	36.7	37.7	62.3	76	36.9	37.8	62.6	76	37.0	37.9	63.0	76	37.1	**38.0**	63.3	76	37.2	3
3	37.7	62.3	76	36.9	37.8	62.7	76	37.0	37.9	63.0	76	37.1	**38.0**	63.4	76	37.2	38.1	63.8	76	37.3	3
3	37.8	62.7	77	37.0	37.9	63.1	77	37.1	**38.0**	63.5	77	37.2	38.1	63.8	77	37.3	38.2	64.2	77	37.4	3
3	37.9	63.2	77	37.1	**38.0**	63.5	77	37.2	38.1	63.9	77	37.3	38.2	64.2	77	37.4	38.3	64.6	77	37.5	3
3	**38.0**	63.6	78	37.2	38.1	64.0	78	37.3	38.2	64.3	78	37.4	38.3	64.7	78	37.6	38.4	65.0	78	37.7	3
3	38.1	64.0	78	37.4	38.2	64.4	78	37.5	38.3	64.7	78	37.6	38.4	65.1	78	37.7	38.5	65.5	78	37.8	3
3	38.2	64.4	79	37.5	38.3	64.8	79	37.6	38.4	65.2	79	37.7	38.5	65.5	79	37.8	38.6	65.9	79	37.9	3
3	38.3	64.9	79	37.6	38.4	65.2	79	37.7	38.5	65.6	79	37.8	38.6	66.0	79	37.9	38.7	66.3	79	38.0	3
3	38.4	65.3	80	37.7	38.5	65.7	80	37.8	38.6	66.0	80	37.9	38.7	66.4	80	38.0	38.8	66.8	80	38.1	3
3	38.5	65.7	80	37.9	38.6	66.1	80	38.0	38.7	66.5	80	38.1	38.8	66.8	80	38.2	38.9	67.2	80	38.3	3
3	38.6	66.2	81	38.0	38.7	66.5	81	38.1	38.8	66.9	81	38.2	38.9	67.3	81	38.3	**39.0**	67.7	81	38.4	3
2	38.7	66.6	81	38.1	38.8	67.0	81	38.2	38.9	67.4	81	38.3	**39.0**	67.7	81	38.4	39.1	68.1	81	38.5	2
2	38.8	67.0	82	38.2	38.9	67.4	82	38.3	**39.0**	67.8	82	38.4	39.1	68.2	82	38.5	39.2	68.5	82	38.6	2
2	38.9	67.5	82	38.3	**39.0**	67.9	82	38.4	39.1	68.2	82	38.5	39.2	68.6	82	38.6	39.3	69.0	82	38.7	2
2	**39.0**	67.9	83	38.5	39.1	68.3	83	38.6	39.2	68.7	83	38.7	39.3	69.1	83	38.8	39.4	69.4	83	38.9	2
2	39.1	68.4	83	38.6	39.2	68.7	83	38.7	39.3	69.1	83	38.8	39.4	69.5	83	38.9	39.5	69.9	83	39.0	2
2	39.2	68.8	84	38.7	39.3	69.2	84	38.8	39.4	69.6	84	38.9	39.5	70.0	84	39.0	39.6	70.3	84	39.1	2
2	39.3	69.3	84	38.8	39.4	69.6	84	38.9	39.5	70.0	84	39.0	39.6	70.4	85	39.1	39.7	70.8	85	39.2	2
2	39.4	69.7	85	38.9	39.5	70.1	85	39.0	39.6	70.5	85	39.1	39.7	70.9	85	39.2	39.8	71.3	85	39.4	2
2	39.5	70.2	86	39.1	39.6	70.5	86	39.2	39.7	70.9	86	39.3	39.8	71.3	86	39.4	39.9	71.7	86	39.5	2
2	39.6	70.6	86	39.2	39.7	71.0	86	39.3	39.8	71.4	86	39.4	39.9	71.8	86	39.5	**40.0**	72.2	86	39.6	2
2	39.7	71.1	87	39.3	39.8	71.5	87	39.4	39.9	71.8	87	39.5	**40.0**	72.2	87	39.6	40.1	72.6	87	39.7	2
2	39.8	71.5	87	39.4	39.9	71.9	87	39.5	**40.0**	72.3	87	39.6	40.1	72.7	87	39.7	40.2	73.1	87	39.8	2
1	39.9	72.0	88	39.5	**40.0**	72.4	88	39.6	40.1	72.8	88	39.7	40.2	73.2	88	39.8	40.3	73.6	88	39.9	1
1	**40.0**	72.4	88	39.7	40.1	72.8	88	39.8	40.2	73.2	88	39.9	40.3	73.6	88	40.0	40.4	74.0	88	40.1	1
1	40.1	72.9	89	39.8	40.2	73.3	89	39.9	40.3	73.7	89	40.0	40.4	74.1	89	40.1	40.5	74.5	89	40.2	1
1	40.2	73.4	89	39.9	40.3	73.8	89	40.0	40.4	74.2	89	40.1	40.5	74.6	89	40.2	40.6	75.0	90	40.3	1
1	40.3	73.8	90	40.0	40.4	74.2	90	40.1	40.5	74.6	90	40.2	40.6	75.0	90	40.3	40.7	75.4	90	40.4	1
1	40.4	74.3	91	40.1	40.5	74.7	91	40.2	40.6	75.1	91	40.3	40.7	75.5	91	40.4	40.8	75.9	91	40.5	1
1	40.5	74.8	91	40.2	40.6	75.2	91	40.4	40.7	75.6	91	40.5	40.8	76.0	91	40.6	40.9	76.4	91	40.7	1
1	40.6	75.2	92	40.4	40.7	75.6	92	40.5	40.8	76.0	92	40.6	40.9	76.5	92	40.7	**41.0**	76.9	92	40.8	1
1	40.7	75.7	92	40.5	40.8	76.1	92	40.6	40.9	76.5	92	40.7	**41.0**	76.9	92	40.8	41.1	77.3	92	40.9	1
1	40.8	76.2	93	40.6	40.9	76.6	93	40.7	**41.0**	77.0	93	40.8	41.1	77.4	93	40.9	41.2	77.8	93	41.0	1
1	40.9	76.7	93	40.7	**41.0**	77.1	93	40.8	41.1	77.5	93	40.9	41.2	77.9	93	41.0	41.3	78.3	94	41.1	1
1	**41.0**	77.1	94	40.8	41.1	77.5	94	40.9	41.2	78.0	94	41.0	41.3	78.4	94	41.1	41.4	78.8	94	41.2	1
1	41.1	77.6	95	41.0	41.2	78.0	95	41.1	41.3	78.4	95	41.2	41.4	78.9	95	41.3	41.5	79.3	95	41.4	1
1	41.2	78.1	95	41.1	41.3	78.5	95	41.2	41.4	78.9	95	41.3	41.5	79.3	95	41.4	41.6	79.8	95	41.5	1
0	41.3	78.6	96	41.2	41.4	79.0	96	41.3	41.5	79.4	96	41.4	41.6	79.8	96	41.5	41.7	80.3	96	41.6	0
0	41.4	79.1	96	41.3	41.5	79.5	96	41.4	41.6	79.9	96	41.5	41.7	80.3	96	41.6	41.8	80.8	96	41.7	0
0	41.5	79.5	97	41.4	41.6	80.0	97	41.5	41.7	80.4	97	41.6	41.8	80.8	97	41.7	41.9	81.2	97	41.8	0
0	41.6	80.0	98	41.5	41.7	80.5	98	41.6	41.8	80.9	98	41.7	41.9	81.3	98	41.8	**42.0**	81.7	98	41.9	0
0	41.7	80.5	98	41.7	41.8	81.0	98	41.8	41.9	81.4	98	41.9	**42.0**	81.8	98	42.0	42.1	82.2	98	42.1	0
0	41.8	81.0	99	41.8	41.9	81.4	99	41.9	**42.0**	81.9	99	42.0	42.1	82.3	99	42.1	42.2	82.7	99	42.2	0
0	41.9	81.5	99	41.9	**42.0**	81.9	99	42.0	42.1	82.4	99	42.1	42.2	82.8	99	42.2	42.3	83.2	99	42.3	0
0	**42.0**	82.0	100	42.0	42.1	82.4	100	42.1	42.2	82.9	100	42.2	42.3	83.3	100	42.3	42.4	83.8	100	42.4	0
	42.5				**42.6**				**42.7**				**42.8**				**42.9**				
48													16.1	0.5	1	-30.6	16.2	0.6	1	-28.3	48
48					**16.0**	0.4	1	-31.8	16.1	0.5	1	-29.3	16.2	0.7	1	-27.2	16.3	0.8	1	-25.4	48
48	**16.0**	0.5	1	-30.3	16.1	0.6	1	-28.0	16.2	0.7	1	-26.1	16.3	0.8	1	-24.5	16.4	1.0	1	-23.0	48
47	16.1	0.7	1	-26.9	16.2	0.8	1	-25.2	16.3	0.9	1	-23.6	16.4	1.0	1	-22.2	16.5	1.2	1	-21.0	47

n	t_W	e	U	t_d	t_W	e	U	t_d	t_W	e	U	t_d	t_W	e	U	t_d	t_W	e	U	t_d	n
	42.5				**42.6**				**42.7**				**42.8**				**42.9**				
47	16.2	0.9	1	-24.3	16.3	1.0	1	-22.8	16.4	1.1	1	-21.5	16.5	1.2	1	-20.3	16.6	1.3	2	-19.2	47
47	16.3	1.0	1	-22.1	16.4	1.2	1	-20.8	16.5	1.3	2	-19.7	16.6	1.4	2	-18.7	16.7	1.5	2	-17.7	47
46	16.4	1.2	1	-20.2	16.5	1.4	2	-19.1	16.6	1.5	2	-18.1	16.7	1.6	2	-17.2	16.8	1.7	2	-16.3	46
46	16.5	1.4	2	-18.6	16.6	1.5	2	-17.6	16.7	1.7	2	-16.7	16.8	1.8	2	-15.9	16.9	1.9	2	-15.1	46
45	16.6	1.6	2	-17.1	16.7	1.7	2	-16.2	16.8	1.8	2	-15.4	16.9	2.0	2	-14.6	**17.0**	2.1	2	-13.9	45
45	16.7	1.8	2	-15.8	16.8	1.9	2	-15.0	16.9	2.0	2	-14.2	**17.0**	2.2	3	-13.5	17.1	2.3	3	-12.8	45
45	16.8	2.0	2	-14.6	16.9	2.1	2	-13.8	**17.0**	2.2	3	-13.2	17.1	2.3	3	-12.5	17.2	2.5	3	-11.8	45
44	16.9	2.2	3	-13.5	**17.0**	2.3	3	-12.8	17.1	2.4	3	-12.1	17.2	2.5	3	-11.5	17.3	2.7	3	-10.9	44
44	**17.0**	2.4	3	-12.4	17.1	2.5	3	-11.8	17.2	2.6	3	-11.2	17.3	2.7	3	-10.6	17.4	2.9	3	-10.0	44
44	17.1	2.5	3	-11.5	17.2	2.7	3	-10.9	17.3	2.8	3	-10.3	17.4	2.9	3	-9.7	17.5	3.0	4	-9.2	44
43	17.2	2.7	3	-10.6	17.3	2.9	3	-10.0	17.4	3.0	4	-9.5	17.5	3.1	4	-8.9	17.6	3.2	4	-8.4	43
43	17.3	2.9	3	-9.7	17.4	3.1	4	-9.2	17.5	3.2	4	-8.7	17.6	3.3	4	-8.2	17.7	3.4	4	-7.7	43
43	17.4	3.1	4	-8.9	17.5	3.2	4	-8.4	17.6	3.4	4	-7.9	17.7	3.5	4	-7.4	17.8	3.6	4	-7.0	43
42	17.5	3.3	4	-8.1	17.6	3.4	4	-7.7	17.7	3.6	4	-7.2	17.8	3.7	4	-6.7	17.9	3.8	4	-6.3	42
42	17.6	3.5	4	-7.4	17.7	3.6	4	-6.9	17.8	3.8	4	-6.5	17.9	3.9	5	-6.1	**18.0**	4.0	5	-5.6	42
42	17.7	3.7	4	-6.7	17.8	3.8	5	-6.3	17.9	4.0	5	-5.8	**18.0**	4.1	5	-5.4	18.1	4.2	5	-5.0	42
41	17.8	3.9	5	-6.0	17.9	4.0	5	-5.6	**18.0**	4.2	5	-5.2	18.1	4.3	5	-4.8	18.2	4.4	5	-4.4	41
41	17.9	4.1	5	-5.4	**18.0**	4.2	5	-5.0	18.1	4.3	5	-4.6	18.2	4.5	5	-4.2	18.3	4.6	5	-3.8	41
41	**18.0**	4.3	5	-4.8	18.1	4.4	5	-4.4	18.2	4.5	5	-4.0	18.3	4.7	5	-3.6	18.4	4.8	6	-3.2	41
41	18.1	4.5	5	-4.2	18.2	4.6	5	-3.8	18.3	4.7	6	-3.4	18.4	4.9	6	-3.1	18.5	5.0	6	-2.7	41
40	18.2	4.7	6	-3.6	18.3	4.8	6	-3.2	18.4	4.9	6	-2.9	18.5	5.1	6	-2.5	18.6	5.2	6	-2.2	40
40	18.3	4.9	6	-3.1	18.4	5.0	6	-2.7	18.5	5.1	6	-2.3	18.6	5.3	6	-2.0	18.7	5.4	6	-1.7	40
40	18.4	5.1	6	-2.5	18.5	5.2	6	-2.2	18.6	5.3	6	-1.8	18.7	5.5	6	-1.5	18.8	5.6	7	-1.2	40
39	18.5	5.3	6	-2.0	18.6	5.4	6	-1.7	18.7	5.5	7	-1.3	18.8	5.7	7	-1.0	18.9	5.8	7	-0.7	39
39	18.6	5.5	7	-1.5	18.7	5.6	7	-1.2	18.8	5.7	7	-0.8	18.9	5.9	7	-0.5	**19.0**	6.0	7	-0.2	39
39	18.7	5.7	7	-1.0	18.8	5.8	7	-0.7	18.9	6.0	7	-0.4	**19.0**	6.1	7	0.0	19.1	6.2	7	0.3	39
38	18.8	5.9	7	-0.5	18.9	6.0	7	-0.2	**19.0**	6.2	7	0.1	19.1	6.3	7	0.4	19.2	6.4	7	0.7	38
38	18.9	6.1	7	-0.1	**19.0**	6.2	7	0.3	19.1	6.4	7	0.6	19.2	6.5	8	0.9	19.3	6.6	8	1.1	38
38	**19.0**	6.3	7	0.4	19.1	6.4	8	0.7	19.2	6.6	8	1.0	19.3	6.7	8	1.3	19.4	6.8	8	1.6	38
37	19.1	6.5	8	0.8	19.2	6.6	8	1.1	19.3	6.8	8	1.4	19.4	6.9	8	1.7	19.5	7.0	8	2.0	37
37	19.2	6.7	8	1.3	19.3	6.8	8	1.6	19.4	7.0	8	1.8	19.5	7.1	8	2.1	19.6	7.3	8	2.4	37
37	19.3	6.9	8	1.7	19.4	7.0	8	2.0	19.5	7.2	8	2.3	19.6	7.3	9	2.5	19.7	7.5	9	2.8	37
37	19.4	7.1	8	2.1	19.5	7.2	9	2.4	19.6	7.4	9	2.7	19.7	7.5	9	2.9	19.8	7.7	9	3.2	37
36	19.5	7.3	9	2.5	19.6	7.5	9	2.8	19.7	7.6	9	3.0	19.8	7.7	9	3.3	19.9	7.9	9	3.6	36
36	19.6	7.5	9	2.9	19.7	7.7	9	3.2	19.8	7.8	9	3.4	19.9	8.0	9	3.7	**20.0**	8.1	9	3.9	36
36	19.7	7.7	9	3.3	19.8	7.9	9	3.6	19.9	8.0	9	3.8	**20.0**	8.2	10	4.1	20.1	8.3	10	4.3	36
35	19.8	7.9	9	3.7	19.9	8.1	10	3.9	**20.0**	8.2	10	4.2	20.1	8.4	10	4.4	20.2	8.5	10	4.7	35
35	19.9	8.2	10	4.0	**20.0**	8.3	10	4.3	20.1	8.4	10	4.5	20.2	8.6	10	4.8	20.3	8.7	10	5.0	35
35	**20.0**	8.4	10	4.4	20.1	8.5	10	4.7	20.2	8.7	10	4.9	20.3	8.8	10	5.1	20.4	8.9	10	5.4	35
35	20.1	8.6	10	4.8	20.2	8.7	10	5.0	20.3	8.9	10	5.2	20.4	9.0	11	5.5	20.5	9.2	11	5.7	35
34	20.2	8.8	10	5.1	20.3	8.9	11	5.4	20.4	9.1	11	5.6	20.5	9.2	11	5.8	20.6	9.4	11	6.1	34
34	20.3	9.0	11	5.5	20.4	9.1	11	5.7	20.5	9.3	11	5.9	20.6	9.4	11	6.2	20.7	9.6	11	6.4	34
34	20.4	9.2	11	5.8	20.5	9.4	11	6.0	20.6	9.5	11	6.3	20.7	9.7	11	6.5	20.8	9.8	11	6.7	34
33	20.5	9.4	11	6.1	20.6	9.6	11	6.4	20.7	9.7	11	6.6	20.8	9.9	12	6.8	20.9	10.0	12	7.0	33
33	20.6	9.6	11	6.5	20.7	9.8	12	6.7	20.8	9.9	12	6.9	20.9	10.1	12	7.1	**21.0**	10.3	12	7.3	33
33	20.7	9.9	12	6.8	20.8	10.0	12	7.0	20.9	10.2	12	7.2	**21.0**	10.3	12	7.4	21.1	10.5	12	7.7	33
33	20.8	10.1	12	7.1	20.9	10.2	12	7.3	**21.0**	10.4	12	7.5	21.1	10.5	12	7.7	21.2	10.7	12	8.0	33
32	20.9	10.3	12	7.4	**21.0**	10.5	12	7.6	21.1	10.6	12	7.8	21.2	10.8	13	8.1	21.3	10.9	13	8.3	32
32	**21.0**	10.5	12	7.7	21.1	10.7	13	7.9	21.2	10.8	13	8.1	21.3	11.0	13	8.4	21.4	11.1	13	8.6	32
32	21.1	10.7	13	8.0	21.2	10.9	13	8.2	21.3	11.0	13	8.4	21.4	11.2	13	8.6	21.5	11.4	13	8.9	32
31	21.2	11.0	13	8.3	21.3	11.1	13	8.5	21.4	11.3	13	8.7	21.5	11.4	13	8.9	21.6	11.6	13	9.1	31
31	21.3	11.2	13	8.6	21.4	11.3	13	8.8	21.5	11.5	14	9.0	21.6	11.6	14	9.2	21.7	11.8	14	9.4	31
31	21.4	11.4	14	8.9	21.5	11.6	14	9.1	21.6	11.7	14	9.3	21.7	11.9	14	9.5	21.8	12.0	14	9.7	31
31	21.5	11.6	14	9.2	21.6	11.8	14	9.4	21.7	11.9	14	9.6	21.8	12.1	14	9.8	21.9	12.3	14	10.0	31
30	21.6	11.8	14	9.5	21.7	12.0	14	9.7	21.8	12.2	14	9.9	21.9	12.3	14	10.1	**22.0**	12.5	15	10.3	30
30	21.7	12.1	14	9.8	21.8	12.2	14	10.0	21.9	12.4	15	10.1	**22.0**	12.6	15	10.3	22.1	12.7	15	10.5	30
30	21.8	12.3	15	10.0	21.9	12.5	15	10.2	**22.0**	12.6	15	10.4	22.1	12.8	15	10.6	22.2	12.9	15	10.8	30
30	21.9	12.5	15	10.3	**22.0**	12.7	15	10.5	22.1	12.8	15	10.7	22.2	13.0	15	10.9	22.3	13.2	15	11.1	30
29	**22.0**	12.8	15	10.6	22.1	12.9	15	10.8	22.2	13.1	15	11.0	22.3	13.2	15	11.1	22.4	13.4	16	11.3	29
29	22.1	13.0	15	10.8	22.2	13.1	16	11.0	22.3	13.3	16	11.2	22.4	13.5	16	11.4	22.5	13.6	16	11.6	29
29	22.2	13.2	16	11.1	22.3	13.4	16	11.3	22.4	13.5	16	11.5	22.5	13.7	16	11.7	22.6	13.9	16	11.8	29
29	22.3	13.4	16	11.4	22.4	13.6	16	11.6	22.5	13.8	16	11.7	22.6	13.9	16	11.9	22.7	14.1	16	12.1	29
28	22.4	13.7	16	11.6	22.5	13.8	16	11.8	22.6	14.0	16	12.0	22.7	14.2	17	12.2	22.8	14.3	17	12.3	28
28	22.5	13.9	17	11.9	22.6	14.1	17	12.1	22.7	14.2	17	12.2	22.8	14.4	17	12.4	22.9	14.6	17	12.6	28
28	22.6	14.1	17	12.1	22.7	14.3	17	12.3	22.8	14.5	17	12.5	22.9	14.6	17	12.7	**23.0**	14.8	17	12.8	28
28	22.7	14.4	17	12.4	22.8	14.5	17	12.6	22.9	14.7	17	12.7	**23.0**	14.9	17	12.9	23.1	15.0	18	13.1	28
27	22.8	14.6	17	12.6	22.9	14.8	17	12.8	**23.0**	14.9	18	13.0	23.1	15.1	18	13.1	23.2	15.3	18	13.3	27
27	22.9	14.8	18	12.9	**23.0**	15.0	18	13.0	23.1	15.2	18	13.2	23.2	15.4	18	13.4	23.3	15.5	18	13.6	27
27	**23.0**	15.1	18	13.1	23.1	15.2	18	13.3	23.2	15.4	18	13.5	23.3	15.6	18	13.6	23.4	15.8	18	13.8	27
27	23.1	15.3	18	13.4	23.2	15.5	18	13.5	23.3	15.7	18	13.7	23.4	15.8	19	13.9	23.5	16.0	19	14.0	27
26	23.2	15.6	18	13.6	23.3	15.7	19	13.8	23.4	15.9	19	13.9	23.5	16.1	19	14.1	23.6	16.2	19	14.3	26
26	23.3	15.8	19	13.8	23.4	16.0	19	14.0	23.5	16.1	19	14.2	23.6	16.3	19	14.3	23.7	16.5	19	14.5	26
26	23.4	16.0	19	14.1	23.5	16.2	19	14.2	23.6	16.4	19	14.4	23.7	16.6	19	14.6	23.8	16.7	19	14.7	26

n	t_W	e	U	t_d	t_W	e	U	t_d	t_W	e	U	t_d	t_W	e	U	t_d	t_W	e	U	t_d	n
	42.5				**42.6**				**42.7**				**42.8**				**42.9**				
26	23.5	16.3	19	14.3	23.6	16.4	19	14.4	23.7	16.6	20	14.6	23.8	16.8	20	14.8	23.9	17.0	20	14.9	26
25	23.6	16.5	20	14.5	23.7	16.7	20	14.7	23.8	16.9	20	14.8	23.9	17.0	20	15.0	**24.0**	17.2	20	15.2	25
25	23.7	16.8	20	14.7	23.8	16.9	20	14.9	23.9	17.1	20	15.1	**24.0**	17.3	20	15.2	24.1	17.5	20	15.4	25
25	23.8	17.0	20	15.0	23.9	17.2	20	15.1	**24.0**	17.4	20	15.3	24.1	17.5	21	15.4	24.2	17.7	21	15.6	25
25	23.9	17.2	20	15.2	**24.0**	17.4	21	15.3	24.1	17.6	21	15.5	24.2	17.8	21	15.7	24.3	18.0	21	15.8	25
25	**24.0**	17.5	21	15.4	24.1	17.7	21	15.6	24.2	17.8	21	15.7	24.3	18.0	21	15.9	24.4	18.2	21	16.0	25
24	24.1	17.7	21	15.6	24.2	17.9	21	15.8	24.3	18.1	21	15.9	24.4	18.3	21	16.1	24.5	18.5	21	16.3	24
24	24.2	18.0	21	15.8	24.3	18.2	21	16.0	24.4	18.3	22	16.2	24.5	18.5	22	16.3	24.6	18.7	22	16.5	24
24	24.3	18.2	22	16.1	24.4	18.4	22	16.2	24.5	18.6	22	16.4	24.6	18.8	22	16.5	24.7	19.0	22	16.7	24
24	24.4	18.5	22	16.3	24.5	18.7	22	16.4	24.6	18.8	22	16.6	24.7	19.0	22	16.7	24.8	19.2	22	16.9	24
23	24.5	18.7	22	16.5	24.6	18.9	22	16.6	24.7	19.1	22	16.8	24.8	19.3	23	16.9	24.9	19.5	23	17.1	23
23	24.6	19.0	23	16.7	24.7	19.2	23	16.8	24.8	19.4	23	17.0	24.9	19.5	23	17.1	**25.0**	19.7	23	17.3	23
23	24.7	19.2	23	16.9	24.8	19.4	23	17.0	24.9	19.6	23	17.2	**25.0**	19.8	23	17.3	25.1	20.0	23	17.5	23
23	24.8	19.5	23	17.1	24.9	19.7	23	17.2	**25.0**	19.9	23	17.4	25.1	20.1	23	17.6	25.2	20.2	24	17.7	23
23	24.9	19.7	23	17.3	**25.0**	19.9	24	17.5	25.1	20.1	24	17.6	25.2	20.3	24	17.8	25.3	20.5	24	17.9	23
22	**25.0**	20.0	24	17.5	25.1	20.2	24	17.7	25.2	20.4	24	17.8	25.3	20.6	24	18.0	25.4	20.8	24	18.1	22
22	25.1	20.3	24	17.7	25.2	20.4	24	17.9	25.3	20.6	24	18.0	25.4	20.8	24	18.2	25.5	21.0	24	18.3	22
22	25.2	20.5	24	17.9	25.3	20.7	24	18.1	25.4	20.9	25	18.2	25.5	21.1	25	18.3	25.6	21.3	25	18.5	22
22	25.3	20.8	25	18.1	25.4	21.0	25	18.3	25.5	21.2	25	18.4	25.6	21.3	25	18.5	25.7	21.5	25	18.7	22
21	25.4	21.0	25	18.3	25.5	21.2	25	18.4	25.6	21.4	25	18.6	25.7	21.6	25	18.7	25.8	21.8	25	18.9	21
21	25.5	21.3	25	18.5	25.6	21.5	25	18.6	25.7	21.7	25	18.8	25.8	21.9	26	18.9	25.9	22.1	26	19.1	21
21	25.6	21.5	26	18.7	25.7	21.7	26	18.8	25.8	21.9	26	19.0	25.9	22.1	26	19.1	**26.0**	22.3	26	19.3	21
21	25.7	21.8	26	18.9	25.8	22.0	26	19.0	25.9	22.2	26	19.2	**26.0**	22.4	26	19.3	26.1	22.6	26	19.5	21
21	25.8	22.1	26	19.1	25.9	22.3	26	19.2	**26.0**	22.5	26	19.4	26.1	22.7	27	19.5	26.2	22.9	27	19.6	21
20	25.9	22.3	27	19.3	**26.0**	22.5	27	19.4	26.1	22.7	27	19.6	26.2	22.9	27	19.7	26.3	23.1	27	19.8	20
20	**26.0**	22.6	27	19.5	26.1	22.8	27	19.6	26.2	23.0	27	19.7	26.3	23.2	27	19.9	26.4	23.4	27	20.0	20
20	26.1	22.9	27	19.6	26.2	23.1	27	19.8	26.3	23.3	27	19.9	26.4	23.5	27	20.1	26.5	23.7	28	20.2	20
20	26.2	23.1	27	19.8	26.3	23.3	28	20.0	26.4	23.5	28	20.1	26.5	23.7	28	20.3	26.6	23.9	28	20.4	20
20	26.3	23.4	28	20.0	26.4	23.6	28	20.2	26.5	23.8	28	20.3	26.6	24.0	28	20.4	26.7	24.2	28	20.6	20
19	26.4	23.7	28	20.2	26.5	23.9	28	20.3	26.6	24.1	28	20.5	26.7	24.3	28	20.6	26.8	24.5	28	20.8	19
19	26.5	23.9	28	20.4	26.6	24.1	29	20.5	26.7	24.4	29	20.7	26.8	24.6	29	20.8	26.9	24.8	29	20.9	19
19	26.6	24.2	29	20.6	26.7	24.4	29	20.7	26.8	24.6	29	20.8	26.9	24.8	29	21.0	**27.0**	25.0	29	21.1	19
19	26.7	24.5	29	20.8	26.8	24.7	29	20.9	26.9	24.9	29	21.0	**27.0**	25.1	29	21.2	27.1	25.3	29	21.3	19
19	26.8	24.8	29	20.9	26.9	25.0	29	21.1	**27.0**	25.2	30	21.2	27.1	25.4	30	21.3	27.2	25.6	30	21.5	19
18	26.9	25.0	30	21.1	**27.0**	25.2	30	21.2	27.1	25.5	30	21.4	27.2	25.7	30	21.5	27.3	25.9	30	21.7	18
18	**27.0**	25.3	30	21.9	27.1	25.5	30	21.4	27.2	25.7	30	21.6	27.3	25.9	30	21.7	27.4	26.2	30	21.8	18
18	27.1	25.6	30	21.5	27.2	25.8	30	21.6	27.3	26.0	31	21.7	27.4	26.2	31	21.9	27.5	26.4	31	22.0	18
18	27.2	25.9	31	21.6	27.3	26.1	31	21.8	27.4	26.3	31	21.9	27.5	26.5	31	22.0	27.6	26.7	31	22.2	18
18	27.3	26.1	31	21.8	27.4	26.4	31	22.0	27.5	26.6	31	22.1	27.6	26.8	31	22.2	27.7	27.0	31	22.4	18
17	27.4	26.4	31	22.0	27.5	26.6	31	22.1	27.6	26.8	32	22.3	27.7	27.1	32	22.4	27.8	27.3	32	22.5	17
17	27.5	26.7	32	22.2	27.6	26.9	32	22.3	27.7	27.1	32	22.5	27.8	27.3	32	22.6	27.9	27.6	32	22.7	17
17	27.6	27.0	32	22.3	27.7	27.2	32	22.5	27.8	27.4	32	22.6	27.9	27.6	32	22.7	**28.0**	27.9	32	22.9	17
17	27.7	27.3	32	22.5	27.8	27.5	32	22.6	27.9	27.7	33	22.8	**28.0**	27.9	33	22.9	28.1	28.1	33	23.0	17
17	27.8	27.5	33	22.7	27.9	27.8	33	22.8	**28.0**	28.0	33	22.9	28.1	28.2	33	23.1	28.2	28.4	33	23.2	17
17	27.9	27.8	33	22.9	**28.0**	28.1	33	23.0	28.1	28.3	33	23.1	28.2	28.5	33	23.2	28.3	28.7	33	23.4	17
16	**28.0**	28.1	33	23.0	28.1	28.3	33	23.2	28.2	28.6	34	23.3	28.3	28.8	34	23.4	28.4	29.0	34	23.5	16
16	28.1	28.4	34	23.2	28.2	28.6	34	23.3	28.3	28.9	34	23.4	28.4	29.1	34	23.6	28.5	29.3	34	23.7	16
16	28.2	28.7	34	23.4	28.3	28.9	34	23.5	28.4	29.1	34	23.6	28.5	29.4	34	23.7	28.6	29.6	34	23.9	16
16	28.3	29.0	34	23.5	28.4	29.2	35	23.7	28.5	29.4	35	23.8	28.6	29.7	35	23.9	28.7	29.9	35	24.0	16
16	28.4	29.3	35	23.7	28.5	29.5	35	23.8	28.6	29.7	35	23.9	28.7	30.0	35	24.1	28.8	30.2	35	24.2	16
16	28.5	29.6	35	23.9	28.6	29.8	35	24.0	28.7	30.0	35	24.1	28.8	30.3	35	24.2	28.9	30.5	35	24.4	16
15	38.6	29.9	35	24.0	28.7	30.1	36	24.1	28.8	30.3	36	24.3	28.9	30.5	36	24.4	**29.0**	30.8	36	24.5	15
15	38.7	30.2	36	24.2	28.8	30.4	36	24.3	28.9	30.6	36	24.4	**29.0**	30.8	36	24.6	29.1	31.1	36	24.7	15
15	38.8	30.5	36	24.3	28.9	30.7	36	24.5	**29.0**	30.9	36	24.6	29.1	31.1	36	24.7	29.2	31.4	37	24.8	15
15	38.9	30.7	37	24.5	**29.0**	31.0	37	24.6	29.1	31.2	37	24.8	29.2	31.4	37	24.9	29.3	31.7	37	25.0	15
15	**29.0**	31.0	37	24.7	29.1	31.3	37	24.8	29.2	31.5	37	24.9	29.3	31.7	37	25.0	29.4	32.0	37	25.2	15
15	29.1	31.3	37	24.8	29.2	31.6	37	25.0	29.3	31.8	37	25.1	29.4	32.0	37	25.2	29.5	32.3	38	25.3	15
14	29.2	31.6	38	25.0	29.3	31.9	38	25.1	29.4	32.1	38	25.2	29.5	32.4	38	25.4	29.6	32.6	38	25.5	14
14	29.3	31.9	38	25.1	29.4	32.2	38	25.3	29.5	32.4	38	25.4	29.6	32.7	38	25.5	29.7	32.9	38	25.6	14
14	29.4	32.3	38	25.3	29.5	32.5	38	25.4	29.6	32.7	38	25.6	29.7	33.0	39	25.7	29.8	33.2	39	25.8	14
14	29.5	32.6	39	25.5	29.6	32.8	39	25.6	29.7	33.0	39	25.7	29.8	33.3	39	25.8	29.9	33.5	39	26.0	14
14	29.6	32.9	39	25.6	29.7	33.1	39	25.7	29.8	33.3	39	25.9	29.9	33.6	39	26.0	**30.0**	33.8	39	26.1	14
14	29.7	33.2	39	25.8	29.8	33.4	39	25.9	29.9	33.6	40	26.0	**30.0**	33.9	40	26.1	30.1	34.1	40	26.3	14
13	29.8	33.5	40	25.9	29.9	33.7	40	26.1	**30.0**	34.0	40	26.2	30.1	34.2	40	26.3	30.2	34.4	40	26.4	13
13	29.9	33.8	40	26.1	**30.0**	34.0	40	26.2	30.1	34.3	40	26.3	30.2	34.5	40	26.5	30.3	34.8	40	26.6	13
13	**30.0**	34.1	40	26.2	30.1	34.3	41	26.4	30.2	34.6	41	26.5	30.3	34.8	41	26.6	30.4	35.1	41	26.7	13
13	30.1	34.4	41	26.4	30.2	34.6	41	26.5	30.3	34.9	41	26.6	30.4	35.1	41	26.8	30.5	35.4	41	26.9	13
13	30.2	34.7	41	26.5	30.3	35.0	41	26.7	30.4	35.2	41	26.8	30.5	35.5	41	26.9	30.6	35.7	42	27.0	13
13	30.3	35.0	42	26.7	30.4	35.3	42	26.8	30.5	35.5	42	26.9	30.6	35.8	42	27.1	30.7	36.0	42	27.2	13
12	30.4	35.3	42	26.9	30.5	35.6	42	27.0	30.6	35.8	42	27.1	30.7	36.1	42	27.2	30.8	36.3	42	27.3	12
12	30.5	35.7	42	27.0	30.6	35.9	42	27.1	30.7	36.2	43	27.2	30.8	36.4	43	27.4	30.9	36.7	43	27.5	12
12	30.6	36.0	43	27.2	30.7	36.2	43	27.3	30.8	36.5	43	27.4	30.9	36.7	43	27.5	**31.0**	37.0	43	27.6	12
12	30.7	36.3	43	27.3	30.8	36.5	43	27.4	30.9	36.8	43	27.5	**31.0**	37.1	43	27.7	31.1	37.3	43	27.8	12

n	t_W	e	U	t_d	t_W	e	U	t_d	t_W	e	U	t_d	t_W	e	U	t_d	t_W	e	U	t_d	n
	42.5				**42.6**				**42.7**				**42.8**				**42.9**				
12	30.8	36.6	43	27.5	30.9	36.9	44	27.6	**31.0**	37.1	44	27.7	31.1	37.4	44	27.8	31.2	37.6	44	27.9	12
12	30.9	36.9	44	27.6	**31.0**	37.2	44	27.7	31.1	37.4	44	27.8	31.2	37.7	44	28.0	31.3	38.0	44	28.1	12
12	**31.0**	37.3	44	27.8	31.1	37.5	44	27.9	31.2	37.8	44	28.0	31.3	38.0	44	28.1	31.4	38.3	45	28.2	12
11	31.1	37.6	45	27.9	31.2	37.8	45	28.0	31.3	38.1	45	28.1	31.4	38.4	45	28.3	31.5	38.6	45	28.4	11
11	31.2	37.9	45	28.0	31.3	38.2	45	28.2	31.4	38.4	45	28.3	31.5	38.7	45	28.4	31.6	38.9	45	28.5	11
11	31.3	38.2	45	28.2	31.4	38.5	45	28.3	31.5	38.7	46	28.4	31.6	39.0	46	28.5	31.7	39.3	46	28.7	11
11	31.4	38.6	46	28.3	31.5	38.8	46	28.5	31.6	39.1	46	28.6	31.7	39.3	46	28.7	31.8	39.6	46	28.8	11
11	31.5	38.9	46	28.5	31.6	39.1	46	28.6	31.7	39.4	46	28.7	31.8	39.7	46	28.8	31.9	39.9	46	29.0	11
11	31.6	39.2	47	28.6	31.7	39.5	47	28.8	31.8	39.7	47	28.9	31.9	40.0	47	29.0	**32.0**	40.3	47	29.1	11
11	31.7	39.5	47	28.8	31.8	39.8	47	28.9	31.9	40.1	47	29.0	**32.0**	40.3	47	29.1	32.1	40.6	47	29.2	11
10	31.8	39.9	47	28.9	31.9	40.1	47	29.0	**32.0**	40.4	48	29.2	32.1	40.7	48	29.3	32.2	41.0	48	29.4	10
10	31.9	40.2	48	29.1	**32.0**	40.5	48	29.2	32.1	40.7	48	29.3	32.2	41.0	48	29.4	32.3	41.3	48	29.5	10
10	**32.0**	40.5	48	29.2	32.1	40.8	48	29.3	32.2	41.1	48	29.4	32.3	41.4	48	29.6	32.4	41.6	48	29.7	10
10	32.1	40.9	49	29.4	32.2	41.2	49	29.5	32.3	41.4	49	29.6	32.4	41.7	49	29.7	32.5	42.0	49	29.8	10
10	32.2	41.2	49	29.5	32.3	41.5	49	29.6	32.4	41.8	49	29.7	32.5	42.0	49	29.8	32.6	42.3	49	30.0	10
10	32.3	41.6	49	29.6	32.4	41.8	49	29.8	32.5	42.1	49	29.9	32.6	42.4	50	30.0	32.7	42.7	50	30.1	10
10	32.4	41.9	50	29.8	32.5	42.2	50	29.9	32.6	42.4	50	30.0	32.7	42.7	50	30.1	32.8	43.0	50	30.2	10
9	32.5	42.2	50	29.9	32.6	42.5	50	30.0	32.7	42.8	50	30.1	32.8	43.1	50	30.3	32.9	43.4	50	30.4	9
9	32.6	42.6	51	30.1	32.7	42.9	51	30.2	32.8	43.1	51	30.3	32.9	43.4	51	30.4	**33.0**	43.7	51	30.5	9
9	32.7	42.9	51	30.2	32.8	43.2	51	30.3	32.9	43.5	51	30.4	**33.0**	43.8	51	30.5	33.1	44.0	51	30.7	9
9	32.8	43.3	51	30.3	32.9	43.6	51	30.5	**33.0**	43.8	52	30.6	33.1	44.1	52	30.7	33.2	44.4	52	30.8	9
9	32.9	43.6	52	30.5	**33.0**	43.9	52	30.6	33.1	44.2	52	30.7	33.2	44.5	52	30.8	33.3	44.8	52	30.9	9
9	**33.0**	44.0	52	30.6	33.1	44.3	52	30.7	33.2	44.5	52	30.8	33.3	44.8	52	31.0	33.4	45.1	52	31.1	9
9	33.1	44.3	53	30.8	33.2	44.6	53	30.9	33.3	44.9	53	31.0	33.4	45.2	53	31.1	33.5	45.5	53	31.2	9
9	33.2	44.7	53	30.9	33.3	45.0	53	31.0	33.4	45.2	53	31.1	33.5	45.5	53	31.2	33.6	45.8	53	31.3	9
8	33.3	45.0	53	31.0	33.4	45.3	54	31.1	33.5	45.6	54	31.3	33.6	45.9	54	31.4	33.7	46.2	54	31.5	8
8	33.4	45.4	54	31.2	33.5	45.7	54	31.3	33.6	46.0	54	31.4	33.7	46.2	54	31.5	33.8	46.5	54	31.6	8
8	33.5	45.7	54	31.3	33.6	46.0	54	31.4	33.7	46.3	54	31.5	33.8	46.6	54	31.6	33.9	46.9	55	31.8	8
8	33.6	46.1	55	31.4	33.7	46.4	55	31.6	33.8	46.7	55	31.7	33.9	47.0	55	31.8	**34.0**	47.3	55	31.9	8
8	33.7	46.4	55	31.6	33.8	46.7	55	31.7	33.9	47.0	55	31.8	**34.0**	47.3	55	31.9	34.1	47.6	55	32.0	8
8	33.8	46.8	56	31.7	33.9	47.1	56	31.8	**34.0**	47.4	56	31.9	34.1	47.7	56	32.1	34.2	48.0	56	32.2	8
8	33.9	47.2	56	31.9	**34.0**	47.5	56	32.0	34.1	47.8	56	32.1	34.2	48.1	56	32.2	34.3	48.4	56	32.3	8
8	**34.0**	47.5	56	32.0	34.1	47.8	57	32.1	34.2	48.1	57	32.2	34.3	48.4	57	32.3	34.4	48.7	57	32.4	8
7	34.1	47.9	57	32.1	34.2	48.2	57	32.2	34.3	48.5	57	32.3	34.4	48.8	57	32.5	34.5	49.1	57	32.6	7
7	34.2	48.3	57	32.3	34.3	48.6	57	32.4	34.4	48.9	57	32.5	34.5	49.2	57	32.6	34.6	49.5	58	32.7	7
7	34.3	48.6	58	32.4	34.4	48.9	58	32.5	34.5	49.2	58	32.6	34.6	49.5	58	32.7	34.7	49.8	58	32.8	7
7	34.4	49.0	58	32.5	34.5	49.3	58	32.6	34.6	49.6	58	32.7	34.7	49.9	58	32.9	34.8	50.2	58	33.0	7
7	34.5	49.4	59	32.7	34.6	49.7	59	32.8	34.7	50.0	59	32.9	34.8	50.3	59	33.0	34.9	50.6	59	33.1	7
7	34.6	49.7	59	32.8	34.7	50.0	59	32.9	34.8	50.3	59	33.0	34.9	50.7	59	33.1	**35.0**	51.0	59	33.2	7
7	34.7	50.1	60	32.9	34.8	50.4	60	33.0	34.9	50.7	60	33.1	**35.0**	51.0	60	33.3	35.1	51.3	60	33.4	7
7	34.8	50.5	60	33.1	34.9	50.8	60	33.2	**35.0**	51.1	60	33.3	35.1	51.4	60	33.4	35.2	51.7	60	33.5	7
7	34.9	50.9	60	33.2	**35.0**	51.2	60	33.3	35.1	51.5	61	33.4	35.2	51.8	61	33.5	35.3	52.1	61	33.6	7
6	**35.0**	51.2	61	33.3	35.1	51.5	61	33.4	35.2	51.9	61	33.5	35.3	52.2	61	33.7	35.4	52.5	61	33.8	6
6	35.1	51.6	61	33.5	35.2	51.9	61	33.6	35.3	52.2	61	33.7	35.4	52.6	61	33.8	35.5	52.9	61	33.9	6
6	35.2	52.0	62	33.6	35.3	52.3	62	33.7	35.4	52.6	62	33.8	35.5	52.9	62	33.9	35.6	53.3	62	34.0	6
6	35.3	52.4	62	33.7	35.4	52.7	62	33.8	35.5	53.0	62	33.9	35.6	53.3	62	34.0	35.7	53.6	62	34.2	6
6	35.4	52.8	63	33.8	35.5	53.1	63	34.0	35.6	53.4	63	34.1	35.7	53.7	63	34.2	35.8	54.0	63	34.3	6
6	35.5	53.1	63	34.0	35.6	53.5	63	34.1	35.7	53.8	63	34.2	35.8	54.1	63	34.3	35.9	54.4	63	34.4	6
6	35.6	53.5	64	34.1	35.7	53.8	64	34.2	35.8	54.2	64	34.3	35.9	54.5	64	34.4	**36.0**	54.8	64	34.5	6
6	35.7	53.9	64	34.2	35.8	54.2	64	34.3	35.9	54.6	64	34.5	**36.0**	54.9	64	34.6	36.1	55.2	64	34.7	6
6	35.8	54.3	64	34.4	35.9	54.6	65	34.5	**36.0**	54.9	65	34.6	36.1	55.3	65	34.7	36.2	55.6	65	34.8	6
5	35.9	54.7	65	34.5	**36.0**	55.0	65	34.6	36.1	55.3	65	34.7	36.2	55.7	65	34.8	36.3	56.0	65	34.9	5
5	**36.0**	55.1	65	34.6	36.1	55.4	65	34.7	36.2	55.7	66	34.8	36.3	56.1	66	34.9	36.4	56.4	66	35.1	5
5	36.1	55.5	66	34.8	36.2	55.8	66	34.9	36.3	56.1	66	35.0	36.4	56.5	66	35.1	36.5	56.8	66	35.2	5
5	36.2	55.9	66	34.9	36.3	56.2	66	35.0	36.4	56.5	66	35.1	36.5	56.9	66	35.2	36.6	57.2	67	35.3	5
5	36.3	56.3	67	35.0	36.4	56.6	67	35.1	36.5	56.9	67	35.2	36.6	57.3	67	35.3	36.7	57.6	67	35.4	5
5	36.4	56.7	67	35.1	36.5	57.0	67	35.2	36.6	57.3	67	35.4	36.7	57.7	67	35.6	36.8	58.0	67	35.6	5
5	36.5	57.1	68	35.3	36.6	57.4	68	35.4	36.7	57.7	68	35.5	36.8	58.1	68	35.6	36.9	58.4	68	35.7	5
5	36.6	57.5	68	35.4	36.7	57.8	68	35.5	36.8	58.1	68	35.6	36.9	58.5	68	35.7	**37.0**	58.8	68	35.8	5
5	36.7	57.9	69	35.5	36.8	58.2	69	35.6	36.9	58.5	69	35.7	**37.0**	58.9	69	35.8	37.1	59.2	69	35.9	5
5	36.8	58.3	69	35.6	36.9	58.6	69	35.8	**37.0**	59.0	69	35.9	37.1	59.3	69	36.0	37.2	59.6	69	36.1	5
4	36.9	58.7	70	35.8	**37.0**	59.0	70	35.9	37.1	59.4	70	36.0	37.2	59.7	70	36.1	37.3	60.1	70	36.2	4
4	**37.0**	59.1	70	35.9	37.1	59.4	70	36.0	37.2	59.8	70	36.1	37.3	60.1	70	36.2	37.4	60.5	70	36.3	4
4	37.1	59.5	71	36.0	37.2	59.8	71	36.1	37.3	60.2	71	36.2	37.4	60.5	71	36.3	37.5	60.9	71	36.4	4
4	37.2	59.9	71	36.2	37.3	60.3	71	36.3	37.4	60.6	71	36.4	37.5	61.0	71	36.5	37.6	61.3	71	36.6	4
4	37.3	60.3	72	36.3	37.4	60.7	72	36.4	37.5	61.0	72	36.6	37.6	61.4	72	36.6	37.7	61.7	72	36.7	4
4	37.4	60.7	72	36.4	37.5	61.1	72	36.5	37.6	61.4	72	36.6	37.7	61.8	72	36.7	37.8	62.1	72	36.8	4
4	37.5	61.2	73	36.5	37.6	61.5	73	36.6	37.7	61.9	73	36.7	37.8	62.2	73	36.8	37.9	62.6	73	36.9	4
4	37.6	61.6	73	36.6	37.7	61.9	73	36.8	37.8	62.3	73	36.9	37.9	62.6	73	37.0	**38.0**	63.0	73	37.1	4
4	37.7	62.0	74	36.8	37.8	62.3	74	36.9	37.9	62.7	74	37.0	**38.0**	63.1	74	37.1	38.1	63.4	74	37.2	4
4	37.8	62.4	74	36.9	37.9	62.8	74	37.0	**38.0**	63.1	74	37.1	38.1	63.5	74	37.2	38.2	63.8	74	37.3	4
3	37.9	62.8	75	37.0	**38.0**	63.2	75	37.1	38.1	63.6	75	37.2	38.2	63.9	75	37.3	38.3	64.3	75	37.4	3
3	**38.0**	63.3	75	37.1	38.1	63.6	75	37.2	38.2	64.0	75	37.4	38.3	64.3	75	37.5	38.4	64.7	75	37.6	3

n	t_W	e	U	t_d	t_W	e	U	t_d	t_W	e	U	t_d	t_W	e	U	t_d	t_W	e	U	t_d	n
	42.5				**42.6**				**42.7**				**42.8**				**42.9**				
3	38.1	63.7	76	37.3	38.2	64.0	76	37.4	38.3	64.4	76	37.5	38.4	64.8	76	37.6	38.5	65.1	76	37.7	3
3	38.2	64.1	76	37.4	38.3	64.5	76	37.5	38.4	64.8	76	37.6	38.5	65.2	76	37.7	38.6	65.6	76	37.8	3
3	38.3	64.5	77	37.5	38.4	64.9	77	37.6	38.5	65.3	77	37.7	38.6	65.6	77	37.8	38.7	66.0	77	37.9	3
3	38.4	65.0	77	37.6	38.5	65.3	77	37.7	38.6	65.7	77	37.8	38.7	66.1	77	37.9	38.8	66.4	77	38.1	3
3	38.5	65.4	78	37.8	38.6	65.8	78	37.9	38.7	66.1	78	38.0	38.8	66.5	78	38.1	38.9	66.9	78	38.2	3
3	38.6	65.8	78	37.9	38.7	66.2	78	38.0	38.8	66.6	78	38.1	38.9	67.0	78	38.2	**39.0**	67.3	78	38.3	3
3	38.7	66.3	79	38.0	38.8	66.6	79	38.1	38.9	67.0	79	38.2	**39.0**	67.4	79	38.3	39.1	67.8	79	38.4	3
3	38.8	66.7	79	38.1	38.9	67.1	79	38.2	**39.0**	67.5	79	38.3	39.1	67.8	79	38.4	39.2	68.2	79	38.5	3
3	38.9	67.2	80	38.2	**39.0**	67.5	80	38.4	39.1	67.9	80	38.5	39.2	68.3	80	38.6	39.3	68.7	80	38.7	3
3	**39.0**	67.6	80	38.4	39.1	68.0	80	38.5	39.2	68.3	80	38.6	39.3	68.7	80	38.7	39.4	69.1	80	38.8	3
2	39.1	68.0	81	38.5	39.2	68.4	81	38.6	39.3	68.8	81	38.7	39.4	69.2	81	38.8	39.5	69.6	81	38.9	2
2	39.2	68.5	81	38.6	39.3	68.9	81	38.7	39.4	69.2	81	38.8	39.5	69.6	81	38.9	39.6	70.0	81	39.0	2
2	39.3	68.9	82	38.7	39.4	69.3	82	38.8	39.5	69.7	82	38.9	39.6	70.1	82	39.0	39.7	70.5	82	39.1	2
2	39.4	69.4	82	38.9	39.5	69.8	82	39.0	39.6	70.1	82	39.1	39.7	70.5	82	39.2	39.8	70.9	82	39.3	2
2	39.5	69.8	83	39.0	39.6	70.2	83	39.1	39.7	70.6	83	39.2	39.8	71.0	83	39.3	39.9	71.4	83	39.4	2
2	39.6	70.3	83	39.1	39.7	70.7	83	39.2	39.8	71.1	84	39.3	39.9	71.4	84	39.4	**40.0**	71.8	84	39.5	2
2	39.7	70.7	84	39.2	39.8	71.1	84	39.3	39.9	71.5	84	39.4	**40.0**	71.9	84	39.5	40.1	72.3	84	39.6	2
2	39.8	71.2	85	39.3	39.9	71.6	85	39.4	**40.0**	72.0	85	39.5	40.1	72.4	85	39.6	40.2	72.8	85	39.7	2
2	39.9	71.6	85	39.5	**40.0**	72.0	85	39.6	40.1	72.4	85	39.7	40.2	72.8	85	39.8	40.3	73.2	85	39.9	2
2	**40.0**	72.1	86	39.6	40.1	72.5	86	39.7	40.2	72.9	86	39.8	40.3	73.3	86	39.9	40.4	73.7	86	40.0	2
2	40.1	72.6	86	39.7	40.2	73.0	86	39.8	40.3	73.4	86	39.9	40.4	73.8	86	40.0	40.5	74.2	86	40.1	2
2	40.2	73.0	87	39.8	40.3	73.4	87	39.9	40.4	73.8	87	40.0	40.5	74.2	87	40.1	40.6	74.6	87	40.2	2
2	40.3	73.5	87	39.9	40.4	73.9	87	40.0	40.5	74.3	87	40.1	40.6	74.7	87	40.2	40.7	75.1	87	40.3	2
1	40.4	74.0	88	40.0	40.5	74.4	88	40.1	40.6	74.8	88	40.3	40.7	75.2	88	40.4	40.8	75.6	88	40.5	1
1	40.5	74.4	88	40.2	40.6	74.8	88	40.3	40.7	75.2	88	40.4	40.8	75.0	88	40.5	40.9	76.1	88	40.6	1
1	40.6	74.9	89	40.3	40.7	75.3	89	40.4	40.8	75.7	89	40.5	40.9	76.1	89	40.6	**41.0**	76.5	89	40.7	1
1	40.7	75.4	90	40.4	40.8	75.8	90	40.5	40.9	76.2	90	40.6	**41.0**	76.6	90	40.7	41.1	77.0	90	40.8	1
1	40.8	75.8	90	40.5	40.9	76.3	90	40.6	**41.0**	76.7	90	40.7	41.1	77.1	90	40.8	41.2	77.5	90	40.9	1
1	40.9	76.3	91	40.6	**41.0**	76.7	91	40.7	41.1	77.1	91	40.8	41.2	77.6	91	40.9	41.3	78.0	91	41.0	1
1	**41.0**	76.8	91	40.8	41.1	77.2	91	40.9	41.2	77.6	91	41.0	41.3	78.0	91	41.1	41.4	78.5	91	41.2	1
1	41.1	77.3	92	40.9	41.2	77.7	92	41.0	41.3	78.1	92	41.1	41.4	78.5	92	41.2	41.5	78.9	92	41.3	1
1	41.2	77.8	92	41.0	41.3	78.2	92	41.1	41.4	78.6	92	41.2	41.5	79.0	92	41.3	41.6	79.4	92	41.4	1
1	41.3	78.2	93	41.1	41.4	78.7	93	41.2	41.5	79.1	93	41.3	41.6	79.5	93	41.4	41.7	79.9	93	41.5	1
1	41.4	78.7	94	41.2	41.5	79.1	94	41.3	41.6	79.6	94	41.4	41.7	80.0	94	41.5	41.8	80.4	94	41.6	1
1	41.5	79.2	94	41.3	41.6	79.6	94	41.4	41.7	80.1	94	41.5	41.8	80.5	94	41.6	41.9	80.9	94	41.7	1
1	41.6	79.7	95	41.5	41.7	80.1	95	41.6	41.8	80.6	95	41.7	41.9	81.0	95	41.8	**42.0**	81.4	95	41.9	1
1	41.7	80.2	95	41.6	41.8	80.6	95	41.7	41.9	81.0	95	41.8	**42.0**	81.5	95	41.9	42.1	81.9	95	42.0	1
0	41.8	80.7	96	41.7	41.9	81.1	96	41.8	**42.0**	81.5	96	41.9	42.1	82.0	96	42.0	42.2	82.4	96	42.1	0
0	41.9	81.2	96	41.8	**42.0**	81.6	96	41.9	42.1	82.0	96	42.0	42.2	82.5	96	42.1	42.3	82.9	96	42.2	0
0	**42.0**	81.7	97	41.9	42.1	82.1	97	42.0	42.2	82.5	97	42.1	42.3	83.0	97	42.2	42.4	83.4	97	42.3	0
0	42.1	82.2	98	42.0	42.2	82.6	98	42.1	42.3	83.0	98	42.2	42.4	83.5	98	42.3	42.5	83.9	98	42.4	0
0	42.2	82.7	98	42.2	42.3	83.1	98	42.3	42.4	83.5	98	42.4	42.5	84.0	98	42.5	42.6	84.4	98	42.6	0
0	42.3	83.2	99	42.3	42.4	83.6	99	42.4	42.5	84.1	99	42.5	42.6	84.5	99	42.6	42.7	84.9	99	42.7	0
0	42.4	83.7	99	42.4	42.5	84.1	99	42.5	42.6	84.6	99	42.6	42.7	85.0	99	42.7	42.8	85.5	99	42.8	0
0	42.5	84.2	100	42.5	42.6	84.6	100	42.6	42.7	85.1	100	42.7	42.8	85.5	100	42.8	42.9	86.0	100	42.9	0

n	t_W	e	U	t_d	t_W	e	U	t_d	t_W	e	U	t_d	t_W	e	U	t_d	t_W	e	U	t_d	n
	43.0				**43.1**				**43.2**				**43.3**				**43.4**				
49																	16.3	0.4	1	-31.4	49
48													16.3	0.5	1	-29.9	16.4	0.6	1	-27.7	48
48					16.2	0.5	1	-31.0	16.3	0.6	1	-28.6	16.4	0.7	1	-26.6	16.5	0.8	1	-24.9	48
48	16.2	0.5	1	-29.6	16.3	0.6	1	-27.4	16.4	0.8	1	-25.6	16.5	0.9	1	-24.0	16.6	1.0	1	-22.5	48
47	16.3	0.7	1	-26.4	16.4	0.8	1	-24.7	16.5	1.0	1	-23.2	16.6	1.1	1	-21.8	16.7	1.2	1	-20.6	47
47	16.4	0.9	1	-23.8	16.5	1.0	1	-22.4	16.6	1.1	1	-21.1	16.7	1.3	1	-20.0	16.8	1.4	2	-18.9	47
47	16.5	1.1	1	-21.7	16.6	1.2	1	-20.5	16.7	1.3	2	-19.4	16.8	1.4	2	-18.3	16.9	1.6	2	-17.4	47
46	16.6	1.3	1	-19.8	16.7	1.4	2	-18.8	16.8	1.5	2	-17.8	16.9	1.6	2	-16.9	**17.0**	1.8	2	-16.0	46
46	16.7	1.5	2	-18.2	16.8	1.6	2	-17.3	16.9	1.7	2	-16.4	**17.0**	1.8	2	-15.6	17.1	1.9	2	-14.8	46
46	16.8	1.6	2	-16.8	16.9	1.8	2	-15.9	**17.0**	1.9	2	-15.1	17.1	2.0	2	-14.4	17.2	2.1	2	-13.6	46
45	16.9	1.8	2	-15.5	**17.0**	2.0	2	-14.7	17.1	2.1	2	-14.0	17.2	2.2	3	-13.3	17.3	2.3	3	-12.6	45
45	**17.0**	2.0	2	-14.3	17.1	2.1	2	-13.6	17.2	2.3	3	-12.9	17.3	2.4	3	-12.2	17.4	2.5	3	-11.6	45
45	17.1	2.2	3	-13.2	17.2	2.3	3	-12.5	17.3	2.5	3	-11.9	17.4	2.6	3	-11.3	17.5	2.7	3	-10.7	45
44	17.2	2.4	3	-12.2	17.3	2.5	3	-11.6	17.4	2.7	3	-11.0	17.5	2.8	3	-10.4	17.6	2.9	3	-9.8	44
44	17.3	2.6	3	-11.2	17.4	2.7	3	-10.6	17.5	2.8	3	-10.1	17.6	3.0	3	-9.5	17.7	3.1	4	-9.0	44
44	17.4	2.8	3	-10.3	17.5	2.9	3	-9.8	17.6	3.0	3	-9.2	17.7	3.2	4	-8.7	17.8	3.3	4	-8.2	44
43	17.5	3.0	3	-9.5	17.6	3.1	4	-9.0	17.7	3.2	4	-8.4	17.8	3.4	4	-7.9	17.9	3.5	4	-7.5	43
43	17.6	3.2	4	-8.7	17.7	3.3	4	-8.2	17.8	3.4	4	-7.7	17.9	3.6	4	-7.2	**18.0**	3.7	4	-6.8	43
43	17.7	3.4	4	-7.9	17.8	3.5	4	-7.4	17.9	3.6	4	-7.0	**18.0**	3.8	4	-6.5	18.1	3.9	4	-6.1	43
42	17.8	3.6	4	-7.2	17.9	3.7	4	-6.7	**18.0**	3.8	4	-6.3	18.1	3.9	4	-5.9	18.2	4.1	5	-5.4	42
42	17.9	3.8	4	-6.5	**18.0**	3.9	4	-6.1	18.1	4.0	5	-5.6	18.2	4.1	5	-5.2	18.3	4.3	5	-4.8	42
42	**18.0**	4.0	5	-5.8	18.1	4.1	5	-5.4	18.2	4.2	5	-5.0	18.3	4.3	5	-4.6	18.4	4.5	5	-4.2	42
41	18.1	4.1	5	-5.2	18.2	4.3	5	-4.8	18.3	4.4	5	-4.4	18.4	4.5	5	-4.0	18.5	4.7	5	-3.6	41
41	18.2	4.3	5	-4.6	18.3	4.5	5	-4.2	18.4	4.6	5	-3.8	18.5	4.7	5	-3.4	18.6	4.9	6	-3.1	41
41	18.3	4.5	5	-4.0	18.4	4.7	5	-3.6	18.5	4.8	6	-3.2	18.6	4.9	6	-2.9	18.7	5.1	6	-2.5	41

n	t_W	e	U	t_d	t_W	e	U	t_d	t_W	e	U	t_d	t_W	e	U	t_d	t_W	e	U	t_d	n
	43.0				**43.1**				**43.2**				**43.3**				**43.4**				
40	18.4	4.7	5	-3.4	18.5	4.9	6	-3.1	18.6	5.0	6	-2.7	18.7	5.1	6	-2.3	18.8	5.3	6	-2.0	40
40	18.5	4.9	6	-2.9	18.6	5.1	6	-2.5	18.7	5.2	6	-2.2	18.8	5.3	6	-1.8	18.9	5.5	6	-1.5	40
40	18.6	5.1	6	-2.3	18.7	5.3	6	-2.0	18.8	5.4	6	-1.6	18.9	5.6	6	-1.3	**19.0**	5.7	6	-1.0	40
39	18.7	5.3	6	-1.8	18.8	5.5	6	-1.5	18.9	5.6	6	-1.1	**19.0**	5.8	7	-0.8	19.1	5.9	7	-0.5	39
39	18.8	5.5	6	-1.3	18.9	5.7	7	-1.0	**19.0**	5.8	7	-0.7	19.1	6.0	7	-0.3	19.2	6.1	7	0.0	39
39	18.9	5.8	7	-0.8	**19.0**	5.9	7	-0.5	19.1	6.0	7	-0.2	19.2	6.2	7	0.1	19.3	6.3	7	0.4	39
39	**19.0**	6.0	7	-0.3	19.1	6.1	7	0.0	19.2	6.2	7	0.3	19.3	6.4	7	0.6	19.4	6.5	7	0.9	39
38	19.1	6.2	7	0.1	19.2	6.3	7	0.4	19.3	6.4	7	0.7	19.4	6.6	7	1.0	19.5	6.7	8	1.3	38
38	19.2	6.4	7	0.6	19.3	6.5	7	0.9	19.4	6.6	8	1.2	19.5	6.8	8	1.5	19.6	6.9	8	1.7	38
38	19.3	6.6	8	1.0	19.4	6.7	8	1.3	19.5	6.8	8	1.6	19.6	7.0	8	1.9	19.7	7.1	8	2.2	38
37	19.4	6.8	8	1.4	19.5	6.9	8	1.7	19.6	7.1	8	2.0	19.7	7.2	8	2.3	19.8	7.3	8	2.6	37
37	19.5	7.0	8	1.9	19.6	7.1	8	2.1	19.7	7.3	8	2.4	19.8	7.4	8	2.7	19.9	7.6	9	3.0	37
37	19.6	7.2	8	2.3	19.7	7.3	8	2.5	19.8	7.5	9	2.8	19.9	7.6	9	3.1	**20.0**	7.8	9	3.3	37
36	19.7	7.4	9	2.7	19.8	7.5	9	2.9	19.9	7.7	9	3.2	**20.0**	7.8	9	3.5	20.1	8.0	9	3.7	36
36	19.8	7.6	9	3.1	19.9	7.8	9	3.3	**20.0**	7.9	9	3.6	20.1	8.0	9	3.8	20.2	8.2	9	4.1	36
36	19.9	7.8	9	3.4	**20.0**	8.0	9	3.7	20.1	8.1	9	4.0	20.2	8.3	9	4.2	20.3	8.4	10	4.5	36
36	**20.0**	8.0	9	3.8	20.1	8.2	9	4.1	20.2	8.3	10	4.3	20.3	8.5	10	4.6	20.4	8.6	10	4.8	36
35	20.1	8.2	10	4.2	20.2	8.4	10	4.4	20.3	8.5	10	4.7	20.4	8.7	10	4.9	20.5	8.8	10	5.2	35
35	20.2	8.5	10	4.6	20.3	8.6	10	4.8	20.4	8.7	10	5.0	20.5	8.9	10	5.3	20.6	9.0	10	5.5	35
35	20.3	8.7	10	4.9	20.4	8.8	10	5.2	20.5	9.0	10	5.4	20.6	9.1	10	5.6	20.7	9.3	10	5.9	35
34	20.4	8.9	10	5.3	20.5	9.0	10	5.5	20.6	9.2	11	5.7	20.7	9.3	11	6.0	20.8	9.5	11	6.2	34
34	20.5	9.1	11	5.6	20.6	9.2	11	5.8	20.7	9.4	11	6.1	20.8	9.5	11	6.3	20.9	9.7	11	6.5	34
34	20.6	9.3	11	5.9	20.7	9.5	11	6.2	20.8	9.6	11	6.4	20.9	9.8	11	6.6	**21.0**	9.9	11	6.9	34
34	20.7	9.5	11	6.3	20.8	9.7	11	6.5	20.9	9.8	11	6.7	**21.0**	10.0	11	7.0	21.1	10.1	11	7.2	34
33	20.8	9.7	11	6.6	20.9	9.9	11	6.8	**21.0**	10.1	12	7.1	21.1	10.2	12	7.3	21.2	10.4	12	7.5	33
33	20.9	10.0	12	6.9	**21.0**	10.1	12	7.2	21.1	10.3	12	7.4	21.2	10.4	12	7.6	21.3	10.6	12	7.8	33
33	**21.0**	10.2	12	7.2	21.1	10.3	12	7.5	21.2	10.5	12	7.7	21.3	10.6	12	7.9	21.4	10.8	12	8.1	33
32	21.1	10.4	12	7.6	21.2	10.6	12	7.8	21.3	10.7	12	8.0	21.4	10.9	12	8.2	21.5	11.0	12	8.4	32
32	21.2	10.6	12	7.9	21.3	10.8	12	8.1	21.4	10.9	13	8.3	21.5	11.1	13	8.5	21.6	11.2	13	8.7	32
32	21.3	10.8	13	8.2	21.4	11.0	13	8.4	21.5	11.2	13	8.6	21.6	11.3	13	8.8	21.7	11.5	13	9.0	32
32	21.4	11.1	13	8.5	21.5	11.2	13	8.7	21.6	11.4	13	8.9	21.7	11.5	13	9.1	21.8	11.7	13	9.3	32
31	21.5	11.3	13	8.8	21.6	11.4	13	9.0	21.7	11.6	13	9.2	21.8	11.8	13	9.4	21.9	11.9	14	9.6	31
31	21.6	11.5	13	9.1	21.7	11.7	13	9.3	21.8	11.8	14	9.5	21.9	12.0	14	9.7	**22.0**	12.2	14	9.9	31
31	21.7	11.7	14	9.3	21.8	11.9	14	9.5	21.9	12.1	14	9.7	**22.0**	12.2	14	9.9	22.1	12.4	14	10.1	31
31	21.8	12.0	14	9.6	21.9	12.1	14	9.8	**22.0**	12.3	14	10.0	22.1	12.4	14	10.2	22.2	12.6	14	10.4	31
30	21.9	12.2	14	9.9	**22.0**	12.4	14	10.1	22.1	12.5	14	10.3	22.2	12.7	14	10.5	22.3	12.8	15	10.7	30
30	**22.0**	12.4	14	10.2	22.1	12.6	14	10.4	22.2	12.7	15	10.6	22.3	12.9	15	10.8	22.4	13.1	15	10.9	30
30	22.1	12.6	15	10.5	22.2	12.8	15	10.6	22.3	13.0	15	10.8	22.4	13.1	15	11.0	22.5	13.3	15	11.2	30
30	22.2	12.9	15	10.7	22.3	13.0	15	10.9	22.4	13.2	15	11.1	22.5	13.4	15	11.3	22.6	13.5	15	11.5	30
29	22.3	13.1	15	11.0	22.4	13.3	15	11.2	22.5	13.4	15	11.4	22.6	13.6	15	11.5	22.7	13.8	16	11.7	29
29	22.4	13.3	15	11.3	22.5	13.5	16	11.4	22.6	13.7	16	11.6	22.7	13.8	16	11.8	22.8	14.0	16	12.0	29
29	22.5	13.6	16	11.5	22.6	13.7	16	11.7	22.7	13.9	16	11.9	22.8	14.1	16	12.1	22.9	14.2	16	12.2	29
29	22.6	13.8	16	11.8	22.7	14.0	16	12.0	22.8	14.1	16	12.1	22.9	14.3	16	12.3	**23.0**	14.5	16	12.5	29
28	22.7	14.0	16	12.0	22.8	14.2	16	12.2	22.9	14.4	16	12.4	**23.0**	14.5	17	12.6	23.1	14.7	17	12.7	28
28	22.8	14.3	17	12.3	22.9	14.4	17	12.5	**23.0**	14.6	17	12.6	23.1	14.8	17	12.8	23.2	15.0	17	13.0	28
28	22.9	14.5	17	12.5	**23.0**	14.7	17	12.7	23.1	14.8	17	12.9	23.2	15.0	17	13.1	23.3	15.2	17	13.2	28
28	**23.0**	14.7	17	12.8	23.1	14.9	17	12.9	23.2	15.1	17	13.1	23.3	15.3	17	13.3	23.4	15.4	17	13.5	28
27	23.1	15.0	17	13.0	23.2	15.2	17	13.2	23.3	15.3	18	13.4	23.4	15.5	18	13.5	23.5	15.7	18	13.7	27
27	23.2	15.2	18	13.3	23.3	15.4	18	13.4	23.4	15.6	18	13.6	23.5	15.7	18	13.8	23.6	15.9	18	13.9	27
27	23.3	15.5	18	13.5	23.4	15.6	18	13.7	23.5	15.8	18	13.8	23.6	16.0	18	14.0	23.7	16.2	18	14.2	27
27	23.4	15.7	18	13.7	23.5	15.9	18	13.9	23.6	16.0	18	14.1	23.7	16.2	18	14.2	23.8	16.4	19	14.4	27
26	23.5	15.9	18	14.0	23.6	16.1	19	14.1	23.7	16.3	19	14.3	23.8	16.5	19	14.5	23.9	16.6	19	14.6	26
26	23.6	16.2	19	14.2	23.7	16.4	19	14.4	23.8	16.5	19	14.5	23.9	16.7	19	14.7	**24.0**	16.9	19	14.9	26
26	23.7	16.4	19	14.4	23.8	16.6	19	14.6	23.9	16.8	19	14.8	**24.0**	17.0	19	14.9	24.1	17.1	19	15.1	26
26	23.8	16.7	19	14.7	23.9	16.8	19	14.8	**24.0**	17.0	19	15.0	24.1	17.2	20	15.1	24.2	17.4	20	15.3	26
25	23.9	16.9	20	14.9	**24.0**	17.1	20	15.0	24.1	17.3	20	15.2	24.2	17.4	20	15.4	24.3	17.6	20	15.5	25
25	**24.0**	17.2	20	15.1	24.1	17.3	20	15.3	24.2	17.5	20	15.4	24.3	17.7	20	15.6	24.4	17.9	20	15.7	25
25	24.1	17.4	20	15.3	24.2	17.6	20	15.5	24.3	17.8	20	15.6	24.4	17.9	20	15.8	24.5	18.1	21	16.0	25
25	24.2	17.6	20	15.5	24.3	17.8	21	15.7	24.4	18.0	21	15.9	24.5	18.2	21	16.0	24.6	18.4	21	16.2	25
24	24.3	17.9	21	15.8	24.4	18.1	21	15.9	24.5	18.3	21	16.1	24.6	18.4	21	16.2	24.7	18.6	21	16.4	24
24	24.4	18.1	21	16.0	24.5	18.3	21	16.1	24.6	18.5	21	16.3	24.7	18.7	21	16.4	24.8	18.9	21	16.6	24
24	24.5	18.4	21	16.2	24.6	18.6	21	16.3	24.7	18.8	21	16.5	24.8	19.0	22	16.7	24.9	19.1	22	16.8	24
24	24.6	18.6	22	16.4	24.7	18.8	22	16.6	24.8	19.0	22	16.7	24.9	19.2	22	16.9	**25.0**	19.4	22	17.0	24
24	24.7	18.9	22	16.6	24.8	19.1	22	16.8	24.9	19.3	22	16.9	**25.0**	19.5	22	17.1	25.1	19.7	22	17.2	24
23	24.8	19.2	22	16.8	24.9	19.3	22	17.0	**25.0**	19.5	22	17.1	25.1	19.7	22	17.3	25.2	19.9	23	17.4	23
23	24.9	19.4	22	17.0	**25.0**	19.6	23	17.2	25.1	19.8	23	17.3	25.2	20.0	23	17.5	25.3	20.2	23	17.6	23
23	**25.0**	19.7	23	17.2	25.1	19.9	23	17.4	25.2	20.0	23	17.5	25.3	20.2	23	17.7	25.4	20.4	23	17.8	23
23	25.1	19.9	23	17.4	25.2	20.1	23	17.6	25.3	20.3	23	17.7	25.4	20.5	23	17.9	25.5	20.7	23	18.0	23
22	25.2	20.2	23	17.6	25.3	20.4	23	17.8	25.4	20.6	24	17.9	25.5	20.8	24	18.1	25.6	20.9	24	18.2	22
22	25.3	20.4	24	17.8	25.4	20.6	24	18.0	25.5	20.8	24	18.1	25.6	21.0	24	18.3	25.7	21.2	24	18.4	22
22	25.4	20.7	24	18.0	25.5	20.9	24	18.2	25.6	21.1	24	18.3	25.7	21.3	24	18.5	25.8	21.5	24	18.6	22
22	25.5	21.0	24	18.2	25.6	21.1	24	18.4	25.7	21.3	24	18.5	25.8	21.5	25	18.7	25.9	21.7	25	18.8	22
22	25.6	21.2	25	18.4	25.7	21.4	25	18.6	25.8	21.6	25	18.7	25.9	21.8	25	18.9	**26.0**	22.0	25	19.0	22

n	t_W	e	U	t_d	t_W	e	U	t_d	t_W	e	U	t_d	t_W	e	U	t_d	t_W	e	U	t_d	n
	43.0				**43.1**				**43.2**				**43.3**				**43.4**				
21	25.7	21.5	25	18.6	25.8	21.7	25	18.8	25.9	21.9	25	18.9	**26.0**	22.1	25	19.1	26.1	22.3	25	19.2	21
21	25.8	21.7	25	18.8	25.9	21.9	25	19.0	**26.0**	22.1	25	19.1	26.1	22.3	25	19.3	26.2	22.5	26	19.4	21
21	25.9	22.0	25	19.0	**26.0**	22.2	26	19.2	26.1	22.4	26	19.3	26.2	22.6	26	19.5	26.3	22.8	26	19.6	21
21	**26.0**	22.3	26	19.2	26.1	22.5	26	19.4	26.2	22.7	26	19.5	26.3	22.9	26	19.6	26.4	23.1	26	19.8	21
21	26.1	22.5	26	19.4	26.2	22.7	26	19.6	26.3	22.9	26	19.7	26.4	23.1	26	19.8	26.5	23.3	26	20.0	21
20	26.2	22.8	26	19.6	26.3	23.0	26	19.7	26.4	23.2	27	19.9	26.5	23.4	27	20.0	26.6	23.6	27	20.2	20
20	26.3	23.1	27	19.8	26.4	23.3	27	19.9	26.5	23.5	27	20.1	26.6	23.7	27	20.2	26.7	23.9	27	20.4	20
20	26.4	23.3	27	20.0	26.5	23.5	27	20.1	26.6	23.7	27	20.3	26.7	24.0	27	20.4	26.8	24.2	27	20.5	20
20	26.5	23.6	27	20.2	26.6	23.8	27	20.3	26.7	24.0	28	20.4	26.8	24.2	28	20.6	26.9	24.4	28	20.7	20
20	26.6	23.9	28	20.3	26.7	24.1	28	20.5	26.8	24.3	28	20.6	26.9	24.5	28	20.8	**27.0**	24.7	28	20.9	20
19	26.7	24.2	28	20.5	26.8	24.4	28	20.7	26.9	24.6	28	20.8	**27.0**	24.8	28	20.9	27.1	25.0	28	21.1	19
19	26.8	24.4	28	20.7	26.9	24.6	28	20.9	**27.0**	24.8	28	21.0	27.1	25.1	29	21.1	27.2	25.3	29	21.3	19
19	26.9	24.7	29	20.9	**27.0**	24.9	29	21.0	27.1	25.1	29	21.2	27.2	25.3	29	21.3	27.3	25.5	29	21.4	19
19	**27.0**	25.0	29	21.1	27.1	25.2	29	21.2	27.2	25.4	29	21.3	27.3	25.6	29	21.5	27.4	25.8	29	21.6	19
19	27.1	25.3	29	21.3	27.2	25.5	29	21.4	27.3	25.7	29	21.5	27.4	25.9	29	21.7	27.5	26.1	30	21.8	19
18	27.2	25.5	30	21.4	27.3	25.7	30	21.6	27.4	26.0	30	21.7	27.5	26.2	30	21.8	27.6	26.4	30	22.0	18
18	27.3	25.8	30	21.6	27.4	26.0	30	21.7	27.5	26.2	30	21.9	27.6	26.4	30	22.0	27.7	26.7	30	22.1	18
18	27.4	26.1	30	21.8	27.5	26.3	30	21.9	27.6	26.6	30	22.1	27.7	26.7	30	22.2	27.8	26.9	31	22.3	18
18	27.5	26.4	31	22.0	27.6	26.6	31	22.1	27.7	26.8	31	22.2	27.8	27.0	31	22.4	27.9	27.2	31	22.5	18
18	27.6	26.6	31	22.1	27.7	26.9	31	22.3	27.8	27.1	31	22.4	27.9	27.3	31	22.5	**28.0**	27.5	31	22.7	18
18	27.7	26.9	31	22.3	27.8	27.1	31	22.4	27.9	27.4	31	22.6	**28.0**	27.6	31	22.7	28.1	27.8	32	22.8	18
17	27.8	27.2	31	22.5	27.9	27.4	32	22.6	**28.0**	27.7	32	22.7	28.1	27.9	32	22.9	28.2	28.1	32	23.0	17
17	27.9	27.5	32	22.7	**28.0**	27.7	32	22.8	28.1	27.9	32	22.9	28.2	28.2	32	23.0	28.3	28.4	32	23.2	17
17	**28.0**	27.8	32	22.8	28.1	28.0	32	23.0	28.2	28.2	32	23.1	28.3	28.5	32	23.2	28.4	28.7	33	23.3	17
17	28.1	28.1	32	23.0	28.2	28.3	33	23.1	28.3	28.5	33	23.3	28.4	28.7	33	23.4	28.5	29.0	33	23.5	17
17	28.2	28.4	33	23.2	28.3	28.6	33	23.3	28.4	28.8	33	23.4	28.5	29.0	33	23.6	28.6	29.3	33	23.7	17
16	28.3	28.7	33	23.3	28.4	28.9	33	23.5	28.5	29.1	33	23.6	28.6	29.3	33	23.7	28.7	29.6	33	23.8	16
16	28.4	28.9	33	23.5	28.5	29.2	34	23.6	28.6	29.4	34	23.8	28.7	29.6	34	23.9	28.8	29.9	34	24.0	16
16	28.5	29.2	34	23.7	28.6	29.5	34	23.8	28.7	29.7	34	23.9	28.8	29.9	34	24.1	28.9	30.1	34	24.2	16
16	28.6	29.5	34	23.8	28.7	29.8	34	24.0	28.8	30.0	34	24.1	28.9	30.2	34	24.2	**29.0**	30.4	35	24.3	16
16	28.7	29.8	35	24.0	28.8	30.1	35	24.1	28.9	30.3	35	24.3	**29.0**	30.5	35	24.4	29.1	30.7	35	24.5	16
16	28.8	30.1	35	24.2	28.9	30.3	35	24.3	**29.0**	30.6	35	24.4	29.1	30.8	35	24.5	29.2	31.0	35	24.7	16
15	28.9	30.4	35	24.3	**29.0**	30.6	35	24.5	29.1	30.9	35	24.6	29.2	31.1	35	24.7	29.3	31.3	36	24.8	15
15	**29.0**	30.7	36	24.5	29.1	30.9	36	24.6	29.2	31.2	36	24.7	29.3	31.4	36	24.9	29.4	31.6	36	25.0	15
15	29.1	31.0	36	24.6	29.2	31.2	36	24.8	29.3	31.5	36	24.9	29.4	31.7	36	25.0	29.5	32.0	36	25.2	15
15	29.2	31.3	36	24.8	29.3	31.5	36	24.9	29.4	31.8	36	25.1	29.5	32.0	36	25.2	29.6	32.3	37	25.3	15
15	29.3	31.6	37	25.0	29.4	31.8	37	25.1	29.5	32.1	37	25.2	29.6	32.3	37	25.3	29.7	32.6	37	25.5	15
15	29.4	31.9	37	25.1	29.5	32.2	37	25.3	29.6	32.4	37	25.4	29.7	32.6	37	25.5	29.8	32.9	37	25.6	15
14	29.5	32.2	37	25.3	29.6	32.5	37	25.4	29.7	32.7	37	25.5	29.8	32.9	38	25.7	29.9	33.2	38	25.8	14
14	29.6	32.5	38	25.4	29.7	32.8	38	25.6	29.8	33.0	38	25.7	29.9	33.2	38	25.8	**30.0**	33.5	38	25.9	14
14	29.7	32.8	38	25.6	29.8	33.1	38	25.7	29.9	33.3	38	25.9	**30.0**	33.6	38	26.0	30.1	33.8	38	26.1	14
14	29.8	33.1	38	25.8	29.9	33.4	38	25.9	**30.0**	33.6	39	26.0	30.1	33.9	39	26.1	30.2	34.1	39	26.3	14
14	29.9	33.4	39	25.9	**30.0**	33.7	39	26.0	30.1	33.9	39	26.2	30.2	34.2	39	26.3	30.3	34.4	39	26.4	14
14	**30.0**	33.8	39	26.1	30.1	34.0	39	26.2	30.2	34.2	39	26.3	30.3	34.5	39	26.4	30.4	34.7	39	26.6	14
13	30.1	34.1	39	26.2	30.2	34.3	39	26.4	30.3	34.6	40	26.5	30.4	34.8	40	26.6	30.5	35.1	40	26.7	13
13	30.2	34.4	40	26.4	30.3	34.6	40	26.5	30.4	34.9	40	26.6	30.5	35.1	40	26.7	30.6	35.4	40	26.9	13
13	30.3	34.7	40	26.5	30.4	34.9	40	26.7	30.5	35.2	40	26.8	30.6	35.4	40	26.9	30.7	35.7	40	27.0	13
13	30.4	35.0	41	26.7	30.5	35.3	41	26.8	30.6	35.5	41	26.9	30.7	35.8	41	27.1	30.8	36.0	41	27.2	13
13	30.5	35.3	41	26.8	30.6	35.6	41	27.0	30.7	35.8	41	27.1	30.8	36.1	41	27.2	30.9	36.3	41	27.3	13
13	30.6	35.6	41	27.0	30.7	35.9	41	27.1	30.8	36.1	41	27.2	30.9	36.4	41	27.4	**31.0**	36.7	42	27.5	13
12	30.7	36.0	42	27.1	30.8	36.2	42	27.3	30.9	36.5	42	27.4	**31.0**	36.7	42	27.5	31.1	37.0	42	27.6	12
12	30.8	36.3	42	27.3	30.9	36.5	42	27.4	**31.0**	36.8	42	27.5	31.1	37.0	42	27.7	31.2	37.3	42	27.8	12
12	30.9	36.6	42	27.4	**31.0**	36.9	42	27.6	31.1	37.1	42	27.7	31.2	37.4	43	27.8	31.3	37.6	43	27.9	12
12	**31.0**	36.9	43	27.6	31.1	37.2	43	27.7	31.2	37.4	43	27.8	31.3	37.7	43	28.0	31.4	38.0	43	28.1	12
12	31.1	37.2	43	27.7	31.2	37.5	43	27.9	31.3	37.8	43	28.0	31.4	38.0	43	28.1	31.5	38.3	43	28.2	12
12	31.2	37.6	43	27.9	31.3	37.8	44	28.0	31.4	38.1	44	28.1	31.5	38.3	44	28.3	31.6	38.6	44	28.4	12
12	31.3	37.9	44	28.0	31.4	38.2	44	28.2	31.5	38.4	44	28.3	31.6	38.7	44	28.4	31.7	38.9	44	28.5	12
11	31.4	38.2	44	28.2	31.5	38.5	44	28.3	31.6	38.7	44	28.4	31.7	39.0	44	28.5	31.8	39.3	45	28.7	11
11	31.5	38.5	45	28.3	31.6	38.8	45	28.5	31.7	39.1	45	28.6	31.8	39.3	45	28.7	31.9	39.6	45	28.8	11
11	31.6	38.9	45	28.5	31.7	39.1	45	28.6	31.8	39.4	45	28.7	31.9	39.7	45	28.8	**32.0**	39.9	45	29.0	11
11	31.7	39.2	45	28.6	31.8	39.5	45	28.7	31.9	39.7	46	28.9	**32.0**	40.0	46	29.0	32.1	40.3	46	29.1	11
11	31.8	39.5	46	28.8	31.9	39.8	46	28.9	**32.0**	40.1	46	29.9	32.1	40.3	46	29.1	32.2	40.6	46	29.2	11
11	31.9	39.9	46	28.9	**32.0**	40.1	46	29.0	32.1	40.4	46	29.2	32.2	40.7	46	29.3	32.3	41.0	46	29.4	11
11	**32.0**	40.2	47	29.1	32.1	40.5	47	29.2	32.2	40.8	47	29.3	32.3	41.0	47	29.4	32.4	41.3	47	29.5	11
10	32.1	40.5	47	29.2	32.2	40.8	47	29.3	32.3	41.1	47	29.4	32.4	41.4	47	29.6	32.5	41.6	47	29.7	10
10	32.2	40.9	47	29.4	32.3	41.2	47	29.5	32.4	41.4	47	29.6	32.5	41.7	48	29.7	32.6	42.0	48	29.8	10
10	32.3	41.2	48	29.5	32.4	41.5	48	29.6	32.5	41.8	48	29.7	32.6	42.0	48	29.8	32.7	42.3	48	30.0	10
10	32.4	41.6	48	29.6	32.5	41.8	48	29.8	32.6	42.1	48	29.9	32.7	42.4	48	30.0	32.8	42.7	48	30.1	10
10	32.5	41.9	48	29.8	32.6	42.2	49	29.9	32.7	42.5	49	30.0	32.8	42.7	49	30.1	32.9	43.0	49	30.2	10
10	32.6	42.2	49	29.9	32.7	42.5	49	30.0	32.8	42.8	49	30.2	32.9	43.1	49	30.3	**33.0**	43.4	49	30.4	10
10	32.7	42.6	49	30.1	32.8	42.9	49	30.2	32.9	43.2	49	30.3	**33.0**	43.4	49	30.4	33.1	43.7	50	30.5	10
10	32.8	42.9	50	30.2	32.9	43.2	50	30.3	**33.0**	43.5	50	30.4	33.1	43.8	50	30.5	33.2	44.1	50	30.7	10
9	32.9	43.3	50	30.3	**33.0**	43.6	50	30.5	33.1	43.8	50	30.6	33.2	44.1	50	30.7	33.3	44.4	50	30.8	9

n	t_W	e	U	t_d	t_W	e	U	t_d	t_W	e	U	t_d	t_W	e	U	t_d	t_W	e	U	t_d	n
	43.0				**43.1**				**43.2**				**43.3**				**43.4**				
9	**33.0**	43.6	50	30.5	33.1	43.9	51	30.6	33.2	44.2	51	30.7	33.3	44.5	51	30.8	33.4	44.8	51	30.9	9
9	33.1	44.0	51	30.6	33.2	44.3	51	30.7	33.3	44.6	51	30.9	33.4	44.8	51	31.0	33.5	45.1	51	31.1	9
9	33.2	44.3	51	30.8	33.3	44.6	51	30.9	33.4	44.9	51	31.0	33.5	45.2	51	31.1	33.6	45.5	52	31.2	9
9	33.3	44.7	52	30.9	33.4	45.0	52	31.0	33.5	45.3	52	31.1	33.6	45.6	52	31.2	33.7	45.8	52	31.4	9
9	33.4	45.0	52	31.0	33.5	45.3	52	31.2	33.6	45.6	52	31.3	33.7	45.9	52	31.4	33.8	46.2	52	31.5	9
9	33.5	45.4	53	31.2	33.6	45.7	53	31.3	33.7	46.0	53	31.4	33.8	46.3	53	31.5	33.9	46.6	53	31.6	9
8	33.6	45.8	53	31.3	33.7	46.0	53	31.4	33.8	46.3	53	31.5	33.9	46.6	53	31.7	**34.0**	46.9	53	31.8	8
8	33.7	46.1	53	31.5	33.8	46.4	53	31.6	33.9	46.7	53	31.7	**34.0**	47.0	54	31.8	34.1	47.3	54	31.9	8
8	33.8	46.5	54	31.6	33.9	46.8	54	31.7	**34.0**	47.1	54	31.8	34.1	47.4	54	31.9	34.2	47.7	54	32.0	8
8	33.9	46.8	54	31.7	**34.0**	47.1	54	31.8	34.1	47.4	54	32.0	34.2	47.7	54	32.1	34.3	48.0	54	32.2	8
8	**34.0**	47.2	55	31.9	34.1	47.5	55	32.0	34.2	47.8	55	32.1	34.3	48.1	55	32.2	34.4	48.4	55	32.3	8
8	34.1	47.6	55	32.0	34.2	47.9	55	32.1	34.3	48.2	55	32.2	34.4	48.5	55	32.3	34.5	48.8	55	32.4	8
8	34.2	47.9	55	32.1	34.3	48.2	56	32.2	34.4	48.5	56	32.4	34.5	48.8	56	32.5	34.6	49.1	56	32.6	8
8	34.3	48.3	56	32.3	34.4	48.6	56	32.4	34.5	48.9	56	32.5	34.6	49.2	56	32.6	34.7	49.5	56	32.7	8
8	34.4	48.7	56	32.4	34.5	49.0	56	32.5	34.6	49.3	56	32.6	34.7	49.6	56	32.7	34.8	49.9	57	32.8	8
7	34.5	49.0	57	32.5	34.6	49.3	57	32.7	34.7	49.6	57	32.8	34.8	49.9	57	32.9	34.9	50.3	57	33.0	7
7	34.6	49.4	57	32.7	34.7	49.7	57	32.8	34.8	50.0	57	32.9	34.9	50.3	57	33.0	**35.0**	50.6	57	33.1	7
7	34.7	49.8	58	32.8	34.8	50.1	58	32.9	34.9	50.4	58	33.0	**35.0**	50.7	58	33.1	35.1	51.0	58	33.2	7
7	34.8	50.1	58	32.9	34.9	50.5	58	33.1	**35.0**	50.8	58	33.2	35.1	51.1	58	33.3	35.2	51.4	58	33.4	7
7	34.9	50.5	58	33.1	**35.0**	50.8	59	33.2	35.1	51.1	59	33.3	35.2	51.5	59	33.4	35.3	51.8	59	33.5	7
7	**35.0**	50.9	59	33.2	35.1	51.2	59	33.3	35.2	51.5	59	33.4	35.3	51.8	59	33.5	35.4	52.2	59	33.6	7
7	35.1	51.3	59	33.3	35.2	51.6	59	33.5	35.3	51.9	59	33.6	35.4	52.2	59	33.7	35.5	52.5	60	33.8	7
7	35.2	51.7	60	33.5	35.3	52.0	60	33.6	35.4	52.3	60	33.7	35.5	52.6	60	33.8	35.6	52.9	60	33.9	7
6	35.3	52.0	60	33.6	35.4	52.4	60	33.7	35.5	52.7	60	33.8	35.6	53.0	60	33.9	35.7	53.3	60	34.0	6
6	35.4	52.4	61	33.7	35.5	52.7	61	33.8	35.6	53.1	61	34.0	35.7	53.4	61	34.1	35.8	53.7	61	34.2	6
6	35.5	52.8	61	33.9	35.6	53.1	61	34.0	35.7	53.4	61	34.1	35.8	53.8	61	34.2	35.9	54.1	61	34.3	6
6	35.6	53.2	62	34.0	35.7	53.5	62	34.1	35.8	53.8	62	34.2	35.9	54.2	62	34.3	**36.0**	54.5	62	34.4	6
6	35.7	53.6	62	34.1	35.8	53.9	62	34.2	35.9	54.2	62	34.3	**36.0**	54.5	62	34.5	36.1	54.9	62	34.6	6
6	35.8	54.0	62	34.3	35.9	54.3	62	34.4	**36.0**	54.6	63	34.5	36.1	54.9	63	34.6	36.2	55.3	63	34.7	6
6	35.9	54.4	63	34.4	**36.0**	54.7	63	34.5	36.1	55.0	63	34.6	36.2	55.3	63	34.7	36.3	55.7	63	34.8	6
6	**36.0**	54.7	63	34.5	36.1	55.1	63	34.6	36.2	55.4	63	34.7	36.3	55.7	63	34.8	36.4	56.1	64	34.9	6
6	36.1	55.1	64	34.6	36.2	55.5	64	34.8	36.3	55.8	64	34.9	36.4	56.1	64	35.0	36.5	56.5	64	35.1	6
6	36.2	55.5	64	34.8	36.3	55.9	64	34.9	36.4	56.2	64	35.0	36.5	56.5	64	35.1	36.6	56.9	64	35.2	6
5	36.3	55.9	65	34.9	36.4	56.3	65	35.0	36.5	56.6	65	35.1	36.6	56.9	65	35.2	36.7	57.3	65	35.3	5
5	36.4	56.3	65	35.0	36.5	56.7	65	35.1	36.6	57.0	65	35.2	36.7	57.3	65	35.4	36.8	57.7	65	35.5	5
5	36.5	56.7	66	35.2	36.6	57.1	66	35.3	36.7	57.4	66	35.4	36.8	57.7	66	35.5	36.9	58.1	66	35.6	5
5	36.6	57.1	66	35.3	36.7	57.5	66	35.4	36.8	57.8	66	35.5	36.9	58.1	66	35.6	**37.0**	58.5	66	35.7	5
5	36.7	57.5	67	35.4	36.8	57.9	67	35.5	36.9	58.2	67	35.6	**37.0**	58.6	67	35.7	37.1	58.9	67	35.8	5
5	36.8	57.9	67	35.5	36.9	58.3	67	35.6	**37.0**	58.6	67	35.8	37.1	59.0	67	35.9	37.2	59.3	67	36.0	5
5	36.9	58.3	68	35.7	**37.0**	58.7	68	35.8	37.1	59.0	68	35.9	37.2	59.4	68	36.0	37.3	59.7	68	36.1	5
5	**37.0**	58.8	68	35.8	37.1	59.1	68	35.9	37.2	59.4	68	36.0	37.3	59.8	68	36.1	37.4	60.1	68	36.2	5
5	37.1	59.2	68	35.9	37.2	59.5	69	36.0	37.3	59.9	69	36.1	37.4	60.2	69	36.2	37.5	60.6	69	36.3	5
5	37.2	59.6	69	36.0	37.3	59.9	69	36.2	37.4	60.3	69	36.3	37.5	60.6	69	36.4	37.6	61.0	69	36.5	5
4	37.3	60.0	69	36.2	37.4	60.3	69	36.3	37.5	60.7	69	36.4	37.6	61.0	70	36.5	37.7	61.4	70	36.6	4
4	37.4	60.4	70	36.3	37.5	60.8	70	36.4	37.6	61.1	70	36.5	37.7	61.5	70	36.6	37.8	61.8	70	36.7	4
4	37.5	60.8	70	36.4	37.6	61.2	70	36.5	37.7	61.5	70	36.6	37.8	61.9	70	36.7	37.9	62.2	71	36.8	4
4	37.6	61.2	71	36.6	37.7	61.6	71	36.7	37.8	61.9	71	36.8	37.9	62.3	71	36.9	**38.0**	62.7	71	37.0	4
4	37.7	61.7	71	36.7	37.8	62.0	71	36.8	37.9	62.4	71	36.9	**38.0**	62.7	71	37.0	38.1	63.1	71	37.1	4
4	37.8	62.1	72	36.8	37.9	62.4	72	36.9	**38.0**	62.8	72	37.0	38.1	63.2	72	37.1	38.2	63.5	72	37.2	4
4	37.9	62.5	72	36.9	**38.0**	62.9	72	37.0	38.1	63.2	72	37.1	38.2	63.6	72	37.2	38.3	63.9	72	37.3	4
4	**38.0**	62.9	73	37.0	38.1	63.3	73	37.2	38.2	63.6	73	37.3	38.3	64.0	73	37.4	38.4	64.4	73	37.5	4
4	38.1	63.4	73	37.2	38.2	63.7	73	37.3	38.3	64.1	73	37.4	38.4	64.4	73	37.5	38.5	64.8	73	37.6	4
4	38.2	63.8	74	37.3	38.3	64.1	74	37.4	38.4	64.5	74	37.5	38.5	64.9	74	37.6	38.6	65.2	74	37.7	4
4	38.3	64.2	74	37.4	38.4	64.6	74	37.5	38.5	64.9	74	37.6	38.6	65.3	74	37.7	38.7	65.7	74	37.8	4
3	38.4	64.6	75	37.5	38.5	65.0	75	37.6	38.6	65.4	75	37.8	38.7	65.7	75	37.9	38.8	66.1	75	38.0	3
3	38.5	65.1	75	37.7	38.6	65.4	75	37.8	38.7	65.8	75	37.9	38.8	66.2	75	38.0	38.9	66.6	75	38.1	3
3	38.6	65.5	76	37.8	38.7	65.9	76	37.9	38.8	66.2	76	38.0	38.9	66.6	76	38.1	**39.0**	67.0	76	38.2	3
3	38.7	65.9	76	37.9	38.8	66.3	76	38.0	38.9	66.7	76	38.1	**39.0**	67.1	76	38.2	39.1	67.4	76	38.3	3
3	38.8	66.4	77	38.0	38.9	66.8	77	38.1	**39.0**	67.1	77	38.2	39.1	67.5	77	38.3	39.2	67.9	77	38.4	3
3	38.9	66.8	77	38.2	**39.0**	67.2	77	38.3	39.1	67.6	77	38.4	39.2	67.9	77	38.5	39.3	68.3	77	38.6	3
3	**39.0**	67.3	78	38.3	39.1	67.6	78	38.4	39.2	68.0	78	38.5	39.3	68.4	78	38.6	39.4	68.8	78	38.7	3
3	39.1	67.7	78	38.4	39.2	68.1	78	38.5	39.3	68.5	78	38.6	39.4	68.8	78	38.7	39.5	69.2	78	38.8	3
3	39.2	68.1	79	38.5	39.3	68.5	79	38.6	39.4	68.9	79	38.7	39.5	69.3	79	38.8	39.6	69.7	79	38.9	3
3	39.3	68.6	79	38.6	39.4	69.0	79	38.7	39.5	69.4	79	38.8	39.6	69.7	79	39.0	39.7	70.1	79	39.1	3
3	39.4	69.0	80	38.8	39.5	69.4	80	38.9	39.6	69.8	80	39.0	39.7	70.2	80	39.1	39.8	70.6	80	39.2	3
2	39.5	69.5	80	38.9	39.6	69.9	80	39.0	39.7	70.3	80	39.1	39.8	70.7	80	39.2	39.9	71.0	81	39.3	2
2	39.6	69.9	81	39.0	39.7	70.3	81	39.1	39.8	70.7	81	39.2	39.9	71.1	81	39.3	**40.0**	71.5	81	39.4	2
2	39.7	70.4	81	39.1	39.8	70.8	81	39.2	39.9	71.2	82	39.3	**40.0**	71.6	82	39.4	40.1	72.0	82	39.5	2
2	39.8	70.9	82	39.2	39.9	71.2	82	39.3	**40.0**	71.6	82	39.5	40.1	72.0	82	39.6	40.2	72.4	82	39.7	2
2	39.9	71.3	83	39.4	**40.0**	71.7	83	39.5	40.1	72.1	83	39.6	40.2	72.5	83	39.7	40.3	72.9	83	39.8	2
2	**40.0**	71.8	83	39.5	40.1	72.2	83	39.6	40.2	72.6	83	39.7	40.3	73.0	83	39.8	40.4	73.4	83	39.9	2
2	40.1	72.2	84	39.6	40.2	72.6	84	39.7	40.3	73.0	84	39.8	40.4	73.4	84	39.9	40.5	73.8	84	40.0	2
2	40.2	72.7	84	39.7	40.3	73.1	84	39.8	40.4	73.5	84	39.9	40.5	73.9	84	40.0	40.6	74.3	84	40.1	2

n	t_W	e	U	t_d	t_W	e	U	t_d	t_W	e	U	t_d	t_W	e	U	t_d	t_W	e	U	t_d	n
	43.0				**43.1**				**43.2**				**43.3**				**43.4**				
2	40.3	73.2	85	39.8	40.4	73.6	85	39.9	40.5	74.0	85	40.0	40.6	74.4	85	40.1	40.7	74.8	85	40.3	2
2	40.4	73.6	85	40.0	40.5	74.0	85	40.1	40.6	74.4	85	40.2	40.7	74.8	85	40.3	40.8	75.2	85	40.4	2
2	40.5	74.1	86	40.1	40.6	74.5	86	40.2	40.7	74.9	86	40.3	40.8	75.3	86	40.4	40.9	75.7	86	40.5	2
2	40.6	74.6	86	40.2	40.7	75.0	86	40.3	40.8	75.4	86	40.4	40.9	75.8	86	40.5	**41.0**	76.2	86	40.6	2
2	40.7	75.0	87	40.3	40.8	75.4	87	40.4	40.9	75.9	87	40.5	**41.0**	76.3	87	40.6	41.1	76.7	87	40.7	2
1	40.8	75.5	87	40.4	40.9	75.9	87	40.5	**41.0**	76.3	87	40.6	41.1	76.7	87	40.7	41.2	77.2	87	40.8	1
1	40.9	76.0	88	40.6	**41.0**	76.4	88	40.7	41.1	76.8	88	40.8	41.2	77.2	88	40.9	41.3	77.6	88	41.0	1
1	**41.0**	76.5	88	40.7	41.1	76.9	88	40.8	41.2	77.3	88	40.9	41.3	77.7	89	41.0	41.4	78.1	89	41.1	1
1	41.1	76.9	89	40.8	41.2	77.4	89	40.9	41.3	77.8	89	41.0	41.4	78.2	89	41.1	41.5	78.6	89	41.2	1
1	41.2	77.4	90	40.9	41.3	77.8	90	41.0	41.4	78.3	90	41.1	41.5	78.7	90	41.2	41.6	79.1	90	41.3	1
1	41.3	77.9	90	41.0	41.4	78.3	90	41.1	41.5	78.7	90	41.2	41.6	79.2	90	41.3	41.7	79.6	90	41.4	1
1	41.4	78.4	91	41.1	41.5	78.8	91	41.2	41.6	79.2	91	41.3	41.7	79.7	91	41.4	41.8	80.1	91	41.5	1
1	41.5	78.9	91	41.3	41.6	79.3	91	41.4	41.7	79.7	91	41.5	41.8	80.2	91	41.6	41.9	80.6	91	41.7	1
1	41.6	79.4	92	41.4	41.7	79.8	92	41.5	41.8	80.2	92	41.6	41.9	80.6	92	41.7	**42.0**	81.1	92	41.8	1
1	41.7	79.9	92	41.5	41.8	80.3	92	41.6	41.9	80.7	92	41.7	**42.0**	81.1	92	41.8	42.1	31.6	92	41.9	1
1	41.8	80.4	93	41.6	41.9	80.8	93	41.7	**42.0**	81.2	93	41.8	42.1	81.6	93	41.9	42.2	82.1	93	42.0	1
1	41.9	80.8	94	41.7	**42.0**	81.3	94	41.8	42.1	81.7	94	41.9	42.2	82.1	94	42.0	42.3	82.6	94	42.1	1
1	**42.0**	81.3	94	41.8	42.1	81.8	94	41.9	42.2	82.2	94	42.0	42.3	82.6	94	42.1	42.4	83.1	94	42.2	1
1	42.1	81.8	95	42.0	42.2	82.3	95	42.1	42.3	82.7	95	42.2	42.4	83.1	95	42.3	42.5	83.6	95	42.4	1
1	42.2	82.3	95	42.1	42.3	82.8	95	42.2	42.4	83.2	95	42.3	42.5	83.7	95	42.4	42.6	84.1	95	42.5	1
0	42.3	82.8	96	42.2	42.4	83.3	96	42.3	42.5	83.7	96	42.4	42.6	84.2	96	42.5	42.7	84.6	96	42.6	0
0	42.4	83.3	96	42.3	42.5	83.8	96	42.4	42.6	84.2	96	42.5	42.7	84.7	96	42.6	42.8	85.1	96	42.7	0
0	42.5	83.9	97	42.4	42.6	84.3	97	42.5	42.7	84.7	97	42.6	42.8	85.2	97	42.7	42.9	85.6	97	42.8	0
0	42.6	84.4	98	42.5	42.7	84.8	98	42.6	42.8	85.3	98	42.7	42.9	85.7	98	42.8	**43.0**	86.2	98	42.9	0
0	42.7	84.9	98	42.7	42.8	85.3	98	42.8	42.9	85.8	98	42.9	**43.0**	86.2	98	43.0	43.1	86.7	98	43.1	0
0	42.8	85.4	99	42.8	42.9	85.8	99	42.9	**43.0**	86.3	99	43.0	43.1	86.7	99	43.1	43.2	87.2	99	43.2	0
0	42.9	85.9	99	42.9	**43.0**	86.4	99	43.0	43.1	86.8	99	43.1	43.2	87.3	99	43.2	43.3	87.7	99	43.3	0
0	**43.0**	86.4	100	43.0	43.1	86.9	100	43.1	43.2	87.3	100	43.2	43.3	87.8	100	43.3	43.4	88.2	100	43.4	0
	43.5				**43.6**				**43.7**				**43.8**				**43.9**				
49																	16.5	0.5	1	-30.5	49
49													16.5	0.6	1	-29.2	16.6	0.7	1	-27.0	49
48					16.4	0.5	1	-30.2	16.5	0.6	1	-27.9	16.6	0.7	1	-26.0	16.7	0.9	1	-24.3	48
48	16.4	0.6	1	-28.9	16.5	0.7	1	-26.8	16.6	0.8	1	-25.0	16.7	0.9	1	-23.5	16.8	1.0	1	-22.1	48
48	16.5	0.8	1	-25.8	16.6	0.9	1	-24.2	16.7	1.0	1	-22.7	16.8	1.1	1	-21.4	16.9	1.2	1	-20.2	48
47	16.6	0.9	1	-23.3	16.7	1.1	1	-22.0	16.8	1.2	1	-20.7	16.9	1.3	1	-19.6	**17.0**	1.4	2	-18.5	47
47	16.7	1.1	1	-21.3	16.8	1.2	1	-20.1	16.9	1.4	2	-19.0	**17.0**	1.5	2	-18.0	17.1	1.6	2	-17.0	47
47	16.8	1.3	1	-19.5	16.9	1.4	2	-18.4	**17.0**	1.6	2	-17.5	17.1	1.7	2	-16.6	17.2	1.8	2	-15.7	47
46	16.9	1.5	2	-17.9	**17.0**	1.6	2	-17.0	17.1	1.7	2	-16.1	17.2	1.9	2	-15.3	17.3	2.0	2	-14.5	46
46	**17.0**	1.7	2	-16.5	17.1	1.8	2	-15.6	17.2	1.9	2	-14.8	17.3	2.1	2	-14.1	17.4	2.2	2	-13.4	46
46	17.1	1.9	2	-15.2	17.2	2.0	2	-14.4	17.3	2.1	2	-13.7	17.4	2.3	3	-13.0	17.5	2.4	3	-12.3	46
45	17.2	2.1	2	-14.0	17.3	2.2	2	-13.3	17.4	2.3	3	-12.6	17.5	2.4	3	-12.0	17.6	2.6	3	-11.3	45
45	17.3	2.3	3	-12.9	17.4	2.4	3	-12.3	17.5	2.5	3	-11.6	17.6	2.6	3	-11.0	17.7	2.8	3	-10.4	45
44	17.4	2.5	3	-11.9	17.5	2.6	3	-11.3	17.6	2.7	3	-10.7	17.7	2.8	3	-10.1	17.8	3.0	3	-9.6	44
44	17.5	2.6	3	-11.0	17.6	2.8	3	-10.4	17.7	2.9	3	-9.8	17.8	3.0	3	-9.3	17.9	3.2	3	-8.8	44
44	17.6	2.8	3	-10.1	17.7	3.0	3	-9.5	17.8	3.1	3	-9.0	17.9	3.2	4	-8.5	**18.0**	3.4	4	-8.0	44
43	17.7	3.0	3	-9.3	17.8	3.2	4	-8.7	17.9	3.3	4	-8.2	**18.0**	3.4	4	-7.7	18.1	3.5	4	-7.2	43
43	17.8	3.2	4	-8.5	17.9	3.4	4	-8.0	**18.0**	3.5	4	-7.5	18.1	3.6	4	-7.0	18.2	3.7	4	-6.5	43
43	17.9	3.4	4	-7.7	**18.0**	3.6	4	-7.2	18.1	3.7	4	-6.8	18.2	3.8	4	-6.3	18.3	3.9	4	-5.9	43
43	**18.0**	3.6	4	-7.0	18.1	3.7	4	-6.5	18.2	3.9	4	-6.1	18.3	4.0	4	-5.6	18.4	4.1	5	-5.2	43
42	18.1	3.8	4	-6.3	18.2	3.9	4	-5.9	18.3	4.1	5	-5.4	18.4	4.2	5	-5.0	18.5	4.3	5	-4.6	42
42	18.2	4.0	5	-5.6	18.3	4.1	5	-5.2	18.4	4.3	5	-4.8	18.5	4.4	5	-4.4	18.6	4.5	5	-4.0	42
42	18.3	4.2	5	-5.0	18.4	4.3	5	-4.6	18.5	4.5	5	-4.2	18.6	4.6	5	-3.8	18.7	4.7	5	-3.4	42
41	18.4	4.4	5	-4.4	18.5	4.5	5	-4.0	18.6	4.7	5	-3.6	18.7	4.8	5	-3.2	18.8	4.9	5	-2.9	41
41	18.5	4.6	5	-3.8	18.6	4.7	5	-3.4	18.7	4.9	5	-3.1	18.8	5.0	6	-2.7	18.9	5.2	6	-2.3	41
41	18.6	4.8	5	-3.2	18.7	4.9	6	-2.9	18.8	5.1	6	-2.5	18.9	5.2	6	-2.1	**19.0**	5.4	6	-1.8	41
40	18.7	5.0	6	-2.7	18.8	5.1	6	-2.3	18.9	5.3	6	-2.0	**19.0**	5.4	6	-1.6	19.1	5.6	6	-1.3	40
40	18.8	5.2	6	-2.2	18.9	5.4	6	-1.8	**19.0**	5.5	6	-1.5	19.1	5.6	6	-1.1	19.2	5.8	6	-0.8	40
40	18.9	5.4	6	-1.6	**19.0**	5.6	6	-1.3	19.1	5.7	6	-1.0	19.2	5.8	6	-0.6	19.3	6.0	7	-0.3	40
39	**19.0**	5.6	6	-1.1	19.1	5.8	6	-0.8	19.2	5.9	7	-0.5	19.3	6.0	7	-0.2	19.4	6.2	7	0.2	39
39	19.1	5.8	7	-0.7	19.2	6.0	7	-0.3	19.3	6.1	7	0.0	19.4	6.2	7	0.3	19.5	6.4	7	0.6	39
39	19.2	6.0	7	-0.2	19.3	6.2	7	0.1	19.4	6.3	7	0.4	19.5	6.4	7	0.8	19.6	6.6	7	1.1	39
38	19.3	6.2	7	0.3	19.4	6.4	7	0.6	19.5	6.5	7	0.9	19.6	6.7	7	1.2	19.7	6.8	8	1.5	38
38	19.4	6.4	7	0.7	19.5	6.6	7	1.0	19.6	6.7	8	1.3	19.7	6.9	8	1.6	19.8	7.0	8	1.9	38
38	19.5	6.6	7	1.2	19.6	6.8	8	1.5	19.7	6.9	8	1.8	19.8	7.1	8	2.0	19.9	7.2	8	2.3	38
38	19.6	6.9	8	1.6	19.7	7.0	8	1.9	19.8	7.1	8	2.2	19.9	7.3	8	2.5	**20.0**	7.4	8	2.7	38
37	19.7	7.1	8	2.0	19.8	7.2	8	2.3	19.9	7.4	8	2.6	**20.0**	7.5	8	2.9	20.1	7.6	8	3.1	37
37	19.8	7.3	8	2.4	19.9	7.4	8	2.7	**20.0**	7.6	8	3.0	20.1	7.7	9	3.2	20.2	7.9	9	3.5	37
37	19.9	7.5	8	2.8	**20.0**	7.6	9	3.1	20.1	7.8	9	3.4	20.2	7.9	9	3.6	20.3	8.1	9	3.9	37
36	**20.0**	7.7	9	3.2	20.1	7.8	9	3.5	20.2	8.0	9	3.8	20.3	8.1	9	4.0	20.4	8.3	9	4.3	36
36	20.1	7.9	9	3.6	20.2	8.1	9	3.9	20.3	8.2	9	4.1	20.4	8.3	9	4.4	20.5	8.5	9	4.6	36
36	20.2	8.1	9	4.0	20.3	8.3	9	4.2	20.4	8.4	9	4.5	20.5	8.6	10	4.7	20.6	8.7	10	5.0	36

n	t_W	e	U	t_d	t_W	e	U	t_d	t_W	e	U	t_d	t_W	e	U	t_d	t_W	e	U	t_d	n
	43.5				**43.6**				**43.7**				**43.8**				**43.9**				
35	20.3	8.3	9	4.4	20.4	8.5	10	4.6	20.5	8.6	10	4.9	20.6	8.8	10	5.1	20.7	8.9	10	5.3	35
35	20.4	8.5	10	4.7	20.5	8.7	10	5.0	20.6	8.8	10	5.2	20.7	9.0	10	5.5	20.8	9.1	10	5.7	35
35	20.5	8.8	10	5.1	20.6	8.9	10	5.3	20.7	9.1	10	5.6	20.8	9.2	10	5.8	20.9	9.4	10	6.0	35
35	20.6	9.0	10	5.4	20.7	9.1	10	5.7	20.8	9.3	10	5.9	20.9	9.4	10	6.1	**21.0**	9.6	11	6.4	35
34	20.7	9.2	10	5.8	20.8	9.3	10	6.0	20.9	9.5	11	6.2	**21.0**	9.7	11	6.5	21.1	9.8	11	6.7	34
34	20.8	9.4	11	6.1	20.9	9.6	11	6.3	**21.0**	9.7	11	6.6	21.1	9.9	11	6.8	21.2	10.0	11	7.0	34
34	20.9	9.6	11	6.4	**21.0**	9.8	11	6.7	21.1	9.9	11	6.9	21.2	10.1	11	7.1	21.3	10.2	11	7.3	34
33	**21.0**	9.9	11	6.8	21.1	10.0	11	7.0	21.2	10.2	11	7.2	21.3	10.3	11	7.4	21.4	10.5	12	7.7	33
33	21.1	10.1	11	7.1	21.2	10.2	11	7.3	21.3	10.4	12	7.5	21.4	10.5	12	7.7	21.5	10.7	12	8.0	33
33	21.2	10.3	12	7.4	21.3	10.4	12	7.6	21.4	10.6	12	7.8	21.5	10.8	12	8.1	21.6	10.9	12	8.3	33
33	21.3	10.5	12	7.7	21.4	10.7	12	7.9	21.5	10.8	12	8.1	21.6	11.0	12	8.4	21.7	11.1	12	8.6	33
32	21.4	10.7	12	8.0	21.5	10.9	12	8.2	21.6	11.0	12	8.4	21.7	11.2	12	8.7	21.8	11.4	13	8.9	32
32	21.5	11.0	12	8.3	21.6	11.1	12	8.5	21.7	11.3	13	8.7	21.8	11.4	13	8.9	21.9	11.6	13	9.2	32
32	21.6	11.2	13	8.6	21.7	11.3	13	8.8	21.8	11.5	13	9.0	21.9	11.7	13	9.2	**22.0**	11.8	13	9.4	32
32	21.7	11.4	13	8.9	21.8	11.6	13	9.1	21.9	11.7	13	9.3	**22.0**	11.9	13	9.5	22.1	12.0	13	9.7	32
31	21.8	11.6	13	9.2	21.9	11.8	13	9.4	**22.0**	12.0	13	9.6	22.1	12.1	13	9.8	22.2	12.3	14	10.0	31
31	21.9	11.9	13	9.5	**22.0**	12.0	13	9.7	22.1	12.2	14	9.9	22.2	12.3	14	10.1	22.3	12.5	14	10.3	31
31	**22.0**	12.1	14	9.8	22.1	12.2	14	10.0	22.2	12.4	14	10.2	22.3	12.6	14	10.4	22.4	12.7	14	10.6	31
31	22.1	12.3	14	10.1	22.2	12.5	14	10.3	22.3	12.6	14	10.4	22.4	12.8	14	10.6	22.5	13.0	14	10.8	31
30	22.2	12.5	14	10.3	22.3	12.7	14	10.5	22.4	12.9	14	10.7	22.5	13.0	14	10.9	22.6	13.2	15	11.1	30
30	22.3	12.8	14	10.6	22.4	12.9	15	10.8	22.5	13.1	15	11.0	22.6	13.3	15	11.2	22.7	13.4	15	11.4	30
30	22.4	13.0	15	10.9	22.5	13.2	15	11.1	22.6	13.3	15	11.2	22.7	13.5	15	11.4	22.8	13.7	15	11.6	30
29	22.5	13.2	15	11.1	22.6	13.4	15	11.3	22.7	13.6	15	11.5	22.8	13.7	15	11.7	22.9	13.9	15	11.9	29
29	22.6	13.5	15	11.4	22.7	13.6	15	11.6	22.8	13.8	15	11.8	22.9	14.0	16	12.0	**23.0**	14.1	16	12.1	29
29	22.7	13.7	15	11.7	22.8	13.9	16	11.8	22.9	14.0	16	12.0	**23.0**	14.2	16	12.2	23.1	14.4	16	12.4	29
29	22.8	13.9	16	11.9	22.9	14.1	16	12.1	**23.0**	14.3	16	12.3	23.1	14.4	16	12.5	23.2	14.6	16	12.6	29
28	22.9	14.2	16	12.2	**23.0**	14.3	16	12.4	23.1	14.5	16	12.5	23.2	14.7	16	12.7	23.3	14.9	16	12.9	28
28	**23.0**	14.4	16	12.4	23.1	14.6	16	12.6	23.2	14.8	16	12.8	23.3	14.9	17	13.0	23.4	15.1	17	13.1	28
28	23.1	14.6	17	12.7	23.2	14.8	17	12.8	23.3	15.0	17	13.0	23.4	15.2	17	13.2	23.5	15.3	17	13.4	28
28	23.2	14.9	17	12.9	23.3	15.1	17	13.1	23.4	15.2	17	13.3	23.5	15.4	17	13.4	23.6	15.6	17	13.6	28
28	23.3	15.1	17	13.2	23.4	15.3	17	13.3	23.5	15.5	17	13.5	23.6	15.6	17	13.7	23.7	15.8	17	13.9	28
27	23.4	15.4	17	13.4	23.5	15.5	17	13.6	23.6	15.7	18	13.7	23.7	15.9	18	13.9	23.8	16.1	18	14.1	27
27	23.5	15.6	18	13.6	23.6	15.8	18	13.8	23.7	16.0	18	14.0	23.8	16.1	18	14.2	23.9	16.3	18	14.3	27
27	23.6	15.8	18	13.9	23.7	16.0	18	14.0	23.8	16.2	18	14.2	23.9	16.4	18	14.4	**24.0**	16.6	18	14.6	27
27	23.7	16.1	18	14.1	23.8	16.3	18	14.3	23.9	16.4	18	14.4	**24.0**	16.6	18	14.6	24.1	16.8	19	14.8	27
26	23.8	16.3	18	14.3	23.9	16.5	19	14.5	**24.0**	16.7	19	14.7	24.1	16.9	19	14.8	24.2	17.0	19	15.0	26
26	23.9	16.6	19	14.6	**24.0**	16.8	19	14.7	24.1	16.9	19	14.9	24.2	17.1	19	15.1	24.3	17.3	19	15.2	26
26	**24.0**	16.8	19	14.8	24.1	17.0	19	15.0	24.2	17.2	19	15.1	24.3	17.4	19	15.3	24.4	17.5	19	15.5	26
26	24.1	17.1	19	15.0	24.2	17.2	19	15.2	24.3	17.4	19	15.4	24.4	17.6	20	15.5	24.5	17.8	20	15.7	26
25	24.2	17.3	20	15.2	24.3	17.5	20	15.4	24.4	17.7	20	15.6	24.5	17.9	20	15.7	24.6	18.0	20	15.9	25
25	24.3	17.6	20	15.5	24.4	17.7	20	15.6	24.5	17.9	20	15.8	24.6	18.1	20	16.0	24.7	18.3	20	16.1	25
25	24.4	17.8	20	15.7	24.5	18.0	20	15.8	24.6	18.2	20	16.0	24.7	18.4	20	16.2	24.8	18.6	20	16.3	25
25	24.5	18.1	20	15.9	24.6	18.2	20	16.1	24.7	18.4	21	16.2	24.8	18.6	21	16.4	24.9	18.8	21	16.5	25
24	24.6	18.3	21	16.1	24.7	18.5	21	16.3	24.8	18.7	21	16.4	24.9	18.9	21	16.6	**25.0**	19.1	21	16.8	24
24	24.7	18.6	21	16.3	24.8	18.8	21	16.5	24.9	18.9	21	16.7	**25.0**	19.1	21	16.8	25.1	19.3	21	17.0	24
24	24.8	18.8	21	16.5	24.9	19.0	21	16.7	**25.0**	19.2	21	16.9	25.1	19.4	22	17.0	25.2	19.6	22	17.2	24
24	24.9	19.1	22	16.8	**25.0**	19.3	22	16.9	25.1	19.5	22	17.1	25.2	19.6	22	17.2	25.3	19.8	22	17.4	24
24	**25.0**	19.3	22	17.0	25.1	19.5	22	17.1	25.2	19.7	22	17.3	25.3	19.9	22	17.4	25.4	20.1	22	17.6	24
23	25.1	19.6	22	17.2	25.2	19.8	22	17.3	25.3	20.0	22	17.5	25.4	20.2	22	17.6	25.5	20.4	22	17.8	23
23	25.2	19.8	22	17.4	25.3	20.0	22	17.5	25.4	20.2	23	17.7	25.5	20.4	23	17.8	25.6	20.6	23	18.0	23
23	25.3	20.1	23	17.6	25.4	20.3	23	17.7	25.5	20.5	23	17.9	25.6	20.7	23	18.0	25.7	20.9	23	18.2	23
23	25.4	20.4	23	17.8	25.5	20.6	23	17.9	25.6	20.7	23	18.1	25.7	20.9	23	18.2	25.8	21.1	23	18.4	23
22	25.5	20.6	23	18.0	25.6	20.8	23	18.1	25.7	21.0	23	18.3	25.8	21.2	24	18.4	25.9	21.4	24	18.6	22
22	25.6	20.9	24	18.2	25.7	21.1	24	18.3	25.8	21.3	24	18.5	25.9	21.5	24	18.6	**26.0**	21.7	24	18.8	22
22	25.7	21.1	24	18.4	25.8	21.3	24	18.5	25.9	21.5	24	18.7	**26.0**	21.7	24	18.8	26.1	21.9	24	19.0	22
22	25.8	21.4	24	18.6	25.9	21.6	24	18.7	**26.0**	21.8	24	18.9	26.1	22.0	24	19.0	26.2	22.2	25	19.2	22
22	25.9	21.7	24	18.8	**26.0**	21.9	25	18.9	26.1	22.1	25	19.1	26.2	22.3	25	19.2	26.3	22.5	25	19.4	22
21	**26.0**	21.9	25	19.0	26.1	22.1	25	19.1	26.2	22.3	25	19.3	26.3	22.5	25	19.4	26.4	22.7	25	19.6	21
21	26.1	22.2	25	19.2	26.2	22.4	25	19.3	26.3	22.6	25	19.5	26.4	22.8	25	19.6	26.5	23.0	25	19.7	21
21	26.2	22.5	25	19.4	26.3	22.7	25	19.5	26.4	22.9	26	19.7	26.5	23.1	26	19.8	26.6	23.3	26	19.9	21
21	26.3	22.7	26	19.6	26.4	22.9	26	19.7	26.5	23.1	26	19.8	26.6	23.3	26	20.0	26.7	23.6	26	20.1	21
21	26.4	23.0	26	19.7	26.5	23.2	26	19.9	26.6	23.4	26	20.0	26.7	23.6	26	20.2	26.8	23.8	26	20.3	21
20	26.5	23.3	26	19.9	26.6	23.5	26	20.1	26.7	23.7	26	20.2	26.8	23.9	27	20.4	26.9	24.1	27	20.5	20
20	26.6	23.5	27	20.1	26.7	23.8	27	20.3	26.8	24.0	27	20.4	26.9	24.2	27	20.5	**27.0**	24.4	27	20.7	20
20	26.7	23.8	27	20.3	26.8	24.0	27	20.4	26.9	24.2	27	20.6	**27.0**	24.4	27	20.7	27.1	24.7	27	20.9	20
20	26.8	24.1	27	20.5	26.9	24.3	27	20.6	**27.0**	24.5	27	20.8	27.1	24.7	27	20.9	27.2	24.9	28	21.0	20
20	26.9	24.4	27	20.7	**27.0**	24.6	28	20.8	27.1	24.8	28	21.0	27.2	25.0	28	21.1	27.3	25.2	28	21.2	20
19	**27.0**	24.6	28	20.9	27.1	24.9	28	21.0	27.2	25.1	28	21.1	27.3	25.3	28	21.3	27.4	25.5	28	21.4	19
19	27.1	24.9	28	21.0	27.2	25.1	28	21.2	27.3	25.3	28	21.3	27.4	25.6	28	21.4	27.5	25.8	28	21.6	19
19	27.2	25.2	28	21.2	27.3	25.4	28	21.4	27.4	25.6	29	21.5	27.5	25.8	29	21.6	27.6	26.0	29	21.8	19
19	27.3	25.5	29	21.4	27.4	25.7	29	21.5	27.5	25.9	29	21.7	27.6	26.1	29	21.8	27.7	26.3	29	21.9	19
19	27.4	25.8	29	21.6	27.5	26.0	29	21.7	27.6	26.2	29	21.8	27.7	26.4	29	22.0	27.8	26.6	29	22.1	19
18	27.5	26.0	29	21.8	27.6	26.2	29	21.9	27.7	26.5	30	22.0	27.8	26.7	30	22.2	27.9	26.9	30	22.3	18

n	t_W	e	U	t_d	t_W	e	U	t_d	t_W	e	U	t_d	t_W	e	U	t_d	t_W	e	U	t_d	n
	43.5				**43.6**				**43.7**				**43.8**				**43.9**				
18	27.6	26.3	30	21.9	27.7	26.5	30	22.1	27.8	26.7	30	22.2	27.9	27.0	30	22.3	**28.0**	27.2	30	22.5	18
18	27.7	26.6	30	22.1	27.8	26.8	30	22.2	27.9	27.0	30	22.4	**28.0**	27.3	30	22.5	28.1	27.5	30	22.6	18
18	27.8	26.9	30	22.3	27.9	27.1	30	22.4	**28.0**	27.3	30	22.5	28.1	27.5	31	22.7	28.2	27.8	31	22.8	18
18	27.9	27.2	31	22.5	**28.0**	27.4	31	22.6	28.1	27.6	31	22.7	28.2	27.8	31	22.9	28.3	28.1	31	23.0	18
18	**28.0**	27.5	31	22.6	28.1	27.7	31	22.8	28.2	27.9	31	22.9	28.3	28.1	31	23.0	28.4	28.3	31	23.2	18
17	28.1	27.7	31	22.8	28.2	28.0	31	22.9	28.3	28.2	31	23.1	28.4	28.4	32	23.2	28.5	28.6	32	23.3	17
17	28.2	28.0	32	23.0	28.3	28.3	32	23.1	28.4	28.5	32	23.2	28.5	28.7	32	23.4	28.6	28.9	32	23.5	17
17	28.3	28.3	32	23.1	28.4	28.5	32	23.3	28.5	28.8	32	23.4	28.6	29.0	32	23.5	28.7	29.2	32	23.7	17
17	28.4	28.6	32	23.3	28.5	28.8	32	23.4	28.6	29.1	32	23.6	28.7	29.3	33	23.7	28.8	29.5	33	23.8	17
17	28.5	28.9	33	23.5	28.6	29.1	33	23.6	28.7	29.4	33	23.7	28.8	29.6	33	23.9	28.9	29.8	33	24.0	17
16	28.6	29.2	33	23.6	28.7	29.4	33	23.8	28.8	29.7	33	23.9	28.9	29.9	33	24.0	**29.0**	30.1	33	24.2	16
16	28.7	29.5	33	23.8	28.8	29.7	33	23.9	28.9	29.9	33	24.1	**29.0**	30.2	33	24.2	29.1	30.4	34	24.3	16
16	28.8	29.8	34	24.0	28.9	30.0	34	24.1	**29.0**	30.2	34	24.2	29.1	30.5	34	24.4	29.2	30.7	34	24.5	16
16	28.9	30.1	34	24.1	**29.0**	30.3	34	24.3	29.1	30.5	34	24.4	29.2	30.8	34	24.5	29.3	31.0	34	24.7	16
16	**29.0**	30.4	34	24.3	29.1	30.6	34	24.4	29.2	30.8	34	24.6	29.3	31.1	34	24.7	29.4	31.3	35	24.8	16
16	29.1	30.7	35	24.5	29.2	30.9	35	24.6	29.3	31.1	35	24.7	29.4	31.4	35	24.8	29.5	31.6	35	25.0	16
15	29.2	31.0	35	24.6	29.3	31.2	35	24.8	29.4	31.4	35	24.9	29.5	31.7	35	25.0	29.6	31.9	35	25.1	15
15	29.3	31.3	35	24.8	29.4	31.5	35	24.9	29.5	31.8	35	25.0	29.6	32.0	36	25.2	29.7	32.2	36	25.3	15
15	29.4	31.6	36	25.0	29.5	31.8	36	25.1	29.6	32.1	36	25.2	29.7	32.3	36	25.3	29.8	32.5	36	25.5	15
15	29.5	31.9	36	25.1	29.6	32.1	36	25.2	29.7	32.4	36	25.4	29.8	32.6	36	25.5	29.9	32.8	36	25.6	15
15	29.6	32.2	36	25.3	29.7	32.4	36	25.4	29.8	32.7	36	25.5	29.9	32.9	37	25.6	**30.0**	33.2	37	25.8	15
15	29.7	32.5	37	25.4	29.8	32.7	37	25.6	29.9	33.0	37	25.7	**30.0**	33.2	37	25.8	30.1	33.5	37	25.9	15
14	29.8	32.8	37	25.6	29.9	33.0	37	25.7	**30.0**	33.3	37	25.8	30.1	33.5	37	26.0	30.2	33.8	37	26.1	14
14	29.9	33.1	37	25.8	**30.0**	33.4	37	25.9	30.1	33.6	37	26.0	30.2	33.8	38	26.1	30.3	34.1	38	26.2	14
14	**30.0**	33.4	38	25.9	30.1	33.7	38	26.0	30.2	33.9	38	26.2	30.3	34.2	38	26.3	30.4	34.4	38	26.4	14
14	30.1	33.7	38	26.1	30.2	34.0	38	26.2	30.3	34.2	38	26.3	30.4	34.5	38	26.4	30.5	34.7	38	26.6	14
14	30.2	34.0	38	26.2	30.3	34.3	38	26.3	30.4	34.5	39	26.5	30.5	34.8	39	26.6	30.6	35.0	39	26.7	14
14	30.3	34.4	39	26.4	30.4	34.6	39	26.5	30.5	34.9	39	26.6	30.6	35.1	39	26.7	30.7	35.4	39	26.9	14
13	30.4	34.7	39	26.5	30.5	34.9	39	26.7	30.6	35.2	39	26.8	30.7	35.4	39	26.9	30.8	35.7	39	27.0	13
13	30.5	35.0	39	26.7	30.6	35.2	40	26.8	30.7	35.5	40	26.9	30.8	35.7	40	27.0	30.9	36.0	40	27.2	13
13	30.6	35.3	40	26.8	30.7	35.6	40	27.0	30.8	35.8	40	27.1	30.9	36.1	40	27.2	**31.0**	36.3	40	27.3	13
13	30.7	35.6	40	27.0	30.8	35.9	40	27.1	30.9	36.1	40	27.2	**31.0**	36.4	40	27.4	31.1	36.6	40	27.5	13
13	30.8	35.9	41	27.1	30.9	36.2	41	27.3	**31.0**	36.5	41	27.4	31.1	36.7	41	27.5	31.2	37.0	41	27.6	13
13	30.9	36.3	41	27.3	**31.0**	36.5	41	27.4	31.1	36.8	41	27.5	31.2	37.0	41	27.7	31.3	37.3	41	27.8	13
13	**31.0**	36.6	41	27.4	31.1	36.8	41	27.6	31.2	37.1	41	27.7	31.3	37.4	41	27.8	31.4	37.6	42	27.9	13
12	31.1	36.9	42	27.6	31.2	37.2	42	27.7	31.3	37.4	42	27.8	31.4	37.7	42	28.0	31.5	37.9	42	28.1	12
12	31.2	37.2	42	27.7	31.3	37.5	42	27.9	31.4	37.8	42	28.0	31.5	38.0	42	28.1	31.6	38.3	42	28.2	12
12	31.3	37.6	42	27.9	31.4	37.8	42	28.0	31.5	38.1	42	28.1	31.6	38.3	43	28.2	31.7	38.6	43	28.4	12
12	31.4	37.9	43	28.0	31.5	38.1	43	28.2	31.6	38.4	43	28.3	31.7	38.7	43	28.4	31.8	38.9	43	28.5	12
12	31.5	38.2	43	28.2	31.6	38.5	43	28.3	31.7	38.7	43	28.4	31.8	39.0	43	28.5	31.9	39.3	43	28.7	12
12	31.6	38.5	43	28.3	31.7	38.8	44	28.5	31.8	39.1	44	28.6	31.9	39.3	44	28.7	**32.0**	39.6	44	28.8	12
12	31.7	38.9	44	28.5	31.8	39.1	44	28.6	31.9	39.4	44	28.7	**32.0**	39.7	44	28.8	32.1	39.9	44	29.0	12
11	31.8	39.2	44	28.6	31.9	39.5	44	28.7	**32.0**	39.7	44	28.9	32.1	40.0	44	29.0	32.2	40.3	44	29.1	11
11	31.9	39.5	45	28.8	**32.0**	39.8	45	28.9	32.1	40.1	45	29.0	32.2	40.4	45	29.1	32.3	40.6	45	29.2	11
11	**32.0**	39.9	45	28.9	32.1	40.1	45	29.0	32.2	40.4	45	29.2	32.3	40.7	45	29.3	32.4	41.0	45	29.4	11
11	32.1	40.2	45	29.1	32.2	40.5	45	29.2	32.3	40.8	45	29.3	32.4	41.0	46	29.4	32.5	41.3	46	29.5	11
11	32.2	40.6	46	29.2	32.3	40.8	46	29.3	32.4	41.1	46	29.4	32.5	41.4	46	29.6	32.6	41.6	46	29.7	11
11	32.3	40.9	46	29.4	32.4	41.2	46	29.5	32.5	41.4	46	29.6	32.6	41.7	46	29.7	32.7	42.0	46	29.8	11
11	32.4	41.2	46	29.5	32.5	41.5	47	29.6	32.6	41.8	47	29.7	32.7	42.1	47	29.8	32.8	42.3	47	30.0	11
10	32.5	41.6	47	29.6	32.6	41.8	47	29.8	32.7	42.1	47	29.9	32.8	42.4	47	30.0	32.9	42.7	47	30.1	10
10	32.6	41.9	47	29.8	32.7	42.2	47	29.9	32.8	42.5	47	30.0	32.9	42.8	47	30.1	**33.0**	43.0	48	30.2	10
10	32.7	42.3	48	29.9	32.8	42.5	48	30.0	32.9	42.8	48	30.2	**33.0**	43.1	48	30.3	33.1	43.4	48	30.4	10
10	32.8	42.6	48	30.1	32.9	42.9	48	30.2	**33.0**	43.2	48	30.3	33.1	43.4	48	30.4	33.2	43.7	48	30.5	10
10	32.9	43.0	48	30.2	**33.0**	43.2	48	30.3	33.1	43.5	49	30.4	33.2	43.8	49	30.6	33.3	44.1	49	30.7	10
10	**33.0**	43.3	49	30.4	33.1	43.6	49	30.5	33.2	43.9	49	30.6	33.3	44.2	49	30.7	33.4	44.4	49	30.8	10
10	33.1	43.6	49	30.5	33.2	43.9	49	30.6	33.3	44.2	49	30.7	33.4	44.5	49	30.8	33.5	44.8	49	30.9	10
9	33.2	44.0	50	30.6	33.3	44.3	50	30.7	33.4	44.6	50	30.9	33.5	44.9	50	31.0	33.6	45.2	50	31.1	9
9	33.3	44.4	50	30.8	33.4	44.6	50	30.9	33.5	44.9	50	31.0	33.6	45.2	50	31.1	33.7	45.5	50	31.2	9
9	33.4	44.7	50	30.9	33.5	45.0	50	31.0	33.6	45.3	51	31.1	33.7	45.6	51	31.3	33.8	45.9	51	31.4	9
9	33.5	45.1	51	31.1	33.6	45.4	51	31.2	33.7	45.6	51	31.3	33.8	45.9	51	31.4	33.9	46.2	51	31.5	9
9	33.6	45.4	51	31.2	33.7	45.7	51	31.3	33.8	46.0	51	31.4	33.9	46.3	51	31.5	**34.0**	46.6	51	31.6	9
9	33.7	45.8	52	31.3	33.8	46.1	52	31.4	33.9	46.4	52	31.6	**34.0**	46.7	52	31.7	34.1	47.0	52	31.8	9
9	33.8	46.1	52	31.5	33.9	46.4	52	31.6	**34.0**	46.7	52	31.7	34.1	47.0	52	31.8	34.2	47.3	52	31.9	9
9	33.9	46.5	52	31.6	**34.0**	46.8	52	31.7	34.1	47.1	53	31.8	34.2	47.4	53	31.9	34.3	47.7	53	32.1	9
8	**34.0**	46.9	53	31.7	34.1	47.2	53	31.9	34.2	47.5	53	32.0	34.3	47.8	53	32.1	34.4	48.1	53	32.2	8
8	34.1	47.2	53	31.9	34.2	47.5	53	32.0	34.3	47.8	53	32.1	34.4	48.1	53	32.2	34.5	48.4	53	32.3	8
8	34.2	47.6	54	32.0	34.3	47.9	54	32.1	34.4	48.2	54	32.2	34.5	48.5	54	32.3	34.6	48.8	54	32.5	8
8	34.3	48.0	54	32.2	34.4	48.3	54	32.3	34.5	48.6	54	32.4	34.6	48.9	54	32.5	34.7	49.2	54	32.6	8
8	34.4	48.3	54	32.3	34.5	48.6	55	32.4	34.6	48.9	55	32.5	34.7	49.2	55	32.6	34.8	49.5	55	32.7	8
8	34.5	48.7	55	32.4	34.6	49.0	55	32.5	34.7	49.3	55	32.6	34.8	49.6	55	32.8	34.9	49.9	55	32.9	8
8	34.6	49.1	55	32.6	34.7	49.4	55	32.7	34.8	49.7	55	32.8	34.9	50.0	55	32.9	**35.0**	50.3	56	33.0	8
8	34.7	49.4	56	32.7	34.8	49.7	56	32.8	34.9	50.1	56	32.9	**35.0**	50.4	56	33.0	35.1	50.7	56	33.1	8
7	34.8	49.8	56	32.8	34.9	50.1	56	32.9	**35.0**	50.4	56	33.0	35.1	50.7	56	33.2	35.2	51.1	56	33.3	7

n	t_W	e	U	t_d	t_W	e	U	t_d	t_W	e	U	t_d	t_W	e	U	t_d	t_W	e	U	t_d	n
	43.5				**43.6**				**43.7**				**43.8**				**43.9**				
7	34.9	50.2	57	33.0	**35.0**	50.5	57	33.1	35.1	50.8	57	33.2	35.2	51.1	57	33.3	35.3	51.4	57	33.4	7
7	**35.0**	50.6	57	33.1	35.1	50.9	57	33.2	35.2	51.2	57	33.3	35.3	51.5	57	33.4	35.4	51.8	57	33.5	7
7	35.1	50.9	57	33.2	35.2	51.3	57	33.3	35.3	51.6	58	33.4	35.4	51.9	58	33.6	35.5	52.2	58	33.7	7
7	35.2	51.3	58	33.4	35.3	51.6	58	33.5	35.4	52.0	58	33.6	35.5	52.3	58	33.7	35.6	52.6	58	33.8	7
7	35.3	51.7	58	33.5	35.4	52.0	58	33.6	35.5	52.3	58	33.7	35.6	52.7	58	33.8	35.7	53.0	59	33.9	7
7	35.4	52.1	59	33.6	35.5	52.4	59	33.7	35.6	52.7	59	33.8	35.7	53.0	59	33.9	35.8	53.4	59	34.1	7
7	35.5	52.5	59	33.8	35.6	52.8	59	33.9	35.7	53.1	59	34.0	35.8	53.4	59	34.1	35.9	53.8	59	34.2	7
7	35.6	52.9	60	33.9	35.7	53.2	60	34.0	35.8	53.5	60	34.1	35.9	53.8	60	34.2	**36.0**	54.1	60	34.3	7
6	35.7	53.2	60	34.0	35.8	53.6	60	34.1	35.9	53.9	60	34.2	**36.0**	54.2	60	34.3	36.1	54.5	60	34.4	6
6	35.8	53.6	60	34.1	35.9	54.0	61	34.3	**36.0**	54.3	61	34.4	36.1	54.6	61	34.5	36.2	54.9	61	34.6	6
6	35.9	54.0	61	34.3	**36.0**	54.3	61	34.4	36.1	54.7	61	34.5	36.2	55.0	61	34.6	36.3	55.3	61	34.7	6
6	**36.0**	54.4	61	34.4	36.1	54.7	61	34.5	36.2	55.1	61	34.6	36.3	55.4	61	34.7	36.4	55.7	62	34.8	6
6	36.1	54.8	62	34.5	36.2	55.1	62	34.6	36.3	55.5	62	34.8	36.4	55.8	62	34.9	36.5	56.1	62	35.0	6
6	36.2	55.2	62	34.7	36.3	55.5	62	34.8	36.4	55.9	62	34.9	36.5	56.2	62	35.0	36.6	56.5	62	35.1	6
6	36.3	55.6	63	34.8	36.4	55.9	63	34.9	36.5	56.3	63	35.0	36.6	56.6	63	35.1	36.7	56.9	63	35.2	6
6	36.4	56.0	63	34.9	36.5	56.3	63	35.0	36.6	56.7	63	35.1	36.7	57.0	63	35.2	36.8	57.3	63	35.4	6
6	36.5	56.4	64	35.1	36.6	56.7	64	35.2	36.7	57.1	64	35.3	36.8	57.4	64	35.4	36.9	57.7	64	35.5	6
6	36.6	56.8	64	35.2	36.7	57.1	64	35.3	36.8	57.5	64	35.4	36.9	57.8	64	35.5	**37.0**	58.2	64	35.6	6
5	36.7	57.2	64	35.3	36.8	57.5	65	35.4	36.9	57.9	65	35.5	**37.0**	58.2	65	35.6	37.1	58.6	65	35.7	5
5	36.8	57.6	65	35.4	36.9	57.9	65	35.5	**37.0**	58.3	65	35.7	37.1	58.6	65	35.8	37.2	59.0	65	35.9	5
5	36.9	58.0	65	35.6	**37.0**	58.4	65	35.7	37.1	58.7	65	35.8	37.2	59.0	66	35.9	37.3	59.4	66	36.0	5
5	**37.0**	58.4	66	35.7	37.1	58.8	66	35.8	37.2	59.1	66	35.9	37.3	59.5	66	36.0	37.4	59.8	66	36.1	5
5	37.1	58.8	66	35.8	37.2	59.2	66	35.9	37.3	59.5	66	36.0	37.4	59.9	66	36.1	37.5	60.2	66	36.2	5
5	37.2	59.2	67	35.9	37.3	59.6	67	36.1	37.4	59.9	67	36.2	37.5	60.3	67	36.3	37.6	60.6	67	36.4	5
5	37.3	59.7	67	36.1	37.4	60.0	67	36.2	37.5	60.4	67	36.3	37.6	60.7	67	36.4	37.7	61.1	67	36.5	5
5	37.4	60.1	68	36.2	37.5	60.4	68	36.3	37.6	60.8	68	36.4	37.7	61.1	68	36.5	37.8	61.5	68	36.6	5
5	37.5	60.5	68	36.3	37.6	60.8	68	36.4	37.7	61.2	68	36.5	37.8	61.5	68	36.6	37.9	61.9	68	36.7	5
5	37.6	60.9	69	36.5	37.7	61.3	69	36.6	37.8	61.6	69	36.7	37.9	62.0	69	36.8	**38.0**	62.3	69	36.9	5
4	37.7	61.3	69	36.6	37.8	61.7	69	36.7	37.9	62.0	69	36.8	**38.0**	62.4	69	36.9	38.1	62.8	69	37.0	4
4	37.8	61.7	70	36.7	37.9	62.1	70	36.8	**38.0**	62.5	70	36.9	38.1	62.8	70	37.0	38.2	63.2	70	37.1	4
4	37.9	62.2	70	36.8	**38.0**	62.5	70	36.9	38.1	62.9	70	37.0	38.2	63.2	70	37.1	38.3	63.6	70	37.2	4
4	**38.0**	62.6	71	37.0	38.1	63.0	71	37.1	38.2	63.3	71	37.2	38.3	63.7	71	37.3	38.4	64.0	71	37.4	4
4	38.1	63.0	71	37.1	38.2	63.4	71	37.2	38.3	63.7	71	37.3	38.4	64.1	71	37.4	38.5	64.5	71	37.5	4
4	38.2	63.4	72	37.2	38.3	63.8	72	37.3	38.4	64.2	72	37.4	38.5	64.5	72	37.5	38.6	64.9	72	37.6	4
4	38.3	63.9	72	37.3	38.4	64.2	72	37.4	38.5	64.6	72	37.5	38.6	65.0	72	37.6	38.7	65.3	72	37.7	4
4	38.4	64.3	72	37.4	38.5	64.7	73	37.6	38.6	65.0	73	37.7	38.7	65.4	73	37.8	38.8	65.8	73	37.9	4
4	38.5	64.7	73	37.6	38.6	65.1	73	37.7	38.7	65.5	73	37.8	38.8	65.8	73	37.9	38.9	66.2	73	38.0	4
4	38.6	65.2	73	37.7	38.7	65.5	74	37.8	38.8	65.9	74	37.9	38.9	66.3	74	38.0	**39.0**	66.7	74	38.1	4
4	38.7	65.6	74	37.8	38.8	66.0	74	37.9	38.9	66.4	74	38.0	**39.0**	66.7	74	38.1	39.1	67.1	74	38.2	4
3	38.8	66.0	74	37.9	38.9	66.4	74	38.0	**39.0**	66.8	75	38.1	39.1	67.2	75	38.3	39.2	67.5	75	38.4	3
3	38.9	66.5	75	38.1	**39.0**	66.9	75	38.2	39.1	67.2	75	38.3	39.2	67.6	75	38.4	39.3	68.0	75	38.5	3
3	**39.0**	66.9	75	38.2	39.1	67.3	75	38.3	39.2	67.7	76	38.4	39.3	68.1	76	38.5	39.4	68.4	76	38.6	3
3	39.1	67.4	76	38.3	39.2	67.7	76	38.4	39.3	68.1	76	38.5	39.4	68.5	76	38.6	39.5	68.9	76	38.7	3
3	39.2	67.8	76	38.4	39.3	68.2	76	38.5	39.4	68.6	77	38.6	39.5	69.0	77	38.7	39.6	69.3	77	38.8	3
3	39.3	68.3	77	38.6	39.4	68.6	77	38.7	39.5	69.0	77	38.8	39.6	69.4	77	38.9	39.7	69.8	77	39.0	3
3	39.4	68.7	77	38.7	39.5	69.1	77	38.8	39.6	69.5	78	38.9	39.7	69.9	78	39.0	39.8	70.3	78	39.1	3
3	39.5	69.2	78	38.8	39.6	69.5	78	38.9	39.7	69.9	78	39.0	39.8	70.3	78	39.1	39.9	70.7	78	39.2	3
3	39.6	69.6	78	38.9	39.7	70.0	79	39.0	39.8	70.4	79	39.1	39.9	70.8	79	39.2	**40.0**	71.2	79	39.3	3
3	39.7	70.1	79	39.0	39.8	70.5	79	39.1	39.9	70.8	79	39.2	**40.0**	71.2	79	39.3	40.1	71.6	79	39.4	3
3	39.8	70.5	80	39.2	39.9	70.9	80	39.3	**40.0**	71.3	80	39.4	40.1	71.7	80	39.5	40.2	72.1	80	39.6	3
3	39.9	71.0	80	39.3	**40.0**	71.4	80	39.4	40.1	71.8	80	39.5	40.2	72.2	80	39.6	40.3	72.6	80	39.7	3
2	**40.0**	71.4	81	39.4	40.1	71.8	81	39.5	40.2	72.2	81	39.6	40.3	72.6	81	39.7	40.4	73.0	81	39.8	2
2	40.1	71.9	81	39.5	40.2	72.3	81	39.6	40.3	72.7	81	39.7	40.4	73.1	81	39.8	40.5	73.5	81	39.9	2
2	40.2	72.4	82	39.6	40.3	72.8	82	39.7	40.4	73.2	82	39.8	40.5	73.6	82	39.9	40.6	74.0	82	40.0	2
2	40.3	72.8	82	39.8	40.4	73.2	82	39.9	40.5	73.6	82	40.0	40.6	74.0	82	40.1	40.7	74.4	82	40.2	2
2	40.4	73.3	83	39.9	40.5	73.7	83	40.0	40.6	74.1	83	40.1	40.7	74.5	83	40.2	40.8	74.9	83	40.3	2
2	40.5	73.8	83	40.0	40.6	74.2	83	40.1	40.7	74.6	83	40.2	40.8	75.0	83	40.3	40.9	75.4	83	40.4	2
2	40.6	74.2	84	40.1	40.7	74.6	84	40.2	40.8	75.0	84	40.3	40.9	75.5	84	40.4	**41.0**	75.9	84	40.5	2
2	40.7	74.7	84	40.2	40.8	75.1	84	40.3	40.9	75.5	84	40.4	**41.0**	75.9	84	40.5	41.1	76.3	84	40.6	2
2	40.8	75.2	85	40.4	40.9	75.6	85	40.5	**41.0**	76.0	85	40.6	41.1	76.4	85	40.7	41.2	76.8	85	40.8	2
2	40.9	75.7	85	40.5	**41.0**	76.1	85	40.6	41.1	76.5	85	40.7	41.2	76.9	85	40.8	41.3	77.3	85	40.9	2
2	**41.0**	76.1	86	40.6	41.1	76.5	86	40.7	41.2	77.0	86	40.8	41.3	77.4	86	40.9	41.4	77.8	86	41.0	2
2	41.1	76.6	86	40.7	41.2	77.0	86	40.8	41.3	77.4	86	40.9	41.4	77.9	86	41.0	41.5	78.3	86	41.1	2
2	41.2	77.1	87	40.8	41.3	77.5	87	40.9	41.4	77.9	87	41.0	41.5	78.3	87	41.1	41.6	78.8	87	41.2	2
1	41.3	77.6	87	40.9	41.4	78.0	87	41.0	41.5	78.4	87	41.1	41.6	78.8	88	41.3	41.7	79.3	88	41.4	1
1	41.4	78.1	88	41.1	41.5	78.5	88	41.2	41.6	78.9	88	41.3	41.7	79.3	88	41.4	41.8	79.8	88	41.5	1
1	41.5	78.5	89	41.2	41.6	79.0	89	41.3	41.7	79.4	89	41.4	41.8	79.8	89	41.5	41.9	80.2	89	41.6	1
1	41.6	79.0	89	41.3	41.7	79.5	89	41.4	41.8	79.9	89	41.5	41.9	80.3	89	41.6	**42.0**	80.7	89	41.7	1
1	41.7	79.5	90	41.4	41.8	80.0	90	41.5	41.9	80.4	90	41.6	**42.0**	80.8	90	41.7	42.1	81.2	90	41.8	1
1	41.8	80.0	90	41.5	41.9	80.4	90	41.6	**42.0**	80.9	90	41.7	42.1	81.3	90	41.8	42.2	81.7	90	41.9	1
1	41.9	80.5	91	41.6	**42.0**	80.9	91	41.8	42.1	81.4	91	41.9	42.2	81.8	91	42.0	42.3	82.2	91	42.1	1
1	**42.0**	81.0	91	41.8	42.1	81.4	91	41.9	42.2	81.9	91	42.0	42.3	82.3	91	42.1	42.4	82.7	91	42.2	1
1	42.1	81.5	92	41.9	42.2	81.9	92	42.0	42.3	82.4	92	42.1	42.4	82.8	92	42.2	42.5	83.3	92	42.3	1

n	t_W	e	U	t_d	t_W	e	U	t_d	t_W	e	U	t_d	t_W	e	U	t_d	t_W	e	U	t_d	n
	43.5				**43.6**				**43.7**				**43.8**				**43.9**				
1	42.2	82.0	92	42.0	42.3	82.4	92	42.1	42.4	82.9	92	42.2	42.5	83.3	92	42.3	42.6	83.8	92	42.4	1
1	42.3	82.5	93	42.1	42.4	82.9	93	42.2	42.5	83.4	93	42.3	42.6	83.8	93	42.4	42.7	84.3	93	42.5	1
1	42.4	83.0	94	42.2	42.5	83.5	94	42.3	42.6	83.9	94	42.4	42.7	84.3	94	42.5	42.8	84.8	94	42.6	1
1	42.5	83.5	94	42.3	42.6	84.0	94	42.4	42.7	84.4	94	42.5	42.8	84.9	94	42.7	42.9	85.3	94	42.8	1
1	42.6	84.0	95	42.5	42.7	84.5	95	42.6	42.8	84.9	95	42.7	42.9	85.4	95	42.8	**43.0**	85.8	95	42.9	1
1	42.7	84.5	95	42.6	42.8	85.0	95	42.7	42.9	85.4	95	42.8	**43.0**	85.9	95	42.9	43.1	86.3	95	43.0	1
0	42.8	85.1	96	42.7	42.9	85.5	96	42.8	**43.0**	86.0	96	42.9	43.1	86.4	96	43.0	43.2	86.9	96	43.1	0
0	42.9	85.6	96	42.8	**43.0**	86.0	96	42.9	43.1	86.5	96	43.0	43.2	86.9	96	43.1	43.3	87.4	96	43.2	0
0	**43.0**	86.1	97	42.9	43.1	86.5	97	43.0	43.2	87.0	97	43.1	43.3	87.4	97	43.2	43.4	87.9	97	43.3	0
0	43.1	86.6	98	43.0	43.2	87.1	98	43.1	43.3	87.5	98	43.2	43.4	88.0	98	43.3	43.5	88.4	98	43.4	0
0	43.2	87.1	98	43.2	43.3	87.6	98	43.3	43.4	88.0	98	43.4	43.5	88.5	98	43.5	43.6	89.0	98	43.6	0
0	43.3	87.6	99	43.3	43.4	88.1	99	43.4	43.5	88.6	99	43.5	43.6	89.0	99	43.6	43.7	89.5	99	43.7	0
0	43.4	88.2	99	43.4	43.5	88.6	99	43.5	43.6	89.1	99	43.6	43.7	89.6	99	43.7	43.8	90.0	99	43.8	0
0	43.5	88.7	100	43.5	43.6	89.2	100	43.6	43.7	89.6	100	43.7	43.8	90.1	100	43.8	43.9	90.6	100	43.9	0
	44.0				**44.1**				**44.2**				**44.3**				**44.4**				
49																	16.7	0.5	1	-29.7	49
49									16.6	0.5	1	-30.8	16.7	0.6	1	-28.4	16.8	0.7	1	-26.4	49
48					16.6	0.5	1	-29.4	16.7	0.7	1	-27.2	16.8	0.8	1	-25.4	16.9	0.9	1	-23.8	48
48	16.6	0.6	1	-28.2	16.7	0.7	1	-26.2	16.8	0.8	1	-24.5	16.9	1.0	1	-23.0	**17.0**	1.1	1	-21.6	48
48	16.7	0.8	1	-25.2	16.8	0.9	1	-23.6	16.9	1.0	1	-22.2	**17.0**	1.2	1	-20.9	17.1	1.3	1	-19.8	48
47	16.8	1.0	1	-22.8	16.9	1.1	1	-21.5	**17.0**	1.2	1	-20.3	17.1	1.3	1	-19.2	17.2	1.5	2	-18.1	47
47	16.9	1.2	1	-20.8	**17.0**	1.3	1	-19.7	17.1	1.4	2	-18.6	17.2	1.5	2	-17.6	17.3	1.7	2	-16.7	47
47	**17.0**	1.4	1	-19.1	17.1	1.5	2	-18.1	17.2	1.6	2	-17.1	17.3	1.7	2	-16.2	17.4	1.9	2	-15.4	47
46	17.1	1.5	2	-17.5	17.2	1.7	2	-16.6	17.3	1.8	2	-15.8	17.4	1.9	2	-14.9	17.5	2.0	2	-14.2	46
46	17.2	1.7	2	-16.2	17.3	1.9	2	-15.3	17.4	2.0	2	-14.5	17.5	2.1	2	-13.8	17.6	2.2	2	-13.1	46
46	17.3	1.9	2	-14.9	17.4	2.1	2	-14.1	17.5	2.2	2	-13.4	17.6	2.3	2	-12.7	17.7	2.4	3	-12.0	46
45	17.4	2.1	2	-13.7	17.5	2.2	2	-13.0	17.6	2.4	3	-12.4	17.7	2.5	3	-11.7	17.8	2.6	3	-11.1	45
45	17.5	2.3	3	-12.7	17.6	2.4	3	-12.0	17.7	2.6	3	-11.4	17.8	2.7	3	-10.8	17.9	2.8	3	-10.2	45
45	17.6	2.5	3	-11.7	17.7	2.6	3	-11.1	17.8	2.8	3	-10.5	17.9	2.9	3	-9.9	**18.0**	3.0	3	-9.3	45
44	17.7	2.7	3	-10.7	17.8	2.8	3	-10.2	17.9	3.0	3	-9.6	**18.0**	3.1	3	-9.0	18.1	3.2	3	-8.5	44
44	17.8	2.9	3	-9.9	17.9	3.0	3	-9.3	**18.0**	3.2	3	-8.8	18.1	3.3	4	-8.3	18.2	3.4	4	-7.8	44
44	17.9	3.1	3	-9.0	**18.0**	3.2	4	-8.5	18.1	3.3	4	-8.0	18.2	3.5	4	-7.5	18.3	3.6	4	-7.0	44
43	**18.0**	3.3	4	-8.2	18.1	3.4	4	-7.7	18.2	3.5	4	-7.3	18.3	3.7	4	-6.8	18.4	3.8	4	-6.3	43
43	18.1	3.5	4	-7.5	18.2	3.6	4	-7.0	18.3	3.7	4	-6.5	18.4	3.9	4	-6.1	18.5	4.0	4	-5.7	43
43	18.2	3.7	4	-6.8	18.3	3.8	4	-6.3	18.4	3.9	4	-5.9	18.5	4.1	4	-5.4	18.6	4.2	5	-5.0	43
42	18.3	3.9	4	-6.1	18.4	4.0	4	-5.7	18.5	4.1	5	-5.2	18.6	4.3	5	-4.8	18.7	4.4	5	-4.4	42
42	18.4	4.1	4	-5.4	18.5	4.2	5	-5.0	18.6	4.3	5	-4.6	18.7	4.5	5	-4.2	18.8	4.6	5	-3.8	42
42	18.5	4.3	5	-4.8	18.6	4.4	5	-4.4	18.7	4.5	5	-4.0	18.8	4.7	5	-3.6	18.9	4.8	5	-3.2	42
41	18.6	4.5	5	-4.2	18.7	4.6	5	-3.8	18.8	4.7	5	-3.4	18.9	4.9	5	-3.0	**19.0**	5.0	5	-2.7	41
41	18.7	4.7	5	-3.6	18.8	4.8	5	-3.2	18.9	5.0	5	-2.9	**19.0**	5.1	6	-2.5	19.1	5.2	6	-2.1	41
41	18.8	4.9	5	-3.0	18.9	5.0	5	-2.7	**19.0**	5.2	6	-2.3	19.1	5.3	6	-2.0	19.2	5.4	6	-1.6	41
40	18.9	5.1	6	-2.5	**19.0**	5.2	6	-2.1	19.1	5.4	6	-1.8	19.2	5.5	6	-1.4	19.3	5.6	6	-1.1	40
40	**19.0**	5.3	6	-2.0	19.1	5.4	6	-1.6	19.2	5.6	6	-1.3	19.3	5.7	6	-0.9	19.4	5.8	6	-0.6	40
40	19.1	5.5	6	-1.5	19.2	5.6	6	-1.1	19.3	5.8	6	-0.8	19.4	5.9	6	-0.5	19.5	6.0	7	-0.1	40
40	19.2	5.7	6	-1.0	19.3	5.8	6	-0.6	19.4	6.0	6	-0.3	19.5	6.1	7	0.0	19.6	6.3	7	0.3	40
39	19.3	5.9	6	-0.5	19.4	6.0	7	-0.1	19.5	6.2	7	0.2	19.6	6.3	7	0.5	19.7	6.5	7	0.8	39
39	19.4	6.1	7	0.0	19.5	6.2	7	0.3	19.6	6.4	7	0.6	19.7	6.5	7	0.9	19.8	6.7	7	1.2	39
39	19.5	6.3	7	0.5	19.6	6.5	7	0.8	19.7	6.6	7	1.1	19.8	6.7	7	1.4	19.9	6.9	7	1.7	39
38	19.6	6.5	7	0.9	19.7	6.7	7	1.2	19.8	6.8	7	1.5	19.9	7.0	8	1.8	**20.0**	7.1	8	2.1	38
38	19.7	6.7	7	1.3	19.8	6.9	8	1.6	19.9	7.0	8	1.9	**20.0**	7.2	8	2.2	20.1	7.3	8	2.5	38
38	19.8	6.9	8	1.8	19.9	7.1	8	2.1	**20.0**	7.2	8	2.3	20.1	7.4	8	2.6	20.2	7.5	8	2.9	38
37	19.9	7.2	8	2.2	**20.0**	7.3	8	2.5	20.1	7.4	8	2.8	20.2	7.6	8	3.0	20.3	7.7	8	3.3	37
37	**20.0**	7.4	8	2.6	20.1	7.5	8	2.9	20.2	7.7	8	3.1	20.3	7.8	8	3.4	20.4	7.9	9	3.7	37
37	20.1	7.6	8	3.0	20.2	7.7	8	3.3	20.3	7.9	9	3.5	20.4	8.0	9	3.8	20.5	8.2	9	4.1	37
37	20.2	7.8	9	3.4	20.3	7.9	9	3.7	20.4	8.1	9	3.9	20.5	8.2	9	4.2	20.6	8.4	9	4.4	37
36	20.3	8.0	9	3.8	20.4	8.1	9	4.0	20.5	8.3	9	4.3	20.6	8.4	9	4.5	20.7	8.6	9	4.8	36
36	20.4	8.2	9	4.2	20.5	8.4	9	4.4	20.6	8.5	9	4.7	20.7	8.7	9	4.9	20.8	8.8	9	5.2	36
36	20.5	8.4	9	4.5	20.6	8.6	9	4.8	20.7	8.7	9	5.0	20.8	8.9	10	5.3	20.9	9.0	10	5.5	36
35	20.6	8.6	9	4.9	20.7	8.8	10	5.1	20.8	8.9	10	5.4	20.9	9.1	10	5.6	**21.0**	9.3	10	5.9	35
35	20.7	8.9	10	5.2	20.8	9.0	10	5.5	20.9	9.2	10	5.7	**21.0**	9.3	10	6.0	21.1	9.5	10	6.2	35
35	20.8	9.1	10	5.6	20.9	9.2	10	5.8	**21.0**	9.4	10	6.1	21.1	9.5	10	6.3	21.2	9.7	10	6.5	35
35	20.9	9.3	10	5.9	**21.0**	9.5	10	6.2	21.1	9.6	10	6.4	21.2	9.8	11	6.6	21.3	9.9	11	6.9	35
34	**21.0**	9.5	10	6.3	21.1	9.7	11	6.5	21.2	9.8	11	6.7	21.3	10.0	11	7.0	21.4	10.1	11	7.2	34
34	21.1	9.7	11	6.6	21.2	9.9	11	6.8	21.3	10.0	11	7.0	21.4	10.2	11	7.3	21.5	10.4	11	7.5	34
34	21.2	10.0	11	6.9	21.3	10.1	11	7.1	21.4	10.3	11	7.4	21.5	10.4	11	7.6	21.6	10.6	11	7.8	34
33	21.3	10.2	11	7.2	21.4	10.3	11	7.5	21.5	10.5	11	7.7	21.6	10.6	12	7.9	21.7	10.8	12	8.1	33
33	21.4	10.4	11	7.6	21.5	10.6	12	7.8	21.6	10.7	12	8.0	21.7	10.9	12	8.2	21.8	11.0	12	8.4	33
33	21.5	10.6	12	7.9	21.6	10.8	12	8.1	21.7	10.9	12	8.3	21.8	11.1	12	8.5	21.9	11.3	12	8.7	33
33	21.6	10.8	12	8.2	21.7	11.0	12	8.4	21.8	11.2	12	8.6	21.9	11.3	12	8.8	**22.0**	11.5	12	9.0	33
32	21.7	11.1	12	8.5	21.8	11.2	12	8.7	21.9	11.4	12	8.9	**22.0**	11.6	12	9.1	22.1	11.7	13	9.3	32
32	21.8	11.3	12	8.8	21.9	11.5	13	9.0	**22.0**	11.6	13	9.2	22.1	11.8	13	9.4	22.2	11.9	13	9.6	32

n	t_W	e	U	t_d	t_W	e	U	t_d	t_W	e	U	t_d	t_W	e	U	t_d	t_W	e	U	t_d	n
	44.0				**44.1**				**44.2**				**44.3**				**44.4**				
32	21.9	11.5	13	9.1	**22.0**	11.7	13	9.3	22.1	11.8	13	9.5	22.2	12.0	13	9.7	22.3	12.2	13	9.9	32
32	**22.0**	11.8	13	9.4	22.1	11.9	13	9.6	22.2	12.1	13	9.8	22.3	12.2	13	10.0	22.4	12.4	13	10.2	32
31	22.1	12.0	13	9.6	22.2	12.1	13	9.8	22.3	12.3	13	10.0	22.4	12.5	13	10.2	22.5	12.6	14	10.4	31
31	22.2	12.2	13	9.9	22.3	12.4	14	10.1	22.4	12.5	14	10.3	22.5	12.7	14	10.5	22.6	12.9	14	10.7	31
31	22.3	12.4	14	10.2	22.4	12.6	14	10.4	22.5	12.8	14	10.6	22.6	12.9	14	10.8	22.7	13.1	14	11.0	31
30	22.4	12.7	14	10.5	22.5	12.8	14	10.7	22.6	13.0	14	10.9	22.7	13.2	14	11.1	22.8	13.3	14	11.3	30
30	22.5	12.9	14	10.8	22.6	13.1	14	10.9	22.7	13.2	14	11.1	22.8	13.4	14	11.3	22.9	13.6	15	11.5	30
30	22.6	13.1	14	11.0	22.7	13.3	15	11.2	22.8	13.5	15	11.4	22.9	13.6	15	11.6	**23.0**	13.8	15	11.8	30
30	22.7	13.4	15	11.3	22.8	13.5	15	11.5	22.9	13.7	15	11.7	**23.0**	13.9	15	11.8	23.1	14.0	15	12.0	30
29	22.8	13.6	15	11.5	22.9	13.8	15	11.7	**23.0**	13.9	15	11.9	23.1	14.1	15	12.1	23.2	14.3	15	12.3	29
29	22.9	13.8	15	11.8	**23.0**	14.0	15	12.0	23.1	14.2	15	12.2	23.2	14.4	16	12.4	23.3	14.5	16	12.5	29
29	**23.0**	14.1	15	12.1	23.1	14.2	16	12.2	23.2	14.4	16	12.4	23.3	14.6	16	12.6	23.4	14.8	16	12.8	29
29	23.1	14.3	16	12.3	23.2	14.5	16	12.5	23.3	14.7	16	12.7	23.4	14.8	16	12.9	23.5	15.0	16	13.0	29
28	23.2	14.6	16	12.6	23.3	14.7	16	12.7	23.4	14.9	16	12.9	23.5	15.1	16	13.1	23.6	15.2	16	13.3	28
28	23.3	14.8	16	12.8	23.4	15.0	16	13.0	23.5	15.1	16	13.2	23.6	15.3	17	13.3	23.7	15.5	17	13.5	28
28	23.4	15.0	17	13.1	23.5	15.2	17	13.2	23.6	15.4	17	13.4	23.7	15.6	17	13.6	23.8	15.7	17	13.8	28
28	23.5	15.3	17	13.3	23.6	15.4	17	13.5	23.7	15.6	17	13.7	23.8	15.8	17	13.8	23.9	16.0	17	14.0	28
27	23.6	15.5	17	13.5	23.7	15.7	17	13.7	23.8	15.9	17	13.9	23.9	16.0	17	14.1	**24.0**	16.2	17	14.2	27
27	23.7	15.8	17	13.8	23.8	15.9	17	14.0	23.9	16.1	18	14.1	**24.0**	16.3	18	14.3	24.1	16.5	18	14.5	27
27	23.8	16.0	18	14.0	23.9	16.2	18	14.2	**24.0**	16.4	18	14.4	24.1	16.5	18	14.5	24.2	16.7	18	14.7	27
27	23.9	16.2	18	14.3	**24.0**	16.4	18	14.4	24.1	16.6	18	14.6	24.2	16.8	18	14.8	24.3	17.0	18	14.9	27
26	**24.0**	16.5	18	14.5	24.1	16.7	18	14.7	24.2	16.8	18	14.8	24.3	17.0	18	15.0	24.4	17.2	19	15.2	26
26	24.1	16.7	18	14.7	24.2	16.9	18	14.9	24.3	17.1	19	15.1	24.4	17.3	19	15.2	24.5	17.5	19	15.4	26
26	24.2	17.0	19	14.9	24.3	17.2	19	15.1	24.4	17.3	19	15.3	24.5	17.5	19	15.4	24.6	17.7	19	15.6	26
26	24.3	17.2	19	15.2	24.4	17.4	19	15.3	24.5	17.6	19	15.5	24.6	17.8	19	15.7	24.7	18.0	19	15.8	26
26	24.4	17.5	19	15.4	24.5	17.7	19	15.6	24.6	17.8	19	15.7	24.7	18.0	20	15.9	24.8	18.2	20	16.0	26
25	24.5	17.7	19	15.6	24.6	17.9	20	15.8	24.7	18.1	20	15.9	24.8	18.3	20	16.1	24.9	18.5	20	16.3	25
25	24.6	18.0	20	15.8	24.7	18.2	20	16.0	24.8	18.4	20	16.2	24.9	18.5	20	16.3	**25.0**	18.7	20	16.5	25
25	24.7	18.2	20	16.1	24.8	18.4	20	16.2	24.9	18.6	20	16.4	**25.0**	18.8	20	16.5	25.1	19.0	20	16.7	25
25	24.8	18.5	20	16.3	24.9	18.7	20	16.4	**25.0**	18.9	21	16.6	25.1	19.1	21	16.7	25.2	19.2	21	16.9	25
24	24.9	18.7	21	16.5	**25.0**	18.9	21	16.6	25.1	19.1	21	16.8	25.2	19.3	21	17.0	25.3	19.5	21	17.1	24
24	**25.0**	19.0	21	16.7	25.1	19.2	21	16.9	25.2	19.4	21	17.0	25.3	19.6	21	17.2	25.4	19.8	21	17.3	24
24	25.1	19.3	21	16.9	25.2	19.4	21	17.1	25.3	19.6	21	17.2	25.4	19.8	21	17.4	25.5	20.0	22	17.5	24
24	25.2	19.5	21	17.1	25.3	19.7	22	17.3	25.4	19.9	22	17.4	25.5	20.1	22	17.6	25.6	20.3	22	17.7	24
24	25.3	19.8	22	17.3	25.4	20.0	22	17.5	25.5	20.2	22	17.6	25.6	20.3	22	17.8	25.7	20.5	22	17.9	24
23	25.4	20.0	22	17.5	25.5	20.2	22	17.7	25.6	20.4	22	17.8	25.7	20.6	22	18.0	25.8	20.8	22	18.1	23
23	25.5	20.3	22	17.7	25.6	20.5	22	17.9	25.7	20.7	22	18.0	25.8	20.9	23	18.2	25.9	21.1	23	18.3	23
23	25.6	20.5	23	17.9	25.7	20.7	23	18.1	25.8	20.9	23	18.2	25.9	21.1	23	18.4	**26.0**	21.3	23	18.5	23
23	25.7	20.8	23	18.1	25.8	21.0	23	18.3	25.9	21.2	23	18.4	**26.0**	21.4	23	18.6	26.1	21.6	23	18.7	23
22	25.8	21.1	23	18.3	25.9	21.3	23	18.5	**26.0**	21.5	23	18.6	26.1	21.7	23	18.8	26.2	21.9	24	18.9	22
22	25.9	21.3	23	18.5	**26.0**	21.5	24	18.7	26.1	21.7	24	18.8	26.2	21.9	24	19.0	26.3	22.1	24	19.1	22
22	**26.0**	21.6	24	18.7	26.1	21.8	24	18.9	26.2	22.0	24	19.0	26.3	22.2	24	19.2	26.4	22.4	24	19.3	22
22	26.1	21.9	24	18.9	26.2	22.1	24	19.1	26.3	22.3	24	19.2	26.4	22.5	24	19.4	26.5	22.7	24	19.5	22
22	26.2	22.1	24	19.1	26.3	22.3	24	19.3	26.4	22.5	25	19.4	26.5	22.7	25	19.6	26.6	22.9	25	19.7	22
21	26.3	22.4	25	19.3	26.4	22.6	25	19.5	26.5	22.8	25	19.6	26.6	23.0	25	19.7	26.7	23.2	25	19.9	21
21	26.4	22.7	25	19.5	26.5	22.9	25	19.7	26.6	23.1	25	19.8	26.7	23.3	25	19.9	26.8	23.5	26	20.1	21
21	26.5	22.9	25	19.7	26.6	23.1	25	19.8	26.7	23.4	25	20.0	26.8	23.6	25	20.1	26.9	23.8	26	20.3	21
21	26.6	23.2	25	19.9	26.7	23.4	26	20.0	26.8	23.6	26	20.2	26.9	23.8	26	20.3	**27.0**	24.0	26	20.5	21
21	26.7	23.5	26	20.1	26.8	23.7	26	20.2	26.9	23.9	26	20.4	**27.0**	24.1	26	20.5	27.1	24.3	26	20.6	21
20	26.8	23.8	26	20.3	26.9	24.0	26	20.4	**27.0**	24.2	26	20.5	27.1	24.4	26	20.7	27.2	24.6	27	20.8	20
20	26.9	24.0	26	20.5	**27.0**	24.2	26	20.6	27.1	24.4	27	20.7	27.2	24.7	27	20.9	27.3	24.9	27	21.0	20
20	**27.0**	24.3	27	20.6	27.1	24.5	27	20.8	27.2	24.7	27	20.9	27.3	24.9	27	21.1	27.4	25.2	27	21.2	20
20	27.1	24.6	27	20.8	27.2	24.8	27	21.0	27.3	25.0	27	21.1	27.4	25.2	27	21.2	27.5	25.4	28	21.4	20
20	27.2	24.9	27	21.0	27.3	25.1	27	21.1	27.4	25.3	27	21.3	27.5	25.5	28	21.4	27.6	25.7	28	21.6	20
19	27.3	25.1	28	21.2	27.4	25.4	28	21.3	27.5	25.6	28	21.5	27.6	25.8	28	21.6	27.7	26.0	28	21.7	19
19	27.4	25.4	28	21.4	27.5	25.6	28	21.5	27.6	25.8	28	21.6	27.7	26.1	28	21.8	27.8	26.3	29	21.9	19
19	27.5	25.7	28	21.5	27.6	25.9	28	21.7	27.7	26.1	28	21.8	27.8	26.3	29	22.0	27.9	26.6	29	22.1	19
19	27.6	26.0	29	21.7	27.7	26.2	29	21.9	27.8	26.4	29	22.0	27.9	26.6	29	22.1	**28.0**	26.9	29	22.3	19
19	27.7	26.3	29	21.9	27.8	26.5	29	22.0	27.9	26.7	29	22.2	**28.0**	26.9	29	22.3	28.1	27.1	30	22.4	19
18	27.8	26.5	29	22.1	27.9	26.8	29	22.2	**28.0**	27.0	29	22.3	28.1	27.2	30	22.5	28.2	27.4	30	22.6	18
18	27.9	26.8	29	22.3	**28.0**	27.1	30	22.4	28.1	27.3	30	22.5	28.2	27.5	30	22.7	28.3	27.7	30	22.8	18
18	**28.0**	27.1	30	22.4	28.1	27.3	30	22.6	28.2	27.6	30	22.7	28.3	27.8	30	22.8	28.4	28.0	30	23.0	18
18	28.1	27.4	30	22.6	28.2	27.6	30	22.7	28.3	27.9	30	22.9	28.4	28.1	30	23.0	28.5	28.3	30	23.1	18
18	28.2	27.7	30	22.8	28.3	27.9	31	22.9	28.4	28.1	31	23.0	28.5	28.4	31	23.2	28.6	28.6	31	23.3	18
18	28.3	28.0	31	22.9	28.4	28.2	31	23.1	28.5	28.4	31	23.2	28.6	28.7	31	23.3	28.7	28.9	31	23.5	18
17	28.4	28.3	31	23.1	28.5	28.5	31	23.2	28.6	28.7	31	23.4	28.7	29.0	31	23.5	28.8	29.2	31	23.6	17
17	28.5	28.6	31	23.3	28.6	28.8	31	23.4	28.7	29.0	32	23.5	28.8	29.3	32	23.7	28.9	29.5	32	23.8	17
17	28.6	28.9	32	23.5	28.7	29.1	32	23.6	28.8	29.3	32	23.7	28.9	29.5	32	23.8	**29.0**	29.8	32	24.0	17
17	28.7	29.2	32	23.6	28.8	29.4	32	23.8	28.9	29.6	32	23.9	**29.0**	29.8	32	24.0	29.1	30.1	32	24.1	17
17	28.8	29.5	32	23.8	28.9	29.7	32	23.9	**29.0**	29.9	33	24.0	29.1	30.1	33	24.2	29.2	30.4	33	24.3	17
16	28.9	29.7	33	24.0	**29.0**	30.0	33	24.1	29.1	30.2	33	24.2	29.2	30.4	33	24.3	29.3	30.7	33	24.5	16
16	**29.0**	30.0	33	24.1	29.1	30.3	33	24.2	29.2	30.5	33	24.4	29.3	30.7	33	24.5	29.4	31.0	33	24.6	16
16	29.1	30.3	33	24.3	29.2	30.6	33	24.4	29.3	30.8	34	24.5	29.4	31.0	34	24.7	29.5	31.3	34	24.8	16

n	t_W	e	U	t_d	t_W	e	U	t_d	t_W	e	U	t_d	t_W	e	U	t_d	t_W	e	U	t_d	n
	44.0				**44.1**				**44.2**				**44.3**				**44.4**				
16	29.2	30.6	34	24.5	29.3	30.9	34	24.6	29.4	31.1	34	24.7	29.5	31.4	34	24.8	29.6	31.6	34	25.0	16
16	29.3	30.9	34	24.6	29.4	31.2	34	24.7	29.5	31.4	34	24.9	29.6	31.7	34	25.0	29.7	31.9	34	25.1	16
16	29.4	31.2	34	24.8	29.5	31.5	34	24.9	29.6	31.7	34	25.0	29.7	32.0	35	25.2	29.8	32.2	35	25.3	16
15	29.5	31.6	35	24.9	29.6	31.8	35	25.1	29.7	32.0	35	25.2	29.8	32.3	35	25.3	29.9	32.5	35	25.4	15
15	29.6	31.9	35	25.1	29.7	32.1	35	25.2	29.8	32.3	35	25.4	29.9	32.6	35	25.5	**30.0**	32.8	35	25.6	15
15	29.7	32.2	35	25.3	29.8	32.4	35	25.4	29.9	32.6	35	25.5	**30.0**	32.9	36	25.6	30.1	33.1	36	25.8	15
15	29.8	32.5	36	25.4	29.9	32.7	36	25.5	**30.0**	33.0	36	25.7	30.1	33.2	36	25.8	30.2	33.4	36	25.9	15
15	29.9	32.8	36	25.6	**30.0**	33.0	36	25.7	30.1	33.3	36	25.8	30.2	33.5	36	26.0	30.3	33.8	36	26.1	15
15	**30.0**	33.1	36	25.7	30.1	33.3	36	25.9	30.2	33.6	37	26.0	30.3	33.8	37	26.1	30.4	34.1	37	26.2	15
14	30.1	33.4	37	25.9	30.2	33.6	37	25.0	30.3	33.9	37	26.1	30.4	34.1	37	26.3	30.5	34.4	37	26.4	14
14	30.2	33.7	37	26.1	30.3	34.0	37	26.2	30.4	34.2	37	26.3	30.5	34.5	37	26.4	30.6	34.7	37	26.5	14
14	30.3	34.0	37	26.2	30.4	34.3	37	26.3	30.5	34.5	38	26.5	30.6	34.8	38	26.6	30.7	35.0	38	26.7	14
14	30.4	34.3	38	26.4	30.5	34.6	38	26.5	30.6	34.8	38	26.6	30.7	35.1	38	26.7	30.8	35.3	38	26.9	14
14	30.5	34.7	38	26.5	30.6	34.9	38	26.6	30.7	35.2	38	26.8	30.8	35.4	38	26.9	30.9	35.7	38	27.0	14
14	30.6	35.0	38	26.7	30.7	35.2	38	26.8	30.8	35.5	39	26.9	30.9	35.7	39	27.0	**31.0**	36.0	39	27.2	14
14	30.7	35.3	39	26.8	30.8	35.5	39	27.0	30.9	35.8	39	27.1	**31.0**	36.1	39	27.2	31.1	36.3	39	27.3	14
13	30.8	35.6	39	27.0	30.9	35.9	39	27.1	**31.0**	36.1	39	27.2	31.1	36.4	39	27.3	31.2	36.6	39	27.5	13
13	30.9	35.9	39	27.1	**31.0**	36.2	40	27.3	31.1	36.4	40	27.4	31.2	36.7	40	27.5	31.3	37.0	40	27.6	13
13	**31.0**	36.3	40	27.3	31.1	36.5	40	27.4	31.2	36.8	40	27.5	31.3	37.0	40	27.6	31.4	37.3	40	27.8	13
13	31.1	36.6	40	27.4	31.2	36.8	40	27.6	31.3	37.1	40	27.7	31.4	37.4	40	27.8	31.5	37.6	40	27.9	13
13	31.2	36.9	41	27.6	31.3	37.2	41	27.7	31.4	37.4	41	27.8	31.5	37.7	41	27.9	31.6	37.9	41	28.1	13
13	31.3	37.2	41	27.7	31.4	37.5	41	27.9	31.5	37.7	41	28.0	31.6	38.0	41	28.1	31.7	38.3	41	28.2	13
12	31.4	37.6	41	27.9	31.5	37.8	41	28.0	31.6	38.1	41	28.1	31.7	38.3	41	28.2	31.8	38.6	42	28.4	12
12	31.5	37.9	42	28.0	31.6	38.1	42	28.2	31.7	38.4	42	28.3	31.8	38.7	42	28.4	31.9	38.9	42	28.5	12
12	31.6	38.2	42	28.2	31.7	38.5	42	28.3	31.8	38.7	42	28.4	31.9	39.0	42	28.5	**32.0**	39.3	42	28.7	12
12	31.7	38.5	42	28.3	31.8	38.8	42	28.5	31.9	39.1	42	28.6	**32.0**	39.3	43	28.7	32.1	39.6	43	28.8	12
12	31.8	38.9	43	28.5	31.9	39.1	43	28.6	**32.0**	39.4	43	28.7	32.1	39.7	43	28.8	32.2	40.0	43	29.0	12
12	31.9	39.2	43	28.6	**32.0**	39.5	43	28.8	32.1	39.7	43	28.9	32.2	40.0	43	29.0	32.3	40.3	43	29.1	12
12	**32.0**	39.5	43	28.8	32.1	39.8	44	28.9	32.2	40.1	44	29.0	32.3	40.4	44	29.1	32.4	40.6	44	29.2	12
11	32.1	39.9	44	28.9	32.2	40.2	44	29.0	32.3	40.4	44	29.2	32.4	40.7	44	29.3	32.5	41.0	44	29.4	11
11	32.2	40.2	44	29.1	32.3	40.5	44	29.2	32.4	40.8	44	29.3	32.5	41.0	44	29.4	32.6	41.3	44	29.5	11
11	32.3	40.6	45	29.2	32.4	40.8	45	29.3	32.5	41.1	45	29.4	32.6	41.4	45	29.6	32.7	41.7	45	29.7	11
11	32.4	40.9	45	29.4	32.5	41.2	45	29.5	32.6	41.4	45	29.6	32.7	41.7	45	29.7	32.8	42.0	45	29.8	11
11	32.5	41.2	45	29.5	32.6	41.5	45	29.6	32.7	41.8	45	29.7	32.8	42.1	46	29.9	32.9	42.4	46	30.0	11
11	32.6	41.6	46	29.6	32.7	41.9	46	29.8	32.8	42.1	46	29.9	32.9	42.4	46	30.0	**33.0**	42.7	46	30.1	11
11	32.7	41.9	46	29.8	32.8	42.2	46	29.9	32.9	42.5	46	30.0	**33.0**	42.8	46	30.1	33.1	43.0	46	30.3	11
10	32.8	42.3	46	29.9	32.9	42.6	47	30.1	**33.0**	42.8	47	30.2	33.1	43.1	47	30.3	33.2	43.4	47	30.4	10
10	32.9	42.6	47	30.1	**33.0**	42.9	47	30.2	33.1	43.2	47	30.3	33.2	43.5	47	30.4	33.3	43.8	47	30.5	10
10	**33.0**	43.0	47	30.2	33.1	43.2	47	30.3	33.2	43.5	47	30.4	33.3	43.8	47	30.6	33.4	44.1	47	30.7	10
10	33.1	43.3	48	30.4	33.2	43.6	48	30.5	33.3	43.9	48	30.6	33.4	44.2	48	30.7	33.5	44.5	48	30.8	10
10	33.2	43.7	48	30.5	33.3	44.0	48	30.6	33.4	44.2	48	30.7	33.5	44.5	48	30.8	33.6	44.8	48	31.0	10
10	33.3	44.0	48	30.6	33.4	44.3	48	30.8	33.5	44.6	48	30.9	33.6	44.9	49	31.0	33.7	45.2	49	31.1	10
10	33.4	44.4	49	30.8	33.5	44.7	49	30.9	33.6	45.0	49	31.0	33.7	45.2	49	31.1	33.8	45.5	49	31.2	10
10	33.5	44.7	49	30.9	33.6	45.0	49	31.0	33.7	45.3	49	31.2	33.8	45.6	49	31.3	33.9	45.9	49	31.4	10
9	33.6	45.1	50	31.1	33.7	45.4	50	31.2	33.8	45.7	50	31.3	33.9	46.0	50	31.4	**34.0**	46.3	50	31.5	9
9	33.7	45.4	50	31.2	33.8	45.7	50	31.3	33.9	46.0	50	31.4	**34.0**	46.3	50	31.5	34.1	46.6	50	31.7	9
9	33.8	45.8	50	31.3	33.9	46.1	50	31.5	**34.0**	46.4	50	31.6	34.1	46.7	51	31.7	34.2	47.0	51	21.8	9
9	33.9	46.2	51	31.5	**34.0**	46.5	51	31.6	34.1	46.8	51	31.7	34.2	47.1	51	31.8	34.3	47.4	51	31.9	9
9	**34.0**	46.5	51	31.6	34.1	46.8	51	31.7	34.2	47.1	51	31.8	34.3	47.4	51	32.0	34.4	47.7	51	32.1	9
9	34.1	46.9	52	31.8	34.2	47.2	52	31.9	34.3	47.5	52	32.0	34.4	47.8	52	32.1	34.5	48.1	52	32.2	9
9	34.2	47.3	52	31.9	34.3	47.6	52	32.0	34.4	47.9	52	32.1	34.5	48.2	52	32.2	34.6	48.5	52	32.3	9
9	34.3	47.6	52	32.0	34.4	47.9	52	32.1	34.5	48.2	52	32.3	34.6	48.5	52	32.4	34.7	48.8	53	32.5	9
8	34.4	48.0	53	32.2	34.5	48.3	53	32.3	34.6	48.6	53	32.4	34.7	48.9	53	32.5	34.8	49.2	53	32.6	8
8	34.5	48.4	53	32.3	34.6	48.7	53	32.4	34.7	49.0	53	32.5	34.8	49.3	53	32.6	34.9	49.6	53	32.7	8
8	34.6	48.7	54	32.4	34.7	49.0	54	32.5	34.8	49.3	54	32.7	34.9	49.7	54	32.8	**35.0**	50.0	54	32.9	8
8	34.7	49.1	54	32.6	34.8	49.4	54	32.7	34.9	49.7	54	32.8	**35.0**	50.0	54	32.9	35.1	50.3	54	33.0	8
8	34.8	49.5	54	32.7	34.9	49.8	54	32.8	**35.0**	50.1	54	32.9	35.1	50.4	55	33.0	35.2	50.7	55	33.1	8
8	34.9	49.9	55	32.8	**35.0**	50.2	55	33.0	35.1	50.5	55	33.1	35.2	50.8	55	33.2	35.3	51.1	55	33.3	8
8	**35.0**	50.2	55	33.0	35.1	50.5	55	33.1	35.2	50.9	55	33.2	35.3	51.2	55	33.3	35.4	51.5	55	33.4	8
8	35.1	50.6	56	33.1	35.2	50.9	56	33.2	35.3	51.2	56	33.3	35.4	51.6	56	33.4	35.5	51.9	56	33.5	8
7	35.2	51.0	56	33.2	35.3	51.3	56	33.4	35.4	51.6	56	33.5	35.5	51.9	56	33.6	35.6	52.3	56	33.7	7
7	35.3	51.4	56	33.4	35.4	51.7	56	33.5	35.5	52.0	57	33.6	35.6	52.3	57	33.7	35.7	52.6	57	33.8	7
7	35.4	51.8	57	33.5	35.5	52.1	57	33.6	35.6	52.4	57	33.7	35.7	52.7	57	33.8	35.8	53.0	57	33.9	7
7	35.5	52.1	57	33.6	35.6	52.5	57	33.7	35.7	52.8	57	33.9	35.8	53.1	57	34.0	35.9	53.4	57	34.1	7
7	35.6	52.5	58	33.8	35.7	52.8	58	33.9	35.8	53.2	58	34.0	35.9	53.5	58	34.1	**36.0**	53.8	58	34.2	7
7	35.7	52.9	58	33.9	35.8	53.2	58	34.0	35.9	53.6	58	34.1	**36.0**	53.9	58	34.2	36.1	54.2	58	34.3	7
7	35.8	53.3	59	34.0	35.9	53.6	59	34.1	**36.0**	53.9	59	34.3	36.1	54.3	59	34.4	36.2	54.6	59	34.5	7
7	35.9	53.7	59	34.2	**36.0**	54.0	59	34.3	36.1	54.3	59	34.4	36.2	54.7	59	34.5	36.3	55.0	59	34.6	7
7	**36.0**	54.1	59	34.3	36.1	54.4	59	34.4	36.2	54.7	60	34.5	36.3	55.1	60	34.6	36.4	55.4	60	34.7	7
6	36.1	54.5	60	34.4	36.2	54.8	60	34.5	36.3	55.1	60	34.6	36.4	55.5	60	34.8	36.5	55.8	60	34.9	6
6	36.2	54.9	60	34.6	36.3	55.2	60	34.7	36.4	55.5	60	34.8	36.5	55.9	60	34.9	36.6	56.2	60	35.0	6
6	36.3	55.3	61	34.7	36.4	55.6	61	34.8	36.5	55.9	61	34.9	36.6	56.3	61	35.0	36.7	56.6	61	35.1	6
6	36.4	55.7	61	34.8	36.5	56.0	61	34.9	36.6	56.3	61	35.0	36.7	56.7	61	35.1	36.8	57.0	61	35.2	6

n	t_W	e	U	t_d	t_W	e	U	t_d	t_W	e	U	t_d	t_W	e	U	t_d	t_W	e	U	t_d	n
	44.0				**44.1**				**44.2**				**44.3**				**44.4**				
6	36.5	56.1	62	34.9	36.6	56.4	62	35.1	36.7	56.7	62	35.2	36.8	57.1	62	35.3	36.9	57.4	62	35.4	6
6	36.6	56.5	62	35.1	36.7	56.8	62	35.2	36.8	57.1	62	35.3	36.9	57.5	62	35.4	**37.0**	57.8	62	35.5	6
6	36.7	56.9	62	35.2	36.8	57.2	63	35.3	36.9	57.5	63	35.4	**37.0**	57.9	63	35.5	37.1	58.2	63	35.6	6
6	36.8	57.3	63	35.3	36.9	57.6	63	35.4	**37.0**	58.0	63	35.5	37.1	58.3	63	35.7	37.2	58.6	63	35.8	6
6	36.9	57.7	63	35.5	**37.0**	58.0	63	35.6	37.1	58.4	63	35.7	37.2	58.7	64	35.8	37.3	59.1	64	35.9	6
6	**37.0**	58.1	64	35.6	37.1	58.4	64	35.7	37.2	58.8	64	35.8	37.3	59.1	64	35.9	37.4	59.5	64	36.0	6
5	37.1	58.5	64	35.7	37.2	58.8	64	35.8	37.3	59.2	64	35.9	37.4	59.5	64	36.0	37.5	59.9	64	36.1	5
5	37.2	58.9	65	35.8	37.3	59.3	65	36.0	37.4	59.6	65	36.1	37.5	60.0	65	36.2	37.6	60.3	65	36.3	5
5	37.3	59.3	65	36.0	37.4	59.7	65	36.1	37.5	60.0	65	36.2	37.6	60.4	65	36.3	37.7	60.7	65	36.4	5
5	37.4	59.7	66	36.1	37.5	60.1	66	36.2	37.6	60.4	66	36.3	37.7	60.8	66	36.4	37.8	61.1	66	36.5	5
5	37.5	60.2	66	36.2	37.6	60.5	66	36.3	37.7	60.9	66	36.4	37.8	61.2	66	36.5	37.9	61.6	66	36.6	5
5	37.6	60.6	67	36.4	37.7	60.9	67	36.5	37.8	61.3	67	36.6	37.9	61.6	67	36.7	**38.0**	62.0	67	36.8	5
5	37.7	61.0	67	36.5	37.8	61.3	67	36.6	37.9	61.7	67	36.7	**38.0**	62.1	67	36.8	38.1	62.4	67	36.9	5
5	37.8	61.4	67	36.6	37.9	61.8	68	36.7	**38.0**	62.1	68	36.8	38.1	62.5	68	36.9	38.2	62.8	68	37.0	5
5	37.9	61.8	68	36.7	**38.0**	62.2	68	36.8	38.1	62.6	68	36.9	38.2	62.9	68	37.0	38.3	63.3	68	37.2	5
5	**38.0**	62.3	68	36.9	38.1	62.6	68	37.0	38.2	63.0	68	37.1	38.3	63.3	69	37.2	38.4	63.7	69	37.3	5
4	38.1	62.7	69	37.0	38.2	63.0	69	37.1	38.3	63.4	69	37.2	38.4	63.8	69	37.3	38.5	64.1	69	37.4	4
4	38.2	63.1	69	37.1	38.3	63.5	70	37.2	38.4	63.8	69	37.3	38.5	64.2	69	37.4	38.6	64.6	69	37.5	4
4	38.3	63.5	70	37.2	38.4	63.9	70	37.3	38.5	64.3	70	37.4	38.6	64.6	70	37.5	38.7	65.0	70	37.6	4
4	38.4	64.0	70	37.4	38.5	64.3	70	37.5	38.6	64.7	70	37.6	38.7	65.1	70	37.7	38.8	65.4	70	37.8	4
4	38.5	64.4	71	37.5	38.6	64.8	71	37.6	38.7	65.1	71	37.7	38.8	65.5	71	37.8	38.9	65.9	71	37.9	4
4	38.6	64.8	71	37.6	38.7	65.2	71	37.7	38.8	65.6	71	37.8	38.9	66.0	71	37.9	**39.0**	66.3	71	38.0	4
4	38.7	65.3	72	37.7	38.8	65.6	72	37.8	38.9	66.0	72	37.9	**39.0**	66.4	72	38.0	39.1	66.8	72	38.1	4
4	38.8	65.7	72	37.8	38.9	66.1	72	38.0	**39.0**	66.5	72	38.1	39.1	66.8	72	38.2	39.2	67.2	72	38.3	4
4	38.9	66.2	73	38.0	**39.0**	66.5	73	38.1	39.1	66.9	73	38.2	39.2	67.3	73	38.3	39.3	67.7	73	38.4	4
4	**39.0**	66.6	73	38.1	39.1	67.0	73	38.2	39.2	67.3	73	38.3	39.3	67.7	73	38.4	39.4	68.1	73	38.5	4
4	39.1	67.0	74	38.2	39.2	67.4	74	38.3	39.3	67.8	74	38.4	39.4	68.2	74	38.5	39.5	68.6	74	38.6	4
3	39.2	67.5	74	38.3	39.3	67.9	74	38.4	39.4	68.2	74	38.5	39.5	68.6	74	38.7	39.6	69.0	74	38.8	3
3	39.3	67.9	75	38.5	39.4	68.3	75	38.6	39.5	68.7	75	38.7	39.6	69.1	75	38.8	39.7	69.5	75	38.9	3
3	39.4	68.4	75	38.6	39.5	68.8	75	38.7	39.6	69.1	75	38.8	39.7	69.5	75	38.9	39.8	69.9	75	39.0	3
3	39.5	68.8	76	38.7	39.6	69.2	76	38.8	39.7	69.6	76	38.9	39.8	70.0	76	39.0	39.9	70.4	76	39.1	3
3	39.6	69.3	76	38.8	39.7	69.7	76	38.9	39.8	70.1	76	39.0	39.9	70.4	76	39.1	**40.0**	70.8	76	39.2	3
3	39.7	69.7	77	38.9	39.8	70.1	77	39.1	39.9	70.5	77	39.2	**40.0**	70.9	77	39.3	40.1	71.3	77	39.4	3
3	39.8	70.2	77	39.1	39.9	70.6	77	39.2	**40.0**	71.0	77	39.3	40.1	71.4	77	39.4	40.2	71.8	77	39.5	3
3	39.9	70.6	78	39.2	**40.0**	71.0	78	39.3	40.1	71.4	78	39.4	40.2	71.8	78	39.5	40.3	72.2	78	39.6	3
3	**40.0**	71.1	78	39.3	40.1	71.5	78	39.4	40.2	71.9	78	39.5	40.3	72.3	78	39.6	40.4	72.7	78	39.7	3
3	40.1	71.6	79	39.4	40.2	72.0	79	39.5	40.3	72.4	79	39.6	40.4	72.8	79	39.7	40.5	73.2	79	39.8	3
3	40.2	72.0	79	39.6	40.3	72.4	79	39.7	40.4	72.8	79	39.8	40.5	73.2	79	39.9	40.6	73.6	79	40.0	3
3	40.3	72.5	80	39.7	40.4	72.9	80	39.8	40.5	73.3	80	39.9	40.6	73.7	80	40.0	40.7	74.1	80	40.1	3
2	40.4	73.0	80	39.8	40.5	73.4	80	39.9	40.6	73.8	80	40.0	40.7	74.2	80	40.1	40.8	74.6	80	40.2	2
2	40.5	73.4	81	39.9	40.6	73.8	81	40.0	40.7	74.2	81	40.1	40.8	74.6	81	40.2	40.9	75.1	81	40.3	2
2	40.6	73.9	81	40.0	40.7	74.3	81	40.1	40.8	74.7	81	40.2	40.9	75.1	81	40.3	**41.0**	75.5	81	40.4	2
2	40.7	74.4	82	40.2	40.8	74.8	82	40.3	40.9	75.2	82	40.4	**41.0**	75.6	82	40.5	41.1	76.0	82	40.6	2
2	40.8	74.8	82	40.3	40.9	75.3	82	40.4	**41.0**	75.7	82	40.5	41.1	76.1	82	40.6	41.2	76.5	82	40.7	2
2	40.9	75.3	83	40.4	**41.0**	75.7	83	40.5	41.1	76.1	83	40.6	41.2	76.6	83	40.7	41.3	77.0	83	40.8	2
2	**41.0**	75.8	83	40.5	41.1	76.2	83	40.6	41.2	76.6	83	40.7	41.3	77.0	83	40.8	41.4	77.5	83	40.9	2
2	41.1	76.3	84	40.6	41.2	76.7	84	40.7	41.3	77.1	84	40.8	41.4	77.5	84	40.9	41.5	77.9	84	41.0	2
2	41.2	76.8	84	40.7	41.3	77.2	84	40.8	41.4	77.6	84	40.9	41.5	78.0	84	41.1	41.6	78.4	84	41.2	2
2	41.3	77.2	85	40.9	41.4	77.7	85	41.0	41.5	78.1	85	41.1	41.6	78.5	85	41.2	41.7	78.9	85	41.3	2
2	41.4	77.7	85	41.0	41.5	78.1	85	41.1	41.6	78.6	85	41.2	41.7	79.0	85	41.3	41.8	79.4	85	41.4	2
2	41.5	78.2	86	41.1	41.6	78.6	86	41.2	41.7	79.1	86	41.3	41.8	79.5	86	41.4	41.9	79.9	86	41.5	2
2	41.6	78.7	86	41.2	41.7	79.1	86	41.3	41.8	79.6	86	41.4	41.9	80.0	87	41.5	**42.0**	80.4	87	41.6	2
1	41.7	79.2	87	41.3	41.8	79.6	87	41.4	41.9	80.0	87	41.5	**42.0**	80.5	87	41.6	42.1	80.9	87	41.7	1
1	41.8	79.7	88	41.5	41.9	80.1	88	41.6	**42.0**	80.5	88	41.7	42.1	81.0	88	41.8	42.2	81.4	88	41.9	1
1	41.9	80.2	88	41.6	**42.0**	80.6	88	41.7	42.1	81.0	88	41.8	42.2	81.5	88	41.9	42.3	81.9	88	42.0	1
1	**42.0**	80.7	89	41.7	42.1	81.1	89	41.8	42.2	81.5	89	41.9	42.3	82.0	89	42.0	42.4	82.4	89	42.1	1
1	42.1	81.2	89	41.8	42.2	81.6	89	41.9	42.3	82.0	89	42.0	42.4	82.5	89	42.1	42.5	82.9	89	42.2	1
1	42.2	81.7	90	41.9	42.3	82.1	90	42.0	42.4	82.5	90	42.1	42.5	83.0	90	42.2	42.6	83.4	90	42.3	1
1	42.3	82.2	90	42.0	42.4	82.6	90	42.1	42.5	83.1	90	42.2	42.6	83.5	90	42.3	42.7	83.9	90	42.4	1
1	42.4	82.7	91	42.2	42.5	83.1	91	42.3	42.6	83.6	91	42.4	42.7	84.0	91	42.5	42.8	84.5	91	42.6	1
1	42.5	83.2	91	42.3	42.6	83.6	91	42.4	42.7	84.1	91	42.5	42.8	84.5	91	42.6	42.9	85.0	91	42.7	1
1	42.6	83.7	92	42.4	42.7	84.1	92	42.5	42.8	84.6	92	42.6	42.9	85.0	92	42.7	**43.0**	85.5	92	42.8	1
1	42.7	84.2	93	42.5	42.8	84.7	93	42.6	42.9	85.1	93	42.7	**43.0**	85.6	93	42.8	43.1	86.0	93	42.9	1
1	42.8	84.7	93	42.6	42.9	85.2	93	42.7	**43.0**	85.6	93	42.8	43.1	86.1	93	42.9	43.2	86.5	93	43.0	1
1	42.9	85.2	94	42.7	**43.0**	85.7	94	42.8	43.1	86.1	94	42.9	43.2	86.6	94	43.0	43.3	87.0	94	43.1	1
1	**43.0**	85.8	94	42.9	43.1	86.2	94	43.0	43.2	86.7	94	43.1	43.3	87.1	94	43.2	43.4	87.6	94	43.3	1
1	43.1	86.3	95	43.0	43.2	86.7	95	43.1	43.3	87.2	95	43.2	43.4	87.6	95	43.3	43.5	88.1	95	43.4	1
0	43.2	86.8	95	43.1	43.3	87.2	95	43.2	43.4	87.7	95	43.3	43.5	88.2	95	43.4	43.6	88.6	95	43.5	0
0	43.3	87.3	96	43.2	43.4	87.8	96	43.3	43.5	88.2	96	43.4	43.6	88.7	96	43.5	43.7	89.2	96	43.6	0
0	43.4	87.8	96	43.3	43.5	88.3	96	43.4	43.6	88.8	97	43.5	43.7	89.2	97	43.6	43.8	89.7	97	43.7	0
0	43.5	88.4	97	43.4	43.6	88.8	97	43.5	43.7	89.3	97	43.6	43.8	89.8	97	43.7	43.9	90.2	97	43.8	0
0	43.6	88.9	98	43.5	43.7	89.4	98	43.6	43.8	89.8	98	43.7	43.9	90.3	98	43.8	**44.0**	90.8	98	43.9	0
0	43.7	89.4	98	43.7	43.8	89.9	98	43.8	43.9	90.4	98	43.9	**44.0**	90.8	98	44.0	44.1	91.3	98	44.1	0

n	t_W	e	U	t_d	t_W	e	U	t_d	t_W	e	U	t_d	t_W	e	U	t_d	t_W	e	U	t_d	n
	44.0				**44.1**				**44.2**				**44.3**				**44.4**				
0	43.8	90.0	99	43.8	43.9	90.4	99	43.9	**44.0**	90.9	99	44.0	44.1	91.4	99	44.1	44.2	91.8	99	44.2	0
0	43.9	90.5	99	43.9	**44.0**	91.0	99	44.0	44.1	91.4	99	44.1	44.2	91.9	99	44.2	44.3	92.4	99	44.3	0
0	**44.0**	91.0	100	44.0	44.1	91.5	100	44.1	44.2	92.0	100	44.2	44.3	92.5	100	44.3	44.4	92.9	100	44.4	0
	44.5				**44.6**				**44.7**				**44.8**				**44.9**				
49																	16.9	0.6	1	-28.8	49
49									16.8	0.5	1	-29.9	16.9	0.6	1	-27.6	**17.0**	0.8	1	-25.7	49
49					16.8	0.6	1	-28.6	16.9	0.7	1	-26.6	**17.0**	0.8	1	-24.8	17.1	0.9	1	-23.2	49
48	16.8	0.6	1	-27.5	16.9	0.8	1	-25.6	**17.0**	0.9	1	-23.9	17.1	1.0	1	-22.5	17.2	1.1	1	-21.1	48
48	16.9	0.8	1	-24.6	**17.0**	1.0	1	-23.1	17.1	1.1	1	-21.7	17.2	1.2	1	-20.5	17.3	1.3	1	-19.3	48
48	**17.0**	1.0	1	-22.3	17.1	1.1	1	-21.0	17.2	1.3	1	-19.9	17.3	1.4	1	-18.8	17.4	1.5	2	-17.7	48
47	17.1	1.2	1	-20.4	17.2	1.3	1	-19.3	17.3	1.5	2	-18.2	17.4	1.6	2	-17.2	17.5	1.7	2	-16.3	47
47	17.2	1.4	2	-18.7	17.3	1.5	2	-17.7	17.4	1.7	2	-16.7	17.5	1.8	2	-15.9	17.6	1.9	2	-15.0	47
47	17.3	1.6	2	-17.2	17.4	1.7	2	-16.3	17.5	1.8	2	-15.4	17.6	2.0	2	-14.6	17.7	2.1	2	-13.9	47
46	17.4	1.8	2	-15.8	17.5	1.9	2	-15.0	17.6	2.0	2	-14.2	17.7	2.2	2	-13.5	17.8	2.3	2	-12.8	46
46	17.5	2.0	2	-14.6	17.6	2.1	2	-13.8	17.7	2.2	2	-13.1	17.8	2.4	2	-12.4	17.9	2.5	3	-11.8	46
46	17.6	2.2	2	-13.4	17.7	2.3	2	-12.7	17.8	2.4	3	-12.1	17.9	2.6	3	-11.4	**18.0**	2.7	3	-10.8	46
45	17.7	2.4	3	-12.4	17.8	2.5	3	-11.7	17.9	2.6	3	-11.1	**18.0**	2.8	3	-10.5	18.1	2.9	3	-9.9	45
45	17.8	2.6	3	-11.4	17.9	2.7	3	-10.8	**18.0**	2.8	3	-10.2	18.1	2.9	3	-9.6	18.2	3.1	3	-9.1	45
45	17.9	2.8	3	-10.5	**18.0**	2.9	3	-9.9	18.1	3.0	3	-9.3	18.2	3.1	3	-8.8	18.3	3.3	3	-8.3	45
44	**18.0**	3.0	3	-9.6	18.1	3.1	3	-9.1	18.2	3.2	3	-8.5	18.3	3.3	4	-8.0	18.4	3.5	4	-7.5	44
44	18.1	3.1	3	-8.8	18.2	3.3	3	-8.3	18.3	3.4	4	-7.8	18.4	3.5	4	-7.3	18.5	3.7	4	-6.8	44
44	18.2	3.3	4	-8.0	18.3	3.5	4	-7.5	18.4	3.6	4	-7.0	18.5	3.7	4	-6.6	18.6	3.9	4	-6.1	44
43	18.3	3.5	4	-7.3	18.4	3.7	4	-6.8	18.5	3.8	4	-6.3	18.6	3.9	4	-5.9	18.7	4.1	4	-5.4	43
43	18.4	3.7	4	-6.6	18.5	3.9	4	-6.1	18.6	4.0	4	-5.7	18.7	4.1	4	-5.2	18.8	4.3	4	-4.8	43
43	18.5	3.9	4	-5.9	18.6	4.1	4	-5.4	18.7	4.2	4	-5.0	18.8	4.3	5	-4.6	18.9	4.5	5	-4.2	43
42	18.6	4.1	4	-5.2	18.7	4.3	5	-4.8	18.8	4.4	5	-4.4	18.9	4.5	5	-4.0	**19.0**	4.7	5	-3.6	42
42	18.7	4.3	5	-4.6	18.8	4.5	5	-4.2	18.9	4.6	5	-3.8	**19.0**	4.8	5	-3.4	19.1	4.9	5	-3.0	42
42	18.8	4.5	5	-4.0	18.9	4.7	5	-3.6	**19.0**	4.8	5	-3.2	19.1	5.0	5	-2.8	19.2	5.1	5	-2.5	42
41	18.9	4.7	5	-3.4	**19.0**	4.9	5	-3.0	19.1	5.0	5	-2.7	19.2	5.2	5	-2.3	19.3	5.3	6	-1.9	41
41	**19.0**	5.0	5	-2.8	19.1	5.1	5	-2.5	19.2	5.2	6	-2.1	19.3	5.4	6	-1.8	19.4	5.5	6	-1.4	41
41	19.1	5.2	6	-2.3	19.2	5.3	6	-1.9	19.3	5.4	6	-1.6	19.4	5.6	6	-1.2	19.5	5.7	6	-0.9	41
40	19.2	5.4	6	-1.8	19.3	5.5	6	-1.4	19.4	5.6	6	-1.1	19.5	5.8	6	-0.8	19.6	5.9	6	-0.4	40
40	19.3	5.6	6	-1.3	19.4	5.7	6	-0.9	19.5	5.8	6	-0.6	19.6	6.0	6	-0.3	19.7	6.1	6	0.1	40
40	19.4	5.8	6	-0.8	19.5	5.9	6	-0.4	19.6	6.1	6	-0.1	19.7	6.2	7	0.2	19.8	6.3	7	0.5	40
39	19.5	6.0	6	-0.3	19.6	6.1	7	0.0	19.7	6.3	7	0.4	19.8	6.4	7	0.7	19.9	6.6	7	1.0	39
39	19.6	6.2	7	0.2	19.7	6.3	7	0.5	19.8	6.5	7	0.8	19.9	6.6	7	1.1	**20.0**	6.8	7	1.4	39
39	19.7	6.4	7	0.6	19.8	6.5	7	0.9	19.9	6.7	7	1.3	**20.0**	6.8	7	1.5	20.1	7.0	7	1.8	39
38	19.8	6.6	7	1.1	19.9	6.8	7	1.4	**20.0**	6.9	7	1.7	20.1	7.0	7	2.0	20.2	7.2	8	2.3	38
38	19.9	6.8	7	1.5	**20.0**	7.0	7	1.8	20.1	7.1	8	2.1	20.2	7.3	8	2.4	20.3	7.4	8	2.7	38
38	**20.0**	7.0	8	2.0	20.1	7.2	8	2.2	20.2	7.3	8	2.5	20.3	7.5	8	2.8	20.4	7.6	8	3.1	38
38	20.1	7.2	8	2.4	20.2	7.4	8	2.6	20.3	7.5	8	2.9	20.4	7.7	8	3.2	20.5	7.8	8	3.5	38
37	20.2	7.5	8	2.8	20.3	7.6	8	3.0	20.4	7.7	8	3.3	20.5	7.9	8	3.6	20.6	8.0	8	3.9	37
37	20.3	7.7	8	3.2	20.4	7.8	8	3.4	20.5	8.0	8	3.7	20.6	8.1	9	4.0	20.7	8.3	9	4.2	37
37	20.4	7.9	8	3.6	20.5	8.0	9	3.8	20.6	8.2	9	4.1	20.7	8.3	9	4.3	20.8	8.5	9	4.6	37
36	20.5	8.1	9	3.9	20.6	8.2	9	4.2	20.7	8.4	9	4.5	20.8	8.5	9	4.7	20.9	8.7	9	5.0	36
36	20.6	8.3	9	4.3	20.7	8.5	9	4.6	20.8	8.6	9	4.8	20.9	8.8	9	5.1	**21.0**	8.9	9	5.3	36
36	20.7	8.5	9	4.7	20.8	8.7	9	4.9	20.9	8.8	9	5.2	**21.0**	9.0	9	5.4	21.1	9.1	10	5.7	36
36	20.8	8.7	9	5.0	20.9	8.9	9	5.3	**21.0**	9.1	10	5.5	21.1	9.2	10	5.8	21.2	9.4	10	6.0	36
35	20.9	9.0	10	5.4	**21.0**	9.1	10	5.6	21.1	9.3	10	5.9	21.2	9.4	10	6.1	21.3	9.6	10	6.4	35
35	**21.0**	9.2	10	5.7	21.1	9.3	10	6.0	21.2	9.5	10	6.2	21.3	9.6	10	6.5	21.4	9.8	10	6.7	35
35	21.1	9.4	10	6.1	21.2	9.6	10	6.3	21.3	9.7	10	6.6	21.4	9.9	10	6.8	21.5	10.0	11	7.0	35
34	21.2	9.6	10	6.4	21.3	9.8	10	6.7	21.4	9.9	11	6.9	21.5	10.1	11	7.1	21.6	10.2	11	7.3	34
34	21.3	9.8	11	6.8	21.4	10.0	11	7.0	21.5	10.2	11	7.2	21.6	10.3	11	7.4	21.7	10.5	11	7.7	34
34	21.4	10.1	11	7.1	21.5	10.2	11	7.3	21.6	10.4	11	7.5	21.7	10.5	11	7.8	21.8	10.7	11	8.0	34
34	21.5	10.3	11	7.4	21.6	10.4	11	7.6	21.7	10.6	11	7.8	21.8	10.8	11	8.1	21.9	10.9	11	8.3	34
33	21.6	10.5	11	7.7	21.7	10.7	11	7.9	21.8	10.8	11	8.2	21.9	11.0	12	8.4	**22.0**	11.2	12	8.6	33
33	21.7	10.7	11	8.0	21.8	10.9	12	8.2	21.9	11.1	12	8.5	**22.0**	11.2	12	8.7	22.1	11.4	12	8.9	33
33	21.8	11.0	12	8.3	21.9	11.1	12	8.5	**22.0**	11.3	12	8.8	22.1	11.4	12	9.0	22.2	11.6	12	9.2	33
32	21.9	11.2	12	8.6	**22.0**	11.4	12	8.8	22.1	11.5	12	9.1	22.2	11.7	12	9.3	22.3	11.8	12	9.5	32
32	**22.0**	11.4	12	8.9	22.1	11.6	12	9.1	22.2	11.7	12	9.3	22.3	11.9	13	9.6	22.4	12.1	13	9.8	32
32	22.1	11.6	12	9.2	22.2	11.8	13	9.4	22.3	12.0	13	9.6	22.4	12.1	13	9.8	22.5	12.3	13	10.0	32
32	22.2	11.9	13	9.5	22.3	12.0	13	9.7	22.4	12.2	13	9.9	22.5	12.4	13	10.1	22.6	12.5	13	10.3	32
31	22.3	12.1	13	9.8	22.4	12.3	13	10.0	22.5	12.4	13	10.2	22.6	12.6	13	10.4	22.7	12.8	13	10.6	31
31	22.4	12.3	13	10.1	22.5	12.5	13	10.3	22.6	12.7	13	10.5	22.7	12.8	14	10.7	22.8	13.0	14	10.9	31
31	22.5	12.6	13	10.4	22.6	12.7	14	10.6	22.7	12.9	14	10.8	22.8	13.1	14	10.9	22.9	13.2	14	11.1	31
31	22.6	12.8	14	10.6	22.7	13.0	14	10.8	22.8	13.1	14	11.0	22.9	13.3	14	11.2	**23.0**	13.5	14	11.4	31
30	22.7	13.0	14	10.9	22.8	13.2	14	11.1	22.9	13.4	14	11.3	**23.0**	13.5	14	11.5	23.1	13.7	14	11.7	30
30	22.8	13.3	14	11.2	22.9	13.4	14	11.4	**23.0**	13.6	14	11.6	23.1	13.8	15	11.7	23.2	14.0	15	11.9	30
30	22.9	13.5	14	11.4	**23.0**	13.7	15	11.6	23.1	13.8	15	11.8	23.2	14.0	15	12.0	23.3	14.2	15	12.2	30
30	**23.0**	13.7	15	11.7	23.1	13.9	15	11.9	23.2	14.1	15	12.1	23.3	14.3	15	12.3	23.4	14.4	15	12.4	30
29	23.1	14.0	15	12.0	23.2	14.2	15	12.1	23.3	14.3	15	12.3	23.4	14.5	15	12.5	23.5	14.7	15	12.7	29

n	t_W	e	U	t_d	t_W	e	U	t_d	t_W	e	U	t_d	t_W	e	U	t_d	t_W	e	U	t_d	n
	44.5				**44.6**				**44.7**				**44.8**				**44.9**				
29	23.2	14.2	15	12.2	23.3	14.4	15	12.4	23.4	14.6	15	12.6	23.5	14.7	16	12.8	23.6	14.9	16	12.9	29
29	23.3	14.5	15	12.5	23.4	14.6	16	12.7	23.5	14.8	16	12.8	23.6	15.0	16	13.0	23.7	15.2	16	13.2	29
29	23.4	14.7	16	12.7	23.5	14.9	16	12.9	23.6	15.0	16	13.1	23.7	15.2	16	13.3	23.8	15.4	16	13.4	29
28	23.5	14.9	16	13.0	23.6	15.1	16	13.1	23.7	15.3	16	13.3	23.8	15.5	16	13.5	23.9	15.6	16	13.7	28
28	23.6	15.2	16	13.2	23.7	15.4	16	13.4	23.8	15.5	16	13.6	23.9	15.7	17	13.7	**24.0**	15.9	17	13.9	28
28	23.7	15.4	17	13.5	23.8	15.6	17	13.6	23.9	15.8	17	13.8	**24.0**	16.0	17	14.0	24.1	16.1	17	14.2	28
28	23.8	15.7	17	13.7	23.9	15.8	17	13.9	**24.0**	16.0	17	14.0	24.1	16.2	17	14.2	24.2	16.4	17	14.4	28
27	23.9	15.9	17	13.9	**24.0**	16.1	17	14.1	24.1	16.3	17	14.3	24.2	16.4	17	14.5	24.3	16.6	17	14.6	27
27	**24.0**	16.2	17	14.2	24.1	16.3	17	14.3	24.2	16.5	17	14.5	24.3	16.7	18	14.7	24.4	16.9	18	14.9	27
27	24.1	16.4	18	14.4	24.2	16.6	18	14.6	24.3	16.8	18	14.7	24.4	16.9	18	14.9	24.5	17.1	18	15.1	27
27	24.2	16.6	18	14.6	24.3	16.8	18	14.8	24.4	17.0	18	15.0	24.5	17.2	18	15.1	24.6	17.4	18	15.3	27
26	24.3	16.9	18	14.9	24.4	17.1	18	15.0	24.5	17.3	18	15.2	24.6	17.4	18	15.4	24.7	17.6	18	15.5	26
26	24.4	17.1	18	15.1	24.5	17.3	18	15.3	24.6	17.5	19	15.4	24.7	17.7	19	15.6	24.8	17.9	19	15.8	26
26	24.5	17.4	19	15.3	24.6	17.6	19	15.5	24.7	17.8	19	15.6	24.8	18.0	19	15.8	24.9	18.1	19	16.0	26
26	24.6	17.6	19	15.5	24.7	17.8	19	15.7	24.8	18.0	19	15.9	24.9	18.2	19	16.0	**25.0**	18.4	19	16.2	26
26	24.7	17.9	19	15.8	24.8	18.1	19	15.9	24.9	18.3	19	16.1	**25.0**	18.5	19	16.2	25.1	18.7	20	16.4	26
25	24.8	18.2	19	16.0	24.9	18.3	20	16.1	**25.0**	18.5	20	16.3	25.1	18.7	20	16.5	25.2	18.9	20	16.6	25
25	24.9	18.4	20	16.2	**25.0**	18.6	20	16.4	25.1	18.8	20	16.5	25.2	19.0	20	16.7	25.3	19.2	20	16.8	25
25	**25.0**	18.7	20	16.4	25.1	18.9	20	16.6	25.2	19.0	20	16.7	25.3	19.2	20	16.9	25.4	19.4	20	17.0	25
25	25.1	18.9	20	16.6	25.2	19.1	20	16.8	25.3	19.3	20	16.9	25.4	19.5	21	17.1	25.5	19.7	21	17.3	25
24	25.2	19.2	21	16.8	25.3	19.4	21	17.0	25.4	19.6	21	17.2	25.5	19.8	21	17.3	25.6	19.9	21	17.5	24
24	25.3	19.4	21	17.1	25.4	19.6	21	17.2	25.5	19.8	21	17.4	25.6	20.0	21	17.5	25.7	20.2	21	17.7	24
24	25.4	19.7	21	17.3	25.5	19.9	21	17.4	25.6	20.1	21	17.6	25.7	20.3	21	17.7	25.8	20.5	21	17.9	24
24	25.5	20.0	21	17.5	25.6	20.1	21	17.6	25.7	20.3	22	17.8	25.8	20.5	22	17.9	25.9	20.7	22	18.1	24
24	25.6	20.2	22	17.7	25.7	20.4	22	17.8	25.8	20.6	22	18.0	25.9	20.8	22	18.1	**26.0**	21.0	22	18.3	24
23	25.7	20.5	22	17.9	25.8	20.7	22	18.0	25.9	20.9	22	18.2	**26.0**	21.1	22	18.3	26.1	21.3	22	18.5	23
23	25.8	20.7	22	18.1	25.9	20.9	22	18.2	**26.0**	21.1	22	18.4	26.1	21.3	23	18.5	26.2	21.5	23	18.7	23
23	25.9	21.0	22	18.3	**26.0**	21.2	23	18.4	26.1	21.4	23	18.6	26.2	21.6	23	18.7	26.3	21.8	23	18.9	23
23	**26.0**	21.3	23	18.5	26.1	21.5	23	18.6	26.2	21.7	23	18.8	26.3	21.9	23	18.9	26.4	22.1	23	19.1	23
22	26.1	21.5	23	18.7	26.2	21.7	23	18.8	26.3	21.9	23	19.0	26.4	22.1	23	19.1	26.5	22.3	23	19.3	22
22	26.2	21.8	23	18.9	26.3	22.0	23	19.0	26.4	22.2	24	19.2	26.5	22.4	24	19.3	26.6	22.6	24	19.5	22
22	26.3	22.1	24	19.1	26.4	22.3	24	19.2	26.5	22.5	24	19.4	26.6	22.7	24	19.5	26.7	22.9	24	19.7	22
22	26.4	22.3	24	19.3	26.5	22.5	24	19.4	26.6	22.7	24	19.6	26.7	23.0	24	19.7	26.8	23.2	24	19.9	22
22	26.5	22.6	24	19.5	26.6	22.8	24	19.6	26.7	23.0	24	19.8	26.8	23.2	24	19.9	26.9	23.4	25	20.0	22
21	26.6	22.9	24	19.7	26.7	23.1	25	19.8	26.8	23.2	25	19.9	26.9	23.5	25	20.1	**27.0**	23.7	25	20.2	21
21	26.7	23.2	25	19.8	26.8	23.4	25	20.0	26.9	23.6	25	20.1	**27.0**	23.8	25	20.3	27.1	24.0	25	20.4	21
21	26.8	23.4	25	20.0	26.9	23.6	25	20.2	**27.0**	23.8	25	20.3	27.1	24.0	25	20.5	27.2	24.3	25	20.6	21
21	26.9	23.7	25	20.2	**27.0**	23.9	25	20.4	27.1	24.1	26	20.5	27.2	24.3	26	20.6	27.3	24.5	26	20.8	21
21	**27.0**	24.0	26	20.4	27.1	24.2	26	20.6	27.2	24.4	26	20.7	27.3	24.6	26	20.8	27.4	24.8	26	21.0	21
20	27.1	24.2	26	20.6	27.2	24.5	26	20.7	27.3	24.7	26	20.9	27.4	24.9	26	21.0	27.5	25.1	26	21.2	20
20	27.2	24.5	26	20.8	27.3	24.7	26	20.9	27.4	25.0	26	21.1	27.5	25.2	27	21.2	27.6	25.4	27	21.3	20
20	27.3	24.8	27	21.0	27.4	25.0	27	21.1	27.5	25.2	27	21.2	27.6	25.4	27	21.4	27.7	25.7	27	21.5	20
20	27.4	25.1	27	21.1	27.5	25.3	27	21.3	27.6	25.5	27	21.4	27.7	25.7	27	21.6	27.8	25.9	27	21.7	20
20	27.5	25.4	27	21.3	27.6	25.6	27	21.5	27.7	25.8	27	21.6	27.8	26.0	27	21.7	27.9	26.2	28	21.9	20
19	27.6	25.6	27	21.5	27.7	25.9	28	21.6	27.8	26.1	28	21.8	27.9	26.3	28	21.9	**28.0**	26.5	28	22.1	19
19	27.7	25.9	28	21.7	27.8	26.1	28	21.8	27.9	26.4	28	22.0	**28.0**	26.6	28	22.1	28.1	26.8	28	22.2	19
19	27.8	26.2	28	21.9	27.9	26.4	28	22.0	**28.0**	26.7	28	22.1	28.1	26.9	28	22.3	28.2	27.1	28	22.4	19
19	27.9	26.5	28	22.0	**28.0**	26.7	28	22.2	28.1	26.9	29	22.3	28.2	27.2	29	22.5	28.3	27.4	29	22.6	19
19	**28.0**	26.8	29	22.2	28.1	27.0	29	22.4	28.2	27.2	29	22.5	28.3	27.5	29	22.6	28.4	27.7	29	22.8	19
18	28.1	27.1	29	22.4	28.2	27.3	29	22.5	28.3	27.5	29	22.7	28.4	27.7	29	22.8	28.5	28.0	29	22.9	18
18	28.2	27.4	29	22.6	28.3	27.6	29	22.7	28.4	27.8	29	22.8	28.5	28.0	30	23.0	28.6	28.3	30	23.1	18
18	28.3	27.7	30	22.7	28.4	27.9	30	22.9	28.5	28.1	30	23.0	28.6	28.3	30	23.1	28.7	28.6	30	23.3	18
18	28.4	27.9	30	22.9	28.5	28.2	30	23.1	28.6	28.4	30	23.2	28.7	28.6	30	23.3	28.8	28.9	30	23.4	18
18	28.5	28.2	30	23.1	28.6	28.5	30	23.2	28.7	28.7	30	23.4	28.8	28.9	30	23.5	28.9	29.1	31	23.6	18
18	28.6	28.5	31	23.3	23.7	28.8	31	23.4	28.8	29.0	31	23.5	28.9	29.2	31	23.7	**29.0**	29.4	31	23.8	18
17	28.7	28.8	31	23.4	28.8	29.1	31	23.6	28.9	29.3	31	23.7	**29.0**	29.5	31	23.8	29.1	29.7	31	24.0	17
17	28.8	29.1	31	23.6	28.9	29.3	31	23.7	**29.0**	29.6	31	23.9	29.1	29.8	31	24.0	29.2	30.0	32	24.1	17
17	28.9	29.4	31	23.8	**29.0**	29.6	32	23.9	29.1	29.9	32	24.0	29.2	30.1	32	24.2	29.3	30.3	32	24.3	17
17	**29.0**	29.7	32	23.9	29.1	29.9	32	24.1	29.2	30.2	32	24.2	29.3	30.4	32	24.3	29.4	30.6	32	24.5	17
17	29.1	30.0	32	24.1	29.2	30.2	32	24.2	29.3	30.5	32	24.4	29.4	30.7	32	24.5	29.5	31.0	32	24.6	17
16	29.2	30.3	32	24.3	29.3	30.5	33	24.4	29.4	30.8	33	24.5	29.5	31.0	33	24.7	29.6	31.3	33	24.8	16
16	29.3	30.6	33	24.4	29.4	30.8	33	24.6	29.5	31.1	33	24.7	29.6	31.3	33	24.8	29.7	31.6	33	24.9	16
16	29.4	30.9	33	24.6	29.5	31.2	33	24.7	29.6	31.4	33	24.9	29.7	31.6	33	25.0	29.8	31.9	33	25.1	16
16	29.5	31.2	33	24.8	29.6	31.5	34	24.9	29.7	31.7	34	25.0	29.8	31.9	34	25.1	29.9	32.2	34	25.3	16
16	29.6	31.5	34	24.9	29.7	31.8	34	25.1	29.8	32.0	34	25.2	29.9	32.2	34	25.3	**30.0**	32.5	34	25.4	16
16	29.7	31.8	34	25.1	29.8	32.1	34	25.2	29.9	32.3	34	25.3	**30.0**	32.6	34	25.5	30.1	32.8	34	25.6	16
15	29.8	32.1	34	25.2	29.9	32.4	34	25.4	**30.0**	32.6	35	25.5	30.1	32.9	35	25.6	30.2	33.1	35	25.7	15
15	29.9	32.4	35	25.4	**30.0**	32.7	35	25.5	30.1	32.9	35	25.7	30.2	33.2	35	25.8	30.3	33.4	35	25.9	15
15	**30.0**	32.8	35	25.6	30.1	33.0	35	25.7	30.2	33.2	35	25.8	30.3	33.5	35	25.9	30.4	33.7	35	26.1	15
15	30.1	33.1	35	25.7	30.2	33.3	35	25.9	30.3	33.6	36	26.0	30.4	33.8	36	26.1	30.5	34.1	36	26.2	15
15	30.2	33.4	36	25.9	30.3	33.6	36	26.0	30.4	33.9	36	26.1	30.5	34.1	36	26.3	30.6	34.4	36	26.4	15
15	30.3	33.7	36	26.0	30.4	33.9	36	26.2	30.5	34.2	36	26.3	30.6	34.4	36	26.4	30.7	34.7	36	26.5	15
14	30.4	34.0	36	26.2	30.5	34.3	36	26.3	30.6	34.5	37	26.4	30.7	34.8	37	26.6	30.8	35.0	37	26.7	14

n	t_W	e	U	t_d	t_W	e	U	t_d	t_W	e	U	t_d	t_W	e	U	t_d	t_W	e	U	t_d	n
	44.5				**44.6**				**44.7**				**44.8**				**44.9**				
14	30.5	34.3	37	26.4	30.6	34.6	37	26.5	30.7	34.8	37	26.6	30.8	35.1	37	26.7	30.9	35.3	37	26.8	14
14	30.6	34.6	37	26.5	30.7	34.9	37	26.6	30.8	35.1	37	26.8	30.9	35.4	37	26.9	**31.0**	35.7	37	27.0	14
14	30.7	35.0	37	26.7	30.8	35.2	37	26.8	30.9	35.5	38	26.9	**31.0**	35.7	38	27.0	31.1	36.0	38	27.2	14
14	30.8	35.3	38	26.8	30.9	35.5	38	26.9	**31.0**	35.8	38	27.1	31.1	36.0	38	27.2	31.2	36.3	38	27.3	14
14	30.9	35.6	38	27.0	**31.0**	35.9	38	27.1	31.1	36.1	38	27.2	31.2	36.4	38	27.3	31.3	36.6	38	27.5	14
14	**31.0**	35.9	38	27.1	31.1	36.2	39	27.3	31.2	36.4	39	27.4	31.3	36.7	39	27.5	31.4	37.0	39	27.6	14
13	31.1	36.2	39	27.3	31.2	36.5	39	27.4	31.3	36.8	39	27.5	31.4	37.0	39	27.6	31.5	37.3	39	27.8	13
13	31.2	36.6	39	27.4	31.3	36.8	39	27.6	31.4	37.1	39	27.7	31.5	37.3	39	27.8	31.6	37.6	39	27.9	13
13	31.3	36.9	39	27.6	31.4	37.2	40	27.7	31.5	37.4	40	27.8	31.6	37.7	40	27.9	31.7	37.9	40	28.1	13
13	31.4	37.2	40	27.7	31.5	37.5	40	27.9	31.6	37.7	40	28.0	31.7	38.0	40	28.1	31.8	38.3	40	28.2	13
13	31.5	37.5	40	27.9	31.6	37.8	40	28.0	31.7	38.1	40	28.1	31.8	38.3	40	28.2	31.9	38.6	40	28.4	13
13	31.6	37.9	41	28.0	31.7	38.1	41	28.2	31.8	38.4	41	28.3	31.9	38.7	41	28.4	**32.0**	38.9	41	28.5	13
12	31.7	38.2	41	28.2	31.8	38.5	41	28.3	31.9	38.7	41	28.4	**32.0**	39.0	41	28.5	32.1	39.3	41	28.7	12
12	31.8	38.5	41	28.3	31.9	38.8	41	28.5	**32.0**	39.1	41	28.6	32.1	39.3	41	28.7	32.2	39.6	42	28.8	12
12	31.9	38.9	42	28.5	**32.0**	39.1	42	28.6	32.1	39.4	42	28.7	32.2	39.7	42	28.8	32.3	40.0	42	29.0	12
12	**32.0**	39.2	42	28.6	32.1	39.5	42	28.8	32.2	39.8	42	28.9	32.3	40.0	42	29.0	32.4	40.3	42	29.1	12
12	32.1	39.5	42	28.8	32.2	39.8	42	28.9	32.3	40.1	42	29.0	32.4	40.4	43	29.1	32.5	40.6	43	29.3	12
12	32.2	39.9	43	28.9	32.3	40.2	43	29.0	32.4	40.4	43	29.2	32.5	40.7	43	29.3	32.6	41.0	43	29.4	12
12	32.3	40.2	43	29.1	32.4	40.5	43	29.2	32.5	40.8	43	29.3	32.6	41.0	43	29.4	32.7	41.3	43	29.5	12
11	32.4	40.6	43	29.2	32.5	40.8	43	29.3	32.6	41.1	44	29.5	32.7	41.4	44	29.6	32.8	41.7	44	29.7	11
11	32.5	40.9	44	29.4	32.6	41.2	44	29.5	32.7	41.5	44	29.6	32.8	41.7	44	29.7	32.9	42.0	44	29.8	11
11	32.6	41.2	44	29.5	32.7	41.5	44	29.6	32.8	41.8	44	29.7	32.9	42.1	44	29.9	**33.0**	42.4	44	30.0	11
11	32.7	41.6	45	29.7	32.8	41.9	45	29.8	32.9	42.2	45	29.9	**33.0**	42.4	45	30.0	33.1	42.7	45	30.1	11
11	32.8	41.9	45	29.8	32.9	42.2	45	29.9	**33.0**	42.5	45	30.0	33.1	42.8	45	30.1	33.2	43.1	45	30.3	11
11	32.9	42.3	45	29.9	**33.0**	42.6	45	30.1	33.1	42.8	45	30.2	33.2	43.1	45	30.3	33.3	43.4	46	30.4	11
11	**33.0**	42.6	46	30.1	33.1	42.9	46	30.2	33.2	43.2	46	30.3	33.3	43.5	46	30.4	33.4	43.8	46	30.5	11
11	33.1	43.0	46	30.2	33.2	43.3	46	30.3	33.3	43.6	46	30.5	33.4	43.8	46	30.6	33.5	44.1	46	30.7	11
10	33.2	43.3	46	30.4	33.3	43.6	46	30.5	33.4	43.9	47	30.6	33.5	44.2	47	30.7	33.6	44.5	47	30.8	10
10	33.3	43.7	47	30.5	33.4	44.0	47	30.6	33.5	44.3	47	30.7	33.6	44.6	47	30.9	33.7	44.8	47	31.0	10
10	33.4	44.0	47	30.7	33.5	44.3	47	30.8	33.6	44.6	47	30.9	33.7	44.9	47	31.0	33.8	45.2	47	31.1	10
10	33.5	44.4	48	30.8	33.6	44.7	48	30.9	33.7	45.0	48	31.0	33.8	45.3	48	31.1	33.9	45.6	48	31.2	10
10	33.6	44.8	48	30.9	33.7	45.0	48	31.0	33.8	45.3	48	31.2	33.9	45.6	48	31.3	**34.0**	45.9	48	31.4	10
10	33.7	45.1	48	31.1	33.8	45.4	48	31.2	33.9	45.7	48	31.3	**34.0**	46.0	48	31.4	34.1	46.3	49	31.5	10
10	33.8	45.5	49	31.2	33.9	45.8	49	31.3	**34.0**	46.1	49	31.4	34.1	46.4	49	31.6	34.2	46.7	49	31.7	10
9	33.9	45.8	49	31.4	**34.0**	46.1	49	31.5	34.1	46.4	49	31.6	34.2	46.7	49	31.7	34.3	47.0	49	31.8	9
9	**34.0**	46.2	49	31.5	34.1	46.5	50	31.6	34.2	46.8	50	31.7	34.3	47.1	50	31.8	34.4	47.4	50	31.9	9
9	34.1	46.6	50	31.6	34.2	46.9	50	31.7	34.3	47.2	50	31.9	34.4	47.5	50	32.0	34.5	47.8	50	32.1	9
9	34.2	46.9	50	31.8	34.3	47.2	50	31.9	34.4	47.5	50	32.0	34.5	47.8	50	32.1	34.6	48.1	50	32.2	9
9	34.3	47.3	51	31.9	34.4	47.6	51	32.0	34.5	47.9	51	32.1	34.6	48.2	51	32.2	34.7	48.5	51	32.4	9
9	34.4	47.7	51	32.0	34.5	48.0	51	32.2	34.6	48.3	51	32.3	34.7	48.6	51	32.4	34.8	48.9	51	32.5	9
9	34.5	48.0	51	32.2	34.6	48.3	51	32.3	34.7	48.6	52	32.4	34.8	48.9	52	32.5	34.9	49.3	52	32.6	9
9	34.6	48.4	52	32.3	34.7	48.7	52	32.4	34.8	49.0	52	32.5	34.9	49.3	52	32.6	**35.0**	49.6	52	32.8	9
8	34.7	48.8	52	32.4	34.8	49.1	52	32.6	34.9	49.4	52	32.7	**35.0**	49.7	52	32.8	35.1	50.0	52	32.9	8
8	34.8	49.1	53	32.6	34.9	49.5	53	32.7	**35.0**	49.8	53	32.8	35.1	50.1	53	32.9	35.2	50.4	53	33.0	8
8	34.9	49.5	53	32.7	**35.0**	49.8	53	32.8	35.1	50.1	53	32.9	35.2	50.5	53	33.1	35.3	50.8	53	33.2	8
8	**35.0**	49.9	53	32.9	35.1	50.2	53	33.0	35.2	50.5	54	33.1	35.3	50.8	54	33.2	35.4	51.2	54	33.3	8
8	35.1	50.3	54	33.0	35.2	50.6	54	33.1	35.3	50.9	54	33.2	35.4	51.2	54	33.3	35.5	51.5	54	33.4	8
8	35.2	50.7	54	33.1	35.3	51.0	54	33.2	35.4	51.3	54	33.3	35.5	51.6	54	33.5	35.6	51.9	54	33.6	8
8	35.3	51.0	55	33.3	35.4	51.4	55	33.4	35.5	51.7	55	33.5	35.6	52.0	55	33.6	35.7	52.3	55	33.7	8
8	35.4	51.4	55	33.4	35.5	51.7	55	33.5	35.6	52.1	55	33.6	35.7	52.4	55	33.7	35.8	52.7	55	33.8	8
8	35.5	51.8	55	33.5	35.6	52.1	56	33.6	35.7	52.4	56	33.7	35.8	52.8	56	33.9	35.9	53.1	56	34.0	8
7	35.6	52.2	56	33.7	35.7	52.5	56	33.8	35.8	52.8	56	33.9	35.9	53.2	56	34.0	**36.0**	53.5	56	34.1	7
7	35.7	52.6	56	33.8	35.8	52.9	56	33.9	35.9	53.2	56	34.0	**36.0**	53.5	56	34.1	36.1	53.9	56	34.2	7
7	35.8	53.0	57	33.9	35.9	53.3	57	34.0	**36.0**	53.6	57	34.1	36.1	53.9	57	34.3	36.2	54.3	57	34.4	7
7	35.9	53.4	57	34.1	**36.0**	53.7	57	34.2	36.1	54.0	57	34.3	36.2	54.3	57	34.4	36.3	54.7	57	34.5	7
7	**36.0**	53.7	58	34.2	36.1	54.1	58	34.3	36.2	54.4	58	34.4	36.3	54.7	58	34.5	36.4	55.1	58	34.6	7
7	36.1	54.1	58	34.3	36.2	54.5	58	34.4	36.3	54.8	58	34.5	36.4	55.1	58	34.6	36.5	55.5	58	34.8	7
7	36.2	54.5	58	34.4	36.3	54.9	58	34.6	36.4	55.2	58	34.7	36.5	55.5	59	34.8	36.6	55.9	59	34.9	7
7	36.3	54.9	59	34.6	36.4	55.3	59	34.7	36.5	55.6	59	34.8	36.6	55.9	59	34.9	36.7	56.3	59	35.0	7
7	36.4	55.3	59	34.7	36.5	55.7	59	34.8	36.6	56.0	59	34.9	36.7	56.3	59	35.0	36.8	56.7	59	35.1	7
6	36.5	55.7	60	34.8	36.6	56.1	60	34.9	36.7	56.4	60	35.1	36.8	56.7	60	35.2	36.9	57.1	60	35.3	6
6	36.6	56.1	60	35.0	36.7	56.5	60	35.1	36.8	56.8	60	35.2	36.9	57.1	60	35.3	**37.0**	57.5	60	35.4	6
6	36.7	56.5	61	35.1	36.8	56.9	61	35.2	36.9	57.2	61	35.3	**37.0**	57.6	61	35.4	37.1	57.9	61	35.5	6
6	36.8	56.9	61	35.2	36.9	57.3	61	35.3	**37.0**	57.6	61	35.4	37.1	58.0	61	35.5	37.2	58.3	61	35.7	6
6	36.9	57.3	61	35.4	**37.0**	57.7	61	35.5	37.1	58.0	61	35.6	37.2	58.4	62	35.7	37.3	58.7	62	35.8	6
6	**37.0**	57.8	62	35.5	37.1	58.1	62	35.6	37.2	58.4	62	35.7	37.3	58.8	62	35.8	37.4	59.1	62	35.9	6
6	37.1	58.2	62	35.6	37.2	58.5	62	35.7	37.3	58.9	62	35.8	37.4	59.2	62	35.9	37.5	59.6	62	36.0	6
6	37.2	58.6	63	35.7	37.3	58.9	63	35.8	37.4	59.3	63	36.0	37.5	59.6	63	36.1	37.6	60.0	63	36.2	6
6	37.3	59.0	63	35.9	37.4	59.3	63	36.0	37.5	59.7	63	36.1	37.6	60.0	63	36.2	37.7	60.4	63	36.3	6
5	37.4	59.4	64	36.0	37.5	59.8	64	36.1	37.6	60.1	64	36.2	37.7	60.5	64	36.3	37.8	60.8	64	36.4	5
5	37.5	59.8	64	36.1	37.6	60.2	64	36.2	37.7	60.5	64	36.3	37.8	60.9	64	36.4	37.9	61.2	64	36.5	5
5	37.6	60.2	64	36.2	37.7	60.6	65	36.4	37.8	60.9	65	36.5	37.9	61.3	65	36.6	**38.0**	61.7	65	36.7	5
5	37.7	60.7	65	36.4	37.8	61.0	65	36.5	37.9	61.4	65	36.6	**38.0**	61.7	65	36.7	38.1	62.1	65	36.8	5

n	t_W	e	U	t_d	t_W	e	U	t_d	t_W	e	U	t_d	t_W	e	U	t_d	t_W	e	U	t_d	n
	44.5				**44.6**				**44.7**				**44.8**				**44.9**				
5	37.8	61.1	65	36.5	37.9	61.4	65	36.6	**38.0**	61.8	65	36.7	38.1	62.2	66	36.8	38.2	62.5	66	36.9	5
5	37.9	61.5	66	36.6	**38.0**	61.9	66	36.7	38.1	62.2	66	36.8	38.2	62.6	66	36.9	38.3	62.9	66	37.1	5
5	**38.0**	61.9	66	36.8	38.1	62.3	66	36.9	38.2	62.6	66	37.0	38.3	63.0	66	37.1	38.4	63.4	66	37.2	5
5	38.1	62.4	67	36.9	38.2	62.7	67	37.0	38.3	63.1	67	37.1	38.4	63.4	67	37.2	38.5	63.8	67	37.3	5
5	38.2	62.8	67	37.0	38.3	63.1	67	37.1	38.4	63.5	67	37.2	38.5	63.9	67	37.3	38.6	64.2	67	37.4	5
5	38.3	63.2	68	37.1	38.4	63.6	68	37.2	38.5	63.9	68	37.3	38.6	64.3	68	37.4	38.7	64.7	68	37.6	5
5	38.4	63.6	68	37.3	38.5	64.0	68	37.4	38.6	64.4	68	37.5	38.7	64.7	68	37.6	38.8	65.1	68	37.7	5
4	38.5	64.1	69	37.4	38.6	64.4	69	37.5	38.7	64.8	69	37.6	38.8	65.2	69	37.7	38.9	65.6	69	37.8	4
4	38.6	64.5	69	37.5	38.7	64.9	69	37.6	38.8	65.2	69	37.7	38.9	65.6	69	37.8	**39.0**	66.0	69	37.9	4
4	38.7	64.9	70	37.6	38.8	65.3	70	37.7	38.9	65.7	70	37.8	**39.0**	66.1	70	37.9	39.1	66.4	70	38.0	4
4	38.8	65.4	70	37.8	38.9	65.8	70	37.9	**39.0**	66.1	70	38.0	39.1	66.5	70	38.1	39.2	66.9	70	38.2	4
4	38.9	65.8	70	37.9	**39.0**	66.2	70	38.0	39.1	66.6	71	38.1	39.2	66.9	71	38.2	39.3	67.3	71	38.3	4
4	**39.0**	66.3	71	38.0	39.1	66.6	71	38.1	39.2	67.0	71	38.2	39.3	67.4	71	38.3	39.4	67.8	71	38.4	4
4	39.1	66.7	71	38.1	39.2	67.1	71	38.2	39.3	67.5	71	38.3	39.4	67.8	72	38.4	39.5	68.2	72	38.5	4
4	39.2	67.1	72	38.2	39.3	67.5	72	38.4	39.4	67.9	72	38.5	39.5	68.3	72	38.6	39.6	68.7	72	38.7	4
4	39.3	67.6	72	38.4	39.4	68.0	72	28.5	39.5	68.4	72	38.6	39.6	68.7	72	38.7	39.7	69.1	72	38.8	4
4	39.4	68.0	73	38.5	39.5	68.4	73	38.6	39.6	68.8	73	38.7	39.7	69.2	73	38.8	39.8	69.6	73	38.9	4
4	39.5	68.5	73	38.6	39.6	68.9	73	38.7	39.7	69.3	73	38.8	39.8	69.7	73	38.9	39.9	70.0	73	39.0	4
3	39.6	68.9	74	38.7	39.7	69.3	74	38.8	39.8	69.7	74	38.9	39.9	70.1	74	39.0	**40.0**	70.5	74	39.2	3
3	39.7	69.4	74	38.9	39.8	69.8	74	39.0	39.9	70.2	74	39.1	**40.0**	70.6	74	39.2	40.1	71.0	74	39.3	3
3	39.8	69.9	75	39.0	39.9	70.2	75	39.1	**40.0**	70.6	75	39.2	40.1	71.0	75	39.3	40.2	71.4	75	39.4	3
3	39.9	70.3	75	39.1	**40.0**	70.7	75	39.2	40.1	71.1	75	39.3	40.2	71.5	75	39.4	40.3	71.9	75	39.5	3
3	**40.0**	70.8	76	39.2	40.1	71.2	76	39.3	40.2	71.6	76	39.4	40.3	72.0	76	39.5	40.4	72.4	76	39.6	3
3	40.1	71.2	76	39.3	40.2	71.6	76	39.4	40.3	72.0	76	39.6	40.4	72.4	76	39.7	40.5	72.8	76	39.8	3
3	40.2	71.7	77	39.5	40.3	72.1	77	39.6	40.4	72.5	77	39.7	40.5	72.9	77	39.8	40.6	73.3	77	39.9	3
3	40.3	72.2	77	39.6	40.4	72.6	77	39.7	40.5	73.0	77	39.8	40.6	73.4	77	39.9	40.7	73.8	77	40.0	3
3	40.4	72.6	78	39.7	40.5	73.0	78	39.8	40.6	73.4	78	39.9	40.7	73.8	78	40.0	40.8	74.2	78	40.1	3
3	40.5	73.1	78	39.8	40.6	73.5	78	39.9	40.7	73.9	78	40.0	40.8	74.3	78	40.1	40.9	74.7	78	40.2	3
3	40.6	73.6	79	39.9	40.7	74.0	79	40.0	40.8	74.4	79	40.2	40.9	74.8	79	40.3	**41.0**	75.2	79	40.4	3
3	40.7	74.0	79	40.1	40.8	74.4	79	40.2	40.9	74.9	79	40.3	**41.0**	75.3	79	40.4	41.1	75.7	79	40.5	3
2	40.8	74.5	80	40.2	40.9	74.9	80	40.3	**41.0**	75.3	80	40.4	41.1	75.7	80	40.5	41.2	76.2	80	40.6	2
2	40.9	75.0	80	40.3	**41.0**	75.4	80	40.4	41.1	75.8	80	40.5	41.2	76.2	80	40.6	41.3	76.6	80	40.7	2
2	**41.0**	75.5	81	40.4	41.1	75.9	81	40.5	41.2	76.3	81	40.6	41.3	76.7	81	40.7	41.4	77.1	81	40.8	2
2	41.1	75.9	81	40.5	41.2	76.4	81	40.6	41.3	76.8	81	40.7	41.4	77.2	81	40.9	41.5	77.6	81	41.0	2
2	41.2	76.4	82	40.7	41.3	76.8	82	40.8	41.4	77.3	82	40.9	41.5	77.7	82	41.0	41.6	78.1	82	41.1	2
2	41.3	76.9	82	40.8	41.4	77.3	82	40.9	41.5	77.7	82	41.0	41.6	78.2	82	41.1	41.7	78.6	82	41.2	2
2	41.4	77.4	83	40.9	41.5	77.8	83	41.0	41.6	78.2	83	41.1	41.7	78.7	83	41.2	41.8	79.1	83	41.3	2
2	41.5	77.9	83	41.0	41.6	78.3	83	41.1	41.7	78.7	83	41.2	41.8	79.2	83	41.3	41.9	79.6	83	41.4	2
2	41.6	78.4	84	41.1	41.7	78.8	84	41.2	41.8	79.2	84	41.3	41.9	79.6	84	41.4	**42.0**	80.1	84	41.5	2
2	41.7	78.9	84	41.3	41.8	79.3	84	41.4	41.9	79.7	84	41.5	**42.0**	80.1	84	41.6	42.1	80.6	84	41.7	2
2	41.8	79.4	85	41.4	41.9	79.8	85	41.5	**42.0**	80.2	85	41.6	42.1	80.6	85	41.7	42.2	81.1	85	41.8	2
2	41.9	79.8	85	41.5	**42.0**	80.3	85	41.6	42.1	80.7	86	41.7	42.2	81.1	86	41.8	42.3	81.6	86	41.9	2
2	**42.0**	80.3	86	41.6	42.1	80.8	86	41.7	42.2	81.2	86	41.8	42.3	81.6	86	41.9	42.4	82.1	86	42.0	2
2	42.1	80.8	87	41.7	42.2	81.3	87	41.8	42.3	81.7	87	41.9	42.4	82.1	87	42.0	42.5	82.6	87	42.1	2
1	42.2	81.3	87	41.8	42.3	81.8	87	41.9	42.4	82.2	87	42.0	42.5	82.7	87	42.1	42.6	83.1	87	42.3	1
1	42.3	81.8	88	42.0	42.4	82.3	88	42.1	42.5	82.7	88	42.2	42.6	83.2	88	42.3	42.7	83.6	88	42.4	1
1	42.4	82.3	88	42.1	42.5	82.8	88	42.2	42.6	83.2	88	42.3	42.7	83.7	88	42.4	42.8	84.1	88	42.5	1
1	42.5	82.9	89	42.2	42.6	83.3	89	42.3	42.7	83.7	89	42.4	42.8	84.2	89	42.5	42.9	84.6	89	42.6	1
1	42.6	83.4	89	42.3	42.7	83.8	89	42.4	42.8	84.3	89	42.5	42.9	84.7	89	42.6	**43.0**	85.2	89	42.7	1
1	42.7	83.9	90	42.4	42.8	84.3	90	42.5	42.9	84.8	90	42.6	**43.0**	85.2	90	42.7	43.1	85.7	90	42.8	1
1	42.8	84.4	90	42.5	42.9	84.8	90	42.6	**43.0**	85.3	90	42.7	43.1	85.7	90	42.8	43.2	86.2	90	42.9	1
1	42.9	84.9	91	42.7	**43.0**	85.4	91	42.8	43.1	85.8	91	42.9	43.2	86.3	91	43.0	43.3	86.7	91	43.1	1
1	**43.0**	85.4	91	42.8	43.1	85.9	91	42.9	43.2	86.3	91	43.0	43.3	86.8	91	43.1	43.4	87.2	91	43.2	1
1	43.1	85.9	92	42.9	43.2	86.4	92	43.0	43.3	86.8	92	43.1	43.4	87.3	92	43.2	43.5	87.8	92	43.3	1
1	43.2	86.5	93	43.0	43.3	86.9	93	43.1	43.4	87.4	93	43.2	43.5	87.8	93	43.3	43.6	88.3	93	43.4	1
1	43.3	87.0	93	43.1	43.4	87.4	93	43.2	43.5	87.9	93	43.3	43.6	88.4	93	43.4	43.7	88.8	93	43.5	1
1	43.4	87.5	94	43.2	43.5	88.0	94	43.3	43.6	88.4	94	43.4	43.7	88.9	94	43.5	43.8	89.4	94	43.6	1
1	43.5	88.0	94	43.4	43.6	88.5	94	43.5	43.7	89.0	94	43.6	43.8	89.4	94	43.7	43.9	89.9	94	43.8	1
1	43.6	88.6	95	43.5	43.7	89.0	95	43.6	43.8	89.5	95	43.7	43.9	90.0	95	43.8	**44.0**	90.4	95	43.9	1
0	43.7	89.1	95	43.6	43.8	89.6	95	43.7	43.9	90.0	95	43.8	**44.0**	90.5	95	43.9	44.1	91.0	95	44.0	0
0	43.8	89.6	96	43.7	43.9	90.1	96	43.8	**44.0**	90.6	96	43.9	44.1	91.0	96	44.0	44.2	91.5	96	44.1	0
0	43.9	90.2	97	43.8	**44.0**	90.6	97	43.9	44.1	91.1	97	44.0	44.2	91.6	97	44.1	44.3	92.1	97	44.2	0
0	**44.0**	90.7	97	43.9	44.1	91.2	97	44.0	44.2	91.6	97	44.1	44.3	92.1	97	44.2	44.4	92.6	97	44.3	0
0	44.1	91.2	98	44.0	44.2	91.7	98	44.1	44.3	92.2	98	44.2	44.4	92.7	98	44.3	44.5	93.1	98	44.4	0
0	44.2	91.8	98	44.2	44.3	92.3	98	44.3	44.4	92.7	98	44.4	44.5	93.2	98	44.5	44.6	93.7	98	44.6	0
0	44.3	92.3	99	44.3	44.4	92.8	99	44.4	44.5	93.3	99	44.5	44.6	93.8	99	44.6	44.7	94.2	99	44.7	0
0	44.4	92.9	99	44.4	44.5	93.3	99	44.5	44.6	93.8	99	44.6	44.7	94.3	99	44.7	44.8	94.8	99	44.8	0
0	44.5	93.4	100	44.5	44.6	93.9	100	44.6	44.7	94.4	100	44.7	44.8	94.9	100	44.8	44.9	95.4	100	44.9	0
	45.0				**45.1**				**45.2**				**45.3**				**45.4**				
49													**17.0**	0.5	1	-30.4	17.1	0.6	1	-28.0	49
49									**17.0**	0.6	1	-29.1	17.1	0.7	1	-26.9	17.2	0.8	1	-25.1	49

n	t_W	e	U	t_d	t_W	e	U	t_d	t_W	e	U	t_d	t_W	e	U	t_d	t_W	e	U	t_d	n
	45.0				**45.1**				**45.2**				**45.3**				**45.4**				
49	16.9	0.5	1	-30.2	**17.0**	0.6	1	-27.8	17.1	0.7	1	-25.9	17.2	0.9	1	-24.2	17.3	1.0	1	-22.7	49
48	**17.0**	0.7	1	-26.7	17.1	0.8	1	-24.9	17.2	0.9	1	-23.3	17.3	1.1	1	-21.9	17.4	1.2	1	-20.6	48
48	17.1	0.9	1	-24.0	17.2	1.0	1	-22.6	17.3	1.1	1	-21.2	17.4	1.3	1	-20.0	17.5	1.4	1	-18.9	48
48	17.2	1.1	1	-21.8	17.3	1.2	1	-20.6	17.4	1.3	1	-19.4	17.5	1.4	1	-18.3	17.6	1.6	2	-17.3	48
47	17.3	1.3	1	-19.9	17.4	1.4	1	-18.8	17.5	1.5	2	-17.8	17.6	1.6	2	-16.9	17.7	1.8	2	-16.0	47
47	17.4	1.5	2	-18.3	17.5	1.6	2	-17.3	17.6	1.7	2	-16.4	17.7	1.8	2	-15.5	17.8	2.0	2	-14.7	47
47	17.5	1.6	2	-16.8	17.6	1.8	2	-15.9	17.7	1.9	2	-15.1	17.8	2.0	2	-14.3	17.9	2.2	2	-13.5	47
46	17.6	1.8	2	-15.5	17.7	2.0	2	-14.7	17.8	2.1	2	-13.9	17.9	2.2	2	-13.2	**18.0**	2.4	2	-12.5	46
46	17.7	2.0	2	-14.3	17.8	2.2	2	-13.5	17.9	2.3	2	-12.8	**18.0**	2.4	2	-12.1	18.1	2.5	3	-11.5	46
46	17.8	2.2	2	-13.1	17.9	2.4	2	-12.4	**18.0**	2.5	3	-11.8	18.1	2.6	3	-11.1	18.2	2.7	3	-10.5	46
45	17.9	2.4	3	-12.1	**18.0**	2.6	3	-11.4	18.1	2.7	3	-10.8	18.2	2.8	3	-10.2	18.3	2.9	3	-9.6	45
45	**18.0**	2.6	3	-11.1	18.1	2.7	3	-10.5	18.2	2.9	3	-9.9	18.3	3.0	3	-9.4	18.4	3.1	3	-8.8	45
45	18.1	2.8	3	-10.2	18.2	2.9	3	-9.6	18.3	3.1	3	-9.1	18.4	3.2	3	-8.5	18.5	3.3	3	-8.0	45
44	18.2	3.0	3	-9.3	18.3	3.1	3	-8.8	18.4	3.3	3	-8.3	18.5	3.4	4	-7.8	18.6	3.5	4	-7.3	44
44	18.3	3.2	3	-8.5	18.4	3.3	3	-8.0	18.5	3.5	4	-7.5	18.6	3.6	4	-7.0	18.7	3.7	4	-6.5	44
44	18.4	3.4	4	-7.8	18.5	3.5	4	-7.3	18.6	3.7	4	-6.8	18.7	3.8	4	-6.3	18.8	3.9	4	-5.9	44
43	18.5	3.6	4	-7.0	18.6	3.7	4	-6.6	18.7	3.9	4	-6.1	18.8	4.0	4	-5.6	18.9	4.1	4	-5.2	43
43	18.6	3.8	4	-6.3	18.7	3.9	4	-5.9	18.8	4.1	4	-5.4	18.9	4.2	4	-5.0	**19.0**	4.4	4	-4.6	43
43	18.7	4.0	4	-5.6	18.8	4.1	4	-5.2	18.9	4.3	4	-4.8	**19.0**	4.4	5	-4.4	19.1	4.6	5	-4.0	43
42	18.8	4.2	4	-5.0	18.9	4.3	5	-4.6	**19.0**	4.5	5	-4.2	19.1	4.6	5	-3.8	19.2	4.8	5	-3.4	42
42	18.9	4.4	5	-4.4	**19.0**	4.6	5	-4.0	19.1	4.7	5	-3.6	19.2	4.8	5	-3.2	19.3	5.0	5	-2.8	42
42	**19.0**	4.6	5	-3.8	19.1	4.8	5	-3.4	19.2	4.9	5	-3.0	19.3	5.0	5	-2.6	19.4	5.2	5	-2.3	42
41	19.1	4.8	5	-3.2	19.2	5.0	5	-2.8	19.3	5.1	5	-2.5	19.4	5.2	5	-2.1	19.5	5.4	6	-1.7	41
41	19.2	5.0	5	-2.6	19.3	5.2	5	-2.3	19.4	5.3	5	-1.9	19.5	5.4	6	-1.6	19.6	5.6	6	-1.2	41
41	19.3	5.2	5	-2.1	19.4	5.4	6	-1.7	19.5	5.5	6	-1.4	19.6	5.7	6	-1.1	19.7	5.8	6	-0.7	41
40	19.4	5.4	6	-1.6	19.5	5.6	6	-1.2	19.6	5.7	6	-0.9	19.7	5.9	6	-0.6	19.8	6.0	6	-0.2	40
40	19.5	5.6	6	-1.1	19.6	5.8	6	-0.7	19.7	5.9	6	-0.4	19.8	6.1	6	-0.1	19.9	6.2	6	0.2	40
40	19.6	5.9	6	-0.6	19.7	6.0	6	-0.2	19.8	6.1	6	0.1	19.9	6.3	6	0.4	**20.0**	6.4	7	0.7	40
40	19.7	6.1	6	-0.1	19.8	6.2	6	0.2	19.9	6.4	7	0.5	**20.0**	6.5	7	0.9	20.1	6.6	7	1.2	40
39	19.8	6.3	7	0.4	19.9	6.4	7	0.7	**20.0**	6.6	7	1.0	20.1	6.7	7	1.3	20.2	6.9	7	1.6	39
39	19.9	6.5	7	0.8	**20.0**	6.6	7	1.1	20.1	6.8	7	1.4	20.2	6.9	7	1.7	20.3	7.1	7	2.0	39
39	**20.0**	6.7	7	1.3	20.1	6.8	7	1.6	20.2	7.0	7	1.9	20.3	7.1	7	2.2	20.4	7.3	7	2.4	39
38	20.1	6.9	7	1.7	20.2	7.1	7	2.0	20.3	7.2	7	2.3	20.4	7.3	8	2.6	20.5	7.5	8	2.9	38
38	20.2	7.1	7	2.1	20.3	7.3	8	2.4	20.4	7.4	8	2.7	20.5	7.6	8	3.0	20.6	7.7	8	3.3	38
38	20.3	7.3	8	2.5	20.4	7.5	8	2.8	20.5	7.6	8	3.1	20.6	7.8	8	3.4	20.7	7.9	8	3.6	38
37	20.4	7.5	8	3.0	20.5	7.7	8	3.2	20.6	7.8	8	3.5	20.7	8.0	8	3.8	20.8	8.1	8	4.0	37
37	20.5	7.8	8	3.3	20.6	7.9	8	3.6	20.7	8.1	8	3.9	20.8	8.2	8	4.1	20.9	8.4	9	4.4	37
37	20.6	8.0	8	3.7	20.7	8.1	8	4.0	20.8	8.3	9	4.3	20.9	8.4	9	4.5	**21.0**	8.6	9	4.8	37
37	20.7	8.2	9	4.1	20.8	8.3	9	4.4	20.9	8.5	9	4.6	**21.0**	8.7	9	4.9	21.1	8.8	9	5.1	37
36	20.8	8.4	9	4.5	20.9	8.6	9	4.7	**21.0**	8.7	9	5.0	21.1	8.9	9	5.2	21.2	9.0	9	5.5	36
36	20.9	8.6	9	4.9	**21.0**	8.8	9	5.1	21.1	8.9	9	5.4	21.2	9.1	9	5.6	21.3	9.2	9	5.8	36
36	**21.0**	8.9	9	5.2	21.1	9.0	9	5.5	21.2	9.2	9	5.7	21.3	9.3	10	5.9	21.4	9.5	10	6.2	36
35	21.1	9.1	9	5.6	21.2	9.2	10	5.8	21.3	9.4	10	6.1	21.4	9.5	10	6.3	21.5	9.7	10	6.5	35
35	21.2	9.3	10	5.9	21.3	9.4	10	6.2	21.4	9.6	10	6.4	21.5	9.8	10	6.6	21.6	9.9	10	6.9	35
35	21.3	9.5	10	6.3	21.4	9.7	10	6.5	21.5	9.8	10	6.7	21.6	10.0	10	7.0	21.7	10.1	10	7.2	35
35	21.4	9.7	10	6.6	21.5	9.9	10	6.8	21.6	10.0	10	7.1	21.7	10.2	10	7.3	21.8	10.4	11	7.5	35
34	21.5	10.0	10	6.9	21.6	10.1	10	7.1	21.7	10.3	11	7.4	21.8	10.4	11	7.6	21.9	10.6	11	7.8	34
34	21.6	10.2	11	7.2	21.7	10.3	11	7.5	21.8	10.5	11	7.7	21.9	10.7	11	7.9	**22.0**	10.8	11	8.1	34
34	21.7	10.4	11	7.6	21.8	10.6	11	7.8	21.9	10.7	11	8.0	**22.0**	10.9	11	8.2	22.1	11.0	11	8.4	34
33	21.8	10.6	11	7.9	21.9	10.8	11	8.1	**22.0**	11.0	11	8.3	22.1	11.1	11	8.5	22.2	11.3	12	8.7	33
33	21.9	10.9	11	8.2	**22.0**	11.0	11	8.4	22.1	11.2	12	8.6	22.2	11.3	12	8.8	22.3	11.5	12	9.0	33
33	**22.0**	11.1	12	8.5	22.1	11.2	12	8.7	22.2	11.4	12	8.9	22.3	11.6	12	9.1	22.4	11.7	12	9.3	33
33	22.1	11.3	12	8.8	22.2	11.5	12	9.0	22.3	11.6	12	9.2	22.4	11.8	12	9.4	22.5	12.0	12	9.6	33
32	22.2	11.5	12	9.1	22.3	11.7	12	9.3	22.4	11.9	12	9.5	22.5	12.0	12	9.7	22.6	12.2	12	9.9	32
32	22.3	11.8	12	9.4	22.4	11.9	12	9.6	22.5	12.1	12	9.8	22.6	12.3	13	10.0	22.7	12.4	13	10.2	32
32	22.4	12.0	13	9.7	22.5	12.2	13	9.9	22.6	12.3	13	10.1	22.7	12.5	13	10.3	22.8	12.7	13	10.5	32
32	22.5	12.2	13	10.0	22.6	12.4	13	10.2	22.7	12.6	13	10.4	22.8	12.7	13	10.6	22.9	12.9	13	10.8	32
31	22.6	12.5	13	10.2	22.7	12.6	13	10.4	22.8	12.8	13	10.6	22.9	13.0	13	10.8	**23.0**	13.1	13	11.0	31
31	22.7	12.7	13	10.5	22.8	12.9	13	10.7	22.9	13.0	13	10.9	**23.0**	13.2	14	11.1	23.1	13.4	14	11.3	31
31	22.8	12.9	13	10.8	22.9	13.1	14	11.0	**23.0**	13.3	14	11.2	23.1	13.4	14	11.4	23.2	13.6	14	11.6	31
31	22.9	13.2	14	11.1	**23.0**	13.3	14	11.3	23.1	13.5	14	11.4	23.2	13.7	14	11.6	23.3	13.9	14	11.8	31
30	**23.0**	13.4	14	11.3	23.1	13.6	14	11.5	23.2	13.8	14	11.7	23.3	13.9	14	11.9	23.4	14.1	14	12.1	30
30	23.1	13.6	14	11.6	23.2	13.8	14	11.8	23.3	14.0	14	12.0	23.4	14.2	15	12.2	23.5	14.3	15	12.3	30
30	23.2	13.9	14	11.9	23.3	14.1	15	12.0	23.4	14.2	15	12.2	23.5	14.4	15	12.4	23.6	14.6	15	12.6	30
30	23.3	14.1	15	12.1	23.4	14.3	15	12.3	23.5	14.5	15	12.5	23.6	14.6	15	12.7	23.7	14.8	15	12.9	30
29	23.4	14.4	15	12.4	23.5	14.5	15	12.6	23.6	14.7	15	12.7	23.7	14.9	15	12.9	23.8	15.1	15	13.1	29
29	23.5	14.6	15	12.6	23.6	14.8	15	12.8	23.7	15.0	15	13.0	23.8	15.1	16	13.2	23.9	15.3	16	13.3	29
29	23.6	14.8	15	12.9	23.7	15.0	16	13.1	23.8	15.2	16	13.2	23.9	15.4	16	13.4	**24.0**	15.6	16	13.6	29
29	23.7	15.1	16	13.1	23.8	15.3	16	13.3	23.9	15.4	16	13.5	**24.0**	15.6	16	13.7	24.1	15.8	16	13.8	29
28	23.8	15.3	16	13.4	23.9	15.5	16	13.5	**24.0**	15.7	16	13.7	24.1	15.9	16	13.9	24.2	16.0	16	14.1	28
28	23.9	15.6	16	13.6	**24.0**	15.8	16	13.8	24.1	15.9	16	14.0	24.2	16.1	17	14.1	24.3	16.3	17	14.3	28
28	**24.0**	15.8	17	13.9	24.1	16.0	17	14.0	24.2	16.2	17	14.2	24.3	16.4	17	14.4	24.4	16.5	17	14.5	28
28	24.1	16.1	17	14.1	24.2	16.2	17	14.3	24.3	16.4	17	14.4	24.4	16.6	17	14.6	24.5	16.8	17	14.8	28

n	t_W	e	U	t_d	t_W	e	U	t_d	t_W	e	U	t_d	t_W	e	U	t_d	t_W	e	U	t_d	n
	45.0				**45.1**				**45.2**				**45.3**				**45.4**				
27	24.2	16.3	17	14.3	24.3	16.5	17	14.5	24.4	16.7	17	14.7	24.5	16.9	17	14.8	24.6	17.0	17	15.0	27
27	24.3	16.6	17	14.6	24.4	16.7	17	14.7	24.5	16.9	17	14.9	24.6	17.1	18	15.1	24.7	17.3	18	15.2	27
27	24.4	16.8	18	14.8	24.5	17.0	18	15.0	24.6	17.2	18	15.1	24.7	17.4	18	15.3	24.8	17.6	18	15.5	27
27	24.5	17.1	18	15.0	24.6	17.2	18	15.2	24.7	17.4	18	15.4	24.8	17.6	18	15.5	24.9	17.8	18	15.7	27
26	24.6	17.3	18	15.2	24.7	17.5	18	15.4	24.8	17.7	18	15.6	24.9	17.9	18	15.7	**25.0**	18.1	18	15.9	26
26	24.7	17.6	18	15.5	24.8	17.8	18	15.6	24.9	17.9	19	15.8	**25.0**	18.1	19	16.0	25.1	18.3	19	16.1	26
26	24.8	17.8	19	15.7	24.9	18.0	19	15.9	**25.0**	18.2	19	16.0	25.1	18.4	19	16.2	25.2	18.6	19	16.3	26
26	24.9	18.1	19	15.9	**25.0**	18.3	19	16.1	25.1	18.5	19	16.2	25.2	18.6	19	16.4	25.3	18.8	19	16.6	26
25	**25.0**	18.3	19	16.1	25.1	18.5	19	16.3	25.2	18.7	19	16.5	25.3	18.9	19	16.6	25.4	19.1	20	16.8	25
25	25.1	18.6	19	16.4	25.2	18.8	19	16.5	25.3	19.0	20	16.7	25.4	19.2	20	16.8	25.5	19.4	20	17.0	25
25	25.2	18.8	20	16.6	25.3	19.0	20	16.7	25.4	19.2	20	16.9	25.5	19.4	20	17.0	25.6	19.6	20	17.2	25
25	25.3	19.1	20	16.8	25.4	19.3	20	16.9	25.5	19.5	20	17.1	25.6	19.7	20	17.3	25.7	19.9	20	17.4	25
25	25.4	19.4	20	17.0	25.5	19.6	20	17.2	25.6	19.7	20	17.3	25.7	19.9	20	17.5	25.8	20.1	21	17.6	25
24	25.5	19.6	20	17.2	25.6	19.8	21	17.4	25.7	20.0	21	17.5	25.8	20.2	21	17.7	25.9	20.4	21	17.8	24
24	25.6	19.9	21	17.4	25.7	20.1	21	17.6	25.8	20.3	21	17.7	25.9	20.5	21	17.9	**26.0**	20.7	21	18.0	24
24	25.7	20.1	21	17.6	25.8	20.3	21	17.8	25.9	20.5	21	17.9	**26.0**	20.7	21	18.1	26.1	20.9	21	18.2	24
24	25.8	20.4	21	17.8	25.9	20.6	21	18.0	**26.0**	20.8	21	18.1	26.1	21.0	22	18.3	26.2	21.2	22	18.4	24
23	25.9	20.7	22	18.0	**26.0**	20.9	22	18.2	26.1	21.1	22	18.3	26.2	21.3	22	18.5	26.3	21.5	22	18.6	23
23	**26.0**	20.9	22	18.2	26.1	21.1	22	18.4	26.2	21.3	22	18.5	26.3	21.5	22	18.7	26.4	21.7	22	18.8	23
23	26.1	21.2	22	18.4	26.2	21.4	22	18.6	26.3	21.6	22	18.7	26.4	21.8	22	18.9	26.5	22.0	22	19.0	23
23	26.2	21.5	22	18.6	26.3	21.7	22	18.8	26.4	21.9	23	18.9	26.5	22.1	23	19.1	26.6	22.3	23	19.2	23
23	26.3	21.7	23	18.8	26.4	21.9	23	19.0	26.5	22.1	23	19.1	26.6	22.3	23	19.3	26.7	22.5	23	19.4	23
22	26.4	22.0	23	19.0	26.5	22.2	23	19.2	26.6	22.4	23	19.3	26.7	22.6	23	19.5	26.8	22.8	23	19.6	22
22	26.5	22.3	23	19.2	26.6	22.5	23	19.4	26.7	22.7	23	19.5	26.8	22.9	24	19.7	26.9	23.1	24	19.8	22
22	26.6	22.5	24	19.4	26.7	22.8	24	19.6	26.8	23.0	24	19.7	26.9	23.2	24	19.9	**27.0**	23.4	24	20.0	22
22	26.7	22.8	24	19.6	26.8	23.0	24	19.8	26.9	23.2	24	19.9	**27.0**	23.4	24	20.0	27.1	23.6	24	20.2	22
22	26.8	23.1	24	19.8	26.9	23.3	24	19.9	**27.0**	23.5	24	20.1	27.1	23.7	24	20.2	27.2	23.9	24	20.4	22
21	26.9	23.4	24	20.0	**27.0**	23.6	24	20.1	27.1	23.8	25	20.3	27.2	24.0	25	20.4	27.3	24.2	25	20.6	21
21	**27.0**	23.6	25	20.2	27.1	23.8	25	20.3	27.2	24.1	25	20.5	27.3	24.3	25	20.6	27.4	24.5	25	20.8	21
21	27.1	23.9	25	20.4	27.2	24.1	25	20.5	27.3	24.3	25	20.7	27.4	24.6	25	20.8	27.5	24.8	25	20.9	21
21	27.2	24.2	25	20.6	27.3	24.4	25	20.7	27.4	24.6	25	20.8	27.5	24.8	26	21.0	27.6	25.0	26	21.1	21
21	27.3	24.5	26	20.7	27.4	24.7	26	20.9	27.5	24.9	26	21.0	27.6	25.1	26	21.2	27.7	25.3	26	21.3	21
20	27.4	24.8	26	20.9	27.5	25.0	26	21.1	27.6	25.2	26	21.2	27.7	25.4	26	21.3	27.8	25.6	26	21.5	20
20	27.5	25.0	26	21.1	27.6	25.2	26	21.3	27.7	25.5	26	21.4	27.8	25.7	26	21.5	27.9	25.9	26	21.7	20
20	27.6	25.3	26	21.3	27.7	25.5	27	21.4	27.8	25.7	27	21.6	27.9	26.0	27	21.7	**28.0**	26.2	27	21.9	20
20	27.7	25.6	27	21.5	27.8	25.8	27	21.6	27.9	26.0	27	21.8	**28.0**	26.3	27	21.9	28.1	26.5	27	22.0	20
20	27.8	25.9	27	21.7	27.9	26.1	27	21.8	**28.0**	26.3	27	21.9	28.1	26.5	27	22.1	28.2	26.8	27	22.2	20
19	27.9	26.2	27	21.8	**28.0**	26.4	27	22.0	28.1	26.6	27	22.1	28.2	26.8	28	22.2	28.3	27.1	28	22.4	19
19	**28.0**	26.5	28	22.0	28.1	26.7	28	22.2	28.2	26.9	28	22.3	28.3	27.1	28	22.4	28.4	27.3	28	22.6	19
19	28.1	26.7	28	22.2	28.2	27.0	28	22.3	28.3	27.2	28	22.5	28.4	27.4	28	22.6	28.5	27.6	28	22.7	19
19	28.2	27.0	28	22.4	28.3	27.3	28	22.5	28.4	27.5	28	22.6	28.5	27.7	28	22.8	28.6	27.9	29	22.9	19
19	28.3	27.3	29	22.5	28.4	27.5	29	22.7	28.5	27.8	29	22.8	28.6	28.0	29	22.9	28.7	28.2	29	23.1	19
18	28.4	27.6	29	22.7	28.5	27.8	29	22.9	28.6	28.1	29	23.0	28.7	28.3	29	23.1	28.8	28.5	29	23.3	18
18	28.5	27.9	29	22.9	28.6	28.1	29	23.0	28.7	28.4	29	23.2	28.8	28.6	29	23.3	28.9	28.8	29	23.4	18
18	28.6	28.2	29	23.1	28.7	28.4	30	23.2	28.8	28.7	30	23.3	28.9	28.9	30	23.5	**29.0**	29.1	30	23.6	18
18	28.7	28.5	30	23.2	28.8	28.7	30	23.4	28.9	28.9	30	23.5	**29.0**	29.2	30	23.6	29.1	29.4	30	23.8	18
18	28.8	28.8	30	23.4	28.9	29.0	30	23.5	**29.0**	29.2	30	23.7	29.1	29.5	30	23.8	29.2	29.7	30	23.9	18
18	28.9	29.1	30	23.6	**29.0**	29.3	30	23.7	29.1	29.5	31	23.8	29.2	29.8	31	24.0	29.3	30.0	31	24.1	18
17	**29.0**	29.4	31	23.7	29.1	29.6	31	23.9	29.2	29.8	31	24.0	29.3	30.1	31	24.1	29.4	30.3	31	24.3	17
17	29.1	29.7	31	23.9	29.2	29.9	31	24.0	29.3	30.1	31	24.2	29.4	30.4	31	24.3	29.5	30.6	31	24.4	17
17	29.2	30.0	31	24.1	29.3	30.2	31	24.2	29.4	30.4	31	24.3	29.5	30.7	32	24.5	29.6	30.9	32	24.6	17
17	29.3	30.3	32	24.3	29.4	30.5	32	24.4	29.5	30.8	32	24.5	29.6	31.0	32	24.6	29.7	31.2	32	24.8	17
17	29.4	30.6	32	24.4	29.5	30.8	32	24.5	29.6	31.1	32	24.7	29.7	31.3	32	24.8	29.8	31.5	32	24.9	17
17	29.5	30.9	32	24.6	29.6	31.1	32	24.7	29.7	31.4	32	24.8	29.8	31.6	32	25.0	29.9	31.8	33	25.1	17
16	29.6	31.2	33	24.7	29.7	31.4	33	24.9	29.8	31.7	33	25.0	29.9	31.9	33	25.1	**30.0**	32.2	33	25.3	16
16	29.7	31.5	33	24.9	29.8	31.7	33	25.0	29.9	32.0	33	25.2	**30.0**	32.2	33	25.3	30.1	32.5	33	25.4	16
16	29.8	31.8	33	25.1	29.9	32.0	33	25.2	**30.0**	32.3	33	25.3	30.1	32.5	33	25.5	30.2	32.8	34	25.6	16
16	29.9	32.1	34	25.2	**30.0**	32.4	34	25.4	30.1	32.6	34	25.5	30.2	32.8	34	25.6	30.3	33.1	34	25.7	16
16	**30.0**	32.4	34	25.4	30.1	32.7	34	25.5	30.2	32.9	34	25.6	30.3	33.2	34	25.8	30.4	33.4	34	25.9	16
15	30.1	32.7	34	25.6	30.2	33.0	34	25.7	30.3	33.2	34	25.8	30.4	33.5	34	25.9	30.5	33.7	34	26.1	15
15	30.2	33.0	34	25.7	30.3	33.3	35	25.8	30.4	33.5	35	26.0	30.5	33.8	35	26.1	30.6	34.0	35	26.2	15
15	30.3	33.4	35	25.9	30.4	33.6	35	26.0	30.5	33.9	35	26.1	30.6	34.1	35	26.2	30.7	34.4	35	26.4	15
15	30.4	33.7	35	26.0	30.5	33.9	35	26.2	30.6	34.2	35	26.3	30.7	34.4	35	26.4	30.8	34.7	35	26.5	15
15	30.5	34.0	35	26.2	30.6	34.2	36	26.3	30.7	34.5	36	26.4	30.8	34.7	36	26.6	30.9	35.0	36	26.7	15
15	30.6	34.3	36	26.3	30.7	34.6	36	26.5	30.8	34.8	36	26.6	30.9	35.1	36	26.7	**31.0**	35.3	36	26.8	15
15	30.7	34.6	36	26.5	30.8	34.9	36	26.6	30.9	35.1	36	26.8	**31.0**	35.4	36	26.9	31.1	35.6	36	27.0	15
14	30.8	34.9	36	26.7	30.9	35.2	37	26.8	**31.0**	35.5	37	26.9	31.1	35.7	37	27.0	31.2	36.0	37	27.2	14
14	30.9	35.3	37	26.8	**31.0**	35.5	37	26.9	31.1	35.8	37	27.1	31.2	36.0	37	27.2	31.3	36.3	37	27.3	14
14	**31.0**	35.6	37	27.0	31.1	35.8	37	27.1	31.2	36.1	37	27.2	31.3	36.4	37	27.3	31.4	36.6	37	27.5	14
14	31.1	35.9	37	27.1	31.2	36.2	38	27.2	31.3	36.4	38	27.4	31.4	36.7	38	27.5	31.5	36.9	37	27.6	14
14	31.2	36.2	38	27.3	31.3	36.5	38	27.4	31.4	36.8	38	27.5	31.5	37.0	38	27.6	31.6	37.3	38	27.8	14
14	31.3	36.6	38	27.4	31.4	36.8	38	27.6	31.5	37.1	38	27.7	31.6	37.3	38	27.8	31.7	37.6	38	27.9	14
13	31.4	36.9	38	27.6	31.5	37.1	39	27.7	31.6	37.4	39	27.8	31.7	37.7	39	27.9	31.8	37.9	39	28.1	13

n	t_W	e	U	t_d	t_W	e	U	t_d	t_W	e	U	t_d	t_W	e	U	t_d	t_W	e	U	t_d	n
	45.0				**45.1**				**45.2**				**45.3**				**45.4**				
13	31.5	37.2	39	27.7	31.6	37.5	39	27.9	31.7	37.7	39	28.0	31.8	38.0	39	28.1	31.9	38.3	39	28.2	13
13	31.6	37.5	39	27.9	31.7	37.8	39	28.0	31.8	38.1	39	28.1	31.9	38.3	39	28.2	**32.0**	38.6	39	28.4	13
13	31.7	37.9	40	28.0	31.8	38.1	40	28.2	31.9	38.4	40	28.3	**32.0**	38.7	40	28.4	32.1	38.9	40	28.5	13
13	31.8	38.2	40	28.2	31.9	38.5	40	28.3	**32.0**	38.7	40	28.4	32.1	39.0	40	28.5	32.2	39.3	40	28.7	13
13	31.9	38.5	40	28.3	**32.0**	38.8	40	28.5	32.1	39.1	40	28.6	32.2	39.4	40	28.7	32.3	39.6	40	28.8	13
13	**32.0**	38.9	41	28.5	32.1	39.1	41	28.6	32.2	39.4	41	28.7	32.3	39.7	41	28.8	32.4	40.0	41	29.0	13
12	32.1	39.2	41	28.6	32.2	39.5	41	28.8	32.3	39.8	41	28.9	32.4	40.0	41	29.0	32.5	40.3	41	29.1	12
12	32.2	39.6	41	28.8	32.3	39.8	41	28.9	32.4	40.1	41	29.0	32.5	40.4	41	29.1	32.6	40.6	42	29.3	12
12	32.3	39.9	42	28.9	32.4	40.2	42	29.0	32.5	40.4	42	29.2	32.6	40.7	42	29.3	32.7	41.0	42	29.4	12
12	32.4	40.2	42	29.1	32.5	40.5	42	29.2	32.6	40.8	42	29.3	32.7	41.1	42	29.4	32.8	41.3	42	29.5	12
12	32.5	40.6	42	29.2	32.6	40.8	42	29.3	32.7	41.1	42	29.5	32.8	41.4	43	29.6	32.9	41.7	43	29.7	12
12	32.6	40.9	43	29.4	32.7	41.2	43	29.5	32.8	41.5	43	29.6	32.9	41.8	43	29.7	**33.0**	42.0	43	29.8	12
12	32.7	41.3	43	29.5	32.8	41.5	43	29.6	32.9	41.8	43	29.7	**33.0**	42.1	43	29.9	33.1	42.4	43	30.0	12
11	32.8	41.6	43	29.7	32.9	41.9	43	29.8	**33.0**	42.2	44	29.9	33.1	42.4	44	30.0	33.2	42.7	44	30.1	11
11	32.9	42.0	44	29.8	**33.0**	42.2	44	29.9	33.1	42.5	44	30.0	33.2	42.8	44	30.2	33.3	43.1	44	30.3	11
11	**33.0**	42.3	44	29.9	33.1	42.6	44	30.1	33.2	42.9	44	30.2	33.3	43.2	44	30.3	33.4	43.4	44	30.4	11
11	33.1	42.6	44	30.1	33.2	42.9	45	30.2	33.3	43.2	45	30.3	33.4	43.5	45	30.4	33.5	43.8	45	30.6	11
11	33.2	43.0	45	30.2	33.3	43.3	45	30.3	33.4	43.6	45	30.5	33.5	43.9	45	30.6	33.6	44.2	45	30.7	11
11	33.3	43.4	45	30.4	33.4	43.6	45	30.5	33.5	43.9	45	30.6	33.6	44.2	45	30.7	33.7	44.5	45	30.8	11
11	33.4	43.7	46	30.5	33.5	44.0	46	30.6	33.6	44.3	46	30.7	33.7	44.6	46	30.9	33.8	44.9	46	31.0	11
10	33.5	44.1	46	30.7	33.6	44.4	46	30.8	33.7	44.6	46	30.9	33.8	44.9	46	31.0	33.9	45.2	46	31.1	10
10	33.6	44.4	46	30.8	33.7	44.7	46	30.9	33.8	45.0	46	31.0	33.9	45.3	47	31.1	**34.0**	45.6	47	31.3	10
10	33.7	44.8	47	30.9	33.8	45.1	47	31.1	33.9	45.4	47	31.2	**34.0**	45.7	47	31.3	34.1	46.0	47	31.4	10
10	33.8	45.1	47	31.1	33.9	45.4	47	31.2	**34.0**	45.7	47	31.3	34.1	46.0	47	31.4	34.2	46.3	47	31.5	10
10	33.9	45.5	47	31.2	**34.0**	45.8	48	31.3	34.1	46.1	48	31.5	34.2	46.4	48	31.6	34.3	46.7	48	31.7	10
10	**34.0**	45.9	48	31.4	34.1	46.2	48	31.5	34.2	46.5	48	31.6	34.3	46.8	48	31.7	34.4	47.1	48	31.8	10
10	34.1	46.2	48	31.5	34.2	46.5	48	31.6	34.3	46.8	48	31.7	34.4	47.1	48	31.8	34.5	47.4	48	32.0	10
10	34.2	46.6	49	31.6	34.3	46.9	49	81.8	34.4	47.2	49	31.9	34.5	47.5	49	32.0	34.6	47.8	49	32.1	10
9	34.3	47.0	49	31.8	34.4	47.3	49	31.9	34.5	47.6	49	32.0	34.6	47.9	49	32.1	34.7	48.2	49	32.2	9
9	34.4	47.3	49	31.9	34.5	47.6	49	32.0	34.6	47.9	49	32.1	34.7	48.2	50	32.3	34.8	48.5	50	32.4	9
9	34.5	47.7	50	32.1	34.6	48.0	50	32.2	34.7	48.3	50	32.3	34.8	48.6	50	32.4	34.9	48.9	50	32.5	9
9	34.6	48.1	50	32.2	34.7	48.4	50	32.3	34.8	48.7	50	32.4	34.9	49.0	50	32.5	**35.0**	49.3	50	32.6	9
9	34.7	48.4	51	32.3	34.8	48.7	51	32.4	34.9	49.1	51	32.6	**35.0**	49.4	51	32.7	35.1	49.7	51	32.8	9
9	34.8	48.8	51	32.5	34.9	49.1	51	32.6	**35.0**	49.4	51	32.7	35.1	49.7	51	32.8	35.2	50.1	51	32.9	9
9	34.9	49.2	51	32.6	**35.0**	49.5	51	32.7	35.1	49.8	51	32.8	35.2	50.1	51	32.9	35.3	50.4	52	33.0	9
9	**35.0**	49.6	52	32.7	35.1	49.9	52	32.8	35.2	50.2	52	33.0	35.3	50.5	52	33.1	35.4	50.8	52	33.2	9
8	35.1	49.9	52	32.9	35.2	50.3	52	33.0	35.3	50.6	52	33.1	35.4	50.9	52	33.2	35.5	51.2	52	33.3	8
8	35.2	50.3	52	33.0	35.3	50.6	53	33.1	35.4	51.0	53	33.2	35.5	51.3	53	33.3	35.6	51.6	53	33.5	8
8	35.3	50.7	53	33.1	35.4	51.0	53	33.3	35.5	51.3	53	33.4	35.6	51.7	53	33.5	35.7	52.0	53	33.6	8
8	35.4	51.1	53	33.3	35.5	51.4	53	33.4	35.6	51.7	53	33.5	35.7	52.0	53	33.6	35.8	52.4	54	33.7	8
8	35.5	51.5	54	33.4	35.6	51.8	54	33.5	35.7	52.1	54	33.6	35.8	52.4	54	33.7	35.9	52.8	54	33.9	8
8	35.6	51.9	54	33.5	35.7	52.2	54	33.7	35.8	52.5	54	33.8	35.9	52.8	54	33.9	**36.0**	53.1	54	34.0	8
8	35.7	52.2	55	33.7	35.8	52.6	55	33.8	35.9	52.9	55	33.9	**36.0**	53.2	55	34.0	36.1	53.5	55	34.1	8
8	35.8	52.6	55	33.8	35.9	53.0	55	33.9	**36.0**	53.3	55	34.0	36.1	53.6	55	34.1	36.2	53.9	55	34.2	8
7	35.9	53.0	55	33.9	**36.0**	53.3	55	34.1	36.1	53.7	55	34.2	36.2	54.0	55	34.3	36.3	54.3	56	34.4	7
7	**36.0**	53.4	56	34.1	36.1	53.7	56	34.2	36.2	54.1	56	34.3	36.3	54.4	56	34.4	36.4	54.7	56	34.5	7
7	36.1	53.8	56	34.2	36.2	54.1	56	34.3	36.3	54.5	56	34.4	36.4	54.8	56	34.5	36.5	55.1	56	34.6	7
7	36.2	54.2	57	34.3	36.3	54.5	57	34.4	36.4	54.9	57	34.6	36.5	55.2	57	34.7	36.6	55.5	57	34.8	7
7	36.3	54.6	57	34.5	36.4	54.9	57	34.6	36.5	55.3	57	34.7	36.6	55.6	57	34.8	36.7	55.9	57	34.9	7
7	36.4	55.0	57	34.6	36.5	55.3	57	34.7	36.6	55.7	57	34.8	36.7	56.0	58	34.9	36.8	56.3	58	35.0	7
7	36.5	55.4	58	34.7	36.6	55.7	58	34.8	36.7	56.1	58	34.9	36.8	56.4	58	35.1	36.9	56.7	58	35.2	7
7	36.6	55.8	58	34.9	36.7	56.1	48	35.0	36.8	56.5	58	35.1	36.9	56.8	58	35.2	**37.0**	57.2	58	35.3	7
7	36.7	56.2	59	35.0	36.8	56.5	59	35.1	36.9	56.9	59	35.2	**37.0**	57.2	59	35.3	37.1	57.6	59	35.4	7
7	36.8	56.6	59	35.1	36.9	56.9	59	35.2	**37.0**	57.3	59	35.3	37.1	57.6	59	35.4	37.2	58.0	59	35.6	7
6	36.9	57.0	59	35.2	**37.0**	57.4	60	35.4	37.1	57.7	60	35.5	37.2	58.0	60	35.6	37.3	58.4	60	35.7	6
6	**37.0**	57.4	60	35.4	37.1	57.8	60	35.5	37.2	58.1	60	35.6	37.3	58.5	60	35.7	37.4	58.8	60	35.8	6
6	37.1	57.8	60	35.5	37.2	58.2	60	35.6	37.3	58.5	60	35.7	37.4	58.9	60	35.8	37.5	59.2	61	35.9	6
6	37.2	58.2	61	35.6	37.3	58.6	61	35.7	37.4	58.9	61	35.9	37.5	59.3	61	36.0	37.6	59.6	61	36.1	6
6	37.3	58.7	61	35.8	37.4	59.0	61	35.9	37.5	59.4	61	36.0	37.6	59.7	61	36.1	37.7	60.1	61	36.2	6
6	37.4	59.1	62	35.9	37.5	59.4	62	36.0	37.6	59.8	62	36.1	37.7	60.1	62	36.2	37.8	60.5	62	36.3	6
6	37.5	59.5	62	36.0	37.6	59.8	62	36.1	37.7	60.2	62	36.2	37.8	60.5	62	36.3	37.9	60.9	62	36.4	6
6	37.6	59.9	62	36.1	37.7	60.3	63	36.3	37.8	60.6	63	36.4	37.9	61.0	63	36.5	**38.0**	61.3	63	36.6	6
6	37.7	60.3	63	36.3	37.8	60.7	63	36.4	37.9	61.0	63	36.5	**38.0**	61.4	63	36.6	38.1	61.8	63	36.7	6
5	37.8	60.7	63	36.4	37.9	61.1	63	36.5	**38.0**	61.5	63	36.6	38.1	61.8	64	36.7	38.2	62.2	64	36.8	5
5	37.9	61.2	64	36.5	**38.0**	61.5	64	36.6	38.1	61.9	64	36.7	38.2	62.2	64	36.8	38.3	62.6	64	37.0	5
5	**38.0**	61.6	64	36.7	38.1	62.0	64	36.8	38.2	62.3	64	36.9	38.3	62.7	64	37.0	38.4	63.0	64	37.1	5
5	38.1	62.0	65	36.8	38.2	62.4	65	36.9	38.3	62.7	65	37.0	38.4	63.1	65	37.1	38.5	63.5	65	37.2	5
5	38.2	62.4	65	36.9	38.3	62.8	65	37.0	38.4	63.2	65	37.1	38.5	63.5	65	37.2	38.6	63.9	65	37.3	5
5	38.3	62.9	66	37.0	38.4	63.2	66	37.1	38.5	63.6	66	37.2	38.6	64.0	66	37.4	38.7	64.3	66	37.5	5
5	38.4	63.3	66	37.2	38.5	63.7	66	37.3	38.6	64.0	66	37.4	38.7	64.4	66	37.5	38.8	64.8	66	37.6	5
5	38.5	63.7	66	37.3	38.6	64.1	67	37.4	38.7	64.5	67	37.5	38.8	64.8	67	37.6	38.9	65.2	67	37.7	6
5	38.6	64.2	67	37.4	38.7	64.5	67	37.5	38.8	64.9	67	37.6	38.9	65.3	67	37.7	**39.0**	65.7	67	37.8	5
5	38.7	64.6	67	37.5	38.8	65.0	67	37.6	38.9	65.4	67	37.7	**39.0**	65.7	68	37.9	39.1	66.1	68	38.0	5

n	t_W	e	U	t_d	t_W	e	U	t_d	t_W	e	U	t_d	t_W	e	U	t_d	t_W	e	U	t_d	n
	45.0				**45.1**				**45.2**				**45.3**				**45.4**				
5	38.8	65.0	68	37.7	38.9	65.4	68	37.8	**39.0**	65.8	68	37.9	39.1	66.2	68	38.0	39.2	66.5	68	38.1	5
4	38.9	65.5	68	37.8	**39.0**	65.9	68	37.9	39.1	66.2	68	38.0	39.2	66.6	68	38.1	39.3	67.0	68	38.2	4
4	**39.0**	65.9	69	37.9	39.1	66.3	69	38.0	39.2	66.7	69	38.1	39.3	67.1	69	38.2	39.4	67.4	69	38.3	4
4	39.1	66.4	69	38.0	39.2	66.7	69	38.1	39.3	67.1	69	38.2	39.4	67.5	69	38.3	39.5	67.9	69	38.5	4
4	39.2	66.8	70	38.2	39.3	67.2	70	38.3	39.4	67.6	70	38.4	39.5	68.0	70	38.5	39.6	68.3	70	38.6	4
4	39.3	67.3	70	38.3	39.4	67.6	70	38.4	39.5	68.0	70	38.5	39.6	68.4	70	38.6	39.7	68.8	70	38.7	4
4	39.4	67.7	71	38.4	39.5	68.1	71	38.5	39.6	68.5	71	38.6	39.7	68.9	71	38.7	39.8	69.3	71	38.8	4
4	39.5	68.2	71	38.5	39.6	68.5	71	38.6	39.7	68.9	71	38.7	39.8	69.3	71	38.8	39.9	69.7	71	38.9	4
4	39.6	68.6	72	38.6	39.7	69.0	72	38.8	39.8	69.4	72	38.9	39.9	69.8	72	39.0	**40.0**	70.2	72	39.1	4
4	39.7	69.1	72	38.8	39.8	69.5	72	38.9	39.9	69.8	72	39.0	**40.0**	70.2	72	39.1	40.1	70.6	72	39.2	4
4	39.8	69.5	73	38.9	39.9	69.9	73	39.0	**40.0**	70.3	73	39.1	40.1	70.7	73	39.2	40.2	71.1	73	39.3	4
4	39.9	70.0	73	39.0	**40.0**	70.4	73	39.1	40.1	70.8	73	39.2	40.2	71.2	73	39.3	40.3	71.6	73	39.4	4
3	**40.0**	70.4	73	39.1	40.1	70.8	74	39.2	40.2	71.2	74	39.3	40.3	71.6	74	39.4	40.4	72.0	74	39.6	3
3	40.1	70.9	74	39.3	40.2	71.3	74	39.4	40.3	71.7	74	39.5	40.4	72.1	74	39.6	40.5	72.5	74	39.7	3
3	40.2	71.4	74	39.4	40.3	71.8	74	39.5	40.4	72.2	75	39.6	40.5	72.6	75	39.7	40.6	73.0	75	39.8	3
3	40.3	71.8	75	39.5	40.4	72.2	75	39.6	40.5	72.6	75	39.7	40.6	73.0	75	39.8	40.7	73.4	75	39.9	3
3	40.4	72.3	75	39.6	40.5	72.7	75	39.7	40.6	73.1	75	39.8	40.7	73.5	76	39.9	40.8	73.9	76	40.0	3
3	40.5	72.8	76	39.7	40.6	73.2	76	39.8	40.7	73.6	76	39.9	40.8	74.0	76	40.1	40.9	74.4	76	40.2	3
3	40.6	73.2	76	39.9	40.7	73.6	76	40.0	40.8	74.0	76	40.1	40.9	74.5	76	40.2	**41.0**	74.9	77	40.3	3
3	40.7	73.7	77	40.0	40.8	74.1	77	40.1	40.9	74.5	77	40.2	**41.0**	74.9	77	40.3	41.1	75.3	77	40.4	3
3	40.8	74.2	77	40.1	40.9	74.6	77	40.2	**41.0**	75.0	77	40.3	41.1	75.4	77	40.4	41.2	75.8	77	40.5	3
3	40.9	74.7	78	40.2	**41.0**	75.1	78	40.3	41.1	75.5	78	40.4	41.2	75.9	78	40.5	41.3	76.3	78	40.6	3
3	**41.0**	75.1	78	40.3	41.1	75.5	78	40.4	41.2	76.0	78	40.5	41.3	76.4	78	40.7	41.4	76.8	78	40.8	3
3	41.1	75.6	79	40.5	41.2	76.0	79	40.6	41.3	76.4	79	40.7	41.4	76.9	79	40.8	41.5	77.3	79	40.9	3
3	41.2	76.1	79	40.6	41.3	76.5	79	40.7	41.4	76.9	79	40.8	41.5	77.3	79	40.9	41.6	77.8	79	41.0	3
2	41.3	76.6	80	40.7	41.4	77.0	80	40.8	41.5	77.4	80	40.9	41.6	77.8	80	41.0	41.7	78.3	80	41.1	2
2	41.4	77.1	80	40.8	41.5	77.5	80	40.9	41.6	77.9	80	41.0	41.7	78.3	80	41.1	41.8	78.8	80	41.2	2
2	41.5	77.5	81	40.9	41.6	78.0	81	41.0	41.7	78.4	81	41.1	41.8	78.8	81	41.2	41.9	79.2	81	41.3	2
2	41.6	78.0	81	41.1	41.7	78.5	81	41.2	41.8	78.9	81	41.3	41.9	79.3	81	41.4	**42.0**	79.7	82	41.5	2
2	41.7	78.5	82	41.2	41.8	79.0	82	41.3	41.9	79.4	82	41.4	**42.0**	79.8	82	41.5	42.1	80.2	82	41.6	2
2	41.8	79.0	82	41.3	41.9	79.4	82	41.4	**42.0**	79.9	82	41.5	42.1	80.3	83	41.6	42.2	80.7	83	41.7	2
2	41.9	79.5	83	41.4	**42.0**	79.9	83	41.5	42.1	80.4	83	41.6	42.2	80.8	83	41.7	42.3	81.2	83	41.8	2
2	**42.0**	80.0	83	41.5	42.1	80.4	83	41.6	42.2	80.9	84	41.7	42.3	81.3	84	41.8	42.4	81.7	84	41.9	2
2	42.1	80.5	84	41.6	42.2	80.9	84	41.8	42.3	81.4	84	41.9	42.4	81.8	84	42.0	42.5	82.3	84	42.1	2
2	42.2	81.0	85	41.8	42.3	81.4	85	41.9	42.4	81.9	85	42.0	42.5	82.3	85	42.1	42.6	82.8	85	42.2	2
2	42.3	81.5	85	41.9	42.4	81.9	85	42.0	42.5	82.4	85	42.1	42.6	82.8	85	42.2	42.7	83.3	85	42.3	2
2	42.4	82.0	86	42.0	42.5	82.5	86	42.1	42.6	82.9	86	42.2	42.7	83.3	86	42.3	42.8	83.8	86	42.4	2
2	42.5	82.5	86	42.1	42.6	83.0	86	42.2	42.7	83.4	86	42.3	42.8	83.9	86	42.4	42.9	84.3	86	42.5	2
2	42.6	83.0	87	42.2	42.7	83.5	87	42.3	42.8	83.9	87	42.4	42.9	84.4	87	42.5	**43.0**	84.8	87	42.6	2
1	42.7	83.5	87	42.4	42.8	84.0	87	42.5	42.9	84.4	87	42.6	**43.0**	84.9	87	42.7	43.1	85.3	87	42.8	1
1	42.8	84.1	88	42.5	42.9	84.5	88	42.6	**43.0**	85.0	88	42.7	43.1	85.4	88	42.8	43.2	85.9	88	42.9	1
1	42.9	84.6	88	42.6	**43.0**	85.0	88	42.7	43.1	85.5	88	42.8	43.2	85.9	88	42.9	43.3	86.4	88	43.0	1
1	**43.0**	85.1	89	42.7	43.1	85.5	89	42.8	43.2	86.0	89	42.9	43.3	86.4	89	43.0	43.4	86.9	89	43.1	1
1	43.1	85.6	89	42.8	43.2	86.1	89	42.9	43.3	86.5	89	43.0	43.4	87.0	89	43.1	43.5	87.4	89	43.2	1
1	43.2	86.1	90	42.9	43.3	86.6	90	43.0	43.4	87.0	90	43.1	43.5	87.5	90	43.2	43.6	88.0	90	43.3	1
1	43.3	86.6	90	43.1	43.4	87.1	90	43.2	43.5	87.6	90	43.3	43.6	88.0	90	43.4	43.7	88.5	90	43.5	1
1	43.4	87.2	91	43.2	43.5	87.6	91	43.3	43.6	88.1	91	43.4	43.7	88.6	91	43.5	43.8	89.0	91	43.6	1
1	43.5	87.7	91	43.3	43.6	88.2	92	43.4	43.7	88.6	92	43.5	43.8	89.1	92	43.6	43.9	89.6	92	43.7	1
1	43.6	88.2	92	43.4	43.7	88.7	92	43.5	43.8	89.2	92	43.6	43.9	89.6	92	43.7	**44.0**	90.1	92	43.8	1
1	43.7	83.8	93	43.5	43.8	89.2	93	43.6	43.9	89.7	93	43.7	**44.0**	90.2	93	43.8	44.1	90.6	93	43.9	1
1	43.8	89.3	93	43.6	43.9	89.8	93	43.7	**44.0**	90.2	93	43.8	44.1	90.7	93	43.9	44.2	91.2	93	44.0	1
1	43.9	89.8	94	43.7	**44.0**	90.3	94	43.8	44.1	90.8	94	43.9	44.2	91.2	94	44.0	44.3	91.7	94	44.1	1
1	**44.0**	90.4	94	43.9	44.1	90.8	94	44.0	44.2	91.3	94	44.1	44.3	91.8	94	44.2	44.4	92.3	94	44.3	1
1	44.1	90.9	95	44.0	44.2	91.4	95	44.1	44.3	91.9	95	44.2	44.4	92.3	95	44.3	44.5	92.8	95	44.4	1
0	44.2	91.4	95	44.1	44.3	91.9	95	44.2	44.4	92.4	95	44.3	44.5	92.9	95	44.4	44.6	93.4	95	44.5	0
0	44.3	92.0	96	44.2	44.4	92.5	96	44.3	44.5	92.9	96	44.4	44.6	93.4	96	44.5	44.7	93.9	96	44.6	0
0	44.4	92.5	97	44.3	44.5	93.0	97	44.4	44.6	93.5	97	44.5	44.7	94.0	97	44.6	44.8	94.5	97	44.7	0
0	44.5	93.1	97	44.4	44.6	93.6	97	44.5	44.7	94.0	97	44.6	44.8	94.5	97	44.7	44.9	95.0	97	44.8	0
0	44.6	93.6	98	44.5	44.7	94.1	98	44.6	44.8	94.6	98	44.7	44.9	95.1	98	44.8	**45.0**	95.6	98	44.9	0
0	44.7	94.2	98	44.7	44.8	94.7	98	44.8	44.9	95.2	98	44.9	**45.0**	95.7	98	45.0	45.1	96.1	98	45.1	0
0	44.8	94.7	99	44.8	44.9	95.2	99	44.9	**45.0**	95.7	99	45.0	45.1	96.2	99	45.1	45.2	96.7	99	45.2	0
0	44.9	95.3	99	44.9	**45.0**	95.8	99	45.0	45.1	96.3	99	45.1	45.2	96.8	99	45.2	45.3	97.3	99	45.3	0
0	**45.0**	95.9	100	45.0	45.1	96.3	100	45.1	45.2	96.8	100	45.2	45.3	97.3	100	45.3	45.4	97.8	100	45.4	0
	45.5				**45.6**				**45.7**				**45.8**				**45.9**				
50													17.2	0.5	1	-29.4	17.3	0.7	1	-27.2	50
49									17.2	0.6	1	-28.2	17.3	0.7	1	-26.1	17.4	0.9	1	-24.4	49
49	17.1	0.5	1	-29.3	17.2	0.7	1	-27.1	17.3	0.8	1	-25.2	17.4	0.9	1	-23.5	17.5	1.0	1	-22.1	49
49	17.2	0.7	1	-26.0	17.3	0.9	1	-24.3	17.4	1.0	1	-22.8	17.5	1.1	1	-21.4	17.6	1.2	1	-20.1	49
48	17.3	0.9	1	-23.4	17.4	1.1	1	-22.0	17.5	1.2	1	-20.7	17.6	1.3	1	-19.5	17.7	1.4	1	-18.4	48
48	17.4	1.1	1	-21.3	17.5	1.2	1	-20.1	17.6	1.4	1	-19.0	17.7	1.5	2	-17.9	17.8	1.6	2	-16.9	48
48	17.5	1.3	1	-19.5	17.6	1.4	1	-18.4	17.7	1.6	2	-17.4	17.8	1.7	2	-16.5	17.9	1.8	2	-15.6	48

n	t_W	e	U	t_d	t_W	e	U	t_d	t_W	e	U	t_d	t_W	e	U	t_d	t_W	e	U	t_d	n
	45.5				**45.6**				**45.7**				**45.8**				**45.9**				
47	17.6	1.5	2	-17.9	17.7	1.6	2	-16.9	17.8	1.8	2	-16.0	17.9	1.9	2	-15.1	**18.0**	2.0	2	-14.3	47
47	17.7	1.7	2	-16.4	17.8	1.8	2	-15.5	17.9	2.0	2	-14.7	**18.0**	2.1	2	-13.9	18.1	2.2	2	-13.2	47
47	17.8	1.9	2	-15.1	17.9	2.0	2	-14.3	**18.0**	2.2	2	-13.6	18.1	2.3	2	-12.8	18.2	2.4	2	-12.1	47
46	17.9	2.1	2	-13.9	**18.0**	2.2	2	-13.2	18.1	2.3	2	-12.5	18.2	2.5	2	-11.8	18.3	2.6	3	-11.2	46
46	**18.0**	2.3	2	-12.8	18.1	2.4	2	-12.1	18.2	2.5	3	-11.5	18.3	2.7	3	-10.8	18.4	2.8	3	-10.2	46
46	18.1	2.5	3	-11.8	18.2	2.6	3	-11.1	18.3	2.7	3	-10.5	18.4	2.9	3	-9.9	18.5	3.0	3	-9.4	46
45	18.2	2.7	3	-10.8	18.3	2.8	3	-10.2	18.4	2.9	3	-9.6	18.5	3.1	3	-9.1	18.6	3.2	3	-8.5	45
45	18.3	2.9	3	-9.9	18.4	3.0	3	-9.4	18.5	3.1	3	-8.8	18.6	3.3	3	-8.3	18.7	3.4	3	-7.8	45
45	18.4	3.1	3	-9.1	18.5	3.2	3	-8.5	18.6	3.3	3	-8.0	18.7	3.5	3	-7.5	18.8	3.6	4	-7.0	45
44	18.5	3.3	3	-8.3	18.6	3.4	3	-7.8	18.7	3.5	4	-7.3	18.8	3.7	4	-6.8	18.9	3.8	4	-6.3	44
44	18.6	3.5	4	-7.5	18.7	3.6	4	-7.0	18.8	3.7	4	-6.5	18.9	3.9	4	-6.1	**19.0**	4.0	4	-5.6	44
44	18.7	3.7	4	-6.8	18.8	3.8	4	-6.3	18.9	3.9	4	-5.9	**19.0**	4.1	4	-5.4	19.1	4.2	4	-5.0	44
43	18.8	3.9	4	-6.1	18.9	4.0	4	-5.6	**19.0**	4.2	4	-5.2	19.1	4.3	4	-4.8	19.2	4.4	4	-4.3	43
43	18.9	4.1	4	-5.4	**19.0**	4.2	4	-5.0	19.1	4.4	4	-4.6	19.2	4.5	5	-4.1	19.3	4.6	5	-3.7	43
43	**19.0**	4.3	4	-4.8	19.1	4.4	4	-4.4	19.2	4.6	5	-3.9	19.3	4.7	5	-3.5	19.4	4.8	5	-3.2	43
42	19.1	4.5	5	-4.2	19.2	4.6	5	-3.8	19.3	4.8	5	-3.4	19.4	4.9	5	-3.0	19.5	5.0	5	-2.6	42
42	19.2	4.7	5	-3.6	19.3	4.8	5	-3.2	19.4	5.0	5	-2.8	19.5	5.1	5	-2.4	19.6	5.3	5	-2.0	42
42	19.3	4.9	5	-3.0	19.4	5.0	5	-2.6	19.5	5.2	5	-2.2	19.6	5.3	5	-1.9	19.7	5.5	5	-1.5	42
41	19.4	5.1	5	-2.4	19.5	5.2	5	-2.1	19.6	5.4	5	-1.7	19.7	5.5	6	-1.4	19.8	5.7	6	-1.0	41
41	19.5	5.3	5	-1.9	19.6	5.5	6	-1.5	19.7	5.6	6	-1.2	19.8	5.7	6	-0.8	19.9	5.9	6	-0.5	41
41	19.6	5.5	6	-1.4	19.7	5.7	6	-1.0	19.8	5.8	6	-0.7	19.9	6.0	6	-0.4	**20.0**	6.1	6	0.0	41
40	19.7	5.7	6	-0.9	19.8	5.9	6	-0.5	19.9	6.0	6	-0.2	**20.0**	6.2	6	0.1	20.1	6.3	6	0.4	40
40	19.8	5.9	6	-0.4	19.9	6.1	6	-0.1	**20.0**	6.2	6	0.3	20.1	6.4	6	0.6	20.2	6.5	6	0.9	40
40	19.9	6.2	6	0.1	**20.0**	6.3	6	0.4	20.1	6.4	6	0.7	20.2	6.6	7	1.0	20.3	6.7	7	1.4	40
39	**20.0**	6.4	6	0.6	20.1	6.5	7	0.9	20.2	6.7	7	1.2	20.3	6.8	7	1.5	20.4	6.9	7	1.8	39
39	20.1	6.6	7	1.0	20.2	6.7	7	1.3	20.3	6.9	7	1.6	20.4	7.0	7	1.9	20.5	7.2	7	2.2	39
39	20.2	6.8	7	1.5	20.3	6.9	7	1.8	20.4	7.1	7	2.1	20.5	7.2	7	2.3	20.6	7.4	7	2.6	39
39	20.3	7.0	7	1.9	20.4	7.1	7	2.2	20.5	7.3	7	2.5	20.6	7.4	7	2.8	20.7	7.6	8	3.0	39
38	20.4	7.2	7	2.3	20.5	7.4	7	2.6	20.6	7.5	8	2.9	20.7	7.7	8	3.2	20.8	7.8	8	3.4	38
38	20.5	7.4	8	2.7	20.6	7.6	8	3.0	20.7	7.7	8	3.3	20.8	7.9	8	3.6	20.9	8.0	8	3.8	38
38	20.6	7.6	8	3.1	20.7	7.8	8	3.4	20.8	7.9	8	3.7	20.9	8.1	8	3.9	**21.0**	8.2	8	4.2	38
37	20.7	7.9	8	3.5	20.8	8.0	8	3.8	20.9	8.2	8	4.1	**21.0**	8.3	8	4.3	21.1	8.5	8	4.6	37
37	20.8	8.1	8	3.9	20.9	8.2	8	4.2	**21.0**	8.4	8	4.4	21.1	8.5	9	4.7	21.2	8.7	9	5.0	37
37	20.9	8.3	8	4.3	**21.0**	8.5	9	4.6	21.1	8.6	9	4.8	21.2	8.8	9	5.1	21.3	8.9	9	5.3	37
36	**21.0**	8.5	9	4.7	21.1	8.7	9	4.9	21.2	8.8	9	5.2	21.3	9.0	9	5.4	21.4	9.1	9	5.7	36
36	21.1	8.7	9	5.0	21.2	8.9	9	5.3	21.3	9.0	9	5.5	21.4	9.2	9	5.8	21.5	9.4	9	6.0	36
36	21.2	9.0	9	5.4	21.3	9.1	9	5.6	21.4	9.3	9	5.9	21.5	9.4	9	6.1	21.6	9.6	10	6.4	36
36	21.3	9.2	9	5.7	21.4	9.3	9	6.0	21.5	9.5	10	6.2	21.6	9.6	10	6.5	21.7	9.8	10	6.7	36
35	21.4	9.4	10	6.1	21.5	9.6	10	6.3	21.6	9.7	10	6.6	21.7	9.9	10	6.8	21.8	10.0	10	7.0	35
35	21.5	9.6	10	6.4	21.6	9.8	10	6.7	21.7	9.9	10	6.9	21.8	10.1	10	7.1	21.9	10.3	10	7.4	35
35	21.6	9.8	10	6.8	21.7	10.0	10	7.0	21.8	10.2	10	7.2	21.9	10.3	10	7.5	**22.0**	10.5	10	7.7	35
34	21.7	10.1	10	7.1	21.8	10.2	10	7.3	21.9	10.4	10	7.5	**22.0**	10.6	11	7.8	22.1	10.7	11	8.0	34
34	21.8	10.3	10	7.4	21.9	10.5	11	7.6	**22.0**	10.6	11	7.9	22.1	10.8	11	8.1	22.2	10.9	11	8.3	34
34	21.9	10.5	11	7.7	**22.0**	10.7	11	8.0	22.1	10.8	11	8.2	22.2	11.0	11	8.4	22.3	11.2	11	8.6	34
34	**22.0**	10.8	11	8.0	22.1	10.9	11	8.3	22.2	11.1	11	8.5	22.3	11.2	11	8.7	22.4	11.4	11	8.9	34
33	22.1	11.0	11	8.4	22.2	11.1	11	8.6	22.3	11.3	11	8.8	22.4	11.5	11	9.0	22.5	11.6	12	9.2	33
33	22.2	11.2	11	8.7	22.3	11.4	12	8.9	22.4	11.5	12	9.1	22.5	11.7	12	9.3	22.6	11.9	12	9.5	33
33	22.3	11.4	12	9.0	22.4	11.6	12	9.2	22.5	11.8	12	9.4	22.6	11.9	12	9.6	22.7	12.1	12	9.8	33
33	22.4	11.7	12	9.3	22.5	11.8	12	9.5	22.6	12.0	12	9.7	22.7	12.2	12	9.9	22.8	12.3	12	10.1	33
32	22.5	11.9	12	9.5	22.6	12.1	12	9.8	22.7	12.2	12	10.0	22.8	12.4	12	10.2	22.9	12.6	13	10.4	32
32	22.6	12.1	12	9.8	22.7	12.3	12	10.0	22.8	12.5	13	10.2	22.9	12.6	13	10.4	**23.0**	12.8	13	10.6	32
32	22.7	12.4	13	10.1	22.8	12.5	13	10.3	22.9	12.7	13	10.5	**23.0**	12.9	13	10.7	23.1	13.0	13	10.9	32
32	22.8	12.6	13	10.4	22.9	12.8	13	10.6	**23.0**	12.9	13	10.8	23.1	13.1	13	11.0	23.2	13.3	13	11.2	32
31	22.9	12.8	13	10.7	**23.0**	13.0	13	10.9	23.1	13.2	13	11.1	23.2	13.4	13	11.3	23.3	13.5	13	11.5	31
31	**23.0**	13.1	13	11.0	23.1	13.2	13	11.1	23.2	13.4	14	11.3	23.3	13.6	14	11.5	23.4	13.8	14	11.7	31
31	23.1	13.3	14	11.2	23.2	13.5	14	11.4	23.3	13.7	14	11.6	23.4	13.8	14	11.8	23.5	14.0	14	12.0	31
30	23.2	13.6	14	11.5	23.3	13.7	14	11.7	23.4	13.9	14	11.9	23.5	14.1	14	12.1	23.6	14.2	14	12.2	30
30	23.3	13.8	14	11.8	23.4	14.0	14	11.9	23.5	14.1	14	12.1	23.6	14.3	14	12.3	23.7	14.5	14	12.5	30
30	23.4	14.0	14	12.0	23.5	14.2	14	12.2	23.6	14.4	14	12.4	23.7	14.6	15	12.6	23.8	14.7	15	12.8	30
30	23.5	14.3	15	12.3	23.6	14.4	15	12.5	23.7	14.6	15	12.6	23.8	14.8	15	12.8	23.9	15.0	15	13.0	30
29	23.6	14.5	15	12.5	23.7	14.7	15	12.7	23.8	14.9	15	12.9	23.9	15.0	15	13.1	**24.0**	15.2	15	13.3	29
29	23.7	14.8	15	12.8	23.8	14.9	15	13.0	23.9	15.1	15	13.1	**24.0**	15.3	15	13.3	24.1	15.5	15	13.5	29
29	23.8	15.0	15	13.0	23.9	15.2	15	13.2	**24.0**	15.4	15	13.4	24.1	15.5	16	13.6	24.2	15.7	16	13.7	29
29	23.9	15.2	15	13.3	**24.0**	15.4	16	13.5	24.1	15.6	16	13.6	24.2	15.8	16	13.8	24.3	16.0	16	14.0	29
28	**24.0**	15.5	16	13.5	24.1	15.7	16	13.7	24.2	15.8	16	13.9	24.3	16.0	16	14.1	24.4	16.2	16	14.2	28
28	24.1	15.7	16	13.8	24.2	15.9	16	13.9	24.3	16.1	16	14.1	24.4	16.3	16	14.3	24.5	16.5	16	14.5	28
28	24.2	16.0	16	14.0	24.3	16.2	16	14.2	24.4	16.3	16	14.4	24.5	16.5	17	14.5	24.6	16.7	17	14.7	28
28	24.3	16.2	17	14.2	24.4	16.4	17	14.4	24.5	16.6	17	14.6	24.6	16.8	17	14.8	24.7	17.0	17	14.9	28
28	24.4	16.5	17	14.5	24.5	16.7	17	14.7	24.6	16.8	17	14.8	24.7	17.0	17	15.0	24.8	17.2	17	15.2	28
27	24.5	16.7	17	14.7	24.6	16.9	17	14.9	24.7	17.1	17	15.1	24.8	17.3	17	15.2	24.9	17.5	17	15.4	27
27	24.6	17.0	17	14.9	24.7	17.2	17	15.1	24.8	17.4	17	15.3	24.9	17.5	18	15.4	**25.0**	17.7	18	15.6	27
27	24.7	17.2	18	15.2	24.8	17.4	18	15.3	24.9	17.6	18	15.5	**25.0**	17.8	18	15.7	25.1	18.0	18	15.8	27
27	24.8	17.5	18	15.4	24.9	17.7	18	15.6	**25.0**	17.9	18	15.7	25.1	18.1	18	15.9	25.2	18.2	18	16.1	27

n	t_W	e	U	t_d	t_W	e	U	t_d	t_W	e	U	t_d	t_W	e	U	t_d	t_W	e	U	t_d	n
	45.5				45.6				45.7				45.8				45.9				
26	24.9	17.7	18	15.6	**25.0**	17.9	18	15.8	25.1	18.1	18	16.0	25.2	18.3	18	16.1	25.3	18.5	18	16.3	26
26	**25.0**	18.0	18	15.8	25.1	18.2	18	16.0	25.2	18.4	18	16.2	25.3	18.6	19	16.3	25.4	18.8	19	16.6	26
26	25.1	18.3	19	16.1	25.2	18.4	19	16.2	25.3	18.6	19	16.4	25.4	18.8	19	16.6	25.5	19.0	19	16.7	26
26	25.2	18.5	19	16.3	25.3	18.7	19	16.4	25.4	18.9	19	16.6	25.5	19.1	19	16.8	25.6	19.3	19	16.9	26
25	25.3	18.8	19	16.5	25.4	19.0	19	16.7	25.5	19.2	19	16.8	25.6	19.3	19	17.0	25.7	19.5	19	17.1	25
25	25.4	19.0	19	16.7	25.5	19.2	19	16.9	25.6	19.4	20	17.0	25.7	19.6	20	17.2	25.8	19.8	20	17.4	25
25	25.5	19.3	20	16.9	25.6	19.5	20	17.1	25.7	19.7	20	17.2	25.8	19.9	20	17.4	25.9	20.1	20	17.6	25
25	25.6	19.5	20	17.1	25.7	19.7	20	17.3	25.8	19.9	20	17.5	25.9	20.1	20	17.6	**26.0**	20.3	20	17.8	25
25	25.7	19.8	20	17.4	25.8	20.0	20	17.5	25.9	20.2	20	17.7	**26.0**	20.4	20	17.8	26.1	20.6	21	18.0	25
24	25.8	20.1	20	17.6	25.9	20.3	21	17.7	**26.0**	20.5	21	17.9	26.1	20.7	21	18.0	26.2	20.9	21	18.2	24
24	25.9	20.3	21	17.8	**26.0**	20.5	21	17.9	26.1	20.7	21	18.1	26.2	20.9	21	18.2	26.3	21.1	21	18.4	24
24	**26.0**	20.6	21	18.0	26.1	20.8	21	18.1	26.2	21.0	21	18.3	26.3	21.2	21	18.4	26.4	21.4	21	18.6	24
24	26.1	20.9	21	18.2	26.2	21.1	21	18.3	26.3	21.3	21	18.5	26.4	21.5	21	18.6	26.5	21.7	22	18.8	24
23	26.2	21.1	21	18.4	26.3	21.3	22	18.5	26.4	21.5	22	18.7	26.5	21.7	22	18.8	26.6	21.9	22	19.0	23
23	26.3	21.4	22	18.6	26.4	21.6	22	18.7	26.5	21.8	22	18.9	26.6	22.0	22	19.0	26.7	22.2	22	19.2	23
23	26.4	21.7	22	18.8	26.5	21.9	22	18.9	26.6	22.1	22	19.1	26.7	22.3	22	19.2	26.8	22.5	22	19.4	23
23	26.5	21.9	22	19.0	26.6	22.1	22	19.1	26.7	22.3	22	19.3	26.8	22.6	23	19.4	26.9	22.8	23	19.6	23
23	26.6	22.2	23	19.2	26.7	22.4	23	19.3	26.8	22.6	23	19.5	26.9	22.8	23	19.6	**27.0**	23.0	23	19.8	23
22	26.7	22.5	23	19.4	26.8	22.7	23	19.5	26.9	22.9	23	19.7	**27.0**	23.1	23	19.8	27.1	23.3	23	20.0	22
22	26.8	22.8	23	19.6	26.9	23.0	23	19.7	**27.0**	23.2	23	19.9	27.1	23.4	23	20.0	27.2	23.6	24	20.2	22
22	26.9	23.0	23	19.8	**27.0**	23.2	24	19.9	27.1	23.4	24	20.1	27.2	23.7	24	20.2	27.3	23.9	24	20.3	22
22	**27.0**	23.3	24	20.0	27.1	23.5	24	20.1	27.2	23.7	24	20.2	27.3	23.9	24	20.4	27.4	24.2	24	20.5	22
22	27.1	23.6	24	20.1	27.2	23.8	24	20.3	27.3	24.0	24	20.4	27.4	24.2	24	20.6	27.5	24.4	24	20.7	22
21	27.2	23.9	24	20.3	27.3	24.1	24	20.5	27.4	24.3	24	20.6	27.5	24.5	25	20.8	27.6	24.7	25	20.9	21
21	27.3	24.1	25	20.5	27.4	24.4	25	20.7	27.5	24.6	25	20.8	27.6	24.8	25	20.9	27.7	25.0	25	21.1	21
21	27.4	24.4	25	20.7	27.5	24.6	25	20.9	27.6	24.8	25	21.0	27.7	25.1	25	21.1	27.8	25.3	25	21.3	21
21	27.5	24.7	25	20.9	27.6	24.9	25	21.0	27.7	25.1	25	21.2	27.8	25.3	25	21.3	27.9	25.6	25	21.5	21
21	27.6	25.0	25	21.1	27.7	25.2	25	21.2	27.8	25.4	26	21.4	27.9	25.6	26	21.5	**28.0**	25.9	26	21.6	21
20	27.7	25.3	26	21.3	27.8	25.5	26	21.4	27.9	25.7	26	21.5	**28.0**	25.9	26	21.7	28.1	26.1	26	21.8	20
20	27.8	25.5	26	21.4	27.9	25.8	26	21.6	**28.0**	26.0	26	21.7	28.1	26.2	26	21.9	28.2	26.4	26	22.0	20
20	27.9	25.8	26	21.6	**28.0**	26.1	26	21.8	28.1	26.3	26	21.9	28.2	26.5	27	22.0	28.3	26.7	27	22.2	20
20	**28.0**	26.1	27	21.8	28.1	26.3	27	21.9	28.2	26.6	27	22.1	28.3	26.8	27	22.2	28.4	27.0	27	22.4	20
20	28.1	26.4	27	22.0	28.2	26.6	27	22.1	28.3	26.9	27	22.3	28.4	27.1	27	22.4	28.5	27.3	27	22.5	20
19	28.2	26.7	27	22.2	28.3	26.9	27	22.3	28.4	27.1	27	22.4	28.5	27.4	27	22.6	28.6	27.6	27	22.7	19
19	28.3	27.0	27	22.3	28.4	27.2	28	22.5	28.5	27.4	28	22.6	28.6	27.7	28	22.8	28.7	27.9	28	22.9	19
19	28.4	27.3	28	22.5	28.5	27.5	28	22.7	28.6	27.7	28	22.8	28.7	28.0	28	22.9	28.8	28.2	28	23.1	19
19	28.5	27.6	28	22.7	28.6	27.8	28	22.8	28.7	28.0	28	23.0	28.8	28.3	28	23.1	28.9	28.5	28	23.2	19
19	28.6	27.9	28	22.9	28.7	28.1	28	23.0	28.8	28.3	29	23.1	28.9	28.5	29	23.3	**29.0**	28.8	29	23.4	19
18	28.7	28.2	29	23.0	28.8	28.4	29	23.2	28.9	28.6	29	23.3	**29.0**	28.8	29	23.4	29.1	29.1	29	23.6	18
18	28.8	28.5	29	23.2	28.9	28.7	29	23.3	**29.0**	28.9	29	23.5	29.1	29.1	29	23.6	29.2	29.4	29	23.7	18
18	28.9	28.7	29	23.4	**29.0**	29.0	29	23.5	29.1	29.2	29	23.7	29.2	29.4	29	23.8	29.3	29.7	30	23.9	18
18	**29.0**	29.0	30	23.6	29.1	29.3	30	23.7	29.2	29.5	30	23.8	29.3	29.7	30	24.0	29.4	30.0	30	24.1	18
18	29.1	29.3	30	23.7	29.2	29.6	30	23.9	29.3	29.8	30	24.0	29.4	30.0	30	24.1	29.5	30.3	30	24.3	18
18	29.2	29.6	30	23.9	29.3	29.9	30	24.0	29.4	30.1	30	24.2	29.5	30.4	30	24.3	29.6	30.6	30	24.4	18
17	29.3	29.9	30	24.1	29.4	30.2	31	24.2	29.5	30.4	31	24.3	29.6	30.7	31	24.5	29.7	30.9	31	24.6	17
17	29.4	30.2	31	24.2	29.5	30.5	31	24.4	29.6	30.7	31	24.5	29.7	31.0	31	24.6	29.8	31.2	31	24.8	17
17	29.5	30.6	31	24.4	29.6	30.8	31	24.5	29.7	31.0	31	24.7	29.8	31.3	31	24.8	29.9	31.5	31	24.9	17
17	29.6	30.9	31	24.6	29.7	31.1	31	24.7	29.8	31.3	32	24.8	29.9	31.6	32	25.0	**30.0**	31.8	32	25.1	17
17	29.7	31.2	32	24.7	29.8	31.4	32	24.9	29.9	31.6	32	25.0	**30.0**	31.9	32	25.1	30.1	32.1	32	25.2	17
17	29.8	31.5	32	24.9	29.9	31.7	32	25.0	**30.0**	32.0	32	25.2	30.1	32.2	32	25.3	30.2	32.4	32	25.4	17
16	29.9	31.8	32	25.1	**30.0**	32.0	32	25.2	30.1	32.3	32	25.3	30.2	32.5	33	25.4	30.3	32.8	33	25.6	16
16	**30.0**	32.1	33	25.2	30.1	32.3	33	25.3	30.2	32.6	33	25.5	30.3	32.8	33	25.6	30.4	33.1	33	25.7	16
16	30.1	32.4	33	25.4	30.2	32.6	33	25.5	30.3	32.9	33	25.6	30.4	33.1	33	25.8	30.5	33.4	33	25.9	16
16	30.2	32.7	33	25.5	30.3	33.0	33	25.7	30.4	33.2	33	25.8	30.5	33.5	34	25.9	30.6	33.7	34	26.0	16
16	30.3	33.0	34	25.7	30.4	33.3	34	25.8	30.5	33.5	34	26.0	30.6	33.8	34	26.1	30.7	34.0	34	26.2	16
16	30.4	33.3	34	25.9	30.5	33.6	34	26.0	30.6	33.8	34	26.1	30.7	34.1	34	26.2	30.8	34.3	34	26.4	16
15	30.5	33.7	34	26.0	30.6	33.9	34	26.2	30.7	34.2	34	26.3	30.8	34.4	34	26.4	30.9	34.7	35	26.5	15
15	30.6	34.0	35	26.2	30.7	34.2	35	26.3	30.8	34.5	35	26.4	30.9	34.7	35	26.6	**31.0**	35.0	35	26.7	15
15	30.7	34.3	35	26.3	30.8	34.5	35	26.5	30.9	34.8	35	26.6	**31.0**	35.1	35	26.7	31.1	35.3	35	26.8	15
15	30.8	34.6	35	26.5	30.9	34.9	35	26.6	**31.0**	35.1	35	26.7	31.1	35.4	35	26.9	31.2	35.6	36	27.0	15
15	30.9	34.9	36	26.7	**31.0**	35.2	36	26.8	31.1	35.4	36	26.9	31.2	35.7	36	27.0	31.3	36.0	36	27.1	15
15	**31.0**	35.3	36	26.8	31.1	35.5	36	26.9	31.2	35.8	36	27.1	31.3	36.0	36	27.2	31.4	36.3	36	27.3	15
14	31.1	35.6	36	27.0	31.2	35.8	36	27.1	31.3	36.1	36	27.2	31.4	36.4	36	27.3	31.5	36.6	36	27.5	14
14	31.2	35.9	37	27.1	31.3	36.2	37	27.2	31.4	36.4	37	27.4	31.5	36.7	37	27.5	31.6	36.9	37	27.6	14
14	31.3	36.2	37	27.3	31.4	36.5	37	27.4	31.5	36.7	37	27.5	31.6	37.0	37	27.6	31.7	37.3	37	27.8	14
14	31.4	36.6	37	27.4	31.5	36.8	37	27.6	31.6	37.1	37	27.7	31.7	37.3	37	27.8	31.8	37.6	37	27.9	14
14	31.5	36.9	38	27.6	31.6	37.1	38	27.7	31.7	37.4	38	27.8	31.8	37.7	38	27.9	31.9	37.9	38	28.1	14
14	31.6	37.2	38	27.7	31.7	37.5	38	27.9	31.8	37.7	38	28.0	31.9	38.0	38	28.1	**32.0**	38.3	38	28.2	14
13	31.7	37.5	38	27.9	31.8	37.8	38	28.0	31.9	38.1	38	28.1	**32.0**	38.3	38	28.2	32.1	38.6	38	28.4	13
13	31.8	37.9	39	28.0	31.9	38.1	39	28.2	**32.0**	38.4	39	28.3	32.1	38.7	39	28.4	32.2	39.0	39	28.5	13
13	31.9	38.2	39	28.2	**32.0**	38.5	39	28.3	32.1	38.7	39	28.4	32.2	39.0	39	28.5	32.3	39.3	39	28.7	13
13	**32.0**	38.5	39	28.3	32.1	38.8	39	28.5	32.2	39.1	39	28.6	32.3	39.4	39	28.7	32.4	39.6	39	28.8	13
13	32.1	38.9	40	28.5	32.2	39.2	40	28.6	32.3	39.4	40	28.7	32.4	39.7	40	28.8	32.5	40.0	40	29.0	13

n	t_W	e	U	t_d	t_W	e	U	t_d	t_W	e	U	t_d	t_W	e	U	t_d	t_W	e	U	t_d	n
	45.5				**45.6**				**45.7**				**45.8**				**45.9**				
13	32.2	39.2	40	28.6	32.3	39.5	40	28.8	32.4	39.8	40	28.9	32.5	40.0	40	29.0	32.6	40.3	40	29.1	13
13	32.3	39.6	40	28.8	32.4	39.8	40	28.9	32.5	40.1	40	29.0	32.6	40.4	40	29.1	32.7	40.7	41	29.3	13
12	32.4	39.9	41	28.9	32.5	40.2	41	29.1	32.6	40.4	41	29.2	32.7	40.7	41	29.3	32.8	41.0	41	29.4	12
12	32.5	40.2	41	29.1	32.6	40.5	41	29.2	32.7	40.8	41	29.3	32.8	41.1	41	29.4	32.9	41.4	41	29.6	12
12	32.6	40.6	41	29.2	32.7	40.9	41	29.3	32.8	41.1	41	29.5	32.9	41.4	41	29.6	**33.0**	41.7	42	29.7	12
12	32.7	40.9	42	29.4	32.8	41.2	42	29.5	32.9	41.5	42	29.6	**33.0**	41.8	42	29.7	33.1	42.0	42	29.8	12
12	32.8	41.3	42	29.5	32.9	41.6	42	29.6	**33.0**	41.8	42	29.8	33.1	42.1	42	29.9	33.2	42.4	42	30.0	12
12	32.9	41.6	42	29.7	**33.0**	41.9	42	29.8	33.1	42.2	42	29.9	33.2	42.5	43	30.0	33.3	42.8	43	30.1	12
12	**33.0**	42.0	43	29.8	33.1	42.2	43	29.9	33.2	42.5	43	30.0	33.3	42.8	43	30.2	33.4	43.1	43	30.3	12
11	33.1	42.3	43	30.0	33.2	42.6	43	30.1	33.3	42.9	43	30.2	33.4	43.2	43	30.3	33.5	43.5	43	30.4	11
11	33.2	42.7	43	30.1	33.3	43.0	43	30.2	33.4	43.2	44	30.3	33.5	43.5	44	30.4	33.6	43.8	44	30.6	11
11	33.3	43.0	44	30.2	33.4	43.3	44	30.4	33.5	43.6	44	30.5	33.6	43.9	44	30.6	33.7	44.2	44	30.7	11
11	33.4	43.4	44	30.4	33.5	43.7	44	30.5	33.6	44.0	44	30.6	33.7	44.2	44	30.7	33.8	44.5	44	30.8	11
11	33.5	43.7	44	30.5	33.6	44.0	45	30.6	33.7	44.3	45	30.8	33.8	44.6	45	30.9	33.9	44.9	45	31.0	11
11	33.6	44.1	45	30.7	33.7	44.4	45	30.8	33.8	44.7	45	30.9	33.9	45.0	45	31.0	**34.0**	45.3	45	31.1	11
11	33.7	44.4	45	30.8	33.8	44.7	45	30.9	33.9	45.0	45	31.0	**34.0**	45.3	45	31.2	34.1	45.6	45	31.3	11
10	33.8	44.8	46	31.0	33.9	45.1	46	31.1	**34.0**	45.4	46	31.2	34.1	45.7	46	31.3	34.2	46.0	46	31.4	10
10	33.9	45.2	46	31.1	**34.0**	45.5	46	31.2	34.1	45.8	46	31.3	34.2	46.1	46	31.4	34.3	46.4	46	31.6	10
10	**34.0**	45.5	46	31.2	34.1	45.8	46	31.3	34.2	46.1	46	31.5	34.3	46.4	46	31.6	34.4	46.7	47	31.7	10
10	34.1	45.9	47	31.4	34.2	46.2	47	31.5	34.3	46.5	47	31.6	34.4	46.8	47	31.7	34.5	47.1	47	31.8	10
10	34.2	46.3	47	31.5	34.3	46.6	47	31.6	34.4	46.9	47	31.7	34.5	47.2	47	31.9	34.6	47.5	47	32.0	10
10	34.3	46.6	47	31.7	34.4	46.9	47	31.8	34.5	47.2	48	31.9	34.6	47.5	48	32.0	34.7	47.8	48	32.1	10
10	34.4	47.0	48	31.8	34.5	47.3	48	31.9	34.6	47.6	48	32.0	34.7	47.9	48	32.1	34.8	48.2	48	32.2	10
10	34.5	47.4	48	31.9	34.6	47.7	48	32.0	34.7	48.0	48	32.2	34.8	48.3	48	32.3	34.9	48.6	48	32.4	10
9	34.6	47.7	49	32.1	34.7	48.0	49	32.2	34.8	48.3	49	32.3	34.9	48.7	49	32.4	**35.0**	49.0	49	32.5	9
9	34.7	48.1	49	32.2	34.8	48.4	49	32.3	34.9	48.7	49	32.4	**35.0**	49.0	49	32.5	35.1	49.3	49	32.7	9
9	34.8	48.5	49	32.3	34.9	48.8	49	32.5	**35.0**	49.1	49	32.6	35.1	49.4	49	32.7	35.2	49.7	50	32.8	9
9	34.9	48.9	50	32.5	**35.0**	49.2	50	32.6	35.1	49.5	50	32.7	35.2	49.8	50	32.8	35.3	50.1	50	32.9	9
9	**35.0**	49.2	50	32.6	35.1	49.5	50	32.7	35.2	49.9	50	32.8	35.3	50.2	50	33.0	35.4	50.5	50	33.1	9
9	35.1	49.6	50	32.8	35.2	49.9	51	32.9	35.3	50.2	51	33.0	35.4	50.6	51	33.1	35.5	50.9	51	33.2	9
9	35.2	50.0	51	32.9	35.3	50.3	51	33.0	35.4	50.6	51	33.1	35.5	50.9	51	33.2	35.6	51.3	51	33.3	9
9	35.3	50.4	51	33.0	35.4	50.7	51	33.1	35.5	51.0	51	33.2	35.6	51.3	51	33.4	35.7	51.6	51	33.5	9
8	35.4	50.8	52	33.2	35.5	51.1	52	33.3	35.6	51.4	52	33.4	35.7	51.7	52	33.5	35.8	52.0	52	33.6	8
8	35.5	51.1	52	33.3	35.6	51.5	52	33.4	35.7	51.8	52	33.5	35.8	52.1	52	33.6	35.9	52.4	52	33.7	8
8	35.6	51.5	52	33.4	35.7	51.8	52	33.5	35.8	52.2	53	33.6	35.9	52.5	53	33.8	**36.0**	52.8	53	33.9	8
8	35.7	51.9	53	33.6	35.8	52.2	53	33.7	35.9	52.6	53	33.8	**36.0**	52.9	53	33.9	36.1	53.2	53	34.0	8
8	35.8	52.3	53	33.7	35.9	52.6	53	33.8	**36.0**	52.9	53	33.9	36.1	53.3	53	34.0	36.2	53.6	53	34.1	8
8	35.9	52.7	54	33.8	**36.0**	53.0	54	33.9	36.1	53.3	54	34.0	36.2	53.7	54	34.2	36.3	54.0	54	34.3	8
8	**36.0**	53.1	54	34.0	36.1	53.4	54	34.1	36.2	53.7	54	34.2	36.3	54.1	54	34.3	36.4	54.4	54	34.4	8
8	36.1	53.5	54	34.1	36.2	53.8	54	34.2	36.3	54.1	54	34.3	36.4	54.5	55	34.4	36.5	54.8	55	34.5	8
8	36.2	53.9	55	34.2	36.3	54.2	55	34.3	36.4	54.5	55	34.4	36.5	54.9	55	34.6	36.6	55.2	55	34.7	8
7	36.3	54.3	55	34.4	36.4	54.6	55	34.5	36.5	54.9	55	34.6	36.6	55.3	55	34.7	36.7	55.6	55	34.8	7
7	36.4	54.7	56	34.5	36.5	55.0	56	34.6	36.6	55.3	56	34.7	36.7	55.7	56	34.8	36.8	56.0	56	34.9	7
7	36.5	55.1	56	34.6	36.6	55.4	56	34.7	36.7	55.7	56	34.8	36.8	56.1	56	34.9	36.9	56.4	56	35.1	7
7	36.6	55.5	56	34.8	36.7	55.8	56	34.9	36.8	56.1	57	35.0	36.9	56.5	57	35.1	**37.0**	56.8	57	35.2	7
7	36.7	55.9	57	34.9	36.8	56.2	57	35.0	36.9	56.5	57	35.1	**37.0**	56.9	57	35.2	37.1	57.2	57	35.3	7
7	36.8	56.3	57	35.0	36.9	56.6	57	35.1	**37.0**	57.0	57	35.2	37.1	57.3	57	35.3	37.2	57.6	57	35.4	7
7	36.9	56.7	58	35.1	**37.0**	57.0	58	35.3	37.1	57.4	58	35.4	37.2	57.7	58	35.5	37.3	58.1	58	35.6	7
7	**37.0**	57.1	58	35.3	37.1	57.4	58	35.4	37.2	57.8	58	35.5	37.3	58.1	58	35.6	37.4	58.5	58	35.7	7
7	37.1	57.5	58	35.4	37.2	57.8	59	35.5	37.3	58.2	59	35.6	37.4	58.5	59	35.7	37.5	58.9	59	35.8	7
6	37.2	57.9	59	35.5	37.3	58.3	59	35.6	37.4	58.6	59	35.7	37.5	59.0	59	35.9	37.6	59.3	59	36.0	6
6	37.3	58.3	59	35.7	37.4	58.7	59	35.8	37.5	59.0	59	35.9	37.6	59.4	59	36.0	37.7	59.7	59	36.1	6
6	37.4	58.7	60	35.8	37.5	59.1	60	35.9	37.6	59.4	60	36.0	37.7	59.8	60	36.1	37.8	60.1	60	36.2	6
6	37.5	59.2	60	35.9	37.6	59.5	60	36.0	37.7	59.9	60	36.1	37.8	60.2	60	36.2	37.9	60.6	60	36.3	6
6	37.6	59.6	61	36.0	37.7	59.9	61	36.2	37.8	60.3	61	36.3	37.9	60.6	61	36.4	**38.0**	61.0	61	36.5	6
6	37.7	60.0	61	36.2	37.8	60.3	61	36.3	37.9	60.7	61	36.4	**38.0**	61.1	61	36.5	38.1	61.4	61	36.6	6
6	37.8	60.4	61	36.3	37.9	60.8	61	36.4	**38.0**	61.1	62	36.5	38.1	61.5	62	36.6	38.2	61.8	62	36.7	6
6	37.9	60.8	62	36.4	**38.0**	61.2	62	36.5	38.1	61.6	62	36.6	38.2	61.9	62	36.8	38.3	62.3	62	36.9	6
6	**38.0**	61.3	62	36.6	38.1	61.6	62	36.7	38.2	62.0	62	36.8	38.3	62.3	62	36.9	38.4	62.7	62	37.0	6
6	38.1	61.7	63	36.7	38.2	62.0	63	36.8	38.3	62.4	63	36.9	38.4	62.8	63	37.0	38.5	63.1	63	37.1	6
5	38.2	62.1	63	36.8	38.3	62.5	63	36.9	38.4	62.8	63	37.0	38.5	63.2	63	37.1	38.6	63.6	63	37.2	5
5	38.3	62.5	64	36.9	38.4	62.9	64	37.0	38.5	63.3	64	37.1	38.6	63.6	64	37.3	38.7	64.0	64	37.4	5
5	38.4	63.0	64	37.1	38.5	63.3	64	37.2	38.6	63.7	64	37.3	38.7	64.1	64	37.4	38.8	64.4	64	37.5	5
5	38.5	63.4	64	37.2	38.6	63.8	65	37.3	38.7	64.1	65	37.4	38.8	64.5	65	37.5	38.9	64.9	65	37.6	5
5	38.6	63.8	65	37.3	38.7	64.2	65	37.4	38.8	64.6	65	37.5	38.9	65.0	65	37.6	**39.0**	65.3	65	37.7	5
5	38.7	64.3	65	37.4	38.8	64.6	65	37.5	38.9	65.0	65	37.7	**39.0**	65.4	65	37.8	39.1	65.8	66	37.9	5
5	38.8	64.7	66	37.6	38.9	65.1	66	37.7	**39.0**	65.5	66	37.8	39.1	65.8	66	37.9	39.2	66.2	66	38.0	5
5	38.9	65.2	66	37.7	**39.0**	65.5	66	37.8	39.1	65.9	66	37.9	39.2	66.3	66	38.0	39.3	66.7	66	38.1	5
5	**39.0**	65.6	67	37.8	39.1	66.0	67	37.9	39.2	66.3	67	38.0	39.3	66.7	67	38.1	39.4	67.1	67	38.2	5
5	39.1	66.0	67	37.9	39.2	66.4	67	38.0	39.3	66.8	67	38.1	39.4	67.2	67	38.3	39.5	67.6	67	38.4	5
5	39.2	66.5	68	38.1	39.3	66.9	68	38.2	39.4	67.2	68	38.3	39.5	67.6	68	38.4	39.6	68.0	68	38.5	5
4	39.3	66.9	68	38.2	39.4	67.3	68	38.3	39.5	67.7	68	38.4	39.6	68.1	68	38.5	39.7	68.5	68	38.6	4
4	39.4	67.4	69	38.3	39.5	67.8	69	38.4	39.6	68.1	69	38.5	39.7	68.5	69	38.6	39.8	68.9	69	38.7	4

n	t_W	e	U	t_d	t_W	e	U	t_d	t_W	e	U	t_d	t_W	e	U	t_d	t_W	e	U	t_d	n
	45.5				**45.6**				**45.7**				**45.8**				**45.9**				
4	39.5	67.8	69	38.4	39.6	68.2	69	38.5	39.7	68.6	69	38.6	39.8	69.0	69	38.7	39.9	69.4	69	38.9	4
4	39.6	68.3	69	38.6	39.7	68.7	69	38.7	39.8	69.1	70	38.8	39.9	69.4	70	38.9	**40.0**	69.8	70	39.0	4
4	39.7	68.7	70	38.7	39.8	69.1	70	38.8	39.9	69.5	70	38.9	**40.0**	69.9	70	39.0	40.1	70.3	70	39.1	4
4	39.8	69.2	70	38.8	39.9	69.6	70	38.9	**40.0**	70.0	70	39.0	40.1	70.4	70	39.1	40.2	70.8	70	39.2	4
4	39.9	69.6	71	38.9	**40.0**	70.0	71	39.0	40.1	70.4	71	39.1	40.2	70.8	71	39.2	40.3	71.2	71	39.3	4
4	**40.0**	70.1	71	39.0	40.1	70.5	71	39.2	40.2	70.9	71	39.3	40.3	71.3	71	39.4	40.4	71.7	71	39.5	4
4	40.1	70.6	72	39.2	40.2	71.0	72	39.3	40.3	71.4	72	39.4	40.4	71.8	72	39.5	40.5	72.2	72	39.6	4
4	40.2	71.0	72	39.3	40.3	71.4	72	39.4	40.4	71.8	72	39.5	40.5	72.2	72	39.6	40.6	72.6	72	39.7	4
4	40.3	71.5	73	39.4	40.4	71.9	73	39.5	40.5	72.3	73	39.6	40.6	72.7	73	39.7	40.7	73.1	73	39.8	4
3	40.4	72.0	73	39.5	40.5	72.4	73	39.6	40.6	72.8	73	39.7	40.7	73.2	73	39.8	40.8	73.6	73	39.9	3
3	40.5	72.4	74	39.7	40.6	72.8	74	39.8	40.7	73.2	74	39.9	40.8	73.6	74	40.0	40.9	74.1	74	40.1	3
3	40.6	72.9	74	39.8	40.7	73.3	74	39.9	40.8	73.7	74	40.0	40.9	74.1	74	40.1	**41.0**	74.5	74	40.2	3
3	40.7	73.4	75	39.9	40.8	73.8	75	40.0	40.9	74.2	75	40.1	**41.0**	74.6	75	40.2	41.1	75.0	75	40.3	3
3	40.8	73.8	75	40.0	40.9	74.3	75	40.1	**41.0**	74.7	75	40.2	41.1	75.1	75	40.3	41.2	75.5	75	40.4	3
3	40.9	74.3	76	40.1	**41.0**	74.7	76	40.2	41.1	75.1	76	40.3	41.2	75.6	76	40.4	41.3	76.0	76	40.6	3
3	**41.0**	74.8	76	40.3	41.1	75.2	76	40.4	41.2	75.6	76	40.5	41.3	76.0	76	40.6	41.4	76.5	76	40.7	3
3	41.1	75.3	77	40.4	41.2	75.7	77	40.5	41.3	76.1	77	40.6	41.4	76.5	77	40.7	41.5	76.9	77	40.8	3
3	41.2	75.8	77	40.5	41.3	76.2	77	40.6	41.4	76.6	77	40.7	41.5	77.0	77	40.8	41.6	77.4	77	40.9	3
3	41.3	76.2	78	40.6	41.4	76.7	78	40.7	41.5	77.1	78	40.8	41.6	77.5	78	40.9	41.7	77.9	78	41.0	3
3	41.4	76.7	78	40.7	41.5	77.1	78	40.8	41.6	77.6	78	40.9	41.7	78.0	78	41.0	41.8	78.4	78	41.2	3
3	41.5	77.2	79	40.9	41.6	77.6	79	41.0	41.7	78.1	79	41.1	41.8	78.5	79	41.2	41.9	78.9	79	41.3	3
3	41.6	77.7	79	41.0	41.7	78.1	79	41.1	41.8	78.6	79	41.2	41.9	79.0	79	41.3	**42.0**	79.4	79	41.4	3
2	41.7	78.2	80	41.1	41.8	78.6	80	41.2	41.9	79.0	80	41.3	**42.0**	79.5	80	41.4	42.1	79.9	80	41.5	2
2	41.8	78.7	80	41.2	41.9	79.1	80	41.3	**42.0**	79.5	80	41.4	42.1	80.0	80	41.5	42.2	80.4	80	41.6	2
2	41.9	79.2	81	41.3	**42.0**	79.6	81	41.4	42.1	80.0	81	41.5	42.2	80.5	81	41.6	42.3	80.9	81	41.7	2
2	**42.0**	79.7	81	41.5	42.1	80.1	81	41.6	42.2	80.5	81	41.7	42.3	81.0	81	41.8	42.4	81.4	81	41.9	2
2	42.1	80.2	82	41.6	42.2	80.6	82	41.7	42.3	81.0	82	41.8	42.4	81.5	82	41.9	42.5	81.9	82	42.0	2
2	42.2	80.7	82	41.7	42.3	81.1	82	41.8	42.4	81.5	82	41.9	42.5	82.0	82	42.0	42.6	82.4	82	42.1	2
2	42.3	81.2	83	41.8	42.4	81.6	83	41.9	42.5	82.1	83	42.0	42.6	82.5	83	42.1	42.7	82.9	83	42.2	2
2	42.4	81.7	83	41.9	42.5	82.1	83	42.0	42.6	82.6	83	42.1	42.7	83.0	83	42.2	42.8	83.5	83	42.3	2
2	42.5	82.2	84	42.0	42.6	82.6	84	42.1	42.7	83.1	84	42.2	42.8	83.5	84	42.3	42.9	84.0	84	42.4	2
2	42.6	82.7	84	42.2	42.7	83.1	84	42.3	42.8	83.6	84	42.4	42.9	84.0	84	42.5	**43.0**	84.5	84	42.6	2
2	42.7	83.2	85	42.3	42.8	83.7	85	42.4	42.9	84.1	85	42.5	**43.0**	84.6	85	42.6	43.1	85.0	85	42.7	2
2	42.8	83.7	85	42.4	42.9	84.2	85	42.5	**43.0**	84.6	85	42.6	43.1	85.1	85	42.7	43.2	85.5	85	42.8	2
2	42.9	84.2	86	42.5	**43.0**	84.7	86	42.6	43.1	85.1	86	42.7	43.2	85.6	86	42.8	43.3	86.0	86	42.9	2
2	**43.0**	84.8	86	42.6	43.1	85.2	86	42.7	43.2	85.7	86	42.8	43.3	86.1	86	42.9	43.4	86.6	86	43.0	2
1	43.1	85.3	87	42.7	43.2	85.7	87	42.8	43.3	86.2	87	42.9	43.4	86.6	87	43.0	43.5	87.1	87	43.1	1
1	43.2	85.8	87	42.9	43.3	86.2	87	43.0	43.4	86.7	87	43.1	43.5	87.2	87	43.2	43.6	87.6	87	43.3	1
1	43.3	86.3	88	43.0	43.4	86.8	88	43.1	43.5	87.2	88	43.2	43.6	87.7	88	43.3	43.7	88.2	88	43.4	1
1	43.4	86.8	88	43.1	43.5	87.3	88	43.2	43.6	87.8	88	43.3	43.7	88.2	88	43.4	43.8	88.7	88	43.5	1
1	43.5	87.4	89	43.2	43.6	87.8	89	43.3	43.7	88.3	89	43.4	43.8	88.8	89	43.5	43.9	89.2	89	43.6	1
1	43.6	87.9	89	43.3	43.7	88.4	89	43.4	43.8	88.8	89	43.5	43.9	89.3	89	43.6	**44.0**	89.8	89	43.7	1
1	43.7	88.4	90	43.4	43.8	88.9	90	43.5	43.9	89.4	90	43.6	**44.0**	89.8	90	43.7	44.1	90.3	90	43.8	1
1	43.8	89.0	90	43.6	43.9	89.4	90	43.7	**44.0**	89.9	90	43.8	44.1	90.4	90	43.9	44.2	90.8	91	44.0	1
1	43.9	89.5	91	43.7	**44.0**	90.0	91	43.8	44.1	90.4	91	43.9	44.2	90.9	91	44.0	44.3	91.4	91	44.1	1
1	**44.0**	90.0	92	43.8	44.1	90.5	92	43.9	44.2	91.0	92	44.0	44.3	91.5	92	44.1	44.4	91.9	92	44.2	1
1	44.1	90.6	92	43.9	44.2	91.0	92	44.0	44.3	91.5	92	44.1	44.4	92.0	92	44.2	44.5	92.5	92	44.3	1
1	44.2	91.1	93	44.0	44.3	91.6	93	44.1	44.4	92.1	93	44.2	44.5	92.5	93	44.3	44.6	93.0	93	44.4	1
1	44.3	91.7	93	44.1	44.4	92.1	93	44.2	44.5	92.6	93	44.3	44.6	93.1	93	44.4	44.7	93.6	93	44.5	1
1	44.4	92.2	94	44.2	44.5	92.7	94	44.3	44.6	93.2	94	44.4	44.7	93.6	94	44.5	44.8	94.1	94	44.6	1
1	44.5	92.7	94	44.4	44.6	93.2	94	44.5	44.7	93.7	94	44.6	44.8	94.2	94	44.7	44.9	94.7	94	44.8	1
1	44.6	93.3	95	44.5	44.7	93.8	95	44.6	44.8	94.3	95	44.7	44.9	94.8	95	44.8	**45.0**	95.2	95	44.9	1
0	44.7	93.8	95	44.6	44.8	94.3	95	44.7	44.9	94.8	95	44.8	**45.0**	95.3	95	44.9	45.1	95.8	95	45.0	0
0	44.8	94.4	96	44.7	44.9	94.9	96	44.8	**45.0**	95.4	96	44.9	45.1	95.9	96	45.0	45.2	96.4	96	45.1	0
0	44.9	95.0	97	44.8	**45.0**	95.4	97	44.9	45.1	95.9	97	45.0	45.2	96.4	97	45.1	45.3	96.9	97	45.2	0
0	**45.0**	95.5	97	44.9	45.1	96.0	97	45.0	45.2	96.5	97	45.1	45.3	97.0	97	45.2	45.4	97.5	97	45.3	0
0	45.1	96.1	98	45.0	45.2	96.6	98	45.1	45.3	97.1	98	45.2	45.4	97.6	98	45.3	45.5	98.1	98	45.4	0
0	45.2	96.6	98	45.2	45.3	97.1	98	45.3	45.4	97.6	98	45.4	45.5	98.1	98	45.5	45.6	98.6	98	45.6	0
0	45.3	97.2	99	45.3	45.4	97.7	99	45.4	45.5	98.2	99	45.5	45.6	98.7	99	45.6	45.7	99.2	99	45.7	0
0	45.4	97.8	99	45.4	45.5	98.3	99	45.5	45.6	98.8	99	45.6	45.7	99.3	99	45.7	45.8	99.8	99	45.8	0
0	45.5	98.3	100	45.5	45.6	98.8	100	45.6	45.7	99.4	100	45.7	45.8	99.9	100	45.8	45.9	100.4	100	45.9	0
	46.0				**46.1**				**46.2**				**46.3**				**46.4**				
50																	17.4	0.5	1	-29.8	50
50													17.4	0.6	1	-28.5	17.5	0.7	1	-26.4	50
49					17.3	0.5	1	-29.6	17.4	0.7	1	-27.3	17.5	0.8	1	-25.4	17.6	0.9	1	-23.7	49
49	17.3	0.6	1	-28.3	17.4	0.7	1	-26.3	17.5	0.8	1	-24.5	17.6	1.0	1	-22.9	17.7	1.1	1	-21.5	49
49	17.4	0.8	1	-25.3	17.5	0.9	1	-23.6	17.6	1.0	1	-22.2	17.7	1.2	1	-20.8	17.8	1.3	1	-19.6	49
48	17.5	1.0	1	-22.8	17.6	1.1	1	-21.5	17.7	1.2	1	-20.2	17.8	1.4	1	-19.1	17.9	1.5	1	-18.0	48
48	17.6	1.2	1	-20.8	17.7	1.3	1	-19.6	17.8	1.4	1	-18.5	17.9	1.6	2	-17.5	**18.0**	1.7	2	-16.5	48
48	17.7	1.4	1	-19.0	17.8	1.5	1	-18.0	17.9	1.6	2	-17.0	**18.0**	1.8	2	-16.1	18.1	1.9	2	-15.2	48
47	17.8	1.6	2	-17.4	17.9	1.7	2	-16.5	**18.0**	1.8	2	-15.6	18.1	1.9	2	-14.8	18.2	2.1	2	-14.0	47

n	t_W	e	U	t_d	t_W	e	U	t_d	t_W	e	U	t_d	t_W	e	U	t_d	t_W	e	U	t_d	n
	46.0				**46.1**				**46.2**				**46.3**				**46.4**				
47	17.9	1.8	2	-16.0	**18.0**	1.9	2	-15.2	18.1	2.0	2	-14.4	18.2	2.1	2	-13.6	18.3	2.3	2	-12.9	47
47	**18.0**	2.0	2	-14.7	18.1	2.1	2	-14.0	18.2	2.2	2	-13.2	18.3	2.3	2	-12.5	18.4	2.5	2	-11.8	47
46	18.1	2.1	2	-13.6	18.2	2.3	2	-12.8	18.3	2.4	2	-12.2	18.4	2.5	2	-11.5	18.5	2.7	3	-10.8	46
46	18.2	2.3	2	-12.5	18.3	2.5	2	-11.8	18.4	2.6	3	-11.2	18.5	2.7	3	-10.5	18.6	2.9	3	-9.9	46
46	18.3	2.5	3	-11.5	18.4	2.7	3	-10.8	18.5	2.8	3	-10.2	18.6	2.9	3	-9.6	18.7	3.1	3	-9.1	46
45	18.4	2.7	3	-10.5	18.5	2.9	3	-9.9	18.6	3.0	3	-9.4	18.7	3.1	3	-8.8	18.8	3.3	3	-8.3	45
45	18.5	2.9	3	-9.6	18.6	3.1	3	-9.1	18.7	3.2	3	-8.5	18.8	3.3	3	-8.0	18.9	3.5	3	-7.5	45
45	18.6	3.1	3	-8.8	18.7	3.3	3	-8.3	18.8	3.4	3	-7.8	18.9	3.5	3	-7.2	**19.0**	3.7	4	-6.8	45
44	18.7	3.3	3	-8.0	18.8	3.5	3	-7.5	18.9	3.6	4	-7.0	**19.0**	3.8	4	-6.5	19.1	3.9	4	-6.1	44
44	18.8	3.5	4	-7.3	18.9	3.7	4	-6.8	**19.0**	3.8	4	-6.3	19.1	4.0	4	-5.8	19.2	4.1	4	-5.4	44
44	18.9	3.7	4	-6.5	**19.0**	3.9	4	-6.1	19.1	4.0	4	-5.6	19.2	4.2	4	-5.2	19.3	4.3	4	-4.7	44
43	**19.0**	4.0	4	-5.8	19.1	4.1	4	-5.4	19.2	4.2	4	-5.0	19.3	4.4	4	-4.5	19.4	4.5	4	-4.1	43
43	19.1	4.2	4	-5.2	19.2	4.3	4	-4.7	19.3	4.4	4	-4.3	19.4	4.6	4	-3.9	19.5	4.7	5	-3.5	43
43	19.2	4.4	4	-4.5	19.3	4.5	4	-4.1	19.4	4.6	5	-3.7	19.5	4.8	5	-3.3	19.6	4.9	5	-2.9	43
42	19.3	4.6	5	-3.9	19.4	4.7	5	-3.5	19.5	4.8	5	-3.1	19.6	5.0	5	-2.8	19.7	5.1	5	-2.4	42
42	19.4	4.8	5	-3.3	19.5	4.9	5	-3.0	19.6	5.1	5	-2.6	19.7	5.2	5	-2.2	19.8	5.3	5	-1.8	42
42	19.5	5.0	5	-2.8	19.6	5.1	5	-2.4	19.7	5.3	5	-2.0	19.8	5.4	5	-1.7	19.9	5.6	5	-1.3	42
41	19.6	5.2	5	-2.2	19.7	5.3	5	-1.9	19.8	5.5	5	-1.5	19.9	5.6	5	-1.1	**20.0**	5.8	6	-0.8	41
41	19.7	5.4	5	-1.7	19.8	5.5	5	-1.3	19.9	5.7	6	-1.0	**20.0**	5.8	6	-0.6	20.1	6.0	6	-0.3	41
41	19.8	5.6	6	-1.2	19.9	5.8	6	-0.8	**20.0**	5.9	6	-0.5	20.1	6.0	6	-0.2	20.2	6.2	6	0.2	41
41	19.9	5.8	6	-0.7	**20.0**	6.0	6	-0.3	20.1	6.1	6	0.0	20.2	6.3	6	0.3	20.3	6.4	6	0.6	41
40	**20.0**	6.0	6	-0.2	20.1	6.2	6	0.2	20.2	6.3	6	0.5	20.3	6.5	6	0.8	20.4	6.6	6	1.1	40
40	20.1	6.2	6	0.3	20.2	6.4	6	0.6	20.3	6.5	6	0.9	20.4	6.7	7	1.2	20.5	6.8	7	1.5	40
40	20.2	6.5	6	0.8	20.3	6.6	7	1.1	20.4	6.7	7	1.4	20.5	6.9	7	1.7	20.6	7.0	7	2.0	40
39	20.3	6.7	7	1.2	20.4	6.8	7	1.5	20.5	7.0	7	1.8	20.6	7.1	7	2.1	20.7	7.3	7	2.4	39
39	20.4	6.9	7	1.7	20.5	7.0	7	2.0	20.6	7.2	7	2.2	20.7	7.3	7	2.5	20.8	7.5	7	2.8	39
39	20.5	7.1	7	2.1	20.6	7.2	7	2.4	20.7	7.4	7	2.7	20.8	7.5	7	2.9	20.9	7.7	7	3.2	39
38	20.6	7.3	7	2.5	20.7	7.5	7	2.8	20.8	7.6	7	3.1	20.9	7.8	8	3.3	**21.0**	7.9	8	3.6	38
38	20.7	7.5	7	2.9	20.8	7.7	8	3.2	20.9	7.8	8	3.5	**21.0**	8.0	8	3.7	21.1	8.1	8	4.0	38
38	20.8	7.7	8	3.3	20.9	7.9	8	3.6	**21.0**	8.0	8	3.9	21.1	8.2	8	4.1	21.2	8.4	8	4.4	38
37	20.9	8.0	8	3.7	**21.0**	8.1	8	4.0	21.1	8.3	8	4.2	21.2	8.4	8	4.5	21.3	8.6	8	4.8	37
37	**21.0**	8.2	8	4.1	21.1	8.3	8	4.4	21.2	8.5	8	4.6	21.3	8.6	8	4.9	21.4	8.8	9	5.1	37
37	21.1	8.4	8	4.5	21.2	8.6	8	4.7	21.3	8.7	9	5.0	21.4	8.9	9	5.2	21.5	9.0	9	5.5	37
37	21.2	8.6	9	4.8	21.3	8.8	9	5.1	21.4	8.9	9	5.4	21.5	9.1	9	5.6	21.6	9.2	9	5.8	37
36	21.3	8.8	9	5.2	21.4	9.0	9	5.5	21.5	9.2	9	5.7	21.6	9.3	9	6.0	21.7	9.5	9	6.2	36
36	21.4	9.1	9	5.6	21.5	9.2	9	5.8	21.6	9.4	9	6.1	21.7	9.5	9	6.3	21.8	9.7	9	6.5	36
36	21.5	9.3	9	5.9	21.6	9.4	9	6.2	21.7	9.6	9	6.4	21.8	9.8	10	6.6	21.9	9.9	10	6.9	36
35	21.6	9.5	9	6.3	21.7	9.7	10	6.5	21.8	9.8	10	6.7	21.9	10.0	10	7.0	**22.0**	10.2	10	7.2	35
35	21.7	9.7	10	6.6	21.8	9.9	10	6.8	21.9	10.1	10	7.1	**22.0**	10.2	10	7.3	22.1	10.4	10	7.5	35
35	21.8	10.0	10	6.9	21.9	10.1	10	7.2	**22.0**	10.3	10	7.4	22.1	10.4	10	7.6	22.2	10.6	10	7.8	35
35	21.9	10.2	10	7.3	**22.0**	10.4	10	7.5	22.1	10.5	10	7.7	22.2	10.7	10	7.9	22.3	10.8	11	8.2	35
34	**22.0**	10.4	10	7.6	22.1	10.6	10	7.8	22.2	10.7	11	8.0	22.3	10.9	11	8.3	22.4	11.1	11	8.5	34
34	22.1	10.6	11	7.9	22.2	10.8	11	8.1	22.3	11.0	11	8.3	22.4	11.1	11	8.6	22.5	11.3	11	8.8	34
34	22.2	10.9	11	8.2	22.3	11.0	11	8.4	22.4	11.2	11	8.7	22.5	11.4	11	8.9	22.6	11.5	11	9.1	34
34	22.3	11.1	11	8.5	22.4	11.3	11	8.7	22.5	11.4	11	9.0	22.6	11.6	11	9.2	22.7	11.8	11	9.4	34
33	22.4	11.3	11	8.8	22.5	11.5	11	9.0	22.6	11.7	11	9.3	22.7	11.8	12	9.5	22.8	12.0	12	9.7	33
33	22.5	11.6	11	9.1	22.6	11.7	12	9.3	22.7	11.9	12	9.5	22.8	12.1	12	9.8	22.9	12.2	12	10.0	33
33	22.6	11.8	12	9.4	22.7	12.0	12	9.6	22.8	12.1	12	9.8	22.9	12.3	12	10.0	**23.0**	12.5	12	10.2	33
32	22.7	12.0	12	9.7	22.8	12.2	12	9.9	22.9	12.4	12	10.1	**23.0**	12.5	12	10.3	23.1	12.7	12	10.5	32
32	22.8	12.3	12	10.0	22.9	12.4	12	10.2	**23.0**	12.6	12	10.4	23.1	12.8	12	10.6	23.2	13.0	13	10.8	32
32	22.9	12.5	12	10.3	**23.0**	12.7	13	10.5	23.1	12.8	13	10.7	23.2	13.0	13	10.9	23.3	13.2	13	11.1	32
32	**23.0**	12.7	13	10.6	23.1	12.9	13	10.8	23.2	13.1	13	11.0	23.3	13.3	13	11.2	23.4	13.4	13	11.4	32
31	23.1	13.0	13	10.8	23.2	13.2	13	11.0	23.3	13.3	13	11.2	23.4	13.5	13	11.4	23.5	13.7	13	11.6	31
31	23.2	13.2	13	11.1	23.3	13.4	13	11.3	23.4	13.6	13	11.5	23.5	13.7	13	11.7	23.6	13.9	14	11.9	31
31	23.3	13.5	13	11.4	23.4	13.6	13	11.6	23.5	13.8	14	11.8	23.6	14.0	14	12.0	23.7	14.2	14	12.1	31
31	23.4	13.7	14	11.7	23.5	13.9	14	11.8	23.6	14.0	14	12.0	23.7	14.2	14	12.2	23.8	14.4	14	12.4	31
30	23.5	13.9	14	11.9	23.6	14.1	14	12.1	23.7	14.3	14	12.3	23.8	14.5	14	12.5	23.9	14.6	14	12.7	30
30	23.6	14.2	14	12.2	23.7	14.4	14	12.4	23.8	14.5	14	12.5	23.9	14.7	14	12.7	**24.0**	14.9	14	12.9	30
30	23.7	14.4	14	12.4	23.8	14.6	14	12.6	23.9	14.8	14	12.8	**24.0**	15.0	15	13.0	24.1	15.1	15	13.2	30
30	23.8	14.7	15	12.7	23.9	14.8	15	12.9	**24.0**	15.0	15	13.1	24.1	15.2	15	13.2	24.2	15.4	15	13.4	30
29	23.9	14.9	15	12.9	**24.0**	15.1	15	13.1	24.1	15.3	15	13.3	24.2	15.4	15	13.5	24.3	15.6	15	13.7	29
29	**24.0**	15.2	15	13.2	24.1	15.3	15	13.4	24.2	15.5	15	13.6	24.3	15.7	15	13.7	24.4	15.9	15	13.9	29
29	24.1	15.4	15	13.4	24.2	15.6	15	13.6	24.3	15.8	15	13.8	24.4	15.9	16	14.0	24.5	16.1	16	14.1	29
29	24.2	15.6	16	13.7	24.3	15.8	16	13.9	24.4	16.0	16	14.0	24.5	16.2	16	14.2	24.6	16.4	16	14.4	29
28	24.3	15.9	16	13.9	24.4	16.1	16	14.1	24.5	16.3	16	14.3	24.6	16.4	16	14.4	24.7	16.6	16	14.6	28
28	24.4	16.1	16	14.2	24.5	16.3	16	14.3	24.6	16.5	16	14.5	24.7	16.7	16	14.7	24.8	16.9	16	14.9	28
28	24.5	16.4	16	14.4	24.6	16.6	16	14.6	24.7	16.8	16	14.7	24.8	17.0	17	14.9	24.9	17.1	17	15.1	28
28	24.6	16.6	17	14.6	24.7	16.8	17	14.8	24.8	17.0	17	15.0	24.9	17.2	17	15.1	**25.0**	17.4	17	15.3	28
27	24.7	16.9	17	14.9	24.8	17.1	17	15.0	24.9	17.3	17	15.2	**25.0**	17.5	17	15.4	25.1	17.7	17	15.5	27
27	24.8	17.2	17	15.1	24.9	17.3	17	15.3	**25.0**	17.5	17	15.4	25.1	17.7	17	15.6	25.2	17.9	17	15.8	27
27	24.9	17.4	17	15.3	**25.0**	17.6	17	15.5	25.1	17.8	17	15.7	25.2	18.0	18	15.8	25.3	18.2	18	16.0	27
27	**25.0**	17.7	18	15.6	25.1	17.9	18	15.7	25.2	18.0	18	15.9	25.3	18.2	18	16.1	25.4	18.4	18	16.2	27
27	25.1	17.9	18	15.8	25.2	18.1	18	15.9	25.3	18.3	18	16.1	25.4	18.5	18	16.3	25.5	18.7	18	16.4	27

n	t_W	e	U	t_d	t_W	e	U	t_d	t_W	e	U	t_d	t_W	e	U	t_d	t_W	e	U	t_d	n
	46.0				**46.1**				**46.2**				**46.3**				**46.4**				
26	25.2	18.2	18	16.0	25.3	18.4	18	16.2	25.4	18.6	18	16.3	25.5	18.8	18	16.5	25.6	18.9	18	16.7	26
26	25.3	18.4	18	16.2	25.4	18.6	18	16.4	25.5	18.8	18	16.5	25.6	19.0	19	16.7	25.7	19.2	19	16.9	26
26	25.4	18.7	19	16.4	25.5	18.9	19	16.6	25.6	19.1	19	16.8	25.7	19.3	19	16.9	25.8	19.5	19	17.1	26
26	25.5	19.0	19	16.7	25.6	19.1	19	16.8	25.7	19.3	19	17.0	25.8	19.5	19	17.1	25.9	19.7	19	17.3	26
25	25.6	19.2	19	16.9	25.7	19.4	19	17.0	25.8	19.6	19	17.2	25.9	19.8	19	17.4	**26.0**	20.0	19	17.5	25
25	25.7	19.5	19	17.1	25.8	19.7	19	17.2	25.9	19.9	19	17.4	**26.0**	20.1	20	17.6	26.1	20.3	20	17.7	25
25	25.8	19.7	20	17.3	25.9	19.9	20	17.5	**26.0**	20.1	20	17.6	26.1	20.3	20	17.8	26.2	20.5	20	17.9	25
25	25.9	20.0	20	17.5	**26.0**	20.2	20	17.7	26.1	20.4	20	17.8	26.2	20.6	20	18.0	26.3	20.8	20	18.1	25
24	**26.0**	20.3	20	17.7	26.1	20.5	20	17.9	26.2	20.7	20	18.0	26.3	20.9	20	18.2	26.4	21.1	20	18.3	24
24	26.1	20.5	20	17.9	26.2	20.7	20	18.1	26.3	20.9	21	18.2	26.4	21.1	21	18.4	26.5	21.3	21	18.5	24
24	26.2	20.8	21	18.1	26.3	21.0	21	18.3	26.4	21.2	21	18.4	26.5	21.4	21	18.6	26.6	21.6	21	18.7	24
24	26.3	21.1	21	18.3	26.4	21.3	21	18.5	26.5	21.5	21	18.6	26.6	21.7	21	18.8	26.7	21.9	21	18.9	24
24	26.4	21.3	21	18.5	26.5	21.5	21	18.7	26.6	21.7	21	18.8	26.7	21.9	21	19.0	26.8	22.2	22	19.1	24
23	26.5	21.6	21	18.7	26.6	21.8	22	18.9	26.7	22.0	22	19.0	26.8	22.2	22	19.2	26.9	22.4	22	19.3	23
23	26.6	21.9	22	18.9	26.7	22.1	22	19.1	26.8	22.3	22	19.2	26.9	22.5	22	19.4	**27.0**	22.7	22	19.5	23
23	26.7	22.1	22	19.1	26.8	22.4	22	19.3	26.9	22.6	22	19.4	**27.0**	22.8	22	19.6	27.1	23.0	22	19.7	23
23	26.8	22.4	22	19.3	26.9	22.6	22	19.5	**27.0**	22.8	22	19.6	27.1	23.0	22	19.8	27.2	23.3	23	19.9	23
23	26.9	22.7	22	19.5	**27.0**	22.9	23	19.7	27.1	23.1	23	19.8	27.2	23.3	23	20.0	27.3	23.5	23	20.1	23
22	**27.0**	23.0	23	19.7	27.1	23.2	23	19.9	27.2	23.4	23	20.0	27.3	23.6	23	20.2	27.4	23.8	23	20.3	22
22	27.1	23.2	23	19.9	27.2	23.5	23	20.1	27.3	23.7	23	20.2	27.4	23.9	23	20.4	27.5	24.1	23	20.5	22
22	27.2	23.5	23	20.1	27.3	23.7	23	20.3	27.4	24.0	23	20.4	27.5	24.2	24	20.5	27.6	24.4	24	20.7	22
22	27.3	23.8	24	20.3	27.4	24.0	24	20.4	27.5	24.2	24	20.6	27.6	24.4	24	20.7	27.7	24.7	24	20.9	22
22	27.4	24.1	24	20.5	27.5	24.3	24	20.6	27.6	24.5	24	20.8	27.7	24.7	24	20.9	27.8	24.9	24	21.1	22
21	27.5	24.4	24	20.7	27.6	24.6	24	20.8	27.7	24.8	24	21.0	27.8	25.0	24	21.1	27.9	25.2	25	21.2	21
21	27.6	24.6	24	20.9	27.7	24.9	25	21.0	27.8	25.1	25	21.1	27.9	25.3	25	21.3	**28.0**	25.5	25	21.4	21
21	27.7	24.9	25	21.0	27.8	25.1	25	21.2	27.9	25.4	25	21.3	**28.0**	25.6	25	21.5	28.1	25.8	25	21.6	21
21	27.8	25.2	25	21.2	27.9	25.4	25	21.4	**28.0**	25.7	25	21.5	28.1	25.9	25	21.7	28.2	26.1	25	21.8	21
21	27.9	25.5	25	21.4	**28.0**	25.7	25	21.6	28.1	25.9	25	21.7	28.2	26.2	26	21.8	28.3	26.4	26	22.0	21
20	**28.0**	25.8	26	21.6	28.1	26.0	26	21.7	28.2	26.2	26	21.9	28.3	26.5	26	22.0	28.4	26.7	26	22.2	20
20	28.1	26.1	26	21.8	28.2	26.3	26	21.9	28.3	26.5	26	22.1	28.4	26.7	26	22.2	28.5	27.0	26	22.3	20
20	28.2	26.4	26	22.0	28.3	26.6	26	22.1	28.4	26.8	26	22.2	28.5	27.0	26	22.4	28.6	27.3	26	22.5	20
20	28.3	26.7	26	22.1	28.4	26.9	27	22.3	28.5	27.1	27	22.4	28.6	27.3	27	22.6	28.7	27.6	27	22.7	20
20	28.4	26.9	27	22.3	28.5	27.2	27	22.5	28.6	27.4	27	22.6	28.7	27.6	27	22.7	28.8	27.9	27	22.9	20
19	28.5	27.2	27	22.5	28.6	27.5	27	22.6	28.7	27.7	27	22.8	28.8	27.9	27	22.9	28.9	28.1	27	23.0	19
19	28.6	27.5	27	22.7	28.7	27.8	27	22.8	28.8	28.0	27	22.9	28.9	28.2	28	23.1	**29.0**	28.4	28	23.2	19
19	28.7	27.8	28	22.8	28.8	28.1	28	23.0	28.9	28.3	28	23.1	**29.0**	28.5	28	23.3	29.1	28.7	28	23.4	19
19	28.8	28.1	28	23.0	28.9	28.3	28	23.2	**29.0**	28.6	28	23.3	29.1	28.8	28	23.4	29.2	29.0	28	23.6	19
19	28.9	28.4	28	23.2	**29.0**	28.6	28	23.3	29.1	28.9	28	23.5	29.2	29.1	28	23.6	29.3	29.3	29	23.7	19
18	**29.0**	28.7	28	23.4	29.1	28.9	29	23.5	29.2	29.2	29	23.6	29.3	29.4	29	23.8	29.4	29.6	29	23.9	18
18	29.1	29.0	29	23.5	29.2	29.2	29	23.7	29.3	29.5	29	23.8	29.4	29.7	29	23.9	29.5	30.0	29	24.1	18
18	29.2	29.3	29	23.7	29.3	29.5	29	23.8	29.4	29.8	29	24.0	29.5	30.0	29	24.1	29.6	30.3	29	24.2	18
18	29.3	29.6	29	23.9	29.4	29.8	29	24.0	29.5	30.1	30	24.1	29.6	30.3	30	24.3	29.7	30.6	30	24.4	18
18	29.4	29.9	30	24.0	29.5	30.2	30	24.2	29.6	30.4	30	24.3	29.7	30.6	30	24.4	29.8	30.9	30	24.6	18
18	29.5	30.2	30	24.2	29.6	30.5	30	24.3	29.7	30.7	30	24.5	29.8	30.9	30	24.6	29.9	31.2	30	24.7	18
17	29.6	30.5	30	24.4	29.7	30.8	30	24.5	29.8	31.0	30	24.6	29.9	31.2	30	24.8	**30.0**	31.5	31	24.9	17
17	29.7	30.8	31	24.6	29.8	31.1	31	24.7	29.9	31.3	31	24.8	**30.0**	31.6	31	24.9	30.1	31.8	31	25.1	17
17	29.8	31.1	31	24.7	29.9	31.4	31	24.8	**30.0**	31.6	31	25.0	30.1	31.9	31	25.1	30.2	32.1	31	25.2	17
17	29.9	31.4	31	24.9	**30.0**	31.7	31	25.0	30.1	31.9	31	25.1	30.2	32.2	31	25.3	30.3	32.4	31	25.4	17
17	**30.0**	31.8	31	25.0	30.1	32.0	32	25.2	30.2	32.2	32	25.3	30.3	32.5	32	25.4	30.4	32.7	32	25.6	17
17	30.1	32.1	32	25.2	30.2	32.3	32	25.3	30.3	32.6	32	25.5	30.4	32.8	32	25.6	30.5	33.1	32	25.7	17
16	30.2	32.4	32	25.4	30.3	32.6	32	25.5	30.4	32.9	32	25.6	30.5	33.1	32	25.8	30.6	33.4	32	25.9	16
16	30.3	32.7	32	25.5	30.4	32.9	32	25.7	30.5	33.2	33	25.8	30.6	33.4	33	25.9	30.7	33.7	33	26.0	16
16	30.4	33.0	33	25.7	30.5	33.3	33	25.8	30.6	33.5	33	25.9	30.7	33.8	33	26.1	30.8	34.0	33	26.2	16
16	30.5	33.3	33	25.9	30.6	33.6	33	26.0	30.7	33.8	33	26.1	30.8	34.1	33	26.2	30.9	34.3	33	26.4	16
16	30.6	33.6	33	26.0	30.7	33.9	33	26.1	30.8	34.1	33	26.3	30.9	34.4	34	26.4	**31.0**	34.7	34	26.5	16
16	30.7	34.0	34	26.2	30.8	34.2	34	26.3	30.9	34.5	34	26.4	**31.0**	34.7	34	26.6	31.1	35.0	34	26.7	16
15	30.8	34.3	34	26.3	30.9	34.5	34	26.5	**31.0**	34.8	34	26.6	31.1	35.0	34	26.7	31.2	35.3	34	26.8	15
15	30.9	34.6	34	26.5	**31.0**	34.9	34	26.6	31.1	35.1	34	26.7	31.2	35.4	35	26.9	31.3	35.6	35	27.0	15
15	**31.0**	34.9	35	26.6	31.1	35.2	35	26.8	31.2	35.4	35	26.9	31.3	35.7	35	27.0	31.4	36.0	35	27.1	15
15	31.1	35.2	35	26.8	31.2	35.5	35	26.9	31.3	35.8	35	27.1	31.4	36.0	35	27.2	31.5	36.3	35	27.3	15
15	31.2	35.6	35	27.0	31.3	35.8	35	27.1	31.4	36.1	35	27.2	31.5	36.3	35	27.3	31.6	36.6	36	27.5	15
15	31.3	35.9	36	27.1	31.4	36.2	36	27.2	31.5	36.4	36	27.4	31.6	36.7	36	27.5	31.7	36.9	36	27.6	15
14	31.4	36.2	36	27.3	31.5	36.5	36	27.4	31.6	36.7	36	27.5	31.7	37.0	36	27.6	31.8	37.3	36	27.8	14
14	31.5	36.5	36	27.4	31.6	36.8	36	27.5	31.7	37.1	36	27.7	31.8	37.3	36	27.8	31.9	37.6	37	27.9	14
14	31.6	36.9	37	27.6	31.7	37.1	37	27.7	31.8	37.4	37	27.8	31.9	37.7	37	27.9	**32.0**	37.9	37	28.1	14
14	31.7	37.2	37	27.7	31.8	37.5	37	27.9	31.9	37.7	37	28.0	**32.0**	38.0	37	28.1	32.1	38.3	37	28.2	14
14	31.8	37.5	37	27.9	31.9	37.8	37	28.0	**32.0**	38.1	37	28.1	32.1	38.3	37	28.2	32.2	38.6	38	28.4	14
14	31.9	37.9	38	28.0	**32.0**	38.1	38	28.2	32.1	38.4	38	28.3	32.2	38.7	38	28.4	32.3	39.0	38	28.5	14
13	**32.0**	38.2	38	28.2	32.1	38.5	38	28.3	32.2	38.8	38	28.4	32.3	39.0	38	28.6	32.4	39.3	38	28.7	13
13	32.1	38.5	38	28.3	32.2	38.8	38	28.5	32.3	39.1	38	28.6	32.4	39.4	38	28.7	32.5	39.6	38	28.8	13
13	32.2	38.9	39	28.5	32.3	39.2	39	28.6	32.4	39.4	39	28.7	32.5	39.7	39	28.8	32.6	40.0	39	29.0	13
13	32.3	39.2	39	28.6	32.4	39.5	39	28.8	32.5	39.8	39	28.9	32.6	40.0	39	29.0	32.7	40.3	39	29.1	13
13	32.4	39.6	39	28.8	32.5	39.8	39	28.9	32.6	40.1	39	29.0	32.7	40.4	39	29.1	32.8	40.7	39	29.3	13

n	t_W	e	U	t_d	t_W	e	U	t_d	t_W	e	U	t_d	t_W	e	U	t_d	t_W	e	U	t_d	n
	46.0				**46.1**				**46.2**				**46.3**				**46.4**				
13	32.5	39.9	40	28.9	32.6	40.2	40	29.1	32.7	40.5	40	29.2	32.8	40.7	40	29.3	32.9	41.0	40	29.4	13
13	32.6	40.2	40	29.1	32.7	40.5	40	29.2	32.8	40.8	40	29.3	32.9	41.1	40	29.4	**33.0**	41.4	40	29.6	13
12	32.7	40.6	40	29.2	32.8	40.9	40	29.4	32.9	41.2	40	29.5	**33.0**	41.4	40	29.6	33.1	41.7	41	29.7	12
12	32.8	40.9	41	29.4	32.9	41.2	41	29.5	**33.0**	41.5	41	29.6	33.1	41.8	41	29.7	33.2	42.1	41	29.9	12
12	32.9	41.3	41	29.5	**33.0**	41.6	41	29.6	33.1	41.8	41	29.8	33.2	42.1	41	29.9	33.3	42.4	41	30.0	12
12	**33.0**	41.6	41	29.7	33.1	41.9	41	29.8	33.2	42.2	41	29.9	33.3	42.5	41	30.0	33.4	42.8	42	30.1	12
12	33.1	42.0	42	29.8	33.2	42.3	42	29.9	33.3	42.6	42	30.1	33.4	42.8	42	30.2	33.5	43.1	42	30.3	12
12	33.2	42.3	42	30.0	33.3	42.6	42	30.1	33.4	42.9	42	30.2	33.5	43.2	42	30.3	33.6	43.5	42	30.4	12
12	33.3	42.7	42	30.1	33.4	43.0	42	30.2	33.5	43.3	42	30.3	33.6	43.6	43	30.5	33.7	43.8	43	30.6	12
11	33.4	43.0	43	30.2	33.5	43.3	43	30.4	33.6	43.6	43	30.5	33.7	43.9	43	30.6	33.8	44.2	43	30.7	11
11	33.5	43.4	43	30.4	33.6	43.7	43	30.5	33.7	44.0	43	30.6	33.8	44.3	43	30.7	33.9	44.6	43	30.9	11
11	33.6	43.8	43	30.5	33.7	44.0	43	30.7	33.8	44.3	43	30.8	33.9	44.6	44	30.9	**34.0**	44.9	44	31.0	11
11	33.7	44.1	44	30.7	33.8	44.4	44	30.8	33.9	44.7	44	30.9	**34.0**	45.0	44	31.0	34.1	45.3	44	31.1	11
11	33.8	44.5	44	30.8	33.9	44.8	44	30.9	**34.0**	45.1	44	31.1	34.1	45.4	44	31.2	34.2	45.7	44	31.3	11
11	33.9	44.8	44	31.0	**34.0**	45.1	45	31.1	34.1	45.4	45	31.2	34.2	45.7	45	31.3	34.3	46.0	45	31.4	11
11	**34.0**	45.2	45	31.1	34.1	45.5	45	31.2	34.2	45.8	45	31.3	34.3	46.1	45	31.4	34.4	46.4	45	31.6	11
11	34.1	45.6	45	31.2	34.2	45.9	45	31.4	34.3	46.2	45	31.5	34.4	46.5	45	31.6	34.5	46.8	45	31.7	11
10	34.2	45.9	46	31.4	34.3	46.2	46	31.5	34.4	46.5	46	31.6	34.5	46.8	46	31.7	34.6	47.1	46	31.8	10
10	34.3	46.3	46	31.5	34.4	46.6	46	31.6	34.5	46.9	46	31.8	34.6	47.2	46	31.9	34.7	47.5	46	32.0	10
10	34.4	46.7	46	31.7	34.5	47.0	46	31.8	34.6	47.3	46	31.9	34.7	47.6	46	32.0	34.8	47.9	46	32.1	10
10	34.5	47.0	47	31.8	34.6	47.3	47	31.9	34.7	47.6	47	32.0	34.8	47.9	47	32.1	34.9	48.3	47	32.3	10
10	34.6	47.4	47	31.9	34.7	47.7	47	32.1	34.8	48.0	47	32.2	34.9	48.3	47	32.3	**35.0**	48.6	47	32.4	10
10	34.7	47.8	47	32.1	34.8	48.1	47	32.2	34.9	48.4	47	32.3	**35.0**	48.7	48	32.4	35.1	49.0	48	32.5	10
10	34.8	48.1	48	32.2	34.9	48.5	48	32.3	**35.0**	48.8	48	32.4	35.1	49.1	48	32.6	35.2	49.4	48	32.7	10
10	34.9	48.5	48	32.4	**35.0**	48.8	48	32.5	35.1	49.1	48	32.6	35.2	49.5	48	32.7	35.3	49.8	48	32.8	10
9	**35.0**	48.9	48	32.5	35.1	49.2	49	32.6	35.2	49.5	49	32.7	35.3	49.8	49	32.8	35.4	50.2	49	32.9	9
9	35.1	49.3	49	32.6	35.2	49.6	49	32.7	35.3	49.9	49	32.9	35.4	50.2	49	33.0	35.5	50.5	49	33.1	9
9	35.2	49.7	49	32.8	35.3	50.0	49	32.9	35.4	50.3	49	33.0	35.5	50.6	49	33.1	35.6	50.9	49	33.2	9
9	35.3	50.0	50	32.9	35.4	50.4	50	33.0	35.5	50.7	50	33.1	35.6	51.0	50	33.3	35.7	51.3	50	33.4	9
9	35.4	50.4	50	33.0	35.5	50.7	50	33.2	35.6	51.1	50	33.3	35.7	51.4	50	33.4	35.8	51.7	50	33.5	9
9	35.5	50.8	50	33.2	35.6	51.1	50	33.3	35.7	51.4	50	33.4	35.8	51.8	51	33.5	35.9	52.1	51	33.6	9
9	35.6	51.2	51	33.3	35.7	51.5	51	33.4	35.8	51.8	51	33.5	35.9	52.2	51	33.6	**36.0**	52.5	51	33.8	9
9	35.7	51.6	51	33.4	35.8	51.9	51	33.6	35.9	52.2	51	33.7	**36.0**	52.5	51	33.8	36.1	52.9	51	33.9	9
8	35.8	52.0	52	33.6	35.9	52.3	52	33.7	**36.0**	52.6	52	33.8	36.1	52.9	52	33.9	36.2	53.3	52	34.0	8
8	35.9	52.4	52	33.7	**36.0**	52.7	52	33.8	36.1	53.0	52	33.9	36.2	53.3	52	34.0	36.3	53.7	52	34.2	8
8	**36.0**	52.7	52	33.8	36.1	53.1	52	34.0	36.2	53.4	52	34.1	36.3	53.7	52	34.2	36.4	54.1	53	34.3	8
8	36.1	53.1	53	34.0	36.2	53.5	53	34.1	36.3	53.8	53	34.2	36.4	54.1	53	34.3	36.5	54.5	53	34.4	8
8	36.2	53.5	53	34.1	36.3	53.9	53	34.2	36.4	54.2	53	34.3	36.5	54.5	53	34.4	36.6	54.9	53	34.6	8
8	36.3	53.9	53	34.2	36.4	54.3	54	34.4	36.5	54.6	54	34.5	36.6	54.9	54	34.6	36.7	55.3	54	34.7	8
8	36.4	54.3	54	34.4	36.5	54.7	54	34.5	36.6	55.0	54	34.6	36.7	55.3	54	34.7	36.8	55.7	54	34.8	8
8	36.5	54.7	54	34.5	36.6	55.1	54	34.6	36.7	55.4	54	34.7	36.8	55.7	54	34.8	36.9	56.1	54	35.0	8
8	36.6	55.1	55	34.6	36.7	55.5	55	34.8	36.8	55.8	55	34.9	36.9	56.1	55	35.0	**37.0**	56.5	55	35.1	8
7	36.7	55.5	55	34.8	36.8	55.9	55	34.9	36.9	56.2	55	35.0	**37.0**	56.6	55	35.1	37.1	56.9	55	35.2	7
7	36.8	55.9	55	34.9	36.9	56.3	56	35.0	**37.0**	56.6	56	35.1	37.1	57.0	56	35.2	37.2	57.3	56	35.3	7
7	36.9	56.3	56	35.0	**37.0**	56.7	56	35.1	37.1	57.0	56	35.3	37.2	57.4	56	35.4	37.3	57.7	56	35.5	7
7	**37.0**	56.8	56	35.2	37.1	57.1	56	35.3	37.2	57.4	56	35.4	37.3	57.8	56	35.5	37.4	58.1	56	35.6	7
7	37.1	57.2	57	35.3	37.2	57.5	57	35.4	37.3	57.9	57	35.5	37.4	58.2	57	35.6	37.5	58.6	57	35.7	7
7	37.2	57.6	57	35.4	37.3	57.9	57	35.5	37.4	58.3	57	35.6	37.5	58.6	57	35.8	37.6	59.0	57	35.9	7
7	37.3	58.0	57	35.6	37.4	58.3	58	35.7	37.5	58.7	58	35.8	37.6	59.0	58	35.9	37.7	59.4	58	36.0	7
7	37.4	58.4	58	35.7	37.5	58.8	58	35.8	37.6	59.1	58	35.9	37.7	59.5	58	36.0	37.8	59.8	58	36.1	7
7	37.5	58.8	58	35.8	37.6	59.2	58	35.9	37.7	59.5	58	36.0	37.8	59.9	58	36.1	37.9	60.2	58	36.2	7
6	37.6	59.2	59	35.9	37.7	59.6	59	36.1	37.8	59.9	59	36.2	37.9	60.3	59	36.3	**38.0**	60.7	59	36.4	6
6	37.7	59.7	59	36.1	37.8	60.0	59	36.2	37.9	60.4	59	36.3	**38.0**	60.7	59	36.4	38.1	61.1	59	36.5	6
6	37.8	60.1	60	36.2	37.9	60.4	60	36.3	**38.0**	60.8	60	36.4	38.1	61.2	60	36.5	38.2	61.5	60	36.6	6
6	37.9	60.5	60	36.3	**38.0**	60.9	60	36.4	38.1	61.2	60	36.5	38.2	61.6	60	36.7	38.3	61.9	60	36.8	6
6	**38.0**	60.9	60	36.5	38.1	61.3	60	36.6	38.2	61.6	60	36.7	38.3	62.0	61	36.8	38.4	62.4	61	36.9	6
6	38.1	61.4	61	36.6	38.2	61.7	61	36.7	38.3	62.1	61	36.8	38.4	62.4	61	36.9	38.5	62.8	61	37.0	6
6	38.2	61.8	61	36.7	38.3	62.1	61	36.8	38.4	62.5	61	36.9	38.5	62.9	61	37.0	38.6	63.2	61	37.1	6
6	38.3	62.2	62	36.8	38.4	62.6	62	36.9	38.5	62.9	62	37.1	38.6	63.3	62	37.2	38.7	63.7	62	37.3	6
6	38.4	62.6	62	37.0	38.5	63.0	62	37.1	38.6	63.4	62	37.2	38.7	63.7	62	37.3	38.8	64.1	62	37.4	6
6	38.5	63.1	63	37.1	38.6	63.4	63	37.2	38.7	63.8	63	37.3	38.8	64.2	63	37.4	38.9	64.6	63	37.5	6
5	38.6	63.5	63	37.2	38.7	63.9	63	37.3	38.8	64.2	63	37.4	38.9	64.6	63	37.5	**39.0**	65.0	63	37.6	5
5	38.7	63.9	63	37.3	38.8	64.3	63	37.4	38.9	64.7	63	37.6	**39.0**	65.1	64	37.7	39.1	65.4	64	37.8	5
5	38.8	64.4	64	37.5	38.9	64.8	64	37.6	**39.0**	65.1	64	37.7	39.1	65.5	64	37.8	39.2	65.9	64	37.9	5
5	38.9	64.8	64	37.6	**39.0**	65.2	64	37.7	39.1	65.6	64	37.8	39.2	65.9	64	37.9	39.3	66.3	64	38.0	5
5	**39.0**	65.3	65	37.7	39.1	65.6	65	37.8	39.2	66.0	65	37.9	39.3	66.4	65	38.0	39.4	66.8	65	38.1	5
5	39.1	65.7	65	37.8	39.2	66.1	65	38.0	39.3	66.5	65	38.1	39.4	66.8	65	38.2	39.5	67.2	65	38.3	5
5	39.2	66.1	66	38.0	39.3	66.5	66	38.1	39.4	66.9	66	38.2	39.5	67.3	66	38.3	39.6	67.7	66	38.4	5
5	39.3	66.6	66	38.1	39.4	67.0	66	38.2	39.5	67.4	66	38.3	39.6	67.7	66	38.4	39.7	68.1	66	38.5	5
5	39.4	67.0	66	38.2	39.5	67.4	66	38.3	39.6	67.8	67	38.4	39.7	68.2	67	38.5	39.8	68.6	67	38.6	5
5	39.5	67.5	67	38.3	39.6	67.9	67	38.4	39.7	68.3	67	38.6	39.8	63.7	67	38.7	39.9	69.0	67	38.8	5
5	39.6	67.9	67	38.5	39.7	68.3	67	38.6	39.8	68.7	67	38.7	39.9	69.1	67	38.8	**40.0**	69.5	68	38.9	5
4	39.7	68.4	68	38.6	39.8	68.8	68	38.7	39.9	69.2	68	38.8	**40.0**	69.6	68	38.9	40.1	70.0	68	39.0	4

n	t_W	e	U	t_d	t_W	e	U	t_d	t_W	e	U	t_d	t_W	e	U	t_d	t_W	e	U	t_d	n
	46.0				**46.1**				**46.2**				**46.3**				**46.4**				
4	39.8	68.9	68	38.7	39.9	69.2	68	38.8	**40.0**	69.6	68	38.9	40.1	70.0	68	39.0	40.2	70.4	68	39.1	4
4	39.9	69.3	69	38.8	**40.0**	69.7	69	38.9	40.1	70.1	69	39.0	40.2	70.5	69	39.1	40.3	70.9	69	39.3	4
4	**40.0**	69.8	69	39.0	40.1	70.2	69	39.1	40.2	70.6	69	39.2	40.3	71.0	69	39.3	40.4	71.4	69	39.4	4
4	40.1	70.2	70	39.1	40.2	70.6	70	39.2	40.3	71.0	70	39.3	40.4	71.4	70	39.4	40.5	71.8	70	39.5	4
4	40.2	70.7	70	39.2	40.3	71.1	70	39.3	40.4	71.5	70	39.4	40.5	71.9	70	39.5	40.6	72.3	70	39.6	4
4	40.3	71.2	71	39.3	40.4	71.6	71	39.4	40.5	72.0	71	39.5	40.6	72.4	71	39.6	40.7	72.8	71	39.7	4
4	40.4	71.6	71	39.4	40.5	72.0	71	39.6	40.6	72.4	71	39.7	40.7	72.8	71	39.8	40.8	73.2	71	39.9	4
4	40.5	72.1	71	39.6	40.6	72.5	71	39.7	40.7	72.9	72	39.8	40.8	73.3	72	39.9	40.9	73.7	72	40.0	4
4	40.6	72.6	72	39.7	40.7	73.0	72	39.8	40.8	73.4	72	39.9	40.9	73.8	72	40.0	**41.0**	74.2	72	40.1	4
4	40.7	73.0	72	39.8	40.8	73.4	72	39.9	40.9	73.9	72	40.0	**41.0**	74.3	72	40.1	41.1	74.7	73	40.2	4
4	40.8	73.5	73	39.9	40.9	73.9	73	40.0	**41.0**	74.3	73	40.1	41.1	74.7	73	40.2	41.2	75.2	73	40.3	4
3	40.9	74.0	73	40.1	**41.0**	74.4	73	40.2	41.1	74.8	73	40.3	41.2	75.2	73	40.4	41.3	75.6	73	40.5	3
3	**41.0**	74.5	74	40.2	41.1	74.9	74	40.3	41.2	75.3	74	40.4	41.3	75.7	74	40.5	41.4	76.1	74	40.6	3
3	41.1	74.9	74	40.3	41.2	75.4	74	40.4	41.3	75.8	74	40.5	41.4	76.2	74	40.6	41.5	76.6	74	40.7	3
3	41.2	75.4	75	40.4	41.3	75.8	75	40.5	41.4	76.3	75	40.6	41.5	76.7	75	40.7	41.6	77.1	75	40.8	3
3	41.3	75.9	75	40.5	41.4	76.3	75	40.6	41.5	76.7	75	40.7	41.6	77.2	75	40.8	41.7	77.6	75	40.9	3
3	41.4	76.4	76	40.7	41.5	76.8	76	40.8	41.6	77.2	76	40.9	41.7	77.7	76	41.0	41.8	78.1	76	41.1	3
3	41.5	76.9	76	40.8	41.6	77.3	76	40.9	41.7	77.7	76	41.0	41.8	78.2	76	41.1	41.9	78.6	76	41.2	3
3	41.6	77.4	77	40.9	41.7	77.8	77	41.0	41.8	78.2	77	41.1	41.9	78.6	77	41.2	**42.0**	79.1	77	41.3	3
3	41.7	77.9	77	41.0	41.8	78.3	77	41.1	41.9	78.7	77	41.2	**42.0**	79.1	77	41.3	42.1	79.6	77	41.4	3
3	41.8	78.4	78	41.1	41.9	78.8	78	41.2	**42.0**	79.2	78	41.3	42.1	79.6	78	41.4	42.2	80.1	78	41.5	3
3	41.9	78.8	78	41.3	**42.0**	79.3	78	41.4	42.1	79.7	78	41.5	42.2	80.1	78	41.6	42.3	80.6	78	41.7	3
3	**42.0**	79.3	79	41.4	42.1	79.8	79	41.5	42.2	80.2	79	41.6	42.3	80.6	79	41.7	42.4	81.1	79	41.8	3
2	42.1	79.8	79	41.5	42.2	80.3	79	41.6	42.3	80.7	79	41.7	42.4	81.1	79	41.8	42.5	81.6	79	41.9	2
2	42.2	80.3	80	41.6	42.3	80.8	80	41.7	42.4	81.2	80	41.8	42.5	81.7	80	41.9	42.6	82.1	80	42.0	2
2	42.3	80.8	80	41.7	42.4	81.3	80	41.8	42.5	81.7	80	41.9	42.6	82.2	80	42.0	42.7	82.6	80	42.1	2
2	42.4	81.3	81	41.8	42.5	81.8	81	41.9	42.6	82.2	81	42.1	42.7	82.7	81	42.2	42.8	83.1	81	42.3	2
2	42.5	81.9	81	42.0	42.6	82.3	81	42.1	42.7	82.7	81	42.2	42.8	83.2	81	42.3	42.9	83.6	81	42.4	2
2	42.6	82.4	82	42.1	42.7	82.8	82	42.2	42.8	83.3	82	42.3	42.9	83.7	82	42.4	**43.0**	84.2	82	42.5	2
2	42.7	82.9	82	42.2	42.8	83.3	82	42.3	42.9	83.8	82	42.4	**43.0**	84.2	82	42.5	43.1	84.7	82	42.6	2
2	42.8	83.4	83	42.3	42.9	83.8	83	42.4	**43.0**	84.3	83	42.5	43.1	84.7	83	42.6	43.2	85.2	83	42.7	2
2	42.9	83.9	83	42.4	**43.0**	84.4	83	42.5	43.1	84.8	83	42.6	43.2	85.3	83	42.7	43.3	85.7	83	42.8	2
2	**43.0**	84.4	84	42.6	43.1	84.9	84	42.7	43.2	85.3	84	42.8	43.3	85.8	84	42.9	43.4	86.2	84	43.0	2
2	43.1	84.9	84	42.7	43.2	85.4	84	42.8	43.3	85.8	84	42.9	43.4	86.3	84	43.0	43.5	86.8	84	43.1	2
2	43.2	85.5	85	42.8	43.3	85.9	85	42.9	43.4	86.4	85	43.0	43.5	86.8	85	43.1	43.6	87.3	85	43.2	2
2	43.3	86.0	85	42.9	43.4	86.4	85	43.0	43.5	86.9	85	43.1	43.6	87.4	85	43.2	43.7	87.8	85	43.3	2
2	43.4	86.5	86	43.0	43.5	87.0	86	43.1	43.6	87.4	86	43.2	43.7	87.9	86	43.3	43.8	88.4	86	43.4	2
2	43.5	87.0	86	43.1	43.6	87.5	86	43.2	43.7	88.0	86	43.3	43.8	88.4	86	43.4	43.9	88.9	86	43.5	2
1	43.6	87.6	87	43.3	43.7	88.0	87	43.4	43.8	88.5	87	43.5	43.9	89.0	87	43.6	**44.0**	89.4	87	43.7	1
1	43.7	88.1	87	43.4	43.8	88.6	87	43.5	43.9	89.0	87	43.6	**44.0**	89.5	87	43.7	44.1	90.0	87	43.8	1
1	43.8	88.6	88	43.5	43.9	89.1	88	43.6	**44.0**	89.6	88	43.7	44.1	90.0	88	43.8	44.2	90.5	88	43.9	1
1	43.9	89.2	88	43.6	**44.0**	89.6	88	43.7	44.1	90.1	88	43.8	44.2	90.6	88	43.9	44.3	91.1	88	44.0	1
1	**44.0**	89.7	89	43.7	44.1	90.2	89	43.8	44.2	90.6	89	43.9	44.3	91.1	89	44.0	44.4	91.6	89	44.1	1
1	44.1	90.2	89	43.8	44.2	90.7	89	43.9	44.3	91.2	89	44.0	44.4	91.7	89	44.1	44.5	92.1	89	44.2	1
1	44.2	90.8	90	43.9	44.3	91.3	90	44.0	44.4	91.7	90	44.1	44.5	92.2	90	44.2	44.6	92.7	90	44.4	1
1	44.3	91.3	91	44.1	44.4	91.8	91	44.2	44.5	92.3	91	44.3	44.6	92.8	91	44.4	44.7	93.2	91	44.5	1
1	44.4	91.9	91	44.2	44.5	92.3	91	44.3	44.6	92.8	91	44.4	44.7	93.3	91	44.5	44.8	93.8	91	44.6	1
1	44.5	92.4	92	44.3	44.6	92.9	92	44.4	44.7	93.4	92	44.5	44.8	93.9	92	44.6	44.9	94.4	92	44.7	1
1	44.6	93.0	92	44.4	44.7	93.4	92	44.5	44.8	93.9	92	44.6	44.9	94.4	92	44.7	**45.0**	94.9	92	44.8	1
1	44.7	93.5	93	44.5	44.8	94.0	93	44.6	44.9	94.5	93	44.7	**45.0**	95.0	93	44.8	45.1	95.5	93	44.9	1
1	44.8	94.1	93	44.6	44.9	94.6	93	44.7	**45.0**	95.0	93	44.8	45.1	95.5	93	44.9	45.2	96.0	93	45.0	1
1	44.9	94.6	94	44.7	**45.0**	95.1	94	44.9	45.1	95.6	94	45.0	45.2	96.1	94	45.1	45.3	96.6	94	45.2	1
1	**45.0**	95.2	94	44.9	45.1	95.7	94	45.0	45.2	96.2	94	45.1	45.3	96.7	94	45.2	45.4	97.2	94	45.3	1
1	45.1	95.7	95	45.0	45.2	96.2	95	45.1	45.3	96.7	95	45.2	45.4	97.2	95	45.3	45.5	97.7	95	45.4	1
0	45.2	96.3	95	45.1	45.3	96.8	95	45.2	45.4	97.3	95	45.3	45.5	97.8	95	45.4	45.6	98.3	95	45.5	0
0	45.3	96.9	96	45.2	45.4	97.4	96	45.3	45.5	97.9	96	45.4	45.6	98.4	96	45.5	45.7	98.9	96	45.6	0
0	45.4	97.4	97	45.3	45.5	97.9	97	45.4	45.6	98.4	97	45.5	45.7	99.0	97	45.6	45.8	99.5	97	45.7	0
0	45.5	98.0	97	45.4	45.6	98.5	97	45.5	45.7	99.0	97	45.6	45.8	99.5	97	45.7	45.9	100.0	97	45.8	0
0	45.6	98.6	98	45.5	45.7	99.1	98	45.6	45.8	99.6	98	45.7	45.9	100.1	98	45.8	**46.0**	100.6	98	45.9	0
0	45.7	99.2	98	45.7	45.8	99.7	98	45.8	45.9	100.2	98	45.9	**46.0**	100.7	98	46.0	46.1	101.2	98	46.1	0
0	45.8	99.7	99	45.8	45.9	100.2	99	45.9	**46.0**	100.8	99	46.0	46.1	101.3	99	46.1	46.2	101.8	99	46.2	0
0	45.9	100.3	99	45.9	**46.0**	100.8	99	46.0	46.1	101.3	99	46.1	46.2	101.9	99	46.2	46.3	102.4	99	46.3	0
0	**46.0**	100.9	100	46.0	46.1	101.4	100	46.1	46.2	101.9	100	46.2	46.3	102.4	100	46.3	46.4	103.0	100	46.4	0
	46.5				**46.6**				**46.7**				**46.8**				**46.9**				
50																	17.6	0.6	1	-28.8	50
50													17.6	0.6	1	-27.6	17.7	0.8	1	-25.6	50
50					17.5	0.6	1	-28.6	17.6	0.7	1	-26.5	17.7	0.8	1	-24.7	17.8	1.0	1	-23.1	50
49	17.5	0.6	1	-27.5	17.6	0.8	1	-25.5	17.7	0.9	1	-23.8	17.8	1.0	1	-22.3	17.9	1.2	1	-20.9	49
49	17.6	0.8	1	-24.6	17.7	1.0	1	-23.0	17.8	1.1	1	-21.6	17.9	1.2	1	-20.3	**18.0**	1.4	1	-19.1	49
49	17.7	1.0	1	-22.2	17.8	1.2	1	-20.9	17.9	1.3	1	-19.7	**18.0**	1.4	1	-18.6	18.1	1.5	1	-17.5	49
48	17.8	1.2	1	-20.3	17.9	1.4	1	-19.1	**18.0**	1.5	1	-18.0	18.1	1.6	2	-17.0	18.2	1.7	2	-16.1	48

n	t_W	e	U	t_d	t_W	e	U	t_d	t_W	e	U	t_d	t_W	e	U	t_d	t_W	e	U	t_d	n
	46.5				**46.6**				**46.7**				**46.8**				**46.9**				
48	17.9	1.4	1	-18.5	**18.0**	1.6	1	-17.5	18.1	1.7	2	-16.5	18.2	1.8	2	-15.6	18.3	1.9	2	-14.8	48
48	**18.0**	1.6	2	-17.0	18.1	1.7	2	-16.1	18.2	1.9	2	-15.2	18.3	2.0	2	-14.4	18.4	2.1	2	-13.6	48
47	18.1	1.8	2	-15.6	18.2	1.9	2	-14.8	18.3	2.1	2	-14.0	18.4	2.2	2	-13.2	18.5	2.3	2	-12.5	47
47	18.2	2.0	2	-14.4	18.3	2.1	2	-13.6	18.4	2.3	2	-12.9	18.5	2.4	2	-12.2	18.6	2.5	2	-11.5	47
46	18.3	2.2	2	-13.2	18.4	2.3	2	-12.5	18.5	2.5	2	-11.8	18.6	2.6	2	-11.2	18.7	2.7	3	-10.5	46
46	18.4	2.4	2	-12.2	18.5	2.5	2	-11.5	18.6	2.7	3	-10.8	18.7	2.8	3	-10.2	18.8	2.9	3	-9.6	46
46	18.5	2.6	3	-11.2	18.6	2.7	3	-10.5	18.7	2.9	3	-9.9	18.8	3.0	3	-9.3	18.9	3.1	3	-8.8	46
45	18.6	2.8	3	-10.2	18.7	2.9	3	-9.6	18.8	3.1	3	-9.1	18.9	3.2	3	-8.5	**19.0**	3.4	3	-8.0	45
45	18.7	3.0	3	-9.4	18.8	3.1	3	-8.8	18.9	3.3	3	-8.3	**19.0**	3.4	3	-7.7	19.1	3.6	3	-7.2	45
45	18.8	3.2	3	-8.5	18.9	3.3	3	-8.0	**19.0**	3.5	3	-7.5	19.1	3.6	3	-7.0	19.2	3.8	4	-6.5	45
44	18.9	3.4	3	-7.7	**19.0**	3.6	3	-7.2	19.1	3.7	4	-6.7	19.2	3.8	4	-6.3	19.3	4.0	4	-5.8	44
44	**19.0**	3.6	3	-7.0	19.1	3.8	4	-6.5	19.2	3.9	4	-6.0	19.3	4.0	4	-5.6	19.4	4.2	4	-5.1	44
44	19.1	3.8	4	-6.3	19.2	4.0	4	-5.8	19.3	4.1	4	-5.4	19.4	4.2	4	-4.9	19.5	4.4	4	-4.5	44
44	19.2	4.0	4	-5.6	19.3	4.2	4	-5.1	19.4	4.3	4	-4.7	19.5	4.4	4	-4.3	19.6	4.6	4	-3.9	44
43	19.3	4.2	4	-4.9	19.4	4.4	4	-4.5	19.5	4.5	4	-4.1	19.6	4.7	4	-3.7	19.7	4.8	5	-3.3	43
43	19.4	4.4	4	-4.3	19.5	4.6	4	-3.9	19.6	4.7	5	-3.5	19.7	4.9	5	-3.1	19.8	5.0	5	-2.7	43
43	19.5	4.6	4	-3.7	19.6	4.8	5	-3.3	19.7	4.9	5	-2.9	19.8	5.1	5	-2.5	19.9	5.2	5	-2.1	43
42	19.6	4.9	5	-3.1	19.7	5.0	5	-2.7	19.8	5.1	5	-2.3	19.9	5.3	5	-2.0	**20.0**	5.4	5	-1.6	42
42	19.7	5.1	5	-2.5	19.8	5.2	5	-2.2	19.9	5.4	5	-1.8	**20.0**	5.5	5	-1.4	20.1	5.6	5	-1.1	42
42	19.8	5.3	5	-2.0	19.9	5.4	5	-1.6	**20.0**	5.6	5	-1.3	20.1	5.7	5	-0.9	20.2	5.9	6	-0.6	42
41	19.9	5.5	5	-1.5	**20.0**	5.6	5	-1.1	20.1	5.8	6	-0.8	20.2	5.9	6	-0.4	20.3	6.1	6	-0.1	41
41	**20.0**	5.7	6	-1.0	20.1	5.8	6	-0.6	20.2	6.0	6	-0.3	20.3	6.1	6	0.1	20.4	6.3	6	0.4	41
41	20.1	5.9	6	-0.5	20.2	6.1	6	-0.1	20.3	6.2	6	0.2	20.4	6.3	6	0.5	20.5	6.5	6	0.9	41
40	20.2	6.1	6	0.0	20.3	6.3	6	0.4	20.4	6.4	6	0.7	20.5	6.6	6	1.0	20.6	6.7	6	1.3	40
40	20.3	6.3	6	0.5	20.4	6.5	6	0.8	20.5	6.6	6	1.1	20.6	6.8	6	1.4	20.7	6.9	7	1.7	40
40	20.4	6.5	6	1.0	20.5	6.7	6	1.3	20.6	6.8	7	1.6	20.7	7.0	7	1.9	20.8	7.1	7	2.2	40
39	20.5	6.8	7	1.4	20.6	6.9	7	1.7	20.7	7.1	7	2.0	20.8	7.2	7	2.3	20.9	7.4	7	2.6	39
39	20.6	7.0	7	1.8	20.7	7.1	7	2.1	20.8	7.3	7	2.4	20.9	7.4	7	2.7	**21.0**	7.6	7	3.0	39
39	20.7	7.2	7	2.3	20.8	7.3	7	2.6	20.9	7.5	7	2.9	**21.0**	7.6	7	3.1	21.1	7.8	7	3.4	39
39	20.8	7.4	7	2.7	20.9	7.6	7	3.0	**21.0**	7.7	7	3.3	21.1	7.9	7	3.5	21.2	8.0	8	3.8	39
38	20.9	7.6	7	3.1	**21.0**	7.8	7	3.4	21.1	7.9	8	3.7	21.2	8.1	8	3.9	21.3	8.2	8	4.2	38
38	**21.0**	7.8	8	3.5	21.1	8.0	8	3.8	21.2	8.2	8	4.0	21.3	8.3	8	4.3	21.4	8.5	8	4.6	38
38	21.1	8.1	8	3.9	21.2	8.2	8	4.2	21.3	8.4	8	4.4	21.4	8.5	8	4.7	21.5	8.7	8	5.0	38
37	21.2	8.3	8	4.3	21.3	8.4	8	4.5	21.4	8.6	8	4.8	21.5	8.8	8	5.1	21.6	8.9	8	5.3	37
37	21.3	8.5	8	4.7	21.4	8.7	8	4.9	21.5	8.8	8	5.2	21.6	9.0	9	5.4	21.7	9.1	9	5.7	37
37	21.4	8.7	8	5.0	21.5	8.9	9	5.3	21.6	9.0	9	5.5	21.7	9.2	9	5.8	21.8	9.4	9	6.0	37
36	21.5	9.0	9	5.4	21.6	9.1	9	5.6	21.7	9.3	9	5.9	21.8	9.4	9	6.1	21.9	9.6	9	6.4	36
36	21.6	9.2	9	5.7	21.7	9.3	9	6.0	21.8	9.5	9	6.2	21.9	9.7	9	6.5	**22.0**	9.8	9	6.7	36
36	21.7	9.4	9	6.1	21.8	9.6	9	6.3	21.9	9.7	9	6.6	**22.0**	9.9	9	6.8	22.1	10.0	10	7.1	36
36	21.8	9.6	9	6.4	21.9	9.8	9	6.7	**22.0**	10.0	10	6.9	22.1	10.1	10	7.1	22.2	10.3	10	7.4	36
35	21.9	9.9	10	6.8	**22.0**	10.0	10	7.0	22.1	10.2	10	7.2	22.2	10.3	10	7.5	22.3	10.5	10	7.7	35
35	**22.0**	10.1	10	7.1	22.1	10.2	10	7.3	22.2	10.4	10	7.6	22.3	10.6	10	7.8	22.4	10.7	10	8.0	35
35	22.1	10.3	10	7.4	22.2	10.5	10	7.7	22.3	10.6	10	7.9	22.4	10.8	10	8.1	22.5	11.0	10	8.3	35
35	22.2	10.5	10	7.8	22.3	10.7	10	8.0	22.4	10.9	10	8.2	22.5	11.0	11	8.4	22.6	11.2	11	8.6	35
34	22.3	10.8	10	8.1	22.4	10.9	11	8.3	22.5	11.1	11	8.5	22.6	11.3	11	8.7	22.7	11.4	11	9.0	34
34	22.4	11.0	11	8.4	22.5	11.2	11	8.6	22.6	11.3	11	8.8	22.7	11.5	11	9.0	22.8	11.7	11	9.3	34
34	22.5	11.2	11	8.7	22.6	11.4	11	8.9	22.7	11.6	11	9.1	22.8	11.7	11	9.3	22.9	11.9	11	9.6	34
33	22.6	11.5	11	9.0	22.7	11.6	11	9.2	22.8	11.8	11	9.4	22.9	12.0	11	9.6	**23.0**	12.1	11	9.8	33
33	22.7	11.7	11	9.3	22.8	11.9	11	9.5	22.9	12.0	12	9.7	**23.0**	12.2	12	9.9	23.1	12.4	12	10.1	33
33	22.8	11.9	12	9.6	22.9	12.1	12	9.8	**23.0**	12.3	12	10.0	23.1	12.4	12	10.2	23.2	12.6	12	10.4	33
33	22.9	12.2	12	9.9	**23.0**	12.3	12	10.1	23.1	12.5	12	10.3	23.2	12.7	12	10.5	23.3	12.9	12	10.7	33
32	**23.0**	12.4	12	10.2	23.1	12.6	12	10.4	23.2	12.8	12	10.6	23.3	12.9	12	10.8	23.4	13.1	12	11.0	32
32	23.1	12.6	12	10.5	23.2	12.8	12	10.7	23.3	13.0	12	10.9	23.4	13.2	13	11.1	23.5	13.3	13	11.2	32
32	23.2	12.9	12	10.7	23.3	13.1	13	10.9	23.4	13.2	13	11.1	23.5	13.4	13	11.3	23.6	13.6	13	11.5	32
32	23.3	13.1	13	11.0	23.4	13.3	13	11.2	23.5	13.5	13	11.4	23.6	13.6	13	11.6	23.7	13.8	13	11.8	32
31	23.4	13.4	13	11.3	23.5	13.5	13	11.5	23.6	13.7	13	11.7	23.7	13.9	13	11.9	23.8	14.1	13	12.1	31
31	23.5	13.6	13	11.5	23.6	13.8	13	11.7	23.7	14.0	13	11.9	23.8	14.1	13	12.1	23.9	14.3	14	12.3	31
31	23.6	13.8	13	11.8	23.7	14.0	13	12.0	23.8	14.2	14	12.2	23.9	14.4	14	12.4	**24.0**	14.6	14	12.6	31
31	23.7	14.1	14	12.1	23.8	14.3	14	12.3	23.9	14.4	14	12.5	**24.0**	14.6	14	12.6	24.1	14.8	14	12.8	31
30	23.8	14.3	14	12.3	23.9	14.5	14	12.5	**24.0**	14.7	14	12.7	24.1	14.9	14	12.9	24.2	15.0	14	13.1	30
30	23.9	14.6	14	12.6	**24.0**	14.8	14	12.8	24.1	14.9	14	13.0	24.2	15.1	14	13.2	24.3	15.3	14	13.3	30
30	**24.0**	14.8	14	12.9	24.1	15.0	14	13.0	24.2	15.2	15	13.2	24.3	15.4	15	13.4	24.4	15.5	15	13.6	30
30	24.1	15.1	15	13.1	24.2	15.2	15	13.3	24.3	15.4	15	13.5	24.4	15.6	15	13.6	24.5	15.8	15	13.8	30
29	24.2	15.3	15	13.4	24.3	15.5	15	13.5	24.4	15.7	15	13.7	24.5	15.9	15	13.9	24.6	16.0	15	14.1	29
29	24.3	15.6	15	13.6	24.4	15.7	15	13.8	24.5	15.9	15	14.0	24.6	16.1	15	14.1	24.7	16.3	15	14.3	29
29	24.4	15.8	15	13.8	24.5	16.0	15	14.0	24.6	16.2	15	14.2	24.7	16.4	16	14.4	24.8	16.6	16	14.5	29
29	24.5	16.1	16	14.1	24.6	16.2	16	14.3	24.7	16.4	16	14.4	24.8	16.6	16	14.6	24.9	16.8	16	14.8	29
28	24.6	16.3	16	14.3	24.7	16.5	16	14.5	24.8	16.7	16	14.7	24.9	16.9	16	14.8	**25.0**	17.1	16	15.0	28
28	24.7	16.6	16	14.6	24.8	16.8	16	14.7	24.9	16.9	16	14.9	**25.0**	17.1	16	15.1	25.1	17.3	16	15.2	28
28	24.8	16.8	16	14.8	24.9	17.0	16	15.0	**25.0**	17.2	16	15.1	25.1	17.4	17	15.3	25.2	17.6	17	15.5	28
28	24.9	17.1	16	15.0	**25.0**	17.3	17	15.2	25.1	17.5	17	15.4	25.2	17.6	17	15.5	25.3	17.8	17	15.7	28
27	**25.0**	17.3	17	15.3	25.1	17.5	17	15.4	25.2	17.7	17	15.6	25.3	17.9	17	15.8	25.4	18.1	17	15.9	27
27	25.1	17.6	17	15.5	25.2	17.8	17	15.7	25.3	18.0	17	15.8	25.4	18.2	17	16.0	25.5	18.4	17	16.2	27

n	t_W	e	U	t_d	t_W	e	U	t_d	t_W	e	U	t_d	t_W	e	U	t_d	t_W	e	U	t_d	n
	46.5				**46.6**				**46.7**				**46.8**				**46.9**				
27	25.2	17.8	17	15.7	25.3	18.0	17	15.9	25.4	18.2	17	16.0	25.5	18.4	18	16.2	25.6	18.6	18	16.4	27
27	25.3	18.1	17	15.9	25.4	18.3	18	16.1	25.5	18.5	18	16.3	25.6	18.7	18	16.4	25.7	18.9	18	16.6	27
26	25.4	18.4	18	16.2	25.5	18.6	18	16.3	25.6	18.7	18	16.5	25.7	18.9	18	16.7	25.8	19.1	18	16.8	26
26	25.5	18.6	18	16.4	25.6	18.8	18	16.5	25.7	19.0	18	16.7	25.8	19.2	18	16.9	25.9	19.4	18	17.0	26
26	25.6	18.9	18	16.6	25.7	19.1	18	16.8	25.8	19.3	18	16.9	25.9	19.5	19	17.1	**26.0**	19.7	19	17.2	26
26	25.7	19.1	18	16.8	25.8	19.3	19	17.0	25.9	19.5	19	17.1	**26.0**	19.7	19	17.3	26.1	19.9	19	17.5	26
26	25.8	19.4	19	17.0	25.9	19.6	19	17.2	**26.0**	19.8	19	17.3	26.1	20.0	19	17.5	26.2	20.2	19	17.7	26
25	25.9	19.7	19	17.2	**26.0**	19.9	19	17.4	26.1	20.1	19	17.6	26.2	20.3	19	17.7	26.3	20.5	19	17.9	25
25	**26.0**	19.9	19	17.5	26.1	20.1	19	17.6	26.2	20.3	19	17.8	26.3	20.5	20	17.9	26.4	20.7	20	18.1	25
25	26.1	20.2	20	17.7	26.2	20.4	20	17.8	26.3	20.6	20	18.0	26.4	20.8	20	18.1	26.5	21.0	20	18.3	25
25	26.2	20.5	20	17.9	26.3	20.7	20	18.0	26.4	20.9	20	18.2	26.5	21.1	20	18.3	26.6	21.3	20	18.5	25
24	26.3	20.7	20	18.1	26.4	20.9	20	18.2	26.5	21.1	20	18.4	26.6	21.3	20	18.5	26.7	21.5	20	18.7	24
24	26.4	21.0	20	18.3	26.5	21.2	20	18.4	26.6	21.4	20	18.6	26.7	21.6	21	18.7	26.8	21.8	21	18.9	24
24	26.5	21.3	21	18.5	26.6	21.5	21	18.6	26.7	21.7	21	18.8	26.8	21.9	21	18.9	26.9	22.1	21	19.1	24
24	26.6	21.5	21	18.7	26.7	21.7	21	18.8	26.8	22.0	21	19.0	26.9	22.2	21	19.1	**27.0**	22.4	21	19.3	24
24	26.7	21.8	21	18.9	26.8	22.0	21	19.0	26.9	22.2	21	19.2	**27.0**	22.4	21	19.3	27.1	22.6	21	19.5	24
23	26.8	22.1	21	19.1	26.9	22.3	21	19.2	**27.0**	22.5	22	19.4	27.1	22.7	22	19.5	27.2	22.9	22	19.7	23
23	26.9	22.4	22	19.3	**27.0**	22.6	22	19.4	27.1	22.8	22	19.6	27.2	23.0	22	19.7	27.3	23.2	22	19.9	23
23	**27.0**	22.6	22	19.5	27.1	22.8	22	19.6	27.2	23.1	22	19.8	27.3	23.3	22	19.9	27.4	23.5	22	20.1	23
23	27.1	22.9	22	19.7	27.2	23.1	22	19.8	27.3	23.3	22	20.0	27.4	23.6	22	20.1	27.5	23.8	23	20.3	23
23	27.2	23.2	22	19.9	27.3	23.4	23	20.0	27.4	23.6	23	20.2	27.5	23.8	23	20.3	27.6	24.0	23	20.5	23
22	27.3	23.5	23	20.1	27.4	23.7	23	20.2	27.5	23.9	23	20.4	27.6	24.1	23	20.5	27.7	24.3	23	20.7	22
22	27.4	23.8	23	20.3	27.5	24.0	23	20.4	27.6	24.2	23	20.6	27.7	24.4	23	20.7	27.8	24.6	23	20.8	22
22	27.5	24.0	23	20.5	27.6	24.2	23	20.6	27.7	24.5	23	20.7	27.8	24.7	23	20.9	27.9	24.9	24	21.0	22
22	27.6	24.3	23	20.6	27.7	24.5	24	20.8	27.8	24.7	24	20.9	27.9	25.0	24	21.1	**28.0**	25.2	24	21.2	22
22	27.7	24.6	24	20.8	27.8	24.8	24	21.0	27.9	25.0	24	21.1	**28.0**	25.3	24	21.3	28.1	25.5	24	21.4	22
21	27.8	24.9	24	21.0	27.9	25.1	24	21.2	**28.0**	25.3	24	21.3	28.1	25.5	24	21.4	28.2	25.8	24	21.6	21
21	27.9	25.2	24	21.2	**28.0**	25.4	24	21.3	28.1	25.6	24	21.5	28.2	25.8	25	21.6	28.3	26.1	25	21.8	21
21	**28.0**	25.5	25	21.4	28.1	25.7	25	21.5	28.2	25.9	25	21.7	28.3	26.1	25	21.8	28.4	26.3	25	21.9	21
21	28.1	25.7	25	21.6	28.2	26.0	25	21.7	28.3	26.2	25	21.8	28.4	26.4	25	22.0	28.5	26.6	25	22.1	21
21	28.2	26.0	25	21.8	28.3	26.3	25	21.9	28.4	26.5	25	22.0	28.5	26.7	25	22.2	28.6	26.9	25	22.3	21
20	28.3	26.3	25	21.9	28.4	26.5	26	22.1	28.5	26.8	26	22.2	28.6	27.0	26	22.3	28.7	27.2	26	22.5	20
20	28.4	26.6	26	22.1	28.5	26.8	26	22.3	28.6	27.1	26	22.4	28.7	27.3	26	22.5	28.8	27.5	26	22.7	20
20	28.5	26.9	26	22.3	28.6	27.1	26	22.4	28.7	27.4	26	22.6	28.8	27.6	26	22.7	28.9	27.8	26	22.8	20
20	28.6	27.2	26	22.5	28.7	27.4	26	22.6	28.8	27.7	26	22.7	28.9	27.9	27	22.9	**29.0**	28.1	27	23.0	20
20	28.7	27.5	27	22.6	28.8	27.7	27	22.8	28.9	27.9	27	22.9	**29.0**	28.2	27	23.1	29.1	28.4	27	23.2	20
19	28.8	27.8	27	22.8	28.9	28.0	27	23.0	**29.0**	28.2	27	23.1	29.1	28.5	27	23.2	29.2	28.7	27	23.4	19
19	28.9	28.1	27	23.0	**29.0**	28.3	27	23.1	29.1	28.5	27	23.3	29.2	28.8	27	23.4	29.3	29.0	27	23.5	19
19	**29.0**	28.4	27	23.2	29.1	28.6	28	23.3	29.2	28.8	28	23.4	29.3	29.1	28	23.6	29.4	29.3	28	23.7	19
19	29.1	28.7	28	23.3	29.2	28.9	28	23.5	29.3	29.1	28	23.6	29.4	29.4	28	23.7	29.5	29.6	28	23.9	19
19	29.2	29.0	28	23.5	29.3	29.2	28	23.7	29.4	29.4	28	23.8	29.5	29.7	28	23.9	29.6	29.9	28	24.1	19
18	29.3	29.3	28	23.7	29.4	29.5	28	23.8	29.5	29.8	28	24.0	29.6	30.0	29	24.1	29.7	30.2	29	24.2	18
18	29.4	29.6	29	23.9	29.5	29.8	29	24.0	29.6	30.1	29	24.1	29.7	30.3	29	24.3	29.8	30.5	29	24.4	18
18	29.5	29.9	29	24.0	29.6	30.1	29	24.2	29.7	30.4	29	24.3	29.8	30.6	29	24.4	29.9	30.8	29	24.6	18
18	29.6	30.2	29	24.2	29.7	30.4	29	24.3	29.8	30.7	29	24.5	29.9	30.9	29	24.6	**30.0**	31.2	29	24.7	18
18	29.7	30.5	29	24.4	29.8	30.7	30	24.5	29.9	31.0	30	24.6	**30.0**	31.2	30	24.8	30.1	31.5	30	24.9	18
18	29.8	30.8	30	24.5	29.9	31.0	30	24.7	**30.0**	31.3	30	24.8	30.1	31.5	30	24.9	30.2	31.8	30	25.1	18
17	29.9	31.1	30	24.7	**30.0**	31.4	30	24.8	30.1	31.6	30	25.0	30.2	31.8	30	25.1	30.3	32.1	30	25.2	17
17	**30.0**	31.4	30	24.9	30.1	31.7	30	25.0	30.2	31.9	31	25.1	30.3	32.2	31	25.3	30.4	32.4	31	25.4	17
17	30.1	31.7	31	25.0	30.2	32.0	31	25.2	30.3	32.2	31	25.3	30.4	32.5	31	25.4	30.5	32.7	31	25.5	17
17	30.2	32.0	31	25.2	30.3	32.3	31	25.3	30.4	32.5	31	25.5	30.5	32.8	31	25.6	30.6	33.0	31	25.7	17
17	30.3	32.4	31	25.4	30.4	32.6	31	25.5	30.5	32.9	31	25.6	30.6	33.1	32	25.7	30.7	33.4	32	25.9	17
17	30.4	32.7	32	25.5	30.5	32.9	32	25.7	30.6	33.2	32	25.8	30.7	33.4	32	25.9	30.8	33.7	32	26.0	17
16	30.5	33.0	32	25.7	30.6	33.2	32	25.8	30.7	33.5	32	25.9	30.8	33.7	32	26.1	30.9	34.0	32	26.2	16
16	30.6	33.3	32	25.8	30.7	33.6	32	26.0	30.8	33.8	32	26.1	30.9	34.1	32	26.2	**31.0**	34.3	32	26.4	16
16	30.7	33.6	32	26.0	30.8	33.9	33	26.1	30.9	34.1	33	26.3	**31.0**	34.4	33	26.4	31.1	34.6	33	26.5	16
16	30.8	33.9	33	26.2	30.9	34.2	33	26.3	**31.0**	34.5	33	26.4	31.1	34.7	33	26.5	31.2	35.0	33	26.7	16
16	30.9	34.3	33	26.3	**31.0**	34.5	33	26.5	31.1	34.8	33	26.6	31.2	35.0	33	26.7	31.3	35.3	33	26.8	16
16	**31.0**	34.6	33	26.5	31.1	34.8	33	26.6	31.2	35.1	34	26.7	31.3	35.4	34	26.9	31.4	35.6	34	27.0	16
15	31.1	34.9	34	26.6	31.2	35.2	34	26.8	31.3	35.4	34	26.9	31.4	35.7	34	27.0	31.5	35.9	34	27.1	15
15	31.2	35.2	34	26.8	31.3	35.5	34	26.9	31.4	35.8	34	27.1	31.5	36.0	34	27.2	31.6	36.3	34	27.3	15
15	31.3	35.6	34	27.0	31.4	35.8	34	27.1	31.5	36.1	35	27.2	31.6	36.3	35	27.3	31.7	36.6	35	27.5	15
15	31.4	35.9	35	27.1	31.5	36.1	35	27.2	31.6	36.4	35	27.4	31.7	36.7	35	27.5	31.8	36.9	35	27.6	15
15	31.5	36.2	35	27.3	31.6	36.5	35	27.4	31.7	36.7	35	27.5	31.8	37.0	35	27.6	31.9	37.3	35	27.8	15
15	31.6	36.5	35	27.4	31.7	36.8	35	27.5	31.8	37.1	35	27.7	31.9	37.3	36	27.8	**32.0**	37.6	36	27.9	15
14	31.7	26.9	36	27.6	31.8	37.1	36	27.7	31.9	37.4	36	27.8	**32.0**	37.7	36	27.9	32.1	37.9	36	28.1	14
14	31.8	37.2	36	27.7	31.9	37.5	36	27.9	**32.0**	37.7	36	28.0	32.1	38.0	36	28.1	32.2	38.3	36	28.2	14
14	31.9	37.5	36	27.9	**32.0**	37.8	36	28.0	32.1	38.1	36	28.1	32.2	38.4	36	28.3	32.3	38.6	37	28.4	14
14	**32.0**	37.9	37	28.0	32.1	38.1	37	28.2	32.2	38.4	37	28.3	32.3	38.7	37	28.4	32.4	39.0	37	28.5	14
14	32.1	38.2	37	28.2	32.2	38.5	37	28.3	32.3	38.8	37	28.4	32.4	39.0	37	28.6	32.5	39.3	37	28.7	14
14	32.2	38.6	37	28.3	32.3	38.8	37	28.5	32.4	39.1	37	28.6	32.5	39.4	37	28.7	32.6	39.6	38	28.8	14
14	32.3	38.9	38	28.5	32.4	39.2	38	28.6	32.5	39.4	38	28.7	32.6	39.7	38	28.9	32.7	40.0	38	29.0	14
13	32.4	39.2	38	28.6	32.5	39.5	38	28.8	32.6	39.8	38	28.9	32.7	40.1	38	29.0	32.8	40.3	38	29.1	13

n	t_W	e	U	t_d	t_W	e	U	t_d	t_W	e	U	t_d	t_W	e	U	t_d	t_W	e	U	t_d	n
	46.5				**46.6**				**46.7**				**46.8**				**46.9**				
13	32.5	39.6	38	28.8	32.6	39.8	38	28.9	32.7	40.1	38	29.0	32.8	40.4	38	29.2	32.9	40.7	39	29.3	13
13	32.6	39.9	39	28.9	32.7	40.2	39	29.1	32.8	40.5	39	29.2	32.9	40.8	39	29.3	**33.0**	41.0	39	29.4	13
13	32.7	40.3	39	29.1	32.8	40.5	39	29.2	32.9	40.8	39	29.3	**33.0**	41.1	39	29.4	33.1	41.4	39	29.6	13
13	32.8	40.6	39	29.2	32.9	40.9	39	29.4	**33.0**	41.2	39	29.5	33.1	41.4	39	29.6	33.2	41.7	40	29.7	13
13	32.9	41.0	40	29.4	**33.0**	41.2	40	29.5	33.1	41.5	40	29.6	33.2	41.8	40	29.7	33.3	42.1	40	29.9	13
12	**33.0**	41.3	40	29.5	33.1	41.6	40	29.6	33.2	41.9	40	29.8	33.3	42.2	40	29.9	33.4	42.4	40	30.0	12
12	33.1	41.6	40	29.7	33.2	41.9	40	29.8	33.3	42.2	40	29.9	33.4	42.5	40	30.0	33.5	42.8	41	30.2	12
12	33.2	42.0	41	29.8	33.3	42.3	41	29.9	33.4	42.6	41	30.1	33.5	42.9	41	30.2	33.6	43.2	41	30.3	12
12	33.3	42.4	41	30.0	33.4	42.6	41	30.1	33.5	42.9	41	30.2	33.6	43.2	41	30.3	33.7	43.5	41	30.4	12
12	33.4	42.7	41	30.1	33.5	43.0	41	30.2	33.6	43.3	41	30.3	33.7	43.6	41	30.5	33.8	43.9	42	30.6	12
12	33.5	43.1	42	30.3	33.6	43.4	42	30.4	33.7	43.6	42	30.5	33.8	43.9	42	30.6	33.9	44.2	42	30.7	12
12	33.6	43.4	42	30.4	33.7	43.7	42	30.5	33.8	44.0	42	30.6	33.9	44.3	42	30.8	**34.0**	44.6	42	30.9	12
12	33.7	43.8	42	30.5	33.8	44.1	42	30.7	33.9	44.4	42	30.8	**34.0**	44.7	42	30.9	34.1	45.0	43	31.0	12
11	33.8	44.1	43	30.7	33.9	44.4	43	30.8	**34.0**	44.7	43	30.9	34.1	45.0	43	31.0	34.2	45.3	43	31.2	11
11	33.9	44.5	43	30.8	**34.0**	44.8	43	30.9	34.1	45.1	43	31.1	34.2	45.4	43	31.2	34.3	45.7	43	31.3	11
11	**34.0**	44.9	43	31.0	34.1	45.2	43	31.1	34.2	45.5	43	31.2	34.3	45.8	44	31.3	34.4	46.1	44	31.4	11
11	34.1	45.2	44	31.1	34.2	45.5	44	31.2	34.3	45.8	44	31.3	34.4	46.1	44	31.5	34.5	46.4	44	31.6	11
11	34.2	45.6	44	31.3	34.3	45.9	44	31.4	34.4	46.2	44	31.5	34.5	46.5	44	31.6	34.6	46.8	44	31.7	11
11	34.3	46.0	44	31.4	34.4	46.3	44	31.5	34.5	46.6	45	31.6	34.6	46.9	45	31.7	34.7	47.2	45	31.9	11
11	34.4	46.3	45	31.5	34.5	46.6	45	31.7	34.6	46.9	45	31.8	34.7	47.2	45	31.9	34.8	47.5	45	32.0	11
10	34.5	46.7	45	31.7	34.6	47.0	45	31.8	34.7	47.3	45	31.9	34.8	47.6	45	32.0	34.9	47.9	45	32.1	10
10	34.6	47.1	45	31.8	34.7	47.4	46	31.9	34.8	47.7	46	32.0	34.9	48.0	46	32.2	**35.0**	48.3	46	32.3	10
10	34.7	47.4	46	32.0	34.8	47.7	46	32.1	34.9	48.1	46	32.2	**35.0**	48.4	46	32.3	35.1	48.7	46	32.4	10
10	34.8	47.8	46	32.1	34.9	48.1	46	32.2	**35.0**	48.4	46	32.3	35.1	48.7	46	32.4	35.2	49.1	46	32.6	10
10	34.9	48.2	47	32.2	**35.0**	48.5	47	32.3	35.1	48.8	47	32.5	35.2	49.1	47	32.6	35.3	49.4	47	32.7	10
10	**35.0**	48.6	47	32.4	35.1	48.9	47	32.5	35.2	49.2	47	32.6	35.3	49.5	47	32.7	35.4	49.8	47	32.8	10
10	35.1	48.9	47	32.5	35.2	49.3	47	32.6	35.3	49.6	47	32.7	35.4	49.9	47	32.9	35.5	50.2	48	33.0	10
10	35.2	49.3	48	32.6	35.3	49.6	48	32.8	35.4	50.0	48	32.9	35.5	50.3	48	33.0	35.6	50.6	48	33.1	10
9	35.3	49.7	48	32.8	35.4	50.0	48	32.9	35.5	50.3	48	33.0	35.6	50.7	48	23.1	35.7	51.0	48	33.2	9
9	35.4	50.1	48	32.9	35.5	50.4	48	33.0	35.6	50.7	49	33.1	35.7	51.0	49	33.3	35.8	51.4	49	33.4	9
9	35.5	50.5	49	33.1	35.6	50.8	49	33.2	35.7	51.1	49	33.3	35.8	51.4	49	33.4	35.9	51.8	49	33.5	9
9	35.6	50.9	49	33.2	35.7	51.2	49	33.3	35.8	51.5	49	33.4	35.9	51.8	49	33.5	**36.0**	52.1	49	33.6	9
9	35.7	51.2	50	33.3	35.8	51.6	50	33.4	35.9	51.9	50	33.6	**36.0**	52.2	50	33.7	36.1	52.5	50	33.8	9
9	35.8	51.6	50	33.5	35.9	52.0	50	33.6	**36.0**	52.3	50	33.7	36.1	52.6	50	33.8	36.2	52.9	50	33.9	9
9	35.9	52.0	50	33.6	**36.0**	52.3	50	33.7	36.1	52.7	50	33.8	36.2	53.0	50	33.9	36.3	53.3	50	34.0	9
9	**36.0**	52.4	51	33.7	36.1	52.7	51	33.8	36.2	53.1	51	34.0	26.3	53.4	51	34.1	36.4	53.7	51	34.2	9
8	36.1	52.8	51	33.9	36.2	53.1	51	34.0	26.3	53.5	51	34.1	36.4	53.8	51	34.2	36.5	54.1	51	34.3	8
8	36.2	53.2	51	34.0	26.3	53.5	51	34.1	36.4	53.9	52	34.2	36.5	54.2	52	34.3	36.6	54.5	52	34.4	8
8	36.3	53.6	52	34.1	36.4	53.9	52	34.2	36.5	54.3	52	34.4	36.6	54.6	52	34.5	36.7	54.9	52	34.6	8
8	36.4	54.0	52	34.3	36.5	54.3	52	34.4	36.6	54.7	52	34.5	36.7	55.0	52	34.6	36.8	55.3	52	34.7	8
8	36.5	54.4	53	34.4	36.6	54.7	53	34.5	36.7	55.1	53	34.6	36.8	55.4	53	34.7	36.9	55.7	53	34.8	8
8	36.6	54.8	53	34.5	36.7	55.1	53	34.6	36.8	55.5	53	34.8	36.9	55.8	53	34.9	**37.0**	56.2	53	35.0	8
8	36.7	55.2	53	34.7	36.8	55.5	53	34.8	36.9	55.9	53	34.9	**37.0**	56.2	54	35.0	37.1	56.6	54	35.1	8
8	36.8	55.6	54	34.8	36.9	55.9	54	34.9	**37.0**	56.3	54	35.0	37.1	56.6	54	35.1	37.2	57.0	54	35.2	8
8	36.9	56.0	54	34.9	**37.0**	56.4	54	35.0	37.1	56.7	54	35.1	37.2	57.0	54	35.3	37.3	57.4	54	35.4	8
7	**37.0**	56.4	55	35.1	37.1	56.8	55	35.2	37.2	57.1	55	35.3	37.3	57.5	55	35.4	37.4	57.8	55	35.5	7
7	37.1	56.8	55	35.2	37.2	57.2	55	35.3	37.3	57.5	55	35.4	37.4	57.9	55	35.5	37.5	58.2	55	35.6	7
7	37.2	57.2	55	35.3	37.3	57.6	55	35.4	37.4	57.9	55	35.5	37.5	58.3	55	35.6	37.6	58.6	56	35.8	7
7	37.3	57.7	56	35.5	37.4	58.0	56	35.6	37.5	58.4	56	35.7	37.6	58.7	56	35.8	37.7	59.1	56	35.9	7
7	37.4	58.1	56	35.6	37.5	58.4	56	35.7	37.6	58.8	56	35.8	37.7	59.1	56	35.9	37.8	59.5	56	36.0	7
7	37.5	58.5	57	35.7	37.6	58.8	57	35.8	37.7	59.2	57	35.9	37.8	59.5	57	36.0	37.9	59.9	57	36.1	7
7	37.6	58.9	57	35.8	37.7	59.3	57	36.0	37.8	59.6	57	36.1	37.9	60.0	57	36.2	**38.0**	60.3	57	36.3	7
7	37.7	59.3	57	36.0	37.8	59.7	57	36.1	37.9	60.0	57	36.2	**38.0**	60.4	57	36.3	38.1	60.8	58	36.4	7
7	37.8	59.7	58	36.1	37.9	60.1	58	36.2	**38.0**	60.5	58	36.3	38.1	60.8	58	36.4	38.2	61.2	58	36.5	7
7	37.9	60.2	58	36.2	**38.0**	60.5	58	36.3	38.1	60.9	58	36.4	38.2	61.2	58	36.6	38.3	61.6	58	36.7	7
6	**38.0**	60.6	59	36.4	38.1	61.0	59	36.5	38.2	61.3	59	36.6	38.3	61.7	59	36.7	38.4	62.0	59	36.8	6
6	38.1	61.0	59	36.5	38.2	61.4	59	36.6	38.3	61.7	59	36.7	38.4	62.1	59	36.8	38.5	62.5	59	36.9	6
6	38.2	61.4	59	36.6	38.3	61.8	59	36.7	38.4	62.2	59	36.8	38.5	62.5	60	36.9	38.6	62.9	60	37.0	6
6	38.3	61.9	60	36.7	38.4	62.2	60	36.8	38.5	62.6	60	37.0	38.6	63.0	60	37.1	38.7	63.3	60	37.2	6
6	38.4	62.3	60	36.9	38.5	62.7	60	37.0	38.6	63.0	60	37.1	38.7	63.4	60	37.2	38.8	63.8	60	37.3	6
6	38.5	62.7	61	37.0	38.6	63.1	61	37.1	38.7	63.5	61	37.2	38.8	63.8	61	37.3	38.9	64.2	61	37.4	6
6	38.6	63.2	61	37.1	38.7	63.5	61	37.2	38.8	63.9	61	37.3	38.9	64.3	61	37.4	**39.0**	64.7	61	37.5	6
6	38.7	63.6	61	37.2	38.8	64.0	62	37.4	38.9	64.4	62	37.5	**39.0**	64.7	62	37.6	39.1	65.1	62	37.7	6
6	38.8	64.0	62	37.4	38.9	64.4	62	37.5	**39.0**	64.8	62	37.6	39.1	65.2	62	37.7	39.2	65.5	62	37.8	6
6	38.9	64.5	62	37.5	**39.0**	64.9	62	37.6	39.1	65.2	62	37.7	39.2	65.6	62	37.8	39.3	66.0	62	37.9	6
5	**39.0**	64.9	63	37.6	39.1	65.3	63	37.7	39.2	65.7	63	37.8	39.3	66.1	63	37.9	39.4	66.4	63	38.1	5
5	39.1	65.4	63	37.8	39.2	65.7	63	37.9	39.3	66.1	63	38.0	39.4	66.5	63	38.1	39.5	66.9	63	38.2	5
5	39.2	65.8	64	37.9	39.3	66.2	64	38.0	39.4	66.6	64	38.1	39.5	67.0	64	38.2	39.6	67.3	64	38.3	5
5	39.3	66.3	64	38.0	39.4	66.6	64	38.1	39.5	67.0	64	38.2	39.6	67.4	64	38.3	39.7	67.8	64	38.4	5
5	39.4	66.7	64	38.1	39.5	67.1	65	38.2	39.6	67.5	65	38.3	39.7	67.9	65	38.4	39.8	68.3	65	38.5	5
5	39.5	67.2	65	38.2	39.6	67.5	65	38.4	39.7	67.9	65	38.5	39.8	68.3	65	38.6	39.9	68.7	65	38.7	5
5	39.6	67.6	65	38.4	39.7	68.0	65	38.5	39.8	68.4	65	38.6	39.9	68.8	65	38.7	**40.0**	69.2	65	38.8	5
5	39.7	68.1	66	38.5	39.8	68.5	66	38.6	39.9	68.8	66	38.7	**40.0**	69.2	66	38.8	40.1	69.6	66	38.9	5

n	t_W	e	U	t_d	t_W	e	U	t_d	t_W	e	U	t_d	t_W	e	U	t_d	t_W	e	U	t_d	n
	46.5				**46.6**				**46.7**				**46.8**				**46.9**				
5	39.8	68.5	66	38.6	39.9	68.9	66	38.7	**40.0**	69.3	66	38.8	40.1	69.7	66	38.9	40.2	70.1	66	39.0	5
5	39.9	69.0	67	38.7	**40.0**	69.4	67	38.9	40.1	69.8	67	39.0	40.2	70.2	67	39.1	40.3	70.6	67	39.2	5
5	**40.0**	69.4	67	38.9	40.1	69.8	67	39.0	40.2	70.2	67	39.1	40.3	70.6	67	39.2	40.4	71.0	67	39.3	5
4	40.1	69.9	68	39.0	40.2	70.3	68	39.1	40.3	70.7	68	39.2	40.4	71.1	68	39.3	40.5	71.5	68	39.4	4
4	40.2	70.4	68	39.1	40.3	70.8	68	39.2	40.4	71.2	68	39.3	40.5	71.6	68	39.4	40.6	72.0	68	39.5	4
4	40.3	70.8	68	39.2	40.4	71.2	68	39.3	40.5	71.6	69	39.4	40.6	72.0	69	39.6	40.7	72.4	69	39.7	4
4	40.4	71.3	69	39.4	40.5	71.7	69	39.5	40.6	72.1	69	39.6	40.7	72.5	69	39.7	40.8	72.9	69	39.8	4
4	40.5	71.8	69	39.5	40.6	72.2	69	39.6	40.7	72.6	69	39.7	40.8	73.0	69	39.8	40.9	73.4	69	39.9	4
4	40.6	72.2	70	39.6	40.7	72.6	70	39.7	40.8	73.0	70	39.8	40.9	73.5	70	39.9	**41.0**	73.9	70	40.0	4
4	40.7	72.7	70	39.7	40.8	73.1	70	39.8	40.9	73.5	70	39.9	**41.0**	73.9	70	40.0	41.1	74.3	70	40.1	4
4	40.8	73.2	71	39.8	40.9	73.6	71	40.0	**41.0**	74.0	71	40.1	41.1	74.4	71	40.2	41.2	74.8	71	40.3	4
4	40.9	73.7	71	40.0	**41.0**	74.1	71	40.1	41.1	74.5	71	40.2	41.2	74.9	71	40.3	41.3	75.3	71	40.4	4
4	**41.0**	74.1	72	40.1	41.1	74.5	72	40.2	41.2	75.0	72	40.3	41.3	75.4	72	40.4	41.4	75.8	72	40.5	4
4	41.1	74.6	72	40.2	41.2	75.0	72	40.3	41.3	75.4	72	40.4	41.4	75.9	72	40.5	41.5	76.3	72	40.6	4
4	41.2	75.1	73	40.3	41.3	75.5	73	40.4	41.4	75.9	73	40.5	41.5	76.3	73	40.6	41.6	76.8	73	40.7	4
3	41.3	75.6	73	40.5	41.4	76.0	73	40.6	41.5	76.4	73	40.7	41.6	76.8	73	40.8	41.7	77.3	73	40.9	3
3	41.4	76.1	73	40.6	41.5	76.5	74	40.7	41.6	76.9	74	40.8	41.7	77.3	74	40.9	41.8	77.8	74	41.0	3
3	41.5	76.5	74	40.7	41.6	77.0	74	40.8	41.7	77.4	74	40.9	41.8	77.8	74	41.0	41.9	78.2	74	41.1	3
3	41.6	77.0	74	40.8	41.7	77.5	74	40.9	41.8	77.9	74	41.0	41.9	78.3	75	41.1	**42.0**	78.7	75	41.2	3
3	41.7	77.5	75	40.9	41.8	78.0	75	41.0	41.9	78.4	75	41.1	**42.0**	78.8	75	41.2	42.1	79.2	75	41.3	3
3	41.8	78.0	75	41.1	41.9	78.4	75	41.2	**42.0**	78.9	75	41.3	42.1	79.3	75	41.4	42.2	79.7	76	41.5	3
3	41.9	78.5	76	41.2	**42.0**	78.9	76	41.3	42.1	79.4	76	41.4	42.2	79.8	76	41.5	42.3	80.2	76	41.6	3
3	**42.0**	79.0	76	41.3	42.1	79.4	76	41.4	42.2	79.9	76	41.5	42.3	80.3	76	41.6	42.4	80.7	76	41.7	3
3	42.1	79.5	77	41.4	42.2	79.9	77	41.5	42.3	80.4	77	41.6	42.4	80.8	77	41.7	42.5	81.3	77	41.8	3
3	42.2	80.0	77	41.5	42.3	80.4	77	41.6	42.4	80.9	77	41.7	42.5	81.3	77	41.8	42.6	81.8	77	41.9	3
3	42.3	80.5	78	41.6	42.4	80.9	78	41.8	42.5	81.4	78	41.9	42.6	81.8	78	42.0	42.7	82.3	78	42.1	3
3	42.4	81.0	78	41.8	42.5	81.5	78	41.9	42.6	81.9	78	42.0	42.7	82.3	78	42.1	42.8	82.8	78	42.2	3
3	42.5	81.5	79	41.9	42.6	82.0	79	42.0	42.7	82.4	79	42.1	42.8	82.9	79	42.2	42.9	83.3	79	42.3	3
2	42.6	82.0	79	42.0	42.7	82.5	79	42.1	42.8	82.9	79	42.2	42.9	83.4	79	42.3	**43.0**	83.8	79	42.4	2
2	42.7	82.5	80	42.1	42.8	83.0	80	42.2	42.9	83.4	80	42.3	**43.0**	83.9	80	42.4	43.1	84.3	80	42.5	2
2	42.8	83.1	80	42.2	42.9	83.5	80	42.3	**43.0**	84.0	80	42.4	43.1	84.4	80	42.5	43.2	84.9	80	42.7	2
2	42.9	83.6	81	42.4	**43.0**	84.0	81	42.5	43.1	84.5	81	42.6	43.2	84.9	81	42.7	43.3	85.4	81	42.8	2
2	**43.0**	84.1	81	42.5	43.1	84.5	81	42.6	43.2	85.0	81	42.7	43.3	85.4	81	42.8	43.4	85.9	81	42.9	2
2	43.1	84.6	82	42.6	43.2	85.1	82	42.7	43.3	85.5	82	42.8	43.4	86.0	82	42.9	43.5	86.4	82	43.0	2
2	43.2	85.1	82	42.7	43.3	85.6	82	42.8	43.4	86.0	82	42.9	43.5	86.5	82	43.0	43.6	87.0	82	43.1	2
2	43.3	85.6	83	42.8	43.4	86.1	83	42.9	43.5	86.6	83	43.0	43.6	87.0	83	43.1	43.7	87.5	83	43.2	2
2	43.4	86.2	83	42.9	43.5	86.6	83	43.0	43.6	87.1	83	43.1	43.7	87.6	83	43.3	43.8	88.0	83	43.4	2
2	43.5	86.7	84	43.1	43.6	87.2	84	43.2	43.7	87.6	84	43.3	43.8	88.1	84	43.4	43.9	88.6	84	43.5	2
2	43.6	87.2	84	43.2	43.7	87.7	84	43.3	43.8	88.2	84	43.4	43.9	88.6	84	43.5	**44.0**	89.1	84	43.6	2
2	43.7	87.8	85	43.3	43.8	88.2	85	43.4	43.9	88.7	85	43.5	**44.0**	89.2	85	43.6	44.1	89.6	85	43.7	2
2	43.8	88.3	85	43.4	43.9	88.8	85	43.5	**44.0**	89.2	85	43.6	44.1	89.7	85	43.7	44.2	90.2	85	43.8	2
2	43.9	88.8	86	43.5	**44.0**	89.3	86	43.6	44.1	89.8	86	43.7	44.2	90.2	86	43.8	44.3	90.7	86	43.9	2
1	**44.0**	89.4	86	43.6	44.1	89.8	86	43.7	44.2	90.3	86	43.8	44.3	90.8	86	43.9	44.4	91.3	86	44.0	1
1	44.1	89.9	87	43.8	44.2	90.4	87	43.9	44.3	90.9	87	44.0	44.4	91.3	87	44.1	44.5	91.8	87	44.2	1
1	44.2	90.4	87	43.9	44.3	90.9	87	44.0	44.4	91.4	87	44.1	44.5	91.9	87	44.2	44.6	92.4	87	44.3	1
1	44.3	91.0	88	44.0	44.4	91.5	88	44.1	44.5	91.9	88	44.2	44.6	92.4	88	44.3	44.7	92.9	88	44.4	1
1	44.4	91.5	88	44.1	44.5	92.0	88	44.2	44.6	92.5	88	44.3	44.7	93.0	88	44.4	44.8	93.5	88	44.5	1
1	44.5	92.1	89	44.2	44.6	92.6	89	44.3	44.7	93.0	89	44.4	44.8	93.5	89	44.5	44.9	94.0	89	44.6	1
1	44.6	92.6	90	44.3	44.7	93.1	90	44.4	44.8	93.6	90	44.5	44.9	94.1	90	44.6	**45.0**	94.6	90	44.7	1
1	44.7	93.2	90	44.5	44.8	93.7	90	44.6	44.9	94.2	90	44.7	**45.0**	94.6	90	44.8	45.1	95.1	90	44.9	1
1	44.8	93.7	91	44.6	44.9	94.2	91	44.7	**45.0**	94.7	91	44.8	45.1	95.2	91	44.9	45.2	95.7	91	45.0	1
1	44.9	94.3	91	44.7	**45.0**	94.8	91	44.8	45.1	95.3	91	44.9	45.2	95.8	91	45.0	45.3	96.3	91	45.1	1
1	**45.0**	94.8	92	44.8	45.1	95.3	92	44.9	45.2	95.8	92	45.0	45.3	96.3	92	45.1	45.4	96.8	92	45.2	1
1	45.1	95.4	92	44.9	45.2	95.9	92	45.0	45.3	96.4	92	45.1	45.4	96.9	92	45.2	45.5	97.4	92	45.3	1
1	45.2	96.0	93	45.0	45.3	96.5	93	45.1	45.4	97.0	93	45.2	45.5	97.5	93	45.3	45.6	98.0	93	45.4	1
1	45.3	96.5	93	45.1	45.4	97.0	93	45.2	45.5	97.5	93	45.3	45.6	98.0	93	45.4	45.7	98.6	93	45.5	1
1	45.4	97.1	94	45.3	45.5	97.6	94	45.4	45.6	98.1	94	45.5	45.7	98.6	94	45.6	45.8	99.1	94	45.7	1
1	45.5	97.7	94	45.4	45.6	98.2	94	45.5	45.7	98.7	94	45.6	45.8	99.2	94	45.7	45.9	99.7	94	45.8	1
1	45.6	98.2	95	45.5	45.7	98.8	95	45.6	45.8	99.3	95	45.7	45.9	99.8	95	45.8	**46.0**	100.3	95	45.9	1
0	45.7	98.8	95	45.6	45.8	99.3	95	45.7	45.9	99.8	95	45.8	**46.0**	100.4	96	45.9	46.1	100.9	96	46.0	0
0	45.8	99.4	96	45.7	45.9	99.9	96	45.8	**46.0**	100.4	96	45.9	46.1	100.9	96	46.0	46.2	101.5	96	46.1	0
0	45.9	100.0	97	45.8	**46.0**	100.5	97	45.9	46.1	101.0	97	46.0	46.2	101.5	97	46.1	46.3	102.0	97	46.2	0
0	**46.0**	100.6	97	45.9	46.1	101.1	97	46.0	46.2	101.6	97	46.1	46.3	102.1	97	46.2	46.4	102.6	97	46.3	0
0	46.1	101.1	98	46.0	46.2	101.7	98	46.1	46.3	102.2	98	46.2	46.4	102.7	98	46.3	46.5	103.2	98	46.4	0
0	46.2	101.7	98	46.2	46.3	102.2	98	46.3	46.4	102.8	98	46.4	46.5	103.3	98	46.5	46.6	103.8	98	46.6	0
0	46.3	102.3	99	46.3	46.4	102.8	99	46.4	46.5	103.4	99	46.5	46.6	103.9	99	46.6	46.7	104.4	99	46.7	0
0	46.4	102.9	99	46.4	46.5	103.4	99	46.5	46.6	104.0	99	46.6	46.7	104.5	99	46.7	46.8	105.0	99	46.8	0
0	46.5	103.5	100	46.5	46.6	104.0	100	46.6	46.7	104.6	100	46.7	46.8	105.1	100	46.8	46.9	105.6	100	46.9	0
	47.0				**47.1**				**47.2**				**47.3**				**47.4**				
50																	17.8	0.6	1	-27.8	50
50									17.7	0.6	1	-28.9	17.8	0.7	1	-26.7	17.9	0.8	1	-24.8	50

n	t_W	e	U	t_d	t_W	e	U	t_d	t_W	e	U	t_d	t_W	e	U	t_d	t_W	e	U	t_d	n
	47.0				**47.1**				**47.2**				**47.3**				**47.4**				
50					17.7	0.6	1	-27.7	17.8	0.8	1	-25.7	17.9	0.9	1	-23.9	**18.0**	1.0	1	-22.4	50
49	17.7	0.7	1	-26.6	17.8	0.8	1	-24.7	17.9	1.0	1	-23.1	**18.0**	1.1	1	-21.7	18.1	1.2	1	-20.4	49
49	17.8	0.9	1	-23.9	17.9	1.0	1	-22.3	**18.0**	1.2	1	-21.0	18.1	1.3	1	-19.7	18.2	1.4	1	-18.6	49
49	17.9	1.1	1	-21.6	**18.0**	1.2	1	-20.3	18.1	1.3	1	-19.2	18.2	1.5	1	-18.1	18.3	1.6	1	-17.1	49
48	**18.0**	1.3	1	-19.7	18.1	1.4	1	-18.6	18.2	1.5	1	-17.5	18.3	1.7	2	-16.6	18.4	1.8	2	-15.7	48
48	18.1	1.5	1	-18.0	18.2	1.6	2	-17.0	18.3	1.7	2	-16.1	18.4	1.9	2	-15.2	18.5	2.0	2	-14.4	48
48	18.2	1.7	2	-16.6	18.3	1.8	2	-15.7	18.4	1.9	2	-14.8	18.5	2.1	2	-14.0	18.6	2.2	2	-13.2	48
47	18.3	1.9	2	-15.2	18.4	2.0	2	-14.4	18.5	2.1	2	-13.6	18.6	2.3	2	-12.9	18.7	2.4	2	-12.2	47
47	18.4	2.1	2	-14.0	18.5	2.2	2	-13.2	18.6	2.3	2	-12.5	18.7	2.5	2	-11.8	18.8	2.6	2	-11.1	47
47	18.5	2.3	2	-12.9	18.6	2.4	2	-12.2	18.7	2.5	2	-11.5	18.8	2.7	2	-10.8	18.9	2.8	3	-10.2	47
46	18.6	2.5	2	-11.8	18.7	2.6	2	-11.2	18.8	2.7	3	-10.5	18.9	2.9	3	-9.9	**19.0**	3.0	3	-9.3	46
46	18.7	2.7	3	-10.8	18.8	2.8	3	-10.2	18.9	2.9	3	-9.6	**19.0**	3.1	3	-9.0	19.1	3.2	3	-8.5	46
46	18.8	2.9	3	-9.9	18.9	3.0	3	-9.3	**19.0**	3.2	3	-8.8	19.1	3.3	3	-8.2	19.2	3.4	3	-7.7	46
45	18.9	3.1	3	-9.1	**19.0**	3.2	3	-8.5	19.1	3.4	3	-8.0	19.2	3.5	3	-7.4	19.3	3.6	3	-6.9	45
45	**19.0**	3.3	3	-8.2	19.1	3.4	3	-7.7	19.2	3.6	3	-7.2	19.3	3.7	3	-6.7	19.4	3.8	4	-6.2	45
45	19.1	3.5	3	-7.5	19.2	3.6	3	-7.0	19.3	3.8	4	-6.5	19.4	3.9	4	-6.0	19.5	4.0	4	-5.5	45
44	19.2	3.7	3	-6.7	19.3	3.8	4	-6.2	19.4	4.0	4	-5.8	19.5	4.1	4	-5.3	19.6	4.3	4	-4.9	44
44	19.3	3.9	4	-6.0	19.4	4.0	4	-5.6	19.5	4.2	4	-5.1	19.6	4.3	4	-4.7	19.7	4.5	4	-4.2	44
44	19.4	4.1	4	-5.3	19.5	4.2	4	-4.9	19.6	4.4	4	-4.5	19.7	4.5	4	-4.0	19.8	4.7	4	-3.6	44
43	19.5	4.3	4	-4.7	19.6	4.5	4	-4.3	19.7	4.6	4	-3.8	19.8	4.7	4	-3.4	19.9	4.9	5	-3.0	43
43	19.6	4.5	4	-4.1	19.7	4.7	4	-3.7	19.8	4.8	4	-3.2	19.9	5.0	5	-2.9	**20.0**	5.1	5	-2.5	43
43	19.7	4.7	4	-3.5	19.8	4.9	5	-3.1	19.9	5.0	5	-2.7	**20.0**	5.2	5	-2.3	20.1	5.3	5	-1.9	43
42	19.8	4.9	5	-2.9	19.9	5.1	5	-2.5	**20.0**	5.2	5	-2.1	20.1	5.4	5	-1.7	20.2	5.5	5	-1.4	42
42	19.9	5.2	5	-2.3	**20.0**	5.3	5	-1.9	20.1	5.4	5	-1.6	20.2	5.6	5	-1.2	20.3	5.7	5	-0.9	42
42	**20.0**	5.4	5	-1.8	20.1	5.5	5	-1.4	20.2	5.7	5	-1.1	20.3	5.8	5	-0.7	20.4	5.9	5	-0.4	42
41	20.1	5.6	5	-1.3	20.2	5.7	5	-0.9	20.3	5.9	5	-0.6	20.4	6.0	6	-0.2	20.5	6.2	6	0.1	41
41	20.2	5.8	5	-0.7	20.3	5.9	6	-0.4	20.4	6.1	6	-0.1	20.5	6.2	6	0.3	20.6	6.4	6	0.6	41
41	20.3	6.0	6	-0.2	20.4	6.1	6	0.1	20.5	6.3	6	0.4	20.6	6.4	6	0.7	20.7	6.6	6	1.1	41
41	20.4	6.2	6	0.2	20.5	6.4	6	0.6	20.6	6.5	6	0.9	20.7	6.7	6	1.2	20.8	6.8	6	1.5	41
40	20.5	6.4	6	0.7	20.6	6.6	6	1.0	20.7	6.7	6	1.3	20.8	6.9	6	1.6	20.9	7.0	6	2.0	40
40	20.6	6.6	6	1.2	20.7	6.8	6	1.5	20.8	6.9	6	1.8	20.9	7.1	7	2.1	**21.0**	7.2	7	2.4	40
40	20.7	6.9	6	1.6	20.8	7.0	7	1.9	20.9	7.2	7	2.2	**21.0**	7.3	7	2.5	21.1	7.5	7	2.8	40
39	20.8	7.1	7	2.0	20.9	7.2	7	2.3	**21.0**	7.4	7	2.6	21.1	7.5	7	2.9	21.2	7.7	7	3.2	39
39	20.9	7.3	7	2.5	**21.0**	7.4	7	2.8	21.1	7.6	7	3.1	21.2	7.8	7	3.3	21.3	7.9	7	3.6	39
39	**21.0**	7.5	7	2.9	21.1	7.7	7	3.2	21.2	7.8	7	3.5	21.3	8.0	7	3.7	21.4	8.1	8	4.0	39
38	21.1	7.7	7	3.3	21.2	7.9	7	3.6	21.3	8.0	8	3.9	21.4	8.2	8	4.1	21.5	8.4	8	4.4	38
38	21.2	8.0	7	3.7	21.3	8.1	8	4.0	21.4	8.3	8	4.2	21.5	8.4	8	4.5	21.6	8.6	8	4.8	38
38	21.3	8.2	8	4.1	21.4	8.3	8	4.4	21.5	8.5	8	4.6	21.6	8.6	8	4.9	21.7	8.8	8	5.1	38
38	21.4	8.4	8	4.5	21.5	8.6	8	4.7	21.6	8.7	8	5.0	21.7	8.9	8	5.3	21.8	9.0	8	5.5	38
37	21.5	8.6	8	4.8	21.6	8.8	8	5.1	21.7	8.9	8	5.4	21.8	9.1	8	5.6	21.9	9.3	9	5.9	37
37	21.6	8.8	8	5.2	21.7	9.0	8	5.5	21.8	9.2	9	5.7	21.9	9.3	9	6.0	**22.0**	9.5	9	6.2	37
37	21.7	9.1	9	5.6	21.8	9.2	9	5.8	21.9	9.4	9	6.1	**22.0**	9.6	9	6.3	22.1	9.7	9	6.6	37
36	21.8	9.3	9	5.9	21.9	9.5	9	6.2	**22.0**	9.6	9	6.4	22.1	9.8	9	6.7	22.2	9.9	9	6.9	36
36	21.9	9.5	9	6.3	**22.0**	9.7	9	6.5	22.1	9.8	9	6.8	22.2	10.0	9	7.0	22.3	10.2	9	7.2	36
36	**22.0**	9.8	9	6.6	22.1	9.9	9	6.9	22.2	10.1	9	7.1	22.3	10.2	10	7.3	22.4	10.4	10	7.6	36
36	22.1	10.0	9	7.0	22.2	10.1	10	7.2	22.3	10.3	10	7.4	22.4	10.5	10	7.7	22.5	10.6	10	7.9	36
35	22.2	10.2	10	7.3	22.3	10.4	10	7.5	22.4	10.5	10	7.7	22.5	10.7	10	8.0	22.6	10.9	10	8.2	35
35	22.3	10.4	10	7.6	22.4	10.6	10	7.8	22.5	10.8	10	8.1	22.6	10.9	10	8.3	22.7	11.1	10	8.5	35
35	22.4	10.7	10	7.9	22.5	10.8	10	8.2	22.6	11.0	10	8.4	22.7	11.2	10	8.6	22.8	11.3	10	8.8	35
34	22.5	10.9	10	8.2	22.6	11.1	10	8.5	22.7	11.2	10	8.7	22.8	11.4	11	8.9	22.9	11.6	11	9.1	34
34	22.6	11.1	10	8.6	22.7	11.3	11	8.8	22.8	11.5	11	9.0	22.9	11.6	11	9.2	**23.0**	11.8	11	9.4	34
34	22.7	11.4	11	8.9	22.8	11.5	11	9.1	22.9	11.7	11	9.3	**23.0**	11.9	11	9.5	23.1	12.0	11	9.7	34
34	22.8	11.6	11	9.2	22.9	11.8	11	9.4	**23.0**	11.9	11	9.6	23.1	12.1	11	9.8	23.2	12.3	11	10.0	34
33	22.9	11.8	11	9.5	**23.0**	12.0	11	9.7	23.1	12.2	11	9.9	23.2	12.4	11	10.1	23.3	12.5	12	10.3	33
33	**23.0**	12.1	11	9.8	23.1	12.2	11	10.0	23.2	12.4	12	10.2	23.3	12.6	12	10.4	23.4	12.8	12	10.6	33
33	23.1	12.3	12	10.1	23.2	12.5	12	10.3	23.3	12.7	12	10.5	23.4	12.8	12	10.7	23.5	13.0	12	10.9	33
33	23.2	12.6	12	10.3	23.3	12.7	12	10.5	23.4	12.9	12	10.7	23.5	13.1	12	10.9	23.6	13.2	12	11.1	33
32	23.3	12.8	12	10.6	23.4	13.0	12	10.8	23.5	13.1	12	11.0	23.6	13.3	12	11.2	23.7	13.5	12	11.4	32
32	23.4	13.0	12	10.9	23.5	13.2	12	11.1	23.6	13.4	12	11.3	23.7	13.6	13	11.5	23.8	13.7	13	11.7	32
32	23.5	13.3	12	11.2	23.6	13.4	13	11.4	23.7	13.6	13	11.6	23.8	13.8	13	11.8	23.9	14.0	13	12.0	32
31	23.6	13.5	13	11.4	23.7	13.7	13	11.6	23.8	13.9	13	11.8	23.9	14.0	13	12.0	**24.0**	14.2	13	12.2	31
31	23.7	13.8	13	11.7	23.8	13.9	13	11.9	23.9	14.1	13	12.1	**24.0**	14.3	13	12.3	24.1	14.5	13	12.5	31
31	23.8	14.0	13	12.0	23.9	14.2	13	12.2	**24.0**	14.4	13	12.4	24.1	14.5	13	12.6	24.2	14.7	14	12.7	31
31	23.9	14.2	13	12.2	**24.0**	14.4	14	12.4	24.1	14.6	14	12.6	24.2	14.8	14	12.8	24.3	15.0	14	13.0	31
30	**24.0**	14.5	14	12.5	24.1	14.7	14	12.7	24.2	14.8	14	12.9	24.3	15.0	14	13.1	24.4	15.2	14	13.2	30
30	24.1	14.7	14	12.8	24.2	14.9	14	12.9	24.3	15.1	14	13.1	24.4	15.3	14	13.3	24.5	15.5	14	13.5	30
30	24.2	15.0	14	13.0	24.3	15.2	14	13.2	24.4	15.3	14	13.4	24.5	15.5	14	13.6	24.6	15.7	15	13.7	30
30	24.3	15.2	14	13.3	24.4	15.4	14	13.4	24.5	15.6	15	13.6	24.6	15.8	15	13.8	24.7	16.0	15	14.0	30
29	24.4	15.5	15	13.5	24.5	15.7	15	13.7	24.6	15.8	15	13.9	24.7	16.0	15	14.1	24.8	16.2	15	14.2	29
29	24.5	15.7	15	13.8	24.6	15.9	15	13.9	24.7	16.1	15	14.1	24.8	16.3	15	14.3	24.9	16.5	15	14.5	29
29	24.6	16.0	15	14.0	24.7	16.2	15	14.2	24.8	16.4	15	14.4	24.9	16.5	15	14.5	**25.0**	16.7	15	14.7	29
29	24.7	16.2	15	14.2	24.8	16.4	15	14.4	24.9	16.6	15	14.6	**25.0**	16.8	16	14.8	25.1	17.0	16	14.9	29
29	24.8	16.5	16	14.5	24.9	16.7	16	14.7	**25.0**	16.9	16	14.8	25.1	17.1	16	15.0	25.2	17.2	16	15.2	29

n	t_W	e	U	t_d	t_W	e	U	t_d	t_W	e	U	t_d	t_W	e	U	t_d	t_W	e	U	t_d	n
	47.0				**47.1**				**47.2**				**47.3**				**47.4**				
28	24.9	16.7	16	14.7	**25.0**	16.9	16	14.9	25.1	17.1	16	15.1	25.2	17.3	16	15.2	25.3	17.5	16	15.4	28
28	**25.0**	17.0	16	15.0	25.1	17.2	16	15.1	25.2	17.4	16	15.3	25.3	17.6	16	15.5	25.4	17.8	16	15.6	28
28	25.1	17.3	16	15.2	25.2	17.4	16	15.4	25.3	17.6	16	15.5	25.4	17.8	17	15.7	25.5	18.0	17	15.9	28
28	25.2	17.5	16	15.4	25.3	17.7	17	15.6	25.4	17.9	17	15.8	25.5	18.1	17	15.9	25.6	18.3	17	16.1	28
27	25.3	17.8	17	15.6	25.4	18.0	17	15.8	25.5	18.2	17	16.0	25.6	18.3	17	16.1	25.7	18.5	17	16.3	27
27	25.4	18.0	17	15.9	25.5	18.2	17	16.0	25.6	18.4	17	16.2	25.7	18.6	17	16.4	25.8	18.8	17	16.5	27
27	25.5	18.3	17	16.1	25.6	18.5	17	16.3	25.7	18.7	17	16.4	25.8	18.9	18	16.6	25.9	19.1	18	16.8	27
27	25.6	18.5	17	16.3	25.7	18.7	18	16.5	25.8	18.9	18	16.6	25.9	19.1	18	16.8	**26.0**	19.3	18	17.0	27
26	25.7	18.8	18	16.5	25.8	19.0	18	16.7	25.9	19.2	18	16.9	**26.0**	19.4	18	17.0	26.1	19.6	18	17.2	26
26	25.8	19.1	18	16.8	25.9	19.3	18	16.9	**26.0**	19.5	18	17.1	26.1	19.7	18	17.2	26.2	19.9	18	17.4	26
26	25.9	19.3	18	17.0	**26.0**	19.5	18	17.1	26.1	19.7	18	17.3	26.2	19.9	18	17.5	26.3	20.1	19	17.6	26
26	**26.0**	19.6	18	17.2	26.1	19.8	19	17.3	26.2	20.0	19	17.5	26.3	20.2	19	17.7	26.4	20.4	19	17.8	26
25	26.1	19.9	19	17.4	26.2	20.1	19	17.6	26.3	20.3	19	17.7	26.4	20.5	19	17.9	26.5	20.7	19	18.0	25
25	26.2	20.1	19	17.6	26.3	20.3	19	17.8	26.4	20.5	19	17.9	26.5	20.7	19	18.1	26.6	20.9	19	18.2	25
25	26.3	20.4	19	17.8	26.4	20.6	19	18.0	26.5	20.8	19	18.1	26.6	21.0	19	18.3	26.7	21.2	20	18.4	25
25	26.4	20.7	19	18.0	26.5	20.9	20	18.2	26.6	21.1	20	18.3	26.7	21.3	20	18.5	26.8	21.5	20	18.7	25
25	26.5	20.9	20	18.2	26.6	21.1	20	18.4	26.7	21.3	20	18.5	26.8	21.6	20	18.7	26.9	21.8	20	18.9	25
24	26.6	21.2	20	18.4	26.7	21.4	20	18.6	26.8	21.6	20	18.8	26.9	21.8	20	18.9	**27.0**	22.0	20	19.1	24
24	26.7	21.5	20	18.6	26.8	21.7	20	18.8	26.9	21.9	20	19.0	**27.0**	22.1	21	19.1	27.1	22.3	21	19.3	24
24	26.8	21.8	20	18.8	26.9	22.0	21	19.0	**27.0**	22.2	21	19.2	27.1	22.4	21	19.3	27.2	22.6	21	19.5	24
24	26.9	22.0	21	19.0	**27.0**	22.2	21	19.2	27.1	22.4	21	19.4	27.2	22.7	21	19.5	27.3	22.9	21	19.7	24
24	**27.0**	22.3	21	19.2	27.1	22.5	21	19.4	27.2	22.7	21	19.5	27.3	22.9	21	19.7	27.4	23.2	21	19.8	24
23	27.1	22.6	21	19.4	27.2	22.8	21	19.6	27.3	23.0	21	19.7	27.4	23.2	22	19.9	27.5	23.4	22	20.0	23
23	27.2	22.9	22	19.6	27.3	23.1	22	19.8	27.4	23.3	22	19.9	27.5	23.5	22	20.1	27.6	23.7	22	20.2	23
23	27.3	23.1	22	19.8	27.4	23.4	22	20.0	27.5	23.6	22	20.1	27.6	23.8	22	20.3	27.7	24.0	22	20.4	23
23	27.4	23.4	22	20.0	27.5	23.6	22	20.2	27.6	23.8	22	20.3	27.7	24.1	22	20.5	27.8	24.3	22	20.6	23
22	27.5	23.7	22	20.2	27.6	23.9	22	20.4	27.7	24.1	23	20.5	27.8	24.3	23	20.7	27.9	24.6	23	20.8	22
22	27.6	24.0	23	20.4	27.7	24.2	23	20.6	27.8	24.4	23	20.7	27.9	24.6	23	20.9	**28.0**	24.9	23	21.0	22
22	27.7	24.3	23	20.6	27.8	24.5	23	20.8	27.9	24.7	23	20.9	**28.0**	24.9	23	21.0	28.1	25.1	23	21.2	22
22	27.8	24.5	23	20.8	27.9	24.8	23	20.9	**28.0**	25.0	23	21.1	28.1	25.2	23	21.2	28.2	25.4	23	21.4	22
22	27.9	24.8	23	21.0	**28.0**	25.1	23	21.1	28.1	25.3	24	21.3	28.2	25.5	24	21.4	28.3	25.7	24	21.6	22
21	**28.0**	25.1	24	21.2	28.1	25.3	24	21.3	28.2	25.6	24	21.5	28.3	25.8	24	21.6	28.4	26.0	24	21.7	21
21	28.1	25.4	24	21.4	28.2	25.6	24	21.5	28.3	25.9	24	21.6	28.4	26.1	24	21.8	28.5	26.3	24	21.9	21
21	28.2	25.7	24	21.5	28.3	25.9	24	21.7	28.4	26.1	24	21.8	28.5	26.4	24	22.0	28.6	26.6	25	22.1	21
21	28.3	26.0	24	21.7	28.4	26.2	25	21.9	28.5	26.4	25	22.0	28.6	26.7	25	22.1	28.7	26.9	25	22.3	21
21	28.4	26.3	25	21.9	28.5	26.5	25	22.0	28.6	26.7	25	22.2	28.7	27.0	25	22.3	28.8	27.2	25	22.5	21
21	28.5	26.6	25	22.1	28.6	26.8	25	22.2	28.7	27.0	25	22.4	28.8	27.3	25	22.5	28.9	27.5	25	22.6	21
20	28.6	26.9	25	22.3	28.7	27.1	25	22.4	28.8	27.3	25	22.5	28.9	27.5	26	22.7	**29.0**	27.8	26	22.8	20
20	28.7	27.2	26	22.4	28.8	27.4	26	22.6	28.9	27.6	26	22.7	**29.0**	27.8	26	22.9	29.1	28.1	26	23.0	20
20	28.8	27.5	26	22.6	28.9	27.7	26	22.8	**29.0**	27.9	26	22.9	29.1	28.1	26	23.0	29.2	28.4	26	23.2	20
20	28.9	27.7	26	22.8	**29.0**	28.0	26	22.9	29.1	28.2	26	23.1	29.2	28.4	26	23.2	29.3	28.7	26	23.3	20
20	**29.0**	28.0	26	23.0	29.1	28.3	27	23.1	29.2	28.5	27	23.3	29.3	28.7	27	23.4	29.4	29.0	27	23.5	20
19	29.1	28.3	27	23.2	29.2	28.6	27	23.3	29.3	28.8	27	23.4	29.4	29.0	27	23.6	29.5	29.3	27	23.7	19
19	29.2	28.6	27	23.3	29.3	28.9	27	23.5	29.4	29.1	27	23.6	29.5	29.4	27	23.7	29.6	29.6	27	23.9	19
19	29.3	28.9	27	23.5	29.4	29.2	27	23.6	29.5	29.4	27	23.8	29.6	29.7	28	23.9	29.7	29.9	28	24.0	19
19	29.4	29.2	28	23.7	29.5	29.5	28	23.8	29.6	29.7	28	23.9	29.7	30.0	28	24.1	29.8	30.2	28	24.2	19
19	29.5	29.6	28	23.8	29.6	29.8	28	24.0	29.7	30.0	28	24.1	29.8	30.3	28	24.2	29.9	30.5	28	24.4	19
18	29.6	29.9	28	24.0	29.7	30.1	28	24.1	29.8	30.3	28	24.3	29.9	30.6	28	24.4	**30.0**	30.8	28	24.5	18
18	29.7	30.2	28	24.2	29.8	30.4	28	24.3	29.9	30.6	29	24.5	**30.0**	30.9	29	24.6	30.1	31.1	29	24.7	18
18	29.8	30.5	29	24.4	29.9	30.7	29	24.5	**30.0**	31.0	29	24.6	30.1	31.2	29	24.7	30.2	31.4	29	24.9	18
18	29.9	30.8	29	24.5	**30.0**	31.0	29	24.7	30.1	31.3	29	24.8	30.2	31.5	29	24.9	30.3	31.8	29	25.0	18
18	**30.0**	31.1	29	24.7	30.1	31.3	29	24.8	30.2	31.6	29	25.0	30.3	31.8	30	25.1	30.4	32.1	30	25.2	18
18	30.1	31.4	30	24.9	30.2	31.6	30	25.0	30.3	31.9	30	25.1	30.4	32.1	30	25.2	30.5	32.4	30	25.4	18
17	30.2	31.7	30	25.0	30.3	32.0	30	25.2	30.4	32.2	30	25.3	30.5	32.5	30	25.4	30.6	32.7	30	25.5	17
17	30.3	32.0	30	25.2	30.4	32.3	30	25.3	30.5	32.5	30	25.4	30.6	32.8	30	25.6	30.7	33.0	30	25.7	17
17	30.4	32.3	30	25.4	30.5	32.6	31	25.5	30.6	32.8	31	25.6	30.7	33.1	31	25.7	30.8	33.2	31	25.9	17
17	30.5	32.7	31	25.5	30.6	32.9	31	25.6	30.7	33.2	31	25.8	30.8	33.4	31	25.9	30.9	33.7	31	26.0	17
17	30.6	23.0	31	25.7	30.7	33.2	31	25.8	30.8	33.5	31	25.9	30.9	33.7	31	26.1	**31.0**	34.0	31	26.2	17
17	30.7	33.3	31	25.8	30.8	33.5	31	26.0	30.9	33.8	32	26.1	**31.0**	34.1	32	26.2	31.1	34.3	32	26.4	17
16	30.8	33.6	32	26.0	30.9	33.9	32	26.1	**31.0**	34.1	32	26.3	31.1	34.4	32	26.4	31.2	34.6	32	26.5	16
16	30.9	33.9	32	26.2	**31.0**	34.2	32	26.3	31.1	34.4	32	26.4	31.2	34.7	32	26.5	31.3	35.0	32	26.7	16
16	**31.0**	34.3	32	26.3	31.1	34.5	32	26.4	31.2	34.8	32	26.6	31.3	35.0	32	26.7	31.4	35.3	33	26.8	16
16	31.1	34.6	33	26.5	31.2	34.8	33	26.6	31.3	35.1	33	26.7	31.4	35.4	33	26.9	31.5	35.6	33	27.0	16
16	31.2	34.9	33	26.6	31.3	35.2	33	26.8	31.4	35.4	33	26.9	31.5	35.7	33	27.0	31.6	35.9	33	27.1	16
16	31.3	35.2	33	26.8	31.4	35.5	33	26.9	31.5	35.7	33	27.0	31.6	36.0	33	27.2	31.7	36.3	33	27.3	16
15	31.4	35.6	33	27.0	31.5	35.8	34	27.1	31.6	36.1	34	27.2	31.7	36.3	34	27.3	31.8	36.6	34	27.5	15
15	31.5	35.9	34	27.1	31.6	36.1	34	27.2	31.7	36.4	34	27.4	31.8	36.7	34	27.5	31.9	36.9	34	27.6	15
15	31.6	36.2	34	27.3	31.7	36.5	34	27.4	31.8	36.7	34	27.5	31.9	37.0	34	27.6	**32.0**	37.3	34	27.8	15
15	31.7	36.5	34	27.4	31.8	36.8	34	27.5	31.9	37.1	35	27.7	**32.0**	37.3	35	27.8	32.1	37.6	35	27.9	15
15	31.8	36.9	35	27.6	31.9	37.1	35	27.7	**32.0**	37.4	35	27.8	32.1	37.7	35	27.9	32.2	37.9	35	28.1	15
15	31.9	37.2	35	27.7	**32.0**	37.5	35	27.9	32.1	37.7	35	28.0	32.2	38.0	35	28.1	32.3	38.3	35	28.2	15
14	**32.0**	37.5	35	27.9	32.1	37.8	35	28.0	32.2	38.1	36	28.1	32.3	38.4	36	28.3	32.4	38.6	36	28.4	14
14	32.1	37.9	36	28.0	32.2	38.1	36	28.2	32.3	38.4	36	28.3	32.4	38.7	36	28.4	32.5	39.0	36	28.5	14

n	t_W	e	U	t_d	t_W	e	U	t_d	t_W	e	U	t_d	t_W	e	U	t_d	t_W	e	U	t_d	n
	47.0				**47.1**				**47.2**				**47.3**				**47.4**				
14	32.2	38.2	36	28.2	32.3	38.5	36	28.3	32.4	38.8	36	28.4	32.5	39.0	36	28.6	32.6	39.3	36	28.7	14
14	32.3	38.6	36	28.3	32.4	38.8	36	28.5	32.5	39.1	36	28.6	32.6	39.4	37	28.7	32.7	39.7	37	28.8	14
14	32.4	38.9	37	28.5	32.5	39.2	37	28.6	32.6	39.4	37	28.7	32.7	39.7	37	28.9	32.8	40.0	37	29.0	14
14	32.5	39.2	37	28.6	32.6	39.5	37	28.8	32.7	39.8	37	28.9	32.8	40.1	37	29.0	32.9	40.4	37	29.1	14
14	32.6	39.6	37	28.8	32.7	39.9	37	28.9	32.8	40.1	37	29.0	32.9	40.4	37	29.2	**33.0**	40.7	38	29.3	14
13	32.7	39.9	38	28.9	32.8	40.2	38	29.1	32.9	40.5	38	29.2	**33.0**	40.8	38	29.3	33.1	41.0	38	29.4	13
13	32.8	40.3	38	29.1	32.9	40.6	38	29.2	**33.0**	40.8	38	29.3	33.1	41.1	38	29.5	33.2	41.4	38	29.6	13
13	32.9	40.6	38	29.2	**33.0**	40.9	38	29.4	33.1	41.2	38	29.5	33.2	41.5	38	29.6	33.3	41.8	39	29.7	13
13	**33.0**	41.0	39	29.4	33.1	41.2	39	29.5	33.2	41.5	39	29.6	33.3	41.8	39	29.7	33.4	42.1	39	29.9	13
13	33.1	41.3	39	29.5	33.2	41.6	39	29.7	33.3	41.9	39	29.8	33.4	42.2	39	29.9	33.5	42.5	39	30.0	13
13	33.2	41.7	39	29.7	33.3	42.0	39	29.8	33.4	42.2	39	29.9	33.5	42.5	39	30.0	33.6	42.8	40	30.2	13
13	33.3	42.0	40	29.8	33.4	42.3	40	30.0	33.5	42.6	40	30.1	33.6	42.9	40	30.2	33.7	43.2	40	30.3	13
12	33.4	42.4	40	30.0	33.5	42.7	40	30.1	33.6	43.0	40	30.2	33.7	43.2	40	30.3	33.8	43.5	40	30.4	12
12	33.5	42.7	40	30.1	33.6	43.0	40	30.2	33.7	43.3	40	30.4	33.8	43.6	40	30.5	33.9	43.9	41	30.6	12
12	33.6	43.1	41	30.3	33.7	43.4	41	30.4	33.8	43.7	41	30.5	33.9	44.0	41	30.6	**34.0**	44.3	41	30.7	12
12	33.7	43.4	41	30.4	33.8	43.7	41	30.5	33.9	44.0	41	30.6	**34.0**	44.3	41	30.8	34.1	44.6	41	30.9	12
12	33.8	43.8	41	30.6	33.9	44.1	41	30.7	**34.0**	44.4	41	30.8	34.1	44.7	41	30.9	34.2	45.0	42	31.0	12
12	33.9	44.2	42	30.7	**34.0**	44.5	42	30.8	34.1	44.8	42	30.9	34.2	45.1	42	31.1	34.3	45.4	42	31.2	12
12	**34.0**	44.5	42	30.8	34.1	44.8	42	31.0	34.2	45.1	42	31.1	34.3	45.4	42	31.2	34.4	45.7	42	31.3	12
11	34.1	44.9	42	31.0	34.2	45.2	42	31.1	34.3	45.5	42	31.2	34.4	45.8	42	31.3	34.5	46.1	43	31.5	11
11	34.2	45.3	43	31.1	34.3	45.6	43	31.2	34.4	45.9	43	31.4	34.5	46.2	43	31.5	34.6	46.5	43	31.6	11
11	34.3	45.5	43	31.3	34.4	45.9	43	31.4	34.5	46.2	43	31.5	34.6	46.5	43	31.6	34.7	46.8	43	31.7	11
11	34.4	46.0	43	31.4	34.5	46.3	43	31.5	34.6	46.6	43	31.6	34.7	46.9	44	31.8	34.8	47.2	44	31.9	11
11	34.5	46.4	44	31.6	34.6	46.7	44	31.7	34.7	47.0	44	31.8	34.8	47.3	44	31.9	34.9	47.6	44	32.0	11
11	34.6	46.7	44	31.7	34.7	47.0	44	31.8	34.8	47.3	44	31.9	34.9	47.7	44	32.0	**35.0**	48.0	44	32.2	11
11	34.7	47.1	44	31.8	34.8	47.4	44	31.9	34.9	47.7	44	32.1	**35.0**	48.0	45	32.2	35.1	48.3	45	32.3	11
10	34.8	47.5	45	32.0	34.9	47.8	45	32.1	**35.0**	48.1	45	32.2	35.1	48.4	45	32.3	35.2	48.7	45	32.4	10
10	34.9	47.9	45	32.1	**35.0**	48.2	45	32.2	35.1	48.5	45	32.3	35.2	48.8	45	32.5	35.3	49.1	45	32.6	10
10	**35.0**	48.2	45	32.3	35.1	48.5	45	32.4	35.2	48.9	46	32.5	35.3	49.2	46	32.6	35.4	49.5	46	32.7	10
10	35.1	48.6	46	32.4	35.2	48.9	46	32.5	35.3	49.2	46	32.6	35.4	49.6	46	32.7	35.5	49.9	46	32.8	10
10	35.2	49.0	46	32.5	35.3	49.3	46	32.6	35.4	49.6	46	32.8	35.5	49.9	46	32.9	35.6	50.3	46	33.0	10
10	35.3	49.4	47	32.7	35.4	49.7	47	32.8	35.5	50.0	47	32.9	35.6	50.3	47	33.0	35.7	50.6	47	33.1	10
10	35.4	49.8	47	32.8	35.5	50.1	47	32.9	35.6	50.4	47	33.0	35.7	50.7	47	33.1	35.8	51.0	47	33.3	10
10	35.5	50.1	47	32.9	35.6	50.5	47	33.1	35.7	50.8	47	33.2	35.8	51.1	47	33.3	35.9	51.4	47	33.4	10
9	35.6	50.5	48	33.1	35.7	50.8	48	33.2	35.8	51.2	48	33.3	35.9	51.5	48	33.4	**36.0**	51.8	48	33.5	9
9	35.7	50.9	48	33.2	35.8	51.2	48	33.3	35.9	51.6	48	33.4	**36.0**	51.9	48	33.6	36.1	52.2	48	33.7	9
9	35.8	51.3	48	33.3	35.9	51.6	48	33.5	**36.0**	51.9	48	33.6	36.1	52.3	49	33.7	36.2	52.6	49	33.8	9
9	35.9	51.7	49	33.5	**36.0**	52.0	49	33.6	36.1	52.3	49	33.7	36.2	52.7	49	33.8	36.3	53.0	49	33.9	9
9	**36.0**	52.1	49	33.6	36.1	52.4	49	33.7	36.2	52.7	49	33.8	36.3	53.1	49	34.0	36.4	53.4	49	34.1	9
9	36.1	52.5	49	33.8	36.2	52.8	49	33.9	36.3	53.1	50	34.0	36.4	53.5	50	34.1	36.5	53.8	50	34.2	9
9	36.2	52.9	50	33.9	36.3	53.2	50	34.0	36.4	53.5	50	34.1	36.5	53.9	50	34.2	36.6	54.2	50	34.3	9
9	36.3	53.3	50	34.0	36.4	53.6	50	34.1	36.5	53.9	50	34.2	36.6	54.3	50	34.4	36.7	54.6	50	34.5	9
9	36.4	53.7	51	34.2	36.5	54.0	51	34.3	36.6	54.3	51	34.4	36.7	54.7	51	34.5	36.8	55.0	51	34.6	9
8	36.5	54.1	51	34.3	36.6	54.4	51	34.4	36.7	54.7	51	34.5	36.8	55.1	51	34.6	36.9	55.4	51	34.7	8
8	36.6	54.5	51	34.4	36.7	54.8	51	34.5	36.8	55.1	51	34.6	36.9	55.5	51	34.8	**37.0**	55.8	52	34.9	8
8	36.7	54.9	52	34.6	36.8	55.2	52	34.7	36.9	55.5	52	34.8	**37.0**	55.9	52	34.9	37.1	56.2	52	35.0	8
8	36.8	55.3	52	34.7	36.9	55.6	52	34.8	**37.0**	56.0	52	34.9	37.1	56.3	52	35.0	37.2	56.6	52	35.1	8
8	36.9	55.7	52	34.8	**37.0**	56.0	53	34.9	37.1	56.4	53	35.0	37.2	56.7	53	35.2	37.3	57.1	53	35.3	8
8	**37.0**	56.1	53	35.0	37.1	56.4	53	35.1	37.2	56.8	53	35.2	37.3	57.1	53	35.3	37.4	57.5	53	35.4	8
8	37.1	56.5	53	35.1	37.2	56.8	53	35.2	37.3	57.2	53	35.3	37.4	57.5	53	35.4	37.5	57.9	53	35.5	8
8	37.2	56.9	54	35.2	37.3	57.3	54	35.3	37.4	57.6	54	35.4	37.5	58.0	54	35.5	37.6	58.3	54	35.7	8
8	37.3	57.3	54	35.3	37.4	57.7	54	35.5	37.5	58.0	54	35.6	37.6	58.4	54	35.7	37.7	58.7	54	35.8	8
7	37.4	57.7	54	35.5	37.5	58.1	54	35.6	37.6	58.4	54	35.7	37.7	58.8	55	35.8	37.8	59.1	55	35.9	7
7	37.5	58.2	55	35.6	37.6	58.5	55	35.7	37.7	58.9	55	35.8	37.8	59.2	55	35.9	37.9	59.6	55	36.0	7
7	37.6	58.6	55	35.7	37.7	58.9	55	35.8	37.8	59.3	55	36.0	37.9	59.6	55	36.1	**38.0**	60.0	55	36.2	7
7	37.7	59.0	56	35.9	37.8	59.3	56	36.0	37.9	59.7	56	36.1	**38.0**	60.1	56	36.2	38.1	60.4	56	36.3	7
7	37.8	59.4	56	36.0	37.9	59.8	56	36.1	**38.0**	60.1	56	36.2	38.1	60.5	56	36.3	38.2	60.8	56	36.4	7
7	37.9	59.8	56	36.1	**38.0**	60.2	56	36.2	38.1	60.5	56	36.3	38.2	60.9	57	36.5	38.3	61.3	57	36.6	7
7	**38.0**	60.3	57	36.3	38.1	60.6	57	36.4	38.2	61.0	57	36.5	38.3	61.3	57	36.6	38.4	61.7	57	36.7	7
7	38.1	60.7	57	36.4	38.2	61.0	57	36.5	38.3	61.4	57	36.6	38.4	61.8	57	36.7	38.5	62.1	57	36.8	7
7	38.2	61.1	58	36.5	38.3	61.5	58	36.6	38.4	61.8	58	36.7	38.5	62.2	58	36.8	38.6	62.6	58	36.9	7
6	38.3	61.5	58	36.6	38.4	61.9	58	36.7	38.5	62.3	58	36.9	38.6	62.6	58	37.0	38.7	63.0	58	37.1	6
6	38.4	62.0	58	36.8	38.5	62.3	58	36.9	38.6	62.7	58	37.0	38.7	63.1	59	37.1	38.8	63.4	59	37.2	6
6	38.5	62.4	59	36.9	38.6	62.8	59	37.0	38.7	63.1	59	37.1	38.8	63.5	59	37.2	38.9	63.9	59	37.3	6
6	38.6	62.8	59	37.0	38.7	63.2	59	37.1	38.8	63.6	59	37.2	38.9	64.0	59	37.3	**39.0**	64.3	59	37.5	6
6	38.7	63.3	60	37.2	38.8	63.6	60	37.3	38.9	64.0	60	37.4	**39.0**	64.4	60	37.5	39.1	64.8	60	37.6	6
6	38.8	63.7	60	37.3	38.9	64.1	60	37.4	**39.0**	64.5	60	37.5	39.1	64.8	60	37.6	39.2	65.2	60	37.7	6
6	38.9	64.2	60	37.4	**39.0**	64.5	60	37.5	39.1	64.9	61	37.6	39.2	65.3	61	37.7	39.3	65.7	61	37.8	6
6	**39.0**	64.6	61	37.5	39.1	65.0	61	37.6	39.2	65.3	61	37.7	39.3	65.7	61	37.9	39.4	66.1	61	38.0	6
6	39.1	65.0	61	37.7	39.2	65.4	61	37.8	39.3	65.8	61	37.9	39.4	66.2	61	38.0	39.5	66.6	61	38.1	6
6	39.2	65.5	62	37.8	39.3	65.9	62	37.9	39.4	66.2	62	38.0	39.5	66.6	62	38.1	39.6	67.0	62	38.2	6
6	39.3	65.9	62	37.9	39.4	66.3	62	38.0	39.5	66.7	62	38.1	39.6	67.1	62	38.2	39.7	67.5	62	38.3	6
5	39.4	66.4	63	38.0	39.5	66.8	63	38.1	39.6	67.1	63	38.2	39.7	67.5	63	38.4	39.8	67.9	63	38.5	5

n	t_W	e	U	t_d	t_W	e	U	t_d	t_W	e	U	t_d	t_W	e	U	t_d	t_W	e	U	t_d	n
	47.0				**47.1**				**47.2**				**47.3**				**47.4**				
5	39.5	66.8	63	38.2	39.6	67.2	63	38.3	39.7	67.6	63	38.4	39.8	68.0	63	38.5	39.9	68.4	63	38.6	5
5	39.6	67.3	63	38.3	39.7	67.7	63	38.4	39.8	68.1	63	38.5	39.9	68.4	64	38.6	**40.0**	68.8	64	38.7	5
5	39.7	67.7	64	38.4	39.8	68.1	64	38.5	39.9	68.5	64	38.6	**40.0**	68.9	64	38.7	40.1	69.3	64	38.8	5
5	39.8	68.2	64	38.5	39.9	68.6	64	38.6	**40.0**	69.0	64	38.7	40.1	69.4	64	38.8	40.2	69.8	64	39.0	5
5	39.9	68.6	65	38.7	**40.0**	69.0	65	38.8	40.1	69.4	65	38.9	40.2	69.8	65	39.0	40.3	70.2	65	39.1	5
5	**40.0**	69.1	65	38.8	40.1	69.5	65	38.9	40.2	69.9	65	39.0	40.3	70.3	65	39.1	40.4	70.7	65	39.2	5
5	40.1	69.6	66	38.9	40.2	70.0	66	39.0	40.3	70.4	66	39.1	40.4	70.8	66	39.2	40.5	71.2	66	39.3	5
5	40.2	70.0	66	39.0	40.3	70.4	66	39.1	40.4	70.8	66	39.2	40.5	71.2	66	39.3	40.6	71.6	66	39.4	5
5	40.3	70.5	66	39.1	40.4	70.9	66	39.3	40.5	71.3	66	39.4	40.6	71.7	67	39.5	40.7	72.1	67	39.6	5
5	40.4	71.0	67	39.3	40.5	71.4	67	39.4	40.6	71.8	67	39.5	40.7	72.2	67	39.6	40.8	72.6	67	39.7	5
4	40.5	71.4	67	39.4	40.6	71.8	67	39.5	40.7	72.2	67	39.6	40.8	72.6	67	39.7	40.9	73.1	67	39.8	4
4	40.6	71.9	68	39.5	40.7	72.3	68	39.6	40.8	72.7	68	39.7	40.9	73.1	68	39.8	**41.0**	73.5	68	39.9	4
4	40.7	72.4	68	39.6	40.8	72.8	68	39.7	40.9	73.2	68	39.8	**41.0**	73.6	68	40.0	41.1	74.0	68	40.1	4
4	40.8	72.8	69	39.8	40.9	73.3	69	39.9	**41.0**	73.7	69	40.0	41.1	74.1	69	40.1	41.2	74.5	69	40.2	4
4	40.9	73.3	69	39.9	**41.0**	73.7	69	40.0	41.1	74.1	69	40.1	41.2	74.6	69	40.2	41.3	75.0	69	40.3	4
4	**41.0**	73.8	70	40.0	41.1	74.2	70	40.1	41.2	74.6	70	40.2	41.3	75.0	70	40.3	41.4	75.5	70	40.4	4
4	41.1	74.3	70	40.1	41.2	74.7	70	40.2	41.3	75.1	70	40.3	41.4	75.5	70	40.4	41.5	75.9	70	40.5	4
4	41.2	74.8	70	40.2	41.3	75.2	70	40.4	41.4	75.6	70	40.5	41.5	76.0	70	40.6	41.6	76.4	71	40.7	4
4	41.3	75.2	71	40.4	41.4	75.7	71	40.5	41.5	76.1	71	40.6	41.6	76.5	71	40.7	41.7	76.9	71	40.8	4
4	41.4	75.7	71	40.5	41.5	76.1	71	40.6	41.6	76.6	71	40.7	41.7	77.0	71	40.8	41.8	77.4	71	40.9	4
4	41.5	76.2	72	40.6	41.6	76.6	72	40.7	41.7	77.1	72	40.8	41.8	77.5	72	40.9	41.9	77.9	72	41.0	4
4	41.6	76.7	72	40.7	41.7	77.1	72	40.8	41.8	77.6	72	40.9	41.9	78.0	72	41.0	**42.0**	78.4	72	41.1	4
3	41.7	77.2	73	40.9	41.8	77.6	73	41.0	41.9	78.0	73	41.1	**42.0**	78.5	73	41.2	42.1	78.9	73	41.3	3
3	41.8	77.7	73	41.0	41.9	78.1	73	41.1	**42.0**	78.5	73	41.2	42.1	79.0	73	41.3	42.2	79.4	73	41.4	3
3	41.9	78.2	74	41.1	**42.0**	78.6	74	41.2	42.1	79.0	74	41.3	42.2	79.5	74	41.4	42.3	79.9	74	41.5	3
3	**42.0**	78.7	74	41.2	42.1	79.1	74	41.3	42.2	79.5	74	41.4	42.3	80.0	74	41.5	42.4	80.4	74	41.6	3
3	42.1	79.2	75	41.3	42.2	79.6	75	41.4	42.3	80.0	75	41.5	42.4	80.5	75	41.6	42.5	80.9	75	41.7	3
3	42.2	79.7	75	41.5	42.3	80.1	75	41.6	42.4	80.5	75	41.7	42.5	81.0	75	41.8	42.6	81.4	75	41.9	3
3	42.3	80.2	76	41.6	42.4	80.6	76	41.7	42.5	81.1	76	41.8	42.6	81.5	76	41.9	42.7	81.9	76	42.0	3
3	42.4	80.7	76	41.7	42.5	81.1	76	41.8	42.6	81.6	76	41.9	42.7	82.0	76	42.0	42.8	82.5	76	42.1	3
3	42.5	81.2	76	41.8	42.6	81.6	77	41.9	42.7	82.1	77	42.0	42.8	82.5	77	42.1	42.9	83.0	77	42.2	3
3	42.6	81.7	77	41.9	42.7	82.1	77	42.0	42.8	82.6	77	42.1	42.9	83.0	77	42.2	**43.0**	83.5	77	42.3	3
3	42.7	82.2	77	42.0	42.8	82.7	77	42.1	42.9	83.1	77	42.3	**43.0**	83.6	78	42.4	43.1	84.0	78	42.5	3
3	42.8	82.7	78	42.2	42.9	83.2	78	42.3	**43.0**	83.6	78	42.4	43.1	84.1	78	42.5	43.2	84.5	78	42.6	3
3	42.9	83.2	78	42.3	**43.0**	83.7	78	42.4	43.1	84.1	78	42.5	43.2	84.6	78	42.6	43.3	85.0	79	42.7	3
2	**43.0**	83.8	79	42.4	43.1	84.2	79	42.5	43.2	84.7	79	42.6	43.3	85.1	79	42.7	43.4	85.6	79	42.8	2
2	43.1	84.3	79	42.5	43.2	84.7	79	42.6	43.3	85.2	79	42.7	43.4	85.6	79	42.8	43.5	86.1	79	42.9	2
2	43.2	84.8	80	42.6	43.3	85.2	80	42.7	43.4	85.7	80	42.8	43.5	86.2	80	42.9	43.6	86.6	80	43.0	2
2	43.3	85.3	80	42.8	43.4	85.8	80	42.9	43.5	86.2	80	43.0	43.6	86.7	80	43.1	43.7	87.2	80	43.2	2
2	43.4	85.8	81	42.9	43.5	86.3	81	43.0	43.6	86.8	81	43.1	43.7	87.2	81	43.2	43.8	87.7	81	43.3	2
2	43.5	86.4	81	43.0	43.6	86.8	81	43.1	43.7	87.3	81	42.2	43.8	87.8	81	43.3	43.9	88.2	81	43.4	2
2	43.6	86.9	82	43.1	43.7	87.4	82	43.2	43.8	87.8	82	43.3	43.9	88.3	82	43.4	**44.0**	88.8	82	43.5	2
2	43.7	87.4	82	43.2	43.8	87.9	82	43.3	43.9	88.4	82	43.4	**44.0**	88.8	82	43.5	44.1	89.3	82	43.6	2
2	43.8	88.0	83	43.3	43.9	88.4	83	43.4	**44.0**	88.9	83	43.5	44.1	89.4	83	43.6	44.2	89.8	83	43.7	2
2	43.9	88.5	83	43.5	**44.0**	89.0	83	43.6	44.1	89.4	83	43.7	44.2	89.9	83	43.8	44.3	90.4	83	43.9	2
2	**44.0**	89.0	84	43.6	44.1	89.5	84	43.7	44.2	90.0	84	43.8	44.3	90.5	84	43.9	44.4	90.9	84	44.0	2
2	44.1	89.6	84	43.7	44.2	90.0	84	43.8	44.3	90.5	84	43.9	44.4	91.0	84	44.0	44.5	91.5	84	44.1	2
2	44.2	90.1	85	43.8	44.3	90.6	85	43.9	44.4	91.1	85	44.0	44.5	91.5	85	44.1	44.6	92.0	85	44.2	2
2	44.3	90.7	85	43.9	44.4	91.1	85	44.0	44.5	91.6	85	44.1	44.6	92.1	85	44.2	44.7	92.6	85	44.3	2
2	44.4	91.2	86	44.0	44.5	91.7	86	44.1	44.6	92.2	86	44.2	44.7	92.6	86	44.3	44.8	93.1	86	44.4	2
1	44.5	91.7	86	44.2	44.6	92.2	86	44.3	44.7	92.7	86	44.4	44.8	93.2	86	44.5	44.9	93.7	86	44.6	1
1	44.6	92.3	87	44.3	44.7	92.8	87	44.4	44.8	93.3	87	44.5	44.9	93.8	87	44.6	**45.0**	94.2	87	44.7	1
1	44.7	92.8	87	44.4	44.8	93.3	87	44.5	44.9	93.8	87	44.6	**45.0**	94.3	88	44.7	45.1	94.8	88	44.8	1
1	44.8	93.4	88	44.5	44.9	93.9	88	44.6	**45.0**	94.4	88	44.7	45.1	94.9	88	44.8	45.2	95.4	88	44.9	1
1	44.9	94.0	89	44.6	**45.0**	94.4	89	44.7	45.1	94.9	89	44.8	45.2	95.4	89	44.9	45.3	95.9	89	45.0	1
1	**45.0**	94.5	89	44.7	45.1	95.0	89	44.8	45.2	95.5	89	44.9	45.3	96.0	89	45.0	45.4	96.5	89	45.1	1
1	45.1	95.1	90	44.8	45.2	95.6	90	44.9	45.3	96.1	90	45.0	45.4	96.6	90	45.1	45.5	97.1	90	45.2	1
1	45.2	95.6	90	45.0	45.3	96.1	90	45.1	45.4	96.6	90	45.2	45.5	97.1	90	45.3	45.6	97.6	90	45.4	1
1	45.3	96.2	91	45.1	45.4	96.7	91	45.2	45.5	97.2	91	45.3	45.6	97.7	91	45.4	45.7	98.2	91	45.5	1
1	45.4	96.8	91	45.2	45.5	97.3	91	45.3	45.6	97.8	91	45.4	45.7	98.3	91	45.5	45.8	98.8	91	45.6	1
1	45.5	97.3	92	45.3	45.6	97.8	92	45.4	45.7	98.4	92	45.5	45.8	98.9	92	45.6	45.9	99.4	92	45.7	1
1	45.6	97.9	92	45.4	45.7	98.4	92	45.5	45.8	98.9	92	45.6	45.9	99.4	92	45.7	**46.0**	100.0	92	45.8	1
1	45.7	98.5	93	45.5	45.8	99.0	93	45.6	45.9	99.5	93	45.7	**46.0**	100.0	93	45.8	46.1	100.5	93	45.9	1
1	45.8	99.1	93	45.6	45.9	99.6	93	45.7	**46.0**	100.1	93	45.8	46.1	100.6	93	45.9	46.2	101.1	93	46.0	1
1	45.9	99.6	94	45.8	**46.0**	100.2	94	45.9	46.1	100.7	94	46.0	46.2	101.2	94	46.1	46.3	101.7	94	46.2	1
1	**46.0**	100.2	94	45.9	46.1	100.7	94	46.0	46.2	101.3	94	46.1	46.3	101.8	94	46.2	46.4	102.3	94	46.3	1
0	46.1	100.8	95	46.0	46.2	101.3	95	46.1	46.3	101.8	95	46.2	46.4	102.4	95	46.3	46.5	102.9	95	46.4	0
0	46.2	101.4	96	46.1	46.3	101.9	96	46.2	46.4	102.4	96	46.3	46.5	103.0	96	46.4	46.6	103.5	96	46.5	0
0	46.3	102.0	96	46.2	46.4	102.5	96	46.3	46.5	103.0	96	46.4	46.6	103.6	96	46.5	46.7	104.1	96	46.6	0
0	46.4	102.6	97	46.3	46.5	103.1	97	46.4	46.6	103.6	97	46.5	46.7	104.2	97	46.6	46.8	104.7	97	46.7	0
0	46.5	103.2	97	46.4	46.6	103.7	97	46.5	46.7	104.2	97	46.6	46.8	104.7	97	46.7	46.9	105.3	97	46.8	0
0	46.6	103.8	98	46.5	46.7	104.3	98	46.6	46.8	104.8	98	46.7	46.9	105.4	98	46.9	**47.0**	105.9	98	47.0	0
0	46.7	104.4	98	46.7	46.8	104.9	98	46.8	46.9	105.4	98	46.9	**47.0**	106.0	98	47.0	47.1	106.5	98	47.1	0

n	t_W	e	U	t_d	t_W	e	U	t_d	t_W	e	U	t_d	t_W	e	U	t_d	t_W	e	U	t_d	n
	47.0				**47.1**				**47.2**				**47.3**				**47.4**				
0	46.8	104.9	99	46.8	46.9	105.5	99	46.9	**47.0**	106.0	99	47.0	47.1	106.6	99	47.1	47.2	107.1	99	47.2	0
0	46.9	105.6	99	46.9	**47.0**	106.1	99	47.0	47.1	106.6	99	47.1	47.2	107.2	99	47.2	47.3	107.7	99	47.3	0
0	**47.0**	106.2	100	47.0	47.1	106.7	100	47.1	47.2	107.2	100	47.2	47.3	107.8	100	47.3	47.4	108.3	100	47.4	0
	47.5				**47.6**				**47.7**				**47.8**				**47.9**				
51													17.9	0.6	1	-29.1	**18.0**	0.7	1	-26.8	51
50									17.9	0.6	1	-27.9	**18.0**	0.8	1	-25.8	18.1	0.9	1	-24.0	50
50	17.8	0.6	1	-29.0	17.9	0.7	1	-26.7	**18.0**	0.8	1	-24.8	18.1	0.9	1	-23.2	18.2	1.1	1	-21.7	50
50	17.9	0.8	1	-25.7	**18.0**	0.9	1	-24.0	18.1	1.0	1	-22.4	18.2	1.1	1	-21.0	18.3	1.3	1	-19.8	50
49	**18.0**	1.0	1	-23.2	18.1	1.1	1	-21.7	18.2	1.2	1	-20.4	18.3	1.3	1	-19.2	18.4	1.5	1	-18.1	49
49	18.1	1.1	1	-21.0	18.2	1.3	1	-19.8	18.3	1.4	1	-18.6	18.4	1.5	1	-17.6	18.5	1.7	2	-16.6	49
48	18.2	1.3	1	-19.2	18.3	1.5	1	-18.1	18.4	1.6	1	-17.1	18.5	1.7	2	-16.1	18.6	1.9	2	-15.2	48
48	18.3	1.5	1	-17.6	18.4	1.7	2	-16.6	18.5	1.8	2	-15.7	18.6	1.9	2	-14.8	18.7	2.1	2	-14.0	48
48	18.4	1.7	2	-16.1	18.5	1.9	2	-15.2	18.6	2.0	2	-14.4	18.7	2.1	2	-13.6	18.8	2.3	2	-12.8	48
47	18.5	1.9	2	-14.8	18.6	2.1	2	-14.0	18.7	2.2	2	-13.2	18.8	2.3	2	-12.5	18.9	2.5	2	-11.8	47
47	18.6	2.1	2	-13.6	18.7	2.3	2	-12.9	18.8	2.4	2	-12.1	18.9	2.5	2	-11.5	**19.0**	2.7	2	-10.8	47
47	18.7	2.3	2	-12.5	18.8	2.5	2	-11.8	18.9	2.6	2	-11.1	**19.0**	2.8	2	-10.5	19.1	2.9	3	-9.9	47
46	18.8	2.5	2	-11.5	18.9	2.7	2	-10.8	**19.0**	2.8	3	-10.2	19.1	3.0	3	-9.6	19.2	3.1	3	-9.0	46
46	18.9	2.7	3	-10.5	**19.0**	2.9	3	-9.9	19.1	3.0	3	-9.3	19.2	3.2	3	-8.7	19.3	3.3	3	-8.2	46
46	**19.0**	3.0	3	-9.6	19.1	3.1	3	-9.0	19.2	3.2	3	-8.5	19.3	3.4	3	-7.9	19.4	3.5	3	-7.4	46
45	19.1	3.2	3	-8.8	19.2	3.3	3	-8.2	19.3	3.4	3	-7.7	19.4	3.6	3	-7.2	19.5	3.7	3	-6.7	45
45	19.2	3.4	3	-7.9	19.3	3.5	3	-7.4	19.4	3.6	3	-6.9	19.5	3.8	3	-6.4	19.6	3.9	4	-5.9	45
45	19.3	3.6	3	-7.2	19.4	3.7	3	-6.7	19.5	3.8	3	-6.2	19.6	4.0	4	-5.7	19.7	4.1	4	-5.3	45
44	19.4	3.8	3	-6.4	19.5	3.9	4	-6.0	19.6	4.1	4	-5.5	19.7	4.2	4	-5.1	19.8	4.3	4	-4.6	44
44	19.5	4.0	4	-5.8	19.6	4.1	4	-5.3	19.7	4.3	4	-4.8	19.8	4.4	4	-4.4	19.9	4.6	4	-4.0	44
44	19.6	4.2	4	-5.1	19.7	4.3	4	-4.6	19.8	4.5	4	-4.2	19.9	4.6	4	-3.8	**20.0**	4.8	4	-3.4	44
43	19.7	4.4	4	-4.4	19.8	4.5	4	-4.0	19.9	4.7	4	-3.6	**20.0**	4.8	4	-3.2	20.1	5.0	4	-2.8	43
43	19.8	4.6	4	-3.8	19.9	4.8	4	-3.4	**20.0**	4.9	4	-3.0	20.1	5.0	5	-2.6	20.2	5.2	5	-2.2	43
43	19.9	4.8	4	-3.2	**20.0**	5.0	5	-2.8	20.1	5.1	5	-2.4	20.2	5.3	5	-2.1	20.3	5.4	5	-1.7	43
43	**20.0**	5.0	5	-2.6	20.1	5.2	5	-2.3	20.2	5.3	5	-1.9	20.3	5.5	5	-1.5	20.4	5.6	5	-1.2	43
42	20.1	5.2	5	-2.1	20.2	5.4	5	-1.7	20.3	5.5	5	-1.4	20.4	5.7	5	-1.0	20.5	5.8	5	-0.6	42
42	20.2	5.5	5	-1.5	20.3	5.6	5	-1.2	20.4	5.7	5	-0.8	20.5	5.9	5	-0.5	20.6	6.0	5	-0.1	42
42	20.3	5.7	5	-1.0	20.4	5.8	5	-0.7	20.5	6.0	5	-0.3	20.6	6.1	6	0.0	20.7	6.3	6	0.3	42
41	20.4	5.9	5	-0.5	20.5	6.0	6	-0.2	20.6	6.2	6	0.2	20.7	6.3	6	0.5	20.8	6.5	6	0.8	41
41	20.5	6.1	6	0.0	20.6	6.2	6	0.3	20.7	6.4	6	0.6	20.8	6.5	6	1.0	20.9	6.7	6	1.3	41
41	20.6	6.3	6	0.5	20.7	6.5	6	0.8	20.8	6.6	6	1.1	20.9	6.8	6	1.4	**21.0**	6.9	6	1.7	41
40	20.7	6.5	6	0.9	20.8	6.7	6	1.2	20.9	6.8	6	1.6	**21.0**	7.0	6	1.9	21.1	7.1	6	2.2	40
40	20.8	6.7	6	1.4	20.9	6.9	6	1.7	**21.0**	7.0	6	2.0	21.1	7.2	7	2.3	21.2	7.4	7	2.6	40
40	20.9	7.0	6	1.8	**21.0**	7.1	7	2.1	21.1	7.3	7	2.4	21.2	7.4	7	2.7	21.3	7.6	7	3.0	40
39	**21.0**	7.2	7	2.3	21.1	7.3	7	2.5	21.2	7.5	7	2.8	21.3	7.6	7	3.1	21.4	7.8	7	3.4	39
39	21.1	7.4	7	2.7	21.2	7.6	7	3.0	21.3	7.7	7	3.3	21.4	7.9	7	3.5	21.5	8.0	7	3.8	39
39	21.2	7.6	7	3.1	21.3	7.8	7	3.4	21.4	7.9	7	3.7	21.5	8.1	7	3.9	21.6	8.2	7	4.2	39
39	21.3	7.8	7	3.5	21.4	8.0	7	3.8	21.5	8.2	7	4.1	21.6	8.3	8	4.3	21.7	8.5	8	4.6	39
38	21.4	8.1	7	3.9	21.5	8.2	8	4.2	21.6	8.4	8	4.4	21.7	8.5	8	4.7	21.8	8.7	8	5.0	38
38	21.5	8.3	8	4.3	21.6	8.4	8	4.5	21.7	8.6	8	4.8	21.8	8.8	8	5.1	21.9	8.9	8	5.3	38
38	21.6	8.5	8	4.7	21.7	8.7	8	4.9	21.8	8.8	8	5.2	21.9	9.0	8	5.4	**22.0**	9.2	8	5.7	38
37	21.7	8.7	8	5.0	21.8	8.9	8	5.3	21.9	9.1	8	5.6	**22.0**	9.2	8	5.8	22.1	9.4	8	6.1	37
37	21.8	9.0	8	5.4	21.9	9.1	8	5.7	**22.0**	9.3	8	5.9	22.1	9.4	9	6.2	22.2	9.6	9	6.4	37
37	21.9	9.2	8	5.8	**22.0**	9.4	9	6.0	22.1	9.5	9	6.3	22.2	9.7	9	6.5	22.3	9.8	9	6.7	37
37	**22.0**	9.4	9	6.1	22.1	9.6	9	6.4	22.2	9.7	9	6.6	22.3	9.9	9	6.8	22.4	10.1	9	7.1	37
36	22.1	9.6	9	6.5	22.2	9.8	9	6.7	22.3	10.0	9	6.9	22.4	10.1	9	7.2	22.5	10.3	9	7.4	36
36	22.2	9.9	9	6.8	22.3	10.0	9	7.0	22.4	10.2	9	7.3	22.5	10.4	9	7.5	22.6	10.5	9	7.7	36
36	22.3	10.1	9	7.1	22.4	10.3	9	7.4	22.5	10.4	9	7.6	22.6	10.6	10	7.8	22.7	10.8	10	8.1	36
35	22.4	10.3	9	7.5	22.5	10.5	10	7.7	22.6	10.7	10	7.9	22.7	10.8	10	8.2	22.8	11.0	10	8.4	35
35	22.5	10.6	10	7.8	22.6	10.7	10	8.0	22.7	10.9	10	8.2	22.8	11.1	10	8.5	22.9	11.2	10	8.7	35
35	22.6	10.8	10	8.1	22.7	11.0	10	8.3	22.8	11.1	10	8.6	22.9	11.3	10	8.8	**23.0**	11.5	10	9.0	35
35	22.7	11.0	10	8.4	22.8	11.2	10	8.6	22.9	11.4	10	8.9	**23.0**	11.5	10	9.1	23.1	11.7	11	9.3	35
34	22.8	11.3	10	8.7	22.9	11.4	10	9.0	**23.0**	11.6	11	9.2	23.1	11.8	11	9.4	23.2	12.0	11	9.6	34
34	22.9	11.5	11	9.0	**23.0**	11.7	11	9.3	23.1	11.8	11	9.5	23.2	12.0	11	9.7	23.3	12.2	11	9.9	34
34	**23.0**	11.7	11	9.3	23.1	11.9	11	9.6	23.2	12.1	11	9.8	23.3	12.3	11	10.0	23.4	12.4	11	10.2	34
33	23.1	12.0	11	9.6	23.2	12.2	11	9.9	23.3	12.3	11	10.1	23.4	12.5	11	10.3	23.5	12.7	11	10.5	33
33	23.2	12.2	11	9.9	23.3	12.4	11	10.1	23.4	12.6	11	10.4	23.5	12.7	12	10.6	23.6	12.9	12	10.8	33
33	23.3	12.5	11	10.2	23.4	12.6	12	10.4	23.5	12.8	12	10.6	23.6	13.0	12	10.8	23.7	13.2	12	11.0	33
33	23.4	12.7	12	10.5	23.5	12.9	12	10.7	23.6	13.0	12	10.9	23.7	13.2	12	11.1	23.8	13.4	12	11.3	33
32	23.5	12.9	12	10.8	23.6	13.1	12	11.0	23.7	13.3	12	11.2	23.8	13.5	12	11.4	23.9	13.6	12	11.6	32
32	23.6	13.2	12	11.1	23.7	13.4	12	11.3	23.8	13.5	12	11.5	23.9	13.7	12	11.7	**24.0**	13.9	13	11.9	32
32	23.7	13.4	12	11.3	23.8	13.6	12	11.5	23.9	13.8	13	11.7	**24.0**	14.0	13	11.9	24.1	14.1	13	12.1	32
32	23.8	13.7	13	11.6	23.9	13.8	13	11.8	**24.0**	14.0	13	12.0	24.1	14.2	13	12.2	24.2	14.4	13	12.4	32
31	23.9	13.9	13	11.9	**24.0**	14.1	13	12.1	24.1	14.3	13	12.3	24.2	14.4	13	12.5	24.3	14.6	13	12.7	31
31	**24.0**	14.2	13	12.1	24.1	14.3	13	12.3	24.2	14.5	13	12.5	24.3	14.7	13	12.7	24.4	14.9	13	12.9	31
31	24.1	14.4	13	12.4	24.2	14.6	13	12.6	24.3	14.8	13	12.8	24.4	14.9	14	13.0	24.5	15.1	14	13.2	31
31	24.2	14.6	13	12.7	24.3	14.8	14	12.9	24.4	15.0	14	13.0	24.5	15.2	14	13.2	24.6	15.4	14	13.4	31

n	t_W	e	U	t_d	t_W	e	U	t_d	t_W	e	U	t_d	t_W	e	U	t_d	t_W	e	U	t_d	n
	47.5				**47.6**				**47.7**				**47.8**				**47.9**				
30	24.3	14.9	14	12.9	24.4	15.1	14	13.1	24.5	15.3	14	13.3	24.6	15.4	14	13.5	24.7	15.6	14	13.7	30
30	24.4	15.1	14	13.2	24.5	15.3	14	13.4	24.6	15.5	14	13.5	24.7	15.7	14	13.7	24.8	15.9	14	13.9	30
30	24.5	15.4	14	13.4	24.6	15.6	14	13.6	24.7	15.8	14	13.8	24.8	16.0	14	14.0	24.9	16.1	15	14.2	30
30	24.6	15.6	14	13.7	24.7	15.8	14	13.9	24.8	16.0	15	14.0	24.9	16.2	15	14.2	**25.0**	16.4	15	14.4	30
29	24.7	15.9	15	13.9	24.8	16.1	15	14.1	24.9	16.3	15	14.3	**25.0**	16.5	15	14.5	25.1	16.6	15	14.6	29
29	24.8	16.2	15	14.2	24.9	16.3	15	14.3	**25.0**	16.5	15	14.5	25.1	16.7	15	14.7	25.2	16.9	15	14.9	29
29	24.9	16.4	15	14.4	**25.0**	16.6	15	14.6	25.1	16.8	15	14.8	25.2	17.0	15	14.9	25.3	17.2	15	15.1	29
29	**25.0**	16.7	15	14.6	25.1	16.9	15	14.8	25.2	17.0	15	15.0	25.3	17.2	16	15.2	25.4	17.4	16	15.3	29
28	25.1	16.9	16	14.9	25.2	17.1	16	15.1	25.3	17.3	16	15.2	25.4	17.5	16	15.4	25.5	17.7	16	15.6	28
28	25.2	17.2	16	15.1	25.3	17.4	16	15.3	25.4	17.6	16	15.5	25.5	17.8	16	15.6	25.6	17.9	16	15.8	28
28	25.3	17.4	16	15.4	25.4	17.6	16	15.5	25.5	17.8	16	15.7	25.6	18.0	16	15.9	25.7	18.2	16	16.0	28
28	25.4	17.7	16	15.6	25.5	17.9	16	15.8	25.6	18.1	16	15.9	25.7	18.3	17	16.1	25.8	18.5	17	16.3	28
27	25.5	18.0	16	15.8	25.6	18.1	17	16.0	25.7	18.3	17	16.1	25.8	18.5	17	16.3	25.9	18.7	17	16.5	27
27	25.6	18.2	17	16.0	25.7	18.4	17	16.2	25.8	18.6	17	16.4	25.9	18.8	17	16.5	**26.0**	19.0	17	16.7	27
27	25.7	18.5	17	16.3	25.8	18.7	17	16.4	25.9	18.9	17	16.6	**26.0**	19.1	17	16.8	26.1	19.3	17	16.9	27
27	25.8	18.7	17	16.5	25.9	18.9	17	16.6	**26.0**	19.1	17	16.8	26.1	19.3	17	17.0	26.2	19.5	18	17.1	27
27	25.9	19.0	17	16.7	**26.0**	19.2	18	16.9	26.1	19.4	18	17.0	26.2	19.6	18	17.2	26.3	19.8	18	17.4	27
26	**26.0**	19.3	18	16.9	26.1	19.5	18	17.1	26.2	19.7	18	17.2	26.3	19.9	18	17.4	26.4	20.1	18	17.6	26
26	26.1	19.5	18	17.1	26.2	19.7	18	17.3	26.3	19.9	18	17.5	26.4	20.1	18	17.6	26.5	20.3	18	17.8	26
26	26.2	19.8	18	17.3	26.3	20.0	18	17.5	26.4	20.2	18	17.7	26.5	20.4	18	17.8	26.6	20.6	19	18.0	26
26	26.3	20.1	18	17.6	26.4	20.3	19	17.7	26.5	20.5	19	17.9	26.6	20.7	19	18.0	26.7	20.9	19	18.2	26
25	26.4	20.3	19	17.8	26.5	20.5	19	17.9	26.6	20.7	19	18.1	26.7	20.9	19	18.2	26.8	21.2	19	18.4	25
25	26.5	20.6	19	18.0	26.6	20.8	19	18.1	26.7	21.0	19	18.3	26.8	21.2	19	18.5	26.9	21.4	19	18.6	25
25	26.6	20.9	19	18.2	26.7	21.1	19	18.3	26.8	21.3	19	18.5	26.9	21.5	19	18.7	**27.0**	21.7	20	18.8	25
25	26.7	21.1	19	18.4	26.8	21.4	20	18.6	26.9	21.6	20	18.7	**27.0**	21.8	20	18.9	27.1	22.0	20	19.0	25
25	26.8	21.4	20	18.6	26.9	21.6	20	18.8	**27.0**	21.8	20	18.9	27.1	22.0	20	19.1	27.2	22.3	20	19.2	25
24	26.9	21.7	20	18.8	**27.0**	21.9	20	19.0	27.1	22.1	20	19.1	27.2	22.3	20	19.3	27.3	22.5	20	19.4	24
24	**27.0**	22.0	20	19.0	27.1	22.2	20	19.2	27.2	22.4	20	19.3	27.3	22.6	20	19.5	27.4	22.8	21	19.6	24
24	27.1	22.2	20	19.2	27.2	22.5	21	19.4	27.3	22.7	21	19.5	27.4	22.9	21	19.7	27.5	23.1	21	19.8	24
24	27.2	22.5	21	19.4	27.3	22.7	21	19.6	27.4	23.0	21	19.7	27.5	23.2	21	19.9	27.6	23.4	21	20.0	24
23	27.3	22.8	21	19.6	27.4	23.0	21	19.8	27.5	23.2	21	19.9	27.6	23.4	21	20.1	27.7	23.7	21	20.2	23
23	27.4	23.1	21	19.8	27.5	23.3	21	20.0	27.6	23.5	21	20.1	27.7	23.7	21	20.2	27.8	23.9	22	20.4	23
23	27.5	23.4	21	20.0	27.6	23.6	22	20.1	27.7	23.8	22	20.3	27.8	24.0	22	20.4	27.9	24.2	22	20.6	23
23	27.6	23.6	22	20.2	27.7	23.9	22	20.3	27.8	24.1	22	20.5	27.9	24.3	22	20.6	**28.0**	24.5	22	20.8	23
23	27.7	23.9	22	20.4	27.8	24.1	22	20.5	27.9	24.4	22	20.7	**28.0**	24.6	22	20.8	28.1	24.8	22	21.0	23
22	27.8	24.2	22	20.6	27.9	24.4	22	20.7	**28.0**	24.7	22	20.9	28.1	24.9	23	21.0	28.2	25.1	23	21.2	22
22	27.9	24.5	23	20.8	**28.0**	24.7	23	20.9	28.1	24.9	23	21.1	28.2	25.2	23	21.2	28.3	25.4	23	21.3	22
22	**28.0**	24.8	23	21.0	28.1	25.0	23	21.1	28.2	25.2	23	21.2	28.3	25.5	23	21.4	28.4	25.7	23	21.5	22
22	28.1	25.1	23	21.1	28.2	25.3	23	21.3	28.3	25.5	23	21.4	28.4	25.7	23	21.6	28.5	26.0	23	21.7	22
22	28.2	25.4	23	21.3	28.3	25.6	23	21.5	28.4	25.8	23	21.6	28.5	26.0	24	21.8	28.6	26.3	24	21.9	22
21	28.3	25.7	24	21.5	28.4	25.9	24	21.7	28.5	26.1	24	21.8	28.6	26.3	24	21.9	28.7	26.6	24	22.1	21
21	28.4	25.9	24	21.7	28.5	26.2	24	21.8	28.6	26.4	24	22.0	28.7	26.6	24	22.1	28.8	26.9	24	22.3	21
21	28.5	26.2	24	21.9	28.6	26.5	24	22.0	28.7	26.7	24	22.2	28.8	26.9	24	22.3	28.9	27.1	24	22.4	21
21	28.6	26.5	24	22.1	28.7	26.8	24	22.2	28.8	27.0	25	22.3	28.9	27.2	25	22.5	**29.0**	27.4	25	22.6	21
21	28.7	26.8	25	22.2	28.8	27.1	25	22.4	28.9	27.3	25	22.5	**29.0**	27.5	25	22.7	29.1	27.7	25	22.8	21
20	28.8	27.1	25	22.4	28.9	27.3	25	22.6	**29.0**	27.6	25	22.7	29.1	27.8	25	22.8	29.2	28.0	25	23.0	20
20	28.9	27.4	25	22.6	**29.0**	27.6	25	22.7	29.1	27.9	25	22.9	29.2	28.1	25	23.0	29.3	28.3	26	23.2	20
20	**29.0**	27.7	25	22.8	29.1	27.9	26	22.9	29.2	28.2	26	23.1	29.3	28.4	26	23.2	29.4	28.6	26	23.3	20
20	29.1	28.0	26	23.0	29.2	28.2	26	23.1	29.3	28.5	26	23.2	29.4	28.7	26	23.4	29.5	29.0	26	23.5	20
20	29.2	28.3	26	23.1	29.3	28.5	26	23.3	29.4	28.8	26	23.4	29.5	29.0	26	23.5	29.6	29.3	26	23.7	20
20	29.3	28.6	26	23.3	29.4	28.8	26	23.4	29.5	29.1	26	23.6	29.6	29.3	27	23.7	29.7	29.6	27	23.9	20
19	29.4	28.9	27	23.5	29.5	29.2	27	23.6	29.6	29.4	27	23.8	29.7	29.6	27	23.9	29.8	29.9	27	24.0	19
19	29.5	29.2	27	23.7	29.6	29.5	27	23.8	29.7	29.7	27	23.9	29.8	29.9	27	24.1	29.9	30.2	27	24.2	19
19	29.6	29.5	27	23.8	29.7	29.8	27	24.0	29.8	30.0	27	24.1	29.9	30.2	27	24.2	**30.0**	30.5	27	24.4	19
19	29.7	29.8	27	24.0	29.8	30.1	27	24.1	29.9	30.3	28	24.3	**30.0**	30.6	28	24.4	30.1	30.8	28	24.5	19
19	29.8	30.1	28	24.2	29.9	30.4	28	24.3	**30.0**	30.6	28	24.4	30.1	30.9	28	24.6	30.2	31.1	28	24.7	19
18	29.9	30.4	28	24.3	**30.0**	30.7	28	24.5	30.1	30.9	28	24.6	30.2	31.2	28	24.7	30.3	31.4	28	24.9	18
18	**30.0**	30.8	28	24.5	30.1	31.0	28	24.6	30.2	31.2	28	24.8	30.3	31.5	28	24.9	30.4	31.7	29	25.0	18
18	30.1	31.1	29	24.7	30.2	31.3	29	24.8	30.3	31.6	29	24.9	30.4	31.8	29	25.1	30.5	32.1	29	25.2	18
18	30.2	31.4	29	24.8	30.3	31.6	29	25.0	30.4	31.9	29	25.1	30.5	32.1	29	25.2	30.6	32.4	29	25.4	18
18	30.3	31.7	29	25.0	30.4	31.9	29	25.1	30.5	32.2	29	25.3	30.6	32.4	29	25.4	30.7	32.7	29	25.5	18
18	30.4	32.0	29	25.2	30.5	32.3	29	25.3	30.6	32.5	30	25.4	30.7	32.8	30	25.6	30.8	33.0	30	25.7	18
17	30.5	32.3	30	25.3	30.6	32.6	30	25.5	30.7	32.8	30	25.6	30.8	33.1	30	25.7	30.9	33.3	30	25.9	17
17	30.6	32.6	30	25.5	30.7	32.9	30	25.6	30.8	33.1	30	25.8	30.9	33.4	30	25.9	**31.0**	33.7	30	26.0	17
17	30.7	33.0	30	25.7	30.8	33.2	30	25.8	30.9	33.5	30	25.9	**31.0**	33.7	31	26.1	31.1	34.0	31	26.2	17
17	30.8	33.3	31	25.8	30.9	33.5	31	26.0	**31.0**	33.8	31	26.1	31.1	34.0	31	26.2	31.2	34.3	31	26.3	17
17	30.9	33.6	31	26.0	**31.0**	33.9	31	26.1	31.1	34.1	31	26.3	31.2	34.4	31	26.4	31.3	34.6	31	26.5	17
17	**31.0**	33.9	31	26.2	31.1	34.2	31	26.3	31.2	34.4	31	26.4	31.3	34.7	31	26.5	31.4	35.0	31	26.7	17
16	31.1	34.2	31	26.3	31.2	34.5	32	26.4	31.3	34.8	32	26.6	31.4	35.0	32	26.7	31.5	35.3	32	26.8	16
16	31.2	34.6	32	26.5	31.3	34.8	32	26.6	31.4	35.1	32	26.7	31.5	35.3	32	26.9	31.6	35.6	32	27.0	16
16	31.3	34.9	32	26.6	31.4	35.2	32	26.8	31.5	35.4	32	26.9	31.6	35.7	32	27.0	31.7	35.9	32	27.1	16
16	31.4	35.2	32	26.8	31.5	35.5	32	26.9	31.6	35.7	33	27.0	31.7	36.0	33	27.2	31.8	36.3	33	27.3	16
16	31.5	35.5	33	27.0	31.6	35.8	33	27.1	31.7	36.1	33	27.2	31.8	36.3	33	27.3	31.9	36.6	33	27.5	16

n	t_W	e	U	t_d	t_W	e	U	t_d	t_W	e	U	t_d	t_W	e	U	t_d	t_W	e	U	t_d	n
	47.5				**47.6**				**47.7**				**47.8**				**47.9**				
16	31.6	35.9	33	27.1	31.7	36.1	33	27.2	31.8	36.4	33	27.4	31.9	36.7	33	27.5	**32.0**	36.9	33	27.6	16
15	31.7	36.2	33	27.3	31.8	36.5	33	27.4	31.9	36.7	33	27.5	**32.0**	37.0	33	27.6	32.1	37.3	34	27.8	15
15	31.8	36.5	34	27.4	31.9	36.8	34	27.5	**32.0**	37.1	34	27.7	32.1	37.3	34	27.8	32.2	37.6	34	27.9	15
15	31.9	36.9	34	27.6	**32.0**	37.1	34	27.7	32.1	37.4	34	27.8	32.2	37.7	34	27.9	32.3	38.0	34	28.1	15
15	**32.0**	37.2	34	27.7	32.1	37.5	34	27.9	32.2	37.7	34	28.0	32.3	38.0	34	28.1	32.4	38.3	34	28.2	15
15	32.1	37.5	34	27.9	32.2	37.8	35	28.0	32.3	38.1	35	28.1	32.4	38.4	35	28.3	32.5	38.6	35	28.4	15
15	32.2	37.9	35	28.0	32.3	38.2	35	28.2	32.4	38.4	35	28.3	32.5	38.7	35	28.4	32.6	39.0	35	28.5	15
14	32.3	38.2	35	28.2	32.4	38.5	35	28.3	32.5	38.8	35	28.4	32.6	39.0	35	28.6	32.7	39.3	35	28.7	14
14	32.4	38.6	35	28.3	32.5	38.8	35	28.5	32.6	39.1	36	28.6	32.7	39.4	36	28.7	32.8	39.7	36	28.8	14
14	32.5	38.9	36	28.5	32.6	39.2	36	28.6	32.7	39.5	36	28.7	32.8	39.7	36	28.9	32.9	40.0	36	29.0	14
14	32.6	39.2	36	28.6	32.7	39.5	36	28.8	32.8	39.8	36	28.9	32.9	40.1	36	29.0	**33.0**	40.4	36	29.1	14
14	32.7	39.6	36	28.8	32.8	39.9	36	28.9	32.9	40.2	37	29.0	**33.0**	40.4	37	29.2	33.1	40.7	37	29.3	14
14	32.8	39.9	37	29.0	32.9	40.2	37	29.1	**33.0**	40.5	37	29.2	33.1	40.8	37	29.3	33.2	41.1	37	29.4	14
14	32.9	40.3	37	29.1	**33.0**	40.6	37	29.2	33.1	40.8	37	29.3	33.2	41.1	37	29.5	33.3	41.4	37	29.6	14
13	**33.0**	40.6	37	29.2	33.1	40.9	37	29.4	33.2	41.2	37	29.5	33.3	41.5	38	29.6	33.4	41.8	38	29.7	13
13	33.1	41.0	38	29.4	33.2	41.3	38	29.5	33.3	41.6	38	29.6	33.4	41.8	38	29.8	33.5	42.1	38	29.9	13
13	33.2	41.3	38	29.5	33.3	41.6	38	29.7	33.4	41.9	38	29.8	33.5	42.2	38	29.9	33.6	42.5	38	30.0	13
13	33.3	41.7	38	29.7	33.4	42.0	38	29.8	33.5	42.3	38	29.9	33.6	42.6	38	30.1	33.7	42.8	39	30.2	13
13	33.4	42.0	39	29.8	33.5	42.3	39	30.0	33.6	42.6	39	30.1	33.7	42.9	39	30.2	33.8	43.2	39	30.3	13
13	33.5	42.4	39	30.0	33.6	42.7	39	30.1	33.7	43.0	39	30.2	33.8	43.3	39	30.3	33.9	43.6	39	30.5	13
13	33.6	42.8	39	30.1	33.7	43.0	39	30.3	33.8	43.3	39	30.4	33.9	43.6	39	30.5	**34.0**	43.9	40	30.6	13
12	33.7	43.1	40	30.3	33.8	43.4	40	30.4	33.9	43.7	40	30.5	**34.0**	44.0	40	30.6	34.1	44.3	40	30.8	12
12	33.8	43.5	40	30.4	33.9	43.8	40	30.5	**34.0**	44.1	40	30.7	34.1	44.4	40	30.8	34.2	44.7	40	30.9	12
12	33.9	43.8	40	30.6	**34.0**	44.1	40	30.7	34.1	44.4	40	30.8	34.2	44.7	40	30.9	34.3	45.0	41	31.0	12
12	**34.0**	44.2	41	30.7	34.1	44.5	41	30.8	34.2	44.8	41	30.9	34.3	45.1	41	31.1	34.4	45.4	41	31.2	12
12	34.1	44.6	41	30.9	34.2	44.9	41	31.0	34.3	45.2	41	31.1	34.4	45.5	41	31.2	34.5	45.8	41	31.3	12
12	34.2	44.9	41	31.0	34.3	45.2	41	31.1	34.4	45.5	41	31.2	34.5	45.8	41	31.3	34.6	46.1	42	31.5	12
12	34.3	45.3	42	31.1	34.4	45.6	42	31.3	34.5	45.9	42	31.4	34.6	46.2	42	31.5	34.7	46.5	42	31.6	12
11	34.4	45.7	42	31.3	34.5	46.0	42	31.4	34.6	46.3	42	31.5	34.7	46.6	42	31.6	34.8	46.9	42	31.7	11
11	34.5	46.0	42	31.4	34.6	46.3	42	31.5	34.7	46.6	42	31.7	34.8	46.9	42	31.8	34.9	47.3	43	31.9	11
11	34.6	46.4	43	31.6	34.7	46.7	43	31.7	34.8	47.0	43	31.8	34.9	47.3	43	31.9	**35.0**	47.6	43	32.0	11
11	34.7	46.8	43	31.7	34.8	47.1	43	31.8	34.9	47.4	43	31.9	**35.0**	47.7	43	32.1	35.1	48.0	43	32.2	11
11	34.8	47.1	43	31.8	34.9	47.5	43	32.0	**35.0**	47.8	43	32.1	35.1	48.1	43	32.2	35.2	48.4	44	32.3	11
11	34.9	47.5	44	32.0	**35.0**	47.8	44	32.1	35.1	48.1	44	32.2	35.2	48.5	44	32.3	35.3	48.8	44	32.4	11
11	**35.0**	47.9	44	32.1	35.1	48.2	44	32.2	35.2	48.5	44	32.4	35.3	48.8	44	32.5	35.4	49.2	44	32.6	11
11	35.1	48.3	44	32.3	35.2	48.6	44	32.4	35.3	48.9	44	32.5	35.4	49.2	45	32.6	35.5	49.5	45	32.7	11
10	35.2	48.7	45	32.4	35.3	49.0	45	32.5	35.4	49.3	45	32.6	35.5	49.6	45	32.8	35.6	49.9	45	32.9	10
10	35.3	49.0	45	32.5	35.4	49.4	45	32.7	35.5	49.7	45	32.8	35.6	50.0	45	32.9	35.7	50.3	45	33.0	10
10	35.4	49.4	45	32.7	35.5	49.7	45	32.8	35.6	50.1	46	32.9	35.7	50.4	46	33.0	35.8	50.7	46	33.1	10
10	35.5	49.8	46	32.8	35.6	50.1	46	32.9	35.7	50.4	46	33.0	35.8	50.8	46	33.2	35.9	51.1	46	33.3	10
10	35.6	50.2	46	33.0	35.7	50.5	46	33.1	35.8	50.8	46	33.2	35.9	51.2	46	33.3	**36.0**	51.5	46	33.4	10
10	35.7	50.6	46	33.1	35.8	50.9	47	33.2	35.9	51.2	47	33.3	**36.0**	51.5	47	33.4	36.1	51.9	47	33.5	10
10	35.8	51.0	47	33.2	35.9	51.3	47	33.3	**36.0**	51.6	47	33.5	36.1	51.9	47	33.6	36.2	52.3	47	33.7	10
10	35.9	51.4	47	33.4	**36.0**	51.7	47	33.5	36.1	52.0	47	33.6	36.2	52.3	47	33.7	36.3	52.7	47	33.8	10
9	**36.0**	51.7	48	33.5	36.1	52.1	48	33.6	36.2	52.4	48	33.7	36.3	52.7	48	33.8	36.4	53.1	48	34.0	9
9	36.1	52.1	48	33.6	36.2	52.5	48	33.8	36.3	52.8	48	33.9	36.4	53.1	48	34.0	36.5	53.5	48	34.1	9
9	36.2	52.5	48	33.8	36.3	52.9	48	33.9	36.4	53.2	48	34.0	36.5	53.5	48	34.1	36.6	53.9	48	34.2	9
9	36.3	52.9	49	33.9	36.4	53.3	49	34.0	36.5	53.6	49	34.1	36.6	53.9	49	34.2	36.7	54.3	49	34.4	9
9	36.4	53.3	49	34.0	36.5	53.7	49	34.2	36.6	54.0	49	34.3	36.7	54.3	49	34.4	36.8	54.7	49	34.5	9
9	36.5	53.7	49	34.2	36.6	54.1	49	34.3	36.7	54.4	49	34.4	36.8	54.7	50	34.5	36.9	55.1	50	34.6	9
9	36.6	54.1	50	34.3	36.7	54.5	50	34.4	36.8	54.8	50	34.5	36.9	55.1	50	34.6	**37.0**	55.5	50	34.8	9
9	36.7	54.5	50	34.4	36.8	54.9	50	34.6	36.9	55.2	50	34.7	**37.0**	55.6	50	34.8	37.1	55.9	50	34.9	9
8	36.8	54.9	50	34.6	36.9	55.3	51	34.7	**37.0**	55.6	51	34.8	37.1	56.0	51	34.9	37.2	56.3	51	35.0	8
8	36.9	55.3	51	34.7	**37.0**	55.7	51	34.8	37.1	56.0	51	34.9	37.2	56.4	51	35.0	37.3	56.7	51	35.2	8
8	**37.0**	55.8	51	34.8	37.1	56.1	51	35.0	37.2	56.4	51	35.1	37.3	56.8	51	35.2	37.4	57.1	51	35.3	8
8	37.1	56.2	52	35.0	37.2	56.5	52	35.1	37.3	56.9	52	35.2	37.4	57.2	52	35.3	37.5	57.6	52	35.4	8
8	37.2	56.6	52	35.1	37.3	56.9	52	35.2	37.4	57.3	52	35.3	37.5	57.6	52	35.4	37.6	58.0	52	35.6	8
8	37.3	57.0	52	35.2	37.4	57.3	52	35.4	37.5	57.7	52	35.5	37.6	58.0	53	35.6	37.7	58.4	53	35.7	8
8	37.4	57.4	53	35.4	37.5	57.8	53	35.5	37.6	58.1	53	35.6	37.7	58.5	53	35.7	37.8	58.8	53	35.8	8
8	37.5	57.8	53	35.5	37.6	58.2	53	35.6	37.7	58.5	53	35.7	37.8	58.9	53	35.8	37.9	59.2	53	35.9	8
8	37.6	58.2	53	35.6	37.7	58.6	54	35.7	37.8	58.9	54	35.9	37.9	59.3	54	36.0	**38.0**	59.7	54	36.1	8
7	37.7	58.7	54	35.8	37.8	59.0	54	35.9	37.9	59.4	54	36.0	**38.0**	59.7	54	36.1	38.1	60.1	54	36.2	7
7	37.8	59.1	54	35.9	37.9	59.4	54	36.0	**38.0**	59.8	54	36.1	38.1	60.1	54	36.2	38.2	60.5	54	36.3	7
7	37.9	59.5	55	36.0	**38.0**	59.9	55	36.1	38.1	60.2	55	36.2	38.2	60.6	55	36.4	38.3	60.9	55	36.5	7
7	**38.0**	59.9	55	36.2	38.1	60.3	55	36.3	38.2	60.6	55	36.4	38.3	61.0	55	36.5	38.4	61.4	55	36.6	7
7	38.1	60.3	55	36.3	38.2	60.7	55	36.4	38.3	61.1	56	36.5	38.4	61.4	56	36.6	38.5	61.8	56	36.7	7
7	38.2	60.8	56	36.4	38.3	61.1	56	36.5	38.4	61.5	56	36.6	38.5	61.9	56	36.7	38.6	62.2	56	36.8	7
7	38.3	61.2	56	36.5	38.4	61.6	56	36.6	38.5	61.9	56	36.8	38.6	62.3	56	36.9	38.7	62.7	56	37.0	7
7	38.4	61.6	57	36.7	38.5	62.0	57	36.8	38.6	62.4	57	36.9	38.7	62.7	57	37.0	38.8	63.1	57	37.1	7
7	38.5	62.1	57	36.8	38.6	62.4	57	36.9	38.7	62.8	57	37.0	38.8	63.2	57	37.1	38.9	63.6	57	37.2	7
7	38.6	62.5	57	36.9	38.7	62.9	57	37.0	38.8	63.2	58	37.1	38.9	63.6	58	37.2	**39.0**	64.0	58	37.4	7
6	38.7	62.9	58	37.1	38.8	63.3	58	37.2	38.9	63.7	58	37.3	**39.0**	64.1	58	37.4	39.1	64.4	58	37.5	6
6	38.8	63.4	58	37.2	38.9	63.8	58	37.3	**39.0**	64.1	58	37.4	39.1	64.5	58	37.5	39.2	64.9	58	37.6	6

n	t_W	e	U	t_d	t_W	e	U	t_d	t_W	e	U	t_d	t_W	e	U	t_d	t_W	e	U	t_d	n
	47.5				**47.6**				**47.7**				**47.8**				**47.9**				
6	38.9	63.8	59	37.3	**39.0**	64.2	59	37.4	39.1	64.6	59	37.5	39.2	64.9	59	37.6	39.3	65.3	59	37.7	6
6	**39.0**	64.3	59	37.4	39.1	64.6	59	37.5	39.2	65.0	59	37.6	39.3	65.4	59	37.8	39.4	65.8	59	37.9	6
6	39.1	64.7	59	37.6	39.2	65.1	59	37.7	39.3	65.5	60	37.8	39.4	65.8	60	37.9	39.5	66.2	60	38.0	6
6	39.2	65.1	60	37.7	39.3	65.5	60	37.8	39.4	65.9	60	37.9	39.5	66.3	60	38.0	39.6	66.7	60	38.1	6
6	39.3	65.6	60	37.8	39.4	66.0	60	37.9	39.5	66.4	60	38.0	39.6	66.7	60	38.1	39.7	67.1	60	38.2	6
6	39.4	66.0	61	37.9	39.5	66.4	61	38.0	39.6	66.8	61	38.2	39.7	67.2	61	38.3	39.8	67.6	61	38.4	6
6	39.5	66.5	61	38.1	39.6	66.9	61	38.2	39.7	67.3	61	38.3	39.8	67.7	61	38.4	39.9	68.0	61	38.5	6
6	39.6	66.9	61	38.2	39.7	67.3	62	38.3	39.8	67.7	62	38.4	39.9	68.1	62	38.5	**40.0**	68.5	62	38.6	6
6	39.7	67.4	62	38.3	39.8	67.8	62	38.4	39.9	68.2	62	38.5	**40.0**	68.6	62	38.6	40.1	69.0	62	38.7	6
5	39.8	67.9	62	38.4	39.9	68.2	62	38.5	**40.0**	68.6	62	38.7	40.1	69.0	62	38.8	40.2	69.4	62	38.9	5
5	39.9	68.3	63	38.6	**40.0**	68.7	63	38.7	40.1	69.1	63	38.8	40.2	63.5	63	38.9	40.3	69.9	63	39.0	5
5	**40.0**	68.8	63	38.7	40.1	69.2	63	38.8	40.2	69.6	63	38.9	40.3	70.0	63	39.0	40.4	70.4	63	39.1	5
5	40.1	69.2	64	38.8	40.2	69.6	64	38.9	40.3	70.0	64	39.0	40.4	70.4	64	39.1	40.5	70.8	64	39.2	5
5	40.2	69.7	64	38.9	40.3	70.1	64	39.0	40.4	70.5	64	39.1	40.5	70.9	64	39.3	40.6	71.3	64	39.4	5
5	40.3	70.2	64	39.1	40.4	70.6	64	39.2	40.5	71.0	65	39.3	40.6	71.4	65	39.4	40.7	71.8	65	39.5	5
5	40.4	70.6	65	39.2	40.5	71.0	65	39.3	40.6	71.4	65	39.4	40.7	71.8	65	39.5	40.8	72.2	65	39.6	5
5	40.5	71.1	65	39.3	40.6	71.5	65	39.4	40.7	71.9	65	39.5	40.8	72.3	65	39.6	40.9	72.7	65	39.7	5
5	40.6	71.6	66	39.4	40.7	72.0	66	39.5	40.8	72.4	66	39.6	40.9	72.8	66	39.7	**41.0**	73.2	66	39.9	5
5	40.7	72.0	66	39.6	40.8	72.4	66	39.7	40.9	72.9	66	39.8	**41.0**	73.3	66	39.9	41.1	73.7	66	40.0	5
5	40.8	72.5	67	39.7	40.9	72.9	67	39.8	**41.0**	73.3	67	39.9	41.1	73.7	67	40.0	41.2	74.2	67	40.1	5
4	40.9	73.0	67	39.8	**41.0**	73.4	67	39.9	41.1	73.8	67	40.0	41.2	74.2	67	40.1	41.3	74.6	67	40.2	4
4	**41.0**	73.5	67	39.9	41.1	73.9	68	40.0	41.2	74.3	68	40.1	41.3	74.7	68	40.2	41.4	75.1	68	40.3	4
4	41.1	73.9	68	40.0	41.2	74.4	68	40.1	41.3	74.8	68	40.3	41.4	75.2	68	40.4	41.5	75.6	68	40.5	4
4	41.2	74.4	68	40.2	41.3	74.8	68	40.3	41.4	75.3	68	40.4	41.5	75.7	68	40.5	41.6	76.1	69	40.6	4
4	41.3	74.9	69	40.3	41.4	75.3	69	40.4	41.5	75.7	69	40.5	41.6	76.2	69	40.6	41.7	76.6	69	40.7	4
4	41.4	75.4	69	40.4	41.5	75.8	69	40.5	41.6	76.2	69	40.6	41.7	76.7	69	40.7	41.8	77.1	69	40.8	4
4	41.5	75.9	70	40.5	41.6	76.3	70	40.6	41.7	76.7	70	40.7	41.8	77.2	70	40.8	41.9	77.6	70	40.9	4
4	41.6	76.4	70	40.6	41.7	76.8	70	40.8	41.8	77.2	70	40.9	41.9	77.6	70	41.0	**42.0**	78.1	70	41.1	4
4	41.7	76.9	71	40.8	41.8	77.3	71	40.9	41.9	77.7	71	41.0	**42.0**	78.1	71	41.1	42.1	78.6	71	41.2	4
4	41.8	77.4	71	40.9	41.9	77.8	71	41.0	**42.0**	78.2	71	41.1	42.1	78.6	71	41.2	42.2	79.1	71	41.3	4
4	41.9	77.8	72	41.0	**42.0**	78.3	72	41.1	42.1	78.7	72	41.2	42.2	79.1	72	41.3	42.3	79.6	72	41.4	4
4	**42.0**	78.3	72	41.1	42.1	78.8	72	41.2	42.2	79.2	72	41.3	42.3	79.6	72	41.4	42.4	80.1	72	41.5	4
3	42.1	78.8	72	41.3	42.2	79.3	72	41.4	42.3	79.7	72	41.5	42.4	80.1	73	41.6	42.5	80.6	73	41.7	3
3	42.2	79.3	73	41.4	42.3	79.8	73	41.5	42.4	80.2	73	41.6	42.5	80.7	73	41.7	42.6	81.1	73	41.8	3
3	42.3	79.8	73	41.5	42.4	80.3	73	41.6	42.5	80.7	73	41.7	42.6	81.2	73	41.8	42.7	81.6	73	41.9	3
3	42.4	80.3	74	41.6	42.5	80.8	74	41.7	42.6	81.2	74	41.8	42.7	81.7	74	41.9	42.8	82.1	74	42.0	3
3	42.5	80.9	74	41.7	42.6	81.3	74	41.8	42.7	81.7	74	41.9	42.8	82.2	74	42.0	42.9	82.6	74	42.1	3
3	42.6	81.4	75	41.8	42.7	81.8	75	42.0	42.8	82.3	75	42.1	42.9	82.7	75	42.2	**43.0**	83.2	75	42.3	3
3	42.7	81.9	75	42.0	42.8	82.3	75	42.1	42.9	82.8	75	42.2	**43.0**	83.2	75	42.3	43.1	83.7	75	42.4	3
3	42.8	82.4	76	42.1	42.9	82.8	76	42.2	**43.0**	83.3	76	42.3	43.1	83.7	76	42.4	43.2	84.2	76	42.5	3
3	42.9	82.9	76	42.2	**43.0**	83.4	76	42.3	43.1	83.8	76	42.4	43.2	84.3	76	42.5	43.3	84.7	76	42.6	3
3	**43.0**	83.4	77	42.3	43.1	83.9	77	42.4	43.2	84.3	77	42.5	43.3	84.8	77	42.6	43.4	85.2	77	42.7	3
3	43.1	83.9	77	42.4	43.2	84.4	77	42.5	43.3	84.8	77	42.6	43.4	85.3	77	42.8	43.5	85.8	77	42.9	3
3	43.2	84.5	78	42.6	43.3	84.9	78	42.7	43.4	85.4	78	42.8	43.5	85.8	78	42.9	43.6	86.3	78	43.0	3
3	43.3	85.0	78	42.7	43.4	85.4	78	42.8	43.5	85.9	78	42.9	43.6	86.4	78	43.0	43.7	86.8	78	43.1	3
2	43.4	85.5	79	42.8	43.5	86.0	79	42.9	43.6	86.4	79	43.0	43.7	86.9	79	43.1	43.8	87.4	79	43.2	2
2	43.5	86.0	79	42.9	43.6	86.5	79	43.0	43.7	87.0	79	43.1	43.8	87.4	79	43.2	43.9	87.9	79	43.3	2
2	43.6	86.6	80	43.0	43.7	87.0	80	43.1	43.8	87.5	80	43.2	43.9	88.0	80	43.3	**44.0**	88.4	80	43.4	2
2	43.7	87.1	80	43.1	43.8	87.6	80	43.3	43.9	88.0	80	43.4	**44.0**	88.5	80	43.5	44.1	89.0	80	43.6	2
2	43.8	87.6	80	43.3	43.9	88.1	81	43.4	**44.0**	88.6	81	43.5	44.1	89.0	81	43.6	44.2	89.5	81	43.7	2
2	43.9	88.2	81	43.4	**44.0**	88.6	81	43.5	44.1	89.1	81	43.6	44.2	89.6	81	43.7	44.3	90.1	81	43.8	2
2	**44.0**	88.7	81	43.5	44.1	89.2	81	43.6	44.2	89.6	82	43.7	44.3	90.1	82	43.8	44.4	90.6	82	43.9	2
2	44.1	89.2	82	43.6	44.2	89.7	82	43.7	44.3	90.2	82	43.8	44.4	90.7	82	43.9	44.5	91.1	82	44.0	2
2	44.2	89.8	82	43.7	44.3	90.3	82	43.8	44.4	90.7	82	43.9	44.5	91.2	83	44.0	44.6	91.7	83	44.1	2
2	44.3	90.3	83	43.8	44.4	90.8	83	44.0	44.5	91.3	83	44.1	44.6	91.8	83	44.2	44.7	92.2	83	44.3	2
2	44.4	90.9	83	44.0	44.5	91.3	83	44.1	44.6	91.8	83	44.2	44.7	92.3	84	44.3	44.8	92.8	84	44.4	2
2	44.5	91.4	84	44.1	44.6	91.9	84	44.2	44.7	92.4	84	44.3	44.8	92.9	84	44.4	44.9	93.4	84	44.5	2
2	44.6	92.0	84	44.2	44.7	92.4	84	44.3	44.8	92.9	85	44.4	44.9	93.4	85	44.5	**45.0**	93.9	85	44.6	2
2	44.7	92.5	85	44.3	44.8	93.0	85	44.4	44.9	93.5	85	44.5	**45.0**	94.0	85	44.6	45.1	94.5	85	44.7	2
2	44.8	93.1	85	44.4	44.9	93.6	85	44.5	**45.0**	94.0	85	44.6	45.1	94.5	86	44.7	45.2	95.0	86	44.8	2
1	44.9	93.6	86	44.5	**45.0**	94.1	86	44.6	45.1	94.6	86	44.7	45.2	95.1	86	44.8	45.3	95.6	86	45.0	1
1	**45.0**	94.2	87	44.7	45.1	94.7	87	44.8	45.2	95.2	87	44.9	45.3	95.7	87	45.0	45.4	96.2	87	45.1	1
1	45.1	94.7	87	44.8	45.2	95.2	87	44.9	45.3	95.7	87	45.0	45.4	96.2	87	45.1	45.5	96.7	87	45.2	1
1	45.2	95.3	88	44.9	45.3	95.8	88	45.0	45.4	96.3	88	45.1	45.5	96.8	88	45.2	45.6	97.3	88	45.3	1
1	45.3	95.9	88	45.0	45.4	96.4	88	45.1	45.5	96.9	88	45.2	45.6	97.4	88	45.3	45.7	97.9	88	45.4	1
1	45.4	96.4	89	45.1	45.5	96.9	89	45.2	45.6	97.4	89	45.3	45.7	98.0	89	45.4	45.8	98.5	89	45.5	1
1	45.5	97.0	89	45.2	45.6	97.5	89	45.3	45.7	98.0	89	45.4	45.8	98.5	89	45.5	45.9	99.0	89	45.6	1
1	45.6	97.6	90	45.3	45.7	98.1	90	45.4	45.8	98.6	90	45.6	45.9	99.1	90	45.7	**46.0**	99.6	90	45.8	1
1	45.7	98.2	90	45.5	45.8	98.7	90	45.6	45.9	99.2	90	45.7	**46.0**	99.7	90	45.8	46.1	100.2	90	45.9	1
1	45.8	98.7	91	45.6	45.9	99.2	91	45.7	**46.0**	99.8	91	45.8	46.1	100.3	91	45.9	46.2	100.8	91	46.0	1
1	45.9	99.3	91	45.7	**46.0**	99.8	91	45.8	46.1	100.3	91	45.9	46.2	100.9	91	46.0	46.3	101.4	91	46.1	1
1	**46.0**	99.9	92	45.8	46.1	100.4	92	45.9	46.2	100.9	92	46.0	46.3	101.4	92	46.1	46.4	102.0	92	46.2	1
1	46.1	100.5	92	45.9	46.2	101.0	92	46.0	46.3	101.5	92	46.1	46.4	102.0	92	46.2	46.5	102.6	92	46.3	1

n	t_W	e	U	t_d	t_W	e	U	t_d	t_W	e	U	t_d	t_W	e	U	t_d	t_W	e	U	t_d	n
	47.5				**47.6**				**47.7**				**47.8**				**47.9**				
1	46.2	101.1	93	46.0	46.3	101.6	93	46.1	46.4	102.1	93	46.2	46.5	102.6	93	46.3	46.6	103.2	93	46.4	1
1	46.3	101.6	93	46.1	46.4	102.2	93	46.2	46.5	102.7	93	46.3	46.6	103.2	93	46.4	46.7	103.8	93	46.5	1
1	46.4	102.2	94	46.3	46.5	102.8	94	46.4	46.6	103.3	94	46.5	46.7	103.8	94	46.6	46.8	104.3	94	46.7	1
1	46.5	102.8	94	46.4	46.6	103.4	94	46.5	46.7	103.9	94	46.6	46.8	104.4	94	46.7	46.9	105.0	94	46.8	1
0	46.6	103.4	95	46.5	46.7	104.0	95	46.6	46.8	104.5	95	46.7	46.9	105.0	95	46.8	**47.0**	105.6	95	46.9	0
0	46.7	104.0	96	46.6	46.8	104.5	96	46.7	46.9	105.1	96	46.8	**47.0**	105.6	96	46.9	47.1	106.2	96	47.0	0
0	46.8	104.6	96	46.7	46.9	105.2	96	46.8	**47.0**	105.7	96	46.9	47.1	106.2	96	47.0	47.2	106.8	96	47.1	0
0	46.9	105.2	97	46.8	**47.0**	105.8	97	46.9	47.1	106.3	97	47.0	47.2	106.8	97	47.1	47.3	107.4	97	47.2	0
0	**47.0**	105.8	97	46.9	47.1	106.4	97	47.0	47.2	106.9	97	47.1	47.3	107.4	97	47.2	47.4	108.0	97	47.3	0
0	47.1	106.4	98	47.1	47.2	107.0	98	47.2	47.3	107.5	98	47.3	47.4	108.1	98	47.4	47.5	108.6	98	47.5	0
0	47.2	107.0	98	47.2	47.3	107.6	98	47.3	47.4	108.1	98	47.4	47.5	108.7	98	47.5	47.6	109.2	98	47.6	0
0	47.3	107.6	99	47.3	47.4	108.2	99	47.4	47.5	108.7	99	47.5	47.6	109.3	99	47.6	47.7	109.8	99	47.7	0
0	47.4	108.3	99	47.4	47.5	108.8	99	47.5	47.6	109.4	99	47.6	47.7	109.9	99	47.7	47.8	110.5	99	47.8	0
0	47.5	108.9	100	47.5	47.6	109.4	100	47.6	47.7	110.0	100	47.7	47.8	110.5	100	47.8	47.9	111.1	100	47.9	0
	48.0				**48.1**				**48.2**				**48.3**				**48.4**				
51													18.1	0.6	1	-28.0	18.2	0.7	1	-25.9	51
50									18.1	0.7	1	-26.9	18.2	0.8	1	-24.9	18.3	0.9	1	-23.2	50
50	**18.0**	0.6	1	-27.9	18.1	0.7	1	-25.8	18.2	0.9	1	-24.0	18.3	1.0	1	-22.5	18.4	1.1	1	-21.1	50
50	18.1	0.8	1	-24.9	18.2	0.9	1	-23.2	18.3	1.1	1	-21.7	18.4	1.2	1	-20.4	18.5	1.3	1	-19.2	50
49	18.2	1.0	1	-22.5	18.3	1.1	1	-21.1	18.4	1.3	1	-19.8	18.5	1.4	1	-18.6	18.6	1.5	1	-17.6	49
49	18.3	1.2	1	-20.4	18.4	1.3	1	-19.2	18.5	1.5	1	-18.1	18.6	1.6	1	-17.1	18.7	1.7	2	-16.1	49
49	18.4	1.4	1	-18.6	18.5	1.5	1	-17.6	18.6	1.7	1	-16.6	18.7	1.8	2	-15.7	18.8	1.9	2	-14.8	49
48	18.5	1.6	1	-17.1	18.6	1.7	2	-16.1	18.7	1.9	2	-15.2	18.8	2.0	2	-14.4	18.9	2.1	2	-13.6	48
48	18.6	1.8	2	-15.7	18.7	1.9	2	-14.8	18.8	2.1	2	-14.0	18.9	2.2	2	-13.2	**19.0**	2.4	2	-12.5	48
48	18.7	2.0	2	-14.4	18.8	2.1	2	-13.6	18.9	2.3	2	-12.8	**19.0**	2.4	2	-12.1	19.1	2.6	2	-11.4	48
47	18.8	2.2	2	-13.2	18.9	2.3	2	-12.5	**19.0**	2.5	2	-11.8	19.1	2.6	2	-11.1	19.2	2.8	2	-10.5	47
47	18.9	2.4	2	-12.1	**19.0**	2.6	2	-11.4	19.1	2.7	2	-10.8	19.2	2.8	2	-10.2	19.3	3.0	3	-9.5	47
47	**19.0**	2.6	2	-11.1	19.1	2.8	2	-10.5	19.2	2.9	3	-9.9	19.3	3.0	3	-9.3	19.4	3.2	3	-8.7	47
46	19.1	2.8	3	-10.2	19.2	3.0	3	-9.6	19.3	3.1	3	-9.0	19.4	3.2	3	-8.4	19.5	3.4	3	-7.9	46
46	19.2	3.0	3	-9.3	19.3	3.2	3	-8.7	19.4	3.3	3	-8.2	19.5	3.4	3	-7.6	19.6	3.6	3	-7.1	46
46	19.3	3.2	3	-8.4	19.4	3.4	3	-7.9	19.5	3.5	3	-7.4	19.6	3.7	3	-6.9	19.7	3.8	3	-6.4	46
45	19.4	3.4	3	-7.6	19.5	3.6	3	-7.1	19.6	3.7	3	-6.6	19.7	3.9	3	-6.1	19.8	4.0	4	-5.7	45
45	19.5	3.6	3	-6.9	19.6	3.8	3	-6.4	19.7	3.9	3	-5.9	19.8	4.1	4	-5.4	19.9	4.2	4	-5.0	45
45	19.6	3.9	3	-6.2	19.7	4.0	4	-5.7	19.8	4.1	4	-5.2	19.9	4.3	4	-4.8	**20.0**	4.4	4	-4.3	45
44	19.7	4.1	4	-5.5	19.8	4.2	4	-5.0	19.9	4.4	4	-4.6	**20.0**	4.5	4	-4.1	20.1	4.6	4	-3.7	44
44	19.8	4.3	4	-4.8	19.9	4.4	4	-4.4	**20.0**	4.6	4	-4.0	20.1	4.7	4	-3.5	20.2	4.9	4	-3.1	44
44	19.9	4.5	4	-4.2	**20.0**	4.6	4	-3.8	20.1	4.8	4	-3.3	20.2	4.9	4	-2.9	20.3	5.1	4	-2.5	44
43	**20.0**	4.7	4	-3.6	20.1	4.8	4	-3.2	20.2	5.0	4	-2.8	20.3	5.1	5	-2.4	20.4	5.3	5	-2.0	43
43	20.1	4.9	4	-3.0	20.2	5.1	5	-2.6	20.3	5.2	5	-2.2	20.4	5.3	5	-1.8	20.5	5.5	5	-1.4	43
43	20.2	5.1	5	-2.4	20.3	5.3	5	-2.0	20.4	5.4	5	-1.6	20.5	5.6	5	-1.3	20.6	5.7	5	-0.9	43
42	20.3	5.3	5	-1.9	20.4	5.5	5	-1.5	20.5	5.6	5	-1.1	20.6	5.8	5	-0.8	20.7	5.9	5	-0.4	42
42	20.4	5.5	5	-1.3	20.5	5.7	5	-1.0	20.6	5.8	5	-0.6	20.7	6.0	5	-0.3	20.8	6.1	5	0.1	42
42	20.5	5.8	5	-0.8	20.6	5.9	5	-0.4	20.7	6.1	5	-0.1	20.8	6.2	5	0.2	20.9	6.4	6	0.6	42
41	20.6	6.0	5	-0.3	20.7	6.1	5	0.0	20.8	6.3	6	0.4	20.9	6.4	6	0.7	**21.0**	6.6	6	1.0	41
41	20.7	6.2	6	0.2	20.8	6.3	6	0.5	20.9	6.5	6	0.9	**21.0**	6.6	6	1.2	21.1	6.8	6	1.5	41
41	20.8	6.4	6	0.7	20.9	6.6	6	1.0	**21.0**	6.7	6	1.3	21.1	6.9	6	1.6	21.2	7.0	6	1.9	41
40	20.9	6.6	6	1.1	**21.0**	6.8	6	1.5	21.1	6.9	6	1.8	21.2	7.1	6	2.1	21.3	7.2	6	2.4	40
40	**21.0**	6.8	6	1.6	21.1	7.0	6	1.9	21.2	7.2	6	2.2	21.3	7.3	6	2.5	21.4	7.5	7	2.8	40
40	21.1	7.1	6	2.0	21.2	7.2	6	2.3	21.3	7.4	7	2.6	21.4	7.5	7	2.9	21.5	7.7	7	3.2	40
40	21.2	7.3	7	2.5	21.3	7.4	7	2.8	21.4	7.6	7	3.0	21.5	7.8	7	3.3	21.6	7.9	7	3.6	40
39	21.3	7.5	7	2.9	21.4	7.7	7	3.2	21.5	7.8	7	3.5	21.6	8.0	7	3.7	21.7	8.1	7	4.0	39
39	21.4	7.7	7	3.3	21.5	7.9	7	3.6	21.6	8.0	7	3.9	21.7	8.2	7	4.1	21.8	8.4	7	4.4	39
39	21.5	8.0	7	3.7	21.6	8.1	7	4.0	21.7	8.3	7	4.3	21.8	8.4	7	4.5	21.9	8.6	8	4.8	39
38	21.6	8.2	7	4.1	21.7	8.3	7	4.4	21.8	8.5	8	4.6	21.9	8.7	8	4.9	**22.0**	8.8	8	5.2	38
38	21.7	8.4	8	4.5	21.8	8.6	8	4.7	21.9	8.7	8	5.0	**22.0**	8.9	8	5.3	22.1	9.0	8	5.5	38
38	21.8	8.6	8	4.9	21.9	8.8	8	5.1	**22.0**	9.0	8	5.4	22.1	9.1	8	5.6	22.2	9.3	8	5.9	38
38	21.9	8.9	8	5.2	**22.0**	9.0	8	5.5	22.1	9.2	8	5.7	22.2	9.3	8	6.0	22.3	9.5	8	6.2	38
37	**22.0**	9.1	8	5.6	22.1	9.2	8	5.8	22.2	9.4	8	6.1	22.3	9.6	8	6.3	22.4	9.7	9	6.6	37
37	22.1	9.3	8	6.0	22.2	9.5	8	6.2	22.3	9.6	8	6.4	22.4	9.8	9	6.7	22.5	10.0	9	6.9	37
37	22.2	9.5	9	6.3	22.3	9.7	9	6.5	22.4	9.9	9	6.8	22.5	10.0	9	7.0	22.6	10.2	9	7.3	37
36	22.3	9.8	9	6.6	22.4	9.9	9	6.9	22.5	10.1	9	7.1	22.6	10.3	9	7.4	22.7	10.4	9	7.6	36
36	22.4	10.0	9	7.0	22.5	10.2	9	7.2	22.6	10.3	9	7.5	22.7	10.5	9	7.7	22.8	10.7	9	7.9	36
36	22.5	10.2	9	7.3	22.6	10.4	9	7.6	22.7	10.6	9	7.8	22.8	10.7	9	8.0	22.9	10.9	10	8.3	36
36	22.6	10.5	9	7.7	22.7	10.6	9	7.9	22.8	10.8	10	8.1	22.9	11.0	10	8.3	**23.0**	11.1	10	8.6	36
35	22.7	10.7	10	8.0	22.8	10.9	10	8.2	22.9	11.0	10	8.4	**23.0**	11.2	10	8.7	23.1	11.4	10	8.9	35
35	22.8	10.9	10	8.3	22.9	11.1	10	8.5	**23.0**	11.3	10	8.7	23.1	11.4	10	9.0	23.2	11.6	10	9.2	35
35	22.9	11.2	10	8.6	**23.0**	11.3	10	8.8	23.1	11.5	10	9.1	23.2	11.7	10	9.3	23.3	11.9	10	9.5	35
34	**23.0**	11.4	10	8.9	23.1	11.6	10	9.1	23.2	11.8	10	9.4	23.3	11.9	11	9.6	23.4	12.1	11	9.8	34
34	23.1	11.6	10	9.2	23.2	11.8	11	9.4	23.3	12.0	11	9.7	23.4	12.2	11	9.9	23.5	12.3	11	10.1	34
34	23.2	11.9	11	9.5	23.3	12.1	11	9.7	23.4	12.2	11	9.9	23.5	12.4	11	10.2	23.6	12.6	11	10.4	34
34	23.3	12.1	11	9.8	23.4	12.3	11	10.0	23.5	12.5	11	10.2	23.6	12.6	11	10.4	23.7	12.8	11	10.7	34

n	t_W	e	U	t_d	t_W	e	U	t_d	t_W	e	U	t_d	t_W	e	U	t_d	t_W	e	U	t_d	n
	48.0				**48.1**				**48.2**				**48.3**				**48.4**				
33	23.4	12.4	11	10.1	23.5	12.5	11	10.3	23.6	12.7	11	10.5	23.7	12.9	11	10.7	23.8	13.1	11	10.9	33
33	23.5	12.6	11	10.4	23.6	12.8	11	10.6	23.7	13.0	11	10.8	23.8	13.1	12	11.0	23.9	13.3	12	11.2	33
33	23.6	12.8	12	10.7	23.7	13.0	12	10.9	23.8	13.2	12	11.1	23.9	13.4	12	11.3	**24.0**	13.6	12	11.5	33
33	23.7	13.1	12	11.0	23.8	13.3	12	11.2	23.9	13.4	12	11.4	**24.0**	13.6	12	11.6	24.1	13.8	12	11.8	33
32	23.8	13.3	12	11.2	23.9	13.5	12	11.4	**24.0**	13.7	12	11.6	24.1	13.9	12	11.8	24.2	14.0	12	12.0	32
32	23.9	13.6	12	11.5	**24.0**	13.8	12	11.7	24.1	13.9	12	11.9	24.2	14.1	12	12.1	24.3	14.3	13	12.3	32
32	**24.0**	13.8	12	11.8	24.1	14.0	12	12.0	24.2	14.2	13	12.2	24.3	14.4	13	12.4	24.4	14.5	13	12.6	32
32	24.1	14.1	13	12.1	24.2	14.2	13	12.2	24.3	14.4	13	12.4	24.4	14.6	13	12.6	24.5	14.8	13	12.8	32
31	24.2	14.3	13	12.3	24.3	14.5	13	12.5	24.4	14.7	13	12.7	24.5	14.9	13	12.9	24.6	15.0	13	13.1	31
31	24.3	14.6	13	12.6	24.4	14.7	13	12.8	24.5	14.9	13	13.0	24.6	15.1	13	13.1	24.7	15.3	13	13.3	31
31	24.4	14.8	13	12.8	24.5	15.0	13	13.0	24.6	15.2	13	13.2	24.7	15.4	14	13.4	24.8	15.6	14	13.6	31
31	24.5	15.1	13	13.1	24.6	15.2	14	13.3	24.7	15.4	14	13.5	24.8	15.6	14	13.7	24.9	15.8	14	13.8	31
30	24.6	15.3	14	13.3	24.7	15.5	14	13.5	24.8	15.7	14	13.7	24.9	15.9	14	13.9	**25.0**	16.1	14	14.1	30
30	24.7	15.6	14	13.6	24.8	15.8	14	13.8	24.9	15.9	14	14.0	**25.0**	16.1	14	14.1	25.1	16.3	14	14.3	30
30	24.8	15.8	14	13.8	24.9	16.0	14	14.0	**25.0**	16.2	14	14.2	25.1	16.4	14	14.4	25.2	16.6	15	14.6	30
30	24.9	16.1	14	14.1	**25.0**	16.3	14	14.3	25.1	16.4	15	14.5	25.2	16.6	15	14.6	25.3	16.8	15	14.8	30
29	**25.0**	16.3	15	14.3	25.1	16.5	15	14.5	25.2	16.7	15	14.7	25.3	16.9	15	14.9	25.4	17.1	15	15.0	29
29	25.1	16.6	15	14.6	25.2	16.8	15	14.8	25.3	17.0	15	14.9	25.4	17.2	15	15.1	25.5	17.4	15	15.3	29
29	25.2	16.8	15	14.8	25.3	17.0	15	15.0	25.4	17.2	15	15.2	25.5	17.4	15	15.3	25.6	17.6	15	15.5	29
29	25.3	17.1	15	15.1	25.4	17.3	15	15.2	25.5	17.5	16	15.4	25.6	17.7	16	15.6	25.7	17.9	16	15.7	29
28	25.4	17.4	16	15.3	25.5	17.6	16	15.5	25.6	17.7	16	15.6	25.7	17.9	16	15.8	25.8	18.1	16	16.0	28
28	25.5	17.6	16	15.5	25.6	17.8	16	15.7	25.7	18.0	16	15.9	25.8	18.2	16	16.0	25.9	18.4	16	16.2	28
28	25.6	17.9	16	15.7	25.7	18.1	16	15.9	25.8	18.3	16	16.1	25.9	18.5	16	16.3	**26.0**	18.7	16	16.4	28
28	25.7	18.1	16	16.0	25.8	18.3	16	16.1	25.9	18.5	16	16.3	**26.0**	18.7	17	16.5	26.1	18.9	17	16.6	28
27	25.8	18.4	16	16.2	25.9	18.6	17	16.4	**26.0**	18.8	17	16.5	26.1	19.0	17	16.7	26.2	19.2	17	16.9	27
27	25.9	18.7	17	16.4	**26.0**	18.9	17	16.6	26.1	19.1	17	16.8	26.2	19.3	17	16.9	26.3	19.5	17	17.1	27
27	**26.0**	18.9	17	16.6	26.1	19.1	17	16.8	26.2	19.3	17	17.0	26.3	19.5	17	17.1	26.4	19.7	17	17.3	27
27	26.1	19.2	17	16.9	26.2	19.4	17	17.0	26.3	19.6	17	17.2	26.4	19.8	17	17.4	26.5	20.0	18	17.5	27
26	26.2	19.5	17	17.1	26.3	19.7	18	17.2	26.4	19.9	18	17.4	26.5	20.1	18	17.6	26.6	20.3	18	17.7	26
26	26.3	19.7	18	17.3	26.4	19.9	18	17.5	26.5	20.1	18	17.6	26.6	20.3	18	17.8	26.7	20.5	18	17.9	26
26	26.4	20.0	18	17.5	26.5	20.2	18	17.7	26.6	20.4	18	17.8	26.7	20.6	18	18.0	26.8	20.8	18	18.1	26
26	26.5	20.3	18	17.7	26.6	20.5	18	17.9	26.7	20.7	18	18.0	26.8	20.9	18	18.2	26.9	21.1	19	18.4	26
26	26.6	20.5	18	17.9	26.7	20.7	18	18.1	26.8	21.0	19	18.3	26.9	21.2	19	18.4	**27.0**	21.4	19	18.6	26
25	26.7	20.8	19	18.1	26.8	21.0	19	18.3	26.9	21.2	19	18.5	**27.0**	21.4	19	18.6	27.1	21.6	19	18.8	25
25	26.8	21.1	19	18.4	26.9	21.3	19	18.5	**27.0**	21.5	19	18.7	27.1	21.7	19	18.8	27.2	21.9	19	19.0	25
25	26.9	21.4	19	18.6	**27.0**	21.6	19	18.7	27.1	21.8	19	18.9	27.2	22.0	19	19.0	27.3	22.2	19	19.2	25
25	**27.0**	21.6	19	18.8	27.1	21.8	19	18.9	27.2	22.1	20	19.1	27.3	22.3	20	19.2	27.4	22.5	20	19.4	25
25	27.1	21.9	20	19.0	27.2	22.1	20	19.1	27.3	22.3	20	19.3	27.4	22.6	20	19.4	27.5	22.8	20	19.6	25
24	27.2	22.2	20	19.2	27.3	22.4	20	19.3	27.4	22.6	20	19.5	27.5	22.8	20	19.6	27.6	23.0	20	19.8	24
24	27.3	22.5	20	19.4	27.4	22.7	20	19.5	27.5	22.9	20	19.7	27.6	23.1	20	19.8	27.7	23.3	20	20.0	24
24	27.4	22.8	20	19.6	27.5	23.0	20	19.7	27.6	23.2	21	19.9	27.7	23.4	21	20.0	27.8	23.6	21	20.2	24
24	27.5	23.0	21	19.8	27.6	23.2	21	19.9	27.7	23.5	21	20.1	27.8	23.7	21	20.2	27.9	23.9	21	20.4	24
23	27.6	23.3	21	20.0	27.7	23.5	21	20.1	27.8	23.7	21	20.3	27.9	24.0	21	20.4	**28.0**	24.0	21	20.6	23
23	27.7	23.6	21	20.2	27.8	23.8	21	20.3	27.9	24.0	21	20.5	**28.0**	24.3	21	20.6	28.1	24.5	21	20.7	23
23	27.8	23.9	21	20.3	27.9	24.1	21	20.5	**28.0**	24.3	22	20.6	28.1	24.5	22	20.8	28.2	24.8	22	20.9	23
23	27.9	24.2	22	20.5	**28.0**	24.4	22	20.7	28.1	24.6	22	20.8	28.2	24.8	22	21.0	28.3	25.1	22	21.1	23
23	**28.0**	24.5	22	20.7	28.1	24.7	22	20.9	28.2	24.9	22	21.0	28.3	25.1	22	21.2	28.4	25.3	22	21.3	23
22	28.1	24.7	22	20.9	28.2	25.0	22	21.1	28.3	25.2	22	21.2	28.4	25.4	22	21.4	28.5	25.6	23	21.5	22
22	28.2	25.0	22	21.1	28.3	25.3	23	21.3	28.4	25.5	23	21.4	28.5	25.7	23	21.5	28.6	25.9	23	21.7	22
22	28.3	25.3	23	21.3	28.4	25.5	23	21.4	28.5	25.8	23	21.6	28.6	26.0	23	21.7	28.7	26.2	23	21.9	22
22	28.4	25.6	23	21.5	28.5	25.8	23	21.6	28.6	26.1	23	21.8	28.7	26.3	23	21.9	28.8	26.5	23	22.1	22
22	28.5	25.9	23	21.7	28.6	26.1	23	21.8	28.7	26.4	23	22.0	28.8	26.6	23	22.1	28.9	26.8	24	22.2	22
21	28.6	26.2	23	21.9	28.7	26.4	24	22.0	28.8	26.7	24	22.1	28.9	26.9	24	22.3	**29.0**	27.1	24	22.4	21
21	28.7	26.5	24	22.0	28.8	26.7	24	22.2	28.9	26.9	24	22.3	**29.0**	27.2	24	22.5	29.1	27.4	24	22.6	21
21	28.8	26.8	24	22.2	28.9	27.0	24	22.4	**29.0**	27.2	24	22.5	29.1	27.5	24	22.6	29.2	27.7	24	22.8	21
21	28.9	27.1	24	22.4	**29.0**	27.3	24	22.5	29.1	27.5	24	22.7	29.2	27.8	25	22.8	29.3	28.0	25	23.0	21
21	**29.0**	27.4	25	22.6	29.1	27.6	25	22.7	29.2	27.8	25	22.9	29.3	28.1	25	23.0	29.4	28.3	25	23.1	21
20	29.1	27.7	25	22.8	29.2	27.6	25	22.9	29.3	28.1	25	23.0	29.4	28.4	25	23.2	29.5	28.6	25	23.3	20
20	29.2	28.0	25	22.9	29.3	28.2	25	23.1	29.4	28.4	25	23.2	29.5	28.7	25	23.4	29.6	28.9	25	23.5	20
20	29.3	28.3	25	23.1	29.4	28.5	25	23.3	29.5	28.8	25	23.4	29.6	29.0	26	23.5	29.7	29.2	26	23.7	20
20	29.4	28.6	26	23.3	29.5	28.8	26	23.4	29.6	29.1	26	23.6	29.7	29.3	26	23.7	29.8	29.5	26	23.8	20
20	29.5	28.9	26	23.5	29.6	29.1	26	23.6	29.7	29.4	26	23.7	29.8	29.6	26	23.9	29.9	29.8	26	24.0	20
20	29.6	29.2	26	23.6	29.7	29.4	26	23.8	29.8	29.7	26	23.9	29.9	29.9	26	24.0	**30.0**	30.2	26	24.2	20
19	29.7	29.5	26	23.8	29.8	29.7	26	23.9	29.9	30.0	27	24.1	**30.0**	30.2	27	24.2	30.1	30.5	27	24.4	19
19	29.8	29.8	27	24.0	29.9	30.0	27	24.1	**30.0**	30.3	27	24.3	30.1	30.5	27	24.4	30.2	30.8	27	24.5	19
19	29.9	30.1	27	24.2	**30.0**	30.4	27	24.3	30.1	30.6	27	24.4	30.2	30.8	27	24.6	30.3	31.1	27	24.7	19
19	**30.0**	30.4	27	24.3	30.1	30.7	27	24.5	30.2	30.9	27	24.6	30.3	31.2	27	24.7	30.4	31.4	28	24.9	19
19	30.1	30.7	28	24.5	30.2	31.0	28	24.6	30.3	31.2	28	24.8	30.4	31.5	28	24.9	30.5	31.7	28	25.0	19
18	30.2	31.0	28	24.7	30.3	31.3	28	24.8	30.4	31.5	28	24.9	30.5	31.8	28	25.1	30.6	32.0	28	25.2	18
18	30.3	31.4	28	24.8	30.4	31.6	28	25.0	30.5	31.9	28	25.1	30.6	32.1	28	25.2	30.7	32.4	28	25.4	18
18	30.4	31.7	28	25.0	30.5	31.9	28	25.1	30.6	32.2	29	25.3	30.7	32.4	29	25.4	30.8	32.7	29	25.5	18
18	30.5	32.0	29	25.2	30.6	32.2	29	25.3	30.7	32.5	29	25.4	30.8	32.7	29	25.6	30.9	33.0	29	25.7	18
18	30.6	32.3	29	25.3	30.7	32.6	29	25.5	30.8	32.8	29	25.6	30.9	33.1	29	25.7	**31.0**	33.3	29	25.9	18

n	t_W	e	U	t_d	t_W	e	U	t_d	t_W	e	U	t_d	t_W	e	U	t_d	t_W	e	U	t_d	n
	48.0				**48.1**				**48.2**				**48.3**				**48.4**				
18	30.7	32.6	29	25.5	30.8	32.9	29	25.6	30.9	33.1	29	25.8	**31.0**	33.4	29	25.9	31.1	33.6	30	26.0	18
17	30.8	32.9	30	25.7	30.9	33.2	30	25.8	**31.0**	33.5	30	25.9	31.1	33.7	30	26.1	31.2	34.0	30	26.2	17
17	30.9	33.3	30	25.8	**31.0**	33.5	30	26.0	31.1	33.8	30	26.1	31.2	34.0	30	26.2	31.3	34.3	30	26.3	17
17	**31.0**	33.6	30	26.0	31.1	33.8	30	26.1	31.2	34.1	30	26.2	31.3	34.4	30	26.4	31.4	34.6	30	26.5	17
17	31.1	33.9	30	26.2	31.2	34.2	30	26.3	31.3	34.4	31	26.4	31.4	34.7	31	26.5	31.5	34.9	31	26.7	17
17	31.2	34.2	31	26.3	31.3	34.5	31	26.4	31.4	34.8	31	26.6	31.5	35.0	31	26.7	31.6	35.3	31	26.8	17
17	31.3	34.6	31	26.5	31.4	34.8	31	26.6	31.5	35.1	31	26.7	31.6	35.3	31	26.9	31.7	35.6	31	27.0	17
16	31.4	34.9	31	26.6	31.5	35.1	31	26.8	31.6	35.4	31	26.9	31.7	35.7	31	27.0	31.8	35.9	32	27.1	16
16	31.5	35.2	32	26.8	31.6	35.5	32	26.9	31.7	35.7	32	27.0	31.8	36.0	32	27.2	31.9	36.3	32	27.3	16
16	31.6	35.5	32	27.0	31.7	35.8	32	27.1	31.8	36.1	32	27.2	31.9	36.3	32	27.3	**32.0**	36.6	32	27.5	16
16	31.7	35.9	32	27.1	31.8	36.1	32	27.2	31.9	36.4	32	27.4	**32.0**	36.7	32	27.5	32.1	36.9	32	27.6	16
16	31.8	36.2	32	27.3	31.9	36.5	33	27.4	**32.0**	36.7	33	27.5	32.1	37.0	33	27.6	32.2	37.3	33	27.8	16
16	31.9	36.5	33	27.4	**32.0**	36.8	33	27.5	32.1	37.1	33	27.7	32.2	37.3	33	27.8	32.3	37.6	33	27.9	16
15	**32.0**	36.9	33	27.6	32.1	37.1	33	27.7	32.2	37.4	33	27.8	32.3	37.7	33	28.0	32.4	38.0	33	28.1	15
15	32.1	37.2	33	27.7	32.2	37.5	33	27.9	32.3	37.8	33	28.0	32.4	38.0	34	28.1	32.5	38.3	34	28.2	15
15	32.2	37.5	34	27.9	32.3	37.8	34	28.0	32.4	38.1	34	28.1	32.5	38.4	34	28.3	32.6	38.6	34	28.4	15
15	32.3	37.9	34	28.0	32.4	38.2	34	28.2	32.5	38.4	34	28.3	32.6	38.7	34	28.4	32.7	39.0	34	28.5	15
15	32.4	38.2	34	28.2	32.5	38.5	34	28.3	32.6	38.8	34	28.4	32.7	39.1	34	28.6	32.8	39.3	35	28.7	15
15	32.5	38.6	35	28.3	32.6	38.8	35	28.5	32.7	39.1	35	28.6	32.8	39.4	35	28.7	32.9	39.7	35	28.8	15
14	32.6	38.9	35	28.5	32.7	39.2	35	28.6	32.8	39.5	35	28.7	32.9	39.8	35	28.9	**33.0**	40.0	35	29.0	14
14	32.7	39.3	35	28.7	32.8	39.5	35	28.8	32.9	39.8	35	28.9	**33.0**	40.1	35	29.0	33.1	40.4	35	29.1	14
14	32.8	39.6	35	28.8	32.9	39.9	36	28.9	**33.0**	40.2	36	29.0	33.1	40.4	36	29.2	33.2	40.7	36	29.3	14
14	32.9	40.0	36	29.0	**33.0**	40.2	36	29.1	33.1	40.5	36	29.2	33.2	40.8	36	29.3	33.3	41.1	36	29.4	14
14	**33.0**	40.3	36	29.1	33.1	40.6	36	29.2	33.2	40.9	36	29.3	33.3	41.2	36	29.5	33.4	41.4	36	29.6	14
14	33.1	40.6	36	29.3	33.2	40.9	36	29.4	33.3	41.2	37	29.5	33.4	41.5	37	29.6	33.5	41.8	37	29.7	14
14	33.2	41.0	37	29.4	33.3	41.3	37	29.5	33.4	41.6	37	29.6	33.5	41.9	37	29.8	33.6	42.2	37	29.9	14
13	33.3	41.4	37	29.6	33.4	41.6	37	29.7	33.5	41.9	37	29.8	33.6	42.2	37	29.9	33.7	42.5	37	30.0	13
13	33.4	41.7	37	29.7	33.5	42.0	37	29.8	33.6	42.3	37	29.9	33.7	42.6	38	30.1	33.8	42.9	38	30.2	13
13	33.5	42.1	38	29.8	33.6	42.4	38	30.0	33.7	42.6	38	30.1	33.8	42.9	38	30.2	33.9	43.2	38	30.3	13
13	33.6	42.4	38	30.0	33.7	42.7	38	30.1	33.8	43.0	38	30.2	33.9	43.3	38	30.4	**34.0**	43.6	38	30.5	13
13	33.7	42.8	38	30.1	33.8	43.1	38	30.3	33.9	43.4	38	30.4	**34.0**	43.7	39	30.5	34.1	44.0	39	30.6	13
13	33.8	43.1	39	30.3	33.9	43.4	39	30.4	**34.0**	43.7	39	30.5	34.1	44.0	39	30.6	34.2	44.3	39	30.8	13
13	33.9	43.5	39	30.4	**34.0**	43.8	39	30.6	34.1	44.1	39	30.7	34.2	44.4	39	30.8	34.3	44.7	39	30.9	13
12	**34.0**	43.9	39	30.6	34.1	44.2	39	30.7	34.2	44.5	39	30.8	34.3	44.8	39	30.9	34.4	45.1	40	31.1	12
12	34.1	44.2	40	30.7	34.2	44.5	40	30.8	34.3	44.8	40	31.0	34.4	45.1	40	31.1	34.5	45.4	40	31.2	12
12	34.2	44.6	40	30.9	34.3	44.9	40	31.0	34.4	45.2	40	31.1	34.5	45.5	40	31.2	34.6	45.8	40	31.3	12
12	34.3	45.0	40	31.0	34.4	45.3	40	31.1	34.5	45.6	40	31.2	34.6	45.9	40	31.4	34.7	46.2	41	31.5	12
12	34.4	45.3	41	31.2	34.5	45.6	41	31.3	34.6	45.9	41	31.4	34.7	46.2	41	31.5	34.8	46.5	41	31.6	12
12	34.5	45.7	41	31.3	34.6	46.0	41	31.4	34.7	46.3	41	31.5	34.8	46.6	41	31.6	34.9	46.9	41	31.8	12
12	34.6	46.1	41	31.4	34.7	46.4	41	31.6	34.8	46.7	41	31.7	34.9	47.0	41	31.8	**35.0**	47.3	42	31.9	12
11	34.7	46.4	42	31.6	34.8	46.7	42	31.7	34.9	47.1	42	31.8	**35.0**	47.4	42	31.9	35.1	47.7	42	32.0	11
11	34.8	46.8	42	31.7	34.9	47.1	42	31.8	**35.0**	47.4	42	32.0	35.1	47.7	42	32.1	35.2	48.1	42	32.2	11
11	34.9	47.2	42	31.9	**35.0**	47.5	42	32.0	35.1	47.8	42	32.1	35.2	48.1	42	32.2	35.3	48.4	43	32.3	11
11	**35.0**	47.6	43	32.0	35.1	47.9	43	32.1	35.2	48.2	43	32.2	35.3	48.5	43	32.4	35.4	48.8	43	32.5	11
11	35.1	47.9	43	32.1	35.2	48.3	43	32.3	35.3	48.6	43	32.4	35.4	48.9	43	32.5	35.5	49.2	43	32.6	11
11	35.2	48.3	43	32.3	35.3	48.6	43	32.4	35.4	49.0	43	32.5	35.5	49.3	43	32.6	35.6	49.6	44	32.7	11
11	35.3	48.7	44	32.4	35.4	49.0	44	32.5	35.5	49.3	44	32.7	35.6	49.7	44	32.8	35.7	50.0	44	32.9	11
11	35.4	49.1	44	32.6	35.5	49.4	44	32.7	35.6	49.7	44	32.8	35.7	50.0	44	32.9	35.8	50.4	44	33.0	11
10	35.5	49.5	44	32.7	35.6	49.8	44	32.8	35.7	50.1	44	32.9	35.8	50.4	44	33.0	35.9	50.8	45	33.2	10
10	35.6	49.9	45	32.8	35.7	50.2	45	33.0	35.8	50.5	45	33.1	35.9	50.8	45	33.2	**36.0**	51.1	45	33.3	10
10	35.7	50.2	45	33.0	35.8	50.6	45	33.1	35.9	50.9	45	33.2	**36.0**	51.2	45	33.3	36.1	51.5	45	33.4	10
10	35.8	50.6	45	33.1	35.9	51.0	45	33.2	**36.0**	51.3	45	33.3	36.1	51.6	46	33.5	36.2	51.9	46	33.6	10
10	35.9	51.0	46	33.3	**36.0**	51.3	46	33.4	36.1	51.7	46	33.5	36.2	52.0	46	33.6	36.3	52.3	46	33.7	10
10	**36.0**	51.4	46	33.4	36.1	51.7	46	33.5	36.2	52.1	46	33.6	36.3	52.4	46	33.7	36.4	52.7	46	33.8	10
10	36.1	51.8	46	33.5	36.2	52.1	46	33.6	36.3	52.5	47	33.8	36.4	52.8	47	33.9	36.5	53.1	47	34.0	10
10	36.2	52.2	47	33.7	36.3	52.5	47	33.8	36.4	52.9	47	33.9	36.5	53.2	47	34.0	36.6	53.5	47	34.1	10
9	36.3	52.6	47	33.8	36.4	52.9	47	33.9	36.5	53.3	47	34.0	36.6	53.6	47	34.1	36.7	53.9	47	34.2	9
9	36.4	53.0	47	33.9	36.5	53.3	48	34.0	36.6	53.7	48	34.2	36.7	54.0	48	34.3	36.8	54.3	48	34.4	9
9	36.5	53.4	48	34.1	36.6	53.7	48	34.2	36.7	54.1	48	34.3	36.8	54.4	48	34.4	36.9	54.7	48	34.5	9
9	36.6	53.8	48	34.2	36.7	54.1	48	34.3	36.8	54.5	48	34.4	36.9	54.8	48	34.5	**37.0**	55.2	48	34.7	9
9	36.7	54.2	49	34.3	36.8	54.5	49	34.4	36.9	54.9	49	34.6	**37.0**	55.2	49	34.7	37.1	55.6	49	34.8	9
9	36.8	54.6	49	34.5	36.9	54.9	49	34.6	**37.0**	55.3	49	34.7	37.1	55.6	49	34.8	37.2	56.0	49	34.9	9
9	36.9	55.0	49	34.6	**37.0**	55.4	49	34.7	37.1	55.7	49	34.8	37.2	56.0	49	34.9	37.3	56.4	49	35.0	9
9	**37.0**	55.4	50	34.7	37.1	55.8	50	34.8	37.2	56.1	50	35.0	37.3	56.5	50	35.1	37.4	56.8	50	35.2	9
9	37.1	55.8	50	34.9	37.2	56.2	50	35.0	37.3	56.5	50	35.1	37.4	56.9	50	35.2	37.5	57.2	50	35.3	9
8	37.2	56.2	50	35.0	37.3	56.6	50	35.1	37.4	56.9	50	35.2	37.5	57.3	51	35.3	37.6	57.6	51	35.4	8
8	37.3	56.7	51	35.1	37.4	57.0	51	35.2	37.5	57.4	51	35.4	37.6	57.7	51	35.5	37.7	58.1	51	35.6	8
8	37.4	57.1	51	35.3	37.5	57.4	51	35.4	37.6	57.8	51	35.5	37.7	58.1	51	35.6	37.8	58.5	51	35.7	8
8	37.5	57.5	51	35.4	37.6	57.8	52	35.5	37.7	58.2	52	35.6	37.8	58.5	52	35.7	37.9	58.9	52	35.8	8
8	37.6	57.9	52	35.5	37.7	58.3	52	35.6	37.8	58.6	52	35.8	37.9	59.0	52	35.9	**38.0**	59.3	52	36.0	8
8	37.7	58.3	52	35.7	37.8	58.7	52	35.8	37.9	59.0	52	35.9	**38.0**	59.4	52	36.0	38.1	59.7	52	36.1	8
8	37.8	58.7	53	35.8	37.9	59.1	53	35.9	**38.0**	59.5	53	36.0	38.1	59.8	53	36.1	38.2	60.2	53	36.2	8
8	37.9	59.2	53	35.9	**38.0**	59.5	53	36.0	38.1	59.9	53	36.1	38.2	60.2	53	36.3	38.3	60.6	53	36.4	8

n	t_W	e	U	t_d	t_W	e	U	t_d	t_W	e	U	t_d	t_W	e	U	t_d	t_W	e	U	t_d	n
	48.0				**48.1**				**48.2**				**48.3**				**48.4**				
8	**38.0**	59.6	53	36.1	38.1	59.9	53	36.2	38.2	60.3	53	36.3	38.3	60.7	54	36.4	38.4	61.0	54	36.5	8
7	38.1	60.0	54	36.2	38.2	60.4	54	36.3	38.3	60.7	54	36.4	38.4	61.1	54	36.5	38.5	61.5	54	36.6	7
7	38.2	60.4	54	36.3	38.3	60.8	54	36.4	38.4	61.2	54	36.5	38.5	61.5	54	36.6	38.6	61.9	54	36.7	7
7	38.3	60.9	55	36.4	38.4	61.2	55	36.6	38.5	61.6	55	36.7	38.6	62.0	55	36.8	38.7	62.3	55	36.9	7
7	38.4	61.3	55	36.6	38.5	61.7	55	36.7	38.6	62.0	55	36.8	38.7	62.4	55	36.9	38.8	62.8	55	37.0	7
7	38.5	61.7	55	36.7	38.6	62.1	55	36.8	38.7	62.5	55	36.9	38.8	62.8	55	37.0	38.9	63.2	55	37.1	7
7	38.6	62.2	56	36.8	38.7	62.5	56	36.9	38.8	62.9	56	37.0	38.9	63.3	56	37.2	**39.0**	63.7	56	37.3	7
7	38.7	62.6	56	37.0	38.8	63.0	56	37.1	38.9	63.4	56	37.2	**39.0**	63.7	56	37.3	39.1	64.1	56	37.4	7
7	38.8	63.0	56	37.1	38.9	63.4	57	37.2	**39.0**	63.8	57	37.3	39.1	64.2	57	37.4	39.2	64.5	57	37.5	7
7	38.9	63.5	57	37.2	**39.0**	63.9	57	37.3	39.1	64.2	57	37.4	39.2	64.6	57	37.5	39.3	65.0	57	37.6	7
7	**39.0**	63.9	57	37.3	39.1	64.3	57	37.4	39.2	64.7	57	37.6	39.3	65.1	57	37.7	39.4	65.4	57	37.8	7
6	39.1	64.4	58	37.5	39.2	64.7	58	37.6	39.3	65.1	58	37.7	39.4	65.5	58	37.8	39.5	65.9	58	37.9	6
6	39.2	64.8	58	37.6	39.3	65.2	58	37.7	39.4	65.6	58	37.8	39.5	66.0	58	37.9	39.6	66.3	58	38.0	6
6	39.3	65.3	58	37.7	39.4	65.6	58	37.8	39.5	66.0	59	37.9	39.6	66.4	59	38.0	39.7	66.8	59	38.1	6
6	39.4	65.7	59	37.8	39.5	66.1	59	38.0	39.6	66.5	59	38.1	39.7	66.9	59	38.2	39.8	67.3	59	38.3	6
6	39.5	66.2	59	38.0	39.6	66.5	59	38.1	39.7	66.9	59	38.2	39.8	67.3	59	38.3	39.9	67.7	59	38.4	6
6	39.6	66.6	60	38.1	39.7	67.0	60	38.2	39.8	67.4	60	38.3	39.9	67.8	60	38.4	**40.0**	68.2	60	38.5	6
6	39.7	67.1	60	38.2	39.8	67.5	60	38.3	39.9	67.8	60	38.4	**40.0**	68.2	60	38.5	40.1	68.6	60	38.7	6
6	39.8	67.5	60	38.3	39.9	67.9	61	38.5	**40.0**	68.3	61	38.6	40.1	68.7	61	38.7	40.2	69.1	61	38.8	6
6	39.9	68.0	61	38.5	**40.0**	68.4	61	38.6	40.1	68.8	61	38.7	40.2	69.2	61	38.8	40.3	69.6	61	38.9	6
6	**40.0**	68.4	61	38.6	40.1	68.8	61	38.7	40.2	69.2	61	38.8	40.3	69.6	61	38.9	40.4	70.0	61	39.0	6
5	40.1	68.9	62	38.7	40.2	69.3	62	38.8	40.3	69.7	62	38.9	40.4	70.1	62	39.0	40.5	70.5	62	39.1	5
5	40.2	69.4	62	38.8	40.3	69.8	62	39.0	40.4	70.2	62	39.1	40.5	70.6	62	39.2	40.6	71.0	62	39.3	5
5	40.3	69.8	63	39.0	40.4	70.2	63	39.1	40.5	70.6	63	39.2	40.6	71.0	63	39.3	40.7	71.4	63	39.4	5
5	40.4	70.3	63	39.1	40.5	70.7	63	39.2	40.6	71.1	63	39.3	40.7	71.5	63	39.4	40.8	71.9	63	39.5	5
5	40.5	70.8	63	39.2	40.6	71.2	63	39.3	40.7	71.6	63	39.4	40.8	72.0	63	39.5	40.9	72.4	64	39.6	5
5	40.6	71.2	64	39.3	40.7	71.6	64	39.4	40.8	72.0	64	39.6	40.9	72.5	64	39.7	**41.0**	72.9	64	39.8	5
5	40.7	71.7	64	39.5	40.8	72.1	64	39.6	40.9	72.5	64	39.7	**41.0**	72.9	64	39.8	41.1	73.3	64	39.9	5
5	40.8	72.2	65	39.6	40.9	72.6	65	39.7	**41.0**	73.0	65	39.8	41.1	73.4	65	39.9	41.2	73.8	65	40.0	5
5	40.9	72.7	65	39.7	**41.0**	73.1	65	39.8	41.1	73.5	65	39.9	41.2	73.9	65	40.0	41.3	74.3	65	40.1	5
5	**41.0**	73.1	65	39.8	41.1	73.5	66	39.9	41.2	74.0	66	40.0	41.3	74.4	66	40.2	41.4	74.8	66	40.3	5
5	41.1	73.6	66	40.0	41.2	74.0	66	40.1	41.3	74.4	66	40.2	41.4	74.9	66	40.3	41.5	75.3	66	40.4	5
5	41.2	74.1	66	40.1	41.3	74.5	66	40.2	41.4	74.9	66	40.3	41.5	75.3	66	40.4	41.6	75.8	67	40.5	5
4	41.3	74.6	67	40.2	41.4	75.0	67	40.3	41.5	75.4	67	40.4	41.6	75.8	67	40.5	41.7	76.3	67	40.6	4
4	41.4	75.1	67	40.3	41.5	75.5	67	40.4	41.6	75.9	67	40.5	41.7	76.3	67	40.6	41.8	76.8	67	40.7	4
4	41.5	75.5	68	40.4	41.6	76.0	68	40.6	41.7	76.4	68	40.7	41.8	76.8	68	40.8	41.9	77.2	68	40.9	4
4	41.6	76.0	68	40.6	41.7	76.5	68	40.7	41.8	76.9	68	40.8	41.9	77.3	68	40.9	**42.0**	77.7	68	41.0	4
4	41.7	76.5	69	40.7	41.8	77.0	69	40.8	41.9	77.4	69	40.9	**42.0**	77.8	69	41.0	42.1	78.2	69	41.1	4
4	41.8	77.0	69	40.8	41.9	77.4	69	40.9	**42.0**	77.9	69	41.0	42.1	78.3	69	41.1	42.2	78.7	69	41.2	4
4	41.9	77.5	69	40.9	**42.0**	77.9	69	41.0	42.1	78.4	69	41.1	42.2	78.8	70	41.2	42.3	79.2	70	41.3	4
4	**42.0**	78.0	70	41.1	42.1	78.4	70	41.2	42.2	78.9	70	41.3	42.3	79.3	70	41.4	42.4	79.7	70	41.5	4
4	42.1	78.5	70	41.2	42.2	78.9	70	41.3	42.3	79.4	70	41.4	42.4	79.8	70	41.5	42.5	80.3	70	41.6	4
4	42.2	79.0	71	41.3	42.3	79.4	71	41.4	42.4	79.9	71	41.5	42.5	80.3	71	41.6	42.6	80.8	71	41.7	4
4	42.3	79.5	71	41.4	42.4	79.9	71	41.5	42.5	80.4	71	41.6	42.6	80.8	71	41.7	42.7	81.3	71	41.8	4
4	42.4	80.0	72	41.5	42.5	80.5	72	41.6	42.6	80.9	72	41.7	42.7	81.3	72	41.8	42.8	81.8	72	41.9	4
3	42.5	80.5	72	41.7	42.6	81.0	72	41.8	42.7	81.4	72	41.9	42.8	81.9	72	42.0	42.9	82.3	72	42.1	3
3	42.6	81.0	73	41.8	42.7	81.5	73	41.9	42.8	81.9	73	42.0	42.9	82.4	73	42.1	**43.0**	82.8	73	42.2	3
3	42.7	81.5	73	41.9	42.8	82.0	73	42.0	42.9	82.4	73	42.1	**43.0**	82.9	73	42.2	43.1	83.3	73	42.3	3
3	42.8	82.1	73	42.0	42.9	82.5	74	42.1	**43.0**	83.0	74	42.2	43.1	83.4	74	42.3	43.2	83.9	74	42.4	3
3	42.9	82.6	74	42.1	**43.0**	83.0	74	42.2	43.1	83.5	74	42.3	43.2	83.9	74	42.4	43.3	84.4	74	42.5	3
3	**43.0**	83.1	74	42.2	43.1	83.5	74	42.4	43.2	84.0	74	42.5	43.3	84.4	74	42.6	43.4	84.9	75	42.7	3
3	43.1	83.6	75	42.4	43.2	84.1	75	42.5	43.3	84.5	75	42.6	43.4	85.0	75	42.7	43.5	85.4	75	42.8	3
3	43.2	84.1	75	42.5	43.3	84.6	75	42.6	43.4	85.0	75	42.7	43.5	85.5	75	42.8	43.6	86.0	75	42.9	3
3	43.3	84.6	76	42.6	43.4	85.1	76	42.7	43.5	85.6	76	42.8	43.6	86.0	76	42.9	43.7	86.5	76	43.0	3
3	43.4	85.2	76	42.7	43.5	85.6	76	42.8	43.6	86.1	76	42.9	43.7	86.6	76	43.0	43.8	87.0	76	43.1	3
3	43.5	85.7	77	42.8	43.6	86.2	77	42.9	43.7	86.6	77	43.0	43.8	87.1	77	43.1	43.9	87.6	77	43.3	3
3	43.6	86.2	77	43.0	43.7	86.7	77	43.1	43.8	87.2	77	43.2	43.9	87.6	77	43.3	**44.0**	88.1	77	43.4	3
3	43.7	86.8	78	43.1	43.8	87.2	78	43.2	43.9	87.7	78	43.3	**44.0**	88.2	78	43.4	44.1	88.6	78	43.5	3
3	43.8	87.3	78	43.2	43.9	87.8	78	43.3	**44.0**	88.2	78	43.4	44.1	88.7	78	43.5	44.2	89.2	78	43.6	3
2	43.9	87.8	79	43.3	**44.0**	88.3	79	43.4	44.1	88.8	79	43.5	44.2	89.2	79	43.6	44.3	89.7	79	43.7	2
2	**44.0**	88.4	79	43.4	44.1	88.8	79	43.5	44.2	89.3	79	43.6	44.3	89.8	79	43.7	44.4	90.3	79	43.8	2
2	44.1	88.9	80	43.5	44.2	89.4	80	43.6	44.3	89.9	80	43.7	44.4	90.3	80	43.9	44.5	90.8	80	44.0	2
2	44.2	89.4	80	43.7	44.3	89.9	80	43.8	44.4	90.4	80	43.9	44.5	90.9	80	44.0	44.6	91.4	80	44.1	2
2	44.3	90.0	81	43.8	44.4	90.5	81	43.9	44.5	90.9	81	44.0	44.6	91.4	81	44.1	44.7	91.9	81	44.2	2
2	44.4	90.5	81	43.9	44.5	91.0	81	44.0	44.6	91.5	81	44.1	44.7	92.0	81	44.2	44.8	92.5	81	44.3	2
2	44.5	91.1	82	44.0	44.6	91.6	82	44.1	44.7	92.0	82	44.2	44.8	92.5	82	44.3	44.9	93.0	82	44.4	2
2	44.6	91.6	82	44.1	44.7	92.1	82	44.2	44.8	92.6	82	44.3	44.9	93.1	82	44.4	**45.0**	93.6	82	44.5	2
2	44.7	92.2	83	44.2	44.8	92.7	83	44.3	44.9	93.2	83	44.4	**45.0**	93.6	83	44.5	45.1	94.1	83	44.7	2
2	44.8	92.7	83	44.4	44.9	93.2	83	44.5	**45.0**	93.7	83	44.6	45.1	94.2	83	44.7	45.2	94.7	83	44.8	2
2	44.9	93.3	84	44.5	**45.0**	93.8	84	44.6	45.1	94.3	84	44.7	45.2	94.8	84	44.8	45.3	95.3	84	44.9	2
2	**45.0**	93.8	84	44.6	45.1	94.3	84	44.7	45.2	94.8	84	44.8	45.3	95.3	84	44.9	45.4	95.8	84	45.0	2
2	45.1	94.4	85	44.7	45.2	94.9	85	44.8	45.3	95.4	85	44.9	45.4	95.9	85	45.0	45.5	96.4	85	45.1	2
2	45.2	95.0	85	44.8	45.3	95.5	85	44.9	45.4	96.0	85	45.0	45.5	96.5	85	45.1	45.6	97.0	85	45.2	2

n	t_W	e	U	t_d	t_W	e	U	t_d	t_W	e	U	t_d	t_W	e	U	t_d	t_W	e	U	t_d	n
	48.0				**48.1**				**48.2**				**48.3**				**48.4**				
2	45.3	95.5	86	44.9	45.4	96.0	86	45.0	45.5	96.5	86	45.1	45.6	97.0	86	45.2	45.7	97.6	86	45.3	2
1	45.4	96.1	86	45.1	45.5	96.6	86	45.2	45.6	97.1	86	45.3	45.7	97.6	86	45.4	45.8	98.1	86	45.5	1
1	45.5	96.7	87	45.2	45.6	97.2	87	45.3	45.7	97.7	87	45.4	45.8	98.2	87	45.5	45.9	98.7	87	45.6	1
1	45.6	97.2	87	45.3	45.7	97.8	87	45.4	45.8	98.3	87	45.5	45.9	98.8	87	45.6	**46.0**	99.3	87	45.7	1
1	45.7	97.8	88	45.4	45.8	98.3	88	45.5	45.9	98.8	88	45.6	**46.0**	99.4	88	45.7	46.1	99.9	88	45.8	1
1	45.8	98.4	88	45.5	45.9	98.9	88	45.6	**46.0**	99.4	88	45.7	46.1	99.9	88	45.8	46.2	100.5	88	45.9	1
1	45.9	99.0	89	45.6	**46.0**	99.5	89	45.7	46.1	100.0	89	45.8	46.2	100.5	89	45.9	46.3	101.0	89	46.0	1
1	**46.0**	99.6	89	45.7	46.1	100.1	89	45.8	46.2	100.6	89	45.9	46.3	101.1	89	46.0	46.4	101.6	89	46.1	1
1	46.1	100.1	90	45.9	46.2	100.7	90	46.0	46.3	101.2	90	46.1	46.4	101.7	90	46.2	46.5	102.2	90	46.3	1
1	46.2	100.7	90	46.0	46.3	101.2	90	46.1	46.4	101.8	90	46.2	46.5	102.3	90	46.3	46.6	102.8	90	46.4	1
1	46.3	101.3	91	46.1	46.4	101.8	91	46.2	46.5	102.4	91	46.3	46.6	102.9	91	46.4	46.7	103.4	91	46.5	1
1	46.4	101.9	91	46.2	46.5	102.4	91	46.3	46.6	103.0	91	46.4	46.7	103.5	91	46.5	46.8	104.0	91	46.6	1
1	46.5	102.5	92	46.3	46.6	103.0	92	46.4	46.7	103.5	92	46.5	46.8	104.1	92	46.6	46.9	104.6	92	46.7	1
1	46.6	103.1	92	46.4	46.7	103.6	92	46.5	46.8	104.1	92	46.6	46.9	104.7	92	46.7	**47.0**	105.2	92	46.8	1
1	46.7	103.7	93	46.5	46.8	104.2	93	46.6	46.9	104.8	93	46.7	**47.0**	105.3	93	46.8	47.1	105.8	93	46.9	1
1	46.8	104.3	93	46.6	46.9	104.8	93	46.8	**47.0**	105.4	93	46.9	47.1	105.9	93	47.0	47.2	106.4	93	47.1	1
1	46.9	104.9	94	46.8	**47.0**	105.4	94	46.9	47.1	106.0	94	47.0	47.2	106.5	94	47.1	47.3	107.0	94	47.2	1
1	**47.0**	105.5	94	46.9	47.1	106.0	94	47.0	47.2	106.6	94	47.1	47.3	107.1	94	47.2	47.4	107.7	95	47.3	1
0	47.1	106.1	95	47.0	47.2	106.6	95	47.1	47.3	107.2	95	47.2	47.4	107.7	95	47.3	47.5	108.3	95	47.4	0
0	47.2	106.7	96	47.1	47.3	107.2	96	47.2	47.4	107.8	96	47.3	47.5	108.3	96	47.4	47.6	108.9	96	47.5	0
0	47.3	107.3	96	47.2	47.4	107.9	96	47.3	47.5	108.4	96	47.4	47.6	109.0	96	47.5	47.7	109.5	96	47.6	0
0	47.4	107.9	97	47.3	47.5	108.5	97	47.4	47.6	109.0	97	47.5	47.7	109.6	97	47.6	47.8	110.1	97	47.7	0
0	47.5	108.5	97	47.4	47.6	109.1	97	47.5	47.7	109.6	97	47.6	47.8	110.2	97	47.7	47.9	110.8	97	47.8	0
0	47.6	109.2	98	47.6	47.7	109.7	98	47.7	47.8	110.3	98	47.8	47.9	110.8	98	47.9	**48.0**	111.4	98	48.0	0
0	47.7	109.8	98	47.7	47.8	110.3	98	47.8	47.9	110.9	98	47.9	**48.0**	111.5	98	48.0	48.1	112.0	98	48.1	0
0	47.8	110.4	99	47.8	47.9	111.0	99	47.9	**48.0**	111.5	99	48.0	48.1	112.1	99	48.1	48.2	112.6	99	48.2	0
0	47.9	111.0	99	47.9	**48.0**	111.6	99	48.0	48.1	112.2	99	48.1	48.2	112.7	99	48.2	48.3	113.3	99	48.3	0
0	**48.0**	111.7	100	48.0	48.1	112.2	100	48.1	48.2	112.8	100	48.2	48.3	113.4	100	48.3	48.4	113.9	100	48.4	0
	48.5				**48.6**				**48.7**				**48.8**				**48.9**				
51																	18.3	0.6	1	-28.1	51
51													18.3	0.7	1	-26.9	18.4	0.8	1	-25.0	51
50					18.2	0.6	1	-28.0	18.3	0.7	1	-25.9	18.4	0.9	1	-24.1	18.5	1.0	1	-22.5	50
50	18.2	0.7	1	-26.9	18.3	0.8	1	-25.0	18.4	0.9	1	-23.3	18.5	1.1	1	-21.8	18.6	1.2	1	-20.4	50
50	18.3	0.9	1	-24.1	18.4	1.0	1	-22.5	18.5	1.1	1	-21.1	18.6	1.3	1	-19.8	18.7	1.4	1	-18.6	50
49	18.4	1.1	1	-21.8	18.5	1.2	1	-20.4	18.6	1.3	1	-19.2	18.7	1.5	1	-18.1	18.8	1.6	1	-17.0	49
49	18.5	1.3	1	-19.8	18.6	1.4	1	-18.6	18.7	1.5	1	-17.6	18.8	1.7	1	-16.6	18.9	1.8	2	-15.6	49
49	18.6	1.5	1	-18.1	18.7	1.6	1	-17.1	18.8	1.7	2	-16.1	18.9	1.9	2	-15.2	**19.0**	2.0	2	-14.3	49
48	18.7	1.7	1	-16.6	18.8	1.8	2	-15.6	18.9	1.9	2	-14.8	**19.0**	2.1	2	-13.9	19.1	2.2	2	-13.2	48
48	18.8	1.9	2	-15.2	18.9	2.0	2	-14.4	**19.0**	2.2	2	-13.6	19.1	2.3	2	-12.8	19.2	2.4	2	-12.1	48
48	18.9	2.1	2	-14.0	**19.0**	2.2	2	-13.2	19.1	2.4	2	-12.4	19.2	2.5	2	-11.7	19.3	2.6	2	-11.1	48
47	**19.0**	2.3	2	-12.8	19.1	2.4	2	-12.1	19.2	2.6	2	-11.4	19.3	2.7	2	-10.7	19.4	2.8	2	-10.1	47
47	19.1	2.5	2	-11.8	19.2	2.6	2	-11.1	19.3	2.8	2	-10.4	19.4	2.9	3	-9.8	19.5	3.0	3	-9.2	47
47	19.2	2.7	2	-10.8	19.3	2.8	2	-10.1	19.4	3.0	3	-9.5	19.5	3.1	3	-8.9	19.6	3.3	3	-8.4	47
46	19.3	2.9	3	-9.8	19.4	3.0	3	-9.2	19.5	3.2	3	-8.7	19.6	3.3	3	-8.1	19.7	3.5	3	-7.6	46
46	19.4	3.1	3	-9.0	19.5	3.2	3	-8.4	19.6	3.4	3	-7.8	19.7	3.5	3	-7.3	19.8	3.7	3	-6.8	46
46	19.5	3.3	3	-8.1	19.6	3.5	3	-7.6	19.7	3.6	3	-7.1	19.8	3.7	3	-6.6	19.9	3.9	3	-6.1	46
45	19.6	3.5	3	-7.3	19.7	3.7	3	-6.8	19.8	3.8	3	-6.3	19.9	4.0	3	-5.9	**20.0**	4.1	4	-5.4	45
45	19.7	3.7	3	-6.6	19.8	3.9	3	-6.1	19.9	4.0	3	-5.6	**20.0**	4.2	4	-5.2	20.1	4.3	4	-4.7	45
45	19.8	3.9	3	-5.9	19.9	4.1	4	-5.4	**20.0**	4.2	4	-5.0	20.1	4.4	4	-4.5	20.2	4.5	4	-4.1	45
44	19.9	4.2	4	-5.2	**20.0**	4.3	4	-4.8	20.1	4.4	4	-4.3	20.2	4.6	4	-3.9	20.3	4.7	4	-3.5	44
44	**20.0**	4.4	4	-4.5	20.1	4.5	4	-4.1	20.2	4.7	4	-3.7	20.3	4.8	4	-3.3	20.4	4.9	4	-2.9	44
44	20.1	4.6	4	-3.9	20.2	4.7	4	-3.5	20.3	4.9	4	-3.1	20.4	5.0	4	-2.7	20.5	5.2	4	-2.3	44
43	20.2	4.8	4	-3.3	20.3	4.9	4	-2.9	20.4	5.1	4	-2.5	20.5	5.2	4	-2.1	20.6	5.4	5	-1.7	43
43	20.3	5.0	4	-2.7	20.4	5.1	4	-2.3	20.5	5.3	5	-1.9	20.6	5.4	5	-1.6	20.7	5.6	5	-1.2	43
43	20.4	5.2	5	-2.2	20.5	5.4	5	-1.8	20.6	5.5	5	-1.4	20.7	5.7	5	-1.0	20.8	5.8	5	-0.7	43
42	20.5	5.4	5	-1.6	20.6	5.6	5	-1.2	20.7	5.7	5	-0.9	20.8	5.9	5	-0.5	20.9	6.0	5	-0.2	42
42	20.6	5.6	5	-1.1	20.7	5.8	5	-0.7	20.8	5.9	5	-0.4	20.9	6.1	5	0.0	**21.0**	6.2	5	0.3	42
42	20.7	5.9	5	-0.6	20.8	6.0	5	-0.2	20.9	6.2	5	0.1	**21.0**	6.3	5	0.5	21.1	6.5	6	0.8	42
42	20.8	6.1	5	-0.1	20.9	6.2	5	0.3	**21.0**	6.4	6	0.6	21.1	6.5	6	0.9	21.2	6.7	6	1.3	42
41	20.9	6.3	5	0.4	**21.0**	6.4	6	0.8	21.1	6.6	6	1.1	21.2	6.8	6	1.4	21.3	6.9	6	1.7	41
41	**21.0**	6.5	6	0.9	21.1	6.7	6	1.2	21.2	6.8	6	1.5	21.3	7.0	6	1.8	21.4	7.1	6	2.2	41
41	21.1	6.7	6	1.4	21.2	6.9	6	1.7	21.3	7.0	6	2.0	21.4	7.2	6	2.3	21.5	7.4	6	2.6	41
40	21.2	7.0	6	1.8	21.3	7.1	6	2.1	21.4	7.3	6	2.4	21.5	7.4	6	2.7	21.6	7.6	6	3.0	40
40	21.3	7.2	6	2.2	21.4	7.3	6	2.5	21.5	7.5	6	2.8	21.6	7.6	7	3.1	21.7	7.8	7	3.4	40
40	21.4	7.4	6	2.7	21.5	7.6	7	3.0	21.6	7.7	7	3.3	21.7	7.9	7	3.5	21.8	8.0	7	3.8	40
39	21.5	7.6	7	3.1	21.6	7.8	7	3.4	21.7	7.9	7	3.7	21.8	8.1	7	3.9	21.9	8.3	7	4.2	39
39	21.6	7.8	7	3.5	21.7	8.0	7	3.8	21.8	8.2	7	4.1	21.9	8.3	7	4.3	**22.0**	8.5	7	4.6	39
39	21.7	8.1	7	3.9	21.8	8.2	7	4.2	21.9	8.4	7	4.5	**22.0**	8.6	7	4.7	22.1	8.7	7	5.0	39
39	21.8	8.3	7	4.3	21.9	8.5	7	4.6	**22.0**	8.6	7	4.8	22.1	8.8	8	5.1	22.2	8.9	8	5.4	39
38	21.9	8.5	7	4.7	**22.0**	8.7	8	4.9	22.1	8.8	8	5.2	22.2	9.0	8	5.5	22.3	9.2	8	5.7	38
38	**22.0**	8.8	8	5.1	22.1	8.9	8	5.3	22.2	9.1	8	5.6	22.3	9.2	8	5.8	22.4	9.4	8	6.1	38

n	t_W	e	U	t_d	t_W	e	U	t_d	t_W	e	U	t_d	t_W	e	U	t_d	t_W	e	U	t_d	n
	48.5				**48.6**				**48.7**				**48.8**				**48.9**				
38	22.1	9.0	8	5.4	22.2	9.1	8	5.7	22.3	9.3	8	5.9	22.4	9.5	8	6.2	22.5	9.6	8	6.4	38
37	22.2	9.2	8	5.8	22.3	9.4	8	6.0	22.4	9.5	8	6.3	22.5	9.7	8	6.5	22.6	9.9	8	6.8	37
37	22.3	9.4	8	6.1	22.4	9.6	8	6.4	22.5	9.8	8	6.6	22.6	9.9	9	6.9	22.7	10.1	9	7.1	37
37	22.4	9.7	8	6.5	22.5	9.8	9	6.7	22.6	10.0	9	7.0	22.7	10.2	9	7.2	22.8	10.3	9	7.5	37
37	22.5	9.9	9	6.8	22.6	10.1	9	7.1	22.7	10.2	9	7.3	22.8	10.4	9	7.6	22.9	10.6	9	7.8	37
36	22.6	10.1	9	7.2	22.7	10.3	9	7.4	22.8	10.5	9	7.7	22.9	10.6	9	7.9	**23.0**	10.8	9	8.1	36
36	22.7	10.4	9	7.5	22.8	10.5	9	7.7	22.9	10.7	9	8.0	**23.0**	10.9	9	8.2	23.1	11.0	9	8.4	36
36	22.8	10.6	9	7.8	22.9	10.8	9	8.1	**23.0**	10.9	9	8.3	23.1	11.1	10	8.5	23.2	11.3	10	8.8	36
35	22.9	10.8	9	8.2	**23.0**	11.0	10	8.4	23.1	11.2	10	8.6	23.2	11.4	10	8.8	23.3	11.5	10	9.1	35
35	**23.0**	11.1	10	8.5	23.1	11.2	10	8.7	23.2	11.4	10	8.9	23.3	11.6	10	9.1	23.4	11.8	10	9.4	35
35	23.1	11.3	10	8.8	23.2	11.5	10	9.0	23.3	11.7	10	9.2	23.4	11.8	10	9.5	23.5	12.0	10	9.7	35
35	23.2	11.6	10	9.1	23.3	11.7	10	9.3	23.4	11.9	10	9.5	23.5	12.1	10	9.8	23.6	12.2	10	10.0	35
34	23.3	11.8	10	9.4	23.4	12.0	10	9.6	23.5	12.1	10	9.8	23.6	12.3	11	10.0	23.7	12.5	11	10.3	34
34	23.4	12.0	11	9.7	23.5	12.2	11	9.9	23.6	13.4	11	10.1	23.7	12.6	11	10.3	23.8	12.7	11	10.6	34
34	23.5	12.3	11	10.0	23.6	12.4	11	10.2	23.7	12.6	11	10.4	23.8	12.8	11	10.6	23.9	13.0	11	10.8	34
34	23.6	12.5	11	10.3	23.7	12.7	11	10.5	23.8	12.9	11	10.7	23.9	13.0	11	10.9	**24.0**	13.2	11	11.1	34
33	23.7	12.8	11	10.6	23.8	12.9	11	10.8	23.9	13.1	11	11.0	**24.0**	13.3	11	11.2	24.1	13.5	12	11.4	33
33	23.8	13.0	11	10.9	23.9	13.2	11	11.1	**24.0**	13.4	12	11.3	24.1	13.5	12	11.5	24.2	13.7	12	11.7	33
33	23.9	13.2	12	11.1	**24.0**	13.4	12	11.3	24.1	13.6	12	11.5	24.2	13.8	12	11.7	24.3	14.0	12	11.9	33
32	**24.0**	13.5	12	11.4	24.1	13.7	12	11.6	24.2	13.8	12	11.8	24.3	14.0	12	12.0	24.4	14.2	12	12.2	32
32	24.1	13.7	12	11.7	24.2	13.9	12	11.9	24.3	14.1	12	12.1	24.4	14.3	12	12.3	24.5	14.5	12	12.5	32
32	24.2	14.0	12	12.0	24.3	14.2	12	12.2	24.4	14.3	12	12.4	24.5	14.5	12	12.5	24.6	14.7	13	12.7	32
32	24.3	14.2	12	12.2	24.4	14.4	13	12.4	24.5	14.6	13	12.6	24.6	14.8	13	12.8	24.7	15.0	13	13.0	32
31	24.4	14.5	13	12.5	24.5	14.7	13	12.7	24.6	14.8	13	12.9	24.7	15.0	13	13.1	24.8	15.2	13	13.3	31
31	24.5	14.7	13	12.8	24.6	14.9	13	12.9	24.7	15.1	13	13.1	24.8	15.3	13	13.3	24.9	15.5	13	13.5	31
31	24.6	15.0	13	13.0	24.7	15.2	13	13.2	24.8	15.4	13	13.4	24.9	15.5	13	13.6	**25.0**	15.7	13	13.8	31
31	24.7	15.2	13	13.3	24.8	15.4	13	13.5	24.9	15.6	13	13.6	**25.0**	15.8	14	13.8	25.1	16.0	14	14.0	31
30	24.8	15.5	14	13.5	24.9	15.7	14	13.7	**25.0**	15.9	14	13.9	25.1	16.0	14	14.1	25.2	16.2	14	14.3	30
30	24.9	15.7	14	13.8	**25.0**	15.9	14	14.0	25.1	16.1	14	14.1	25.2	16.3	14	14.3	25.3	16.5	14	14.5	30
30	**25.0**	16.0	14	14.0	25.1	16.2	14	14.2	25.2	16.4	14	14.4	25.3	16.6	14	14.6	25.4	16.8	14	14.7	30
30	25.1	16.2	14	14.3	25.2	16.4	14	14.4	25.3	16.6	14	14.6	25.4	16.8	14	14.8	25.5	17.0	15	15.0	30
29	25.2	16.5	14	14.5	25.3	16.7	15	14.7	25.4	16.9	15	14.9	25.5	17.1	15	15.0	25.6	17.3	15	15.2	29
29	25.3	16.8	15	14.7	25.4	17.0	15	14.9	25.5	17.2	15	15.1	25.6	17.3	15	15.3	25.7	17.5	15	15.4	29
29	25.4	17.0	15	15.0	25.5	17.2	15	15.2	25.6	17.4	15	15.3	25.7	17.6	15	15.5	25.8	17.8	15	15.7	29
29	25.5	17.3	15	15.2	25.6	17.5	15	15.4	25.7	17.7	15	15.6	25.8	17.9	15	15.7	25.9	18.1	15	15.9	29
28	25.6	17.5	15	15.5	25.7	17.7	15	15.6	25.8	17.9	16	15.8	25.9	18.1	16	16.0	**26.0**	18.3	16	16.1	28
28	25.7	17.8	16	15.7	25.8	18.0	16	15.9	25.9	18.2	16	16.0	**26.0**	18.4	16	16.2	26.1	18.6	16	16.4	28
28	25.8	18.1	16	15.9	25.9	18.3	16	16.1	**26.0**	18.5	16	16.3	26.1	18.7	16	16.4	26.2	18.9	16	16.6	28
28	25.9	18.3	16	16.1	**26.0**	18.5	16	16.3	26.1	18.7	16	16.5	26.2	18.9	16	16.6	26.3	19.1	16	16.8	28
28	**26.0**	18.6	16	16.4	26.1	18.8	16	16.5	26.2	19.0	16	16.7	26.3	19.2	17	16.9	26.4	19.4	17	17.0	28
27	26.1	18.9	16	16.6	26.2	19.1	17	16.8	26.3	19.3	17	16.9	26.4	19.5	17	17.1	26.5	19.7	17	17.2	27
27	26.2	19.1	17	16.8	26.3	19.3	17	17.0	26.4	19.5	17	17.1	26.5	19.7	17	17.3	26.6	19.9	17	17.5	27
27	26.3	19.4	17	17.0	26.4	19.6	17	17.2	26.5	19.8	17	17.4	26.6	20.0	17	17.5	26.7	20.2	17	17.7	27
27	26.4	19.7	17	17.2	26.5	19.9	17	17.4	26.6	20.1	17	17.6	26.7	20.3	17	17.7	26.8	20.5	18	17.9	27
26	26.5	19.9	17	17.5	26.6	20.1	18	17.6	26.7	20.3	18	17.8	26.8	20.6	18	17.9	26.9	20.8	18	18.1	26
26	26.6	20.2	18	17.7	26.7	20.4	18	17.8	26.8	20.6	18	18.0	26.9	20.8	18	18.2	**27.0**	21.0	18	18.3	26
26	26.7	20.5	18	17.9	26.8	20.7	18	18.0	26.9	20.9	18	18.2	**27.0**	21.1	18	18.4	27.1	21.3	18	18.5	26
26	26.8	20.8	18	18.1	26.9	21.0	18	18.3	**27.0**	21.2	18	18.4	27.1	21.4	18	18.6	27.2	21.6	18	18.7	26
26	26.9	21.0	18	18.3	**27.0**	21.2	18	18.5	27.1	21.4	19	18.6	27.2	21.7	19	18.8	27.3	21.9	19	18.9	26
25	**27.0**	21.3	19	18.5	27.1	21.5	19	18.7	27.2	21.7	19	18.8	27.3	21.9	19	19.0	27.4	22.2	19	19.1	25
25	27.1	21.6	19	18.7	27.2	21.8	19	18.9	27.3	22.0	19	19.0	27.4	22.2	19	19.2	27.5	22.4	19	19.3	25
25	27.2	21.9	19	18.9	27.3	22.1	19	19.1	27.4	22.3	19	19.2	27.5	22.5	19	19.4	27.6	22.7	19	19.5	25
25	27.3	22.1	19	19.1	27.4	22.4	19	19.3	27.5	22.6	20	19.4	27.6	22.8	20	19.6	27.7	23.0	20	19.7	25
24	27.4	22.4	20	19.3	27.5	22.6	20	19.5	27.6	22.8	20	19.6	27.7	23.1	20	19.8	27.8	23.3	20	19.9	24
24	27.5	22.7	20	19.5	27.6	22.9	20	19.7	27.7	23.1	20	19.8	27.8	23.3	20	20.0	27.9	23.6	20	20.1	24
24	27.6	23.0	20	19.7	27.7	23.2	20	19.9	27.8	23.4	20	20.0	27.9	23.6	20	20.2	**28.0**	23.9	20	20.3	24
24	27.7	23.3	20	19.9	27.8	23.5	20	20.1	27.9	23.7	20	20.2	**28.0**	23.9	21	20.4	28.1	24.1	21	20.5	24
24	27.8	23.5	21	20.1	27.9	23.8	21	20.3	**28.0**	24.0	21	20.4	28.1	24.2	21	20.6	28.2	24.4	21	20.7	24
23	27.9	23.8	21	20.3	**28.0**	24.1	21	20.5	28.1	24.3	21	20.6	28.2	24.5	21	20.8	28.3	24.7	21	20.9	23
23	**28.0**	24.1	21	20.5	28.1	24.3	21	20.7	28.2	24.6	21	20.8	28.3	24.8	21	21.0	28.4	25.0	21	21.1	23
23	28.1	24.4	21	20.7	28.2	24.6	21	20.8	28.3	24.9	21	21.0	28.4	25.1	22	21.1	28.5	25.3	22	21.3	23
23	28.2	24.7	22	20.9	28.3	24.9	22	21.0	28.4	25.1	22	21.2	28.5	25.4	22	21.3	28.6	25.6	22	21.5	23
23	28.3	25.0	22	21.1	28.4	25.2	22	21.2	28.5	25.4	22	21.4	28.6	25.7	22	21.5	28.7	25.9	22	21.7	23
22	28.4	25.3	22	21.3	28.5	25.5	22	21.4	28.6	25.7	22	21.6	28.7	26.0	22	21.7	28.8	26.2	22	21.8	22
22	28.5	25.6	22	21.5	28.6	25.8	22	21.6	28.7	26.0	23	21.7	28.8	26.3	23	21.9	28.9	26.5	23	22.0	22
22	28.6	25.9	23	21.6	28.7	26.1	23	21.8	28.8	26.3	23	21.9	28.9	26.5	23	22.1	**29.0**	26.8	23	22.2	22
22	28.7	26.2	23	21.8	28.8	26.4	23	22.0	28.9	26.6	23	22.1	**29.0**	26.8	23	22.3	29.1	27.1	23	22.4	22
22	28.8	26.5	23	22.0	28.9	26.7	23	22.2	**29.0**	26.9	23	22.3	29.1	27.1	23	22.4	29.2	27.4	23	22.6	21
21	28.9	26.7	23	22.2	**29.0**	27.0	23	22.3	29.1	27.2	24	22.5	29.2	27.4	24	22.6	29.3	27.7	24	22.8	21
21	**29.0**	27.0	24	22.4	29.1	27.3	24	22.5	29.2	27.5	24	22.7	29.3	27.7	24	22.8	29.4	28.0	24	22.9	21
21	29.1	27.3	24	22.6	29.2	27.6	24	22.7	29.3	27.8	24	22.8	29.4	28.0	24	23.0	29.5	28.3	24	23.1	21
21	29.2	27.6	24	22.7	29.3	27.9	24	22.9	29.4	28.1	24	23.0	29.5	28.4	24	23.2	29.6	28.6	24	23.3	21
21	29.3	27.9	24	22.9	29.4	28.2	24	23.1	29.5	28.4	25	23.2	29.6	28.7	25	23.3	29.7	28.9	25	23.5	21

n	t_W	e	U	t_d	t_W	e	U	t_d	t_W	e	U	t_d	t_W	e	U	t_d	t_W	e	U	t_d	n
	48.5				**48.6**				**48.7**				**48.8**				**48.9**				
20	29.4	28.2	25	23.1	29.5	28.5	25	23.2	29.6	28.7	25	23.4	29.7	29.0	25	23.5	29.8	29.2	25	23.6	20
20	29.5	28.6	25	23.3	29.6	28.8	25	23.4	29.7	29.0	25	23.5	29.8	29.3	25	23.7	29.9	29.5	25	23.8	20
20	29.6	28.9	25	23.4	29.7	29.1	25	23.6	29.8	29.3	25	23.7	29.9	29.6	25	23.9	**30.0**	29.8	26	24.0	20
20	29.7	29.2	25	23.6	29.8	29.4	26	23.8	29.9	29.6	26	23.9	**30.0**	79.9	26	24.0	30.1	30.1	26	24.2	20
20	29.8	29.5	26	23.8	29.9	29.7	26	23.9	**30.0**	30.0	26	24.1	30.1	30.2	26	24.2	30.2	30.4	26	24.3	20
19	29.9	29.8	26	24.0	**30.0**	30.0	26	24.1	30.1	30.3	26	24.2	30.2	30.5	26	24.4	30.3	30.8	26	24.5	19
19	**30.0**	30.1	26	24.1	30.1	30.3	26	24.3	30.2	30.6	26	24.4	30.3	30.8	27	24.5	30.4	31.1	27	24.7	19
19	30.1	30.4	27	24.3	30.2	30.6	27	24.4	30.3	30.9	27	24.6	30.4	31.1	27	24.7	30.5	31.4	27	24.9	19
19	30.2	30.7	27	24.5	30.3	31.0	27	24.6	30.4	31.2	27	24.8	30.5	31.5	27	24.9	30.6	31.7	27	25.0	19
19	30.3	31.0	27	24.7	30.4	31.3	27	24.8	30.5	31.5	27	24.9	30.6	31.8	27	25.1	30.7	32.0	27	25.2	19
19	30.4	31.3	27	24.8	30.5	31.6	27	25.0	30.6	21.8	28	25.1	30.7	32.1	28	25.2	30.8	32.3	28	25.4	19
18	30.5	31.7	28	25.0	30.6	31.9	28	25.1	30.7	32.2	28	25.3	30.8	32.4	28	25.4	30.9	32.7	28	25.5	18
18	30.6	32.0	28	25.2	30.7	32.2	28	25.3	30.8	32.5	28	25.4	30.9	32.7	28	25.6	**31.0**	33.0	28	25.7	18
18	30.7	32.3	28	25.3	30.8	32.5	28	25.5	30.9	32.8	28	25.6	**31.0**	33.1	28	25.7	31.1	33.3	29	25.8	18
18	30.8	32.6	28	25.5	30.9	32.9	29	25.6	**31.0**	33.1	29	25.8	31.1	33.4	29	25.9	31.2	33.6	29	26.0	18
18	30.9	32.9	29	25.7	**31.0**	33.2	29	25.8	31.1	33.4	29	25.9	31.2	33.7	29	26.0	31.3	34.0	29	26.2	18
18	**31.0**	33.3	29	25.8	31.1	33.5	29	26.0	31.2	33.8	29	26.1	31.3	34.0	29	26.2	31.4	34.3	29	26.3	18
17	31.1	33.6	29	26.0	31.2	33.8	29	26.1	31.3	34.1	29	26.2	31.4	34.4	30	26.4	31.5	34.6	30	26.5	17
17	31.2	33.9	30	26.1	31.3	34.2	30	26.3	31.4	34.4	30	26.4	31.5	34.7	30	26.5	31.6	34.9	30	26.7	17
17	31.3	34.2	30	26.3	31.4	34.5	30	26.4	31.5	34.7	30	26.6	31.6	35.0	30	26.7	31.7	35.3	30	26.8	17
17	31.4	34.6	30	26.5	31.5	34.8	30	26.6	31.6	35.1	30	26.7	31.7	35.3	30	26.9	31.8	35.6	30	27.0	17
17	31.5	34.9	30	26.6	31.6	35.1	31	26.8	31.7	35.4	31	26.9	31.8	35.7	31	27.0	31.9	35.9	31	27.1	17
17	31.6	35.2	31	26.8	31.7	35.5	31	26.9	31.8	35.7	31	27.0	31.9	36.0	31	27.2	**32.0**	36.3	31	27.3	17
16	31.7	35.5	31	27.0	31.8	35.8	31	27.1	31.9	36.1	31	27.2	**32.0**	36.3	31	27.3	32.1	36.6	31	27.5	16
16	31.8	35.9	31	27.1	31.9	36.1	31	27.2	**32.0**	36.4	31	27.4	32.1	36.7	32	27.5	32.2	36.9	32	27.6	16
16	31.9	36.2	32	27.3	**32.0**	36.5	32	27.4	32.1	36.7	32	27.5	32.2	37.0	32	27.6	32.3	37.3	32	27.8	16
16	**32.0**	36.5	32	27.4	32.1	36.8	32	27.5	32.2	37.1	32	27.7	32.3	37.4	32	27.8	32.4	37.6	32	27.9	16
16	32.1	36.9	32	27.6	32.2	37.1	32	27.7	32.3	37.4	32	27.8	32.4	37.7	32	28.0	32.5	38.0	33	28.1	16
16	32.2	37.2	33	27.7	32.3	37.5	33	27.9	32.4	37.8	33	28.0	32.5	38.0	33	28.1	32.6	38.3	33	28.2	16
15	32.3	37.6	33	27.9	32.4	37.8	33	28.0	32.5	38.1	33	28.1	32.6	38.4	33	28.3	32.7	38.7	33	28.4	15
15	32.4	37.9	33	28.0	32.5	38.2	33	28.2	32.6	38.4	33	28.3	32.7	38.7	33	28.4	32.8	39.0	33	28.5	15
15	32.5	38.2	33	28.2	32.6	38.5	33	28.3	32.7	38.8	34	28.4	32.8	39.1	34	28.6	32.9	39.3	34	28.7	15
15	32.6	38.6	34	28.4	32.7	38.9	34	28.5	32.8	39.1	34	28.6	32.9	39.4	34	28.7	**33.0**	39.7	34	28.8	15
15	32.7	38.9	34	28.5	32.8	39.2	34	28.6	32.9	39.5	34	28.8	**33.0**	39.8	34	28.9	33.1	40.0	34	29.1	15
15	32.8	39.3	34	28.7	32.9	39.5	34	28.8	**33.0**	39.8	34	28.9	33.1	40.1	35	29.0	33.2	40.4	35	29.0	15
14	32.9	39.6	35	28.8	**33.0**	39.9	35	28.9	33.1	40.2	35	29.1	33.2	40.5	35	29.2	33.3	40.8	35	29.3	14
14	**33.0**	40.0	35	29.0	33.1	40.2	35	29.1	33.2	40.5	35	29.2	33.3	40.8	35	29.3	33.4	41.1	35	29.4	14
14	33.1	40.3	35	29.1	33.2	40.6	35	29.2	33.3	40.9	35	29.4	33.4	41.2	35	29.5	33.5	41.5	35	29.6	14
14	33.2	40.7	36	29.3	33.3	41.0	36	29.4	33.4	41.2	36	29.5	33.5	41.5	36	29.6	33.6	41.8	36	29.7	14
14	33.3	41.0	36	29.4	33.4	41.3	36	29.5	33.5	41.6	36	29.7	33.6	41.9	36	29.8	33.7	42.2	36	29.9	14
14	33.4	41.4	36	29.6	33.5	41.7	36	29.7	33.6	42.0	36	29.8	33.7	42.2	36	29.9	33.8	42.5	36	30.0	14
14	33.5	41.7	36	29.7	33.6	42.0	37	29.8	33.7	42.3	37	30.0	33.8	42.6	37	30.1	33.9	42.9	37	30.2	14
13	33.6	42.1	37	29.9	33.7	42.4	37	30.0	33.8	42.7	37	30.1	33.9	43.0	37	30.2	**34.0**	43.3	37	30.3	13
13	33.7	42.4	37	30.0	33.8	42.7	37	30.1	33.9	43.0	37	30.2	**34.0**	43.3	37	30.4	34.1	43.6	37	30.5	13
13	33.8	42.8	37	30.2	33.9	43.1	37	30.3	**34.0**	43.4	38	30.4	34.1	43.7	38	30.5	34.2	44.0	38	30.6	13
13	33.9	43.2	38	30.3	**34.0**	43.5	38	30.4	34.1	43.8	38	30.5	34.2	44.1	38	30.7	34.3	44.4	38	30.8	13
13	**34.0**	43.5	38	30.4	34.1	43.8	38	30.6	34.2	44.1	38	30.7	34.3	44.4	38	30.8	34.4	44.7	38	30.9	13
13	34.1	43.9	38	30.6	34.2	44.2	38	30.7	34.3	44.5	38	30.8	34.4	44.8	39	30.9	34.5	45.1	39	31.1	13
13	34.2	44.3	39	30.7	34.3	44.6	39	30.9	34.4	44.9	39	31.0	34.5	45.2	39	31.1	34.6	45.5	39	31.2	13
12	34.3	44.6	39	30.9	34.4	44.9	39	31.0	34.5	45.2	39	31.1	34.6	45.5	39	31.2	34.7	45.8	39	31.4	12
12	34.4	45.0	39	31.0	34.5	45.3	39	31.1	34.6	45.6	39	31.3	34.7	45.9	39	31.4	34.8	46.2	40	31.5	12
12	34.5	45.4	40	31.2	34.6	45.7	40	31.3	34.7	46.0	40	31.4	34.8	46.3	40	31.5	34.9	46.6	40	31.6	12
12	34.6	45.7	40	31.3	34.7	46.0	40	31.4	34.8	46.3	40	31.5	34.9	46.7	40	31.7	**35.0**	47.0	40	31.8	12
12	34.7	46.1	40	31.5	34.8	46.4	40	31.6	34.9	46.7	40	31.7	**35.0**	47.0	40	31.8	35.1	47.3	41	31.9	12
12	34.8	46.5	41	31.6	34.9	46.8	41	31.7	**35.0**	47.1	41	31.8	35.1	47.4	41	31.9	35.2	47.7	41	32.1	12
12	34.9	46.9	41	31.7	**35.0**	47.2	41	31.9	35.1	47.5	41	32.0	35.2	47.8	41	32.1	35.3	48.1	41	32.2	12
12	**35.0**	47.2	41	31.9	35.1	47.5	41	32.0	35.2	47.9	41	32.1	35.3	48.2	41	32.2	35.4	48.5	42	32.3	12
11	35.1	47.6	42	32.0	35.2	47.9	42	32.1	35.3	48.2	42	32.3	35.4	48.6	42	32.4	35.5	48.9	42	32.5	11
11	35.2	48.0	42	32.2	35.3	48.3	42	32.3	35.4	48.6	42	32.4	35.5	48.9	42	32.5	35.6	49.3	42	32.6	11
11	35.3	48.4	42	32.3	35.4	48.7	42	32.4	35.5	49.0	42	32.5	35.6	49.3	42	32.6	35.7	49.6	42	32.8	11
11	35.4	48.8	43	32.4	35.5	49.1	43	32.6	35.6	49.4	43	32.7	35.7	49.7	43	32.8	35.8	50.0	43	32.9	11
11	35.5	49.1	43	32.6	35.6	49.5	43	32.7	35.7	49.8	43	32.8	35.8	50.1	43	32.9	35.9	50.4	43	33.0	11
11	35.6	49.5	43	32.7	35.7	49.8	43	32.8	35.8	50.2	43	33.0	35.9	50.5	43	33.1	**36.0**	50.8	44	33.2	11
11	35.7	49.9	44	32.9	35.8	50.2	44	33.0	35.9	50.6	44	33.1	**36.0**	50.9	44	33.2	36.1	51.2	44	33.3	11
10	35.8	50.3	44	33.0	35.9	50.6	44	33.1	**36.0**	50.9	44	33.2	36.1	51.3	44	33.3	36.2	51.6	44	33.5	10
10	35.9	50.7	44	33.1	**36.0**	51.0	44	33.3	36.1	51.3	44	33.4	36.2	51.7	44	33.5	36.3	52.0	45	33.6	10
10	**36.0**	51.1	45	33.3	36.1	51.4	45	33.4	36.2	51.7	45	33.5	36.3	52.1	45	33.6	36.4	52.4	45	33.7	10
10	36.1	51.5	45	33.4	36.2	51.8	45	33.5	36.3	52.1	45	33.6	36.4	52.5	45	33.8	36.5	52.8	45	33.9	10
10	36.2	51.9	45	33.5	36.3	52.2	45	33.7	36.4	52.5	45	33.8	36.5	52.9	45	33.9	36.6	53.2	46	34.0	10
10	36.3	52.3	46	33.7	36.4	52.6	46	33.8	36.5	52.9	46	33.9	36.6	53.3	46	34.0	36.7	53.6	46	34.1	10
10	36.4	52.7	46	33.8	36.5	53.0	46	33.9	36.6	53.3	46	34.0	36.7	53.7	46	34.2	36.8	54.0	46	34.3	10
10	36.5	53.1	46	34.0	36.6	53.4	46	34.1	36.7	53.7	46	34.2	36.8	54.1	47	34.3	36.9	54.4	47	34.4	10
10	36.6	53.5	47	34.1	36.7	53.8	47	34.2	36.8	54.1	47	34.3	36.9	54.5	47	34.4	**37.0**	54.8	47	34.5	10

n	t_W	e	U	t_d	t_W	e	U	t_d	t_W	e	U	t_d	t_W	e	U	t_d	t_W	e	U	t_d	n
	48.5				**48.6**				**48.7**				**48.8**				**48.9**				
9	36.7	53.9	47	34.2	36.8	54.2	47	34.3	36.9	54.5	47	34.5	**37.0**	54.9	47	34.6	37.1	55.2	47	34.7	9
9	36.8	54.3	47	34.4	36.9	54.6	47	34.5	**37.0**	55.0	48	34.6	37.1	55.3	48	34.7	37.2	55.6	48	34.8	9
9	36.9	54.7	48	34.5	**37.0**	55.0	48	34.6	37.1	55.4	48	34.7	37.2	55.7	48	34.8	37.3	56.1	48	34.9	9
9	**37.0**	55.1	48	34.6	37.1	55.4	48	34.7	37.2	55.8	48	34.9	37.3	56.1	48	35.0	37.4	56.5	48	35.1	9
9	37.1	55.5	48	34.8	37.2	55.8	49	34.9	37.3	56.2	49	35.0	37.4	56.5	49	35.1	37.5	56.9	49	35.2	9
9	37.2	55.9	49	34.9	37.3	56.3	49	35.0	37.4	56.6	49	35.1	37.5	57.0	49	35.2	37.6	57.3	49	35.3	9
9	37.3	56.3	49	35.0	37.4	56.7	49	35.1	37.5	57.0	49	35.3	37.6	57.4	49	35.4	37.7	57.7	49	35.5	9
9	37.4	56.7	50	35.2	37.5	57.1	50	35.3	37.6	57.4	50	35.4	37.7	57.8	50	35.5	37.8	58.1	50	35.6	9
8	37.5	57.2	50	35.3	37.6	57.5	50	35.4	37.7	57.9	50	35.5	37.8	58.2	50	35.6	37.9	58.6	50	35.7	8
8	37.6	57.6	50	35.4	37.7	57.9	50	35.5	37.8	58.3	50	35.6	37.9	58.6	50	35.8	**38.0**	59.0	51	35.9	8
8	37.7	58.0	51	35.6	37.8	58.3	51	35.7	37.9	58.7	51	35.8	**38.0**	59.1	51	35.9	38.1	59.4	51	36.0	8
8	37.8	58.4	51	35.7	37.9	58.8	51	35.8	**38.0**	59.1	51	35.9	38.1	59.5	51	36.0	38.2	59.8	51	36.1	8
8	37.9	58.8	51	35.8	**38.0**	59.2	51	35.9	38.1	59.5	51	36.0	38.2	50.9	52	36.2	38.3	60.3	52	36.3	8
8	**38.0**	59.3	52	36.0	38.1	59.6	52	36.1	38.2	60.0	52	36.2	38.3	60.3	52	36.3	38.4	60.7	52	36.4	8
8	38.1	59.7	52	36.1	38.2	60.0	52	36.2	38.3	60.4	52	36.3	38.4	60.8	52	36.4	38.5	61.1	52	36.5	8
8	38.2	60.1	53	36.2	38.3	60.5	53	36.3	38.4	60.8	53	36.4	38.5	61.2	53	36.5	38.6	61.6	53	36.6	8
8	38.3	60.5	53	36.3	38.4	60.9	53	36.5	38.5	61.3	53	36.6	38.6	61.6	53	36.7	38.7	62.0	53	36.8	8
8	38.4	61.0	53	36.5	38.5	61.3	53	36.6	38.6	61.7	53	36.7	38.7	62.1	53	36.8	38.8	62.4	53	36.9	8
7	38.5	61.4	54	36.6	38.6	61.8	54	36.7	38.7	62.1	54	36.8	38.8	62.5	54	36.9	38.9	62.9	54	37.0	7
7	38.6	61.8	54	36.7	38.7	62.2	54	36.8	38.8	62.6	54	36.9	38.9	63.0	54	37.1	**39.0**	63.3	54	37.2	7
7	38.7	62.3	54	36.9	38.8	62.6	54	37.0	38.9	63.0	54	37.1	**39.0**	63.4	55	37.2	39.1	63.8	55	37.3	7
7	38.8	62.7	55	37.0	38.9	63.1	55	37.1	**39.0**	63.5	55	37.2	39.1	63.8	55	37.3	39.2	64.2	55	37.4	7
7	38.9	63.2	55	37.1	**39.0**	63.5	55	37.2	39.1	63.9	55	37.3	39.2	64.3	55	37.4	39.3	64.7	55	37.5	7
7	**39.0**	63.6	56	37.2	39.1	64.0	56	37.4	39.2	64.3	56	37.5	39.3	64.7	56	37.6	39.4	65.1	56	37.7	7
7	39.1	64.0	56	37.4	39.2	64.4	56	37.5	39.3	64.8	56	37.6	39.4	65.2	56	37.7	39.5	65.6	56	37.8	7
7	39.2	64.5	56	37.5	39.3	64.9	56	37.6	39.4	65.2	56	37.7	39.5	65.6	56	37.8	39.6	66.0	57	37.9	7
7	39.3	64.9	57	37.6	39.4	65.3	57	37.7	39.5	65.7	57	37.8	39.6	66.1	57	37.9	39.7	66.5	57	38.1	7
7	39.4	65.4	57	37.8	39.5	65.8	57	37.9	39.6	66.1	57	38.0	39.7	66.5	57	38.1	39.8	66.9	57	38.2	7
6	39.5	65.8	57	37.9	39.6	66.2	58	38.0	39.7	66.6	58	38.1	39.8	67.0	58	38.2	39.9	67.4	58	38.3	6
6	39.6	66.3	58	38.0	39.7	66.7	58	38.1	39.8	67.1	58	38.2	39.9	67.4	58	38.3	**40.0**	67.8	58	38.4	6
6	39.7	66.7	58	38.1	39.8	67.1	58	38.2	39.9	67.5	58	38.3	**40.0**	67.9	58	38.5	40.1	68.3	58	38.6	6
6	39.8	67.2	59	38.3	39.9	67.6	59	38.4	**40.0**	68.0	59	38.5	40.1	68.4	59	38.6	40.2	68.8	59	38.7	6
6	39.9	67.6	59	38.4	**40.0**	68.0	59	38.5	40.1	68.4	59	38.6	40.2	68.8	59	38.7	40.3	69.2	59	38.8	6
6	**40.0**	68.1	59	38.5	40.1	68.5	60	38.6	40.2	68.9	60	38.7	40.3	69.3	60	38.8	40.4	69.7	60	38.9	6
6	40.1	68.6	60	38.6	40.2	69.0	60	38.7	40.3	69.4	60	38.8	40.4	69.8	60	39.0	40.5	70.2	60	39.1	6
6	40.2	69.0	60	38.8	40.3	69.4	60	38.9	40.4	69.8	60	39.0	40.5	70.2	60	39.1	40.6	70.6	60	39.2	6
6	40.3	69.5	61	38.9	40.4	69.9	61	39.0	40.5	70.3	61	39.1	40.6	70.7	61	39.2	40.7	71.1	61	39.3	6
6	40.4	70.0	61	39.0	40.5	70.4	61	39.1	40.6	70.8	61	39.2	40.7	71.2	61	39.3	40.8	71.6	61	39.4	6
5	40.5	70.4	62	39.1	40.6	70.8	62	39.2	40.7	71.2	62	39.3	40.8	71.6	62	39.5	40.9	72.1	62	39.6	5
5	40.6	70.9	62	39.3	40.7	71.3	62	39.4	40.8	71.7	62	39.5	40.9	72.1	62	39.6	**41.0**	72.5	62	39.7	5
5	40.7	71.4	62	39.4	40.8	71.8	62	39.5	40.9	72.2	62	39.6	**41.0**	72.6	62	39.7	41.1	73.0	63	39.8	5
5	40.8	71.8	63	39.5	40.9	72.3	63	39.6	**41.0**	72.7	63	39.7	41.1	73.1	63	39.8	41.2	73.5	63	39.9	5
5	40.9	72.3	63	39.6	**41.0**	72.7	63	39.7	41.1	73.1	63	39.8	41.2	73.6	63	39.9	41.3	74.0	63	40.1	5
5	**41.0**	72.8	64	39.7	41.1	73.2	64	39.9	41.2	73.6	64	40.0	41.3	74.0	64	40.1	41.4	74.5	64	40.2	5
5	41.1	73.3	64	39.9	41.2	73.7	64	40.0	41.3	74.1	64	40.1	41.4	74.5	64	40.2	41.5	74.9	64	40.3	5
5	41.2	73.8	64	40.0	41.3	74.2	64	40.1	41.4	74.6	64	40.2	41.5	75.0	65	40.3	41.6	75.4	65	40.4	5
5	41.3	74.2	65	40.1	41.4	74.7	65	40.2	41.5	75.1	65	40.3	41.6	75.5	65	40.4	41.7	75.9	65	40.5	5
5	41.4	74.7	65	40.2	41.5	75.1	65	40.3	41.6	75.6	65	40.5	41.7	76.0	65	40.6	41.8	76.4	65	40.7	5
5	41.5	75.2	66	40.4	41.6	75.6	66	40.5	41.7	76.1	66	40.6	41.8	76.5	66	40.7	41.9	76.9	66	40.8	5
5	41.6	75.7	66	40.5	41.7	76.1	66	40.6	41.8	76.6	66	40.7	41.9	77.0	66	40.8	**42.0**	77.4	66	40.9	5
4	41.7	76.2	67	40.6	41.8	76.6	67	40.7	41.9	77.0	67	40.8	**42.0**	77.5	67	40.9	42.1	77.9	67	41.0	4
4	41.8	76.7	67	40.7	41.9	77.1	67	40.8	**42.0**	77.5	67	40.9	42.1	78.0	67	41.0	42.2	78.4	67	41.1	4
4	41.9	77.2	67	40.8	**42.0**	77.6	67	41.0	42.1	78.0	67	41.1	42.2	78.5	68	41.2	42.3	78.9	68	41.3	4
4	**42.0**	77.7	68	41.0	42.1	78.1	68	41.1	42.2	78.5	68	41.2	42.3	79.0	68	41.3	42.4	79.4	68	41.4	4
4	42.1	78.2	68	41.1	42.2	78.6	68	41.2	42.3	79.0	68	41.3	42.4	79.5	68	41.4	42.5	79.9	68	41.5	4
4	42.2	78.7	69	41.2	42.3	79.1	69	41.3	42.4	79.5	69	41.4	42.5	80.0	69	41.5	42.6	80.4	69	41.6	4
4	42.3	79.2	69	41.3	42.4	79.6	69	41.4	42.5	80.1	69	41.5	42.6	80.5	69	41.6	42.7	80.9	69	41.8	4
4	42.4	79.7	70	41.5	42.5	80.1	70	41.6	42.6	80.6	70	41.7	42.7	81.0	70	41.8	42.8	81.5	70	41.9	4
4	42.5	80.2	70	41.6	42.6	80.6	70	41.7	42.7	81.1	70	41.8	42.8	81.5	70	41.9	42.9	82.0	70	42.0	4
4	42.6	80.7	70	41.7	42.7	81.1	71	41.8	42.8	81.6	71	41.9	42.9	82.0	71	42.0	**43.0**	82.5	71	42.1	4
4	42.7	81.2	71	41.8	42.8	81.7	71	41.9	42.9	82.1	71	42.0	**43.0**	82.6	71	42.1	43.1	83.0	71	42.2	4
4	42.8	81.7	71	41.9	42.9	82.2	71	42.0	**43.0**	82.6	71	42.1	43.1	83.1	71	42.2	43.2	83.5	72	42.3	4
3	42.9	82.2	72	42.1	**43.0**	82.7	72	42.2	43.1	83.1	72	42.3	43.2	83.6	72	42.4	43.3	84.0	72	42.5	3
3	**43.0**	82.8	72	42.2	43.1	83.2	72	42.3	43.2	83.7	72	42.4	43.3	84.1	72	42.5	43.4	84.6	72	42.6	3
3	43.1	83.3	73	42.3	43.2	83.7	73	42.4	43.3	84.2	73	42.5	43.4	84.6	73	42.6	43.5	85.1	73	42.7	3
3	43.2	83.8	73	42.4	43.3	84.2	73	42.5	43.4	84.7	73	42.6	43.5	85.2	73	42.7	43.6	85.6	73	42.8	3
3	43.3	84.3	74	42.5	43.4	84.8	74	42.6	43.5	85.2	74	42.7	43.6	85.7	74	42.8	43.7	86.2	74	42.9	3
3	43.4	84.8	74	42.6	43.5	85.3	74	42.7	43.6	85.8	74	42.9	43.7	86.2	74	43.0	43.8	86.7	74	43.1	3
3	43.5	85.4	75	42.8	43.6	85.8	75	42.9	43.7	86.3	75	43.0	43.8	86.8	75	43.1	43.9	87.2	75	43.2	3
3	43.6	85.9	75	42.9	43.7	86.4	75	43.0	43.8	86.8	75	43.1	43.9	87.3	75	43.2	**44.0**	87.8	75	43.3	3
3	43.7	86.4	75	43.0	43.8	86.9	76	43.1	43.9	87.4	76	43.2	**44.0**	87.8	76	43.3	44.1	88.3	76	43.4	3
3	43.8	87.0	76	43.1	43.9	87.4	76	43.2	**44.0**	87.9	76	43.3	44.1	88.4	76	43.4	44.2	88.8	76	43.5	3
3	43.9	87.5	76	43.2	**44.0**	88.0	76	43.3	44.1	88.4	76	43.4	44.2	88.9	76	43.5	44.3	89.4	77	43.6	3

n	t_W	e	U	t_d	t_W	e	U	t_d	t_W	e	U	t_d	t_W	e	U	t_d	t_W	e	U	t_d	n
	48.5				**48.6**				**48.7**				**48.8**				**48.9**				
3	**44.0**	88.0	77	43.4	44.1	88.5	77	43.5	44.2	89.0	77	43.6	44.3	89.5	77	43.7	44.4	89.9	77	43.8	3
3	44.1	88.6	77	43.5	44.2	89.0	77	43.6	44.3	89.5	77	43.7	44.4	90.0	77	43.8	44.5	90.5	77	43.9	3
3	44.2	89.1	78	43.6	44.3	89.6	78	43.7	44.4	90.1	78	43.8	44.5	90.5	78	43.9	44.6	91.0	78	44.0	3
2	44.3	89.7	78	43.7	44.4	90.1	78	43.8	44.5	90.6	78	43.9	44.6	91.1	78	44.0	44.7	91.6	78	44.1	2
2	44.4	90.2	79	43.8	44.5	90.7	79	43.9	44.6	91.2	79	44.0	44.7	91.6	79	44.1	44.8	92.1	79	44.2	2
2	44.5	90.7	79	43.9	44.6	91.2	79	44.0	44.7	91.7	79	44.1	44.8	92.2	79	44.2	44.9	92.7	79	44.3	2
2	44.6	91.3	80	44.1	44.7	91.8	80	44.2	44.8	92.3	80	44.3	44.9	92.8	80	44.4	**45.0**	93.2	80	44.5	2
2	44.7	91.8	80	44.2	44.8	92.3	80	44.3	44.9	92.8	80	44.4	**45.0**	93.3	80	44.5	45.1	93.8	80	44.6	2
2	44.8	92.4	81	44.3	44.9	92.9	81	44.4	**45.0**	93.4	81	44.5	45.1	93.9	81	44.6	45.2	94.4	81	44.7	2
2	44.9	93.0	81	44.4	**45.0**	93.4	81	44.5	45.1	93.9	81	44.6	45.2	94.4	81	44.7	45.3	94.9	81	44.8	2
2	**45.0**	93.5	82	44.5	45.1	94.0	82	44.6	45.2	94.5	82	44.7	45.3	95.0	82	44.8	45.4	95.5	82	44.9	2
2	45.1	94.1	82	44.6	45.2	94.6	82	44.7	45.3	95.1	82	44.8	45.4	95.6	82	44.9	45.5	96.1	82	45.0	2
2	45.2	94.6	83	44.8	45.3	95.1	83	44.9	45.4	95.6	83	45.0	45.5	96.1	83	45.1	45.6	96.6	83	45.2	2
2	45.3	95.2	83	44.9	45.4	95.7	83	45.0	45.5	96.2	83	45.1	45.6	96.7	83	45.2	45.7	97.2	83	45.3	2
2	45.4	95.8	84	45.0	45.5	96.3	84	45.1	45.6	96.8	84	45.2	45.7	97.3	84	45.3	45.8	97.8	84	45.4	2
2	45.5	96.3	84	45.1	45.6	96.8	84	45.2	45.7	97.4	84	45.3	45.8	97.9	84	45.4	45.9	98.4	84	45.5	2
2	45.6	96.9	85	45.2	45.7	97.4	85	45.3	45.8	97.9	85	45.4	45.9	98.4	85	45.5	**46.0**	99.0	85	45.6	2
2	45.7	97.5	85	45.3	45.8	98.0	85	45.4	45.9	98.5	85	45.5	**46.0**	99.0	85	45.6	46.1	99.5	85	45.7	2
1	45.8	98.1	86	45.4	45.9	98.6	86	45.5	**46.0**	99.1	86	45.6	46.1	99.6	86	45.7	46.2	100.1	86	45.9	1
1	45.9	98.6	86	45.6	**46.0**	99.2	86	45.7	46.1	99.7	86	45.8	46.2	100.2	86	45.9	46.3	100.7	86	46.0	1
1	**46.0**	99.2	87	45.7	46.1	99.7	87	45.8	46.2	100.3	87	45.9	46.3	100.8	87	46.0	46.4	101.3	87	46.1	1
1	46.1	99.8	87	45.8	46.2	100.3	87	45.9	46.3	100.8	87	46.0	46.4	101.4	87	46.1	46.5	101.9	87	46.2	1
1	46.2	100.4	88	45.9	46.3	100.9	88	46.0	46.4	101.4	88	46.1	46.5	102.0	88	46.2	46.6	102.5	88	46.3	1
1	46.3	101.0	88	46.0	46.4	101.5	88	46.1	46.5	102.0	88	46.2	46.6	102.6	88	46.3	46.7	103.1	88	46.4	1
1	46.4	101.6	89	46.1	46.5	102.1	89	46.2	46.6	102.6	89	46.3	46.7	103.1	89	46.4	46.8	103.7	89	46.5	1
1	46.5	102.2	89	46.2	46.6	102.7	89	46.3	46.7	103.2	89	46.4	46.8	103.7	89	46.5	46.9	104.3	89	46.6	1
1	46.6	102.8	90	46.4	46.7	103.3	90	46.5	46.8	103.8	90	46.6	46.9	104.3	90	46.7	**47.0**	104.9	90	46.8	1
1	46.7	103.3	90	46.5	46.8	103.9	90	46.6	46.9	104.4	90	46.7	**47.0**	105.0	90	46.8	47.1	105.5	90	46.9	1
1	46.8	103.9	91	46.6	46.9	104.5	91	46.7	**47.0**	105.0	91	46.8	47.1	105.6	91	46.9	47.2	106.1	91	47.0	1
1	46.9	104.6	91	46.7	**47.0**	105.1	91	46.8	47.1	105.6	91	46.9	47.2	106.2	91	47.0	47.3	106.7	91	47.1	1
1	**47.0**	105.2	92	46.8	47.1	105.7	92	46.9	47.2	106.2	92	47.0	47.3	106.8	92	47.1	47.4	107.3	92	47.2	1
1	47.1	105.8	92	46.9	47.2	106.3	92	47.0	47.3	106.8	92	47.1	47.4	107.4	92	47.2	47.5	107.9	92	47.3	1
1	47.2	106.4	93	47.0	47.3	106.9	93	47.1	47.4	107.5	93	47.2	47.5	108.0	93	47.3	47.6	108.6	93	47.4	1
1	47.3	107.0	93	47.2	47.4	107.5	93	47.3	47.5	108.1	93	47.4	47.6	108.6	93	47.5	47.7	109.2	93	47.6	1
1	47.4	107.6	94	47.3	47.5	108.1	94	47.4	47.6	108.7	94	47.5	47.7	109.2	94	47.6	47.8	109.8	94	47.7	1
1	47.5	108.2	95	47.4	47.6	108.8	95	47.5	47.7	109.3	95	47.6	47.8	109.9	95	47.7	47.9	110.4	95	47.8	1
0	47.6	108.8	95	47.5	47.7	109.4	95	47.6	47.8	109.9	95	47.7	47.9	110.5	95	47.8	**48.0**	111.1	95	47.9	0
0	47.7	109.4	96	47.6	47.8	110.0	96	47.7	47.9	110.6	96	47.8	**48.0**	111.1	96	47.9	48.1	111.7	96	48.0	0
0	47.8	110.1	96	47.7	47.9	110.6	96	47.8	**48.0**	111.2	96	47.9	48.1	111.7	96	48.0	48.2	112.3	96	48.1	0
0	47.9	110.7	97	47.8	**48.0**	111.3	97	47.9	48.1	111.8	97	48.0	48.2	112.4	97	48.1	48.3	113.0	97	48.2	0
0	**48.0**	111.3	97	47.9	48.1	111.9	97	48.0	48.2	112.4	97	48.1	48.3	113.0	97	48.2	48.4	113.6	97	48.3	0
0	48.1	112.0	98	48.1	48.2	112.5	98	48.2	48.3	113.1	98	48.3	48.4	113.7	98	48.4	48.5	114.2	98	48.5	0
0	48.2	112.6	98	48.2	48.3	113.2	98	48.3	48.4	113.7	98	48.4	48.5	114.3	98	48.5	48.6	114.9	98	48.6	0
0	48.3	113.2	99	48.3	48.4	113.8	99	48.4	48.5	114.4	99	48.5	48.6	114.9	99	48.6	48.7	115.5	99	48.7	0
0	48.4	113.9	99	48.4	48.5	114.4	99	48.5	48.6	115.0	99	48.6	48.7	115.6	99	48.7	48.8	116.2	99	48.8	0
0	48.5	114.5	100	48.5	48.6	115.1	100	48.6	48.7	115.6	100	48.7	48.8	116.2	100	48.8	48.9	116.8	100	48.9	0
	49.0				**49.1**				**49.2**				**49.3**				**49.4**				
51																	18.5	0.7	1	-27.0	51
51									18.4	0.6	1	-28.1	18.5	0.7	1	-25.9	18.6	0.9	1	-24.1	51
51					18.4	0.7	1	-26.9	18.5	0.8	1	-25.0	18.6	0.9	1	-23.3	18.7	1.1	1	-21.7	51
50	18.4	0.7	1	-25.9	18.5	0.9	1	-24.1	18.6	1.0	1	-22.5	18.7	1.1	1	-21.1	18.8	1.3	1	-19.8	50
50	18.5	0.9	1	-23.3	18.6	1.1	1	-21.8	18.7	1.2	1	-20.4	18.8	1.3	1	-19.2	18.9	1.5	1	-18.0	50
50	18.6	1.1	1	-21.1	18.7	1.3	1	-19.8	18.8	1.4	1	-18.6	18.9	1.5	1	-17.5	**19.0**	1.7	1	-16.5	50
49	18.7	1.3	1	-19.2	18.8	1.5	1	-18.1	18.9	1.6	1	-17.0	**19.0**	1.8	1	-16.1	19.1	1.9	2	-15.1	49
49	18.8	1.5	1	-17.5	18.9	1.7	1	-16.5	**19.0**	1.8	2	-15.6	19.1	2.0	2	-14.7	19.2	2.1	2	-13.9	49
49	18.9	1.7	1	-16.1	**19.0**	1.9	2	-15.2	19.1	2.0	2	-14.3	19.2	2.2	2	-13.5	19.3	2.3	2	-12.7	49
48	**19.0**	2.0	2	-14.7	19.1	2.1	2	-13.9	19.2	2.2	2	-13.1	19.3	2.4	2	-12.4	19.4	2.5	2	-11.7	48
48	19.1	2.2	2	-13.5	19.2	2.3	2	-12.8	19.3	2.4	2	-12.0	19.4	2.6	2	-11.3	19.5	2.7	2	-10.7	48
47	19.2	2.4	2	-12.4	19.3	2.5	2	-11.7	19.4	2.6	2	-11.0	19.5	2.8	2	-10.4	19.6	2.9	2	-9.7	47
47	19.3	2.6	2	-11.4	19.4	2.7	2	-10.7	19.5	2.8	2	-10.1	19.6	3.0	3	-9.5	19.7	3.1	3	-8.9	47
47	19.4	2.8	2	-10.4	19.5	2.9	3	-9.8	19.6	3.1	3	-9.2	19.7	3.2	3	-8.6	19.8	3.3	3	-8.0	47
46	19.5	3.0	3	-9.5	19.6	3.1	3	-8.9	19.7	3.3	3	-8.3	19.8	3.4	3	-7.8	19.9	3.5	3	-7.2	46
46	19.6	3.2	3	-8.6	19.7	3.3	3	-8.1	19.8	3.5	3	-7.5	19.9	3.6	3	-7.0	**20.0**	3.8	3	-6.5	46
46	19.7	3.4	3	-7.8	19.8	3.5	3	-7.3	19.9	3.7	3	-6.8	**20.0**	3.8	3	-6.3	20.1	4.0	3	-5.8	46
45	19.8	3.6	3	-7.0	19.9	3.8	3	-6.5	**20.0**	3.9	3	-6.0	20.1	4.0	3	-5.6	20.2	4.2	3	-5.1	45
45	19.9	3.8	3	-6.3	**20.0**	4.0	3	-5.8	20.1	4.1	3	-5.3	20.2	4.3	4	-4.9	20.3	4.4	4	-4.4	45
45	**20.0**	4.0	3	-5.6	20.1	4.2	4	-5.1	20.2	4.3	4	-4.7	20.3	4.5	4	-4.2	20.4	4.6	4	-3.8	45
45	20.1	4.2	4	-4.9	20.2	4.4	4	-4.5	20.3	4.5	4	-4.0	20.4	4.7	4	-3.6	20.5	4.8	4	-3.2	45
44	20.2	4.5	4	-4.3	20.3	4.6	4	-3.8	20.4	4.7	4	-3.4	20.5	4.9	4	-3.0	20.6	5.0	4	-2.6	44
44	20.3	4.7	4	-3.6	20.4	4.8	4	-3.2	20.5	5.0	4	-2.8	20.6	5.1	4	-2.4	20.7	5.3	4	-2.0	44
44	20.4	4.9	4	-3.0	20.5	5.0	4	-2.6	20.6	5.2	4	-2.3	20.7	5.3	4	-1.9	20.8	5.5	5	-1.5	44

n	t_W	e	U	t_d	t_W	e	U	t_d	t_W	e	U	t_d	t_W	e	U	t_d	t_W	e	U	t_d	n
	49.0				**49.1**				**49.2**				**49.3**				**49.4**				
43	20.5	5.1	4	-2.5	20.6	5.2	4	-2.1	20.7	5.4	5	-1.7	20.8	5.5	5	-1.3	20.9	5.7	5	-1.0	43
43	20.6	5.3	5	-1.9	20.7	5.5	5	-1.5	20.8	5.6	5	-1.2	20.9	5.8	5	-0.8	**21.0**	5.9	5	-0.4	43
43	20.7	5.5	5	-1.4	20.8	5.7	5	-1.0	20.9	5.8	5	-0.6	**21.0**	6.0	5	-0.3	21.1	6.1	5	0.1	43
42	20.8	5.7	5	-0.8	20.9	5.9	5	-0.5	**21.0**	6.0	5	-0.1	21.1	6.2	5	0.2	21.2	6.4	5	0.6	42
42	20.9	6.0	5	-0.3	**21.0**	6.1	5	0.0	21.1	6.3	5	0.4	21.2	6.4	5	0.7	21.3	6.6	5	1.0	42
42	**21.0**	6.2	5	0.2	21.1	6.3	5	0.5	21.2	6.5	5	0.8	21.3	6.6	6	1.2	21.4	6.8	6	1.5	42
41	21.1	6.4	5	0.7	21.2	6.6	6	1.0	21.3	6.7	6	1.3	21.4	6.9	6	1.6	21.5	7.0	6	1.9	41
41	21.2	6.6	6	1.1	21.3	6.8	6	1.4	21.4	6.9	6	1.8	21.5	7.1	6	2.1	21.6	7.2	6	2.4	41
41	21.3	6.8	6	1.6	21.4	7.0	6	1.9	21.5	7.2	6	2.2	21.6	7.3	6	2.5	21.7	7.5	6	2.8	41
40	21.4	7.1	6	2.0	21.5	7.2	6	2.3	21.6	7.4	6	2.6	21.7	7.5	6	2.9	21.8	7.7	6	3.2	40
40	21.5	7.3	6	2.5	21.6	7.4	6	2.8	21.7	7.6	6	3.1	21.8	7.8	7	3.4	21.9	7.9	7	3.6	40
40	21.6	7.5	6	2.9	21.7	7.7	7	3.2	21.8	7.8	7	3.5	21.9	8.0	7	3.8	**22.0**	8.2	7	4.0	40
40	21.7	7.7	7	3.3	21.8	7.9	7	3.6	21.9	8.1	7	3.9	**22.0**	8.2	7	4.2	22.1	8.4	7	4.4	40
39	21.8	8.0	7	3.7	21.9	8.1	7	4.0	**22.0**	8.3	7	4.3	22.1	8.4	7	4.5	22.2	8.6	7	4.8	39
39	21.9	8.2	7	4.1	**22.0**	8.4	7	4.4	22.1	8.5	7	4.7	22.2	8.7	7	4.9	22.3	8.8	7	5.2	39
39	**22.0**	8.4	7	4.5	22.1	8.6	7	4.8	22.2	8.7	7	5.0	22.3	8.9	7	5.3	22.4	9.1	8	5.6	39
38	22.1	8.6	7	4.9	22.2	8.8	7	5.1	22.3	9.0	8	5.4	22.4	9.1	8	5.7	22.5	9.3	8	5.9	38
38	22.2	8.9	8	5.3	22.3	9.0	8	5.5	22.4	9.2	8	5.8	22.5	9.4	8	6.0	22.6	9.5	8	6.3	38
38	22.3	9.1	8	5.6	22.4	9.3	8	5.9	22.5	9.4	8	6.1	22.6	9.6	8	6.4	22.7	9.8	8	6.6	38
38	22.4	9.3	8	6.0	22.5	9.5	8	6.2	22.6	9.7	8	6.5	22.7	9.8	8	6.7	22.8	10.0	8	7.0	38
37	22.5	9.6	8	6.3	22.6	9.7	8	6.6	22.7	9.9	8	6.8	22.8	10.1	8	7.1	22.9	10.2	9	7.3	37
37	22.6	9.8	8	6.7	22.7	10.0	8	6.9	22.8	10.1	9	7.2	22.9	10.3	9	7.4	**23.0**	10.5	9	7.7	37
37	22.7	10.0	9	7.0	22.8	10.2	9	7.3	22.9	10.4	9	7.5	**23.0**	10.5	9	7.8	23.1	10.7	9	8.0	37
36	22.8	10.3	9	7.4	22.9	10.4	9	7.6	**23.0**	10.6	9	7.8	23.1	10.8	9	8.1	23.2	10.9	9	8.3	36
36	22.9	10.5	9	7.7	**23.0**	10.7	9	7.9	23.1	10.8	9	8.2	23.2	11.0	9	8.4	23.3	11.2	9	8.6	36
36	**23.0**	10.7	9	8.0	23.1	10.9	9	8.3	23.2	11.1	9	8.5	23.3	11.3	9	8.7	23.4	11.4	10	8.9	36
36	23.1	11.0	9	8.3	23.2	11.1	9	8.6	23.3	11.3	10	8.8	23.4	11.5	10	9.0	23.5	11.7	10	9.3	36
35	23.2	11.2	10	8.7	23.3	11.4	10	8.9	23.4	11.6	10	9.1	23.5	11.7	10	9.3	23.6	11.9	10	9.6	35
35	23.3	11.5	10	9.0	23.4	11.6	10	9.2	23.5	11.8	10	9.4	23.6	12.0	10	9.6	23.7	12.2	10	9.9	35
35	23.4	11.7	10	9.3	23.5	11.9	10	9.5	23.6	12.0	10	9.7	23.7	12.2	10	9.9	23.8	12.4	10	10.2	35
34	23.5	11.9	10	9.6	23.6	12.1	10	9.8	23.7	12.3	10	10.0	23.8	12.5	10	10.2	23.9	12.6	11	10.4	34
34	23.6	12.2	10	9.9	23.7	12.4	10	10.1	23.8	12.5	11	10.3	23.9	12.7	11	10.5	**24.0**	12.9	11	10.7	34
34	23.7	12.4	11	10.2	23.8	12.6	11	10.4	23.9	12.8	11	10.6	**24.0**	13.0	11	10.8	24.1	13.1	11	11.0	34
34	23.8	12.7	11	10.5	23.9	12.8	11	10.7	**24.0**	13.0	11	10.9	24.1	13.2	11	11.1	24.2	13.4	11	11.3	34
33	23.9	12.9	11	10.8	**24.0**	13.1	11	11.0	24.1	13.3	11	11.2	24.2	13.4	11	11.4	24.3	13.6	11	11.6	33
33	**24.0**	13.2	11	11.0	24.1	13.3	11	11.2	24.2	13.5	11	11.4	24.3	13.7	11	11.7	24.4	13.9	12	11.9	33
33	24.1	13.4	11	11.3	24.2	13.6	12	11.5	24.3	13.8	12	11.7	24.4	13.9	12	11.9	24.5	14.1	12	12.1	33
33	24.2	13.6	12	11.6	24.3	13.8	12	11.8	24.4	14.0	12	12.0	24.5	14.2	12	12.2	24.6	14.4	12	12.4	33
32	24.3	13.9	12	11.9	24.4	14.1	12	12.1	24.5	14.3	12	12.3	24.6	14.4	12	12.5	24.7	14.6	12	12.7	32
32	24.4	14.1	12	12.1	24.5	14.3	12	12.3	24.6	14.5	12	12.5	24.7	14.7	12	12.7	24.8	14.9	12	12.9	32
32	24.5	14.4	12	12.4	24.6	14.6	12	12.6	24.7	14.8	12	12.8	24.8	15.0	13	13.0	24.9	15.1	13	13.2	32
32	24.6	14.6	12	12.7	24.7	14.8	13	12.9	24.8	15.0	13	13.1	24.9	15.2	13	13.2	**25.0**	15.4	13	13.4	32
31	24.7	14.9	13	12.9	24.8	15.1	13	13.1	24.9	15.3	13	13.3	**25.0**	15.5	13	13.5	25.1	15.6	13	13.7	31
31	24.8	15.2	13	13.2	24.9	15.3	13	13.4	**25.0**	15.5	13	13.6	25.1	15.7	13	13.7	25.2	15.9	13	13.9	31
31	24.9	15.4	13	13.4	**25.0**	15.6	13	13.6	25.1	15.8	13	13.8	25.2	16.0	13	14.0	25.3	16.2	13	14.2	31
31	**25.0**	15.7	13	13.7	25.1	15.8	13	13.9	25.2	16.0	14	14.1	25.3	16.2	14	14.2	25.4	16.4	14	14.4	31
30	25.1	15.9	14	13.9	25.2	16.1	14	14.1	25.3	16.3	14	14.3	25.4	16.5	14	14.5	25.5	16.7	14	14.7	30
30	25.2	16.2	14	14.2	25.3	16.4	14	14.4	25.4	16.6	14	14.6	25.5	16.7	14	14.7	25.6	16.9	14	14.9	30
30	25.3	16.4	14	14.4	25.4	16.6	14	14.6	25.5	16.8	14	14.8	25.6	17.0	14	15.0	25.7	17.2	14	15.1	30
30	25.4	16.7	14	14.7	25.5	16.9	14	14.9	25.6	17.1	14	15.0	25.7	17.3	14	15.2	25.8	17.5	15	15.4	30
29	25.5	16.9	14	14.9	25.6	17.1	15	15.1	25.7	17.3	15	15.3	25.8	17.5	15	15.4	25.9	17.7	15	15.6	29
29	25.6	17.2	15	15.2	25.7	17.4	15	15.3	25.8	17.6	15	15.5	25.9	17.8	15	15.7	**26.0**	18.0	15	15.9	29
29	25.7	17.5	15	15.4	25.8	17.7	15	15.6	25.9	17.9	15	15.7	**26.0**	18.1	15	15.9	26.1	18.3	15	16.1	29
29	25.8	17.7	15	15.6	25.9	17.9	15	15.8	**26.0**	18.1	15	16.0	26.1	18.3	15	16.1	26.2	18.5	15	16.3	29
28	25.9	18.0	15	15.9	**26.0**	18.2	15	16.0	26.1	18.4	16	16.2	26.2	18.6	16	16.4	26.3	18.8	16	16.5	28
28	**26.0**	18.3	16	16.1	26.1	18.5	16	16.3	26.2	18.7	16	16.4	26.3	18.9	16	16.6	26.4	19.1	16	16.8	28
28	26.1	18.5	16	16.3	26.2	18.7	16	16.5	26.3	18.9	16	16.6	26.4	19.1	16	16.8	26.5	19.3	16	17.0	28
28	26.2	18.8	16	16.5	26.3	19.0	16	16.7	26.4	19.2	16	16.9	26.5	19.4	16	17.0	26.6	19.6	16	17.2	28
27	26.3	19.1	16	16.8	26.4	19.3	16	16.9	26.5	19.5	16	17.1	26.6	19.7	17	17.3	26.7	19.9	17	17.4	27
27	26.4	19.3	16	17.0	26.5	19.5	17	17.1	26.6	19.7	17	17.3	26.7	19.9	17	17.5	26.8	20.2	17	17.6	27
27	26.5	19.6	17	17.2	26.6	19.8	17	17.4	26.7	20.0	17	17.5	26.8	20.2	17	17.7	26.9	20.4	17	17.8	27
27	26.6	19.9	17	17.4	26.7	20.1	17	17.6	26.8	20.3	17	17.7	26.9	20.5	17	17.9	**27.0**	20.7	17	18.1	27
27	26.7	20.1	17	17.6	26.8	20.4	17	17.8	26.9	20.6	17	17.9	**27.0**	20.8	17	18.1	27.1	21.0	18	18.3	27
26	26.8	20.4	17	17.8	26.9	20.6	17	18.0	**27.0**	20.8	18	18.2	27.1	21.0	18	18.3	27.2	21.3	18	18.5	26
26	26.9	20.7	18	18.1	**27.0**	20.9	18	18.2	27.1	21.1	18	18.4	27.2	21.3	18	18.5	27.3	21.5	18	18.7	26
26	**27.0**	21.0	18	18.3	27.1	21.2	18	18.4	27.2	21.4	18	18.6	27.3	21.6	18	18.7	27.4	21.8	18	18.9	26
26	27.1	21.2	18	18.5	27.2	21.5	18	18.6	27.3	21.7	18	18.8	27.4	21.9	18	18.9	27.5	22.1	18	19.1	26
25	27.2	21.5	18	18.7	27.3	21.7	18	18.8	27.4	22.0	19	19.0	27.5	22.2	19	19.1	27.6	22.4	19	19.3	25
25	27.3	21.8	19	18.9	27.4	22.0	19	19.0	27.5	22.2	19	19.2	27.6	22.4	19	19.4	27.7	22.7	19	19.5	25
25	27.4	22.1	19	19.1	27.5	22.3	19	19.2	27.6	22.5	19	19.4	27.7	22.7	19	19.6	27.8	22.9	19	19.7	25
25	27.5	22.4	19	19.3	27.6	22.6	19	19.4	27.7	22.8	19	19.6	27.8	23.0	19	19.8	27.9	23.2	19	19.9	25
25	27.6	22.6	19	19.5	27.7	22.9	19	19.6	27.8	23.1	19	19.8	27.9	23.3	20	20.0	**28.0**	23.5	20	20.1	25
24	27.7	22.9	20	19.7	27.8	23.1	20	19.8	27.9	23.4	20	20.0	**28.0**	23.6	20	20.1	28.1	23.8	20	20.3	24

n	t_W	e	U	t_d	t_W	e	U	t_d	t_W	e	U	t_d	t_W	e	U	t_d	t_W	e	U	t_d	n
	49.0				**49.1**				**49.2**				**49.3**				**49.4**				
24	27.8	23.2	20	19.9	27.9	23.4	20	20.0	**28.0**	23.7	20	20.2	28.1	23.9	20	20.3	28.2	24.1	20	20.5	24
24	27.9	23.5	20	20.1	**28.0**	23.7	20	20.2	28.1	23.9	20	20.4	28.2	24.2	20	20.5	28.3	24.4	20	20.7	24
24	**28.0**	23.8	20	20.3	28.1	24.0	20	20.4	28.2	24.2	20	20.6	28.3	24.5	21	20.7	28.4	24.7	21	20.9	24
24	28.1	24.1	21	20.5	28.2	24.3	21	20.6	28.3	24.5	21	20.8	28.4	24.7	21	20.9	28.5	25.0	21	21.1	24
23	28.2	24.4	21	20.7	28.3	24.6	21	20.8	28.4	24.8	21	21.0	28.5	25.0	21	21.1	28.6	25.3	21	21.3	23
23	28.3	24.7	21	20.9	28.4	24.9	21	21.0	28.5	25.1	21	21.2	28.6	25.3	21	21.3	28.7	25.6	21	21.5	23
23	28.4	24.9	21	21.1	28.5	25.2	21	21.2	28.6	25.4	21	21.3	28.7	25.6	22	21.5	28.8	25.9	22	21.6	23
23	28.5	25.2	21	21.2	28.6	25.5	22	21.4	28.7	25.7	22	21.5	28.8	25.9	22	21.7	28.9	26.1	22	21.8	23
23	28.6	25.5	22	21.4	28.7	25.8	22	21.6	28.8	26.0	22	21.7	28.9	26.2	22	21.9	**29.0**	26.4	22	22.0	23
22	28.7	25.8	22	21.6	28.8	26.1	22	21.8	28.9	26.3	22	21.9	**29.0**	26.5	22	22.1	29.1	26.7	22	22.2	22
22	28.8	26.1	22	21.8	28.9	26.3	22	21.9	**29.0**	26.6	22	22.1	29.1	26.8	22	22.2	29.2	27.0	23	22.4	22
22	28.9	26.4	23	22.0	**29.0**	26.6	23	22.1	29.1	26.9	23	22.3	29.2	27.1	23	22.4	29.3	27.3	23	22.6	22
22	**29.0**	26.7	23	22.2	29.1	26.9	23	22.3	29.2	27.2	23	22.5	29.3	27.4	23	22.6	29.4	27.6	23	22.7	22
22	29.1	27.0	23	22.4	29.2	27.2	23	22.5	29.3	27.5	23	22.6	29.4	27.7	23	22.8	29.5	28.0	23	22.9	22
21	29.2	27.3	23	22.5	29.3	27.5	23	22.7	29.4	27.8	23	22.8	29.5	28.0	24	23.0	29.6	28.3	24	23.1	21
21	29.3	27.6	24	22.7	29.4	27.8	24	22.9	29.5	28.1	24	23.0	29.6	28.3	24	23.1	29.7	28.6	24	23.3	21
21	29.4	27.9	24	22.9	29.5	28.2	24	23.0	29.6	28.4	24	23.2	29.7	28.6	24	23.3	29.8	28.9	24	23.5	21
21	29.5	28.2	24	23.1	29.6	28.5	24	23.2	29.7	28.7	24	23.4	29.8	28.9	24	23.5	29.9	29.2	24	23.6	21
21	29.6	28.5	24	23.3	29.7	28.8	24	23.4	29.8	29.0	24	23.5	29.9	29.2	25	23.7	**30.0**	29.5	25	23.8	21
20	29.7	28.8	25	23.4	29.8	29.1	25	23.6	29.9	29.3	25	23.7	**30.0**	29.6	25	23.8	30.1	29.8	25	24.0	20
20	29.8	29.1	25	23.6	29.9	29.4	25	23.7	**30.0**	29.6	25	23.9	30.1	29.9	25	24.0	30.2	30.1	25	24.2	20
20	29.9	29.4	25	23.8	**30.0**	29.7	25	23.9	30.1	29.9	25	24.1	30.2	30.2	25	24.2	30.3	30.4	25	24.3	20
20	**30.0**	29.8	25	24.0	30.1	30.0	25	24.1	30.2	30.2	26	24.2	30.3	30.5	26	24.4	30.4	30.7	26	24.5	20
20	30.1	30.1	26	24.1	30.2	30.3	26	24.3	30.3	30.6	26	24.4	30.4	30.8	26	24.5	30.5	31.1	26	24.7	20
19	30.2	30.4	26	24.3	30.3	30.6	26	24.4	30.4	30.9	26	24.6	30.5	31.1	26	24.7	30.6	31.4	26	24.8	19
19	30.3	30.7	26	24.5	30.4	30.9	26	24.6	30.5	31.2	26	24.7	30.6	31.4	26	24.9	30.7	31.7	26	25.0	19
19	30.4	31.0	26	24.6	30.5	31.3	26	24.8	30.6	31.5	27	24.9	30.7	31.8	27	25.0	30.8	32.0	27	25.2	19
19	30.5	31.3	27	24.8	30.6	31.6	27	24.9	30.7	31.8	27	25.1	30.8	32.1	27	25.2	30.9	32.3	27	25.3	19
19	30.6	31.6	27	25.0	30.7	31.9	27	25.1	30.8	32.1	27	25.2	30.9	32.4	27	25.4	**31.0**	32.7	27	25.5	19
19	30.7	32.0	27	25.2	30.8	32.2	27	25.3	30.9	32.5	27	25.4	**31.0**	32.7	27	25.5	31.1	33.0	28	25.7	19
18	30.8	32.3	27	25.3	30.9	32.5	28	25.5	**31.0**	32.8	28	25.6	31.1	33.0	28	25.7	31.2	33.3	28	25.8	18
18	30.9	32.6	28	25.5	**31.0**	32.9	28	25.6	31.1	33.1	28	25.7	31.2	33.4	28	25.9	31.3	33.6	28	26.0	18
18	**31.0**	32.9	28	25.7	31.1	33.2	28	25.8	31.2	33.4	28	25.9	31.3	33.7	28	26.0	31.4	34.0	28	26.2	18
18	31.1	33.2	28	25.8	31.2	33.5	28	25.9	31.3	33.8	28	26.1	31.4	34.0	29	26.2	31.5	34.3	29	26.3	18
18	31.2	33.6	29	26.0	31.3	33.8	29	26.1	31.4	34.1	29	26.2	31.5	34.3	29	26.4	31.6	34.6	29	26.5	18
18	31.3	33.9	29	26.1	31.4	34.2	29	26.3	31.5	34.4	29	26.4	31.6	34.7	29	26.5	31.7	34.9	29	26.7	18
17	31.4	34.2	29	26.3	31.5	34.5	29	26.4	31.6	34.7	29	26.6	31.7	35.0	29	26.7	31.8	35.3	29	26.8	17
17	31.5	34.5	29	26.5	31.6	34.8	30	26.6	31.7	35.1	30	26.7	31.8	35.3	30	26.9	31.9	35.6	30	27.0	17
17	31.6	34.9	30	26.6	31.7	35.1	30	26.8	31.8	35.4	30	26.9	31.9	35.7	30	27.0	**32.0**	35.9	30	27.1	17
17	31.7	35.2	30	26.8	31.8	35.5	30	26.9	31.9	35.7	30	27.0	**32.0**	36.0	30	27.2	32.1	36.3	30	27.3	17
17	31.8	35.5	30	26.9	31.9	35.8	30	27.1	**32.0**	36.1	30	27.2	32.1	36.3	30	27.3	32.2	36.6	31	27.5	17
17	31.9	35.9	31	27.1	**32.0**	36.1	31	27.2	32.1	36.4	31	27.4	32.2	36.7	31	27.5	32.3	37.0	31	27.6	17
16	**32.0**	36.2	31	27.3	32.1	36.5	31	27.4	32.2	36.7	31	27.5	32.3	37.0	31	27.6	32.4	37.3	31	27.8	16
16	32.1	36.5	31	27.4	32.2	36.8	31	27.6	32.3	37.1	31	27.7	32.4	37.4	31	27.8	32.5	37.6	31	27.9	16
16	32.2	36.9	31	27.6	32.3	37.2	31	27.7	32.4	37.4	32	27.8	32.5	37.7	32	28.0	32.6	38.0	32	28.1	16
16	32.3	37.2	32	27.7	32.4	37.5	32	27.9	32.5	37.8	32	28.0	32.6	38.0	32	28.1	32.7	38.3	32	28.2	16
16	32.4	37.6	32	27.9	32.5	37.8	32	28.0	32.6	38.1	32	28.1	32.7	38.4	32	28.3	32.8	38.7	32	28.4	16
16	32.5	37.9	32	28.0	32.6	38.2	32	28.2	32.7	38.5	32	28.3	32.8	38.7	33	28.4	32.9	39.0	33	28.5	16
15	32.6	38.2	33	28.2	32.7	38.5	33	28.3	32.8	38.8	33	28.5	32.9	39.1	33	28.6	**33.0**	39.4	33	28.7	15
15	32.7	38.6	33	28.4	32.8	38.9	33	28.5	32.9	39.1	33	28.6	**33.0**	39.4	33	28.7	33.1	39.7	33	28.9	15
15	32.8	38.9	33	28.5	32.9	39.2	33	28.6	**33.0**	39.5	33	28.8	33.1	39.8	33	28.9	33.2	40.1	33	29.0	15
15	32.9	39.3	33	28.7	**33.0**	39.6	34	28.8	33.1	39.8	34	28.9	33.2	40.1	34	29.0	33.3	40.4	34	29.2	15
15	**33.0**	39.6	34	28.8	33.1	39.9	34	28.9	33.2	40.2	34	29.1	33.3	40.5	34	29.2	33.4	40.8	34	29.3	15
15	33.1	40.0	34	29.0	33.2	40.3	34	29.1	33.3	40.6	34	29.2	33.4	40.8	34	29.3	33.5	41.1	34	29.5	15
15	33.2	40.3	34	29.1	33.3	40.6	34	29.2	33.4	40.9	34	29.4	33.5	41.2	35	29.5	33.6	41.5	35	29.6	15
14	33.3	40.7	35	29.3	33.4	41.0	35	29.4	33.5	41.3	35	29.5	33.6	41.6	35	29.6	33.7	41.8	35	29.8	14
14	33.4	41.0	35	29.4	33.5	41.3	35	29.5	33.6	41.6	35	29.7	33.7	41.9	35	29.8	33.8	42.2	35	29.9	14
14	33.5	41.4	35	29.6	33.6	41.7	35	29.7	33.7	42.0	35	29.8	33.8	42.3	35	29.9	33.9	42.6	36	30.1	14
14	33.6	41.8	36	29.7	33.7	42.0	36	29.8	33.8	42.3	36	30.0	33.9	42.6	36	30.1	**34.0**	42.9	36	30.2	14
14	33.7	42.1	36	29.9	33.8	42.4	36	30.0	33.9	42.7	36	30.1	**34.0**	43.0	36	30.2	34.1	43.3	36	30.4	14
14	33.8	42.5	36	30.0	33.9	42.8	36	30.1	**34.0**	43.1	36	30.3	34.1	43.4	36	30.4	34.2	43.7	36	30.5	14
13	33.9	42.8	36	30.2	**34.0**	43.1	37	30.3	34.1	43.4	37	30.4	34.2	43.7	37	30.5	34.3	44.0	37	30.6	13
13	**34.0**	43.2	37	30.3	34.1	43.5	37	30.4	34.2	43.8	37	30.6	34.3	44.1	37	30.7	34.4	44.4	37	30.8	13
13	34.1	43.6	37	30.5	34.2	43.9	37	30.6	34.3	44.2	37	30.7	34.4	44.5	37	30.8	34.5	44.8	37	30.9	13
13	34.2	43.9	37	30.6	34.3	44.2	37	30.7	34.4	44.5	38	30.8	34.5	44.8	38	31.0	34.6	45.1	38	31.1	13
13	34.3	44.3	38	30.7	34.4	44.6	38	30.9	34.5	44.9	38	31.0	34.6	45.2	38	31.1	34.7	45.5	38	31.2	13
13	34.4	44.7	38	30.9	34.5	45.0	38	31.0	34.6	45.3	38	31.2	34.7	45.6	38	31.3	34.8	45.9	38	31.4	13
13	34.5	45.0	38	31.0	34.6	45.3	38	31.2	34.7	45.6	38	31.3	34.8	45.9	39	31.4	34.9	46.3	39	31.5	13
12	34.6	45.4	39	31.2	34.7	45.7	39	31.3	34.8	46.0	39	31.4	34.9	46.3	39	31.5	**35.0**	46.6	39	31.7	12
12	34.7	45.8	39	31.3	34.8	46.1	39	31.4	34.9	46.4	39	31.6	**35.0**	46.7	39	31.7	35.1	47.0	39	31.8	12
12	34.8	46.1	39	31.5	34.9	46.5	39	31.6	**35.0**	46.8	39	31.7	35.1	47.1	40	31.8	35.2	47.4	40	31.9	12
12	34.9	46.5	40	31.6	**35.0**	46.8	40	31.7	35.1	47.1	40	31.8	35.2	47.5	40	32.0	35.3	47.8	40	32.1	12
12	**35.0**	46.9	40	31.8	35.1	47.2	40	31.9	35.2	47.5	40	32.0	35.3	47.8	40	32.1	35.4	48.2	40	32.2	12

n	t_W	e	U	t_d	t_W	e	U	t_d	t_W	e	U	t_d	t_W	e	U	t_d	t_W	e	U	t_d	n
	49.0				**49.1**				**49.2**				**49.3**				**49.4**				
12	35.1	47.3	40	31.9	35.2	47.6	40	32.0	35.3	47.9	40	32.1	35.4	48.2	40	32.2	35.5	48.5	41	32.4	12
12	35.2	47.7	41	32.0	35.3	48.0	41	32.2	35.4	48.3	41	32.3	35.5	48.6	41	32.4	35.6	48.9	41	32.5	12
12	35.3	48.0	41	32.2	35.4	48.4	41	32.3	35.5	48.7	41	32.4	35.6	49.0	41	32.5	35.7	49.3	41	32.6	12
11	35.4	48.4	41	32.3	35.5	48.7	41	32.4	35.6	49.1	41	32.6	35.7	49.4	41	32.7	35.8	49.7	41	32.8	11
11	35.5	48.8	42	32.5	35.6	49.1	42	32.6	35.7	49.4	42	32.7	35.8	49.8	42	32.8	35.9	50.1	42	32.9	11
11	35.6	49.2	42	32.6	35.7	49.5	42	32.7	35.8	49.8	42	32.8	35.9	50.2	42	32.9	**36.0**	50.5	42	33.1	11
11	35.7	49.6	42	32.7	35.8	49.9	42	32.9	35.9	50.2	42	33.0	**36.0**	50.5	42	33.1	36.1	50.9	42	33.2	11
11	35.8	50.0	43	32.9	35.9	50.3	43	33.0	**36.0**	50.6	43	33.1	36.1	50.9	43	33.2	36.2	51.3	43	33.3	11
11	35.9	50.4	43	33.0	**36.0**	50.7	43	33.1	36.1	51.0	43	33.2	36.2	51.3	43	33.4	36.3	51.7	43	33.5	11
11	**36.0**	50.7	43	33.2	36.1	51.1	43	33.3	36.2	51.4	43	33.4	36.3	51.7	43	33.5	36.4	52.1	43	33.6	11
11	36.1	51.1	44	33.3	36.2	51.5	44	33.4	36.3	51.8	44	33.5	36.4	52.1	44	33.6	36.5	52.5	44	33.8	11
10	36.2	51.5	44	33.4	36.3	51.9	44	33.5	36.4	52.2	44	33.7	36.5	52.5	44	33.8	36.6	52.9	44	33.9	10
10	36.3	51.9	44	33.6	36.4	52.3	44	33.7	36.5	52.6	44	33.8	36.6	52.9	44	33.9	36.7	53.3	44	34.0	10
10	36.4	52.3	45	33.7	36.5	52.7	45	33.8	36.6	53.0	45	33.9	36.7	53.3	45	34.0	36.8	53.7	45	34.2	10
10	36.5	52.7	45	33.8	36.6	53.1	45	34.0	36.7	53.4	45	34.1	36.8	53.7	45	34.2	36.9	54.1	45	34.3	10
10	36.6	53.1	45	34.0	36.7	53.5	45	34.1	36.8	53.8	45	34.2	36.9	54.1	45	34.3	**37.0**	54.5	45	34.4	10
10	36.7	53.5	46	34.1	36.8	53.9	46	34.2	36.9	54.2	46	34.3	**37.0**	54.6	46	34.5	37.1	54.9	46	34.6	10
10	36.8	53.9	46	34.2	36.9	54.3	46	34.4	**37.0**	54.6	46	34.5	37.1	55.0	46	34.6	37.2	55.3	46	34.7	10
10	36.9	54.3	46	34.4	**37.0**	54.7	46	34.5	37.1	55.0	46	34.6	37.2	55.4	46	34.7	37.3	55.7	47	34.8	10
9	**37.0**	54.8	47	34.5	37.1	55.1	47	34.6	37.2	55.4	47	34.7	37.3	55.8	47	34.9	37.4	56.1	47	35.0	9
9	37.1	55.2	47	34.7	37.2	55.5	47	34.8	37.3	55.9	47	34.9	37.4	56.2	47	35.0	37.5	56.6	47	35.1	9
9	37.2	55.6	47	34.8	37.3	55.9	47	34.9	37.4	56.3	47	35.0	37.5	56.6	48	35.1	37.6	57.0	48	35.2	9
9	37.3	56.0	48	34.9	37.4	56.3	48	35.0	37.5	56.7	48	35.1	37.6	57.0	48	35.3	37.7	57.4	48	35.4	9
9	37.4	56.4	48	35.1	37.5	56.8	48	35.2	37.6	57.1	48	35.3	37.7	57.5	48	35.4	37.8	57.8	48	35.5	9
9	37.5	56.8	48	35.2	37.6	57.2	48	35.3	37.7	57.5	49	35.4	37.8	57.9	49	35.5	37.9	58.2	49	35.6	9
9	37.6	57.2	49	35.3	37.7	57.6	49	35.4	37.8	57.9	49	35.5	37.9	58.3	49	35.7	**38.0**	58.7	49	35.8	9
9	37.7	57.7	49	35.5	37.8	58.0	49	35.6	37.9	58.4	49	35.7	**38.0**	58.7	49	35.8	38.1	59.1	49	35.9	9
9	37.8	58.1	49	35.6	37.9	58.4	50	35.7	**38.0**	58.8	50	35.8	38.1	59.1	50	35.9	38.2	59.5	50	36.0	9
8	37.9	58.5	50	35.7	**38.0**	58.9	50	35.8	38.1	59.2	50	35.9	38.2	59.6	50	36.0	38.3	59.9	50	36.2	8
8	**38.0**	58.9	50	35.8	38.1	59.3	50	36.0	38.2	59.6	50	36.1	38.3	60.0	50	36.2	38.4	60.4	50	36.3	8
8	38.1	59.3	51	36.0	38.2	59.7	51	36.1	38.3	60.1	51	36.2	38.4	60.4	51	36.3	38.5	60.8	51	36.4	8
8	38.2	59.8	51	36.1	38.3	60.1	51	36.2	38.4	60.5	51	36.3	38.5	60.9	51	36.4	38.6	61.2	51	36.6	8
8	38.3	60.2	51	36.2	38.4	60.6	51	36.4	38.5	60.9	51	36.5	38.6	61.3	51	36.6	38.7	61.7	51	36.7	8
8	38.4	60.6	52	36.4	38.5	61.0	52	36.5	38.6	61.4	52	36.6	38.7	61.7	52	36.7	38.8	62.1	52	36.8	8
8	38.5	61.1	52	36.5	38.6	61.4	52	36.6	38.7	61.8	52	36.7	38.8	62.2	52	36.8	38.9	62.6	52	36.9	8
8	38.6	61.5	52	36.6	38.7	61.9	52	36.7	38.8	62.2	52	36.8	38.9	62.6	53	37.0	**39.0**	63.0	53	37.1	8
8	38.7	61.9	53	36.8	38.8	62.3	53	36.9	38.9	62.7	53	37.0	**39.0**	63.1	53	37.1	39.1	63.4	53	37.2	8
7	38.8	62.4	53	36.9	38.9	62.8	53	37.0	**39.0**	63.1	53	37.1	39.1	63.5	53	37.2	39.2	63.9	53	37.3	7
7	38.9	62.8	54	37.0	**39.0**	63.2	54	37.1	39.1	63.6	54	37.2	39.2	63.9	54	37.3	39.3	64.3	54	37.5	7
7	**39.0**	63.3	54	37.1	39.1	63.6	54	37.3	39.2	64.0	54	37.4	39.3	64.4	54	37.5	39.4	64.8	54	37.6	7
7	39.1	63.7	54	37.3	39.2	64.1	54	37.4	39.3	64.5	54	37.5	39.4	64.8	54	37.6	39.5	65.2	54	37.7	7
7	39.2	64.1	55	37.4	39.3	64.5	55	37.5	39.4	64.9	55	37.6	39.5	65.3	55	37.7	39.6	65.7	55	37.8	7
7	39.3	64.6	55	37.5	39.4	65.0	55	37.6	39.5	65.4	55	37.7	39.6	65.7	55	37.9	39.7	66.1	55	38.0	7
7	39.4	65.0	55	37.7	39.5	65.4	55	37.8	39.6	65.8	56	37.9	39.7	66.2	56	38.0	39.8	66.6	56	38.1	7
7	39.5	65.5	56	37.8	39.6	65.9	56	37.9	39.7	66.3	56	38.0	39.8	66.7	56	38.1	39.9	67.0	56	38.2	7
7	39.6	65.9	56	37.9	39.7	66.3	56	38.0	39.8	66.7	56	38.1	39.9	67.1	56	38.2	**40.0**	67.5	56	38.3	7
7	39.7	66.4	57	38.0	39.8	66.8	57	38.1	39.9	67.2	57	38.3	**40.0**	67.6	57	38.4	40.1	68.0	57	38.5	7
6	39.8	66.9	57	38.2	39.9	67.2	57	38.3	**40.0**	67.6	57	38.4	40.1	68.0	57	38.5	40.2	68.4	57	38.6	6
6	39.9	67.3	57	38.3	**40.0**	67.7	57	38.4	40.1	68.1	57	38.5	40.2	68.5	57	38.6	40.3	68.9	58	38.7	6
6	**40.0**	67.8	58	38.4	40.1	68.2	58	38.5	40.2	68.6	58	38.6	40.3	69.0	58	38.7	40.4	69.4	58	38.8	6
6	40.1	68.2	58	38.5	40.2	68.6	58	38.7	40.3	69.0	58	38.8	40.4	69.4	58	38.9	40.5	69.8	58	39.0	6
6	40.2	68.7	59	38.7	40.3	69.1	59	38.8	40.4	69.5	59	38.9	40.5	69.9	59	39.0	40.6	70.3	59	39.1	6
6	40.3	69.2	59	38.8	40.4	69.6	59	38.9	40.5	70.0	59	39.0	40.6	70.4	59	39.1	40.7	70.8	59	39.2	6
6	40.4	69.6	59	38.9	40.5	70.0	59	39.0	40.6	70.4	59	39.1	40.7	70.8	59	39.2	40.8	71.2	59	39.3	6
6	40.5	70.1	60	39.0	40.6	70.5	60	39.2	40.7	70.9	60	39.3	40.8	71.3	60	39.4	40.9	71.7	60	39.5	6
6	40.6	70.6	60	39.2	40.7	71.0	60	39.3	40.8	71.4	60	39.4	40.9	71.8	60	39.5	**41.0**	72.2	60	39.6	6
6	40.7	71.0	61	39.3	40.8	71.4	61	39.4	40.9	71.9	61	39.5	**41.0**	72.3	61	39.6	41.1	72.7	61	39.7	6
6	40.8	71.5	61	39.4	40.9	71.9	61	39.5	**41.0**	72.3	61	39.6	41.1	72.7	61	39.7	41.2	73.2	61	39.8	6
5	40.9	72.0	61	39.5	**41.0**	72.4	61	39.6	41.1	72.8	61	39.8	41.2	73.2	61	39.9	41.3	73.6	61	40.0	5
5	**41.0**	72.5	62	39.7	41.1	72.9	62	39.8	41.2	73.3	62	39.9	41.3	73.7	62	40.0	41.4	74.1	62	40.1	5
5	41.1	72.9	62	39.8	41.2	73.4	62	39.9	41.3	73.8	62	40.0	41.4	74.2	62	40.1	41.5	74.6	62	40.2	5
5	41.2	73.4	63	39.9	41.3	73.8	63	40.0	41.4	74.3	63	40.1	41.5	74.7	63	40.2	41.6	75.1	63	40.3	5
5	41.3	73.9	63	40.0	41.4	74.3	63	40.1	41.5	74.7	63	40.2	41.6	75.2	63	40.4	41.7	75.6	63	40.5	5
5	41.4	74.4	63	40.2	41.5	74.8	63	40.3	41.6	75.2	63	40.4	41.7	75.7	63	40.5	41.8	76.1	64	40.6	5
5	41.5	74.9	64	40.3	41.6	75.3	64	40.4	41.7	75.7	64	40.5	41.8	76.2	64	40.6	41.9	76.6	64	40.7	5
5	41.6	75.4	64	40.4	41.7	75.8	64	40.5	41.8	76.2	64	40.6	41.9	76.6	64	40.7	**42.0**	77.1	64	40.8	5
5	41.7	75.9	65	40.5	41.8	76.3	65	40.6	41.9	76.7	65	40.7	**42.0**	77.1	65	40.8	42.1	77.6	65	40.9	5
5	41.8	76.4	65	40.6	41.9	76.8	65	40.8	**42.0**	77.2	65	40.9	42.1	77.6	65	41.0	42.2	78.1	65	41.1	5
5	41.9	76.8	65	40.8	**42.0**	77.3	65	40.9	42.1	77.7	66	41.0	42.2	78.1	66	41.1	42.3	78.6	66	41.2	5
5	**42.0**	77.3	66	40.9	42.1	77.8	66	41.0	42.2	78.2	66	41.1	42.3	78.6	66	41.2	42.4	79.1	66	41.3	5
4	42.1	77.8	66	41.0	42.2	78.3	66	41.1	42.3	78.7	66	41.2	42.4	79.1	66	41.3	42.5	79.6	66	41.4	4
4	42.2	78.3	67	41.1	42.3	78.8	67	41.2	42.4	79.2	67	41.3	42.5	79.7	67	41.4	42.6	80.1	67	41.6	4
4	42.3	78.8	67	41.3	42.4	79.3	67	41.4	42.5	79.7	67	41.5	42.6	80.2	67	41.6	42.7	80.6	67	41.7	4

n	t_W	e	U	t_d	t_W	e	U	t_d	t_W	e	U	t_d	t_W	e	U	t_d	t_W	e	U	t_d	n
	49.0				**49.1**				**49.2**				**49.3**				**49.4**				
4	42.4	79.3	68	41.4	42.5	79.8	68	41.5	42.6	80.2	68	41.6	42.7	80.7	68	41.7	42.8	81.1	68	41.8	4
4	42.5	79.9	68	41.5	42.6	80.3	68	41.6	42.7	80.7	68	41.7	42.8	81.2	68	41.8	42.9	81.6	68	41.9	4
4	42.6	80.4	68	41.6	42.7	80.8	68	41.7	42.8	81.3	69	41.8	42.9	81.7	69	41.9	**43.0**	82.1	69	42.0	4
4	42.7	80.9	69	41.7	42.8	81.3	69	41.8	42.9	81.8	69	41.9	**43.0**	82.2	69	42.0	43.1	82.7	69	42.2	4
4	42.8	81.4	69	41.9	42.9	81.8	69	42.0	**43.0**	82.3	69	42.1	43.1	82.7	69	42.2	43.2	83.2	69	42.3	4
4	42.9	81.9	70	42.0	**43.0**	82.3	70	42.1	43.1	82.8	70	42.2	43.2	83.3	70	42.3	43.3	83.7	70	42.4	4
4	**43.0**	82.4	70	42.1	43.1	82.9	70	42.2	43.2	83.3	70	42.3	43.3	83.8	70	42.4	43.4	84.2	70	42.5	4
4	43.1	82.9	71	42.2	43.2	83.4	71	42.3	43.3	83.8	71	42.4	43.4	84.3	71	42.5	43.5	84.8	71	42.6	4
4	43.2	83.5	71	42.3	43.3	83.9	71	42.4	43.4	84.4	71	42.5	43.5	84.8	71	42.6	43.6	85.3	71	42.7	4
3	43.3	84.0	72	42.5	43.4	84.4	72	42.6	43.5	84.9	72	42.7	43.6	85.4	72	42.8	43.7	85.8	72	42.9	3
3	43.4	84.5	72	42.6	43.5	85.0	72	42.7	43.6	85.4	72	42.8	43.7	85.9	72	42.9	43.8	86.4	72	43.0	3
3	43.5	85.0	72	42.7	43.6	85.5	72	42.8	43.7	86.0	72	42.9	43.8	86.4	73	43.0	43.9	86.9	73	43.1	3
3	43.6	85.6	73	42.8	43.7	86.0	73	42.9	43.8	86.5	73	43.0	43.9	87.0	73	43.1	**44.0**	87.4	73	43.2	3
3	43.7	86.1	73	42.9	43.8	86.6	73	43.0	43.9	87.0	73	43.1	**44.0**	87.5	73	43.2	44.1	88.0	73	43.3	3
3	43.8	86.6	74	43.0	43.9	87.1	74	43.1	**44.0**	87.6	74	43.3	44.1	88.0	74	43.4	44.2	88.5	74	43.5	3
3	43.9	87.2	74	43.2	**44.0**	87.6	74	43.3	44.1	88.1	74	43.4	44.2	88.6	74	43.5	44.3	89.1	74	43.6	3
3	**44.0**	87.7	75	43.3	44.1	88.2	75	43.4	44.2	88.6	75	43.5	44.3	89.1	75	43.6	44.4	89.6	75	43.7	3
3	44.1	88.2	75	43.4	44.2	88.7	75	43.5	44.3	89.2	75	43.6	44.4	89.7	75	43.7	44.5	90.1	75	43.8	3
3	44.2	88.8	76	43.5	44.3	89.3	76	43.6	44.4	89.7	76	43.7	44.5	90.2	76	43.8	44.6	90.7	76	43.9	3
3	44.3	89.3	76	43.6	44.4	89.8	76	43.7	44.5	90.3	76	43.8	44.6	90.8	76	43.9	44.7	91.2	76	44.0	3
3	44.4	89.9	77	43.8	44.5	90.3	77	43.9	44.6	90.8	77	44.0	44.7	91.3	77	44.1	44.8	91.8	77	44.2	3
3	44.5	90.4	77	43.9	44.6	90.9	77	44.0	44.7	91.4	77	44.1	44.8	91.9	77	44.2	44.9	92.4	77	44.3	3
3	44.6	91.0	77	44.0	44.7	91.4	78	44.1	44.8	91.9	78	44.2	44.9	92.4	78	44.3	**45.0**	92.9	78	44.4	3
2	44.7	91.5	78	44.1	44.8	92.0	78	44.2	44.9	92.5	78	44.3	**45.0**	93.0	78	44.4	45.1	93.5	78	44.5	2
2	44.8	92.1	78	44.2	44.9	92.6	78	44.3	**45.0**	93.0	78	44.4	45.1	93.5	78	44.5	45.2	94.0	79	44.6	2
2	44.9	92.6	79	44.3	**45.0**	93.1	79	44.4	45.1	93.6	79	44.5	45.2	94.1	79	44.6	45.3	94.6	79	44.7	2
2	**45.0**	93.2	79	44.5	45.1	93.7	79	44.6	45.2	94.2	79	44.7	45.3	94.7	79	44.8	45.4	95.2	79	44.9	2
2	45.1	93.7	80	44.6	45.2	94.2	80	44.7	45.3	94.7	80	44.8	45.4	95.2	80	44.9	45.5	95.7	80	45.0	2
2	45.2	94.3	80	44.7	45.3	94.8	80	44.8	45.4	95.3	80	44.9	45.5	95.8	80	45.0	45.6	96.3	80	45.1	2
2	45.3	94.9	81	44.8	45.4	95.4	81	44.9	45.5	95.9	81	45.0	45.6	96.4	81	45.1	45.7	96.9	81	45.2	2
2	45.4	95.4	81	44.9	45.5	95.9	81	45.0	45.6	96.4	81	45.1	45.7	97.0	81	45.2	45.8	97.5	81	45.3	2
2	45.5	96.0	82	45.0	45.6	96.5	82	45.1	45.7	97.0	82	45.2	45.8	97.5	82	45.3	45.9	98.0	82	45.4	2
2	45.6	96.6	82	45.1	45.7	97.1	82	45.2	45.8	97.6	82	45.4	45.9	98.1	82	45.5	**46.0**	98.6	82	45.6	2
2	45.7	97.2	83	45.3	45.8	97.7	83	45.4	45.9	98.2	83	45.5	**46.0**	98.7	83	45.6	46.1	99.2	83	45.7	2
2	45.8	97.7	83	45.4	45.9	98.2	83	45.5	**46.0**	98.8	83	45.6	46.1	99.3	83	45.7	46.2	99.8	83	45.8	2
2	45.9	98.3	84	45.5	**46.0**	98.8	84	45.6	46.1	99.3	84	45.7	46.2	99.9	84	45.8	46.3	100.4	84	45.9	2
2	**46.0**	98.9	84	45.6	46.1	99.4	84	45.7	46.2	99.9	84	45.8	46.3	100.4	84	45.9	46.4	101.0	84	46.0	2
2	46.1	99.5	85	45.7	46.2	100.0	85	45.8	46.3	100.5	85	45.9	46.4	101.0	85	46.0	46.5	101.6	85	46.1	2
2	46.2	100.1	85	45.8	46.3	100.6	85	45.9	46.4	101.1	85	46.0	46.5	101.6	85	46.1	46.6	102.2	85	46.2	2
1	46.3	100.6	86	46.0	46.4	101.2	86	46.1	46.5	101.7	86	46.2	46.6	102.2	86	46.3	46.7	102.7	86	46.4	1
1	46.4	101.2	86	46.1	46.5	101.8	86	46.2	46.6	102.3	86	46.3	46.7	102.8	86	46.4	46.8	103.3	86	46.5	1
1	46.5	101.8	87	46.2	46.6	102.4	87	46.3	46.7	102.9	87	46.4	46.8	103.4	87	46.5	46.9	103.9	87	46.6	1
1	46.6	102.4	87	46.3	46.7	102.9	87	46.4	46.8	103.5	87	46.5	46.9	104.0	87	46.6	**47.0**	104.6	87	46.7	1
1	46.7	103.0	88	46.4	46.8	103.5	88	46.5	46.9	104.1	88	46.6	**47.0**	104.6	88	46.7	47.1	105.2	88	46.8	1
1	46.8	103.6	88	46.5	46.9	104.1	88	46.6	**47.0**	104.7	88	46.7	47.1	105.2	88	46.8	47.2	105.8	88	46.9	1
1	46.9	104.2	89	46.6	**47.0**	104.8	89	46.7	47.1	105.3	89	46.8	47.2	105.8	89	46.9	47.3	106.4	89	47.0	1
1	**47.0**	104.8	89	46.8	47.1	105.4	89	46.9	47.2	105.9	89	47.0	47.3	106.4	89	47.1	47.4	107.0	89	47.2	1
1	47.1	105.4	90	46.9	47.2	106.0	90	47.0	47.3	106.5	90	47.1	47.4	107.1	90	47.2	47.5	107.6	90	47.3	1
1	47.2	106.0	90	47.0	47.3	106.6	90	47.1	47.4	107.1	90	47.2	47.5	107.7	90	47.3	47.6	108.2	90	47.4	1
1	47.3	106.6	91	47.1	47.4	107.2	91	47.2	47.5	107.7	91	47.3	47.6	108.3	91	47.4	47.7	108.8	91	47.5	1
1	47.4	107.3	91	47.2	47.5	107.8	91	47.3	47.6	108.4	91	47.4	47.7	108.9	91	47.5	47.8	109.5	91	47.6	1
1	47.5	107.9	92	47.3	47.6	108.4	92	47.4	47.7	109.0	92	47.5	47.8	109.5	92	46.6	47.9	110.1	92	47.7	1
1	47.6	108.5	92	47.4	47.7	109.0	92	47.5	47.8	109.6	92	46.6	47.9	110.2	92	47.7	**48.0**	110.7	92	47.8	1
1	47.7	109.1	93	47.5	47.8	109.7	93	47.6	47.9	110.2	93	47.7	**48.0**	110.8	93	47.8	48.1	111.3	93	47.9	1
1	47.8	109.7	93	47.7	47.9	110.3	93	47.8	**48.0**	110.9	93	47.9	48.1	111.4	93	48.0	48.2	112.0	94	48.1	1
1	47.9	110.4	94	47.8	**48.0**	110.9	94	47.9	48.1	111.5	94	48.0	48.2	112.0	94	48.1	48.3	112.6	94	48.2	1
1	**48.0**	111.0	95	47.9	48.1	111.5	95	48.0	48.2	112.1	95	48.1	48.3	112.7	95	48.2	48.4	113.3	95	48.3	1
0	48.1	111.6	95	48.0	48.2	112.2	95	48.1	48.3	112.8	95	48.2	48.4	113.3	95	48.3	48.5	113.9	95	48.4	0
0	48.2	112.2	96	48.1	48.3	112.8	96	48.2	48.4	113.4	96	48.3	48.5	114.0	96	48.4	48.6	114.5	96	48.5	0
0	48.3	112.9	96	48.2	48.4	113.5	96	48.3	48.5	114.0	96	48.4	48.6	114.6	96	48.5	48.7	115.2	96	48.6	0
0	48.4	113.5	97	48.3	48.5	114.1	97	48.4	48.6	114.7	97	48.5	48.7	115.2	97	48.6	48.8	115.8	97	48.7	0
0	48.5	114.2	97	48.4	48.6	114.7	97	48.5	48.7	115.3	97	48.6	48.8	115.9	97	48.7	48.9	116.5	97	48.8	0
0	48.6	114.8	98	48.6	48.7	115.4	98	48.7	48.8	116.0	98	48.8	48.9	116.5	98	48.9	**49.0**	117.1	98	49.0	0
0	48.7	115.4	98	48.7	48.8	116.0	98	48.8	48.9	116.6	98	48.9	**49.0**	117.2	98	49.0	49.1	117.8	98	49.1	0
0	48.8	116.1	99	48.8	48.9	116.7	99	48.9	**49.0**	117.3	99	49.0	49.1	117.9	99	49.1	49.2	118.4	99	49.2	0
0	48.9	116.7	99	48.9	**49.0**	117.3	99	49.0	49.1	117.9	99	49.1	49.2	118.5	99	49.2	49.3	119.1	99	49.3	0
0	**49.0**	117.4	100	49.0	49.1	118.0	100	49.1	49.2	118.6	100	49.2	49.3	119.2	100	49.3	49.4	119.8	100	49.4	0
	49.5				**49.6**				**49.7**				**49.8**				**49.9**				
51																	18.7	0.7	1	-25.9	51
51									18.6	0.7	1	-26.9	18.7	0.8	1	-25.0	18.8	0.9	1	-23.2	51
51	18.5	0.6	1	-28.1	18.6	0.7	1	-25.9	18.7	0.9	1	-24.1	18.8	1.0	1	-22.5	18.9	1.1	1	-21.0	51

n	t_W	e	U	t_d	t_W	e	U	t_d	t_W	e	U	t_d	t_W	e	U	t_d	t_W	e	U	t_d	n
	49.5				**49.6**				**49.7**				**49.8**				**49.9**				
50	18.6	0.8	1	-25.0	18.7	0.9	1	-23.2	18.8	1.1	1	-21.7	18.9	1.2	1	-20.4	**19.0**	1.4	1	-19.1	50
50	18.7	1.0	1	-22.5	18.8	1.1	1	-21.0	18.9	1.3	1	-19.7	**19.0**	1.4	1	-18.6	19.1	1.6	1	-17.5	50
50	18.8	1.2	1	-20.4	18.9	1.3	1	-19.2	**19.0**	1.5	1	-18.0	19.1	1.6	1	-17.0	19.2	1.8	1	-16.0	50
49	18.9	1.4	1	-18.6	**19.0**	1.6	1	-17.5	19.1	1.7	1	-16.5	19.2	1.8	1	-15.5	19.3	2.0	2	-14.7	49
49	**19.0**	1.6	1	-17.0	19.1	1.8	1	-16.0	19.2	1.9	2	-15.1	19.3	2.0	2	-14.3	19.4	2.2	2	-13.4	49
49	19.1	1.8	2	-15.6	19.2	2.0	2	-14.7	19.3	2.1	2	-13.9	19.4	2.2	2	-13.1	19.5	2.4	2	-12.3	49
48	19.2	2.0	2	-14.3	19.3	2.2	2	-13.5	19.4	2.3	2	-12.7	19.5	2.4	2	-12.0	19.6	2.6	2	-11.3	48
48	19.3	2.2	2	-13.1	19.4	2.4	2	-12.3	19.5	2.5	2	-11.6	19.6	2.7	2	-10.9	19.7	2.8	2	-10.3	48
48	19.4	2.4	2	-12.0	19.5	2.6	2	-11.3	19.6	2.7	2	-10.6	19.7	2.9	2	-10.0	19.8	3.0	2	-9.4	48
47	19.5	2.6	2	-11.0	19.6	2.8	2	-10.3	19.7	2.9	2	-9.7	19.8	3.1	3	-9.1	19.9	3.2	3	-8.5	47
47	19.6	2.9	2	-10.0	19.7	3.0	2	-9.4	19.8	3.1	3	-8.8	19.9	3.3	3	-8.3	**20.0**	3.4	3	-7.7	47
47	19.7	3.1	3	-9.1	19.8	3.2	3	-8.6	19.9	3.3	3	-8.0	**20.0**	3.5	3	-7.4	20.1	3.6	3	-6.9	47
46	19.8	3.3	3	-8.3	19.9	3.4	3	-7.7	**20.0**	3.6	3	-7.2	20.1	3.7	3	-6.7	20.2	3.9	3	-6.2	46
46	19.9	3.5	3	-7.5	**20.0**	3.6	3	-7.0	20.1	3.8	3	-6.5	20.2	3.9	3	-6.0	20.3	4.1	3	-5.5	46
46	**20.0**	3.7	3	-6.7	20.1	3.8	3	-6.2	20.2	4.0	3	-5.7	20.3	4.1	3	-5.3	20.4	4.3	3	-4.8	46
45	20.1	3.9	3	-6.0	20.2	4.1	3	-5.5	20.3	4.2	3	-5.0	20.4	4.3	4	-4.6	20.5	4.5	4	-4.1	45
45	20.2	4.1	3	-5.3	20.3	4.3	4	-4.8	20.4	4.4	4	-4.4	20.5	4.6	4	-4.0	20.6	4.7	4	-3.5	45
45	20.3	4.3	4	-4.6	20.4	4.5	4	-4.2	20.5	4.6	4	-3.8	20.6	4.8	4	-3.3	20.7	4.9	4	-2.9	45
44	20.4	4.5	4	-4.0	20.5	4.7	4	-3.6	20.6	4.8	4	-3.1	20.7	5.0	4	-2.7	20.8	5.1	4	-2.3	44
44	20.5	4.8	4	-3.4	20.6	4.9	4	-3.0	20.7	5.1	4	-2.6	20.8	5.2	4	-2.2	20.9	5.4	4	-1.8	44
44	20.6	5.0	4	-2.8	20.7	5.1	4	-2.4	20.8	5.3	4	-2.0	20.9	5.4	4	-1.6	**21.0**	5.6	5	-1.2	44
43	20.7	5.2	4	-2.2	20.8	5.3	4	-1.8	20.9	5.5	5	-1.4	**21.0**	5.6	5	-1.1	21.1	5.8	5	-0.7	43
43	20.8	5.4	4	-1.7	20.9	5.6	5	-1.3	**21.0**	5.7	5	-0.9	21.1	5.9	5	-0.5	21.2	6.0	5	-0.2	43
43	20.9	5.6	5	-1.1	**21.0**	5.8	5	-0.8	21.1	5.9	5	-0.4	21.2	6.1	5	0.0	21.3	6.2	5	0.3	43
42	**21.0**	5.8	5	-0.6	21.1	6.0	5	-0.2	21.2	6.2	5	0.1	21.3	6.3	5	0.5	21.4	6.5	5	0.8	42
42	21.1	6.1	5	-0.1	21.2	6.2	5	0.3	21.3	6.4	5	0.6	21.4	6.5	5	0.9	21.5	6.7	5	1.3	42
42	21.2	6.3	5	0.4	21.3	6.4	5	0.7	21.4	6.6	5	1.1	21.5	6.8	6	1.4	21.6	6.9	6	1.7	42
41	21.3	6.5	5	0.9	21.4	6.7	6	1.2	21.5	6.8	6	1.5	21.6	7.0	6	1.9	21.7	7.1	6	2.2	41
41	21.4	6.7	6	1.4	21.5	6.9	6	1.7	21.6	7.0	6	2.0	21.7	7.2	6	2.3	21.8	7.4	6	2.6	41
41	21.5	7.0	6	1.8	21.6	7.1	6	2.1	21.7	7.3	6	2.4	21.8	7.4	6	2.7	21.9	7.6	6	3.0	41
41	21.6	7.2	6	2.2	21.7	7.3	6	2.6	21.8	7.5	6	2.9	21.9	7.7	6	3.2	**22.0**	7.8	6	3.4	41
40	21.7	7.4	6	2.7	21.8	7.6	6	3.0	21.9	7.7	6	3.3	**22.0**	7.9	6	3.6	22.1	8.0	7	3.9	40
40	21.8	7.6	6	3.1	21.9	7.8	6	3.4	**22.0**	8.0	7	3.7	22.1	8.1	7	4.0	22.2	8.3	7	4.3	40
40	21.9	7.9	7	3.5	**22.0**	8.0	7	3.8	22.1	8.2	7	4.1	22.2	8.3	7	4.4	22.3	8.5	7	4.6	40
39	**22.0**	8.1	7	3.9	22.1	8.2	7	4.2	22.2	8.4	7	4.5	22.3	8.6	7	4.8	22.4	8.7	7	5.0	39
39	22.1	8.3	7	4.3	22.2	8.5	7	4.6	22.3	8.6	7	4.9	22.4	8.8	7	5.1	22.5	9.0	7	5.4	39
39	22.2	8.5	7	4.7	22.3	8.7	7	5.0	22.4	8.9	7	5.2	22.5	9.0	7	5.5	22.6	9.2	7	5.8	39
39	22.3	8.8	7	5.1	22.4	8.9	7	5.4	22.5	9.1	7	5.6	22.6	9.3	8	5.9	22.7	9.4	8	6.1	39
38	22.4	9.0	7	5.5	22.5	9.2	8	5.7	22.6	9.3	8	6.0	22.7	9.5	8	6.2	22.8	9.7	8	6.5	38
38	22.5	9.2	8	5.8	22.6	9.4	8	6.1	22.7	9.6	8	6.3	22.8	9.7	8	6.6	22.9	9.9	8	6.8	38
38	22.6	9.5	8	6.2	22.7	9.6	8	6.4	22.8	9.8	8	6.7	22.9	10.0	8	6.9	**23.0**	10.1	8	7.2	38
37	22.7	9.7	8	6.5	22.8	9.9	8	6.8	22.9	10.0	8	7.0	**23.0**	10.2	8	7.3	23.1	10.4	8	7.5	37
37	22.8	9.9	8	6.9	22.9	10.1	8	7.1	**23.0**	10.3	8	7.4	23.1	10.4	9	7.6	23.2	10.6	9	7.9	37
37	22.9	10.2	8	7.2	**23.0**	10.3	9	7.5	23.1	10.5	9	7.7	23.2	10.7	9	7.9	23.3	10.9	9	8.2	37
37	**23.0**	10.4	9	7.6	23.1	10.6	9	7.8	23.2	10.7	9	8.0	23.3	10.9	9	8.3	23.4	11.1	9	8.5	37
36	23.1	10.6	9	7.9	23.2	10.8	9	8.1	23.3	11.0	9	8.4	23.4	11.2	9	8.6	23.5	11.3	9	8.8	36
36	23.2	10.9	9	8.2	23.3	11.1	9	8.5	23.4	11.2	9	8.7	23.5	11.4	9	8.9	23.6	11.6	9	9.1	36
36	23.3	11.1	9	8.5	23.4	11.3	9	8.8	23.5	11.5	9	9.0	23.6	11.6	10	9.2	23.7	11.8	10	9.4	36
35	23.4	11.4	9	8.9	23.5	11.5	10	9.1	23.6	11.7	10	9.3	23.7	11.9	10	9.5	23.8	12.1	10	9.7	35
35	23.5	11.6	10	9.2	23.6	11.8	10	9.4	23.7	12.0	10	9.6	23.8	12.1	10	9.8	23.9	12.3	10	10.0	35
35	23.6	11.8	10	9.5	23.7	12.0	10	9.7	23.8	12.2	10	9.9	23.9	12.4	10	10.1	**24.0**	12.6	10	10.3	35
35	23.7	12.1	10	9.8	23.8	12.3	10	10.0	23.9	12.4	10	10.2	**24.0**	12.6	10	10.4	24.1	12.8	10	10.6	35
34	23.8	12.3	10	10.1	23.9	12.5	10	10.3	**24.0**	12.7	10	10.5	24.1	12.9	11	10.7	24.2	13.0	11	10.9	34
34	23.9	12.6	10	10.4	**24.0**	12.8	11	10.6	24.1	12.9	11	10.8	24.2	13.1	11	11.0	24.3	13.3	11	11.2	34
34	**24.0**	12.8	11	10.7	24.1	13.0	11	10.9	24.2	13.2	11	11.1	24.3	13.4	11	11.3	24.4	13.5	11	11.5	34
34	24.1	13.1	11	10.9	24.2	13.2	11	11.1	24.3	13.4	11	11.4	24.4	13.6	11	11.6	24.5	13.8	11	11.8	34
33	24.2	13.3	11	11.2	24.3	13.5	11	11.4	24.4	13.7	11	11.6	24.5	13.9	11	11.8	24.6	14.0	11	12.0	33
33	24.3	13.6	11	11.5	24.4	13.7	11	11.7	24.5	13.9	11	11.9	24.6	14.1	12	12.1	24.7	14.3	12	12.3	33
33	24.4	13.8	11	11.8	24.5	14.0	12	12.0	24.6	14.2	12	12.2	24.7	14.4	12	12.4	24.8	14.6	12	12.6	33
32	24.5	14.1	12	12.0	24.6	14.2	12	12.2	24.7	14.4	12	12.4	24.8	14.6	12	12.6	24.9	14.8	12	12.8	32
32	24.6	14.3	12	12.3	24.7	14.5	12	12.5	24.8	14.7	12	12.7	24.9	14.9	12	12.9	**25.0**	15.1	12	13.1	32
32	24.7	14.6	12	12.6	24.8	14.8	12	12.8	24.9	14.9	12	13.0	**25.0**	15.1	12	13.2	25.1	15.3	12	13.4	32
32	24.8	14.8	12	12.8	24.9	15.0	12	13.0	**25.0**	15.2	12	13.2	25.1	15.4	13	13.4	25.2	15.6	13	13.6	32
31	24.9	15.1	13	13.1	**25.0**	15.3	13	13.3	25.1	15.4	13	13.5	25.2	15.6	13	13.7	25.3	15.8	13	13.9	31
31	**25.0**	15.3	13	13.4	25.1	15.5	13	13.6	25.2	15.7	13	13.7	25.3	15.9	13	13.9	25.4	16.1	13	14.1	31
31	25.1	15.6	13	13.6	25.2	15.8	13	13.8	25.3	16.0	13	14.0	25.4	16.2	13	14.2	25.5	16.3	13	14.4	31
31	25.2	15.8	13	13.9	25.3	16.0	13	14.1	25.4	16.2	13	14.2	25.5	16.4	13	14.4	25.6	16.6	14	14.6	31
30	25.3	16.1	13	14.1	25.4	16.3	13	14.3	25.5	16.5	14	14.5	25.6	16.7	14	14.7	25.7	16.9	14	14.8	30
30	25.4	16.4	14	14.4	25.5	16.5	14	14.5	25.6	16.7	14	14.7	25.7	16.9	14	14.9	25.8	17.1	14	15.1	30
30	25.5	16.6	14	14.6	25.6	16.8	14	14.8	25.7	17.0	14	15.0	25.8	17.2	14	15.1	25.9	17.4	14	15.3	30
30	25.6	16.9	14	14.8	25.7	17.1	14	15.0	25.8	17.3	14	15.2	25.9	17.5	14	15.4	**26.0**	17.7	14	15.6	30
29	25.7	17.1	14	15.1	25.8	17.3	14	15.3	25.9	17.5	14	15.4	**26.0**	17.7	15	15.6	26.1	17.9	15	15.8	29
29	25.8	17.4	14	15.3	25.9	17.6	15	15.5	**26.0**	17.8	15	15.7	26.1	18.0	15	15.8	26.2	18.2	15	16.0	29

n	t_W	e	U	t_d	t_W	e	U	t_d	t_W	e	U	t_d	t_W	e	U	t_d	t_W	e	U	t_d	n
	49.5				**49.6**				**49.7**				**49.8**				**49.9**				
29	25.9	17.7	15	15.6	**26.0**	17.9	15	15.7	26.1	18.1	15	15.9	26.2	18.3	15	16.1	26.3	18.5	15	16.3	29
29	**26.0**	17.9	15	15.8	26.1	18.1	15	16.0	26.2	18.3	15	16.1	26.3	18.5	15	16.3	26.4	18.7	15	16.5	29
29	26.1	18.2	15	16.0	26.2	18.4	15	16.2	26.3	18.6	15	16.4	26.4	18.8	15	16.5	26.5	19.0	15	16.7	29
28	26.2	18.5	15	16.3	26.3	18.7	15	16.4	26.4	18.9	16	16.6	26.5	19.1	16	16.8	26.6	19.3	16	16.9	28
28	26.3	18.7	16	16.5	26.4	18.9	16	16.6	26.5	19.1	16	16.8	26.6	19.3	16	17.0	26.7	19.5	16	17.1	28
28	26.4	19.0	16	16.7	26.5	19.2	16	16.9	26.6	19.4	16	17.0	26.7	19.6	16	17.2	26.8	19.8	16	17.4	28
28	26.5	19.3	16	16.9	26.6	19.5	16	17.1	26.7	19.7	16	17.3	26.8	19.9	16	17.4	26.9	20.1	16	17.6	28
27	26.6	19.5	16	17.1	26.7	19.7	16	17.3	26.8	20.0	16	17.5	26.9	20.2	17	17.6	**27.0**	20.4	17	17.8	27
27	26.7	19.8	16	17.4	26.8	20.0	17	17.5	26.9	20.2	17	17.7	**27.0**	20.4	17	17.9	27.1	20.6	17	18.0	27
27	26.8	20.1	17	17.6	26.9	20.3	17	17.7	**27.0**	20.5	17	17.9	27.1	20.7	17	18.1	27.2	20.9	17	18.2	27
27	26.9	20.4	17	17.8	**27.0**	20.6	17	18.0	27.1	20.8	17	18.1	27.2	21.0	17	18.3	27.3	21.2	17	18.4	27
26	**27.0**	20.6	17	18.0	27.1	20.8	17	18.2	27.2	21.1	17	18.3	27.3	21.3	17	18.5	27.4	21.5	17	18.6	26
26	27.1	20.9	17	18.2	27.2	21.1	17	18.4	27.3	21.3	18	18.5	27.4	21.6	18	18.7	27.5	21.8	18	18.9	26
26	27.2	21.2	18	18.4	27.3	21.4	18	18.6	27.4	21.6	18	18.7	27.5	21.8	18	18.9	27.6	22.0	18	19.1	26
26	27.3	21.5	18	18.6	27.4	21.7	18	18.8	27.5	21.9	18	19.0	27.6	22.1	18	19.1	27.7	22.3	18	19.3	26
26	27.4	21.8	18	18.8	27.5	22.0	18	19.0	27.6	22.2	18	19.2	27.7	22.4	18	19.3	27.8	22.6	18	19.5	26
25	27.5	22.0	18	19.1	27.6	22.2	18	19.2	27.7	22.5	18	19.4	27.8	22.7	19	19.5	27.9	22.9	19	19.7	25
25	27.6	22.3	19	19.3	27.7	22.5	19	19.4	27.8	22.7	19	19.6	27.9	23.0	19	19.7	**28.0**	23.2	19	19.9	25
25	27.7	22.6	19	19.5	27.8	22.8	19	19.6	27.9	23.0	19	19.8	**28.0**	23.3	19	19.9	28.1	23.5	19	20.1	25
25	27.8	22.9	19	19.7	27.9	23.1	19	19.8	**28.0**	23.3	19	20.0	28.1	23.5	19	20.1	28.2	23.8	19	20.3	25
25	27.9	23.2	19	19.9	**28.0**	23.4	19	20.0	28.1	23.6	19	20.2	28.2	23.8	20	20.3	28.3	24.1	20	20.5	25
24	**28.0**	23.5	19	20.1	28.1	23.7	20	20.2	28.2	23.9	20	20.4	28.3	24.1	20	20.5	28.4	24.3	20	20.7	24
24	28.1	23.7	20	20.3	28.2	24.0	20	20.4	28.3	24.2	20	20.6	28.4	24.4	20	20.7	28.5	24.6	20	20.9	24
24	28.2	24.0	20	20.4	28.3	24.3	20	20.6	28.4	24.5	20	20.7	28.5	24.7	20	20.9	28.6	24.9	20	21.0	24
24	28.3	24.3	20	20.6	28.4	24.5	20	20.8	28.5	24.8	20	20.9	28.6	25.0	20	21.1	28.7	25.2	21	21.2	24
23	28.4	24.6	20	20.8	28.5	24.8	21	21.0	28.6	25.1	21	21.1	28.7	25.3	21	21.3	28.8	25.5	21	21.4	23
23	28.5	24.9	21	21.0	28.6	25.1	21	21.2	28.7	25.4	21	21.3	28.8	25.6	21	21.5	28.9	25.8	21	21.6	23
23	28.6	25.2	21	21.2	28.7	25.4	21	21.4	28.8	25.7	21	21.5	28.9	25.9	21	21.7	**29.0**	26.1	21	21.8	23
23	28.7	25.5	21	21.4	28.8	25.7	21	21.6	28.9	25.9	21	21.7	**29.0**	26.2	21	21.8	29.1	26.4	22	22.0	23
23	28.8	25.8	21	21.6	28.9	26.0	22	21.7	**29.0**	26.2	22	21.9	29.1	26.5	22	22.0	29.2	26.7	22	22.2	23
22	28.9	26.1	22	21.8	**29.0**	26.3	22	21.9	29.1	26.5	22	22.1	29.2	26.8	22	22.2	29.3	27.0	22	22.4	22
22	**29.0**	26.4	22	22.0	29.1	26.6	22	22.1	29.2	26.8	22	22.3	29.3	27.1	22	22.4	29.4	27.3	22	22.5	22
22	29.1	26.7	22	22.2	29.2	26.9	22	22.3	29.3	27.1	22	22.4	29.4	27.4	22	22.6	29.5	27.6	22	22.7	22
22	29.2	27.0	22	22.3	29.3	27.2	22	22.5	29.4	27.4	23	22.6	29.5	27.7	23	22.8	29.6	27.9	23	22.9	22
22	29.3	27.3	23	22.5	29.4	27.5	23	22.7	29.5	27.8	23	22.8	29.6	28.0	23	22.9	29.7	28.2	23	23.1	22
21	29.4	27.6	23	22.7	29.5	27.8	23	22.8	29.6	28.1	23	23.0	29.7	28.3	23	23.1	29.8	28.5	23	23.3	21
21	29.5	27.9	23	22.9	29.6	28.1	23	23.0	29.7	28.4	23	23.2	29.8	28.6	23	23.3	29.9	28.8	23	23.4	21
21	29.6	28.2	23	23.1	29.7	28.4	24	23.2	29.8	28.7	24	23.3	29.9	28.9	24	23.5	**30.0**	29.2	24	23.6	21
21	29.7	28.5	24	23.2	29.8	28.7	24	23.4	29.9	29.0	24	23.5	**30.0**	29.2	24	23.7	30.1	29.5	24	23.8	21
21	29.8	28.8	24	23.4	29.9	29.0	24	23.6	**30.0**	29.3	24	23.7	30.1	29.5	24	23.8	30.2	29.8	24	24.0	21
21	29.9	29.1	24	23.6	**30.0**	29.4	24	23.7	30.1	29.6	24	23.9	30.2	29.8	24	24.0	30.3	30.1	25	24.1	21
20	**30.0**	29.4	24	23.8	30.1	29.7	25	23.9	30.2	29.9	25	24.0	30.3	30.2	25	24.2	30.4	30.4	25	24.3	20
20	30.1	29.7	25	23.9	30.2	30.0	25	24.1	30.3	30.2	25	24.2	30.4	30.5	25	24.4	30.5	30.7	25	24.5	20
20	30.2	30.0	25	24.1	30.3	30.3	25	24.3	30.4	30.5	25	24.4	30.5	30.8	25	24.5	30.6	31.0	25	24.7	20
20	30.3	30.4	25	24.3	30.4	30.6	25	24.4	30.5	30.9	25	24.6	30.6	31.1	25	24.7	30.7	31.4	26	24.8	20
20	30.4	30.7	25	24.5	30.5	30.9	26	24.6	30.6	31.2	26	24.7	30.7	31.4	26	24.9	30.8	31.7	26	25.0	20
19	30.5	31.0	26	24.6	30.6	31.2	26	24.8	30.7	31.5	26	24.9	30.8	31.7	26	25.0	30.9	32.0	26	25.2	19
19	30.6	31.3	26	24.8	30.7	31.6	26	24.9	30.8	31.8	26	25.1	30.9	32.1	26	25.2	**31.0**	32.3	26	25.3	19
19	30.7	31.6	26	25.0	30.8	31.9	26	25.1	30.9	32.1	26	25.2	**31.0**	32.4	27	25.4	31.1	32.6	27	25.5	19
19	30.8	31.9	27	25.1	30.9	32.2	27	25.3	**31.0**	32.5	27	25.4	31.1	32.7	27	25.5	31.2	33.0	27	25.7	19
19	30.9	32.3	27	25.3	**31.0**	32.5	27	25.4	31.1	32.8	27	25.6	31.2	33.0	27	25.7	31.3	33.3	27	25.8	19
19	**31.0**	32.6	27	25.5	31.1	32.8	27	25.6	31.2	33.1	27	25.7	31.3	33.4	27	25.9	31.4	33.6	27	26.0	19
18	31.1	32.9	27	25.6	31.2	33.2	27	25.8	31.3	33.4	27	25.9	31.4	33.7	28	26.0	31.5	33.9	28	26.2	18
18	31.2	33.2	28	25.8	31.3	33.5	28	25.9	31.4	33.8	28	26.1	31.5	34.0	28	26.2	31.6	34.3	28	26.3	18
18	31.3	33.6	28	26.0	31.4	33.8	28	26.1	31.5	34.1	28	26.2	31.6	34.3	28	26.4	31.7	34.6	28	26.5	18
18	31.4	33.9	28	26.1	31.5	34.1	28	26.3	31.6	34.4	28	26.4	31.7	34.7	28	26.5	31.8	34.9	28	26.7	18
18	31.5	34.2	28	26.3	31.6	34.5	29	26.4	31.7	34.7	29	26.6	31.8	35.0	29	26.7	31.9	35.3	29	26.8	18
18	31.6	34.5	29	26.5	31.7	34.8	29	26.6	31.8	35.1	29	26.7	31.9	35.3	29	26.9	**32.0**	35.6	29	27.0	18
17	31.7	34.9	29	26.6	31.8	35.1	29	26.8	31.9	35.4	29	26.9	**32.0**	35.7	29	27.0	32.1	35.9	29	27.1	17
17	31.8	35.2	29	26.8	31.9	35.5	29	26.9	**32.0**	35.7	29	27.0	32.1	36.0	29	27.2	32.2	36.3	30	27.3	17
17	31.9	35.5	30	26.9	**32.0**	35.8	30	27.1	32.1	36.1	30	27.2	32.2	36.3	30	27.3	32.3	36.6	30	27.5	17
17	**32.0**	35.9	30	27.1	32.1	36.1	30	27.2	32.2	36.4	30	27.4	32.3	36.7	30	27.5	32.4	37.0	30	27.6	17
17	32.1	36.2	30	27.3	32.2	36.5	30	27.4	32.3	36.8	30	27.5	32.4	37.0	30	27.6	32.5	37.3	30	27.8	17
17	32.2	36.5	30	27.4	32.3	36.8	30	27.6	32.4	37.1	31	27.7	32.5	37.4	31	27.8	32.6	37.6	31	27.9	17
16	32.3	36.9	31	27.6	32.4	37.2	31	27.7	32.5	37.4	31	27.8	32.6	37.7	31	28.0	32.7	38.0	31	28.1	16
16	32.4	37.2	31	27.7	32.5	37.5	31	27.9	32.6	37.8	31	28.0	32.7	38.1	31	28.1	32.8	38.3	31	28.2	16
16	32.5	37.6	31	27.9	32.6	37.8	31	28.0	32.7	38.1	31	28.1	32.8	38.4	31	28.3	32.9	38.7	32	28.4	16
16	32.6	37.9	31	28.1	32.7	38.2	32	28.2	32.8	38.5	32	28.3	32.9	38.7	32	28.4	**33.0**	39.0	32	28.6	16
16	32.7	38.3	32	28.2	32.8	38.5	32	28.3	32.9	38.8	32	28.5	**33.0**	39.1	32	28.6	33.1	39.4	32	28.7	16
16	32.8	38.6	32	28.4	32.9	38.9	32	28.5	**33.0**	39.2	32	28.6	33.1	39.4	32	28.7	33.2	39.7	32	28.9	16
15	32.9	38.9	32	28.5	**33.0**	39.2	32	28.6	33.1	39.5	33	28.8	33.2	39.8	33	28.9	33.3	40.1	33	29.0	15
15	**33.0**	39.3	33	28.7	33.1	39.6	33	28.8	33.2	39.9	33	28.9	33.3	40.2	33	29.0	33.4	40.4	33	29.2	15
15	33.1	39.6	33	28.8	33.2	39.9	33	28.9	33.3	40.2	33	29.1	33.4	40.5	33	29.2	33.5	40.8	33	29.3	15

n	t_W	e	U	t_d	t_W	e	U	t_d	t_W	e	U	t_d	t_W	e	U	t_d	t_W	e	U	t_d	n
	49.5				**49.6**				**49.7**				**49.8**				**49.9**				
15	33.2	40.0	33	29.0	33.3	40.3	33	29.1	33.4	40.6	33	29.2	33.5	40.9	33	29.3	33.6	41.2	34	29.5	15
15	33.3	40.4	34	29.1	33.4	40.6	34	29.3	33.5	40.9	34	29.4	33.6	41.2	34	29.5	33.7	41.5	34	29.6	15
15	33.4	40.7	34	29.3	33.5	41.0	34	29.4	33.6	41.3	34	29.5	33.7	41.6	34	29.6	33.8	41.9	34	29.8	15
15	33.5	41.1	34	29.4	33.6	41.4	34	29.6	33.7	41.6	34	29.7	33.8	41.9	34	29.8	33.9	42.2	34	29.9	15
14	33.6	41.4	34	29.6	33.7	41.7	34	29.7	33.8	42.0	35	29.8	33.9	42.3	35	29.0	**34.0**	42.6	35	30.1	14
14	33.7	41.8	35	29.7	33.8	42.1	35	29.9	33.9	42.4	35	30.0	**34.0**	42.7	35	30.1	34.1	43.0	35	30.2	14
14	33.8	42.1	35	29.9	33.9	42.4	35	30.0	**34.0**	42.7	35	30.1	34.1	43.0	35	30.2	34.2	43.3	35	30.4	14
14	33.9	42.5	35	30.0	**34.0**	42.8	35	30.1	34.1	43.1	35	30.3	34.2	43.4	36	30.4	34.3	43.7	36	30.5	14
14	**34.0**	42.9	36	30.2	34.1	43.2	36	30.3	34.2	43.5	36	30.5	34.3	43.8	36	30.5	34.4	44.1	36	30.7	14
14	34.1	43.2	36	30.3	34.2	43.5	36	30.4	34.3	43.8	36	30.6	34.4	44.1	36	30.7	34.5	44.4	36	30.8	14
13	34.2	43.6	36	30.5	34.3	43.9	36	30.6	34.4	44.2	36	30.7	34.5	44.5	36	30.8	34.6	44.8	36	30.9	13
13	34.3	44.0	37	30.6	34.4	44.3	37	30.7	34.5	44.6	37	30.9	34.6	44.9	37	31.0	34.7	45.2	37	31.1	13
13	34.4	44.3	37	30.8	34.5	44.6	37	30.9	34.6	44.9	37	31.0	34.7	45.2	37	31.1	34.8	45.5	37	31.2	13
13	34.5	44.7	37	30.9	34.6	45.0	37	31.0	34.7	45.3	37	31.1	34.8	45.6	37	31.3	34.9	45.9	37	31.4	13
13	34.6	45.1	37	31.1	34.7	45.4	38	31.2	34.8	45.7	38	31.3	34.9	46.0	38	31.4	**35.0**	46.3	38	31.5	13
13	34.7	45.4	38	31.2	34.8	45.7	38	31.3	34.9	46.1	38	31.4	**35.0**	46.4	38	31.6	35.1	46.7	38	31.7	13
13	34.8	45.8	38	31.3	34.9	46.1	38	31.5	**35.0**	46.4	38	31.6	35.1	46.7	38	31.7	35.2	47.1	38	31.8	13
13	34.9	46.2	38	31.5	**35.0**	46.5	38	31.6	35.1	46.8	39	31.7	35.2	47.1	39	31.8	35.3	47.4	39	32.0	13
12	**35.0**	46.6	39	31.6	35.1	46.9	39	31.7	35.2	47.2	39	31.9	35.3	47.5	39	32.0	35.4	47.8	39	32.1	12
12	35.1	46.9	39	31.8	35.2	47.3	39	31.9	35.3	47.6	39	32.0	35.4	47.9	39	32.1	35.5	48.2	39	32.2	12
12	35.2	47.3	39	31.9	35.3	47.6	39	32.0	35.4	48.0	39	32.1	35.5	48.3	40	32.3	35.6	48.6	40	32.4	12
12	35.3	47.7	40	32.1	35.4	48.0	40	32.2	35.5	48.3	40	32.3	35.6	48.7	40	32.4	35.7	49.0	40	32.5	12
12	35.4	48.1	40	32.2	35.5	48.4	40	32.3	35.6	48.7	49	32.4	35.7	49.0	40	32.5	35.8	49.4	40	32.7	12
12	35.5	48.5	40	32.3	35.6	48.8	40	32.5	35.7	49.1	40	32.6	35.8	49.4	40	32.7	35.9	49.8	41	32.8	12
12	35.6	48.9	41	32.5	35.7	49.2	41	32.6	35.8	49.5	41	32.7	35.9	49.8	41	32.8	**36.0**	50.1	41	32.9	12
11	35.7	49.2	41	32.6	35.8	49.6	41	32.7	35.9	49.9	41	32.9	**36.0**	50.2	41	33.0	36.1	50.5	41	33.1	11
11	35.8	49.6	41	32.8	35.9	50.0	41	32.9	**36.0**	50.3	41	33.0	36.1	50.6	41	33.1	36.2	50.9	41	33.2	11
11	35.9	50.0	42	32.9	**36.0**	50.3	42	33.0	36.1	50.7	42	33.1	36.2	51.0	42	33.2	36.3	51.3	42	33.4	11
11	**36.0**	50.4	42	33.0	36.1	50.7	42	33.2	36.2	51.1	42	33.3	36.3	51.4	42	33.4	36.4	51.7	42	33.5	11
11	36.1	50.8	42	33.2	36.2	51.1	42	33.3	36.3	51.5	42	33.4	36.4	51.8	42	33.5	36.5	52.1	42	33.6	11
11	36.2	51.2	43	33.3	36.3	51.5	43	33.4	36.4	51.9	43	33.5	36.5	52.2	43	33.7	36.6	52.5	43	33.8	11
11	36.3	51.6	43	33.5	36.4	51.9	43	33.6	36.5	52.3	43	33.7	36.6	52.6	43	33.8	36.7	52.9	43	33.9	11
11	36.4	52.0	43	33.6	36.5	52.3	43	33.7	36.6	52.7	43	33.8	36.7	53.0	43	33.9	36.8	53.3	43	34.0	11
10	36.5	52.4	44	33.7	36.6	52.7	44	33.8	36.7	53.1	44	34.0	36.8	53.4	44	34.1	36.9	53.7	44	34.2	10
10	36.6	52.8	44	33.9	36.7	53.1	44	34.0	36.8	53.5	44	34.1	36.9	53.8	44	34.2	**37.0**	54.2	44	34.3	10
10	36.7	53.2	44	34.0	36.8	53.5	44	34.1	36.9	53.9	44	34.2	**37.0**	54.2	44	34.3	37.1	54.6	44	34.5	10
10	36.8	53.6	45	34.1	36.9	53.9	45	34.3	**37.0**	54.3	45	34.4	37.1	54.6	45	34.5	37.2	55.0	45	34.6	10
10	36.9	54.0	45	34.3	**37.0**	54.4	45	34.4	37.1	54.7	45	34.5	37.2	55.0	45	34.6	37.3	55.4	45	34.7	10
10	**37.0**	54.4	45	34.4	37.1	54.8	45	34.5	37.2	55.1	45	34.6	37.3	55.5	45	34.7	37.4	55.8	45	34.9	10
10	37.1	54.8	46	34.5	37.2	55.2	46	34.7	37.3	55.5	46	34.8	37.4	55.9	46	34.9	37.5	56.2	46	35.0	10
10	37.2	55.2	46	34.7	37.3	55.6	46	34.8	37.4	55.9	46	34.9	37.5	56.3	46	35.0	37.6	56.6	46	35.1	10
9	37.3	55.7	46	34.8	37.4	56.0	46	34.9	37.5	56.4	46	35.0	37.6	56.7	46	35.2	37.7	57.1	46	35.3	9
9	37.4	56.1	47	34.9	37.5	56.4	47	35.1	37.6	56.8	47	35.2	37.7	57.1	47	35.3	37.8	57.5	47	35.4	9
9	37.5	56.5	47	35.1	37.6	56.8	47	35.2	37.7	57.2	47	35.3	37.8	57.5	47	35.4	37.9	57.9	47	35.5	9
9	37.6	56.9	47	35.2	37.7	57.3	47	35.3	37.8	57.6	47	35.4	37.9	58.0	47	35.5	**38.0**	58.3	48	35.7	9
9	37.7	57.3	48	35.3	37.8	57.7	48	35.5	37.9	58.0	48	35.6	**38.0**	58.4	48	35.7	38.1	58.7	48	35.8	9
9	37.8	57.7	48	35.5	37.9	58.1	48	35.6	**38.0**	58.5	48	35.7	38.1	58.8	48	35.8	38.2	59.2	48	35.9	9
9	37.9	58.2	48	35.6	**38.0**	58.5	48	35.7	38.1	58.9	48	35.8	38.2	59.2	48	35.9	38.3	59.6	49	36.1	9
9	**38.0**	58.6	49	35.7	38.1	58.9	49	35.9	38.2	59.3	49	36.0	38.3	59.7	49	36.1	38.4	60.0	49	36.2	9
9	38.1	59.0	49	35.9	38.2	59.4	49	36.0	38.3	59.7	49	36.1	38.4	60.1	49	36.2	38.5	60.5	49	36.3	9
8	38.2	59.4	49	36.0	38.3	59.8	49	36.1	38.4	60.2	49	36.2	38.5	60.5	50	36.3	38.6	60.9	50	36.5	8
8	38.3	59.9	50	36.1	38.4	69.2	50	36.2	38.5	60.6	50	36.4	38.6	61.0	50	36.5	38.7	61.3	50	36.6	8
8	38.4	60.3	50	36.3	38.5	60.7	50	36.4	38.6	61.0	50	36.5	38.7	61.4	50	36.6	38.8	61.8	50	36.7	8
8	38.5	60.7	50	36.4	38.6	61.1	51	36.5	38.7	61.5	51	36.6	38.8	61.8	51	36.7	38.9	62.2	51	36.8	8
8	38.6	61.2	51	36.5	38.7	61.5	51	36.6	38.8	61.9	51	36.8	38.9	62.3	51	36.9	**39.0**	62.7	51	37.0	8
8	38.7	61.6	51	36.7	38.8	62.0	51	36.8	38.9	62.4	51	36.0	**39.0**	62.7	51	37.0	39.1	63.1	51	37.1	8
8	38.8	62.0	52	36.8	38.9	62.4	52	36.9	**39.0**	62.8	52	37.0	39.1	63.2	52	37.1	39.2	63.5	52	37.2	8
8	38.9	62.5	52	36.9	**39.0**	62.9	52	37.0	39.1	63.2	52	37.1	39.2	63.6	52	37.2	39.3	64.0	52	37.4	8
8	**39.0**	32.9	52	37.0	39.1	63.3	52	37.2	39.2	63.7	52	37.3	39.3	64.1	52	37.4	39.4	64.4	52	37.5	8
8	39.1	63.4	53	37.2	39.2	63.7	53	37.3	39.3	64.1	53	37.4	39.4	64.5	53	37.5	39.5	64.9	53	37.6	8
7	39.2	63.8	53	37.3	39.3	64.2	53	37.4	39.4	64.6	53	37.5	39.5	65.0	53	37.6	39.6	65.3	53	37.7	7
7	39.3	64.3	53	37.4	39.4	64.6	53	37.5	39.5	65.0	53	37.7	39.6	65.4	54	37.8	39.7	65.8	54	37.9	7
7	39.4	64.7	54	37.6	39.5	65.1	54	37.7	39.6	65.5	54	37.8	39.7	65.9	54	37.9	39.8	66.3	54	38.0	7
7	39.5	65.2	54	37.7	39.6	65.5	54	37.8	39.7	65.9	54	37.9	39.8	66.3	54	38.0	39.9	66.7	54	38.1	7
7	39.6	65.6	55	37.8	39.7	66.0	55	37.9	39.8	66.4	55	38.0	39.9	66.8	55	38.1	**40.0**	67.2	55	38.3	7
7	39.7	66.1	55	37.9	39.8	66.5	55	38.1	39.9	66.8	55	38.2	**40.0**	67.2	55	38.3	40.1	67.6	55	38.4	7
7	39.8	66.5	55	38.1	39.9	66.9	55	38.2	**40.0**	67.3	55	38.3	40.1	67.7	55	38.4	40.2	68.1	55	38.5	7
7	39.9	67.0	56	38.2	**40.0**	67.4	56	38.3	40.1	67.8	56	38.4	40.2	68.2	56	38.5	40.3	68.6	56	38.6	7
7	**40.0**	67.4	56	38.3	40.1	67.8	56	38.4	40.2	68.2	56	38.5	40.3	68.6	56	38.6	40.4	69.0	56	38.8	7
7	40.1	67.9	56	38.5	40.2	68.3	56	38.6	40.3	68.7	57	38.7	40.4	69.1	57	38.8	40.5	69.5	57	38.9	7
6	40.2	68.4	57	38.6	40.3	68.8	57	38.7	40.4	69.2	57	38.8	40.5	69.6	57	38.9	40.6	70.0	57	39.0	6
6	40.3	68.8	57	38.7	40.4	69.2	57	38.8	40.5	69.6	57	38.9	40.6	70.0	57	39.0	40.7	70.4	57	39.1	6
6	40.4	69.3	58	38.8	40.5	69.7	58	38.9	40.6	70.1	58	39.0	40.7	70.5	58	39.2	40.8	70.9	58	39.3	6

n	t_W	e	U	t_d	t_W	e	U	t_d	t_W	e	U	t_d	t_W	e	U	t_d	t_W	e	U	t_d	n
	49.5				**49.6**				**49.7**				**49.8**				**49.9**				
6	40.5	69.8	58	39.0	40.6	70.2	58	39.1	40.7	70.6	58	39.2	40.8	71.0	58	39.3	40.9	71.4	58	39.4	6
6	40.6	70.2	58	39.1	40.7	70.6	58	39.2	40.8	71.0	58	39.3	40.9	71.5	58	39.4	**41.0**	71.9	59	39.5	6
6	40.7	70.7	59	39.2	40.8	71.1	59	39.3	40.9	71.5	59	39.4	**41.0**	71.9	59	39.5	41.1	72.3	59	39.6	6
6	40.8	71.2	59	39.3	40.9	71.6	59	39.4	**41.0**	72.0	59	39.5	41.1	72.4	59	39.6	41.2	72.8	59	39.8	6
6	40.9	71.7	60	39.5	**41.0**	72.1	60	39.6	41.1	72.5	60	39.7	41.2	72.9	60	39.8	41.3	73.3	60	39.9	6
6	**41.0**	72.1	60	39.6	41.1	72.5	60	39.7	41.2	73.0	60	39.8	41.3	73.4	60	39.9	41.4	73.8	60	40.0	6
6	41.1	72.6	60	39.7	41.2	73.0	60	39.8	41.3	73.4	60	39.9	41.4	73.9	60	40.0	41.5	74.3	60	40.1	6
6	41.2	73.1	61	39.8	41.3	73.5	61	39.9	41.4	73.9	61	40.0	41.5	74.3	61	40.1	41.6	74.8	61	40.3	6
5	41.3	73.6	61	39.9	41.4	74.0	61	40.1	41.5	74.4	61	40.2	41.6	74.8	61	40.3	41.7	75.3	61	40.4	5
5	41.4	74.1	62	40.1	41.5	74.5	62	40.2	41.6	74.9	62	40.3	41.7	75.3	62	40.4	41.8	75.8	62	40.5	5
5	41.5	74.5	62	40.2	41.6	75.0	62	40.3	41.7	75.4	62	40.4	41.8	75.8	62	40.5	41.9	76.2	62	40.6	5
5	41.6	75.0	62	40.3	41.7	75.5	62	40.4	41.8	75.9	62	40.5	41.9	76.3	62	40.6	**42.0**	76.7	63	40.7	5
5	41.7	75.5	63	40.4	41.8	76.0	63	40.5	41.9	76.4	63	40.7	**42.0**	76.8	63	40.8	42.1	77.2	63	40.9	5
5	41.8	76.0	63	40.6	41.9	76.4	63	40.7	**42.0**	76.9	63	40.8	42.1	77.3	63	40.9	42.2	77.7	63	41.0	5
5	41.9	76.5	64	40.7	**42.0**	76.9	64	40.8	42.1	77.4	64	40.9	42.2	77.8	64	41.0	42.3	78.2	64	41.1	5
5	**42.0**	77.0	64	40.8	42.1	77.4	64	40.9	42.2	77.9	64	41.0	42.3	78.3	64	41.1	42.4	78.7	64	41.2	5
5	42.1	77.5	64	40.9	42.2	77.9	64	41.0	42.3	78.4	64	41.1	42.4	78.8	65	41.2	42.5	79.3	65	41.4	5
5	42.2	78.0	65	41.1	42.3	78.4	65	41.2	42.4	78.9	65	41.3	42.5	79.3	65	41.4	42.6	79.8	65	41.5	5
5	42.3	78.5	65	41.2	42.4	78.9	65	41.3	42.5	79.4	65	41.4	42.6	79.8	65	41.5	42.7	80.3	65	41.6	5
4	42.4	79.0	66	41.3	42.5	79.5	66	41.4	42.6	79.9	66	41.5	42.7	80.3	66	41.6	42.8	80.8	66	41.7	4
4	42.5	79.5	66	41.4	42.6	80.0	66	41.5	42.7	80.4	66	41.6	42.8	80.9	66	41.7	42.9	81.3	66	41.8	4
4	42.6	80.0	66	41.5	42.7	80.5	67	41.6	42.8	80.9	67	41.7	42.9	81.4	67	41.8	**43.0**	81.8	67	42.0	4
4	42.7	80.5	67	41.7	42.8	81.0	67	41.8	42.9	81.4	67	41.9	**43.0**	81.9	67	42.0	43.1	82.3	67	42.1	4
4	42.8	81.1	67	41.8	42.9	81.5	67	41.9	**43.0**	81.9	67	42.0	43.1	82.4	67	42.1	43.2	82.9	67	42.2	4
4	42.9	81.6	68	41.9	**43.0**	82.0	68	42.0	43.1	82.5	68	42.1	43.2	82.9	68	42.2	43.3	83.4	68	42.3	4
4	**43.0**	82.1	68	42.0	43.1	82.5	68	42.1	43.2	83.0	68	42.2	43.3	83.4	68	42.3	43.4	83.9	68	42.4	4
4	43.1	82.6	69	42.1	43.2	83.1	69	42.2	43.3	83.5	69	42.3	43.4	84.0	69	42.4	43.5	84.4	69	42.6	4
4	43.2	83.1	69	42.3	43.3	83.6	69	42.4	43.4	84.0	69	42.5	43.5	84.5	69	42.6	43.6	85.0	69	42.7	4
4	43.3	83.6	69	42.4	43.4	84.1	70	42.5	43.5	84.6	70	42.6	43.6	85.0	70	42.7	43.7	85.5	70	42.8	4
4	43.4	84.2	70	42.5	43.5	84.6	70	42.6	43.6	85.1	70	42.7	43.7	85.6	70	42.8	43.8	86.0	70	42.9	4
4	43.5	84.7	70	42.6	43.6	85.2	70	42.7	43.7	85.6	70	42.8	43.8	86.1	70	42.9	43.9	86.6	70	43.0	4
4	43.6	85.2	71	42.7	43.7	85.7	71	42.8	43.8	86.2	71	42.9	43.9	86.6	71	43.0	**44.0**	87.1	71	43.1	4
3	43.7	85.8	71	42.9	43.8	86.2	71	43.0	43.9	86.7	71	43.1	**44.0**	87.2	71	43.2	44.1	87.6	71	43.3	3
3	43.8	86.3	72	43.0	43.9	86.8	72	43.1	**44.0**	87.2	72	43.2	44.1	87.7	72	43.3	44.2	88.2	72	43.4	3
3	43.9	86.8	72	43.1	**44.0**	87.3	72	43.2	44.1	87.8	72	43.3	44.2	88.2	72	43.4	44.3	88.7	72	43.5	3
3	**44.0**	87.4	73	43.2	44.1	87.8	73	43.3	44.2	88.3	73	43.4	44.3	88.8	73	43.5	44.4	89.3	73	43.6	3
3	44.1	87.9	73	43.3	44.2	88.4	73	43.4	44.3	88.9	73	43.5	44.4	89.3	73	43.6	44.5	89.8	73	43.7	3
3	44.2	88.4	73	43.4	44.3	88.9	74	43.5	44.4	89.4	74	43.7	44.5	89.9	74	43.8	44.6	90.4	74	43.9	3
3	44.3	89.0	74	43.6	44.4	89.5	74	43.7	44.5	89.9	74	43.8	44.6	90.4	74	43.9	44.7	90.9	74	44.0	3
3	44.4	89.5	74	43.7	44.5	90.0	74	43.8	44.6	90.5	74	43.9	44.7	91.0	74	44.0	44.8	91.5	74	44.1	3
3	44.5	90.1	75	43.8	44.6	90.6	75	43.9	44.7	91.0	75	44.0	44.8	91.5	75	44.1	44.9	92.0	75	44.2	3
3	44.6	90.6	75	43.9	44.7	91.1	75	44.0	44.8	91.6	75	44.1	44.9	92.1	75	44.2	**45.0**	92.6	75	44.3	3
3	44.7	91.2	76	44.0	44.8	91.7	76	44.1	44.9	92.2	76	44.2	**45.0**	92.6	76	44.3	45.1	93.1	76	44.4	3
3	44.8	91.7	76	44.1	44.9	92.2	76	44.3	**45.0**	92.7	76	44.4	45.1	93.2	76	44.5	45.2	93.7	76	44.6	3
3	44.9	92.3	77	44.3	**45.0**	92.8	77	44.4	45.1	93.3	77	44.5	45.2	93.8	77	44.6	45.3	94.3	77	44.7	3
3	**45.0**	92.8	77	44.4	45.1	93.3	77	44.5	45.2	93.8	77	44.6	45.3	94.3	77	44.7	45.4	94.8	77	44.8	3
3	45.1	93.4	78	44.5	45.2	93.9	78	44.6	45.3	94.4	78	44.7	45.4	94.9	78	44.8	45.5	95.4	78	44.9	3
2	45.2	94.0	78	44.6	45.3	94.5	78	44.7	45.4	95.0	78	44.8	45.5	95.5	78	44.9	45.6	96.0	78	45.0	2
2	45.3	94.5	79	44.7	45.4	95.0	79	44.8	45.5	95.5	79	44.9	45.6	96.0	79	45.0	45.7	96.6	79	45.1	2
2	45.4	95.1	79	44.8	45.5	95.6	79	45.0	45.6	96.1	79	45.1	45.7	96.6	79	45.2	45.8	97.1	79	45.3	2
2	45.5	95.7	79	45.0	45.6	96.2	80	45.1	45.7	96.7	80	45.2	45.8	97.2	80	45.3	45.9	97.7	80	45.4	2
2	45.6	96.2	80	45.1	45.7	96.8	80	45.2	45.8	97.3	80	45.3	45.9	97.8	80	45.4	**46.0**	98.3	80	45.5	2
2	45.7	96.8	80	45.2	45.8	97.3	80	45.3	45.9	97.8	80	45.4	**46.0**	98.4	81	45.5	46.1	98.9	81	45.6	2
2	45.8	97.4	81	45.3	45.9	97.9	81	45.4	**46.0**	98.4	81	45.5	46.1	98.9	81	45.6	46.2	99.5	81	45.7	2
2	45.9	98.0	81	45.4	**46.0**	98.5	81	45.5	46.1	99.0	81	45.6	46.2	99.5	81	45.7	46.3	100.0	81	45.8	2
2	**46.0**	98.6	82	45.5	46.1	99.1	82	45.6	46.2	99.6	82	45.7	46.3	100.1	82	45.8	46.4	100.6	82	46.0	2
2	46.1	99.1	82	45.7	46.2	99.7	82	45.8	46.3	100.2	82	45.9	46.4	100.7	82	46.0	46.5	101.2	82	46.1	2
2	46.2	99.7	83	45.8	46.3	100.2	83	45.9	46.4	100.8	83	46.0	46.5	101.3	83	46.1	46.6	101.8	83	46.2	2
2	46.3	100.3	83	45.9	46.4	100.8	83	46.0	46.5	101.4	83	46.1	46.6	101.9	83	46.2	46.7	102.4	83	46.3	2
2	46.4	100.9	84	46.0	46.5	101.4	84	46.1	46.6	102.0	84	46.2	46.7	102.5	84	46.3	46.8	103.0	84	46.4	2
2	46.5	101.5	84	46.1	46.6	102.0	84	46.2	46.7	102.5	84	46.3	46.8	103.1	84	46.4	46.9	103.6	84	46.5	2
2	46.6	102.1	85	46.2	46.7	102.6	85	46.3	46.8	103.1	85	46.4	46.9	103.7	85	46.5	**47.0**	104.2	85	46.6	2
1	46.7	102.7	85	46.3	46.8	103.2	85	46.4	46.9	103.7	85	46.5	**47.0**	104.3	85	46.7	47.1	104.8	85	46.8	1
1	46.8	103.3	86	46.5	46.9	103.8	86	46.6	**47.0**	104.4	86	46.7	47.1	104.9	86	46.8	47.2	105.4	86	46.9	1
1	46.9	103.9	86	46.6	**47.0**	104.4	86	46.7	47.1	105.0	86	46.8	47.2	105.5	86	46.9	47.3	106.0	86	47.0	1
1	**47.0**	104.5	87	46.7	47.1	105.0	87	46.8	47.2	105.6	87	46.9	47.3	106.1	87	47.0	47.4	106.7	87	47.1	1
1	47.1	105.1	87	46.8	47.2	105.6	87	46.9	47.3	106.2	87	47.0	47.4	106.7	87	47.1	47.5	107.3	87	47.2	1
1	47.2	105.7	88	46.9	47.3	106.2	88	47.0	47.4	106.8	88	47.1	47.5	107.3	88	47.2	47.6	107.9	88	47.3	1
1	47.3	106.3	88	47.0	47.4	106.9	88	47.1	47.5	107.4	88	47.2	47.6	108.0	88	47.3	47.7	108.5	83	47.4	1
1	47.4	106.9	89	47.1	47.5	107.5	89	47.2	47.6	108.0	89	47.2	47.7	108.6	89	47.4	47.8	109.1	89	47.5	1
1	47.5	107.5	89	47.3	47.6	108.1	89	47.4	47.7	108.6	89	47.5	47.8	109.2	89	47.0	47.9	109.8	89	47.7	1
1	47.6	108.2	90	47.4	47.7	108.7	90	47.5	47.8	109.3	90	47.6	47.9	109.8	90	47.7	**48.0**	110.4	90	47.8	1
1	47.7	108.8	90	47.5	47.8	109.3	90	47.6	47.9	109.9	90	47.7	**48.0**	110.5	90	47.8	48.1	111.0	90	47.9	1

n	t_W	e	U	t_d	t_W	e	U	t_d	t_W	e	U	t_d	t_W	e	U	t_d	t_W	e	U	t_d	n
	49.5				**49.6**				**49.7**				**49.8**				**49.9**				
1	47.8	109.4	91	47.6	47.9	110.0	91	47.7	**48.0**	110.5	91	47.8	48.1	111.1	91	47.9	48.2	111.6	91	48.0	1
1	47.9	110.0	91	47.7	**48.0**	110.6	91	47.8	48.1	111.1	91	47.9	48.2	111.7	91	48.0	48.3	112.3	91	48.1	1
1	**48.0**	110.7	92	47.8	48.1	111.2	92	47.9	48.2	111.8	92	48.0	48.3	112.3	92	48.1	48.4	112.9	92	48.2	1
1	48.1	111.3	92	47.9	48.2	111.8	92	48.0	48.3	112.4	92	48.1	48.4	113.0	92	48.2	48.5	113.6	92	48.3	1
1	48.2	111.9	93	48.0	48.3	112.5	93	48.1	48.4	113.1	93	48.2	48.5	113.6	93	48.3	48.6	114.2	93	48.4	1
1	48.3	112.6	94	48.2	48.4	113.1	94	48.3	48.5	113.7	94	48.4	48.6	114.3	94	48.5	48.7	114.8	94	48.6	1
1	48.4	113.2	94	48.3	48.5	113.8	94	48.4	48.6	114.3	94	48.5	48.7	114.9	94	48.6	48.8	115.5	94	48.7	1
0	48.5	113.8	95	48.4	48.6	114.4	95	48.5	48.7	115.0	95	48.6	48.8	115.6	95	48.7	48.9	116.1	95	48.8	0
0	48.6	114.5	95	48.5	48.7	115.0	95	48.6	48.8	115.6	95	48.7	48.9	116.2	95	48.8	**49.0**	116.8	95	48.9	0
0	48.7	115.1	96	48.6	48.8	115.7	96	48.7	48.9	116.3	96	48.8	**49.0**	116.9	96	48.9	49.1	117.5	96	49.0	0
0	48.8	115.8	96	48.7	48.9	116.3	96	48.8	**49.0**	116.9	96	48.9	49.1	117.5	96	49.0	49.2	118.1	96	49.1	0
0	48.9	116.4	97	48.8	**49.0**	117.0	97	48.9	49.1	117.6	97	49.0	49.2	118.2	97	49.1	49.3	118.8	97	49.2	0
0	**49.0**	117.1	97	48.9	49.1	117.7	97	49.0	49.2	118.2	97	49.1	49.3	118.8	97	49.2	49.4	119.4	97	49.3	0
0	49.1	117.7	98	49.1	49.2	118.3	98	49.2	49.3	118.9	98	49.3	49.4	119.5	98	49.4	49.5	120.1	98	49.5	0
0	49.2	118.4	98	49.2	49.3	119.0	98	49.3	49.4	119.6	98	49.4	49.5	120.2	98	49.5	49.6	120.8	98	49.6	0
0	49.3	119.0	99	49.3	49.4	119.6	99	49.4	49.5	120.2	99	49.5	49.6	120.8	99	49.6	49.7	121.4	99	49.7	0
0	49.4	119.7	99	49.4	49.5	120.3	99	49.5	49.6	120.9	99	49.6	49.7	121.5	99	49.7	49.8	122.1	99	49.8	0
0	49.5	120.4	100	49.5	49.6	121.0	100	49.6	49.7	121.6	100	49.7	49.8	122.2	100	49.8	49.9	122.8	100	49.9	0

表 3　湿球温度的气压订正值 Δt_w(℃)

P (hPa)	n	0	1	2	3	4	5	6	7	8	9	P (hPa)	n	0	1	2	3	4	5	6	7	8	9
1100	0	0.0	0.0	0.0	-0.1	-0.1	-0.1	-0.1	-0.1	-0.2	-0.2		0	0.0	0.0	0.0	0.0	0.0	0.0	0.0	0.0	0.0	0.0
	10	-0.2	-0.2	-0.2	-0.3	-0.3	-0.3	-0.3	-0.3	-0.4	-0.4		10	0.0	0.0	0.0	0.0	0.0	0.0	0.0	0.0	0.0	0.0
	20	-0.4	-0.4	-0.4	-0.5	-0.5	-0.5	-0.5	-0.5	-0.6	-0.6	990	20	0.0	0.0	0.0	0.0	0.0	0.1	0.1	0.1	0.1	0.1
	30	-0.6	-0.6	-0.6	-0.7	-0.7	-0.7	-0.7	-0.7	-0.8	-0.8		30	0.1	0.1	0.1	0.1	0.1	0.1	0.1	0.1	0.1	0.1
	40	-0.8	-0.8	-0.8	-0.9	-0.9	-0.9	-0.9	-0.9	-1.0	-1.0		40	0.1	0.1	0.1	0.1	0.1	0.1	0.1	0.1	0.1	0.1
1090	0	0.0	0.0	0.0	-0.1	-0.1	-0.1	-0.1	-0.1	-0.1	-0.2		0	0.0	0.0	0.0	0.0	0.0	0.0	0.0	0.0	0.0	0.0
	10	-0.2	-0.2	-0.2	-0.2	-0.3	-0.3	-0.3	-0.3	-0.3	-0.3		10	0.0	0.0	0.0	0.1	0.1	0.1	0.1	0.1	0.1	0.1
	20	-0.4	-0.4	-0.4	-0.4	-0.4	-0.5	-0.5	-0.5	-0.5	-0.5	980	20	0.1	0.1	0.1	0.1	0.1	0.1	0.1	0.1	0.1	0.1
	30	-0.5	-0.6	-0.6	-0.6	-0.6	-0.6	-0.6	-0.7	-0.7	-0.7		30	0.1	0.1	0.1	0.1	0.1	0.1	0.1	0.1	0.2	0.2
	40	-0.7	-0.7	-0.8	-0.8	-0.8	-0.8	-0.8	-0.8	-0.9	-0.9		40	0.2	0.2	0.2	0.2	0.2	0.2	0.2	0.2	0.2	0.2
1080	0	0.0	0.0	0.0	0.0	-0.1	-0.1	-0.1	-0.1	-0.1	-0.1		0	0.0	0.0	0.0	0.0	0.0	0.0	0.0	0.0	0.0	0.1
	10	-0.2	-0.2	-0.2	-0.2	-0.2	-0.2	-0.3	-0.3	-0.3	-0.3		10	0.1	0.1	0.1	0.1	0.1	0.1	0.1	0.1	0.1	0.1
	20	-0.3	-0.3	-0.4	-0.4	-0.4	-0.4	-0.4	-0.4	-0.4	-0.5	970	20	0.1	0.1	0.1	0.1	0.1	0.2	0.2	0.2	0.2	0.2
	30	-0.5	-0.5	-0.5	-0.5	-0.5	-0.6	-0.6	-0.6	-0.6	-0.6		30	0.2	0.2	0.2	0.2	0.2	0.2	0.2	0.2	0.2	0.2
	40	-0.6	-0.7	-0.7	-0.7	-0.7	-0.7	-0.7	-0.8	-0.8	-0.8		40	0.2	0.2	0.3	0.3	0.3	0.3	0.3	0.3	0.3	0.3
1070	0	0.0	0.0	0.0	0.0	-0.1	-0.1	-0.1	-0.1	-0.1	-0.1		0	0.0	0.0	0.0	0.0	0.0	0.0	0.0	0.1	0.1	0.1
	10	-0.1	-0.2	-0.2	-0.2	-0.2	-0.2	-0.2	-0.2	-0.3	-0.3		10	0.1	0.1	0.1	0.1	0.1	0.1	0.1	0.1	0.1	0.2
	20	-0.3	-0.3	-0.3	-0.3	-0.3	-0.4	-0.4	-0.4	-0.4	-0.4	960	20	0.2	0.2	0.2	0.2	0.2	0.2	0.2	0.2	0.2	0.2
	30	-0.4	-0.4	-0.4	-0.5	-0.5	-0.5	-0.5	-0.5	-0.5	-0.5		30	0.2	0.2	0.3	0.3	0.3	0.3	0.3	0.3	0.3	0.3
	40	-0.6	-0.6	-0.6	-0.6	-0.6	-0.6	-0.6	-0.7	-0.7	-0.7		40	0.3	0.3	0.3	0.3	0.4	0.4	0.4	0.4	0.4	0.4
1060	0	0.0	0.0	0.0	0.0	0.0	-0.1	-0.1	-0.1	-0.1	-0.1		0	0.0	0.0	0.0	0.0	0.0	0.1	0.1	0.1	0.1	0.1
	10	-0.1	-0.1	-0.1	-0.2	-0.2	-0.2	-0.2	-0.2	-0.2	-0.2		10	0.1	0.1	0.1	0.1	0.1	0.2	0.2	0.2	0.2	0.2
	20	-0.2	-0.3	-0.3	-0.3	-0.3	-0.3	-0.3	-0.3	-0.3	-0.3	950	20	0.2	0.2	0.2	0.2	0.2	0.3	0.3	0.3	0.3	0.3
	30	-0.4	-0.4	-0.4	-0.4	-0.4	-0.4	-0.4	-0.4	-0.5	-0.5		30	0.3	0.3	0.3	0.3	0.3	0.4	0.4	0.4	0.4	0.4
	40	-0.5	-0.5	-0.5	-0.5	-0.5	-0.5	-0.6	-0.6	-0.6	-0.6		40	0.4	0.4	0.4	0.4	0.4	0.5	0.5	0.5	0.5	0.5
1050	0	0.0	0.0	0.0	0.0	0.0	-0.1	-0.1	-0.1	-0.1	-0.1		0	0.0	0.0	0.0	0.0	0.0	0.1	0.1	0.1	0.1	0.1
	10	-0.1	-0.1	-0.1	-0.1	-0.1	-0.2	-0.2	-0.2	-0.2	-0.2		10	0.1	0.1	0.1	0.2	0.2	0.2	0.2	0.2	0.2	0.2
	20	-0.2	-0.2	-0.2	-0.2	-0.2	-0.3	-0.3	-0.3	-0.3	-0.3	940	20	0.2	0.3	0.3	0.3	0.3	0.3	0.3	0.3	0.3	0.3
	30	-0.3	-0.3	-0.3	-0.3	-0.3	-0.4	-0.4	-0.4	-0.4	-0.4		30	0.4	0.4	0.4	0.4	0.4	0.4	0.4	0.4	0.5	0.5
	40	-0.4	-0.4	-0.4	-0.4	-0.4	-0.5	-0.5	-0.5	-0.5	-0.5		40	0.5	0.5	0.5	0.5	0.5	0.5	0.6	0.6	0.6	0.6
1040	0	0.0	0.0	0.0	0.0	0.0	0.0	0.0	-0.1	-0.1	-0.1		0	0.0	0.0	0.0	0.0	0.1	0.1	0.1	0.1	0.1	0.1
	10	-0.1	-0.1	-0.1	-0.1	-0.1	-0.1	-0.1	-0.1	-0.1	-0.2		10	0.1	0.2	0.2	0.2	0.2	0.2	0.2	0.2	0.3	0.3
	20	-0.2	-0.2	-0.2	-0.2	-0.2	-0.2	-0.2	-0.2	-0.2	-0.2	930	20	0.3	0.3	0.3	0.3	0.3	0.4	0.4	0.4	0.4	0.4
	30	-0.2	-0.2	-0.3	-0.3	-0.3	-0.3	-0.3	-0.3	-0.3	-0.3		30	0.4	0.4	0.4	0.5	0.5	0.5	0.5	0.5	0.5	0.5
	40	-0.3	-0.3	-0.3	-0.3	-0.4	-0.4	-0.4	-0.4	-0.4	-0.4		40	0.6	0.6	0.6	0.6	0.6	0.6	0.6	0.7	0.7	0.7
1030	0	0.0	0.0	0.0	0.0	0.0	0.0	0.0	0.0	0.0	-0.1		0	0.0	0.0	0.0	0.0	0.1	0.1	0.1	0.1	0.1	0.1
	10	-0.1	-0.1	-0.1	-0.1	-0.1	-0.1	-0.1	-0.1	-0.1	-0.1		10	0.2	0.2	0.2	0.2	0.2	0.2	0.3	0.3	0.3	0.3
	20	-0.1	-0.1	-0.1	-0.1	-0.1	-0.2	-0.2	-0.2	-0.2	-0.2	920	20	0.3	0.3	0.4	0.4	0.4	0.4	0.4	0.4	0.4	0.5
	30	-0.2	-0.2	-0.2	-0.2	-0.2	-0.2	-0.2	-0.2	-0.2	-0.2		30	0.5	0.5	0.5	0.5	0.5	0.6	0.6	0.6	0.6	0.6
	40	-0.2	-0.2	-0.3	-0.3	-0.3	-0.3	-0.3	-0.3	-0.3	-0.3		40	0.6	0.7	0.7	0.7	0.7	0.7	0.7	0.8	0.8	0.8
1020	0	0.0	0.0	0.0	0.0	0.0	0.0	0.0	0.0	0.0	0.0		0	0.0	0.0	0.0	0.1	0.1	0.1	0.1	0.1	0.1	0.2
	10	0.0	0.0	0.0	-0.1	-0.1	-0.1	-0.1	-0.1	-0.1	-0.1		10	0.2	0.2	0.2	0.2	0.3	0.3	0.3	0.3	0.3	0.3
	20	-0.1	-0.1	-0.1	-0.1	-0.1	-0.1	-0.1	-0.1	-0.1	-0.1	910	20	0.4	0.4	0.4	0.4	0.4	0.5	0.5	0.5	0.5	0.5
	30	-0.1	-0.1	-0.1	-0.1	-0.1	-0.1	-0.1	-0.1	-0.2	-0.2		30	0.5	0.6	0.6	0.6	0.6	0.6	0.6	0.7	0.7	0.7
	40	-0.2	-0.2	-0.2	-0.2	-0.2	-0.2	-0.2	-0.2	-0.2	-0.2		40	0.7	0.7	0.8	0.8	0.8	0.8	0.8	0.8	0.9	0.9
1010	0	0.0	0.0	0.0	0.0	0.0	0.0	0.0	0.0	0.0	0.0		0	0.0	0.0	0.0	0.1	0.1	0.1	0.1	0.1	0.2	0.2
	10	0.0	0.0	0.0	0.0	0.0	0.0	0.0	0.0	0.0	0.0		10	0.2	0.2	0.2	0.3	0.3	0.3	0.3	0.3	0.4	0.4
	20	0.0	0.0	0.0	0.0	0.0	-0.1	-0.1	-0.1	-0.1	-0.1	900	20	0.4	0.4	0.4	0.5	0.5	0.5	0.5	0.5	0.6	0.6
	30	-0.1	-0.1	-0.1	-0.1	-0.1	-0.1	-0.1	-0.1	-0.1	-0.1		30	0.6	0.6	0.6	0.7	0.7	0.7	0.7	0.7	0.8	0.8
	40	-0.1	-0.1	-0.1	-0.1	-0.1	-0.1	-0.1	-0.1	-0.1	-0.1		40	0.8	0.8	0.8	0.9	0.9	0.9	0.9	0.9	1.0	1.0

P (hPa)	n	0	1	2	3	4	5	6	7	8	9	P (hPa)	n	0	1	2	3	4	5	6	7	8	9
	0	0.0	0.0	0.0	0.1	0.1	0.1	0.1	0.2	0.2	0.2		0	0.0	0.0	0.1	0.1	0.2	0.2	0.3	0.3	0.3	0.4
	10	0.2	0.2	0.3	0.3	0.3	0.3	0.4	0.4	0.4	0.4		10	0.4	0.5	0.5	0.5	0.6	0.6	0.7	0.7	0.8	0.8
890	20	0.4	0.5	0.5	0.5	0.5	0.6	0.6	0.6	0.6	0.6	790	20	0.8	0.9	0.9	1.0	1.0	1.1	1.1	1.1	1.2	1.2
	30	0.7	0.7	0.7	0.7	0.7	0.8	0.8	0.8	0.8	0.9		30	1.3	1.3	1.3	1.4	1.4	1.5	1.5	1.6	1.6	1.6
	40	0.9	0.9	0.9	0.9	1.0	1.0	1.0	1.0	1.1	1.1		40	1.7	1.7	1.8	1.8	1.8	1.9	1.9	2.0	2.0	2.1
	0	0.0	0.0	0.0	0.1	0.1	0.1	0.1	0.2	0.2	0.2		0	0.0	0.0	0.1	0.1	0.2	0.2	0.3	0.3	0.4	0.4
	10	0.2	0.3	0.3	0.3	0.3	0.4	0.4	0.4	0.4	0.5		10	0.4	0.5	0.5	0.6	0.6	0.7	0.7	0.7	0.8	0.8
880	20	0.5	0.5	0.5	0.6	0.6	0.6	0.6	0.6	0.7	0.7	780	20	0.9	0.9	1.0	1.0	1.1	1.1	1.1	1.2	1.2	1.3
	30	0.7	0.7	0.8	0.8	0.8	0.8	0.9	0.9	0.9	0.9		30	1.3	1.4	1.4	1.5	1.5	1.5	1.6	1.6	1.7	1.7
	40	1.0	1.0	1.0	1.0	1.1	1.1	1.1	1.1	1.2	1.2		40	1.8	1.8	1.8	1.9	1.9	2.0	2.0	2.1	2.1	2.2
	0	0.0	0.0	0.1	0.1	0.1	0.1	0.2	0.2	0.2	0.2		0	0.0	0.0	0.1	0.1	0.2	0.2	0.3	0.3	0.4	0.4
	10	0.3	0.3	0.3	0.3	0.4	0.4	0.4	0.4	0.5	0.5		10	0.5	0.5	0.6	0.6	0.6	0.7	0.7	0.8	0.8	0.9
870	20	0.5	0.5	0.6	0.6	0.6	0.7	0.7	0.7	0.7	0.8	770	20	0.9	1.0	1.0	1.1	1.1	1.2	1.2	1.2	1.3	1.3
	30	0.8	0.8	0.8	0.9	0.9	0.9	0.9	1.0	1.0	1.0		30	1.4	1.4	1.5	1.5	1.6	1.6	1.7	1.7	1.7	1.8
	40	1.0	1.1	1.1	1.1	1.1	1.2	1.2	1.2	1.2	1.3		40	1.8	1.9	1.9	2.0	2.0	2.1	2.1	2.2	2.2	2.3
	0	0.0	0.0	0.1	0.1	0.1	0.1	0.2	0.2	0.2	0.3		0	0.0	0.0	0.1	0.1	0.2	0.2	0.3	0.3	0.4	0.4
	10	0.3	0.3	0.3	0.4	0.4	0.4	0.4	0.5	0.5	0.5		10	0.5	0.5	0.6	0.6	0.7	0.7	0.8	0.8	0.9	0.9
860	20	0.6	0.6	0.6	0.6	0.7	0.7	0.7	0.8	0.8	0.8	760	20	1.0	1.0	1.1	1.1	1.2	1.2	1.2	1.3	1.3	1.4
	30	0.8	0.9	0.9	0.9	1.0	1.0	1.0	1.0	1.1	1.1		30	1.4	1.5	1.5	1.6	1.6	1.7	1.7	1.8	1.8	1.9
	40	1.1	1.1	1.2	1.2	1.2	1.3	1.3	1.3	1.3	1.4		40	1.9	2.0	2.0	2.1	2.1	2.2	2.2	2.3	2.3	2.4
	0	0.0	0.0	0.1	0.1	0.1	0.2	0.2	0.2	0.2	0.3		0	0.0	0.1	0.1	0.2	0.2	0.3	0.3	0.4	0.4	0.5
	10	0.3	0.3	0.4	0.4	0.4	0.5	0.5	0.5	0.5	0.6		10	0.5	0.6	0.6	0.7	0.7	0.8	0.8	0.9	0.9	1.0
850	20	0.6	0.6	0.7	0.7	0.7	0.8	0.8	0.8	0.8	0.9	750	20	1.0	1.1	1.1	1.2	1.2	1.3	1.3	1.4	1.4	1.5
	30	0.9	0.9	1.0	1.0	1.0	1.1	1.1	1.1	1.1	1.2		30	1.5	1.6	1.6	1.7	1.7	1.8	1.8	1.9	1.9	2.0
	40	1.2	1.2	1.3	1.3	1.3	1.4	1.4	1.4	1.4	1.5		40	2.0	2.1	2.1	2.2	2.2	2.3	2.3	2.4	2.4	2.5
	0	0.0	0.0	0.1	0.1	0.1	0.2	0.2	0.2	0.3	0.3		0	0.0	0.1	0.1	0.2	0.2	0.3	0.3	0.4	0.4	0.5
	10	0.3	0.4	0.4	0.4	0.4	0.5	0.5	0.5	0.6	0.6		10	0.5	0.6	0.6	0.7	0.7	0.8	0.8	0.9	0.9	1.0
840	20	0.6	0.7	0.7	0.7	0.8	0.8	0.8	0.9	0.9	0.9	740	20	1.0	1.1	1.1	1.2	1.2	1.3	1.4	1.4	1.5	1.5
	30	1.0	1.0	1.0	1.1	1.1	1.1	1.2	1.2	1.2	1.2		30	1.6	1.6	1.7	1.7	1.8	1.8	1.9	1.9	2.0	2.0
	40	1.3	1.3	1.3	1.4	1.4	1.4	1.5	1.5	1.5	1.6		40	2.1	2.1	2.2	2.2	2.3	2.3	2.4	2.4	2.5	2.5
	0	0.0	0.0	0.1	0.1	0.1	0.2	0.2	0.2	0.3	0.3		0	0.0	0.1	0.1	0.2	0.2	0.3	0.3	0.4	0.4	0.5
	10	0.3	0.4	0.4	0.4	0.5	0.5	0.5	0.6	0.6	0.6		10	0.5	0.6	0.6	0.7	0.8	0.8	0.9	0.9	1.0	1.0
830	20	0.7	0.7	0.7	0.8	0.8	0.9	0.9	0.9	1.0	1.0	730	20	1.1	1.1	1.2	1.2	1.3	1.4	1.4	1.5	1.5	1.6
	30	1.0	1.1	1.1	1.1	1.2	1.2	1.2	1.3	1.3	1.3		30	1.6	1.7	1.7	1.8	1.8	1.9	1.9	2.0	2.1	2.1
	40	1.4	1.4	1.4	1.5	1.5	1.5	1.6	1.6	1.6	1.7		40	2.2	2.2	2.3	2.3	2.4	2.4	2.5	2.5	2.6	2.6
	0	0.0	0.0	0.1	0.1	0.1	0.2	0.2	0.3	0.3	0.3		0	0.0	0.1	0.1	0.2	0.2	0.3	0.3	0.4	0.4	0.5
	10	0.4	0.4	0.4	0.5	0.5	0.5	0.6	0.6	0.6	0.7		10	0.6	0.6	0.7	0.7	0.8	0.8	0.9	1.0	1.0	1.1
820	20	0.7	0.8	0.8	0.8	0.9	0.9	0.9	1.0	1.0	1.0	720	20	1.1	1.2	1.2	1.3	1.3	1.4	1.5	1.5	1.6	1.6
	30	1.1	1.1	1.2	1.2	1.2	1.3	1.3	1.3	1.4	1.4		30	1.7	1.7	1.8	1.8	1.9	2.0	2.0	2.1	2.1	2.2
	40	1.4	1.5	1.5	1.5	1.6	1.6	1.7	1.7	1.7	1.8		40	2.2	2.3	2.4	2.4	2.5	2.5	2.6	2.6	2.7	2.7
	0	0.0	0.0	0.1	0.1	0.2	0.2	0.2	0.3	0.3	0.3		0	0.0	0.1	0.1	0.2	0.2	0.3	0.3	0.4	0.5	0.5
	10	0.4	0.4	0.5	0.5	0.5	0.6	0.6	0.6	0.7	0.7		10	0.6	0.6	0.7	0.8	0.8	0.9	0.9	1.0	1.0	1.1
810	20	0.8	0.8	0.8	0.9	0.9	1.0	1.0	1.0	1.1	1.1	710	20	1.2	1.2	1.3	1.3	1.4	1.5	1.5	1.6	1.6	1.7
	30	1.1	1.2	1.2	1.3	1.3	1.3	1.4	1.4	1.4	1.5		30	1.7	1.8	1.9	1.9	2.0	2.0	2.1	2.1	2.2	2.3
	40	1.5	1.6	1.6	1.6	1.7	1.7	1.7	1.8	1.8	1.9		40	2.3	2.4	2.4	2.5	2.6	2.6	2.7	2.7	2.8	2.8
	0	0.0	0.0	0.1	0.1	0.2	0.2	0.2	0.3	0.3	0.4		0	0.0	0.1	0.1	0.2	0.2	0.3	0.4	0.4	0.5	0.5
	10	0.4	0.4	0.5	0.5	0.6	0.6	0.6	0.7	0.7	0.8		10	0.6	0.7	0.7	0.8	0.8	0.9	1.0	1.0	1.1	1.1
800	20	0.8	0.8	0.9	0.9	1.0	1.0	1.0	1.1	1.1	1.2	700	20	1.2	1.3	1.3	1.4	1.4	1.5	1.6	1.6	1.7	1.7
	30	1.2	1.2	1.3	1.3	1.4	1.4	1.4	1.5	1.5	1.6		30	1.8	1.9	1.9	2.0	2.0	2.1	2.2	2.2	2.3	2.3
	40	1.6	1.6	1.7	1.7	1.8	1.8	1.8	1.9	1.9	2.0		40	2.4	2.5	2.5	2.6	2.6	2.7	2.8	2.8	2.9	2.9

P (hPa)	n	0	1	2	3	4	5	6	7	8	9	P (hPa)	n	0	1	2	3	4	5	6	7	8	9
	0	0.0	0.1	0.1	0.2	0.2	0.3	0.4	0.4	0.5	0.6		0	0.0	0.1	0.2	0.2	0.3	0.4	0.5	0.6	0.7	0.7
	10	0.6	0.7	0.7	0.8	0.9	0.9	1.0	1.1	1.1	1.2		10	0.8	0.9	1.0	1.1	1.1	1.2	1.3	1.4	1.5	1.6
690	20	1.2	1.3	1.4	1.4	1.5	1.6	1.6	1.7	1.7	1.8	590	20	1.6	1.7	1.8	1.9	2.0	2.1	2.1	2.2	2.3	2.4
	30	1.9	1.9	2.0	2.0	2.1	2.2	2.2	2.3	2.4	2.4		30	2.5	2.5	2.6	2.7	2.8	2.9	3.0	3.0	3.1	3.2
	40	2.5	2.5	2.6	2.7	2.7	2.8	2.9	2.9	3.0	3.0		40	3.3	3.4	3.4	3.5	3.6	3.7	3.8	3.9	3.9	4.0
	0	0.0	0.1	0.1	0.2	0.3	0.3	0.4	0.4	0.5	0.6		0	0.0	0.1	0.2	0.3	0.3	0.4	0.5	0.6	0.7	0.8
	10	0.6	0.7	0.8	0.8	0.9	1.0	1.0	1.1	1.2	1.2		10	0.8	0.9	1.0	1.1	1.2	1.3	1.3	1.4	1.5	1.6
680	20	1.3	1.3	1.4	1.5	1.5	1.6	1.7	1.7	1.8	1.9	580	20	1.7	1.8	1.8	1.9	2.0	2.1	2.2	2.3	2.4	2.4
	30	1.9	2.0	2.0	2.1	2.2	2.2	2.3	2.4	2.4	2.5		30	2.5	2.6	2.7	2.8	2.9	2.9	3.0	3.1	3.2	3.3
	40	2.6	2.6	2.7	2.8	2.8	2.9	2.9	3.0	3.1	3.1		40	3.4	3.4	3.5	3.6	3.7	3.8	3.9	3.9	4.0	4.1
	0	0.0	0.1	0.1	0.2	0.3	0.3	0.4	0.5	0.5	0.6		0	0.0	0.1	0.2	0.3	0.3	0.4	0.5	0.6	0.7	0.8
	10	0.7	0.7	0.8	0.9	0.9	1.0	1.1	1.1	1.2	1.3		10	0.9	0.9	1.0	1.1	1.2	1.3	1.4	1.5	1.5	1.6
670	20	1.3	1.4	1.5	1.5	1.6	1.7	1.7	1.8	1.8	1.9	570	20	1.7	1.8	1.9	2.0	2.1	2.2	2.2	2.3	2.4	2.5
	30	2.0	2.0	2.1	2.2	2.2	2.3	2.4	2.4	2.5	2.6		30	2.6	2.7	2.8	2.8	2.9	3.0	3.1	3.2	3.3	3.4
	40	2.6	2.7	2.8	2.8	2.9	3.0	3.0	3.1	3.2	3.2		40	3.4	3.5	3.6	3.7	3.8	3.9	4.0	4.0	4.1	4.2
	0	0.0	0.1	0.1	0.2	0.3	0.3	0.4	0.5	0.5	0.6		0	0.0	0.1	0.2	0.3	0.4	0.4	0.5	0.6	0.7	0.8
	10	0.7	0.7	0.8	0.9	1.0	1.0	1.1	1.2	1.2	1.3		10	0.9	1.0	1.1	1.1	1.2	1.3	1.4	1.5	1.6	1.7
660	20	1.4	1.4	1.5	1.6	1.6	1.7	1.8	1.8	1.9	2.0	560	20	1.8	1.8	1.9	2.0	2.1	2.2	2.3	2.4	2.5	2.6
	30	2.0	2.1	2.2	2.2	2.3	2.4	2.4	2.5	2.6	2.7		30	2.6	2.7	2.8	2.9	3.0	3.1	3.2	3.3	3.3	3.4
	40	2.7	2.8	2.9	2.9	3.0	3.1	3.1	3.2	3.3	3.3		40	3.5	3.6	3.7	3.8	3.9	4.0	4.0	4.1	4.2	4.3
	0	0.0	0.1	0.1	0.2	0.3	0.4	0.4	0.5	0.6	0.6		0	0.0	0.1	0.2	0.3	0.4	0.5	0.5	0.6	0.7	0.8
	10	0.7	0.8	0.8	0.9	1.0	1.1	1.1	1.2	1.3	1.3		10	0.9	1.0	1.1	1.2	1.3	1.4	1.4	1.5	1.6	1.7
650	20	1.4	1.5	1.5	1.6	1.7	1.8	1.8	1.9	2.0	2.0	550	20	1.8	1.9	2.0	2.1	2.2	2.3	2.3	2.4	2.5	2.6
	30	2.1	2.2	2.2	2.3	2.4	2.5	2.5	2.6	2.7	2.7		30	2.7	2.8	2.9	3.0	3.1	3.2	3.2	3.3	3.4	3.5
	40	2.8	2.9	2.9	3.0	3.1	3.2	3.2	3.3	3.4	3.4		40	3.6	3.7	3.8	3.9	4.0	4.1	4.1	4.2	4.3	4.4
	0	0.0	0.1	0.1	0.2	0.3	0.4	0.4	0.5	0.6	0.6		0	0.0	0.1	0.2	0.3	0.4	0.5	0.6	0.6	0.7	0.8
	10	0.7	0.8	0.9	0.9	1.0	1.1	1.2	1.2	1.3	1.4		10	0.9	1.0	1.1	1.2	1.3	1.4	1.5	1.6	1.7	1.7
640	20	1.4	1.5	1.6	1.7	1.7	1.8	1.9	1.9	2.0	2.1	540	20	1.8	1.9	2.0	2.1	2.2	2.3	2.4	2.5	2.6	2.7
	30	2.2	2.2	2.3	2.4	2.4	2.5	2.6	2.7	2.7	2.8		30	2.8	2.9	2.9	3.0	3.1	3.2	3.3	3.4	3.5	3.6
	40	2.9	3.0	3.0	3.1	3.2	3.2	3.3	3.4	3.5	3.5		40	3.7	3.8	3.9	4.0	4.0	4.1	4.2	4.3	4.4	4.5
	0	0.0	0.1	0.1	0.2	0.3	0.4	0.4	0.5	0.6	0.7		0	0.0	0.1	0.2	0.3	0.4	0.5	0.6	0.7	0.8	0.8
	10	0.7	0.8	0.9	1.0	1.0	1.1	1.2	1.3	1.3	1.4		10	0.9	1.0	1.1	1.2	1.3	1.4	1.5	1.6	1.7	1.8
630	20	1.5	1.6	1.6	1.7	1.8	1.9	1.9	2.0	2.1	2.1	530	20	1.9	2.0	2.1	2.2	2.3	2.4	2.4	2.5	2.6	2.7
	30	2.2	2.3	2.4	2.4	2.5	2.6	2.7	2.7	2.8	2.9		30	2.8	2.9	3.0	3.1	3.2	3.3	3.4	3.5	3.6	3.7
	40	3.0	3.0	3.1	3.2	3.3	3.3	3.4	3.5	3.6	3.6		40	3.8	3.9	3.9	4.0	4.1	4.2	4.3	4.4	4.5	4.6
	0	0.0	0.1	0.2	0.2	0.3	0.4	0.5	0.5	0.6	0.7		0	0.0	0.1	0.2	0.3	0.4	0.5	0.6	0.7	0.8	0.9
	10	0.8	0.8	0.9	1.0	1.1	1.1	1.2	1.3	1.4	1.4		10	1.0	1.1	1.2	1.2	1.3	1.4	1.5	1.6	1.7	1.8
620	20	1.5	1.6	1.7	1.7	1.8	1.9	2.0	2.1	2.1	2.2	520	20	1.9	2.0	2.1	2.2	2.3	2.4	2.5	2.6	2.7	2.8
	30	2.3	2.4	2.4	2.5	2.6	2.7	2.7	2.8	2.9	3.0		30	2.9	3.0	3.1	3.2	3.3	3.4	3.5	3.6	3.6	3.7
	40	3.0	3.1	3.2	3.3	3.3	3.4	3.5	3.6	3.6	3.7		40	3.8	3.9	4.0	4.1	4.2	4.3	4.4	4.5	4.6	4.7
	0	0.0	0.1	0.2	0.2	0.3	0.4	0.5	0.5	0.6	0.7		0	0.0	0.1	0.2	0.3	0.4	0.5	0.6	0.7	0.8	0.9
	10	0.8	0.9	0.9	1.0	1.1	1.2	1.2	1.3	1.4	1.5		10	1.0	1.1	1.2	1.3	1.4	1.5	1.6	1.7	1.8	1.9
610	20	1.6	1.6	1.7	1.8	1.9	2.0	2.0	2.1	2.2	2.3	510	20	2.0	2.1	2.2	2.3	2.4	2.5	2.5	2.6	2.7	2.8
	30	2.3	2.4	2.5	2.6	2.7	2.7	2.8	2.9	3.0	3.0		30	2.9	3.0	3.1	3.2	3.3	3.4	3.5	3.6	3.7	3.8
	40	3.1	3.2	3.3	3.4	3.4	3.5	3.6	3.7	3.7	3.8		40	3.9	4.0	4.1	4.2	4.3	4.4	4.5	4.6	4.7	4.8
	0	0.0	0.1	0.2	0.2	0.3	0.4	0.5	0.6	0.6	0.7		0	0.0	0.1	0.2	0.3	0.4	0.5	0.6	0.7	0.8	0.9
	10	0.8	0.9	1.0	1.0	1.1	1.2	1.3	1.4	1.4	1.5		10	1.0	1.1	1.2	1.3	1.4	1.5	1.6	1.7	1.8	1.9
600	20	1.6	1.7	1.8	1.8	1.9	2.0	2.1	2.2	2.2	2.3	500	20	2.0	2.1	2.2	2.3	2.4	2.5	2.6	2.7	2.8	2.9
	30	2.4	2.5	2.6	2.6	2.7	2.8	2.9	3.0	3.0	3.1		30	3.0	3.1	3.2	3.3	3.4	3.5	3.6	3.7	3.8	3.9
	40	3.2	3.3	3.4	3.4	3.5	3.6	3.7	3.8	3.8	3.9		40	4.0	4.1	4.2	4.3	4.4	4.5	4.6	4.7	4.8	4.9

表 4　干球温度小于-20℃由相对湿度 U 反查 e、t_d 表

U	e	t_d	U	e	t_d	U	e	t_d	U	e	t_d	U	e	t_d	U	e	t_d
自-51.7 到-51.3			自-51.2 到-50.8			自-50.7 到-50.3			自-50.2 到-49.7			自-49.6 到-49.3			自-49.2 到-48.8		
10	0.01	-69.3	10	0.01	-68.9	10	0.01	-68.5	10	0.01	-68.5	10	0.01	-68.0	10	0.01	-67.5
20	0.01	-64.4	20	0.01	-63.9	20	0.01	-63.5	20	0.01	-63.2	20	0.01	-62.7	20	0.01	-62.2
30	0.02	-61.3	30	0.02	-60.8	30	0.02	-60.4	30	0.02	-60.0	30	0.02	-59.6	30	0.02	-59.1
40	0.02	-59.2	40	0.02	-58.5	40	0.02	-58.1	40	0.03	-57.6	40	0.03	-57.3	40	0.03	-56.8
50	0.03	-57.3	50	0.03	-56.7	50	0.03	-56.3	50	0.03	-55.8	50	0.03	-55.4	50	0.04	-54.9
60	0.03	-55.8	60	0.03	-55.2	60	0.04	-54.8	60	0.04	-54.3	60	0.04	-53.9	60	0.04	-53.4
70	0.04	-54.6	70	0.04	-54.0	70	0.04	-53.5	70	0.04	-53.0	70	0.05	-52.6	70	0.05	-52.1
80	0.04	-53.5	80	0.05	-52.8	80	0.05	-52.4	80	0.05	-51.9	80	0.05	-51.4	80	0.06	-51.0
90	0.05	-52.5	90	0.05	-51.8	90	0.05	-51.4	90	0.06	-50.8	90	0.06	-50.5	90	0.06	-50.0
100	0.05	-51.6	100	0.06	-50.9	100	0.06	-50.5	100	0.06	-49.9	100	0.07	-49.5	100	0.07	-49.0
自-48.7 到-48.3			自-48.2 到-47.8			自-47.7 到-47.3			自-47.2 到-46.8			自-46.7 到-46.3			自-46.2 到-45.8		
10	0.01	-66.9	10	0.01	-66.5	10	0.01	-66.1	10	0.01	-66.0	10	0.01	-65.3	10	0.01	-64.9
20	0.02	-61.8	20	0.02	-61.3	20	0.02	-61.0	20	0.02	-60.6	20	0.02	-60.1	20	0.02	-59.6
30	0.02	-58.6	30	0.02	-58.1	30	0.03	-57.7	30	0.03	-57.3	30	0.03	-56.8	30	0.03	-56.3
40	0.03	-56.3	40	0.03	-55.8	40	0.03	-55.4	40	0.04	-54.9	40	0.04	-54.4	40	0.04	-54.0
50	0.04	-54.4	50	0.04	-53.9	50	0.04	-53.5	50	0.04	-53.0	50	0.05	-52.6	50	0.05	-52.1
60	0.05	-52.9	60	0.05	-52.4	60	0.05	-52.0	60	0.05	-51.5	60	0.06	-51.1	60	0.06	-50.5
70	0.05	-51.6	70	0.06	-51.1	70	0.06	-50.7	70	0.06	-50.2	70	0.07	-49.7	70	0.07	-49.2
80	0.06	-50.5	80	0.06	-50.0	80	0.07	-49.5	80	0.07	-49.0	80	0.08	-48.5	80	0.08	-48.0
90	0.07	-49.4	90	0.07	-48.9	90	0.08	-48.4	90	0.08	-48.0	90	0.08	-47.4	90	0.09	-46.9
100	0.08	-48.5	100	0.08	-48.0	100	0.08	-47.5	100	0.09	-47.0	100	0.09	-46.5	100	0.10	-46.0
自-45.7 到-45.3			自-45.2 到-44.8			自-44.7 到-44.3			自-44.2 到-43.8			自-43.7 到-43.3			自-43.2 到-42.7		
10	0.01	-64.5	10	0.01	-64.1	10	0.01	-63.8	10	0.01	-63.3	10	0.01	-62.9	10	0.01	-62.6
20	0.02	-59.2	20	0.02	-58.8	20	0.02	-58.4	20	0.02	-57.9	20	0.03	-57.4	20	0.03	-57.0
30	0.03	-55.9	30	0.03	-55.5	30	0.04	-55.0	30	0.04	-54.5	30	0.04	-54.1	30	0.04	-53.7
40	0.04	-53.6	40	0.04	-53.1	40	0.05	-52.6	40	0.05	-52.1	40	0.05	-51.7	40	0.06	-51.2
50	0.05	-51.6	50	0.06	-51.2	50	0.06	-50.7	50	0.06	-50.2	50	0.07	-49.7	50	0.07	-49.3
60	0.06	-50.1	60	0.07	-49.6	60	0.07	-49.1	60	0.07	-48.7	60	0.08	-48.1	60	0.08	-47.6
70	0.07	-48.7	70	0.08	-48.2	70	0.08	-47.8	70	0.09	-47.2	70	0.09	-46.7	70	0.10	-46.2
80	0.08	-47.5	80	0.09	-47.0	80	0.09	-46.5	80	0.10	-46.0	80	0.10	-45.5	80	0.11	-45.1
90	0.09	-46.4	90	0.10	-46.0	90	0.11	-45.5	90	0.11	-44.9	90	0.12	-44.5	90	0.12	-44.0
100	0.11	-45.5	100	0.11	-45.0	100	0.12	-44.5	100	0.12	-44.0	100	0.13	-43.5	100	0.14	-43.0
自-42.6 到-42.1			自-42.0 到-41.6			自-41.5 到-41.1			自-41.0 到-40.6			自-40.5 到-40.1			自-40.0 到-39.7		
10	0.01	-62.0	10	0.02	-61.5	10	0.02	-61.0	10	0.02	-60.7	10	0.02	-60.2	10	0.02	-59.8
20	0.03	-56.4	20	0.03	-56.0	20	0.03	-55.6	20	0.03	-55.1	20	0.04	-54.7	20	0.04	-54.2
30	0.04	-53.0	30	0.05	-52.6	30	0.05	-52.2	30	0.05	-51.7	30	0.05	-51.3	30	0.06	-50.8
40	0.06	-50.5	40	0.06	-50.1	40	0.07	-49.7	40	0.07	-49.2	40	0.07	-48.8	40	0.08	-48.3
50	0.07	-48.6	50	0.08	-48.1	50	0.08	-47.6	50	0.09	-47.2	50	0.09	-46.7	50	0.10	-46.2
60	0.09	-47.0	60	0.09	-46.5	60	0.10	-46.0	60	0.10	-45.6	60	0.11	-45.1	60	0.12	-44.6
70	0.10	-45.6	70	0.11	-45.1	70	0.12	-44.6	70	0.12	-44.2	70	0.13	-43.7	70	0.14	-43.2
80	0.12	-44.4	80	0.13	-43.9	80	0.13	-43.4	80	0.14	-42.9	80	0.15	-42.4	80	0.15	-41.9
90	0.13	-43.3	90	0.14	-42.8	90	0.15	-42.3	90	0.16	-41.8	90	0.16	-41.3	90	0.17	-40.8
100	0.15	-42.3	100	0.16	-41.8	100	0.17	-41.3	100	0.17	-40.8	100	0.18	-40.3	100	0.19	-39.8
自-39.6 到-39.3			自-39.2 到-38.9			自-38.8 到-38.5			自-38.4 到-38.1			自-38.0 到-37.7			自-37.6 到-37.3		
10	0.02	-59.7	10	0.02	-59.3	10	0.02	-59.0	10	0.02	-58.6	10	0.02	-58.3	10	0.02	-57.9
20	0.04	-53.9	20	0.04	-53.6	20	0.04	-53.2	20	0.05	-52.8	20	0.05	-52.6	20	0.05	-52.2
30	0.06	-50.5	30	0.06	-50.1	30	0.07	-49.8	30	0.07	-49.4	30	0.07	-49.0	30	0.07	-48.7
40	0.08	-48.0	40	0.08	-47.5	40	0.09	-47.2	40	0.09	-46.8	40	0.09	-46.4	40	0.10	-46.1
50	0.10	-46.0	50	0.11	-45.5	50	0.11	-45.2	50	0.11	-44.8	50	0.12	-44.4	50	0.12	-44.0
60	0.12	-44.2	60	0.13	-43.9	60	0.13	-43.5	60	0.14	-43.1	60	0.14	-43.7	60	0.15	-42.3
70	0.14	-42.8	70	0.15	-42.4	70	0.15	-42.0	70	0.16	-41.6	70	0.17	-41.3	70	0.17	-40.9
80	0.16	-41.6	80	0.17	-41.1	80	0.17	-40.8	80	0.18	-40.3	80	0.19	-40.0	80	0.20	-39.6
90	0.18	-40.4	90	0.19	-40.0	90	0.20	-39.6	90	0.21	-39.2	90	0.21	-38.8	90	0.22	-38.4
100	0.20	-39.4	100	0.21	-39.0	100	0.22	-38.6	100	0.23	-38.2	100	0.24	-37.8	100	0.25	-37.4

U	e	t_d	U	e	t_d	U	e	t_d	U	e	t_d	U	e	t_d	U	e	t_d
自-37.2 到-36.9			自-36.8 到-36.5			自-36.4 到-36.1			自-36.0 到-35.8			自-35.7 到-35.5			自-35.4 到-35.2		
10	0.03	-57.6	10	0.03	-57.3	10	0.03	-57.0	10	0.03	-56.7	10	0.03	-56.4	10	0.03	-56.2
20	0.05	-51.9	20	0.05	-51.4	20	0.06	-51.1	20	0.06	-50.9	20	0.06	-50.6	20	0.06	-50.4
30	0.08	-48.3	30	0.08	-48.0	30	0.08	-47.6	30	0.09	-47.3	30	0.09	-47.0	30	0.09	-46.7
40	0.10	-45.7	40	0.11	-45.3	40	0.11	-45.0	40	0.11	-44.7	40	0.12	-44.4	40	0.12	-44.1
50	0.13	-43.7	50	0.13	-43.3	50	0.14	-42.9	50	0.14	-42.6	50	0.15	-42.4	50	0.15	-42.1
60	0.15	-41.9	60	0.16	-41.6	60	0.17	-41.2	60	0.17	-40.9	60	0.18	-40.6	60	0.18	-40.3
70	0.18	-40.5	70	0.19	-40.1	70	0.19	-39.7	70	0.20	-39.4	70	0.21	-39.1	70	0.21	-38.8
80	0.21	-39.2	80	0.21	-38.8	80	0.22	-38.4	80	0.23	-38.1	80	0.24	-37.8	80	0.24	-37.5
90	0.23	-38.0	90	0.24	-37.6	90	0.25	-37.3	90	0.26	-37.0	90	0.27	-36.7	90	0.27	-36.3
100	0.26	-37.0	100	0.27	-36.6	100	0.28	-36.2	100	0.29	-35.9	100	0.30	-35.6	100	0.31	-35.3
自-35.1 到-34.9			自-34.8 到-34.6			自-34.5 到-34.3			自-34.2 到-34.0			自-33.9 到-33.7			自-33.6 到-33.4		
10	0.03	-56.0	10	0.03	-55.7	10	0.03	-55.5	10	0.03	-55.2	10	0.04	-55.0	10	0.04	-54.8
20	0.06	-50.1	20	0.06	-49.8	20	0.07	-49.6	20	0.07	-49.3	20	0.07	-49.1	20	0.07	-48.8
30	0.09	-46.5	30	0.10	-46.2	30	0.10	-46.0	30	0.10	-45.7	30	0.11	-45.4	30	0.11	-45.2
40	0.13	-43.9	40	0.13	-43.6	40	0.13	-43.3	40	0.14	-43.0	40	0.14	-42.8	40	0.15	-42.5
50	0.16	-41.8	50	0.16	-41.5	50	0.17	-41.2	50	0.17	-40.9	50	0.18	-40.7	50	0.18	-40.4
60	0.19	-40.0	60	0.19	-39.8	60	0.20	-39.5	60	0.21	-39.2	60	0.21	-38.9	60	0.22	-38.6
70	0.22	-38.5	70	0.23	-38.3	70	0.23	-38.0	70	0.24	-37.7	70	0.25	-37.4	70	0.25	-37.1
80	0.25	-37.2	80	0.26	-37.0	80	0.27	-36.7	80	0.27	-36.4	80	0.28	-36.1	80	0.29	-35.8
90	0.28	-36.0	90	0.29	-35.8	90	0.30	-35.5	90	0.31	-35.2	90	0.32	-34.9	90	0.33	-34.6
100	0.31	-35.0	100	0.32	-34.7	100	0.33	-34.4	100	0.34	-34.1	100	0.35	-33.8	100	0.36	-33.5
自-33.3 到-33.1			自-33.0 到-32.8			自-32.7 到-32.5			自-32.4 到-32.2			自-32.1 到-31.9			自-31.8 到-31.6		
10	0.04	-54.5	10	0.04	-54.3	10	0.04	-54.0	10	0.04	-53.8	10	0.04	-53.5	10	0.04	-53.3
20	0.07	-48.6	20	0.08	-48.3	20	0.08	-48.1	20	0.08	-47.8	20	0.08	-47.5	20	0.09	-47.2
30	0.11	-44.9	30	0.12	-44.6	30	0.12	-44.4	30	0.12	-44.1	30	0.13	-43.8	30	0.13	-43.6
40	0.15	-42.2	40	0.15	-41.9	40	0.16	-41.7	40	0.16	-41.4	40	0.17	-41.1	40	0.17	-40.8
50	0.19	-40.1	50	0.19	-39.8	50	0.20	-39.5	50	0.20	-39.2	50	0.21	-39.0	50	0.22	-38.7
60	0.22	-38.3	60	0.23	-38.0	60	0.24	-37.7	60	0.24	-37.5	60	0.25	-37.2	60	0.26	-36.9
70	0.26	-36.8	70	0.27	-36.5	70	0.28	-36.2	70	0.29	-35.9	70	0.29	-35.7	70	0.30	-35.4
80	0.30	-35.5	80	0.31	-35.2	80	0.32	-34.9	80	0.33	-34.6	80	0.34	-34.3	80	0.35	-34.0
90	0.34	-34.3	90	0.35	-34.0	90	0.36	-33.7	90	0.37	-33.4	90	0.38	-33.1	90	0.39	-32.8
100	0.37	-33.2	100	0.39	-32.9	100	0.40	-32.6	100	0.41	-32.3	100	0.42	-32.0	100	0.43	-31.7
自-31.5 到-31.3			自-31.2 到-31.1			自-31.0 到-30.9			自-30.8 到-30.7			自-30.6 到-30.5			自-30.4 到-30.3		
10	0.04	-53.1	10	0.05	-52.8	10	0.05	-52.6	10	0.05	-52.5	10	0.05	-52.3	10	0.05	-52.2
20	0.09	-47.0	20	0.09	-46.7	20	0.09	-46.6	20	0.10	-46.4	20	0.10	-46.2	20	0.10	-46.1
30	0.13	-43.3	30	0.14	-43.0	30	0.14	-42.8	30	0.14	-42.7	30	0.15	-42.5	30	0.15	-42.3
40	0.18	-40.6	40	0.18	-40.3	40	0.19	-40.1	40	0.19	-39.9	40	0.19	-39.7	40	0.20	-39.6
50	0.22	-38.4	50	0.23	-38.1	50	0.23	-38.0	50	0.24	-37.7	50	0.24	-37.6	50	0.25	-37.4
60	0.27	-36.6	60	0.27	-36.3	60	0.28	-36.1	60	0.29	-35.9	60	0.29	-35.8	60	0.30	-35.6
70	0.31	-35.1	70	0.32	-34.8	70	0.33	-34.6	70	0.33	-34.4	70	0.34	-34.2	70	0.35	-34.0
80	0.36	-33.7	80	0.37	-33.4	80	0.37	-33.2	80	0.38	-33.0	80	0.39	-32.8	80	0.40	-32.6
90	0.40	-32.5	90	0.41	-32.2	90	0.42	-32.0	90	0.43	-31.8	90	0.44	-31.6	90	0.44	-31.4
100	0.45	-31.4	100	0.46	-31.1	100	0.47	-30.9	100	0.48	-30.7	100	0.49	-30.5	100	0.49	-30.3
-30.2			-30.1			-30.0			-29.9			-29.8			-29.7		
5	0.03	-57.9	5	0.03	-57.8	5	0.03	-57.7	5	0.03	-57.6	5	0.03	-57.6	5	0.03	-57.5
10	0.05	-52.1	10	0.05	-52.0	10	0.05	-51.9	10	0.05	-51.9	10	0.05	-51.8	10	0.05	-51.7
15	0.07	-48.6	15	0.08	-48.4	15	0.08	-48.4	15	0.08	-48.3	15	0.08	-48.2	15	0.08	-48.2
20	0.10	-46.0	20	0.10	-45.9	20	0.10	-45.8	20	0.10	-45.7	20	0.10	-45.6	20	0.10	-45.5
25	0.12	-43.9	25	0.13	-43.9	25	0.13	-43.8	25	0.13	-43.7	25	0.13	-43.6	25	0.13	-43.5
30	0.15	-42.2	30	0.15	-42.1	30	0.15	-42.0	30	0.15	-41.9	30	0.16	-41.9	30	0.16	-41.8
35	0.17	-40.8	35	0.18	-40.7	35	0.18	-40.6	35	0.18	-40.5	35	0.18	-40.4	35	0.18	-40.3
40	0.20	-39.5	40	0.20	-39.4	40	0.20	-39.3	40	0.21	-39.2	40	0.21	-39.1	40	0.21	-39.0
45	0.22	-38.3	45	0.23	-38.2	45	0.23	-38.1	45	0.23	-38.0	45	0.23	-38.0	45	0.24	-37.9
50	0.25	-37.3	50	0.25	-37.2	50	0.25	-37.1	50	0.26	-37.0	50	0.26	-36.9	50	0.26	-36.8
55	0.27	-36.4	55	0.28	-36.2	55	0.28	-36.1	55	0.28	-36.0	55	0.28	-36.0	55	0.29	-35.9
60	0.30	-35.5	60	0.30	-35.4	60	0.31	-35.3	60	0.31	-35.2	60	0.31	-35.1	60	0.31	-35.0
65	0.32	-34.7	65	0.33	-34.6	65	0.33	-34.5	65	0.33	-34.4	65	0.34	-34.3	65	0.34	-34.2
70	0.35	-33.9	70	0.35	-33.8	70	0.36	-33.7	70	0.36	-33.6	70	0.36	-33.5	70	0.37	-33.4

U	e	t_d	U	e	t_d	U	e	t_d	U	e	t_d	U	e	t_d	U	e	t_d
	-30.2			**-30.1**			**-30.0**			**-29.9**			**-29.8**			**-29.7**	
75	0.37	-33.2	75	0.38	-33.1	75	0.38	-33.0	75	0.39	-32.9	75	0.39	-32.8	75	0.39	-32.7
80	0.40	-32.5	80	0.40	-32.4	80	0.41	-32.3	80	0.41	-32.2	80	0.41	-32.1	80	0.42	-32.0
85	0.42	-31.9	85	0.43	-31.8	85	0.43	-31.7	85	0.44	-31.6	85	0.44	-31.5	85	0.44	-31.4
90	0.45	-31.3	90	0.45	-31.2	90	0.46	-31.1	90	0.46	-31.0	90	0.47	-30.9	90	0.47	-30.8
95	0.47	-30.7	95	0.48	-30.6	95	0.48	-30.5	95	0.49	-30.4	95	0.49	-30.3	95	0.50	-30.2
100	0.50	-30.2	100	0.50	-30.1	100	0.51	-30.0	100	0.51	-29.9	100	0.52	-29.8	100	0.52	-29.7
	-29.6			**-29.5**			**-29.4**			**-29.3**			**-29.2**			**-29.1**	
5	0.03	-56.4	5	0.03	-57.3	5	0.03	-56.3	5	0.03	-56.2	5	0.03	-57.2	5	0.03	-57.0
10	0.05	-51.6	10	0.05	-51.6	10	0.05	-51.4	10	0.05	-51.4	10	0.05	-51.3	10	0.06	-51.2
15	0.08	-48.1	15	0.08	-48.0	15	0.08	-47.9	15	0.08	-47.9	15	0.08	-47.7	15	0.08	-47.6
20	0.11	-45.4	20	0.11	-45.4	20	0.11	-45.3	20	0.11	-45.2	20	0.11	-45.1	20	0.11	-45.0
25	0.13	-43.4	25	0.13	-43.3	25	0.13	-43.2	25	0.14	-43.1	25	0.14	-43.0	25	0.14	-42.9
30	0.16	-41.7	30	0.16	-41.6	30	0.16	-41.5	30	0.16	-41.4	30	0.16	-41.3	30	0.17	-41.2
35	0.18	-40.2	35	0.19	-40.1	35	0.19	-40.0	35	0.19	-39.9	35	0.19	-39.9	35	0.19	-39.8
40	0.21	-38.9	40	0.21	-38.8	40	0.22	-38.7	40	0.22	-38.6	40	0.22	-38.6	40	0.22	-38.5
45	0.24	-37.8	45	0.24	-37.7	45	0.24	-37.6	45	0.24	-37.5	45	0.25	-37.4	45	0.25	-37.3
50	0.26	-36.7	50	0.27	-36.6	50	0.27	-36.5	50	0.27	-36.4	50	0.27	-36.4	50	0.28	-36.2
55	0.29	-35.8	55	0.29	-35.7	55	0.30	-35.6	55	0.30	-35.5	55	0.30	-35.4	55	0.30	-35.3
60	0.32	-34.9	60	0.32	-34.8	60	0.32	-34.7	60	0.33	-34.6	60	0.33	-34.5	60	0.33	-34.4
65	0.34	-34.1	65	0.35	-34.0	65	0.35	-33.9	65	0.35	-33.8	65	0.36	-33.7	65	0.36	-33.6
70	0.37	-33.3	70	0.37	-33.2	70	0.38	-33.1	70	0.38	-33.0	70	0.38	-32.9	70	0.39	-32.8
75	0.40	-32.6	75	0.40	-32.5	75	0.40	-32.4	75	0.41	-32.3	75	0.41	-32.2	75	0.42	-32.1
80	0.42	-31.9	80	0.43	-31.9	80	0.43	-31.8	80	0.43	-31.7	80	0.44	-31.6	80	0.44	-31.4
85	0.45	-31.3	85	0.45	-31.2	85	0.46	-31.1	85	0.46	-31.0	85	0.47	-30.9	85	0.47	-30.8
90	0.48	-30.7	90	0.48	-30.6	90	0.48	-30.5	90	0.49	-30.4	90	0.49	-30.3	90	0.50	-30.2
95	0.50	-30.1	95	0.51	-30.1	95	0.51	-30.0	95	0.52	-29.9	95	0.52	-29.7	95	0.53	-29.6
100	0.53	-29.6	100	0.53	-29.5	100	0.54	-29.4	100	0.54	-29.3	100	0.55	-29.2	100	0.55	-29.1
	-29.0			**-28.9**			**-28.8**			**-28.7**			**-28.6**			**-28.5**	
5	0.03	-57.0	5	0.03	-56.9	5	0.03	-56.8	5	0.03	-56.7	5	0.03	-56.7	5	0.03	-56.5
10	0.06	-51.1	10	0.06	-51.1	10	0.06	-51.0	10	0.06	-50.9	10	0.06	-50.8	10	0.06	-50.7
15	0.03	-47.5	15	0.08	-47.4	15	0.09	-47.4	15	0.09	-47.3	15	0.09	-47.2	15	0.09	-47.1
20	0.11	-44.9	20	0.11	-44.9	20	0.11	-44.8	20	0.12	-44.7	20	0.12	-44.6	20	0.12	-44.5
25	0.14	-42.9	25	0.14	-42.8	25	0.14	-42.7	25	0.14	-42.6	25	0.15	-42.5	25	0.15	-42.4
30	0.17	-41.2	30	0.17	-41.1	30	0.17	-41.0	30	0.17	-40.9	30	0.17	-40.8	30	0.18	-40.7
35	0.20	-39.7	35	0.20	-39.6	35	0.20	-39.5	35	0.20	-39.4	35	0.20	-39.3	35	0.20	-39.2
40	0.22	-38.4	40	0.23	-38.3	40	0.23	-38.2	40	0.23	-38.1	40	0.23	-38.0	40	0.23	-37.9
45	0.25	-37.2	45	0.25	-37.1	45	0.26	-37.0	45	0.26	-36.9	45	0.26	-36.8	45	0.26	-36.8
50	0.28	-36.2	50	0.28	-36.1	50	0.28	-36.0	50	0.29	-35.9	50	0.29	-35.8	50	0.29	-35.7
55	0.31	-35.2	55	0.31	-35.1	55	0.31	-35.0	55	0.32	-34.9	55	0.32	-34.8	55	0.32	-34.7
60	0.34	-34.3	60	0.34	-34.2	60	0.34	-34.2	60	0.35	-34.0	60	0.35	-34.0	60	0.35	-33.9
65	0.36	-33.5	65	0.37	-33.4	65	0.37	-33.3	65	0.37	-33.2	65	0.38	-33.1	65	0.38	-33.0
70	0.39	-32.7	70	0.39	-32.7	70	0.40	-32.6	70	0.40	-32.5	70	0.41	-32.4	70	0.41	-32.3
75	0.42	-32.0	75	0.42	-31.9	75	0.43	-31.9	75	0.43	-31.7	75	0.44	-31.7	75	0.44	-31.6
80	0.45	-31.4	80	0.45	-31.3	80	0.46	-31.2	80	0.46	-31.1	80	0.46	-31.0	80	0.47	-30.9
85	0.48	-30.7	85	0.48	-30.6	85	0.48	-30.5	85	0.49	-30.4	85	0.49	-30.3	85	0.50	-30.2
90	0.50	-30.1	90	0.51	-30.0	90	0.51	-29.9	90	0.52	-29.8	90	0.52	-29.7	90	0.53	-29.6
95	0.53	-29.5	95	0.54	-29.4	95	0.54	-29.3	95	0.55	-29.2	95	0.55	-29.1	95	0.56	-29.1
100	0.56	-29.0	100	0.56	-28.9	100	0.57	-28.8	100	0.58	-28.7	100	0.58	-28.6	100	0.59	-28.5
	-28.4			**-28.3**			**-28.2**			**-28.1**			**-28.0**			**-27.9**	
5	0.03	-56.4	5	0.03	-56.4	5	0.03	-56.3	5	0.03	-56.2	5	0.03	-56.1	5	0.03	-56.1
10	0.06	-50.6	10	0.06	-50.6	10	0.06	-50.5	10	0.06	-50.4	10	0.06	-50.4	10	0.06	-50.2
15	0.09	-47.0	15	0.09	-47.0	15	0.09	-46.9	15	0.09	-46.8	15	0.09	-46.7	15	0.09	-46.6
20	0.12	-44.4	20	0.12	-44.4	20	0.12	-44.3	20	0.12	-44.2	20	0.12	-44.1	20	0.12	-44.0
25	0.15	-42.4	25	0.15	-42.3	25	0.15	-42.2	25	0.15	-42.1	25	0.15	-42.0	25	0.15	-41.9
30	0.18	-40.6	30	0.18	-40.6	30	0.18	-40.4	30	0.18	-40.3	30	0.18	-40.3	30	0.19	-40.2
35	0.21	-39.1	35	0.21	-39.1	35	0.21	-39.0	35	0.21	-38.9	35	0.21	-38.8	35	0.22	-38.7
40	0.24	-37.8	40	0.24	-37.7	40	0.24	-37.7	40	0.24	-37.5	40	0.25	-37.5	40	0.25	-37.4
45	0.27	-36.7	45	0.27	-36.6	45	0.27	-36.5	45	0.27	-36.4	45	0.28	-36.3	45	0.28	-36.2
50	0.30	-35.6	50	0.30	-35.5	50	0.30	-35.4	50	0.30	-35.3	50	0.31	-35.3	50	0.31	-35.1
55	0.33	-34.6	55	0.33	-34.6	55	0.33	-34.5	55	0.33	-33.4	55	0.34	-34.3	55	0.34	-34.2
60	0.35	-33.8	60	0.36	-33.7	60	0.36	-33.6	60	0.36	-33.5	60	0.37	-33.4	60	0.37	-33.3
65	0.38	-32.9	65	0.39	-32.8	65	0.39	-32.7	65	0.40	-32.6	65	0.40	-32.6	65	0.40	-32.5
70	0.41	-32.2	70	0.42	-32.1	70	0.42	-32.0	70	0.43	-31.9	70	0.43	-31.8	70	0.43	-31.7
75	0.44	-31.4	75	0.45	-31.4	75	0.45	-31.3	75	0.46	-31.2	75	0.46	-31.1	75	0.46	-31.0
80	0.47	-30.8	80	0.48	-30.7	80	0.48	-30.6	80	0.49	-30.5	80	0.49	-30.4	80	0.50	-30.3
85	0.50	-30.1	85	0.51	-30.0	85	0.51	-29.9	85	0.52	-29.8	85	0.52	-29.7	85	0.53	-29.6
90	0.53	-29.5	90	0.54	-29.4	90	0.54	-29.3	90	0.55	-29.2	90	0.55	-29.1	90	0.56	-29.0
95	0.56	-29.0	95	0.57	-28.9	95	0.57	-28.8	95	0.58	-28.6	95	0.58	-28.6	95	0.59	-28.4
100	0.59	-28.4	100	0.60	-28.3	100	0.60	-28.2	100	0.61	-28.1	100	0.61	-28.0	100	0.62	-27.9

U	e	t_d	U	e	t_d	U	e	t_d	U	e	t_d	U	e	t_d	U	e	t_d
	-27.8			**-27.7**			**-27.6**			**-27.5**			**-27.4**			**-27.3**	
5	0.03	-56.0	5	0.03	-55.9	5	0.03	-55.9	5	0.03	-55.8	5	0.03	-55.7	5	0.03	-55.6
10	0.06	-50.2	10	0.06	-50.1	10	0.06	-50.0	10	0.06	-50.0	10	0.06	-49.8	10	0.07	-49.8
15	0.09	-46.5	15	0.09	-46.4	15	0.10	-46.4	15	0.10	-46.3	15	0.10	-46.2	15	0.10	-46.1
20	0.13	-43.9	20	0.13	-43.8	20	0.13	-43.8	20	0.13	-43.7	20	0.13	-43.6	20	0.13	-43.5
25	0.16	-41.8	25	0.16	-41.7	25	0.16	-41.6	25	0.16	-41.6	25	0.16	-41.5	25	0.16	-41.4
30	0.19	-40.1	30	0.19	-40.0	30	0.19	-39.9	30	0.19	-39.8	30	0.19	-39.7	30	0.20	-39.6
35	0.22	-38.6	35	0.22	-38.5	35	0.22	-38.4	35	0.22	-38.3	35	0.23	-38.2	35	0.23	-38.2
40	0.25	-37.3	40	0.25	-37.2	40	0.25	-37.1	40	0.26	-37.0	40	0.26	-36.9	40	0.26	-36.8
45	0.28	-36.1	45	0.28	-36.0	45	0.29	-35.9	45	0.29	-35.8	45	0.29	-35.7	45	0.29	-35.7
50	0.31	-35.1	50	0.32	-35.0	50	0.32	-34.9	50	0.32	-34.8	50	0.32	-34.7	50	0.33	-34.6
55	0.34	-34.1	55	0.35	-34.0	55	0.35	-33.9	55	0.35	-33.8	55	0.36	-33.7	55	0.36	-33.6
60	0.38	-33.2	60	0.38	-33.1	60	0.38	-33.0	60	0.39	-32.9	60	0.39	-32.8	60	0.39	-32.7
65	0.41	-32.4	65	0.41	-32.2	65	0.41	-32.2	65	0.42	-32.1	65	0.42	-32.0	65	0.43	-31.9
70	0.44	-31.6	70	0.44	-31.5	70	0.45	-31.4	70	0.45	-31.3	70	0.45	-31.2	70	0.46	-31.1
75	0.47	-30.9	75	0.47	-30.8	75	0.48	-30.7	75	0.48	-30.6	75	0.49	-30.5	75	0.49	-30.4
80	0.50	-30.2	80	0.50	-30.1	80	0.51	-30.0	80	0.51	-29.9	80	0.52	-29.8	80	0.52	-29.7
85	0.53	-29.5	85	0.54	-29.4	85	0.54	-29.4	85	0.55	-29.3	85	0.55	-29.2	85	0.56	-29.1
90	0.56	-28.9	90	0.57	-28.8	90	0.57	-28.7	90	0.58	-28.6	90	0.58	-28.5	90	0.59	-28.4
95	0.59	-28.4	95	0.60	-28.2	95	0.60	-28.2	95	0.61	-28.1	95	0.62	-28.0	95	0.62	-27.9
100	0.63	-27.8	100	0.63	-27.7	100	0.64	-27.6	100	0.64	-27.5	100	0.65	-27.4	100	0.65	-27.3

U	e	t_d	U	e	t_d	U	e	t_d	U	e	t_d	U	e	t_d	U	e	t_d
	-27.2			**-27.1**			**-27.0**			**-26.9**			**-26.8**			**-26.7**	
5	0.03	-55.5	5	0.03	-55.6	5	0.03	-55.4	5	0.03	-55.4	5	0.03	-55.3	5	0.03	-55.2
10	0.07	-49.7	10	0.07	-49.6	10	0.07	-49.5	10	0.07	-49.4	10	0.07	-49.4	10	0.07	-49.3
15	0.10	-46.0	15	0.10	-46.0	15	0.10	-45.9	15	0.10	-45.8	15	0.10	-45.7	15	0.10	-45.6
20	0.13	-43.4	20	0.13	-43.3	20	0.13	-43.2	20	0.14	-43.1	20	0.14	-43.0	20	0.14	-43.0
25	0.17	-41.3	25	0.17	-41.2	25	0.17	-41.1	25	0.17	-41.0	25	0.17	-40.9	25	0.17	-40.9
30	0.20	-39.6	30	0.20	-39.5	30	0.20	-39.4	30	0.20	-39.3	30	0.21	-39.2	30	0.21	-39.1
35	0.23	-38.1	35	0.23	-38.0	35	0.24	-37.9	35	0.24	-37.8	35	0.24	-37.7	35	0.24	-37.6
40	0.26	-36.7	40	0.27	-36.7	40	0.27	-36.5	40	0.27	-36.4	40	0.27	-36.4	40	0.28	-36.3
45	0.30	-35.6	45	0.30	-35.5	45	0.30	-35.4	45	0.31	-35.3	45	0.31	-35.2	45	0.31	-35.1
50	0.33	-34.5	50	0.33	-34.4	50	0.34	-34.3	50	0.34	-34.2	50	0.34	-34.1	50	0.35	-34.0
55	0.36	-33.5	55	0.37	-33.4	55	0.37	-33.3	55	0.37	-33.2	55	0.38	-33.1	55	0.38	-33.0
60	0.40	-32.6	60	0.40	-32.5	60	0.40	-32.4	60	0.41	-32.3	60	0.41	-32.2	60	0.41	-32.1
65	0.43	-31.8	65	0.43	-31.7	65	0.44	-31.6	65	0.44	-31.5	65	0.45	-31.4	65	0.45	-31.3
70	0.46	-31.0	70	0.47	-30.9	70	0.47	-30.8	70	0.48	-30.7	70	0.48	-30.6	70	0.48	-30.5
75	0.50	-30.3	75	0.50	-30.2	75	0.50	-30.1	75	0.51	-30.0	75	0.51	-29.9	75	0.52	-29.8
80	0.53	-29.6	80	0.53	-29.5	80	0.54	-29.4	80	0.54	-29.3	80	0.55	-29.2	80	0.55	-29.1
85	0.56	-29.0	85	0.57	-28.9	85	0.57	-28.7	85	0.58	-28.7	85	0.58	-28.6	85	0.59	-28.5
90	0.59	-28.3	90	0.60	-28.2	90	0.61	-28.1	90	0.61	-28.0	90	0.62	-27.9	90	0.62	-27.9
95	0.63	-27.8	95	0.63	-27.7	95	0.64	-27.5	95	0.65	-27.4	95	0.65	-27.4	95	0.66	-27.3
100	0.66	-27.2	100	0.67	-27.1	100	0.67	-27.0	100	0.68	-26.9	100	0.69	-26.8	100	0.69	-26.7

U	e	t_d	U	e	t_d	U	e	t_d	U	e	t_d	U	e	t_d	U	e	t_d
	-26.6			**-26.5**			**-26.4**			**-26.3**			**-26.2**			**-26.1**	
5	0.03	-55.1	5	0.04	-55.0	5	0.04	-54.9	5	0.04	-54.9	5	0.04	-54.8	5	0.04	-54.8
10	0.07	-49.2	10	0.07	-49.1	10	0.07	-49.0	10	0.07	-48.9	10	0.07	-48.9	10	0.07	-48.8
15	0.10	-45.5	15	0.11	-45.4	15	0.11	-45.4	15	0.11	-45.3	15	0.11	-45.2	15	0.11	-45.1
20	0.14	-42.9	20	0.14	-42.8	20	0.14	-42.7	20	0.14	-42.6	20	0.14	-42.5	20	0.15	-42.4
25	0.17	-40.8	25	0.18	-40.7	25	0.18	-40.6	25	0.18	-40.5	25	0.18	-40.4	25	0.18	-40.3
30	0.21	-39.0	30	0.21	-38.9	30	0.21	-38.8	30	0.22	-38.7	30	0.22	-38.6	30	0.22	-38.6
35	0.24	-37.5	35	0.25	-37.4	35	0.25	-37.3	35	0.25	-37.2	35	0.25	-37.1	35	0.26	-37.0
40	0.28	-36.2	40	0.28	-36.1	40	0.28	-36.0	40	0.29	-35.9	40	0.29	-35.8	40	0.29	-35.7
45	0.31	-35.0	45	0.32	-34.9	45	0.32	-34.8	45	0.32	-34.7	45	0.33	-34.6	45	0.33	-34.5
50	0.35	-33.9	50	0.35	-33.8	50	0.36	-33.7	50	0.36	-33.6	50	0.36	-33.5	50	0.37	-33.5
55	0.38	-32.9	55	0.39	-32.8	55	0.39	-32.7	55	0.39	-32.7	55	0.40	-32.6	55	0.40	-32.5
60	0.42	-32.0	60	0.42	-31.9	60	0.43	-31.9	60	0.43	-31.8	60	0.43	-31.7	60	0.44	-31.6
65	0.45	-31.2	65	0.46	-31.1	65	0.46	-31.0	65	0.47	-30.9	65	0.47	-30.8	65	0.47	-30.7
70	0.49	-30.4	70	0.49	-30.3	70	0.50	-30.2	70	0.50	-30.2	70	0.51	-30.0	70	0.51	-30.0
75	0.52	-29.7	75	0.53	-29.6	75	0.53	-29.5	75	0.54	-29.4	75	0.54	-29.3	75	0.55	-29.2
80	0.56	-29.0	80	0.56	-28.9	80	0.57	-28.8	80	0.57	-28.7	80	0.58	-28.6	80	0.58	-28.5
85	0.59	-28.4	85	0.60	-28.3	85	0.60	-28.2	85	0.61	-28.1	85	0.62	-28.0	85	0.62	-27.9
90	0.63	-27.7	90	0.63	-27.6	90	0.64	-27.5	90	0.65	-27.4	90	0.65	-27.3	90	0.66	-27.3
95	0.66	-27.1	95	0.67	-27.1	95	0.68	-27.0	95	0.68	-26.9	95	0.69	-26.8	95	0.69	-26.7
100	0.70	-26.6	100	0.70	-26.5	100	0.71	-26.4	100	0.72	-26.3	100	0.72	-26.2	100	0.73	-26.1

U	e	t_d	U	e	t_d	U	e	t_d	U	e	t_d	U	e	t_d	U	e	t_d
	-26.0			**-25.9**			**-25.8**			**-25.7**			**-25.6**			**-25.5**	
5	0.04	-54.7	5	0.04	-54.5	5	0.04	-54.5	5	0.04	-54.4	5	0.04	-54.3	5	0.04	-54.3
10	0.07	-48.7	10	0.07	-48.7	10	0.08	-48.5	10	0.08	-48.4	10	0.08	-43.4	10	0.08	-48.3
15	0.11	-45.0	15	0.11	-44.9	15	0.11	-44.9	15	0.11	-44.8	15	0.11	-44.7	15	0.12	-44.6
20	0.15	-42.4	20	0.15	-42.3	20	0.15	-42.2	20	0.15	-42.1	20	0.15	-42.0	20	0.15	-41.9
25	0.18	-40.2	25	0.19	-40.1	25	0.19	-40.1	25	0.19	-40.0	25	0.19	-39.9	25	0.19	-39.8

U	e	t_d	U	e	t_d	U	e	t_d	U	e	t_d	U	e	t_d	U	e	t_d
	-26.0			**-25.9**			**-25.8**			**-25.7**			**-25.6**			**-25.5**	
30	0.22	-38.5	30	0.22	-38.4	30	0.23	-38.3	30	0.23	-38.2	30	0.23	-38.1	30	0.23	-38.0
35	0.26	-37.0	35	0.26	-36.9	35	0.26	-36.8	35	0.26	-36.7	35	0.27	-36.6	35	0.27	-36.5
40	0.29	-35.6	40	0.30	-35.5	40	0.30	-35.5	40	0.30	-35.4	40	0.31	-35.3	40	0.31	-35.2
45	0.33	-34.4	45	0.33	-34.4	45	0.34	-34.3	45	0.34	-34.2	45	0.34	-34.1	45	0.35	-34.0
50	0.37	-33.4	50	0.37	-33.3	50	0.38	-33.2	50	0.38	-33.1	50	0.38	-33.0	50	0.39	-32.9
55	0.41	-32.4	55	0.41	-32.3	55	0.41	-32.2	55	0.42	-32.1	55	0.42	-32.0	55	0.42	-31.9
60	0.44	-31.5	60	0.45	-31.4	60	0.45	-31.3	60	0.45	-31.2	60	0.46	-31.1	60	0.46	-31.0
65	0.48	-30.6	65	0.48	-30.5	65	0.49	-30.4	65	0.49	-30.3	65	0.50	-30.2	65	0.50	-30.2
70	0.52	-29.9	70	0.52	-29.7	70	0.53	-29.7	70	0.53	-29.6	70	0.53	-29.5	70	0.54	-29.4
75	0.55	-29.1	75	0.56	-29.0	75	0.56	-28.9	75	0.57	-28.8	75	0.57	-28.7	75	0.58	-28.6
80	0.59	-28.4	80	0.60	-28.3	80	0.60	-28.2	80	0.61	-28.1	80	0.61	-28.0	80	0.62	-27.9
85	0.63	-27.8	85	0.63	-27.7	85	0.64	-27.6	85	0.64	-27.5	85	0.65	-27.4	85	0.66	-27.3
90	0.66	-27.1	90	0.67	-27.0	90	0.68	-27.0	90	0.68	-26.9	90	0.69	-26.8	90	0.69	-26.7
95	0.70	-26.6	95	0.71	-26.5	95	0.71	-26.4	95	0.72	-26.3	95	0.73	-26.2	95	0.73	-26.1
100	0.74	-26.0	100	0.74	-25.9	100	0.75	-25.8	100	0.76	-25.7	100	0.76	-25.6	100	0.77	-25.5
	-25.4			**-25.3**			**-25.2**			**-25.1**			**-25.0**			**-24.9**	
5	0.04	-54.1	5	0.04	-54.1	5	0.04	-54.0	5	0.04	-53.9	5	0.04	-53.9	5	0.04	-53.8
10	0.08	-48.2	10	0.08	-48.2	10	0.08	-48.1	10	0.08	-48.0	10	0.08	-47.9	10	0.08	-47.9
15	0.12	-44.5	15	0.12	-44.5	15	0.12	-44.4	15	0.12	-44.3	15	0.12	-44.2	15	0.12	-44.1
20	0.16	-41.9	20	0.16	-41.8	20	0.16	-41.7	20	0.16	-41.6	20	0.16	-41.5	20	0.16	-41.4
25	0.19	-39.7	25	0.20	-39.6	25	0.20	-39.5	25	0.20	-39.4	25	0.20	-39.4	25	0.20	-39.3
30	0.23	-38.0	30	0.24	-37.9	30	0.24	-37.8	30	0.24	-37.7	30	0.24	-37.6	30	0.24	-37.5
35	0.27	-36.4	35	0.27	-36.4	35	0.28	-36.2	35	0.28	-36.1	35	0.28	-36.1	35	0.28	-36.0
40	0.31	-35.1	40	0.31	-35.0	40	0.32	-34.9	40	0.32	-34.8	40	0.32	-34.7	40	0.33	-34.6
45	0.35	-33.9	45	0.35	-33.8	45	0.36	-33.7	45	0.36	-33.6	45	0.36	-33.5	45	0.37	-33.4
50	0.39	-32.8	50	0.39	-32.7	50	0.40	-32.6	50	0.40	-32.5	50	0.40	-32.4	50	0.41	-32.3
55	0.43	-31.8	55	0.43	-31.7	55	0.44	-31.6	55	0.44	-31.5	55	0.44	-31.4	55	0.45	-31.3
60	0.47	-30.9	60	0.47	-30.8	60	0.48	-30.7	60	0.48	-30.6	60	0.48	-30.5	60	0.49	-30.4
65	0.51	-30.1	65	0.51	-30.0	65	0.51	-29.9	65	0.52	-29.8	65	0.52	-29.7	65	0.53	-29.6
70	0.54	-29.3	70	0.55	-29.2	70	0.55	-29.1	70	0.56	-29.0	70	0.56	-28.9	70	0.57	-28.8
75	0.58	-28.5	75	0.59	-28.4	75	0.59	-28.3	75	0.60	-28.2	75	0.61	-28.1	75	0.61	-28.1
80	0.62	-27.8	80	0.63	-27.7	80	0.63	-27.6	80	0.64	-27.5	80	0.65	-27.4	80	0.65	-27.3
85	0.66	-27.2	85	0.67	-27.1	85	0.67	-27.0	85	0.68	-26.9	85	0.69	-26.8	85	0.69	-26.7
90	0.70	-26.6	90	0.71	-26.5	90	0.71	-26.4	90	0.72	-26.3	90	0.73	-26.2	90	0.73	-26.1
95	0.74	-26.0	95	0.75	-25.9	95	0.75	-25.8	95	0.76	-25.7	95	0.77	-25.6	95	0.77	-25.5
100	0.78	-25.4	100	0.79	-25.3	100	0.79	-25.2	100	0.80	-25.1	100	0.81	-25.0	100	0.81	-24.9
	-24.8			**-24.7**			**-24.6**			**-24.5**			**-24.4**			**-24.3**	
5	0.04	-53.7	5	0.04	-53.7	5	0.04	-53.6	5	0.04	-53.6	5	0.04	-53.4	5	0.04	-53.4
10	0.08	-47.7	10	0.08	-47.6	10	0.08	-47.5	10	0.08	-47.5	10	0.09	-47.4	10	0.09	-47.3
15	0.12	-44.1	15	0.12	-44.0	15	0.13	-43.9	15	0.13	-43.8	15	0.13	-43.7	15	0.13	-43.6
20	0.16	-41.3	20	0.17	-41.3	20	0.17	-41.2	20	0.17	-41.1	20	0.17	-41.0	20	0.17	-40.9
25	0.21	-39.2	25	0.21	-39.1	25	0.21	-39.0	25	0.21	-38.9	25	0.21	-38.8	25	0.21	-38.8
30	0.25	-37.4	30	0.25	-37.3	30	0.25	-37.3	30	0.25	-37.1	30	0.26	-37.1	30	0.26	-37.0
35	0.29	-35.9	35	0.29	-35.8	35	0.29	-35.7	35	0.30	-35.6	35	0.30	-35.5	35	0.30	-35.5
40	0.33	-34.5	40	0.33	-34.4	40	0.33	-34.4	40	0.34	-34.3	40	0.34	-34.2	40	0.34	-34.1
45	0.37	-33.3	45	0.37	-33.2	45	0.38	-33.1	45	0.38	-33.1	45	0.38	-33.0	45	0.39	-32.9
50	0.41	-32.2	50	0.41	-32.1	50	0.42	-32.0	50	0.42	-31.9	50	0.43	-31.9	50	0.43	-31.8
55	0.45	-31.3	55	0.46	-31.2	55	0.46	-31.1	55	0.46	-31.0	55	0.47	-30.9	55	0.47	-30.8
60	0.49	-30.3	60	0.50	-30.2	60	0.50	-30.2	60	0.51	-30.1	60	0.51	-30.0	60	0.52	-29.9
65	0.53	-29.5	65	0.54	-29.4	65	0.54	-29.3	65	0.55	-29.2	65	0.55	-29.1	65	0.56	-29.0
70	0.57	-28.7	70	0.58	-28.6	70	0.59	-28.5	70	0.59	-28.4	70	0.60	-28.3	70	0.60	-28.2
75	0.62	-28.0	75	0.62	-27.9	75	0.63	-27.8	75	0.63	-27.7	75	0.64	-27.6	75	0.64	-27.5
80	0.66	-27.3	80	0.66	-27.1	80	0.67	-27.1	80	0.68	-27.0	80	0.68	-26.9	80	0.69	-26.8
85	0.70	-26.6	85	0.70	-26.5	85	0.71	-26.4	85	0.72	-26.3	85	0.72	-26.2	85	0.73	-26.1
90	0.74	-26.0	90	0.75	-25.9	90	0.75	-25.8	90	0.76	-25.7	90	0.77	-25.6	90	0.77	-25.5
95	0.78	-25.4	95	0.79	-25.3	95	0.79	-25.2	95	0.80	-25.1	95	0.81	-25.0	95	0.82	-24.9
100	0.82	-24.8	100	0.83	-24.7	100	0.84	-24.6	100	0.84	-24.5	100	0.85	-24.4	100	0.88	-24.3
	-24.2			**-24.1**			**-24.0**			**-23.9**			**-23.8**			**-23.7**	
5	0.04	-53.3	5	0.04	-53.2	5	0.04	-53.1	5	0.04	-53.1	5	0.04	-53.0	5	0.05	-53.0
10	0.09	-47.2	10	0.09	-47.2	10	0.09	-47.1	10	0.09	-47.0	10	0.09	-46.9	10	0.09	-46.8
15	0.13	-43.5	15	0.13	-43.5	15	0.13	-43.4	15	0.13	-43.3	15	0.13	-43.2	15	0.14	-43.1
20	0.17	-40.8	20	0.18	-40.7	20	0.18	-40.7	20	0.18	-40.6	20	0.18	-40.5	20	0.18	-40.4
25	0.22	-38.7	25	0.22	-38.6	25	0.22	-38.5	25	0.22	-38.4	25	0.22	-38.3	25	0.23	-38.2
30	0.26	-36.9	30	0.26	-36.8	30	0.26	-36.7	30	0.27	-36.6	30	0.27	-36.5	30	0.27	-36.4
35	0.30	-35.4	35	0.31	-35.3	35	0.31	-35.2	35	0.31	-35.1	35	0.31	-35.0	35	0.32	-34.9
40	0.35	-34.0	40	0.35	-33.9	40	0.35	-33.8	40	0.36	-33.7	40	0.36	-33.6	40	0.36	-33.5
45	0.39	-32.8	45	0.39	-32.7	45	0.40	-32.6	45	0.40	-32.5	45	0.40	-32.4	45	0.41	-32.3
50	0.43	-31.7	50	0.44	-31.6	50	0.44	-31.5	50	0.45	-31.4	50	0.45	-31.3	50	0.45	-31.2

U	e	t_d	U	e	t_d	U	e	t_d	U	e	t_d	U	e	t_d	U	e	t_d
-24.2			**-24.1**			**-24.0**			**-23.9**			**-23.8**			**-23.7**		
55	0.48	-30.7	55	0.48	-30.6	55	0.49	-30.5	55	0.49	-30.4	55	0.49	-30.3	55	0.50	-30.2
60	0.52	-29.8	60	0.53	-29.7	60	0.53	-29.6	60	0.53	-29.5	60	0.54	-29.4	60	0.54	-29.3
65	0.56	-28.9	65	0.57	-28.8	65	0.57	-28.7	65	0.58	-28.6	65	0.58	-28.5	65	0.59	-28.4
70	0.61	-28.1	70	0.61	-28.0	70	0.62	-27.9	70	0.62	-27.8	70	0.63	-27.7	70	0.63	-27.6
75	0.65	-27.4	75	0.66	-27.3	75	0.66	-27.2	75	0.67	-27.1	75	0.67	-27.0	75	0.68	-26.9
80	0.69	-26.7	80	0.70	-26.6	80	0.71	-26.5	80	0.71	-26.4	80	0.72	-26.3	80	0.73	-26.2
85	0.74	-26.0	85	0.74	-25.9	85	0.75	-25.8	85	0.76	-25.7	85	0.76	-25.6	85	0.77	-25.5
90	0.78	-25.4	90	0.79	-25.3	90	0.79	-25.2	90	0.80	-25.1	90	0.81	-25.0	90	0.82	-24.9
95	0.82	-24.8	95	0.83	-24.7	95	0.84	-24.6	95	0.85	-24.5	95	0.85	-24.4	95	0.86	-24.3
100	0.87	-24.2	100	0.88	-24.1	100	0.88	-24.0	100	0.89	-23.9	100	0.90	-23.8	100	0.91	-23.7

U	e	t_d	U	e	t_d	U	e	t_d	U	e	t_d	U	e	t_d	U	e	t_d
-23.6			**-23.5**			**-23.4**			**-23.3**			**-23.2**			**-23.1**		
5	0.05	-52.8	5	0.05	-52.8	5	0.05	-52.6	5	0.05	-52.6	5	0.05	-52.6	5	0.05	-52.5
10	0.09	-46.8	10	0.09	-46.7	10	0.09	-46.6	10	0.09	-46.5	10	0.09	-46.4	10	0.10	-46.3
15	0.14	-43.0	15	0.14	-43.0	15	0.14	-42.9	15	0.14	-42.8	15	0.14	-42.7	15	0.14	-42.6
20	0.18	-40.3	20	0.18	-40.2	20	0.19	-40.1	20	0.19	-40.1	20	0.19	-40.0	20	0.19	-39.9
25	0.23	-38.2	25	0.23	-38.1	25	0.23	-38.0	25	0.23	-37.9	25	0.24	-37.8	25	0.24	-37.7
30	0.27	-36.4	30	0.28	-36.3	30	0.28	-36.2	30	0.28	-36.1	30	0.28	-36.0	30	0.29	-35.9
35	0.32	-34.8	35	0.32	-34.7	35	0.33	-34.6	35	0.33	-34.5	35	0.33	-34.4	35	0.33	-34.3
40	0.37	-33.4	40	0.37	-33.3	40	0.37	-33.3	40	0.38	-33.2	40	0.38	-33.1	40	0.38	-33.0
45	0.41	-32.2	45	0.42	-32.1	45	0.42	-32.0	45	0.42	-31.9	45	0.43	-31.8	45	0.43	-31.8
50	0.46	-31.1	50	0.46	-31.0	50	0.47	-30.9	50	0.47	-30.9	50	0.47	-30.7	50	0.48	-30.7
55	0.50	-30.1	55	0.51	-30.0	55	0.51	-29.9	55	0.52	-29.8	55	0.52	-29.7	55	0.53	-29.6
60	0.55	-29.2	60	0.55	-29.1	60	0.56	-29.0	60	0.56	-28.9	60	0.57	-28.8	60	0.57	-28.7
65	0.59	-28.3	65	0.60	-28.2	65	0.61	-28.1	65	0.61	-28.1	65	0.62	-27.9	65	0.62	-27.9
70	0.64	-27.5	70	0.65	-27.4	70	0.65	-27.3	70	0.66	-27.2	70	0.66	-27.1	70	0.67	-27.1
75	0.69	-26.8	75	0.69	-26.7	75	0.70	-26.6	75	0.70	-26.5	75	0.71	-26.4	75	0.72	-26.3
80	0.73	-26.1	80	0.74	-26.0	80	0.74	-25.9	80	0.75	-25.8	80	0.76	-25.7	80	0.76	-25.6
85	0.78	-25.4	85	0.78	-25.3	85	0.79	-25.2	85	0.80	-25.1	85	0.81	-25.0	85	0.81	-24.9
90	0.82	-24.8	90	0.83	-24.7	90	0.84	-24.6	90	0.85	-24.5	90	0.85	-24.4	90	0.86	-24.3
95	0.87	-24.2	95	0.88	-24.1	95	0.88	-24.0	95	0.89	-23.9	95	0.90	-23.8	95	0.91	-23.7
100	0.92	-23.6	100	0.92	-23.5	100	0.93	-23.4	100	0.94	-23.3	100	0.95	-23.2	100	0.96	-23.1

U	e	t_d	U	e	t_d	U	e	t_d	U	e	t_d	U	e	t_d	U	e	t_d
-23.0			**-22.9**			**-22.8**			**-22.7**			**-22.6**			**-22.5**		
5	0.05	-52.4	5	0.05	-52.3	5	0.05	-52.2	5	0.05	-52.1	5	0.05	-52.1	5	0.05	-52.0
10	0.10	-46.2	10	0.10	-46.2	10	0.10	-46.1	10	0.10	-46.0	10	0.10	-46.0	10	0.10	-45.9
15	0.14	-42.5	15	0.15	-42.5	15	0.15	-42.4	15	0.15	-42.3	15	0.15	-42.2	15	0.15	-42.1
20	0.19	-39.8	20	0.19	-39.7	20	0.20	-39.6	20	0.20	-39.5	20	0.20	-39.5	20	0.20	-39.4
25	0.24	-37.6	25	0.24	-37.5	25	0.25	-37.5	25	0.25	-37.4	25	0.25	-37.3	25	0.25	-37.2
30	0.29	-35.8	30	0.29	-35.7	30	0.29	-35.7	30	0.30	-35.6	30	0.30	-35.5	30	0.30	-35.4
35	0.34	-34.3	35	0.31	-34.2	35	0.34	-34.1	35	0.35	-34.0	35	0.35	-33.9	35	0.35	-33.8
40	0.39	-32.9	40	0.39	-32.8	40	0.39	-32.7	40	0.40	-32.6	40	0.40	-32.5	40	0.40	-32.4
45	0.43	-31.7	45	0.44	-31.6	45	0.44	-31.5	45	0.45	-31.4	45	0.45	-31.3	45	0.45	-31.2
50	0.48	-30.6	50	0.49	-30.5	50	0.49	-30.4	50	0.50	-30.3	50	0.50	-30.2	50	0.50	-30.1
55	0.53	-29.6	55	0.54	-29.5	55	0.54	-29.4	55	0.55	-29.3	55	0.55	-29.2	55	0.55	-29.1
60	0.58	-28.6	60	0.58	-28.5	60	0.59	-28.4	60	0.59	-28.3	60	0.60	-28.2	60	0.60	-28.2
65	0.63	-27.8	65	0.63	-27.7	65	0.64	-27.6	65	0.64	-27.5	65	0.65	-27.4	65	0.66	-27.3
70	0.68	-27.0	70	0.68	-26.9	70	0.69	-26.8	70	0.69	-26.7	70	0.70	-26.6	70	0.71	-26.5
75	0.72	-26.2	75	0.73	-26.1	75	0.74	-26.0	75	0.74	-25.9	75	0.75	-25.8	75	0.76	-25.7
80	0.77	-25.5	80	0.78	-25.4	80	0.79	-25.3	80	0.79	-25.2	80	0.80	-25.1	80	0.81	-25.0
85	0.82	-24.8	85	0.83	-24.7	85	0.83	-24.6	85	0.84	-24.5	85	0.85	-24.4	85	0.86	-24.3
90	0.87	-24.2	90	0.88	-24.1	90	0.88	-24.0	90	0.89	-23.9	90	0.90	-23.8	90	0.91	-23.7
95	0.92	-23.6	95	0.92	-23.5	95	0.93	-23.4	95	0.94	-23.3	95	0.95	-23.2	95	0.96	-23.1
100	0.97	-23.0	100	0.97	-22.9	100	0.98	-22.8	100	0.99	-22.7	100	1.00	-22.6	100	1.01	-22.5

U	e	t_d	U	e	t_d	U	e	t_d	U	e	t_d	U	e	t_d	U	e	t_d
-22.4			**-22.3**			**-22.2**			**-22.1**			**-22.0**			**-21.9**		
5	0.05	-51.9	5	0.05	-51.9	5	0.05	-51.8	5	0.05	-51.7	5	0.05	-51.7	5	0.05	-51.5
10	0.10	-45.8	10	0.10	-45.7	10	0.10	-45.6	10	0.10	-45.6	10	0.11	-45.5	10	0.11	-45.4
15	0.15	-42.0	15	0.15	-42.0	15	0.16	-41.9	15	0.16	-41.8	15	0.16	-41.7	15	0.16	-41.6
20	0.20	-39.3	20	0.21	-39.2	20	0.21	-39.1	20	0.21	-39.1	20	0.21	-39.0	20	0.21	-38.9
25	0.25	-37.1	25	0.26	-37.0	25	0.26	-37.0	25	0.26	-36.8	25	0.26	-36.8	25	0.27	-36.7
30	0.31	-35.3	30	0.31	-35.2	30	0.31	-35.1	30	0.31	-35.0	30	0.32	-34.9	30	0.32	-34.8
35	0.36	-33.7	35	0.36	-33.6	35	0.36	-33.6	35	0.37	-33.5	35	0.37	-33.4	35	0.37	-33.3
40	0.41	-32.4	40	0.41	-32.2	40	0.41	-32.1	40	0.42	-32.1	40	0.42	-32.0	40	0.43	-31.9
45	0.46	-31.1	45	0.46	-31.0	45	0.47	-30.9	45	0.47	-30.9	45	0.47	-30.7	15	0.48	-30.7
50	0.51	-30.0	50	0.51	-29.9	50	0.52	-29.8	50	0.52	-29.7	50	0.53	-29.6	50	0.53	-29.5
55	0.56	-29.0	55	0.56	-28.9	55	0.57	-28.8	55	0.57	-28.7	55	0.58	-28.6	55	0.58	-28.5
60	0.61	-28.1	60	0.62	-28.0	60	0.62	-27.9	60	0.63	-27.8	60	0.63	-27.7	60	0.64	-27.6
65	0.66	-27.2	65	0.67	-27.1	65	0.67	-27.0	65	0.68	-26.9	65	0.69	-26.8	65	0.69	-26.7
70	0.71	-26.4	70	0.72	-26.3	70	0.72	-26.2	70	0.73	-26.1	70	0.74	-26.0	70	0.74	-25.9
75	0.76	-25.6	75	0.77	-25.5	75	0.78	-25.4	75	0.78	-25.3	75	0.79	-25.2	75	0.80	-25.1

U	e	t_d	U	e	t_d	U	e	t_d	U	e	t_d	U	e	t_d	U	e	t_d
	-22.4			**-22.3**			**-22.2**			**-22.1**			**-22.0**			**-21.9**	
80	0.81	-24.9	80	0.82	-24.8	80	0.83	-24.7	80	0.84	-24.6	80	0.84	-24.5	80	0.85	-24.4
85	0.86	-24.2	85	0.87	-24.1	85	0.88	-24.0	85	0.89	-24.0	85	0.90	-23.8	85	0.90	-23.7
90	0.92	-23.6	90	0.92	-23.5	90	0.93	-23.4	90	0.94	-23.3	90	0.95	-23.2	90	0.96	-23.1
95	0.97	-23.0	95	0.97	-22.9	95	0.98	-22.8	95	0.99	-22.7	95	1.00	-22.6	95	1.01	-22.5
100	1.02	-22.4	100	1.03	-22.3	100	1.04	-22.2	100	1.04	-22.1	100	1.05	-22.0	100	1.06	-21.9
	-21.8			**-21.7**			**-21.6**			**-21.5**			**21.4**			**-21.3**	
5	0.05	-51.5	5	0.05	-51.4	5	0.05	-51.4	5	0.06	-51.2	5	0.06	-51.2	5	0.06	-51.1
10	0.11	-45.3	10	0.11	-45.3	10	0.11	-45.2	10	0.11	-45.1	10	0.11	-45.0	10	0.11	-44.9
15	0.16	-41.6	15	0.16	-41.5	15	0.16	-41.4	15	0.17	-41.3	15	0.17	-41.2	15	0.17	-41.1
20	0.21	-38.8	20	0.22	-38.7	20	0.22	-38.6	20	0.22	-38.5	20	0.22	-38.4	20	0.22	-38.3
25	0.27	-36.6	25	0.27	-36.5	25	0.27	-36.4	25	0.28	-36.3	25	0.28	-36.2	25	0.28	-36.1
30	0.32	-34.8	30	0.32	-34.7	30	0.33	-34.6	30	0.33	-34.5	30	0.33	-34.4	30	0.34	-34.3
35	0.38	-33.2	35	0.38	-33.1	35	0.38	-33.0	35	0.39	-32.9	35	0.39	-32.8	35	0.39	-32.7
40	0.43	-31.8	40	0.43	-31.7	40	0.44	-31.6	40	0.44	-31.5	40	0.44	-31.4	40	0.45	-31.3
45	0.48	-30.6	45	0.49	-30.5	45	0.49	-30.4	45	0.50	-30.3	45	0.50	-30.2	45	0.50	-30.1
50	0.54	-29.4	50	0.54	-29.3	50	0.55	-29.3	50	0.55	-29.2	50	0.56	-29.1	50	0.56	-29.0
55	0.59	-28.4	55	0.60	-28.3	55	0.60	-28.2	55	0.61	-28.1	55	0.61	-28.0	55	0.62	-27.9
60	0.64	-27.5	60	0.65	-27.4	60	0.65	-27.3	60	0.66	-27.2	60	0.67	-27.1	60	0.67	-27.0
65	0.70	-26.6	65	0.70	-26.5	65	0.71	-26.4	65	0.72	-26.3	65	0.72	-26.2	65	0.73	-26.1
70	0.75	-25.8	70	0.76	-25.7	70	0.76	-25.6	70	0.77	-25.5	70	0.78	-25.4	70	0.78	-25.3
75	0.80	-25.0	75	0.81	-24.9	75	0.82	-24.8	75	0.83	-24.7	75	0.83	-24.6	75	0.84	-24.6
80	0.86	-24.3	80	0.87	-24.2	80	0.87	-24.1	80	0.88	-24.0	80	0.89	-23.9	80	0.90	-23.8
85	0.91	-23.6	85	0.92	-23.6	85	0.93	-23.4	85	0.94	-23.3	85	0.94	-23.2	85	0.95	-23.1
90	0.96	-23.0	90	0.97	-22.9	90	0.98	-22.8	90	0.99	-22.7	90	1.00	-22.6	90	1.01	-22.5
95	1.02	-22.4	95	1.03	-22.3	95	1.04	-22.2	95	1.05	-22.1	95	1.05	-22.0	95	1.06	-21.9
100	1.07	-21.8	100	1.08	-21.7	100	1.09	-21.6	100	1.10	-21.5	100	1.11	-21.4	100	1.12	-21.3
	-21.2			**-21.1**			**-21.0**			**-20.9**			**-20.8**			**-20.7**	
5	0.06	-51.0	5	0.06	-50.0	5	0.06	-50.8	5	0.06	-50.8	5	0.06	-50.7	5	0.06	-50.7
10	0.11	-44.8	10	0.11	-44.8	10	0.12	-44.7	10	0.12	-44.6	10	0.12	-44.5	10	0.12	-44.4
15	0.17	-41.0	15	0.17	-40.9	15	0.17	-40.9	15	0.17	-40.8	15	0.18	-40.7	15	0.18	-40.6
20	0.23	-38.3	20	0.23	-38.2	20	0.23	-38.1	20	0.23	-38.0	20	0.23	-37.9	20	0.24	-37.8
25	0.28	-36.1	25	0.29	-36.0	25	0.29	-35.9	25	0.29	-35.8	25	0.29	-35.7	25	0.30	-35.6
30	0.34	-34.2	30	0.34	-34.1	30	0.35	-34.0	30	0.35	-33.9	30	0.35	-33.9	30	0.35	-33.8
35	0.40	-32.6	35	0.40	-32.5	35	0.40	-32.5	35	0.41	-32.4	35	0.41	-32.3	35	0.41	-32.2
40	0.45	-31.2	40	0.46	-31.1	40	0.46	-31.1	40	0.46	-31.0	40	0.47	-30.9	40	0.47	-30.8
45	0.51	-30.0	45	0.51	-29.9	45	0.52	-29.8	45	0.52	-29.7	45	0.53	-29.6	45	0.53	-29.5
50	0.57	-28.9	50	0.57	-28.8	50	0.58	-28.7	50	0.58	-28.6	50	0.59	-28.5	50	0.59	-28.4
55	0.62	-27.9	55	0.63	-27.8	55	0.63	-27.7	55	0.64	-27.6	55	0.64	-27.5	55	0.65	-27.4
60	0.68	-26.9	60	0.68	-26.8	60	0.69	-26.7	60	0.70	-26.6	60	0.70	-26.5	60	0.71	-26.4
65	0.73	-26.0	65	0.74	-25.9	65	0.75	-25.8	65	0.75	-25.7	65	0.76	-25.7	65	0.77	-25.6
70	0.79	-25.2	70	0.80	-25.1	70	0.81	-25.0	70	0.81	-24.9	70	0.82	-24.8	70	0.83	-24.7
75	0.85	-24.5	75	0.86	-24.4	75	0.86	-24.3	75	0.87	-24.2	75	0.88	-24.1	75	0.89	-24.0
80	0.90	-23.7	80	0.91	-23.6	80	0.92	-23.5	80	0.93	-23.4	80	0.94	-23.3	80	0.94	-23.2
85	0.96	-23.0	85	0.97	-22.9	85	0.98	-22.9	85	0.99	-22.8	85	0.99	-22.7	85	1.00	-22.6
90	1.02	-22.4	90	1.03	-22.3	90	1.04	-22.2	90	1.04	-22.1	90	1.05	-22.0	90	1.06	-21.9
95	1.07	-21.8	95	1.08	-21.7	95	1.09	-21.6	95	1.10	-21.5	95	1.11	-21.4	95	1.12	-21.3
100	1.13	-21.2	100	1.14	-21.1	100	1.15	-21.0	100	1.16	-20.9	100	1.17	-20.8	100	1.18	-20.7
	-20.6			**-20.5**			**-20.4**			**-20.3**			**-20.2**			**-20.1**	
5	0.06	-50.5	5	0.06	-50.5	5	0.06	-50.4	5	0.06	-50.3	5	0.06	-50.2	5	0.06	-50.2
10	0.12	-44.4	10	0.12	-44.3	10	0.12	-44.2	10	0.12	-44.1	10	0.12	-44.1	10	0.12	-44.0
15	0.18	-40.6	15	0.18	-40.5	15	0.18	-40.4	15	0.18	-40.3	15	0.18	-40.2	15	0.19	-40.1
20	0.24	-37.7	20	0.24	-37.7	20	0.24	-37.6	20	0.24	-37.5	20	0.25	-37.4	20	0.25	-37.3
25	0.30	-35.6	25	0.30	-35.5	25	0.30	-35.4	25	0.31	-35.3	25	0.31	-35.2	25	0.31	-35.1
30	0.36	-33.7	30	0.36	-33.6	30	0.36	-33.5	30	0.37	-33.4	30	0.37	-33.3	30	0.37	-33.2
35	0.42	-32.1	35	0.42	-32.0	35	0.42	-31.9	35	0.43	-31.8	35	0.43	-31.7	35	0.44	-31.6
40	0.48	-30.7	40	0.48	-30.6	40	0.48	-30.5	40	0.49	-30.4	40	0.49	-30.3	40	0.50	-30.2
45	0.54	-29.4	45	0.54	-29.4	45	0.54	-29.3	45	0.55	-29.2	45	0.55	-29.1	45	0.56	-29.0
50	0.60	-28.3	50	0.60	-28.2	50	0.61	-28.1	50	0.61	-28.0	50	0.62	-27.9	50	0.62	-27.9
55	0.65	-27.3	55	0.66	-27.2	55	0.67	-27.1	55	0.67	-27.0	55	0.68	-26.9	55	0.68	-26.8
60	0.71	-26.3	60	0.72	-26.3	60	0.73	-26.2	60	0.73	-26.1	60	0.74	-26.0	60	0.75	-25.9
65	0.77	-25.5	65	0.78	-25.4	65	0.79	-25.3	65	0.79	-25.1	65	0.80	-25.1	65	0.81	-25.0
70	0.83	-24.6	70	0.84	-24.5	70	0.85	-24.5	70	0.86	-24.4	70	0.86	-24.3	70	0.87	-24.2
75	0.89	-23.9	75	0.90	-23.8	75	0.91	-23.7	75	0.92	-23.6	75	0.92	-23.5	75	0.93	-23.4
80	0.95	-23.1	80	0.96	-23.0	80	0.97	-23.0	80	0.98	-22.9	80	0.99	-22.8	80	0.99	-22.7
85	1.01	-22.5	85	1.02	-22.4	85	1.03	-22.3	85	1.04	-22.2	85	1.05	-22.1	85	1.06	-22.0
90	1.07	-21.8	90	1.08	-21.7	90	1.09	-21.6	90	1.10	-21.5	90	1.11	-21.4	90	1.12	-21.3
95	1.13	-21.2	95	1.14	-21.2	95	1.15	-21.0	95	1.16	-20.9	95	1.17	-20.8	95	1.18	-20.7
100	1.19	-20.6	100	1.20	-20.5	100	1.21	-20.4	100	1.22	-20.3	100	1.23	-20.2	100	1.24	-20.1

表5 n 值 附 加 表

(一)湿球结冰部分

n \ t / t_W	-20.0	-19.9	-19.8	-19.7	-19.6	-19.5	-19.4	-19.3	-19.2	-19.1
-22.1	9									
-22.0	9	9								
-21.9	8	9	9							
-21.8	8	8	9	9						
-21.7	7	8	8	9	9					
-21.6	7	7	8	8	9	9				
-21.5		7	7	8	8	9	9			
-21.4			7	7	8	8	9	9	10	
-21.3				7	7	8	8	9	9	10
-21.2					7	7	8	8	9	9
-21.1						7	7	8	8	9
-21.0							7	7	8	8
-20.9								7	7	8
-20.8										7

n \ t / t_W	-19.0	-18.9	-18.8	-18.7	-18.6	-18.5	-18.4	-18.3	-18.2	-18.1
-21.2	10									
-21.1	9	10								
-21.0	9	9	10							
-20.9	8	9	9	10						
-20.8	8	8	9	9	10	10				
-20.7	7	8	8	9	9	9	10			
-20.6		7	8	8	9	9	9	10		
-20.5			7	8	8	9	9	9	10	
-20.4				7	8	8	9	9	9	10
-20.3					7	8	8	9	9	9
-20.2							8	8	9	9
-20.1								8	8	9
-20.0									8	8
-19.9										8

n \ t / t_W	-18.0	-17.9	-17.8	-17.7	-17.6	-17.5	-17.4	-17.3	-17.2	-17.1
-20.4	10									
-20.3	10	10	11							
-20.2	9	10	10	11						
-20.1	9	9	10	10	11					
-20.0	9	9	10	10	10	11				
-19.9	8	9	9	9	10	10	11			
-19.8	8	8	9	9	9	10	10	11		
-19.7		8	8	9	9	9	10	10	11	11
-19.6				8	9	9	9	10	10	11
-19.5					8	9	9	9	10	10
-19.4						8	8	9	9	10
-19.3							8	8	9	9
-19.2								8	8	9
-19.1									8	8

n \ t / t_W	-17.0	-16.9	-16.8	-16.7	-16.6	-16.5	-16.4	-16.3	-16.2	-16.1
-19.6	11									
-19.5	11	11								
-19.4	10	11	11							
-19.3	10	10	11	11						
-19.2	9	10	10	11	11	11				
-19.1	9	9	10	10	11	11	11			
-19.0	8	9	9	10	10	11	11	11		
-18.9		8	9	9	10	10	11	11	11	
-18.8			8	9	9	10	10	11	11	11
-18.7				8	9	9	10	10	11	11
-18.6					8	9	9	10	10	11
-18.5							9	9	10	10
-18.4								9	9	10
-18.3									9	9
-18.2										9

n \ t / t_W	-16.0	-15.9	-15.8	-15.7	-15.6	-15.5	-15.4	-15.3	-15.2	-15.1
-18.8	12	12								
-18.7	11	12	12							
-18.6	11	11	12	12						
-18.5	10	11	11	12	12					
-18.4	10	10	11	11	12	12				
-18.3	10	10	10	11	11	12	12			
-18.2	9	10	10	10	11	11	12	12		
-18.1	9	9	10	10	10	11	11	12	12	
-18.0			9	10	10	10	11	11	12	12
-17.9				9	10	10	10	11	11	12
-17.8					9	10	10	10	11	11
-17.7						9	10	10	10	11
-17.6							9	10	10	10
-17.5									10	10
-17.4										9

n \ t / t_W	-15.0	-14.9	-14.8	-14.7	-14.6	-14.5	-14.4	-14.3	-14.2	-14.1
-18.0	12									
-17.9	12	12								
-17.8	12	12	12	13						
-17.7	11	12	12	12	13					
-17.6	11	11	12	12	12	13				
-17.5	10	11	11	12	12	12	13			
-17.4	10	10	11	11	12	12	12	13		
-17.3	9	10	10	11	11	12	12	12	13	
-17.2		9	10	10	11	11	12	12	12	13
-17.1			10	10	10	11	11	12	12	12
-17.0					10	10	11	11	11	12
-16.9						10	10	11	11	11
-16.8							10	10	11	11
-16.7								10	10	11
-16.6										10

n \ t / t_W	-14.0	-13.9	-13.8	-13.7	-13.6	-13.5	-13.4	-13.3	-13.2	-13.1
-17.3	14									
-17.2	13	14								
-17.1	13	13	14							
-17.0	12	13	13	14	14					
-16.9	12	12	13	13	14	14				
-16.8	11	12	12	13	13	14	14			
-16.7	11	11	12	12	13	13	13	14		
-16.6	11	11	11	12	12	13	13	13	14	14
-16.5	10	11	11	11	12	12	13	13	13	14
-16.4		10	11	11	11	12	12	13	13	13
-16.3			10	11	11	11	12	12	13	13
-16.2				10	11	11	11	12	12	13
-16.1						11	11	11	12	12
-16.0							11	11	11	12
-15.9								10	11	11
-15.8									10	11

n \ t / t_W	-13.0	-12.9	-12.8	-12.7	-12.6	-12.5	-12.4	-12.3	-12.2	-12.1
-16.5	14									
-16.4	14	14								
-16.3	13	14	14							
-16.2	13	13	14	14	15					
-16.1	13	13	13	14	14	15				
-16.0	12	13	13	13	14	14	15			
-15.9	12	12	13	13	13	14	14	15		
-15.8	11	12	12	12	13	13	14	14	14	
-15.7	11	11	12	12	12	13	13	14	14	14
-15.6		11	11	12	12	12	13	13	14	14
-15.5			11	11	12	12	12	13	13	14

(一)续表

t_W \ t (n)	-13.0	-12.9	-12.8	-12.7	-12.6	-12.5	-12.4	-12.3	-12.2	-12.1
-15.4				11	11	12	12	12	13	13
-15.3						11	12	12	12	13
-15.2							11	12	12	12
-15.1								11	12	12
-15.0									11	12

t_W \ t (n)	-12.0	-11.9	-11.8	-11.7	-11.6	-11.5	-11.4	-11.3	-11.2	-11.1
-15.8	15									
-15.7	15	15								
-15.6	14	15	15							
-15.5	14	14	15	15	16					
-15.4	14	14	14	15	15	16				
-15.3	13	14	14	14	15	15	16			
-15.2	13	13	14	14	14	15	15	16	16	
-15.1	12	13	13	14	14	14	15	15	16	16
-15.0	12	12	13	13	14	14	14	15	15	15
-14.9	11	12	12	13	13	13	14	14	15	15
-14.8		11	12	12	13	13	13	14	14	15
-14.7			11	12	12	13	13	13	14	14
-14.6				11	12	12	13	13	13	14
-14.5						12	12	13	13	13
-14.4							12	12	13	13
-14.3								12	12	13
-14.2										12

t_W \ t (n)	-11.0	-10.9	-10.8	-10.7	-10.6	-10.5	-10.4	-10.3	-10.2	-10.1
-15.0	16									
-14.9	15	16								
-14.8	15	15	16	16						
-14.7	15	15	15	16	16					
-14.6	14	15	15	15	16	16				
-14.5	14	14	15	15	15	16	16			
-14.4	13	14	14	15	15	15	16	16	17	
-14.3	13	13	14	14	15	15	15	16	16	16
-14.2	13	13	13	14	14	14	15	15	16	16
-14.1	12	13	13	13	14	14	14	15	15	16
-14.0		12	12	13	13	14	14	14	15	15
-13.9			12	12	13	13	14	14	14	15
-13.8					12	13	13	14	14	14
-13.7						12	13	13	14	14
-13.6							12	13	13	14
-13.5								12	13	13
-13.4										13

t_W \ t (n)	-10.0	-9.9	-9.8	-9.7	-9.6	-9.5	-9.4	-9.3	-9.2	-9.1
-14.3	17									
-14.2	16	17	17							
-14.1	16	16	17	17						
-14.0	16	16	16	17	17					
-13.9	15	16	16	16	17	17				
-13.8	15	15	16	16	16	17	17			
-13.7	14	15	15	16	16	16	17	17		
-13.6	14	14	15	15	15	16	16	17	17	
-13.5	14	14	14	15	15	15	16	16	17	17
-13.4	13	14	14	14	15	15	15	16	16	17
-13.3	13	13	13	14	14	15	15	15	16	16
-13.2		13	13	13	14	14	15	15	15	16
-13.1				13	13	14	14	15	15	15
-13.0					13	13	14	14	15	15
-12.9						13	13	14	14	15
-12.8								13	14	14
-12.7									13	14
-12.6										13

t_W \ t (n)	-9.0	-8.9	-8.8	-8.7	-8.6	-8.5	-8.4	-8.3	-8.2	-8.1
-13.6	18									
-13.5	17	18								
-13.4	17	17	18							
-13.3	17	17	17	18						
-13.2	16	17	17	17	18					
-13.1	16	16	16	17	17	18				
-13.0	15	16	16	16	17	17	18			
-12.9	15	15	16	16	16	17	17	18		
-12.8	14	15	15	16	16	16	17	17	18	18
-12.7	14	14	15	15	16	16	16	17	17	18
-12.6	14	14	14	15	15	16	16	16	17	17
-12.5		14	14	14	15	15	16	16	16	17
-12.4			14	14	14	15	15	16	16	16
-12.3				14	14	14	15	15	15	16
-12.2					14	14	14	15	15	15
-12.1							14	14	15	15
-12.0								14	14	15
-11.9									14	14

t_W \ t (n)	-8.0	-7.9	-7.8	-7.7	-7.6	-7.5	-7.4	-7.3	-7.2	-7.1
-12.9	19									
-12.8	18	19								
-12.7	18	18	19	19						
-12.6	17	18	18	19	19					
-12.5	17	17	18	18	19	19	19			
-12.4	17	17	17	18	18	19	19	19		
-12.3	16	17	17	17	18	18	18	19	19	
-12.2	16	16	17	17	17	18	18	18	19	19
-12.1	15	16	16	17	17	17	18	18	18	19
-12.0	15	15	16	16	17	17	17	18	18	18
-11.9	15	15	15	16	16	16	17	17	18	18
-11.8	14	15	15	15	16	16	16	17	17	18
-11.7		14	15	15	15	16	16	16	17	17
-11.6			14	15	15	15	16	16	16	17
-11.5					14	15	15	16	16	16
-11.4						14	15	15	16	16
-11.3								15	15	16
-11.2									15	15
-11.1										15

t_W \ t (n)	-7.0	-6.9	-6.8	-6.7	-6.6	-6.5	-6.4	-6.3	-6.2	-6.1
-12.3	20									
-12.2	20	20								
-12.1	19	20	20							
-12.0	19	19	20	20	20					
-11.9	18	19	19	19	20	20				
-11.8	18	18	19	19	19	20	20			
-11.7	18	18	18	19	19	19	20	20	21	
-11.6	17	17	18	18	19	19	19	20	20	20
-11.5	17	17	17	18	18	19	19	19	20	20
-11.4	16	17	17	17	18	18	19	19	19	20
-11.3	16	16	17	17	17	18	18	18	19	19
-11.2	15	16	16	17	17	17	18	18	18	19
-11.1	15	15	16	16	17	17	17	18	18	18
-11.0		15	15	16	16	17	17	17	18	18
-10.9			15	15	16	16	16	17	17	18
-10.8				15	15	16	16	16	17	17
-10.7						15	16	16	16	17
-10.6							15	16	16	16
-10.5								15	16	16
-10.4										16

t_W \ t	-6.0	-5.9	-5.8	-5.7	-5.6	-5.5	-5.4	-5.3	-5.2	-5.1
-11.5	20	21								
-11.4	20	20	21							
-11.3	20	20	20	21						
-11.2	19	20	20	20	21	21				
-11.1	19	19	20	20	20	21	21			
-11.0	18	19	19	19	20	20	21	21		
-10.9	18	18	19	19	19	20	20	21	21	21
-10.8	18	18	18	19	19	19	20	20	20	21
-10.7	17	18	18	18	19	19	19	20	20	20
-10.6	17	17	17	18	18	19	19	19	20	20
-10.5	16	17	17	17	18	18	19	19	19	20
-10.4	16	16	17	17	17	18	18	18	19	19
-10.3	16	16	16	17	17	17	18	18	18	19
-10.2			16	16	17	17	17	18	18	18
-10.1				16	16	17	17	17	18	18
-10.0					16	16	17	17	17	18
-9.9							16	16	17	17
-9.8								16	16	17
-9.7									16	16

t_W \ t	-5.0	-4.9	-4.8	-4.7	-4.6	-4.5	-4.4	-4.3	-4.2	-4.1
-10.9	22									
-10.8	21	22	22							
-10.7	21	21	22	22						
-10.6	20	21	21	21	22	22				
-10.5	20	20	21	21	21	22	22			
-10.4	20	20	20	21	21	21	22	22		
-10.3	19	20	20	20	21	21	21	22	22	22
-10.2	19	19	19	20	20	21	21	21	22	22
-10.1	18	19	19	19	20	20	21	21	21	22
-10.0	18	18	19	19	19	20	20	20	21	21
-9.9	18	18	18	19	19	19	20	20	20	21
-9.8	17	18	18	18	19	19	19	20	20	20
-9.7	17	17	17	18	18	19	19	19	20	20
-9.6	16	17	17	17	18	18	19	19	19	20
-9.5		16	17	17	17	18	18	18	19	19
-9.4				17	17	17	18	18	18	19
-9.3					17	17	17	18	18	18
-9.2							17	17	18	18
-9.1								17	17	18
-9.0									17	17

t_W \ t	-4.0	-3.9	-3.8	-3.7	-3.6	-3.5	-3.4	-3.3	-3.2	-3.1
-10.3	23									
-10.2	22	23	23							
-10.1	22	22	23	23						
-10.0	22	22	22	23	23	23				
-9.9	21	22	22	22	23	23	23			
-9.8	21	21	21	22	22	23	23	23		
-9.7	20	21	21	21	22	22	22	23	23	24
-9.6	20	20	21	21	21	22	22	22	23	23
-9.5	20	20	20	21	21	21	22	22	22	23
-9.4	19	19	20	20	21	21	21	22	22	22
-9.3	19	19	19	20	20	21	21	21	22	22
-9.2	18	19	19	19	20	20	20	21	21	22
-9.1	18	18	19	19	19	20	20	20	21	21
-9.0	18	18	18	19	19	19	20	20	20	21
-8.9	17	18	18	18	19	19	19	20	20	20
-8.8		17	17	18	18	19	19	19	20	20
-8.7				17	18	18	19	19	19	20
-8.6					17	18	18	18	19	19
-8.5							18	18	18	19
-8.4								18	18	18
-8.3									18	18

t_W \ t	-3.0	-2.9	-2.8	-2.7	-2.6	-2.5	-2.4	-2.3	-2.2	-2.1
-9.6	23									
-9.5	23	23	24							
-9.4	23	23	23	24						
-9.3	22	23	23	23	24	24				
-9.2	22	22	23	23	23	24	24			
-9.1	21	22	22	23	23	23	24	24	24	
-9.0	21	21	22	22	23	23	23	24	24	24
-8.9	21	21	21	22	22	22	23	23	23	24
-8.8	20	21	21	21	22	22	22	23	23	23
-8.7	20	20	21	21	21	22	22	22	23	23
-8.6	19	20	20	21	21	21	22	22	22	23
-8.5	19	19	20	20	20	21	21	21	22	22
-8.4	19	19	19	20	20	20	21	21	21	22
-8.3	18	19	19	19	20	20	20	21	21	21
-8.2	18	18	19	19	19	20	20	20	21	21
-8.1		18	18	19	19	19	20	20	20	21
-8.0				18	18	19	19	20	20	20
-7.9					18	18	19	19	19	20
-7.8							18	19	19	19
-7.7								18	19	19
-7.6										19

t_W \ t	-2.0	-1.9	-1.8	-1.7	-1.6	-1.5	-1.4	-1.3	-1.2	-1.1
-8.9	24	25								
-8.8	24	24	24							
-8.7	23	24	24	24	25					
-8.6	23	23	24	24	24	25				
-8.5	23	23	23	24	24	24	25			
-8.4	22	23	23	23	24	24	24	25	25	
-8.3	22	22	22	23	23	23	24	24	24	25
-8.2	21	22	22	22	23	23	23	24	24	24
-8.1	21	21	22	22	22	23	23	23	24	24
-8.0	21	21	21	22	22	22	23	23	23	24
-7.9	20	20	21	21	22	22	22	23	23	23
-7.8	20	20	20	21	21	21	22	22	22	23
-7.7	19	20	20	20	21	21	21	22	22	22
-7.6	19	19	20	20	20	21	21	21	22	22
-7.5	19	19	19	20	20	20	21	21	21	22
-7.4			19	19	20	20	20	21	21	21
-7.3				19	19	20	20	20	21	21
-7.2						19	19	20	20	20
-7.1							19	19	20	20
-7.0								19	19	20
-6.9										19

t_W \ t	-1.0	-0.9	-0.8	-0.7	-0.6	-0.5	-0.4	-0.3	-0.2	-0.1
-8.3	25	26								
-8.2	25	25	25							
-8.1	24	25	25	25	26					
-8.0	24	24	25	25	25	26	26			
-7.9	24	24	24	25	25	25	26	26		
-7.8	23	24	24	24	25	25	25	26	26	
-7.7	23	23	23	24	24	24	25	25	25	26
-7.6	22	23	23	23	24	24	24	25	25	25
-7.5	22	22	23	23	23	24	24	24	25	25
-7.4	22	22	22	23	23	23	24	24	24	25
-7.3	21	22	22	22	23	23	23	24	24	24
-7.2	21	21	21	22	22	22	23	23	23	24
-7.1	20	21	21	21	22	22	22	23	23	23
-7.0	20	20	21	21	21	22	22	22	23	23
-6.9	20	20	20	21	21	21	22	22	22	23
-6.8	19	20	20	20	21	21	21	22	22	22
-6.7			20	20	20	21	21	21	22	22
-6.6				19	20	20	20	21	21	21
-6.5						20	20	20	21	21
-6.4								20	20	21
-6.3									20	20

n \ t / t_W	0.0	0.1	0.2	0.3	0.4	0.5	0.6	0.7	0.8	0.9
-7.8	27									
-7.7	26	26	27							
-7.6	26	26	26	27						
-7.5	25	26	26	26	27	27				
-7.4	25	25	26	26	26	27	27			
-7.3	25	25	25	26	26	26	27	27		
-7.2	24	24	25	25	25	26	26	27	27	
-7.1	24	24	24	25	25	25	26	26	26	27
-7.0	23	24	24	24	25	25	25	26	26	26
-6.9	23	23	24	24	24	25	25	25	26	26
-6.8	23	23	23	24	24	24	25	25	25	26
-6.7	22	23	23	23	24	24	24	24	25	25
-6.6	22	22	22	23	23	23	24	24	24	25
-6.5	21	22	22	22	23	23	23	24	24	24
-6.4	21	21	22	22	22	23	23	23	24	24
-6.3	21	21	21	22	22	22	23	23	23	24
-6.2	20	21	21	21	22	22	22	23	23	23
-6.1		20	21	21	21	21	22	22	22	23
-6.0				20	21	21	21	22	22	22
-5.9					20	21	21	21	22	22
-5.8							21	21	21	22
-5.7								21	21	21
-5.6										21

n \ t / t_W	1.0	1.1	1.2	1.3	1.4	1.5	1.6	1.7	1.8	1.9
-7.1	27	27								
-7.0	27	27	27							
-6.9	26	27	27	27	28					
-6.8	26	26	27	27	27	28	28			
-6.7	25	26	26	26	27	27	27	28		
-6.6	25	25	26	26	26	27	27	27	28	28
-6.5	25	25	25	26	26	26	27	27	27	28
-6.4	24	25	25	25	26	26	26	27	27	27
-6.3	24	24	25	25	25	26	26	26	27	27
-6.2	24	24	24	24	25	25	25	26	26	26
-6.1	23	23	24	24	24	25	25	25	26	26
-6.0	23	23	23	24	24	24	25	25	25	26
-5.9	22	23	23	23	24	24	24	25	25	25
-5.8	22	22	23	23	23	24	24	24	25	25
-5.7	22	22	22	23	23	23	24	24	24	24
-5.6	21	22	22	22	22	23	23	23	24	24
-5.5	21	21	21	22	22	22	23	23	23	24
-5.4			21	21	22	22	22	23	23	23
-5.3				21	21	22	22	22	23	23
-5.2						21	22	22	22	23
-5.1								22	22	22
-5.0									21	22

n \ t / t_W	2.0	2.1	2.2	2.3	2.4	2.5	2.6	2.7	2.8	2.9
-6.1	26									
-6.0	26	26	27							
-5.9	26	26	26	27	27					
-5.8	25	26	26	26	26	27				
-5.7	25	25	25	26	26	26	27	27		
-5.6	24	25	25	25	26	26	26	27	27	
-5.5	24	24	25	25	25	26	26	26	27	27
-5.4	24	24	24	25	25	25	26	26	26	27
-5.3	23	24	24	24	25	25	25	25	26	26
-5.2	23	23	24	24	24	24	25	25	25	26
-5.1	23	23	23	24	24	24	25	25	25	25
-5.0	22	22	23	23	23	24	24	24	25	25
-4.9	22	22	22	23	23	23	24	24	24	25
-4.8		22	22	22	23	23	23	24	24	24
-4.7				22	22	23	23	23	23	24
-4.6						22	22	23	23	23
-4.5							22	22	23	23
-4.4									22	23
-4.3										22

n \ t / t_W	3.0	3.1	3.2	3.3	3.4	3.5	3.6	3.7	3.8	3.9
-5.5	27									
-5.4	27	27	27							
-5.3	26	27	27	27						
-5.2	26	26	27	27	27	28				
-5.1	26	26	26	27	27	27	28			
-5.0	25	26	26	26	27	27	27	27	28	
-4.9	25	25	26	26	26	26	27	27	27	28
-4.8	24	25	25	25	26	26	26	27	27	27
-4.7	24	24	25	25	25	26	26	26	27	27
-4.6	24	24	24	25	25	25	26	26	26	27
-4.5	23	24	24	24	25	25	25	26	26	26
-4.4	23	23	24	24	24	25	25	25	25	26
-4.3	23	23	23	24	24	24	24	25	25	25
-4.2		23	23	23	23	24	24	24	25	25
-4.1				23	23	23	24	24	24	25
-4.0					23	23	23	24	24	24
-3.9							23	23	24	24
-3.8								23	23	23
-3.7										23

n \ t / t_W	4.0	4.1	4.2	4.3	4.4	4.5	4.6	4.7	4.8	4.9
-5.0	28									
-4.9	28	28								
-4.8	28	28	28	29						
-4.7	27	28	28	28	28	29				
-4.6	27	27	27	28	28	28	29			
-4.5	26	27	27	27	28	28	28	29	29	
-4.4	26	26	27	27	27	28	28	28	29	29
-4.3	26	26	26	27	27	27	28	28	28	28
-4.2	25	26	26	26	27	27	27	27	28	28
-4.1	25	25	26	26	26	26	27	27	27	28
-4.0	25	25	25	25	26	26	26	27	27	27
-3.9	24	24	25	25	25	26	26	26	27	27
-3.8	24	24	24	25	25	25	26	26	26	27
-3.7	23	24	24	24	25	25	25	26	26	26
-3.6		23	24	24	24	25	25	25	25	26
-3.5			23	24	24	24	24	25	25	25
-3.4					23	24	24	24	25	25
-3.3							24	24	24	25
-3.2								24	24	24
-3.1										24

n \ t / t_W	5.0	5.1	5.2	5.3	5.4	5.5	5.6	5.7	5.8	5.9
-4.4	29									
-4.3	29	29								
-4.2	28	29	29	29						
-4.1	28	28	29	29	29	30				
-4.0	28	28	28	29	29	29	29			
-3.9	27	28	28	28	28	29	29	29	30	
-3.8	27	27	27	28	28	28	29	29	29	30
-3.7	26	27	27	27	28	28	28	29	29	29
-3.6	26	26	27	27	27	28	28	28	28	29
-3.5	26	26	26	27	27	27	27	28	28	28
-3.4	25	26	26	26	27	27	27	27	28	28
-3.3	25	25	26	26	26	26	27	27	27	28
-3.2	25	25	25	25	26	26	26	27	27	27
-3.1	24	24	25	25	25	26	26	26	27	27
-3.0		24	24	25	25	25	26	26	26	26
-2.9			24	24	25	25	25	26	26	26
-2.8					24	25	25	25	25	26
-2.7							24	25	25	25
-2.6								24	25	25
-2.5										25

(一)续表

n t / t_W	6.0	6.1	6.2	6.3	6.4	6.5	6.6	6.7	6.8	6.9
-4.0	31									
-3.9	30	31								
-3.8	30	30	30	31						
-3.7	29	30	30	30	31	31				
-3.6	29	29	30	30	30	31	31	31		
-3.5	29	29	29	30	30	30	31	31	31	31
-3.4	28	29	29	29	30	30	30	30	31	31
-3.3	28	28	29	29	29	29	30	30	30	31
-3.2	28	28	28	28	29	29	29	30	30	30
-3.1	27	27	28	28	28	29	29	29	30	30
-3.0	27	27	27	28	28	28	29	29	29	29
-2.9	26	27	27	27	28	28	28	29	29	29
-2.8	26	26	27	27	27	27	28	28	28	29
-2.7	26	26	26	27	27	27	27	28	28	28
-2.6	25	26	26	26	26	27	27	27	28	28
-2.5	25	25	25	26	26	26	27	27	27	28
-2.4		25	25	25	26	26	26	27	27	27
-2.3			25	25	25	26	26	26	26	27
-2.2					25	25	26	26	26	26
-2.1							25	25	26	26
-2.0									25	26

n t / t_W	7.0	7.1	7.2	7.3	7.4	7.5	7.6	7.7	7.8	7.9
-3.6	32									
-3.5	32	32	32							
-3.4	31	32	32	32	33					
-3.3	31	31	32	32	32	32				
-3.2	31	31	31	31	32	32	32	33		
-3.1	30	30	31	31	31	32	32	32	33	33
-3.0	30	30	30	31	31	31	32	32	32	32
-2.9	29	30	30	30	31	31	31	32	32	32
-2.8	29	29	30	30	30	30	31	31	31	32
-2.7	29	29	29	29	30	30	30	31	31	31
-2.6	28	28	29	29	29	30	30	30	31	31
-2.5	28	28	28	29	29	29	30	30	30	30
-2.4	27	28	28	28	29	29	29	29	30	30
-2.3	27	27	28	28	28	29	29	29	29	30
-2.2	27	27	27	28	28	28	28	29	29	29
-2.1	26	27	27	27	27	28	28	28	29	29
-2.0	26	26	27	27	27	27	28	28	28	28
-1.9	26	26	26	26	27	27	27	28	28	28
-1.8		25	26	26	26	27	27	27	27	28
-1.7				26	26	26	27	27	27	27
-1.6						26	26	26	27	27
-1.5							26	26	26	27
-1.4									26	26

n t / t_W	8.0	8.1	8.2	8.3	8.4	8.5	8.6	8.7	8.8	8.9
-3.0	33	33								
-2.9	32	33	33							
-2.8	32	32	33	33	33					
-2.7	32	32	32	32	33	33	33			
-2.6	31	31	32	32	32	33	33	33	33	
-2.5	31	31	31	32	32	32	33	33	33	33
-2.4	30	31	31	31	32	32	32	32	33	33
-2.3	30	30	31	31	31	31	32	32	32	33
-2.2	30	30	30	30	31	31	31	32	32	32
-2.1	29	29	30	30	30	31	31	31	32	32
-2.0	29	29	29	30	30	30	31	31	31	31
-1.9	28	29	29	29	30	30	30	30	31	31
-1.8	28	28	29	29	29	29	30	30	30	31
-1.7	28	28	28	29	29	29	29	30	30	30
-1.6	27	28	28	28	28	29	29	29	30	30
-1.5	27	27	28	28	28	28	29	29	29	29
-1.4	27	27	27	27	28	28	28	29	29	29
-1.3	26	26	27	27	27	28	28	28	28	29
-1.2			26	27	27	27	28	28	28	28
-1.1				26	27	27	27	27	28	28
-1.0						26	27	27	27	28
-0.9								27	27	27
-0.8										27

n t / t_W	9.0	9.1	9.2	9.3	9.4	9.5	9.6	9.7	9.8	9.9
-2.5	34									
-2.4	33	34								
-2.3	33	33	33	34						
-2.2	32	33	33	33	34	34				
-2.1	32	32	33	33	33	34	34	34		
-2.0	32	32	32	33	33	33	33	34	34	34
-1.9	31	32	32	32	32	33	33	33	34	34
-1.8	31	31	31	32	32	32	33	33	33	34
-1.7	31	31	31	31	32	32	32	33	33	33
-1.6	30	30	31	31	31	32	32	32	32	33
-1.5	30	30	30	31	31	31	31	32	32	32
-1.4	29	30	30	30	31	31	31	31	32	32
-1.3	29	29	30	30	30	30	31	31	31	32
-1.2	29	29	29	29	30	30	30	31	31	31
-1.1	28	29	29	29	29	30	30	30	30	31
-1.0	28	28	28	29	29	29	30	30	30	30
-0.9	28	28	28	28	29	29	29	29	30	30
-0.8	27	27	28	28	28	29	29	29	29	30
-0.7		27	27	28	28	28	28	29	29	29
-0.6			27	27	28	28	28	28	29	29
-0.5					27	27	28	28	28	29
-0.4							27	28	28	28
-0.3									28	28

(二)湿球未结冰部分

n t t_W	-10.0	-9.9	-9.8	-9.7	-9.6	-9.5	-9.4	-9.3	-9.2	-9.1
-14.6	19									
-14.5	18	19	19							
-14.4	18	18	18	19						
-14.3	17	18	18	18	19					
-14.2	17	17	18	18	18	19	19			
-14.1	16	17	17	18	18	18	19	19		
-14.0	16	16	17	17	18	18	18	19	19	
-13.9	16	16	16	17	17	18	18	18	19	19
-13.8	15	16	16	16	17	17	18	18	18	19
-13.7	15	15	16	16	16	17	17	18	18	18
-13.6	14	15	15	15	16	16	17	17	17	18
-13.5	14	14	15	15	15	16	16	17	17	17
-13.4	13	14	14	15	15	15	16	16	17	17
-13.3	13	13	14	14	15	15	15	16	16	17
-13.2		13	13	14	14	15	15	15	16	16
-13.1				13	14	14	15	15	15	16
-13.0					13	14	14	15	15	15
-12.9						13	14	14	15	15
-12.8								14	14	15
-12.7									14	14
-12.6										14

n t t_W	-9.0	-8.9	8.8	-8.7	-8.6	-8.5	-8.4	-8.3	-8.2	-8.1
-13.8	19	20								
-13.7	19	19	19							
-13.6	18	19	19	19						
-13.5	18	18	19	19	19	20				
-13.4	17	18	18	19	19	19	20			
-13.3	17	17	18	18	19	19	19	20		
-13.2	17	17	17	18	18	19	19	19	20	
-13.1	16	17	17	17	18	18	19	19	19	20
-13.0	16	16	17	17	17	18	18	19	19	19
-12.9	15	16	16	17	17	17	18	18	18	19
-12.8	15	15	16	16	16	17	17	18	18	18
-12.7	14	15	15	16	16	16	17	17	18	18
-12.6	14	14	15	15	16	16	16	17	17	18
-12.5	14	14	14	15	15	16	16	16	17	17
-12.4			14	14	15	15	16	16	16	17
-12.3				14	14	15	15	16	16	16
-12.2					14	14	15	15	16	16
-12.1							14	15	15	16
-12.0								14	15	15
-11.9									14	15
-11.8										14

n t t_W	-8.0	-7.9	-7.8	-7.7	-7.6	-7.5	-7.4	-7.3	-7.2	-7.1
-13.1	20	21								
-13.0	20	20	20							
-12.9	19	20	20	20	21					
-12.8	19	19	20	20	20	21				
-12.7	18	19	19	20	20	20	21			
-12.6	18	18	19	19	20	20	20	21	21	
-12.5	18	18	18	19	19	20	20	20	21	21
-12.4	17	18	18	18	19	19	19	20	20	21
-12.3	17	17	18	18	18	19	19	19	20	20
-12.2	16	17	17	17	18	18	19	19	19	20

n t t_W	-8.0	-7.9	-7.8	-7.7	-7.6	-7.5	-7.4	-7.3	-7.2	-7.1
-12.1	16	16	17	17	17	18	18	19	19	19
-12.0	15	16	16	17	17	17	18	18	19	19
-11.9	15	15	16	16	17	17	17	18	18	19
-11.8	15	15	15	16	16	17	17	17	18	18
-11.7		15	15	15	16	16	17	17	17	18
-11.6			15	15	15	16	16	17	17	17
-11.5				15	15	15	16	16	17	17
-11.4						15	15	16	16	16
-11.3							15	15	16	16
-11.2								15	15	16
-11.1										15

n t t_W	-7.0	-6.9	-6.8	-6.7	-6.6	-6.5	-6.4	-6.3	-6.2	-6.1
-12.3	21	21								
-12.2	20	21	21	21						
-12.1	20	20	21	21	21					
-12.0	19	20	20	21	21	21				
-11.9	19	19	20	20	20	21	21	22		
-11.8	19	19	19	20	20	20	21	21	22	
-11.7	18	19	19	19	20	20	20	21	21	22
-11.6	18	18	18	19	19	20	20	20	21	21
-11.5	17	18	18	18	19	19	20	20	20	21
-11.4	17	17	18	18	18	19	19	20	20	20
-11.3	16	17	17	18	18	18	19	19	20	20
-11.2	16	16	17	17	18	18	18	19	19	19
-11.1	16	16	16	17	17	18	18	18	19	19
-11.0	15	16	16	16	17	17	18	18	18	19
-10.9		15	16	16	16	17	17	17	18	18
-10.8			15	16	16	16	17	17	17	18
-10.7					16	16	16	17	17	17
-10.6						16	16	16	17	17
-10.5							15	16	16	17
-10.4									16	16
-10.3										16

n t t_W	-6.0	-5.9	-5.8	-5.7	-5.6	-5.5	-5.4	-5.3	-5.2	-5.1
-11.6	22	22								
-11.5	21	22	22							
-11.4	21	21	21	22						
-11.3	20	21	21	21	22	22				
-11.2	20	20	21	21	21	22	22			
-11.1	19	20	20	21	21	21	22	22		
-11.0	19	19	20	20	21	21	21	22	22	22
-10.9	19	19	19	20	20	21	21	21	22	22
-10.8	18	19	19	19	20	20	20	21	21	22
-10.7	18	18	19	19	19	20	20	20	21	21
-10.6	17	18	18	19	19	19	20	20	20	21
-10.5	17	17	18	18	19	19	19	20	20	20
-10.4	17	17	17	18	18	18	19	19	20	20
-10.3	16	17	17	17	18	18	18	19	19	20
-10.2	16	16	17	17	17	18	18	18	19	19
-10.1			16	16	17	17	18	18	18	19
-10.0				16	16	17	17	18	18	18
-9.9					16	16	17	17	18	18
-9.8							16	17	17	18
-9.7								16	17	17
-9.6									16	17

n t / t_W	-5.0	-4.9	-4.8	-4.7	-4.6	-4.5	-4.4	-4.3	-4.2	-4.1
-10.8	22	22	23							
-10.7	22	22	22	23						
-10.6	21	22	22	22	23					
-10.5	21	21	22	22	22	23	23			
-10.4	20	21	21	21	22	22	23	23		
-10.3	20	20	21	21	21	22	22	23	23	
-10.2	20	20	20	21	21	21	22	22	23	23
-10.1	19	19	20	20	21	21	21	22	22	22
-10.0	19	19	19	20	20	21	21	21	22	22
-9.9	18	19	19	19	20	20	21	21	21	22
-9.8	18	18	19	19	19	20	20	21	21	21
-9.7	17	18	18	19	19	19	20	20	20	21
-9.6	17	17	18	18	19	19	19	20	20	20
-9.5	17	17	17	18	18	19	19	19	20	20
-9.4		17	17	17	18	18	19	19	19	20
-9.3				17	17	18	18	18	19	19
-9.2					17	17	18	18	18	19
-9.1						17	17	18	18	18
-9.0								17	18	18
-8.9									17	18
-8.8										17

n t / t_W	-4.0	-3.9	-3.8	-3.7	-3.6	-3.5	-3.4	-3.3	-3.2	-3.1
-10.1	23	23								
-10.0	22	23	23							
-9.9	22	22	23	23	24					
-9.8	22	22	22	23	23	23				
-9.7	21	22	22	22	23	23	23	24		
-9.6	21	21	22	22	22	23	23	23	24	
-9.5	20	21	21	22	22	22	23	23	23	24
-9.4	20	20	21	21	21	22	22	23	23	23
-9.3	20	20	20	21	21	21	22	22	23	23
-9.2	19	20	20	20	21	21	21	22	22	23
-9.1	19	19	20	20	20	21	21	21	22	22
-9.0	18	19	19	19	20	20	21	21	21	22
-8.9	18	18	19	19	19	20	20	21	21	21
-8.8	18	18	18	19	19	19	20	20	21	21
-8.7		18	18	18	19	19	19	20	20	20
-8.6			18	18	18	19	19	19	20	20
-8.5				17	18	18	19	19	19	20
-8.4						18	18	19	19	19
-8.3							18	18	18	19
-8.2									18	18
-8.1										18

n t / t_W	-3.0	-2.9	-2.8	-2.7	-2.6	-2.5	-2.4	-2.3	-2.2	-2.1
-9.4	24	24								
-9.3	23	24	24							
-9.2	23	23	24	24						
-9.1	22	23	23	24	24	24				
-9.0	22	22	23	23	24	24	24			
-8.9	22	22	22	23	23	23	24	24	25	
-8.8	21	22	22	22	23	23	23	24	24	25
-8.7	21	21	22	22	22	23	23	23	24	24
-8.6	20	21	21	22	22	22	23	23	23	24
-8.5	20	20	21	21	21	22	22	23	23	23
-8.4	20	20	20	21	21	21	22	22	23	23
-8.3	19	20	20	20	21	21	21	22	22	22
-8.2	19	19	20	20	20	21	21	21	22	22
-8.1	18	19	19	20	20	20	21	21	21	22
-8.0	18	18	19	19	19	20	20	21	21	21
-7.9			18	19	19	19	20	20	21	21
-7.8				18	19	19	19	20	20	20
-7.7					18	19	19	19	20	20
-7.6							19	19	19	20
-7.5								19	19	19
-7.4										19

n t / t_W	-2.0	-1.9	-1.8	-1.7	-1.6	-1.5	-1.4	-1.3	-1.2	-1.1
-8.7	24	25								
-8.6	24	24	25							
-8.5	24	24	24	25						
-8.4	23	24	24	24	25	25				
-8.3	23	23	24	24	24	25	25			
-8.2	22	23	23	24	24	24	25	25	25	
-8.1	22	22	23	23	23	24	24	25	25	25
-8.0	22	22	22	23	23	23	24	24	25	25
-7.9	21	22	22	22	23	23	23	24	24	24
-7.8	21	21	22	22	22	23	23	23	24	24
-7.7	20	21	21	22	22	22	23	23	23	24
-7.6	20	20	21	21	21	22	22	23	23	23
-7.5	20	20	20	21	21	21	22	22	22	23
-7.4	19	20	20	20	21	21	21	22	22	22
-7.3	19	19	20	20	20	21	21	21	22	22
-7.2			19	20	20	20	21	21	21	22
-7.1				19	19	20	20	21	21	21
-7.0					19	19	20	20	20	21
-6.9							19	20	20	20
-6.8								19	20	20
-6.7										20

n t / t_W	-1.0	-0.9	-0.8	-0.7	-0.6	-0.5	-0.4	-0.3	-0.2	-0.1
-8.0	25									
-7.9	25	25	26							
-7.8	24	25	25	25						
-7.7	24	24	25	25	25	26				
-7.6	24	24	24	25	25	25	26			
-7.5	23	24	24	24	25	25	25	26	26	
-7.4	23	23	24	24	24	25	25	25	26	26
-7.3	22	23	23	23	24	24	25	25	25	26
-7.2	22	22	23	23	23	24	24	24	25	25
-7.1	22	22	22	23	23	23	24	24	24	25
-7.0	21	22	22	22	23	23	23	24	24	24
-6.9	21	21	22	22	22	23	23	23	24	24
-6.8	20	21	21	21	22	22	23	23	23	24
-6.7	20	20	21	21	21	22	22	22	23	23
-6.6	20	20	20	21	21	21	22	22	22	23
-6.5		20	20	20	21	21	21	22	22	22
-6.4				20	20	21	21	21	22	22
-6.3					20	20	21	21	21	22
-6.2							20	21	21	21
-6.1								20	20	21
-6.0										20

n t / t_W	0.0	0.1	0.2	0.3	0.4	0.5	0.6	0.7	0.8	0.9
-7.0	25									
-6.9	24	25	25							
-6.8	24	24	25	25						
-6.7	24	24	24	25	25	25				
-6.6	23	23	24	24	25	25				
-6.5	23	23	23	24	24	24	25			
-6.4	22	23	23	23	24	24	25	25		
-6.3	22	22	23	23	23	24	24	25	25	25
-6.2	22	22	22	23	23	23	24	24	25	25
-6.1	21	22	22	22	23	23	24	24	24	24
-6.0	21	21	21	22	22	22	23	24	24	24
-5.9	20	21	21	21	22	22	23	23	24	23
-5.8		20	21	21	21	22	22	23	23	23
-5.7				21	21	21	22	22	23	23
-5.6					21	21	22	22	22	22
-5.5							21	22	22	22
-5.4							21	21	22	22
-5.3								21	21	21

n t / t_W	1.0	1.1	1.2	1.3	1.4	1.5	1.6	1.7	1.8	1.9
-6.4	26	26								
-6.3	25	26	26							
-6.2	25	25	26	26	26					
-6.1	25	25	25	26	26	26				
-6.0	24	25	25	25	26	26	26	27		
-5.9	24	24	25	25	25	26	26	26	27	
-5.8	23	24	24	24	25	25	26	26	26	27
-5.7	23	23	24	24	24	25	25	25	26	26
-5.6	23	23	23	24	24	24	25	25	25	26
-5.5	22	23	23	23	24	24	24	25	25	25
-5.4	22	22	23	23	23	24	24	24	25	25
-5.3	21	22	22	23	23	23	24	24	24	25
-5.2	21	21	22	22	22	23	23	23	24	24
-5.1			21	22	22	22	23	23	23	24
-5.0				21	22	22	22	23	23	23
-4.9						22	22	22	23	23
-4.8							22	22	22	23
-4.7									22	22
-4.6										22

n t / t_W	2.0	2.1	2.2	2.3	2.4	2.5	2.6	2.7	2.8	2.9
-5.8	27									
-5.7	26	27								
-5.6	26	26	27	27						
-5.5	26	26	26	27	27					
-5.4	25	26	26	26	27	27	27			
-5.3	25	25	26	26	26	27	27	27		
-5.2	24	25	25	26	26	26	27	27	27	28
-5.1	24	24	25	25	25	26	26	26	27	27
-5.0	24	24	24	25	25	25	26	26	26	27
-4.9	23	24	24	24	25	25	25	26	26	26
-4.8	23	23	24	24	24	25	25	25	26	26
-4.7	23	23	23	24	24	24	25	25	25	26
-4.6	22	22	23	23	24	24	24	25	25	25
-4.5		22	22	23	23	23	24	24	24	25
-4.4			22	22	23	23	23	24	24	24
-4.3					22	23	23	23	24	24
-4.2						22	23	23	23	24
-4.1								23	23	23
-4.0									23	23

n t / t_W	3.0	3.1	3.2	3.3	3.4	3.5	3.6	3.7	3.8	3.9
-5.1	27									
-5.0	27	27	28							
-4.9	27	27	27	28						
-4.8	26	27	27	27	28	28				
-4.7	26	26	27	27	27	28	28			
-4.6	26	26	26	27	27	27	28	28	28	
-4.5	25	25	26	26	26	27	27	27	28	28
-4.4	25	25	25	26	26	26	27	27	27	28
-4.3	24	25	25	25	26	26	26	27	27	27
-4.2	24	24	25	25	25	26	26	26	27	27

n t / t_W	3.0	3.1	3.2	3.3	3.4	3.5	3.6	3.7	3.8	3.9
-4.1	24	24	24	25	25	25	26	26	26	27
-4.0	23	24	24	24	25	25	25	26	26	26
-3.9	23	23	23	24	24	24	25	25	25	26
-3.8		23	23	23	24	24	24	25	25	25
-3.7				23	23	24	24	24	25	25
-3.6					23	23	24	24	24	25
-3.5							23	24	24	24
-3.4								23	24	24
-3.3										23

n t / t_W	4.0	4.1	4.2	4.3	4.4	4.5	4.6	4.7	4.8	4.9
-4.5	28	29								
-4.4	28	28	29							
-4.3	28	28	28	29	29					
-4.2	27	28	28	28	29	29				
-4.1	27	27	28	28	28	29	29	29		
-4.0	26	27	27	27	28	28	28	29	29	
-3.9	26	26	27	27	27	28	28	28	29	29
-3.8	26	26	26	27	27	27	28	28	28	29
-3.7	25	26	26	26	27	27	27	28	28	28
-3.6	25	25	26	26	26	27	27	27	28	28
-3.5	25	25	25	26	26	26	27	27	27	28
-3.4	24	24	25	25	25	26	26	26	27	27
-3.3	24	24	24	25	25	25	26	26	26	27
-3.2	23	24	24	25	25	25	25	26	26	26
-3.1			24	24	24	25	25	25	26	26
-3.0				24	24	24	25	25	25	26
-2.9						24	24	25	25	25
-2.8							24	24	24	25
-2.7									24	24
-2.6										24

n t / t_W	5.0	5.1	5.2	5.3	5.4	5.5	5.6	5.7	5.8	5.9
-3.9	29									
-3.8	29	29	30							
-3.7	29	29	29	30						
-3.6	28	29	29	29	30	30				
-3.5	28	28	28	29	29	29	30			
-3.4	27	28	28	28	29	29	29	30	30	
-3.3	27	27	28	28	28	29	29	29	30	30
-3.2	27	27	27	28	28	28	29	29	29	30
-3.1	26	27	27	27	28	28	28	29	29	29
-3.0	26	26	27	27	27	28	28	28	28	29
-2.9	26	26	26	26	27	27	27	28	28	28
-2.8	25	25	26	26	26	27	27	27	28	28
-2.7	25	25	25	26	26	26	27	27	27	28
-2.6	24	25	25	25	26	26	26	27	27	27
-2.5		24	25	25	25	26	26	26	27	27
-2.4				25	25	25	26	26	26	26
-2.3					25	25	25	25	26	26
-2.2							25	25	25	26
-2.1								25	25	25
-2.0										25

n t / t_W	6.0	6.1	6.2	6.3	6.4	6.5	6.6	6.7	6.8	6.9
-3.9	33	33	33	34						
-3.8	32	33	33	33	34					
-3.7	32	32	33	33	33	34	34			
-3.6	32	32	32	32	33	33	33	33		
-3.5	31	31	32	32	32	33	33	33	34	34
-3.4	31	31	31	32	32	32	33	33	33	34
-3.3	30	31	31	31	32	32	32	33	33	33
-3.2	30	30	31	31	31	32	32	32	33	33
-3.1	30	30	30	30	31	31	31	32	32	32
-3.0	29	29	30	30	30	31	31	31	32	32
-2.9	29	29	29	30	30	30	31	31	31	32
-2.8	28	29	29	29	30	30	30	31	31	31
-2.7	28	28	29	29	29	30	30	30	31	31
-2.6	28	28	28	29	29	29	29	30	30	30
-2.5	27	27	28	28	28	29	29	29	30	30
-2.4	27	27	27	28	28	28	29	29	29	30

(二)续表

n \ t / t_W	6.0	6.1	6.2	6.3	6.4	6.5	6.6	6.7	6.8	6.9
-2.3	26	27	27	27	28	28	28	29	29	29
-2.2	26	26	27	27	27	28	28	28	29	29
-2.1	26	26	26	27	27	27	28	28	28	28
-2.0	25	26	26	26	27	27	27	27	28	28
-1.9	25	25	26	26	26	26	27	27	27	28
-1.8			25	25	26	26	26	27	27	27
-1.7					25	26	26	26	27	27
-1.6						25	26	26	26	27
-1.5								26	26	26
-1.4									26	26

n \ t / t_W	7.0	7.1	7.2	7.3	7.4	7.5	7.6	7.7	7.8	7.9
-3.4	34	34								
-3.3	33	34	34							
-3.2	33	33	34	34	34					
-3.1	33	33	33	34	34	34				
-3.0	32	33	33	33	34	34	34	35		
-2.9	32	32	33	33	33	34	34	34	35	35
-2.8	32	32	32	33	33	33	33	34	34	34
-2.7	31	31	32	32	32	33	33	33	34	34
-2.6	31	31	31	32	32	32	33	33	33	34
-2.5	30	31	31	31	32	32	32	33	33	33
-2.4	30	30	31	31	31	32	32	32	33	33
-2.3	30	30	30	31	31	31	32	32	32	32
-2.2	29	30	30	30	30	31	31	31	32	32
-2.1	29	29	29	30	30	30	31	31	31	32
-2.0	28	29	29	29	30	30	30	31	31	31
-1.9	28	28	29	29	29	30	30	30	31	31
-1.8	28	28	28	29	29	29	30	30	30	30
-1.7	27	28	28	28	29	29	29	29	30	30
-1.6	27	27	28	28	28	28	29	29	29	30
-1.5	27	27	27	27	28	28	28	29	29	29
-1.4	26	26	27	27	27	28	28	28	29	29
-1.3	26	26	26	27	27	27	28	28	28	29
-1.2			26	26	27	27	27	28	28	28
-1.1				26	26	27	27	27	27	28
-1.0						26	26	27	27	27
-0.9							26	26	27	27
-0.8									26	27

n \ t / t_W	8.0	8.1	8.2	8.3	8.4	8.5	8.6	8.7	8.8	8.9
-2.9	35									
-2.8	35	35	35							
-2.7	34	35	35	35	36					
-2.6	34	34	35	35	35	36				
-2.5	34	34	34	35	35	35	35	36		
-2.4	33	33	34	34	34	35	35	35	36	36
-2.3	33	33	33	34	34	34	35	35	35	36
-2.2	32	33	33	33	34	34	34	35	35	35
-2.1	32	32	33	33	33	34	34	34	35	35
-2.0	32	32	32	33	33	33	33	34	34	34
-1.9	31	32	32	32	32	33	33	33	34	34
-1.8	31	31	31	32	32	32	33	33	33	34
-1.7	30	31	31	31	32	32	32	33	33	33
-1.6	30	30	31	31	31	32	32	32	33	33
-1.5	30	30	30	31	31	31	32	32	32	32
-1.4	29	30	30	30	31	31	31	31	32	32
-1.3	29	29	29	30	30	30	31	31	31	32
-1.2	28	29	29	29	30	30	30	31	31	31
-1.1	28	28	29	29	29	30	30	30	31	31
-1.0	28	28	28	29	29	29	30	30	30	31
-0.9	27	28	28	28	29	29	29	30	30	30
-0.8	27	27	28	28	28	29	29	29	29	30
-0.7	27	27	27	28	28	28	28	29	29	29
-0.6		27	27	27	27	28	28	28	29	29
-0.5				27	27	27	28	28	28	29
-0.4						27	27	28	28	28
-0.3							27	27	28	28
-0.2									27	27

n \ t / t_W	9.0	9.1	9.2	9.3	9.4	9.5	9.6	9.7	9.8	9.9
-2.2	36	36	36							
-2.1	35	35	36	36	36					
-2.0	35	35	35	36	36	36				
-1.9	34	35	35	35	36	36	36	37		
-1.8	34	34	35	35	35	36	36	36	36	37
-1.7	34	34	34	34	35	35	35	36	36	36
-1.6	33	33	34	34	34	35	35	35	36	36
-1.5	33	33	33	34	34	34	35	35	35	36
-1.4	32	33	33	33	34	34	34	35	35	35
-1.3	32	32	33	33	33	34	34	34	34	35
-1.2	32	32	32	33	33	33	33	34	34	34
-1.1	31	32	32	32	32	33	33	33	34	34
-1.0	31	31	31	32	32	32	33	33	33	34
-0.9	30	31	31	31	32	32	32	33	33	33
-0.8	30	30	31	31	31	32	32	32	32	33
-0.7	30	30	30	31	31	31	31	32	32	32
-0.6	29	30	30	30	30	31	31	31	32	32
-0.5	29	29	30	30	30	30	31	31	31	32
-0.4	28	29	29	29	30	30	30	31	31	31
-0.3	28	28	29	29	29	30	30	30	30	31
-0.2	28	28	28	29	29	29	30	30	30	30
-0.1	27	28	28	28	29	29	29	30	30	30
0.0		27	28	28	28	29	29	29	29	30
0.1				28	28	28	28	29	29	29
0.2						28	28	28	29	29
0.3							28	28	28	29
0.4									28	28

n \ t / t_W	10.0	10.1	10.2	10.3	10.4	10.5	10.6	10.7	10.8	10.9
-1.7	37									
-1.6	36	37	37							
-1.5	36	36	37	37	37					
-1.4	35	36	36	36	37	37				
-1.3	35	35	36	36	36	37	37	37		
-1.2	35	35	35	36	36	36	37	37	37	37
-1.1	34	35	35	35	36	36	36	36	37	37
-1.0	34	34	35	35	35	35	36	36	36	37
-0.9	34	34	34	34	35	35	35	36	36	36
-0.8	33	33	34	34	34	35	35	35	36	36
-0.7	33	33	33	34	34	34	35	35	35	35
-0.6	32	33	33	33	34	34	34	34	35	35
-0.5	32	32	33	33	33	33	34	34	34	35
-0.4	32	32	32	32	33	33	33	34	34	34
-0.3	31	31	32	32	32	33	33	33	34	34
-0.2	31	31	31	32	32	32	33	33	33	34
-0.1	30	31	31	31	32	32	32	33	33	33
0.0	30	30	31	31	31	32	32	32	32	33
0.1	30	30	30	31	31	31	31	32	32	32
0.2	29	30	30	30	30	31	31	31	32	32
0.3	29	29	29	30	30	30	31	31	31	32
0.4	29	29	29	29	30	30	30	31	31	31
0.5	28	28	29	29	29	30	30	30	31	31
0.6		28	28	29	29	29	30	30	30	30
0.7				28	29	29	29	29	30	30
0.8						29	29	29	29	30
0.9							28	29	29	29
1.0									29	29

n \ t / t_W	11.0	11.1	11.2	11.3	11.4	11.5	11.6	11.7	11.8	11.9
-1.3	38									
-1.2	38	38	38							
-1.1	37	38	38	38	39					
-1.0	37	37	38	38	38	38	39			
-0.9	37	37	37	37	38	38	38	39		
-0.8	36	36	37	37	37	38	38	38	39	39
-0.7	36	36	36	37	37	37	38	38	38	39
-0.6	35	36	36	36	37	37	37	38	38	38
-0.5	35	35	36	36	36	37	37	37	37	38
-0.4	35	35	35	36	36	36	36	37	37	37
-0.3	34	35	35	35	35	36	36	36	37	37
-0.2	34	34	34	35	35	35	36	36	36	37
-0.1	33	34	34	34	35	35	35	36	36	36
0.0	33	33	34	34	34	35	35	35	35	36

n \ t / t_W	11.0	11.1	11.2	11.3	11.4	11.5	11.6	11.7	11.8	11.9
0.1	33	33	33	34	34	34	34	35	35	35
0.2	32	33	33	33	33	34	34	34	35	35
0.3	32	32	32	33	33	33	34	34	34	35
0.4	31	32	32	32	33	33	33	34	34	34
0.5	31	31	32	32	32	33	33	33	33	34
0.6	31	31	31	32	32	32	33	33	33	33
0.7	30	31	31	31	32	32	32	32	33	33
0.8	30	30	31	31	31	31	32	32	32	33
0.9	30	30	30	30	31	31	31	32	32	32
1.0	29	30	30	30	30	31	31	31	32	32
1.1	29	29	29	30	30	30	31	31	31	32
1.2		29	29	29	30	30	30	31	31	31
1.3				29	29	30	30	30	30	31
1.4						29	30	30	30	30
1.5								29	30	30
1.6									29	30

n \ t / t_W	12.0	12.1	12.2	12.3	12.4	12.5	12.6	12.7	12.8	12.9
-0.7	39	39								
-0.6	38	39	39							
-0.5	38	38	39	39	39					
-0.4	38	38	38	39	39	39	39			
-0.3	37	38	38	38	38	39	39	39	40	
-0.2	37	37	37	38	38	38	39	39	39	40
-0.1	36	37	37	37	38	38	38	39	39	39
0.0	36	36	37	37	37	38	38	38	38	39
0.1	36	36	36	37	37	37	37	38	38	38
0.2	35	36	36	36	36	37	37	37	38	38
0.3	35	35	35	36	36	36	37	37	37	38
0.4	34	35	35	35	36	36	36	37	37	37
0.5	34	34	35	35	35	36	36	36	36	37
0.6	34	34	34	35	35	35	35	36	36	36
0.7	33	34	34	34	34	35	35	35	36	36
0.8	33	33	34	34	34	34	35	35	35	36
0.9	33	33	33	33	34	34	34	35	35	35
1.0	32	32	33	33	33	34	34	34	35	35
1.1	32	32	32	33	33	33	34	34	34	34
1.2	31	32	32	32	33	33	33	33	34	34
1.3	31	31	32	32	32	32	33	33	33	34
1.4	31	31	31	32	32	32	32	33	33	33
1.5	30	31	31	31	31	32	32	32	33	33
1.6	30	30	30	31	31	31	32	32	32	33
1.7	30	30	30	30	31	31	31	32	32	32
1.8			30	30	30	31	31	31	31	32
1.9				30	30	30	31	31	31	31
2.0						30	30	30	31	31
2.1								30	30	31
2.2										30

n \ t / t_W	13.0	13.1	13.2	13.3	13.4	13.5	13.6	13.7	13.8	13.9
-0.1	39	40								
0.0	39	39	40	40						
0.1	39	39	39	40	40	40				
0.2	38	39	39	39	39	40	40			
0.3	38	38	38	39	39	39	40	40	40	
0.4	37	38	38	38	39	39	39	40	40	40
0.5	37	37	38	38	38	39	39	39	39	40
0.6	37	37	37	38	38	38	38	39	39	39
0.7	36	37	37	37	37	38	38	38	39	39
0.8	36	36	36	37	37	37	38	38	38	39
0.9	35	36	36	36	37	37	37	38	38	38
1.0	35	35	36	36	36	37	37	37	37	38
1.1	35	35	35	36	36	36	36	37	37	37
1.2	34	35	35	35	35	36	36	36	37	37
1.3	34	34	35	35	35	35	36	36	36	37
1.4	34	34	34	34	35	35	35	36	36	36
1.5	33	33	34	34	34	35	35	35	35	36
1.6	33	33	33	34	34	34	35	35	35	35
1.7	32	33	33	33	34	34	34	34	35	35
1.8	32	32	33	33	33	33	34	34	34	35
1.9	32	32	32	33	33	33	33	34	34	34
2.0	31	32	32	32	32	33	33	33	34	34
2.1	31	31	32	32	32	32	33	33	33	33
2.2	31	31	31	32	32	32	32	33	33	33
2.3	30	30	31	31	31	32	32	32	32	33
2.4			30	31	31	31	32	32	32	32
2.5					31	31	31	31	32	32
2.6							31	31	31	32
2.7								31	31	31
2.8										31

n \ t / t_W	14.0	14.1	14.2	14.3	14.4	14.5	14.6	14.7	14.8	14.9
0.3	41									
0.4	40	41	41							
0.5	40	40	41	41	41					
0.6	40	40	40	40	41	41				
0.7	39	40	40	40	40	41	41	41		
0.8	39	39	39	40	40	40	41	41	41	41
0.9	38	39	39	39	40	40	40	40	41	41
1.0	38	38	39	39	39	39	40	40	40	41
1.1	38	38	38	39	39	39	39	40	40	40
1.2	37	38	38	38	38	39	39	39	40	40
1.3	37	37	37	38	38	38	39	39	39	39
1.4	36	37	37	37	38	38	38	38	39	39
1.5	36	36	37	37	37	38	38	38	38	39
1.6	36	36	36	37	37	37	37	38	38	38
1.7	35	36	36	36	36	37	37	37	38	38
1.8	35	35	35	36	36	36	37	37	37	37
1.9	35	35	35	35	36	36	36	37	37	37
2.0	34	34	35	35	35	36	36	36	36	37
2.1	34	34	34	35	35	35	35	36	36	36
2.2	33	34	34	34	35	35	35	35	36	36
2.3	33	33	34	34	34	34	35	35	35	36
2.4	33	33	33	33	34	34	34	35	35	35
2.5	32	33	33	33	33	34	34	34	35	35
2.6	32	32	32	33	33	33	34	34	34	34
2.7	32	32	32	32	33	33	33	33	34	34
2.8	31	31	32	32	32	33	33	33	33	34
2.9		31	31	32	32	32	32	33	33	33
3.0				31	32	32	32	32	33	33
3.1						31	32	32	32	33
3.2							31	32	32	32
3.3									32	32

n \ t / t_W	15.0	15.1	15.2	15.3	15.4	15.5	15.6	15.7	15.8	15.9
0.9	41	42								
1.0	41	41	42	42						
1.1	41	41	41	41	42					
1.2	40	40	41	41	41	42	42			
1.3	40	40	40	41	41	41	41	42	42	
1.4	39	40	40	40	41	41	41	41	42	42
1.5	39	39	40	40	40	40	41	41	41	42
1.6	39	39	39	39	40	40	40	41	41	41
1.7	38	38	39	39	39	40	40	40	40	41
1.8	38	38	38	39	39	39	39	40	40	40
1.9	37	38	38	38	39	39	39	39	40	40
2.0	37	37	38	38	38	38	39	39	39	40
2.1	37	37	37	37	38	38	38	39	39	39
2.2	36	37	37	37	37	38	38	38	39	39
2.3	36	36	36	37	37	37	38	38	38	38
2.4	35	36	36	36	37	37	37	37	38	38
2.5	35	35	36	36	36	36	37	37	37	38
2.6	35	35	35	36	36	36	36	37	37	37
2.7	34	35	35	35	35	36	36	36	37	37
2.8	34	34	35	35	35	35	36	36	36	36
2.9	34	34	34	34	35	35	35	36	36	36
3.0	33	33	34	34	34	35	35	35	35	36
3.1	33	33	33	34	34	34	34	35	35	35
3.2	32	33	33	33	34	34	34	34	35	35
3.3	32	32	33	33	33	33	34	34	34	35
3.4	32	32	32	33	33	33	33	34	34	34
3.5			32	32	32	33	33	33	34	34
3.6					32	32	33	33	33	33
3.7						32	32	33	33	33
3.8								32	32	33
3.9										32

t_W \ n \ t	16.0	16.1	16.2	16.3	16.4	16.5	16.6	16.7	16.8	16.9
1.2	43									
1.3	43	43	43							
1.4	42	43	43	43	43					
1.5	42	42	42	43	43	43	44			
1.6	41	42	42	42	43	43	43	43		
1.7	41	41	42	42	42	42	43	43	43	44
1.8	41	41	41	41	42	42	42	43	43	43
1.9	40	41	41	41	41	42	42	42	43	43
2.0	40	40	40	41	41	41	42	42	42	42
2.1	39	40	40	40	41	41	41	41	42	42
2.2	39	39	40	40	40	41	41	41	41	42
2.3	39	39	39	40	40	40	40	41	41	41
2.4	38	39	39	39	39	40	40	40	41	41
2.5	38	38	38	39	39	39	40	40	40	40
2.6	38	38	38	38	39	39	39	39	40	40
2.7	37	37	38	38	38	39	39	39	39	40
2.8	37	37	37	38	38	38	38	39	39	39
2.9	36	37	37	37	37	38	38	38	39	39
3.0	36	36	37	37	37	37	38	38	38	38
3.1	36	36	36	36	37	37	37	38	38	38
3.2	35	35	36	36	36	37	37	37	37	38
3.3	35	35	35	36	36	36	36	37	37	37
3.4	35	35	35	35	36	36	36	36	37	37
3.5	34	34	35	35	35	35	36	36	36	37
3.6	34	34	34	35	35	35	35	36	36	36
3.7	33	34	34	34	34	35	35	35	36	36
3.8	33	33	34	34	34	34	35	35	35	35
3.9	33	33	33	33	34	34	34	35	35	35
4.0		33	33	33	33	34	34	34	34	35
4.1				33	33	33	34	34	34	34
4.2						33	33	33	34	34
4.3								33	33	34
4.4									33	33

t_W \ n \ t	17.0	17.1	17.2	17.3	17.4	17.5	17.6	17.7	17.8	17.9
1.8	43	44								
1.9	43	43	44	44						
2.0	43	43	43	44	44	44				
2.1	42	43	43	43	43	44	44	44		
2.2	42	42	43	43	43	43	44	44	44	45
2.3	41	42	42	42	43	43	43	43	44	44
2.4	41	41	42	42	42	42	43	43	43	44
2.5	41	41	41	42	42	42	42	43	43	43
2.6	40	41	41	4i	41	42	42	42	43	43
2.7	40	40	40	41	41	41	42	42	42	42
2.8	40	40	40	40	41	41	41	41	42	42
2.9	39	39	40	40	40	41	41	41	41	42
3.0	39	39	39	40	40	40	40	41	41	41
3.1	38	39	39	39	39	40	40	40	41	41
3.2	38	38	39	39	39	39	40	40	40	40
3.3	38	38	38	38	39	39	39	40	40	40
3.4	37	38	38	38	38	39	39	39	40	40
3.5	37	37	37	38	38	38	38	39	39	39
3.6	36	37	37	37	38	38	38	38	39	39
3.7	36	36	37	37	37	37	38	38	38	39
3.8	36	36	36	37	37	37	37	38	38	38
3.9	35	36	36	36	36	37	37	37	37	38
4.0	35	35	35	36	36	36	37	37	37	37
4.1	35	35	35	35	36	36	36	36	37	37
4.2	34	34	35	35	35	36	36	36	36	37
4.3	34	34	34	35	35	35	35	36	36	36
4.4	33	34	34	34	35	35	35	35	36	36
4.5	33	33	34	34	34	34	35	35	35	35
4.6			33	34	34	34	34	35	35	35
4.7					33	34	34	34	35	35
4.8							34	34	34	34
4.9									34	34

t_W \ n \ t	18.0	18.1	18.2	18.3	18.4	18.5	18.6	18.7	18.8	18.9
2.2	45	45								
2.3	44	45	45							
2.4	44	44	44	45	45					
2.5	44	44	44	44	45	45	45			
2.6	43	43	44	44	44	44	45	45	45	
2.7	43	43	43	44	44	44	44	45	45	45
2.8	42	43	43	43	43	44	44	44	45	45
2.9	42	42	42	43	43	43	44	44	44	44
3.0	42	42	42	42	43	43	43	43	44	44
3.1	41	41	42	42	42	42	43	43	43	44
3.2	41	41	41	42	42	42	42	43	43	43
3.3	40	41	41	41	41	42	42	42	43	43
3.4	40	40	41	41	41	41	42	42	42	43
3.5	40	40	40	40	41	41	41	41	42	42
3.6	39	39	40	40	40	41	41	41	41	42
3.7	39	39	39	40	40	40	40	41	41	41
3.8	38	39	39	39	39	40	40	40	41	41
3.9	38	38	39	39	39	39	40	40	40	40
4.0	38	38	38	38	39	39	39	40	40	40
4.1	37	38	38	38	38	39	39	39	39	40
4.2	37	37	37	38	38	38	38	39	39	39
4.3	37	37	37	37	38	38	38	38	39	39
4.4	36	36	37	37	37	37	38	38	38	39
4.5	36	36	36	37	37	37	37	38	38	38
4.6	35	36	36	36	36	37	37	37	38	38
4.7	35	35	36	36	36	36	37	37	37	37
4.8	35	35	35	35	36	36	36	37	37	37
4.9	34	35	35	35	35	36	36	36	36	37
5.0	34	34	34	35	35	35	36	36	36	36
5.1			34	34	35	35	35	35	36	36
5.2				34	34	35	35	35	35	36
5.3						34	34	35	35	35
5.4								34	35	35
5.5										34

t_W \ n \ t	19.0	19.1	19.2	19.3	19.4	19.5	19.6	19.7	19.8	19.9
2.6	46									
2.7	45	46	46							
2.8	45	45	46	46	46					
2.9	45	45	45	46	46	46	46			
3.0	44	45	45	45	45	46	46	46	46	
3.1	44	44	44	45	45	45	46	46	46	46
3.2	43	44	44	44	45	45	45	45	46	46
3.3	43	43	44	44	44	44	45	45	45	46
3.4	43	43	43	44	44	44	44	45	45	45
3.5	42	43	43	43	43	44	44	44	44	45
3.6	42	42	42	43	43	43	44	44	44	44
3.7	41	42	42	42	43	43	43	43	44	44
3.8	41	41	42	42	42	42	43	43	43	44
3.9	41	41	41	42	42	42	42	43	43	43
4.0	40	41	41	41	41	42	42	42	42	43
4.1	40	40	40	41	41	41	42	42	42	42
4.2	40	40	40	40	41	41	41	41	42	42
4.3	39	39	40	40	40	41	41	41	41	42
4.4	39	39	39	40	40	40	40	41	41	41
4.5	38	39	39	39	39	40	40	40	41	41
4.6	38	38	39	39	39	39	40	40	40	40
4.7	38	38	38	38	39	39	39	40	40	40
4.8	37	38	38	38	38	39	39	39	39	40
4.9	37	37	37	37	38	38	38	38	39	39
5.0	37	37	37	37	37	38	38	38	39	39
5.1	36	36	37	37	37	37	38	38	38	39
5.2	36	36	36	37	37	37	37	38	38	38
5.3	35	36	36	36	36	37	37	37	38	38
5.4	35	35	36	36	36	36	37	37	37	37
5.5	35	35	35	35	36	36	36	37	37	37
5.6		35	35	35	35	36	36	36	36	37
5.7				35	35	35	36	36	36	36
5.8						35	35	35	36	36
5.9								35	35	36
6.0										35

t_W \ t (n)	20.0	20.1	20.2	20.3	20.4	20.5	20.6	20.7	20.8	20.9
3.1	46									
3.2	46	46	47							
3.3	46	46	46	47	47					
3.4	45	46	46	46	47	47	47			
3.5	45	45	46	46	46	46	47	47	47	
3.6	45	45	45	45	46	46	46	47	47	47
3.7	44	44	45	45	45	46	46	46	46	47
3.8	44	44	44	45	45	45	45	46	46	46
3.9	43	44	44	44	44	45	45	45	46	46
4.0	43	43	44	44	44	44	45	45	45	45
4.1	43	43	43	43	44	44	44	44	45	45
4.2	42	42	43	43	43	44	44	44	44	45
4.3	42	42	42	43	43	43	43	44	44	44
4.4	41	42	42	42	43	43	43	43	44	44
4.5	41	41	42	42	42	42	43	43	43	43
4.6	41	41	41	41	42	42	42	43	43	43
4.7	40	41	41	41	41	42	42	42	42	43
4.8	40	40	40	41	41	41	41	42	42	42
4.9	40	40	40	40	41	41	41	41	42	42
5.0	39	39	40	40	40	40	41	41	41	42
5.1	39	39	39	40	40	40	40	41	41	41
5.2	38	39	39	39	39	40	40	40	40	41
5.3	38	38	39	39	39	39	40	40	40	40
5.4	38	38	38	38	39	39	39	39	40	40
5.5	37	38	38	38	38	39	39	39	39	40
5.6	37	37	37	38	38	38	38	39	39	39
5.7	37	37	37	37	38	38	38	38	39	39
5.8	36	36	37	37	37	37	38	38	38	38
5.9	36	36	36	37	37	37	37	38	38	38
6.0	35	36	36	36	36	37	37	37	37	38
6.1		35	36	36	36	36	37	37	37	37
6.2				35	36	36	36	36	37	37
6.3						36	36	36	36	37
6.4								36	36	36
6.5										36

t_W \ t (n)	22.0	22.1	22.2	22.3	22.4	22.5	22.6	22.7	22.8	22.9
4.1	48	48	49							
4.2	48	48	48	48	49					
4.3	47	47	48	48	48	48	49			
4.4	47	47	47	48	48	48	48	49	49	
4.5	46	47	47	47	47	48	48	48	48	49
4.6	46	46	46	47	47	47	48	48	48	48
4.7	46	46	46	46	47	47	47	47	48	48
4.8	45	45	46	46	46	46	47	47	47	48
4.9	45	45	45	46	46	46	46	47	47	47
5.0	44	45	45	45	45	46	46	46	46	47
5.1	44	44	45	45	45	45	46	46	46	46
5.2	44	44	44	44	45	45	45	45	46	46
5.3	43	43	44	44	44	44	45	45	45	46
5.4	43	43	43	44	44	44	44	45	45	45
5.5	42	43	43	43	43	44	44	44	44	45
5.6	42	42	43	43	43	43	44	44	44	44
5.7	42	42	42	42	43	43	43	43	44	44
5.8	41	42	42	42	42	43	43	43	43	44
5.9	41	41	41	42	42	42	42	43	43	43
6.0	41	41	41	41	42	42	42	42	43	43
6.1	40	40	41	41	41	41	42	42	42	42
6.2	40	40	40	41	41	41	41	42	42	42
6.3	39	40	40	40	40	41	41	41	41	42
6.4	39	39	40	40	40	40	41	41	41	41
6.5	39	39	39	39	40	40	40	40	41	41
6.6	38	39	39	39	39	40	40	40	40	41
6.7	38	38	38	39	39	39	39	40	40	40
6.8	38	38	38	38	39	39	39	39	40	40
6.9	37	37	38	38	38	38	39	39	39	39
7.0	37	37	37	38	38	38	38	39	39	39
7.1		37	37	37	37	38	38	38	38	39
7.2				37	37	37	38	38	38	38
7.3						37	37	37	38	38
7.4								37	37	38
7.5										37

t_W \ t (n)	21.0	21.1	21.2	21.3	21.4	21.5	21.6	21.7	21.8	21.9
3.6	47	47	48							
3.7	47	47	47	48	48					
3.8	47	47	47	47	48	48	48			
3.9	46	46	47	47	47	47	48	48	48	
4.0	46	46	46	47	47	47	47	48	48	48
4.1	45	46	46	46	46	47	47	47	47	48
4.2	45	45	45	46	46	46	47	47	47	47
4.3	45	45	45	45	46	46	46	46	47	47
4.4	44	44	45	45	45	45	46	46	46	47
4.5	44	44	44	45	45	45	45	46	46	46
4.6	43	44	44	44	44	45	45	45	45	46
4.7	43	43	43	44	44	44	45	45	45	45
4.8	43	43	43	43	44	44	44	44	45	45
4.9	42	42	43	43	43	43	44	44	44	45
5.0	42	42	42	43	43	43	43	44	44	44
5.1	41	42	42	42	42	43	43	43	43	44
5.2	41	41	42	42	42	42	43	43	43	43
5.3	41	41	41	41	42	42	42	42	43	43
5.4	40	40	41	41	41	42	42	42	42	43
5.5	40	40	40	41	41	41	41	42	42	42
5.6	39	40	40	40	41	41	41	41	42	42
5.7	39	39	40	40	40	40	41	41	41	41
5.8	39	39	39	39	40	40	40	41	41	41
5.9	38	39	39	39	39	40	40	40	40	41
6.0	38	38	38	39	39	39	40	40	40	40
6.1	38	38	38	38	39	39	39	39	40	40
6.2	37	38	38	38	38	39	39	39	39	40
6.3	37	37	37	38	38	38	38	39	39	39
6.4	37	37	37	37	38	38	38	38	39	39
6.5	36	36	37	37	37	37	38	38	38	38
6.6		36	36	37	37	37	37	38	38	38
6.7				36	36	37	37	37	37	38
6.8						36	37	37	37	37
6.9								36	37	37
7.0										37

t_W \ t (n)	23.0	23.1	23.2	23.3	23.4	23.5	23.6	23.7	23.8	23.9
4.6	49	49	49							
4.7	48	48	49	49	49					
4.8	48	48	48	49	49	49	49			
4.9	47	48	48	48	48	49	49	49	49	
5.0	47	47	48	48	48	48	49	49	49	49
5.1	47	47	47	47	48	48	48	48	49	49
5.2	46	46	47	47	47	47	48	48	48	49
5.3	46	46	46	47	47	47	47	48	48	48
5.4	45	46	46	46	46	47	47	47	47	48
5.5	45	45	46	46	46	46	47	47	47	47
5.6	45	45	45	45	46	46	46	46	47	47
5.7	44	44	45	45	45	45	46	46	46	47
5.8	44	44	44	45	45	45	45	46	46	46
5.9	43	44	44	44	44	45	45	45	45	46
6.0	43	43	44	44	44	44	45	45	45	45
6.1	43	43	43	43	44	44	44	44	45	45
6.2	42	43	43	43	43	44	44	44	44	45
6.3	42	42	42	43	43	43	43	44	44	44
6.4	42	42	42	42	43	43	43	43	44	44
6.5	41	41	42	42	42	42	43	43	43	43
6.6	41	41	41	42	42	42	42	43	43	43
6.7	40	41	41	41	41	42	42	42	42	43
6.8	40	40	41	41	41	41	42	42	42	42
6.9	40	40	40	40	41	41	41	41	42	42
7.0	39	40	40	40	40	41	41	41	41	41
7.1	39	39	39	40	40	40	40	41	41	41
7.2	39	39	39	39	40	40	40	40	41	41
7.3	38	38	39	39	39	39	40	40	40	40
7.4	38	38	38	39	39	39	39	40	40	40
7.5	37	38	38	38	38	39	39	39	39	40
7.6		37	38	38	38	38	39	39	39	39
7.7				37	38	38	38	38	39	39
7.8						38	38	38	38	39
7.9								38	38	38
8.0										38

n / t_W \ t	24.0	24.1	24.2	24.3	24.4	24.5	24.6	24.7	24.8	24.9
5.2	49									
5.3	48	49	49							
5.4	48	48	48	49	49					
5.5	48	48	48	48	49	49	49			
5.6	47	47	48	48	48	48	49	49	49	
5.7	47	47	47	48	48	48	48	49	49	49
5.8	46	47	47	47	47	48	48	48	48	49
5.9	46	46	46	47	47	47	48	48	48	48
6.0	46	46	46	46	47	47	47	47	48	48
6.1	45	45	46	46	46	46	47	47	47	47
6.2	45	45	45	46	46	46	46	47	47	47
6.3	44	45	45	45	45	46	46	46	46	47
6.4	44	44	45	45	45	45	46	46	46	46
6.5	44	44	44	44	45	45	45	45	46	46
6.6	43	44	44	44	44	44	45	45	45	45
6.7	43	43	43	44	44	44	44	45	45	45
6.8	42	43	43	43	43	44	44	44	44	45
6.9	42	42	43	43	43	43	44	44	44	44
7.0	42	42	42	42	43	43	43	43	44	44
7.1	41	42	42	42	42	43	43	43	43	44
7.2	41	41	41	42	42	42	42	43	43	43
7.3	41	41	41	41	42	42	42	42	43	43
7.4	40	40	41	41	41	41	42	42	42	42
7.5	40	40	40	41	41	41	41	42	42	42
7.6	40	40	40	40	40	41	41	41	41	42
7.7	39	39	40	40	40	40	41	41	41	41
7.8	39	39	39	40	40	40	40	40	41	41
7.9	38	39	39	39	39	40	40	40	40	41
8.0	38	38	39	39	39	39	39	40	40	40
8.1		38	38	38	39	39	39	39	40	40
8.2				38	38	39	39	39	39	39
8.3						38	38	39	39	39
8.4								38	39	39
8.5										38

n / t_W \ t	25.0	25.1	25.2	25.3	25.4	25.5	25.6	25.7	25.8	25.9
5.9	49	49								
6.0	48	48	49	49						
6.1	48	48	48	48	49	49				
6.2	47	48	48	48	48	49	49	49		
6.3	47	47	47	48	48	48	48	49	49	49
6.4	47	47	47	47	48	48	48	48	49	49
6.5	46	46	47	47	47	47	48	48	48	48
6.6	46	46	46	46	47	47	47	47	48	48
6.7	45	46	46	46	46	47	47	47	47	48
6.8	45	45	45	46	46	46	46	47	47	47
6.9	45	45	45	45	46	46	46	46	47	47
7.0	44	44	45	45	45	45	46	46	46	46
7.1	44	44	44	45	45	45	45	46	46	46
7.2	43	44	44	44	44	45	45	45	45	46
7.3	43	43	44	44	44	44	45	45	45	45
7.4	43	43	43	43	44	44	44	44	45	45
7.5	42	43	43	43	43	44	44	44	44	44
7.6	42	42	42	43	43	43	43	44	44	44
7.7	42	42	42	42	43	43	43	43	43	44
7.8	41	41	42	42	42	42	43	43	43	43
7.9	41	41	41	42	42	42	42	42	43	43
8.0	40	41	41	41	41	42	42	42	42	43
8.1	40	40	41	41	41	41	41	42	42	42
8.2	40	40	40	40	41	41	41	41	42	42
8.3	39	40	40	40	40	41	41	41	41	41
8.4	39	39	39	40	40	40	40	41	41	41
8.5	39	39	39	39	40	40	40	40	40	41
8.6			39	39	39	39	40	40	40	40
8.7					39	39	39	40	40	40
8.8							39	39	39	40
8.9									39	39

n / t_W \ t	26.0	26.1	26.2	26.3	26.4	26.5	26.6	26.7	26.8	26.9
6.5	49	49								
6.6	48	48	49	49						
6.7	48	48	48	49	49	49				
6.8	47	48	48	48	48	49	49	49	49	
6.9	47	47	48	48	48	48	49	49	49	49
7.0	47	47	47	47	48	48	48	48	49	49
7.1	46	47	47	47	47	47	48	48	48	48
7.2	46	46	46	47	47	47	47	48	48	48
7.3	45	46	46	46	46	47	47	47	47	48
7.4	45	45	46	46	46	46	47	47	47	47
7.5	45	45	45	45	46	46	46	46	47	47
7.6	44	45	45	45	45	46	46	46	46	46
7.7	44	44	44	45	45	45	45	46	46	46
7.8	44	44	44	44	45	45	45	45	45	46
7.9	43	43	44	44	44	44	45	45	45	45
8.0	43	43	43	44	44	44	44	44	45	45
8.1	42	43	43	43	43	44	44	44	44	45
8.2	42	42	43	43	43	43	43	44	44	44
8.3	42	42	42	42	43	43	43	43	44	44
8.4	41	42	42	42	42	43	43	43	43	43
8.5	41	41	41	42	42	42	42	43	43	43
8.6	41	41	41	41	42	42	42	42	42	43
8.7	40	41	41	41	41	41	42	42	42	42
8.8	40	40	40	41	41	41	41	41	42	42
8.9	40	40	40	40	40	41	41	41	41	42
9.0	39	39	40	40	40	40	41	41	41	41
9.1			39	39	40	40	40	40	41	41
9.2					39	40	40	40	40	41
9.3							39	40	40	40
9.4										40

n / t_W \ t	27.0	27.1	27.2	27.3	27.4	27.5	27.6	27.7	27.8	27.9
7.0	49									
7.1	49	49	49							
7.2	48	49	49	49	49					
7.3	48	48	48	49	49	49	49			
7.4	48	48	48	48	48	49	49	49	49	
7.5	47	47	48	48	48	48	49	49	49	49
7.6	47	47	47	47	48	48	48	48	49	49
7.7	46	47	47	47	47	48	48	48	48	49
7.8	46	46	46	47	47	47	47	48	48	48
7.9	46	46	46	46	47	47	47	47	47	48
8.0	45	45	46	46	46	46	47	47	47	47
8.1	45	45	45	46	46	46	46	46	47	47
8.2	44	45	45	45	45	46	46	46	46	47
8.3	44	44	45	45	45	45	45	46	46	46
8.4	44	44	44	44	45	45	45	45	46	46
8.5	43	44	44	44	44	44	45	45	45	45
8.6	43	43	43	44	44	44	44	45	45	45
8.7	43	43	43	43	43	44	44	44	44	45
8.8	42	42	43	43	43	43	44	44	44	44
8.9	42	42	42	43	43	43	43	43	44	44
9.0	41	42	42	42	42	43	43	43	43	44
9.1	41	41	42	42	42	42	42	43	43	43
9.2	41	41	41	41	42	42	42	42	43	43
9.3	40	41	41	41	41	42	42	42	42	42
9.4	40	40	40	41	41	41	41	42	42	42
9.5		40	40	40	41	41	41	41	41	42
9.6				40	40	40	41	41	41	41
9.7						40	40	41	41	41
9.8								40	40	41
9.9										40

n / t_W \ t	28.0	28.1	28.2	28.3	28.4	28.5	28.6	28.7	28.8	28.9
7.7	49	49								
7.8	48	49	49	49						
7.9	48	48	48	49	49	49				
8.0	48	48	48	48	49	49	49	49		
8.1	47	47	48	48	48	48	49	49	49	49
8.2	47	47	47	48	48	48	48	48	49	49
8.3	46	47	47	47	47	48	48	48	48	49
8.4	46	46	46	47	47	47	47	48	48	48

(二)续表

t_W \ n \ t	28.0	28.1	28.2	28.3	28.4	28.5	28.6	28.7	28.8	28.9
8.5	46	46	46	46	47	47	47	47	48	48
8.6	45	45	46	46	46	46	47	47	47	47
8.7	45	45	45	46	46	46	46	47	47	47
8.8	45	45	45	45	45	46	46	46	46	47
8.9	44	44	45	45	45	45	46	46	46	46
9.0	44	44	44	44	45	45	45	45	46	46
9.1	43	44	44	44	44	45	45	45	45	45
9.2	43	43	43	44	44	44	44	45	45	45
9.3	43	43	43	43	44	44	44	44	44	45
9.4	42	43	43	43	43	43	44	44	44	44
9.5	42	42	42	43	43	43	43	44	44	44
9.6	42	42	42	42	42	43	43	43	43	44
9.7	41	41	42	42	42	42	43	43	43	43
9.8	41	41	41	42	42	42	42	42	43	43
9.9	40	41	41	41	41	42	42	42	42	42
10.0			41	41	41	41	41	42	42	42
10.1					41	41	41	41	42	42
10.2							41	41	41	41
10.3									41	41

t_W \ n \ t	29.0	29.1	29.2	29.3	29.4	29.5	29.6	29.7	29.8	29.9
8.3	49	49	49							
8.4	48	49	49	49	49					
8.5	48	48	48	49	49	49	49			
8.6	48	48	48	48	49	49	49	49	49	
8.7	47	47	48	48	48	48	49	49	49	49
8.8	47	47	47	48	48	48	48	48	49	49
8.9	46	47	47	47	47	48	48	48	48	49
9.0	46	46	47	47	47	47	47	48	48	48
9.1	46	46	46	46	47	47	47	47	48	48
9.2	45	46	46	46	46	46	47	47	47	47
9.3	45	45	45	46	46	46	46	47	47	47
9.4	45	45	45	45	45	46	46	46	46	47
9.5	44	44	45	45	45	45	46	46	46	46
9.6	44	44	44	44	45	45	45	45	46	46
9.7	43	44	44	44	44	45	45	45	45	45
9.8	43	43	44	44	44	44	44	45	45	45
9.9	43	43	43	43	44	44	44	44	45	45
10.0	42	43	43	43	43	43	44	44	44	44
10.1	42	42	42	43	43	43	43	44	44	44
10.2	42	42	42	42	43	43	43	43	43	44
10.3	41	41	42	42	42	42	43	43	43	43
10.4	41	41	41	42	42	42	42	42	43	43
10.5				41	41	42	42	42	42	43
10.6						41	42	42	42	42
10.7								41	42	42
10.8										41

t_W \ n \ t	30.0	30.1	30.2	30.3	30.4	30.5	30.6	30.7	30.8	30.9
8.9	49	49								
9.0	48	49	49	49						
9.1	48	48	48	49	49	49				
9.2	48	48	48	48	49	49	49	49		
9.3	47	47	48	48	48	48	49	49	49	49
9.4	47	47	47	48	48	48	48	48	49	49
9.5	46	47	47	47	47	48	48	48	48	48
9.6	46	46	47	47	47	47	47	48	48	48
9.7	46	46	46	46	47	47	47	47	47	48
9.8	45	46	46	46	46	46	47	47	47	47
9.9	45	45	45	46	46	46	46	47	47	47
10.0	45	45	45	45	45	46	46	46	46	47
10.1	44	44	45	45	45	45	46	46	46	46
10.2	44	44	44	44	45	45	45	45	46	46
10.3	43	44	44	44	44	45	45	45	45	45
10.4	43	43	44	44	44	44	44	45	45	45
10.5	43	43	43	43	44	44	44	44	44	45
10.6	42	43	43	43	43	43	44	44	44	44
10.7	42	42	42	43	43	43	43	44	44	44
10.8	42	42	42	42	43	43	43	43	43	44
10.9			42	42	42	42	43	43	43	43
11.0					42	42	42	42	43	43
11.1							42	42	42	43
11.2									42	42

t_W \ n \ t	31.0	31.1	31.2	31.3	31.4	31.5	31.6	31.7	31.8	31.9
9.5	49									
9.6	48	49	49							
9.7	48	48	48	49	49					
9.8	48	48	48	48	48	49	49	49		
9.9	47	47	48	48	48	48	49	49	49	49
10.0	47	47	47	47	48	48	48	48	49	49
10.1	46	47	47	47	47	48	48	48	48	48
10.2	46	46	46	47	47	47	47	48	48	48
10.3	46	46	46	46	47	47	47	47	47	48
10.4	45	46	46	46	46	46	47	47	47	47
10.5	45	45	45	46	46	46	46	46	47	47
10.6	45	45	45	45	45	46	46	46	46	47
10.7	44	44	45	45	45	45	46	46	46	46
10.8	44	44	44	44	45	45	45	45	46	46
10.9	43	44	44	44	44	45	45	45	45	45
11.0	43	43	44	44	44	44	44	45	45	45
11.1	43	43	43	43	44	44	44	44	44	45
11.2	42	43	43	43	43	43	44	44	44	44
11.3		42	42	43	43	43	43	44	44	44
11.4				42	43	43	43	43	43	44
11.5						42	43	43	43	43
11.6									43	43

t_W \ n \ t	32.0	32.1	32.2	32.3	32.4	32.5	32.6	32.7	32.8	32.9
10.1	49	49								
10.2	48	48	49	49	49					
10.3	48	48	49	49	49	49	49			
10.4	48	48	48	48	48	49	49	49	49	
10.5	47	47	48	48	48	48	48	49	49	49
10.6	47	47	47	47	48	48	48	48	48	49
10.7	46	47	47	47	47	47	48	48	48	48
10.8	46	46	46	47	47	47	47	48	48	48
10.9	46	46	46	46	46	47	47	47	47	48
11.0	45	45	46	46	46	46	47	47	47	47
11.1	45	45	45	46	46	46	46	46	47	47
11.2	45	45	45	45	45	46	46	46	46	46
11.3	44	44	45	45	45	45	45	46	46	46
11.4	44	44	44	44	45	45	45	45	46	46
11.5	43	44	44	44	44	44	45	45	45	45
11.6	43	43	44	44	44	44	44	45	45	45
11.7	43	43	43	43	44	44	44	44	44	45
11.8			43	43	43	43	44	44	44	44
11.9						43	43	43	44	44
12.0								43	43	44
12.1										43

t_W \ n \ t	33.0	33.1	33.2	33.3	33.4	33.5	33.6	33.7	33.8	33.9
10.7	49	49								
10.8	48	48	49	49						
10.9	48	48	48	48	49	49				
11.0	47	48	48	48	48	48	49	49	49	
11.1	47	47	47	48	48	48	48	49	49	49
11.2	47	47	47	47	48	48	48	48	48	49
11.3	46	47	47	47	47	47	48	48	48	48
11.4	46	46	46	47	47	47	47	47	48	48
11.5	46	46	46	46	46	47	47	47	47	47
11.6	45	45	46	46	46	46	46	47	47	47
11.7	45	45	45	45	46	46	46	46	47	47
11.8	44	45	45	45	45	46	46	46	46	46
11.9	44	44	45	45	45	45	45	46	46	46
12.0	44	44	44	44	45	45	45	45	45	46
12.1	43	44	44	44	44	44	45	45	45	45
12.2			43	44	44	44	44	44	45	45
12.3					43	44	44	44	44	45
12.4							44	44	44	44
12.5										44

t_W \ n \ t	34.0	34.1	34.2	34.3	34.4	34.5	34.6	34.7	34.8	34.9
11.2	49									
11.3	48	49	49							
11.4	48	48	48	49	49	49				

t_W \ n \ t	34.0	34.1	34.2	34.3	34.4	34.5	34.6	34.7	34.8	34.9
11.5	48	48	48	48	49	49	49	49		
11.6	47	48	48	48	48	48	49	49	49	49
11.7	47	47	47	48	48	48	48	48	49	49
11.8	47	47	47	47	47	48	48	48	48	48
11.9	46	46	47	47	47	47	47	48	48	48
12.0	46	46	46	46	47	47	47	47	47	48
12.1	45	46	46	46	46	46	47	47	47	47
12.2	45	45	46	46	46	46	46	47	47	47
12.3	45	45	45	45	46	46	46	46	46	47
12.4	44	45	45	45	45	45	46	46	46	46
12.5	44	44	44	45	45	45	45	45	46	46
12.6		44	44	44	44	45	45	45	45	45
12.7				44	44	44	45	45	45	45
12.8							44	44	45	45
12.9									44	44

t_W \ n \ t	35.0	35.1	35.2	35.3	35.4	35.5	35.6	35.7	35.8	35.9
11.7	49									
11.8	49	49	49							
11.9	48	48	49	49	49	49				
12.0	48	48	48	49	49	49	49	49		
12.1	48	48	48	48	48	49	49	49	49	49
12.2	47	47	48	48	48	48	48	49	49	49
12.3	47	47	47	47	48	48	48	48	48	49
12.4	46	47	47	47	47	47	48	48	48	48
12.5	46	46	46	47	47	47	47	47	48	48
12.6	46	46	46	46	47	47	47	47	47	48
12.7	45	46	46	46	46	46	47	47	47	47
12.8	45	45	45	46	46	46	46	46	47	47
12.9	45	45	45	45	45	46	46	46	46	46
13.0		44	45	45	45	45	45	46	46	46
13.1				45	45	45	45	45	46	46
13.2							45	45	45	45
13.3									45	45

t_W \ n \ t	36.0	36.1	36.2	36.3	36.4	36.5	36.6	36.7	36.8	36.9
12.4	49	49	49							
12.5	48	48	49	49	49					
12.6	48	48	48	48	49	49	49	49		
12.7	47	48	48	48	48	48	49	49	49	49
12.8	47	47	47	48	48	48	48	48	49	49
12.9	47	47	47	47	47	48	48	48	48	48
13.0	46	46	47	47	47	47	47	48	48	48
13.1	46	46	46	47	47	47	47	47	48	48
13.2	46	46	46	46	46	47	47	47	47	47
13.3	45	45	46	46	46	46	46	47	47	47
13.4	45	45	45	45	46	46	46	46	46	47
13.5				45	45	45	46	46	46	46
13.6						45	45	46	46	46
13.7									45	46

t_W \ n \ t	37.0	37.1	37.2	37.3	37.4	37.5	37.6	37.7	37.8	37.9
12.9	49	49	49							
13.0	48	48	49	49	49					
13.1	48	48	48	49	49	49	49	49		
13.2	48	48	48	48	48	49	49	49	49	49
13.3	47	47	48	48	48	48	48	49	49	49
13.4	47	47	47	47	48	48	48	48	48	49
13.5	46	47	47	47	47	47	48	48	48	48
13.6	46	46	46	47	47	47	47	47	48	48
13.7	46	46	46	46	47	47	47	47	47	48
13.8	45	46	46	46	46	46	47	47	47	47
13.9				46	46	46	46	46	47	47
14.0						46	46	46	46	46
14.1									46	46

t_W \ n \ t	38.0	38.1	38.2	38.3	38.4	38.5	38.6	38.7	38.8	38.9
13.4	49	49	49							
13.5	48	49	49	49	49					
13.6	48	48	48	49	49	49	49	49		
13.7	48	48	48	48	48	49	49	49	49	49
13.8	47	48	48	48	48	48	49	49	49	49
13.9	47	47	47	48	48	48	48	48	49	49
14.0	47	47	47	47	47	48	48	48	48	48
14.1	46	46	47	47	47	47	47	48	48	48
14.2	46	46	46	46	47	47	47	47	47	48
14.3				46	46	47	47	47	47	47
14.4						46	46	47	47	47
14.5									46	47

t_W \ n \ t	39.0	39.1	39.2	39.3	39.4	39.5	39.6	39.7	39.8	39.9
14.0	49	49	49							
14.1	48	48	49	49	49					
14.2	48	48	48	48	49	49	49	49		
14.3	47	48	48	48	48	48	49	49	49	49
14.4	47	47	47	48	48	48	48	48	49	49
14.5	47	47	47	47	48	48	48	48	48	48
14.6	46	47	47	47	47	47	48	48	48	48
14.7				47	47	47	47	47	48	48
14.8						47	47	47	47	47
14.9									47	47

附表1 饱和水汽压表

(一)纯水平液面(过冷却水)饱和水汽压 e_W (hPa)

t	0.0	0.1	0.2	0.3	0.4	0.5	0.6	0.7	0.8	0.9
-49	0.071	0.070	0.070	0.069	0.068	0.067	0.067	0.066	0.065	0.064
-48	0.080	0.079	0.078	0.077	0.076	0.075	0.075	0.074	0.073	0.072
-47	0.089	0.088	0.087	0.086	0.085	0.084	0.083	0.082	0.082	0.081
-46	0.100	0.098	0.097	0.096	0.095	0.094	0.093	0.092	0.091	0.090
-45	0.111	0.110	0.109	0.108	0.106	0.105	0.104	0.103	0.102	0.101
-44	0.124	0.123	0.121	0.120	0.119	0.117	0.116	0.115	0.114	0.112
-43	0.138	0.136	0.135	0.134	0.132	0.131	0.129	0.128	0.127	0.125
-42	0.153	0.152	0.150	0.149	0.147	0.145	0.144	0.142	0.141	0.139
-41	0.170	0.169	0.167	0.165	0.163	0.162	0.160	0.158	0.157	0.155
-40	0.189	0.187	0.185	0.183	0.181	0.180	0.178	0.176	0.174	0.172
-39	0.210	0.208	0.205	0.203	0.201	0.199	0.197	0.195	0.193	0.191
-38	0.232	0.230	0.228	0.225	0.223	0.221	0.218	0.216	0.214	0.212
-37	0.257	0.254	0.252	0.249	0.247	0.244	0.242	0.239	0.237	0.235
-36	0.284	0.281	0.278	0.276	0.273	0.270	0.268	0.265	0.262	0.260
-35	0.314	0.311	0.308	0.305	0.302	0.299	0.296	0.293	0.290	0.287
-34	0.346	0.343	0.340	0.336	0.333	0.330	0.326	0.323	0.320	0.317
-33	0.382	0.378	0.374	0.371	0.367	0.364	0.360	0.357	0.353	0.350
-32	0.420	0.416	0.412	0.408	0.405	0.401	0.397	0.393	0.389	0.385
-31	0.463	0.458	0.454	0.450	0.445	0.441	0.437	0.433	0.429	0.424
-30	0.509	0.504	0.499	0.494	0.490	0.485	0.481	0.476	0.472	0.467
-29	0.559	0.554	0.548	0.543	0.538	0.533	0.528	0.523	0.518	0.514
-28	0.613	0.608	0.602	0.596	0.591	0.585	0.580	0.575	0.569	0.564
-27	0.673	0.666	0.660	0.654	0.648	0.642	0.636	0.631	0.625	0.619
-26	0.737	0.730	0.724	0.717	0.711	0.704	0.698	0.691	0.685	0.679
-25	0.807	0.800	0.792	0.785	0.778	0.771	0.764	0.757	0.750	0.744
-24	0.883	0.875	0.867	0.859	0.852	0.844	0.836	0.829	0.821	0.814
-23	0.965	0.956	0.948	0.939	0.931	0.923	0.915	0.907	0.898	0.890
-22	1.054	1.044	1.035	1.026	1.017	1.008	0.999	0.991	0.982	0.973
-21	1.150	1.140	1.130	1.120	1.110	1.101	1.091	1.082	1.072	1.063
-20	1.254	1.243	1.232	1.222	1.211	1.201	1.190	1.180	1.170	1.160
-19	1.366	1.354	1.343	1.332	1.320	1.309	1.298	1.287	1.276	1.265
-18	1.487	1.475	1.462	1.450	1.438	1.426	1.414	1.402	1.390	1.378
-17	1.618	1.605	1.591	1.578	1.565	1.552	1.539	1.526	1.513	1.500
-16	1.759	1.745	1.730	1.716	1.702	1.688	1.673	1.660	1.646	1.632
-15	1.911	1.896	1.880	1.865	1.849	1.834	1.819	1.804	1.789	1.774
-14	2.075	2.058	2.041	2.025	2.008	1.992	1.975	1.959	1.943	1.927
-13	2.251	2.233	2.215	2.197	2.179	2.162	2.144	2.127	2.109	2.092
-12	2.440	2.421	2.401	2.382	2.363	2.344	2.325	2.307	2.288	2.269
-11	2.644	2.623	2.602	2.581	2.561	2.540	2.520	2.500	2.480	2.460
-10	2.862	2.840	2.817	2.795	2.773	2.751	2.729	2.708	2.686	2.665
-9	3.097	3.072	3.048	3.025	3.001	2.977	2.954	2.931	2.908	2.885
-8	3.348	3.322	3.296	3.271	3.245	3.220	3.195	3.170	3.145	3.121
-7	3.617	3.589	3.562	3.534	3.507	3.480	3.453	3.427	3.400	3.374
-6	3.906	3.876	3.846	3.817	3.788	3.759	3.730	3.702	3.673	3.645
-5	4.214	4.182	4.151	4.119	4.088	4.057	4.026	3.996	3.966	3.935
-4	4.544	4.510	4.477	4.443	4.410	4.377	4.344	4.311	4.278	4.246
-3	4.897	4.861	4.825	4.789	4.753	4.718	4.683	4.648	4.613	4.579
-2	5.275	5.236	5.197	5.159	5.121	5.083	5.045	5.008	4.971	4.934
-1	5.677	5.636	5.595	5.554	5.513	5.473	5.432	5.393	5.353	5.314
0	6.107	6.063	6.019	5.975	5.932	5.889	5.846	5.803	5.761	5.719

续(一)纯水平液面饱和水汽压 e_W (hPa)

t	0.0	0.1	0.2	0.3	0.4	0.5	0.6	0.7	0.8	0.9
0	6.11	6.15	6.20	6.24	6.29	6.33	6.38	6.42	6.47	6.52
1	6.57	6.61	6.66	6.71	6.76	6.81	6.85	6.90	6.95	7.00
2	7.05	7.10	7.16	7.21	7.26	7.31	7.36	7.41	7.47	7.52
3	7.57	7.63	7.68	7.74	7.79	7.85	7.90	7.96	8.01	8.07
4	8.13	8.19	8.24	8.30	8.36	8.42	8.48	8.54	8.60	8.66
5	8.72	8.78	8.84	8.90	8.96	9.03	9.09	9.15	9.22	9.28
6	9.35	9.41	9.48	9.54	9.61	9.67	9.74	9.81	9.88	9.94
7	10.01	10.08	10.15	10.22	10.29	10.36	10.43	10.50	10.58	10.65
8	10.72	10.79	10.87	10.94	11.02	11.09	11.17	11.24	11.32	11.40
9	11.47	11.55	11.63	11.71	11.79	11.87	11.95	12.03	12.11	12.19
10	12.27	12.35	12.44	12.52	12.60	12.69	12.77	12.86	12.94	13.03
11	13.12	13.21	13.29	13.38	13.47	13.56	13.65	13.74	13.83	13.92
12	14.02	14.11	14.20	14.30	14.39	14.48	14.58	14.68	14.77	14.87
13	14.97	15.07	15.16	15.26	15.36	15.46	15.56	15.67	15.77	15.87
14	15.98	16.08	16.18	16.29	16.39	16.50	16.61	16.72	16.82	16.93
15	17.04	17.15	17.26	17.37	17.49	17.60	17.71	17.83	17.94	18.06
16	18.17	18.29	18.40	18.52	18.64	18.76	18.88	19.00	19.12	19.24
17	19.37	19.49	19.61	19.74	19.86	19.99	20.11	20.24	20.37	20.50
18	20.63	20.76	20.89	21.02	21.15	21.29	21.42	21.55	21.69	21.83
19	21.96	22.10	22.24	22.38	22.52	22.66	22.80	22.94	23.08	23.23
20	23.37	23.52	23.66	23.81	23.96	24.10	24.25	24.40	24.55	24.71
21	24.86	25.01	25.17	25.32	25.48	25.63	25.79	25.95	26.11	26.27
22	26.43	26.59	26.75	26.92	27.08	27.24	27.41	27.58	27.75	27.91
23	28.08	28.25	28.43	28.60	28.77	28.94	29.12	29.30	29.47	29.65
24	29.83	30.01	30.19	30.37	30.55	30.74	30.92	31.11	31.29	31.48
25	31.67	31.86	32.05	32.24	32.43	32.62	32.82	33.01	33.21	33.41
26	33.61	33.81	34.01	34.21	34.41	34.61	34.82	35.02	35.23	35.44
27	35.65	35.86	36.07	36.28	36.49	36.71	36.92	37.14	37.35	37.57
28	37.79	38.01	38.24	38.46	38.68	38.91	39.13	39.36	39.59	39.82
29	40.05	40.28	40.52	40.75	40.99	41.22	41.46	41.70	41.94	42.18
30	42.43	42.67	42.92	43.16	43.41	43.66	43.91	44.16	44.41	44.67
31	44.92	45.18	45.44	45.70	45.96	46.22	46.48	46.75	47.01	47.28
32	47.55	47.82	48.09	48.36	48.63	48.91	49.19	49.46	49.74	50.02
33	50.30	50.59	50.87	51.16	51.44	51.73	52.02	52.31	52.61	52.90
34	53.20	53.49	53.79	54.09	54.39	54.70	55.00	55.31	55.61	55.92
35	56.23	56.54	56.86	57.17	57.49	57.81	58.13	58.45	58.77	59.09
36	59.42	59.75	60.07	60.40	60.74	61.07	61.40	61.74	62.08	62.42
37	62.76	63.10	63.45	63.79	64.14	64.49	64.84	65.19	65.55	65.90
38	66.26	66.62	66.98	67.34	67.71	68.07	68.44	68.81	69.18	69.56
39	69.93	70.31	70.68	71.06	71.45	71.83	72.21	72.60	72.99	73.38
40	73.77	74.17	74.56	74.96	75.36	75.76	76.17	76.57	76.98	77.39
41	77.80	78.21	78.63	79.04	79.46	79.88	80.30	80.73	81.15	81.58
42	82.01	82.44	82.88	83.31	83.75	84.19	84.63	85.08	85.52	85.97
43	86.42	86.87	87.32	87.78	88.24	88.70	89.16	89.62	90.09	90.56
44	91.03	91.50	91.98	92.45	92.93	93.41	93.90	94.38	94.87	95.36
45	95.85	96.34	96.84	97.34	97.84	98.34	98.85	99.35	99.86	100.38
46	100.89	101.41	101.92	102.44	102.97	103.49	104.02	104.55	105.08	105.62
47	106.15	106.69	107.24	107.78	108.33	108.87	109.43	109.98	110.53	111.09
48	111.65	112.22	112.78	113.35	113.92	114.49	115.07	115.65	116.23	116.81
49	117.40	117.98	118.57	119.17	119.76	120.36	120.96	121.56	122.17	122.78

(二)纯水平冰面饱和水汽压 e_i (hPa)

t	0.0	0.1	0.2	0.3	0.4	0.5	0.6	0.7	0.8	0.9
-79	0.001	0.001	0.001	0.001	0.001	0.001	0.001	0.001	0.001	0.001
-78	0.001	0.001	0.001	0.001	0.001	0.001	0.001	0.001	0.001	0.001
-77	0.001	0.001	0.001	0.001	0.001	0.001	0.001	0.001	0.001	0.001
-76	0.001	0.001	0.001	0.001	0.001	0.001	0.001	0.001	0.001	0.001
-75	0.001	0.001	0.001	0.001	0.001	0.001	0.001	0.001	0.001	0.001
-74	0.001	0.001	0.001	0.001	0.001	0.001	0.001	0.001	0.001	0.001
-73	0.002	0.002	0.002	0.002	0.002	0.002	0.002	0.001	0.001	0.001
-72	0.002	0.002	0.002	0.002	0.002	0.002	0.002	0.002	0.002	0.002
-71	0.002	0.002	0.002	0.002	0.002	0.002	0.002	0.002	0.002	0.002
-70	0.003	0.003	0.003	0.002	0.002	0.002	0.002	0.002	0.002	0.002
-69	0.003	0.003	0.003	0.003	0.003	0.003	0.003	0.003	0.003	0.003
-68	0.004	0.003	0.003	0.003	0.003	0.003	0.003	0.003	0.003	0.003
-67	0.004	0.004	0.004	0.004	0.004	0.004	0.004	0.004	0.004	0.004
-66	0.005	0.005	0.005	0.004	0.004	0.004	0.004	0.004	0.004	0.004
-65	0.005	0.005	0.005	0.005	0.005	0.005	0.005	0.005	0.005	0.005
-64	0.006	0.006	0.006	0.006	0.006	0.006	0.006	0.006	0.006	0.005
-63	0.007	0.007	0.007	0.007	0.007	0.007	0.007	0.006	0.006	0.006
-62	0.008	0.008	0.008	0.008	0.008	0.008	0.008	0.007	0.007	0.007
-61	0.009	0.009	0.009	0.009	0.009	0.009	0.009	0.009	0.008	0.008
-60	0.011	0.011	0.011	0.010	0.010	0.010	0.010	0.010	0.010	0.010
-59	0.012	0.012	0.012	0.012	0.012	0.012	0.011	0.011	0.011	0.011
-58	0.014	0.014	0.014	0.014	0.013	0.013	0.013	0.013	0.013	0.013
-57	0.016	0.016	0.016	0.015	0.015	0.015	0.015	0.015	0.014	0.014
-56	0.018	0.018	0.018	0.018	0.017	0.017	0.017	0.017	0.017	0.016
-55	0.021	0.021	0.020	0.020	0.020	0.020	0.019	0.019	0.019	0.019
-54	0.024	0.023	0.023	0.023	0.023	0.022	0.022	0.022	0.021	0.021
-53	0.027	0.027	0.026	0.026	0.026	0.025	0.025	0.025	0.024	0.024
-52	0.031	0.030	0.030	0.030	0.029	0.029	0.028	0.028	0.028	0.027
-51	0.035	0.034	0.034	0.033	0.033	0.033	0.032	0.032	0.031	0.031
-50	0.039	0.039	0.038	0.038	0.037	0.037	0.037	0.036	0.036	0.035
-49	0.044	0.044	0.043	0.043	0.042	0.042	0.041	0.041	0.040	0.040
-48	0.050	0.050	0.049	0.048	0.048	0.047	0.047	0.046	0.046	0.045
-47	0.057	0.056	0.055	0.055	0.054	0.053	0.053	0.052	0.051	0.051
-46	0.064	0.063	0.062	0.062	0.061	0.060	0.059	0.059	0.058	0.057
-45	0.072	0.071	0.070	0.069	0.069	0.068	0.067	0.066	0.065	0.065
-44	0.081	0.080	0.079	0.078	0.077	0.076	0.075	0.075	0.074	0.073
-43	0.091	0.090	0.089	0.088	0.087	0.086	0.085	0.084	0.083	0.082
-42	0.102	0.101	0.100	0.099	0.098	0.096	0.095	0.094	0.093	0.092
-41	0.115	0.113	0.112	0.111	0.109	0.108	0.107	0.106	0.104	0.103

t	0.0	0.1	0.2	0.3	0.4	0.5	0.6	0.7	0.8	0.9
-40	0.128	0.127	0.125	0.124	0.123	0.121	0.120	0.118	0.117	0.116
-39	0.144	0.142	0.140	0.139	0.137	0.136	0.134	0.133	0.131	0.130
-38	0.161	0.159	0.157	0.155	0.154	0.152	0.150	0.148	0.147	0.145
-37	0.179	0.177	0.175	0.174	0.172	0.170	0.168	0.166	0.164	0.162
-36	0.200	0.198	0.196	0.194	0.192	0.190	0.187	0.185	0.183	0.181
-35	0.223	0.221	0.218	0.216	0.214	0.211	0.209	0.207	0.205	0.202
-34	0.249	0.246	0.243	0.241	0.238	0.236	0.233	0.231	0.228	0.226
-33	0.277	0.274	0.271	0.268	0.265	0.262	0.260	0.257	0.254	0.251
-32	0.308	0.305	0.301	0.298	0.295	0.292	0.289	0.286	0.283	0.280
-31	0.342	0.338	0.335	0.331	0.328	0.325	0.321	0.318	0.314	0.311
-30	0.380	0.376	0.372	0.368	0.364	0.360	0.357	0.353	0.349	0.346
-29	0.421	0.417	0.413	0.408	0.404	0.400	0.396	0.392	0.388	0.384
-28	0.467	0.462	0.457	0.453	0.448	0.443	0.439	0.434	0.430	0.426
-27	0.517	0.512	0.506	0.501	0.496	0.491	0.486	0.481	0.476	0.472
-26	0.572	0.566	0.560	0.555	0.549	0.544	0.538	0.533	0.527	0.522
-25	0.632	0.626	0.620	0.614	0.607	0.601	0.595	0.589	0.583	0.578
-24	0.698	0.691	0.685	0.678	0.671	0.665	0.658	0.651	0.645	0.639
-23	0.771	0.763	0.756	0.748	0.741	0.734	0.727	0.719	0.712	0.705
-22	0.850	0.842	0.834	0.826	0.817	0.810	0.802	0.794	0.786	0.778
-21	0.937	0.928	0.919	0.910	0.901	0.892	0.884	0.875	0.867	0.858
-20	1.032	1.022	1.012	1.002	0.993	0.983	0.974	0.964	0.955	0.946
-19	1.135	1.124	1.114	1.103	1.093	1.082	1.072	1.062	1.052	1.041
-18	1.248	1.236	1.225	1.213	1.202	1.190	1.179	1.168	1.157	1.146
-17	1.371	1.358	1.346	1.333	1.321	1.308	1.296	1.284	1.272	1.260
-16	1.505	1.491	1.478	1.464	1.450	1.437	1.423	1.410	1.397	1.384
-15	1.651	1.636	1.621	1.606	1.591	1.577	1.562	1.548	1.534	1.519
-14	1.810	1.794	1.778	1.761	1.745	1.729	1.713	1.698	1.682	1.667
-13	1.983	1.965	1.948	1.930	1.912	1.895	1.878	1.861	1.844	1.827
-12	2.171	2.152	2.132	2.113	2.094	2.075	2.057	2.038	2.020	2.001
-11	2.375	2.354	2.333	2.312	2.292	2.271	2.251	2.231	2.211	2.191
-10	2.597	2.574	2.551	2.528	2.506	2.484	2.462	2.440	2.418	2.397
-9	2.837	2.812	2.787	2.763	2.738	2.714	2.690	2.667	2.643	2.620
-8	3.097	3.070	3.043	3.017	2.990	2.964	2.938	2.913	2.887	2.862
-7	3.379	3.350	3.321	3.292	3.263	3.235	3.207	3.179	3.152	3.124
-6	3.684	3.652	3.621	3.590	3.559	3.528	3.498	3.468	3.438	3.408
-5	4.014	3.980	3.946	3.912	3.879	3.846	3.813	3.780	3.748	3.716
-4	4.371	4.334	4.297	4.261	4.225	4.189	4.154	4.118	4.083	4.049
-3	4.756	4.717	4.677	4.638	4.599	4.560	4.522	4.483	4.446	4.408
-2	5.173	5.130	5.087	5.044	5.002	4.961	4.919	4.878	4.837	4.797
-1	5.622	5.575	5.529	5.484	5.438	5.393	5.348	5.304	5.260	5.216
0	6.106	6.056	6.007	5.957	5.908	5.860	5.811	5.763	5.716	5.669

附表 2　通风干湿表(通风速度 2.5m/s)湿球温度订正值 Δt_W(℃)

P (hPa)	n	0	1	2	3	4	5	6	7	8	9
1100	0	0.0	0.0	0.0	-0.1	-0.1	-0.1	-0.1	-0.1	-0.1	-0.2
	10	-0.2	-0.2	-0.2	-0.2	-0.3	-0.3	-0.3	-0.3	-0.3	-0.3
	20	-0.4	-0.4	-0.4	-0.4	-0.4	-0.5	-0.5	-0.5	-0.5	-0.5
	30	-0.6	-0.6	-0.6	-0.6	-0.6	-0.6	-0.7	-0.7	-0.7	-0.7
	40	-0.7	-0.8	-0.8	-0.8	-0.8	-0.8	-0.8	-0.9	-0.9	-0.9
1090	0	0.0	0.0	0.0	0.0	-0.1	-0.1	-0.1	-0.1	-0.1	-0.1
	10	-0.2	-0.2	-0.2	-0.2	-0.2	-0.2	-0.3	-0.3	-0.3	-0.3
	20	-0.3	-0.3	-0.4	-0.4	-0.4	-0.4	-0.4	-0.4	-0.5	-0.5
	30	-0.5	-0.5	-0.5	-0.5	-0.6	-0.6	-0.6	-0.6	-0.6	-0.6
	40	-0.7	-0.7	-0.7	-0.7	-0.7	-0.7	-0.8	-0.8	-0.8	-0.8
1080	0	0.0	0.0	0.0	0.0	-0.1	-0.1	-0.1	-0.1	-0.1	-0.1
	10	-0.1	-0.2	-0.2	-0.2	-0.2	-0.2	-0.2	-0.2	-0.3	-0.3
	20	-0.3	-0.3	-0.3	-0.3	-0.3	-0.4	-0.4	-0.4	-0.4	-0.4
	30	-0.4	-0.4	-0.5	-0.5	-0.5	-0.5	-0.5	-0.5	-0.5	-0.6
	40	-0.6	-0.6	-0.6	-0.6	-0.6	-0.6	-0.7	-0.7	-0.7	-0.7
1070	0	0.0	0.0	0.0	0.0	0.0	-0.1	-0.1	-0.1	-0.1	-0.1
	10	-0.1	-0.1	-0.1	-0.2	-0.2	-0.2	-0.2	-0.2	-0.2	-0.2
	20	-0.2	-0.3	-0.3	-0.3	-0.3	-0.3	-0.3	-0.3	-0.3	-0.4
	30	-0.4	-0.4	-0.4	-0.4	-0.4	-0.4	-0.4	-0.5	-0.5	-0.5
	40	-0.5	-0.5	-0.5	-0.5	-0.5	-0.6	-0.6	-0.6	-0.6	-0.6
1060	0	0.0	0.0	0.0	0.0	0.0	-0.1	-0.1	-0.1	-0.1	-0.1
	10	-0.1	-0.1	-0.1	-0.1	-0.1	-0.2	-0.2	-0.2	-0.2	-0.2
	20	-0.2	-0.2	-0.2	-0.2	-0.2	-0.3	-0.3	-0.3	-0.3	-0.3
	30	-0.3	-0.3	-0.3	-0.3	-0.4	-0.4	-0.4	-0.4	-0.4	-0.4
	40	-0.4	-0.4	-0.4	-0.4	-0.5	-0.5	-0.5	-0.5	-0.5	-0.5
1050	0	0.0	0.0	0.0	0.0	0.0	0.0	-0.1	-0.1	-0.1	-0.1
	10	-0.1	-0.1	-0.1	-0.1	-0.1	-0.1	-0.1	-0.1	-0.2	-0.2
	20	-0.2	-0.2	-0.2	-0.2	-0.2	-0.2	-0.2	-0.2	-0.2	-0.2
	30	-0.3	-0.3	-0.3	-0.3	-0.3	-0.3	-0.3	-0.3	-0.3	-0.3
	40	-0.3	-0.3	-0.4	-0.4	-0.4	-0.4	-0.4	-0.4	-0.4	-0.4
1040	0	0.0	0.0	0.0	0.0	0.0	0.0	0.0	0.0	-0.1	-0.1
	10	-0.1	-0.1	-0.1	-0.1	-0.1	-0.1	-0.1	-0.1	-0.1	-0.1
	20	-0.1	-0.1	-0.1	-0.1	-0.2	-0.2	-0.2	-0.2	-0.2	-0.2
	30	-0.2	-0.2	-0.2	-0.2	-0.2	-0.2	-0.2	-0.2	-0.2	-0.3
	40	-0.3	-0.3	-0.3	-0.3	-0.3	-0.3	-0.3	-0.3	-0.3	-0.3
1030	0	0.0	0.0	0.0	0.0	0.0	0.0	0.0	0.0	0.0	0.0
	10	0.0	0.0	-0.1	-0.1	-0.1	-0.1	-0.1	-0.1	-0.1	-0.1
	20	-0.1	-0.1	-0.1	-0.1	-0.1	-0.1	-0.1	-0.1	-0.1	-0.1
	30	-0.1	-0.1	-0.1	-0.1	-0.2	-0.2	-0.2	-0.2	-0.2	-0.2
	40	-0.2	-0.2	-0.2	-0.2	-0.2	-0.2	-0.2	-0.2	-0.2	-0.2
1020	0	0.0	0.0	0.0	0.0	0.0	0.0	0.0	0.0	0.0	0.0
	10	0.0	0.0	0.0	0.0	0.0	0.0	0.0	0.0	0.0	0.0
	20	0.0	-0.1	-0.1	-0.1	-0.1	-0.1	-0.1	-0.1	-0.1	-0.1
	30	-0.1	-0.1	-0.1	-0.1	-0.1	-0.1	-0.1	-0.1	-0.1	-0.1
	40	-0.1	-0.1	-0.1	-0.1	-0.1	-0.1	-0.1	-0.1	-0.1	-0.1
1010	0	0.0	0.0	0.0	0.0	0.0	0.0	0.0	0.0	0.0	0.0
	10	0.0	0.0	0.0	0.0	0.0	0.0	0.0	0.0	0.0	0.0
	20	0.0	0.0	0.0	0.0	0.0	0.0	0.0	0.0	0.0	0.0
	30	0.0	0.0	0.0	0.0	0.0	0.0	0.0	0.0	0.0	0.0
	40	0.0	0.0	0.0	0.0	0.0	0.0	0.0	0.0	0.0	0.0

P (hPa)	n	0	1	2	3	4	5	6	7	8	9
1000	0	0.0	0.0	0.0	0.0	0.0	0.0	0.0	0.0	0.0	0.0
	10	0.0	0.0	0.0	0.0	0.0	0.0	0.0	0.0	0.0	0.0
	20	0.0	0.0	0.0	0.0	0.0	0.0	0.0	0.0	0.0	0.0
	30	0.0	0.0	0.0	0.0	0.1	0.1	0.1	0.1	0.1	0.1
	40	0.1	0.1	0.1	0.1	0.1	0.1	0.1	0.1	0.1	0.1
990	0	0.0	0.0	0.0	0.0	0.0	0.0	0.0	0.0	0.0	0.0
	10	0.0	0.0	0.0	0.0	0.0	0.1	0.1	0.1	0.1	0.1
	20	0.1	0.1	0.1	0.1	0.1	0.1	0.1	0.1	0.1	0.1
	30	0.1	0.1	0.1	0.1	0.1	0.1	0.1	0.1	0.1	0.1
	40	0.1	0.1	0.1	0.1	0.2	0.2	0.2	0.2	0.2	0.2
980	0	0.0	0.0	0.0	0.0	0.0	0.0	0.0	0.0	0.0	0.0
	10	0.1	0.1	0.1	0.1	0.1	0.1	0.1	0.1	0.1	0.1
	20	0.1	0.1	0.1	0.1	0.1	0.1	0.1	0.1	0.2	0.2
	30	0.2	0.2	0.2	0.2	0.2	0.2	0.2	0.2	0.2	0.2
	40	0.2	0.2	0.2	0.2	0.2	0.2	0.3	0.3	0.3	0.3
970	0	0.0	0.0	0.0	0.0	0.0	0.0	0.0	0.1	0.1	0.1
	10	0.1	0.1	0.1	0.1	0.1	0.1	0.1	0.1	0.1	0.1
	20	0.1	0.2	0.2	0.2	0.2	0.2	0.2	0.2	0.2	0.2
	30	0.2	0.2	0.2	0.2	0.3	0.3	0.3	0.3	0.3	0.3
	40	0.3	0.3	0.3	0.3	0.3	0.3	0.3	0.4	0.4	0.4
960	0	0.0	0.0	0.0	0.0	0.0	0.0	0.1	0.1	0.1	0.1
	10	0.1	0.1	0.1	0.1	0.1	0.1	0.2	0.2	0.2	0.2
	20	0.2	0.2	0.2	0.2	0.2	0.2	0.2	0.3	0.3	0.3
	30	0.3	0.3	0.3	0.3	0.3	0.3	0.3	0.3	0.4	0.4
	40	0.4	0.4	0.4	0.4	0.4	0.4	0.4	0.4	0.5	0.5
950	0	0.0	0.0	0.0	0.0	0.0	0.1	0.1	0.1	0.1	0.1
	10	0.1	0.1	0.1	0.1	0.2	0.2	0.2	0.2	0.2	0.2
	20	0.2	0.2	0.3	0.3	0.3	0.3	0.3	0.3	0.3	0.3
	30	0.3	0.4	0.4	0.4	0.4	0.4	0.4	0.4	0.4	0.4
	40	0.5	0.5	0.5	0.5	0.5	0.5	0.5	0.5	0.5	0.6
940	0	0.0	0.0	0.0	0.0	0.1	0.1	0.1	0.1	0.1	0.1
	10	0.1	0.1	0.2	0.2	0.2	0.2	0.2	0.2	0.2	0.3
	20	0.3	0.3	0.3	0.3	0.3	0.3	0.3	0.4	0.4	0.4
	30	0.4	0.4	0.4	0.4	0.5	0.5	0.5	0.5	0.5	0.5
	40	0.5	0.5	0.6	0.6	0.6	0.6	0.6	0.6	0.6	0.7
930	0	0.0	0.0	0.0	0.0	0.1	0.1	0.1	0.1	0.1	0.1
	10	0.2	0.2	0.2	0.2	0.2	0.2	0.2	0.3	0.3	0.3
	20	0.3	0.3	0.3	0.4	0.4	0.4	0.4	0.4	0.4	0.4
	30	0.5	0.5	0.5	0.5	0.5	0.5	0.6	0.6	0.6	0.6
	40	0.6	0.6	0.6	0.7	0.7	0.7	0.7	0.7	0.7	0.8
920	0	0.0	0.0	0.0	0.1	0.1	0.1	0.1	0.1	0.1	0.2
	10	0.2	0.2	0.2	0.2	0.2	0.3	0.3	0.3	0.3	0.3
	20	0.3	0.4	0.4	0.4	0.4	0.4	0.5	0.5	0.5	0.5
	30	0.5	0.5	0.6	0.6	0.6	0.6	0.6	0.6	0.7	0.7
	40	0.7	0.7	0.7	0.7	0.8	0.8	0.8	0.8	0.8	0.9
910	0	0.0	0.0	0.0	0.1	0.1	0.1	0.1	0.1	0.2	0.2
	10	0.2	0.2	0.2	0.3	0.3	0.3	0.3	0.3	0.3	0.4
	20	0.4	0.4	0.4	0.4	0.5	0.5	0.5	0.5	0.5	0.6
	30	0.6	0.6	0.6	0.6	0.7	0.7	0.7	0.7	0.7	0.8
	40	0.8	0.8	0.8	0.8	0.9	0.9	0.9	0.9	0.9	0.9

P (hPa)	n	0	1	2	3	4	5	6	7	8	9
900	0	0.0	0.0	0.0	0.1	0.1	0.1	0.1	0.1	0.2	0.2
	10	0.2	0.2	0.3	0.3	0.3	0.3	0.3	0.4	0.4	0.4
	20	0.4	0.4	0.5	0.5	0.5	0.5	0.6	0.6	0.6	0.6
	30	0.6	0.7	0.7	0.7	0.7	0.7	0.8	0.8	0.8	0.8
	40	0.9	0.9	0.9	0.9	0.9	1.0	1.0	1.0	1.0	1.0
890	0	0.0	0.0	0.0	0.1	0.1	0.1	0.1	0.2	0.2	0.2
	10	0.2	0.3	0.3	0.3	0.3	0.4	0.4	0.4	0.4	0.4
	20	0.5	0.5	0.5	0.5	0.6	0.6	0.6	0.6	0.7	0.7
	30	0.7	0.7	0.7	0.8	0.8	0.8	0.8	0.9	0.9	0.9
	40	0.9	1.0	1.0	1.0	1.0	1.1	1.1	1.1	1.1	1.1
880	0	0.0	0.0	0.1	0.1	0.1	0.1	0.2	0.2	0.2	0.2
	10	0.3	0.3	0.3	0.3	0.4	0.4	0.4	0.4	0.5	0.5
	20	0.5	0.5	0.6	0.6	0.6	0.6	0.7	0.7	0.7	0.7
	30	0.8	0.8	0.8	0.8	0.9	0.9	0.9	0.9	1.0	1.0
	40	1.0	1.0	1.1	1.1	1.1	1.1	1.2	1.2	1.2	1.2
870	0	0.0	0.0	0.1	0.1	0.1	0.1	0.2	0.2	0.2	0.2
	10	0.3	0.3	0.3	0.4	0.4	0.4	0.4	0.5	0.5	0.5
	20	0.5	0.6	0.6	0.6	0.7	0.7	0.7	0.7	0.8	0.8
	30	0.8	0.8	0.9	0.9	0.9	1.0	1.0	1.0	1.0	1.1
	40	1.1	1.1	1.1	1.2	1.2	1.2	1.3	1.3	1.3	1.3
860	0	0.0	0.0	0.1	0.1	0.1	0.1	0.2	0.2	0.2	0.3
	10	0.3	0.3	0.4	0.4	0.4	0.4	0.5	0.5	0.5	0.6
	20	0.6	0.6	0.6	0.7	0.7	0.7	0.8	0.8	0.8	0.8
	30	0.9	0.9	0.9	1.0	1.0	1.0	1.1	1.1	1.1	1.1
	40	1.2	1.2	1.2	1.3	1.3	1.3	1.3	1.4	1.4	1.4
850	0	0.0	0.0	0.1	0.1	0.1	0.2	0.2	0.2	0.3	0.3
	10	0.3	0.3	0.4	0.4	0.4	0.5	0.5	0.5	0.6	0.6
	20	0.6	0.7	0.7	0.7	0.8	0.8	0.8	0.8	0.9	0.9
	30	0.9	1.0	1.0	1.0	1.1	1.1	1.1	1.2	1.2	1.2
	40	1.3	1.3	1.3	1.3	1.4	1.4	1.4	1.5	1.5	1.5
840	0	0.0	0.0	0.1	0.1	0.1	0.2	0.2	0.2	0.3	0.3
	10	0.3	0.4	0.4	0.4	0.5	0.5	0.5	0.6	0.6	0.6
	20	0.7	0.7	0.7	0.8	0.8	0.8	0.9	0.9	0.9	1.0
	30	1.0	1.0	1.1	1.1	1.1	1.2	1.2	1.2	1.3	1.3
	40	1.3	1.4	1.4	1.4	1.5	1.5	1.5	1.6	1.6	1.6
830	0	0.0	0.0	0.1	0.1	0.1	0.2	0.2	0.2	0.3	0.3
	10	0.4	0.4	0.4	0.5	0.5	0.5	0.6	0.6	0.6	0.7
	20	0.7	0.7	0.8	0.8	0.8	0.9	0.9	1.0	1.0	1.0
	30	1.1	1.1	1.1	1.2	1.2	1.2	1.3	1.3	1.3	1.4
	40	1.4	1.4	1.5	1.5	1.6	1.6	1.6	1.7	1.7	1.7
820	0	0.0	0.0	0.1	0.1	0.1	0.2	0.2	0.3	0.3	0.3
	10	0.4	0.4	0.4	0.5	0.5	0.6	0.6	0.6	0.7	0.7
	20	0.7	0.8	0.8	0.9	0.9	0.9	1.0	1.0	1.0	1.1
	30	1.1	1.2	1.2	1.2	1.3	1.3	1.3	1.4	1.4	1.5
	40	1.5	1.5	1.6	1.6	1.6	1.7	1.7	1.7	1.8	1.8
810	0	0.0	0.0	0.1	0.1	0.2	0.2	0.2	0.3	0.3	0.4
	10	0.4	0.4	0.5	0.5	0.5	0.6	0.6	0.7	0.7	0.7
	20	0.8	0.8	0.9	0.9	0.9	1.0	1.0	1.1	1.1	1.1
	30	1.2	1.2	1.3	1.3	1.3	1.4	1.4	1.5	1.5	1.5
	40	1.6	1.6	1.6	1.7	1.7	1.8	1.8	1.8	1.9	1.9

P (hPa)	n	0	1	2	3	4	5	6	7	8	9
800	0	0.0	0.0	0.1	0.1	0.2	0.2	0.2	0.3	0.3	0.4
	10	0.4	0.5	0.5	0.5	0.6	0.6	0.7	0.7	0.7	0.8
	20	0.8	0.9	0.9	0.9	1.0	1.0	1.1	1.1	1.2	1.2
	30	1.2	1.3	1.3	1.4	1.4	1.4	1.5	1.5	1.6	1.6
	40	1.6	1.7	1.7	1.8	1.8	1.9	1.9	1.9	2.0	2.0
790	0	0.0	0.0	0.1	0.1	0.2	0.2	0.3	0.3	0.3	0.4
	10	0.4	0.5	0.5	0.6	0.6	0.6	0.7	0.7	0.8	0.8
	20	0.9	0.9	1.0	1.0	1.0	1.1	1.1	1.2	1.2	1.3
	30	1.3	1.3	1.4	1.4	1.5	1.5	1.6	1.6	1.6	1.7
	40	1.7	1.8	1.8	1.9	1.9	1.9	2.0	2.0	2.1	2.1
780	0	0.0	0.0	0.1	0.1	0.2	0.2	0.3	0.3	0.4	0.4
	10	0.5	0.5	0.5	0.6	0.6	0.7	0.7	0.8	0.8	0.9
	20	0.9	0.9	1.0	1.0	1.1	1.1	1.2	1.2	1.3	1.3
	30	1.4	1.4	1.4	1.5	1.5	1.6	1.6	1.7	1.7	1.8
	40	1.8	1.9	1.9	1.9	2.0	2.0	2.1	2.1	2.2	2.2
770	0	0.0	0.0	0.1	0.1	0.2	0.2	0.3	0.3	0.4	0.4
	10	0.5	0.5	0.6	0.6	0.7	0.7	0.8	0.8	0.8	0.9
	20	0.9	1.0	1.0	1.1	1.1	1.2	1.2	1.3	1.3	1.4
	30	1.4	1.5	1.5	1.6	1.6	1.7	1.7	1.7	1.8	1.8
	40	1.9	1.9	2.0	2.0	2.1	2.1	2.2	2.2	2.3	2.3
760	0	0.0	0.0	0.1	0.1	0.2	0.2	0.3	0.3	0.4	0.4
	10	0.5	0.5	0.6	0.6	0.7	0.7	0.8	0.8	0.9	0.9
	20	1.0	1.0	1.1	1.1	1.2	1.2	1.3	1.3	1.4	1.4
	30	1.5	1.5	1.6	1.6	1.7	1.7	1.8	1.8	1.9	1.9
	40	2.0	2.0	2.1	2.1	2.2	2.2	2.3	2.3	2.4	2.4
750	0	0.0	0.1	0.1	0.2	0.2	0.3	0.3	0.4	0.4	0.5
	10	0.5	0.6	0.6	0.7	0.7	0.8	0.8	0.9	0.9	1.0
	20	1.0	1.1	1.1	1.2	1.2	1.3	1.3	1.4	1.4	1.5
	30	1.5	1.6	1.6	1.7	1.7	1.8	1.8	1.9	1.9	2.0
	40	2.0	2.1	2.1	2.2	2.2	2.3	2.4	2.4	2.5	2.5
740	0	0.0	0.1	0.1	0.2	0.2	0.3	0.3	0.4	0.4	0.5
	10	0.5	0.6	0.6	0.7	0.7	0.8	0.8	0.9	1.0	1.0
	20	1.1	1.1	1.2	1.2	1.3	1.3	1.4	1.4	1.5	1.5
	30	1.6	1.6	1.7	1.8	1.8	1.9	1.9	2.0	2.0	2.1
	40	2.1	2.2	2.2	2.3	2.3	2.4	2.4	2.5	2.5	2.6
730	0	0.0	0.1	0.1	0.2	0.2	0.3	0.3	0.4	0.4	0.5
	10	0.6	0.6	0.7	0.7	0.8	0.8	0.9	0.9	1.0	1.0
	20	1.1	1.2	1.2	1.3	1.3	1.4	1.4	1.5	1.5	1.6
	30	1.7	1.7	1.8	1.8	1.9	1.9	2.0	2.0	2.1	2.1
	40	2.2	2.3	2.3	2.4	2.4	2.5	2.5	2.6	2.6	2.7
720	0	0.0	0.1	0.1	0.2	0.2	0.3	0.3	0.4	0.5	0.5
	10	0.6	0.6	0.7	0.7	0.8	0.9	0.9	1.0	1.0	1.1
	20	1.1	1.2	1.3	1.3	1.4	1.4	1.5	1.5	1.6	1.7
	30	1.7	1.8	1.8	1.9	1.9	2.0	2.1	2.1	2.2	2.2
	40	2.3	2.3	2.4	2.5	2.5	2.6	2.6	2.7	2.7	2.8
710	0	0.0	0.1	0.1	0.2	0.2	0.3	0.4	0.4	0.5	0.5
	10	0.6	0.6	0.7	0.8	0.8	0.9	0.9	1.0	1.1	1.1
	20	1.2	1.2	1.3	1.4	1.4	1.5	1.5	1.6	1.7	1.7
	30	1.8	1.8	1.9	1.9	2.0	2.1	2.1	2.2	2.2	2.3
	40	2.4	2.4	2.5	2.5	2.6	2.7	2.7	2.8	2.8	2.9

P (hPa)	n	0	1	2	3	4	5	6	7	8	9
700	0	0.0	0.1	0.1	0.2	0.2	0.3	0.4	0.4	0.5	0.5
	10	0.6	0.7	0.7	0.8	0.9	0.9	1.6	1.0	1.1	1.2
	20	1.2	1.3	1.3	1.4	1.5	1.5	1.6	1.6	1.7	1.8
	30	1.8	1.9	2.0	2.0	2.1	2.1	2.2	2.3	2.3	2.4
	40	2.4	2.5	2.6	2.6	2.7	2.7	2.8	2.9	2.9	3.0
690	0	0.0	0.1	0.1	0.2	0.3	0.3	0.4	0.4	0.5	0.6
	10	0.6	0.7	0.8	0.8	0.9	0.9	1.0	1.1	1.1	1.2
	20	1.3	1.3	1.4	1.4	1.5	1.6	1.6	1.7	1.8	1.8
	30	1.9	2.0	2.0	2.1	2.1	2.2	2.3	2.3	2.4	2.5
	40	2.5	2.6	2.6	2.7	2.8	2.8	2.9	3.0	3.0	3.1
680	0	0.0	0.1	0.1	0.2	0.3	0.3	0.4	0.5	0.5	0.6
	10	0.7	0.7	0.8	0.8	0.9	1.0	1.0	1.1	1.2	1.2
	20	1.3	1.4	1.4	1.5	1.6	1.6	1.7	1.8	1.8	1.9
	30	2.0	2.0	2.1	2.1	2.2	2.3	2.3	2.4	2.5	2.5
	40	2.6	2.7	2.7	2.8	2.9	2.9	3.0	3.1	3.1	3.2
670	0	0.0	0.1	0.1	0.2	0.3	0.3	0.4	0.5	0.5	0.6
	10	0.7	0.7	0.8	0.9	0.9	1.0	1.1	1.1	1.2	1.3
	20	1.3	1.4	1.5	1.5	1.6	1.7	1.7	1.8	1.9	1.9
	30	2.0	2.1	2.1	2.2	2.3	2.3	2.4	2.5	2.5	2.6
	40	2.7	2.7	2.8	2.9	2.9	3.0	3.1	3.1	3.2	3.3
660	0	0.0	0.1	0.1	0.2	0.3	0.3	0.4	0.5	0.6	0.6
	10	0.7	0.8	0.8	0.9	1.0	1.0	1.1	1.2	1.2	1.3
	20	1.4	1.4	1.5	1.6	1.7	1.7	1.8	1.9	1.9	2.0
	30	2.1	2.1	2.2	2.3	2.3	2.4	2.5	2.6	2.6	2.7
	40	2.8	2.8	2.9	3.0	3.0	3.1	3.2	3.2	3.3	3.4
650	0	0.0	0.1	0.1	0.2	0.3	0.4	0.4	0.5	0.6	0.6
	10	0.7	0.8	0.9	0.9	1.0	1.1	1.1	1.2	1.3	1.3
	20	1.4	1.5	1.6	1.6	1.7	1.8	1.8	1.9	2.0	2.1
	30	2.1	2.2	2.3	2.3	2.4	2.5	2.6	2.6	2.7	2.8
	40	2.8	2.9	3.0	3.1	3.1	3.2	3.3	3.3	3.4	3.5
640	0	0.0	0.1	0.1	0.2	0.3	0.4	0.4	0.5	0.6	0.7
	10	0.7	0.8	0.9	0.9	1.0	1.1	1.2	1.2	1.3	1.4
	20	1.5	1.5	1.6	1.7	1.8	1.8	1.9	2.0	2.0	2.1
	30	2.2	2.3	2.3	2.4	2.5	2.6	2.6	2.7	2.8	2.8
	40	2.9	3.0	3.1	3.1	3.2	3.3	3.4	3.4	3.5	3.6
630	0	0.0	0.1	0.1	0.2	0.3	0.4	0.4	0.5	0.6	0.7
	10	0.7	0.8	0.9	1.0	1.0	1.1	1.2	1.3	1.3	1.4
	20	1.5	1.6	1.6	1.7	1.8	1.9	1.9	2.0	2.1	2.2
	30	2.2	2.3	2.4	2.5	2.5	2.6	2.7	2.8	2.8	2.9
	40	3.0	3.1	3.1	3.2	3.3	3.4	3.4	3.5	3.6	3.7
620	0	0.0	0.1	0.2	0.2	0.3	0.4	0.5	0.5	0.6	0.7
	10	0.8	0.8	0.9	1.0	1.1	1.2	1.2	1.3	1.4	1.5
	20	1.5	1.6	1.7	1.8	1.8	1.9	2.0	2.1	2.2	2.2
	30	2.3	2.4	2.5	2.5	2.6	2.7	2.8	2.8	2.9	3.0
	40	3.1	3.2	3.2	3.3	3.4	3.5	3.5	3.6	3.7	3.8
610	0	0.0	0.1	0.2	0.2	0.3	0.4	0.5	0.6	0.6	0.7
	10	0.8	0.9	0.9	1.0	1.1	1.2	1.3	1.3	1.4	1.5
	20	1.6	1.7	1.7	1.8	1.9	2.0	2.1	2.1	2.2	2.3
	30	2.4	2.4	2.5	2.6	2.7	2.8	2.8	2.9	3.0	3.1
	40	3.2	3.2	3.3	3.4	3.5	3.6	3.6	3.7	3.8	3.9

P (hPa)	n	0	1	2	3	4	5	6	7	8	9
600	0	0.0	0.1	0.2	0.2	0.3	0.4	0.5	0.6	0.6	0.7
	10	0.8	0.9	1.0	1.1	1.1	1.2	1.3	1.4	1.5	1.5
	20	1.6	1.7	1.8	1.9	1.9	2.0	2.1	2.2	2.3	2.3
	30	2.4	2.5	2.6	2.7	2.8	2.8	2.9	3.0	3.1	3.2
	40	3.2	3.3	3.4	3.5	3.6	3.6	3.7	3.8	3.9	4.0
590	0	0.0	0.1	0.2	0.2	0.3	0.4	0.5	0.6	0.7	0.7
	10	0.8	0.9	1.0	1.1	1.2	1.2	1.3	1.4	1.5	1.6
	20	1.7	1.7	1.8	1.9	2.0	2.1	2.2	2.2	2.3	2.4
	30	2.5	2.6	2.7	2.7	2.8	2.9	3.0	3.1	3.1	3.2
	40	3.3	3.4	3.5	3.6	3.6	3.7	3.8	3.9	4.0	4.1
580	0	0.0	0.1	0.2	0.3	0.3	0.4	0.5	0.6	0.7	0.8
	10	0.8	0.9	1.0	1.1	1.2	1.3	1.4	1.4	1.5	1.6
	20	1.7	1.8	1.9	2.0	2.0	2.1	2.2	2.3	2.4	2.5
	30	2.5	2.6	2.7	2.8	2.9	3.0	3.1	3.1	3.2	3.3
	40	3.4	3.5	3.6	3.6	3.7	3.8	3.9	4.0	4.1	4.2
570	0	0.0	0.1	0.2	0.3	0.3	0.4	0.5	0.6	0.7	0.8
	10	0.9	1.0	1.0	1.1	1.2	1.3	1.4	1.5	1.6	1.7
	20	1.7	1.8	1.9	2.0	2.1	2.2	2.3	2.3	2.4	2.5
	30	2.6	2.7	2.8	2.9	3.0	3.0	3.1	3.2	3.3	3.4
	40	3.5	3.6	3.6	3.7	3.8	3.9	4.0	4.1	4.2	4.3
560	0	0.0	0.1	0.2	0.3	0.4	0.4	0.5	0.6	0.7	0.8
	10	0.9	1.0	1.1	1.2	1.2	1.3	1.4	1.5	1.6	1.7
	20	1.8	1.9	2.0	2.0	2.1	2.2	2.3	2.4	2.5	2.6
	30	2.7	2.8	2.8	2.9	3.0	3.1	3.2	3.3	3.4	3.5
	40	3.6	3.6	3.7	3.8	3.9	4.0	4.1	4.2	4.3	4.4
550	0	0.0	0.1	0.2	0.3	0.4	0.5	0.5	0.6	0.7	0.8
	10	0.9	1.0	1.1	1.2	1.3	1.4	1.5	1.5	1.6	1.7
	20	1.8	1.9	2.0	2.1	2.2	2.3	2.4	2.5	2.5	2.6
	30	2.7	2.8	2.9	3.0	3.1	3.2	3.3	3.4	3.5	3.5
	40	3.6	3.7	3.8	3.9	4.0	4.1	4.2	4.3	4.4	4.5
540	0	0.0	0.1	0.2	0.3	0.4	0.5	0.6	0.6	0.7	0.8
	10	0.9	1.0	1.1	1.2	1.3	1.4	1.5	1.6	1.7	1.8
	20	1.9	1.9	2.0	2.1	2.2	2.3	2.4	2.5	2.6	2.7
	30	2.8	2.9	3.0	3.1	3.2	3.2	3.3	3.4	3.5	3.6
	40	3.7	3.8	3.9	4.0	4.1	4.2	4.3	4.4	4.5	4.5
530	0	0.0	0.1	0.2	0.3	0.4	0.5	0.6	0.7	0.8	0.9
	10	0.9	1.0	1.1	1.2	1.3	1.4	1.5	1.6	1.7	1.8
	20	1.9	2.0	2.1	2.2	2.3	2.4	2.5	2.6	2.7	2.7
	30	2.8	2.9	3.0	3.1	3.2	3.3	3.4	3.5	3.6	3.7
	40	3.8	3.9	4.0	4.1	4.2	4.3	4.4	4.5	4.6	4.6
520	0	0.0	0.1	0.2	0.3	0.4	0.5	0.6	0.7	0.8	0.9
	10	1.0	1.1	1.2	1.3	1.4	1.5	1.5	1.6	1.7	1.8
	20	1.9	2.0	2.1	2.2	2.3	2.4	2.5	2.6	2.7	2.8
	30	2.9	3.0	3.1	3.2	3.3	3.4	3.5	3.6	3.7	3.8
	40	3.9	4.0	4.1	4.2	4.3	4.4	4.5	4.5	4.6	4.7
510	0	0.0	0.1	0.2	0.3	0.4	0.5	0.6	0.7	0.8	0.9
	10	1.0	1.1	1.2	1.3	1.4	1.5	1.6	1.7	1.8	1.9
	20	2.0	2.1	2.2	2.3	2.4	2.5	2.6	2.7	2.8	2.9
	30	3.0	3.1	3.2	3.3	3.4	3.5	3.6	3.7	3.8	3.9
	40	4.0	4.0	4.1	4.2	4.3	4.4	4.5	4.6	4.7	4.8

附表3　球状干湿表(自然通风速度0.4m/s)湿球温度订正值Δt_W(℃)

P (hPa)	n	0	1	2	3	4	5	6	7	8	9	P (hPa)	n	0	1	2	3	4	5	6	7	8	9
1100	0	0.0	-0.1	-0.2	-0.2	-0.3	-0.4	-0.5	-0.6	-0.7	-0.7	1000	0	0.0	-0.1	-0.1	-0.2	-0.2	-0.3	-0.3	-0.4	-0.5	-0.5
	10	-0.8	-0.9	-1.0	-1.1	-1.2	-1.2	-1.3	-1.4	-1.5	-1.6		10	-0.6	-0.6	-0.7	-0.7	-0.8	-0.9	-0.9	-1.0	-1.0	-1.1
	20	-1.7	-1.7	-1.8	-1.9	-2.0	-2.1	-2.1	-2.2	-2.3	-2.4		20	-1.1	-1.2	-1.3	-1.3	-1.4	-1.4	-1.5	-1.5	-1.6	-1.7
	30	-2.5	-2.6	-2.6	-2.7	-2.8	-2.9	-3.0	-3.1	-3.1	-3.2		30	-1.7	-1.8	-1.8	-1.9	-1.9	-2.0	-2.1	-2.1	-2.2	-2.2
	40	-3.3	-3.4	-3.5	-3.6	-3.6	-3.7	-3.8	-3.9	-4.0	-4.1		40	-2.3	-2.3	-2.4	-2.4	-2.5	-2.6	-2.6	-2.7	-2.7	-2.8
1090	0	0.0	-0.1	-0.2	-0.2	-0.3	-0.4	-0.5	-0.6	-0.6	-0.7	990	0	0.0	-0.1	-0.1	-0.2	-0.2	-0.3	-0.3	-0.4	-0.4	-0.5
	10	-0.8	-0.9	-1.0	-1.0	-1.1	-1.2	-1.3	-1.4	-1.4	-1.5		10	-0.5	-0.6	-0.7	-0.7	-0.8	-0.8	-0.9	-0.9	-1.0	-1.0
	20	-1.6	-1.7	-1.8	-1.8	-1.9	-2.0	-2.1	-2.2	-2.2	-2.3		20	-1.1	-1.1	-1.2	-1.3	-1.3	-1.4	-1.4	-1.5	-1.5	-1.6
	30	-2.4	-2.5	-2.6	-2.6	-2.7	-2.8	-2.9	-3.0	-3.0	-3.1		30	-1.6	-1.7	-1.7	-1.8	-1.8	-1.9	-2.0	-2.0	-2.1	-2.1
	40	-3.2	-3.3	-3.4	-3.4	-3.5	-3.6	-3.7	-3.8	-3.8	-3.9		40	-2.2	-2.2	-2.3	-2.3	-2.4	-2.4	-2.5	-2.6	-2.6	-2.7
1080	0	0.0	-0.1	-0.2	-0.2	-0.3	-0.4	-0.5	-0.5	-0.6	-0.7	980	0	0.0	-0.1	-0.1	-0.2	-0.2	-0.3	-0.3	-0.4	-0.4	-0.5
	10	-0.8	-0.9	-0.9	-1.0	-1.1	-1.2	-1.2	-1.3	-1.4	-1.5		10	-0.5	-0.6	-0.6	-0.7	-0.7	-0.8	-0.8	-0.9	-0.9	-1.0
	20	-1.6	-1.6	-1.7	-1.8	-1.9	-1.9	-2.0	-2.1	-2.2	-2.2		20	-1.0	-1.1	-1.1	-1.2	-1.2	-1.3	-1.3	-1.4	-1.5	-1.5
	30	-2.3	-2.4	-2.5	-2.6	-2.6	-2.7	-2.8	-2.9	-2.9	-3.0		30	-1.6	-1.6	-1.7	-1.7	-1.8	-1.8	-1.9	-1.9	-2.0	-2.0
	40	-3.1	-3.2	-3.3	-3.3	-3.4	-3.5	-3.6	-3.6	-3.7	-3.8		40	-2.1	-2.1	-2.2	-2.2	-2.3	-2.3	-2.4	-2.4	-2.5	-2.5
1070	0	0.0	-0.1	-0.1	-0.2	-0.3	-0.4	-0.4	-0.5	-0.6	-0.7	970	0	0.0	0.0	-0.1	-0.1	-0.2	-0.2	-0.3	-0.3	-0.4	-0.4
	10	-0.7	-0.8	-0.9	-1.0	-1.0	-1.1	-1.2	-1.3	-1.3	-1.4		10	-0.5	-0.5	-0.6	-0.6	-0.7	-0.7	-0.8	-0.8	-0.9	-0.9
	20	-1.5	-1.6	-1.6	-1.7	-1.8	-1.9	-1.9	-2.0	-2.1	-2.2		20	-1.0	-1.0	-1.1	-1.1	-1.2	-1.2	-1.3	-1.3	-1.4	-1.4
	30	-2.2	-2.3	-2.4	-2.5	-2.5	-2.6	-2.7	-2.8	-2.8	-2.9		30	-1.5	-1.5	-1.6	-1.6	-1.7	-1.7	-1.8	-1.8	-1.9	-1.9
	40	-3.0	-3.1	-3.1	-3.2	-3.3	-3.4	-3.4	-3.5	-3.6	-3.7		40	-2.0	-2.0	-2.1	-2.1	-2.2	-2.2	-2.3	-2.3	-2.4	-2.4
1060	0	0.0	-0.1	-0.1	-0.2	-0.3	-0.4	-0.4	-0.5	-0.6	-0.7	960	0	0.0	0.0	-0.1	-0.1	-0.2	-0.2	-0.3	-0.3	-0.4	-0.4
	10	-0.7	-0.8	-0.9	-0.9	-1.0	-1.1	-1.2	-1.2	-1.3	-1.4		10	-0.5	-0.5	-0.6	-0.6	-0.7	-0.7	-0.7	-0.8	-0.8	-0.9
	20	-1.4	-1.5	-1.6	-1.7	-1.7	-1.8	-1.9	-2.0	-2.0	-2.1		20	-0.9	-1.0	-1.0	-1.1	-1.1	-1.2	-1.2	-1.3	-1.3	-1.4
	30	-2.2	-2.2	-2.3	-2.4	-2.5	-2.5	-2.6	-2.7	-2.8	-2.8		30	-1.4	-1.4	-1.5	-1.5	-1.6	-1.6	-1.7	-1.7	-1.8	-1.8
	40	-2.9	-3.0	-3.0	-3.1	-3.2	-3.3	-3.3	-3.4	-3.5	-3.5		40	-1.9	-1.9	-2.0	-2.0	-2.1	-2.1	-2.1	-2.2	-2.2	-2.3
1050	0	0.0	-0.1	-0.1	-0.2	-0.3	-0.3	-0.4	-0.5	-0.6	-0.6	950	0	0.0	0.0	-0.1	-0.1	-0.2	-0.2	-0.3	-0.3	-0.4	-0.4
	10	-0.7	-0.8	-0.8	-0.9	-1.0	-1.0	-1.1	-1.2	-1.3	-1.3		10	-0.4	-0.5	-0.5	-0.6	-0.6	-0.7	-0.7	-0.8	-0.8	-0.8
	20	-1.4	-1.5	-1.5	-1.6	-1.7	-1.7	-1.8	-1.9	-2.0	-2.0		20	-0.9	-0.9	-1.0	-1.0	-1.1	-1.1	-1.1	-1.2	-1.2	-1.3
	30	-2.1	-2.2	-2.2	-2.3	-2.4	-2.4	-2.5	-2.6	-2.7	-2.7		30	-1.3	-1.4	-1.4	-1.5	-1.5	-1.5	-1.6	-1.6	-1.7	-1.7
	40	-2.8	-2.9	-2.9	-3.0	-3.1	-3.1	-3.2	-3.3	-3.4	-3.4		40	-1.8	-1.8	-1.9	-1.9	-1.9	-2.0	-2.0	-2.1	-2.1	-2.2
1040	0	0.0	-0.1	-0.1	-0.2	-0.3	-0.3	-0.4	-0.5	-0.5	-0.6	940	0	0.0	0.0	-0.1	-0.1	-0.2	-0.2	-0.2	-0.3	-0.3	-0.4
	10	-0.7	-0.7	-0.8	-0.9	-0.9	-1.0	-1.1	-1.1	-1.2	-1.3		10	-0.4	-0.5	-0.5	-0.5	-0.6	-0.6	-0.7	-0.7	-0.7	-0.8
	20	-1.3	-1.4	-1.5	-1.5	-1.6	-1.7	-1.7	-1.8	-1.9	-2.0		20	-0.8	-0.9	-0.9	-1.0	-1.0	-1.0	-1.1	-1.1	-1.2	-1.2
	30	-2.0	-2.1	-2.2	-2.2	-2.3	-2.4	-2.4	-2.5	-2.6	-2.6		30	-1.2	-1.3	-1.3	-1.4	-1.4	-1.5	-1.5	-1.5	-1.6	-1.6
	40	-2.7	-2.8	-2.8	-2.9	-3.0	-3.0	-3.1	-3.2	-3.2	-3.3		40	-1.7	-1.7	-1.7	-1.8	-1.8	-1.9	-1.9	-2.0	-2.0	-2.0
1030	0	0.0	-0.1	-0.1	-0.2	-0.3	-0.3	-0.4	-0.5	-0.5	-0.6	930	0	0.0	0.0	-0.1	-0.1	-0.2	-0.2	-0.2	-0.3	-0.3	-0.4
	10	-0.6	-0.7	-0.8	-0.8	-0.9	-1.0	-1.0	-1.1	-1.2	-1.2		10	-0.4	-0.4	-0.5	-0.5	-0.5	-0.6	-0.6	-0.7	-0.7	-0.7
	20	-1.3	-1.4	-1.4	-1.5	-1.6	-1.6	-1.7	-1.7	-1.8	-1.9		20	-0.8	-0.8	-0.9	-0.9	-0.9	-1.0	-1.0	-1.1	-1.1	-1.1
	30	-1.9	-2.0	-2.1	-2.1	-2.2	-2.3	-2.3	-2.4	-2.5	-2.5		30	-1.2	-1.2	-1.2	-1.3	-1.3	-1.4	-1.4	-1.4	-1.5	-1.5
	40	-2.6	-2.7	-2.7	-2.8	-2.8	-2.9	-3.0	-3.0	-3.1	-3.2		40	-1.6	-1.6	-1.6	-1.7	-1.7	-1.8	-1.8	-1.8	-1.9	-1.9
1020	0	0.0	-0.1	-0.1	-0.2	-0.2	-0.3	-0.4	-0.4	-0.5	-0.6	920	0	0.0	0.0	-0.1	-0.1	-0.1	-0.2	-0.2	-0.3	-0.3	-0.3
	10	-0.6	-0.7	-0.7	-0.8	-0.9	-0.9	-1.0	-1.1	-1.1	-1.2		10	-0.4	-0.4	-0.4	-0.5	-0.5	-0.5	-0.6	-0.6	-0.7	-0.7
	20	-1.2	-1.3	-1.4	-1.4	-1.5	-1.6	-1.6	-1.7	-1.7	-1.8		20	-0.7	-0.8	-0.8	-0.8	-0.9	-0.9	-0.9	-1.0	-1.0	-1.1
	30	-1.9	-1.9	-2.0	-2.0	-2.1	-2.2	-2.2	-2.3	-2.4	-2.4		30	-1.1	-1.1	-1.2	-1.2	-1.2	-1.3	-1.3	-1.3	-1.4	-1.4
	40	-2.5	-2.5	-2.6	-2.7	-2.7	-2.8	-2.9	-2.9	-3.0	-3.0		40	-1.5	-1.5	-1.5	-1.6	-1.6	-1.6	-1.7	-1.7	-1.7	-1.8
1010	0	0.0	-0.1	-0.1	-0.2	-0.2	-0.3	-0.4	-0.4	-0.5	-0.5	910	0	0.0	0.0	-0.1	-0.1	-0.1	-0.2	-0.2	-0.2	-0.3	-0.3
	10	-0.6	-0.7	-0.7	-0.8	-0.8	-0.9	-1.0	-1.0	-1.1	-1.1		10	-0.3	-0.4	-0.4	-0.4	-0.5	-0.5	-0.5	-0.6	-0.6	-0.6
	20	-1.2	-1.3	-1.3	-1.4	-1.4	-1.5	-1.5	-1.6	-1.7	-1.7		20	-0.7	-0.7	-0.7	-0.8	-0.8	-0.8	-0.9	-0.9	-0.9	-1.0
	30	-1.8	-1.8	-1.9	-2.0	-2.0	-2.1	-2.1	-2.2	-2.3	-2.3		30	-1.0	-1.0	-1.1	-1.1	-1.2	-1.2	-1.2	-1.3	-1.3	-1.3
	40	-2.4	-2.4	-2.5	-2.6	-2.6	-2.7	-2.7	-2.8	-2.9	-2.9		40	-1.4	-1.4	-1.4	-1.5	-1.5	-1.5	-1.6	-1.6	-1.6	-1.7

P (hPa)	n	0	1	2	3	4	5	6	7	8	9	P (hPa)	n	0	1	2	3	4	5	6	7	8	9
900	0	0.0	0.0	-0.1	-0.1	-0.1	-0.2	-0.2	-0.2	-0.3	-0.3	800	0	0.0	0.0	0.0	0.0	0.0	0.0	0.0	0.0	0.0	-0.1
	10	-0.3	-0.3	-0.4	-0.4	-0.4	-0.5	-0.5	-0.5	-0.6	-0.6		10	-0.1	-0.1	-0.1	-0.1	-0.1	-0.1	-0.1	-0.1	-0.1	-0.1
	20	-0.6	-0.7	-0.7	-0.7	0.8	-0.8	-0.8	-0.8	-0.9	-0.9		20	-0.1	-0.1	-0.1	-0.1	-0.1	-0.1	-0.1	-0.2	-0.2	-0.2
	30	-0.9	-1.0	-1.0	-1.0	-1.1	-1.1	-1.1	-1.2	-1.2	-1.2		30	-0.2	-0.2	-0.2	-0.2	-0.2	-0.2	-0.2	-0.2	-0.2	-0.2
	40	-1.3	-1.3	-1.3	-1.3	-1.4	-1.4	-1.4	-1.5	-1.5	-1.5		40	-0.2	-0.2	-0.2	-0.2	-0.2	-0.3	-0.3	-0.3	-0.3	-0.3
890	0	0.0	0.0	-0.1	-0.1	-0.1	-0.1	-0.2	-0.2	-0.2	-0.3	790	0	0.0	0.0	0.0	0.0	0.0	0.0	0.0	0.0	0.0	0.0
	10	-0.3	-0.3	-0.3	-0.4	-0.4	-0.4	-0.5	-0.5	-0.5	-0.5		10	0.0	0.0	0.0	0.0	0.0	0.0	0.0	-0.1	-0.1	-0.1
	20	-0.6	-0.6	-0.6	-0.7	-0.7	-0.7	-0.7	-0.8	-0.8	-0.8		20	-0.1	-0.1	-0.1	-0.1	-0.1	-0.1	-0.1	-0.1	-0.1	-0.1
	30	-0.9	-0.9	-0.9	-0.9	-1.0	-1.0	-1.0	-1.1	-1.1	-1.1		30	-0.1	-0.1	-0.1	-0.1	-0.1	-0.1	-0.1	-0.1	-0.1	-0.1
	40	-1.1	-1.2	-1.2	-1.2	-1.3	-1.3	-1.3	-1.3	-1.4	-1.4		40	-0.1	-0.1	-0.1	-0.1	-0.1	-0.1	-0.1	-0.1	-0.1	-0.1
880	0	0.0	0.0	-0.1	-0.1	-0.1	-0.1	-0.2	-0.2	-0.2	-0.2	780	0	0.0	0.0	0.0	0.0	0.0	0.0	0.0	0.0	0.0	0.0
	10	-0.3	-0.3	-0.3	-0.3	-0.4	-0.4	-0.4	-0.4	-0.5	-0.5		10	0.0	0.0	0.0	0.0	0.0	0.0	0.0	0.0	0.0	0.0
	20	-0.5	-0.5	-0.6	-0.6	-0.6	-0.7	-0.7	-0.7	-0.7	-0.8		20	0.0	0.0	0.0	0.0	0.0	0.0	0.0	0.0	0.0	0.0
	30	-0.8	-0.8	-0.8	-0.9	-0.9	-0.9	-0.9	-1.0	-1.0	-1.0		30	0.0	0.0	0.0	0.0	0.0	0.0	0.0	0.0	0.0	0.0
	40	-1.0	-1.1	-1.1	-1.1	-1.1	-1.2	-1.2	-1.2	-1.3	-1.3		40	0.0	0.0	0.0	0.0	0.0	0.0	0.0	0.0	0.0	0.0
870	0	0.0	0.0	0.0	-0.1	-0.1	-0.1	-0.1	-0.2	-0.2	-0.2	770	0	0.0	0.0	0.0	0.0	0.0	0.0	0.0	0.0	0.0	0.0
	10	-0.2	-0.3	-0.3	-0.3	-0.3	-0.4	-0.4	-0.4	-0.4	-0.4		10	0.0	0.0	0.0	0.0	0.0	0.0	0.0	0.0	0.0	0.0
	20	-0.5	-0.5	-0.5	-0.5	-0.6	-0.6	-0.6	-0.6	-0.7	-0.7		20	0.0	0.0	0.0	0.0	0.1	0.1	0.1	0.1	0.1	0.1
	30	-0.7	-0.7	-0.8	-0.8	-0.8	-0.8	-0.8	-0.9	-0.9	-0.9		30	0.1	0.1	0.1	0.1	0.1	0.1	0.1	0.1	0.1	0.1
	40	-0.9	-1.0	-1.0	-1.0	-1.0	-1.1	-1.1	-1.1	-1.1	-1.2		40	0.1	0.1	0.1	0.1	0.1	0.1	0.1	0.1	0.1	0.1
860	0	0.0	0.0	0.0	-0.1	-0.1	-0.1	-0.1	-0.1	-0.2	-0.2	760	0	0.0	0.0	0.0	0.0	0.0	0.0	0.0	0.0	0.0	0.0
	10	-0.2	-0.2	-0.3	-0.3	-0.3	-0.3	-0.3	-0.4	-0.4	-0.4		10	0.0	0.1	0.1	0.1	0.1	0.1	0.1	0.1	0.1	0.1
	20	-0.4	-0.4	-0.5	-0.5	-0.5	-0.5	-0.5	-0.6	-0.6	-0.6		20	0.1	0.1	0.1	0.1	0.1	0.1	0.1	0.1	0.1	0.1
	30	-0.6	-0.7	-0.7	-0.7	-0.7	-0.7	-0.8	-0.8	-0.8	-0.8		30	0.1	0.1	0.2	0.2	0.2	0.2	0.2	0.2	0.2	0.2
	40	-0.8	-0.9	-0.9	-0.9	-0.9	-0.9	-1.0	-1.0	-1.0	-1.0		40	0.2	0.2	0.2	0.2	0.2	0.2	0.2	0.2	0.2	0.2
850	0	0.0	0.0	0.0	-0.1	-0.1	-0.1	-0.1	-0.1	-0.1	-0.2	750	0	0.0	0.0	0.0	0.0	0.0	0.0	0.0	0.1	0.1	0.1
	10	-0.2	-0.2	-0.2	-0.2	-0.3	-0.3	-0.3	-0.3	-0.3	-0.4		10	0.1	0.1	0.1	0.1	0.1	0.1	0.1	0.1	0.1	0.1
	20	-0.4	-0.4	-0.4	-0.4	-0.4	-0.5	-0.5	-0.5	-0.5	-0.5		20	0.1	0.2	0.2	0.2	0.2	0.2	0.2	0.2	0.2	0.2
	30	-0.6	-0.6	-0.6	-0.6	-0.6	-0.6	-0.7	-0.7	-0.7	-0.7		30	0.2	0.2	0.2	0.2	0.2	0.3	0.3	0.3	0.3	0.3
	40	-0.7	-0.8	-0.8	-0.8	-0.8	-0.8	-0.8	-0.9	-0.9	-0.9		40	0.3	0.3	0.3	0.3	0.3	0.3	0.3	0.3	0.3	0.4
840	0	0.0	0.0	0.0	0.0	-0.1	-0.1	-0.1	-0.1	-0.1	-0.1	740	0	0.0	0.0	0.0	0.0	0.0	0.0	0.1	0.1	0.1	0.1
	10	-0.2	-0.2	-0.2	-0.2	-0.2	-0.2	-0.3	-0.3	-0.3	-0.3		10	0.1	0.1	0.1	0.1	0.1	0.1	0.2	0.2	0.2	0.2
	20	-0.3	-0.3	-0.3	-0.4	-0.4	-0.4	-0.4	-0.4	-0.4	-0.5		20	0.2	0.2	0.2	0.2	0.2	0.2	0.3	0.3	0.3	0.3
	30	-0.5	-0.5	-0.5	-0.5	-0.5	-0.6	-0.6	-0.6	-0.6	-0.6		30	0.3	0.3	0.3	0.3	0.3	0.3	0.4	0.4	0.4	0.4
	40	-0.6	-0.7	-0.7	-0.7	-0.7	-0.7	-0.7	-0.7	-0.8	-0.8		40	0.4	0.4	0.4	0.4	0.4	0.4	0.5	0.5	0.5	0.5
830	0	0.0	0.0	0.0	0.0	-0.1	-0.1	-0.1	-0.1	-0.1	-0.1	730	0	0.0	0.0	0.0	0.0	0.0	0.1	0.1	0.1	0.1	0.1
	10	-0.1	-0.1	-0.2	-0.2	-0.2	-0.2	-0.2	-0.2	-0.2	-0.3		10	0.1	0.1	0.1	0.2	0.2	0.2	0.2	0.2	0.2	0.2
	20	-0.3	-0.3	-0.3	-0.3	-0.3	-0.3	-0.3	-0.4	-0.4	-0.4		20	0.2	0.3	0.3	0.3	0.3	0.3	0.3	0.3	0.3	0.4
	30	-0.4	-0.4	-0.4	-0.4	-0.5	-0.5	-0.5	-0.5	-0.5	-0.5		30	0.4	0.4	0.4	0.4	0.4	0.4	0.4	0.5	0.5	0.5
	40	-0.5	-0.5	-0.6	-0.6	-0.6	-0.6	-0.6	-0.6	-0.6	-0.7		40	0.5	0.5	0.5	0.5	0.5	0.6	0.6	0.6	0.6	0.6
820	0	0.0	0.0	0.0	0.0	0.0	-0.1	-0.1	-0.1	-0.1	-0.1	720	0	0.0	0.0	0.0	0.0	0.1	0.1	0.1	0.1	0.1	0.1
	10	-0.1	-0.1	-0.1	-0.1	-0.2	-0.2	-0.2	-0.2	-0.2	-0.2		10	0.1	0.2	0.2	0.2	0.2	0.2	0.2	0.3	0.3	0.3
	20	-0.2	-0.2	-0.2	-0.2	-0.3	-0.3	-0.3	-0.3	-0.3	-0.3		20	0.3	0.3	0.3	0.3	0.4	0.4	0.4	0.4	0.4	0.4
	30	-0.3	-0.3	-0.3	-0.4	-0.4	-0.4	-0.4	-0.4	-0.4	-0.4		30	0.4	0.5	0.5	0.5	0.5	0.5	0.5	0.6	0.6	0.6
	40	-0.4	-0.4	-0.5	-0.5	-0.5	-0.5	-0.5	-0.5	-0.5	-0.5		40	0.6	0.6	0.6	0.6	0.7	0.7	0.7	0.7	0.7	0.7
810	0	0.0	0.0	0.0	0.0	0.0	0.0	0.0	-0.1	-0.1	-0.1	710	0	0.0	0.0	0.0	0.1	0.1	0.1	0.1	0.1	0.1	0.2
	10	-0.1	-0.1	-0.1	-0.1	-0.1	-0.1	-0.1	-0.1	-0.1	-0.2		10	0.2	0.2	0.2	0.2	0.2	0.3	0.3	0.3	0.3	0.3
	20	-0.2	-0.2	-0.2	-0.2	-0.2	-0.2	-0.2	-0.2	-0.2	-0.2		20	0.4	0.4	0.4	0.4	0.4	0.4	0.5	0.5	0.5	0.5
	30	-0.2	-0.3	-0.3	-0.3	-0.3	-0.3	-0.3	-0.3	-0.3	-0.3		30	0.5	0.5	0.6	0.6	0.6	0.6	0.6	0.6	0.7	0.7
	40	-0.3	-0.3	-0.3	-0.4	-0.4	-0.4	-0.4	-0.4	-0.4	-0.4		40	0.7	0.7	0.7	0.8	0.8	0.8	0.8	0.8	0.8	0.9

P (hPa)	n	0	1	2	3	4	5	6	7	8	9
700	0	0.0	0.0	0.0	0.1	0.1	0.1	0.1	0.1	0.2	0.2
	10	0.2	0.2	0.2	0.3	0.3	0.3	0.3	0.3	0.4	0.4
	20	0.4	0.4	0.4	0.5	0.5	0.5	0.5	0.5	0.6	0.6
	30	0.6	0.6	0.6	0.7	0.7	0.7	0.7	0.7	0.8	0.8
	40	0.8	0.8	0.8	0.9	0.9	0.9	0.9	0.9	1.0	1.0
690	0	0.0	0.0	0.0	0.1	0.1	0.1	0.1	0.2	0.2	0.2
	10	0.2	0.2	0.3	0.3	0.3	0.3	0.4	0.4	0.4	0.4
	20	0.5	0.5	0.5	0.5	0.5	0.6	0.6	0.6	0.6	0.7
	30	0.7	0.7	0.7	0.7	0.8	0.8	0.8	0.8	0.9	0.9
	40	0.9	0.9	1.0	1.0	1.0	1.0	1.0	1.1	1.1	1.1
680	0	0.0	0.0	0.1	0.1	0.1	0.1	0.2	0.2	0.2	0.2
	10	0.3	0.3	0.3	0.3	0.4	0.4	0.4	0.4	0.5	0.5
	20	0.5	0.5	0.6	0.6	0.6	0.6	0.7	0.7	0.7	0.7
	30	0.8	0.8	0.8	0.8	0.9	0.9	0.9	0.9	1.0	1.0
	40	1.0	1.0	1.1	1.1	1.1	1.1	1.2	1.2	1.2	1.2
670	0	0.0	0.0	0.1	0.1	0.1	0.1	0.2	0.2	0.2	0.3
	10	0.3	0.3	0.3	0.4	0.4	0.4	0.4	0.5	0.5	0.5
	20	0.6	0.6	0.6	0.6	0.7	0.7	0.7	0.8	0.8	0.8
	30	0.8	0.9	0.9	0.9	0.9	1.0	1.0	1.0	1.1	1.1
	40	1.1	1.1	1.2	1.2	1.2	1.3	1.3	1.3	1.3	1.4
660	0	0.0	0.0	0.1	0.1	0.1	0.2	0.2	0.2	0.2	0.3
	10	0.3	0.3	0.4	0.4	0.4	0.5	0.5	0.5	0.5	0.6
	20	0.6	0.6	0.7	0.7	0.7	0.8	0.8	0.8	0.9	0.9
	30	0.9	0.9	1.0	1.0	1.0	1.1	1.1	1.1	1.2	1.2
	40	1.2	1.2	1.3	1.3	1.3	1.4	1.4	1.4	1.5	1.5
650	0	0.0	0.0	0.1	0.1	0.1	0.2	0.2	0.2	0.3	0.3
	10	0.3	0.4	0.4	0.4	0.5	0.5	0.5	0.6	0.6	0.6
	20	0.7	0.7	0.7	0.8	0.8	0.8	0.9	0.9	0.9	1.0
	30	1.0	1.0	1.1	1.1	1.1	1.2	1.2	1.2	1.3	1.3
	40	1.3	1.4	1.4	1.4	1.5	1.5	1.5	1.5	1.6	1.6
640	0	0.0	0.0	0.1	0.1	0.1	0.2	0.2	0.2	0.3	0.3
	10	0.4	0.4	0.4	0.5	0.5	0.5	0.6	0.6	0.6	0.7
	20	0.7	0.7	0.8	0.8	0.9	0.9	0.9	1.0	1.0	1.0
	30	1.1	1.1	1.1	1.2	1.2	1.2	1.3	1.3	1.4	1.4
	40	1.4	1.5	1.5	1.5	1.6	1.6	1.6	1.7	1.7	1.7
630	0	0.0	0.0	0.1	0.1	0.2	0.2	0.2	0.3	0.3	0.3
	10	0.4	0.4	0.5	0.5	0.5	0.6	0.6	0.6	0.7	0.7
	20	0.8	0.8	0.8	0.9	0.9	1.0	1.0	1.0	1.1	1.1
	30	1.1	1.2	1.2	1.3	1.3	1.3	1.4	1.4	1.4	1.5
	40	1.5	1.6	1.6	1.6	1.7	1.7	1.8	1.8	1.8	1.9
620	0	0.0	0.0	0.1	0.1	0.2	0.2	0.2	0.3	0.3	0.4
	10	0.4	0.4	0.5	0.5	0.6	0.6	0.7	0.7	0.7	0.8
	20	0.8	0.9	0.9	0.9	1.0	1.0	1.1	1.1	1.1	1.2
	30	1.2	1.3	1.3	1.3	1.4	1.4	1.5	1.5	1.5	1.6
	40	1.6	1.7	1.7	1.7	1.8	1.8	1.9	1.9	2.0	2.0
610	0	0.0	0.0	0.1	0.1	0.2	0.2	0.3	0.3	0.3	0.4
	10	0.4	0.5	0.5	0.6	0.6	0.6	0.7	0.7	0.8	0.8
	20	0.9	0.9	1.0	1.0	1.0	1.1	1.1	1.2	1.2	1.3
	30	1.3	1.3	1.4	1.4	1.5	1.5	1.6	1.6	1.6	1.7
	40	1.7	1.8	1.8	1.9	1.9	1.9	2.0	2.0	2.1	2.1

P (hPa)	n	0	1	2	3	4	5	6	7	8	9
600	0	0.0	0.0	0.1	0.1	0.2	0.2	0.3	0.3	0.4	0.4
	10	0.5	0.5	0.5	0.6	0.6	0.7	0.7	0.8	0.8	0.9
	20	0.9	1.0	1.0	1.1	1.1	1.1	1.2	1.2	1.3	1.3
	30	1.4	1.4	1.5	1.5	1.6	1.6	1.6	1.7	1.7	1.8
	40	1.8	1.9	1.9	2.0	2.0	2.1	2.1	2.2	2.2	2.2
590	0	0.0	0.0	0.1	0.1	0.2	0.2	0.3	0.3	0.4	0.4
	10	0.5	0.5	0.6	0.6	0.7	0.7	0.8	0.8	0.9	0.9
	20	1.0	1.0	1.1	1.1	1.2	1.2	1.3	1.3	1.4	1.4
	30	1.5	1.5	1.5	1.6	1.6	1.7	1.7	1.8	1.8	1.9
	40	1.9	2.0	2.0	2.1	2.1	2.2	2.2	2.3	2.3	2.4
580	0	0.0	0.1	0.1	0.2	0.2	0.3	0.3	0.4	0.4	0.5
	10	0.5	0.6	0.6	0.7	0.7	0.8	0.8	0.9	0.9	1.0
	20	1.0	1.1	1.1	1.2	1.2	1.3	1.3	1.4	1.4	1.5
	30	1.5	1.6	1.6	1.7	1.7	1.8	1.8	1.9	1.9	2.0
	40	2.0	2.1	2.1	2.2	2.2	2.3	2.3	2.4	2.4	2.5
570	0	0.0	0.1	0.1	0.2	0.2	0.3	0.3	0.4	0.4	0.5
	10	0.5	0.6	0.6	0.7	0.7	0.8	0.9	0.9	1.0	1.0
	20	1.1	1.1	1.2	1.2	1.3	1.3	1.4	1.4	1.5	1.6
	30	1.6	1.7	1.7	1.8	1.8	1.9	1.9	2.0	2.0	2.1
	40	2.1	2.2	2.2	2.3	2.4	2.4	2.5	2.5	2.6	2.6
560	0	0.0	0.1	0.1	0.2	0.2	0.3	0.3	0.4	0.4	0.5
	10	0.6	0.6	0.7	0.7	0.8	0.8	0.9	1.0	1.0	1.1
	20	1.1	1.2	1.2	1.3	1.3	1.4	1.5	1.5	1.6	1.6
	30	1.7	1.7	1.8	1.9	1.9	2.0	2.0	2.1	2.1	2.2
	40	2.2	2.3	2.4	2.4	2.5	2.5	2.6	2.6	2.7	2.7
550	0	0.0	0.1	0.1	0.2	0.2	0.3	0.4	0.4	0.5	0.5
	10	0.6	0.6	0.7	0.8	0.8	0.9	0.9	1.0	1.1	1.1
	20	1.2	1.2	1.3	1.3	1.4	1.5	1.5	1.6	1.6	1.7
	30	1.8	1.8	1.9	1.9	2.0	2.1	2.1	2.2	2.2	2.3
	40	2.3	2.4	2.5	2.5	2.6	2.6	2.7	2.8	2.8	2.9
540	0	0.0	0.1	0.1	0.2	0.2	0.3	0.4	0.4	0.5	0.6
	10	0.6	0.7	0.7	0.8	0.9	0.9	1.0	1.0	1.1	1.2
	20	1.2	1.3	1.3	1.4	1.5	1.5	1.6	1.7	1.7	1.8
	30	1.8	1.9	2.0	2.0	2.1	2.1	2.2	2.3	2.3	2.4
	40	2.4	2.5	2.6	2.6	2.7	2.8	2.8	2.9	2.9	3.0
530	0	0.0	0.1	0.1	0.2	0.3	0.3	0.4	0.4	0.5	0.6
	10	0.6	0.7	0.8	0.8	0.9	1.0	1.0	1.1	1.1	1.2
	20	1.3	1.3	1.4	1.5	1.5	1.6	1.7	1.7	1.8	1.9
	30	1.9	2.0	2.0	2.1	2.2	2.2	2.3	2.4	2.4	2.5
	40	2.6	2.6	2.7	2.7	2.8	2.9	2.9	3.0	3.1	3.1
520	0	0.0	0.1	0.1	0.2	0.3	0.3	0.4	0.5	0.5	0.6
	10	0.7	0.7	0.8	0.9	0.9	1.0	1.1	1.1	1.2	1.3
	20	1.3	1.4	1.5	1.5	1.6	1.7	1.7	1.8	1.9	1.9
	30	2.0	2.1	2.1	2.2	2.3	2.3	2.4	2.5	2.5	2.6
	40	2.7	2.7	2.8	2.9	2.9	3.0	3.1	3.1	3.2	3.3
510	0	0.0	0.1	0.1	0.2	0.3	0.3	0.4	0.5	0.6	0.6
	10	0.7	0.8	0.8	0.9	1.0	1.0	1.1	1.2	1.2	1.3
	20	1.4	1.4	1.5	1.6	1.7	1.7	1.8	1.9	1.9	2.0
	30	2.1	2.1	2.2	2.3	2.3	2.4	2.5	2.6	2.6	2.7
	40	2.8	2.8	2.9	3.0	3.0	3.1	3.2	3.2	3.3	3.4

附表 4　柱状干湿表(自然通风速度 0.4m/s)湿球温度订正值 Δt_W(℃)

P (hPa)	n	0	1	2	3	4	5	6	7	8	9	P (hPa)	n	0	1	2	3	4	5	6	7	8	9
1100	0	0.0	-0.1	-0.1	-0.2	-0.3	-0.3	-0.4	-0.5	-0.6	-0.6	1000	0	0.0	0.0	-0.1	-0.1	-0.2	-0.2	-0.3	-0.3	-0.4	-0.4
	10	-0.7	-0.8	-0.8	-0.9	-1.0	-1.0	-1.1	-1.2	-1.2	-1.3		10	-0.4	-0.5	-0.5	-0.6	-0.6	-0.7	-0.7	-0.8	-0.8	-0.8
	20	-1.4	-1.4	-1.5	-1.6	-1.7	-1.7	-1.8	-1.9	-1.9	-2.0		20	-0.9	0.9	-1.0	-1.0	-1.1	-1.1	-1.2	-1.2	-1.2	-1.3
	30	-2.1	-2.1	-2.2	-2.3	-2.3	-2.4	-2.5	-2.5	-2.6	-2.7		30	-1.3	-1.4	-1.4	-1.5	-1.5	-1.6	-1.6	-1.6	-1.7	-1.7
	40	-2.8	-2.8	-2.9	-3.0	-3.0	-3.1	-3.2	-3.2	-3.3	-3.4		40	-1.8	-1.8	-1.9	-1.9	-2.0	-2.0	-2.0	-2.1	-2.1	-2.2
1090	0	0.0	-0.1	-0.1	-0.2	-0.3	-0.3	-0.4	-0.5	-0.5	-0.6	990	0	0.0	0.0	-0.1	-0.1	-0.2	-0.2	-0.3	-0.3	-0.3	-0.4
	10	-0.7	-0.7	-0.8	-0.9	-0.9	-1.0	-1.1	-1.1	-1.2	-1.3		10	-0.4	-0.5	-0.5	-0.5	-0.6	-0.6	-0.7	-0.7	-0.8	-0.8
	20	-1.3	-1.4	-1.5	-1.5	-1.6	-1.7	-1.7	-1.8	-1.9	-1.9		20	-0.8	-0.9	-0.9	-1.0	-1.0	-1.0	-1.1	-1.1	-1.2	-1.2
	30	-2.0	-2.1	-2.1	-2.2	-2.3	-2.3	-2.4	-2.5	-2.5	-2.6		30	-1.3	-1.3	-1.3	-1.4	-1.4	-1.5	-1.5	-1.6	-1.6	-1.6
	40	-2.7	-2.7	-2.8	-2.9	-2.9	-3.0	-3.1	-3.1	-3.2	-3.3		40	-1.7	-1.7	-1.8	-1.8	-1.8	-1.9	-1.9	-2.0	-2.0	-2.1
1080	0	0.0	-0.1	-0.1	-0.2	-0.3	-0.3	-0.4	-0.4	-0.5	-0.6	980	0	0.0	0.0	-0.1	-0.1	-0.2	-0.2	-0.2	-0.3	-0.3	-0.4
	10	-0.6	-0.7	-0.8	-0.8	-0.9	-1.0	-1.0	-1.1	-1.2	-1.2		10	-0.4	-0.4	-0.5	-0.5	-0.6	-0.6	-0.6	-0.7	-0.7	-0.8
	20	-1.3	-1.3	-1.4	-1.5	-1.5	-1.6	-1.7	-1.7	-1.8	-1.9		20	-0.8	-0.8	-0.9	-0.9	-0.9	-1.0	-1.0	-1.1	-1.1	-1.1
	30	-1.9	-2.0	-2.0	-2.1	-2.2	-2.2	-2.3	-2.4	-2.4	-2.5		30	-1.2	-1.2	-1.3	-1.3	-1.3	-1.4	-1.4	-1.5	-1.5	-1.5
	40	-2.6	-2.6	-2.7	-2.7	-2.8	-2.9	-2.9	-3.0	-3.1	-3.1		40	-1.6	-1.6	-1.7	-1.7	-1.7	-1.8	-1.8	-1.9	-1.9	-1.9
1070	0	0.0	-0.1	-0.1	-0.2	-0.2	-0.3	-0.4	-0.4	-0.5	-0.6	970	0	0.0	0.0	-0.1	-0.1	-0.1	-0.2	-0.2	-0.3	-0.3	-0.3
	10	-0.6	-0.7	-0.7	-0.8	-0.9	-0.9	-1.0	-1.0	-1.1	-1.2		10	-0.4	-0.4	-0.4	-0.5	-0.5	-0.6	-0.6	-0.6	-0.7	-0.7
	20	-1.2	-1.3	-1.4	-1.4	-1.5	-1.5	-1.6	-1.7	-1.7	-1.8		20	-0.7	-0.8	-0.8	-0.9	-0.9	-0.9	-1.0	-1.0	-1.0	-1.1
	30	-1.8	-1.9	-2.0	-2.0	-2.1	-2.2	-2.2	-2.3	-2.3	-2.4		30	-1.1	-1.1	-1.2	-1.2	-1.3	-1.3	-1.3	-1.4	-1.4	-1.4
	40	-2.5	-2.5	-2.6	-2.6	-2.7	-2.8	-2.8	-2.9	-3.0	-3.0		40	-1.5	-1.5	-1.6	-1.6	-1.6	-1.7	-1.7	-1.7	-1.8	-1.8
1060	0	0.0	-0.1	-0.1	-0.2	-0.2	-0.3	-0.4	-0.4	-0.5	-0.5	960	0	0.0	0.0	-0.1	-0.1	-0.1	-0.2	-0.2	-0.2	-0.3	-0.3
	10	-0.6	-0.6	-0.7	-0.8	-0.8	-0.9	-0.9	-1.0	-1.1	-1.1		10	-0.3	-0.4	-0.4	-0.4	-0.5	-0.5	-0.6	-0.6	-0.6	-0.7
	20	-1.2	-1.2	-1.3	-1.4	-1.4	-1.5	-1.5	-1.6	-1.7	-1.7		20	-0.7	-0.7	-0.8	-0.8	-0.8	-0.9	-0.9	-0.9	-1.0	-1.0
	30	-1.8	-1.8	-1.9	-1.9	-2.0	-2.1	-2.1	-2.2	-2.2	-2.3		30	-1.0	-1.1	-1.1	-1.1	-1.2	-1.2	-1.2	-1.3	-1.3	-1.3
	40	-2.4	-2.4	-2.5	-2.5	-2.6	-2.7	-2.7	-2.8	-2.8	-2.9		40	-1.4	-1.4	-1.5	-1.5	-1.5	-1.6	-1.6	-1.6	-1.7	-1.7
1050	0	0.0	-0.1	-0.1	-0.2	-0.2	-0.3	-0.3	-0.4	-0.5	-0.5	950	0	0.0	0.0	-0.1	-0.1	-0.1	-0.2	-0.2	-0.2	-0.3	-0.3
	10	-0.6	-0.6	-0.7	-0.7	-0.8	-0.8	-0.9	-1.0	-1.0	-1.1		10	-0.3	-0.4	-0.4	-0.4	-0.5	-0.5	-0.5	-0.5	-0.6	-0.6
	20	-1.1	-1.2	-1.2	-1.3	-1.4	-1.4	-1.5	-1.5	-1.6	-1.6		20	-0.6	-0.7	-0.7	-0.7	-0.8	-0.8	-0.8	-0.9	-0.9	-0.9
	30	-1.7	-1.8	-1.8	-1.9	-1.9	-2.0	-2.0	-2.1	-2.2	-2.2		30	-1.0	-1.0	-1.0	-1.1	-1.1	-1.1	-1.2	-1.2	-1.2	-1.3
	40	-2.3	-2.3	-2.4	-2.4	-2.5	-2.5	-2.6	-2.7	-2.7	-2.8		40	-1.3	-1.3	-1.4	-1.4	-1.4	-1.4	-1.5	-1.5	-1.5	-1.6
1040	0	0.0	-0.1	-0.1	-0.2	-0.2	-0.3	-0.3	-0.4	-0.4	-0.5	940	0	0.0	0.0	-0.1	-0.1	-0.1	-0.1	-0.2	-0.2	-0.2	-0.3
	10	-0.5	-0.6	-0.6	-0.7	-0.8	-0.8	-0.9	-0.9	-1.0	-1.0		10	-0.3	-0.3	-0.4	-0.4	-0.4	-0.4	-0.5	-0.5	-0.5	-0.6
	20	-1.1	-1.1	-1.2	-1.2	-1.3	-1.4	-1.4	-1.5	-1.5	-1.6		20	-0.6	-0.6	-0.7	-0.7	-0.7	-0.7	-0.8	-0.8	-0.8	-0.9
	30	-1.6	-1.7	-1.7	-1.8	-1.8	-1.9	-1.9	-2.0	-2.1	-2.1		30	-0.9	-0.9	-1.0	-1.0	-1.0	-1.0	-1.1	-1.1	-1.1	-1.2
	40	-2.2	-2.2	-2.3	-2.3	-2.4	-2.4	-2.5	-2.5	-2.6	-2.7		40	-1.2	-1.2	-1.2	-1.3	-1.3	-1.3	-1.4	-1.4	-1.4	-1.5
1030	0	0.0	-0.1	-0.1	-0.2	-0.2	-0.3	-0.3	-0.4	-0.4	-0.5	930	0	0.0	0.0	-0.1	-0.1	-0.1	-0.1	-0.2	-0.2	-0.2	-0.2
	10	-0.5	-0.6	-0.6	-0.7	-0.7	-0.8	-0.8	-0.9	-0.9	-1.0		10	-0.3	-0.3	-0.3	-0.4	-0.4	-0.4	-0.4	-0.5	-0.5	-0.5
	20	-1.0	-1.1	-1.1	-1.2	-1.2	-1.3	-1.3	-1.4	-1.4	-1.5		20	-0.5	-0.6	-0.6	-0.6	-0.7	-0.7	-0.7	-0.7	-0.8	-0.8
	30	-1.6	-1.6	-1.7	-1.7	-1.8	-1.8	-1.9	-1.9	-2.0	-2.0		30	-0.8	-0.8	-0.9	-0.9	-0.9	-1.0	-1.0	-1.0	-1.0	-1.1
	40	-2.1	-2.1	-2.2	-2.2	-2.3	-2.3	-2.4	-2.4	-2.5	-2.5		40	-1.1	-1.1	-1.1	-1.2	-1.2	-1.2	-1.3	-1.3	-1.3	-1.3
1020	0	0.0	0.0	-0.1	-0.1	-0.2	-0.2	-0.3	-0.3	-0.4	-0.4	920	0	0.0	0.0	0.0	-0.1	-0.1	-0.1	-0.1	-0.2	-0.2	-0.2
	10	-0.5	-0.5	-0.6	-0.6	-0.7	-0.7	-0.8	-0.8	-0.9	-0.9		10	-0.2	-0.3	-0.3	-0.3	-0.3	-0.4	-0.4	-0.4	-0.4	-0.5
	20	-1.0	-1.0	-1.1	-1.1	-1.2	-1.2	-1.3	-1.3	-1.4	-1.4		20	-0.5	-0.5	-0.5	-0.6	-0.6	-0.6	-0.6	-0.7	-0.7	-0.7
	30	-1.5	-1.5	-1.6	-1.6	-1.7	-1.7	-1.8	-1.8	-1.9	-1.9		30	-0.7	-0.8	-0.8	-0.8	-0.8	-0.9	-0.9	-0.9	-0.9	-1.0
	40	-2.0	-2.0	-2.1	-2.1	-2.2	-2.2	-2.3	-2.3	-2.4	-2.4		40	-1.0	-1.0	-1.0	-1.1	-1.1	-1.1	-1.1	-1.2	-1.2	-1.2
1010	0	0.0	0.0	-0.1	-0.1	-0.2	-0.2	-0.3	-0.3	-0.4	-0.4	910	0	0.0	0.0	0.0	-0.1	-0.1	-0.1	-0.1	-0.2	-0.2	-0.2
	10	-0.5	-0.5	-0.6	-0.6	-0.7	-0.7	-0.7	-0.8	-0.8	-0.9		10	-0.2	-0.2	-0.3	-0.3	-0.3	-0.3	-0.4	-0.4	-0.4	-0.4
	20	-0.9	-1.0	-1.0	-1.1	-1.1	-1.2	-1.2	-1.3	-1.3	-1.4		20	-0.4	-0.5	-0.5	-0.5	-0.5	-0.6	-0.6	-0.6	-0.6	-0.6
	30	-1.4	-1.5	-1.5	-1.5	-1.6	-1.6	-1.7	-1.7	-1.8	-1.8		30	-0.7	-0.7	-0.7	-0.7	-0.8	-0.8	-0.8	-0.8	-0.9	-0.9
	40	-1.9	-1.9	-2.0	-2.0	-2.1	-2.1	-2.2	-2.2	-2.2	-2.3		40	-0.9	-0.9	-0.9	-1.0	-1.0	-1.0	-1.0	-1.1	-1.1	-1.1

P (hPa)	n	0	1	2	3	4	5	6	7	8	9
900	0	0.0	0.0	0.0	-0.1	-0.1	-0.1	-0.1	-0.1	-0.2	-0.2
	10	-0.2	-0.2	-0.2	-0.3	-0.3	-0.3	-0.3	-0.3	-0.4	-0.4
	20	-0.4	-0.4	-0.4	-0.5	-0.5	-0.5	-0.5	-0.5	-0.6	-0.6
	30	-0.6	-0.6	-0.6	-0.7	-0.7	-0.7	-0.7	-0.7	-0.8	-0.8
	40	-0.8	-0.8	-0.8	-0.9	-0.9	-0.9	-0.9	-0.9	-1.0	-1.0
890	0	0.0	0.0	0.0	-0.1	-0.1	-0.1	-0.1	-0.1	-0.1	-0.2
	10	-0.2	-0.2	-0.2	-0.2	-0.2	-0.3	-0.3	-0.3	-0.3	-0.3
	20	-0.3	-0.4	-0.4	-0.4	-0.4	-0.4	-0.5	-0.5	-0.5	-0.5
	30	-0.5	-0.5	-0.6	-0.6	-0.6	-0.6	-0.6	-0.6	-0.7	-0.7
	40	-0.7	-0.7	-0.7	-0.8	-0.8	-0.8	-0.8	-0.8	-0.8	-0.9
880	0	0.0	0.0	0.0	0.0	-0.1	-0.1	-0.1	-0.1	-0.1	-0.1
	10	-0.2	-0.2	-0.2	-0.2	-0.2	-0.2	-0.2	-0.3	-0.3	-0.3
	20	-0.3	-0.3	-0.3	-0.3	-0.4	-0.4	-0.4	-0.4	-0.4	-0.4
	30	-0.5	-0.5	-0.5	-0.5	-0.5	-0.5	-0.5	-0.6	-0.6	-0.6
	40	-0.6	-0.6	-0.6	-0.6	-0.7	-0.7	-0.7	-0.7	-0.7	-0.7
870	0	0.0	0.0	0.0	0.0	-0.1	-0.1	-0.1	-0.1	-0.1	-0.1
	10	-0.1	-0.1	-0.2	-0.2	-0.2	-0.2	-0.2	-0.2	-0.2	-0.2
	20	-0.3	-0.3	-0.3	-0.3	-0.3	-0.3	-0.3	-0.3	-0.4	-0.4
	30	-0.4	-0.4	-0.4	-0.4	-0.4	-0.4	-0.5	-0.5	-0.5	-0.5
	40	-0.5	-0.5	-0.5	-0.5	-0.6	-0.6	-0.6	-0.6	-0.6	-0.6
860	0	0.0	0.0	0.0	0.0	0.0	-0.1	-0.1	-0.1	-0.1	-0.1
	10	-0.1	-0.1	-0.1	-0.1	-0.1	-0.2	-0.2	-0.2	-0.2	-0.2
	20	-0.2	-0.2	-0.2	-0.2	-0.2	-0.3	-0.3	-0.3	-0.3	-0.3
	30	-0.3	-0.3	-0.3	-0.3	-0.3	-0.4	-0.4	-0.4	-0.4	-0.4
	40	-0.4	-0.4	-0.4	-0.4	-0.4	-0.5	-0.5	-0.5	-0.5	-0.5
850	0	0.0	0.0	0.0	0.0	0.0	0.0	0.0	-0.1	-0.1	-0.1
	10	-0.1	-0.1	-0.1	-0.1	-0.1	-0.1	-0.1	-0.1	-0.1	-0.1
	20	-0.2	-0.2	-0.2	-0.2	-0.2	-0.2	-0.2	-0.2	-0.2	-0.2
	30	-0.2	-0.2	-0.2	-0.3	-0.3	-0.3	-0.3	-0.3	-0.3	-0.3
	40	-0.3	-0.3	-0.3	-0.3	-0.3	-0.3	-0.4	-0.4	-0.4	-0.4
840	0	0.0	0.0	0.0	0.0	0.0	0.0	0.0	0.0	0.0	0.0
	10	-0.1	-0.1	-0.1	-0.1	-0.1	-0.1	-0.1	-0.1	-0.1	-0.1
	20	-0.1	-0.1	-0.1	-0.1	-0.1	-0.1	-0.1	-0.1	-0.1	-0.2
	30	-0.2	-0.2	-0.2	-0.2	-0.2	-0.2	-0.2	-0.2	-0.2	-0.2
	40	-0.2	-0.2	-0.2	-0.2	-0.2	-0.2	-0.2	-0.2	-0.3	-0.3
830	0	0.0	0.0	0.0	0.0	0.0	0.0	0.0	0.0	0.0	0.0
	10	0.0	0.0	0.0	0.0	0.0	0.0	0.0	0.0	-0.1	-0.1
	20	-0.1	-0.1	-0.1	-0.1	-0.1	-0.1	-0.1	-0.1	-0.1	-0.1
	30	-0.1	-0.1	-0.1	-0.1	-0.1	-0.1	-0.1	-0.1	-0.1	-0.1
	40	-0.1	-0.1	-0.1	-0.1	-0.1	-0.1	-0.1	-0.1	-0.1	-0.1
820	0	0.0	0.0	0.0	0.0	0.0	0.0	0.0	0.0	0.0	0.0
	10	0.0	0.0	0.0	0.0	0.0	0.0	0.0	0.0	0.0	0.0
	20	0.0	0.0	0.0	0.0	0.0	0.0	0.0	0.0	0.0	0.0
	30	0.0	0.0	0.0	0.0	0.0	0.0	0.0	0.0	0.0	0.0
	40	0.0	0.0	0.0	0.0	0.0	0.0	0.0	0.0	0.0	0.0
810	0	0.0	0.0	0.0	0.0	0.0	0.0	0.0	0.0	0.0	0.0
	10	0.0	0.0	0.0	0.0	0.0	0.0	0.0	0.0	0.0	0.0
	20	0.0	0.0	0.0	0.0	0.0	0.1	0.1	0.1	0.1	0.1
	30	0.1	0.1	0.1	0.1	0.1	0.1	0.1	0.1	0.1	0.1
	40	0.1	0.1	0.1	0.1	0.1	0.1	0.1	0.1	0.1	0.1

P (hPa)	n	0	1	2	3	4	5	6	7	8	9
800	0	0.0	0.0	0.0	0.0	0.0	0.0	0.0	0.0	0.0	0.0
	10	0.0	0.0	0.1	0.1	0.1	0.1	0.1	0.1	0.1	0.1
	20	0.1	0.1	0.1	0.1	0.1	0.1	0.1	0.1	0.1	0.1
	30	0.1	0.1	0.1	0.1	0.2	0.2	0.2	0.2	0.2	0.2
	40	0.2	0.2	0.2	0.2	0.2	0.2	0.2	0.2	0.2	0.2
790	0	0.0	0.0	0.0	0.0	0.0	0.0	0.0	0.0	0.1	0.1
	10	0.1	0.1	0.1	0.1	0.1	0.1	0.1	0.1	0.1	0.1
	20	0.1	0.1	0.2	0.2	0.2	0.2	0.2	0.2	0.2	0.2
	30	0.2	0.2	0.2	0.2	0.2	0.2	0.2	0.3	0.3	0.3
	40	0.3	0.3	0.3	0.3	0.3	0.3	0.3	0.3	0.3	0.3
780	0	0.0	0.0	0.0	0.0	0.0	0.0	0.1	0.1	0.1	0.1
	10	0.1	0.1	0.1	0.1	0.1	0.1	0.2	0.2	0.2	0.2
	20	0.2	0.2	0.2	0.2	0.2	0.2	0.2	0.3	0.3	0.3
	30	0.3	0.3	0.3	0.3	0.3	0.3	0.3	0.3	0.4	0.4
	40	0.4	0.4	0.4	0.4	0.4	0.4	0.4	0.4	0.5	0.5
770	0	0.0	0.0	0.0	0.0	0.0	0.1	0.1	0.1	0.1	0.1
	10	0.1	0.1	0.1	0.2	0.2	0.2	0.2	0.2	0.2	0.2
	20	0.2	0.2	0.3	0.3	0.3	0.3	0.3	0.3	0.3	0.3
	30	0.4	0.4	0.4	0.4	0.4	0.4	0.4	0.4	0.4	0.5
	40	0.5	0.5	0.5	0.5	0.5	0.5	0.5	0.6	0.6	0.6
760	0	0.0	0.0	0.0	0.0	0.1	0.1	0.1	0.1	0.1	0.1
	10	0.1	0.2	0.2	0.2	0.2	0.2	0.2	0.2	0.3	0.3
	20	0.3	0.3	0.3	0.3	0.3	0.4	0.4	0.4	0.4	0.4
	30	0.4	0.4	0.5	0.5	0.5	0.5	0.5	0.5	0.5	0.6
	40	0.6	0.6	0.6	0.6	0.6	0.6	0.7	0.7	0.7	0.7
750	0	0.0	0.0	0.0	0.1	0.1	0.1	0.1	0.1	0.1	0.2
	10	0.2	0.2	0.2	0.2	0.2	0.3	0.3	0.3	0.3	0.3
	20	0.3	0.4	0.4	0.4	0.4	0.4	0.4	0.5	0.5	0.5
	30	0.5	0.5	0.5	0.6	0.6	0.6	0.6	0.6	0.6	0.7
	40	0.7	0.7	0.7	0.7	0.7	0.8	0.8	0.8	0.8	0.8
740	0	0.0	0.0	0.0	0.1	0.1	0.1	0.1	0.1	0.2	0.2
	10	0.2	0.2	0.2	0.2	0.3	0.3	0.3	0.3	0.3	0.4
	20	0.4	0.4	0.4	0.4	0.5	0.5	0.5	0.5	0.5	0.6
	30	0.6	0.6	0.6	0.6	0.7	0.7	0.7	0.7	0.7	0.7
	40	0.8	0.8	0.8	0.8	0.8	0.9	0.9	0.9	0.9	0.9
730	0	0.0	0.0	0.0	0.1	0.1	0.1	0.1	0.2	0.2	0.2
	10	0.2	0.2	0.3	0.3	0.3	0.3	0.3	0.4	0.4	0.4
	20	0.4	0.5	0.5	0.5	0.5	0.5	0.6	0.6	0.6	0.6
	30	0.6	0.7	0.7	0.7	0.7	0.8	0.8	0.8	0.8	0.8
	40	0.9	0.9	0.9	0.9	1.0	1.0	1.0	1.0	1.0	1.1
720	0	0.0	0.0	0.0	0.1	0.1	0.1	0.1	0.2	0.2	0.2
	10	0.2	0.3	0.3	0.3	0.3	0.4	0.4	0.4	0.4	0.5
	20	0.5	0.5	0.5	0.6	0.6	0.6	0.6	0.6	0.7	0.7
	30	0.7	0.7	0.8	0.8	0.8	0.8	0.9	0.9	0.9	0.9
	40	1.0	1.0	1.0	1.0	1.1	1.1	1.1	1.1	1.2	1.2
710	0	0.0	0.0	0.1	0.1	0.1	0.1	0.2	0.2	0.2	0.2
	10	0.3	0.3	0.3	0.3	0.4	0.4	0.4	0.5	0.5	0.5
	20	0.5	0.6	0.6	0.6	0.6	0.7	0.7	0.7	0.7	0.8
	30	0.8	0.8	0.8	0.9	0.9	0.9	1.0	1.0	1.0	1.0
	40	1.1	1.1	1.1	1.1	1.2	1.2	1.2	1.2	1.3	1.3

P (hPa)	n	0	1	2	3	4	5	6	7	8	9
700	0	0.0	0.0	0.1	0.1	0.1	0.1	0.2	0.2	0.2	0.3
	10	0.3	0.3	0.3	0.4	0.4	0.4	0.5	0.5	0.5	0.5
	20	0.6	0.6	0.6	0.7	0.7	0.7	0.8	0.8	0.8	0.8
	30	0.9	0.9	0.9	1.0	1.0	1.0	1.0	1.1	1.1	1.1
	40	1.2	1.2	1.2	1.2	1.3	1.3	1.3	1.4	1.4	1.4
690	0	0.0	0.0	0.1	0.1	0.1	0.2	0.2	0.2	0.3	0.3
	10	0.3	0.3	0.4	0.4	0.4	0.5	0.5	0.5	0.6	0.6
	20	0.6	0.7	0.7	0.7	0.8	0.8	0.8	0.8	0.9	0.9
	30	0.9	1.0	1.0	1.0	1.1	1.1	1.1	1.2	1.2	1.2
	40	1.3	1.3	1.3	1.3	1.4	1.4	1.4	1.5	1.5	1.5
680	0	0.0	0.0	0.1	0.1	0.1	0.2	0.2	0.2	0.3	0.3
	10	0.3	0.4	0.4	0.4	0.5	0.5	0.5	0.6	0.6	0.6
	20	0.7	0.7	0.7	0.8	0.8	0.8	0.9	0.9	0.9	1.0
	30	1.0	1.0	1.1	1.1	1.1	1.2	1.2	1.3	1.3	1.3
	40	1.4	1.4	1.4	1.5	1.5	1.5	1.6	1.6	1.6	1.7
670	0	0.0	0.0	0.1	0.1	0.1	0.2	0.2	0.3	0.3	0.3
	10	0.4	0.4	0.4	0.5	0.5	0.5	0.6	0.6	0.7	0.7
	20	0.7	0.8	0.8	0.8	0.9	0.9	0.9	1.0	1.0	1.1
	30	1.1	1.1	1.2	1.2	1.2	1.3	1.3	1.3	1.4	1.4
	40	1.5	1.5	1.5	1.6	1.6	1.6	1.7	1.7	1.7	1.8
660	0	0.0	0.0	0.1	0.1	0.2	0.2	0.2	0.3	0.3	0.3
	10	0.4	0.4	0.5	0.5	0.5	0.6	0.6	0.7	0.7	0.7
	20	0.8	0.8	0.9	0.9	0.9	1.0	1.0	1.0	1.1	1.1
	30	1.2	1.2	1.2	1.3	1.3	1.4	1.4	1.4	1.5	1.5
	40	1.5	1.6	1.6	1.7	1.7	1.7	1.8	1.8	1.9	1.9
650	0	0.0	0.0	0.1	0.1	0.2	0.2	0.2	0.3	0.3	0.4
	10	0.4	0.5	0.5	0.5	0.6	0.6	0.7	0.7	0.7	0.8
	20	0.8	0.9	0.9	0.9	1.0	1.0	1.1	1.1	1.2	1.2
	30	1.2	1.3	1.3	1.4	1.4	1.4	1.5	1.5	1.6	1.6
	40	1.6	1.7	1.7	1.8	1.8	1.9	1.9	1.9	2.0	2.0
640	0	0.0	0.0	0.1	0.1	0.2	0.2	0.3	0.3	0.3	0.4
	10	0.4	0.5	0.5	0.6	0.6	0.7	0.7	0.7	0.8	0.8
	20	0.9	0.9	1.0	1.0	1.0	1.1	1.1	1.2	1.2	1.3
	30	1.3	1.4	1.4	1.4	1.5	1.5	1.6	1.6	1.7	1.7
	40	1.7	1.8	1.8	1.9	1.9	2.0	2.0	2.0	2.1	2.1
630	0	0.0	0.0	0.1	0.1	0.2	0.2	0.3	0.3	0.4	0.4
	10	0.5	0.5	0.6	0.6	0.6	0.7	0.7	0.8	0.8	0.9
	20	0.9	1.0	1.0	1.1	1.1	1.2	1.2	1.2	1.3	1.3
	30	1.4	1.4	1.5	1.5	1.6	1.6	1.7	1.7	1.7	1.8
	40	1.8	1.9	1.9	2.0	2.0	2.1	2.1	2.2	2.2	2.3
620	0	0.0	0.0	0.1	0.1	0.2	0.2	0.3	0.3	0.4	0.4
	10	0.5	0.5	0.6	0.6	0.7	0.7	0.8	0.8	0.9	0.9
	20	1.0	1.0	1.1	1.1	1.2	1.2	1.3	1.3	1.4	1.4
	30	1.5	1.5	1.6	1.6	1.6	1.7	1.7	1.8	1.8	1.9
	40	1.9	2.0	2.0	2.1	2.1	2.2	2.2	2.3	2.3	2.4
610	0	0.0	0.1	0.1	0.2	0.2	0.3	0.3	0.4	0.4	0.5
	10	0.5	0.6	0.6	0.7	0.7	0.8	0.8	0.9	0.9	1.0
	20	1.0	1.1	1.1	1.2	1.2	1.3	1.3	1.4	1.4	1.5
	30	1.5	1.6	1.6	1.7	1.7	1.8	1.8	1.9	1.9	2.0
	40	2.0	2.1	2.1	2.2	2.2	2.3	2.3	2.4	2.4	2.5

P (hPa)	n	0	1	2	3	4	5	6	7	8	9
600	0	0.0	0.1	0.1	0.2	0.2	0.3	0.3	0.4	0.4	0.5
	10	0.5	0.6	0.6	0.7	0.7	0.8	0.9	0.9	1.0	1.0
	20	1.1	1.1	1.2	1.2	1.3	1.3	1.4	1.4	1.5	1.5
	30	1.6	1.7	1.7	1.8	1.8	1.9	1.9	2.0	2.0	2.1
	40	2.1	2.2	2.2	2.3	2.3	2.4	2.5	2.5	2.6	2.6
590	0	0.0	0.1	0.1	0.2	0.2	0.3	0.3	0.4	0.4	0.5
	10	0.6	0.6	0.7	0.7	0.8	0.8	0.9	0.9	1.0	1.1
	20	1.1	1.2	1.2	1.3	1.3	1.4	1.5	1.5	1.6	1.6
	30	1.7	1.7	1.8	1.8	1.9	2.0	2.0	2.1	2.1	2.2
	40	2.2	2.3	2.3	2.4	2.5	2.5	2.6	2.6	2.7	2.7
580	0	0.0	0.1	0.1	0.2	0.2	0.3	0.3	0.4	0.5	0.5
	10	0.6	0.6	0.7	0.8	0.8	0.9	0.9	1.0	1.0	1.1
	20	1.2	1.2	1.3	1.3	1.4	1.5	1.5	1.6	1.6	1.7
	30	1.7	1.8	1.9	1.9	2.0	2.0	2.1	2.2	2.2	2.3
	40	2.3	2.4	2.4	2.5	2.6	2.6	2.7	2.7	2.8	2.9
570	0	0.0	0.1	0.1	0.2	0.2	0.3	0.4	0.4	0.5	0.5
	10	0.6	0.7	0.7	0.8	0.8	0.9	1.0	1.0	1.1	1.2
	20	1.2	1.3	1.3	1.4	1.5	1.5	1.6	1.6	1.7	1.8
	30	1.8	1.9	1.9	2.0	2.1	2.1	2.2	2.2	2.3	2.4
	40	2.4	2.5	2.5	2.6	2.7	2.7	2.8	2.9	2.9	3.0
560	0	0.0	0.1	0.1	0.2	0.3	0.3	0.4	0.4	0.5	0.6
	10	0.6	0.7	0.8	0.8	0.9	0.9	1.0	1.1	1.1	1.2
	20	1.3	1.3	1.4	1.5	1.5	1.6	1.6	1.7	1.8	1.8
	30	1.9	2.0	2.0	2.1	2.1	2.2	2.3	2.3	2.4	2.5
	40	2.5	2.6	2.7	2.7	2.8	2.8	2.9	3.0	3.0	3.1
550	0	0.0	0.1	0.1	0.2	0.3	0.3	0.4	0.5	0.5	0.6
	10	0.7	0.7	0.8	0.9	0.9	1.0	1.0	1.1	1.2	1.2
	20	1.3	1.4	1.4	1.5	1.6	1.6	1.7	1.8	1.8	1.9
	30	2.0	2.0	2.1	2.2	2.2	2.3	2.4	2.4	2.5	2.6
	40	2.6	2.7	2.8	2.8	2.9	3.0	3.0	3.1	3.1	3.2
540	0	0.0	0.1	0.1	0.2	0.3	0.3	0.4	0.5	0.5	0.6
	10	0.7	0.7	0.8	0.9	1.0	1.0	1.1	1.2	1.2	1.3
	20	1.4	1.4	1.5	1.6	1.6	1.7	1.8	1.8	1.9	2.0
	30	2.0	2.1	2.2	2.2	2.3	2.4	2.4	2.5	2.6	2.7
	40	2.7	2.8	2.9	2.9	3.0	3.1	3.1	3.2	3.3	3.3
530	0	0.0	0.1	0.1	0.2	0.3	0.4	0.4	0.5	0.6	0.6
	10	0.7	0.8	0.8	0.9	1.0	1.1	1.1	1.2	1.3	1.3
	20	1.4	1.5	1.6	1.6	1.7	1.8	1.8	1.9	2.0	2.0
	30	2.1	2.2	2.3	2.3	2.4	2.5	2.5	2.6	2.7	2.7
	40	2.8	2.9	3.0	3.0	3.1	3.2	3.2	3.3	3.4	3.5
520	0	0.0	0.1	0.1	0.2	0.3	0.4	0.4	0.5	0.6	0.7
	10	0.7	0.8	0.9	0.9	1.0	1.1	1.2	1.2	1.3	1.4
	20	1.5	1.5	1.6	1.7	1.8	1.8	1.9	2.0	2.0	2.1
	30	2.2	2.3	2.3	2.4	2.5	2.6	2.6	2.7	2.8	2.8
	40	2.9	3.0	3.1	3.1	3.2	3.3	3.4	3.4	3.5	3.6
510	0	0.0	0.1	0.2	0.2	0.3	0.4	0.5	0.5	0.6	0.7
	10	0.8	0.8	0.9	1.0	1.1	1.1	1.2	1.3	1.4	1.4
	20	1.5	1.6	1.7	1.7	1.8	1.9	2.0	2.0	2.1	2.2
	30	2.3	2.3	2.4	2.5	2.6	2.6	2.7	2.8	2.9	2.9
	40	3.0	3.1	3.2	3.2	3.3	3.4	3.5	3.5	3.6	3.7

附表 5　球状干湿表(自然通风速度 0.8m/s)湿球温度订正值

湿球未结冰之 Δt_W(℃)											P (hPa)	湿球结冰之 Δt_W(℃)										
n	0	1	2	3	4	5	6	7	8	9		0	1	2	3	4	5	6	7	8	9	n
0	0.0	-0.1	-0.1	-0.2	-0.2	-0.3	-0.4	-0.4	-0.5	-0.6	1100	0.0	-0.1	-0.2	-0.3	-0.4	-0.5	-0.6	-0.7	-0.8	-0.9	0
10	-0.6	-0.7	-0.7	-0.8	-0.9	-0.9	-1.0	-1.1	-1.1	-1.2		-1.0	-1.1	-1.2	-1.3	-1.4	-1.5	-1.6	-1.7	-1.8	-1.8	10
20	-1.2	-1.3	-1.4	-1.4	-1.5	-1.6	-1.6	-1.7	-1.7	-1.8		-1.9	-2.0	-2.1	-2.2	-2.3	-2.4	-2.5	-2.6	-2.7	-2.8	20
30	-1.9	-1.9	-2.0	-2.0	-2.1	-2.2	-2.2	-2.3	-2.4	-2.4		-2.9	-3.0	-3.1	-3.2	-3.3	-3.4	-3.5	-3.6	-3.7	-3.8	30
40	-2.5	-2.5	-2.6	-2.7	-2.7	-2.8	-2.9	-2.9	-3.0	-3.0		-3.9	-4.0	-4.1	-4.2	-4.3	-4.4	-4.5	-4.6	-4.7	-4.8	40
0	0.0	-0.1	-0.1	-0.2	-0.2	-0.3	-0.4	-0.4	-0.5	-0.5	1090	0.0	-0.1	-0.2	-0.3	-0.4	-0.5	-0.6	-0.7	-0.8	-0.9	0
10	-0.6	-0.7	-0.7	-0.8	-0.8	-0.9	-1.0	-1.0	-1.1	-1.1		-0.9	-1.0	-1.1	-1.2	-1.3	-1.4	-1.5	-1.6	-1.7	-1.8	10
20	-1.2	-1.3	-1.3	-1.4	-1.4	-1.5	-1.6	-1.6	-1.7	-1.7		-1.9	-2.0	-2.1	-2.2	-2.3	-2.4	-2.5	-2.6	-2.6	-2.7	20
30	-1.8	-1.9	-1.9	-2.0	-2.0	-2.1	-2.2	-2.2	-2.3	-2.3		-2.8	-2.9	-3.0	-3.1	-3.2	-3.3	-3.4	-3.5	-3.6	-3.7	30
40	-2.4	-2.4	-2.5	-2.6	-2.6	-2.7	-2.7	-2.8	-2.9	-2.9		-3.8	-3.9	-4.0	-4.1	-4.2	-4.3	-4.4	-4.4	-4.5	-4.6	40
0	0.0	-0.1	-0.1	-0.2	-0.2	-0.3	-0.3	-0.4	-0.5	-0.5	1080	0.0	-0.1	-0.2	-0.3	-0.4	-0.5	-0.6	-0.6	-0.7	-0.8	0
10	-0.6	-0.6	-0.7	-0.7	-0.8	-0.9	-0.9	-1.0	-1.0	-1.1		-0.9	-1.0	-1.1	-1.2	-1.3	-1.4	-1.5	-1.6	-1.7	-1.7	10
20	-1.1	-1.2	-1.3	-1.3	-1.4	-1.4	-1.5	-1.5	-1.6	-1.7		-1.8	-1.9	-2.0	-2.1	-2.2	-2.3	-2.4	-2.5	-2.6	-2.7	20
30	-1.7	-1.8	-1.8	-1.9	-2.0	-2.0	-2.1	-2.1	-2.2	-2.2		-2.8	-2.8	-2.9	-3.0	-3.1	-3.2	-3.3	-3.4	-3.5	-3.6	30
40	-2.3	-2.4	-2.4	-2.5	-2.5	-2.6	-2.6	-2.7	-2.8	-2.8		-3.7	-3.8	-3.9	-4.0	-4.0	-4.1	-4.2	-4.3	-4.4	-4.5	40
0	0.0	-0.1	-0.1	-0.2	-0.2	-0.3	-0.3	-0.4	-0.4	-0.5	1070	0.0	-0.1	-0.2	-0.3	-0.4	-0.4	-0.5	-0.6	-0.7	-0.8	0
10	-0.5	-0.6	-0.7	-0.7	-0.8	-0.8	-0.9	-0.9	-1.0	-1.0		-0.9	-1.0	-1.1	-1.2	-1.2	-1.3	-1.4	-1.5	-1.6	-1.7	10
20	-1.1	-1.2	-1.2	-1.3	-1.3	-1.4	-1.4	-1.5	-1.5	-1.6		-1.8	-1.9	-2.0	-2.1	-2.1	-2.2	-2.3	-2.4	-2.5	-2.6	20
30	-1.6	-1.7	-1.8	-1.8	-1.9	-1.9	-2.0	-2.0	-2.1	-2.1		-2.7	-2.8	-2.9	-2.9	-3.0	-3.1	-3.2	-3.3	-3.4	-3.5	30
40	-2.2	-2.3	-2.3	-2.4	-2.4	-2.5	-2.5	-2.6	-2.6	-2.7		-3.6	-3.7	-3.7	-3.8	-3.9	-4.0	-4.1	-4.2	-4.3	-4.4	40
0	0.0	-0.1	-0.1	-0.2	-0.2	-0.3	-0.3	-0.4	-0.4	-0.5	1060	0.0	-0.1	-0.2	-0.3	-0.3	-0.4	-0.5	-0.6	-0.7	-0.8	0
10	-0.5	-0.6	-0.6	-0.7	-0.7	-0.8	-0.8	-0.9	-0.9	-1.0		-0.9	-1.0	-1.0	-1.1	-1.2	-1.3	-1.4	-1.5	-1.6	-1.6	10
20	-1.1	-1.1	-1.2	-1.2	-1.3	-1.3	-1.4	-1.4	-1.5	-1.5		-1.7	-1.8	-1.9	-2.0	-2.1	-2.2	-2.2	-2.3	-2.4	-2.5	20
30	-1.6	-1.6	-1.7	-1.7	-1.8	-1.8	-1.9	-1.9	-2.0	-2.1		-2.6	-2.7	-2.8	-2.9	-2.9	-3.0	-3.1	-3.2	-3.3	-3.4	30
40	-2.1	-2.2	-2.2	-2.3	-2.3	-2.4	-2.4	-2.5	-2.5	-2.6		-3.5	-3.5	-3.6	-3.7	-3.8	-3.9	-4.0	-4.1	-4.2	-4.2	40
0	0.0	-0.1	-0.1	-0.2	-0.2	-0.3	-0.3	-0.4	-0.4	-0.5	1050	0.0	-0.1	-0.2	-0.3	-0.3	-0.4	-0.5	-0.6	-0.7	-0.8	0
10	-0.5	-0.6	-0.6	-0.7	-0.7	-0.8	-0.8	-0.9	-0.9	-1.0		-0.8	-0.9	-1.0	-1.1	-1.2	-1.3	-1.3	-1.4	-1.5	-1.6	10
20	-1.0	-1.1	-1.1	-1.2	-1.2	-1.3	-1.3	-1.4	-1.4	-1.5		-1.7	-1.8	-1.8	-1.9	-2.0	-2.1	-2.2	-2.3	-2.3	-2.4	20
30	-1.5	-1.6	-1.6	-1.7	-1.7	-1.8	-1.8	-1.9	-1.9	-2.0		-2.5	-2.6	-2.7	-2.8	-2.8	-2.9	-3.0	-3.1	-3.2	-3.3	30
40	-2.0	-2.1	-2.1	-2.2	-2.2	-2.3	-2.3	-2.4	-2.4	-2.5		-3.4	-3.4	-3.5	-3.6	-3.7	-3.8	-3.9	-3.9	-4.0	-4.1	40
0	0.0	0.0	-0.1	-0.1	-0.2	-0.2	-0.3	-0.3	-0.4	-0.4	1040	0.0	-0.1	-0.2	-0.2	-0.3	-0.4	-0.5	-0.6	-0.6	-0.7	0
10	-0.5	-0.5	-0.6	-0.6	-0.7	-0.7	-0.8	-0.8	-0.9	-0.9		-0.8	-0.9	-1.0	-1.1	-1.1	-1.2	-1.3	-1.4	-1.5	-1.5	10
20	-1.0	-1.0	-1.1	-1.1	-1.1	-1.2	-1.2	-1.3	-1.3	-1.4		-1.6	-1.7	-1.8	-1.9	-1.9	-2.0	-2.1	-2.2	-2.3	-2.4	20
30	-1.4	-1.5	-1.5	-1.6	-1.6	-1.7	-1.7	-1.8	-1.8	-1.9		-2.4	-2.5	-2.6	-2.7	-2.8	-2.8	-2.9	-3.0	-3.1	-3.2	30
40	-1.9	-2.0	-2.0	-2.1	-2.1	-2.2	-2.2	-2.2	-2.3	-2.3		-3.2	-3.3	-3.4	-3.5	-3.6	-3.7	-3.7	-3.8	-3.9	-4.0	40
0	0.0	0.0	-0.1	-0.1	-0.2	-0.2	-0.3	-0.3	-0.4	-0.4	1030	0.0	-0.1	-0.2	-0.2	-0.3	-0.4	-0.5	-0.5	-0.6	-0.7	0
10	-0.5	-0.5	-0.5	-0.6	-0.6	-0.7	-0.7	-0.8	-0.8	-0.9		-0.8	-0.9	-0.9	-1.0	-1.1	-1.2	-1.3	-1.3	-1.4	-1.5	10
20	-0.9	-1.0	-1.0	-1.0	-1.1	-1.1	-1.2	-1.2	-1.3	-1.3		-1.6	-1.6	-1.7	-1.8	-1.9	-2.0	-2.0	-2.1	-2.2	-2.3	20
30	-1.4	-1.4	-1.5	-1.5	-1.5	-1.6	-1.6	-1.7	-1.7	-1.8		-2.4	-2.4	-2.5	-2.6	-2.7	-2.7	-2.8	-2.9	-3.0	-3.1	30
40	-1.8	-1.9	-1.9	-2.0	-2.0	-2.0	-2.1	-2.1	-2.2	-2.2		-3.1	-3.2	-3.3	-3.4	-3.5	-3.5	-3.6	-3.7	-3.8	-3.8	40
0	0.0	0.0	-0.1	-0.1	-0.2	-0.2	-0.3	-0.3	-0.3	-0.4	1020	0.0	-0.1	-0.2	-0.2	-0.3	-0.4	-0.5	-0.5	-0.6	-0.7	0
10	-0.4	-0.5	-0.5	-0.6	-0.6	-0.6	-0.7	-0.7	-0.8	-0.8		-0.8	-0.8	-0.9	-1.0	-1.1	-1.1	-1.2	-1.3	-1.4	-1.4	10
20	-0.9	-0.9	-0.9	-1.0	-1.0	-1.1	-1.1	-1.2	-1.2	-1.2		-1.5	-1.6	-1.7	-1.7	-1.8	-1.9	-2.0	-2.0	-2.1	-2.2	20
30	-1.3	-1.3	-1.4	-1.4	-1.5	-1.5	-1.6	-1.6	-1.6	-1.7		-2.3	-2.3	-2.4	-2.5	-2.6	-2.6	-2.7	-2.8	-2.9	-3.0	30
40	-1.7	-1.8	-1.8	-1.9	-1.9	-1.9	-2.0	-2.0	-2.1	-2.1		-3.0	-3.1	-3.2	-3.3	-3.3	-3.4	-3.5	-3.6	-3.6	-3.7	40
0	0.0	0.0	-0.1	-0.1	-0.2	-0.2	-0.2	-0.3	-0.3	-0.4	1010	0.0	-0.1	-0.1	-0.2	-0.3	-0.4	-0.4	-0.5	-0.6	-0.7	0
10	-0.4	-0.4	-0.5	-0.5	-0.6	-0.6	-0.7	-0.7	-0.7	-0.8		-0.7	-0.8	-0.9	-0.9	-1.0	-1.1	-1.2	-1.2	-1.3	-1.4	10
20	-0.8	-0.9	-0.9	-0.9	-1.0	-1.0	-1.1	-1.1	-1.1	-1.2		-1.5	-1.5	-1.6	-1.7	-1.8	-1.8	-1.9	-2.0	-2.0	-2.1	20
30	-1.2	-1.3	-1.3	-1.3	-1.4	-1.4	-1.5	-1.5	-1.5	-1.6		-2.2	-2.3	-2.3	-2.4	-2.5	-2.6	-2.6	-2.7	-2.8	-2.8	30
40	-1.6	-1.7	-1.7	-1.7	-1.8	-1.8	-1.9	-1.9	-2.0	-2.0		-2.9	-3.0	-3.1	-3.1	-3.2	-3.3	-3.4	-3.4	-3.5	-3.6	40

	湿球未结冰之 Δt_W(℃)										P (hPa)	湿球结冰之 Δt_W(℃)										
n	0	1	2	3	4	5	6	7	8	9		0	1	2	3	4	5	6	7	8	9	n
0	0.0	0.0	-0.1	-0.1	-0.2	-0.2	-0.2	-0.3	-0.3	-0.3	1000	0.0	-0.1	-0.1	-0.2	-0.3	-0.4	-0.4	-0.5	-0.6	-0.6	0
10	-0.4	-0.4	-0.5	-0.5	-0.5	-0.6	-0.6	-0.7	-0.7	-0.7		-0.7	-0.8	-0.8	-0.9	-1.0	-1.1	-1.1	-1.2	-1.3	-1.3	10
20	-0.8	-0.8	-0.8	-0.9	-0.9	-1.0	-1.0	-1.0	-1.1	-1.1		-1.4	-1.5	-1.5	-1.6	-1.7	-1.8	-1.8	-1.9	-2.0	-2.0	20
30	-1.1	-1.2	-1.2	-1.3	-1.3	-1.3	-1.4	-1.4	-1.5	-1.5		-2.1	-2.2	-2.2	-2.3	-2.4	-2.5	-2.5	-2.6	-2.7	-2.7	30
40	-1.5	-1.6	-1.6	-1.6	-1.7	-1.7	-1.8	-1.8	-1.8	-1.9		-2.8	-2.9	-3.0	-3.0	-3.1	-3.2	-3.2	-3.3	-3.4	-3.4	40
0	0.0	0.0	-0.1	-0.1	-0.1	-0.2	-0.2	-0.3	-0.3	-0.3	990	0.0	-0.1	-0.1	-0.2	-0.3	-0.3	-0.4	-0.5	-0.5	-0.6	0
10	-0.4	-0.4	-0.4	-0.5	-0.5	-0.5	-0.6	-0.6	-0.6	-0.7		-0.7	-0.7	-0.8	-0.9	-0.9	-1.0	-1.1	-1.1	-1.2	-1.3	10
20	-0.7	-0.8	-0.8	-0.8	-0.9	-0.9	-0.9	-1.0	-1.0	-1.0		-1.4	-1.4	-1.5	-1.6	-1.6	-1.7	-1.8	-1.8	-1.9	-2.0	20
30	-1.1	-1.1	-1.1	-1.2	-1.2	-1.3	-1.3	-1.3	-1.4	-1.4		-2.0	-2.1	-2.2	-2.2	-2.3	-2.4	-2.4	-2.5	-2.6	-2.6	30
40	-1.4	-1.5	-1.5	-1.5	-1.6	-1.6	-1.7	-1.7	-1.7	-1.8		-2.7	-2.8	-2.8	-2.9	-3.0	-3.0	-3.1	-3.2	-3.2	-3.3	40
0	0.0	0.0	-0.1	-0.1	-0.1	-0.2	-0.2	-0.2	-0.3	-0.3	980	0.0	-0.1	-0.1	-0.2	-0.3	-0.3	-0.4	-0.5	-0.5	-0.6	0
10	-0.3	-0.4	-0.4	-0.4	-0.5	-0.5	-0.5	-0.6	-0.6	-0.6		-0.6	-0.7	-0.8	-0.8	-0.9	-1.0	-1.0	-1.1	-1.2	-1.2	10
20	-0.7	-0.7	-0.7	-0.8	-0.8	-0.8	-0.9	-0.9	-0.9	-1.0		-1.3	-1.4	-1.4	-1.5	-1.6	-1.6	-1.7	-1.8	-1.8	-1.9	20
30	-1.0	-1.0	-1.1	-1.1	-1.1	-1.2	-1.2	-1.2	-1.3	-1.3		-1.9	-2.0	-2.1	-2.1	-2.2	-2.3	-2.3	-2.4	-2.5	-2.5	30
40	-1.3	-1.4	-1.4	-1.4	-1.5	-1.5	-1.5	-1.6	-1.6	-1.6		-2.6	-2.7	-2.7	-2.8	-2.9	-2.9	-3.0	-3.1	-3.1	-3.2	40
0	0.0	0.0	-0.1	-0.1	-0.1	-0.2	-0.2	-0.2	-0.2	-0.3	970	0.0	-0.1	-0.1	-0.2	-0.2	-0.3	-0.4	-0.4	-0.5	-0.6	0
10	-0.3	-0.3	-0.4	-0.4	-0.4	-0.5	-0.5	-0.5	-0.6	-0.6		-0.6	-0.7	-0.7	-0.8	-0.9	-0.9	-1.0	-1.1	-1.1	-1.2	10
20	-0.6	-0.7	-0.7	-0.7	-0.7	-0.8	-0.8	-0.8	-0.9	-0.9		-1.2	-1.3	-1.4	-1.4	-1.5	-1.6	-1.6	-1.7	-1.7	-1.8	20
30	-0.9	-1.0	-1.0	-1.0	-1.1	-1.1	-1.1	-1.2	-1.2	-1.2		-1.9	-1.9	-2.0	-2.1	-2.1	-2.2	-2.2	-2.3	-2.4	-2.4	30
40	-1.2	-1.3	-1.3	-1.3	-1.4	-1.4	-1.4	-1.5	-1.5	-1.5		-2.5	-2.6	-2.6	-2.7	-2.7	-2.8	-2.9	-2.9	-3.0	-3.0	40
0	0.0	0.0	-0.1	-0.1	-0.1	-0.1	-0.2	-0.2	-0.2	-0.3	960	0.0	-0.1	-0.1	-0.2	-0.2	-0.3	-0.4	-0.4	-0.5	-0.5	0
10	-0.3	-0.3	-0.3	-0.4	-0.4	-0.4	-0.5	-0.5	-0.5	-0.5		-0.6	-0.7	-0.7	-0.8	-0.8	-0.9	-1.0	-1.0	-1.1	-1.1	10
20	-0.6	-0.6	-0.6	-0.7	-0.7	-0.7	-0.7	-0.8	-0.8	-0.8		-1.2	-1.2	-1.3	-1.4	-1.4	-1.5	-1.5	-1.6	-1.7	-1.7	20
30	-0.9	-0.9	-0.9	-0.9	-1.0	-1.0	-1.0	-1.1	-1.1	-1.1		-1.8	-1.8	-1.9	-2.0	-2.0	-2.1	-2.1	-2.2	-2.3	-2.3	30
40	-1.2	-1.2	-1.2	-1.2	-1.3	-1.3	-1.3	-1.4	-1.4	-1.4		-2.4	-2.4	-2.5	-2.6	-2.6	-2.7	-2.7	-2.8	-2.9	-2.9	40
0	0.0	0.0	0.1	-0.1	-0.1	-0.1	-0.2	-0.2	-0.2	-0.2	950	0.0	-0.1	-0.1	-0.2	-0.2	-0.3	-0.3	-0.4	-0.5	-0.5	0
10	-0.3	-0.3	-0.3	-0.3	-0.4	-0.4	-0.4	-0.4	-0.5	-0.5		-0.6	-0.6	-0.7	-0.7	-0.8	-0.9	-0.9	-1.0	-1.0	-1.1	10
20	-0.5	-0.6	-0.6	-0.6	-0.6	-0.7	-0.7	-0.7	-0.7	-0.8		-1.1	-1.2	-1.2	-1.3	-1.4	-1.4	-1.5	-1.5	-1.6	-1.6	20
30	-0.8	-0.8	-0.8	-0.9	-0.9	-0.9	-0.9	-1.0	-1.0	-1.0		-1.7	-1.8	-1.8	-1.9	-1.9	-2.0	-2.0	-2.1	-2.2	-2.2	30
40	-1.1	-1.1	-1.1	-1.1	-1.2	-1.2	-1.2	-1.2	-1.3	-1.3		-2.3	-2.3	-2.4	-2.4	-2.5	-2.6	-2.6	-2.7	-2.7	-2.8	40
0	0.0	0.0	0.0	-0.1	-0.1	-0.1	-0.1	-0.2	-0.2	-0.2	940	0.0	-0.1	-0.1	-0.2	-0.2	-0.3	-0.3	-0.4	-0.4	-0.5	0
10	-0.2	-0.3	-0.3	-0.3	-0.3	-0.4	-0.4	-0.4	-0.4	-0.5		-0.5	-0.6	-0.6	-0.7	-0.8	-0.8	-0.9	-0.9	-1.0	-1.0	10
20	-0.5	-0.5	-0.5	-0.6	-0.6	-0.6	-0.6	-0.6	-0.7	-0.7		-1.1	-1.1	-1.2	-1.2	-1.3	-1.4	-1.4	-1.5	-1.5	-1.6	20
30	-0.7	-0.7	-0.8	-0.8	-0.8	-0.8	-0.9	-0.9	-0.9	-0.9		-1.6	-1.7	-1.7	-1.8	-1.8	-1.9	-1.9	-2.0	-2.1	-2.1	30
40	-1.0	-1.0	-1.0	-1.0	-1.1	-1.1	-1.1	-1.1	-1.2	-1.2		-2.2	-2.2	-2.3	-2.3	-2.4	-2.4	-2.5	-2.5	-2.6	-2.7	40
0	0.0	0.0	0.0	-0.1	-0.1	-0.1	-0.1	-0.2	-0.2	-0.2	930	0.0	-0.1	-0.1	-0.2	-0.2	-0.3	-0.3	-0.4	-0.4	-0.5	0
10	-0.2	-0.2	-0.3	-0.3	-0.3	-0.3	-0.3	-0.4	-0.4	-0.4		-0.5	-0.6	-0.6	-0.7	-0.7	-0.8	-0.8	-0.9	-0.9	-1.0	10
20	-0.4	-0.5	-0.5	-0.5	-0.5	-0.5	-0.6	-0.6	-0.6	-0.6		-1.0	-1.1	-1.1	-1.2	-1.2	-1.3	-1.3	-1.4	-1.4	-1.5	20
30	-0.6	-0.7	-0.7	-0.7	-0.7	-0.8	-0.8	-0.8	-0.8	-0.8		-1.5	-1.6	-1.6	-1.7	-1.7	-1.8	-1.8	-1.9	-2.0	-2.0	30
40	-0.9	-0.9	-0.9	-0.9	-1.0	-1.0	-1.0	-1.0	-1.0	-1.1		-2.1	-2.1	-2.2	-2.2	-2.3	-2.3	-2.4	-2.4	-2.5	-2.5	40
0	0.0	0.0	0.0	-0.1	-0.1	-0.1	-0.1	-0.1	-0.2	-0.2	920	0.0	0.0	-0.1	-0.1	-0.2	-0.2	-0.3	-0.3	-0.4	-0.4	0
10	-0.2	-0.2	-0.2	-0.2	-0.3	-0.3	-0.3	-0.3	-0.3	-0.4		-0.5	-0.5	-0.6	-0.6	-0.7	-0.7	-0.8	-0.8	-0.9	-0.9	10
20	-0.4	-0.4	-0.4	-0.4	-0.5	-0.5	-0.5	-0.5	-0.5	-0.6		-1.0	-1.0	-1.1	-1.1	-1.2	-1.2	-1.3	-1.3	-1.4	-1.4	20
30	-0.6	-0.6	-0.6	-0.6	-0.7	-0.7	-0.7	-0.7	-0.7	-0.7		-1.5	-1.5	-1.6	-1.6	-1.7	-1.7	-1.8	-1.8	-1.8	-1.9	30
40	-0.8	-0.8	-0.8	-0.8	-0.8	-0.9	-0.9	-0.9	-0.9	-0.9		-1.9	-2.0	-2.0	-2.1	-2.1	-2.2	-2.2	-2.3	-2.3	-2.4	40
0	0.0	0.0	0.0	-0.1	-0.1	-0.1	-0.1	-0.1	-0.1	-0.2	910	0.0	0.0	-0.1	-0.1	-0.2	-0.2	-0.3	-0.3	-0.4	-0.4	0
10	-0.2	-0.2	-0.2	-0.2	-0.2	-0.3	-0.3	-0.3	-0.3	-0.3		-0.5	-0.5	-0.6	-0.6	-0.6	-0.7	-0.7	-0.8	-0.8	-0.9	10
20	-0.3	-0.4	-0.4	-0.4	-0.4	-0.4	-0.4	-0.5	-0.5	-0.5		-0.9	-1.0	-1.0	-1.1	-1.1	-1.1	-1.2	-1.2	-1.3	-1.3	20
30	-0.5	-0.5	-0.5	-0.6	-0.6	-0.6	-0.6	-0.6	-0.6	-0.7		-1.4	-1.4	-1.5	-1.5	-1.6	-1.6	-1.7	-1.7	-1.7	-1.8	30
40	-0.7	-0.7	-0.7	-0.7	-0.7	-0.8	-0.8	-0.8	-0.8	-0.8		-1.8	-1.9	-1.9	-2.0	-2.0	-2.1	-2.1	-2.2	-2.2	-2.3	40

n	湿球未结冰之 Δt_W（℃）										P	湿球结冰之 Δt_W（℃）										n
	0	1	2	3	4	5	6	7	8	9	(hPa)	0	1	2	3	4	5	6	7	8	9	
0	0.0	0.0	0.0	0.0	-0.1	-0.1	-0.1	-0.1	-0.1	-0.1	900	0.0	0.0	-0.1	-0.1	-0.2	-0.2	-0.3	-0.3	-0.3	-0.4	0
10	-0.1	-0.2	-0.2	-0.2	-0.2	-0.2	-0.2	-0.2	-0.3	-0.3		-0.4	-0.5	-0.5	-0.6	-0.6	-0.6	-0.7	-0.7	-0.8	-0.8	10
20	-0.3	-0.3	-0.3	-0.3	-0.3	-0.4	-0.4	-0.4	-0.4	-0.4		-0.9	-0.9	-1.0	-1.0	-1.0	-1.1	-1.1	-1.2	-1.2	-1.3	20
30	-0.4	-0.4	-0.5	-0.5	-0.5	-0.5	-0.5	-0.5	-0.5	-0.6		-1.3	-1.3	-1.4	-1.4	-1.5	-1.5	-1.6	-1.6	-1.6	-1.7	30
40	-0.6	-0.6	-0.6	-0.6	-0.6	-0.7	-0.7	-0.7	-0.7	-0.7		-1.7	-1.8	-1.8	-1.9	-1.9	-1.9	-2.0	-2.0	-2.1	-2.1	40
0	0.0	0.0	0.0	0.0	0.0	-0.1	-0.1	-0.1	-0.1	-0.1	890	0.0	0.0	-0.1	-0.1	-0.2	-0.2	-0.2	-0.3	-0.3	-0.4	0
10	-0.1	-0.1	-0.1	-0.2	-0.2	-0.2	-0.2	-0.2	-0.2	-0.2		-0.4	-0.4	-0.5	-0.5	-0.6	-0.6	-0.6	-0.7	-0.7	-0.8	10
20	-0.2	-0.3	-0.3	-0.3	-0.3	-0.3	-0.3	-0.3	-0.3	-0.4		-0.8	-0.9	-0.9	-0.9	-1.0	-1.0	-1.1	-1.1	-1.1	-1.2	20
30	-0.4	-0.4	-0.4	-0.4	-0.4	-0.4	-0.4	-0.4	-0.5	-0.5		-1.2	-1.3	-1.3	-1.3	-1.4	-1.4	-1.5	-1.5	-1.5	-1.6	30
40	-0.5	-0.5	-0.5	-0.5	-0.5	-0.5	-0.6	-0.6	-0.6	-0.6		-1.6	-1.7	-1.7	-1.7	-1.8	-1.8	-1.9	-1.9	-1.9	-2.0	40
0	0.0	0.0	0.0	0.0	0.0	0.0	-0.1	-0.1	-0.1	-0.1	880	0.0	0.0	-0.1	-0.1	-0.2	-0.2	-0.2	-0.3	-0.3	-0.3	0
10	-0.1	-0.1	-0.1	-0.1	-0.1	-0.1	-0.2	-0.2	-0.2	-0.2		-0.4	-0.4	-0.5	-0.5	-0.5	-0.6	-0.6	-0.6	-0.7	-0.7	10
20	-0.2	-0.2	-0.2	-0.2	-0.2	-0.2	-0.3	-0.3	-0.3	-0.3		-0.8	-0.8	-0.8	-0.9	-0.9	-0.9	-1.0	-1.0	-1.1	-1.1	20
30	-0.3	-0.3	-0.3	-0.3	-0.3	-0.3	-0.3	-0.4	-0.4	-0.4		-1.1	-1.2	-1.2	-1.2	-1.3	-1.3	-1.4	-1.4	-1.4	-1.5	30
40	-0.4	-0.4	-0.4	-0.4	-0.4	-0.4	-0.4	-0.5	-0.5	-0.5		-1.5	-1.6	-1.6	-1.6	-1.7	-1.7	-1.7	-1.8	-1.8	-1.9	40
0	0.0	0.0	0.0	0.0	0.0	0.0	0.0	-0.1	-0.1	-0.1	870	0.0	0.0	-0.1	-0.1	-0.1	-0.2	-0.2	-0.2	-0.3	-0.3	0
10	-0.1	-0.1	-0.1	-0.1	-0.1	-0.1	-0.1	-0.1	-0.1	-0.1		-0.4	-0.4	-0.4	-0.5	-0.5	-0.5	-0.6	-0.6	-0.6	-0.7	10
20	-0.1	-0.2	-0.2	-0.2	-0.2	-0.2	-0.2	-0.2	-0.2	-0.2		-0.7	-0.7	-0.8	-0.8	-0.8	-0.9	-0.9	-0.9	-1.0	-1.0	20
30	-0.2	-0.2	-0.2	-0.2	-0.2	-0.3	-0.3	-0.3	-0.3	-0.3		-1.1	-1.1	-1.1	-1.2	-1.2	-1.2	-1.3	-1.3	-1.3	-1.4	30
40	-0.3	-0.3	-0.3	-0.3	-0.3	-0.3	-0.3	-0.3	-0.4	-0.4		-1.4	-1.4	-1.5	-1.5	-1.5	-1.6	-1.6	-1.7	-1.7	-1.7	40
0	0.0	0.0	0.0	0.0	0.0	0.0	0.0	0.0	0.0	0.0	860	0.0	0.0	-0.1	-0.1	-0.1	-0.2	-0.2	-0.2	-0.3	-0.3	0
10	0.0	-0.1	-0.1	-0.1	-0.1	-0.1	-0.1	-0.1	-0.1	-0.1		-0.3	-0.4	-0.4	-0.4	-0.5	-0.5	-0.5	-0.6	-0.6	-0.6	10
20	-0.1	-0.1	-0.1	-0.1	-0.1	-0.1	-0.1	-0.1	-0.1	-0.1		-0.6	-0.7	-0.7	-0.7	-0.8	-0.8	-0.8	-0.9	-0.9	-0.9	20
30	-0.1	-0.2	-0.2	-0.2	-0.2	-0.2	-0.2	-0.2	-0.2	-0.2		-1.0	-1.0	-1.0	-1.1	-1.1	-1.1	-1.2	-1.2	-1.2	-1.3	30
40	-0.2	-0.2	-0.2	-0.2	-0.2	-0.2	-0.2	-0.2	-0.2	-0.2		-1.3	-1.3	-1.4	-1.4	-1.4	-1.5	-1.5	-1.5	-1.6	-1.6	40
0	0.0	0.0	0.0	0.0	0.0	0.0	0.0	0.0	0.0	0.0	850	0.0	0.0	-0.1	-0.1	-0.1	-0.1	-0.2	-0.2	-0.2	-0.3	0
10	0.0	0.0	0.0	0.0	0.0	0.0	0.0	0.0	0.0	0.0		-0.3	-0.3	-0.4	-0.4	-0.4	-0.4	-0.5	-0.5	-0.5	-0.6	10
20	-0.1	-0.1	-0.1	-0.1	-0.1	-0.1	-0.1	-0.1	-0.1	-0.1		-0.6	-0.6	-0.7	-0.7	-0.7	-0.7	-0.8	-0.8	-0.8	-0.9	20
30	-0.1	-0.1	-0.1	-0.1	-0.1	-0.1	-0.1	-0.1	-0.1	-0.1		-0.9	-0.9	-1.0	-1.0	-1.0	-1.0	-1.1	-1.1	-1.1	-1.2	30
40	-0.1	-0.1	-0.1	-0.1	-0.1	-0.1	-0.1	-0.1	-0.1	-0.1		-1.2	-1.2	-1.2	-1.3	-1.3	-1.3	-1.4	-1.4	-1.4	-1.5	40
0	0.0	0.0	0.0	0.0	0.0	0.0	0.0	0.0	0.0	0.0	840	0.0	0.0	-0.1	-0.1	-0.1	-0.1	-0.2	-0.2	-0.2	-0.2	0
10	0.0	0.0	0.0	0.0	0.0	0.0	0.0	0.0	0.0	0.0		-0.3	-0.3	-0.3	-0.4	-0.4	-0.4	-0.4	-0.5	-0.5	-0.5	10
20	0.0	0.0	0.0	0.0	0.0	0.0	0.0	0.0	0.0	0.0		-0.5	-0.6	-0.6	-0.6	-0.6	-0.7	-0.7	-0.7	-0.8	-0.8	20
30	0.0	0.0	0.0	0.0	0.0	0.0	0.0	0.0	0.0	0.0		-0.8	-0.8	-0.9	-0.9	-0.9	-0.9	-1.0	-1.0	-1.0	-1.1	30
40	0.0	0.0	0.0	0.0	0.0	0.0	0.0	0.0	0.0	0.0		-1.1	-1.1	-1.1	-1.2	-1.2	-1.2	-1.2	-1.3	-1.3	-1.3	40
0	0.0	0.0	0.0	0.0	0.0	0.0	0.0	0.0	0.0	0.0	830	0.0	0.0	0.0	-0.1	-0.1	-0.1	-0.1	-0.2	-0.2	-0.2	0
10	0.0	0.0	0.0	0.0	0.0	0.0	0.0	0.0	0.0	0.0		-0.2	-0.3	-0.3	-0.3	-0.3	-0.4	-0.4	-0.4	-0.4	-0.5	10
20	0.0	0.0	0.0	0.1	0.1	0.1	0.1	0.1	0.1	0.1		-0.5	-0.5	-0.5	-0.6	-0.6	-0.6	-0.6	-0.7	-0.7	-0.7	20
30	0.1	0.1	0.1	0.1	0.1	0.1	0.1	0.1	0.1	0.1		-0.7	-0.8	-0.8	-0.8	-0.8	-0.9	-0.9	-0.9	-0.9	-0.9	30
40	0.1	0.1	0.1	0.1	0.1	0.1	0.1	0.1	0.1	0.1		-1.0	-1.0	-1.0	-1.0	-1.1	-1.1	-1.1	-1.1	-1.2	-1.2	40
0	0.0	0.0	0.0	0.0	0.0	0.0	0.0	0.0	0.0	0.0	820	0.0	0.0	0.0	-0.1	-0.1	-0.1	-0.1	-0.2	-0.2	-0.2	0
10	0.0	0.1	0.1	0.1	0.1	0.1	0.1	0.1	0.1	0.1		-0.2	-0.2	-0.3	-0.3	-0.3	-0.3	-0.3	-0.4	-0.4	-0.4	10
20	0.1	0.1	0.1	0.1	0.1	0.1	0.1	0.1	0.1	0.1		-0.4	-0.5	-0.5	-0.5	-0.5	-0.5	-0.6	-0.6	-0.6	-0.6	20
30	0.1	0.1	0.1	0.2	0.2	0.2	0.2	0.2	0.2	0.2		-0.6	-0.7	-0.7	-0.7	-0.7	-0.8	-0.8	-0.8	-0.8	-0.8	30
40	0.2	0.2	0.2	0.2	0.2	0.2	0.2	0.2	0.2	0.2		-0.9	-0.9	-0.9	-0.9	-1.0	-1.0	-1.0	-1.0	-1.0	-1.1	40
0	0.0	0.0	0.0	0.0	0.0	0.0	0.0	0.0	0.1	0.1	810	0.0	0.0	0.0	-0.1	-0.1	-0.1	-0.1	-0.1	-0.2	-0.2	0
10	0.1	0.1	0.1	0.1	0.1	0.1	0.1	0.1	0.1	0.1		-0.2	-0.2	-0.2	-0.2	-0.3	-0.3	-0.3	-0.3	-0.3	-0.4	10
20	0.1	0.1	0.2	0.2	0.2	0.2	0.2	0.2	0.2	0.2		-0.4	-0.4	-0.4	-0.4	-0.5	-0.5	-0.5	-0.5	-0.5	-0.5	20
30	0.2	0.2	0.2	0.2	0.2	0.2	0.3	0.3	0.3	0.3		-0.6	-0.6	-0.6	-0.6	-0.6	-0.7	-0.7	-0.7	-0.7	-0.7	30
40	0.3	0.3	0.3	0.3	0.3	0.3	0.3	0.3	0.3	0.3		-0.8	-0.8	-0.8	-0.8	-0.8	-0.9	-0.9	-0.9	-0.9	-0.9	40

	湿球未结冰之 Δt_W（℃）										P (hPa)	湿球结冰之 Δt_W（℃）										
n	0	1	2	3	4	5	6	7	8	9		0	1	2	3	4	5	6	7	8	9	n
0	0.0	0.0	0.0	0.0	0.0	0.0	0.1	0.1	0.1	0.1	800	0.0	0.0	0.0	0.0	-0.1	-0.1	-0.1	-0.1	-0.1	-0.1	0
10	0.1	0.1	0.1	0.1	0.1	0.1	0.1	0.2	0.2	0.2		-0.2	-0.2	-0.2	-0.2	-0.2	-0.2	-0.3	-0.3	-0.3	-0.3	10
20	0.2	0.2	0.2	0.2	0.2	0.2	0.2	0.3	0.3	0.3		-0.3	-0.3	-0.4	-0.4	-0.4	-0.4	-0.4	-0.4	-0.5	-0.5	20
30	0.3	0.3	0.3	0.3	0.3	0.3	0.3	0.3	0.4	0.4		-0.5	-0.5	-0.5	-0.5	-0.6	-0.6	-0.6	-0.6	-0.6	-0.6	30
40	0.4	0.4	0.4	0.4	0.4	0.4	0.4	0.4	0.4	0.5		-0.6	-0.7	-0.7	-0.7	-0.7	-0.7	-0.7	-0.8	-0.8	-0.8	40
0	0.0	0.0	0.0	0.0	0.0	0.1	0.1	0.1	0.1	0.1	790	0.0	0.0	0.0	0.0	-0.1	-0.1	-0.1	-0.1	-0.1	-0.1	0
10	0.1	0.1	0.1	0.2	0.2	0.2	0.2	0.2	0.2	0.2		-0.1	-0.1	-0.2	-0.2	-0.2	-0.2	-0.2	-0.2	-0.2	-0.3	10
20	0.2	0.2	0.3	0.3	0.3	0.3	0.3	0.3	0.3	0.3		-0.3	-0.3	-0.3	-0.3	-0.3	-0.3	-0.4	-0.4	-0.4	-0.4	20
30	0.4	0.4	0.4	0.4	0.4	0.4	0.4	0.4	0.4	0.5		-0.4	-0.4	-0.4	-0.4	-0.5	-0.5	-0.5	-0.5	-0.5	-0.5	30
40	0.5	0.5	0.5	0.5	0.5	0.5	0.5	0.6	0.6	0.6		-0.5	-0.6	-0.6	-0.6	-0.6	-0.6	-0.6	-0.6	-0.7	-0.7	40
0	0.0	0.0	0.0	0.0	0.1	0.1	0.1	0.1	0.1	0.1	780	0.0	0.0	0.0	0.0	0.0	-0.1	-0.1	-0.1	-0.1	-0.1	0
10	0.1	0.2	0.2	0.2	0.2	0.2	0.2	0.2	0.3	0.3		-0.1	-0.1	-0.1	-0.1	-0.2	-0.2	-0.2	-0.2	-0.2	-0.2	10
20	0.3	0.3	0.3	0.3	0.3	0.4	0.4	0.4	0.4	0.4		-0.2	-0.2	-0.2	-0.2	-0.3	-0.3	-0.3	-0.3	-0.3	-0.3	20
30	0.4	0.4	0.5	0.5	0.5	0.5	0.5	0.5	0.5	0.6		-0.3	-0.3	-0.3	-0.4	-0.4	-0.4	-0.4	-0.4	-0.4	-0.4	30
40	0.6	0.6	0.6	0.6	0.6	0.6	0.7	0.7	0.7	0.7		-0.4	-0.4	-0.5	-0.5	-0.5	-0.5	-0.5	-0.5	-0.5	-0.5	40
0	0.0	0.0	0.0	0.0	0.1	0.1	0.1	0.1	0.1	0.1	770	0.0	0.0	0.0	0.0	0.0	0.0	0.0	-0.1	-0.1	-0.1	0
10	0.2	0.2	0.2	0.2	0.2	0.2	0.3	0.3	0.3	0.3		-0.1	-0.1	-0.1	-0.1	-0.1	-0.1	-0.1	-0.1	-0.1	-0.2	10
20	0.3	0.3	0.4	0.4	0.4	0.4	0.4	0.4	0.5	0.5		-0.2	-0.2	-0.2	-0.2	-0.2	-0.2	-0.2	-0.2	-0.2	-0.2	20
30	0.5	0.5	0.5	0.5	0.6	0.6	0.6	0.6	0.6	0.6		-0.2	-0.3	-0.3	-0.3	-0.3	-0.3	-0.3	-0.3	-0.3	-0.3	30
40	0.7	0.7	0.7	0.7	0.7	0.7	0.8	0.8	0.8	0.8		-0.3	-0.3	-0.3	-0.3	-0.4	-0.4	-0.4	-0.4	-0.4	-0.4	40
0	0.0	0.0	0.0	0.1	0.1	0.1	0.1	0.1	0.2	0.2	760	0.0	0.0	0.0	0.0	0.0	0.0	0.0	0.0	0.0	0.0	0
10	0.2	0.2	0.2	0.2	0.3	0.3	0.3	0.3	0.3	0.4		-0.1	-0.1	-0.1	-0.1	-0.1	-0.1	-0.1	-0.1	-0.1	-0.1	10
20	0.4	0.4	0.4	0.4	0.5	0.5	0.5	0.5	0.5	0.5		-0.1	-0.1	-0.1	-0.1	-0.1	-0.1	-0.1	-0.1	-0.2	-0.2	20
30	0.6	0.6	0.6	0.6	0.6	0.7	0.7	0.7	0.7	0.7		-0.2	-0.2	-0.2	-0.2	-0.2	-0.2	-0.2	-0.2	-0.2	-0.2	30
40	0.8	0.8	0.8	0.8	0.8	0.9	0.9	0.9	0.9	0.9		-0.2	-0.2	-0.2	-0.2	-0.2	-0.2	-0.2	-0.3	-0.3	-0.3	40
0	0.0	0.0	0.0	0.1	0.1	0.1	0.1	0.1	0.2	0.2	750	0.0	0.0	0.0	0.0	0.0	0.0	0.0	0.0	0.0	0.0	0
10	0.2	0.2	0.3	0.3	0.3	0.3	0.3	0.4	0.4	0.4		0.0	0.0	0.0	0.0	0.0	0.0	0.0	0.0	0.0	-0.1	10
20	0.4	0.4	0.5	0.5	0.5	0.5	0.6	0.6	0.6	0.6		-0.1	-0.1	-0.1	-0.1	-0.1	-0.1	-0.1	-0.1	-0.1	-0.1	20
30	0.6	0.7	0.7	0.7	0.7	0.7	0.8	0.8	0.8	0.8		-0.1	-0.1	-0.1	-0.1	-0.1	-0.1	-0.1	-0.1	-0.1	-0.1	30
40	0.9	0.9	0.9	0.9	0.9	1.0	1.0	1.0	1.0	1.0		-0.1	-0.1	-0.1	-0.1	-0.1	-0.1	-0.1	-0.1	-0.1	-0.1	40
0	0.0	0.0	0.0	0.1	0.1	0.1	0.1	0.2	0.2	0.2	740	0.0	0.0	0.0	0.0	0.0	0.0	0.0	0.0	0.0	0.0	0
10	0.2	0.3	0.3	0.3	0.3	0.4	0.4	0.4	0.4	0.4		0.0	0.0	0.0	0.0	0.0	0.0	0.0	0.0	0.0	0.0	10
20	0.5	0.5	0.5	0.5	0.6	0.6	0.6	0.6	0.7	0.7		0.0	0.0	0.0	0.0	0.0	0.0	0.0	0.0	0.0	0.0	20
30	0.7	0.7	0.8	0.8	0.8	0.8	0.9	0.9	0.9	0.9		0.0	0.0	0.0	0.0	0.0	0.0	0.0	0.0	0.0	0.0	30
40	0.9	1.0	1.0	1.0	1.0	1.1	1.1	1.1	1.1	1.2		0.0	0.0	0.0	0.0	0.0	0.0	0.0	0.0	0.0	0.0	40
0	0.0	0.0	0.1	0.1	0.1	0.1	0.2	0.2	0.2	0.2	730	0.0	0.0	0.0	0.0	0.0	0.0	0.0	0.0	0.0	0.0	0
10	0.3	0.3	0.3	0.3	0.4	0.4	0.4	0.4	0.5	0.5		0.0	0.0	0.0	0.0	0.0	0.0	0.0	0.0	0.0	0.1	10
20	0.5	0.5	0.6	0.6	0.6	0.7	0.7	0.7	0.7	0.8		0.1	0.1	0.1	0.1	0.1	0.1	0.1	0.1	0.1	0.1	20
30	0.8	0.8	0.8	0.9	0.9	0.9	0.9	1.0	1.0	1.0		0.1	0.1	0.1	0.1	0.1	0.1	0.1	0.1	0.1	0.1	30
40	1.0	1.1	1.1	1.1	1.1	1.2	1.2	1.2	1.3	1.3		0.1	0.1	0.1	0.1	0.1	0.1	0.1	0.1	0.1	0.1	40
0	0.0	0.0	0.1	0.1	0.1	0.1	0.2	0.2	0.2	0.3	720	0.0	0.0	0.0	0.0	0.0	0.0	0.0	0.0	0.0	0.0	0
10	0.3	0.3	0.3	0.4	0.4	0.4	0.5	0.5	0.5	0.5		0.1	0.1	0.1	0.1	0.1	0.1	0.1	0.1	0.1	0.1	10
20	0.6	0.6	0.6	0.7	0.7	0.7	0.7	0.8	0.8	0.8		0.1	0.1	0.1	0.1	0.1	0.1	0.1	0.1	0.2	0.2	20
30	0.9	0.9	0.9	0.9	1.0	1.0	1.0	1.1	1.1	1.1		0.2	0.2	0.2	0.2	0.2	0.2	0.2	0.2	0.2	0.2	30
40	1.1	1.2	1.2	1.2	1.3	1.3	1.3	1.3	1.4	1.4		0.2	0.2	0.2	0.2	0.2	0.2	0.2	0.3	0.3	0.3	40
0	0.0	0.0	0.1	0.1	0.1	0.2	0.2	0.2	0.2	0.3	710	0.0	0.0	0.0	0.0	0.0	0.0	0.0	0.1	0.1	0.1	0
10	0.3	0.3	0.4	0.4	0.4	0.5	0.5	0.5	0.6	0.6		0.1	0.1	0.1	0.1	0.1	0.1	0.1	0.1	0.1	0.2	10
20	0.6	0.6	0.7	0.7	0.7	0.8	0.8	0.8	0.9	0.9		0.2	0.2	0.2	0.2	0.2	0.2	0.2	0.2	0.2	0.2	20
30	0.9	1.0	1.0	1.0	1.0	1.1	1.1	1.1	1.2	1.2		0.2	0.3	0.3	0.3	0.3	0.3	0.3	0.3	0.3	0.3	30
40	1.2	1.3	1.3	1.3	1.4	1.4	1.4	1.4	1.5	1.5		0.3	0.3	0.3	0.3	0.4	0.4	0.4	0.4	0.4	0.4	40

湿球未结冰之 Δt_W（℃）											P (hPa)	湿球结冰之 Δt_W（℃）										
n	0	1	2	3	4	5	6	7	8	9		0	1	2	3	4	5	6	7	8	9	n
0	0.0	0.0	0.1	0.1	0.1	0.2	0.2	0.2	0.3	0.3	700	0.0	0.0	0.0	0.0	0.0	0.1	0.1	0.1	0.1	0.1	0
10	0.3	0.4	0.4	0.4	0.5	0.5	0.5	0.6	0.6	0.6		0.1	0.1	0.1	0.1	0.2	0.2	0.2	0.2	0.2	0.2	10
20	0.7	0.7	0.7	0.8	0.8	0.8	0.9	0.9	0.9	1.0		0.2	0.2	0.2	0.2	0.3	0.3	0.3	0.3	0.3	0.3	20
30	1.0	1.0	1.1	1.1	1.1	1.2	1.2	1.2	1.3	1.3		0.3	0.3	0.3	0.4	0.4	0.4	0.4	0.4	0.4	0.4	30
40	1.3	1.4	1.4	1.4	1.5	1.5	1.5	1.6	1.6	1.6		0.4	0.4	0.5	0.5	0.5	0.5	0.5	0.5	0.5	0.5	40
0	0.0	0.0	0.1	0.1	0.1	0.2	0.2	0.2	0.3	0.3	690	0.0	0.0	0.0	0.0	0.1	0.1	0.1	0.1	0.1	0.1	0
10	0.4	0.4	0.4	0.5	0.5	0.5	0.6	0.6	0.6	0.7		0.1	0.1	0.2	0.2	0.2	0.2	0.2	0.2	0.2	0.3	10
20	0.7	0.7	0.8	0.8	0.9	0.9	0.9	1.0	1.0	1.0		0.3	0.3	0.3	0.3	0.3	0.3	0.4	0.4	0.4	0.4	20
30	1.1	1.1	1.1	1.2	1.2	1.2	1.3	1.3	1.4	1.4		0.4	0.4	0.4	0.4	0.5	0.5	0.5	0.5	0.5	0.5	30
40	1.4	1.5	1.5	1.5	1.6	1.6	1.6	1.7	1.7	1.7		0.5	0.6	0.6	0.6	0.6	0.6	0.6	0.6	0.6	0.7	40
0	0.0	0.0	0.1	0.1	0.2	0.2	0.2	0.3	0.3	0.3	680	0.0	0.0	0.0	0.0	0.1	0.1	0.1	0.1	0.1	0.1	0
10	0.4	0.4	0.5	0.5	0.5	0.6	0.6	0.6	0.7	0.7		0.2	0.2	0.2	0.2	0.2	0.2	0.3	0.3	0.3	0.3	10
20	0.8	0.8	0.8	0.9	0.9	0.9	1.0	1.0	1.1	1.1		0.3	0.3	0.4	0.4	0.4	0.4	0.4	0.4	0.5	0.5	20
30	1.1	1.2	1.2	1.3	1.3	1.3	1.4	1.4	1.4	1.5		0.5	0.5	0.5	0.5	0.6	0.6	0.6	0.6	0.6	0.6	30
40	1.5	1.6	1.6	1.6	1.7	1.7	1.7	1.8	1.8	1.9		0.6	0.7	0.7	0.7	0.7	0.7	0.7	0.8	0.8	0.8	40
0	0.0	0.0	0.1	0.1	0.2	0.2	0.2	0.3	0.3	0.4	670	0.0	0.0	0.0	0.1	0.1	0.1	0.1	0.1	0.2	0.2	0
10	0.4	0.4	0.5	0.5	0.6	0.6	0.6	0.7	0.7	0.8		0.2	0.2	0.2	0.2	0.3	0.3	0.3	0.3	0.3	0.4	10
20	0.8	0.8	0.9	0.9	1.0	1.0	1.0	1.1	1.1	1.2		0.4	0.4	0.4	0.4	0.5	0.5	0.5	0.5	0.5	0.5	20
30	1.2	1.3	1.3	1.3	1.4	1.4	1.5	1.5	1.5	1.6		0.6	0.6	0.6	0.6	0.6	0.7	0.7	0.7	0.7	0.7	30
40	1.6	1.7	1.7	1.7	1.8	1.8	1.9	1.9	1.9	2.0		0.8	0.8	0.8	0.8	0.8	0.9	0.9	0.9	0.9	0.9	40
0	0.0	0.0	0.1	0.1	0.2	0.2	0.3	0.3	0.3	0.4	660	0.0	0.0	0.0	0.1	0.1	0.1	0.1	0.2	0.2	0.2	0
10	0.4	0.5	0.5	0.6	0.6	0.6	0.7	0.7	0.8	0.8		0.2	0.2	0.3	0.3	0.3	0.3	0.3	0.4	0.4	0.4	10
20	0.9	0.9	0.9	1.0	1.0	1.1	1.1	1.2	1.2	1.2		0.4	0.5	0.5	0.5	0.5	0.5	0.6	0.6	0.6	0.6	20
30	1.3	1.3	1.4	1.4	1.5	1.5	1.5	1.6	1.6	1.7		0.6	0.7	0.7	0.7	0.7	0.8	0.8	0.8	0.8	0.8	30
40	1.7	1.8	1.8	1.8	1.9	1.9	2.0	2.0	2.1	2.1		0.9	0.9	0.9	0.9	1.0	1.0	1.0	1.0	1.0	1.1	40
0	0.0	0.0	0.1	0.1	0.2	0.2	0.3	0.3	0.4	0.4	650	0.0	0.0	0.0	0.1	0.1	0.1	0.1	0.2	0.2	0.2	0
10	0.5	0.5	0.5	0.6	0.6	0.7	0.7	0.8	0.8	0.9		0.2	0.3	0.3	0.3	0.3	0.4	0.4	0.4	0.4	0.5	10
20	0.9	0.9	1.0	1.0	1.1	1.1	1.2	1.2	1.3	1.3		0.5	0.5	0.5	0.6	0.6	0.6	0.6	0.7	0.7	0.7	20
30	1.4	1.4	1.4	1.5	1.5	1.6	1.6	1.7	1.7	1.8		0.7	0.8	0.8	0.8	0.8	0.9	0.9	0.9	0.9	0.9	30
40	1.8	1.8	1.9	1.9	2.0	2.0	2.1	2.1	2.2	2.2		1.0	1.0	1.0	1.0	1.1	1.1	1.1	1.1	1.2	1.2	40
0	0.0	0.0	0.1	0.1	0.2	0.2	0.3	0.3	0.4	0.4	640	0.0	0.0	0.1	0.1	0.1	0.1	0.2	0.2	0.2	0.2	0
10	0.5	0.5	0.6	0.6	0.7	0.7	0.8	0.8	0.9	0.9		0.3	0.3	0.3	0.4	0.4	0.4	0.4	0.5	0.5	0.5	10
20	0.9	1.0	1.0	1.1	1.1	1.2	1.2	1.3	1.3	1.4		0.5	0.6	0.6	0.6	0.6	0.7	0.7	0.7	0.8	0.8	20
30	1.4	1.5	1.5	1.6	1.6	1.7	1.7	1.8	1.8	1.9		0.8	0.8	0.9	0.9	0.9	0.9	1.0	1.0	1.0	1.1	30
40	1.9	1.9	2.0	2.0	2.1	2.1	2.2	2.2	2.3	2.3		1.1	1.1	1.1	1.2	1.2	1.2	1.2	1.3	1.3	1.3	40
0	0.0	0.0	0.1	0.1	0.2	0.2	0.3	0.3	0.4	0.4	630	0.0	0.0	0.1	0.1	0.1	0.1	0.2	0.2	0.2	0.3	0
10	0.5	0.5	0.6	0.6	0.7	0.7	0.8	0.8	0.9	0.9		0.3	0.3	0.4	0.4	0.4	0.4	0.5	0.5	0.5	0.6	10
20	1.0	1.0	1.1	1.1	1.2	1.2	1.3	1.3	1.4	1.4		0.6	0.6	0.7	0.7	0.7	0.7	0.8	0.8	0.8	0.9	20
30	1.5	1.5	1.6	1.6	1.7	1.7	1.8	1.8	1.9	1.9		0.9	0.9	1.0	1.0	1.0	1.0	1.1	1.1	1.1	1.2	30
40	2.0	2.0	2.1	2.1	2.2	2.2	2.3	2.3	2.4	2.4		1.2	1.2	1.2	1.3	1.3	1.3	1.4	1.4	1.4	1.5	40
0	0.0	0.1	0.1	0.2	0.2	0.3	0.3	0.4	0.4	0.5	620	0.0	0.0	0.1	0.1	0.1	0.2	0.2	0.2	0.3	0.3	0
10	0.5	0.6	0.6	0.7	0.7	0.8	0.8	0.9	0.9	1.0		0.3	0.4	0.4	0.4	0.5	0.5	0.5	0.6	0.6	0.6	10
20	1.0	1.1	1.1	1.2	1.3	1.3	1.4	1.4	1.5	1.5		0.6	0.7	0.7	0.7	0.8	0.8	0.8	0.9	0.9	0.9	20
30	1.6	1.6	1.7	1.7	1.8	1.8	1.9	1.9	2.0	2.0		1.0	1.0	1.0	1.1	1.1	1.1	1.2	1.2	1.2	1.3	30
40	2.1	2.1	2.2	2.2	2.3	2.4	2.4	2.5	2.5	2.6		1.3	1.3	1.4	1.4	1.4	1.5	1.5	1.5	1.6	1.6	40
0	0.0	0.1	0.1	0.2	0.2	0.3	0.3	0.4	0.4	0.5	610	0.0	0.0	0.1	0.1	0.1	0.2	0.2	0.2	0.3	0.3	0
10	0.5	0.6	0.7	0.7	0.8	0.8	0.9	0.9	1.0	1.0		0.4	0.4	0.4	0.5	0.5	0.5	0.6	0.6	0.6	0.7	10
20	1.1	1.1	1.2	1.3	1.3	1.4	1.4	1.5	1.5	1.6		0.7	0.7	0.8	0.8	0.8	0.9	0.9	0.9	1.0	1.0	20
30	1.6	1.7	1.7	1.8	1.9	1.9	2.0	2.0	2.1	2.1		1.1	1.1	1.1	1.2	1.2	1.2	1.3	1.3	1.3	1.4	30
40	2.2	2.2	2.3	2.3	2.4	2.5	2.5	2.6	2.6	2.7		1.4	1.4	1.5	1.5	1.5	1.6	1.6	1.7	1.7	1.7	40

湿球未结冰之 Δt_W（℃）											P (hPa)	湿球结冰之 Δt_W（℃）										
n	0	1	2	3	4	5	6	7	8	9		0	1	2	3	4	5	6	7	8	9	n
0	0.0	0.1	0.1	0.2	0.2	0.3	0.3	0.4	0.5	0.5	600	0.0	0.0	0.1	0.1	0.2	0.2	0.2	0.3	0.3	0.3	0
10	0.6	0.6	0.7	0.7	0.8	0.9	0.9	1.0	1.0	1.1		0.4	0.4	0.5	0.5	0.5	0.6	0.6	0.6	0.7	0.7	10
20	1.1	1.2	1.3	1.3	1.4	1.4	1.5	1.5	1.6	1.7		0.8	0.8	0.8	0.9	0.9	0.9	1.0	1.0	1.1	1.1	20
30	1.7	1.8	1.8	1.9	1.9	2.0	2.1	2.1	2.2	2.2		1.1	1.2	1.2	1.2	1.3	1.3	1.4	1.4	1.4	1.5	30
40	2.3	2.3	2.4	2.5	2.5	2.6	2.6	2.7	2.7	2.8		1.5	1.6	1.6	1.6	1.7	1.7	1.7	1.8	1.8	1.9	40
0	0.0	0.1	0.1	0.2	0.2	0.3	0.4	0.4	0.5	0.5	590	0.0	0.0	0.1	0.1	0.2	0.2	0.2	0.3	0.3	0.4	0
10	0.6	0.7	0.7	0.8	0.8	0.9	1.0	1.0	1.1	1.1		0.4	0.4	0.5	0.5	0.6	0.6	0.6	0.7	0.7	0.8	10
20	1.2	1.2	1.3	1.4	1.4	1.5	1.5	1.6	1.7	1.7		0.8	0.9	0.9	0.9	1.0	1.0	1.1	1.1	1.1	1.2	20
30	1.8	1.8	1.9	2.0	2.0	2.1	2.1	2.2	2.3	2.3		1.2	1.3	1.3	1.3	1.4	1.4	1.5	1.5	1.5	1.6	30
40	2.4	2.4	2.5	2.6	2.6	2.7	2.7	2.8	2.9	2.9		1.6	1.7	1.7	1.7	1.8	1.8	1.9	1.9	1.9	2.0	40
0	0.0	0.1	0.1	0.2	0.2	0.3	0.4	0.4	0.5	0.6	580	0.0	0.0	0.1	0.1	0.2	0.2	0.3	0.3	0.3	0.4	0
10	0.6	0.7	0.7	0.8	0.9	0.9	1.0	1.1	1.1	1.2		0.4	0.5	0.5	0.6	0.6	0.6	0.7	0.7	0.8	0.8	10
20	1.2	1.3	1.4	1.4	1.5	1.5	1.6	1.7	1.7	1.8		0.9	0.9	1.0	1.0	1.0	1.1	1.1	1.2	1.2	1.3	20
30	1.9	1.9	2.0	2.0	2.1	2.2	2.2	2.3	2.3	2.4		1.3	1.3	1.4	1.4	1.5	1.5	1.6	1.6	1.6	1.7	30
40	2.5	2.5	2.6	2.7	2.7	2.8	2.8	2.9	3.0	3.0		1.7	1.8	1.8	1.9	1.9	1.9	2.0	2.0	2.1	2.1	40
0	0.0	0.1	0.1	0.2	0.3	0.3	0.4	0.4	0.5	0.6	570	0.0	0.0	0.1	0.1	0.2	0.2	0.3	0.3	0.4	0.4	0
10	0.6	0.7	0.8	0.8	0.9	1.0	1.0	1.1	1.2	1.2		0.5	0.5	0.6	0.6	0.6	0.7	0.7	0.8	0.8	0.9	10
20	1.3	1.3	1.4	1.5	1.5	1.6	1.7	1.7	1.8	1.9		0.9	1.0	1.0	1.1	1.1	1.1	1.2	1.2	1.3	1.3	20
30	1.9	2.0	2.1	2.1	2.2	2.2	2.3	2.4	2.4	2.5		1.4	1.4	1.5	1.5	1.6	1.6	1.7	1.7	1.7	1.8	30
40	2.6	2.6	2.7	2.8	2.8	2.9	3.0	3.0	3.1	3.1		1.8	1.9	1.9	2.0	2.0	2.1	2.1	2.2	2.2	2.3	40
0	0.0	0.1	0.1	0.2	0.3	0.3	0.4	0.5	0.5	0.6	560	0.0	0.0	0.1	0.1	0.2	0.2	0.3	0.3	0.4	0.4	0
10	0.7	0.7	0.8	0.9	0.9	1.0	1.1	1.1	1.2	1.3		0.5	0.5	0.6	0.6	0.7	0.7	0.8	0.8	0.9	0.9	10
20	1.3	1.4	1.5	1.5	1.6	1.7	1.7	1.8	1.9	1.9		1.0	1.0	1.1	1.1	1.2	1.2	1.3	1.3	1.4	1.4	20
30	2.0	2.1	2.1	2.2	2.3	2.3	2.4	2.5	2.5	2.6		1.5	1.5	1.6	1.6	1.7	1.7	1.8	1.8	1.8	1.9	30
40	2.7	2.7	2.8	2.9	2.9	3.0	3.1	3.1	3.2	3.3		1.9	2.0	2.0	2.1	2.1	2.2	2.2	2.3	2.3	2.4	40
0	0.0	0.1	0.1	0.2	0.3	0.3	0.4	0.5	0.6	0.6	550	0.0	0.1	0.1	0.2	0.2	0.3	0.3	0.4	0.4	0.5	0
10	0.7	0.8	0.8	0.9	1.0	1.0	1.1	1.2	1.2	1.3		0.5	0.6	0.6	0.7	0.7	0.8	0.8	0.9	0.9	1.0	10
20	1.4	1.4	1.5	1.6	1.7	1.7	1.8	1.9	1.9	2.0		1.0	1.1	1.1	1.2	1.2	1.3	1.3	1.4	1.4	1.5	20
30	2.1	2.1	2.2	2.3	2.3	2.4	2.5	2.6	2.6	2.7		1.5	1.6	1.6	1.7	1.7	1.8	1.8	1.9	2.0	2.0	30
40	2.8	2.8	2.9	3.0	3.0	3.1	3.2	3.2	3.3	3.4		2.1	2.1	2.2	2.2	2.3	2.3	2.4	2.4	2.5	2.5	40
0	0.0	0.1	0.1	0.2	0.3	0.4	0.4	0.5	0.6	0.6	540	0.0	0.1	0.1	0.2	0.2	0.3	0.3	0.4	0.4	0.5	0
10	0.7	0.8	0.9	0.9	1.0	1.1	1.1	1.2	1.3	1.4		0.5	0.6	0.6	0.7	0.8	0.8	0.9	0.9	1.0	1.0	10
20	1.4	1.5	1.6	1.6	1.7	1.8	1.9	1.9	2.0	2.1		1.1	1.1	1.2	1.2	1.3	1.4	1.4	1.5	1.5	1.6	20
30	2.1	2.2	2.3	2.4	2.4	2.5	2.6	2.6	2.7	2.8		1.6	1.7	1.7	1.8	1.8	1.9	1.9	2.0	2.1	2.1	30
40	2.9	2.9	3.0	3.1	3.1	3.2	3.3	3.4	3.4	3.5		2.2	2.2	2.3	2.3	2.4	2.4	2.5	2.5	2.6	2.6	40
0	0.0	0.1	0.1	0.2	0.3	0.4	0.4	0.5	0.6	0.7	530	0.0	0.1	0.1	0.2	0.2	0.3	0.3	0.4	0.5	0.5	0
10	0.7	0.8	0.9	1.0	1.0	1.1	1.2	1.3	1.3	1.4		0.6	0.6	0.7	0.7	0.8	0.9	0.9	1.0	1.0	1.1	10
20	1.5	1.5	1.6	1.7	1.8	1.8	1.9	2.0	2.1	2.1		1.1	1.2	1.2	1.3	1.4	1.4	1.5	1.5	1.6	1.6	20
30	2.2	2.3	2.4	2.4	2.5	2.6	2.7	2.7	2.8	2.9		1.7	1.8	1.8	1.9	1.9	2.0	2.0	2.1	2.2	2.2	30
40	2.9	3.0	3.1	3.2	3.2	3.3	3.4	3.5	3.5	3.6		2.3	2.3	2.4	2.4	2.5	2.6	2.6	2.7	2.7	2.8	40
0	0.0	0.1	0.2	0.2	0.3	0.4	0.5	0.5	0.6	0.7	520	0.0	0.1	0.1	0.2	0.2	0.3	0.4	0.4	0.5	0.5	0
10	0.8	0.8	0.9	1.0	1.1	1.1	1.2	1.3	1.4	1.4		0.6	0.7	0.7	0.8	0.8	0.9	1.0	1.0	1.1	1.1	10
20	1.5	1.6	1.7	1.8	1.8	1.9	2.0	2.1	2.1	2.2		1.2	1.2	1.3	1.4	1.4	1.5	1.5	1.6	1.7	1.7	20
30	2.3	2.4	2.4	2.5	2.6	2.7	2.7	2.8	2.9	3.0		1.8	1.8	1.9	2.0	2.0	2.1	2.1	2.2	2.3	2.3	30
40	3.0	3.1	3.2	3.3	3.3	3.4	3.5	3.6	3.7	3.7		2.4	2.4	2.5	2.6	2.6	2.7	2.7	2.8	2.9	2.9	40
0	0.0	0.1	0.2	0.2	0.3	0.4	0.5	0.5	0.6	0.7	510	0.0	0.1	0.1	0.2	0.2	0.3	0.4	0.4	0.5	0.6	0
10	0.8	0.9	0.9	1.0	1.1	1.2	1.3	1.3	1.4	1.5		0.6	0.7	0.7	0.8	0.9	0.9	1.0	1.1	1.1	1.2	10
20	1.6	1.6	1.7	1.8	1.9	2.0	2.0	2.1	2.2	2.3		1.2	1.3	1.4	1.4	1.5	1.6	1.6	1.7	1.7	1.8	20
30	2.4	2.4	2.5	2.6	2.7	2.7	2.8	2.9	3.0	3.1		1.9	1.9	2.0	2.1	2.1	2.2	2.2	2.3	2.4	2.4	30
40	3.1	3.2	3.3	3.4	3.5	3.5	3.6	3.7	3.8	3.8		2.5	2.5	2.6	2.7	2.7	2.8	2.9	2.9	3.0	3.0	40